Studienbücher Chemie

Herausgegeben von
Prof. Dr. Jürgen Heck, Hamburg, Deutschland
Prof. Dr. Burkhard König, Regensburg, Deutschland
Prof. Dr. Roland Winter, Dortmund, Deutschland

Weitere Bände in dieser Reihe
http://www.springer.com/series/12700

Die Studienbücher der Reihe Chemie sollen in Form einzelner Bausteine grundlegende und weiterführende Themen aus allen Gebieten der Chemie umfassen. Sie streben nicht unbedingt die Breite eines umfassenden Lehrbuchs oder einer umfangreichen Monographie an, sondern sollen den Studierenden der Chemie – durch ihren Praxisbezug aber auch den bereits im Berufsleben stehenden Chemiker – kompakt und dennoch kompetent in aktuelle und sich in rascher Entwicklung befindende Gebiete der Chemie einführen. Die Bücher sind zum Gebrauch neben der Vorlesung, aber auch anstelle von Vorlesungen geeignet. Es wird angestrebt, im Laufe der Zeit alle Bereiche der Chemie in derartigen Texten vorzustellen. Die Reihe richtet sich auch an Studierende anderer Naturwissenschaften, die an einer exemplarischen Darstellung der Chemie interessiert sind.

Lutz Zülicke

Molekulare Theoretische Chemie

Eine Einführung

Springer Spektrum

Lutz Zülicke
Universität Potsdam
Potsdam, Deutschland

Die Reihe Studienbücher für Chemie wurde bis 2013 herausgegeben von:

Prof. Dr. Christoph Elschenbroich, Universität Marburg
Prof. Dr. Friedrich Hensel, Universität Marburg
Prof. Dr. Henning Hopf, Universität Braunschweig

Studienbücher Chemie
ISBN 978-3-658-00488-0 ISBN 978-3-658-00489-7 (eBook)
DOI 10.1007/978-3-658-00489-7

Die Deutsche Nationalbibliothek verzeichnet diese Publikation in der Deutschen Nationalbibliografie; detaillierte bibliografische Daten sind im Internet über http://dnb.d-nb.de abrufbar.

Springer Spektrum

Gedruckt auf säurefreiem und chlorfrei gebleichtem Papier

Springer Fachmedien Wiesbaden ist Teil der Fachverlagsgruppe Springer Science+Business Media
(www.springer.com)

Vorwort

Man findet in diversen Lehrbüchern, Monographien und Übersichtsartikeln viele gute Darstellungen von Teilgebieten der theoretischen Chemie, seltener aber werden die gemeinsamen Grundlagen und inneren Zusammenhänge der Teilgebiete herausgearbeitet. Da überdies die Terminologie wie auch die Symbolik recht unterschiedlich sind, wird gerade für einen Einsteiger in das Gebiet das Große und Ganze oft nur schwer erkennbar. Als Versuch, die Verknüpfungen deutlich zu machen und die molekularen Aspekte der theoretischen Chemie einigermaßen einheitlich und umfassend darzustellen, habe ich vor rund zwei Jahrzehnten einen dreisemestrigen Kurs konzipiert, der in kompakter Form schrittweise zeigen sollte, wie molekulare Aggregate (Moleküle, Cluster bis hin zu Festkörpern) zusammenhalten, wodurch molekulare Wechselwirkungen und Elementarprozesse zustandekommen und wie sie zu den am Messgerät im Labor zu beobachtenden chemischen Strukturen und Umwandlungen führen. Aus diesem Kurs, der eine Reihe von Jahren an der Universität Potsdam abgehalten und dabei immer wieder überarbeitet wurde, ist das hier vorliegende Buch entstanden.

Ein Buch muss gegenüber einem Vorlesungskurs erweiterten Anforderungen genügen: Es sollte tiefer gehen, Anschlusspunkte für zusätzliche Informationen bieten, eine Erstausstattung an Instrumentarium für praktische Anwendungen bereitstellen etc., und zwar von alledem ein wenig mehr als aktuell unbedingt nötig erscheint; so sollen auch Hinweise für Vertiefungen, Anwendungen und interdisziplinäre Kontakte gegeben werden. Darum habe ich mich hier bemüht. Ob das Vorhaben insgesamt gelungen ist, muss nun der Leser beurteilen, den ich mir vorstelle als einen neugierigen, engagierten Studenten der Chemie oder einer anderen, benachbarten naturwissenschaftlichen Disziplin, auch als einen Wissenschaftler, der sich postgradual in das Gebiet einarbeiten will. Unter den Interessenten könnten außer Chemikern beispielsweise Biologen sein, Molekülphysiker und Molekülspektroskopiker, oder Astrophysiker, die sich mit molekularen Vorgängen in Kometen oder interstellaren Stäuben befassen.

Vielen verdanke ich Anregungen aus Diskussionen und Gesprächen, auf Tagungen, in Seminaren und am Arbeitsplatz, die letzten Endes auch in dieses Buch Eingang gefunden haben. Da sind vor allen meine alten Fachkollegen und Freunde Prof. Evgeni E. Nikitin (Moskau, heute Haifa) und Prof. Zdeněk Herman (Prag) zu nennen sowie meine langjährigen Mitarbeiter, von denen hier Dr. Christian Zuhrt und Dr. Reinhard Vetter ausdrücklich erwähnt werden müssen, aber auch Doktoranden und Studenten, die mich durch ihre Fragen und Überlegungen dazu veranlasst haben, das eine oder andere Problem deutlicher herauszuarbeiten und Argumente schärfer zu fassen. An einigen Stellen wird das im Buch erkennbar sein. Dass ich damit nicht allen gerecht werden kann, liegt auf der Hand; ich bitte dafür schon im voraus um Nachsicht.

Unter all jenen, die auf meine Entwicklung und meine Arbeit Einfluss gehabt haben, muss ich einen ganz besonders hervorheben: meinen verehrten akademischen Lehrer Prof. Bernhard Kockel (1909-1987), bis 1959 Ordinarius für theoretische Physik in Leipzig (später in Gießen), der den damaligen Physikstudenten neben vielem anderen gezeigt hat, wie die begrifflich schwierige, weitgehend unanschauliche Quantenmechanik doch "fassbar" gemacht werden kann. Als mein Doktorvater hat er meine ersten Schritte in die Theorie des Atom- und Molekülbaus geführt, und von ihm habe ich auch manchen didaktischen Kniff gelernt.

Sehr zu Dank verpflichtet bin ich meinem letzten Doktoranden, Herrn Dr. Thomas Ritschel, der wesentliche Teile des Manuskripts kritisch gelesen hat und mit dem ich häufig diskutieren konnte. Er hat überdies die gesamte computergrafische Umsetzung der Abbildungsentwürfe geleistet und dafür zahlreiche Neuberechnungen durchgeführt.

Die finale Phase der Abfassung des Manuskripts und seine technische Fertigstellung fielen verlagsseitig in eine Zeit erheblicher Veränderungen: die Verlagshäuser B. G. Teubner (mit diesem Verlag wurde das Buchprojekt geplant und vereinbart) und F. Vieweg schlossen sich zusammen, wenig später erfolgte die Eingliederung des Vieweg+Teubner Verlags in den Springer-Verlag. Bei alledem habe ich für meine Vorstellungen und Anliegen stets große Aufgeschlossenheit und ein hohes Maß an Entgegenkommen erfahren. Die angenehme und engagierte Zusammenarbeit, zuerst mit Herrn Ulrich Sandten (B. G. Teubner) und dann besonders mit Frau Kerstin Hoffmann (B. G. Teubner und Springer-Verlag), soll daher an dieser Stelle nachdrücklich dankend hervorgehoben werden.

Gewidmet meiner Frau Brigitta –
ohne ihr liebevolles Verständnis
wäre dieses Buch nicht zustandegekommen

Berlin, im Herbst 2014 *Lutz Zülicke*

Zur Orientierung für den Leser

Unter "theoretischer Chemie" ist strenggenommen das Theoriengebäude für alle Bereiche der Chemie zu verstehen; damit würde man dem Vorbild der theoretischen Physik folgen.[1] Das vorliegende Buch befasst sich mit einem Teil der so verstandenen theoretischen Chemie, nämlich mit den *molekularen Strukturen und Prozessen*, die den Aufbau und die Umwandlungen der Stoffe bestimmen, gewissermaßen also mit der Theorie der Chemie im Kleinen. Um das deutlich zu machen, wurde der Titel "Molekulare Theoretische Chemie" gewählt.

Der mit diesem Buch durchlaufene Kurs besteht aus vier Teilen:

Der Teil 1 stellt die *Grundlagen* zusammen. Dabei liegt der Schwerpunkt auf der Quantenmechanik, in deren Denkweise und Methodik eingeführt wird, ausgerichtet auf die Beschreibung atomarer und molekularer Systeme. Der hier betonte Gedanke der *Modellbildung* ist zentral für alle Teile des Kurses. Es wird in die grundlegenden Phänomene und Begriffe eingeführt, die Grundzüge der theoretischen Beschreibung werden erläutert und die hauptsächlichen Strategien des methodischen Vorgehens beschrieben, um die in der Regel hochkomplizierten realen Problemstellungen so weit zu vereinfachen, dass eine mathematische Formulierung und eine rechnerische Behandlung erfolgen können. Eine herausragende Rolle spielt das *Konzept der adiabatischen Separation molekularer Bewegungsformen.*

Der Teil 2 beschäftigt sich zunächst mit den Elektronenhüllen von Atomen, dann aber hauptsächlich mit der Elektronenstruktur von Molekülen einschließlich des Phänomens der chemischen Bindung, dem Kernthema des üblicherweise als *Quantenchemie* bezeichneten Gebietes. Das dabei vorwiegend benutzte *Modell der Molekülorbitale* bis hin zu seiner strengen Formulierung in der *Hartree-Fock-Näherung* bildet den Ausgangspunkt für Ansätze zur Erfassung der *Elektronenkorrelation*. Neben verschiedenen Varianten der Konfigurationenwechselwirkung (CI) werden weitere, zunehmend wichtige Näherungen wie die Dichtefunktional-Theorie (DFT) behandelt. Den Abschluss bildet eine Systematik der vielfältigen *Formen der chemischen Bindung* in Molekülen und anderen Atomaggregaten bis hin zu Festkörpern.

Im Teil 3 wird die *Dynamik molekularer Systeme* als zweite Stufe der elektronisch adiabatischen Näherung behandelt: die Bewegung der Kerne unter dem Einfluss einer adiabatischen, durch den Zustand der Elektronenhülle und die elektrostatische Kernabstoßung bestimmten Potentialfunktion, und zwar sowohl die *innermolekularen Bewegungen* (Schwingungen, Drehungen etc. des Kerngerüstes eines Moleküls) als auch *Prozesse* der Energieübertragung und der molekularen Umwandlungen. Dieser Kursteil umfasst damit die theoretischen Grundlagen zweier praktisch sehr wichtiger Gebiete der Chemie: der Molekülspektroskopie und der chemischen Reaktionskinetik.

In den ersten drei Teilen des Kurses geht es vor allem um Grundsätzliches und Methodisches; Anwendungs- und Demonstrationsbeispiele sind dementsprechend meist einfache molekulare

---

[1] Ein solches umfassendes Gesamtkonzept manifestiert sich in dem berühmten Lehrbuch der theoretischen Physik von L. D. Landau und E. M. Lifschitz, erschienen in deutscher Übersetzung in zehn Bänden erstmals ab 1963 im Akademie-Verlag, Berlin, jetzt im H. Deutsch Verlag, Frankfurt a. M.

Systeme aus wenigen leichten Atomen. Der Teil 4 schlägt dann die Brücke zur rechnerischen *Anwendung* als *"Computerchemie"* mit Blick auf große Systeme aus vielen Atomen; dieser Teil befasst sich eingehend mit der *Modellbildung* für solche Systeme und mit der *Simulation* des Verhaltens der Systeme anhand des Verhaltens der Modelle.

Was die Art der Darstellung angeht, so wird versucht, die Balance zwischen formaler Strenge und eingängiger plausibler Beschreibung zu halten. Viele wichtige Schritte werden bevorzugt mit verbalen Argumenten anstelle abstrakt-mathematischer Herleitungen vollzogen, und es wird so viel wie möglich durch Bilder und Schemata veranschaulicht. Sofern es sich bei Herleitungen oder Beweisen um einfache Konsequenzen aus zuvor vermittelten theoretischen Kenntnissen handelt, kann sich der Leser beteiligen, indem er einen solchen Schritt als Übungsaufgabe selbst vollzieht. Formal strenge mathematische Herleitungen werden nur dort eingesetzt, wo der Leser vermutlich anders nicht überzeugt werden kann, oder (bei einfacheren Sachverhalten) als Demonstration dafür, wie es gemacht werden muss. Ob diese Verfahrensweise einzuhalten geglückt ist, mag der Leser beurteilen.

Schließlich noch ein paar Bemerkungen dazu, was der Kurs idealerweise erreichen soll. Zunächst dient er generell der *Einführung* in das Gesamtgebiet sowie der *Vertiefung* des in einem chemischen Grund- oder Bachelor-Studium erworbenen Wissens über Molekülstruktur, chemische Bindung und Reaktivität, somit auch einem *Verständnis* der molekularen Grundlagen und der darauf beruhenden Zusammenhänge zwischen den chemischen Teildisziplinen. Der Kurs soll beim Leser die Herausbildung eines durch theoretische Grundlagenkenntnisse unterstützten *Urteilsvermögens* über die Einsatzmöglichkeiten und die Aussagefähigkeit theoretisch-chemischer Methoden befördern und die Voraussetzungen dafür schaffen, ohne Scheu auf theoretisch-chemischem Gebiet *qualifiziert* selbst aktiv zu werden. Letzteres bedeutet: der Leser soll in den Stand versetzt werden, die der Aufgabenstellung und dem System *angemessenen Näherungsverfahren auszuwählen, sinnvolle Berechnungen oder Abschätzungen vorzunehmen*, und die erhaltenen *Ergebnisse sachgerecht zu interpretieren*. Nicht zuletzt soll der Kurs dazu befähigen, die moderne chemische Literatur zu lesen, in der theoretische Fragen einen zunehmend wichtigen Platz einnehmen.

Man kann ohne Übertreibung sagen, dass ein Chemiker heute nur mit einem gewissen Maß von Kenntnis und Verständnis der molekularen theoretischen Chemie an der Entwicklung seines Wissenschaftsgebietes vollwertig teilhaben kann.

Einige Bemerkungen zum Gebrauch des Buches

Vorkenntnisse

Um diesen Kurs zu durchlaufen, sind folgende moderate Voraussetzungen wünschenswert: (a) Mathematikkenntnisse entsprechend einem Kurs "Mathematik für Chemiker" (2 – 3 Semester); (b) Grundkenntnisse in Physik entsprechend einem Kurs "Physik für Naturwissenschaftler" (2 Semester); (c) Grundkenntnisse in Chemie (2 Semester).

Einige ausgewählte, darüber hinausgehende physikalische, physikalisch-chemische und mathematische Begriffe zur Ergänzung und Vertiefung sowie die am häufigsten benötigten Konstanten und Einheiten werden in Anhangkapiteln zusammengestellt, wovon sich das erste (und umfangreichste) mit Problemen der Symmetrie molekularer Systeme befasst.

Stern-Abschnitte

Soll ein verkürzter Kurs durchlaufen werden, so ist es für den Leser meist schwierig, von sich aus zu entscheiden, welche Abschnitte am ehesten weggelassen werden können. Um diese Auswahl zu erleichtern, sind solche Abschnitte durch einen hochgestellten Stern (*) gekennzeichnet. Sie stellen in der Regel etwas höhere Ansprüche bzw. erfordern mehr Vorkenntnisse.

Terminologie und Symbolik

Angestrebt wird eine weitreichend einheitliche Bezeichnungsweise. Das erweist sich wegen der großen Spannweite des Stoffes und mancher in den einzelnen Teilbereichen (Struktur chemie, Spektroskopie, Reaktionskinetik etc.) etablierten spezifischen Bezeichnungen als keine leichte Aufgabe, der man wohl nicht perfekt gerecht werden kann. Erschwerend kommt hinzu, dass Symbole und Begriffe in der Literatur nicht selten in unterschiedlicher Bedeutung gebraucht werden; es wird daher an einigen Stellen versucht, zu präziseren Definitionen zu kommen. Ein laxer "Labor-Jargon", der englische Ausdrücke einfach übernimmt, wird so weit wie möglich vermieden.

Übungsaufgaben

Wo immer es erforderlich und sinnvoll erscheint, werden Übungsaufgaben gestellt, z. B. um Herleitungsschritte selbst zu vollziehen oder die Ausführungen im Text durch Zahlenbeispiele zu illustrieren.

Im Teil 4 wird auf Übungsaufgaben verzichtet, denn für die meisten der zu den einzelnen Kapiteln verfügbaren Computer-Programmpakete, von denen jeweils eine Auswahl in Tabellenform zusammengestellt wird, gibt es Einführungsmaterialien (*Tutorials*), die zu Übungszwecken genutzt werden können.

Literaturverweise

Empfehlungen hinsichtlich ergänzender und vertiefender Literatur werden nur sparsam gegeben, da den Studierenden erfahrungsgemäß wenig Zeit für weitere Lektüre bleibt. Jeweils am Kapitelende sind einige Bücher (Lehrbücher, Monographien) oder auch Übersichtsartikel zum Weiterlesen zusammengestellt.

Am Schluss des Buches findet man eine Liste von Standardreferenzen zu physikalischen Grundlagen (I) und mathematischen Methoden (II), auf die im Verlauf des Kurses häufig verwiesen wird.

Herleitungen, Aussagen etc., die im Text erscheinen, sind oft seit langem bekannt und akzeptiert, gehören gewissermaßen zum Standard, zur "Fachkultur"; dafür werden häufig keine Originalquellen angegeben – abgesehen von einigen für die Entwicklung besonders wichtigen Marksteinen. In den letztgenannten Fällen und bei Rückgriffen auf neuere Forschungsergebnisse erfolgt in der Regel die Nennung der Originalarbeit, und zwar direkt als Fußnote an der Stelle ihrer Verwendung.

Bezeichnungen. Symbole. Abkürzungen

A Allgemeine Regeln

		Beispiele:
skalare Größe, Funktion	kursiv	Hamilton-Funktion H ; Wellenfunktion Ψ
Vektor	kursiv und fett	Ortsvektor $\boldsymbol{r}$ mit den kartesischen Komponenten x, y, z
Operator	Dachzeichen	Hamilton-Operator $\hat{H}$; z-Komponente des Bahndrehimpulsoperators $\hat{l}_z$
Matrix	steil und fett	Hamilton-Matrix $\mathbf{H}$
Symmetriegruppe	Arial kursiv und fett	Gruppe $\boldsymbol{C}_{3v}$

Mathematische Zeichen

werden generell nach den IUPAP-Empfehlungen verwendet.

Die imaginäre Einheit ist: i, $\mathrm{i}^2 = -1$.

Durch δ_{mn} wird das Kronecker-Symbol bezeichnet; $\delta(x)$ ist die Dirac-Deltafunktion.

Abgesehen vom einführenden Teil 1 (Kap. 1 – 4) werden Größen, die sich auf ein System aus mehreren Teilchen (insbesondere Elektronen) beziehen, mit Großbuchstaben bezeichnet (z. B. Wellenfunktion Ψ , Gesamt-Bahndrehimpuls $\boldsymbol{L}$ etc.), für ein einzelnes Teilchen mit entsprechenden Kleinbuchstaben ($\psi, \boldsymbol{l}$ etc.).

Für Koordinaten bzw. Ortsvektoren von Atomkernen werden in der Regel Großbuchstaben und lateinische Indizes verwendet (etwa eine kartesische Koordinate X_a und ein Ortsvektor $\boldsymbol{R}_a$ für den Kern mit der Nummer a), für Elektronen Kleinbuchstaben und griechische Indizes ($x_\kappa, \boldsymbol{r}_\kappa$).

B Weitgehend durchgängig verwendete Symbole

c	Vakuum-Lichtgeschwindigkeit
E, $\mathcal{E}$	Energie
ε	MO-Energie
$\bar{e}$	Elementarladung

G	physikalische Größe (Observable)
$\hat{G}$	entsprechender Operator
g	Entartungsgrad
g_i	g-Faktor des Teilchens i
H	Hamilton-Funktion
$\hat{H}$	Hamilton-Operator
$\mathscr{H}$	Enthalpie
$h, \hbar \equiv h/2\pi$	Planck-Konstante
$\boldsymbol{j}$	resultierender Drehimpulsvektor (Bahn + Spin) eines Teilchens
$\boldsymbol{J}$	gesamter resultierender Drehimpulsvektor eines Mehrteilchensystems
$\mathscr{k}$	Geschwindigkeitskoeffizient einer chemischen Reaktion
$\boldsymbol{l}$	Bahndrehimpulsvektor eines Teilchens
l	entsprechende Quantenzahl
$\boldsymbol{L}$	gesamter Bahndrehimpulsvektor eines Mehrteilchensystems
L	entsprechende Quantenzahl
m_i	Masse des Teilchens i
μ_i	reduzierte Masse des Teilchens i
m	Quantenzahl der z-Komponente eines Einteilchendrehimpulses
M	Quantenzahl der z-Komponente eines Drehimpulses eines Mehrteilchensystems
N	Teilchenzahl
$\boldsymbol{p}_i$	Impuls des Teilchens i
$\mathcal{P}$	Übergangswahrscheinlichkeit
$\mathscr{Q}$	Zustandssumme
$\boldsymbol{r}_i$	$\equiv (x_i, y_i, z_i)$ Ortsvektor des Teilchens i
R, Q ...	Symmetrieoperation
ρ	Ortsanteil einer Einteilchen-Dichtematrix, Einteilchen-Aufenthaltswahrscheinlichkeitsdichte
$\boldsymbol{s}$	Spinvektor eines Teilchens
s	entsprechende Quantenzahl
$\boldsymbol{S}$	Gesamtspinvektor eines Mehrteilchensystems
S	entsprechende Quantenzahl
S_{mn}	Überlappungsintegral zweier Funktionen f_m und f_n

σ_i	Spinvariable des Teilchens i
σ	Wirkungsquerschnitt eines molekularen Elementarprozesses
$\boldsymbol{u}_i$	Geschwindigkeitsvektor des Teilchens i
$V, \mathcal{V}, U$	Potentialfunktion
$\mathrm{d}V$	Volumenelement
W	Wahrscheinlichkeit
Z_a	Kernladungszahl des Kerns a
ξ_i	$\equiv (\boldsymbol{r}_i, \sigma_i) \equiv (x_i, y_i, z_i, \sigma_i)$ Ort-Spin-Variable des Teilchens i
$\psi, \phi, \ldots$	Einteilchen-Wellenfunktionen
$\Psi, \Phi, \ldots$	Mehrteilchen-Wellenfunktionen

C Einige häufig gebrauchte Abkürzungen

at. E.	atomare Einheit	MO	Molekülorbital
AO	Atomorbital	MD	Molekulardynamik
CI	Konfigurationenüberlagerung	SCF	self-consistent field
DFT	Dichtefunktional-Theorie	ÜA	Übungsaufgabe
HF	Hartree-Fock	ÜK	Übergangskonfiguration
LCAO	Linearkombination von AOs	VB	Valenzbindung
MC	Monte Carlo		

D Maßeinheiten

In den Gleichungen wird durchgängig das *Gaußsche System* (auch als nichtrationales oder konventionelles System bezeichnet) verwendet, das u. a. dadurch charakterisiert ist, dass das Coulomb-Gesetz keine Zahlenfaktoren enthält, während beim *Internationalen System* (SI) dort der Faktor $1/4\pi\varepsilon_0$ auftritt (ε_0 : elektrische Feldkonstante des Vakuums).

Häufig werden *atomare Einheiten* (abgek. at. E., s. oben) benutzt, um Gleichungen einfach zu formulieren und Ergebnisse mit bequem zu schreibenden Zahlenwerten zu erhalten; in diesen Einheiten haben die Elementarladung $\bar{e}$, die Elektronenmasse m_e und die Planck-Konstante $\hbar$ sämtlich den Zahlenwert 1 (s. Anhang A7).

Inhaltsverzeichnis

Teil 1: Grundlagen

Teil 2: Chemische Bindung und Struktur

Teil 3: Molekulare Bewegungen und Prozesse

Teil 4: Modellierung und Simulation molekularer Systeme Computerchemie

Anhang

"Alle ganzzahligen Gesetze der Spektroskopie und der Atomistik fließen letzten Endes aus der Quantentheorie. Sie ist das geheimnisvolle Organon, auf dem die Natur die Spektralmusik spielt und nach dessen Rhythmus sie den Bau der Atome und der Kerne regelt."

(aus dem Vorwort zur ersten Auflage 1919 von Arnold Sommerfeld: Atombau und Spektrallinien. Vieweg, Braunschweig)

Teil 1

Grundlagen

1 Einleitung

Bevor man beginnt, sich mit theoretischen Fragen in den Naturwissenschaften zu beschäftigen, ist es nützlich, sich einige Grundbegriffe und das Anliegen theoretischer Arbeit klarzumachen, damit man die Zielstellung und den Weg erkennt und mitzugehen bereit ist. Versuchen wir also zuerst, den Inhalt und die Vorgehensweise der "theoretischen Chemie" in ihren wissenschaftlichen Rahmen zu stellen. Dabei kann es nicht die Absicht sein, den wissenschaftlichen Erkenntnisprozess in aller Tiefe zu analysieren, es soll lediglich mit einigen Plausibilitätsargumenten beim Leser die notwendige Akzeptanz erzeugt werden.

Auf die allgemeinen Überlegungen folgt ein Überblick über die Ursprünge und die Entwicklung des in diesem Buch behandelten Gebietes. Abschließend wird resümiert, worin wir die Aufgaben der molekularen theoretischen Chemie sehen.

1.1 Einführung in die Thematik

1.1.1 Theorienbildung in den Naturwissenschaften

Der Erkenntnisprozess, den die naturwissenschaftliche Forschung vollzieht, setzt sich aus *empirischen und theoretischen Komponenten* zusammen, die immer in einer engen Wechselbeziehung stehen.[1]

Historisch am Anfang stand sicher das unsystematische, sporadische Sammeln von Beobachtungen. Das hat noch kaum etwas mit einer Wissenschaft zu tun. Von "Forschung", zunächst empirischer Forschung, können wir sprechen, wenn aus Beobachtungen und vielleicht ersten, tastenden Manipulationen gezielt Kenntnisse über einzelne reale Objekte und Systeme gewonnen werden. Dabei enthält die Formulierung einer Frage bereits Vorstellungen über das Objekt und setzt Abstraktionsfähigkeit voraus.

Eine eigentliche theoretische Forschung beginnt dort, wo Beobachtungsresultate geordnet und systematisiert werden. Man abstrahiert vom Einzelfall und bildet durch Hervorheben und Weglassen ein ***Modell*** als vereinfachtes Abbild der Wirklichkeit. In gewissem Maße erfolgt eine Abkopplung vom konkreten Objekt, da ein Modell in der Regel die Eigenschaften *nicht nur eines* Objektes erfasst. Die Konstruktion eines Modells ist ein entscheidender Schritt bei der Theorienbildung, ohne "Modellierung" lassen sich die komplexen und vielfältig untereinander verbundenen realen Objekte und Phänomene nicht beschreiben. Mit dem Modellbegriff und dem Modellierungsproblem werden wir uns in diesem Buch durchgängig beschäftigen.

---

[1] Der an erkenntnistheoretischen und wissenschaftshistorischen Fragen weitergehend interessierte Leser kann hierzu die einschlägige philosophische Literatur oder philosophische Wörterbücher heranziehen.

Vgl. auch Schirmer, W., Zülicke, L.: Konzeptionen und Erfahrungen bei der theoretischen Fundierung der naturwissenschaftlichen Forschung, insbesondere der Chemie. In: Dobrov, G. M., Wahl, D. (Hrsg.) Leitung der Forschung. Probleme und Ergebnisse. Akademie-Verlag, Berlin (1976).

Durch Verallgemeinerungen und Verknüpfungen empirischer Befunde gelangt man zu Vermutungen über objektiv bestehende Zusammenhänge: man stellt *Hypothesen* auf. Bei jedem dieser Schritte erfolgt im Idealfall eine Prüfung durch *Experimente,* d. h. gezielte Fragen an die Natur als Test, zur Absicherung und zur Gültigkeitsabgrenzung. Diese Schritte wiederholen sich iterativ, und wenn sie schließlich zu einem *geordneten System von Aussagen über einen bestimmten Bereich der Wirklichkeit* führen, dann spricht man von einer ***Theorie***. Jede Theorie kann natürlich nur so "gut" sein wie das zugrundegelegte Modell.

Es lassen sich zwei Typen (oder auch zwei Ausbaustufen) von Theorien unterscheiden: Eine *phänomenologische Theorie* ist weitgehend eine Zusammenstellung und Formulierung von Erfahrungstatsachen und hat beschreibendern Charakter; Beispiele einer solchen Theorie sind etwa die Kinematik der Planetenbewegung nach Kepler, die klassische Thermodynamik, das Periodensystem der Elemente nach Mendeleev und die klassische chemische Valenztheorie. Eine *deduktive Theorie* ist auf Axiome gegründet, d. h. sie lässt sich ableiten aus einigen wenigen, im Rahmen dieser Theorie selbst nicht weiter begründeten oder in Frage gestellten Grundvoraussetzungen; sie ist vollständig mathematisch formulierbar, widerspruchsfrei, entscheidbar (d. h. jede im Zuständigkeitsbereich der Theorie gestellte Frage kann eindeutig beantwortet werden), und sie hat einen scharf abgegrenzten Gültigkeitsbereich. Innerhalb dieses Gültigkeitsbereiches lassen sich alle Eigenschaften von Objekten und Erscheinungen in Übereinstimmung mit der Erfahrung beschreiben. Solche deduktiven Theorien sind z. B. die klassische Mechanik, die klassische Elektrodynamik und Optik sowie (von besonderer Bedeutung für die theoretische Chemie) die nichtrelativistische Quantenmechanik. Man kann die Entwicklung der Wissenschaft, insbesondere der Naturwissenschaften, so auffassen, dass ihr ultimatives Ziel darin besteht, deduktive Theorien für möglichst breite Teilgebiete zu entwikkeln.

Vom Begriff der Theorie zu unterscheiden ist der Begriff der ***Methode***. Während als Theorie ein System von Aussagen bezeichnet wird (s. oben), ist eine Methode ein *Mittel*, um auf der Grundlage einer Theorie ein Ziel zu erreichen. Eine quantenchemische Berechnungs*methode* beispielsweise soll dazu führen, Kenntnis über Eigenschaften eines Moleküls zu erlangen. Beide Begriffe sind also eng verknüpft, aber keineswegs identisch. Das wird, wie wir später noch sehen werden, bei manchen eingebürgerten Bezeichnungen nicht deutlich.

Jede Theorie hat zwei Funktionen: eine *Vorhersagefunktion* (prädiktive, prognostische Funktion) und eine *Erklärungsfunktion* (interpretative, explikative Funktion), wobei wir unter einer "Erklärung" die Zurückführung auf einfachere, allgemeinere Gesetzmäßigkeiten oder Erscheinungen, aber auch auf geläufige, allgemein akzeptierte "Tatsachen" verstehen wollen.

Die Theorienbildung ist in den naturwissenschaftlichen Disziplinen unterschiedlich weit fortgeschritten. Im heutigen Gebiet der Physik gab es Ansätze phänomenologischer Theorien bereits in der Antike (Archimedes, Aristoteles u. a.). Eine moderne theoretische Physik mit deduktiven Theorien haben wir seit mehr als 300 Jahren, die älteste davon ist die Newtonsche Mechanik. Als Ausgangspunkt der theoretischen Chemie vor rund 200 Jahren kann man Daltons Gesetze über die Gewichtsverhältnisse bei chemischen Reaktionen betrachten, und seit ca. 90 Jahren entwickeln sich deduktive Theorien für die Struktur und die Reaktivität von Molekülen und molekülartigen Atomaggregaten (Clustern). Das hauptsächlich bildet den Gegenstand dieses Buches. Daneben gibt es selbstständige theoretische Methoden für andere chemische Teilgebiete. In der Biologie schließlich kann man den Beginn einer eigentlichen theoretischen Forschung etwa mit den Mendelschen Vererbungsregeln vor rund 150 Jahren ansetzen. Je komplexer die Systeme und Phänomene sind, desto schwieriger gestaltet sich die theoretische Erschließung.

Über lange Zeit kontrovers diskutiert wurde das Problem der *Reduzierbarkeit* der Chemie: Ist Chemie am Ende nicht mehr als ein spezieller Zweig der Physik? Und wenn wir einen Schritt weitergehen: Ist Biologie zurückführbar auf Physik plus Chemie? Bedeutet die anwachsende Komplexität der Strukturen und Problemstellungen in den Wissenschaften Physik → Chemie → Biologie nur, dass die Zusammenhänge quantitativ vielfältiger, schwerer zu entwirren und Berechnungen dadurch aufwendiger werden? Tatsächlich war dies in der ersten Hälfte des 20. Jahrhunderts eine weitverbreitete Ansicht. Und es sprach einiges für einen solchen Standpunkt: Waren nicht die Pioniere der Quantenchemie überwiegend Physiker, die sich mit der Anwendung der gerade in Entwicklung befindlichen Quantenmechanik (hauptsächlich in der von E. Schrödinger formulierten Fassung, der Wellenmechanik) auf atomare und molekulare Systeme befassten? Ihnen, nämlich Forschern wie W. Heitler, F. London, F. Hund, L. Pauling, auch J. C. Slater, H. Hellmann und anderen, gelang es erstmalig, auf dieser Grundlage die kovalente chemische Bindung (wenn auch quantitativ noch nicht befriedigend) zu beschreiben. Damit hatte man Ende der 20er Jahre des vorigen Jahrhunderts an einfachsten (überwiegend zweiatomigen) Systemen ein Grundphänomen der Chemie "erklärt", worum sich zuvor Generationen von Forschern vergeblich bemüht hatten. Kein Wunder also, dass viele damit die Aufgabe, der Chemie ein theoretisches Fundament zu geben, als gelöst ansahen und sich anderen Forschungsfeldern zuwendeten. Ein Ausdruck dieser Haltung ist der berühmte Satz von P. A. M. Dirac 1929[2]: "Die für die mathematische Theorie eines großen Teiles der Physik und der gesamten Chemie notwendigen grundlegenden physikalischen Gesetze sind also vollständig bekannt, und die Schwierigkeit besteht nur darin, dass die exakte Anwendung dieser Gesetze auf Gleichungen führt, die viel zu kompliziert sind, um gelöst werden zu können." – eine Einschätzung, die der weiteren Entwicklung der theoretischen Chemie sicher nicht genützt hat.

Heute ist man sich weitgehend darüber einig, dass eine pure reduktionistische Auffassung, für die auch das eben genannte Dirac-Zitat immer wieder als maßgebliche Referenz diente, so nicht richtig sein kann und dass in der Chemie auch eigenständige, nicht-reduzible Gesetzmäßigkeiten gelten; zwar unterliegen die chemischen Systeme und Phänomene den gewissermaßen tieferliegenden Gesetzen der Physik und widersprechen ihnen nirgends, die physikalischen Gesetze allein genügen aber nicht, um alles, was die Chemie ausmacht, direkt aus ihnen herzuleiten.

1.1.2 Theoretische Chemie

Unter "theoretischer Chemie" wollen wir das gesamte Theoriengebäude der Chemie verstehen einschließlich der entsprechenden Methodik für die Anwendung. Das Fundament wird in der Tat überwiegend von der theoretischen Physik geliefert: die Quantenmechanik, die statistische Physik und die Thermodynamik reversibler und irreversibler Prozesse bilden die drei Säulen, welche das Gebäude der theoretischen Chemie tragen. Sie allein ergeben aber noch keine umfassende Theorie der Chemie; es müssen spezifische Methoden und Modellbildungen hinzukommen, die den Besonderheiten chemischer Systeme Rechnung tragen, wie z. B.

---

[2] Dirac, P. A. M.: Quantum Mechanics of Many-Electron Systems. Proc. Roy. Soc. (London) **A 123**, 714-733 (1929)

chemische Ähnlichkeit, funktionelle Gruppen, homologe Reihen etc. Gerade bei der Einbeziehung solcher Konzepte liegt heute eine der "Hauptbaustellen" des Gebietes, das insofern noch durchaus unfertig ist.

Den Inhalt dieses Buches bildet die *molekulare theoretische Chemie*; sie befasst sich mit den Strukturen und Prozessen im molekularen Maßstab. Es geht also hauptsächlich um die chemische Bindung in all ihrer Vielfalt und die dadurch bestimmte Molekülstruktur sowie die molekularen Elementarakte der chemischen Umwandlungen; oft wird das Gebiet durch die Begriffe ***Quantenchemie*** und ***Reaktionsdynamik*** umrissen. Hier vollzieht sich eine beeindruckende Entwicklung, in der die Grundlagen für Anwendungen gelegt werden, wie man sie sich noch vor 10 – 20 Jahren in dieser Breite und Realitätsnähe nicht vorstellen konnte. Um dabei voranzukommen, müssen die Methoden so aufbereitet werden, dass Berechnungen für komplexe Systeme, wie sie nun einmal in der chemischen Praxis meist (jedoch nicht ausschließlich) vorliegen, ohne wesentliche Einbuße an Zuverlässigkeit durchführbar werden und damit das oben zitierte Diracsche Diktum nicht mehr gilt.

Das Gebiet, das sich mit dieser Aufgabe befasst, ist innerhalb kurzer Zeit zu einem wichtigen Teil der theoretischen Chemie geworden und wird durch die Begriffe ***Modellierung*** und ***Simulation*** charakterisiert, oft auch unter der Sammelbezeichnung ***Computerchemie*** zusammengefasst. Es verdankt seinen Aufstieg nicht zuletzt der rasanten Entwicklung der Computertechnik, sowohl der Hardware als auch der Software. Ohne diese relativ junge Teildisziplin sind bereits heute ganze Wirtschaftszweige mit ihrer Forschung und Entwicklung nicht mehr vorstellbar; als markantes Beispiel kann die Pharmaindustrie genannt werden.

1.2 Die Wurzeln der molekularen theoretischen Chemie

Die molekulare theoretische Chemie beruht auf der schon sehr alten Vorstellung, dass die Stoffe aus kleinsten, unteilbaren Partikeln – den "Atomen" – bausteinartig zusammengesetzt sind. Wie man seit mehr als hundert Jahren weiß, muss die Annahme der Unteilbarkeit relativiert werden, und fast ebensolange kennt man auch die Gesetzmäßigkeiten, die dem Verhalten der Atome und ihrer Bestandteile – der Atomkerne und der Elektronen – zugrundeliegen: die Quantentheorie. Das Zusammenspiel der Bewegungen und Wechselwirkungen der Atomkerne und Elektronen bestimmt die Bildung von Molekülen, deren Eigenschaften und Umwandlungen sowie schließlich unter Hinzunahme der Gesetze der statistischen Physik die Eigenschaften von Systemen aus sehr vielen solcher Atome, d. h. auch die Eigenschaften von Nanopartikeln und Stoffen aller Art. Man könnte die Grundlagen der *molekularen theoretischen Chemie* also auch durch die Schlagworte Atomistik, Quantentheorie und Molekularstatistik charakterisieren.

1.2.1 Kurzer historischer Abriss

Über die Anfänge und die historische Entwicklung des Gebietes gibt es eine Vielzahl ausführlicher Darstellungen (so in nahezu allen einschlägigen Lehrbüchern der physikalischen Chemie, etwa [1.1]), denen hier nicht eine weitere hinzugefügt werden muss. Gänzlich darüber hinwegzugehen würde allerdings dem Anspruch des Buches nicht gerecht werden.

Die frühesten bekannten Vorläufer atomistischer Vorstellungen stammen von dem antiken griechischen Philosophen Leukipp und dessen Schüler Demokrit im 5./4. Jh. v. Chr., später weitergeführt von Epikur u. a. Spekulativ wurde ein Aufbau der stofflichen Materie aus kleinsten, nicht weiter teilbaren Partikeln (*Atome*: aus dem Griech. ἄτομος [atomos] = das Unteilbare) angenommen. Über diese antike Atomlehre haben wir vornehmlich indirekte, überlieferte Kenntnisse, da viele originale Werke verlorengegangen sind.

Der spätantike Philosoph Simplikios, der im 6. Jh. n. Chr. in Alexandria und Athen wirkte, schrieb in seinen Kommentaren zu Aristoteles' *Physik*: "Leukippos und Demokritos und ihre Anhänger sowie später Epikuros behaupteten, die Primärkörper [Atome] seien unendlich an Menge. Sie hielten sie für unteilbar, unzerlegbar und unempfindlich [gegen Einwirkungen], weil sie fest seien und keinen Anteil am Leeren hätten. Zerlegung erfolge nämlich mittels des Leeren in den Körpern, die Atome aber seien in dem unendlich großen Leeren voneinander getrennt und bewegten sich, durch Form, Größe, Lage und Anordnung voneinander unterschieden, im Leeren. Dabei begegneten sie einander und stießen zusammen. Die einen würden in beliebige Richtung zurückgeschleudert, andere verflöchten sich entsprechend ihrer Übereinstimmung in Form, Größe, Lage und Anordnung, sie blieben beieinander und bewirkten so die Entstehung zusammengesetzter Dinge."[3]

Erst im Verlauf des 17./18., besonders aber des 19. Jh. kamen mehr und mehr *wissenschaftliche,* experimentell gestützte Belege für eine solche atomistische Struktur der Stoffe zusammen. Eine Reihe großer Namen markiert diese Entwicklung, darunter R. Boyle, M. W. Lomonosov, D. Bernoulli, J. Dalton, L. J. Gay-Lussac, A. Avogadro, J. J. Berzelius, D. I. Mendeleev u. a. Offen blieb dabei vieles, insbesondere wodurch die "Atome" untereinander in den Stoffen zusammengehalten werden.

Entscheidende Schritte in Richtung auf ein Verständnis der Eigenschaften und Wechselwirkungen der Atome wurden möglich, als man herausfand, dass diese als unteilbar angenommenen Partikel keineswegs unteilbar sind, sondern aus noch kleineren geladenen Teilchen – einem positiv geladenen Atomkern (in dem die Masse des Atoms ganz überwiegend konzentriert ist) und meist mehreren einfach negativ geladenen, viel leichteren Elektronen – bestehen (H. Helmholtz, J. J. Thomson, P. Lenard, E. Rutherford). Diese Erkenntnisse führten auf der Grundlage der damals als universell gültig angenommenen klassischen theoretischen Physik (klassische Mechanik und Elektrodynamik) zu einem *klassischen Modell* des Atoms, dem *Lenard-Rutherfordschen Atommodell* (1903/1911), auf das wir im folgenden Abschnitt noch etwas näher eingehen werden.

Da die Kräfte zwischen geladenen Teilchen aus der Elektrizitätslehre bzw. Elektrodynamik (J. C. Maxwell 1873) bekannt waren, bestand nunmehr die Aussicht, endlich auch eine grundsätzliche "Erklärung" für den Zusammenhalt und den Aufbau der Stoffe (also insbesondere für die chemische Bindung) sowie für die besonderen Eigenschaften der Atome und Moleküle zu finden – vorausgesetzt, man kannte die richtigen Bewegungsgesetze. Wie sich allerdings bald herausstellte (s. Abschn. 1.2.2), konnten das nicht die bewährten Gesetze der klassischen Physik sein.

Hervorzuheben ist hier noch ein Gebiet, auf dem sich die atomistischen Vorstellungen bereits früh manifestierten und das wesentlich zur Grundlegung der molekularen theoretischen Chemie beigetragen hat, nämlich die Deutung und Beschreibung der Eigenschaften von Gasen als Systeme aus vielen Teilchen. Sie begann im 18. Jh., entwickelte sich zu einer bereits weit-

[3] Zitat nach Jürß, F., Müller, R., Schmidt, E. G. (Hrsg.): Griechische Atomisten. Reclam, Leipzig (1973).

gehend geschlossenen *kinetischen Theorie der Gase* und mündete in der zweiten Hälfte des 19. Jahrhunderts in die *statistische Thermodynamik*, verallgemeinert dann zur *statistischen Mechanik*. Diese Entwicklung ist verbunden mit den Namen J. C. Maxwell, L. Boltzmann, J. W. Gibbs u. a. (s. hierzu die Anhänge A3 und A4).

1.2.2 Schwierigkeiten der klassischen Physik im atomaren Bereich

Als zu Beginn des 20. Jahrhunderts experimentelle Untersuchungen zunehmend in den atomar-molekularen Bereich vorzudringen imstande waren, zeigten sich alsbald Unzulänglichkeiten und Widersprüche bei dem Versuch, die Beobachtungsergebnisse auf der Grundlage der klassischen Mechanik und Elektrodynamik zu beschreiben und zu verstehen. Das betraf insbesondere drei Problemkreise:

A Modellvorstellungen über Atome

Das *klassische Atommodell*, wie es von Lenard und Rutherford 1903/1911 auf der Grundlage des damaligen Kenntnisstandes entwickelt wurde, beruht auf dem folgenden Bild (s. Abb. 1.1): Ein Atom besteht aus einem positiv geladenen Atomkern von der Ausdehnung etwa 10^{-12} cm, in dem fast die gesamte Masse des Atoms konzentriert ist, und einer Anzahl von negativ geladenen, nochmals eine Größenordnung kleineren und vergleichsweise sehr leichten Elektronen (Massenverhältnis Elektron/Kern höchstens 1:2000). Von den Elektronen wurde angenommen, dass sie sich nach den Gesetzen der klassischen Mechanik um den Kern bewegen, ganz analog zur Bewegung der Planeten um die Sonne, nur dass zwischen jenen Himmelskörpern Gravitationskräfte wirken, im Atom jedoch (wo diese Gravitationskräfte auf Grund der winzigen Massen vernachlässigbar schwach sind) Coulomb-Kräfte dominieren; beide Kraftarten haben die gleiche Abstandsabhängigkeit, führen folglich klassisch-mechanisch zu den gleichen Bewegungstypen (sog. *atomares Kepler-Problem*, auch als *Planetenmodell des Atoms* bezeichnet).

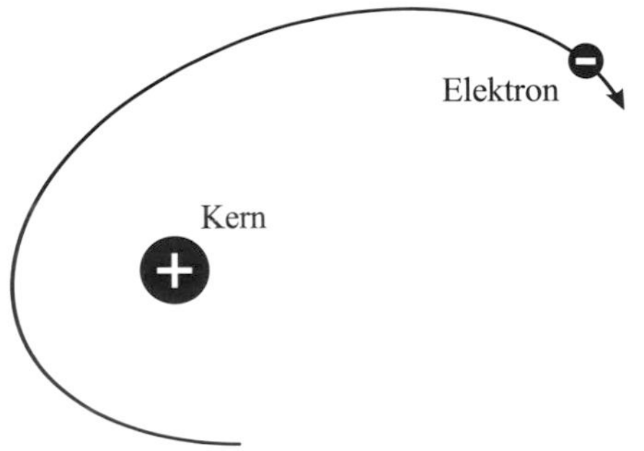

Abb. 1.1
Atomares Kepler-Problem

Es zeigt sich jedoch bereits beim einfachsten Fall, dem Wasserstoffatom, dass diese Vorstellung auf Widersprüche zu experimentellen Befunden führt. Beispielsweise lassen sich damit folgende Beobachtungen nicht erklären:

- Streuexperimente ergeben stets, dass das Atom im "Normalzustand" (was das heißt, werden wir später sehen) eine Ausdehnung von der Größenordnung 10^{-8} cm hat, während nach der klassischen Theorie beliebige (insbesondere auch wesentlich kleinere) Abmessungen der Elektronenbahn möglich sein sollten;

- Wasserstoffatome sind lange Zeit stabil und strahlen im "Normalzustand" nicht. Nach der klassischen Theorie hingegen müssten sie (als schwingende "Mikrodipole" Kern–Elektron) ständig elektromagnetische Wellen abstrahlen und damit Energie verlieren, so dass das Elektron schon nach sehr kurzer Zeit in den Kern stürzen würde.

Abb. 1.2
Serie in einem Atomspektrum (schematisch)

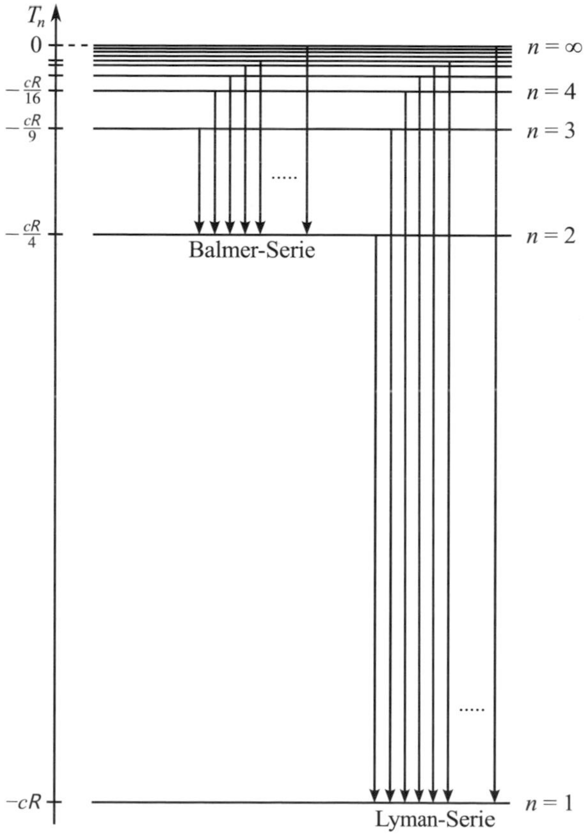

Abb. 1.3
Termschema des Wasserstoffatoms (nach [I.4a])

- Das Spektrum angeregter Wasserstoffatome besteht aus Folgen von Linien zu diskreten Frequenzen, die mehrere *Serien* mit jeweils einer Häufungsstelle (*Seriengrenze*) bilden, s. Abb. 1.2. Im Gegensatz hierzu erlaubt die klassische Theorie beliebige Umlaufzeiten τ des Elektrons um den Kern und damit beliebige Frequenzen $\nu = 1/\tau$, $2/\tau$, $3/\tau$, ...; dabei müsste sich überdies τ infolge der Energieabstrahlung stetig ändern, so dass Wasserstoffatome ein durchgängig kontinuierliches Spektrum von Frequenzen aufweisen sollten.

Empirisch fand man, dass sich jede Frequenz ν in einer *Serie* als Differenz zweier Zahlen aus einer Folge T_1, T_2, T_3, ... (sog. spektroskopische *Terme*) schreiben lässt:

$$\nu = \nu_{mn} = T_m - T_n \; , \tag{1.1}$$

wobei ein solcher Term durch eine einfache Formel,

$$T_n = a / n^2 \quad (n = 1, 2, 3, ...) \tag{1.2}$$

mit einem Zahlenparameter $a = cR$ gegeben ist; dabei bezeichnet c die (Vakuum-) Lichtgeschwindigkeit und $R \equiv R_\infty = 109737 \text{ cm}^{-1}$ die *Rydberg-Konstante* (s. Tab. A7.1). Die Abb. 1.3 zeigt ein Schema solcher Termfolgen für zwei Serien des Wasserstoffspektrums.

B Absorption und Emission von Strahlung: Doppelnatur der Strahlung

In Schwierigkeiten geriet die klassische Physik auch bei der Beschreibung von Vorgängen der Absorption und Emission von elektromagnetischer Strahlung. M. Planck hatte bereits 1900 empirisch, anhand experimenteller Daten, eine Formel für die Energiedichte (Energie pro Volumeneinheit) der sogenannten *Hohlraumstrahlung* aufgestellt. Wird bei Strahlungsgleichgewicht die Energiedichte $\mathrm{d}\mathcal{U}$ im Hohlraum, die auf die (unpolarisierte) Strahlung im Frequenzintervall $\nu ... \nu + \mathrm{d}\nu$ entfällt, als

$$\mathrm{d}\mathcal{U} = \mathcal{u}(\nu)\mathrm{d}\nu \tag{1.3}$$

geschrieben, dann gilt für die *spektrale Energiedichte* $\mathcal{u}(\nu)$ die später so genannte ***Plancksche Strahlungsformel***

$$\mathcal{u}(\nu) = (8\pi h\nu^3/c^3)/[\exp(h\nu / k_B T) - 1] \tag{1.4}$$

(c bezeichnet die Lichtgeschwindigkeit, k_B die Boltzmann-Konstante).

Unter Hohlraumstrahlung versteht man die in einem innen schwarz ausgekleideten, auf einer festen Temperatur T gehaltenen Hohlraum vorhandene Strahlung, die durch eine kleine Öffnung austreten und vermessen werden kann (s. Abb. 1.4a). Ein solcher Hohlraum ist weitgehend die Realisierung eines idealen "schwarzen Körpers", der dadurch definiert ist, dass er Strahlung beliebiger Wellenlänge vollständig absorbiert. Modellhaft wird ein schwarzer Körper durch eine Gesamtheit von Oszillatoren (gewissermaßen als atomare Sender und Empfänger) repräsentiert.

Das *Strahlungsgesetz* (1.4) (s. Abb. 1.4b) lässt sich nach Planck so interpretieren, dass die Energie der Strahlung einer Frequenz ν durch die atomaren Oszillatoren, aus denen man sich die Wände des schwarzen Körpers aufgebaut vorstellen kann, nur in "Energiepaketen", "Energiebrocken" (bald sprach man von *Energiequanten*)

$$\varepsilon = h\nu = \hbar\omega \tag{1.5}$$

absorbiert oder emittiert werden kann ($\omega = 2\pi\nu$ und $\hbar = h / 2\pi$). Die von Planck durch Vergleich mit experimentellen Daten ermittelte Konstante h hat die Dimension einer Wirkung, also Energie×Zeit, und wird heute als *Plancksches Wirkungsquantum* oder *Plancksche Konstante* bezeichnet; ihr Zahlenwert ist im Vergleich zu makroskopischen Maßstäben außerordentlich klein: $h = 6{,}626\times 10^{-34}$ Js (s. Tab. A7.1).

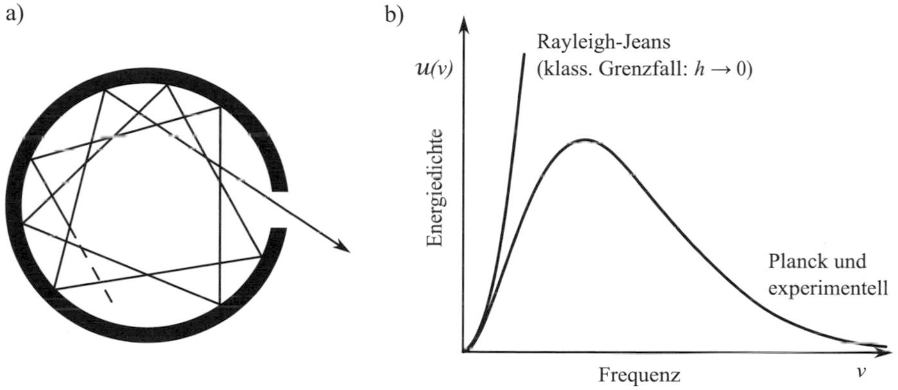

Abb. 1.4 Zur Hohlraumstrahlung

Die klassische Theorie erlaubt die Absorption und Emission von Energie in beliebigen Portionen, entspricht damit dem Grenzfall $h \to 0$ und führt zu einer Strahlungsformel (J. W. Rayleigh und J. Jeans 1900), die für niedrige Frequenzen brauchbar ist (s. Abb. 1.4b), für höhere Frequenzen aber völlig versagt und sogar divergiert (sog. Ultraviolettkatastrophe).

Durch eine solchen "Energie-Quantelung" erhält die elektromagnetische Strahlung eine eigentümliche Doppelnatur: einerseits war bekannt, dass sie sich wie eine Welle verhielt (womit ihre Ausbreitung sowie alle Beugungs- und Interferenzerscheinungen korrekt beschrieben werden konnten), andererseits ließ sie sich als ein Strom von "Licht-Teilchen" auffassen, die wie eben beschrieben bei der Absorption bzw. Emission in Erscheinung treten.

Mit dieser revolutionär neuen Vorstellung von den Energiequanten, der ***Planckschen Quantenhypothese***, ließen sich nun auch weitere Phänomene, die im Rahmen der klassischen Theorie unverständlich blieben, zwanglos erklären. Das betraf u. a. den sog. *photoelektrischen Effekt*, d. h. die Emission von Elektronen aus Metallen bei Bestrahlung mit ultraviolettem Licht (A. Einstein 1906). Dabei setzt die Emission erst oberhalb eines bestimmten, je nach Art des Metalls unterschiedlichen Frequenz-Schwellenwertes ein, und zwar unabhängig von der Intensität des Lichts, und die kinetische Energie der emittierten Elektronen steigt linear mit der Frequenz an (s. Abb. 1.5):

$$m_e u^2 / 2 = h\nu - \Phi \tag{1.6}$$

(m_e ist die Elektronenmasse, u die Geschwindigkeit der Elektronen und Φ die sog. Austrittsarbeit, gewissermaßen die Bindungsenergie der Elektronen im Metall). Die Energie $h\nu$

der Lichtquanten muss also größer als die Austrittsarbeit sein, damit Elektronen freigesetzt werden können. Die klassische Theorie ergibt etwas ganz anderes, nämlich eine Abhängigkeit nur von der Intensität des Lichts.

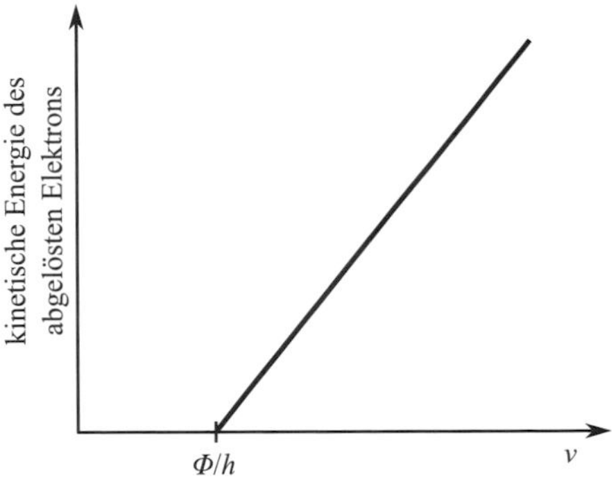

Abb. 1.5
Photoelektrischer Effekt (schematisch)

Auch bei der Erklärung des nach der klassischen Theorie unverständlichen Verhaltens der *spezifischen Wärmen* der Stoffe u. a.m. bewährte sich die Quantenhypothese und wurde bald weitgehend akzeptiert.

Hier soll noch kurz auf den sogenannten *Compton-Effekt* (A. H. Compton 1922) eingegangen werden, der besonders deutlich den quasi-korpuskularen Charakter der elektromagnetischen Strahlung zeigt: Bei Einwirkung von Röntgen- oder γ-Strahlung auf bestimmte Festkörper (z. B. Graphit) tritt in der Streustrahlung neben einem "normalen" gestreuten Anteil mit unveränderter Wellenlänge λ noch ein Anteil mit größerer Wellenlänge λ' auf, wobei sich die Differenz dieser beiden Wellenlängen bei Messung unter einem Streuwinkel θ als

$$\Delta\lambda \equiv \lambda' - \lambda = (2h/m_e c)\sin^2(\theta/2) \tag{1.7}$$

ergibt (s. Abb. 1.6). Klassisch ist der Strahlungsanteil mit λ' unverständlich, mittels der Quantenhypothese aber kann er als Folge der Übertragung von Energie und Impuls eines Lichtquants auf ein im Festkörper gebundenes Elektron interpretiert und berechnet werden.

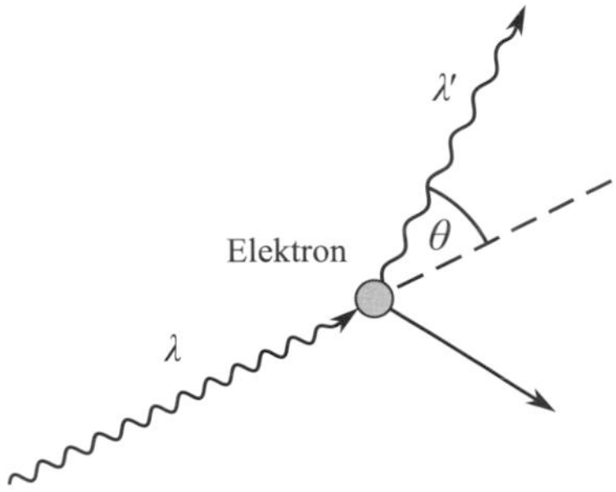

Abb. 1.6
Zum Compton-Effekt (schematisch)

Bereits zu Beginn des 20. Jh. wurde somit klar, dass in der "Mikrophysik", in der Welt der Atome und Moleküle, die klassische Mechanik und Elektrodynamik nicht mehr anwendbar sind, dass sie zumindest modifiziert, wenn nicht gänzlich verworfen werden müssen.

Eine entsprechende Ergänzung der klassischen Theorie wurde in der "älteren Quantentheorie" des Atoms von N. Bohr und A. Sommerfeld (1913) versucht: Man behielt die klassische Beschreibung der Bewegung eines Elektrons im Atom prinzipiell bei, ergänzte sie jedoch durch einige zusätzliche Annahmen, die sogenannten *Quantenpostulate*:

(a) Das Atom existiert nur in bestimmten stationären Zuständen mit diskreten Werten der Energie, E_n (n = 1, 2, 3, ...), in denen keine Strahlung emittiert wird.

(b) Zwischen den stationären Zuständen sind sprunghafte Übergänge möglich, bei denen jeweils ein Energiequant

$$h\nu_{mn} = |E_m - E_n| \tag{1.8}$$

absorbiert bzw. emittiert wird.

Für das Wasserstoffatom ergibt sich durch Vergleich mit den empirischen Beziehungen (1.1) und (1.2):

$$E_n = -hcR / n^2 . \tag{1.9}$$

Mittels auf dieser Grundlage formulierter *Quantisierungsregeln* wurde versucht, aus der Gesamtheit der klassisch möglichen Bewegungen die offenbar existierenden strahlungsfreien stationären Zustände gewissermaßen herauszufiltern. Zwar führten solche im Grunde unverstandenen Postulate und Regeln zu einigen Erfolgen, das Verfahren versagte aber bereits bei recht einfachen Problemen, etwa beim Grundzustand des harmonischen Oszillators, vor allem aber bei Mehrelektronenatomen und Molekülen. Offenbar war eine grundsätzlich neue Art von Mechanik erforderlich, um die Bewegung von Mikroteilchen beschreiben zu können.

C Bewegung von Mikroteilchen: Doppelnatur der Teilchen

Ein entscheidender Schritt in Richtung auf eine neue Theorie der Bewegung von Mikroteilchen wie Elektronen war die zunächst spekulative Überlegung von L. de Broglie (1924), dass nicht nur die elektromagnetische Strahlung, sondern auch Teilchen (mit einer endlichen Ruhmasse) eine Doppelnatur als Partikel einerseits und als Welle andererseits aufweisen könnten. Ein solcher Gedanke erschien nicht von vornherein als absurd, da man durch Einsteins Relativitätstheorie wusste, dass Strahlung und Stoff bzw. Masse nur zwei verschiedene Erscheinungsformen von "Materie" sind und sich ineinander umwandeln können; dabei verknüpft die berühmte Formel $E = mc^2$ die Masse m mit der Energie E der entsprechenden Strahlung.

Noch ehe es für diese ***de-Broglie-Hypothese*** direkte experimentelle Belege gab, wurde die Idee aufgegriffen und zu einem der Ausgangspunkte für eine neue Theorie der Bewegung von Mikroteilchen ausgebaut. In einer Reihe von 1926 publizierten Arbeiten[4] entwickelte

[4] (a) Schrödinger, E.: Quantisierung als Eigenwertproblem. I – IV. Ann. Phys. 4. Folge **79**, 361-376 (1926); ibid. **79**, 489-527 (1926); ibid. **80**, 437-490 (1926); ibid. **81**, 109-139 (1926);
(b) Schrödinger, E.: Über das Verhältnis der Heisenberg-Born-Jordanschen Quantenmechanik zu der meinen. Ann. Phys. 4. Folge **79,** 734-756 (1926);
(c) Schrödinger, E.: Abhandlungen zur Wellenmechanik. Hirzel, Leipzig (1928)

E. Schrödinger eine "Wellenmechanik", ausgehend vom Hamilton-Jacobi-Formalismus der klassischen Mechanik (s. Anhang A2.4.4).

Kurz zuvor hatte bereits W. Heisenberg (1925) einen anderen Zugang zu einer neuen Mechanik gefunden und unter Mitwirkung von M. Born und P. Jordan weiter ausgearbeitet,[5] der zunächst ganz verschieden vom Schrödingerschen Ansatz erschien, diesem aber, wie sich bald herausstellte, äquivalent war (s. Fußnote 4b). Wir werden in diesem Kurs hauptsächlich die Wellenmechanik zugrundelegen (s. aber Abschn. 3.1.5).

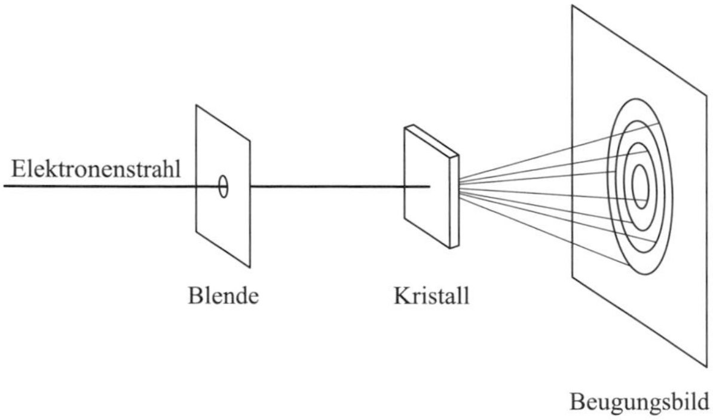

Abb. 1.7
Elektronenbeugung beim Durchgang durch ein Kristallgitter (schematisch)

Ab 1927 konnte man dann auch experimentell nachweisen, dass die Bewegung von Elektronen und anderen Mikroteilchen Wellenaspekte besitzt: C. J. Davisson und L. H. Germer fanden bei der Reflexion eines Elektronenstrahls an Kristalloberflächen, G. P. Thomson beim Durchgang von Elektronen durch eine Metallfolie (s. Abb. 1.7) *Beugungserscheinungen*, wie sie für Wellenvorgänge typisch sind und ganz analog auch bei Röntgenbestrahlung beobachtet wurden (M. von Laue 1912, W. L. Bragg 1913).

Der hier knapp zusammenfassend geschilderte, um 1925 – 1927 erreichte Stand der Forschung markierte den Beginn einer neuen Ära in der Theorie atomarer und molekularer Systeme, die Entstehung eines bald als *Quantenchemie* bezeichneten Gebietes. Wie sich allerdings schon früh zeigte, führt eine rigorose und durchgängige Ersetzung der klassischen Mechanik durch die neue Quantenmechanik zu so komplizierten mathematischen Problemen (s. das bereits erwähnte Dirac-Zitat), dass eine direkte Anwendung auf chemisch relevante Systeme aussichtslos erschien. Eine zentrale Aufgabe bestand und besteht deshalb darin herauszufinden, welche Vereinfachungen vorgenommen werden können, ohne substantiell an Qualität bzw. Zuverlässigkeit der Beschreibung einzubüßen. Die so verstandene *Modellbildung* wird uns in allen folgenden Kapiteln des Kurses beschäftigen. Dabei wird es immer wieder auch darum gehen, ob nicht zumindest für Teilprobleme und für bestimmte Fragestellungen doch eine klassische Beschreibung und damit viel einfachere Berechnungen ausreichend sind.

[5] Heisenberg, W.: Über quantentheoretische Umdeutung kinematischer und mechanischer Beziehungen. Z. Phys. **33**, 879-893 (1925);
Born, M., Heisenberg, W., Jordan, P.: Zur Quantenmechanik II. Z. Phys. **35**, 557-615 (1926);
Heisenberg, W.: Die physikalischen Prinzipien der Quantentheorie. Hirzel, Leipzig (1930)

Tatsächlich gibt es solche Möglichkeiten, und sie haben entscheidend dazu beigetragen, den Anwendungsbereich der molekularen theoretischen Chemie bis zu praxisrelevanten Aufgabenstellungen auszudehnen.

1.3 Quantenchemie der molekularen Strukturen und Prozesse

1.3.1 Was verstehen wir unter Quantenchemie?

Als Kerngebiet der *molekularen theoretischen Chemie* betrachten wir in diesem Buch die *Quantenchemie*, und zwar in einer sehr weitgespannten Auffassung: Es werden nicht nur diejenigen Eigenschaften der Atome und Moleküle einbezogen, die durch die Elektronenhüllen bestimmt sind, sondern auch alles, was mit den Bewegungen der Atome zusammenhängt. Das soll helfen, den Blick auf das molekulare Gesamtprolem der Strukturen und Wechselwirkungskräfte einerseits und der Bewegungsvorgänge der Atome andererseits offenzuhalten.

Den *Gegenstand* der molekularen theoretischen Chemie bilden die Strukturen und Wechselwirkungen in Raumbereichen mit Abmessungen der Größenordnung 1 Å (= 10^{-10} m) und deren Zusammenspiel beim Aufbau der Stoffe. Es gehören hierzu also: die Struktur der Elektronenhüllen von Atomen und Molekülen sowie die dadurch bedingten physikalisch-chemischen Eigenschaften (z. B. Spektren), die chemische Bindung in ihrer breiten Vielfalt, die attraktiven oder repulsiven zwischenmolekularen Kräfte, die zur Bildung größerer Atomaggregate (Cluster, Festkörper, Adsorbate etc.) führen können sowie die Energieaustauschvorgänge und Umwandlungsprozesse (Reaktionen) bestimmen.

Atome und Moleküle bestehen aus positiv geladenen Atomkernen und einfach negativ geladenen Elektronen. Während die Elektronen Elementarteilchen (im üblichen physikalischen Sprachgebrauch) sind, handelt es sich bei Atomkernen um aus den Elementarteilchen Protonen und Neutronen (Nukleonen) zusammengesetzte Teilchen, die jedoch nur bei Energien, die weit oberhalb des für die Chemie relevanten Energiebereichs liegen, zerlegt werden können.[6] Im Folgenden betrachten wir dementsprechend die Atomkerne und die Elektronen als *für die Chemie elementare Teilchen* und deren Eigenschaften Masse, Ladung und Spin als empirisch gegebene Parameter.

Das Verhalten dieser chemisch elementaren Teilchen Atomkerne und Elektronen wird grundsätzlich durch die Quantentheorie, genauer: durch die Quanten*mechanik*, beschrieben; daneben aber spielt auch für gewisse Teilprobleme die klassische Mechanik weiter eine Rolle (s. die Anmerkung am Schluss von Abschnitt 1.2.2C).

Es wurde schon darauf hingewiesen, dass die Konzepte und Methoden der Quantenmechanik in ihren Grundzügen der Physik entstammen. Zur ursprünglichen (physikalischen) Quantenmechanik mussten im Laufe der weiteren Entwicklung diverse spezifisch *chemische* Konzepte bzw. Modelle hinzukommen, um die in der Chemie gewohnten und bewährten Vorstellungen,

[6] Die Bindungsenergie pro Nukleon in einem Atomkern liegt bei mehreren MeV, also mehr als etwa 6-7 Größenordnungen oberhalb der Energien, die bei chemischen Vorgängen eine Rolle spielen. Dass solche Elementarteilchen wie Elektronen, Protonen, Neutronen u. a. ihrerseits eine innere Struktur haben, die bei noch viel höheren Energien wichtig wird, können wir hier vollständig außer Betracht lassen.

empirischen Befunde und Regeln über Molekülstruktur, Bindungslokalisierung u. a. in die theoretische Beschreibung zu integrieren und so zu einer wirklichen Quanten*chemie* zu gelangen.

1.3.2 Die Herausbildung der Quantenchemie

Die Bezeichnung "Quantenchemie" als Anwendung der Quantenmechanik auf Probleme der molekularen Chemie taucht anscheinend erstmals 1929 im Titel von Vorträgen des Physikochemikers Arthur Haas vor der Chemisch-Physikalischen Gesellschaft Wien[7] auf. Das Gebiet war damals, besonders nach dem Erscheinen der Arbeit von W. Heitler und F. London 1927 über die "Wechselwirkung neutraler Atome und homöopolare Bindung nach der Quantenmechanik"[8] international aktuell; es wurde intensiv geforscht und viel darüber publiziert, Tagungen und Vortragsreihen zu dieser Thematik fanden statt. Die erste umfassende Monographie schrieb Hans Hellmann; sie trug den Titel "Quantenchemie" und erschien fast zeitgleich 1937 in russischer und (überarbeitet und aktualisiert) in deutscher Fassung [1.2].

Hans Hellmann und die Entwicklung der Quantenchemie [9]

Die Beiträge von Hans Hellmann zur Entwicklung der Quantenchemie sind lange Zeit kaum gewürdigt worden, sie waren schließlich nahezu vergessen. Das hatte sicher wesentlich zu tun mit den politischen Verhältnissen in Deutschland und Europa während der 1930er Jahre des vorigen Jahrhunderts, mit seiner Emigration in die Sowjetunion und mit seinem tragischen Tod im Alter von nur 35 Jahren. Er wurde am 29. Mai 1938 nach Schuldspruch in einem Spionageprozess erschossen; im Jahre 1957 erfolgte seine vollständige Rehabilitierung.

Die wissenschaftlichen Leistungen Hans Hellmanns können hier nicht in ihrem ganzen Umfang dargestellt und eingeschätzt werden; wir müssen uns mit wenigen Hinweisen begnügen und kommen in den folgenden Kapiteln auf einige Punkte zurück. Grundlegend wichtig sind Hellmanns bahnbrechende Überlegungen zum Verständnis der kovalenten chemischen Bindung. Von ihm wurde erstmals und in den Grundzügen heute noch gültig erkannt, wie das Wechselspiel von kinetischen und potentiellen Energiebeiträgen bei der Annäherung zweier Atome zu einer Stabilisierung (Bindung) führen kann (s. Abschn. 6.1.5). In der Literatur tritt Hellmanns Name in der Bezeichnung eines Ausdrucks für die Kraft zwischen den Kernen zweier Atome eines Moleküls auf; diese in Hellmanns Buch formulierte, heute als Hellmann-Feynman-Theorem bezeichnete Relation (s. Abschn. 3.3) wurde unabhängig auch von R. P. Feynman (1937) gefunden und firmierte lange allein unter dessen Namen. Darüber hinaus sind in Hellmanns Buch bereits die Grundideen für mehrere später wieder aufgegriffene und zu Modellen bzw. Näherungen ausgebaute Konzepte zu finden: etwa die vereinfachte Berücksichtigung der inneren, kernnahen Elektronen durch Rumpfpotentiale (Pseudopotentiale), die Formulierung der quantenmechanischen Gleichungen für die Kernbewegungen u. a.

Zweifellos ist Hans Hellmann einer der bedeutendsten Pioniere der Quantenchemie gewesen, und zwar war er einer der wenigen, die das Gesamtgebiet dieser sich gerade herausbildenden Disziplin beherrschten, die grundlegenden Zusammenhänge verstanden und auf breiter Front zur Entwicklung beitrugen.

---

[7] Haas, A.: Die Grundlagen der Quantenchemie. Eine Einleitung in vier Vorträgen. Akademische Verlagsgesellschaft, Leipzig (1929) (nach den in Fußnote 9 zitierten beiden Artikeln)

[8] Heitler, W., London, F.: Wechselwirkung neutraler Atome und homöopolare Bindung nach der Quantenmechanik. Z. Physik **44**, 455-472 (1927)

[9] Schwarz, W. H. E., Andrae, D., Arnold, S. R., Heidberg, J., Hellmann jr., H., Hinze, J., Karachalios, A., Kovner, M. A., Schmidt, P. C., Zülicke, L.: Hans G. A. Hellmann (1903-1938). I. Ein Pionier der Quantenchemie; II. Ein deutscher Pionier der Quantenchemie in Moskau. Bunsen-Magazin **1**, (I) 10-21, (II) 60-70 (1999)

Eine wissenschaftliche Würdigung und eine Darstellung des tragischen Lebenslaufes dieses bemerkenswerten Wissenschaftlers ist erst 1999 publiziert worden (s. die in Fußnote 9 zitierten beiden Artikel).

1.3.3 Weitere Entwicklung, Stagnation und erneuter Aufschwung

Die Forschungstätigkeit auf dem Gebiet der Quantenchemie ab 1927 war natürlich darauf gerichtet, die neuen theoretischen Mittel an aktuellen chemischen bzw. physikalisch-chemischen Fragestellungen zu erproben.[10] Wir können hier nicht alle Details schildern und nennen nur als prominente (und folgenreiche) Beispiele: das Heisenbergsche Modell des Ferromagnetismus[11], die Studien von F. London[12] zum Ablauf eines molekularen Austauschprozesses A + BC → AB + C und eine Arbeit von H. Bethe[13], die den Ausgangspunkt für eine Theorie der Komplexverbindungen (Ligandenfeldtheorie) bildete. Es folgten erste Schritte in Richtung semiempirischer Verfahren zur Behandlung organischer Moleküle (E. Hückel, L. Pauling, G. W. Wheland u. a.) und auch erste sehr genaue Berechnungen für die einfachsten Moleküle: für das Wasserstoffmolekülion H_2^+ durch Ø. Burrau[14] und für das Wasserstoffmolekül H_2 durch H. M. James und A. S. Coolidge[15]. Grundsätzlich und methodisch Neues kam spärlicher hinzu oder wurde kaum wahrgenommen wie die Arbeiten von H. Hellmann (s. oben). Bedeutende Theoretiker wandten sich anderen Problemen zu, vermutlich weil sie meinten, die grundlegenden Probleme der Chemie seien nun gelöst und die für Anwendungen auf praktisch relevante Aufgabenstellungen der Chemie erforderlichen, hinreichend genauen Berechnungen könnten ohnehin auf absehbare Zeit nicht durchgeführt werden. Ein Ausdruck dieser Ansicht ist die bereits zitierte Äußerung von P. A. M. Dirac (1929).

Damit ging das "erste Goldene Zeitalter der Quantenchemie"[16] zu Ende, und die Entwicklung stagnierte für rund zwei Jahrzehnte, bis sie nach 1950 langsam neu belebt wurde. Auslösend hierfür waren mehrere Faktoren. Zum einen hatten sich Messresultate neuer experimenteller (v. a. spektroskopischer und molekularkinetischer) Methoden angesammelt, die interpretiert werden mussten. Interdisziplinäre Verbindungen zu Nachbargebieten wie Kernphysik und Festkörperphysik vermittelten neue methodische Anregungen. Und die Computertechnik entwickelte sich rasant, so dass es mehr und mehr möglich wurde, mit Berechnungen in bis dahin ungeahnte Dimensionen vorzustoßen.

---

[10] Die Ausführungen dieses Abschnitts folgen in verkürzter Fassung einem Aufsatz zum 50. Jahrestag der Begründung der Quantenchemie [Zülicke. L., Mitteilungsblatt der Chemischen Gesellschaft der DDR **25**, 1-9 (1978)].

[11] Heisenberg, W.: Zur Theorie des Ferromagnetismus. Z. Phys. **49**, 619-636 (1928)

[12] London, F.: Über den Mechanismus der homöopolaren Bindung. In: Debye, P. (Hrsg.) Probleme der modernen Physik (Sommerfeld- Festschrift), S. 104-113 . S. Hirzel, Leipzig (1928) id.:Quantenmechanische Deutung der Vorgänge der Aktivierung. Z. Elektrochemie **35**, 552-555 (1929)

[13] Bethe, H.: Termaufspaltung in Kristallen. Ann. Physik **3**, 133-208 (1929)

[14] Burrau, Ø.: Berechnung des Energiewertes des Wasserstoffmolekel-Ions (H_2^+) im Normalzustand. Danske Vid. Selskab. **M7**, 1-18 (1927)

[15] James, H. M., Coolidge, A. S.: The Ground State of the Hydrogen Molecule. J. Chem. Phys. **1**, 825-835 (1933)

[16] Hirschfelder, J. O.: A Forecast for Theoretical Chemistry. Adv. Chem. Phys. **21**, 73-89 (1971)

Um nur einige der methodischen Entwicklungen zu nennen (zur Erläuterung der Begriffe müssen wir auf die späteren Kapitel dieses Buches verweisen): Es wurde eine Vielzahl neuer oder zumindest weiterentwickelter Ansätze für das Verständnis der Elektronenkorrelation in molekularen Systemen und entsprechende Berechnungsverfahren vorgeschlagen (in Arbeiten von P. O. Löwdin, O. Sinanoğlu u. a.), die den Weg für quantitativ zuverlässige Berechnungen mehratomiger Systeme wiesen. Das Problem der chemischen Bindung wurde neu aufgerollt und detaillierter analysiert (in Arbeiten von K. Ruedenberg u. a.). Die zwischenatomaren Wechselwirkungen und die entsprechenden Potentialfunktionen für elementare molekulare Prozesse bei chemischen Reaktionen konnten zunehmend besser verstanden und theoretisch bestimmt werden, so dass sich damit die Möglichkeit eröffnete, den Ablauf der Prozesse detailliert zu beschreiben und vorauszuberechnen. Mit der Aufdeckung eines fundamentalen Zusammenhangs zwischen Dichteverteilung und Gesamtenergie der Elektronenhülle eines Moleküls (Theorem von P. Hohenberg und W. Kohn, 1964) wurde ein neuer und rechnerisch effizienter Zugang zu Berechnungen größerer mehratomiger Systeme frei.

Heute ist die molekulare theoretische Chemie wieder ein lebendiges, sich kräftig entfaltendes Gebiet, das nicht nur seine Funktion als Grundlagendisziplin der Chemie ausfüllt, sondern inzwischen auch für die chemische Praxis unverzichtbar geworden ist.

1.4 Die Aufgaben der molekularen theoretischen Chemie

Wir beschließen die Einführung in die Thematik des Kurses mit einer Zusammenstellung von Problemen, zu deren Lösung die Chemie von der molekularen Theorie Beiträge erwartet.

An erster Stelle ist das prinzipielle *Verständnis grundlegender chemischer Phänomene*, insbesondere der Bindung und der Reaktivität, zu nennen. In engem Zusammenhang damit steht die Forderung nach *Fundierung und Gültigkeitsabgrenzung des chemischen Begriffssystems*, der zum Teil vor-quantentheoretischen Ordnungsprinzipien, der Valenzregeln usw. Umgekehrt können die "alten" Konzepte Prüfsteine für die Theorie darstellen: Man wird der Theorie nur dann vertrauen und sie akzeptieren, wenn sie mit den bewährten Konzepten korrespondiert, sie stützt und dabei aufzeigt, wo die Grenzen ihrer Anwendbarkeit liegen.

Was die praktische Anwendung betrifft, so ist zunächst ein wichtiges Anliegen die *Interpretation der Messdaten der modernen instrumentellen Analysenmethoden*, soweit sie molekulare Eigenschaften betreffen. Dabei geht es um die Herstellung des Zusammenhangs der Messdaten mit Struktur- und Wechselwirkungsparametern sowie um die möglichst weitgehende Ausschöpfung des diesbezüglichen Informationsgehalts der Daten. Schließlich wird wie bei jeder Theorie auch das Ziel verfolgt, *qualitative und quantitative Voraussagen* zu machen und damit die chemische Praxis zu unterstützen – etwa wenn für bestimmte chemische Verbindungen (z. B. kurzlebige Radikale oder auch biologisch relevante Moleküle) Daten benötigt werden, deren experimentelle Gewinnung aufwendig, kostspielig oder mit den verfügbaren Mitteln gar nicht möglich ist, oder wenn in der Pharmaforschung der Syntheseaufwand durch eine Vorauswahl von Verbindungen mit voraussichtlich günstigen Eigenschaften gesenkt werden soll. Die hierfür erforderlichen methodischen Hilfsmittel, der inzwischen erreichte Stand und eine Auswahl repräsentativer Ergebnisse werden in der Teilen 2 – 4 des Buches dargestellt.

Ergänzende Literatur zu Kapitel 1

[1.1] Brdička, R.: Grundlagen der Physikalischen Chemie. Dt Verlag der Wissenschaften, Berlin (1990)

[1.2] Hellmann, H.: Quantenchemie. ONTI, Moskau und Leningrad (1937) (in Russ.);
id.: Einführung in die Quantenchemie. Deuticke, Leipzig und Wien (1937)

2 Grundbegriffe der Quantenmechanik

Die klassische Mechanik und Elektrodynamik, deren Begriffe aus der uns anschaulich zugänglichen Welt stammen, können grundlegende Phänomene in atomar-molekularen Dimensionen nicht beschreiben. Es mussten daher, als das klar wurde, neue Bewegungsgesetze gesucht werden, die insbesondere den rätselhaften Dualismus von Welle einerseits und Teilchen andererseits, der sich bei Elektronen, aber auch bei Atomkernen, ganzen Atomen und anderen Mikropartikeln zeigt, berücksichtigen können. Einfache Modifizierungen oder Ergänzungen der klassischen Theorie erwiesen sich als nicht ausreichend.

Im vorliegenden Kapitel werden die daraufhin um 1925 formulierten neuen, *quantenmechanischen Bewegungsgesetze* schrittweise eingeführt. Es kann sich nicht um eine Herleitung handeln, denn von der klassischen Theorie, die dabei natürlich den Ausgangspunkt bildet und die erfahrungsgemäß für Objekte und Phänomene in räumlichen Dimensionen der Größenordnung cm und darüber gilt, kann man nicht auf eine tieferliegende, allgemeinere Theorie rückschließen – umgekehrt aber muss sich die klassische Theorie als Grenzfall der mikroskopischen Theorie ergeben.

Es gibt verschiedene Wege, um zur Quantenmechanik zu kommen. Wir geben hier einem intuitiv-heuristischen Zugang unter Verwendung von Plausibilitätsargumenten den Vorzug, da ein solcher gerade für Studierende aus einem traditionell phänomenologisch orientierten Fach, wie es die Chemie ist, einigermaßen anschaulich und mit den vorhandenen physikalischen Vorkenntnissen relativ leicht nachvollziehbar ist. Dabei lehnen wir uns an die im ersten Band des Lehrgangs "Quantenchemie" [I.4a] gegebene Darstellung an.

2.1 Heuristischer Übergang von der klassischen Mechanik zur Quantenmechanik

2.1.1 Welle-Teilchen-Dualismus: Wellenbeschreibung von Teilchenbewegungen

Ausgangspunkt für die folgenden Überlegungen ist die Hypothese von L. de Broglie (s. Abschn. 1.2.2), der zufolge die Bewegung eines (Mikro-) Teilchens mit der Ausbreitung einer Welle zu verknüpfen ist. Wir stellen diese Verknüpfung her, ohne uns zunächst darüber Gedanken zu machen, was genau die Welle bedeuten und wie sie bestimmt werden könnte.

Nehmen wir als einfachsten denkbaren Fall die kräftefreie Bewegung eines Teilchens der Masse m (etwa die Bewegung eines Elektrons). Nach der klassischen nichtrelativistischen Theorie würde die Bewegung geradlinig in einer Richtung, die wir durch einen Einheitsvektor $\boldsymbol{n}$ angeben, mit gleichbleibender Geschwindigkeit $\boldsymbol{u} = u\boldsymbol{n}$ ablaufen (s. Anhang A2.1). Zur Charakterisierung der Bewegung verwenden wir die beiden mechanischen Kenngrößen Energie (im betrachteten Fall handelt es sich um rein kinetische Energie) $E = mu^2/2$ (mit $u \equiv |\boldsymbol{u}|$) und Impuls $\boldsymbol{p} = m\boldsymbol{u}$. Von den in Frage kommenden Wellen (s. Anhang A6) scheint zur vorliegenden Situation am ehesten eine ebene harmonische Welle zu passen, die sich in Bewegungsrichtung $\boldsymbol{n}$ des Teilchens ausbreitet, also (abgesehen von einem Amplitudenfaktor) in der allgemeinen komplexen Schreibweise (A6.11):

$$\psi(\boldsymbol{r},t)=\exp[\mathrm{i}(\boldsymbol{k}\cdot\boldsymbol{r}-\omega t)] \tag{2.1}$$

mit den für die Welle charakteristischen Größen Wellenzahlvektor $\boldsymbol{k}$ und Kreisfrequenz ω, die über die Beziehungen (A6.8) und (A6.9),

$$\boldsymbol{k}=(2\pi/\lambda)\boldsymbol{n}, \tag{2.2a}$$

$$\omega=2\pi\nu \tag{2.2b}$$

durch die Wellenlänge λ und die Frequenz ν gegeben sind. Gemäß der de-Broglieschen Hypothese müssten die Wellenparameter $\boldsymbol{k}$ und ω mit den mechanischen Parametern Impuls und Energie, $\boldsymbol{p}$ und E, zusammenhängen. Für die skalaren Größen ω und E liegt die Verknüpfung auf der Hand, wenn wir die Gültigkeit der Planckschen Formel (1.5) annehmen: $E = \hbar\omega = h\nu$. Für die Vektoren $\boldsymbol{k}$ und $\boldsymbol{p}$ setzte de Broglie eine analoge Beziehung an, nämlich $\boldsymbol{p} = \hbar\boldsymbol{k} = (h/\lambda)\boldsymbol{n}$ mit $\boldsymbol{n} = \boldsymbol{k}/|\boldsymbol{k}|$. So bildet die vermittels

$$\lambda = h/|\boldsymbol{p}| \tag{2.3}$$

durch den Betrag $|\boldsymbol{p}|$ des Teilchenimpulses $\boldsymbol{p}$ bestimmte *de-Broglie-Wellenlänge* zusammen mit der Planckschen Beziehung (1.5) eine erste, noch provisorische Brücke von der klassischen Mechanik zur Quantenmechanik:

Teilchen	Verknüpfung	Welle
E	$E=\hbar\omega=h\nu$ *(Planck-Beziehung)*	$\nu;\ \omega=2\pi\nu$
$\boldsymbol{u};\boldsymbol{p}$	$\boldsymbol{p}=\hbar\boldsymbol{k}=(h/\lambda)(\boldsymbol{k}/\lvert\boldsymbol{k}\rvert)$ *(de-Broglie-Beziehung)*	$\lambda;\ \boldsymbol{k}=(2\pi/\lambda)\boldsymbol{n}$

Damit lässt sich die ebene Welle (2.1) vollständig durch klassisch-mechanische Größen ausdrücken:

$$\psi(\boldsymbol{r},t)=\exp[(\mathrm{i}/\hbar)(\boldsymbol{p}\cdot\boldsymbol{r}-Et)]\,. \tag{2.1'}$$

Nehmen wir den eben gefundenen Zusammenhang ernst, so ergeben sich sofort wichtige Schlussfolgerungen: Beim Welle-Teilchen-Dualismus der elektromagnetischen Strahlung spielen die Wellenaspekte (Interferenz, Beugung) dann keine Rolle, wenn sich die optischen Eigenschaften des Mediums, in dem sich die Strahlung ausbreitet, über Distanzen von mehreren Wellenlängen nicht wesentlich ändern. In diesem Falle kann man mit den Methoden der geometrischen Optik arbeiten und gewissermaßen Bahnen von "Lichtteilchen" konstruieren. Dementsprechend sollte bei der Teilchenbewegung die klassische Mechanik anwendbar sein, wenn sich das Potential (bzw. die wirkenden Kräfte), unter dessen Einfluss sich ein Teilchen bewegt, über mehrere de-Broglie-Wellenlängen wenig ändert. Tatsächlich sind die de-Broglie-Wellenlängen makroskopischer Körper (im Vergleich zu Abmessungen der Größenordnung cm) extrem klein: Für einen Kieselstein von 10 g Masse, der sich mit einer Geschwindigkeit von 10 m/s bewegt, ergibt sich $\lambda \approx 7 \cdot 10^{-31}$ cm und ist somit völlig zu vernachlässigen. Hingegen besitzt ein Elektron (Masse $m = m_e = 0{,}91 \cdot 10^{-27}$ g) mit einer Geschwindigkeit von $7 \cdot 10^8$ cm/s (erreicht etwa nach Durchlaufen einer elektrischen Potentialdifferenz von 150 V) eine de-Broglie-Wellenlänge von rund 1 Å – also von der gleichen Größenordnung wie atomare Strukturen, so dass die Welleneigenschaften im mikroskopischen Bereich eine wesentliche Rolle spielen sollten (s. auch ÜA 2.2).

Wie bereits in Abschnitt 1.2.2 C erwähnt, wurde erst 1927 ein direkter experimenteller Beleg (Beugungserscheinungen) für die Wellennatur von Mikroteilchen gefunden und so die de-Broglie-Hypothese bestätigt. Etwa um die gleiche Zeit begann der Siegeszug der modernen Quantenmechanik, mit deren Formulierung sich die folgenden Abschnitte befassen.

2.1.2 Die physikalische Bedeutung der Wellenfunktion

Fragen wir, was man sich unter einer solchen Wellenfunktion $\psi(\boldsymbol{r}, t)$, die man der Bewegung eines Teilchens zuordnet, vorzustellen hat, so wäre eine naheliegende Vermutung die, dass die *Intensität* $|\psi(\boldsymbol{r}, t)|^2 \equiv \psi(\boldsymbol{r},t)^* \psi(\boldsymbol{r},t)$ der Welle (s. Anhang A6) ein Maß für die Materiedichte am Ort $\boldsymbol{r}$ zur Zeit t darstellt. Nun ist aber jede Welle aufteilbar; bei einer de-Broglie-Welle kann eine solche Aufteilung etwa durch Beugung an einem Kristallgitter und Ausblendung einzelner Bereiche der gebeugten Welle erreicht werden. Damit gerät man sofort in Widerspruch zur oben angenommenen Vorstellung, denn zumindest in den hier relevanten Energiebereichen hat sich ein Elektron stets als nicht teilbar erwiesen, es tritt nur als Ganzes in Erscheinung.

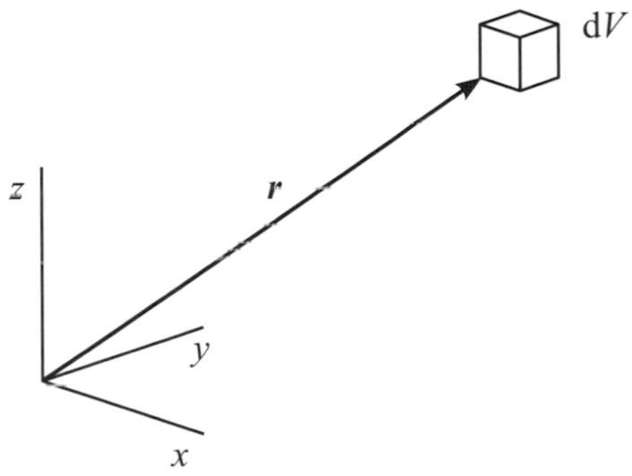

Abb. 2.1
Zur Definition der Aufenthaltswahrscheinlichkeit eines Mikroteilchens

Die Interpretation von de-Broglie-Wellen für Teilchen war daher lange umstritten; inzwischen hat man sich weitgehend auf eine *statistische Deutung* verständigt (fußend auf Überlegungen von M. Born 1926[1] u. a.): Demnach gibt der Ausdruck

$$dW = |\psi(\boldsymbol{r},t)|^2 dV \tag{2.4}$$

[1] Born, M.: Quantenmechanik der Stoßvorgänge. Z. Phys. **38**, 803-827 (1926); id. Das Adiabatenprinzip in der Quantenmechanik. Z. Phys. **40**, 167-192 (1927)

(vgl. Abb. 2.1) die ***Aufenthaltswahrscheinlichkeit*** des Teilchens an, also die Wahrscheinlichkeit dafür, dass sich das Teilchen zur Zeit t im Volumenelement $\mathrm{d}V$ am Ort $\boldsymbol{r}$ befindet. Die Wellenintensität $\rho(\boldsymbol{r},t) \equiv |\psi(\boldsymbol{r},t)|^2$ ist demzufolge die *Aufenthaltswahrscheinlichkeitsdichte* (s. Anhang A3.1.2) und die Wellenfunktion selbst die *Aufenthaltswahrscheinlichkeitsamplitude*. Diese Interpretation führt zwangsläufig dazu, dass die Wellenfunktion folgende Bedingungen erfüllen muss:

1) *Eindeutigkeit*,

2) *Stetigkeit* (d. h. keine Sprünge, keine Singularitäten)[2]

3) *Normierbarkeit* (Quadrat-Integrierbarkeit),

wobei die dritte Bedingung bedeutet, dass das Integral der Intensität $|\psi(\boldsymbol{r},t)|^2$ über den gesamten Raum einen endlichen Wert, und zwar den Wert 1, haben muss:

$$\int_{(\mathrm{Raum})} |\psi(\boldsymbol{r},t)|^2 \, \mathrm{d}V = 1, \tag{2.5}$$

da die Summe der Wahrscheinlichkeiten über alle Volumenelemente $\mathrm{d}V$ (also die Wahrscheinlichkeit dafür, das Teilchen irgendwo im Raum zu finden) natürlich gleich 1 ist.

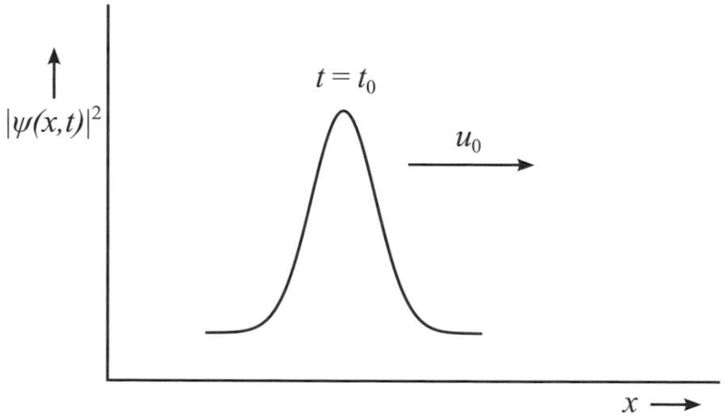

Abb. 2.2
Welle für eine Teilchenbewegung in x-Richtung (schematisch)

Mit der Normierbarkeitsforderung geraten allerdings die Überlegungen aus Abschnitt 2.1 wieder ins Wanken: die dort angenommene ebene harmonische Welle, die der kräftefreien Bewegung eines Teilchens zugeordnet wurde, ist offenbar nicht brauchbar, denn die Aufenthaltswahrscheinlichkeitsdichte $|\psi(\boldsymbol{r},t)|^2$ für die Wellenfunktion (2.1) bzw. (2.1') hat einen konstanten Wert; das aber bedeutet, dass das Teilchen überall im Raum mit der gleichen Wahrscheinlichkeit zu finden ist. Diese Wellenfunktion ist nicht normierbar, das Integral (2.5) divergiert: es wird unendlich groß. Eine Teilchenbewegung müsste anstatt dessen durch eine Welle beschrieben werden, die qualitativ etwa die in Ab. 2.2 (s. auch Abb. A6.1) dargestellte Form hat, in der also die Aufenthaltswahrscheinlichkeitsdichte deutlich in einem endlichen

[2] Diese Forderung muss sogar, wie wir noch sehen werden, verschärft werden: die Wellenfunktion hat zweifach stetig differenzierbar zu sein.

Raumbereich konzentriert (*lokalisiert*) ist und sich mit der (klassischen) Geschwindigkeit $\boldsymbol{u}_0$ des Teilchens fortbewegt.

Wellenpakete

Aus dem eben geschilderten Dilemma gibt es einen Ausweg, wenn wir annehmen, dass wie für alle Wellenerscheinungen auch für die de-Broglie-Wellen das ***Superpositionsprinzip*** gilt, dem zufolge Wellen sich beliebig überlagern und miteinander interferieren, sich gegenseitig verstärken oder schwächen können. Es sind also zur Beschreibung der Teilchenbewegung auch Linearkombinationen $\psi = c_1\psi_1 + c_2\psi_2 + ...$ von ebenen Wellen $\psi_1, \psi_2, ...$ in Betracht zu ziehen, aus denen, wie wir gleich sehen werden, solche Funktionen wie in Abb. 2.2 aufgebaut werden können.

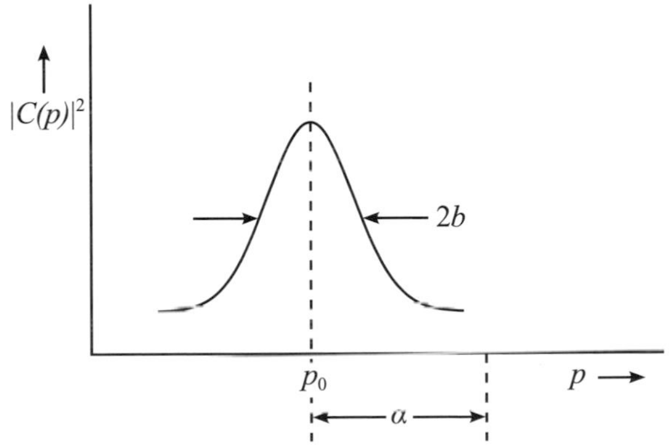

Abb. 2.3
Impulsverteilung für ein Wellenpaket (schematisch)

Wir beschränken uns wieder der Einfachheit halber auf nur eine räumliche Dimension (Koordinate x) und verfahren folgendermaßen: Es wird ein Satz ebener Wellen

$$\exp[i(px - E(p)t)/\hbar] \tag{2.6}$$

genommen, die sich durch den Wert des Impulses p unterscheiden; dabei sollen beliebige Impulswerte aus einem bestimmten Bereich der Breite 2α in der Umgebung von $p_0 = m u_0$ zugelassen werden (s. Abb. 2.3):

$$p_0 - \alpha \le p \le p_0 + \alpha \qquad (\alpha > 0)\,. \tag{2.7}$$

Die links stehenden Impulse gehören zu Wellen, die etwas langsamer sind als die Welle mit p_0, rechts stehen Impulse zu etwas schnelleren Wellen. Jede dieser ebenen Wellen wird nun mit einem Amplitudenfaktor $C(p)$ multipliziert, der so beschaffen ist, dass er, wenn p nahe bei p_0 liegt, große Werte hat und nach den Grenzen des Bereichs (2.7) hin abnimmt, sich also z. B. wie eine Gauß-Funktion verhält:

$$C(p) = B \cdot \exp[-(p - p_0)^2 / 2b^2]\,; \tag{2.8}$$

der Parameter b ist ein Maß für die Breite der Verteilung (bei $p - p_0 = b$ ist $|C(p)|^2$ auf den e-ten Teil des Maximalwertes B^2 an $p = p_0$ abgeklungen), und der Faktor B hat, wenn

$|C(p)|^2$ auf 1 normiert ist, d. h. $\int_{-\infty}^{\infty} |C(p)|^2 \, dp = 1$, den Wert $b^{-1/2}\pi^{-1/4}$.

Die ebenen Wellen (2.6) werden nun mit den Faktoren (2.8) multipliziert und überlagert:

$$\Phi(x,t) = (2\pi\hbar)^{-1/2} \sum_p C(p) \exp[\mathrm{i}(px - E(p)t)/\hbar] , \qquad (2.9)$$

wobei sich die Summe über alle p-Werte aus dem Intervall (2.7) erstreckt. Da es sich um eine kontinuierliche Menge von Impulsen p handelt, kann man von der Summe zum Integral übergehen. Außerdem werden, ohne einen wesentlichen Fehler zu machen, die Grenzen auf beliebig hohe p-Werte ausgeweitet ($\alpha \to \infty$):

$$\Phi(x,t) = (2\pi\hbar)^{-1/2} \int_{-\infty}^{\infty} C(p) \exp[\mathrm{i}(px - E(p)t)/\hbar] ; \qquad (2.10)$$

der Faktor $(2\pi\hbar)^{-1/2} = h^{-1/2}$ dient der Normierung von $|\Phi|^2$ auf 1. Damit erhalten wir eine Wellenfunktion, die (wie wir noch sehen werden) alle gewünschten Eigenschaften besitzt, wenn auch in einer auf den ersten Blick komplizierten und ungewohnten Form. Die überlagerten Wellen interferieren: sie verstärken sich in einem bestimmten Raumbereich, während sie sich in anderen Raumbereichen schwächen. In Abb. 2.4 sind zwei Momentaufnahmen für eine Überlagerung (2.9) von sechs ebenen Wellen schematisch dargestellt.

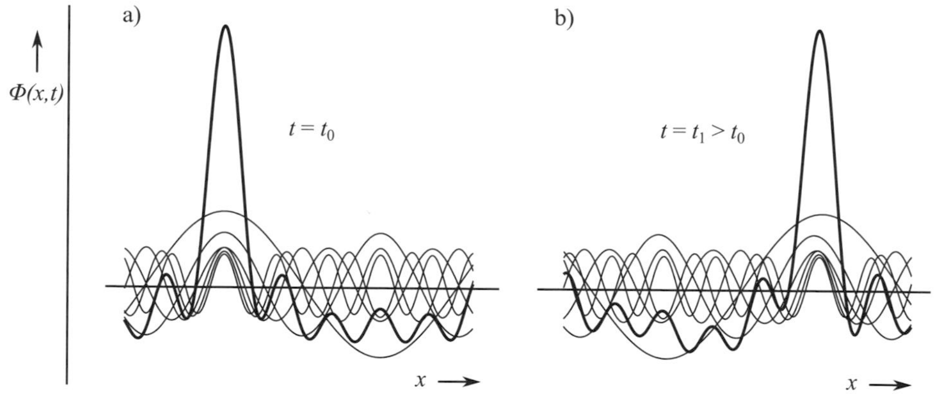

Abb. 2.4 Zwei Momentaufnahmen der Bewegung eines Wellenpakets aus sechs ebenen Wellen (berechnet von T. Ritschel, unveröffentlicht)

Die Ausführung der Integration (2.10) ist, wenn für $C(p)$ eine Gauß-Funktion (2.8) benutzt wird, nicht besonders schwierig; mit Hilfe einschlägiger Integraltafeln ergibt sich (die Rechnung übergehen wir):

$$\Phi(x,t) = A\left[1 + \left(\mathrm{i}\hbar t/ma^2\right)\right]^{-1/2} \times$$

$$\times \exp\left\{\left[-\left(x^2/2a^2\right) + \mathrm{i}\left(p_0 x - E_0 t\right)/\hbar\right] \Big/ \left[1 + \left(\mathrm{i}\hbar t/ma^2\right)\right]\right\} \qquad (2.11)$$

mit dem Breitenparameter $a = \hbar/b$ und dem Normierungsfaktor $A = a^{-1/2}\pi^{-1/4}$. Die Aufenthaltswahrscheinlichkeitsdichte ist

$$\begin{aligned}|\Phi(x,t)|^2 &\equiv \Phi(x,t)^* \Phi(x,t) \\ &= A^2\left[1+\left(\hbar^2 t^2/m^2 a^4\right)\right]^{-1/2} \exp\left\{-(x-u_0 t)^2 / a^2\left[1+\left(\hbar^2 t^2/m^2 a^4\right)\right]\right\}. \quad (2.12)\end{aligned}$$

Vergleichen wir mit der allgemeinen Form einer fortschreitenden Welle, Gleichung (A6.1), so haben wir damit im Wesentlichen eine Gauß-Funktion gebildet, deren Maximum sich mit der Geschwindigkeit u_0 in positiver x-Richtung bewegt. Dieses ***Wellenpaket*** kann wie beabsichtigt eine Teilchenbewegung repräsentieren, denn sie ist auf 1 normiert (und bleibt das auch im Verlauf der Bewegung), und ihre Intensität ist in der Umgebung des Punktes $x = u_0 t$ *lokalisiert.* Im Unterschied zur Phasengeschwindigkeit $u = p/m$ der einzelnen ebenen Welle (2.6) (s. Anhang A6) bezeichnet man die Geschwindigkeit $u_0 = p_0/m$, mit der sich das Wellenpaket (die "Wellengruppe") $\Phi(x,t)$ fortbewegt, als die *Gruppengeschwindigkeit.*

Im Nenner des Arguments der Exponentialfunktion und des Vorfaktors erscheint der Ausdruck $\left[1+(\hbar^2 t^2/m^2 a^4)\right]^{1/2}$, der annähernd linear mit der Zeit t anwächst und dazu führt, dass die Breite des Maximums zunimmt und die Höhe abnimmt – das Wellenpaket zerfließt im Verlauf der Bewegung (s. Abb. 2.5). Die Ursache dafür ist klar: Die am Wellenpaket beteiligten ebenen Wellen mit Impulsen $p > p_0$ eilen voraus, die Anteile mit $p < p_0$ bleiben zurück. Dieses Zerfließen spielt für makroskopische Teilchen keine Rolle: Betrachten wir ein Teilchen der Masse 1 g lokalisiert mit a = 1 cm, so verdoppelt sich seine Lokalisierungsbreite erst im Laufe von ca. $5 \cdot 10^{19}$ Jahren! Für ein Elektron hingegen mit $a = 10^{-8}$ cm beträgt diese Zeitdauer nur $1{,}5 \cdot 10^{-16}$ s, ist also extrem kurz.

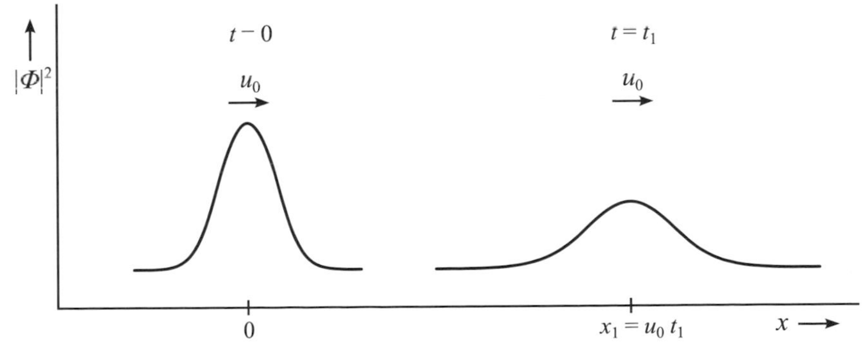

Abb. 2.5 Zerfließen eines Wellenpakets (schematisch)

Anmerkung: Mathematisch gesehen haben wir es bei dem Ausdruck (2.10) mit einem Fourier-Integral zu tun (s. hierzu etwa [II.1], Abschn. 6.7.3.). Zwischen den Funktionen $\Phi(x,0)$ und $C(p)$ besteht eine Reziprozitätsbeziehung, sie sind durch eine *Fourier-Transformation* miteinander verknüpft. Hier haben wir $C(p)$ als eine Gauß-Verteilung angesetzt, dann ergibt sich auch $\Phi(x,0)$ im Wesentlichen als eine reine Gauß-Funktion. Dass beide Funktionen eines solchen Fourier-Transformiertenpaares vom gleichen Typ sind, gilt nicht allgemein; für andere Formen von $C(p)$, die prinzipiell ebenfalls verwendet werden könnten, wäre das nicht der Fall, qualitativ aber würde man analoge Resultate erhalten. Die Wahl der Funktion $C(p)$, die "Präparation der Wellenpakets", hängt von der zu beschreibenden experimentellen Situation ab.

2.1.3 Formulierung der Schrödinger-Gleichung

Der Ausbau der de-Broglie-Hypothese zu einer Theorie erfordert das Aufsuchen einer Bestimmungsgleichung für die Wellenfunktion. Das müsste, wie auch für Wellen anderer Art, eine *partielle Differentialgleichung (zweiter Ordnung)* sein, denn wir haben es mit mindestens zwei Freiheitsgraden (für den Ort und für die Zeit) zu tun. Weiterhin muss es sich um eine *lineare Differentialgleichung* handeln, damit das Superpositionsprinzip gilt.

Beginnen wir wieder mit der einfachsten Situation, der kräftefreien eindimensionalen Bewegung, und nehmen wir zur Beschreibung eine ebene harmonische Welle (2.6). Finden wir dann eine lineare Differentialgleichung, die diese Welle als Lösung hat, dann sind damit auch Wellenpakete als Überlagerungen solcher ebener Wellen mögliche Lösungen. Beim Aufsuchen einer geeigneten Wellengleichung können wir, von der klassischen Theorie herkommend, nur heuristisch vorgehen, gewissermaßen sinnvoll raten, denn die gesuchte Theorie ist allgemeiner als die klassische und lässt sich deswegen aus dieser nicht herleiten. Wohl aber muss sich die klassische Theorie als Grenzfall der quantenmechanischen Theorie ergeben. Ob wir das alles dann richtig gemacht haben, hat sich am praktischen Erfolg zu erweisen.

Es lassen sich zahlreiche lineare partielle Differentialgleichungen finden, welche die ebenen harmonischen Wellen (2.6) als Lösungen haben, z. B.

$$\left\{\left(\partial^2/\partial x^2\right)-(p/E)^2\left(\partial^2/\partial t^2\right)\right\}\psi(x,t)=0, \tag{2.13}$$

$$\left\{-\left(\hbar^2/2m\right)\left(\partial^2/\partial x^2\right)+(\hbar/\mathrm{i})(\partial/\partial t)\right\}\psi(x,t)=0 \tag{2.14}$$

und andere, wie man durch Einsetzen des Ausdrucks (2.6) leicht sieht. Die erste dieser Gleichungen, (2.13), enthält die Plancksche Konstante h bzw. $\hbar$ nicht und kommt schon deshalb sicher nicht in Frage. Die zweite Gleichung, (2.14), führt, wenn $\psi(x,t)$ aus Gleichung (2.6) eingesetzt wird, auf

$$\left\{\left(p^2/2m\right)-E\right\}\psi(x,t)=0,$$

und nach Division durch $\psi(x,t)$ (was erlaubt ist, da die exp-Funktion überall von Null verschieden ist) auf die Beziehung

$$\left\{\left(p^2/2m\right)-E\right\}=0\,. \tag{2.15}$$

Der Ausdruck $p^2/2m$ ist die kinetische Energie T des Teilchens. Wir erinnern nun daran, dass in der klassischen Mechanik der Energieausdruck $T+V$, geschrieben als Funktion von Impulsvariabler p und Ortsvariabler x, als *Hamilton-Funktion*

$$H(p,x)\equiv T(p)+V(x) \tag{2.16}$$

bezeichnet wird (s. Anhang A2.4). Im vorliegenden Fall der kräftefreien Bewegung gibt es kein Potential, d. h. $V(x)=0$, und wir erhalten Gleichung (2.15) in der Form

$$H(p,x)-E=0\,; \tag{2.17}$$

E ist der (bei der Bewegung konstante) Wert der gesamten Energie. Die Beziehung (2.17) ist nichts anderes als der klassische Energiesatz. Gehen wir nun diese Schritte rückwärts, so gelangen wir vom klassisch-mechanischen Energiesatz (an dem wir natürlich gern festhalten wollen), in der Form (2.15) geschrieben, durch die Ersetzungen

$$p \rightarrow (\hbar/\mathrm{i})(\partial/\partial x)\,, \tag{2.18}$$

$$E \rightarrow -(\hbar/\mathrm{i})(\partial/\partial t) \tag{2.19}$$

zur Wellengleichung (2.14). Aus der klassischen Hamilton-Funktion $H(p,x)$ wird durch die Ersetzung (2.18) ein Differentialoperator, der ***Hamilton-Operator*** (gekennzeichnet als Operator durch ein Dach ^ über dem H):

$$H(p,x)\rightarrow \hat{H}\,, \tag{2.20}$$

der im betrachteten einfachen Fall nur aus dem Operator der kinetischen Energie,

$$T(p)\rightarrow \hat{T}=-\left(\hbar^2/2m\right)\left(\partial^2/\partial x^2\right), \tag{2.21}$$

besteht, also

$$\hat{H}=-\left(\hbar^2/2m\right)\left(\partial^2/\partial x^2\right). \tag{2.22}$$

Die Wellengleichung (2.14) können wir damit in der Form

$$\left\{\hat{H}+(\hbar/\mathrm{i})(\partial/\partial t)\right\}\psi(x,t)=0 \tag{2.23}$$

schreiben; man nennt diese Differentialgleichung die *zeitabhängige* ***Schrödinger-Gleichung***. Sie kann nun unter Beachtung der Ersetzungsregeln (2.18) und (2.19) wie folgt leicht auf andere, kompliziertere Problemstellungen verallgemeinert werden.

• *Eindimensionale Bewegung eines Teilchens mit Potential*

Wenn auf ein Teilchen eine vom Ort x abhängige Kraft wirkt, die sich als negative Ableitung aus einem Potential $V(x)$ ergibt, $K(x)=-\mathrm{d}V/\mathrm{d}x$, dann wird nach dem gleichen Rezept verfahren: Man bildet die Hamilton-Funktion (2.16),

$$H(p,x)=\left(p^2/2m\right)+V(x)\,, \tag{2.16'}$$

schreibt den Energiesatz in der Form (2.17) auf, nimmt die Ersetzungen (2.18) und (2.19) vor, lässt den damit erhaltenen Operator auf eine Wellenfunktion $\psi(x,t)$ wirken und setzt den sich ergebenden Ausdruck gleich Null:

$$\left\{-\left(\hbar^2/2m\right)\left(\partial^2/\partial x^2\right)+V(x)+(\hbar/\mathrm{i})(\partial/\partial t)\right\}\psi(x,t)=0\,. \tag{2.24}$$

Das ist die zeitabhängige Schrödinger-Gleichung für die eindimensionale Bewegung eines Mikroteilchens der Masse m unter dem Einfluss eines Potentials $V(x)$).

Aus der Hamilton-Funktion (2.16') ist durch die Ersetzung (2.18) der für den vorliegenden Fall gültige Hamilton-Operator

$$\hat{H} = -\left(\hbar^2/2m\right)\left(\partial^2/\partial x^2\right) + V(x) \tag{2.25}$$

entstanden. Die in Operatorschreibweise formulierte zeitabhängige Schrödinger-Gleichung sieht ebenso aus wie (2.23).

• *Dreidimensionale Bewegung eines Teilchens*

Wir lassen nun die Beschränkung auf eine Bewegung längs einer Geraden (*eine* Koordinate x) fallen und berücksichtigen alle drei räumlichen Freiheitsgrade eines Teilchens. Zur Festlegung der Teilchenposition benutzen wir *kartesische Koordinaten* x, y und z, zusammengefasst zu einem Ortsvektor $\boldsymbol{r}$.

Für die kräftefreie Bewegung, ohne Potential also, nehmen wir als Wellenfunktion ebenfalls eine ebene harmonische Welle im dreidimensionalen Raum (s. Anhang A6.2.1):

$$\begin{aligned} \psi(\boldsymbol{r},t) &= \exp[(\mathrm{i}/\hbar)(\boldsymbol{p}\cdot\boldsymbol{r} - \omega t)] \\ &= \exp[(\mathrm{i}/\hbar)(p_x x + p_y y + p_z z - \omega t)] \end{aligned} \tag{2.26}$$

(wieder abgesehen von einem Vorfaktor). Sie ergibt sich als Lösung einer zeitabhängigen Schrödinger-Gleichung, die wir auf ganz analoge Weise erzeugen, wie das oben für nur eine Variable gemacht wurde: Die kinetische Energie T, ausgedrückt durch die kartesischen Komponenten p_x, p_y, p_z des Impulses, ist

$$T = p^2/2m = \left(p_x^2 + p_y^2 + p_z^2\right)/2m\,, \tag{2.27}$$

und anstelle der Ersetzungsregel (2.18) haben wir jetzt drei Ersetzungen vorzunehmen, eine für jede Impulskomponente:

$$p_x \to (\hbar/\mathrm{i})(\partial/\partial x)\,, \tag{2.28a}$$

$$p_y \to (\hbar/\mathrm{i})(\partial/\partial y)\,, \tag{2.28b}$$

$$p_z \to (\hbar/\mathrm{i})(\partial/\partial z)\,; \tag{2.28c}$$

hinzu kommt wieder die Ersetzungsregel (2.19). Aus der Hamilton-Funktion $H = T$ wird der Hamilton-Operator

$$H \to \hat{H} = -\left(\hbar^2/2m\right)\left[\left(\partial^2/\partial x^2\right) + \left(\partial^2/\partial y^2\right) + \left(\partial^2/\partial z^2\right)\right] \tag{2.29}$$

und weiter:

$$H - E \to \hat{H} + (\hbar/\mathrm{i})(\partial/\partial t)\,. \tag{2.30}$$

Lässt man diesen Differentialausdruck auf eine Wellenfunktion $\psi(\boldsymbol{r},t) \equiv \psi(x,y,z,t)$ einwirken und setzt das Ganze gleich Null, so erhält man die für den Fall der kräftefreien Bewegung gültige Schrödinger-Gleichung:

$$\left\{-\left(\hbar^2/2m\right)\left[\left(\partial^2/\partial x^2\right)+\left(\partial^2/\partial y^2\right)+\left(\partial^2/\partial z^2\right)\right]+\left(\hbar/\mathrm{i}\right)\left(\partial/\partial t\right)\right\}\psi(x,y,z,t)=0; \qquad (2.31)$$

die ebene Welle (2.26) ist Lösung dieser Differentialgleichung.

An dieser Stelle führen wir eine kompaktere Operatorschreibweise ein. Die drei Operatoren $\partial/\partial x, \partial/\partial y, \partial/\partial z$ für die partiellen Ableitung nach den drei kartesischen Koordinaten fassen wir zu einem Vektoroperator zusammen, der als *Nabla-Operator* oder *Gradientenoperator* bezeichnet wird:

$$\hat{\boldsymbol{\nabla}} \equiv (\partial/\partial x, \partial/\partial y, \partial/\partial z)\,. \qquad (2.32)$$

Das Skalarprodukt dieses Vektoroperators mit sich selbst ergibt den *Laplace-Operator* oder *Delta-Operator*:

$$\hat{\Delta} \equiv \hat{\boldsymbol{\nabla}}^2 \equiv \hat{\boldsymbol{\nabla}}\cdot\hat{\boldsymbol{\nabla}} = \left(\partial^2/\partial x^2\right)+\left(\partial^2/\partial y^2\right)+\left(\partial^2/\partial z^2\right). \qquad (2.33)$$

Den Operator für den Impulsvektor eines Teilchens kann man damit als

$$\hat{\boldsymbol{p}} = \left(\hbar/\mathrm{i}\right)\left(\partial/\partial x, \partial/\partial y, \partial/\partial z\right) = \left(\hbar/\mathrm{i}\right)\hat{\boldsymbol{\nabla}} \qquad (2.34)$$

und den Operator für die kinetische Energie als

$$\hat{T} = -\left(\hbar^2/2m\right)\hat{\boldsymbol{\nabla}}^2 \equiv -\left(\hbar^2/2m\right)\hat{\Delta} \qquad (2.35)$$

schreiben.

Auch hier gelangen wir auf einfache Weise zum allgemeinen Fall mit einem Potential $V(\boldsymbol{r}) \equiv V(x, y, z)$, indem wir in der Hamilton-Funktion zur kinetischen Energie die Potentialfunktion hinzufügen. Da $V(\boldsymbol{r})$ durch die Ersetzungen (2.28a-c) nicht berührt wird, haben wir

$$H \to \hat{H} = -\left(\hbar^2/2m\right)\hat{\Delta} + V(\boldsymbol{r}), \qquad (2.36)$$

und als zeitabhängige Schrödinger-Gleichung ergibt sich:

$$\left\{-\left(\hbar^2/2m\right)\hat{\Delta} + V(\boldsymbol{r}) + \left(\hbar/\mathrm{i}\right)\left(\partial/\partial t\right)\right\}\psi(\boldsymbol{r},t) = 0. \qquad (2.37)$$

- *Bewegung mehrerer Teilchen*

Auch die Verallgemeinerung auf den Fall mehrerer Teilchen fällt nicht schwer, da die Hamilton-Funktion sehr einfach aufgebaut ist (vgl. Anhang A2.4): Für jedes der Teilchen, die wir durch einen Index k numerieren, haben wir seine Masse m_k, seinen Ortsvektor $\boldsymbol{r}_k$ (Koordinaten x_k, y_k, z_k), seinen Impulsvektor $\boldsymbol{p}_k$ (Komponenten p_{kx}, p_{ky}, p_{kz}) und somit seinen kinetischen Energieanteil $p_k^2/2m_k = (p_{kx}^2 + p_{ky}^2 + p_{kz}^2)/2m_k$. Das Potential möge nur von den Positionen der einzelnen Teilchen abhängen: $V \equiv V(\boldsymbol{r}_1, \boldsymbol{r}_2, \boldsymbol{r}_3, \ldots)$; weiter brauchen wir es hier nicht zu spezifizieren. Damit hat die Hamilton-Funktion als Verallgemeinerung des Ausdrucks (2.16') die Form

$$H(\boldsymbol{p}_1, \boldsymbol{p}_2, \ldots; \boldsymbol{r}_1, \boldsymbol{r}_2, \ldots) = \left(\boldsymbol{p}_1^2/2m_1\right) + \left(\boldsymbol{p}_2^2/2m_2\right) + \ldots + V(\boldsymbol{r}_1, \boldsymbol{r}_2, \ldots)\,. \qquad (2.38)$$

Die Prozedur zur Aufstellung der Schrödinger-Gleichung beinhaltet dann für jede kartesische Komponente der einzelnen Teilchenimpulse die entsprechende Ersetzung

$$p_{kx} \rightarrow (\hbar/\mathrm{i})(\partial / \partial x_k), \tag{2.39a}$$

$$p_{ky} \rightarrow (\hbar/\mathrm{i})(\partial / \partial y_k), \tag{2.39b}$$

$$p_{kz} \rightarrow (\hbar/\mathrm{i})(\partial / \partial z_k), \tag{2.39c}$$

oder vektoriell zusammengefasst:

$$\boldsymbol{p}_k \rightarrow (\hbar/\mathrm{i})\, \hat{\boldsymbol{\nabla}}_k \equiv (\hbar/\mathrm{i})(\partial / \partial x_k, \partial / \partial y_k, \partial / \partial z_k) \tag{2.40}$$

und

$$p_k{}^2 \rightarrow -\hbar^2\, \hat{\boldsymbol{\nabla}}_k{}^2 \equiv -\hbar^2 \hat{\Delta}_k \tag{2.41}$$

mit

$$\hat{\Delta}_k \equiv \left(\partial^2 / \partial x_k{}^2\right) + \left(\partial^2 / \partial y_k{}^2\right) + \left(\partial^2 / \partial z_k{}^2\right). \tag{2.42}$$

Die zeitabhängige Schrödinger-Gleichung nimmt dann die folgende Gestalt an:

$$\left\{-\left(\hbar^2/2m_1\right)\hat{\Delta}_1 - \left(\hbar^2/2m_2\right)\hat{\Delta}_2 - \ldots + V(\boldsymbol{r}_1, \boldsymbol{r}_2, \ldots) + (\hbar/\mathrm{i})(\partial / \partial t)\right\} \psi(\boldsymbol{r}_1, \boldsymbol{r}_2, \ldots, t) = 0. \tag{2.43}$$

Die Aufstellung der Schrödinger-Gleichung kann also nach einem heuristischen ***Arbeitsrezept*** erfolgen:

(1) Aufschreiben des klassischen Energiesatzes in der Form

$$H - E = 0$$

mit der klassischen Hamilton-Funktion als Summe von kinetischer Energie T *und potentieller Energie* V:

$$H \equiv T + V,$$

wobei zu beachten ist, dass die kinetische Energie durch die kartesischen Impulskomponenten (nicht durch die Geschwindigkeitskomponenten) ausgedrückt werden muss (s. Anhang A2.4.2).

(2) Übergang zu einer Differentialgleichung durch

a) Ersetzung der Impulskomponenten

$p_{1x} \rightarrow (\hbar/\mathrm{i})(\partial / \partial x_1), \ldots$ *für jede kartesische Ortskoordinate* $x_1, \ldots,$

sowie Ersetzung der Energie gemäß

$$E \rightarrow -(\hbar/\mathrm{i})(\partial / \partial t);$$

dabei entsteht aus der Hamilton-Funktion H *der Hamilton-Operator* $\hat{H}$.

b) Einwirkenlassen des so erhaltenen Operators $\hat{H} + (\hbar/\mathrm{i})(\partial / \partial t)$ *auf eine Wellenfunktion* ψ *und Nullsetzen:*

$$\left\{\hat{H} + (\hbar/\mathrm{i})(\partial / \partial t)\right\} \psi(x_1, \ldots, t) = 0.$$

Dieses Verfahren funktioniert immer dann, wenn für das gegebene Problem ein Potential existiert (einschließlich des Falles $V = 0$) und der klassische Energiesatz gilt (s. Anhang A2.4.2).

Die Formulierung der Schrödinger-Gleichung wird komplizierter, wenn nicht kartesische Koordinaten, sondern beliebige krummlinige Koordinaten verwendet werden sollen (s. Anhang A5.3). Dann muss man den allgemeinen Formalismus der klassischen Mechanik einsetzen (s. Anhang A2.4).

Mit der Aufstellung der Schrödinger-Gleichung als einer linearen partiellen Differentialgleichung zweiter Ordnung ist die Aufgabe allerdings noch nicht vollständig definiert. Es fehlen in der obigen Betrachtung nämlich noch Bedingungen, die aus der Mannigfaltigkeit der Lösungen dieser Differentialgleichung diejenigen Lösungen heraussuchen, welche zu einer gegebenen physikalischen Situation passen: sogenannte ***Randbedingungen*** (für das Verhalten der Wellenfunktion in Abhängigkeit von den Ortsvariablen) und ***Anfangsbedingungen*** (für die Zeitabhängigkeit der Wellenfunktion). Die wichtigste Randbedingung ist in der Mehrzahl der Aufgabenstellungen die *Normierbarkeit der Wellenfunktion.*

An dieser Stelle soll noch auf einige besondere Aspekte der bisherigen Überlegungen hingewiesen werden:

- Die Schrödinger-Gleichung ist hier jeweils in mehr oder weniger plausibler Weise *heuristisch gewonnen* worden. Das praktizierte Verfahren darf nicht als Herleitung missverstanden werden. Umso wichtiger ist eine Prüfung der Konsequenzen anhand der Erfahrung, des Experiments – und dabei hat sich das Konzept aufs eindrucksvollste bewährt.
- Die Wellenfunktion ψ ist im Allgemeinen eine *komplexe Funktion*, da die Schrödinger-Gleichung explizite die imaginäre Einheit $\mathrm{i} \equiv \sqrt{-1}$ enthält.
- Die Wellenfunktion ψ ist *keine messbare Größe*; ihr Betragsquadrat $|\psi(\boldsymbol{r},t)|^2$ jedoch (wenn wir beispielsweise ein Teilchen betrachten) gibt die Aufenthaltswahrscheinlichkeitsdichte am Ort $\boldsymbol{r}$ zur Zeit t an und steht, wie wir noch sehen werden, mit weiteren messbaren physikalisch Größen in Zusammenhang.

Ergänzung zur physikalischen Deutung der Wellenfunktion

Dass die bisherigen Überlegungen sinnvoll und in sich konsistent sind, kann noch auf folgende Weise gestützt werden. Wir multiplizieren die zeitabhängige Schrödinger-Gleichung für ein Teilchen [s. Gl. (2.37)], $-\left(\hbar^2/2m\right)\hat{\Delta}\psi + V\psi = -(\hbar/\mathrm{i})\,\partial\psi/\partial t$, von links mit dem Konjugiert-Komplexen ψ^* der Wellenfunktion ψ; die entsprechende konjugiert-komplexe Gleichung $-\left(\hbar^2/2m\right)\hat{\Delta}\psi^* + V\psi^* = +\,(\hbar/\mathrm{i})\partial\psi^*/\partial t$ multiplizieren wir von links mit ψ und subtrahieren sie von der ersten Gleichung. Es ergibt sich:

$$-\left(\hbar^2/2m\right)\left(\psi^*\hat{\Delta}\psi - \psi\hat{\Delta}\psi^*\right) = -(\hbar/\mathrm{i})(\partial/\partial t)\psi^*\psi. \tag{2.44}$$

Wie wir aus Abschnitt 2.1.2 wissen, ist $\rho \equiv \psi^*\psi$ als Aufenthaltswahrscheinlichkeitsdichte zu interpretieren. Der Ausdruck $\psi^*\hat{\Delta}\psi - \psi\hat{\Delta}\psi^*$ lässt sich nach den Regeln der Vektoranalysis als Divergenz eines Vektors $\psi^*\,\hat{\nabla}\psi - \psi\,\hat{\nabla}\,\psi^*$ schreiben, also (mit $\hat{\nabla}\cdot\hat{\nabla} = \hat{\Delta}$):

$$\hat{\nabla}\cdot(\psi^*\,\hat{\nabla}\psi-\psi\hat{\nabla}\,\psi^*)=\psi^*\hat{\Delta}\psi-\psi\hat{\Delta}\psi^*.$$

Definiert man nun einen Vektor

$$\boldsymbol{j}\equiv(\hbar/2\mathrm{i}m)\,(\psi^*\,\hat{\nabla}\psi-\psi\hat{\nabla}\,\psi^*)\equiv\mathrm{Re}\,[\psi^*(1/m)(\hbar/\mathrm{i}\,)\,\hat{\nabla}\,\psi\,] \tag{2.45}$$

(Re bedeutet: es ist der Realteil des nachfolgenden komplexen Ausdrucks zu nehmen), dann erhält Gleichung (2.44) die Form

$$\mathrm{div}\,\boldsymbol{j}+(\partial\rho/\partial t)=0. \tag{2.46}$$

In der eckigen Klammer des letzten Ausdrucks in Gleichung (2.45) erscheint der Operator $(1/m)(\hbar/\mathrm{i}\,)\hat{\nabla}=(1/m)\hat{\boldsymbol{p}}$, den man als Geschwindigkeitsoperator auffassen kann, denn er entsteht durch die Ersetzung (2.34) aus dem klassischen Geschwindigkeitsvektor $\boldsymbol{u}=(1/m)\boldsymbol{p}$. Da $\psi^*\psi=|\,\psi|^2$ die Aufenthaltswahrscheinlichkeitsdichte angibt, liegt es nahe, den Vektor $\boldsymbol{j}$ als *Stromdichte der Aufenthaltswahrscheinlichkeit* aufzufassen: $\boldsymbol{j}(\,\boldsymbol{r},\,t)\cdot\mathrm{d}\boldsymbol{f}$ wäre dann die Wahrscheinlichkeit dafür, dass das Teilchen zur Zeit t in der Zeiteinheit durch ein am Punkt $\boldsymbol{r}$ gelegenes (vektorielles) Flächenelement $\mathrm{d}\boldsymbol{f}$ hindurchgeht (die Richtung des Vektors $\mathrm{d}\boldsymbol{f}$ ist die Flächennormale).[3] Die Beziehung (2.46) zwischen lokaler zeitlicher Dichteänderung $\partial\rho/\partial t$ und Stromdichte $\boldsymbol{j}$ ist aus der Hydrodynamik bekannt und heißt *Kontinuitätsgleichung*[4]; sie besagt, dass diese Dichteänderung mit einem entsprechenden Zu- oder Abfluss von Dichte, gegeben durch $\mathrm{div}\boldsymbol{j}$, verbunden ist, somit die Dichte insgesamt (und bei Integration auch die Normierung der Wellenfunktion) unverändert erhalten bleiben muss. Interessanterweise wird $\boldsymbol{j}$ zu Null, wenn die Wellenfunktion reell ist; nur komplexwertige Wellenfunktionen ergeben also eine nichtverschwindende Wahrscheinlichkeitsstromdichte.

2.1.4 Stationäre Lösungen. Zeitunabhängige Schrödinger-Gleichung

Um weitere grundlegende Aspekte der Wellenbeschreibung einer Teilchenbewegung zu untersuchen, gehen wir wieder zum eindimensionalen Modellfall mit der Schrödinger-Gleichung (2.23) und dem Hamilton-Operator (2.25) zurück. Für die Wellenfunktion machen wir den folgenden Ansatz:

$$\psi(\,x,t\,)=\phi(\,x\,)\cdot f(\,t\,), \tag{2.47}$$

d. h. wir prüfen, ob die Schrödinger-Gleichung solche Lösungen hat und welche Eigenschaften diese besitzen.

Der Produktansatz (2.47) ist ein Beispiel für die Methode der *Separation der Variablen* zur Lösung von partiellen Differentialgleichungen. Diese Methode spielt in der Quantenchemie eine wichtige Rolle und wird uns immer wieder begegnen; durch sie wird, falls anwendbar, eine partielle Differentialgleichung in mehrere Differentialgleichungen mit geringerer Anzahl von Variablen übergeführt.

---

[3] Dass ψ^* und ψ den Operator $\hat{\boldsymbol{p}}$ flankieren, ist hier noch nicht verständlich; wir werden später (s. Abschn. 3.1.4) den Grund dafür besprechen.

[4] Vgl. Anhang A3.2.3, wo eine analoge Begriffsbildung diskutiert wird.

Setzt man das Produkt (2.47) in die Schrödinger-Gleichung (2.23) ein,

$$\hat{H}(\phi(x)\cdot f(t))+(\hbar/\mathrm{i})(\partial/\partial t)\,(\phi(x)\cdot f(t))=0,$$

dann ergibt sich, da $\hat{H}$ nur auf die Variable x und $\partial/\partial t$ nur auf t wirkt:

$$f\cdot(\hat{H}\phi)+(\hbar/\mathrm{i})\,\phi\cdot(\mathrm{d}f/\mathrm{d}t)=0\,;$$

anstelle der partiellen Ableitung nach t kann jetzt die gewöhnliche Ableitung $\mathrm{d}/\mathrm{d}t$ geschrieben werden, da f nur von t abhängt; im Hamilton-Operator (2.25) haben wir jetzt nur die gewöhnliche zweite Ableitung nach x. Unter der Voraussetzung, dass die Funktionen ϕ und f überall in den betrachteten Variablenbereichen von Null verschieden sind, kann man die Gleichung durch $\phi\cdot f$ dividieren:

$$(1/\phi)(\hat{H}\phi)+(\hbar/\mathrm{i})(1/f)(\partial f/\partial t)=0\,. \tag{2.48}$$

Es lässt sich nun wie folgt argumentieren: Der erste Anteil auf der linken Seite ist nur von x abhängig, der zweite Anteil nur von t. Die Gleichung gilt für *alle* möglichen Werte von x und t. Das aber kann nur dann der Fall sein, wenn beide Anteile für sich überhaupt nicht von x bzw. t abhängen, also konstante Werte haben; diese müssen noch dazu entgegengesetzt gleich sein, da ihre Summe Null ergibt. Nennen wir die Konstanten C bzw. $-C$, so folgen aus der Beziehung (2.48) die beiden Gleichungen

$$(1/\phi)(\hat{H}\phi)=C,\quad \text{d. h.}\quad \hat{H}\phi=C\phi \tag{2.49}$$

und

$$(\hbar/\mathrm{i})(1/f)(\mathrm{d}f/\mathrm{d}t)=-C,\quad \text{d. h.}\quad (\hbar/\mathrm{i})(\mathrm{d}f/\mathrm{d}t)=-Cf\,. \tag{2.50}$$

Damit ist die partielle Differentialgleichung (2.23) für eine Funktion zweier Variabler x und t auf zwei (gewöhnliche) Differentialgleichungen für je eine der Variablen übergeführt worden. Die Gleichung (2.49) ist reell (enthält nicht die imaginäre Einheit i), es sind daher reelle Lösungen möglich. Hingegen ist Gleichung (2.50) komplex und hat nur die komplexe Lösung

$$f(t)=\exp(-\mathrm{i}Ct/\hbar)\,; \tag{2.51}$$

die Funktionen $\cos(Ct/\hbar)$ und $\sin(Ct/\hbar)$, d. h. Realteil und Imaginärteil der komplexen exp-Funktion, sind für sich keine Lösungen, wie man leicht nachrechnet.

Die Funktion (2.51), welche die Zeitabhängigkeit der Wellenfunktion beschreibt, stimmt mit dem zeitabhängigen Anteil einer ebenen Welle (2.1) und (2.1') überein, so dass wir $C/\hbar$ als die Kreisfrequenz ω und somit $C=\hbar\omega$ als die Energie E aufzufassen haben, damit im Spezialfall der kräftefreien Bewegung eine ebene Welle als Lösung herauskommt:

$$f(t)=\exp(-\mathrm{i}Et/\hbar)\,, \tag{2.52}$$

wobei ein beliebiger Zahlenfaktor noch frei bleibt.

Aus Gleichung (2.49) wird dann

$$\{\hat{H}-E\}\phi(x)=0 \qquad \text{oder} \qquad \hat{H}\phi(x)=E\phi(x) \tag{2.53}$$

bzw. ausführlich geschrieben

$$\left\{-\left(\hbar^2/2m\right)\left(\mathrm{d}^2/\mathrm{d}x^2\right)+V(x)-E\right\}\phi(x)=0\,. \tag{2.54}$$

Hinzu kommen die in der jeweiligen physikalischen Situation erforderlichen Randbedingungen, also in der Regel die Forderung der Normierbarkeit von $\phi(x)$. Die Differentialgleichung (2.53) oder (2.54) bezeichnet man als die *zeitunabhängige* (oder auch *stationäre*) *Schrödinger-Gleichung*.

Die so ermittelten Lösungen der Form

$$\psi(x,t)=\phi(x)\cdot\exp(-\mathrm{i}Et/\hbar) \tag{2.55}$$

der vollständigen zeitabhängigen Schrödinger-Gleichung (2.23) nennt man *stationäre Lösungen*, denn bei der Bildung ihres Betragsquadrates hebt sich die Zeitabhängigkeit heraus,

$$|\psi(x,t)|^2=\psi(x,t)^*\psi(x,t)=|\phi(x)|^2, \tag{2.56}$$

so dass die Aufenthaltswahrscheinlichkeitsdichte zeitunabhängig (stationär) ist. Es handelt sich also um *stehende Wellen*, wie sie in jeder Wellentheorie möglich sind.

2.1.5 Exakte Lösungen für stückweise konstantes Potential

Wir beschließen diesen ersten Einstieg in die Beschreibung von Teilchenbewegungen durch de-Broglie-Wellen mit einer Diskussion eines ganz einfachen Falles, nämlich der eindimensionalen Bewegung eines Teilchens in einem stückweise konstanten Potential. Dieser Fall ist, obwohl er auf den ersten Blick ganz künstlich erscheint, sehr lehrreich, was das generelle Verhalten der Wellenfunktionen je nach Energieinhalt der Bewegung und die Unterschiede zur klassisch-mechanischen Beschreibung betrifft. Da sich jede Potentialfunktion $V(x)$ mit beliebiger Genauigkeit durch ein Stufenpotential annähern lässt (s. Abb. 2.6), ist unsere folgende Betrachtung keineswegs fern jeder Realität, sondern wird sich für das Verständnis der Grundphänomene der chemischen Wechselwirkungen als sehr nützlich erweisen.

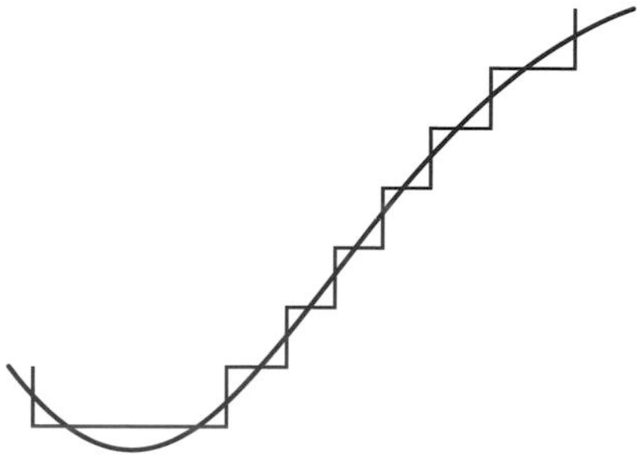

Abb. 2.6
Annäherung von $V(x)$ durch ein stückweise konstantes Potential (schematisch)

Wir diskutieren nun die eindimensionale Bewegung eines Teilchens in positiver x-Richtung bei Vorhandensein einer Potentialstufe; die Situation ist durch Abb. 2.7 illustriert.

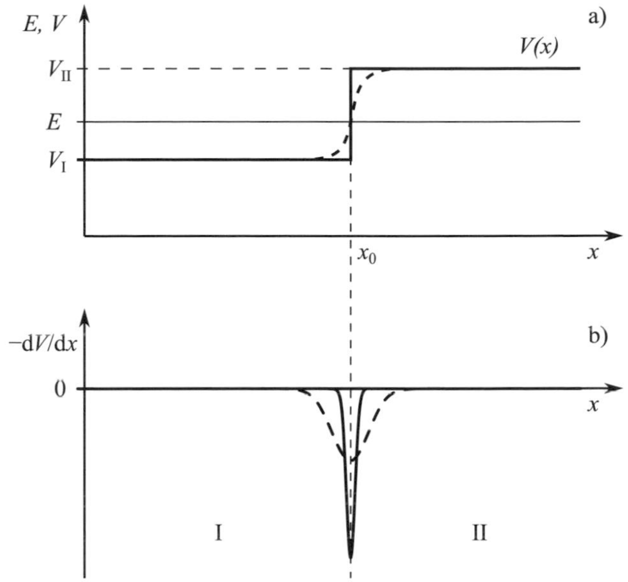

Abb. 2.7
a) Stückweise konstantes Potential (Potentialstufe);
b) wirkende Kraft

Nach der klassischen Mechanik (s. Anhang A2) ist eine Bewegung nur dort möglich, wo die kinetische Energie positiv ist: $T = E - V > 0$, also im Bereich I $(x < x_0)$; im Bereich II wäre der Impuls $p = \sqrt{2mT}$ imaginär, was klassisch keiner Bewegung entsprechen kann.

In Bereichen konstanten Potentials unterliegt das Teilchen keiner Kraft, es ist $K(x) = -\mathrm{d}V/\mathrm{d}x = 0$ für $V = \text{const}$, und die Bewegung verläuft gleichförmig mit konstanter Geschwindigkeit $u = \sqrt{2T/m}$. Bei Erreichen der Potentialstufe bei $x = x_0$ wirkt auf das Teilchen abrupt eine stark bremsende Kraft; das Teilchen wird zurückgeworfen (wie bei einem ideal elastischen Stoß auf eine Wand) und läuft in um gekehrter Richtung mit der gleichen Geschwindigkeit wie vorher. Man versteht den Vorgang leicht, wenn man die Potentialstufe etwas glättet (gestrichelte Kurven in Abb. 2.7a und b) und den Grenzfall immer steileren Potentialanstiegs betrachtet.

Insgesamt gilt bei gegebenem positiven E-Wert $V_I < E < V_{II}$ (s. Abb. 2.7): der Bereich I ist *klassisch erlaubt*, der Bereich II ist *klassisch verboten*, d. h. das Teilchen kann nicht in diesen Bereich gelangen.

Die quantenmechanische Beschreibung erfolgt vermittels der Schrödinger-Gleichung für das angenommene Potential $V(x)$, wobei wir uns zunächst auf stationäre Lösungen beschränken. Wir nehmen also die Differentialgleichung (2.54) und als Randbedingung die Normierbarkeit der Wellenfunktion $\phi(x)$. Zunächst soll qualitativ erörtert werden, welches Verhalten diese Wellenfunktion zeigen muss; hierzu wird Gleichung (2.54) nach Multiplikaton mit $\left(-2m/\hbar^2\right)$ in der Form

$$\mathrm{d}^2\phi(x)/\mathrm{d}x^2 = -\beta^2\phi(x) \tag{2.57}$$

geschrieben, wobei der Parameter

$$\beta^2 \equiv 2m(E-V)/\hbar^2 \tag{2.58}$$

in den Bereichen I und II jeweils konstante (aber natürlich unterschiedliche) Werte annimmt.

Der in Gleichung (2.57) auf der linken Seite stehende Ausdruck ist die Krümmung der Kurve $\phi(x)$, d. h. die Änderung des Anstiegs mit fortschreitendem x (s. Abb. 2.8). Im klassisch erlaubten Bereich I ist $E > V(=V_\text{I})$, somit $T > 0$ und $\beta^2 > 0$.

Angenommen, ein Kurvenstück $\phi(x)$ befinde sich oberhalb der x-Achse, also $\phi > 0$, dann ist $-\beta^2\phi < 0$. Sei ferner $\mathrm{d}\phi/\mathrm{d}x > 0$ (d. h. ϕ ansteigend wie in Abb. 2.8a), dann muss Gleichung (2.57) zufolge $\mathrm{d}^2\phi/\mathrm{d}x^2 < 0$ sein, d. h. die Form von ϕ ist, von der x-Achse aus betrachtet, konkav ("hohl"). Auch wenn $\mathrm{d}\phi/\mathrm{d}x < 0$ ist (fallendes Kurvenstück), muss ϕ konkav sein, wie ebenso leicht einzusehen ist (s. Abb. 2.8b).

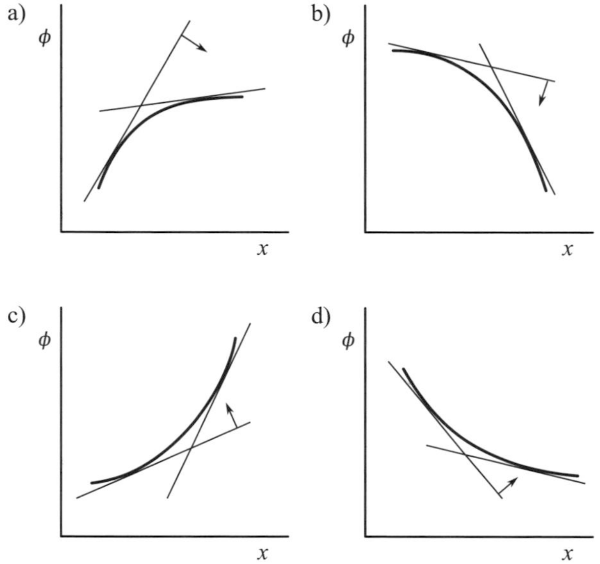

Abb. 2.8
Zur Diskussion der Krümmung der Kurve $\phi(x)$

Für ein Kurvenstück unterhalb der x-Achse, also $\phi < 0$, ist $-\beta^2\phi > 0$, die Krümmung $\mathrm{d}^2\phi/\mathrm{d}x^2$ somit positiv, was bedeutet, dass ϕ auch in diesem Fall eine konkave Form hat.

Insgesamt verhält sich daher $\phi(x)$ in Bereichen mit $E > V$ überall konkav, d. h. die Wellenfunktion biegt sich überall zur x-Achse hin, zeigt somit im Gesamtverlauf ein oszillierendes Verhalten (s. Abb. 2.9).

Im klassisch verbotenen Bereich II mit $E < V(=V_\text{II})$, also $T < 0$, ist $\beta^2 < 0$. Betrachten wir zuerst wieder ein Kurvenstück von $\phi(x)$ oberhalb der x-Achse ($\phi > 0$), so ist $-\beta^2\phi > 0$

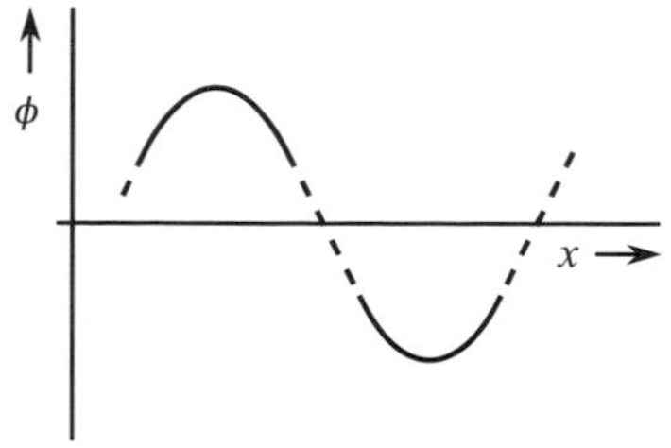

Abb. 2.9
Wellenfunktion im klassisch erlaubten Bereich bei konstantem Potential (schematisch)

und damit die Krümmung $d^2\phi/dx^2 > 0$, die Kurve also, von der x-Achse aus betrachtet, konvex ("aufgewölbt"). Ist der Anstieg der Tangente positiv, $d\phi/dx > 0$, dann wächst $\phi(x)$ mit fortschreitendem x immer weiter an (s. Abb. 2.8c). Gibt es nirgendwo rechts von x_0 erneut einen Bereich vom Typ I mit $E > V$, in dem $\phi(x)$ wieder "heruntergebogen" wird, dann kommt eine solche ansteigende konvexe Lösung nicht als Wellenfunktion in Frage, denn sie wäre nicht normierbar. Zeigt $\phi(x)$ hingegen ein abklingendes konvexes Verhalten, also $d\phi/dx < 0$ und $d^2\phi/dx^2 > 0$ (s. Abb. 2.8d), dann ist diese Lösung normierbar und kann als Wellenfunktion in Betracht kommen. Ebenso leicht ist zu sehen, dass ein Kurvenstück unterhalb der x-Achse ($\phi < 0$) nur dann zu einer normierbaren Wellenfunktion gehören kann, wenn es ein gegen die positive x-Richtung hin betragsmäßig abklingendes konvexes Verhalten aufweist; das geht nur bei positivem Anstieg $d\phi/dx > 0$. Im klassisch verbotenen Bereich II kann $\phi(x)$ also endliche Werte annehmen, muss aber mit wachsendem x betragsmäßig genügend stark abklingen, um normierbar zu sein. Damit haben wir ein zunächst sehr befremdliches Resultat erhalten: Nach der Quantenmechanik ist auch im klassisch verbotenen Bereich eine Bewegung möglich, denn wir erhalten dort eine von Null verschiedene Aufenthaltswahrscheinlichkeit $|\phi(x)|^2 dx$. Wie man das verstehen kann und inwieweit es mit dem Energiesatz zu vereinbaren ist, werden wir noch zu erörtern haben.

Nachdem wir das qualitative Verhalten der Wellenfunktion kennen, ermitteln wir die (im vorliegenden Fall sehr einfache) mathematische Lösung. Dies geschieht mit einem exp-Ansatz:

$$\phi(x) = \exp(\lambda x); \tag{2.59}$$

eingeführt in die Differentialgleichung (2.57) ergibt sich

$$\lambda^2 + \beta^2 = 0, \quad \text{somit} \quad \lambda = \pm\sqrt{-\beta^2}\,. \tag{2.60}$$

Im klassisch erlaubten Bereich I ist $\beta^2 > 0$, also $\lambda = \pm i\beta$ rein imaginär, und damit hat man die beiden linear unabhängigen Lösungen

$$\exp(i\beta x) \quad \text{und} \quad \exp(-i\beta x) \tag{2.61}$$

oder auch

$$\sin\beta x \quad \text{und} \quad \cos\beta x\,. \tag{2.62}$$

Im Unterschied zur Zeitabhängigkeit (s. Abschn. 2.1.4) sind hier sin- und cos-Lösungen möglich, da die Differentialgleichung reell ist und die zweite Ableitung nach x enthält.

Die beiden Funktionen (2.61), multipliziert mit dem Zeitfaktor (2.52), stellen ebene Wellen dar. Die erste läuft in positiver, die zweite in negativer x-Richtung, wie man durch Berechnung der Stromdichte (2.45) sehen kann: deren x-Komponente j_x ist im ersten Falle proportional zu $+p_0/m$, im zweiten Falle zu $-p_0/m$. Beide Anteile überlagern sich und ergeben eine stehende Welle.

Im klassisch verbotenen Bereich II ist $\beta^2 < 0$, somit $\lambda = \pm\overline{\beta}$, wenn wir anstelle von β hier mit dem reellen und positiven Parameter $\overline{\beta} \equiv -\mathrm{i}\beta$ arbeiten. Von den beiden linear unabhängigen Lösungen

$$\exp(\overline{\beta}x) \quad \text{und} \quad \exp(-\overline{\beta}x) \tag{2.63}$$

ist nur die zweite brauchbar, da nur sie normiert werden kann; die erste wächst mit zunehmendem x exponentiell unbegrenzt an.

Um die für den gesamten Bereich von x gültige Lösung zu erhalten, müssen die Lösungen für die beiden Teilbereiche I und II stetig und glatt (d. h. mit stetiger erster Ableitung) aneinandergefügt werden (s. Abb. 2.9). Damit ist bei gegebenen Werten von E, V_{I} und V_{II} die Wellenfunktion vollständig bestimmt; sie erfüllt alle Anforderungen (s. Abschn. 2.1.2).

Wichtig ist, dass das hier diskutierte Grundverhalten der Wellenfunktion, d. h. Oszillation in klassisch erlaubten Bereichen $(E > V)$ und exponentielles Abklingen in klassisch verbotenen Bereichen $(E < V)$, auch für nicht-konstante Potentiale gilt, denn solche lassen sich, wie bereits bemerkt, beliebig genau durch stückweise konstante Potentiale approximieren. Natürlich sind dann die Wellenfunktionen mathematisch nicht mehr so einfach wie eben beschrieben.

Die vollständigen, orts- und zeitabhängigen stationären Wellenfunktionen erhält man durch Multiplikation der Ortsfunktionen $\phi(x)$ mit der Zeitfunktion $f(t)$ [Gl. (2.52)]. Je nach physikalischer Situation kann man auch mit räumlich lokalisierten zeitabhängigen Wellenfunktionen arbeiten, indem durch Superposition der Lösungen $\phi(x)\cdot f(t)$ ein Wellenpaket gebildet und dessen Bewegung mit der zeitabhängigen Schrödinger-Gleichung (2.23) verfolgt wird.

2.2 Einige grundlegende Quantenphänomene in einfachsten Modellsystemen

Nachdem wir in Abschnitt 2.1 gesehen hatten, wie man für eine gegebene Problemstellung auf heuristischem Wege die Schrödinger-Gleichung formuliert und wie sich die stationären Lösungen qualitativ verhalten, sollen nun einige Konsequenzen untersucht werden.

Es sind zwei grundsätzlich verschiedene Typen der Teilchenbewegungen zu unterscheiden, wobei wir zunächst der Einfachheit halber an ein einzelnes Teilchen denken; außerdem beschränken wir uns anfangs wieder auf eindimensionale Bewegungen, beschrieben durch eine Ortskoordinate x. Die Überlegungen und Befunde gelten aber sinngemäß auch für Systeme mit mehreren Freiheitsgraden, wenn die hier diskutierten Verhältnisse wenigstens auf einen der Freiheitsgrade zutreffen.

(A) Bei einer *freien (nichtgebundenen) Bewegung* ist der Bereich, in dem sich das Teilchen aufhalten kann, nicht beschränkt; die Ortskoordinate x für die Position des Teilchens kann beliebig große Werte annehmen. Jede Potentialfunktion $V(x)$ wird bei betragsmäßig sehr großen Werten von x konstant, so dass die auf das Teilchen ausgeübten Kräfte verschwinden, und bei $E > V$ bewegt sich das Teilchen frei bis zu beliebig großen Werten von $|x|$.

Wie wir bereits wissen, muss man die kräftefreie Teilchenbewegung durch eine geeignete *Superposition ebener Wellen (Wellenpaket)* beschreiben, damit die Wellenfunktion normiert und folglich die Wahrscheinlichkeitsinterpretation angewendet werden kann. Die Wellenfunktion ist dann allerdings nichtstationär, zeitlich veränderlich. Die Wellenanteile, aus denen sich das Wellenpaket zusammensetzt, haben sich also für große Koordinatenwerte wie ebene Wellen zu verhalten; bei kleineren Koordinatenwerten sehen sie im Allgemeinen anders aus, je nachdem wie das Potential beschaffen ist.

(B) Im Falle einer *gebundenen Bewegung* kann sich das Teilchen nur in einem endlichen Raumbereich aufhalten, nämlich im Wesentlichen dort, wo $E > V$ ist. Außerhalb dieses Bereiches fallen die Wellenfunktionswerte schnell ab; wie wir gesehen hatten, gibt es dann immer stationäre Lösungen der Schrödinger-Gleichung, welche die Normierbarkeitsbedingung erfüllen, da sie "weit außen" genügend stark abklingen.

Mit einem speziellen Fall gebundener Bewegung werden wir es bei der *Drehbewegung* zu tun haben; die Bewegung verläuft dabei auch ohne einschränkendes Potential in einem endlichen Raum- bzw. Variablenbereich.

2.2.1 Unbestimmtheitsrelation

Bei der Diskussion der Wellenpaket-Beschreibung der eindimensionalen kräftefreien Bewegung eines Teilchens in Abschnitt 2.1.2 zeigte sich, dass eine Überlagerung ebener Wellen mit einer Impulsverteilung in Form einer Gauß-Funktion ein Wellenpaket ergibt, dessen Ortsverteilung ebenfalls Gauß-Form hat. Die Breite $2b$ der Impulsverteilung führt zu einer Breite $2a$ der Ortsverteilung, und es besteht zwischen a und b der Zusammenhang $a = \hbar / b$ bzw. $a \cdot b = \hbar$; um die Bedeutung der Parameter a und b noch etwas deutlicher zu machen und die Beziehung in die übliche Gestalt zu bringen, schreiben wir $a \equiv \Delta x$ und $b \equiv \Delta p$, somit:

$$\Delta x \cdot \Delta p = \hbar \,. \qquad (2.64)$$

Dies ist die berühmte ***Heisenbergsche Unbestimmtheitsrelation*** (W. Heisenberg 1927)[5].

Die Gleichung (2.64) drückt eine merkwürdige Reziprozität aus: Je schärfer die Position eines Teilchens lokalisiert ist, desto unschärfer ist sein Impuls (s. Abb. 2.10a). Und umgekehrt: je schärfer der Impuls p des Teilchens festgelegt ist (durch Überlagerung von ebenen Wellen, die Impulsen aus einer engen Bereich $2\Delta p$ in der Umgebung eines Impulswertes p_0 entsprechen), desto unschärfer, "verschwommener" wird die Position x des Teilchens, d. h. seine Aufenthaltswahrscheinlichkeit ist über einen mehr oder weniger breiten Koordinatenbereich verteilt, gewissermaßen "verschmiert" (s. Abb. 2.10b). Hinzu kommt noch, dass (wie wir in Abschn. 2.1.2 gesehen hatten) ein Wellenpaket im Laufe der Bewegung zerfließt, Δx also mit

---

[5] Heisenberg, W.: Über den anschaulichen Inhalt der quantentheoretischen Kinematik und Dynamik. Z. Phys. **43**, 172-198 (1927)

der Zeit größer wird. Daraus folgt, dass $\hbar$ den *kleinstmöglichen* Wert für das Produkt $\Delta x \cdot \Delta p$ angibt: $\Delta x \cdot \Delta p \geq \hbar$.

Dieses Ergebnis gilt übrigens nicht nur für Gauß-Wellenpakete. Auch bei beliebigen anderen Wellenpaketformen erhält man für geeignet zu definierende Breitenparameter eine Beziehung vom Typ (2.64); die untere Schranke das Produkt (2.64) ist stets von der Größenordnung $\hbar$.

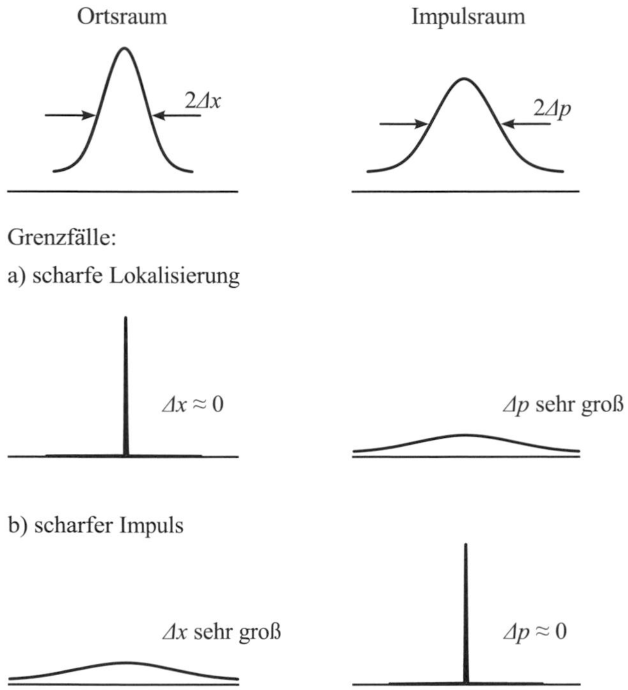

Abb. 2.10
Reziprozität von Orts- und Impulsbreite eines Wellenpakets (schematisch)

Dieser Befund hat eine außerordentlich weitreichende physikalische Bedeutung:

- Als wichtigste Konsequenz aus der Ort-Impuls-Unbestimmtheitsrelation haben wir den ***Verlust des klassischen Begriffs der Bahn eines Teilchens:*** Es kann einem Teilchen nicht mehr zu jedem Zeitpunkt t ein bestimmter Ort x *und* ein bestimmter Impuls p (bzw. eine bestimmte Geschwindigkeit $u = p/m$) zugeordnet werden. Verstärkt wird diese Diskrepanz zur klassischen Mechanik durch das "Zerfließen" der Aufenthaltswahrscheinlichkeitsverteilung. Anstelle einer klassischen Teilchenbahn haben wir einen mehr oder weniger verwaschenen und sich verbreiternden Streifen erhöhter Aufenthaltswahrscheinlichkeit.
- Da das Unbestimmtheitsprodukt (2.64) die Größenordnung $\hbar$ hat, wirkt sich die Einschränkung der klassischen Bahnvorstellung ***nur im mikroskopischen Maßstab*** aus und ist im Makroskopischen völlig zu vernachlässigen. Nehmen wir ein makroskopisches Teilchen der Masse 1g, dessen Position auf $\Delta x = 0{,}1\,\text{mm}$ festgelegt sei. Daraus resultiert eine Unbestimmtheit von $\Delta p \approx 10^{-25}\ \text{g} \cdot \text{cm} \cdot \text{s}^{-1}$ für den Impuls, was weit unterhalb jeder makroskopischen Messfehlergrenze liegt.

- Die Unbestimmtheitsrelation ist ***keine Folge unzureichender Messgenauigkeit***, denn es gibt keinerlei Möglichkeit, etwa durch verbesserte experimentelle Techniken die durch Gleichung (2.64) angegebene Grenze für das Produkt $\Delta x \cdot \Delta p$ zu unterschreiten.

Offenbar manifestiert sich auf diese Weise, dass die im Makroskopischen bewährten Begriffe wie Teilchenbahn etc. im Mikroskopischen nicht anwendbar sind.

Man kann dementsprechend das Bestehen der Unbestimmtheitsrelation (2.64) nicht klassisch "erklären", sondern allenfalls plausibel machen. Will man etwa für ein Mikroteilchen, das einen scharfen Impulswert besitzt, seinen Ort sehr genau (z. B. mit $\Delta x \approx 10^{-8}$ cm) messen, so ist das zwangsläufig mit einer Beeinflussung durch den Messvorgang (Einwirkung von Licht oder Teilchenstrahlen) verbunden, mit Zuführung oder Entzug von Impuls. Nach der Ortsmessung ist dadurch der Impuls in einer durch das Experiment selbst nicht kontrollierbaren Weise verändert und damit unbestimmt.

Bei einer dreidimensionalen Bewegung gilt für jede der drei kartesischen Orts-und Impulskomponenten (x, y, z) eine Unbestimmtheitsrelation (2.64), bei mehreren Teilchen für jeden Freiheitsgrad einzeln.

Damit stößt man bei den bisher diskutierten eindimensionalen Modellfällen auf ein grundsätzliches Problem: Die Annahme, die Bewegung laufe nur in *einem* Freiheitsgrad x ab, ist offensichtlich nicht mit den Unbestimmtheitsrelationen verträglich, denn feste, scharfe Werte für die übrigen Koordinaten, etwa $y = 0$ und $z = 0$, würden völlig unbestimmte Werte für die Impulskomponenten p_y und p_z bedeuten, was der Beschränkung auf eine Bewegung scharf entlang der x-Achse widerspricht. Alle für die eindimensionalen Modellfälle angestellten Überlegungen lassen sich jedoch ohne weiteres auf drei räumliche Freiheitsgrade verallgemeinern, wobei die erhaltenen Aussagen prinzipiell gültig bleiben.

Neben den Orts- und Impulskomponenten von Teilchen gibt es noch andere Paare physikalischer Größen, für die derartige Unbestimmtheitsrelationen bestehen (s. Abschn. 2.3.2); solche Größenpaare nennt man *nicht-kompatibel* oder *komplementär* (s. Abschn. 3.1.4).

2.2.2 Bewegung mit Potentialbarriere. Tunneleffekt

Als nächstes untersuchen wir die eindimensionale Bewegung eines Teilchens in einem Potentialfeld mit einer Rechteckbarriere. Das in Abb. 2.11a dargestellte Potential ist stückweise konstant:

$$V(x) = \begin{cases} 0 & \text{im Bereich I } (x < 0) \\ V_a = \text{const} & \text{im Bereich II } (0 \le x \le a) \\ 0 & \text{im Bereich III } (x > a). \end{cases} \tag{2.65}$$

Nach der klassischen Mechanik würde ein in Abb. 2.11a von links einlaufendes Teilchen, das eine Energie E_0 unterhalb der Barrierenhöhe besitzt, $E_0 < V_a$, mit der Geschwindigkeit $u_0 = \sqrt{2E_0/m}$ am Punkt $x = 0$ auf die Potentialbarriere stoßen, dort reflektiert werden und sich mit der gleichen Geschwindigkeit zurückbewegen (wie in Abschn. 2.1.5 diskutiert). Ist $E_0 > V_a$, dann vermag das Teilchen über die Barriere hinwegzulaufen, im Barrierenbereich II mit der verminderten Geschwindigkeit $u_a = \sqrt{2(E_0 - V_a)/m}$ und rechts davon wieder mit u_0.

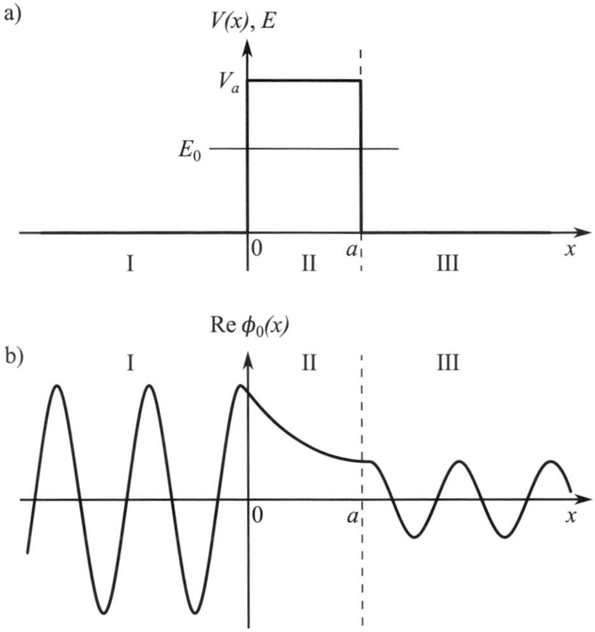

Abb. 2.11
(a) Rechteck-Potentialbarriere; (b) Realteil einer stationären Lösung der Schrödinger-Gleichung (schematisch; aus [I.4a])

Ein Potential mit einer solchen Rechteckbarriere kann für wichtige molekültheoretische Probleme als Modell dienen.

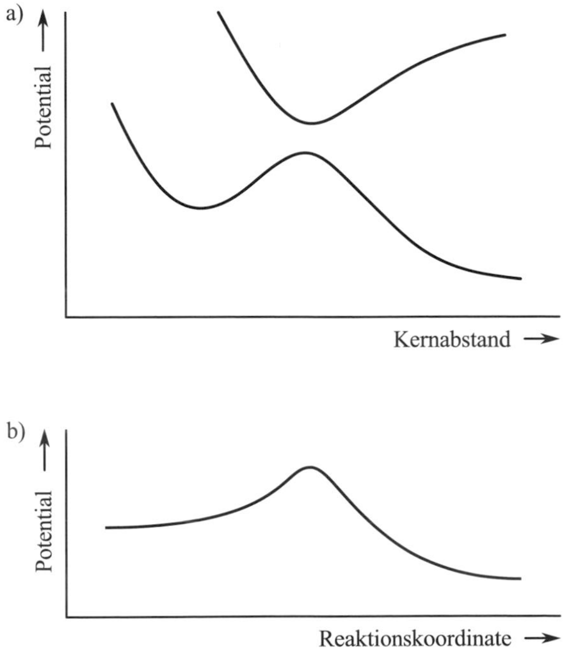

Abb. 2.12
Molekulare Potentialprofile mit Barriere (schematisch)

So haben wir beispielsweise bei der Prädissoziation eines zweiatomigen Moleküls AB Potentialkurven, wie sie in Abb. 2.12a dargestellt sind (s. Abschn. 11.3.4.2), also eine Barriere in der unteren Potentialkurve. Bei einer Austauschreaktion $A + BC \rightarrow AB + C$ sieht das Potential für die Bewegung des Atoms B zwischen A und C oft qualitativ wie in Abb. 2.12b aus (s. Abschn. 13.1.3).

Die quantenmechanische Beschreibung erfolgt auf der Grundlage die zeitunabhängigen Schrödinger-Gleichung (2.54) mit dem Potential (2.65); aus den Überlegungen in Abschnitt 2.1.5 kennen wir das Verhalten der stationären Lösungen. Betrachten wir zunächst den Fall $E_0 < V_a$: Die Wellenfunktion $\phi_0(x)$ oszilliert in den Bereichen I und III, während sie im Bereich II exponentiell abfällt. Der Gesamtverlauf ergibt sich, wenn man an den Übergangsstellen $x = 0$ und $x = a$ die Teillösungen stetig und glatt (d. h. mit stetiger erster Ableitung) aneinanderfügt. So erhält man qualitativ den in Abb. 2.11b dargestellten Verlauf für den Realteil der komplexen stationären Wellenfunktion.

Die Durchführung der Rechnungen ist nicht schwierig, wenn auch etwas umständlich. Wir skizzieren hier die Schritte und überlassen dem Leser die Details als Übungsaufgabe (ÜA 2.7a). Zunächst werden für die Wellenfunktion in den drei Teilbereichen geeignete Ansätze aufgeschrieben: Im Bereich I haben wir eine Überlagerung der beiden Funktionen (2.61); sie entsprechen einer nach rechts und einer nach links laufenden ebenen Welle:

$$\phi_0^{\mathrm{I}}(x) = \exp(\mathrm{i}p_0 x/\hbar) + R_0 \exp(-\mathrm{i}p_0 x/\hbar) \tag{2.66a}$$

($p_0 = _+\sqrt{2mE_0}$). Um die Normierung kümmern wir uns vorerst nicht. Es bleibt daher ein Zahlenfaktor vor der Gesamtwellenfunktion frei, den wir hier so gewählt haben, dass die nach rechts laufende Welle (der erste Anteil auf der rechten Seite) den Koeffizienten 1 hat. Im Bereich II ist die Wellenfunktion als eine Linearkombination der beiden Exponentialterme (2.63) anzusetzen:

$$\phi_0^{\mathrm{II}}(x) = A_0 \exp(\sqrt{2m(V_a - E_0)}\, x/\hbar) + B_0 \exp(-\sqrt{2m(V_a - E_0)}\, x/\hbar), \tag{2.66b}$$

und im Bereich III wird die Wellenfunktion wieder zu einer ebenen Welle, und zwar einer nach rechts laufenden, entsprechend der physikalischen Situation (es gibt keine von großen Werten x her nach links laufende Teilchenbewegung):

$$\phi_0^{\mathrm{III}}(x) = D_0 \exp(\mathrm{i}p_0 x/\hbar). \tag{2.66c}$$

Die Forderungen nach Stetigkeit der Wellenfunktion und ihrer ersten Ableitung an $x = 0$ und $x = a$ führen zu vier Bestimmungsgleichungen für die vier von der Energie E_0 abhängenden Koeffizienten R_0, A_0, B_0, D_0, die damit vollständig festgelegt sind.

Es fällt zunächst auf, dass (infolge ihres Nichtverschwindens im Bereich II) die Wellenfunktion im Bereich III von Null verschiedene Werte hat, dass also das Teilchen für $E_0 < V_a$ im Gegensatz zum klassischen Verhalten offenbar die Barriere überwinden, sie durchdringen, "durchtunneln" kann, obwohl die Energie dafür nach der klassischen Theorie nicht ausreicht. Man nennt dieses Phänomen *Tunneleffekt*. Das Verhältnis der Stromdichte der hinter der Barriere weiterlaufenden Welle zur Stromdichte der einlaufenden Welle,

$$d_0 \equiv j_0^{\mathrm{III}} / j_{0+}^{\mathrm{I}} = |D_0|^2 (p_0/m)/(p_0/m) \approx \exp[-2a\sqrt{2m(V_a - E_0)}/\hbar], \tag{2.67}$$

bezeichnet man als *Durchlässigkeitskoeffizient* (oder *Transmissionskoeffizient*).

Wie die angegebene Näherungsformel für d_0 zeigt, nimmt die Durchlässigkeit mit wachsender Höhe und Breite der Barriere ab.

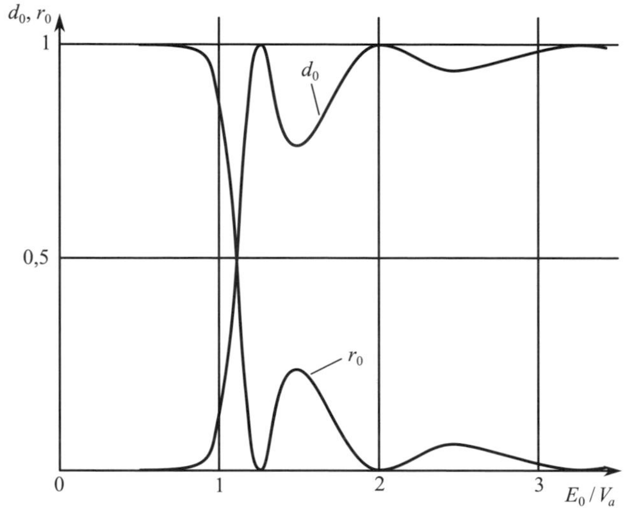

Abb. 2.13
Reflexionskoeffizient r_0 und Durchlässigkeitskoeffizient d_0 einer Rechteckbarriere (schematisch; aus [I.4a])

Der *Reflexionskoeffizient* der Barriere, definiert als das Verhältnis der Stromdichten von reflektierter und einfallender Welle im Bereich I,

$$r_0 \equiv j_{0-}^{\mathrm{I}} / j_{0+}^{\mathrm{I}} = |R_0|^2 (p_0 / m) / (p_0 / m) \tag{2.68}$$

ist auch im Fall $E_0 > V_a$ (für den in der klassischen Theorie das Teilchen zwar im Barrierenbereich verlangsamt wird, jedoch *stets* über die Barriere hinwegläuft) von Null verschieden; es erfolgt also mit einer gewissen Wahrscheinlichkeit eine Reflexion. Solche Erscheinungen gibt es in jeder Wellentheorie, wenn eine Welle auf ein Hindernis trifft; bei einer Teilchenbewegung ist das jedoch überraschend. Beide Befunde stehen in scharfem Gegensatz zu den Aussagen der klassischen Mechanik. Es gilt

$$r_0 + d_0 = 1 , \tag{2.69}$$

d. h. je höher die Wahrscheinlichkeit für Reflexion ist, desto geringer ist die Durchgangswahrscheinlichkeit und umgekehrt. In Abb. 2.13 sind r_0 und d_0 in Abhängigkeit vom Verhältnis E_0 / V_a dargestellt; die Oszillationen der Kurven haben mit Resonanzerscheinungen zu tun (ebenfalls typisch für Wellen), worauf wir hier jedoch nicht weiter eingehen.

Auch bei diesem Modellbeispiel lässt sich grundsätzlich Wichtiges lernen:

- Mikroteilchen können nach der Quantenmechanik in klassisch verbotene Bereiche gelangen und diese sogar durchdringen (***Tunneleffekt***).
- An "Unebenheiten" des Potentials werden Mikroteilchen mit einer gewissen Wahrscheinlichkeit reflektiert, auch wenn der betreffende Variablenbereich klassisch erlaubt ist.

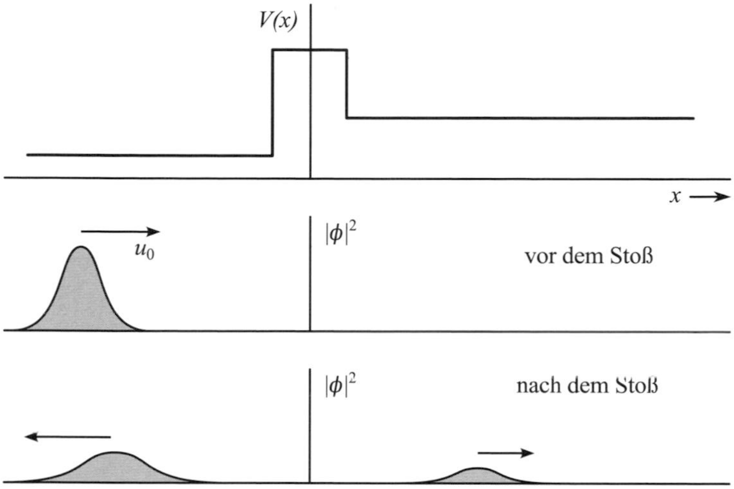

Abb. 2.14 Streuung eines Wellenpakets an einer Rechteckbarriere (schematisch)

Bei dieser *nicht-gebundenen Bewegung* ist die erhaltene stationäre Wellenfunktion, die sich rechts und links der Barriere in Abb. 2.11b bis zu betragsmäßig beliebig großen Koordinatenwerten erstreckt, nicht normierbar. Dementsprechend müsste der Vorgang durch ein Wellenpaket, also eine Überlagerung von Lösungen $\phi(x)\cdot\exp(-\mathrm{i}Et/\hbar)$ mit den oben erhaltenen Funktionen $\phi(x)$ für Impulse in der Nähe des Wertes p_0, beschrieben werden. In Abb. 2.14 sind schematisch zwei "Schnappschüsse" aus dem Bewegungsvorgang für ein solches Wellenpaket dargestellt. Auf die Berechnung kommen wir in Abschnitt 4.5 zu sprechen.

2.2.3 Energie- und Zustandsquantelung

Als Prototyp für einen *gebundenen Bewegungsvorgang* betrachten wir die eindimensionale Bewegung eines Teilchens in einem Rechteck-"Potentialkasten" ("Potentialtopf"):

$$V(x)=\begin{cases} 0 & \text{im Bereich I} \quad (x<-a/2) \\ -V_a=\text{const} & \text{im Bereich II} \quad (-a/2\le x\le a/2) \\ 0 & \text{im Bereich III} \quad (x>a/2) \end{cases} \tag{2.70}$$

($V_a>0$; s. Abb. 2.15a); auch dieses Potential ist stückweise konstant.

Von Interesse ist hier die Bewegung eines Teilchens mit einer Energie E zwischen Boden und Rand des Potentialkastens (2.70), also bei der gewählten Energieskala[6]:

$$-V_a\le E\le 0\,. \tag{2.71}$$

[6] Da eine Konstante keinen Beitrag zur Kraft liefert, kann ein Potential stets durch Hinzufügen einer Konstanten auf der Energieskala verschoben werden, ohne dass sich etwas an der Bewegung ändert.

Für Bewegungen mit diesen Energien ist der Bereich II klassisch erlaubt, die Bereiche I und III hingegen sind klassisch verboten.

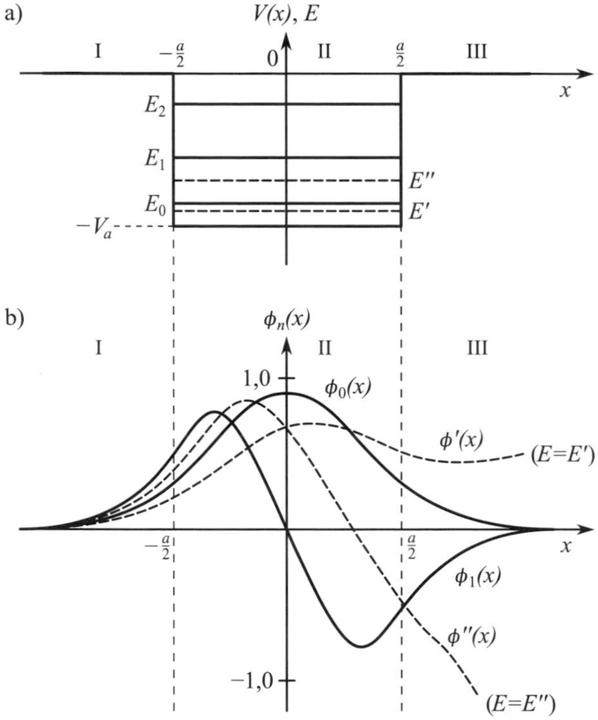

Abb. 2.15
Rechteck-Potentialmulde (a) und stationäre Lösungen (b) (schematisch; aus [I.4a])

In klassischer Beschreibung würde das Teilchen mit der Geschwindigkeit $u = \sqrt{2(E + V_a)/m}$ zwischen den Begrenzungen des Potentialtopfes hin- und herlaufen, wobei sich seine Bewegungsrichtung an $x = -a/2$ und $x = a/2$ (*klassische Umkehrpunkte*) jeweils momentan umkehrt. Dabei sind innerhalb des Bereichs (2.71) beliebige Werte E möglich.

Auch dieses einfache Modell ist, wie man aus Abb. 2.16 ersehen kann, nicht so weit von der Realität entfernt, wie es auf den ersten Blick scheinen mag: prinzipiell ist die Situation ähnlich etwa dem Potential für eine (harmonische oder anharmonische) Schwingung eines zweiatomigen Moleküls (s. Abschn. 2.3.1 und 11.3.2) und dem Potential für die Bewegung des Elektrons im Wasserstoffatom (s. Abschn. 2.3.3).

Die quantenmechanische Behandlung dieses Bewegungsproblems erfolgt analog zum Fall der Potentialbarriere; die Ergebnisse für den vorliegenden Bewegungstyp, die gebundene Bewegung, sind natürlich ganz andere. Zunächst löst man die Schrödinger-Gleichung in den Bereichen I, II und III getrennt und sorgt dann dafür , dass die gesamte Wellenfunktion die Randbedingungen erfüllt. Als ÜA 2.7b kann das im Detail mathematisch durchgeführt werden.

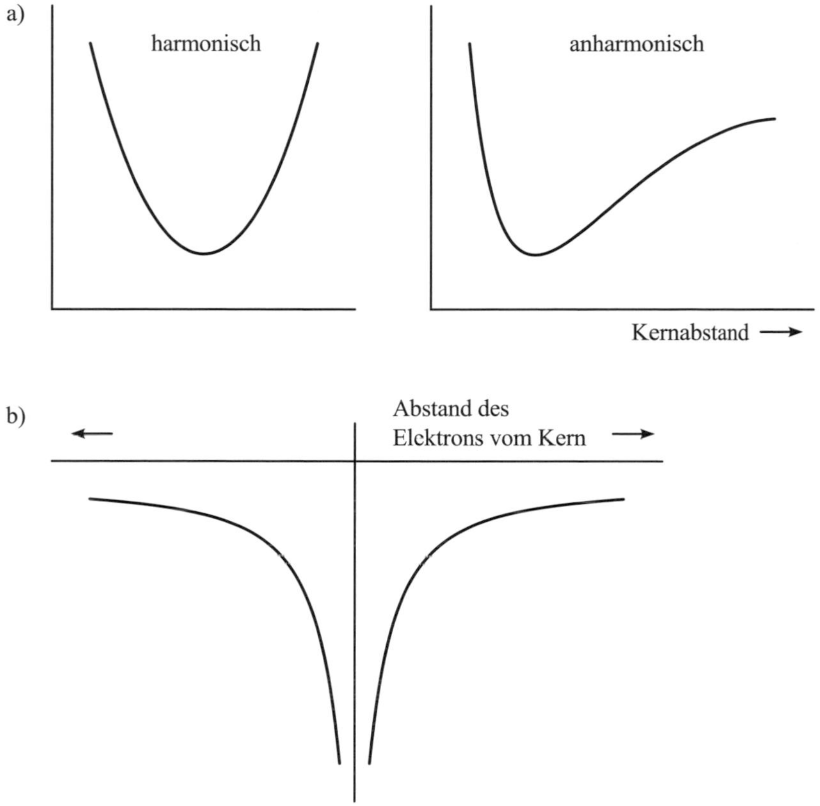

Abb. 2.16 Potentialmuldenprobleme: (a) Schwingung eines zweiatomigen Moleküls; (b) Elektron im Wasserstoffatom (schematisch)

Um einfache Ausdrücke zu erhalten, führen wir zuerst neue, der Problemstellung angepasste und dimensionslose Einheiten für Längen und Energien ein:

$$x \equiv a\xi \quad \text{und} \quad E \equiv -(\hbar^2/2ma^2)\varepsilon^2\,; \tag{2.72}$$

für negative E-Werte [s. Gl. (2.71)] ist $\varepsilon^2 > 0$, also ε reell. Entsprechend schreiben wir im Bereich II:

$$V_a + E \equiv (\hbar^2/2ma^2)\beta^2\,, \tag{2.73}$$

wobei β^2 positive, β also reelle Werte hat. Die zu lösende stationäre Schrödinger-Gleichung

$$\left\{-\left(\hbar^2/2m\right)\left(\mathrm{d}^2/\mathrm{d}x^2\right)+V(x)-E\right\}\phi(x)=0 \tag{2.74}$$

nimmt damit folgende Form an:

$$\left\{\left(\mathrm{d}^2/\mathrm{d}\xi^2\right)-\varepsilon^2\right\}\phi(\xi)=0 \qquad \text{in I und III}\,, \tag{2.75a}$$

$$\left\{\left(\mathrm{d}^2/\mathrm{d}\xi^2\right)+\beta^2\right\}\phi(\xi)=0 \qquad \text{in II}\,. \tag{2.75b}$$

Die Lösungen sind uns bekannt: in den Bereichen I und III haben wir reelle Exponentialfunktionen (abklingend oder ansteigend) und im Bereich II komplexe Exponentialfunktionen bzw. Sinus- und Cosinus-Funktionen (oszillierendes Verhalten). Exponentiell anwachsende Funktionen in den Bereichen I und III (d. h. bei $x, \xi \to -\infty$ bzw. $x, \xi \to +\infty$) sind zu verwerfen, denn sie würden bedeuten, dass sich das Teilchen praktisch ausschließlich weit draußen in klassisch verbotenen Bereichen aufhält, und sie würden nicht zu normierbaren Gesamtfunktionen führen (auch nicht bei Superposition zu einem Wellenpaket). Wir haben die Wellenfunktion also folgendermaßen anzusetzen:

$$\phi^{\mathrm{I}}(\xi) = A_{\mathrm{I}}\exp(\varepsilon\xi), \tag{2.76a}$$

$$\phi^{\mathrm{II}}(\xi) = A_{\mathrm{II}}\cos(\beta\xi) + B_{\mathrm{II}}\sin(\beta\xi), \tag{2.76b}$$

$$\phi^{\mathrm{III}}(\xi) = B_{\mathrm{III}}\exp(-\varepsilon\xi). \tag{2.76c}$$

Bevor wir weitergehen, diskutieren wir noch eine Besonderheit des Potentials: es ist nämlich symmetrisch zur Mitte des Potentialkastens. Um die Verhältnisse möglichst durchsichtig zu machen, wurde dorthin der Koordinatennullpunkt (x = 0) gelegt, so dass gilt

$$V(-x) = V(x) \qquad \text{bzw.} \qquad V(-\xi) = V(\xi). \tag{2.77}$$

Das Potential wie auch der gesamte Hamilton-Operator $\hat{H} = -\left(\hbar^2/2m\right)\left(\mathrm{d}^2/\mathrm{d}x^2\right) + V(x)$ in der Schrödinger-Gleichung (2.74) ändern sich nicht, wenn x durch $-x$ ersetzt wird, sie sind *invariant bei Inversion* (Spiegelung am Nullpunkt). Demzufolge muss, wenn $\phi(x)$ eine Lösung ist, auch $\phi(-x)$ eine Lösung sein, und zwar zur gleichen Energie, wie man durch Einsetzen in die Schrödinger-Gleichung sieht. Aus den beiden Funktionen $\phi(x)$ und $\phi(-x)$ lassen sich stets zwei neue Funktionen bilden, die ebenfalls Lösungen der Schrödinger-Gleichung (2.74) sind und von denen sich die eine bei Inversion symmetrisch verhält (d. h. unverändert bleibt), die andere antisymmetrisch (d. h. das Vorzeichen wechselt):

$$\phi^{\mathrm{g}}(x) \propto \phi(x) + \phi(-x) \quad \text{mit der Eigenschaft:} \ \phi^{\mathrm{g}}(-x) = \phi^{\mathrm{g}}(x), \tag{2.78a}$$

$$\phi^{\mathrm{u}}(x) \propto \phi(x) - \phi(-x) \quad \text{mit der Eigenschaft:} \ \phi^{\mathrm{u}}(-x) = -\phi^{\mathrm{u}}(x); \tag{2.78b}$$

man spricht bei diesen Eigenschaften der Funktionen auch von *gerade* (abgekürzt: g) bzw. *ungerade* (abgekürzt: u). Wie sich zeigen lässt, kommen bei einem solchen Problem mit einem inversionssymmetrischen Potential die Wellenfunktionen automatisch so heraus oder können stets so kombiniert werden, dass sie symmetrisch oder antisymmetrisch sind; man kann sich also auf die Bestimmung derartiger Funktionen beschränken. Diese Spiegelungseigenschaft der Wellenfunktionen bezeichnet man auch als ihre *Parität*. Mehr zu solchen mit der Symmetrie eines Systems zusammenhängenden Aspekten findet man im Anhang A1.

Wir suchen nun systematisch nach Lösungen der stationären Schrödinger-Gleichung (2.75a,b), welche die Randbedingungen erfüllen und somit als Wellenfunktionen brauchbar sind, indem wir im Energieintervall (2.71) den Wert von E sukzessive erhöhen. Für $E = -V_a$, also bei verschwindender kinetischer Energie (klassisch entspräche das einem ruhenden Teilchen), ist $\beta = 0$, und die Lösung $\phi(x)$ ist im Bereich II eine lineare Funktion. An eine solche Funktion lassen sich in keiner Weise die sowohl im Bereich I als auch im Bereich III erforderlichen exponentiell abklingenden Funktionszweige glatt ansetzen, so dass es zu diesem E-Wert keine Wellenfunktion geben kann. Bei etwas höheren E-Werten, etwa E' in Abb. 2.15b, lässt sich der Anschluss an eine abfallende exp-Funktion zumindest auf einer Seite erreichen, etwa bei $x = -a/2$. Im Bereich II gilt: $\beta^2 > 0$, die zugehörige (hier oberhalb der x-Achse angenommenen) Lösungsfunktion $\phi'(x)$ ist somit zur x-Achse hin gekrümmt. Liegt E' nur wenig oberhalb von $-V_a$, dann ist die Krümmung im Bereich II zu schwach, um bei $x = a/2$ eine abklingende Exponentialfunktion für den Bereich III glatt anzufügen. Mit wachsendem E und damit wachsendem β^2 wird die Krümmung im Bereich II aber stärker, und schließlich kann bei einem Wert $E = E_0$ eine abfallende exp-Funktion bei $x = a/2$ glatt angeschlossen werden. Damit ist E_0 der tiefste E-Wert, für den die zugehörige Lösungsfunktion $\phi(x) \equiv \phi_0(x)$ alle Anforderungen an eine Wellenfunktion erfüllt; diesen energetisch tiefsten Zustand mit der Wellenfunktion $\phi_0(x)$ zu E_0 bezeichnet man als *Grundzustand*. Die Wellenfunktion $\phi_0(x)$ ist gerade (symmetrisch zu $x = 0$), hat keine Nullstelle (keinen "Knoten") und lässt sich normieren: sie klingt bei $|x| \to \infty$ genügend stark, nämlich exponentiell ab, so dass das Integral $\int_{-\infty}^{+\infty} |\phi_0(x)|^2 \mathrm{d}x$ einen endlichen Wert hat, den man stets zu 1 machen kann[7].

Gehen wir weiter zu höheren E-Werten, so krümmt sich die Kurve im Bereich II noch stärker, schneidet die x-Achse und nimmt negative Werte an; dabei wechselt die Krümmung das Vorzeichen, und die Kurve wendet sich wiederum zur x-Achse hin. Es ergibt sich beispielsweise für $E = E''$ ein Funktionszweig $\phi''(x)$, der aber an $x = a/2$ noch nicht wieder den glatten Anschluss an eine abklingende, sich der x-Achse anschmiegende exp-Funktion im Bereich III erlaubt. Das ist erst bei $E = E_1$ möglich; die zu diesem E-Wert gehörende Lösungsfunktion $\phi(x) \equiv \phi_1(x)$ (erster *angeregter Zustand*) weist wieder alle für eine Wellenfunktion nötigen Eigenschaften auf, ist insbesondere normierbar. Im Unterschied zu $\phi_0(x)$ hat sie eine Nullstelle (einen "Knoten") und ist antisymmetrisch (ungerade). So geht es weiter. Man erhält eine Folge diskreter Energiewerte $E_0 < E_1 < E_2 < \ldots$, zu denen es zulässige, alle Anforderungen erfüllende Wellenfunktionen $\phi_0(x), \phi_1(x), \phi_2(x), \ldots$ gibt. Sie bekommen sukzessive eine Nullstelle hinzu und sind abwechselnd gerade und ungerade. Diese Funktionen beschreiben die stationären Zustände des Teilchens unter dem Einfluss des vorgegebenen Potentials.

Es gibt also in diesem Falle normierbare stationäre Zustände, die auf den Bereich des Potentialkastens beschränkt (*lokalisiert, gebunden*) sind; es müssen keine Superpositionen (Wellenpakete) gebildet werden. Im Detail haben die Wellenfunktionen $\phi_n(x)$ durchaus unterschiedliche Lokalisierungseigenschaften: dort, wo eine Funktion betragsmäßig große Werte annimmt, haben die anderen Funktionen kleine Werte, insbesondere Nullstellen. Mathematisch drückt sich das darin aus, dass für die *Überlappungsintegrale* der Wellenfunktionen gilt:

$$\int_{-\infty}^{+\infty} \phi_m(x) \cdot \phi_n(x) \mathrm{d}x = \delta_{mn} = \begin{cases} 0 & \text{für } m \neq n \\ 1 & \text{für } m = n \end{cases} ; \qquad (2.79)$$

[7] Angenommen, das Integral ergibt den Wert C, dann ist ϕ_0 mit dem Faktor $1/\sqrt{C}$ zu multiplizieren.

d. h. alle zulässigen Wellenfunktionen sind auf 1 *normiert* und paarweise *orthogonal* (δ_{mn} ist das Kronecker-Symbol). Für $m = 0$ und $n = 1$ sieht man die Orthogonalität unmittelbar an der unterschiedlichen Form der beiden Wellenfunktionen in Abb. 2.15b: die Anteile zum Integranden $\phi_0(x) \cdot \phi_1(x)$ für $x < 0$ kompensieren exakt die Anteile für $x > 0$.

Die erhaltenen Ergebnisse stehen auch hier in krassem Widerspruch zur klassischen Theorie und sind fundamental wichtig für die Quantenchemie; wie sich zeigt, hängen die folgenden Aussagen nicht von der speziellen Form des Potentials ab:

- Für die gebundene Bewegung eines Teilchens im Bereich einer Potentialmulde sind nur ganz bestimmte *diskrete Zustände* möglich, die zu bestimmten Energiewerten gehören und durch normierbare Wellenfunktionen beschrieben werden; man bezeichnet dieses Phänomen als ***Energiequantelung*** oder ***Zustandsquantelung***.
- Der tiefstmögliche Energiewert (hier: E_0) liegt stets oberhalb des Potentialminimums V_{min} (hier: $V_{min} = -V_a$). Das bedeutet, dass das Teilchen auch im energetisch tiefsten Zustand noch kinetische Energie besitzt (***Nullpunktsbewegung***, ***Nullpunktschwingung***); ein Zustand absoluter Ruhe ist bei einer gebundenen Bewegung nach der Quantenmechanik nicht möglich. Die Energiedifferenz $E_0 - V_{min}$ heißt ***Nullpunktsenergie***.
- Wellenfunktionen zu gebundenen Zuständen greifen stets etwas über den klassisch erlaubten Bereich hinaus in den klassisch verbotenen Bereich, klingen dort aber rasch ab. Andererseits gibt es im klassisch erlaubten Bereich Stellen, an denen sich das Teilchen nie aufhält, nämlich an den *Knoten* (Nullstellen) der jeweiligen Wellenfunktion.

Im Vorgriff auf Kapitel 3 (s. dort Abschn. 3.1) erwähnen wir schon einmal einige wichtige Begriffe: Die diskreten Energiewerte E_n, für welche die zeitunabhängige Schrödinger-Gleichung Lösungen hat, die den Randbedingungen genügen (insbesondere also normierbar sind), nennt man ***Eigenwerte*** des Hamilton-Operators, die entsprechenden Wellenfunktionen $\phi_n(x)$ heißen ***Eigenfunktionen***. Eigenfunktionen zu verschiedenen Eigenwerten sind zueinander *orthogonal*.

Ein besonders einfacher Fall ist der "Potentialkasten mit undurchdringlichen Wänden", bei dem an den Rändern des Bereichs II das Potential sprunghaft unendlich-hohe Werte annimmt (Abb. 2.17). Wie man sich leicht klarmacht, muss jede Wellenfunktion dort einen Knoten aufweisen. Bei den Eigenfunktionen handelt es sich um sin- und cos-Funktionen:

$$\begin{aligned} \phi_n^{\mathrm{g}}(x) &= \sqrt{2/a}\ \cos[(n+1)\pi x/a] \qquad (n = 0, 2, 4, \ldots) \\ \phi_n^{\mathrm{u}}(x) &= \sqrt{2/a}\ \sin[(n+1)\pi x/a] \qquad (n = 1, 3, 5, \ldots) \end{aligned} \tag{2.80}$$

(auf 1 normiert durch den Faktor $\sqrt{2/a}$) mit abwechselnd gerader und ungerader Parität; die zugehörigen Eigenwerte der Energie, bezogen auf den "Kastenboden", sind (s. ÜA 2.5):

$$E_n = (\hbar^2/2ma^2)\pi^2(n+1)^2 \qquad (n = 0, 1, 2, \ldots)\,. \tag{2.81}$$

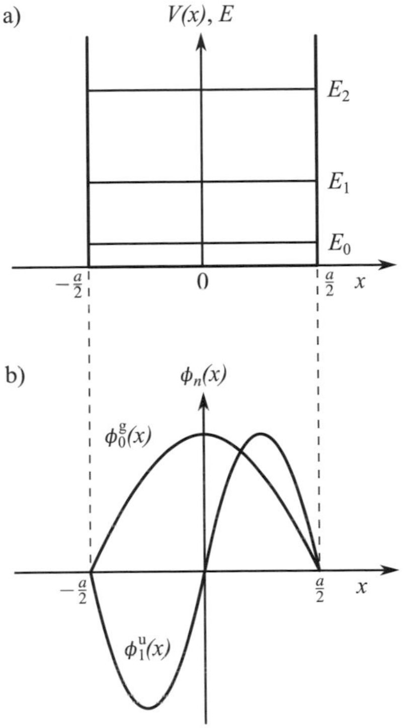

Abb. 2.17
Potentialkasten mit undurchdringlichen (unendlich-hohen) Wänden (a) und die beiden energetisch tiefsten Wellenfunktionen (b) (aus [I.4a])

Wir schließen mit einer Anmerkung zur Bewegung des Teilchens bei Energiewerten oberhalb des Kastenrandes, also $E > 0$ im Falle des Potentials (2.70).

In diesem Falle ähneln die Verhältnisse denen bei der Potentialbarriere: Klassisch bewegt sich ein von links einlaufendes Teilchen frei, bis es an $x = -a/2$ plötzlich eine höhere Geschwindigkeit bekommt (Zuwachs an kinetischer Energie infolge Absenkung des Potentials) und dann bei $x = a/2$ abrupt wieder abgebremst wird (hier auf die ursprüngliche Geschwindigkeit). In der quantenmechanischen Behandlung ergeben sich die stationären Lösungen der Schrödinger-Gleichung aus denen für die Potentialbarriere, wenn man dort überall V_a durch $-V_a$ ersetzt; sie sind nicht normierbar, und die Bewegung ist durch ein Wellenpaket zu beschreiben.

2.2.4 Quantelung der Drehbewegung: Ebener starrer Rotator

Eine besondere Art von potentialfreier Bewegung ist die *reine Drehbewegung*. Stellen wir uns wieder einen einfachen Modellfall vor, nämlich ein Teilchen der Masse m, das durch eine "masselose Stange" in einem bestimmten Abstand $r°$ von einem Punkt gehalten wird und sich um diesen Punkt drehen kann (Abb. 2.18), ansonsten aber keinen Kräften unterliegt ($V = \text{const}$). Solch eine fiktive Vorrichtung nennt man einen *starren Rotator*.

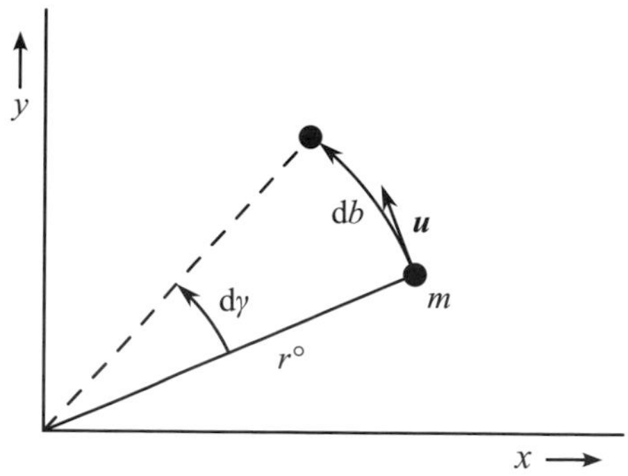

Abb. 2.18
Drehbewegung eines starren Rotators in der Ebene (x,y)

Auch dieses System ist nicht völlig realitätsfern, wenn man etwa an das bekannte Hantelmodell für ein zweiatomiges Molekül A–B denkt (s. Abb. 2.19). Stellt man sich den Abstand der beiden Massen m_A und m_B konstant und den Schwerpunkt (der die Verbindungslinie A–B im umgekehrten Massenverhältnis teilt; s. später) festgehalten vor, dann kann dieses mechanische System eine reine Drehbewegung um den Schwerpunkt ausführen.

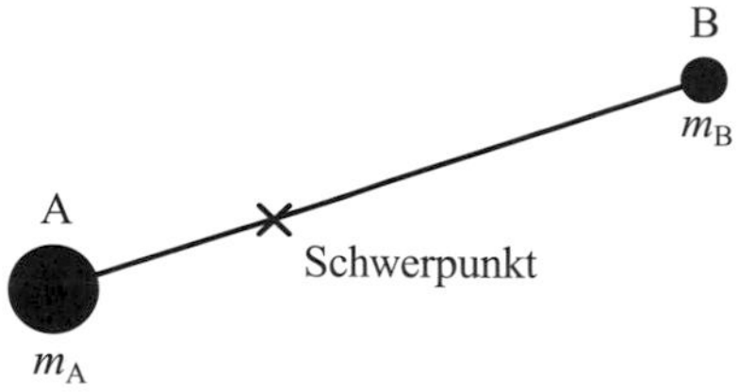

Abb. 2.19
Hantelmodell eines zweiatomigen Moleküls

Wir betrachten zuerst wieder die klassische Bewegung (s. Abb. 2.18) nach Anhang A2. Angenommen, das Teilchen wird durch einen Anstoß in Drehung versetzt. Es ist klar, dass die Bewegung dann in der durch die Richtung der Anfangsgeschwindigkeit $\boldsymbol{u}$ und die Strecke $r°$ bestimmten Ebene (x,y) verbleibt. Wenn sich das Teilchen im Zeitintervall $\mathrm{d}t$ um das Kreisbogenstück $\mathrm{d}b$ entsprechend einem Winkelintervall $\mathrm{d}\gamma = (1/r°)\mathrm{d}b$ bewegt, dann hat es die Geschwindigkeit $u \equiv |\boldsymbol{u}| = \mathrm{d}b/\mathrm{d}t = r°(\mathrm{d}\gamma/\mathrm{d}t)$; die Zeitableitung des Drehwinkels, $\mathrm{d}\gamma/\mathrm{d}t \equiv \dot{\gamma}$, nennt man *Winkelgeschwindigkeit.* Da keine Kräfte wirken, lautet das 2. Newtonsche Bewegungsgesetz [Gl. (A2.2)]: $m(\mathrm{d}^2b/\mathrm{d}t^2) = 0$, somit $\ddot{\gamma} = 0$ und daraus $\gamma(t) = \gamma_0 + ct$; die beiden Koeffizienten γ_0 und c sind die Drehlage bzw. die Winkelgeschwindigkeit zum Zeitpunkt $t = 0$ (Anfangsbedingungen). Es findet also eine gleichförmige Drehung in der festen Ebene (x,y) statt. Die durch

$$I° \equiv m(r°)^2 \tag{2.82}$$

definierte Größe bezeichnet man als das *Trägheitsmoment* des starren Rotators.

Jetzt formulieren wir das Problem der Drehbewegung allgemeiner. Jede Bewegung eines Teilchens, die nicht ausschließlich auf einer Geraden abläuft, ist in der klassischen Mechanik mit einem ***Drehimpuls*** (genauer: einem *Bahndrehimpuls*) $\boldsymbol{l}$ verbunden; diese Größe ist allgemein als das vektorielle Produkt von Ortsvektor $\boldsymbol{r}$ und Impulsvektor $\boldsymbol{p}$ des Teilchens definiert:

$$\boldsymbol{l} = \boldsymbol{r} \times \boldsymbol{p} \tag{2.83}$$

(s. Abb. 2.20 ; vgl. auch Anhang A2.1). Für den Betrag l des Vektors $\boldsymbol{l}$ gilt:

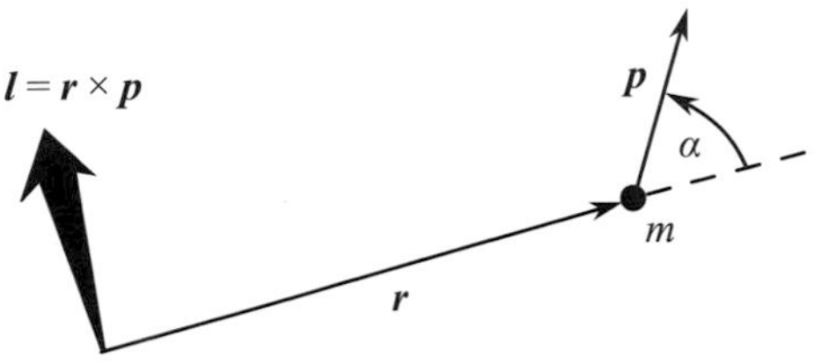

Abb. 2.20
Zur allgemeinen klassisch-mechanischen Definition des Drehimpulses

$$l \equiv |\boldsymbol{l}| = |\boldsymbol{r}| \cdot |\boldsymbol{p}| \cdot \sin\alpha\,, \tag{2.84}$$

wenn α den Winkel zwischen den beiden Vektoren $\boldsymbol{r}$ und $\boldsymbol{p}$ bezeichnet; die Richtung des Vektors $\boldsymbol{l}$ steht senkrecht zu der durch $\boldsymbol{r}$ und $\boldsymbol{p}$ bestimmten Ebene. Wir merken an, dass der Drehimpuls die Dimension Länge×Impuls hat (ebenso wie die Plancksche Konstante h bzw. $\hbar$).
Für den Fall des starren Rotators ist $\boldsymbol{p}\,(= m\boldsymbol{u}) \perp \boldsymbol{r}$, somit $\alpha = \pi/2$, und der Drehimpulsbetrag wird

$$l = r^{\circ} mu = m(r^{\circ})^2 \dot{\gamma} = I^{\circ} \dot{\gamma} \tag{2.85}$$

(in formaler Analogie zum gewöhnlichen Impuls $p = mu$). Die bewegungskonstante Gesamtenergie $E = T + V = T$ ($V = 0$) ergibt sich mit der Definition (2.82) für das Trägheitsmoment als

$$E = T = (m/2)u^2 = (I^o/2)\,\dot{\gamma}^2 = (1/2)\,l\dot{\gamma} = l^2/2I^o \tag{2.86}$$

(in formaler Analogie zu $T = p^2/2m$). Bei der Beschreibung von Drehbewegungen haben wir also die folgenden Entsprechungen zwischen den klassisch-mechanischen Größen: Trägheitsmoment ↔ Masse, Winkelgeschwindigkeit ↔ ("normale", "lineare") Geschwindigkeit, Drehimpuls ↔ Impuls. Wichtig ist noch darauf hinzuweisen, dass die klassische Mechanik weder der Energie E noch dem Drehimpulsvektor $\boldsymbol{l}$ (nach Betrag und Richtung) irgendwelche Beschränkungen auferlegt.

Der Drehimpuls ist davon abhängig, auf welchen Punkt der Ortsvektor $\boldsymbol{r}$ bezogen ist (s. Anhang A2.1).

Der oben behandelte Fall des *ebenen starren Rotators* ergibt sich, wenn in dieser allgemeinen Definition die zusätzliche Bedingung gestellt wird, dass die Bewegung nur in einer fest vorgegebenen Ebene abläuft. Wählen wir wie oben diese Ebene als (x,y)-Ebene, dann liegt der Vektor $\boldsymbol{l}$ des Bahndrehimpulses in z-Richtung, hat also nur eine z-Komponente: $\boldsymbol{l} = (0, 0, l_z)$.

Die quantenmechanische Behandlung des ebenen starren Rotators ist recht einfach, da sie sich auf ein eindimensionales Problem (d. h. *eine* Variable) reduziert. Zur Beschreibung der Bewegung in der (x,y)-Ebene wählen wir ebene Polarkoordinaten r und φ , die den geometrischen Verhältnissen am besten entsprechen und mit den kartesischen Koordinaten x und y folgendermaßen zusammenhängen:

$$x = r \cdot \cos\varphi\,, \quad y = r \cdot \sin\varphi\,; \tag{2.87}$$

den Koordinatenursprung legen wir in das Drehzentrum (s. Abb. 2.18). Der $\hat{\Delta}$-Operator schreibt sich in diesen Koordinaten (s. einschlägige Formelsammlungen, etwa in [II.8]) als

$$\hat{\Delta} = (\partial^2/\partial x^2) + (\partial^2/\partial y^2) = (\partial^2/\partial r^2) + (1/r)(\partial/\partial r) + (1/r^2)(\partial^2/\partial\varphi^2)\,. \tag{2.88}$$

Beim starren Rotator ist die Koordinate $r = r°$ konstant; daher kann die Wellenfunktion, die wir hier mit dem Buchstaben η bezeichnen wollen, nur vom Winkel φ abhängen, und wir haben die zeitunabhängige Schrödinger-Gleichung

$$\left\{-(\hbar^2 / 2m(r°)^2)(\mathrm{d}^2 / \mathrm{d}\varphi^2) - E\right\}\eta(\varphi) = 0$$

zu lösen. Dividiert durch $(-\hbar^2/2m(r°)^2) \equiv (-\hbar^2/2I°)$ lautet diese Gleichung:

$$\left\{(\mathrm{d}^2/\mathrm{d}\varphi^2) + c\right\}\eta(\varphi) = 0 \qquad (2.89)$$

mit dem reellen positiven Parameter $c \equiv (2I°/\hbar^2)E$. Die beiden linear unabhängigen Lösungen einer solchen Differentialgleichung können wir aus Abschnitt 2.1.5 übernehmen; es sind dies die Funktionen

$$\exp(\mathrm{i}\sqrt{c}\varphi) \quad \text{und} \quad \exp(-\mathrm{i}\sqrt{c}\varphi)\,. \qquad (2.90)$$

Von der Wellenfunktion müssen wir, da beliebige Drehwinkel φ möglich sind, Periodizität mit der Periode 2π fordern,

$$\eta(\varphi + 2\pi) = \eta(\varphi), \qquad (2.91)$$

um die Eindeutigkeit zu sichern. Diese Bedingung ist nur erfüllbar, wenn der Parameter $\sqrt{c}$ in den beiden Funktionen (2.90) ganzzahlige Werte hat, einschließlich Null:

$$\sqrt{c} \equiv m = 0, \pm 1, \pm 2, \ldots\;; \qquad (2.92)$$

damit sind alle zulässigen Wellenfunktionen erfasst. Im Bereich einer vollen Umdrehung, etwa $0 \le \varphi \le 2\pi$, ist jede dieser Wellenfunktionen normierbar; zur Normierung auf 1 muss die exp-Funktion mit dem Faktor $1/\sqrt{2\pi}$ multipliziert werden.

Auch bei der freien Drehbewegung haben wir also markante Unterschiede zur klassischen Beschreibung: Es sind nur ganz bestimmte Zustände zu diskreten Energiewerten E_m möglich:

$$\eta_m(\varphi) = (1/\sqrt{2\pi})\exp(\mathrm{i}m\varphi) \quad \text{zu} \quad E_m = (\hbar^2/2I°)\,m^2\,. \qquad (2.93)$$

Zugleich bedeutet dieses Ergebnis offenbar, dass in unserem einfachen Modellfall neben der Energie eine weitere mechanische Größe, nämlich der (Bahn-) Drehimpuls, gequantelt ist. Gemäß Gleichung (2.86) haben wir nämlich

$$l_z (= l) = \sqrt{2I°E_m} = \hbar m \quad \text{mit} \quad m = 0, \pm 1, \pm 2, \ldots, \qquad (2.94)$$

d. h. die Drehimpulskomponente l_z (allein diese ist von Null verschieden) kann nur Werte annehmen, die ganzzahlige Vielfache von $\hbar$ oder Null sind.

Hier begegnet uns zum ersten Mal der Fall, dass zu einem Energiewert mehrere Wellenfunktionen gehören: die beiden Zustände mit m und $-m$ haben für $m \neq 0$ jeweils die gleiche Energie. Man nennt so etwas eine (zweifache) ***Entartung*** (s. weiter Abschn. 2.3.2 und 3.1).

Fragen wir nach der *Aufenthaltswahrscheinlichkeitsverteilung* des Teilchens, so führen die Lösungsfunktionen (2.93) auf $|\eta(\varphi)|^2$ = const, d. h. jede Drehlage ist gleich wahrscheinlich.

In diesem Abschnitt haben wir gelernt:

- Auch bei der kräftefreien *Drehbewegung* sind nur bestimmte diskrete Zustände mit bestimmten Energiewerten möglich. Die Energiequantelung der Drehbewegung bedeutet hier zugleich eine ***Quantelung des Drehimpulses***.

  Damit haben wir nach der Energie eine zweite physikalische Größe gefunden, die (zumindest im vorliegenden Modellfall) einer Quantelung unterliegt.

Es wurde hier, um erst einmal einiges Grundsätzliche zu erfassen, ein überaus einfaches Modell der Drehbewegung beschrieben. In Abschnitt 2.3.2 werden wir die Besonderheiten dieser Bewegungsform allemeiner untersuchen.

2.3 Quantenmechanik einfacher realitätsnaher Probleme

Die folgenden Problemstellungen sind etwas komplizierter, dafür aber realistischer und somit auch näher am Experiment. Wie bisher handelt es sich um Probleme, die *exakt lösbar* sind und deren Eigenschaften *grundlegende Bedeutung für die Modellbildungen der Quantenchemie* haben.

2.3.1 Linearer harmonischer Oszillator

Ein Teilchen der Masse m, das sich nur längs einer Geraden (Koordinate x) bewegen kann und dabei einer rücktreibenden Kraft mit einem Parabelpotential

$$V(x) = (k/2)x^2 - (m\omega^2/2)x^2 \tag{2.95}$$

unterliegt, bezeichnet man als linearen harmonischen Oszillator (abgek. HO); der Faktor $k = \mathrm{d}^2V/\mathrm{d}x^2$ heißt Kraftkonstante, $\omega \equiv 2\pi\nu = \sqrt{k/m}$ ist die Kreisfrequenz. Der Nullpunkt der Energieskala wurde dabei in den Koordinatennullpunkt $x = 0$ gelegt (s. unten, Abb. 2.21a).

Nach der klassischen Mechanik wird die Bewegung des Teilchens im Hamilton-Formalismus (s. Anhang A2.4) mit der Hamilton-Funktion $H_{\mathrm{HO}} = T + V(x) = (p^2/2m) + (m\omega^2/2)x^2$ beschrieben; aus den Hamiltonschen Gleichungen folgt die Newton-Gleichung $\ddot{x} + \omega^2 x = 0$.
Die Lösung dieser gewöhnlichen Differentialgleichung zweiter Ordnung ist $x(t) = c \cdot \cos(\omega t + \alpha)$ mit den beiden durch die Anfangsbedingungen bestimmten Konstanten c und α. Das Teilchen führt also unter dem Einfluss der rücktreibenden *Kraft* $K(x) = -\mathrm{d}V(x)/\mathrm{d}x = -kx$ eine *harmonische Schwingung* um den Nullpunkt $x = 0$ mit der Kreisfrequenz $\omega = \sqrt{k/m}$ aus. Auch ein Zustand absoluter Ruhe (d. h. mit verschwindender kinetischer Energie, $T = 0$) ist klassisch möglich.

Die quantenmechanische Beschreibung erfordert die Lösung der zeitunabhängigen Schrödinger-Gleichung (2.54) mit dem Potential (2.95):

$$\left\{-(\hbar^2/2m)(\mathrm{d}^2/\mathrm{d}x^2)+(m\omega^2/2)x^2-E\right\}\phi(x)=0\,. \tag{2.96}$$

Das generelle Verhalten der Wellenfunktion kennen wir aus Abschnitt 2.1.5 bzw. 2.2.3: sie oszilliert im Bereich mit $E>V$ und fällt außerhalb, für $E<V$, exponentiell ab.

Zur Vereinfachung der Schreibweise führen wir ähnlich wie in Abschn. 2.2.3 anstelle von x eine neue dimensionslose Koordinate

$$\xi \equiv (\sqrt{m\omega/\hbar})\,x \tag{2.97a}$$

und anstelle von E einen neuen dimensionslosen Energieparameter

$$\varepsilon \equiv (2/\hbar\omega)\,E \tag{2.97b}$$

ein. Damit bekommt die Schrödinger-Gleichung, mit dem Faktor (-1) multipliziert, die Form

$$\left\{(\mathrm{d}^2/\mathrm{d}\xi^2)+(\varepsilon-\xi^2)\right\}\phi(\xi)=0\,. \tag{2.96'}$$

Um $\phi(\xi)$ zu bestimmen, untersuchen wir zunächst das Verhalten bei sehr großen ξ-Werten (asymptotisches Verhalten): ε ist dann gegenüber ξ^2 zu vernachlässigen, so dass sich die Differentialgleichung zu $\left(\mathrm{d}^2\phi/\mathrm{d}\xi^2\right)=\xi^2\phi$ vereinfacht; deren Lösungen sind näherungsweise, bis auf Anteile niedrigerer Ordnung in ξ:

$$\phi(\xi)\cong \exp(\pm\xi^2/2)\,, \tag{2.98}$$

wie man durch Einsetzen nachprüft. Wenn Normierbarkeit gefordert wird, kommt nur die exponentiell abklingende Lösung (negatives Vorzeichen im Argument der exp-Funktion) in Frage. Auf Grund dessen machen wir nun für $\phi(\xi)$ den Ansatz

$$\phi(\xi)=\exp(-\xi^2/2)\cdot f(\xi)\,, \tag{2.99}$$

setzen diesen in Gleichung (2.96') ein und erhalten

$$\left\{(\mathrm{d}^2/\mathrm{d}\xi^2)-2\xi(\mathrm{d}/\mathrm{d}\xi)+(\varepsilon-1)\right\}f(\xi)=0 \tag{2.100}$$

als Bestimmungsgleichung für die Funktion $f(\xi)$.

Die Lösungen einer Differentialgleichung vom Typ (2.100) sind gut bekannt (s. etwa [II.1][II.4][II.6]): für nicht-negative geradzahlige Werte von $\varepsilon-1$,

$$\varepsilon-1=2\upsilon \qquad (\upsilon=0,1,2,\ldots)\,, \tag{2.101}$$

ergeben sich die *Hermiteschen Polynome* $H_\upsilon(\xi)$. Diese Polynome υ-ten Grades divergieren zwar für $\xi\to\pm\infty$, bei Multiplikation mit dem exponentiell abfallenden Faktor $\exp(-\xi^2/2)$ gemäß dem Ansatz (2.99) erhält man aber Funktionen, die normierbar und damit als Wellenfunktionen brauchbar sind:

$$\phi_\upsilon(\xi)=A_\upsilon\cdot\exp(-\xi^2/2)\cdot H_\upsilon(\xi) \qquad (\upsilon=0,1,2,\ldots)\,, \tag{2.102}$$

zu $\varepsilon_\upsilon = 2\upsilon + 1$, d. h. zu den Energiewerten

$$E_\upsilon = (2\upsilon + 1)\hbar\omega/2\,. \tag{2.103}$$

Durch geeignete Wahl des Normierungsfaktors A_υ (den wir hier nicht in allgemeiner Form explizite angeben) lassen sich die Wellenfunktionen $\phi_\upsilon(\xi)$ auf 1 normieren:

$$\int_{-\infty}^{+\infty} |\phi_\upsilon(\xi)|^2 \,\mathrm{d}\xi = 1\,. \tag{2.104}$$

Die Wellenfunktionen zu den tiefsten Energiewerten sehen folgendermaßen aus:

$\upsilon = 0:\ \phi_0(\xi) = \pi^{-1/4}\exp(-\xi^2/2)$ zu $\varepsilon_0 = 1,\ E_0 = (1/2)\hbar\omega$; (2.105a)

$\upsilon = 1:\ \phi_1(\xi) = \pi^{-1/4}\sqrt{2}\exp(-\xi^2/2)\cdot\xi$ zu $\varepsilon_1 = 3,\ E_1 = (3/2)\hbar\omega$; (2.105b)

$\upsilon = 2:\ \phi_2(\xi) = \pi^{-1/4}\left(1/\sqrt{2}\right)\exp(-\xi^2/2)\cdot(2\xi^2 - 1)$ zu $\varepsilon_2 = 3,\ E_2 = (5/2)\hbar\omega$; (2.105c)

....

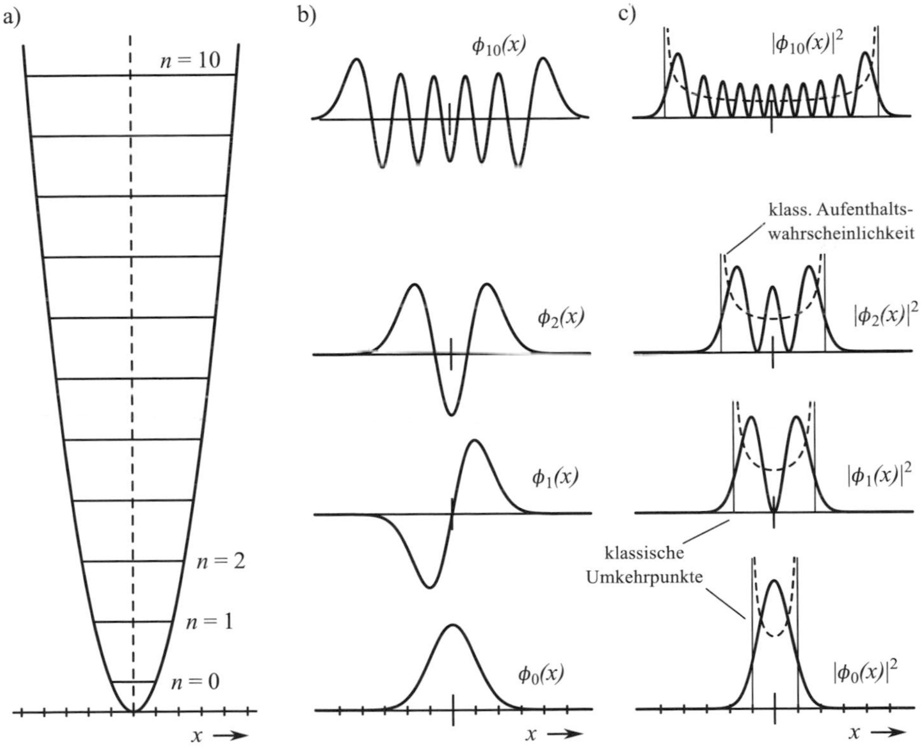

Abb. 2.21 Linearer harmonischer Oszillator: a) Potentialfunktion mit eingezeichneten Energie-Eigenwerten E_n; b) Eigenfunktionen $\phi_n(x)$ und c) Aufenthaltswahrscheinlichkeitsdichten $|\phi_n(x)|^2$ für $n = 0, 1, 2$ und 10

Damit haben wir qualitativ ähnliche Verhältnisse wie beim Potentialkasten in Abschnitt 2.2.3: diskrete gebundene stationäre Zustände, normierbare reelle Wellenfunktionen, die abwechselnd gerade (symmetrisch zu $\xi = 0$) und ungerade (antisymmetrisch) sind, wie man sofort an den ξ-Potenzen sieht. Die Wellenfunktionen sind zueinander orthogonal sowie gemäß Gleichung (2.104) auf 1 normiert:

$$\int_{-\infty}^{+\infty} \phi_v(\xi) \cdot \phi_{v'}(\xi) \mathrm{d}\xi = \delta_{vv'} \,. \tag{2.106}$$

Die Anzahl der Knoten ist gleich der Quantenzahl v.

Der harmonische Oszillator hat die *Nullpunktsenergie*

$$E_0 = \hbar\omega/2 \,; \tag{2.107}$$

wie wir aus Abschnitt 2.2.3 wissen, kann dieser Energiebetrag dem Oszillator auf keine Weise entzogen werden. Zur Nullpunktschwingung als energetisch tiefstem Zustand (*Grundzustand*) mit der Energie E_0 gehört die knotenlose, gerade Wellenfunktion (2.105a). Die energetischen Abstände zwischen benachbarten Zuständen sind beim harmonischen Oszillator sämtlich gleich

$$\Delta E_{v,v+1} = \hbar\omega \tag{2.108}$$

(*Schwingungsquant* des harmonischen Oszillators).

Aufschlussreich ist ein Vergleich der Aussagen von klassischer Mechanik und Quantenmechanik hinsichtlich der Aufenthaltswahrscheinlichkeit eines schwingenden Teilchens im Bewegungsbereich. Eine *klassische Aufenthaltswahrscheinlichkeit* für das Teilchen in einem Intervall $\Delta x'$ am Punkt x' lässt sich definieren, indem man mit der Geschwindigkeit am Punkt x', $u(x') = \omega\sqrt{(x_{\max})^2 - (x')^2}$, die Verweilzeit in diesem Intervall, $\Delta x'/u(x')$, berechnet und diese durch die halbe Schwingungsdauer π/ω dividiert. Damit ergeben sich die in Abb. 2.21c gestrichelt eingezeichneten Kurven (s. ÜA 2.8). Diese klassischen Aufenthaltswahrscheinlichkeiten divergieren an den klassischen Umkehrpunkten, an denen die Geschwindigkeit auf Null sinkt und die Bewegungsrichtung sich umkehrt. Quantenmechanisch erhält man ein ganz anderes Bild, besonders für den Grundzustand ist der Unterschied drastisch. Die Aufenthaltswahrscheinlichkeitsdichte $|\phi_v|^2$ oszilliert zunehmend mit wachsendem v, und für große v liefert die klassische Dichte einen mittleren Verlauf der quantenmechanischen Dichteverteilung.

2.3.2 Starrer räumlicher Rotator

In Abschnitt 2.2.4 hatten wir am Modell eines starren ebenen Rotators gesehen, dass die Quantenmechanik auch für die Drehbewegung nur ganz bestimmte, diskrete stationäre Zustände mit diskreten Werten für den Drehmpuls zulässt. Um die Untersuchung dieses Bewegungstyps zu vervollständigen, lassen wir die Beschränkung der Bewegung auf eine feste Ebene fallen und behandeln die kräftefreie *räumliche* Drehung eines *starren Rotators* (abgek. SR): die Masse m wird in einem festen Abstand $r°$ von einem Punkt gehalten, kann sich aber ansonsten frei um diesen Punkt drehen (s. Abb. 2.22).

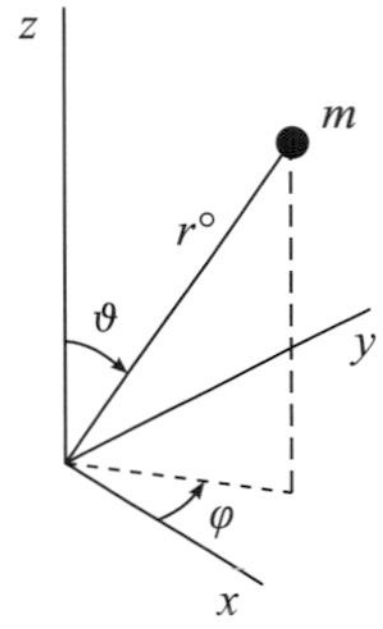

Abb. 2.22 Zur Drehbewegung eines starren Rotators im Raum (Koordinaten)

Nach der klassischen Mechanik verläuft die Bewegung, einmal in Gang gesetzt, in einer jetzt durch die Anfangsbedingungen bestimmten (d. h. nicht als zusätzliche Beschränkung vorgegebenen) Ebene mit konstanter Winkelgeschwindigkeit um den Drehpunkt, wie das in Abschnitt 2.2.4 beschrieben wurde. Die Hamilton-Funktion $H(\boldsymbol{p},\boldsymbol{r})$ besteht nur aus dem kinetischen Energieanteil,

$$H(\boldsymbol{p},\boldsymbol{r}) = T(\boldsymbol{p}) = \boldsymbol{p}^2/2m\,, \tag{2.109}$$

und unter Berücksichtigung von $r = r^\circ$ haben wir [s. Gl. 2.86]

$$H_{\mathrm{SR}} = (I^\circ/2)\dot{\gamma}^2 \tag{2.110}$$

mit der (konstanten) Drehwinkelgeschwindigkeit $\dot{\gamma} \equiv \mathrm{d}\gamma/\mathrm{d}t$ und dem Trägheitsmoment $I^\circ \equiv m(r^\circ)^2$ [Gl. (2.82)]. Der Betrag des Drehimpulsvektors $\boldsymbol{l}$ ist wie in Abschnitt 2.2.4 durch Gleichung (2.85) gegeben, und die Hamilton-Funktion H_{SR} lässt sich gemäß Gleichung (2.86) durch das Betragsquadrat des Drehimpulsvektors ausdrücken.
Wie in Abschnitt 2.2.4 gibt es in der klassischen Theorie keinerlei Einschränkungen für die möglichen Werte der Energie $E = H_{\mathrm{SR}}$ sowie des Betrages und der Komponenten des Drehimpulses.

Der Übergang zur quantenmechanischen Beschreibung wird in der gewohnten Weise mittels der Ersetzungsregeln (2.28a-c) vollzogen. Aus H nach Gleichung (2.109) wird der Hamilton-Operator (2.29),

$$\hat{H} = -(\hbar^2/2m)\ \hat{\Delta} = -(\hbar^2/2m)\left[\left(\partial^2/\partial x^2\right)+\left(\partial^2/\partial y^2\right)+\left(\partial^2/\partial z^2\right)\right],$$

und wir erhalten aus der zeitabhängigen Schrödinger-Gleichung (2.31) nach Abspaltung der Zeitabhängigkeit gemäß Abschnitt 2.1.4 die zeitunabhängige Schrödinger-Gleichung:

$$\{-(\hbar^2/2m)\hat{\Delta} - E\}\,\phi(\boldsymbol{r}) = 0\,, \tag{2.111}$$

wie für die nicht-gebundene kräftefreie Bewegung eines Teilchens im Raum. Das Besondere des vorliegenden Problems machen die Randbedingungen aus: Die Bewegung des Teilchens ist auf einen festen Abstand von einem Punkt beschränkt, so dass es sich um eine gebundene Bewegung handelt, deren Wellenfunktionen normierbar sein müssen; andererseits sind unbeschränkte Winkelvariable im Spiel, so dass auf die Eindeutigkeit der Wellenfunktion geachtet werden muss (s. Abschn. 2.2.4).

Zur Lösung der Schrödinger-Gleichung (2.111) führen wir Koordinaten ein, die dem Problem besser angepasst sind als kartesische Koordinaten, nämlich *sphärische Polarkoordinaten* (*Kugelkoordinaten*) nach Anhang A5.3.2; es sind dies: der Abstand r vom Koordinatenursprung (= Drehzentrum), der Polarwinkel ϑ (gemessen gegen die positive z-Richtung mit dem Wertebereich $0 \leq \vartheta \leq \pi$) und der Azimutwinkel φ (gemessen gegen die positive x-Richtung mit dem Wertebereich $0 \leq \varphi \leq 2\pi$); s. Abb. 2.22. Die kartesischen Koordinaten hängen folgendermaßen mit diesen neuen Koordinaten zusammen [s. Gl. (A5.26)]:

$$x = r \sin\vartheta \cos\varphi\,, \quad y = r \sin\vartheta \sin\varphi\,, \quad z = r \cos\vartheta\,. \tag{2.112}$$

Umgerechnet auf sphärische Polarkoordinaten (ÜA 2.9) hat der $\hat{\Delta}$-Operator die Form

$$\hat{\Delta} = (1/r^2)(\partial/\partial r)(r^2\partial/\partial r) + (1/r^2)\Big[(1/\sin\vartheta)(\partial/\partial\vartheta)(\sin\vartheta(\partial/\partial\vartheta)) + (1/\sin^2\vartheta)(\partial^2/\partial\varphi^2)\Big] \tag{2.113}$$

[s. Gl. (A5.28)]. Beim starren Rotator ist $r = r^\circ = \text{const}$, so dass die Wellenfunktion nur von ϑ und φ abhängen kann: $\phi(\boldsymbol{r}) = \phi(r^\circ, \vartheta, \varphi) \equiv \phi(\vartheta, \varphi)$. Der r-Anteil des $\hat{\Delta}$-Operators, angewendet auf $\phi(\vartheta, \varphi)$, ergibt Null, kann also weggelassen werden; der Hamilton-Operator für den starren Rotator (Index HR) wird somit:

$$\hat{H}_{\text{SR}} = -(\hbar^2/2I^\circ)\Big[(1/\sin\vartheta)(\partial/\partial\vartheta)(\sin\vartheta(\partial/\partial\vartheta)) + (1/\sin^2\vartheta)(\partial^2/\partial\varphi^2)\Big]. \tag{2.114}$$

Dividieren wir die Schrödinger-Gleichung $\{\hat{H}_{\text{SR}} - E\}\phi(\boldsymbol{r}) = 0$ durch den Faktor $(-\hbar^2/2I^\circ)$ und führen anstelle von E gemäß

$$\alpha \equiv (2I^\circ/\hbar^2)E \tag{2.115}$$

den dimensionslosen Parameter α ein, dann erhält die zeitunabhängige Schrödinger-Gleichung die Form

$$\Big\{(1/\sin\vartheta)(\partial/\partial\vartheta)(\sin\vartheta(\partial/\partial\vartheta)) + (1/\sin^2\vartheta)(\partial^2/\partial\varphi^2) + \alpha\Big\}\phi(\vartheta,\varphi) = 0\,. \tag{2.116}$$

Um diese partielle Differentialgleichung mit zwei Variablen zu lösen, versuchen wir eine Separation durch einen Produktansatz (formal analog zu Abschn. 2.1.4):

$$\phi(\vartheta, \varphi) = \theta(\vartheta) \cdot \eta(\varphi)\,; \tag{2.117}$$

dies eingeführt in Gleichung (2.116), ergibt nach Multiplikation mit $(\sin^2\vartheta)/\theta \cdot \eta$ (vorausgesetzt, die Funktionen θ und η sind von Null verschieden) und Sortierung der ϑ- und der φ-abhängigen Anteile:

$$\Big[(\sin^2\vartheta)/\theta\Big]\Big[(1/\sin\vartheta)(\mathrm{d}/\mathrm{d}\vartheta)(\sin\vartheta(\mathrm{d}/\mathrm{d}\vartheta)) + \alpha\Big]\theta + (1/\eta)(\mathrm{d}^2\eta/\mathrm{d}\varphi^2) = 0\,. \tag{2.118}$$ [8]

Nun wird wieder wie in Abschnitt 2.1.4 argumentiert: Der erste Anteil hängt nur von ϑ ab, der zweite nur von φ; die Summe beider Anteile muss für jede beliebige Kombination von

[8] Da die Funktionen θ und η nur von je einer Variablen abhängen, können wir anstelle der partiellen die gewöhnlichen Ableitungen schreiben.

Werten ϑ und φ Null ergeben. Das aber ist nur möglich, wenn beide Anteile für sich überhaupt nicht von ϑ bzw. φ abhängen, sondern konstant und entgegengesetzt gleich sind:

$$\left[\left(\sin^2\vartheta\right)/\theta\right]\left[(1/\sin\vartheta)(\mathrm{d}/\mathrm{d}\vartheta)(\sin\vartheta(\mathrm{d}/\mathrm{d}\vartheta))+\alpha\right]\theta(\vartheta)=c\,, \tag{2.119a}$$

$$(1/\eta)\left(\mathrm{d}^2/\mathrm{d}\varphi^2\right)\eta(\varphi)=-c\ ; \tag{2.119b}$$

c ist die Konstante. Die Gleichung (2.119b) ist identisch mit Gleichung (2.89), und wir kennen die Lösungen: es sind die Funktionen $\eta(\varphi)\propto\exp(\pm\mathrm{i}\sqrt{c}\varphi)$ mit auf Grund der Eindeutigkeitsforderung diskreten reellen, ganzzahligen Werten 0, 1, 2, ... von $_+\sqrt{c}$,

$$\eta(\varphi)\equiv\eta_m(\varphi)=(1/2\pi)\exp(\mathrm{i}m\varphi) \qquad (m=0,\pm 1,\pm 2,\ldots)\,. \tag{2.120}$$

Mit den so ermittelten zulässigen Werten $c=m^2$ gehen wir nun an die Lösung der Gleichung (2.119a), formen sie aber zuvor noch um, indem wir anstelle der Variablen ϑ eine neue Variable $z\equiv\cos\vartheta$ mit dem Wertebereich $-1\le z\le +1$ einführen. Damit erhält Gleichung (2.119a) mittels der Umrechnung $\mathrm{d}/\mathrm{d}\vartheta=-(\sin\vartheta)(\mathrm{d}/\mathrm{d}z)$ die folgende Gestalt:

$$\left\{(\mathrm{d}/\mathrm{d}z)\left[\left(1-z^2\right)(\mathrm{d}/\mathrm{d}z)\right]+\alpha-\left[m^2/\left(1-z^2\right)\right]\right\}\theta(z)=0\,. \tag{2.121}$$

Dies ist die Legendresche Differentialgleichung (s. etwa [II.1][II.4][II.6]); für die Werte

$$\alpha=l(l+1) \quad \text{mit ganzzahligem, nicht-negativem } l\ge|m| \tag{2.122}$$

besitzt sie Lösungen, die im gesamten Variablenbereich endlich und normierbar, somit für die Bildung von Wellenfunktionen verwendbar sind: die *zugeordneten Legendreschen Polynome*

$$\theta(z)\equiv\theta_l^m(z)\equiv P_l^{|m|}(z) \qquad (l=0,1,2,\ldots;\ -l\le m\le +l)\,. \tag{2.123}$$

Die ersten dieser Polynome, wie sie üblicherweise (noch nicht normiert) angegeben werden, sehen folgendermaßen aus[9]:

$$P_0^0(z)=1\ ;$$

$$P_1^0(z)=z,\quad P_1^1(z)=-(1-z^2)^{1/2}\ ;$$

$$P_2^0(z)=(1/2)(3z^2-1),\quad P_2^1(z)=-3z(1-z^2)^{1/2},\quad P_2^2(z)=3(1-z^2)\ ;$$

$$\ldots\ldots \tag{2.124}$$

Damit sind die als Wellenfunktionen tauglichen Lösungen der zeitunabhängigen Schrödinger-Gleichung (2.116) ermittelt; sie werden gewöhnlich in der folgenden Form geschrieben:

$$\phi(\vartheta,\varphi)\equiv\phi_{lm}(\vartheta,\varphi)\equiv Y_l^m(\vartheta,\varphi)\,, \tag{2.125a}$$

sind durch

[9] Dass bestimmte Legendre-Polynome ein negatives Vorzeichen haben, entspricht einer Konvention. Physikalisch ist ein solcher *Phasenfaktor* (s. Abschn. 3.1.4) bedeutungslos.

$$Y_l^m(\vartheta,\varphi) = N_{lm} \left\{ \begin{matrix} P_l^m(\cos\vartheta) \\ P_l^{|m|}(\cos\vartheta) \end{matrix} \right\} \exp(\mathrm{i}m\varphi) \quad \text{mit} \quad \left\{ \begin{matrix} m \geq 0 \\ m < 0 \end{matrix} \right\} \tag{2.125b}$$

definiert und heißen *komplexe Kugelfunktionen* oder *sphärische Harmonische* (s. etwa [II.1], Abschn. 6.6.1.). Wieder handelt es sich um ganz bestimmte diskrete Zustände, die durch die Randbedingungen aus der Vielfalt aller mathematisch möglichen Lösungen der Differentialgleichung (2.116) ausgewählt werden. Diese Zustände sind durch zwei *Quantenzahlen* l und m numeriert, deren physikalische Bedeutung wir weiter unten kennenlernen werden.

Wir schreiben die zu $l = 0$, 1 und 2 gehörenden komplexen Kugelfunktionen explizite auf:

$$Y_0^0(\vartheta,\varphi) = 1/\sqrt{4\pi}\ ;$$

$$Y_1^0(\vartheta,\varphi) = \sqrt{3/4\pi}\cos\vartheta, \qquad Y_1^{\pm1}(\vartheta,\varphi) = \sqrt{3/8\pi}\sin\vartheta\exp(\pm\mathrm{i}\varphi);$$

$$Y_2^0(\vartheta,\varphi) = \sqrt{5/4\pi}\,(1/2)(3\cos^2\vartheta - 1), \qquad Y_2^{\pm1}(\vartheta,\varphi) = \sqrt{5/24\pi}\,3\sin\vartheta\cos\vartheta\exp(\pm\mathrm{i}\varphi),$$

$$Y_2^{\pm2}(\vartheta,\varphi) = \sqrt{5/96\pi}\,3\sin^2\vartheta\exp(\pm2\mathrm{i}\varphi);$$

$$\ldots\ldots\ldots\ldots \tag{2.126}$$

Die komplexen Kugelfunktionen $Y_l^m(\vartheta,\varphi)$ sind untereinander orthogonal und bei geeigneter Festlegung des Normierungsfaktors N_{lm} auf 1 normiert:

$$\int_0^\pi \sin\vartheta\,\mathrm{d}\vartheta \int_0^{2\pi} \mathrm{d}\varphi\, Y_l^m(\vartheta,\varphi)^* \cdot Y_{l'}^{m'}(\vartheta,\varphi)$$

$$= \int_{-1}^1 \mathrm{d}(\cos\vartheta) \int_0^{2\pi} \mathrm{d}\varphi\, Y_l^m(\vartheta,\varphi)^* \cdot Y_{l'}^{m'}(\vartheta,\varphi) = \delta_{ll'}\delta_{mm'}\ ; \tag{2.127}$$

die Integration erfolgt über den vollen Raumwinkel, also über alle Richtungen (ϑ,φ). Wir schreiben hier die Formel für den Normierungsfaktor N_{lm} nicht auf.

Auf Grund der Kugelsymmetrie des starren Rotators haben die Eigenfunktionen der Schrödinger-Gleichung eine bestimmte Parität (s. Abschn. 2.2.3 und Anhang A1), und zwar gilt bei *Inversion* (Spiegelung am Nullpunkt, d. h. Übergang $x \to -x$, $y \to -y$, $z \to -z$, entsprechend $\vartheta \to \pi - \vartheta$, $\varphi \to \pi + \varphi$):

$$Y_l^m(\pi - \vartheta, \pi + \varphi) = (-1)^l\, Y_l^m(\vartheta,\varphi)\,, \tag{2.128}$$

d. h. die *Parität* der Zustände ist gerade für geradzahliges l und ungerade für ungeradzahliges l.

Der Ausdruck

$$\mathrm{d}W_{lm}(\vartheta,\varphi) = \left| Y_l^m(\vartheta,\varphi) \right|^2 \mathrm{d}\Omega \tag{2.129}$$

gibt die Wahrscheinlichkeit dafür an, dass sich das "starr-rotierende" Teilchen innerhalb eines *Raumwinkelelements* $\mathrm{d}\Omega \equiv \sin\vartheta\,\mathrm{d}\vartheta\,\mathrm{d}\varphi$ in der durch Polarwinkel ϑ und Azimutwinkel φ gegebenen Richtung befindet. In Abb. 2.23 sind die Wahrscheinlichkeitsdichteverteilungen der Winkellagen, $w_{lm}(\vartheta,\varphi) \equiv \left|Y_l^m(\vartheta,\varphi)\right|^2$, für die Quantenzustände (2.126) durch Abschattierungen auf einer Kugeloberfläche angegeben (dunkel bedeutet hohe, hell kleine Werte w).

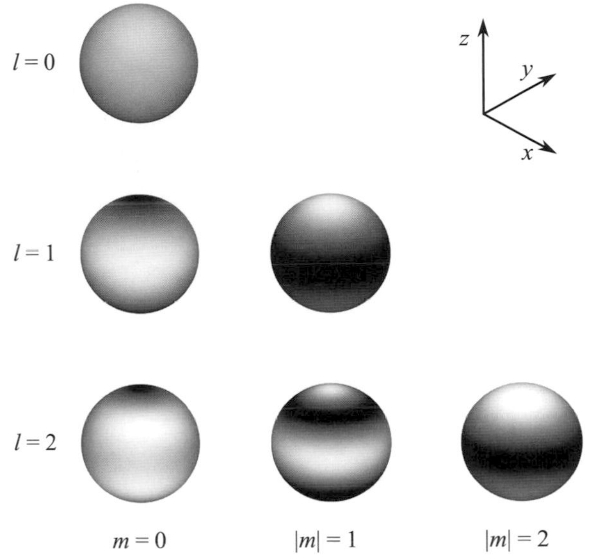

Abb. 2.23
Wahrscheinlichkeitsverteilungen der Winkellagen des starren Rotators auf einer Kugeloberfläche

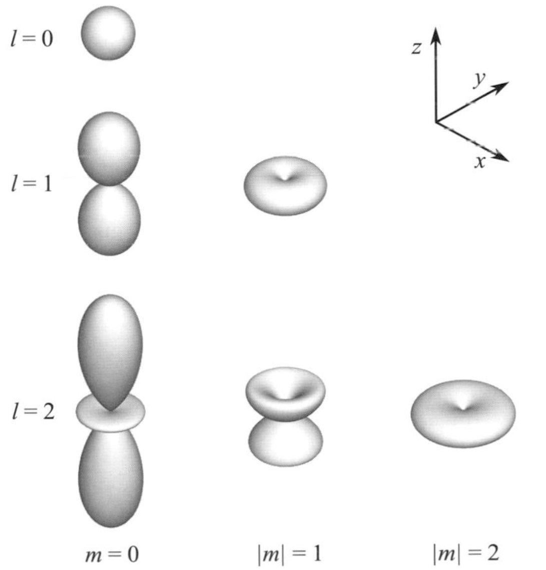

Abb. 2.24
Wahrscheinlichkeitsverteilungen der Winkellagen des starren Rotators als Polardiagramme

Indem man die Werte von $w_{lm}(\vartheta,\varphi)$ auf Strahlen in den Richtungen (ϑ,φ) abträgt, erhält man *Polardiagramme*, wie sie in Abb. 2.24 dargestellt sind. Da $w_{lm}(\vartheta,\varphi)$ nicht von φ abhängt (die φ-Anteile heben sich bei der Bildung des Betragsquadrats auf), sind alle Diagramme rotationssymmetrisch um die z-Achse.

Die Forderungen nach Eindeutigkeit und Normierbarkeit der Wellenfunktionen führten wie bei den bisherigen Beispielen zur Auswahl ganz bestimmter Werte (2.122) für den Parameter α und damit nach Gleichung (2.115) für die Energie:

$$E \to E_l = l(l+1)\hbar^2/2m\,(r^\circ)^2 = l(l+1)\hbar^2/2I^\circ \qquad (l = 0, 1, 2, ...)\,. \qquad (2.130)$$

Die Energie des starren Rotators ist also gequantelt, man erhält ein rein diskretes Energiespektrum.

Abgesehen vom tiefsten Wert E_0, zu dem es nur die Wellenfunktion Y_0^0 gibt, sind alle höheren Energieeigenwerte *entartet*: zu E_l gehören die Eigenfunktionen $Y_l^l, Y_l^{l-1},..., Y_l^0, Y_l^{-1},...$ Y_l^{-l+1}, Y_l^{-l}; der *Entartungsgrad* eines Energieeigenwerts E_l ist also $g_l = 2l+1$ (s. Abb. 2.25).

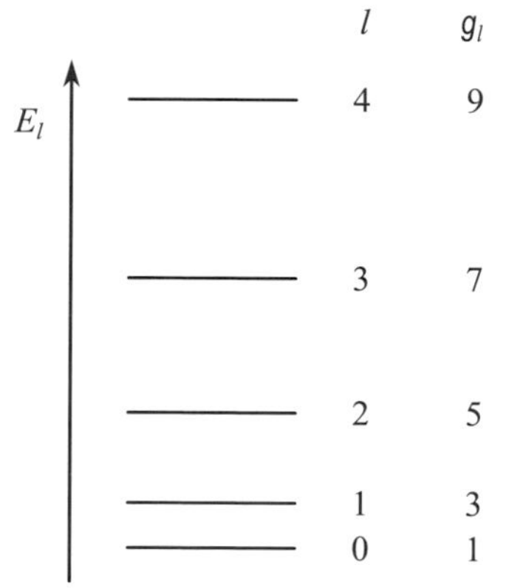

Abb. 2.25
Energieniveaus des starren räumlichen Rotators mit den Entartungsgraden g_l

Da die Differentialgleichung (2.116) linear ist, d. h. die Lösungsfunktion ϕ nur in der ersten Potenz enthält, sind für jeden l-Wert auch beliebige Linearkombinationen der $2l+1$ zu E_l gehörigen Funktionen Y_l^m Eigenfunktionen zum gleichen Energiewert E_l, was sich durch Einsetzen leicht verifizieren lässt. Es ist für manche Zwecke praktisch, jeweils aus den Paaren mit m und $-m$ die *reellen* Funktionen

$$S_l^{(0)}(\vartheta,\varphi) \equiv Y_l^0(\vartheta,\varphi)\;,$$

$$S_l^{(m)}(\vartheta,\varphi) \equiv \left\{ \begin{array}{ll} (1/\sqrt{2})\left[Y_l^{-m}(\vartheta,\varphi) + Y_l^m(\vartheta,\varphi)\right] & \text{für } m > 0 \\ (1/\mathrm{i}\sqrt{2})\left[Y_l^{-m}(\vartheta,\varphi) - Y_l^m(\vartheta,\varphi)\right] & \text{für } m < 0 \end{array} \right\} \qquad (2.131)$$

zu bilden (oft als *reelle Kugelflächenfunktionen* bezeichnet), die ebenfalls orthonormiert sind:

$$\int_0^{\pi} \sin\vartheta\, d\vartheta \int_0^{2\pi} d\varphi\, S_l^{(m)}(\vartheta,\varphi)\cdot S_{l'}^{(m')}(\vartheta,\varphi)$$

$$= \int_{-1}^{1} d(\cos\vartheta) \int_0^{2\pi} d\varphi\, S_l^{(m)}(\vartheta,\varphi)\cdot S_{l'}^{(m')}(\vartheta,\varphi) = \delta_{ll'}\delta_{mm'} \,. \qquad (2.132)$$

Wir schreiben wieder die ersten Funktionen mit $l = 0$, 1 und 2 explizite auf:

$$S_0^{(0)}(\vartheta,\varphi) = 1/\sqrt{4\pi}\,,$$

$$S_1^{(0)}(\vartheta,\varphi) = \sqrt{3/4\pi}\,\cos\vartheta = \sqrt{3/4\pi}\, z/r\,, \qquad S_1^{(\pm1)}(\vartheta,\varphi) = \sqrt{3/4\pi}\,\sin\vartheta \begin{Bmatrix}\cos\varphi\\ \sin\varphi\end{Bmatrix} = \sqrt{3/4\pi} \begin{Bmatrix} x/r \\ y/r \end{Bmatrix},$$

$$S_2^{(0)}(\vartheta,\varphi) = \sqrt{5/4\pi}\,(1/2)\,(3\cos^2\vartheta - 1) = \sqrt{5/16\pi}\,(3z^2 - r^2)/r^2\,, \qquad S_2^{(\pm1)}(\vartheta,\varphi) = \sqrt{5/12\pi}\,3\sin\vartheta\cos\vartheta \begin{Bmatrix}\cos\varphi\\ \sin\varphi\end{Bmatrix} = \sqrt{15/4\pi} \begin{Bmatrix} x z/r^2 \\ y z/r^2 \end{Bmatrix},$$

$$S_2^{(\pm2)}(\vartheta,\varphi) = \sqrt{5/48\pi}\,3\sin^2\vartheta \begin{Bmatrix}\cos 2\varphi\\ \sin 2\varphi\end{Bmatrix} = \sqrt{15/16\pi} \begin{Bmatrix} (x^2 - y^2)/r^2 \\ x y/r^2 \end{Bmatrix}, \qquad (2.133)$$

wobei jeweils alternativ die Ausdrücke in Kugelkoordinaten und in kartesischen Koordinaten angegeben sind ($r^2 = x^2 + y^2 + z^2$).

Die Verteilungen $w_{l(m)}(\vartheta,\varphi) \equiv [S_l^{(m)}(\vartheta,\varphi)]^2$ für die reellen Kugelflächenfunktionen lassen sich ebenfalls durch Polardiagramme veranschaulichen (s. Abb. 2.26). Im Unterschied zu den komplexen Kugelfunktionen sind diese Polardiagramme für $m \neq 0$ nicht rotationssymmetrisch um die z-Achse.

Die Funktionen $S_l^{(m)}(\vartheta,\varphi)$ wie auch $Y_l^m(\vartheta,\varphi)$ haben für bestimmte Werte von ϑ und φ exakt den Wert Null ("Knoten"). So verschwinden beispielsweise $S_1^{(0)}(\vartheta,\varphi)$ und $Y_1^0(\vartheta,\varphi)$ für $\vartheta = \pi/2$, d. h. überall in der (x,y)-Ebene. Es gibt l solche *Knotenebenen*.

Hiermit ist eigentlich das Problem, die stationären Zustände der räumlichen Bewegung des starren Rotators zu ermitteln, vollständig gelöst; Eigenwerte und Eigenfunktionen sind exakt bestimmt. Wir greifen nun die quantenmechanische Behandlung des Bahndrehimpulses, die in Abschnitt 2.2.4 begonnen wurde, noch einmal auf und vervollständigen sie.

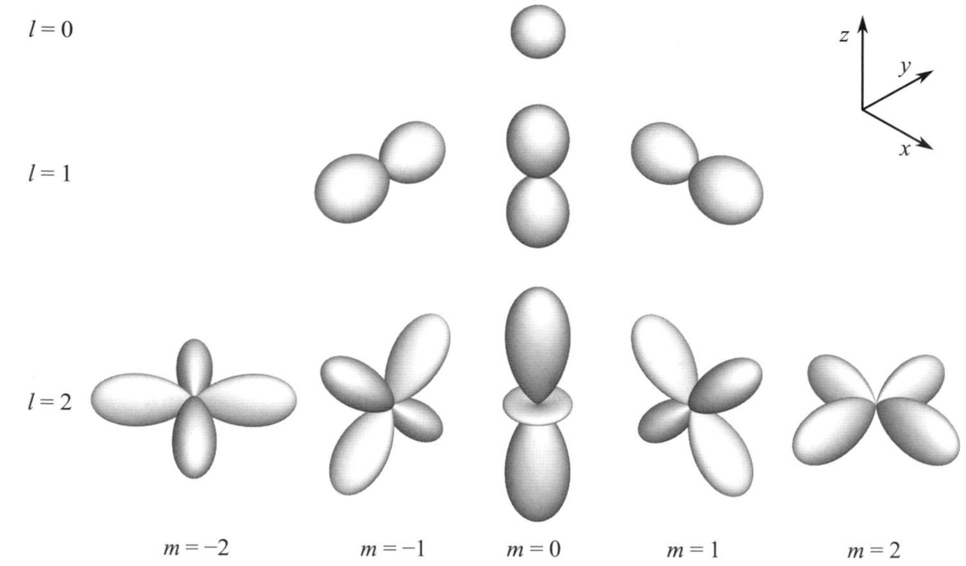

Abb. 2.26 Wahrscheinlichkeitsverteilungen der Winkellagen des starren Rotators als Polardiagramme für reelle Kugelflächenfunktionen

Nochmals: Der Bahndrehimpuls in der Quantenmechanik

Zuerst schreiben wir für den klassischen Drehimpulsvektor $\boldsymbol{l} \equiv \boldsymbol{r} \times \boldsymbol{p}$ [Gl. (2.83) und Abb. 2.20] die kartesischen Komponenten auf:

$$l_x = yp_z - zp_y , \tag{2.134a}$$

$$l_y = zp_x - xp_z , \tag{2.134b}$$

$$l_z = xp_y - yp_x . \tag{2.134c}$$

Die entsprechenden quantenmechanischen Operatoren ergeben sich durch Anwendung der Ersetzungsregeln (2.28a-c); aus l_x, l_y und l_z werden die Operatoren

$$\hat{l}_x = (\hbar/\mathrm{i})[y(\partial / \partial z) - z(\partial / \partial y)] , \tag{2.135a}$$

$$\hat{l}_y = (\hbar/\mathrm{i})[z(\partial / \partial x) - x(\partial / \partial z)] , \tag{2.135b}$$

$$\hat{l}_z = (\hbar/\mathrm{i})[x(\partial / \partial y) - y(\partial / \partial x)] . \tag{2.135c}$$

Das Betragsquadrat des Drehimpulsvektors, $\boldsymbol{l}^2 = l_x{}^2 + l_y{}^2 + l_z{}^2$, erhält damit ebenfalls seine quantenmechanische Entsprechung als Operator:

$$\hat{\boldsymbol{l}}^2 = -\hbar^2\{[y(\partial/\partial z)-z(\partial/\partial y)]^2+[z(\partial/\partial x)-x(\partial/\partial z)]^2 + [x(\partial/\partial y)-y(\partial/\partial x)]^2\}. \quad (2.136)$$

In vielen Fällen ist es zweckmäßig, d. h. dem Problem angepasst, diese Ausdrücke in sphärische Polarkoordinaten r, ϑ und φ [s. Gl. (2.112)] zu transformieren; das ergibt:

$$\hat{l}_z = (\hbar/\mathrm{i})(\partial/\partial\varphi), \quad (2.137)$$

$$\hat{\boldsymbol{l}}^2 = -\hbar^2\left[(1/\sin\vartheta)(\partial/\partial\vartheta)(\sin\vartheta(\partial/\partial\vartheta)) + (1/\sin^2\vartheta)(\partial^2/\partial\varphi^2)\right]; \quad (2.138)$$

$\hat{l}_x$ und $\hat{l}_y$ werden hier nicht explizite benötigt, wie wir sehen werden. Vergleichen wir den Ausdruck (2.138) für $\hat{\boldsymbol{l}}^2$ mit dem Hamilton-Operator (2.114) für den starren Rotator, so ist

$$\hat{H}_{\mathrm{SR}} = (1/2I°)\hat{\boldsymbol{l}}^2, \quad (2.139)$$

analog zur klassischen Beziehung (2.86), und wir können die Schrödinger-Gleichung (2.116) unter Ausnutzung unserer Kenntnis der Lösungen $Y_l^m(\vartheta,\varphi)$ und Beachtung der Beziehungen (2.115) und (2.122) in der folgenden Form schreiben:

$$\{\hat{\boldsymbol{l}}^2 - l(l+1)\hbar^2\}Y_l^m(\vartheta,\varphi) = 0 \qquad (l = 0, 1, 2, \ldots). \quad (2.140)$$

Die Schrödinger-Gleichung für einen starren Rotator ist also gleichbedeutend mit einer Eigenwertgleichung für den Operator des Betragsquadrats des Drehimpulses, und als Eigenfunktionen haben wir die komplexen Kugelfunktionen $Y_l^m(\vartheta,\varphi)$ zu den Eigenwerten $l(l+1)\hbar^2$.

Wir stellen außerdem fest, dass die Funktionen $Y_l^m(\vartheta,\varphi) \propto \exp(\mathrm{i}m\varphi)$ auch der Gleichung

$$\{\hat{l}_z - m\hbar\}Y_l^m(\vartheta,\varphi) = 0 \qquad (|m| \le l), \quad (2.141)$$

genügen; sie sind also nicht nur Eigenfunktionen des Operators für das Betragsquadrat des Drehimpulses, sondern auch des Operators für dessen z-Komponente, letzteres zu den Eigenwerten $m\hbar$. Sie sind jedoch nicht Eigenfunktionen der Operatoren $\hat{l}_x$ und $\hat{l}_y$ (s. ÜA 2.11).

Die Länge des Drehimpulsvektors kann somit nur die Werte $|\boldsymbol{l}| = \sqrt{l(l+1)}\,\hbar$ (mit l = 0, 1, ...) und seine z-Komponente nur die Werte $l_z = m\hbar$ annehmen ($m = 0, \pm 1, \pm 2, \ldots, \pm l$, d. h. ganzzahlige Vielfache von $\hbar$ mit der Beschränkung $|m| \le l$). Die übrigen beiden Komponenten, l_x und l_y, bleiben unbestimmt.

Was die reellen Kugelflächenfunktionen $S_l^{(m)}(\vartheta,\varphi)$ anbelangt, so sind sie zwar Eigenfunktionen des Operators $\hat{\boldsymbol{l}}^2$, nicht aber des Operators $\hat{l}_z$ (und auch nicht der Operatoren $\hat{l}_x$ und $\hat{l}_y$), wie in ÜA 2.12 am Beispiel l = 1 gezeigt wird; der obere Index, der somit nicht die Bedeutung einer Quantenzahl hat, wurde deshalb in Klammern gesetzt.

Da die Energie und das Drehimpuls-Betragsquadrat beim starren Rotator gemäß den Gleichungen (2.86) bzw. (2.139) zusammenhängen, haben wir mit der Energiequantelung zugleich eine Quantelung der Länge des Drehimpulsvektors; hinzu kommt eine Quantelung seiner Projektion auf die z-Achse gemäß Gleichung (2.141), man bezeichnet letzteres als ***Richtungsquantelung*** (s. Abb. 2.27).

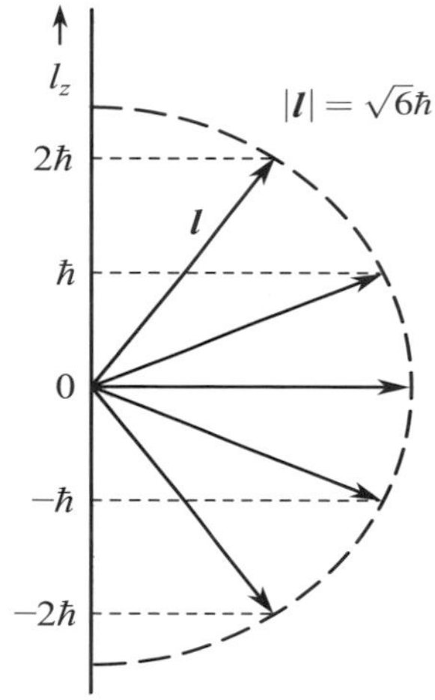

Abb. 2.27
Richtungsquantelung des Drehimpulses ($l = 2$) (aus [I.4a])

Wie lassen sich diese Resultate interpretieren?

Die erhaltenen Ergebnisse widersprechen den klassischen Vorstellungen zunächst wieder insofern, als wohlbekannte klassisch-mechanische Größen im Mikroskopischen gequantelt sind, d. h. nur bestimmte Werte annehmen können. Aber noch einige weitere Aspekte erscheinen seltsam und sind nicht ohne weiteres zu verstehen. Wie kommt es beispielsweise, dass nur über *eine* Komponente des Drehimpulses eine Aussage gemacht werden kann? In welchem Sinne ist diese Komponente besonders hervorgehoben? Die Antworten auf diese Fragen sollen hier nur angedeutet werden; sie werden dann in Kapitel 3 im Rahmen des allgemeinen Formalismus der Quantenmechanik grundsätzlicher diskutiert.

Auf den ersten Blick sieht es so aus, als spielte infolge der Festlegung der z-Richtung des kartesischen Koordinatensystems diese Raumrichtung eine besondere Rolle; das aber wäre physikalisch in keiner Weise begründet, denn das Teilchen, das wir uns vorstellen, bewegt sich frei auf einer Kugeloberfläche und unterliegt keinen weiteren Einschränkungen. Wir hätten ebensogut jede andere Richtung z' als Bezugsrichtung für den Polarwinkel ϑ' sowie irgendeine dazu senkrechte Richtung x' als Bezugsrichtung für den Azimutwinkel φ' wählen können und hätten damit ganz analog zu jedem l-Wert die $2l$+1 komplexen Kugelfunktionen $Y_l^{-l}(\vartheta', \varphi'), \ldots, Y_l^{+l}(\vartheta', \varphi')$ erhalten. Jede dieser miteinander entarteten Funktionen muss sich als Linearkombination der auf das Koordinatensystem x, y und z bezogenen, zum gleichen l-Wert gehörenden $2l$+1 Eigenfunktionen $Y_l^m(\vartheta, \varphi)$ schreiben lassen (s. ÜA 2.13) und ist somit Eigenfunktion von $\hat{\boldsymbol{l}}^2$ zur Quantenzahl l. Die beiden Sätze von Funktionen $Y_l^m(\vartheta, \varphi)$ und $Y_l^{m'}(\vartheta', \varphi')$ sind also vollkommen gleichberechtigt Eigenfunktionen des Operators $\hat{\boldsymbol{l}}^2$ zum Eigenwert $l(l+1)\hbar^2$. Sie sind außerdem Eigenfunktionen von $\hat{l}_z$ bzw. $\hat{l}_{z'}$, nicht aber von $\hat{l}_x$ und $\hat{l}_y$ bzw. $\hat{l}_{x'}$ und $\hat{l}_{y'}$. Die scheinbare Hervorhebung der z-Richtung bedeutet somit nur die Wahl eines

bestimmten Satzes von Funktionen $Y_l^{-l}(\vartheta,\varphi)$, ... , $Y_l^{+l}(\vartheta,\varphi)$ aus der unendlichen Vielfalt möglicher Linearkombinationen der zu l gehörenden Eigenfunktionen von $\hat{l}^2$. Durch diese Auswahl wird erreicht (was bei manchen Problemstellungen erforderlich ist, hier jedoch willkürlichen Charakter hat), dass die Komponente des Drehimpulses in einer vorgegebenen Richtung scharfe Werte annehmen kann; die jeweils anderen beiden Komponenten bleiben *unbestimmt*.
Klassisch sind diese besonderen Eigenschaften des Drehimpulses – die Quantelung von Länge und Richtung sowie die Unbestimmtheit von zwei der drei Komponenten – nicht zu verstehen.

Die drei Drehimpulskomponenten zeigen untereinander ein ähnliches Verhalten, wie wir es in Abschnitt 2.2.1 für Ortskoordinate und Impuls bei der eindimensionalen freien Bewegung kennengelernt hatten. Dort verhielt es sich so, dass die "scharfe" Festlegung des Impulses eine vollständige Unbestimmtheit der Position des Teilchens nach sich zog und umgekehrt; das Produkt von Orts- und Impulsunschärfen konnte unter keinen Umständen eine Schranke $\hbar$ unterschreiten. Beim Drehimpuls führt die Festlegung einer Komponente (etwa der z-Komponente) dazu, dass die beiden anderen Komponenten (x- und y-Komponente) gänzlich unbestimmt sind. Es lässt sich also vermuten, dass es auch für Paare von Drehimpulskomponenten eine Art Unbestimmtheitsrelation gibt, etwa

$$\Delta l_z \cdot \Delta l_x \approx \hbar \tag{2.142}$$

für die z- und die x-Komponente. Der Abschnitt 3.1.4 behandelt solche Probleme in allgemeinerem Zusammenhang.

Ergänzungen

- Für die Drehimpulszustände ist eine spezielle *Symbolik* üblich, die in der Spektroskopie eingeführt wurde: Zustände mit $l = 0, 1, 2, 3, ...$ werden durch Buchstaben $s, p, d, f, ...$ bezeichnet (mehr hierüber in Abschnitt 5.2).
- Jeder Bahndrehimpulsvektor $\boldsymbol{l}$ eines geladenen Teilchens ist mit einem *magnetischen Moment* $\boldsymbol{m}$ verbunden; beispielsweise gilt für ein bewegtes Elektron:

$$\boldsymbol{m} = (-\bar{e}/2m_e c)\,\boldsymbol{l} \tag{2.143}$$

($\bar{e}$ und m_e sind die Elementarladung bzw. die Elektronenmasse, c die Lichtgeschwindigkeit im Vakuum). Den Proportionalitätsfaktor $\gamma_e \equiv -\bar{e}/2m_e c$ bezeichnet man als *gyromagnetisches Verhältnis* des Elektrons, und die Größe

$$\mu_B \equiv (-\bar{e}/2m_e c)\,\hbar \tag{2.144}$$

heißt *Bohrsches Magneton* (Zahlenwerte in Anhang A7).

2.3.3 Bewegung im Zentralfeld: Wasserstoffähnliche Atome

Wir behandeln jetzt ein Modell für ein schon weitgehend realistisches System: ein wasserstoffähnliches Atom bzw. Atom-Ion (*Einelektronatom*). Dieses System besteht aus einem Atomkern mit der Ladung $+Z\bar{e}$ (Z ist die *Kernladungszahl*), der als raumfest ruhend angenommen wird[10], und einem Elektron mit der Masse m_e und der Ladung $-\bar{e}$. Das Elektron

---

[10] Da Atomkerne eine um mehr als den Faktor 10^3 größere Masse als Elektronen haben, sollten sie sich bei vergleichbarer Energie viel langsamer bewegen. Die Annahme eines ruhenden Kerns erscheint daher plausibel; genauer wird auf derartige Fragen in Abschnitt 4.3 eingegangen.

bewegt sich unter dem Einfluss der Coulomb-Anziehung, die der Kern ausübt, es besitzt also die potentielle Energie

$$V(r) = -Ze^2/r\,, \tag{2.145}$$

die nur vom Abstand r zwischen Elektron und Kern abhängt; man spricht daher von einem *Zentralfeld.* Legen wir den Koordinatennullpunkt in den Kern, dann ergibt sich die in Abb. 2.28 dargestellte Situation, die sich von Abb. 2.22 dadurch unterscheidet, dass der Abstand $r \equiv |\boldsymbol{r}|$ variabel ist, $0 \le r < \infty$, und dass auf das Teilchen (Elektron) das *Zentralpotential* (2.145) wirkt. Wir haben es hier erstmalig mit einem echten dreidimensionalen Bewegungsproblem zu tun.

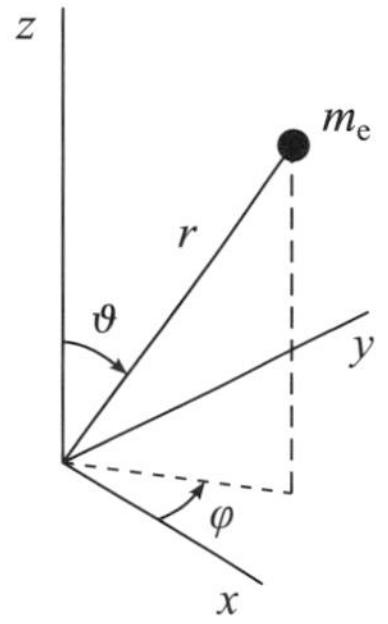

Abb. 2.28
Koordinaten für die Position des Elektrons im Einelektronatom

Für den Fall des Wasserstoffatoms ist $Z = 1$ zu setzen; klassisch betrachtet handelt es sich also um das "atomare Kepler-Problem" (s. Abb. 1.1).

Die klassische Hamilton-Funktion für die Elektronenbewegung ist

$$H(\boldsymbol{p},\boldsymbol{r}) = (\boldsymbol{p}^2/2m_e) + V(r)$$

mit dem Potential (2.145). Mittels der Ersetzungsregeln (2.28a-c) in Abschnitt 2.1.3 gelangen wir zum Hamilton-Operator

$$\hat{H} = -(\hbar^2/2m_e)\,\hat{\Delta} + V(r) \tag{2.146}$$

und können die zeitabhängige Schrödinger-Gleichung (2.37) aufschreiben. Für das vorliegende gebundene Bewegungsproblem suchen wir stationäre Lösungen und gelangen nach Separation der Zeitvariablen gemäß Abschnitt 2.1.4 zur zeitunabhängigen Schrödinger-Gleichung

$$\{-(\hbar^2/2m_e)\,\hat{\Delta} + V(r) - E\}\,\phi(\boldsymbol{r}) = 0\,; \tag{2.147}$$

die Lösungen $\phi(\boldsymbol{r})$ müssen die üblichen Randbedingungen erfüllen, im vorliegenden Falle also insbesondere eindeutig und normierbar sein.

Wie beim starren Rotator führen wir als problemangepasste Koordinaten die sphärischen Polarkoordinaten r, ϑ und φ ein (s. Abb. 2.28) und erhalten Gleichung (2.147) in der Form

$$\left\{-(\hbar^2/2m_e)(1/r^2)(\partial/\partial r)(r^2(\partial/\partial r) + (1/2m_e r^2)\hat{\boldsymbol{l}}^2 + V(r) - E\right\}\phi(r,\vartheta,\varphi) = 0, \tag{2.148}$$

wobei berücksichtigt wurde, dass gemäß Gleichung (2.138) der reine Winkelanteil des $\hat{\Delta}$-Operators bis auf den Faktor $-(1/\hbar^2)$ gleich dem Operator des Drehimpuls-Betragsquadrats ist. Der Operator $(1/2m_e r^2)\hat{l}^2$ entspricht dem klassischen *Zentrifugalpotential* $(1/2m_e r^2)\boldsymbol{l}^2$.

Auf die Winkelvariablen wirkt nur der Operator $\hat{l}^2$. Man wird daher vermuten, dass die Winkelabhängigkeit der Lösungen $\phi(r,\vartheta,\varphi)$ durch die Eigenfunktionen von $\hat{l}^2$, die komplexen Kugelfunktionen $Y_l^m(\vartheta,\varphi)$, gegeben ist; dementsprechend machen wir einen Separationsansatz:

$$\phi(r,\vartheta,\varphi) = R(r)\cdot Y_l^m(\vartheta,\varphi)\,. \tag{2.149}$$

Eingeführt in die Schrödinger-Gleichung (2.148) ergibt sich nach Division durch $Y_l^m(\vartheta,\varphi)$ ($\neq 0$ vorausgesetzt) eine Bestimmungsgleichung für den Radialteil $R(r)$:

$$\left\{-(\hbar^2/2m_e)(1/r^2)(\mathrm{d}/\mathrm{d}r)(r^2(\mathrm{d}/\mathrm{d}r)) + (1/2m_e r^2)\hbar^2 l(l+1) + V(r) - E\right\}R(r) = 0\,. \tag{2.150}$$

Das ist eine eindimensionale Schrödinger-Gleichung (deswegen die gewöhnliche Ableitung $\mathrm{d}/\mathrm{d}r$ anstelle von $\partial/\partial r$) für die Radialbewegung unter Einfluss eines *effektiven Potentials*

$$V^{\mathrm{eff}}(r) = V(r) + \hbar^2 l(l+1)/2m_e r^2\,, \tag{2.151}$$

das sich aus dem (attraktiven) Coulomb-Potential $V(r)$ und dem vom Drehanteil der Bewegung des Elektrons herrührenden (repulsiven) *Zentrifugalpotential* $\hbar^2 l(l+1)/2m_e r^2$ zusammensetzt (s. Abb. 2.29).

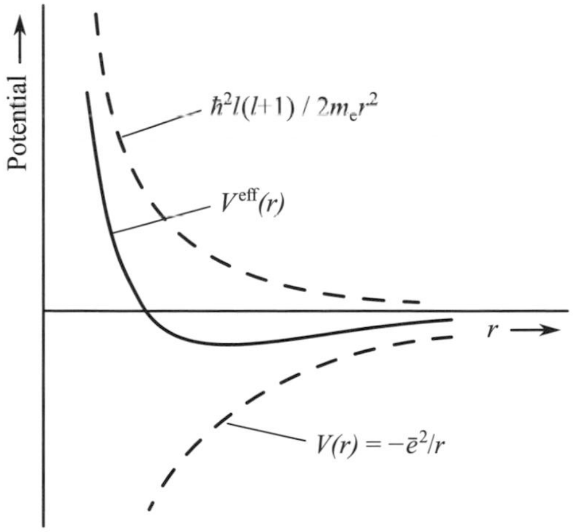

Abb. 2.29
Effektives Potential beim Einelektronatom mit $Z = 1$ (schematisch)

Das effektive Potential (2.151) geht bei $r \to \infty$ gegen Null und weist eine Mulde auf, so dass wir für $E < 0$ gebundene Zustände und ein oszillierendes Verhalten der Lösungsfunktionen

$R(r)$ erwarten können. Als Randbedingung wird von $R(r)$ die Normierung gefordert:

$$\int_0^\infty R^*(r)R(r)r^2\mathrm{d}r = 1\,; \tag{2.152}$$

dann ist unter Beachtung der Normierung von $Y_l^m(\vartheta,\varphi)$ gemäß Gleichung (2.127) auch die Gesamtwellenfunktion $\phi(r,\vartheta,\varphi)$ auf 1 normiert.

Es erweist sich auch beim vorliegenden Problem (analog zum harmonischen Oszillator) als zweckmäßig, durch Einführung neuer, sogenannter *atomarer Einheiten* zu einer konstantenfreien Gleichung überzugehen. Dazu werden

- Längen in Vielfachen von $a_\mathrm{B} \equiv \hbar^2/m_\mathrm{e}\bar{e}^2 = 0{,}5292\cdot 10^{-10}\,\mathrm{m}$ (*Bohrscher Radius*), (2.153a)

- Energien in Vielfachen von $\bar{e}^2/a_\mathrm{B} = m_\mathrm{e}\bar{e}^4/\hbar^2 = 27{,}21\,\mathrm{eV}$ (*Hartree-Einheit*) (2.153b)

gemessen (s. Tab. A7.2); eine Hartree-Einheit ist die Coulombsche Wechselwirkungsenergie zweier im Abstand a_B voneinander befindlicher Elementarladungen. Man schreibt also

$$r = a_\mathrm{B} q\,, \tag{2.154a}$$

$$E = -(1/2)(\bar{e}^2/a_\mathrm{B})\,\varepsilon^2\,, \tag{2.154b}$$

und führt damit die neue Radialkoordinate q und einen neuen Energieparameter ε ein.

Wir interessieren uns für die gebundenen Zustände ($E < 0$) des Elektrons im effektiven Potential (2.151); für diese Zustände hat ε reelle Werte. Die Gleichung (2.150), das Coulomb-Potential (2.145) eingesetzt, bekommt damit die Form

$$\left\{(\mathrm{d}^2/\mathrm{d}q^2) + (2/q)(\mathrm{d}/\mathrm{d}q) - \left[\, l(l+1)/q^2 \,\right] + (2Z/q) - \varepsilon^2\right\} R(q) = 0\,. \tag{2.155}$$

Wie bei der Behandlung des harmonischen Oszillators untersuchen wir zuerst das Verhalten der Lösungen $R(q)$ für extreme Werte der Variablen q. Bei sehr kleinen Abständen q können wir den vierten und den fünften Term vernachlässigen; die resultierende Differentialgleichung $\{(\mathrm{d}^2/\mathrm{d}q^2) + (2/q)(\mathrm{d}/\mathrm{d}q) - [l(l+1)/q^2]\}R(q) = 0$ wird näherungsweise durch die folgende Funktion erfüllt[11]:

$$R(q) \approx q^l \quad \text{für kleine } q\text{-Werte.} \tag{2.156a}$$

Bei sehr großen Werten von q werden der zweite, der dritte und der vierte Term klein und können gegenüber ε^2 vernachlässigt werden; mit der so vereinfachten Differentialgleichung $[(\mathrm{d}^2/\mathrm{d}q^2) - \varepsilon^2]R = 0$ haben wir es bereits mehrfach zu tun gehabt; sie wird gelöst durch

$$R(q) \approx \exp(-\varepsilon q) \quad \text{für große } q\text{-Werte.} \tag{2.156b}$$

[11] Man setze für $R(q)$ eine Potenzreihe $q^\gamma(a_0 + ...)$ an, sammle die Koeffizienten der niedrigsten Potenz von q und setze ihre Summe gleich Null; für eine reguläre Lösung muss $\gamma \geq 0$ sein.

Auch die Funktion $\exp(+\varepsilon q)$ wäre formal eine Lösung, kann jedoch wegen ihres exponentiell steilen Anstiegs nicht normiert werden und kommt daher nicht in Betracht.

Wenn wir Energiewerte $E > 0$ (d. h. ε imaginär) zulassen, so verhalten sich die Lösungsfunktionen $R(q)$ im gesamten zugänglichen Bereich $(E > V)$ oszillierend. Sie sind nicht normierbar und beschreiben Zustände, in denen das Elektron nicht an den Kern gebunden ist; es müssten Wellenpakete gebildet werden. Diese Zustände sollen uns hier nicht interessieren.

Entsprechend diesen Befunden wird $R(q)$ als ein Produkt

$$R(q) = q^l \cdot \exp(-\varepsilon q) \cdot h(q) \tag{2.157}$$

angesetzt und in die Differentialgleichung (2.155) eingeführt; es ergibt sich dann eine Bestimmungsgleichung für die Funktion $h(q)$:

$$\left\{ q(\mathrm{d}^2/\mathrm{d}q^2) + 2(l+1-\varepsilon q)(\mathrm{d}/\mathrm{d}q) + 2\varepsilon[(Z/\varepsilon) - l - 1] \right\} h(q) = 0\,. \tag{2.158}$$

Diese Gleichung ist vom Typ der Laguerreschen Differentialgleichung, die unter der Bedingung, dass $(Z/\varepsilon) - l - 1$ nicht-negativ (also ≥ 0) und ganzzahlig ist, also

$$Z/\varepsilon \equiv n \quad \text{positiv ganzzahlig und größer als } l\,, \tag{2.159}$$

endliche und normierbare Lösungen hat: die *Laguerreschen Polynome* $L_{n+l}^{2l+1}(\xi)$; vgl. hierzu die einschlägige Literatur, z. B. [II.1] (dort Abschn. 5.8.2.2.).

Damit ist das mathematische Problem *exakt* gelöst und das Einelektronatom im Rahmen der zugrundegelegten Näherung – festgehaltener Kern, reine Coulomb-Wechselwirkung zwischen Elektron und Kern – vollständig behandelt. Zu jedem Wert l der Drehimpulsquantenzahl gibt es einen diskreten Satz von Funktionen $h(q)$ und somit $R(q)$, die wir mit l kennzeichnen und mit n durchnumerieren:

$$R_{nl}(q) = A_{nl} \cdot q^l \cdot \exp(-Zq/n) \cdot L_{n+l}^{2l+1}(2Zq/n) \tag{2.160}$$

(in atomaren Einheiten); die zugehörigen diskreten Werte $\varepsilon_n = Z/n$ [Gl. (2.159)] hängen nur von n (nicht von l und auch nicht von m) ab, und wir haben so die folgende Energieformel:

$$E_n = -(1/2)\left(\bar{e}^2/a_\mathrm{B}\right)(Z/n)^2 = -\left(m_\mathrm{e}\bar{e}^4/2\hbar^2\right)Z^2/n^2\,; \tag{2.161}$$

n heißt daher *Hauptquantenzahl.* Diese Energieeigenwerte sind für $Z = 1$ in Abb. 2.30 als Termschema zusammen mit dem Coulomb-Potential dargestellt.

Der Faktor vor Z^2/n^2 in den Ausdrücken (2.161), umgerechnet auf Wellenzahlen $1/\lambda$,

$$R \equiv R_\infty = (1/hc)(m_\mathrm{e}\bar{e}^4/2\hbar^2)\,, \tag{2.162}$$

(gemäß $E = hc/\lambda$) ist die in Abschnitt 1.2 A erwähnte *Rydberg-Konstante.*; der Index ∞ weist darauf h, dass ein ruhender, gewissermaßen unendlich-schwerer Kern vorausgesetzt wurde.

Wir haben es hier mit einem Fall hochgradiger *Entartung* zu tun: Zu einem Energiewert E_n gehören alle Zustände mit $l = 0, 1, 2, \ldots, n-1$ (wegen $n > l$) und zu jedem l-Wert alle

Zustände mit $m = 0, \pm 1, \pm 2, \ldots, \pm l$ (das sind $2l + 1$ Zustände), insgesamt beträgt der *Entartungsgrad* von E_n also (nach der bekannten Summationsformel)

$$g_n = \sum_{l=0}^{n-1} (2l+1) = n^2 . \tag{2.163}$$

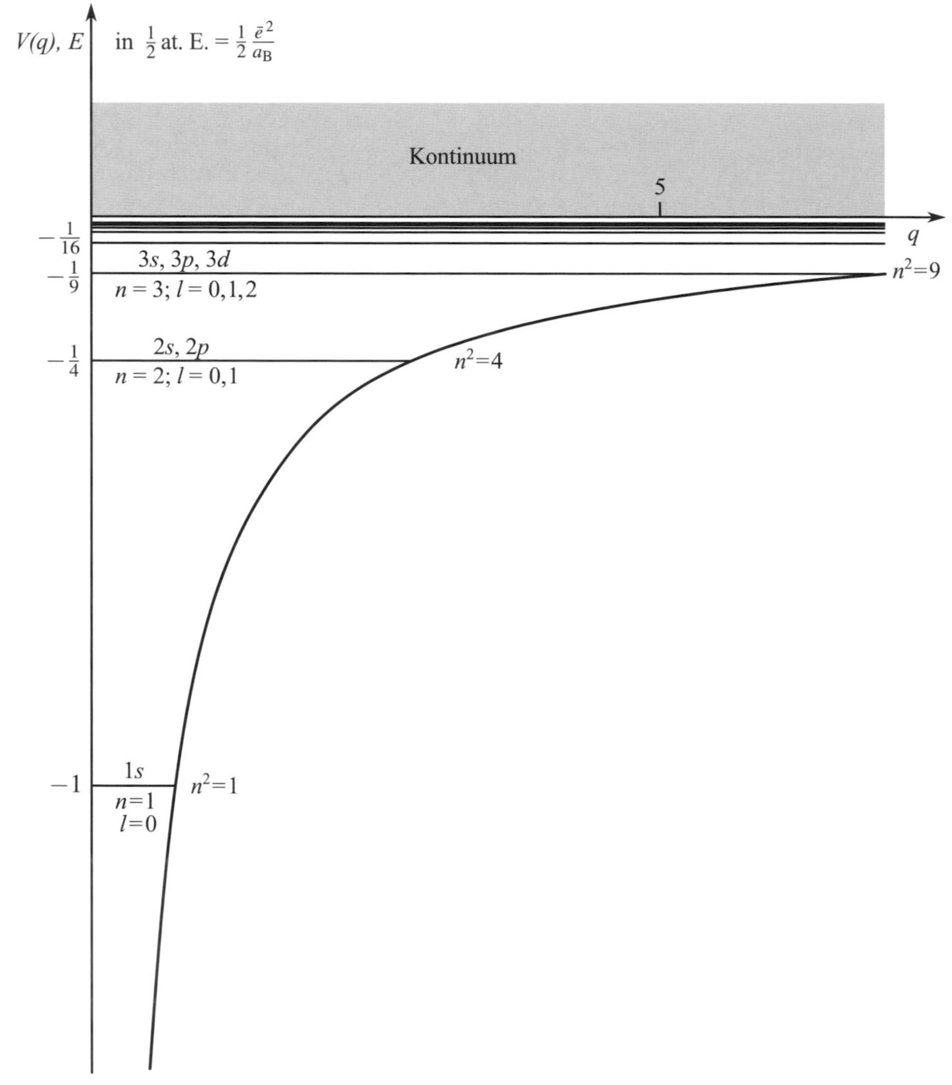

Abb. 2.30 Coulomb-Potential für $Z = 1$ mit eingezeichneten Energieniveaus, Quantenzahlen und Entartungsgraden (aus [I.4a])

Außer der "normalen" m-Entartung der Drehimpulszustände fallen auch die Energien der zu einem n möglichen l-Zustände zusammen; man bezeichnet das als "zufällige" l-Entartung. Da jeder Zustand des Elektrons noch mit den beiden Einstellungen des Spins (s. hierzu Abschn. 2.4) auftreten kann, ergibt sich sogar ein Entartungsgrad $2n^2$.

Die l-Entartung ist eine spezielle Eigenschaft der Bewegung im *reinen* Coulomb-Potential (2.145). Sobald das Zentralfeld auch nur geringfügig vom reinen Coulomb-Feld abweicht, wird diese Entartung aufgehoben, und Zustände mit verschiedenen l-Werten zum gleichen n haben verschiedene Energien. Das ist z. B. der Fall, wenn man das äußere Elektron eines Alkaliatoms durch ein Einelektronmodell mit einem Zentralpotential beschreibt, das dann kein reines Coulomb-Potential ist (s. Abschn. 5.2).

Den Normierungsfaktor A_{nl} geben wir auch hier nicht als allgemeine Formel an, wir schreiben aber die Radialfunktionen $R_{nl}(q)$ des Wasserstoffatoms ($Z = 1$) für die niedrigsten Werte der Quantenzahlen n und l explizite auf:

$$n=1, l=0: \quad R_{10}(q)=2\exp(-q) \qquad \text{zu } E_1=-1/2, \tag{2.164a}$$

$$n=2, l=0: \quad R_{20}(q)=(1/\sqrt{2})\,[1-(q/2)]\exp(-q/2) \qquad \text{zu } E_2=-1/8, \tag{2.164b}$$

$$n=2, l=1: \quad R_{21}(q)=(1/2\sqrt{6})\,q\cdot\exp(-q/2) \qquad \text{zu } E_2=-1/8, \tag{2.164c}$$

$$n=3, l=0: \quad R_{30}(q)=(2/3\sqrt{3})\left[1-(2q/3)+(2q^2/27)\right]\exp(-q/3) \qquad \text{zu } E_3=-1/18, \tag{2.164d}$$

$$n=3, l=1: \quad R_{31}(q)=(8/27\sqrt{6})\,q\cdot[1-(q/6)]\cdot\exp(-q/3) \qquad \text{zu } E_3=-1/18, \tag{2.164e}$$

$$n=3, l=2: \quad R_{32}(q)=(4/81\sqrt{30})\,q^2\exp(-q/3) \qquad \text{zu } E_3=-1/18 \tag{2.164f}$$

(in atomaren Einheiten). Alle Lösungen $R_{nl}(q)$ zum gleichen l-Wert, aber verschiedenen Werten n sind orthogonal; es gilt (unter Einbeziehung der Normierung, $n' = n$):

$$\int_0^\infty R_{nl}(q)\cdot R_{n'l}(q)\cdot q^2\mathrm{d}q=\delta_{nn'}\,. \tag{2.165}$$

Die kompletten Wellenfunktionen für ein wasserstoffähnliches Atom, geschrieben in den Variablen r, ϑ und φ, sehen mithin folgendermaßen aus:

$$\phi_{nl}^m(r,\vartheta,\varphi)=a_\mathrm{B}^{-3/2}A_{nl}\cdot(r/a_\mathrm{B})^l\cdot\exp[-(Z/a_\mathrm{B}n)r]\cdot L_{n+l}^{2l+1}(2Zr/a_\mathrm{B}n)\cdot Y_l^m(\vartheta,\varphi)\,; \tag{2.166}$$

sie sind vollständig bestimmt durch die drei Quantenzahlen n, l und m:

$$\left.\begin{array}{l} n=1,2,3,\ldots \\ l=0,1,2,\ldots,n-1 \\ m=0,\pm1,\pm2,\ldots,\pm l\,. \end{array}\right\} \tag{2.167}$$

Wir fassen wieder die Befunde zusammen:

- Wie in den bisherigen Beispielen ergeben sich krasse *Widersprüche zur klassischen Theorie*:
  - Stabil, ohne zu kollabieren, kann das Atom kann nur in ganz bestimmten *diskreten Zuständen* existieren, die dadurch charakterisiert sind, dass die Energie und der Drehimpuls (genauer: dessen Betrag und eine Komponente in einer beliebigen Raumrichtung) bestimmte diskrete Werte haben (*Quantelung*).
  - Die Bewegung des Elektrons um den Kern kann nicht durch klassische Bahnen beschrieben werden, es gibt lediglich räumlich ausgedehnte Bereiche erhöhter Aufenthaltswahrscheinlichkeit, deren Formen aber nichts mit klassischen Bahnen zu tun hat (s. unten). Trotz der *Nichtanwendbarkeit des Bahnbegriffs* ist es üblich, eine Wellenfunktion $\phi(\boldsymbol{r})$ des Elektrons als *(Atom-) Orbital* (engl. *(atomic) orbital,* abgek. AO; von engl. orbit = Bahn eines Himmelskörpers bzw. lat. orbis = kreisförmige Bewegung) zu bezeichnen.
  - Es gibt für das Elektron gebundene stationäre *Bewegungszustände ohne Bahndrehimpuls* (s-Zustände 1s, 2s, 3s,... mit $l = 0$), was mit einer klassischen Bahnvorstellung ebenfalls nicht vereinbar ist.

  Die in Abschnitt 1.2.2A besprochenen empirischen Fakten zum Spektrum des Wasserstoffatoms, die u. a. zur Formulierung der Bohr-Sommerfeldschen ("älteren") Quantentheorie führten, werden somit zwanglos durch die quantenmechanische Theorie (die Schrödinger-Gleichung mit entsprechenden Randbedingungen) erhalten; die "Quantenpostulate" sind in dieser Beschreibung automatisch erfüllt, sie spielen keine Rolle mehr.

- Die quantenmechanische Beschreibung erweist sich nicht nur als qualitativ richtig, sondern ist auch quantitativ korrekt, und zwar mit hoher Genauigkeit; so ergibt sich z. B. ein recht genauer Wert für die Rydberg-Konstante, wenn man in den Ausdruck (2.162) die experimentell ermittelten Daten für die Elementarladung $\bar{e}$, die Elektronenmasse m_e und die Plancksche Konstante $\hbar$ einsetzt (s. Anhang A7).

  Beim Vergleich mit sehr präzisen experimentellen Daten zeigt sich allerdings, dass die bisherige Beschreibung durchaus noch nicht perfekt ist; die Korrekturen (Berücksichtigung der Kernbewegung, relativistische Effekte etc.) sind im Falle des H-Atoms klein (s. Abschn. 9.4).

Wir beschließen diesen Abschnitt mit einer Diskussion von Eigenschaften der Wellenfunktionen (2.166) bzw. der entsprechenden Aufenthaltswahrscheinlichkeitsverteilungen. Das Elektron möge sich in einem stationären Zustand befinden, der durch die drei Quantenzahlen n, l und m charakterisiert ist, mit der Wellenfunktion $\phi_{nl}^{m}(r,\vartheta,\varphi)$. Die Gesamtenergie (kinetische plus potentielle Energie) des Elektrons in diesem Zustand ist gleich $-Z^2/2n^2$, der Drehimpulsbetrag ist $\sqrt{l(l+1)}$ und dessen z-Komponente m (alles in atomaren Einheiten). Die Wahrscheinlichkeit dafür, dass sich das Elektron in einem Volumenelement $\mathrm{d}V = q^2\mathrm{d}q\mathrm{d}\Omega \equiv q^2\mathrm{d}q\sin\vartheta\,\mathrm{d}\vartheta\mathrm{d}\varphi$ am Ort $\boldsymbol{q} \equiv (q,\vartheta,\varphi)$ (in at. E.) aufhält, ist

$$\mathrm{d}W_{nlm}(q,\vartheta,\varphi) = \left|\phi_{nl}^{m}(q,\vartheta,\varphi)\right|^2 \mathrm{d}V = \left|R_{nl}(q)\right|^2 q^2\,\mathrm{d}q \cdot \left|Y_l^m(\vartheta,\varphi)\right|^2 \mathrm{d}\Omega\,; \qquad (2.168)$$

das Raumwinkelelement dΩ wurde im Anschluss an Gleichung (2.129) definiert (s. auch Anhang A5.3.2).

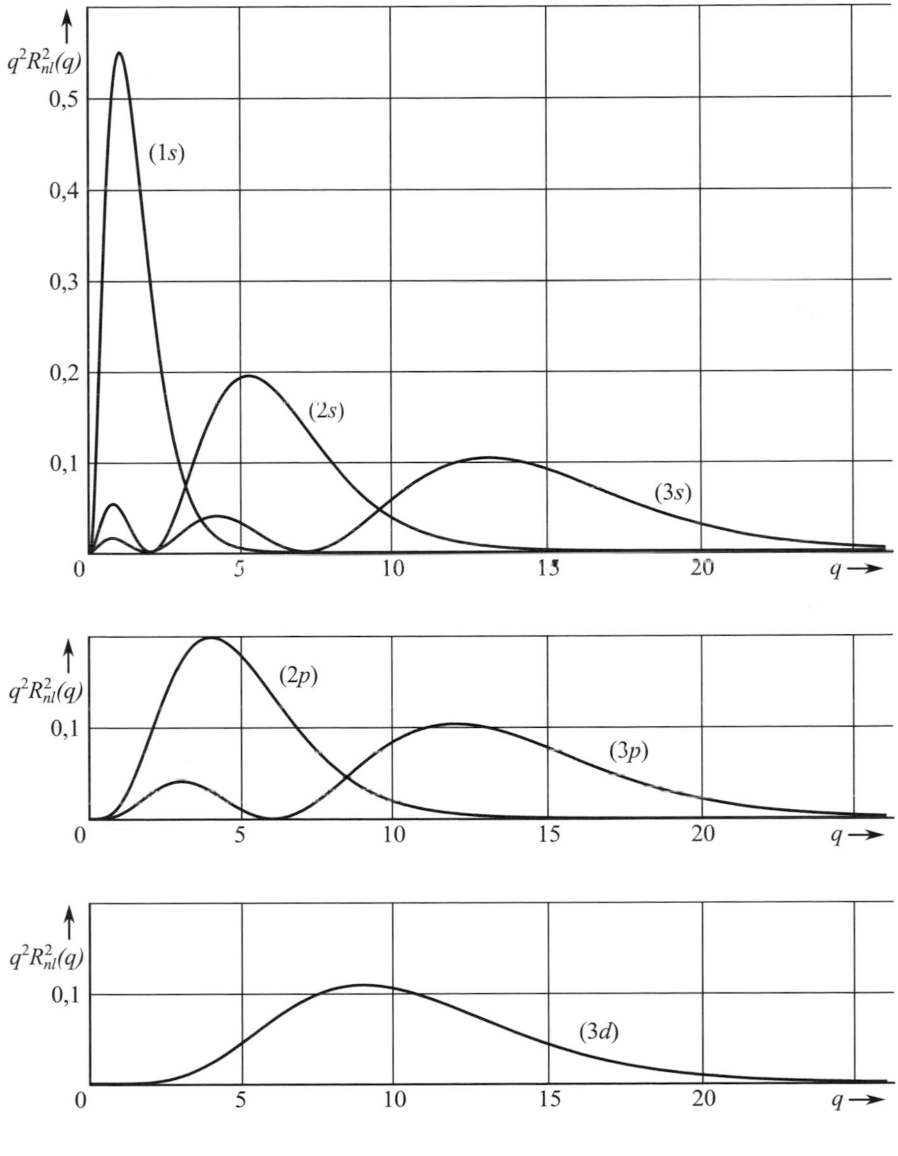

Abb. 2.31 Radiale Dichten für das Elektron im H-Atom (in at. E.; aus [I.4a])

Integriert man den Ausdruck (2.168) über alle Richtungen, d. h. alle ϑ- und φ-Werte: $0 \le \vartheta \le \pi,\ 0 \le \varphi \le 2\pi$, so ergibt sich mit Gleichung (2.127) für $l = l'$ und $m = m'$

$$\mathrm{d}W_{nl}(q) = |R_{nl}(q)|^2 q^2 \mathrm{d}q \qquad (2.169)$$

als die Wahrscheinlich-keit dafür, dass das Elektron irgendwo in einer Kugelschale der Dicke $\mathrm{d}q$ im Abstand q vom Kern zu finden ist. Die *radiale Dichte* $|R_{nl}(q)|^2 q^2$ ist in Abb. 2.31 für die energetisch tiefsten Zustände des H-Atoms ($Z = 1$) dargestellt; diese Bilder illustrieren die oben allgemein formulierten Aussagen:

- Von Elektronenbahnen kann keine Rede sein; man findet lediglich Raumbereiche, in denen sich das Elektron bevorzugt aufhält. Für den energetisch tiefsten Zustand (Grundzustand) $1s$ mit $n = 1$, $l = m = 0$ liegt das Maximum der radialen Dichte bei $q = 1$, d.h. auf einer Kugelschale mit dem Radius $1\,a_\mathrm{B}$ um den- Kern.

Nach der Bohr-Sommerfeld-Quantentheorie von sollte das Elektron im energetisch tiefsten Zustand des H-Atoms auf einer Kreisbahn mit dem Radius $1\ a_\mathrm{B}$ umlaufen und den Drehimpuls $1\ \hbar$ haben.

- Die Bereiche erhöhter Aufenthaltswahrscheinlichkeit verschieben sich mit wachsendem n zu größeren Abständen q.

Das geht parallel zum klassischen Verhalten: mit Erhöhung der Energie werden die großen Halbachsen der Ellipsenbahnen des Elektrons länger (s. [I.4a]).

- Vergleicht man Zustände zu einem bestimmten n, so liegen die Bereiche erhöhter Aufenthaltswahrscheinlichkeit desto näher am Kern, je größer die Drehimpulsquantenzahl l ist. Insgesamt aber befinden sich diese Bereiche doch relativ eng beieinander; sie gehören alle jeweils zu einer *Elektronen-Hauptschale*. Für diese pflegt man folgende Buchstabensymbole zu benutzen: K für $n = 1$, L für $n = 2$, M für $n = 3$ usw. (s. Abschn. 5.2).
- Bei fester Drehimpulsquantenzahl l nimmt die Anzahl der Knoten (Nullstellen) der Radialfunktion $R_{nl}(q)$ mit wachsendem n sukzessive zu; die Anzahl $n_r = n - l - 1$ der Knoten heißt *radiale Quantenzahl*. Man hat es hier mit kugelförmigen Knotenflächen um den Kern zu tun, auf denen die Radialfunktion $R_{nl}(q)$ und damit die Aufenthaltswahrscheinlichkeit exakt gleich Null ist.

Die radiale Aufenthaltswahrscheinlichkeitsdichte $q^2 |R_{nl}(q)|^2$ hat auf Grund des Faktors q^2 zusätzlich eine Nullstelle an $q = 0$ (also am Kernort).

Berücksichtigt man auch die Winkelabhängigkeit und betrachtet die vollständige Aufenthaltswahrscheinlichkeitsdichte im Raum gemäß Gleichung (2.168), so werden den radialen Dichteverteilungen noch die dem jeweiligen Zustand entsprechenden Winkelverteilungen (s. Abbn. 2.23 bis 2.25) aufgeprägt. Es kommen zu den oben erwähnten radialen Knotenflächen die Knotenflächen der Winkelverteilungen hinzu, auf denen sich das Elektron nicht aufhalten kann.

Das alles ist ziemlich kompliziert und in seiner Gesamtheit zeichnerisch schwer darstellbar; meist beschränkt man sich auf sogenannte *Konturliniendiagramme* – das sind Darstellungen durch "Höhenlinien" in einer Ebene (Kurven, entlang derer die Dichte jeweils den gleichen Wert hat), so wie man das von Landkarten kennt. Die Abb. 2.32 zeigt solche Diagramme für die Zustände 1s und $2p_x$ des Elektrons im H-Atom, wobei die Winkelabhängigkeit der $2p_x$-Funktion durch die reelle Kugelflächenfunktion $S_1^{(1)}(\vartheta,\varphi)$ beschrieben wird.

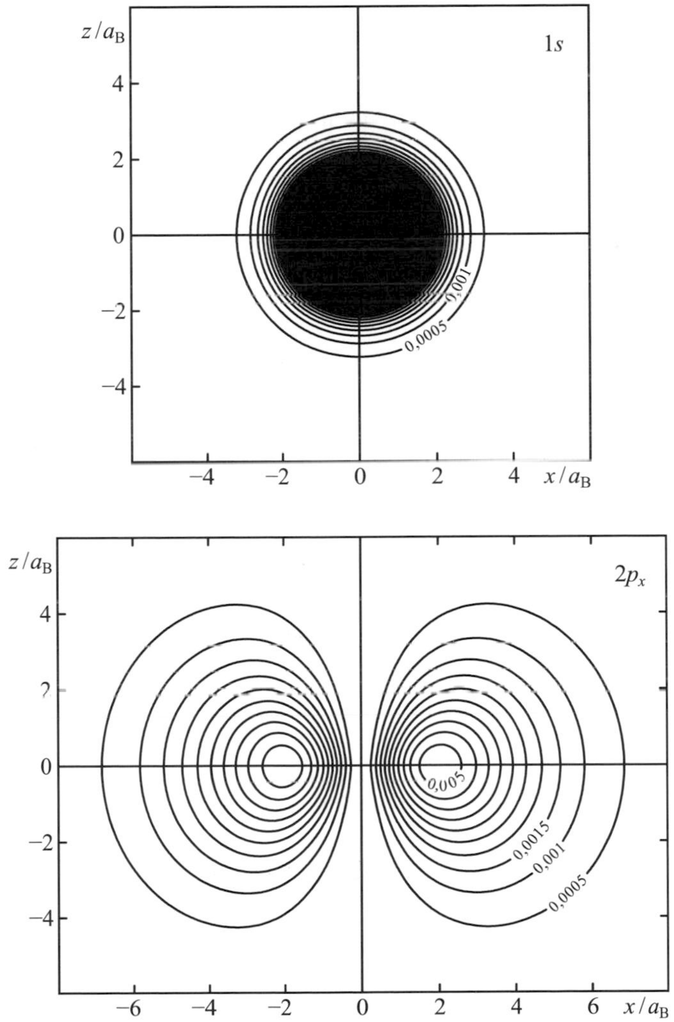

Abb. 2.32 Dichteverteilungen der Aufenthaltswahrscheinlichkeit für das Elektron in den Zuständen 1s und $2p_x$ des H-Atoms als Konturliniendiagramme in der (x,z)-Ebene (berechnet von T. Ritschel, unveröffentlicht; Angaben der Dichtewerte an Konturlinien in at. E.)

Zur Bedeutung und Veranschaulichung der drei Quantenzahlen für die Elektronenzustände des Wasserstoffatoms kann man sich also folgendes merken: Die Hauptquantenzahl n bestimmt die Energie des Elektrons im Wasserstoffatom in einem zu n gehörigen stationären Zustand sowie die räumliche Ausdehnung der Aufenthaltswahrscheinlichkeitsdichte, die *"Größe"* des H-Atoms in diesem Zustand. Die Drehimpulsquantenzahl l bestimmt die *"Form"* und die Quantenzahl m die *"Orientierung"* in dem zugrundegelegten Koordinatensystem.

2.4 Der Elektronenspin

Die bisher behandelte Quantenmechanik für die Bewegung eines Teilchens ist noch unvollständig, besonders ein grundlegend wichtiger Aspekt fehlt: Experimentelle Befunde (Spektren, das Verhalten von Atomen in einem Magnetfeld u. a.) führten S. A. Goudsmit und G. E. Uhlenbeck 1925 zu der Vermutung, dass ein Elektron außer einem Bahndrehimpuls noch einen weiteren, vom Bewegungszustand unabhängigen Drehimpuls aufweist, einen sogenannten ***Eigendrehimpuls*** (in der älteren Literatur auch als "Drall", heute allgemein mit dem engl. Wort ***Spin*** bezeichnet).

Wie der Bahndrehimpuls ist auch dieser Eigendrehimpuls mit einem magnetischen Moment verknüpft. Empirisch ergibt sich zwischen dem Vektor des Elektronenspins $\boldsymbol{s}$ und dem Vektor des entsprechenden magnetischen Moments $\boldsymbol{m}^s$ der Zusammenhang

$$\boldsymbol{m}^s = g_e(-\bar{e}/2m_e c)\boldsymbol{s}\ ; \tag{2.170}$$

g_e ist der sogenannte *g-Faktor des Elektrons*:

$$g_e = 2{,}0023 \approx 2\,. \tag{2.171}$$

Der Proportionalitätsfaktor zwischen $\boldsymbol{m}^s$ und $\boldsymbol{s}$ hat also beim Spin einen etwa doppelt so großen Wert wie bei der entsprechenden Beziehung (2.143) für den Bahndrehimpuls. Außerdem kann die Komponente s_z des Elektronenspins in einer beliebigen Raumrichtung z nur zwei Werte annehmen, nämlich

$$s_z = +\hbar/2 \quad \text{oder} \quad -\hbar/2\,. \tag{2.172}$$

Das bedeutet für das Betragsquadrat, dass dieses nur den einen Wert

$$s^2 = (3/4)\hbar^2 \tag{2.173}$$

haben kann, wenn wir vom Spin die gleichen Quantelungseigenschaften annehmen, wie wir sie vom Bahndrehimpuls [Abb. 2.27] her kennen; das ist in Abb. 2.33 schematisch dargestellt. Im Unterschied zum Bahndrehimpuls, dessen Quantenzahl l ganzzahlige Werte hat, ist der Eigendrehimpuls des Elektrons also *halbzahlig* mit der Quantenzahl $s = 1/2$.

Einen unmittelbaren Beleg für die Spinhypothese liefern die bereits 1921 durchgeführten Experimente von O. Stern und W. Gerlach, die einen Strahl von Ag-Atomen im Grundzustand durch ein inhomogenes Magnetfeld laufen ließen. Das die Eigenschaften eines solchen Atoms bestimmende äußere Elektron besitzt den Bahndrehimpuls $l = 0$, trotzdem wurde eine Aufspaltung in zwei Teilstrahlen beobachtet (entsprechend den beiden Einstellmöglichkeiten des Spins im Magnetfeld, s. Abschn. 4.4.2.1).

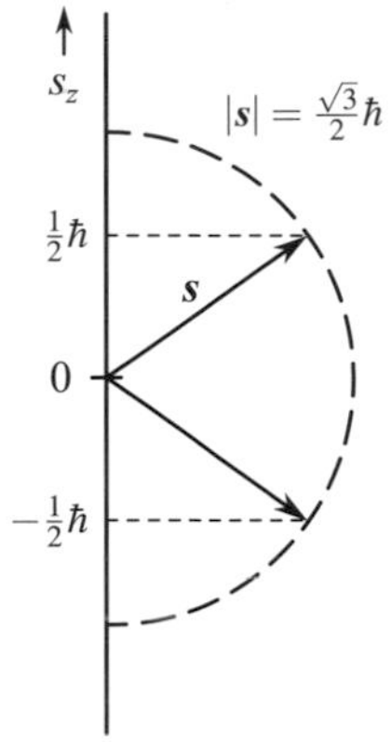

Abb. 2.33
Richtungsquantelung beim Elektronenspin (aus [I.4a])

Dass Elektronen (und auch andere Mikroteilchen) einen solchen Eigendrehimpuls haben, ist im Rahmen der klassischen Theorie nicht zu verstehen. Dort und auch in der von uns hier benutzten Fassung der Quantenmechanik werden Teilchen als punktförmig angenommen; es hat dann keinen Sinn, den Elektronenspin etwa mit der Eigenrotation seiner Ladungsverteilung in Verbindung zu bringen. Man könnte also daran denken, das Elektron besser als eine rotierende geladene Kugel zu behandeln. Auch das würde allerdings auf Schwierigkeiten führen, denn das Elektron besäße dann zwar ein mit der Eigenrotation verknüpftes magnetisches Moment, der Zusammenhang zwischen beiden ließe sich jedoch nicht ohne weitere willkürliche Annahmen herstellen. Dieses Dilemma kann erst überwunden werden, wenn man zu einer allgemeineren, relativistischen Quantenmechanik übergeht (*Dirac-Theorie*, s. hierzu etwa [I.1][I.3], auch [I.4b]), in welcher der Elektronenspin automatisch enthalten ist.

Auf Grund dieser Sachlage ist es klar, dass sich der Spin in keiner Weise durch Übersetzungsregeln oder dergleichen aus einer klassischen Theorie herleiten lässt; wir müssen ihn rein phänomenologisch zusätzlich in den bisher benutzten Formalismus einbeziehen. Das geschicht, indem wir den Elektronenspin formal als eine Art vierten Freiheitsgrad behandeln, zusätzlich zu den drei räumlichen Freiheitsgraden. Letztere haben wir durch drei kartesische Koordinaten x, y und z (oder andere Koordinaten wie r, ϑ, φ) bzw. durch einen Ortsvektor $\boldsymbol{r} \equiv (x, y, z)$ beschrieben; für den Spin verwenden wir eine Variable σ, die nur zwei diskrete Werte, nämlich $+1/2$ und $-1/2$, annehmen kann. Anstelle einer reinen Ortsfunktion (*Orbital*) $\phi(\boldsymbol{r})$ wäre dann eine Wellenfunktion der Form

$$\psi(\boldsymbol{r}, \sigma) \equiv \psi(x, y, z, \sigma), \tag{2.174}$$

ein sogenanntes *Spin-Orbital*, zu benutzen. Wenn der Hamilton-Operator, wie das bisher durchweg angenommen wurde, keine Glieder enthält, die in irgendeiner Weise mit dem Spin zu tun haben (nichtrelativistische Näherung), dann lassen sich (wieder ganz analog zu Abschn. 2.1.4) Orts- und Spinabhängigkeit separieren, indem man ein Produkt ansetzt:

$$\psi(\boldsymbol{r}, \sigma) = \phi(\boldsymbol{r}) \cdot \chi(\sigma); \tag{2.175}$$

der Ortsanteil $\phi(\boldsymbol{r})$ ist Lösung der jeweiligen zeitunabhängigen Schrödinger-Gleichung, also etwa Gleichung (2.147) für das Elektron im Wasserstoffatom.

Den Spinanteil $\chi(\sigma)$ behandeln wir *formal* wie eine "gewöhnliche" Wellenfunktion. Wir nehmen an, es existieren wie beim Bahndrehimpuls auch für das Betragsquadrat und eine Komponente (wir nehmen wieder die z-Komponente) des Spins Operatoren $\hat{s}^2$ bzw. $\hat{s}_z$; deren Eigenfunktionen zu den Eigenwerten $s(s+1)\hbar^2$ bzw. $m_s\hbar$ bezeichnen wir mit $\chi_s^{m_s}(\sigma)$ und fordern, dass sie die folgenden Eigenwertgleichungen erfüllen:

$$\hat{s}^2\chi_s^{m_s} = s(s+1)\hbar^2\chi_s^{m_s} \quad \text{mit } s = 1/2\,, \tag{2.176}$$

$$\hat{s}_z\chi_s^{m_s} = m_s\hbar\chi_s^{m_s} \quad \text{mit } m_s = \pm\, 1/2\,. \tag{2.177}$$

Da die Quantenzahl s für ein Elektron nur einen einzigen Wert hat, können wir auf ihre Angabe verzichten. Wir haben es nur mit den beiden Spinzuständen $m_s = +1/2$ und $m_s = -1/2$ zu tun; die entsprechenden Spinfunktionen schreibt man wahlweise als:

$$\chi_{1/2}^{1/2}(\sigma) \equiv \chi^{1/2}(\sigma) \equiv \chi_+(\sigma) \equiv \alpha \quad \text{zu } m_s = +1/2\,, \tag{2.178a}$$

$$\chi_{1/2}^{-1/2}(\sigma) \equiv \chi^{-1/2}(\sigma) \equiv \chi_-(\sigma) \equiv \beta \quad \text{zu } m_s = -1/2\,. \tag{2.178b}$$

Die Variable σ kann nur zwei Werte annehmen; es gibt also insgesamt nur vier Funktionswerte: $\chi_+(1/2), \chi_+(-1/2), \chi_-(1/2)$ und $\chi_-(-1/2)$.

Eine "Integration" über die Spinvariable σ bezeichnen wir formal wie bei gewöhnlichen kontinuierlichen Variablen mit einem Integralzeichen, haben aber darunter eine Summation über die beiden möglichen Werte von σ ($+1/2$ und $-1/2$) zu verstehen:

$$\int \mathrm{d}\sigma \equiv \sum_{\sigma=+1/2,\sigma=-1/2}\,. \tag{2.179}$$

Wir fordern wie üblich auch von den Spinfunktionen, dass sie auf 1 *normiert* und zueinander *orthogonal* sind, also die Gleichungen

$$\int [\chi_+(\sigma)]^2 \mathrm{d}\sigma = \int [\chi_-(\sigma)]^2 \mathrm{d}\sigma = 1\,, \tag{2.180a}$$

$$\int \chi_+(\sigma)\cdot\chi_-(\sigma)\mathrm{d}\sigma = 0\,. \tag{2.180b}$$

erfüllen. Das lässt sich erreichen, wenn man die vier Funktionswerte folgendermaßen festlegt:

$$\chi_+(1/2) = 1, \quad \chi_+(-1/2) = 0\,, \tag{2.181a}$$

$$\chi_-(1/2) = 0, \quad \chi_-(-1/2) = 1\,. \tag{2.181b}$$

Soll irgendein Ausdruck über alle vier Variablen (die drei Ortsvariablen und den Spin) integriert werden, dann schreiben wir für das "Volumenelement" $\mathrm{d}\tau \equiv \mathrm{d}V\mathrm{d}\sigma$:

$$\int \mathrm{d}\tau \equiv \int \mathrm{d}V\mathrm{d}\sigma\,, \tag{2.182}$$

wobei die "Integration" über σ im Sinne von Gleichung (2.179) als Summation über die beiden Spineinstellungen zu verstehen ist.

Es liegt auf der Hand, wie man die *Wahrscheinlichkeitsinterpretation* auf Wellenfunktionen

$\psi(\boldsymbol{r},\sigma)$ zu verallgemeinern hat: der Ausdruck

$$\mathrm{d}W(\boldsymbol{r},\sigma)=\left|\psi(\boldsymbol{r},\sigma)\right|^2\mathrm{d}V \tag{2.183}$$

ist als die Wahrscheinlichkeit dafür anzusehen, das Elektron in einem Volumenelement $\mathrm{d}V$ am Ort $\boldsymbol{r}$ mit dem Spin σ anzutreffen. Bei Wellenfunktionen in Produktform (2.175) sind dabei die Funktionswerte (2.181a,b) zu beachten.

Wir merken noch an, dass man auch mit Spinfunktionen arbeiten kann, die keinem bestimmten Wert der z-Komponente entsprechen, allgemein also mit

$$\chi(\sigma)=a\cdot\chi_+(\sigma)+b\cdot\chi_-(\sigma), \tag{2.184}$$

oder mit einem Spinorbital der Form

$$\psi(\boldsymbol{r},\sigma)=\phi_+(\boldsymbol{r})\cdot\chi_+(\sigma)+\phi_-(\boldsymbol{r})\cdot\chi_-(\sigma). \tag{2.185}$$

In solchen Fällen ist $|a|^2$ die Wahrscheinlichkeit dafür, dass das Elektron mit der z-Komponente $+\hbar/2$ des Spins angetroffen wird; bei einem Spinorbital (2.185) gibt $\left|\phi_+(\boldsymbol{r})\right|^2\mathrm{d}V$ die Wahrscheinlichkeit dafür an, das Elektron im Volumenelement $\mathrm{d}V$ am Ort $\boldsymbol{r}$ mit der z-Komponente $+\hbar/2$ des Spins zu finden. Entsprechendes gilt für $|b|^2$ bzw. $\left|\phi_-(\boldsymbol{r})\right|^2\mathrm{d}V$.

Damit ist der Elektronenspin in den ansonsten ganz ohne Spin entwickelten Formalismus einbezogen; allerdings wurde er in ziemlich künstlicher Weise gewissermaßen "aufgepfropft", ohne damit ein tieferes Verständnis zu verbinden.

Das ist übrigens nicht die einzige Anleihe, die man in der nichtrelativistischen Quantenmechanik bei einer allgemeineren Theorie aufnehmen muss, wie wir sogleich sehen werden (mehr hierzu etwa in [I.4b]).

2.5 Nichtunterscheidbarkeit gleichartiger Teilchen. Das Pauli-Prinzip

Mikroteilchen von ein und derselben "Sorte" (z. B. Elektronen, Protonen, aber auch ganze Atome im gleichen Zustand) haben untereinander völlig gleiche physikalische Eigenschaften. Es zeigt sich, dass es überhaupt keine Möglichkeit gibt, in einem System solcher gleichartiger Teilchen diese individuell voneinander zu unterscheiden, etwa sie durch irgendwelche Merkmale oder Eigenschaften zu kennzeichnen (*Prinzip der Nichtunterscheidbarkeit gleichartiger Teilchen*). Es gelingt auch nicht, einzelne Teilchen in ihrer Bewegung über längere Zeit zu verfolgen, denn die ihnen zuzuordnenden Wellenpakete zerfließen, und die Aufenthaltswahrscheinlichkeitsbereiche würden mit denen anderer Teilchen sehr schnell überlappen.

2.5.1 Permutationsinvarianz und Antisymmetrie von Elektronenwellenfunktionen

Die Schlussfolgerung, die man aus dem oben geschilderten (übrigens auch experimentell gesicherten) Befund ziehen muss, ist die, dass eine Vertauschung zweier (oder mehrerer) *gleichartiger* Teilchen, und zwar hinsichtlich der Position *und* des Spins, sich auf die Eigenschaften des Systems nicht auswirken darf; dabei spielt es keine Rolle, ob außer der betrachteten Teilchensorte noch andere Teilchen vorhanden sind. Man sagt, das System gleichartiger Teilchen muss *Permutationsinvarianz* zeigen.

Nehmen wir ein System aus mehreren (*N*) *Elektronen*. Seine Eigenschaften werden vollständig durch eine von den Positionen und den Spins abhängige Wellenfunktion beschrieben:

$$\Psi \equiv \Psi(\boldsymbol{r}_1,\sigma_1;\boldsymbol{r}_2,\sigma_2;...;\boldsymbol{r}_N,\sigma_N;t), \tag{2.186}$$

wobei es für das Folgende keine Rolle spielt, ob es sich um eine zeitunabhängige oder eine zeitabhängige Wellenfunktion, also um einen stationären oder einen nichtstationären Zustand handelt. Entsprechend den oben skizzierten Überlegungen kann die Indizierung der Variablen mit 1, 2, ..., N lediglich eine "Durchnumerierung" zum Zwecke der Ausführung mathematischer Operationen und nicht etwa um eine echte "Markierung" zur Unterscheidung der Elektronen bedeuten. Es darf also keines der Ergebnisse nachfolgender Umformungen oder Berechnungen physikalisch messbarer Größen von der Art dieser Indizierung abhängen.

Insbesondere betrifft dies das Betragsquadrat der Wellenfunktion, $|\Psi|^2$, multipliziert mit dem Volumenelement im 3*N*-dimensionalen *Konfigurationsraum* der N Elektronen,

$$\mathrm{d}V \equiv \mathrm{d}V_1\mathrm{d}V_2...\mathrm{d}V_N \tag{2.187}$$

mit

$$\mathrm{d}V_i \equiv \mathrm{d}x_i\mathrm{d}y_i\mathrm{d}z_i \ , \tag{2.188}$$

denn der Ausdruck

$$\mathrm{d}W(\boldsymbol{r}_1,\sigma_1;...;\boldsymbol{r}_N,\sigma_N;t) \equiv |\Psi(\boldsymbol{r}_1,\sigma_1;...;\boldsymbol{r}_N,\sigma_N;t)|^2\mathrm{d}V_1...\mathrm{d}V_N \tag{2.189}$$

hat eine unmittelbare physikalische Bedeutung: er gibt die Wahrscheinlichkeit an, mit der zur Zeit t eines der Elektronen ("Nr. 1") im Volumenelement $\mathrm{d}V_1$ am Ort $\boldsymbol{r}_1$ mit dem Spin σ_1, gleichzeitig ein anderes Elektron ("Nr. 2") im Volumenelement $\mathrm{d}V_2$ am Ort $\boldsymbol{r}_2$ mit dem Spin σ_2, und so fort ... , und gleichzeitig das letzte verbliebene Elektron ("Nr. *N*") im Volumenelement $\mathrm{d}V_N$ am Ort $\boldsymbol{r}_N$ mit dem Spin σ_N angetroffen wird.

Die soeben formulierte, detaillierte Wahrscheinlichkeitsaussage ist nirgends in der molekularen Theorie tatsächlich erforderlich, d. h. der Informationsgehalt der Wellenfunktion ist unnötig hoch. In der Quantenchemie bzw. der molekularen Quantenmechanik braucht man hauptsächlich räumliche Verteilungen der Aufenthaltswahrscheinlichkeitsdichte von Elektronen (gegebenenfalls mit Berücksichtigung des Elektronenspins) sowie Elektronenpaarverteilungen, d. h. Wahrscheinlichkeiten dafür, irgendeines der Elektronen mit dem Spin σ im Volumenelement $\mathrm{d}V$ an einem Ort $\boldsymbol{r}$ und zugleich irgendein anderes Elektron mit dem Spin σ' in $\mathrm{d}V'$ am Ort $\boldsymbol{r}'$ zu finden, unabhängig von den Lagen und Spins der übrigen Elektronen; das ist viel weniger an Information als die *N*-Elektronen-Wahrscheinlichkeit (2.189) enthält. Auf diese Problematik wird in Abschnitt 3.4 näher eingegangen.

Da die Wahrscheinlichkeit (2.189) eine im Prinzip messbare Größe ist, muss $|\Psi|^2$ bei einer-Vertauschung zweier Elektronen *invariant* sein. Mathematisch kann man das folgendermaßen formulieren: Nehmen wir eine beliebige Numerierung der Teilchen an, schreiben $|\Psi|^2$ auf,

$$\left|\Psi(\boldsymbol{r}_1,\sigma_1;...;\boldsymbol{r}_i,\sigma_i;...;\boldsymbol{r}_j,\sigma_j;...;\boldsymbol{r}_N,\sigma_N;t)\right|^2,$$

und vertauschen die beiden Elektronen i und j, d. h. wir setzen Elektron j an die Position, die Elektron i hatte, und geben ihm auch den Spin des Elektrons i; das Elektron i bekommt entsprechend den Ort und den Spin des Elektrons j. So ergibt sich der Ausdruck

$$\left|\Psi(\boldsymbol{r}_1,\sigma_1;...;\boldsymbol{r}_j,\sigma_j;...;\boldsymbol{r}_i,\sigma_i;...;\boldsymbol{r}_N,\sigma_N;t)\right|^2.$$

Invarianz gegen Teilchenvertauschung heißt, dass beide Ausdrücke einander gleich sein müssen. Daraus folgt, dass sich die beiden Wellenfunktionen selbst nur durch einen Faktor vom Betrage 1 unterscheiden dürfen, also (da zweimalige Vertauschung wieder zum Ausgangszustand zurückführt) um den Faktor +1 oder -1.

Welche der beiden Möglichkeiten zutrifft, hängt von der Teilchensorte ab und lässt sich im Rahmen der hier behandelten Theorie nicht entscheiden. Gestützt durch empirische Befunde (vgl. Kap. 5) gilt für Systeme mehrerer Elektronen, dass die Wellenfunktionen bei Vertauschung von Orts- und Spinvariablen je zweier Elektronen *antisymmetrisch* sein müssen, d. h. das Vorzeichen wechseln. Diese Entscheidung für die zweite der oben genannten Möglichkeiten gründet sich auf Ergebnisse früher (vor-wellenmechanischer) Untersuchungen von W. Pauli[12] (1925) zu Atomspektren; sie wird als ***Pauli-Prinzip*** bezeichnet.

Hier haben wir also einen weiteren Punkt, an dem ein empirischer Sachverhalt in die quantenmechanische Theorie, wie wir sie in diesem Kurs verwenden, aufgenommen werden muss.

Elektronen teilen die Eigenschaft, dass ihre Wellenfunktionen bei Teilchenvertauschung antisymmetrisch sind, mit anderen Teilchen, die ebenfalls halbzahligen Spin haben (z. B. Protonen); solche Teilchen heißen *Fermionen.* Im Unterschied dazu werden Teilchen mit ganzzahligem Spin durch symmetrische (bei Teilchenvertauschung unverändert bleibende) Wellenfunktionen beschrieben (sog. *Bosonen*).

2.5.2 Zweielektronensysteme ohne Wechselwirkung

Da das Symmetrieverhalten bei Teilchenvertauschung offenbar eine Eigenschaft der Wellenfunktionen ist, die nichts mit den Wechselwirkungen im System zu tun hat, diskutieren wir die Konsequenzen anhand eines (fiktiven) Systems aus zwei Elektronen, zwischen denen keine Wechselwirkung besteht. Der Hamilton-Operator hat dann die Form

$$\hat{H} = \hat{h}(1) + \hat{h}(2) \tag{2.190}$$

mit

$$\hat{h}(i) = -(1/2)\ \hat{\nabla}^2 + V(\boldsymbol{r}_i) \tag{2.191}$$

(in at. E.); die Teilchen können zwar jedes für sich einer Kraft mit dem Potential $V(\boldsymbol{r})$ unterliegen, eine Wechselwirkung zwischen ihnen, abhängig etwa von ihrem Abstand

[12] Pauli, W.: Über den Zusammenhang des Abschlusses der Elektronengruppen im Atom mit der Komplexstruktur der Spektren. Z. Phys. **31**, 765-783 (1925)

$r_{12} \equiv |\boldsymbol{r}_1 - \boldsymbol{r}_2|$, besteht jedoch nicht. Mit einem solchen Hamilton-Operator lässt sich die zeitunabhängige Schrödinger-Gleichung, auf die wir uns hier beschränken, durch einen Produktansatz aus zwei Wellenfunktionen für jeweils eines der beiden Teilchen erfüllen:

$$\Psi(\boldsymbol{r}_1,\sigma_1;\boldsymbol{r}_2,\sigma_2) = \psi(\boldsymbol{r}_1,\sigma_1)\cdot\psi'(\boldsymbol{r}_2,\sigma_2), \tag{2.192}$$

wobei ψ und ψ' Lösungen einer Einelektron-Schrödinger-Gleichung mit dem Hamilton-Operator $\hat{h}$ sind (s. ÜA 2.14). In leicht einzusehender Verallgemeinerung der Argumentation in Abschnitt 2.1.4 ist eine derartige Separation immer dann möglich, wenn der Hamilton-Operator aus Anteilen besteht, die jeweils nur von den Variablen eines der Teilchen abhängen.

Wir nehmen ferner an, dass die Hamilton-Operatoren $\hat{h}$ gemäß Gleichung (2.191) nicht auf die Spinvariablen σ_i wirken. Dann kann man die Einteilchen-Wellenfunktionen ψ und ψ' wie in Gleichung (2.175) als Produkte eines Ortsanteils $\phi(\boldsymbol{r})$ und eines Spinanteils $\chi(\sigma)$ schreiben, und die Gesamtwellenfunktion (2.192) hat die Form

$$\Psi(\boldsymbol{r}_1,\sigma_1;\boldsymbol{r}_2,\sigma_2) = \phi(\boldsymbol{r}_1)\cdot\chi(\sigma_1)\cdot\phi'(\boldsymbol{r}_2)\cdot\chi'(\sigma_2) \tag{2.193}$$

oder in abgekürzter Schreibweise:

$$\Psi(1,2) = \phi(1)\cdot\chi(1)\cdot\phi'(2)\cdot\chi'(2). \tag{2.193'}$$

Es lassen sich nun mehrere Fälle unterscheiden:

(a) Haben die beiden Elektronen die gleiche räumliche Aufenthaltswahrscheinlichkeitsverteilung und den gleichen Spin, d. h. $\phi = \phi'$ und $\chi = \chi'$, letztere Spinfunktion beispielsweise gleich χ_+, dann wird das Zweiteilchensystem durch die Gesamtwellenfunktion

$$\Psi(1,2) = \phi(1)\cdot\chi_+(1)\cdot\phi(2)\cdot\chi_+(2) \tag{2.194a}$$

beschrieben. Vertauscht man Orts- und Spinvariablen der beiden Teilchen, so ergibt sich

$$\begin{aligned}\Psi(2,1) &= \phi(2)\cdot\chi_+(2)\cdot\phi(1)\cdot\chi_+(1)\\ &= \Psi(1,2).\end{aligned} \tag{2.194b}$$

Die Funktion (2.194a) ist also symmetrisch, sie ändert sich nicht bei der Vertauschung $1 \leftrightarrow 2$ (Ort plus Spin). Für ein System aus zwei Elektronen ist diese Funktion somit als Wellenfunktion *nicht* zulässig, ein solcher Zustand kann nicht auftreten.

(b) Haben die beiden Teilchen die gleiche räumliche Aufenthaltswahrscheinlichkeitsverteilung, aber unterschiedlichen Spin, d. h. $\phi = \phi'$ und z. B. $\chi = \chi_+$, $\chi' = \chi_-$, dann ist die Gesamtwellenfunktion als

$$\Psi(1,2) = \phi(1)\cdot\chi_+(1)\cdot\phi(2)\cdot\chi_-(2) \tag{2.195a}$$

zu schreiben, und bei Teilchenvertauschung $1 \leftrightarrow 2$ erhält man

$$\Psi(2,1) = \phi(2)\cdot\chi_+(2)\cdot\phi(1)\cdot\chi_-(1). \tag{2.195b}$$

Auch die Funktion $\Psi(1,2)$ ist also nicht antisymmetrisch, sonst müsste $\Psi(2,1)$ gleich $-\Psi(1,2)$ sein. Da jedoch beide Funktionen voneinander verschieden sind, lässt sich aus ihnen stets eine antisymmetrische Linearkombination bilden, nämlich

$$\Psi^{\text{antisym}}(1,2) = \Psi(1,2) - \Psi(2,1), \tag{2.196}$$

die ebenfalls Lösung der Zweiteilchen-Schrödinger-Gleichung mit dem Hamilton-Operator $\hat{H}$ [Gl. (2.190)] ist, und zwar zur gleichen Gesamtenergie E (man schreibe die Schrödinger-Gleichung auf und verifiziere diese Aussage). Zum Eigenwert E gehören die beiden linear unabhängigen Funktionen (2.195a,b) und demzufolge auch beliebige Linearkombinationen dieser beiden Funktionen, insbesondere $\Psi^{\text{antisym}}(1,2)$; diese allein aber kann als Wellenfunktion akzeptiert werden. Der beschriebene Zustand – gleiche Ortsfunktion, unterschiedliche Spinfunktionen der beiden Teilchen – ist also durch das Pauli-Prinzip erlaubt.

(c) Wenn die beiden Teilchen durch unterschiedliche Ortswellenfunktionen beschrieben werden, $\phi \neq \phi'$, und damit also unterschiedliche räumliche Aufenthaltswahrscheinlichkeitsverteilungen besitzen, dann sind die Funktionen $\Psi(1,2)$ und $\Psi(2,1)$ für beliebige Spinfunktionen χ und χ' voneinander verschieden, und es lässt sich eine antisymmetrische Linearkombination bilden. Solche Zustände sind also stets mit dem Pauli-Prinzip vereinbar.

Ist z. B. der Spin beider Teilchen gleich +1/2, also $\chi = \chi' = \chi_+$, dann bekommt man die folgende antisymmetrische Produktwellenfunktion (abgesehen von der Normierung):

$$\begin{aligned}\Psi^{\text{antisym}}(1,2) &= \phi(1)\cdot\chi_+(1)\cdot\phi'(2)\cdot\chi_+(2) - \phi(2)\cdot\chi_+(2)\cdot\phi'(1)\cdot\chi_+(1) \\ &= [\phi(1)\cdot\phi'(2) - \phi(2)\cdot\phi'(1)]\chi_+(1)\cdot\chi_+(2).\end{aligned} \tag{2.197}$$

Wir führen nun noch eine zweckmäßige Schreibweise für solche antisymmetrischen Wellenfunktionen ein, die sich aus Produkten von Einteilchenwellenfunktionen zusammensetzen. Nehmen wir die Funktion (2.196) mit den beiden Bestandteilen (2.195a,b), so lässt sie sich folgendermaßen als Determinante darstellen:

$$\Psi^{\text{antisym}}(1,2) = (1/\sqrt{2})\begin{vmatrix}\phi(1)\cdot\chi_+(1) & \phi(1)\cdot\chi_-(1) \\ \phi(2)\cdot\chi_+(2) & \phi(2)\cdot\chi_-(2)\end{vmatrix}. \tag{2.197'}$$

Mit dem Faktor $1/\sqrt{2}$ ist Ψ^{antisym} auf 1 normiert, wenn die Einteilchenfunktion ϕ auf 1 normiert ist und die Spinfunktionen χ_+ und χ_- auf 1 normiert sowie zueinander orthogonal sind (s. Abschn. 2.4). Hier lässt sich auch sofort sehen, dass der Fall (a) nicht in Frage kommt: Würde man nämlich damit formal die Determinante (2.197') bilden, so wären ihre beiden Zeilen gleich und die Determinante wäre identisch Null.

2.5.3 Mehrelektronensysteme

Die Determinantenschreibweise (2.197') für antisymmetrische Wellenfunktionen, die sich aus Produkten von Einteilchenfunktionen zusammensetzen, lässt sich ohne weiteres auf mehr als zwei Teilchen verallgemeinern. Der Hamilton-Operator für ein N-Teilchen-System ($N > 2$) ohne Wechselwirkungen zwischen den Teilchen hat also die Form

$$\hat{H} = \sum_{i=1}^{N} \hat{h}(i) \tag{2.198}$$

mit den spinfreien Einteilchen-Operatoren (2.191). Die Schrödinger-Gleichung mit diesem Hamilton-Operator wird exakt gelöst durch Wellenfunktionen in Gestalt eines Produkts (ab hier lassen wir die Multiplikationspunkte weg)

$$\Psi(1,2,\ldots,N) = \phi_1(1)\chi_1(1)\phi_2(2)\chi_2(2)\ldots\ \phi_N(N)\chi_N(N) \tag{2.199}$$

von Einteilchen-Ort-Spin-Funktionen $\phi_i(i)\chi_i(i)$. Die Ortsanteile ϕ_i mögen Lösungen der Einteilchen-Schrödinger-Gleichung $\hat{h}\phi = e\phi$ sein. Man gelangt zu diesem Ergebnis, indem man die Separationsprozedur vom Zweiteilchenfall (s. ÜA 2.14) auf N Teilchen erweitert. Die Nummern 1, ... , N bedeuten in den Argumenten der Orbitale $\phi_1,\ldots,\phi_N$ wieder jeweils die drei Ortsvariablen: $\boldsymbol{r}_1 \equiv (x_1, y_1, z_1),\ldots,\boldsymbol{r}_N \equiv (x_N, y_N, z_N)$, in den Argumenten der Spinfunktionen $\chi_1,\ldots,\chi_N$ stehen sie für die Spinvariablen $\sigma_1,\ldots,\sigma_N$. Die Spinfunktionen χ_i können entweder χ_+ oder χ_- sein.

Aus dem Produkt (2.199) lassen sich durch Permutation der Orts- und Spin-Variablen der Teilchen weitere Produkte erzeugen, die ebenfalls Lösungen der Schrödinger-Gleichung sind, und es gibt genau eine Linearkombination aller dieser Produkte, die bei jeglicher paarweiser Vertauschung von Teilchen, d. h. ihrer Ort-Spin-Variablen, antisymmetrisch ist:

$$\Psi^{\text{antisym}}(1,2,\ldots,N) = (1/\sqrt{N!})\sum_Q (-1)^q \hat{Q}\,\phi_1(1)\chi_1(1)\ldots\phi_N(N)\chi_N(N)\,. \tag{2.200}$$

Hier bezeichnet $\hat{Q}$ einen Permutationsoperator, der aus der natürlichen Anordnung der *Teilchenindizes* 1, 2, ... , N irgendeine andere Anordnung macht; er lässt sich stets als Aufeinanderfolge (ein "Produkt") von Paarvertauschungen $\hat{Q}_{kl}$ (für eine Vertauschung $k \leftrightarrow l$) darstellen. Die Anzahl der für $\hat{Q}$ hierzu nötigen Paarvertauschungen $\hat{Q}_{kl}$ nennt man den *Grad* q der Permutation $\hat{Q}$ (s. [II.1], Abschn. 1.5.). Die Summe im Ausdruck (2.200) läuft über alle $N!$ möglichen Permutationen, und der Faktor $1/\sqrt{N!}$ gewährleistet, dass Ψ^{antisym} auf 1 normiert ist, wenn alle Orbitale ϕ_i zueinander orthogonal und auf 1 normiert sind; für die beiden Spinfunktionen χ_+ und χ_- ist das nach Abschnitt 2.4 ohnehin der Fall.

Als Determinante schreibt sich das antisymmetrische Produkt (2.200) analog zum Zweiteilchenfall [Gl. (2.197')] folgendermaßen:

$$\Psi^{\text{antisym}}(1,2,\ldots N) = (1/\sqrt{N!})\begin{vmatrix} \phi_1(1)\chi_1(1) & \phi_2(1)\chi_2(1) & \ldots & \varphi_N(1)\chi_N(1) \\ \varphi_1(2)\chi_1(2) & \varphi_2(2)\chi_2(2) & \ldots & \varphi_N(2)\chi_N(2) \\ \varphi_1(3)\chi_1(3) & \ldots & & \\ \ldots & & & \\ \varphi_1(N)\chi_1(N) & \varphi_2(N)\chi_2(N) & \ldots & \varphi_N(N)\chi_N(N) \end{vmatrix} \tag{2.201}$$

(sog. *Slater-Determinante*), die man oft auch in einer Kurzform angibt:

$$\Psi^{\text{antisym}}(1,2,\ldots,N) = (1/\sqrt{N!})\det\{\phi_1(1)\chi_1(1)\phi_2(2)\chi_2(2)\ldots\phi_N(N)\chi_N(N)\}, \tag{2.201'}$$

wobei in der geschweiften Klammer das Produkt der Elemente der Hauptdiagonale steht. Die Vertauschung zweier Teilchen entspricht der Vertauschung zweier Zeilen der Determinante, die dabei bekanntlich das Vorzeichen wechselt (vgl. z. B. [II.1], Abschn. 1.7.).

Speziell für diesen Fall, dass ein N-Teilchen-System durch ein antisymmetrisches Produkt von Einteilchenfunktionen (Spinorbitalen) beschrieben wird, sei es exakt für ein wechselwirkungsfreies System oder als Näherung, lässt sich also das *Pauli-Prinzip* folgendermaßen formulieren: *Es sind nur solche Zustände erlaubt,in deren Wellenfunktion jeder Einteilchen-(Ort-Spin-)-Zustand* $\phi_i\chi_i$ *höchstens einmal besetzt ist* (***Ausschließungsprinzip***, s. oben). Wäre eines der Spinorbitale, z. B. $\phi_1\chi_1$, doppelt besetzt (d. h. zwei Teilchen würden durch das gleiche Spinorbital $\phi_1\chi_1$ beschrieben), dann hätte die Determinante zwei gleiche Spalten und wäre somit identisch Null. Das entspricht dem Fall (a) beim Zweiteilchensystem (s. oben).

Ohne Berücksichtigung der Nichtunterscheidbarkeit gleichartiger Teilchen, also mit einer *einfachen Produktwellenfunktion* (2.199), sind die Bewegungen der Teilchen *vollständig unabhängig* voneinander: Wir können uns die Teilchen numeriert vorstellen und die oben erwähnte Teilchenpaarwahrscheinlichkeit $\mathrm{d}W(i,j)$ aufschreiben, mit der sich Teilchen Nr. i mit dem Spin σ_i im Volumenelement $\mathrm{d}V_i$ am Ort $\boldsymbol{r}_i$ und gleichzeitig Teilchen Nr. j mit dem Spin σ_j im Volumenelement $\mathrm{d}V_j$ am Ort $\boldsymbol{r}_j$ aufhalten, bei beliebigen Positionen und Spins der übrigen Teilchen:

$$\begin{aligned}\mathrm{d}W(i,j) &= \left\{\int |\Psi(1,2,\ldots,N)|^2 \mathrm{d}\tau_1 \ldots \mathrm{d}\tau_{i-1}\mathrm{d}\tau_{i+1}\ldots\mathrm{d}\tau_{j-1}\mathrm{d}\tau_{j+1}\ldots\mathrm{d}\tau_N\right\}\mathrm{d}\tau_i\mathrm{d}\tau_j \\ &= |\phi_i(\boldsymbol{r}_i)|^2[\chi_i(\sigma_i)]^2\mathrm{d}\tau_i \cdot |\phi_j(\boldsymbol{r}_j)|^2[\chi_j(\sigma_j)]^2\mathrm{d}\tau_j \\ &= \mathrm{d}W(i)\cdot\mathrm{d}W(j)\end{aligned} \quad (2.202)$$

(mit $\mathrm{d}\tau \equiv \mathrm{d}V\mathrm{d}\sigma$, s. Abschn. 2.4). Diese Wahrscheinlichkeit ergibt sich also als Produkt der Einzelwahrscheinlichkeiten für die beiden Teilchen, und das bedeutet (vgl. Anhang A3.1): die Bewegungen der beiden Teilchen verlaufen *statistisch unabhängig* voneinander, gänzlich *unkorreliert*.

Haben wir es mit Elektronen, also nichtunterscheidbaren Teilchen, zu tun, so ist das Pauli-Prinzip zu berücksichtigen, und es muss anstelle des einfachen Produkts ein *antisymmetrisches Produkt* als Wellenfunktion benutzt werden; dadurch wird die *statistische Unabhängigkeit etwas eingeschränkt*. Anhand der Determinantenschreibweise (2.201) bzw. (2.201') lässt sich das leicht erkennen: Nehmen wir an, zwei Teilchen, formal numeriert z. B. als Teilchen 1 und Teilchen 2, haben *gleichen Spin*, also $\sigma_2 = \sigma_1$ und damit $\chi_k(\sigma_2) = \chi_k(\sigma_1)$ für alle k = 1, 2, ..., N. Nähern sich diese beiden Teilchen einander: $\boldsymbol{r}_2 \to \boldsymbol{r}_1$, dann unterscheiden sich die Zahlenwerte aller Orbitale $\phi_k(\boldsymbol{r}_2)$ und $\phi_k(\boldsymbol{r}_1)$ mit k = 1, 2, ..., N immer weniger, und damit wird der Unterschied zwischen den ersten beiden Zeilen der Determinante (2.201) immer kleiner; im Grenzfall sind beide Zeilen gleich. Damit aber verschwindet die Wellenfunktion Ψ^{antisym} sowie ihr Betragsquadrat $|\Psi^{\text{antisym}}|^2$, und das heißt: jede Konstellation, in der sich irgend zwei Elektronen gleichen Spins sehr nahekommen, ist äußerst unwahrscheinlich – die

Elektronen weichen sich aus, wie im Fall (c) beim Zweiteilchensystem. Sie bewegen sich jetzt also insgesamt nicht mehr statistisch vollkommen unabhängig, sondern nur noch insoweit, als das mit dem Pauli-Prinzip vereinbar ist. Haben hingegen die beiden Elektronen *verschiedene Spins*, dann gibt es keine solche durch die Antisymmetrie bedingte Einschränkung der Bewegungsfreiheit und beide Teilchen bewegen sich statistisch unabhängig voneinander.

Ein System von N Teilchen, die in der Regel untereinander in Wechselwirkung stehen (z. B. bei Elektronen durch ihre Coulombsche elektrostatische Abstoßung sowie gegebenenfalls durch diverse spinabhängige Wechselwirkungen), kann durch Wellenfunktionen in Form einfacher Produkte (2.199) oder antisymmetrischer Produkte (2.200) bzw. (2.201) oder (2.201') lediglich *näherungsweise* beschrieben werden, denn ein Hamilton-Operator (2.198), der sich additiv aus Einteilchen-Operatoren zusammensetzt und zu einer Wellenfunktion in Produktform führt, ist nur durch grobe Eingriffe in den vollständigen Hamilton-Operator zu erhalten. Man kann die Verwendung von Produkt-Wellenfunktionen so auffassen, dass das reale System durch ein Modell – das ***Modell unabhängiger Teilchen*** – ersetzt wird, zu dem der Hamilton-Operator (2.198) gehört. Solche Modelle unabhängiger Elektronen werden in späteren Kapiteln (insbesondere Kap. 5, 7 und 8 sowie 17) noch ausführlich behandelt.

Auch für Systeme *mit* Wechselwirkungen bzw. für verbesserte (Näherungs-) Wellenfunktionen muss natürlich die Antisymmetrieeigenschaft gemäß Abschnitt 2.5.1 gewahrt bleiben; wie wir später sehen werden (s. Kap. 9 und 17), versucht man das meist dadurch zu erreichen, dass die Wellenfunktion als eine Linearkombination antisymmetrischer Produkte angesetzt wird. Der oben beschriebene Ausweicheffekt zwischen Elektronen in gleichen Spinzuständen, den man als ***Fermi-Korrelation*** bezeichnet, wird so auch dann erhalten, wenn man über das Modell unabhängiger Teilchen hinausgeht. Die Fermi-Korrelation wird allerdings in solchen verbesserten Näherungen von weiteren Korrelationseffekten überlagert (*Coulomb-Korrelation*), auf die wir später (s. Kap. 9) eingehen.

Notabene: Die Fermi-Korrelation ist nicht die Folge einer zusätzlichen physikalischen Kraft; sie beeinflusst allerdings die Wirksamkeit physikalischer Kräfte, wie wir noch sehen werden.

Übungsaufgaben zu Kapitel 2

ÜA 2.1 Berechnen Sie die Energiequanten (in eV und in J) für Bewegungen, die in einer klassisch-mechanischen Beschreibung folgende Perioden $\tau = 1/\nu$ haben: (a) 10^{-15} s (Elektronenbewegung); (b) 10^{-14} s (Molekülschwingung); (c) 1 s (makroskopisches Pendel).

ÜA 2.2 Berechnen Sie die de-Broglie-Wellenlänge (a) einer Punktmasse von 1 g, die sich mit der Geschwindigkeit 1 $\mathrm{cm \cdot s^{-1}}$ bewegt; (b) derselben Punktmasse, wenn sie sich mit 95% der Lichtgeschwindigkeit bewegt; (c) eines Wasserstoffatoms bei Zimmertemperatur (300 K); (d) eines Elektrons, das aus einer Ruhelage durch eine Potentialdifferenz von 1 V beschleunigt wird; (e) dasselbe wie (d) für eine Potentialdifferenz von 1 kV.

Hinweise zu den Teilaufgaben von ÜA 2.2: Bei (b) ist der Impuls nach der Formel $p = mu/(1-u^2/c^2)^{1/2}$ aus der Geschwindigkeit u, bei (c) die mittlere Geschwindigkeit nach dem statistischen Gleichverteilungssatz (s. Anhang A4.2.3) und bei (d) sowie (e) die Geschwindigkeit nach der Beziehung $m_e u^2/2 = \bar{e}\Delta\Phi$ (Potentialdifferenz $\Delta\Phi$) zu berechnen.

ÜA 2.3 Für die ersten Linien einer im Sichtbaren liegenden Serie im Spektrum des Wasserstoffatoms werden die Wellenlängen $\lambda = 656{,}46$ nm; 486,27 nm; 434,17 nm und 410,29 nm gemessen. Man bestimme daraus die Konstante R (Rydberg-Konstante) im empirischen Ausdruck für die Terme $T_n = -cR/n^2$ mit $n = 1, 2, 3, \ldots$; c ist die Lichtgeschwindigkeit. Wie groß ist die Energie, die nötig ist, um das Elektron abzulösen (Ionisierungsenergie I), in eV? Wie hängt I mit R zusammen?

ÜA 2.4 Berechnen Sie für den senkrechten freien Fall einer Punktmasse $m = 1$ g aus einer Höhe von 5 m die Mindest-Unbestimmtheit Δa der Aufschlagstelle gemäß der Ort-Impuls-Unbestimmtheitsrelation, wenn die horizontale Unbestimmtheit Δx in der Festlegung des Anfangsorts 1 mm beträgt.

ÜA 2.5 Berechnen Sie die Energieeigenwerte und die zugehörigen Eigenfunktionen für die eindimensionale stationäre Bewegung eines Teilchens der Masse m in einem Potentialkasten der Breite a mit unendlich hohen Wänden (s. Abb. 2.17). Normieren Sie die Eigenfunktionen und zeigen Sie ihre Orthogonalität. Diskutieren Sie die Ergebnisse.

ÜA 2.6 Berechnen Sie die Energieeigenwerte und die zugehörigen Eigenfunktionen für die eindimensionale kräftefreie Bewegung (Potential $V = 0$) eines Teilchens bei Vorgabe periodischer Randbedingungen: $\phi(x+L) = \phi(x)$.
Vergleichen Sie mit den Ergebnissen der ÜA 2.5.

ÜA 2.7 Führen Sie die Rechnungen zur Lösung der eindimensionalen Schrödinger-Gleichungen für (a) eine Rechteck-Potentialbarriere, (b) eine Rechteck-Potentialmulde vollständig durch (s. Abschn. 2.2.2 und 2.2.3).

ÜA 2.8 Es ist die "klassische Aufenthaltswahrscheinlichkeitsdichte" des linearen harmonischen Oszillators zu berechnen und mit dem quantenmechanischen Resultat zu vergleichen, wenn die Energie gleich der Nullpunktsenergie ist.

ÜA 2.9 Folgende Operatoren sind von kartesischen Koordinaten auf sphärische Polarkoordinaten (2.113) umzurechnen: a) $\hat{l}_x$, $\hat{l}_y$ und $\hat{l}_z$; b) $\hat{\boldsymbol{l}}^2$ und $\hat{\Delta}$.

ÜA 2.10 Man prüfe die Orthogonalität a) der komplexen Kugelfunktionen $Y_l^m(\vartheta,\varphi)$; b) der reellen Kugelflächenfunktionen $S_l^{(m)}(\vartheta,\varphi)$.

ÜA 2.11 Man zeige, dass die komplexen p-Funktionen $Y_1^m(\vartheta,\varphi)$ zwar Eigenfunktionen zu $\hat{\boldsymbol{l}}^2$ und $\hat{l}_z$, aber nicht zu $\hat{l}_x$ und $\hat{l}_y$ sind.

ÜA 2.12 Man zeige, dass die reellen Kugelflächenfunktionen $S_l^{(m)}(\vartheta,\varphi)$ Eigenfunktionen zu $\hat{\boldsymbol{l}}^2$, aber nicht zu $\hat{l}_z$ sind.

ÜA 2.13 Gegeben seien zwei kartesische Koordinatensysteme (x,y,z) und (x',y',z'), wobei die gestrichenen Achsen x', y' durch Drehung mit dem Winkel α um die gemeinsame Achse $z = z'$ aus den Achsen x, y hervorgehen: $x' = x\cos\alpha + y\sin\alpha$, $y' = -x\sin\alpha + y\cos\alpha$. In den beiden Koordinatensystemen seien die Funktionen $Y_l^m(\vartheta,\varphi)$ und $S_l^{(m)}(\vartheta,\varphi)$ bzw. $Y_l^m(\vartheta',\varphi')$ und $S_l^{(m)}(\vartheta',\varphi')$ definiert. Schreiben Sie die p-Funktionen ($l = 1$) in den ungestrichenen Koordinaten als Linearkombinationen der p-Funktionen im gestrichenen Koordinatensystem.

ÜA 2.14 Es ist die Separation der Schrödinger-Gleichung mit dem Hamilton-Operator (2.190) für das wechselwirkungsfreie Zweiteilchensystem durchzuführen. Man verallgemeinere das Resultat dann auf den N-Teilchen-Fall.

Ergänzende Literatur zu Kapitel 2

Der in diesem Kapitel behandelte Stoff ist in zahlreichen Standardwerken der Quantenmechanik zu finden (s. z. B. [I.1] – [I.3]), einschließlich Weiterführungen und Ergänzungen für besonders interessierte Leser, so dass keine weitere Literaturempfehlung erforderlich ist.

3 Ausbau der Grundlagen und des Formalismus

Nachdem wir die Grundzüge der Quantenmechanik und erste Anwendungen kennengelernt haben, erscheint es jetzt sicher gerechtfertigt anzunehmen, dass diese Art der Beschreibung von Strukturen und Vorgängen in atomaren Dimensionen richtig ist. Dort, wo die bisher behandelten einfachen Systeme der Wirklichkeit nahekamen, wie im Falle des Wasserstoffatoms, ließen sich die zunächst sehr merkwürdig erscheinenden empirischen Befunde in erstaunlich zwangloser Weise wiedergeben. Die zugrundegelegten, intuitiv-heuristisch erhaltenen Konzepte kann man allerdings noch nicht als eine *Theorie* im Sinne von Kapitel 1 bezeichnen.

Wir wollen nun einen Schritt in Richtung auf eine echte Theorie gehen und die wichtigsten Begriffe, mit denen die Quantenmechanik arbeitet, sowie das zugehörige mathematische Gerüst zusammenstellen, soweit das für diesen Kurs benötigt wird; einiges ist bereits im Kapitel 2 zur Sprache gekommen. Ein besonderes Anliegen besteht darin, noch einmal grundsätzlich deutlich zu machen, welche Art von Aussagen die Quantenmechanik zu liefern vermag, nämlich *Wahrscheinlichkeitsaussagen*.

In diesem Kapitel werden alle Beziehungen für *eine* Variable x aufgeschrieben, um größtmögliche Einfachheit zu wahren. Alles gilt jedoch ebenso bzw. sinnentsprechend verallgemeinert, wenn wir es mit mehreren Variablen zu tun haben; auch der Spin lässt sich, wie wir bereits gesehen hatten, formal ohne weiteres einbeziehen.

Wenn eben davon die Rede war, dass alle Darlegungen sich auf das beschränken, was in diesem Grundkurs erforderlich ich, so heißt dies auch: wir vermeiden nach Möglichkeit anspruchsvolle mathematische Formulierungen und höchste Abstraktion, etwa Begriffe wie Hilbert-Raum sowie Zustandsvektoren und Operatoren im Hilbert-Raum. Diesbezüglich wird auf weiterführende Literatur verwiesen, s. etwa [I.1] – [I.3]; im ersten Abschnitt 3.1 folgen wir weitgehend der Darstellung in [I.4a].

3.1 Physikalische Größen und Operatoren

3.1.1 Lineare Differentialoperatoren. Eigenfunktionen und Eigenwerte

Im Formalismus der Quantenmechanik spielen *lineare Differentialoperatoren* eine zentrale Rolle; ein solcher Operator $\hat{A}$ ist folgendermaßen definiert:

$$\hat{A} \equiv A_0(x) + A_1(x)(\mathrm{d}/\mathrm{d}x) + A_2(x)(\mathrm{d}^2/\mathrm{d}x^2) + \dots, \tag{3.1}$$

wobei $A_0(x), A_1(x), A_2(x), \dots$ analytische (d. h. hier: differenzierbare) Funktionen von x sind. Wird $\hat{A}$ auf eine genügend oft differenzierbare Funktion $u(x)$ angewendet, dann entsteht eine neue Funktion $v(x)$:

$$\hat{A}u(x) = v(x). \tag{3.2}$$

In Kapitel 2 hatten wir zahlreiche Beispiele solcher Differentialoperatoren kennengelernt: den Operator $(\hbar/\mathrm{i})(\mathrm{d}/\mathrm{d}x)$ für die x-Komponente des Impulses; diverse Potentialfunktionen $V(x)$, aufgefasst als Operatoren (3.1), die nur aus einem Anteil $A_0(x)$ bestehen; ferner die Hamilton-Operatoren $\hat{H}$ für die freie Bewegung eines Teilchens, für ein Teilchen im "Potentialkasten", für das Elektron im Wasserstoffatom , die Operatoren $\hat{l}_z$ und $\hat{l}^2$ für die z-Komponente bzw. das Betragsquadrat des Bahndrehimpulses, den Operator $-\bar{e}x$ für die x-Komponente des elektrischen Dipolmoments eines Elektrons.

Den allgemeinen linearen Differentialoperator für ein mehrdimensionales Problem (mit den Variablen $x,y,...$) erhält man mit Funktionen $A_i(x,y,...)$ und durch Einbeziehung entsprechender (jetzt partieller) Ableitungen nach den weiteren Variablen $y,...$ einschließlich gemischter Ableitungen $\partial^2/\partial x\partial y$ usw.

Ein Differentialoperator (3.1) heißt ***linear***, wenn er folgende Eigenschaften besitzt: es gilt

1) $\hat{A}(u_1+u_2)=\hat{A}u_1+\hat{A}u_2$ für beliebige differenzierbare Funktionen u_1 und u_2,

2) $\hat{A}(\alpha u)=\alpha(\hat{A}u)$ für beliebige (auch komplexe) Zahlen α.

Auf Grund dessen ergibt die Anwendung eines linearen Operators $\hat{A}$ auf eine Linearkombination zweier (oder mehrerer) Funktionen $u_1(x),u_2(x),...$ die *gleiche* Linearkombination der neuen Funktionen $v_1(x)=\hat{A}u_1(x)$, $v_2(x)=\hat{A}u_2(x),...$:

$$\begin{aligned}\hat{A}[c_1\cdot u_1(x)+c_2\cdot u_2(x)]&=c_1\cdot[\hat{A}u_1(x)]+c_2\cdot[\hat{A}u_2(x)]\\&=c_1\cdot v_1(x)+c_2\cdot v_2(x)\,.\end{aligned}\tag{3.3}$$

Die *Summe* $\hat{A}+\hat{B}$ zweier linearer Differentialoperatoren $\hat{A}$ und $\hat{B}$ ist wieder ein linearer Differentialoperator, wie man leicht sieht.

Unter dem *Produkt* $\hat{B}\cdot\hat{A}$ (auch $\hat{B}\hat{A}$ geschrieben) zweier linearer Differentialoperatoren $\hat{B}$ und $\hat{A}$ ist ein Operator zu verstehen, der auf eine Funktion $u(x)$ so wirkt wie die beiden Operatoren nacheinander, beginnend mit dem rechts stehenden: zuerst wirkt $\hat{A}$ auf $u(x)$, dann $\hat{B}$ auf die entstandene Funktion $v(x)$:

$$(\hat{B}\cdot\hat{A})u(x)\equiv\hat{B}(\hat{A}u(x))=\hat{B}v(x)=w(x)\,.$$

Wählt man die umgekehrte Reihenfolge, dann entsteht im Allgemeinen eine Funktion, die von $v(x)$ verschieden ist, so dass generell gilt:

$$\hat{A}\hat{B}u(x)\neq\hat{B}\hat{A}u(x)\;;\tag{3.4}$$

symbolisch schreibt man das als eine "Operator-Ungleichung":

$$\hat{A}\hat{B}\neq\hat{B}\hat{A}\;.\tag{3.4'}$$

Eine "echte" Ungleichung ergibt sich, wenn beide Seiten, wie im Ausdruck (3.4), auf ein und dieselbe Funktion wirken. So hat man auch alle folgenden Beziehungen zwischen Operatoren zu verstehen. Differentialoperatoren sind also generell *nicht vertauschbar*, unterliegen nicht dem Kommunikativgesetz. Der Operator $(\hat{A}\hat{B} - \hat{B}\hat{A})$ führt, wenn er auf eine beliebige differenzierbare Funktion $u(x)$ einwirkt, nicht zu Null:

$$(\hat{A}\hat{B} - \hat{B}\hat{A})u(x) = \hat{A}\hat{B}u(x) - \hat{B}\hat{A}u(x) \neq 0$$

gemäß der Ungleichung (3.4); man sagt auch, er sei vom "Null-Operator $\hat{0}$" (dessen Anwendung jede nachstehende Funktion zu Null werden lässt) verschieden.

Den Differenzoperator $(\hat{A}\hat{B} - \hat{B}\hat{A})$ nennt man den *Kommutator* der beiden Operatoren $\hat{A}$ und $\hat{B}$; er wird durch eine eckige Klammer bezeichnet:

$$\hat{A}\hat{B} - \hat{B}\hat{A} \equiv [\hat{A}, \hat{B}]\,. \tag{3.5}$$

Seine Wirkung auf eine Funktion $u(x)$ ist die eines Operators, den wir als $\mathrm{i}\hat{C}$ schreiben:

$$\hat{A}\hat{B} - \hat{B}\hat{A} \equiv \mathrm{i}\hat{C} \tag{3.6}$$

(die imaginäre Einheit als Faktor ist Konvention); er lässt sich aus $\hat{A}$ und $\hat{B}$ berechnen. Diese Gleichung ist eine Operatorgleichung, die *Vertauschungsrelation* heißt.

Beispiele für Operatoren mit solchen Vertauschungseigenschaften haben wir in Kapitel 2 kennengelernt. So sind der Operator für die x-Komponente des Impulses eines Teilchens, $(\hbar/\mathrm{i})(\mathrm{d}/\mathrm{d}x) \mathrel{\hat{=}} \hat{A}$, und der "Operator" für die entsprechende Koordinate, $x \mathrel{\hat{=}} \hat{B}$, nicht vertauschbar, wie in ÜA 3.1 gezeigt wird; der Operator $\hat{C}$ ist hier gleich der Konstanten $-\hbar$. Bei dem Paar von Operatoren $\hat{l}_z$ und $\hat{\boldsymbol{l}}^2$ für die z-Komponente bzw. das Betragsquadrat des Bahndrehimpulses eines Teilchens haben wir einen Fall von Vertauschbarkeit: $[\hat{l}_z, \hat{\boldsymbol{l}}^2] = 0$, also $\hat{C} = 0$. Die Operatoren je zweier Komponenten des Bahndrehimpulses hingegen sind nicht vertauschbar, z. B. gilt $[\hat{l}_z, \hat{l}_x] \neq 0$ (s. Abschn. 3.2.1).

Zu einem Operator $\hat{A}$ ist durch die Beziehungen

$$\hat{A}^{-1}\hat{A} = \hat{A}\hat{A}^{-1} = 1 \tag{3.7}$$

der *inverse* Operator $\hat{A}^{-1}$ definiert.[1] Er macht die Operation $\hat{A}$ rückgängig; ausgeübt auf beide Seiten der Gleichung (3.2) ergibt sich also: $\hat{A}^{-1}(\hat{A}u(x)) = \hat{A}^{-1}v(x) = u(x)$.

Bei einem anderen, mit $\hat{A}$ zusammenhängenden Operator, dem zu $\hat{A}$ *adjungierten* (oder *hermitesch-konjugierten*) Operator $\hat{A}^{+}$ erschließt sich die Bedeutung nicht so unmittelbar. Nehmen wir den Operator $\hat{A}$ und zwei normierbare Funktionen $f(x)$ und $g(x)$, dann ist $\hat{A}^{+}$ dadurch definiert, dass die Gleichung

[1] Die rechts stehende 1 kann man als einen Operator auffassen, der nichts verändert (Eins-Operator, Identität).

$$\int (\hat{A}f(x))^* h(x)\mathrm{d}x = \int f(x)^* \hat{A}^+ h(x)\mathrm{d}x \qquad (3.8)$$

erfüllt ist, wobei über den gesamten Wertebereich der Variablen x integriert wird. Der Operator $\hat{A}$ lässt sich also im Integral gewissermaßen von einer Funktion auf die andere "überwälzen", wenn man ihn dabei durch seinen adjungierten Operator $\hat{A}^+$ ersetzt. Eine besondere Situation liegt vor, wenn sich herausstellt, dass $\hat{A}^+$ mit $\hat{A}$ übereinstimmt, dass also gilt

$$\hat{A}^+ = \hat{A}\,; \qquad (3.9)$$

dann heißt der Operator $\hat{A}$ ***hermitesch*** (oder *selbstadjungiert*). Ist der zu $\hat{A}$ adjungierte Operator $\hat{A}^+$ gleich dem inversen Operator $\hat{A}^{-1}$,

$$\hat{A}^+ = \hat{A}^{-1}, \qquad (3.10)$$

dann nennt man den Operator $\hat{A}$ *unitär.*

Das alles mutet hier zunächst recht abstrakt an; insbesondere hermitesche Operatoren haben aber ganz spezielle Eigenschaften und spielen daher eine herausragende Rolle in der Quantenchemie, wie wir sehen werden.

3.1.2 Eigenfunktionen und Eigenwerte

Zwischen der Funktion $u(x)$ und der daraus durch Anwendung eines linearen Differentialoperators $\hat{A}$ erzeugten Funktion $v(x) = \hat{A}u(x)$ besteht im Allgemeinen kein einfacher Zusammenhang. Wichtig ist nun der besondere Fall, dass $v(x)$ proportional zu $u(x)$ ist, dass also $u(x)$ bei Anwendung von $\hat{A}$ bis auf einen konstanten Faktor reproduziert wird:

$$\hat{A}u(x) = a \cdot u(x) \qquad (\text{mit } a = \text{const}) \qquad (3.11)$$

oder, anders geschrieben,

$$(\hat{A} - a)u(x) = 0\,. \qquad (3.11')$$

Das ist eine ***homogene lineare Differentialgleichung***, die von der Funktion $u(x)$ erfüllt wird. Haben wir es mit nur einer Variablen zu tun, dann handelt es sich um eine gewöhnliche Differentialgleichung, bei mehreren Variablen um eine partielle Differentialgleichung.

Lösungsfunktionen $u(x)$ und entsprechende Werte a gibt es im Allgemeinen beliebig viele. Stellt man jedoch zusätzliche Bedingungen (***Randbedingungen***), denen die Funktionen $u(x)$ genügen sollen, so werden damit ganz bestimmte Lösungen ausgewählt; diese nennt man ***Eigenfunktionen*** des Operators $\hat{A}$ *zu den gegebenen Randbedingungen*. Die zugehörigen Zahlenwerte a heißen ***Eigenwerte***; sie bilden eine diskrete Folge $a_0, a_1, a_2, \ldots$ (man spricht dann von einem *diskreten Eigenwertspektrum*) oder sie erfüllen kontinuierlich einen bestimmten Wertebereich (*kontinuierliches Eigenwertspektrum*), oder das Eigenwertspektrum besteht aus diskreten und kontinuierlichen Abschnitten.

In Kapitel 2 hatten wir diverse Eigenwertgleichungen sowie Randbedingungen und ihre Konsequenzen für verschiedene typische physikalische Situationen diskutiert; bei den Randbedingungen handelte es sich insbesondere um die Bedingungen Eindeutigkeit, Stetigkeit und Normierbarkeit der Funktionen *u(x)*. Die wichtigste Eigenwertgleichung der Quantenchemie ist die zeitunabhängige Schrödinger-Gleichung, $\hat{H}\psi = E\psi$, mit der Randbedingung der Normierbarkeit der Wellenfunktion ψ.

Wenn zu einem Eigenwert a_n mehrere, sagen wir g verschiedene (d. h. linear unabhängige, nicht zueinander proportionale) Eigenfunktionen $u_{n1}(x), u_{n2}(x), \ldots, u_{ng}(x)$ gehören, dann heißt dieser Eigenwert *g-fach* ***entartet***; die Zahl g heißt *Entartungsgrad*. Jede Linearkombination der g miteinander entarteten Eigenfunktionen ist ebenfalls Eigenfunktion zum gleichen Eigenwert a_n, wie man durch Einsetzen in die Eigenwertgleichung verifiziert.

3.1.3 Observable

Als ***Observable*** bezeichnet man eine *messbare physikalische Größe G*. In der klassischen Physik haben solche Größen allgemein die Form von Funktionen des Ortes und des Impulses, also $G(x,p)$, wenn wir uns der Einfachheit halber wieder auf eindimensionale Probleme beschränken.

Wie wir wissen, entsprechen derartigen Größen in der Quantenmechanik Operatoren $\hat{G}$, die mittels der Übersetzungsregel (2.18) aus den klassischen Größen erzeugt werden können:

$$G(x,p) \to \hat{G} \equiv \hat{G}(x,\hat{p}). \tag{3.12}$$

Wichtig ist nun: zu *Observablen gehören stets* ***hermitesche Operatoren***. Dementsprechend waren alle in Kapitel 2 behandelten Operatoren hermitesch: der Impulsoperator, die verschiedenen Fälle von Hamilton-Operatoren, die Operatoren der *z*-Komponente und des Betragsquadrats des Bahndrehimpulses; auch die Spinoperatoren werden als hermitesch vorausgesetzt. Wir stellen im Folgenden die besonderen Eigenschaften hermitescher Operatoren zusammen, auf die bereits hingewiesen wurde und aus denen nun klar wird, warum dieser Operatortyp eine so große Bedeutung hat.

Nehmen wir also einen *hermiteschen Operator* $\hat{A}$ und fordern als Randbedingung die Normierbarkeit der zu den Eigenwerten a_n gehörenden Lösungen $u_n(x)$ der Eigenwertgleichung

$$\hat{A}u_n(x) = a_n u_n(x). \tag{3.13a}$$

Das Konjugiert-Komplexe dieser Eigenwertgleichung für die *m*-te Lösung ist

$$\hat{A}^* u_m(x)^* = a_m^* u_m(x)^*. \tag{3.13b}$$

Jeweils von links wird nun die erste Gleichung (3.13a) mit $u_m(x)^*$, die zweite Gleichung (3.13b) mit $(-u_n(x))$ multipliziert; dann werden die beiden erhaltenen Gleichungen addiert und das Ergebnis über den gesamten Variablenbereich von x integriert:

$$\int u_m(x)^* \hat{A}u_n(x)\mathrm{d}x - \int u_n(x)\hat{A}^* u_m(x)^* \mathrm{d}x = (a_n - a_m^*)\int u_m(x)^* u_n(x)\mathrm{d}x.$$

Die linke Seite dieser Gleichung verschwindet, da $\hat{A}$ als hermitesch vorausgesetzt wurde, auf Grund der Beziehung (3.8), wenn wir dort $h(x) \equiv u_n(x)$ und $f(x) \equiv u_m(x)^*$ setzen:

$$0 = (a_n - a_m{}^*) \cdot \int u_m(x)^* u_n(x) \mathrm{d}x \,. \tag{3.14}$$

Für den Fall $m = n$ ist der zweite Faktor auf der rechten Seite das Normierungsintegral der Funktion $u_n(x)$, das nach Voraussetzung, da es sich um eine Eigenfunktion handelt, einen endlichen (und natürlich von Null verschiedenen) Wert hat; somit muss der erste Faktor verschwinden:

$$a_n{}^* = a_n \,, \tag{3.15}$$

d. h. sämtliche Eigenwerte (n war ja beliebig) sind reelle Zahlen. Für $m \neq n$ muss, wenn die beiden Eigenwerte verschieden sind, also keine Entartung vorliegt, das Integral verschwinden:

$$\int u_m(x)^* u_n(x) \mathrm{d}x = 0 \qquad (\text{für } m \neq n)\,, \tag{3.16}$$

d. h. die beiden Eigenfunktionen sind orthogonal.

Damit haben wir die folgenden wichtigen Aussagen erhalten:

1) *Alle Eigenwerte eines hermiteschen Operators sind reell.*

2) *Eigenfunktionen zu verschiedenen Eigenwerten eines hermiteschen Operators sind orthogonal.*

Die bisherigen Überlegungen müssen noch in zwei Punkten ergänzt werden:

(a) Im Falle der *Entartung* eines Eigenwertes wird über die zugehörigen g Eigenfunktionen nichts ausgesagt. Da aber diese Eigenfunktionen linear unabhängig sind (s. oben), lassen sich aus ihnen stets g untereinander orthogonale und normierte Linearkombinationen bilden (vgl. etwa [II.1][II.5]).

Bei einer Orthogonalisierung wird der ursprüngliche Satz von nichtorthogonalen, aber linear unabhängigen und normierten Funktionen u_k ($k = 1, 2, \ldots, g$) durch die Bildung von Linearkombinationen)

$$\bar{u}_j = \textstyle\sum_{k=1}^{g} u_k \cdot c_{kj} \qquad (j = 1, 2, \ldots, g) \tag{3.17}$$

in orthonormierte Funktionen $\bar{u}_j$ übergeführt. Um das praktisch zu realisieren, gibt es verschiedene Möglichkeiten (s. etwa [I.4a]), von denen wir hier nur das häufig verwendete *symmetrische Orthogonalisierungsverfahren* nach P.-O. Löwdin (s. [II.1], Abschn. 9.6.1.) kurz beschreiben. Als Koeffizienten c_{kj} werden die Elemente $(\mathrm{S}^{-1/2})_{kj}$ der Matrix $\mathbf{S}^{-1/2}$ genommen, wobei $\mathbf{S}$ die Matrix der Überlappungsintegrale

$$S_{mn} \equiv \int u_m(x)^* u_n(x) \mathrm{d}x \qquad (k,l = 1, 2, \ldots, g) \tag{3.18}$$

der ursprünglichen Funktionen $u_k(x)$ bezeichnet:

$$c_{kj} = (\mathrm{S}^{-1/2})_{kj} \,. \tag{3.19}$$

Die *Überlappungsmatrix* $\mathbf{S}$ ist hermitesch, d. h. es gilt: $S_{kl} = S_{lk}{}^*$. Die Matrix $\mathbf{S}^{-1/2}$ wird über eine Diagonalisierung der Matrix $\mathbf{S}$ ermittelt: man bestimmt ihre Eigenwerte und Eigenvektoren (s. [II.1], Kap. 9.), berechnet die reziproken Wurzeln der Eigenwerte und transformiert zurück.
Dass die so erhaltenen Funktionen $\bar{u}_j$ orthogonal und normiert sind, kann der Leser anhand der Rechenregeln für Matrizen (s. [II.1], Abschn. 1.6.) leicht selbst nachprüfen.

Die symmetrische Orthogonalisierung hat die besondere Eigenschaft, dass die erzeugten orthonormierten Funktionen den ursprünglichen Funktionen so ähnlich sind, wie sich das nur irgend mit der Orthogonalität verträgt; d. h. die Summe der quadratischen Abweichungen der beiden Funktionensätze, des ursprünglichen und des orthogonalisierten, voneinander ist minimal.

(b) Die Aussagen über Eigenwerte und Eigenfunktionen hermitescher Operatoren haben wir für diskrete Eigenwertspektren hergeleitet. Wie wir bereits wissen, gibt es jedoch Fälle, in denen das Eigenwertspektrum nur zum Teil diskret ist und auch einen kontinuierlichen Bereich aufweist (wie z. B. beim endlich-tiefen Potentialkasten oder bei wasserstoffähnlichen Atomen). Und bei der freien Bewegung eines Teilchens gibt es überhaupt keine diskreten Eigenwerte, sondern das gesamte Spektrum ist kontinuierlich. Wir wollen deshalb versuchen, diejenigen Lösungen von Eigenwertgleichungen, die zum *kontinuierlichen Spektrum* gehören und nicht normierbar sind, in den Formalismus einzubeziehen.

Das kann durch Einführung "künstlicher Randbedingungen" geschehen. Eine Möglichkeit besteht darin, dass man das betrachtete System in einen sehr großen, aber endlichen *Kasten* der Breite a *mit undurchdringlichen Wänden* einschließt (s. Abschn. 2.2.3, Abb. 2.17 und ÜA 2.5). Dies führt zu der Randbedingung, dass die Wellenfunktionen an der Berandung zu Null werden müssen und damit normierbar sind. Auf diese Weise ergibt sich über den gesamten Energiebereich eine rein diskrete Folge von Eigenwerten, die dort, wo sich beim ursprünglichen System (ohne den künstlichen Begrenzungskasten) das Kontinuum erstreckte, sehr dicht liegen, ein *Quasikontinuum* bilden. Die zugehörigen Eigenfunktionen sind orthogonal.

Eine Diskretisierung der Eigenwerte lässt sich auch durch eine andere Art künstlicher Randbedingungen erzielen: man unterteilt den (unendlichen) Wertebereich der Variablen x in Teilbereiche der Breite L und verlangt, dass sich die Funktionswerte in einander entsprechenden Punkten der Teilbereiche wiederholen (s. ÜA 2.6):

$$u(x+L) = u(x)\,. \tag{3.20}$$

(*Periodizitätsforderung*). Für große Werte von L ergibt sich auch in diesem Falle ein Quasikontinuum von Eigenwerten, und die Eigenfunktionen sind orthogonal und normierbar.

Bei beiden Arten von künstlichen Randbedingungen kann man in der Regel durch den Grenzübergang $a \to \infty$ bzw. $L \to \infty$ zum Fall der freien Bewegung zurückkehren bzw. sich diesem beliebig annähern.

Formal lässt sich anhand eines solchen Grenzübergangs das kontinuierliche Spektrum weitgehend analog zum diskreten Spektrum behandeln, wenn man die Dirac-Deltafunktion verwendet (s. etwa [II.1]).

Damit gelangen wir zu einer dritten wichtigen Aussage:

3) *Der gesamte Satz von Eigenfunktionen eines hermiteschen Operators* $\hat{A}$ *, d. h. die Eigenfunktionen zum diskreten u n d zum kontinuierlichen Spektrum (soweit vorhanden), bildet ein v o l l s t ä n d i g e s System orthogonaler und normierbarer Funktionen.*

Das bedeutet: Jede beliebige Funktion $\phi(x)$, die im gleichen Grundgebiet (Variablenbereich) x definiert ist und den Randbedingungen genügt, lässt sich nach diesen Eigenfunktionen entwickeln.

Für den Fall eines rein diskreten Eigenwertspektrums a_n mit den zugehörigen Eigenfunktionen $u_n(x)$ können wir also die Entwicklung

$$\phi(x) = \sum_n c_n \cdot u_n(x) \tag{3.21}$$

ansetzen und erhalten die Entwicklungskoeffizienten

$$c_n = \int u_n(x)^* \phi(x)\mathrm{d}x , \tag{3.22}$$

wie man leicht sieht, wenn man beide Seiten der Gleichung (3.21) mit $u_m(x)^*$ multipliziert, über den gesamten Wertebereich von x integriert und die Orthonormierung der Funktionen $u_n(x)$ beachtet.

Weist das Eigenwertspektrum auch einen kontinuierlichen Teil auf mit den "Eigenwerten" a, dann ist die Entwicklung (3.21) durch einen entsprechenden Zusatz zu ergänzen:

$$\phi(x) = \sum_n c_n \cdot u_n(x) + \int c(a) \cdot u_a(x)\mathrm{d}a ; \tag{3.23}$$

die Koeffizienten $c(a)$ berechnet man gemäß

$$c(a) = \int u_a(x)^* \phi(x)\mathrm{d}x , \tag{3.24}$$

wobei sich die Integration über den gesamten Bereich der Werte a des kontinuierlichen Spektrums erstreckt.

3.1.4 Superpositionsprinzip. Messresultate und Erwartungswerte

Wir gehen nun dazu über, den Zusammenhang der theoretischen Begriffe Operator, Eigenfunktion und Eigenwert etc. mit beobachtbaren Größen, d. h. mit Ergebnissen von Messungen herzustellen.

Im Kapitel 2 hatten wir bei der heuristischen Beschreibung der freien Bewegung eines Teilchens die Möglichkeit der Überlagerung (Superposition) von Wellenfunktionen kennengelernt. Das ist ein fundamental wichtiger Bestandteil der Quantenmechanik; er wird als ***Superpositionsprinzip*** bezeichnet und besagt folgendes: Beschreiben die Wellenfunktionen $\phi_1(x)$ und $\phi_2(x)$ zwei Zustände eines Mikrosystems, dann entspricht auch jede beliebige Linearkombination $c_1\phi_1(x) + c_2\phi_2(x)$ einem möglichen Zustand des Systems. In diesem letzteren Zustand besitzt das System gewissermaßen zugleich Eigenschaften des Zustands 1 wie auch des Zustands 2; in welchem Sinne das zu verstehen ist, wird weiter unten besprochen. Das lässt sich auf eine beliebige Anzahl von Zuständen $\phi_1, \phi_2, \phi_3, ...$ verallgemeinern. Die mathematische Voraussetzung für die Gültigkeit dieses Prinzips ist, dass wir es bei allen relevanten

Operatoren mit *linearen* Operatoren zu tun haben, und wir bemerken, dass die oben besprochenen Entwicklungsansätze offenbar hiermit in Zusammenhang stehen.

Wir betrachten nun eine Observable G und interessieren uns für die möglichen Werte, die eine Messung von G ergeben kann. Wie wir in Kapitel 2 an zahlreichen Beispielen diskutiert haben, kann hinsichtlich einer Eigenschaft G das System nur in den durch die Eigenfunktionen $\varphi_n(x)$ zu den Eigenwerten G_n beschriebenen Quantenzuständen in Erscheinung treten. Nur diese Zustände werden tatsächlich realisiert, und bei Messungen werden ausschließlich die Eigenwerte G_k des zugeordneten Operators $\hat{G}$ erhalten.

Ein System, an dem eine Messung der Größe G durchgeführt wird, muss sich allerdings durchaus nicht gerade in einem der Eigenzustände des zugehörigen Operators $\hat{G}$ befinden, sondern in irgendeinem anderen Zustand, dessen Wellenfunktion wir mit $\psi(x)$ bezeichnen wollen. Dieser Zustand hängt ganz davon ab, was mit dem System zuvor geschehen ist, wie das System "präpariert" wurde. Beispielsweise kann der Zustand des Systems ein Eigenzustand irgendeines anderen Operators sein oder bei einem zeitabhängigen Problem durch ein Wellenpaket beschrieben werden. Was lässt sich in einem solchen Falle über das Resultat einer Messung der Größe G sagen?

Handelt es sich bei G um die Ortskoordinate x eines Teilchens, so kennen wir die Antwort aus Abschnitt 2.1.2: Die dort eingeführte statistische Interpretation einer auf 1 normierten *Wellenfunktion* $\psi(x)$ besagt, dass ihr Betragsquadrat $|\psi(x)|^2$ die *Aufenthaltswahrscheinlichkeitsdichte* in Abhängigkeit von der Position x angibt. Multiplikation mit einer infinitesimalen Intervallbreite dx ergibt die *Aufenthaltswahrscheinlichkeit,* d. h. die Wahrscheinlichkeit $dW(x)$ dafür, das Teilchen im Bereich zwischen x und $x + dx$ zu finden (s. Abb. 3.1):

$$dW(x) = |\psi(x)|^2 dx \, . \tag{3.25}$$

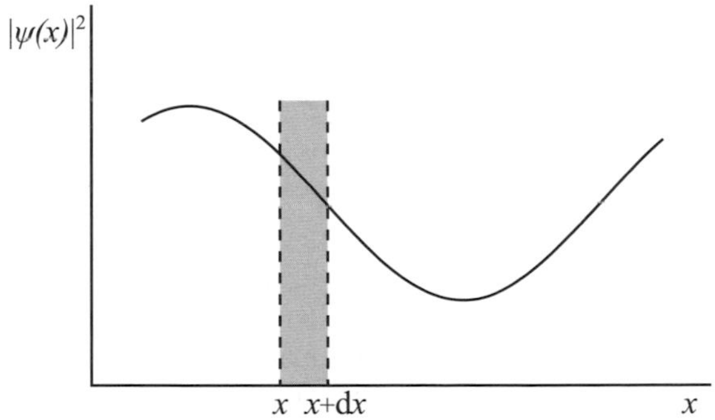

Abb. 3.1
Zur Aufenthaltswahrscheinlichkeit eines Teilchens bei eindimensionaler Bewegung entlang einer Koordinate x (schematisch)

Ist die Wellenfunktion nicht auf 1 normiert, so hat man

$$dW(x) = |\psi(x)|^2 dx \Big/ \int_{-\infty}^{\infty} |\psi(x)|^2 dx \tag{3.25'}$$

zu nehmen, damit die Wahrscheinlichkeit, das Teilchen am Ort x irgendwo zwischen $-\infty$ und $+\infty$ anzutreffen, gleich 1 ist.

Diese ***statistische Deutung*** wollen wir jetzt etwas genauer und allgemein anwendbar fassen (s. hierzu Anhang A3.1; Ausführlicheres in [II.1], Kap. 7.): Wir stellen uns dazu vor, die Ortsmessung werde gleichzeitig an einer sehr großen Anzahl $\mathcal{N}$ vollkommen gleichartiger Systeme vorgenommen, die sich sämtlich in dem durch die Wellenfunktion $\psi(x)$ beschriebenen Zustand befinden; man sagt dann, diese Systeme bilden eine *reine Gesamtheit*. Ergeben die Ortsmessungen $\mathcal{N}_x$-mal den Teilchenort im Intervall $x \ldots x + \mathrm{d}x$, dann sollte nach der soeben gegebenen Definition die relative Häufigkeit $\mathcal{N}_x/\mathcal{N}$ dieses Resultats im Grenzfall $\mathcal{N}_x \to \infty$ gleich der quantenmechanisch definierten Wahrscheinlichkeit (3.25) sein:

$$\mathrm{d}W(x) = |\psi(x)|^2 \mathrm{d}x = \lim_{\mathcal{N}_x \to \infty} \mathcal{N}_x / \mathcal{N} \ ; \tag{3.26}$$

die Aufenthaltswahrscheinlichkeitsdichte $|\psi(x)|^2$ liefert also die Verteilung der für x gemessenen Werte. Den *Mittelwert* (oder *Erwartungswert*) $\langle x \rangle$ aller dieser Messresultate (oft auch mit $\bar{x}$ anstelle des Einschlusses in geknickte Klammern bezeichnet) erhält man, wenn man die möglichen Messwerte x mit ihren jeweiligen Wahrscheinlichkeiten multipliziert und alles "aufsummiert" (in diesem Falle einer kontinuierlich variablen Größe x also integiert):

$$\langle x \rangle = {}''\sum_x x \cdot (\mathcal{N}_x / \mathcal{N})'' = \int_{-\infty}^{\infty} x \cdot |\psi(x)|^2 \mathrm{d}x \tag{3.27}$$

bzw. bei nichtnormierter Wellenfunktion $\psi(x)$:

$$\langle x \rangle = \int_{-\infty}^{\infty} x \cdot |\psi(x)|^2 \mathrm{d}x \ \Big/ \int_{-\infty}^{\infty} |\psi(x)|^2 \mathrm{d}x \,. \tag{3.27'}$$

Nehmen wir nun den Fall einer beliebigen physikalischen Größe G, der in der Quantenmechanik ein hermitescher Operator $\hat{G}$ zugeordnet ist. Dessen Eigenwertspektrum setzen wir der Einfachheit halber als rein diskret und nicht-entartet voraus; zu den Eigenwerten G_k mögen die orthonormierten Eigenfunktionen $\varphi_k(x)$ gehören ($k = 1, 2, \ldots$):

$$\hat{G}\varphi_k(x) = G_k \cdot \varphi_k(x) \tag{3.28}$$

mit

$$\int_{-\infty}^{\infty} \varphi_k(x)^* \varphi_l(x) \mathrm{d}x = \delta_{kl} \ . \tag{3.29}$$

Das betrachtete physikalische System befinde sich in einem durch die normierte Wellenfunktion $\psi(x)$ beschriebenen Zustand. Diese Wellenfunktion entwickeln wir analog zu Gleichung (3.23) nach dem vollständigen Satz der Eigenfunktionen $\varphi_k(x)$ des Operators $\hat{G}$:

$$\psi(x) = \sum_k c_k \cdot \varphi_k(x), \tag{3.30}$$

wobei die Entwicklungskoeffizienten gemäß Gleichung (3.22) berechnet werden können:

$$c_k = \int_{-\infty}^{\infty} \varphi_k(x)^* \psi(x) \mathrm{d}x \,. \tag{3.31}$$

Bilden wir das Betragsquadrat von $\psi(x)$ und integrieren über x, so ergibt sich wegen der vorausgesetzten Normierung der Wert 1:

$$1=\int|\psi(x)|^2\mathrm{d}x=\int\psi(x)^*\psi(x)\mathrm{d}x$$

$$=\sum_k\sum_l c_k{}^*c_l\int\varphi_k(x)^*\varphi_l(x)\mathrm{d}x=\sum_k\sum_l c_k{}^*c_l\cdot\delta_{kl}=\sum_k|c_k|^2\ . \tag{3.32}$$

Diese Beziehung (***Vollständigkeitsrelation***, engl resolution of identity) interpretieren wir folgendermaßen: Die Wahrscheinlichkeit dafür, dass sich das System in irgendeinem der Eigenzustände des Operators $\hat{G}$ befindet, ist selbstverständlich gleich 1. Diese Gesamtwahrscheinlichkeit setzt sich additiv zusammen aus den Einzelwahrscheinlichkeiten dafür, dass bei Messungen der Größe G die Werte G_k erhalten werden, oder, anders ausgedrückt: $|c_k|^2$ ist das statistische Gewicht (der relative Anteil) des Eigenzustands Nr. k von $\hat{G}$ am vorliegenden, durch $\psi(x)$ beschriebenen Zustand. Wird eine große Anzahl $\mathcal{N}$ von Messungen der Größe G ausgeführt und ergibt sich $\mathcal{N}_k$-mal der Wert G_k, so gilt (s. Abb. 3.2):

$$(\mathcal{N}_k/\mathcal{N})\approx|c_k|^2\ . \tag{3.33}$$

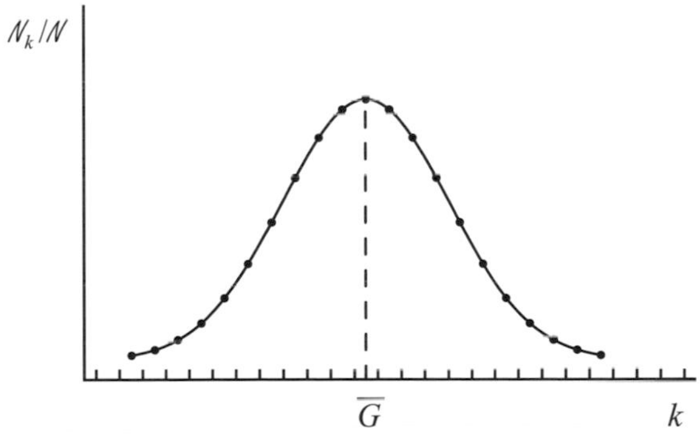

Abb. 3.2
Häufigkeitsverteilung der Messwerte einer Größe G (schematisch)

Der Mittelwert $\langle G\rangle$ aller $\mathcal{N}$ Messungen von G ist, wie oben bei der Koordinate x, als Summe der Produkte aller möglichen Messresultate $G_1, G_2, \ldots$ mit ihren statistischen Gewichten $|c_1|^2, |c_2|^2, \ldots$ zu berechnen:

$$\langle G\rangle=\sum_k G_k\cdot|c_k|^2\equiv\sum_k G_k\cdot c_k{}^*c_k\ . \tag{3.34}$$

Dieser Mittelwert kann auch durch die aktuelle Wellenfunktion $\psi(x)$ und den Operator $\hat{G}$ ausgedrückt werden. Hierzu lassen wir $\hat{G}$ auf beide Seiten der Entwicklung (3.30) einwirken und benutzen die Eigenwertgleichung (3.28),

$$\hat{G}\psi=\sum_k c_k G_k\varphi_k\ ,$$

multiplizieren von links mit $\varphi_l{}^*$, integrieren über x und beachten die Orthonormierung der Eigenfunktionen gemäß Gleichung (3.29); es ergibt sich:

$$\int \varphi_l(x)^* \hat{G}\psi(x)\mathrm{d}x = c_l G_l\ .$$

Nach Umbenennung des Index l in k, Einsetzen des Integrals für $c_k G_k$ in Gleichung (3.34) und Ersetzen der Entwicklung $\sum_k c_k{}^* \varphi_k{}^*$ durch ψ^* gemäß Gleichung (3.30) resultiert schließlich:

$$\langle G\rangle = \int \psi(x)^* \hat{G}\psi(x)\mathrm{d}x\ . \qquad (3.35)$$

Wenn die Wellenfunktion $\psi(x)$ nicht normiert gewesen ist, muss noch durch das Normierungsintegral dividiert werden:

$$\langle G\rangle = \int \psi(x)^* \hat{G}\psi(x)\mathrm{d}x \Big/ \int \psi(x)^* \psi(x)\mathrm{d}x\ . \qquad (3.35')$$

In allen Integralen ist über den gesamten Wertebereich der Variablen x zu integrieren; die Integrationsgrenzen wurden nur der Einfachheit halber weggelassen. Das ist der ***quantenmechanische Mittelwert*** einer Größe G (auch als ***Erwartungswert*** bezeichnet) in seiner allgemeinen Form für ein System im Zustand $\psi(x)$.

Wichtige Beispiele sind etwa: der Mittelwert einer Ortskoordinate x (wir haben jetzt gesehen, worin der Grund für die in Abschn. 2.1.3 benutzte symmetrisierte Schreibweise liegt), einer Impulskomponente p_x oder der Energie (mit $\hat{G} \equiv \hat{H}$); s. ÜA 3.5 und 3.6.

Wir führen hier noch eine besondere Schreibweise für die Integrale ein, indem wir an ihrer Stelle die Integranden (ohne Sterne) in geknickte Klammern (engl. brackets) einschließen, also etwa für den Mittelwert der Größe G im Zustand $\psi(x)$:

$$\langle G\rangle = \langle \psi|\hat{G}|\psi\rangle / \langle \psi|\psi\rangle\ . \qquad (3.35'')$$

Diese *Bracket-Schreibweise* benutzen wir nur als bequeme Abkürzung; sie stammt aus einer hier nicht weiter behandelten abstrakteren Formulierung der Quantenmechanik (s. etwa [I.1][I.3]).

Statistische Verteilungen werden hinsichtlich der Streuung der Messwerte in der Umgebung des Mittelwerts $\overline{G}$ durch das *mittlere Schwankungsquadrat*

$$\left\langle (\Delta G)^2 \right\rangle \equiv \left\langle (G - \langle G\rangle)^2 \right\rangle = \left\langle G^2 \right\rangle - \langle G\rangle^2 \qquad (3.36)$$

charakterisiert (s. Anhang A3.1.3), wobei man $\left\langle G^2 \right\rangle$ gemäß

$$\left\langle G^2 \right\rangle = \int \psi(x)^* \hat{G}^2 \psi(x)\mathrm{d}x \qquad (3.37)$$

erhält, wenn die Wellenfunktion $\psi(x)$ auf 1 normiert ist; ansonsten muss wieder durch das Normierungsintegral von $\psi(x)$ dividiert werden.

Befindet sich das System in einem (normierten) Eigenzustand des Operators $\hat{G}$, also etwa $\psi(x) = \varphi_i(x)$ zum Eigenwert G_i, dann ist

$$\langle G \rangle = \int \varphi_i(x)^* \hat{G}\varphi_i(x)\mathrm{d}x = G_i \tag{3.38}$$

und

$$\begin{aligned}\langle G^2 \rangle = \int \varphi_i(x)^* \hat{G}^2\varphi_i(x)\mathrm{d}x &= \int \varphi_i(x)^* \hat{G}(\hat{G}\varphi_i(x))\mathrm{d}x \\ &= G_i \int \varphi_i(x)^* \hat{G}\varphi_i(x)\mathrm{d}x = G_i^2 ,\end{aligned} \tag{3.39}$$

somit also

$$\langle (\Delta G)^2 \rangle = 0 . \tag{3.40}$$

Das heißt: in einem Eigenzustand φ_i von $\hat{G}$ ergeben Messungen der Größe G mit der Wahrscheinlichkeit 1, also mit Sicherheit, den entsprechenden Eigenwert G_i; man sagt, die Größe G habe einen *scharfen* Wert G_i, $\langle (\Delta G)^2 \rangle$ ist gleich Null.

Nach dieser Aussage erhebt sich die Frage, unter welchen Bedingungen in einem gegebenen System zwei physikalische Größen, F und G, denen die Operatoren $\hat{F}$ und $\hat{G}$ entsprechen mögen, *gleichzeitig scharfe Werte* haben können, wann also die beiden Gleichungen $\langle (\Delta F)^2 \rangle = 0$ *und* $\langle (\Delta G)^2 \rangle = 0$ gelten. Anders ausgedrückt: Unter welchen Bedingungen haben zwei Operatoren $\hat{F}$ und $\hat{G}$ gemeinsame Eigenfunktionen? Wir notieren hier ohne Beweis die Antwort: *Es gibt für zwei Operatoren $\hat{F}$ und $\hat{G}$ dann und nur dann einen gemeinsamen Satz von Eigenfunktionen, wenn die beiden Operatoren vertauschbar sind*, wenn also gilt:

$$\hat{F}\hat{G} - \hat{G}\hat{F} \equiv [\hat{F}, \hat{G}] = 0 . \tag{3.41}$$

Größen, denen vertauschbare Operatoren entsprechen, heißen *kompatibel*.

Es lässt sich zeigen, dass für die mittleren Schwankungsquadrate von Paaren *nicht*vertauschbarer Operatoren stets eine Beziehung vom Typ der Heisenbergschen *Unbestimmtheitsrelation* besteht (vgl. Abschn. 2.2.1), dass Paare nichtkompatibler Größen also nicht gleichzeitig scharfe Werte haben können.

Alle diese Aussagen lassen sich auf mehr als zwei Größen verallgemeinern.

Hat das betrachtete System f Freiheitsgrade, so bezeichnet man f voneinander unabhängige kompatible Größen als einen *vollständigen Satz*. Die Werte dieser Größen bzw. die entsprechenden Quantenzahlen bestimmen eindeutig den Zustand, d. h. die Wellenfunktion des Systems.

Beispiele für das eben besprochene Verhalten physikalischer Größen in einem Mikrosystem hatten wir in Kapitel 2 kennengelernt; s. auch ÜA 3.1. Nichtkompatibel sind etwa eine Ortskoordinate und die entsprechende (kanonisch-konjugierte) Impulskomponente, ebenso je zwei (kartesische) Drehimpulskomponenten. Kompatibel sind beim Elektron in einem wasserstoffähnlichen Atom die Energie, das Betragsquadrat und eine (kartesische) Komponente des Bahndrehimpulses sowie eine (kartesische) Spinkomponente (für das Spin-Betragsquadrat ist nur ein Wert möglich). Das Elektron hat vier Freiheitsgrade (Ort plus Spin), so dass die vier genannten Größen einen vollständigen Satz bilden.

Wir fassen die im Abschnitt 3.1 bis hierher erhaltenen Aussagen zusammen:

- Befindet sich das System in einem Eigenzustand φ_k eines Operators $\hat{G}$, dann hat die entsprechende Observable G den scharfen Wert G_k (Eigenwert zu φ_k); es gilt $\langle G \rangle = G_k$ und $\langle (\Delta G)^2 \rangle = 0$. Jede Messung von G ergibt den Wert G_k.

- Befindet sich das System nicht in einem Eigenzustand des Operators $\hat{G}$, dann lässt sich über die Resultate von Messungen der Observablen G nur eine statistische Angabe machen: Die Messungen von G ergeben die möglichen Werte G_k jeweils mit den Wahrscheinlichkeiten $|c_k|^2$, wobei c_k der Koeffizient von φ_k in der Entwicklung (3.30) der aktuellen Wellenfunktion $\psi(x)$ nach den Eigenfunktionen φ_k von $\hat{G}$ ist.

- Zwei Observable F und G können dann und nur dann gleichzeitig scharfe Werte haben, wenn die entsprechenden Operatoren $\hat{F}$ und $\hat{G}$ vertauschbar sind, d. h. die Relation $[\hat{F}, \hat{G}] = 0$ erfüllen.

Im Zusammenhang mit der Entwicklung (3.30), d. h. der "Auflösung" einer Zustandsfunktion $\psi(x)$ in Anteile $c_k\varphi_k(x)$, die den verschiedenen Eigenzuständen $\varphi_k(x)$ zu den Eigenwerten G_k eines Operators $\hat{G}$ entsprechen, lässt sich der Begriff des ***Projektionsoperators*** einführen. Man kann das Glied $c_k\varphi_k(x)$ in der Entwicklung (3.30) formal so schreiben, dass es als Wirkung eines Operators $\hat{O}_k$ auf die Funktion $\psi(x)$ erscheint:

$$\hat{O}_k\psi(x) = c_k\varphi_k(x)\,. \tag{3.42}$$

Der Koeffizient c_k ist durch Gleichung (3.31) gegeben; daher verstehen wir unter $\hat{O}_k$ einen Integraloperator

$$\hat{O}_k \equiv \varphi_k(x')\int \mathrm{d}x\,\varphi_k(x)^*\,, \tag{3.43}$$

der nach der folgenden Vorschrift zu handhaben: Man nehme die Funktion $\psi(x)$ als Faktor in den Integranden auf, integriere über den gesamten Variablenbereich x und multipliziere das Ergebnis mit der Funktion $\varphi_k(x')$. Die Kennzeichnung x' der Variablen dient hierbei nur der Unterscheidung von der Variablen x, über die integriert wird; der Strich ist nach Ausführung der Integration wieder wegzulassen.

Die Bezeichnung "Projektionsoperator" ist anschaulich fassbar, wenn man eine Analogie zu Vektoren im gewöhnlichen dreidimensionalen Raum herstellt. Die Projektion eines beliebigen Vektors ψ auf einen auf die Länge 1 normierten Vektor φ (d. h. $|\varphi| = 1$) ergibt einen Vektor in φ-Richtung, dessen Betrag (Länge) nach den Regeln der Vektorrechnung gleich dem Skalarprodukt $\varphi \cdot \psi = |\varphi||\psi|\cos(\varphi, \psi)$ ist. Die Projektion, also die Komponente des Vektors ψ in φ-Richtung, ist gleich $\varphi(\varphi \cdot \psi)$; sie lässt sich als Resultat einer Operation $\hat{O}_\varphi \psi$ auffassen mit dem "Operator" $\hat{O}_\varphi \equiv \varphi(\varphi \cdot$, anzuwenden nach der Vorschrift: Man bilde das Skalarprodukt $\varphi \cdot \psi$ und multipliziere (strecke oder stauche) mit diesem Zahlenfaktor den Einheitsvektor φ (vgl. Abb. 3.3).

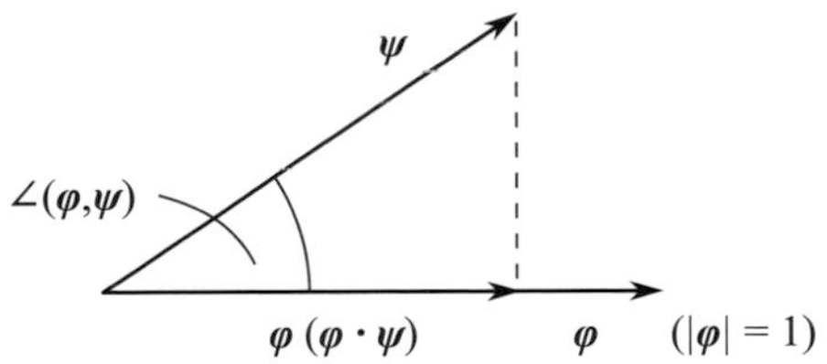

Abb. 3.3
Projektion des Vektors ψ auf den Einheitsvektor φ (nach [I.4a])

Für Projektionsoperatoren gelten die folgenden Beziehungen:

$$\hat{O}^+ = \hat{O} \quad (\textit{Hermitezität}) , \tag{3.44a}$$

$$\hat{O}^2 = \hat{O} \quad (\textit{Idempotenz}) ; \tag{3.44b}$$

letztere Eigenschaft bedeutet: wiederholtes Einwirken ändert nichts mehr.
Ausführlicheres findet man in der einschlägigen Literatur (s. etwa [I.3], Kap. VII, §10).

3.1.5 Darstellungen von Operatoren und Zuständen

Im vorigen Abschnitt wurde eine Wellenfunktion $\psi(x)$ durch eine Entwicklung (3.30) nach den Gliedern eines vollständigen Funktionensystems $\{\varphi_k(x)\}$ "dargestellt", wobei wir angenommen hatten, dass es sich um einen diskreten Satz von Funktionen $\varphi_k(x)$ handelt. Im allgemeinen Fall haben wir es mit den Eigenfunktionen eines Operators $\hat{G}$ zu tun, dessen Eigenwertspektrum einen diskreten Teil G_k (k = 1, 2, ...) und einen kontinuierlichen Teil G aufweist, so dass die Entwicklung in der allgemeinen Form (3.23) anzusetzen ist:

$$\psi(x) = \sum_k c_k \varphi_k + \int c(G)\varphi_G(x)\mathrm{d}G ; \tag{3.45}$$

die Funktionen $\varphi_k(x)$ gehören zum diskreten Spektrum und $\varphi_G(x)$ zum kontinuierlichen Spektrum.

Die Wellenfunktion $\psi(x)$ bezeichnet man als die *Ortsdarstellung* des betrachteten Zustands. Die *Impulsdarstellung* erhält man, wenn $\psi(x)$ nach den Impulseigenfunktionen, also nach den Eigenfunktionen $\varphi_p(x)$ des Impulsoperators $\hat{p}$, der ein rein kontinuierliches Spektrum hat (s. Abschn. 2.1), entwickelt wird:

$$\psi(x) = \int c(p)\varphi_p(x)\mathrm{d}p\,. \tag{3.46}$$

Wir kennen diese Darstellung als ein Fourier-Integral aus der Diskussion von Wellenpaketen in Abschnitt 2.1.2. Entwickelt man nach den Eigenfunktionen des Hamilton-Operators $\hat{H}$, so ergibt sich die *Energiedarstellung*. Allgemein nennen wir die Entwicklung (3.45) nach den Eigenfunktionen eines Operators $\hat{G}$ die ***G-Darstellung***.

Im Folgenden beschränken wir uns der Einfachheit halber wieder auf Darstellungen, die sich bei Entwicklungen (3.30) nach den Eigenfunktionen eines Operators mit rein diskretem Eigenwertspektrum ergeben. Die Wellenfunktion $\psi(x)$ wird dann durch die Koeffizienten $c_1, c_2, \ldots$ repräsentiert, die wir zu einer im Allgemeinen unendlichen Spaltenmatrix

$$\mathbf{c} \equiv \begin{pmatrix} c_1 \\ c_2 \\ \vdots \end{pmatrix} \tag{3.47}$$

(auch als Spaltenvektor bezeichnet) zusammenfassen. Aus dem Satz von diskreten Eigenfunktionen $\varphi_k(x)$ bilden wir eine Zeilenmatrix (Zeilenvektor):

$$\boldsymbol{\varphi} \equiv (\varphi_1, \varphi_2, \ldots)\,. \tag{3.48}$$

Die Entwicklung (3.30) kann dann als Matrixprodukt

$$\psi(x) = \boldsymbol{\varphi}\,\mathbf{c} \tag{3.49}$$

geschrieben werden. Jetzt lassen wir irgendeinen Differentialoperator $\hat{A}$ auf die Funktion $\psi(x)$, d. h. die Entwicklung (3.30) wirken, wodurch sich [analog zu Gl. (3.2)] eine neue Funktion $\phi(x)$ ergeben möge:

$$\hat{A}\psi(x) = \phi(x)\,; \tag{3.50}$$

$\phi(x)$ schreiben wir in der G-Darstellung als

$$\phi(x) = \sum\nolimits_l b_l \varphi_l(x) \tag{3.51}$$

mit den analog zu Gleichung (3.31) zu berechnenden Koeffizienten b_l. Nun setzen wir die Entwicklungen für $\psi(x)$ und $\phi(x)$ in die Gleichung (3.50) ein, multiplizieren beide Seiten von links mit dem Konjugiert-Komplexen $\varphi_m(x)^*$ zu einer der Funktionen, $\varphi_m(x)$, und integrieren über x:

$$\sum\nolimits_k c_k \int \varphi_m(x)^* \hat{A} \varphi_k(x)\mathrm{d}x = \sum\nolimits_l b_l \int \varphi_m(x)^* \varphi_l(x)\mathrm{d}x\,.$$

Unter Beachtung der Orthonormierung der Eigenfunktionen führt das zu einem linearen Gleichungssystem

$$\sum_k A_{mk} c_k = b_m \qquad (m = 1, 2, \ldots), \tag{3.52}$$

das die Koeffizientensätze $c_1, c_2, \ldots$ und $b_1, b_2, \ldots$ miteinander verknüpft; die Faktoren A_{mk} sind durch die Integrale

$$\int \varphi_m(x)^* \hat{A} \varphi_k(x) \mathrm{d}x \equiv A_{mk} \tag{3.53}$$

gegeben. Werden die A_{mk} zu einer Matrix $\mathbf{A}$ zusammengefasst (Zeilenindex m, Spaltenindex k) und bildet man aus den Entwicklungskoeffizienten b_m eine Spaltenmatrix $\mathbf{b}$, dann lässt sich Gleichung (3.52) als Matrixgleichung schreiben:

$$\mathbf{Ac} = \mathbf{b}\,. \tag{3.52'}$$

Die Matrix $\mathbf{A}$ ist die G-Darstellung des Operators $\hat{A}$; die Integrale A_{mk} bezeichnet man als *Matrixelemente* des Operators $\hat{A}$. In den Gleichungen (3.30) bzw. (3.51) sowie (3.53) haben wir also die Vorschriften erhalten, wie die G-Darstellungen von Wellenfunktionen und Operatoren zu erzeugen sind; das vollständige System der Eigenfunktionen von $\hat{G}$, das dazu verwendet wird, heißt *Basis* der G-Darstellung.

In der Praxis ist das vollständige Eigenfunktionssystem eines Operators häufig nicht bekannt oder unbequem zu handhaben. Der eben dargelegte Formalismus ist aber auch mit endlichen, unvollständigen Funktionensätzen anwendbar, nur dass dann die Entwicklungen für die Wellenfunktionen nicht exakt, sondern nur näherungsweise gültig sind. Wir werden uns mit den damit zusammenhängenden Problemen in den folgenden Kapiteln zu beschäftigen haben.

Die in Abschnitt 3.1.1 erörterten Eigenschaften und Begriffsbildungen für Operatoren lassen sich wörtlich auf deren Matrixdarstellungen übertragen; so entspricht etwa dem Adjungierten $\hat{A}^+$ eines Operators $\hat{A}$, der durch die Matrix $\mathbf{A} \equiv (A_{mn})$ dargestellt wird, die Matrix $\mathbf{A}^+$ mit den Elementen $(A^+)_{mn} = A_{nm}{}^*$. Die Eigenwertgleichung (3.11) hat in der G-Darstellung die Form

$$\mathbf{Ad} = a\,\mathbf{d}\,, \tag{3.54}$$

wenn auch die Funktion $u(x)$ in der G-Darstellung, d. h. als Entwicklung nach den Basisfunktionen $\varphi_n(x)$ verwendet wird:

$$u(x) = \sum_n d_n \varphi_n(x)\,, \tag{3.55}$$

und die Koeffizienten $d_1, d_2, \ldots$ die Spaltenmatrix $\mathbf{d}$ bilden.

Das Problem der Ermittlung von Eigenwerten und Eigenfunktionen eines Operators $\hat{A}$ ist damit in ein ***Matrix-Eigenwertproblem*** übergeführt worden; beide Beschreibungen sind äquivalent (vgl. hierzu die einschlägige Literatur, etwa [II.1]).

Der *quantenmechanische Mittelwert* der Größe A im Zustand $\psi(x)$ des Systems gemäß Gleichung (3.34) schreibt sich in der G-Darstellung als

$$\langle A \rangle = \mathbf{c}^{+} \mathbf{A}\, \mathbf{c}\,, \tag{3.56}$$

wobei $\mathbf{c}$ wie bisher die Spaltenmatrix (3.47) der Entwicklungskoeffizienten in Gleichung (3.30) und $\mathbf{c}^{+} \equiv (c_1{}^* \, c_2{}^* ...)$ die Zeilenmatrix der konjugiert-komplexen Entwicklungskoeffizienten bezeichnen. Bei reellen Funktionen und Entwicklungskoeffizienten haben wir anstelle von $\mathbf{c}^{+}$ die Transponierte von $\mathbf{c}$, also die Zeilenmatrix $\mathbf{c}^{\mathrm{T}} \equiv (c_1 \, c_2 ...)$ zu nehmen.

Der Übergang von der Ortsdarstellung in eine Matrixdarstellung zu einer gegebenen Basis ist in der Quantenchemie von großer praktischer Bedeutung, da er die Durchführung von Rechnungen sehr erleichtert; Operationen mit Matrizen sind nämlich auf Computern viel effizienter durchführbar als die Lösung von Differentialgleichungen (mehr hierzu z. B. in Kap. 17).

Abschließend bleibt noch zu besprechen, wie ein Übergang von einer Darstellung zu einer anderen zu vollziehen ist, wiederum beschränkt auf den einfachen Fall, dass wir es mit jeweils diskreten Basissätzen zu tun haben.

Der betrachtete Zustand $\psi(x)$ werde in der G-Darstellung (Basis $\boldsymbol{\varphi}$) durch die Spaltenmatrix $\mathbf{c}$, in einer anderen Darstellung, der G'-Darstellung (Basis $\boldsymbol{\varphi}'$), durch die Spaltenmatrix $\mathbf{c}'$ repräsentiert:

$$\psi(x) = \boldsymbol{\varphi}\, \mathbf{c} = \boldsymbol{\varphi}'\, \mathbf{c}'\,. \tag{3.57}$$

Den Zusammenhang zwischen den beiden Funktionensätzen $\boldsymbol{\varphi}$ und $\boldsymbol{\varphi}'$ gewinnen wir, indem wir die Funktionen $\varphi_i'(x)$ nach den Funktionen $\varphi_i(x)$ entwickeln:

$$\varphi_i'(x) = \sum\nolimits_m \varphi_m(x) \cdot U_{mi}\,; \tag{3.58a}$$

umgekehrt gilt:

$$\varphi_m(x) = \sum\nolimits_i \varphi_i'(x) \cdot U_{im}'\,, \tag{3.58b}$$

mit den Transformationskoeffizienten

$$U_{mi} = \int \varphi_m(x)^* \varphi_i(x) \mathrm{d}x\,, \tag{3.59a}$$

$$U_{im}' = \int \varphi_i'(x)^* \varphi_m(x) \mathrm{d}x\,, \tag{3.59b}$$

erhalten vermittels Multiplikation der Gleichung (3.58a) mit $\varphi_k(x)^*$, Integration über x, Beachtung der Orthonormierung der Basisfunktionen $\varphi_i(x)$ und anschließende Umbenennung des Index k in m; analog ist mit Gl. (3.58b) zu verfahren. Es lässt sich leicht zeigen (s. ÜA 3.3), dass die Transformationsmatrizen $\mathbf{U} \equiv (U_{mi})$ und $\mathbf{U}' \equiv (U_{im}')$ unitär sind:

$$\mathbf{U}^{+}\mathbf{U} = \mathbf{U}\mathbf{U}^{+} = \mathbf{1}, \qquad \mathbf{U}'^{+}\mathbf{U}' = \mathbf{U}'\mathbf{U}'^{+} = \mathbf{1} \tag{3.60}$$

($\mathbf{1}$ bezeichnet die Einheitsmatrix); es gilt ferner:

$$U_{im}' = U_{mi}{}^*, \quad \text{d. h.} \quad \mathbf{U}' = \mathbf{U}^{+}\,. \tag{3.61}$$

Zwischen den Spaltenmatrizen $\mathbf{c}$ und $\mathbf{c}'$ besteht die Beziehung

$$\mathbf{c}' = \mathbf{U}^{+}\mathbf{c} \quad \text{bzw.} \quad \mathbf{c} = \mathbf{U}\mathbf{c}' \tag{3.62}$$

und zwischen den Matrixdarstellungen des Operators $\hat{A}$:

$$\mathbf{A}' = \mathbf{U}^{+}\mathbf{A}\mathbf{U} \quad \text{bzw.} \quad \mathbf{A} = \mathbf{U}\mathbf{A}'\mathbf{U}^{+} . \tag{3.63}$$

Der quantenmechanische Mittelwert der Größe A wird in der G'-Darstellung als

$$\langle A \rangle = \mathbf{c}'^{+}\mathbf{A}'\mathbf{c}' \tag{3.64}$$

erhalten, also genau entsprechend dem Ausdruck in der G-Darstellung. Dem Leser sei zur Übung empfohlen, diese Beziehungen herzuleiten.

3.1.6 Erhaltungsgrößen

Hatten wir es bisher in diesem Kapitel ausschließlich mit zeitunabhängigen Problemen zu tun, so heben wir jetzt diese Einschränkung auf und setzen voraus, dass die Mittelwertbildung (3.35) bzw. (3.35') auch für zeitabhängige Probleme ihren Sinn behält.

Der Zustand eines Systems möge also durch eine zeitabhängige Wellenfunktion $\psi(x,t)$ beschrieben wird; diese sei auf 1 normiert und Lösung der Schrödinger-Gleichung

$$\mathrm{i}\hbar(\partial\psi/\partial t) = \hat{H}\psi . \tag{3.65}$$

Ferner sei $G(t)$ eine Observable, für die wir eine explizite Zeitabhängigkeit zulassen (wenn sich das System etwa in einem zeitlich veränderlichen elektrischen Feld befindet); dieser Observablen zugeordnet sei der Operator $\hat{G}(t)$.

Der Erwartungswert der Größe G wird dann im Allgemeinen zeitabhängig sein:

$$\langle G(t) \rangle \equiv \overline{G}(t) = \int \psi(x,t)^{*} \hat{G}(t)\psi(x,t)\mathrm{d}x . \tag{3.66}$$

Die zeitliche Änderung von $\langle G \rangle$ ermitteln wir, indem wir die Zeitableitung unter das Integral ziehen, den Integranden nach t differenzieren sowie die Schrödinger-Gleichung (3.65), ihr Konjugiert-Komplexes sowie die Hermitezität [s. Gln. (3.8) und (3.9)] des Hamilton-Operators $\hat{H}$ berücksichtigen:

$$\begin{aligned} \mathrm{d}\overline{G}(t)/\mathrm{d}t &= \int (\partial\psi^{*}/\partial t)\hat{G}\psi\mathrm{d}x + \int \psi^{*}(\partial\hat{G}/\partial t)\psi\mathrm{d}x + \int \psi^{*}\hat{G}(\partial\psi/\partial t)\mathrm{d}x \\ &= \int \psi^{*}(\partial\hat{G}/\partial t)\psi\mathrm{d}x + (\mathrm{i}/\hbar)\int \psi^{*}(\hat{H}\hat{G} - \hat{G}\hat{H})\psi\mathrm{d}x . \end{aligned} \tag{3.67}$$

Dieser Ausdruck wird zu Null, wenn zwei Bedingungen erfüllt sind:

a) der Operator $\hat{G}$ hängt nicht explizite von der Zeit ab, also

$$\partial\hat{G}/\partial t = 0 , \tag{3.68a}$$

und b) der Operator $\hat{G}$ ist mit dem Hamilton-Operator $\hat{H}$ vertauschbar:

$$[\hat{G},\hat{H}] = 0 . \tag{3.68b}$$

Damit haben wir die folgende, allgemeingültige Aussage erhalten: *Eine physikalische Größe, deren Operator mit dem Hamilton-Operator vertauschbar ist und nicht explizite von der Zeit abhängt, ist zeitlich konstant, also eine Erhaltungsgröße (Bewegungskonstante) des Systems.*

Insbesondere führt ein zeitunabhängiger Hamilton-Operator (der natürlich mit sich selbst kommutiert) stets zur Erhaltung der Energie des Systems (*Energiesatz*).

Observable, welche Erhaltungsgrößen und zudem untereinander vertauschbar sind (also gleichzeitig scharfe Werte haben können) lassen sich zur Kennzeichnung des Zustandes eines Systems verwenden. Die entsprechenden Quantenzahlen heißen *gute Quantenzahlen*.

Einen Satz mehrerer Observabler, die Erhaltungsgrößen sind, haben wir beim wasserstoffähnlichen Atom kennengelernt, nämlich die Energie sowie Betragsquadrat und z-Komponente des Bahndrehimpulses des Elektrons; ferner die z-Komponente (und natürlich das Betragsquadrat) des Elektronenspins. Man prüfe das anhand der oben formulierten Kriterien nach (s. ÜA 3.4).

Die Existenz von Erhaltungsgrößen kann stets auf bestimmte Symmetrien des Systems zurückgeführt werden; darauf kommen im Anhang A1.4 zurück.

3.2 Drehimpulse

Neben der Energie eines Systems spielen *Drehimpulse* verschiedener Art – je nach den Wechselwirkungsverhältnissen – eine wichtige Rolle; oft gelten für diesen Typ von Observablen Erhaltungssätze. Drehimpulse lassen sich nach einem weitgehend einheitlichen Formalismus behandeln, und ihre Eigenwerte und Eigenfunktionen haben analoge Eigenschaften.

3.2.1 Einteilchendrehimpulse: Operatoren. Eigenwerte und Eigenfunktionen

Aus der klassischen Theorie wohlbekannt (und der Anschauung zugänglich) ist der mit der Bewegung eines Teilchens verbundene *Bahndrehimpuls*, wie er in den Abschnitten 2.2.4 und 2.3.2 in klassischer Beschreibung diskutiert und in die quantenmechanische Beschreibung "übersetzt" wurde.

Den drei kartesischen Komponenten l_x, l_y, l_z der klassischen Observablen *Einteilchen-Bahndrehimpuls* sind in der Quantenmechanik die drei Operatoren [Gl. (2.135a-c)]

$$\hat{l}_x = (\hbar / \mathrm{i})[y(\partial / \partial z) - z(\partial / \partial y)], \tag{3.69a}$$

$$\hat{l}_y = (\hbar / \mathrm{i})[z(\partial / \partial x) - x(\partial / \partial z)], \tag{3.69b}$$

$$\hat{l}_z = (\hbar / \mathrm{i})[x(\partial / \partial y) - y(\partial / \partial x)] \tag{3.69c}$$

zugeordnet, und dem klassischen Betragsquadrat $\boldsymbol{l}^2$ entspricht der Operator [Gl. (2.136)]

$$\hat{l}^2 = -\hbar^2 \left\{ [y(\partial / \partial z) - z(\partial / \partial y)]^2 + [z(\partial / \partial x) - x(\partial / \partial z)]^2 + [x(\partial / \partial y) - y(\partial / \partial x)]^2 \right\}. \tag{3.70}$$

Wir hatten gesehen, dass es bei (beliebiger) Festlegung der z-Koordinatenachse einen Satz von Funktionen gibt, nämlich die komplexen Kugelfunktionen $Y_l^m(\vartheta,\varphi)$, die gleichzeitig Eigenfunktionen zu den Operatoren $\hat{\boldsymbol{l}}^2$ und $\hat{l}_z$ sind [Gl. (2.140) und (2.141)]:

$$\hat{\boldsymbol{l}}^2 Y_l^m(\vartheta,\varphi) = l(l+1)\hbar^2 Y_l^m(\vartheta,\varphi), \tag{3.71}$$

$$\hat{l}_z Y_l^m(\vartheta,\varphi) = m\hbar Y_l^m(\vartheta,\varphi), \tag{3.72}$$

nicht aber zu den Operatoren $\hat{l}_x$ und $\hat{l}_y$ der beiden anderen Komponenten; Polarwinkel ϑ und Azimutwinkel φ beziehen sich auf das Koordinatensystem mit der festgelegten z-Achse (s. Abb. 2.22). Über die beiden Komponenten des Drehimpulses in x- und in y-Richtung liefert die quantenmechanische Beschreibung zunächst keine Aussage; wie man sich das plausibel machen kann, wurde in Abschnitt 2.3.2 erörtert.

Die Bahndrehimpulsoperatoren sind durch eine Reihe von Vertauschungsrelationen charakterisiert (s. ÜA 3.1):

$$[\hat{l}_x,\hat{l}_y] = \mathrm{i}\hbar\hat{l}_z, \tag{3.73a}$$

$$[\hat{l}_y,\hat{l}_z] = \mathrm{i}\hbar\hat{l}_x, \tag{3.73b}$$

$$[\hat{l}_z,\hat{l}_x] = \mathrm{i}\hbar\hat{l}_y \tag{3.73c}$$

(Hinweis: die Indizes x, y, z treten in zyklischer Abfolge auf) sowie

$$[\hat{l}_x,\hat{\boldsymbol{l}}^2] = 0, \tag{3.74a}$$

$$[\hat{l}_y,\hat{\boldsymbol{l}}^2] = 0, \tag{3.74b}$$

$$[\hat{l}_z,\hat{\boldsymbol{l}}^2] = 0. \tag{3.74c}$$

Kompatibel sind also $\boldsymbol{l}^2$ und *eine* der Komponenten; wie schon erwähnt, wählt man als diese Komponente üblicherweise l_z. Untereinander sind die Komponenten nicht kompatibel: hat eine von ihnen einen scharfen Wert, so sind die jeweils beiden anderen gänzlich unbestimmt. Es gibt keinen Satz von Funktionen, die gleichzeitig Eigenfunktionen zweier oder gar dreier Bahndrehimpulskomponenten sind.

Wir bilden nun aus den beiden Operatoren $\hat{l}_x$ und $\hat{l}_y$ die beiden neuen Operatoren

$$\hat{l}_+ \equiv \hat{l}_x + \mathrm{i}\hat{l}_y, \tag{3.75a}$$

$$\hat{l}_- \equiv \hat{l}_x - \mathrm{i}\hat{l}_y. \tag{3.75b}$$

Diese sind weder miteinander noch mit $\hat{l}_z$, wohl aber mit $\hat{\boldsymbol{l}}^2$ vertauschbar:

$$[\hat{l}_+,\hat{l}_-] = 2\hbar\hat{l}_z, \tag{3.76a}$$

$$[\hat{l}_+,\hat{l}_z] = -\hbar\hat{l}_+, \tag{3.76b}$$

$$[\hat{l}_-, \hat{l}_z] = \hbar \hat{l}_- \ , \tag{3.76c}$$

$$[\hat{l}_+, \hat{\boldsymbol{l}}^2] = [\hat{l}_-, \hat{\boldsymbol{l}}^2] = 0 \, . \tag{3.77}$$

Der Operator des Betragsquadrats, $\hat{\boldsymbol{l}}^2 = \hat{l}_x{}^2 + \hat{l}_y{}^2 + \hat{l}_z{}^2$, lässt sich mittels der Definitionen (3.75a,b) durch $\hat{l}_+$, $\hat{l}_-$ und $\hat{l}_z$ ausdrücken:

$$\hat{\boldsymbol{l}}^2 = \hat{l}_- \hat{l}_+ + \hat{l}_z{}^2 + \hbar \hat{l}_z \ . \tag{3.78}$$

Die Operatoren $\hat{l}_+$ und $\hat{l}_-$ haben eine besondere Eigenschaft: sie erzeugen nämlich bei Anwendung auf eine Eigenfunktion $Y_l^m(\vartheta,\varphi)$ von $\hat{\boldsymbol{l}}^2$ und $\hat{l}_z$ bis auf einen von den Quantenzahlen l und m abhängigen Zahlenfaktor die Eigenfunktion mit der um 1 erhöhten bzw. verminderten m-Quantenzahl:

$$\hat{l}_+ Y_l^m = \hbar \sqrt{l(l+1) - m(m+1)}\; Y_l^{m+1} \ , \tag{3.79a}$$

$$\hat{l}_- Y_l^m = \hbar \sqrt{l(l+1) - m(m-1)}\; Y_l^{m-1} \ ; \tag{3.79b}$$

man bezeichnet sie deshalb auch als *Schiebeoperatoren* (engl. shift operators).

Wir erwähnen hier nur, ohne das im Einzelnen auszuführen, dass sich die Eigenwertspektren der Operatore $\hat{\boldsymbol{l}}^2$ und $\hat{l}_z$ allein mittels der Vertauschungseigenschaften herleiten lassen (s. beispielsweise [I.3][I.4a]).

In formaler Analogie zum Bahndrehimpuls hatten wir in Abschnitt 2.4 Operatoren für den *Eigendrehimpuls (Spin)* eines Elektrons eingeführt, von denen wir jetzt annehmen, dass sie den gleichen Vertauschungsrelationen genügen wie die entsprechenden Bahndrehimpulsoperatoren, also für die kartesischen Komponenten:

$$[\hat{s}_x, \hat{s}_y] = \mathrm{i}\hbar \hat{s}_z \ , \tag{3.80a}$$

$$[\hat{s}_y, \hat{s}_z] = \mathrm{i}\hbar \hat{s}_x \ , \tag{3.80b}$$

$$[\hat{s}_z, \hat{s}_x] = \mathrm{i}\hbar \hat{s}_y \ , \tag{3.80c}$$

und für das Betragsquadrat $\hat{\boldsymbol{s}}^2 = \hat{s}_x{}^2 + \hat{s}_y{}^2 + \hat{s}_z{}^2$:

$$[\hat{s}_x, \hat{\boldsymbol{s}}^2] = [\hat{s}_y, \hat{\boldsymbol{s}}^2] = [\hat{s}_z, \hat{\boldsymbol{s}}^2] = 0 \, . \tag{3.81}$$

Die Einelektron-Spinfunktionen $\chi_s^{m_s}(\sigma)$ sind Eigenfunktionen von $\hat{\boldsymbol{s}}^2$ und $\hat{s}_z$:

$$\hat{\boldsymbol{s}}^2 \chi_s^{m_s} = s(s+1)\hbar^2 \chi_s^{m_s} \quad \text{mit } s = 1/2 \ , \tag{3.82a}$$

$$\hat{s}_z \chi_s^{m_s} = m_s \hbar \chi_s^{m_s} \quad \text{mit } m_s = \pm 1/2 \ . \tag{3.82b}$$

Wir definieren auch hier *Schiebeoperatoren*:

$$\hat{s}_+ \equiv \hat{s}_x + \mathrm{i}\hat{s}_y \ , \tag{3.83a}$$

$$\hat{s}_- \equiv \hat{s}_x + \mathrm{i}\hat{s}_y \ , \tag{3.83b}$$

für die entsprechende Vertauschungsrelationen gelten:

$$[\hat{s}_+, \hat{s}_-] = 2\hbar\hat{s}_z \ , \tag{3.84a}$$

$$[\hat{s}_+, \hat{s}_z] = -\hbar\hat{s}_+ \ , \tag{3.84b}$$

$$[\hat{s}_-, \hat{s}_z] = \hbar\hat{s}_- \ , \tag{3.84c}$$

$$[\hat{s}_+, \hat{\boldsymbol{s}}^2] = [\hat{s}_-, \hat{\boldsymbol{s}}^2] = 0 \ , \tag{3.85}$$

wobei der Operator des Betragsquadrats $\hat{\boldsymbol{s}}^2 = \hat{s}_x{}^2 + \hat{s}_y{}^2 + \hat{s}_z{}^2$ analog zum Bahndrehimpuls durch $\hat{s}_+$, $\hat{s}_-$ und $\hat{s}_z$ ausgedrückt werden kann:

$$\hat{\boldsymbol{s}}^2 = \hat{s}_-\hat{s}_+ + \hat{s}_z{}^2 + \hbar\hat{s}_z \ . \tag{3.86}$$

Die Wirkung der Schiebeoperatoren auf die Spineigenfunktionen $\chi_+ \equiv \chi_{1/2}^{1/2}(\sigma)$ und $\chi_- \equiv \chi_{1/2}^{-1/2}(\sigma)$ ist:

$$\hat{s}_+\chi_+ = 0, \qquad \hat{s}_+\chi_- = \hbar\chi_+ \ , \tag{3.87a}$$

$$\hat{s}_-\chi_+ = \hbar\chi_- , \quad \hat{s}_-\chi_- = 0 \ , \tag{3.87b}$$

analog zu den Gleichungen (3.79a,b).

3.2.2 Drehimpulsaddition: Vektormodell

In der klassischen Mechanik werden Drehimpulse addiert, indem man ihre Vektorsumme bildet. Hat man beispielsweise zwei Teilchen mit den Bahndrehimpulsen $\boldsymbol{l}_1$ und $\boldsymbol{l}_2$, so erhält man den gesamten Bahndrehimpuls $\boldsymbol{l}$ des Zweiteilchensystems als die Summe $\boldsymbol{l} = \boldsymbol{l}_1 + \boldsymbol{l}_2$ der beiden Vektoren; es gibt dabei keine Einschränkungen hinsichtlich der Beträge und der Richtungen. Das ist ganz anders in der Quantenmechanik: die Beträge der Drehimpulsvektoren wie auch deren Komponenten in einer (beliebig festgelegten) Koordinatenrichtung z sind gequantelt. Wir diskutieren jetzt, was daraus für die Regeln der Drehimpulsaddition folgt.

Seien $\boldsymbol{k}_1$ und $\boldsymbol{k}_2$ zwei Drehimpulsvektoren irgendwelcher Art; von den entsprechenden (Vektor-) Operatoren $\hat{\boldsymbol{k}}_1$ und $\hat{\boldsymbol{k}}_2$ nehmen wir an, dass sie komponentenweise kommutieren, und schreiben das so:

$$[\hat{\boldsymbol{k}}_1, \hat{\boldsymbol{k}}_2] = 0 \ . \tag{3.88}$$

Als Beispiele denke man etwa an Bahndrehimpuls und Spin eines Teilchens oder an den oben genannten Fall der Bahndrehimpulse zweier Teilchen. Die Vertauschbarkeit ist dann gewährleistet, wenn die Operatoren $\hat{\boldsymbol{k}}_1$ und $\hat{\boldsymbol{k}}_2$ auf verschiedene Variable wirken. Für die beiden Einzeldrehimpulse haben wir die üblichen Eigenwertgleichungen:

$$\hat{\boldsymbol{k}}_1^{\,2}\phi_{k_1}^{m_1} = k_1(k_1+1)\hbar^2\phi_{k_1}^{m_1}\,, \qquad \hat{k}_{1z}\phi_{k_1}^{m_1} = m_1\hbar\phi_{k_1}^{m_1}\,, \tag{3.89a}$$

$$\hat{\boldsymbol{k}}_2^{\,2}\phi_{k_2}^{m_2} = k_2(k_2+1)\hbar^2\phi_{k_2}^{m_2}\,, \qquad \hat{k}_{2z}\phi_{k_2}^{m_2} = m_2\hbar\phi_{k_2}^{m_2}\,, \tag{3.89b}$$

mit den ganzzahligen oder halbzahligen Quantenzahlen $k_1, k_2 \geq 0$ und $|m_1| \leq k_1$, $|m_2| \leq k_2$.
Für die Vektorsumme der beiden Operatoren,

$$\hat{\boldsymbol{k}} = \hat{\boldsymbol{k}}_1 + \hat{\boldsymbol{k}}_2\,, \tag{3.90}$$

müssen entsprechende Eigenwertgleichungen gelten:

$$\hat{\boldsymbol{k}}^2\Phi_k^m = k(k+1)\hbar^2\Phi_k^m\,, \qquad \hat{k}_z\Phi_k^m = m\hbar\Phi_k^m\,. \tag{3.91}$$

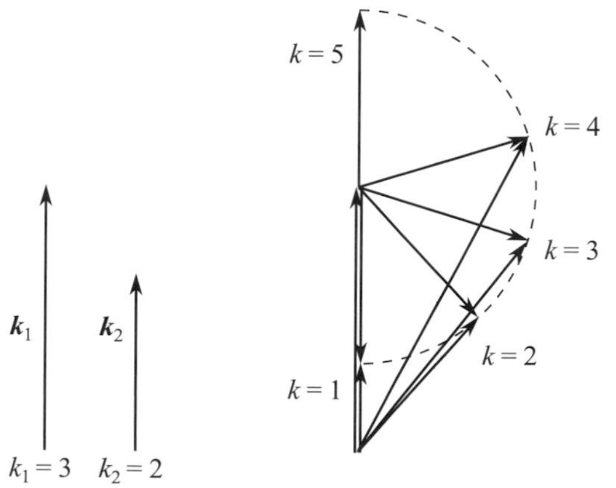

Abb. 3.4
Vektormodell für die Addition zweier Drehimpulse $\boldsymbol{k}_1$ und $\boldsymbol{k}_2$ (hier $k_1 = 3, k_2 = 2$) aus [I.4a]

Wir nehmen nun an, die Werte der Quantenzahlen k_1 und m_1 sowie k_2 und m_2 seien gegeben, damit also die Betragsquadrate bzw. Längen sowie die z-Komponenten der beiden Drehimpulsvektoren. Welche Werte sind dann für die Quantenzahlen k und m, damit für Betragsquadrat bzw. Länge, sowie für die z-Komponente des Vektors $\boldsymbol{k}$ möglich? Die Antwort auf diese Frage lässt sich mit Hilfe einer halbklassischen Modellkonstruktion (***Vektormodell***) nach folgenden Regeln finden (s. Abb. 3.4):

1. Man stellt die Drehimpulse $\boldsymbol{k}_1, \boldsymbol{k}_2$ und $\boldsymbol{k}$ durch Vektoren der Länge k_1, k_2 und k dar.

   Eigentlich müssten die Längen $\hbar\sqrt{k_1(k_1+1)}$ usw. benutzt werden; das Weglassen des Faktors $\hbar$ und die Verwendung von k_1 anstelle von $\sqrt{k_1(k_1+1)}$ usw. macht jedoch die Sache einfacher und ändert nichts am Resultat, wie man sich leicht klarmacht.

2. Die Drehimpulse $\boldsymbol{k}_1$ und $\boldsymbol{k}_2$ werden vektoriell addiert, $\boldsymbol{k}_1 + \boldsymbol{k}_2 = \boldsymbol{k}$, und zwar in der Weise, dass der resultierende Vektor $\boldsymbol{k}$ eine ganzzahlige Länge k hat, wenn k_1 und k_2

beide ganzzahlig oder beide halbzahlig sind, hingegen eine halbzahlige Länge k, wenn einer der Werte halbzahlig und einer ganzzahlig ist.

Diese Prozedur liefert für k eine Folge von möglichen Werten (in Abb. 3.4 ist das für den Fall $k_1 = 3$, $k_2 = 2$ illustriert):

$$k = k_1 + k_2, k_1 + k_2 - 1, \ldots, |k_1 - k_2| + 1, |k_1 - k_2|, \qquad (3.92)$$

und zu jedem Wert von k gibt es $2k + 1$ Werte für die z-Komponente:

$$m = k, k - 1, \ldots, -k. \qquad (3.93)$$

Damit ist die gestellte Aufgabe gelöst. Es ist leicht zu sehen, dass sich das geschilderte Verfahren für mehr als zwei Drehimpulse fortsetzen lässt: Kommt ein dritter Drehimpuls $\boldsymbol{k}_3$ hinzu, so ist dieser mit jedem der zuvor konstruierten resultierenden Drehimpulsvektoren $\boldsymbol{k} \equiv \boldsymbol{k}_{12}$ zusammenzusetzen, und es ergeben sich jeweils wieder verschiedene resultierende Drehimpulsvektoren $\boldsymbol{k}_{123} = \boldsymbol{k}_3 + \boldsymbol{k}_{12}$.

Inwieweit es sich bei den Drehimpulsen um Erhaltungsgrößen handelt, so dass die entsprechenden Quantenzahlen zur Kennzeichnung von Zuständen dienen können, ist eine andere Frage, deren Beantwortung von der Vertauschbarkeit der jeweiligen Drehimpulsoperatoren mit dem Hamilton-Operator $\hat{H}$ abhängt. Nehmen wir an, in einem System haben wir zwei Drehimpulse $\boldsymbol{k}_1$ und $\boldsymbol{k}_2$ zu berücksichtigen, beispielsweise für ein Elektron den Bahndrehimpuls $\boldsymbol{l}$ und den Spin $\boldsymbol{s}$. Kommutieren die Operatoren der Betragsquadrate, $\hat{\boldsymbol{k}}_1^{\,2}$ und $\hat{\boldsymbol{k}}_2^{\,2}$, sowie der z-Komponenten, $\hat{k}_{1z}$ und $\hat{k}_{2z}$, mit $\hat{H}$:

$$[\hat{H}, \hat{\boldsymbol{k}}_1^{\,2}] = 0, \qquad [\hat{H}, \hat{\boldsymbol{k}}_2^{\,2}] = 0, \qquad (3.94a)$$

$$[\hat{H}, \hat{k}_{1z}] = 0, \qquad [\hat{H}, \hat{k}_{2z}] = 0, \qquad (3.94b)$$

dann sind $\boldsymbol{k}_1^{\,2}$ und $\boldsymbol{k}_2^{\,2}$ sowie k_{1z} und k_{2z} gleichzeitig Erhaltungsgrößen, die "guten" Quantenzahlen k_1 und k_2 sowie m_1 und m_2 lassen sich zur Kennzeichnung der Zustände des Systems verwenden. Auch die Summe $\hat{\boldsymbol{k}} = \boldsymbol{k}_1 + \boldsymbol{k}_2$ der beiden Drehimpulsoperatoren gemäß Gleichung (3.90) ist komponentenweise mit $\hat{H}$ vertauschbar, ebenso das Betragsquadrat $\hat{\boldsymbol{k}}^2$. Die drei Komponenten $\hat{k}_x$, $\hat{k}_y$ und $\hat{k}_z$ kommutieren mit $\hat{\boldsymbol{k}}_1^{\,2}$, $\hat{\boldsymbol{k}}_2^{\,2}$ und $\hat{\boldsymbol{k}}^2$, aber nicht untereinander. Somit sind die vier Observablen $\boldsymbol{k}_1^{\,2}, \boldsymbol{k}_2^{\,2}, \boldsymbol{k}^2$ und k_z kompatibel und sämtlich Erhaltungsgrößen:

$$[\hat{H}, \hat{\boldsymbol{k}}_1^{\,2}] = 0, \qquad [\hat{H}, \hat{\boldsymbol{k}}_2^{\,2}] = 0, \qquad (3.95a)$$

$$[\hat{H}, \hat{\boldsymbol{k}}^2] = 0, \qquad [\hat{H}, \hat{k}_z] = 0. \qquad (3.95b)$$

Beide Sätze von kompatiblen Observablen sind im betrachteten Falle gleichberechtigt und können zur Kennzeichnung der Zustände des Systems benutzt werden.

Anders liegen die Verhältnisse, wenn der Hamilton-Operator $\hat{H}$ nicht mit den Drehimpulsoperatoren $\hat{\boldsymbol{k}}_1^2$, $\hat{\boldsymbol{k}}_2^2$, $\hat{k}_{1z}$ und $\hat{k}_{2z}$ einzeln, sondern nur noch gemäß Gleichung (3.95b) mit $\hat{\boldsymbol{k}}^2$ und $\hat{k}_z$ kommutiert, weil die beiden Drehimpulse $\hat{\boldsymbol{k}}_1$ und $\hat{\boldsymbol{k}}_2$ im Hamilton-Operator auf Grund einer Wechselwirkung miteinander gekoppelt auftreten. Dann sind nur noch $\boldsymbol{k}^2$ und k_z Erhaltungsgrößen.

Als Beispiel dafür betrachten wir das Elektron in einem wasserstoffähnlichen Atom, wenn eine Wechselwirkung zwischen dem mit der Bahnbewegung verbundenen Drehimpuls $\boldsymbol{l}$ und dem Spin $\boldsymbol{s}$ berücksichtigt werden muss (*Spin-Bahn-Kopplung*). In einer für die meisten Zwecke ausreichenden Näherung (Ausführlicheres hierzu findet man in Abschn. 9.4.2) enthält der Hamilton-Operator dann einen Anteil

$$\hat{v}^{\mathrm{e}}_{\mathrm{SpB}} = f(r)\left(\hat{\boldsymbol{l}} \cdot \hat{\boldsymbol{s}}\right) = f(r)\left(\hat{l}_x \hat{s}_x + \hat{l}_y \hat{s}_y + \hat{l}_z \hat{s}_z\right) . \tag{3.96}$$

Dieser Operator (und damit der gesamte Hamilton-Operator) kommutiert nicht mit $\hat{\boldsymbol{l}}^2, \hat{l}_z, \hat{\boldsymbol{s}}^2$ und $\hat{s}_z$, sondern nur noch mit dem Betragsquadrat und der z-Komponente des Operators

$$\hat{\boldsymbol{j}} = \hat{\boldsymbol{l}} + \hat{\boldsymbol{s}} \tag{3.97}$$

(*resultierender Einelektron-Drehimpulsoperator*), wie in ÜA 3.4b gezeigt wird:

$$[\hat{v}^{\mathrm{e}}_{\mathrm{SpB}}, \hat{\boldsymbol{j}}^2] = 0, \quad [\hat{v}^{\mathrm{e}}_{\mathrm{SpB}}, \hat{j}_z] = 0 . \tag{3.98}$$

Jetzt sind lediglich $\boldsymbol{j}^2$ und j_z Erhaltungsgrößen; wir haben die Eigenwertgleichungen

$$\hat{\boldsymbol{j}}^2 \psi_j^{m_j} = j(j+1)\hbar^2 \psi_j^{m_j} \quad \text{mit } j > 0 \text{ halbzahlig}, \tag{3.99a}$$

$$\hat{j}_z \psi_j^{m_j} = m_j \hbar \psi_j^{m_j} \quad \text{mit } m_j = -j, -j+1, \ldots, j , \tag{3.99b}$$

und die Quantenzahlen j und m_j sind "gute" Quantenzahlen.

Der nächste Schritt wäre die Ermittlung der Eigenfunktionen Φ_k^m zu den Operatoren $\hat{\boldsymbol{k}}^2$ und $\hat{k}_z$, wenn die Eigenfunktionen $\phi_{k_1}^{m_1}$ und $\phi_{k_2}^{m_2}$ zu den Einzeldrehimpulsen bekannt sind. Damit befassen wir uns hier nicht, sondern verweisen auf die Literatur (z. B. [I.2][I.3] sowie A. R. Edmonds, Zitat s. Fußnote 3). Bei einer solchen umfassenderen Behandlung würde sich auch bestätigen, dass das Vektormodell tatsächlich die quantenmechanisch richtigen Ergebnisse liefert.

Selbstverständlich gelten auch für die Drehimpulse die in Abschnitt 3.1.3 formulierten allgemeinen Aussagen über Observable; insbesondere sind die zu verschiedenen Eigenwerten gehörenden *Eigenfunktionen* der Drehimpulsoperatoren (Betragsquadrat und eine Komponente) stets *orthogonal.*

3.2.3 Drehimpulse von Mehrteilchensystemen

Ist ein System aus mehreren Teilsystemen zusammengesetzt, so addieren sich die Drehimpulse dieser Teilsysteme in der klassischen Mechanik (s. Anhang A2.3) vektoriell zum Gesamtdrehimpuls des Systems. Für ein System von N Teilchen ist der gesamte klassisch-mechanische Bahndrehimpuls also durch

$$\boldsymbol{L} \equiv \sum\nolimits_{\nu=1}^{N} \boldsymbol{l}_\nu \equiv \sum\nolimits_{\nu=1}^{N} (\boldsymbol{r}_\nu \times \boldsymbol{p}_\nu) \tag{3.100}$$

gegeben. Mit der Ersetzungsregel

$$\boldsymbol{p}_\nu \rightarrow \hat{\boldsymbol{p}}_\nu \equiv (\hbar/\mathrm{i})\,\hat{\nabla}_\nu \tag{3.101}$$

(der Operator $\hat{\nabla}_\nu$ wirkt auf die Koordinaten x_ν, y_ν, z_ν des ν-ten Teilchens) erhält man daraus den entsprechenden Operator des *gesamten Bahndrehimpulses*:

$$\hat{\boldsymbol{L}} \equiv \sum\nolimits_{\nu=1}^{N} \hat{\boldsymbol{l}}_\nu \equiv (\hbar/\mathrm{i}) \sum\nolimits_{\nu=1}^{N} (\boldsymbol{r}_\nu \times \hat{\nabla}_\nu)\,. \tag{3.102}$$

Aus den für die Komponenten $\hat{l}_{\nu x}$, $\hat{l}_{\nu y}$ und $\hat{l}_{\nu z}$ der Einteilchen-Bahndrehimpulse geltenden Vertauschungsrelationen (3.73a-c) folgen analoge Vertauschungsrelationen für die Komponenten von $\hat{\boldsymbol{L}}$:

$$[\hat{L}_x, \hat{L}_y] = \mathrm{i}\hbar \hat{L}_z\ , \tag{3.103a}$$

$$[\hat{L}_y, \hat{L}_z] = \mathrm{i}\hbar \hat{L}_x\ , \tag{3.103b}$$

$$[\hat{L}_z, \hat{L}_x] = \mathrm{i}\hbar \hat{L}_y \tag{3.103c}$$

(s. ÜA 3.7). Auch diese Komponenten-Operatoren sind hermitesch, ebenso wie der Operator des Betragsquadrats,

$$\hat{\boldsymbol{L}}^2 = \hat{L}_x{}^2 + \hat{L}_y{}^2 + \hat{L}_z{}^2\,, \tag{3.104}$$

der, wie aus den Gleichungen (3.74a-c) folgt, mit allen drei Komponenten kommutiert:

$$[\hat{\boldsymbol{L}}^2, \hat{L}_x] = 0\,, \quad [\hat{\boldsymbol{L}}^2, \hat{L}_y] = 0\,, \quad [\hat{\boldsymbol{L}}^2, \hat{L}_z] = 0\,. \tag{3.105}$$

Somit können $\boldsymbol{L}^2$ und eine der Komponenten (üblicherweise wird wieder die z-Komponente L_z gewählt) gleichzeitig scharfe Werte haben.

Analog zu den Gleichungen (3.75a,b) bildet man die zueinander hermitesch-konjugierten *Schiebeoperatoren*:

$$\hat{L}_+ \equiv \hat{L}_x + \mathrm{i}\hat{L}_y\ , \tag{3.106a}$$

$$\hat{L}_- \equiv \hat{L}_x - \mathrm{i}\hat{L}_y\ , \tag{3.106b}$$

die den Vertauschungsrelationen

$$[\hat{L}_+, \hat{L}_z] = -\hbar \hat{L}_+\ , \quad [\hat{L}_-, \hat{L}_z] = \hbar \hat{L}_-\ , \quad [\hat{L}_+, \hat{L}_-] = 2\hbar \hat{L}_z\ , \tag{3.107a}$$

$$[\hat{L}_+,\hat{\boldsymbol{L}}^2]=0\,,\quad [\hat{L}_-,\hat{\boldsymbol{L}}^2]=0 \tag{3.107b}$$

genügen. Das Betragsquadrat lässt sich analog zu Gleichung (3.78) durch $\hat{L}_+$, $\hat{L}_-$ und $\hat{L}_z$ ausdrücken:

$$\hat{\boldsymbol{L}}^2=\hat{L}_-\hat{L}_+ +\hat{L}_z{}^2+\hbar\hat{L}_z\,. \tag{3.108}$$

Den *Gesamtspin* eines Mehrteilchensystems definiert man in gleicher Weise als Vektorsumme der Einteilchen-Spinoperatoren $\hat{\boldsymbol{s}}_\nu$ $(\nu=1,2,\ldots,N)$:

$$\hat{\boldsymbol{S}}\equiv\sum\nolimits_{\nu=1}^{N}\hat{\boldsymbol{s}}_\nu\;. \tag{3.109}$$

Die Komponenten sowie das Betragsquadrat der Einteilchen-Spinoperatoren mögen gemäß Abschnitt 3.2.1 den gleichen Vertauschungsrelationen wie die Einteilchen-Bahndrehimpulse unterliegen. Daher gelten auch für die Komponenten $\hat{S}_x\,,\hat{S}_y\,,\hat{S}_z$ des Gesamtspinoperators, für die *Schiebeoperatoren* $\hat{S}_+,\hat{S}_-$ und für den Operator des Betragsquadrats, $\hat{\boldsymbol{S}}^2$, analoge Definitionen und Vertauschungsrelationen wie für den Gesamtbahndrehimpuls, so dass dies alles hier nicht gesondert aufgeschrieben werden muss.

Im vorigen Abschnitt hatten wir die Vektorsumme von Bahndrehimpuls und Spin eines Teilchens als *resultierenden (Einteilchen-) Drehimpuls* bezeichnet, für das ν-te Teilchen also:

$$\hat{\boldsymbol{j}}_\nu\equiv\hat{\boldsymbol{l}}_\nu+\hat{\boldsymbol{s}}_\nu\,. \tag{3.110}$$

Die Operatoren $\hat{\boldsymbol{j}}_\nu$ erfüllen die für $\hat{\boldsymbol{l}}_\nu$ und $\hat{\boldsymbol{s}}_\nu$ einzeln bestehenden Beziehungen und Vertauschungsrelationen.

Schließlich führen wir noch den *gesamten resultierenden Drehimpuls*[2] des Mehrteilchensystems ein:

$$\hat{\boldsymbol{J}}\equiv\hat{\boldsymbol{L}}+\hat{\boldsymbol{S}}=\sum\nolimits_{\nu=1}^{N}\hat{\boldsymbol{j}}_\nu=\sum\nolimits_{\nu=1}^{N}(\hat{\boldsymbol{l}}_\nu+\hat{\boldsymbol{s}}_\nu)\,, \tag{3.111}$$

wobei auch hierfür alle Definitionen und Vertauschungsrelationen wie für die Bestandteile gelten. Alle diese Eigenschaften sind also typisch für jegliche Art von Drehimpulsen.

Die Eigenwertgleichungen für die Observablen *Betragsquadrat* und *z-Komponente* der soeben diskutierten *Gesamt*-Drehimpulse stellen wir hier noch explizite zusammen. Für den *gesamten Bahndrehimpuls* gilt:

$$\hat{\boldsymbol{L}}^2\Phi_L^{M_L}=L(L+1)\hbar^2\Phi_L^{M_L}\qquad\text{mit } L\geq 0 \text{ ganzzahlig}, \tag{3.112a}$$

$$\hat{L}_z\Phi_L^{M_L}=M_L\hbar\Phi_L^{M_L}\qquad\text{mit } M_L=-L,-L+1,\ldots,L\,, \tag{3.112b}$$

für den *gesamten Spin*:

[2] Die Bezeichnung *"resultierend"* steht für die (Vektor-) Summe von Bahndrehimpuls und Spin, die Bezeichnung *"gesamt"* für die (Vektor-) Summe von Drehimpulsen aller Teilchen eines Systems.

$$\hat{S}^2 X_S^{M_S} = S(S+1)\hbar^2 X_S^{M_S} \quad \text{mit } S \geq 0 \text{ ganz- oder halbzahlig}^3, \tag{3.113a}$$

$$\hat{S}_z X_S^{M_S} = M_S \hbar X_S^{M_S} \quad \text{mit } M_S = -S, -S+1, \ldots, S\,, \tag{3.113b}$$

und für den *gesamten resultierenden Drehimpuls*:

$$\hat{J}^2 \Psi_J^{M_J} = J(J+1)\hbar^2 \Psi_J^{M_J} \quad \text{mit } J \geq 0 \text{ ganz- oder halbzahlig}^3, \tag{3.114a}$$

$$\hat{J}_z \Psi_J^{M_J} = M_J \hbar \Psi_J^{M_J} \quad \text{mit } M_J = -J, -J+1, \ldots, J\,. \tag{3.114b}$$

Welche Werte die Quantenzahlen annehmen können, lässt sich wie besprochen mit Hilfe des Vektormodells ermitteln. Wie man die Wellenfunktionen bestimmt, soll hier (ebenso wie im vorigen Abschnitt) nicht behandelt werden; wir verweisen diesbezüglich wieder auf die Literatur (z. B. [I.2][I.3] sowie A. R. Edmonds, Zitat s. Fußnote 4).

Die *Schiebeoperatoren* haben die gleichen Eigenschaften wie im Einteilchenfall: sie erhöhen bzw. verringern die Quantenzahl für die z-Komponente um 1, lassen aber die Quantenzahl für das Betragsquadrat unverändert. Wir schreiben das für den gesamten Bahndrehimpuls auf:

$$\hat{L}_+ \Phi_L^{M_L} = \hbar\sqrt{L(L+1) - M_L(M_L+1)}\, \Phi_L^{M_L+1}, \tag{3.115a}$$

$$\hat{L}_- \Phi_L^{M_L} = \hbar\sqrt{L(L+1) - M_L(M_L-1)}\, \Phi_L^{M_L-1}; \tag{3.115b}$$

für Gesamtspin und gesamten resultierenden Drehimpuls bestehen die analogen Beziehungen.

Zur Illustration diskutieren wir die Addition der Spins zweier Elektronen; alle anderen Eigenschaften der Elektronen bleiben außer Betracht.

Das Vektormodell ergibt für die Quantenzahl S des Gesamtspins zwei mögliche Werte, nämlich $S = 0$ und $S = 1$. Die zugehörigen Eigenfunktionen der Operatoren $\hat{S}^2$ und $\hat{S}_z$ für das Betragsquadrat bzw. die z-Komponente des Gesamtspins müssen sich als Linearkombinationen der vier möglichen Produkte der Einelektron-Spinfunktionen $\chi_+ \equiv \chi^{1/2}$ und $\chi_- \equiv \chi^{-1/2}$, also

$$\chi_+(\sigma_1)\cdot\chi_+(\sigma_2),\ \chi_+(\sigma_1)\cdot\chi_-(\sigma_2),\ \chi_-(\sigma_1)\cdot\chi_+(\sigma_2),\ \chi_-(\sigma_1)\cdot\chi_-(\sigma_2), \tag{3.116a-d}$$

schreiben lassen. Hierzu sortieren wir diese Produkte nach den Werten der Quantenzahlen $M_S = m_{s1} + m_{s2}$ der z-Komponente des Operators $\hat{S}_z = \hat{s}_{1z} + \hat{s}_{2z}$ (Tab. 3.1).

Wie man durch Anwendung des Operators $\hat{S}_z = \hat{s}_{1z} + \hat{s}_{2z}$ feststellt, gehört das Produkt $\chi_+\chi_+$ zu $M_S = 1$ und das Produkt $\chi_-\chi_-$ zu $M_S = -1$. Sie müssen, da es keine weiteren Produkte zu diesen M_S-Werten gibt, bereits Eigenfunktionen von $\hat{S}^2$ zur Quantenzahl $S = 1$ sein; somit haben wir

$$X_1^1(\sigma_1, \sigma_2) = \chi_+(\sigma_1)\cdot\chi_+(\sigma_2)\,, \tag{3.117a}$$

$$X_1^{-1}(\sigma_1, \sigma_2) = \chi_-(\sigma_1)\cdot\chi_-(\sigma_2)\,. \tag{3.117b}$$

[3] Je nach Art (Fermionen oder Bosonen) und Anzahl der Teilchen (s. Abschn. 2.4).

Tab. 3.1 Gruppierung der Produkte zweier Einelektron-Spinfunktionen entsprechend den Werten von M_S (aus [I.4a])

$M_S = m_{s1} + m_{s2}$	1	0	−1
	$\chi_+ \cdot \chi_+$	$\chi_+ \cdot \chi_-$	$\chi_- \cdot \chi_-$
		$\chi_- \cdot \chi_+$	

Um die Eigenfunktion X_1^0 zu $S = 1$ und $M_S = 0$ zu gewinnen, wenden wir den Schiebeoperator $\hat{S}_-$ auf die Eigenfunktion (3.117a) an:

$$\begin{aligned} \hat{S}_- X_1^1 &= (\hat{s}_{1-} + \hat{s}_{2-})\chi_+(\sigma_1)\chi_+(\sigma_2) \\ &= \hbar(\chi_-\chi_+ + \chi_+\chi_-) \,. \end{aligned}$$

Diese Linearkombination der beiden zu $M_S = 0$ gehörenden Produkte muss also, bis auf einen Normierungsfaktor, die gesuchte Eigenfunktion X_1^0 sein. Wird auf 1 normiert, so wird

$$X_1^0(\sigma_1,\sigma_2) = (1/\sqrt{2})\left[\chi_+(\sigma_1)\cdot\chi_-(\sigma_2) + \chi_-(\sigma_1)\cdot\chi_+(\sigma_2)\right]. \tag{3.117c}$$

Die noch fehlende Eigenfunktion zu $S = 0$ und $M_S = 0$ erhält man nun einfach aus der Bedingung, dass sie orthogonal zur Eigenfunktion X_1^0 sein muss; das ergibt

$$X_0^0(\sigma_1,\sigma_2) = (1/\sqrt{2})\left[\chi_+(\sigma_1)\cdot\chi_-(\sigma_2) - \chi_-(\sigma_1)\cdot\chi_+(\sigma_2)\right] \tag{3.118}$$

Damit sind alle vier möglichen Eigenfunktionen des Gesamtspins zweier Elektronen bestimmt.

Auch für die Drehimpulse von Mehrteilchensystemen gelten wie im Einteilchenfall die allgemeinen Aussagen des Abschnitts 3.1.3. So sind die zu verschiedenen Eigenwerten gehörenden *Eigenfunktionen* der Drehimpulsoperatoren (Betragsquadrat und eine Komponente) zueinander *orthogonal.* Für die soeben bestimmten Eigenfunktionen des Gesamtspins eines Zweielektronensystems kann man das leicht nachprüfen (ÜA 3.8).

Zu beachten ist, dass die mit dem Vektormodell erhaltenen Drehimpulsquantenzahlen für Systeme aus zwei oder mehreren Teilchen nur *mögliche* Zustände angeben, die aber keineswegs sämtlich realisiert werden. Es stellt sich nämlich oft bei der Ermittlung der Wellenfunktionen heraus, dass bestimmte Zustände mit Bedingungen, welche die Wellenfunktionen zu erfüllen haben, nicht verträglich sind; bei Systemen aus mehreren Elektronen ist das insbesondere die Antisymmetrieforderung auf Grund des Pauli-Prinzips (s. Abschn. 2.5). Erste Beispiele dafür werden wir in Kapitel 5 kennenlernen.

Der weitergehend interessierte Leser findet mehr zur quantenmechanischen Theorie der Drehimpulse beispielsweise in dem Standardwerk von A. R. Edmonds[4], vieles auch in der allgemeinen Lehrbuchliteratur über Quantenmechanik.

[4] Edmonds, A. R.: Angular Momentum in Quantum Mechanics. Princeton Univ. Press, Princeton (1996)

3.3* Energierelationen. Virialsatz

Aus den quantenmechanischen Grundgleichungen lassen sich einige Beziehungen herleiten, die zwar keine prinzipiell neuen Phänomene beschreiben, aber doch in mehrfacher Hinsicht nützlich sind: Sie können, einbezogen in Berechnungsverfahren, praktische Vorteile bieten (etwa durch Abkürzung von Rechenschritten oder durch Eröffnung alternativer Rechenwege), sie können Einblicke in sonst schwerer zugängliche Zusammenhänge geben, und sie können als Kriterien für die Qualität von Näherungslösungen dienen, da sie z. B. für exakte Lösungen der Schrödinger-Gleichung exakt gelten, für Näherungslösungen aber im Allgemeinen nicht.

Eine solche Beziehung ist der aus der klassischen Mechanik bekannte ***Virialsatz*** (s. [I.4a], [4.8], auch Anhang A4.4). Er besagt, dass der Mittelwert $\overline{T}$ der kinetischen Energie und der Mittelwert $\overline{V}$ der potentiellen Energie in einem bestimmten Verhältnis zueinander stehen, und zwar muss gelten:

$$2\overline{T} = \lambda\overline{V} \,, \qquad (3.119)$$

wenn die Potentialfunktion V eine homogene Funktion der Koordinaten vom Grade λ ist.[5] Wir leiten diese Beziehung nicht her; man findet dazu Näheres z. B. in [I.3], auch [I.4a]. Für rein quadratische Potentialfunktionen (wie im Fall des linearen harmonischen Oszillators) ist $\lambda = 2$, für ein Coulomb-Potential (wie beim Wasserstoffatom) ist $\lambda = -1$. Dieser Virialsatz gilt auch in der Quantenmechanik, wobei wir unter dem Mittelwert den Erwartungswert in einem stationären Zustand, beschrieben durch eine Wellenfunktion Φ, zu verstehen haben:

$$\overline{T} = \langle\Phi|\hat{T}|\Phi\rangle / \langle\Phi|\Phi\rangle \,, \qquad (3.120a)$$

$$\overline{V} \equiv \langle\Phi|V|\Phi\rangle / \langle\Phi|\Phi\rangle \,. \qquad (3.120b)$$

Der Virialsatz ist *exakt* erfüllt, wenn die Erwartungswerte mit einer exakten Wellenfunktion Φ berechnet werden. Mit einer Näherungslösung $\tilde{\Phi}$ ergeben sich Erwartungswerte, welche im Allgemeinen nicht gemäß der Beziehung (3.119) zusammenhängen. Man kann aber erreichen, dass Gleichung (3.119) auch mit einer Näherungswellenfunktion $\tilde{\Phi}$ erfüllt wird, indem man in $\tilde{\Phi}$ einen Maßstabsfaktor a einführt, bei einem eindimensionalen Problem also anstelle von $\tilde{\Phi}(x)$ die Funktion $\tilde{\Phi}(ax)$ benutzt und den Parameter a bezüglich der Gesamtenergie optimiert; was unter einer solchen Optimierung zu verstehen ist, wird in Abschn. 4.4.1 behandelt. Generell genügen alle Näherungswellenfunktionen, in denen sämtliche möglichen Parameter optimiert sind, dem Virialsatz.

Es gibt noch verschiedene weitere Möglichkeiten, Beziehungen zu formulieren, die mit exakten Wellenfunktionen oder "voll optimierten" Näherungen exakt erfüllt sind (s. hierzu [I.4a]); eine davon soll hier noch erläutert werden.

Nehmen wir an, der Hamilton-Operator eines Systems hänge von einem Parameter α ab: $\hat{H} \equiv \hat{H}(\alpha)$; dann gilt das natürlich auch für die Energien und die Wellenfunktionen:

---

[5] Eine Funktion F, die von irgendwelche Variablen $x_1, x_2, \ldots$ abhängt, ist dann vom Grade λ, wenn für beliebige konstante Faktoren c gilt: $F(cx_1, cx_2, \ldots) = c^{\lambda} \cdot F(x_1, x_2, \ldots)$.

$E \equiv E(\alpha)$ und $\Phi \equiv \Phi(x;\alpha)$. Es lässt sich zeigen (was wir hier übergehen), dass für jeden sinnvollen Wert des Parameters α folgende Beziehung besteht:

$$\partial E / \partial \alpha = \langle \Phi | (\partial \hat{H} / \partial \alpha) | \Phi \rangle / \langle \Phi | \Phi \rangle , \tag{3.121}$$

wenn Φ die *exakte* Lösung der zeitunabhängigen Schrödinger-Gleichung ist. Die Ableitung des Erwartungswertes der Energie, $E = \langle \Phi | \hat{H} | \Phi \rangle / \langle \Phi | \Phi \rangle$, nach dem Parameter α ist gleich dem Erwartungswert der Ableitung des Hamilton-Operators nach α; die Ableitung der Wellenfunktion Φ nach α tritt dabei nicht auf. Die Gleichung (3.121) bezeichnet man als *(differentielle)* ***Hellmann-Feynman-Relation*** (H. Hellmann 1937; R. P. Feynman 1939; s. die diesbezügliche Bemerkung in Abschn. 1.3.2). Berechnet man den Erwartungswert des Operators $\partial\hat{H}/\partial\alpha$ mit einer beliebigen (nicht voll optimierten) Näherungsfunktionen $\tilde{\Phi}$, bildet man also $\langle \tilde{\Phi} | (\partial \hat{H} / \partial \alpha) | \tilde{\Phi} \rangle / \langle \tilde{\Phi} | \tilde{\Phi} \rangle$, und vergleicht den erhaltenen Ausdruck mit der Ableitung $\partial\tilde{E}/\partial\alpha$ des Energieerwartungswertes $\tilde{E} \equiv \langle \tilde{\Phi} | \hat{H} | \tilde{\Phi} \rangle / \langle \tilde{\Phi} | \tilde{\Phi} \rangle$, so stimmen beide im Allgemeinen nicht überein:

$$\partial \tilde{E} / \partial \alpha = \langle \tilde{\Phi} | (\partial \hat{H} / \partial \alpha) | \tilde{\Phi} \rangle / \langle \tilde{\Phi} | \tilde{\Phi} \rangle + 2 \langle (\partial \tilde{\Phi} / \partial \alpha) | \hat{H} | \tilde{\Phi} \rangle / \langle \tilde{\Phi} | \tilde{\Phi} \rangle . \tag{3.122}$$

Die differentielle Hellmann-Feynman-Relation gilt somit in der Regel nicht für approximative Wellenfunktionen. Das lässt sich wieder als Gütekriterium verwenden. Außerdem kann die Beziehung (3.122) bei der Berechnung von Größen nützlich sein, die sich als Ableitungen der Energie nach einem Parameter schreiben lassen, z. B. Kräfte auf die Kerne eines molekularen Systems (s. Abschn. 4.3 sowie Kap. 14, 17 und 19), oder von Größen, die sich als Ableitungen nach Feldstärken äußerer Felder darstellen (s. Abschn. 17.4).

3.4* Reduzierte Dichtematrizen

Anknüpfend an Abschnitt 3.1.4 sollen jetzt Ausdrücke für Erwartungswerte physikalischer Größen G in einer besonders kompakten Schreibweise formuliert werden. Das gelingt mittels sogenannter *reduzierter Dichtematrizen*[6], die nur gerade so viele Informationen beinhalten, wie zur Berechnung der jeweiligen Größe tatsächlich benötigt werden, und nicht mehr.

Ein System von N *gleichartigen* Teilchen wird im bisher benutzten quantenmechanischen Formalismus (s. Abschn. 2.5) durch Wellenfunktionen beschrieben, die für stationäre Zustände (worauf wir uns hier beschränken) von den Orts- und Spinvariablen aller Teilchen abhängen:

$$\Psi(\mathbf{r}_1, \sigma_1; \mathbf{r}_2, \sigma_2; \ldots; \mathbf{r}_N, \sigma_N) \equiv \Psi(\xi_1, \xi_2, \ldots, \xi_N) \equiv \Psi(1,2,\ldots,N) ; \tag{3.123}$$

die vier Variablen (x_i, y_i, z_i, σ_i) für jedes Teilchen i werden zur Vereinfachung der Schreibweise in einem Symbol ξ_i zusammengefasst bzw. noch kompakter durch die Nummer i

[6] Löwdin, P.-O.: Quantum Theory of Many-Particle Systems. I. Physical Interpretation by Means of Density Matrices, Natural Spin-Orbitals, and Convergence Problems in the Method of Configurational Interaction. Phys. Rev. **97**, 1474-1489 (1955)

bezeichnet. Wir setzen voraus, dass die Wellenfunktion stets auf 1 normiert ist.

Einer Größe G möge der Operator $\hat{G}$ entsprechen, der sich im allgemeinen Fall aus einem konstanten (nicht von den Variablen abhängigen) Anteil $g_{(0)}$, einer Summe von Operatoren $\hat{g}_{(\mathrm{I})}(\xi_i) \equiv \hat{g}_{(\mathrm{I})}(i)$, die jeweils nur auf die Variablen *eines* Teilchens i wirken (Einteilchen-operatoren), einer (zweifachen) Summe von Operatoren $\hat{g}_{(\mathrm{II})}(\xi_i, \xi_j) \equiv \hat{g}_{(\mathrm{II})}(i, j)$, die nur auf die Variablen *zweier* Teilchen wirken (Zweiteilchenoperatoren) usw. zusammensetzt:

$$\hat{G} = g_{(0)} + \sum_{i=1}^{N} \hat{g}_{(\mathrm{I})}(i) + (1/2)\sum_{i=1}^{N} \sum_{j(\neq i)}^{N} \hat{g}_{(\mathrm{II})}(i, j) + \ldots \tag{3.124}$$

Alle Operatoren, mit denen wir es bisher zu tun hatten, waren so beschaffen. Da es sich um gleichartige Teilchen handeln soll, sind alle Einteilchenoperatoren, Zweiteilchenoperatoren, ... untereinander von gleicher Form, nur die Nummern der Variablen, auf welche sie jeweils wirken, unterscheiden sich. Der Erwartungswert $\langle G \rangle$ des Operators $\hat{G}$ schreibt sich gemäß Gleichung (3.32) als

$$\langle G \rangle = \iint \ldots \int \Psi(1,2,\ldots,N)^* \hat{G} \Psi(1.2\ldots,N) \mathrm{d}\tau_1 \mathrm{d}\tau_2 \ldots \mathrm{d}\tau_N ; \tag{3.125}$$

dabei sind die Integrationen so gemeint, dass bezüglich der Ortsvariablen x_i, y_i, z_i jedes Teilchens i über den gesamten Raum integriert und bezüglich der Spinvariablen σ_i über die beiden möglichen Werte $+1/2$ und $-1/2$ summiert wird:

$$\int \mathrm{d}\tau_i \equiv \int \mathrm{d}V_i \sum_{\sigma_i=+1/2,-1/2} = \iiint \mathrm{d}x_i \mathrm{d}y_i \mathrm{d}z_i \sum_{\sigma_i=+1/2,-1/2} . \tag{3.126}$$

Setzt man den Ausdruck (3.124) in das Integral (3.125) ein, so ergibt sich $\langle G \rangle$ in der Form

$$\begin{aligned}\langle G \rangle = g_{(0)} &+ \iint \ldots \int \Psi(1,2,\ldots,N)^* \left(\sum_i \hat{g}_{(\mathrm{I})}(i)\right) \Psi(1,2,\ldots,N) \mathrm{d}\tau_1 \mathrm{d}\tau_2 \ldots \mathrm{d}\tau_N \\ &+ \iint \ldots \int \Psi(1,2,\ldots,N)^* \left((1/2)\sum_i \sum_{j(\neq i)} \hat{g}_{(\mathrm{II})}(i,j)\right) \Psi(1,2,\ldots,N) \mathrm{d}\tau_1 \mathrm{d}\tau_2 \ldots \mathrm{d}\tau_N \\ &+ \ldots \end{aligned} \tag{3.127}$$

Wir lösen nun das Integral über die Einteilchenoperatoren in die einzelnen Bestandteile für $i = 1,2, \ldots, N$ auf:

$$\begin{aligned}&\iint \ldots \int \Psi(1,2,\ldots,N)^* \hat{g}_{(\mathrm{I})}(1) \Psi(1,2,\ldots,N) \mathrm{d}\tau_1 \mathrm{d}\tau_2 \ldots \mathrm{d}\tau_N \\ &+ \iint \ldots \int \Psi(1,2,\ldots,N)^* \hat{g}_{(\mathrm{I})}(2) \Psi(1,2,\ldots,N) \mathrm{d}\tau_1 \mathrm{d}\tau_2 \ldots \mathrm{d}\tau_N \\ &+ \ldots + \iint \ldots \int \Psi(1,2,\ldots,N)^* \hat{g}_{(\mathrm{I})}(N) \Psi(1,2,\ldots,N) \mathrm{d}\tau_1 \mathrm{d}\tau_2 \ldots \mathrm{d}\tau_N .\end{aligned}$$

Im zweiten dieser Teilintegrale vertauschen wir die Nummern 1 und 2, d. h. wir vertauschen ξ_1 mit ξ_2, und berücksichtigen das Verhalten von $\hat{G}$ sowie von Ψ und Ψ^* bei Teilchen-vertauschung (s. Abschn. 2.5): Ψ und Ψ^* bleiben dabei unverändert (wenn die Teilchen

Bosonen sind) oder wechseln *beide* das Vorzeichen (falls es sich um Fermionen, beispielsweise Elektronen, handelt), und die Einteilchenoperatoren $\hat{g}_{(\mathrm{I})}(i)$ sind alle von gleicher Form (s. oben). Kehren wir nun die Reihenfolge der Integrationen über ξ_1 und ξ_2 um, dann sieht man, dass das zweite Teilintegral mit dem ersten übereinstimmt. Ebenso wird mit den weiteren Integralen verfahren (Vertauschung $3 \leftrightarrow 1, 4 \leftrightarrow 1$ usw.), so dass sich schließlich ergibt:

$$\iint \ldots \int \Psi(1,2,\ldots,N)^* \left(\sum_{i=1}^{N} \hat{g}_{(\mathrm{I})}(i) \right) \Psi(1,2,\ldots,N) \mathrm{d}\tau_1 \mathrm{d}\tau_2 \ldots \mathrm{d}\tau_N$$

$$= N \iint \ldots \int \Psi(1,2,\ldots,N)^* \hat{g}_{(\mathrm{I})}(1) \Psi(1,2,\ldots,N) \mathrm{d}\tau_1 \mathrm{d}\tau_2 \ldots \mathrm{d}\tau_N .$$

Jetzt werden noch folgende Umbenennungen vorgenommen: die Variable ξ_1 bezeichnen wir in Ψ^* mit dem Buchstaben η, der einen Ortsvektor $\boldsymbol{\varkappa}$ und eine Spinvariable ς zusammenfassen möge: $\eta \equiv (\boldsymbol{\varkappa}, \varsigma)$, während in Ψ und $\hat{g}_{(\mathrm{I})}$ der Buchstabe $\xi \equiv (\boldsymbol{r}, \sigma)$ statt ξ_1 benutzt wird; das ist erlaubt, da $\hat{g}_{(\mathrm{I})}$ nur auf ξ_1 in Ψ wirkt. Schließlich nehmen wir $\mathrm{d}\tau \equiv \mathrm{d}V\mathrm{d}\sigma$ statt $\mathrm{d}\tau_1$ und können damit das Integral so schreiben:

$$N \iint \ldots \int \Psi(\eta,\xi_2,\ldots,\xi_N)^* \hat{g}_{(\mathrm{I})}(\xi) \Psi(\xi,\xi_2,\ldots,N) \mathrm{d}\tau \mathrm{d}\tau_2 \ldots \mathrm{d}\tau_N$$

$$= N \int \left\{ \hat{g}_{(\mathrm{I})}(\xi) \int \ldots \int \Psi(\xi,\xi_2,\ldots,\xi_N) \Psi(\eta,\xi_2,\ldots,\xi_N)^* \mathrm{d}\tau_2 \ldots \mathrm{d}\tau_N \right\}_{\eta=\xi} \mathrm{d}\tau .$$

Gemeint ist hier, dass nach Ausführung der Operation $\hat{g}_{(\mathrm{I})}(\xi)$ auf den rechts davon stehenden Ausdruck und Integration über $\xi_2,\ldots,\xi_N$ die Variable η gleich ξ zu setzen ist und dann über ξ integriert wird.[7] Für das innere Integral über $\xi_2,\ldots,\xi_N$, multipliziert mit N, führen wir die folgende Bezeichnung ein:

$$\gamma(\xi|\eta) \equiv N \int \ldots \int \Psi(\xi,\xi_2,\ldots,\xi_N) \cdot \Psi(\eta,\xi_2,\ldots,\xi_N)^* \mathrm{d}\tau_2 \ldots \mathrm{d}\tau_N ; \qquad (3.128)$$

dieser Ausdruck heißt ***reduzierte Dichtematrix erster Ordnung*** (oder auch ***Einteilchen-Dichtematrix***). Damit schreibt sich der Gesamtbeitrag der Einteilchenterme des Operators $\hat{G}$ zum Erwartungswert $\langle G \rangle$ aus Gleichung (3.127) in der Form

$$\iint \ldots \int \Psi(1,2,\ldots,N)^* \left(\sum_i \hat{g}_{(\mathrm{I})}(i) \right) \Psi(1,2,\ldots,N) \mathrm{d}\tau_1 \mathrm{d}\tau_2 \ldots \mathrm{d}\tau_N$$

$$= \int \left\{ \hat{g}_{(\mathrm{I})}(\xi) \gamma(\xi|\eta) \right\}_{\eta=\xi} \mathrm{d}\tau . \qquad (3.129)$$

Mit den Teilchenpaaranteilen im Erwartungswert (3.127) kann man analog verfahren und zeigen, dass alle Beiträge der einzelnen Operatoren $\hat{g}_{(\mathrm{II})}(i,j)$ einander gleich sind, so dass

[7] Alle vorgenommenen Vertauschungen der Reihenfolge von Differentiationen und Integrationen werden als zulässig vorausgesetzt.

sich der Gesamtbeitrag als die Anzahl $N(N-1)/2=\binom{N}{2}$ der Teilchenpaare, multipliziert mit dem Beitrag z. B. des ersten Paares 1,2 ergibt. Das Resultat ist:

$$\int\!\!\int\!...\!\int \Psi(1,2,...,N)^*\left((1/2)\sum_i\sum_{j(\neq i)}\hat{g}_{(\mathrm{II})}(i,j)\right)\Psi(1,2,...,N)\mathrm{d}\tau_1\mathrm{d}\tau_2...\mathrm{d}\tau_N$$
$$=\int\!\!\int\left\{\hat{g}_{(\mathrm{II})}(\xi,\xi')\Gamma(\xi\xi'|\eta\eta')\right\}_{\eta=\xi,\eta'=\xi'}\mathrm{d}\tau\mathrm{d}\tau', \qquad (3.130)$$

wobei in der zweiten Zeile eine Größe $\Gamma(\xi\xi'|\eta\eta')$ eingeführt wurde, die man als ***reduzierte Dichtematrix zweiter Ordnung*** (auch als ***Zweiteilchen- oder Paar-Dichtematrix***) bezeichnet:

$$\Gamma(\xi\xi'|\eta\eta')\equiv\binom{N}{2}\cdot\int\!...\!\int\Psi(\xi,\xi',\xi_3,...,\xi_N)\cdot\Psi(\eta,\eta',\xi_3,...,\xi_N)^*\mathrm{d}\tau_3...\mathrm{d}\tau_N\ . \qquad (3.131)$$

Entsprechend lassen sich auch Dreiteilchen-, Vierteilchen- ... -Dichtematrizen definieren (nach P.-O. Löwdin, 1955, loc. cit. Fußnote 6).

Insgesamt also ergibt sich damit für den Erwartungswert $\langle G\rangle$ der folgende Ausdruck:

$$\langle G\rangle=g_{(0)}+\int\left\{\hat{g}_{(\mathrm{I})}(\xi)\gamma(\xi|\eta)\right\}_{\eta=\xi}\mathrm{d}\tau$$
$$+\int\!\!\int\left\{\hat{g}_{(\mathrm{II})}(\xi,\xi')\Gamma(\xi\xi'|\eta\eta')\right\}_{\eta=\xi,\eta'=\xi'}\mathrm{d}\tau\mathrm{d}\tau'+\ ...\ ; \qquad (3.132)$$

die Punkte stehen für je nach Gestalt des Operators $\hat{G}$ eventuell auftretende Dreiteilchen-, Vierteilchen-, ... -Glieder.

Die Einführung der reduzierten Dichtematrizen mag auf den ersten Blick kompliziert und formal erscheinen, liefert aber Ausdrücke (3.132), die in ihrer Struktur sehr viel einfacher sind als die Integrale (3.125) über $4N$ Variable. So ist die Einteilchen-Dichtematrix (3.128) eine Funktion von 8, die Zweiteilchen-Dichtematrix (3.131) eine Funktion von 16 Variablen, und wir haben in Gleichung (3.132) entsprechend ein Vierfachintegral (genauer: ein Dreifachintegral über die räumlichen Variablen und eine Spinsummation) sowie ein Achtfachintegral (Sechsfachintegral über die räumlichen Variablen und zwei Spinsummationen), und zwar alles unabhängig von der Teilchenzahl N. Damit ist offenbar die Formulierung von Erwartungswerten auf die *unbedingt notwendige Information* über das System reduziert. Leider aber gibt es bisher kein allgemeines Verfahren, um solche Dichtematrizen erster und zweiter Ordnung direkt, ohne vorherige Kenntnis der Wellenfunktion, zu bestimmen; das gelingt nur in bestimmten Näherungen, worauf wir später noch zurückkommen.

Die Bezeichnung "Matrix" tragen die Größen (3.128) und (3.131) auf Grund einer Analogie zu Matrizen, wie sie üblicherweise verstanden werden (s. [II.1]). Deren Elemente sind durch zwei diskrete Indizes gekennzeichnet, die bestimmte Bereiche ganzer Zahlen durchlaufen, während die Dichtematrix erster Ordnung $\gamma(\xi|\eta)$ von zwei kontinuierlich veränderlichen Variablen (eigentlich Variablensätzen Ort + Spin) ξ und η, die Dichtematrix zweiter Ordnung $\Gamma(\xi\xi'|\eta\eta')$ von zwei Variablensatz-Paaren abhängt. Entsprechend lassen sich die Eigenschaften gewöhnlicher Matrizen sowie ihre Rechenregeln auf Dichtematrizen verallgemeinern: So versteht man unter dem Diagonalelement der Dichtematrix $\gamma(\xi \mid \eta)$ die Funktion $\gamma(\xi \mid \xi)$, und die Spur der Dichtematrix $\gamma(\xi \mid \eta)$ ist durch das Integral $\mathrm{Sp}\gamma \equiv \int \gamma(\xi \mid \xi)\mathrm{d}\tau$ definiert. Gilt $\gamma(\xi \mid \eta) = \gamma(\eta \mid \xi)^*$, so heißt die Dichtematrix hermitesch. Auch auf die Dichtematrix zweiter Ordnung $\Gamma(\xi\xi' \mid \eta\eta')$ lassen sich solche Begriffsbildungen anwenden. Sie (und ebenso Dichtematrizen höherer Ordnung) sind bei Teilchenvertauschung *innerhalb* der beiden Variablensätz $\xi, \xi', \ldots$ und $\eta, \eta', \ldots$ symmetrisch bzw. antisymmetrisch, je nachdem ob es sich um Bosonen oder um Fermionen handelt; für Elektronen gilt z. B.

$$\Gamma(\xi'\xi \mid \eta\eta') = -\Gamma(\xi\xi' \mid \eta\eta') . \tag{3.133}$$

Übrigens können auch für Wellenfunktionen ohne definierte Vertauschungssymmetrie, etwa für ein einfaches Produkt wie in Gleichung (2.198), Dichtematrizen definiert werden.

In der gleichen Weise lassen sich sogenannte *Übergangsdichtematrizen* bilden, indem etwa im Ausdruck (3.128) im Integranden $\Psi_A \cdot \Psi_B{}^*$ anstelle von $\Psi \cdot \Psi^*$ geschrieben wird.

Die Diagonalelemente der Dichtematrizen erster und zweiter Ordnung haben, wie man leicht anhand der Definitionen verifiziert, folgende *physikalische Bedeutung*:

$\gamma(\boldsymbol{r}\sigma \mid \boldsymbol{r}\sigma)\mathrm{d}V$ = Anzahl N der Teilchen, multipliziert mit der Wahrscheinlichkeit, eines von ihnen mit dem Spin σ im Volumenelement $\mathrm{d}V$ am Ort $\boldsymbol{r}$ zu finden, bei beliebigen Positionen und Spins der übrigen $N-1$ Teilchen; dementsprechend hat man die *Normierung*

$$\int \gamma(\xi \mid \xi)\mathrm{d}\tau \equiv \mathrm{Sp}\gamma = N . \tag{3.134}$$

$\Gamma(\boldsymbol{r}\sigma, \boldsymbol{r}'\sigma' \mid \boldsymbol{r}\sigma, \boldsymbol{r}'\sigma')\mathrm{d}V\mathrm{d}V'$ = Anzahl $\binom{N}{2} = N(N-1)/2$ der Teilchenpaare, multipliziert mit der Wahrscheinlichkeit, eines der Teilchen mit dem Spin σ im Volumenelement $\mathrm{d}V$ am Ort $\boldsymbol{r}$ und gleichzeitig ein anderes Teilchen mit dem Spin σ' im Volumenelement $\mathrm{d}V'$ am Ort $\boldsymbol{r}'$ zu finden, bei beliebigen Positionen und Spins der übrigen $N-2$ Teilchen; für die *Normierung* gilt

$$\iint \Gamma(\xi, \xi' \mid \xi, \xi')\mathrm{d}\tau\mathrm{d}\tau' = \binom{N}{2} . \tag{3.135}$$

Die in Abschnitt 2.5 besprochene *Fermi-Korrelation* in einem System aus N Elektronen manifestiert sich in der Paar-Dichtematrix, für die infolge ihrer Antisymmetrie gilt:

$$\Gamma(\boldsymbol{r}\sigma, \boldsymbol{r}'\sigma \mid \boldsymbol{r}\sigma, \boldsymbol{r}'\sigma) \to 0 \quad \text{für} \quad \boldsymbol{r}' \to \boldsymbol{r} . \tag{3.136}$$

Schließlich definieren wir noch die *spinfreien, räumlichen Dichtematrizen* erster Ordnung, indem wir die Spinvariablen von $\xi \equiv (\boldsymbol{r}, \sigma)$ und $\eta \equiv (\boldsymbol{\varkappa}, \varsigma)$ gleichsetzt, also $\varsigma = \sigma$, und über die beiden Spineinstellungen summiert:

$$\sum\nolimits_{\sigma=+1/2,-1/2} \gamma(\boldsymbol{r}\sigma \mid \boldsymbol{\varkappa}\sigma) \equiv \rho(\boldsymbol{r} \mid \boldsymbol{\varkappa}) ; \tag{3.137}$$

deren Diagonalelement,

$$\rho(\boldsymbol{r}) \equiv \rho(\boldsymbol{r}|\boldsymbol{r}), \tag{3.138}$$

gibt die mit N multiplizierte *räumliche Dichteverteilung der Aufenthaltswahrscheinlichkeit* irgendeines der Teilchen (bei beliebiger Spinorientierung) an. Analog kann man die *räumliche Paar-Dichtematrix* definieren:

$$\sum\nolimits_{\sigma=+1/2,-1/2}\sum\nolimits_{\sigma'=+1/2,-1/2}\Gamma(\boldsymbol{r}\sigma,\boldsymbol{r}'\sigma'|\boldsymbol{\varkappa}\sigma,\boldsymbol{\varkappa}'\sigma') \equiv P(\boldsymbol{r},\boldsymbol{r}'|\boldsymbol{\varkappa},\boldsymbol{\varkappa}'). \tag{3.139}$$

Zur Illustration betrachten wir den Fall eines molekularen Zweielektronensystems. Der Ausdruck

$$\mathrm{d}W(\boldsymbol{r}_1,\sigma_1;\boldsymbol{r}_2,\sigma_2) = |\Psi(\boldsymbol{r}_1,\sigma_1;\boldsymbol{r}_2,\sigma_2)|^2\,\mathrm{d}V_1\mathrm{d}\sigma_1\mathrm{d}V_2\mathrm{d}\sigma_2 \tag{3.140}$$

liefert die detailliertest-mögliche Aussage über ein im Zustand Ψ befindliches Zweielektronensystem, nämlich die Wahrscheinlichkeit dafür, das eine der beiden Elektronen mit dem Spin σ_1 im Volumenelement $\mathrm{d}V_1$ am Ort $\boldsymbol{r}_1$ und zugleich das andere mit dem Spin σ_2 im Volumenelement $\mathrm{d}V_2$ am Ort $\boldsymbol{r}_2$ anzutreffen. Es wird nun über jeweils beide Einstellmöglichkeiten der beiden Spins summiert, was leicht auszuführen ist, weil die Wellenfunktion Ψ als Produkt eines Ortsanteils und eines Spinanteils geschrieben werden kann: $\Psi(\boldsymbol{r}_1,\sigma_1;\boldsymbol{r}_2,\sigma_2) = \Phi(\boldsymbol{r}_1,\boldsymbol{r}_2)\cdot X(\sigma_1,\sigma_2)$, der Spinanteil etwa in Form der in Abschnitt 3.2.3 konstruierten Zweielektronen-Spinfunktionen. So erhält man die *räumliche* Paar-Wahrscheinlichkeit

$$\mathrm{d}W(\boldsymbol{r}_1,\boldsymbol{r}_2) = |\Phi(\boldsymbol{r}_1,\boldsymbol{r}_2)|^2\,\mathrm{d}V_1\mathrm{d}V_2, \tag{3.141}$$

und damit die zur oben formulierten entsprechende Aussage, nur dass die beiden Elektronen beliebige Spins haben können.
Wird nun diese räumliche Paar-Wahrscheinlichkeit über alle Positionen eines der Elektronen, etwa des Elektrons mit dem Index 2, aufsummiert (d. h. über $\boldsymbol{r}_2$ integriert), und mit der Anzahl der Elektronen ($N = 2$) multipliziert, so ergibt sich

$$\left(2\int|\Phi(\boldsymbol{r}_1,\boldsymbol{r}_2)|^2\mathrm{d}V_2\right)\mathrm{d}V_1 \equiv \rho(\boldsymbol{r}_1)\mathrm{d}V_1; \tag{3.142}$$

dies ist die Anzahl der Elektronen (hier also 2), multipliziert mit der Wahrscheinlichkeit, eines der beiden Elektronen mit beliebigem Spin im Volumenelement $\mathrm{d}V_1$ am Ort $\boldsymbol{r}_1$ zu finden, bei beliebiger Position und beliebigem Spin des anderen Elektrons. Wir hätten ebensogut das Elektron mit dem Index 2 auswählen können und das gleiche Resultat erhalten, da das Pauli-Prinzip in der Wellenfunktion Ψ bzw. Φ berücksichtigt ist; der Index 1 im Ausdruck (3.142) kann daher entfallen. Die so gefundene (*Wahrscheinlichkeits-*) *Dichtefunktion* ρ ist nichts anderes als das oben definierte Diagonalelement der räumlichen Dichtematrix erster Ordnung für den Zweielektronenfall.

Übungsaufgaben zu Kapitel 3

ÜA 3.1 Man leite die Vertauschungsrelationen für die Operatoren
a) x und $\hat{p}_x$; b) $\hat{l}_x$, $\hat{l}_y$ und $\hat{l}_z$ (paarweise) her.

ÜA 3.2 Es ist zu prüfen, ob die Operatoren x, $V(x)$, $\partial/\partial x$, $\hat{p}_x$ und $\hat{p}_x{}^2$ hermitesch sind.

ÜA 3.3 Man zeige, dass der Zusammenhang zwischen zwei orthonormierten Funktionensätzen durch eine unitäre Transformation hergestellt wird.

ÜA 3.4 Welche Erhaltungsgrößen besitzt das H-Atom
a) in nichtrelativistischer Näherung (ohne Spin-Bahn-Wechselwirkung) gemäß Abschnitt 2.2.3?
b) mit Spin-Bahn-Wechselwirkung, Gleichung (3.96)?

ÜA 3.5 Berechnen Sie die Erwartungswerte
a) der Koordinate x für den Grundzustand eines Teilchens im eindimensionalen Kasten mit undurchdringlichen Wänden;
b) der Radialkoordinate r für das Elektron des H-Atoms im Grundzustand.

ÜA 3.6 Für einen Potentialkasten mit undurchdringlichen Wänden sind die Erwartungswerte $\langle T \rangle_n$ und $\langle V \rangle_n$ der kinetischen und der potentiellen Energie mit den Eigenfunktionen (2.80) zu berechnen und die Gültigkeit des Energiesatzes in der Form $E_n = \langle T \rangle_n + \langle V \rangle_n$ zu zeigen.

ÜA 3.7 Man leite mittels der Bahndrehimpuls-Vertauschungsrelationen (3.73a-c) und (3.74a-c) für den Einteilchenfall die entsprechenden Vertauschungsrelationen (3.103a-c) und (3.105) für den Mehrteilchenfall her.

ÜA 3.8 Es ist zu zeigen, dass die Eigenfunktionen (3.117a-c) und (3.118) zum Betragsquadrat und zur z-Komponente des Gesamtspins zweier Elektronen normiert und untereinander orthogonal sind.

Ergänzende Literatur zu Kapitel 3

Für Abschnitt 3.1 gilt wie für Kapitel 2, dass der Inhalt auch in den Standardwerken der Quantenmechanik mehr oder weniger ausführlich behandelt wird (s. etwa [I.1] – [I.3], auch z. B. in [I.4a]). Zu den Abschnitten 3.2 – 3.4 sind im Text Literaturhinweise gegeben.

4 Grundzüge der Näherungsmethoden

In den vorangegangenen Kapiteln wurden grundlegende Konzepte und Phänomene der Quantenchemie behandelt und das "für den Hausgebrauch" wichtigste mathematische Instrumentarium bereitgestellt, so dass wir mit Begriffen wie Eigenwertproblem, Wellenfunktion, Entwicklungsansatz und dergleichen umgehen können. Damit verfügen wir allerdings noch längst nicht über alle benötigten Mittel, um für ein gegebenes System (etwa ein bestimmmtes Molekül) nach Aufstellen der Schrödinger-Gleichung und Formulierung der Randbedingungen die möglichen Wellenfunktionen sowie interessierende physikalische Größen (etwa das elektrische Dipolmoment) zu berechnen oder Aussagen über die Art der Bindung zu machen.

Tatsächlich hat sich nach ersten Versuchen, die Quantenmechanik auf molekulare Systeme anzuwenden, bald gezeigt, dass die Möglichkeiten, eine molekulare Schrödinger-Gleichung *exakt* zu lösen[1], außerordentlich eng begrenzt sind. Nur für einfachste Systeme (wie z. B. wasserstoffähnliche Atome bzw. Ionen bei festgehaltenem Kern) oder Modelle (wie den harmonischen Oszillator, den starren Rotator oder ein Teilchen im eindimensionalen Potentialkasten) gelingt, wie wir gesehen hatten, die exakte Bestimmung von Wellenfunktionen; für Systeme von chemischer Relevanz erscheint die Lage vollkommen hoffnungslos. Die Schwierigkeiten rühren daher, dass mit der Anzahl $N = N^{\mathrm{k}} + N^{\mathrm{e}}$ der beteiligten Atomkerne und Elektronen die Anzahl $f = 4N$ der Freiheitsgrade des Systems ($3N$ räumliche Freiheitsgrade plus für jedes Teilchen noch der Spin) rasch anwächst. Nehmen wir ein einfaches Molekül wie H_2O ($N^{\mathrm{k}} = 3,\ N^{\mathrm{e}} = 10$), so haben wir es bereits mit 39 räumlichen Freiheitsgraden zu tun; hinzu kommen 13 Spinvariable und gegebenenfalls, wenn die Zeitabhängigkeit explizite einbezogen werden soll, noch die Zeitvariable. Partielle Differentialgleichungen wie die Schrödinger-Gleichung mit derart vielen Variablen sind mathematisch außerordentlich kompliziert, und an exakte Lösungen ist nicht zu denken. Man benötigt "gute Modelle", die es gestatten, das Problem so stark zu vereinfachen, dass es lösbar wird – und zwar am besten mit einer Abschätzung der infolge der Vereinfachung entstandenen Fehler und mit der Möglichkeit, diese Fehler nachträglich zu korrigieren oder wenigstens abzumildern.

Bei der Suche nach solchen Modellen und entsprechenden *Näherungsmethoden* ist es ratsam, sich nicht nur von mathematischen Gesichtspunkten leiten zu lassen, sondern auch empirisch gewonnene und durch die Erfahrung gesicherte Kenntnisse über molekulare Systeme, z. B. die Struktur von Molekülen und ihre Spektren, zu nutzen, um auf diese Weise zu erreichen, dass die erhaltenen Näherungslösungen mit den bewährten qualitativen Konzepten der Chemie korrespondieren und entsprechend interpretiert werden können.

Das vorliegende Kapitel behandelt eine Strategie zur Vereinfachung des molekularen Mehrteilchenproblems sowie Grundzüge der wichtigsten Verfahren ihrer praktischen Umsetzung.

---

[1] Von *exakter* Lösung sprechen wir dann, wenn für die Wellenfunktion ein geschlossener mathematischer Ausdruck oder eine Reihenentwicklung mit bekanntem Bildungsgesetz der Glieder angegeben werden kann, so dass sich Folgegrößen, etwa Erwartungswerte, mit *im Prinzip* beliebig hoher Genauigkeit berechnen lassen.

4.1 Allgemeine Strategie: Konzepte zur Problemvereinfachung

Zur Formulierung der Schrödinger-Gleichung für ein molekulares System wird zuerst ein raumfestes ("laborfestes") kartesisches Koordinatensystem Σ gewählt (s. Abb. 4.1, linker Teil), in welchem die Positionen der N^{k} Kerne durch die Ortsvektoren $\boldsymbol{R}_1, \boldsymbol{R}_2, \ldots, \boldsymbol{R}_{N^{\mathrm{k}}}$ und die Positionen der N^{e} Elektronen durch die Ortsvektoren $\boldsymbol{r}_1, \boldsymbol{r}_2, \ldots, \boldsymbol{r}_{N^{\mathrm{e}}}$ gegeben sind.

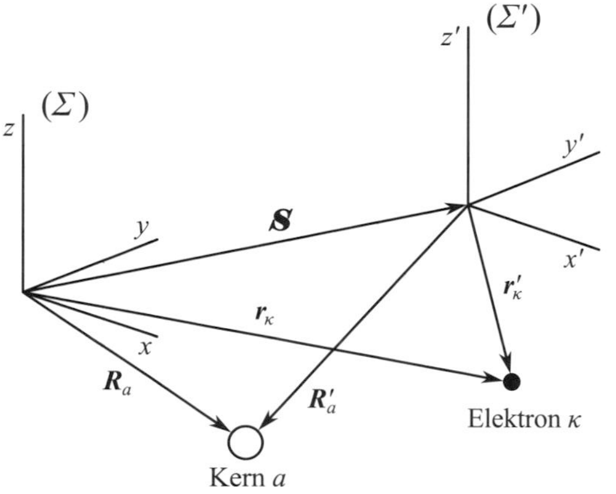

Abb. 4.1
Raumfestes (RF) Bezugssystem Σ und im Gesamtschwerpunkt $\boldsymbol{S}$ zentriertes (SF) Bezugssystem Σ'

Für die Numerierung der Kerne verwenden wir lateinische Indizes $a, b, \ldots$ und für die Elektronen griechische Indizes $\kappa, \lambda, \ldots$ Ein Kern a trägt die Ladung $Z_a \bar{e}$ ($\bar{e}$ ist der Betrag der Elementarladung) und hat die Masse m_a; die Elektronen haben einheitlich die Ladung $-\bar{e}$ und die Masse m_{e}. Zur Vereinfachung der Schreibweise werden wir häufig die $3N^{\mathrm{k}}$ Ortskoordinaten $X_1, Y_1, Z_1, X_2, \ldots, Z_{N^{\mathrm{k}}}$ bzw. die N^{k} Ortsvektoren $\boldsymbol{R}_1, \boldsymbol{R}_2, \ldots, \boldsymbol{R}_{N^{\mathrm{k}}}$ der Kerne in einem $3N^{\mathrm{k}}$-dimensionalen Vektor $\boldsymbol{R}$ zusammenfassen; entsprechend benutzen wir für die $3N^{\mathrm{e}}$ Ortskoordinaten $x_1, y_1, z_1, x_2, \ldots, z_{N^{\mathrm{e}}}$ bzw. die N^{e} Ortsvektoren $\boldsymbol{r}_1, \boldsymbol{r}_2, \ldots, \boldsymbol{r}_{N^{\mathrm{e}}}$ der Elektronen den $3N^{\mathrm{e}}$-dimensionalen Vektor $\boldsymbol{r}$.

Wir beschränken uns in diesem Kapitel auf die *nichtrelativistische Näherung*, d.h. die Teilchen üben nur Coulomb-Kräfte aufeinander aus.

Die Aufstellung der Schrödinger-Gleichung erfolgt nach dem allgemeinen Arbeitsrezept in Abschnitt 2.1.3, indem wir den nichtrelativistischen Hamilton-Operator $\hat{H}$ [Gl. (2.43) für Kerne *und* Elektronen] aufschreiben; dieser wirkt nicht auf die Spinvariablen der Teilchen. Infolgedessen kann man nach der inzwischen mehrfach benutzten Argumentation die Ortsabhängigkeit und die Spinabhängigkeit separieren, d. h. die gesamte, von allen Ortskoordinaten $\boldsymbol{R}, \boldsymbol{r}$ und allen Spinvariablen $\boldsymbol{\sigma}$ der Teilchen sowie von der Zeit abhängende Wellenfunktion $\Omega(\boldsymbol{R}, \boldsymbol{r}, \boldsymbol{\sigma}; t)$ als Produkt eines Ortsanteils $\Theta(\boldsymbol{R}, \boldsymbol{r}; t)$ und eines Spinanteils $X(\boldsymbol{\sigma})$ ansetzen.

Der Spinanteil fällt aus der Betrachtung heraus (wie ein konstanter Faktor), über ihn bekommen wir keine Aussage (s. hierzu Abschn. 3.2); der Ortsanteil $\Theta(\boldsymbol{R},\boldsymbol{r};t)$ genügt der zeitabhängigen Schrödinger-Gleichung (2.43):

$$\left\{\hat{H} - \mathrm{i}\hbar\left(\partial/\partial t\right)\right\}\Theta(\boldsymbol{R},\boldsymbol{r};t) = 0\,. \tag{4.1}$$

Der nichtrelativistische Hamilton-Operator $\hat{H}$ ist

$$\hat{H} = \hat{T}^{\mathrm{k}} + \hat{T}^{\mathrm{e}} + V^{\mathrm{kk}}(\boldsymbol{R}) + V^{\mathrm{ke}}(\boldsymbol{R},\boldsymbol{r}) + V^{\mathrm{ee}}(\boldsymbol{r}) \tag{4.2}$$

mit den Operatoren der kinetischen Energie der Kerne bzw. Elektronen:

$$\hat{T}^{\mathrm{k}} = -(\hbar^2/2)\sum\nolimits_{a=1}^{N^{\mathrm{k}}}(1/m_a)\hat{\Delta}_a\,, \tag{4.3a}$$

$$\hat{T}^{\mathrm{e}} = -(\hbar^2/2m_{\mathrm{e}})\sum\nolimits_{\kappa=1}^{N^{\mathrm{e}}}\hat{\Delta}_\kappa \tag{4.3b}$$

(wobei der Index an den $\hat{\Delta}$-Operatoren die Nummer des Kerns bzw. Elektrons anzeigt, auf dessen Koordinaten $\hat{\Delta}$ wirkt) und den Potentialanteilen

$$V^{\mathrm{kk}}(\boldsymbol{R}) = \bar{e}^2\sum\nolimits_{a<b}^{N^{\mathrm{k}}-1}\sum\nolimits_{b=1}^{N^{\mathrm{k}}}\left(Z_a Z_b/\left|\boldsymbol{R}_a - \boldsymbol{R}_b\right|\right), \tag{4.3c}$$

$$V^{\mathrm{ke}}(\boldsymbol{R},\boldsymbol{r}) = -\bar{e}^2\sum\nolimits_{a=1}^{N^{\mathrm{k}}}\sum\nolimits_{\kappa=1}^{N^{\mathrm{e}}}\left(Z_a/\left|\boldsymbol{R}_a - \boldsymbol{r}_\kappa\right|\right), \tag{4.3d}$$

$$V^{\mathrm{ee}}(\boldsymbol{r}) = \bar{e}^2\sum\nolimits_{\kappa<\lambda}^{N^{\mathrm{e}}-1}\sum\nolimits_{\lambda=1}^{N^{\mathrm{e}}}\left(1/\left|\boldsymbol{r}_\kappa - \boldsymbol{r}_\lambda\right|\right) \tag{4.3e}$$

für die paarweisen Coulomb-Wechselwirkungen Kerne–Kerne, Kerne–Elektronen und Elektronen–Elektronen.

Das *strategische Konzept* besteht nun darin zu versuchen, das Problem, die sehr komplizierte Schrödinger-Gleichung (4.1) mit dem Hamilton-Operator (4.2) und dessen Anteilen (4.3a-e) zu lösen, in leichter zu behandelnde Teilprobleme zu zerlegen. Hierzu wird auf Grund physikalischer und chemischer Argumente das Gesamtsystem $\mathcal{S}$ mit seinen $f = 3N^{\mathrm{k}} + 3N^{\mathrm{e}}$ räumlichen Freiheitsgraden in ***Subsysteme*** aufgeteilt, die weniger Freiheitsgrade haben und daher für sich genommen einfacher zu behandeln sind. Eine solche Auftrennung des Gesamtsystems ist in der Regel nicht ohne Vernachlässigungen und Veränderungen möglich, wenn die Subsysteme eigentlich untereinander in Wechselwirkung stehen und sich gegenseitig beeinflussen. Die entstehenden Fehler sollten grundsätzlich nachträglich korrigierbar sein.

Die in einem ersten Schritt erhaltenen Subsysteme können (oder müssen) dann vielleicht noch weiter unterteilt werden, bis man zu traktablen Problemen kommt. So entsteht eine ***Hierarchie von Näherungsstufen***, von der man erwartet, dass sie in ihrer Gesamtheit das komplexe System in seinen *wesentlichen* Grundzügen richtig beschreibt.

Das Konzept, ein System in Subsysteme aufzuteilen und diese getrennt zu behandeln, hatten wir bereits in Kapitel 2 verwendet (s. Abschn. 2.5, auch Abschn. 2.3.2 und 2.3.3). Nehmen wir an, ein System $\mathcal{S}$, beschrieben durch Variable, die wir in einem mehrkomponentigen Vektor $\boldsymbol{x}$ zusammenfassen, wird in zwei Subsysteme $\mathcal{S}_1$ und $\mathcal{S}_2$ zerlegt derart, dass die Variablen $\boldsymbol{x}_1$ das Subsystem $\mathcal{S}_1$ und $\boldsymbol{x}_2$ das

Subsystem $\mathcal{S}_2$ beschreiben mit $\{ \boldsymbol{x}_1 , \boldsymbol{x}_2 \} = \boldsymbol{x}$. Der zum Gesamtsystem $\mathcal{S}$ gehörende, als zeitunabhängig vorausgesetzte Hamilton-Operator $\hat{H}$ möge sich additiv aus den Hamilton-Operatoren $\hat{H}_1$ (wirkt auf $\boldsymbol{x}_1$) und $\hat{H}_2$ (wirkt auf $\boldsymbol{x}_2$) zusammensetzen: $\hat{H} = \hat{H}_1 + \hat{H}_2$.

Die zeitunabhängige Schrödinger-Gleichung $\hat{H}\Psi = E\Psi$ lässt sich bei dieser Aufteilung des Systems in zwei nicht miteinander wechselwirkende Subsysteme *exakt* durch einen Produktansatz lösen: $\Psi(\boldsymbol{x}_1, \boldsymbol{x}_2) = \psi(\boldsymbol{x}_1) \cdot \psi(\boldsymbol{x}_2)$ (s. etwa Abschn. 2.5.2). Aus der Schrödinger-Gleichung $\hat{H}\Psi = E\Psi$ ergeben sich damit zwei unabhängige Schrödinger-Gleichungen, eine für jedes Subsystem: $\hat{H}_1\psi_1 = E_1\psi_1$ und $\hat{H}_2\psi_2 = E_2\psi_2$; es gilt $E_1 + E_2 = E$.

Unter den gegebenen Voraussetzungen sind die beiden Hamilton-Operatoren $\hat{H}_1$ und $\hat{H}_2$ vertauschbar, da sie auf unterschiedliche Variable wirken: $[\hat{H}_1, \hat{H}_2] = 0$.

Der Hamilton-Operator $\hat{H}$ wurde als zeitunabhängig vorausgesetzt: die Energie E ist daher eine Erhaltungsgröße (s. Abschn. 3.1.6). Auch E_1 und E_2 für sich sind Erhaltungsgrößen, denn $\hat{H}_1$ und $\hat{H}_2$ sind ebenfalls zeitunabhängig und mit $\hat{H}$ vertauschbar: $[\hat{H}_1, \hat{H}] = [\hat{H}_1, \hat{H}_1 + \hat{H}_2] = [\hat{H}_1, \hat{H}_2] = 0$, analog für $\hat{H}_2$. In diesem Sinne könnte man auch die Vertauschbarkeit der beiden Hamilton-Operatoren, $[\hat{H}_1, \hat{H}_2] = 0$, als Kriterium für die exakte Separierbarkeit der beiden Subsysteme nehmen. Ist dieses Kriterium nicht erfüllt, hat man also $[\hat{H}_1, \hat{H}_2] \neq 0$, dann kann eine Separation nur näherungsweise erreicht werden.

Dieses zunächst recht formal aussehende Konzept soll anhand eines Schemas (Abb. 4.2) näher erläutert werden; dabei benennen wir bereits einige Begriffe und Methoden, die erst in den Teilen 2 bis 4 genauer charakterisiert, begründet und angewendet werden.

Den Anfang bildet gewöhnlich eine Maßnahme, die oft etwas lax behandelt wird, obwohl sie so trivial nicht ist: die ***Separation der Schwerpunktsbewegung***. Wir geben hier zunächst eine kurze Zusammenfassung und gehen in Abschnitt 4.1 näher darauf ein. Vorausgesetzt wird, das betrachtete molekulare *System sei isoliert*, unterliege also keinen äußeren Kräften; dann bewegt es sich als Ganzes geradlinig und gleichförmig (d. h. mit konstanter Geschwindigkeit).

In klassisch-mechanischer Beschreibung ist das sehr leicht zu sehen (s. Anhang A2.3.2), es gilt aber auch in der Quantenmechanik (s. Abschn. 4.2 und Anhang A5.2). Diese gleichförmige Translation des Gesamtsystems, die auf die inneren Eigenschaften (Strukturen, Spektren, ablaufende Prozesse etc.) keinen Einfluss hat, wird abgetrennt (Stufe I in Abb. 4.2). Das ist *exakt* durchführbar und ermöglicht es, die Anzahl der zu berücksichtigenden Freiheitsgrade um drei (soviel wie nötig sind, um die Position des Schwerpunkts festzulegen) zu reduzieren, wobei die Form des Hamilton-Operators im Wesentlichen erhalten bleibt.

Auch die Rotation des isolierten Teilchensystems als Ganzes kann prinzipiell exakt eliminiert werden, was nochmals drei Freiheitsgrade für die weitere Behandlung einsparen würde; dieser Schritt wird jedoch in der Regel nicht getan (s. unten).

Die für die gesamte molekulare Quantenmechanik wichtigste Näherung (Stufe II in Abb. 4.2) besteht darin, die Gesamtheit der Teilchen des Systems in zwei Subsysteme zu zerlegen, von denen das eine die Elektronen und das andere die Atomkerne umfasst, und diese beiden Subsysteme für sich zu behandeln (sog. ***Born-Oppenheimer-Separation***).

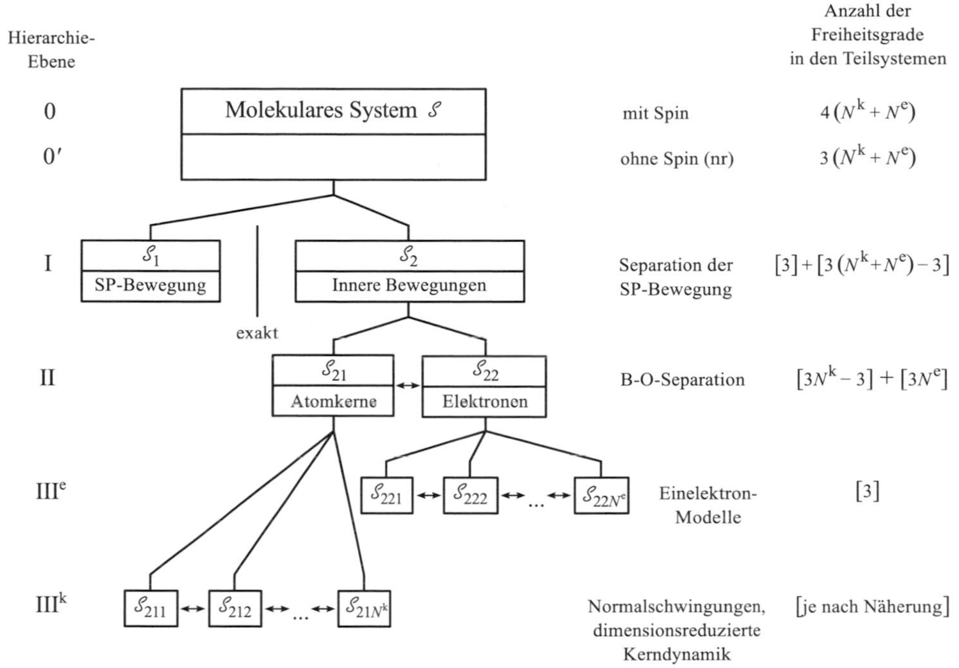

Abb. 4.2 Modell-Hierarchie

Da die Bewegungen der Elektronen und der Kerne durch die Coulomb-Wechselwirkungen miteinander verkoppelt sind, wäre eine völlige Trennung sicher keine guter Näherung. Die Wechselwirkung der beiden Subsysteme muss also in geeigneter Weise von Anfang an einbezogen bleiben; wie das zu machen ist, wird eine phänomenologische Betrachtung anhand charakteristischer Zeiten (s. Abschn. 4.3.2.1) für die Bewegungen in den beiden Teilsystemen zeigen. Man gelangt so zu einer Beschreibung, die als *adiabatische Näherung* bezeichnet wird.

Auch nach diesem Näherungsschritt sind die zu lösenden Probleme noch außerordentlich kompliziert, so dass man für beide Teilsysteme, Kerne und Elektronen, weitere Vereinfachungen vornehmen muss. Das kann ebenfalls nach der Strategie der Aufteilung in Teilsysteme erfolgen: Für die *Elektronen* wäre etwa zu versuchen, sinnvolle Einteilchenmodelle zu formulieren (IIIe); das führt zur *Hartree-Fock-Näherung* oder auch zu einfacheren Varianten, worauf wir in den folgenden Kapiteln (insbesondere in Kap. 7 – 9) ausführlich zu sprechen kommen. Für die *Kerne* (III^k) kann man versuchen, die Gesamtrotation des Kerngerüstes und die "internen" Bewegungen der Kerne (relativ zueinander) getrennt zu behandeln (s. Kap. 11). Letztere lassen sich, wenn man es mit gebundenen Zuständen zu tun hat, oft in eindimensionale Probleme vom Typ des linearen harmonischen Oszillators zerlegen (*Normalschwingungen*).

Zur Beschreibung von strukturellen molekularen Veränderungen (chemischen Reaktionen) lassen sich zuweilen Näherungen formulieren, in denen auf der Grundlage einer adiabatischen

Separation die an einer Umlagerung wesentlich beteiligten Freiheitsgrade von den übrigen, weniger relevanten Freiheitsgraden abgetrennt werden (s. Kap. 14 und 15).

Das hier skizzierte Konzept der stufenweisen Reduktion der Komplexität des Problems (oft auch kurz als ***Dimensionsreduktion*** bezeichnet) bietet einen für die gesamte Theorie molekularer Systeme wichtigen Zugang nicht nur zu praktikablen Methoden, um Rechnungen durchzuführen und Voraussagen zu machen, sondern auch, wie wir noch sehen werden, zum Verständnis dessen, wie chemische Strukturen zustandekommen und wodurch chemische Prozesse bewirkt und bestimmt werden.

Mit dem Konzept der Dimensionsreduktion ist allerdings ein grundsätzliches Problem verbunden, nämlich das der *Messbarkeit* physikalischer Größen. Messungen etwa des elektrischen Dipolmoments eines Moleküls beziehen sich stets auf das *Molekül als Ganzes*. Bei einer Zerlegung des Systems in Subsysteme werden aber Näherungen vorgenommen und Größen für Subsysteme definiert, z. B. für einzelne Elektronen der Elektronenhülle eines Moleküls. Grundsätzlich haben solche Größen (etwa der Beitrag der Elektronenhülle eines Moleküls zum Dipolmoment) nur im Rahmen der jeweiligen Näherung Bedeutung und sind experimentell nicht zugänglich. Weitere Hinweise zum Problem in [I.4b].

Bei der Kennzeichnung der Durchführung von Näherungsansätzen wird häufig der Zusatz *ab initio* (in der englischsprachigen Literatur auch: *from first principles*, im Sinne von: direkt abgeleitet aus den Grundgesetzen der Quantenmechanik) gebraucht. Die Bedeutung dieser Bezeichnung wird oft nicht scharf definiert. Wir wollen daher jetzt die Terminologie festlegen, wie sie im Folgenden benutzt wird.

Die Bezeichnung ***ab initio*** bezieht sich immer auf eine bestimmte Stufe in der Näherungshierarchie, und zwar müssen drei Kriterien erfüllt sein (s. auch [I.4b]):

(i) Außer den Kenngrößen Masse, Ladung und Spin der relevanten Teilchen (Kerne, Elektronen) sowie den Naturkonstanten h (Planck-Konstante) und c (Lichtgeschwindigkeit im Vakuum) gehen keine empirischen Parameter in die Bewegungsgleichungen ein, und im Laufe von Berechnungen werden keine Anpassungen an experimentelle Daten vorgenommen.

Unter diesen Voraussetzungen spricht man von einer *nichtempirischen* Beschreibung.

(ii) Auf der gewählten Näherungsstufe gelten die quantenmechanischen Bewegungsgleichungen. Der Hamilton-Operator beinhaltet *alle* Wechselwirkungen, denen die in der Näherung berücksichtigten Teilchen unterliegen. Das sind z. B. nach der Born-Oppenheimer-Separation und in nichtrelativistischer Näherung für das Elektronensystem alle Coulomb-Wechselwirkungen Elektron – Elektron und Elektron – Kern.

(iii) Alle vorgenommenen Näherungen lassen sich grundsätzlich aufheben, und näherungsbedingte Fehler können in systematischer Weise korrigiert werden.

Man beachte aber, dass alle Ab-initio-Methoden zur Beschreibung eines Elektronensystems auf dem Niveau der nichtrelativistischen Quantenmechanik oder der relativistisch ergänzten Quantenmechanik (s. Abschn. 9.4) den Spin und das Pauli-Prinzip als empirische Elemente enthalten (s. Abschn. 2.5).

Die folgenden Abschnitte dieses Kapitels behandeln die Grundzüge der wichtigsten Methoden, die jeweils auf bestimmten Stufen der Hierarchie zum Einsatz gebracht werden können.

4.2 Separation der Schwerpunktsbewegung

Die chemisch und physikalisch relevanten Eigenschaften eines *isolierten* molekularen Systems[2], wie etwa die Molekülstruktur, die Bindungsverhältnisse oder auch der Ablauf und die Ergebnisse eines Stoßes zweier Moleküle, werden nur von den *paarweisen gegenseitigen Wechselwirkungen* und den Bewegungen der Kerne und Elektronen relativ zueinander bestimmt, nicht aber von der Lage und einer eventuellen gleichförmigen Translation des Gesamtsystems im Raum. Dementsprechend hängt die potentielle Energie eines solchen Systems nur von den Positionen der Kerne und Elektronen relativ zueinander ab, also von den Differenzen ihrer Ortsvektoren, bezogen auf ein beliebig vorgegebenes *raumfestes (RF)* kartesisches Koordinatensystem Σ (s. Abb. 4.1):

$$\begin{aligned} V &= V(\boldsymbol{R},\boldsymbol{r}) = V^{\mathrm{kk}}(\boldsymbol{R}) + V^{\mathrm{ke}}(\boldsymbol{R},\boldsymbol{r}) + V^{\mathrm{ee}}(\boldsymbol{r}) \\ &= V(\boldsymbol{R}_1 - \boldsymbol{R}_2, \boldsymbol{R}_1 - \boldsymbol{R}_3, \ldots, \boldsymbol{R}_2 - \boldsymbol{R}_3, \ldots, \boldsymbol{R}_1 - \boldsymbol{r}_1, \boldsymbol{R}_1 - \boldsymbol{r}_2, \ldots, \boldsymbol{r}_1 - \boldsymbol{r}_2, \ldots). \end{aligned} \tag{4.4}$$

Der ***Gesamtschwerpunkt*** (***Massenmittelpunkt***, abgek. *MMP*; engl. center of mass, abgek. *c.m.*) des molekularen Systems ist durch den Vektor

$$\boldsymbol{S} \equiv \left(\sum\nolimits_{a=1}^{N^{\mathrm{k}}} m_a \boldsymbol{R}_a + \sum\nolimits_{\kappa=1}^{N^{\mathrm{e}}} m_{\mathrm{e}} \boldsymbol{r}_\kappa \right) / M \tag{4.5}$$

definiert, wobei M die Gesamtmasse des Systems bezeichnet:

$$M \equiv \sum\nolimits_{a=1}^{N^{\mathrm{k}}} m_a + \sum\nolimits_{\kappa=1}^{N^{\mathrm{e}}} m_{\mathrm{e}} = \sum\nolimits_{a=1}^{N^{\mathrm{k}}} m_a + N^{\mathrm{e}} m_{\mathrm{e}}\,. \tag{4.6}$$

Statt auf den raumfesten Koordinatennullpunkt von Σ kann man die Teilchenpositionen auch auf den Gesamtschwerpunkt $\boldsymbol{S}$ beziehen, also neue Ortsvektoren (*innere Koordinaten*)

$$\boldsymbol{R}'_a = \boldsymbol{R}_a - \boldsymbol{S} \qquad (a = 1, 2, \ldots, N^{\mathrm{k}}), \tag{4.7a}$$

$$\boldsymbol{r}'_\kappa = \boldsymbol{r}_\kappa - \boldsymbol{S} \qquad (\kappa = 1, 2, \ldots, N^{\mathrm{e}}), \tag{4.7b}$$

einführen (s. Abb. 4.1), und damit zu einem *schwerpunktfesten (SF)* kartesischen Koordinatensystem Σ' übergehen; die Richtungen der Koordinatenachsen von Σ' seien parallel zu denen des raumfesten Systems Σ.

Wir benutzen künftig die Bezeichnung "Bezugssystem", wenn es darauf ankommt, wie der Nullpunkt und die Ausrichtung der Achsen des (kartesischen) Koordinatensystems gewählt werden. Unter Koordinaten verstehen wir alle Angaben, welche die Positionen von Teilchen oder Teilchenaggregaten oder auch die Lage eines Bezugssystems gegen ein anderes festlegen (s. Anhang A5).

Die Bewegungsgleichungen (die klassischen Hamiltonschen Gleichungen oder die nichtrelativistische Schrödinger-Gleichung) lassen sich problemlos auf die neuen Koordinaten, d. h. die Komponenten der Vektoren $\boldsymbol{S}, \boldsymbol{R}'_a$ und $\boldsymbol{r}'_\kappa$, umschreiben.

---

[2] Die Vorstellung von einem *isolierten*, also keinen äußeren Kräften unterliegenden System ist natürlich eine Idealisierung, der man in der Realität nur mehr oder weniger nahekommen kann.

Wie man sofort sieht, bleibt die potentielle Energie (4.4) dabei invariant, d. h. sie hat in den neuen Koordinaten dieselbe Form wie in den alten, da sich die $\boldsymbol{S}$-Anteile überall herausheben; in diesem Sinne ist $V = V'$.

Aus dem Operator $\hat{T}^{\mathrm{k}} + \hat{T}^{\mathrm{e}}$ [Gln. (4.3a,b)] der gesamten kinetischen Energie im Hamilton-Operator $\hat{H}$ wird durch die Transformation (4.7a,b) vom RF-System (Σ) in das SF-System (Σ') ein Operator $\hat{T}_{\mathrm{S}} = -(\hbar^2/2M)\hat{\Delta}_{\mathrm{S}} \equiv -(\hbar^2/2M)\big((\partial^2/\partial X_{\mathrm{S}}{}^2) + (\partial^2/\partial Y_{\mathrm{S}}{}^2) + (\partial^2/\partial Z_{\mathrm{S}}{}^2)\big)$ [Gl. (A5.7)] abgespalten, der nur auf die Koordinaten $X_{\mathrm{S}}, Y_{\mathrm{S}}, Z_{\mathrm{S}}$ (die kartesischen Komponenten des Schwerpunktsvektors $\boldsymbol{S}$) wirkt. Der verbleibende, aus mehreren Anteilen bestehende Operator $\hat{T}'$, den wir hier nicht explizite aufschreiben [s. Gl. (A5.9) mit (A5.10a-c)], wirkt nur auf die inneren Koordinaten X'_a, Y'_a, Z'_a (Kerne) und $x'_\kappa, y'_\kappa, z'_\kappa$ (Elektronen), nicht jedoch auf die Schwerpunktskoordinaten. Der gesamte nichtrelativistische Hamilton-Operator hat also nach der Transformation die Form

$$\hat{H} = \hat{T}_{\mathrm{S}} + \hat{H}'$$
$$= \hat{T}_{\mathrm{S}} + (\hat{T}' + V')\,; \tag{4.8}$$

der Anteil $\hat{T}_{\mathrm{S}}$ bestimmt die Schwerpunktsbewegung (im RF-System) und der Anteil $\hat{H}'$ die inneren Bewegungen (im SF-System).

Worauf es uns hier ankommt, ist der Befund, dass wir es offensichtlich mit einem Fall *exakter Separierbarkeit* zu tun haben; Schwerpunktsbewegung und innere Bewegungen laufen folglich vollständig unabhängig voneinander ab.

Betrachten wir zunächst kurz die klassische Näherung (s. Anhang A2.3.2). Wird die klassische Hamilton-Funktion $H(\boldsymbol{P}, \boldsymbol{p}, \boldsymbol{R}, \boldsymbol{r})$ in die Koordinaten (4.7a,b) umgeschrieben (s. ÜA 4.1a), so ergibt sie sich in der Form $H(\boldsymbol{P}_{\mathrm{S}}, \boldsymbol{P}', \boldsymbol{p}', \boldsymbol{R}', \boldsymbol{r}') = T(\boldsymbol{P}_{\mathrm{S}}) + H'$, wobei H' nur von den neuen (gestrichenen) Koordinaten und Impulsen abhängt; die Schwerpunktkoordinaten und -impulse kommen in H' nicht vor. Aus den klassischen Hamiltonschen Gleichungen für die Schwerpunktkoordinaten und -impulskomponenten folgt: $\dot{\boldsymbol{S}} = \boldsymbol{P}_{\mathrm{S}}/M$ und $\dot{\boldsymbol{P}}_{\mathrm{S}} = 0$, somit $\dot{\boldsymbol{S}} = \mathrm{const}$, d. h. der Gesamtschwerpunkt des Systems bewegt sich geradlinig und gleichförmig wie ein kräftefreies Teilchen der Masse M.

In der Quantenmechanik haben wir eine analoge Situation: Die Wellenfunktion schreiben wir als $\Theta(\boldsymbol{S}, \boldsymbol{R}', \boldsymbol{r}'; t)$, und die Schrödinger-Gleichung (4.1) wird *exakt* erfüllt mit einem Produktansatz

$$\Theta(\boldsymbol{S}, \boldsymbol{R}', \boldsymbol{r}'; t) = \Gamma(\boldsymbol{S}; t) \cdot \Xi(\boldsymbol{R}', \boldsymbol{r}'; t)\,, \tag{4.9}$$

wie man durch Einsetzen leicht verifiziert. Es ergeben sich (die Verfahrensweise hatten wir in Kapitel 2 mehrfach angewendet) zwei Schrödinger-Gleichungen: Die eine von ihnen bestimmt die kräftefreie Schwerpunktsbewegung,

$$\left\{\hat{T}_{\mathrm{S}} - \mathrm{i}\hbar(\partial/\partial t)\right\} \Gamma(\boldsymbol{S}; t) = 0\,; \tag{4.10a}$$

ihre Lösungen $\Gamma(\boldsymbol{S}; t)$ sind ebene Wellen bzw. Wellenpakete (s. Abschn. 2.1.2 und 2.3.1). Die andere Schrödinger-Gleichung

$$\{\hat{H}' - \mathrm{i}\hbar(\partial/\partial t)\}\, \Xi(\mathbf{R}',\mathbf{r}';t) = 0\,; \tag{4.10b}$$

bestimmt die "inneren" Bewegungen des Systems.

Damit ist die Schwerpunktsbewegung exakt von den inneren Bewegungen separiert. Allein die zweite der beiden Gleichungen ergibt die relevanten Informationen über das vorliegende molekulare System. Die überlagerte geradlinig-gleichförmige Bewegung des Gesamtsystems ist in der Regel nicht von Interesse und kann einfach ignoriert werden. Dementsprechend wird der Anteil $\hat{T}_{\mathrm{S}}$ künftig meist weggelassen und die Abtrennung der Schwerpunktsbewegung vorausgesetzt; es bleibt die Schrödinger-Gleichung (4.10b) (näherungsweise) zu lösen.

Die so vorgenommene Eliminierung der Schwerpunktsbewegung würde es ermöglichen, die Anzahl der Variablen, welche die inneren Bewegungen beschreiben, um drei zu vermindern. Formal haben wir aber bisher nach Einführung der neuen Ortsvektoren (4.7a,b) nach wie vor $3N^{\mathrm{k}} + 3N^{\mathrm{e}}$ innere Koordinaten; drei von ihnen sind also überflüssig. Um diese Redundanz zu beseitigen, kann man andere innere Koordinaten (häufig dann als *Relativkoordinaten* bezeichnet) einführen. Es gibt dafür verschiedene Möglichkeiten (s. Anhang A5.2); die jeweils resultierenden Hamilton-Operatoren $\hat{H}'$ differieren etwas voneinander, haben aber alle die gleiche Grundstruktur. Die Hamilton-Operatoren $\hat{H}$ und $\hat{H}'$ vor und nach dem Übergang zu einem Bezugssystem Σ', in dem der Gesamtschwerpunkt ruht, unterscheiden sich hauptsächlich dadurch, dass in $\hat{H}'$ sogenannte ***Massenkorrekturen*** auftreten (s. Anhang A5.2):

(i) In den (quadratischen) kinetischen Anteilen vom Typ (4.3a,b), $\propto \hat{\nabla}'^{\,2}_{a} \equiv \hat{\Delta}'_{a}$ und $\propto \hat{\nabla}'^{\,2}_{\kappa} \equiv \hat{\Delta}'_{\kappa}$, sind anstelle der Kernmassen m_a bzw. der Elektronenmasse m_{e} *verallgemeinerte reduzierte Massen* μ'_a bzw. μ'_{e} zu verwenden (s. Anhang A5.2), die zahlenmäßig etwas von m_a bzw. m_{e} abweichen in einem Maße, das von der Art der gewählten inneren Koordinaten abhängt (*elementare Massenkorrektur*).

(ii) Neben diesen "normalen" kinetischen Anteilen erscheinen Zusatzoperatoren der Form $\propto \hat{\nabla}'_a \cdot \hat{\nabla}'_b$, $\propto \hat{\nabla}'_\kappa \cdot \hat{\nabla}'_\lambda$ und $\propto \hat{\nabla}'_a \cdot \hat{\nabla}'_\kappa$, sogenannte *Massenpolarisationsterme* (*spezifische Massenkorrektur*), wieder mit Faktoren, die von der Wahl inneren Koordinaten abhängen.

(iii) Die Potentialterme können, ebenfalls in Abhängigkeit von der Koordinatenwahl, in der Form modifiziert und auch massenabhängig werden (bleiben aber in jedem Fall unabhängig von den Schwerpunktskoordinaten).

Eine ausführliche Erörterung der Schwerpunktseparation und ihrer Konsequenzen kann man in [I.4b] finden. Hier gehen wir nicht so detailliert darauf ein, sondern verfahren im Rahmen dieses Kurses folgendermaßen:

- Es werden (aus praktischen Gründen) solche inneren Koordinaten gewählt, die nicht zu Kern–Elektron-Massenpolarisationstermen $\propto \hat{\nabla}'_a \cdot \hat{\nabla}'_\kappa$ im kinetischen Anteil des Hamilton-Operators führen ($\beta = 0$ in Anhang A5.2), beispielsweise indem man sowohl Kern- als auch Elektronenkoordinaten auf den Schwerpunkt der Kerne,

$$\boldsymbol{S}^{\mathrm{k}} \equiv \left(\sum_{a=1}^{N^{\mathrm{k}}} m_a \boldsymbol{R}_a \right) / M_{\mathrm{k}} \tag{4.11}$$

bezieht, wobei

$$M_{\mathrm{k}} \equiv \sum_{a=1}^{N^{\mathrm{k}}} m_a \tag{4.12}$$

die Gesamtmasse der Kerne ist (Variante III im Anhang A5.2).

- Die elementaren Massenkorrekturen, also die Verwendung der entsprechend der Koordinatenwahl verallgemeinerten reduzierten Massen, werden bei Bedarf (je nach erforderlicher Genauigkeit) berücksichtigt.
- Die Massenpolarisationsterme $\propto \hat{\nabla}'_{\kappa} \cdot \hat{\nabla}'_{\lambda}$ für die Elektronenbewegung werden vernachlässigt.

  Abschätzungen lassen darauf schließen, dass der Energiebeitrag dieser Massenpolarisationsterme absolut und relativ zu den elementaren Massenkorrekturen stets klein ist und nur bei extrem genauen Berechnungen einbezogen werden muss; einige Daten findet man in [I.4b] und in Abschnitt 9.5.

- Die Massenpolarisationsterme $\propto \hat{\nabla}'_{a} \cdot \hat{\nabla}'_{b}$ für die Kernbewegung, über deren Einfluss man weniger weiß, werden, soweit nicht anders vermerkt, beibehalten.

Wir beschließen diesen Abschnitt mit einigen Kommentaren sowie Hinweisen auf Verallgemeinerungsmöglichkeiten:

(1) Die Beschreibung des Systems und seiner Bewegungsabläufe ist zwar in den beiden Bezugssystemen Σ und Σ' bei korrekter Durchführung (ohne Vernachlässigungen) völlig äquivalent – die Bewegungen selbst (die klassischen Teilchenbahnen oder bei quantenmechanischer Behandlung die Wellenfunktionen bzw. Wahrscheinlichkeitsverteilungen) können aber sehr verschieden aussehen. Wir werden darauf noch zurückkommen (s. Abschn. 12.3).

(2) In Bezug auf die *Gesamtrotation* des Systems kann man ganz ähnlich argumentieren wie für die Gesamttranslation, denn auch von der Drehlage des Gesamtsystems im Raum hängen die gegenseitigen Wechselwirkungen der Teilchen und damit die Strukturen und Prozesse nicht ab. Dementsprechend lässt sich die Drehbewegung in nichtrelativistischer Näherung im Prinzip ebenfalls *exakt* abtrennen und ermöglicht eine weitere Reduktion der Variablenzahl um drei, etwa die drei Eulerschen Winkel (s. hierzu [II.1]; auch Abschn. 11.1 und Anhang A5.1), durch welche die Gesamtdrehlage eines Teilchensystems festgelegt ist. Dabei resultieren jedoch sehr komplizierte Hamilton-Operatoren $\hat{H}''$, so dass in der Regel diese exakte Separation nicht vorgenommen wird. Wir kommen auf dieses Problem im folgenden Abschnitt zu sprechen; s. auch Abschnitt 11.2.

(3) Die *Teilchenspins* können in eine ansonsten nichtrelativistische Beschreibung formal ohne weiteres einbezogen werden (s. Abschn. 2.4), wenn man die inneren Koordinaten so wählt, dass die Anzahl der Teilchen beibehalten, die mögliche Dimensionsreduktion also nicht ausgenutzt wird. Dann können die Spins auch im schwerpunktfesten System Σ' den Teilchen zugeordnet werden.

(4) Die Transformation der relativistischen Korrekturen (s. Abschn. 9.4.2) auf innere Koordinaten ist komplizierter als die Transformation des nichtrelativistischen Hamilton-Operators. Man verfährt häufig so, dass die Operatoren der relativistischen Korrekturen in der für das raumfeste System geltenden Form beibehalten und lediglich die Teilchenmassen m_a und m_e durch die entsprechenden verallgemeinerten reduzierten Massen μ'_a bzw. μ'_e ersetzt werden.

4.3 Separation innerer molekularer Bewegungen

Bewegungen in molekularen Systemen spielen sich auf unterschiedlichen Zeitskalen ab, sind unterschiedlich schnell. Das wollen wir zunächst qualitativ diskutieren, bevor dann untersucht wird, wie man aus den dabei erhaltenen Befunden Nutzen ziehen kann, sowohl zur Vereinfachung von Berechnungen (im Sinne der in Abschn. 4.1 erörterten Strategie) als auch für Zwecke der Interpretation.

4.3.1 Zeitskalen der molekularen Bewegungen

Um die Verhältnisse zu illustrieren, nehmen wir einige einfache Abschätzungen vor; dabei folgen wir den Überlegungen in [I.4b] (dort Abschn. 1.3.).

Als einfachstes Modell für ein *Elektron* in einem Atom oder Molekül kann ein Teilchen der Masse m_e in einem Kasten von der Ausdehnung $d \approx 1$ Å $= 10^{-8}$ cm dienen, ein Energiequant der Bewegung dieses Elektrons (s. Abschn. 2.2.3) hat die Größenordnung $\Delta E^e \approx (\hbar^2/m_e d^2) \approx$ einige eV. Über die Planck-Formel $\Delta E^e = h\nu_e$ gelangt man zu einer "charakteristischen Zeit" für die Elektronenbewegung in einem Atom oder Molekül: $\tau_e = 1/\nu_e = h/\Delta E^e \approx 10^{-15} \ldots 10^{-16}$ s, worunter man sich in einem halbklassischen Bild die Zeit vorstellen kann, die ein Elektron für einen Hin- und Herlauf im Kasten bzw. einen Umlauf auf einer "Bahn" benötigt.

Um auch für Kernbewegungen derartige charakteristische Zeiten zu ermitteln, betrachten wir zuerst die *Schwingung* eines zweiatomigen Moleküls, beschrieben als harmonischer Oszillator (s. Abschn. 2.3.1). Die Schwingungsquanten sind gleich $\Delta E^{vib} = \hbar\omega_{vib}$; die Schwingungskreisfrequenz ω_{vib} schätzen wir mit Hilfe der klassischen Beziehung zwischen Schwingungsenergie und maximaler Auslenkung x_{max} ab: $E^{vib} = m_{Kern}\omega_{vib}{}^2 x_{max}{}^2/2$, wobei für m_{Kern} eine mittlere Kernmasse und für x_{max} eine Länge der Größenordnung d (s. oben) zu nehmen wären. Um aber eine solche Auslenkung zu erreichen, muss eine Energie von der Größenordnung der Bindungsenergie des Moleküls aufgewendet werden, für ein kovalent gebundenes Molekül somit einige eV $\approx \Delta E^e$. Auf diese Weise ergibt sich für die Schwingungsbewegung eine charakteristische Zeit $\tau_{vib} = (2\pi/\omega_{vib}) \approx (2\pi/\hbar)(m_{Kern}m_e)^{1/2}d^2 \approx 10^{-14} \ldots 10^{-15}$ s, und für das Schwingungsquant erhält man die Abschätzung $\Delta E^{vib} \approx \hbar^2/(m_{Kern}m_e)^{1/2}d^2$ eV $\approx 10^{-1} \ldots 10^{-2}$ eV.

Die *Rotationsbewegung* eines zweiatomigen Moleküls behandeln wir mit dem Modell des starren Rotators (s. Abschn. 2.3.2): Das Trägheitsmoment I ist von der Größenordnung $m_{\text{Kern}}d^2$; damit ergibt sich für die Rotationsquanten $\Delta E^{\text{rot}} = \hbar^2/I \approx \hbar^2/m_{\text{Kern}}d^2 \approx 10^{-3}$ eV und als charakteristische Zeit für die Rotation (klassisch die Rotationsperiode) die Abschätzung $\tau_{\text{rot}} = h/\Delta E^{\text{rot}} \approx hm_{\text{Kern}}d^2/\hbar^2 \approx 10^{-12}$ s.

Für die *Translationsbewegung* von Atomen oder Molekülen, etwa beim Stoß zweier leichter Atome mit Energien im thermischen Bereich, $T \approx 300$ K, ist die kinetische Energie schätzungsweise $k_B T \approx 10^{-2}$ eV (s. Anhang A4.2). Die Verweilzeit der beiden Stoßpartner in einem Abstandsbereich der Ausdehnung d beträgt dann $\tau_{\text{tr}} \approx d/u_{\text{tr}} = d(m_{\text{Kern}}/2E^{\text{tr}})^{1/2} \approx 10^{-13}$ s (Wechselwirkungsdauer), wenn u_{tr} die Relativgeschwindigkeit bezeichnet.

Insgesamt haben wir damit für die charakteristischen Zeiten folgende Größenverhältnisse:

$$\tau_{\text{tr}}, \tau_{\text{rot}}, \tau_{\text{vib}} >> \tau_{\text{e}} , \tag{4.13}$$

und noch etwas detaillierter:

$$\tau_{\text{tr}}, \tau_{\text{rot}} >> \tau_{\text{vib}} >> \tau_{\text{e}} . \tag{4.14}$$

Die typischen Energiequanten der gebundenen Bewegungsformen ergeben sich in Abstufungen, die sich durch den Koeffizienten

$$\kappa \equiv (m_{\text{e}} / m_{\text{Kern}})^{1/4} , \tag{4.15}$$

also durch das Verhältnis von Elektronenmasse zu (mittlerer) Kernmasse, ausdrücken lassen:

$$\Delta E^{\text{rot}} \approx \kappa^2 \Delta E^{\text{vib}} \approx \kappa^4 \Delta E^{\text{e}} . \tag{4.16}$$

(s. Abschn. 4.3.2.1). Diese Abschätzungen sind zwar sehr grob und pauschal, reichen aber hier aus, um die weiteren Erörterungen plausibel zu machen. Sie liefern auch eine anschauliche Deutung der *Struktur molekularer Spektren* (s. Abschn. 11.1): Diese Spektren lassen oft eine Einteilung in Abschnitte unterschiedlicher Wellenlängenbereiche erkennen: fernes Infrarot bis Mikrowellenbereich (einige 100 μm) – nahes bis photographisches Ultraviolett (einige μm) – sichtbarer und ultravioletter Bereich (um 0,1 μm), die man der Kernrotation bzw. der Kernschwingung bzw. der Elektronenbewegung zuordnen kann (s. Abschn. 11.1.2).

4.3.2 Getrennte Behandlung von Elektronen- und Kernbewegung

In den soeben skizzierten Überlegungen zeigt sich als Folge des großen Massenunterschieds von Elektronen und Kernen,

$$m_{\text{e}}/m_{\text{Kern}} << 1 , \tag{4.17}$$

ein deutlicher Unterschied der charakteristischen Zeiten für die Elektronenbewegung einerseits und der verschiedenen Formen der Kernbewegung andererseits.

Selbst für den leichtesten Kern, das Proton, ist dieses Massenverhältnis kleiner als 10^{-3}. Die Coulomb-Kräfte, die auf Kerne und Elektronen wirken, sind nur von den Ladungen abhängig und haben daher ein und dieselbe Größenordnung. Klassisch beschrieben (Newtonsche Bewegungsgleichungen: Kraft = Masse $\times$ Beschleunigung, s. Anhang A2), bedeutet dies, dass die

Beschleunigungen, welche die Elektronen erfahren, viel größer sind als die der Kerne. Die Elektronenbewegungen verlaufen demnach wesentlich schneller als die Kernbewegungen.

Auf Grund der unterschiedlichen Zeitskalen, auf denen die Bewegungen von Kernen und Elektronen ablaufen (s. Abschn. 4.3.1), können Bewegungen der beiden Teilchensorten oft mit hinreichender Genauigkeit getrennt behandelt werden – trotz der starken Coulombschen Anziehungskräfte, die zwischen Kernen und Elektronen wirken.

4.3.2.1 Elektronisch adiabatische Näherung

Entsprechend der in Abschnitt 4.1 erläuterten Strategie werden die Elektronen und die Kerne als zwei Subsysteme betrachtet, von denen das eine – die Elektronen – durch schnelle Bewegungen und das andere – die Kerne – durch langsame Bewegungen charakterisiert ist. Das bedeutet, gewissermaßen vom "Standpunkt der Kerne" aus betrachtet: Die Elektronen bilden eine Wolke schnell bewegter negativer Ladungen; über viele "Elektronenumläufe" gemittelt, übt diese Ladungsverteilung als Ganzes Coulombsche Kräfte auf die schweren, trägen Kerne aus. Vom "Standpunkt der Elektronen" stellen die Kerne positiv geladene Kraftzentren dar, deren Positionen sich sehr langsam (*adiabatisch*) verändern und die über hinreichend kurze Zeitintervalle als nahezu feststehend betrachtet werden können. Daher wird die Elektronenverteilung der sich langsam ändernden Kernanordnung praktisch momentan folgen und sich ihr so anpassen, dass jederzeit größtmögliche Stabilität (tiefstmögliche Energie) erreicht wird – und zwar ohne sprunghafte Veränderungen, d. h. *ohne Änderung des Quantenzustands der Elektronenwolke.*

Diesem einleuchtenden Bild entspricht die sogenannte ***elektronisch adiabatische Näherung***. Eine allgemeine theoretische Grundlage dafür liefert das *Adiabatentheorem* (P. Ehrenfest, 1925; vgl. [I.3], Kap. XVII), dem zufolge ein System, das sich in einem stationären Quantenzustand befindet, bei genügend langsamer Änderung von Parametern, die der Hamilton-Operator enthält (hier also die Kernkoordinaten), eine Folge stetig auseinander hervorgehender Zustände durchläuft, ohne dass sich Quantenzahlen ändern.

Wir können uns also, solange diese Näherung benutzt werden darf, einen molekularen Bewegungsvorgang, etwa eine Schwingung eines Moleküls, einen Stoßprozess u. ä., als eine Bewegung der Kerne mit "daranhängenden" Elektronenwolken vorstellen. Man veranschauliche sich das für eine Molekülschwingung durch eine pulsierende, das Kerngerüst umhüllende Elektronenverteilung.

Die bisherigen Überlegungen formulieren wir nun etwas genauer, wenn auch zunächst mehr heuristisch als im Sinne einer strengen Herleitung. Es wird vorausgesetzt, die Bewegung des Systemschwerpunkts $\boldsymbol{S}$ [Gl. (4.5)] sei absepariert; hinsichtlich der Massenkorrekturen verfahren wir wie in Abschnitt 4.2 festgelegt. Die Positionen der Elektronen und der Kerne seien jeweils auf einen geeignet gewählten Punkt (Koordinatennullpunkt) in dem mit dem Gesamtschwerpunkt $\boldsymbol{S}$ bewegten System Σ' bezogen (s. Abschn. 4.1) Zur Vereinfachung der Schreibweise lassen wir ab jetzt die Striche an den inneren Koordinaten weg.

Angenommen, die Elektronenhülle befinde sich in einem Zustand n, und die Kernanordnung sei durch den Vektor $\boldsymbol{R} \equiv \{ \boldsymbol{R}_1, \boldsymbol{R}_2, ..., \boldsymbol{R}_{N^k} \}$ festgelegt. Die Energie der Elektronenhülle im

Coulomb-Feld des Kerngerüstes sei $E_n^{\mathrm{e}}(\boldsymbol{R})$, die zugehörige Wellenfunktion sei $\Phi_n^{\mathrm{e}}(\boldsymbol{r};\boldsymbol{R})$ als Lösung der zeitunabhängigen *elektronischen Schrödinger-Gleichung*

$$\hat{H}^{\mathrm{e}}\Phi_n^{\mathrm{e}}(\boldsymbol{r};\boldsymbol{R})=E_n^{\mathrm{e}}(\boldsymbol{R})\Phi_n^{\mathrm{e}}(\boldsymbol{r};\boldsymbol{R}) \tag{4.18}$$

mit der Randbedingung, dass die Wellenfunktion normierbar sein soll. Der elektronische Hamilton-Operator $\hat{H}^{\mathrm{e}} \equiv \hat{H}^{\mathrm{e}}(\boldsymbol{R})$, der auf die Elektronenkoordinaten wirkt und von den Kernkoordinaten $\boldsymbol{R}$ als Parameter abhängt, ist durch

$$\hat{H}^{\mathrm{e}} \equiv H_{\mathrm{nr}}^{\mathrm{e}} = \hat{T}^{\mathrm{e}} + V^{\mathrm{ke}}(\boldsymbol{R},\boldsymbol{r}) + V^{\mathrm{ee}}(\boldsymbol{r}) \tag{4.19}$$

gegeben; es fehlen gegenüber dem vollständigen Hamilton-Operator $\hat{H}'$ in SF-System diejenigen Anteile, die *nur* auf die Kernkoordinaten wirken, sowie verabredungsgemäß die elektronischen Massenpolarisationsterme.

Auf der Grundlage der soeben beschriebenen adiabatischen Näherung stellen wir nun eine Energiebilanz für das gesamte System auf und betrachten dabei die Kerne zunächst als klassische Teilchen, ehe wir dann später auch für die Kerne zur Quantenmechanik übergehen. Die Gesamtenergie $\mathcal{E}$ des Systems umfasst den gesamten Energieinhalt der Elektronenhülle, $E_n^{\mathrm{e}}(\boldsymbol{R})$, dazu die (klassische) kinetische Energie der Kerne, $T^{\mathrm{k}}(\boldsymbol{P})$, und die gesamte Coulombsche Abstoßungsenergie der Kerne untereinander, $V^{\mathrm{kk}}(\boldsymbol{R})$:

$$\mathcal{E} = T^{\mathrm{k}}(\boldsymbol{P}) + V^{\mathrm{kk}}(\boldsymbol{R}) + E_n^{\mathrm{e}}(\boldsymbol{R}). \tag{4.20}$$

Dieser Ausdruck hat die Form einer klassischen Hamilton-Funktion für die Kernbewegung,

$$H^{\mathrm{k}}(\boldsymbol{P},\boldsymbol{R}) = T^{\mathrm{k}}(\boldsymbol{P}) + U_n(\boldsymbol{R}), \tag{4.21}$$

mit der potentiellen Energie

$$U_n(\boldsymbol{R}) = V^{\mathrm{kk}}(\boldsymbol{R}) + E_n^{\mathrm{e}}(\boldsymbol{R}). \tag{4.22}$$

Mittels der Impuls-Übersetzungsvorschrift $\boldsymbol{P}_a \rightarrow (\hbar/\mathrm{i})\hat{\boldsymbol{\nabla}}_a$ gelangt man zum Hamilton-Operator für die Kernbewegung:

$$\hat{H}_n^{\mathrm{k}} = \hat{T}^{\mathrm{k}} + U_n(\boldsymbol{R}). \tag{4.23}$$

Den kinetischen Energieoperator $\hat{T}^{\mathrm{k}}$ für die Kernbewegung, ausgedrückt durch die benutzten inneren Koordinaten, schreiben wir hier nicht explizite auf (s. Anhang A5.2); er kann, falls erforderlich, die im vorigen Abschnitt 4.2 diskutierten Massenkorrekturen enthalten. Die inneren Koordinaten seien so gewählt, dass keine gemischten Kern-Elektron-Massenpolarisationsterme auftreten und die Potentialfunktionen (4.22) massenunabhängig sind.

Damit erhalten wir die *zeitabhängige Schrödinger-Gleichung für die Kernbewegung in elektronisch adiabatischer Näherung*:

$$\hat{H}_n^{\mathrm{k}}\Psi^{\mathrm{k}}(\boldsymbol{R};t) = \mathrm{i}\hbar(\partial/\partial t)\Psi^{\mathrm{k}}(\boldsymbol{R};t). \tag{4.24}$$

Stationäre Zustände ergeben sich nach Abseparation der Zeitabhängigkeit (Abschn. 2.1.4),

$$\Psi^{\mathrm{k}}(\boldsymbol{R};t)=\Phi^{\mathrm{k}}(\boldsymbol{R})\cdot\exp(-\mathrm{i}\mathscr{E}t/\hbar),\qquad(4.25)$$

durch Lösung der *zeitunabhängigen Schrödinger-Gleichung*

$$\hat{H}_n^{\mathrm{k}}\,\Phi^{\mathrm{k}}(\boldsymbol{R})=\mathscr{E}\,\Phi^{\mathrm{k}}(\boldsymbol{R});\qquad(4.26)$$

der jeweiligen Problemstellung entsprechend sind *Randbedingungen* und bei Gleichung (4.24) auch *Anfangsbedingungen* zu erfüllen.

Wir erinnern noch einmal daran, wie das zu verstehen ist: Eine Wellenfunktion $\Psi^{\mathrm{k}}(\boldsymbol{R};t)$ beschreibt die Bewegung der Kernanordnung mit der "daranhängenden" Elektronenwolke, die sich zwar in der hier zugrundegelegten adiabatischen Näherung während des ganzen Vorgangs im Quantenzustand n befindet, deren Form und Energieinhalt sich aber in Abhängigkeit von den durchlaufenen Kernanordnungen $\boldsymbol{R}$ durchaus stark verändern kann. Bei alledem darf nicht vergessen werden, dass es sich um eine Näherung handelt, deren Berechtigung geprüft werden muss; darauf kommen wir im folgenden Abschnitt zu sprechen.

Was die praktische Seite betrifft, so wurde, wie in Abschnitt 4.1 konzipiert, eine bedeutende Vereinfachung erreicht, indem das molekulare Bewegungsproblem (nach Abseparation der Schwerpunktsbewegung) in zwei Teile zerlegt ist (vgl. Abb. 4.3):

(*1*) *Beschreibung der Elektronenbewegung* im Coulomb-Feld der an festen Positionen $\boldsymbol{R}$ befindlichen Kerne: Lösen der *elektronischen Schrödinger-Gleichung* (4.18)

Die elektronische Schrödinger-Gleichung muss für eine genügend große Anzahl von jeweils festen Kernanordnungen $\boldsymbol{R}$ gelöst werden, um den gesamten Bereich der bei der Kernbewegung durchlaufenen Kernanordnungen zu überdecken und die Funktion $U_n(\boldsymbol{R})$ zu bestimmen (Genaueres dazu s. Abschn. 13.1 und 17.4.2).

(*2*) *Beschreibung der Kernbewegung* unter dem Einfluss des im Schritt *(1)* ermittelten Potentials $U_n(\boldsymbol{R})$: Lösen der *nuklearen Schrödinger-Gleichung* (4.24) bzw. (4.26)

Diese Zweistufenprozedur führt, wie wir noch sehen werden, zu einer Näherung $\tilde{\Xi}(\boldsymbol{R},\boldsymbol{r};t)$ für die Gesamtwellenfunktion $\Xi(\boldsymbol{R},\boldsymbol{r};t)$ in Form eines Produkts aus einem elektronischen und einem nuklearen Anteil:

$$\Xi(\boldsymbol{R},\boldsymbol{r};t)\approx\tilde{\Xi}(\boldsymbol{R},\boldsymbol{r};t)\equiv\tilde{\Xi}^{(n)}(\boldsymbol{R},\boldsymbol{r};t)=\Phi_n^{\mathrm{e}}(\boldsymbol{r};\boldsymbol{R})\cdot\Psi^{\mathrm{k}}(\boldsymbol{R};t),\qquad(4.27)$$

wobei der Index n den Quantenzustand angibt, in dem sich die Elektronenhülle während des gesamten Bewegungsvorgangs der Kerne befindet.

Die Aufteilung in die beiden Subsysteme Elektronen und Kerne bezeichnet man als ***Born-Oppenheimer-Separation*** oder auch als *adiabatische Separation*. Es handelt sich dabei nicht um eine eigentliche Separation von Variablen im mathematischen Sinne, wie wir sie im Kapitel 2 eingeführt und seither mehrfach verwendet hatten; diese wäre gleichbedeutend mit einer statistischen Unabhängigkeit der Bewegungen in dem einen Subsystem von den Bewegungen im anderen Subsystem (s. Abschn. 4.1). Da aber die elektronische Wellenfunktion $\Phi_n^{\mathrm{e}}(\boldsymbol{r};\boldsymbol{R})$

die Kernkoordinaten $\boldsymbol{R}$ als Parameter enthält, hat die gesamte (Aufenthalts-) Wahrscheinlichkeit

$$dW_n(\boldsymbol{R},\boldsymbol{r};t) = \left|\Phi_n^{\mathrm{e}}(\boldsymbol{r};\boldsymbol{R})\right|^2 \cdot \left|\Psi^{\mathrm{k}}(\boldsymbol{R};t)\right|^2 dV_{\mathrm{e}} dV_{\mathrm{k}} \tag{4.28}$$

zwar die Form eines Produkts, jedoch hängt einer der Faktoren, die Elektronenverteilung

$$dW_n^{\mathrm{e}}(\boldsymbol{r};\boldsymbol{R}) = \left|\Phi_n^{\mathrm{e}}(\boldsymbol{r};\boldsymbol{R})\right|^2 dV_{\mathrm{e}}\,, \tag{4.29}$$

sowohl von den Elektronenkoordinaten $\boldsymbol{r}$ als auch von den Kernkoordinaten $\boldsymbol{R}$ ab. Bei statistischer Unabhängigkeit hingegen müsste gelten: $dW_n(\boldsymbol{R},\boldsymbol{r};t) = dW_n^{\mathrm{e}}(\boldsymbol{r}) \cdot dW_n^{\mathrm{k}}(\boldsymbol{R};t)$ mit dem Kernanteil $dW_n^{\mathrm{k}}(\boldsymbol{R};t) = \left|\Psi^{\mathrm{k}}(\boldsymbol{R};t)\right|^2$.

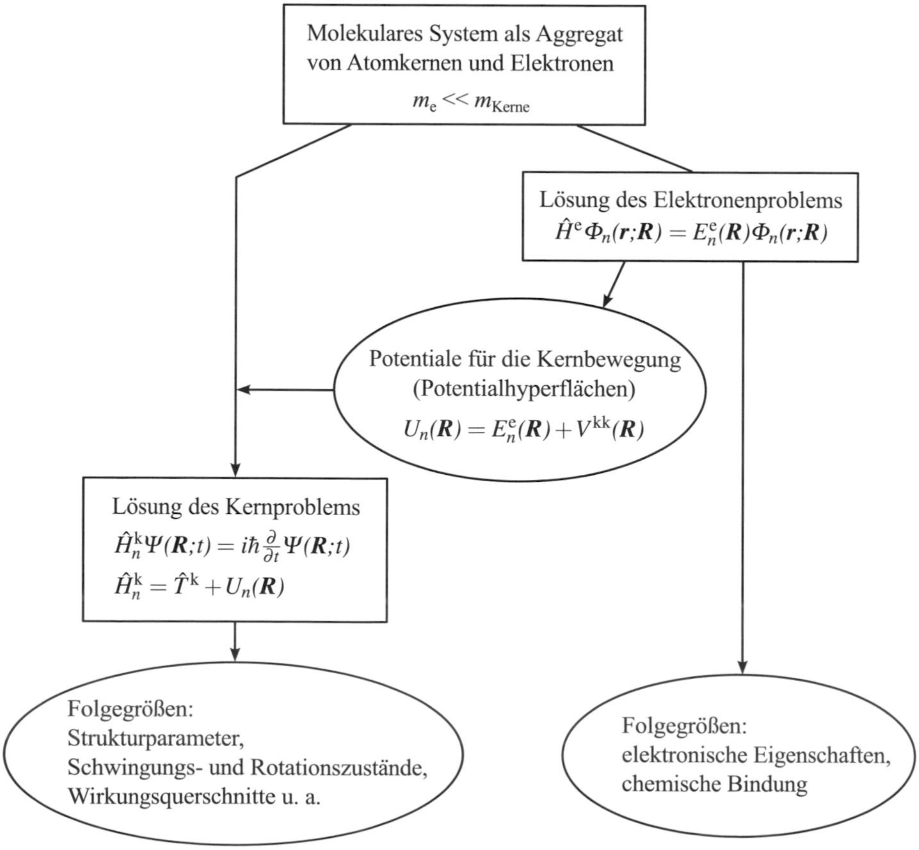

Abb. 4.3 Zweistufenprozedur gemäß der Born-Oppenheimer-Separation

Bis hierher haben wir im Grunde genommen nur Plausibilitätsbetrachtungen angestellt; diese müssen nun noch theoretisch untermauert werden und sich bei der Anwendung bewähren.

Die adiabatische Näherung lässt sich im Rahmen der quantenmechanischen Theorie für molekulare Systeme unter gewissen Voraussetzungen "herleiten". Das kann auf zwei Wegen geschehen. Die historisch erste Formulierung stammt von M. Born und J. R. Oppenheimer (1927)[3a]; es ist eine störungstheoretische Behandlung, die darauf basiert, dass der in Gleichung (4.15) definierte Parameter κ klein ist (zur Störungstheorie s. Abschn. 4.4).

Ein anderer Zugang[3b] benutzt die prinzipiell bestehende Möglichkeit, die exakte Gesamtwellenfunktion $\Xi(\boldsymbol{r},\boldsymbol{R};t)$ nach den stationären elektronischen Wellenfunktionen $\Phi_n^{\mathrm{e}}(\boldsymbol{r};\boldsymbol{R})$, die einen vollständigen Satz bilden und die wir als orthonormiert voraussetzen, zu entwickeln. Nehmen wir der Einfachheit halber an, das Spektrum der Elektronenzustände sei rein diskret, dann können wir für jede durch den Vektor $\boldsymbol{R}$ gegebene Kernanordnung schreiben:

$$\Xi(\boldsymbol{r},\boldsymbol{R};t)=\sum\nolimits_{n'}\Phi_{n'}^{\mathrm{e}}(\boldsymbol{r};\boldsymbol{R})\cdot\Psi_{n'}^{\mathrm{k}}(\boldsymbol{R};t)\,. \tag{4.30}$$

Die mit $\Psi_{n'}^{\mathrm{k}}$ bezeichneten Faktoren sind hier zunächst nichts weiter als die Entwicklungskoeffizienten, die natürlich von $\boldsymbol{R}$ (und von der Zeit t) abhängen. Wird diese Entwicklung in die Schrödinger-Gleichung (4.10b) eingesetzt, dann ergibt sich nach Multiplikation von links mit $\Phi_n^{\mathrm{e}}{}^*$ und Integration über die Elektronenkoordinaten unter Ausnutzung der Orthonormierung der Elektronen-Wellenfunktionen (s. oben) ein gekoppeltes Gleichungssystem:

$$\left\{\hat{T}^{\mathrm{k}}+U_n(\boldsymbol{R})\right\}\Psi_n^{\mathrm{k}}(\boldsymbol{R};t)-(\mathrm{i}/\hbar)(\partial/\partial t)\Psi_n^{\mathrm{k}}(\boldsymbol{R};t)+\sum\nolimits_{n'}\hat{C}_{nn'}\Psi_{n'}^{\mathrm{k}}(\boldsymbol{R};t)=0$$
$$(n=0,\,1,\,2,\,\ldots) \tag{4.31}$$

zur Bestimmung der "Koeffizientenfunktionen" $\Psi_n^{\mathrm{k}}(\boldsymbol{R};t)$, durch welche die Kernbewegung beschrieben wird. Die *Potentialfunktion* $U_n(\boldsymbol{R})$ ist in Gleichung (4.22) definiert. Die *Kopplungsoperatoren*

$$\hat{C}_{nn'}\equiv\left\langle\Phi_n^{\mathrm{e}}\middle|\hat{T}^{\mathrm{k}}\middle|\Phi_{n'}^{\mathrm{e}}\right\rangle-\sum\nolimits_a(\hbar^2/\mu_a)\left\langle\Phi_n^{\mathrm{e}}\middle|\hat{\nabla}_a\middle|\Phi_{n'}^{\mathrm{e}}\right\rangle\cdot\hat{\nabla}_a \tag{4.32}$$

(mit der verallgemeinerten reduzierten Masse μ_a des Kerns a nach Anhang A5.2) verknüpfen die unter dem Einfluss verschiedener Elektronenzustände ablaufenden Kernbewegungen miteinander; beschreiben demnach Abweichungen vom adiabatischen Verhalten. Die adiabatische Näherung gilt für einen bestimmten Elektronenzustand n dann, wenn alle Kopplungsoperatoren $\hat{C}_{nn'}$ mit $n'\neq n$ vernachlässigt werden können. Die Gesamtwellenfunktion reduziert sich in diesem Falle auf *einen* Term n der Entwicklung (4.30), und wir erhalten das Resultat (4.27). Der Operator $\hat{C}_{nn}$, die sog. *Diagonalkorrektur*, kann meist weggelassen werden.

---

[3] a) Born, M., Oppenheimer, J. R.: Zur Quantentheorie der Molekeln. Ann. Physik **84**, 457-484 (1927)
b) Born, M., Huang, K.: Dynamical Theory of Crystal Lattices. Clarendon Press, Oxford (1966)

In der bisherigen Darstellung wurde zuerst die Schwerpunktseparation und dann die Born-Oppenheimer-Separation von Kern- und Elektronenbewegung durchgeführt. Oft geht man aus praktischen Gründen umgekehrt vor (sofern das Problem nicht überhaupt ignoriert wird): zuerst die Born-Oppenheimer-Separation im raumfesten System, dann die Abseparation des Schwerpunkts der Kerne allein. Das bedeutet die Vernachlässigung des Einflusses der Elektronenmasse auf die Kernbewegung, der tatsächlich gegenüber den zahlreichen anderen Fehlerquellen der Behandlung in der Regel klein ist. Die Gleichungen für die Kernbewegung werden dadurch etwas einfacher; allgemeine Schlussfolgerungen bleiben unberührt (vgl. [I.4b]).

Aus den im Schritt *1* der Zweistufenprozedur (näherungsweise) erhaltenen Lösungen der elektronischen Schrödinger-Gleichung (4.18), den Energien $E_n^{\mathrm{e}}(\boldsymbol{R})$ und den Wellenfunktionen $\Phi_n^{\mathrm{e}}(\boldsymbol{r};\boldsymbol{R})$, lassen sich alle durch die Elektronenhülle bestimmten Eigenschaften bzw. die elektronischen Anteile von Eigenschaften berechnen (s. Abb. 4.3). Darauf wird in mehreren der folgenden Kapitel (insbesondere Kap. 6, 7 und 17) ausführlich eingegangen.

Die mit $E_n^{\mathrm{e}}(\boldsymbol{R})$ gebildeten *adiabatischen Potentialfunktionen*, $U_n(\boldsymbol{R}) = V^{\mathrm{kk}}(\boldsymbol{R}) + E_n^{\mathrm{e}}(\boldsymbol{R})$ [Gl. (4.22)], bestimmen im Schritt *2* die Kernbewegungen und die dadurch bedingten Eigenschaften des molekularen Systems: die geometrische Struktur eines eventuell möglichen gebundenen Aggregats, dessen innere Bewegungen (insbesondere Schwingungen) sowie die im System möglichen Umwandlungsprozesse (s. Abb. 4.3). Das wird hauptsächlich in den Kapiteln 14 und 15 sowie 19 behandelt.

4.3.2.2 Zeitabhängige selbstkonsistente Näherung

Alternativ zur adiabatischen bzw. Born-Oppenheimer-Näherung kann man versuchen, Kern- und Elektronenbewegung mittels eines Ansatzes

$$\Xi(\boldsymbol{r},\boldsymbol{R};t) \approx \tilde{\Xi}(\boldsymbol{r},\boldsymbol{R};t) = \Psi^{\mathrm{e}}(\boldsymbol{r};t)\cdot\Psi^{\mathrm{k}}(\boldsymbol{R};t) \tag{4.33}$$

zu trennen, in dem nicht nur der Kernanteil, sondern auch der Elektronenanteil explizite von der Zeit abhängt (P. A. M. Dirac, 1930)[4]. Beide Funktionen, Ψ^{e} und Ψ^{k}, mögen für sich zu jedem Zeitpunkt t auf 1 normiert sein: $\langle\Psi^{\mathrm{e}}|\Psi^{\mathrm{e}}\rangle = 1$ und $\langle\Psi^{\mathrm{k}}|\Psi^{\mathrm{k}}\rangle = 1$. Setzt man das Produkt (4.33) in die zeitabhängige Schrödinger-Gleichung (4.10b) ein (der Strich wird wieder weggelassen), multipliziert von links mit $\Psi^{\mathrm{e}\,*}$ und integriert über die Elektronenkoordinaten $\boldsymbol{r}$, multipliziert analog mit $\Psi^{\mathrm{k}\,*}$ und integriert über die Kernkoordinaten $\boldsymbol{R}$, so ergeben sich Bestimmungsgleichungen für die Funktionen $\Psi^{\mathrm{e}}(\boldsymbol{r};t)$ und $\Psi^{\mathrm{k}}(\boldsymbol{R};t)$:

$$\left\{\hat{T}^{\mathrm{e}} + \mathscr{V}^{\mathrm{e}}(\boldsymbol{r};t)\right\}\Psi^{\mathrm{e}}(\boldsymbol{r};t) = \mathrm{i}\hbar(\partial/\partial t)\Psi^{\mathrm{e}}(\boldsymbol{r};t), \tag{4.34a}$$

$$\left\{\hat{T}^{\mathrm{k}} + \mathscr{V}^{\mathrm{k}}(\boldsymbol{R};t)\right\}\Psi^{\mathrm{k}}(\boldsymbol{R};t) = \mathrm{i}\hbar(\partial/\partial t)\Psi^{\mathrm{k}}(\boldsymbol{R};t). \tag{4.34b}$$

---

[4] Dirac, P. A. M.: Note on exchange phenomena in the Thomas atom. Proc. Cambridge Phil. Soc. **26**, 376-385 (1930)

Das sind zwei gekoppelte zeitabhängige Schrödinger-Gleichungen. Elektronen- und Kernbewegungen werden durch *zeitabhängige effektive Potentiale* $\mathscr{V}^{\mathrm{e}}$ bzw. $\mathscr{V}^{\mathrm{k}}$ bestimmt, welche auch die von der jeweils anderen Teilchenart ausgeübten Kräfte beinhalten und daher von den entsprechenden Wellenfunktionen abhängen; wir schreiben symbolisch

$$\mathscr{V}^{\mathrm{e}}(\boldsymbol{r};t) \equiv \mathscr{V}^{\mathrm{e}}([\Psi^{\mathrm{k}}],\boldsymbol{r};t) \quad \text{und} \quad \mathscr{V}^{\mathrm{k}}(\boldsymbol{R};t) \equiv \mathscr{V}^{\mathrm{k}}([\Psi^{\mathrm{e}}],\boldsymbol{R};t), \tag{4.35}$$

verzichten aber darauf, die expliziten Ausdrücke anzugeben. Häufig werden im Ansatz (4.33) geeignet zu wählende Phasenfaktoren abgespalten, um die effektiven Potentiale in bequem handhabbarer Form zu erhalten.

Im Unterschied zur adiabatischen Separation, die zu einer Zweistufenprozedur gemäß Abb. 4.3.2.1 führt, in der das Potential für die Kernbewegung im ersten Schritt gesondert bestimmt (gewissermaßen "vorgefertigt") und dann im zweiten Schritt bei der Berechnung der Kerndynamik verwendet werden kann, müssen die beiden Gleichungen (4.34a,b) prinzipiell für jeden Zeitpunkt *simultan* gelöst werden.

Man bezeichnet diese Art der Separation als ***zeitabhängige selbstkonsistente Näherung*** (engl. time-dependent self-consistent field, abgek. *TDSCF*) oder auch als *Näherung des mittleren Feldes* (engl. mean-field approach).[5]

In Kapitel 8 werden wir Näherungen für *stationäre* (zeitunabhängige) Elektronenzustände kennenlernen, die in ähnlicher Weise *selbstkonsistent* bestimmt werden müssen.

Da die in den geschweiften Klammern auf den linken Seiten der Gleichungen (4.34a,b) stehenden Hamilton-Operatoren explizite von der Zeit abhängen, sind die Energien der Teilsysteme "Elektronen" und "Kerne" für sich nicht bewegungskonstant (s. Abschn. 3.1.6), wohl aber ist die Gesamtenergie mit dem Hamilton-Operator (4.2) eine Erhaltungsgröße.

Die TDSCF-Näherung ist insofern allgemeiner als die adiabatische Näherung, als sie auch Übergänge zwischen adiabatischen stationären Elektronenzuständen (natürlich approximativ) einschließt. Das ist leicht zu sehen, wenn man die Wellenfunktion $\Psi^{\mathrm{e}}(\boldsymbol{r};t)$ nach den stationären adiabatischen Elektronen-Wellenfunktionen $\Phi_n^{\mathrm{e}}(\boldsymbol{r};\boldsymbol{R})$ entwickelt und so die beiden Separationen (4.33) und (4.27) in Zusammenhang bringt:

$$\Psi^{\mathrm{e}}(\boldsymbol{r};t) = \sum\nolimits_{n=0}^{\infty} c_n(t)\,\Phi_n^{\mathrm{e}} \tag{4.36}$$

(vorausgesetzt ist wieder ein rein diskretes Spektrum von Elektronenzuständen). Bei Beschränkung auf *ein* Glied der Entwicklung reduziert sich die TDSCF-Näherung auf die adiabatische Näherung. Hinsichtlich ausführlicher Information über das TDSCF-Konzept verweisen wir auf die Literatur (s. Fußnote 5 sowie [5.8]).

Auf die weitere Ausformung und Anwendung kommen wir später noch zurück (s. Abschn. 4.6.2 und 14.2.4.2).

---

[5] Deumens, E., Diz, A., Longo, R., Öhrn, Y.: Time-dependent theoretical treatments of the dynamics of electrons and nuclei in molecular systems. Rev. Mod. Phys. 917-983 (1994)

Anmerkungen

- Wie aus der Analyse der charakteristischen Zeiten für die verschiedenen Bewegungsformen hervorgeht, können auch weitere adiabatische Separationen sinnvoll sein, so etwa zwischen der Molekülrotation und den Schwingungen oder zwischen langsamen Schwingungen (Biegeschwingungen, Torsionsschwingungen) und schnellen Schwingungen (Valenzschwingungen).

Fasst man Elektronen- und Schwingungsfreiheitsgrade als schnelles Subsystem zusammen, so erhält man die sogenannte *vibronisch-adiabatische Näherung* (s. etwa [I.4b]). Ein Beispiel wird in Abschnitt 15.4.2.2*(2)* diskutiert.

Analog dazu kann prinzipiell auch das TDSCF-Konzept auf andere Gruppen von Freiheitsgraden angewendet werden, etwa innerhalb der Kernfreiheitsgrade; s. hierzu Abschnitt 4.5.

- Alle Betrachtungen behalten im Wesentlichen ihre Gültigkeit, wenn auch die *Spins* von Elektronen und Kernen einbezogen und entsprechende Vertauschungssymmetrien mit ihren Konsequenzen (insbesondere das Pauli-Prinzip für die Elektronenzustände) berücksichtigt werden.

- In der Literatur wird häufig die Bezeichnung "adiabatische Näherung" nur dann gebraucht, wenn die Diagonalkorrektur (der Operator $\hat{C}_{nn}$, s. oben) einbezogen ist; ohne Diagonalkorrektur spricht man von Born-Oppenheimer-Näherung. Wir verzichten hier auf diese strenge Unterscheidung, da es uns mehr auf das grundsätzliche Zeitskalenargument ankommt und die Diagonalkorrektur sich meist nur geringfügig auswirkt.

- Die größere Allgemeinheit und Flexibilität der TDSCF-Näherung gegenüber der adiabatischen Näherung ist oft mit Erschwernissen bei der praktischen Durchführung verbunden. So lässt sich der Zeitskalenunterschied zwischen Elektronen- und Kernbewegung nicht ohne weiteres ausnutzen. Die Zeitschritte Δt müssen nämlich so klein sein, dass auch die schnelle Elektronenbewegung hinreichend genau verfolgt werden kann, wodurch der Rechenaufwand grundsätzlich hoch ist. In der adiabatischen Näherung hingegen bestimmt nur die langsame Kernbewegung die Schrittweite Δt .

- Die adiabatische Potentialfunktion $U_n(\boldsymbol{R})$ [Gl. (4.22)] hat sich als fundamental wichtig für Veranschaulichung und Verständnis von molekularen Strukturen und Prozessen erwiesen, wie noch an vielen Stellen deutlich werden wird. Demgegenüber ist die Interpretation von Resultaten der TDSCF-Näherung schwieriger und weniger anschaulich.

4.3.2.3 Gültigkeit der adiabatischen Näherung

Bedingungen dafür, wann die adiabatische Näherung gerechtfertigt ist, ergeben sich aus einer Analyse der Kopplungsterme (4.32). Wir wollen uns hier mit einfacheren, an die weitgehend klassischen Überlegungen des vorigen Abschnitts anschließenden Argumenten begnügen.

Betrachten wir zunächst ein sehr einfaches mechanisches Modell für ein System, das aus zwei Subsystemen besteht: zwei gekoppelte Pendel. Der Energieaustausch, etwa nachdem eines der Pendel aus dem Ruhezustand in Bewegung versetzt wurde, hängt außer von der Kopplungsstärke von den Frequenzen ν_1 und ν_2 bzw. den Schwingungsdauern $\tau_1 = 1/\nu_1$ und $\tau_2 = 1/\nu_2$ ab, welche die beiden Pendel hätten, wenn zwischen ihnen keine Kopplung bestünde. Sind diese beiden "charakteristischen Zeiten" nahezu gleich, $\tau_1 \approx \tau_2$ (*Resonanz*fall), dann ist die Energieübertragung am stärksten.

Wir versuchen nun, dieses mechanische Bild sinngemäß auf die beiden Subsysteme Kerne und Elektronen zu übertragen. Dazu müssen zuerst geeignete charakteristische Zeiten definiert werden, die sich durch die für das vorliegende Problem relevanten Größen ausdrücken lassen. Für die Elektronenbewegung (zu der es natürlich kein klassisches Modell gibt) wählen wir als charakteristische Zeit $\bar{\tau}_e$ das Reziproke der Übergangsfrequenz zwischen dem betrachteten und einem benachbarten Elektronenzustand (n bzw. n') bei der Kernanordnung $\boldsymbol{R}$,

$$\bar{\tau}_e \equiv \bar{\tau}_e(\boldsymbol{R}) = 1/\nu_{nn'} = h/\Delta E_{nn'}(\boldsymbol{R}) = h/\Delta U_{nn'}(\boldsymbol{R})\,, \tag{4.37}$$

wobei die Planck-Beziehung $h\nu_{nn'}(\boldsymbol{R}) = \Delta E_{nn'}(\boldsymbol{R}) \equiv \left|E_n^e(\boldsymbol{R}) - E_{n'}^e(\boldsymbol{R})\right| = \left|U_n(\boldsymbol{R}) - U_{n'}(\boldsymbol{R})\right|$ und die Definition (4.22) der adiabatischen Potentialfunktionen U_n bzw. $U_{n'}$ benutzt wurden. Als charakteristische Zeit $\bar{\tau}_k$ für die Kernbewegung (die sich, wie wir aus Kapitel 2 wissen, schon eher durch ein klassisches Modell beschreiben lässt), nehmen wir die Durchgangszeit durch einen Bereich von Kernanordnungen in der Umgebung von $\boldsymbol{R}$, über den sich die Potentiale $U_n(\boldsymbol{R})$ bzw. $U_{n'}(\boldsymbol{R})$ wesentlich ändern; dieser Bereich möge die Ausdehnung $l \equiv l(\boldsymbol{R})$ haben. Dort, wo sich die Potentiale stark ändern, werden sich übrigens im Allgemeinen auch die Elektronen-Wellenfunktionen $\Psi_n^e(\boldsymbol{r};\boldsymbol{R})$ und $\Psi_{n'}^e(\boldsymbol{r};\boldsymbol{R})$ und damit die Elektronendichteverteilungen in Abhängigkeit von $\boldsymbol{R}$ stark ändern. Ist $\bar{u}(\boldsymbol{R})$ eine mittlere Kerngeschwindigkeit in diesem Bereich, so lässt sich der Ausdruck

$$\bar{\tau}_k(\boldsymbol{R}) = l(\boldsymbol{R})/\bar{u}(\boldsymbol{R}) \tag{4.38}$$

als charakteristische Zeit für die Kernbewegung verwenden. Eine "Resonanz" und damit ein signifikanter Energieaustausch zwischen den Kernbewegungen und der Elektronenhülle *mit Änderung des Quantenzustands* – entgegen den Annahmen der adiabatischen Näherung – tritt also dann ein, wenn beide charakteristische Zeiten in die gleiche Größenordnung kommen: $\bar{\tau}_k \approx \bar{\tau}_e$; die adiabatische Näherung hingegen setzt voraus, dass $\bar{\tau}_k >> \bar{\tau}_e$ gilt. Als Maß für die Zulässigkeit der adiabatischen Näherung verwendet man daher den Quotienten

$$\gamma_{nn'}(\boldsymbol{R}) \equiv \bar{\tau}_k(\boldsymbol{R})/\bar{\tau}_e(\boldsymbol{R}) = \Delta U_{nn'}(\boldsymbol{R})\cdot l(\boldsymbol{R})/h\cdot\bar{u}(\boldsymbol{R}) \tag{4.39}$$

(*lokaler* ***Massey-Parameter***). Der Zahlenwert dieser Größe zeigt an, ob für die jeweilige Kernanordnung $\boldsymbol{R}$ zwischen zwei Elektronenzuständen n und n' Übergänge zu erwarten sind oder ob für jeden der beiden Elektronenzustände die Kernbewegung adiabatisch, ohne Änderung von n und n', abläuft; letzteres verlangt

$$\gamma_{nn'}(\boldsymbol{R}) >> 1 \quad \rightarrow \quad \textit{Gültigkeit der adiabatischen Näherung.} \tag{4.40}$$

Um dieses ***Massey-Kriterium*** anwenden zu können, braucht man einfache Abschätzungen für l und $\bar{u}$; $\Delta U_{nn'}(\boldsymbol{R})$ wird mit der Lösung des Elektronenproblems erhalten.

Die adiabatische Näherung ist somit *nicht* gerechtfertigt für solche Kernanordnungen $\boldsymbol{R}$, für die $\gamma_{nn'}(\boldsymbol{R})$ nicht groß gegen 1 ist, bei denen also

- Potentialfunktionen $U_n(\boldsymbol{R})$ und $U_{n'}(\boldsymbol{R})$ bzw. Elektronenterme $E_n^{\mathrm{e}}(\boldsymbol{R})$ und $E_{n'}^{\mathrm{e}}(\boldsymbol{R})$ einander nahekommen ($\Delta U_{nn'}$ *klein*),
- Potentialfunktionen bzw. die entsprechenden Elektronen-Wellenfunktionen $\Phi_n^{\mathrm{e}}(\boldsymbol{r};\boldsymbol{R})$ und/oder $\Phi_{n'}^{\mathrm{e}}(\boldsymbol{r};\boldsymbol{R})$ sich in Abhängigkeit von $\boldsymbol{R}$ stark ändern (l *klein*),
- die Kernbewegungen mit hoher Geschwindigkeit ablaufen ($\bar{u}$ *groß*).

Unter solchen Bedingungen sind während der Kernbewegung Änderungen des Elektronenzustands, sogenannte ***nichtadiabatische Übergänge***, wahrscheinlich. Mit derartigen Situationen werden wir uns in Abschnitt 14.3 näher befassen.

Damit haben wir eine wenn auch nur grob-qualitative Vorstellung davon gewonnen, wodurch Abweichungen vom adiabatischen Verhalten bedingt sind. Die formulierten Kriterien lassen sich präzisieren, wenn man die Kopplungsterme (4.32) untersucht (s. etwa [I.4b]). Ähnliche Überlegungen gelten übrigens auch für adiabatische Separationen anderer Bewegungsformen.

4.3.3 Vorläufiges über Potentialhyperflächen

Um einen Überblick zu gewinnen, untersuchen wir, wie molekulare Wechselwirkungspotentiale beschaffen sind. Vorausgesetzt wird die Gültigkeit der adiabatischen Näherung; den Index n brauchen wir dann nicht anzugeben, da er sich nicht ändert:

$$U(\boldsymbol{R}) = V^{\mathrm{kk}}(\boldsymbol{R}) + E^{\mathrm{e}}(\boldsymbol{R})\,; \qquad (4.22')$$

in dem vieldimensionalen Ortsvektor $\boldsymbol{R}$ sind die Ortsvektoren $\boldsymbol{R}_1, \boldsymbol{R}_2, \ldots$ der Kerne zusammengefasst. Der Strich an den Kernkoordinaten bzw. -ortsvektoren ist weggelassen.

Wir kümmern uns hier nicht darum, wie die Potentialfunktion $U(\boldsymbol{R})$ ermittelt wurde und in welcher Form sie vorliegt. In keinem realistischen Fall kann sie direkt als analytische Funktion berechnet werden, da die elektronische Schrödinger-Gleichung (4.18) nicht in geschlossener analytischer Form lösbar ist; mehr darüber in den Abschnitten 13.1 und 17.4.2.

Zunächst stellen wir einige allgemeine Eigenschaften zusammen, die eine solche adiabatische Potentialfunktion haben muss:

- Bei unendlich *großen Kernabständen* (d. h. nach Auseinanderziehen der Kerne, so dass getrennte Atome vorliegen) wirken keine Kräfte auf die Kerne, d. h. die Potentialfunktion wird dort konstant, hängt nicht mehr von den Kernkoordinaten ab:

$$\lim_{\text{alle}\,|\boldsymbol{R}_a - \boldsymbol{R}_b| \to \infty} U(\boldsymbol{R}_1, \boldsymbol{R}_2, \ldots) = \text{const}\,. \qquad (4.41)$$

- Wie bereits ausführlich diskutiert wurde, kann das Potential nur von der Lage der Kerne *relativ* zueinander abhängen, nicht aber von den absoluten Positionen der einzelnen Kerne und von der Drehlage der Kernanordnung als Ganzes im Raum. Man macht sich leicht klar, dass für mehr als zwei Kerne ($N^{\mathrm{k}} > 2$) in einer *nichtlinearen* Anordnung nicht $3N^{\mathrm{k}}$, sondern nur

$3N^k - 6$ Angaben nötig sind, um die Lage der Kerne relativ zueinander und damit den Potentialwert festzulegen (*Relativkoordinaten*). Von den restlichen sechs Angaben geben drei die Position des Schwerpunkts an und weitere drei (z. B. Euler-Winkel, s. Anhang A5.1) die Drehlage der gesamten Kernanordnung in Bezug auf ein mit dem Schwerpunkt verbundenes Koordinatensystem mit raumfesten Achsenrichtungen (SF-System). Schränkt man die Bewegungsmöglichkeiten ein, so dass nicht mehr beliebige Kernanordnungen realisierbar sind, dann ist die Anzahl f der Freiheitsgrade der Relativbewegungen der Kerne von $3N^k - 6$ verschieden.

Beispielsweise genügt bei einem zweiatomigen System ($N^k = 2$) *eine* Relativkoordinate ($f = 1$), nämlich der Abstand der beiden Kerne, und es sind fünf Angaben nötig, um den Schwerpunkt der Kerne (drei kartesische Koordinaten) und die Drehlage der Kernverbindungslinie in einem raumfesten Koordinatensystem (etwa durch den Polarwinkel ϑ gegen die positive z-Achse und den Azimutwinkel φ gegen die positive x-Achse) festzulegen. Das gilt auch bei mehratomigen Systemen mit einer linearen Kernanordnung (etwa als klassisches Zeitmittel oder als "Gleichgewichtskernanordnung", s. unten); dann verbleiben für die internen Bewegungen $f = 3N^k - 5$ Freiheitsgrade.

Im Folgenden werden, um die Schreibweise einfach und von der speziellen Wahl der Koordinaten unabhängig zu machen, die f Relativkoordinaten durchnumeriert und mit $Q_1, Q_2, \ldots, Q_f$ bezeichnet, häufig auch zu einem f-dimensionalen Vektor $\boldsymbol{Q}$ zusammengefasst. Den f-dimensionalen Raum, in dem jeder Punkt einer Kernanordnung entspricht, bezeichnen wir als ***Kernkonfigurationsraum***; ein solcher Punkt heißt *repräsentativer Punkt* oder ***Systempunkt***.

4.3.3.1 Potentialkurven und Potentialhyperflächen

Die in den Relativkoordinaten geschriebene adiabatische Potentialfunktion

$$U \equiv U(\boldsymbol{Q}) \equiv U(Q_1, Q_2, \ldots, Q_f). \tag{4.42}$$

stellt eine Verknüpfung von f Werten $Q_1, Q_2, \ldots, Q_f$ mit dem Wert U her; sie definiert eine Hyperfläche in einem $(f + 1)$-dimensionalen Raum, die sogenannte ***Potentialhyperfläche*** (oft einfach als *Potentialfläche* bezeichnet). Zu jeder Kernanordnung, d. h. zu jedem Satz von Koordinatenwerten $Q_1, Q_2, \ldots, Q_f$, also zu jedem Punkt im Kernkonfigurationsraum, gehört ein Potentialwert U, ein Punkt auf der Potentialhyperfläche.

Bei einem zweiatomigen System AB, $N^k = 2$ ($f = 1$) hängt die Potentialfunktion nur von einer Variablen, dem Kernabstand $R (\equiv Q_1)$, ab; Abb. 4.4 zeigt einen typischen Verlauf der *Potentialkurve* $U(R)$ eines zweiatomigen Moleküls.

Für mehr als zwei Kerne, $N^k > 2$, hängen die Potentialfunktionen von mindestens drei Variablen ab und entsprechen daher Hyperflächen in mindestens vierdimensionalen Räumen. Sie sind nicht mehr als Ganzes graphisch darstellbar und der Anschauung zugänglich; es lassen sich nur noch Schnitte zeichnen, die man erhält, wenn von den f Variablen mindestens $f - 1$ oder $f - 2$ konstant gehalten werden.

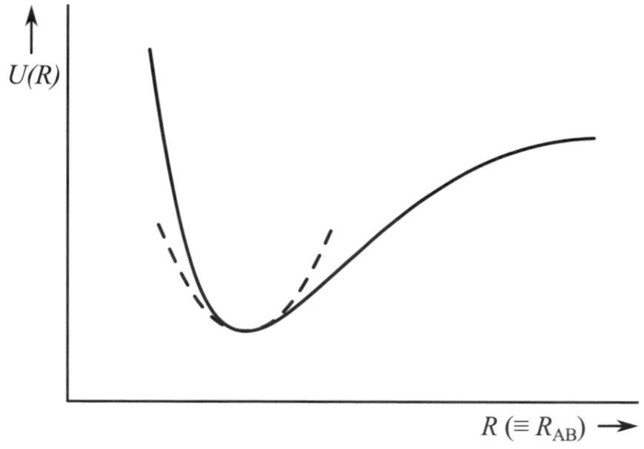

Abb. 4.4
Potentialkurve eines zweiatomigen Moleküls AB; gestrichelt: Approximation durch eine Parabel (schematisch)

Bei einem dreiatomigen System ABC kann man von den $f = 3$ Relativkoordinaten (z. B. der Kernabstand B–C sowie zwei Angaben X_1 und X_2, welche die Position des Kerns A relativ zu BC festlegen) eine konstant setzen (etwa den Abstand B–C) und die Funktion $U(X_1, X_2)$ darstellen: entweder *über* der Koordinatenebene (X_1, X_2) perspektivisch als *Block-Diagramm* oder *in* der Ebene (X_1, X_2) als *Höhenlinien-Diagramm* (Äquipotentiallinien- oder Konturliniendiagramm), d. h. Linien in der Ebene, auf denen das Potential einen bestimmten Wert hat, s. Abb. 4.5a,b. Oder man hält die drei Kerne in einer linearen Anordnung, $R_{AC} = R_{AB} + R_{BC}$, und zeichnet entsprechende Diagramme für die Funktion $U(R_{AB}, R_{BC})$, wie in Abb. 4.6a,b, die einen Austauschprozess A + BC → AB + C schematisch beschreibt.

Die Verhältnisse werden mit wachsender Anzahl beteiligter Atome (Kerne) schnell sehr kompliziert. Im folgenden Abschnitt behandeln wir ein allgemeines Verfahren, das die Gestalt von Potentialhyperflächen, ihre Topographie, systematisch zu untersuchen gestattet.

4.3.3.2 Topographische Analyse von Potentialhyperflächen. Molekülstruktur und Ausblick auf die Kerndynamik

Um die *Topographie* einer mehrdimensionalen Potentialhyperfläche – die "Geländebeschreibung der Potentiallandschaft" (vgl. Abbn. 4.5 und 4.6) – zu analysieren, verwendet man eine Verallgemeinerung der Verfahrensweise, wie man sie aus der Untersuchung von Funktionen *einer* Variablen (Beispiel: Abb. 4.4) als "Kurvendiskussion" kennt. Es interessieren gewisse ausgezeichnete Punkte und Linien, welche für die Wechselwirkungen im System und damit für mögliche stabile Anordnungen der Kerne (die *Struktur* des Aggregats) charakteristisch sind sowie ihre Bewegung (die *Dynamik*) bestimmen.

Da sich die hierfür benötigten Ableitungen der Potentialfunktion $U(\boldsymbol{R})$ nach den Kernkoordinaten so am einfachsten formulieren lassen, benutzen wir anstelle von Relativkoordinaten wie etwa im Ausdruck (4.42) jetzt kartesische Koordinaten im raumfesten (RF) Koordinatensystem (oder innere kartesische Koordinaten ohne Ausnutzung der Möglichkeit, die Anzahl der Freiheitsgrade um drei zu reduzieren).

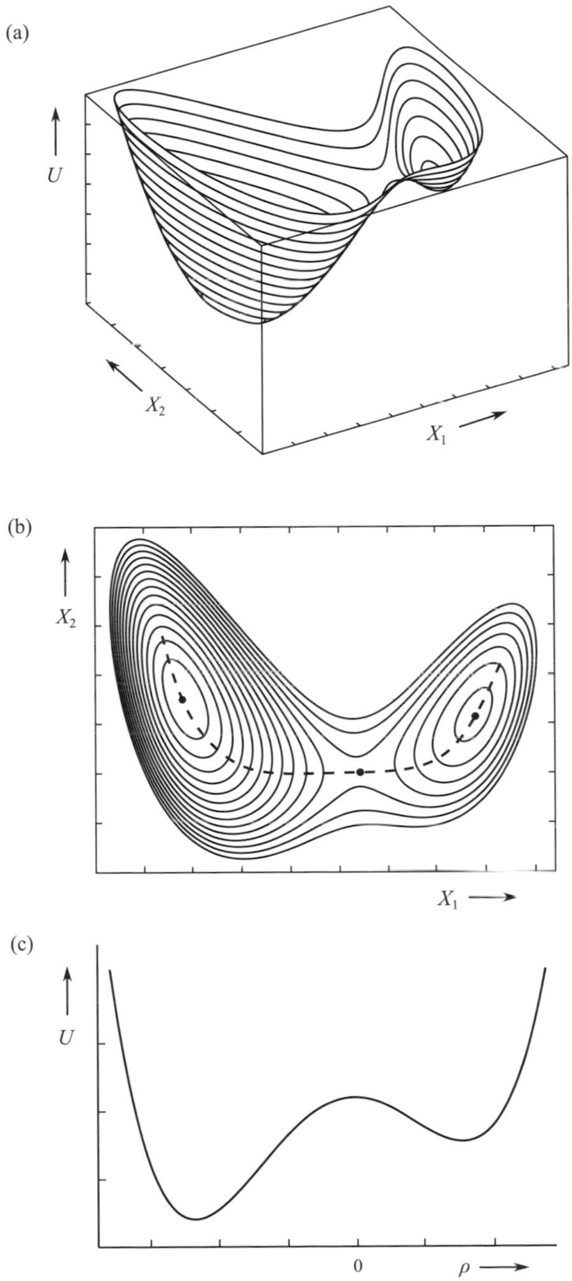

Abb. 4.5
Potentialfunktion eines gebundenen dreiatomigen Systems (Isomerisierung; schematisch); einer der Kernabstände fest:
(a) Blockdiagramm;
(b) Konturliniendiagramm mit Minimumweg (gestrichelt);
(c) Potentialwerte entlang des Minimumweges (Potentialprofil)

(a)

(b)

(c)

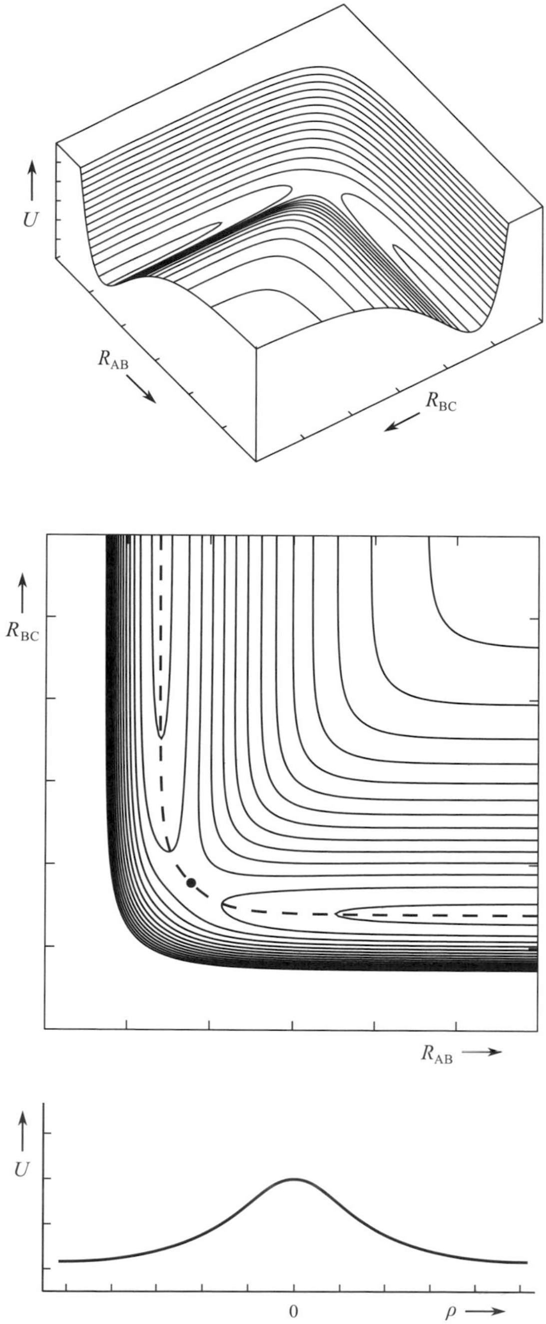

Abb. 4.6
Potentialfunktion eines linearen nichtgebundenen dreiatomigen Systems: Austauschprozess $A + BC \rightarrow AB + C$ (schematisch);
(a) Blockdiagramm;
(b) Konturliniendiagramm mit Minimumweg (gestrichelt);
(c) Potentialwerte entlang des Minimumweges (Potentialprofil)

Die kartesischen Koordinaten werden fortlaufend numeriert, also $X_1 \to X_1, Y_1 \to X_2$, $Z_1 \to X_3, X_2 \to X_4, ..., Y_{N^k} \to X_{3N^k-1}, Z_{N^k} \to X_{3N^k}$:

$$U \equiv U(\boldsymbol{R}) \equiv U(\boldsymbol{X}) \equiv U(X_1, X_2, X_3, X_4, \ldots, X_{3N^k-1}, X_{3N^k}). \tag{4.43}$$

Sei $\hat{\nabla}$ der $3N^k$ - komponentige Nabla-Operator $\hat{\nabla} \equiv \{(\partial/\partial X_1), (\partial/\partial X_2), ..., (\partial/\partial X_{3N^k})\}$ [Verallgemeinerung von Gl. (2.32)]; damit wird der $3N^k$ - dimensionale Vektor $g(\boldsymbol{X}) \equiv \hat{\nabla} U(\boldsymbol{X})$ mit den Komponenten $Y_1 \to X_2$,

$$g_i \equiv g_i(\boldsymbol{X}) \equiv \partial U/\partial X_i \qquad (i = 1, 2, \ldots, 3N^k) \tag{4.44}$$

($3N^k$ - dimensionaler *Gradientvektor*) gebildet, der nach Richtung und Betrag den steilsten Anstieg des Potentials im Punkt $\boldsymbol{X}$ angibt und orthogonal zu der durch $\boldsymbol{X}$ verlaufenden Niveaufläche $U(\boldsymbol{X}) = \text{const}$ steht.

Geht man vom Punkt $\boldsymbol{X}$ zu einem Nachbarpunkt $\boldsymbol{X} + \mathrm{d}\boldsymbol{X}$, so ändert sich das Potential um den Wert $\mathrm{d}U = (\hat{\nabla} U) \cdot (\mathrm{d}\boldsymbol{X}) \equiv (\partial U/\partial X_1)\mathrm{d}X_1 + \ldots + (\partial U/\partial X_{3N^k})\mathrm{d}X_{3N^k}$. Aus der Definition des Skalarprodukts folgt, dass die (positive) Potentialänderung am größten, d. h. der *Anstieg* am steilsten ist, wenn die Änderung $\mathrm{d}\boldsymbol{X}$ genau die Richtung des Gradienten hat: $\mathrm{d}\boldsymbol{X} \parallel g$; in entgegengesetzter Richtung, also $\mathrm{d}\boldsymbol{X} \parallel -g$, ist die Abnahme des Potentials am größten, der *Abstieg* am steilsten.

Die zweiten Ableitungen der Potentialfunktion,

$$k_{ij} \equiv k_{ij}(\boldsymbol{X}) \equiv \partial^2 U/\partial X_i \partial X_j \qquad (i, j = 1, 2, \ldots, 3N^k), \tag{4.45}$$

bilden eine symmetrische $(3N^k \times 3N^k)$ -Matrix $\mathbf{k}$, die sogenannte *Hesse-Matrix* oder *Kraftkonstantenmatrix* (als Verallgemeinerung der Kraftkonstanten k einer eindimensionalen Schwingungsbewegung, s. Abschn. 2.3.1); ihre Elemente (4.45) geben die Krümmung der Potentialhyperfläche im Punkt $\boldsymbol{X}$.

Setzt man voraus, dass die Potentialfunktion überall stetig und beliebig oft differenzierbar ist, dann kann sie an jedem Punkt $\boldsymbol{X}'$ in eine Taylor-Reihe entwickelt werden:

$$U(\boldsymbol{X}) = U(\boldsymbol{X}') + \sum_{i=1}^{3N^k} g_i' \cdot (X_i - X_i')$$

$$+ (1/2) \sum_{i=1}^{3N^k} \sum_{j=1}^{3N^k} k_{ij}' \cdot (X_i - X_i') \cdot (X_j - X_j') + \ldots; \tag{4.46}$$

hierbei sind die Koeffizienten g_i' die Komponenten des Gradientvektors und die Koeffizienten k_{ij}' die Elemente der Hesse-Matrix, beide genommen am Punkt $\boldsymbol{X}'$, also $g_i' \equiv g_i(\boldsymbol{X}')$ bzw. $k_{ij}' \equiv k_{ij}(\boldsymbol{X}')$. Kompakter kann man diese Taylor-Entwicklung in der Form

$$U(\boldsymbol{X}) = U(\boldsymbol{X}') + g'^{\mathrm{T}} (X - X') + (1/2)(\mathbf{X} - \mathbf{X}')^{\mathrm{T}} \mathbf{k}' (\mathbf{X} - \mathbf{X}') + \ldots \tag{4.46'}$$

schreiben; g'^{T} ist die Zeilenmatrix der Gradientkomponenten g'_i, $(\mathbf{X}-\mathbf{X}')$ die Spaltenmatrix der Komponentendifferenzen $(X_i - X_i')$ und $\mathbf{k}'$ die Hesse-Matrix mit den Elementen k'_{ij}.

Eine Kernanordnung, bei der sämtliche ersten Ableitungen des Potentials U Null werden,

$$g_i \equiv \partial U/\partial X_i = 0 \qquad \text{für alle } i = 1, 2, \ldots, 3N^{\mathrm{k}}, \tag{4.47}$$

heißt ***stationärer Punkt*** des Potentials; solche Kernanordnungen kennzeichnen wir im Folgenden durch einen oberen Index 0: $\boldsymbol{X}^0 \equiv (X_1^0, \ldots, X_{3N^{\mathrm{k}}}^0)$. Anhand der Eigenwerte der Hesse-Matrix (zu deren Bestimmung s. etwa [II.1], Kap. 9.), genommen an einem solchen stationären Punkt $\boldsymbol{X}^0$, also $\mathbf{k}^0 \equiv \mathbf{k}(\boldsymbol{X}^0)$, kann man diesen Punkte $\boldsymbol{X}^0$ nach bestimmten Typen klassifizieren:

Einige der Eigenwerte müssen gleich Null sein, und zwar im allgemeinen Fall einer nichtlinearen Kernanordnung mindestens sechs. Das kommt daher, dass (s. oben) sechs Koordinaten erforderlich sind, um die Position des Schwerpunkts der Kerne sowie die Drehlage der Kernanordnung im Raum festzulegen; von diesen Koordinaten kann, wie wir wissen, das Potential U nicht abhängen, und die diesbezüglichen ersten und zweiten Ableitungen sind infolgedessen sämtlich gleich Null. Handelt es sich bei $\boldsymbol{X}^0$ um eine lineare Kernanordnung, dann braucht man zur Angabe der Orientierung der Achse nur zwei Koordinaten (s. oben), so dass in diesem Fall nur fünf Null-Eigenwerte resultieren.

Wir charakterisieren nun die für das Folgende wichtigen *Typen von stationären Punkten*:

(a) Hat die Matrix $\mathbf{k}^0$ *keinen* negativen Eigenwert, dann ist der stationäre Punkt $\boldsymbol{X}^0$ ein ***lokales Minimum*** auf der Potentialhyperfläche; das Potential steigt von $\boldsymbol{X}^0$ aus in jeder Richtung an. Es kann mehrere solcher lokaler Minima geben; dasjenige von ihnen, für welches U den niedrigsten Wert hat, nennt man das *globale Minimum* der Potentialhyperfläche.

Werden eine oder mehrere Koordinaten X_i sehr groß, dann hängt U nicht mehr von diesen Koordinaten ab, und es können weitere Eigenwerte von $\mathbf{k}^0$ zu Null werden. In solchen *asymptotischen Bereichen* des Kernkonfigurationsraums gibt es Minima niedrigerer Dimension.

(b) Wenn *einer* der Eigenwerte von $\mathbf{k}^0$ negativ ist, dann weist die Potentialhyperfläche an $\boldsymbol{X}^0$ einen ***einfachen Sattelpunkt*** auf; das Potential ist in Richtung des zugehörigen Eigenvektors und in dazu entgegengesetzter Richtung konkav (hin zu niedrigeren Potentialwerten gekrümmt), in allen übrigen Richtungen konvex.

Andere Typen stationärer Punkte spielen für unsere Zwecke eine geringe Rolle und werden daher hier nicht betrachtet.

Vor allem im Zusammenhang mit qualitativen Überlegungen zum Ablauf von Kernbewegungen sind bestimmte Kurven im Kernkonfigurationsraum von Interesse, insbesondere die sogenannten *Wege minimaler Energie* (engl. minimum-energy paths), häufig als

Minimumwege oder ***Reaktionswege*** bezeichnet. Auf die Potentialhyperfläche projiziert, sind dies Linien, die von einem lokalen Minimum (oder von einem Minimum im asymptotischen Bereich, s. oben) in der Regel über einen Sattelpunkt zu einem anderen Minimum führen und dabei energetisch (d. h. im Potentialwert) stets tiefer liegen als benachbarte Potentialpunkte. Die Bogenlänge entlang des Minimumweges (meist gemessen vom Sattelpunkt als Nullpunkt) heißt ***Reaktionskoordinate*** ρ, die Potentialwerte "über dem Minimumweg", $U(\rho)$, bezeichnen wir als ***Potentialprofil***. Der Leser kann sich diese Begriffe anhand der Abbildungen. 4.5 und 4.6 klarmachen.

Auf praktische Probleme der Ermittlung stationärer Punkte und Hesse-Matrizen sowie Minimumwege gehen wir an dieser Stelle nicht ein, sondern verweisen auf Teil 3, Kapitel 13, sowie Teil 4, Kapitel 18.

Das sind zunächst recht formal anmutende Definitionen. Wichtig ist, welche Aussagen aus diesen Größen gewonnen werden können. Wird der Kernbewegung die kinetische Energie T^{k} vollständig entzogen (was strenggenommen nur klassisch denkbar ist, wie wir wissen), so stellt sich eine Kernanordnung ein, die im Vergleich zu benachbarten Anordnungen die geringstmögliche potentielle Energie U aufweist – der repräsentative Punkt $\boldsymbol{X}$ wird in ein lokales (eventuell in das globale) Minimum der Potentialhyperfläche "hineinrutschen": $\boldsymbol{X} \rightarrow \boldsymbol{X}^0$ mit $U(\boldsymbol{X}^0) = \text{Min.}$ Damit haben wir genau das erhalten, was man sich unter einer klassischen (starren) ***Molekülstruktur*** vorstellt. Der Begriff der Potentialhyperfläche liefert somit eine Verknüpfung mit den klassischen chemischen Strukturvorstellungen – das aber bedeutet: erst die Born-Oppenheimer-Separation und die adiabatische Näherung machen es möglich, dass wir in der quantenmechanischen Beschreibung überhaupt so etwas wie eine Molekülstruktur identifizieren können.

Lassen wir zu, dass die Kerne eine kinetische Energie T^{k} besitzen, so werden ***Schwingungen*** um die Koordinatenwerte $X_1^0, X_2^0, \ldots, X_{3N^{\mathrm{k}}}^0$ stattfinden; diese sind bei niedrigen Werten von T^{k} und somit kleinen Auslenkungen näherungsweise harmonisch, da sich der Potentialverlauf gemäß Gleichung (4.46) in der engeren Umgebung von $\boldsymbol{X}^0$ stets durch eine quadratische Funktion approximieren lässt (in Abb. 4.4 gestrichelt). Mit wachsender Energie weichen die Schwingungen zunehmend von der harmonischen Näherung ab. Wir kommen darauf ausführlicher in Kapitel 11 (s. dort Abschn. 11.3.2 und 11.4.3) zurück.

Wird die Energie $T^{\mathrm{k}} + U$ höher als der Potentialwert eines benachbarten (einfachen) Sattelpunkts, so kann eine ***Umlagerung*** der Molekülstruktur $\boldsymbol{X}^0$ in eine andere Struktur $\boldsymbol{X}^{0'}$ erfolgen (s. etwa Abb. 4.5), also eine *Isomerisierung*, oder auch, wenn "hinter" dem Sattelpunkt ein Potential-Tal hin zu großen Werten einiger der Koordinaten ausläuft, ein Zerfall des Systems in zwei (oder mehrere) Fragmente (*Fragmentierung, Dissoziation*).

Auch ein ***Stoßprozess*** zwischen zwei molekularen Aggregaten lässt sich so diskutieren. Für den Stoß eines Atoms A mit einem zweiatomigen Molekül BC kann das Potential beispielsweise die in Abb. 4.6 dargestellte Form haben, wenn wir uns der Einfachheit halber vorstellen, dass die drei Kerne während der gesamten Bewegung auf einer Geraden bleiben (*kollinearer Stoß*). Der Umlagerungsprozess, ein *bimolekularer Austausch* A + BC $\rightarrow$ AB + C, geht dann so vor sich, dass der repräsentative Punkt mit den Koordinaten (R_{AB}, R_{BC}) aus dem Reaktant-Tal (Eingangstal) rechts unten, in der Nähe des Minimumweges bleibend, einläuft, bei genügend hoher kinetischer Energie (der Relativbewegung A–BC und der Schwingung B–C) sowie günstiger Impulsrichtung den "Pass im Potentialgebirge", also die *Potentialbarriere* im Sattelpunkt SP, überwindet und ins Produkt-Tal (Ausgangstal) links oben ausläuft. Die Kernanordnung $\boldsymbol{X}^0_{SP}$, die dem *Sattelpunkt* entspricht, können wir somit als eine ***Übergangskonfiguration*** ansehen (häufig auch als ***Stoßkomplex*** bezeichnet, s. Abschn. 12.3).

In Abb. 4.7 sind für ein dreiatomiges System mögliche Bewegungstypen in Abhängigkeit von der verfügbaren Energie schematisch zusammengestellt. Bei diesem Überblick wollen wir es hier bewenden lassen, da in Teil 3 auf diesen Problemkreis im Detail eingegangen wird.

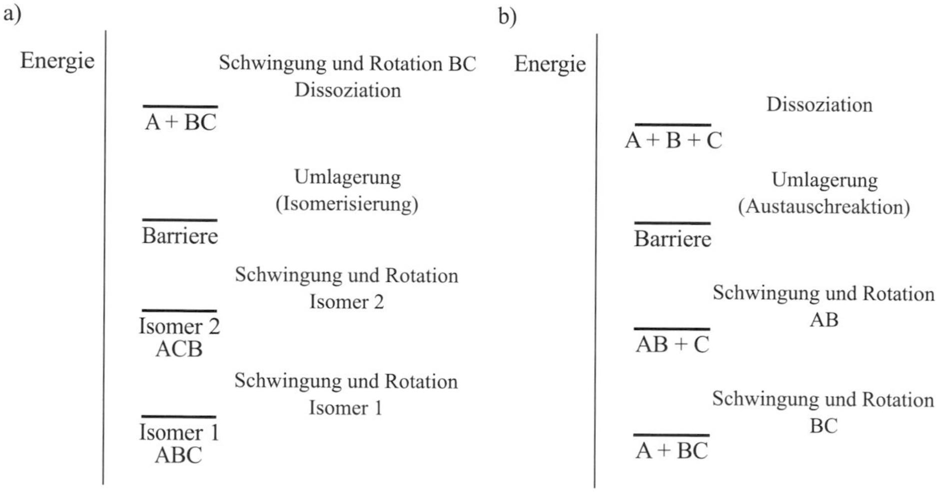

Abb. 4.7 Bewegungsregime der Kerne eines dreiatomigen molekularen Systems ABC (schematisch): (a) Isomerisierung ABC → ACB ; (b) Austauschreaktion A + BC → AB + C

Den obigen Erörterungen der molekularen Vorgänge anhand der Potentialflächentopographie lag stillschweigend ein klassisches Bild der Kernbewegung zugrunde. In einer quantenmechanischen Beschreibung wären bei den gebundenen Bewegungen (insbesondere den Schwingungen) die stationären Quantenzustände (Eigenwerte und Eigenfunktionen) zu bestimmen. Bei Stoßprozessen haben wir es mit nichtgebundenen Zuständen zu tun; für derartige Vorgänge wäre dann eine zeitabhängige Beschreibung durch Wellenpakete angemessen.

Was wird nun aus diesen Betrachtungen in Fällen, in denen die adiabatische Näherung nicht oder zumindest nicht für alle Kernanordnungen $\boldsymbol{X}$ gilt, dort also, wo der Massey-Parameter nicht die Bedingung (4.40) erfüllt? Wir begnügen uns vorerst mit der Feststellung, dass Abweichungen vom adiabatischen Verhalten oft nur lokal, in der Umgebung bestimmter Kernanordnungen, auftreten, so dass die Überlegungen dieses Abschnitts meist im Großen und Ganzen ihre Berechtigung behalten. Auch auf dieses Problem kommen wir in Teil 3, Abschnitt 14.3, zurück.

Wegen der grundsätzlichen Bedeutung der in diesem Abschnitt eingeführten Begriffe und Konzepte fassen wir die zentralen Aussagen noch einmal zusammen.

Die elektronisch adiabatische Näherung auf der Grundlage der Born-Oppenheimer-Separation kann als d i e zentrale Näherung der molekularen Quantenmechanik bezeichnet werden.

Sie ermöglicht es, die theoretische Behandlung molekularer Systeme in zwei Schritte zu zerlegen und dadurch beträchtlich zu vereinfachen: Die erste Stufe – Behandlung des Elektronenproblems – ergibt die Gesamtenergie $E_n^{\mathrm{e}}(\boldsymbol{R})$ *der Elektronenhülle in den verschiedenen Quantenzuständen* n *sowie die entsprechenden Elektronen-Wellenfunktione* $\Phi_n^{\mathrm{e}}(\boldsymbol{r};\boldsymbol{R})$*, aus denen sämtliche durch die Elektronenhülle bestimmten Eigenschaften (bzw. die elektronischen Anteile von Eigenschaften) zu berechnen sind. insbesondere manifestiert sich auf dieser Stufe, wie wir noch sehen werden, das Phänomen der chemischen Bindung. Mit* $E_n^{\mathrm{e}}(\boldsymbol{R})$ *erhält man die adiabatischen Potentialfunktionen* $U_n(\boldsymbol{R}) = E_n^{\mathrm{e}}(\boldsymbol{R}) + V^{\mathrm{kk}}(\boldsymbol{R})$*, aus denen Informationen über mögliche stabile Molekülstrukturen gewonnen werden können und die als Input für die zweite Stufe – Behandlung der Kernbewegung – benötigt werden. In diesem zweiten Schritt lassen sich die Quantenzustände gebundener Kernbewegungen (Molekülschwingungen und -rotationen), Strukturänderungen sowie alle Informationen über nichtgebundene Kernbewegungen (insbesondere molekulare Stoßprozesse als Elementarakte bei chemischen Reaktionen) ermitteln.*

Zu diesem praktischen Aspekt kommt hinzu, dass ein tieferes theoretisches Verständnis, die Interpretation von Rechenresultaten und deren Anschluss an das Begriffssystem der Chemie erleichtert wird. Erst die adiabatische Näherung und die damit verbundene Möglichkeit, ein molekulares Wechselwirkungspotential $U_n(\boldsymbol{R})$ *zu definieren, ermöglicht eine solide theoretische Fassung des Molekülbegriffs, und die Fragen, was ein Molekül zusammenhält, welche Eigenschaften es hat, wodurch die Molekülstruktur bestimmt ist und wie sich Moleküle umwandeln, können theoretisch wohlfundiert beantwortet werden.*

Die zeitabhängige selbstkonsistente Separation als Alternative zur adiabatischen Separation ist einerseits grundsätzlich allgemeiner und flexibler, in der praktischen Durchführung aber meist aufwendiger und weniger leicht interpretierbar.

4.4 Näherungsmethoden für stationäre gebundene Zustände

Nur für die einfachsten Systeme und Modelle kann die Schrödinger-Gleichung exakt gelöst werden; Beispiele dafür hatten wir in Kapitel 2 kennengelernt. Wir befassen uns jetzt mit Methoden, die prinzipiell auch für kompliziertere Systeme (oder Subsysteme) geeignet sind.

Der Hamilton-Operator des Systems sei $\hat{H}$; die *stationären gebundenen Zustände* werden durch die Eigenfunktionen Φ_k zu den (diskreten) Energieeigenwerten E_k ($k = 0, 1, 2, \ldots$) der zeitunabhängigen Schrödinger-Gleichung

$$\hat{H}\Phi = E\Phi \tag{4.48}$$

zu den jeweiligen Randbedingungen beschrieben. Die Aufgabe besteht darin, *Näherungen* $\tilde{E}_k$ und $\tilde{\Phi}_k$ für die Energien bzw. Wellenfunktionen im Zustand k zu bestimmen; hat man die Funktionen $\tilde{\Phi}_k$ zur Verfügung, dann können Folgegrößen, etwa die Erwartungswerte $\tilde{G}_k = \left\langle\tilde{\Phi}_k\middle|\hat{G}\middle|\tilde{\Phi}_k\right\rangle \Big/ \left\langle\tilde{\Phi}_k\middle|\tilde{\Phi}_k\right\rangle$ physikalischer Größen G (s. Abschn. 3.1.4) berechnet werden. Dabei geht es sowohl um den energetisch tiefsten Zustand (Grundzustand, $k = 0$) als auch um angeregte Zustände ($k = 1, 2, ...$). Bei Gleichung (4.48) kann es sich beispielsweise um die Schrödinger-Gleichung für die Elektronenbewegung [Gl. (4.18)] oder für Kernbewegungen (etwa Molekülschwingungen) [Gl. (4.26)] handeln, jeweils mit den entsprechenden Randbedingungen.

Die für diese Aufgabenstellung entwickelten Methoden beruhen im Wesentlichen auf zwei deutlich verschiedenen Konzepten: Energievariationsverfahren oder Störungstheorie.

4.4.1 Energievariationsverfahren

Wir besprechen zunächst die Grundzüge zweier Verfahren, die auf Extremaleigenschaften der möglichen Energiewerte beruhen.

4.4.1.1 Variationsprinzip nach Schrödinger

Die Energie E lässt sich als Erwartungswert des Hamilton-Operators $\hat{H}$, gebildet mit der Wellenfunktion Φ, schreiben:

$$E \equiv \overline{E} = \int \Phi^* \hat{H} \Phi \, \mathrm{d}V \Big/ \int \Phi^* \Phi \, \mathrm{d}V \tag{4.49}$$

(s. Abschn. 3.1.4). Der Zahlenwert dieses Ausdrucks hängt von der Funktion Φ ab: je nachdem, welche Funktion Φ in die Integrale auf der rechten Seite der Gleichung eingesetzt wird, ergibt sich ein bestimmter Wert E. Eine solche "Funktion einer Funktion" nennt man *Funktional* und bezeichnet es mit dem Symbol $E[\Phi]$ (s. etwa [II.1], Abschn. 10.1.).

Ein Funktional kann, ganz analog zu einer gewöhnlichen Funktion, für bestimmte "Argumente" Φ extremale Werte annehmen, wobei uns hier insbesondere Minima interessieren (s. unten). Bildet man den Erwartungswert (4.49) mit beliebigen *zulässigen*, d. h. die Randbedingungen erfüllenden und daher als Wellenfunktion für das gegebene Problem prinzipiell tauglichen Funktionen $\tilde{\Phi}$, also

$$\tilde{E} \equiv E[\tilde{\Phi}] \equiv \int \tilde{\Phi}^* \hat{H} \tilde{\Phi} \, \mathrm{d}V \Big/ \int \tilde{\Phi}^* \tilde{\Phi} \, \mathrm{d}V \,, \tag{4.49'}$$

dann nimmt dieser Ausdruck für die *exakte* Wellenfunktion Φ_0 des Grundzustands, d. h. für die energetisch tiefste Lösung der Schrödinger-Gleichung (4.48), den Wert E_0 an, ist also gleich der exakten Grundzustandsenergie, wie man durch Einsetzen von Φ_0 anstelle von $\tilde{\Phi}$ in Gleichung (4.49') sofort sieht; für alle übrigen (zulässigen) Vergleichsfunktionen $\tilde{\Phi}$ hingegen ist der Wert des Funktionals größer als E_0. Es gilt somit allgemein:

$$\tilde{E} \geq E_0 \,. \tag{4.50}$$

Anders ausgedrückt: Der Erwartungswert der Energie für eine beliebige (zulässige) Versuchsfunktion $\tilde{\Phi}$ ist eine *obere Grenze für die exakte Grundzustandsenergie*. Die Bestimmung von Wellenfunktion und Energie des Grundzustands eines Systems lässt sich somit als Aufgabe der Variationsrechnung (s. hierzu [II.1], Abschn. 10.1.) formulieren: man hat das Minimum des Funktionals $E[\tilde{\Phi}]$ zu ermitteln, d. h. die *Variation* $\delta E[\tilde{\Phi}]$ muss zu Null werden:

$$\delta E[\tilde{\Phi}] = 0\,, \quad E[\tilde{\Phi}] \to \text{Minimum.} \qquad (4.51)$$

Dass die Ungleichung (4.50) besteht, lässt sich leicht beweisen: Wären die exakten (orthonormierten) Eigenfunktionen Φ_i zu den Eigenwerten E_i des Hamilton-Operators $\hat{H}$ bekannt (der Einfachheit halber nehmen wir an, das Spektrum von $\hat{H}$ sei rein diskret), dann ließe sich $\tilde{\Phi}$ nach diesem vollständigen Funktionensatz entwickeln:

$$\tilde{\Phi} = \sum_{i=0}^{\infty} C_i \Phi_i\,.$$

Damit erhalten wir unter Verwendung der Schrödinger-Gleichung (4.48) und der Orthonormierung:

$$\tilde{E} = \left(\sum_i \sum_j C_i^* C_j \int \Phi_i{}^* \hat{H} \Phi_j \mathrm{d}V\right) \Big/ \left(\sum_i \sum_j C_i^* C_j \int \Phi_i{}^* \Phi_j \mathrm{d}V\right) = \left(\sum_i |C_i|^2 E_i\right) \Big/ \left(\sum_i |C_i|^2\right).$$

Da die Eigenwerte $E_1, E_2, ...$ sämtlich größer als E_0 sind, können wir alle Glieder mit i = 1, 2, ... im Zähler nach unten abschätzen, indem wir sie durch $|C_i|^2 E_0$ ersetzen, und es folgt die Ungleichung (4.50); das Gleichheitszeichen gilt nur dann, wenn es sich bei $\tilde{\Phi}$ um die exakte Grundzustandswellenfunktion Φ_0 handelt.

Auf das *Variationsprinzip* (4.51), das auf E. Schrödinger (1926/1927)[6] zurückgeht, kann man ein Verfahren zur Bestimmung einer Näherungswellenfunktion gründen: Man wähle eine zulässige (die Randbedingungen erfüllende) *Versuchsfunktion* $\tilde{\Phi}$, die noch "biegsam" ist, z. B. indem sie gewisse freie Parameter enthält, etwa $\tilde{\Phi}(\alpha)$ mit einem Zahlenparameter α. Bildet man damit den Energieerwartungswert (4.49'), dann hängt dieser natürlich von α ab,

$$\tilde{E}(\alpha) = \left(\int \tilde{\Phi}(\alpha)^* \hat{H} \tilde{\Phi}(\alpha) \mathrm{d}V\right) \Big/ \left(\int \tilde{\Phi}(\alpha)^* \tilde{\Phi}(\alpha) \mathrm{d}V\right), \qquad (4.52a)$$

und aus der Bedingung

$$\mathrm{d}\tilde{E}(\alpha)/\mathrm{d}\alpha = 0 \qquad (4.52b)$$

lässt sich derjenige Wert α_{opt} ermitteln, den α annehmen muss, um $\tilde{E}$ zu einem Minimum zu machen. Dieser Wert $\tilde{E}(\alpha_{\mathrm{opt}})$ kommt dem exakten Wert E_0 so nahe, wie das mit der Form der gewählten Versuchsfunktion überhaupt möglich ist. Die Funktion $\tilde{\Phi}(\alpha_{\mathrm{opt}})$ ist die für die angesetzte Form der Funktion beste Annäherung an die exakte Grundzustandswellenfunktion Φ_0.

[6] Vgl. das Zitat E. Schrödinger, E., in Fußnote 4 (b) zu Kapitel 1.

Es ist zu beachten, dass sich die Bezeichnung "beste" nur auf die *Energie* bezieht: $\tilde{E}(\alpha_{\mathrm{opt}})$ kommt der exakten Energie E_0 im Vergleich zu anderen α-Werten am nächsten. Für andere Observable liefert die Näherungsfunktion $\tilde{\Phi}(\alpha_{\mathrm{opt}})$ allerdings nicht notwendig die besten Erwartungswerte. Ferner muss eigentlich noch sichergestellt werden, dass es sich bei $\tilde{E}(\alpha_{\mathrm{opt}})$ tatsächlich um ein Minimum handelt, dass also die Bedingung $\mathrm{d}^2\tilde{E}/\mathrm{d}\alpha^2 > 0$ erfüllt ist.

Eine vollständig (d. h. bezüglich *aller* freien Parameter) oder mittels eines für *alle* Koordinaten einheitlichen Maßstabsfaktors optimierte Näherungswellenfunktion genügt dem *Virialsatz* (s. Abschn. 3.4).

Die Form, in der die Variationsmethode ihre breiteste Anwendung findet, ist das ***Ritzsche Verfahren***. Hierbei wird eine Versuchsfunktion $\tilde{\Phi}$ als Linearkombination von endlich vielen (M) vorgegebenen Funktionen f_k ($k = 1, 2, \ldots, M$) angesetzt, die von den gleichen Variablen $\boldsymbol{x}$ wie die gesuchte Wellenfunktion abhängen und wie diese den Randbedingungen genügen, aber nicht notwendig orthonormiert sein müssen:

$$\tilde{\Phi}(\boldsymbol{x}) = \sum_{k=1}^{M} a_k f_k(\boldsymbol{x}). \tag{4.53}$$

Die M Koeffizienten a_k spielen die Rolle der freien Parameter. In den Ausdruck (4.49') für den Energieerwartungswert eingesetzt, ergibt sich:

$$\tilde{E} \equiv \tilde{E}(a_1, a_2, \ldots, a_M; a_1^*, a_2^*, \ldots, a_M^*)$$

$$= \left(\sum_{k=1}^{M}\sum_{l=1}^{M} a_k^* a_l H_{kl}\right) \Big/ \left(\sum_{k=1}^{M}\sum_{l=1}^{M} a_k^* a_l S_{kl}\right) \tag{4.54}$$

als Funktion der Koeffizienten a_i (und ihrer Komplex-Konjugierten). Die Integrale

$$H_{kl} \equiv \int f_k(\boldsymbol{x})^* \hat{H} f_l(\boldsymbol{x}) \mathrm{d}V \equiv \langle f_k | \hat{H} | f_l \rangle \tag{4.55a}$$

bezeichnet man als *Matrixelemente* des Hamilton-Operators $\hat{H}$ bezüglich der Funktionen f_i; sie bilden die "*f*-Darstellung" des Operators $\hat{H}$ im Sinne von Abschnitt 3.1.5. Das Integral

$$S_{kl} \equiv \int f_k(\boldsymbol{x})^* f_l(\boldsymbol{x}) \mathrm{d}V \equiv \langle f_k | f_l \rangle \tag{4.55b}$$

heißt *Überlappungsintegral* der beiden Funktionen f_k und f_l. Die hier zusätzlich angegebene Bracket-Schreibweise wurde in Abschnitt 3.1.4 eingeführt.

Die Variation von $\tilde{\Phi}$ bedeutet das Aufsuchen des (globalen) Minimums der Funktion (4.54) bezüglich der unbekannten Parameter a_i bzw. a_i^*; beide sind natürlich nicht unabhängig voneinander. Nehmen wir a_i^*, so müssen sämtliche partiellen ersten Ableitungen von $\tilde{E}$ nach a_i^* verschwinden:

$$\partial\tilde{E}/\partial a_i^* = 0 \qquad \text{für alle } i = 1, 2, \ldots, M. \tag{4.56}$$

Diese Bedingungen führen auf ein homogenes lineares System von M Gleichungen:

$$\sum_{l=1}^{M}\left(H_{il} - \tilde{E}S_{il}\right)a_l = 0 \qquad (i = 1, 2, \dots, M) \tag{4.57}$$

für die M Unbekannten a_l; unbekannt ist auch $\tilde{E}$. Näheres zur mathematischen Problemstellung findet man in der einschlägigen Literatur, etwa in [II.1] (Abschn. 10.1.5.). Die Variation der Parameter a_i würde das gleiche Ergebnis liefern.

Damit dieses Gleichungssystem eine nichttriviale Lösung hat (die triviale Lösung wäre: alle Unbekannten a_l sind Null), muss die Determinante der bei a_l stehenden Faktoren verschwinden:

$$\det\{ H_{il} - \tilde{E}S_{il} \} = 0 \tag{4.58}$$

(Lösbarkeitsbedingung). Dies ist, wenn man die Determinante auflöst, eine Gleichung M-ten Grades in der Unbekannten $\tilde{E}$ (die sog. *Säkulargleichung*); sie hat M Lösungen, die man nach aufsteigenden Werten durchnumeriert: $\tilde{E}_0, \tilde{E}_1, \tilde{E}_2, \dots, \tilde{E}_{M-1}$. Der tiefste Wert, üblicherweise mit $\tilde{E}_0$ bezeichnet, ist eine obere Grenze für die exakte Energie E_0 des Grundzustands, und wie sich zeigen lässt, sind auch die weiteren Lösungen $\tilde{E}_1, \tilde{E}_2, \dots, \tilde{E}_{M-1}$ jeweils obere Grenzen für die exakten Energien der entsprechenden angeregten Zustände:

$$\tilde{E}_0 \geq E_0,\ \tilde{E}_1 \geq E_1, \dots,\ \tilde{E}_{M-1} \geq E_{M-1}. \tag{4.59}$$

Die zugehörigen Näherungsfunktionen, d. h. die mit den Lösungen a_{kn} zu $\tilde{E}_n$ gebildeten Linearkombinationen $\tilde{\Phi}_n = \sum_{k=1}^{M} a_{kn} f_k$, ergeben sich automatisch orthogonal zueinander. Von besonderer Wichtigkeit für die praktische Anwendung ist, dass bei Erweiterung des Linearkombinationsansatzes (4.53) um weitere Funktionen $f_{M+1}, \dots$ die Annäherung an die exakten Lösungen verbessert werden kann (s. etwa [I.4a]).

Derartige Linearkombinationsansätze spielen eine wichtige Rolle in der Quantenchemie; die meisten der gängigen Berechnungsverfahren für Elektronenzustände und Kernschwingungszustände molekularer Systeme beruhen darauf.

4.4.1.2 Variationsprinzip nach Hohenberg und Kohn

Während die Gültigkeit des Schrödingerschen Variationsprinzips bereits sehr lange bekannt ist und anhand der Schrödinger-Gleichung (4.48) leicht bewiesen werden kann, wurde erst viel später entdeckt, dass sich für *Elektronen*systeme noch ein anderes Variationsprinzip formulieren lässt.[7] Die Elektronenenergie E_0^{e} eines molekularen Systems im Grundzustand ist nämlich auch ein eindeutiges Funktional der Elektronendichteverteilung $\rho(\boldsymbol{r})$:

$$E_0^{\mathrm{e}} = E_0^{\mathrm{e}}[\rho(\boldsymbol{r})] \tag{4.60}$$

(*Hohenberg-Kohn-Theorem*; R. Hohenberg und W. Kohn (1964)); es gilt in der Näherung

[7] Hohenberg, P., Kohn, W.: Inhomogeneous Electron Gas. Phys. Rev. **136 B**, 864-871 (1964)

fixierter Kerne, $\rho(\boldsymbol{r}) \equiv \rho(\boldsymbol{r};\boldsymbol{R})$, und unter der Voraussetzung, dass es sich um einen *nicht-entarteten Grundzustand* handelt (s. hierzu etwa [4.1], dort auch Literaturangaben). Der Einfachheit halber lassen wir im Folgenden den Elektronenspin außer Betracht.

Unter der Elektronendichteverteilung $\rho(\boldsymbol{r})$ haben wir das Diagonalelement der spinfreien Dichtematrix erster Ordnung zu verstehen, definiert in Abschnitt 3.4; s. dort die Gleichungen (3.138) mit (3.137) und (3.128). Für ein N-Elektronen-System liefert diese *Einelektrondichtefunktion* die mit N multiplizierte räumliche Aufenthaltswahrscheinlichkeitsdichte irgendeines der Elektronen (bei beliebiger Spineinstellung); dabei ist $\rho(\boldsymbol{r})$ gemäß der Bedingung (3.134) normiert:

$$\int \rho(\boldsymbol{r})\mathrm{d}V = N\,. \tag{4.61}$$

Den Ausdruck (4.60) bezeichnet man als (Energie-) ***Dichtefunktional***.

Für dieses Dichtefunktional gilt nach Hohenberg und Kohn ein Variationsprinzip: Im Vergleich zu allen möglichen (und zulässigen), entsprechend Gleichung (4.61) normierten Dichten $\tilde{\rho}(\boldsymbol{r})$ führt die *exakte* Dichte $\rho_0(\boldsymbol{r})$ für den Grundzustand des Systems zum tiefsten möglichen Wert des Funktionals $E^{\mathrm{e}}[\tilde{\rho}(\boldsymbol{r})]$, und dieser ist gleich der exakten Grundzustandsenergie E_0^{e}, dem tiefsten Eigenwert des elektronischen Hamilton-Operators $\hat{H}^{\mathrm{e}}$. Es besteht also die Ungleichung

$$E^{\mathrm{e}}[\tilde{\rho}(\boldsymbol{r})] \geq E_0^{\mathrm{e}}\,, \tag{4.62}$$

wobei das Gleichheitszeichen für $\tilde{\rho}(\boldsymbol{r}) = \rho_0(\boldsymbol{r})$ gilt.

Darauf lässt sich ebenfalls ein *Variationsverfahren* aufbauen, ganz analog zum Variationsverfahren für Wellenfunktionen im vorigen Abschnitt, und zwar ist eine notwendige Bedingung für das Erreichen eines Minimums des Funktionals $E^{\mathrm{e}}[\tilde{\rho}]$, dass dessen Variation $\delta E^{\mathrm{e}}[\tilde{\rho}]$ verschwindet:

$$\delta E^{\mathrm{e}}[\tilde{\rho}] = 0\,, \dots\; E^{\mathrm{e}}[\tilde{\rho}] \rightarrow \text{Minimum.} \tag{4.63}$$

Ein solches Variationsverfahren hat auf den ersten Blick erhebliche Vorteile, denn es handelt sich bei der gesuchten Dichte $\tilde{\rho}(\boldsymbol{r})$ um eine Funktion von drei Variablen (drei Ortskoordinaten), und zwar unabhängig von der Anzahl N der Elektronen – bei der Wellenfunktion hingegen haben wir es mit einer Funktion von $3N$ Variablen zu tun. Es gibt jedoch schwerwiegende Probleme: Bisher konnte nur allgemein gezeigt werden, dass das Dichtefunktional (4.60) existiert und dass die Ungleichung (4.62) besteht, nicht aber, wie die Energie E^{e} explizite von der Dichte $\tilde{\rho}$ abhängt. Außerdem ist nicht ohne weiteres klar, welche Bedingungen eine Dichte $\tilde{\rho}(\boldsymbol{r})$ außer der Normierung (4.61) zu erfüllen hat, um als "Versuchsdichte" in Frage zu kommen. Solche Schwierigkeiten bestehen beim Schrödingerschen Variationsverfahren nicht, denn man kennt mit dem Hamilton-Operator $\hat{H}$ den expliziten Ausdruck für den Erwartungswert (4.49'), zumindest in nichtrelativistischer Näherung, und man weiß, welchen Randbedingungen eine Wellenfunktion genügen muss.

Wir haben es hier mit einer grundsätzlichen Schwierigkeit zu tun: Einerseits hatten wir in Abschnitt 3.4 gesehen, dass wegen der Struktur des elektronischen Hamilton-Operators als Summe von Einelektron- und Zweielektronenoperatoren zwar nicht die vollständige elektronische Wellenfunktion bekannt sein muss, wenn man den Energieerwartungswert berechnen will, aber man benötigt die Dichtematrix *zweiter* Ordnung. Nun aber soll nach dem Hohenberg-Kohn-Theorem bereits die Dichtematrix erster Ordnung, sogar nur deren Diagonalelement $\rho(\boldsymbol{r})$ erforderlich sein. Dieses Problem ist bis heute noch nicht vollständig geklärt; vermutlich liegen hierin auch die Ursachen für diverse Komplikationen bei der praktischen Anwendung (s. Abschn. 9.3 und 17.3). Trotzdem ist es gelungen, mittels plausibler Näherungsannahmen und unter Zuhilfenahme von Kenntnissen aus einfachen Modellansätzen, insbesondere statistischen (Elektronengas-) Modellen (s. Abschn. 4.8.6), mehrere Varianten von Berechnungsverfahren zu entwickeln, die inzwischen erfolgreich eingesetzt werden. Wir stellen hier vorerst nur einige Grundzüge zusammen.

Das Energie-Dichtefunktional wird zunächst heuristisch, in Anlehnung an das statistische Modell des Atoms (s. Abschn. 5.5), folgendermaßen geschrieben:

$$E^{\mathrm{e}}[\rho]=T^{\mathrm{e}}[\rho]+\int V^{\mathrm{ke}}(\boldsymbol{r};\boldsymbol{R})\cdot\rho(\boldsymbol{r})\mathrm{d}V$$
$$+(1/2)\iint\rho(\boldsymbol{r})\left(1/|\boldsymbol{r}-\boldsymbol{r}'|\right)\rho(\boldsymbol{r}')\mathrm{d}V\mathrm{d}V' + W_{\mathrm{XC}}[\rho]\,. \tag{4.64}$$

Dieser Ausdruck setzt sich aus Anteilen zusammen, die eine mehr oder weniger anschauliche physikalische Bedeutung haben und der Struktur des (nichtrelativistischen) elektronischen Hamilton-Operators (4.19) entsprechen: Der erste Term ist die kinetische Energie der Elektronen. Wird die Dichte $\rho(\boldsymbol{r})$ als klassische Ladungsdichteverteilung der Elektronen aufgefasst, so beinhaltet der zweite Term die Coulombsche elektrostatische Wechselwirkungsenergie der "Elektronenwolke" mit den an den Positionen $(\boldsymbol{R}_1,\boldsymbol{R}_2,\ldots)\equiv\boldsymbol{R}$ fixierten Kernen, wobei

$$V^{\mathrm{ke}}(\boldsymbol{r};\boldsymbol{R})=-\sum\nolimits_a(Z_a/|\boldsymbol{r}-\boldsymbol{R}_a|) \tag{4.65}$$

die potentielle Energie (in at.E.) eines Elektrons im elektrischen Feld dieses Kerngerüsts ist, s. Gleichung (4.3d). Der dritte Term umfasst die Energie der Coulombschen elektrostatischen Wechselwirkung der Elektronen untereinander in Form eines Integrals ("Summe") über die Wechselwirkungsenergien von Ladungselementen $\rho(\boldsymbol{r})\mathrm{d}V$ und $\rho(\boldsymbol{r}')\mathrm{d}V'$. Der letzte Term $W_{\mathrm{XC}}[\rho]$ ist ebenfalls ein Elektronenwechselwirkungsbeitrag, der alle noch fehlenden Anteile, insbesondere *alle* Austausch- und Korrelationseinflüsse (s. Abschn. 2.5 sowie 9.1), erfassen muss: sowohl die durch das Pauli-Prinzip erzwungene Fermi-Korrelation als auch die universell wirkende Coulomb-Korrelation, durch welche generell alle Elektronen voneinander ferngehalten werden. Dieser Term $W_{\mathrm{XC}}[\rho]$, der als *Austausch- und Korrelationsenergie* bezeichnet wird (die beiden Buchstaben X und C stehen für "e<u>x</u>change and <u>c</u>orrelation"), konnte bisher nicht in einer expliziten mathematischen Form hergeleitet werden; er bildet den schwächsten Punkt in dem Formalismus. Anhaltspunkte dafür, wie sich die unbekannten Teil-Funktionale in ihrer Abhängigkeit von ρ verhalten könnten, lassen sich hauptsächlich aus dem statistischen Modell der Atome gewinnen (s. Abschn. 5.5).

Die hierauf basierende Beschreibung molekularer Elektronenhüllen hat zusammenfassend die Bezeichnung *Dichtefunktional-Theorie* (abgek. DFT) erhalten. Auf ihren weiteren Ausbau und die Entwicklung praktikabler Rechenverfahren gehen wir in Abschnitt 9.3 bzw. 17.3 ein; im übrigen sei auf die neuere Monographie [4.1] verwiesen.

4.4.2 Störungstheorie für stationäre gebundene Zustände

Anders als beim Energievariationsverfahren, das den Hamilton-Operator intakt lässt und einen Wellenfunktionsansatz optimiert, kann man auch so vorgehen, dass man zunächst den Hamilton-Operator verändert (etwa durch Streichen von Anteilen), um dadurch eine leichter lösbare Schrödinger-Gleichung zu erhalten, und dann den Fehler nachträglich korrigiert.

Diese Vorgehensweise bezeichnet man als *Störungstheorie*; sie beinhaltet folgende Schritte:

(1) Aus dem Hamilton-Operator $\hat{H}$ wird ein Anteil abgespalten,

$$\hat{H} = \hat{H}_0 + \hat{\mathcal{V}}\,, \tag{4.66}$$

so dass die Schrödinger-Gleichung mit dem verkürzten ("ungestörten") Hamilton-Operator $\hat{H}_0$ einfacher (oder sogar exakt) gelöst werden kann. Der Anteil $\hat{\mathcal{V}}$ ("Störoperator"), der den Unterschied zum vollständigen Hamilton-Operator $\hat{H}$ ausmacht, sei "klein" in dem Sinne, dass seine Einbeziehung die Eigenwerte und Eigenfunktionen von $\hat{H}_0$ nur wenig verändert.

(2) Wir nehmen an, das ungestörte Problem mit der Schrödinger-Gleichung

$$\hat{H}_0 \Phi_i^{(0)} = E_i^{(0)} \Phi_i^{(0)} \tag{4.67}$$

sei gelöst, d. h. die Eigenfunktionen $\Phi_i^{(0)}$, die wir als orthonormiert voraussetzen,

$$\left\langle \Phi_i^{(0)} \middle| \Phi_j^{(0)} \right\rangle = \delta_{ij}\,, \tag{4.68}$$

und die zugehörigen Eigenwerte $E_i^{(0)}$ mögen bekannt sein. Man nennt diese Lösungen die *nullte Näherung* und kennzeichnet sie durch einen hochgestellten Index 0 in Klammern.

4.4.2.1 Störungstheorie für nichtentartete ungestörte Niveaus

Zunächst wird vorausgesetzt, dass die Eigenwerte $E_i^{(0)}$ *nichtentartet* sind und ein *rein diskretes Spektrum* bilden; das soll auch für das Eigenwertspektrum des vollständigen Hamilton-Operators $\hat{H}$ gelten.

Für einen interessierenden Zustand lassen sich nun sukzessive Näherungen berechnen, die von erster, zweiter, ... Ordnung in dem Störoperator $\hat{\mathcal{V}}$ klein sind, worunter verstanden werden soll, dass sie $\hat{\mathcal{V}}$ in der ersten, zweiten, ... Potenz enthalten. Wir geben hier zunächst die Näherungen niedrigster Ordnung für die Energien explizite an (zur Herleitung s. unten):

- *nullte Näherung*

$E_k^{(0)}$ (ungestörte Energie des k-ten Zustands zur ungestörten Wellenfunktion $\Phi_k^{(0)}$),

- *erste Näherung*

$$E_k^{(1)} = E_k^{(0)} + \left\langle \Phi_k^{(0)} \middle| \hat{\mathcal{V}} \middle| \Phi_k^{(0)} \right\rangle \tag{4.69}$$

$$= \left\langle \Phi_k^{(0)} \middle| \hat{H} \middle| \Phi_k^{(0)} \right\rangle . \tag{4.69'}$$

Die Energiekorrektur erster Ordnung im Ausdruck (4.69) ist also gleich dem Erwartungswert des Störoperators $\hat{\mathcal{V}}$, gebildet mit der ungestörten Wellenfunktion $\Phi_k^{(0)}$.

Für die höheren Näherungen ergeben sich zunehmend kompliziertere Formeln. Auch für die Wellenfunktionen können die entsprechenden Korrekturterme berechnet werden. Um die Näherungen schrittweise zu bestimmen, nimmt man an, dass für die (exakten) Energien E_k und die zugehörigen Wellenfunktionen Φ_k Entwicklungen angesetzt werden können:

$$E_k = E_k^{(0)} + u_k^{(1)} + u_k^{(2)} + \dots , \tag{4.70a}$$

$$\Phi_k = \Phi_k^{(0)} + \chi_k^{(1)} + \chi_k^{(2)} + \dots \tag{4.70b}$$

(*Störungsentwicklungen*), wobei die in Klammern als obere Indizes angegebenen Zahlen die *Ordnung* der Glieder bezüglich des Störoperators $\hat{\mathcal{V}}$ bezeichnen. Das Energiekorrekturglied erster Ordnung folgt aus Gleichung (4.69):

$$u_k^{(1)} = \left\langle \Phi_k^{(0)} \middle| \hat{\mathcal{V}} \middle| \Phi_k^{(0)} \right\rangle . \tag{4.71}$$

Für die Entwicklungen (4.70a,b) ist zu fordern, dass sie bei verschwindender Störung in die ungestörten Energien bzw. Wellenfunktionen übergehen:

$$E_k \to E_k^{(0)}, \quad \Phi_k \to \Phi_k^{(0)} \quad \text{für } \hat{\mathcal{V}} \to 0 . \tag{4.72}$$

Bestimmungsgleichungen für die Korrekturterme $u_k^{(\nu)}$ und $\chi_k^{(\nu)}$ kann man dadurch gewinnen, dass man die Ansätze (4.70a,b) in die vollständige Schrödinger-Gleichung (4.48) einsetzt, die Zerlegung (4.66) sowie die ungestörte Schrödinger-Gleichung (4.67) verwendet und annimmt, die entstehende Gleichung gelte in jeder Ordnung für sich. Das soll hier nicht im Einzelnen durchgeführt werden, ebenso wie wir nicht die verschiedenen Verfahren zur Lösung dieser Bestimmungsgleichungen behandeln (s. hierzu [I.4a,b][4.3]). In der verbreitetsten Variante werden die Korrekturfunktionen $\chi_k^{(\nu)}$ als Entwicklungen nach den ungestörten Wellenfunktionen $\Phi_i^{(0)}$ angesetzt (*Rayleigh-Schrödinger-Störungstheorie*; nach E. Schrödinger, 1926). Wir notieren die Ausdrücke für die Energiekorrektur zweiter Ordnung, $u_k^{(2)}$, und die Wellenfunktionskorrektur erster Ordnung, $\chi_k^{(1)}$:

$$u_k^{(2)} = \sum\nolimits_{j(\neq k)} \mathcal{V}_{kj} \mathcal{V}_{jk} / (E_k^{(0)} - E_j^{(0)}) , \tag{4.73a}$$

$$\chi_k^{(1)} = \sum\nolimits_{j(\neq k)} \Phi_j^{(0)} \cdot \mathcal{V}_{jk} / (E_k^{(0)} - E_j^{(0)}) ; \tag{4.73b}$$

hierbei sind die Koeffizienten $\mathcal{V}_{kj}$ etc. die Matrixelemente des Störoperators $\hat{\mathcal{V}}$, gebildet mit den ungestörten Wellenfunktionen $\Phi_i^{(0)}$:

$$\mathcal{V}_{kj} \equiv \left\langle \Phi_k^{(0)} \middle| \hat{\mathcal{V}} \middle| \Phi_j^{(0)} \right\rangle \tag{4.74}$$

Was die physikalische Situation betrifft, auf welche die Störungstheorie angewendet werden soll, so lassen sich zwei Fälle unterscheiden. Der eine entspricht dem eingangs beschriebenen Sachverhalt: man hat es für ein gegebenes System mit einem komplizierten Hamilton-Operator zu tun, streicht zur Vereinfachung beispielsweise bestimmte Wechselwirkungsglieder und gelangt dadurch zu einer leichter lösbaren nullten Näherung. Daneben gibt es aber auch Aufgabenstellungen, bei denen ein System tatsächlich einer äußeren Störung unterworfen wird, etwa durch Einwirkung eines elektrischen Feldes. In einem solchen Fall enthält der Störoperator einen Parameter $\mathcal{F}$ (die Feldstärke), der genügend klein sein muss, um die Anwendbarkeit der Störungstheorie zu sichern; die Störungsentwicklungen (4.70a,b) sind dann Potenzreihen in $\mathcal{F}$. Beide Fälle spielen eine wichtige Rolle in der Quantenchemie, sowohl bei konkreten Berechnungen als auch zur Gewinnung qualitativer Aussagen.

System im äußeren elektrischen oder magnetischen Feld

Wird ein molekulares System in ein statisches (zeitunabhängiges) elektrisches oder/und magnetisches Feld gebracht, dann beeinflusst dieses Feld die Eigenschaften des Systems, denn alle Teilchen (Elektronen; Kerne) sind geladen, die meisten (alle Elektronen; Kerne mit ungerader Nukleonenzahl) haben einen Spin und damit magnetische Momente (s. Abschn. 2.4), und ihre Bewegungen sind im Allgemeinen mit (Bahn-) Drehimpulsen und daher mit magnetischen Momenten verknüpft (s. Abschn. 2.3.2).

Sei $\hat{H}_0$ der Hamilton-Operator für das feldfreie (ungestörte) System; die Wechselwirkungen mit dem äußeren Feld sind dann durch Zusatzterme $\hat{\mathcal{V}}$ zu $\hat{H}_0$ in die Schrödinger-Gleichung einzubeziehen.

Wir nehmen zunächst ein *homogenes statisches* (also orts- und zeitunabhängiges) *Feld* $\boldsymbol{\mathcal{F}}$ an mit den drei kartesischen Komponenten $\mathcal{F}_x, \mathcal{F}_y, \mathcal{F}_z$, die wir zwecks bequemerer Schreibweise durchnumerieren: $\mathcal{F}_x \equiv \mathcal{F}_1, \mathcal{F}_y \equiv \mathcal{F}_2, \mathcal{F}_z \equiv \mathcal{F}_3$. Generell werden die Eigenschaften des Systems im Feld von der Feldstärke $\boldsymbol{\mathcal{F}}$ abhängen, so z. B. die Energie: Entwickelt man die Energie E am Punkt $\boldsymbol{\mathcal{F}} = 0$ in eine Taylor-Reihe nach Potenzen der Feldstärkekomponenten,

$$E(\boldsymbol{\mathcal{F}}) = E(0) + \sum_{\xi=1}^{3} (\partial E/\partial \mathcal{F}_\xi)_0 \mathcal{F}_\xi + (1/2) \sum_{\xi=1}^{3} \sum_{\eta=1}^{3} (\partial^2 E/\partial \mathcal{F}_\xi \partial \mathcal{F}_\eta)_0 \mathcal{F}_\xi \mathcal{F}_\eta + \ldots, \tag{4.75}$$

so sind durch die partiellen Ableitungen (bei denen der Index 0 anzeigt, dass nach Ausführen der Differentiation $\mathcal{F}_1 = \mathcal{F}_2 = \mathcal{F}_3 = 0$ zu setzen ist) Größen definiert, die nicht von der Feldstärke abhängen, sondern bei räumlich fixierten Kernen von der Kernanordnung sowie natürlich von der Näherung, in der die Bewegungsgleichungen formuliert und gelöst werden. Diese molekularen Kenngrößen charakterisieren das Verhalten des Systems (seine "Antwort") bei Einwirkung des Feldes $\boldsymbol{\mathcal{F}}$; man bezeichnet sie deswegen als *Antwort-Eigenschaften* (engl. response properties). Solche Eigenschaften kennt man bereits aus der klassischen Elektrodynamik. Hat man beispielsweise ein äußeres elektrisches Feld $\boldsymbol{\mathcal{E}}$, so ergeben die Koeffizienten der linearen Terme die Komponenten des elektrischen *Dipolmomentvektors* $\boldsymbol{D}$ des Systems:

$$D_\xi \equiv -(\partial E/\partial \mathcal{F}_\xi)_0 \qquad (\xi = 1,2,3)\,, \tag{4.76}$$

und die Koeffizienten der quadratischen Terme sind die Komponenten des statischen elektrischen *Polarisierbarkeitstensors* $\boldsymbol{\alpha}$:

$$\alpha_{\xi\eta} \equiv -(\partial^2 E/\partial \mathcal{F}_\xi \partial \mathcal{F}_\eta)_0 \qquad (\xi,\eta = 1,2,3)\,. \tag{4.77}$$

Die folgenden Anteile dritter Ordnung, die in Gleichung (4.75) nicht aufgeschrieben sind, definieren die Komponenten des sogenannten ersten Hyperpolarisierbarkeitstensors usw.[8] Wir setzen ein elektrisch neutrales System voraus, so dass es keine Nettoladung gibt, die mit dem elektrischen Feld in Wechselwirkung treten könnte.

Die oben skizzierte Störungstheorie lässt sich für den Fall eines Moleküls im stationären *elektrischen Feldes* leicht formulieren. Als Zusatzoperator wird die (klassische) elektrostatische Wechselwirkungsenergie der Teilchen (Kerne und Elektronen) als Punktladungen e_i an den Positionen $\boldsymbol{r}_i$ mit dem Feld $\boldsymbol{\mathcal{F}}$ angesetzt:

$$\hat{\mathcal{V}} = -(\sum_i e_i \boldsymbol{r}_i)\cdot \boldsymbol{\mathcal{F}} = -\sum_i \sum_{\xi=1}^{3} e_i x_{\xi i} \mathcal{F}_\xi\,; \tag{4.78}$$

der Ausdruck $\sum_i e_i \boldsymbol{r}_i$ ist die Vektorsumme der Dipolmomente der Teilchen (Kerne und Elektronen), bezogen auf den gewählten gemeinsamen Koordinatenursprung. Für die Kerne hat man $e_i \boldsymbol{r}_i \rightarrow Z_a \bar{e} \boldsymbol{R}_a$ zu setzen, für die Elektronen $e_i \boldsymbol{r}_i \rightarrow -\bar{e}\boldsymbol{r}_\kappa$. Zur Vereinfachung der Komponentenschreibweise der Skalarprodukte $\boldsymbol{r}_i \cdot \boldsymbol{\mathcal{F}} = x_i \mathcal{F}_x + y_i \mathcal{F}_y + z_i \mathcal{F}_z$ wurden (wie oben die Feldstärkekomponenten) die Koordinaten durchnumeriert: $x_i \equiv x_{1i}$, $y_i \equiv x_{2i}$, $z_i \equiv x_{3i}$. Der Vergleich mit den störungstheoretischen Ausdrücken (4.71) und (4.73a) zeigt, dass die Dipolmomentkomponenten (4.76), welche die Energiekorrektur erster Ordnung (lineare Antwort) liefern, durch die Erwartungswerte

$$D_{\xi|k} = \left\langle \Phi_k^{(0)} \middle| \sum_i e_i x_{\xi i} \middle| \Phi_k^{(0)} \right\rangle = \int \rho_k(\boldsymbol{r}')x_\xi' \,\mathrm{d}V' \tag{4.79}$$

der Komponenten des gesamten Dipolmoments $\sum_i e_i \boldsymbol{r}_i$, gebildet mit der ungestörten Wellenfunktion $\Phi_k^{(0)}$ des betrachteten Zustands k, gegeben sind. Die Komponenten (4.77) des Polarisierbarkeitstensors für den Zustand k erhält man in zweiter Ordnung der Störungstheorie:

$$\alpha_{\xi\eta|k} = \sum_{j(\neq k)} \left\langle \Phi_k^{(0)} \middle| \sum_i e_i x_{\xi i} \middle| \Phi_j^{(0)} \right\rangle \left\langle \Phi_j^{(0)} \middle| \sum_{i'} e_{i'} x_{\eta i'} \middle| \Phi_k^{(0)} \right\rangle \Big/ \left(E_j^{(0)} - E_k^{(0)}\right), \tag{4.80}$$

sie erfordert also grundsätzlich die Kenntnis aller ungestörten Wellenfunktionen $\Phi_j^{(0)}$. Darin liegt eine der Schwierigkeiten bei der praktischen Anwendung dieses Formalismus.

Wenn sich das System in einem (schwach) *inhomogenen* statischen elektrischen Feld befindet, dann treten zum Energieausdruck (4.75) weitere Terme hinzu. Bezeichnen wir hier (um Verwechslungen mit der Wellenfunktion Φ zu vermeiden) das Potential des äußeren elektrischen Feldes mit $\varphi(\boldsymbol{r})$, also $\boldsymbol{\mathcal{F}} = -\hat{\nabla}\varphi \equiv -\mathrm{grad}\varphi$, dann ist der Hauptanteil der Korrektur durch den Ausdruck

$$\Delta E_{Q|k} = (1/6)\sum_{\xi=1}^{3}\sum_{\eta=1}^{3} Q_{\xi\eta|k}\,(\partial^2\varphi/\partial x_\xi \partial x_\eta)_0 \tag{4.81}$$

[8] Zum Begriff eines Tensors s. z. B. [II.1] (dort Abschn. 3.2).

gegeben. Details diskutieren wir hier nicht; man findet Näheres in der Literatur.[9] Die Ableitungen $\partial^2\varphi/\partial x_\xi \partial x_\eta$ sind die Komponenten des *Tensors des elektrischen Feldgradienten*; sie sind am Koordinatennullpunkt zu nehmen. Die Größen $Q_{\xi\eta|k}$ bezeichnen die kartesischen Komponenten des Tensors des elektrischen *Quadrupolmoments* $\mathbf{Q}_k$ des gesamten Teilchensystems im Zustand k, definiert als Erwartungswerte der Quadrupolmomentkomponenten:

$$Q_{\xi\eta|k} \equiv \int \rho_k(\boldsymbol{r}')(3x_\xi' x_\eta' - r'^2 \delta_{\xi\eta}) \mathrm{d}V' , \tag{4.82}$$

wobei $r'^2 = x_1'^2 + x_2'^2 + x_3'^2$ das Betragsquadrat des Ortsvektors $\boldsymbol{r}'$ und $\rho_k(\boldsymbol{r}')$ die Teilchendichteverteilung im Zustand k bezeichnen. Wie man leicht verifiziert, ist der Tensor $\mathbf{Q}_k$ symmetrisch ($Q_{\xi\eta|k} = Q_{\eta\xi|k}$), und seine Spur (Summe der Diagonalelemente) ist gleich Null ($\mathrm{Sp}\,\mathbf{Q}_k = 0$); infolgedessen hat er nur fünf unabhängige Komponenten (s. auch Abschn. 17.4.3.2).

Die elektrischen Multipolmomente eines Systems hängen im Allgemeinen von der Wahl des Koordinatenursprungs ab. Bezugspunktunabhängig ist das Dipolmoment, wenn das System keine Gesamtladung trägt, das Quadrupolmoment, wenn sowohl die Gesamtladung als auch das Dipolmoment verschwinden usw. (s. auch Abschn. 17.4.3.2).

Die Einwirkung eines äußeren *Magnetfeldes* auf ein molekulares System kann man formal analog behandeln (s. Fußnote 9), allerdings muss man dazu die nichtrelativistische Näherung verlassen und den Spin einbeziehen Wir betrachten hier nur den Fall eines *homogenen stationären* Feldes und beschränken uns auf das Teilsystem der *Elektronen*. Ohne auf Einzelheiten einzugehen, geben wir die wichtigsten Beziehungen in erster Ordnung der Störungstheorie an. Der Störoperator ist

$$\hat{\mathcal{V}}_1 = -\mathcal{H} \cdot \hat{\boldsymbol{M}}_\mathrm{e}^\mathrm{tot} = -\mathcal{H} \cdot (\hat{\boldsymbol{M}}_\mathrm{e}^\mathrm{B} + \hat{\boldsymbol{M}}_\mathrm{e}^\mathrm{Sp}) = \gamma_\mathrm{e} \mathcal{H} \cdot (\hat{\boldsymbol{L}}_\mathrm{e} + 2\hat{\boldsymbol{S}}_\mathrm{e}) ; \tag{4.83}$$

die Elektronen werden über die mit ihrem Gesamtbahndrehimpuls $\boldsymbol{L}_\mathrm{e}$ und ihrem Gesamtspin $\boldsymbol{S}_\mathrm{e}$ verknüpften magnetischen Momente $\boldsymbol{M}_\mathrm{e}^\mathrm{B}$ bzw. $\boldsymbol{M}_\mathrm{e}^\mathrm{Sp}$ durch das Magnetfeld beeinflusst; $\gamma_\mathrm{e} \equiv -\bar{e}/2m_\mathrm{e}c$ ist das gyromagnetische Verhältnis und der Faktor 2 ist näherungsweise der g-Faktor des Elektrons (s. Abschn. 2.3.2, 2.4 sowie 3.2.3):

$$\hat{\boldsymbol{M}}_\mathrm{e}^\mathrm{B} \equiv \sum_{\kappa=1}^{N^\mathrm{e}} \gamma_\mathrm{e} \hat{\boldsymbol{l}}_\kappa , \qquad \hat{\boldsymbol{M}}_\mathrm{e}^\mathrm{Sp} \equiv \sum_{\kappa=1}^{N^\mathrm{e}} \hat{\boldsymbol{m}}^\mathrm{s} = 2\sum_{\kappa=1}^{N^\mathrm{e}} \gamma_\mathrm{e} \hat{\boldsymbol{s}}_\kappa . \tag{4.84}$$

Die Terme erster Ordnung in der Entwicklung (4.75) sind also die Komponenten des gesamten magnetischen Moments (Summe der Bahn- und Spinanteile) der Elektronen im betrachteten Zustand k:

$$M_{\mathrm{e}\xi|k}^\mathrm{tot} = -(\partial E / \partial \mathcal{H}_\xi)_0 \tag{4.85}$$

$$= M_{\mathrm{e}\xi|k}^\mathrm{B} + M_{\mathrm{e}\xi|k}^\mathrm{Sp} = \left\langle \Psi_k^{(0)} \middle| \hat{M}_{\mathrm{e}\xi}^\mathrm{B} + \hat{M}_{\mathrm{e}\xi}^\mathrm{Sp} \middle| \Psi_k^{(0)} \right\rangle \tag{4.86}$$

(die spinabhängigen Wellenfunktionen sind mit Ψ bezeichnet). Will man bis zu quadratisch feldabhängigen Termen gehen, so muss für den Störoperator (4.83) die Energiekorrektur zweiter Ordnung und für einen weiteren Störoperator

[9] Etwa bei Landau, L. D., Lifshitz, E. M.: Lehrbuch der theoretischen Physik. Band 2: Klassische Feldtheorie. H. Deutsch Verlag, Frankfurt a. M. (2009); §§ 41,42.
Auch: Davies, D. W.: The Theory of Electric and Magnetic Properties of Molecules. Wiley, London/New York/Sidney (1967).

$$\hat{\mathcal{V}}_2 = (\bar{e}^2/8m_e c^2)\sum\nolimits_{\kappa=1}^{N^e}(\mathcal{H}\times \boldsymbol{r}_\kappa)^2 = (\bar{e}^2/8m_e c^2)\sum\nolimits_{\kappa=1}^{N^e}\left\{\mathcal{H}^2 r_\kappa{}^2 - (\mathcal{H}\cdot \boldsymbol{r}_\kappa)^2\right\} \quad (4.87)$$

(s. Abschn. 9.4.3) die Energiekorrektur erster Ordnung der Störungstheorie hinzugenommen werden. Damit erhält man die Elemente des Tensors der *magnetischen Suszeptibilität* (auch als *Magnetisierbarkeit* und üblicherweise mit dem Buchstaben χ bezeichnet) im Zustand k:

$$\chi_{e\xi\eta|k} = -(\partial^2 E/\partial\mathcal{H}_\xi \partial\mathcal{H}_\eta)_0 \quad (4.88)$$

$$= -(\bar{e}^2/4m_e c^2)\left\langle \Psi_k^{(0)} \middle| \sum\nolimits_{\kappa=1}^{N^e}\left(r_\kappa{}^2\delta_{\xi\eta} - x_{\xi\kappa}x_{\eta\kappa}\right) \middle| \Psi_k^{(0)}\right\rangle$$

$$+ \sum\nolimits_{j(\neq k)} \left\langle \Psi_k^{(0)} \middle| \hat{M}_{e\xi}^{\text{tot}} \middle| \Psi_j^{(0)}\right\rangle \left\langle \Psi_j^{(0)} \middle| \hat{M}_{e\eta}^{\text{tot}} \middle| \Psi_k^{(0)}\right\rangle \Big/ \left(E_j^{(0)} - E_k^{(0)}\right). \quad (4.89)$$

Der erste Teil des Ausdrucks auf der rechten Seite von Gleichung (4.89) heißt *Langevin-Term*; er kann nicht exakt verschwinden (tritt daher in jedem Fall auf) und ist immer negativ, allerdings klein. Der zweite Teil, der sogenannte *Hochfrequenzterm*, ist von ganz ähnlicher Form wie die Polarisierbarkeit; er hat stets (kleine) positive Werte, kann aber auch gleich Null sein.

Das erhaltene Resultat besagt: Durch das äußere Magnetfeld wird ein zusätzliches magnetisches Moment $\boldsymbol{M}' = \boldsymbol{\chi}\boldsymbol{\mathcal{H}}$ induziert, dessen Richtung im Allgemeinen nicht mit der Richtung von $\boldsymbol{\mathcal{H}}$ übereinstimmt ($\boldsymbol{\chi}$ ist ein Tensor). Stellen wir uns zur Vereinfachung vor, die magnetische Suszeptibilität sei eine skalare Größe, dann bedeutet eine positive Suszeptibilität $\chi > 0$, dass das induzierte Zusatzmoment in die Feldrichtung zeigt; man sagt dann, das System verhalte sich *paramagnetisch*. Bei einer negativen Suszeptibilität, $\chi < 0$, spricht man von *diamagnetischem* Verhalten.

Abschließend noch einige Anmerkungen:

- Werden die den Einfluss eines störenden Feldes $\mathcal{F}$ auf ein System charakerisierenden Momente, Polarisierbarkeiten etc. dadurch ermittelt, dass man die Funktion $E(\mathcal{F})$ für einige diskrete Werte der Feldkomponenten $\mathcal{F}_1, \mathcal{F}_2, \mathcal{F}_3$ berechnet und daraus die partiellen Ableitungen von E nach $\mathcal{F}_1,...$ durch numerische Differentiation bestimmt, so bezeichnet man das oft als *endliche Störungstheorie*, auch als *Ableitungs-Verfahren* oder *Differentialquotienten-Verfahren* (engl. derivative technique).
- Die durch ein magnetisches Feld bewirkten Energieänderungen sind wesentlich kleiner als bei einem elektrischen Feld; das liegt an den Zahlenfaktoren $\propto 1/c$ bzw. $\propto 1/c^2$ in den Störoperatoren $\hat{\mathcal{V}}_1$ bzw. $\hat{\mathcal{V}}_2$. Strenggenommen geht die Berücksichtigung dieser Störoperatoren über die nichtrelativistische Näherung hinaus (s. Abschn. 9.4.3).
- Auf ein besonderes Problem bei der Berechnung magnetischer Eigenschaften sind wir hier nicht eingegangen (s. Abschn. 9.4): Von dem Vektorpotential $\boldsymbol{A}(\boldsymbol{r})$, aus dem über die Beziehung $\boldsymbol{\mathcal{H}} = \hat{\boldsymbol{\nabla}}\times\boldsymbol{A} \equiv \text{rot}\boldsymbol{A}$ [Gl. (9.105)] die magnetische Feldstärke folgt, wird im Allgemeinen gefordert, dass es der sogenannten *Coulomb-Eichung* $\hat{\boldsymbol{\nabla}}\cdot\boldsymbol{A} \equiv \text{div}\boldsymbol{A} = 0$ [Gl. (9.106)] genügt. Man legt hierzu gewöhnlich einen geeigneten Bezugspunkt für das Vektorpotential fest und muss dann dafür Sorge tragen, dass die Rechenergebnisse nicht von der Wahl dieses Bezugspunktes abhängen (*Eich-Invarianz*).

4.4.2.2 Störungstheorie für entartete ungestörte Niveaus

Bei vielen Problemstellungen hat man es mit dem Einfluss einer Störung auf *entartete* ungestörte Zustände zu tun, d. h. zu einem Energiewert $E_i^{(0)}$ gehört ein Satz von g_i linear unabhängigen Eigenfunktionen $\overline{\Phi}_{i\mu}^{(0)}$ ($\mu = 1, 2, \ldots, g_i$) des ungestörten Hamilton-Operators $\hat{H}_0$:

$$\hat{H}_0 \overline{\Phi}_{i\mu}^{(0)} = E_i^{(0)} \overline{\Phi}_{i\mu}^{(0)}, \tag{4.90}$$

wobei wir die Funktionen $\overline{\Phi}_{i\mu}^{(0)}$ als orthonormiert voraussetzen können (s. Abschn. 3.1.3):

$$\left\langle \overline{\Phi}_{i\mu}^{(0)} \middle| \overline{\Phi}_{i\mu'}^{(0)} \right\rangle = \delta_{\mu\mu'} . \tag{4.91}$$

Jede beliebige Linearkombination der $\overline{\Phi}_{i\mu}^{(0)}$ ist ebenfalls Eigenfunktion von $\hat{H}_0$; der Satz von Funktionen $\overline{\Phi}_{i\mu}^{(0)}$ ist also nur bis auf eine unitäre Transformation bestimmt.

Die störungstheoretische Behandlung ist nicht so einfach wie im nichtentarteten Fall: Bei stetiger Verkleinerung der Störung, $\hat{\mathcal{V}} \to 0$, müssen die Eigenfunktionen des vollständigen Hamilton-Operators $\hat{H}$ in bestimmte Eigenfunktionen des ungestörten Hamilton-Operators $\hat{H}_0$ übergehen (s. oben). Wenn nun dafür mehrere ungestörte Eigenfunktionen in Frage kommen, so können diese allein aus der Kenntnis von $\hat{H}_0$ nicht ermittelt werden; sie hängen offenbar von der Störung $\hat{\mathcal{V}}$ ab. Umgekehrt ist folglich auch nicht zu erwarten, dass die Lösungen $\overline{\Phi}_{i\mu}^{(0)}$ der ungestörten Schrödinger-Gleichung (4.90) direkt zur Durchführung der Störungstheorie dienen können und nach Gleichung (4.71) die Energiekorrektur erster Ordnung liefern. Es müssen also zuerst neue, der Störung $\hat{\mathcal{V}}$ angepasste ungestörte Wellenfunktionen $\Phi_i^{(0)}$ gebildet werden, welche die erforderlichen Eigenschaften haben.

Diese *Anschlussfunktionen* $\Phi_i^{(0)}$ (zu $E_i^{(0)}$), die sich dann im störungstheoretischen Formalismus als Eigenfunktionen nullter Näherung verwenden lassen, werden als Linearkombinationen der miteinander entarteten Funktionen $\overline{\Phi}_{i\mu}^{(0)}$ angesetzt:

$$\Phi_i^{(0)} = \sum\nolimits_{\mu=1}^{g_i} \overline{\Phi}_{i\mu}^{(0)} a_\mu \qquad (i = 1, 2, \ldots, g_i);$$

die Koeffizienten a_μ kann man bestimmen, indem man fordert, dass die $(g_i \times g_i)$-Matrix des Störoperators $\hat{\mathcal{V}}$, wenn sie mit den "richtigen" Linearkombinationen $\Phi_i^{(0)}$ gebildet wird, eine Diagonalmatrix sein soll. Es ist also die Matrix mit den $g_i \times g_i$ Elementen

$$\overline{\mathcal{V}}_{i\mu', i\mu} \equiv \left\langle \overline{\Phi}_{i\mu'}^{(0)} \middle| \hat{\mathcal{V}} \middle| \overline{\Phi}_{i\mu}^{(0)} \right\rangle \tag{4.92}$$

(*Störmatrix*) zu diagonalisieren; das führt (Einzelheiten übergehen wir hier, s. [II.1], Kap. 9.) auf das lineare Gleichungssystem

$$\sum\nolimits_{\mu=1}^{g_i}\left(\overline{\mathcal{V}}_{i\mu',i\mu}-u_i\,\delta_{\mu'\mu}\right)a_\mu=0 \qquad \text{mit} \quad \mu'=1,2,\ldots,g_i \tag{4.93}$$

für die Koeffizienten a_μ. Die Lösbarkeitsbedingung (s. oben, Abschn. 4.4.1.1) ist das Verschwinden der Determinante

$$\det\left\{\overline{\mathcal{V}}_{i\mu',i\mu}-u_i\,\delta_{\mu'\mu}\right\}=0 \tag{4.94}$$

(*Säkulargleichung*). Das ist eine Gleichung g_i - ten Grades in der Unbekannten u_i ; sie hat g_i Wurzeln, die Eigenwerte der Störmatrix mit den Elementen (4.92). Wir numerieren diese Eigenwerte mit einem zweiten Index $\nu=\ 1,2,\ldots,g_i$: $u_{i1},u_{i2},\ldots,u_{ig_i}$, und nehmen der Einfachheit halber zunächst an, dass sie sämtlich voneinander verschieden sind. Zu jedem der Eigenwerte $u_{i\nu}$ erhält man aus dem Gleichungssystem (4.93) einen Satz von Koeffizienten $a_{\mu\nu}$ und damit eine bestimmte Linearkombination der ursprünglichen Funktionen $\overline{\Phi}_{i\mu}^{(0)}$:

$$\Phi_{i\nu}^{(0)}=\sum\nolimits_{\mu=1}^{g_i}\overline{\Phi}_{i\mu}^{(0)}a_{\mu\nu} \qquad (\nu=1,2,\ ..,g_i)\,; \tag{4.95}$$

auf Grund der vorausgesetzten Verschiedenheit der Wurzeln $u_{i\nu}$ sind die Funktionen $\Phi_{i\nu}^{(0)}$ untereinander orthogonal und lassen sich auf 1 normieren.

Bilden wir mit den so ermittelten Anschlussfunktionen (4.95) die Erwartungswerte des Störoperators $\hat{\mathcal{V}}$, dann ergeben sich, wie man leicht nachrechnet, die Werte $u_{i\nu}$; das sind, wie gefordert, die Energiekorrekturen erster Ordnung: $u_{i\nu}\equiv u_{i\nu}^{(1)}$,

$$u_{i\nu}^{(1)}=\left\langle\Phi_{i\nu}^{(0)}\middle|\hat{\mathcal{V}}\middle|\Phi_{i\nu}^{(0)}\right\rangle . \tag{4.96}$$

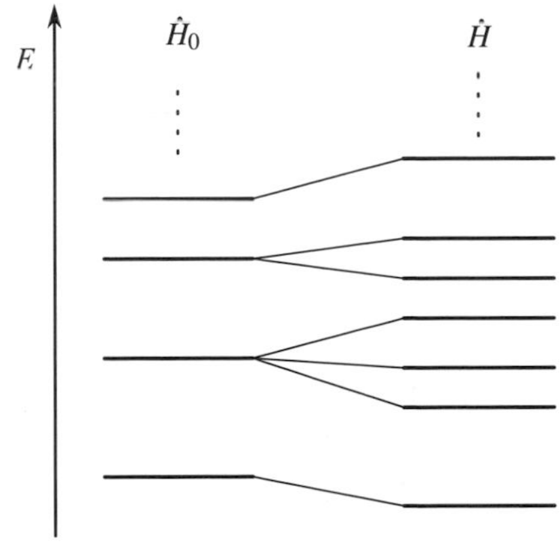

Abb. 4.8
Einfluss einer Störung auf das ungestörte Energiespektrum (schematisch)

Für ein in nullter Näherung der Störungstheorie entartetes Niveau tritt also generell in der ersten Näherung nicht nur eine *Verschiebung* ein, sondern auch eine *Aufspaltung* in mehrere

Niveaus (s. Abb. 4.8), d. h. die Entartung wird durch die Störung aufgehoben. Dabei sind die Niveauverschiebungen gleich den Diagonalelementen der Störmatrix (analog zum nichtentarteten Fall), während die Nichtdiagonalelemente die Aufspaltung bestimmen (s. ÜA 4.5).

Wir beschließen diesen Abschnitt mit einigen ergänzenden Bemerkungen und Hinweisen für ein weiterführendes Studium:

- Wenn anders als oben angenommen einige der Lösungen der Säkulargleichung (4.94) zusammenfallen, also nicht alle $u_{i\nu} \equiv u_{i\nu}^{(1)}$ voneinander verschieden sind, dann kann die Entartung, falls überhaupt, in höheren Näherungen der Störungstheorie aufgehoben werden.

Aussagen darüber, inwieweit Entartungen durch Störungen in erster Näherung aufgehoben werden, lassen sich übrigens auch ohne Lösen der Säkulargleichung allein aus Untersuchungen der Symmetrieeigenschaften von ungestörtem und gestörtem System gewinnen (s. Anhang A1.5.2).

- Die bisher gemachte Voraussetzung eines rein diskreten ungestörten Energiespektrums ist nicht notwendig; die Störungstheorie kann auch für ein teilweise kontinuierliches Spektrum von $\hat{H}_0$ formuliert werden (diesbezügliche Hinweise s. [I.4a]).

- Es lässt sich zeigen [I.2][I.3][I.4a], dass sich der Erwartungswert der Energie, berechnet mit einer Wellenfunktion p-ter Näherung, also mit $\Phi^{(p)} = \Phi^{(0)} + \chi^{(1)} + ... + \chi^{(p)}$, bis zur Ordnung $2p+1$ genau ergibt, der Energiefehler somit von der Ordnung $2p+2$ ist. Mit einer nur mäßig genauen Wellenfunktion kann man also den Energieerwartungswert meist schon recht genau erhalten.[10] So bestimmt die Wellenfunktion nullter Näherung die Energie bis zur ersten Näherung, wie wir oben gesehen haben.

Diese Eigenschaft gilt nur für die Energie, was mit der besonderen Rolle der Energie in der hier verwendeten Formulierung der Quantenmechanik zusammenhängt. Erwartungswerte anderer Observabler erhält man mit einer Wellenfunktion p-ter Näherung nur bis zur selben Ordnung p genau.

- Inwieweit die Störungsentwicklungen (4.70a,b) tatsächlich konvergieren, ist eine recht schwierige Frage, mit der wir uns hier nicht befassen (vgl. etwa die Hinweise in [I.4b]).

- Fehlerabschätzungen a priori sind für approximative Lösungen der Schrödinger-Gleichung generell schwer möglich. Einiges hierüber findet man z. B. in Abschnitt 17.4 sowie in [I.4a,b] und in der dort angegebenen Literatur.

4.4.3* Gebundene stationäre Zustände aus einer zeitabhängigen Behandlung

Informationen über gebundene stationäre Zustände eines molekularen Systems lassen sich auch gewinnen, wenn man zunächst eine zeitabhängige Wellenfunktion $\tilde{\Psi}(\boldsymbol{Q};t)$ für das System bestimmt (s. hierzu Abschn. 4.5) und daraus dann das Spektrum diskreter Energiewerte "extrahiert". Nehmen wir an, es handle sich bei $\boldsymbol{Q}$ um die Koordinaten der Kerne, die sich

[10] Man beachte, dass es sich hier um eine Aussage zur Größenordnung des Fehlers handelt, was nur eine grobe Orientierung liefern kann. Angaben zur absoluten Größe des Fehlers sind daraus nicht ableitbar.

unter dem Einfluss eines adiabatischen Potentials $U(\boldsymbol{Q})$ in der Umgebung eines lokalen Minimums bewegen.

Für die Ermittlung der Energien stationärer Zustände von gebundenen Kernbewegungen (Schwingungen) aus einer derartigen Wellenfunktion gibt es mehrere Möglichkeiten. So kann man durch Projektion (s. Abschn. 3.1.4) feststellen, welche Zustände mit welchen Anteilen in der Wellenfunktion als Superposition solcher Zustände enthalten sind. Einen weiteren Zugang liefert eine Analyse der *zeitlichen Autokorrelationsfunktion* der Wellenfunktion $\tilde{\Psi}(\boldsymbol{Q};t)$:

$$\mathcal{C}(t)=\left\langle \tilde{\Psi}(\boldsymbol{Q};t=0)\middle|\tilde{\Psi}(\boldsymbol{Q};t)\right\rangle_{\boldsymbol{Q}}, \tag{4.97}$$

wobei die Dreiecksklammern mit dem Index $\boldsymbol{Q}$ bedeuten: Integration über alle Ortsvariablen.

Korrelationsfunktionen sind Größen, die ursprünglich in der statistischen Mechanik eingeführt wurden. Eine knappe Erläuterung dieses Konzepts findet man im Anhang A3.3.

Aus der Fourier-Transformierten der Funktion $\mathcal{C}(t)$,

$$I^{1/2}(\omega)\propto(1/\mathcal{T})\int_0^{\mathcal{T}}\mathcal{C}(t)\exp(-\mathrm{i}\omega t)\mathrm{d}t, \tag{4.98}$$

berechnet für eine genügend lange Laufzeit $\mathcal{T}$, lässt sich das Frequenzspektrum der Bewegungen erhalten: Das Betragsquadrat $I(\omega)$ der Funktion (4.98), das die Intensität wiedergibt, hat für die Energieeigenwerte $E_k=\hbar\omega_k$ der gebundenen Bewegungen (Schwingungen mit den Frequenzen ω_k) scharfe Spitzen ("Peaks"). In Abb. 4.9 ist als Beispiel die Funktion $I(\omega)$ (logarithmische Skala) für das N_2H^+-Molekülion dargestellt.

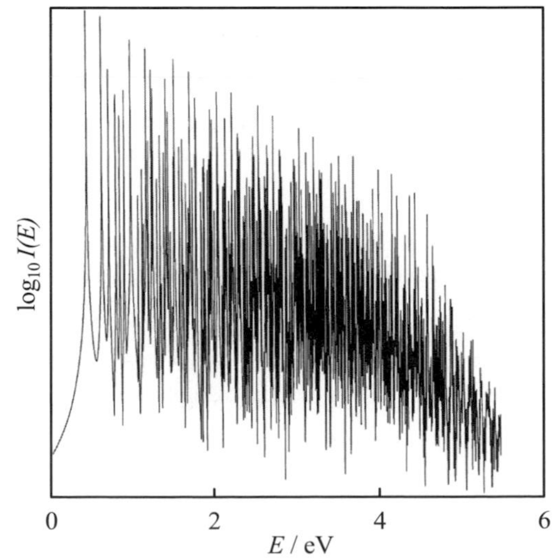

Abb. 4.9
Schwingungseigenwertspektrum des Molekülions N_2H^+ aus der Autokorrelationsfunktion eines Wellenpakets (s. Abschn. 4.5) [Abdruck aus Chem. Phys. Lett. **285**, Mahapatra, S., Vetter, R., Zuhrt, Ch., Nguyen, H. T., Ritschel, Th., Zülicke, L.: Ground state potential energy surface, 3D time-dependent intramolecular dynamics and vibrational states of the N_2H^+ molecular ion, S. 41-48 (1998), mit Genehmigung von Elsevier]

Auf weitere nichtkonventionelle Verfahren zur Bestimmung stationärer Zustände können wir nicht näher eingehen; es seien hier nur die Stichworte *Filterdiagonalisierung*[11] und *Recursive Residue Generation Method (RRGM)*[12] genannt.

4.5* Näherungsmethoden für nichtgebundene Zustände

Vorausgesetzt sei die adiabatische Separation von Elektronen- und Kernbewegung. Bei der Elektronenbewegung interessieren in der Regel (abgesehen von der Beschreibung spezieller Problemstellungen, etwa *Elektronenstreuung*) gebundene stationäre Zuständen; bei der Kernbewegung spielen sowohl gebundene Zustände (etwa Schwingungen) als auch nichtgebundene Zustände (Stoßprozesse als Elementarakte chemischer Reaktionen) eine Rolle.

Zur Behandlung nichtgebundener Zustände der Kernbewegung legen wir die Schrödinger-Gleichung (4.24) zugrunde,

$$\left\{\hat{H} + (\hbar/\mathrm{i})(\partial/\partial t)\right\}\Psi(\boldsymbol{Q};t) = 0\,, \tag{4.24'}$$

wobei $\hat{H} \equiv \hat{H}_n^{\mathrm{k}}$ den Hamilton-Operator (4.23) und $\Psi(\boldsymbol{Q};t) \equiv \Psi^{\mathrm{k}}(\boldsymbol{Q};t)$ die Wellenfunktion für die Kernbewegung bezeichnen; in dem Vektor $\boldsymbol{Q}$ sind die Kernkoordinaten zusammengefasst. Hinzu kommen die entsprechend der jeweiligen Problemstellung festzulegenden Rand- und Anfangsbedingungen. Bei *nichtgebundenen Zuständen* haben die Wellenfunktionen $\Psi(\boldsymbol{Q};t)$ die Form von *Wellenpaketen*, wenn die Randbedingung der *Normierbarkeit* erfüllt werden soll.

Über mehrere Jahrzehnte betrachtete man die quantenmechanische Beschreibung zeitabhängiger Vorgänge durch Wellenpakete als ein zwar didaktisch nützliches, gut der Anschauung zugängliches Hilfsmittel, aber nicht als praktikables Lösungsverfahren für die zeitabhängige Schrödinger-Gleichung – schon deswegen, weil die Zeit als zusätzliche Variable das ohnehin schwierige Problem bei mehreren räumlichen Freiheitsgraden noch etwas komplizierter macht. Man bevorzugte daher überwiegend eine zeitunabhängige Formulierung, etwa in der Theorie molekularer Stoßprozesse, indem man auch für nichtgebundene Zustände gemäß Abschnitt 2.1.4 stationäre Lösungen suchte, die geeignete Randbedingungen für das asymptotische Verhalten erfüllten und sich bei Bedarf dann zu Wellenpaketen zusammenfügen ließen (vgl. die Diskussion in Abschn. 2.2.2). Hierzu gibt es umfangreiche Literatur, z. B. [I.3][4.3]. Beide Vorgehensweisen, die direkte Benutzung von Wellenpaketen und der Umweg über stationäre Lösungen, sind im Prinzip äquivalent, so dass die Entscheidung für das eine oder andere eine Frage der besseren Praktikabilität ist.
Die Dominanz der zeitunabhängigen Methoden der molekularen Stoßtheorie ging erst in den 1980er Jahren zu Ende. Dies geschah einerseits im Gefolge der Entdeckung und experimentellen Erforschung neuer zeitabhängiger Phänomene und des Vorstoßes zu immer höherer Zeitauflösung bis in den Femtosekunden(fs)-Bereich, für deren theoretische Beschreibung sich die traditionellen Methoden wenig eigneten. Andererseits wurden neue Techniken für die Berechnung zeitabhängiger Wellenfunktionen sowie für ihre Analyse (Extraktion der enthaltenen Information) entwickelt, durch welche sich die

[11] Neuhauser, D.: Bound state eigenfunctions from wave packets: Time → energy resolution. J. Chem. Phys. **93**, 2611-2616 (1990) und daran anknüpfende Arbeiten, u. a. von Mandelshtam, V. A., et al.
[12] Nauts, A., Wyatt, R. E.: New approach to many-state quantum dynamics: The recursive-residue-generation method. Phys. Rev. Lett. **51**, 2238-2241 (1983) und weitere Arbeiten von Wyatt, R. E., et al.

Handhabbarkeit der expliziten zeitabhängigen Behandlung beträchtlich verbessern ließ. Dabei spielte natürlich auch die rasante Entwicklung der Leistungsfähigkeit der Computer eine wesentliche Rolle.

Heute erscheint die *explizite zeitabhängige Behandlung* molekularer Vorgänge gegenüber den zeitunabhängigen Verfahren als aussichtsreicher. Es wurde dafür inzwischen ein breit einsetzbares Methodenarsenal entwickelt, das hier nicht detailliert dargestellt werden kann. Wir beschränken uns darauf, einige Grundzüge anzugeben, und verweisen im übrigen auf die Literatur (z. B. [4.4]); eine knappe, trotzdem umfassende Übersicht findet man in [4.5].

Den Ausgangspunkt bildet in der Regel, wie eingangs vorausgesetzt, die adiabatische Separation von Kern- und Elektronenbewegung; einige der Methoden sind aber auch auf Fälle anwendbar, in denen die adiabatische Näherung nicht gilt und mehrere Elektronenzustände in die Behandlung einbezogen werden müssen, die Kernbewegung also unter dem Einfluss mehrerer Potentialflächen abläuft.

Wir beschreiben das Vorgehen stichpunktartig:

(*1*) Die Behandlung der Kernbewegung beginnt mit der Festlegung eines *Anfangswellenpakets* $\Psi(\boldsymbol{Q};0)$, das der zu beschreibenden Situation entspricht.

Beispielsweise kann bei einem Stoßprozess die Bewegung in einigen der Freiheitsgrade (innere Schwingungen der Stoßpartner) gebunden bleiben. Für den Grundzustand eines solchen Freiheitsgrades (Koordinate Q) wäre, soweit die harmonische Näherung für die Schwingungen zulässig ist, in $\Psi(\boldsymbol{Q};0)$ ein Faktor $\phi_0^{\mathrm{vib}}(Q) \propto \exp[-(Q-Q^0)^2/2\sigma^2]$ anzusetzen (Nullpunktschwingung; vgl. Abschn. 2.3.1); dabei bezeichnet Q^0 den Koordinatenwert im Potentialminimum und σ den Breitenparameter der Gauss-Funktion. Für einen Freiheitsgrad Q', der einer Translationsbewegung (nichtgebunden) entspricht, käme der Ortsanteil einer ebenen Welle in Frage: $\phi^{\mathrm{trans}}(Q') \propto \exp[(i/\hbar)P'Q']$ (s. Abschn. 2.1.1), wobei P' der zur Koordinate Q' gehörende konjugierte Impuls ist.

(*2*) Die Berechnung der Bewegung des Wellenpakets erfolgte in den historisch ersten Untersuchungen dieser Art (s. [4.5]) durch numerische Integration der zeitabhängigen Schrödinger-Gleichung (4.24') auf einem Koordinatengitter und mit einer Intervallunterteilung der Zeitachse – eine sehr aufwendige und daher in ihrer Anwendbarkeit eingeschränkte Prozedur (sog. *Finite-Difference*-Technik).

Wesentliche Fortschritte wurden dadurch möglich, dass man mittels einer Fourier-Transformation die Wellenfunktion $\Psi(\boldsymbol{Q};t)$ in ihre Impulsdarstellung $\breve{\Psi}(\boldsymbol{P};t)$ überführte[13] und die Schrödinger-Gleichung bzw. die Fortbewegung (Propagation) des Wellenpakets *im Impulsraum* behandelte, was zusammen mit einigen zusätzlichen methodischen Verbesserungen eine starke Reduktion des rechnerischen Aufwands ermöglichte (sog. *Fast-Fourier-Transform(FFT)-Methode*, s. [4.4][4.5]).

Eine weitere perspektivreiche Entwicklungsrichtung besteht darin, die Wellenfunktion

[13] Vgl. die Diskussion in Abschnitt 2.1.2; dort standen das Anfangswellenpaket $\Phi(x,0)$ und der Amplitudenfaktor $C(p)$ durch eine Fourier-Transformation in Zusammenhang.

$\Psi(\boldsymbol{Q};t)$ durch ein Produkt zeitabhängiger Wellenfunktionen für die einzelnen Freiheitsgrade anzunähern:

$$\Psi(\boldsymbol{Q};t) \approx \tilde{\Psi}(Q_1,Q_2,...;t) = \psi_1(Q_1;t)\cdot\psi_2(Q_2;t)\cdot \; ... \, , \tag{4.99}$$

wie beim Ansatz (4.33) zur Trennung von Elektronen- und Kernfreiheitsgraden (s. Abschn. 4.3.2.2) mit dem Ziel der Dimensionsreduktion, als zeitabhängiges Analogon zu den Produktansätzen für zahlreiche zeitunabhängige Probleme; vgl. Abschnitt 2.5 sowie Kapitel 7, 8 und 11. Vermittels der Schrödinger-Gleichung (4.24') lassen sich dann für die Wellenfunktionen der "Einzelmoden", $\psi_i(Q_i;t)$, gekoppelte Bestimmungsgleichungen herleiten, die simultan gelöst werden müssen (*zeitabhängige selbstkonsistente (TDSCF) Näherung*, zuweilen auch als *zeitabhängige Hartree-Näherung* bezeichnet). Dieses Verfahren lässt sich auf eine Linearkombination solcher Produkte erweitern; Literaturhinweise findet man z. B. in [4.5].

(*3*) Nach Beendigung der Wellenpaketpropagation (wenn also bei einem Stoßprozess eine bestimmte asymptotische Region des Kernkonfigurationsraums erreicht wurde bzw. nach einer zuvor festgelegten Laufzeit $\mathcal{T}$ des Wellenpakets) hat man es im allgemeinen mit einer außerordentlich komplizierten Wellenfunktion $\Psi(\boldsymbol{Q};\mathcal{T})$ zu tun und steht vor dem Problem, daraus die relevanten Informationen zu extrahieren. Zwei Möglichkeiten für die Lösung dieser Aufgabe wurden in Abschnitt 4.4.3 skizziert.

Etwas ausführlicher kommen wir in Abschnitt 14.2.2 auf die Wellenpaketbeschreibung für molekulare Stoßprozesse sprechen.

Die geschilderte Verfahrensweise ist prinzipiell sehr allgemein und ermöglicht die theoretische Behandlung einer Vielzahl von zeitabhängigen Phänomenen. So lassen sich durch die Einbeziehung von Laserstrahlungsfeldern (insbesondere Laserimpulse bestimmter Dauer und Form) Prozesse der Laserspektroskopie und der laserinduzierten Photodissoziation u. a. simulieren; bei Kenntnis der Wechselwirkungspotentiale können auch entsprechende Vorgänge an Festkörperoberflächen beschrieben werden.

4.6 Klassischer Grenzfall. Semiklassische Näherungen

Wie bereits mehrfach hervorgehoben, ist die klassisch-mechanische Beschreibung von Teilchenbewegungen sehr viel einfacher als die quantenmechanische Beschreibung. Es hat daher nicht an Versuchen gefehlt, auch auf molekulare Systeme so weit wie möglich die klassische Mechanik anzuwenden. Quanteneffekte treten umso mehr in den Hintergrund, je kleiner die de-Broglie-Wellenlänge λ eines bewegten Teilchens ist, verglichen mit den Abmessungen d jener Raumbereiche, bei deren Durchlaufen sich das Potential wesentlich ändert (s. Abschn. 2.1.1). Eine *klassisch-mechanische Beschreibung* ist also unter der Bedingung gerechtfertigt, dass gilt:

$$\lambda << d \, . \tag{4.100}$$

Die de-Broglie-Wellenlänge $\lambda = h/P$ eines Teilchens ist klein, wenn sein Impulsbetrag P groß ist, d. h. das Teilchen eine große Masse hat und/oder sich schnell bewegt. Läuft somit die

Bewegung in bestimmten Freiheitsgraden (Koordinaten $\mathcal{Q}_i$) eines molekularen Systems mit genügend großen Impulsen $\mathcal{P}_i$ in Raumbereichen ohne scharfe Potentialänderungen (d groß) ab, dann kann angenommen werden, dass mit hinreichender Genauigkeit die klassischen Bewegungsgleichungen gelten. Die Bewegung wird in diesem Fall näherungsweise durch *klassische Bahnkurven* (*Trajektorien*) beschrieben (s. Anhang A2.3), also durch die Koordinaten als Funktionen der Zeit: $\mathcal{Q}_i \equiv \mathcal{Q}_i(t)$. Bei solchen klassischen Freiheitsgraden kann es sich nur um Kernfreiheitsgrade handeln; die Elektronenbewegungen hingegen müssen prinzipiell quantenmechanisch beschrieben werden, da für sie die Bedingung (4.100) nicht erfüllbar ist.

Mit dieser qualitativen Argumentation begnügen wir uns hier, obgleich sie durchaus nicht unproblematisch ist und eigentlich genauer gefasst werden muss (s. etwa [I.4b]).

Um Quantenaspekte näherungsweise einzubeziehen, kann man so vorgehen, dass man das System in zwei Subsysteme aufteilt und den einen Teil der Freiheitsgrade mit den Koordinaten $\mathcal{q} \equiv \{\mathcal{q}_1, ..., \mathcal{q}_{f_{\text{qu}}}\}$ quantenmechanisch (durch Wellenfunktionen bzw. Aufenthaltswahrscheinlichkeitsverteilungen), die restlichen Freiheitsgrade mit den Koordinaten $\mathcal{Q} \equiv \{\mathcal{Q}_1, ..., \mathcal{Q}_{f_{\text{kl}}}\}$ klassisch-mechanisch (durch Bahnkurven bzw. Trajektorien) beschreibt. Auf diesem Konzept beruhen sogenannte ***semiklassische Näherungen*** oder *Hybrid-Näherungen* (in der englischsprachigen Literatur oft: classical-path approaches). Die Gesamtzahl der räumlichen Freiheitsgrade des molekularen Systems ist $f_{\text{qu}} + f_{\text{kl}} = 3N^{\text{e}} + 3N^{\text{k}} = 3N$, wenn keine Reduktionsmöglichkeiten (s. Abschn. 4.1) ausgenutzt werden.

Es wird hier für die Koordinaten und Impulse eine besondere Schriftart benutzt, um deutlich zu machen, dass die Zerlegung in die beiden Subsysteme – das klassisch-mechanische und das quantenmechanische – im Prinzip beliebig vorgenommen werden kann, vorausgesetzt das Kriterium (4.100) ist für das klassische Subsystem erfüllt.
Grundsätzlich muss eine semiklassische Behandlung nicht notwendig mit einer adiabatischen Separation (Aufteilung in ein schnelles und ein langsames Subsystem einerseits sowie Annahme der Gültigkeit der adiabatischen Näherung andererseits) oder einer Separation vom TDSCF-Typ zusammengehen. Beide Arten der Aufteilung beruhen auf unterschiedlichen Kriterien und können auch in Konflikt geraten, wenn z. B. bei einer Separation von Kern- und Elektronenbewegungen die Kernbewegungen so langsam ablaufen, dass zwar die adiabatische Näherung gilt, die klassische Näherung aber nicht angewendet werden kann.

Ein recht schwieriges Problem ist die korrekte Berücksichtigung der Kopplung zwischen den beiden Subsystemen, die auf so unterschiedlicher Grundlage (Quantenmechanik vs. klassische Mechanik) behandelt werden.

Wir beschränken uns durchweg auf die räumlichen Freiheitsgrade; zumindest die Elektronenspins lassen sich aber unschwer formal einbeziehen (Abschn. 2.4). Ansonsten lehnen sich die folgenden Ausführungen an die Darstellung in [I.4b] sowie [4.6] an.

4.6.1 Klassischer Grenzfall der Quantenmechanik

Der Übergang von der quantenmechanischen Beschreibung eines Systems (oder Subsystems) zu einer klassisch-mechanischen Beschreibung – dem *klassischen Grenzfall* – lässt sich auf physikalisch und mathematisch korrekte Weise vollziehen; umgekehrt hingegen ist eine Herleitung der quantenmechanischen aus der klassischen Beschreibung, wie wir wissen, nicht möglich.

Um das Problem einfach formulieren zu können, beschränken wir uns auf *einen* Freiheitsgrad, für den wir eine Koordinate X benutzen. Ein Teilchen der Masse m möge sich unter dem Einfluss eines Potentials $U(X)$ bewegen. Wir wählen zuerst eine Beschreibung durch ein Wellenpaket $\Psi(X;t)$, etwa der Form (2.11), das der zeitabhängigen Schrödinger-Gleichung

$$\left\{-(\hbar^2/2m)(\partial^2/\partial X^2)+U(X)\right\}\Psi(X;t)=\mathrm{i}\hbar(\partial/\partial t)\Psi(X;t) \tag{4.101}$$

mit den üblichen Randbedingungen sowie Anfangsbedingungen genügt. Mit diesem Wellenpaket, das wir als auf 1 normiert voraussetzen, bilden wir den Mittelwert der Ortskoordinate X, der wegen der Zeitabhängigkeit von Ψ ebenfalls eine Funktion der Zeit ist:

$$\overline{X}(t)=\int_{-\infty}^{\infty}\Psi(X;t)^*\,X\,\Psi(X;t)\mathrm{d}X\,. \tag{4.102}$$

Wir differenzieren zweimal nach der Zeit, berücksichtigen Gleichung (4.101), integrieren partiell und machen davon Gebrauch, dass $\Psi(X;t)$ bei $X\to\pm\infty$ verschwinden muss; es ergibt sich (ÜA 4.6) die Beziehung

$$m(\mathrm{d}^2/\mathrm{d}t^2)\overline{X}(t)=\overline{F}(t) \tag{4.103}$$

(*Ehrenfest-Gleichung*), wobei der Ausdruck

$$\overline{F}(t)\equiv-\overline{(\mathrm{d}U/\mathrm{d}X)}\equiv\int_{-\infty}^{\infty}\Psi(X;t)^*(-\mathrm{d}U/\mathrm{d}X)\Psi(X;t)\mathrm{d}X \tag{4.104}$$

der Mittelwert der in den Punkten X wirkenden Kraft $-(\mathrm{d}U/\mathrm{d}X)$ ist. Die Gleichung (4.103) besagt, dass sich die mittlere Teilchenposition $\overline{X}(t)$ nach dem 2. Newtonschen Gesetz der klassischen Mechanik (s. Anhang A2.1) unter dem Einfluss einer mittleren Kraft $\overline{F}(t)$ bewegt. Die so definierte mittlere Kraft unterscheidet sich allerdings von der klassischen Kraft; letztere wäre nämlich durch die negative Ableitung des Potentials U im Punkt $\overline{X}$, also durch $-(\mathrm{d}U/\mathrm{d}X)_{X=\overline{X}}$ gegeben. Ist jedoch das Wellenpaket sehr schmal, ist also die Aufenthaltswahrscheinlichkeitsdichte $\Psi^*\Psi$ nur in einem engen Bereich ΔX um den jeweiligen Punkt $\overline{X}$ lokalisiert, dann gilt

$$-\overline{(\mathrm{d}U/\mathrm{d}X)}\approx-(\mathrm{d}U/\mathrm{d}X)_{X=\overline{X}}\,, \tag{4.105}$$

und die mittlere Position $\overline{X}(t)$ des Teilchens bewegt sich wie ein klassischer Massenpunkt unter dem Einfluss der Kraft $-(\mathrm{d}U/\mathrm{d}X)_{X=\overline{X}}$. Es lässt sich zeigen, dass die beiden Ausdrücke (4.105) für Potentiale der Form $U(X)=a_0+a_1X+a_2X^2$ (Polynom 2. Grades in X), also etwa für den linearen harmonischen Oszillator, exakt gleich sind.

Der Übergang zu einem klassischen Grenzfall kann noch auf einem anderen Wege vorgenommen werden, in einer etwas strengeren Formulierung, die zugleich eine Möglichkeit eröffnet, quantenmechanische Korrekturen in eine ansonsten klassische Behandlung einzubauen.

Wir erläutern diesen Weg ebenfalls am eindimensionalen Modell und machen für die Wellenfunktion $\Psi(X;t)$ den Ansatz[14]

$$\Psi(X;t) = \exp[(\mathrm{i}/\hbar)S(X;t)]\ ; \qquad (4.106)$$

um die Normierung kümmern wir uns hier nicht. Führt man diesen Ansatz in die Schrödinger-Gleichung (4.101) ein, so ergibt sich eine Bestimmungsgleichung für die Funktion $S(X;t)$:

$$(1/2m)(\partial S/\partial X)^2 + U(X) - (\mathrm{i}\hbar/2m)(\partial^2 S/\partial X^2) = -\partial S/\partial t\,, \qquad (4.107)$$

die der Schrödinger-Gleichung völlig äquivalent ist. Da hier eine Situation beschrieben werden soll, in der sich das System annähernd klassisch verhält, sehen wir die Planck-Konstante $\hbar$ als kleinen Parameter an und entwickeln die Funkt $S(X;t)$ nach Potenzen von $(\hbar/\mathrm{i})$,

$$S = S_0 + (\hbar/\mathrm{i})s_1 + (\hbar/\mathrm{i})^2 s_2 + \ldots\ , \qquad (4.108)$$

setzen diese Entwicklung in Gleichung (4.107) ein und fassen jeweils Terme, die von gleicher Ordnung in $\hbar$ sind, zusammen. Nehmen wir zunächst nur die Terme nullter Ordnung (also die von $\hbar$ unabhängigen Anteile) und vernachlässigen alle übrigen ($\hbar$-abhängigen) Terme, so ergibt sich

$$(1/2m)(\partial S_0/\partial X)^2 + U(X) = -\partial S_0/\partial t \qquad (4.109)$$

als Bestimmungsgleichung für $S_0(X;t)$. Formal ist dies das Ergebnis des Grenzübergangs $\hbar \to 0$ in den Gleichungen (4.107) und (4.108). Die so erhaltene Gleichung (4.109) ist aus der klassischen Mechanik bekannt, sie heißt dort (*zeitabhängige*) *Hamilton-Jacobi-Gleichung* (vgl. [4.7] und Anhang A2.4.4, Gl. (A2.54); dort steht $\overline{S}$, hier S_0). Die Lösung $S_0(X;t)$ wird als *klassische* (oder Hamiltonsche) *Wirkungsfunktion* (auch *Wirkungsintegral*) bezeichnet und hängt gemäß

$$S_0(X;t) = \int_{t_A}^{t} L(X', \dot{X}', t')\,\mathrm{d}t' \qquad (4.110)$$

mit der Lagrange-Funktion $L \equiv T - U = (m/2)(\dot{X}')^2 - U(X')$ des Systems zusammen (s. [4.7] sowie Anhang A2.4.3, Gl. (A2.44)). Die Lagrange-Funktion ist in der Variablen X' geschrieben, und die Integration ist vom Startpunkt $X'(t_A)$ entlang der nach der klassischen Mechanik durchlaufenen Trajektorie $X'(t')$ bis zum Punkt $X \equiv X'(t)$ durchzuführen.

Hängt die Hamilton-Funktion $H = T + U$ und dementsprechend auch der Hamilton-Operator $\hat{H}$, also der Inhalt der geschweiften Klammer in Gleichung (4.101), nicht explizite von der Zeit ab, dann ist die Energie E des Systems konstant (Erhaltungsgröße) und $S_0(X;t)$ setzt sich additiv aus einem rein ortsabhängigen und einem rein zeitabhängigen Anteil zusammen:

$$S_0(X;t) = S_0^{\circ}(X) - E\cdot(t - t_A) \qquad \text{für } E = \text{const} \qquad (4.111)$$

[14] Das ist keine Einschränkung der Allgemeinheit, da wir die Wellenfunktion stets als nicht-negativ voraussetzen können und jede nicht-negative Größe g sich als $\exp[\ln g]$ schreiben lässt.

[s. Gl. (A2.55)]. Die Schrödinger-Gleichung (4.101) besitzt in diesem Fall stationäre Lösungen $\Psi(X;t) = \Phi(X)\cdot\exp[-\mathrm{i}E\cdot(t-t_A)/\hbar]$, so dass auch die Funktion $S(X;t)$ als

$$S(X;t) = S^{\circ}(X) - E\cdot(t-t_A) \qquad \text{für } E = \text{const} \tag{4.112}$$

geschrieben werden kann; die Zeitabhängigkeit ist somit bereits vollständig in der nullten Näherung enthalten, und die Korrekturterme s_i in der Entwicklung (4.108) können als zeitunabhängig betrachtet werden: $s_i \equiv s_i(X)$ für $i = 1, 2, \ldots$

Wir verfolgen diesen Weg hier nicht weiter; angemerkt sei lediglich, dass damit

- die Bedingung (4.100) für die Anwendbarkeit der klassisch-mechanischen Beschreibung sich verfeinern lässt (s. z. B. [I.4b]) und
- Verfahren für die Ermittlung von Wellenfunktionen in der Nähe des klassischen Grenzfalls entwickelt werden können: Bezieht man etwa die Korrektur erster Ordnung, $s_1(X)$, ein und vernachlässigt alle Terme zweiter und höherer Ordnung in der resultierenden Bestimmungsgleichung für $s_1(X)$, so ergibt sich damit eine approximative Wellenfunktion (4.106) (*quasiklassische Näherung*; s. hierzu Abschn. 14.2.3.2 und mehr in [I.2][I.4b]).

4.6.2 Formulierung einer allgemeinen semiklassischen Beschreibung

In aller Strenge formuliert, erweist sich eine semiklassische Näherung, wie sie im Vorspann zu diesem Abschnitt 4.6 skizziert wurde, als recht kompliziert und schwierig durchführbar (s. auch [I.4b][4.6][4.8]); wir beschränken uns daher auf eine vereinfachte Fassung.

Die vollständige Hamilton-Funktion des Gesamtsystems (ohne Berücksichtigung der Spins der Teilchen) setzt sich zusammen aus den Hamilton-Funktionen $H^{\mathrm{qu}}(p,q) = T(p) + V(q)$ und $H^{\mathrm{kl}}(P,Q) = T(P) + V(Q)$ für die beiden isolierten (ungekoppelten) Subsysteme und einem Anteil $V(q,Q)$, der die Kopplung der Subsysteme beinhaltet:

$$H(p,q;P,Q) = H^{\mathrm{qu}}(p,q) + H^{\mathrm{kl}}(P,Q) + V(q,Q)\;; \tag{4.113}$$

hier bezeichnen wie bisher $p \equiv \{p_1,\ldots,p_{f_{\mathrm{qu}}}\}$ und $P \equiv \{P_1,\ldots,P_{f_{\mathrm{kl}}}\}$ die zu den Koordinaten q bzw. Q konjugierten Impulse, wobei wir der Einfachheit halber kartesische Koordinaten annehmen.

Alle q-abhängigen Anteile fassen wir zusammen und gewinnen vermittels der üblichen Ersetzungsvorschrift (2.39) für die Impulse einen Hamilton-Operator

$$\hat{H}_q^{\mathrm{qu}} = \hat{T}_q^{\mathrm{qu}} + V(q) + V(q,Q)\,, \tag{4.114}$$

der die q-Bewegung unter dem Einfluss des Q-Subsystems bestimmt; er ist parametrisch von den Koordinaten $Q \equiv \{Q_1,\ldots,Q_{f_{\mathrm{kl}}}\}$ abhängig.

Die Bewegungen im klassischen Subsystem werden durch Trajektorien beschrieben:

$$Q(t) \equiv \{Q_1(t),\ldots,Q_{f_{\mathrm{kl}}}(t)\}\;; \tag{4.115}$$

sie sind als Lösungen von Hamilton-Gleichungen (A2.37a,b)

$$\dot{Q}_i(t) = \partial H_{\text{eff}}^{\text{kl}} / \partial P_i\,, \quad \dot{P}_i(t) = -\,\partial H_{\text{eff}}^{\text{kl}} / \partial Q_i \qquad (4.116)$$

mit einer *effektiven Hamilton-Funktion* $H_{\text{eff}}^{\text{kl}}(P,Q)$ zu ermitteln, deren genaue Gestalt wir vorerst noch offenlassen.

Der Hamilton-Operator $\hat{H}_q^{\text{qu}}$ hängt über die Koordinaten Q gemäß Gleichung (4.114) mit (4.115) von der Zeit t ab; somit ist das quantenmechanische Subsystem durch eine zeitabhängige (nichtstationäre) Wellenfunktion

$$\Psi \equiv \Psi(q;t) \qquad (4.117)$$

zu beschreiben, die der zeitabhängigen Schrödinger-Gleichung

$$\hat{H}_q^{\text{qu}} \Psi(q;t) = \mathrm{i}\hbar(\partial/\partial t)\Psi(q;t) \qquad (4.118)$$

genügen muss.

Wir nehmen nun an, für das quantenmechanische Subsystem seien, entsprechend der üblichen Verfahrensweise bei Zugrundelegung einer adiabatischen Separation der q-Bewegung von der Q-Bewegung (s. Abschn. 4.3.1), mit jeweils festgehaltenen Koordinaten Q Wellenfunktionen $\Phi_n(q;Q)$ für stationäre Zustände der zeitunabhängigen Schrödinger-Gleichung

$$\hat{H}_q^{\text{qu}} \Phi_n(q;Q) = E_n(Q)\Phi_n(q;Q) \qquad (n = 0, 1, 2, \ldots); \qquad (4.119)$$

bestimmt worden; dabei beschränken wir uns auf den Fall durchweg diskreter Eigenwerte. Die Eigenfunktionen $\Phi_n(q;Q)$, die wir als orthogonal und normiert voraussetzen, bilden für jede Q-Konfiguration und somit zu jedem Zeitpunkt t einen vollständigen orthonormierten Funktionensatz, so dass sich die Wellenfunktion (4.117) für jeden Wert von t nach diesen Funktionen entwickeln lässt:

$$\Psi(q;t) = \sum\nolimits_n a_n(t)\cdot \exp\left[-(i/\hbar)\int_{t_A}^{t} E_n(Q(t'))dt'\right]\cdot \Phi_n(q;Q(t))\,; \qquad (4.120)$$

hier wurden zur Vereinfachung der folgenden Schritte die Entwicklungskoeffizienten mit Phasenfaktoren exp[...] versehen bei beliebiger unterer Grenze t_A im Zeitintegral. Diese Entwicklung in die zeitabhängige Schrödinger-Gleichung (4.118) eingesetzt, dann von links multipliziert mit $\Phi_k^* \cdot \exp\left[+(\mathrm{i}/\hbar)\int_{t_A}^{t} E_k\,\mathrm{d}t'\right]$ und integriert über die Variablen q ergibt wegen der Orthonormierung der Funktionen Φ_i einen Satz gekoppelter Differentialgleichungen[15]:

$$\mathrm{i}\hbar\,(\mathrm{d}/\mathrm{d}t)a_k(t) = \sum\nolimits_n C_{kn}(t)\cdot \exp\left[-(\mathrm{i}/\hbar)\int_{t_A}^{t} [E_n(Q(t')) - E_k(Q(t'))]\mathrm{d}t'\right]\cdot a_n(t) \qquad (4.121)$$

[15] Da die Koeffizienten a_k nur von der Zeit abhängen, kann statt der partiellen die gewöhnliche Zeitableitung geschrieben werden.

($k = 0, 1, 2, \ldots$). Die von der Zeit abhängenden Matrixelemente des Operators $-\mathrm{i}\hbar\,(\partial/\partial t)$,

$$C_{kn}(t) \equiv \langle \Phi_k \,|-\mathrm{i}\hbar\,(\partial/\partial t)|\,\Phi_n\rangle_q\,, \tag{4.122}$$

werden mit den Funktionen $\Phi_k\,(q;Q(t))$ und $\Phi_n\,(q;Q(t))$ gebildet; das Bracketsymbol $\langle\ldots\rangle_q$ bedeutet: Integration über die Variablen q. Diese Matrixelemente beinhalten die *dynamische Kopplung* zwischen den stationären Zuständen Φ_i des q-Subsystems, bewirkt durch die Bewegungen des (klassischen) Q-Subsystems. Die Matrix $\mathbf{C}$ der Kopplungskoeffizienten (4.122) ist hermitesch: $C_{kn} = C_{nk}{}^*$, und ihre Diagonalelemente verschwinden: $C_{kk} = 0$, wie man leicht nachprüfen kann.

Wenn sich das quantenmechanische Subsystem zu einem Zeitpunkt t_{A} im stationären Zustand Φ_n befindet, dann hat man für die Lösung des Satzes (4.121) gekoppelter gewöhnlicher linearer Differentialgleichungen erster Ordnung für die Entwicklungskoeffizienten $a_k(t)$ die Anfangsbedingungen $a_k(t_{\mathrm{A}}) = \delta_{kn}$ festzusetzen. Die Betragsquadrate $|a_k(t)|^2$ sind die *Übergangswahrscheinlichkeiten* $n \rightarrow k$, d. h. die Wahrscheinlichkeiten dafür, das q-Subsystem zu einem Zeitpunkt $t > t_{\mathrm{A}}$ nicht mehr im Anfangszustand n, sondern im Zustand k vorzufinden.

Die dynamischen Kopplungskoeffizienten (4.122) lassen sich nach Ausführung der Zeit-Differentiation in der Form

$$C_{kn}(t) \equiv \sum\nolimits_j \langle \Phi_k \,|-\mathrm{i}\hbar(\partial/\partial Q_j)|\,\Phi_n\rangle_q \cdot \dot{Q}_j \tag{4.122'}$$

schreiben; hierin erkennt man für den Fall, dass es sich beim q-Subsystem um die Elektronen, beim Q-Subsystem um die Kerne handelt ($q \equiv \boldsymbol{r}$, $Q \equiv \boldsymbol{R}$), das semiklassische Gegenstück zum zweiten Anteil der quantenmechanischen Kopplungsoperatoren (4.32).

Man kann die Problemstellung noch etwas allgemeiner fassen, wenn man annimmt, nicht die exakten Lösungen der zeitunabhängigen Schrödinger-Gleichung (4.119) seien bekannt, sondern nur Lösungen Φ_n^0 zu den Eigenwerten E_n^0 eines approximativen Hamilton-Operators $\hat{H}_{q|0}^{\mathrm{qu}}$, der sich von $\hat{H}_q^{\mathrm{qu}}$ durch Terme $\hat{Y}$ (z. B. bestimmte Wechselwirkungsglieder) unterscheidet:

$$\hat{H}_q^{\mathrm{qu}} = \hat{H}_{q|0}^{\mathrm{qu}} + \hat{Y}\,. \tag{4.123}$$

Setzt man nun eine zu (4.120) analoge Entwicklung nach den Funktionen Φ_n^0 an, dann resultiert ein Differentialgleichungssystem der Form (4.121) für die entsprechenden Entwicklungskoeffizienten $a_k^0(t)$:

$$\mathrm{i}\hbar\,(\mathrm{d}/\mathrm{d}t)\,a_k^0(t) = \sum\nolimits_n \{C_{kn}^0(t) + Y_{kn}^0(t)\}\cdot\exp\left[-(\mathrm{i}/\hbar)\int_{t_{\mathrm{A}}}^{t}[E_n^0(Q(t')) - E_k^0(Q(t'))]\,\mathrm{d}t'\right]\cdot a_n^0(t) \tag{4.124}$$

(k = 0, 1, 2, ...). In diesen Gleichungen stehen anstelle von C_{kn} jetzt die Koeffizienten $\{C_{kn}^0 + Y_{kn}^0\}$, wobei C_{kn}^0 die Matrixelemente (4.122), jedoch gebildet mit den Funktionen Φ_k^0 und Φ_n^0, sowie Y_{kn}^0 die analog gebildeten Matrixelemente des Operators $\hat{Y}$ bezeichnen:

$$C_{kn}^0(t) \equiv \left\langle \Phi_k^0 \middle| -\mathrm{i}\hbar(\partial/\partial t) \middle| \Phi_n^0 \right\rangle_q , \tag{4.125a}$$

$$Y_{kn}^0(t) \equiv \left\langle \Phi_k^0 \middle| \hat{Y} \middle| \Phi_n^0 \right\rangle_q ; \tag{4.125b}$$

letztere beinhalten eine *statische Kopplung* der (appproximativen) Zustände k und n, zusätzlich zu der durch C_{kn}^0 bewirkten *dynamischen Kopplung*. Im Phasenfaktor hat man E_n^0 und E_k^0 anstelle von E_n bzw. E_k, und auch hier gilt: $C_{kk}^0 = 0$.

Wenn als klassisches Subsystem (Q) die Kerne gewählt werden, kann der approximative Hamilton-Operator $\hat{H}_{q|0}^{\mathrm{qu}}$ z. B. für eine grobe quantenchemische Näherung (etwa eine VB-Näherung, s. Abschn. 6.4) oder für eine Näherung ohne Spin-Bahn-Wechselwirkung stehen.

Es bleibt nun noch zu klären, wie die klassischen Trajektorien $Q(t)$ zu bestimmen sind, d. h. wie die effektive Hamilton-Funktion $H_{\mathrm{eff}}^{\mathrm{kl}}$ für das Q-Subsystem aussieht. Das ist allerdings ein ziemlich schwieriges Problem, das wir hier nicht in aller Gründlichkeit behandeln können; man findet einiges mehr dazu in [I.4b], [4.6] und [4.8]. Zunächst erscheint es vernünftig, die effektive Hamilton-Funktion $H_{\mathrm{eff}}^{\mathrm{kl}}$ additiv aus dem Anteil $H^{\mathrm{kl}}(P,Q)$ für das isolierte Q-Subsystem (s. oben) und einem Zusatzpotential $V_{\mathrm{eff}}(Q;t)$ zusammenzusetzen, das den Einfluss des q-Subsystems beinhaltet:

$$H_{\mathrm{eff}}^{\mathrm{kl}}(P,Q;t) = H^{\mathrm{kl}}(P,Q) + V_{\mathrm{eff}}(Q;t) . \tag{4.126}$$

Ein plausibler Ansatz für das Zusatzpotential $V_{\mathrm{eff}}(Q;t)$ ergibt sich durch Mittelung des Hamilton-Operators (4.114) mit der Wellenfunktion $\Psi(q;t)$:

$$V_{\mathrm{eff}}(Q;t) = \left\langle \Psi(q;t) \middle| \hat{H}_q^{\mathrm{qu}} \middle| \Psi(q;t) \right\rangle_q , \tag{4.127}$$

wobei $\hat{H}_q^{\mathrm{qu}}$ für das q-Subsystem parametrisch von Q abhängt. Schreiben wir in Gleichung (4.126) für die Hamilton-Funktion des klassischen Subsystems $H^{\mathrm{kl}}(P,Q) = T(P) + V(Q)$ und somit

$$H_{\mathrm{eff}}^{\mathrm{kl}} = T(P) + \mathcal{U}_{\mathrm{eff}}(Q;t) , \tag{4.128}$$

dann bildet

$$\mathcal{U}_{\text{eff}}(Q;t) \equiv V(Q) + V_{\text{eff}}(Q;t) \tag{4.129}$$

das *effektive Potential* für die klassische Bewegung des Q-Subsystems. Mit der Entwicklung (4.120), eingesetzt in den Ausdruck (4.127), erhält man unter Beachtung der Orthonormierung der Funktionen Φ_n :

$$\mathcal{U}_{\text{eff}}(Q;t) = V(Q) + \sum_n |a_n(t)|^2 E_n(Q(t)), \tag{4.130}$$

also ein mit den Wahrscheinlichkeiten $|a_n(t)|^2$ gewichtetes Mittel über die Potentialfunktionen

$$U_n(Q) \equiv V(Q) + E_n(Q) \tag{4.131}$$

zu den stationären Zuständen des q-Subsystems. Auf Grund der vorausgesetzten Vollständigkeit dieser Zustände gilt: $\sum_n |a_n(t)|^2 = 1$.

Diese *Näherung des effektiven Potentials* bildet den Ausgangspunkt für diverse Varianten semiklassischer Berechnungsverfahren, die wir allerdings hier nicht ausführlich besprechen können. Grundsätzlich wird bei einer solchen Berechnung eine repräsentative "effektive Trajektorie" unter dem Einfluss des Potentials $\mathcal{U}_{\text{eff}}(Q;t)$ verfolgt, das seinerseits zu jedem Zeitpunkt t durch die Koeffizienten $a_n(t)$, also durch die Lösungen des Gleichungssystems (4.121), bestimmt ist. Beide Teilprobleme, das q-Problem und das Q-Problem, sind also simultan in selbstkonsistenter Weise zu behandeln; die Kopplung der beiden Subsysteme ist dabei näherungsweise berücksichtigt. Zwischen den verschiedenen stationären q-Zuständen sind Übergänge möglich: Befindet sich das q-Subsystem zu Beginn des Bewegungsvorgangs in einem bestimmten Zustand n, dann können im weiteren Verlauf die Übergangswahrscheinlichkeiten $|a_k(t)|^2$ in andere Zustände k von Null verschiedene Werte annehmen. Man sieht, dass in einem solchen Formalismus auch beispielsweise elektronisch-nichtadiabatische Vorgänge erfasst werden können, wenn die Elektronen des molekularen Systems das q-Subsystem bilden; wir werden später (s. Abschn. 14.3) davon Gebrauch machen.

Wir haben hier für den Fall der Elektronen als q-Subsystem und der Kerne als Q-Subsystem eine *semiklassische Version der zeitabhängigen selbstkonsistenten Näherung* (s. Abschn. 4.3.2.2) erhalten. Man bezeichnet eine solche Beschreibung auch als *Ehrenfest-Dynamik*; vgl. [4.8]. In Abschnitt 14.2.4.2 kommen wir auf eine besondere Näherung dieses Typs ausführlicher zu sprechen (Car-Parinello-Methode).

Berücksichtigt man in der Entwicklung (4.120) nur *einen* Term, etwa den Zustand n, und vernachlässigt alle Kopplungselemente (4.122), so reduziert sich die Behandlung auf eine adiabatische Separation von q- und Q-Bewegung. In diesem Fall ist das effektive Potential zeitunabhängig und wirkt auf die Q-Bewegung so wie das Potential eines äußeren Feldes. Man nennt die Beschreibung dann auch *Born-Oppenheimer-Dynamik* oder "Näherung des äußeren Feldes".

4.6.3 Klassische Beschreibung der Kernbewegung

In den meisten Anwendungen semiklassischer Näherungen auf molekulare Systeme werden die Elektronen als quantenmechanisches Subsystem und die Kerne als klassisch-mechanisches Subsystem behandelt, also: $q \equiv r$ und $Q \equiv R$. Wir beschränken uns auf den Fall, dass die *elektronisch adiabatische Näherung* gilt und für die Kernbewegung ein eindeutiges Potential $U(\boldsymbol{R})$ bekannt ist.

Anstelle der kartesischen Kernkoordinaten $\boldsymbol{R} \equiv \{\boldsymbol{R}_1, \boldsymbol{R}_2, ..., \boldsymbol{R}_{N^k}\} \equiv \{X_1, X_2, ..., X_{3N^k}\}$ können sich andere (krummlinige) Koordinaten $\boldsymbol{Q} \equiv \{Q_1, Q_2, ..., Q_f\}$ als zweckmäßiger erweisen, wobei wir die Anzahl $f\,(\equiv f_{kl})$ der zur Beschreibung des Systems tatsächlich erforderlichen Koordinaten offenlassen; das Folgende wollen wir in solchen verallgemeinerten Koordinaten formulieren (vgl. [4.7][I.4a]; auch Anhang A2.4). Hierzu muss der kinetische Energieanteil T^k in der Hamilton-Funktion (4.21), der nach der Transformation auf die verallgemeinerten Koordinaten Q_i in der Regel zunächst als Funktion der Geschwindigkeitskomponenten $\dot{Q}_i \equiv \mathrm{d}Q_i/\mathrm{d}t$ vorliegt, auf die entsprechenden (kanonisch-konjugierten) verallgemeinerten Impulse P_i, definiert durch

$$P_i \equiv \partial(T^k - U)/\partial\dot{Q}_i, \tag{4.132}$$

(s. Anhang A2.4.2) umgeschrieben werden:

$$H^k \rightarrow H^k(\boldsymbol{P},\boldsymbol{Q}) = T^k(\boldsymbol{P}) + U(\boldsymbol{Q}). \tag{4.133}$$

Da die Potentialfunktion $U(\boldsymbol{Q})$ nicht von den Geschwindigkeiten $\dot{Q}_i$ abhängt, vereinfacht sich Gleichung (4.132) zu $P_i \equiv \partial T^k/\partial\dot{Q}_i$.

Die klassisch-mechanische Bewegung der Kerne wird damit durch die *Hamilton-Gleichungen* (*kanonische Gleichungen*) bestimmt (s. Anhang A2.4.2):

$$\dot{Q}_i = \partial H^k / \partial P_i, \quad \dot{P}_i = -\partial H^k / \partial Q_i \qquad (i = 1, 2, ..., f). \tag{4.134}$$

Das sind $2f$ gewöhnliche Differentialgleichungen erster Ordnung zur Bestimmung der $2f$ Funktionen $Q_i(t)$ und $P_i(t)$, die den Bewegungsablauf im Subsystem der Kerne vollständig beschreiben. Zur eindeutigen Lösung der Gleichungen (4.134) müssen $2f$ *Anfangsbedingungen*, also die Werte der Koordinaten und Impulse zu einem Zeitpunkt t_0, vorgegeben werden.

Diese klassischen Bewegungsgleichungen sind auf Grund ihrer einfachen mathematischen Struktur viel leichter zu behandeln als die Schrödinger-Gleichung, bei der wir es mit einer partiellen Differentialgleichung zweiter Ordnung in f Ortsvariablen zuzüglich der Zeitvariablen zu tun haben. Die Vereinfachung macht sich umso mehr bemerkbar, je mehr Kernfreiheitsgrade das System hat. Während die quantenmechanische Beschreibung der Kernbewegung vorerst, von ganz groben Näherungen abgesehen, auf kleine Systeme (etwa $f \leq 10$) beschränkt bleiben wird, lassen sich in klassischer Näherung Systeme mit f in der Größenordnung $10^2 ... 10^4$ und darüber berechnen (s. Abschn. 14.2.4 und Kap. 19).

Für die gewaltige Erweiterung des Anwendungsbereichs durch Übergang zu einer (semi-) klassischen Näherung zahlt man allerdings einen Preis: man verliert jegliche Quanteneffekte bei der Kernbewegung, insbesondere erhält man

- *keine Quantelung* der Bewegung in gebundenen Freiheitsgraden, was sich gravierend vor allem für Schwingungen bemerkbar macht: es gibt *keine Nullpunktsenergie* und *keine Diskretisierung* der Zustände;
- *keine Tunnelvorgänge* bei nichtgebundenen Bewegungen mit Potentialbarrieren;
- *keine Interferenzeffekte* von Wellenanteilen, wie sie z. B. bei der Wellenausbreitung über Potential-"Unebenheiten" auftreten (s. Abschn. 2.2.2);
- bei der vorausgesetzten Beschränkung auf die elektronisch-adiabatische Näherung *keine nichtadiabatischen Prozesse* (also solche mit Änderung des Elektronenzustands).

Inwieweit die Anwendung der klassischen Näherung für die Kernbewegung trotzdem sinnvoll sein kann, hängt von der Art der Fragen ab, die man beantworten möchte, sowie von der Art der zu behandelnden Systeme. Dies abzuschätzen erweist sich als kompliziert [I.4b][4.6].

Um die genannten gravierenden Mängel der klassischen Beschreibung abzumildern oder teilweise zu beheben, sind zahlreiche Konzepte entwickelt worden. So versucht man, der Zustandsquantelung wenigstens insofern Rechnung zu tragen, als (a) die Anfangsbedingungen bei gebundenen Freiheitsgraden so gewählt werden, dass sie Quantenzuständen entsprechen, und (b) Endwerte von Variablen (nach Abbruch der Rechnung zu einer bestimmten Zeit $\mathcal{T}$) den nächstgelegenen Quantenzuständen zugeordnet werden (*künstliche Quantisierung*). Wir kommen auf diese Probleme in Teil 3, Abschnitt 14.2, zurück.

Darüber hinausgehend hat man Methoden entwickelt, um die klassische Behandlung der Kernbewegung so zu modifizieren, dass sich Quanteneffekte wie z. B. Interferenzen berücksichtigen lassen (*quasiklassische Näherungen*, s. oben). Bei einigen dieser Verfahren gelingt auch die Einbeziehung von Fällen, in denen die adiabatische Näherung nicht gilt. Der Aufwand allerdings erhöht sich gegenüber den rein klassischen Berechnungen beträchtlich. Wir gehen auf solche Methoden in Teil 3, Abschnitt 14.2.3, etwas ausführlicher ein.

Die klassische Beschreibung hat den Vorteil, dass sich die Bewegungen eines Teilchensystems sehr leicht anschaulich darstellen und interpretieren lassen, was in Teil 3, Abschn. 14.2.1, ausführlich getan wird. Weiterhin können wichtige Informationen über das System aus einer Fourier-Transformation von berechneten klassischen Größen $Z(t)$, etwa Koordinaten als Zeitfunktionen, erhalten werden. Der Ausdruck

$$I(\omega) \propto \left\langle (1/\mathcal{T}) \left| \int_0^{\mathcal{T}} Z(t) \exp(-\mathrm{i}\omega t)\,\mathrm{d}t \right|^2 \right\rangle \tag{4.135}$$

ist die klassische *Spektraldichte* der Größe $Z(t)$, berechnet für eine genügend lange Laufzeit $\mathcal{T}$ der Trajektorien und gemittelt über einen Satz von Trajektorien mit unterschiedlichen, für die Fragestellung nicht relevanten Anfangsbedingungen (das Symbol $\langle\ \rangle$ bezeichnet hier diese klassische Mittelung). Die Spektraldichte (4.135) liefert sowohl das Spektrum der Eigenfrequenzen der klassischen Schwingungen wie auch der Ober- und Kombinationsschwingungen und lässt damit z. B. Rückschlüsse auf Kopplungen der Schwingungen zu.

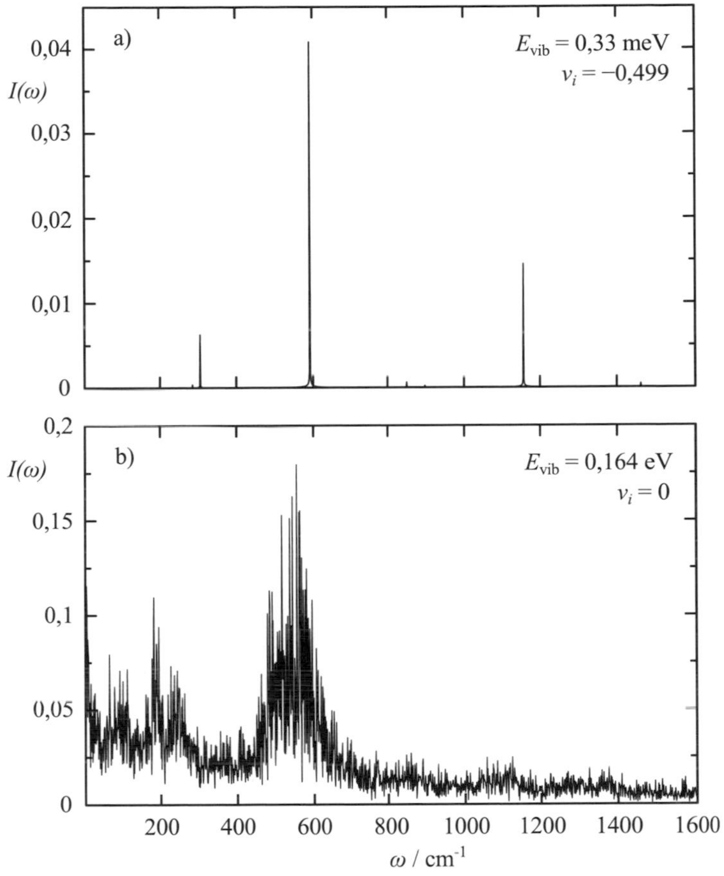

Abb. 4.10 Klassische Spektraldichte für das Molekülion Ar_2H^+ bei zwei Werten der inneren Energie [aus T. Ritschel et al., Eur. Phys. J. **D41**, 127 (2007); mit freundlicher Genehmigung von Springer Science+Business Media, Heidelberg]

Als Beispiel zeigt Abb. 4.10 die klassische Spektraldichte der inneren Bewegungen des Molekülions Ar_2H^+ ; die Größe Z ist hier die Summe aller kartesischen Koordinaten der Kerne. In Teil a liegt die innere Energie unterhalb der Nullpunktsenergie; bei höherer Energie, Teil b, wird die Kopplung stärker und damit die Anzahl der beteiligten Ober- und Kombinationsschwingungen größer. Formal ist der Ausdruck (4.135) analog zur quantenmechanischen Intensitätsfunktion (s. Abschn. 4.4.3).

4.7 Störungsinduzierte Übergänge

Nachdem in Abschnitt 4.4 die Zeitabhängigkeit ausgeklammert blieb und wir uns auf stationäre Zustände beschränkt hatten, betrachten wir jetzt molekulare Systeme unter der Einwirkung einer *zeitlich veränderlichen äußeren Störung*.

Ein molekulares System mit dem Hamilton-Operator $\hat{H}$ möge sich in einem stationären Zustand $\Phi_j \cdot \exp(-\mathrm{i}E_j t/\hbar)$ befinden; der ortsabhängige Anteil Φ_j ist Lösung der zeitunabhängigen Schrödinger-Gleichung

$$\hat{H}\Phi_j = E_j\Phi_j \qquad (j = 0, 1, 2, \ldots). \tag{4.136}$$

Wirkt ab einem gewissen Zeitpunkt[16] $t = 0$ eine Störung (etwa ein elektrisches Feld), beschrieben durch einen als hermitesch vorausgesetzten Operator $\hat{h}(t)$, auf das System ein (s. Abb. 4.11), dann ändert sich der Zustand: für Zeiten $t > 0$ wird das System durch eine *nichtstationäre* Wellenfunktion $\Psi_j(t)$ beschrieben, die eine Lösung der zeitabhängigen Schrödinger-Gleichung

$$\left\{\hat{H} + \hat{h}(t)\right\}\Psi_j(t) = \mathrm{i}\hbar(\partial/\partial t)\Psi_j(t) \tag{4.137}$$

sein muss, und zwar mit der Bedingung, dass $\Psi_j(t)$ bei $t = 0$ aus der stationären Wellenfunktion $\Phi_j \cdot \exp(-\mathrm{i}E_j t/\hbar)$ hervorgeht, für Zeiten $t \leq 0$ also mit dieser zusammenfällt; deswegen wurde $\Psi_j(t)$ mit dem Index j gekennzeichnet. Uns interessiert hier nur die Zeitabhängigkeit, die räumlichen und Spin-Freiheitsgrade werden nicht explizite angegeben.

Durch die Störung haben sich die Verhältnisse gravierend verändert: Da der neue Hamilton-Operator $\hat{H} + \hat{h}(t)$ explizite von der Zeit abhängt, gilt für die Energie kein Erhaltungssatz, der Zustand $\Psi_j(t)$ gehört also nicht zu einer bestimmten Energie.

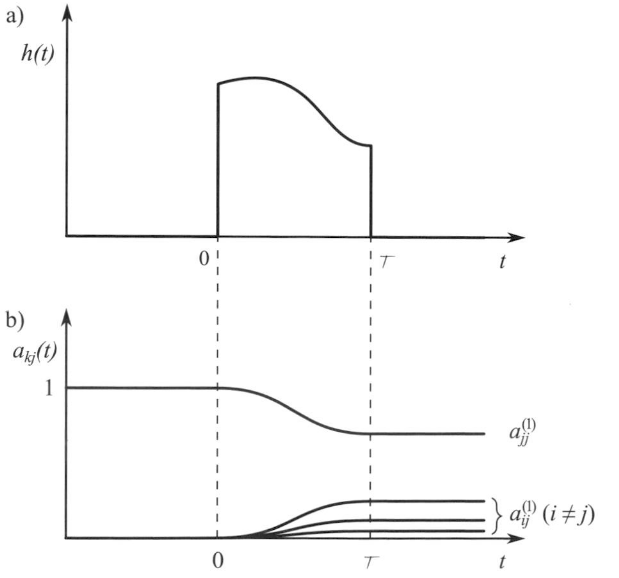

Abb. 4.11
Zeitabhängige Störung (a) und zeitliche Änderung der Koeffizienten (b) (schematisch; aus [I.4a])

[16] Der Nullpunkt der Zeitskala kann stets beliebig gewählt werden.

Für die Wellenfunktion $\Psi_j(t)$ setzen wir ähnlich wie in Gleichung (4.120) eine Entwicklung nach den stationären Zustandsfunktionen Φ_k an:

$$\Psi_j(t) = \sum_k a_{kj}(t) \cdot \Phi_k \cdot \exp(-\mathrm{i}E_k t/\hbar), \tag{4.138}$$

wobei wir der Einfachheit halber annehmen, dass der vollständige Satz der Eigenfunktionen Φ_k als Lösungen der Gleichung (4.136) orthonormiert und rein diskret ist.[17] Gemäß den Überlegungen in Abschnitt 3.1.4 haben wir diese Form von $\Psi_j(t)$ so zu deuten: Die Betragsquadrate der Koeffzienten, $|a_{kj}(t)|^2$, geben die *Wahrscheinlichkeit* dafür an, dass bei Messungen zum Zeitpunkt t das System im Zustand k gefunden wird; das System fluktuiert sozusagen zwischen den möglichen Eigenzuständen von $\hat{H}$.

Wird diese Entwicklung (4.138) für $\Psi_j(t)$ in die Schrödinger-Gleichung (4.137) eingesetzt, die erhaltene Gleichung von links mit $\Phi_i{}^* \cdot \exp(+\mathrm{i}E_i t/\hbar)$ multipliziert und über die Ortsvariablen integriert, dann ergibt sich unter Berücksichtigung der Orthonormierung der Eigenfunktionen Φ_k, $\langle \Phi_i | \Phi_k \rangle = \delta_{ik}$, ein Satz gekoppelter linearer gewöhnlicher Differentialgleichungen erster Ordnung für die Entwicklungskoeffizienten $a_{ij}(t)$ als Zeitfunktionen[18]:

$$\mathrm{i}\hbar(\mathrm{d}/\mathrm{d}t)a_{ij}(t) = \sum_k h_{ik}(t) \cdot \exp[\mathrm{i}(E_i - E_k)t/\hbar] \cdot a_{kj}(t) \quad (i = 0, 1, 2, ...) \tag{4.139}$$

mit der Abkürzung

$$h_{ik}(t) \equiv \left\langle \Phi_i \middle| \hat{h}(t) \middle| \Phi_k \right\rangle \tag{4.140}$$

für die Matrixelemente des Störoperators $\hat{h}(t)$, gebildet mit den ungestörten Eigenfunktionen Φ_i und Φ_k. Die oben geschilderte Situation entspricht den *Anfangsbedingungen*

$$a_{kj}(0) = \delta_{kj} \tag{4.141}$$

(s. Abb. 4.11). Da die rechten Seiten der Gleichungen (4.139) von den gesuchten Koeffizienten $a_{kj}(t)$ abhängen, kommt eine iterative Lösung in Betracht. Inwieweit dieses Verfahren sicher zum Ziel führt, wird hier nicht diskutiert; zumindest ist erforderlich, dass die Matrixelemente h_{ik} betragsmäßig klein sind und die Störung nicht zu lange wirkt. Als nullte Näherung $a_{kj}^{(0)}$ (Startwerte des Iterationsprozesses) werden die Anfangswerte (4.141) benutzt:

$$a_{kj}^{(0)} = a_{kj}(0) = \delta_{kj} \,. \tag{4.141'}$$

Dies eingesetzt in die rechten Seiten des Differentialgleichungssystems (4.139) führt nach Integration über die Dauer der Einwirkung der Störung, von $t = 0$ bis zu einer Zeit $t = \mathcal{T}$, zu

[17] Bei teilweise kontinuierlichem Spektrum ist die Summe durch ein entsprechendes Integral zu ergänzen (s. Abschn. 3.1.3).

[18] Es kann wieder statt der partiellen die gewöhnliche Zeitableitung geschrieben werden.

einer ersten (voraussichtlich verbesserten) Näherung

$$a_{ij}^{(1)}(\mathcal{T}) = (1/\mathrm{i}\hbar)\int_0^{\mathcal{T}} h_{ij}(t)\cdot \exp[\mathrm{i}(E_i - E_j)t/\hbar]\,\mathrm{d}t\,. \tag{4.142}$$

Das Verfahren lässt sich fortsetzen, um sukzessive verbesserte Näherungen zu erzeugen; das wollen wir hier jedoch nicht tun, da für viele Zwecke bereits die erste Näherung genügt.

Vom Zeitpunkt $t = \mathcal{T}$ an behalten die Koeffizienten die Werte $a_{ij}^{(1)}(\mathcal{T})$, und die Wellenfunktion ist

$$\Psi_j(t) \approx \Psi_j^{(1)}(t) = \sum\nolimits_i a_{ij}^{(1)}(\mathcal{T})\cdot \Phi_i \cdot \exp(-\mathrm{i}E_i t/\hbar)\,. \tag{4.143}$$

Das Betragsquadrat eines Koeffizienten $a_{ij}^{(1)}(\mathcal{T})$ gibt das statistische Gewicht des Zustands $\Phi_i \cdot \exp(-\mathrm{i}E_i t/\hbar)$ in der Wellenfunktion $\Psi_j(t)$ an; $\left|a_{ij}^{(1)}(\mathcal{T})\right|^2$ ist somit gleich der Wahrscheinlichkeit dafür, das System, das sich bis zum Zeitpunkt $t = 0$ im stationären Zustand $\Phi_j \cdot \exp(-\mathrm{i}E_j t/\hbar)$ befand, infolge der Einwirkung der Störung zum Zeitpunkt $t = \mathcal{T}$ im Zustand $\Phi_i \cdot \exp(-\mathrm{i}E_i t/\hbar)$ vorzufinden. Anders ausgedrückt: es ist

$$\mathcal{P}_{ij}(\mathcal{T}) \equiv \left| a_{ij}^{(1)}(\mathcal{T})\right|^2 \tag{4.144}$$

die ***Übergangswahrscheinlichkeit*** vom Zustand j in den Zustand i, verursacht durch die Störung $\hat{h}(t)$ während der Einwirkungsdauer $\mathcal{T}$.

Die Übergangswahrscheinlichkeit wird im wesentlichen durch das Matrixelement $h_{ij}(t)$ des Störoperators $\hat{h}(t)$ bestimmt. Da dieser nach Voraussetzung hermitesch ist, gilt $h_{ij} = h_{ji}$, folglich $a_{ij}^{(1)} = a_{ji}^{(1)}$ und damit

$$\mathcal{P}_{ij} = \mathcal{P}_{ji}\,, \tag{4.145}$$

d. h. Übergänge $j \rightarrow i$ sind genauso wahrscheinlich wie Übergänge $i \rightarrow j$.

Dieser bedeutsame Befund ist eine Folge davon, dass die quantenmechanische Bewegungsgleichung – die zeitabhängige Schrödinger-Gleichung – bei Abwesenheit (bzw. Vernachlässigung) magnetischer Wechselwirkungen gegen Umkehr der Zeitrichtung ($t \rightarrow -t$) invariant ist (s. Abschn. 13.4.1 und 14.4). Auch die klassisch-mechanischen Bewegungsgleichungen (etwa die Hamilton-Gleichungen) zeigen übrigens eine solche Invarianz gegen Zeitumkehr.

Man bezeichnet die Symmetrieeigenschaft (4.145) als *mikroskopische Reversibilität.* Wir werden auf diese Problematik später noch zurückkommen (s. Abschn. 14.4).

Elektron im elektromagnetischen Strahlungsfeld

Ein besonders wichtiger Fall, auf den in den Kapiteln 5 und 11 ausführlicher eingegangen wird, ist die Störung eines molekularen Systems durch Einwirkung eines *elektromagnetischen Strahlungsfeldes.* Wir betrachten der Einfachheit halber nur *ein* Elektron in einem Molekül.

Den elektrischen Feldanteil (der magnetische Anteil wirkt viel schwächer[19] und wird daher vernachlässigt) beschreiben wir durch eine in x-Richtung fortschreitende und in z-Richtung polarisierte, monochromatische ebene Welle (s. Anhang A6.2.1):

$$\mathcal{E}_z = |\mathcal{E}| \cos(kx - \omega t) ; \tag{4.146}$$

$\mathcal{E}$ ist der Vektor der elektrischen Feldstärke, $\mathcal{E}_z$ dessen z-Komponente, $k \equiv 2\pi / \lambda$ bezeichnet die Wellenzahl, $\omega \equiv 2\pi\nu$ die (Kreis-) Frequenz, wobei Wellenlänge λ und Frequenz ν durch die Relation $\lambda \cdot \nu = \omega / k = c$ zusammenhängen (c ist die Lichtgeschwindigkeit). Die (klassische) Wechselwirkungsenergie des Elektrons mit dem Feld ist durch das negative Skalarprodukt des Dipolmomentvektors des Elektrons, $\boldsymbol{d} = -\bar{e}\boldsymbol{r}$, mit dem elektrischen Feldstärkevektor $\mathcal{E}$ des Strahlungsfeldes gegeben, so dass man als Störoperator

$$\hat{h}(t) = \bar{e}|\mathcal{E}|\, z \cdot \cos(kx - \omega t) \tag{4.147}$$

erhält. Berechnet man damit das Matrixelement $h_{ij}(t)$ [Gl. (4.140)], dann ergibt sich für die Übergangswahrscheinlichkeit näherungsweise[20]

$$\mathcal{P}_{ij}^{\pm}(\mathcal{T}) \approx (2\pi/\hbar)|u_{ij}|^2 f'(E_i - E_j \pm \hbar\omega; \mathcal{T}) \cdot \mathcal{T} .$$

Dabei bezeichnet f' eine Funktion, die ein scharfes Maximum dort aufweist, wo ihr Argument verschwindet, also bei $E_i - E_j \pm \hbar\omega = 0$, ansonsten aber überall kleine Werte hat; sie hängt von $\mathcal{T}$ als Parameter ab. Diese Funktion ist in Abb. 4.12 in Abhängigkeit von $E \equiv E_i$ dargestellt.

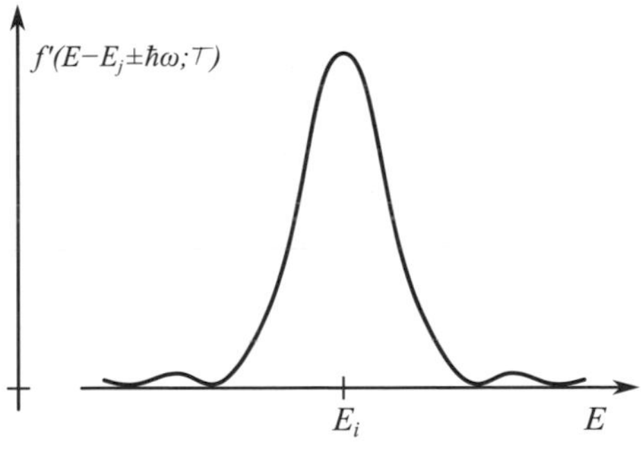

Abb. 4.12
Die Funktion $f'(E - E_j \pm \hbar\omega; \mathcal{T})$ für einen festen Wert von $\mathcal{T}$ (schematisch; nach [I.4a])

Im Grenzfall sehr großer $\mathcal{T}$-Werte wird aus f' die Diracsche Deltafunktion (s. [II.1], dort Abschn. 6.2.5.; auch [I.4a], dort Anhang A3.5.), die nur an der "Resonanzstelle" $E_i - E_j \pm \hbar\omega = 0$ einen (unendlich-) hohen und scharfen Peak aufweist, überall sonst aber

[19] Vgl. die zweite Anmerkung am Schluss von Abschn. 4.4.2.1; auch Abschn. 9.4.3.

[20] Die Rechnung ist nicht schwierig; wir führen sie hier nicht aus, sondern empfehlen sie als Übungsaufgabe. Es wird dazu angenommen, dass ω nahe bei der *Resonanzfrequenz* $| E_i - E_j | / \hbar$ liegt und die Störung nicht nur sehr kurz einwirkt.

den Wert Null hat: $f'(E_i - E_j \pm \hbar\omega; \mathcal{T}) \xrightarrow[\mathcal{T}\to\infty]{} \delta(E_i - E_j \pm \hbar\omega)$. Wir nehmen diesen Grenzfall als Näherung; auf die Größe u_{ij} kommen wir unten zu sprechen.

Auf diese Weise erhält man für die Übergangswahrscheinlichkeit:

$$\mathcal{P}_{ij}^{\pm}(\mathcal{T}) = (2\pi/\hbar)\left|u_{ij}\right|^2 \delta(E_i - E_j \pm \hbar\omega)\cdot\mathcal{T}\,. \tag{4.148}$$

Mit dem Pluszeichen besagt diese Formel, dass nur Übergänge stattfinden, für die $E_i - E_j + \hbar\omega = 0$ gilt, d. h.

$$\hbar\omega = E_j - E_i\,. \tag{4.149a}$$

Da $\omega > 0$ ist, haben wir es in diesem Fall mit einem Übergang aus dem Zustand j in einen energetisch tieferen Zustand i unter *Emission* eines Strahlungsquants $\hbar\omega$ zu tun.

Dem Minuszeichen, also

$$\hbar\omega = E_i - E_j\,, \tag{4.149b}$$

entspricht der Übergang in einen energetisch höheren Zustand i unter *Absorption* eines Strahlungsquants $\hbar\omega$.

Bei der Berechnung des Matrixelements $h_{ij}(t)$ ergibt sich für u_{ij} der folgende Ausdruck:

$$u_{ij} \equiv u_{ij|z} = (\bar{e}/2)\left|\mathcal{E}\right| \int \Phi_i{}^* \cdot z\cdot \exp(ikx)\cdot \Phi_j \,\mathrm{d}V\,. \tag{4.150}$$

Die exp-Funktion im Integranden lässt sich in guter Näherung gleich 1 setzen,

$$\exp(ikx) \approx 1 \tag{4.151}$$

(sogenannte *Dipol-Näherung*), denn atomare bzw. molekulare Bereiche haben typische Abmessungen von der Größenordnung des Bohrschen Radius, also $x \approx 1$ Å, und die Wellenlängen der Strahlung bei Elektronenübergängen liegen in der Größenordnung $\lambda \approx 10^4$ Å, so dass sich das Produkt $kx = 2\pi x/\lambda$ in der Größenordnung $10^{-3} << 1$ ergibt. Damit wird aus u_{ij} in der Bezeichnungsweise des Abschnitts 3.1.5 bis auf einen Faktor ($\mathcal{E}_z/2$) das Matrixelement der z-Komponente des Dipolmomentoperators $d_z = -\bar{e}z$:

$$u_{ij} \equiv u_{ij|z} = -(\mathcal{E}_z/2)\, d_{ij|z} \tag{4.152}$$

mit

$$d_{ij|z} = \int \Phi_i{}^* \cdot d_z \cdot \Phi_j \,\mathrm{d}V = \int \Phi_i{}^* \cdot (-\bar{e}z)\cdot \Phi_j \,\mathrm{d}V\,. \tag{4.153}$$

Der Ausdruck (4.153) wird als die z-Komponente des ***Übergangsmoment****s* (genauer: *Übergangsdipol-Matrixelement)* bezeichnet. Je nach Polarisation der Strahlung kann es auch analog eine x- und/oder eine y-Komponente geben.

Wie hoch die Übergangswahrscheinlichkeit zwischen zwei Zuständen i und j ist, hängt also maßgeblich vom Betrag des Übergangsmoments ab. Es zeigt sich, dass bei einem gegebenen molekularen System jeweils nur für ganz bestimmte Paare i,j die Übergangsmomente von

Null verschieden sein können und für andere exakt verschwinden; im letzteren Fall spricht man von *verbotenen Übergängen*. Die Symmetrien des Systems spielen hierbei die entscheidende Rolle (s. Anhang A1.5.2.4). Auf derartige ***Auswahlregeln*** kommen wir später im Detail zu sprechen (s. Kap. 5, 7 und 11).

Von $\mathcal{T}$ unabhängig ist die ***Übergangswahrscheinlichkeit pro Zeiteinheit*** :

$$w_{ij}^{\pm} \equiv \mathcal{P}_{ij}^{\pm}(\mathcal{T})/\mathcal{T} = (2\pi/\hbar)\left|u_{ij}\right|^2 \delta(E_i - E_j \pm \hbar\omega)\,; \qquad (4.154)$$

diese Formel geht auf P. A. M. Dirac (1926) zurück, in der Literatur wird sie oft als *Fermische Goldene Regel* bezeichnet.

Die Beziehung (4.145) als Ausdruck der mikroskopischen Reversibilität können wir für die soeben besprochene strahlungsinduzierte Emission und Absorption folgendermaßen genauer schreiben:

$$\mathcal{P}_{ij}^{-} = \mathcal{P}_{ji}^{+}\;; \qquad (4.145')$$

entsprechend muss für die Übergangswahrscheinlichkeiten pro Zeiteinheit gelten:

$$w_{ij}^{-} = w_{ji}^{+}\,. \qquad (4.155)$$

Es sei abschließend darauf hingewiesen, dass sich die zeitabhängige Störungstheorie noch wesentlich weiter formal ausbauen lässt (einige Stichworte hierzu: *Response-Theorie, Propagator-Methoden, Greensche Funktionen* u. a.). Da wir diese Methoden im Folgenden nicht explizite verwenden, wird auf die einschlägige Literatur verwiesen.[21]

4.8* Statistische Methoden

Hat ein molekulares System *sehr viele Freiheitsgrade* (man denke an große Teilchenaggregate bis zu Nanopartikeln, Flüssigkeitströpfchen oder gar Systemen von makroskopischer Dimension mit Teilchenzahlen von der Größenordnung der Avogadro-Zahl $N_A \approx 10^{23}\ \mathrm{mol}^{-1}$), so sind Näherungsmethoden der bisher diskutierten Art nicht durchführbar, auch gar nicht sinnvoll. Man nimmt dann radikale Vereinfachungen vor und strebt keine detaillierten Resultate an, sondern bestimmt Größen, die das System pauschal als Ganzes beschreiben, insbesondere thermodynamische Funktionen.

Die Verknüpfung molekularer Informationen mit solchen "Pauschalgrößen" wird durch *statistische Methoden* hergestellt. Wir behandeln nur einen sehr engen Ausschnitt aus diesem großen und wichtigen Gebiet, für das es eine umfangreiche spezielle Literatur gibt [4.9]; einige Grundbegriffe sind in den Anhängen A3 und A4 zusammengestellt. Eine systematische Darlegung kann hier nicht gegeben werden, strenge Herleitungen lassen wir beiseite. Die Erläuterungen und das bereitgestellte Instrumentarium sollten aber ausreichen, um ein Grundverständnis und den Zugang zu Anwendungen zu ermöglichen.

---

[21] Odderschede, J.: Propagator Methods . Adv. Chem. Phys. **69**, 201-239 (1987);
Thouless, D. J.: Quantenmechanik der Vielteilchensysteme. Bibliograph. Institut, Mannheim (1964)

4.8.1* Statistische Behandlung von Vielteilchensystemen

Das zu beschreibende System möge aus sehr vielen Teilchen bestehen ($N >> 1$); das können ganze neutrale Moleküle oder Atome sein, aber auch Elektronen kommen als solche Teilchen in Betracht. Das System möge in ein großes endliches Volumen V eingeschlossen sein.

Wir vereinfachen das Bewegungsproblem nun drastisch, indem wir alle Wechselwirkungen zwischen den Teilchen vernachlässigen, also ein *ideales Gas* voraussetzen (s. Anhang A4). Dadurch wird der Hamilton-Operator $\hat{H}$ eine Summe von Einteilchenoperatoren $\hat{h}(i)$:

$$\hat{H} = \sum_{i=1}^{N} \hat{h}(i), \tag{4.156}$$

wobei der Buchstabe i im Argument von $\hat{h}$ symbolisch für die Ortskoordinaten *und* die Spinvariable des Teilchens i stehen möge, auf die $\hat{h}$ wirkt: $i \equiv (x_i, y_i, z_i, \sigma_i)$. Die zeitunabhängige Schrödinger-Gleichung für das Gesamtsystem,

$$\hat{H}\Psi = E\Psi \tag{4.157}$$

(mit den üblichen Randbedingungen) lässt sich dann durch einen Produktansatz

$$\Psi = \psi_1(1)\cdot\psi_1(2)\cdot\ldots\cdot\psi_1(N_1)\cdot\psi_2(N_1+1)\cdot\ldots\cdot\psi_2(N_1+N_2)\cdot\psi_3(N_1+N_2+1)\cdot\ldots \tag{4.158}$$

exakt separieren. Dieser Gesamtzustand Ψ bedeutet: die Teilchen Nr. 1 bis N_1 befinden sich im Zustand ψ_1, Teilchen Nr. N_1+1 bis N_1+N_2 im Zustand ψ_2 usw.; es gilt:

$$N_1 + N_2 + \ldots = N. \tag{4.159a}$$

Die Funktionen $\psi_m(i)$ sind Lösungen der Einteilchengleichungen

$$\hat{h}(i)\psi_m(i) = \varepsilon_m \psi_m(i), \tag{4.160}$$

und die Gesamtenergie E ist

$$N_1\varepsilon_1 + N_2\varepsilon_2 + \ldots = E. \tag{4.159b}$$

Außer dass die N Teilchen *keine Kräfte* aufeinander ausüben und *unterscheidbar* sind (also numeriert werden können), nehmen wir noch an, es seien die *Einteilchenzustände nicht entartet* (alle $g_m = 1$) und das *Einteilchen-Energiespektrum rein diskret*[22] (s. Abb. 4.13).

Hier setzt die statistische Betrachtungsweise ein (s. Anhang A3). Wir definieren einen "Mikrozustand" durch die Zuordnung jedes einzelnen Teilchens zu einem der Zustände ψ_m bzw. der Niveaus ε_m. Im Unterschied dazu ist ein "Makrozustand" durch die Angabe bestimmt, wieviele (N_m) Teilchen sich in einem Zustand ψ_m mit der Energie ε_m befinden. Die Gesamtwellenfunktion Ψ, Gleichung (4.158), charakterisiert also einen bestimmten Mikrozustand, das Schema in Abb. 4.13 einen Makrozustand. Die Anzahl der Mikrozustände,

[22] Bei nichtgebundenen Bewegungen sorgt der Einschluss in das Volumen V für die Diskretisierung (s. Abschn. 2.2.3).

durch die ein Makrozustand realisiert werden kann, ergibt das *statistische Gewicht* oder die ***thermodynamische Wahrscheinlichkeit*** w des Makrozustands.[23]

Ein einfaches Beispiel möge diese Begriffe verdeutlichen. Betrachten wir ein System aus zwei Teilchen, die zwei Niveaus 1 und 2 (Wellenfunktionen ψ_1 und ψ_2 zu ε_1 bzw. ε_2) besetzen können. Es gibt drei Makrozustände: *I* – Niveau 1 doppelt besetzt, Niveau 2 leer; *II* – Niveau 2 doppelt besetzt, Niveau 1 leer; *III* – beide Niveaus einfach besetzt. Die entsprechenden Gesamtwellenfunktionen sind: $\Psi_I = \psi_1(1)\cdot\psi_1(2)$, $\Psi_{II} = \psi_2(1)\cdot\psi_2(2)$, und zum Makrozustand *III* gehören zwei Mikrozustände, beschrieben durch die Wellenfunktionen $\Psi_{III,1} = \psi_1(1)\cdot\psi_2(2)$ und $\Psi_{III,2} = \psi_1(2)\cdot\psi_2(1)$.
Jeder der beiden Makrozustände *I* und *II* hat somit das statistische Gewicht 1. Der Makrozustand *III* hat das statistische Gewicht 2, wenn die beiden Teilchen unterscheidbar sind, jedoch das statistische Gewicht 1, wenn die beiden Teilchen nicht unterscheidbar sind.

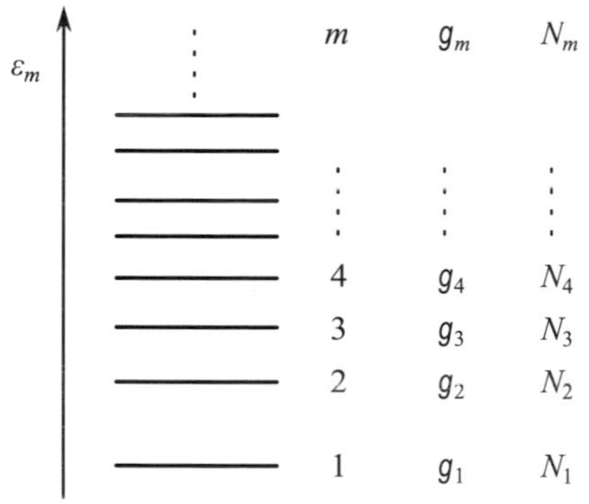

Abb. 4.13
Statistische Beschreibung: Einteilchen-Energieniveaus ε_m (schematisch) mit Entartungsgraden g_m und Besetzungszahlen N_m

Eine solche Beschreibung kann man *halbklassisch* nennen: einerseits ist die Zustandsquantelung berücksichtigt, andererseits werden die Teilchen als unterscheidbar angesehen. Die darauf aufbauende Statistik wird daher als *halbklassische* oder ***quantisierte Boltzmann-Statistik*** (abgekürzt: qB) bezeichnet.

Wir betrachten zuerst den Fall, dass die Energieniveaus nicht zu dicht, sondern deutlich voneinander getrennt liegen. Das statistische Gewicht (die thermodynamische Wahrscheinlichkeit) eines Makrozustands ist gleich der Anzahl der Möglichkeiten, die N Teilchen den verfügbaren Zuständen (ψ_m mit ε_m) zuzuordnen, also N_1 Teilchen im Zustand $m = 1$, N_2 Teilchen im Zustand $m = 2$ usw. Nach den Regeln der Kombinatorik (s. etwa [II.1], Abschn. 1.5.) berechnet sich diese Anzahl nach der Formel

$$w^{\mathrm{qB}}(N_1, N_2, \ldots) = N!\,/\,N_1!N_2!\ldots \qquad (4.161)$$

Die statistische Behandlung lässt sich auch durchführen, wenn die Energieniveaus dicht beieinander liegen und so zahlreich sind, dass sich die Ausdrücke (4.161) nicht anwenden lassen. Man teilt dann das Energiespektrum in Intervalle $\Delta\varepsilon_i$ ein, die einerseits so schmal sind, dass die darin liegenden Niveaus

[23] Man beachte, dass diese Wahrscheinlichkeit nicht auf 1 normiert ist.

durch eine mittlere Energie $\bar{\varepsilon}_i$ ersetzt werden können, andererseits aber breit genug, um eine große Anzahl Z_i von Niveaus zu umfassen; entsprechend groß ist dann auch die Anzahl N_i von Teilchen, die Niveaus im Intervall $\Delta\varepsilon_i$ besetzen. Das statistische Gewicht einer Verteilung der N Teilchen auf die Energieintervalle (N_1 Teilchen im Intervall $i = 1$, N_2 Teilchen im Intervall $i = 2$ usw.) ist in diesem Fall (s. [II.1], Abschn. 7.1.3.)

$$\mathcal{W}'^{\mathrm{qB}}(N_1, N_2, ...) = (N!/N_1!N_2!...) \cdot Z_1^{N_1} \cdot Z_2^{N_2} \cdot ... \tag{4.162}$$

Die Formel (4.161) erhält man daraus, indem $Z_1 = Z_2 = ... = 1$ gesetzt wird.

4.8.2* Besetzungsverteilungen und Zustandssummen nach der quantisierten Boltzmann-Statistik

Die statistische Beschreibung stellt sich die Aufgabe, die *wahrscheinlichste Verteilung* von N Teilchen auf die verfügbaren Zustände 1, 2, ... (mit den Energien $\varepsilon_1, \varepsilon_2, ...$) zu ermitteln. Das dazu benötigte Kriterium ist nach L. Boltzmann die Maximierung der ***Entropie*** $\mathcal{S}$ des Gesamtsystems, die durch die Definition

$$\mathcal{S} \equiv k_{\mathrm{B}} \cdot \ln \mathcal{W} \tag{4.163}$$

mit der ***thermodynamischen Wahrscheinlichkeit*** $\mathcal{W}$ (dem statistischen Gewicht der Verteilung) verknüpft ist. Auf Grund der im vorigen Abschnitt genannten Voraussetzungen verwenden wir für das N-Teilchen-System den Ausdruck (4.161): $W \to W^{\mathrm{qB}}$; der Zahlenfaktor k_{B} ist die *Boltzmann-Konstante* (s. Anhang A7). Die Maximierung von $\mathcal{S}$,

$$\mathcal{S} \to \text{Maximum}\,, \tag{4.164}$$

muss unter Einhaltung der Nebenbedingungen (159a,b)

$$\sum\nolimits_i N_i = N \quad \text{und} \quad \sum\nolimits_i N_i \varepsilon_i = E \tag{4.159'}$$

erfolgen.

Wie dieses Extremalproblem zu lösen ist, führen wir hier nicht vor (s. dazu etwa [II.1], Kap. 10.; [II.3], Kap. XI; auch [4.9]). Es ergibt sich als wahrscheinlichste Verteilung (*Gleichgewichtsverteilung*) der Teilchen auf die Zustände näherungsweise ein einfacher Ausdruck für die Anzahl N_i^0 der Teilchen[24], die sich im Zustand i befinden:

$$N_i^0 = w_i^0 \cdot N \tag{4.165}$$

mit

$$w_i^0 = \exp(-\beta\varepsilon_i) / \sum\nolimits_j \exp(-\beta\varepsilon_j)\,. \tag{4.166}$$

Die Häufigkeitten w_i^0 von Teilchen im Zustand i sind auf 1 normiert:

[24] Eine hochgestellte Null weist hier darauf hin, dass sich die betreffende Größe auf das Gleichgewicht (wahrscheinlichste Verteilung) bezieht.

$$\sum_i w_i^0 = 1 ; \tag{4.167}$$

sie enthalten einen noch unbestimmten *Verteilungsparameters* β. Durch Vergleich mit thermodynamischen Größen (s. unten, Abschn. 4.8.5) zeigt sich, dass β mit der absoluten ***Temperatur*** T zusammenhängt:

$$\beta = 1 / k_B T . \tag{4.168}$$

Der Exponentialausdruck $\exp(-\varepsilon_i / k_B T)$ heißt ***Boltzmann-Faktor***.

Jetzt können wir noch eine der oben gemachten Einschränkungen aufheben und Entartungen der Niveaus ε_i zulassen. Da bei g_i-facher Entartung eines Zustands i dieser Zustand g_i-mal zur Verfügung steht, erhöht sich das statistische Gewicht um den Faktor g_i, so dass allgemein

$$w_i^0 = g_i \cdot \exp(-\varepsilon_i / k_B T) / \sum_j g_j \cdot \exp(-\varepsilon_j / k_B T) \tag{4.166'}$$

gilt. Die Summe der mit dem Entartungsgrad gewichteten Boltzmann-Faktoren,

$$\mathcal{Q}(T) \equiv \sum_j g_j \cdot \exp(-\varepsilon_j / k_B T), \tag{4.169}$$

wird als ***Zustandssumme*** (in der englischsprachigen Literatur: sum over states oder auch partition function) bezeichnet; die Summation erstreckt sich über alle möglichen Zustände. Man sieht: je höher die Energie ε_j eines Zustands j liegt, desto geringer ist sein Beitrag zur Zustandssumme. Strenggenommen wäre $\mathcal{Q} \equiv \mathcal{Q}(T, N, V)$ zu schreiben; die Abhängigkeit von V kann man sich als Folge des Einschlusses des Systems in ein Volumen V (zum Erzwingen der Quantelung, falls erforderlich) verständlich machen.

Die *mittlere Energie* $\langle\varepsilon\rangle$ eines Teilchens ergibt sich durch Wichtung der Energiewerte ε_k mit den normierten Boltzmann-Faktoren w_k^0 [Gl. (4.166´)] und Summation:

$$\langle\varepsilon\rangle = \sum_k \varepsilon_k \cdot w_k^0 = [\mathcal{Q}(T)]^{-1} \sum_k \varepsilon_k \cdot g_k \cdot \exp(-\varepsilon_k / k_B T). \tag{4.170}$$

Wir diskutieren hier nicht im Detail, unter welchen Bedingungen diese *quantisierte Boltzmann-Statistik* angewendet werden darf und inwieweit die oben als "näherungsweise" bezeichnete Lösung (4.165) mit (4.166) gültig ist, sondern verweisen auf die Literatur (s. etwa [4.9a,b]).

Für viele Anwendungen in der Physikalischen Chemie und der Theoretischen Chemie reicht das zusammengestellte Instrumentarium aus, insbesondere wenn es sich um Kernfreiheitsgrade und deutlich diskrete Zustände handelt. Wenn man es mit Elektronen zu tun hat (s. Abschn. 4.8.6), muss man darüber hinausgehen.

4.8.3* Näherungsweise Berechnung von Zustandssummen

Betrachten wir jetzt den Fall, dass die Teilchen Moleküle sind, also innere Freiheitsgrade haben. Unter der Annahme, dass sich die Energie ε eines Teilchens *näherungsweise additiv* aus den Beiträgen der verschiedenen molekularen Bewegungsformen – Translation, Rotation,

Schwingungen sowie Elektronenbewegungen – zusammensetzt[25],

$$\varepsilon \approx \tilde{\varepsilon} = \varepsilon^{\mathrm{tr}} + \varepsilon^{\mathrm{int}} = \varepsilon^{\mathrm{tr}} + \varepsilon^{\mathrm{rot}} + \varepsilon^{\mathrm{vib}} + \Delta\varepsilon^{\mathrm{el}}, \qquad (4.171)$$

lässt sich die Zustandssumme (4.169) als Produkt von Zustandssummen für die einzelnen Bewegungsformen schreiben:

$$\mathcal{Q}(T) \approx \tilde{\mathcal{Q}}(T) = \tilde{\mathcal{Q}}^{\mathrm{tr}}(T) \cdot \tilde{\mathcal{Q}}^{\mathrm{rot}}(T) \cdot \tilde{\mathcal{Q}}^{\mathrm{vib}}(T) \cdot \tilde{\mathcal{Q}}^{\mathrm{el}}(T). \qquad (4.172)$$

Den Energienullpunkt kann man stets beliebig wählen; wir legen ihn so, dass er mit dem (globalen) Minimum der Potentialhyperfläche zusammenfällt (s. Abb. 4.14). Zur Begründung der Aufteilung (4.171) der Energie kann man vorerst die Überlegungen zur adiabatischen Separation der molekularen Bewegungsformen in Abschnitt 4.3.1 heranziehen; genauer wird dieses Problem dann in Teil 3, Kapitel 11, behandelt.

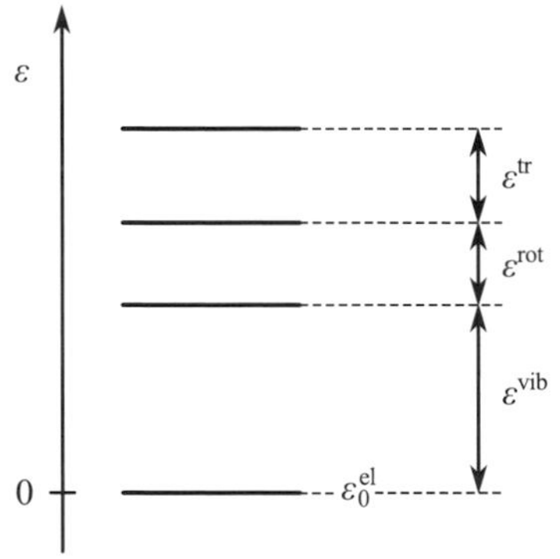

Abb. 4.14
Energieanteile gemäß Gleichung (4.171); schematisch

Elektronische Anregungsenergien sind in der Regel viel größer als die Energien der Kernbewegungen (vgl. Abschn. 4.3.1): $\Delta\varepsilon^{\mathrm{el}} >> \varepsilon^{\mathrm{tr}}, \varepsilon^{\mathrm{rot}}, \varepsilon^{\mathrm{vib}}$. Bei normalen Temperaturen tragen elektronische Anregungen daher meist vernachlässigbar wenig zur elektronischen Zustandssumme $\tilde{\mathcal{Q}}^{\mathrm{el}}$ bei, so dass nur der erste Term berücksichtigt werden muss:

$$\tilde{\mathcal{Q}}^{\mathrm{el}} \approx g_0^{\mathrm{el}} \qquad (4.173)$$

(mit der obigen Nullpunktfestlegung).

Die übrigen, durch die Kernbewegungen bedingten Anteile der Zustandssumme sind nicht so einfach zu erhalten, lassen sich aber relativ leicht abschätzen, wenn man einige weitere Vereinfachungen vornimmt, indem man die Schwingungen als harmonische Oszillatoren (s. Abschn. 2.3.1 sowie 11.3 und 11.4), Torsionsschwingungen als Oszillatoren in einem sin-Potential (s. Abschn. 11.4.3 und 18.21; auch [4.9c,d]) und Rotationen in der Näherung des starren Rotators (s. Abschn. 2.3.2 sowie 11.3 und 11.4) behandelt. Die resultierenden Ausdrücke für die Zustandssummenanteile werden hier nicht explizite angegeben; wir kommen

[25] Änderungen des inneren Zustands eines Kerns erfordern sehr hohe Energien (im MeV-Bereich), wie sie bei chemischen Vorgängen nicht erreicht werden. Die Kerne werden daher in der molekularen Quantenmechanik stets als "elementare Teilchen" ohne innere Struktur behandelt (s. Kap. 1).

darauf in Abschnitt 17.4.5 zurück und verweisen im übrigen auf die Literatur [4.9] (s. auch ÜA 4.8).

Lediglich auf die *Translationsbewegung* gehen wir noch etwas näher ein. Wir benutzen kartesische Koordinaten, wodurch sich die Translationsenergie additiv aus den Anteilen für die Bewegungen in x-, y- und z-Richtung zusammensetzt:

$$\varepsilon^{\mathrm{tr}} = \varepsilon_x^{\mathrm{tr}} + \varepsilon_y^{\mathrm{tr}} + \varepsilon_z^{\mathrm{tr}} = (m/2)(u_x{}^2 + u_y{}^2 + u_z{}^2)\,, \tag{4.174}$$

und der Boltzmann-Faktor demzufolge ein Produkt dreier Faktoren wird: $\exp(-\varepsilon^{\mathrm{tr}}/k_{\mathrm{B}}T) = \exp(-\varepsilon_{\mathrm{x}}^{\mathrm{tr}}/k_{\mathrm{B}}T)\cdot\exp(-\varepsilon_y^{\mathrm{tr}}/k_{\mathrm{B}}T)\cdot\exp(-\varepsilon_z^{\mathrm{tr}}/k_{\mathrm{B}}T)$; dabei bezeichnet m die Masse des Moleküls, und u_x, u_y, u_z sind die Komponenten der Geschwindigkeit. Die Definition (4.169) der Zustandssumme lässt sich anwenden, wenn wie in Abschnitt 2.2.3 durch Einschluss in ein Volumen V eine Quantisierung der Translationszustände "erzwungen" wird (s. Abschn. 2.2.3, Abb. 2.17). Nehmen wir für dieses Volumen einen Kasten der Kantenlängen a, b und c in x- bzw. y- bzw. z-Richtung, dann ergeben sich für die drei Komponenten der Translationsenergie die diskreten Werte $\varepsilon_x^{\mathrm{tr}} = (h^2/8ma^2)(n_x+1)^2$, $\varepsilon_y^{\mathrm{tr}}$ und $\varepsilon_z^{\mathrm{tr}}$ entsprechend; die Quantenzahlen n_x, n_y und n_z können jeweils die Werte 0, 1, 2, ... haben (s. ÜA 4.8c sowie ÜA 2.5). Die Entartungsgrade g_i setzen wir gleich 1.[26] Da die Zustände für große Werte von a, b und c sehr dicht liegen, lassen sich n_x, n_y, n_z als kontinuierliche Variable betrachten und die Summationen durch Integrationen ersetzen: $\sum_i \to \int_0^\infty \mathrm{d}n_x \int_0^\infty \mathrm{d}n_y \int_0^\infty \mathrm{d}n_z$. Das Ergebnis ist, wenn alle Energiekomponenten auf die jeweiligen Grundzustände ($n_x = n_y = n_z = 0$) bezogen werden:

$$\tilde{\mathcal{Q}}^{\mathrm{tr}}(T) = (1/h^3)(2\pi\, m\, k_{\mathrm{B}}T)^{3/2}\cdot V \tag{4.175}$$

mit $V = a\cdot b\cdot c$. Diese Zustandssumme ist dimensionslos, obgleich explizite das Volumen V auftritt. In der Regel arbeitet man stattdessen mit der auf die Volumeneinheit bezogenen Zustandssumme

$$\mathcal{Q}^{\mathrm{tr}}(T) = (1/h^3)(2\pi\, m\, k_{\mathrm{B}}T)^{3/2}\,; \tag{4.175'}$$

sie hat die Dimension (1/Volumen).

Berechnet man mit der Boltzmann-Verteilung nach Gleichung (4.170) Energiemittelwerte für die Translationsbewegung, so ergibt sich für die drei Komponenten $\langle\varepsilon_x^{\mathrm{tr}}\rangle = \langle\varepsilon_y^{\mathrm{tr}}\rangle = \langle\varepsilon_z^{\mathrm{tr}}\rangle =$ (1/2) $k_{\mathrm{B}}T$ und insgesamt $\langle\varepsilon^{\mathrm{tr}}\rangle = (3/2)\ k_{\mathrm{B}}T$; vgl. dazu auch Anhang A4.2.3.

Wir diskutieren schließlich noch statistische Verteilungen für die Geschwindigkeit und die Energie der Translationsbewegung, die sich ergeben, wenn man zum Grenzfall eines unendlich großen Kastens ($a, b, c \to \infty$), also zu einer völlig freien Translationsbewegung, übergeht.

---

[26] Wenn die Teilchen einen Spin $S \neq 0$ haben, ist $g_i = 2S+1$ zu nehmen.

Damit wird die Quantelung aufgehoben, und das System verhält sich *klassisch*. Fragt man dann nach dem relativen Anteil $\mathrm{d}N(u)/N \equiv \mathrm{d}W(u)$ derjenigen Teilchen des Systems (z. B. eines idealen Gases), deren Geschwindigkeitsbetrag $u \equiv |\boldsymbol{u}| = (u_x^2 + u_y^2 + u_z^2)^{1/2}$ zwischen u und $u + \mathrm{d}u$ liegt, so ergibt eine statistische Betrachtung (s. Anhang A4.2.2):

$$\mathrm{d}N(u)/N = f(u)\mathrm{d}u \tag{4.176}$$

mit der Funktion

$$f(u) = 4\pi(m/2\pi k_\mathrm{B}T)^{3/2}u^2\exp(-mu^2/2k_\mathrm{B}T) \tag{4.177}$$

(***Maxwell-Verteilung***, nach J. C. Maxwell, 1860; s. Abb. 4.15).

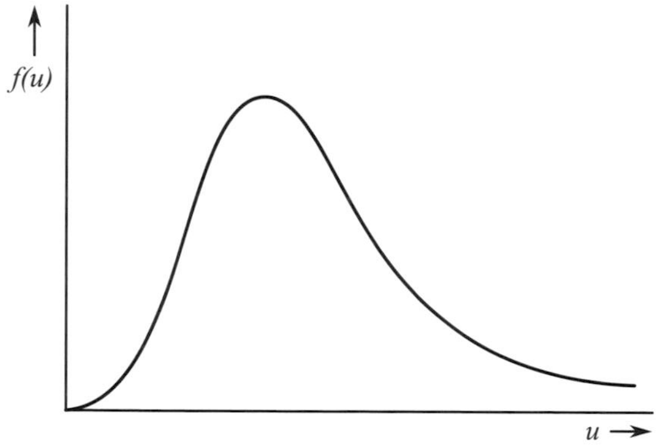

Abb. 4.15
Maxwell-Verteilung $f(u)$ für einen festen Wert der Temperatur T (schematisch)

Diese Geschwindigkeitsverteilung bedeutet zugleich eine Verteilung der Translationsenergien $\varepsilon^\mathrm{tr} = mu^2/2$: die relative Anzahl $\mathrm{d}N(\varepsilon^\mathrm{tr})/N \equiv \mathrm{d}W(\varepsilon^\mathrm{tr})$ der Teilchen mit Translationsenergien im Intervall zwischen ε^tr und $\varepsilon^\mathrm{tr} + \mathrm{d}\varepsilon^\mathrm{tr}$ ist

$$\mathrm{d}N(\varepsilon^\mathrm{tr})/N = f(\varepsilon^\mathrm{tr})\mathrm{d}\varepsilon^\mathrm{tr} \tag{4.178}$$

mit

$$f(\varepsilon^\mathrm{tr}) = (4/\pi)^{1/2}(1/k_\mathrm{B}T)^{3/2}(\varepsilon^\mathrm{tr})^{1/2}\exp(-\varepsilon^\mathrm{tr}/k_\mathrm{B}T). \tag{4.179}$$

Beide Verteilungen enthalten den typischen Boltzmann-Faktor $\exp(-mu^2/2k_\mathrm{B}T)$ bzw. $\exp(-\varepsilon^\mathrm{tr}/k_\mathrm{B}T)$ und sind auf 1 normiert: $\int_0^\infty f(u)\mathrm{d}u = 1$ und $\int_0^\infty f(\varepsilon^\mathrm{tr})\mathrm{d}\varepsilon^\mathrm{tr} = 1$.

Für den Modellfall einer *eindimensionalen Bewegung* (Koordinate x) hat die Funktion $f_x(u_x)$ der Geschwindigkeitsverteilung die Form einer reinen Gauß-Funktion:

$$f_x(u_x) = (1/2\pi)^{1/2}(m/k_\mathrm{B}T)^{1/2}\exp(-mu_x^2/2k_\mathrm{B}T). \tag{4.180}$$

Diese Verteilungen weisen einige Eigenschaften auf, die darauf hindeuten, dass sie, wenn überhaupt, auf Mikroteilchen nur sehr eingeschränkt anwendbar sein können:

- Auf Grund der fehlenden Quantelung handelt es sich um rein *klassische* Ausdrücke, in denen die Plancksche Konstante h nicht auftritt.
- Bei sehr tiefen Temperaturen, $T \to 0$, sinken die Mittelwerte von Geschwindigkeit bzw. kinetischer Energie der Teilchen unbegrenzt auf Null ab (s. auch Anhang A4.2.2).

4.8.4* Zustandsdichten

Eine Größe, die auch über den Rahmen der bisher betrachteten quantisierten Boltzmann-Statistik hinaus eine wichtige Rolle spielt, ist die Dichte der Zustände auf der Energieskala (s. Abb. 4.16): Die Anzahl $\mathrm{d}n(\varepsilon)$ der Zustände mit Energien zwischen ε und $\varepsilon + \mathrm{d}\varepsilon$ setzen wir proportional zur (differentiellen) Breite $\mathrm{d}\varepsilon$ des Energieintervalls:

$$\mathrm{d}n(\varepsilon) = \mathfrak{z}(\varepsilon) \cdot \mathrm{d}\varepsilon\,; \tag{4.181}$$

der von ε abhängige Proportionalitätsfaktor $\mathfrak{z}(\varepsilon)$ heißt ***Zustandsdichte*** (engl. density of states). Bei bekannter funktionaler Abhängigkeit $n(\varepsilon)$ lässt sich $\mathfrak{z}(\varepsilon)$ als Ableitung $\mathrm{d}n(\varepsilon)/\mathrm{d}\varepsilon$ berechnen.

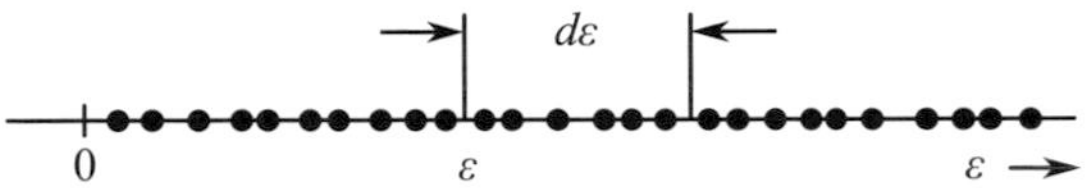

Abb. 4.16
Zum Begriff der Zustandsdichte $\mathfrak{z}(\varepsilon)$

Die Zustandsdichte $\mathfrak{z}(\varepsilon)$ ist eine molekulare Größe; sie hat die Dimension 1/Energie. Durch die Beziehung

$$\int_0^\infty \mathfrak{z}(\varepsilon) \cdot \exp(-\varepsilon / k_\mathrm{B}T)\,\mathrm{d}\varepsilon = \mathcal{Q}(T) \tag{4.182}$$

(eine Laplace-Transformation, s. [II.1], Abschn. 4.8.) hängt die Zustandsdichte mit der Zustandssumme (4.169) zusammen.

4.8.5* Thermodynamische Funktionen aus Zustandssummen

Zustandssummen spielen eine zentrale Rolle in der Molekularstatistik, weil aus ihnen die thermodynamischen Funktionen für das betrachtete System berechnet werden können. Einige der relevanten Beziehungen für ein *ideales Gas* werden nachstehend angegeben (vgl. die einschlägige Literatur [4.9]):

□ *innere Energie,* in der Thermodynamik üblicherweise mit $\mathscr{U}$ bezeichnet:

$$\mathscr{U} = Nk_\mathrm{B}T^2\left[\partial(\ln\mathcal{Q})/\partial T\right]_V\,; \tag{4.183}$$

□ *Entropie*:

$$\mathscr{S} = Nk_\mathrm{B}\left\{T\left[\partial(\ln\mathcal{Q})/\partial T\right]_V + \ln\mathcal{Q}\right\}\,; \tag{4.184}$$

□ *Freie Energie*:

$$\mathscr{F} \equiv \mathscr{U} - T\mathscr{S} = -Nk_BT \ln \mathscr{Q} ; \qquad (4.185)$$

□ *Enthalpie*:

$$\mathscr{H} \equiv \mathscr{U} + pV = Nk_BT^2\left[\partial(\ln \mathscr{Q})/\partial T\right]_V + Nk_BT ; \qquad (4.186)$$

□ *Freie Enthalpie*:

$$\mathscr{G} \equiv \mathscr{H} - T\mathscr{S} = \mathscr{F} + pV = -Nk_BT \ln \mathscr{Q} + Nk_BT ; \qquad (4.187)$$

□ *spezifische Wärme* bei konstantem Volumen, $\mathscr{C}_V \equiv (\partial \mathscr{U} / \partial T)_V$:

$$\mathscr{C}_V = 2Nk_BT[\partial(\ln \mathscr{Q})/\partial T)]_V + Nk_BT^2\left[\partial^2(\ln \mathscr{Q})/\partial T^2\right]_V . \qquad (4.188)$$

Der untere Index V an den partiellen Ableitungen zeigt an, dass das Volumen konstantgehalten wird. Für $N = N_A$ (Avogadro-Konstante, auch als Loschmidt-Zahl bezeichnet) ergeben sich die entsprechenden molaren (d. h. auf ein Mol bezogenen) Größen; dabei wird die Bezeichnung $N_Ak_B \equiv R$ (molare Gaskonstante) benutzt.

Die Zustandssummen bilden somit eine wichtige Brücke von den molekularen zu makroskopischen Eigenschaften.

Wir fügen hier eine Anmerkung ein, um die bisherigen Ausführungen zu statistischen Methoden in einen größeren Rahmen – die *statistische Mechanik* – zu stellen. Die für die Zwecke dieses Kurses wichtigsten diesbezüglichen Begriffe und Beziehungen sind im Anhang A3 zusammengefasst; Literatur hierüber s. auch z. B. [4.9a,b].

Die Boltzmannsche Methode ist in der Terminologie der statistischen Mechanik eine Statistik im sogenannten *μ-Raum* (Molekülraum) und auf Vielteilchensysteme *ohne Wechselwirkungen* beschränkt. Eine allgemeinere statistische Beschreibung eines Systems vieler Teilchen, die auch in Wechselwirkung stehen können, lässt sich erreichen, wenn man zur Statistik im sogenannten *Γ-Raum* (J. W. Gibbs) übergeht und das Konzept der *virtuellen Gesamtheiten* (oder *Ensembles*) von Vergleichssystemen benutzt, ähnlich den in Abschnitt 3.1.4 erwähnten quantenmechanischen Gesamtheiten. Diese Gibbs-Ensembles sind durch bestimmte Werte makroskopischer Parameter gekennzeichnet. Eine *kanonische Gesamtheit* etwa umfasst Vergleichssysteme, die sämtlich dieselben festen Werte von Temperatur T, Volumen V und Teilchenzahl N haben; alle relevanten Informationen sind aus der kanonischen Zustandssumme $\mathscr{Q} \equiv \mathscr{Q}(T,N,V)$ ableitbar. Eine *mikrokanonische Gesamtheit* hingegen umfasst Vergleichssysteme mit einheitlich festen Werten von Energie E, Volumens V und Teilchenzahl N.

4.8.6* Das Elektronengas-Modell

Auf Grund der enormen Schwierigkeiten, auf die eine quantenmechanische Behandlung der Elektronenhüllen von Systemen mit vielen (N) *Elektronen* stößt (etwa wenn man es mit schweren Atomen, großen Molekülen oder Festkörpern zu tun hat, s. Kap. 7, 8 und 9 sowie 17), wurde versucht, auch auf Elektronen eine statistische Beschreibung anzuwenden. Die bisher besprochene quantisierte Boltzmann-Statistik ist dafür nicht ausreichend; es müssen vielmehr alle wesentlichen Quantenaspekte berücksichtigt werden: sowohl die Energiequantelung als auch die Nichtunterscheidbarkeit der Elektronen und ihre Konsequenzen (Pauli-Prinzip). Unter der Annahme eines wechselwirkungsfreien Systems mit einem Hamilton-

Operator (4.156), also eines *idealen Elektronengases*, erfordert das (*a*) den Einschluss des Systems in ein großes Volumen V oder eine Periodizitätsforderung an die Wellenfunktionen, um eine Quantelung der Zustände zu erreichen (s. Abschn. 3.1.3), außerdem aber auch (*b*) eine Beschränkung der Besetzungszahlen für die Einelektron(Ort+Spin)-Zustände auf die Werte 0 oder 1. Bei großem Einschlussvolumen V (bzw. großen Periodizitätslängen L) liegen die Zustände (hier wieder rein kinetische Energie: $\varepsilon \equiv \varepsilon^{\text{tr}}$) *dicht* auf der Energieskala ε.

Mit diesen Voraussetzungen ergibt sich (die Herleitung übergehen wir, s. etwa [4.9a]) die Dichte der Zustände auf der Energieskala, definiert in Abschnitt 4.8.4, unter Berücksichtigung der Zustandsentartung $g = 2$ auf Grund des Elektronenspins:

$$\mathcal{Z}(\varepsilon) = 4\pi(2m_e/h^2)^{3/2} V\, \varepsilon^{1/2} = (1/2\pi^2)(2m_e/\hbar^2)^{3/2} V\, \varepsilon^{1/2}\,. \tag{4.189}$$

Für die Anzahl $\mathrm{d}N(\varepsilon)$ der Elektronen, deren Energien im Intervall zwischen ε und $\varepsilon + \mathrm{d}\varepsilon$ liegen, liefert die statistische Behandlung (s. etwa [4.9a]) den Ausdruck

$$\mathrm{d}N(\varepsilon) \equiv \mathrm{d}N^{\mathrm{FD}}(\varepsilon) = f'^{\mathrm{FD}}(\varepsilon)\mathrm{d}\varepsilon \tag{4.190}$$

mit der Funktion ***Fermi-Dirac-Verteilung***

$$f'^{\mathrm{FD}}(\varepsilon) = \left\{\left(\exp[-\alpha + (\varepsilon / k_{\mathrm{B}}T)]\right) + 1\right\}^{-1} \cdot \mathcal{Z}(\varepsilon) \tag{4.191}$$

(E. Fermi und P. A. M. Dirac).

Charakteristisch für diese Verteilung ist der Faktor $\left\{\left(\exp[-\alpha + (\varepsilon / k_{\mathrm{B}}T)]\right) + 1\right\}^{-1}$, der um einiges komplizierter ist als der Boltzmann-Faktor $\exp(-\varepsilon / k_{\mathrm{B}}T)$. Der Parameter α hängt von N, V, T und allgemein von der Teilchenmasse (hier also m_e) ab. Wird die Gleichung (4.190) mit der Funktion (4.191) über ε integriert, dann ergibt sich links die Gesamtzahl N der Elektronen und rechts ein Ausdruck in α, V und T, somit eine implizite Gleichung für α.

Wenn der Ausdruck $\exp[-\alpha + (\varepsilon / k_{\mathrm{B}}T)]$ viel größer als 1 ist, dann kann die 1 vernachlässigt werden, und $f^{\mathrm{FD}}(\varepsilon)$ geht in eine Verteilung $\propto \exp(-\varepsilon / k_{\mathrm{B}}T)$, also eine quantisierte Boltzmann-Verteilung, über. Da die Werte von ε beschränkt sind, kann man als Bedingung für die Gültigkeit der quantisierten Boltzmann-Verteilung die Ungleichungen $\exp(-\alpha) >> 1$ oder $\alpha << -1$ nehmen. Andernfalls, wenn also

$$\exp(-\alpha) << 1\,, \text{ mithin } \alpha >> 1 \tag{4.192}$$

gilt, muss die Verteilungsfunktion (4.191) verwendet werden; man bezeichnet das Teilchengas dann als *entartet*[27]. Eine solche Entartung liegt generell vor, wenn die Temperatur T sehr niedrig, die Teilchenmasse klein und/oder die Teilchendichte N/V hoch ist.

Für die Fermi-Dirac-Verteilung lässt sich der Parameter α mit einem typischen Quantenphänomen in Verbindung bringen, das wir in Kapitel 2 bereits kennengelernt hatten. Setzt man $\alpha \equiv \varepsilon_{\mathrm{F}}/k_{\mathrm{B}}T$, dann ergibt eine Untersuchung des Verhaltens der Funktion (4.191), dass am

[27] Nicht zu verwechseln mit der Entartung von Zuständen bzw. Energeiniveaus.

absoluten Nullpunkt *alle* Zustände des Energie-Quasikontinuums bis zur Energie ε_F besetzt, die Energien oberhalb ε_F hingegen sämtlich unbesetzt sind. Die Gesamtenergie der Elektronen in den besetzten Zuständen ist offenbar als die *Nullpunktsenergie* des (entarteten) Elektronengases zu interpretieren.

Für die Maximalenergie ε_F, die man als ***Fermi-Energie*** bezeichnet, ergibt sich:

$$\varepsilon_F = (3/8\pi)^{2/3}(h^2/2m_e)\rho^{2/3} = (3\pi^2)^{2/3}(\hbar^2/2m_e)\rho^{2/3} \tag{4.193}$$

(s. etwa [4.9a]) mit der Teilchendichte $\rho = N/V$. Die Temperatur $T_F = \varepsilon_F/k_B$, unterhalb derer man das Elektronengas als entartet betrachten kann, heißt *Entartungstemperatur*.

Teilchen mit *ganzzahligem Spin* – sogenannte Bose-Teilchen oder Bosonen – genügen einer anderen Statistik., der *Bose-Einstein-Statistik* (S. N. Bose, A. Einstein). Für ein ideales (wechselwirkungsfreies) Gas von Bose-Teilchen erhält man in Gleichung (4.190) anstelle von $f'^{FD}(\varepsilon)$ eine Funktion $f'^{BE}(\varepsilon)$ (***Bose-Einstein-Verteilung***), die sich von dem Ausdruck (4.191) nur durch das Vorzeichen der 1 in der geschweiften Klammer unterscheidet; trotzdem hat ein Bose-Gas ganz andere Eigenschaften als ein Fermi-Gas. Ein wichtiges Beispiel für Bose-Teilchen sind Photonen; die Anwendung der Bose-Einstein-Statistik auf ein ideales Photonengas führt zum Planckschen Strahlungsgesetz (s. Kapitel 1). Im Detail können wir darauf hier nicht weiter eingehen.

4.9* Stochastisch-mathematische Methoden: Monte-Carlo-Verfahren

Eine von den bisher behandelten Näherungsansätzen grundlegend verschiedene Strategie zur Berechnung physikalischer und chemischer Kenngrößen von Systemen aus sehr vielen Teilchen besteht darin, die Aufgabe so zu formulieren, dass unmittelbar wahrscheinlichkeitstheoretische Methoden eingesetzt werden können (*wahrscheinlichkeitstheoretisches Modell*). Hierbei werden in einem Ausdruck für eine zu ermittelnde Größe G den Variablen in einer Vielzahl von Versuchen ("Stichproben") zufällig gewählte Zahlenwerte gegeben, und eine statistische Auswertung liefert dann einen Näherungswert für G. Eine solche Vorgehensweise hat die Sammelbezeichnung ***Monte-Carlo-Verfahren*** erhalten.

Zur Erläuterung betrachten wir ein einfaches Beispiel (vgl. [II.1], Abschn. 7.5.4.): die Berechnung eines bestimmten Integrals über eine Funktion $y = f(x)$. Die Integration möge sich über das Intervall $0 \le x \le 1$ erstrecken, für die Funktion $f(x)$ gelte: $0 \le f(x) \le 1$ (s. Abb. 4.17). Man erzeugt nun ganzzahlige Zufallszahlen[28] zwischen 0 und 100, multipliziert sie mit dem Faktor 0,01 und betrachtet Paare so erhaltener Zahlen als Koordinaten von Punkten in der (x,y)-Ebene. Auf diese Weise erhält man eine Menge von sagen wir $\widehat{M}$ zufällig verteilten Punkten in dem in Abb. 4.17 abgegrenzten Quadrat

[28] *Zufallszahlen* ergeben sich bei Versuchen (wie z. B. beim Würfeln, beim Ziehen von Losen u. dgl.) oder bei manchen physikalischen Vorgängen (wie z. B. beim radioaktiven Zerfall), oder sie lassen sich näherungsweise mittels spezieller Algorithmen (*Zufallszahlen-Generatoren*) im Computer erzeugen; im letztgenannten Fall erhält man sog. *Pseudo-Zufallszahlen* (s. [II.1], Abschn. 7.5.4.).

mit der Fläche 1,0. Der Wert des Integrals $I \equiv \int_0^1 f(x)\mathrm{d}x$ ist bekanntlich gleich der Fläche unterhalb der Kurve $f(x)$; in diesem Bereich unterhalb $f(x)$ mögen n Punkte liegen. Nach den "Gesetzen der großen Zahl" (s. [II.1], Abschn. 7.4.2.) ist, wenn die Gesamtzahl $\widehat{M}$ der Punkte im Quadratbereich immer größer wird, der Anteil $n/\widehat{M}$ (relative Häufigkeit) der Punkte unterhalb der Kurve in immer besserer Näherung gleich dem Wert des Integrals; es gilt: $n/\widehat{M} \to I$ für $\widehat{M} \to \infty$. Allerdings muss $\widehat{M}$ sehr groß werden, um einen genauen Wert für I zu erhalten, womit schon eines der Hauptprobleme der Methode benannt ist.

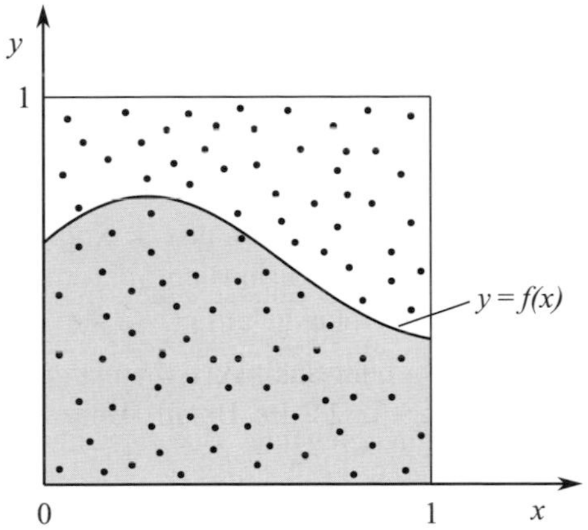

Abb. 4.17
Näherungsweise Berechnung eines bestimmten Integrals mit einem Monte-Carlo-Verfahren

Natürlich wird niemand auf die Idee kommen, ein Integral über nur eine Variable nach diesem Rezept zu berechnen, da gängige numerische Integrationsverfahren (Trapezregel, Simpson-Regel etc.) viel effizienter arbeiten. Für mehrdimensionale Integrale hingegen eröffnet sich so eine Alternative.

Es kommt zunächst darauf an, für eine gesuchte Größe I einen für ein derartiges Vorgehen geeigneten Ausdruck (man könnte sagen: ein "wahrscheinlichkeitstheoretisches Modell"), zu finden. Nehmen wir an, es handelt sich um ein mehrdimensionales Integral

$$I = \int \dots \int F(X_1, X_2, \dots)\mathrm{d}V \equiv \int F(\boldsymbol{X})\mathrm{d}\boldsymbol{X} \tag{4.194}$$

über eine Funktion $F(X_1, X_2, \dots)$, die von mehreren Variablen $X_1, X_2, \dots$, zusammengefasst zu einem Vektor $\boldsymbol{X}$, abhängt; das Volumenelement ist mit $\mathrm{d}V \equiv \mathrm{d}\boldsymbol{X}$ bezeichnet. Für die Variablen $X_1, X_2, \dots$ werden *zufällige Zahlenwerte* gewählt, und für jeden Satz i solcher zufälliger Variablenwerte $\{X_1^{(i)}, X_2^{(i)}, \dots\} \equiv \boldsymbol{X}^{(i)}$ wird der Funktionswert $F_i \equiv F(\boldsymbol{X}^{(i)}) \equiv F(X_1^{(i)}, X_2^{(i)} \dots)$ berechnet; insgesamt seien es $\widehat{M}$ solcher Sätze von Zufallswerten der Variablen: $i = 1, \dots, \widehat{M}$. Der Mittelwert der $\widehat{M}$ Funktionswerte F_i ergibt dann eine Näherung für das Integral I:

$$\langle F \rangle \equiv I \approx \tilde{I} = (1/\widehat{M})\sum_{i=1}^{\widehat{M}} F_i \, . \tag{4.195}$$

Mit wachsendem $\widehat{M}$ lässt sich das Integral I beliebig genau approximieren: $\tilde{I} \to I$ bei $\widehat{M} \to \infty$; die Konvergenz ist jedoch sehr langsam, denn der Fehler nimmt $\propto 1/\sqrt{\widehat{M}}$ ab (s. [II.1], Abschn. 7.5.4.).

In der molekularen theoretischen Chemie spielen Monte-Carlo-Verfahren hauptsächlich bei den folgenden beiden Aufgabenstellungen eine Rolle:

(a) Berechnung hochdimensionaler Phasenraumintegrale (MC-Simulation)

In der statistischen (klassischen) Mechanik von Vielteilchensystemen (s. Kap. 19 und Anhang A3) müssen die Mittelwerte von Größen G (etwa thermodynamische Funktionen) als Integrale über Bereiche des (klassischen) $2f$-dimensionalen Γ-Phasenraums berechnet werden:

$$\langle G \rangle = \iint_{\Gamma} G(\boldsymbol{Q};\boldsymbol{P}) \cdot \omega(\boldsymbol{Q};\boldsymbol{P})\,\mathrm{d}\boldsymbol{Q}\mathrm{d}\boldsymbol{P} \qquad (4.196)$$

(f ist die Anzahl der Freiheitsgrade des Systems). Allgemein hängt G von den f Koordinaten und den f Impulsen des Systems ab, die hier jeweils zu f-dimensionalen Vektoren zusammengefasst sind: $\boldsymbol{Q} \equiv (Q_1,\ldots,Q_f)$ bzw. $\boldsymbol{P} \equiv (P_1,\ldots,P_f)$. Der Faktor $\omega(\boldsymbol{Q};\boldsymbol{P})$ im Integranden ist die *Wahrscheinlichkeitsdichte (Phasenraumdichte* oder auch kurz *Phasendichte)* für die vorliegende Gesamtheit im Γ-Phasenraum (s. Anhang A3.2.2), z. B. eine kanonische Gesamtheit, charakterisiert durch konstante Werte der Teilchenzahl N, des Volumens V und der Temperatur T.

Wie oben werden $\widehat{M}$ Zufallspunkte $\{\boldsymbol{Q}^{(i)}, \boldsymbol{P}^{(i)}\}$ im Phasenraum erzeugt, für jeden Punkt i die Werte von G und ω berechnet: $G_i \equiv G(\boldsymbol{Q}^{(i)};\boldsymbol{P}^{(i)})$ bzw. $\omega_i \equiv \omega(\boldsymbol{Q}^{(i)};\boldsymbol{P}^{(i)})$, und der gewichtete statistische Mittelwert bestimmt; das ergibt einen Näherungswert für $\langle G \rangle$:

$$\langle G \rangle \approx \left(\sum_{i=1}^{\widehat{M}} G_i \cdot \omega_i \right) \Big/ \left(\sum_{i=1}^{\widehat{M}} \omega_i \right); \qquad (4.197)$$

für $\widehat{M} \to \infty$ gilt das Gleichheitszeichen mit der Konvergenz $\propto 1/\sqrt{\widehat{M}}$.

Eine solche Anwendung wird in Abschnitt 19.3 ausführlich beschrieben.

(b) Berechnung der Gesamtenergie und der Wellenfunktion der Elektronenhülle eines molekularen Systems (Quanten-Monte-Carlo, QMC)

Eine Anwendung in ganz anderer Richtung zielt auf die Bestimmung approximativer Lösung einer Schrödinger-Gleichung, insbesondere der elektronischen Schrödinger-Gleichung eines molekularen Systems. Alles Folgende beschränkt sich auf die nichtrelativistische adiabatische Näherung; den Elektronenspin lassen wir außer Betracht, und alle Größen hängen parametrisch von der (festgehaltenen) Kernanordnung ab. Eine Übersicht über derartige Quanten-Monte-Carlo (QMC) - Methoden gibt ein Artikel von W. M. Foulkes et al.[29]

[29] Foulkes, W. M. C., Mitas, L., Needs, R. J., Rajagopal, G.: Quantum Monte Carlo simulations of solids. Rev. Mod. Phys. **73**, 33-83 (2001)

Wir erläutern als einfachste Variante das auf dem Schrödingerschen Energievariationsprinzip (s. Abschn. 4.4.1.1) basierende *Variations-Monte-Carlo-Verfahren* (engl. variational Monte Carlo, abgek *VMC*). Den Ausgangspunkt bildet der Ausdruck (4.49') für den Erwartungswert des elektronischen Hamilton-Operators (4.19), gebildet mit einer geeigneten (d. h. die Randbedingungen erfüllenden) elektronischen Näherungs-Wellenfunktion $\tilde{\Phi}^{\mathrm{e}}(\boldsymbol{r}) \equiv \tilde{\Phi}^{\mathrm{e}}(\boldsymbol{r};\boldsymbol{R})$:

$$\tilde{E}^{\mathrm{e}} = \left\langle \hat{H}^{\mathrm{e}} \right\rangle \equiv \int \tilde{\Phi}^{\mathrm{e}}(\boldsymbol{r})^* \hat{H}^{\mathrm{e}} \tilde{\Phi}^{\mathrm{e}}(\boldsymbol{r}) \mathrm{d}\boldsymbol{r} \Big/ \int \tilde{\Phi}^{\mathrm{e}}(\boldsymbol{r})^* \tilde{\Phi}^{\mathrm{e}}(\boldsymbol{r}) \mathrm{d}\boldsymbol{r} \; ; \qquad (4.198)$$

der $3N^{\mathrm{e}}$-komponentige Vektor $\boldsymbol{r}$ fasst die Elektronenkoordinaten zusammen: $\boldsymbol{r} \equiv (\boldsymbol{r}_1,\ldots,\boldsymbol{r}_{N^{\mathrm{e}}})$ $\equiv (x_1,\ldots,z_{N^{\mathrm{e}}})$, und das Volumenelement wurde (zwecks einheitlicher Bezeichnungsweise in diesem Abschnitt) als $\mathrm{d}\boldsymbol{r}$ geschrieben.

Der Ausdruck (4.198) lässt sich in eine zu Gleichung (4.196) analoge Form bringen, wenn man den Integranden anders schreibt. Es wird die *lokale Energie* der Elektronen definiert:

$$\tilde{E}^{\mathrm{e}}_{\mathrm{lokal}}(\boldsymbol{r}) \equiv [1/\tilde{\Phi}^{\mathrm{e}}(\boldsymbol{r})] \hat{H}^{\mathrm{e}} \tilde{\Phi}^{\mathrm{e}}(\boldsymbol{r}) , \qquad (4.199)$$

und damit der Ausdrucke auf der rechten Seite von Gleichung (4.198) in der Form

$$\tilde{E}^{\mathrm{e}} = \int \tilde{E}^{\mathrm{e}}_{\mathrm{lokal}}(\boldsymbol{r}) \cdot \tilde{W}^{\mathrm{e}}(\boldsymbol{r}) \mathrm{d}\boldsymbol{r} , \qquad (4.198')$$

geschrieben, wobei die Gewichtsfunktion

$$\tilde{W}^{\mathrm{e}}(\boldsymbol{r}) \equiv \tilde{\Phi}^{\mathrm{e}}(\boldsymbol{r})^* \tilde{\Phi}^{\mathrm{e}}(\boldsymbol{r}) \Big/ \int \tilde{\Phi}^{\mathrm{e}}(\boldsymbol{r})^* \tilde{\Phi}^{\mathrm{e}}(\boldsymbol{r}) \mathrm{d}\boldsymbol{r} \qquad (4.200)$$

die auf 1 normierte Aufenthaltswahrscheinlichkeitsdichte *aller* N^{e} Elektronen (vgl. Abschn. 2.5 und 3.4) ist, summiert über alle möglichen Spin-Einstellungen. Wie wir wissen (s. Abschn. 4.4.1.1), liefert der Ausdruck (4.198) bzw. (4.198') eine obere Grenze für die exakte Energie E^{e} des Elektronengrundzustands, und eine Optimierung der in $\tilde{\Phi}^{\mathrm{e}}$ enthaltenen freien Parameter führt im Rahmen des für $\tilde{\Phi}^{\mathrm{e}}$ gemachten Ansatzes zur bestmöglichen Annäherung an den exakten Wert.

Die beim Variationsverfahren erforderlichen Integrationen (4.198') zur Berechnung von Energie-Erwartungswerten $\tilde{E}^{\mathrm{e}}$ werden nach der beschriebenen wahrscheinlichkeitstheoretischen Prozedur vorgenommen: Erzeugung einer großen Anzahl $\hat{M}$ von Zufallspunkten $\boldsymbol{r}^{(i)}$ ($i = 1, \ldots, \hat{M}$) im Konfigurationsraum der Elektronen, Berechnung der Funktionswerte (4.199) und (4.200) in diesen Punkten und anschließende Mittelung analog zu Gleichung (4.197).

Hinsichtlich der Wahl der Versuchsfunktion $\tilde{\Phi}^{\mathrm{e}}$ besteht im Rahmen der gesetzten Randbedingungen weitgehende Freiheit. Man wird bestrebt sein, einerseits einen möglichst großen Teil der Elektronenkorrelationsenergie zu erfassen, andererseits aber die mathematische Form der Versuchsfunktionen einfach und kompakt, also leicht berechenbar zu halten.

Was die praktische Realisierung betrifft, so kann sie durch ein spezielles "gewichtetes" Auswahlverfahren für die Zufallspunkte $\boldsymbol{r}^{(i)}$ (Wichtung mit der Wahrscheinlichkeit (4.200)) effizient durchgeführt werden (sog. *Metropolis-Algorithmus*, s. Abschn. 19.3.2).

Eine andere QMC-Variante beruht auf der zeitabhängigen Schrödinger-Gleichung für die Elektronen: $\hat{H}^{\mathrm{e}}\Psi^{\mathrm{e}}(\boldsymbol{r};t) = \mathrm{i}\hbar(\partial/\partial t)\Psi^{\mathrm{e}}(\boldsymbol{r};t)$. Durch Einführung einer imaginären Zeitvariablen $\tau \equiv \mathrm{i}t$ bekommt sie die Form einer verallgemeinerten Diffusionsgleichung (vgl hierzu die einschlägige physikalisch-chemische Literatur), und diese lässt sich mit einer stochastischen Prozedur (sog. "Irrweg"-Verfahren, engl. random walk) numerisch näherungsweise lösen. Man bezeichnet das als *Diffusions-Monte-Carlo-Verfahren*. Für mehr Details und weitere QMC-Varianten sei auf den Artikel von Foulkes et al. (Fußnote 29), verwiesen.

Wir beschließen diese Skizze mit einigen Anmerkungen:

- Eine gravierende Schwierigkeit, mit der es QMC-Verfahren zu tun haben, besteht darin zu gewährleisten, dass die Wellenfunktion im Konfigurationsraum $\boldsymbol{r}$ an den richtigen Stellen *Knoten* besitzt (d. h. dort exakt gleich Null ist). Solche Knoten sind insbesondere für den Elektronengrundzustand durch die Antisymmetrie der Wellenfunktion bei Elektronenvertauschung (Pauli-Prinzip, s. Abschn. 2.5) bedingt: Um nämlich die Antisymmetrieforderung zu erfüllen, muss die Wellenfunktion in bestimmten $\boldsymbol{r}$-Bereichen positive und in anderen negative Werte haben; dort, wo positive und negative Bereiche aneinandergrenzen, verschwindet die Wellenfunktion. Diese Übergangsstellen bilden $(3N^{\mathrm{e}}-1)$-dimensionale Mannigfaltigkeiten (Knotenhyperflächen).

Um sich das klarzumachen, muss man über die bisherige spinfreie Formulierung hinausgehen und den Elektronenspin explizite einbeziehen. Man sehe sich hierzu den Zweielektronenfall in Abschnitt 6.2.2 an, wo die Antisymmetrie der Triplettzustände durch die Antisymmetrie des Ortsanteils $\Phi_1^{(0)}(\boldsymbol{r}_1,\boldsymbol{r}_2)$ gesichert wird; er verschwindet auf einer 5-dimensionalen Hyperfläche im 6-dimensionalen Zweielektronen-Konfigurationsraum.

Die Knoten werden in den einfacheren Varianten durch die gewählte Versuchsfunktion festgelegt (sog. Festknoten-Näherung, engl. fixed node approximation).

- Eine weitere wichtige, an die Wellenfunktion zu stellende Bedingung ist das korrekte Verhalten, wenn ein Elektron einem Kern oder einem anderen Elektron sehr nahe kommt (sog. *Cusp-Bedingungen;* s. etwa [I.4b]).

- Alle QMC-Varianten sind mit dem *statistischen Fehler* behaftet, der mit der Anzahl $\hat{M}$ der Zufallspunkte sehr langsam, nämlich $\propto 1/\sqrt{\hat{M}}$, abnimmt (s. oben); es ist also generell ein hoher Aufwand zu erwarten.

Weitere Angaben zu Schwierigkeiten und Beschränkungen der QMC-Verfahren sind in Abschnitt 17.1.5 zu finden.

Übungsaufgaben zu Kapitel 4

ÜA 4.1 Folgende Größen sind auf Schwerpunkts- und innere Koordinaten umzurechnen:
a) die kinetischen Energieterme in der klassischen Hamilton-Funktion;
b) die kinetischen Energieoperatoren (4.3a,b) im Hamilton-Operator.

ÜA 4.2 Man berechne für den Grundzustand eines Teilchens im Potentialkasten mit undurchdringlichen Wänden (s. Abschn. 2.2.3) den Energie-Erwartungswert mit der Näherungsfunktion $\phi(x) = 1 - (x/a)^2$ und vergleiche mit der exakten Lösung (2.81).

ÜA 4.3 Für die Wellenfunktion des Grundzustands des H-Atoms wird der Ansatz $\phi = A \cdot \exp(-\zeta r)$ gemacht; ζ ist ein freier Zahlenparameter.
a) Wie muss der Faktor A aussehen, damit ϕ auf 1 normiert ist,
d. h. $\langle \phi | \phi \rangle \equiv \int \phi^* \phi \, \mathrm{d}V = 1$ gilt?
b) Man bestimme mit Hilfe des Energievariationsverfahrens den optimalen Wert des Parameters ζ.

ÜA 4.4 In erster Näherung der Störungstheorie ist die Änderung der Grundzustandsenergie eines wasserstoffähnlichen Atoms zu berechnen, wenn sich Kernladungszahl Z auf $Z + 1$ erhöht. Man vergleiche mit der exakten Lösung.

ÜA 4.5 Schreiben Sie für einen in nullter Näherung zweifach entarteten Zustand die Energiekorrekturen erster Ordnung und die Anschlussfunktionen in allgemeiner Form auf.

ÜA 4.6 Es ist zu zeigen, dass für die mittlere Position $\overline{X}(t)$ einer Punktmasse m bei der eindimensionalen Bewegung in einer Wellenpaketbeschreibung die Gleichung (4.103) mit (4.104) gilt.
Hinweis: auszuführende Schritte s. Text.

ÜA 4.7 Berechnen Sie die Matrixelemente für (elektrische) Dipolübergänge zwischen den Zuständen der eindimensionalen stationären Bewegung eines Teilchens der Ladung q in einem Potentialkasten der Breite a mit undurchdringlichen Wänden unter Verwendung der Wellenfunktionen (2.80).

ÜA 4.8 Man versuche, Ausdrücke für die Zustandssummen-Anteile
a) von Systemen aus n harmonischen Oszillatoren;
b) der starren Rotation;
c) der dreidimensionalen Translationsbewegung
herzuleiten.
Hinweis: Für die Teilaufgabe c ist die Herleitung in Abschnitt 4.8.3* skizziert.

Ergänzende Literatur zu Kapitel 4

[4.1] Koch, W., Holthausen, M. C.: A chemist's guide to density functional theory. Wiley–VCH, Weinheim (2008)

[4.2] Hirschfelder, J. O., Byers Brown, W., Epstein, S. T.: Recent Developments in Perturbation Theory. Adv. Quantum Chem. **1**, 255-374 (1964)

[4.3] (a) Goldberger, M. L., Watson, K. M.: Collision Theory. Wiley, New York (1974)

(b) Rodberg, L. S., Thaler, R. M.: Introduction to the Quantum Theory of Scattering. Academic Press, New York (1967)

[4.4] Schinke, R.: Photodissociation Dynamics. Cambridge Univ. Press, Cambridge (1995)

[4.5] Manz, J.: Molecular Wavepacket Dynamics: Theory for Experiments 1926–1996. In: Sundstrom, V. (Hrsg.) Femtochemistry and Femtobiology. Imperial College Press, London (1997)

[4.6] Nikitin, E. E., Zülicke, L.: Theorie chemischer Elementarprozesse. Vieweg, Braunschweig/Wiesbaden (1985)

[4.7] Goldstein, H.: Klassische Mechanik. Aula-Verlag, Wiesbaden (1991)

[4.8] Marx, D., Hutter, J.: Ab initio molecular dynamics. Basic theory and advanced methods. Cambridge Univ. Press, Cambridge, (2009)

[4.9] Eine Auswahl:

(a) Landau, L. D., Lifschitz, E. M.: Lehrbuch der theoretischen Physik. Bd. 5. Statistische Physik, Teil 1. H. Deutsch Verlag, Frankfurt a. M. (2008)

(b) Münster, A.: Statistische Thermodynamik. Springer, Berlin (1974)

(c) Hirschfelder, J. O., Curtiss, C. F., Bird, R. B.: Molecular Theory of Gases and Liquids. Wiley, New York (1965)

(d) Godnew, I. N.: Berechnung thermodynamischer Funktionen aus Moleküldaten. Dt. Verlag der Wissenschaften, Berlin (1963)

" ... sehen wir uns gegenwärtig vor die Aufgabe gestellt, unsere Kenntnis vom Aufbau der Atome und von den ihn beherrschenden dynamischen Gesetzen nunmehr an dem Problem der gegenseitigen Kraftwirkungen der Atome untereinander zu erproben, ob sie umfassend genug ist, den Sinn der auf halbempirischem Wege gefundenen Regeln der Chemiker zu enträtseln und diese somit auf eine tiefere theoretische Grundlage zu stellen, ihre Grenzen zu fixieren und möglichst auch eine quantitative Behandlung derselben anzubahnen."

(aus F. London: Quantentheorie und chemische Bindung. In: Falkenhagen, H. (Hrsg.) Quantentheorie und Chemie, Leipziger Vorträge 1928. Hirzel, Leipzig (1928))

Teil 2

Chemische Bindung und Struktur

5 Elektronenstruktur der Atome

Chemische Strukturmodelle beruhen in der Regel auf der Vorstellung, dass Atome die Bausteine der Moleküle sind; Anzahl und Art der beteiligten Atome bestimmen die möglichen molekularen Strukturen und deren Eigenschaften. Auf Atome wurde die Quantentheorie bereits früh erfolgreich angewendet; viele der dabei entwickelten Konzepte und Begriffe erwiesen sich dann auch für Moleküle als geeignet, daher sollte ein Kapitel über Atome in Darstellungen der theoretischen Chemie nicht fehlen.

Wir formulieren zuerst die Aufgabenstellung bei der theoretischen Beschreibung eines Atoms mit mehreren Elektronen und skizzieren dann die Theorie so weit, wie das für ein Grundverständnis des Aufbaus der Elektronenhülle (damit auch des Periodensystems) sowie der Energieterme (und damit der Atomspektren) erforderlich ist. Dabei werden Begriffe wie Elektronenkonfiguration, Atomorbital u. a. eingeführt, die auch in der Molekültheorie eine wichtige Rolle spielen. Schließlich wird auf den Einfluss äußerer (elektrischer und magnetischer) Felder eingegangen und in diesem Zusammenhang der Fall eines Übergangsmetallatoms (bzw. -ions) im elektrischen Feld umgebender Liganden behandelt.

5.1 Formulierung des Problems

Ein Atom besteht aus einem Kern (Ladung $+Z\bar{e}$, Masse m_{Kern}) und einer Anzahl N ($\equiv N^{\text{e}}$) von Elektronen (Ladung $-\bar{e}$, Masse m_{e}, Spin $\sigma = \pm 1/2$). Der Einfachheit halber betrachten wir den Kern als ruhend (raumfest) und beziehen die Elektronenkoordinaten (Ortsvektoren $\boldsymbol{r}_\kappa$ mit $\kappa = 1, 2, \ldots, N$, zusammengefasst zu einem 3N-dimensionalen Vektor $\boldsymbol{r}$) auf den Kern als Koordinatennullpunkt (s. Abb. 5.1). Andere Teilcheneigenschaften wie etwa den Kernspin werden wir hier nicht berücksichtigen.

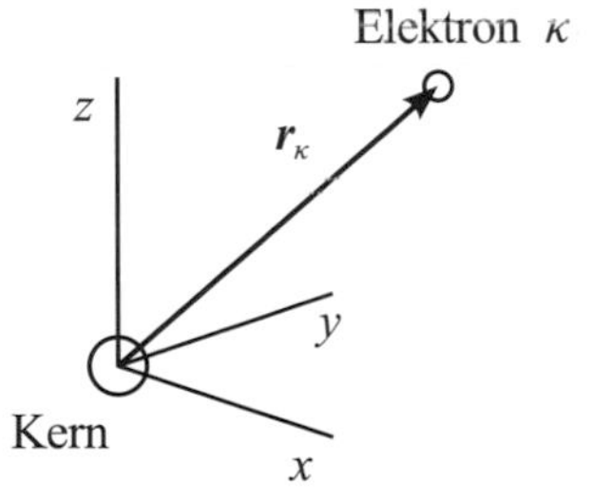

Abb. 5.1 Koordinaten eines Elektrons κ in einem Atom

Diese Beschreibung reduziert die Gesamtzahl der Freiheitsgrade um drei. Sie entspricht dem Vorgehen in Abschnitt 4.2: Abseparation der Bewegung des Gesamtschwerpunkts und Einführung von Relativkoordinaten, bezogen auf die Position des Kerns. Dann aber wird auf Grund der im Vergleich zur Elektronenmasse sehr großen Kernmasse, $(m_{\text{e}}/m_{\text{Kern}}) \ll 1$, zum Grenzfall $(m_{\text{e}}/m_{\text{Kern}}) \to 0$ übergegangen; somit entfallen alle von m_{Kern} abhängigen Terme im Hamilton-Operator. Näheres dazu findet man in [I.4b] (dort Kapitel 2; s. auch Anhang A5.2).

In der *nichtrelativistischen Näherung* (ohne spinabhängige Wechselwirkungen) hat man es dann mit dem auf die vorliegende Situation spezifizierten Hamilton-Operator (4.1),

$$\hat{H}_{\mathrm{nr}} \equiv \hat{H}^{\mathrm{e}}_{\mathrm{nr}} = \hat{T}^{\mathrm{e}} + V^{\mathrm{ke}}(\boldsymbol{r}) + V^{\mathrm{ee}}_{\mathrm{C}}(\boldsymbol{r}), \tag{5.1}$$

zu tun, der sich zusammensetzt aus dem Operator für die kinetische Energie der Elektronen,

$$\hat{T}^{\mathrm{e}} = -(\hbar^2/2m_{\mathrm{e}})\sum\nolimits_{\kappa=1}^{N}\hat{\Delta}_{\kappa}, \tag{5.2a}$$

sowie der potentiellen Energie der (Coulombschen) Wechselwirkungen der Elektronen mit dem Kern,

$$V^{\mathrm{ke}}(\boldsymbol{r}) = -(Z\bar{e}^2)\sum\nolimits_{\kappa=1}^{N}(1/r_{\kappa}), \tag{5.2b}$$

und der Elektronen untereinander;

$$V^{\mathrm{ee}}_{\mathrm{C}} = \bar{e}^2\sum\nolimits_{\kappa<\lambda}^{N-1}\sum\nolimits_{\kappa=1}^{N}(1/r_{\kappa\lambda}), \tag{5.2c}$$

hier bezeichnen: $r_{\kappa\lambda} \equiv |\boldsymbol{r}_{\kappa} - \boldsymbol{r}_{\lambda}|$ den Abstand zweier Elektronen κ und λ voneinander und $r_{\kappa} \equiv |\boldsymbol{r}_{\kappa}|$ den Abstand des Elektrons κ vom Kern.

Um Atomspektren interpretieren zu können, reicht die nichtrelativistische Näherung nicht aus; von den relativistischen Korrekturen (s. Abschnitt 9.4.2) muss zumindest noch die Wechselwirkung des Spins $\boldsymbol{s}_{\kappa}$ jedes einzelnen Elektrons κ mit dem *eigenen* Bahndrehimpuls $\boldsymbol{l}_{\kappa}$ in Form des Operators (3.96) einbezogen werden (*Spin-Bahn-Kopplung*). Wir nehmen also zum Operator (5.1) mit (5.2a-c) den Operator

$$\hat{V}^{\mathrm{e}}_{\mathrm{SpB}} = \sum\nolimits_{\kappa=1}^{N}\hat{v}^{\mathrm{e}}_{\mathrm{SpB}}(\kappa) = \sum\nolimits_{\kappa=1}^{N} f(r_{\kappa})(\hat{\boldsymbol{l}}_{\kappa}\cdot\hat{\boldsymbol{s}}_{\kappa}) \tag{5.2d}$$

hinzu:

$$\hat{H}^{\mathrm{e}} = \hat{H}^{\mathrm{e}}_{\mathrm{nr}} + \hat{V}^{\mathrm{e}}_{\mathrm{SpB}}. \tag{5.3}$$

Schwierigkeiten bei der Lösung der entsprechenden Schrödinger-Gleichungen bereitet vor allem der Anteil (5.2c), $V^{\mathrm{ee}}_{\mathrm{C}}$, da dieser durch die $r_{\kappa\lambda}$-Terme die Bewegungen aller Elektronen untereinander verkoppelt. Mit Hilfe einer stufenweisen störungstheoretischen Behandlung gelingt es jedoch, die verschiedenen Einflüsse zu verstehen und wenigstens qualitativ zu beschreiben.

Der Hamilton-Operator $\hat{H}^{\mathrm{e}}$ wird zunächst folgendermaßen vereinfacht:

(1) Weglassen der Spin-Bahn-Wechselwirkung $\hat{V}^{\mathrm{e}}_{\mathrm{SpB}}$;

(2) Ersetzen der Coulomb-Wechselwirkung $V^{\mathrm{ee}}_{\mathrm{C}}$ durch eine Summe von Einelektron-Potentialen $\upsilon(r_{\kappa})$, die den Einfluss aller übrigen $N-1$ Elektronen auf jeweils ein einzelnes herausgegriffenes Elektron κ beinhalten sollen:

$$V^{\mathrm{ee}}_{\mathrm{C}} \approx \sum\nolimits_{\kappa=1}^{N}\upsilon(r_{\kappa}). \tag{5.4}$$

Nimmt man außerdem an, dass die Einelektron-Potentialfunktion $v(r_\kappa)$ für jedes Elektron κ die gleiche ist und nur vom Abstand des Elektrons vom Kern abhängt, dann bringt das weitere Erleichterungen für die Rechnungen. Wie die Funktion $v(r)$ aussieht und wie sie bestimmt werden kann, soll hier nicht besprochen werden, da wir sie in der folgenden qualitativen Diskussion nicht explizite benötigen.

Die durch diese Näherungen bedingten Fehler lassen sich dann in mehreren Schritten zumindest teilweise korrigieren.

Durch die beiden Vereinfachungen (1) und (2) ist die ***Zentralfeldnäherung*** (abgekürzt: *ZF-Näherung*) definiert. In dieser Näherung wird das Atom durch den Hamilton-Operator

$$\hat{H}_0 \equiv \hat{H}_{\mathrm{ZF}} = \hat{T}^{\mathrm{e}} + V^{\mathrm{ke}}(\boldsymbol{r}) + \sum\nolimits_{\kappa=1}^{N} v(r_\kappa)$$

$$= \sum\nolimits_{\kappa=1}^{N} \hat{h}_{\mathrm{ZF}}(\kappa) \tag{5.5}$$

mit den Einelektronoperatoren

$$\hat{h}_{\mathrm{ZF}}(\kappa) \equiv -(\hbar^2/2m_{\mathrm{e}})\hat{\Delta}_\kappa - (Z\bar{e}^2/r_\kappa) + v(r_\kappa) \tag{5.6}$$

beschrieben. Damit hat der Hamilton-Operator die Form einer Summe von Einteilchen-Operatoren, beschreibt also modellmäßig ein System von N Elektronen ohne gegenseitige Wechselwirkungen; letztere wird nur pauschal (im Mittel) durch den Potentialanteil $v(r)$ erfasst. Beim Vergleich mit dem Ausdruck (2.146) sieht man, dass $\hat{h}_{\mathrm{ZF}}$ der Hamilton-Operator für ein Elektron in einem wasserstoffähnlichen Atom ist, in dem neben der Kernanziehung $-(Z\bar{e}^2/r)$ ein Zusatzpotential $v(r)$ auftritt. Insgesamt unterliegt somit jedes Elektron einem effektiven Potential

$$v^{\mathrm{eff}}(r) \equiv -(Z\bar{e}^2/r) + v(r), \tag{5.7}$$

das nur vom Abstand zum Kern abhängt (*Zentralfeld*).

Häufig sind allein die äußeren Elektronen eines Atoms von Belang, etwa das Leuchtelektron eines Alkalimetallatoms oder die äußeren d-Elektronen eines Übergangsmetallatoms. Für diese lässt sich dann eine vereinfachte Zentralfeldnäherung formulieren, in der lediglich die Bewegung dieser äußeren Elektronen im Felde eines Rumpfes (Kern plus innere Elektronen) explizite mit effektiven Einelektron-Operatoren

$$\hat{\tilde{h}}_{\mathrm{ZF}}(\kappa) = -(\hbar^2/2m)\hat{\Delta}_\kappa - (Z-a)\bar{e}^2/r_\kappa \tag{5.8}$$

beschrieben wird[1], also mit dem Zusatzpotential

$$\tilde{v}(r) = a\,\bar{e}^2/r\ , \tag{5.9}$$

das die Abschirmung der Kernladung durch die Rumpfelektronen erfasst. Der Parameter a heißt *Abschirmzahl*, und $Z^{\mathrm{eff}} \equiv Z - a$ ist die *effektive Kernladungszahl*.

[1] Diese Beschreibung ist nicht unproblematisch, etwa hinsichtlich der Orthogonalität der Orbitale zu den Rumpf-Orbitalen und der Wahrung des Pauli-Prinzips. Darauf kann hier nicht näher eingegangen werden (vgl. etwa [I.4b]).

Der vollständige nichtrelativistische Hamilton-Operator (5.3) lässt sich damit in der folgenden Form schreiben:

$$\hat{H}^{\mathrm{e}} = \hat{H}_{\mathrm{ZF}} + \mathcal{V}^{\mathrm{ee}} + \hat{V}^{\mathrm{e}}_{\mathrm{SpB}}\,, \tag{5.10}$$

wobei der Anteil

$$\mathcal{V}^{\mathrm{ee}} \equiv V^{\mathrm{ee}}_{\mathrm{C}} - \sum\nolimits_{\kappa=1}^{N} \upsilon(r_\kappa) \tag{5.11}$$

den durch die Näherung (5.4) begangenen Fehler ausgleicht. Mit $\hat{H}_{\mathrm{ZF}}$ als nullter Näherung, $\hat{H}_0 = \hat{H}_{\mathrm{ZF}}$, lässt sich nun eine Störungstheorie formulieren, in der die beiden Terme $\mathcal{V}^{\mathrm{ee}}$ und $\hat{V}^{\mathrm{e}}_{\mathrm{SpB}}$ als "kleine" Störungen zur Zentralfeldnäherung betrachtet werden, d. h. ihre Berücksichtigung möge zu kleinen Korrekturen $\Delta E^{\mathrm{ee}}_{\mathrm{C}}$ bzw. $\Delta E^{\mathrm{e}}_{\mathrm{SpB}}$ an den in nullter Näherung mit $\hat{H}_{\mathrm{ZF}}$ erhaltenen Energien (und Wellenfunktionen) führen. Sei also ΔE_{ZF} ein typischer (mittlerer) Abstand von Energieniveaus in der Zentralfeldnäherung, dann soll gelten:

$$\Delta E_{\mathrm{ZF}} >> \Delta E^{\mathrm{ee}}_{\mathrm{C}}\,,\ \Delta E^{\mathrm{e}}_{\mathrm{SpB}}\ . \tag{5.12}$$

Je nachdem, welche der beiden Korrekturen, $\Delta E^{\mathrm{ee}}_{\mathrm{C}}$ oder $\Delta E^{\mathrm{e}}_{\mathrm{SpB}}$, größer ist (was natürlich vom betrachteten Atom abhängt), muss die eine oder die andere vorrangig berücksichtigt werden, wenn man über die nullte Näherung hinausgehen will.

Die meisten der *qualitativen* Resultate dieses Kapitels lassen sich auf einfache und elegante Weise durch Ausnutzung der *Symmetrieeigenschaften* der behandelten Systeme gewinnen. Von diesen Möglichkeiten sehen wir hier zunächst ab und befassen uns nur mit den physikalischen (quantenmechanischen) Aspekten; im Anhang A1.5.2 kommen wir dann auf Symmetriefragen zurück.

5.2 Die Zentralfeldnäherung

5.2.1 Einelektron-Zustände. Elektronenkonfigurationen

Die stationären Atomzustände in der Zentralfeldnäherung als "ungestörtes Problem" werden durch die zeitunabhängige Schrödinger-Gleichung

$$\hat{H}_{\mathrm{ZF}}\,\overline{\Psi}^{(0)} = E^{(0)}\overline{\Psi}^{(0)} \tag{5.13}$$

mit dem Hamilton-Operator (5.5) bestimmt; als Randbedingung ist wie üblich die Normierbarkeit zu fordern. Da $\hat{H}_{\mathrm{ZF}}$ sich additiv aus gleichartigen Einelektron-Operatoren zusammensetzt, ist die Schrödinger-Gleichung (5.11) separierbar. Wir knüpfen an die Überlegungen des Abschnitts 2.5 an: Die Wellenfunktion $\overline{\Psi}^{(0)}$ hat bei Berücksichtigung des Pauli-Prinzips die Form eines antisymmetrischen Produkts (2.201) bzw. (2.201') aus Einelektron-Wellenfunktionen $\varphi(\mathbf{r})\cdot\chi(\sigma)$; die Ortsanteile $\varphi(\mathbf{r})$ (*atomare Orbitale*, abgekürzt: *AO*) sind normierbare Lösungen der Schrödinger-Gleichung

$$\hat{h}_{ZF}\varphi(\mathbf{r}) = e\cdot\varphi(\mathbf{r})\,. \tag{5.14}$$

Die Zentralfeldnäherung beschreibt demnach das Atom so, als bewege sich jedes Elektron in dem Maße, wie es das Pauli-Prinzip zulässt (also bis auf die Fermi-Korrelation, s. Abschn. 2.5), unabhängig von den übrigen Elektronen in dem effektiven Potential (5.7).

Die Gleichung (5.13) kann wie in Abschnitt 2.2.3 durch einen Ansatz

$$\varphi(\mathbf{r}) \equiv \varphi_{nl}^{m}(\mathbf{r}) = R_{nl}(r)\cdot Y_l^m(\vartheta,\eta) \tag{5.15}$$

gelöst werden, wobei r, ϑ und η die sphärischen Polarkoordinaten sind; der Azimutwinkel wird in diesem Kapitel mit η bezeichnet. Die Winkelanteile $Y_l^m(\vartheta,\eta)$ sind die komplexen Kugelfunktionen (2.125b); alternativ kommen auch die reellen Kugelflächenfunktionen (2.131), $S_l^{(m)}(\vartheta,\eta)$, als Winkelanteile in Frage. Die Zustände, die ein Elektron in der Zentralfeldnäherung einnehmen kann, werden also wie beim wasserstoffähnlichen Atom durch die drei Quantenzahlen *n (Hauptquantenzahl)*, *l (Bahndrehimpulsquantenzahl)* und *m (magnetische Quantenzahl)* sowie die Angabe des Spins charakterisiert.

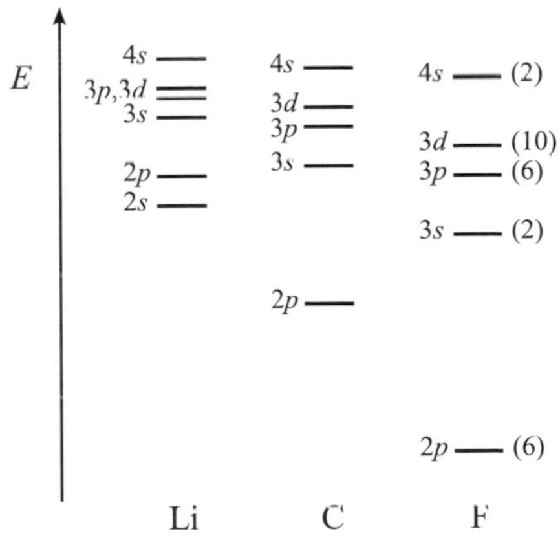

Abb. 5.2
Ausschnitt aus dem AO-Termschema von Li, C und F (schematisch); in Klammern der *l*-Entartungsgrad
(aus [I.4b])

Die Energieeigenwerte $e \equiv e_{nl}$ in einem Zentralfeld haben den Entartungsgrad $2g_l$ = $2(2l+1)$, da es zwei mögliche Werte für die z-Komponente des Spins gibt. Die Abb. 5.2 zeigt schematisch AO-Terme für die Atome Li, C und F.

Wie wir aus Abschnitt 2.3.3 wissen, fallen in einem reinen Coulomb-Feld alle Einelektron-Zustände zu einer bestimmten Hauptquantenzahl n zusammen, also $e_{nl} \equiv e_n$, und jeder Energiewert e_n ist $2n^2$-fach entartet. Diese Situation wäre gegeben, wenn die Elektronenwechselwirkung V_C^{ee} komplett gestrichen würde. In der hier beschriebenen Zentralfeldnäherung haben wir jedoch ein Zusatzpotential $v(r)$

gemäß Gleichung (5.6). Damit wird die zusätzliche l-Entartung teilweise aufgehoben, und es bleibt nur noch die normale Entartung der Zustände mit den $2l+1$ verschiedenen Werten $m = -l, \ldots, +l$ zu jedem Wert l sowie die zweifache Spinentartung (s. Abb. 5.2).

Die antisymmetrische Gesamtwellenfunktion $\overline{\Psi}^{(0)}$ lässt sich damit in der Form

$$\overline{\Psi}^{(0)} \equiv \Psi_{n_1 l_1 \; n_2 l_2 \; \ldots \; n_N l_N}^{m_1 m_{s1} \; m_2 m_{s2} \; \ldots \; m_N m_{sN}}$$

$$= (1/\sqrt{N!}) \det\left\{\varphi_{n_1 l_1}^{m_1}(\boldsymbol{r}_1)\cdot\chi^{m_{s1}}(\sigma_1)\cdot \ldots \cdot\varphi_{n_N l_N}^{m_N}(\boldsymbol{r}_N)\cdot\chi^{m_{sN}}(\sigma_N)\right\} \quad (5.16)$$

schreiben, wenn wir die in Abschnitt 2.5 eingeführte Kurzform der Slater-Determinante benutzen. Die Gesamtenergie des Atoms in der Zentralfeldnäherung setzt sich additiv aus den Einelektronenergien e_{nl} zusammen, die zu den in der Wellenfunktion (5.16) auftretenden ("besetzten") atomaren Orbitalen φ_{nl}^{m} gehören:

$$E^{(0)} \equiv E_{n_1 l_1 \; n_2 l_2 \; \ldots \; n_N l_N}^{m_1 m_{s1} \; m_2 m_{s2} \; \ldots \; m_N m_{sN}} = \sum_{n}^{(\text{bes})} \sum_{l}^{(\text{bes})} e_{nl} \; . \quad (5.17)$$

Alle Einelektronzustände mit gleichen Werten von n und l, also auch gleicher Energie e_{nl}, bilden eine ***Elektronenschale***. Es ist üblich, diese Einelektronzustände nl so zu bezeichnen, dass man die Hauptquantenzahl n als Nummer 1, 2, ... , die Bahndrehimpulsquantenzahl l aber wie am Schluss von Abschnitt 2.3.2 angemerkt, durch einen kleinen Kursivbuchstaben *s*, *p*, *d*, *f*, ... für $l = 0, 1, 2, 3, \ldots$ angibt.[2]

Man kann nun in der ZF-Näherung nach ansteigender Gesamtenergie (5.17) Atomzustände aufbauen, indem beginnend mit dem tiefsten Einelektronzustand $n = 1$, $l = 0$ ("1*s*-Zustand") unter Beachtung des Pauli-Prinzips sukzessive die Elektronenschalen aufgefüllt werden. Zu jedem l-Wert gehören $2(2l+1)$ Zustände (entsprechend den $2l+1$ Werten von m, jeweils noch mit zwei möglichen Spinwerten): also zwei 1*s*-Zustände, zwei 2*s*-Zustände, sechs 2*p*-Zustände usw. Jede Elektronenschale kann so maximal $2g_l = 2(2l+1)$ aufnehmen. Zwei Elektronen, die zu ein und derselben Elektronenschale gehören, heißen *äquivalent*.

Alle Zustände mit gleichem n bilden eine ***Hauptschale***; jede Hauptschale umfasst insgesamt $2\sum_{l=0}^{n-1}(2l+1) = 2n^2$ Einelektronzustände (vgl. Abschn. 2.3.3). Hauptschalen werden entweder durch die Hauptquantenzahl n oder häufig auch durch die Großbuchstaben *K*, *L*, *M*, *N*, ... (in alphabetischer Abfolge) für $n = 1, 2, 3, 4, \ldots$ bezeichnet.

Unter einer ***Elektronenkonfiguration*** versteht man die Angabe, wieviele Elektronen sich jeweils in den Zuständen der möglichen Elektronenschalen des Atoms befinden. Bezeichnet ν_{nl} die *Besetzungszahl* einer Elektronenschale nl, dann schreibt man eine Elektronenkonfiguration als

[2] Diese Buchstabenkennzeichnungen haben historische Wurzeln; hier bei Einelektronzuständen bezeichnen sie Eigenschaften gewisser Serien in den Spektren, z. B. *s* von "sharp" u. dgl.

$$(nl)^{\nu_{nl}}\,(n'l')^{\nu_{n'l'}}\ldots\;, \tag{5.18}$$

wenn sich in der nl-Schale ν_{nl} Elektronen, in der $n'l'$ -Schale $\nu_{n'l'}$ Elektronen usw. befinden; es gilt (s. oben):

$$\nu_{nl} \le 2g_l = 2(2l+1)\,,\quad \nu_{n'l'} \le 2g_{l'} = 2(2l'+1)\,,\ldots \tag{5.19}$$

Leere Elektronenschalen (kein Zustand besetzt, d. h. $\nu_{nl} = 0$) werden nicht mit angegeben. Bei maximaler Besetzung, $\nu_{nl} = 2(2l+1)$ (alle Zustände doppelt besetzt mit je zwei Elektronen entgegengesetzten Spins), liegt eine ***abgeschlossene Elektronenschale*** vor.

Im Zentralfeld-Grundterm des C-Atoms werden die tiefsten Einelektronzustände sukzessive mit den vorhandenen 6 Elektronen aufgefüllt: $(1s)^2(2s)^2(2p)^2$. Einen angeregten Zustand dieses Atoms erhält man, wenn ein oder mehrere Elektronen einen energetisch höher gelegenen Zustand besetzen, etwa $(1s)^2(2s)^2(2p)^1(3s)^1$. Für das Li-Atom ergibt sich im Grundzustand die Elektronenkonfiguration $(1s)^2(2s)^1$ und für das F-Atom $(1s)^2(2s)^2(2p)^5$. Das Ne-Atom hat im Grundzustand eine Konfiguration abgeschlossener Elektronenschalen: $(1s)^2(2s)^2(2p)^6$.

Die Gesamtenergie (5.17) ergibt sich als Summe der Energien der einzelnen Elektronen:

$$E^{(0)} = \sum_n \sum_l \nu_{nl} \cdot e_{nl}\;. \tag{5.17'}$$

Die zu den verschiedenen Elektronenkonfigurationen gehörenden Wellenfunktionen $\Psi^{(0)}$ kann man leicht erhalten, indem für jeden besetzten Zustand nlm das entsprechende Orbital φ_{nl}^m in das antisymmetrische Produkt (5.16) aufgenommen wird. Handelt es sich um eine Konfiguration abgeschlossener Elektronenschalen, dann treten also aus jeder überhaupt besetzten Schale alle Orbitale φ_{nl}^m zweimal auf, einmal mit positivem Spin ($\chi_+ \equiv \chi^{1/2}$) und einmal mit negativem Spin ($\chi_- \equiv \chi^{-1/2}$). Zu einer nichtabgeschlossenen Schale, $\nu_{nl} < 2g_l$, lassen sich mehrere antisymmetrische Produkte bilden, nämlich so viele, wie es Möglichkeiten gibt, ν_{nl} Elektronen so auf die $2g_l$ Zustände zu verteilen, dass kein Ort-Spin-Zustand doppelt auftritt; das ergibt nach den Regeln der Kombinatorik $\binom{2g_l}{\nu_{nl}}$ Möglichkeiten (s. [II.1], Abschn. 1.5.) und ebensoviele Wellenfunktionen $\Psi^{(0)}$, die zur gleichen Energie $E^{(0)}$, Gleichung (5.17'), gehören, d. h. miteinander entartet sind. Liegen mehrere nichtabgeschlossene Schalen vor (wie in dem oben als Beispiel herangezogenen angeregten Zustand des C-Atoms), dann ergibt das Produkt der Entartungsgrade für die einzelnen nichtabgeschlossenen Schalen:

$$g^{(0)} = \binom{2g_l}{\nu_{nl}} \cdot \binom{2g_{l'}}{\nu_{n'l'}} \cdot \ldots \tag{5.20}$$

den gesamten Entartungsgrad $g^{(0)}$ von $E^{(0)}$.

5.2.2 Atomorbitale

Wir diskutieren nun die funktionale Form atomarer Einelektronfunktionen (Atomorbitale), da die meisten quantenchemischen Berechnungsmethoden mit Wellenfunktionsansätzen arbeiten, die aus solchen Einelektronfunktionen aufgebaut sind – ganz im Sinne der in Abschnitt 4.1 skizzierten Strategie. Dabei kommt es darauf an, für die Atomorbitale Ausdrücke zu finden, die sich in den anschließenden Rechnungen möglichst leicht weiterverarbeiten lassen.

Als Winkelanteile werden nach Gleichung (5.15) die komplexen Kugelfunktionen $Y_l^m(\vartheta,\eta)$ verwendet, für manche Zwecke auch die reellen Kugelflächenfunktionen $S_l^{(m)}(\vartheta,\eta)$. Explizite Ausdrücke sind in Abschnitt 2.3.2, Gleichungen (2.126) bzw. (2.133), angegeben. In einer Kurzschreibweise (s. oben) wird l durch den entsprechenden Buchstaben (s, p, d, ... für $l =$ 0, 1, 2, ...) bezeichnet; hinzu tritt als Index bei Verwendung von Y_l^m die Quantenzahl m (für Typ s nicht erforderlich, da dann nur $m = 0$ auftritt): $s, p_0, p_1, p_{-1}, d_0, \ldots$; bei $S_l^{(m)}$ werden die in Gleichung (2.133) mit aufgeschriebenen kartesischen Koordinaten angegeben: $s, p_x, p_y, p_z, d_{z^2}, d_{xz}, d_{yz}, d_{x^2-y^2}, d_{xy}, \ldots$

Einen über lange Zeit bevorzugten Funktionstyp erhält man in Anlehnung an die wasserstoffähnlichen Funktionen (s. Abschn. 2.3.3), von denen jeweils nur der Term mit der höchsten r-Potenz genommen wird. Die Radialteile haben damit die Form

$$R_{nl}^{\mathrm{STO}}(r) = C \cdot r^{n-1} \exp(-\zeta_{nl} r); \tag{5.21}$$

C ist ein Normierungsfaktor (s. ÜA 5.1a). In Abb. 5.3a ist eine solche Funktion für $n = 1$ und $l = 0$ ($1s$) graphisch dargestellt. Einelektronfunktionen mit derartigen Radialteilen, die (im Unterschied zu den H-ähnlichen Funktionen) außerhalb $r = 0$ knotenlos und untereinander nicht orthogonal sind, heißen *Slater-Orbitale* (engl. Slater-type orbitals, abgek. *STO*).

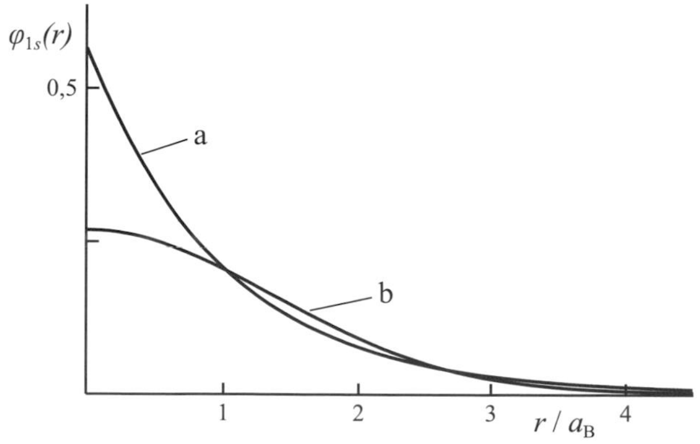

Abb. 5.3
Wasserstoff-1s-Orbital:
a) Slater-Funktion (STO);
b) Gauß-artige Funktion (GTF)

Die *Orbitalparameter* ζ_{nl} können dadurch festgelegt werden, dass man eine Wellenfunktion (5.16) bildet, damit den Erwartungswert einer physikalischen Größe (etwa der Energie) berechnet und diejenigen Werte ζ_{nl} ermittelt, welche die experimentellen Daten am besten wiedergeben. Es wurden auch einfache Regeln aufgestellt, nach denen brauchbare Werte der Orbitalparameter für viele Atome bestimmt werden können (*Slater-Regeln*); s. etwa [I.4b].

Bei Atomberechnungen lassen sich Slater-Orbitale leicht weiterverarbeiten. Für Molekülberechnungen eignen sie sich weniger. Das liegt an den Schwierigkeiten bei der Berechnung von Integralen über Ausdrücke mit STO, wenn letztere an verschiedenen Kernpositionen zentriert sind; s. Abschnitt 17.1.2. Daher hat sich seit längerer Zeit ein anderer Funktionstyp in verschiedenen Varianten weitgehend durchgesetzt, der anstelle einer einfachen exp-Funktion (s. oben) eine Gauß-Funktion benutzt:

$$R^{\mathrm{GTF}}(r) = C' \cdot r^{n_{\mathrm{G}}-1} \exp(-\zeta_{n_G} r^2), \tag{5.22}$$

ebenfalls mit einem freien Parameter ζ_{n_G} (*Gauß-artige Funktion*, engl. Gauss-type function, abgek. *GTF*); C' ist wieder der Normierungsfaktor (s. ÜA 5.1b). Auch diese Orbitale sind knotenlos und nicht orthogonal (s. Abb. 5.3b). Sie unterscheiden sich erheblich von den wasserstoffähnlichen und den Slater-Orbitalen: so hat der exp-Anteil des Ausdrucks (5.21) an $r = 0$ keine Spitze (engl. cusp) und geht für $r \rightarrow \infty$ stärker gegen Null; vgl. dazu etwa [I.4b] (dort Abschn. 2.2.4). Mit den Funktionen (5.22) lassen sich die oben erwähnten Integralberechnungen einfach und schnell, d. h. mit geringen Computerrechenzeiten, durchführen. Da aber die einzelnen, *primitiven* GTF (5.22) sehr schlechte Näherungen für "echte" atomare Orbitale bzw. deren Radialanteile darstellen, sind für Atom- oder Molekülberechnungen, auch für grobe Abschätzungen, nicht einzelne, sondern nur Linearkombinationen mehrerer GTFs verwendbar, deren Koeffizienten ebenso wie die Orbitalparameter anhand geeigneter Bedingungen (etwa bestmögliche Wiedergabe von Erwartungswerten physikalischer Größen, Übereinstimmung mit STO oder dgl.) vorab bestimmt werden müssen. Obwohl man damit eine größere Anzahl von Integralen zu berechnen hat, wird dieser Nachteil weit überwogen durch die Vorteile der schnelleren Integralberechnung (s. Abschn. 17.1.2).

Neben den reinen Gauß-Funktionen (5.22) gibt es weitere, konkurrierende Ansätze. So kann man anstelle der Funktionen $R^{\mathrm{GTF}}(r) \cdot Y_{lm}(\vartheta, \eta)$ sogenannte *kartesische Gauß-Funktionen*:

$$\theta^{\mathrm{CGF}}(\mathbf{r}) = C'' \cdot x^{\lambda} y^{\mu} z^{\nu} \exp(-\zeta_G r^2), \tag{5.23}$$

benutzen oder auch Linearkombinationen *reiner* Gauß-Funktionen $\exp(-\zeta_{\mathrm{G}} r_{\mathrm{A}}{}^2)$, die so an geeigneten Punkten A im Raum "plaziert" werden (d. h. die Variable r_{A} wird vom Punkt A aus gemessen), dass sich näherungsweise ein Funktionsverlauf wie der einer wasserstoffähnlichen oder Slater-Funktion ergibt.

Es existiert über Atomorbitale eine umfangreiche Literatur, s. etwa [I.4b]; außerdem kommen wir auf diese Problematik in Abschn. 17.1.1.2 ausführlicher zu sprechen.

5.2.3 Aufbauprinzip und Periodensystem

Schon früh in der Geschichte der Theoretischen Chemie entdeckte man, dass viele Eigenschaften der Elemente, wenn man diese nach ihren Atommassen geordnet aneinanderreihte, eine Periodizität zeigten, d. h. in Intervallen wiederkehrten (D. I. Mendeleev; L. Meyer, beide 1868/69). Als man dann Genaueres über die innere Struktur der Atome, über ihren Aufbau aus einem Kern und einer Anzahl von Elektronen herausfand, wurde klar, dass die *Kernladungs-*

zahl Z den entscheidenden Ordnungsparameter darstellt (*Ordnungszahl*). Die Abb. 5.4 zeigt als Beispiel die Ionisierungspotentiale der neutralen Atome in Abhängigkeit von Z.

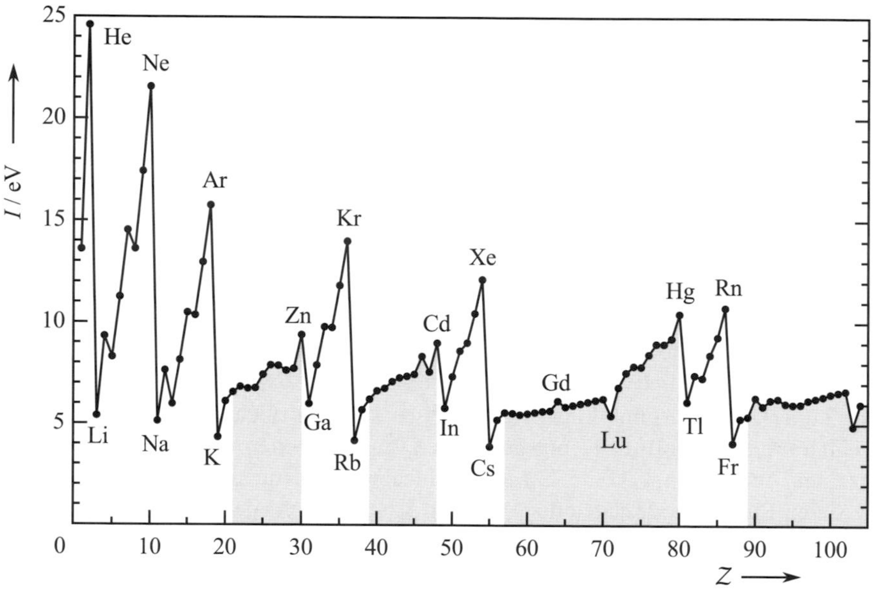

Abb. 5.4 Ionisierungspotentiale I der neutralen Atome in Abhängigkeit von der Ordnungszahl Z (schattierte Bereiche: Nebengruppen, s. unten); Daten aus Tabellenwerken (s. Abschn. 16.3)

Die Elemente lassen sich in Gruppen zusammenstellen derart, dass Elemente einer Gruppe ähnliche Eigenschaften aufweisen. Reiht man innerhalb einer solchen Gruppe die Elemente nach wachsender Ordnungszahl *unter*einander und dann die Gruppen, wieder nach wachsender Ordnungszahl, von links nach rechts *an*einander, so ergibt sich ein Schema, das die Bezeichnung ***Periodensystem der Elemente*** erhalten hat. Es gibt verschiedene Darstellungsformen; eine davon zeigt Tab. 5.1. Ausführliche Erläuterungen findet man u. a. in der einschlägigen Lehrbuchliteratur der Physikalischen Chemie (s. etwa [1.1]), so dass wir uns hier auf eine knappe Zusammenfassung der atomtheoretischen Grundlagen beschränken können.

Außer periodischen Eigenschaften gibt es übrigens auch nichtperiodische Eigenschaften, die sich monoton mit Z ändern, z. B. Röntgen-Frequenzen.

Das Periodensystem kann in seinen wesentlichen Zügen auf der Grundlage der Zentralfeldnäherung verstanden werden; alle folgenden Aussagen beziehen sich auf die *Grundzustände* der Atome. Bestimmend für die periodischen Eigenschaften ist die äußere Elektronenhülle, deren Elektronenkonfiguration durch sukzessives Auffüllen der Schalen nach einem einfachen ***Aufbauprinzip*** erhalten wird: Beginnend mit Wasserstoff ($Z = 1$), wird die Kernladungszahl schrittweise um 1 erhöht und bei jedem Schritt ein Elektron in das energetisch günstigste Orbital einer noch nicht abgeschlossenen Elektronenschale eingefügt.

Tab. 5.1 Periodensystem der Elemente[a]: (a) Hauptgruppen; (b) Nebengruppen[b]

(a) Hauptgruppen

Periode (n)	I	II		III	IV	V	VI	VII	VIII
1	1 H								2 He
2	3 Li	4 Be		5 B	6 C	7 N	8 O	9 F	10 Ne
3	11 Na	12 Mg		13 Al	14 Si	15 P	16 S	17 Cl	18 Ar
4	19 K	20 Ca	Nebengruppen-elemente	31 Ga	32 Ge	33 As	34 Se	35 Br	36 Kr
5	37 Rb	38 Sr		49 In	50 Sn	51 Sb	52 Te	53 I	54 Xe
6	55 Cs	56 Ba		81 Tl	82 Pb	83 Bi	84 Po	85 At	86 Rn
7	87 Fr	88 Ra							

(b) Übergangselemente: Eisenperiode (3*d*)

$n = 4$	21 Sc	22 Ti	23 V	24 Cr	25 Mn	26 Fe	27 Co	28 Ni	29 Cu	30 Zn

Übergangselemente: Palladiumperiode (4*d*)

$n = 5$	39 Y	40 Zr	41 Nb	42 Mo	43 Tc	44 Ru	45 Rh	46 Pd	47 Ag	48 Cd

Übergangselemente: Lanthan, Platinperiode (5*d*)

$n = 6$	57 La	72 Hf	73 Ta	74 W	75 Re	76 Os	77 Ir	78 Pt	79 Au	80 Hg

Lanthanoide (4*f*)

$n = 6$	58 Ce	59 Pr	60 Nd	61 Pm	62 Sm	63 Eu	64 Gd	65 Tb	66 Dy	67 Ho	68 Er	69 Tm	70 Yb	71 Lu

Übergangselemente: Actiniumperiode (6*d*)

$n = 7$	89 Ac	104 Rf	105 Db	106 Sg	107 Bh	108 Hs	109 Mt	110 Ds	111 Rg	112 Cn

Actinoide (5*f*)

$n = 7$	90 Th	91 Pa	92 U	93 Np	94 Pu	95 Am	96 Cm	97 Bk	98 Cf	99 Es	100 Fm	101 Md	102 No	103 Lr

[a] Über dem Symbol für das Element (s. die einschlägige Literatur) steht die Ordnungszahl (Z).

[b] Zuordnung zu einer Nebengruppe s. Text; in Klammern: Elektronenschale, die aufgefüllt wird.

Tab. 5.2 Grundzustände der neutralen Atome (nach Daten des NIST, Stand 2012)

		Grundzustand	Elektronenkonfiguration[a]			Grundzustand	Elektronenkonfiguration[a]
1	H	$^2S_{1/2}$	$(1s)$	41	Nb	$^6D_{1/2}$	$(4d)^4(5s)$
2	He	$^1S_0$	$(1s)^2$	42	Mo	$^7S_3$	$(4d)^5(5s)$
3	Li	$^2S_{1/2}$	$(2s)$	43	Tc	$^6S_{5/2}$	$(4d)^5(5s)^2$
4	Be	$^1S_0$	$(2s)^2$	44	Ru	$^5F_5$	$(4d)^7(5s)$
5	B	$^2P_{1/2}$	$(2s)^2(2p)$	45	Rh	$^4F_{9/2}$	$(4d)^8(5s)$
6	C	$^3P_0$	$(2s)^2(2p)^2$	46	Pd	$^1S_0$	$(4d)^{10}$
7	N	$^4S_{3/2}$	$(2s)^2(2p)^3$	47	Ag	$^2S_{1/2}$	$(4d)^{10}(5s)$
8	O	$^3P_2$	$(2s)^2(2p)^4$	48	Cd	$^1S_0$	$(4d)^{10}(5s)^2$
9	F	$^2P_{3/2}$	$(2s)^2(2p)^5$	49	In	$^2P_{1/2}$	... $(5s)^2(5p)$
10	Ne	$^1S_0$	$(2s)^2(2p)^6$	50	Sn	$^3P_0$	... $(5s)^2(5p)^2$
11	Na	$^2S_{1/2}$	$(3s)$	51	Sb	$^4S_{3/2}$	... $(5s)^2(5p)^3$
12	Mg	$^1S_0$	$(3s)^2$	52	Te	$^3P_2$	... $(5s)^2(5p)^4$
13	Al	$^2P_{1/2}$	$(3s)^2(3p)$	53	I	$^2P_{3/2}$	... $(5s)^2(5p)^5$
14	Si	$^3P_0$	$(3s)^2(3p)^2$	54	Xe	$^1S_0$	... $(5s)^2(5p)^6$
15	P	$^4S_{3/2}$	$(3s)^2(3p)^3$	55	Cs	$^2S_{1/2}$	... $(6s)$
16	S	$^3P_2$	$(3s)^2(3p)^4$	56	Ba	$^1S_0$	... $(6s)^2$
17	Cl	$^2P_{3/2}$	$(3s)^2(3p)^5$	57	La	$^2D_{3/2}$	... $(5d)(6s)^2$
18	Ar	$^1S_0$	$(3s)^2(3p)^6$	58	Ce	$^1G_4$	$(4f)(5d)(6s)^2$
19	K	$^2S_{1/2}$	... $(4s)$	59	Pr	$^4I_{9/2}$	$(4f)^3(6s)^2$
20	Ca	$^1S_0$	... $(4s)^2$	60	Nd	$^5I_4$	$(4f)^4(6s)^2$
21	Sc	$^2D_{3/2}$	$(3d)(4s)^2$	61	Pm	$^6H_{5/2}$	$(4f)^5(6s)^2$
22	Ti	$^3F_2$	$(3d)^2(4s)^2$	62	Sm	$^7F_0$	$(4f)^6(6s)^2$
23	V	$^4F_{3/2}$	$(3d)^3(4s)^2$	63	Eu	$^8S_{7/2}$	$(4f)^7(6s)^2$
24	Cr	$^7S_3$	$(3d)^5(4s)$	64	Gd	$^9D_2$	$(4f)^7(5d)(6s)^2$
25	Mn	$^6S_{5/2}$	$(3d)^5(4s)^2$	65	Tb	$^6H_{15/2}$	$(4f)^9(6s)^2$
26	Fe	$^5D_4$	$(3d)^6(4s)^2$	66	Dy	$^5I_8$	$(4f)^{10}(6s)^2$
27	Co	$^4F_{9/2}$	$(3d)^7(4s)^2$	67	Ho	$^4I_{15/2}$	$(4f)^{11}(6s)^2$
28	Ni	$^3F_4$	$(3d)^8(4s)^2$	68	Er	$^3H_6$	$(4f)^{12}(6s)^2$
29	Cu	$^2S_{1/2}$	$(3d)^{10}(4s)^1$	69	Tm	$^2F_{7/2}$	$(4f)^{13}(6s)^2$
30	Zn	$^1S_0$	$(3d)^{10}(4s)^2$	70	Yb	$^1S_0$	$(4f)^{14}(6s)^2$
31	Ga	$^2P_{1/2}$	$(4s)^2(4p)$	71	Lu	$^2D_{3/2}$	$(5d)(6s)^2$
32	Ge	$^3P_0$	$(4s)^2(4p)^2$	72	Hf	$^3F_2$	$(5d)^2(6s)^2$
33	As	$^4S_{3/2}$	$(4s)^2(4p)^3$	73	Ta	$^4F_{3/2}$	$(5d)^3(6s)^2$
34	Se	$^3P_2$	$(4s)^2(4p)^4$	74	W	$^5D_0$	$(5d)^4(6s)^2$
35	Br	$^2P_{3/2}$	$(4s)^2(4p)^5$	75	Re	$^6S_{5/2}$	$(5d)^5(6s)^2$
36	Kr	$^1S_0$	$(4s)^2(4p)^6$	76	Os	$^5D_4$	$(5d)^6(6s)^2$
37	Rb	$^2S_{1/2}$	... $(5s)$	77	Ir	$^4F_{9/2}$	$(5d)^7(6s)^2$
38	Sr	$^1S_0$	... $(5s)^2$	78	Pt	$^3D_3$	$(5d)^9(6s)$
39	Y	$^2D_{3/2}$	$(4d)(5s)^2$	79	Au	$^2S_{1/2}$	$(5d)^{10}(6s)$
40	Zr	$^3F_2$	$(4d)^2(5s)^2$	80	Hg	$^1S_0$	$(5d)^{10}(6s)^2$

Tab. 5.2 (Fortsetzung)

		Grund-zustand	Elektronen-konfiguration[a]			Grund-zustand	Elektronen-konfiguration[a]
81	Tl	$^2P_{1/2}$	... $(6s)^2(6p)$	93	Np	$^6L_{11/2}$	$(5f)^4(6d)(7s)^2$
82	Pb	$^3P_0$	... $(6s)^2(6p)^2$	94	Pu	$^7F_0$	$(5f)^6(7s)^2$
83	Bi	$^4S_{3/2}$	... $(6s)^2(6p)^3$	95	Am	$^8S_{7/2}$	$(5f)^7(7s)^2$
84	Po	$^3P_2$	... $(6s)^2(6p)^4$	96	Cm	$^9D_2$	$(5f)^7(6d)(7s)^2$
85	At	$^2P_{3/2}$	... $(6s)^2(6p)^5$	97	Bk	$^8H_{15/2}$	$(5f)^9(7s)^2$
86	Rn	$^1S_0$	... $(6s)^2(6p)^6$	98	Cf	$^5I_8$	$(5f)^{10}(7s)^2$
87	Fr	$^2S_{1/2}$	... $(7s)$	99	Es	$^4I_{15/2}$	$(5f)^{11}(7s)^2$
88	Ra	$^1S_0$	... $(7s)^2$	100	Fm	$^3H_6$	$(5f)^{12}(7s)^2$
89	Ac	$^2D_{3/2}$	... $(6d)(7s)^2$	101	Md	$^2F_{7/2}$	$(5f)^{13}(7s)^2$
90	Th	$^3F_2$	... $(6d)^2(7s)^2$	102	No	$^1S_0$	$(5f)^{14}(7s)^2$
91	Pa	$^4K_{11/2}$	$(5f)^2(6d)(7s)^2$	103	Lr	$^2P_{1/2}$	$(7s)^2(7p)$
92	U	$^5L_6$	$(5f)^3(6d)(7s)^2$	104	Rf	$^3F_2$	$(6d)^2(7s)^2$

[a] Besetzung der äußeren Elektronenschalen; Punkte zeigen an, dass noch nicht alle Schalen mit kleinerem n und l besetzt sind (z. B. sind bei 38 Sr die $4d$-Schale und die $4f$-Schale noch leer).

Die Besetzung der Elektronenschalen folgt der $(n+l)$-Regel oder *Madelung-Regel* (nach E. Madelung): Auffüllung nach ansteigenden Werten von $n+l$; bei zwei Schalen mit gleichem $(n+l)$-Wert wird zuerst die Schale mit dem kleineren Wert von n weiter besetzt, also:

$$1s < 2s < 2p < 3s < 3p < 4s < 3d < 4p < 5s < 4d < 5p < 6s < 4f < 5d < \ldots \quad (5.24)$$

Diese Aufbauregel lässt sich auch rechnerisch bei genauerer Bestimmung atomarer Orbitale (über die oben beschriebene einfache Zentralfeldnäherung hinausgehend) bestätigen.

So wird in der Hauptschale $n = 4$ zunächst ein $4s$-Zustand mit einem Elektron (Element K, Z = 19) und mit einem weitere Elektron (Element Ca, Z = 20) besetzt. Dann aber erfolgt gemäß der Abfolge (5.24) erst einmal, wenn auch nicht ganz regelmäßig, eine Auffüllung der Hauptschale $n = 3$ mit $3d$-Elektronen; das ergibt die 10 Elemente der sogenannten Eisenperiode von Sc (Z = 21 bis Zn (Z = 30); ihre Eigenschaften sind sowohl durch die $4s$-Elektronen als auch durch die $3d$-Elektronen bestimmt (*Übergangselemente*). Weitere derartige Elektronenkonfigurationen ergeben sich bei der Auffüllung der $4d$-Schale (Palladiumperiode) und der $5d$-Schale (Lanthan und die Platinperiode) sowie analog dazu bei der Auffüllung der $4f$-Schale (Seltenerdmetalle, Lanthanoide) und der $5f$-Schale (Actinoide), jeweils mit 14 Elementen. Mit ansteigender Kernladungszahl werden die Unregelmäßigkeiten häufiger; Ursachen dafür sind vorwiegend die Mängel der nichtrelativistischen Beschreibung und der Zentralfeldnäherung.

Elemente, deren Atomgrundzustände durch Auffüllung von d- und/oder f-Schalen erhalten werden, einschließlich des Abschlusses einer solchen Reihe, bezeichnet man als *Nebengruppenelemente* (s. Tab. 5.1b); in Abb. 5.4 sind die Nebengruppenbereiche durch Schattierungen markiert. Liegen nur voll oder gar nicht besetzte d- und f-Schalen vor, so spricht man von *Hauptgruppen* (s. Tab. 5.1a). Eine Liste der Elektronenkonfigurationen der Grundzustände der neutralen Atome bis zur Ordnungszahl 104 ist in Tab. 5.2 zusammengestellt.

5.3 Atomzustände bei Russell-Saunders-Kopplung

Berechnet man die atomaren Übergangsfrequenzen $\omega = \Delta E/\hbar$ aus Differenzen zwischen den nach Gleichung (5.17'), bestimmten Energien, so erhält man allenfalls eine Grobstruktur der Atomspektren. Eine bessere Übereinstimmung mit experimentellen Daten und eventuell Voraussagen sind nur erreichbar, wenn man über die Zentralfeldnäherung hinausgeht. Das soll hier nicht in allen Einzelheiten ausgeführt werden; wir zeigen nur, wie man prinzipiell vorgehen kann, und verweisen auf die umfangreich vorhandene Spezialliteratur [5.1][5.2].

Um die in der Zentralfeldnäherung gemachten Vernachlässigungen sukzessive aufzuheben und die Fehler zu korrigieren, nehmen wir an, dass der Energiebeitrag der Spin-Bahn-Kopplung, $\Delta E_{\mathrm{SpB}}^{\mathrm{e}}$, viel kleiner ist als der Fehler $\Delta E_{\mathrm{C}}^{\mathrm{ee}}$, den man infolge der vergröberten Beschreibung der Coulombschen Elektronenwechselwirkung gemäß Gleichung (5.4) begeht:

$$\Delta E_{\mathrm{SpB}}^{\mathrm{e}} << \Delta E_{\mathrm{C}}^{\mathrm{ee}} . \tag{5.25}$$

Diese Annahme trifft zu für Atome mit niedriger bis mittlerer Ordnungszahl Z. Wenn also die Zentralfeldnäherung störungstheoretisch verbessert werden soll, muss zunächst die Störung $\mathcal{V}^{\mathrm{ee}}$, Gleichung (5.11), berücksichtigt werden, bei fortbestehender Vernachlässigung der Spin-Bahn-Wechselwirkung $\hat{V}_{\mathrm{SpB}}^{\mathrm{e}}$ [Gl. (5.2d)]. Wir haben es dementsprechend mit dem nichtrelativistischen Hamilton-Operator (5.1) in der Zerlegung

$$\hat{H}_{\mathrm{nr}} = \hat{H}_{\mathrm{ZF}} + \mathcal{V}^{\mathrm{ee}} \tag{5.26}$$

zu tun; der Zentralfeldoperator $\hat{H}_{\mathrm{ZF}}$ gibt die nullte Näherung. In einem anschließenden Schritt wäre dann die Spin-Bahn-Wechselwirkung einzubeziehen und so zum (in der hier gewählten Behandlung vollständigen) Hamilton-Operator (5.3) bzw. (5.10) überzugehen.

Die Zusammensetzung der Drehimpulse entsprechend der Situation (5.25), in der die Coulomb-Wechselwirkung der Elektronen untereinander dominiert und in der daher zuerst deren Beschreibung verbessert werden muss, bevor die Spin-Bahn-Wechselwirkung einbezogen wird, bezeichnet man als ***Russell-Saunders-Kopplung*** oder als *LS-Kopplung*: die Bahndrehimpulse der Elektronen koppeln untereinander stärker als der Bahndrehimpuls und der Spin jedes einzelnen Elektrons. Trifft die Annahme (5.25) nicht zu, dann wird die Situation wesentlich komplizierter; es lässt sich relativ einfach noch der zur Beziehung (5.25) entgegengesetzte Grenzfall behandeln, in dem zuerst die Spin-Bahn-Kopplung der einzelnen Elektronen und anschließend die volle Coulomb-Wechselwirkung der Elektronen zu berücksichtigen ist (sogenannte *jj-Kopplung*). Dieser Fall sowie intermediäre Fälle werden hier nicht besprochen (s. hierzu etwa [I.4b][5.1][5.2]).

In der Störungstheorie erster Ordnung, durchgeführt mit den Wellenfunktionen nullter Näherung $\Psi^{(0)}$, erhält man korrigierte (verschobene und aufgespaltene) Energieniveaus. Wie das korrigierte Energieniveauschema dann *qualitativ* aussieht, lässt sich aber auch ohne Rechnungen herausfinden. Es wurde in Abschnitt 4.4.2 schon darauf hingewiesen, dass dies mit Hilfe von Symmetriebetrachtungen geschehen kann. Bei atomaren Systemen läuft das auf dasselbe hinaus (s. Anhang A1.4) wie eine Bestimmung der Drehimpuls-Erhaltungsgrößen, so dass wir diese Diskussion auf der Grundlage der Abschnitte 3.1.6 und 3.2 führen können.

Wir untersuchen also zuerst, welche Drehimpulse in den jeweiligen Näherungen Erhaltungsgrößen sind, und dann, welche Werte sie annehmen können, d. h. durch welche Quantenzahlen sich die Zustände des Atoms kennzeichnen lassen.

5.3.1 Reine Coulomb-Wechselwirkung. *LS*-Terme

5.3.1.1 Erhaltungsgrößen ohne Spin-Bahn-Wechselwirkung

Um festzustellen, wie sich die Zentralfeldterme durch die Störung $\mathcal{V}^{\mathrm{ee}}$ verändern, ermitteln wir zunächst die Erhaltungsgrößen des ungestörten Systems, beschrieben durch den Hamilton-Operator $\hat{H}_{\mathrm{ZF}}$ [Gl. (5.5)]. Es sind dies das Betragsquadrat und die z-Komponente von Bahndrehimpuls und Spin jedes einzelnen Elektrons, denn die entsprechenden Operatoren $\hat{\boldsymbol{l}}_\kappa{}^2$, $\hat{l}_{\kappa z}$ und $\hat{s}_\kappa{}^2$, $\hat{s}_{\kappa z}$ sind mit $\hat{H}_{\mathrm{ZF}}$ vertauschbar (s. ÜA 5.2), und sie hängen nicht explizite von der Zeit ab. Dementsprechend haben wir die Einelektronfunktionen in der Form (5.15) angesetzt, und die Gesamtwellenfunktionen $\Psi^{(0)}$ wie auch die Gesamtenergie $E^{(0)}$ in der Zentralfeldnäherung lassen sich durch die Gesamtheit aller Einelektron-Quantenzahlen kennzeichnen: l_κ, m_κ und m_{s_κ} mit $\kappa = 1, 2, \ldots, N$ (s_κ hat immer den Wert ½); s. die Ausdrücke (5.16) und (5.17) bzw. (5.17') – eine Folge davon, dass sich die Elektronen in der Zentralfeldnäherung unabhängig voneinander bewegen. Für den Hamilton-Operator (5.26) gilt das nicht mehr, er ist nicht mit den Einelektronoperatoren für den Bahndrehimpuls vertauschbar, sondern nur noch mit den in Abschnitt 3.2.3 definierten Operatoren $\hat{\boldsymbol{L}}^2$ und $\hat{L}_z$ für den Gesamtbahndrehimpuls der N Elektronen des Atoms:

$$\left[\hat{H}_{\mathrm{nr}}, \hat{\boldsymbol{l}}_\kappa{}^2\right] \neq 0 \quad \text{und} \quad \left[\hat{H}_{\mathrm{nr}}, \hat{l}_{\kappa z}\right] \neq 0 \qquad \text{für } \kappa = 1, 2, \ldots, N, \tag{5.27}$$

aber

$$\left[\hat{H}_{\mathrm{nr}}, \hat{\boldsymbol{L}}^2\right] = 0 \quad \text{und} \quad \left[\hat{H}_{\mathrm{nr}}, \hat{L}_z\right] = 0\ ; \tag{5.28}$$

die Operatoren $\hat{L}_x$ und $\hat{L}_y$ für die übrigen beiden Drehimpulskomponenten kommutieren zwar mit $\hat{H}_{\mathrm{nr}}$, jedoch nicht miteinander und nicht mit $\hat{L}_z$, so dass, wie wir aus Abschnitt 3.2.3 wissen, nur das Betragsquadrat $\boldsymbol{L}^2$ und *eine* Komponente (üblicherweise wählt man L_z) des Gesamtbahndrehimpulses gleichzeitig Erhaltungsgrößen sind. Beweisen werden wir das hier nicht, aber es ist sofort einleuchtend, dass der Bahndrehimpuls eines Elektrons, das ständig durch die Bewegungen der anderen Elektronen beeinflusst wird, im Laufe der Zeit nicht unverändert bleiben kann.

Analog zum Bahndrehimpuls nehmen wir, obwohl keine spinabhängigen Wechselwirkungen einbezogen wurden, anstelle der Einelektronspins den Gesamtspin, genauer: dessen Betragsquadrat $\hat{\boldsymbol{S}}^2$ und die z-Komponente $\hat{S}_z$ (s. Abschn. 3.2.3), die natürlich mit dem Hamilton-Operator $\hat{H}_{\mathrm{nr}}$, da dieser keine Spinanteile enthält, kommutieren:

$$\left[\hat{H}_{\text{nr}}, \hat{S}^2\right] = 0 \quad \text{und} \quad \left[\hat{H}_{\text{nr}}, \hat{S}_z\right] = 0 \ . \tag{5.29}$$

Bei voller Berücksichtigung der Coulomb-Wechselwirkung der Elektronen untereinander und Vernachlässigung der Spin-Bahn-Kopplung sind für ein Atom also das Betragsquadrat und die z-Komponente des gesamten Bahndrehimpulses und des Gesamtspins Erhaltungsgrößen: $\boldsymbol{L}^2$, L_z, $\boldsymbol{S}^2$ und S_z. Die Atomzustände lassen sich folglich durch die Werte der entsprechenden Quantenzahlen L, M_L, S und M_S kennzeichnen (s. Abschn. 3.2.3):

Quantenzahl L zum Betragsquadrat $L(L+1)\hbar^2$ ($L \geq 0$, ganzzahlig)

und Quantenzahl M_L zur z-Komponente $M_L\hbar$ $(-L \leq M_L \leq L)$

des gesamten Bahndrehimpulses, sowie

Quantenzahl S zum Betragsquadrat $S(S+1)\hbar^2$ ($S \geq 0$, ganz- oder halbzahlig)

und Quantenzahl M_S zur z-Komponente $M_S\hbar$ $(-S \leq M_S \leq S)$

des Gesamtspins.

Eine weitere Kenngröße, die einen Atomzustand charakterisiert, ist die *Parität*, also das Verhalten der Wellenfunktion bei Inversion (Spiegelung am Koordinatennullpunkt, d. h. Umkehrung des Vorzeichens aller kartesischen Koordinaten, vgl. Anhang A1.1.2 und A1.3.3.2). Wir geben die Parität eines Zustands durch einen Index w an; dieser hat den Wert +1, wenn der Zustand *gerade* (g) ist (Wellenfunktion unverändert bei Inversion), oder –1, wenn der Zustand *ungerade* (u) ist (Vorzeichenwechsel der Wellenfunktion bei Inversion). Alle *LS*-Zustände, die aus einer Elektronenkonfiguration (5.18) hervorgehen, haben die gleiche Parität

$$w = (-1)^{\sum_{\kappa=1}^{N} l_\kappa} , \tag{5.30}$$

die durch die (Einteilchen-) Bahndrehimpulse aller Elektronen bestimmt ist.

Die Wellenfunktionen lassen sich also in der betrachteten nichtrelativistischen Behandlung ohne Spin-Bahn-Kopplung folgendermaßen kennzeichnen:

$$\Psi \equiv \Psi_{qwL\,S}^{\;\;\;\;\,M_L M_S} , \tag{5.31}$$

wobei Zustände, die in den Quantenzahlen w, L, S, M_L und M_S übereinstimmen, durch den Index q fortlaufend numeriert werden. Entsprechendes gilt natürlich auch für die Anschlussfunktionen $\Psi_{qw\;L\;S}^{(0)M_L M_S}$ in nullter Näherung der Störungstheorie mit Entartung (s. Abschn. 4.4.2.2) als "richtige" Linearkombinationen der Funktionen $\overline{\Psi}^{(0)}$ [Gl. (5.16)].

Für die zugehörigen Energieniveaus wird das Symbol

$$q\,^{2S+1}L_w \tag{5.32}$$

verwendet, wie es sich in der Spektroskopie eingebürgert hat. Da es bei einem isolierten Atom keine Vorzugsrichtung gibt, kann die Energie nicht von den z-Komponenten der Drehimpulse abhängen, so dass jeder dieser Terme $(2S+1)\cdot(2L+1)$-fach entartet ist. Es ist üblich, die Terme mit $L = 0, 1, 2, \ldots$ durch die (Groß-) Buchstaben $S, P, D, \ldots$zu bezeichnen (analog zu den Einteilchenzuständen $s, p, d, \ldots$ für $l = 0, 1, 2, \ldots$). Der obere Index $2S+1$ im Termsymbol (5.32) heißt *Multiplizität* des Terms; der Grund für diese Bezeichnung wird später klar. Der kleinste Wert von $2S+1$ ist 1 (bei $S = 0$), dann nennt man den Term ein *Singulett*; entsprechend heißt ein Term mit $2S+1 = 2$ ($S = ½$) *Dublett*, bei $2S+1 = 3$ ($S = 1$) haben wir ein *Triplett* usw.

5.3.1.2 Aufspaltung der Zentralfeldniveaus in LS-Terme

Wir ermitteln nun die *Werte der Quantenzahlen L und S*, die für einen gegebenen Zentralfeldterm zu einer bestimmten Elektronenkonfiguration (5.18) möglich sind; damit wissen wir dann, in welche Terme die Zentralfeldzustände aufspalten können.

Äquivalente Elektronen

Nehmen wir vorerst an, es gebe nur eine Elektronenschale (nl); sie sei mit ν_{nl} Elektronen besetzt. Dazu gehören $\binom{2g_l}{\nu_{nl}}$ antisymmetrische Produktwellenfunktionen der Form (5.16), die miteinander entartet sind. Welche Werte die Quantenzahl L prinzipiell annehmen kann, lässt sich mit Hilfe des Vektormodells der Drehimpulskopplung ermitteln (s. Abschn. 3.2.2): man addiert vektoriell in beliebiger Reihenfolge die Einelektron-Bahndrehimpulse $\boldsymbol{l}$ unter Beachtung der Quantisierungsvorschriften und findet so alle möglichen Vektoren $\boldsymbol{L}$ des gesamten Bahndrehimpulses; die Längen dieser Vektoren ergeben die möglichen Quantenzahlen L. Analog verfährt man mit den Einelektron-Spins und findet die möglichen Werte der Quantenzahl S des Gesamtspins.

Handelt es sich um eine abgeschlossene Elektronenschale, $\nu_{nl} = 2g_l$, dann sind alle Einelektronzustände dieser Schale besetzt; das bedeutet: es tritt zu jedem Wert m auch der Wert $-m$ auf und zu jedem Wert m_s auch der Wert $-m_s$, so dass gilt: $M_L = \sum_\kappa m_\kappa = 0$ und $M_S = \sum_\kappa m_{s_\kappa} = 0$. Es gibt somit nur *eine* Funktion $\Psi^{(0)}$, und diese muss zu $L = 0$ und $S = 0$ gehören: *Eine abgeschlossene Elektronenschale trägt nichts zum gesamten Bahndrehimpuls und zum Gesamtspin bei.*

Als Beispiel nehmen wir wieder die Elektronenkonfiguration $(1s)^2(2s)^2(2p)^2$ des Grundzustands des C-Atoms. Die Schalen $1s$ und $2s$ sind abgeschlossen, so dass wir nur die $2p$-Schale zu betrachten brauchen. Für die beiden Elektronen dieser Schale haben wir $l_1 = l_2 = 1$ und $s_1 = s_2 = 1/2$. Das Vektormodell ergibt als mögliche L-Werte 0, 1 und 2 sowie die S-Werte 0 und 1, also Zustände S, P und D, jeweils als Singulett und als Triplett.

Nicht alle durch das Vektormodell gelieferten LS-Kombinationen werden jedoch tatsächlich realisiert. Der Grund hierfür ist das *Pauli-Prinzip*, das nur antisymmetrische Wellenfunktionen zulässt und im Vektormodell an keiner Stelle berücksichtigt ist. Wir beschreiben hier ein einfaches Rezept, wie die "richtigen" LS-Kombinationen (jene, die mit dem Pauli-Prinzip vereinbar sind, für die sich also antisymmetrische Wellenfunktionen bilden lassen) ermittelt werden können. Für eine eingehendere Erörterung dieser Problematik verweisen wir auf die Literatur, etwa [I.4b][5.3].

Man gruppiere die Zentralfeld-Zustandsfunktionen der betreffenden Schale, also die $\binom{2g_l}{\nu_{nl}}$ Funktionen $\overline{\Psi}^{(0)}$, in einem Schema (Tab. 5.3) nach den Werten von M_L und M_S, die sich, wie man durch Anwendung der Operatoren $\hat{L}_z$ und $\hat{S}_z$ auf $\overline{\Psi}^{(0)}$ leicht nachprüft, als Summe der Einteilchen-Quantenzahlen m_κ bzw. m_{s_κ} ergeben:

$$M_L = \sum_{\kappa=1}^{N} m_\kappa , \qquad M_S = \sum_{\kappa=1}^{N} m_{s_\kappa} . \tag{5.33}$$

Tab. 5.3 Gruppierung der Atomzustände in Zentralfeldnäherung nach den Werten der Quantenzahlen M_L und M_S (nach [I.4a,b])

M_S \ M_L	$M_L^{\max}$	$M_L^{\max}-1$	…	$M_L^{\min}$
$M_S^{\max}$				
$M_S^{\max}-1$				
⋮				
$M_S^{\min}$				

Man muss die Funktionen $\overline{\Psi}^{(0)}$ nicht wirklich in die Tabelle hineinschreiben, sondern es genügt, wenn man für jedes $\overline{\Psi}^{(0)}$ in das betreffende Feld etwa ein Kreuz einträgt. Dann lässt sich abzählen, welche *LS*-Kombinationen zulässig sind. Hierzu beginnt man etwa beim maximalen Wert $M_L^{\max}$ von M_L und geht in dieser Spalte so lange nach unten, bis man auf ein Feld trifft, in dem eine Funktion $\overline{\Psi}^{(0)}$ (d. h. ein Kreuz) steht; diese Funktion möge zu $M_S = \overline{M}_S$ gehören. Es muss demnach eine Funktion (5.31) mit $L = M_L^{\max}$ und $S = \overline{M}_S$ geben, die zu einem Term (5.32) gehört, und zwar gemeinsam mit $(2L+1)\cdot(2S+1)-1$ weiteren Funktionen. Für jede dieser Funktionen streichen wir nun in dem Block, der durch die Felder $M_L = L (= M_L^{\max}), L-1, \ldots \ldots, -L$ und $M_S = S\,(=\overline{M}_S),\ S-1, \ldots, -S$ gebildet wird, aus jedem Feld ein Kreuz heraus. Dann wird das Verfahren in der gleichen Weise fortgesetzt, bis alle Kreuze verbraucht sind. Das liefert die "richtigen" *LS*-Kombinationen, d. h. die durch das Pauli-Prinzip erlaubten Zustände. Deren Gesamtzahl (für *alle* so ermittelten *LS*-

Kombinationen) unter Einrechnung der Entartungen bezüglich M_L und M_S, also jeweils $(2L+1)\cdot(2S+1)$, muss natürlich gleich dem Entartungsgrad $\begin{pmatrix} 2g_l \\ \nu_{nl} \end{pmatrix}$ des betrachteten Zentralfeldterms sein. Die entsprechenden Anschlussfunktionen der Störungstheorie erster Ordnung sind jeweils Linearkombinationen der zu den Feldern des Schemas in Tab. 5.3 gehörenden Zentralfeldfunktionen $\overline{\Psi}^{(0)}$.

Wir illustrieren die Prozedur wieder am Beispiel des Grundterms des C-Atoms. Zu diesem Term gehören in der Zentralfeldnäherung $\begin{pmatrix} 6 \\ 2 \end{pmatrix} = 15$ Funktionen, die jeweils bestimmten (M_L, M_S)-Paaren entsprechen. Das Schema Tab. 5.3 hat dann die in Tab. 5.4 gezeigte Gestalt.

Tab. 5.4 Abzählschema zur Ermittlung der möglichen (*L,S*)-Terme für die Grundkonfiguration des C-Atoms (nach [I.4a,b])

M_S \ M_L	2	1	0	–1	–2
1		×	×	×	
0	×	××	×××	××	×
–1		×	×	×	

Das Abzählverfahren ergibt $M_L^{\max} = 2$, $\overline{M}_S = 0$, somit die *LS*-Kombination $L = 2$, $S = 0$, d. h. einen ^1D-Term. Weiterhin erhält man auf die gleiche Weise einen ^3P-Term und einen ^1S-Term. Das sind insgesamt $1\times5+3\times3+1\times1=15$ Zustände; diese Anzahl ist genau gleich dem Entartungsgrad des Zentralfeldterms, wie es sein muss. Die Durchführung des Verfahrens für die Grundkonfiguration des C-Atoms wird dem Leser zur Übung empfohlen (ÜA 5.3).

Es sei noch angemerkt, dass diese Abzählmethode sich streng mathematisch formulieren und zu einem Verfahren zur Konstruktion der Anschlussfunktionen $\Psi^{(0)}{}_{L\ S}^{M_L M_S}$ (der "richtigen" Wellenfunktionen nullter Näherung) für die Störungstheorie ausbauen lässt (in Anknüpfung an Abschn. 4.4.2.2). Man beginnt mit einer Funktion $\overline{\Psi}^{(0)}$, bei der man sieht, zu welchen Werten von L und S sie gehören muss (beim obigen Beispiel der C-Grundkonfiguration etwa die dem Randfeld zu $M_L^{\max} = 2$, $\overline{M}_S = 0$ entsprechende Funktion), und erzeugt daraus durch Anwendung von Schiebeoperatoren $\hat{L}_-, \hat{L}_+$ und $\hat{S}_-, \hat{S}_+$ (s. Abschn. 3.2.3) sowie durch die Orthonormierungsbedingungen sukzessive diejenigen Linearkombinationen der Funktionen $\overline{\Psi}^{(0)}$, die zu den anderen M_L- bzw. M_S-Werten gehören.

Das ist nicht das einzige mögliche Verfahren, um die gestellte Aufgabe zu lösen; auf weitere Methoden zur Ermittlung der *LS*-Zustände werden wir jedoch hier nicht eingehen (Hinweise dazu findet man etwa in [I.4b]).

Wie sich leicht zeigen lässt, sind die *LS*-Terme einer mit ν Elektronen besetzten Schale (nl) die gleichen wie die einer solchen Schale, in der ν Elektronen fehlen (ν "Löcher"), die also mit $2g_l - \nu$ Elektronen besetzt ist [I.4b][5.1][5.2].

Eine Übersicht über die *LS*-Terme, die für unterschiedliche Besetzungen einer (ns)-, einer (np)- und einer (nd)-Schale möglich sind, gibt Tab. 5.5.

Tab. 5.5 Mögliche *LS*-Terme bei verschiedenen Besetzungen einer (ns)-, (np)- oder (nd)-Schale[a] (aus [I.4b])

Zentralfeld-Konfiguration	*LS*-Zustände
(ns)	^2S
$(ns)^2$	^1S
(np), $(np)^5$	^2P
$(np)^2$, $(np)^4$	^1S, ^1D, ^3P
$(np)^3$	^4S, ^2P, ^2D
$(np)^6$	^1S
(nd), $(nd)^9$	^2D
$(nd)^2$, $(nd)^8$	^1S, ^1D, ^1G, ^3P, ^3F
$(nd)^3$, $(nd)^7$	^2P, $^2D(2)$, ^2F, ^2G, ^2H, ^4P, ^4F
$(nd)^4$, $(nd)^6$	$^1S(2)$, $^1D(2)$, ^1F, $^1G(2)$, ^1J, $^3P(2)$, ^3D, $^3F(2)$, ^3G, ^3H, ^5D
$(nd)^5$	^2S, ^2P, $^2D(3)$, $^2F(2)$, $^2G(2)$, ^2H, ^2J, ^4P, ^4D, ^4F, ^4G, ^6S
$(nd)^{10}$	^1S

[a] Die Zahl in Klammern hinter dem Termsymbol zeigt an, dass der Zustand mehrfach auftritt.

Nichtäquivalente Elektronen

Weist die Elektronenkonfiguration zwei nichtabgeschlossene Elektronenschalen $(n'l')$ und $(n''l'')$ auf, so unterliegen nur die Besetzungen innerhalb jeder Schale den Einschränkungen infolge des Pauli-Prinzips, denn die Ortsanteile verschiedener Schalen unterscheiden sich voneinander. Wir können also zuerst beide Schalen für sich mit dem obigen Abzählverfahren behandeln und dann die erhaltenen möglichen Kombinationen $L'S'$ bzw. $L''S''$ ohne weitere Einschränkung nach dem Vektormodell zusammensetzen; es ergibt sich für den gesamten Bahndrehimpuls

$$L = L' + L'', L' + L'' - 1, \ldots, |L' - L''| \tag{5.34a}$$

und für den Gesamtspin

$$S = S' + S'', S' + S'' - 1, \ldots, |S' - S''| \ . \tag{5.34b}$$

Durch sukzessives Zusammensetzen der Beiträge der einzelnen Schalen können auf diese Weise beliebig viele Schalen behandelt werden; abgeschlossene Schalen ($L = 0$, $S = 0$) tragen nichts bei (vgl. Tab. 5.5).

Wie wir aus Abschnitt 4.4.2.2 wissen, spaltet ein entarteter Zentralfeldterm unter dem Einfluss der Störung in mehrere Niveaus auf, die jeweils den möglichen *LS*-Kombinationen entsprechen. Die energetischen Verschiebungen ergeben sich in erster Ordnung der Störungstheorie als die Erwartungswerte von $\mathcal{V}^{\mathrm{ee}}$, gebildet mit den Anschlussfunktionen $\Psi^{(0)M_L M_S}_{\ L\ \ S}$ (den aus den Zentralfeldfunktionen $\overline{\Psi}^{(0)}$ gebildeten "richtigen" Linearkombinationen):

$$u_{LS}^{(1)} = \left\langle \Psi^{(0)M_L M_S}_{\ L\ \ S} \middle| \mathcal{V}^{\mathrm{ee}} \middle| \Psi^{(0)M_L M_S}_{\ L\ \ S} \right\rangle . \tag{5.35}$$

Zu welchen Werten von M_L und M_S die Funktionen $\Psi^{(0)M_L M_S}_{\ L\ \ S}$ gehören, spielt dabei keine Rolle, denn der Erwartungswert hängt davon nicht ab; die Indizes q und w wurden weggelassen.

Die Abb. 5.5 zeigt schematisch die aus dem tiefsten Zentralfeldterm des C-Atoms hervorgehenden *LS*-Terme.

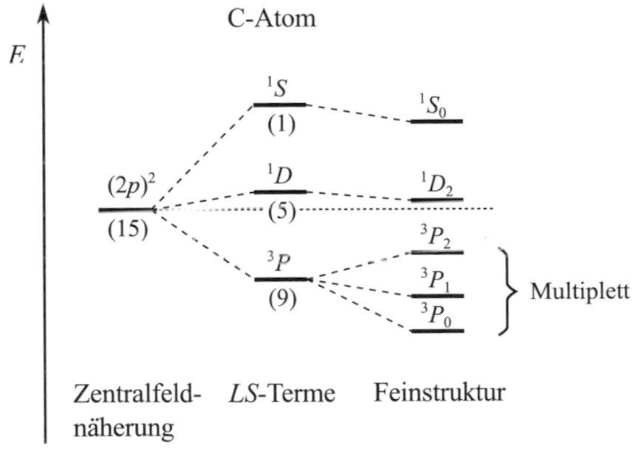

Abb. 5.5
Die tiefsten *LS*-Terme des C-Atoms und ihre Feinstrukturkomponenten (schematisch); in Klammern unter den Zentralfeld- und *LS*-Termbalken sind die Entartungsgrade angegeben (aus [I.4b])

Anhand einer (halbklassischen) Überlegung ist leicht zu verstehen, worin die physikalische Ursache für die Aufspaltung der Zentralfeldterme, also für die Energiebeiträge (5.35), liegt: Verschiedene Werte von L bedeuten verschiedene Einstellungen der Bahndrehimpulse und damit der "Bahnebenen" der einzelnen Elektronen zueinander, folglich unterschiedliche mittlere Abstände und daher unterschiedliche Abstoßungsenergien. Der Gesamtspin S spielt dabei nur insoweit eine Rolle, als er die Auswahl der nach dem Pauli-Prinzip zulässigen L-Werte regelt.

Die tatsächliche Größe der Aufspaltungen der Zentralfeldterme lässt sich nur durch Berechnungen ermitteln, in erster störungstheoretischer Näherung also mittels der Gleichung (5.35);

dazu muss man die Anschlussfunktionen $\Psi^{(0)M_L M_S}_{L\ S}$ kennen, die wir hier nicht explizite bestimmt haben. Von Interesse ist insbesondere die Frage, welcher der *LS*-Terme der energetisch tiefste ist. Hierfür gilt die ***Hundsche Regel***, der zufolge der tiefste *LS*-Term derjenige mit der höchsten Multiplizität (also mit dem größten *S*-Wert) ist; gibt es mehrere Terme dieser Multiplizität, so liegt der Term mit dem größten *L*-Wert am tiefsten.

In höheren Näherungen der Störungstheorie bleibt das Aufspaltungsbild qualitativ unverändert, es treten nur noch (meist kleine) energetische Verschiebungen ein.

5.3.2* Einbeziehung der Spin-Bahn-Kopplung. Feinstruktur

Wir beschränken uns weiter darauf, die Spin-Bahn-Kopplung im Rahmen des Russell-Saunders-Schemas zu behandeln, wie es für leichte bis mittelschwere Atome zulässig ist.

5.3.2.1 Erhaltungsgrößen mit Spin-Bahn-Kopplung*

Bei Berücksichtigung der Spin-Bahn-Wechselwirkung (5.2d) haben wir es mit dem Hamilton-Operator $\hat{H}^{\mathrm{e}}$ [Gl. (5.3)], zu tun, der zu anderen Erhaltungsgrößen als der nichtrelativistische Hamilton-Operator (5.1) führt. Der Operator (5.2d) setzt sich aus N Einelektronoperatoren $\propto \hat{\boldsymbol{l}}_\kappa \cdot \hat{\boldsymbol{s}}_\kappa$ zusammen, die nach Abschnitt 3.2.2 (s. ÜA 3.4b) nicht mit den Operatoren für das Betragsquadrat und die *z*-Komponente von Bahndrehimpuls und Spin des Elektrons κ ($\hat{\boldsymbol{l}}_\kappa{}^2, \hat{l}_{\kappa z}$ bzw. $\hat{\boldsymbol{s}}_\kappa{}^2, \hat{s}_{\kappa z}$), sondern nur noch mit den Operatoren $\hat{\boldsymbol{j}}_\kappa{}^2$ und $\hat{j}_{\kappa z}$ des resultierenden Drehimpulsoperators $\hat{\boldsymbol{j}}_\kappa = \hat{\boldsymbol{l}}_\kappa + \hat{\boldsymbol{s}}_\kappa$ kommutieren, außerdem natürlich mit den Drehimpulsoperatoren der anderen Elektronen $\lambda \neq \kappa$. Daraus folgt (s. ÜA 5.2b), dass der Hamilton-Operator $\hat{H}^{\mathrm{e}}$ nicht mehr mit $\hat{\boldsymbol{L}}^2$ und $\hat{L}_z$ sowie $\hat{\boldsymbol{S}}^2$ und $\hat{S}_z$, sondern nur noch mit dem Betragsquadrat $\hat{\boldsymbol{J}}^2$ und der *z*-Komponente $\hat{J}_z$ des gesamten resultierenden Drehimpulses (3.111) der Elektronen vertauschbar ist:

$$\left[\hat{H}^{\mathrm{e}}, \hat{\boldsymbol{J}}^2\right] = 0 \quad \text{und} \quad \left[\hat{H}^{\mathrm{e}}, \hat{J}_z\right] = 0 . \tag{5.36}$$

Die Atomzustände lassen sich dementsprechend durch die

Quantenzahl J zum Betragsquadrat $J(J+1)\hbar^2$ ($J \geq 0$, ganz- oder halbzahlig)

und die Quantenzahl M_J zur *z*-Komponente $M_J\hbar$ ($-J \leq M_J \leq J$)

des gesamten resultierenden Drehimpulses

kennzeichnen:

$$\Psi \equiv \Psi_{qwJ}^{M_J} ; \tag{5.37}$$

w ist wie bisher die Parität des Zustands, die gemäß Gleichung (5.30) durch die Einelektron-Bahndrehimpulse der Zentralfeldkonfiguration festgelegt ist, aus welcher der Zustand (5.37) hervorgeht, und q ist wieder ein Laufindex. Die entsprechenden Energieniveaus E_{qwJ} sind $(2J+1)$-fach entartet. Diese Kennzeichnungen gelten in allen Näherungen der Störungstheorie, also insbesondere auch für die Anschlussfunktionen $\Psi^{(0)M_J}_{LSJ}$, die als ("richtige") Linearkombinationen der Funktionen $\Psi^{(0)M_L M_S}_{L\ S}$ bzw. $\overline{\Psi}^{(0)}$ bestimmt werden können; dabei wurde die Kennzeichnung mit L und S beibehalten, um deutlich zu machen, dass in der betrachteten nullten Näherung der störungstheoretischen Behandlung diese Anschlussfunktionen noch Eigenfunktionen zu $\hat{\boldsymbol{L}}^2$ und $\hat{\boldsymbol{S}}^2$ (aber nicht mehr zu $\hat{L}_z$ und $\hat{S}_z$) sind. Die Angaben q und w sind bei den Anschlussfunktionen wieder weggelassen, da sich alle Umformungen (Linearkombinationen) innerhalb des Satzes der zu einem bestimmten Zentralfeldterm gehörenden Funktionen abspielen.

5.3.2.2 Feinstrukturaufspaltung der LS-Terme*

Welche J-Werte für einen gegebenen LS-Term möglich sind, ist mit Hilfe des Vektormodells sehr einfach zu ermitteln. Hierzu müssen lediglich der Gesamtbahndrehimpuls $\boldsymbol{L}$ und der Gesamtspin $\boldsymbol{S}$ vektoriell zusammengesetzt werden; das Ergebnis ist:

$$J = L+S, L+S-1, \ldots, |L-S| . \tag{5.38}$$

Diese Vektoraddition unterliegt keinen Einschränkungen, da das Pauli-Prinzip bereits bei der Auswahl der zulässigen LS-Kombinationen berücksichtigt worden ist.

Gilt $L \geq S$, dann ergeben sich $2S+1$ Werte für J. Aus der Bezeichnung (5.32) für einen LS-Term kann man in diesem Falle also entnehmen, in wieviele Niveaus der Term bei Einbeziehung der Spin-Bahn-Kopplung aufspaltet; daher die Bezeichnung *Multiplizität* (s. Abschn. 5.3.1.1). Die volle Multiplizität wird allerdings bei $L < S$ nicht erreicht. In diesem Fall erhält man $2L+1$ Werte für J. Singulett-Terme ($S = 0$) spalten nicht auf. Bei $S = ½$ ergibt sich eine Aufspaltung in zwei Terme (ein Dublett), bei $S = 1$ eine Aufspaltung in drei Terme (ein Triplett) usw. Diese Aufspaltung als Folge der Spin-Bahn-Kopplung bezeichnet man als *Feinstruktur-Aufspaltung.*

In Abb. 5.5, rechter Teil, sind für die LS-Terme zur Grundkonfiguration des C-Atoms die Energieniveaus in dieser Näherung (qualitativ) eingezeichnet. Man sieht die Aufspaltung des ${}^3P$-Terms in ein Triplett; die beiden Singulettniveaus spalten nicht auf, sondern werden nur verschoben.

Die störungstheoretische Behandlung läuft analog zum Fall der LS-Aufspaltung der Zentralfeldniveaus, wie in Abschnitt 5.3.1.2 beschrieben. Auch hier führen wir das nicht in allen Einzelheiten vor, sondern skizzieren nur die Verfahrensweise. Aus den zu einem LS-Term gehörenden $(2L+1)\cdot(2S+1)$ Zustandsfunktionen nullter Näherung, $\Psi^{(0)M_L M_S}_{L\ S}$, müssen durch Linearkombination die für den vorliegenden Fall passenden Anschlussfunktionen $\Psi^{(0)M_J}_{LSJ}$ gebildet werden (s. oben). Die Funktionen $\Psi^{(0)M_L M_S}_{L\ S}$ sind bereits Eigenfunktionen zu $\hat{J}_z$; Eigenfunktionen zu $\hat{\boldsymbol{J}}^2$ kann man daraus durch Anwendung der Schiebeoperatoren $\hat{J}_+$ und $\hat{J}_-$ sowie durch Orthonormierungsbedingungen erzeugen. Die Energiekorrekturen erster Ordnung, $u^{(1)}_{LSJ}$, ergeben sich dann als Erwartungswerte des Störoperators $\hat{V}^{\mathrm{e}}_{\mathrm{SpB}}$,

Gleichung (5.2d), gebildet mit den so erhaltenen Anschlussfunktionen. Dieser Schritt wird dadurch vereinfacht, dass der Operator $\hat{V}^{\text{e}}_{\text{SpB}}$ und der Operator

$$\hat{\bar{V}}^{\text{e}}_{\text{SpB}} = A_{LS}\hat{\boldsymbol{L}}\cdot\hat{\boldsymbol{S}} \tag{5.39}$$

(A_{LS} ist ein von L und S abhängiger Zahlenfaktor) mit den Funktionen $\Psi^{(0)M_J}_{LSJ}$ zu den gleichen Matrixelementen führen (s. etwa [I.3]), es gilt also:

$$u^{(1)}_{LSJ} = \left\langle \Psi^{(0)M_J}_{LSJ} \middle| \hat{V}^{\text{e}}_{\text{SpB}} \middle| \Psi^{(0)M_J}_{LSJ} \right\rangle = \left\langle \Psi^{(0)M_J}_{LSJ} \middle| \hat{\bar{V}}^{\text{e}}_{\text{SpB}} \middle| \Psi^{(0)M_J}_{LSJ} \right\rangle. \tag{5.40}$$

Dieser Erwartungswert kann nicht von M_J abhängen, da die Wahl der z-Richtung physikalisch nicht relevant ist. Mit Hilfe der Beziehung

$$\hat{\boldsymbol{L}}\cdot\hat{\boldsymbol{S}} = (1/2)\left(\hat{\boldsymbol{J}}^2 - \hat{\boldsymbol{L}}^2 - \hat{\boldsymbol{S}}^2\right), \tag{5.41}$$

die als quantenmechanische Entsprechung zum klassischen Skalarprodukt $\boldsymbol{L}\cdot\boldsymbol{S}$ aus $\boldsymbol{J}^2 = (\boldsymbol{L}+\boldsymbol{S})^2$ folgt, erhält man für den Erwartungswert (5.40) den einfachen Ausdruck

$$u^{(1)}_{LSJ} = (1/2)A_{LS}\hbar^2\left[J(J+1) - L(L+1) - S(S+1)\right], \tag{5.42}$$

da die Funktionen $\Psi^{(0)M_J}_{LSJ}$ Eigenfunktionen sowohl zu $\hat{\boldsymbol{J}}^2$ als auch zu $\hat{\boldsymbol{L}}^2$ und $\hat{\boldsymbol{S}}^2$ sind.

Tab. 5.6 Feinstrukturkomponenten der *LS*-Terme (aus [I.4b])

L	S	Term	Feinstrukturkomponenten
0, 1, 2, ...	0	^1S, ^1P, ^1D, ...	$^1S_0$, $^1P_1$, $^1D_2$, ...
0	1/2	^2S	$^2S_{1/2}$
1	1/2	^2P	$^2P_{3/2}$, $^2P_{1/2}$
1	1	^3P	$^3P_2$, $^3P_1$, $^3P_0$
1	2	^5P	$^5P_3$, $^5P_2$, $^5P_1$
2	1/2	^2D	$^2D_{5/2}$, $^2D_{3/2}$
2	1	^3D	$^3D_3$, $^3D_2$, $^3D_1$
2	3/2	^4D	$^4D_{7/2}$, $^4D_{5/2}$, $^4D_{3/2}$, $^4D_{1/2}$
⋮	⋮	⋮	⋮

Für die Feinstrukturkomponenten, in die ein *LS*-Term aufspaltet (s. Tab. 5.6), hat sich das Symbol

$$q\,^{2S+1}L_J \tag{5.43}$$

eingebürgert, um die Herkunft aus dem *LS*-Term deutlich zu machen. Genau genommen gilt diese Bezeichnung nur in der ersten Näherung der Störungstheorie, denn in höheren Näherungen gehören die Feinstrukturkomponenten nicht mehr zu bestimmten Werten von L und S.

Spaltet ein *LS*-Term eines Atoms bei Berücksichtigung der Spin-Bahn-Kopplung auf, so wird die Frage, welche der Feinstrukturkomponenten am tiefsten liegt, durch eine *Erweiterung der Hundschen Regel* beantwortet (vgl. [5.3]): Bei einer höchstens halbgefüllten Schale ist der tiefste Zustand derjenige mit dem kleinsten J-Wert, bei einer mehr als halbgefüllten Schale ist es derjenige mit dem höchsten J-Wert.

Ein Beispiel für den erstgenannten Fall ist der Grundzustand des C-Atoms: am tiefsten liegt der Term $^3P_0$ (s. Abb. 5.5).

Um eine Vorstellung von der Größenordnung der hier besprochenen Effekte zu vermitteln, geben wir einige Zahlenwerte für leichte Atome an: Die energetischen Abstände ΔE_{ZF} der tiefsten Zentralfeldniveaus betragen im Allgemeinen mehrere eV. Für die Aufspaltungen in *LS*-Terme, $\Delta E_{\mathrm{C}}^{\mathrm{ee}}$, ergeben sich z. B. für die tiefsten Zustände des C-Atoms Werte von etwa 1 eV. Die Feinstrukturaufspaltung $\Delta E_{\mathrm{SpB}}^{\mathrm{e}}$ zwischen den Komponenten $2^2P_{1/2}$ und $2^2P_{3/2}$ des H-Atoms beträgt rund 4×10^{-5} eV, für die Termabstände $3^2P_{1/2} - 3^2P_{3/2}$ des Na-Atoms hat man 2×10^{-3} eV; generell wachsen diese Aufspaltungen $\propto Z^4$ an (s. etwa [5.1]).

Für sehr genaue Berechnungen feiner Details von Spektren müssen weitere Wechselwirkungen (z. B. die sogenannten *Hyperfeinwechselwirkungen* der Elektronenspins mit dem Kernspin, weitere relativistische Korrekturen u. a.) einbezogen werden (s. hierzu etwa [I.4b]).

5.3.3* Berechnungen von Atomzuständen

In den bisherigen Abschnitten dieses Kapitels haben wir uns mit den allgemeinen Gesetzmäßigkeiten des Aufbaus der Elektronenhüllen von Atomen beschäftigt; numerische Berechnungen (z. B. von Energieniveaus) wurden beiseitegelassen. Wir werden auch weiterhin nicht detailliert auf die Durchführung solcher Berechnungen eingehen – hauptsächlich deswegen, weil unser Interesse molekularen Systemen gilt und weil sich die Näherungsmethoden zur Lösung atomarer Schrödinger-Gleichungen $\hat{H}^{\mathrm{e}}\Psi = E\Psi$ mit Hamilton-Operatoren (5.1) bzw. (5.3) nicht grundsätzlich von den Methoden für molekulare Systeme unterscheiden, mit denen sich die folgenden Kapitel ausführlich befassen werden. Der Formalismus für atomare wie für molekulare Systeme ist der gleiche, ebenso die Näherungsansätze, nur die Realisierung gestaltet sich für Atome wesentlich einfacher, da die im Zuge der Rechnungen erforderlichen Integrationen viel einfacher sind (s. dazu Kap. 8, 9 und 17). Auf Grund dessen bilden übrigens Atome häufig Testobjekte bei der Methodenentwicklung und beim Methodenvergleich.

Mit diesen Hinweisen begnügen wir uns hier. Übersichten über Atomberechnungen findet man beispielsweise in [I.4b] (dort Kap. 2) sowie in einschlägigen Datensammlungen [5.4].

5.4 Atome in einem äußeren Feld

Das Verhalten eines Atoms (oder Ions) unter dem Einfluss äußerer Felder ist in vielerlei Hinsicht von Bedeutung: In einem statischen elektrischen oder magnetischen Feld sind infolge der Wechselwirkung mit dem Feld die Elektronenzustände gegenüber dem freien (isolierten) Atom verändert: es erfolgen *Verschiebungen und Aufspaltungen der Terme*. Durch ein elektromagnetisches Strahlungsfeld werden *Übergänge* zwischen Zuständen induziert (s. Abschn. 4.7). Eine umfassende Darstellung dieser Phänomene würde den Rahmen dieser Darstellung überschreiten, so dass wir uns auf einige grundlegende Zusammenhänge beschränken werden; für weitergehende Studien sei auf die Literatur über Atomspektroskopie verwiesen [5.1][5.2].

Was die theoretische Behandlung betrifft, so werden wir durchgängig *schwache Felder* voraussetzen , so dass die Störungstheorie angewendet werden kann und die erste Ordnung ausreichend ist. Damit bleiben einige moderne Spezialrichtungen der Laserspektroskopie und nichtlinearer Phänomene außer Betracht.

5.4.1 Übergangswahrscheinlichkeiten. Spektrale Auswahlregeln

Für ein Atom in einem zeitlich veränderlichen Feld, insbesondere in einem elektromagnetischen Strahlungsfeld, gibt es streng genommen keine stationären Zustände. Befand sich das Atom vor Einwirkung des Feldes in einem bestimmten stationären Zustand, so werden durch die Strahlung Übergänge induziert, und das Atom kann mit gewissen Wahrscheinlichkeiten in andere Zustände gelangen. In Abschnitt 4.7 wurde diese Situation für den Fall *eines* Elektrons in einer störungstheoretischen Näherung behandelt; die Verallgemeinerung auf N Elektronen erfordert lediglich eine Summation der Beiträge aller Elektronen, was zu dem Störoperator

$$\hat{V}^{\mathrm{e}}_{\mathrm{Str}}(t) = \sum\nolimits_{\kappa=1}^{N} \hat{h}_{\kappa}(t) = -\boldsymbol{D}\cdot\boldsymbol{\mathcal{E}} \tag{5.44}$$

führt. Der Vektor

$$\boldsymbol{D} \equiv \sum\nolimits_{\kappa=1}^{N} \boldsymbol{d}_{\kappa} = \sum\nolimits_{\kappa=1}^{N} (-\bar{e}\boldsymbol{r}_{\kappa}) \tag{5.45}$$

ist das gesamte elektrische Dipolmoment der Elektronenhülle, das sich aus den Dipolmomentvektoren $\boldsymbol{d}_{\kappa} = -\bar{e}\boldsymbol{r}_{\kappa}$ der einzelnen Elektronen zusammensetzt, und $\boldsymbol{\mathcal{E}}$ bezeichnet den Vektor der Feldstärke des äußeren elektrischen Feldes. Der Störoperator (5.44) stellt also die potentielle Energie der Wechselwirkung des elektrischen Feldanteils mit den Elektronen dar; der magnetische Feldanteil kann demgegenüber vernachlässigt werden (s. Abschn. 4.4.2).

In Abschnitt 4.7 hatten wir den Fall einer in z-Richtung polarisierten und in x-Richtung fortschreitenden ebenen Strahlungswelle behandelt:

$$\mathcal{E}_z = |\boldsymbol{\mathcal{E}}| \cos(kx - \omega t), \quad \mathcal{E}_x = \mathcal{E}_y = 0 \tag{5.46}$$

(Wellenzahl $k = 2\pi/\lambda$, Kreisfrequenz $\omega = 2\pi\nu$; $\lambda\cdot\nu = c$). Für eine beliebige Richtung (Polarisation) der Feldstärke ist in der Dipol-Näherung (4.151) die Übergangswahrscheinlichkeit zwischen den Zuständen i und j durch die drei Komponenten des Übergangsmoments,

$$\begin{Bmatrix} D_{ij|x} \\ D_{ij|y} \\ D_{ij|z} \end{Bmatrix} = \int \Phi_i^* \begin{Bmatrix} D_x \\ D_y \\ D_z \end{Bmatrix} \Phi_j \, \mathrm{d}\tau \ , \tag{5.47}$$

gegeben:

$$\left|u_{ij}\right|^2 \propto (D_{ij|x})^2 + (D_{ij|y})^2 + (D_{ij|z})^2 \ ; \tag{5.48}$$

$\mathrm{d}\tau = \mathrm{d}V\mathrm{d}\sigma$ bedeutet (s. Abschn. 2.4): Integration über die Ortskoordinaten und Summation über die Spins aller Elektronen. Die Funktionen Φ_i und Φ_j sind die Wellenfunktionen für die beiden betrachteten ungestörten stationären Zustände i und j.

Sehr einfach lassen sich die Übergangsmomente für den Fall *eines* Elektrons (s. Abschn. 4.7), also für das Elektron wasserstoffähnlicher Atome oder das äußere Elektron ("Leuchtelektron") alkaliähnlicher Atome ermitteln. Dann können für Φ_i die Einelektronfunktionen vom Zentralfeldtyp (5.15) verwendet werden: $\varphi_{nl}^m(\boldsymbol{r}) \equiv \varphi_{nl}^m(r,\vartheta,\eta) = R_{nl}(r)\cdot Y_l^m(\vartheta,\eta)$. Nehmen wir die z-Komponente des Dipolmoments, $D_z \propto z = r\cdot\cos\vartheta$, so haben wir im Integral (5.47) den Winkelanteil

$$\int_0^{\pi} \mathrm{d}(cos\,\vartheta) \int_0^{2\pi} \mathrm{d}\eta \, Y_l^m(\vartheta,\eta)^* \cdot \cos\vartheta \cdot Y_{l'}^{m'}(\vartheta,\eta) \ , \tag{5.49}$$

der die wesentliche Aussage liefert: das Integral ist nur dann von Null verschieden, wenn $l' = l \pm 1$ und $m' = m$ gilt.

Die Funktion $\cos\vartheta$ ist, wie man den Ausdrücken (2.126) entnimmt, bis auf einen Zahlenfaktor gleich der Kugelfunktion Y_1^0. Produkte zweier Kugelfunktionen (mit gleichem Argument) lassen sich stets als eine Linearkombination von Kugelfunktionen schreiben. Das nennt man eine *Clebsch-Gordan-Zerlegung* solcher Kugelfunktionsprodukte (s. etwa [II 1], Abschn. 6.6.3.); so gilt z. B.: $Y_l^m \cdot Y_1^0 = c_1 Y_{l+1}^m + c_2 Y_{l-1}^m$ mit gewissen Zahlenfaktoren c_1 und c_2, die wir hier nicht explizite brauchen. Auf Grund der Orthogonalitätseigenschaften der komplexen Kugelfunktionen [Gl. (2.127)], ist das obige Integral nur dann von Null verschieden, wenn gilt: $m' = m$ sowie $l' = l+1$ oder $l' = l-1$. Auf die gleiche Weise ergibt sich für die x- und die y-Komponente: $m' = m+1$ oder $m' = m-1$ sowie $l' = l+1$ oder $l' = l-1$.

Insgesamt finden somit für ein *Einelektronatom* in der Dipolnäherung bei beliebiger Polarisation der Strahlung Übergänge nur zwischen Zuständen statt, deren Drehimpulsquantenzahlen l und l' sich um 1 unterscheiden:

$$\Delta l = \pm 1 \ ; \tag{5.50}$$

ferner gilt $\Delta m = 0, \pm 1$, was allerdings nur dann spektroskopische Bedeutung hat, wenn (etwa durch ein statisches äußeres Feld) die m-Entartung aufgehoben ist, s. folgenden Abschnitt.

Für die Quantenzahl n gibt es offenbar keine Auswahlregel, da der Radialteil des Übergangsmoments (Integral über r) im allgemeinen nicht Null wird. Die Übergangswahrscheinlichkeit kann sehr unterschiedlich groß sein, je nach dem Zahlenwert des r-Integrals. Im übrigen stellt das H-Atom auch hier wieder einen speziellen Fall dar, da wegen der hohen (l,m)-Entartung zwischen allen Niveaus Übergänge stattfinden können.

Für *Mehrelektronenatome* geben wir die ***Auswahlregeln*** nur an, ohne sie zu beweisen (s. [I.2][5.1][5.2]):

In nichtrelativistischer Näherung (ohne Berücksichtigung der Spin-Bahn-Kopplung) können, wenn die Übergangsmomente näherungsweise mit den Wellenfunktionen nullter Näherung, also $\Phi_i \to \Psi^{(0)M_L M_S}_{w\;L\;S}$, berechnet werden, ***Übergänge zwischen LS-Termen*** nur dann stattfinden, wenn die folgenden Bedingungen erfüllt sind:

$$\left.\begin{array}{l} \Delta L = 0, \pm 1 \quad (\text{nicht } 0 \to 0) \\ \Delta M_L = 0, \pm 1 \\ \Delta S = 0 \\ \Delta M_S = 0 \end{array}\right\} . \tag{5.51}$$

Bei Einbeziehung der Spin-Bahn-Kopplung gelten für die ***Übergänge zwischen Feinstrukturtermen*** (Übergangsmomente näherungsweise berechnet mit den Wellenfunktionen nullter Näherung, also $\Phi_i \to \Psi^{(0)\;\;M_J}_{wLS\,J}$), die Auswahlregeln

$$\left.\begin{array}{l} \Delta J = 0, \pm 1 \quad (\text{nicht } 0 \to 0) \\ \Delta M_J = 0, \pm 1 \; (\text{nicht } 0 \to 0, \text{ wenn } \Delta J = 0) \\ \Delta L = 0 \\ \Delta S = 0 \end{array}\right\} . \tag{5.52}$$

Die beiden Auswahlregeln für ΔJ und ΔM_J sind *exakt* und in jedem Falle gültig, die übrigen näherungsweise. Die M-Auswahlregeln spielen nur dann eine Rolle, wenn ein statisches äußeres elektrisches/magnetisches Feld mit einer Komponente in z-Richtung vorhanden ist.

Außerdem gilt *exakt* die ***Laporte-Regel***, die besagt, dass nur solche (Dipol-) Übergänge möglich sind, bei denen sich die Parität ändert, d. h. nur $\mathrm{g} \leftrightarrow \mathrm{u}$:

$$\Delta w \neq 0 \, . \tag{5.53}$$

Wie die Laporte-Regel (nach O. Laporte, 1930) zustandekommt, ist leicht zu sehen: Wenn beide Zustände Φ_i und Φ_j gleiche Parität haben, das Produkt $\Phi_i \cdot \Phi_j$ demzufolge bei Inversion (Vorzeichenwechsel aller kartesischen Koordinaten) unverändert bleibt, dann gibt es z. B. zu jedem Beitrag $\Phi_i * x_\kappa \Phi_j \mathrm{d}V$ eines Volumenelements $\mathrm{d}V$ zum Integral (5.47) einen Beitrag $\Phi_i * (-x_\kappa)\Phi_j \mathrm{d}V = -\Phi_i * x_\kappa \Phi_j \mathrm{d}V$ eines "diametral entgegengesetzt gelegenen" Volumenelements $\mathrm{d}V$; beide Beiträge kompensieren sich. Bei verschiedener Parität von Φ_i und Φ_j hingegen addieren sich solche Beiträge. Die Auswahlregel (5.53) ist also eine Folge der Symmetrie des Systems (s. auch Anhang A1.5.2.4).

5.4.2 Einfluss statischer elektrischer und magnetischer Felder

In einem Atom, das sich in einem statischen (zeitlich konstanten) äußeren elektrischen oder magnetischen Feld befindet, bewegen sich die Elektronen anders als im freien Atom, wo nur das Coulombsche Kernfeld wirkt; daher sind quantenmechanisch die Zustände sowohl energetisch als auch z. B. bezüglich der räumlichen Aufenthaltswahrscheinlichkeit der Elektronen verändert. Die Felder werden im Folgenden als *homogen* vorausgesetzt.[3] Das ist keine starke Einschränkung, denn über genügend kleine Bereiche (etwa von der Ausdehnung einiger Bohrscher Radien a_{B}) kann jedes makroskopisch erzeugte Feld als homogen angesehen werden.

Inneratomare elektrische Felder haben Feldstärken $\mathcal{E}$ der Größenordnung $\bar{e}/a_{\mathrm{B}}{}^2 \approx 5\times10^9$ V/cm; im Vergleich dazu sind im Labor erzeugt Felder von z. B. 10^5 V/cm schwach. Daher kann die Voraussetzung, dass die Störung durch das Feld klein sei, stets als erfüllt angenommen werden, so dass die erste Näherung der Störungstheorie genügen sollte.

5.4.2.1 Atom im elektrischen Feld: Stark-Effekt

Nehmen wir ein homogenes elektrisches Feld in z-Richtung an, also $\boldsymbol{\mathcal{E}} = (0,0,\mathcal{E}_z)$ mit $\mathcal{E}_z = \mathcal{E} = |\boldsymbol{\mathcal{E}}|$, dann haben wir analog zu den Gleichungen (5.44-45) den Störoperator

$$\hat{V}_{\mathrm{EF}}^{\mathrm{e}} = -\boldsymbol{D}\cdot\boldsymbol{\mathcal{E}} = \bar{e}|\boldsymbol{\mathcal{E}}|\sum_{\kappa=1}^{N} z_\kappa = \bar{e}\,\mathcal{E}\sum_{\kappa=1}^{N} r_\kappa \cos\vartheta_\kappa\,, \tag{5.54}$$

mit dem die Störungstheorie durchzuführen ist.

Wir skizzieren die störungstheoretische Behandlung zur Ermittlung der Niveauaufspaltungen am Beispiel des Niveaus $n = 2$ des H-Atoms ($N = 1$), und zwar ohne Berücksichtigung des Spins, d. h. ohne Feinstruktur. Die detaillierte Durchführung der Rechnungen wird als ÜA 5.5 empfohlen. Das Niveau ist ohne Spin vierfach entartet; es gehören dazu die Zustände $2s$, $2p_0, 2p_1$ und $2p_{-1}$ (zur Bezeichnungsweise für die Orbitale $\varphi_{2l}^m = R_{2l}\cdot Y_l^m$ s. Abschn. 5.2.2), die wir in dieser Reihenfolge durchnumerieren. Es ist die Störungstheorie mit Entartung gemäß Abschnitt 4.4.2.2 anzuwenden, und zur Bestimmung der Anschlussfunktionen wird die Matrix des Störoperators (5.54) mit den genannten vier Orbitalen benötigt.

Die Diagonalelemente verschwinden, denn das Produkt $(\varphi_{2l}^m)^*\cdot\varphi_{2l}^m$ hat gerade Parität, die Koordinate z hingegen ungerade Parität (s. vor. Abschnitt).[4] Das Atom weist also in keinem der vier ungestörten Zustände ein elektrisches Dipolmoment auf. Von den Nichtdiagonalelementen ist nur das zwischen $2s$ und $2p_0$ von Null verschieden, und zwar gleich $-3\bar{e}a_{\mathrm{B}}\mathcal{E}$.

[3] Homogene Felder haben überall die gleiche Feldstärke und die gleiche Richtung.

[4] Man sieht das natürlich auch am Winkelanteil (5.49) des Matrixelements, hier mit $l = l'$ und $m = m'$. Überlegungen wie im Anschluss an Gleichung (5.49) führen dann zum obigen Ergebnis.

Es ist somit die Säkulargleichung

$$\begin{vmatrix} -u_2^{(1)} & -3\bar{e}a_\mathrm{B}\mathcal{E} & 0 & 0 \\ -3\bar{e}a_\mathrm{B}\mathcal{E} & -u_2^{(1)} & 0 & 0 \\ 0 & 0 & -u_2^{(1)} & 0 \\ 0 & 0 & 0 & -u_2^{(1)} \end{vmatrix} = 0$$

zu lösen; sie hat die vier Wurzeln[5]

$$u_{21}^{(1)} = -3\bar{e}a_\mathrm{B}\mathcal{E}, \quad u_{22}^{(1)} = +3\bar{e}a_\mathrm{B}\mathcal{E}, \quad u_{23}^{(1)} = 0, \quad u_{24}^{(1)} = 0.$$

Es erfolgt also eine teilweise Aufspaltung des Niveaus $n = 2$ in drei Niveaus (s. Abb. 5.6), so dass sich in erster störungstheoretischer Näherung ergibt:

$$\begin{aligned} E_{21}^{(1)} &= E_2^{(0)} - 3\bar{e}a_\mathrm{B}\mathcal{E}, \\ E_{22}^{(1)} &= E_2^{(0)} + 3\bar{e}a_\mathrm{B}\mathcal{E}, \\ E_{23}^{(1)} &= E_{24}^{(1)} = E_2^{(0)}. \end{aligned} \tag{5.55}$$

Für eine elektrische Feldstärke von $\mathcal{E} \approx 10^4$ V/cm beträgt die Größenordnung dieser Aufspaltung $\approx 10^{-4}$ eV, was wesentlich geringer ist als der energetische Abstand zum Grundzustand $n = 1$, $\Delta E_{1-2}^{(0)} \approx 10\,\mathrm{eV}$; d. h. die Voraussetzung des schwachen Feldes ist erfüllt.

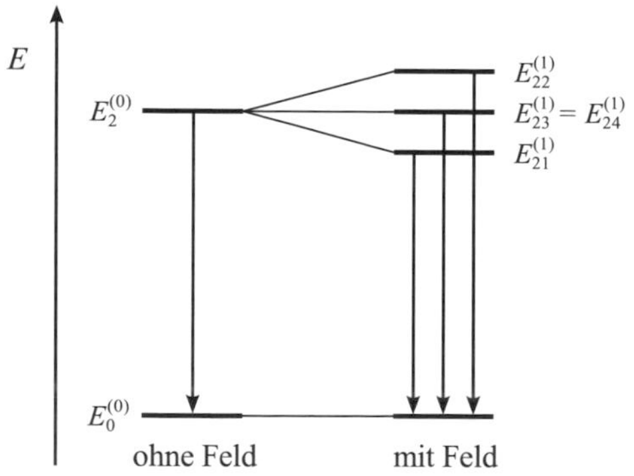

Abb. 5.6
Stark-Effekt für den Zustand $n = 2$ des H-Atoms (schematisch)

Das Ergebnis besagt, dass die beiden Zustände mit $l = 0$ und $l = 1$, $m = 0$ im elektrischen Feld energetisch angehoben bzw. abgesenkt werden, während die beiden übrigen Zustände mit $l = 1$, $m = \pm 1$ unverändert bleiben. Das würde man auch vermuten, wenn man sich die Winkelverteilungen der Zustände in Abb. 2.23 und 2.24 ansieht. Bei der Berechnung (s. ÜA 5.5) der Anschlussfunktionen (4.95) erhält man die Linearkombinationen $\psi_{21}^{(0)} \propto \varphi_{20}^0 + \varphi_{21}^0$ zu

[5] Der erste untere Index gibt die Quantenzahl $n = 2$ an.

$u_{21}^{(1)}$ und $\psi_{22}^{(0)} \propto \varphi_{20}^{0} - \varphi_{21}^{0}$ zu $u_{22}^{(1)}$; die beiden übrigen Funktionen ändern sich nicht: $\psi_{23}^{(0)} = \varphi_{21}^{1}$ zu $u_{23}^{(1)} = 0$ und $\psi_{24}^{(0)} = \varphi_{21}^{-1}$ zu $u_{24}^{(1)} = 0$. Der Mittelwert des Dipolmoments, gebildet mit $\psi_{21}^{(0)}$, ist gleich $3\bar{e}a_{\mathrm{B}}$, mit $\psi_{22}^{(0)}$ gleich $-3\bar{e}a_{\mathrm{B}}$; für die beiden anderen Funktionen ergibt sich Null.

Das H-Atom ist allerdings wegen der "zufälligen" zusätzlichen l-Entartung im reinen Coulomb-Feld ein Sonderfall; nur hierfür erhält man einen *linearen Stark-Effekt,* d. h. Niveauaufspaltungen, die linear von der elektrischen Feldstärke $\mathcal{E}$ abhängen. Bereits bei den Zuständen des Leuchtelektrons von Alkaliatomen ist die Situation anders: da die l-Entartung aufgehoben ist, fallen die Niveaus $2s$ und $2p$ nicht zusammen, und in erster störungstheoretischer Näherung ergibt sich keine Aufspaltung. Im allgemeinen Fall tritt eine Niveauaufspaltung im elektrischen Feld erst ab der zweiten Ordnung der Störungstheorie ein und hängt dementsprechend quadratisch von der Feldstärke ab (*quadratischer Stark-Effekt*). Das elektrische Feld wirkt sich dann also erst über die Deformation (Polarisation) der Elektronenverteilung und das daraus resultierende (induzierte) Dipolmoment aus, beschrieben durch die Korrekturen erster Ordnung zu den Wellenfunktionen, $\chi_i^{(1)}$ [Gl. (4.73b)].

Die *Auswahlregeln* sind in der betrachteten Näherung die gleichen wie beim freien Atom [s. Gl. (5.50)]. Für den langwelligsten Übergang der Lyman-Serie des H-Atoms, $n = 2 \rightarrow 1$, ergibt sich also gemäß obiger Rechnung eine Aufspaltung in drei Linien (s. Abb. 5.6).

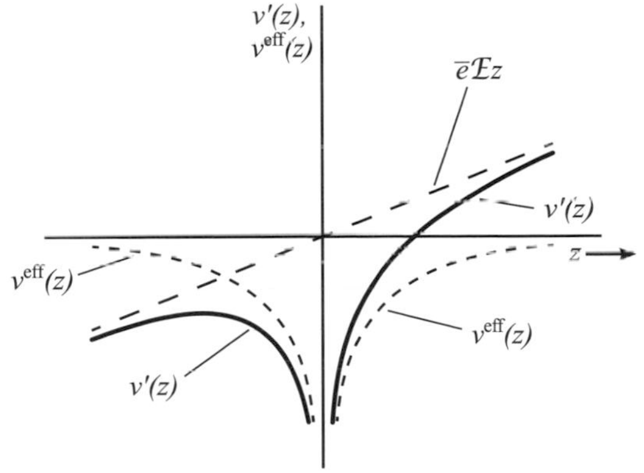

Abb. 5.7
Zur Autoionisierung eines Atoms im elektrischen Feld (schematisch)

Befindet sich das Atom in einem homogenen äußeren elektrischen Feld (z-Richtung), so wirkt auf ein Elektron in der Zentralfeldnäherung das in Abb. 5.7 skizzierte Gesamtpotential

$$v'(r) = v^{\mathrm{eff}}(r) + \bar{e}\mathcal{E}z\,. \tag{5.56}$$

Selbst in schwachen Feldern sinkt der Anteil $\bar{e}\mathcal{E}z$ entgegengesetzt zur Feldrichtung z mit zunehmender Entfernung vom Kern immer weiter ab. Das Potential weist daher eine Barriere auf (s. Abb. 5.7), die das Elektron mit einer gewissen Wahrscheinlichkeit durch einen Tunnelvorgang überwinden kann (s. Abschn. 2.2.2); es gelangt dann in einen Außenbereich, in dem

$E > v'(r)$ gilt, und es entfernt sich unbegrenzt weit vom Kern. Ein Atom in einem statischen elektrischen Feld ist somit strenggenommen instabil, da stets mit einer gewissen Wahrscheinlichkeit eine Ionisierung erfolgt. Man bezeichnet dieses Phänomen als *Autoionisierung*.

5.4.2.2 Atom im magnetischen Feld: Zeeman-Effekt

In einem schwachen homogenen statischen Magnetfeld der Feldstärke $\boldsymbol{\mathcal{H}}$, in dessen Richtung wir die z-Achse des Koordinatensystems legen, also $\boldsymbol{\mathcal{H}} = (0, 0, \mathcal{H}_z)$ mit $\mathcal{H}_z = \mathcal{H} \equiv |\boldsymbol{\mathcal{H}}|$ hat ein Elektron *näherungsweise* (bis auf Terme $\propto \mathcal{H}^2$, s. Abschn. 9.4.3) die potentielle Energie

$$\hat{v}_{\text{MF}} = \gamma_{\text{e}} \boldsymbol{\mathcal{H}} \cdot (\hat{\boldsymbol{l}} + 2\hat{\boldsymbol{s}}) = \gamma_{\text{e}} \mathcal{H} (\hat{l}_z + 2\hat{s}_z), \tag{5.57}$$

wobei $\gamma_{\text{e}} \equiv -\bar{e}/2m_{\text{e}}c$ das gyromagnetische Verhältnis des Elektrons bezeichnet (s. Abschn. 2.2.2 und 9.4); $\hat{l}_z$ und $\hat{s}_z$ sind die Operatoren der z-Komponenten von Bahndrehimpuls bzw. Spin des Elektrons. Genaueres hierzu findet man in Abschnitt 9.4.3 sowie in [I.4b]. Für N Elektronen ist über diese Beiträge zu summieren, und es ergibt sich der Störoperator

$$\hat{V}_{\text{MF}}^{\text{e}} = \gamma_{\text{e}} \mathcal{H} \sum_{\kappa=1}^{N} (\hat{l}_{\kappa z} + 2\hat{s}_{\kappa z}) = \gamma_{\text{e}} \mathcal{H} (\hat{L}_z + 2\hat{S}_z) \tag{5.58}$$

(vgl. Abschn. 3.2.3).

Wir betrachten zunächst wieder das Einelektronproblem. Beim H-Atom ist die Feinstrukturaufspaltung sehr klein, so dass wir davon absehen und die Veränderung der nl-Terme ohne Berücksichtigung des Spins untersuchen können. Die ungestörten Wellenfunktionen $\varphi_{nl}^m = R_{nl} \cdot Y_l^m$ sind sowohl Eigenfunktionen des ungestörten Hamilton-Operators (für das freie Atom) als auch Eigenfunktionen zu $\hat{l}_z$ und damit zum Störoperator $\hat{v}_{\text{MF}} = \gamma_{\text{e}} \mathcal{H} \hat{l}_z$; es gilt: $\hat{l}_z \varphi_{nl}^m = m\hbar \varphi_{nl}^m$. In erster Ordnung der Störungstheorie ergibt sich damit:

$$u^{(1)} \equiv u_{nm}^{(1)} = \gamma_{\text{e}} \mathcal{H} \hbar m ,$$

für die Energieniveaus in erster störungstheoretischer Näherung also:

$$E^{(1)} \equiv E_{nm}^{(1)} = E_n^{(0)} + \gamma_{\text{e}} \mathcal{H} \hbar m = E_n^{(0)} + \mu_{\text{B}} \mathcal{H} m , \tag{5.59}$$

wobei $\mu_{\text{B}} \equiv \gamma_{\text{e}} \hbar$ das *Bohrsche Magneton* bezeichnet (s. Abschn. 2.2.2).

Es gelten die gleichen *Auswahlregeln* wie für das freie Atom [s. Gl. (5.50)], da wir unverändert die gleichen Wellenfunktionen nullter Näherung haben.

Nehmen wir als Beispiel wieder das Niveau $n = 2$ des H-Atoms. Es spaltet unter dem Einfluss des Magnetfeldes in drei Niveaus auf (s. Abb. 5.8); das unveränderte mittlere Niveau gehört zu $2s$ und $2p_0$ (also $m = 0$), das obere und das untere zu $2p_1$ bzw. $2p_{-1}$. Anstelle einer einzigen Linie ohne Feld ergeben sich beim langwelligsten Übergang $n = 2 \rightarrow 1$ der Lyman-Serie drei Linien: ein sogenanntes *normales* (oder *einfaches*) *Zeeman-Triplett*.

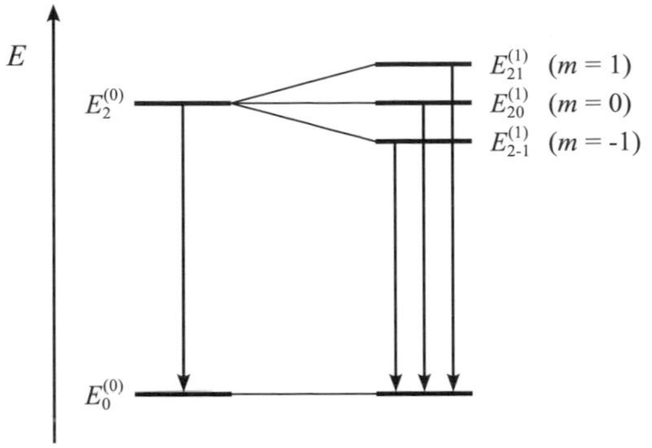

Abb. 5.8
Zeeman-Effekt für das Niveau $n = 2$ des H-Atoms (schematisch)

Die Bedingung für die Zulässigkeit der Behandlung, dass nämlich die Zeeman-Aufspaltung größer ist als die Feinstrukturaufspaltung,

$$|\mu_\mathrm{B}|\mathcal{H} > \Delta E_\mathrm{SpB}^\mathrm{e} , \tag{5.60}$$

(*starkes Feld*) erfordert ein Magnetfeld, dessen Stärke $\mathcal{H}$ für den Fall des Wasserstoff-2p-Niveaus deutlich oberhalb von $\Delta E_\mathrm{SpB}^\mathrm{e}/|\mu_\mathrm{B}| \approx 10^4$ G liegt; das ist aber immer noch weit geringer als die rund 10^8 G, die den ungestörten Termabständen entsprechen.

Bei Mehrelektronen-Atomen verläuft die Behandlung analog, nur treten an die Stelle der Einelektron-Drehimpulse $\boldsymbol{l}$ und $\boldsymbol{s}$ dann der gesamte Bahndrehimpuls $\boldsymbol{L}$ und der Gesamtspin $\boldsymbol{S}$ aller Elektronen, entsprechend die z-Komponenten.

Je schwerer die Atome und je höher damit ihre Ordnungszahlen Z sind, desto größer sind die Feinstrukturaufspaltungen und desto stärkere Felder sind erforderlich, um einen normalen Zeeman-Effekt zu erhalten. Bereits beim 3^2P-Niveau des Na-Atoms beträgt die Feinstrukturaufspaltung, wie schon erwähnt, etwa 2×10^{-3} eV, und man braucht ein Magnetfeld von mehreren 10^5 G.

Für den Fall

$$|\mu_\mathrm{B}|\mathcal{H} < \Delta E_\mathrm{SpB}^\mathrm{e} \tag{5.61}$$

(*schwaches Feld*) muss zuerst die Feinstruktur bestimmt und dann die Aufspaltung der Feinstrukturterme im Magnetfeld mit dem Störoperator (5.58) bzw. (5.59) berechnet werden. Wir übergehen die detaillierte Behandlung (s. etwa [I.2]) und geben nur das Resultat an:

$$E_{nLSJ}^{(1)\,M_J} = E_{nLSJ}^{(0)} + g(J,L,S)\mu_\mathrm{B}\mathcal{H}M_J \tag{5.62}$$

mit dem *Landé-Faktor* (A. Landé, 1921)

$$g(J,L,S) \equiv 1 + \big([J(J+1) - L(L+1) + S(S+1)]/2J(J+1)\big) \tag{5.63}$$

(es gilt: $0 < g < 2$). Jedes Feinstrukturniveau $E_{LSJ}^{(0)}$ des freien Atoms spaltet also in einem schwachen Magnetfeld entsprechend den möglichen Werten von M_J in $2J+1$ Niveaus auf. Man bezeichnet diesen Fall, der ein komplizierteres Aufspaltungsbild ergibt, als *anomalen* (oder *zusammengesetzten*) *Zeeman-Effekt*.

Bei sukzessiver Erhöhung der Feldstärke $\mathcal{H}$ sollten die Niveauaufspaltungen des anomalen Zeeman-Effekts mehr und mehr denen des normalen Zeeman-Effekts ähneln; dieser *Paschen-Back-Effekt* wird tatsächlich auch experimentell beobachtet (s. z. B. [5.3]).

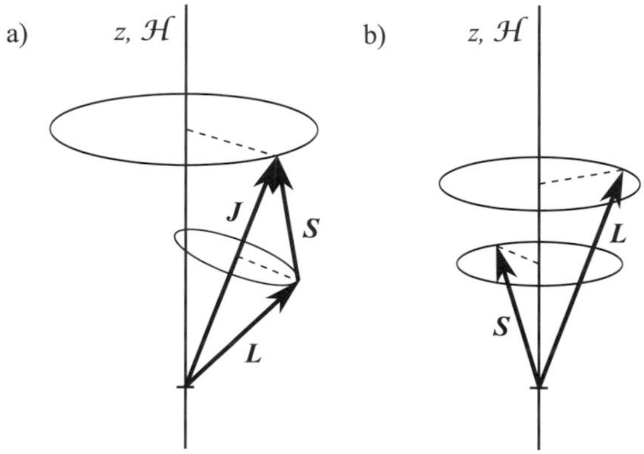

Abb. 5.9
Vektormodell zum Zeeman-Effekt:
a) schwaches Magnetfeld;
b) starkes Magnetfeld

Die Verhältnisse bei schwachem und bei starkem Magnetfeld lassen sich im (halbklassischen) Vektormodell für Drehimpulse anschaulich machen [5.3] (s. Abb. 5.9). Im schwachen Feld bleiben Bahndrehimpuls $\boldsymbol{L}$ und Spin $\boldsymbol{S}$ fest gekoppelt, und der resultierende Drehimpulsvektor $\boldsymbol{J}$ präzessiert um die Richtung des Magnetfeldes; Erhaltungsgröße ist die Projektion J_z von $\boldsymbol{J}$ auf die Magnetfeldrichtung z. Wird hingegen das Feld sehr stark, so entkoppeln die Drehimpulsvektoren $\boldsymbol{L}$ und $\boldsymbol{S}$; sie präzessieren jeder für sich um die Feldrichtung. Die Aufspaltung wird dann vermittels des Störoperators (5.58) durch

$$E^{(1)}_{nLSM_LM_S} - E^{(0)}_{nLS} = \mu_{\mathrm{B}}\mathcal{H}(M_L + 2M_S) \tag{5.64}$$

gegeben, in Verallgemeinerung der Formel (5.59).

Schließlich sei noch darauf hingewiesen, dass auch im Magnetfeld in der hier ausschließlich betrachteten Störungstheorie erster Ordnung die gleichen *Auswahlregeln* wie für das freie Atom gelten (s. Abschn. 5.4.1).

5.4.3 Atome (Ionen) im Ligandenfeld

Mit den bisher gewonnenen Kenntnissen können wir ein Modell behandeln, welches das qualitative Verständnis vieler Eigenschaften einer ansonsten recht komplizierten Verbindungsklasse – *Übergangsmetallkomplexe* (oder *Koordinationsverbindungen*) – ermöglicht. Es handelt sich dabei um Systeme des Typs $[\mathrm{ML}_k]^\delta$, die aus einem *Zentralion* M und einer Anzahl k von regelmäßig um M angeordneten *Liganden* L (Atome, Moleküle bzw. Ionen) bestehen; k heißt *Koordinationszahl*, und δ ist die *Gesamtladung* des Komplexes.

Als Zentralionen kommen insbesondere (aber nicht ausschließlich) Ionen der Eisenperiode (s. Abschn. 5.2.3) in Frage, deren Elektronenhüllen aus einem Ar-artigen Rumpf, also $(1s)^2(2s)^2(2p)^6(3s)^2(3p)^6$ (abgeschlossene Schalen), und einigen $3d$-Elektronen besteht:

TiV^{3+}	V^{3+}	Cr^{3+}, V^{2+}	Mn^{3+}, Cr^{2+}	Fe^{3+}, Mn^{2+}	Co^{3+}, Fe^{2+}	Co^{2+}	Ni^{2+}	Cu^{2+}
$(3d)^1$	$(3d)^2$	$(3d)^3$	$(3d)^4$	$(3d)^5$	$(3d)^6$	$(3d)^7$	$(3d)^8$	$(3d)^9$

Als Liganden können die neutralen Moleküle H_2O, NH_3 u. a. (die ein permanentes elektrisches Dipolmoment besitzen) oder Ionen wie CN^-, F^- u. a. auftreten.

Wir haben es also hier strenggenommen nicht mehr mit atomaren Systemen zu tun, untersuchen aber ein *atomares Modell* für diese Systeme, das sogenannte ***Ligandenfeld-Modell***, in dem das Zentral*ion* im elektrischen Feld der Liganden beschrieben wird. Gestützt auf experimentelle Befunde, die hier nicht detailliert besprochen werden, lassen sich zunächst einige Aussagen formulieren, auf die sich eine einfache theoretische Behandlung, die sogenannte ***Ligandenfeldtheorie***, gründen lässt:

(1) Die Elektronenhüllen von M und L im Komplex bleiben, verglichen mit den freien atomaren Ionen M und den freien Liganden L, weitgehend unverändert. Die Elektronen sind entweder an M oder an L lokalisiert.

(2) Die Liganden wirken auf das Zentralion rein elektrostatisch durch die elektrischen Felder ihrer Ladungen bzw. Dipolmomente.

(3) Die elektronischen Eigenschaften des Komplexes werden hauptsächlich durch das Zentralion, und zwar durch dessen äußere d-Elektronen bestimmt.

Dadurch reduziert sich das Problem auf eine Art Stark-Effekt. Wir beschränken uns der Einfachheit halber auf die nichtrelativistische Näherung (also ohne Spin-Bahn-Wechsel-wirkung) und gehen nur auf einen einfachen Beispielfall näher ein. Ausführlicher wird das Gebiet in [5.5] behandelt.

Der Hamilton-Operator für die Elektronen der äußeren d-Schale des Zentralions ist

$$\hat{H}^{\mathrm{e}}_{\mathrm{nr}} = \hat{H}'_{\mathrm{ZF}} + \mathcal{V}^{\mathrm{ee}} + V^{\mathrm{eL}} ; \tag{5.65}$$

dabei beschreibt der Operator H'_{ZF} die d-Elektronen in einer Zentralfeldnäherung, etwa in der Form (5.5) mit (5.6), $\mathcal{V}^{\mathrm{ee}}$ beinhaltet die Differenz zwischen der vollen Coulombschen Wechselwirkung der d-Elektronen untereinander und dem in der Zentralfeldnäherung erfassten Anteil, und V^{eL} ist die potentielle Energie der d-Elektronen (Anzahl N_d) im elektrostatischen Feld der Liganden, z. B. ist bei geladenen Liganden (Punktladungen q_i)

$$V^{\mathrm{eL}} = -\sum\nolimits_i^{(\mathrm{Liganden})} \sum\nolimits_{\kappa=1}^{N_d} (q_i \bar{e} / r_{\kappa i}) , \tag{5.66}$$

wobei $r_{\kappa i} \equiv | \boldsymbol{r}_\kappa - \boldsymbol{R}_i |$ den Abstand des d-Elektrons κ von der Position $\boldsymbol{R}_i$ des i-ten Liganden bezeichnet. Da das Zentralion positiv geladen ist, kommen nur negativ geladene Liganden in Frage oder Dipolmoleküle, die mit ihrem negativen Ende zum Zentralion gerichtet sind.

Das alles bedeutet nicht, dass der Zusammenhalt eines solchen Komplexes rein elektrostatischer Natur ist (vgl. Kap. 10). Wir untersuchen jetzt lediglich, wie sich die Energieniveaus des Zentralions unter dem Einfluss des Ligandenfeldes gegenüber denen des freien Ions verändern; dabei wird vorausgesetzt, dass sowohl die Aufspaltung $\Delta E_{\mathrm{C}}^{\mathrm{ee}}$ der Zentralfeldterme in *LS*-Terme als auch die Termänderungen ΔE^{eL} infolge des Ligandeneinflusses (Verschiebungen und Aufspaltungen) viel kleiner sind als die Abstände ΔE_{ZF} der Zentralfeldniveaus:

$$\Delta E_{\mathrm{C}}^{\mathrm{ee}}, \Delta E^{\mathrm{eL}} << \Delta E_{\mathrm{ZF}} . \tag{5.67}$$

Für Übergangsmetallionen beträgt $\Delta E_{\mathrm{C}}^{\mathrm{ee}}$ typischerweise einige $10^3 ... 10^4\ \mathrm{cm}^{-1}$ (0,1 ... 1 eV). Wenn ΔE^{eL} größer als $\Delta E_{\mathrm{C}}^{\mathrm{ee}}$ ist, also etwa $\Delta E^{\mathrm{eL}} \approx 1 ... 10\,\mathrm{eV}$, dann spricht man von einem *starken Ligandenfeld*, bei $\Delta E^{\mathrm{eL}} \approx 0{,}1 ... 1\,\mathrm{eV}$ hat man ein *schwaches Ligandenfeld*. Ob ein gegebenes System dem einen oder dem anderen Grenzfall nahekommt, hängt wesentlich von der Art des Liganden ab; typische Liganden lassen sich in einer Abfolge nach wachsender "Stärke" des Ligandenfeldes anordnen (sog. *spektrochemische Reihe*; s. etwa [5.5]).

Je nach dem Größenverhältnis der Störungen $\mathcal{V}^{\mathrm{ee}}$ ($\rightarrow \Delta E_{\mathrm{C}}^{\mathrm{ee}}$) und V^{eL} ($\rightarrow \Delta E^{\mathrm{eL}}$) hat man die zweifache Störungstheorie in unterschiedlicher Reihenfolge aufzuziehen, ähnlich zur Vorgehensweise in den vorgegangenen Abschnitten. Wir untersuchen als Beispiel ein d^1-Zentralion in einem starken Ligandenfeld; das trifft etwa auf den Komplex $[\mathrm{Ti(H_2O)_6}]^{3+}$ zu. Die 6 Liganden bilden einen regulären Oktaeder, in dessen Mittelpunkt sich das Ti^{3+}-Ion befindet (s. Abb. 5.10); die $\mathrm{H_2O}$-Dipole sind mit ihrem negativen Ende (O) zum Zentralion hin orientiert.

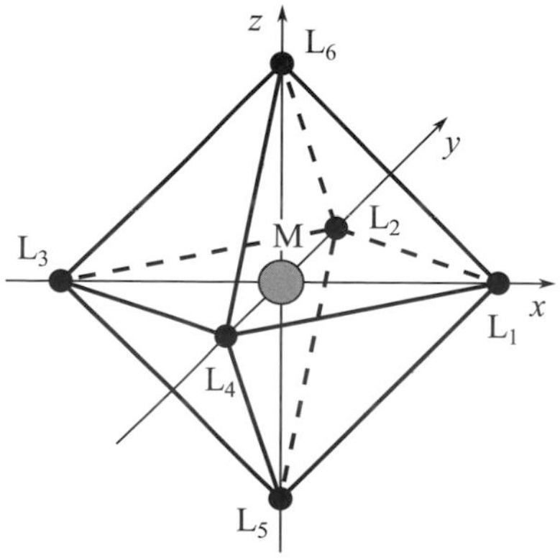

Abb. 5.10

$[\mathrm{ML_6}]^{\delta}$-Komplex: Metallion M im Oktaederfeld der Liganden L (schematisch)

Das d^1-Zentralfeldniveau des Ti-Ions ($n = 3$, $l = 2$) ist 5-fach entartet, zu ihm gehören die Orbitale $\varphi_{32}^{m} = R_{32} \cdot Y_2^m$ mit $m = -2, ..., +2$. Wir haben für das einzelne äußere Elektron nur den Störterm V^{eL} und wenden die Störungstheorie mit Entartung nach Abschnitt 4.4.2.2 an; die detaillierte Durchführung wird als ÜA 5.6 empfohlen. Die richtigen Linearkombinationen (Anschlussfunktionen) nullter Näherung ergeben sich als Lösungen des Gleichungssystems (4.93) mit den Matrixelementen

$$V_{mm'}^{\mathrm{eL}} \equiv \left\langle \varphi_{32}^{m} \middle| V^{\mathrm{eL}} \middle| \varphi_{32}^{m'} \right\rangle ; \tag{5.68}$$

diese Integrale lassen sich verhältnismäßig leicht weiterbehandeln, wenn man ausnutzt, dass sich die Winkelabhängigkeit der potentiellen Energie V^{eL} eines Elektrons in einem von so regelmäßig angeordneten Punktladungen (oder -dipolen) herrührenden elektrischen Feld als Linearkombination von Kugelfunktionen schreiben lässt (s. etwa [5.5], Abschn. 1.1.1., und [II.1], Abschn. 6.6.2.). Wir geben das Resultat an: Die Säkulargleichung hat fünf Lösungen, eine doppelte und eine dreifache Wurzel:

$$u_{1,2}^{(1)} = a + (3/5)b , \quad u_{3,4,5}^{(1)} = a - (2/5)b \tag{5.69}$$

mit den beiden Zahlenparametern a und b als Abkürzung für gewisse Integrale, die wir hier nicht aufschreiben. Der Parameter a ist positiv und rührt von der Abstoßung des Elektrons durch die negativen Enden der Ligandendipole her; b ist ebenfalls positiv und wird traditionell als $10Dq$ geschrieben (*Ligandenfeldstärkeparameter*). Es erfolgt also eine Verschiebung des Zentralfeldniveaus um a und eine Aufspaltung in zwei Niveaus, von denen das eine zweifach und das andere dreifach entartet ist (s. Abb. 5.11).

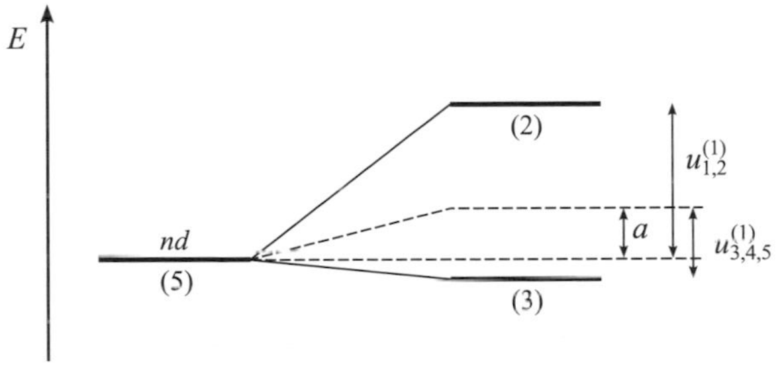

Abb. 5.11
Aufspaltung eines d^1-Terms im regulären Oktaederfeld (schematisch)

Die richtigen Linearkombinationen der ungestörten Funktionen (mit den komplexen Kugelfunktionen Y_l^m als Winkelanteilen) ergeben sich im vorliegenden Falle proportional zu den reellen Kugelflächenfunktionen $S_2^{(m)}(\vartheta,\eta)$ (s. Abschn. 2.3.2, Gl. (2.131) und (2.133)), was auf Grund der Winkelverteilungen (s. Abb. 2.24) unmittelbar plausibel ist.

Die Aufspaltungen in erster störungstheoretischer Näherung sowie die richtigen Linearkombinationen können *qualitativ* schon aus der Kenntnis der Symmetrie des Ligandenfeldes und der Symmetrieeigenschaften der verwendeten Wellenfunktionen (in obigem Beispiel der fünf komplexen d-Funktionen) ermittelt werden. Das gilt auch für die Übergangsmatrixelemente und die dadurch bestimmten *Auswahlregeln* (s. Anhang A1.5.2.4).

Da die gesamte Näherung sehr vereinfacht ist, kann man nur eine *qualitative Beschreibung* erwarten. Die Werte, die man bei einer numerischen *Berechnung* der Zahlenparameter a und b erhalten würde, haben keine Bedeutung; man geht daher *semiempirisch* vor und wählt a und b ($\equiv 10Dq$) so, dass experimentelle spektroskopische Daten wiedergegeben werden.

Zur *Interpretation* von spektroskopischen und anderen Eigenschaften der Koordinationsverbindungen ist die Ligandenfeldtheorie nach wie vor erfolgreich und nützlich. Eine ausführliche Darstellung und systematische Diskussion findet man in [5.5].

5.5* Statistisches Modell des Atoms

Bereits in den Anfangsjahren der Quantenmechanik wurde versucht, die Beschreibung der Elektronenhülle eines schweren (somit elektronenreichen) Atoms dadurch zu vereinfachen, dass man nicht Näherungslösungen der Schrödinger-Gleichung bestimmt, sondern die Elektronenhülle modellhaft als *Elektronengas* behandelt (L. H. Thomas 1926; E. Fermi 1927).

In einem solchen *quantenstatistischen Modell* denkt man sich das Atom in einen Raumbereich mit dem Volumen V eingeschlossen und dieses Volumen in Teilvolumina ΔV aufgeteilt, die einerseits genügend groß sein sollen, um noch so viele Elektronen $\Delta N >> 1$ zu enthalten, dass eine statistische Beschreibung gerechtfertigt ist. Andererseits seien die Teilvolumina so klein, dass sich das auf ein Elektron wirkende Potential $\mathcal{V}(\boldsymbol{r})$, herrührend vom Kern und von den übrigen Elektronen, im Innern von ΔV sehr wenig ändert und als konstant betrachtet werden kann. Die Elektronen in ΔV sind dann quasi-freie Teilchen; sie werden als ein *ideales Elektronengas* angesehen und haben auf Grund des Einschlusses in ein endliches Volumen ein quasi-kontinuierliches Energiespektrum (sehr dicht liegende Energieniveau; s. hierzu Abschn. 4.8.6). Diese Annahmen erscheinen auf den ersten Blick völlig realitätsfern, trotzdem hat eine solche Beschreibung einige grundlegend wichtige Ergebnisse geliefert. Eine umfangreiche zusammenfassende Darstellung gibt [5.6].

Die auf das Elektronengas in einem Teilvolumen ΔV anzuwendende Quantenstatistik ist die Fermi-Dirac-Statistik (s. Abschn. 4.8.6). Danach ergibt sich die Anzahl $\mathrm{d}N(\varepsilon)$ derjenigen Elektronen, deren Energien im Intervall zwischen ε und $\varepsilon + \mathrm{d}\varepsilon$ liegen, aus Gleichung (4.190); die Funktion $f^{\mathrm{FD}}(\varepsilon)$ [Gl. (4.191)] enthält die Zustandsdichte $\mathfrak{z}(\varepsilon)$ [Gl. (4.189)]. Setzt man sehr tiefe Temperaturen voraus, $T \to 0$, dann ist das Elektronengas entartet, $\exp(-\alpha) << 1$, und der gesamte exp-Term im Ausdruck (4.191) kann gegenüber 1 vernachlässigt werden; man erhält:

$$\mathrm{d}N(\varepsilon) = 4\pi(2m_{\mathrm{e}}/h^2)^{3/2} \cdot \Delta V \cdot \varepsilon^{1/2}\,\mathrm{d}\varepsilon\,. \tag{5.70}$$

Im Grenzfall $T = 0$ sind alle Energieniveaus bis zur Fermi-Energie ε_F [Gl. (4.193)], doppelt besetzt, alle darüberliegenden Niveaus sind leer. Als lokale Elektronendichte in dem am Ort $\boldsymbol{r}$ befindlichen Teilvolumen ΔV nehmen wir die Teilchendichte $\Delta N / \Delta V$:

$$\rho(\boldsymbol{r}) = \Delta N / \Delta V\,. \tag{5.71}$$

Damit erhält man die kinetische Energie aller Elektronen in ΔV :

$$\Delta\mathcal{T}^{\mathrm{e}} = \int_0^{\varepsilon_F} \varepsilon\, \mathrm{d}N = (3/40)(3/\pi)^{2/3}(h^2/m)\rho^{5/3}\Delta V\,, \tag{5.72}$$

und die gesamte kinetische Energie des Atoms, d. h. die Summe über alle Teilvolumina ΔV, kann bei genügend kleinem ΔV durch Integration berechnet werden:

$$\mathcal{T}^{\mathrm{e}} = (3/40)(3/\pi)^{2/3}(h^2/m_{\mathrm{e}})\int \rho^{5/3}\mathrm{d}V\,. \tag{5.73}$$

Dieser Ausdruck ist ein Funktional der Dichte (5.71), $\mathcal{T}^{\mathrm{e}} \equiv \mathcal{T}^{\mathrm{e}}[\rho(\boldsymbol{r})]$, so wie es nach Abschnitt 4.4.1.2 existieren sollte; allerdings kann das nur eine äußerst grobe Näherung sein.

Das Funktional (5.73) ist formal ähnlich dem Ausdruck für den Erwartungswert $\overline{T}^{\mathrm{e}}$ der kinetischen Energie der Elektronen, den man mit der Dichtematrix-Schreibweise erhält (s. Abschn. 3.4). Da der Operator $\hat{T}^{\mathrm{e}}$ eine Summe von Einelektronoperatoren ist [Gl. (5.2a)], ergibt sich sein Erwartungswert durch ein Integral der Form (3.129) mit der Dichtematrix erster Ordnung, $\gamma(\xi|\eta)$[6], und dem Einelektronoperator $\hat{g}_{(\mathrm{I})} = -(\hbar^2/2m_{\mathrm{e}})\hat{\Delta}_{\boldsymbol{r}}$: $\overline{T}^{\mathrm{e}} = -(\hbar^2/2m_{\mathrm{e}})\int\{\hat{\Delta}_{\boldsymbol{r}}\gamma(\xi|\eta)\}_{\eta=\xi}\mathrm{d}\tau$. Nach Ausführung der Summation über die beiden Spineinstellungen $\sigma = +1/2, -1/2$ resultiert:

$$\overline{T}^{\mathrm{e}} = -(\hbar^2/2m_{\mathrm{e}})\int\{\hat{\Delta}_{\boldsymbol{r}}\rho(\boldsymbol{r}|\boldsymbol{\varkappa})\}_{\boldsymbol{\varkappa}=\boldsymbol{r}}\mathrm{d}V\,. \tag{5.74}$$

Im Ausdruck (5.74) benötigt man die volle räumliche Dichtematrix $\rho(\boldsymbol{r}|\boldsymbol{\varkappa})$, in Formel (5.73) nur das Diagonalelement $\rho(\boldsymbol{r}) \equiv \rho(\boldsymbol{r}|\boldsymbol{r})$.

Trotz der drastischen Vereinfachungen hat das statistische Modell einiges zum Verständnis der Eigenschaften von schweren Atomen beigetragen und grundlegende Zusammenhänge aufgedeckt, z. B. die Abhängigkeit diverser Energieanteile von der Kernladungszahl [I.4b][5.6].

Die statistische Beschreibung der Elektronenhülle von Atomen ist weiter ausgebaut und ihr Anwendungsbereich erweitert worden ([5.6]). Sie hat außerdem eine wichtige Rolle bei der Ausformung der Dichtefunktionaltheorie (s. Abschn. 4.4.1.2) gespielt; vgl. hierzu die Abschnitte 9.3 und 17.3.

Übungsaufgaben zu Kapitel 5

ÜA 5.1 Es sind die Normierungsfaktoren (a) C für die Slater-Funktion (5.21) und (b) C' für die Gauß-Funktion (5.22) zu berechnen.

ÜA 5.2 Man zeige, dass die Bahndrehimpuls- und Spinoperatoren der einzelnen Elektronen ($\hat{\boldsymbol{l}}_\kappa^{\,2}$, $\hat{l}_{\kappa z}$ bzw. $\hat{\boldsymbol{s}}_\kappa^{\,2}$, $\hat{s}_{\kappa z}$) mit dem Hamilton-Operator in Zentralfeldnäherung kommutieren.

---

[6] Eine Verwechslung der Variablen η mit dem Azimutwinkel η der Kugelkoordinaten, wie er in diesem Kapitel bezeichnet wurde, ist sicher nicht zu befürchten.

ÜA 5.3 Zur Grundkonfiguration $(1s)^2(2s)^2(2p)^2$ des C-Atoms sind die möglichen *LS*-Terme zu bestimmen.

ÜA 5.4 Es ist zu untersuchen, welche *LS*-Terme für die Elektronenkonfigurationen $(np)^3$ und $(np)^4$ möglich sind.

ÜA 5.5 Man berechne die Stark-Aufspaltung des Niveaus $n = 2$ des H-Atoms und die zugehörigen Anschlussfunktionen.

ÜA 5.6 Für einen d^1-Term im (regulär) oktaedrischen Ligandenfeld sind die Termaufspaltung sowie die Anschlussfunktionen in nullter Näherung der Störungstheorie zu bestimmen.
Anleitung: Entwicklung des Ligandenfeldpotentials nach Kugelfunktionen (s. dazu [5.5], Abschn. 1.1.1.)

Ergänzende Literatur zu Kapitel 5

[5.1] Condon, E. U., Shortley, G.H.: The Theory of Atomic Spectra. Cambridge Univ. Press, Cambridge (1959)

[5.2] Sobelman, I. I.: An Introduction to the Theory of Atomic Spectra. Pergamon Press, Oxford (1972)

[5.3] Kockel, B.: Darstellungstheoretische Behandlung einfacher wellenmechanischer Probleme. Teubner, Leipzig (1955)

[5.4] (a) Fraga, S., Karwowski, J., Saxena, K. M. S., in: Atomic Data and Nuclear Data Tables **12**, 467-477 (1973). Academic Press, New York

(b) Kotochigova, S., Levine, Z., Shirley, E., Stiles, M., Clark, Ch.: Atomic Reference Data for Electronic Structure Calculations. Natl. Inst. of Standards and Technology (NIST), Gaithersburg, MD/USA (1996)

[5.5] Haberditzl W.: Quantenchemie. Ein Lehrgang, Bd. 4: Komplexverbindungen. Dt. Verl. der Wissenschaften, Berlin (1979) und Hüthig-Verlag, Heidelberg (1985)

[5.6] Gombás, P.: Die statistische Theorie des Atoms und ihre Anwendungen. Springer, Wien (1949)

id.: Statistische Behandlung des Atoms. In: Flügge, S. (Hrsg.) Handbuch der Physik. Bd. 36. Springer, Berlin/Göttingen/Heidelberg (1956)

6 Chemische Bindung in den einfachsten Molekülen

Einer der frühesten und wichtigsten Erfolge der Quantenmechanik bestand darin, dass endlich eine fundierte Antwort auf die Frage gefunden wurde, wie sich neutrale Atome zu stabilen Molekülen verbinden können. Das Jahr 1927, in dem erstmals eine quantenmechanische Beschreibung einfachster molekularer Systeme – nämlich H_2^+ und H_2 – gelang, kann daher als das Geburtsjahr der *Quantenchemie* gelten. Es hat dann allerdings noch rund 35 Jahre gedauert, ehe man einigermaßen sicher sein konnte, das Phänomen der chemischen Bindung wirklich verstanden zu haben.

Im vorliegenden Kapitel wird gezeigt, wie man, ausgestattet nur mit elementaren Kenntnissen der Quantenmechanik und ihrer Näherungsmethoden, zunächst eine wenigstens qualitative Beschreibung erreichen kann. Das wird in mancher Hinsicht denjenigen Überlegungen entsprechen, die seinerzeit in den Gründerjahren der Quantenchemie angestellt wurden, und mag daher auf den ersten Blick etwas antiquiert erscheinen. Nach den Erfahrungen des Autors kann jedoch diese Herangehensweise gerade dem theoretisch weniger geschulten Chemiker den Zugang zu der schwierigen Problematik erleichtern und das Verständnis fördern. Unser Anliegen besteht darin, die Grundzüge der *Molekülorbital(MO)-Näherung*, einer der Hauptvarianten quantenchemischer Konzepte, herauszuarbeiten und damit das Wesen der *kovalenten chemischen Bindung* in den einfachsten Molekülen zu analysieren.

Bei der quantenmechanischen Beschreibung beschränken wir uns auf das absolut Notwendige und berücksichtigen nur die Coulombschen elektrostatischen Wechselwirkungen zwischen den für die Chemie "elementaren" geladenen Teilchen (Atomkerne, Elektronen); Spin-Bahn-Kopplungen und andere spinabhängige Wechselwirkungen bleiben außer Betracht.

6.1 Ein Elektron im Coulomb-Feld zweier Kerne

Das einfachste denkbare molekulare System besteht aus einem Elektron, das sich unter dem Einfluss des elektrostatischen Feldes zweier Kerne A und B bewegt. Dies entspricht Molekülionen AB^{n+}, bei denen bis auf eines sämtliche weiteren, von den beiden Atomen eingebrachten Elektronen fehlen, also z. B. H_2^+, CN^{12+} u. ä.

6.1.1 Formulierung der Schrödinger-Gleichung

Die beiden Kerne A und B mögen die Massen m_A bzw. m_B und die Kernladungszahlen Z_A bzw. Z_B haben; ihre Ortsvektoren bezeichnen wir mit $\boldsymbol{R}_A$ bzw. $\boldsymbol{R}_B$, und der Ortsvektor des Elektrons (Masse m_e) sei $\boldsymbol{r}$ (s. Abb. 6.1).

Auf Grund der im Vergleich zu den Kernmassen sehr kleinen Elektronenmasse,

$$(m_e/m_A), (m_e/m_B) << 1 , \tag{6.1}$$

können wir die Behandlung von Elektronen- und Kernbewegung trennen (s. Abschn. 4.3). Wie bei der Beschreibung der Atome in Kapitel 5 werden die Kerne als räumlich fixiert angenommen; dann sind $\boldsymbol{R}_A$ und $\boldsymbol{R}_B$ raumfeste Vektoren. Um das Problem der Schwerpunktseparation kümmern wir uns hier nicht.

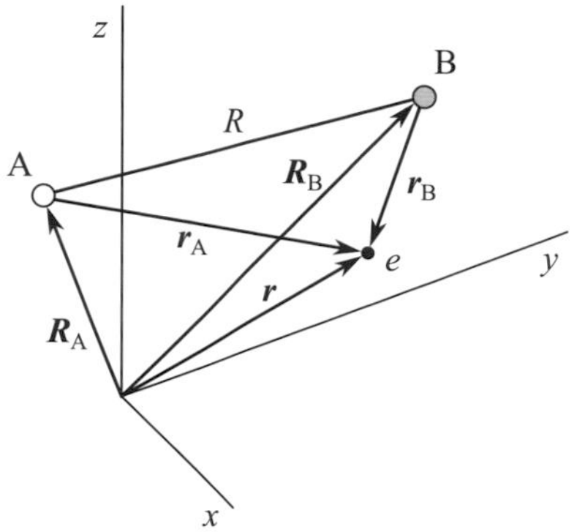

Abb. 6.1
Zwei Kerne (A, B) und ein Elektron (*e*): Koordinaten

Den Abstand des Elektrons vom Kern A bezeichnen wir mit $r_A \equiv |\boldsymbol{r} - \boldsymbol{R}_A|$, den Abstand vom Kern B entsprechend mit $r_B \equiv |\boldsymbol{r} - \boldsymbol{R}_B|$. Damit haben wir den folgenden nichtrelativistischen (spinfreien) Hamilton-Operator für die Bewegung des Elektrons:

$$\hat{H}^{e}_{nr} \equiv \hat{h} = \hat{T} + V_A + V_B \tag{6.2}$$

mit dem Operator der kinetischen Energie

$$\hat{T} = -(\hbar^2/2m)\hat{\Delta}_{\boldsymbol{r}} \tag{6.3a}$$

und den potentiellen Energieanteilen für die Wechselwirkungen mit den Kernen A und B

$$V_A = -(Z_A\bar{e}^2 / r_A), \tag{6.3b}$$

$$V_B = -(Z_B\bar{e}^2 / r_B). \tag{6.3c}$$

Die Wellenfunktion des Elektrons für stationäre Zustände, $\psi(\boldsymbol{r},\sigma)$, ist Lösung der zeitunabhängigen Schrödinger-Gleichung

$$\hat{h}\psi = \varepsilon\psi .$$

Da $\hat{h}$ nicht auf die Spinvariable σ wirkt, kann ψ als Produkt einer Ortsfunktion und einer Spinfunktion geschrieben werden:

$$\psi(\boldsymbol{r},\sigma) = \phi(\boldsymbol{r}) \cdot \chi(\sigma) . \tag{6.4}$$

Der Ortsanteil $\phi(\boldsymbol{r})$ genügt der Schrödinger-Gleichung

$$\hat{h}\phi(\boldsymbol{r}) = \varepsilon\phi(\boldsymbol{r}) \tag{6.5}$$

mit den üblichen Randbedingungen, insbesondere der *Normierungsbedingung*

$$\int |\phi(\boldsymbol{r})|^2 \mathrm{d}V = 1\,, \tag{6.6}$$

wenn uns wie hier nur die *gebundenen Zustände des Elektrons* interessieren.

Von jetzt ab ist zu unterscheiden, von welcher Art gebundener Zustände die Rede ist: sind es solche von Elektronen, die an Kerne gebunden, also nicht frei sind (das haben wir soeben gemeint), oder handelt es sich um gebundene Zustände des molekularen Systems im Sinne chemischer Bindung (damit werden wir uns später in diesem Kapitel ausführlich befassen).

Eine solche Wellenfunktion $\phi(\boldsymbol{r})$, die ein Elektron im Felde des Kerngerüsts eines Moleküls beschreibt, bezeichnet man (analog zur Bezeichnung Atomorbital im Fall *eines* Kerns) als ***Molekülorbital*** (engl. molecular orbital, abgek. ***MO***); sie hängt wie der Operator $\hat{h}$ außer von den Elektronenkoordinaten $\boldsymbol{r}$ noch vom Abstand $R \equiv |\boldsymbol{R}_\mathrm{A} - \boldsymbol{R}_\mathrm{B}|$ der beiden Kerne als Parameter ab (s. Abschn. 4.3.3):

$$\phi(\boldsymbol{r}) \equiv \phi(\boldsymbol{r}; R)\,. \tag{6.7}$$

Der Spinanteil $\chi(\sigma)$ ist nicht festgelegt, er kann also insbesondere gleich χ_+ oder χ_- oder auch eine Mischung beider sein (vgl. Abschn. 2.4).

6.1.2 Intuitiver Ansatz für ein Molekülorbital

Um zunächst eine qualitative Vorstellung davon zu bekommen, wie ein Molekülorbital aussehen könnte, bedienen wir uns einer einfachen Modellbetrachtung: Wir nehmen an, der Kernabstand R sei groß (viele Å). Das (als gebunden vorausgesetzte) Elektron befindet sich dann entweder am Kern A oder am Kern B. Im erstgenannten Fall ist der Potentialanteil V_B klein (denn das Elektron ist sehr weit von B entfernt), so dass wir ihn vernachlässigen können und eine Schrödinger-Gleichung mit dem Hamilton-Operator

$$\hat{h}_\mathrm{A} = \hat{T} + V_\mathrm{A} \tag{6.8a}$$

zu lösen haben. Das aber ist nichts anderes als die Schrödinger-Gleichung für ein wasserstoffähnliches Atom, deren (exakte) Lösungen wir aus Abschnitt. 2.3.3 kennen. Den Energieeigenwert schreiben wir hier e_A und die zugehörige Wellenfunktion φ^A:

$$\hat{h}_\mathrm{A}\varphi^\mathrm{A} = e_\mathrm{A}\varphi^\mathrm{A}\,; \tag{6.9a}$$

vorausgesetzt sei die Normierung auf 1:

$$\langle \varphi^\mathrm{A} | \varphi^\mathrm{A} \rangle = 1\,. \tag{6.10a}$$

Die expliziten Ausdrücke für e_A und φ^A sind in Abschnitt 2.3.3 zu finden, hier brauchen wir sie nicht.

Völlig gleichberechtigt mit der soeben beschriebenen Situation ist der Fall, dass sich das Elektron am Kern B befindet (R weiter als groß vorausgesetzt); dann haben wir die Schrödinger-Gleichung

$$\hat{h}_{\mathrm{B}}\varphi^{\mathrm{B}} = e_{\mathrm{B}}\varphi^{\mathrm{B}} \tag{6.9b}$$

mit dem Hamilton-Operator

$$\hat{h}_{\mathrm{B}} = \hat{T} + V_{\mathrm{B}}, \tag{6.8b}$$

für ein wasserstoffähnliches Atom B im auf 1 normierten Zustand φ^{B},

$$\left\langle \varphi^{\mathrm{B}} \middle| \varphi^{\mathrm{B}} \right\rangle = 1 , \tag{6.10b}$$

mit der Energie e_{B}.

Wir nehmen an, das Elektron halte sich am Kern A auf und befinde sich dort im Grundzustand $1s_{\mathrm{A}}$. Nun möge sich der Kernabstand R sukzessive verringern, indem Kern B in Richtung auf den Kern A verschoben wird (s. Abb. 6.2). Die kugelsymmetrische "Ladungsdichteverteilung" $-\bar{e}\,|\,\varphi^{\mathrm{A}}(\boldsymbol{r})|^2$ wird unter dem Einfluss der positiven Ladung des Kerns B (Anziehung zwischen Elektronenladung und Kern) mehr und mehr deformiert, in Richtung auf B "ausgebeult", und der Aufenthaltsbereich des Elektrons erweitert sich auf die Umgebung beider Kerne; man nennt so etwas ***Delokalisierung***.

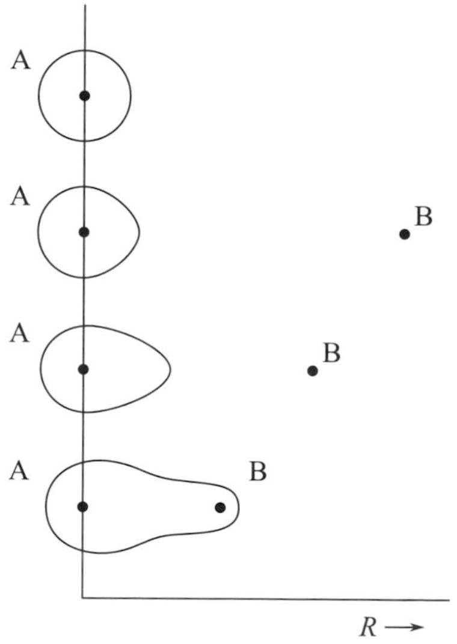

Abb. 6.2
Veränderung der Aufenthaltswahrscheinlichkeitsdichte eines ursprünglich am Kern A befindlichen Elektrons bei Annäherung des Kerns B (schematisch)

Es liegt nahe, die deformierte Wellenfunktion dadurch zu beschreiben, dass man der anfänglichen Wellenfunktion φ^{A} einen φ^{B} - Anteil beimischt:

$$\varphi^{\mathrm{A}} \to \varphi^{\mathrm{A}} + \lambda\varphi^{\mathrm{B}} .$$

Bei dieser Überlagerung interferieren die beiden Wellen φ^{A} und $\lambda\varphi^{\mathrm{B}}$, was sich in der Aufenthaltswahrscheinlichkeitsdichte $\propto |(\varphi^{\mathrm{A}} + \lambda\varphi^{\mathrm{B}})|^2$ durch einen Anteil $\propto \varphi^{\mathrm{A}}(\boldsymbol{r})\cdot\varphi^{\mathrm{B}}(\boldsymbol{r})$

bemerkbar macht, den man als ***Überlappungsdichte*** bezeichnet; diese Überlappungsdichte ist ein Maß für das gegenseitige "Übergreifen" (*Überlappung*) der Funktionen φ^{A} und φ^{B}. Die so erhaltene Wellenfunktion ist noch nicht normiert. Durch Multiplikation mit dem Faktor

$$N = 1\Big/\sqrt{1+\lambda^2+2\lambda S}\,, \tag{6.11}$$

in dem das ***Überlappungsintegral*** (Integral über die Überlappungsdichte)

$$S \equiv \int \varphi^{\mathrm{A}}(\boldsymbol{r})^* \cdot \varphi^{\mathrm{B}}(\boldsymbol{r})\mathrm{d}V \equiv \left\langle \varphi^{\mathrm{A}} \middle| \varphi^{\mathrm{B}} \right\rangle \tag{6.12}$$

auftritt, wird die Normierung auf 1 hergestellt: für die Funktion

$$\begin{aligned}\tilde{\phi} &= N(\varphi^{\mathrm{A}} + \lambda\varphi^{\mathrm{B}}) \\ &= c_{\mathrm{A}}\varphi^{\mathrm{A}} + c_{\mathrm{B}}\varphi^{\mathrm{B}}\end{aligned} \tag{6.13}$$

gilt $\left\langle \tilde{\phi} \middle| \tilde{\phi} \right\rangle = 1$, wie man leicht nachrechnet. In der Schreibweise mit $c_{\mathrm{A}} \equiv N$ und $c_{\mathrm{B}} \equiv N\lambda$ lässt sich die Verfahrensweise bequem verallgemeinern, wie wir sehen werden.

In der intuitiv konstruierten Einelektronwellenfunktion (6.13) haben wir ein ***Molekülorbital (MO)*** in seiner einfachsten Näherungsform vor uns. Mathematisch hat das MO die Gestalt einer ***Linearkombination atomarer Orbitale*** (engl. linear combination of atomic orbitals, abgek. ***LCAO***), in der die beiden Atomorbitale (AOs) φ^{A} und φ^{B} in einem bestimmten Mischungsverhältnis $c_{\mathrm{B}}/c_{\mathrm{A}} = \lambda$ vertreten sind. Die AOs φ^{A} und φ^{B} bezeichnet man als die ***Basisfunktionen;*** es handelt sich im vorliegenden Fall um eine sogenannte ***Minimalbasis***, weil φ^{A} und φ^{B} die zur Beschreibung der freien Atome A und B *mindestens* erforderlichen Atomorbitale sind. Dieses Molekülorbital ist *delokalisiert*: es erstreckt sich über den Bereich *beider* Kerne, die Funktionswerte sind in der Umgebung beider Kerne wesentlich von Null verschieden.

Der nächste Schritt besteht in der Bestimmung der LCAO-Koeffizienten c_{A} und c_{B}. Hierzu fassen wir die Funktion (6.13), $\tilde{\phi}$, als eine Versuchsfunktion mit zwei freien Parametern c_{A} und c_{B} auf und wenden das in Abschnitt 4.4.1.1 besprochene Ritzsche (Energie-) Variationsverfahren an. Es ist also mit $\tilde{\phi}$ der Erwartungswert $\tilde{\varepsilon}$ der Energie des Elektrons zu bilden, wobei wir der Einfachheit halber die AOs φ^{A} und φ^{B} wie auch die Koeffizienten c_{A} und c_{B} als reell voraussetzen:

$$\begin{aligned}\tilde{\varepsilon} \equiv \left\langle \tilde{\phi} \middle| \hat{h} \middle| \tilde{\phi} \right\rangle \Big/ \left\langle \tilde{\phi} \middle| \tilde{\phi} \right\rangle &= \left(c_{\mathrm{A}}{}^2\alpha_{\mathrm{A}} + c_{\mathrm{B}}{}^2\alpha_{\mathrm{B}} + 2c_{\mathrm{A}}c_{\mathrm{B}}\beta \right) \Big/ \left(c_{\mathrm{A}}{}^2 + c_{\mathrm{B}}{}^2 + 2c_{\mathrm{A}}c_{\mathrm{B}}S \right) \\ &\equiv \tilde{\varepsilon}(c_{\mathrm{A}}, c_{\mathrm{B}}).\end{aligned} \tag{6.14}$$

Hier wurden unter Berücksichtigung der Gleichungen (6.8a,b) und (6.9a,b) sowie (6.12) für die Matrixelemente des Hamilton-Operators die folgenden Abkürzungen verwendet:

$$\alpha_{\mathrm{A}} \equiv \left\langle \varphi^{\mathrm{A}} \middle| \hat{h} \middle| \varphi^{\mathrm{A}} \right\rangle \equiv \int \varphi^{\mathrm{A}}(\boldsymbol{r})^* \hat{h} \varphi^{\mathrm{A}}(\boldsymbol{r}) \mathrm{d}V$$

$$= e_{\mathrm{A}} + \int \varphi^{\mathrm{A}}(\boldsymbol{r})^* V_{\mathrm{B}}(\boldsymbol{r}) \varphi^{\mathrm{A}}(\boldsymbol{r}) \mathrm{d}V , \tag{6.15a}$$

$$\alpha_{\mathrm{B}} \equiv \left\langle \varphi^{\mathrm{B}} \middle| \hat{h} \middle| \varphi^{\mathrm{B}} \right\rangle \equiv \int \varphi^{\mathrm{B}}(\boldsymbol{r})^* \hat{h} \varphi^{\mathrm{B}}(\boldsymbol{r}) \mathrm{d}V$$

$$= e_{\mathrm{B}} + \int \varphi^{\mathrm{B}}(\boldsymbol{r})^* V_{\mathrm{A}}(\boldsymbol{r}) \varphi^{\mathrm{B}}(\boldsymbol{r}) \mathrm{d}V , \tag{6.15b}$$

$$\beta \equiv \beta_{\mathrm{AB}} \equiv \left\langle \varphi^{\mathrm{A}} \middle| \hat{h} \middle| \varphi^{\mathrm{B}} \right\rangle \equiv \int \varphi^{\mathrm{A}}(\boldsymbol{r})^* \hat{h} \varphi^{\mathrm{B}}(\boldsymbol{r}) \mathrm{d}V$$

$$= e_{\mathrm{B}} S + \int \varphi^{\mathrm{A}}(\boldsymbol{r})^* V_{\mathrm{A}}(\boldsymbol{r}) \varphi^{\mathrm{B}}(\boldsymbol{r}) \mathrm{d}V . \tag{6.15c}$$

Im entsprechenden Ausdruck für β_{BA} sind gegenüber (6.15c) A und B vertauscht, auf Grund der Hermitezität des Operators $\hat{h}$ gilt aber $\beta_{\mathrm{AB}} = \beta_{\mathrm{BA}}$. Die beiden Größen α_{A} und α_{B} heißen ***Coulomb-Integrale***, und β wird als ***Resonanzintegral*** bezeichnet. Während α_{A} und α_{B} stets negativ sind, können β und S positive oder auch negative Werte annehmen, je nachdem, wie die Funktionen φ^{A} und φ^{B} beschaffen sind; wir gehen darauf später noch ausführlicher ein (s. Abschn. 6.1.5).

Die Koeffizienten c_{A} und c_{B} wie auch die Integrale $\alpha_{\mathrm{A}}, \alpha_{\mathrm{B}}$, β und S hängen [s. Gl. (6.7)] vom Kernabstand R ab; diese R-Abhängigkeit werden wir ebenfalls später diskutieren.

Die Minimierung der Funktion $\tilde{\varepsilon}(c_{\mathrm{A}}, c_{\mathrm{B}})$ bezüglich der beiden Variablen c_{A} und c_{B} führt (s. Abschn. 4.4.1.1) auf das homogene lineare Gleichungssystem (4.57), hier mit $M = 2$:

$$\left.\begin{aligned} (\alpha_{\mathrm{A}} - \tilde{\varepsilon})c_{\mathrm{A}} + (\beta - \tilde{\varepsilon}\, S)c_{\mathrm{B}} = 0 \\ (\beta - \tilde{\varepsilon}\, S)c_{\mathrm{A}} + (\alpha_{\mathrm{B}} - \tilde{\varepsilon})c_{\mathrm{B}} = 0 \end{aligned}\right\} . \tag{6.16}$$

Es besitzt nichttriviale Lösungen (die triviale Lösung wäre: $c_{\mathrm{A}} = c_{\mathrm{B}} = 0$) für diejenigen Werte von $\tilde{\varepsilon}$, welche die Lösbarkeitsbedingung (4.58) erfüllen, im vorliegenden Fall also:

$$\begin{vmatrix} (\alpha_{\mathrm{A}} - \tilde{\varepsilon}) & (\beta - \tilde{\varepsilon}\, S) \\ (\beta - \tilde{\varepsilon}\, S) & (\alpha_{\mathrm{B}} - \tilde{\varepsilon}) \end{vmatrix} = (\alpha_{\mathrm{A}} - \tilde{\varepsilon})(\alpha_{\mathrm{B}} - \tilde{\varepsilon}) - (\beta - \tilde{\varepsilon}\, S)^2 = 0 . \tag{6.17}$$

Diese *Säkulargleichung* hat als Gleichung zweiten Grades in $\tilde{\varepsilon}$ zwei Wurzeln, $\tilde{\varepsilon}_1$ und $\tilde{\varepsilon}_2$, und zu jeder dieser Wurzeln ergibt das Gleichungssystem (6.16) ein Paar von Koeffizienten: $c_{\mathrm{A}}^{(1)}$ und $c_{\mathrm{B}}^{(1)}$ zu $\tilde{\varepsilon}_1$ sowie $c_{\mathrm{A}}^{(2)}$ und $c_{\mathrm{B}}^{(2)}$ zu $\tilde{\varepsilon}_2$. Die beiden Näherungsfunktionen

$$\tilde{\phi}_1 = c_{\mathrm{A}}^{(1)} \varphi^{\mathrm{A}} + c_{\mathrm{B}}^{(1)} \varphi^{\mathrm{A}} \quad \text{zu} \quad \tilde{\varepsilon}_1 , \tag{6.18}$$

$$\tilde{\phi}_2 = c_{\mathrm{A}}^{(2)} \varphi^{\mathrm{A}} + c_{\mathrm{B}}^{(2)} \varphi^{\mathrm{A}} \quad \text{zu} \quad \tilde{\varepsilon}_2 , \tag{6.19}$$

sind automatisch orthogonal:

$$\langle \tilde{\phi}_1 | \tilde{\phi}_2 \rangle = 0 . \qquad (6.20)$$

Das ist eine generelle Eigenschaft der Eigenvektoren zu verschiedenen Eigenwerten symmetrischer Matrizen, in unserem Falle also der Energiematrix **h** mit den Elementen (6.15a-c). Zur Lösung des homogenen linearen Gleichungssystems (6.16) s. die einschlägige mathematische Literatur (etwa [II.1], Abschn. 9.6.2.). Zur Übung wird empfohlen, das hier skizzierte Variationsverfahren im Detail durchzuführen (ÜA 6.1).

Aus Gleichung (6.17) folgt, dass der Ausdruck $(\tilde{\varepsilon} - \alpha_A)(\tilde{\varepsilon} - \alpha_B)$ stets positiv sein muss; die Lösungen $\tilde{\varepsilon}_1$ und $\tilde{\varepsilon}_2$ liegen daher außerhalb des Intervalls (α_A, α_B), und zwar eine von ihnen oberhalb und eine unterhalb (s. Ab. 6.3).

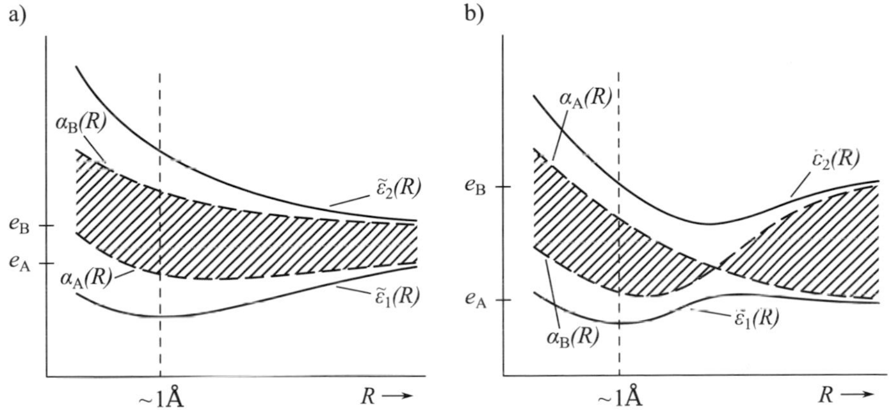

Abb. 6.3 Verhalten der Lösungen des Einelektron-Zweizentren-Problems in Abhängigkeit von R; a) α_A und α_B nichtkreuzend; b) α_A und α_B kreuzend (schematisch)

Sowohl die Matrixelemente (6.15a-c) und das Überlappungsintegral (6.12) als auch die Energien $\tilde{\varepsilon}_1$ und $\tilde{\varepsilon}_2$ sowie die Koeffizienten $c_A^{(1)}, c_B^{(1)}$ und $c_A^{(2)}, c_B^{(2)}$ hängen vom Kernabstand R ab. Wie die R-Abhängigkeit der Integrale α_A, α_B (s. Abb. 6.3), β und S aussieht, lässt sich im vorliegenden Fall relativ leicht ausrechnen, da die wasserstoffähnlichen Wellenfunktionen φ^A und φ^B für den Grundzustand eine einfache Form haben (s.Abschn. 2.3.3). In ÜA 6.2 wird die Berechnung für $1s_H$ -AOs durchgeführt. Allgemein aber kann die Integralberechnung recht aufwendig werden. Darauf gehen wir hier jedoch nicht weiter ein, denn wir benötigen nur einige qualitative Informationen. Mehr zur Berechnung solcher Integrale findet man in Abschnitt 17.1.2, s. auch [II.1] (dort Kap. 11.).

Für sehr große Kernabstände, $R \to \infty$ (Grenzfall separierter Atome), nähern sich die Werte der Coulomb-Integrale (und auch die Wurzeln $\tilde{\varepsilon}_1$ und $\tilde{\varepsilon}_2$) mehr und mehr den Energien e_A bzw. e_B der freien Atome A und B, wie das qualitativ in Abb. 6.3 dargestellt ist. Das

Resonanzintegral β und das Überlappungsintegral S gehen gegen Null. Dieses Verhalten lässt sich an den Ausdrücken (6.15a-c) und (6.12) ablesen; genauer zeigen das die Ergebnisse der ÜA 6.2. Bei sehr kleinen Kernabständen, $R \to 0$, sprechen wir vom Grenzfall des "vereinigten Atoms", also eines Einelektronatoms mit der Kernladungszahl $Z_A + Z_B$; im Falle H_2^+ wäre dies He^+.

In Abb. 6.3 sind zwei Situationen dargestellt: Im Fall b schneiden sich die Kurven für die beiden Coulomb-Integrale, $\alpha_A(R)$ und $\alpha_B(R)$, im Fall a nicht. Für die Wurzeln $\tilde{\varepsilon}_1(R)$ und $\tilde{\varepsilon}_2(R)$ der Säkulargleichung tritt eine solche Überkreuzung offenbar in keinem der beiden Fälle ein, die Kurven sind gegenüber $\alpha_A(R)$ und $\alpha_B(R)$ "auseinandergedrückt". Unter welchen Bedingungen sich Elektronenterme eines molekularen Systems in Abhängigkeit von der Kernanordnung überschneiden können, wird allgemein in Abschnitt 13.4 diskutiert (s. auch Anhang A1.5.2.4).

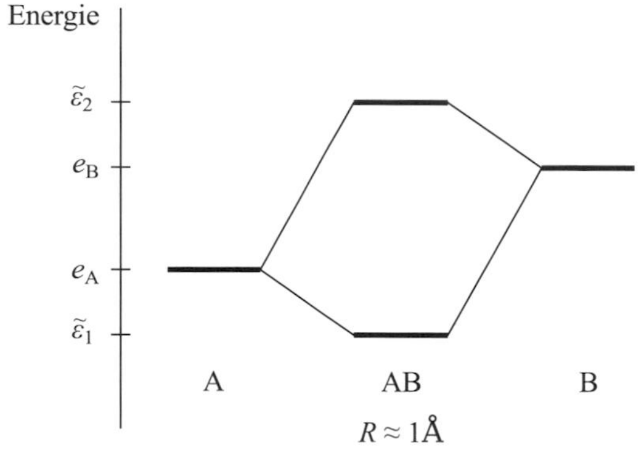

Abb. 6.4
Energieschema für ein Zweizentren-Einelektronsystem (qualitativ)

Die Abb. 6.4 zeigt die energetischen Verhältnisse noch einmal in einem einprägsamen Schema, wie es in der Literatur oft verwendet wird: links und rechts sind die Elektronenterme der freien Atome A und B (Grundzustände) angegeben, in der Mitte die Werte der beiden Lösungen $\tilde{\varepsilon}_1$ und $\tilde{\varepsilon}_2$ für einen Kernabstand, an dem die Wurzel $\tilde{\varepsilon}_1$ am tiefsten liegt; das ist für leichte Moleküle bei $R \approx 1$ Å (s. Abb. 6.3). Die Lösung $\tilde{\varepsilon}_1$ ist gegenüber e_A und e_B abgesenkt, d. h. bei Zusammenführung von A und B wird Elektronenenergie gewonnen. Nur ein solcher Zustand $\tilde{\phi}_1$ *kann* zu einer Bindung führen; man nennt den Zustand ***bindend***, die Funktion $\tilde{\phi}_1$ ein bindendes MO. Das Entgegengesetzte gilt für den Zustand mit der Energie $\tilde{\varepsilon}_2$; er ist energetisch angehoben und wird als ***antibindend*** bezeichnet, die zugehörige Wellenfunktion $\tilde{\phi}_2$ als *antibindendes* (oder *lockerndes*) *MO*. Ob aber für $\tilde{\phi}_1$ eine Bindung tatsächlich eintritt, hängt noch von weiteren Bedingungen ab (s. unten).

Maßgebend für die Absenkung der Energie $\tilde{\varepsilon}_1$ des Elektrons im bindenden Zustand $\tilde{\phi}_1$ ist, wie wir sogleich sehen werden, das Resonanzintegral β; bei $\beta \to 0$ gibt es keine Stabilisierung. Wir diskutieren deshalb zuerst die Eigenschaften von β etwas eingehender. Wendet man auf das Integral in der zweiten Zeile von Gleichung (6.15c) den Mittelwertsatz der Integralrechnung an (s. hierzu z. B. [II.2]), dann ergibt sich

$$\int \varphi^{A}(\boldsymbol{r})^{*} V_{A}(\boldsymbol{r}) \varphi^{B}(\boldsymbol{r}) \mathrm{d}V \approx \overline{V_{A}} \cdot \int \varphi^{A}(\boldsymbol{r})^{*} \varphi^{B}(\boldsymbol{r}) \mathrm{d}V ,$$

wobei $\overline{V_A}$ einen mittleren Wert der Funktion $V_A(\boldsymbol{r})$ im Integrationsbereich (hier also im gesamten Raum) bezeichnet, so dass für β folgt:

$$\beta \approx e_B S + \overline{V_A} S \propto S . \tag{6.21}$$

Das Resonanzintegral ist somit näherungsweise proportional dem Überlappungsintegral. Da $\overline{V_A}$ und e_B beide negativ sind, haben wir außerdem die Aussage, dass β und S stets entgegengesetzte Vorzeichen haben.

Die Wurzeln der Säkulargleichung (6.17) und die Lösungen des Gleichungssystems (6.16) lassen sich im Prinzip als geschlossene, allerdings etwas komplizierte mathematische Ausdrücke angeben. Wir beschränken uns hier auf zwei Spezialfälle:

(a) Gleiche Kerne (homonukleares zweiatomiges Molekülion)

$$Z_A = Z_B,\ e_A = e_B,\ \alpha_A = \alpha_B \equiv \alpha$$

Das führt zu den Energiewerten

$$\tilde{\varepsilon}_1 = (\alpha + \beta)/(1+S) , \tag{6.22a}$$

$$\tilde{\varepsilon}_2 = (\alpha - \beta)/(1-S) , \tag{6.22b}$$

als Lösungen der Säkulargleichung (6.17); die entsprechenden MOs sind

$$\tilde{\phi}_1 = (\varphi^A + \varphi^B)/(2+2S)^{1/2} \quad \text{zu } \tilde{\varepsilon}_1 , \tag{6.23a}$$

$$\tilde{\phi}_2 = (\varphi^A - \varphi^B)/(2-2S)^{1/2} \quad \text{zu } \tilde{\varepsilon}_2 . \tag{6.23b}$$

Wenn als φ^A und φ^B jeweils die 1*s*-AOs genommen werden, ergibt sich in Einklang mit Gleichung (6.21) das Resonanzintegral negativ: $\beta < 0$, und das Überlappungsintegral positiv: $S > 0$; in ÜA 6.2 wird das für den Fall $H_2{}^+$ explizite ausgerechnet. Das Coulomb-Integral ist, wie bereits festgestellt, stets negativ: $\alpha < 0$. Damit liegt $\tilde{\varepsilon}_1$ unterhalb von $\tilde{\varepsilon}_2$: $\tilde{\varepsilon}_1 < \tilde{\varepsilon}_2$; das *bindende MO* $\tilde{\phi}_1$ beschreibt also näherungsweise den energetisch tiefsten Elektronenzustand (Grundzustand) des Molekülions, das *lockernde MO* $\tilde{\phi}_2$ einen angeregten Zustand.

Das System hat eine hohe Symmetrie: Zunächst ist das Kerngerüst *rotationssymmetrisch* um die Achse H–H. Beide Wellenfunktionen (6.22a,b) ändern sich bei Drehungen um diese Achse nicht; die Komponente l_z des Drehimpulses in Achsenrichtung z hat in beiden Fällen den Wert 0. Ein derartiges Verhalten bezeichnet man mit dem Buchstaben σ . Bei den Werten $l_z = 1, 2, \ldots$ werden die Buchstaben $\pi, \delta, \ldots$ benutzt. Hinzu kommt eine Symmetrie gegenüber Spiegelung am Mittelpunkt der Achse H–H (*Inversion*). Zur Kennzeichnung des Verhaltens von Wellenfunktionen bei Inversion wurde in Abschnitt

5.3.1.1 die *Parität* eingeführt. Da bei Inversion φ^A in φ^B und φ^B in φ^A übergehen, ist das MO $\tilde{\phi}_1$ *gerade* (g) und das MO $\tilde{\phi}_2$ *ungerade* (u). Führt man noch einen Zählindex ein, der die Zustände nach aufsteigender Energie numeriert (was hier eigentlich noch nicht benötigt wird), dann wäre der Zustand $\tilde{\varepsilon}_1, \tilde{\phi}_1$ der erste gerade σ - Zustand: $1\sigma_g$, und der Zustand $\tilde{\varepsilon}_2, \tilde{\phi}_2$ der erste ungerade σ -Zustand: $1\sigma_u$. Damit hat man eine zum Fall der Atome analoge Buchstabensymbolik, die sich allerdings nur auf *eine* Komponente des Bahndrehimpulses beziehen kann, da das Betragsquadrat auf Grund der fehlenden Kugelsymmetrie keine Erhaltungsgröße mehr ist.

(b) Ungleiche Kerne (heteronukleares zweiatomiges Molekülion)

außerdem: *geringe Überlappung* der beiden AOs φ^A und φ^B

Die letztgenannte Voraussetzung bedeutet zugleich, dass das Resonanzintegral β klein ist (s. oben). Nehmen wir $\alpha_A < \alpha_B$ an (wie in Abb. 6.3), dann ergibt sich für kleine Beträge von β und S:

$$\tilde{\varepsilon}_1 \approx \alpha_A - \beta^2/(\alpha_B - \alpha_A), \tag{6.24a}$$

$$\tilde{\varepsilon}_2 \approx \alpha_B + \beta^2/(\alpha_B - \alpha_A). \tag{6.24b}$$

Für die zugehörigen Näherungswellenfunktionen $\tilde{\phi}_1$ bzw. $\tilde{\phi}_2$ in der Form (6.13) geben wir hier keine expliziten Ausdrücke an, sondern vermerken nur, dass die Koeffizienten c_A und c_B betragsmäßig umso verschiedener voneinander sind, je mehr sich die Kerne (genauer: die Kernladungszahlen Z_A und Z_B) unterscheiden:

$$\tilde{\phi}_1 \text{ mit } \left| c_B^{(1)} / c_A^{(1)} \right| << 1 , \tag{6.25a}$$

$$\tilde{\phi}_2 \text{ mit } \left| c_B^{(2)} / c_A^{(2)} \right| >> 1 . \tag{6.25b}$$

Die "Mischung" der beiden AOs φ^A und φ^B wird umso stärker, d. h. die Beträge der Koeffizienten c_A und c_B unterscheiden sich umso weniger, je weniger die Kernladungen differieren und je ähnlicher die AOs φ^A und φ^B einander werden. Die stärkste Mischung ergibt sich bei gleichen Kernen (Fall a oben); man kann das als eine Art Resonanz auffassen.

Wie wir gesehen haben, wird die Stabilisierung (Energieabsenkung) des Systems bei endlichen Kernabständen R gegenüber den getrennten Atomen ($R \to \infty$) im wesentlichen durch das Resonanzintegral β bestimmt. Betrachten wir die beiden Bestandteile von β in Gleichung (6.15c) etwas genauer: In den Integranden von S [Gl. (6.12)], und $\langle \varphi^A | V_A | \varphi^B \rangle$ steht das AO-Produkt $\varphi^A(\boldsymbol{r}) \cdot \varphi^B(\boldsymbol{r})$ bzw. für komplexe AOs: $\varphi^A(\boldsymbol{r})^* \cdot \varphi^B(\boldsymbol{r})$. In $\langle \varphi^A | V_A | \varphi^B \rangle$ tritt dazu noch der Faktor $V_A(\boldsymbol{r})$, welcher diejenigen Raumbereiche mit hohem Gewicht belegt, in denen die Funktion $V_A(\boldsymbol{r})$ betragsmäßig große Werte annimmt.

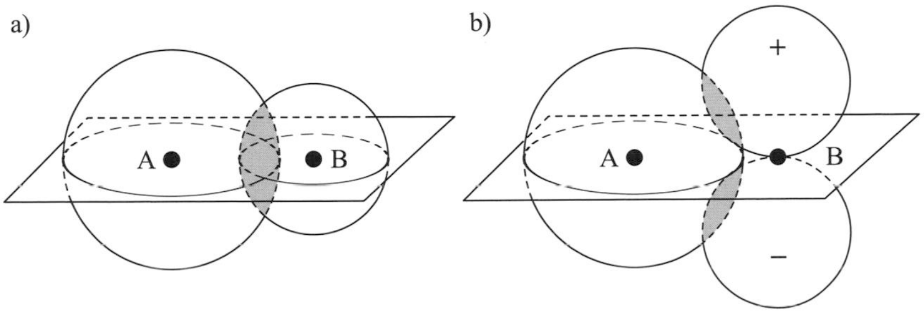

Abb. 6.5 Überlappung von Atomorbitalen $\varphi^A(\boldsymbol{r})$ und $\varphi^B(\boldsymbol{r})$: a) $s-s$; b) $s-p$ (schematisch; nach [I.4b])

In Abb. 6.5 ist dieser Sachverhalt für zwei Fälle schematisch dargestellt; die schraffierten Bereiche zeigen an, wo sich die beiden Funktionen $\varphi^A(\boldsymbol{r})$ und $\varphi^B(\boldsymbol{r})$ stark überlappen. Wie man sieht, sind das Überlappungsintegral und das Resonanzintegral dann klein, wenn *(i)* die Funktion $\varphi^A(\boldsymbol{r})$ (etwa bei großen Kernabständen R) dort betragsmäßig kleine Werte hat, wo $\varphi^B(\boldsymbol{r})$ groß ist (oder umgekehrt) oder *(ii)* wenn es zu jedem Volumenelement $\mathrm{d}V$ an $\boldsymbol{r}$ ein Volumenelement $\mathrm{d}V'$ an $\boldsymbol{r}'$ gibt, in denen die Integranden ungefähr gleichgroße Absolutwerte, aber entgegengesetzte Vorzeichen haben, so dass sich die Beiträge zum Wert des Integrals jeweils annähernd kompensieren. Diese Kompensation kann aus Symmetriegründen exakt sein (wie etwa in Abb. 6.5b).

6.1.3 Gesamtenergie und Stabilität

Auch abgesehen davon, dass es sich um eine grobe Näherung handelt, ist das Verhalten der MO-Energie $\tilde{\varepsilon}$ $(\equiv \tilde{\varepsilon}_1)$ des bindenden Zustands $\tilde{\phi}_1$ in Abhängigkeit vom Kernabstand R allein noch nicht ausreichend zur Beurteilung der Stabilität des Molekülions. Zunächst muss man die (repulsive) Coulombsche elektrostatische Wechselwirkung der beiden Kerne, also den positiven potentiellen Energiebeitrag

$$V^{kk}(R) = Z_A Z_B \bar{e}^2/R > 0\,, \tag{6.26}$$

berücksichtigen. Das hat eine Energieanhebung zur Folge, also eine *Destabilisierung*, und erst anhand der Gesamtenergie in der adiabatischen Näherung (s. Abschn. 4.3.2.1),

$$\tilde{U}(R) = V^{kk}(R) + \tilde{\varepsilon}(R)\,, \tag{6.27}$$

stellt sich heraus, ob die Absenkung der Energie $\tilde{\varepsilon}(R)$ des Elektrons beim Zusammenführen der beiden Teilsysteme A und B^+ (Elektron anfangs an A) oder A^+ und B (Elektron anfangs an B) die Energieerhöhung infolge der Kernabstoßung überkompensieren kann und somit ein gebundenes System möglich ist.

Die Abb. 6.6 zeigt schematisch die Verhältnisse für einen Fall, bei dem Bindung eintreten kann. Bei $R = 0$ haben wir die Elektronenenergie im Grenzfall des vereinigten Atoms (He^+ für $H_2{}^+$); bei sehr großen R-Werten sind die Teilsysteme H und H^+ separiert. Wir betrachten wie oben nur den energetisch tiefergelegenen Zustand (Elektronengrundzustand). Die Potentialkurve $\tilde{U}(R)[\equiv \tilde{U}_1(R)]$ nach Gleichung (6.27) weist an $R = R^0$ ein Minimum auf.

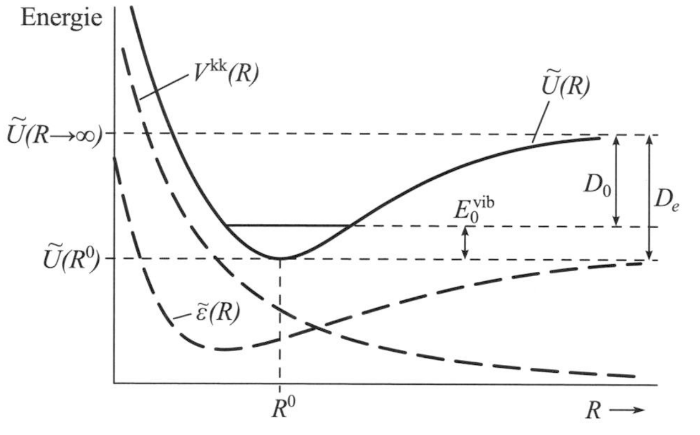

Abb. 6.6
Energie eines Einelektron-Zweizentren-Systems: Potentialkurve $\tilde{U}(R) \equiv \tilde{U}_1(R)$ für den Grundzustand in adiabatischer Näherung (schematisch); gestrichelt die Anteile in Gleichung (6.27)

Die ***elektronische Bindungsenergie*** (auch: ***elektronische Dissoziationsenergie***) D_e definieren wir als die Absenkung der Gesamtenergie $\tilde{U}(R)$ beim Zusammenführen der beiden Teilsysteme bis auf den Abstand R^0:

$$D_e \equiv \tilde{U}(R \to \infty) - \tilde{U}(R^0); \tag{6.28}$$

die notwendige Bedingung für eine Bindung ist also: $D_e > 0$.

Das genügt aber noch nicht für Stabilität: Das System kann nämlich nur dann stabil sein, wenn die Kerne zumindest die Nullpunktschwingung ausführen können; Wird der Energiebeitrag E_0^{vib} der Nullpunktschwingung zu $\tilde{U}(R^0)$ hinzugefügt, dann muss im Vergleich zur Energie der getrennten Teile noch ein Energiegewinn übrigbleiben.

Um die Nullpunktschwingungsenergie abzuschätzen, müsste in der adiabatischen Näherung (s. Abschn. 4.3.2.1) die energetisch tiefste Lösung der zeitunabhängigen Schrödinger-Gleichung (4.26) für die Kernbewegung bestimmt werden. Die Schwerpunktsbewegung sei absepariert. Die Anordnung der Kerne A und B im Raum wird durch den Kernabstand R und zwei Winkelangaben für die Drehlage der Kernverbindungslinie A–B (relativ zu einem schwerpunktfesten Koordinatensystem mit raumfesten Achsenrichtungen) festgelegt. Als Masse für die Relativbewegung der beiden Kerne ist die *reduzierte Masse* $\mu_{AB} \equiv m_A m_B / (m_A + m_B)$ zu nehmen. Wir wollen das Problem hier aber nicht in voller Strenge behandeln, sondern begnügen uns wie überall in diesem Kapitel mit einer einfachen Näherung; Genaueres findet man z. B. in Abschn. 11.3, s.auch [I.4b] (dort Abschn. 7.2). Zuerst wird die Rotation des Molekülions vernachlässigt, so dass wir es nur noch mit einer Variablen, dem Kernabstand R, zu tun haben, von der allein die Potentialfunktion $\tilde{U}(R)$ abhängt. Sodann approximieren wir $\tilde{U}(R)$ durch ein Parabelpotential mit dem Minimum $\tilde{U}(R^0)$, also: $\tilde{U}(R) \approx -D_e + (k/2)(R - R^0)^2$, wodurch das Problem auf eine lineare harmonische Schwingung (s. Abschn. 2.3.1) vereinfacht wird; k bezeichnet die *Kraftkonstante*: $k = d^2\tilde{U}/dR^2$. Die Nullpunktschwingungsenergie ergibt sich (s. Abschn. 2.3.1) als

$$E_0^{vib} = (\hbar/2)\omega = (\hbar/2)\sqrt{k/\mu_{AB}} \quad (6.29)$$

mit der oben notierten reduzierten Masse μ_{AB}.

Als "eigentliche" ***Dissoziationsenergie*** (zuweilen auch als ***Dissoziationswärme*** bezeichnet), die mit experimentellen Daten verglichen werden kann, ist also näherungsweise die Größe

$$D_0 \equiv D_e - E_0^{vib} = \tilde{U}(R \to \infty) - [\tilde{U}(R^0) + E_0^{vib}] \quad (6.30)$$

zu betrachten, die stets kleiner als D_e ist. Nur dann, wenn sich $D_0 > 0$ ergibt, kann das zweiatomige Molekülion tatsächlich stabil sein.

Für wachsende Kernladungszahlen Z_A und Z_B wird der Abstoßungsterm (6.26) schnell so groß, dass ein einzelnes Elektron keine Bindung mehr bewirken kann.

Diese erste Diskussion der Stabilität molekularer Systeme diente vor allem der Erläuterung der Problematik und einiger Begriffe. Quantitativ aber ist das nicht brauchbar, da alle Größen in der einfachsten Näherung benutzt wurden. Die Frage, ob ein gegebenes Atomaggregat stabil ist oder nicht, lässt sich mit diesen Mitteln noch nicht schlüssig beantworten; dazu sind im Allgemeinen wesentlich genauere Näherungen für die elektronische Energie und die Nullpunktsenergie erforderlich, besonders wenn diese Beiträge klein sind. Alle Aussagen sind daher oben sehr vorsichtig, nur als Möglichkeiten, formuliert, und wir werden in den folgenden Kapiteln noch mehrmals auf das Stabilitätsproblem zurückkommen.

6.1.4 Das Wasserstoffmolekülion H_2^+

Bei Verwendung des einfachen LCAO-MO-Ansatzes mit Wasserstoff-1*s*-AOs

$$\varphi^A(\mathbf{r}) = (1/\pi)^{1/2}\exp(-r_A), \quad (6.31a)$$

$$\varphi^B(\mathbf{r}) = (1/\pi)^{1/2}\exp(-r_B) \quad (6.31b)$$

(in at. E. nach Abschn. 2.3.3[1]) sind die numerischen Berechnungen für das Wasserstoffmolekülion H_2^+ leicht durchführbar. Die Integrale $\alpha(R), \beta(R)$ und $S(R)$ in Abhängigkeit vom Kernabstand R erhält man als geschlossene Formelausdrücke (s. ÜA 6.2).

Man beachte, dass zwar die beschriebenen Rechnungen beliebig genau durchgeführt werden können, das Ergebnis aber eine sehr *grobe Näherungslösung* für die Schrödinger-Gleichung (6.5) darstellt. Es gibt zahlreiche Berechnungen auf der Grundlage besserer Näherungen, und sogar eine "exakte Lösung" der Schrödinger-Gleichung ist für dieses einfache System möglich (s. Abb. 6.7): Nach Einführung

[1] Wir verwenden hier für die Radialkoordinate in atomaren Einheiten nicht wie in Abschn. 2.2.2 einen speziellen Buchstaben q.

elliptischer Koordinaten (s. Anhang A5.3.3) lässt sich die Schrödinger-Gleichung nämlich separieren, und die Lösungen der drei resultierenden gewöhnlichen Differentialgleichungen können mit beliebiger Genauigkeit bestimmt werden; Ausführlicheres darüber ist in [I.4b] (s. dort Abschn. 4.2.1. und Literaturhinweise) zu finden. Ein Elektron im Coulomb-Feld zweier festgehaltener Kerne (also ohne spinabhängige Wechselwirkungen) ist übrigens das *einzige exakt lösbare molekulare Problem*!

Mit den Gleichungen (6.21a,b), (6.27) und (6.26) ergeben sich genäherte Potentialkurven $\tilde{U}_1(R)$ für den bindenden und $\tilde{U}_2(R)$ für den lockernden Zustand; in Abb. 6.7 sind die Ergebnisse zusammen mit einer sehr genau berechneten Potentialkurve $U^{ex}(R)$[2] dargestellt.

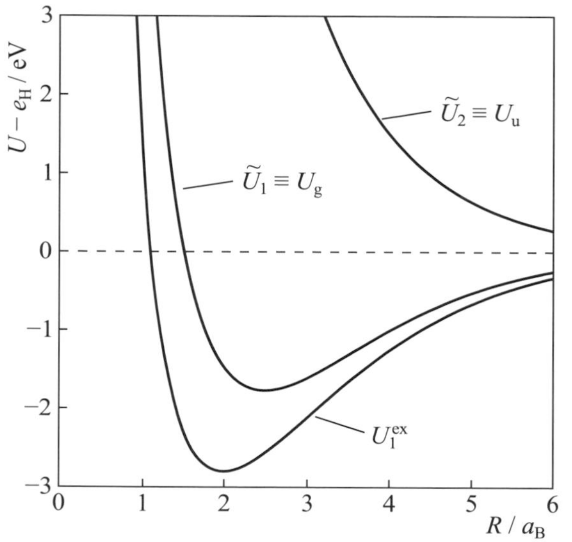

Abb. 6.7
Potentialkurven für den Elektronengrundzustand des Wasserstoffmolekülions in einfacher LCAO-MO-Näherung ($\zeta = 1{,}0$); zum Vergleich ist eine sehr genaue ("exakte") Potentialkurve U_1^{ex} eingetragen (Daten aus der in Fußnote 2 angegebenen Quelle) [Rechnungen von T. Ritschel, unveröffentlicht]

Die erste Zeile von Tab. 6.1 enthält für den bindenden Zustand den Kernabstand R^0, an dem die Funktion $\tilde{U}_1(R)$ ihr Minimum hat, und den entsprechenden Näherungswert $\tilde{D}_e$ der elektronischen Dissoziationsenergie. Im Vergleich zu den experimentellen (und den damit praktisch identischen "exakten") Werten sind die Fehler erwartungsgemäß recht groß.

Eine leicht zu realisierende Möglichkeit, über die einfache LCAO-MO-Näherung hinauszugehen, besteht darin, die Wellenfunktion durch Einführung eines *Orbitalparameters* ζ in den AOs φ^A und φ^B flexibler zu machen:

$$\varphi^A(\boldsymbol{r}) \equiv \varphi_{1s}(r_A;\zeta) = (\zeta^3/\pi)^{1/2}\exp(-\zeta\, r_A), \tag{6.32a}$$

$$\varphi^B(\boldsymbol{r}) \equiv \varphi_{1s}(r_B;\zeta) = (\zeta^3/\pi)^{1/2}\exp(-\zeta\, r_B) \tag{6.32b}$$

(in at. E.).

[2] Sharp, T. E.: Potential energy curves for molecular hydrogen and its ions. Atomic Data **2**, 119-169 (1971)

Tab. 6.1 Kernabstand R^0 und elektronische Dissoziationsenergie D_e von H_2^+ im Elektronengrundzustand, berechnet mit einfachen Minimalbasis-LCAO-MO-Ansätzen

		R^0 / a_B	D_e / eV
$\zeta = 1{,}0$	Pauling 1928[a]	2,5	1,8
$\zeta_{opt} = 1{,}228$	Finkelstein und Horowitz 1928[b]	2,0	2,3
Experimente [6.1] und genaue Berechnungen (s. Fußnote 2)		2,00	2,79

[a] Pauling, L., Chem. Rev. **5**, 173 (1928)

[b] Finkelstein, B. N., Horowitz, G. N., Z. Physik **48**, 118 (1928)

Vergleicht man mit dem Ausdruck (2.160), genommen für $n = 1$, $l = 0$, so spielt ζ die Rolle einer *effektiven Kernladungszahl* des H-Atoms; man lässt damit zu, dass die 1*s*-Funktionen φ^A und φ^B unter dem Einfluss des jeweils anderen Kerns langsamer (wenn $\zeta < 1$) oder schneller (wenn $\zeta > 1$) abklingen als im freien H-Atom. Ob so etwas eintritt, hängt davon ab, inwieweit es energetisch vorteilhaft ist, also die Energie des Elektrons absenkt. Man bestimmt daher mittels des Energievariationsverfahrens denjenigen Wert des freien Parameters ζ, für den die elektronische Energie minimal wird. Das ist im vorliegenden Fall wieder relativ einfach, denn ζ lässt sich leicht in die Formeln für die Integrale $\alpha(R)$, $\beta(R)$ und $S(R)$ einbeziehen. Die Ergebnisse, die dann für $\tilde{R}^0$ und $\tilde{D}_e$ erhalten werden, sind in der zweiten Zeile von Tab. 6.1 eingetragen. Die Verbesserung ist beträchtlich, und tatsächlich wird sich zeigen (s. den folg. Abschn.), dass dieser ζ-Effekt für die Stabilität des Systems eine entscheidende Bedeutung hat. Der optimale Wert von ζ für den bindenden Zustand ist gegenüber dem freien H-Atom vergrößert: es ergibt sich $\zeta_{opt} > 1$, d. h. die Wellenfunktion $\tilde{\phi}_1$ ist jetzt enger in der näheren Umgebung der Kerne und der Kernverbindungslinie konzentriert (*Kontraktion*). Für den lockernden Zustand $\tilde{\phi}_2$ erhält man auf entsprechende Weise einen optimalen Parameterwert $\zeta_{opt} < 1$, also eine im Vergleich zu einem freien H-Atom ($\zeta = 1$) "aufgeblähte" Wellenfunktion bzw. Elektronendichteverteilung (*Expansion*).

Die Näherungsansätze für die Wellenfunktion kann man sukzessive verfeinern, etwa durch Hinzunahme weiterer atomarer AOs zur Linearkombination (6.13) und durch Optimierung weiterer freier Parameter. Das verfolgen wir an dieser Stelle aber nicht im Detail (s. hierzu etwa [I.4b]), denn für eine qualitative Diskussion der chemischen Bindung haben wir bereits alles Wesentliche beieinander.

6.1.5 Wie lässt sich die Bindung im Wasserstoffmolekülion verstehen?

Wir gehen beim Versuch, die chemische Bindung zu "verstehen", so vor, dass wir die erhaltenen Resultate zur Stabilität eines Systems aus zwei Kernen und einem Elektron soweit als möglich auf klassisch interpretierbare Beziehungen zurückführen und schließlich die entscheidenden, spezifisch quantenmechanischen und daher klassisch nicht erfassbaren Aspekte herausarbeiten. Dabei befassen wir uns zunächst weiter mit dem einfachsten Fall, dem H_2^+ - Molekülion. Wie sich zeigen wird, kann man, indem man das Problem von verschiedenen Seiten betrachtet, zu einer konsistenten, plausiblen und auch verallgemeinerungsfähigen Modellvorstellung vom Zustandekommen einer durch *ein* Elektron vermittelten chemischen Bindung gelangen.

a) Als erstes untersuchen wir die *Aufenthaltswahrscheinlichkeitsdichte* $\tilde{\rho}$ *des Elektrons.*

In Abb. 6.8 ist $\tilde{\rho}$ für den bindenden Zustand $\tilde{\phi}_1$ und den lockernden Zustand $\tilde{\phi}_2$ jeweils als Höhenliniendiagramm in einer Ebene durch die beiden Kerne A und B dargestellt.

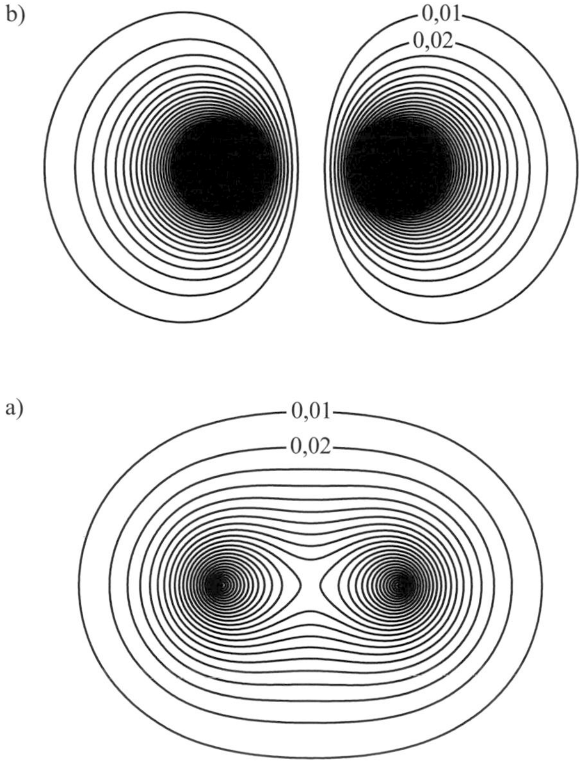

Abb. 6.8
Höhenliniendiagramm der Aufenthaltswahrscheinlichkeitsdichte des Elektrons im H_2^+ - Molekülion [einfache Minimalbasis-LCAO-MO-Näherung ($\zeta = 1{,}0$), Kernabstand $R = 2{,}0\, a_B$]:
(a) bindender Zustand;
(b) lockernder Zustand
(berechnet von T. Ritschel, unveröffentlicht; Zahlenangaben in at. E.)

Diese Dichten hängen über die Positionen der Zentren der beiden AOs φ^A und φ^B vom Kernabstand R ab:

$$\tilde{\rho}_1(\boldsymbol{r};R) \equiv \left|\tilde{\phi}_1(\boldsymbol{r};R)\right|^2$$

$$= (1+S)^{-1}(1/2)\left\{\left[\varphi^A(\boldsymbol{r})\right]^2 + \left[\varphi^B(\boldsymbol{r})\right]^2\right\} + (1+S)^{-1}\varphi^A(\boldsymbol{r})\varphi^B(\boldsymbol{r}), \quad (6.33)$$

$$\tilde{\rho}_2(\boldsymbol{r};R) \equiv \left|\tilde{\phi}_2(\boldsymbol{r};R)\right|^2$$
$$= (1-S)^{-1}(1/2)\left\{\left[\varphi^{\mathrm{A}}(\boldsymbol{r})\right]^2 + \left[\varphi^{\mathrm{B}}(\boldsymbol{r})\right]^2\right\} - (1-S)^{-1}\varphi^{\mathrm{A}}(\boldsymbol{r})\varphi^{\mathrm{B}}(\boldsymbol{r}). \quad (6.34)$$

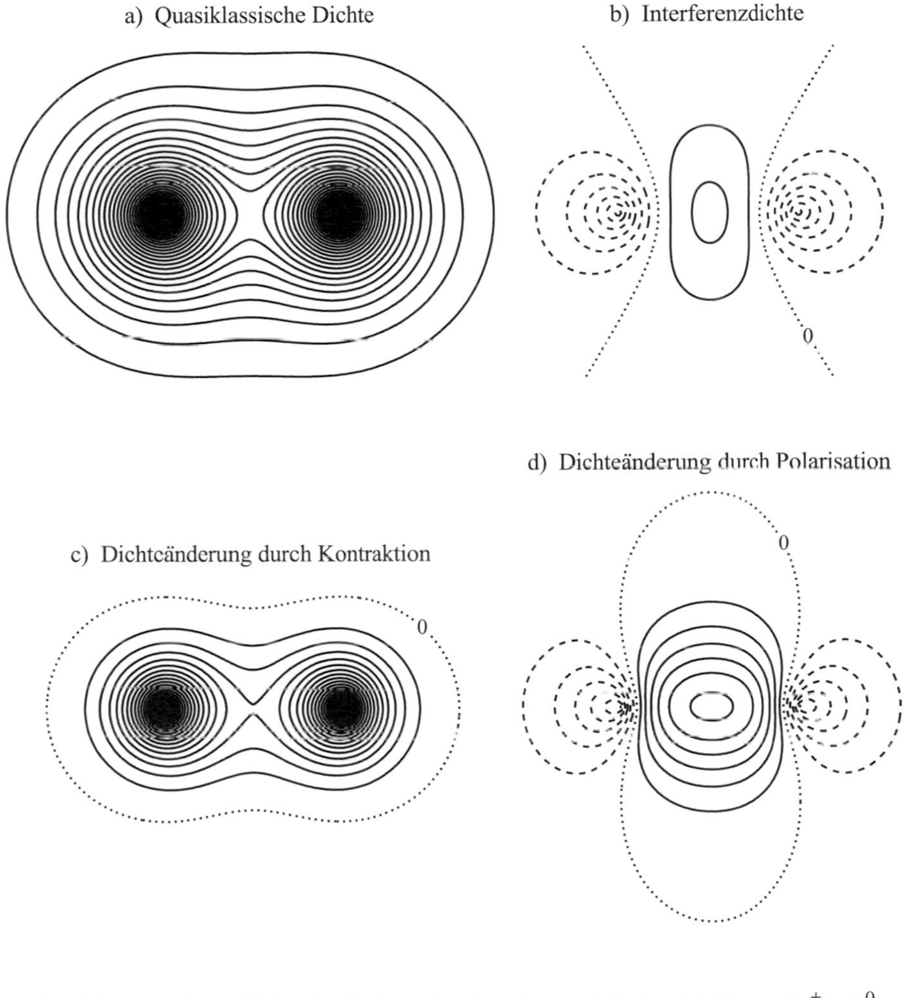

Abb. 6.9 Dichteanteile [6.2] für das Elektron im Grundzustand des Molekülions H_2^+ ($R^0 = 2{,}0\, a_{\mathrm{B}}$) (durchgezogene Linien: positive Werte; gestrichelte Linien: negative Werte; berechnet von T. Ritschel, unveröffentlicht)

Vernachlässigt man die Überlappung der beiden AOs φ^{A} und φ^{B}, d. h. $\varphi^{\mathrm{A}}(\boldsymbol{r}) \cdot \varphi^{\mathrm{B}}(\boldsymbol{r}) \approx 0$, damit auch $S \approx 0$, so fällt in beiden Ausdrücken (6.33) und (6.34) der zweite Anteil weg, und es ergibt sich die für beide Zustände gleiche ***quasiklassische Dichte*** [6.2] [3]

$$\tilde{\rho}^{\mathrm{QC}} \equiv (1/2)\left\{\left[\varphi^{\mathrm{A}}(\boldsymbol{r})\right]^2 + \left[\varphi^{\mathrm{B}}(\boldsymbol{r})\right]^2\right\} . \tag{6.35}$$

Diese Dichte ist in Abb. 6.9a dargestellt. Sie entspricht der klassischen Vorstellung, dass sich die Elektronenladungsdichte im Verhältnis 1:1 auf die Umgebung der beiden Kerne A und B verteilt. Quantenmechanisch interpretiert, befindet sich das Elektron mit gleicher Wahrscheinlichkeit 50% entweder am Proton A oder am Proton B; das gilt für beide Zustände $\tilde{\phi}_1$ und $\tilde{\phi}_2$. Wie man leicht nachprüft, ist die quasiklassische Dichte auf 1 (die Wahrscheinlichkeiten addieren sich; s. Anhang A3.1.1):

$$\int_{(\mathrm{Raum})} \tilde{\rho}^{\mathrm{QC}}(\boldsymbol{r})\mathrm{d}V = 1 . \tag{6.36}$$

Die jeweils zweiten Anteile in den Dichten (6.33) und (6.34) sind proportional zur ***Überlappungsdichte*** $\varphi^{\mathrm{A}}(\boldsymbol{r})\cdot\varphi^{\mathrm{B}}(\boldsymbol{r})$. Dieser Dichteanteil ist eine Konsequenz des Wellencharakters der Elektronenbewegung und rührt von der *Superposition* der beiden Wellen φ^{A} und φ^{B} in den MOs (6.23a,b) her: In den beiden MOs $\tilde{\phi}_1$ und $\tilde{\phi}_2$ werden die Wellen-*amplituden* φ^{A} und φ^{B} addiert bzw. subtrahiert und *interferieren*, so dass in den Wahrscheinlichkeitsdichten $|\tilde{\phi}_1|^2$ bzw. $|\tilde{\phi}_2|^2$ die Überlappungsanteile $\pm\varphi^{\mathrm{A}}\cdot\varphi^{\mathrm{B}}$ erscheinen. Mit den Wasserstoff-1*s*-AOs (6.31a,b) ergibt sich die Überlappungsdichte

$$\varphi^{\mathrm{A}}(\boldsymbol{r})\cdot\varphi^{\mathrm{B}}(\boldsymbol{r}) \propto \exp[-(r_{\mathrm{A}} + r_{\mathrm{B}})] ; \tag{6.37}$$

sie nimmt dort große Werte an, wo $(r_{\mathrm{A}} + r_{\mathrm{B}})$ klein ist, also im Bereich zwischen den Kernen A und B. Im *bindenden* Zustand 1 ist also zufolge Gleichung (6.33) die Dichte im Zwischenkernbereich erhöht; man nennt das ***konstruktive Interferenz***. Im *lockernden* Zustand 2 haben wir nach Gleichung (6.34) eine im Zwischenkernbereich verringerte Dichte (***destruktive Interferenz***). Diese Effekte sind in Abb. 6.8 deutlich erkennbar. Die verlagerten Dichteanteile müssen natürlich (im ersten Fall) irgendwo herkommen bzw. (im zweiten Fall) irgendwo hin verschoben werden. Das untersuchen wir sogleich noch etwas näher.

Nach K. Ruedenberg 1962 [6.2] teilen wir die Dichte gemäß

$$\tilde{\rho} = \tilde{\rho}^{\mathrm{QC}} + \tilde{\rho}^{\mathrm{I}} \tag{6.38}$$

in den quasiklassischen Anteil (6.35) und die verbleibende Restdichte $\tilde{\rho}^{\mathrm{I}}$, die als ***Interferenzdichte*** bezeichnet wird. Im vorliegenden Fall haben wir für den *bindenden* Zustand

$$\begin{aligned}\tilde{\rho}_1^{\mathrm{I}} &\equiv \tilde{\rho}_1 - \tilde{\rho}^{\mathrm{QC}} \\ &= (1+S)^{-1}\varphi^{\mathrm{A}}(\boldsymbol{r})\varphi^{\mathrm{B}}(\boldsymbol{r}) - S(1+S)^{-1}\cdot(1/2)\left\{\left[\varphi^{\mathrm{A}}(\boldsymbol{r})\right]^2 + \left[\varphi^{\mathrm{B}}(\boldsymbol{r})\right]^2\right\}\end{aligned} \tag{6.39}$$

[3] Mit den in ÜA 6.2 erhaltenen Ausdrücken für *S(R)* ergeben sich die Zahlenwerte $S = 0{,}46$ für $R =$ 2,5 a_{B} und $S = 0{,}59$ für $R = 2{,}0\ a_{\mathrm{B}}$; die Annahme der Vernachlässigbarkeit ist also nicht gut erfüllt.

und für den *lockernden* Zustand:

$$\tilde{\rho}_2^{\mathrm{I}} \equiv \tilde{\rho}_2 - \tilde{\rho}^{\mathrm{QC}}$$
$$= -(1-S)^{-1}\varphi^{\mathrm{A}}(\boldsymbol{r})\varphi^{\mathrm{B}}(\boldsymbol{r}) + S(1-S)^{-1}\cdot(1/2)\left\{\left[\varphi^{\mathrm{A}}(\boldsymbol{r})\right]^2 + \left[\varphi^{\mathrm{B}}(\boldsymbol{r})\right]^2\right\}. \quad (6.40)$$

Der Hauptanteil der beiden Interferenzdichten ist proportional zur Überlappungsdichte $\varphi^{\mathrm{A}}(\boldsymbol{r})\cdot\varphi^{\mathrm{B}}(\boldsymbol{r})$; die Abb. 6.9b zeigt ein Höhenliniendiagramm der Interferenzdichte des bindenden Zustands.

Die Interferenzdichten (6.39) und (6.40) sind in bestimmten Raumbereichen positiv, in anderen negativ; positive und negative Beiträge kompensieren sich exakt, so dass gilt:

$$\int_{(\mathrm{Raum})} \tilde{\rho}_i^{\mathrm{I}}(\boldsymbol{r})\mathrm{d}V = 0 \qquad \text{für } i = 1 \text{ und } 2\,, \qquad (6.41)$$

zu verifizieren durch Integration der Ausdrücke (6.39) und (6.40) unter Beachtung von Gleichung (6.12). Aus der räumlichen Verteilung der Interferenzdichte des bindenden Zustands 1 ist zu entnehmen, woher die in die Zwischenkernregion verlagerten Dichteanteile stammen, nämlich aus den "rückwärtigen" äußeren, vom Partner-Kern abgewandten Raumbereichen.

Wichtig ist, dass die Dichtezerlegung (6.38) für jede Art und jede (nichtrelativistische) Näherung von Wellenfunktionen möglich ist; wir können darauf allerdings nicht weiter eingehen (s. [6.2], auch [I.4b]).

Parameteroptimierungen wie etwa die Optimierung des Orbitalparameters ζ beim einfachen LCAO-MO-Ansatz für $H_2{}^+$ führen zu weiteren Dichteänderungen:

$$\Delta\tilde{\rho}(\boldsymbol{r};R) = \tilde{\rho}(\boldsymbol{r};R;\zeta_{\mathrm{opt}}) - \tilde{\rho}(\boldsymbol{r};R;\zeta)\,, \qquad (6.42)$$

insbesondere zu der bereits besprochenen ***Kontraktion*** bzw. ***Expansion*** der AOs und damit der MOs. Für den bindenden Zustand von $H_2{}^+$ ist in Abb. 6.9c zu sehen, wo sich durch Kontraktion die Dichte erhöht (nämlich in der engeren Umgebung der Kerne und der Kernverbindungslinie) und wo sie sich verringert (in den Außenbereichen). Auf weitere Dichteänderungen infolge Verfeinerung des MO-Ansatzes (Polarisationsanteile, s. Abb. 6.9d) gehen wir hier nicht näher ein (s. dazu [6.2]).

(b) Als nächstes stellen wir den *Zusammenhang* zwischen den *Dichten* $\tilde{\rho}_1$ bzw. $\tilde{\rho}_2$ und den elektronischen *Energien* $\tilde{\varepsilon}_1$ bzw. $\tilde{\varepsilon}_2$ her. Hierzu werden letztere als die Erwartungswerte von $\hat{h}$, gebildet mit den MOs $\tilde{\phi}_1$ bzw. $\tilde{\phi}_2$, geschrieben:

$$\tilde{\varepsilon}_i = \int \tilde{\phi}_i(\boldsymbol{r})\hat{h}\tilde{\phi}_i(\boldsymbol{r})\mathrm{d}V = \left(c_{\mathrm{A}}^{(i)}\right)^2\alpha_{\mathrm{A}} + \left(c_{\mathrm{B}}^{(i)}\right)^2\alpha_{\mathrm{B}} + 2\,c_{\mathrm{A}}^{(i)}c_{\mathrm{B}}^{(i)}\beta \qquad (6.43)$$

($i = 1$ oder 2 für den bindenden bzw. den lockernden Zustand) mit den in den Gleichungen (6.15a-c) definierten Integralen $\alpha_{\mathrm{A}}, \alpha_{\mathrm{B}}$ (Coulomb-Integrale) sowie β (Resonanzintegral). Vergleicht man mit den Ausdrücken (6.33) und (6.34) für die Dichten, so sieht man, dass die quasiklassischen Dichteanteile $\propto[\varphi^{\mathrm{A}}(\boldsymbol{r})]^2$ und $\propto[\varphi^{\mathrm{B}}(\boldsymbol{r})]^2$ zu den ersten beiden Energiebeiträgen ($\propto \alpha_A$ bzw. $\propto \alpha_B$) und der Überlappungsanteil $\propto \varphi^A(\boldsymbol{r})\cdot\varphi^B(\boldsymbol{r})$ zum dritten Beitrag ($\propto \beta$) führen.

Die Coulomb-Integrale lassen sich klassisch interpretieren: Schreiben wir α_A wie in der zweiten Zeile von Gleichung (6.15a) unter Benutzung des Ausdrucks (6.3c) für V_B als

$$\alpha_A = e_A + \int\left(-\bar{e}[\varphi^A(\boldsymbol{r})]^2\right)\cdot(Z_B\bar{e}/r_B)\mathrm{d}V \tag{6.44}$$

und deuten die mit $(-\bar{e})$ multiplizierte Aufenthaltswahrscheinlichkeitsdichte des Elektrons im Zustand $\varphi^A(\boldsymbol{r})$ als klassische Ladungsdichte, dann ist das Integral in Gleichung (6.44) die potentielle Energie der Wechselwirkung dieser Ladungsverteilung mit der Punktladung $Z_B\bar{e}$ des Kerns B (s. Abb. 6.10), also ein negativer Energiebeitrag. Da auch $e_A < 0$ gilt, ist das Coulomb-Integral α_A stets negativ, worauf bereits hingewiesen wurde. Für große Kernabstände R ist $r_B \approx R$, und α_A wird näherungsweise

$$\alpha_A \approx e_A - (Z_B\bar{e}^2/R)\,; \tag{6.45}$$

bei Verringerung des Abstands der beiden Kerne A und B sinkt der Coulomb-Beitrag also proportional zu $1/R$ ab. Entsprechendes gilt für α_B.

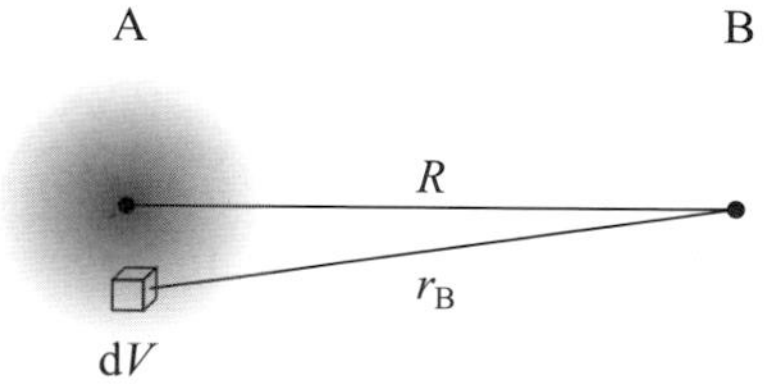

Abb. 6.10
Zur Interpretation des Coulomb-Integrals α_A

Im Unterschied hierzu kann das Resonanzintegral nicht klassisch interpretiert werden, da der (Überlappungs-) Dichteanteil eine Folge der Beschreibung der Elektronenbewegung durch eine Überlagerung zweier Wellen φ^A, φ^B und deren Interferenz ist. Das Elektron befindet sich, etwas lax gesprochen, gewissermaßen in beiden Zuständen zugleich. Nach der Abschätzung (6.21) ist β näherungsweise proportional zu S, und S klingt mit wachsendem R exponentiell ab, für H_2^+ hat man also (s. ÜA 6.2):

$$\beta \propto S \propto \exp(-R)\,; \tag{6.46}$$

daher spielt dieser Energiebeitrag bei großen Kernabständen keine Rolle, wird jedoch bei mittleren Werten von R wesentlich. Er kann negativ oder positiv (stabilisierend oder destabilisierend) sein, je nach Art der überlappenden AOs φ^A und φ^B. Wäre die Überlappung *überall* vernachlässigbar klein, also $\varphi^A(\boldsymbol{r})\cdot\varphi^B(\boldsymbol{r})\approx 0$ für alle $\boldsymbol{r}$, folglich auch $S\approx 0$ und $\beta\approx 0$, dann wäre $\tilde{\varepsilon}_1 \approx \alpha_A$ und $\tilde{U}_1 \approx \alpha_A + V^{kk}$. Benutzt man die Abschätzung (6.45) und

Gleichung (6.26), so kompensieren sich die R-abhängigen Anteile weitgehend (bei H_2^+ vollständig), und es resultiert keine nennenswerte Energieabsenkung, d. h. keine Bindung A–B. Der Überlappungsanteil der Dichteverteilung ist also wesentlich dafür, ob eine chemische Bindung zustandekommt oder nicht.

Wie wir unter Punkt *(a)* gesehen hatten, treten weitere Dichteänderungen hinzu, und zwar als wichtigste im bindenden Zustand eine Kontraktion und im lockernden Zustand eine Expansion. Auf deren energetische Auswirkungen kommen wir unter Punkt *(c)* zu sprechen. Wir halten hier nur fest, dass sich die Energien $\tilde{\varepsilon}_1$ und $\tilde{\varepsilon}_2$ dadurch deutlich verändern; Zahlenwerte für den bindenden Zustand von H_2^+ in der einfachen LCAO-MO-Näherung sind Tab. 6.2 zu entnehmen: es erfolgt eine beträchtliche Energieabsenkung. Verfeinerungen der Näherungsansätze für $\tilde{\phi}$ führen zu weiteren, allerdings meist geringeren Dichte- und Energieänderungen (s. Abb. 6.9d und Tab. 6.2).

Tab. 6.2 Energetische Änderungen[a] bei der Zusammenführung von H und H^+ im bindenden Elektronengrundzustand bis auf den Kernabstand $R = 2{,}0\ a_B$ (vgl. Abb. 6.9); nach [6.2c]

	$\Delta\overline{T}$ / eV	$\Delta\overline{V}$ / eV	$\Delta\tilde{U}_1$ / eV
Annäherung H–H^+			
a) Ausbildung der quasiklassischen Dichte		+0,75	+0,75
b) Interferenz	–3,10	+0,88	–2,22
c) Kontraktion	+5,47	–6,37	–0,90
d) Polarisation	+0,41	–0,83	–0,42
	+2,78	–5,57	–2,79

[a] $\overline{T}$, $\overline{V}$ und $\tilde{U}_1$ bezeichnen die Mittelwerte von kinetischer Energie, potentieller Energie (einschließlich Kernabstoßung) und Gesamtenergie im Elektronengrundzustand

(c) Nun kommen wir zu der entscheidenden *Frage nach den physikalischen Ursachen* für die diskutierten Dichteumverteilungen bei der Wechselwirkung zweier Atome. Bei den Bemühungen um eine Beantwortung dieser Frage haben nach jahrzehntelangen, nur teilweise erfolgreichen Vorläufern die erwähnten Untersuchungen von K. Ruedenberg [6.2] maßgebende Fortschritte gebracht; noch heute kann man sich auf diese fundamentalen Erkenntnisse stützen.

Wir nehmen uns nochmals den bindenden Zustand $\tilde{\phi}_1$ des H_2^+-Molekülions vor und verfolgen nach Ruedenberg die mit den Dichteänderungen einhergehenden Änderungen der Erwartungswerte der kinetischen Energie des Elektrons, $\overline{T} \equiv \langle\tilde{\phi}_1|\hat{T}|\tilde{\phi}_1\rangle$, der gesamten potentiellen Energie, $\overline{V} \equiv \langle\tilde{\phi}_1|V|\tilde{\phi}_1\rangle$, wobei $V \equiv V_A + V_B + V^{kk}$ die Summe der Potentialterme (6.3b,c) und (6.26) bezeichnet, sowie der Gesamtenergie $\tilde{U}_1$.

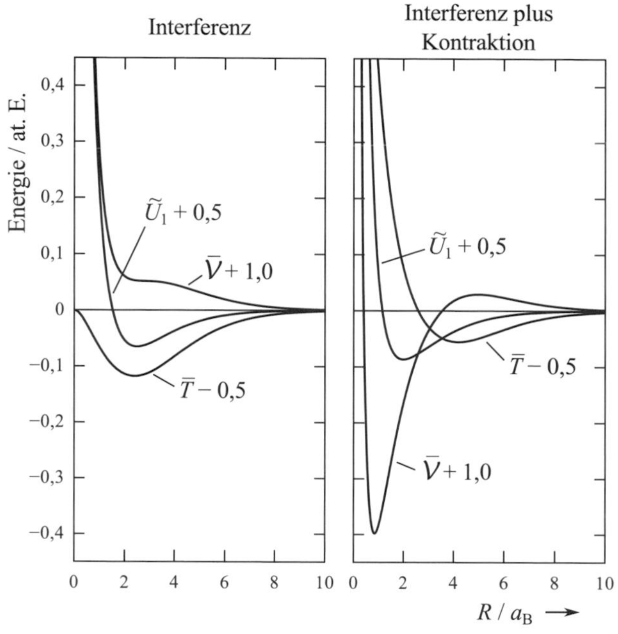

Abb. 6.11
Energieanteile $\overline{T}, \overline{V}$ und $\widetilde{U}_1$ (s. Text) im Grundzustand des H_2^+-Molekülions als Funktion des Kernabstands R (Rechnungen von T. Ritschel, unveröffentlicht)

Die beim Zusammenführen von H und H^+ vor sich gehenden Änderungen dieser Energieanteile im bindenden Grundzustand können wir anhand der Abb. 6.11 verfolgen, in der das Verhalten für eine einfache LCAO-MO-Näherung (d. h. nur Berücksichtigung der Interferenz) sowie bei Hinzunahme des Kontraktionseffekts (d. h. optimierter Orbitalparameter) dargestellt ist (vgl. auch Tab. 6.2).

Zunächst diskutieren wir die Konsequenzen der *konstruktiven Interferenz*, bei der Elektronendichte aus den "rückwärtigen" (der Bindungsregion abgewandten) kernnahen Bereichen in die Bindungsregion verlagert wird. Energetisch führt das zu folgenden Veränderuungen:

- Erhöhung der potentiellen Energie, $\Delta\overline{V} > 0$, da "Elektronenladung" aus Bereichen starker Anziehung (Kernnähe) in Bereiche weniger starker Anziehung (Zwischenkernbereich) verschoben wird;

- Verringerung der kinetischen Energie, $\Delta\overline{T} < 0$, da im Mittel eine Erweiterung des Aufenthaltsbereichs des Elektrons und damit eine "Glättung" (verminderte Krümmung) des Gesamtverlaufs der Dichteverteilung stattgefunden hat.

Das kann man sich leicht klarmachen, wenn man als Modell die Bewegung des Elektrons im eindimensionalen Kasten (s. Abschn. 2.2.3) heranzieht. Die Erweiterung des Aufenthaltsbereichs entspricht einer Verbreiterung des Kastens mit der Folge, dass die Krümmung der Wellenfunktion, $d^2\phi/dx^2$, und damit der Erwartungswert des Operators $\hat{T} = -(1/2)(d^2/dx^2)$ kleiner wird.

In der Summe überwiegt der T-Effekt, so dass sich eine Absenkung der Energie ergibt: $\Delta\tilde{U}_1 = \Delta\overline{T} + \Delta\overline{V} < 0$.

Die Dichteveränderungen bei der *Kontraktion* gehen einher mit

- einer starken Verringerung der potentiellen Energie, $\Delta\overline{V} < 0$, weil die Ladungsdichte in Kernnähe (starke Anziehung) erhöht wird;

- einem Anstieg der kinetischen Energie, $\Delta\overline{T} > 0$, auf Grund der Einengung des Bewegungsspielraums des Elektrons und dementsprechender stärkerer Krümmung der Wellenfunktion (man spricht auch von Erhöhung des "kinetischen Energiedrucks").

Hierbei dominiert der V-Effekt, es resultiert also wiederum eine Energieabsenkung: $\Delta\tilde{U}_1 = \Delta\overline{T} + \Delta\overline{V} < 0$. Bei Expansion ist alles genau umgekehrt.

Wie sich zeigt, wenn man die Zahlenwerte von $\overline{T}$ und $\overline{V}$ berechnet (vgl. Tab. 6.2), wird bei der Kontraktion bzw. Expansion der Wellenfunktion (ebenso der Dichteverteilung) jeweils ein Zustand hergestellt, der das *Virialtheorem* (s. Abschn. 3.3) erfüllt und damit für die richtige Balance zwischen potentieller und kinetischer Energie sorgt. Bei Zugrundelegung des einfachen LCAO-MO-Ansatzes mit unveränderten AOs φ^A und φ^B (d. h. $\zeta = 1{,}0$ im Fall H_2^+) ist das Virialtheorem nicht erfüllt und das $\overline{T}/\overline{V}$-Verhältnis ergibt sich falsch [6.2].

Beide Dichteumlagerungsvorgänge – durch Interferenz und durch Kontraktion – führen somit im bindenden Zustand zu einer Netto-Stabilisierung, $\Delta U_1 < 0$.

Wie die in Abb. 6.11 dargestellten Kurven für $\overline{T}(R)$, $\overline{V}(R)$ und $\tilde{U}_1(R)$ zeigen, dominiert bei großen Kernabständen offenbar die $\overline{T}$-Absenkung (mit gleichzeitigem leichten $\overline{V}$-Anstieg) auf Grund der Interferenz; bei mittleren Kernabständen, in der Umgebung von R^0, überwiegt die $\overline{V}$-Absenkung (bei gleichzeitigem $\overline{T}$-Anstieg) infolge der Kontraktion. Das lässt sich so auffassen: Die Extremaleigenschaft der Gesamtenergie erzwingt bei großen Kernabständen die Verlagerung von Dichte in die Zwischenkernregion (was beim hier zugrundegelegten LCAO-Wellenfunktionsansatz durch die konstruktive Interferenz der beiden Wellen φ^A und φ^B erreicht wird); bei weiterer Annäherung der Kerne tritt die Kontraktion ein (hier beschrieben durch Vergrößerung des Orbitalparameters ζ in φ^A und φ^B) und balanciert das Verhältnis von kinetischer und potentieller Energie aus.

Beim lockernden Zustand $\tilde{\phi}_2$ von H_2^+ ist prinzipiell ebenfalls das Extremalprinzip zu befriedigen, allerdings unter der Bedingung der Orthogonalität zum energetisch tiefergelegenen bindenden Zustand $\tilde{\phi}_1$. Das hat Dichteänderungen zur Folge, die komplementär zu denjenigen im bindenden Zustand sind: destruktive Interferenz und Expansion.

Es ist verlockend, diese Überlegungen als Abbild realer Vorgänge zu betrachten und sich vorzustellen, dass die Bildung eines solchen gebundenen Systems wie H_2^+ bei Annäherung eines Protons an ein Wasserstoffatom in einem Zweischritt-Mechanismus vor sich geht, indem zunächst bei großen Kernabständen, sobald die Überlappung von φ^A und φ^B einsetzt, der Interferenzeffekt zu wirken beginnt; hinzu kommt dann bei mittleren Kernabständen eine Kontraktion der gesamten Elektronendichteverteilung. Möglicherweise wird damit jedoch die physikalische Bedeutung des einfachen LCAO-Modells überbewertet.

Wie sich zeigt [6.2], sind die hier besprochenen Grundvorgänge bei der Ausbildung einer kovalenten chemischen Bindung nicht auf den Fall eines Elektrons und zweier Kerne beschränkt, sondern finden sich bei *allen kovalenten* (d. h. durch Überlappungen von Atomorbitalen charakterisierten) Bindungen wieder.

In dem jahrzehntelangen Prozess der Aufklärung des Phänomens der chemischen Bindung sind mehrere einander ergänzende, z. T. aber auch widersprechende Modellvorstellungen entwickelt worden sind (Stichworte hierzu etwa: *Tunnel-Modell, Slater-Bild, Hellmann-Bild, Bader-Modell* u. a.). Eine ausführliche Diskussion findet man in [I.4b] (dort Kap. 5). Die Rolle der kinetischen Energie, die in der Ruedenberg-Analyse einen wichtigen Platz einnimmt, wurde zuerst wohl von H. Hellmann erkannt [1.2]; vgl. auch die Anmerkungen in Abschnitt 1.3.2.

6.2 Zwei Elektronen im Coulomb-Feld zweier Kerne

Bei Hinzunahme eines weiteren Elektrons zu dem in Abschnitt 6.1 behandelten Einelektron-Zweizentren-System wird das Problem beträchtlich komplizierter:

(1) Es ist außer der Wechselwirkung des hinzugekommenen Elektrons mit den Kernen eine weitere Wechselwirkung zu berücksichtigen, nämlich die *abstoßende Coulombsche Wechselwirkung* zwischen den beiden Elektronen; dem muss insgesamt ein positiver, also destabilisierender Energiebeitrag entsprechen.

Die Abstoßungskräfte zwischen den beiden Elektronen bewirken (in einem klassischen Bild) eine *gegenseitige Beeinflussung* ihrer Bewegungen, und zwar ein "Sich-ausweichen", um die Energieerhöhung so gering wie möglich zu halten oder anders ausgedrückt: um die infolge der Elektronenabstoßung eintretende Destabilisierung abzumildern. Das ist die bereits in Abschnitt 2.5 erwähnte *Coulomb-Korrelation*, der die beiden Elektronen unabhängig von ihren Spinzuständen unterliegen.

Betrachtet man jedes Elektron für sich, so macht sich das Vorhandensein des jeweils anderen Elektrons durch eine teilweise *Abschirmung* des Kernfeldes bemerkbar. Wird allein dieser Effekt berücksichtigt, so ergibt das eine vereinfachte Näherung ohne explizite Einbeziehung der soeben diskutierten Elektronenwechselwirkung (analog zu atomaren Fall, s. Abschn. 5.1).

(2) Es ist das *Pauli-Prinzip* zu berücksichtigen, d. h. die Wellenfunktion für das Zweielektronensystem muss gegenüber Elektronenvertauschung *antisymmetrisch* sein.

Das führt, wie wir aus Abschnitt 2.5 wissen, ebenfalls zu einer gegenseitigen Beeinflussung der Bewegungen der beiden Elektronen (*Fermi-Korrelation*), jedoch nur dann, wenn diese Elektronen *gleichen Spin* haben (genauer: sich im gleichen Spinzustand befinden); dann weichen sie sich bereits auf Grund der Antisymmetrie der Wellenfunktion aus und verringern so ihre mittlere Abstoßungsenergie. Die Fermi-Korrelation wirkt damit für Elektronen gleichen Spins in der gleichen Richtung wie die Coulomb-Korrelation.

Als Konsequenz der Antisymmetrieforderung an die Wellenfunktion sind außerdem nur bestimmte Zustände erlaubt, wie wir das bei den Atomen kennengelernt hatten (s. Kap. 5).

Im Folgenden beschränken wir uns weiterhin auf die *nichtrelativistische Näherung*; spinabhängige Wechselwirkungen bleiben außer Betracht.

6.2.1 Formulierung der Schrödinger-Gleichung

Wie in Abschnitt 6.1 seien die Kerne an bestimmten Positionen im raumfesten Koordinatensystem festgehaltene. Die beiden Elektronen werden durch die Indizes 1 und 2 unterschieden, ihre Ortsvektoren sind also $\boldsymbol{r}_1$ und $\boldsymbol{r}_2$, und die Abstände von den Kernen A und B bezeichnen wir mit $r_{1\mathrm{A}} \equiv |\boldsymbol{r}_1 - \boldsymbol{R}_\mathrm{A}|$ bzw. $r_{1\mathrm{B}} \equiv |\boldsymbol{r}_1 - \boldsymbol{R}_\mathrm{B}|$, $r_{2\mathrm{A}}$ bzw. $r_{2\mathrm{B}}$ entsprechend (s. Abb. 6.12).

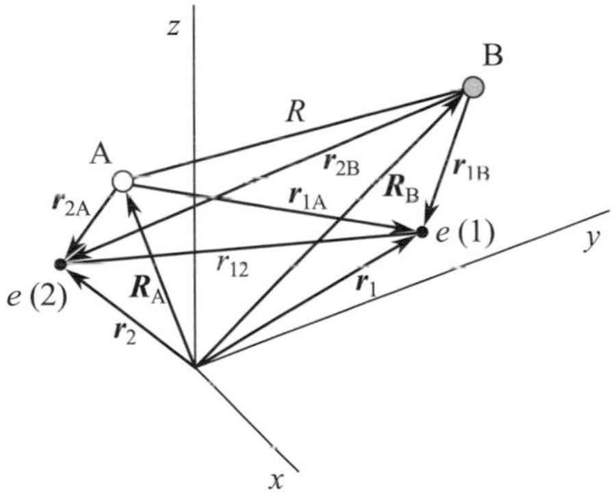

Abb. 6.12
Zwei Kerne A, B und zwei Elektronen: Koordinaten

Der nichtrelativistische Hamilton-Operator für das Zweielektronenproblem mit zwei festgehaltenen Kernen A und B lautet

$$\hat{H}^{\mathrm{e}}_{\mathrm{nr}} = \hat{h}(1) + \hat{h}(2) + V^{\mathrm{ee}}(1,2)\,. \tag{6.47}$$

Die beiden Operatoren $\hat{h}(1)$ und $\hat{h}(2)$ sind durch die Gleichungen (6.2) mit (6.3a-c) gegeben und beschreiben die Bewegung jeweils eines Elektrons im elektrischen Feld der beiden Kerne, so als sei das andere Elektron nicht vorhanden:

$$\hat{h}(1) \equiv \hat{T}_1 + V_\mathrm{A}(1) + V_\mathrm{B}(1) \tag{6.48}$$

mit

$$\hat{T}_1 = -(\hbar^2/2m)\hat{\Delta}_1\,, \tag{6.49a}$$

$$V_\mathrm{A}(1) = -(Z_\mathrm{A}\bar{e}^2/r_{1\mathrm{A}})\,, \tag{6.49b}$$

$$V_B(1) = -(Z_B \bar{e}^2 / r_{1B});\tag{6.49c}$$

der Laplace-Operator $\hat{\Delta}_1 \equiv (\partial^2/\partial x_1^2) + (\partial^2/\partial y_1^2) + (\partial^2/\partial z_1^2)$ wirkt auf die Koordinaten x_1, y_1, z_1 des Elektrons 1. Analog ist der Einelektronoperator $\hat{h}(2)$ definiert. Der Anteil $V^{ee}(1,2)$ ist die potentielle Energie der Coulomb-Abstoßung der beiden Elektronen:

$$V^{ee}(1,2) \equiv \bar{e}^2 / r_{12},\tag{6.50}$$

wobei $r_{12} \equiv |\boldsymbol{r}_1 - \boldsymbol{r}_2|$ den Abstand der beiden Elektronen 1 und 2 bezeichnet. Dieser Elektronenwechselwirkungsterm im Hamilton-Operator (6.47) macht das Problem gegenüber dem Einelektronfall mathematisch schwieriger.

Die Wellenfunktion Ψ, die alle Informationen über das Zweielektronensystem enthält, hängt allgemein von den Orts- und Spinvariablen der beiden Elektronen ab: $\Psi \equiv \Psi(\boldsymbol{r}_1, \sigma_1; \boldsymbol{r}_2, \sigma_2)$, muss sich aber, da der Hamilton-Operator (6.47) nicht auf die Spinvariablen wirkt, als Produkt einer Ortsfunktion $\Phi(\boldsymbol{r}_1, \boldsymbol{r}_2)$ und einer Spinfunktion $X(\sigma_1, \sigma_2)$ schreiben lassen:

$$\Psi(\boldsymbol{r}_1, \sigma_1; \boldsymbol{r}_2, \sigma_2) = \Phi(\boldsymbol{r}_1, \boldsymbol{r}_2) \cdot X(\sigma_1, \sigma_2).\tag{6.51}$$

Der Ortsanteil $\Phi(\boldsymbol{r}_1, \boldsymbol{r}_2)$ hat der zeitunabhängigen Schrödinger-Gleichung

$$\hat{H}^{e}_{nr} \Phi(\boldsymbol{r}_1, \boldsymbol{r}_2) = E\, \Phi(\boldsymbol{r}_1, \boldsymbol{r}_2)\tag{6.52}$$

zu genügen und die üblichen Randbedingungen, insbesondere die Normierbarkeitsforderung

$$\iint |\Phi(\boldsymbol{r}_1, \boldsymbol{r}_2)|^2 \mathrm{d}V_1 \mathrm{d}V_2 = 1,\tag{6.53}$$

zu erfüllen; $\mathrm{d}V_1 \equiv \mathrm{d}x_1 \mathrm{d}y_1 \mathrm{d}z_1$ ist das Volumenelement für die Koordinaten des Elektrons 1, $\mathrm{d}V_2$ entsprechend für Elektron 2.

6.2.2 Molekülorbitalbeschreibung des Zweielektronenproblems

Beim Aufsuchen von Näherungslösungen für die Schrödinger-Gleichung (6.52) versuchen wir, die für das Einteilchenproblem gewonnenen Ergebnisse möglichst weitgehend auszunutzen. Das wird durch ein störungstheoretisches Vorgehen ermöglicht, in dem wir das Zweielektronenproblem auf das Einelektronproblem als nullte Näherung zurückführen.

a) Nullte Näherung: Vernachlässigung der Elektronenwechselwirkung

Die einfachste Verfahrensweise besteht darin, im Hamilton-Operator (6.47) den Elektronenwechselwirkungsterm (6.50) zu streichen:

$$V^{ee}(1,2) \equiv \bar{e}^2 / r_{12} \approx 0.\tag{6.54}$$

Dadurch wird aus $\hat{H}^{e}_{nr}$ ein Operator $\hat{H}_0^{MO}$, der sich additiv aus zwei Einelektronoperatoren $\hat{h}(1)$ und $\hat{h}(2)$ der Form (6.2) zusammensetzt,

$$\hat{H}_0^{MO} \equiv \hat{h}(1) + \hat{h}(2).\tag{6.55}$$

In dieser MO-Näherung haben wir die Schrödinger-Gleichung

$$\hat{H}_0^{\mathrm{MO}}\Phi^{(0)}(\boldsymbol{r}_1,\boldsymbol{r}_2)=E^{(0)}\Phi^{(0)}(\boldsymbol{r}_1,\boldsymbol{r}_2)\,, \tag{6.56}$$

die sich durch einen Produktansatz

$$\overline{\Phi}^{(0)}(\boldsymbol{r}_1,\boldsymbol{r}_2)=\phi'(\boldsymbol{r}_1)\cdot\phi''(\boldsymbol{r}_2) \tag{6.57}$$

separieren lässt. Eine derartige Separation wurde in den zurückliegenden Kapiteln wiederholt praktiziert; wir übergehen daher die Einzelschritte, die vom Leser leicht selbst vollzogen werden können. Wird jedenfalls dieses Produkt in die Schrödinger-Gleichung (6.56) mit dem Hamilton-Operator (6.55) eingesetzt, so ergeben sich zwei Schrödinger-Gleichungen für die Einelektronfunktionen (*Molekülorbitale*) $\phi'(\boldsymbol{r}_1)$ und $\phi''(\boldsymbol{r}_2)$:

$$\hat{h}(1)\phi'(\boldsymbol{r}_1)=\varepsilon'\phi'(\boldsymbol{r}_1)\,,$$

$$\hat{h}(2)\phi''(\boldsymbol{r}_2)=\varepsilon''\phi''(\boldsymbol{r}_2)\,,$$

die bis auf die Numerierung der Koordinaten und die Strichkennzeichnung an der Energie ε und dem Orbital ϕ völlig identisch sind, also eine einzige Schrödinger-Gleichung

$$\hat{h}\,\phi(\boldsymbol{r})=\varepsilon\,\phi(\boldsymbol{r}) \tag{6.58}$$

mit dem Hamilton-Operator (6.2) repräsentieren; diese aber ist nichts anderes als die Gleichung (6.5). Damit ist in nullter Näherung das Zweielektronen-Zweizentren-Problem auf das Einelektron-Zweizentren-Problem reduziert, das in Abschnitt 6.1.1 behandelt wurde.

Bis hierher haben beide eingangs genannten neuen Aspekte – die Elektronenwechselwirkung und das Pauli-Prinzip – noch keine Rolle gespielt. Lösungen der Zweielektronengleichung (6.56) erhält man, indem man Produkte jeweils zweier Lösungen der Einelektrongleichungen (6.58) bildet, eine mit den Koordinaten $\boldsymbol{r}_1$ des Elektrons 1 und die andere mit den Koordinaten $\boldsymbol{r}_2$ des Elektrons 2.

Beschreibt man das Zweielektronensystem durch eine einfache Produktwellenfunktion (6.57), $\overline{\Phi}^{(0)}(\boldsymbol{r}_1,\boldsymbol{r}_2)$, dann ist die Wahrscheinlichkeit, eines der Elektronen, etwa Elektron 1, im Volumenelement $\mathrm{d}V_1$ am Ort $\boldsymbol{r}_1$ und das andere, Elektron 2, im Volumenelement $\mathrm{d}V_2$ am Ort $\boldsymbol{r}_2$ zu finden, durch den Ausdruck

$$\mathrm{d}W(\boldsymbol{r}_1,\boldsymbol{r}_2)=\left|\overline{\Phi}^{(0)}(\boldsymbol{r}_1,\boldsymbol{r}_2)\right|^2\mathrm{d}V_1\mathrm{d}V_2=\left(\left|\phi'(\boldsymbol{r}_1)\right|^2\mathrm{d}V_1\right)\cdot\left(\left|\phi''(\boldsymbol{r}_2)\right|^2\mathrm{d}V_2\right)$$

$$=\mathrm{d}W(\boldsymbol{r}_1)\cdot\mathrm{d}W(\boldsymbol{r}_2) \tag{6.59}$$

gegeben, d. h. als Produkt der Einzelwahrscheinlichkeiten. Das aber bedeutet: die Bewegungen der beiden Elektronen sind voneinander *statistisch unabhängig* (s. Abschn. 2.5; vgl. auch Anhang A3), *analog zur Zentralfeldnäherung* für Atome.

Wie gehen weiter vor wie in Abschnitt 6.1. Für die Molekülorbitale $\phi(\boldsymbol{r})$ wird näherungsweise eine Linearkombination zweier Basisfunktionen (AOs) $\varphi^{\mathrm{A}}(\boldsymbol{r})$ und $\varphi^{\mathrm{B}}(\boldsymbol{r})$ angesetzt:

$$\phi(\mathbf{r}) \approx \tilde{\phi}(\mathbf{r}) = c_A \varphi^A(\mathbf{r}) + c_B \varphi^B(\mathbf{r}) \tag{6.60}$$

(Minimalbasis-LCAO-MO), und die Bestimmung der Koeffizienten mit dem Variationsverfahren wie in Abschnitt 6.1.2 ergibt die dort erhaltenen und diskutierten Näherungslösungen

$$\tilde{\phi}_1 = c_A^{(1)} \varphi^A + c_B^{(1)} \varphi^B \quad \text{zu } \tilde{\varepsilon}_1 , \tag{6.61a}$$

$$\tilde{\phi}_2 = c_A^{(2)} \varphi^A + c_B^{(2)} \varphi^B \quad \text{zu } \tilde{\varepsilon}_2 , \tag{6.61b}$$

ein bindendes und ein lockerndes MO.[4] Diese beiden MOs sind orthogonal,

$$\langle \tilde{\phi}_1 | \tilde{\phi}_2 \rangle = 0 , \tag{6.62a}$$

und normierbar, so dass wir auch hier voraussetzen können:

$$\langle \tilde{\phi}_1 | \tilde{\phi}_1 \rangle = \langle \tilde{\phi}_2 | \tilde{\phi}_2 \rangle = 1 . \tag{6.62b}$$

Analog zur Zentralfeldnäherung für Atome lassen sich verschiedene *Besetzungen* dieser beiden Einelektronzustände vornehmen, symbolisch geschrieben:

$$(k)^{b_k} \quad \text{mit } k = 1 \text{ oder } 2 , \tag{6.63}$$

wenn der Index k die beiden MOs $\tilde{\phi}_k(\mathbf{r})$ numeriert; b_k ist die *Besetzungszahl* des Zustands $\tilde{\phi}_k(\mathbf{r})$. Ein solches Symbol (6.63) bedeutet, dass in der Zustandsfunktion (6.57) das k-te MO b_k-mal auftritt. Wegen des *Pauli-Prinzips* (in der Formulierung als Ausschließungsprinzip, s. Abschn. 2.5.3) gilt:

$$b_k = 0 \text{ oder } 1 \text{ oder } 2 , \tag{6.64}$$

und im vorliegenden Fall zweier Elektronen:

$$b_1 + b_2 = 2 . \tag{6.65}$$

Es gibt vier Möglichkeiten, zwei Elektronen unter Einhaltung der Bedingungen (6.64) und (6.65) auf zwei Zustände $\tilde{\phi}_1$ (zu $\tilde{\varepsilon}_1$) und $\tilde{\phi}_2$ (zu $\tilde{\varepsilon}_2$) zu verteilen und Produkt-Wellenfunktionen (6.57) zu bilden, nämlich:

$$\tilde{\phi}_1(1)\tilde{\phi}_1(2) \qquad \text{zu } \tilde{E}^{(0)} = 2\tilde{\varepsilon}_1 , \tag{6.66a}$$

$$\tilde{\phi}_1(1)\tilde{\phi}_2(2) \text{ und } \tilde{\phi}_2(1)\tilde{\phi}_1(2) \quad \text{zu } \tilde{E}^{(0)} = \tilde{\varepsilon}_1 + \tilde{\varepsilon}_2 , \tag{6.66b}$$

$$\tilde{\phi}_2(1)\tilde{\phi}_2(2) \qquad \text{zu } \tilde{E}^{(0)} = 2\tilde{\varepsilon}_2 . \tag{6.66c}$$

Für $\tilde{\varepsilon}_1 < \tilde{\varepsilon}_2$ liegt offensichtlich der Zustand (6.66a) energetisch am tiefsten (*Grundzustand*).

Man erhält somit in dieser Minimalbasis-LCAO-MO-Beschreibung für das Zweielektronensystem Näherungen für *drei Energieniveaus* $\tilde{E}^{(0)}$, von denen das mittlere (6.66b) zweifach

[4] Überall dort, wo darauf hingewiesen werden soll, dass es sich um eine *Minimalbasis-LCAO* handelt, sind die Ausdrücke (MOs, Energien etc.) wie bisher durch eine Tilde gekennzeichnet.

entartet ist; die übrigen beiden sind nichtentartet. Dementsprechend gibt es die folgenden Besetzungsschemata (6.63):

$$(1)^2\,,\ (1)^1(2)^1\,,\ (2)^2\,. \tag{6.67}$$

Zu jeder solchen ***Elektronenkonfiguration*** gehört eine Gesamtenergie nullter Näherung:

$$\tilde{E}^{(0)} = b_1\tilde{\varepsilon}_1 + b_2\tilde{\varepsilon}_2\,. \tag{6.68}$$

In dieser groben Modell-Beschreibung lassen sich einige sehr einfache Zusammenhänge mit *messbaren* energetischen Größen herstellen. So ergibt sich die Energie I, die aufgewendet werden muss, um ein Elektron aus dem Molekül im Grundzustand (6.66a) zu entfernen, näherungsweise als

$$\tilde{I} = -\tilde{\varepsilon}_1 \tag{6.69a}$$

($\tilde{I}$ positiv definiert: $\tilde{I} > 0$). Diese Größe heißt *vertikale Ionisierungsenergie* (auch *vertikales Ionisierungspotential*); der Zusatz "vertikal" weist darauf hin, dass der Kernabstand R festgehalten ist.

Die *vertikale Anregungsenergie* aus dem Grundzustand (6.66a) in den nächsthöheren Zustand (6.66b) ergibt sich als Differenz der entsprechenden Orbitalenergien:

$$\Delta\tilde{E}(1 \to 2) = \tilde{\varepsilon}_2 - \tilde{\varepsilon}_1\,, \tag{6.69b}$$

($\Delta\tilde{E}$ positiv definiert: $\Delta\tilde{E} > 0$).

Das Pauli-Prinzip wurde bisher gewissermaßen nur behelfsmäßig durch die Bedingung (6.64) berücksichtigt; allgemeiner formuliert wären antisymmetrische Wellenfunktionen zu verwenden. Hierzu müssen die Spins der Elektronen einbezogen und die Wellenfunktionen aus *Spinorbitalen* $\tilde{\phi}(\boldsymbol{r})\cdot\chi(\sigma)$ aufgebaut werden.

Im vorliegenden Fall zweier Elektronen ist das alles sehr einfach (s. hierzu Abschn. 2.5.2): Man setze Produkte der Form (6.51) an und bilde die Ortsanteile Φ sowie die Spinanteile X so aus den Produkten (6.66a-c) bzw den analogen Produkten (3.116a-d) der Einelektron-Spinfunktonen, $\chi_+(1)\cdot\chi_+(2), \chi_+(1)\cdot\chi_-(2), \chi_-(1)\cdot\chi_+(2)$ und $\chi_-(1)\cdot\chi_-(2)$, dass Φ und X für sich entweder symmetrisch ("s") oder antisymmetrisch ("as") gegen Elektronenvertauschung $1 \leftrightarrow 2$ sind. Werden dann jeweils eine symmetrische Ortsfunktion Φ mit einer antisymmetrischen Spinfunktion X multipliziert oder umgekehrt, so erhält man alle bei Elektronenvertauschung (Ort *plus* Spin) antisymmetrischen Zweielektronen-Wellenfunktionen; nur sie können nach dem Pauli-Prinzip möglichen realen Zuständen entsprechen.

In Abschnitt 3.2.3 wurde gezeigt, dass die symmetrischen bzw. antisymmetrischen Zweielektronen-Spinfunktionen Eigenfunktionen der Operatoren des Betragsquadrats und der z-Komponente des Gesamtspins sind, und zwar beschreibt die antisymmetrische Kombination der Spin-Produkte $\chi_+(1)\cdot\chi_-(2)$ und $\chi_-(1)\cdot\chi_+(2)$ den Zustand mit dem Gesamtspin S = 0, $M_S = 0$ (Singulett-Zustand), die drei symmetrischen Zweielektronen-Spinfunktionen gehören zu den Zuständen mit $S = 1$ und $M_S = 1, 0, -1$ (Triplett-Zustand). Die Tab. 6.3 fasst die Ergebnisse dieser Prozedur zusammen.

Tab 6.3 Zweielektronen-Zweizentren-System in Minimalbasis-LCAO-MO-Beschreibung

H–H-Kernabstand R fest

Wellenfunktionen (WF) in 0. Näherung: $\widetilde{\Psi}(\boldsymbol{r}_1,\sigma_1,\boldsymbol{r}_2,\sigma_2) = \widetilde{\Phi}(\boldsymbol{r}_1,\boldsymbol{r}_2)\cdot X(\sigma_1,\sigma_2)$

Elektronen-konfiguration	WF: Ortsanteil		Symmetrie bei Elektronen-Vertauschung	WF: Spinanteil	Symmetrie bei Elektronen-Vertauschung	S	M_S	Pikto-gramm
$(2)^2$	$\widetilde{\Phi}_3^{(0)} = \widetilde{\phi}_2(1)\widetilde{\phi}_2(2)$ $E_2^{(0)} = 2\widetilde{\varepsilon}_2$		sym (s)	$\frac{1}{\sqrt{2}}[\chi_+(1)\chi_-(2) - \chi_-(1)\chi_+(2)] \equiv X_0^0$	asym (as)	0	0	
$(1)(2)$	$\widetilde{\Phi}^{(0)} = \begin{cases} \widetilde{\phi}_1(1)\widetilde{\phi}_2(2) \\ \widetilde{\phi}_2(1)\widetilde{\phi}_1(2) \end{cases}$ ⟶ $E_1^{(0)} = \widetilde{\varepsilon}_1 + \widetilde{\varepsilon}_2$	$\widetilde{\Phi}_2^{(0)} = \frac{1}{\sqrt{2}}[\widetilde{\phi}_1(1)\widetilde{\phi}_2(2) + \widetilde{\phi}_2(1)\widetilde{\phi}_1(2)]$	sym (s)	$\frac{1}{\sqrt{2}}[\chi_+(1)\chi_-(2) - \chi_-(1)\chi_+(2)] \equiv X_0^0$	asym (as)	0	0	
		$\widetilde{\Phi}_1^{(0)} = \frac{1}{\sqrt{2}}[\widetilde{\phi}_1(1)\widetilde{\phi}_2(2) - \widetilde{\phi}_2(1)\widetilde{\phi}_1(2)]$	asym (as)	$\chi_+(1)\chi_+(2) \equiv X_1^1$	sym (s)	1	1	
				$\chi_-(1)\chi_-(2) \equiv X_1^{-1}$	sym (s)	1	−1	
				$\frac{1}{\sqrt{2}}[\chi_+(1)\chi_-(2) + \chi_-(1)\chi_+(2)] \equiv X_1^0$	sym (s)	1	0	
$(1)^2$	$\widetilde{\Phi}_0^{(0)} = \widetilde{\phi}_1(1)\widetilde{\phi}_1(2)$ $E_0^{(0)} = 2\widetilde{\varepsilon}_1$		sym (s)	$\frac{1}{\sqrt{2}}[\chi_+(1)\chi_-(2) - \chi_-(1)\chi_+(2)] \equiv X_0^0$	asym (as)	0	0	

↑ ohne Pauli-Prinzip als Antisymmetrieforderung (nur Besetzungsbegrenzung)

↑ Konstruktion von Wellenfunktionen, die das Pauli-Prinzip erfüllen

Im linken Teil von Tab. 6.3 sind die Elektronenkonfigurationen angegeben (in der oben festgelegten Schreibweise sowie durch Bildsymbole), daneben die entsprechenden Ortsanteile (6.57) und die Energien (6.68). Dabei sind die MOs wie bisher nach wachsender Energie numeriert ($\tilde{\varepsilon}_1 < \tilde{\varepsilon}_2$). Zur energetisch tiefsten Elektronenkonfiguration $(1)^2$ gehört nur das Orbitalprodukt (6.66a), zur Elektronenkonfiguration $(2)^2$ nur das Orbitalprodukt (6.66c); diese Produkte ändern sich bei Elektronenvertauschung nicht, sind also symmetrisch (s). Zur Elektronenkonfiguration $(1)^1(2)^1$ gehören zwei Orbitalprodukte (6.66b), die für sich weder symmetrisch noch antisymmetrisch sind. Aus ihnen lassen sich, wie wir wissen (s. Abschn. 2.5.2) Linearkombinationen bilden, die ein bestimmtes Symmetrieverhalten bei Elektronenvertauschung besitzen, und zwar ist die Summe symmetrisch (s) und die Differenz antisymmetrisch (a). Damit sind die benötigten Ortsanteile, die s- oder a-Verhalten zeigen, konstruiert. Die Faktoren $1/\sqrt{2}$ sichern die Normierung [s. Gl. (6.62a,b)]. Die Spinanteile $X(\sigma_1,\sigma_2)$ wurden in Abschnitt 3.2.3 aus den vier zur Verfügung stehenden Produkten $\chi_+(1)\cdot\chi_+(2)$ etc. der Einelektron-Spinfunktionen gebildet; wir können sie von dort übernehmen. Schließlich müssen noch die soeben konstruierten Ortsanteile $\tilde{\Phi}^{(0)}(\boldsymbol{r}_1,\boldsymbol{r}_2)$ mit den passenden Spinanteilen $X(\sigma_1,\sigma_2)$ nach der Vorschrift $\mathrm{s}\times\mathrm{a}$ bzw. $\mathrm{a}\times\mathrm{s}$ verknüpft werden.

Durch die Erfüllung des Pauli-Prinzips sind die Entartungsgrade der Niveaus nullter Näherung, $\tilde{E}^{(0)}$, stark reduziert worden; so haben wir für die tiefste Energie statt der mit Spin vierfachen Entartung nur noch *einen* Zustand, also keine Entartung mehr.

Auf die beschriebene Weise ergeben sich für das Zweielektronensystem in nullter Näherung Wellenfunktionen der Form (6.51):

$$^{2S+1}\Psi^{(0)}(1,2) = \Phi^{(0)}(1,2)\cdot X_S^{M_S}(1,2)\,; \tag{6.51'}$$

wir schreiben sie auf, angeordnet nach aufsteigender Energie sowie Singulett- und Triplettfunktionen jeweils für sich durch einen rechten unteren Index numeriert:

$$^1\tilde{\Psi}_0^{(0)}(1,2) = \tilde{\Phi}_0^{(0)}(1,2)\cdot X_0^0(1,2) \quad \text{zu} \quad \tilde{E}_0^{(0)} = 2\tilde{\varepsilon}_1\,, \tag{6.70}$$

$$^3\tilde{\Psi}_1^{(0)}(1,2) = \tilde{\Phi}_1^{(0)}(1,2)\cdot X_1^0(1,2) \quad \text{zu} \quad \tilde{E}_1^{(0)} = \tilde{\varepsilon}_1 + \tilde{\varepsilon}_2\,, \tag{6.71a}$$

$$^3\tilde{\Psi}_2^{(0)}(1,2) = \tilde{\Phi}_1^{(0)}(1,2)\cdot X_1^{-1}(1,2) \quad \text{zu} \quad \tilde{E}_1^{(0)} = \tilde{\varepsilon}_1 + \tilde{\varepsilon}_2\,, \tag{6.71b}$$

$$^3\tilde{\Psi}_3^{(0)}(1,2) = \tilde{\Phi}_1^{(0)}(1,2)\cdot X_1^1(1,2) \quad \text{zu} \quad \tilde{E}_1^{(0)} = \tilde{\varepsilon}_1 + \tilde{\varepsilon}_2\,, \tag{6.71c}$$

$$^1\tilde{\Psi}_1^{(0)}(1,2) = \tilde{\Phi}_2^{(0)}(1,2)\cdot X_0^0(1,2) \quad \text{zu} \quad \tilde{E}_1^{(0)} = \tilde{\varepsilon}_1 + \tilde{\varepsilon}_2\,, \tag{6.72}$$

$$^1\tilde{\Psi}_2^{(0)}(1,2) = \tilde{\Phi}_3^{(0)}(1,2)\cdot X_0^0(1,2) \quad \text{zu} \quad \tilde{E}_2^{(0)} = 2\tilde{\varepsilon}_2 \tag{6.73}$$

mit den normierten Ortsanteilen

$$\tilde{\Phi}_0^{(0)}(1,2) = \tilde{\phi}_1(1)\tilde{\phi}_1(2)\,, \tag{6.74}$$

$$\tilde{\Phi}_1^{(0)}(1,2) = (1/\sqrt{2})\left[\tilde{\phi}_1(1)\tilde{\phi}_2(2) - \tilde{\phi}_2(1)\tilde{\phi}_1(2)\right], \tag{6.75}$$

$$\tilde{\Phi}_2^{(0)}(1,2) = (1/\sqrt{2})\left[\tilde{\phi}_1(1)\tilde{\phi}_2(2) + \tilde{\phi}_2(1)\tilde{\phi}_1(2)\right], \tag{6.76}$$

$$\tilde{\Phi}_3^{(0)}(1,2) = \tilde{\phi}_2(1)\tilde{\phi}_2(2) \tag{6.77}$$

und den in Abschnitt 3.2.3 erhaltenen Spinanteilen (3.118) und (3.117a-c); vgl. Tab. 6.3.

Damit haben wir sämtliche mit dem gewählten Minimalbasis-Ansatz möglichen Ort-Spin-Wellenfunktionen nullter Näherung erhalten, die das Pauli-Prinzip erfüllen und zu bestimmten Werten des Gesamtspins und seiner z-Komponente gehören. Das sind zugleich "richtige" Linearkombinationen der einfachen Spinorbital-Produkte $\tilde{\phi}(1)\chi(1)\tilde{\phi}'(2)\chi'(2)$, d. h. Anschlussfunktionen, mit denen eine Störungstheorie weitergeführt werden kann. Anstelle der insgesamt 16 $(=2\times2\times2\times2)$ durch die einfachen Spinorbital-Produkte repräsentierten Zustände gibt es nur noch die 6 zulässigen Zustände (6.70) bis (6.73). Von den drei Energie-Niveaus nullter Näherung sind $\tilde{E}_0^{(0)}$ und $\tilde{E}_2^{(0)}$ nichtentartet, $\tilde{E}_1^{(0)}$ jedoch ist vierfach entartet.

Die Gewinnung der nach dem Pauli-Prinzip zulässigen Wellenfunktionen nullter Näherung ist für den Fall zweier Elektronen besonders einfach. Bei mehr als zwei Elektronen müssen die in Abschnitt 2.5.3 besprochenen allgemeineren antisymmetrischen Produkte (2.200) bzw. (2.201) gebildet werden. Die dabei entstehenden Ort-Spin-Wellenfunktionen Ψ sind nicht automatisch Eigenfunktionen zum Betragsquadrat und zur z-Komponente des Gesamtspins. Um Gesamtspin-Eigenfunktionen zu bestimmten Quantenzahlen S und M_S zu erhalten, müssen im Allgemeinen jeweils zwei oder mehrere antisymmetrische Produkte Ψ linear kombiniert werden. Die Verfahrensweise wird dadurch komplizierter.

b) Molekülenergie in erster Näherung der Störungstheorie

Die Erwartungswerte des *Störoperators* $V^{ee}(1,2)$ [Gl. (6.50)], gebildet mit den Anschlussfunktionen (6.70) bis (6.73), liefern die Energiekorrekturen erster Ordnung:

$$^{2S+1}\tilde{u}_i^{(1)} = \left\langle {}^{2S+1}\tilde{\Psi}_i^{(0)} \middle| V^{ee} \middle| {}^{2S+1}\tilde{\Psi}_i^{(0)} \right\rangle \tag{6.78}$$

(für $S=0$ ist der Zählindex $i = 0$, 1 oder 2, für $S=1$ ist $i = 1$, 2 oder 3; s. oben).

Da $V^{ee}(1,2)$ nicht vom Spin abhängt, lässt sich die "Integration" über die Spinvariablen σ_1 und σ_2 (d. h. die Summation über deren beide mögliche Werte $\pm 1/2$ gemäß Abschn. 2.4) sofort ausführen; das wird als ÜA 6.3 empfohlen. Es verbleiben Integrale über die Ortskoordinaten $\boldsymbol{r}_1$ und $\boldsymbol{r}_2$, und zwar haben wir für die Singulettzustände

$$^{1}\tilde{u}_0^{(1)} = \left\langle {}^{1}\tilde{\Psi}_0^{(0)} \middle| V^{ee} \middle| {}^{1}\tilde{\Psi}_0^{(0)} \right\rangle = J_{11}\ , \tag{6.79}$$

$$^{1}\tilde{u}_1^{(1)} = \left\langle {}^{1}\tilde{\Psi}_1^{(0)} \middle| V^{ee} \middle| {}^{1}\tilde{\Psi}_1^{(0)} \right\rangle = J_{12} + K_{12}\ , \tag{6.80}$$

$$^1\tilde{u}_2^{(1)} = \left\langle {}^1\tilde{\Psi}_2^{(0)} \middle| V^{\mathrm{ee}} \middle| {}^1\tilde{\Psi}_2^{(0)} \right\rangle = J_{22} \; ; \tag{6.81}$$

für die Triplettzustände ergeben alle drei Funktionen (6.71a-c) das gleiche Resultat:

$$^3\tilde{u}_1^{(1)} = \left\langle {}^3\tilde{\Psi}_i^{(0)} \middle| V^{\mathrm{ee}} \middle| {}^3\tilde{\Psi}_i^{(0)} \right\rangle = J_{12} - K_{12} \, . \tag{6.82}$$

Hierbei wurden die folgenden Abkürzungen verwendet:

$$J_{11} \equiv \bar{e}^2 \int\int \tilde{\phi}_1(\boldsymbol{r}_1)\tilde{\phi}_1(\boldsymbol{r}_1)(1/r_{12})\tilde{\phi}_1(\boldsymbol{r}_2)\tilde{\phi}_1(\boldsymbol{r}_2)\mathrm{d}V_1\mathrm{d}V_2 \, , \tag{6.83}$$

$$J_{12} \equiv \bar{e}^2 \int\int \tilde{\phi}_1(\boldsymbol{r}_1)\tilde{\phi}_1(\boldsymbol{r}_1)(1/r_{12})\tilde{\phi}_2(\boldsymbol{r}_2)\tilde{\phi}_2(\boldsymbol{r}_2)\mathrm{d}V_1\mathrm{d}V_2 \, , \tag{6.84}$$

$$J_{22} \equiv \bar{e}^2 \int\int \tilde{\phi}_2(\boldsymbol{r}_1)\tilde{\phi}_2(\boldsymbol{r}_1)(1/r_{12})\tilde{\phi}_2(\boldsymbol{r}_2)\tilde{\phi}_2(\boldsymbol{r}_2)\mathrm{d}V_1\mathrm{d}V_2 \, , \tag{6.85}$$

$$K_{12} \equiv \bar{e}^2 \int\int \tilde{\phi}_1(\boldsymbol{r}_1)\tilde{\phi}_2(\boldsymbol{r}_1)(1/r_{12})\tilde{\phi}_1(\boldsymbol{r}_2)\tilde{\phi}_2(\boldsymbol{r}_2)\mathrm{d}V_1\mathrm{d}V_2 \, , \tag{6.86}$$

wobei der Einfachheit halber reelle MOs $\tilde{\phi}_k$ vorausgesetzt sind. Alle diese (sechsfachen) Integrale J_{11}, J_{12}, J_{22} und K_{12} sind stets *positiv*, wie man sich leicht klarmachen kann. Man bezeichnet J_{11}, J_{12} und J_{22} als *Zweielektronen-(MO-)**Coulomb-Integrale*** (im Unterschied zu den Einelektron-Coulomb-Integralen (6.15a,b)), und K_{12} als das *Zweielektronen-(MO-)**Austauschintegral***.

Die Einelektroneffekte der Überlappung bzw. Interferenz sind bereits (wenn auch in grober Näherung) in den MOs $\tilde{\phi}_k$ erfasst; jetzt kommen die Elektronenabstoßung und das Pauli-Prinzip ins Spiel, die sich energetisch über die Zweielektronenintegrale (6.83) bis (6.86) auswirken. Die Elektronenabstoßung führt zu positiven (destabilisierenden) Energiebeiträgen, also zu einer *Anhebung jedes Niveaus* gegenüber dem wechselwirkungsfreien System:

$$\tilde{E}^{(0)} \rightarrow \tilde{E}^{(1)} = \tilde{E}^{(0)} + \tilde{u}^{(1)} \tag{6.87}$$

mit $\tilde{u}^{(1)} > 0$. Der in nullter Näherung vierfach entartete Zustand $\tilde{E}_1^{(0)}$ erfährt zudem eine *Aufspaltung*, denn es ist vermittels der Ortsanteile energetisch ein Unterschied, ob die Spinzustände der beiden Elektronen verschieden sind (Spins "antiparallel") wie im Singulettzustand, oder gleich (Spins "parallel") wie im Triplettzustand; im letzteren Fall weichen sich die Elektronen auf Grund der Fermi-Korrelation (s. Abschn. 2.5.3) aus, was sich im Verhalten des Ortsanteils (6.75) der Wellenfunktion widerspiegelt:

$$\tilde{\Phi}_1^{(0)}(\boldsymbol{r}_1, \boldsymbol{r}_2) \rightarrow 0 \quad \text{bei} \quad \boldsymbol{r}_2 \rightarrow \boldsymbol{r}_1 \, . \tag{6.88}$$

Dementsprechend ist für die drei Triplettzustände (6.71a-c) die Elektronenabstoßungsenergie im Mittel geringer als für den entsprechenden Singulettzustand (6.72), wie der Vergleich der beiden Ausdrücke (6.80) und (6.82) zeigt (s. Abb. 6.13), so dass das Triplettniveau tiefer liegt als das entsprechende Singulettniveau. Es behält natürlich die dreifache Entartung bezüglich der Werte, welche die z-Komponente des Gesamtspins annehmen kann: $M_S = 0, \pm 1$.

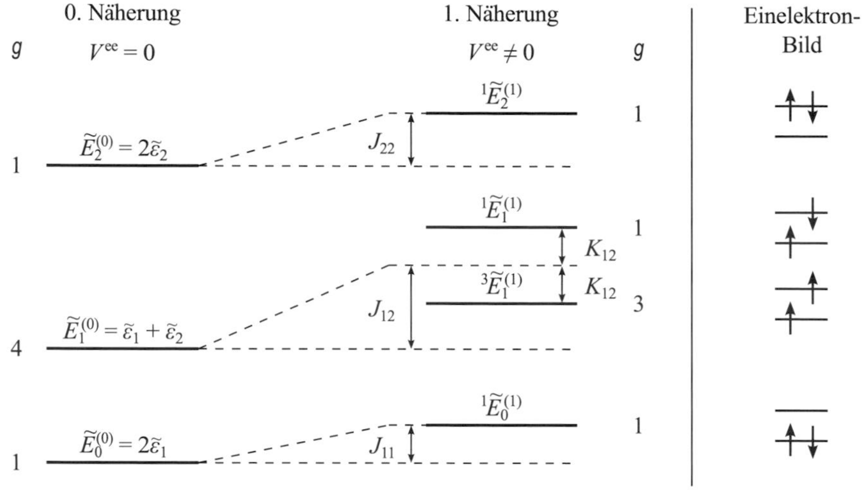

Abb. 6.13 Energieniveaus des Zweielektronen-Zweizentrensystems in nullter und erster störungstheoretischer Näherung der MO-Beschreibung (schematisch)

Wir versuchen wieder, uns diese Befunde soweit wie möglich klassisch zu veranschaulichen. Das Pauli-Prinzip entzieht sich jeder klassischen Interpretation und damit auch die Singulett-Triplett-Aufspaltung, deren Betrag $2K_{12}$ durch das Austauschintegral (6.86) gegeben ist. Die *Coulomb-Integrale* J_{11}, J_{12} und J_{22} jedoch haben ein klassisches Gegenstück: Wenn wir nämlich $(-\bar{e})\left|\tilde{\phi}_k(\boldsymbol{r})\right|^2$ als klassische Ladungsdichteverteilung eines im Zustand $\tilde{\phi}_k$ befindlichen Elektrons auffassen, dann ist J_{ik} die Coulombsche elektrostatische Wechselwirkungsenergie der beiden "Ladungswolken" $(-\bar{e})\left|\tilde{\phi}_i(\boldsymbol{r})\right|^2$ und $(-\bar{e})\left|\tilde{\phi}_k(\boldsymbol{r})\right|^2$ (einschließlich des Falles zweier Elektronen im gleichen MO, also mit der gleichen Ladungsverteilung). In formaler Analogie dazu spricht man manchmal von *MO-"Austauschdichten"* $(-\bar{e})\tilde{\phi}_1(\boldsymbol{r})\tilde{\phi}_2(\boldsymbol{r})$, als deren Coulombsche Wechselwirkungsenergie das *Austauschintegral* angesehen werden kann; eine klassische Deutung einer solchen Austauschdichte ist aber (ebenso wie bei einer Überlappungs- oder Interferenzdichte) nicht möglich.

Was die *Gesamtenergie* und die *Stabilität* betrifft, so gelten die Ausführungen des Abschnitts 6.1.3 wörtlich auch für das Zweielektronenproblem; es sind die elektrostatische Kernabstoßung und die Nullpunktschwingung in die Energiebilanz einzubeziehen.

6.2.3 Das Wasserstoffmolekül H_2

Die Durchführung einer einfachen Minimalbasis-LCAO-MO-Rechnung für das Wasserstoffmolekül mit den atomaren 1*s*-Funktionen (6.31a,b) bzw. (6.32a,b) ist wegen des Auftretens der Zweielektronenintegrale (6.83) bis (6.86) bereits erheblich aufwendiger als für das

Wasserstoffmolekülion. Es gibt jedoch für diese Integrale gut handhabbare Formeln (s. [II.1], Kap. 11.); auf Einzelheiten gehen wir hier nicht ein.

An dieser Stelle führen wir ein nützliches Hilfsmittel ein, um einen ersten, wenn auch sehr groben Überblick über die energetische Lage der Orbitalterme $\tilde{\varepsilon}$ in Abhängigkeit vom Kernabstand R zu bekommen. Hierzu betrachten wir sehr kleine Kernabstände $R \to 0$ (*Grenzfall des vereinigten Atoms;* engl. united atom, abgek. *UA*) und sehr große Kernabstände $R \to \infty$ (*Grenzfall der getrennten Atome*; engl. separated atoms, abgek. *SA*). Dabei kommt es nur auf die Kernladung an, so dass bei H_2 der UA-Grenzfall (Z = 2) dem He-Atom und der SA-Grenzfall zwei getrennten H-Atomen entspricht (s. Abb. 6.14). Denkt man sich nun das vereinigte Atom in die beiden "Teilatome" zerlegt und diese etwas auseinandergezogen, so hat man insofern molekülähnliche Verhältnisse, als die volle Kugelsymmetrie des Atoms auf eine axiale Drehsymmetrie um die Molekülachse verringert wird; die Orbitale sind dann nicht mehr nach l, sondern nach der Drehimpulskomponente in Achsenrichtung zu klassifizieren (s. Abschn. 6.1.1.2, Genaueres dann später im Anhang A1.5).

Wenn sich, ausgehend vom SA-Grenzfall, die beiden getrennten Atome einander annähern, erhält man (wie wir bereits diskutiert hatten) zwei mögliche Zustände $\tilde{\phi}_1$ und $\tilde{\phi}_2$, die beide eine verschwindende Drehimpulskomponente in Achsenrichtung haben (d. h. σ -Zustände sind), sich aber bei Spiegelung am Mittelpunkt der Kernverbindungslinie (Inversion) unterschiedlich verhalten, nämlich gerade (g) bzw. ungerade (u). Man verbindet nun, beginnend mit den rechts und links energetisch tiefsten Niveaus, jeweils Niveaus vom gleichen "Typ" (also etwa g – g) unter Beachtung der Vorschrift, dass nur Linien, die Zuständen unterschiedlichen Typs entsprechen, sich überschneiden dürfen (Kreuzungsverbot, s. A1.5.2.*3(b)*). Auf diese Weise erhält man ein Schema, das als ***Orbital-Korrelationsdiagramm*** bezeichnet wird; solche Diagramme gehen auf frühe Arbeiten von F. Hund (1927) und R. S. Mulliken (1928, 1932) zurück. Selbstverständlich ist die Änderung der Orbitalenergien in Abhängigkeit von R zwischen den beiden Grenzfällen in Wirklichkeit nicht linear, so dass die erhaltene Verknüpfung nur eine erste, sehr grobe Orientierung geben kann darüber, wie die energetische Lage der MOs in verschiedenen Abstandsbereichen vermutlich aussieht und wie die MOs zu besetzen sind. Für das H_2 -Molekül ist das Diagramm extrem einfach; das Verfahren lässt sich aber leicht auf kompliziertere Fälle verallgemeinern und erweist dann seine Nützlichkeit, wie wir in Abschnitt 7.1 sehen werden.

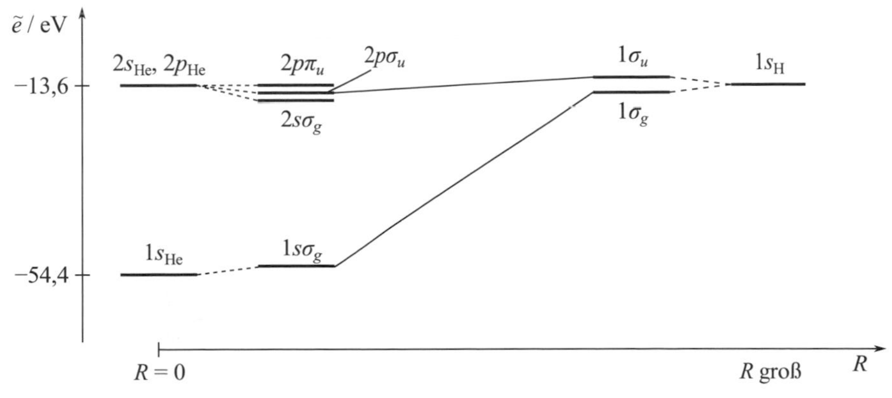

Abb. 6.14 Orbital-Korrelationsdiagramm für H_2 (schematisch)

Führt man die Rechnungen für eine Folge von R-Werten ("punktweise") aus, so ergibt sich für den tiefsten Singulettzustand (den Grundzustand) die Gesamtenergie

$$^1\tilde{U}_0^{MO}(R) = \tilde{E}_0^{(0)} + {}^1\tilde{u}_0^{(1)} + V^{kk}, \tag{6.89}$$

und für den Triplettzustand

$$^3\tilde{U}^{MO}(R) = \tilde{E}_1^{(0)} + {}^3\tilde{u}^{(1)} + V^{kk}; \tag{6.90}$$

man erhält so die in Abb. 6.15 dargestellten adiabatischen Potentialkurven.

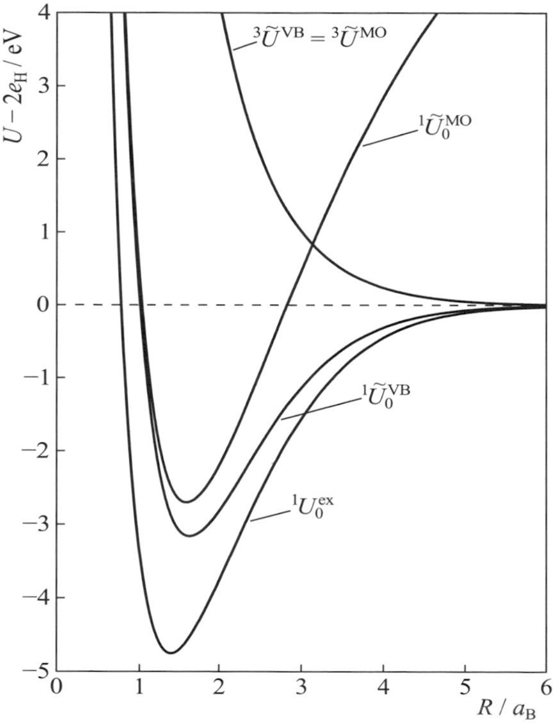

Abb. 6.15
Potentialkurven für den Singulett-Grundzustand und den tiefsten Triplettzustand des H_2-Moleküls in Minimalbasis-LCAO-MO-Näherung und Minimalbasis-VB-Näherung ($\zeta = 1{,}0$) sowie eine sehr genaue Grundzustandskurve $^1U_0^{ex}$ (Daten aus der in Fußnote 2 angegebenen Quelle) [Rechnungen von T. Ritschel, unveröffentlicht]

Die Triplettkurve steigt bei Verringerung des Kernabstands R monoton an und weist (in dieser Näherung, s. später Abschn. 13.1.3*(a)*) kein Minimum auf. Nach den oben diskutierten Kriterien sollte sich also im tiefsten Triplettzustand kein stabiles Molekül bilden können. Die Singulettkurve hingegen hat ein tiefes Minimum, d. h. in diesem Zustand sollte die Bildung eines stabilen Moleküls möglich sein. Zum Vergleich ist eine sehr genau berechnete Potentialkurve für den Grundzustand eingezeichnet.

Zur Verdeutlichung der Größenverhältnisse sind in Abb. 6.16 die Beiträge zur ersten störungstheoretischen Näherung (s. oben) für die Gesamtenergie $^1\tilde{U}_0^{MO}(R^0)$ des H_2-Grundzustands beim Kernabstand $R^0 = 1{,}6\,a_B$ dargestellt.

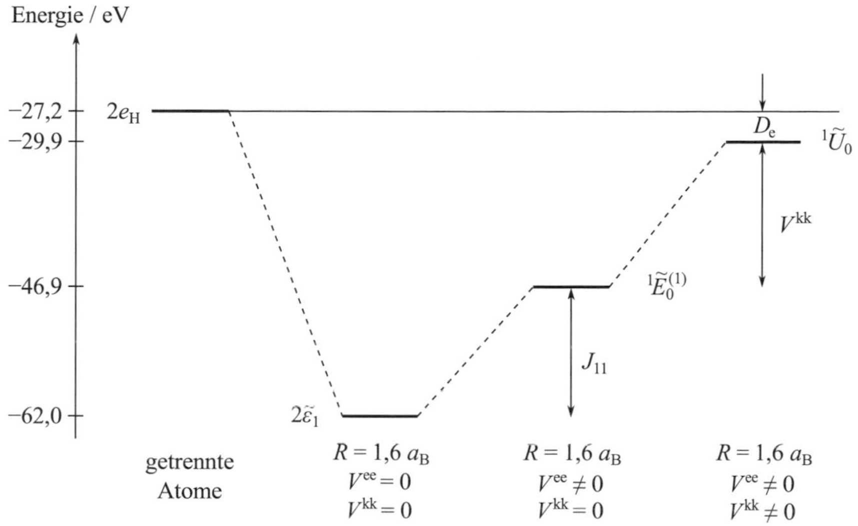

Abb. 6.16 Beiträge zur Gesamtenergie $^1\tilde{U}_0^{MO}(R^0)$ [Gl. (6.89)] von H_2 im Elektronengrundzustand

In Abb. 6.15 fällt auf, dass die theoretische Kurve $^1\tilde{U}_0^{MO}(R^0)$ [Gl. (6.89)] für wachsende R-Werte immer stärker von der "wahren" Kurve nach oben abweicht. Während sich letztere für $R \to \infty$ dem Wert $2e_H$ (also der Summe der Energien zweier getrennter H-Atome im Grundzustand) annähert, zeigt die in der einfachen MO-Näherung berechnete Kurve ein *falsches Dissoziationsverhalten*. Wir gehen den Ursachen dafür im Moment noch nicht weiter nach (s. dazu Abschn. 6.4.3, 8.3.3 und 9.1.3), sondern merken nur an, dass es sich dabei um einen grundsätzlichen Defekt der MO-Beschreibung handelt; es ist nämlich die oben erwähnte Coulomb-Korrelation nicht erfasst, welche generell *alle* Elektronen davon abhält, einander nahezukommen (nicht nur die Elektronen gleichen Spins, wie infolge der Fermi-Korrelation).

Bei mittleren Kernabständen jedoch liefert die einfache MO-Näherung qualitativ vernünftige Resultate; im oberen Teil der Tab. 6.4 sind einige Daten für den Grundzustand von H_2 zusammengestellt, und zwar aus einer Rechnung mit unveränderten AOs ($\zeta = 1,0$) und einer Rechnung mit optimiertem Orbitalparameter ζ.

Wie bei H_2^+ (s. Tab. 6.1) bewirkt die ζ-Optimierung eine beträchtliche Energieabsenkung, und es resultiert eine deutlich besserte Dissoziationsenergie; der optimale Wert $\zeta_{opt} = 1,20$ ist fast der gleiche wie für H_2^+. Die Erhöhung von ζ gegenüber dem Wert 1,0 für das freie H-Atom beschreibt hier ebenfalls einen Kontraktionseffekt, beinhaltet jedoch außerdem die Abschirmung der Kernladungen durch das jeweils andere Elektron.

Tab. 6.4 Kernabstand R^0, elektronische Dissoziationsenergie D_e und Grundschwingungsfrequenz für H_2 im Elektronengrundzustand

		R^0 / a_B	D_e / eV	ω / cm^{-1}
Einfacher Minimalbasis-LCMO-MO-Ansatz				
$\zeta = 1{,}0$	Hellmann 1937[a]	1,6	2,7	–
$\zeta_{opt} = 1{,}20$	Coulson 1937[b]	1,38	3,5	4584
Einfacher Minimalbasis-VB-Ansatz				
$\zeta = 1{,}0$	Heitler, London 1927[c]	1,51	3,2	4800
$\zeta_{opt} = 1{,}17$	Wang 1928[d]	1,41	3,8	4900
Experimente [6.1] und genaue Berechnungen[e]		1,40	4,75	4401

[a] Hellmann, H.: Einführung in die Quantenchemie. Deuticke, Leipzig und Wien (1937);
[b] Coulson, C. A., Trans. Faraday Soc. **33**, 1479 (1937);
[c] Heitler, W., London, F., Z. Physik **44**, 455 (1927);
[d] Wang, S., Phys. Rev. **31**, 579 (1928)
[e] Kołos, W., Wolniewicz, L., J. Chem. Phys. **49**, 404 (1968)

Für den (repulsiven) Triplettzustand ergibt sich $\zeta_{opt} < 1$, also eine Expansion der Elektronendichteverteilung wie beim lockernden Zustand in der MO-Beschreibung des H_2^+ - Molekülions.

6.2.4 Interpretation der chemischen Bindung im H_2 -Molekül

Wir gehen ähnlich wie in Abschnitt 6.1.5 vor und vergleichen den tiefsten Singulettzustand, in dem ein stabiles Molekül H_2 gebildet werden kann, mit dem Triplettzustand, in dem die beiden H-Atome sich abstoßen und keine Bindung zustandekommt. Die Wellenfunktionen dieser Zustände haben die Form (6.70) bzw. (6.71a-c).

Zuerst diskutieren wir die Einelektron-Aufenthaltswahrscheinlichkeitsdichte, also das in Abschnitt 3.4 eingeführte Diagonalelement der räumlichen Dichtematrix erster Ordnung (3.138); diese hängt natürlich vom jeweils festgelegten Kernabstand R ab: $\rho(\boldsymbol{r}) \equiv \rho(\boldsymbol{r};R)$. Am Schluss des Abschnitts 3.4 diente der Zweielektronenfall als Illustrationsbeispiel, so dass wir daran anknüpfen können: die Einelektrondichte $\rho(\boldsymbol{r};R)$ ist nach Gleichung (3.142) durch

$$\rho(\boldsymbol{r};R) = 2\int |\Phi(\boldsymbol{r},\boldsymbol{r}_2;R)|^2 \, dV_2 \tag{6.91}$$

gegeben. Benutzen wir für den Ortsanteil Φ der Wellenfunktion die Nährungen (6.74) bis (6.77) mit den MOs $\tilde{\phi}_1$ und $\tilde{\phi}_2$, so erhalten wir unter Beachtung der Orthonormierung der MOs [Gln. (6.62a,b)]

$$\tilde{\rho}(\boldsymbol{r};R)=\sum_{k=1}^{2} b_k \left|\tilde{\phi}_k(\boldsymbol{r};R)\right|^2 ; \tag{6.92}$$

jedes Elektron in einem besetzten MO $\tilde{\phi}_k$ steuert den Anteil $\left|\tilde{\phi}_k\right|^2$ zur Dichte bei. Mit den expliziten Ausdrücken (6.23a,b) ergeben sich (s. ÜA 6.4) die Dichtefunktionen für den Singulett-Grundzustand:

$${}^1\tilde{\rho}_0^{(0)}(\boldsymbol{r};R)=(1+S)^{-1}\left\{[\varphi^{\mathrm{A}}(\boldsymbol{r})]^2+[\varphi^{\mathrm{B}}(\boldsymbol{r})]^2\right\}+2(1+S)^{-1}\varphi^{\mathrm{A}}(\boldsymbol{r})\varphi^{\mathrm{B}}(\boldsymbol{r}) \tag{6.93}$$

und für den Triplettzustand:

$${}^3\tilde{\rho}^{(0)}(\boldsymbol{r};R)=(1-S^2)^{-1}\left\{[\varphi^{\mathrm{A}}(\boldsymbol{r})]^2+[\varphi^{\mathrm{B}}(\boldsymbol{r})]^2\right\}-2S(1-S^2)^{-1}\varphi^{\mathrm{A}}(\boldsymbol{r})\varphi^{\mathrm{B}}(\boldsymbol{r}). \tag{6.94}$$

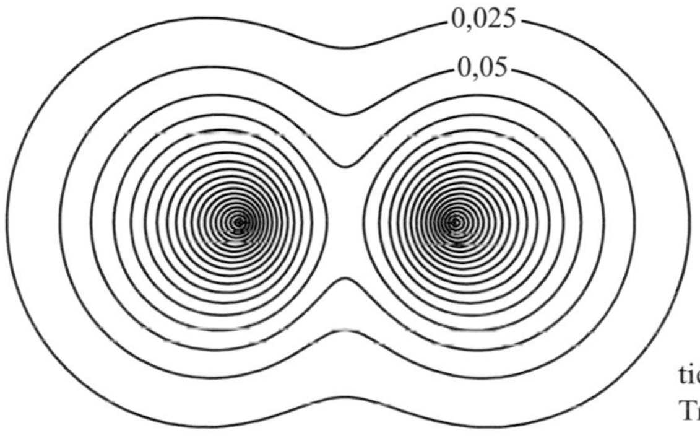

tiefster Triplettzustand

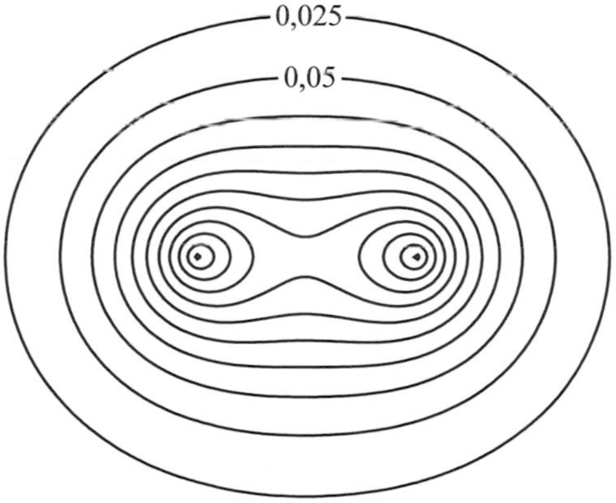

Singulett-Grundzustand

Abb. 6.17 Dichteverteilung der Aufenthaltswahrscheinlichkeit eines Elektrons des H_2-Moleküls im Singulett-Grundzustand und im tiefsten Triplettzustand; einfache Minimalbasis-LCAO-MO-Näherung ($\zeta = 1{,}0;\ R^0 = 1{,}4\, a_{\mathrm{B}}$) [berechnet von T. Ritschel, unveröffentlicht]

Die Dichtefunktionen (6.93) und (6.94), die in der einfachen LCAO-MO-Näherung in Abb. 6.17 als Konturliniendiagramme dargestellt sind, sehen qualitativ ähnlich aus wie die Dichten (6.33) bzw. (6.34) für den Einelektronsystem $H_2{}^+$: es gibt einen quasiklassischen Dichteanteil $\propto \left\{[\varphi^A]^2 + [\varphi^B]^2\right\}$ und einen Überlappungsanteil $\propto \varphi^A \cdot \varphi^B$; auch hier bezeichnet S das Überlappungsintegral (5.12). Wie man leicht nachprüft, gilt:

$$^1\tilde{\rho}_0^{(0)}(H_2) = 2\,\tilde{\rho}_1(H_2{}^+), \tag{6.95}$$

$$^3\tilde{\rho}^{(0)}(H_2) = \tilde{\rho}_1(H_2{}^+) + \tilde{\rho}_2(H_2{}^+), \tag{6.96}$$

was nicht überrascht, da die H_2-Dichten aus Wellenfunktionen für das wechselwirkungsfreie Elektronenpaar berechnet wurden; s. auch Gleichung (6.92). Die Antisymmetrie der Wellenfunktionen wirkt sich offenbar auf die Dichte nicht aus; darauf werden wir später noch zurückkommen.

Somit können wir die für das Einelektronsystem in Abschnitt 6.1.5 erhaltenen Aussagen zur Bindung auf das vorliegende Zweielektronensystem übertragen: Der gebundene Zustand ist bei $S > 0$ durch konstruktive Interferenz, der nichtgebundene (repulsive) Zustand durch destruktive Interferenz charakterisiert. Da außerdem auch hier im gebundenen Zustand eine Kontraktion der Dichteverteilung eintritt (s. Tab. 6.4), im nichtgebundenen Zustand eine Expansion, haben wir also die gleichen Grundeffekte wie im Einelektronfall.

Wir können ferner, ohne auf Details noch einmal einzugehen, schlussfolgern, dass auch die mit einer Bindung bzw. Nichtbindung verknüpften energetischen Änderungen qualitativ die gleichen sein werden, wie wir sie in Abschnitt 6.1.1.5.diskutiert hatten.

Für weiterführende Studien seien hier nochmals die fundamentalen Untersuchungen von K. Ruedenberg u. a. [6.2] empfohlen.

6.3 Drei und mehr Elektronen im Coulomb-Feld zweier Kerne

Wenn wir die Überlegungen der beiden vorangegangenen Abschnitte auf mehr als zwei Elektronen erweitern, lernen wir ein Phänomen kennen, das in der Theorie der chemischen Bindung eine wichtige Rolle spielt, und zwar als eine weitere Folge des Pauli-Prinzips, also ohne dass dafür neue Konzepte nötig sind.

Wir untersuchen hierzu die Wechselwirkung zweier He-Atome. In der nullten Näherung ist das System He_2 durch die Elektronenkonfiguration $(1\sigma_g)^2(1\sigma_u)^2$, also zwei doppelt besetzte (und damit in diesem Fall abgeschlossene) Elektronenschalen charakterisiert. In einer Minimalbasis-LCAO-MO-Näherung haben wir das bindende MO $\tilde{\phi}_1 \equiv \tilde{\phi}_{1\sigma_g}$ und das antibindende MO $\tilde{\phi}_2 \equiv \tilde{\phi}_{1\sigma_u}$ zu den MO-Energien $\tilde{\varepsilon}_1$ und $\tilde{\varepsilon}_2$, aufgeschrieben in den Gleichungen (6.23a,b) bzw. (6.22a,b). Beide Einelektronzustände sind nichtentartet und können mit maximal zwei Elektronen besetzt werden, so dass alle vier Elektronen des Systems gerade Platz finden.

Die freien He-Atome beschreiben wir in der Zentralfeldnäherung; sie haben im Grundzustand die Elektronenkonfiguration $(1s)^2$. Die $1s$-AOs φ^A und φ^B nehmen wir in der Form (6.32a,b) wasserstoffähnlich an. Die Kernladungszahl ist $Z = 2$. Dem Orbitalparameter ζ kann man in der einfachsten Näherung nach Abschnitt 2.3.3, Gleichung (2.160) mit $n = 1$, $l = 0$, den Wert 2 geben, so dass sich nach Gleichung (2.161) für die AO-Energie des freien He-Atoms $e_{He} = -(1/2)(Z/n)^2 = -2$ ergibt (alles in at. E.).

In nullter Näherung ist die elektronische Gesamtenergie des Systems He_2:

$$\tilde{E}_0^{(0)} = 2\tilde{\varepsilon}_1 + 2\tilde{\varepsilon}_2 , \tag{6.97}$$

somit unter Verwendung der Formeln (6.22a,b):

$$\tilde{E}_0^{(0)} = 2(\alpha+\beta)/(1+S) + 2(\alpha-\beta)/(1-S)$$

$$= [4/(1-S^2)](\alpha - S\beta) , \tag{6.98}$$

wobei S, $\alpha (\equiv \alpha_A = \alpha_B)$ und $\beta (\equiv \beta_{AB})$ das Überlappungsintegral (6.12), das Coulomb-Integral (6.15a,b) bzw. das Resonanzintegral (6.15c) bezeichnen. Alle Größen sind Funktionen des Kernabstands R.

Wird das Überlappungs*integral* vernachlässigt $(S \approx 0)$, so verschwinden die β-Beiträge, und wir haben $\tilde{E}_0^{(0)} \approx 4\alpha$, somit bei Annäherung der beiden He-Atome keine nennenswerte Absenkung der elektronischen Energie, durch welche der Energieanstieg auf Grund der abstoßenden Wechselwirkung der beiden Kerne $V^{kk} = Z^2/R = 4/R$ (in at. E.) überkompensiert werden könnte. Infolgedessen kann (zumindest in dieser Näherung) *keine Bindung* eintreten. Dieser Befund bleibt auch bei Verfeinerungen im Rahmen der MO-Beschreibung bestehen. Bezieht man etwa die Überlappung ein, so wird die Situation noch ungünstiger: Wie man sich leicht klarmacht, wird bei Annäherung der beiden He-Atome das antibindende MO stärker energetisch angehoben als das bindende abgesenkt wird; die Situation ist in Abb. 6.18 schematisch dargestellt. Als Energieüberschuss ergibt sich nach Gleichung (6.98) der (*positive*) Anteil $-S\beta/(1-S^2)$ (es gilt: $0 < S < 1, \beta < 0$; s. Abschn. 6.1.2 und ÜA 6.2).

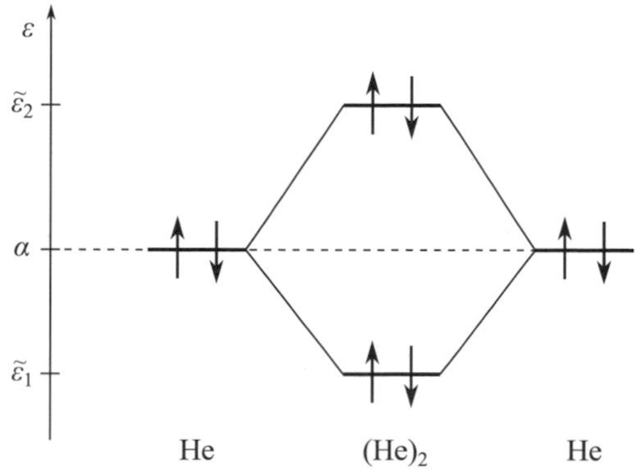

Abb. 6.18
Energieschema für He_2 mit Besetzungen durch Elektronenpaare

Berücksichtigt man die in ÜA 6.2 ermittelte explizite R-Abhängigkeit der Integrale, dann zeigt sich, dass die elektronische Energie $\tilde{E}_0^{(0)}$ von ihrem asymptotischen Wert (zwei getrennte He-Atome) bei Verringerung des Abstands R im Wesentlichen exponentiell anwächst:

$$\tilde{E}_0^{(0)} \propto \exp(-2\zeta R) \quad \text{für große Werte von } R\,. \tag{6.99}$$

Dieser Befund bleibt qualitativ gültig, wenn man die Beschreibung, etwa durch Einbeziehung der Elektronenwechselwirkung in erster störungstheoretischer Näherung, verbessert.

Aus den bisherigen Überlegungen folgt, dass das Molekülion He_2^+ stabil sein sollte, da die Energiebeiträge der beiden im bindenden MO $\tilde{\phi}_1$ befindlichen Elektronen nur teilweise durch den destabilisierenden Energiebeitrag des Elektrons im antibindenden MO $\tilde{\phi}_2$ kompensiert werden. Das ist durch Experimente bestätigt, die auf eine elektronische Dissoziationsenergie von 2,7 eV schließen lassen [6.1], nicht sehr verschieden vom Wert für H_2^+ (s. Abschn. 6.1).

Mit der energetischen Instabilität von He_2 im Elektronengrundzustand geht eine charakteristische Umverteilung der Elektronendichte einher. Wie in Abschnitt 6.2 gewinnen wir die Gesamtdichte der vier Elektronen, indem wir die Anteile der von ihnen besetzten MOs $\tilde{\phi}_1$ und $\tilde{\phi}_2$ addieren:

$$\tilde{\rho}^{(0)} = 2\left|\tilde{\phi}_1\right|^2 + 2\left|\tilde{\phi}_2\right|^2 \tag{6.100}$$

mit den MOs vom Typ (6.23a,b). Die Dichten $\left|\tilde{\phi}_1\right|^2$ und $\left|\tilde{\phi}_2\right|^2$ sind in den Gleichungen (6.33) bzw. (6.34) aufgeschrieben, und mit den in den Gleichungen (6.35) bzw. (6.38) definierten quasiklassischen bzw. Interferenzdichten schreibt sich die Dichte (6.100) in der Form

$$\tilde{\rho}^{(0)} = 4\tilde{\rho}^{QC} + (2\tilde{\rho}_1^I + 2\tilde{\rho}_2^I)\,, \tag{6.101}$$

wobei der gesamte Interferenzanteil, also

$$2\tilde{\rho}_1^I + 2\tilde{\rho}_2^I = -[4S/(1-S^2)]\,\varphi^A \cdot \varphi^B + [4S^2/(1-S^2)]\left\{[\varphi^A]^2 + [\varphi^B]^2\right\}, \tag{6.102}$$

hauptsächlich durch die Überlappungsdichte $\varphi^A(\boldsymbol{r})\cdot\varphi^B(\boldsymbol{r})$ bestimmt wird. Diese ist im vorliegenden Fall überall positiv, tritt aber mit negativem Vorzeichen auf und entspricht somit einer *Verminderung der Dichte* im Bereich zwischen den Kernen (s. Abschn. 6.1.5). Wir haben es also mit *destruktiver Interferenz* zu tun. Das Überwiegen der destruktiven Interferenz im MO $\tilde{\phi}_2$ über die konstruktive Interferenz im MO $\tilde{\phi}_1$ korrespondiert mit der insgesamt resultierenden Destabilisierung (Energieerhöhung), die wir oben konstatiert hatten. In Abb. 6.19 ist die Elektronendichteverteilung für He_2 im Vergleich mit H_2 qualitativ-schematisch dargestellt.

Die abstoßende Wechselwirkung der beiden He-Atome ist die Folge (1) der im Vergleich zu H–H stärkeren Coulombschen Kernabstoßung V^{kk} und (2) des Pauli-Prinzips, das verbietet, mehr als zwei Elektronen im bindenden MO unterzubringen, und dazu zwingt, das antibindende MO doppelt zu besetzen. Beides führt zu positiven Energiebeiträgen, also Destabilisierung; auf Grund der entscheidenden Rolle, die das Pauli-Prinzips dabei spielt, spricht man auch von ***Pauli-Abstoßung.***

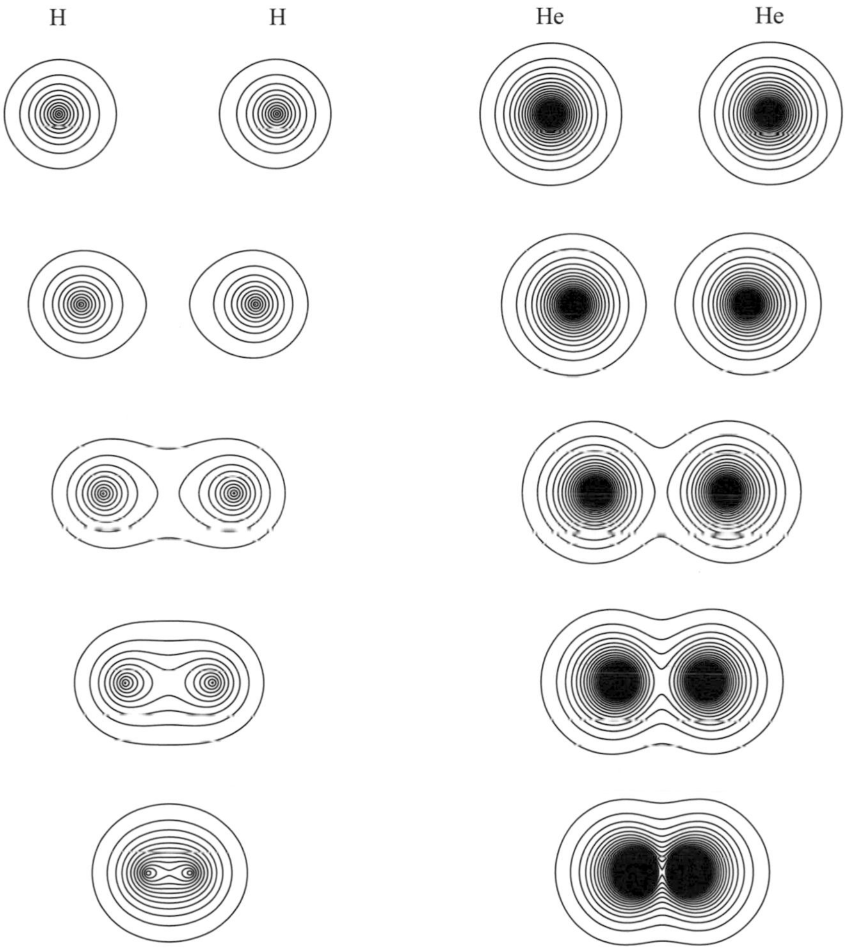

Abb. 6.19 Elektronendichteverteilung für H_2 und He_2 in einfacher Minimalbasis-MO-LCAO-Näherung für fünf Kernabstände
(schematisch nach Wahl, A. C., Scient. Amer. **222**, 54 (1970); vgl. [I.4b])

Der Sachverhalt lässt sich auch so beschreiben: Wenn sich die beiden He-Atome mit ihren abgeschlossenen Elektronenschalen $(1s)^2$ nahekommen, so dass die Aufenthaltsbereiche der Elektronen in den bindenden AOs φ_{1s}^{A} und φ_{1s}^{B} überlappen, dann bedeutet dies ein (im Sinne einer Wahrscheinlichkeit) teilweises "Eindringen" weiterer Elektronen in eine vollbesetzte Schale $(1s)^2$. Dadurch würde diese mit mehr als zwei Elektronen besetzt ($b > 2$), was nach dem Pauli-Prinzip nicht sein darf. Wird die Beschreibung dahingehend vervollkommnet, dass man korrekt mit antisymmetrischen Produktwellenfunktionen arbeitet, dann würde ein eindringendes weiteres Elektron (ob mit positivem oder negativem Spin) auf jeden Fall einem Elektron gleichen Spins nahekommen. Die Wahrscheinlichkeit dafür ist klein, die Fermi-Korrelation drängt das Elektron gewissermaßen zurück. Im Resultat entspricht das einer Abstoßung der Elektronenhüllen der beiden He-Atome.

Das Konzept der Pauli-Abstoßung abgeschlossener Elektronenschalen hat sich als erstaunlich tragfähig erwiesen. Sie lässt sich generell auf die Wechselwirkung von Atomen und ganzen Molekülen, deren Elektronenzustand einer Konfiguration abgeschlossener Schalen entspricht, übertragen; in allen solchen Fällen gibt es keine überlappungsbedingte (kovalente) Anziehung, sondern nur die Pauli-Abstoßung. Auch die Wechselwirkung von Teilen einer Elektronenhülle, etwa räumlich gut abgegrenzter (lokalisierter) Elektronenpaare (s. hierzu Abschn. 7.2.4) kann durch eine Abstoßung dieses Typs näherungsweise erfasst werden. Diese Vorstellung bildet z. B. die Grundlage eines einfachen Strukturmodells, das als *VSEPR-Modell* (abgek. für <u>va</u>lence-<u>s</u>hell <u>e</u>lectron-<u>p</u>air <u>r</u>epulsion) bezeichnet wird (R. J. Gillespie 1975).

6.4* Erweiterungen, Vertiefungen und Ausblicke

6.4.1* Eine alternative Beschreibung: Valenzbindungs(VB)-Modell für das Zweielektronen-Zweizentrensystem

Anstatt wie im MO-Modell das Zweielektronen-Zweizentrenproblem auf zwei wechselwirkungsfreie Einelektron-Zweizentrenprobleme zurückzuführen, kann man auch versuchen, den atomaren Grenzfall, also zwei wechselwirkungsfreie (getrennte) Atome $A + B$, als nullte Näherung zu benutzen. Die auf diesem Grenzfall aufgebaute Beschreibung bezeichnet man als *Valenzbindungs-Modell* (abgek. *VB*, engl. valence bond).

Dafür wird der Hamilton-Operator (6.47) wie folgt aufgeteilt:

$$\hat{H}_{nr}^{e} = \hat{H}_0^{VB}(1,2) + V(1,2), \tag{6.103}$$

wobei der Operator

$$\hat{H}_0^{VB}(1,2) = \hat{h}_A(1) + \hat{h}_B(2) \tag{6.104}$$

zwei freie Atome A (mit Elektron 1) und B (mit Elektron 2) durch die Hamilton-Operatoren (6.8a) bzw. (6.8b) beschreibt. Der Term

$$V(1,2) \equiv V_B(1) + V_A(2) + V^{ee}(1,2) \tag{6.105}$$

beinhaltet die potentiellen Energien der Wechselwirkungen jedes der beiden Elektronen mit dem Kern und dem Elektron des jeweils anderen Atoms [V_B, V_A und V^{ee} definiert in den Gln. (6.49b,c), (6.50)]; es gilt:

$$V(1,2) \rightarrow 0 \quad \text{für} \quad R \rightarrow \infty. \tag{6.106}$$

Die Schrödinger-Gleichung mit dem ungestörten Hamilton-Operator (6.104),

$$\hat{H}_0^{\text{VB}}(1,2)\Phi^{(0)\text{VB}}(1,2) = E^{(0)\text{VB}}\Phi^{(0)\text{VB}}(1,2), \tag{6.107}$$

ist separierbar und wird durch den Produktansatz

$$\Phi^{(0)\text{VB}}(1,2) \equiv \Phi^{(0)\text{VB}}(\boldsymbol{r}_1,\boldsymbol{r}_2) = \varphi'(\boldsymbol{r}_1)\cdot\varphi''(\boldsymbol{r}_2)$$

in zwei (jetzt im Unterschied zur MO-Beschreibung nicht identische) Einelektronprobleme vom atomaren (Einzentrum-) Typ zerlegt. Es handelt sich dabei genau um die Schrödinger-Gleichungen (6.9a) mit der Lösung $\varphi^{\text{A}}(\boldsymbol{r}_1)$ zur tiefsten Energie e_{A} und (6.9b) mit der Lösung $\varphi^{\text{B}}(\boldsymbol{r}_2)$ zur tiefsten Energie e_{B}; somit erhalten wir die Wellenfunktion

$$\tilde{\Phi}^{(0)\text{VB}'}(\boldsymbol{r}_1,\boldsymbol{r}_2) = \varphi^{\text{A}}(\boldsymbol{r}_1)\cdot\varphi^{\text{B}}(\boldsymbol{r}_2) \tag{6.108}$$

zur Gesamtenergie nullter Näherung

$$\tilde{E}_0^{(0)\text{VB}} = e_{\text{A}} + e_{\text{B}}. \tag{6.109}$$

Wir kümmern uns zunächst nicht um die Nichtunterscheidbarkeit der beiden Elektronen und beschränken uns, um auf der gleichen Näherungsstufe wie bisher zu bleiben, weiter auf die Wellenfunktionen φ^{A} und φ^{B} zu den beiden atomaren Grundzuständen (*Minimalbasis*).

Neben der Zerlegung (6.103) mit (6.104) und (6.105) gibt es formal weitere mögliche Aufteilungen des Hamilton-Operators $\hat{H}_{\text{nr}}^{\text{e}}$, eine davon ist

$$\hat{H}_{\text{nr}}^{\text{e}} = \hat{H}_0^{\text{VB}}(2,1) + V'(2,1), \tag{6.110}$$

wobei die Anteile $\hat{H}_0^{\text{VB}}(2,1)$ und $V'(2,1)$ aus den Ausdrücken (6.104) bzw. (6.105) durch Vertauschung der Elektronennummern 1 und 2 hervorgehen. In nullter Näherung gehört hierzu die Wellenfunktion

$$\tilde{\Phi}^{(0)\text{VB}''}(\boldsymbol{r}_1,\boldsymbol{r}_2) = \varphi^{\text{B}}(\boldsymbol{r}_1)\cdot\varphi^{\text{A}}(\boldsymbol{r}_2) \tag{6.111}$$

mit der gleichen Energie (6.109): $\tilde{E}_0^{(0)\text{VB}} = e_{\text{A}} + e_{\text{B}}$.

Schließlich sind noch zwei Zerlegungen möglich, die jeweils einer Zuordnung *beider* Elektronen zu *einem* der Kerne entsprechen, also einem *polaren* System A^-B^+ oder A^+B^- bzw. einem Grenzfall getrennter Ionen $\text{A}^- + \text{B}^+$ oder $\text{A}^+ + \text{B}^-$; im erstgenannten Fall ist

$$\hat{H}_{\text{nr}}^{\text{e}} = \hat{H}_0^{\text{ionA}}(1,2) + V^{\text{ionA}}(1,2) \tag{6.112}$$

mit

$$\hat{H}_0^{\text{ionA}}(1,2) = \hat{h}_{\text{A}}(1) + \hat{h}_{\text{A}}(2), \tag{6.113}$$

$$V^{\text{ionA}}(1,2) \equiv V_{\text{B}}(1) + V_{\text{B}}(2) + V^{\text{ee}}(1,2); \tag{6.114}$$

der andere Fall ergibt sich durch Vertauschung der Indizes A und B und entspricht in nullter

Näherung der Zuordnung beider Elektronen zum Kern B. Als zugehörige Wellenfunktionen nullter Näherung hat man:

$$\tilde{\Phi}_1^{(0)\text{ionA}}(\boldsymbol{r}_1,\boldsymbol{r}_2) = \varphi^{\text{A}}(\boldsymbol{r}_1)\cdot\varphi^{\text{A}}(\boldsymbol{r}_2) \quad \text{zu} \quad \tilde{E}_1^{(0)\text{ionA}} = 2e_{\text{A}}, \tag{6.115}$$

$$\tilde{\Phi}_2^{(0)\text{ionB}}(\boldsymbol{r}_1,\boldsymbol{r}_2) = \varphi^{\text{B}}(\boldsymbol{r}_1)\cdot\varphi^{\text{B}}(\boldsymbol{r}_2) \quad \text{zu} \quad \tilde{E}_2^{(0)\text{ionB}} = 2e_{\text{B}}. \tag{6.116}$$

Damit sind die Möglichkeiten, aus Produkten der AOs φ^{A} und φ^{B} Zweielektronen-Ortsfunktionen $\tilde{\Phi}^{(0)}$ zu bilden, ausgeschöpft, und wir haben vier Ortszustände (6.108), (6.111), (6.115) und (6.116).

Bei einer solchen Vorgehensweise ist die Formulierung der Störungstheorie nicht ganz so geradlinig und unkompliziert wie im MO-Fall, da wir es mit verschiedenen ungestörten Hamilton-Operatoren zu tun haben. Auf der anderen Seite aber besitzt diese Herangehensweise eine Nähe zu traditionellen Valenzkonzepten der Chemie, die auf der Vorstellung wechselwirkender Atome bzw. Ionen beruhen.

Wir müssen nun dafür sorgen, dass das Pauli-Prinzip erfüllt wird, um Wellenfunktionen nullter Näherung (*Anschlussfunktionen*) zu erhalten, mit denen die Störungstheorie weitergeführt werden kann.

Die Konstruktion der benötigten antisymmetrischen (Ort-Spin-) Wellenfunktionen der Form

$$^{2S+1}\Psi^{(0)\text{VB/ion}}(1,2) = \Phi^{(0)\text{VB/ion}}(1,2)\cdot X_S^{M_S}(1,2) \tag{6.51"}$$

geht vollständig parallel zu dem in Abschnitt 6.2.2 geschilderten Verfahren (s. auch Tab. 6.3), so dass wir die Resultate hier nur zusammenzustellen brauchen; die Herleitung überlassen wir dem Leser als ÜA 6.5. Die oben benutzte Numerierung der ungestörten Energien $\tilde{E}_i^{(0)}$ (i = 0, 1, 2) behalten wir bei. Die "ionischen" Produkte (6.115) und (6.116) sind symmetrisch bei Elektronenvertauschung und können daher nur mit der antisymmetrischen Singulett-Spinfunktion (3.118), $X_0^0(1,2)$, verknüpft werden. Aus den beiden "kovalenten" Produkten (6.108) und (6.111) lassen sich eine symmetrische und eine antisymmetrische Kombination bilden, die wir mit $\tilde{\Phi}_0^{(0)\text{VB}}(1,2)$ bzw. $\tilde{\Phi}_1^{(0)\text{VB}}(1,2)$ bezeichnen; erstere kann mit der antisymmetrischen Spinfunktion $X_0^0(1,2)$, letztere mit jeder der drei symmetrischen Spinfunktionen (3.117a-c), $X_1^{M_S}(1,2)$ ($M_S = 0,\pm 1$), multipliziert werden. Es ergeben sich so die vollständigen (Ort plus Spin) und antisymmetrischen Wellenfunktionen nullter Näherung:

$$^1\tilde{\Psi}_0^{(0)\text{VB}}(1,2) = \tilde{\Phi}_0^{(0)\text{VB}}(1,2)\cdot X_0^0(1,2) \quad \text{zu} \quad \tilde{E}_0^{(0)\text{VB}} = e_{\text{A}} + e_{\text{B}}, \tag{6.117}$$

$$^3\tilde{\Psi}_1^{(0)\text{VB}}(1,2) = \tilde{\Phi}_1^{(0)\text{VB}}(1,2)\cdot X_1^0(1,2) \quad \text{zu} \quad \tilde{E}_0^{(0)\text{VB}} = e_{\text{A}} + e_{\text{B}}, \tag{6.118a}$$

$$^3\tilde{\Psi}_2^{(0)\text{VB}}(1,2) = \tilde{\Phi}_1^{(0)\text{VB}}(1,2)\cdot X_1^{-1}(1,2) \quad \text{zu} \quad \tilde{E}_0^{(0)\text{VB}} = e_{\text{A}} + e_{\text{B}}, \tag{6.118b}$$

$$^3\tilde{\Psi}_3^{(0)\text{VB}}(1,2) = \tilde{\Phi}_1^{(0)\text{VB}}(1,2)\cdot X_1^1(1,2) \quad \text{zu} \quad \tilde{E}_0^{(0)\text{VB}} = e_{\text{A}} + e_{\text{B}}, \tag{6.118c}$$

$$^{1}\tilde{\Psi}_1^{(0)\text{ionA}}(1,2) = \tilde{\Phi}_1^{(0)\text{ionA}}(1,2)\cdot X_0^0(1,2) \quad \text{zu} \quad \tilde{E}_1^{(0)\text{ionA}} = 2e_A\,, \qquad (6.119)$$

$$^{1}\tilde{\Psi}_2^{(0)\text{ionB}}(1,2) = \tilde{\Phi}_2^{(0)\text{ionB}}(1,2)\cdot X_0^0(1,2) \quad \text{zu} \quad \tilde{E}_2^{(0)\text{ionB}} = 2e_B\,; \qquad (6.120)$$

dabei sind $\tilde{\Phi}_0^{(0)VB}(1,2)$ und $\tilde{\Phi}_1^{(0)VB}(1,2)$ die symmetrische bzw. die antisymmetrische Linearkombination der beiden Produkte (6.108) und (6.111), jeweils auf 1 normiert:

$$\tilde{\Phi}_0^{(0)VB}(1,2) = \left(1+S^2\right)^{-1/2}(1/2)\left[\varphi^A(1)\varphi^B(2) + \varphi^B(1)\varphi^A(2)\right], \qquad (6.121)$$

$$\tilde{\Phi}_1^{(0)VB}(1,2) = \left(1-S^2\right)^{-1/2}(1/2)\left[\varphi^A(1)\varphi^B(2) - \varphi^B(1)\varphi^A(2)\right]. \qquad (6.122)$$

Die übrigen beiden Ortsanteile $\tilde{\Phi}_1^{(0)\text{ionA}}$ und $\tilde{\Phi}_2^{(0)\text{ionB}}$ sind in den Gleichungen (6.115) bzw. (6.116) angegeben; S bezeichnet wieder das Überlappungsintegral (6.12) der AOs φ^A und φ^B. Wie in der MO-Beschreibung haben wir auch hier sechs Zustände; das ungestörte Niveau $\tilde{E}_0^{(0)VB} = e_A + e_B$ ist vierfach entartet, die übrigen beiden Niveaus sind nichtentartet.

Wie man leicht nachrechnet, sind die Ortsanteile der Triplettfunktionen in der VB- und in der MO-Beschreibung [Gln. (6.118a-c) bzw. (6.71a-c)] identisch; das liegt daran, dass sich aus den Funktionen der zugrundegelegten Minimalbasis keine weitere antisymmetrische Funktion bilden lässt. Auch die Singulettfunktionen beider Beschreibungen hängen in einfacher Weise zusammen, worauf wir sogleich noch etwas näher eingehen werden (s. auch ÜA 6.6).

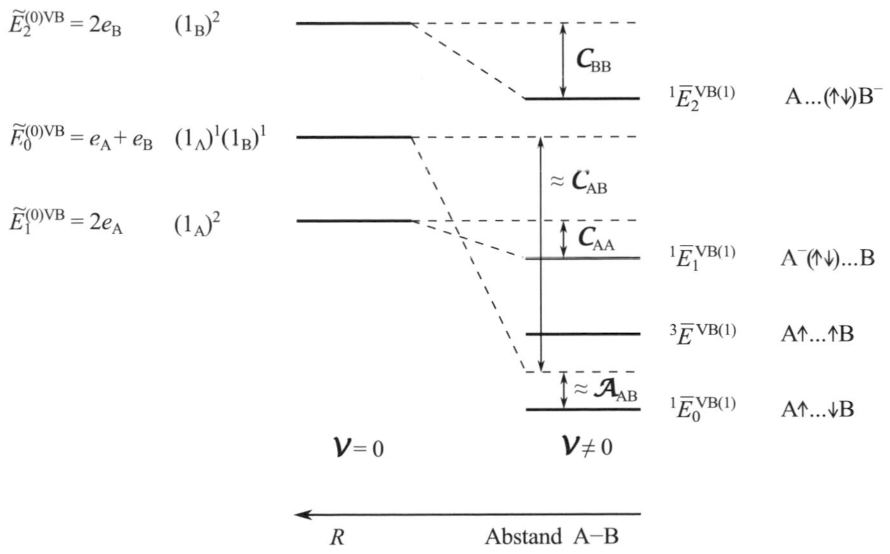

Abb. 6.20 Energieniveaus des Zweielektronen-Zweizentren Systems in nullter und erster störungstheoretischer Näherung der VB-Beschreibung (schematisch)

Mit den so erhaltenen Wellenfunktionen nullter Näherung können nun die Energiekorrekturen erster Ordnung berechnet werden, zu jedem Niveau mit dem entsprechenden Störoperator:

$$^{2S+1}\tilde{u}_i^{(1)\text{VB/ion}} = \left\langle {}^{2S+1}\tilde{\Psi}_i^{(0)\text{VB/ion}} \middle| V(1,2) \middle| {}^{2S+1}\Psi_i^{(0)\text{VB/ion}} \right\rangle . \tag{6.123}$$

Einzelheiten übergehen wir hier und geben nur die Resultate an, die in Abb. 6.20 schematisch dargestellt sind. Für die Singulettzustände erhält man:

$$^{1}\tilde{u}_0^{(1)\text{VB}} = \left\langle {}^{1}\tilde{\Psi}_0^{(0)\text{VB}} \middle| V \middle| {}^{1}\Psi_0^{(0)\text{VB}} \right\rangle = \left(1+S^2\right)^{-1}\left(C_{\text{AB}} + \mathcal{A}_{\text{AB}}\right), \tag{6.124}$$

$$^{1}\tilde{u}_1^{(1)\text{ionA}} = \left\langle {}^{1}\tilde{\Psi}_1^{(0)\text{ionA}} \middle| V^{\text{ionA}} \middle| {}^{1}\Psi_1^{(0)\text{ionA}} \right\rangle = C_{\text{AA}} , \tag{6.125}$$

$$^{1}\tilde{u}_2^{(1)\text{ionB}} = \left\langle {}^{1}\tilde{\Psi}_2^{(0)\text{ionB}} \middle| V^{\text{ionB}} \middle| {}^{1}\Psi_2^{(0)\text{ionB}} \right\rangle = C_{\text{BB}} , \tag{6.126}$$

und für die Triplettzustände:

$$^{3}\tilde{u}^{(1)\text{VB}} = \left\langle {}^{3}\tilde{\Psi}_i^{(0)\text{VB}} \middle| V \middle| {}^{3}\Psi_i^{(0)\text{VB}} \right\rangle = \left(1-S^2\right)^{-1}\left(C_{\text{AB}} - \mathcal{A}_{\text{AB}}\right) \tag{6.127}$$

(alle drei Triplett-Funktionen i = 1, 2, 3 liefern dasselbe Ergebnis). Dabei sind C_{AA}, C_{BB}, C_{AB} und $\mathcal{A}_{\text{AB}}$ Abkürzungen für die folgenden Integrale:

$$C_{\text{AA}} \equiv \iint \varphi^{\text{A}}(\boldsymbol{r}_1)\varphi^{\text{A}}(\boldsymbol{r}_1)V^{\text{ionA}}(\boldsymbol{r}_1,\boldsymbol{r}_2)\varphi^{\text{A}}(\boldsymbol{r}_2)\varphi^{\text{A}}(\boldsymbol{r}_2)\text{d}V_1\text{d}V_2 , \tag{6.128}$$

$$C_{\text{BB}} \equiv \iint \varphi^{\text{B}}(\boldsymbol{r}_1)\varphi^{\text{B}}(\boldsymbol{r}_1)V^{\text{ionB}}(\boldsymbol{r}_1,\boldsymbol{r}_2)\varphi^{\text{B}}(\boldsymbol{r}_2)\varphi^{\text{B}}(\boldsymbol{r}_2)\text{d}V_1\text{d}V_2 , \tag{6.129}$$

$$C_{\text{AB}} \equiv \iint \varphi^{\text{A}}(\boldsymbol{r}_1)\varphi^{\text{A}}(\boldsymbol{r}_1)V(\boldsymbol{r}_1,\boldsymbol{r}_2)\varphi^{\text{B}}(\boldsymbol{r}_2)\varphi^{\text{B}}(\boldsymbol{r}_2)\text{d}V_1\text{d}V_2 , \tag{6.130}$$

$$\mathcal{A}_{\text{AB}} \equiv \iint \varphi^{\text{A}}(\boldsymbol{r}_1)\varphi^{\text{B}}(\boldsymbol{r}_1)V(\boldsymbol{r}_1,\boldsymbol{r}_2)\varphi^{\text{A}}(\boldsymbol{r}_2)\varphi^{\text{B}}(\boldsymbol{r}_2)\text{d}V_1\text{d}V_2 ; \tag{6.131}$$

Diese können, wenn man die expliziten Ausdrücke für die Zweielektronen-Wechselwirkungsterme V einsetzt, auf Integrale zurückgeführt werden, die auch bei der MO-Behandlung auftreten. Das wird in ÜA 6.6 explizite gezeigt. Die C-Integrale heißen *VB-Coulomb-Integrale* und sind stets *negativ*. Sie lassen sich wie die MO-Coulomb-Integrale (6.83) bis (6.85) klassisch interpretieren, und zwar als elektrostatische Wechselwirkungsenergien zwischen Ladungsverteilungen $(-\bar{e})\left|\varphi^{\text{A}}(\boldsymbol{r})\right|^2$ und $(-\bar{e})\left|\varphi^{\text{B}}(\boldsymbol{r})\right|^2$. Das *VB-Austauschintegral* $\mathcal{A}_{\text{AB}}$ kann *positiv oder negativ* sein und hat kein klassisches Analogon.

Alle Größen – Wellenfunktionen, Integrale, Energien, Dichteverteilungen etc. – sind vom Kernabstand R abhängig und werden "punktweise" für jeweils fest gewählte Zahlenwerte von R berechnet.

Vergleicht man das Energieschema Abb. 6.20 mit dem Schema in Abb. 6.13 für die MO-Beschreibung, so gibt es augenfällige Unterschiede: Die Störoperatoren V in der VB-Beschreibung enthalten dominierend attraktive Anteile, $|V_{\text{A}}|,|V_{\text{B}}| > V^{\text{ee}}$, so dass die Störung zu einer Energieabsenkung im Vergleich zu den ungestörten Niveaus führt; in der MO-Beschreibung hingegen hat man nur den repulsiven Störterm $V^{ee} > 0$. Das vierfach entartete ungestörte VB-Niveau $\tilde{E}_0^{(0)VB}$ spaltet auf in ein Singulettniveau und ein Triplettniveau; welches von beiden tiefer liegt, hängt vom Vorzeichen des Austauschintegrals ab.

Einige Rechenresultate zum H_2-Molekül: Die oft als Ausgangspunkt der Quantenchemie zitierte historische Arbeit von W. Heitler und F. London (1927; s. Abschn. 1.3.2) benutzt für den H_2-Grundzustand einen einfachen Minimalbasis-VB-Ansatz (6.117) mit dem Orbitalparameter des freien H-Atoms, wobei allerdings das Austauschintegral (6.131) nur abgeschätzt wurde. Konsequent durchgeführt ergibt eine solche Rechnung (s. auch Tab. 6.4) das Minimum der Potentialkurve für den Singulett-Grundzustand bei $R^0 = 1{,}5\,a_B$ und die elektronische Dissoziationsenergie $D_e = 3{,}2\,\text{eV}$. Wird der Orbitalparameter variiert, so erhält man als optimalen Wert $\zeta_{opt} = 1{,}17$ und damit $R^0 = 1{,}41\,a_B$ sowie $D_e = 3{,}8\,\text{eV}$. Die Potentialkurve (also die Gesamtenergie einschließlich der elektrostatischen Kernabstoßungsenergie) für den tiefsten Singulettzustand, ${}^1\tilde{U}_0^{VB}(R) = (1/R) + \tilde{E}_0^{(0)VB}(R) + {}^1\tilde{u}_0^{(1)VB}(R)$, ist in Abb. 6.15 mit eingezeichnet. Für den Triplettzustand ergibt sich dieselbe Kurve wie in der MO-Beschreibung, da die Wellenfunktionen dieselben sind (s. oben). Der hauptsächliche Unterschied zum MO-Resultat bei der Singulettkurve ist das qualitativ richtige asymptotische Verhalten der VB-Näherung:

$$ {}^1\tilde{U}_0^{VB}(R) \to 2e_H \quad \text{für} \quad R \to \infty ; \tag{6.132} $$

demgegenüber ist die MO-Kurve "nach oben gezogen. Die VB-Resultate sind also zumindest in diesem Falle deutlich besser als die Resultate mit dem einfachen Minimalbasis-LCAO-MO-Ansatz. In Abschnitt 6.4.3 werden wir eine Erklärung dafür geben.

6.4.2* Verbesserungen der einfachen MO- und VB-Ansätze

Wir haben es bisher sowohl in der MO- als auch in der VB-Beschreibung mit groben Näherungen zu tun; die Wellenfunktionen sind von sehr einfacher Form: antisymmetrische Produkte aus "vorgefertigten", wenig flexiblen Einelektronfunktionen. Es liegt dementsprechend nahe, Verbesserungen der Beschreibung auf zwei Wegen zu versuchen:

a) Erhöhung der Flexibilität der Einelektronfunktionen $\varphi(\boldsymbol{r})$ bzw. $\tilde{\phi}(\boldsymbol{r})$ durch Beimischung weiterer Atomorbitale (*Basissatz-Erweiterung*) und Variation (*Optimierung* bezüglich der Energie) von Mischungskoeffizienten und Orbitalparametern;

b) Erhöhung der Flexibilität der Gesamtwellenfunktionen $\tilde{\Phi}$ bzw. $\tilde{\Psi}$, indem man den Elektronen weitere Einelektronzustände "anbietet", um bildlich gesprochen das Einanderausweichen zu erleichtern und so die Coulomb-Korrelation wenigstens teilweise zu berücksichtigen, dadurch die Elektronenabstoßung zu verringern und das System so zu stabilisieren. Das bedeutet, man baut mit den Einelektronfunktionen $\varphi(\boldsymbol{r})$ bzw. $\tilde{\phi}(\boldsymbol{r})$ weitere antisymmetrische Produkte $\tilde{\Psi}_K$ auf, bildet Linearkombinationen:

$$ \tilde{\Psi} = \sum_K C_K \tilde{\Psi}_K \tag{6.133} $$

(***Konfigurationenüberlagerung***, engl. configuration interaction, abgek. *CI*) und bestimmt mit dem Ritzschen Variationsverfahren die Koeffizienten C_K (s. Abschn. 4.4.1.1); es ergibt sich für jede Wurzel des Säkularproblems ein Satz von Koeffizienten.

Sowohl die einfache MO-Beschreibung als auch die VB-Beschreibung des Zweielektronensystems mit einer Minimalbasis liefern Näherungen für Wellenfunktionen und Energien von sechs Zuständen. Mit einer Konfigurationenüberlagerung lassen sich diese Näherungen teilweise verbessern (s. Abschn. 4.4.1.1).

In der MO- wie in der VB-Näherung haben wir drei Singulettfunktionen und drei (miteinander entartete) Triplettfunktionen. In einem Linearkombinationsansatz können wir die drei Singulettfunktionen (6.70), (6.72) und (6.73) überlagern:

$$ {}^1\tilde{\Psi}^{\text{MO-CI}} = C_0\, {}^1\tilde{\Psi}_0^{(0)} + C_1\, {}^1\tilde{\Psi}_1^{(0)} + C_2\, {}^1\tilde{\Psi}_2^{(0)} . \tag{6.134} $$

Die Triplettfunktionen mischen nicht mit den Singulettfunktionen, ihre Koeffizienten in einem Ansatz (6.134) würden verschwinden, denn sämtliche Matrixelemente (4.55a) und Überlappungsintegrale (4.55b) zwischen Singulett- und Triplettfunktionen sind exakt Null (s. Anhang A1.5.2.4). Für die Triplettzustände lässt sich in dieser Näherung keine CI ansetzen, da die drei Triplettfunktionen (6.71a-c) nicht kombinieren und miteinander entartet bleiben.

Mit Berücksichtigung der Normierungsbedingung für die Funktion (6.134) ergibt das Ritzsche Variationsverfahren die Koeffizienten C_0, C_1 und C_2 sowie verbesserte Näherungswerte für drei Energien $\tilde{E}_0, \tilde{E}_1$ und $\tilde{E}_2$; insbesondere wird die Energie des Grundzustands abgesenkt: $\tilde{E}_0 < \tilde{E}_0^{(0)}$. Ein solcher CI-Ansatz führt zwar noch nicht zu Informationen über weitere Zustände, da er nicht über die Minimalbasis und daher nicht über die geringstmögliche Anzahl zu besetzender MOs $\tilde{\phi}$ hinausgeht, ergibt aber schon beträchtliche Verbesserungen, etwa für die Dissoziationsenergie und für den Verlauf der Potentialkurve des Grundzustands bei großen Kernabständen (Dissoziationsverhalten). Im Rahmen der hier behandelten MO-Näherung mit einer Minimalbasis $\{\varphi^{\text{A}}, \varphi^{\text{B}}\}$ sind mit der CI (6.134) alle Möglichkeiten ausgeschöpft: sämtliche *Konfigurationsfunktionen* $\tilde{\Psi}_K$, die überhaupt beimischen können, sind einbezogen; man spricht von ***vollständiger CI*** (engl. full CI, abgek *FCI*): ${}^1\tilde{\Psi}^{\text{MO-FCI}}$. Weitere Verbesserungen sind nur möglich, wenn man gemäß *a)* und *b)* die Minimalbasisbeschreibung verlässt und weitere Basisfunktionen hinzunimmt, damit weitere MOs gewinnt, aus denen sich weitere Konfigurationen bilden und in die CI einbeziehen lassen. Für alle diese Schritte gibt es allgemeine Verfahren, auf die wir später noch eingehen werden (s. Abschn. 9.1).

Analog kann man in der VB-Beschreibung eine vollständige CI ansetzen, wieder aus den gleichen Gründen wie oben nur für die Singulettfunktionen untereinander:

$$ {}^1\tilde{\Psi}^{\text{VB-CI}} = D_0\, {}^1\tilde{\Psi}_0^{(0)\text{VB}} + D_1\, {}^1\tilde{\Psi}_1^{(0)\text{VB}} + D_2\, {}^1\tilde{\Psi}_2^{(0)\text{VB}} , \tag{6.135} $$

und man erhält auch damit verbesserte Energien und Wellenfunktionen für die drei Singulettzustände.

Es lässt sich zeigen (vgl. etwa [I.4a]): eine *vollständige CI* führt, unabhängig davon, ob zum

Aufbau der Konfigurationsfunktionen die MOs (hier: $\tilde{\phi}_1, \tilde{\phi}_2$, gebildet aus den AOs φ^A, φ^B) oder unmittelbar die AOs (hier: φ^A, φ^B) benutzt werden, zu ein und derselben Beschreibung, d. h. zur selben Wellenfunktion:

$$^1\Psi^{\text{MO-FCI}} = {}^1\Psi^{\text{VB-FCI}} \qquad (6.136)$$

(s. ÜA 6.7); damit ergeben sich auch für alle physikalischen Größen in beiden FCI-Beschreibungen die gleichen Erwartungswerte.

6.4.3* Elektronenkorrelation in Zweielektronen-Zweizentren-Systemen

Die Qualität einer quantenchemischen Näherung hängt wesentlich davon ab, inwieweit die Wellenfunktion die *Elektronenkorrelation* erfasst. Während die Fermi-Korrelation durch Verwendung antisymmetrischer Wellenfunktionen relativ leicht berücksichtigt werden kann, stellt die Coulomb-Korrelation erheblich höhere Ansprüche. Wir diskutieren das hier kurz für den Singulett-Grundzustand von Zweielektronen-Zweizentren-Systemen; mehr zum Problem folgt in Kapitel 9 sowie in Abschnitt 17.1.4.

Solche einfachen Systeme wie das H_2-Molekül sind in Bezug auf die Elektronenkorrelation sehr sorgfältig untersucht worden. Man kann folgende Typen von Korrelation unterscheiden, die anschaulich sofort plausibel sind (s. etwa [I.4b], dort auch Literaturhinweise):

1) Befindet sich ein Elektron in der Nähe eines der Kerne, dann hält sich das andere Elektron vorzugsweise in der Nähe des anderen Kerns auf (*links-rechts-Korrelation*).

2a) Befindet sich ein Elektron in der Nähe der Molekülachse, dann ist das andere bevorzugt entfernt von der Achse zu finden (*transversale innen-außen-Korrelation*).

2b) Befindet sich ein Elektron in Achsennähe zwischen den Kernen, dann hält sich das andere vorzugsweise außerhalb des Zwischenkernbereichs auf (*longitudinale innen-außen-Korrelation*).

3) Die beiden Elektronen befinden sich vorzugsweise in entgegengesetzten Winkellagen bezüglich der Molekülachse (*Winkelkorrelation*).

Der Singulett-*Grundzustand* wird in der *MO-Näherung* durch einen Ortsanteil (6.74) in Form eines einfachen Orbitalprodukts $\tilde{\phi}_1(\boldsymbol{r}_1)\cdot\tilde{\phi}(\boldsymbol{r}_2)$ beschrieben. Das entspricht nach Gleichung (6.59) einer völlig unkorrelierten Bewegung der beiden Elektronen, was insbesondere das falsche Dissoziationsverhalten zur Folge hat. Wie bereits erwähnt, kann die Wellenfunktion nullter Näherung durch Konfigurationenüberlagerung (CI) verbessert werden. Das wird plausibel, wenn man das MO-Produkt durch Einsetzen der Ausdrücke (6.61a,b) in AO-Produkte auflöst; dann zeigt sich nämlich, dass dem kovalenten Anteil $\varphi^A\cdot\varphi^B$ ionische Anteile $\varphi^A\cdot\varphi^A$ und $\varphi^B\cdot\varphi^B$ mit festen, d. h. nicht durch das Energieminimumprinzip bestimmten (und, wie sich erweist, übertrieben großen) Koeffizienten beigemischt sind. Dieser Defekt der einfachen MO-Näherung kann korrigiert werden, indem man die Beimischung der ionischen Anteile durch das Variationsprinzip regeln lässt; das wird durch die Einbeziehung der Singulettfunktion ${}^1\tilde{\Psi}_2^{(0)}$ im CI-Ansatz (6.134) bewirkt. Zugleich wird damit die statistische

Unabhängigkeit der Bewegungen der beiden Elektronen aufgehoben: die Beziehung (6.59) besteht nicht mehr, die Elektronenkorrelation ist (wenn auch auf Grund der immernoch groben Näherung nur teilweise) berücksichtigt, und zwar ist die links-rechts-Korrelation näherungsweise enthalten; die übrigen Korrelationsanteile können in der Minimalbasisbeschreibung nicht erfasst werden.

In der *VB-Näherung* hat der Ortsanteil (6.121) nicht die Form eines einfachen Produkts, woraus bereits zu schließen ist, dass die Korrelation der Bewegungen der beiden Elektronen in gewissem Maße enthalten sein wird. Das heißt allerdings nicht, dass sie schon richtig und vollständig erfasst ist; in der Tat wird hauptsächlich die links-rechts-Korrelation wiedergegeben, wenn auch übertrieben. Zumindest aber ergibt sich ein qualitativ korrektes Dissoziationsverhalten und ein im Vergleich zur einfachen (unkorrelierten) MO-Näherung etwas besseres Resultat für die Dissoziationsenergie. Auch hier können die noch bestehenden Defekte, selbst wenn nur eine Minimalbasis zur Verfügung steht, durch CI gemäß Gleichung (6.135) abgemildert werden.

Für den in MO- und VB-Minimalbasis-Näherung identisch beschriebenen *Triplettzustand* ist nur die Fermi-Korrelation (durch die Antisymmetrie der Wellenfunktionen) berücksichtigt.

6.5 Ein vorläufiges Resumé

Bereits die Behandlung der Zweizentren-Systeme mit einem oder zwei Elektronen auf der Grundlage einfachster quantenchemischer Näherungen führt zu Resultaten, die wir wegen ihrer grundlegenden Bedeutung abschließend noch einmal zusammenstellen.

A Chemische Bindung

- Das Zustandekommen einer *kovalenten chemischen Bindung* lässt sich grundsätzlich nicht im Rahmen der klassischen Physik verstehen, sondern erweist sich als ein *Quantenphänomen*, als eine Konsequenz der Wellenbeschreibung der Elektronenbewegung.

- Anhand charakteristischer *Veränderungen der Dichteverteilung* der Aufenthaltswahrscheinlichkeit der Elektronen im Vergleich zu den separierten, nichtwechselwirkenden Atomen kann man auf Vorgänge schließen, die offenbar typischerweise mit der Herausbildung einer kovalenten Bindung einhergehen; die wichtigsten Effekte sind:
  - *konstruktive Interferenz* (= Verlagerung von Dichte in den Zwischenkernbereich);
  - *Kontraktion* der Dichteverteilung in Richtung auf die Kerne.

  Im Unterschied dazu erfolgt bei Nichtzustandekommen einer kovalenten Bindung
  - *destruktive Interferenz* (= Entfernung von Dichte aus dem Zwischenkernbereich);
  - *Expansion* der Dichteverteilung.

- Energetisch ist
  - die konstruktive Interferenz mit einer Absenkung der kinetischen Energie und einem (leichten) Anstieg der potentiellen Energie,

• die Kontraktion mit einem Anstieg der kinetischen Energie und einer (starken) Absenkung der potentiellen Energie

verknüpft; *bei Bindung* überwiegen die Energieabsenkungseffekte, so dass ein *Netto-Energiegewinn (Stabilisierung)* resultiert.

Dem entgegengesetzt sind die energetischen Änderungen bei destruktiver Interferenz und Expansion.

- Bei der Wechselwirkung zweier Atome, deren Elektronenhüllen sich jeweils in einem Zustand befinden, der abgeschlossenen Elektronenschalen entspricht (Prototyp: He – He), gibt es als Folge des Pauli-Prinzips keine überlappungsbedingte (kovalente) Stabilisierung, sondern stets destruktive Interferenz und Abstoßung (*Pauli-Abstoßung*).

B Vergleich von MO- und VB-Beschreibung

- MO- und VB-Näherung sind konzeptionell wesentlich verschieden: Die *MO-Beschreibung* geht gewissermaßen von der Situation im fertigen Molekül aus und nimmt an, dass die *zwischenatomare Wechselwirkung* stärker ist als die Elektronenabstoßung; letztere wird in der nullten Näherung vernachlässigt. Das führt zu einem *molekularen Einelektronproblem* (Bewegung *eines* Elektrons im Felde *aller* Kerne).

  Die *VB-Beschreibung* folgt demgegenüber der Vorstellung vom Aufbau der Moleküle aus Atomen und nimmt an, die *inneratomare Wechselwirkung* überwiegt die zwischenatomare Wechselwirkung, so dass diese in der nullten Näherung vernachlässigt werden kann. Daraus resultiert ein *atomares Einelektronproblem* (Bewegung *eines* Elektrons jeweils im Felde *eines* Kerns).

- Die Wellenfunktionen nullter Näherung sind formal ähnlich aus Einelektronfunktionen aufgebaut: in der MO-Näherung aus *molekularen (delokalisierten) Orbitalen (MOs)* $\tilde{\phi}_1$ und $\tilde{\phi}_2$, in Minimalbasis-LCAO-Form linear kombiniert aus den atomaren Basisfunktionen φ^{A} und φ^{B} , in der VB-Näherung direkt aus den *atomaren (lokalisierten) Orbitalen (AOs)* φ^{A}, φ^{B} . Beide Sätze von Orbitalen hängen durch eine lineare Transformation zusammen, d. h. sie lassen sich als Linearkombinationen des jeweils anderen Funktionensatzes schreiben (vgl. Abschn. 3.1.5).

- In beiden Beschreibungen treten *Zweielektronen-Coulomb- und Austauschintegrale* auf, die analoge Form haben und analog interpretiert werden können, aber mit unterschiedlichen Einelektronzuständen gebildet werden und unterschiedliche Störoperatoren enthalten.

- In nullter Näherung unterscheiden sich die beiden Ansätze – MO und VB – u. a. darin, inwieweit sie die *Elektronenkorrelation* erfassen.

  • Im *MO-Grundzustand* wird die Elektronenbewegung als *vollständig unkorreliert* beschrieben; eine Konsequenz davon ist eine Potentialkurve mit falschem asymptotischen Verhalten: bei $R \to \infty$ liegt die Energie viel zu hoch, die ganze Kurve ist nach oben gezogen, und dadurch wird u. a. ein zu kurzer Bindungsabstand und (bezogen auf neutrale atomare Fragmente) ein viel zu kleiner Wert für die Dissoziationsenergie erhalten.

• Im *VB-Grundzustand* ergibt sich die Elektronenbewegung korreliert (links-rechts-Korrelation), allerdings übertrieben stark; es ergibt sich ein qualitativ richtiges Dissoziationsverhalten (in neutrale Atome) und häufig wie im Falle des H_2-Moleküls ein besserer Wert für die Dissoziationsenergie als in der MO-Näherung.

Welcher der beiden Ansätze, MO oder VB, bessere Ergebnisse liefert, hängt generell vom System und von den zu berechnenden Größen (energetische oder andere) ab.

- In beiden Näherungen lassen sich die Defekte durch *Erweiterungen der Basis* (über die Minimalbasis hinaus) sowie durch *Konfigurationenüberlagerung (CI)* abmildern.

  Legt man eine bestimmte Basis zugrunde, so werden MO- und VB-Beschreibung mit vollständiger CI identisch.

- In der *praktischen Anwendung* hat sich das MO-Konzept im Laufe der zurückliegenden Jahrzehnte weitgehend durchgesetzt, obwohl schon die hier behandelten einfachen Fälle darauf hindeuten, dass das VB-Konzept durchaus vorteilhaft sein könnte.

  Die Dominanz des MO-Konzepts ist vor allem auf zwei Vorzüge zurückzuführen:

  (a) Die *Einelektronfunktionen (MOs)*, aus denen die Mehrelektronen-(Konfigurations-) Funktionen $\tilde{\Psi}_K$ als antisymmetrische Produkte aufgebaut werden, sind stets *orthogonal*, was die Berechnung der Matrixelemente des Hamilton-Operators bzw. des Störoperators erleichtert.

  VB-Rechnungen sind in dieser Hinsicht wesentlich komplizierter (sog. *Nichtorthogonalitätsproblem*, s. etwa [I.4b]).

  b) Die Korrelationseffekte und die diversen Mehrelektronen-(Konfigurations-) Funktionen $\tilde{\Psi}_K$ lassen sich im MO-Konzept gut systematisieren und physikalisch interpretieren.

  Bei VB-Ansätzen sind die Verhältnisse diesbezüglich weniger übersichtlich.

Die Vorzüge des MO-Konzepts haben sich als so gewichtig erwiesen, dass der zusätzliche Schritt, nämlich die Bestimmung der Molekülorbitale $\tilde{\phi}$, in Kauf genommen wird. Auf diese Aspekte kommen wir später noch ausführlicher zu sprechen (s. Kap. 8, 9 und 17).

Übungsaufgaben zu Kapitel 6

ÜA 6.1 Es ist für das Einelektron-Zweizentren-System in einer Minimalbasis-LCAO-MO-Beschreibung das Ritzsche Variationsverfahren durchzuführen.

ÜA 6.2 Mit wasserstoffähnlichen 1s-AOs [Gl. (6.32a,b)] sind das Überlappungsintegral S, das Coulomb-Integral α und das Resonanzintegral β für ein zweiatomiges Molekül A–B als Funktion des Kernabstands R zu berechnen.

Anleitung: Übergang von kartesischen zu elliptischen Koordinaten (s. Anhang A5.3.3; auch [II.1], Abschn. 3.5.2.); Verwendung einschlägiger Integraltafeln (z. B. [II.6])

ÜA 6.3 Es sind die Spinsummationen in den Matrixelementen (6.79) bis (6.82) für die Wellenfunktionen (6.70) bis (6.73) durchzuführen und die angegebenen Ausdrücke herzuleiten.

ÜA 6.4 Aus der Gleichung (6.92) sind die Dichtefunktionen (6.93) und (6.94) für den Singulett-Grundzustand bzw. den Triplettzustand herzuleiten.

ÜA 6.5 Man führe die Bildung der "richtigen" (d. h. das Pauli-Prinzip erfüllenden) Wellenfunktionen für die VB-Beschreibung in Abschnitt 6.4.1 durch.

ÜA 6.6 Es sind die Zweielektronenintegrale (6.128) bis (6.131) durch Einsetzen der Störoperatoren V auf die bei der MO-Behandlung auftretenden Integrale zurückzuführen.

ÜA 6.7 Man zeige durch Einsetzen der Ausdrücke (6.61a,b) für die MOs $\tilde{\phi}_1$ und $\tilde{\phi}_2$ in die drei Singulettfunktionen (6.70), (6.72) und (6.73), dass der vollständige MO-CI-Ansatz (6.134) dem vollständigen VB-CI-Ansatz (6.135) äquivalent ist.

Ergänzende Literatur zu Kapitel 6

[6.1] (a) Herzberg, G.: Molecular Spectra and Molecular Structure. I. Spectra of Diatomic Molecules. Van Nostrand, New York (1989)

(b) Huber, K. P., Herzberg, G.: Molecular Spectra and Molecular Structure. IV. Constants of Diatomic Molecules. Van Nostrand Reinhold, New York (1979)

[6.2] (a) Ruedenberg, K.: The Physical Nature of the Chemical Bond. Rev. Mod. Phys. **34**, 326-376 (1962)

(b) Feinberg, M. J., Ruedenberg, K., Mehler, E. L.: The Origin of Binding and Antibinding in the Hydrogen Molecule-Ion. Adv. Quantum Chem. **5**, 27 – 98 (1970)

(c) Feinberg, M. J., Ruedenberg, K.: Paradoxical Role of the Kinetic-Energy Operator in the Formation of the Covalent Bond. J. Chem. Phys. **54**, 1495 - 1511 (1971)

7 Molekulare Elektronenzustände und das MO-Modell

Die grob-approximative Beschreibung, die wir im vorigen Kapitel für die einfachsten molekularen Systeme benutzt haben, erwies sich dort als erstaunlich aussagefähig. Es liegt daher nahe, eine derartige Näherung auch für kompliziertere mehratomige Aggregate zu formulieren, dabei das Begriffssystem der Quantenchemie weiter auszubauen und den Anwendungsbereich zu erweitern, um für eine breitere Vielfalt von Molekülen wenigstens *qualitative*, orientierende Aussagen zu gewinnen. Das ist der Hauptinhalt des vorliegenden Kapitels. Zuvor aber befassen wir uns mit den Zusammenhängen zwischen der Elektronenstruktur von Molekülen und der Elektronenstruktur der Atome, aus denen das Molekül zusammengesetzt gedacht werden kann; damit werden Ordnungsschemata bereitgestellt, anhand derer Systematisierungen und Klassifizierungen vorgenommen werden können.

7.1 Adiabatische Klassifizierung molekularer Elektronenzustände

In Abschnitt 5.3 hatten wir gesehen, wie die Elektronenzustände eines Atoms durch die Werte die Erhaltungsgrößen (Bewegungskonstanten) gekennzeichnet werden können, z. B. in nichtrelativistischer Näherung (d. h. ohne Spin-Bahn-Wechselwirkung) durch das Betragsquadrat und eine Komponente des gesamten Elektronenspins (Quantenzahlen S bzw. M_S) und des gesamten Elektronenbahndrehimpulses (Quantenzahlen L bzw. M_L), sowie die Parität w [s. Gln. (5.31) und (5.32)]. Die Bewegungskonstanz von Spin, Bahndrehimpuls und Parität hatte seine tiefere Ursache in der sphärischen Symmetrie des Systems "Atom" mit dem Kern als Inversionszentrum (s. Anhang A1.4).

Bei Molekülen hat man keine sphärische Symmetrie, sondern nur die im Vergleich dazu niedrigere Symmetrie des Kerngerüsts, gegeben durch eine Punktgruppe $\boldsymbol{G}$ bzw. bei linearen Kernanordnungen eine axiale Drehgruppe (s. Anhang A1.2).

7.1.1 Adiabatische Klassifizierung ohne und mit Spin-Bahn-Kopplung

Die Möglichkeiten, Zustände der Elektronenhülle von Molekülen in der elektronisch adiabatischen Näherung zu klassifizieren, werden dadurch bestimmt, (1) welche geometrische Symmetrie das (als momentan starr anzusehende) Kerngerüst hat und (2) welche Näherung für den elektronischen Hamilton-Operator verwendet wird. Eine Vereinfachung des Hamilton-Operators führt in der Regel dazu, dass sich die Symmetrie erhöht, d. h. mehr Symmetrieoperationen möglich sind und eine größere Anzahl von Erhaltungsgrößen existiert, so wie das in Kapitel 5 bei der Behandlung der Elektronenzustände der Atome deutlich wurde.

Lineare Kernanordnungen

Liegen die Positionen der Kerne auf einer Geraden (dieser Fall schließt die zweiatomigen Moleküle ein), so gehört die Kernanordnung zur axialen Drehgruppe $\boldsymbol{D}_{\infty h}$, wenn ein Inversionszentrum vorhanden ist, oder $\boldsymbol{C}_{\infty v}$, wenn es kein Inversionszentrum gibt. Von der vollen sphärischen Symmetrie, wie sie bei Atomen vorliegt, ist hier noch etwas übrig, nämlich die Symmetrie bezüglich beliebiger Drehungen um die Molekülachse (in die wir die z-Achse des kartesischen Koordinatensystems legen), ferner die Symmetrie bezüglich Spiegelungen σ_v an beliebigen Ebenen, die die Molekülachse enthalten, sowie bei Vorhandensein eines Inversionszentrums die Symmetrie bezüglich Spiegelungen an diesem Punkt.

In *nichtrelativistischer Näherung*, also ohne Spin-Bahn-Wechselwirkung, treten im elektronischen Hamilton-Operator $\hat{H}^{\mathrm{e}}_{\mathrm{nr}}$ [gegeben durch die Gln. (4.19) mit Gl. (4.3b,d,e)] die Spinvariablen und Spinoperatoren der Elektronen nicht auf, so dass der Operator $\hat{\boldsymbol{S}}^2$ des *Betragsquadrats des Gesamtspins* der Elektronen sowie der Operator einer *Gesamtspinkomponente* $\hat{S}_\zeta$ in einer beliebigen Raumrichtung ζ mit $\hat{H}^{\mathrm{e}}_{\mathrm{nr}}$ vertauschbar sind. Diese Raumrichtung ζ ist zunächst unabhängig davon, wie der gesamte Bahndrehimpuls $\boldsymbol{L}$ quantisiert ist; üblicherweise wird dafür aber ebenfalls die oben festgelegte z-Richtung (Molekülachse) gewählt. Damit sind $\boldsymbol{S}^2 = S(S+1)\hbar^2$ und $S_z = M_S\hbar$ Erhaltungsgrößen (s. Abschn. 3.1.6).[1] Mit $\hat{H}^{\mathrm{e}}_{\mathrm{nr}}$ kommutiert außerdem der Operator der z-Komponente des gesamten Bahndrehimpulses der Elektronen, $\hat{L}_z = \sum_{\kappa=1}^{N^{\mathrm{e}}} \hat{l}_{\kappa z}$, nicht aber der Operator des Betragsquadrats, $\hat{\boldsymbol{L}}^2$; Erhaltungsgröße ist daher nur die *Achsenkomponente* $L_z = M_L\hbar$ des gesamten Elektronen-Bahndrehimpulses als Folge der axialen Symmetrie. Hinzu kommt bei der Symmetrie $\boldsymbol{D}_{\infty h}$ die *Parität* w; sie kann den Wert $+1$ oder -1 haben, der wie bisher durch den Buchstaben g (gerade) bzw. u (ungerade) bezeichnet wird (s. Anhang A1.3.3.2). Ein Zustand mit der Wellenfunktion Ψ kann in nichtrelativistischer adiabatischer Näherung also durch die Angabe der Quantenzahlen M_L, S, M_S und gegebenenfalls w charakterisiert werden:

$$\Psi \equiv \Psi_{qwM_LS}^{M_S}\,; \tag{7.1}$$

der Index q numeriert Zustände mit ansonsten gleichen Quantenzahlen.

Die Gesamtenergie der Elektronenhülle kann nicht vom Vorzeichen der Bahndrehimpulskomponente L_z abhängen, denn die z-Achse (bezüglich derer L_z quantisiert ist) fällt zwar mit der Molekülachse zusammen, aber ihre Richtung ist nicht festgelegt. Wie man sich leicht klarmacht, kehrt sich bei einer Spiegelung σ_v an irgendeiner Ebene, welche die Molekülachse enthält, die Richtung des Drehimpulses (also klassisch der "Drehsinn") um, und aus einem Zustand (7.1) mit $L_z = +M_L\hbar$ wird ein Zustand mit $L_z = -M_L\hbar$; ansonsten ändert sich nichts, insbesondere bleibt die Energie unverändert. Jeder Energiewert mit $M_L \neq 0$ ist demnach zweifach entartet, zu ihm gehören die beiden Zustände mit $L_z = \pm M_L\hbar$, so dass er durch die Angabe von $|M_L|$, wofür wir jetzt den Buchstaben Λ verwenden, charakterisiert werden kann; nur der Term mit $\Lambda \equiv |M_L| = 0$ ist nicht entartet. Es ist üblich, anstelle der Λ-Werte griechische

[1] Aus demselben Grund sind sogar außerdem die Betragsquadrate und z-Komponenten der Spins der *einzelnen* Elektronen für sich Erhaltungsgrößen, was uns aber im Moment nicht interessiert; wir kommen in Abschnitt 7.2 darauf zurück.

Großbuchstaben zu benutzen: $\Sigma, \Pi, \Delta,...$ für $\Lambda = 0, 1, 2,...$ Da die Energie zudem nicht von der Orientierung des Gesamtspins, also von M_S, abhängen kann, lassen sich die Elektronenterme folgendermaßen bezeichnen (der obere Index gibt die *Multiplizität* an):

$$q\,^{2S+1}\Lambda_w \quad \text{bei } \Lambda \neq 0 \quad (\Pi, \Delta, ...)\ , \tag{7.2a}$$

$$q\,^{2S+1}\Sigma_w^\rho \quad \text{bei } \Lambda = 0\ ; \tag{7.2b}$$

für $\Lambda \neq 0$ ist ein solcher Elektronenterm $2(2S + 1)$-fach, für $\Lambda = 0$ nur $(2S + 1)$-fach entartet. Es bleibt noch das Symbol ρ zu erläutern: Zu $\Lambda = 0$ gehört nur *ein* (Orts-) Zustand, der daher ein bestimmtes Verhalten bei einer Spiegelung σ_v zeigen muss, und zwar kann er nur unverändert bleiben oder das Vorzeichen wechseln, da eine nochmalige Anwendung der Operation σ_v stets zum Ausgangszustand zurückführt. Dieses Spiegelungsverhalten ist es, das durch das hochgestellte ρ angegeben wird: ein Pluszeichen bei Invarianz gegen σ_v, ein Minuszeichen bei Vorzeichenwechsel, also Σ^+ bzw. Σ^-. Zustände mit $\Lambda \neq 0$ haben diese Eigenschaft nicht, denn wie wir oben gesehen hatten, geht bei der Spiegelung σ_v der Zustand mit $L_z = +M_L h$ in den Zustand mit $L_z = -M_L \hbar$ über und umgekehrt.

Betrachten wir als Beispiel das zweiatomige Molekül OH. Es hat neun Elektronen. Im energetisch tiefsten Zustand (Grundzustand) der Elektronenhülle gilt, wie man aus experimentellen Daten und aus Berechnungen weiß, $\Lambda = 1$ (Π - Zustand) und $S = 1/2$ (Dublettzustand); dafür ist also das Symbol $X\,^2\Pi$ zu verwenden (mit dem Buchstaben X kennzeichnet man üblicherweise den Grundzustand). Ein Inversionszentrum gibt es nicht. Dieser Term ist vierfach entartet.

Will man über die nichtrelativistische Näherung hinausgehen, so ist als wichtigste relativistische Korrektur die Kopplung zwischen Bahnbewegung und Spin der einzelnen Elektronen zu berücksichtigen. Das geschieht in der Quantenchemie der Moleküle wie in der Theorie der Atome durch Einbeziehung des Operators $\hat{V}^e_{\text{SpB}} = \sum_{\kappa=1}^{N} f(\boldsymbol{r}_\kappa)(\hat{\boldsymbol{l}}_\kappa \cdot \hat{\boldsymbol{s}}_\kappa)$ [Gl. (5.2d)], wobei $\boldsymbol{r}_\kappa$ den Ortsvektor sowie $\hat{\boldsymbol{l}}_\kappa$ und $\hat{\boldsymbol{s}}_\kappa$ die (Vektor-) Operatoren von Bahndrehimpuls bzw. Spin des Elektrons κ bezeichnen. Mit *Spin-Bahn-Kopplung*, also bei Zugrundelegung des ergänzten elektronischen Hamilton-Operator $\hat{H}^e = \hat{H}^e_{\text{nr}} + \hat{V}^e_{\text{SpB}}$, ist nur noch die Achsenkomponente $J_z = L_z + S_z$ (mit den Eigenwerten $M_J \hbar$) des gesamten resultierenden Drehimpulses $\boldsymbol{J} = \boldsymbol{L} + \boldsymbol{S}$ der Elektronen eine Erhaltungsgröße, denn nur der Operator $\hat{J}_z$, aber nicht mehr die Operatoren $\hat{L}_z$ und $\hat{S}_z$ einzeln (und auch nicht der Operator $\hat{\boldsymbol{J}}^2$) kommutieren mit dem elektronischen Hamilton-Operator $\hat{H}^e$.[2] Liegt die Symmetrie $\boldsymbol{D}_{\infty h}$ vor. so ist auch die Parität w eine Erhaltungsgröße. Die Zustände lassen sich demnach folgendermaßen kennzeichnen:

$$\Psi \equiv \Psi_{qwM_J}\ ; \tag{7.3}$$

[2] Vgl auch die Diskussion in Abschn. 5.3.2.

bei der Symmetrie $\boldsymbol{C}_{\infty v}$ entfällt w. Auf Grund der gleichen Argumentation wie oben gehören bei $J_z \neq 0$ die beiden Zustände mit $J_z = +M_J \hbar$ und $J_z = -M_J \hbar$ zur gleichen Energie, diese hängt also nur von der Quantenzahl $\Omega \equiv | M_J |$ ab. In diesem Falle gibt man deren Zahlenwert an und gebraucht keine speziellen Buchstabensymbole, kennzeichnet die Elektronenterme also folgendermaßen:

$$q\Omega_w \quad \text{bei } \Omega \neq 0 , \tag{7.4a}$$

$$q0_w^\rho \quad \text{bei } \Omega = 0 ; \tag{7.4b}$$

aus ρ ist wieder das σ_v-Spiegelungsverhalten (+ oder −) des nichtentarteten Terms mit $\Omega = 0$ zu ersehen.

Wenn die Spin-Bahn-Kopplung schwach ist, dann spaltet der Term $^{2S+1}\Lambda$, analog zu den atomaren *LS*-Termen ^{2S+1}L (s. Abschn. 5.3.2.2), bei $\Lambda \neq 0$ in $2S+1$ eng beieinanderliegende Terme auf (*Feinstruktur*, *Multiplettaufspaltung*). Das ist im halbklassischen Vektormodell leicht verständlich (s. ÜA 7.1): Der Bahndrehimpuls der Elektronen ist mit einem magnetischen Moment in Richtung der Molekülachse verknüpft; mit diesem tritt das magnetische Moment des Spins $\boldsymbol{S}$ in Wechselwirkung (*Spin-Achsen-Kopplung*). Klassisch führt der Vektor $\boldsymbol{S}$ eine langsame Präzession um die Molekülachse aus mit jeweils konstanter Komponente $M_S \hbar$ in Achsenrichtung, die sich mit $M_L \hbar$ zu $M_J \hbar$ zusammmensetzt. Für den Betrag Ω der resultierenden Achsenkomponente ergibt das die folgenden Möglichkeiten:

$$\begin{aligned} \Omega &= | \Lambda + M_S | \\ &= | \Lambda - S |, | \Lambda - S + 1 |, \ldots , \Lambda + S , \end{aligned} \tag{7.5}$$

bei $\Lambda \geq S$ also $2S+1$ Werte. In dieser Näherung lassen sich die Feinstrukturniveaus durch die Symbole

$$q\,^{2S+1}\Lambda_{w\Omega} \tag{7.6}$$

nach ihrer Herkunft aus den (Λ, S)-Termen (7.2) charakterisieren (bei der Symmetrie $\boldsymbol{C}_{\infty v}$ wieder ohne w).

Nichtlineare Kernanordnungen

Bei nichtlinearen Molekülen entspricht die Symmetrie des Kerngerüstes einer Punktgruppe $\boldsymbol{G}$ (s. Anhang A1.2); Drehimpulse können jetzt generell nicht mehr Erhaltungsgrößen sein.

In *nichtrelativistischer Näherung* sind aber auch in diesem Fall, da der elektronische Hamilton-Operator die Spinvariablen und -operatoren nicht enthält, das Betragsquadrat und die z-Komponente des Gesamtspins $\boldsymbol{S}$ der Elektronenhülle bewegungskonstant; hinzu kommen die Symmetrierassen Γ (irreduzible Darstellungen) der Punktgruppe $\boldsymbol{G}$ (s. Anhang A1.4.1), also

$$\Psi \equiv \Psi_{q\Gamma S}^{\;\;\;M_S} , \tag{7.7}$$

und die Energie eines solchen Zustands kann dementsprechend durch das Symbol

$$ {}_q{}^{2S+1}\Gamma \tag{7.8} $$

gekennzeichnet werden; dieser Term ist (2S+1)-fach bezüglich des Spins entartet, weitere Entartungen können durch die räumliche Symmetrie (Dimension der irreduziblen Darstellung Γ) hinzukommen (s. Anhang A1.5.2).

Bei Einbeziehung der *Spin-Bahn-Kopplung* sind auf Grund der Vertauschungseigenschaften des elektronischen Hamilton-Operators $\hat{H}^{\mathrm{e}}$ (s. oben) weder das Betragsquadrat noch eine Komponente des gesamten Elektronenspins Erhaltungsgrößen. Räumliche Symmetrieoperationen wirken auf Orts- und Spinvariable gemeinsam und lassen sich nicht mehr im "Ortsraum" und im "Spinraum" getrennt ausführen. Die Klassifizierung erfordert jetzt eine durchgängig gruppentheoretische Behandlung; wir gehen darauf hier nicht näher ein, sondern verweisen auf die Literatur (s. z. B. [I.2][II.1]); s. auch Anhang A1.3.5.

7.1.2 Zusammenhang mit Atomzuständen

Wenn bei einem Molekül in einem bestimmten Quantenzustand die Kernabstände *adiabatisch* mehr und mehr aufgeweitet werden, dann sollten freie Atome (bzw. Ionen) in bestimmten Quantenzuständen entstehen. Dieser Fragmentierungsprozess ist eindeutig, der umgekehrte Prozess jedoch im Allgemeinen nicht. Für den Zustand eines molekularen Aggregats, das durch Zusammenführung von Atomen (oder Ionen) in bestimmten Zuständen entstanden gedacht werden kann (abgesehen also von der praktischen Durchführung), gibt es meist mehrere Möglichkeiten.

Zu den Atomen A, B, C, ... mögen $N_{\mathrm{A}}, N_{\mathrm{B}}, N_C,\ldots$ Elektronen gehören; die Atomzustände mögen durch Wellenfunktionen $\Psi^{\mathrm{A}}_{i_{\mathrm{A}}}(1,\ldots,N_{\mathrm{A}})$, $\Psi^{\mathrm{A}}_{i_{\mathrm{A}}}(N_{\mathrm{A}}+1,\ldots,N_{\mathrm{A}}+N_{\mathrm{B}})$, ... beschrieben werden, wobei wir zur Vereinfachung in den Argumenten anstelle der Orts- und Spinvariablen $\boldsymbol{r}_1\sigma_1, \boldsymbol{r}_2\sigma_2,\ldots$ der Elektronen nur die Nummern 1, 2, ... eingetragen haben. Alle Größen, die den Zustand eines Atoms a (a = A, B, C, ...) kennzeichnen, fassen wir zu einer "kollektiven Quantenzahl" i_a zusammen; wenn also die Wellenfunktionen zu den LS-Termen ${}_q{}^{2S+1}L_w$ gehören (s. Abschn. 5.3.1), ist

$$ i_a \equiv (q_a, L_a, M_{L_a}, S_a, M_{S_a}, w_a)\,. \tag{7.9} $$

Die weit voneinander entfernten, nicht untereinander in Wechselwirkung stehenden Atome beschreiben wir gemeinsam durch ein Produkt der atomaren Wellenfunktionen:

$$ \Pi^{(0)}_{i_{\mathrm{A}}i_{\mathrm{B}}i_{\mathrm{C}}\ldots} = \Psi^{\mathrm{A}}_{i_{\mathrm{A}}}(1,\ldots,N_{\mathrm{A}})\cdot\Psi^{\mathrm{B}}_{i_{\mathrm{B}}}(N_{\mathrm{A}}+1,\ldots,N_{\mathrm{A}}+N_{\mathrm{B}})\cdot\ldots\ldots \tag{7.10} $$

(*Grenzfall separierter Atome*). Nähern sich die Atome einander, so dass sie in Wechselwirkung treten, dann wird jede solche Produkt-Wellenfunktion von der Anordnung $\boldsymbol{R} \equiv \{\boldsymbol{R}_{\mathrm{A}}, \boldsymbol{R}_{\mathrm{B}},\ldots\}$ der Kerne und damit auch von der Symmetrie dieser Anordnung abhängen.

Am übersichtlichsten sind die Verhältnisse bei zweiatomigen Systemen, die wir deswegen etwas ausführlicher diskutieren.

Zweiatomige Systeme AB

Wir vernachlässigen zunächst die Spin-Bahn-Wechselwirkung und nehmen außerdem an, die beiden Atome seien verschieden: $B \neq A$. Als Quantisierungsrichtung (z-Achse) für Bahndrehimpulse und Spins nehmen wir die Kernverbindungslinie A–B. Die z-Komponenten der Bahndrehimpulse $\boldsymbol{L}_A$ und $\boldsymbol{L}_B$ können die Werte $M_{L_A}\hbar = 0, \pm\hbar, ..., \pm L_A\hbar$ bzw. $M_{L_B}\hbar = 0, \pm\hbar, ...,$ $\pm L_B\hbar$ haben, so dass sich für die Quantenzahl Λ ergibt:

$$\begin{aligned} \Lambda &= \left| M_{L_A} + M_{L_B} \right| \\ &= 0,\ 1,\ ...,\ L_A + L_B\,. \end{aligned} \tag{7.11}$$

Das sind, wie man durch Abzählen verifiziert, bei $L_A \geq L_B$ insgesamt $(L_A + 1)(2L_B + 1)$ Werte (bei $L_A \leq L_B$ entsprechend, A und B vertauscht). Dabei erhält man $(2L_B + 1)$-mal den Wert $\Lambda = 0$ (Σ-Zustände), und zwar $2L_B$-mal durch Kompensation der beiden z-Komponenten, $M_{L_A} = -M_{L_B}\ (\neq 0)$, und einmal von $M_{L_A} = M_{L_B} = 0$. Die Zustände mit $\Lambda \neq 0$ treten jeweils zweimal auf, sind also paarweise entartet (s. oben). Welche Vorzeichen ρ die Σ-Zustände haben, hängt auch von den Paritäten w_A und w_B der Atomzustände ab. Wir übergehen hier die detaillierte Diskussion (s. hierzu etwa [I.2][I.4b]) und geben nur das Resultat an: Bei $M_{L_A} = M_{L_B} = 0$ resultiert ein Pluszeichen oder ein Minuszeichen je nachdem, ob der Ausdruck $(-1)^{L_A + L_B} w_A w_B$ positiv oder negativ ist. Bei $M_{L_A} = -M_{L_B} \neq 0$ erhält man je einen Plusterm und einen Minusterm.

Was den Spin betrifft, der ja in nichtrelativistischer Näherung nicht unmittelbar an das (elektrische) Achsenfeld gekoppelt ist, haben wir für die Gesamtspinquantenzahl S ohne Einschränkungen die bei der Vektoraddition möglichen Werte:

$$S = S_A + S_B, S_A + S_B - 1, ..., \left| S_A - S_B \right|. \tag{7.12}$$

Es können alle ΛS-Kombinationen auftreten.

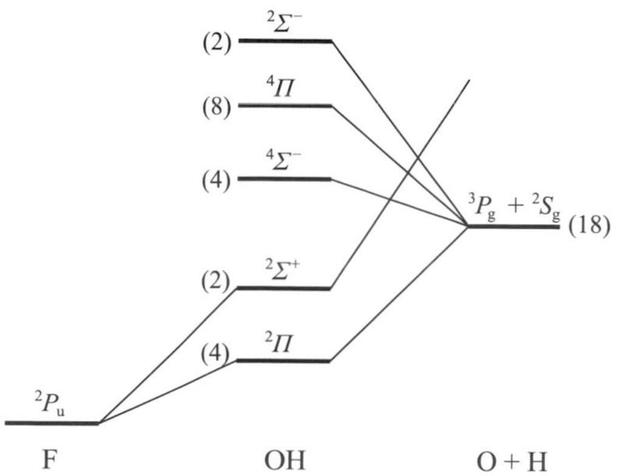

Abb. 7.1
Termkorrelationsdiagramm für die tiefsten Elektronenzustände des OH-Radikals (schematisch; nach [I.4b], dort Abb. 3.5.1, korrigiert)

Betrachten wir als Beispiel wieder das Molekül OH (s. Abb. 7.1, rechter Teil). Aus den Grundzuständen der beteiligten Atome, O(^3P_g) und H(^2S_g), also $L_A = 1$, $S_A = 1$, $w_A = +1$ (g) und $L_B = 0$, $S_B = 1/2$, $w_B = +1$ (g), resultieren Zustände mit $\Lambda = 0$ und 1 sowie S = 1/2 und 3/2, d. h. ein Σ^- -Term (von $M_{L_A} = M_{L_B} = 0$), sowie ein Π -Term, beide einmal als Dublett und einmal als Quartett. Insgesamt sind das, mit den Entartungen gezählt, 18 Zustände, ebensoviele wie die beteiligten Atomzustände.

Eine Übersicht über die energetisch tiefsten Λ -Elektronenterme eines heteronuklearen zweiatomigen Moleküls AB gibt Tab. 7.1.

Tab. 7.1 Zusammenstellung der tiefsten Λ -Elektronenterme eines aus zwei Atomen A und B in *S*-, *P*- oder *D*-Zuständen zusammengesetzten Moleküls (in Klammern: mehrfach auftretende Terme); aus [I.4b]

L_A	L_B	w_A	w_B	
0	0	g u	g u	} Σ^+
		g	u	Σ^-
1	0	g u	g u	} Σ^-, Π
		g	u	Σ^+, Π
1	1	g u	g u	} Σ^+ (2), Σ^-, Π (2), Δ
		g	u	Σ^+, Σ^- (2), Π (2), Δ
2	0	g u	g u	} Σ^+, Π , Δ
		g	u	Σ^-, Π , Δ
2	1	g u	g u	} Σ^+, Σ^- (2), Π (3), Δ (2), Φ
		g	u	Σ^+ (2), Σ^-, Π (3), Δ (2), Φ
2	2	g u	g u	} Σ^+ (3), Σ^- (2), Π (4), Δ (3), Φ (2), Γ
		g	u	Σ^+ (2), Σ^- (3), Π (4), Δ (3), Φ (2), Γ

Bei homonuklearen zweiatomigen Molekülen A_2 erfolgt die Drehimpulsaddition auf die gleiche Weise. Jetzt tritt jedoch eine weitere Symmetrie auf, nämlich die bei Spiegelung am Mittelpunkt der Kernverbindungslinie (Inversion), d. h. die Molekülzustände können gerade oder ungerade sein. Um herauszufinden, welche Paare von Zuständen, ein Zustand vom einen Atom A und einer vom anderen Atom A, zu welcher Parität der Produktfunktion (7.10) führen, ist eine sorgfältige Falldiskussion erforderlich, die wir hier aber nicht durchführen. Näheres dazu findet man z. B. in [I.2], auch in [I.4b].

Sollen die Spin-Bahn-Wechselwirkungen einbezogen werden, so sind bei genügend großen Kernabständen vornehmlich die inneratomaren Spin-Bahn-Kopplungen zu berücksichtigen, da sie gegenüber den zwischenatomaren Coulomb-Wechselwirkungen (und erst recht gegenüber den zwischenatomaren Spin-Bahn-Wechselwirkungen) dominieren; dementsprechend charakterisieren wir die Atomzustände durch die Quantenzahlen J und M_J. Die Quantenzahl Ω für die Achsenkomponente des resultierenden Drehimpulses der Elektronenhülle eines Atompaares A–B ergibt sich dann analog zu Λ [Gl. (7.11)] als

$$\Omega = \left| M_{J_\mathrm{A}} + M_{J_\mathrm{B}} \right| . \qquad (7.13)$$

Ist die Spin-Bahn-Wechselwirkung durchgängig (auch für mittlere Kernabstände, wie sie im Molekül vorliegen) schwach, dann koppeln hauptsächlich die Bahndrehimpulse der beiden Atome nach Gleichung (7.11) und die Spins nach Gleichung (7.12) für sich; erst im zweiten Schritt werden die Achsenkomponenten von Gesamtbahndrehimpuls und Gesamtspin wie in Gleichung (7.5) zusammengesetzt: $\Omega = \left| \Lambda + M_S \right|$. Dabei resultieren die gleichen Feinstrukturkomponenten wie nach Gleichung (7.13), je nach Stärke der jeweiligen Wechselwirkungen natürlich mit unterschiedlicher energetischer Lage.

Mehratomige Systeme

Verhältnismäßig einfach zu behandeln sind bei mehr als zwei Atomen wieder Systeme mit linearer Kernanordnung; hierzu lässt sich das oben für zweiatomige Systeme geschilderte Verfahren leicht verallgemeinern, indem Drehimpuls-Achsenkomponenten weiterer Atome schrittweise einbezogen werden.

Bei *nichtlinearen Kernanordnungen* hingegen kann man im Allgemeinen nicht mit Drehimpulsen als Erhaltungsgrößen arbeiten; lediglich vom Spin bleiben in nichtrelativistischer Näherung das Betragsquadrat und eine Komponente bewegungskonstant. Wie bereits im vorangegangenen Abschnitt erwähnt, sind generell gruppentheoretische Methoden anzuwenden. Als vorteilhaft hat sich erwiesen, zunächst Atome modellhaft zu Fragmenten zusammenzufügen, deren mögliche Zustände zu bestimmen und dann die Zustände des Gesamtsystems aus den Fragmentzuständen herzuleiten. Auch das soll hier nicht durchgeführt werden; s. dazu [I.2][I.4b].

Es kann hilfreich sein, sich den Zuständen eines Moleküls auch von der Seite sehr geringer Kernabstände (*Grenzfall des vereinigten Atoms*) her anzunähern (s. Abschn. 6.2.3), d.h. sich ein hypothetisches, zu einem Atom "zusammengedrücktes" Molekül vorzustellen. Betrachten wir ein zweiatomiges Molekül, dann gehen bei Vernachlässigung der Spin-Bahn-Kopplung aus einem Zustand $q\,^{2S+1}L_w$ des vereinigten Atoms, wenn man es sich in zwei "Subatome" A und B aufgeteilt und diese dann etwas auseinandergezogen denkt, Zustände mit

$$\Lambda = \left| M_L \right| = L,\ L-1, \ldots,\ 1,\ 0 \qquad (7.14)$$

hervor; die Parität w bleibt unverändert, und das Vorzeichen des Σ - Zustandes ergibt sich als $\rho = (-1)^L \cdot w$.

Für den in Abb. 7.1 dargestellten Fall des OH-Radikals ist Fluor das hypothetische vereinigte Atom (s. linke Bildseite). Aus dessen Grundzustand ${}^2P_\mathrm{u}$ entstehen die Terme ${}^2\Pi$ (Grundzustand) und ${}^2\Sigma^+$.

Mit Einbeziehung der *Spin-Bahn-Kopplung* erhält man die Quantenzahl Ω gemäß

$$\Omega = \left| M_J \right| = J, J-1, \ldots, 1/2 \text{ oder } 0, \qquad (7.15)$$

je nachdem, ob J halbzahlig oder ganzzahlig ist. Das Vorzeichen des Terms $\Omega = 0$ (bei ganzzahligem J) ist $\rho = (-1)^J \cdot w$.

Nachdem so die Zustände des vereinigten Atoms einerseits und der getrennten Atome andererseits klassifiziert sind, lässt sich ein ***Korrelationsdiagramm*** für die Elektronenzustände des Moleküls konstruieren[3], wie es in Abb. 7.1 für die energetisch tiefsten Elektronenzustände des OH-Radikals schematisch dargestellt ist. Beginnend bei den energetisch tiefsten Zuständen zieht man unter Beachtung des *Kreuzungsverbots* Verbindungslinien zwischen Zuständen, die gleiche Symmetrie haben, d. h. zu gleichen Werten der Erhaltungsgrößen bzw. zu gleichen Symmetrierassen gehören (s. Abschn. A1.5.2.4). Derartige Diagramme lassen sich zu beliebigen Änderungen der Kernanordnung eines molekularen Aggregats zeichnen und vielseitig verwenden; aus ihnen ist z. B. ersichtlich, welche Elektronenterme einer Kernkonfiguration adiabatisch in welche Elektronenterme einer anderen Kernkonfiguration übergehen. Wir werden uns damit später noch ausführlich befassen (s. Abschn. 7.4.4 sowie 13.1.*3(e)* und 13.4).

7.1.3* Auswahlregeln für molekulare Elektronenübergänge

Die Übergangswahrscheinlichkeit zwischen zwei Elektronenzuständen i und j eines Moleküls wird wie im Fall der Atome (s. Abschn. 5.4.1) in der Dipol-Näherung (4.151) durch das *Übergangsmoment* (5.47) bestimmt, in vektorieller Form:

$$\boldsymbol{D}_{ij}^\mathrm{e} \equiv \int \Psi_i^* \boldsymbol{D}^\mathrm{e} \Psi_j \mathrm{d}\tau ; \qquad (7.16)$$

dabei ist $\boldsymbol{D}^\mathrm{e}$ der Vektor (5.45) des gesamten elektrischen Dipolmoments der Elektronenhülle,

$$\boldsymbol{D}^\mathrm{e} \equiv \sum_{\kappa=1}^{N^\mathrm{e}} (-\bar{e}) \boldsymbol{r}_\kappa , \qquad (7.17)$$

und das Integral $\int \mathrm{d}\tau$ beinhaltet die Integration über die räumlichen Koordinaten sowie die Summation über die Spinvariablen aller Elektronen, symbolisch: $\mathrm{d}\tau \equiv \mathrm{d}V\mathrm{d}\sigma$.

Unter welchen Bedingungen das Integral (7.16) von Null verschieden und damit ein Übergang zwischen den Zuständen i und j erlaubt ist, lässt sich generell durch eine gruppentheoretische Untersuchung ermitteln; derartige Fragen werden in Anhang A1.5.2.4 behandelt. Es ergibt sich, dass ein Integral nur dann von Null verschieden sein kann, wenn der Integrand gegenüber *allen* Operationen der Symmetriegruppe $\boldsymbol{G}$ des (starren) Kerngerüstes invariant ist oder wenigstens additiv einen Anteil enthält, der diese Eigenschaft hat. Es möge nun Ψ_i zur irreduziblen

[3] Den Begriff "Korrelationsdiagramm" hatten wir in Abschnitt 6.2.3 für die MO-Energien des Wasserstoffmoleküls eingeführt.

Darstellung (Symmetrierasse) $\Gamma^{(\mu)}$ gehören, Ψ_j zu $\Gamma^{(\nu)}$, und eine kartesische Komponente D_ξ^{e} von $\boldsymbol{D}^{\mathrm{e}}$ zu $\Gamma^{(\xi)}$. Die soeben formulierte Bedingung ist dann erfüllt, wenn das direkte Produkt $\Gamma^{(\mu)} \times \Gamma^{(\xi)} \times \Gamma^{(\nu)}$ die totalsymmetrische Darstellung (Eins-Darstellung) enthält oder, was das gleiche bedeutet: das direkte Produkt $\Gamma^{(\mu)} \times \Gamma^{(\nu)}$ muss die Darstellung $\Gamma^{(\xi)}$ enthalten.

Sehr einfach zu überblicken sind die Verhältnisse für die *Parität* w. Das Dipolmoment $\boldsymbol{D}^{\mathrm{e}}$ kehrt bei Inversion seine Richtung um, d. h. jede Komponente wechselt das Vorzeichen. Damit der Integrand bei Inversion invariant bleibt, muss also das Produkt der beiden Wellenfunktionen Ψ_i und Ψ_j ebenfalls das Vorzeichen wechseln, d. h. Ψ_i und Ψ_j müssen verschiedene Parität haben. Somit lautet die *Auswahlregel für die Parität*:

$$\Delta w \neq 0 \,; \tag{7.18}$$

in der Dipol-Näherung können Übergänge also nur zwischen Zuständen unterschiedlicher Parität stattfinden.

Setzen wir nun zunächst die *nichtrelativistische Näherung* voraus, vernachlässigen also insbesondere die Spin-Bahn-Wechselwirkung, dann sind die Zustandsfunktionen vom Typ (7.1) bzw. (7.7); sie gehören zu bestimmten Werten des Betragsquadrats und einer Komponente (z) des Gesamtspins, können also im Zustand i durch Quantenzahlen S und M_S und im Zustand j durch S' und $M_S{}'$ charakterisiert werden. Die beiden Elektronenterme haben die Multiplizität $2S+1$ bzw. $2S'+1$. Die Komponenten des Vektors $\boldsymbol{D}^{\mathrm{e}}$ enthalten die Spinvariablen nicht, bleiben somit von der Spin"integration" im Integral (7.16) unberührt, so dass wir diesen Teil des Integrals für sich ausführen können:

$$\boldsymbol{D}_{ij}^{\mathrm{e}} = \int \mathrm{d}V\, \boldsymbol{D}^{\mathrm{e}} \int \mathrm{d}\sigma\, \Psi_{qw\Lambda S}^{*\,M_S}\, \Psi_{q'w'\Lambda'S'}^{M_S{}'} \,.$$

Da Eigenfunktionen zu verschiedenen Eigenwerten des Betragsquadrats und der z-Komponente des Gesamtspins orthogonal sind (s. Abschn. 3.2.3), folgt hieraus die *Spin-Auswahlregel*

$$\Delta S = 0 \tag{7.19}$$

(und $\Delta M_S = 0$, was aber wegen der vorliegenden Spinentartung der Elektronenniveaus spektroskopisch keine Rolle spielt). Diese Auswahlregel besagt also, dass Übergänge nur zwischen Elektronentermen gleicher Multiplizität stattfinden können, Singulett-Triplett-Übergänge beispielsweise sind verboten (sog. *Interkombinationsverbot*).

Das Termsystem eines Moleküls, in dem nach dem Vektormodell mehrere Werte der Gesamtspin-Quantenzahl S möglich sind (etwa bei den energetisch tiefliegenden Termen des OH-Moleküls $S = 1/2$ und $S = 3/2$), besteht somit ohne Spin-Bahn-Kopplung aus Teilsystemen, die zu den verschiedenen Werten von S gehören und zwischen denen keine Übergänge erfolgen können, so als handele es sich bei Molekülen, die unterschiedlichen Gesamtspin haben, um verschiedene Spezies.

Bei der Durchführung der Integration über die räumlichen Variablen ergeben sich weitere Auswahlregeln, die man für die verschiedenen Symmetriefälle systematisch untersuchen kann.

Haben wir es mit *linearen Kernanordnungen* zu tun, so lassen sich die Auswahlregeln mittels der Quantenzahl Λ der Achsenkomponente des gesamten Bahndrehimpulses der Elektronen formulieren; bei $\Lambda = 0$ kommt noch das Spiegelungsverhalten ρ dazu. Es ergeben sich für das Nichtverschwinden des Integrals (7.16) die folgenden Bedingungen:

$$\Delta\Lambda = 0, \pm 1 . \qquad (7.20)$$

Erlaubt sind somit Übergänge $\Sigma^{\pm} \leftrightarrow \Pi, \Pi \leftrightarrow \Delta, \ldots$, und zwar, wie eine genauere Untersuchung zeigt, nur für die Komponenten D_x^{e} und D_y^{e}, nicht aber für D_z^{e}, d. h. nur für Strahlung, die nicht rein in Achsenrichtung polarisiert ist, sondern Komponenten in der Ebene senkrecht zur Molekülachse enthält.

Übergänge ohne Änderung von Λ, also $\Sigma \leftrightarrow \Sigma, \Pi \leftrightarrow \Pi, \ldots$, werden hingegen ausschließlich durch in Achsenrichtung polarisierte Strahlung, also durch die Komponente D_z^{e}, induziert, und bei $\Lambda = 0$ darf sich außerdem das Vorzeichen ρ nicht ändern:

$$\Delta\rho = 0 \quad \text{bei} \quad \Delta\Lambda = 0 \ \textit{und}\ \Lambda = 0 ; \qquad (7.21)$$

d. h. es sind Übergänge $\Sigma^{+} \leftrightarrow \Sigma^{+}$ und $\Sigma^{-} \leftrightarrow \Sigma^{-}$ erlaubt, jedoch Übergänge mit Vorzeichenwechsel verboten: $\Sigma^{+} \not\leftrightarrow \Sigma^{-}$.

Bei *nichtlinearen* Kernanordnungen muss fallweise das oben skizzierte gruppentheoretische Verfahren durchgeführt werden; das diskutieren wir hier nicht im Detail, sondern verweisen auf die Literatur (insbesondere [7.1]). Zur Illustration kann man das in Abschnitt 7.4.7 diskutierte Beispiel (Butadien im HMO-Modell) heranziehen.

Wird die *Spin-Bahn-Kopplung* berücksichtigt, haben wir es also etwa bei linearen Molekülen mit Zuständen des Typs (7.3) zu tun, so wird die Spin-Auswahlregel (7.19) außer Kraft gesetzt und Interkombinationsübergänge, etwa Singulett–Triplett, Dublett–Quartett etc., werden erlaubt, wenn auch bei schwacher Spin-Bahn-Wechselwirkung mit kleinen Werten des Übergangsmoments und daher geringer Übergangswahrscheinlichkeit. Es gilt nun eine Auswahlregel für die Quantenzahl Ω der Achsenkomponente des gesamten resultierenden Drehimpulses der Elektronen:

$$\Delta\Omega = 0, \pm 1 , \qquad (7.22)$$

bei $\Omega = 0$ und $\Delta\Omega = 0$ wieder mit der Bedingung (7.21): $\Delta\rho = 0$.

Wir schließen mit zwei Bemerkungen:

- Die hier besprochenen Auswahlregeln sind für reine Elektronenübergänge bei starrem Kerngerüst (*vertikale Übergänge*) gültig. Das ist natürlich eine Vereinfachung, und die erhaltenen Aussagen gelten nicht exakt; sie können allerdings eine nützliche Orientierung geben und zeigen, welche Übergänge bevorzugt (mit starker Intensität) zu erwarten sind. Sie werden modifiziert und ergänzt durch Auswahlregeln für Übergänge zwischen Zuständen der Kernbewegung (Drehungen, Schwingungen des Kerngerüstes); darauf wird in Kapitel 11 eingegangen.
- In einem statischen und homogenen äußeren elektrischen oder magnetischen Feld spalten entartete Niveaus im Allgemeinen wenigstens teilweise auf (Stark-Effekt; Zeeman-Effekt), wie das für Atome in Abschnitt 5.4.2 diskutiert wurde. Dabei bleiben die für den feldfreien

Fall hergeleiteten Auswahlregeln prinzipiell gültig, nur kommen jetzt die Auswahlregeln für die Quantenzahlen M zur Wirkung, die ohne Feld nur für die Vielfachheit der Niveaus Bedeutung haben und deren statistisches Gewicht bestimmen.

Eine detaillierte Behandlung des Einflusses äußerer Felder wird hier nicht vorgenommen; wir verweisen diesbezüglich auf speziellere Literatur, etwa [7.1].

7.2 Das MO-Modell für molekulare Elektronenzustände

Wir setzen weiter die adiabatische Separation von Elektronen- und Kernbewegung voraus und beschränken uns außerdem auf die nichtrelativistische Näherung für die Elektronenbewegung, berücksichtigen also nur die Coulombschen elektrostatischen Wechselwirkungen der geladenen Teilchen untereinander. Der Hamilton-Operator $\hat{H}^{\mathrm{e}}_{\mathrm{nr}}$ für die Elektronenbewegung bei starrem Kerngerüst ist durch Gleichung (4.19), mit (4.3b,d,e), gegeben; die Anzahl N^{e} der Elektronen wird im folgenden einfach mit N bezeichnet.

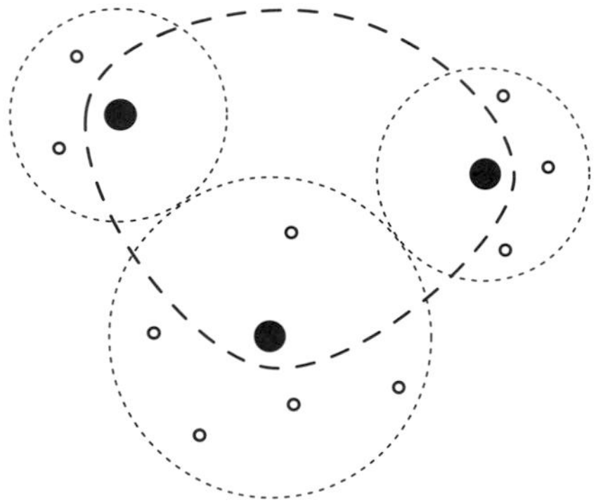

Abb. 7.2
Schema des MO-Modells
(große ausgefüllte Kreise: Kerne; kleine offene Kreise: Elektronen; grob-gestrichelt eingegrenzt: ein Elektron im Feld aller Kerne; fein-gestrichelt eingegrenzt: atomare Fragmente)

Wie in den Abschnitten 6.1 und 6.2 setzen wir voraus, dass die Kern-Elektron-Wechselwirkungen wesentlich stärker sind als die Elektron-Elektron-Wechselwirkungen; deren Vernachlässigung kann dann eine sinnvolle nullte Näherung sein. Das bedeutet, wie wir wissen, die Elektronen so zu beschreiben, als bewegte sich jedes von ihnen unabhängig von den übrigen im Feld des Kerngerüstes, schematisch veranschaulicht in Abb. 7.2.

Den Formelapparat für das N-Elektronen-Problem gewinnen wir durch Verallgemeinerung der für $N = 2$ in Abscnitt 6.2 eingeführten Begriffe und Zusammenhänge. Die meisten der einzelnen Schritte bedürfen keiner besonderen Erläuterung, wenn man sich die entsprechenden Passagen in den Abschnitten 6.1 und 6.2 noch einmal ansieht. Was die Basisfunktionen betrifft, so bleiben wir im Rahmen einer ***Minimalbasis***; diese umfasst alle AOs der in den Grundzuständen der beteiligten Atome (in der Zentralfeldnäherung) ganz oder teilweise besetzten Elektronenschalen nl.

So haben wir etwa für den Grundzustand des H-Atoms die Elektronenkonfiguration $(1s)^1$, für das O-Atom die Elektronenkonfiguration $(1s)^2(2s)^2(2p)^4$ und für das Cl-Atom $(1s)^2(2s)^2(2p)^6(3s)^2(3p)^5$. Die Minimalbasis für eine MO-Beschreibung des H_2-Moleküls umfasst demzufolge die AOs $1s^{H}$, $1s^{H'}$ (2 AOs), für das H_2O-Molekül die AOs $1s^{H}$, $1s^{H'}$, $1s^{O}$, $2s^{O}$, $2p_x^{O}$, $2p_y^{O}$, $2p_z^{O}$ (7 AOs) und für das HCl-Molekül die AOs $1s^{H}$, $1s^{Cl}, 2s^{Cl}, \ldots, 3p_z^{Cl}$ (10 AOs).

Den Ausgangspunkt der MO-Beschreibung bildet der nichtrelativistische Hamilton-Operator (4.19) für die Elektronen im Feld der fixierten Kerne, wie beim Fall zweier Elektronen also

$$\hat{H}_{\text{nr}}^{\text{e}} = \hat{H}_0^{\text{MO}} + V^{\text{ee}} \tag{7.23}$$

[Gl. (6.47) mit (6.55)]. Die weiteren Schritte geben wir stichpunktartig an; links steht die Nummer der Gleichung, die verallgemeinert wird (zur Bezeichnungsweise s. auch Abschn. 4.1).

Zweielektronen-Zweizentrensystem → Mehratomiges Molekül (N Elektronen)

$$(6.55) \;\rightarrow\; \hat{H}_0^{\text{MO}} = \sum\nolimits_{\kappa=1}^{N} \hat{h}(\kappa)\,; \tag{7.24}$$

$$(6.48) \text{ mit } (6.49a\text{–}c) \;\rightarrow\; \hat{h}(\kappa) = -(\hbar^2/2m)\hat{\Delta}_\kappa - \bar{e}^2 \sum\nolimits_a (Z_a / |\boldsymbol{r}_\kappa - \boldsymbol{R}_a|)\,; \tag{7.25}$$

$$(6.50) \;\rightarrow\; V^{\text{ee}} = \bar{e}^2 \sum\nolimits_{\kappa<\lambda}^{N-1} \sum\nolimits_{\lambda=1}^{N} (1/|\boldsymbol{r}_\kappa - \boldsymbol{r}_\lambda|)\,; \tag{7.26}$$

Nullte Näherung:

$$(6.54) \;\rightarrow\; V^{\text{ee}} \approx 0\,; \tag{7.27}$$

Ansatz für die Gesamtwellenfunktion nullter Näherung als Produkt von molekularen Einelektronfunktionen (MOs) $\phi(\boldsymbol{r})$:

$$(6.57) \;\rightarrow\; \Phi^{(0)}(\boldsymbol{r}_1, \boldsymbol{r}_2, \ldots) = \phi'(\boldsymbol{r}_1)\cdot\phi''(\boldsymbol{r}_2)\cdot\ldots\,; \tag{7.28}$$

Einsetzen in die Schrödinger-Gleichung führt zu Bestimmungsgleichungen für die MOs:

$$(6.58) \;\rightarrow\; \hat{h}\phi(\boldsymbol{r}) = \varepsilon\,\phi(\boldsymbol{r}) \;\; \textit{plus Randbedingungen}; \tag{7.29}$$

Minimalbasis-LCAO-Näherung für die MOs:

$$(6.60) \;\rightarrow\; \phi \approx \tilde{\phi} = \sum\nolimits_a \sum\nolimits_\alpha c_{a\alpha} \varphi_\alpha^a \qquad (\varphi_\alpha^a : \text{ AO Nr.}\,\alpha \text{ von Atom } a)\,; \tag{7.30a}$$

$$= \sum\nolimits_{\lambda=1}^{M} c_\lambda \varphi_\lambda \qquad (\varphi_\lambda : \text{ AOs durchnumeriert})\,; \tag{7.30b}$$

das Ritzsche Variationsverfahren ergibt ein Gleichungssystem für die LCAO-Koeffizienten:

$$\textit{(6.16)} \rightarrow \left\{\begin{array}{ll}(h_{11}-\tilde{\varepsilon})c_1+(h_{12}-\tilde{\varepsilon}S_{12})c_2+\ldots & =0\\(h_{21}-\tilde{\varepsilon}S_{21})c_1+(h_{22}-\tilde{\varepsilon})c_2+\ldots & =0\\\ldots & \\(h_{M1}-\tilde{\varepsilon}S_{M1})c_1+(h_{M2}-\tilde{\varepsilon}S_{M2})c_2+\ldots & =0\end{array}\right\}; \qquad (7.31)$$

Abkürzungen für die Matrixelemente:

$$\textit{(6.15a,b)} \rightarrow h_{\lambda\lambda} \equiv \langle\varphi_\lambda|\hat{h}|\varphi_\lambda\rangle \equiv \alpha_\lambda \quad \textit{(Einelektron-Coulomb-Integrale)}, \qquad (7.32a)$$

$$\textit{(6.15c)} \rightarrow h_{\lambda\mu} \equiv \langle\varphi_\lambda|\hat{h}|\varphi_\mu\rangle \equiv \beta_{\mu\lambda} \quad \textit{(Resonanzintegrale)}; \qquad (7.32b)$$

die Faktoren $S_{\mu\nu}$ sind die *Überlappungsintegrale*:

$$\textit{(6.12)} \rightarrow S_{\lambda\mu} \equiv \langle\varphi_\lambda|\varphi_\mu\rangle = S_{\mu\lambda}. \qquad (7.32c)$$

Lösbarkeitsbedingung *(Säkulargleichung)* für das Gleichungssystem (7.31):

$$\textit{(6.17)} \rightarrow \det\{h_{\lambda\mu}-\tilde{\varepsilon}\, S_{\lambda\mu}\}=0 \text{ mit den } M \text{ Wurzeln } \tilde{\varepsilon}_1,\tilde{\varepsilon}_2,\ldots,\tilde{\varepsilon}_M; \qquad (7.33)$$

Lösungen des Gleichungssystems (7.31): je ein Satz Koeffizienten $\{c_{1i},c_{2i},\ldots,c_{Mi}\}$

zu jeder Wurzel $\tilde{\varepsilon}_i$,

somit M *Molekülorbitale (MOs)*:

$$\textit{(6.61a,b)} \rightarrow \tilde{\phi}_i=\sum_{\lambda=1}^{M} c_{\lambda i}\varphi_\lambda \text{ zur MO-Energie } \tilde{\varepsilon}_i \ (i=1,2,\ldots,M). \qquad (7.34)$$

Entartung liegt vor, wenn mehrere Wurzeln der Säkulargleichung (7.33) zusammenfallen, d. h. wenn zu einer MO-Energie $\tilde{\varepsilon}_i$ mehrere (g_i) MOs $\tilde{\phi}_{i1},\tilde{\phi}_{i2},\ldots,\tilde{\phi}_{ig_i}$ gehören; deren Anzahl g_i heißt *Entartungsgrad* der MO-Energie $\tilde{\varepsilon}_i$.

Analog zur Zentralfeldnäherung bei Atomen (s. Abschn. 5.2.1) lassen sich molekulare Elektronenschalen und Elektronenkonfigurationen definieren. Eine ***Elektronenschale*** umfasst alle Einelektron*zustände*, die zu einer MO-Energie $\tilde{\varepsilon}_i$ gehören (*äquivalente Elektronen*); das sind mit Berücksichtigung der beiden möglichen Spinzustände zu jedem Ortszustand insgesamt $2g_i$ Zustände. Die Angabe, mit wievielen Elektronen die Zustände der einzelnen Elektronenschalen besetzt sind, bezeichnet man als ***Elektronenkonfiguration***; man schreibt dafür symbolisch, wenn ν_i die *Besetzungszahl* der Elektronenschale i ist:

$$\textit{(6.67)} \rightarrow (1)^{\nu_1}(2)^{\nu_2}(3)^{\nu_3}\ldots, \qquad (7.35)$$

wobei, um das *Pauli-Prinzip* zu erfüllen, gelten muss:

$$\textit{(6.64)} \rightarrow \nu_i \le 2g_i. \qquad (7.36)$$

Sind alle Zustände einer Elektronenschale i doppelt besetzt, also $\nu_i=2g_i$, so liegt eine *abgeschlossene Elektronenschale* (engl. closed shell) vor, andernfalls eine *offene Elektronenschale* (open shell)[4]. Für nichtentartete MO-Energien $\tilde{\varepsilon}_i$ ist $g_i = 1$, und die Besetzungszahlen ν_i sind gleich den in Abschnitt. 6.2.2 eingeführten Besetzungszahlen b_i (dort gab es keine Entartung): $\nu_i = b_i$.

Die Elektronenschalen sind hier einfach durch die Nummern i der MO-Niveaus $\tilde{\varepsilon}_i$ gekennzeichnet. Eine genauere, detailliertere Charakterisierung kann (analog zu Atomen, dort durch die Quantenzahlen *n,l*) durch die Symmetrieeigenschaften der MOs erfolgen. Das wird in Folgenden soweit als möglich geschehen (s. unten sowie Anhang A1.5.2.2).

In jeder Elektronenkonfiguration ist die Summe der Besetzungszahlen natürlich gleich der Gesamtzahl N der Elektronen:

$$(6.65) \rightarrow \sum_i^{(\text{bes})} \nu_i = N . \qquad (7.37)$$

Die Elektronenkonfiguration charakterisiert somit den Gesamtzustand der Elektronenhülle des Moleküls in nullter Näherung; man kann aus ihr entnehmen, wie die Produktwellenfunktion (7.28) aus MOs zusammengesetzt ist. Die Elektronenzustände des Moleküls lassen sich wie bei den Atomen (s. Abschn. 5.2.3) durch sukzessives Auffüllen der Elektronenschalen, beginnend mit der energetisch tiefsten, herleiten, d. h. es gilt auch hier ein ***Aufbauprinzip***.

Die *Gesamtenergie* der Elektronenhülle ergibt sich in nullter Näherung als Summe der Beiträge der besetzten MOs:

$$(6.68) \rightarrow \tilde{E}^{(0)} = \sum_i^{(\text{bes})} \nu_i \tilde{\varepsilon}_i . \qquad (7.38)$$

Ein MO i bezeichnen wir (wie bereits in Abschn. 6.1) als ***bindend***, wenn seine Besetzung zu einer Energieabsenkung (= Stabilisierung des Systems) führt, der Energiebeitrag also negativ ist: $\tilde{\varepsilon}_i < 0$. Entsprechend heißt ein MO i ***antibindend*** *(lockernd)*, wenn die Gesamtenergie durch seine Besetzung erhöht wird (= Destabilisierung des Systems), also für $\tilde{\varepsilon}_i > 0$. Bei einer MO-Energie $\tilde{\varepsilon}_i \approx 0$ spricht man von einem *nichtbindenden* MO i; ein dieses MO besetzendes Elektron trägt nicht zur Bindung bei.

Von den erhaltenen MOs spielen das im Grundzustand höchste besetzte MO (engl. highest occupied molecular orbital, abgek. ***HOMO***) sowie das im Grundzustand tiefste unbesetzte MO (engl. lowest unoccupied molecular orbital, abgek. ***LUMO***) eine besondere Rolle, wie wir noch sehen werden. Diese beiden MOs werden auch als ***Grenzorbitale*** (engl. frontier orbitals) bezeichnet.

[4] Es ist zu unterscheiden zwischen der Besetzung der Einelektron-Orts*zustände* (MOs $\tilde{\phi}_i$) und der Besetzung der Einelektron*niveaus* (MO-Energien $\tilde{\varepsilon}_i$). Erstere können maximal doppelt (mit entgegengesetzten Spins) besetzt werden, für letztere ist die maximale Besetzung $2 \times$ Entartungssgrad (g_i) von $\tilde{\varepsilon}_i$.

Es liegt nahe, als Maß für die *Stabilität* eines Moleküls den Überschuss der Anzahl N_{bind} von Elektronen in bindenden MOs über die Anzahl N_{anti} von Elektronen in antibindenden MOs zu benutzen und eine *Bindungsordnung*

$$n_{\text{BO}} \equiv (N_{\text{bind}} - N_{\text{anti}})/2 \tag{7.39}$$

zu definieren. Tatsächlich korreliert diese Größe recht gut z. B. mit der Dissoziationsenergie homonuklearer zweiatomiger Moleküle [6.1a]; s auch ÜA 7.2.

Klassifizierung der Einelektronzustände

Die Einelektronoperatoren $\hat{h}$ [Gl. (7.25)] hängen über die Elektron-Kern-Anteile von allen Kernpositionen $\boldsymbol{R}_a$ ab, sie haben also hinsichtlich der geometrischen Symmetrie die gleichen Eigenschaften wie der vollständige nichtrelativistische Hamilton-Operator $\hat{H}^{\text{e}}_{\text{nr}}$. Die Einelektronzustände ϕ (bzw. $\tilde{\phi}$, denn alles Folgende gilt ebenso für genäherte LCAO-MOs) sind daher durch Erhaltungsgrößen der gleichen Art charakterisiert wie die adiabatischen Gesamtzustandsfunktionen in Abschnitt 7.1.1, nur jetzt für jedes einzelne Elektron. Wie bisher verwenden wir für Einelektroneigenschaften (Quantenzahlen, Symmetrierassen) Kleinbuchstaben, wo für Größen, die das gesamte N-Elektronensystem betreffen, Großbuchstaben stehen. In der hier ausschließlich betrachteten nichtrelativistischen MO-Näherung, (ohne Spin-Bahn-Kopplung) brauchen wir uns um den Elektronenspin nicht zu kümmern: die Einelektron-Spinquantenzahl s für das Betragsquadrat ist stets gleich 1/2, und für die z-Komponente kommen nur die beiden Werte $+\hbar/2$ und $-\hbar/2$ in Frage; alle Einelektronzustände sind zweifach spin-entartet.

Bei *linearen* (insbesondere also zweiatomigen) Systemen mit einer axialen Symmetriegruppe $\boldsymbol{C}_{\infty v}$ oder $\boldsymbol{D}_{\infty h}$ ist in nichtrelativistischer MO-Näherung die Projektion $m_l\hbar$ des Einelektron-Bahndrehimpulses auf die Molekülachse eine Erhaltungsgröße ($m_l = 0, \pm 1, \pm 2, \ldots$). Jedes Paar von Einelektronzuständen, die sich nur im Vorzeichen von m_l unterscheiden, gehört zur gleichen Energie ε. Allgemein lässt sich also ein MO ϕ durch Angabe der Quantenzahl m_l und (bei Vorliegen der Symmetrie $\boldsymbol{D}_{\infty h}$ mit einem Inversionszentrum) durch die Parität w ($=+1$, gerade, oder $=-1$, ungerade) kennzeichnen, analog zu Gleichung (7.1):

$$\phi \equiv \phi_{qwm_l}\,; \tag{7.40}$$

q ist wieder ein Zählindex, der MOs mit gleichem w und m_l numeriert. Für die Einelektronterme (MO-Energien) können analog zu (7.2a,b) die Symbole

$$q\lambda_w \quad (\lambda = 0, 1, 2, \ldots) \tag{7.41}$$

geschrieben werden, wobei $\lambda \equiv |m_l|$ den Betrag der Achsenkomponente des Einelektron-Bahndrehimpulses bezeichnet. Für $\lambda \neq 0$ sind also die Einelektronterme vierfach entartet (zweifach auf Grund der Spinentartung × zweifach auf Grund der beiden Möglichkeiten für das Vorzeichen von $m_l\hbar$ bei $m_l \neq 0$); Einelektronterme mit $m_l = 0$ sind nur zweifach (spin-) entartet. Für die MOs hat es sich eingebürgert, die Zustände mit λ durch diejenigen griechischen Kleinbuchstaben zu kennzeichnen, die den für die Gesamtzustände (in Abschnitt 7.1.1) verwendeten griechischen Großbuchstaben entsprechen, also $\sigma, \pi, \delta, \ldots$ für $\lambda = 0,\ 1,\ 2,\ \ldots$ Eine

Angabe des Vorzeichens ρ für das Spiegelungsverhalten der σ-Zustände ist nicht nötig, da dieses Vorzeichen nur positiv sein kann.

Wird die *Spin-Bahn-Kopplung* einbezogen, dann sind die Einelektronzustände analog zu den Bezeichnungen (7.3) und (7.4a,b) durch die Quantenzahl $\omega = |\lambda + m_s|$, dazu gegebenenfalls die Parität w, zu charakterisieren.

Für Systeme mit *nichtlinearer* Kernanordnung kann die Kennzeichnung der MOs bzw. der MO-Energien durch Angabe der Symmetrierasse (irreduzible Darstellung Γ der Punktgruppe $\boldsymbol{G}$ des Kerngerüstes) und der Parität w (bei Inversionssymmetrie) erfolgen:

$$q\gamma_w \qquad (7.42)$$

(für den Einelektronzustand γ anstelle von Γ geschrieben).

Auf dieser Grundlage lassen sich, wie das in Abschnitt 6.2.3 (s. dort Abb. 6.14) für das H_2-Molekül diskutiert wurde, ***Orbital-Korrelationsdiagramme*** zeichnen, indem man die für verschiedene Keranordnungen erhaltenen Einelektronniveaus, so wie sie bei adiabatischer Änderung der Kernanordnung auseinander hervorgehen, durch Linien verknüpft. Damit lässt sich grob-schematisch zwischen den atomaren Grenzfällen (vereinigtes Atom – getrennte Atome) interpolieren.

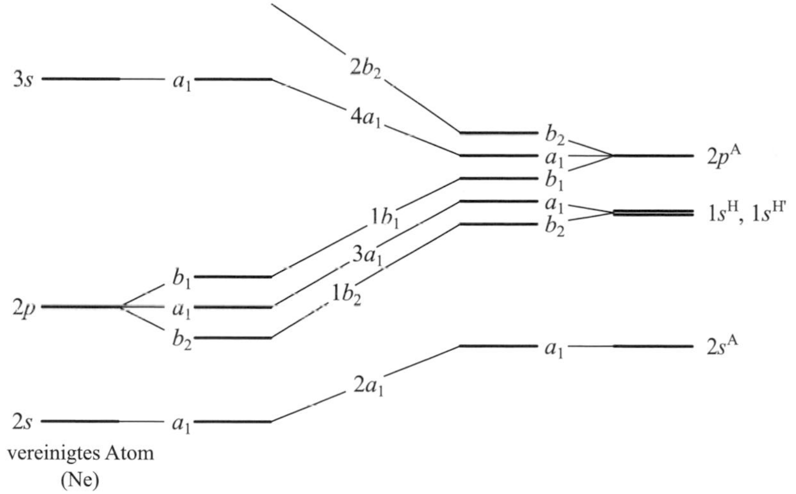

Abb. 7.3 Orbital-Korrelationsdiagramm für gewinkelte symmetrische Moleküle AH_2 (A sei ein Atom der ersten Periode); das tiefliegende Orbital $1s^A$ ist weggelassen (schematisch, nach [7.1], vgl. auch [I.4b])

Hinzu kommt bei mehratomigen Systemen die Möglichkeit, die energetische Lage der MOs in Abhängigkeit von weiteren geometrischen Parametern, z. B. Bindungswinkeln, zu untersuchen (***Walsh-Diagramme***, nach R. S. Mulliken (1942) und A. D. Walsh (1953), s. [7.1], auch [I.5]).

Solche Diagramme ergeben Hinweise auf bevorzugte Molekülgeometrien und auf mögliche intramolekulare Umlagerungen (Isomerisierungen).

Als Beispiel betrachten wir Moleküle des Typs AH_2 (etwa das Wassermolekül H_2O). In Abb. 7.3 ist das Orbital-Korrelationsdiagramm für symmetrische gewinkelte Kernanordnungen (gleiche A–H-Kernabstände: $R_{AH} = R_{AH'}$ und $\angle$HAH' < 180°) schematisch dargestellt (nach [7.1]). Die Kennzeichnung der Niveaus erfolgt entsprechend dem Verhalten der Orbitale bei den Symmetrieoperationen, welche die Kernanordnung unverändert lassen: Drehungen um 180° um die Winkelhalbierende von $\angle$HAH' sowie Spiegelungen an der Molekülebene und an der dazu senkrechten, durch die Winkelhalbierende verlaufenden Ebene (Symmetriegruppe $\boldsymbol{C}_{2v}$, s. Anhang A1.1.3). Es gibt insgesamt vier Symmetrierassen (für Einelektronzustände wieder durch Kleinbuchstaben zu bezeichnen: a_1, a_2, b_1, b_2), und die Zustände zu ein und derselben Rasse werden fortlaufend numeriert, beginnend mit dem jeweils energetisch tiefsten. Es gilt das Kreuzungsverbot für Niveaus gleicher Symmetrierasse (s. Anhang A1.5.2.4). Abgesehen vom energetisch tiefsten Orbital, das als innere Schale nicht an der Bindung beteiligt ist und daher nicht interessiert, hat man vier bindende, d. h. gegenüber den AOs der beteiligten Atome energetisch abgesenkte Niveaus, die nichtentartet sind und von den Valenzelektronen des Atoms A und der beiden H-Atome besetzt werden können, sukzessive nach aufsteigender Energie (maximale Besetzungszahl 2). Für H_2O beispielsweise stehen acht Valenzelektronen zur Verfügung; sie können sämtlich in den bindenden MOs untergebracht werden und ergeben ein sehr stabiles Molekül ($D_e \approx 10$ eV) . Moleküle FH_2 und NeH_2 hingegen sollten hiernach nicht existieren.

Betrachten wir die Abhängigkeit der Orbitalenergien vom Bindungswinkel $\angle$HAH' , so lässt sich diskutieren, ob und wie stark eine Knickung des Moleküls zu erwarten ist. Abb. 7.4 zeigt ein Walsh-Diagramm für H_2O mit Orbitalenergien aus einer einfachen MO-Beschreibung (EHT-Näherung, s. Abschn. 7.4.8.2). Ausführlicheres findet man z. B. in [7.1] und [I.5].

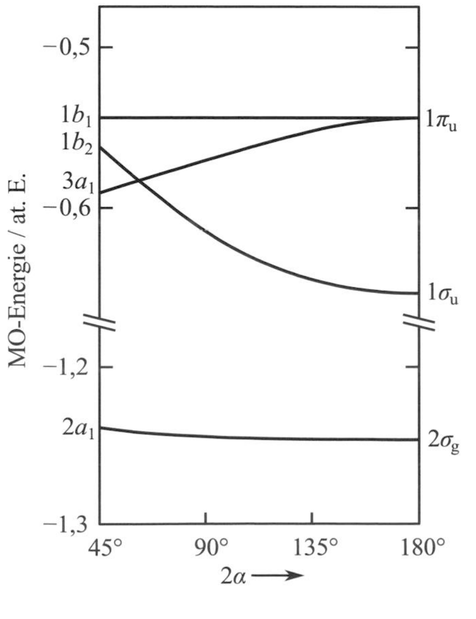

Abb. 7.4
Walsh-Diagramm für das Wassermolekül H_2O [EHT-Rechnung (s. Abschn. 7.4.8.2) von T. Ritschel, unveröffentlicht]

Am Schluss dieses Abschnitts sollen die grundsätzlich wichtigen Aspekte noch einmal hervorgehoben werden:

• Die beschriebene MO-Näherung mit seinem Apparat an Begriffen und Formeln definiert ein *Modell* für das reale System: das ***MO-Modell*** in seiner einfachsten Version.

(1) Jedes Elektron wird individuell durch eine Wellenfunktion (ein Molekülorbital) beschrieben; diese Wellenfunktion kann sich prinzipiell über das gesamte Kerngerüst oder zumindest über große Teile davon erstrecken (Delokalisierung).

(2) Der Zustand der gesamten Elektronenhülle des molekularen Systems lässt sich durch eine Elektronenkonfiguration (Angabe der Einelektronniveaus mit ihren Besetzungszahlen) charakterisieren. Auf Grund des Pauli-Prinzips können Einelektronniveaus mit einer Anzahl von Elektronen besetzt werden, die maximal das Doppelte des Entartungsgrades beträgt.

(3) Die Eigenschaften des molekularen Systems (Elektronendichteverteilung, Gesamtenergie der Elektronenhülle u. a.) setzen sich additiv aus den Beiträgen der einzelnen Elektronen zusammen.

Damit ist das N-Elektronen-Problem auf N Einelektronprobleme reduziert, ganz im Sinne der Hierarchie-Betrachtungen in Abschnitt 4.1.

• Wie wir schon in den Abschnitten 6.1 und 6.2 gesehen hatten, erhält man in einer Minimalbasis-LCAO-MO-Näherung, zumal ohne Optimierung von Orbitalparametern, auch für die einfachsten Einelektron- und Zweielektronensysteme *quantitativ unbrauchbare Resultate*, etwa für die Dissoziationsenergie. Für Mehrelektronensysteme, wie wir sie hier betrachtet haben, sieht das noch ungünstiger aus. Eine z. B. störungstheoretische Berechnung von Energiekorrekturen erster (oder gar höherer) Ordnung ist daher nicht lohnend. Man benutzt eine derartige Beschreibung überhaupt nicht für rein theoretische Berechnungen, sondern geht *semiempirisch* vor. Das bedeutet: man behält den theoretischen Rahmen und das entsprechende LCAO-Gleichungssystem (7.31) bei, die Matrixelemente (7.32a,b) werden aber nicht berechnet, sondern als justierbare Parameter behandelt, und man gibt ihnen Werte, die so gewählt werden, dass sich damit z. B. experimentelle Daten mit einer geforderten Genauigkeit reproduzieren lassen. So etwas funktioniert in der Regel nur innerhalb bestimmter Klassen von Verbindungen, die strukturelle Gemeinsamkeiten aufweisen; in diesem Gültigkeitsbereich sind dann Voraussagen möglich. Wir werden uns mit derartigen Anwendungen in den Abschnitten 7.3.2, 7.4 und 17.2 befassen. In dieser Hinsicht wird also das einfache MO-Modell ebenso semiempirisch benutzt wie das Ligandenfeld-Modell (s. Abschn. 5.4.3).

Die Darlegungen dieses Kapitels haben also nirgendwo unmittelbare quantitative Bedeutung; die Formeln und Begriffe liefern allenfalls ein Rechengerüst, dessen Parameter empirisch festgelegt werden müssen. Konzeptionell aber bilden sie den Ausgangspunkt für die Entwicklung von Berechnungsmethoden, die auch quantitativ leistungsfähig sind (s. Kap. 8 und 9 sowie 17).

7.3 MO-Eigenschaften und abgeleitete Konzepte

7.3.1 AO-Mischungen

Die Beträge der Koeffizienten $c_{a\alpha}$ bzw. c_{λ} im LCAO-Ausdruck (7.30a,b) kann man als Maß dafür nehmen, wie stark die entsprechenden Atomorbitale am Molekülorbital beteiligt sind. Diese Koeffizienten sind dann groß, wenn die zu kombinierenden Atomorbitale folgende Eigenschaften haben:

a) sie sind energetisch nicht sehr verschieden,

b) sie gehören zur gleichen Symmetrierasse (d. h. sie verhalten sich bei Operationen, die das Kerngerüst in sich selbst überführen, gleich) oder sie enthalten zumindest Anteile gleicher Symmetrierasse;

c) sofern sie an unterschiedlichen Zentren lokalisiert sind, also φ_{α}^{a} und φ_{β}^{b} $(a \neq b)$, *überlappen sie wesentlich*; als Maß dafür kann das Überlappungsintegral (7.32c) dienen, quantitativlässt sich aber kein allgemeingültiger Wert angeben. Gehören zwei AOs zu unterschiedlichen Symmetrierassen, so ist ihr Überlappungsintegral exakt Null; s. Anhang A1.5.2.4.

Auf Grund dieser Bedingungen ergeben sich "starke Mischungen" beispielsweise zwischen folgenden AOs (s. Abb. 7.5; vgl. auch Abb. 6.5):

$2s^{\mathrm{A}}$ und $2p^{\mathrm{A}}$	eines Atoms A *im Molekül*, wenn das $2p$-AO passend orientiert ist (sog. *sp-Hybridisierung*, s. Abschn. 7.3.6);
$1s^{\mathrm{H}}$ und $1s^{\mathrm{H'}}$	im H_2-Molekül;
$2s^{\mathrm{C}}, 2p_z^{\mathrm{C}}, 2s^{\mathrm{O}}$ und $2p_z^{\mathrm{O}}$	im CO-Molekül;
$3s^{\mathrm{Cl}}, 3p_z^{\mathrm{Cl}}$ und $1s^{\mathrm{H}}$	im HCl-Molekül;
$2s^{\mathrm{O}}, 2p_z^{\mathrm{O}}, 1s^{\mathrm{H}}$ und $1s^{\mathrm{H'}}$	im H_2O-Molekül;

wenn die z-Achsen wie in Abb. 7.5 orientiert sind. Hingegen mischen die angegebenen AOs von CO und HCl (exakt) nicht mit den jeweiligen AOs $2p_x$ und $2p_y$. Ebenso mischen für H_2O die angegebenen AOs nicht mit $2p_x^{\mathrm{O}}$, wohl aber mischen $1s^{\mathrm{H}}$ und $1s^{\mathrm{H'}}$ mit $2p_y^{\mathrm{O}}$.

Die AOs innerer Schalen der Atome mischen nur gering mit Valenz-AOs, weil die Bedingungen a und c nicht erfüllt sind, Infolgedessen ergeben sich stets einige MOs, die im Wesentlichen aus AOs innerer Schalen beteiligter Atome bestehen und nicht an der Bindung beteiligt sind. Solche MOs beschreiben ***innere Schalen*** *des Moleküls.*

Wenn die Valenz-AOs eines Atoms in einem bestimmten Molekül (für andere Moleküle kann das anders sein) mit AOs von Partneratomen nur schwach mischen (z. B. wenn zwar die Bedingungen a und b erfüllt sind, c aber nicht), dann erhält man eines oder einige der MOs als Linearkombinationen, die ganz überwiegend nur Valenz-AOs *eines* der Atome umfassen.

Elektronen in derartigen MOs sind an Bindungen praktisch nicht beteiligt. Zwei Elektronen, die (mit entgegengesetzten Spins) ein solches MO besetzen, bezeichnet man als ***einsames Elektronenpaar*** (engl. lone pair). Für das NH_3-Molekül beispielsweise gibt es ein einsames Elektronenpaar, für H_2O zwei.

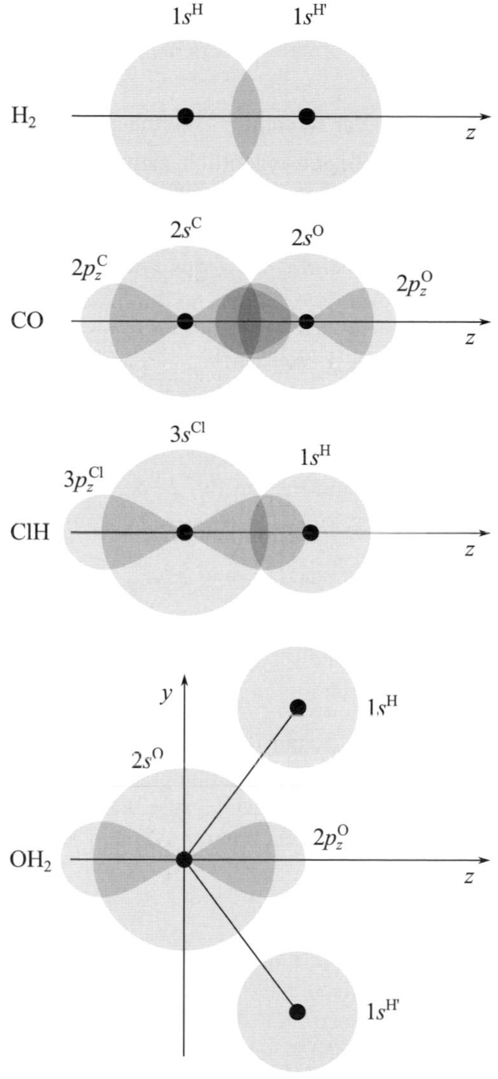

Abb. 7.5
Zur AO-Mischung (schematisch)

7.3.2 Vereinfachter Energieausdruck und semiempirisches Verfahren: H_n, H_n^+

Anknüpfend an die Bemerkung am Schluss von Abschnitt 7.2 über semiempirische Verfahren zeigen wir am Beispiel von Wasserstoffaggregaten, wie so etwas durchgeführt werden kann. Zunächst gehen wir auf den Fall H_2^+ in Abschnitt 6.1 zurück und nehmen daran noch einige weitere Vereinfachungen vor. In Abschnitt 7.4 wird dieses Konzept dann zu einem relativ breit anwendbaren semiempirischen Berechnungsschema ausgebaut.

Um den Anschluss an experimentelle Daten herstellen zu können, wird angenommen, dass die Nullpunktsenergie der Schwingung vernachlässigbar ist:

$$D_0 \approx D_e . \tag{7.43}$$

Weiterhin vernachlässigen wir das Überlappungsintegral,

$$S \approx 0 , \tag{7.44}$$

nicht aber das Resonanzintegral, d. h. $\beta \neq 0$ verbleibt in der Rechnung. Wie man an der Beziehung (6.21) sieht, sind die beiden letztgenannten Festlegungen eigentlich nicht vereinbar; bei Vernachlässigung des Resonanzintegrals, $\beta \approx 0$, würde jedoch der kovalente Bindungseffekt vollständig verlorengehen. Für den Grundzustand mit der Gesamtenergie (6.27) ergibt sich aus der Definition (6.28) der elektronischen Dissoziationsenergie D_e, wenn die MO-Energie (6.22a) mit $S = 0$ eingesetzt wird, näherungsweise:

$$D_e \approx e_H - \left[(\alpha + \beta) + V^{kk}\right] \approx e_H - \left[e_H - (1/R) + \beta + (1/R)\right] = -\beta . \tag{7.45}$$

Soll sich also für die elektronische Dissoziationsenergie D_e von H_2^+ im Rahmen des Minimalbasis-LCAO-MO-Ansatzes mit den hier vorgenommenen zusätzlichen Vereinfachungen ungefähr der experimentelle Wert (s. Tab. 6.1) ergeben, dann müsste für β der Wert −2,8 eV verwendet werden. Die ***Parametrisierung*** mit diesem β-Wert erweist sich bei Übertragung auf andere, experimentell wohlbekannte Systeme dieses Typs, etwa H_2 und H_3^+, als ungeeignet; fordert man eine im Mittel für alle Systeme der betrachteten Klasse möglichst gute Beschreibung, so ist der Parameterwert $\beta = -2{,}4$ eV günstiger (vgl. Abschn. 7.4.2). In ÜA 7.3 wird das Beispiel H_3^+ behandelt.

Einfache semiempirische LCAO-MO-Verfahren spielen u. a. bei der quantenchemischen Beschreibung konjugierter Kohlenwasserstoffe eine Rolle. Häufig bezeichnet man eine solche semiempirische Näherung mit Vernachlässigung aller Überlappungsintegrale und ausschließlicher Berücksichtigung der Wechselwirkungen mit den nächstbenachbarten Atomen generell als *Hückelsches MO-Modell (HMO)*; s. Abschnitt 7.4.

7.3.3 Molekülorbitale und Messgrößen

Im MO-Modell lassen sich für eine ganze Reihe physikalischer Größen äußerst einfache Verknüpfungen mit molekularen Kenngrößen herstellen. So setzt sich die Elektronendichteverteilung additiv aus den Beiträgen der einzelnen Elektronen in den besetzten MOs zusammen:

$$\tilde{\rho}(\boldsymbol{r};\boldsymbol{R}) = \sum\nolimits_k^{(\mathrm{bes})} b_k \left| \tilde{\phi}_k(\boldsymbol{r};\boldsymbol{R}) \right|^2 ; \tag{7.46}$$

ebenso wie die MOs selbst hängt die Dichte von der Anordnung $\boldsymbol{R}$ der Kerne ab. Die Besetzungszahlen b_k können wegen des Pauli-Prinzips nur die Werte 0 oder 1 oder 2 annehmen.

Die MOs mögen für jede Kernanordnung $\boldsymbol{R}$ auf 1 normiert sein:

$$\int \left|\tilde{\phi}_k(\boldsymbol{r};\boldsymbol{R})\right|^2 \mathrm{d}V = 1\,, \tag{7.47}$$

so dass sich für das Integral der Dichtefunktion über den gesamten Raum bei jeder Kernanordnung $\boldsymbol{R}$ die Gesamtzahl N der Elektronen ergibt:

$$\int \tilde{\rho}(\boldsymbol{r};\boldsymbol{R})\mathrm{d}V = \sum\nolimits_k^{(\mathrm{bes})} b_k = N \tag{7.48}$$

[s. Gl. (7.37)]. Die Formel (7.46) für die Dichte $\tilde{\rho}$ kann auch leicht aus der N-Teilchen-Wahrscheinlichkeitsdichte hergeleitet werden (s. Abschn. 3.4); das wird als ÜA 7.4 empfohlen.

Die zur Produktwellenfunktion (7.28) gehörende Gesamtenergie der Elektronen in nullter Näherung ist nach Gleichung (7.38) die Summe der Orbitalenergien der besetzten MOs. Entfernt man ein Elektron aus der Elektronenhülle, so fehlt in der Gesamtenergie der Beitrag $\tilde{\varepsilon}_i$ des MOs $\tilde{\phi}_i$, in dem sich das Elektron befand; man erhält also in Verallgemeinerung der Formel (6.69a) einen Näherungswert für die entsprechende *vertikale Ionisierungsenergie* (*vertikales Ionisierungspotential*) $I(i)$ (üblicherweise positiv definiert) als

$$\tilde{I}(i) = -\tilde{\varepsilon}_i \tag{7.49a}$$

(s. Abb. 7.6a); die Bezeichnung "vertikal" weist darauf hin, dass die Kernanordnung $\boldsymbol{R}$ unverändert bleibt (starres Kerngerüst); vgl. auch Abb. 17.12.

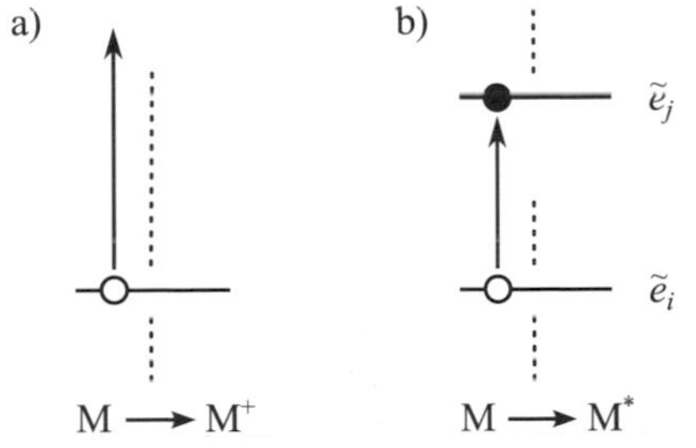

Abb. 7.6
Ionisierung (a) und Elektronenanregung (b) im einfachen MO-Modell (schematisch)

Analog kann man die Energie des tiefsten unbesetzten Orbitals (LUMO, s. Abschn. 7.2) näherungsweise als Maß für die *vertikale Elektronenaffinität* A betrachten, also:

$$\tilde{A} = -\tilde{\varepsilon}_{\mathrm{LUMO}}\,. \tag{7.49b}$$

Wird ein Elektron aus einem MO $\tilde{\phi}_i$ in ein MO $\tilde{\phi}_j$ angehoben ($j > i$), so ergibt sich als Näherung für die *vertikale Anregungsenergie* (s. Abb. 7.6b):

$$\Delta\tilde{E}(i \rightarrow j) = \tilde{\varepsilon}_j - \tilde{\varepsilon}_i\,. \tag{7.50}$$

Eine in der chemischen Literatur häufig verwendete Größe, die sich für qualitative Argumentationen als nützlich erwiesen hat, ist die *Elektronegativität* x_{A} eines Atoms A; sie wird meist bildhaft benutzt als Maß für das Vermögen des Atoms A, Elektronen "an sich zu ziehen". Es gibt verschiedene Definitionen, von denen wir hier die nach Mulliken notieren:

$$x_A \equiv (1/2)(I_A + A_A)\,; \tag{7.51}$$

dabei bedeuten: I_A das erste Ionisierungspotential des Atoms A, näherungsweise gegeben durch die Formel (7.49a) mit $\tilde{\varepsilon}_i = \tilde{\varepsilon}_{HOMO}$, und A_A die Elektronenaffinität von A nach Formel (7.49b).

Für eine physikalische Größe G, deren Operator $\hat{G}$ sich als Summe von Einelektronoperatoren darstellt,

$$\hat{G} = \sum\nolimits_{\kappa=1}^{N} \hat{g}(\boldsymbol{r}_\kappa) \tag{7.52}$$

($\hat{g}$ wirkt jeweils nur auf die Koordinaten *eines* Elektrons), erhält man mit einer Produktwellenfunktion (7.28) aus MOs $\tilde{\phi}_i$ den Erwartungswert $\overline{G}$ als Summe der Beiträge der einzelnen besetzten MOs:

$$\overline{G} = \sum\nolimits_{i}^{(\text{bes})} b_i \overline{g}_i \tag{7.53}$$

mit

$$\overline{g}_i \equiv \int \tilde{\phi}_i(\boldsymbol{r})^* \hat{g}(\boldsymbol{r}) \tilde{\phi}_i(\boldsymbol{r}) \mathrm{d}V\,. \tag{7.54}$$

Ein Beispiel ist der Elektronenanteil am Dipolmoment, z. B. dessen z-Komponente, die durch den "Operator"

$$\hat{G} \rightarrow D_z^{\mathrm{e}} = \sum\nolimits_{\kappa=1}^{N} (-\bar{e}) z_\kappa \tag{7.55}$$

gegeben ist.

Diese Zusammenhänge sind von bestechender Einfachheit. Man muss sich allerdings davor hüten, daraus zu weitreichende Schlüsse zu ziehen. Quantitativ ergeben sich ohnehin meist unbrauchbare Werte. Man darf auch grundsätzlich nicht annehmen, man habe etwa mit der Messung eines Ionisierungspotentials vermittels der Beziehung (7.49a) eine Orbitalenergie *gemessen*. Orbitalenergien sind *keine Observablen* und einer Messung prinzipiell nicht zugänglich; es handelt sich vielmehr um rein theoretische Kenngrößen, die nur im Rahmen der zugrundegelegten Näherung (hier des einfachen MO-Modells) definiert sind.

7.3.4* Lokalisierte Molekülorbitale

Ein Charakteristikum des MO-Modells ist die Delokalisierung der Einelektronfunktionen (MOs). Das schließt nicht aus, dass sich bestimmte MOs als lokalisierte Funktionen ergeben, etwa MOs für innere Schalen und solche für einsame Paare. Valenz-MOs, die äußere Elektronen beschreiben, erstrecken sich in der Regel über mehrere oder alle Zentren des Moleküls.

Es gibt, wie wir gesehen hatten, Moleküleigenschaften, die im Rahmen des MO-Modells unmittelbar mit den (delokalisierten) MOs zusammenhängen, insbesondere Ionisierungspotentiale und Anregungsenergien (s. Abschn. 7.3.3). Andererseits aber ist das bisher diskutierte MO-Modell insofern unbefriedigend, als zunächst kein direkter Zusammenhang mit den traditionellen Valenzvorstellungen zu bestehen scheint; dieser Zusammenhang kann erst über mehr oder weniger aufwendige Interpretationsschemata (s. Abschn. 6.1.5, 6.2.4 und 7.3.7) hergestellt werden. Hinzu kommt, dass die Delokalisierung der MOs nicht ohne weiteres mit der empirisch festgestellten Additivität und Transferabilität bestimmter lokalisierter, einzelnen Strukturelementen wie Bindungen zuzuordnender Eigenschaften in Einklang zu bringen ist. Das betrifft z. B. das Dipolmoment, das oft recht genau additiv aus Anteilen zusammengesetzt werden kann, die Bindungen bzw. Atomen entsprechen, wobei diese Anteile in strukturell ähnlichen Molekülen annähernd gleiche Werte haben. Analog verhält es sich mit Bindungslängen und Kraftkonstanten von Valenzschwingungen (etwa für eine C–H-Bindung).

Offenbar hat man es mit *zwei komplementären Arten von Moleküleigenschaften* zu tun: solchen, die sich aus Beiträgen von Struktureinheiten des Moleküls wie Bindungen, Atomrümpfen und dergleichen zusammensetzen, und solchen, die dem Molekül als Ganzem zuzuschreiben sind. Es liegt nahe anzunehmen, dass letztere Eigenschaften adäquat durch delokalisierte Orbitale, erstere hingegen eher durch geeignet definierte lokalisierte Orbitale zu erfassen sind.

Beide Aspekte lassen sich im Rahmen der MO-Beschreibung zusammenbringen, indem durch eine lineare Transformation aus den ursprünglichen delokalisierten MOs *lokalisierte Molekülorbitale (LMOs)* erzeugt werden. Die Bildung derartiger Linearkombinationen delokalisierter MOs, d. h. Superpositionen der Einelektron-Wellenfunktionen, muss dafür sorgen, dass MO-Anteile außerhalb von atomaren und Bindungsbereichen unter Wahrung der Orthonormierungseigenschaften durch Interferenz "gelöscht" werden. Für die Gewinnung von LMOs hat man verschiedene Verfahren entwickelt, die sich darin unterscheiden, welche Kriterien für eine Lokalisierung zugrundegelegt werden. Beispielsweise kann man LMOs durch die Forderung bestimmen, dass die "Elektronen-Ladungsschwerpunkte" $\langle\phi_i|\boldsymbol{r}|\phi_i\rangle$ und $\langle\phi_j|\boldsymbol{r}|\phi_j\rangle$ zweier LMOs ϕ_i und ϕ_j jeweils paarweise möglichst weit voneinander entfernt liegen (sog. *exklusive Orbitale* nach J. M. Foster und S. F. Boys, 1960).

Mit diesen Bemerkungen lassen wir es hier bewenden; sie gelten auch im Rahmen verfeinerter MO-Beschreibungen, insbesondere der Hartree-Fock-Näherung (s. Kap. 8). Auf die Bestimmung von LMOs kommen wir dann in Abschnitt 17.4.1(a) zurück.

Es sei darauf hingewiesen, dass eine solche Lokalisierung nicht in dem Sinne perfekt sein kann, dass die Aufenthaltswahrscheinlichkeit eines Elektrons, das durch ein LMO beschrieben wird, im Bereich eines anderen LMOs vollständig verschwindet. Die Rest-Delokalisierung ist eine unvermeidliche Folge der Wellenbeschreibung und der an die Wellenfunktionen zu stellenden Bedingungen.

7.3.5* Anmerkung zur VB-Beschreibung

Wie das MO-Modell, so lässt sich auch die VB-Beschreibung im Prinzip auf beliebige Systeme verallgemeinern. Diese Art der Näherung soll aber hier nicht weiter verfolgt werden, da sie heute nur für einige besondere Problemstellungen noch angewendet wird (insbesondere in Form der sog. *Methode der zweiatomigen Fragmente in Molekülen* (engl. diatomics in molecules, abgek. *DIM*); s. hierzu Abschnitt 9.2.

Die MO-Näherung hat gegenüber der VB-Näherung einige entscheidende Vorzüge:

- Die MO-Näherung ist konzeptionell einfach.

- Die MOs sind automatisch orthogonal.

- Die MO-Beschreibung lässt sich relativ leicht und in systematischer Weise verbessern. Der

Hauptweg hierzu ist die Erweiterung durch Konfigurationenüberlagerung (CI), wobei die (Coulomb-) Korrelationseffekte schrittweise einbezogen werden können; s. Abschnitt 6.4.2. Wir kommen darauf ausführlicher in Abschnitt 9.1 zu sprechen.

VB-Näherungen sind in der Regel komplizierter. Was ihre Durchführung betrifft, so erweist sich insbesondere die *Nichtorthogonalität* der Einelektronfunktionen (AOs) als hinderlich. Eine eingehendere Diskussion findet man z. B. in [I.4b].

7.3.6 Prinzip der maximalen Überlappung. Hybridisierung

Nach Kapitel 6 ist das Maß für die "Stärke" der chemischen Bindung in einem Molekül A–B die Energieabsenkung (Stabilisierung) bei der Zusammenlagerung der Atome A und B. In der einfachen LCAO-MO-Näherung wird diese Energieabsenkung hauptsächlich durch das Resonanzintegral β_{AB} bestimmt, das seinerseits gemäß Gleichung (6.21) mit der Überlappung der Valenz-AOs φ^A und φ^B zusammenhängt:

$$\beta_{AB} \propto S_{AB} ; \tag{7.56}$$

S_{AB} bezeichnet das Überlappungsintegral von φ^A und φ^B.

Auf Grund dessen wurde schon in den Anfangsjahren der Quantenchemie ein *Prinzip der maximalen Überlappung* formuliert (J. C. Slater 1931, L. Pauling 1931, auch R. S. Mulliken 1950), das kurzgefasst besagt: *Je größer die Überlappung, desto fester die Bindung* – d. h. desto größer der Energiegewinn bei Formierung der Bindung, bzw. desto höher die Energie, die zum Aufbrechen dieser Bindung aufgewendet werden muss. Als Maß für die "Bindungsstärke" $\mathcal{P}$ einer durch zwei AOs $\theta^A(\boldsymbol{r})$ und $\theta^B(\boldsymbol{r})$ bewirkten Bindung zwischen den Atomen A und B könnte man daher nach Mulliken einfach das Überlappungsintegral ansetzen:

$$\mathcal{P}_{AB}^{\text{Mulliken}} \equiv \int \theta^A(\boldsymbol{r})^* \theta^B(\boldsymbol{r}) \mathrm{d}V . \tag{7.57}$$

Auch andere Definitionen sind vorgeschlagen worden (z. B. von L. Pauling und A. Sherman 1937), auf die wir hier jedoch nicht eingehen.

Es liegt nahe zu versuchen, von vornherein Orbitale $\theta(\boldsymbol{r})$ zu konstruieren, die zu großen Werten des Überlappungsintegrals führen, diese Orbitale dann in einer Minimalbasis zu verwenden und damit etwa eine verbesserte Beschreibung zu erhalten. Intuitiv würde man fordern, dass solche modifizierten Atomorbitale folgende Eigenschaften besitzen sollten:

- *räumliche Orientierung*: in Bindungsrichtung,
- *Äquivalenz*: gleiche Orbitale für gleiche Bindungen,
- *Normierung* und *Orthogonalität* untereinander.

Da AOs mit unterschiedlichen l-Werten unterschiedliche Formen und Richtungseigenschaften haben, besteht die einfachste Möglichkeit für die Konstruktion solcher modifizierter Orbitale darin, AOs φ_{nl}^A jeweils einer Hauptschale n eines Atoms so linear zu kombinieren, dass Funktionen mit den gewünschten Eigenschaften entstehen. Ein einfacher Fall ist die Mischung eines $2s$- und eines $2p$-AOs an einem Zentrum A (vgl. Abschn. 7.3.1),

$$\theta^{\mathrm{A}} = C_{\mathrm{A}}(\varphi_{2s}^{\mathrm{A}} + \gamma_{\mathrm{A}}\varphi_{2p}^{\mathrm{A}}), \tag{7.58}$$

schematisch veranschaulicht in Abb. 7.7: Man bezeichnet das als ***Hybridisierung*** (genauer in diesem Fall: *sp-Hybridisierung*), und die Orbitale θ^{A} als *Hybrid-AOs* am Atom A. Den zunächst freien Parameter γ_{A} muss man geeignet festlegen, und der Normierungsfaktor ist durch

$$C_{\mathrm{A}} = 1\Big/\sqrt{1+(\gamma_{\mathrm{A}})^2} \tag{7.58a}$$

gegeben. Für $\gamma_{\mathrm{A}} \to 0$ hat man ein reines 2*s*-AO, für $\gamma_{\mathrm{A}} \to \infty$ ein reines 2*p*-AO.

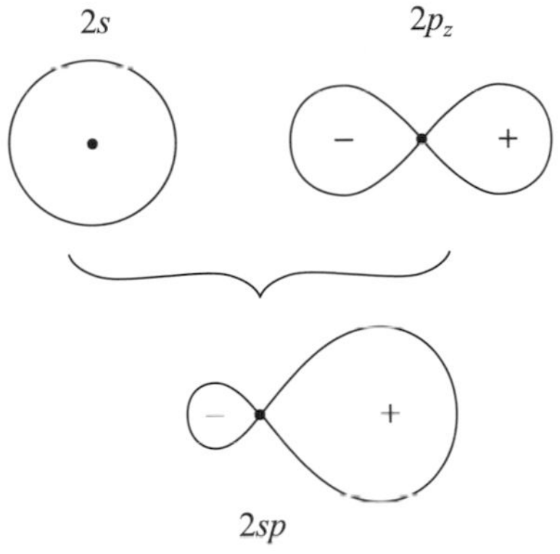

Abb. 7.7
Schema für die Bildung eines *sp*-Hybrid-AOs

Wir konstruieren nun anhand der oben formulierten Bedingungen Hybrid-AOs aus *ns*- und *np*-AOs für einige typische Geometrien, die in Molekülen oder Molekülfragmenten vorkommen. Die Richtungs- und Äquivalenzforderungen erzwingen bereits die *s*-*p*-Mischung; die Orthonormierungsforderung legt dann die Hybride vollständig fest. Wir geben die Resultate an; die Hauptquantenzahl n ist weggelassen. Alle diese Hybridorbitale lassen sich in der Form (7.58) schreiben; das 2*p*-AO $\varphi_{2p}^{\mathrm{A}}$ am Kern A bestimmt die jeweilige Richtung des Hybrids.

(a) *sp-Hybridisierung*

(lineare symmetrische Systeme AB_2 , s. Abb. 7.8a)

$$\left.\begin{aligned}\theta_1 &= (1/\sqrt{2})(s + p_x)\\ \theta_2 &= (1/\sqrt{2})(s - p_x)\end{aligned}\right\} \tag{7.59}$$

Die *p*-Orbitale p_y und p_z können aus Symmetriegründen nicht mit s und p_x mischen. Die Hybride θ_1 und θ_2 sind äquivalent (*digonale Hybride*); der Koeffizient $\gamma(\equiv \gamma_{\mathrm{A}})$ in Gleichung (7.58) hat den Wert 1,0.

(b) sp^2*-Hybridisierung* (s. ÜA 7.5)

(z. B. gewinkelte symmetrische Systeme AB_2 oder ebene symmetrische Systeme CAB_2, s. Abb. 7.8b; der Bindungswinkel ∠B–A–B ist mit α bezeichnet)

$$\left.\begin{aligned} \theta_1 &= (1/\sqrt{2})\left[\sqrt{1-a^2}\cdot s + a\cdot p_z + p_x\right] \\ \theta_2 &= (1/\sqrt{2})\left[\sqrt{1-a^2}\cdot s + a\cdot p_z - p_x\right] \\ \theta_3 &= a\cdot s - \sqrt{1-a^2}\cdot p_z \end{aligned}\right\} \tag{7.60}$$

mit

$$a = \cot(\alpha/2)\,. \tag{7.60a}$$

Hier mischt p_y nicht mit s, p_x und p_z. Die Hybride θ_1 und θ_2 sind äquivalent; für $\alpha = 120^\circ$ sind alle drei Hybride äquivalent (*trigonale Hybride*), und γ ist gleich $\sqrt{2}$.

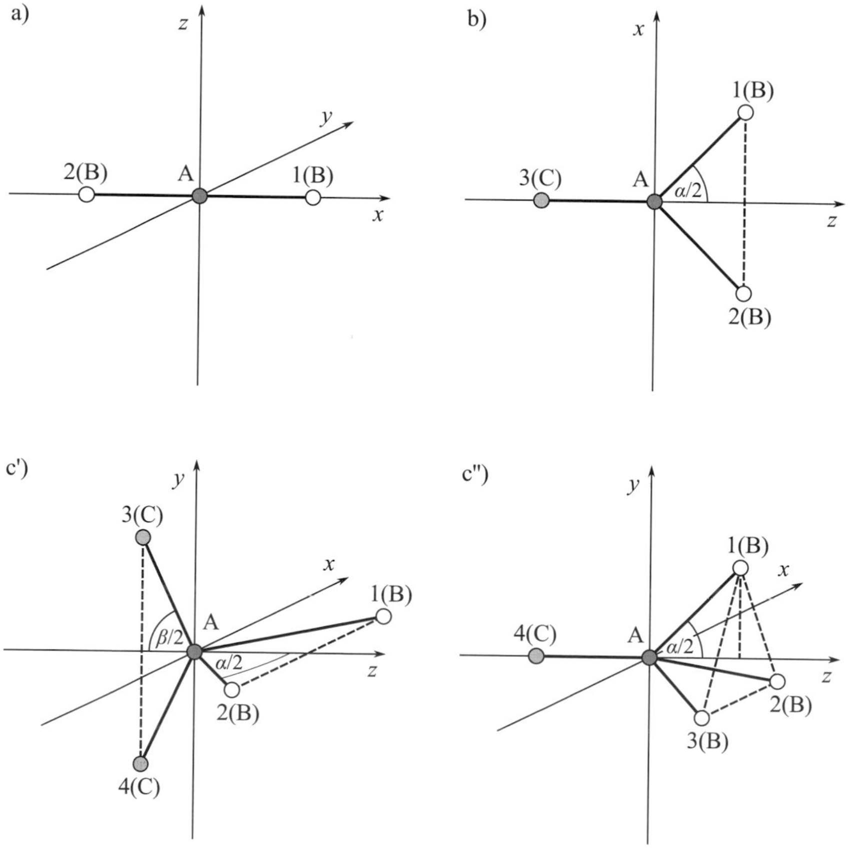

Abb. 7.8 Zur Bildung von sp^k -Hybriden (schematisch): (a) sp; (b) sp^2 ; (c') und (c") sp^3 (nach [I.4b])

(c') sp^3 *-Hybridisierung mit paarweise äquivalenten Hybriden*

(z. B. tetraedrische Systeme B_2AC_2, regulär tetraedrische Systeme AB_4 oder symmetrische ebene Systeme AB_2 mit zwei einsamen Elektronenpaaren, s. Abb. 7.8c')

$$\left.\begin{aligned}
\theta_1 &= (1/\sqrt{2})\left[\sqrt{1-a^2}\cdot s + a\cdot p_z + p_x\right] \\
\theta_2 &= (1/\sqrt{2})\left[\sqrt{1-a^2}\cdot s + a\cdot p_z - p_x\right] \\
\theta_3 &= (1/\sqrt{2})\left[\sqrt{1-b^2}\cdot s - b\cdot p_z + p_y\right] \\
\theta_4 &= (1/\sqrt{2})\left[\sqrt{1-b^2}\cdot s - b\cdot p_z - p_y\right]
\end{aligned}\right\} \tag{7.61}$$

mit

$$a = \cot(\alpha/2), \quad b = \cot(\beta/2). \tag{7.61a}$$

Es mischen hier alle vier AOs s, p_x, p_y und p_z. Äquivalent sind paarweise die Hybride θ_1 und θ_2 sowie θ_3 und θ_4; bei $\alpha = \beta = 109{,}46°$ sind alle vier Hybride untereinander äquivalent (*tetragonale Hybride*), und der Koeffizient γ hat den Wert $\sqrt{3}$.

Für Systeme CAB_3 oder AB_3 mit einem einsamen Elektronenpaar (Beispiel NH_3) können sp^3-Hybride gebildet werden, von denen drei untereinander äquivalent sind (s. Abb. 7.8c"). Wir geben die Formeln hier nicht an (s. etwa [I.4b]).

Mit *s*- und *p*-AOs lassen sich nicht beliebige Anforderungen an Richtungen und Koordinationszahlen erfüllen; die maximale Koordinationszahl ist vier. Um darüber hinauszugehen, müssen *d*- AOs mit $l \geq 2$ (*d*, ...) einbezogen werden. Einige wichtige Typen von Molekülgeometrien mit entsprechenden Hybridisierungen sind in Tab. 7.2 zusammengestellt.

Tab. 7.2 Hybridisierungsfälle für einige typische Molekülgeometrien[a]

Koordinationszahl	Molekülgeometrie	Hybridisierung
2	linear	*sp*, *pd*
	gewinkelt	p^2, sd, d^2
3	trigonal eben	sp^2, p^2d, sd^2, d^3
4	Tetraeder	sp^3, sd^3
	tetragonal eben	sp^2d, p^2d^2
	irreguläres Tetraeder	spd^2, p^3d, pd^3
6	Oktaeder	sp^3d^2, spd^3
8	Dodekaeder	sp^3d^4

[a] Nach Hartmann, H.:Theorie der chemischen Bindung. Springer, Berlin/Göttingen/Heidelberg (1954)

Berechnet man die Mullikensche Bindungsstärke (7.57) mit Hybrid-AOs der Form (7.58), so zeigt sich (Abb. 7.9), dass bei mittleren Kernabständen R die Hybrid-AOs höhere $\mathcal{P}$ -Werte, also eine festere Bindung als reine 2*s*- und 2*p*-AOs ($\gamma = 0$ bzw. $\gamma \rightarrow \infty$) ergeben; $\mathcal{P}$ erreicht ein Maximum bei $\gamma \approx 0{,}8$, d. h. ungefähr bei *sp*-Hybridisierung (7.59).

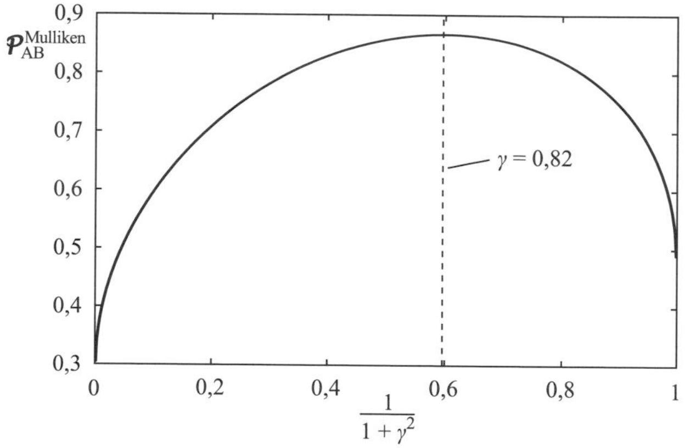

Abb. 7.9 Mullikensche Bindungsstärke (7.57) in Abhängigkeit von $1/(1+\gamma^2)$ für ein Paar gleicher 2*s*2*p*-Hybridorbitale mit $\zeta = 1{,}625$ und $R = 2{,}35$ (in at. E.) entsprechend ungefähr der σ - Bindung im Grundzustand des Moleküls C_2 (Rechnung von T. Ritschel, unveröffentlicht)

Die Verwendung von Hybrid-AOs hat eigentlich nur Sinn im Rahmen der einfachen VB-Beschreibung (nach Abschn. 6.3 und 7.3.5). In diesem Kontext ist das Konzept auch entstanden und führt meist zu deutlichen Verbesserungen. In einer MO-Beschreibung hingegen bringen Hybrid-AOs keinen Vorteil, da dort im LCAO-Ansatz mit den ursprünglichen AOs durch das Variationsprinzip automatisch eine *s*-*p*-Mischung (soweit bei der gegebenen Symmetrie möglich) erzeugt wird. Es zeigt sich, dass sich dabei die Mischungskoeffizienten häufig in recht guter Übereinstimmung mit den oben konstruierten Hybrid-AOs ergeben; das kann man als nachträgliche Rechtfertigung für das Hybridisierungskonzept ansehen.

Wir stellen uns vor, ein Molekül wie Methan, CH_4 , soll in einer Minimalbasis-VB-Näherung beschrieben werden. Verwendet man in der Basis Hybrid-AOs anstelle der reinen Valenz-AOs der beteiligten Atome, hier also für das C-Atom anstelle der AOs $2s, 2p_x, 2p_y, 2p_z$ die vier sp^3 -Hybride $\theta_1, \theta_2, \theta_3$ und θ_4 [Gl. (7.61)], so bedeutet dies: das freie C-Atom in der Zentralfeldnäherung befindet sich nicht in dem stationären Zustand, welcher der Grundzustands-Elektronenkonfiguration $(1s)^2(2s)^2(2p)^2$ entspricht, sondern in einem Zustand, der zu einer Konfiguration $(1s)^2(Hyb)^4$ gehört. Das ist *kein reiner stationärer Zustand*, sondern eine Mischung (Superposition); man sieht das, wenn man das antisymmetrische Produkt zu $(1s)^2(Hyb)^4$ durch Einsetzen der Ausdrücke (7.61) in eine Linearkombination antisymmetrischer Produkte der reinen AOs umschreibt. Dieser Zustand wird als ***Valenzzustand*** oder

Promotionszustand bezeichnet; er liegt energetisch höher als der reine Zentralfeldzustand (s. Abb. 7.10), da er nicht dem Energieminimumprinzip genügt. Man kann also den Effekt einer Hybridisierung so interpretieren, dass damit virtuell die getrennten Atome in einen besonders bindungsfähigen, aber *energetisch angehobenen Zwischenzustand* versetzt werden. Der Energieaufwand zum Erreichen dieses Zustands wird dann überkompensiert durch den Energiegewinn bei der Ausbildung der Bindung(en).

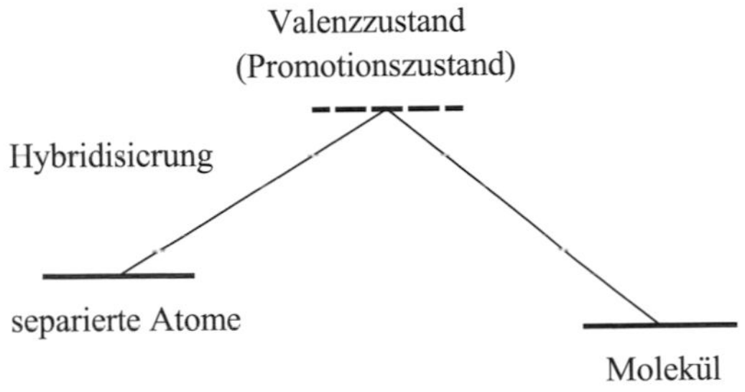

Abb. 7.10
Hybridisierung und Promotionszustand (schematisch; nach [I.4b])

Hybridorbitale für beliebige Fälle können in systematischer Weise durch Ausnutzung der Symmetrieeigenschaften der jeweiligen Moleküle konstruiert werden; wir verweisen diesbezüglich auf [I.4b], Abschnitt 3.2.3.3.

7.3.7 Besetzungsanalyse nach Mulliken

Die in den Abschnitten 6.1.5 und 6.2.4 angestellten Überlegungen zur chemischen Bindung in den einfachsten Systemen gründeten sich wesentlich auf Erkenntnisse darüber, wie sich die Aufenthaltswahrscheinlichkeitsdichteverteilung $\rho(\boldsymbol{r}) \equiv \rho(\boldsymbol{r};\boldsymbol{R})$ der Elektronen bei der Ausbildung einer Bindung zwischen zwei Atomen verändert. Diese Dichte ist für unser einfaches MO-Modell durch Gleichung (7.46) gegeben. Die MOs $\tilde{\phi}_k$ zu den MO-Energien $\tilde{\varepsilon}_k$ mögen näherungsweise als LCAO (7.30a) bestimmt worden sein (wobei wir die Basisfunktionen als reell voraussetzen):

$$\tilde{\phi}_k(\boldsymbol{r}) = \sum_a \sum_\alpha c_{a\alpha,k} \varphi_\alpha^a(\boldsymbol{r}), \tag{7.62}$$

so dass sich für $\tilde{\rho}(\boldsymbol{r})$ folgender Ausdruck ergibt:

$$\tilde{\rho}(\boldsymbol{r}) = \sum_a \sum_\alpha \sum_b \sum_\beta \tilde{p}_{a\alpha,b\beta}\, \varphi_\alpha^a(\boldsymbol{r}) \varphi_\beta^b(\boldsymbol{r}); \tag{7.63}$$

die Koeffizienten

$$\tilde{p}_{a\alpha,b\beta} \equiv \sum_k^{(\text{bes})} b_k c_{a\alpha,k} c_{b\beta,k} \tag{7.64}$$

bilden eine M-reihige quadratische und hermitesche (d. h. in unserem Fall mit reellen Basisfunktionen: symmetrische) Matrix $\tilde{\mathbf{p}}$, die ***Ladungs- und Bindungsordnungsmatrix*** oder (diskrete) *Dichtematrix*; ihre Elemente (7.64) werden häufig auch mit $P_{a\alpha,b\beta}$ oder $p_{a\alpha,b\beta}$ bezeichnet. Wir setzen eine feste Kernanordnung $\boldsymbol{R}$ voraus und verzichten auf eine entsprechende Kennzeichnung.

Die Matrix mit den Elementen $\tilde{\rho}_{a\alpha,b\beta}$, Gleichung (7.64), ist die Matrixdarstellung der räumlichen Dichtefunktion $\rho(\boldsymbol{r})$ bezüglich der Basis $\{\varphi_\alpha^a\}$ (s. Abschn. 3.1.5).

Aus der Normierung (7.48) der Dichtefunktion folgt, wenn man Gleichung (7.63) einsetzt:

$$\mathrm{Sp}(\tilde{\boldsymbol{\rho}}\mathbf{S}) \equiv \sum_a \sum_\alpha \sum_b \sum_\beta \tilde{\rho}_{a\alpha,b\beta} S_{a\alpha,b\beta} = N \ . \tag{7.65}$$

Hier ist $S_{a\alpha,b\beta}$ das Überlappungsintegral der beiden AOs φ_α^a und φ_β^b:

$$S_{a\alpha,b\beta} \equiv \int \varphi_\alpha^a(\boldsymbol{r})\varphi_\beta^b(\boldsymbol{r})\,\mathrm{d}V \ ; \tag{7.66}$$

diese Überlappungsintegrale bilden ebenfalls eine hermitesche (hier symmetrische) $M \times M$ - Matrix **S**, die *Überlappungsmatrix*. Das Symbol "Sp" bedeutet die Spurbildung, d. h. Summierung der Diagonalelemente der Produktmatrix $\tilde{\boldsymbol{\rho}}\mathbf{S}$ (s. etwa [II.1], Abschn. 9.1.6.2.).

Obgleich die soeben formulierten Ausdrücke prinzipiell für beliebige, insbesondere auch für beliebig große AO-Basissätze gelten, setzen wir hier weiter voraus, dass eine Minimalbasis zugrundeliegt, damit der Anschluss an die bisherigen Überlegungen zur chemischen Bindung leicht hergestellt werden kann.

Nach Mulliken (1955)[5] lassen sich mittels der Elemente $\tilde{\rho}_{a\alpha,b\beta}$ der Matrix $\tilde{\boldsymbol{\rho}}$ Größen definieren, die als Maßzahlen für die (Elektronen-) "Ladungsverteilungen" und "Ladungsumverteilungen" im Molekül, sowie für die Stärke kovalenter Bindungsanteile dienen können (Mullikensche *Besetzungsanalyse,* engl. population analysis).

Der Ausdruck (7.65) für *N*, halbklassisch gedeutet also die gesamte Elektronenladung (in Einheiten $-\bar{e}$ gemessen), lässt sich in rein atomare diagonale Anteile (das sind die Glieder mit $a = b$ *und* $\alpha = \beta$) und nichtdiagonale Überlappungsanteile zerlegen:

$$N = \sum_a \sum_\alpha \tilde{\rho}_{a\alpha,a\alpha} + \sum_a \sum_\alpha \sum_{b(\neq a)} \sum_{\beta(\neq\alpha)} \tilde{\rho}_{a\alpha,b\beta} S_{a\alpha,b\beta} \ . \tag{7.65'}$$

Ein Diagonalelement $\tilde{\rho}_{a\alpha,a\alpha}$, also der Faktor, mit dem die AO-Dichte $[\varphi_\alpha^a(\boldsymbol{r})]^2$ in der Dichtefunktion (7.63) auftritt,

$$m(a\alpha) \equiv \tilde{\rho}_{a\alpha,a\alpha} , \tag{7.67}$$

nennt man die *Nettobesetzung* (engl. net population) oder auch *Nettoladung* (net charge) *des AOs* φ_α^a im Molekül. Wird über alle AOs am Atom a summiert, so ergibt sich

$$m(a) \equiv \sum\nolimits_\alpha^{(a)} m(a\alpha) = \sum\nolimits_\alpha^{(a)} \tilde{\rho}_{a\alpha,a\alpha} , \tag{7.68}$$

die *Nettobesetzung des Atoms* a im Molekül.

Wegen der Symmetrie der Matrix $\tilde{\boldsymbol{\rho}}S$ tritt jedes Nichtdiagonalelement im Ausdruck (7.65') doppelt auf. Einen solchen doppelten Überlappungsanteil

[5] Mulliken, R. S.: Electronic Population Analysis on LCAO-MO Molecular Wavefunctions. I – IV. J. Chem. Phys. **23**, 1833-1846 , 2338-2346 (1955)

$$n(\,a\alpha,b\beta\,) \equiv 2\,\tilde{\rho}_{a\alpha,b\beta} S_{a\alpha,b\beta} \tag{7.69}$$

(mit $\alpha \neq \beta$ und $a \neq b$) bezeichnet man als *Überlappungsbesetzung* (engl. overlap population) *der AOs* φ_α^a und φ_β^b; sie kann als Maß für den durch die Überlappung der beiden AOs gelieferten Beitrag zur kovalenten Bindung zwischen den Atomen a und b genommen werden. Ist $n(\,a\alpha,b\beta\,)$ positiv, so haben wir einen stabilisierenden Beitrag, da der zugehörige Anteil in der Dichte (7.63) eine Verlagerung von Elektronendichte in die Bindungsregion $a-b$ bedeutet; hier manifestiert sich die *konstruktive Interferenz*. Eine negative Überlappungsbesetzung entspricht einem destabilisierenden Beitrag (durch *destruktive Interferenz*). Ist die Überlappungsbesetzung betragsmäßig sehr klein, dann gibt es keinen Beitrag des AO-Paares zur kovalenten Wechselwirkung. Die Summation über alle AO-Beiträge von den beiden Atomen a und b,

$$n(\,a,b\,) \equiv \sum\nolimits_\alpha^{(a)} \sum\nolimits_\beta^{(b)} n(\,a\alpha,b\beta\,)\,, \tag{7.70}$$

ergibt die Gesamt-Überlappungsbesetzung $a-b$ als Maß für die "Stärke" der kovalenten Bindung zwischen den Atomen a und b entsprechend dem Teil der Elektronendichte, der in Zwischenkernbereiche verlagert wird.

Man kann noch einen Schritt weitergehen und über alle Atompaare $a-b$ summieren:

$$n \equiv \sum\nolimits_{a<b} \sum\nolimits_b n(\,a,b\,)\,; \tag{7.71}$$

dies wäre dann als ein Maß für die "Stärke" der kovalenten Bindung im gesamten Molekül anzusehen.

Werden die Überlappungsterme zu gleichen Teilen den beiden Atomen zugeschlagen, so resultiert

$$q(\,a\alpha\,) \equiv m(\,a\alpha\,) + (1/2) \sum\nolimits_{b(\neq a)} \sum\nolimits_\beta^{(b)} n(\,a\alpha,b\beta\,)\,, \tag{7.72}$$

die *Bruttobesetzung* (engl. gross population), auch als *Bruttoladung* (gross charge) *des AOs* φ_α^a am Atom a bezeichnet; Summation über alle α ergibt die *Bruttobesetzung des Atoms* a:

$$q(\,a\,) \equiv \sum\nolimits_\alpha^{(a)} q(\,a\alpha\,)\,. \tag{7.73}$$

Für diese Bruttobesetzungen gilt, wie man leicht nachrechnet:

$$\sum\nolimits_a q(\,a\,) = \sum\nolimits_a \sum\nolimits_\alpha^{(a)} q(\,a\alpha\,) = N\,. \tag{7.74}$$

Die Differenz zwischen der Bruttobesetzung $q_0(\,a\,)$ (der Anzahl $N^{(a)}$ der Elektronen) *des freien Atoms* a und der Bruttobesetzung $q(\,a\,)$ des Atoms *im Molekül*,

$$\Delta q(\,a\,) \equiv q_0(\,a\,) - q(\,a\,)\,, \tag{7.75}$$

nennt man die *formale Elektronen-Ladung* (oder *Nettoladung*) *des Atoms* a *im Molekül*; diese Größen charakterisieren die Ladungsverschiebungen bei der Molekülbildung.

Die Differenz zwischen der Kernladung Z_a (in at. E.) und der (Elektronen-) Bruttobesetzung

$q(a)$ wird als *Partialladung* δQ_a des Atoms a im Molekülverband bezeichnet:

$$\delta Q_a \equiv Z_a - q(a)\,. \tag{7.76}$$

Für ein elektrisch neutrales freies Atom a ist $N^{(a)} = q_0(a) = Z_a$; im Molekülverband trägt dieses Atom die Partialladung $\delta Q_a \equiv \Delta q(a)$ (alles in at. E.).

Damit hat man im Anschluss an eine LCAO-MO-Berechnung einen Satz von Kennzahlen, anhand derer Ladungsverteilungen und -umverteilungen sowie Bindungsverhältnisse diskutiert werden können, gewissermaßen als einfacher Ersatz für die detaillierten Untersuchungen, wie sie für Einelektron- und Zweielektronen-Zweizentrensysteme in den Abschnitten 6.1.5 bzw. 6.2.4 angestellt wurden. Es sind auch Vergleiche zwischen verschiedenen Molekülen möglich, und man kann Zusammenhänge mit Messgrößen herstellen. Das wird in Abschnitt 7.4 für das Hückelsche MO-Modell ausführlich behandelt. Bei alledem muss man aber stets bedenken, dass (1) alle diese Kenngrößen keine Observablen und daher nicht messbar sind, dass man es (2) mit einer sehr groben quantenchemischen Näherung (Minimalbasis-LCAO-MO) zu tun hat, und dass es sich (3) um ein sehr grobes Dichte-Aufteilungsschema handelt; quantitative Schlüsse werden sich daher wiederum nicht ziehen lassen. Versuche, die Besetzungsanalyse zu verfeinern, lohnen sich in diesem Rahmen nicht, sondern erst dann, wenn man ein solches Schema auf bessere Näherungen (mit erweiterten Basissätzen und komplizierteren Wellenfunktionen zur Berücksichtigung der Coulomb-Korrelation der Elektronenbewegung) anwenden will.

7.4 Das MO-Modell nach Hückel (HMO)

Eine umfangreiche und sehr erfolgreiche Anwendung hat das einfache MO-Modell in Gestalt des Hückelschen MO-Modells (HMO) vor allem bei der näherungsweisen quantenchemischen Behandlung konjugierter Kohlenwasserstoffe gefunden. Diese Verbindungen haben spezielle Eigenschaften, die sie für eine solche Beschreibung besonders geeignet machen. Ansonsten können wir unmittelbar an die vorangegangenen Abschnitte anknüpfen.

Ungeachtet seiner Einfachheit und seiner unverkennbaren Mängel ist das Hückelsche MO-Modell auch heute noch von einigem Wert, indem es vor dem Einstieg in aufwendigere quantenchemische Berechnungen nützliche Orientierungen und erste Informationen über die elektronischen Eigenschaften zu liefern vermag.

In den 1930er bis 1950er Jahren war es neben einfachen qualitativen Anwendungen des VB-Konzepts vor allem das Hückelsche MO-Modell, das für (semiempirische) Abschätzungen von Moleküleigenschaften benutzt wurde. Die Kehrseite seiner weiten Verbreitung, seiner Einfachheit und seiner oft erstaunlichen Leistungsfähigkeit war eine zuweilen unkritische, sogar unsachgemäße Verwendung, so dass mit dem Beginn der "Ab-initio-Ära" Anfang der 1950er Jahre – durch die Entwicklung verfeinerter und vermöge leistungsfähigerer Computertechnik auch zunehmend praktikabler Berechnungsverfahren – schnell eine Akzeptanzkrise einsetzte: es wurden mehr und mehr Schwächen aufgedeckt, es gab eine Vielzahl von Versuchen, die Methode zu korrigieren und zu erweitern, und man tendierte schließlich dazu, die HMO-Näherung generell zu verwerfen. Heute herrscht eine vernünftig abgewogene Einstellung vor. Man weiß, was die HMO-Beschreibung zu leisten vermag und was nicht, und man kann so Fehlschlüsse, wie sie in der Vergangenheit oft infolge von Überforderungen der Methode eintraten, vermeiden.

Das HMO-Modell ist eine frühe Form der *semiempirischen* quantenchemischen Methoden (zur Definition s. Abschn. 4.1, auch 7.3.2), wie sie seit den 1960er bis 1980er Jahren einen umfangreichen Zweig der rechnenden, angewandten Quantenchemie bilden. Darauf wird in Abschnitt 17.2 näher eingegangen.

7.4.1 Elektronenstruktur ungesättigter organischer Moleküle

Um den Anwendungsbereich der HMO-Näherung zu kennzeichnen, unterscheiden wir zunächst zwei Formen kovalenter Bindung, wie sie in Verbindungen von Elementen der ersten Periode auftreten, demonstriert am Zweizentrenfall. Die eine Form wird typischerweise durch zwei überlappende, in Richtung der Kernverbindungslinie orientierte sp^k -Hybride (eingeschlossen auch reine *s*- oder *p*-AOs) bewirkt. Die Dichteverteilung einer solchen σ *-Bindung* ist *rotationssymmetrisch* um die Kernverbindungslinie und in der Bindungsregion zwischen den Kernen A und B *lokalisiert* (s. Abb. 7.11a). Im Unterschied hierzu wird eine π *-Bindung* durch zwei überlappende, senkrecht zur Kernverbindungslinie gleich orientierte *p*-AOs bewirkt. Dementsprechend ist eine solche Bindung *nicht rotationssymmetrisch* um die Kernverbindungslinie, sondern *antisymmetrisch gegenüber Spiegelung an einer Ebene* (bei ebenen Molekülen wird das die Molekülebene sein), und sie ist im Allgemeinen auch nicht in der engeren Umgebung der Kernverbindungslinie lokalisiert (s. Abb. 7.11b). Ist eine π -Bindung vorhanden, so gibt es in der Regel zwischen den beiden Kernen auch noch eine σ -Bindung, und wir haben es mit einer *Doppelbindung* zu tun; Einfachbindungen sind vom σ -Typ.

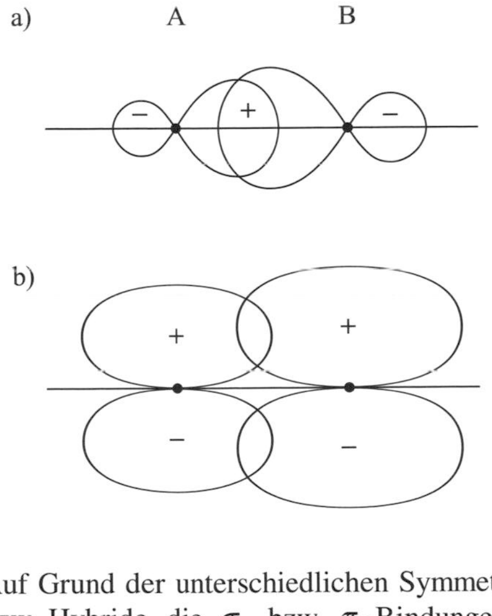

Abb. 7.11
Bindungstypen in konjugierten Kohlenwasserstoffen: a) σ -Bindung; b) π -Bindung (schematisch)

Auf Grund der unterschiedlichen Symmetrie und der unterschiedlichen Lokalisierung der AOs bzw. Hybride, die σ - bzw. π -Bindungen ausbilden, werden in einem LCAO-Ansatz die σ -Orbitale und die π -Orbitale jeweils nur unter sich wesentlich mischen; zwischen diesen Arten von Orbitalen wird es hingegen nur eine schwache oder gar keine Mischung geben (s. Abschn. 7.3.1). Es liegt daher nahe anzunehmen, dass σ -Elektronen (d. h. Elektronen, die σ -Orbitale besetzen) und π -Elektronen (die π -Orbitale besetzen) zwei Subsysteme bilden, die getrennt behandelt werden können; das nennt man $\boldsymbol{\sigma-\pi}$ ***-Separation***. Wichtig ist nun, dass viele (z. B.

spektroskopische) Eigenschaften eines Moleküls mit π-Elektronen wesentlich durch letztere bestimmt werden.

Wir stellen noch einige Begriffe aus der organischen Chemie zusammen, die für das Folgende eine Rolle spielen: Ein *ungesättigtes Molekül* liegt dann vor, wenn eines oder mehrere der Atome weniger σ-Bindungen ausbilden, als es der maximalen Valenz entspricht (z. B. beim C-Atom weniger als vier σ-Bindungen); dann sind π-Bindungen bzw. Doppelbindungen möglich. Ein *konjugiertes Molekül* weist abwechselnd Einfach- und Doppelbindungen auf. Die π-MOs von Doppelbindungen sind meist nicht streng auf den Bereich eines Zentrenpaares lokalisiert, sondern erstrecken sich über mehrere Zentren (Delokalisierung). Konjugierte Moleküle sind in der Regel planar.
Einen speziellen Fall konjugierter Moleküle stellen *aromatische Moleküle* dar: Sie sind ringförmig und planar; alle C–C-Bindungen in einem aromatischen Kohlenwasserstoff sind gleich lang, und die π-MOs sind über sämtliche C-Zentren delokalisiert.

7.4.2 Grundannahmen des HMO-Modells

In ihrer ursprünglichen und einfachsten Form ist die Hückelsche MO-Näherung für konjugierte Moleküle entwickelt worden. Die in Abschnitt 7.2 formulierte einfache MO-Näherung bildet die Grundlage, und es werden folgende Annahmen gemacht:

1. *Voraussetzungen zur Vereinfachung der Problemstellung*

   a) *starres Kerngerüst*

   b) *Aufteilung der Elektronenhülle in zwei Subsysteme:*

      I - das *aktive Subsystem*, das für die interessierenden elektronischen Eigenschaften wesentlich ist; es umfasst im vorliegenden Fall die *π-Elektronen* (Anzahl N^{π});

      II - das verbleibende (unwesentliche) *passive Subsystem*: hier also die σ-Elektronen sowie natürlich die Elektronen der inneren Schalen und eventuell vorhandene einsame Elektronenpaare, zusammenfassend als *Rumpfelektronen* bezeichnet.

   c) ***π-Elektronen-Näherung***

      Es erfolgt die *$\sigma - \pi$-Separation* und eine *explizite Behandlung nur des aktiven Subsystems I*, in unserem Falle also der π-Elektronen.

2. ***MO-Modell** plus einfache LCAO-MO-Näherung* (nach Abschn. 7.2)

   a) Beschreibung der Bewegung jedes π-Elektrons durch einen effektiven Hamilton-Operator $\hat{h}^{\pi\text{-eff}}$ $(\equiv \hat{h}$ in Abschn. 7.2), von dem wir voraussetzen, dass er pauschal die Wechselwirkung des Elektrons mit dem Molekülrumpf sowie mit den übrigen Elektronen berücksichtigt; seine explizite Form wird wegen der semiempirischen Durchführung (s. unten Punkt 4) nicht benötigt.

      Der Zustand eines π-Elektrons wird durch ein MO $\phi^{\pi}(\boldsymbol{r})$ beschrieben, das eine Lösung der Schrödinger-Gleichung (7.29) mit $\hat{h} \equiv \hat{h}^{\pi-\text{eff}}$ zur Energie $\varepsilon \equiv \varepsilon^{\pi}$ sein möge; es werden die üblichen Randbedingungen gestellt, insbesondere wird die Normierbarkeit von $\phi^{\pi}(\boldsymbol{r})$ gefordert.

b) *LCAO-Näherungsansatz (7.30b) für das* π *-MO* $\phi^{\pi}(\mathbf{r})$, wobei die Basis $\{\varphi_\lambda\}$ von jedem π -Zentrum (d. h. von jedem Atom, das π -Elektronen zum aktiven Subsystem beisteuert) in der Regel *ein* $2p_\pi$ -AO enthält: $\varphi_\lambda \equiv \varphi_\lambda^\pi$. In diesem Fall ist also M gleich der Anzahl N^π der π -Elektronen.

Damit wird das Variationsverfahren durchgeführt, und man hat (s. Abschn. 7.2) das lineare Gleichungssystem (7.31) zu lösen.

Die Matrixelemente $h_{\lambda\mu}^{\pi\text{-eff}}$ ($\equiv h_{\lambda\mu}$ in Abschn. 7.2) des Hamilton-Operators $\hat{h}^{\pi\text{-eff}}$ ($\equiv \hat{h}$ in Abschn. 7.2) sowie die Überlappungsintegrale $S_{\lambda\mu}^\pi$ ($\equiv S_{\lambda\mu}$ in Abschn. 7.1), jeweils gebildet mit den Basisfunktionen φ_λ^π und φ_μ^π, sind durch die Gleichungen (7.32a-c) definiert; wie dort werden die Diagonalelemente $h_{\lambda\lambda}^{\pi\text{-eff}} \equiv \alpha_\lambda^\pi$ als *Coulomb-Integrale*, die Nichtdiagonalelemente $h_{\lambda\mu}^{\pi\text{-eff}} \equiv \beta_{\lambda\mu}^\pi = \beta_{\mu\lambda}^\pi$ (Symmetrie in den Indizes wegen der Hermitezität von $\hat{h}^{\text{eff}}$) als *Resonanzintegrale* bezeichnet.

Zu den M Wurzeln $\tilde{\varepsilon}_i^\pi$ (i = 1, 2, ... , M) der Säkulargleichung (7.33) ergibt das Gleichungssystem (7.31) je einen Satz von MO-Koeffizienten $\{c_{1i}, \ldots, c_{Mi}\}$ und damit ein MO $\tilde{\phi}_i^\pi$ in der LCAO-Form (7.30b) bzw. (7.34).

Die Gesamtenergie $\tilde{E}^\pi$ des π -Elektronensystems ist gleich der Summe der Beiträge der besetzten MOs $\tilde{\phi}_i^\pi$ mit den Besetzungszahlen ν_i ; s. Gleichung (7.38).

Hinzu kommen die folgenden weitergehenden Annahmen:

3. ***Hückel-Postulate*** (E. Hückel 1931/1932)[6]

A) *Vernachlässigung sämtlicher Überlappungsintegrale:*

$$S_{\lambda\mu}^\pi = S_{\mu\lambda}^\pi = \begin{Bmatrix} 1 & \text{falls } \lambda = \mu \\ 0 & \text{sonst} \end{Bmatrix} \tag{7.77}$$

B) Der Wert eines *Coulomb-Integrals* α_λ^π hängt nur jeweils von der *Art des Atoms* λ ab und nicht von dessen molekularer Umgebung; es gilt: $\alpha_\lambda^\pi < 0$ (s. Abschn. 7.2).

C) *Vernachlässigung aller Resonanzintegrale* $\beta_{\lambda\mu}^\pi$ *für nicht direkt aneinander gebundene Atome* $\lambda \neq \mu$ *("nicht-nächste Nachbarn")*; von den verbleibenden Resonanzintegralen

[6] Hückel, E.:Quantentheoretische Beiträge zum Benzolproblem.I, II. Z. Physik **70**, 204-286; **72**, 310-337 (1931). id.: Quantentheoretische Beiträge zum Problem der aromatischen und ungesättigten Verbindungen. III. Z. Physik **76**, 628-648 (1932)

wird angenommen, dass sie nur von der *Art der Atome* λ und μ, nicht aber von deren molekularer Umgebung abhängen; es gilt: $\beta_{\lambda\mu}^{\pi} < 0$ [7].

Damit weisen die Hückel-Postulate ebenfalls die in Abschnitt 7.3.2 diskutierte Inkonsistenz bezüglich der Vernachlässigung der Überlappung auf: es werden alle explizite auftretenden Überlappungsintegrale vernachlässigt, einige Resonanzintegrale $\beta_{\lambda\mu}^{\pi}$ (die eigentlich $\propto S_{\lambda\mu}^{\pi}$ sind) jedoch beibehalten. Anders würde allerdings die Methode überhaupt nicht funktionieren (s. Abschn. 7.3.2).

Schließlich werden (mit der gleichen Begründung wie in Abschnitt 7.3.2) keine rein theoretischen Berechnungen durchgeführt, sondern man *parametrisiert* die Näherung und gelangt damit zu einem semiempirischen Verfahren.

*4. **Semiempirische Durchführung***

Der effektive Hamilton-Operator $\hat{h}^{\pi\text{-eff}}$ wird nicht explizite aufgeschrieben (was ohnehin schwierig wäre); die Integrale α_{λ}^{π} und $\beta_{\lambda\mu}^{\pi}$ werden als Zahlenparameter behandelt und durch Anpassung an experimentelle Daten (z. B. spektrale Übergangsenergien) festgelegt. Wir geben hier aus der Vielzahl vorgeschlagener Parametrisierungen einen gängigen Parametersatz an (oft als *Standard-Parametrisierung* bezeichnet):

H_n– Systeme [8]:
$$\left.\begin{aligned} \alpha_{\mathrm{H}} &= -13{,}6\,\mathrm{eV} \\ \beta_{\mathrm{HH}} &= -2{,}4\,\mathrm{eV} \end{aligned}\right\} \tag{7.78}$$

Konjugierte Moleküle:
$$\left.\begin{aligned} \alpha_{\mathrm{C}}^{\pi} &= -11{,}0\,\mathrm{eV} \\ \alpha_{\mathrm{N}}^{\pi} &= -12{,}6\,\mathrm{eV} \\ \alpha_{\mathrm{O}}^{\pi} &= -14{,}0\,\mathrm{eV} \\ \beta_{\mathrm{CC}}^{\pi} = \beta_{\mathrm{CN}}^{\pi} &= \beta_{\mathrm{CO}}^{\pi} = -2{,}4\,\mathrm{eV} \end{aligned}\right\} \tag{7.79}$$

Wenn wir vom Sonderfall der Wasserstoff-Aggregate absehen, lässt sich zusammenfassen:

- Das HMO-Modell liefert eine Beschreibung, die sich auf klassische chemische Strukturvorstellungen und die Verknüpfungsbeziehungen im Molekül stützt. Das drückt sich besonders deutlich im Hückel-Postulat C aus.

---

[7] Wie Abb. 7.11b zeigt, ist für eine $2p_{\pi} - 2p_{\pi}$ -Überlappung das Überlappungsintegral $S_{\lambda\mu}^{\pi} > 0$; somit gilt nach Gleichung (6.21): $\beta_{\lambda\mu}^{\pi} < 0$.

[8] Hiermit werden z. B. Dissoziationsenergien von $H_n^{\ +}$ -Aggregaten recht gut wiedergegeben (s. Abschn. 7.3.2). Bei entsprechenden neutralen Systemen, etwa H_3, versagt allerdings die HMO-Näherung. Eine genauere Analyse findet man in [I.5].

- Das HMO-Modell stellt eine sehr grobe Näherung dar: Es wird nur ein Teil der Elektronen, nämlich das Subsystem der π-Elektronen, explizite in die Beschreibung einbezogen, die Elektronenwechselwirkung wird nicht detailliert berücksichtigt, und dem Pauli-Prinzip wird nur durch die Begrenzung der Besetzungszahlen der MOs Rechnung getragen. Damit fehlen zunächst alle Austausch- und Korrelationseffekte, und es kann nicht zwischen verschiedenen Multiplizitäten (Singulett, Triplett usw.) unterschieden werden.
- Die HMO-Näherung ist nur semiempirisch sinnvoll anwendbar; es ist eine Parametrisierung erforderlich. Das gelingt in der Regel jeweils für eine bestimmte Verbindungsklasse, so dass nur Aussagen über Moleküle, die dieser Verbindungsklasse angehören, möglich sind.

Damit erlaubt das HMO-Modell ***Eigenschaftskorrelationen*** innerhalb der von der Parametrisierung erfassten Verbindungsklasse: Es wird ein (im Allgemeinen linearer) Zusammenhang zwischen einer Messgröße G und einer theoretisch (aus berechneten MO-Daten) gewonnenen Kenngröße X angenommen, so dass

a) *Trendaussagen*

(Wie ändert sich G, wenn X größer bzw. kleiner wird?);

b) *Interpolationen und Extrapolationen*

(Welchen Wert hat G für ein Molekül, wenn dessen Wert X zwischen X_1 und X_2 zweier "benachbarter" Moleküle liegt? Welchen Wert hat G für ein Molekül, dessen Wert X oberhalb des äußersten Wertes X_n liegt?)

möglich sind. Hierzu bestimmt man aus einer genügend großen Anzahl von Mess/Rechenpunkten eine Regressionsgerade (s. Abb. 7.12). Wie "gut" zwei Größen G und X korrelieren, zeigt der Korrelationskoeffizient (s. etwa [II.1], Abschn. 7.3.8.; auch Abschn. 20.2.2).

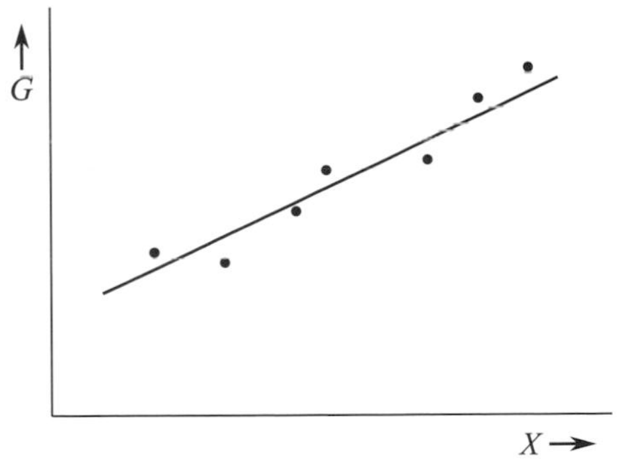

Abb. 7.12
HMO-Eigenschaftskorrelationen: Messwerte G aufgetragen gegen Werte einer HMO-Kenngröße X für Moleküle $M_1, M_2,...$ einer Verbindungsklasse (schematisch)

Beispielsweise lässt sich eine Korrelation zwischen der (experimentell zu bestimmenden) Ratenkonstante der elektrophilen Substitution am endständigen C-Atom eines konjugierten aliphatischen Kohlenwasserstoffs und der π-"Elektronendichte" an diesem C-Atom herstellen. Das wird später in Abschnitt 7.4.3.3 noch genauer diskutiert.

Man sieht, dass Eigenschaftskorrelationen sorgfältig vorbereitet werden müssen. Zu klären ist, ob die Eigenschaft G durch Strukturmerkmale bestimmt wird, die in der HMO-Näherung adäquat erfasst sind (π-Elektronen), ob eine direkte Korrelation zu erwarten ist oder zusätzliche Modellvorstellungen benötigt werden, und ob die zugänglichen experimentellen Daten zuverlässig und (falls sie aus verschiedenen Quellen stammen) konsistent sind; andernfalls kann die Korrelation verfälscht oder gänzlich unsinnig werden.

7.4.3 Durchführung von HMO-Berechnungen

7.4.3.1 Formulierung des HMO-Gleichungssystems

Mit Vernachlässigung der Überlappung gemäß Gleichung (7.77) sieht das Gleichungssystem (7.31) folgendermaßen aus:

$$\sum\nolimits_{\mu=1}^{M} (h_{\lambda\mu}^{\pi-\text{eff}} - \tilde{\varepsilon}^{\pi} \delta_{\lambda\mu}) c_{\mu} = 0 \qquad (\lambda = 1, 2, \ldots, M) \tag{7.80}$$

bzw. in Matrixschreibweise:

$$(\mathbf{h}^{\text{eff}} - \tilde{\varepsilon}^{\pi} \mathbf{1})\, \mathbf{c} = \mathbf{0}\,, \tag{7.80'}$$

wenn man die im vorigen Abschnitt definierten Matrixelemente $h_{\lambda\mu}^{\pi-\text{eff}}$ zur $(M \times M)$-Matrix

$$h^{\text{eff}} \equiv \begin{pmatrix} \alpha_1^{\pi} & \beta_{12}^{\pi} & \beta_{13}^{\pi} & \ldots & \beta_{1M}^{\pi} \\ \beta_{21}^{\pi} & \alpha_2^{\pi} & \beta_{23}^{\pi} & \ldots & \beta_{2M}^{\pi} \\ \ldots\ldots. & & & & \\ \beta_{M1}^{\pi} & \beta_{M2}^{\pi} & \ldots.. & & \alpha_M^{\pi} \end{pmatrix} \tag{7.81}$$

(***Hückel-Matrix***) und die LCAO-Koeffizienten c_{μ} zu einer Spaltenmatrix $\mathbf{c}$ zusammenfasst:

$$\mathbf{c} \equiv \begin{pmatrix} c_1 \\ c_2 \\ \ldots. \\ c_M \end{pmatrix}; \tag{7.82}$$

die Matrizen $\mathbf{1}$ und $\mathbf{0}$ sind die M-reihige Einheitsmatrix bzw. die "Null-Spaltenmatrix":

$$\mathbf{1} \equiv \begin{pmatrix} 1 & 0 & 0 & \ldots & 0 \\ 0 & 1 & 0 & \ldots & 0 \\ \ldots\ldots. & & & & \\ 0 & 0 & \ldots.. & & 1 \end{pmatrix}, \quad \mathbf{0} \equiv \begin{pmatrix} 0 \\ 0 \\ .. \\ 0 \end{pmatrix}. \tag{7.83}$$

Die Bedingung dafür, dass das Gleichungssystem (7.80) nichttriviale Lösungen c_{μ} hat, ist das Verschwinden der Determinante der bei den Unbekannten c_{μ} stehenden Faktoren, also

$$\begin{vmatrix} \alpha_1^\pi - \tilde{\varepsilon}^\pi & \beta_{12}^\pi & \beta_{13}^\pi & \ldots & \beta_{1M}^\pi \\ \beta_{21}^\pi & \alpha_2^\pi - \tilde{\varepsilon}^\pi & \beta_{23}^\pi & \ldots & \beta_{2M}^\pi \\ \ldots \\ \beta_{M1}^\pi & \beta_{M2}^\pi & \ldots & & \alpha_M^\pi - \tilde{\varepsilon}^\pi \end{vmatrix} = 0 \qquad (7.84)$$

(*Säkulargleichung*). Die Auflösung der Determinante führt auf ein Polynom M-ten Grades in $\tilde{\varepsilon}^\pi$ (*charakteristisches Polynom)*, das M Nullstellen $\tilde{\varepsilon}_1^\pi, \tilde{\varepsilon}_2^\pi, \ldots, \tilde{\varepsilon}_M^\pi$ hat; jeder dieser *Eigenwerte* $\tilde{\varepsilon}_i^\pi$ der Hückel-Matrix, eingesetzt in das Gleichungssystem (7.80), ergibt einen Satz von M Koeffizienten $c_{1i}, c_{2i}, \ldots, c_{Mi}$ (einen *Eigenvektor* der Hückel-Matrix) und damit ein MO $\tilde{\phi}_i \equiv \tilde{\phi}_i^\pi$, durch das ein π-Elektron beschrieben werden kann (s. Abschn. 7.2).

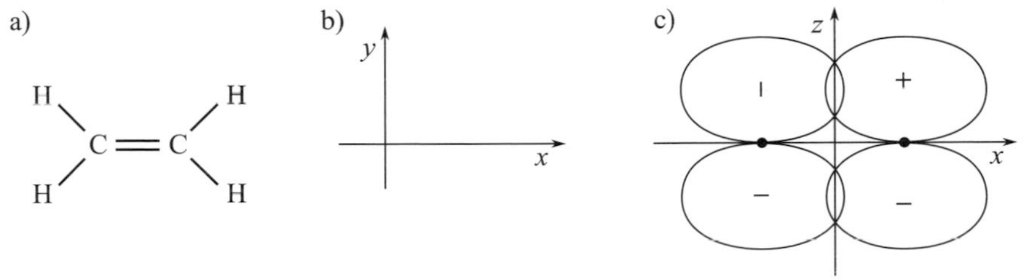

Abb. 7.13 HMO-Näherung für Ethylen C_2H_4: a) Strukturformel; b) Koordinatensystem; c) $2p_z(\equiv p_\pi)$-Orbitale p_1 und p_2 (schematisch)

Zur Illustration betrachten wir das einfachste Beispiel: das Ethylenmolekül (Abb. 7.13a). Für die σ-Bindungen (C–C und die vier C–H-Bindungen) mögen sp^2-Hybride am C-Atom zur Verfügung stehen; dann bleiben für die beiden restlichen Elektronen (die π-Elektronen) die senkrecht zur Molekülebene (x,y) orientierten $2p_z$-AOs der C-Atome, die wir mit p_1 bzw. p_2 bezeichnen (s. Abb. 7.13b,c). Die beiden π-Elektronen bilden das aktive Subsystem ("π-System") und werden durch ein LCAO-MO $\tilde{\phi} \equiv \tilde{\phi}^\pi = c_1 p_1 + c_2 p_2$ beschrieben. Mit $S_{12}^\pi = 0$ und unter Berücksichtigung der hier offensichtlich geltenden Beziehungen $\alpha_1^\pi = \alpha_2^\pi \equiv \alpha^\pi$ und $\beta_{12}^\pi = \beta_{21}^\pi \equiv \beta^\pi$ ergibt sich das Hückel-Gleichungssystem

$$\left.\begin{aligned} (\alpha^\pi - \tilde{\varepsilon}^\pi)c_1 + \beta^\pi c_2 &= 0 \\ \beta^\pi c_1 + (\alpha^\pi - \tilde{\varepsilon}^\pi)c_2 &= 0 \end{aligned}\right\}. \qquad (7.85)$$

Dies ist formal analog zu dem Gleichungssystem (6.16) mit $S = 0$; man erhält somit:

$$\tilde{\phi}_1^\pi = (1/\sqrt{2})(p_1 + p_2) \quad \text{zu} \quad \tilde{\varepsilon}_1^\pi = \alpha^\pi + \beta^\pi, \qquad (7.86a)$$

$$\tilde{\phi}_2^\pi = (1/\sqrt{2})(p_1 - p_2) \quad \text{zu} \quad \tilde{\varepsilon}_2^\pi = \alpha^\pi - \beta^\pi. \qquad (7.86b)$$

Da $\beta^\pi < 0$ gilt (s. oben), beschreibt das MO $\tilde{\phi}_1^\pi$ einen bindenden und $\tilde{\phi}_2^\pi$ einen lockernden Zustand.

Wir verabreden, dass ab hier die besondere Kennzeichnung der Größen, die sich auf die π-Elektronen beziehen, weggelassen wird.

Eine besonders einfache Form hat die HMO-Näherung, wenn die Rümpfe der Atome, die Elektronen zum aktiven Subsystem beisteuern, durchweg gleichartig sind; dieser Fall liegt vor bei H-Aggregaten (H_2^+, H_2) und bei unsubstituierten konjugierten Kohlenwasserstoffen. Dann sind die Coulomb- und die Resonanzintegrale untereinander gleich: alle $\alpha_\lambda \equiv \alpha$ und alle $\beta_{\lambda\mu} \equiv \beta$. Die Hückel-Matrix lässt sich damit folgendermaßen schreiben:

$$\mathbf{h}^{\text{eff}} = \alpha \mathbf{1} + \beta \mathbf{Q}; \tag{7.87}$$

der erste Anteil beinhaltet die Diagonalelemente, der zweite die Nichtdiagonalelemente:

$$\alpha \mathbf{1} = \alpha \begin{pmatrix} 1 & & & \\ & 1 & & \\ \ldots\ldots & & & \\ & & & 1 \end{pmatrix} = \begin{pmatrix} \alpha & & & \\ & \alpha & & \\ \ldots\ldots & & & \\ & & & \alpha \end{pmatrix}, \tag{7.88a}$$

$$\beta \mathbf{Q} = \beta \begin{pmatrix} 0 & 1 & \ldots\ldots & \\ 1 & 0 & 1 \ldots & \\ \ldots\ldots & & & \\ & & & 0 \end{pmatrix} = \begin{pmatrix} 0 & \beta & \ldots\ldots & \\ \beta & 0 & \beta \ldots & \\ \ldots\ldots & & & \\ & & & 0 \end{pmatrix}. \tag{7.88b}$$

Die in Gleichung (7.88b) definierte Matrix $\mathbf{Q}$ enthält sämtliche in der HMO-Näherung relevanten Informationen bezüglich der über das π-Elektronensystem vermittelten Verknüpfungen im Molekül (s. Hückel-Postulat C): Die Nichtdiagonalelemente $\lambda\mu$ sind nur dann gleich 1, wenn die π-Zentren λ und μ "nächste Nachbarn" sind, sonst gleich Null; die Elemente der Hauptdiagonale sind sämtlich Null. Auf Grund dieser Eigenschaft heißt die Matrix $\mathbf{Q}$ *Strukturmatrix* oder auch *topologische Matrix*; sie gibt die Verknüpfungsverhältnisse (Nachbarschaftsbeziehungen) wieder und ist gewissermaßen ein Abbild des Molekül(Struktur)-*Graphen*, den der Chemiker als Strukturformel für einen solchen Fall zeichnen würde.

Eine weitere Vereinfachung wird erreicht, wenn alle Energien in Vielfachen von β angegeben werden. Dividiert man die M Gleichungen (7.80) durch β und bezeichnet die dann erhaltenen Diagonalelemente mit x,

$$(\alpha - \tilde{\varepsilon})/\beta \equiv x, \tag{7.89}$$

so ergibt sich die Matrix ($\mathbf{h}^{\text{eff}} - \tilde{\varepsilon}\,\mathbf{1}$) in einer sehr übersichtlichen und einprägsamen Form:

$$(\mathbf{h}^{\text{eff}} - \tilde{\varepsilon}\,\mathbf{1}) \rightarrow \begin{pmatrix} x & 1 & \ldots.. & \\ 1 & x & 1 & \ldots. \\ \ldots.. & & & \\ \ldots\ldots.. & & & x \end{pmatrix} = x\mathbf{1} + \mathbf{Q}\,. \tag{7.90}$$

Das Gleichungssystem (7.80') schreibt sich dann

$$\begin{pmatrix} x & 1 & \ldots.. & \\ 1 & x & 1 & \ldots. \\ \ldots.. & & & \\ \ldots\ldots.. & & & x \end{pmatrix} \begin{pmatrix} c_1 \\ c_2 \\ \ldots. \\ c_M \end{pmatrix} = \mathbf{0} \tag{7.91}$$

mit der Säkulargleichung

$$\begin{vmatrix} x & 1 & \ldots\ldots & \\ 1 & x & 1 & \ldots \\ \ldots.. & & & \\ \ldots\ldots & & & x \end{vmatrix} = 0\,. \tag{7.92}$$

Es lässt sich schließlich in einfacher Weise auch der Fall einbeziehen, dass das Molekül außer C noch andere Hauptatome (*Heteroatome*) enthält, die π-Elektronen liefern. In der Standardparametrisierung (7.79) führt ein solches Heteroatom A (etwa N oder O) nur zu einem geänderten Coulomb-Integral:

$$\alpha_{\text{A}} = \alpha + d_{\text{A}}\beta \tag{7.93}$$

(mit $\alpha \equiv \alpha_{\text{C}}$), während die Resonanzintegrale für die Bindungen mit dem Heteroatom die gleichen sind wie für C–C-Bindungen $(\beta_{\text{AC}} = \beta_{\text{CC}} \equiv \beta)$.

Damit steht ein leicht anwendbares Rechenschema zur Verfügung. Die Hückel-Matrix und das lineare Gleichungssystem (7.80) werden nach dem folgenden ***Arbeitsrezept*** erhalten:

1. *Aufschreiben der Strukturformel ("Konfiguration")*

   für das Gerüst derjenigen M Zentren, die Elektronen zum π-Elektronensystem (aktives Subsystem) beitragen;

2. *Durchnumerieren der Zentren:* 1, 2, ... , M (in beliebiger Reihenfolge);

3. *Aufstellen der Hückel-Matrix (7.81)*

   Diagonalelemente: α_λ

   Nichtdiagonalelemente: $\begin{cases} \beta_{\lambda\mu}, & \text{falls die Zentren } \lambda \text{ und } \mu \text{ nächste Nachbarn sind (gemäß Strukturformel verknüpft)} \\ 0 & \text{sonst} \end{cases}$

(Nutzung der Vereinfachungsmöglichkeiten bei gleichartigen Zentren);

4. *Aufschreiben des linearen Gleichungssystems (7.80) bzw. (7.91).*

Das Hückel-Gleichungssystem lässt sich mit Hilfe von Computern auch für beliebig große Moleküle bis hin zu Biopolymeren lösen; dafür gibt es leicht anwendbare Programme, die Bestandteil gängiger quantenchemischer Software-Pakete sind (s. Abschn. 17.5).

In den folgenden Abschnitten wird die Durchführung von HMO-Berechnungen und die Auswertung ihrer Ergebnisse anhand eines einfachen Beispiels, des Butadiens (eines reinen konjugierten Kohlenwasserstoffs) demonstriert. Alle Rechenschritte können in diesem Fall mit Hilfe eines Taschenrechners nachvollzogen werden (ÜA 7.9). Das Butadien wird dabei in seiner trans-Konformation vorausgesetzt (s. Abb. 7.14a).

Zur Erinnerung: Eine *Konformation* ist eine geometrische Anordnung der Atome, die ohne Änderung des Verknüpfungsschemas der Atome (Strukturformel, Konfiguration) durch innere Verdrehungen von Atomgruppen verändert werden kann.

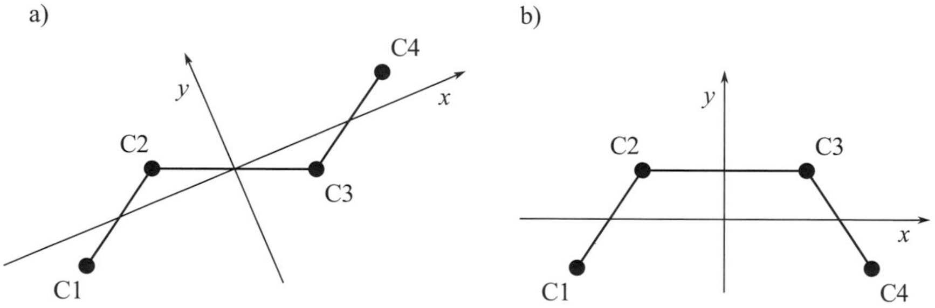

Abb. 7.14 C-Gerüst des Butadienmoleküls (mit Koordinatensystemen): a) trans-Form; b) cis-Form

Wir gehen nach dem obigen Arbeitsrezept vor und gelangen zu dem Gleichungssystem

$$\left.\begin{aligned} xc_1 + c_2 \qquad\qquad &= 0 \\ c_1 + xc_2 + c_3 \qquad &= 0 \\ c_2 + xc_3 + c_4 &= 0 \\ c_3 + xc_4 &= 0 \end{aligned}\right\} . \tag{7.94}$$

7.4.3.2 *HMO-Energien (Hückel-Eigenwerte)*

a) Bestimmung der HMO-Energien

Die Säkulardeterminante ergibt aufgelöst das charakteristische Polynom $P(x)$, dessen Nullstellen diejenigen Werte von x und vermittels Gleichung (7.89) diejenigen $\tilde{\varepsilon}$-Werte liefern, für die das Gleichungssystem (7.94) bzw. (7.80) nichttriviale Lösungen hat. Bei Butadien haben wir die Wurzeln der Säkulargleichung

$$\begin{vmatrix} x & 1 & 0 & 0 \\ 1 & x & 1 & 0 \\ 0 & 1 & x & 1 \\ 0 & 0 & 1 & x \end{vmatrix} \equiv P(x) \equiv x^4 - 3x^2 + 1 = 0 \tag{7.95}$$

zu ermitteln; das Polynom 4. Grades hat vier Nullstellen:

$$x_1 = -1{,}62 \quad \text{entsprechend} \quad \tilde{\varepsilon}_1 = \alpha + 1{,}62\beta\,, \tag{7.96a}$$

$$x_2 = -0{,}62 \quad \text{entsprechend} \quad \tilde{\varepsilon}_2 = \alpha + 0{,}62\beta\,, \tag{7.96b}$$

$$x_3 = 0{,}62 \quad \text{entsprechend} \quad \tilde{\varepsilon}_3 = \alpha - 0{,}62\beta\,, \tag{7.96c}$$

$$x_4 = 1{,}62 \quad \text{entsprechend} \quad \tilde{\varepsilon}_4 = \alpha - 1{,}62\beta\,. \tag{7.96d}$$

Die biquadratische Gleichung (7.95) kann durch die Substitution $x^2 = u$ in eine quadratische Gleichung in u umgewandelt werden. Zu jeder der beiden Wurzeln u_1 und u_2 erhält man dann ein Paar von x-Werten, insgesamt die obigen Lösungen $x_1, \ldots, x_4$.

Da $\beta < 0$ ist, entspricht die Numerierung der MOs ansteigenden Energiewerten. Die HMO-Näherung liefert also nur für vier MOs Näherungswerte (s. Abb. 7.15), darunter für den energetisch tiefsten Zustand, den ein π-Elektron des Butadienmoleküls einnehmen kann: $\tilde{\phi}_1$ zu $\tilde{\varepsilon}_1$. Die MOs zu $\tilde{\varepsilon}_i < \alpha$ (i = 1 und 2) sind *bindend*, die MOs zu $\tilde{\varepsilon}_i > \alpha$ (i = 3 und 4) *lockernd*.

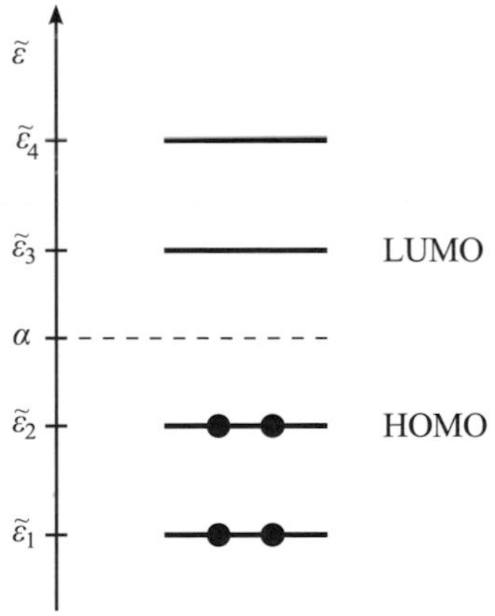

Abb. 7.15
HMO-Terme von Butadien mit ihrer Besetzung im Grundzustand (symbolisiert durch Punkte; schematisch)

Werden die so erhaltenen MOs unter Beachtung des Pauli-Prinzips (d. h. maximal zwei Elektronen pro MO: $b_i \equiv \nu_i \leq 2$) sukzessive mit den vorhandenen vier π-Elektronen besetzt, beginnend beim energetisch tiefsten Zustand, so ergibt sich die (π-) Elektronenkonfiguration des Grundzustands: $b_1 = b_2 = 2,\ b_3 = b_4 = 0$ (s. Abb. 7.15). Besetzen ein oder mehrere π-

Elektronen energetisch höhere MOs, so entsprechen diese Elektronenkonfigurationen angeregten Zuständen.

Die π -Elektronenenergie nach Gleichung (7.38),

$$\tilde{E}^{\pi} = \sum_i b_i \tilde{\varepsilon}_i \,, \tag{7.97}$$

ergibt für den Grundzustand den Wert $4\alpha + 4{,}48\beta$, den man z. B. in der Standard-Parametrisierung auch in eV angeben könnte; dieser Zahlenwert hat allerdings nur für vergleichende Aussagen Bedeutung.

b) Korrelation von HMO-Energien mit Messgrößen

Obgleich die HMO-Näherung es nicht erlaubt, zwischen verschiedenen Multiplizitäten (insbesondere nicht zwischen Singulett- und Triplettzuständen) zu unterscheiden, ist sie doch bei der Korrelation mit *Spektraldaten* und einigen anderen energetischen Größen von Nutzen. Wir können diesbezüglich unmittelbar an Abschnitt 7.3.3 anknüpfen.

Wird ein π -Elektron aus dem energetisch höchsten besetzten in das energetisch tiefste unbesetzte Orbital (vom HOMO ins LUMO) gebracht, so entsteht ein elektronisch angeregtes Molekül M*. Die HOMO-LUMO-Anregung erfordert im Vergleich zu allen anderen Anregungsmöglichkeiten im Termschema Abb. 7.15 die geringste Energie, entspricht daher der größten Wellenlänge. Die Anregungsenergie $\Delta\tilde{E}^{\pi} = \Delta\tilde{\varepsilon} = \tilde{\varepsilon}_{\text{LUMO}} - \tilde{\varepsilon}_{\text{HOMO}}$ sollte also mit der Frequenz der *langwelligsten Absorptionsbande im UV/VIS-Spektrum* korrelieren.

Wird ein Elektron aus dem Molekül M entfernt, so entsteht ein positives Molekülion M^+; die geringste für eine solche Ionisierung aufzuwendende Energie ist im HMO-Modell gleich $|\tilde{\varepsilon}_{\text{HOMO}}|$, so dass die HOMO-Energie mit dem *ersten Ionisierungspotential* I korrelieren sollte. Analog entspricht die Aufnahme eines zusätzlichen Elektrons in das LUMO der Bildung eines negativen Ions M^-; falls letzteres existiert, sollte die *Elektronenaffinität* A mit $\tilde{\varepsilon}_{\text{LUMO}}$ korrelieren. Außerdem kann man auch eine Korrelation dieser beiden MO-Energien mit den polarographischen Halbstufenpotentialen $(E^{1/2})_{\text{oxy}}$ bzw. $(E^{1/2})_{\text{red}}$ annehmen (s. [7.2]).

Betrachten wir schließlich einen organischen Charge-Transfer-Komplex aus einem Molekül D (Donor) und einem Molekül A (Akzeptor), so dass ein π -Elektron aus dem HOMO von D leicht in das LUMO von A übergehen kann. Dann korreliert häufig die Frequenz dieses Übergangs im Spektrum (*CT-Bande*) mit der Differenz $\tilde{\varepsilon}_{\text{LUMO}}(\text{A}) - \tilde{\varepsilon}_{\text{HOMO}}(\text{D})$.

Tatsächlich funktionieren diese Korrelationen bei geeigneter Parametrisierung in der Regel recht gut (d. h. mit betragsmäßig großen Korrelationskoeffizienten, s. Schluss von Abschn. 7.4.2). Man hat auch versucht, *thermochemische Daten* wie Bildungsenthalpie, Verbrennungsenthalpie u. a. mit π -Elektronenenergien, etwa $\tilde{E}^{\pi}$, zu korrelieren. Das stößt jedoch nicht nur praktisch, sondern auch prinzipiell auf Schwierigkeiten, denn es besteht kein einfacher Zusammenhang zwischen einer Enthalpie als messbarer Größe und der Energie $\tilde{E}^{\pi}$. Diese Problematik soll hier nicht weiter im Detail diskutiert werden (vgl. [7.2]).

7.4.3.3 *HMO-LCAO-Koeffizienten (Hückel-Eigenvektoren)*

a) Bestimmung der LCAO-Koeffizienten

Sind die Wurzeln $x_1, x_2, ...$ der Säkulargleichung (7.92) [für Butadien: Gleichung (7.95)] bzw. daraus mit der Beziehung (7.89) $\tilde{\varepsilon}_1, \tilde{\varepsilon}_2, ...$ berechnet, so können diese Werte nacheinander in das Hückel-Gleichungssystem (7.91) [für Butadien: in das Gleichungssystem (7.94)] eingesetzt werden, und dessen Lösung ergibt jeweils die entsprechenden M Eigenvektoren (7.82) und damit nach Gleichung (7.34) die MOs $\tilde{\phi}_1, \tilde{\phi}_2, ..., \tilde{\phi}_M$.

Wie schon angemerkt, lässt sich das für unser Demonstrationsbeispiel Butadien noch sehr leicht "von Hand" durchführen. Bei größeren Systemen ermittelt man mit einem Standard-Lösungsverfahren (z. B. dem Gaußschen Eliminationsverfahren, s. [II.1], Abschn. 9.3.) zu jeder Wurzel x_i bzw. $\tilde{\varepsilon}_i$ unter Berücksichtigung der Normierungsbedingungen

$$c_{1i}^{\;2} + c_{2i}^{\;2} + c_{3i}^{\;2} + c_{4i}^{\;2} = 1 \qquad (\text{für } i = 1, 2, 3, 4) \tag{7.98}$$

(die Überlappungsintegrale werden gemäß Hückel-Postulat A vernachlässigt) einen Satz von Koeffizienten $c_{1i}, ..., c_{4i}$:

zu x_i ($\tilde{\varepsilon}_i$)	c_{1i}	c_{2i}	c_{3i}	c_{4i}
$x_1 = -1{,}62$ ($\tilde{\varepsilon}_1 = \alpha + 1{,}62\beta$)	0,37	0,60	0,60	0,37
$x_2 = -0{,}62$ ($\tilde{\varepsilon}_2 = \alpha + 0{,}62\beta$)	0,60	0,37	−0,37	−0,60
$x_3 = +0{,}62$ ($\tilde{\varepsilon}_3 = \alpha - 0{,}62\beta$)	0,60	−0,37	−0,37	0,60
$x_4 = +1{,}62$ ($\tilde{\varepsilon}_4 = \alpha - 1{,}62\beta$)	0,37	−0,60	0,60	−0,37

(7.99)

Die Durchführung der Rechnungen wird als ÜA 7.9 empfohlen.

In Abb. 7.16 sind diese MOs als Linearkombinationen der $p_z (\equiv p_\pi)$ - AOs $p_1, ..., p_4$ (reell) an den vier C-Zentren,

$$\tilde{\phi}_i = c_{1i} p_1 + c_{2i} p_2 + c_{3i} p_3 + c_{4i} p_4 , \tag{7.100}$$

schematisch dargestellt; dabei bleibt ein Faktor (−1) für jedes $\tilde{\phi}_i$ frei.

Wie in Abb. 7.14a liegt das C-Gerüst des Moleküls in der (x,y)-Ebene. Gezeigt sind in Abb. 7.15 zwei Ansichten: eine von der Seite und eine von oben aus der positiven z-Richtung. Die p_z -Orbitale sind schematisch parallel zur z-Achse orientiert dargestellt; ein schattierter Teil bedeutet positive Werte von

$c_\nu p_\nu$, leer entspricht negativen Werten von $c_\nu p_\nu$. Jeder Koeffizient c_ν staucht ($|c_\nu|<1$) den p_ν-Beitrag. Die gestrichelte Kurve in Abb. 16a ist die Einhüllende dieser $c_\nu p_\nu$-Beiträge in der dargestellten Ebene; sie zeigt, wo das jeweilige MO $\tilde{\phi}_i$ Nullstellen (Knoten[9]) hat.

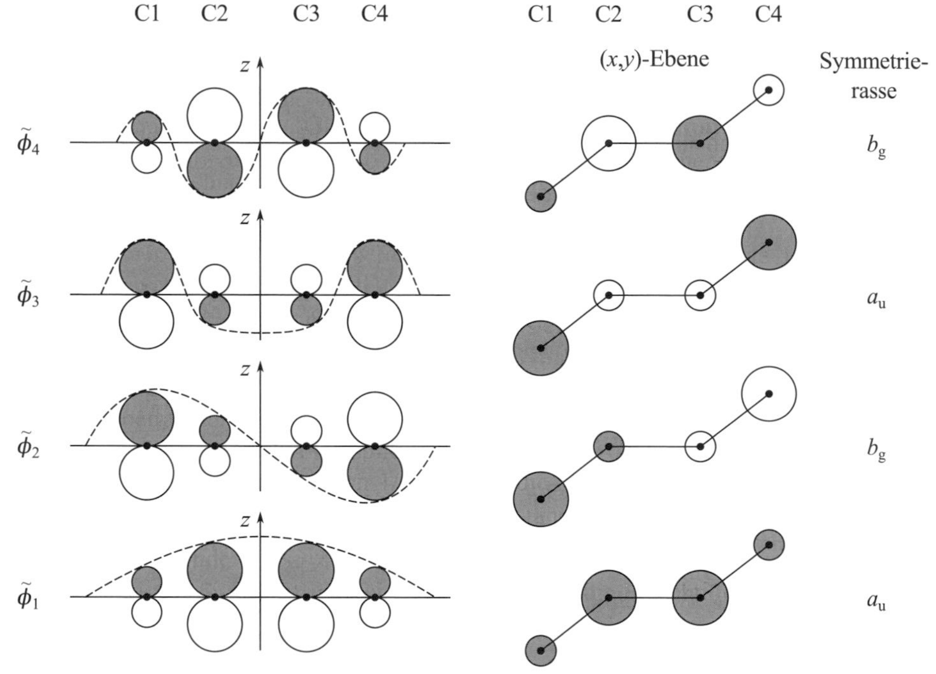

Abb. 7.16 Schematische Darstellung der MOs des trans-Butadiens; Erläuterungen s. Text (nach [7.2])

Man sieht, dass die Anzahl der Knoten mit ansteigender MO-Energie sukzessive um 1 zunimmt: ein MO $\tilde{\phi}_i$ hat $i-1$ Knoten; der energetisch tiefste Zustand $i = 1$ ist knotenlos, wie es stets sein muss (s. etwa Abschn. 2.2.3). Diese Bilder geben (man denke sich die Aufenthaltswahrscheinlichkeitsdichte $[\tilde{\phi}_i(\boldsymbol{r})]^2$ gebildet) einen Eindruck von der Lokalisierung der π-Elektronen und damit auch von den Bindungseigenschaften der MOs: Das energetisch tiefste MO $\tilde{\phi}_1$ ist über das gesamte C-Gerüst delokalisiert, wobei die Aufenthaltswahrscheinlichkeitsdichte eines in $\tilde{\phi}_1$ befindlichen Elektrons in der Bindungsregion C2–C3 am größten ist. Auch $\tilde{\phi}_2$ ist stark delokalisiert mit Bevorzugung der Bindungsregionen C1–C2 und C3–C4. Beide MOs sind bindend, sowohl nach dem Kriterium der Energieabsenkung relativ zu α als auch

[9] Es handelt sich um Knotenflächen (hier: Knotenebenen).

nach dem Kriterium der Dichtekonzentration in Zwischenkernbereichen (s. Abschn. 6.1.5). Demgegenüber ist das MO $\tilde{\phi}_3$ zwar delokalisiert, es erstreckt sich über den gesamten Bereich der C-Zentren, aber in Bindungsregionen sind nennenswerte Dichteanteile nur noch zwischen den Zentren C2 und C3 konzentriert, ansonsten überwiegend in der Umgebung der Zentren C1 und C4. Bei $\tilde{\phi}_4$ schließlich ist die Dichte zwar delokalisiert, jedoch durchweg in der Umgebung der Atome. Bei $\tilde{\phi}_3$ und $\tilde{\phi}_4$ hat man es mit lockernden MOs zu tun.

Die HMOs $\tilde{\phi}_i$ müssen, wenn man mit ihnen die Erwartungswerte der Einelektron-Energie bildet, die Orbitalenergien $\tilde{\varepsilon}_i$ ergeben:

$$\tilde{\varepsilon}_i = \left\langle \tilde{\phi}_i \middle| \hat{h}^{\pi-\mathrm{eff}} \middle| \tilde{\phi}_i \right\rangle = \sum\nolimits_{\nu=1}^{M} c_{\nu i}{}^2 \alpha_\nu + 2\sum\nolimits_{\mu=1}^{M} \sum\nolimits_{\nu(<\mu)=1}^{M} c_{\mu i} c_{\nu i} \beta_{\mu\nu} \,. \qquad (7.101)$$

Für unser Beispiel Butadien kann man das mit den Koeffizienten (7.99) in den MOs (7.100) leicht nachrechnen:

$$\tilde{\varepsilon}_i = \alpha + 2\beta \sum\nolimits_{\mu=1}^{4} \sum\nolimits_{\nu(<\mu)=1}^{4} c_{\mu i} c_{\nu i} \qquad (7.102)$$

unter Berücksichtigung der Normierungsbedingungen (7.98) und des Hückel-Postulats C.

b) π -Elektronendichteverteilung und Besetzungsanalyse. Moleküldiagramme

Die Aufenthaltswahrscheinlichkeitsdichteverteilung der Elektronen in einem Molekül wird durch die Dichtefunktion $\rho(\boldsymbol{r}) \equiv \rho(\boldsymbol{r};\boldsymbol{R})$ angegeben, die wir im Rahmen der MO-Näherung in Abschnitt 7.3.7 diskutiert hatten. Beschreiben wir ein konjugiertes Molekül im HMO-Modell, so erhalten wir nur Informationen über die Dichteverteilung der π -Elektronen:

$$\rho^\pi(\boldsymbol{r}) = \sum\nolimits_{\mu=1}^{M} \sum\nolimits_{\nu=1}^{M} \varphi_\mu(\boldsymbol{r}) \varphi_\nu(\boldsymbol{r}) \tilde{p}_{\mu\nu}^\pi \,; \qquad (7.103)$$

die Elemente $\tilde{p}_{\mu\nu}^\pi$ der *π -Ladungs- und Bindungsordnungsmatrix* ergeben sich gemäß Gleichung (7.64) als

$$\tilde{p}_{\mu\nu}^\pi = \sum\nolimits_i b_i c_{\mu i} c_{\nu i} \,. \qquad (7.104)$$

Wir setzen auf 1 normierte HMOs voraus, so dass analog zu Gleichung (7.48) gilt:

$$\int \rho^\pi(\boldsymbol{r}) \mathrm{d}V = \sum\nolimits_i b_i = N^\pi \,. \qquad (7.105)$$

Werden im Ausdruck (7.103) diagonale (atomare) Anteile $\propto [\varphi_\nu(\boldsymbol{r})]^2$ und nichtdiagonale (Überlappungs-) Anteile $\propto \varphi_\mu(\boldsymbol{r}) \cdot \varphi_\nu(\boldsymbol{r})$ gesondert geschrieben,

$$\rho^\pi(\boldsymbol{r}) = \sum\nolimits_\nu \left(\sum\nolimits_i b_i c_{\nu i}{}^2 \right) [\varphi_\nu(\boldsymbol{r})]^2 + 2\sum\nolimits_\mu \sum\nolimits_{\nu(\neq\mu)} \left(\sum\nolimits_i b_i c_{\mu i} c_{\nu i} \right) \varphi_\mu(\boldsymbol{r}) \cdot \varphi_\nu(\boldsymbol{r})$$

$$= \sum\nolimits_\nu q_\nu^\pi [\varphi_\nu(\boldsymbol{r})]^2 + 2\sum\nolimits_\mu \sum\nolimits_{\nu(<\mu)} p_{\mu\nu}^\pi \varphi_\mu(\boldsymbol{r}) \cdot \varphi_\nu(\boldsymbol{r}) \,, \qquad (7.106)$$

so sind damit die *π -Ladungsordnungen* an den Atomen ν (π -Elektronenbesetzungen),

$$q_\nu^\pi \equiv \sum_i b_i c_{\nu i}{}^2 , \tag{7.107}$$

und die π -*Bindungsordnungen* zwischen den Atomen μ und ν ($\mu \neq \nu$),

$$p_{\mu\nu}^\pi = p_{\nu\mu}^\pi \equiv \sum_i b_i c_{\mu i} c_{\nu i} , \tag{7.108}$$

definiert. Auf Grund der Normierung der Dichtefunktion gemäß Gleichung (7.105) führt die Integration über den Ausdruck (7.106) unter Berücksichtigung des Hückel-Postulats A zu

$$\sum_{\nu=1}^M q_\nu^\pi = N^\pi . \tag{7.109}$$

Damit haben wir die Mullikensche Populationsanalyse des Abschnitts 7.3.7 auf die HMO-Näherung spezialisiert. Wie der Vergleich zeigt, sind die π -Ladungsordnungen q_ν^π nichts anderes als die π -Nettobesetzungen der π -Zentren ν, und die π -Bindungsordnungen $p_{\mu\nu}^\pi$ sind die π -Überlappungsbesetzungen $\mu\!-\!\nu$, berechnet unter den Voraussetzungen der HMO-Näherung. Die den π -Zentren ν zugeordneten Zahlen q_ν^π geben somit ein Maß für die π -Elektronendichte (genauer: Aufenthaltswahrscheinlichkeitsdichte der π -Elektronen) am π -Zentrum ν ; analog kann man (mit Vorbehalt wegen der vernachlässigten Überlappung) die den π -Zentrenpaaren $\mu\!-\!\nu$ zugeordneten Zahlen $p_{\mu\nu}^\pi$ als ein Maß für die zwischen den Atomen μ und ν infolge konstruktiver Interferenz der π -AOs μ und ν angehäufte π -Elektronendichte, also für den π -*Bindungsgrad* und damit für den *Doppelbindungsanteil* nehmen.

Die Ladungs- und Bindungsordnungen aus einer HMO-Berechnung erlauben also zumindest grob-orientierende Aussagen über die Bindungsverhältnisse in einem konjugierten Molekül. Ein nützliches Hilfsmittel, diese Kenngrößen übersichtlich zusammenzustellen, bildet das sogenannte *Moleküldiagramm.* Darunter versteht man ein Bindungsstrichschema für die π -Zentren des Moleküls, wobei an den Zentren ν die Zahlenwerte q_ν^π und an den Verbindungslinien $\mu\!-\!\nu$ die Zahlenwerte $p_{\mu\nu}^\pi$ eingetragen sind (s. Abb. 7.17).

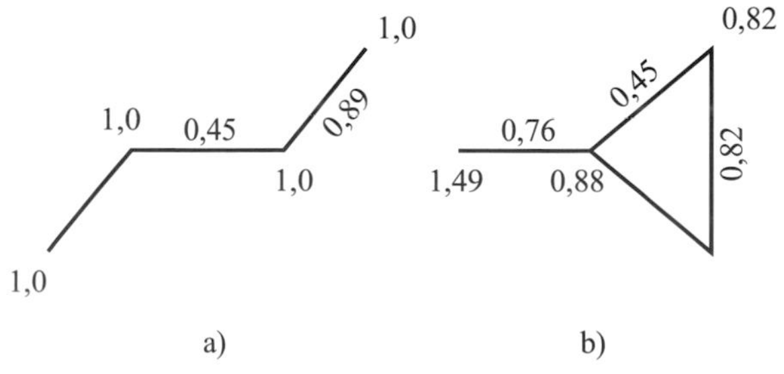

Abb. 7.17
Moleküldiagramme:
a) trans-Butadien;
b) Methylencyclopropen

c) Korrelation von Ladungs- und Bindungsordnungen mit Messgrößen

Anhand der aus einer HMO-Berechnung erhaltenen Ladungs- und Bindungsordnungen lassen sich nicht nur Aussagen über Bindungsverhältnisse und strukturelle Eigenschaften des Moleküls gewinnen, sondern auch Korrelationen mit Messgrößen herstellen.

(i) Alternierende und nichtalternierende Kohlenwasserstoffe

Neutrale konjugierte Kohlenwasserstoffe kann man in zwei Gruppen einteilen. Eine auf den ersten Blick ganz formale topologische Zuordnung zu einer der beiden Gruppen (ohne jeden Bezug zur quantenchemischen Beschreibung) erhält man dadurch, dass man versucht, die C-Atome abwechselnd durch zwei Symbole (z. B. einen Stern $*$ und einen Kreis $\circ$) so zu kennzeichnen, dass keines der Atome ein Atom mit gleichem Symbol als nächsten Nachbarn hat (d. h. im Strukturdiagramm mit ihm durch einen Strich verbunden ist). Gelingt das, wie z. B. bei jeder unverzweigten Kette, so heißt das Molekül *alternierend*, andernfalls *nichtalternierend*. Ein Beispiel eines alternierenden Kohlenwasserstoffs ist Butadien, während Methylencyclopropen nichtalternierend ist.

Diese strukturelle Unterscheidung spiegelt sich in den Ergebnissen von HMO-Berechnungen wider; wir stellen die wichtigsten Besonderheiten zusammen:

Alternierende Kohlenwasserstoffe haben ein symmetrisches MO-Termschema, bezogen auf den Wert α (s. Abb. 7.18). Ein Beispiel mit einer geraden Anzahl von C-Atomen ist Butadien (vgl. Abb. 7.15). Ist die Anzahl der C-Atome ungerade, so ergibt sich als einer der Eigenwerte $x = 0$ ($\tilde{\varepsilon} = \alpha$), zum Beispiel beim Benzylradikal C_7H_7, in dem ein H-Atom am Benzolring durch eine CH_2-Gruppe ersetzt ist, die ein weiteres π-Elektron beisteuert. Das π-Elektron in diesem "nichtbindenden" MO ($\tilde{\varepsilon} = \alpha$) gibt keinen Beitrag zur Bindung.

Für nichtalternierende Kohlenwasserstoffe (Beispiel: Methylencyclopropen, s. Abb. 7.17b und ÜA 7.10c) erhält man ein unsymmetrisches HMO-Termschema.

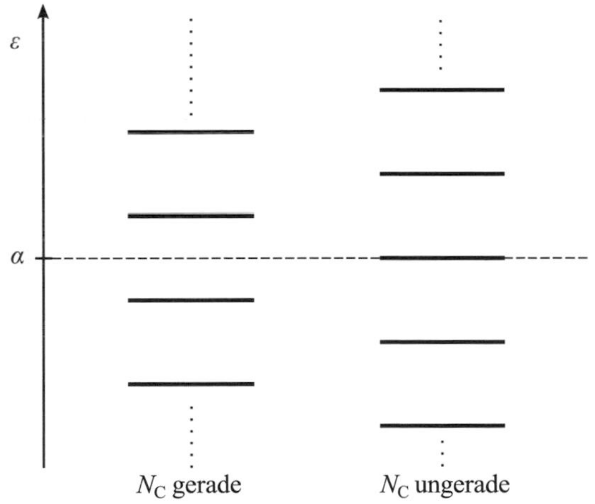

Abb. 7.18
HMO-Termschema alternierender Kohlenwasserstoffe für gerade und für ungerade Anzahl N_C von C-Atomen

Ein weiterer Unterschied in den HMO-Charakteristika besteht darin, dass bei (neutralen) alternierenden Kohlenwasserstoffen alle π-Ladungsordnungen gleich sind: $q_\nu^\pi = 1$, d. h. die "Ladungsdichte" der π-Elektronen verteilt sich gleichmäßig über die C-Zentren. Das ist anders bei nichtalternierenden Kohlenwasserstoffen. Dementsprechend haben nichtalternierende Kohlenwasserstoffe in der Regel ein elektrisches Dipolmoment, genauer: einen π-Beitrag zum Dipolmoment (s. Punkt *(iii)*), alternierende Kohlenwasserstoffe hingegen nicht.

(ii) Delokalisierung der π-Elektronen und Doppelbindungsanteil

Wir greifen die Diskussion zur Lokalisierung (s. oben, Punkt *a*) noch einmal auf. Als ein Maß für die Lokalisierung der π-Elektronen im Gerüst der π-Zentren kann man die Schwankung der Bindungsordnungen betrachten: Je unterschiedlicher die $p_{\mu\nu}^{\pi}$-Werte sind, insbesondere wenn kleine Werte vorkommen, desto eingeschränkter ist der "Bewegungsspielraum" der π-Elektronen; je weniger die $p_{\mu\nu}^{\pi}$-Werte schwanken, desto weniger ist die Bewegung der π-Elektronen eingeschränkt, desto stärker also die Delokalisierung.

Die Werte der π-Bindungsordnung $p_{\mu\nu}^{\pi}$ geben auch ein Maß für den Beitrag des Atompaares μ–ν zur Stabilisierung des π-Elektronensystems; explizite sieht man das weiter unten aus der Formel (7.110) für die π-Elektronenenergie $\tilde{E}^{\pi}$.

Die Zahlenwerte von $p_{\mu\nu}^{\pi}$ korrelieren mit der gängigen empirischen Klassifizierung der Bindungen nach ihrem Doppelbindungsanteil und dementsprechend auch mit dem C–C-Bindungsabstand $R_{\mu\nu}$:

$p_{\mu\nu}^{\pi} < 0{,}5$	annähernd reine Einfachbindung	$R_{\mu\nu} \approx 1{,}50$ Å
$0{,}5 < p_{\mu\nu}^{\pi} < 0{,}75$	C–C-Bindung in einem aromatischen Molekül	$R_{\mu\nu} \approx 1{,}40$ Å
$p_{\mu\nu}^{\pi} > 0{,}75$	nahezu reine Doppelbindung	$R_{\mu\nu} \approx 1{,}35$ Å.

(iii) Korrelation mit physikalischen Größen

Obwohl die Beiträge der π-Elektronen zu physikalischen Größen prinzipiell nicht messbar (keine Observablen) sind, können sie für *qualitative* Diskussionen und für Korrelationen mit messbaren Größen nützlich sein. Da alle Erwartungswerte im Rahmen der HMO-Näherung durch die Dichteverteilung $\rho^{\pi}(\boldsymbol{r})$, Gleichung (7.106), bestimmt werden, setzen sie sich aus Ladungs- und Bindungsordnungsanteilen q_{ν}^{π} bzw. $p_{\mu\nu}^{\pi}$ zusammen. So ergibt sich, wenn man die Gleichungen (7.97), (7.101), (7.107) und (7.108) sowie die Definitionen (7.32a,b) für die Coulomb- und die Resonanzintegrale benutzt, die π-Elektronenenergie

$$\begin{aligned}\tilde{E}^{\pi} &= \sum\nolimits_i b_i \left\langle \tilde{\phi}_i \middle| \hat{h}^{\pi-\mathrm{eff}} \middle| \tilde{\phi}_i \right\rangle \\ &= \sum\nolimits_{\nu} q_{\nu}^{\pi} \alpha_{\nu} + 2 \sum\nolimits_{\mu} \sum\nolimits_{\nu(<\mu)} p_{\mu\nu}^{\pi} \beta_{\mu\nu} \, ,\end{aligned} \tag{7.110}$$

und der π-Elektronenanteil am elektrischen Dipolmoment

$$\boldsymbol{d}^{\pi} = \sum_i b_i \langle \tilde{\phi}_i | (-\bar{e}\boldsymbol{r}) | \tilde{\phi}_i \rangle$$
$$= (-\bar{e}) \sum_{\nu} q_{\nu}^{\pi} \langle \varphi_{\nu} | \boldsymbol{r} | \varphi_{\nu} \rangle + 2(-\bar{e}) \sum_{\mu} \sum_{\nu(<\mu)} p_{\mu\nu}^{\pi} \langle \varphi_{\mu} | \boldsymbol{r} | \varphi_{\nu} \rangle . \quad (7.111)$$

Für reine konjugierte Kohlenwasserstoffe, also durchweg gleichartige π -Zentren, fallen die Atompaar-Beiträge zum Dipolmoment in Gleichung (7.111) weg, und es resultiert eine sehr einfache Formel, die wir hier ohne Herleitung angeben:

$$\boldsymbol{d}^{\pi} = (-\bar{e}) \sum_{\nu} q_{\nu}^{\pi} \boldsymbol{R}_{\nu} \quad (7.112)$$

wobei $\boldsymbol{R}_{\nu}$ der Ortsvektor des ν -ten π -Zentrums im gewählten Koordinatensystem ist. Dass sich ein solcher Ausdruck ergibt, in dem sich $\boldsymbol{d}^{\pi}$ additiv aus den Beiträgen der " π -Ladungen" $(-\bar{e})q_{\nu}^{\pi}$ an den Positionen $\boldsymbol{R}_{\nu}$ zusammensetzt, ist plausibel.

Das gesamte elektrische Dipolmoment des Moleküls in dieser Näherung, $\boldsymbol{d}_{\text{mol}}^{(\pi)}$, erhält man durch Hinzufügen der Beiträge der Atomrümpfe mit den Ladungen $Z_{\nu}^{\text{eff}}\bar{e}$ an den Punkten $\boldsymbol{R}_{\nu}$, also:

$$\boldsymbol{d}_{\text{mol}}^{(\pi)} = \bar{e} \sum_{\nu} \left(Z_{\nu}^{\text{eff}} - q_{\nu}^{\pi} \right) \boldsymbol{R}_{\nu} . \quad (7.113)$$

In der Regel ist die effektive Rumpfladungszahl Z_{ν}^{eff} gleich 1 zu setzen, wenn das (ungeladene) Atom ν *ein* Elektron in das π -Elektronensystem abgegeben hat. Bei alternierenden Kohlenwasserstoffen ist $q_{\nu} = Z_{\nu}^{\text{eff}} = 1$ für alle ν, und das Dipolmoment (7.113) verschwindet (s. Punkt *(i)*). Das Dipolmoment eines ungeladenen Moleküls ist vom Bezugspunkt (Koordinatennullpunkt) unabhängig (s. Abschn. 4.4.2.1 und 17.4.3.2).

Verwendet man diese Formeln mit HMO-Rechenergebnissen für q_{ν}^{π} und $p_{\mu\nu}^{\pi}$, so ergeben sich numerisch unsinnige Werte (etwa viel zu große Dipolmomente); für Korrelationen jedoch können sie durchaus brauchbar sein.

Die Bindungsordnungen $p_{\mu\nu}^{\pi}$ korrelieren ferner (wenn auch nicht linear) mit den Barrieren ΔU der Torsion um die Bindungen $\mu\!-\!\nu$:

Ethylen (s. Ab 7.14.)	$p_{12}^{\pi} = 1{,}0$	$\Delta U = 272\ \text{kJ/mol}$;
Butadien (s. Abb. 7.15)	$p_{23}^{\pi} = 0{,}45$	$\Delta U = 30\ \text{kJ/mol}$;
Ethan	$p_{12}^{\pi} = 0$	$\Delta U = 12\ \text{kJ/mol}$.

Damit sind die Möglichkeiten der Eigenschaftskorrelationen mit HMO-Ladungs- und Bindungsordnungen keineswegs erschöpft. Ein weiteres wichtiges Anwendungsgebiet ist z. B. die *Molekülreaktivität*: Es lassen sich beispielsweise mit Ladungs- und Bindungsordnungen sogenannte *Reaktivitätsindizes* bilden, die sich als Maßzahlen für die "Reaktionsfreudigkeit" konjugierter Kohlenwasserstoffe in bestimmten Typen von Reaktionen eignen.

So liegt es nahe zu vermuten, dass die π-Ladungsverteilung in einem konjugierten Molekül seine Reaktionsfähigkeit bei elektrophilem oder nucleophilem Angriff, d. h. bei der Wechselwirkung mit einem kationischen bzw. anionischen Reaktionspartner, bestimmt. Beispielsweise wird ein Kation $X^{\oplus}$ bevorzugt an einer Position μ mit einem hohen Wert der π-Ladungsordnung angreifen, und die Geschwindigkeitskonstante der entsprechenden Reaktion (s. Kap. 12) sollte mit diesem *Reaktivitätsindex* q_{μ}^{π} korrelieren. Für radikalische Reaktionen (d. h. ein Radikal $X^{\bullet}$ als Reaktionspartner) erweist sich die sogenannte *Freie Valenz*

$$F_{\mu} \equiv \sqrt{3} - \sum\nolimits_{\nu(\neq\mu)} p_{\mu\nu}^{\pi} \tag{7.114}$$

als geeigneter Reaktivitätsindex. An Positionen μ, an denen dieser Parameter die größten Werte annimmt, wird der radikalische Angriff bevorzugt erfolgen, und es ist eine Korrelation mit dem entsprechenden Geschwindigkeitskoeffizienten zu erwarten. Die Summation läuft über alle π-Zentren ν, die an das Zentrum μ direkt gebunden sind. Ausführlicher kann man über solche Reaktivitätsindizes in [7.2] nachlesen.

Im Zusammenhang mit Reaktivitätsproblemen ist schließlich noch auf eine Art symmetriebedingter Auswahlregeln für bestimmte Reaktionen (*Woodward-Hoffmann-Regeln*) hinzuweisen, die sich im Rahmen einfacher MO-Näherungen formulieren lassen und bei denen Korrelationsdiagramme für MOs (s. Abschn. 7.4.4) eine zentrale Rolle spielen. Auf diesen Problemkreis kommen wir dann in Abschnitt 13.5 zurück.

7.4.4 HMO-Korrelationsdiagramme

Die HMO-Beschreibung liefert für verschiedene Konformationen eines konjugierten Moleküls zunächst identische Ergebnisse: MO-Energien und –Koeffizienten und alle daraus resultierenden Folgegrößen stimmen exakt überein. Der Grund dafür sind die Hückel-Postulate A und C, also die Beschränkung auf Wechselwirkungen zwischen nächsten Nachbarn; dadurch ergeben sich die gleichen Hückel-Matrizen für verschiedene Kernanordnungen, wenn die Verknüpfungen die gleichen sind.

Tab. 7.3 Symmetrierassen der HMOs von cis- und trans-Butadien

MO-Nr. i	1	2	3	4
cis	b_2	a_2	b_2	a_2
trans	a_u	b_g	a_u	b_g

Es lassen sich jedoch weitere Aussagen gewinnen, wenn die Konformationen (genauer: ihre Rumpfgerüste, d. h. Kerne plus innere Schalen und σ-Elektronen) jeweils bestimmte Symmetrien haben. Dann gehören die HMOs und die Gesamtzustände des π-Elektronensystems zu bestimmten Symmetrierassen. Nehmen wir wieder als Beispiel das Butadien-Molekül und betrachten zwei Kernanordnungen: die cis- und die trans-Konformation, wie sie in Abb. 7.14

skizziert sind. Das Rumpfgerüst des cis-Butadiens hat die Symmetriegruppe $\boldsymbol{C}_{2v}$, das des trans-Butadiens die Symmetriegruppe $\boldsymbol{C}_{2h}$. Die HMO-Energien (7.96a-d) und die MO-Koeffizienten (7.99) sind für beide Konformationen die gleichen. Vergleicht man das Verhalten von MO-Bildern wie Abb. 7.16 bei den Symmetrieoperationen der jeweiligen Gruppe mit den Charakteren der irreduziblen Darstellungen in Anhang A1.3, dann zeigt sich, dass die MOs die in Tab. 7.3 angegebenen Symmetrierassen haben (s. auch Abb. 7.16); zu beachten ist hierbei: die Molekülebene für die cis-Konformation ($\boldsymbol{C}_{2v}$) wurde gemäß Abb. 7.14 als (x,y)-Ebene gewählt.

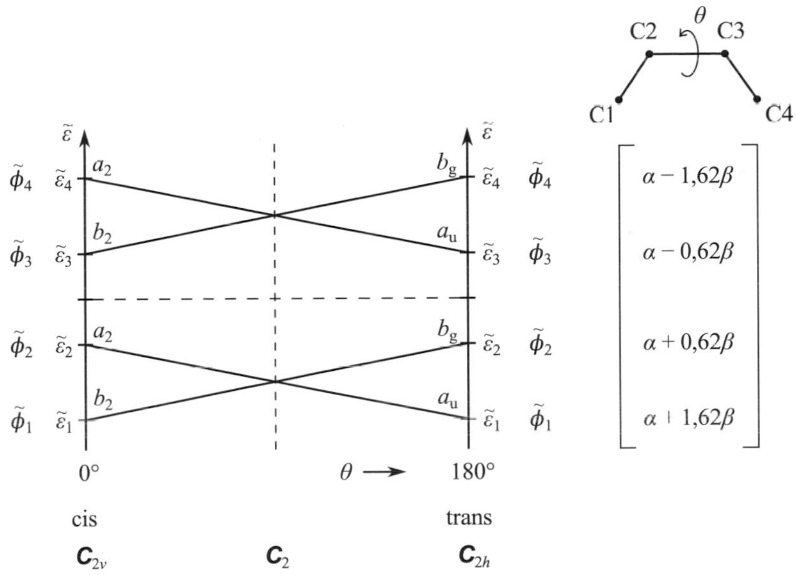

Abb. 7.19 Orbital-Korrelationsdiagramm für die cis-trans-Isomerisierung von Butadien

In Abb. 7.19 sind die MO-Niveaus und die Symmetrierassen in den beiden Konformatioen des Butadiens jeweils auf einer Energieskala eingetragen. Die *adiabatische Korrelation* beim Übergang von einer Konformation in die andere erfolgt so, dass bei Änderung des Verdrillungswinkels $\theta = 0° \rightarrow 180°$ (cis $\rightarrow$ trans) die Symmetrierasse bezüglich derjenigen Symmetriegruppe des Rumpfes, die entlang des gesamten Weges gilt, unverändert bleibt; diese Symmetriegruppe ist $\boldsymbol{C}_2$ mit den Operationen E und C_2 .[10] An den beiden Endpunkten des Weges erhöht sich die Symmetrie auf $\boldsymbol{C}_{2v}$ (cis) bzw. $\boldsymbol{C}_{2h}$ (trans). Die Symmetrierasse bezüglich $\boldsymbol{C}_2$ wird durch das Verhalten bei der Operation C_2 bestimmt: sie ist vom Typ a, wenn das MO bei Ausübung von C_2 unverändert bleibt, oder b, wenn das MO das Vorzeichen wechselt. Zu verbinden sind also, beim energetisch tiefsten MO beginnend, a mit a und b mit b, wobei nur Verknüpfungslinien zu unterschiedlichen Symmetrierassen sich überschneiden dürfen (s. Anhang A1.5.2).

[10] Die zweizählige Drehachse steht senkrecht auf der Kernverbindungslinie C2 – C3 und halbiert den Winkel zwischen den beiden Ebenen C1C2C3 und C2C3C4 (Diederwinkel).

Die Zustände des gesamten π - Elektronensystems des Butadiens werden gemäß Gleichung (7.28) durch einfache Produkte der besetzten MOs beschrieben; jedes solche Produkt entspricht einer Elektronenkonfiguration (7.35). Den Grundzustand erhält man dadurch, dass die beiden energetisch tiefsten MOs, $\tilde{\phi}_1$ und $\tilde{\phi}_2$, jeweils doppelt besetzt werden; er entspricht der Elektronenkonfiguration $(1)^2(2)^2$. Außer dieser Grundkonfiguration betrachten wir noch einige angeregte Konfigurationen: In der energetisch nächsthöheren Konfiguration ist ein Elektron aus dem HOMO ins LUMO angehoben ($\tilde{\phi}_2 \rightarrow \tilde{\phi}_3$); dann folgt eine Konfiguration, die einer Anregung aus dem HOMO ins übernächste MO entspricht ($\tilde{\phi}_2 \rightarrow \tilde{\phi}_4$), usw. in der Reihenfolge ansteigender π - Gesamtenergie $\tilde{E}^{\pi}$ (von unten nach oben in der folgenden Liste):

π - Elektronenkonfiguration	Orbitalprodukt-Wellenfunktion	π - Elektronenenergie $\tilde{E}^{\pi}$	
………	………	………	
$(1)^1(2)^2(4)^1$	$\tilde{\Phi}_1^4 = \tilde{\phi}_1(1)\cdot\tilde{\phi}_2(2)\cdot\tilde{\phi}_2(3)\cdot\tilde{\phi}_4(4)$	$\tilde{\varepsilon}_1 + 2\tilde{\varepsilon}_2 + \tilde{\varepsilon}_4$	
$(1)^2(3)^2$	$\tilde{\Phi}_{22}^{33} = \tilde{\phi}_1(1)\cdot\tilde{\phi}_1(2)\cdot\tilde{\phi}_3(3)\cdot\tilde{\phi}_3(4)$	$2\tilde{\varepsilon}_1 + 2\tilde{\varepsilon}_3$	
$(1)^1(2)^2(3)^1$	$\tilde{\Phi}_1^3 = \tilde{\phi}_1(1)\cdot\tilde{\phi}_2(2)\cdot\tilde{\phi}_2(3)\cdot\tilde{\phi}_3(4)$	$\tilde{\varepsilon}_1 + 2\tilde{\varepsilon}_2 + \tilde{\varepsilon}_3$	(7.115)
$(1)^2(2)^1(4)^1$	$\tilde{\Phi}_2^4 = \tilde{\phi}_1(1)\cdot\tilde{\phi}_1(2)\cdot\tilde{\phi}_2(3)\cdot\tilde{\phi}_4(4)$	$2\tilde{\varepsilon}_1 + \tilde{\varepsilon}_2 + \tilde{\varepsilon}_4$	
$(1)^2(2)^1(3)^1$	$\tilde{\Phi}_2^3 = \tilde{\phi}_1(1)\cdot\tilde{\phi}_1(2)\cdot\tilde{\phi}_2(3)\cdot\tilde{\phi}_3(4)$	$2\tilde{\varepsilon}_1 + \tilde{\varepsilon}_2 + \tilde{\varepsilon}_3$	
$(1)^2(2)^2$	$\tilde{\Phi}_0 = \tilde{\phi}_1(1)\cdot\tilde{\phi}_1(2)\cdot\tilde{\phi}_2(3)\cdot\tilde{\phi}_2(4)$	$2\tilde{\varepsilon}_1 + 2\tilde{\varepsilon}_2$	

Die unteren Indizes an den Wellenfunktionen für die angeregten Elektronenkonfigurationen geben die Nummern der Herkunfts-MOs an, die oberen Indizes die Nummern der Ziel-MOs. In Abb. 7.20 sind auf den beiden Energieskalen die π - Gesamtenergien $\tilde{E}^{\pi}$ der Zustände und deren Symmetrierassen, links für die cis- und rechts für die trans-Konformation, markiert; diese Symmetrierassen lassen sich nach Anhang A1.5.1 ermitteln.

Im vorliegenden Fall ergeben sich die Symmetrierassen der Gesamtzustände in sehr einfacher Weise aus den Symmetrierassen der MOs (s. Tab. 7.3 und Abb. 7.19). Die direkten Produkte der eindimensionalen irreduziblen Darstellungen sind durch die Produkte der Charaktere gegeben; man erhält $A\times A = B\times B = A$, $A\times B = B\times A = B$ sowie $\mathrm{g}\times\mathrm{g} = \mathrm{u}\times\mathrm{u} = \mathrm{g}$, $\mathrm{g}\times\mathrm{u} = \mathrm{u}$ (s. Anhang A1.3). Dabei braucht man nur die einfach besetzten MOs zu berücksichtigen; doppelt besetzte MOs ergeben immer die Symmetrierasse A (bzw. A_1 oder A_g). Man beachte die Groß- und Kleinschreibung der Symbole: Kleinbuchstaben für Einelektronzustände (MOs), Großbuchstaben für Gesamtzustände (hier des π - Systems).

Um die *adiabatische Korrelation* zwischen den Gesamt-Zuständen zur cis-Konformation und denen zur trans-Konformation herzustellen, müssen wir untersuchen, wie sich die Orbitalkorrelationen (Abb. 7.19) in den Produkten (7.115) auswirken. So erhalten wir für den Grundzustand:

$$\tilde{\Phi}_0^{\text{cis}} = \tilde{\phi}_1 \cdot \tilde{\phi}_1 \cdot \tilde{\phi}_2 \cdot \tilde{\phi}_2 \ \leftrightarrow \ \tilde{\phi}_2 \cdot \tilde{\phi}_2 \cdot \tilde{\phi}_1 \cdot \tilde{\phi}_1 = \tilde{\Phi}_0^{\text{trans}} \quad \text{zu } \tilde{E}^{\pi} = 2\tilde{\varepsilon}_1 + 2\tilde{\varepsilon}_2 \,. \tag{7.116a}$$

Die tiefste angeregte cis-Elektronenkonfigurationen $(1)^2(2)^1(3)^1$ geht in eine energetisch viel höher gelegene trans-Konfiguration über:

$$\tilde{\Phi}_2^{3\,\text{cis}} = \tilde{\phi}_1 \cdot \tilde{\phi}_1 \cdot \tilde{\phi}_2 \cdot \tilde{\phi}_3 \ \leftrightarrow \ \tilde{\phi}_2 \cdot \tilde{\phi}_2 \cdot \tilde{\phi}_1 \cdot \tilde{\phi}_4 = \tilde{\Phi}_1^{4\,\text{trans}} \quad \text{zu } \tilde{E}^{\pi} = \tilde{\varepsilon}_1 + 2\tilde{\varepsilon}_2 + \tilde{\varepsilon}_4 \tag{7.116b}$$

(s. die entsprechende gestrichelte Linie in Abb. 7.20); die Energiedifferenz zwischen den beiden Elektronenkonfigurationen beträgt $2|\beta|$.

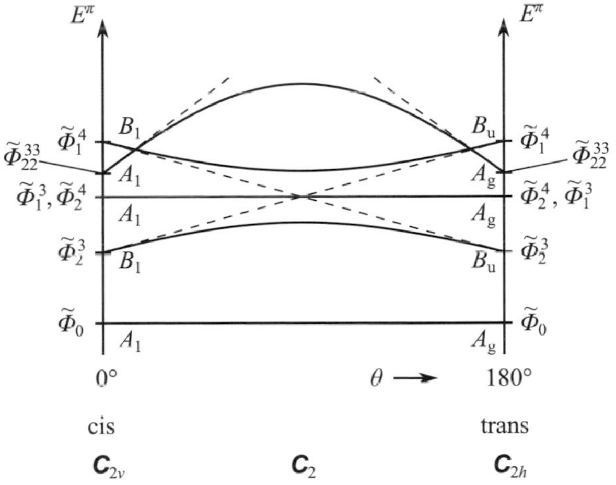

Abb. 7.20
Korrelation der tiefsten Zustände des π - Elektronensystems von Butadien (schematisch)

Die Verknüpfungen bei der Konformationsänderung $\theta = 0° \rightarrow 180°$ (cis $\rightarrow$ trans) können nun wieder unter Beachtung der Symmetrierassen bezüglich der auf dem Wege geltenden Symmetriegruppe $\boldsymbol{C}_2$ vorgenommen werden: adiabatisch korrelieren A-Terme mit A-Termen und B-Terme mit B-Termen (zur Bezeichnungsweise s. Anhang A1.3.3.2); dabei dürfen sich Linien zu gleicher Symmetrierasse nicht kreuzen. Die Überschneidung der beiden (gestrichelten) B-Terme ist somit verboten, und die adiabatische Korrelation erzwingt einen geglätteten Verlauf unter Vermeidung eines abrupten Wechsels zwischen den beiden cis-Elektronenkonfigurationen $(1)^2(2)^1(3)^1$ und $(1)^1(2)^2(4)^1$. Der erste angeregte Zustand des π-Elektronensystems von Butadien kann dementsprechend nicht durch eine einzige π-Elektronenkonfiguration beschrieben werden, sondern erfordert eine Mischung zumindest zweier Konfigurationen:

$$\tilde{\Phi} = c\,\tilde{\Phi}_2^3 + c'\,\tilde{\Phi}_1^4 \,, \tag{7.117}$$

welche die korrekte Korrelation liefert. Es ergeben sich die durchgezogenen glatten Kurven in Abb. 7.20; ihr Verlauf legt den Schluss nahe, dass es im ersten angeregten Zustand des Butadiens eine signifikante Barriere für die cis-trans-Isomerisierung gibt.

Wir kommen auf diesen Problemkreis später in einem größeren Zusammenhang erneut zu sprechen (s. Abschn. 13.2.2 und Abschn. 13.4).

7.4.5 HMO-Störungsrechnung

Die HMO-Näherung bietet einfache Möglichkeiten dafür abzuschätzen, wie sich kleine Änderungen in einem konjugierten Molekül auf die MO-Terme (Orbitalenergien) und die π-Elektronenenergie auswirken – also eine typisch störungstheoretische Problemstellung (s. Abschn. 4.4.2). Wir beschränken uns auf die erste Ordnung der Störungstheorie.

Eine Änderung am Molekül führt zu einer Änderung des effektiven Hamilton-Operators und damit zu Änderungen an den Coulomb- und Resonanzintegralen. Wir bezeichnen mit $\hat{h}_0^{\pi-\mathrm{eff}}$ den ungestörten effektiven Einelektron-Hamilton-Operator sowie mit $\alpha_\mu^{(0)}$ und $\beta_{\mu\nu}^{(0)}$ die entsprechenden Coulomb- bzw. Resonanzintegrale:

$$\alpha_\mu^{(0)} \equiv \left\langle \varphi_\mu \middle| \hat{h}_0^{\pi-\mathrm{eff}} \middle| \varphi_\mu \right\rangle, \tag{7.118a}$$

$$\beta_{\mu\nu}^{(0)} \equiv \left\langle \varphi_\mu \middle| \hat{h}_0^{\pi-\mathrm{eff}} \middle| \varphi_\nu \right\rangle; \tag{7.118b}$$

$\{ \varphi_\mu \}$ sei der zugrundegelegte Basissatz, der aus p_π-AOs an den Zentren μ besteht. Die Störung ändert den Operator $\hat{h}_0^{\pi-\mathrm{eff}}$,

$$\hat{h}_0^{\pi-\mathrm{eff}} \to \hat{h}^{\pi-\mathrm{eff}} = \hat{h}_0^{\pi-\mathrm{eff}} + \hat{h}' ; \tag{7.119}$$

die Coulomb- bzw. Resonanzintegrale ändern sich dadurch entsprechend:

$$\alpha_\mu^{(0)} \to \alpha_\mu = \alpha_\mu^{(0)} + \delta\alpha_\mu , \tag{7.120a}$$

$$\beta_{\mu\nu}^{(0)} \to \beta_{\mu\nu} = \beta_{\mu\nu}^{(0)} + \delta\beta_{\mu\nu} , \tag{7.120b}$$

mit den Korrekturen

$$\delta\alpha_\mu \equiv \left\langle \varphi_\mu \middle| \hat{h}' \middle| \varphi_\mu \right\rangle, \tag{7.121a}$$

$$\delta\beta_{\mu\nu} \equiv \left\langle \varphi_\mu \middle| \hat{h}' \middle| \varphi_\nu \right\rangle. \tag{7.121b}$$

Setzt man den geänderten Operator $\hat{h}^{\pi-\mathrm{eff}}$ in den Ausdruck (7.101) ein,

$$\tilde{\varepsilon}_i^{(0)} \to \tilde{\varepsilon}_i = \left\langle \tilde{\phi}_i^{(0)} \middle| \left(\hat{h}_0^{\pi-\mathrm{eff}} + \hat{h}' \right) \middle| \tilde{\phi}_i^{(0)} \right\rangle = \tilde{\varepsilon}_i^{(0)} + \delta\tilde{\varepsilon}_i , \tag{7.122}$$

so ergibt sich die Störungskorrektur erster Ordnung zur Orbitalenergie $\tilde{\varepsilon}_i^{(0)}$:

$$\delta\tilde{\varepsilon}_i = \sum\nolimits_{\nu=1}^{M} [c_{\nu i}^{(0)}]^2 \delta\alpha_\nu + 2\sum\nolimits_{\nu=1}^{M} \sum\nolimits_{\mu(<\nu)=1}^{M} c_{\mu i}^{(0)} c_{\nu i}^{(0)} \delta\beta_{\mu\nu} \tag{7.123}$$

mit den in den Gleichungen (7.121a,b) definierten Integral-Korrekturen $\delta\alpha_\mu$ und $\delta\beta_{\mu\nu}$ sowie den für das ungestörte Problem erhaltenen MOs $\tilde{\phi}_i^{(0)}$ bzw. LCAO-Koeffizienten $c_{\nu i}^{(0)}$. Durch Summation über alle besetzten MOs $\tilde{\phi}_i^{(0)}$ erhält man unter Beachtung der Definitionen (7.107) und (7.108) die veränderte π-Elektronen-Gesamtenergie:

$$\tilde{E}^{\pi(0)} \rightarrow \tilde{E}^{\pi} = \tilde{E}^{\pi(0)} + \delta\tilde{E}^{\pi} \qquad (7.124)$$

mit der Korrektur erster Ordnung

$$\delta\tilde{E}^{\pi} = \sum_{\nu} q_{\nu}^{\pi(0)} \delta\alpha_{\nu} + 2\sum_{\nu}\sum_{\mu(<\nu)} p_{\mu\nu}^{\pi(0)} \delta\beta_{\mu\nu} \; ; \qquad (7.125)$$

der obere Index (0) an den Ladungs- und Bindungsordnungen zeigt an, dass diese [gemäß Gln. (7.107), (7.108)] mit den LCAO-Koeffizienten $c_{\nu i}^{(0)}$ des ungestörten Problems gebildet wurden.

Wenn man die Größen $\delta\tilde{E}^{\pi}$, $\delta\alpha_{\mu}$ und $\delta\beta_{\mu\nu}$ als Differentiale auffasst, so lassen sich die Ladungs- und Bindungsordnungen als partielle Ableitungen der π -Elektronen-Gesamtenergie schreiben:

$$q_{\nu}^{\pi(0)} = \partial\tilde{E}^{\pi(0)} / \partial\alpha_{\nu} \, , \qquad (7.126a)$$

$$p_{\mu\nu}^{\pi(0)} = \partial\tilde{E}^{\pi(0)} / \partial\beta_{\mu\nu} \, ; \qquad (7.126b)$$

sie sind also ein Maß für die "Empfindlichkeit" von $\tilde{E}^{\pi(0)}$ gegenüber Änderungen der Coulomb- bzw. Resonanzintegrale.

Diese Resultate sind auf eine große Vielfalt praktisch wichtiger Problemstellungen anwendbar: So lässt sich die π -Elektronen-Gesamtenergie eines konjugierten Moleküls aus der für ein bereits berechnetes, strukturell verwandtes Molekül bestimmen, ohne nochmals eine vollständige HMO-Rechnung durchführen zu müssen, und es können Trendaussagen bezüglich zu erwartender energetischer Änderungen infolge Störungen im oder am Molekül (z. B. Geometrieänderungen, Umgebungseinflüsse, Wechselwirkung mit einem anderen Molekül) gewonnen werden.

Einige Beispiele:

- *Einführung von Heteroatomen* (etwa Benzen $\rightarrow$ Pyridin): Dies führt in der Standardparametrisierung nur zu einer Änderung des Coulomb-Integrals an derjenigen Position μ, an der ein C- Atom durch ein Heteroatom ersetzt wurde: $\alpha_{\mu} \rightarrow \alpha_{\mu} + \delta\alpha_{\mu}$.

  Substituenteneinflüsse: Beim sogenannten *induktiven Effekt* kann der Einfluss eines Substi tuenten am π -Zentrum μ und der damit einhergehenden Änderung der π -Ladungsverteilung durch eine Änderung des Coulomb-Integrals erfasst werden: $\alpha_{\mu} \rightarrow \alpha_{\mu} + \delta\alpha_{\mu}$.

- Bei einer *Torsion* zweier Teile eines konjugierten Moleküls gegeneinander um eine Bindung μ–ν (etwa Verdrehung der beiden Ringe des Biphenyls) ist Energie aufzuwenden (sog. *sterische Hinderung*), und die π -Gesamtenergie des Moleküls erhöht sich. Diese Veränderung kann man durch eine geeignete Abhängigkeit des Resonanzintegrals $\beta_{\mu\nu}$ vom Torsionswinkel θ erfassen: $\beta_{\mu\nu}(\theta) = \beta_{\mu\nu}^{(0)} \cdot \cos\theta$, somit $\delta\beta_{\mu\nu} = \beta_{\mu\nu} - \beta_{\mu\nu}^{(0)} = \beta_{\mu\nu}^{(0)} \cdot (\cos\theta - 1)$.

- Das Knüpfen einer Bindung μ–ν in einem konjugierten Molekül entspricht in der Hückel-Matrix dem Ersetzen des Null-Elements $\mu\nu$ durch das Resonanzintegral $\beta_{\mu\nu}$; das ergibt eine Korrektur $2p_{\mu\nu}^{\pi(0)}\beta_{\mu\nu}$ [Gl. (7.125)] zur π -Gesamtenergie. Auf diese Weise könnte man etwa den π -Energieunterschied zwischen Fulven und Vinylbutadien abschätzen.

7.4.6 Spezielle konjugierte Systeme: Ketten und Ringe

Deutlich zeigen sich die Besonderheiten der HMO-Beschreibung bei größeren unverzweigten kettenförmigen und ringförmig-geschlossenen konjugierten Systemen. Wir orientieren uns im Folgenden an der Darstellung in [7.3] (dort Abschn. 8.4).

Die unverzweigten konjugierten Kohlenwasserstoff-Ketten haben die Summenformel $C_N H_{N+2}$; sie heißen bei gerader C-Zahl Polyene (ein Beispiel ist das Butadien, $N = 4$), bei ungerader C-Zahl Polymethine. Die unverzweigten konjugierten Ringe haben die Summenformel $C_N H_N$ und werden als cyclische Polyene (oder Annulene) bezeichnet (zu ihnen gehört das Benzen, $N = 6$), s. Abb. 7.21.

a)

b)

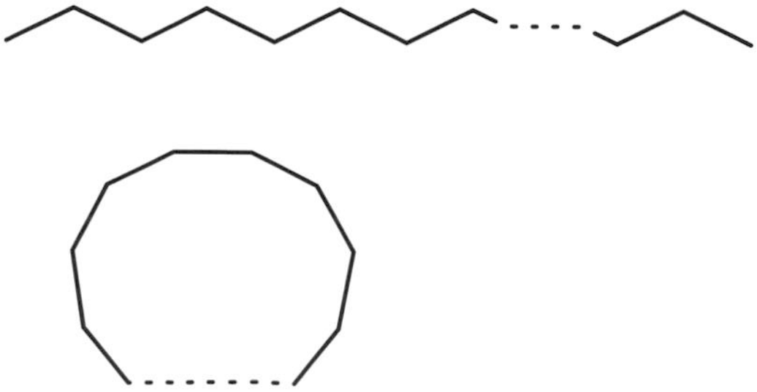

Abb. 7.21
Unverzweigte konjugierte Systeme: (a) lineare Kette; (b) geschlossener Ring (schematisch)

Wie in den vorangegangenen Abschnitten werden alle Moleküle als *planar* vorausgesetzt, die Molekülebene sei (x,y). Es sei N die Anzahl der C-Zentren und damit auch die Anzahl M der Basisfunktionen φ_μ $(\equiv 2p_z)$, also $N = M$. Eine Besonderheit dieser Systeme besteht darin, dass sich die Eigenwerte und Eigenvektoren der HMO-Näherung als *geschlossene Formeln* angeben lassen. Damit eröffnen sie die Möglichkeit, *beliebig* große Systeme zu betrachten, u. a. als Modelle für Festkörper (s. Kapitel 10).

Für eine unverzweigte Kette mit N C-Zentren hat die Hückel-Matrix die spezielle Form

$$\begin{pmatrix} x & 1 & 0 & \ldots & \text{-}0\text{-}\ldots \\ 1 & x & 1 & 0 & \ldots\text{-}0\text{-}\ldots \\ 0 & 1 & x & 1 & 0 \ \ldots \\ \ldots\ldots\ldots\ldots & & & & \\ \ldots\text{-}0\text{-}\ \ldots & 0 & 1 & x & \end{pmatrix} \tag{7.127}$$

(eine M-reihige tridiagonale Matrix) mit $x \equiv (\alpha - \tilde{\varepsilon})/\beta$. Das lineare Gleichungssystem für die MO-Koeffizienten c_μ im LCAO-Ansatz (7.30b), geschrieben mit μ statt λ, hat eine entsprechend einfache Struktur: die μ-te Gleichung lautet:

$$c_{\mu-1} + x c_\mu + c_{\mu+1} = 0\,, \tag{7.128}$$

wobei zu beachten ist, dass $1 \le \mu \le N \ (= M)$ gilt, so dass die Koeffizienten c_0 und c_{N+1} nicht auftreten (s. [7.3]):

$$c_0 = 0 \quad \text{und} \quad c_{N+1} = 0\,. \tag{7.129}$$

Die Säkulargleichung – die Determinante der Matrix (7.127) gleich Null gesetzt – ergibt nach [7.3] die Wurzeln $x_m = -2\cos[\pi m/(N+1)]$, somit die MO-Energien

$$\tilde{\varepsilon}_m = \alpha + 2\beta\cos[\pi m/(N+1)] \qquad (m = 1, 2, \ldots, N) \tag{7.130}$$

(ÜA 7.13). Zu jedem dieser Energieeigenwerte liefert das Gleichungssystem (7.128) einen Satz von Koeffizienten

$$c_{\mu m} = C_m \sin[\pi\mu m/(N+1)] \qquad (\mu = 1, 2, \ldots, N)\,, \tag{7.131}$$

mit denen die AOs φ_μ im MO $\tilde{\phi}_m$ auftreten:

$$\tilde{\phi}_m = \sum\nolimits_{\mu=1}^{N} c_{\mu m}\varphi_\mu \qquad (m = 1, 2, \ldots, N)\,. \tag{7.132}$$

Der Faktor C_m wird so bestimmt, dass das MO $\tilde{\phi}_m$ auf 1 normiert ist; bei Vernachlässigung der Überlappungen gemäß Hückel-Postulat A ergibt sich: $C_m = \sqrt{2/(N+1)}$.

Das Eigenwertspektrum solcher linearer konjugierter Ketten (s. Abb. 7.22a) ist symmetrisch zu $\tilde{\varepsilon} = \alpha$; es handelt sich um alternierende Systeme. Wird die Kettenlänge N größer, so fächert das Spektrum immer mehr auf, alle Niveaus bleiben aber innerhalb eines Energiebereichs, der sich symmetrisch oberhalb und unterhalb von α erstreckt und die Breite $4|\beta|$ besitzt: $|\tilde{\varepsilon}_N - \alpha| \xrightarrow[N\to\infty]{} 2|\beta|$ (*Energieband*).

Für die in Abschnitt 7.4.3 diskutierten Zusammenhänge mit energetischen Messgrößen erhält man damit ebenfalls geschlossene Formeln. So ergibt sich etwa für den langwelligsten UV/VIS-Übergang (HOMO–LUMO) geradzahliger Ketten die Anregungsenergie

$$\Delta\tilde{\varepsilon}_{\text{HOMO-LUMO}} = 4|\beta|\sin[\pi/(2N+2)] \tag{7.133}$$

(s. ÜA 7.13); sie nimmt mit wachsender Kettenlänge ab. Für ungeradzahlige Ketten resultiert ein ähnlicher Ausdruck.

Im Falle unverzweigter cyclischer Polyene hat man eine etwas andere Hückel-Matrix, da das Ende der Kette mit dem Anfang verknüpft ist, so dass die Elemente $\beta_{1N} = \beta_{N1} (= \beta)$ von Null verschieden sind:

$$\begin{pmatrix} x & 1 & 0 \ldots\ldots 0 & 1 \\ 1 & x & 1 & 0 \ \ldots \\ 0 & 1 & x & 1 \ \ 0 \ \ldots \\ \ldots\ldots\ldots \\ 1 & 0 & \ldots\ldots 0 & 1 \ \ x \end{pmatrix}. \tag{7.134}$$

Die Gleichungen zur Bestimmung der MO-Koeffizienten haben ebenfalls die allgemeine Form (7.128), jetzt muss aber gelten (s. [7.3]):

$$c_0 = c_N \quad \text{und} \quad c_{N+1} = c_1 \ . \tag{7.135}$$

Im übertragenen Sinne werden die Bedingungen (7.129) für die Ketten und (7.135) für die Ringe als "Randbedingungen" bezeichnet. Sie charakterisieren diese Systeme als Bedingungen für das Auftreten der π - AOs der C-Zentren in den MOs. Im Fall der Ringe nennt man die Gleichungen (7.135) *periodische Randbedingungen* (zu diesem Begriff s. auch Abschn. 3.1.3): bei fortlaufender Zählung wiederholen sich die Zentren, denn das (N+1)-te C-Zentrum ist identisch mit dem ersten, das (N+2)-te gleich dem zweiten usw. Alle Formeln gelten auf diese Weise *"modulo N"*.

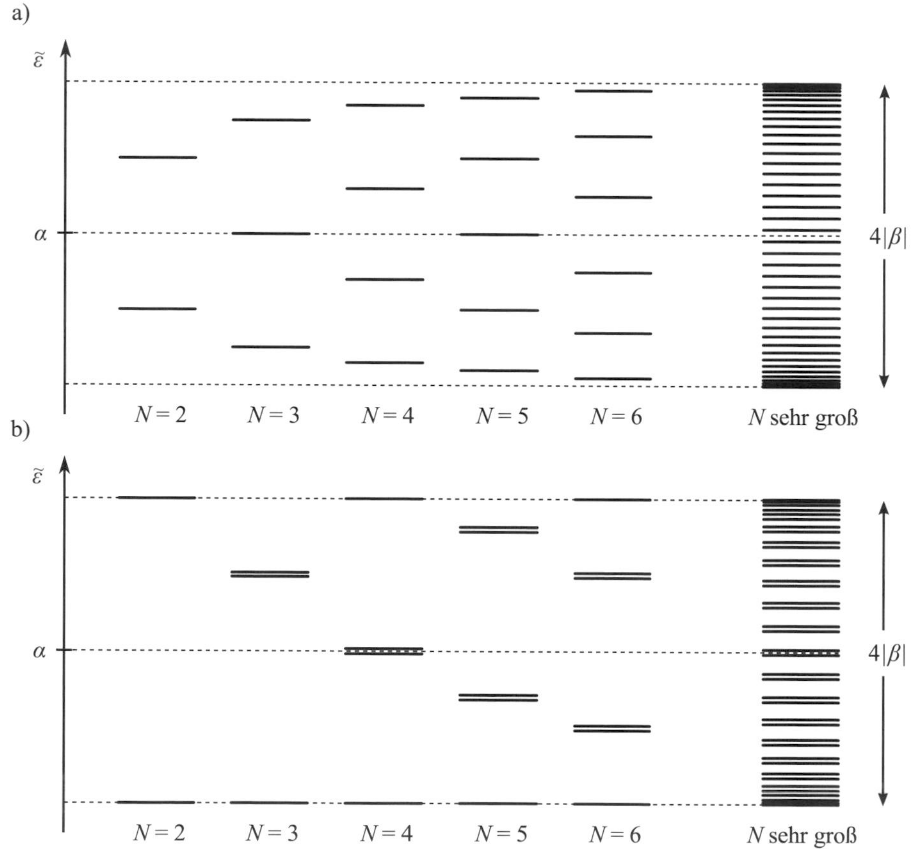

Abb. 7.22 Eigenwertspektrum unverzweigter konjugierter Kohlenwasserstoff-Systeme: (a) lineare Ketten; (b) geschlossene Ringe (schematisch; vgl auch [7.3])

Das HMO-Gleichungssystem lässt sich auch für Ringe in geschlossener Form lösen (s. [7.3]). Zunächst erhält man als Wurzeln der Säkulargleichung $x_m = -2\cos[2\pi m/N]$ und somit

$$\tilde{\varepsilon}_m = \alpha + 2\beta\cos[2\pi m/N] \ . \tag{7.136}$$

In diesem Fall ist stets $x_0 = -2$ eine Wurzel; sie liefert den tiefsten Energieeigenwert $\tilde{\varepsilon}_0 = \alpha + 2\beta$ (man beachte: β ist negativ). Die weiteren Wurzeln x_m ergeben sich doppelt (zweifach entartet), und zwar gilt $x_{N-m} = x_m$ und somit $\tilde{\varepsilon}_{N-m} = \tilde{\varepsilon}_m$; ausgenommen ist bei geradem N die höchste MO-Energie, $\tilde{\varepsilon}_{N/2}$, die einfach (nichtentartet) bleibt und stets den Wert $\tilde{\varepsilon}_{N/2} = \alpha - 2\beta$ hat (s. Abb. 7.22b).

Für die MO-Koeffizienten erhält man aus dem HMO-Gleichungssystem mit der Hückel-Matrix (7.134) bei Einsetzen der Werte x_m die (jetzt komplex-wertigen) Ausdrücke

$$c_{\mu m} = C'_m \exp[2\pi i \mu m / N] \qquad (\mu = 1, 2, \ldots, N) \tag{7.137}$$

mit $C'_m = 1/\sqrt{N}$; sie erfüllen die Bedingungen (7.135). Diese Koeffizienten haben die Eigenschaft, dass die Beziehung

$$c_{\mu(N-m)} = c_{\mu m}{}^* \tag{7.138}$$

gilt, wie man leicht nachrechnet.

Insgesamt also erhält man sämtliche HMO-Energieeigenwerte (7.136) mit den zugehörigen MO-Koeffizienten (7.137), wenn der Index m die ganzzahligen Werte

$$\begin{aligned} m = 0, \pm 1, \pm 2, \ldots, N/2 \qquad & \text{(bei geradzahligem } N\text{) bzw.} \\ \ldots, (N-1)/2 \qquad & \text{(bei ungeradzahligem } N\text{)} \end{aligned} \tag{7.139}$$

durchläuft. Die beiden Vorzeichen für $|m| > 0$ ergeben jeweils das Paar miteinander entarteter MOs zum Energiewert $\tilde{\varepsilon}_m$ $(= \tilde{\varepsilon}_{|m|})$.

Auch in diesem Fall wird das Termschema wie bei den Ketten mit wachsendem N immer mehr aufgefächert, und zwar in einem Bereich derselben Breite $4|\beta|$ (s. Abb. 7.22b und ÜA 7.13).

Anhand der Struktur des Energieniveauschemas solcher konjugierter Ringe lassen sich (mit aller gebotenen Vorsicht, s. Abschn. 7.4.3.2) einige Aussagen über die Stabilität der Elektronengrundzustände formulieren (s. hierzu auch [I.5][7.3]). Bei sukzessiver Vergrößerung des Ringes haben wir für $N = 3$ ein bindendes MO, für $N = 4$ bis 6 drei bindende MOs. In den bisher ausschließlich betrachteten ungeladenen Molekülen können für $N = 3$ und 4 zwei π-Elektronen, für $N = 5$ und 6 sechs π-Elektronen bindende MOs doppelt (mit entgegengesetzten Spins) besetzen und jeweils eine Konfiguration abgeschlossener Schalen bilden, wobei der tiefste Wert der π-Energie $\tilde{E}^{\pi}$ [Gl. (7.97)] offenbar für $N = 6$ erreicht wird. Ein weiteres bindendes MO-Paar ergibt sich bei $N = 10$, und bei dessen Doppelbesetzung mit vier Elektronen ist die π-Energie wieder besonders niedrig. Insgesamt lässt sich daraus die *Hückelsche (4n+2)-Regel* folgern: Neutrale konjugierte Ringe $C_N H_N$ mit $N = 4n+2$ ($n = 1, 2, \ldots$) C-Atomen sind besonders stabil. Solche Ringe nennt man *Hückel-Systeme*; ein prominentes Beispiel dafür ist das Benzol-Molekül C_6H_6 $(n = 1)$.

Bezieht man auch Ionen ein, dann ist aus Abb. 7.22b abzulesen, dass u. a. auch die Systeme $C_3H_3{}^+$ (Cyclopropenyl-Kation) und $C_5H_5{}^-$ (Cyclopentadienyl-Anion) stabil sein sollten.

Bleiben wir bei den ungeladenen Molekülen. Es sollten auch C_5H_5 und generell Ringsysteme mit $N = 4n+1$ stabil sein; eines der Elektron ist dann ungepaart und es liegt ein *freies Radikal* vor. Hingegen ist zu erwarten, dass C_4H_4 und generell Ringe mit $N = 4n$ instabil sind: die beiden höchsten miteinander entarteten MOs werden nach der Hundschen Regel (analog zu Atomen, Abschn. 5.3.1) je einfach mit parallelen Spins besetzt und bilden einen Triplettzustand. Solche Ringe bezeichnet man als *Anti-Hückel-Systeme*.

Wir weisen hier noch auf ein anderes Klassifizierungsmerkmal hin: Hückel-Systeme werden zu den *Aromaten* gezählt (s. auch Schluss von Abschn. 7.4.1); ein aromatisches Ringsystem ist dadurch gekennzeichnet, dass es stabiler ist als die entsprechende Kette. Für Anti-Hückel-Systeme ist das umgekehrt: das Ringsystem ist weniger stabil als die entsprechende Kette; man spricht von *Anti-Aromaten*. Mehr zu solchen Fragen findet man z. B. in [I.5] und [7.3].

Notabene: Aussagen zur Stabilität im Rahmen der Hückel-Näherung wie generell in der einfachen MO-Näherung sind stets problematisch; die obigen Klassifizierungskriterien können daher nur als Anhaltspunkte dienen und dürfen nicht quantitativ genommen werden, etwa zur Entscheidung in Zweifelsfällen.

7.4.7 Auswahlregeln für π -Elektronenübergänge im HMO-Modell

Nach Abschnitt 7.4.3.2 kann man aus HMO-Rechnungen Informationen zum Elektronenspektrum gewinnen. Wir diskutieren jetzt die entsprechenden Auswahlregeln, wieder anhand unseres Demonstrationsbeispiels Butadien, und zeigen damit (wenn auch nur in der HMO-Näherung), wie der allgemeine Formelapparat des Abschnitts 7.1.3 auf ein mehratomiges nichtlineares Molekül angewendet werden kann. Dabei werden die im Abschnitt 7.4.4 besprochenen Symmetrieeigenschaften der Zustände des π - Elektronensystems benutzt (s. Abb. 7.20). Außerdem brauchen wir noch die Symmetrierassen der Dipol-Komponenten D_x^e, D_y^e, D_z^e bezüglich der in Abb. 7.14 eingezeichneten Koordinatensysteme; sie sind in Tab. 7.4 für cis- und trans-Konformation in der jeweils linken Spalte angegeben.

Tab. 7.4 Auswahlregeln für π - π^* - Elektronenübergänge in cis- bzw. trans-Butadien: erlaubte (erl) und verbotene (verb) Übergänge

	cis ($\boldsymbol{C}_{2v}$)			trans ($\boldsymbol{C}_{2h}$)		
		Übergänge			Übergänge	
		$A_1 \to B_1$	$A_1 \to A_1$		$A_g \to B_u$	$A_g \to A_g$
D_x^e	B_1	erl	verb	B_u	erl	verb
D_y^e	A_1	verb	erl	B_u	erl	verb
D_z^e	B_2	verb	verb	A_u	verb	verb

Ob eine Komponente des Übergangsmoments (7.16) von Null verschieden ist, hängt davon ab, ob das direkte Produkt der irreduziblen Darstellungen, zu denen die drei Bestandteile des Integranden – Wellenfunktion des Ausgangszustands der π-Elektronenhülle, Dipolmomentkomponente und Wellenfunktion des Endzustands – gehören, die Eins-Darstellung enthält. Die generell einzusetzenden Hilfsmittel hierfür findet man im Anhang A1.5.2.4, im vorliegenden Fall ist das jedoch wieder sehr einfach, da die irreduziblen Darstellungen eindimensional sind und die Charaktere nur die Werte +1 oder −1 haben. Die Ergebnisse sind in Tab. 7.4 zusammengestellt: "erl" bezeichnet einen für die angegebene Dipolkomponente erlaubten Übergang, "verb" einen verbotenen Übergang. Man entnimmt Tab. 7.4 u. a., dass in der trans-Konformation Übergänge $A_g \rightarrow A_g$ nicht stattfinden können. Weiterhin ist zu sehen, dass Übergänge nur von Strahlungsanteilen bewirkt werden können, die in der Molekülebene (x,y) polarisiert sind. Da die Auswahlregeln für unterschiedliche Rumpfanordnungen nicht die gleichen sind, könnte man prinzipiell durch spektroskopische Messungen mit polarisiertem Licht auf die vorliegende Konformation schließen. Tatsächlich ist eine solche *Polarisationsspektroskopie* ein wichtiges Hilfsmittel zur Strukturaufklärung.

Um Zahlenwerte der Übergangsmomente zu erhalten, müssten die Integrale berechnet werden, was in der HMO-Näherung allerdings nicht sinnvoll ist.

Will man mit den erhaltenen Aussagen weiterarbeiten, dann sollte man auch hier immer bedenken, dass sie unter drastisch vereinfachenden Voraussetzungen zustandegekommen sind. Zunächst beruht alles auf der Dipol-Näherung. Außerdem haben wir den Spin nicht mitdiskutiert, für den ja in nichtrelativistischer Näherung ebenfalls eine Auswahlregel (7.19) gilt. Die Spin-Bahn-Kopplung wurde vernachlässigt. Dass wir die obigen Betrachtungen auf die HMO-Näherung gegründet haben, sollte sich hingegen, was die Auswahlregeln betrifft, nicht gravierend auswirken, solange die Wellenfunktionen die richtigen Symmetrieeigenschaften besitzen.

7.4.8 Verbesserungen des HMO-Modells

Angesichts der groben Vernachlässigungen und Näherungsannahmen, auf denen das HMO-Modell beruht, hat es nicht an Versuchen gefehlt, die Beschreibung zu verbessern und darüber hinaus den Anwendungsbereich zu verbreitern. Das soll hier nicht ausführlich dargestellt werden, da sich das Gebiet der semiempirischen quantenchemischen Methoden in eine andere Richtung entwickelt hat, worauf in Abschnitt 17.2 näher eingegangen wird. Was Verbesserungen am HMO-Modell (und generell an der einfachen MO-Näherung) betrifft, so findet man eingehende Diskussionen in der Literatur (s. [7.2][I.5]).

7.4.8.1 Selbstkonsistente HMO-Näherung (SC-HMO)

Es gibt konjugierte Moleküle, auf welche die Hückel-Postulate gut passen, und solche, für die das offensichtlich weniger der Fall ist. Zu den erstgenannten gehören etwa die aromatischen Kohlenwasserstoffe, zu den letzteren die kettenförmigen konjugierten Kohlenwasserstoffe, bei denen man zumindest die endständigen C-Atome anders beschreiben müsste als die mittelständigen.

Verbesserte Näherungen lassen sich gewinnen, wenn man die starren Annahmen des MO-Modells folgendermaßen lockert:

1) Die Coulomb-Integrale α_μ hängen von der π-Elektronendichte am Zentrum μ ab, d. h. von der Ladungsordnung q_μ^π; am einfachsten ist eine lineare Beziehung

$$\alpha_\mu = \alpha_\mu^0 + \omega \cdot (Z_\mu^{\text{eff}} - q_\mu^\pi) \cdot \beta^0 , \tag{7.140}$$

wobei α_μ^0 und β^0 die Standard-Parameter (7.79), Z_μ^{eff} die effektive Rumpfladung (wie bisher in der Regel gleich +1 zu setzen) und ω einen empirisch justierbaren Parameter bezeichnen.

2) Die Resonanzintegrale $\beta_{\mu\nu}$ hängen von den Bindungsabständen $R_{\mu\nu}$ ab, und diese sind mit den Bindungsordnungen $p_{\mu\nu}^\pi$ verknüpft (s. Abschn. 7.4.3.3), am einfachsten linear:

$$R_{\mu\nu} = a - b \cdot p_{\mu\nu} ; \tag{7.141}$$

die beiden Koeffizienten a und b müssen empirisch festgelegt werden. Beispielsweise kann man ansetzen:

$$\beta_{\mu\nu} \equiv \beta_{\mu\nu}(R_{\mu\nu}) = \beta^0 \cdot u(R_{\mu\nu}) \tag{7.142}$$

mit einer geeignet zu wählenden Abstandsfunktion $u(R_{\mu\nu})$.

Damit wird die Näherung flexibler als das einfache HMO-Modell und liefert bei sorgfältiger Parameteranpassung bessere Resultate. Die praktische Durchführung allerdings wird deutlich aufwendiger, indem ein iteratives Verfahren mit mehrfachem Durchlaufen des HMO-Rechengangs eingesetzt werden muss: Der erste Schritt ist eine gewöhnliche HMO-Rechnung mit den Standard-Parametern $\alpha_\mu = \alpha_\mu^0$ und $\beta_{\mu\nu} = \beta_{\mu\nu}^0$; daraus resultiert eine nullte Näherung $q_\mu^{\pi(0)}$ und $p_{\mu\nu}^{\pi(0)}$ für die Ladungs- und Bindungsordnungen. Diese Werte $q_\mu^{\pi(0)}$ und $p_{\mu\nu}^{\pi(0)}$, eingesetzt in die Gleichungen (7.140) und (7.142) mit (7.141), ergeben verbesserte Werte $\alpha_\mu^{(1)}$ und $\beta_{\mu\nu}^{(1)}$ für die Coulomb- und Resonanzintegrale. Mit diesen wird der nächste Iterationszyklus durchlaufen und ergibt wiederum verbesserte Werte $\alpha_\mu^{(2)}$ und $\beta_{\mu\nu}^{(2)}$ usw. so lange, bis sich die Ergebnisse eines Zyklus innerhalb einer festgelegten Toleranz nicht mehr von denen des vorangegangenen Zyklus unterscheiden (*Selbstkonsistenz*).

Weitere Verbesserungen sind versucht worden, insbesondere hinsichtlich der Aufhebung des Hückel-Postulats A, indem die Überlappungsintegrale wenigstens näherungsweise einbezogen wurden – allerdings immer auf Kosten der Einfachheit der Rechnungen. Ausführlicheres hierüber kann man in [7.2][I.5] nachlesen.

7.4.8.2 Erweiterte Hückel-Theorie (EHT)*

Eine semiempirische Anwendung der einfachen MO-Näherung des Abschnitts 7.2 unter Berücksichtigung aller Valenzelektronen wurde von R. Hoffmann (ab 1962) eingeführt und zu einem erstaunlich leistungsfähigen Instrument der Quantenchemie entwickelt (sog. *Erweiterte Hückel-Theorie*, engl. Extended Hückel Theory, abgek. *EHT*).[11] Wir skizzieren hier nur die wichtigsten Merkmale dieser Methode.

Es handelt sich bei der EHT wie überall in diesem Kapitel um eine Einelektron-Näherung, die mit einem nicht explizite formulierten effektiven Hamilton-Operator $\hat{h}^{\text{eff}}$ für die einzelnen Elektronen arbeitet. Einbezogen werden *alle Valenzelektronen* der beteiligten Atome, und die AO-Basis wird von allen Valenz-AOs gebildet; für ein Kohlenwasserstoffmolekül sind das also die AOs $2s, 2p_x, 2p_y, 2p_z$ der C-Atome und die $1s$-AOs aller H-Atome.

Sämtliche *Überlappungsintegrale* $S_{\mu\nu}$ zwischen den AOs werden berechnet. Die Matrixelemente des effektiven Hamilton-Operators $\hat{h}^{\text{eff}}$ werden *semiempirisch* bestimmt: Die Diagonalelemente $h_{\mu\mu}^{\text{eff}}$ berechnet man aus Ionisierungspotentialen für hypothetische "Valenzzustände" der Atome (engl. valence-orbital ionisation potentials, abgek. VOIP), die aus experimentellen Daten extrahiert werden (wir gehen hier nicht näher darauf ein, sondern verweisen auf die Literatur [7.2]; vgl. auch oben Abschn. 7.3.6). Die Nichtdiagonalelemente werden nach einer auf M. Wolfsberg und L. Helmholz (1952) zurückgehenden Näherungsformel ermittelt:

$$h_{\mu\nu}^{\text{eff}} = k \cdot S_{\mu\nu} \cdot (1/2)\left(h_{\mu\mu}^{\text{eff}} + h_{\nu\nu}^{\text{eff}} \right); \tag{7.143}$$

k ist ein empirischer Parameter, dessen Wert im allgemeinen zwischen 1,5 und 2,0 liegt.

Eine einfache Anwendung der Erweiterten Hückel-Theorie (H_2O-Molekül) liegt der Abb. 7.4 zugrunde, s. oben.

Der Anwendungsbereich konnte gegenüber der HMO-Näherung beträchtlich verbreitert werden (bis hin zu Übergangsmetallkomplexen). Ansonsten weist jedoch auch die EHT die grundsätzlichen Mängel der einfachen MO-Beschreibung auf (wie z. B. die Nichterfassung der Singulett-Triplett-Aufspaltung).

Übungsaufgaben zu Kapitel 7

ÜA 7.1 Man veranschauliche sich die Kopplung von Bahndrehimpuls und Spin der Elektronenhülle eines linearen Moleküls mittels des halbklassischen Vektormodells und verifiziere die Addition nach Gleichung (7.5).

ÜA 7.2 Warum können zwei Heliumatome (im Grundzustand) nach der einfachen MO-Näherung kein stabiles Molekül bilden? Kann das Molekülion $He_2{}^+$ stabil sein?

[11] Hoffmann, R.: An Extended Hückel Theory. I. Hydrocarbons. J. Chem. Phys. **39**, 1397-1412 (1963) [Nobel-Preisträger für Chemie 1981, zusammen mit K. Fukui]

ÜA 7.3 Man berechne in vereinfachter semiempirischer MO-Näherung (Abschn. 7.3.2) das Molekülion H_3^+ und diskutiere die Stabilität des Elektronengrundzustands (relativ zu $H_2 + H^+$) für die Kernanordnungen (a) gleichseitiges Dreieck; (b) lineare symmetrische Kette.

ÜA 7.4 Man leite analog zum Vorgehen in Abschnitt 3.4 das Diagonalelement der räumlichen Dichtematrix aus der *N*-Teilchen-Wahrscheinlichkeitsdichte für ein einfaches Produkt (7.28) her.

ÜA 7.5 Leiten Sie die Ausdrücke für sp^2-Hybride aus den Forderungen an Richtungseigenschaften, Äquivalenz und Orthonormierung her.

ÜA 7.6 Diskutieren Sie die Hybridisierung am Stickstoffatom in folgenden Molekülen:
a) Methylamin CH_3NH_2 ; b) Pyridin C_5H_5N ; c) Pyrrol C_4H_5N .

ÜA 7.7 Schreiben Sie die Hückel-Matrizen für die folgenden konjugierten Moleküle auf: a) Propen; b) Cyclopropenyl-Kation; c) Benzyl-Radikal; d) Methylencyclopropen; e) Naphthalen; f) Pyridin; g) Pyrrol.

Prüfen Sie mittels des einfachen topologischen Kriteriums (Abschn. 7.4.3.3a) bei a – e, ob es sich um alternierende oder nichtalternierende Kohlenwasserstoffe handelt.

ÜA 7.8 Zu einem konjugierten Molekül wurde die nachstehende Hückel-Matrix aufgestellt:

$$\begin{pmatrix} x & 1 & 1 & 0 & 1 & 0 \\ 1 & x & 1 & 0 & 0 & 1 \\ 1 & 1 & x & 1 & 0 & 0 \\ 0 & 0 & 1 & x & 0 & 0 \\ 1 & 0 & 0 & 0 & x & 0 \\ 0 & 1 & 0 & 0 & 0 & x \end{pmatrix}$$

. Um welches Molekül handelt es sich?

ÜA 7.9 Führen Sie für den im Text behandelten Fall des trans-Butadiens die HMO-Näherung im Detail durch.

ÜA 7.10 Führen Sie jeweils eine vollständige HMO-Behandlung für a) Benzol C_6H_6 ; b) Pyridin C_5H_5N ; c) Methylencyclopropen $CH_2{=}C\,(CH)_2$ durch.

Zeichnen Sie die Termschemata. Bestimmen Sie die Ladungs- und Bindungsordnungen und diskutieren Sie die Moleküldiagramme. Berechnen Sie für c) das Dipolmoment.

ÜA 7.11 Von einem konjugierten Kohlenwasserstoffmolekül seien die Summenformel C_4H_4 und das erste Ionisierungspotential bekannt. Es liegen dazu zwei Strukturvorschläge vor: C-Gerüst als Viereck oder als "gestieltes Dreieck". Wie kann man auf theoretischem Wege einen Hinweis darauf erhalten, welcher der beiden Strukturvorschläge zutrifft?

ÜA 7.12 Unter der Voraussetzung , dass die π -Elektronenenergie $\widetilde{E}^{\pi}$ als Maß für die Stabilität konjugierter Moleküle genommen werden kann, versuche man mit Hilfe der HMO-Störungstheorie abzuschätzen, ob Pyridin oder Benzol stabiler ist.

ÜA 7.13 Für die unverzweigten konjugierten Ketten bestimme man die HMO-Energien (7.130) und die MO-Koeffizienten (7.131) sowie die Anregungsenergie (7.133) des HOMO-LUMO-Übergangs als geschlossene Formeln.
Hinweis: Ansatz $c_{\mu} = a \cdot \exp(\mathrm{i}\theta)$ in Gleichung (7.128)

ÜA 7.14 Mit Hilfe der Gleichungen (7.127) und (7.133) ermittle man die Breite $|\widetilde{\varepsilon}_N - \widetilde{\varepsilon}_1|$ des π -Energiebandes unendlich großer Ketten bzw. Ringe $(N \to \infty)$.

ÜA 7.15 Es sind die Auswahlregeln für Elektronenübergänge des Ethylens in HMO-Näherung zu bestimmen.

Ergänzende Literatur zu Kapitel 7

[7.1] Herzberg, G.: Molecular Spectra and Molecular Structure. III. Electronic Spectra and Electronic Structure of Polyatomic Molecules.
Van Nostrand, New York (1966)

[7.2] Scholz, M., Köhler, H.-J.: Quantenchemie. Ein Lehrgang. Bd. 3. Quantenchemische Näherungsherungsverfahren und ihre Anwendung in der organischen Chemie. Dt. Verlag der Wissenschaften, Berlin (1981) und Hüthig-Verlag, Heidelberg (1985)

[7.3] McWeeny, R.: Coulsons Chemische Bindung. 2. dt. Aufl. von Coulson, C. A.:
Die Chemische Bindung. Hirzel, Stuttgart (1984)

8 Die Hartree-Fock-Näherung

Das in Kapitel 7 behandelte einfache MO-Modell hat zwar den Vorzug, relativ anschaulich zu sein (soweit das bei einer quantenmechanischen Beschreibung überhaupt möglich ist), erweist sich aber als so unzulänglich und grob, dass es allenfalls semiempirisch angewendet werden kann. Das liegt an den drastischen Vereinfachungen, auf denen das Modell beruht:

I Der elektronische Hamilton-Operator $\hat{H}^{\mathrm{e}}$ wird durch einen Operator $\hat{H}_0^{\mathrm{MO}}$ in Form einer Summe von Einelektronoperatoren und das N-Elektronen-System damit durch N Einelektron-Systeme ersetzt.

II Das Pauli-Prinzip wird nur notdürftig dadurch berücksichtigt, dass die für jedes Elektron möglichen Zustände (unter Einbeziehung des Spins) nur mit maximal je einem Elektron besetzt werden dürfen.

Das hat einen entscheidenden Defekt der einfachen MO-Näherung zur Folge: die Bewegungen der einzelnen Elektronen verlaufen vollständig unabhängig voneinander (*unkorreliert*). Dadurch kommen sich die Elektronen, verglichen mit dem realen System, im Mittel zu häufig sehr nahe, und auf Grund der elektrostatischen (Coulombschen) Abstoßung der Elektronen wird deren gesamte Energie zu hoch. Infolgedessen ist diese Näherung zumindest dann, wenn es auf die energetischen Verhältnisse ankommt, unbrauchbar.

Verlangt man von der Theorie zuverlässigere Aussagen und die Vorausberechnung molekularer Eigenschaften "ab initio" (zur Definition dieses Begriffs s. Abschn. 4.1), dann muss über das einfache MO-Modell hinausgegangen werden. Der erste Schritt besteht darin, die oben genannten Mängel zu beseitigen, ohne den Rahmen des MO-Bildes zu verlassen; damit befasst sich das vorliegende Kapitel. Die sich so ergebende *Hartree-Fock-Näherung* behandeln wir hier nicht in voller Allgemeinheit und in allen Einzelheiten, sondern nur soweit es für das Verständnis und als Ausgangspunkt für Anwendungen erforderlich ist; mehr darüber findet man in der reichlich vorhandenen Literatur (s. [8.1][1.4a] u. a.). Ferner konzentrieren wir uns überwiegend auf methodische Fragen; da die Hartree-Fock-Näherung in der "rechnenden Quantenchemie" eine zentrale Rolle spielt, werden praktische Aspekte in Teil 4, Kapitel 17, ausführlicher erörtert.

8.1 Ausbau des MO-Modells

Die Aufgabe besteht also darin, das MO-Bild zwar prinzipiell beizubehalten, es aber bis an seine Grenzen auszuschöpfen. Hierzu werden die Vereinfachungen I und II aufgehoben.

(a) Verwendung des vollständigen (nichtrelativistischen) elektronischen Hamilton-Operators

Wir setzen durchweg die nichtrelativistische Näherung voraus. Der elektronische Hamilton-Operator $\hat{H}^{\mathrm{e}}(\equiv \hat{H}_{\mathrm{nr}}^{\mathrm{e}})$ für ein N-Elektronen-System,

$$\hat{H}^{\mathrm{e}} = \sum\nolimits_{\kappa=1}^{N} \hat{h}(\kappa) + V^{\mathrm{ee}} \tag{8.1}$$

[Gln. (4.19) mit (4.3b,d,e)], setzt sich zusammen aus einer Summe von Einelektronoperatoren [s. Gl. (7.25)]

$$\hat{h}(\kappa) = -(1/2)\hat{\Delta}_{\kappa} - \sum\nolimits_{a} (Z_a / |\boldsymbol{r}_{\kappa} - \boldsymbol{R}_a|) \tag{8.2}$$

für die einzelnen Elektronen κ im Felde der an den Positionen $\boldsymbol{R}_a$ fixierten Kerne a (Kernladungszahlen Z_a) und der Summe der Coulombschen Wechselwirkungsenergien der Elektronen

$$V^{\mathrm{ee}} = (1/2)\sum\nolimits_{\kappa(\neq\lambda)=1}^{N-1} \sum\nolimits_{\lambda=1}^{N} (1/|\boldsymbol{r}_{\kappa} - \boldsymbol{r}_{\lambda}|) \tag{8.3}$$

[Gl. (7.26]; alles in at. E.

Die elektronische Schrödinger-Gleichung mit diesem Hamilton-Operator ist nicht mehr wie in Abschnitt 7.2 in N Einelektrongleichungen separierbar und führt damit auch nicht in so einfacher Weise wie bisher unmittelbar auf Bestimmungsgleichungen für Einelektron-Wellenfunktionen (MOs); das bedeutet eine erhebliche Komplikation, wie wir sehen werden.

(b) MO-Bild mit Pauli-Prinzip

Um das MO-Modell so weit wie möglich beizubehalten, wird jedem einzelnen Elektron auch weiterhin eine Wellenfunktion – ein MO – zugewiesen und dementsprechend die Gesamtwellenfunktion in Produktform angesetzt. Soll das Pauli-Prinzip berücksichtigt werden, so muss, wie wir wissen, anstelle eines einfachen Produkts ein antisymmetrisches Produkt verwendet werden, das bei Vertauschung der Orts- und Spinvariablen irgend zweier Elektronen das Vorzeichen wechselt (s. Abschn. 2.5). Wir haben also mit Wellenfunktionen folgender Form zu arbeiten [s. Gln. (2.200), (2.201) und (201')]:

$$\tilde{\Psi} \equiv \tilde{\Psi}(1,2,\ldots,N) \equiv \tilde{\Psi}(\xi_1,\xi_2,\ldots,\xi_N) \equiv \tilde{\Psi}(\boldsymbol{r}_1\sigma_1,\boldsymbol{r}_2\sigma_2,\ldots,\boldsymbol{r}_N\sigma_N)$$

$$= C\sum\nolimits_{Q} (-1)^q \hat{Q}\{\psi_1(\xi_1)\cdot\psi_2(\xi_2)\cdot\ldots\cdot\psi_N(\xi_N)\} \tag{8.4}$$

$$= C\begin{vmatrix} \psi_1(\xi_1) & \psi_1(\xi_2) & \ldots\ldots & \psi_1(\xi_N) \\ \psi_2(\xi_1) & \psi_2(\xi_2) & \ldots\ldots & \psi_2(\xi_N) \\ \ldots\ldots & & \ldots\ldots & \\ \psi_N(\xi_1) & \psi_N(\xi_2) & \ldots\ldots & \psi_N(\xi_N) \end{vmatrix} \tag{8.4'}$$

$$\equiv C\det\{\psi_1(\xi_1)\psi_2(\xi_2)\ldots\psi_N(\xi_N)\} \tag{8.4''}$$

unter Verwendung der in Abschnitt 2.5 eingeführten Bezeichnungsweise: Ortsvektor $\boldsymbol{r}_{\kappa}$ und Spinvariable σ_{κ} des Elektrons κ werden bei Bedarf zu einer Variablen $\xi_{\kappa} \equiv (\boldsymbol{r}_{\kappa},\sigma_{\kappa})$ oder auch einfach in der Nummer $\kappa = 1, 2, \ldots, N$ zusammengefasst; Q ist eine Permutation der Elektronennummern $1, 2, \ldots, N$, $\hat{Q}$ der entsprechende Operator (der die Permutation Q aus der natürlichen Anordnung erzeugt), und q bezeichnet den Grad der Permutation (s. [II.1], Abschn. 1.5.). Für den Normierungsfaktor C hat man

$$C = 1/\sqrt{N!}\ , \tag{8.5}$$

wenn die *Spin-Orbitale* $\psi_i(\xi)$ *orthonormiert* sind:

$$\int \psi_i(\xi)^* \psi_j(\xi) \mathrm{d}\tau = \delta_{ij}\ ; \tag{8.6}$$

das Integral bedeutet Integration über den Raum und Summation über die beiden Spin-Einstellungen: $\int \mathrm{d}\tau \equiv \int\int \mathrm{d}V\mathrm{d}\sigma \equiv \sum_{\sigma=+1/2,-1/2} \int \mathrm{d}V$.

Antisymmetrische Produktwellenfunktionen (8.4) haben die wichtige Eigenschaft, dass sie bei einer beliebigen nichtsingulären linearen Transformation der N Spin-Orbitale $\psi_i(\xi)$,

$$\psi'_k(\xi) = \sum_{i=1}^{N} \psi_i(\xi) A_{ik} \qquad (k = 1,2,\ldots,N)\ , \tag{8.7}$$

bis auf einen (physikalisch unwesentlichen) Phasenfaktor unverändert (*invariant*) bleiben.[1] Nach den Regeln für die Multiplikation von Determinanten (s. [II.1], Abschn. 1.7.) ergibt sich nämlich für die mit den Spin-Orbitalen ψ'_k gebildete Determinante:

$$\Psi' = C \det\{\psi'_1(\xi_1)\ldots\psi'_N(\xi_N)\} = C(\det\{A_{ik}\}) \cdot (\det\{\psi_1(\xi_1)\ldots\psi_N(\xi_N)\}) \tag{8.8}$$

Man hat also eine lineare (nichtsinguläre) Transformation frei und kann daher die Spin-Orbitale, falls sie nicht orthogonal sind, orthogonalisieren (s. Abschn. 3.1.3), so dass wir Orthonormiertheit gemäß Gleichung (8.6) im Folgenden stets voraussetzen können.

Da der Hamilton-Operator $\hat{H}^{\mathrm{e}}$ spinfrei ist, lassen sich die Spin-Orbitale als Produkte jeweils eines Ortsanteils (MO) $\phi_i(\boldsymbol{r})$ und einer Spinfunktion $\chi_i(\sigma)$ schreiben:

$$\psi_i(\xi) = \phi_i(\boldsymbol{r}) \cdot \chi_i(\sigma)\ , \tag{8.9}$$

wobei man sich auf reine Spinzustände (also auf Zustände zu $s_z = +1/2$ oder $-1/2$)

$$\chi_i(\sigma) = \begin{Bmatrix} \chi_+ \equiv \alpha & \text{oder} \\ \chi_- \equiv \beta & \end{Bmatrix} \tag{8.10}$$

beschränken kann[2] (in der Symbolik nach Abschn. 2.4). Ein MO $\phi_i(\boldsymbol{r})$, das mit der Spinfunktion $\chi_+ \equiv \alpha$ verknüpft ist, kennzeichnen wir als $\phi_i^{\alpha}(\boldsymbol{r})$, entsprechend bei Verknüpfung mit $\chi_- \equiv \beta$ als $\phi_i^{\beta}(\boldsymbol{r})$; ein antisymmetrisches Produkt kann man dann in der Form

$$\tilde{\Psi}(\boldsymbol{r}_1\sigma_1,\ldots) = C \det\left\{\phi_1^{\alpha}(\boldsymbol{r}_1)\alpha\,\phi_2^{\alpha}(\boldsymbol{r}_2)\alpha\ldots\phi_{N_\alpha}^{\alpha}(\boldsymbol{r}_{N_\alpha})\alpha\,\phi_1^{\beta}(\boldsymbol{r}_{N_\alpha+1})\beta\ldots\phi_{N_\beta}^{\beta}(\boldsymbol{r}_{N_\alpha+N_\beta})\beta\right\} \tag{8.11}$$

[1] Nichtsingulär heißt eine lineare Transformation dann, wenn die Determinante der Transformationskoeffizienten, $\det\{A_{ik}\}$, von Null verschieden ist. Diese Eigenschaft gewährleistet, dass, wenn die Spin-Orbitale $\psi_i(\xi)$ linear unabhängig sind, dies auch für die $\psi'_i(\xi)$ gilt.

[2] Andere Spinzustände können durch Linearkombinationen von χ_+ und χ_- beschrieben werden.

schreiben, wenn N_α und N_β die Anzahlen der Elektronen mit Spin α bzw. β bezeichnen ($N_\alpha + N_\beta = N$). Die oben erläuterte Invarianzeigenschaft der Determinante $\tilde{\Psi}$ gilt jetzt für lineare Transformationen der MOs $\phi_i^\alpha(\boldsymbol{r})$ untereinander und der $\phi_i^\beta(\boldsymbol{r})$ untereinander; wir können daher voraussetzen:

$$\int \phi_i^\alpha(\boldsymbol{r})^* \phi_j^\alpha(\boldsymbol{r})\mathrm{d}V = \delta_{ij} \quad \text{und} \quad \int \phi_i^\beta(\boldsymbol{r})^* \phi_j^\beta(\boldsymbol{r})\mathrm{d}V = \delta_{ij} \tag{8.12a,b}$$

Für eine Wellenfunktion $\tilde{\Psi}$ in Form eines antisymmetrischen Produkts (8.4) aus orthonormierten Spinorbitalen haben die in Abschnitt 3.4 eingeführten *reduzierten Dichtematrizen* einige besondere Eigenschaften. Die Dichtematrix erster Ordnung ergibt sich nach Gleichung (3.128) als Summe der Beiträge aller besetzten MOs:

$$\gamma(\xi|\eta) = \sum_{k=1}^{N} \psi_k(\xi)\psi_k(\eta)^* \tag{8.13}$$

mit $\xi \equiv (\boldsymbol{r},\sigma)$ und $\eta \equiv (\boldsymbol{\varkappa},\varsigma)$. Bei Zugrundelegung von Spin-Orbitalen in der Gestalt (8.9) mit (8.10) und der entsprechenden Wellenfunktion (8.11) setzt sich $\gamma(\xi|\eta)$ aus dem Beitrag der α-Elektronen und dem der β-Elektronen zusammen:

$$\gamma(\xi|\eta) = \gamma^\alpha(\xi|\eta) + \gamma^\beta(\xi|\eta). \tag{8.14}$$

Wie die Spin-Orbitale selbst, so lassen sich auch γ^α und γ^β als Produkte von Orts- und Spinanteilen schreiben:

$$\gamma^\alpha(\xi|\eta) = \rho^\alpha(\boldsymbol{r}|\boldsymbol{\varkappa})\alpha(\sigma)\alpha(\varsigma)^*, \tag{8.15a}$$

$$\gamma^\beta(\xi|\eta) = \rho^\beta(\boldsymbol{r}|\boldsymbol{\varkappa})\beta(\sigma)\beta(\varsigma)^*. \tag{8.15b}$$

Die räumlichen Dichtematrizen $\rho^\alpha(\boldsymbol{r}|\boldsymbol{\varkappa})$ und $\rho^\beta(\boldsymbol{r}|\boldsymbol{\varkappa})$ setzen sich analog zu Gleichung (8.13) aus den Beiträgen der α-MOs bzw. der β-MOs zusammen:

$$\rho^\alpha(\boldsymbol{r}|\boldsymbol{\varkappa}) = \sum_{k=1}^{N_\alpha} \phi_k^\alpha(\boldsymbol{r})\phi_k^\alpha(\boldsymbol{\varkappa})^*, \tag{8.16a}$$

$$\rho^\beta(\boldsymbol{r}|\boldsymbol{\varkappa}) = \sum_{k=1}^{N_\beta} \phi_k^\beta(\boldsymbol{r})\phi_k^\beta(\boldsymbol{\varkappa})^*; \tag{8.16b}$$

ihre Summe ergibt die gesamte räumliche Dichtematrix erster Ordnung:

$$\rho(\boldsymbol{r}|\boldsymbol{\varkappa}) = \rho^\alpha(\boldsymbol{r}|\boldsymbol{\varkappa}) + \rho^\beta(\boldsymbol{r}|\boldsymbol{\varkappa}). \tag{8.17}$$

Die Dichtematrix zweiter Ordnung (Paar-Dichtematrix) für eine antisymmetrische Produktwellenfunktion erhält man nach der Bildungsvorschrift (3.131):

$$\Gamma(\xi,\xi'|\eta,\eta') = (1/2)\sum_{k=1}^{N}\sum_{l=1}^{N}\{\psi_k(\xi)\psi_l(\xi')\psi_k(\eta)^*\psi_l(\eta')^* - \psi_l(\xi)\psi_k(\xi')\psi_k(\eta)^*\psi_l(\eta')^*\} \tag{8.18}$$

(wir behalten die Anteile $k = l$ bei, obwohl sie sich aufheben); dieser Ausdruck lässt sich, wie man vermittels Gleichung (8.13) leicht verifiziert, als

$$\Gamma(\xi,\xi'|\eta,\eta') = (1/2)\begin{vmatrix} \gamma(\xi|\eta) & \gamma(\xi|\eta') \\ \gamma(\xi'|\eta) & \gamma(\xi'|\eta') \end{vmatrix} \tag{8.19}$$

schreiben; d. h. *die Dichtematrix erster Ordnung bestimmt auch die Dichtematrix zweiter Ordnung* (und, wie sich zeigen lässt, alle Dichtematrizen höherer Ordnung). Das gilt nicht allgemein, sondern nur für antisymmetrische Produkt-Wellenfunktionen, wie wir sie hier als Näherungslösungen der Schrödinger-Gleichung verwenden.

Wir bilden noch gemäß Gleichung (3.139) die spinfreie, räumliche Dichtematrix zweiter Ordnung, ausgedrückt durch die räumlichen Dichtematrizen erster Ordnung ρ^{α} und ρ^{β}:

$$P(\boldsymbol{r},\boldsymbol{r}'|\boldsymbol{\varkappa},\boldsymbol{\varkappa}') = P^{\alpha\alpha}(\boldsymbol{r},\boldsymbol{r}'|\boldsymbol{\varkappa},\boldsymbol{\varkappa}') + P^{\alpha\beta}(\boldsymbol{r},\boldsymbol{r}'|\boldsymbol{\varkappa},\boldsymbol{\varkappa}')$$
$$+ P^{\beta\alpha}(\boldsymbol{r},\boldsymbol{r}'|\boldsymbol{\varkappa},\boldsymbol{\varkappa}') + P^{\beta\beta}(\boldsymbol{r},\boldsymbol{r}'|\boldsymbol{\varkappa},\boldsymbol{\varkappa}'); \tag{8.20}$$

die vier Anteile haben die Form:

$$P^{\alpha\alpha}(\boldsymbol{r},\boldsymbol{r}'|\boldsymbol{\varkappa},\boldsymbol{\varkappa}') = (1/2)\left\{\rho^{\alpha}(\boldsymbol{r}|\boldsymbol{\varkappa})\rho^{\alpha}(\boldsymbol{r}'|\boldsymbol{\varkappa}') - \rho^{\alpha}(\boldsymbol{r}|\boldsymbol{\varkappa}')\rho^{\alpha}(\boldsymbol{r}'|\boldsymbol{\varkappa})\right\}, \tag{8.21a}$$

$$P^{\alpha\beta}(\boldsymbol{r},\boldsymbol{r}'|\boldsymbol{\varkappa},\boldsymbol{\varkappa}') = (1/2)\rho^{\alpha}(\boldsymbol{r}|\boldsymbol{\varkappa})\rho^{\beta}(\boldsymbol{r}'|\boldsymbol{\varkappa}'), \tag{8.21b}$$

$$P^{\beta\alpha}(\boldsymbol{r},\boldsymbol{r}'|\boldsymbol{\varkappa},\boldsymbol{\varkappa}') = (1/2)\rho^{\beta}(\boldsymbol{r}|\boldsymbol{\varkappa})\rho^{\alpha}(\boldsymbol{r}'|\boldsymbol{\varkappa}'), \tag{8.21c}$$

$$P^{\beta\beta}(\boldsymbol{r},\boldsymbol{r}'|\boldsymbol{\varkappa},\boldsymbol{\varkappa}') = (1/2)\left\{\rho^{\beta}(\boldsymbol{r}|\boldsymbol{\varkappa})\rho^{\beta}(\boldsymbol{r}'|\boldsymbol{\varkappa}') - \rho^{\beta}(\boldsymbol{r}|\boldsymbol{\varkappa}')\rho^{\beta}(\boldsymbol{r}'|\boldsymbol{\varkappa})\right\}. \tag{8.21d}$$

Die räumlichen Dichtematrizen ρ^{α} und ρ^{β} können gemäß den Gleichungen (8.16a,b) als Summen über Orbitalprodukte geschrieben werden.

Damit haben wir die Möglichkeiten, die das MO-Bild bietet, ausgeschöpft. Wesentliche Mängel des einfachen MO-Modells sind beseitigt, indem mit dem vollständigen (nichtrelativistischen) elektronischen Hamilton-Operator gearbeitet und das Pauli-Prinzip korrekt berücksichtigt wird.

Allerdings verbleibt eine Unausgewogenheit, indem einerseits die Elektronenwechselwirkung im Hamilton-Operator explizite und vollständig einbezogen ist, andererseits aber der verwendete Wellenfunktionstyp, das antisymmetrische Produkt, die Elektronen so beschreibt, als bewegten sie sich noch immer weitgehend unabhängig voneinander, ungeachtet der zwischen ihnen wirkenden Coulomb-Abstoßung. Wie wir wissen, müsste die "richtige" Wellenfunktion so beschaffen sein, dass *alle* Elektronen sich ausweichen können und die Gesamtenergie dadurch nicht unrealistisch hohe Werte annehmen kann (Coulomb-Korrelation). Eine antisymmetrische Produktwellenfunktion jedoch erfasst nur die Fermi-Korrelation, die Elektronen gleichen Spins voneinander fernhält [s. Gleichung (3.136), auch Abschnitt 2.5 und ÜA 8.2]:

$$\mathrm{d}W^{\alpha\alpha}(\boldsymbol{r},\boldsymbol{r}') \propto P^{\alpha\alpha}(\boldsymbol{r},\boldsymbol{r}'|\boldsymbol{r},\boldsymbol{r}')\mathrm{d}V\mathrm{d}V' \to 0 \quad \text{für} \quad \boldsymbol{r}' \to \boldsymbol{r}, \tag{8.22}$$

analog für zwei β-Elektronen. Betrachten wir hingegen ein Elektron mit α-Spin und ein anderes Elektron mit β-Spin, so bewegen sie sich völlig unabhängig voneinander:

$$\mathrm{d}W^{\alpha\beta}(\boldsymbol{r},\boldsymbol{r}') \propto P^{\alpha\beta}(\boldsymbol{r},\boldsymbol{r}'|\boldsymbol{r},\boldsymbol{r}')\mathrm{d}V\mathrm{d}V' \propto \rho^{\alpha}(\boldsymbol{r}|\boldsymbol{r})\rho^{\beta}(\boldsymbol{r}'|\boldsymbol{r}')\mathrm{d}V\mathrm{d}V'$$
$$\propto \mathrm{d}W^{\alpha}(\boldsymbol{r})\cdot\mathrm{d}W^{\beta}(\boldsymbol{r}'), \qquad (8.23)$$

d. h. die Wahrscheinlichkeit, eines der α-Elektronen im Volumenelement $\mathrm{d}V$ am Ort $\boldsymbol{r}$ und gleichzeitig eines der β-Elektronen im Volumenelement $\mathrm{d}V'$ am Ort $\boldsymbol{r}'$ zu finden, bei beliebigen Positionen der anderen Elektronen, ist gleich dem Produkt der Einzelwahrscheinlichkeiten. Das bedeutet statistische Unabhängigkeit (s. Anhang A3.1), die *Coulomb-Korrelation fehlt.* Dieser Defekt bleibt also in der Hartree-Fock-Näherung bestehen.

8.2 Bestimmung der MOs in der Hartree-Fock-Näherung

Da der vollständige Hamilton-Operator $\hat{H}^{\mathrm{e}}$ [Gl. (8.1)] verwendet wird, liegen die Verhältnisse jetzt komplizierter als in der einfachen MO-Näherung mit dem Hamilton-Operator $\hat{H}_0^{\mathrm{MO}}$.

Zur Ermittlung der MOs wird das Energievariationsprinzip eingesetzt: als Versuchsfunktionen werden *antisymmetrische Produkte* $\tilde{\Psi}$ von Spinorbitalen ψ_i zugelassen, sofern sie die an Wellenfunktionen gebundener stationärer Zustände zu stellenden Randbedingungen erfüllen. Die Extremalforderung an die Energie:

$$\overline{E}[\tilde{\Psi}] \equiv \left\langle \tilde{\Psi} \middle| \hat{H}^{\mathrm{e}} \middle| \tilde{\Psi} \right\rangle \Big/ \left\langle \tilde{\Psi} \middle| \tilde{\Psi} \right\rangle \equiv \overline{E}[\psi_1,\ldots,\psi_N] \rightarrow \text{Minimum} \qquad (8.24)$$

unter Einhaltung der Nebenbedingungen (8.6) – Orthonormierung der Spinorbitale $\psi_i(\xi)$ – führt dann auf Bestimmungsgleichungen für die in diesem Sinne optimalen Spinorbitale ψ_i. Diese Verfahrensweise, als ***Hartree-Fock-Näherung*** bezeichnet, liefert folglich die hinsichtlich der Gesamtenergie bestmögliche Beschreibung des Systems im Rahmen des MO-Modells mit Berücksichtigung des Pauli-Prinzips.

Die Hartree-Fock-Näherung geht auf Arbeiten von D. R. Hartree und W. Hartree (1928-1938) sowie V. Fock (1930) zurück, die sich mit Atomberechnungen befassten.[3]
Die praktische Verfahrensweise wurde vornehmlich von D. R. Hartree für einfache Produktwellenfunktionen ohne Antisymmetrisierung, also ohne Berücksichtigung des Pauli-Prinzips, ausgearbeitet (*Hartree-Näherung*), dann von V. Fock auf antisymmetrische Produktwellenfunktionen verallgemeinert.

Wir befassen uns hier hauptsächlich mit einem speziellen Fall (der gleichwohl in der Molekültheorie häufig auftritt), indem wir voraussetzen, dass sich die Elektronenhülle des zu beschreibenden molekularen Systems in einer *Konfiguration abgeschlossener Elektronenschalen* befindet (zur Definition s. Abschn. 7.2). Wurde das molekulare System vorab in einer einfachen

---

[3] Hartree, D. R.:The Wave Mechanics of an Atom with a Non-Coulomb Central Field. I. Theory and Methods.II. Some Results and Discussion. Proc. Camb. Phil. Soc. **24**, 89-110 (1928); ibid. **24,** 111-132 (1928);
Fock, V.: Näherungsmethoden zur Lösung des quantenmechanischen Mehrkörperproblems. Z. Physik **61**, 126-148 (1930)

LCAO-MO-Näherung untersucht, so hat man dabei schon eine Vorstellung vom Aussehen der MOs, ihrer Symmetrie etc. gewonnen.

Die Verallgemeinerung auf nichtabgeschlossene Schalen wird anschließend nur kurz skizziert.

8.2.1 Hartree-Fock-Näherung für abgeschlossene Elektronenschalen

Das molekulare System und die antisymmetrische Produktwellenfunktionen mögen durch folgende Merkmale charakterisiert sein:

(a) Die Anzahl der Elektronen sei gerade: $N = 2n$ mit $n = 1, 2, 3, \ldots$

(b) Die Wellenfunktion (Determinante) (8.11) sei aus n doppelt (jeweils mit Spin α und Spin β) besetzten MOs aufgebaut.

In dem antisymmetrischen Produkt (8.11) sind somit die α-MOs und die β- MOs paarweise einander gleich:

$$\phi_i^{\alpha}(\boldsymbol{r}) = \phi_i^{\beta}(\boldsymbol{r}) \equiv \phi_i(\boldsymbol{r})\,. \qquad (8.25)$$

Die MOs seien orthonormiert,

$$\int \phi_i(\boldsymbol{r})^* \phi_j(\boldsymbol{r}) \mathrm{d}V = \delta_{ij}\,, \qquad (8.26)$$

und symmetriegerecht, d. h. sie transformieren sich nach den irreduziblen Darstellungen der Symmetriegruppe des starren Kerngerüstes (s. Anhang A1.4.2).

Die Gesamtwellenfunktion $\tilde{\Psi}$ hat also die spezielle Form

$$\tilde{\Psi}(\boldsymbol{r}_1\sigma_1,\ldots,\boldsymbol{r}_{2n}\sigma_{2n}) = C \det\{\phi_1(\boldsymbol{r}_1)\alpha\, \phi_2(\boldsymbol{r}_2)\alpha \ldots \phi_n(\boldsymbol{r}_n)\alpha\, \phi_1(\boldsymbol{r}_{n+1})\beta \ldots \phi_n(\boldsymbol{r}_{2n})\beta\}\,. \qquad (8.27)$$

Für die räumliche Dichtematrix erster Ordnung ergibt sich dementsprechend:

$$\rho^{\alpha}(\boldsymbol{r}|\boldsymbol{\varkappa}) = \rho^{\beta}(\boldsymbol{r}|\boldsymbol{\varkappa}) \equiv (1/2)\rho(\boldsymbol{r}|\boldsymbol{\varkappa}) \qquad (8.28)$$

mit

$$\rho(\boldsymbol{r}|\boldsymbol{\varkappa}) = 2\sum_{i=1}^{n} \phi_i(\boldsymbol{r})\phi_i(\boldsymbol{\varkappa})^*\,. \qquad (8.29)$$

Die räumliche Paar-Dichtematrix erhält man in der Form

$$P(\boldsymbol{r},\boldsymbol{r}'|\boldsymbol{\varkappa},\boldsymbol{\varkappa}') = (1/2)\rho(\boldsymbol{r}|\boldsymbol{\varkappa})\rho(\boldsymbol{r}'|\boldsymbol{\varkappa}') - (1/4)\rho(\boldsymbol{r}|\boldsymbol{\varkappa}')\rho(\boldsymbol{r}'|\boldsymbol{\varkappa})\,. \qquad (8.30)$$

(c) Gehören mehrere MOs zur gleichen Orbitalenergie (Entartung), dann treten, wenn eines dieser MOs in der Determinante (8.27) auftritt, alle auf.

Ob bei einem vorgegebenen System eine MO-Entartung zu erwarten ist, erkennt man auch ohne Rechnung aus den *Symmetrieeigenschaften*, s. Anhang A1.5. Man kann das in der Regel auch einer vorgeschalteten einfachen MO-Rechnung entnehmen.
Wie wir sehen werden, ergeben sich in der üblichen Formulierung der Hartree-Fock-Näherung die MOs $\phi_i(\boldsymbol{r})$ als symmetriegerechte Funktionen.

Sind diese Voraussetzungen *(a) – (c)* erfüllt, dann haben wir es mit einer *Konfiguration abgeschlossener Elektronenschalen* im Sinne von Abschnitt 7.2 zu tun, und die nach *(b)* und *(c)* gebildete antisymmetrische Produktwellenfunktion $\tilde{\Psi}$ hat eine Reihe besonderer Eigenschaften:

- $\tilde{\Psi}$ ist Eigenfunktion der Operatoren von Betragsquadrat und *z*-Komponente des Gesamtspins, $\hat{S}^2$ bzw. $\hat{S}_z$, zu den Quantenzahlen $S = M_S = 0$, sie beschreibt also einen *Singulettzustand.*
- $\tilde{\Psi}$ ist *nichtentartet*, d. h. es existiert keine weitere so gebildete Funktion, die den gleichen Energieerwartungswert ergibt.
- $\tilde{\Psi}$ ist *totalsymmetrisch*, d. h. invariant gegenüber allen Operationen der Symmetriegruppe, zu der das Kerngerüst gehört (s. Anhang A1.3).

Diese Behauptungen beweisen wir hier nicht. Die Singuletteigenschaft wird in ÜA 8.3 hergeleitet. Die Eigenschaft der Nichtentartung der Determinanten-Wellenfunktion lässt sich auch umgekehrt zur Definition einer Konfiguration abgeschlossener Elektronenschalen benutzen, da sie die anderen Eigenschaften nach sich zieht. Genaueres findet man z. B. in [I.4a].

Verglichen mit der Eindeterminanten-Wellenfunktion (8.4), die aus allgemeinen Spinorbitalen $\psi_i(\xi)$ aufgebaut ist, liegen der Funktion (8.27) einige einschränkende Vorgaben zugrunde, insbesondere die Form (8.9) der Spinorbitale und die Annahme symmetriegerechter MOs; man spricht daher von *eingeschränkter Hartree-Fock-Näherung* (engl. Restricted Hartree-Fock, abgek. *RHF*). Ausführliches über diese Einschränkungen, ihre Auswirkungen sowie Möglichkeiten, sie schrittweise wieder aufzuheben und dadurch allgemeinere Formulierungen des MO-Modells zu erhalten, findet man z. B. in [I.4a].

8.2.1.1 Hartree-Fock-Gleichungen

Der Erwartungswert (8.24), gebildet mit der Wellenfunktion (8.27) und dem Hamilton-Operator (8.1), dann nach Gleichung (3.132) sowie Summation über σ und σ' ausgedrückt durch die (räumlichen Dichtematrizen ergibt sich in der folgenden Gestalt:

$$\overline{E}^{\mathrm{RHF}} \equiv \overline{E}^{\mathrm{e|RHF}} = \int \left\{ \hat{h}\rho(\boldsymbol{r}|\boldsymbol{\varkappa}) \right\}_{\boldsymbol{\varkappa}=r} \mathrm{d}V$$
$$+ (1/2) \iint \rho(\boldsymbol{r}|\boldsymbol{r}) \left(1/|\boldsymbol{r}-\boldsymbol{r}'|\right) \rho(\boldsymbol{r}'|\boldsymbol{r}') \mathrm{d}V \mathrm{d}V'$$
$$- (1/4) \iint \rho(\boldsymbol{r}|\boldsymbol{r}') \left(1/|\boldsymbol{r}-\boldsymbol{r}'|\right) \rho(\boldsymbol{r}'|\boldsymbol{r}) \mathrm{d}V \mathrm{d}V' . \qquad (8.31)$$

Setzt man die Dichtematrix ρ gemäß Gleichung (8.29) ein, so entsteht daraus der Ausdruck

$$\overline{E}^{\mathrm{e|RHF}} = \overline{E}^{\mathrm{e|RHF}}[\phi_1, \ldots, \phi_n, \phi_1^*, \ldots, \phi_n^*]$$
$$= 2\sum_{k=1}^{n} h_k + 2\sum_{k=1}^{n} \sum_{l=1}^{n} J_{kl} - \sum_{k=1}^{n} \sum_{l=1}^{n} K_{kl} \qquad (8.31')$$

mit den *Einelektronintegralen*

$$h_k \equiv \int \phi_k(\boldsymbol{r})^* \, \hat{h} \, \phi_l(\boldsymbol{r}) \mathrm{d}V , \qquad (8.32a)$$

den *Zweielektronen-Coulomb-Integralen*

$$J_{kl} \equiv \iint \phi_k(\boldsymbol{r})^* \phi_k(\boldsymbol{r})\big(1/|\boldsymbol{r}-\boldsymbol{r}'|\big)\phi_l(\boldsymbol{r}')^* \phi_l(\boldsymbol{r}')\mathrm{d}V\mathrm{d}V' , \tag{8.32b}$$

und den *Zweielektronen-Austauschintegralen*

$$K_{kl} \equiv \iint \phi_k(\boldsymbol{r})^* \phi_l(\boldsymbol{r})\big(1/|\boldsymbol{r}-\boldsymbol{r}'|\big)\phi_l(\boldsymbol{r}')^* \phi_k(\boldsymbol{r}')\mathrm{d}V\mathrm{d}V' . \tag{8.32c}$$

Solche Integrale sind uns aus Abschnitt 6.2.2 *(b)* bekannt. Ihre physikalische Bedeutung ist die gleiche wie dort: die Coulomb-Integrale J_{kl} lassen sich klassisch als Coulomb-Wechselwirkungen der Elektronenladungsverteilungen $(-|\phi_k(\boldsymbol{r})|^2)$ und $(-|\phi_l(\boldsymbol{r})|^2)$ (in at. E.) interpretieren, während die Austauschintegrale K_{kl} kein klassisches Analogon haben. Es gilt auch hier, dass die Coulomb- und Austauschintegrale nicht negativ sein können, also: $J_{kl} \geq 0$ und $K_{kl} \geq 0$ für alle k und l.

Das Variationsverfahren zur Minimierung von $\overline{E}^{\mathrm{e}|\mathrm{RHF}}$ muss unter Wahrung der Orthonormierung der MOs [Gl. (8.26)] erfolgen; dementsprechend variieren wir das Funktional

$$\mathcal{Q}[\tilde{\Psi}] \equiv \overline{E}^{\mathrm{e}|\mathrm{RHF}}[\phi_1,\ldots,\phi_n,\phi_1^*,\ldots,\phi_n^*] - \sum_{k=1}^{n}\sum_{i=1}^{n}\bar{\varepsilon}_{ki}\int \phi_k^*\phi_i \mathrm{d}V , \tag{8.33}$$

in dem die Nebenbedingungen (8.26) mit den Lagrange-Multiplikatoren $\bar{\varepsilon}_{ki}$ berücksichtigt sind (zur Variationsrechnung s. etwa [II.1], Kap. 10.):

$$\delta\mathcal{Q} = 0 . \tag{8.34}$$

Wir skizzieren die Verfahrensweise hier so weit, dass der Leser sie nachvollziehen kann.

Das Funktional $\mathcal{Q}$ hängt von den MOs ϕ_k und den konjugiert-komplexen MOs ϕ_k^* ab; beide sind natürlich nicht unabhängig voneinander, so dass man entweder die einen oder die anderen variieren kann (vgl. auch Abschn. 4.4.1.1). Wir wählen, um direkt, ohne Umbenennungen, zur üblichen Form der herzuleitenden Gleichungen zu gelangen, die Variation der ϕ_k^*; die Variation der ϕ_k würde zum gleichen Ergebnis führen. In den Doppelintegralen sind Produkte zu variieren; wie bei gewöhnlichen Differentialen ist $\delta(\phi_k^* \cdot \phi_l^*) = (\delta\phi_k^*)\cdot\phi_l^* + \phi_k^* \cdot (\delta\phi_l^*)$. Man überzeugt sich leicht (durch Vertauschung von k mit l sowie $\boldsymbol{r}$ mit $\boldsymbol{r}'$ im zweiten Integral), dass die beiden jeweils resultierenden Ausdrücke gleich sind.

Die Variation von ϕ_k^* ergibt (alle Summen laufen über 1, 2, ... , n):

$$\begin{aligned}
\delta\mathcal{Q} = {} & 2\sum_k \int \delta\phi_k(\boldsymbol{r})^* \hat{h}\phi_k(\boldsymbol{r})\mathrm{d}V \\
& + 4\sum_k\sum_l \iint \delta\phi_k(\boldsymbol{r})^* \phi_k(\boldsymbol{r})\big(1/|\boldsymbol{r}-\boldsymbol{r}'|\big)\phi_l(\boldsymbol{r}')^* \phi_l(\boldsymbol{r}')\mathrm{d}V\mathrm{d}V' \\
& - 2\sum_k\sum_l \iint \delta\phi_k(\boldsymbol{r})^* \phi_l(\boldsymbol{r})\big(1/|\boldsymbol{r}-\boldsymbol{r}'|\big)\phi_l(\boldsymbol{r}')^* \phi_k(\boldsymbol{r}')\mathrm{d}V\mathrm{d}V' \\
& - \sum_k\sum_i \bar{\varepsilon}_{ki}\int \delta\phi_k(\boldsymbol{r})^* \phi_i(\boldsymbol{r})\mathrm{d}V
\end{aligned}$$

$$= \sum_k \int \delta\phi_k(\boldsymbol{r})^* \Big\{ 2\hat{h}\phi_k(\boldsymbol{r}) + 4\Big[\sum_l \int \phi_l(\boldsymbol{r}')^* \phi_l(\boldsymbol{r}')\big(1/|\boldsymbol{r}-\boldsymbol{r}'|\big)\mathrm{d}V'\Big]\phi_k(\boldsymbol{r})$$
$$-2\sum_l \int \phi_l(\boldsymbol{r}')^* \phi_k(\boldsymbol{r}')\big(1/|\boldsymbol{r}-\boldsymbol{r}'|\big)\mathrm{d}V' \cdot \phi_l(\boldsymbol{r})$$
$$-\sum_i \bar{\varepsilon}_{ki}\phi_i(\boldsymbol{r}) \Big\}\mathrm{d}V \, .$$

Die notwendige Bedingung (8.34) für das Verschwinden der Variation des Funktionals $\mathcal{Q}$ kann bei beliebigen, voneinander unabhängigen Variationen $\delta\phi_k{}^*$ nur erfüllt werden, wenn der Inhalt der geschweiften Klammer gleich Null ist, also muss für $k = 1, 2, \ldots , n$ gelten:

$$\Big(2\hat{h} + 4\sum_l \int \phi_l(\boldsymbol{r}')^* \phi_l(\boldsymbol{r}')\big(1/|\boldsymbol{r}-\boldsymbol{r}'|\big)\mathrm{d}V'\Big)\phi_k(\boldsymbol{r})$$
$$-2\sum_l \int \phi_l(\boldsymbol{r}')^* \phi_k(\boldsymbol{r}')\big(1/|\boldsymbol{r}-\boldsymbol{r}'|\big)\mathrm{d}V' \cdot \phi_l(\boldsymbol{r}) = \sum_i \bar{\varepsilon}_{ki}\phi_i(\boldsymbol{r}) \qquad (8.35)$$

oder unter Verwendung der räumlichen Dichtematrix (8.29) geschrieben:

$$\Big(2\hat{h} + 2\int \rho(\boldsymbol{r}\,|\,\boldsymbol{r}')\big(1/|\boldsymbol{r}-\boldsymbol{r}'|\big)\mathrm{d}V'\Big)\phi_k(\boldsymbol{r})$$
$$-\int \rho(\boldsymbol{r}\,|\,\boldsymbol{r}')\big(1/|\boldsymbol{r}-\boldsymbol{r}'|\big)\phi_k(\boldsymbol{r}')\mathrm{d}V' = \sum_i \bar{\varepsilon}_{ki}\phi_i(\boldsymbol{r}) \qquad (8.35')$$

($k = 1, 2, \ldots , n$). Das ist ein System von n Gleichungen, die über die rechten Seiten durch die Lagrange-Multiplikatoren $\bar{\varepsilon}_{ki}$ gekoppelt sind. Diese Kopplung kann jedoch beseitigt werden: die $(n\times n)$-Matrix der $\bar{\varepsilon}_{ki}$ ist nämlich hermitesch (s. ÜA 8.4) und lässt sich daher durch Transformation mit einer unitären Matrix **U**, d. h Übergang zu neuen MOs ϕ_i',

$$\phi_i' = \sum_{j=1}^{n} \phi_j U_{ji} \qquad (i = 1, 2, \ldots , n) \, , \qquad (8.36)$$

auf Diagonalform mit den Diagonalelementen ε_k bringen (s. Abschn. 3.1.5 sowie die einschlägige Literatur, etwa [II.1], Kap. 9.). Bei einer solchen Transformation bleiben die Wellenfunktion (8.4) bzw. (8.27) sowie die Dichtematrix ρ invariant, d. h. sie haben in den neuen MOs dieselbe Form wie in den alten. Wir können somit immer annehmen, die Diagonalisierung der $\bar{\varepsilon}_{ki}$-Matrix sei erfolgt, so dass ein Satz von n entkoppelten Gleichungen

$$\Big(\hat{h} + \int \rho(\boldsymbol{r}'\,|\,\boldsymbol{r}')\big(1/|\boldsymbol{r}-\boldsymbol{r}'|\big)\mathrm{d}V'\Big)\phi_k(\boldsymbol{r})$$
$$-\int \rho(\boldsymbol{r}\,|\,\boldsymbol{r}')\big(1/|\boldsymbol{r}-\boldsymbol{r}'|\big)\phi_k(\boldsymbol{r}')\mathrm{d}V' = \varepsilon_k \phi_k(\boldsymbol{r}) \qquad (8.37)$$

($k = 1, 2, \ldots , n$) vorliegt; der Strich an den MOs ist weggelassen Wie man sieht, handelt es sich um n identische Gleichungen, tatsächlich also um eine einzige Gleichung, der alle $\phi_k(\boldsymbol{r})$ genügen müssen; das ist die gesuchte Bestimmungsgleichung für die (energetisch) optimalen Molekülorbitale.

Diese *kanonische Form* der Einelektron-Wellengleichung wird allgemein als *Hartree-Fock-Gleichung* (oder auch *Fock-Gleichung*) bezeichnet.

Energetisch optimal heißt: die MOs $\phi_k(\boldsymbol{r})$ liefern, wenn man die antisymmetrische Produktwellenfunktion (8.27) aus ihnen aufbaut, den tiefsten (d. h. besten) mit einer solchen Wellenfunktion möglichen Erwartungswert der elektronischen Energie des Grundzustands. Es ist aber damit nichts darüber gesagt, mit welcher "Qualität" Erwartungswerte anderer Größen berechnet werden können (s. Abschn. 4.4.1.1).

Die Gleichung (8.37) lässt sich kompakter schreiben, wenn man die Integralausdrücke als Operatoren auffasst. Man definiert einen *Coulomb-Operator* $\hat{J}$:

$$\hat{J} \equiv \int \rho(\boldsymbol{r}'|\boldsymbol{r}')\left(1/|\boldsymbol{r}-\boldsymbol{r}'|\right)\mathrm{d}V' , \qquad (8.38)$$

der eigentlich nichts anderes ist als eine Potentialfunktion für den Einfluss der Ladungsverteilung $\rho(\boldsymbol{r}'|\boldsymbol{r}') \equiv \rho(\boldsymbol{r}')$ auf das betrachtete Elektron, sowie einen *Austauschoperator* $\hat{K}$, indem man festlegt, wie er auf eine beliebige Funktion $u(\boldsymbol{r})$ wirkt:

$$\hat{K}u(\boldsymbol{r}) \equiv \int \rho(\boldsymbol{r}|\boldsymbol{r}')\left(1/|\boldsymbol{r}-\boldsymbol{r}'|\right)u(\boldsymbol{r}')\mathrm{d}V' \qquad (8.39)$$

(es wird u als Funktion von $\boldsymbol{r}'$ geschrieben und in das Integral hineingezogen, dann über $\boldsymbol{r}'$ integriert, und der $\boldsymbol{r}$-abhängige Teil der Dichtematrix wird "übriggelassen"). Damit kann die Hartree-Fock-Gleichung (8.37) als

$$\hat{f}_0^{\mathrm{HF}}\phi_k(\boldsymbol{r}) = \varepsilon_k\phi_k(\boldsymbol{r}) \qquad (8.40)$$

mit dem *Fock-Operator*

$$\hat{f}_0^{\mathrm{HF}} \equiv \hat{h} + \hat{J} - (1/2)\hat{K} \qquad (8.41)$$

formuliert werden. Da sich die Dichtematrix ρ nach Gleichung (8.29) additiv aus Orbitaldichten zusammensetzt, bestehen auch $\hat{J}$ und $\hat{K}$ aus Coulomb- bzw. Austauschoperatoren, die von den Elektronen in den einzelnen besetzten MOs ϕ_l herrühren:

$$\hat{J} = 2\sum\nolimits_{l=1}^{n} \hat{J}_l , \qquad (8.42)$$

$$\hat{K} = 2\sum\nolimits_{l=1}^{n} \hat{K}_l , \qquad (8.43)$$

mit

$$\hat{J}_l \equiv \int \phi_l(\boldsymbol{r}')\phi_l(\boldsymbol{r}')^* \left(1/|\boldsymbol{r}-\boldsymbol{r}'|\right)\mathrm{d}V' , \qquad (8.44)$$

$$\hat{K}_l u(\boldsymbol{r}) \equiv \left(\int u(\boldsymbol{r}')\phi_l(\boldsymbol{r}')^* \left(1/|\boldsymbol{r}-\boldsymbol{r}'|\right)\mathrm{d}V'\right)\phi_l(\boldsymbol{r}); \qquad (8.45)$$

entsprechend kann man den Fock-Operator auch in der Form

$$\hat{f}_0^{\mathrm{HF}} = \hat{h} + \sum\nolimits_{l=1}^{n}(2\hat{J}_l - \hat{K}_l) \qquad (8.41')$$

schreiben. Die in den Gleichungen (8.32b,c) angegebenen Integrale sind Matrixelemente der Coulomb- bzw. Austauschoperatoren:

$$J_{kl} = \int \phi_k(\boldsymbol{r})^* \hat{J}_l \phi_k(\boldsymbol{r}) \mathrm{d}V = \int \phi_l(\boldsymbol{r})^* \hat{J}_k \phi_l(\boldsymbol{r}) \mathrm{d}V , \tag{8.32b'}$$

$$K_{kl} = \int \phi_k(\boldsymbol{r})^* \hat{K}_l \phi_k(\boldsymbol{r}) \mathrm{d}V = \int \phi_l(\boldsymbol{r})^* \hat{K}_k \phi_l(\boldsymbol{r}) \mathrm{d}V . \tag{8.32c'}$$

Die von der Elektronenwechselwirkung herrührenden Anteile im Fock-Operator $\hat{f}_0^{\mathrm{HF}}$ spielen also zusammen die Rolle eines effektiven Potentials

$$\hat{V}^{\mathrm{eff}} \equiv \hat{J} - (1/2)\hat{K} = \sum\nolimits_{l=1}^{n} (2\hat{J}_l - \hat{K}_l) , \tag{8.46}$$

das neben dem Kernanziehungspotential in $\hat{h}$ auf jedes einzelne Elektron wirkt.

Wir komplettieren die bisher erhaltenen Beziehungen, indem wir die Orbitalenergien ε_k durch die Integrale (8.33a-c) ausdrücken. Wird die Hartree-Fock-Gleichung (8.40) von links mit $\phi_k(\boldsymbol{r})^*$ multipliziert und auf beiden Seiten über $\boldsymbol{r}$ integriert, so ergibt sich auf Grund der Orthonormierung (8.26) der MOs:

$$\int \phi_k(\boldsymbol{r})^* \hat{f}_0^{\mathrm{HF}} \phi_k(\boldsymbol{r}) \mathrm{d}V = \varepsilon_k \int \phi_k(\boldsymbol{r})^* \phi_k(\boldsymbol{r}) \mathrm{d}V = \varepsilon_k ,$$

und mit $\hat{f}_0^{\mathrm{HF}}$ in der Form (8.41') eingesetzt, erhält man die Beziehung

$$\varepsilon_k = h_k + \sum\nolimits_{l=1}^{n} (2J_{kl} - K_{kl}) . \tag{8.47}$$

Damit kann man die elektronische Gesamtenergie des Grundzustands neben Gleichung (8.31') noch durch weitere Beziehungen angeben:

$$\overline{E}^{\mathrm{e|RHF}} = 2\sum\nolimits_{k=1}^{n} \varepsilon_k - \sum\nolimits_{k=1}^{n} \sum\nolimits_{l=1}^{n} (2J_{kl} - K_{kl}) \tag{8.31''}$$

$$= \sum\nolimits_{k=1}^{n} (\varepsilon_k + h_k) . \tag{8.31'''}$$

Die Begriffe und Zusammenhänge in diesem auf den ersten Blick ziemlich kompliziert aussehenden Formalismus sollen jetzt ergänzt und erläutert werden.

Charakterisierung der Hartree-Fock-Näherung

- Nach Gleichung (8.31'') ergibt sich der Energieerwartungswert in der Hartree-Fock-Näherung im Unterschied zur einfachen MO-Näherung nicht als Summe der Orbitalenergien:

$$\overline{E}^{\mathrm{e|RHF}} \neq 2\sum\nolimits_{k=1}^{n} \varepsilon_k ; \tag{8.48}$$

  es kommen Elektronenwechselwirkungsanteile hinzu, da der vollständige (nichtrelativistische) elektronische Hamilton-Operator zugrundeliegt.

- Bestimmungsgleichungen für die MOs erhält man nicht direkt aus einer separablen Schrödinger-Gleichung für das N-Elektronen-Problem, sondern erst über das Energievariationsprinzip. Die Lösungen der resultierenden Einelektrongleichungen (Hartree-Fock-

Gleichungen) liefern folglich die bei Beschränkung auf ein antisymmetrisches Produkt *energetisch bestmögliche* Wellenfunktion für das N-Elektronen-Problem.

- Die Hartree-Fock-Gleichung (8.40) hat auf den ersten Blick die Form einer Eigenwertgleichung. Der Fock-Operator $\hat{f}_0^{\mathrm{HF}}$ ist jedoch, anders als bei den Einelektronoperatoren in den vorangegangenen Kapiteln, kein linearer Differentialoperator vom Typ (3.1). Das liegt an dem Austauschoperator $\hat{K}$, dessen Wirkung auf eine Funktion durch Gleichung (8.39) definiert wurde. Wegen des Auftretens dieses Integraloperators hat man es bei der Hartree-Fock-Gleichung mit einer sog. *Integrodifferentialgleichung* zu tun; der Fock-Operator $\hat{f}_0^{\mathrm{HF}}$ hängt in Integralform von den zu bestimmenden MOs $\phi_k(\boldsymbol{r})$ ab. Die Lösung kann daher nur *iterativ* erfolgen: Man wählt (beispielsweise aus einer vorgeschalteten Rechnung im einfachen MO-Modell, Kap. 7) eine nullte Näherung für die MOs, $\phi_1^{(0)},\ldots,\phi_n^{(0)}$, berechnet damit das effektive Potential und den Fock-Operator in nullter Näherung: $\hat{V}^{\mathrm{eff}(0)}$ und $\hat{f}_0^{\mathrm{HF}(0)}$, löst die Hartree-Fock-Gleichung (die nun, da bekannte MOs $\phi_1^{(0)},\ldots,\phi_n^{(0)}$ eingesetzt wurden, eine "normale" Differentialgleichung ist) und erhält neue Lösungen $\phi_1^{(1)},\ldots,\phi_n^{(1)}$; das sind die MOs in erster Näherung. Dieser Prozess wird so oft wiederholt, bis sich die MOs (und die entsprechenden Orbitalenergien ε_k) bei zwei aufeinanderfolgenden Iterationsschritten innerhalb eines vorgegebenen Toleranzintervalls nicht mehr ändern. Das effektive Potential $\hat{V}^{\mathrm{eff}}$ reproduziert sich dann bei weiteren Zyklen; man sagt, das von den Elektronen erzeugte elektrische Feld sei *selbstkonsistent*. Dieses Verfahren wird als *Methode des selbstkonsistenten Feldes* (engl. self-consistent field, abgek. *SCF*) bezeichnet.

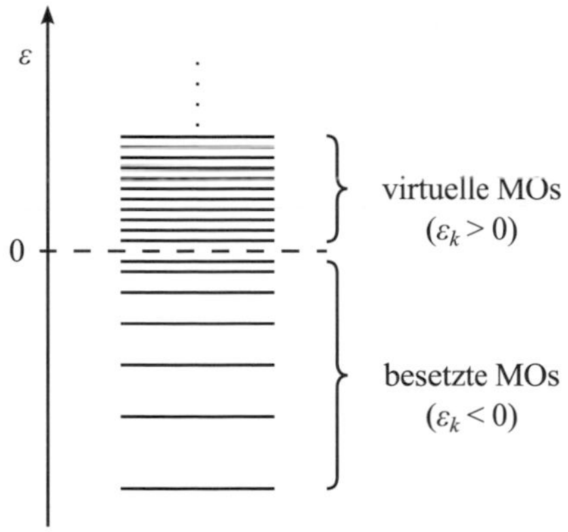

Abb. 8.1
Hartree-Fock-Orbitalenergien; besetzte und virtuelle MOs (schematisch)

- Die Hartree-Fock-Gleichung (8.40) hat prinzipiell unendlich-viele Lösungen. Die zu den n energetisch tiefsten Orbitalenergien $\varepsilon_1,\ldots,\varepsilon_n$ gehörenden Lösungsfunktionen $\phi_1(\boldsymbol{r}),\ldots,$ $\phi_n(\boldsymbol{r})$ heißen, wie beim einfachen MO-Modell, *besetzte Orbitale*; nur aus ihren Dichteanteilen $|\phi_k(\boldsymbol{r})|^2$ setzt sich die räumliche Dichtematrix erster Ordnung, ρ, zusammen. Die aus ihnen aufgebaute antisymmetrische Produktwellenfunktion Ψ_0^{RHF} beschreibt näherungsweise den *Grundzustand* der Elektronenhülle des Systems.

Die Lösungsfunktionen $\phi_{n+1}(\boldsymbol{r}), \phi_{n+2}(\boldsymbol{r}), \ldots$ zu höheren Orbitalenergien $\varepsilon_{n+1}, \varepsilon_{n+2}, \ldots$ werden als *virtuelle Orbitale* bezeichnet. Antisymmetrische Produkte, die sich von Ψ_0^{RHF} dadurch unterscheiden, dass ein oder mehrere besetzte MOs durch virtuelle MOs ersetzt sind, können näherungsweise als Wellenfunktionen angeregter Zustände der Elektronenhülle betrachtet werden.

- Trotz der oben genannten Besonderheiten des Fock-Operators gelten wichtige Eigenschaften der Eigenwerte und Eigenfunktionen von Differentialoperatoren (zu bestimmten Randbedingungen), wie sie in Abschnitt 3.1.3 behandelt wurden, auch für die Hartree-Fock-MOs $\phi_k(\boldsymbol{r})$ zu ε_k als Lösungen der "Pseudo-Eigenwertgleichung" (8.40). Es lässt sich leicht zeigen, dass der Fock-Operator $\hat{f}_0^{\mathrm{HF}}$ hermitesch ist. Die Hartree-Fock-Orbitalenergien ε_k sind reell, zwei MOs ϕ_k und ϕ_l zu verschiedenen Orbitalenergien ε_k bzw. ε_l sind orthogonal (bzw. miteinander entartete MOs lassen sich stets orthogonalisieren), und die Gesamtheit der besetzten und virtuellen MOs, die wir somit orthonormiert voraussetzen können, bilden ein *vollständiges Funktionensystem* (s. Abschn. 3.1.3).

- Zum besseren Verständnis der Hartree-Fock-Näherung untersuchen wir das in Gleichung (8.46) definierte effektive Potential $\hat{V}^{\mathrm{eff}}$ genauer (s. [I.4a], Abschn. 7.2.3.1.). Wie man leicht nachrechnet, ist der Erwartungswert dieses Operators für ein Elektron im MO $\phi_k(\boldsymbol{r})$,

$$\left(V^{\mathrm{eff}}\right)_{kk} \equiv \int \phi_k(\boldsymbol{r})^* \hat{V}^{\mathrm{eff}} \phi_k(\boldsymbol{r})\,\mathrm{d}V = \sum\nolimits_{l=1}^{n}(2J_{kl} - K_{kl}), \tag{8.49}$$

gleich dem von der Elektronenwechselwirkung herrührenden Anteil in der Orbitalenergie ε_k [Gl. (8.47]. Wird im Integranden von Gleichung (8.48) der Ausdruck $\hat{V}^{\mathrm{eff}}\phi_k = \hat{J}\phi_k - (1/2)\hat{K}\phi_k$ gemäß den Definitionen (8.38) und (8.39) mit der Dichtematrix ρ formuliert, dann bekommt $\left(V^{\mathrm{eff}}\right)_{kk}$ die Form

$$\begin{aligned}\left(V^{\mathrm{eff}}\right)_{kk} &= -\{\rho(\boldsymbol{r}'|\boldsymbol{r}') - (1/2)[\phi_k(\boldsymbol{r})^* \rho(\boldsymbol{r}|\boldsymbol{r}')\phi_k(\boldsymbol{r}')]/|\phi_k(\boldsymbol{r})|^2\} \\ &= \iint |\phi_k(\boldsymbol{r})|^2 \left(1/|\boldsymbol{r}-\boldsymbol{r}'|\right)\{\rho(\boldsymbol{r}'|\boldsymbol{r}') - (1/2)[\phi_k(\boldsymbol{r})^* \rho(\boldsymbol{r}|\boldsymbol{r}')\phi_k(\boldsymbol{r}')]/|\phi_k(\boldsymbol{r})|^2\}\mathrm{d}V\mathrm{d}V'\,. \end{aligned} \tag{8.50}$$

Klassisch aufgefasst ist dieser Ausdruck die potentielle Energie (in at. E.) der elektrostatischen Wechselwirkung der Ladungsverteilung $-(|\phi_k(\boldsymbol{r})|^2)$ eines im MO $\phi_k(\boldsymbol{r})$ befindlichen Elektrons (zu beachten: Ladung = -1 in at. E.) mit einer elektronischen Ladungsverteilung (Vorzeichen wieder: -1), die aus zwei Anteilen besteht: Der erste Anteil, $-\rho(\boldsymbol{r}'|\boldsymbol{r}')$, ist die von allen Elektronen herrührende Elektronenladungsdichte am Punkt $\boldsymbol{r}'$; integriert man sie über $\boldsymbol{r}'$, so ergibt sich $-2n = -N$, also die Gesamtladung der N Elektronen (alles in at. E.). Das Potential dieser Ladungsdichte am Punkt $\boldsymbol{r}$ ist der Coulomb-"Operator" $\hat{J}$. Der zweite Anteil $(1/2)[\phi_k(\boldsymbol{r})^* \rho(\boldsymbol{r}|\boldsymbol{r}')\phi_k(\boldsymbol{r}')]/|\phi_k(\boldsymbol{r})|^2$ (wieder mit dem

Faktor −1 multipliziert), wird auch als *Austauschladungsdichte* bezeichnet. Über $\boldsymbol{r}'$ integriert, ergibt sich der Wert +1; schreibt man nämlich $\rho(\boldsymbol{r}\,|\,\boldsymbol{r}')$ als Summe der MO-Beiträge [Gl. (8.29)], so liefern alle diese Beiträge bei der Integration Null bis auf den Term $\phi_k(\boldsymbol{r})\phi_k(\boldsymbol{r}')^*$, der zu +1 führt. Das Integral über den gesamten, in der (negativ genommenen) geschweiften Klammer stehenden Ausdruck hat also den Wert $-(N-1)$, ist also gleich der Gesamtladung der übrigen Elektronen (in at. E.), wie es sein muss. Die Austauschladungsdichte hängt vom Zustand ϕ_k ab und führt zu einem "Potential", das durch den Austauschoperator $-(1/2)\hat{K}$ erfasst wird. Dieser Ladungsdichteanteil kompensiert die Wechselwirkung des betrachteten Elektrons mit sich selbst, die sonst, bei Verwendung nur des ersten Anteils, in der Beschreibung mit enthalten wäre. Die Austauschdichte hat mit der Fermi-Korrelation, d. h. mit dem Abdrängen von Elektronen gleichen Spins, zu tun und führt stets zu einem negativen (stabilisierenden) Energiebeitrag.

Wenn sich das betrachtete Elektron in einem virtuellen MO $\phi_q(\boldsymbol{r})$ mit $q > n$ befindet, ist die Situation anders: Der zweite Dichteanteil gibt ein verschwindendes Integral, und das Elektron steht formal mit N Elektronen, die sich in den besetzten MOs befinden (und die Dichte ρ liefern), in Wechselwirkung. Das ist physikalisch nicht sinnvoll; damit hängt u. a. zusammen, dass sich die virtuellen Orbitale in der Regel schlecht für die Beschreibung angeregter Zustände eignen, worauf wir in Kapitel 9 zurückkommen.

8.2.1.2 Lösung der Hartree-Fock-Gleichung: LCAO-Verfahren (Roothaan und Hall)

Die Hartree-Fock-Gleichung (8.40) ist mathematisch ziemlich kompliziert; sie lässt sich aber analog zum einfachen MO-Modell durch einen LCAO-Ansatz für die Hartree-Fock-MOs in eine gut handhabbare, leicht auch auf Computer übertragbare Form bringen. Vorausgesetzt sei weiterhin eine Elektronenkonfiguration abgeschlossener Schalen.

Man geht wie in Abschnitt 7.2 vor:

- Zuerst sind geeignete *Basisfunktionen* zu wählen, also ein Satz $\{\varphi_\nu(\boldsymbol{r})\}$ von M Funktionen $\varphi_1(\boldsymbol{r}),\ldots,\varphi_M(\boldsymbol{r})$; dabei spielen sowohl die Art als auch die Anzahl dieser Funktionen eine wichtige Rolle (s. Kap. 17).
- Für die Hartree-Fock-MOs $\phi_k(\boldsymbol{r})$ wird ein *Näherungsansatz (LCAO)* gemacht:

$$\phi_k(\boldsymbol{r}) \approx \tilde{\phi}_k(\boldsymbol{r}) = \sum_{\nu=1}^{M} c_{\nu k}\varphi_\nu(\boldsymbol{r}) \qquad (k = 1, 2, \ldots, n) \qquad (8.51)$$

($n = N/2$); die Tilde über ϕ_k weist auf den Näherungscharakter dieses Ansatzes hin. Auch die genäherten MOs $\tilde{\phi}_k$ sollen *orthonormal* sein:

$$\int \tilde{\phi}_k(\boldsymbol{r})^* \tilde{\phi}_l(\boldsymbol{r})\mathrm{d}V = \sum_{\mu=1}^{M}\sum_{\nu=1}^{M} c_{\mu k}^* c_{\nu l} S_{\mu\nu} = \delta_{kl} \quad (k,l = 1, 2, \ldots, n), \quad (8.52)$$

wobei $S_{\mu\nu}$ das *Überlappungsintegral* der beiden Basisfunktionen φ_μ und φ_ν bezeichnet:

$$S_{\mu\nu} \equiv \int \varphi_\mu(\boldsymbol{r})^* \varphi_\nu(\boldsymbol{r})\mathrm{d}V\,. \qquad (8.53)$$

Damit ergibt sich für die Dichtematrix erster Ordnung, Gleichung (8.29), die Näherung

$$\rho(\boldsymbol{r}\,|\,\boldsymbol{r}') \approx \tilde{\rho}(\boldsymbol{r}\,|\,\boldsymbol{r}') = \sum\nolimits_{\mu=1}^{M}\sum\nolimits_{\nu=1}^{M} \rho_{\mu\nu}\varphi_{\mu}(\boldsymbol{r})\varphi_{\nu}(\boldsymbol{r}')^{*}, \tag{8.54}$$

die sich aus Produkten $\varphi_{\mu}(\boldsymbol{r})\varphi_{\nu}(\boldsymbol{r}')^{*}$ mit den Koeffizienten

$$\rho_{\mu\nu} \equiv 2R_{\mu\nu} = 2\sum\nolimits_{k=1}^{n} c_{\mu k}c_{\nu k}^{*} \tag{8.55}$$

zusammensetzt.

Die Matrix $\boldsymbol{\rho}$ mit den Elementen (8.54) ist die bereits in Abschnitt 7.3.7 eingeführte *Ladungs- und Bindungsordnungsmatrix*, jetzt geschrieben für die durchlaufend numerierten Basisfunktionen $\varphi_{\lambda}(\boldsymbol{r})$ mit $\lambda = 1, 2, ..., M$.

Durch die LCAO-Form (8.50) erhält man also *Darstellungen* der MOs (als Spaltenmatrizen der Koeffizienten $c_{\nu k}$), der Dichtematrix (als hermitesche $(M \times M)$-Matrix der Koeffizienten $\rho_{\mu\nu}$) sowie der auftretenden Operatoren, gemäß Abschnitt 3.1.5.

Setzt man die erhaltenen Ausdrücke in die Formeln (8.31) oder (8.31') mit (8.32a-c) ein, so können die Integrationen, da die Basisfunktionen $\varphi_{\nu}(\boldsymbol{r})$ bekannt sind, ausgeführt werden (was unter Umständen ziemlich aufwendig ist, s. später in Kap. 17); der Erwartungswert der elektronischen Gesamtenergie, $\overline{E}^{\mathrm{e}|\mathrm{RHF}}$, ergibt sich in dieser LCAO-Näherung als:

$$\overline{E}^{\mathrm{e}|\mathrm{RHF}} \approx \tilde{E}^{\mathrm{e}|\mathrm{RHF}} = 2\sum\nolimits_{\mu=1}^{M}\sum\nolimits_{\nu=1}^{M} h_{\mu\nu}R_{\nu\mu}$$

$$+\sum\nolimits_{\mu=1}^{M}\sum\nolimits_{\nu=1}^{M}\sum\nolimits_{\kappa=1}^{M}\sum\nolimits_{\lambda=1}^{M}\left[2\left(\mu\nu\middle|\kappa\lambda\right)-\left(\mu\lambda\middle|\kappa\nu\right)\right]R_{\nu\mu}R_{\lambda\kappa} \tag{8.56}$$

$$= \tilde{E}^{\mathrm{e}|\mathrm{RHF}}[c_{11},...,c_{M1},c_{12},c_{M2},...,c_{Mn},c_{11}^{*},...,c_{Mn}^{*}] \tag{8.57}$$

($n = N/2$). Das ist also kein Funktional, sondern vermittels der in Gleichung (8.55) definierten Elemente $R_{\mu\nu}$ der "halben Ladungs- und Bindungsordnungsmatrix" eine gewöhnliche Funktion der LCAO-Koeffizienten $c_{\nu k}$ und deren Komplex-konjugierten $c_{\nu k}^{*}$; explizite soll der Ausdruck (8.57) hier nicht aufgeschrieben werden (s. ÜA 8.5a). Die Größen $h_{\mu\nu}$ und $(\alpha\beta|\gamma\delta)$ sind Abkürzungen für die Integrale

$$h_{\mu\nu} \equiv \int \varphi_{\mu}(\boldsymbol{r})^{*}\hat{h}\varphi_{\nu}(\boldsymbol{r})\mathrm{d}V\,, \tag{8.58a}$$

$$(\alpha\beta|\gamma\delta) \equiv \iint \varphi_{\alpha}(\boldsymbol{r})^{*}\varphi_{\beta}(\boldsymbol{r})\left(1/|\boldsymbol{r}-\boldsymbol{r}'|\right)\varphi_{\gamma}(\boldsymbol{r}')^{*}\varphi_{\delta}(\boldsymbol{r}')\mathrm{d}V\mathrm{d}V'\,; \tag{8.58b}$$

ihre Form ist ganz analog zu den Integralen (8.32a-c), nur jetzt bezüglich der Basisfunktionen $\varphi_{\nu}(\boldsymbol{r})$. Wir können sie als bekannte (berechnete) Zahlenwerte behandeln, die natürlich parametrisch von den festgehaltenen Kernkoordinaten $\boldsymbol{R}$ abhängen.

Die Funktion (8.57) muss unter der Nebenbedingung (8.51), Orthonormierung der MOs, zu einem Minimum gemacht werden.[4] Dazu bilden wir den Ausdruck

$$\mathcal{Q} \equiv \tilde{E}^{\mathrm{e}|\mathrm{RHF}} - \sum_{k=1}^{n}\sum_{l=1}^{n}\sum_{\mu=1}^{M}\sum_{\nu=1}^{M} c_{\mu k}{}^{*} c_{\nu l} S_{\mu\nu} \bar{\varepsilon}_{kl} \qquad (8.59)$$

und setzen die partiellen Ableitungen nach den konjugiert-komplexen Koeffizienten gleich Null:

$$\partial\mathcal{Q}/\partial c_{\mu k}{}^{*} = 0 \qquad \text{für } \mu = 1, 2, \ldots, M \text{ und irgendeinen Wert } k\,. \qquad (8.60)$$

Damit gelangt man ganz analog zum vorigen Abschnitt zu einem Gleichungssystem, das folgendermaßen geschrieben werden kann:

$$\sum_{\nu=1}^{M}\left(f_{\mu\nu}^{\mathrm{HF}} - \tilde{\varepsilon}_k S_{\mu\nu}\right)c_{\nu k} = 0 \qquad (\mu = 1, 2, \ldots, M) \qquad (8.61)$$

(***Roothaan-Hall-Gleichungen***) ; die Herleitung wird als ÜA 8.5b empfohlen.

Die Größen

$$f_{\mu\nu}^{\mathrm{HF}} = h_{\mu\nu} + \sum_{\kappa=1}^{M}\sum_{\lambda=1}^{M} R_{\lambda\kappa}\left[2\left(\mu\nu|\kappa\lambda\right) - \left(\mu\lambda|\kappa\nu\right)\right] \qquad (8.62)$$

setzen sich aus den Integralen (8.58a,b) zusammen und bilden eine $(M \times M)$-Matrix $\mathbf{f}_0^{\mathrm{HF}}$, die als *Fock-Matrix* bezeichnet wird; die Überlappungsintegrale $S_{\mu\nu}$ der Basisfunktionen sind in Gleichung (8.53) definiert. Wie man leicht nachrechnet (s. ÜA 8.6), ist die Fock-Matrix

$$\mathbf{f}_0^{\mathrm{HF}} = \mathbf{h} + \mathbf{J} - (1/2)\mathbf{K} = \mathbf{h} + \mathbf{V}^{\mathrm{eff}} \qquad (8.63)$$

die Matrixdarstellung des Fock-Operators (8.41) bezüglich der Basis $\{\varphi_\nu(\mathbf{r})\}$, die sich analog zur Gleichung (8.41) für den Fock-Operator $\hat{f}^{\mathrm{HF}}$ aus den Matrizen $\mathbf{h}$, $\mathbf{J}$ und $\mathbf{K}$ bzw. $\mathbf{h}$ und $\mathbf{V}^{\mathrm{eff}}$ (den Matrixdarstellungen der Operatoren $\hat{h}$, $\hat{J}$ und $\hat{K}$ bzw. $\hat{h}$ und $\hat{V}^{\mathrm{eff}}$) zusammensetzt. Das Gleichungssystem (8.61) lässt sich damit in Matrixform schreiben,

$$\mathbf{f}_0^{\mathrm{HF}}\mathbf{c}_k = \tilde{\varepsilon}_k \mathbf{S}\mathbf{c}_k\,, \qquad (8.64)$$

wenn man die LCAO-Koeffizienten $c_{\nu k}$ zu M-reihigen Spaltenmatrizen $\mathbf{c}_k$ (k = 1, 2, ... , n) zusammenfasst; $\mathbf{S}$ ist die $(M \times M)$-Matrix der Überlappungsintegrale $S_{\mu\nu}$ [Gl. (8.53)].

Die Roothaan-Hall-Gleichungen sind *nichtlinear*, da die Fock-Matrixelemente (8.62) die unbekannten Koeffizienten $c_{\nu k}$ enthalten; es kommt für die Lösung somit wieder ein iteratives Verfahren in Frage: Ein Satz von Koeffizienten $c_{\nu k}^{(0)}$ für jedes k und damit ein Satz von approximativen LCAO-MOs $\tilde{\phi}_k^{(0)}$ (etwa aus einer einfachen LCAO-MO-Beschreibung) wird als nullte Näherung gewählt; damit werden die Fock-Matrixelemente $f_{\mu\nu}^{\mathrm{HF}(0)}$ berechnet und das Gleichungssystem (8.61), das nun ein gewöhnliches lineares Gleichungssystem ist, gelöst. Das

[4] Auf Grund der Ungleichung (8.48) wäre es nicht korrekt, die Orbitalenergien ε_k zu minimieren.

ergibt einen neuen, in der Regel verbesserten Satz von Koeffizienten $c_{\nu k}^{(1)}$ zu $\tilde{\varepsilon}_k^{(1)}$ (d. h. neue LCAO-MOs $\tilde{\phi}_k^{(1)}$), die erste Näherung. Mit dieser verfährt man ebenso und so fort:

$$c_{\nu k}^{(0)}(\tilde{\phi}_k^{(0)}) \to f_{\mu\nu}^{\mathrm{HF}(0)} \to \tilde{\varepsilon}_k^{(1)} \to c_{\nu k}^{(1)}(\tilde{\phi}_k^{(1)}) \to f_{\mu\nu}^{\mathrm{HF}(1)} \to \tilde{\varepsilon}_k^{(2)} \to \ldots,$$

bis zur Selbstkonsistenz, bis sich also von einem Iterationsschritt zum nächsten die approximativen Orbitalenergien $\tilde{\varepsilon}_k$ und die Werte der Koeffizienten $c_{\nu k}$, also die genäherten MOs $\tilde{\phi}_k$ innerhalb einer vorgegebenen Genauigkeitstoleranz nicht mehr ändern.

Ob sich auf die beschriebene Weise die Selbstkonsistenz erreichen lässt, d. h. ob das Verfahren konvergiert, wird im Folgenden stets vorausgesetzt. Wir verweisen diesbezüglich auf die Literatur (s. [8.1]).

Insgesamt ergeben sich mit M Basisfunktionen M Sätze von M Koeffizienten $c_{\nu k}$ (ν = 1, 2, ..., M), d. h. M approximative MOs $\tilde{\phi}_1, \tilde{\phi}_2, \ldots, \tilde{\phi}_M$, zu den M (Pseudo-) Eigenwerten $\tilde{\varepsilon}_k$ (k = 1, 2, ..., M), für die das Gleichungssystem (8.61) nichttriviale Lösungen hat.

Im Elektronengrundzustand des Systems sind die n (= N/2) energetisch tiefsten MOs zu den Orbitalenergien $\tilde{\varepsilon}_1, \tilde{\varepsilon}_2, \ldots, \tilde{\varepsilon}_n$ besetzt (*besetzte MOs*) und die $(M-n)$ energetisch höher gelegenen MOs zu $\tilde{\varepsilon}_{n+1}, \ldots, \tilde{\varepsilon}_M$ unbesetzt (*unbesetzte* oder *virtuelle MOs*); s. Abschnitt 8.2.1.1. Die Energien der besetzten MOs haben in der Regel negative Werte ($\tilde{\varepsilon}_k < 0$ für k = 1, 2, ..., n); die Energien der virtuellen MOs sind positiv ($\tilde{\varepsilon}_k > 0$ für $k = n+1, n+2, \ldots, M$).

Die Gesamtenergie des Grundzustands mit abgeschlossenen Elektronenschalen lässt sich vermittels der Beziehungen (8.55), (8.56) und (8.62) in der Form

$$\tilde{E}_0^{\mathrm{e}|\mathrm{RHF}} = (1/2)\sum_{\mu=1}^{M}\sum_{\nu=1}^{M}\tilde{p}_{\mu\nu}(f_{\mu\nu}^{\mathrm{HF}} + h_{\mu\nu}) = \sum_{\mu=1}^{M}\sum_{\nu=1}^{M}R_{\mu\nu}(f_{\mu\nu}^{\mathrm{HF}} + h_{\mu\nu}) \quad (8.65)$$

durch die Matrixelemente des Fock-Operators $\hat{f}_0^{\mathrm{HF}}$ und des Einelektronanteils $\hat{h}$ im Hamilton-Operator ausdrücken.

Die Diskussion am Schluss des vorigen Abschnitts gilt in wesentlichen Punkten auch für die LCAO-Näherung; ausgenommen sind natürlich solche Aussagen wie zur Vollständigkeit des Satzes der Hartree-Fock-LCAO-MOs oder zu einem teilweise kontinuierlichen Spektrum, das durch einen Ansatz (8.51) nicht erfasst werden kann. Entscheidend für die Güte des LCAO-MO-Ansatzes wird natürlich die Wahl der Basis sein, welche und wieviele Funktionen benutzt werden; diese Probleme werden in Teil 4, Abschnitt 17.1, behandelt. Je "besser" die verwendete Basis ist, desto genauer werden die Hartree-Fock-MOs, also die Lösungen der Hartree-Fock-Gleichung (8.40), approximiert. Man bezeichnet sehr genaue, quasi-exakte Lösungen der Hartree-Fock-Gleichung, an die man sich nur extrapolativ annähern kann, als *Hartree-Fock-Limit*.

8.2.2* Hartree-Fock-Näherung für nichtabgeschlossene Elektronenschalen

Sind die Voraussetzungen von Abschnitt 8.2.1 nicht erfüllt, d. h. liefern mehrere antisymmetrische Produktwellenfunktionen für den Grundzustand die gleiche Energie (*Entartung*), dann hat man es mit einer Elektronenkonfiguration zu tun, die mindestens eine nichtabgeschlossene

Schale (open shell) enthält. Ein solcher Fall liegt insbesondere dann vor, wenn die *Anzahl N der Elektronen ungerade* ist; er kann aber auch bei geraden Elektronenzahlen auftreten. Anhaltspunkte dafür lassen sich wieder in einer Voruntersuchung mit einer einfachen MO-Näherung gewinnen. Vorausgesetzt wird weiterhin, dass die Elektronen durch reine Spinzustände gemäß Gleichung (8.9) mit (8.10) beschrieben werden.

Wir betrachten ein molekulares System mit ungerader Elektronenzahl N. Dann kann man mehrere antisymmetrische Produkte bilden, die den gleichen Erwartungswert für die Gesamtenergie ergeben: Für drei Elektronen haben wir etwa die beiden Wellenfunktionen $\det\{\phi_1\alpha\,\phi_1\beta\,\phi_2\alpha\}$ und $\det\{\phi_1\alpha\,\phi_1\beta\,\phi_2\beta\}$, die zum gleichen Energieerwartungswert führen müssen, wenn der Hamilton-Operator keine spinabhängigen Anteile enthält. Wir können uns offensichtlich dann auf *eine* dieser Wellenfunktionen beschränken und die MOs ϕ_1 und ϕ_2 bestimmen. Als allgemeinen Fall nehmen wir an, N_α Elektronen haben α-Spin und N_β Elektronen β-Spin; es gilt $N_\alpha + N_\beta = N$ Die Ausdrücke für die entsprechende Gesamtwellenfunktion sowie für die Dichtematrizen erster und zweiter Ordnung wurden bereits in Abschnitt 8.1 aufgeschrieben [Gln. (8.11), (8.16a,b), (8.20) mit (8.21a-d)]; damit können wir analog zu Abschnitt 8.2.1 das Energiefunktional $\overline{E}[\tilde{\Psi}]$ sowie mit Einbeziehung der Orthonormierungsforderungen (8.12a,b) das Funktional Q bilden und bezüglich der MOs $\phi_i^\alpha(\boldsymbol{r})$ und $\phi_i^\beta(\boldsymbol{r})$ minimieren. Wir übergehen hier die einzelnen Schritte und geben gleich das Resultat an: Man erhält zwei Hartree-Fock-Gleichungen

$$\hat{f}_\alpha^{\mathrm{HF}}\phi_i^\alpha(\boldsymbol{r}) = \varepsilon_i^\alpha\phi_i^\alpha(\boldsymbol{r}), \tag{8.66a}$$

$$\hat{f}_\beta^{\mathrm{HF}}\phi_i^\beta(\boldsymbol{r}) = \varepsilon_i^\beta\phi_i^\beta(\boldsymbol{r}), \tag{8.66b}$$

wobei die beiden Fock-Operatoren ähnlich wie $\hat{f}_0^{\mathrm{HF}}$ [Gl. (8.41)] aussehen:

$$\hat{f}_\alpha^{\mathrm{HF}} = \hat{h} + \hat{J} - \hat{K}^\alpha, \tag{8.67a}$$

$$\hat{f}_\beta^{\mathrm{HF}} = \hat{h} + \hat{J} - \hat{K}^\beta, \tag{8.67b}$$

mit dem Coulomb- Operator

$$\hat{J} \equiv \int \rho(\boldsymbol{r}'|\boldsymbol{r}')\left(1/|\boldsymbol{r}-\boldsymbol{r}'|\right)\mathrm{d}V', \tag{8.68}$$

und den Austauschoperatoren K^α und K^β, definiert durch ihre Wirkung auf eine beliebige Funktion $u(\boldsymbol{r})$:

$$\hat{K}^\alpha u(\boldsymbol{r}) \equiv \int \rho^\alpha(\boldsymbol{r}|\boldsymbol{r}')\left(|\boldsymbol{r}-\boldsymbol{r}'|\right)u(\boldsymbol{r}')\,\mathrm{d}V', \tag{8.69a}$$

$$\hat{K}^\beta u(\boldsymbol{r}) \equiv \int \rho^\beta(\boldsymbol{r}|\boldsymbol{r}')\left(|\boldsymbol{r}-\boldsymbol{r}'|\right)u(\boldsymbol{r}')\,\mathrm{d}V'. \tag{8.69b}$$

Beide Gleichungen (8.66a,b) sind, da nach Gleichung (8.17) $\rho^\alpha + \rho^\beta = \rho$ gilt, über den Coulomb-Operator $\hat{J}$ gekoppelt.

Diese Näherung, die verschiedene Orbitale für α- und für β-Spins verwendet (engl. different orbitals for different spins, abgek. *DODS*, auch als *nichteingeschränkte,* engl. unrestricted *Hartree-Fock*, abgek. *UHF*, bezeichnet), ist nur wenig komplizierter als die Hartree-Fock-Näherung für abgeschlossene Schalen, in die sie übergeht, wenn ϕ_i^{α} und ϕ_i^{β}, somit auch ρ^{α} und ρ^{β}, zusammenfallen und mit $\rho^{\alpha} = \rho^{\beta} = (1/2)\rho$ die beiden Gleichungen (8.66a,b) identisch werden. Es gibt aber einen gravierenden Nachteil: das antisymmetrische Produkt (8.11) ist jetzt zwar Eigenfunktion des Operators $\hat{S}_z$ zur z-Komponente des Gesamtspins, nicht aber zu dessen Betragsquadrat $\hat{S}^2$. Das bedeutet, dass in dieser Näherung eine wichtige Eigenschaft, welche die exakte Wellenfunktion (Lösung der Schrödinger-Gleichung mit einem nichtrelativistischen Hamilton-Operator $\hat{H}^{\mathrm{e}}$) besitzt und die man deshalb auch von jeder Näherungswellenfunktion fordern sollte (s. hierzu Anhang A1.5.2.5), fehlt. Abhilfe kann man dadurch schaffen, dass man mit entsprechenden Projektionsoperatoren die zu bestimmten Quantenzahlen S gehörenden Komponenten aus dem antisymmetrischen Produkt herausprojiziert. Analog ist vorzugehen, wenn das antisymmetrische Produkt keine bestimmte räumliche Symmetrie aufweist, also nicht zu einer bestimmten Symmetrierasse bezüglich der Kerngerüstsymmetrie gehört – im Gegensatz zur exakten Wellenfunktion, die diese Eigenschaft automatisch aufweist (Genaueres s. ebenfalls in Anhang A1.4 und A1.5.2.5).

Eine andere Möglichkeit zur Behandlung offenschaliger Elektronensysteme besteht darin, die Wellenfunktion nicht als ein einziges antisymmetrisches Produkt, sondern als Linearkombination aller miteinander entarteten antisymmetrischen Produkte anzusetzen mit Koeffizienten, die so festgelegt werden, dass die Linearkombination eine Eigenfunktion zu $\hat{S}^2$ und $\hat{S}_z$ ist sowie eine definierte räumliche Symmetrie hat. Damit wird dann das Variationsverfahren durchgeführt. Auch für diese Vorgehensweise benutzt man die Bezeichnung *eingeschränkte Hartree-Fock-Näherung (RHF),* vgl. Abschnitt 8.2.1. Es gibt davon mehrere Varianten, die aber hier nicht behandelt werden sollen; wir verweisen auf die Literatur (s. [8.1][8.2], auch [I.4a]). Es gelingt dabei, die Form der Pseudo-Eigenwertgleichungen weitgehend zu erhalten.

Was die praktischen Lösungsverfahren betrifft, so laufen sie im Wesentlichen analog zum Fall abgeschlossener Schalen: man macht einen LCAO-Ansatz für die MOs und bestimmt iterativ Näherungslösungen der resultierenden nichtlinearen Gleichungssysteme.

8.2.3* Allgemeine Hartree-Fock-Näherung

Die allgemeinste Formulierung der (nichtrelativistischen) Hartree-Fock-Näherung erhält man, wenn die Wellenfunktion als antisymmetrisches Produkt (8.4) von Spin-Orbitalen $\psi_i(\xi)$ angesetzt wird, die nicht mehr reine Einelektronspinzustände der Form (8.9) mit (8.10) sein müssen. Auch für diesen Fall wurden die Dichtematrizen erster und zweiter Ordnung in Abschnitt 8.1 angegeben [Gln. (8.13) und (8.19)]. Vorausgesetzt sei wieder die Orthonormierung (8.6) der Spin-Orbitale.

Es wird der Erwartungswert $\overline{E}[\tilde{\Psi}]$ der Energie der Elektronenhülle sowie zur Wahrung der Nebenbedingungen (8.6) wie bei der bisherigen Verfahrensweise [s. Gl. (8.33)] ein Funktional

$\mathcal{Q}$ gebildet und bezüglich der Spin-Orbitale $\psi_i(\xi)$ minimiert; da die weitere Herleitung ganz analog zu der zuvor bereits geschilderten abläuft, können wir die Einzelheiten hier übergehen. Das Ergebnis ist die *allgemeine Hartree-Fock-Gleichung*[5]

$$\hat{f}_0^{\circ\mathrm{HF}}\psi_i(\xi) = \varepsilon_i^{\circ}\psi_i(\xi) \tag{8.70}$$

mit dem Fock-Operator

$$\hat{f}_0^{\circ\mathrm{HF}} \equiv \hat{h} + \hat{J}^{\circ} - \hat{K}^{\circ}, \tag{8.71}$$

der sich aus dem Einelektronoperator $\hat{h}$, gegeben in Gleichung (8.2), sowie dem Coulomb-Operator

$$\hat{J}^{\circ} \equiv \int \gamma(\xi'|\xi')\left(1/|\boldsymbol{r}-\boldsymbol{r}'|\right)\mathrm{d}\tau' \tag{8.72}$$

und dem Austauschoperator $\hat{K}^{\circ}$ zusammensetzt, letzterer wieder durch seine Wirkung auf eine orts- und spinabhängige Funktion $u(\xi) \equiv u(\boldsymbol{r},\sigma)$ definiert:

$$\hat{K}^{\circ}u(\xi) \equiv \int \gamma(\xi|\xi')\left(1/|\boldsymbol{r}-\boldsymbol{r}'|\right)u(\xi')\,\mathrm{d}\tau'. \tag{8.73}$$

Alle Aussagen in den Abschnitten 8.2.1.1 sowie 8.3 zur Charakterisierung der Hartree-Fock-Näherung und ihrer Eigenschaften gelten sinngemäß auch für die allgemeineren Versionen.

8.3 Eigenschaften der Hartree-Fock-Näherung. Zusammenhang mit Messgrößen

Vieles von dem, was in Kapitel 7 zum einfachen MO-Modell ausgeführt wurde, trifft in ähnlicher Weise auch auf die Hartree-Fock-Näherung zu; jetzt allerdings haben die Aussagen, sofern es um Messgrößen geht, schon eher quantitative Relevanz. Grundsätzlich gilt natürlich weiter, dass die Orbitalenergien und andere vermittels MOs ausgedrückte physikalische Größen im strengen Sinne *keine Observablen* sind (s. Abschn. 7.2.3), sondern *nur über das MO-Modell* mit Messdaten in Zusammenhang gebracht werden können.

8.3.1 Eigenschaften von Hartree-Fock-MOs

(a) Symmetrieeigenschaften. Delokalisierung und Lokalisierung

Kanonische Hartree-Fock-MOs, also Lösungen der kanonischen Hartree-Fock-Gleichung (8.40) oder (8.66a,b), können als *symmetriegerecht* angenommen werden[6]; entweder sie sind es automatisch oder es lässt sich stets erreichen, dass sie diese Eigenschaft haben. Allgemein betrifft die Annahme alle Arten von Symmetrie (räumliche Symmetrie, Spin u. a.).

[5] Wo erforderlich, werden Ausdrücke, die sich auf Spinorbitale beziehen, durch ein Zeichen ° kenntlich gemacht.
[6] Vgl. Abschn. 8.2.1, wo das für Konfigurationen abgeschlossener Schalen gezeigt wurde.

Mit einem räumlich symmetriegerechten Verhalten ist in der Regel eine *Delokalisierung* verbunden. Wir hatten das bereits in Abschnitt 6.1.2 gesehen: Soll ein MO des H_2^+-Molekülions ein bestimmtes Symmetrieverhalten bei einer Inversion (Spiegelung am Mittelpunkt der Kernverbindungslinie) haben, dann muss es sich zwangsläufig über die Bereiche beider Kerne erstrecken (s. Abb. 6.8)

Auch in Kapitel 7 wurde, meist ohne genauere Begründung, vorausgesetzt, dass MOs und Gesamtwellenfunktionen ein bestimmtes Symmetrieverhalten zeigen (zu bestimmten irreduziblen Darstellungen der räumlichen Symmetriegruppe des starren Kerngerüstes gehören). Die damit zusammenhängenden Probleme der Delokalisierung und Lokalisierung von MOs wurden an mehreren Stellen diskutiert (vgl. Abschn. 7.3.1, 7.3.4 und 7.4.3.3*(ii)*). Auch in Kapitel 6 spielte das Symmetrieverhalten der MOs schon eine Rolle, etwa in Abschnitt 6.1.2.

Nach Abschnitt 8.1*(b)* ist die antisymmetrische Produktwellenfunktion bei einer unitären Transformation der besetzten MOs untereinander invariant. Diese Eigenschaft der Hartree-Fock-Näherung kann man ausnutzen, um aus den (symmatriegerechten) kanonischen MOs durch geeignete Linearkombination *lokalisierte MOs (LMOs)* zu bilden. Für die Erzeugung lokalisierter MOs, die dann nicht mehr zu bestimmten Symmetrierassen gehören, gibt es verschiedene Konzepte, die unterschiedliche Kriterien für die Lokalisierung benutzen:

- Ladungsschwerpunktkriterien ("Abstandslokalisierung")[7],
- energetische Kriterien ("Energielokalisierung")[8],
- Dichte-Überlappungskriterien ("Dichtelokalisierung")[9].

Wir gehen auch an dieser Stelle noch nicht auf Einzelheiten ein, sondern befassen uns damit in Abschnitt 17.4.1.

Auch in Abschnitt 7.3.4 wurde bereits die Bildung lokalisierter MOs durch Linearkombination delokalisierter MOs diskutiert. Eine einfache Produktwellenfunktion, die in Kapitel 7 durchgängig vorausgesetzt wurde, ist allerdings im Unterschied zur Hartree-Fock-Näherung bei einer solchen Transformation nicht invariant.

(b) Hybridisierung

Werden die Hartree-Fock-MOs im Roothaan-Hall-Verfahren mit einer *AO-Basis* bestimmt, so können in einer solchen Linearkombination auch AOs mischen, die zu ein und demselben Atom, aber verschiedenen Werten der Bahndrehimpulsquantenzahl l gehören, z. B. $2s$- und $2p$-Funktionen, wie das in den Abschnitten 7.3.1 und 7.3.6 für die einfache MO-Näherung diskutiert wurde. Auch Hartree-Fock-MOs beinhalten also automatisch Hybridisierungen.

---

[7] Foster, J. M., Boys, S. F.: Canonical Configuration Interaction Procedure. Rev. Mod. Phys. **32**, 300-302 (1960)

[8] Edmiston, C., Ruedenberg, K.: Localized Atomic and Molecular Orbitals. Rev. Mod. Phys. **35**, 457-465 (1963)

[9] Von Niessen, W.: Density Localization of Atomic and Molecular Orbitals.I-III. J. Chem. Phys. **56**, 4290-4297 (1972); id. Theoret. chim. Acta **27**, 9-23 (1972); ibid. **29**, 29-48 (1973)

(c) Bindungseigenschaften. Besetzungsanalyse

Die in den Kapiteln 6 und 7 eingeführten Begriffe zur Charakterisierung der Bindungsverhältnisse in einem Molekül lassen sich auch in der Hartree-Fock-Näherung benutzen. Das betrifft insbesondere die Klassifizierung eines MOs als

- *bindend*, wenn seine Orbitalenergie negativ ist ($\varepsilon_i < 0$),

- *antibindend (lockernd)*, wenn seine Orbitalenergie positiv ist ($\varepsilon_i > 0$),

- *nichtbindend*, wenn seine Orbitalenergie betragsmäßig sehr klein ist ($\varepsilon_i \approx 0$)

(vgl. Abschn. 8.2.1, Abb. 8.1). Wird also ein MO besetzt, dann führt das je nach Orbitalenergie zu einer Energieabsenkung (Stabilisierung) oder einer Energieerhöhung (Destabilisierung) oder zu keiner wesentlichen Änderung der Stabilität.

Es lässt sich auch in der Hartree-Fock-Näherung für zweiatomige Moleküle eine *Bindungsordnung* gemäß Gleichung (7.39), $n_{\mathrm{BO}} = (N_{\mathrm{bind}} - N_{\mathrm{anti}})/2$, definieren, wenn N_{bind} und N_{anti} die Anzahl der Elektronen in bindenden bzw. antibindenden MOs bezeichnen.

Insbesondere kann auf der Grundlage einer LCAO-Näherung auch für die Hartree-Fock-MOs eine *Besetzungsanalyse* nach Mulliken (s. Abschn. 7.3.7) durchgeführt werden und nützliche Aussagen über die Ladungsverteilung und die Bindungsverhältnisse im Molekül liefern.

(d) Virtuelle Orbitale

Am Schluss von Abschnitt 8.2.1.1 wurden die Lösungen der Hartree-Fock-Gleichung in *besetzte* und *virtuelle* Orbitale eingeteilt. Indem ein Elektron oder mehrere aus einem besetzten in ein virtuelles Orbital angehoben wird, lassen sich Wellenfunktionen (antisymmetrische Produkte) bilden, die formal elektronisch angeregten Zuständen entsprechen.

Die virtuellen (kanonischen) Hartree-Fock-Orbitale erweisen sich zur Beschreibung angeregter Zustände und zur Verbesserung der Hartree-Fock-Näherung durch Konfigurationenüberlagerung (engl. configuration interaction, abgek. *CI*; s. Abschn. 9.1) als wenig geeignet; vgl. die Diskussion am Schluss von Abschnitt 8.2.1.1. Im Hinblick darauf hat man daher den Begriff der virtuellen Orbitale verallgemeinert und sie als Einelektronfunktionen definiert, die untereinander und zu den besetzten Hartree-Fock-MOs orthogonal sind und die besetzten MOs zu einem (im Prinzip) vollständigen Satz ergänzen. Damit steht man natürlich vor dem Problem, Bestimmungsverfahren für derartige verallgemeinerte virtuelle Orbitale zu finden, worauf wir jedoch hier nicht weiter eingehen (s. etwa [I.4b]).

8.3.2 Eigenschaften von Hartree-Fock-Gesamtwellenfunktionen

Wir nehmen für das Folgende an, der Grundzustand eines Moleküls habe eine Elektronenkonfiguration abgeschlossener Elektronenschalen und werde durch ein antisymmetrisches Produkt aus doppelt besetzten, orthonormierten Hartree-Fock-MOs beschrieben:

$$\Psi_0^{\mathrm{RHF}} = (N!)^{-1/2} \det\{\phi_1\alpha \ldots \phi_n\alpha\, \phi_1\beta \ldots \phi_n\beta\} \qquad (8.27')$$

mit

$$\int \phi_k(\boldsymbol{r})^* \phi_l(\boldsymbol{r})\,\mathrm{d}V = \delta_{kl} \qquad (k, l = 1, 2, \ldots, n)\,. \qquad (8.26')$$

(a) Satz von Brillouin

Wird in dem antisymmetrischen Produkt Ψ_0^{RHF} eines der Spinorbitale, z. B. $\phi_i(\boldsymbol{r})\alpha$, durch ein virtuelles Spinorbital $v(\boldsymbol{r})\alpha$ (also entweder eine Lösung der Hartree-Fock-Gleichung zur Orbitalenergie $\varepsilon_q > \varepsilon_n$ oder ein verallgemeinertes virtuelles Spinorbital, s. oben) ersetzt, das zu allen besetzten Orbitalen orthogonal ist:

$$\int v(\boldsymbol{r})^* \phi_k(\boldsymbol{r})\,\mathrm{d}V = 0 \qquad (\text{für } k = 1, 2, \ldots, n), \tag{8.74}$$

dann entsteht die Wellenfunktion

$$\Psi_{\mathrm{exc}} = (N!)^{-1/2}\det\{\phi_1\alpha \ldots \phi_{i\text{-}1}\alpha\, v\alpha\, \phi_{i+1}\alpha \ldots \phi_n\alpha\, \phi_1\beta \ldots \phi_n\beta\}, \tag{8.75}$$

die wir als Näherung für einen angeregten Zustand betrachten.

Das Matrixelement des Hamilton-Operators $\hat{H}^{\mathrm{e}}$ für das Funktionenpaar Ψ_0^{RHF} und Ψ_{exc},

$$\left\langle \Psi_{\mathrm{exc}} \middle| \hat{H}^{\mathrm{e}} \middle| \Psi_0^{\mathrm{RHF}} \right\rangle \equiv \int \ldots \int \Psi_{\mathrm{exc}}^{\ *} \hat{H}^{\mathrm{e}} \Psi_0^{\mathrm{RHF}}\, \mathrm{d}V_1 \ldots \mathrm{d}V_N\,, \tag{8.76}$$

kann man unter Benutzung der Gleichung (8.1) mit (8.2) und (8.3) sowie (8.27') und (8.75) durch Integrale vom Typ (8.32a-c) ausdrücken, indem man die antisymmetrischen Produkte entsprechend Gleichung (8.4) als Summen einfacher Produkte schreibt und die Orthonormierungen (8.26') und (8.74) beachtet (s. ÜA 8.7).

Auf ganz elementare Weise, ohne anspruchsvollen Formalismus, erhält man die Integrale, aus denen sich das Matrixelement (8.76) zusammensetzt, wenn man sich klarmacht, dass es genügt, von einer der beiden Determinanten, etwa Ψ_{exc}, nur das Produkt

$\phi_1(1)\alpha(1)\ldots\phi_{i-1}(i-1)\alpha(i-1)\,v(i)\alpha(i)\,\phi_{i+1}(i+1)\alpha(i+1)\ldots\phi_n(n)\alpha(n)\,\phi_1(n+1)\beta(n+1)\ldots\phi_n(N)\beta(N)$

(das der identischen Permutation entspricht) aufzuschreiben. Alle weiteren Permutationen führen nämlich auf Grund der (Elektronenvertauschungs-) Symmetrieeigenschaften der Wellenfunktionen, des Hamilton-Operators $\hat{H}^{\mathrm{e}}$ sowie $\mathrm{d}V = \mathrm{d}V_1 \ldots \mathrm{d}V_N$ zum selben Ergebnis, so dass anstelle von $(N!)^2$ nur noch $N!$ Integrale zu berechnen sind. Diese rühren von den $N!$ Produkten her, aus denen Ψ_0^{RHF} besteht, also von

$\phi_1(1)\alpha(1)\ldots\phi_{i-1}(i-1)\alpha(i-1)\,\phi_i(i)\alpha(i)\,\phi_{i+1}(i+1)\alpha(i+1)\ldots\phi_n(n)\alpha(n)\,\phi_1(n+1)\beta(n+1)\ldots\phi_n(N)\beta(N)$

und den weiteren $(N!-1)$ hieraus durch Permutation der Argumente der Spinorbitale $\phi_k\alpha$ bzw. $\phi_k\beta$ entstehenden Produkten.

Nehmen wir zuerst die Einteilchenoperatoren $\hat{h}_\kappa$ (die auf $\boldsymbol{r}_\kappa$ wirken), so gibt lediglich der Operator $\hat{h}_i$ einen Beitrag:

$$\int v(\boldsymbol{r}_i)^* \hat{h}_i \phi_i(\boldsymbol{r}_i)\,\mathrm{d}V_i\,;$$

alle weiteren Operatoren $\hat{h}_\kappa\ (\kappa \neq i)$ geben keinen Beitrag, da sie mit verschwindenden Überlappungsintegralen (8.74) multipliziert auftreten. Bei den Zweielektronenoperatoren $1/r_{\kappa\lambda}$ liefern nur diejenigen Produkte einen Beitrag, die sich an höchstens zwei Positionen in den α-MOs unterscheiden: also das oben aufgeschriebene (der identischen Permutation entsprechende) Produkt und alle Produkte, die daraus entstehen, wenn man eines der α-MOs ϕ_k durch v ersetzt. Im erstgenannten Fall ergibt das $n-1$ Beiträge von den α-MOs und n Beiträge von den β-MOs :

$$\sum_{k(\neq i)=1}^{n} \iint \phi_k(\boldsymbol{r}_k)^* \, v(\boldsymbol{r}_i)^* \, (1/r_{ki}) \phi_k(\boldsymbol{r}_k) \phi_i(\boldsymbol{r}_i) \, \mathrm{d}V_k dV_i$$

$$+\sum_{k=1}^{n} \iint \phi_k(\boldsymbol{r}_k)^* \, v(\boldsymbol{r}_i)^* \, (1/r_{ki}) \phi_k(\boldsymbol{r}_k) \phi_k(\boldsymbol{r}_i) \, \mathrm{d}V_k dV_i \,,$$

und im zweiten Fall (mit negativem Vorzeichen):

$$-\sum_{k(\neq i)=1}^{n} \iint \phi_k(\boldsymbol{r}_k)^* \, v(\boldsymbol{r}_i)^* \, (1/r_{ki}) \phi_i(\boldsymbol{r}_k) \phi_k(\boldsymbol{r}_i) \, \mathrm{d}V_k \mathrm{d}V_i \,.$$

Wir nehmen nun noch eine Umbenennung der Variablen vor: $\boldsymbol{r}_i \to \boldsymbol{r}$ und $\boldsymbol{r}_k \to \boldsymbol{r}'$, und berücksichtigen, dass in der ersten und der dritten Summe der Term $k = i$ hinzugefügt werden kann, da er sich weghebt.

Damit erhalten wir für das Matrixelement (8.76):

$$\left\langle \Psi_{\text{exc}} \middle| \hat{H}^{\text{e}} \middle| \Psi_0^{\text{RHF}} \right\rangle = \int v(\boldsymbol{r})^* \, \hat{h} \phi_i(\boldsymbol{r}) \, \mathrm{d}V$$

$$+\sum_{k=1}^{n} \Big[2 \iint v(\boldsymbol{r})^* \, \phi_i(\boldsymbol{r}) \big(1/|\boldsymbol{r}-\boldsymbol{r}'|\big) \phi_k(\boldsymbol{r}')^* \, \phi_k(\boldsymbol{r}') \, \mathrm{d}V \mathrm{d}V'$$

$$- \iint v(\boldsymbol{r})^* \, \phi_k(\boldsymbol{r}) \big(1/|\boldsymbol{r}-\boldsymbol{r}'|\big) \phi_k(\boldsymbol{r}')^* \, \phi_i(\boldsymbol{r}') \, \mathrm{d}V \mathrm{d}V' \Big]. \tag{8.77}$$

Diesen Ausdruck können wir mittels der in Gleichung (8.44) und (8.45) definierten Coulomb- und Austauschoperatoren $\hat{J}_k$ bzw. $\hat{K}_k$ folgendermaßen schreiben:

$$\left\langle \Psi_{\text{exc}} \middle| \hat{H}^{\text{e}} \middle| \Psi_0^{\text{RHF}} \right\rangle = \int v(\boldsymbol{r})^* \left\{ \hat{h} + \sum_{k=1}^{n} (2\hat{J}_k - \hat{K}_k) \right\} \phi_i(\boldsymbol{r}) \, \mathrm{d}V \,.$$

Der Inhalt der geschweiften Klammer ist nichts anderes als der Fock-Operator (8.41'), und ϕ_i ist die i-te Lösung der Hartree-Fock-Gleichung (8.40) zur Orbitalenergie ε_i, so dass die rechte Seite unter Beachtung der Orthogonalität der beiden Funktionen v und ϕ_i, Gleichung (8.74), $\int v(\boldsymbol{r})^* \, \varepsilon_i \, \phi_i(\boldsymbol{r}) \, \mathrm{d}V = \varepsilon_i \int v(\boldsymbol{r})^* \, \phi_i(\boldsymbol{r}) \, \mathrm{d}V = 0$ ergibt. Da gleiche Resultat hätte man bei Ersetzung eines β-MOs durch $v(\boldsymbol{r})$ erhalten. Auch bei Ersetzung eines Spinorbitals durch ein MO mit entgegengesetztem Spin, etwa $\phi_i \alpha \to v\beta$, hätten sich wegen der Orthogonalität der Spinfunktionen α und β nur verschwindende Beiträge ergeben.

Wir konstatieren somit als generelle Eigenschaft der Hartree-Fock-Näherung für abgeschlossene Elektronenschalen, dass Matrixelemente zwischen der Gesamtwellenfunktion des Grundzustands, Ψ_0^{RHF}, und antisymmetrischen Produktwellenfunktionen Ψ_{exc}, die einfach angeregten Konfigurationen entsprechen, Null sind:

$$\left\langle \Psi_{\text{exc}} \middle| \hat{H}^{\text{e}} \middle| \Psi_0^{\text{RHF}} \right\rangle = 0 \tag{8.78}$$

(*Brillouin-Theorem*, nach L. Brillouin 1933, 1934). Für RHF-Wellenfunktionen nichtabgeschlossener Elektronenschalen gilt das im Allgemeinen nicht.

(b) Virialsatz

Wie in Abschnitt 4.4.1.1 angemerkt wurde, genügt eine vollständig optimierte approximative Wellenfunktion dem Virialsatz (Abschn. 3.3). Eine *exakte* Hartree-Fock-Wellenfunktion Ψ_0^{RHF} ist die im Rahmen des MO-Modells hinsichtlich der Gesamtenergie bestmögliche Wellenfunktion für der Grundzustand des Systems; sie kann daher auch durch Optimierung eines einheitlichen Maßstabsfaktors für sämtliche Ortskoordinaten (wodurch sich generell die Erfüllung des Virialsatzes erzwingen lässt) nicht weiter verbessert werden. Es gilt somit in nichtrelativistischer Näherung, d. h. reine Coulomb-Wechselwirkungen, gemäß Gleichung (3.119) mit $\lambda = -1$:

$$\left\langle \Psi_0^{\mathrm{RHF}} \middle| \hat{H}^{\mathrm{e}} \middle| \Psi_0^{\mathrm{RHF}} \right\rangle = -\left\langle \Psi_0^{\mathrm{RHF}} \middle| \hat{T}^{\mathrm{e}} \middle| \Psi_0^{\mathrm{RHF}} \right\rangle = (1/2)\left\langle \Psi_0^{\mathrm{RHF}} \middle| V \middle| \Psi_0^{\mathrm{RHF}} \right\rangle ; \qquad (8.79)$$

dabei ist $V = V^{\mathrm{ke}} + V^{\mathrm{ee}}$, und Ψ_0^{RHF} ist auf 1 normiert vorausgesetzt. Approximative Hartree-Fock-Lösungen $\tilde{\Psi}_0^{\mathrm{RHF}}$, also etwa mit LCAO-MOs, genügen dem Virialsatz (8.79) dann, wenn *alle* Parameter (also z. B. auch die Orbitalparameter in den Basisfunktionen) bzw. ein einheitlicher Maßstabsfaktor für *alle* (Elektronen-) Koordinaten optimiert wurden.

(c) Differentielle Hellmann-Feynman-Relation

Auch die differentiellen Hellmann-Feynman-Relation (3.121) ist mit einer *exakten* Hartree-Fock-Wellenfunktion $\Psi_0^{\mathrm{RHF}}(\alpha)$, die von einem reellen Parameter α (etwa einer Kernkoordinate) abhängt, erfüllt:

$$\partial E_0^{\mathrm{e|RHF}}/\partial\alpha = \left\langle \Psi_0^{\mathrm{RHF}}(\alpha) \middle| \left(\partial \hat{H}^{\mathrm{e}}/\partial\alpha\right) \middle| \Psi_0^{\mathrm{RHF}}(\alpha) \right\rangle \qquad (8.80)$$

(Ψ_0^{RHF} wieder auf 1 normiert angenommen); das gilt im Allgemeinen aber nicht mit einer Näherung $\tilde{\Psi}_0^{\mathrm{RHF}}$.

(d) Stabilität von Hartree-Fock-Lösungen

Bei der Herleitung der Hartree-Fock-Gleichung aus dem Energieminimumsprinzip wurde nur die *notwendige Bedingung* $\delta\overline{E}^{\mathrm{e}}[\tilde{\Psi}] = 0$ bzw. $\delta\mathcal{Q} = 0$ benutzt. Strenggenommen müsste noch gezeigt werden, dass mit Ψ_0^{RHF} tatsächlich ein Minimum des Energieerwartungswerts erreicht wird, dass also gilt: $\delta^2\overline{E}^{\mathrm{e}}[\tilde{\Psi}] > 0$, analog zur Extremwertbestimmung für gewöhnliche Funktionen (s. [II.1], Kap. 10.). Lösungen, die diese Bedingung erfüllen, heißen *stabil*. Die Stabilität kann man nicht ohne weiteres voraussetzen, und eine Nachprüfung ist aufwendig. Liegt keine stabile Lösung vor, so kann das zu Schwierigkeiten bei der rechnerischen Durchführung der Hartree-Fock-Näherung führen; wir können darauf hier nicht weiter eingehen.

(e) Elektronenkorrelation. Korrelationsfehler

Die eingeschränkte Hartree-Fock-Näherung Ψ^{RHF} für die Wellenfunktion eines Elektronenzustands berücksichtigt die Fermi-Korrelation, nicht aber die universelle Coulomb-Korrelation der Elektronenbewegungen. Wir nehmen an (s. Kap. 9), dass sich die exakte nichtrelativistische Wellenfunktion Ψ (Eigenfunktion des Hamilton-Operators $\hat{H}^{\mathrm{e}}$, auf 1 normiert) als Summe von Ψ^{RHF} und einem Zusatz Ψ^{korr} schreiben lässt, wobei letzterer sämtliche von der Coulomb-Korrelation herrührenden Korrekturen beinhaltet:

$$\Psi = \Psi^{\mathrm{RHF}} + \Psi^{\mathrm{korr}}. \tag{8.81}$$

Mit diesem Ansatz bekommen alle Größen (Dichtematrizen, Erwartungswerte), mit denen man es in der nichtrelativistischen Quantenchemie zu tun hat, die Form einer Summe zweier Anteile, eines Hartree-Fock-Anteils und eines Korrelationsanteils; allgemein ergibt sich für den Erwartungswert einer physikalischen Größe G, welcher der Operator $\hat{G}$ zugeordnet ist:

$$\langle G\rangle \equiv \left\langle \Psi \middle| \hat{G} \middle| \Psi \right\rangle = \langle G\rangle^{\mathrm{RHF}} + \langle G\rangle^{\mathrm{korr}} \tag{8.82}$$

mit

$$\langle G\rangle^{\mathrm{RHF}} = \left\langle \Psi^{\mathrm{RHF}} \middle| \hat{G} \middle| \Psi^{\mathrm{RHF}} \right\rangle \tag{8.83}$$

(Ψ^{RHF} wie Ψ auf 1 normiert); alle restlichen Bestandteile von $\langle G\rangle$ sind in $\langle G\rangle^{\mathrm{korr}}$ zusammengefasst. Speziell die elektronische Energie E^{e} ($\equiv \overline{E}^{\mathrm{e}}$) erhält man als Summe der Hartree-Fock-Energie $E^{\mathrm{e|RHF}}$ und der *Korrelationsenergie* E^{korr}:

$$E^{\mathrm{e}} = E^{\mathrm{e|RHF}} + E^{\mathrm{korr}} \tag{8.84}$$

Die vom Korrelationsanteil Ψ^{korr} in der Wellenfunktion (8.81) herrührenden Beiträge zu Erwartungswerten bezeichnet man generell als *Korrelationskorrekturen*. Mehr über Methoden für die Erfassung der Elektronenkorrelation folgt in Abschnitt 9.1, auch 9.3.

Es hat sich weitgehend eingebürgert, den Begriff der *Elektronenkorrelation* nur auf die *Coulomb-Korrelation* zu beziehen und dafür die *eingeschränkte Hartree-Fock-Näherung (RHF)* als Referenznäherungsstufe zu verwenden (P.-O. Löwdin 1959); mehr hierzu s. Abschnitt 9.1.

8.3.3 Hartree-Fock-Näherung und Messgrößen

Hinsichtlich des Zusammenhangs zwischen in Hartree-Fock-Näherung berechneten Größen einerseits und Messresultaten andererseits haben wir ebenfalls eine weitgehende Ähnlichkeit zur einfachen MO-Näherung (s. Abschn. 7.3.3); wir heben auch an dieser Stelle nochmals hervor, dass die im Folgenden notierten Beziehungen für Energien, "Elektronendichten" etc. nur im Rahmen des Hartree-Fock-MO-Modells bestehen und nicht so verstanden werden dürfen, als ließen sich damit etwa Orbitalenergien oder dgl. experimentell aus Messgrößen bestimmen.

Die nachstehenden Gleichungen sind für exakte MOs geschrieben, können aber auch für approximative MOs $\tilde{\phi}_i$ verwendet werden. Generell wird weiter die Gültigkeit der elektronisch adiabatische Näherung vorausgesetzt.

(a) Vertikale Ionisierungsenergien (Satz von Koopmans)

Die Grundzustandsenergie eines N-Elektronen-Systems mit abgeschlossenen Elektronenschalen in Hartree-Fock-Näherung sei $E_0^{\mathrm{RHF}}(N)$. Wird ein Elektron mit dem Spin α (mit Spin β würde sich das gleiche Resultat ergeben) aus dem MO ϕ_i entfernt und nimmt man an, dass sich dabei die übrigen MOs nicht verändern (dass also bei der Ionisierung keine Relaxation bzw. Reorganisation der Elektronenhülle erfolgt), dann bleibt das Molekül in einem Zustand zurück, der durch das antisymmetrische Produkt

$$\Psi_{\mathrm{ion}}^{(i)} = [(N-1)!]^{-1/2} \det\{\phi_1\alpha \ldots \phi_{i-1}\alpha\,\phi_{i+1}\alpha \ldots \phi_n\alpha\,\phi_1\beta \ldots \phi_n\beta\} \tag{8.85}$$

beschrieben wird; das Kerngerüst ist unverändert. Bildet man die entsprechenden Energieerwartungswerte, $E_0^{\mathrm{elRHF}}(N)$ und $E_{\mathrm{ion}}^{(i)}(N-1)$, dann ist deren Differenz (s. ÜA 8.8) eine Näherung für die *vertikale Ionisierungsenergie*:

$$I(i) \approx \tilde{I}(i) = E_{\mathrm{ion}}^{(i)}(N-1) - E_0^{\mathrm{elRHF}}(N) = -\varepsilon_i \tag{8.86}$$

(*Satz von Koopmans*). Das Ergebnis ist somit das gleiche wie in Abschnitt 7.3.3 [Gl. (7.49a)].

(b) Vertikale Anregungsenergien

Ein angeregter Elektronenzustand möge näherungsweise dadurch beschrieben werden, dass eines der Elektronen aus einem im Grundzustand doppelt besetzten MO ϕ_i in ein virtuelles Orbital ϕ_q $(q > n)$ angehoben wird (s. oben). Es sollen die gleichen Voraussetzungen gelten wie soeben bei der Ionisierung diskutiert, die übrigen MOs $\phi_1, \ldots, \phi_{i-1}, \phi_{i+1}, \ldots, \phi_n$ (und das Kerngerüst) bleiben also unverändert.

Dieser Fall ist komplizierter als die Ionisierung, denn es gibt vier mögliche Spinkombinationen der beiden Elektronen, welche nun die MOs ϕ_i und ϕ_q besetzen:

$$\phi_i\alpha\,\phi_q\alpha, \quad \phi_i\alpha\,\phi_q\beta, \quad \phi_i\beta\,\phi_q\alpha \text{ und } \phi_i\beta\,\phi_q\beta\ . \tag{8.87}$$

Die entsprechenden vier antisymmetrischen Produkte, abgekürzt geschrieben als $\overline{\Psi}_{\mathrm{exc}}(\alpha,\alpha)$, $\overline{\Psi}_{\mathrm{exc}}(\alpha,\beta)$, $\overline{\Psi}_{\mathrm{exc}}(\beta,\alpha)$ und $\overline{\Psi}_{\mathrm{exc}}(\beta,\beta)$, lassen sich wie beim Zweielektronenproblem (s. Abschn. 3.2.3) zu neuen Funktionen ${}^{2S+1}\Psi_{\mathrm{exc}}^{M_S}$ kombinieren, die Eigenfunktionen der Gesamtspin-Operatoren $\hat{S}^2$ und $\hat{S}_z$ zu den Eigenwerten $\hbar^2 S(S+1)$ bzw. $\hbar M_S$ sind (s. ÜA 8.9), und zwar erhält man eine Singulettfunktion ($S = 0$ und $M_S = 0$):

$${}^1\Psi_{\mathrm{exc}}^0 = (1/\sqrt{2})\left[\overline{\Psi}_{\mathrm{exc}}(\alpha,\beta) - \overline{\Psi}_{\mathrm{exc}}(\beta,\alpha)\right], \tag{8.88}$$

und drei Triplettfunktionen ($S = 1$ und $M_S = 1, 0, -1$):

$${}^3\Psi_{\mathrm{exc}}^1 = \overline{\Psi}_{\mathrm{exc}}(\alpha,\alpha), \tag{8.89a}$$

$${}^3\Psi_{\mathrm{exc}}^0 = (1/\sqrt{2})\left[\overline{\Psi}_{\mathrm{exc}}(\alpha,\beta) + \overline{\Psi}_{\mathrm{exc}}(\beta,\alpha)\right], \tag{8.89b}$$

$$^{3}\Psi_{\text{exc}}^{-1} = \overline{\Psi}_{\text{exc}}(\beta, \beta) . \tag{8.89c}$$

Berechnet man damit die Erwartungswerte der Gesamtenergie der Elektronen (z. B. über die Ausdrücke für die Dichtematrizen zu den angegebenen Wellenfunktionen), wobei die drei Triplettzustände energetisch zusammenfallen, und bildet die Differenz zur Grundzustandsenergie (8.31"), $\overline{E}_{\text{exc}} - E_0^{\text{elRHF}}$, dann ergeben sich Näherungswerte für die *vertikale Anregungsenergie* in den Singulettzustand:

$$\Delta E^{\text{Sing}} \approx \Delta\widetilde{E}^{\text{Sing}}(i \to q) = \varepsilon_q - \varepsilon_i - J_{iq} + 2K_{iq} , \tag{8.90a}$$

und in den Triplettzustand:

$$\Delta E^{\text{Tripl}} \approx \Delta\widetilde{E}^{\text{Tripl}}(i \to q) = \varepsilon_q - \varepsilon_i - J_{iq} . \tag{8.90b}$$

Im Unterschied zur einfachen MO-Näherung, Gleichung (7.50), sind diese beiden Ausdrücke nicht einfach gleich der Differenz $\varepsilon_q - \varepsilon_i$ der Orbitalenergien. Wegen $K_{iq} \geq 0$ liegt der erste angeregte Singulettzustand oberhalb des tiefsten Triplettzustands.

(c) Gesamtenergie

Nach den Formeln (8.31") und (8.31"') ist die Grundzustandsenergie in Hartree-Fock-Näherung, anders als in der einfachen MO-Näherung, verschieden von der Summe der Orbitalenergien der besetzten MOs:

$$\overline{E}_0^{\text{elRHF}} \neq \sum\nolimits_{i=1}^{n} \nu_i \varepsilon_i \quad \text{mit} \quad \nu_i = 2 \tag{8.48'}$$

[s. Gl. (8.48)]. Anhand von Rechenergebnissen wurde eine Reihe von Beziehungen gefunden, die *näherungsweise* zwischen der Gesamtenergie und der Summe der Orbitalenergien bestehen:

$$\overline{E}_0^{\text{elRHF}} \approx (3/2) \sum\nolimits_{i=1}^{n} \nu_i \varepsilon_i \tag{8.91}$$

(K. Ruedenberg 1977);

$$\overline{E}_0^{\text{elRHF}} \approx \sum\nolimits_{i=1}^{n} \nu_i \varepsilon_i - \sum\nolimits_{a} \overline{V}_a^{\text{ee}} \tag{8.92}$$

(J. Goodisman 1969), wobei $\overline{V}_a^{\text{ee}}$ den Erwartungswert der Elektronenwechselwirkungsenergie im isolierten Atom a bezeichnet;

$$\overline{E}_0^{\text{elRHF}} \approx (1/2) \sum\nolimits_{i=1}^{n} \nu_i \cdot \left(\varepsilon_i + \sum\nolimits_{a} E_i^a \right) \tag{8.93}$$

(De Boer et al. 1964) mit atomaren Energiebeiträgen E_i^a anstelle der Einelektronanteile in Gleichung (8.31"').

(d) Erwartungswerte von Einelektroneigenschaften

Wie in der einfachen MO-Näherung ergeben sich auch in der Hartree-Fock-Näherung die Erwartungswerte $\left\langle G_{(\text{I})} \right\rangle^{\text{HF}}$ einer physikalischen Größe $G_{(\text{I})}$, deren Operator $\hat{G}_{(\text{I})}$ sich gemäß

$$\hat{G}_{(\mathrm{I})} = \sum\nolimits_{\kappa=1}^{N} \hat{g}_{(\mathrm{I})}(\boldsymbol{r}_\kappa) \tag{8.94}$$

additiv aus Einelektron-Operatoren $\hat{g}_{(\mathrm{I})}$ einheitlicher Form zusammensetzt, als Summe der Beiträge aller besetzten MOs ϕ_i:

$$\left\langle G_{(\mathrm{I})} \right\rangle^{\mathrm{HF}} = \sum\nolimits_{i=1}^{n} \nu_i \,\overline{g}_i \tag{8.95}$$

mit

$$\overline{g}_i \equiv \int \phi_i(\boldsymbol{r})^* \,\hat{g}_{(\mathrm{I})}(\boldsymbol{r})\, \phi_i(\boldsymbol{r})\,\mathrm{d}V \tag{8.96}$$

und den MO-Besetzungszahlen ν_i ergibt. Diese Eigenschaft haben alle Hartree-Fock-Varianten, deren Dichtematrix erster Ordnung die Summe von MO-Dichten $|\phi_i(\boldsymbol{r})|^2$ ist, also insbesondere die RHF-Näherung für den Grundzustand einer Elektronenkonfiguration abgeschlossener Schalen, die UHF-Näherung und eine allgemeine Hartree-Fock-Näherung mit einer antisymmetrischen Produktwellenfunktion (8.4).

Eine Besonderheit der Hartree-Fock-Näherung besteht darin, dass sie die Erwartungswerte von "Einelektroneigenschaften" mit Operatoren (8.94) nicht nur in besonders einfacher Form, sondern (im Allgemeinen) auch mit hoher Genauigkeit liefert. Wir schreiben die *exakte* Gesamtwellenfunktion $\Psi^{\mathrm{exakt}} = \Psi^{\mathrm{HF}} + \Psi^{\mathrm{korr}}$ wie in einer Störungstheorie als

$$\Psi^{\mathrm{exakt}} = \Psi^{\mathrm{HF}} + \lambda X + \ldots\,, \tag{8.97}$$

wobei der Term λX die *dominierenden* (Korrelations-) Korrekturterme zur Hartree-Fock-Wellenfunktion Ψ^{HF} beinhalten möge. Der in Hartree-Fock-Näherung berechnete Erwartungswert $\left\langle G_{(\mathrm{I})} \right\rangle^{\mathrm{HF}}$ einer Einelektroneigenschaft $G_{(\mathrm{I})}$ weicht dann nur um Korrekturen zweiter Ordnung ($\propto \lambda^2$) vom exakten Wert $\left\langle G_{(\mathrm{I})} \right\rangle^{\mathrm{exakt}} \equiv \left\langle \Psi^{\mathrm{exakt}} \middle| \hat{G}_{(\mathrm{I})} \middle| \Psi^{\mathrm{exakt}} \right\rangle / \left\langle \Psi^{\mathrm{exalt}} \middle| \Psi^{\mathrm{exakt}} \right\rangle$ ab:

$$\left\langle G_{(\mathrm{I})} \right\rangle^{\mathrm{exakt}} = \left\langle G_{(\mathrm{I})} \right\rangle^{\mathrm{HF}} + \mathcal{O}(\lambda^2)\,; \tag{8.98}$$

den Beweis übergehen wir hier (s. etwa [I.4a], Abschn. 7.2.4.). Andere Eigenschaften werden von der Hartree-Fock-Näherung lediglich bis auf Korrekturen erster Ordnung, ebenso wie die Wellenfunktion selbst, geliefert. Allerdings sind das nur Aussagen über die Größenordnung des Fehlers, die sich nicht für zahlenmäßige Abschätzungen eignen (vgl. die Bemerkung 3 am Schluss von Abschn. 4.4.2.2 und die dortige Fußnote 10).

(e) Dissoziationsverhalten

Wir betrachten jetzt die Abhängigkeit der Gesamtenergie $U(\boldsymbol{R})$ von der Kernanordnung $\boldsymbol{R}$. Bei der Behandlung der Zweielektronen-Zweizentrensysteme, speziell des H_2-Moleküls, in Abschnitt 6.2 zeigte sich ein schwerwiegender Defekt: Eine Wellenfunktion in Form eines antisymmetrischen MO-Produkts führt zu einer qualitativ falschen Potentialfunktion: Aus der Wellenfunktion für den H_2-Grundzustand, Gleichung (6.70) mit (6.74), entsteht bei $R \to \infty$ eine

Wellenfunktion, die eine Überlagerung von Zuständen darstellt, und zwar eines Zustands, der zwei H-Atomen im Grundzustand entspricht (wie es richtig wäre), und zweier ionischer Zustände $H^+ + H^-$, deren Energie viel höher liegt. Dadurch resultiert ein Dissoziationslimit weit oberhalb der Summe $2e_H$ der Energien der beiden getrennten H-Atome im Grundzustand (s. Abb. 6.15).

Ein derartiges falsches Dissoziationsverhalten von Potentialfunktionen ist eine allgemeine Eigenschaft der Hartree-Fock-Näherung und tritt auch bei mehratomigen Mehrelektronensystemen auf: in der Regel ergibt sich beim Aufbrechen einer Bindung A–B ein stark "nach oben gezogener" Potentialverlauf, und die Wellenfunktion geht nicht in ein Produkt von Hartree-Fock-Wellenfunktionen der Fragmente A und B in ihren Grundzuständen über. Die Energie des Dissoziationslimits liegt dementsprechend zu hoch, damit berechnete Dissoziationsenergien sind unbrauchbar. Die Potentialmulde ergibt sich angehoben und verengt, ihr Minimum ist zu kleineren Kernabständen hin verschoben. Auf diese Probleme kommen wir in Kapitel 13 zurück.

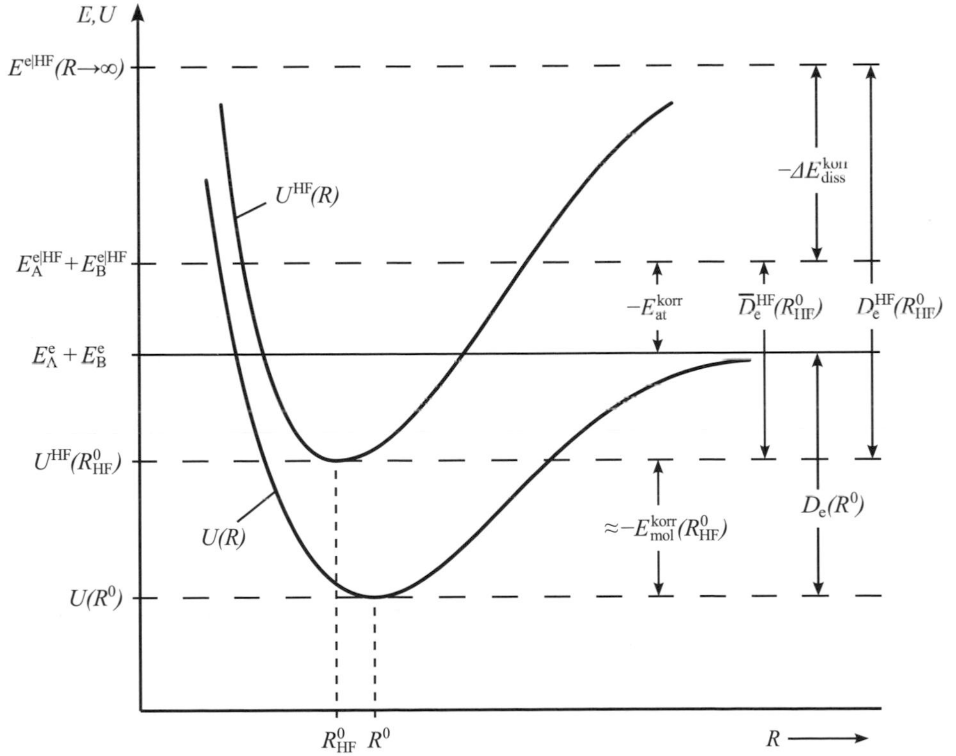

Abb. 8.2 Dissoziationsfehler in der Hartree-Fock-Näherung (schematisch; vgl. auch [I.4b])

Wir diskutieren (in Anlehnung an [I.4b], Abschn. 4.3.2.3.) die energetischen Verhältnisse für ein zweiatomiges Molekül AB, wie sie in Abb. 8.2 qualitativ dargestellt sind. Die exakte adiabatische Potentialfunktion $U(R)$ im betrachteten Elektronenzustand setzt sich gemäß Gleichung (4.22) aus der Gesamtenergie $E^{e}(R)$ der Elektronenhülle und der elektrostatischen Kernabstoßungsenergie $V^{kk}(R) = Z_A Z_B \bar{e}^2/R$ zusammen:

$$U(R) = E^{e}(R) + V^{kk}(R); \qquad (8.99)$$

in der Hartree-Fock-Näherung entsprechend:

$$U^{HF}(R) = E^{elHF}(R) + V^{kk}(R). \qquad (8.100)$$

Wie in Abschnitt 6.1.3 definieren wir die elektronische Dissoziationsenergie (jetzt für beliebige festgehaltene endliche Kernabstände R):

$$D_e(R) \equiv U(R \to \infty) - U(R). \qquad (8.101)$$

Das ist die Energie, die benötigt wird, um das zweiatomige Molekül AB vom Kernabstand R aus so weit auseinanderzuziehen, bis zwei getrennte Atome vorliegen ($R \to \infty$); analog in der Hartree-Fock-Näherung:

$$D_e^{HF}(R) \equiv U^{HF}(R \to \infty) - U^{HF}(R). \qquad (8.102)$$

Zur Abschätzung des Fehlers, den man begeht, wenn man die elektronische Dissoziationsenergie in der Hartree-Fock-Näherung berechnet, untersuchen wir die Differenz der beiden Ausdrücke (8.101) und (8.102) unter Berücksichtigung der Beziehungen (8.99) und (8.100):

$$D_e(R) - D_e^{HF}(R) = [E^{e}(R \to \infty) - E^{elHF}(R \to \infty)] - [E^{e}(R) - E^{elHF}(R)]. \qquad (8.103)$$

Dieser Fehler der HF-Näherung ist definitionsgemäß ein *Korrelationsfehler*: die Ausdrücke in den eckigen Klammern sind nichts anderes als Korrelationsenergien nach Gleichung (8.84) in Abschnitt 8.3.2*(e)*. Die gesamte Korrelationsenergie der Elektronen im Molekül beim Kernabstand R,

$$E_{mol}^{korr}(R) = E^{e}(R) - E^{elHF}(R), \qquad (8.104)$$

setzt sich im Grenzfall $R \to \infty$ aus zwei Anteilen zusammen: aus der Summe der Korrelationsenergien der beiden getrennten Atome A und B,

$$E_{at}^{korr} \equiv E_A^{korr} + E_B^{korr}, \qquad (8.105)$$

und dem verbleibenden molekularen Dissoziationsfehler der Hartree-Fock-Näherung, den wir mit ΔE_{diss}^{korr} bezeichnen (s. Abb. 8.2):

$$\Delta E_{diss}^{korr} \equiv E_{mol}^{korr}(R \to \infty) - E_{at}^{korr}. \qquad (8.106)$$

Damit ergibt sich

$$D_e(R) - D_e^{HF}(R) = \Delta E_{diss}^{korr} + E_{at}^{korr} - E_{mol}^{korr}(R). \qquad (8.107)$$

Der zweite und der dritte Term auf der rechten Seite,

$$-\left[E_{\text{mol}}^{\text{korr}}(R)-E_{\text{at}}^{\text{korr}}\right]\equiv -\Delta E_{\text{A}\leftrightarrow\text{B}}^{\text{korr}}(R)\,, \tag{8.108}$$

ergeben zusammen den Zuwachs des Korrelationsenergie-Betrages, der daher rührt, dass sich im Molekülverband mehr Elektronen paarweise gegenseitig beeinflussen (korrelieren) als in den beiden getrennten Atomen.[10] Es gilt:

$$\Delta E_{\text{A}\leftrightarrow\text{B}}^{\text{korr}}(R\to\infty)=0\,. \tag{8.109}$$

Insgesamt kommen wir also zu dem Ergebnis

$$D_{\text{e}}(R)-D_{\text{e}}^{\text{HF}}(R)=\Delta E_{\text{diss}}^{\text{korr}}-\Delta E_{\text{A}\leftrightarrow\text{B}}^{\text{korr}}(R)\,. \tag{8.110}$$

Strenggenommen ist die Dissoziationsenergie vom Minimum der jeweiligen Potentialkurve aus zu messen, also R^0 für D_{e} und R_{HF}^0 für D_{e}^{HF}; vernachlässigen wir diesen (meist kleinen) Unterschied, dann gibt der Ausdruck (8.110) den gesuchten Fehler, indem man für R den Wert R_{HF}^0 einsetzt.

Um in der Hartree-Fock-Näherung wenigstens einigermaßen sinnvolle Resultate für Dissoziationsenergien zu erhalten, kann man eine etwas anders definierte Dissoziationsenergie benutzen, die anstatt auf $U^{\text{HF}}(R\to\infty)$ auf die Summe der Hartree-Fock-Energien der getrennten Teilsysteme A und B bezogen ist:

$$\overline{D}_{\text{e}}^{\text{HF}}(R)\equiv(E_{\text{A}}^{\text{HF}}+E_{\text{B}}^{\text{HF}})-U^{\text{HF}}(R)\,. \tag{8.111}$$

Dadurch wird der Fehler um den Beitrag $\Delta E_{\text{diss}}^{\text{korr}}$ verringert:

$$D_{\text{e}}(R)-\overline{D}_{\text{e}}^{\text{HF}}(R)=-\Delta E_{\text{A}\leftrightarrow\text{B}}^{\text{korr}}(R) \tag{8.112}$$

(s. Abb. 8.2). In Abschnitt 9.1.3 führen wir die Diskussion weiter.

Resumé : Die Hartree-Fock-Näherung spielt in der Quantenchemie eine zentrale Rolle als eine wohldefinierte Näherungsstufe, welche den Rahmen des MO-Modells als Einelektron-Bild nicht verlässt, dessen Möglichkeiten aber voll ausschöpft.

- *Das MO-Modell bleibt erhalten*: Dem einzelnen Elektron wird eine Wellenfunktion (ein *Molekülorbital, MO*) und eine Energie (*Orbitalenergie*) zugeschrieben, es verliert jedoch seine Identität, ist nicht mehr von den anderen Elektronen unterscheidbar. Wenn ein Elektron delokalisiert, angeregt oder entfernt wird, so kann es sich dabei um jedes beliebige der Elektronen handeln, nicht um ein individuell benennbares.

  Die Hartree-Fock-Näherung liefert die hinsichtlich der Gesamtenergie der Elektronenhülle im Grundzustand *bestmögliche Beschreibung im Rahmen des MO-Modells bei Berücksichtigung des Pauli-Prinzips.*

- Die Korrelation der Elektronenbewegungen auf Grund der Coulomb-Wechselwirkungen (*Coulomb-Korrelation*) wird in der Hartree-Fock-Näherung nicht erfasst. Dieser Defekt wirkt sich u. a. dahingehend aus, dass sich Wellenfunktion und Energie der Elektronenhülle

---

[10] Man beachte, dass Korrelationsenergien immer negativ sind.

und damit des gesamten molekularen Systems bei Vergrößerung von Kernabständen bis hin zur Dissoziation in der Regel falsch verhalten und dass wesentliche Beiträge zu Erwartungswerten physikalischer Größen fehlen (*Korrelationsfehler*).

- Berücksichtigt wird in der Hartree-Fock-Näherung nur die *Fermi-Korrelation*, die zwischen Elektronen gleichen Spins wirksam ist und von der Antisymmetriebedingung (Pauli-Prinzip) herrührt. Das ist gegenüber dem einfachen MO-Modell eine wichtige Verbesserung, die z. B. die Beschreibung von Singulett-Triplett-Aufspaltungen von Energieniveaus erlaubt.

- Die Zusammenhänge mit *Messgrößen* ähneln denen im einfachen MO-Modell, sind z. T. etwas komplizierter, nun aber schon eher quantitativ brauchbar, z. B. bei Ladungsverteilungen, Ionisierungspotentialen, Anregungsenergien und anderen *Einelektroneigenschaften.*

- Die Hartree-Fock-Näherung bildet, wie wir sehen werden, den Ausgangspunkt fortgeschrittener und genauerer *Ab-initio-Berechnungsmethoden der Quantenchemie*, welche die Coulomb-Korrelation einbeziehen (s. Abschn. 9.1 und 17.1).

- Die Hartree-Fock-Näherung liefert den formalen Rahmen für die meisten *semiempirischen Berechnungsverfahren der Quantenchemie* (s. Abschn. 17.2).

Übungsaufgaben zu Kapitel 8

ÜA 8.1 Man verifiziere die Beziehungen (8.13) bis (8.21a-d) für die Dichtematrizen in der Hartree-Fock-Näherung.

ÜA8.2 Anhand der Schreibweise (8.19) für die Dichtematrix zweiter Ordnung ist zu zeigen, dass die Fermi-Korrelation in der Hartree-Fock-Näherung berücksichtigt ist.

ÜA 8.3 Man beweise, dass ein antisymmetrisches Produkt (8.11) von Spinorbitalen für eine Elektronenkonfiguration abgeschlossener Schalen, wie sie in Abschnitt 8.2.1 definiert wurde, einen Singulettzustand ($S = 0$) beschreibt.

ÜA 8.4 Anhand der Gleichung (8.35) ist zu zeigen, dass die Matrix der Lagrange-Multiplikatoren $\overline{\varepsilon}_{ki}$ hermitesch ist.

ÜA 8.5 Man leite her: (a) den Energieausdruck (8.57) und (b) aus der Extremalforderung (8. 60) die Roothaan-Hall-Gleichungen (8.61).

ÜA 8.6 Es ist zu zeigen, dass die Fock-Matrix (8.63) mit den Elementen (8.62) die Matrixdarstellung der Fock-Operators $\hat{f}_0^{\mathrm{HF}}$ bezüglich der Basis $\{\varphi_\nu\}$ ist.

ÜA 8.7 Man führe die Reduktion des Matrixelements (8.76) auf die Einelektron- und Zweielektronen integrale durch.

ÜA 8.8 Leiten Sie das Koopmans-Theorem, Formel (8.86), her.

ÜA 8.9 Man zeige dass die Funktionen (8.88) und (8.89a-c) Eigenfunktionen der Spinoperatoren $\hat{S}^2$ und $\hat{S}_z$ zu den Eigenwerten $S=0,\ M_S=0$ bzw. $S=1,\ M_S=1,0,-1$ sind.

ÜA 8.10 Es sind die Ausdrücke (8.90a,b) für die Anregungsenergie in der RHF-Näherung herzuleiten.

Ergänzende Literatur zu Kapitel 8

[8.1] Carbo, R., Riera, J. M.: A General SCF Theory. Lecture Notes in Chemistry, Vol. 5. Springer, Berlin (1978)

[8.2] Roothaan, C. C. J.: Self-Consistent Field Theory for Open Shells of Electronic Systems. Rev. Mod. Phys. **32**, 179 – 185 (1960)

9 Weiterentwickelte quantenchemische Methoden

Die bisherigen Kapitel des Teils 2 haben die Elektronenhülle von Atomen und molekularen Aggregaten hauptsächlich unter Beschränkung auf die nichtrelativistische Näherung und auf ein Einelektron-Modell (Zentralfeld- bzw. MO-Modell) beschrieben. Über die nichtrelativistische Näherung wurde dabei nur insoweit hinausgegangen, dass durch die phänomenologische Einbeziehung des Spins das Pauli-Prinzip korrekt berücksichtigt und damit die Struktur der Energiespektren von Atomen und Molekülen qualitativ verstanden werden konnte. Das alles wollen wir unter dem Begriff "elementare Quantenchemie" zusammenfassen.

Im vorliegenden Kapitel werden die Einschränkungen weitgehend aufgehoben; es geht um die Erfassung der Elektronenkorrelation sowie um die Einbeziehung relativistischer Korrekturen. Das kann allerdings weder in breiter Front noch mit großem Tiefgang geschehen, um den Rahmen dieses Grundkurses nicht zu sprengen. Wir vermeiden soweit als möglich einen anspruchsvollen Formalismus, geben aber die aus heutiger Sicht wichtigsten Richtungen und Konzepte an, die dann in der Spezialliteratur weiter verfolgt werden können.

In Abb. 9.1 sind Entwicklungslinien und Zusammenhänge von Methoden zur Einbeziehung der Elektronenkorrelation (*Post-Hartree-Fock-Methoden*) als Übersichtsschema zusammengestellt; Erläuterungen folgen in den Abschnitten 9.1 bis 9.3. Eine Einführung in die relativistische Quantenchemie wird in Abschnitt 9.4 gegeben.

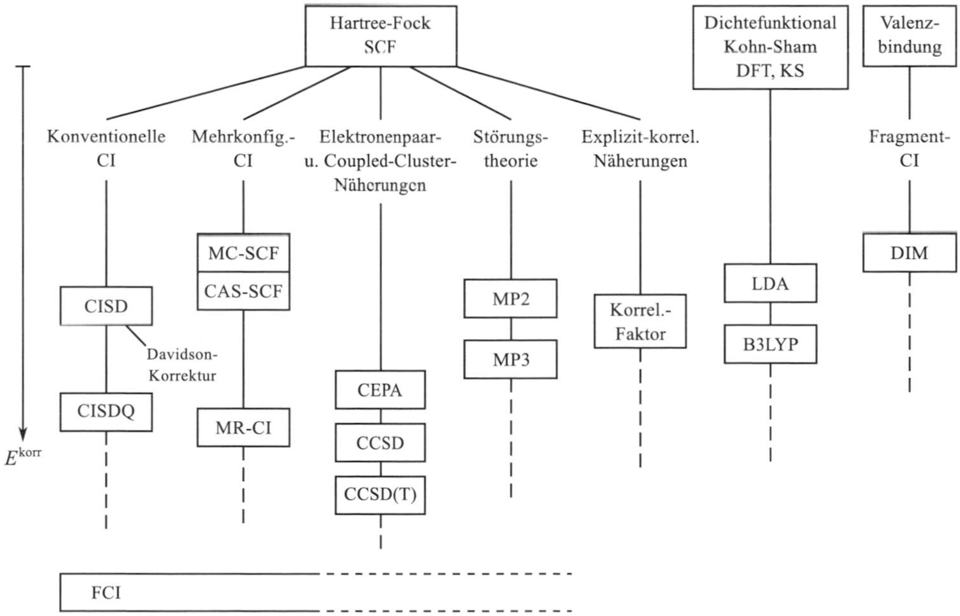

Abb. 9.1 Quantenchemische Näherungsmethoden mit Einschluss der Elektronenkorrelation (Erklärung der Abkürzungen s. Text)

9.1 Elektronenkorrelation: MO-basierte Beschreibung

Der Grundzustand der Elektronenhülle eines molekularen Systems bei einer gegebenen Kernanordnung (adiabatische Näherung) hat die geringstmögliche Energie: Die Elektronen bewegen sich so, dass sie sich einerseits im Mittel möglichst nahe am Kerngerüst aufhalten (sie werden ja von den Kernen angezogen), dass sie sich aber andererseits gegenseitig nicht zu nahe kommen (weil sonst die Energie der Coulombschen Abstoßung zu groß werden würde). Von der (stets positiven) kinetischen Energie wissen wir (s. Abschn. 6.1.5, auch bereits Abschn. 2.2.3), dass sie anwächst, wenn die Bewegung der Elektronen auf einen engeren Raumbereich eingeengt wird. Die einzelnen Elektronen beeinflussen sich also untereinander in komplexer Weise, ihre Bewegungen sind untereinander verkoppelt ("korreliert"). Wird diese Elektronenkorrelation nicht korrekt erfasst, dann ergeben sich mehr oder weniger drastische Fehler, z. B. bei der Berechnung von Erwartungswerten physikalischer Größen (s. Abschn. 8.3.2*(e)*) sowie im Verhalten der molekularen Wechselwirkungspotentiale (s. Abschn. 8.3.3*(e)*).

Eine Wellenfunktion in Form eines Produkts von Einelektronfunktionen (einfaches M-Modell, s. Kap. 7) beschreibt die Bewegungen der Elektronen so, als seien sie statistisch unabhhängig voneinander, also völlig unkorreliert. Wird das Pauli-Prinzip berücksichtigt und die Wellenfunktion als ein antisymmetrisches Produkt angesetzt (Hartree-Fock-Näherung, s. Kap. 8), so erfasst man damit die *Fermi-Korrelation* in der Bewegung von Elektronen gleichen Spins.

Die Einbeziehung der universell wirkenden *Coulomb-Korrelation* erfordert, über die Hartree-Fock-Näherung $\Psi^{\mathrm{HF}} \equiv \Psi^{\mathrm{RHF}}$ hinauszugehen und den Anteil

$$\Psi^{\mathrm{korr}} \equiv \Psi - \Psi^{\mathrm{RHF}} \tag{9.1}$$

[s. Gl. (8.81)] der stationären nichtrelativistischen Wellenfunktion $\Psi \equiv \Psi^{\mathrm{e}}$ zu bestimmen; Ψ ist die Lösung der zeitunabhängigen Schrödinger-Gleichung zur Gesamtenergie $E \equiv E^{\mathrm{e}}$ der Elektronenhülle:

$$\hat{H}\Psi = E\Psi \tag{9.2}$$

mit dem nichtrelativistischen elektronischen Hamilton-Operator $\hat{H} \equiv \hat{H}^{\mathrm{e}}$ [Gln (4.19) mit (4.3b,d,e)]. Die Ermittlung des Korrelationsanteils Ψ^{korr} ist nach allem, was wir bisher gelernt haben, nur näherungsweise möglich (s. Abschn. 9.1.1).

Wie in Abschnitt 8.3.2*(e)* nehmen wir als Referenznäherung in der Definition (9.1) die eingeschänkte Hartree-Fock-Näherung Ψ^{RHF}, die zusätzlich zur Antisymmetrieeigenschaft bei Elektronenvertauschung auch noch zu bestimmten Werten des Betragsquadrates und der z-Komponente des Gesamtspins sowie zu bestimmten räumlichen Symmetrierassen (gekennzeichnet durch irreduzible Darstellungen der räumlichen Symmetriegruppe des Kerngerüsts, s. Anhang A1) gehört. Der *Korrelationsfehler* des Erwartungswerts einer Größe G ist

$$\langle G\rangle^{\mathrm{korr}} \equiv \langle G\rangle - \langle G\rangle^{\mathrm{RHF}} \tag{9.3}$$

[nach Gleichung (8.82)] mit

$$\langle G\rangle \equiv \left\langle \Psi \middle| \hat{G} \middle| \Psi \right\rangle \Big/ \left\langle \Psi \middle| \Psi \right\rangle , \tag{9.4}$$

$$\langle G\rangle^{\text{RHF}} \equiv \left\langle \Psi^{\text{RHF}} \middle| \hat{G} \middle| \Psi^{\text{RHF}} \right\rangle \Big/ \left\langle \Psi^{\text{RHF}} \middle| \Psi^{\text{RHF}} \right\rangle, \tag{9.5}$$

wenn der Größe G der Operator $\hat{G}$ zugeordnet ist (s. Abschn. 8.3.2*(e)*).

Im Folgenden bezeichnen wir, auch um Möglichkeiten für Verallgemeinerungen offenzuhalten, die Referenz-Wellenfunktion mit Ψ^0 und setzen zunächst voraus, dass es sich um ein antisymmetrisches Produkt (8.4) von Spin-Orbitalen $\psi_i(\xi)$ handelt:

$$\Psi^0 \equiv \Psi^{\text{HF}} \equiv \Psi^{\text{RHF}} \equiv (N!)^{-1/2} \det\{\psi_1(\xi_1)\psi_2(\xi_2)\ \dots\ \psi_N(\xi_N)\}; \tag{9.6}$$

Ψ^0 sei auf 1 normiert:

$$\left\langle \Psi^0 \middle| \Psi^0 \right\rangle = 1\,. \tag{9.7}$$

Für die exakte Wellenfunktion Ψ nehmen wir die sogenannte *intermediäre Normierung* an:

$$\left\langle \Psi^0 \middle| \Psi \right\rangle = 1\,, \tag{9.8}$$

woraus mit Gleichung (9.1) folgt:

$$\left\langle \Psi^0 \middle| \Psi^{\text{korr}} \right\rangle = 0\,; \tag{9.9}$$

der in Gleichung (9.1) definierte Korrelationsanteil Ψ^{korr} ist also orthogonal zu Ψ^0. Mit dieser Vereinbarung ist die exakte Wellenfunktion Ψ nicht auf 1 normiert, vielmehr gilt:

$$\left\langle \Psi \middle| \Psi \right\rangle = 1 + \left\langle \Psi^{\text{korr}} \middle| \Psi^{\text{korr}} \right\rangle. \tag{9.10}$$

Für den Korrelationsfehler der Energie – die *Korrelationsenergie* E^{korr} – ergibt sich aus der Schrödinger-Gleichung (9.2), wenn man diese von links mit Ψ^{0*} multipliziert, über alle Variablen integriert und die intermediäre Normierung (9.8) berücksichtigt:

$$E^{\text{korr}} = \left\langle \Psi^0 \middle| \hat{H} \middle| \Psi^{\text{korr}} \right\rangle \tag{9.11}$$

(*Korrelationsenergieformel*). Notabene: Das ist *kein Erwartungswert*.

9.1.1 Erfassung der Elektronenkorrelation durch Konfigurationenüberlagerung (CI)

In den Abschnitten 6.3.2 und 6.3.3 hatten wir für die beiden Elektronen im H_2-Molekül diskutiert, wie sich eine antisymmetrische Produktwellenfunktion dadurch verbessern lässt, dass man den Elektronen weitere Konfigurationen, d. h. Besetzungsmöglichkeiten der MOs, anbietet und ihnen so die Möglichkeit gibt, einander auszuweichen, dadurch die destabilisierende Wirkung der Elektronenabstoßung zu vermindern und die Energie abzusenken. Das führt zu einer im Sinne des Energievariationsverfahrens verbesserten Lösung der Schrödinger-Gleichung. Die den zusätzlichen Konfigurationen entsprechenden antisymmetrischen Produkte sind nach dem Superpositionsprinzip als Linearkombination in die Wellenfunktion einzubeziehen.

Diese Vorgehensweise, die *Konfigurationenüberlagerung* (engl. configuration interaction, abgek. *CI*), kann man verallgemeinern. Wir tun das hier mit antisymmetrischen Produkten von Hartree-Fock-Spin-Orbitalen nach Abschnitt 8.2.3 und nehmen als Referenzfunktion die Hartree-Fock-Näherung, $\Psi^0 \equiv \Psi^{\mathrm{RHF}}$, gebildet aus den N besetzten Spin-Orbitalen (Spin-MOs, abgek. SMO) $\psi_i(\xi)$, die zu den N tiefsten Hartree-Fock-Orbitalenergien ε_i ($i = 1, 2, \ldots, N$), gehören; diese mögen nach ansteigenden Werten geordnet sein. Besetzte Hartree-Fock-SMOs werden im Folgenden immer mit den Indizes $i, j, k, \ldots$ numeriert. Außerdem haben wir virtuelle Spinorbitale $\psi_p(\xi)$, die zu höheren Orbitalenergien $\varepsilon_p > \varepsilon_N$ gehören ($p = N+1, N+2, \ldots$), letztere ebenfalls nach ansteigenden Werten geordnet. Virtuelle Hartree-Fock-SMOs werden mit den Indizes $p, q, r, \ldots$ numeriert. Falls nicht nach besetzten und virtuellen Spinorbitalen unterschieden werden soll, benutzen wir griechische Buchstaben $\mu, \nu, \rho, \ldots$ zur Kennzeichnung und Numerierung.

Es werden hier allgemeine Spin-Orbitale $\psi(\xi)$ verwendet, obwohl wir wissen, dass sie in nichtrelativistischer Näherung als Produkte von Orts- und Spinanteilen geschrieben werden können:

$$\psi(\xi) \equiv \psi(\boldsymbol{r}, \sigma) = \phi(\boldsymbol{r}) \cdot \begin{Bmatrix} \alpha(\sigma) \text{ oder} \\ \beta(\sigma) \end{Bmatrix}. \tag{9.12}$$

Mit den Spinorbitalen $\psi(\xi)$ lassen sich aber die folgenden Herleitungen und Formeln übersichtlicher und kompakter schreiben.

Generell wird die Orthonormierung aller Hartree-Fock-SMOs vorausgesetzt:

$$\langle \psi_\mu | \psi_\nu \rangle \equiv \int \psi_\mu(\xi)^* \psi_\nu(\xi) \, \mathrm{d}\tau = \delta_{\mu\nu} \quad \text{für alle} \quad \mu, \nu = 1, 2, \ldots \tag{9.13}$$

Die Gesamtheit der Hartree-Fock-Spinorbitale (besetzte plus virtuelle) bildet ein vollständiges Funktionensystem (s. Abschn. 3.1.3).

Entsprechend dem oben beschriebenen Konzept werden aus der Grundkonfiguration (die N energetisch tiefsten Hartree-Fock-SMOs sind besetzt) mit der zugehörigen Wellenfunktion Ψ^0 durch Ersetzung eines oder mehrerer besetzter Spinorbitale durch virtuelle Spinorbitale angeregte Elektronenkonfigurationen gebildet; die entsprechenden antisymmetrischen Produkte Ψ_K ($K = 1, 2, \ldots$) nennt man *Konfigurationsfunktionen*:

einfach angeregte Konfigurationen ($i \to p$)

$$\Psi_i^p \equiv (N!)^{-1/2} \det\{ \psi_1(\xi_1) \ldots \psi_{i-1}(\xi_{i-1}) \psi_p(\psi_i) \psi_{i+1}(\xi_{i+1}) \ldots \psi_N(\xi_N) \}; \tag{9.14a}$$

zweifach angeregte Konfigurationen ($i \to p$, $j \to q$)

$$\Psi_{ij}^{pq} \equiv (N!)^{-1/2} \det\{ \psi_1(\xi_1) \ldots \psi_{i-1}(\xi_{i-1}) \psi_p(\xi_i) \psi_{i+1}(\xi_{i+1}) \ldots$$

$$\ldots \psi_{j-1}(\xi_{j-1}) \psi_q(\xi_j) \psi_{j+1}(\xi_{j+1}) \ldots \psi_N(\xi_N) \}; \tag{9.14b}$$

und analog höher (dreifach, vierfach, ...) angeregte Konfigurationen. Aus den oben vorausgesetzten Orthonormierungs- und Vollständigkeitseigenschaften der Hartree-Fock-SMOs folgen entsprechende Eigenschaften der Konfigurationsfunktionen:

- Die Konfigurationsfunktionen sind *auf 1 normiert* sowie untereinander und zur Referenzfunktion Ψ^0 *orthogonal*:

$$\left\langle \Psi_K \middle| \Psi_L \right\rangle \equiv \int ... \int \Psi_K(\xi_1,...)^* \Psi_L(\xi_1,...) \mathrm{d}\tau_1 ... \mathrm{d}\tau_N = \delta_{KL} \quad \text{und} \quad \left\langle \Psi_K \middle| \Psi^0 \right\rangle = 0 \qquad (9.15)$$

  für $K, L = 1, 2, ...$

- Die Konfigurationsfunktionen bilden zusammen mit der Referenzfunktion Ψ^0 einen *vollständigen Funktionensatz*, so dass sich beliebige Funktionen von $3N$ Ortskoordinaten und N Spinvariablen (sofern sie die für N-Teilchen-Wellenfunktionen zu stellenden Randbedingungen erfüllen) nach diesen Funktionen entwickeln lassen, und zwar unter Berücksichtigung der intermediären Normierung (9.8) in der Form

$$\Psi = \Psi^0 + \Psi^{\text{korr}} \qquad (9.16)$$

  mit

$$\Psi^{\text{korr}} = \sum_{K=1}^{\infty} C_K \Psi_K \, . \qquad (9.17)$$

  Der Korrelationsanteil der Wellenfunktion lässt sich mit den Konfigurationsfunktionen (9.14a,b) detaillierter schreiben:

$$\Psi^{\text{korr}} = \sum_i \sum_p C_i^p \Psi_i^p + \sum_{i<j} \sum_{p<q} C_{ij}^{pq} \Psi_{ij}^{pq} + ...$$
$$+ \sum_{i<j<k} \sum_{p<q<r} C_{ijk}^{pqr} \Psi_{ijk}^{pqr} + ... \qquad (9.17')$$

$$(\, i, j, k, ... = 1, 2, ... , N \quad \text{und} \quad p, q, r, ... = N+1, N+2, ... \,)$$

Wir geben hier noch eine besondere Schreibweise an, die sich bei der Formulierung bestimmter methodischer Varianten bewährt hat (s. Abschn. 9.1.4.3). Definiert man Operatoren $\hat{a}_i$, die bei Anwendung auf die Referenzfunktion Ψ^0 jeweils ein besetztes Spinorbital ψ_i entfernen (*Orbital-Vernichtungsoperatoren*), sowie Operatoren $\hat{a}_p^+$, die bei Anwendung auf die rechts davon stehende Funktion jeweils ein virtuelles Spinorbital ψ_p einfügen (*Orbital-Erzeugungsoperator*), dann lässt sich der Ausdruck (9.17') folgendermaßen darstellen:

$$\Psi^{\text{korr}} = \left(\sum_i \sum_p C_i^p \hat{a}_p^+ \hat{a}_i + \sum_i \sum_{j(>i)} \sum_p \sum_{q(>p)} C_{ij}^{pq} \hat{a}_p^+ \hat{a}_q^+ \hat{a}_j \hat{a}_i + ... \right) \Psi_0 \, . \qquad (9.17'')$$

Für die Vernichtungs- und Erzeugungsoperatoren gelten Vertauschungsrelationen:

$$\hat{a}_\mu \hat{a}_\nu + \hat{a}_\nu \hat{a}_\mu = 0 \, , \quad \hat{a}_\mu^+ \hat{a}_\nu^+ + \hat{a}_\nu^+ \hat{a}_\mu^+ = 0 \, , \quad \hat{a}_\mu \hat{a}_\nu^+ + \hat{a}_\nu^+ \hat{a}_\mu = \delta_{\mu\nu} \, . \qquad (9.18)$$

Alle Operatoren, mit denen wir es in der Quantenchemie zu tun haben (insbesondere der Hamilton-Operator), lassen sich ebenfalls durch die Erzeugungs- und Vernichtungsoperatoren darstellen. Man bezeichnet diesen Formalismus als *zweite Quantelung* (s. z. B. [I.2]).

Die Korrelationsenergieformel (9.11) erhält bei der Benutzung der CI-Entwicklung (9.17') die folgende Form:

$$E^{\text{korr}} = \sum_{i=1}^{N} \omega_i + \sum_{i(<j)=1}^{N} \sum_{j=1}^{N} \omega_{ij} \tag{9.19}$$

mit

$$\omega_i \equiv \sum_{p=N+1}^{\infty} C_i^p \left\langle \Psi_0 \middle| \hat{H} \middle| \Psi_i^p \right\rangle, \tag{9.20a}$$

$$\omega_{ij} \equiv \sum_{p(<q)=N+1}^{\infty} \sum_{q=N+1}^{\infty} C_{ij}^{pq} \left\langle \Psi_0 \middle| \hat{H} \middle| \Psi_{ij}^{pq} \right\rangle \tag{9.20b}$$

(s. ÜA 9.1). Weitere Terme gibt es nicht. Ferner gilt $\omega_i = 0$ für alle i, wenn Ψ^0 das Brillouin-Theorem (s. Abschn. 8.3.2*(a)*) erfüllt. Da der Ausdruck (9.11) kein Erwartungswert ist und damit keine Grenze für die exakte Korrelationsenergie bilden kann, lässt sich darauf kein Variationsverfahren zur Bestimmung von Näherungen $\tilde{E}^{\text{korr}}$ gründen.

Alle bisher aufgeschriebenen Gleichungen sind *formal exakt gültig*; die auftretenden Wellenfunktionen lassen sich jedoch lediglich näherungsweise bestimmen: Man hat nur approximative Hartree-Fock-SMOs (Ortsanteile in LCAO-Form, s. Abschn. 8.2.1.2) und davon nur endlich-viele (M) zur Verfügung, somit auch nur endlich-viele approximative Konfigurationsfunktionen und daher anstelle von Ψ^{korr} nur Näherungen $\tilde{\Psi}^{\text{korr}}$. In diesem Zusammenhang ist zu beachten, dass ein approximativer Korrelationsanteil $\tilde{\Psi}^{\text{korr}}$ in der Wellenfunktion, wenn man ihn in der Korrelationsenergieformel (9.11) benutzt, die Energie bis auf Fehler erster Ordnung liefert. Bildet man aber mit $\Psi^0 + \tilde{\Psi}^{\text{korr}}$ den Erwartungswert von $\hat{H}$, so sind die Fehler von zweiter Ordnung (vgl. die Diskussion in Abschn. 8.3.3*(d)*).

Nehmen wir an, mit einem endlichen Satz von M (approximativen) Hartree-Fock-Spinorbitalen seien $\overline{M}$ (ebenfalls approximative) Konfigurationsfunktionen $\tilde{\Psi}_K$ der Form (9.14) gebildet worden. Damit wird eine CI-Näherung

$$\tilde{\Psi} = \sum_{K=0}^{\overline{M}} C_K \tilde{\Psi}_K \tag{9.21}$$

(mit $\tilde{\Psi}_0 \equiv \tilde{\Psi}^0$) angesetzt[1], und mittels des Ritzschen Variationsverfahrens nach Abschnitt 4.4.1.1 ergeben sich die Koeffizienten C_K als Lösungen des linearen Gleichungssystems

$$\sum_{K=0}^{\overline{M}} (H_{IK} - \tilde{E}\Delta_{IK}) C_K = 0 \qquad (I = 0, 1, 2, \ldots, \overline{M}) . \tag{9.22}$$

[1] Die Koeffizienten C_K werden andere Werte haben als in der "exakten" Entwicklung (9.17); wir verzichten aber hier auf eine besondere Kennzeichnung, da Missverständnisse wohl nicht zu befürchten sind.

Dabei sind die Matrixelemente H_{IK} des Hamilton-Operators $\hat{H}$ durch

$$H_{IK} \equiv \left\langle \tilde{\Psi}_I \middle| \hat{H} \middle| \tilde{\Psi}_K \right\rangle \tag{9.23a}$$

definiert, und die Größen Δ_{IK} bezeichnen die Überlappungsintegrale der Konfigurationsfunktionen $\tilde{\Psi}_I$ und $\tilde{\Psi}_K$, also gemäß Gleichung (9.15)

$$\Delta_{IK} \equiv \left\langle \tilde{\Psi}_I \middle| \tilde{\Psi}_K \right\rangle = \delta_{IK}\ ; \tag{9.23b}$$

wie die Koeffizienten C_K werden wir auch H_{IK} und Δ_{IK} hinsichtlich ihres approximativen Charakters nicht besonders kennzeichnen; s. Fußnote 1).

Die Matrixelemente H_{IK} sind Integrale über die $3N$ räumlichen Koordinaten und Summationen über die N Spinvariablen der N Elektronen. Da sich der elektronische Hamilton-Operator $\hat{H}$ ($\equiv \hat{H}^{e}$) [s. etwa Gln. (8.1)-(8.3)] aus Einteilchenoperatoren $\hat{h}(\kappa)$ und Zweiteilchenoperatoren $1/|\boldsymbol{r}_\kappa - \boldsymbol{r}_\lambda|$ (in at. E.) zusammensetzt, lassen sich die hochdimensionalen Integrale H_{IK} auf Einelektron- und Zweielektronenintegrale zurückführen (s. Abschn. 3.4). Wir nehmen an, dass alle Konfigurationsfunktionen $\tilde{\Psi}_I$ usw. wie in den Gleichungen (9.14a,b) die Form *eines* antisymmetrischen Produkts haben. Man kann dann analog zur Verfahrensweise in Abschnitt 8.3.2*(a)* vorgehen. Nach der Auflösung des antisymmetrischen Produkts in die Summe der $N!$ einfachen Produkte haben die meisten der resultierenden $(N!)^2$ Integrale den Wert Null, da die SMOs generell orthonormiert vorausgesetzt sind. Nichtverschwindende Integrale ergeben sich nur dann, wenn sich die beiden Konfigurationsfunktionen $\tilde{\Psi}_I$ und $\tilde{\Psi}_K$ in höchstens zwei Spin-MOs unterscheiden. Wir geben die Resultate an, ohne sie Schritt für Schritt herzuleiten, das sei dem Leser zur Übung empfohlen; s. dazu etwa [I.4a], dort Abschnitt 7.1.2 (die folgenden Formeln übernehmen wir von dort). Als Kurzbezeichnung charakterisieren wir eine Konfigurationsfunktion I durch die Indizes der in ihr auftretenden SMOs $\psi_i(\xi)$: $I \equiv (i_1, i_2, ...)$, entsprechend für K etc. Der Einfachheit halber wird angenommen, dass in I und K diejenigen SMOs, in denen sich die beiden Konfigurationen unterscheiden, an gleicher Stelle stehen; das kann durch Variablenvertauschung (mit evtl Vorzeichenwechsel) immer erreicht werden.

Man hat die folgenden Fälle zu behandeln:

(a) $I = (i_1, i_2, ...) = K$

$$H_{II} = \textstyle\sum_m (\psi_{i_m} | \hat{h} | \psi_{i_m}) + (1/2) \sum_l \sum_{m(\neq l)} \{(\psi_{i_l} \psi_{i_l} | \psi_{i_m} \psi_{i_m}) - (\psi_{i_l} \psi_{i_m} | \psi_{i_m} \psi_{i_l})\}\ ; \tag{9.24}$$

(b) $I = (i_1, i_2, ..., i_m, ...)$, $K = (i_1, i_2, ..., k_m, ...)$

$$H_{IK} = (\psi_{i_m} | \hat{h} | \psi_{k_m}) + (1/2) \textstyle\sum_{n(\neq m)} \{(\psi_{i_n} \psi_{i_n} | \psi_{i_m} \psi_{k_m}) - (\psi_{i_n} \psi_{k_m} | \psi_{i_m} \psi_{i_n})\}\ ; \tag{9.25}$$

(c) $I = (i_1, i_2, ..., i_m, ..., i_n, ...)$, $K = (i_1, i_2, ..., k_m, ..., k_n, ...)$

$$H_{IK} = (\psi_{i_m} \psi_{k_m} | \psi_{i_n} \psi_{k_n}) - (\psi_{i_m} \psi_{k_n} | \psi_{i_n} \psi_{k_m})\ ; \tag{9.26}$$

dabei bedeuten die Klammersymbole auf den rechten Seiten die folgenden Integrale:

$$(\psi_\mu \,|\, \hat{h} \,|\, \psi_\nu) \equiv \int \psi_\mu(\xi)^* \hat{h} \psi_\nu(\xi) \mathrm{d}\tau \,, \tag{9.27a}$$

$$(\psi_\mu \psi_\nu \,|\, \psi_\kappa \psi_\lambda) \equiv \iint \psi_\mu(\xi)^* \psi_\nu(\xi)(1/|\boldsymbol{r}-\boldsymbol{r}'|)\psi_\kappa(\xi')^* \psi_\lambda(\xi') \mathrm{d}\tau \mathrm{d}\tau' \tag{9.27b}$$

mit den Variablen $\xi \equiv (\boldsymbol{r},\sigma)$ und $\xi' \equiv (\boldsymbol{r}',\sigma')$ sowie mit $\mathrm{d}\tau \equiv \mathrm{d}V\mathrm{d}\sigma$ und $\mathrm{d}\tau' \equiv \mathrm{d}V'\mathrm{d}\sigma'$; Integration über σ bzw. σ' bedeutet wieder: Summation über beide Spineinstellungen.
Für SMOs in der Form (9.12) lassen sich die Spinsummationen leicht ausführen, und wir haben es dann mit entsprechenden Integralen der Typen (9.27a,b) über räumliche MOs $\phi(\boldsymbol{r})$ zu tun. Wenn diese in einer LCAO-Näherung bestimmt werden, dann reduzieren sich die Matrixelemente schließlich auf Kombinationen von Integralen (8.58a,b) über Basis-AOs $\varphi_\nu(\boldsymbol{r})$; zur Berechnung s. Abschnitt 17.1.2.

Die $\overline{M}+1$ Wurzeln der Säkulargleichung

$$\det\left\{H_{IK} - \tilde{E}\delta_{IK}\right\} = 0 \tag{9.28}$$

ergeben genäherte Energieeigenwerte, insbesondere ist die tiefste Wurzel $\tilde{E}_0$ eine Näherung (und zwar eine obere Grenze) für die exakte Grundzustandsenergie E_0. Zu jeder Wurzel $\tilde{E}_n$ liefert das Gleichungssystem (9.22) einen Satz von Koeffizienten $C_K^{(n)}$ und damit eine Näherungswellenfunktion (9.21), $\tilde{\Psi}_n = \sum_{K=0}^{\overline{M}} C_K^{(n)} \tilde{\Psi}_K$, als Linearkombination einer (möglicherweise sehr großen, aber endlichen) Anzahl von (approximativen) Konfigurationsfunktionen, die gemäß den Ausdrücken (9.14) aus (approximativen) MOs $\tilde{\phi}_\lambda$ aufgebaut sind.

Damit ist ein Weg für die näherungsweise Bestimmung der Korrelationskorrekturen zu den einzelnen Zuständen skizziert; man erhält insbesondere für den Grundzustand:

$$\tilde{\Psi}_0^{\mathrm{korr}} = \sum_{K=1}^{\overline{M}} \tilde{\Psi}_K C_K^{(0)} \tag{9.29}$$

mit der entsprechenden genäherten Korrelationsenergie

$$\tilde{E}_0^{\mathrm{korr}} = \tilde{E}_0 - E^{\mathrm{RHF}} \,, \tag{9.30}$$

wobei $\tilde{E}_0$ die tiefste Wurzel der Säkulargleichung (9.28) bezeichnet.

Aus einem solchen CI-Ansatz lassen sich Aussagen zur Natur von Korrelationseffekten gewinnen, die dazu verwendet werden können, verbesserte und besonders auf diesen Zweck zugeschnittene Berechnungsmethoden zu formulieren.

Analyse von CI-Ansätzen

Die Korrelationsenergieformel (9.11) mit $\tilde{\Psi}^{\mathrm{korr}}$ als CI-Ansatz, Gleichung (9.19), ist außerordentlich einfach. Sie könnte zu der Schlussfolgerung verleiten, nur die zweifach angeregten Konfigurationen spielten eine Rolle, denn in ω_{ij} treten ausschließlich Matrixelemente mit Konfigurationsfunktionen Ψ_{ij}^{pq} explizite auf, und die Beiträge ω_i sind, wie sich zeigt, in der Regel klein bzw. fallen bei Gültigkeit des Brillouin-Theorems überhaupt weg. So einfach ist die

Sache jedoch nicht, denn die höher als zweifach angeregten Konfigurationen bestimmen die Koeffizienten C_i^p und C_{ij}^{pq} mit. Das folgt allgemein aus dem Gleichungssystem (9.22), in dem prinzipiell alle Anregungstypen (Konfigurationen) durch die Nichtdiagonalelemente gekoppelt sind. Es wird noch deutlicher sichtbar, wenn man die Entwicklung (9.16) mit $\tilde{\Psi}^{\text{korr}}$ in der Form (9.17') in die Schrödinger-Gleichung (9.2) einsetzt, zuerst von links mit Ψ^{0*} multipliziert und über alle $3N$ Koordinaten sowie N Spinvariablen der Elektronen integriert (bzw. summiert), dann von links mit Ψ_m^{t*} multipliziert und integriert, dann mit Ψ_{mn}^{tu*} usw.

Beim ersten Schritt ergibt sich die Gleichung

$$\left\langle \Psi^0 \middle| \hat{H} \middle| \Psi^0 \right\rangle + \sum_i \sum_p C_i^p \left\langle \Psi^0 \middle| \hat{H} \middle| \Psi_i^p \right\rangle$$
$$+ \sum_i \sum_{j(>i)} \sum_p \sum_{q(>p)} C_{ij}^{pq} \left\langle \Psi^0 \middle| \hat{H} \middle| \Psi_{ij}^{pq} \right\rangle = E \left\langle \Psi^0 \middle| \Psi^0 \right\rangle . \qquad (9.31a)$$

Auf der linken Seite ist der erste Term unter Beachtung der Normierung (9.7) die Hartree-Fock-Gesamtenergie, $E^0 \equiv E^{\text{RHF}} = \left\langle \Psi^0 \middle| \hat{H} \middle| \Psi^0 \right\rangle$; die weiteren, hier nicht aufgeschriebenen Terme verschwinden, da sich die Konfigurationsfunktionen Ψ_{ijk}^{pqr},... (dreifach und höhere Anregungen) von Ψ^0 in mehr als zwei Spinorbitalen unterscheiden (s. oben) und die Spinorbitale als orthonormiert vorausgesetzt wurden [s. Gl. (9.13)]. Die Beziehung (9.31a) ist somit nichts anderes als die Korrelationsenergieformel (9.19) mit (9.20a,b).

Die beim zweiten Schritt resultierende Gleichung ist

$$\left\langle \Psi_m^t \middle| \hat{H} \middle| \Psi^0 \right\rangle + \sum_i \sum_p C_i^p \left\langle \Psi_m^t \middle| \hat{H} \middle| \Psi_i^p \right\rangle$$
$$+ \sum_i \sum_{j(>i)} \sum_p \sum_{q(>p)} C_{ij}^{pq} \left\langle \Psi_m^t \middle| \hat{H} \middle| \Psi_{ij}^{pq} \right\rangle$$
$$+ \sum_i \sum_{j(>i)} \sum_{k(>j)} \sum_p \sum_{q(>p)} \sum_{r(>q)} C_{ijk}^{pqr} \left\langle \Psi_m^t \middle| \hat{H} \middle| \Psi_{ijk}^{pqr} \right\rangle = E\, C_m^t \qquad (9.31b)$$
$$(m = 1, 2, \dots , N \text{ und } t = N{+}1, N{+}2, \dots);$$

weitere Terme treten nicht auf, da sich Ψ_m^t und Ψ_{ijkl}^{pqrs},... in mehr als zwei Spinorbitalen unterscheiden und daher verschwindende Matrixelemente ergeben. Die folgenden Gleichungen dieser "Gleichungshierarchie" brauchen wir nicht aufzuschreiben; es ist klar, wie sie aussehen. Aus Gleichung (9.31b) entnimmt man, dass für die Koeffizienten C_m^t der einfach angeregten Konfigurationen auch die Koeffizienten C_{ij}^{pq} und C_{ijk}^{pqr} der zweifach bzw. der dreifach angeregten Konfigurationen mitbestimmend sind. Die nächste Gleichung würde zeigen, dass die Koeffizienten C_{mn}^{tu} der zweifach angeregten Konfigurationen auch die Koeffizienten C_i^p, C_{ijk}^{pqr} und C_{ijkl}^{pqrs} erfordern usw. Die Gleichungen sind miteinander gekoppelt, und man kann strenggenommen die Entwicklung (9.16) mit (9.17') nicht einfach nach irgendeiner Anregungsstufe abbrechen. Tut man das trotzdem, verleitet etwa durch die Korrelationsenergieformel (9.19), und berücksichtigt z. B. nur einfach (*singly*) und zweifach (*doubly*) angeregte Konfigurationen, dann erhält man die sogenannte *CISD-Näherung*:

$$\Psi_{\mathrm{SD}}^{\mathrm{korr}} = \sum_i \sum_p C_i^p \Psi_i^p + \sum_i \sum_{j(>i)} \sum_p \sum_{q(>p)} C_{ij}^{pq} \Psi_{ij}^{pq} . \qquad (9.32)$$

Das ergibt eine für manche Zwecke durchaus akzeptable Beschreibung. Die Anzahl der einfach angeregten Konfigurationen ist wesentlich kleiner als die der doppelt angeregten, so dass ihre Einbeziehung keinen wesentlichen Mehraufwand gegenüber der *CID-Näherung* bedeutet, die *nur* die zweifach angeregten Konfigurationen umfasst; die einfach angeregten Konfigurationen sind aber wesentlich für die Berechnung von Einelektroneigenschaften. Die Korrelationsenergie erhält man nach den vorliegenden Erfahrungen mit CISD oder CID für Moleküle (nahe der Gleichgewichtsgeometrie), die nur Elemente der ersten und zweiten Periode enthalten, zu ca. 90%. Die CISD- bzw. CID-Näherung hat allerdings einen gravierenden Defekt: die berechnete Energie weist nämlich eine falsche Abhängigkeit von der Elektronenzahl auf, die sogenannte *Teilchenzahlinkonsistenz*, auch als *Größeninkonsistenz* (engl. size inconsistency) bezeichnet.

Wir erläutern das an einem einfachen Modellsystem[2], einem Aggregat aus $n = N/2$ identischen Zweielektronensystemen, die untereinander keine Wechselwirkungskräfte ausüben. Für jedes der Zweielektronensysteme mögen zwei MOs, ϕ und ϕ', zur Verfügung stehen, wobei ϕ energetisch tiefer als ϕ' liegen möge. Damit lassen sich Wellenfunktionen für zwei Singulettzustände bilden, und zwar beschreibt $\theta \propto \det\{\phi(1)\alpha(1)\phi(2)\beta(1)\}$ den Grundzustand und $\theta' \propto \det\{\phi'(1)\alpha(1)\phi'(2)\beta(1)\}$ einen angeregten Zustand, formal analog zur Minimalbasis-MO-Näherung für das H_2-Molekül (s. Abschn. 6.2). Die Energie des Gesamtsystems der n nicht miteinander wechselwirkenden Zweielektronensysteme muss exakt proportional zu $n = N/2$ sein, denn der Hamilton-Operator

$$\hat{H} = \hat{h}(1,2) + \hat{h}(3,4) + \ldots + \hat{h}(N-1, N) \qquad (9.33)$$

führt zu einer separierbaren Schrödinger-Gleichung, die in $n = N/2$ identische Schrödinger-Gleichungen,

$$\hat{h}\Omega = \in \Omega , \qquad (9.34)$$

für die Elektronenpaare zerfällt. Die Zweielektronen-Wellenfunktion $\Omega(1,2)$ wird nun als Linearkombination von θ und θ' angesetzt (was in diesem Falle die vollständige CI bedeutet). Der tiefste Eigenwert der CI-Matrix sei $\in_0$; die Grundzustandsenergie des gesamten Systems ist also

$$E_0 = n \in_0 . \qquad (9.35)$$

In der CID-Näherung (Einfachanregungen gibt es hier nicht) haben wir die folgende Wellenfunktion:

$$\Psi_{\mathrm{D}} = \Psi_0 + \sum_{k=1}^{n} C_k \Psi_k , \qquad (9.36)$$

wobei Ψ_k diejenige Elektronenkonfiguration beschreibt, in der die k-te Paarfunktion $\theta(2k-1, 2k)$ durch $\theta'(2k-1, 2k)$ ersetzt wurde[3]:

$$\Psi_k = \theta(1,2) \cdot \ldots \cdot \theta'(2k-1, 2k) \cdot \ldots \cdot \theta(N-1, N) . \qquad (9.37)$$

---

[2] Ahlrichs, R.: The influence of electron correlation on reaction energies. The dimerization energies of BH_3 and LiH. Theoret. chim. Acta 35, 59-68 (1974); s. auch [I.5].

[3] Dass diese Funktionen nicht voll antisymmetrisch sind, spielt hier keine Rolle.

Bildet man mit dem Ansatz (9.36) das CI-Gleichungssystem und löst die Säkulargleichung, dann verhält sich die tiefste Wurzel E_D^{korr} für große n annähernd proportional zu $\sqrt{n}$, also falsch (s. Fußnote 2). Die Durchführung der Rechnung wird als ÜA 9.2 empfohlen.

Die falsche Teilchenzahlabhängigkeit der CISD- bzw. CID-Näherung wirkt sich z. B. so aus, dass Dissoziations- oder Reaktionsenergien (zu deren Berechnung man die Gesamtenergie E_{AB} eines molekularen Systems AB mit der Gesamtenergie $E_A + E_B$ der beiden Fragmente A und B vergleicht) davon abhängen, wie $E_A + E_B$ bestimmt wird, als Energie E_{AB} für sehr große Abstände A–B oder als Summe der Energien E_A und E_B der isolierten Teilsysteme. Diese Teilchenzahlinkonsistenz kann zu erheblichen Abweichungen zwischen den beiden Berechnungswegen führen: bis zu einigen 0,1 eV bei Elektronenzahlen von $N = 10$ - 20.

Erinnern wir uns an die Diskussion der Dissoziationsfehler der Hartree-Fock-Näherung (s. Abschn. 8.3.3*(e)*), so wäre auch die RHF-Näherung als nicht teilchenzahlkonsistent zu klassifizieren.

Soll die Energie die richtige Teilchenzahlabhängigkeit haben, dann müssen also höhere als zweifache Anregungen einbezogen werden; wie sich zeigt (s. den obigen Modellfall), sind hierbei insbesondere gleichzeitige Anregungen von zwei, drei, ... Elektronen*paaren* (also Vierfach-, Sechsfach-, ... Anregungen) zu berücksichtigen. Solche sog. *nichtverbundenen Cluster* (engl. disconnected cluster) korrigieren die falsche Teilchenzahlabhängigkeit. Wir kommen darauf in den Abschnitten 9.1.2 und 9.1.4 zu sprechen.

9.1.2* Störungstheorie der Elektronenkorrelation

Die Störungstheorie zur näherungsweisen Lösung der Schrödinger-Gleichung (s. Abschn. 4.4.2) geht von einer geeigneten Zerlegung des Hamilton-Operators aus:

$$\hat{H} = \hat{H}_0 + \hat{\mathcal{V}} . \tag{9.38}$$

Nehmen wir an, der Grundzustand des ungestörten Problems sei nichtentartet und werde durch die Hartree-Fock-Wellenfunktion Ψ_0^{HF} beschrieben, so legt das nahe, den ungestörten Hamilton-Operator $\hat{H}_0$ als Summe der Fock-Operatoren (8.71) anzusetzen:

$$\hat{H}_0 = \sum_{\kappa=1}^{N} \hat{f}_0^{\circ HF}(\xi_\kappa). \tag{9.39}$$

Die ungestörte Schrödinger-Gleichung ist dann separierbar, und Eigenfunktionen sind neben der ungestörten Grundzustandswellenfunktion $\Psi_0^{(0)} \equiv \Psi_0^{HF}$,

$$\hat{H}_0 \Psi_0^{HF} = E_0^{(0)} \Psi_0^{HF} , \tag{9.40}$$

auch die Konfigurationsfunktionen (9.14), die wir im Folgenden als bekannt (da die HF-SMOs bestimmt sind) voraussetzen. Die nullte Näherung für die Gesamtenergie ist die Summe der Energien ε_i° der im Grundzustand besetzten Spin-Orbitale $\psi_i(\xi)$:

$$E_0^{(0)} = \sum_{i=1}^{N} \varepsilon_i^\circ . \tag{9.41}$$

Der Störoperator $\hat{\mathcal{V}}$ ist durch Gleichung (9.38) festgelegt:

$$\hat{\mathcal{V}} \equiv \hat{H} - \hat{H}_0 = \sum_{\kappa(<\lambda)}^{N-1} \sum_{\lambda=1}^{N} (1/r_{\kappa\lambda}) - \sum_{\kappa=1}^{N} \left[\hat{J}^\circ(\xi_\kappa) - \hat{K}^\circ(\xi_\kappa) \right] \qquad (9.42)$$

(in at. E.) mit den in Abschnitt 8.2.3 definierten Coulomb- und Austauschoperatoren $\hat{J}^\circ$ bzw. $\hat{K}^\circ$. Die Korrektur erster Ordnung zur Grundzustandsenergie (9.41) ergibt sich damit als

$$u_0^{(1)} = \left\langle \Psi_0^{\mathrm{HF}} \middle| \hat{\mathcal{V}} \middle| \Psi_0^{\mathrm{HF}} \right\rangle$$

$$= -(1/2) \sum_{i=1}^{N} \sum_{l=1}^{N} (J_{il}^\circ - K_{il}^\circ) ; \qquad (9.43)$$

J_{il}° bzw. K_{il}° sind Coulomb- bzw. Austauschintegrale, die analog zu den Ausdrücken (8.32b,c) definiert sind, nur jetzt mit den Spin-MOs $\psi_i(\xi) \equiv \psi_i(\boldsymbol{r},\sigma)$ anstelle der rein räumlichen MOs $\phi_i(\boldsymbol{r})$ sowie mit $\mathrm{d}\tau \equiv \mathrm{d}V\mathrm{d}\sigma$ anstelle von $\mathrm{d}V$.

Es erweist sich als vorteilhaft, von einem gegenüber (9.39) etwas abgeänderten ungestörten Hamilton-Operator

$$\hat{H}_0^{\mathrm{MP}} \equiv \sum_{\kappa=1}^{N} \hat{f}_0^{\circ\mathrm{HF}}(\xi_\kappa) - (1/2) \sum_{i=1}^{N} \sum_{l=1}^{N} (J_{il}^\circ - K_{il}^\circ) \qquad (9.44)$$

auszugehen. Dieser Operator hat die gleichen Eigenfunktionen wie $\hat{H}_0$, da der Zusatzterm eine Konstante ist; die Eigenwerte verschieben sich um ebendiesen konstanten Betrag, so dass sich als Grundzustandsenergie in nullter Näherung die HF-Gesamtenergie ergibt:

$$E_0^{(0)\mathrm{MP}} = \sum_{i=1}^{N} \varepsilon_i^\circ - (1/2) \sum_{i=1}^{N} \sum_{l=1}^{N} (J_{il}^\circ - K_{il}^\circ) = E^{\mathrm{HF}} , \qquad (9.45)$$

und die Energiekorrektur erster Ordnung verschwindet:

$$u_0^{(1)\mathrm{MP}} = \left\langle \Psi_0^{\mathrm{HF}} \middle| (\hat{H} - \hat{H}_0^{\mathrm{MP}}) \middle| \Psi_0^{\mathrm{HF}} \right\rangle = 0 . \qquad (9.46)$$

Diese Formulierung der Störungstheorie mit dem ungestörten Hamilton-Operator (9.44) wird als *Møller-Plesset(MP)-Störungstheorie* bezeichnet.[4]

Wir schreiben hier noch die Korrektur zweiter Ordnung (s. Abschn. 4.4.2) als erste nichtverschwindende Korrektur zur ungestörten Grundzustandsenergie auf:

$$u_0^{(2)\mathrm{MP}} = - \sum_i \sum_{j(>i)} \sum_p \sum_{q(>p)} (ij \,\|\, pq)(pq \,\|\, ij) / D_{pqij} , \qquad (9.47)$$

wobei die Ausdrücke $(ij\|pq)$ und $(pq\|ij)$ (mit Doppelstrich) folgendermaßen als Kombination je zweier Zweielektronenintegrale definiert sind:

[4] Møller,Ch., Plesset, M. S.: Note on an Approximation Treatment for Many-Electron Systems. Phys. Rev. **46**, 618-622 (1934)

$$(ij\|pq) \equiv \int\int \psi_i(\xi)^* \psi_p(\xi)(1/|\boldsymbol{r}-\boldsymbol{r}'|)\psi_j(\xi')^* \psi_q(\xi')\mathrm{d}\tau\mathrm{d}\tau'$$
$$-\int\int \psi_i(\xi)^* \psi_q(\xi)(1/|\boldsymbol{r}-\boldsymbol{r}'|)\psi_j(\xi')^* \psi_p(\xi')\mathrm{d}\tau\mathrm{d}\tau', \quad (9.48)$$

analog $(pq\|ij) = (ij\|pq)^*$; die Energienenner D_{pqij} setzen sich aus Orbitalenergiedifferenzen zusammen:

$$D_{pqij} \equiv \varepsilon_p^\circ + \varepsilon_q^\circ - \varepsilon_i^\circ - \varepsilon_j^\circ . \quad (9.49)$$

Für die Møller-Plesset-Störungstheorie bis zur zweiten Ordnung der Energiekorrektur wird allgemein die Kurzkennzeichnung "MP2" verwendet, entsprechend für höhere Ordnungen (die wir hier nicht angeben): MP3 usw.

Die Korrektur erster Ordnung zur Grundzustandswellenfunktion ist (s. Abschn. 4.4.2)

$$\chi_0^{(1)\mathrm{MP}} = -\sum_i \sum_{j(>i)} \sum_p \sum_{q(>p)} \left[(pq \| ij)/D_{pqij}\right] \Psi_{ij}^{pq} ; \quad (9.50)$$

sie enthält also nur Zweifachanregungen.

Es sei daran erinnert, dass die Wellenfunktion Ψ_0 die Grundzustandsenergie (und alle mit der Energie kompatiblen physikalischen Größen) bis zur ersten Ordnung einschließlich, andere Größen aber nur bis zur nullten Ordnung bestimmt (s. Bemerkung (3) am Schluss von Abschn. 4.4.2). Die Wellenfunktion erster Näherung, $\Psi_0 + \chi_0^{(1)\mathrm{MP}}$, liefert die Energie des Grundzustands bis zur dritten Ordnung einschließlich und Einelektroneigenschaften bis zur zweiten Ordnung einschließlich (der Beitrag erster Ordnung verschwindet, weil alle Matrixelemente von Einelektronoperatoren, gebildet mit Ψ_0 und Ψ_{ij}^{pq}, Null sind).

Die MP-Störungstheorie ist *teilchenzahlkonsistent in allen Ordnungen*, sofern in den auftretenden Ausdrücken *alle* jeweils möglichen Anregungen berücksichtigt werden, etwa in der Beziehung (9.50) alle Zweifachanregungen.

9.1.3 Charakterisierung und Klassifizierung molekularer Korrelationseffekte

Die bisherigen Diskussionen zur Elektronenkorrelation in molekularen Aggregaten (in den vorangegangenen Abschnitten dieses Kapitels sowie der Kapitel 6 und 8) erlauben einige allgemeingültige Schlussfolgerungen:

(a) Die Elektronenkorrelation ist im Wesentlichen eine *Paarkorrelation*; d. h. sie ist hauptsächlich zwischen jeweils zwei Elektronen wirksam, die beide in *einem* bestimmten Raumbereich (z. B. in Kernnähe, in einer Bindungsregion oder dergleichen) *lokalisiert* sind. Für die Dominanz der paarweisen Korrelation sprechen u. a. die Korrelationsenergieformel und die Tatsache, dass Zweifachanregungen den Hauptbeitrag zu den störungstheoretischen Korrekturen liefern.

Die Korrelation der Bewegungen von zwei Elektronen, die zu verschiedenen lokalisierten Paaren gehören, ist weit schwächer, ebenso die Korrelation der Bewegungen von mehr als zwei Elektronen zugleich (Mehrelektronenkorrelation). Letzteres ist (in einem halbklassischen Bild) schon deswegen zu erwarten, weil Begegnungen von drei oder vier Teilchen auf engem Raum statistisch viel seltener sind als Begegnungen von zwei Teilchen.

In der RHF-Näherung ergibt sich als Folge der Anziehung durch die Kerne, des Pauli-Prinzips (das ein Kollabieren der Elektronenverteilung verhindert) sowie der Spin- und Symmetrieeinschränkungen, denen die Wellenfunktion in einem bestimmten Zustand jeweils unterliegt, eine paarweise Lokalisierung von Elektronen entgegengesetzten Spins innerhalb mehr oder weniger ausgedehnter Raumbereiche (vgl. etwa Abschn. 8.3.1*(a)*). Da es sich bei der Elektronendichteverteilung um eine "Einelektroneigenschaft" im Sinne von Abschnitt 8.3.3*(d)* handelt, ist sie bereits durch die Hartree-Fock-Näherung im Großen und Ganzen richtig bestimmt (bis auf Fehler zweiter Ordnung) und sollte sich bei Einbeziehung der Elektronenkorrelation nicht mehr wesentlich ändern.

(b) Die von der Elektronenkorrelation herrührenden Beiträge zu physikalischen Größen, und zwar nicht nur zu Einteilcheneigenschaften (s. oben), sind relativ klein; sie machen bei der Grundzustandsenergie etwa 1% aus. Trotzdem können sich *Korrelationsfehler* sehr stark auswirken, etwa auf Differenzgrößen wie Dissoziations- oder Reaktionsenergien, wenn Elektronenpaare (insbesondere solche, die Bindungen bilden) getrennt oder gebildet werden. Auch die Verteilung der Spins in der Umgebung von Kernen (sog. *Spindichte*) bei Zuständen ohne vollständige Spinpaarung (d. h. mit $S \neq 0$) erfordert die Berücksichtigung der Coulomb-Korrelation.

(c) In Abschnitt 8.3.3*(e)* hatten wir das falsche *Dissoziationsverhalten* der Hartree-Fock-Näherung erörtert, s. dort Abb. 8.2. Diese Diskussion können wir jetzt weiter vertiefen (auch hier in Anlehnung an [I.4b], Abschn. 4.3.2.3.). Wir betrachten wieder ein zweiatomiges Molekül AB, die erhaltenen Aussagen sind jedoch verallgemeinerungsfähig. Wie wir inzwischen wissen, können wir uns auf Doppelanregungen beschränken, wenn wir nur die wesentlichen Effekte erhalten wollen.

Zunächst unterscheiden wir intraatomare und interatomare Anregungen: *Intraatomare Anregungen* erfolgen zwischen Spinorbitalen, die im Wesentlichen auf den Bereich ein und desselben Atoms lokalisiert sind; sie erfassen die Korrelation innerhalb der einzelnen am Molekül beteiligten Atome. Ihre Beiträge $E_{\text{at}}^{\text{korr}} = E_{\text{A}}^{\text{korr}} + E_{\text{B}}^{\text{korr}}$ nach Gleichung (8.105) sind annähernd konstant über den gesamten Bereich der Kernabstände $R\,(\equiv R_{\text{AB}})$ der beiden Atome und führen daher lediglich zu einer Absenkung der Potentialkurve als Ganzes, nahezu ohne Verformung. *Interatomare Anregungen* betreffen Elektronen in Spinorbitalen verschiedener Atome und beschreiben die von deren gegenseitiger Beeinflussung herrührenden Korrelationsanteile; sie hängen daher stark vom Kernabstand R ab. Dabei werden nur Anregungen von Valenzelektronen relevant sein, da Anregungen von Elektronen innerer Schalen eine viel zu hohe Energie erfordern, um in nennenswertem Maße in die CI-Wellenfunktion "einzumischen" (vgl. die Diskussion in Abschn. 7.3.1). Wir können uns also im Folgenden bei den interatomaren Anregungen auf *Doppelanregungen von Valenzelektronen* beschränken.

Wie wir in Abschnitt 8.3.3*(e)* gesehen hatten, ist hinsichtlich der Beschreibung der Moleküldissoziation die RHF-Näherung hauptsächlich in zweierlei Hinsicht mangelhaft:

I Die antisymmetrische Produktwellenfunktion der RHF-Näherung verkoppelt die Bewegungen der Elektronen so einschränkend untereinander, dass bei Auseinanderziehen der beiden Molekülteile, $R \to \infty$, in der Regel keine ausreichende Flexibilität vorhanden ist, um in

Elektronenkonfigurationen überzugehen, die den Grundzuständen der getrennten Fragmente entsprechen. Die Folge ist ein *falsches Dissoziationsverhalten*; es ergeben sich anstelle neutraler Fragmente A und B in ihren Grundzuständen z. B. ionische Fragmente, neutrale Fragmente in angeregten Zuständen oder "Gemische" (im Sinne von Superpositionen entsprechender Wellenfunktionen) verschiedener Fragmentzustände, wie wir das beim H_2-Molekül festgestellt hatten (s. Abschn. 6.4.3).

Den Anteil der Korrelationsenergie, der das qualitativ falsche Dissoziationsverhalten korrigiert, bezeichnen wir mit

$$\Delta_{\mathrm{I}} E_{\mathrm{mol}}^{\mathrm{korr}}(R) \equiv \Delta E_{\mathrm{diss}}^{\mathrm{korr}}(R)\,; \tag{9.51}$$

für $R \to \infty$ hat $\Delta_{\mathrm{I}} E_{\mathrm{mol}}^{\mathrm{korr}}(R)$ den in Abschnitt 8.3.3*(e)*, Gleichung (8.106), definierten Wert $\Delta E_{\mathrm{diss}}^{\mathrm{korr}}$ (s. Abb. 8.2):

$$\Delta_{\mathrm{I}} E_{\mathrm{mol}}^{\mathrm{korr}}(R) \xrightarrow[R\to\infty]{} \Delta E_{\mathrm{diss}}^{\mathrm{korr}}\,. \tag{9.52}$$

Man kann diesen Korrelationsenergieanteil als Maß für die Teilchenzahlinkonsistenz der RHF-Näherung betrachten.

II Hinzu kommt noch ein ebenfalls vom Kernabstand abhängiger Anteil der molekularen Korrelationsenergie, der daher rührt, dass bei endlichen Kernabständen die Bewegungen der Elektronen von A mit denen von B korreliert sind und umgekehrt:

$$\Delta_{\mathrm{II}} E_{\mathrm{mol}}^{\mathrm{korr}}(R) \equiv E_{\mathrm{mol}}^{\mathrm{korr}}(R) - E_{\mathrm{at}}^{\mathrm{korr}} \equiv \Delta E_{\mathrm{A}\leftrightarrow\mathrm{B}}^{\mathrm{korr}}(R) \tag{9.53}$$

nach Gleichung (8.107); es gilt

$$\Delta_{\mathrm{II}} E_{\mathrm{mol}}^{\mathrm{korr}}(R) \xrightarrow[R\to\infty]{} 0\,. \tag{9.54}$$

Dieser Anteil wird auch als *molekulare Extra-Korrelationsenergie* bezeichnet.

Wie eine nähere Analyse zeigt (worauf wir hier nicht eingehen, s. etwa [1.4b], Abschn. 4.3.2.3.), lassen sich diese beiden Anteile I und II der molekularen Korrelationsenergie dadurch erfassen, dass in einem CI-Ansatz Konfigurationen berücksichtigt werden, die ganz bestimmte Arten von Anregungen repräsentieren: Der Dissoziationsfehler (I) wird korrigiert durch Einbeziehung von Paaranregungen von Valenzelektronen in solche virtuellen MOs, die ebenfalls (wie die besetzten MOs) aus Valenz-AOs der beteiligten Atome "hervorgehen"[5], aber im RHF-Grundzustand nicht besetzt sind (sog. *dissoziative Anregungen*).

Bei der Behandlung des H_2-Moleküls im Rahmen der einfachen MO-Näherung (s. Abschn. 6.2) entspricht der Grundzustand der Konfiguration $(1\sigma_g)^2$. Das falsche Dissoziationsverhalten (s. Abb. 6.15) wird durch Einbeziehung der Paaranregung $(1\sigma_g)^2 \to (1\sigma_u)^2$ korrigiert, was einer CI mit den beiden

[5] Wir benutzen, um Verwechslungen zu vermeiden, hier eine solche spezielle Ausdrucksweise für das, was früher (s. Kap. 6 und 7) als "Korrelation" der besetzten bzw. virtuellen MOs mit Valenz-AOs der beteiligten Atome bezeichnet wurde (s. dort auch "Korrelationsdiagramme").

Singulettkonfigurationen ${}^{1}\tilde{\Psi}_{0}^{(0)}$ und ${}^{1}\tilde{\Psi}_{2}^{(0)}$ entspricht (s. Abschn. 6.4.2). Weitere Doppelanregungen gibt es in der einfachen MO-Näherung für H_2 nicht.

Die im allgemeinen Fall zahlreichen außerdem möglichen Doppelanregungen von Valenzelektronen, die für verschiedene andere Korrelationseffekte, insbesondere für Anteile der molekularen Extra-Korrelationsenergie (II) verantwortlich sind, lassen sich weiter klassifizieren; solche Anregungstypen (*redistributive, schalenöffnende, dispersive* u. a. Anregungen, s. [I.4b], Abschn. 4.3.2.3.) werden hier nicht im Einzelnen diskutiert.

Was das H_2 -Molekül betrifft, so handelt es sich dabei um Anregungen in energetisch höher (oberhalb von $1\sigma_g$ und $1\sigma_u$) gelegene MOs, die bei Zugrundelegung einer Minimalbasis nicht beschrieben werden können. Die Innen-außen-Korrelation und die Winkelkorrelation (s. Abschn. 6.4.3) lassen sich also in einer Minimalbasisbeschreibung nicht erfassen.

Eine ausführlichere Erörterung sowie Literaturangaben findet man z. B. in [I.4b].

9.1.4* Grundzüge rationalisierter Post-Hartree-Fock-Methoden

Die bisherigen Formulierungen der Gleichungen und Ausdrücke setzten stillschweigend exakte Lösungen der Hartree-Fock-Gleichung(en) voraus, also einen vollständigen (unendlichen) Satz von Hartree-Fock-Spinorbitalen, der außerdem als rein diskret angenommen wurde. Praktisch jedoch muss man stets mit genäherten Hartree-Fock-Lösungen in Form von Linearkombinationen von Basisfunktionen arbeiten (LCAO-Verfahren, s. Abschn. 8.2). Will man genaue Resultate erhalten (z. B. eine Voraussage der Dissoziationsenergie mit "chemischer Genauigkeit", ca. 5 $\mathrm{kJ \cdot mol^{-1}}$ Fehler), dann werden genaue Hartree-Fock-Näherungen und dafür sehr große Basissätze benötigt (M groß); damit erhält man sehr viele (ebenfalls M) genäherte Hartree-Fock-Orbitale, mit denen dann eine riesige Anzahl angeregter Konfigurationsfunktionen für die CI-Berechnung gebildet werden kann. Um mit derart umfangreichen CI-Ansätzen arbeiten zu können, muss man Verkürzungen vornehmen – und zwar mittels wohlbegründeter Kriterien, damit sich die dadurch bedingten Fehler unter Kontrolle halten lassen. Darin besteht eine der Herausforderungen der rechnenden Quantenchemie. Wir besprechen hier nur einige praktikable Möglichkeiten; für eine breitere Übersicht empfehlen wir wieder [I.4b] (dort Kap. 4.).

9.1.4.1 Aufbereitung konventioneller CI-Ansätze*

Um CI-Ansätze zu verkürzen, kann man versuchen abzuschätzen, inwieweit die einzelnen Konfigurationsfunktionen Ψ_K wesentliche Beiträge liefern werden. Nach der Störungstheorie (s. Abschn. 4.4.2) ist der Koeffizient der Konfiguration K in erster störungstheoretischer Näherung durch

$$C_K^{(1)} = H_{K0}/(H_{00} - H_{KK}) \tag{9.55}$$

gegeben, wobei H_{K0}, H_{00} und H_{KK} Matrixelemente des Hamilton-Operators $\hat{H}$ bezeichnen:

$$H_{IJ} \equiv \left\langle \Psi_I \middle| \hat{H} \middle| \Psi_J \right\rangle; \tag{9.56}$$

mit $\Psi_0 \equiv \Psi^0 \equiv \Psi^{\mathrm{RHF}}$ ist die (Hartree-Fock-) Referenzfunktion bezeichnet.

Der Energiebeitrag erster Ordnung in der MP-Störungstheorie verschwindet nach Gleichung (9.46). Der Energiebeitrag zweiter Ordnung, den Ψ_K liefert, ist

$$u_{(K)}^{(2)} = |H_{K0}|^2 / (H_{00} - H_{KK}). \tag{9.57}$$

Beide Ausdrücke, (9.55) und (9.57), sind also betragsmäßig umso kleiner, je stärker sich die Diagonalelemente H_{KK} und H_{00} voneinander unterscheiden und je kleiner der Betrag des Nichtdiagonalelements H_{K0} ist. Indem man für $|u_{(K)}^{(2)}|$ eine (positive) Schwelle Q festlegt, kann man, wenn das Kriterium

$$\left|u_{(K)}^{(2)}\right| < Q \tag{9.58}$$

erfüllt ist, eine solche Konfiguration weglassen. Die Verfahrensweise lässt sich verfeinern, indem man mehrere Rechnungen mit sukzessive kleiner gewählten Werten Q durchführt und die Resultate dann auf den Grenzfall $Q \to 0$ extrapoliert, um annähernd das Ergebnis für den kompletten Ansatz, etwa CI(SD), zu erreichen.[6]

9.1.4.2 CI mit Mehrkonfigurationen-Referenzfunktion*

Ein Konzept, das sich als überaus nützlich und gut praktikabel erwiesen hat, besteht darin, die gesamte CI-Prozedur in zwei Stufen durchzuführen:

A *Bestimmung einer verbesserten (Mehrkonfigurationen-) Referenzfunktion*

Für die Berechnung von Dissoziationsenergien oder ganzer Potentialkurven und -flächen spielen die dissoziativen Anregungen (s. oben) die Hauptrolle; man kann auch alle Doppelanregungen aus der Hartree-Fock-Grundkonfiguration nehmen, gegebenenfalls verkürzt mittels einer Konfigurationenauswahl nach Abschnitt 9.1.4.1.

Mit dem so festgelegten Satz von Konfigurationen wird dann der Energieerwartungswert gebildet und folgendermaßen verfahren[7]:

(a) Durchführung einer konventionellen CI-Berechnung. Die zur energetisch tiefsten Wurzel

---

[6] Buenker, R. J., Peyerimhoff, S. D.: Energy extrapolation in CI calculations. Theoret. chim. Acta **39**, 217-228 (1975)

[7] a) Buenker, R. J., Peyerimhoff, S. D., Butscher, W.: Applicability of the multi-reference double-excitation CI (MRD-CI) method to the calculation of electronic wavefunctions and comparison with related techniques. Mol. Phys. **35**, 771-791 (1978)

b) Werner, H.-J., Meyer, W.: A quadratically convergent multiconfiguration-self-consistent field method with simultaneous optimization of orbitals and CI coefficients. J. chem. Phys. **73**, 2342-2356 (1980) und weitere Arbeiten von Meyer, W., et al.

c) Siegbahn, P. E. M.: A new direct CI method for large CI expansions in a small orbital space. Chem. Phys. Lett. **109**, 417-423 (1984) erhaltene Linearkombination der Konfigurationen wird als neue Referenzfunktion Ψ_0 (*Mehrkonfigurationen-Referenzfunktion*) genommen; s. Fußnote 7a.

(b) Optimierung nicht nur der CI-Koeffizienten (lineare Parameter), sondern auch der LCAO-Koeffizienten der MOs (nichtlineare Parameter). Dabei ergeben sich neue besetzte und virtuelle MOs. Dieses Verfahren führt zu einer im Vergleich mit Variante *(a)* verbesserten *Multikonfigurationen-SCF-Näherung* Ψ_0 (engl. multi-configuration SCF, abgek. *MC-SCF*); s. Fußnote 7b.

Die beste, aber auch aufwendigste Variante einer solchen "vorgelagerten CI" bezieht *alle* Doppelanregungen zwischen Valenz-MOs ein (sog. complete-active-space SCF, abgek. *CAS-SCF*); s. Fußnote 7c.

In diesem Schritt A lassen sich also bereits die wesentlichen Anteile der Dissoziationsfehler korrigieren.

B *Aufgesetzte große CI*

Mit der Mehrkonfigurationen-Referenzfunktion Ψ_0 wird eine konventionelle CI-Berechnung durchgeführt, die dann wieder hauptsächlich Doppelanregungen umfassen sollte, gegebenenfalls mit einer Konfigurationenauswahl (s. oben). Auf diese Weise werden nicht nur Doppelanregungen aus der Hartree-Fock-Grundkonfiguration, sondern auch die wichtigsten Vierfachanregungen (als zwei simultane Paaranregungen) einbezogen.

Diese Verfahrensweise ist heute weitgehend ausgereift und wird breit angewendet; man spricht von *Multireferenz-CI*, abgek. *MRCI*.

9.1.4.3 Cluster-korrigierte CI*

Eine CISD-Berechnung ist mit mäßigem Aufwand durchführbar, weist aber den für manche Zwecke gravierenden Nachteil der Teilchenzahlinkonsistenz auf. Im vorangegangenen Abschnitt wurde eine Methodik zur Behebung dieses Defekts beschrieben. Es ist aber auch möglich, die Verfahrensweise von vornherein auf diesen Zweck zuzuschneiden.

(a) CI als Clusterentwicklung

Wir schreiben die CI-Entwicklung (9.17') für den Korrelationsanteil Ψ^{korr} der Wellenfunktion in der Form

$$\Psi^{\text{korr}} = \sum_i \{U_i\} + \sum_{i<} \sum_j \{U'_{ij}\} + \sum_{i<} \sum_{j<} \sum_k \{U'_{ijk}\} + \dots , \qquad (9.59)$$

als eine sogenannte *Clusterentwicklung*[8], indem die Konfigurationsfunktionen für Einfachanregungen aus einem Spinorbital $\psi_i(\xi)$, für Zweifachanregungen aus einem Spinorbitalpaar

[8] Der Begriff "Cluster" (engl.) bedeutet Schwarm oder Haufen und wurde ursprünglich in der Theorie realer Gase verwendet. In die Quantenchemie hat ihn O. Sinanoğlu (1962, 1964) eingeführt.

$\psi_i(\xi)\psi_j(\xi)$ usw. mit ihren Koeffizienten in der CI-Entwicklung jeweils zusammengefasst werden:

$$\{U_i\} \equiv \sum_p C_i^p \Psi_i^p , \tag{9.60a}$$

$$\{U'_{ij}\} \equiv \sum_p \sum_{q(>p)} C_{ij}^{pq} \Psi_{ij}^{pq} , \tag{9.60b}$$

$$\{U'_{ijk}\} \equiv \sum_p \sum_{q(>p)} \sum_{r(>q)} C_{ijk}^{pqr} \Psi_{ijk}^{pqr} , \tag{9.60c}$$

....

Einfachanregungen spielen, wie bereits erwähnt, energetisch eine geringe Rolle (sie liefern ca. 1% der Korrelationsenergie). Höhere Anregungen können von unterschiedlicher Art sein: Zum Zweieranteil (9.60b) tragen sowohl Konfigurationen bei, die der Anregung von zwei Elektronen aus unterschiedlichen Raumbereichen (d. h. insbesondere aus unterschiedlichen MOs) entsprechen, als auch solche, die die Anregung zweier Elektronen aus dem gleichen Raumbereich (insbesondere aus dem gleichen MO) erfassen, wo sie sich nahekommen und stark beeinflussen können. Bezeichnen wir den erstgenannten Anteil symbolisch mit $\{U_i U_j\}$ und den letztgenannten mit $\{U_{ij}\}$ (ohne Strich), dann stellt sich $\{U'_{ij}\}$ in der Form

$$\{U'_{ij}\} = \{U_i U_j\} + \{U_{ij}\} , \tag{9.61a}$$

dar. Der Dreieranteil (9.60c) setzt sich entsprechend aus den folgenden Beiträgen zusammen: drei "unabhängige" Einfachanregungen (in unterschiedlichen Raumbereichen), jeweils eine Einfachanregung plus eine gleichzeitige Anregung zweier eng benachbarter Elektronen sowie eine "echte" Dreifachanregung (vorzustellen als Begegnung dreier Elektronen); symbolisch kann man schreiben:

$$\{U'_{ijk}\} = \{U_i U_j U_k\} + \left[\{U_i U_{jk}\} + \{U_j U_{ik}\} + \{U_k U_{ij}\}\right] + \{U_{ijk}\} . \tag{9.61b}$$

So setzt sich das fort: Ein n-Elektronen-Anteil in der Entwicklung (9.54) lässt sich zerlegen in einen "echten", "verbundenen" n-Elektronen-Cluster (connected cluster) und weitere, aus verbundenen Clustern niedrigerer Ordnung (ohne gemeinsame Indizes) aufgebaute Anteile, sogenannte *nichtverbundene Cluster* (disconnected cluster).

Die Klammerinhalte auf der rechten Seite der Gleichungen (9.61a,b) usw. können nun so verstanden werden, dass ein Spinorbital ψ_i durch eine Funktion U_i, ein Orbitalprodukt $\psi_i\psi_j$ durch eine Zweielektronenfunktion U_{ij} usw. ersetzt sind. Das geschweifte Klammersymbol soll außerdem bedeuten, dass der eingeschlossene Ausdruck antisymmetrisch gegen Elektronenvertauschung ist, also das Pauli-Prinzip erfüllt.

(b) Elektronenpaar-Näherungen

Wesentliche Beiträge zur Elektronenkorrelation kommen, wie wir wissen, hauptsächlich von den Paarbeiträgen, und zwar von den Anregungen zweier im gleichen Raumbereich lokalisierter und sich daher stark beeinflussender Elektronen sowie von den nichtverbundenen Clustern solcher Paaranregungen (zusammengesetzt aus Paaranregungen ohne gemeinsame Indizes). Auf Grund dessen ist anzunehmen, dass sich die Clusterentwicklung ohne wesentliche Genauigkeitseinbußen auf derartige Anteile beschränken lässt, dass also der Korrelationsanteil als CID, [Paaranteil auf der rechten Seite von Gl. (9.32)] zuzüglich der Beiträge aller nichtverbundenen Cluster "simultaner" Paaranregungen angesetzt werden kann:

$$\Psi_{\mathrm{CP}}^{\mathrm{korr}} = \sum_i \sum_{j(>i)} \{U_{ij}\} + \sum_i \sum_{j(>i)} \sum_{k(>j)} \sum_{l(>k)} \{U_{ij} U_{kl}\} + \dots \tag{9.62}$$

(die Abkürzung CP bedeutet: *coupled (electron) pairs*) mit

$$\{U_{ij}\} \equiv \{\psi_1(1)\dots\psi_N(N)[U_{ij}(i,j)/\psi_i(i)\psi_j(j)]\}, \tag{9.63a}$$

$$\{U_{ij}U_{kl}\} \equiv \{\psi_1(1)\dots\psi_N(N)[U_{ij}(i,j)U_k(k,l)/\psi_i(i)\psi_j(j)\psi_k(k)\psi_l(l)]\}, \tag{9.63b}$$

....

Zum Ausdruck (9.63b) tragen Glieder der Form $C_{ij}^{pq} C_{kl}^{rs} \Psi_{ijkl}^{pqrs}$ bei; für die weiteren Anteile gilt entsprechendes. Die zu den CID-Gliedern hinzukommenden Beiträge stellen die bei reiner CID verletzte Teilchenzahlkonsistenz wieder her; beim in Abschnitt 9.1.1 diskutierten Modellfall nichtwechselwirkender Zweielektronensysteme sind das genau diejenigen Terme, welche die exakte Lösung von der CID-Näherung unterscheiden.

Von diesem Ansatz nimmt eine Reihe von Methoden ihren Ausgang, die teilchenzahlkonsistente Näherungen liefern; sie sind zwar aufwendig, aber inzwischen gut praktikabel (s. Teil 4, Kap. 17). Zur Formulierung in kompakter, übersichtlicher Form benutzen wir die in Abschnitt 9.1.1 erwähnte Schreibweise der CI mittels Vernichtungs- und Erzeugungsoperatoren für die Spinorbitale. Wird im Ausdruck (9.17") für Ψ^{korr} auf der rechten Seite nur das zweite Glied genommen, dann haben wir die CID-Näherung:

$$\Psi_{\mathrm{D}}^{\mathrm{korr}} = \hat{T}_2 \Psi_0 \tag{9.64}$$

mit dem Operator

$$\hat{T}_2 \equiv \sum_i \sum_{j(>i)} C_{ij}^{pq} \hat{a}_p^+ \hat{a}_q^+ \hat{a}_j \hat{a}_i \, . \tag{9.65}$$

Wie sich zeigen lässt (worauf wir hier verzichten), entsprechen die nichtverbundenen Cluster von Paaranregungen den Potenzen des Paaroperators (9.65), und zwar ist

$$\Psi_{\mathrm{CP}}^{\mathrm{korr}} = [\hat{T}_2 + (1/2)(\hat{T}_2)^2 + \dots]\Psi_0 \, . \tag{9.66}$$

Die gesamte Wellenfunktion $\Psi = \Psi_0 + \Psi^{\mathrm{korr}}$ lässt sich in dieser *Näherung gekoppelter (Elektronen-) Paare (CP)* formal als

$$\Psi_{\mathrm{CP}} = \exp(\hat{T}_2)\Psi_0 \tag{9.66'}$$

schreiben[9], wobei der Operator $\exp(\hat{T}_2)$ durch die Potenzreihendarstellung der exp-Funktion

[9] Ansätze dieses Typs wurden von F. Coester, W. Brenig und H. Kümmel (1957 f.) in der Kernphysik verwendet und von J Čižek (1966 f.) für die Quantenchemie adaptiert.

definiert ist und die Potenzen von $\hat{T}_2$ als "Nacheinander-ausführen" (s. Abschn. 3.1), also $(\hat{T}_2)^2 \equiv \hat{T}_2\hat{T}_2$ usw. zu verstehen sind.

Von den hierauf gründenden Näherungen haben sich die *Coupled-Electron-Pair Approximation (CEPA)*[10] in mehreren Varianten sowie insbesondere die *Coupled-Cluster (CC)-Näherungen* etabliert, die eine Verallgemeinerung des Ansatzes (9.66') benutzen[11]. Für methodische Details müssen wir auf die Spezialliteratur verweisen [9.1]. Wichtig ist anzumerken, dass Methoden auf dieser Grundlage *nicht* dem Energievariationsprinzip genügen, die damit berechneten Energien also keine oberen Grenzen für die exakte (nichtrelativistische) Energie darstellen.

(c) Davidson-Korrektur

Mit einigem Erfolg wird zur Verbesserung der in CID-Näherung erhaltenen Korrelationsenergie $E_{\mathrm{D}}^{\mathrm{korr}}$ eine Korrekturformel benutzt, welche die Energiebeiträge der nichtverbundenen Cluster von Vierfachanregungen (engl. quadruple excitations, abgek. Q) abschätzt:

$$\Delta E_{\mathrm{Q}}^{\mathrm{korr}} \approx \left\langle \Psi_{\mathrm{D}}^{\mathrm{korr}} \middle| \Psi_{\mathrm{D}}^{\mathrm{korr}} \right\rangle E_{\mathrm{D}}^{\mathrm{korr}} = \left[(1-C_0'^2)/C_0'^2\right] E_{\mathrm{D}}^{\mathrm{korr}} \tag{9.67}$$

(*Davidson-Korrektur*). Hier ist C_0' der Koeffizient von Ψ_0 in der auf 1 normierten vollständigen Wellenfunktion $\Psi' = C_0'(\Psi_0 + \Psi_{\mathrm{D}}^{\mathrm{korr}})$, also $(C_0')^2 = [1 + \langle \Psi_{\mathrm{D}}^{\mathrm{korr}} | \Psi_{\mathrm{D}}^{\mathrm{korr}} \rangle]^{-1}$, und $\Psi_{\mathrm{D}}^{\mathrm{korr}}$ bezeichnet den Korrelationsanteil der Wellenfunktion in CID-Näherung [s. Abschn. 9.1.1 und Gl. (9.64)].

9.1.4.4 Explizit-korrelierte Ansätze*

Bereits in den Anfangsjahren der Atom- und Molekülberechnungen kam man auf die Idee, die Coulomb-Korrelation der Elektronen dadurch zu berücksichtigen, dass in (antisymmetrische) Produkt-Wellenfunktionen Faktoren eingebaut werden, die explizite von den paarweisen Abständen $r_{\kappa\lambda}$ und/oder vom Winkel $\theta_{\kappa\lambda}$ zwischen den beiden Ortsvektoren $\boldsymbol{r}_\kappa$ und $\boldsymbol{r}_\lambda$ der Elektronen κ und λ abhängen.

Für Zweielektronensysteme (He, H_2) ist ein solcher Ansatz sofort formuliert: In der Zentralfeldnäherung für den Elektronengrundzustand des He-Atoms (s. Abschn. 5.2) hat man eine Produktwellenfunktion mit dem Ortsanteil $\overline{\Phi}_0^{(0)}(\boldsymbol{r}_1,\boldsymbol{r}_2) = \varphi_{1s}(\boldsymbol{r}_1)\cdot\varphi_{1s}(\boldsymbol{r}_2)$, in der einfachen LCAO-MO-Näherung für H_2 (s. Abschn. 6.2.2 und 7.2) analog $\overline{\Phi}_0^{(0)}(\boldsymbol{r}_1,\boldsymbol{r}_2) = \tilde{\phi}_1(\boldsymbol{r}_1)\cdot\tilde{\phi}_1(\boldsymbol{r}_2)$. Werden diese äußerst groben Näherungsfunktionen mit einem Faktor $f(r_{12})$ multipliziert, der betragsmäßig größer wird, wenn der Elektronenabstand r_{12} anwächst, und so dafür sorgt, dass große Elektronenabstände wahrscheinlicher sind als kleine, dann hat man damit offenbar,

[10] Meyer, W.: Ionization energies of water from PNO-CI calculations. Int. J. Quantum Chem. **5 S**, 341-348 (1971); ferner: J. Chem. Phys. **58**, 1017-1035 (1973) und folgende Arbeiten.

[11] Čižek, J.: On the correlation problem in atomic and molecular systems. Calculation of wavefunction components in Ursell-type expansion using quantum-field theoretical methods. J. Chem. Phys. **45**, 4256-4266 (1966); id.: Adv. Chem. Phys. **14**, 35-89 (1969) und folgende Arbeiten

wenigstens qualitativ, das beschrieben, was die Elektronenkorrelation bewirkt: die Elektronen halten sich vorzugsweise entfernt voneinander auf. Die einfachste Möglichkeit für einen solchen *Korrelationsfaktor* ist eine lineare Funktion: $f(r_{12})=a(1+br_{12})$, die einen freien Parameter $b\ (>0)$ enthält; mit dem Koeffizienten a kann f auf 1 normiert werden.

Mit Wellenfunktionen dieser Art wurden, beginnend 1928-1930 mit Arbeiten von E. A. Hylleraas, sukzessive immer genauere Grundzustandsenergien für das He-Atom berechnet.
Etwas später hat man solche Ansätze auch für Berechnungen des Wasserstoffmoleküls verwendet[12] und damit in elliptischen Koordinaten (s. Anhang A5.3.3) mit r_{12} als fünfter Koordinate anstelle von $\varphi_1-\varphi_2$ extrem hohe Genauigkeiten erzielt.

Der Korrelationsfaktor-Ansatz lässt sich formal leicht auf Mehrelektronensysteme verallgemeinern:

$$\tilde{\Psi}=f(r_{12},r_{13},\ldots,r_{23},\ldots)\cdot\Psi^{\mathrm{HF}} \tag{9.68}$$

mit einer Hartree-Fock-Näherung Ψ^{HF} [Gl. (9.6)] und einer bei Elektronenvertauschung symmetrischen Funktion $f(r_{12},r_{13},\ldots,r_{23},\ldots)$; wird für f ein Ausdruck der Form $\exp[\Theta(\boldsymbol{r})]$ genommen, wobei sich $\Theta(\boldsymbol{r})$ aus Einelektrontermen $u(\boldsymbol{r}_\kappa)$ und Elektronenpaartermen $v(\boldsymbol{r}_\kappa,\boldsymbol{r}_\lambda)$ zusammensetzt, so bezeichnet man dieses f oft als *Jastrow-Faktor* (nach R. J. Jastrow, 1955).

Die Verwendung einer Versuchs-Wellenfunktion der Form (9.68) im konventionellen Energievariationsverfahren stößt wegen der komplizierten und aufwendigen Integralberechnungen auf erhebliche Schwierigkeiten, auch wenn man sich auf einfachste lineare Korrelationsfaktoren beschränkt. Infolgedessen spielten solche Ansätze lange Zeit keine Rolle, bis die Methode in den 1980er Jahren wieder aufgegriffen, für die Anwendung leichter handhabbar gemacht und mit mehreren etablierten Verfahren (s. die vorangegangenen Abschnitte) kombiniert wurde.[13]

Werden die Integrationen zur Berechnung des Energieerwartungswerts nach einem stochastischen Verfahren durchgeführt (Quanten-Monte-Carlo; s. Abschn. 4.9*(b)*), dann können auch komplizierte, explizit-korrelierte Ansätze (9.68) verarbeitet werden, ohne dass der Aufwand zu stark anwächst[14] (s. hierzu Abschn. 17.1.5).

9.2* Modell der zweiatomigen Fragmente in Molekülen (DIM)

Eine bisher wenig angewendete, prinzipiell aber aussichtsreiche quantenchemische Näherung für die Berechnung der Elektronenzustände molekularer Systeme beruht auf einer Idee von

---

[12] James, H. M., Coolidge, A. S.: The Ground State of the Hydrogen Molecule. J. Chem. Phys. **1**, 825-835 (1933);
Kołos, W., Wolniewicz, L.: Improved Theoretical Ground-State Energy of the Hydrogen Molecule. J. Chem Phys. **49**, 404-410 (1968)

[13] Eine Übersicht über den aktuellen Stand findet man bei Hättig, Ch., Klopper, W., Köhn, A., Tew, D. P.: Explicitly Correlated Electrons in Molecules. Chem. Rev. **112**, 4-74 (2012).

[14] Foulkes, W. M. C., Mitas, L., Needs, R. J., Rajagopal, G.: Quantum Monte Carlo simulations of solids. Rev. Mod. Phys. **73**, 33-83 (2001)

F. O. Ellison 1963)[15], die elektronische Wellenfunktion nicht wie bei den konventionellen CI-Ansätzen (s. Abschn. 9.1) aus MOs für die einzelnen Elektronen, sondern aus elektronischen Wellenfunktionen für ganze atomare oder zweiatomige Fragmente des Systems aufzubauen. Das wird dadurch nahegelegt, dass der Hamilton-Operator $\hat{H}$ $(\equiv \hat{H}^{\mathrm{e}})$ eines molekularen Aggregats sich stets *exakt* als Summe von atomaren Anteilen $\hat{H}_a$ und Atompaar-Anteilen $\hat{H}_{ab}$ schreiben lässt:

$$\hat{H} = \sum_a \sum_b \hat{H}_{ab} - (N^{\mathrm{k}} - 2) \sum_a \hat{H}_a \,. \tag{9.69}$$

Wir skizzieren das methodische Vorgehen, ohne hier auf Einzelheiten einzugehen: Es wird eine "Basis" von zuvor berechneten Fragmentwellenfunktionen Ψ_k^a (zum Zustand k des Atoms a) und Ψ_l^{ab} (zum Zustand l des zweiatomigen Fragments ab) zusammengestellt, daraus ein Satz von "Konfigurationsfunktionen" für das Gesamtsystem aufgebaut und eine Art "CI" durchgeführt. Im Vergleich zu MO-CI-Methoden hat man es hier mit einer relativ kleinen Anzahl von Konfigurationsfunktionen zu tun, da nicht Einelektronzustände, sondern die Zustände ganzer Fragmente zu kombinieren sind. Weitere Informationen zum Verfahren, das man als *Methode der zweiatomigen Fragmente in Molekülen* (engl. *diatomics in molecules*, abgek. *DIM*) bezeichnet, findet man z. B. in [9.2], knapp auch in [I.4b].

Die Methode lässt sich, zumal wenn man noch geeignete Approximationen vornimmt (insbesondere die Überlappungen der Konfigurationsfunktionen vernachlässigt), sehr kompakt formulieren, wodurch die Rechenzeiten, verglichen mit anderen Ab-initio-Methoden, wegen der kleinen Anzahl von Konfigurationen außerordentlich kurz sind. Ehe die eigentliche DIM-Rechnung beginnen kann, sind allerdings aufwendige Vorarbeiten nötig: es müssen die Eingangsdaten für die atomaren und zweiatomigen Fragmente des zu berechnenden molekularen Systems bereitgestellt werden, und zwar sehr genau, im Allgemeinen mittels hochentwickelter Ab-initio Verfahren (s. Abschn. 9.1). Liegen diese Daten vor, dann lassen sie sich auch für andere Systeme, in denen diese Fragmente eine Rolle spielen, verwenden.

Eine DIM-Näherung berücksichtigt wesentliche Anteile der Elektronenkorrelation, insbesondere solche, die für das korrekte Dissoziationsverhalten verantwortlich sind. Ein besonderer Vorzug der Methode besteht darin, dass auch recht grobe Ansätze (Verwendung einer kleinen DIM-Basis) diese Eigenschaft haben; bei MO-CI-Verfahren bedarf das spezieller Maßnahmen und ist mit hohem Aufwand verbunden (s. Abschn. 8.3.*3(e)* und 9.1.3). Es ergeben sich in der DIM-Beschreibung qualitativ vernünftige Energiewerte sowohl für den Grundzustand als auch für die tiefstgelegenen angeregten Elektronenzustände.

9.3 Dichtefunktional-Theorie (DFT)

Auf der Grundlage des von Hohenberg und Kohn gefundenen Extremalprinzips für die Energie als Funktional der *Elektronendichteverteilung* (s. Abschnitt 4.4.1.2) sind Näherungsverfahren entwickelt worden, die sich inzwischen fest im Methodenarsenal der Quantenchemie etabliert haben, obwohl es hinsichtlich der theoretischen Begründung noch immer einige Schwachstellen

[15] Ellison, F. O.: A method of diatomics-in-molecules. J. Am. Chem. Soc. **85**, 3540-3544 (1963)

(und entsprechende Skepsis bei Theoretikern) gibt. Eine monographische Übersicht über diesen Zweig der Quantenchemie, der zusammenfassend als *Dichtefunktional-Theorie (DFT)* bezeichnet wird, findet man in [9.3]. Wir geben hier, anknüpfend an Abschnitt 4.4.1.2, die Methodik in Umrissen wieder.

9.3.1 Formulierung des Berechnungskonzepts

Den Ausgangspunkt bildet das Energie-Dichtefunktional (4.64). Um für den problematischen (weil bisher in seiner expliziten ρ-Abhängigkeit nicht bekannten) Austausch- und Korrelationsanteil $\mathcal{W}_{XC}[\rho]$ einen wenigstens plausiblen Ausdruck zu finden, nimmt man an, dass sich die Elektronendichte $\rho(\boldsymbol{r})$ räumlich nirgends abrupt, sondern überall lokal nur wenig ändert, und teilt das vom System eingenommene Volumen in Teilbereiche $\mathrm{d}V$ auf, die einerseits so klein sein sollen, dass das Kernpotential $v^{\mathrm{ke}}(\boldsymbol{r})$ [Gl. (4.65)] und die Dichte $\rho(\boldsymbol{r})$ innerhalb jedes Teilbereichs als annähernd konstant anzusehen ist, andererseits aber noch hinreichend viele Elektronen enthalten, um wie folgt verfahren zu können: Die Austausch- und Korrelationsenergie des Systems wird als Summe über die Beiträge der Teilbereiche $\mathrm{d}V$ geschrieben:

$$\mathcal{W}_{XC}[\rho] \approx \int \rho(\boldsymbol{r})v_{XC}[\rho(\boldsymbol{r})]\mathrm{d}V \qquad (9.70)$$

mit einem zunächst auf diese Weise formal definierten *Austausch- und Korrelationspotential* $v_{XC}[\rho(\boldsymbol{r})]$, und der gesamte potentielle Energieanteil im Funktional (4.64) schreibt sich damit:

$$\mathcal{V}[\rho] = \int \rho(\boldsymbol{r})v^{\mathrm{ke}}(\boldsymbol{r};\boldsymbol{R})\mathrm{d}V + (1/2)\iint \rho(\boldsymbol{r})(1/|\boldsymbol{r}-\boldsymbol{r}'|)\,\rho(\boldsymbol{r}')\mathrm{d}V\mathrm{d}V'$$
$$+ \int \rho(\boldsymbol{r})v_{XC}[\rho(\boldsymbol{r})]\,\mathrm{d}V\,. \qquad (9.71)$$

Man nimmt nun Anleihen beim statistischen Modell (Elektronengas-Modell) des Atoms auf (s. Abschn. 5.5). Wird die Elektronenhülle als ein homogenes ideales Elektronengas behandelt, dann ergibt sich die gesamte kinetische Energie als ein Funktional der Elektronendichte:

$$\mathcal{T}^{\mathrm{e}}[\rho] \propto \int [\rho(\boldsymbol{r})]^{5/3}\mathrm{d}V \qquad (9.72)$$

[s. Gl. (5.73)]. Die Coulombsche Wechselwirkungsenergie der Elektronen mit den Kernen und untereinander ist durch die ersten beiden Ausdrücke der Gleichung (9.71) gegeben. Für das Austausch- und Korrelationspotential liefert ein entsprechend erweitertes Elektronengas-Modell (s. [5.5], auch [I.4b], Abschn. 2.3.4.3.) eine Näherungsformel,

$$v_{XC}[\rho(\boldsymbol{r})] = A\cdot(\rho(\boldsymbol{r}))^{1/3} \qquad (9.73)$$

(*Näherung der lokalen Dichte*, engl. local density approximation, abgek. *LDA*) mit einem konstanten Faktor $A = -(3/\pi)^{1/3}$. Damit hat man (heuristisch, im Rahmen des Elektronengas-Modells) ein explizites approximatives Dichtefunktional für die elektronische Energie erhalten:

$$E^{\mathrm{e}}[\rho] = \mathcal{T}^{\mathrm{e}}[\rho] + \mathcal{V}[\rho]\,. \qquad (9.74)$$

Um zu einem praktikablen Berechnungsverfahren zu kommen, werden nun Elemente der bewährten MO-Näherung eingebaut.

9.3.1.1 *Kohn-Sham-Gleichung*

In *formaler* Anlehnung an das MO-Modell wird angenommen, dass jedes Elektron einen Anteil $\breve{\phi}_i(\boldsymbol{r})\breve{\phi}_i(\boldsymbol{r}')^*$ zur Dichtematrix erster Ordnung $\rho(\boldsymbol{r}|\boldsymbol{r}')$ beiträgt; dementsprechend macht man den Ansatz

$$\rho(\boldsymbol{r}\,|\,\boldsymbol{r}') = \sum\nolimits_{i=1}^{N} \breve{\phi}_i(\boldsymbol{r})\breve{\phi}_i(\boldsymbol{r}')^* . \tag{9.75}$$

Damit kann für $T^{\mathrm{e}}[\rho]$ auf die statistische Näherung verzichtet und die allgemeingültige Formel

$$T^{\mathrm{e}}[\rho] = \int \{ (-\hat{\nabla}^2/2 \,)\, \rho(\boldsymbol{r}|\boldsymbol{r}') \}_{\boldsymbol{r}'=\boldsymbol{r}} \, \mathrm{d}V \tag{9.76}$$

verwendet werden (s. Abschn. 3.4); in den Anteilen der potentiellen Energie ist $\rho(\boldsymbol{r}) \equiv \rho(\boldsymbol{r}\,|\,\boldsymbol{r})$ [Gl. (9.75)] mit $\boldsymbol{r}' = \boldsymbol{r}$ zu nehmen. Der resultierende Ausdruck $E^{\mathrm{e}}[\rho]$ ist auf Grund des Ansatzes (9.75) ein Funktional $E^{\mathrm{e}}[\breve{\phi}_1,\ldots,\breve{\phi}_N;\breve{\phi}_1^*,\ldots,\breve{\phi}_N^*]$ der Funktionen $\breve{\phi}_i(\boldsymbol{r})$ und $\breve{\phi}_i(\boldsymbol{r}')^*$. Mit der Nebenbedingung

$$\int \rho(\boldsymbol{r})\,\mathrm{d}V \equiv \int \rho(\boldsymbol{r}\,|\,\boldsymbol{r})\,\mathrm{d}V = \sum\nolimits_{i=1}^{N} \int \breve{\phi}_i(\boldsymbol{r})\breve{\phi}_i(\boldsymbol{r})^*\,\mathrm{d}V = N \quad (= \mathrm{const}) \tag{9.77}$$

wird das Funktional $E^{\mathrm{e}}[\breve{\phi}_1,\ldots,\breve{\phi}_N;\breve{\phi}_1^*,\ldots,\breve{\phi}_N^*]$ variiert, praktischerweise (wie bei der Formulierung der Hartree-Fock-Näherung in Abschn. 8.2.1.1) bezüglich der $\breve{\phi}_i^*$ [16]. Das führt auf die folgenden Bestimmungsgleichungen für die "effektiven Einelektronfunktionen" $\breve{\phi}_i(\boldsymbol{r})$:

$$\{-(\,\hat{\nabla}^2/2\,) + \hat{v}^{\mathrm{eff}}(\boldsymbol{r})\}\breve{\phi}_i(\boldsymbol{r}) = \breve{\varepsilon}_i\,\breve{\phi}_i(\boldsymbol{r}) \qquad (i = 1, 2, \ldots, N) \tag{9.78}$$

mit dem effektiven Potential

$$\hat{v}^{\mathrm{eff}}(\boldsymbol{r}) = \hat{v}^{\mathrm{eff}}(\boldsymbol{r};\boldsymbol{R}) = v^{\mathrm{ke}}(\boldsymbol{r};\boldsymbol{R}) + \int \rho(\boldsymbol{r}';\boldsymbol{R})(1/|\boldsymbol{r}-\boldsymbol{r}'|)\,\mathrm{d}V + \hat{v}_{\mathrm{XC}}[\rho(\boldsymbol{r};\boldsymbol{R})] \,, \tag{9.79}$$

in dem für $\rho(\boldsymbol{r})$ der Ausdruck (9.75) mit $\boldsymbol{r}' = \boldsymbol{r}$ einzusetzen ist. An die Lösungen $\breve{\phi}_i(\boldsymbol{r})$ stellt man die üblichen Randbedingungen. Alle drei Anteile hängen auch hier natürlich von der Kernanordnung $\boldsymbol{R}$ ab.

Die Gleichung (9.78) kann man analog zur Fock-Gleichung (8.40) in der kompakteren Form

$$\hat{f}^{\mathrm{KS}}\breve{\phi}_i(\boldsymbol{r}) = \breve{\varepsilon}_i\breve{\phi}_i(\boldsymbol{r}) \tag{9.78'}$$

schreiben mit dem *Kohn-Sham-Operator*

$$\hat{f}^{\mathrm{KS}} \equiv -(\hat{\nabla}^2/2) + \hat{v}^{\mathrm{eff}}(\boldsymbol{r}) \tag{9.80}$$

$$= \hat{h} + \hat{J}(\boldsymbol{r}) + \hat{v}_{\mathrm{XC}}[\rho(\boldsymbol{r})] \,; \tag{9.80'}$$

die Operatoren $\hat{h}$ und $\hat{J}(\boldsymbol{r})$ sind wie in der Hartree-Fock-Näherung durch die Gleichungen

---

[16] Zur Erinnerung: Eine Funktion und ihr Konjugiert-Komplexes sind nicht voneinander unabhängig, und man kann wählen, welche von beiden man zur Variation benutzen will.

(8.2) bzw. (8.38) definiert.

Die Gleichung (9.78) bzw. (9.78') heißt *Kohn-Sham-Gleichung* (W. Kohn[17] und L. J. Sham 1965); ihre Lösungen $\breve{\phi}_i(\boldsymbol{r})$ werden, obwohl es sich um rein formal eingeführte Größen handelt, als "Kohn-Sham(KS)-*Orbitale*" bezeichnet. Wie im Falle der Fock-Gleichung haben wir es mit einer Integrodifferentialgleichung (Pseudo-Eigenwertgleichung) zu tun, die, falls ein funktionaler Ausdruck für das Austausch- und Korrelationspotential $\hat{v}_{XC}[\rho(\boldsymbol{r})]$ zur Verfügung steht (s. Abschn. 9.3.2), iterativ bis zur Selbstkonsistenz gelöst werden muss (s. Abschn. 8.2.1.1).

9.3.1.2 Lösung der Kohn-Sham-Gleichung

Analog zur MO-Näherung (in einfacher oder Hartree-Fock-Form) werden zur Lösung der Kohn-Sham-Gleichung LCAO-Ansätze mit passend zu wählenden Basisfunktionen verwendet. Eine solche LCAO-Form der Kohn-Sham(KS)-Gleichung ist in Analogie zum Roothaan-Hall-Verfahren (s. Abschn. 8.2.1.2) leicht herzuleiten, was wir daher hier nicht in allen Einzelheiten zu wiederholen brauchen. Die KS-Orbitale $\breve{\phi}_i(\boldsymbol{r})$ werden wie in Gleichung (8.51) für die Hartree-Fock-MOs näherungsweise als Linearkombinationen

$$\breve{\phi}_i(\boldsymbol{r}) \approx \tilde{\breve{\phi}}_i(\boldsymbol{r}) = \sum_{\nu=1}^{M} c_{\nu i}\, \varphi_\nu(\boldsymbol{r}) \tag{9.81}$$

von M Basisfunktionen $\varphi_\nu(\boldsymbol{r})$ geschrieben; zwecks Vereinfachung verzichten wir von jetzt an auf die Kennzeichnung durch eine Tilde. Die Dichte $\rho(\boldsymbol{r})$ erhält damit die Form

$$\rho(\boldsymbol{r}) = \sum_{\mu=1}^{M} \sum_{\nu=1}^{M} \rho_{\mu\nu} \varphi_\mu(\boldsymbol{r}) \varphi_\nu(\boldsymbol{r})^* \tag{9.82}$$

mit den Dichtematrixelementen

$$\rho_{\mu\nu} \equiv \sum_{i=1}^{N} c_{\mu i} c_{\nu i}^* \,. \tag{9.83}$$

Dadurch wird die Kohn-Sham-Gleichung (9.78') in ein (nichtlineares) Gleichungssystem für die Koeffizienten $c_{\nu i}$ übergeführt, das in Matrixschreibweise folgendermaßen aussieht:

$$\mathbf{f}^{\mathrm{KS}} \mathbf{c}_i = \breve{\varepsilon}_i \mathbf{S} \mathbf{c}_i \,, \tag{9.84}$$

also ganz analog zu Gleichung (8.64). Wie dort ist $\mathbf{S}$ die Matrix der Überlappungsintegrale $S_{\mu\nu}$ der Basisfunktionen [Gl. (8.53)], und $\mathbf{c}_i$ die Spaltenmatrix der M LCAO-Koeffizienten des KS-Orbitals $\breve{\phi}_i(\boldsymbol{r})$ zum Eigenwert $\breve{\varepsilon}_i$. Die *Kohn-Sham-Matrix* $\mathbf{f}^{\mathrm{KS}}$ besteht entsprechend der Form des Operators (9.80') aus drei Anteilen:

$$\mathbf{f}^{\mathrm{KS}} = \mathbf{h} + \mathbf{J} + \mathrm{v}_{\mathrm{XC}} \,, \tag{9.85}$$

und die Matrixelemente setzen sich gemäß

---

[17] Kohn, W., Sham, L. J.: Self-Consistent Equations Including Exchange Correlation Effects. Phys. Rev. **140**, A1133-A1138 (1965) [Nobel-Preis für Chemie 1998 an W. Kohn (zusammen mit J. A. Pople)]

$$f_{\mu\nu}^{\mathrm{KS}} = h_{\mu\nu} + J_{\mu\nu} + v_{\mu\nu}^{\mathrm{XC}} \tag{9.86}$$

aus Einelektron- und Zweielektronenintegralen zusammen:

$$h_{\mu\nu} \equiv \int \varphi_\mu(\boldsymbol{r})^* \hat{h} \varphi_\nu(\boldsymbol{r}) \mathrm{d}V \,, \tag{9.87a}$$

$$J_{\mu\nu} \equiv \int \varphi_\mu(\boldsymbol{r})^* \hat{J} \varphi_\nu(\boldsymbol{r}) \mathrm{d}V = \iint \varphi_\mu(\boldsymbol{r})^* \varphi_\nu(\boldsymbol{r}) \rho(\boldsymbol{r}')(1/|\boldsymbol{r}-\boldsymbol{r}'|) \mathrm{d}V' \mathrm{d}V \,, \tag{9.87b}$$

$$v_{\mu\nu}^{\mathrm{XC}} \equiv \int \varphi_\mu(\boldsymbol{r})^* \hat{v}_{\mathrm{XC}}[\rho(\boldsymbol{r})] \varphi_\nu(\boldsymbol{r}) \mathrm{d}V \,. \tag{9.87c}$$

Die Einelektronintegrale $h_{\mu\nu}$ sind formal die gleichen, die in den Fock-Matrixelementen auftreten. Das gilt auch für die Coulomb-Anteile der Elektronenwechselwirkung: die Dichte (9.82) eingesetzt in das Integral (9.87b) ergibt

$$J_{\mu\nu} = \sum_{\kappa=1}^{M} \sum_{\lambda=1}^{M} \rho_{\lambda\kappa} \cdot (\mu\nu|\kappa\lambda) \,; \tag{9.87b'}$$

die Koeffizienten $\rho_{\lambda\kappa}$ sind die in Gleichung (9.83) definierten Dichtematrixelemente und $(\mu\nu|\kappa\lambda)$ die Zweielektronenwechselwirkungsintegrale nach Gleichung (8.58b). Anstelle des Austauschanteils $-(1/2)\hat{K}$ im Fock-Operator (8.41) für abgeschlossene Elektronenschalen tritt jetzt das Austausch- und Korrelationspotential $\hat{v}_{\mathrm{XC}}$ (formal ein Einelektronoperator) auf, analog in der Matrixdarstellung (9.85).

Sind die Kohn-Sham-Orbitale bestimmt, dann ergibt sich mit der Dichte ρ nach Gleichung (9.75) die Gesamtenergie $E^{\mathrm{e}}[\rho]$ der Elektronenhülle [Gl. (9.74)] mit dem kinetischen Energieanteil (9.76) und dem potentiellen Energieanteil (9.71). Die in ρ geschriebenen Ausdrücke lassen sich mittels Gleichung (9.75) auf Summen von Integralen mit Kohn-Sham-Orbitalen und bei Verwendung der LCAO-Form (9.81) weiter auf Summen von Integralen mit den Basisfunktionen $\varphi_\nu(\boldsymbol{r})$ (Basisintegrale) reduzieren.

Auf die praktischen Probleme der Durchführung von DFT Berechnungen wird in Abschnitt 17.3 näher eingegangen.

9.3.2 Ansätze für das Austausch- und Korrelationspotential

Zur Gewinnung sinnvoller Ausdrücke für das Austausch- und Korrelationspotential $v_{\mathrm{XC}}[\rho(\boldsymbol{r})]$ gibt es kein systematisches Rezept, nur mehr oder weniger gut begründete heuristische Ansätze [9.3]. Die einfachste Variante in der Näherung der lokalen Dichte (LDA) ist in Gleichung (9.73) angegeben. dieser Ausdruck resultiert aus einer Beschreibung der Elektronenhülle als homogenes ideales Elektronengas. Hiermit wird nur der Austauschanteil erfasst. Um Korrelationsbeiträge näherungsweise einzubeziehen, kann man die Form (9.73) beibehalten, nur jetzt mit einem Faktor $A' = -(3/2)(3/\pi)^{1/3}\alpha$, der einen Parameter α enthält (sog. *$X\alpha$-Potential*).

Insgesamt erweist sich die LDA oft als nicht ausreichend. Verbesserungen lassen sich durch Aufhebung der Beschränkung auf das homogene ideale Elektronengas und Berücksichtigung lokaler Dichteänderungen, d. h. des Dichtegradienten $\hat{\nabla}\rho(\boldsymbol{r})$, erzielen, allgemein geschrieben also:

$$v_{XC} \equiv v_{XC}[\rho(\boldsymbol{r}), \hat{\nabla}\rho(\boldsymbol{r})] \tag{9.88}$$

(*verallgemeinerte Gradient-Näherung*, engl. generalized gradient approximation, abgek. *GGA*). Hierfür gibt es verschiedene Ansätze; häufig benutzt werden die sog. BLYP-Potentiale, die auf Arbeiten von A. D. Becke und von C. Lee, W. Yang und R. G. Parr (1988) zurückgehen. Für eine detailliertere Diskussion verweisen wir auf [9.3].

Analog zur Hartree-Fock-Näherung (s. Abschn. 8.2.2) kann man die Dichte $\rho(\boldsymbol{r})$ auch "spinpolarisiert", d. h. als Summe $\rho^{\alpha}(\boldsymbol{r}) + \rho^{\beta}(\boldsymbol{r})$ der Dichtebeiträge der α- und der β-Elektronen, ansetzen und dementsprechend für jede der beiden Spineinstellungen eine Kohn-Sham-Gleichung formulieren.

Es zeigt sich, dass die Austauschbeiträge zur Energie deutlich größer sind als die Korrelationsbeiträge; daher wird man versuchen, erstere genauer zu berechnen. Das führt auf sogenannte Hybrid-Dichtefunktionale, bei denen der Austauschanteil auf Hartree-Fock-Niveau (mit einem antisymmetrischen Produkt der Kohn-Sham-Orbitale), der Korrelationsanteil hingegen auf LDA-Niveau bestimmt werden. Auch hiervon gibt es mehrere Varianten [9.3]; eine weitverbreitete Version ist unter dem Akronym B3LYP bekannt.

9.3.3 Einige Bemerkungen zur DFT

Die DFT ist bereits weitgehend etabliert; trotzdem soll hier abschließend noch einmal auf einige Probleme und Besonderheiten hingewiesen werden (s. hierzu auch [9.3]).

- Die DFT ist nur im Prinzip eine Ab-initio-Methode im Sinne der Definition am Schluss von Abschnitt 4.1, praktisch gegenwärtig jedoch nicht. Die theoretische Methodik und insbesondere die verfügbaren Ansätze für das Austausch- und Korrelationspotential beinhalten heuristische Annahmen und empirische Parameter. Es ist noch nicht zu erkennen, wie dieses Problem behoben werden könnte.

- Die physikalische Bedeutung der Energien $\breve{\varepsilon}_i$ und der Kohn-Sham-"Orbitale" $\breve{\phi}_i(\boldsymbol{r})$ sowie ihr Zusammenhang mit Messgrößen sind noch nicht abschließend geklärt. Einiges spricht dafür (s. Abschn. 17.4), die Funktionen $\breve{\phi}_i(\boldsymbol{r})$ tatsächlich als eine Art MOs aufzufassen.

- Analog zur Hartree-Fock-Näherung liefert auch die Kohn-Sham-Gleichung virtuelle (d. h. im Grundzustand unbesetzte) "Orbitale" $\breve{\phi}_p$ mit $p > N$. Diese besitzen Eigenschaften, die sie zur Beschreibung von Elektronenanregungen besser geeignet erscheinen lassen, als das bei virtuellen Hartree-Fock-MOs der Fall ist (s. Anmerkungen am Schluss von Abschn. 8.2.1.1, auch Abschn. 17.4); insbesondere ergeben sich die virtuellen "Orbitale" als Lösungen für ein Elektron unter dem Einfluss der $N-1$ übrigen Elektronen, wie es sein muss.

- Mittels DFT-Berechnungen erhält man hauptsächlich für die Grundzustände molekularer Systeme Ergebnisse, die angesichts der z. T. sehr drastischen Näherungsannahmen im Vergleich mit konventionellen (wellenfunktionsbasierten) Methoden überraschend gut sind (s. Abschn. 17.4, auch [9.3]).

- Da sich DFT-Berechnungen mit relativ geringem Aufwand durchführen lassen, eröffnet sich ein entsprechend breites Anwendungsgebiet; mittelgroße und große Moleküle bis zu Festkörper- und Chemisorbat-Modellen sind damit einer Behandlung zugänglich.
- Es gibt Aufgabenstellungen, die der DFT von Anfang an Schwierigkeiten bereitet haben. Diese Schwierigkeiten können auch heute noch nicht als gänzlich überwunden gelten; das betrifft insbesondere: angeregte Zustände, generell offenschalige Systeme (darunter die meisten Atomzustände) und langreichweitige Wechselwirkungen. Weiteres hierzu diskutieren wir in den Abschnitten 17.3 und 17.4.

9.4* Relativistische Quantenchemie

Bisher hatten wir fast durchgängig die nichtrelativistische Näherung benutzt und diese dadurch definiert, dass keine spinabhängigen Wechselwirkungen, sondern ausschließlich Coulombsche elektrostatische Wechselwirkungen zwischen den Teilchen (Kerne, Elektronen) berücksichtigt werden. Die phänomenologische Einbeziehung des Elektronenspins (s. Abschn. 2.4) bedeutete bereits strenggenommen ein Verlassen der nichtrelativistischen Näherung und hatte zunächst vor allem den Zweck, das Pauli-Prinzip berücksichtigen zu können.

Die so erhaltene Beschreibung atomarer und molekularer Systeme, in welcher der Elektronenspin gewissermaßen lediglich eine "Steuergröße" zur Gewährleistung der Antisymmetrie der Wellenfunktionen bildet, ist nur unter zwei Voraussetzungen gerechtfertigt, solange nämlich

(1) die *Teilchengeschwindigkeiten klein* im Vergleich zur Lichtgeschwindigkeit c sind und

(2) *spinabhängige Wechselwirkungen vernachlässigt* werden können, d. h. sich auf Energien und andere physikalische Größen nicht wesentlich auswirken.

Um eine Vorstellung davon zu bekommen, wann die erstgenannte Voraussetzung erfüllt ist, schätzen wir die Geschwindigkeit des Elektrons in einem wasserstoffähnlichen Atom (s. Abschn. 2.3.3) ab. Mit Hilfe des Virialsatzes $\langle T\rangle = -\langle E\rangle$ (s. Abschn. 3.3) und mit $E_1 = -(1/2)Z^2$ (in at. E.) für die Energie des Grundzustands (n = 1) nach Gleichung (2.161) ergibt sich die kinetische Energie $\langle T_1\rangle$ des Elektrons in diesem Zustand und daraus das mittlere Geschwindigkeitsquadrat $\langle u^2\rangle = 2\langle T_1\rangle/m_c = Z^2/m_c$, somit die mittlere Geschwindigkeit $\langle u^2\rangle^{1/2} = Z/m_e^{1/2}$. Für das Wasserstoffatom ($Z = 1$) hat dieser Ausdruck den Zahlenwert $2{,}2\times10^6$ cm · s^{-1}, was gegenüber der Lichtgeschwindigkeit $c = 3\times10^8$ cm · s^{-1} klein ist. Bereits mittlere Kernladungszahlen Z, etwa $Z = 50$, führen jedoch zu Werten von $\approx 10^8$ cm · s^{-1}, also in der Größenordnung von c. Da $E_n \propto 1/n^2$ gilt, betrifft dieses Anwachsen der Elektronengeschwindigkeit vorwiegend die inneren, kernnahen Schalen.
Auch die spinabhängigen Wechselwirkungen spielen, wie wir noch sehen werden, mit steigenden Kernladungszahlen eine immer größere Rolle und müssen bereits für niedrige und mittlere Z-Werte bei genauen Rechnungen berücksichtigt werden. Vor allem aber bestimmen sie die Struktur der Spektren wesentlich mit, wie wir in Abschnitt 5.3.2 gesehen hatten.

Die nichtrelativistische Näherung kann folglich nur für bestimmte Zwecke, bei Beschränkung auf sehr grobe Näherungen und generell nur für Moleküle, die ausschließlich leichte Atome (Wasserstoff und Atome der ersten Achterreihe des Periodensystems) enthalten, berechtigt sein.

Wir skizzieren im Folgenden, wie sich relativistische Effekte in die Quantenchemie einbauen lassen, und zwar möglichst so, dass der bisher verwendete Formalismus und die Methodik beibehalten werden können. Das ist ein theoretisch ziemlich anspruchsvolles Unterfangen und kann daher hier nicht in voller Breite und Tiefe durchgeführt werden. Bezüglich weiterführender und eingehenderer Darstellungen verweisen wir auf die Spezialliteratur (s. z. B. [9.4][9.5]).

9.4.1* Wie ist eine relativistische Theorie molekularer Systeme zu formulieren?

Schon sehr früh in der Entwicklung der Quantenmechanik gelang es P. A. M. Dirac (1928 f.), für ein *einzelnes kräftefreies Elektron* eine Wellengleichung, die berühmte *Dirac-Gleichung*, aufzustellen, die den Grundforderungen der speziellen Relativitätstheorie[18] genügt; sie hat allerdings eine wesentlich kompliziertere Struktur als die nichtrelativistische Schrödinger-Gleichung, wie sie in Abschnitt 2.1 eingeführt wurde. Die Lösungen der Dirac-Gleichung sind keine gewöhnlichen (skalaren) Funktionen wie die Wellenfunktionen der Schrödinger-Theorie, sondern vierkomponentige Größen mit speziellen Transformationseigenschaften (sog. Spinoren). Die Einbeziehung eines äußeren statischen elektrischen Feldes (herrührend z. B. von einem Atomkern) gelingt leicht, da sich solche Felder unter den in molekularen Systemen herrschenden Bedingungen klassisch beschreiben lassen (wie in der Schrödinger-Theorie); auf die Begründung können wir hier nicht eingehen.[19]

Für *Mehrelektronensysteme* ist es bisher nicht gelungen, eine geschlossene relativistische Theorie vom Format der Dirac-Theorie (mit Lorentz-Invarianz) zu formulieren. Das liegt hauptsächlich daran, dass sich die *Wirkungen der Elektronen aufeinander* mit endlicher Geschwindigkeit (und zwar mit der Lichtgeschwindigkeit c) ausbreiten und deshalb nicht einfach durch zeitunabhängige Potentialfunktionen beschreiben lassen. Für zwei Elektronen wurde von G. Breit (1929) ein Hamilton-Operator angegeben, der die relativistische Elektronenwechselwirkung näherungsweise erfasst, allerdings nicht Lorentz-invariant ist. Entwickelt man die auftretenden Größen nach Potenzen von $1/c$ und behält dann nur die Glieder bis zur Ordnung $1/c^2$ (bzw. α_S^2)[20] bei (sog. *Pauli-Näherung*), dann ergibt sich ein relativistisch korrigierter Hamilton-Operator, der sich leicht auf mehr als zwei Elektronen verallgemeinern lässt. Formal kann man auch die Kerne einbeziehen (ebenfalls mit empirischen Werten für die g-Faktoren) und erhält dann für ein molekulares System aus Kernen und Elektronen einen Hamilton-Operator $\hat{H}_{\text{rel}}$, der aus dem nichtrelativistischen Hamilton-Operators $\hat{H}_{\text{nr}}$ [Gl. (4.2) mit (4.3a-e)] und diversen

[18] Insbesondere Invarianz gegen Lorentz-Transformation [9.5].

[19] Eine voll quantenmechanische Beschreibung, d. h. mit Quantelung auch der elektrischen und magnetischen Felder (*Quantenelektrodynamik*, abgek. QED), führt zu Korrekturen, die für die Quantenchemie vernachlässigbar klein sind. Die Quantenelektrodynamik liefert auch den genauen Zahlenwert für den g-Faktor des Elektrons, definiert in Gleichung (2.170) mit (2.171), der in die Dirac-Theorie und in die mit dem Spin erweiterte Schrödinger-Theorie als empirischer Parameter eingeführt werden muss.

[20] Der Zahlenparameter $\alpha_S \equiv \bar{e}^2/\hbar c \approx 1/137$ heißt *Sommerfeldsche Feinstrukturkonstante* (s. Tab. A7.1).

relativistischen Korrekturen, zusammengefasst in einem Operator $\Delta\hat{H}_{\text{rel}}$, besteht:

$$\hat{H}_{\text{rel}} = \hat{H}_{\text{nr}} + \Delta\hat{H}_{\text{rel}} \tag{9.89}$$

(s. Abschn. 9.4.2). Die entsprechende relativistisch korrigierte zeitabhängige Schrödinger-Gleichung lässt sich damit ganz analog zum nichtrelativistischen Fall schreiben:

$$\hat{H}_{\text{rel}}\Xi = -(\hbar/\text{i})(\partial/\partial t)\Xi \ , \tag{9.90}$$

wobei die Wellenfunktion von allen $3(N^{\text{k}} + N^{\text{e}})$ Ortskoordinaten und $(N^{\text{k}} + N^{\text{e}})$ Spinvariablen der N^{k} Kerne und N^{e} Elektronen sowie von der Zeit abhängt:

$$\Xi \equiv \Xi(\boldsymbol{r}_1\sigma_1, \ldots, \boldsymbol{r}_{N^{\text{e}}}\sigma_{N^{\text{e}}}, \boldsymbol{R}_1\Sigma_1, \ldots, \boldsymbol{R}_{N^{\text{k}}}\Sigma_{N^{\text{k}}}; t), \tag{9.91}$$

wenn wie bisher ein Elektron κ durch den Ortsvektor $\boldsymbol{r}_\kappa \equiv (x_\kappa, y_\kappa, z_\kappa)$ und die Spinvariable σ_κ sowie ein Kern a durch den Ortsvektor $\boldsymbol{R}_a \equiv (X_a, Y_a, Z_a)$ und die Spinvariable Σ_a gekennzeichnet werden. Die Elektronen tragen die Ladung $e_\kappa = -\bar{e}$ (negative Elementarladung), die Kernladungen sind $e_a = +Z_a\bar{e}$ mit der Kernladungszahl Z_a. Kernspins wie auch Elektronenspins werden als Drehimpulse behandelt und unterliegen den in Abschnitt 3.2.3 zusammengestellten Regeln für die Drehimpulsaddition. Die Elektronenmasse m_{e} sowie die Kernmassen m_a sind als empirische Parameter zu betrachten.

Die mit den Spinvektoren $\boldsymbol{s}_\kappa$ der Elektronen sowie $\boldsymbol{I}_a$ der Kerne verbundenen magnetischen Dipolmomente sind (vgl. Abschn. 2.4):

$$\boldsymbol{m}_\kappa^{\text{Spin}} = g_{\text{e}}(\beta_{\text{e}}/\hbar)\,\boldsymbol{s}_\kappa, \tag{9.92a}$$

$$\boldsymbol{m}_a^{\text{Spin}} = g_a(\beta_{\text{p}}/\hbar)\,\boldsymbol{I}_a\,. \tag{9.92b}$$

Hierbei bezeichnen

$$\beta_{\text{e}} \equiv -\bar{e}\hbar/2m_{\text{e}}c \tag{9.93a}$$

das bereits in Abschnitt 2.3.2 definierte *Bohrsche Magneton* und analog

$$\beta_{\text{p}} \equiv +\bar{e}\hbar/2m_{\text{p}}c \tag{9.93b}$$

das sogenannte *Kernmagneton*; m_{p} ist die Protonenmasse, und g_{e} bzw. g_a sind die (empirischen) g-Faktoren der Elektronen bzw. der Kerne, wobei g_{e} den Zahlenwert 2,0023 hat, während die Zahlenwerte von g_a zwischen etwa –4 und +6 liegen.[21]

Die Wellenfunktion Ξ charakterisiert den Zustand des Systems wie im nichtrelativistischen Fall *vollständig*. Numerieren wir der Übersichtlichkeit halber alle Teilchen fortlaufend mit $i =$

---

[21] Während der g-Faktor des Elektrons in der Quantenelektrodynamik sehr genau bestimmt werden kann, lassen sich die g-Faktoren von Kernen bisher nicht sicher berechnen, sondern müssen als empirische Parameter in die Theorie eingeführt werden (s. einschlägige Tabellenwerke).

1 bis $N = N^{\mathrm{e}} + N^{\mathrm{k}}$ durch, bezeichnen die Ortsvektoren mit $\boldsymbol{q}_i$ und die Spinvariablen mit σ_i, dann haben wir wie bisher die Wahrscheinlichkeitsinterpretation:

$$\mathrm{d}W(\boldsymbol{q}_1\sigma_1,\ldots,\boldsymbol{q}_N\sigma_N;t) = \left|\,\Xi(\boldsymbol{q}_1\sigma_1,\ldots,\boldsymbol{q}_N\sigma_N;t)\right|^2 \mathrm{d}V_1\ldots\mathrm{d}V_N \tag{9.94}$$

= Wahrscheinlichkeit, zur Zeit t das Teilchen 1 mit dem Spin σ_1 im Volumenelement $\mathrm{d}V_1$ am Ort $\boldsymbol{q}_1$, gleichzeitig Teilchen 2 mit dem Spin σ_2 im Volumenelement $\mathrm{d}V_2$ am Ort $\boldsymbol{q}_2$, ... und gleichzeitig Teilchen N mit dem Spin σ_N im Volumenelement $\mathrm{d}V_N$ am Ort $\boldsymbol{q}_N$ zu finden.

Das alles sieht wie gewohnt aus, ist jedoch keineswegs unproblematisch und theoretisch nicht durchgängig wohlfundiert: Für die Kerne gelten die Dirac-Gleichung und die Breit-Gleichung strenggenommen nicht. Die Kerne sind in komplexer Weise aus Nukleonen (Protonen und Neutronen) zusammengesetzt und haben anomale magnetische Momente bzw. g-Faktoren (s. oben und Fußnote 21); ferner weisen sie häufig unsymmetrische innere Ladungsverteilungen auf und besitzen daher elektrische Momente höherer Ordnung, insbesondere Quadrupolmomente. Es zeigt sich jedoch, dass man die Kerne in der Pauli-Näherung tatsächlich analog zu den Elektronen behandeln kann (wie wir das soeben skizziert hatten), wenn man sich auf Terme erster Ordnung in den reziproken Kernmassen, also $\propto (1/m_a)$, beschränkt, die empirischen g-Faktoren g_a verwendet und die Wechselwirkungen zwischen den elektrischen Kernmomenten und der Elektronenverteilung klassisch beschreibt; im übrigen können dann alle Teilchen – Kerne und Elektronen – wie bisher als punktförmig (ohne räumliche Ausdehnung) angenommen werden. Die Angelegenheit ist also hinreichend kompliziert und man bewegt sich nicht durchgängig auf sicherem Grund.

Für eine ***relativistische Quantenchemie*** eröffnen sich damit zwei Wege:

A Formulierung einer relativistischen Hartree-Fock-Näherung unter Verwendung des Dirac-Operators für die einzelnen wechselwirkungsfreien Elektronen plus Elektronenwechselwirkungsterme aus der Breit-Theorie, häufig auch approximativ in Coulomb-Form (wie bei der nichtrelativistischen Behandlung);

B Verwendung des relativistisch korrigierten Hamilton-Operators (9.89) in Pauli-Näherung mit den Korrekturgliedern, die in Abschnitt 9.4.2 aufgeschrieben werden, und störungstheoretische Behandlung mit dem nichtrelativistischen Hamilton-Operator als nullte Näherung.

9.4.2* Relativistische Korrekturen für molekulare Systeme ohne äußere Felder

Die in der Pauli-Näherung erhaltenen Korrekturterme zum nichtrelativistischen Hamilton-Operator $\hat{H}_{\mathrm{nr}}$ werden nun explizite angegeben, und zwar bezogen auf ein raumfestes Koordinatensystem. Weggelassen sind die Glieder $\sum_{\kappa} m_{\mathrm{e}}c^2 = N^{\mathrm{e}} m_{\mathrm{e}}c^2$ und $\sum_a m_a c^2$ (die Ruhenergien der Elektronen bzw. der Kerne), da sie als additive konstante Größen keinen Einfluss auf die relevanten Eigenschaften des Systems haben. Die Ausdrücke sind vollständig mit allen Elementarkonstanten aufgeschrieben; zu atomaren Einheiten (2.154a,b) kann man leicht übergehen, indem formal $\hbar = \bar{e} = m_{\mathrm{e}} = 1$ gesetzt wird. Wie bisher bezeichnen $\hat{\boldsymbol{p}}_{\kappa}$ und $\hat{\boldsymbol{P}}_a$ die

(Vektor-) Operatoren der Impulse von Elektronen bzw. Kernen: $\hat{\boldsymbol{p}}_\kappa \equiv (\hbar/\mathrm{i})\,\hat{\nabla}_\kappa$, $\hat{\boldsymbol{P}}_a \equiv (\hbar/\mathrm{i})\,\hat{\nabla}_a$; ferner sind $\hat{s}_\kappa$ und $\hat{\boldsymbol{I}}_a$ die (Vektor-) Operatoren der Spins von Elektronen bzw. Kernen. Die Abkürzungen $r_{\kappa\lambda} \equiv |\boldsymbol{r}_{\kappa\lambda}| \equiv |\boldsymbol{r}_\kappa - \boldsymbol{r}_\lambda|$, $R_{ab} \equiv |\boldsymbol{R}_{ab}| \equiv |\boldsymbol{R}_a - \boldsymbol{R}_b|$ sowie $r_{\kappa a} \equiv |\boldsymbol{r}_{\kappa a}| \equiv |\boldsymbol{r}_\kappa - \boldsymbol{R}_a|$ stehen jeweils für Teilchenabstände Elektron–Elektron bzw. Kern–Kern bzw. Elektron–Kern.

Die relativistischen Korrekturterme in Pauli-Näherung gruppieren wir danach, ob sie die Elektronen oder die Kerne allein betreffen oder (relativistische) Wechselwirkungen zwischen den Elektronen und den Kernen beinhalten:

$$\Delta\hat{H}_{\mathrm{rel}} = \Delta\hat{H}^{\mathrm{e}}_{\mathrm{rel}} + \Delta\hat{H}^{\mathrm{k}}_{\mathrm{rel}} + \Delta\hat{H}^{\mathrm{ek}}_{\mathrm{rel}}\,. \tag{9.95}$$

Der Elektronenanteil $\Delta\hat{H}^{\mathrm{e}}_{\mathrm{rel}}$ umfasst fünf Beiträge,

$$\Delta\hat{H}^{\mathrm{e}}_{\mathrm{rel}} = \hat{V}^{\mathrm{e1}}_{\mathrm{rel}} + \hat{V}^{\mathrm{e2}}_{\mathrm{rel}} + \hat{V}^{\mathrm{e3}}_{\mathrm{rel}} + \hat{V}^{\mathrm{e4}}_{\mathrm{rel}} + \hat{V}^{\mathrm{e5}}_{\mathrm{rel}}\,, \tag{9.96}$$

die durch folgende Ausdrücke gegeben sind:

$$\hat{V}^{\mathrm{e1}}_{\mathrm{rel}} = -(1/8m_{\mathrm{e}}{}^3c^2)\sum\nolimits_\kappa (\hat{\boldsymbol{p}}_\kappa)^4\,, \tag{9.97a}$$

$$\hat{V}^{\mathrm{e2}}_{\mathrm{rel}} = -(\bar{e}^2/4m_{\mathrm{e}}{}^2c^2)\sum\nolimits_\kappa\sum\nolimits_{\lambda(\neq\kappa)} r_{\kappa\lambda}{}^{-1}\{(\hat{\boldsymbol{p}}_\kappa\cdot\hat{\boldsymbol{p}}_\lambda) + r_{\kappa\lambda}{}^{-2}(\hat{\boldsymbol{p}}_\kappa\cdot\boldsymbol{r}_{\kappa\lambda})(\hat{\boldsymbol{p}}_\lambda\cdot\boldsymbol{r}_{\kappa\lambda})\}, \tag{9.97b}$$

$$\hat{V}^{\mathrm{e3}}_{\mathrm{rel}} = -(g_{\mathrm{e}}\beta_{\mathrm{e}}/2m_{\mathrm{e}}\bar{e}\hbar c)\sum\nolimits_\kappa \hat{s}_\kappa\cdot((\hat{\nabla}_\kappa V)\times\hat{\boldsymbol{p}}_\kappa) - (g_{\mathrm{e}}\beta_{\mathrm{e}}\bar{e}/m_{\mathrm{e}}\hbar c)\sum\nolimits_\kappa\sum\nolimits_{\lambda(\neq\kappa)} r_{\kappa\lambda}{}^{-3}\hat{s}_\kappa\cdot(\boldsymbol{r}_{\kappa\lambda}\times\hat{\boldsymbol{p}}_\lambda)\,, \tag{9.97c}$$

$$\hat{V}^{\mathrm{e4}}_{\mathrm{rel}} = (\mathrm{i}\hbar/8m_{\mathrm{e}}{}^2c^2)\sum\nolimits_\kappa \hat{\boldsymbol{p}}_\kappa\cdot(\hat{\nabla}_\kappa V)\,, \tag{9.97d}$$

$$\hat{V}^{\mathrm{e5}}_{\mathrm{rel}} = -(g_{\mathrm{e}}{}^2\beta_{\mathrm{e}}{}^2/2\hbar^2)\sum\nolimits_\kappa\sum\nolimits_{\lambda(\neq\kappa)} r_{\kappa\lambda}{}^{-3}\{(\hat{s}_\kappa\cdot\hat{s}_\lambda) - 3\,r_{\kappa\lambda}{}^{-2}(\hat{s}_\kappa\cdot\boldsymbol{r}_{\kappa\lambda})(\hat{s}_\lambda\cdot\boldsymbol{r}_{\kappa\lambda})\} - (8\pi/3)(g_{\mathrm{e}}{}^2\beta_{\mathrm{e}}{}^2/2\hbar^2)\sum\nolimits_\kappa\sum\nolimits_{\lambda(\neq\kappa)}(\hat{s}_\kappa\cdot\hat{s}_\lambda)\,\delta(\boldsymbol{r}_{\kappa\lambda})\,. \tag{9.97e}$$

Im Beitrag (9.97a) ist $(\hat{\boldsymbol{p}}_\kappa)^4$ als $\hat{\boldsymbol{p}}_\kappa{}^2\hat{\boldsymbol{p}}_\kappa{}^2$ zu behandeln, im letzten Term des Beitrags (9.97e) bezeichnet $\delta(\boldsymbol{r}_{\kappa\lambda})$ die Dirac-Deltafunktion (s. beispielsweise [II.1], Abschn. 6.2.5.). Die Funktion $V \equiv V(\boldsymbol{r}_1,\ldots,\boldsymbol{R}_{N^{\mathrm{k}}})$ ist die gesamte Coulombsche Wechselwirkungsenergie der geladenen Teilchen (Kerne und Elektronen) paarweise untereinander:

$$V = V^{\mathrm{ee}} + V^{\mathrm{kk}} + V^{\mathrm{ek}} \tag{9.98}$$

mit den expliziten Ausdrücken (4.3e,d,c) für die drei Anteile.

Einigen der Beiträge (9.97a-e) lässt sich eine klassisch verständliche physikalische Bedeutung zuschreiben. So entspricht $\hat{V}_{\mathrm{rel}}^{\mathrm{e2}}$ klassisch der Wechselwirkung der mit der Bahnbewegung der Elektronen verknüpften magnetischen Momente untereinander. Durch $\hat{V}_{\mathrm{rel}}^{\mathrm{e3}}$ wird die Wechselwirkung zwischen Bahnmomenten und Spins (*Spin-Bahn-Kopplung*) der Elektronen beschrieben, die zur *Feinstruktur der Elektronenterme* führt; der erste Anteil beinhaltet die Wechselwirkung des Spins jedes Elektrons mit seinem eigenen Bahnmoment und der zweite (wesentlich schwächere) Anteil die Wechselwirkung des Spins jedes Elektrons mit den Bahnmomenten aller jeweils anderen Elektronen. Der Beitrag $\hat{V}_{\mathrm{rel}}^{\mathrm{e5}}$ erfasst die Wechselwirkung der Elektronenspins untereinander (*Spin-Spin-Kopplung*).

Für ein atomares Einelektronproblem, wie es sich in der Zentralfeldnäherung (s. Abschn. 5.2.1) stellt und durch den Hamilton-Operator $\hat{h}_{\mathrm{ZF}}$, Gleichung (5.6), mit einem rein kernabstandsabhängigen Potential, Gleichung (5.13), beschrieben wird, ergibt sich mit β_{e} nach Gleichung (9.93a) der Spin-Bahn-Kopplungsoperator in der einfachen Form

$$\hat{v}_{\mathrm{SpB}}^{\mathrm{e}} = (g_{\mathrm{e}}/4m_{\mathrm{e}}^{2}c^{2})(1/r)(\mathrm{d}v^{\mathrm{eff}}/\mathrm{d}r)(\hat{\boldsymbol{l}} \cdot \hat{\boldsymbol{s}}) , \qquad (9.99)$$

wobei der Bahndrehimpulsoperator durch $\hat{\boldsymbol{l}} \equiv \boldsymbol{r} \times \hat{\boldsymbol{p}}$ definiert ist (s. Abschn. 2.3.2). Damit ist der Faktor *f(r)* in Gleichung (5.2d) explizite angegeben (s. ÜA 9.4).

Die Terme im Kernanteil $\Delta\hat{H}_{\mathrm{rel}}^{\mathrm{k}}$, die eine zu den Elektronentermen analoge Form haben, sind alle von mindestens zweiter Ordnung in den reziproken Kernmassen. Entgegen den oben gemachten Voraussetzungen berücksichtigen wir trotzdem diejenigen Anteile, die den Kernspin enthalten, da sie spektroskopisch wichtig sind; es handelt sich also eher um einen phänomenologischen Ansatz als um eine konsequente Näherung:

$$\Delta\hat{H}_{\mathrm{rel}}^{\mathrm{k}} = \hat{V}_{\mathrm{rel}}^{\mathrm{k3}} + \hat{V}_{\mathrm{rel}}^{\mathrm{k5}} \qquad (9.100)$$

mit

$$\hat{V}_{\mathrm{rel}}^{\mathrm{k3}} = \sum_a (g_a\beta_{\mathrm{p}}/2m_a Z_a \bar{e}\hbar c)\, \hat{\boldsymbol{I}}_{\boldsymbol{a}} \cdot ((\hat{\nabla}_a V) \times \hat{\boldsymbol{P}}_a) + \sum_a \sum_{b(\neq a)} (g_a\beta_{\mathrm{p}} Z_b \bar{e}/m_b\hbar c) R_{ab}^{-3}\, \hat{\boldsymbol{I}}_a \cdot (\boldsymbol{R}_{ab} \times \hat{\boldsymbol{P}}_b) , \qquad (9.101\mathrm{a})$$

$$\hat{V}_{\mathrm{rel}}^{\mathrm{k5}} = \sum_a \sum_{b(\neq a)} (g_a g_b \beta_{\mathrm{p}}^{2}/2\hbar^2) R_{ab}^{-3} \left\{ (\hat{\boldsymbol{I}}_a \cdot \hat{\boldsymbol{I}}_b) - 3 R_{ab}^{-2} (\hat{\boldsymbol{I}}_a \cdot \boldsymbol{R}_{ab})(\hat{\boldsymbol{I}}_b \cdot \boldsymbol{R}_{ab}) \right\} - (8\pi/3) \sum_a \sum_{b(\neq a)} (g_a g_b \beta_{\mathrm{p}}^{2}/2\hbar^2)(\hat{\boldsymbol{I}}_a \cdot \hat{\boldsymbol{I}}_b)\, \delta(\boldsymbol{R}_{ab}) . \qquad (9.101\mathrm{b})$$

Analog zu den entsprechenden Elektronenanteilen beinhalten diese Korrekturterme die Spin-Bahn- bzw. die Spin-Spin-Kopplungen der Kerne untereinander.

Bei den Kern-Elektron-Anteilen treten natürlich nur Zweiteilchenterme auf. Beziehen wir phänomenologisch noch die Wechselwirkung der Elektronen mit den Kernquadrupolmomenten durch einen (hier nicht explizite aufgeschriebenen) Operator $\hat{V}_{\mathrm{Q}}^{\mathrm{ek}}$ ein, so wird

$$\Delta\hat{H}_{\text{rel}}^{\text{ek}} = \hat{V}_{\text{rel}}^{\text{ek2}} + \hat{V}_{\text{rel}}^{\text{ek3}} + \hat{V}_{\text{rel}}^{\text{ek5}} + \hat{V}_{\text{Q}}^{\text{ek}} \tag{9.102}$$

mit

$$\hat{V}_{\text{rel}}^{\text{ek2}} = \sum_{\kappa}\sum_{a}(Z_a\bar{e}^2/2m_e m_a c^2)\, r_{\kappa a}^{-1}\{(\hat{\boldsymbol{p}}_{\kappa}\cdot\hat{\boldsymbol{P}}_a) + r_{\kappa a}^{-2}(\hat{\boldsymbol{p}}_{\kappa}\cdot\boldsymbol{r}_{\kappa a})(\hat{\boldsymbol{P}}_a\cdot\boldsymbol{r}_{\kappa a})\}, \tag{9.103a}$$

$$\hat{V}_{\text{rel}}^{\text{ek3}} = \sum_{\kappa}\sum_{a}(g_e\beta_e Z_a\bar{e}^2/m_a\hbar c)\, r_{\kappa a}^{-3}\hat{\boldsymbol{s}}_{\kappa}\cdot(\boldsymbol{r}_{\kappa a}\times\hat{\boldsymbol{P}}_a) + \sum_{\kappa}\sum_{a}(g_a\beta_p\bar{e}/m_e\hbar c)\, r_{\kappa a}^{-3}\boldsymbol{I}_a\cdot(\boldsymbol{r}_{\kappa a}\times\hat{\boldsymbol{p}}_{\kappa}), \tag{9.103b}$$

$$\hat{V}_{\text{rel}}^{\text{ek5}} = \sum_{\kappa}\sum_{a}(g_e\beta_e g_a\beta_p/\hbar^2)\, r_{\kappa a}^{-3}\{(\hat{\boldsymbol{s}}_{\kappa}\cdot\hat{\boldsymbol{I}}_a) - 3r_{\kappa a}^{-2}(\hat{\boldsymbol{s}}_{\kappa}\cdot\boldsymbol{r}_{\kappa a})(\hat{\boldsymbol{I}}_a\cdot\boldsymbol{r}_{\kappa a})\} - (8\pi/3)\sum_{\kappa}\sum_{a}(g_e\beta_e g_a\beta_p/\hbar^2)(\hat{\boldsymbol{s}}_{\kappa}\cdot\hat{\boldsymbol{I}}_a)\,\delta(\boldsymbol{r}_{\kappa a}). \tag{9.103c}$$

Von Bedeutung für die Spektroskopie ist insbesondere die *Hyperfeinwechselwirkung* der Elektronen mit den Kernspins, die durch $\hat{V}_{\text{rel}}^{\text{ek5}}$ (Elektronenspin–Kernspin) zusammen mit dem zweiten Anteil von $\hat{V}_{\text{rel}}^{\text{ek3}}$ (Elektronenbahn–Kernspin) beschrieben wird.

Tab. 9.1 Energiebeiträge relativistischer und Strahlungskorrekturen[a] (Z-Abhängigkeit und Größenordnung in eV) nach [9.5a] (aus [I.4b])

	H $2^2S, {}^2P$	He 2^3P
	in eV	
$E_{\text{nr}} \propto Z^2$	$-3{,}4$	$-58{,}0$
$\Delta E^{\text{FS}} \propto (\alpha_S Z)^2 E_{\text{nr}}$	$4\cdot10^{-5}$ $(2^2P_{1/2} - 2^2P_{3/2})$	$1{,}2\cdot10^{-4}$ $({}^3P_0 - {}^3P_1)$
$\Delta E^{\text{L}} \propto \alpha_S \Delta E^{\text{FS}},\ \alpha_S \ln\alpha_S \Delta E^{\text{FS}}$	$4\cdot10^{-6}$	$2\cdot10^{-5}$
$\Delta E^{\text{HFS}} \propto \alpha_S{}^2 Z^3/n^3$	$7\cdot10^{-7}$	$3\cdot10^{-6}$ $({}^3\text{He}, {}^3P_1)$

[a] Abkürzungen (vgl. Abschn. 9.5): FS – Feinstruktur; L – Lamb-Shift; HFS – Hyperfeinstruktur

Um einen Eindruck von der Größenordnung der Energiebeiträge relativistischer Korrekturen und ihrer Abhängigkeit von der Kernladungszahl zu vermitteln, sind in Tab. 9.1 einige Daten für die beiden leichtesten Atome, H und He, zusammengestellt, im Vergleich einerseits mit den nichtrelativistischen Gesamtenergien E_{nr} und andererseits mit quantenelektrodynamischen Strahlungskorrekturen [9.5] (s. auch Abschn. 9.5).

Es sei noch darauf hingewiesen, dass bei Einbeziehung relativistischer Korrekturen (insbesondere solcher, die Drehimpulskopplungen enthalten) die Anzahl der mit dem Hamilton-Operator vertauschbaren Größen, also die Anzahl der Erhaltungsgrößen, geringer wird (die Symmetrie ist gegenüber der nichtrelativistischen Näherung niedriger, s. Anhang A1). Für Atome bei Einbeziehung der Spin-Bahn-Kopplung der Elektronen wurde das im Abschnitt 5.3.2 diskutiert. Analoges gilt prinzipiell natürlich für Moleküle; das ist aber wesentlich komplizierter, und wir gehen hier nicht ausführlicher darauf ein (s. Kap. 11).

9.4.3* Einbeziehung äußerer elektrischer und magnetischer Felder

Wir beschränken uns auf zeitunabhängige, homogene und schwache Felder:

$$\mathcal{E} = \text{const}\,, \quad \mathcal{H} = \text{const}\,; \tag{9.104}$$

vgl. für Atome: Abschnitt 5.4.2, für Moleküle: Abschnitt 4.4.2.1. Im vorliegenden Kontext einer relativistisch korrigierten Quantenchemie müssen wir etwas weiter ausholen und auf die Formulierung der klassischen Hamilton-Funktion für geladene Teilchen in elektrischen und magnetischen Feldern zurückgehen (s. Anhang A2.5).

In der klassischen Elektrodynamik[22] werden elektrische und magnetische Felder durch ortsabhängige Potentiale beschrieben: ein elektrisches Feld durch ein skalares Potential $\Phi(\boldsymbol{r})$ und ein magnetisches Feld durch ein Vektorpotential $\boldsymbol{A}(\boldsymbol{r})$; daraus ergeben sich die Feldstärkevektoren $\mathcal{E}(\boldsymbol{r})$ bzw. $\mathcal{H}(\boldsymbol{r})$ durch folgende Differentialoperationen:

$$\mathcal{E} = -\hat{\nabla}\Phi \quad (\equiv -\text{grad}\,\Phi)\,, \tag{9.105}$$

$$\mathcal{H} = \hat{\nabla} \times \boldsymbol{A} \quad (\equiv \text{rot}\boldsymbol{A})\,. \tag{9.106}$$

Gewöhnlich wird vorausgesetzt, dass das Vektorpotential die Bedingung

$$\hat{\nabla} \cdot \boldsymbol{A} \;(\equiv \text{div}\boldsymbol{A}) = 0 \tag{9.107}$$

(sog. *Coulomb-Eichung*) erfüllt; das lässt sich prinzipiell (wenn auch praktisch nicht ganz einfach) stets erreichen. Zur Definition der obigen Vektoroperationen vgl. etwa [II.1] (dort Abschn. 3.5.1.); [II.3] (Kap. XIIA) u. a.

Für zeitunabhängige homogene Felder haben die Potentiale eine besonders einfache Form:

$$\Phi(\boldsymbol{r}) = -\mathcal{E} \cdot \boldsymbol{r}\,, \tag{9.108}$$

$$\boldsymbol{A}(\boldsymbol{r}) = (1/2)(\mathcal{H} \times \boldsymbol{r})\,; \tag{9.109}$$

die Potentialwerte am Ort eines Elektrons κ bzw. eines Kerns a bezeichnen wir kurz als:

$$\Phi(\boldsymbol{r}_\kappa) \equiv \Phi_\kappa\,, \quad \Phi(\boldsymbol{R}_a) \equiv \Phi_a\,, \tag{9.110}$$

$$\boldsymbol{A}(\boldsymbol{r}_\kappa) \equiv \boldsymbol{A}_\kappa\,, \quad \boldsymbol{A}(\boldsymbol{R}_a) \equiv \boldsymbol{A}_a\,. \tag{9.111}$$

Zur Bildung des relativistisch korrigierte Hamilton-Operators eines molekularen Systems im

[22] Den allgemeinen Formalismus der klassischen Elektrodynamik (Maxwellsche Theorie) besprechen wir hier nicht , man findet ihn z. B. in Landau, L. D., Lifschitz, E.M.: Lehrbuch der theoretischen Physik. Bd. 2: Klassische Feldtheorie. H. Deutsch Verlag, Frankfurt a. M. (2009).

homogenen elektromagnetischen Feld gehen wir auf die klassische Hamilton-Funktion (A2.67) zurück.

(a) Zunächst werden für die Teilchenimpulse die üblichen Ersetzungsvorschriften (2.40) angewendet. Das ist gleichbedeutend damit, dass im relativistisch korrigierten Hamilton-Operator für das feldfreie System [Gln. (9.89) mit (9.95) ff.] die Substitutionen

$$\hat{\boldsymbol{p}}_\kappa \rightarrow \hat{\boldsymbol{p}}_\kappa + (\bar{e}\boldsymbol{A}_\kappa / c), \tag{9.112a}$$

$$\hat{\boldsymbol{P}}_a \rightarrow \hat{\boldsymbol{P}}_a - (Z_a \bar{e}\boldsymbol{A}_a / c) \tag{9.112b}$$

vorgenommen werden [s. Gl. (A2.66)]. Zur potentiellen Energie ohne Feld kommt ein Anteil $\mathcal{V}^{\text{EMF}}$ für die Wechselwirkungen der geladenen Teilchen mit dem äußeren elektrischen und/oder magnetischen Feld hinzu, also:

$$\begin{aligned} V \rightarrow V^{\text{EMF}} &\equiv V + \mathcal{V}^{\text{EMF}} \\ &= V - \sum_{\kappa=1}^{N^{\text{e}}} \bar{e}\,\Phi_\kappa + \sum_{a=1}^{N^{\text{k}}} Z_a \bar{e}\,\Phi_a . \end{aligned} \tag{9.112c}$$

(b) Hinzugenommen werden die Terme

$$-\sum_{\kappa=1}^{N^{\text{e}}} (g_{\text{e}}\beta_{\text{e}}/\hbar)(\hat{\boldsymbol{s}}_\kappa \cdot \boldsymbol{\mathcal{H}}) \quad \text{und} \tag{9.113a}$$

$$-\sum_{a=1}^{N^{\text{k}}} (g_a\beta_{\text{p}}/\hbar)(\hat{\boldsymbol{I}}_a \cdot \boldsymbol{\mathcal{H}}), \tag{9.113b}$$

welche die Wirkungen des äußeren Magnetfeldes auf die Elektronen- bzw. die Kernspins erfassen und somit nicht in der klassischen Hamilton-Funktion enthalten sind.

(c) Alle Glieder, die von höherer Ordnung als $1/c^2$ klein sind, werden weggelassen.

Damit ergeben sich Zusatzglieder zum feldfreien relativistischen Hamilton-Operator (9.89), die wir in einem Operator $\Delta\hat{H}^{\text{EMF}}$ zusammenfassen:

$$\Delta\hat{H}^{\text{EMF}} = \Delta\hat{H}^{\text{EMF-e}} + \Delta\hat{H}^{\text{EMF-k}} . \tag{9.114}$$

Die Terme im Elektronenanteil $\Delta\hat{H}^{\text{EMF-e}}$ und im Kernanteil $\Delta\hat{H}^{\text{EMF-k}}$ gruppieren wir nach der Potenz, in der $1/c$ auftritt: Terme nullter Ordnung (unabhängig von $1/c$), erster Ordnung $\propto (1/c)$ oder zweiter Ordnung $\propto (1/c^2)$, kenntlich gemacht durch einen unteren Index:

$$\Delta\hat{H}^{\text{EMF-e}} = \hat{\mathcal{V}}_0^{\text{EMF-e}} + \hat{\mathcal{V}}_1^{\text{EMF-e}} + \hat{\mathcal{V}}_2^{\text{EMF-e}} \tag{9.115}$$

mit

$$\hat{\mathcal{V}}_0^{\text{EMF-e}} = -\sum_\kappa \bar{e}\Phi_\kappa , \tag{9.116a}$$

$$\hat{\mathcal{V}}_1^{\text{EMF-e}} = \sum_\kappa \left\{ (\bar{e}/m_{\text{e}}c)(\boldsymbol{A}_\kappa \cdot \hat{\boldsymbol{p}}_\kappa) - (g_{\text{e}}\beta_{\text{e}}/\hbar)(\boldsymbol{\mathcal{H}} \cdot \hat{\boldsymbol{s}}_\kappa) \right\}, \tag{9.116b}$$

$$\hat{\mathcal{V}}_2^{\text{EMF-e}} = -\sum_\kappa (g_{\text{e}}\beta_{\text{e}}/2m_{\text{e}}c\hbar)\,((\boldsymbol{\mathcal{E}} \times \hat{\boldsymbol{p}}_\kappa)\cdot \hat{\boldsymbol{s}}_\kappa) - \sum_\kappa (\bar{e}^2/2m_{\text{e}}c^2)\boldsymbol{A}_\kappa^{\,2} , \tag{9.116c}$$

sowie

$$\Delta\hat{H}^{\text{EMF-k}} = \hat{V}_0^{\text{EMF-k}} + \hat{V}_1^{\text{EMF-k}} + \hat{V}_2^{\text{EMF-k}} \tag{9.117}$$

mit

$$\hat{V}_0^{\text{EMF-k}} = \sum_a Z_a \bar{e} \Phi_a , \tag{9.118a}$$

$$\hat{V}_1^{\text{EMF-k}} = -\sum_a \left\{ (Z_a \bar{e}/m_a c)(\boldsymbol{A}_a \cdot \hat{\boldsymbol{P}}_a) + (g_a \beta_{\text{p}}/\hbar)(\boldsymbol{\mathcal{H}} \cdot \hat{\boldsymbol{I}}_a) \right\}, \tag{9.118b}$$

$$\hat{V}_2^{\text{EMF-k}} = \sum_a (Z_a{}^2 \bar{e}^2/2m_a c^2)\boldsymbol{A}_a{}^2 . \tag{9.118c}$$

Die Glieder $\propto (\hat{\boldsymbol{p}}_\kappa \cdot \boldsymbol{\mathcal{E}})$ bzw. $\propto (\hat{\nabla}_\kappa \cdot \boldsymbol{\mathcal{E}})$, die von $\hat{V}_{\text{rel}}^{\text{e4}}$ herrühren, verschwinden, da das elektrische Feld homogen ist; die entsprechenden Kernanteile treten nicht auf, denn $\hat{V}_{\text{rel}}^{\text{k4}}$ wurde nicht berücksichtigt (s. oben). Die Terme $\propto (\boldsymbol{\mathcal{E}} \times \hat{\boldsymbol{P}}_a) \cdot \hat{\boldsymbol{I}}_a$ in $\hat{V}_2^{\text{EMF-k}}$ sind von der Ordnung $1/m_a{}^2$ und daher wegzulassen (s. oben).

In nichtrelativistischer Näherung, d. h. ohne die Glieder $\propto (1/c^2)$, gibt es nur die Terme $\hat{V}_0^{\text{EMF-e}}$, $\hat{V}_1^{\text{EMF-e}}$, $\hat{V}_0^{\text{EMF-k}}$ und $\hat{V}_1^{\text{EMF-k}}$.

Die hier aufgeschriebenen Anteile, die infolge der Wirkung äußerer elektrischer und magnetischer Felder zum feldfreien Hamilton-Operator hinzukommen, bilden die Grundlage für die Beschreibung einer Vielzahl v. a. spektroskopisch wichtiger Effekte. So wird mit den Zusatzgliedern $\hat{V}_0^{\text{EMF-e}}$ und $\hat{V}_1^{\text{EMF-e}}$ der *Stark-Effekt* bzw. der *Zeeman-Effekt* für molekulare Elektronenniveaus erfasst (s. Abschn. 5.4.2 für Atome), mit $\hat{V}_0^{\text{EMF-k}}$ der Stark-Effekt molekularer Rotationsniveaus; ferner liefert $\hat{V}_0^{\text{EMF-e}}$ *induzierte Dipolmomente* sowie (in zweiter Ordnung der Störungstheorie) die *Polarisierbarkeiten* (vgl. Abschn. 4.4.2.1). Der zweite Term von $\hat{V}_2^{\text{EMF-e}}$ beschreibt den *Diamagnetismus*. Die Störterme $\hat{V}_1^{\text{EMF-e}}$, $\hat{V}_2^{\text{EMF-e}}$ und $\hat{V}_1^{\text{EMF-k}}$, $\hat{V}_2^{\text{EMF-k}}$ führen, wennn gleichzeitig ein elektromagnetisches Hochfrequenzfeld einwirkt, zu einer breiten Palette von Effekten der *Elektronenspinresonanz (ESR)* sowie der *kernmagnetischen Resonanz (NMR)*. Auf diese weiten Anwendungsgebiete können wir hier nicht eingehen; wir verweisen diesbezüglich auf die Spezialliteratur [9.6], knapp zusammengefasst auch in [I.4a] (dort Kap. 8).

9.5 Trendverhalten und Größenordnungen von relativistischen und Korrelationseffekten

Die umfangreichsten und zuverlässigsten Informationen über relativistische Korrekturen und Korrelationseinflüsse liegen für leichte Atome vor, weniger für Moleküle. Für Atome höherer Ordnungszahlen, zumal in einem Molekülverband, sind theoretische Berechnungen besonders aufwendig und schwierig. Wir konzentrieren uns hier auf die Energie und versuchen, einen semiempirischen Zugang zu Daten für die verschiedenen, über die nichtrelativistische Hartree-Fock-Näherung hinausgehenden Korrekturen zu gewinnen; dabei folgen wir in verkürzter Form der Darstellung in [I.4b].

Die Grundlage bilden experimentelle atomare Gesamtenergien E^{exp}, wie man sie aus Tabellenwerken[23] entnehmen kann (als negative Summe der Ionisierungspotentiale bei sukzessiver Entfernung aller Elektronen). Diese "exakte" Gesamtenergie eines Atoms setzt sich nach allem, was wir bisher diskutiert haben, aus folgenden Bestandteilen zusammen:

$$E^{\mathrm{exp}} = E^{\mathrm{HF}} + E^{\mathrm{korr}} + \Delta E^{\mathrm{rel}} + \Delta E^{\mathrm{MP}} + \Delta E^{\mathrm{L}} ; \qquad (9.119)$$

E^{HF} bezeichnet die Gesamtenergie in Hartree-Fock-Näherung (gemeint ist das Hartree-Fock-Limit als praktisch exakte Hartree-Fock-Lösung) und E^{korr} die Korrelationsenergie; beide Anteile zusammen ergeben gemäß Gleichung (9.1) die ("exakte") nichtrelativistische Gesamtenergie: $E_{\mathrm{nr}} = E^{\mathrm{HF}} + E^{\mathrm{korr}}$. In ΔE^{rel} sind die durch $\Delta\hat{H}_{\mathrm{rel}}$ bewirkten relativistischen Energiekorrekturen zusammengefasst, und ΔE^{L} beinhaltet die quantenelektrodynamischen Strahlungskorrekturen (als wichtigste davon die sog. Lamb-Verschiebung). Die hier mit ΔE^{MP} bezeichnete Energiekorrektur rührt von den bei der Schwerpunktseparation auftretenden Massenpolarisationstermen her (s. Abschn. 4.2 und Anhang A5.2); wir haben sie bisher stillschweigend übergangen, da es sich gewöhnlich um kleine Beiträge handelt, welche die Struktur des Energiespektrums nicht wesentlich beeinflussen. Außerdem haben wir uns bisher nicht darum gekümmert, dass nach der Schwerpunktseparation nicht mehr die gewöhnlichen atomaren Einheiten (2.154a,b), sondern "reduzierte" atomare Einheiten (s. Abschn. 4.2 und Anhang A5.2) zu verwenden sind. Alle diese Masseneffekte müssen, wenn man genaue quantitative Angaben erhalten will, berücksichtigt werden.

Theoretische Berechnungen bzw. Abschätzungen der einzelnen Beiträge sowie die Analyse experimenteller Daten für die Gesamtenergie aus experimentellen atomaren Ionisierungsenergien (s. oben) liefern ziemlich zuverlässige Werte für die Anteile, die nach Gleichung (119) zu E^{exp} beitragen, zumindest für neutrale leichte Atome, d. h. $N^{\mathrm{e}}(=Z)$ bis etwa 10. Genaueres hierzu findet man in [I.4b] (dort Abschn. 2.5.). Grob qualitativ ergeben sich die folgenden Größenverhältnisse:

$$|E^{\mathrm{HF}}| >> |E^{\mathrm{korr}}| > |E^{\mathrm{rel}}| > |E^{\mathrm{L}}| > |E^{\mathrm{MP}}| . \qquad (9.120)$$

Diese Energiekomponenten hängen unterschiedlich stark von der Kernladungszahl Z ab (vgl. auch Tab. 9.1): Die nichtrelativistische Gesamtenergie E_{nr} wie auch die Gesamtenergie in Hartree-Fock-Näherung, E^{HF}, wachsen etwa $\propto Z^2$ an (nach dem statistischen Atommodell in Abschn. 5.5: $\propto Z^{5/3}$). Die Korrelationsenergie E^{korr} steigt linear bis quadratisch mit Z. Die Hauptanteile der relativistischen Korrekturen ΔE^{rel} hängen viel stärker, nämlich $\propto Z^4$, von Z ab, was dazu führt, dass bereits ab $Z \approx 15$ ihr Beitrag größer wird als die Korrelationsenergie. Ebenfalls $\propto Z^4$ verhält sich die Lamb-Verschiebung ΔE^{L}, sie bleibt jedoch betragsmäßig viel

[23] Atomic Spectra Database (ASD) Levels Data. National Institute of Standards and Technology (NIST). Gaithersburg, MD. Internet: http://physics.nist.gov/asd

kleiner als ΔE^{rel}. Die Beträge der Massenpolarisationskorrekturen sind klein und nur schwach Z-abhängig; sie können daher meist vernachlässigt werden.

Wichtig ist, dass die Elektronenkorrelation ebenso wie die relativistischen Korrekturen jeweils insgesamt einen negativen Energiebeitrag liefern:

$$E^{\text{korr}} < 0 \,, \tag{9.121}$$

$$\Delta E^{\text{rel}} < 0 \,; \tag{9.122}$$

beide wirken also *stabilisierend.*

Wie approximative relativistische Hartree-Fock-Rechnungen zeigen, führen die relativistischen Wechselwirkungen zu einer *Kontraktion der atomaren Elektronenverteilungen.* Die relativistischen Energiebeiträge setzen sich näherungsweise additiv aus Anteilen der Elektronenschalen zusammen:

$$\Delta E^{\text{rel}} \approx \Delta\varepsilon_{1s}^{\text{rel}} + \Delta\varepsilon_{2s}^{\text{rel}} + \Delta\varepsilon_{2p}^{\text{rel}} + \ldots \,, \tag{9.123}$$

und zwar nehmen die Beträge von innen nach außen ab:

$$\left|\Delta\varepsilon_{1s}^{\text{rel}}\right| > \left|\Delta\varepsilon_{2s}^{\text{rel}}\right| \gtrapprox \left|\Delta\varepsilon_{2p}^{\text{rel}}\right| > \left|\Delta\varepsilon_{3s}^{\text{rel}}\right| > \ldots \,; \tag{9.124}$$

sie sind also am größten für die Elektronen der K-Schale. Die Lamb-Korrektur kommt praktisch ausschließlich von der K-Schale.

Übungsaufgaben zu Kapitel 9

ÜA 9.1 Man leite die Korrelationsenergieformeln (9.11) und (9.19) mit (9.20a,b) her.

ÜA 9.2 Die Teilchenzahlinkonsistenz der CI(D)-Näherung ist für ein Modellsystem aus n nichtwechselwirkenden Zweiteilchensystemen, die jeweils nur zwei (Singulett-) Zustände annehmen können, nachzuweisen.

ÜA 9.3 Man berechne die mittlere Geschwindigkeit des Elektrons im Grundzustand eines H-ähnlichen Atoms in Abhängigkeit von der Kernladungszahl Z.

ÜA 9.4 Es ist zu zeigen, dass sich durch Berücksichtigung der relativistischen Änderung der Elektronenmasse mit der Geschwindigkeit u gemäß der Formel $m = m_e/(1-u^2/c^2)^{1/2}$ als Korrekturglied der Ordnung $1/c^2$ zur kinetischen Energie der Ausdruck (9.97a) ergibt.

ÜA 9.5 Der Operator (9.99) der Spin-Bahn-Kopplung für den Fall eines Einelektronatoms mit dem rein abstandsabhängigen Potential $v^{\text{eff}}(r)$ ist herzuleiten.

Ergänzende Literatur zu Kapitel 9

[9.1] Čársky, P., Paldus, J., Pittner, J. (Hrsg.): Recent Progress in Coupled Cluster Methods. Springer, Dordrecht/New York (2010)

[9.2] a) Kuntz, P. J.: The Diatomics-in-Molecules Method and the Chemical Bond. In Maksić, Z. B., Cremer, D. (Hrsg.): Theoretical Models of Chemical Bonding. Part 2. The Concept of the Chemical Bond. Springer, Berlin (1990)

b) Kuntz, P. J., Schreiber, J. L.: A systematic procedure for extracting fragment matrices for the method of diatomics-in-molecules from ab-initio calculations on diatomics. J. Chem. Phys. **76**, 4120 – 4129 (1982)

c) Tully, J. C.: Diatomics-in molecules potential energy surfaces. I. J. Chem. Phys. **58**, 1396 – 1410 (1973); II. ibid. **59**, 5122 – 5134 (1973)

[9.3] Koch, W., Holthausen, M. C.: A chemist's guide to density functional theory. Wiley-VCH, Weinheim (2008)

[9.4] a) Pyykkö, P.: Relativistic Theory of Atoms and Molecules. A Bibliography 1916 – 1985. Lecture Notes in Chemistry, Vol. 41. Springer, Berlin (1986)

b) Hess, B. A.: Relativistic Theory and Applications. In: Schleyer, P. v. R. et al.(Hrsg.) The Encyclopedia of Computational Chemistry. Wiley, Chichester (1998)

c) Reiher, M., Wolf, A.: Relavistic Quantum Chemistry. Wiley-VCH, Weinheim (2014)

[9.5] a) Bethe, H. A., Salpeter, E. E.: Quantum Mechanics of One- and Two-Electron Systems. In: Flügge, S. (Hrsg.) Handbuch der Physik, Bd. 35. Springer, Berlin (1964)

b) Landau, L. D., Lifschitz, E. M., mit Pitajewski, L. P., Berestezki, W. B.: Lehrbuch der theoretischen Physik. Bd. 4. Quantenelektrodynamik. H. Deutsch Verlag, Frankfurt a. M. (2009)

[9.6] Demtröder, W.: Molekülphysik. Theoretische Grundlagen und experimentelle Methoden. Oldenbourg, München (2003)

Günther, H.: NMR-Spektroskopie. Thieme, Stuttgart (1992)

Friebolin, H.: Ein- und zweidimensionale NMR-Spektroskopie. Wiley-VCH, Weinheim (2006)

Lund, A., Shiotani, M., Shimada, S.: Principles and applications of ESR spectroscopy. Springer, Dordrecht (2011)

10 Einheit und Vielfalt der chemischen Bindungen

Das unter dem Begriff "chemische Bindung" zusammengefasste Phänomen – die Zusammenlagerung von Atomen zu Aggregaten mit einer außerordentlich breiten Vielfalt in Form und Stabilität – ist schrittweise über mehrere Jahrzehnte theoretisch aufgeklärt worden. Heute hat man ein umfassendes grundlegendes Verständnis erreicht, wenngleich *quantitative* Voraussagen (z. B. über Dissoziationsenergien) durchaus nicht einfach zu erhalten sind und oft einen enormen Aufwand erfordern; damit werden wir uns im Teil 4, Kapitel 17, ausführlicher befassen. Auch gibt es, worauf in den vorangegangenen Kapiteln verschiedentlich hingewiesen wurde, noch einige nicht restlos geklärte Probleme, die aber das bisher erreichte Verständnis der chemischen Bindung nicht grundsätzlich in Frage stellen.

Aus dem weiten Feld der chemischen Bindung haben wir bislang erst einen kleinen Ausschnitt kennengelernt: im Wesentlichen die kovalente, durch die Überlappung von Wellenfunktionen bedingte Bindung mit dem Grenzfall der ionischen Bindung. Im vorliegenden, den Teil 2 abschließenden Kapitel behandeln wir einige weitere wichtige Bindungstypen, insbesondere die Wasserstoffbrückenbindung und die Van-der-Waals-Bindung.

Standen bisher fast ausschließlich Aggregate aus wenigen oder zumindest nicht sehr vielen Atomen (bis zur Größenordnung etwa 10^3, wenn man an Biomoleküle denkt) im Vordergrund, so werden wir hier auch eine Übersicht geben, wie Systeme aus sehr vielen Atomen stabil zusammenhalten können, welche kohäsiven Kräfte insbesondere in Festkörpern wirksam sind.

Der letzte Abschnitt befasst sich schließlich mit Möglichkeiten, die vielfältigen Erscheinungsformen der chemischen Bindung zu klassifizieren.

Insgesamt sollen jeweils nur das grundsätzlich Wesentliche herausgearbeitet, Zusammenhänge sichtbar gemacht und ein wenigstens qualitatives Verständnis erzielt werden, weitestgehend auf der Grundlage des in den bisherigen Kapiteln erreichten Wissensstandes. Eine auch nur einigermaßen erschöpfende Darstellung würde dabei den Rahmen dieses Grundkurses sprengen, so dass wir häufig auf die jeweils reichlich verfügbare Spezialliteratur verweisen; das betrifft besonders die Festkörpertheorie, die seit langem ein eigenständiges und außerordentlich umfangreiches Gebiet bildet.

10.1 Zwei besondere Bindungsarten: Wasserstoffbrücken und schwache Bindungen

In diesem Abschnitt befassen wir uns mit zwei Typen von Bindungen, die auf den ersten Blick als wenig relevante Sonderfälle erscheinen mögen; sie treten jedoch häufig auf und spielen eine außerordentlich wichtige Rolle in flüssigen und festen Stoffen. Der eine dieser beiden Bindungstypen liegt am Rande der MO-theoretisch beschreibbaren Bindungsfälle, und der andere kommt überhaupt nicht durch Überlappung zustande, sondern beruht auf anderen Mechanismen.

10.1.1 Wasserstoffbrückenbindungen

Unter bestimmten Bedingungen kann in einem molekularen Aggregat eine Bindung zwischen zwei Atomen A und B durch ein eingefügtes Wasserstoffatom H (oder auch ein Proton H^+) vermittelt werden – im Widerspruch zu den üblichen Valenzvorstellungen, denen zufolge Wasserstoff nur eine einzige Bindung eingehen kann (s. Abschn. 6.2). Solche *Wasserstoffbrückenbindungen* nehmen eine Zwischenstellung zwischen "echten" kovalenten Bindungen (s. Kap. 6 und 7) und den noch zu besprechenden Van-der-Waals-Wechselwirkungen (s. den folgenden Abschn. 10.1.2) ein; zuweilen wird dieser Bindungstyp auch (aus unserer Sicht nicht konsequent) gänzlich zu den letzteren gerechnet.

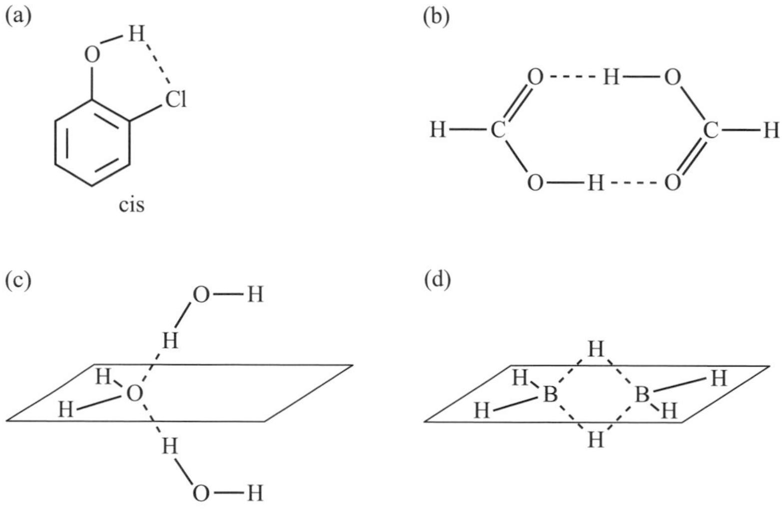

Abb. 10.1 Wasserstoffbrückenbindungen: (a) intramolekular: (cis)-ortho-Chlorphenol; (b) intermolekular: Ameisensäure-Dimer; (c) intermolekular: Wasser-Trimer; (d) intermolekular: Diboran

Verbindungen mit Wasserstoffbrücken treten zahlreich und in vielfältiger Form auf: Abb. 10.1a zeigt eine intramolekulare H-Brücke im (cis)-ortho-Chlorphenol, Abb. 10.1b das Dimer der Ameisensäure, gebildet durch zwei H-Brücken zwischen den beiden Ameisensäure-Monomeren, und Abb. 10.1c ein Trimer von Wassermolekülen.

Wir benennen einige charakteristische Eigenschaften von Wasserstoffbrückenbindungen; sie zeigen die Sonderstellung dieses Bindungstyps:

Die Abstände zweier durch eine H-Brücke verbundener Atome A und B betragen einige Å und sind damit deutlich größer als Atomabstände in "normalen" Molekülen. Dementsprechend sind die Dissoziationsenergien solcher Bindungen wesentlich (um ca. eine Größenordnung) geringer als bei kovalenten Bindungen, typischerweise einige 10 kJ/mol. Ähnlich wie kovalente Bindungen haben H-Brückenbindungen eine Ausrichtung. Detailliertere Informationen findet man in der Literatur (s. etwa [10.1]).

Um zu einem grundsätzlichen Verständnis der Natur von Wasserstoffbrückenbindungen zu gelangen, betrachten wir als typischen Fall die Wechselwirkung einer *stark polaren Gruppe* A–H (A sei ein Atom N, O oder F) mit einem Atom B, das ein *einsames Elektronenpaar* trägt (s. Abschn. 7.3.1):

$$\mathrm{A-H} \;....\; {}^{\ominus}\mathrm{B}\;;$$

auch für B kommen N, O oder F in Frage. Dieses Modell eines H-Brückensystems entspricht beispielsweise den Verhältnissen beim Wasser-Dimer $(H_2O)_2$ (s. Abb. 7.1c): die O–H-Gruppe des einen H_2O -Moleküls steht in Wechselwirkung mit einem der beiden einsamen Elektronenpaare an der "Rückseite" des O-Atoms (abgewandt von den beiden O–H-Bindungen) des anderen H_2O -Moleküls; zur Veranschaulichung stelle man sich Bindungselektronen und einsame Elektronenpaare in sp^3 -Hybriden vor (s. Abschn. 7.3.6, Abb. 7.8c).

Mit den heute verfügbaren Berechnungsmethoden und Computerleistungen ist es kein Problem, ein solch relativ kleines H-Brückensystem wie das Wasser-Dimer mit hoher Genauigkeit durchzurechnen. Wir sind aber hier nur an qualitativen Aussagen interessiert, um das Zustandekommen der Bindung zu verstehen, und beschränken uns daher auf eine möglichst einfache Beschreibung. Da in einem H-Brückensystem der Abstand zwischen der A–H-Gruppe und dem Atom B deutlich größer ist als kovalente Bindungslängen in entsprechenden Molekülen, wird man zuerst die gröbste Näherung, nämlich eine *klassisch-elektrostatische* Berechnung der Wechselwirkungsenergie zwischen dem Dipolmoment $A^{(-)} - H^{(+)}$ und einer Punktladung an B versuchen; die Formel dafür findet man im folgenden Abschnitt.

Gänzlich zu vernachlässigen ist die *Überlappung* zwischen der A–H-Gruppe und dem Atom B bei den hier vorliegenden Abständen (s. oben) aber nicht. Als einfachste Näherung zur Abschätzung der überlappungsbedingten Anteile der Wechselwirkungsenergie bietet sich das MO-Modell an.[1] In die Betrachtung einbezogen werden die beiden Elektronen, die ein bindendes MO ϕ_{AH} der A–H-Gruppe besetzen, sowie die beiden Elektronen des in Richtung A–H orientierten einsamen Elektronenpaares, die ein (Hybrid-) AO θ^{B} von B (nach Abschn. 7.3.6) besetzen; man hat es also mit einem 4-Elektronen-3-Zentren-Problem zu tun. Wir nehmen an, dass sich das MO ϕ_{AH} unter dem (schwachen) Einfluss von ${}^{\ominus}B$ nicht wesentlich ändert, und machen für das MO ϕ, durch das ein Elektron des gesamten Systems $A - H \;...\; {}^{\ominus}B$ beschrieben wird, den Ansatz

$$\phi \equiv \phi_{A-H...B} = c_{AH}\phi_{AH} + c_B\theta^B\,. \qquad (10.1)$$

Abb. 10.2 zeigt schematisch die Lage der Einelektron-Energien für die getrennten Teilsysteme A–H und B : ε_{AH} für die Energie des bindenden MOs ϕ_{AH}, ε_{AH}^{*} für die Energie des

---

[1] Vgl. etwa den Übersichtsartikel von Bratož, S.: Electronic Theories of Hydrogen Bonding. Adv. Quant. Chem. **3**, 209-237 (1967)
Die Tilde über den approximativ berechneten Größen (MOs, MO-Energien) wird im vorliegenden Abschnitt der Einfachheit halber weggelassen.

antibindenden MOs ϕ^*_{AH}, sowie ε_B für die Energie des tiefsten an der Bindung beteiligten AOs bzw. Hybrid-AOs θ^B von B ; der nächsthöhere (angeregte) Einelektronzustand von B liegt im Allgemeinen energetisch deutlich darüber, so dass er nicht wesentlich beimischt und daher weggelassen werden kann. Die resultierenden beiden MOs $\phi_{A-H...B}$ (bindend) und $\phi^*_{A-H...B}$ (antibindend) sind mit den vier verfügbaren Elektronen zu besetzen.

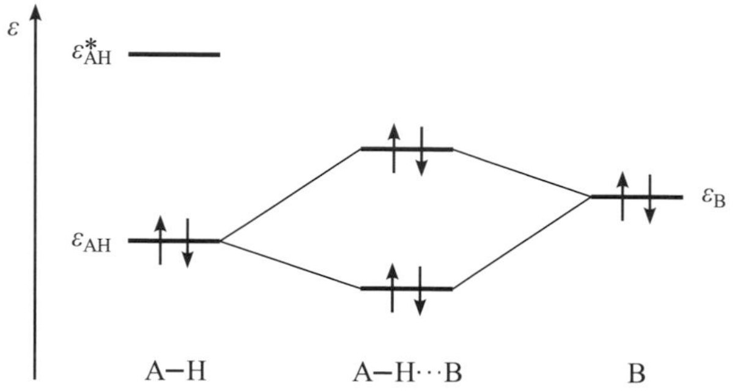

Abb. 10.2
MO-Terme für ein Wasserstoffbrückensystem A–H ... $^{\ominus}$B (schematisch)

Es ist folglich netto allenfalls eine schwache kovalente (überlappungsbedingte) Bindung, keine wesentliche Energieabsenkung zu erwarten.

Das wäre anders, wenn weniger als vier Elektronen zur Verfügung stünden, wenn also beispielsweise die Brückenbindung durch ein Proton vermittelt wird. Für eine detailliertere Übersicht s. etwa [10.1].

Auf dieser Näherungsstufe verbleibt somit nur die *Pauli-Abstoßung* zwischen den Fragmenten A–H und $^{\ominus}$B, die beide eine Konfiguration abgeschlossener Elektronenschalen haben; der entsprechende positive (destabilisierende) Energiebeitrag wächst bei Verringerung des Abstands R_{AH-B} exponentiell $\propto \exp(-\gamma R_{AH-B})$ an (s. Abschn. 6.3).

Der MO-Ansatz (10.1) lässt sich verbessern, wenn man nicht das "starre" bindende MO ϕ_{AH} des Fragments A–H benutzt, sondern die Mischung der AOs φ^A, $\varphi^H (\equiv \varphi_{1s_H})$ und θ^B nach dem Variationsprinzip bestimmt; das ist gleichwertig damit, dass das antibindende MO ϕ^*_{AH} in den Ansatz (10.1) einbezogen wird. Wir wollen die Folgen nur qualitativ diskutieren: Vom Fragment $^{\ominus}$B wird Elektronendichte hin zum Fragment A–H verschoben, da dort ein weiterer Zustand zur Verfügung steht. Dieser *Ladungsübergang* (engl. charge transfer) führt zu einer Anziehung zwischen den beiden Fragmenten, abschätzbar als Coulomb-Energie $(-\delta e)(+\delta e)/R_{AH-B} < 0$, wenn ein Ladungsanteil $(-\delta e)$ von $^{\ominus}$B auf A–H übergegangen ist (etwa im Sinne der Mullikenschen Populationsanalyse, s. Abschn. 7.3.7). Zugleich wird damit die Pauli-Abstoßung etwas verringert. Da jetzt auch der Zustand ϕ^*_{AH} teilweise besetzt ist, ergibt sich zudem eine (geringfügige) Destabilisierung des Fragments A–H.

Die drei relevanten Anteile der Bindungsenergie (Dissoziationsenergie): klassische elektrostatische Anziehung der Fragmente, Pauli-Abstoßung der Fragment-Elektronenhüllen und Ladungsübergangsbeitrag sind von annähernd gleicher Größenordnung (für das H_2O -Dimer je ca. 25-35 kJ/mol), haben aber, wie wir gesehen hatten, unterschiedliche Vorzeichen (zwei sind negativ, einer positiv) und kompensieren sich daher zum Teil. Weil dadurch in manchen Fällen (etwa beim H_2O -Dimer) der elektrostatische Anteil schon für sich die experimentelle Bindungsenergie recht gut wiedergibt, hat man lange geglaubt, die H-Brückenbindung sei generell nur elektrostatischer Natur.

Ein Ausbau dieser einfachen MO-theoretischen Behandlung bis hin zur Bestimmung von Potentialfunktionen erscheint nicht sinnvoll, denn dafür ist die Näherung zu grob (s. Kap. 7); es müssten Hartree-Fock- und darüber hinausgehende Berechnungen durchgeführt werden. Unterhalb dieses Niveaus kann auch die vieldiskutierte Frage, ob bzw. in welchen Fällen die Potentialkurven $U(R)$ symmetrisch oder unsymmetrisch sind, d. h. ein Minimum oder zwei aufweisen, nicht schlüssig beantwortet werden.

Wasserstoffbrücken sind in der Natur weit verbreitet und spielen eine enorm wichtige Rolle. So sind die Bestandteile von Biopolymeren durch Wasserstoffbrücken verknüpft (z. B. die Bindungen N–H ... O zwischen Protein-Bausteinen, die Basenpaare in der DNA-Doppelhelix u. a.). Ferner ist die Struktur der Wassers und anderer Flüssigkeiten (Assoziatbildung) sowie des Eises durch H-Brücken bestimmt.

10.1.2 Van-der-Waals-Bindungen

Wenn zwischen zwei Atomen, Atomgruppen oder Molekülen A und B keine oder nur eine geringe Überlappung der Wellenfunktionen besteht, insbesondere wenn beide Partner nur abgeschlossene Elektronenschalen haben, dann kann keine kovalente Bindung eintreten, und bei Annäherung von A und B führt die Wechselwirkung der Elektronenhüllen im Bereich mittlerer und kurzer Abstände R_{AB} lediglich zu einer *Pauli-Abstoßung* (s. Abschn. 6.3).

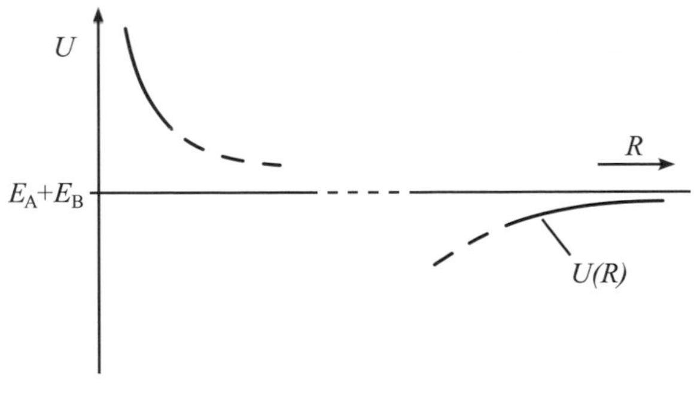

Abb. 10.3
Verhalten von Potentialkurven $U(R)$ bei sehr kleinen und bei sehr großen Abständen R (schematisch)

Bei sehr großen Abständen bestehen Wechselwirkungen, die nicht auf Überlappungen beruhen und im Vergleich zu den überlappungsbedingten Wechselwirkungen *schwach* und *stets attraktiv* sind. Diese *langreichweitigen schwachen Wechselwirkungen,* auch als *Van-der-Waals-Wechselwirkungen* bezeichnet, treten in jedem Falle auf, sind in diesem Sinne *universell.*

Eventuell außerdem vorhandene kovalente Wechselwirkungen setzen erst bei mittleren Abständen ein; sie sind dort viel stärker als die Van-der-Waals-Wechselwirkungen und "überdecken" diese. Die Wechselwirkungspotentiale $U(R)$ als Funktionen des Abstands $R \equiv R_{AB}$ zwischen A und B verhalten sich also für große R-Werte immer (schwach) attraktiv:

$$\Delta U(R) \equiv U(R \to \infty) - U(R) > 0 \quad \text{für große } R \tag{10.2}$$

mit

$$U(R \to \infty) = E_A + E_B \,, \tag{10.3}$$

wenn mit E_A bzw. E_B die Gesamtenergien der getrennten (wechselwirkungsfreien) Teilsysteme A und B bezeichnet werden (s. Abb. 10.3).

Sind außer den Van-der-Waals-Wechselwirkungen keine attraktiven kovalenten Wechselwirkungen vorhanden, sondern bei immer kleiner werdenden Abständen R nur noch die ebenfalls stets vorhandenen repulsiven Wechselwirkungen (Kernabstoßung und Pauli-Abstoßung), dann bildet sich bei einem (großen) Abstand R^0 ein flaches Minimum aus, das u. U. zu einer zwar schwachen, aber doch stabilen Bindung zwischen A und B führen kann (s. unten).

Die Form der Potentialkurve $U(R)$ wird in einem solchen Falle qualitativ gut durch eine Lennard-Jones- oder eine Buckingham-Funktion beschrieben (s. dazu Abschn. 13.3.1, Abb. 13.13).

Wir stellen zunächst einige Eigenschaften von Van-der-Waals-Wechselwirkungen zusammen und skizzieren dann die quantenmechanische Beschreibung.

(a) Charakteristische Eigenschaften

Wie bereits angemerkt wurde, sind Van-der-Waals-Wechselwirkungen *universell, stets attraktiv, langreichweitig und schwach.* Ein Maß für die letztgenannte Eigenschaft ist die Tiefe der Potentialmulde $\Delta U(R^0)$, sie beträgt weniger als einige kJ/mol, oft sogar nur einige 10 ... 100 J/mol; die Minima der Potentialmulden liegen bei Abständen R^0 von einigen Å. Die Potentialmuldentiefen sind also viel geringer als die elektronischen Dissoziationsenergien von kovalenten Bindungen und auch von Wasserstoffbrückenbindungen; die Minimumsabstände R^0 sind deutlich größer.

Eine stabile Bindung wird dabei nicht notwendig ausgebildet, denn häufig sind die Potentialmulden so flach, dass keine Nullpunktschwingung möglich ist (vgl. die Diskussion zur Stabilität in Abschn. 6.1.3). Falls es eine stabile Bindung gibt, spricht man bei AB von einem *Van-der-Waals-Molekül* (oder allgemeiner: von einem *Van-der Waals-Komplex* oder einem *Van-der Waals-Aggregat*).

Der einfachste Prototyp eines molekularen Systems, in dem zwischen den konstituierenden Atomen nur schwache, langreichweitige Wechselwirkungen bestehen, ist He_2 (s. Abschn. 6.3). Wie genaue Berechnungen zeigen (s. unten), beträgt die Muldentiefe für He_2 ca. 90 J/mol. Lange Zeit war man der

Ansicht, dass He_2 nicht stabil ist[2]; heute scheint jedoch festzustehen[3], dass ein schwach gebundenes Molekül He_2 existiert; der Bindungsabstand beträgt ca. 3 Å, die Dissoziationsenergie D_0 ist ungefähr 1 mK ($\approx 10^{-5}$ kJ $\cdot$ mol^{-1}).

Im Unterschied zu kovalenten Bindungen gibt es bei Van-der-Waals-Bindungen *keine Valenzregeln und keine Richtungseigenschaften*. Entsprechend ist die mögliche Anzahl der Bindungen nicht festgelegt (es kann *keine Bindungsabsättigung* eintreten), sondern die Zusammenlagerung von Atomen wird von den "Packungseigenschaften", also durch den Platzbedarf der Atome, geregelt.

(b) Quantenmechanische Beschreibung

Die Van-der-Waals-Bindungen unterscheiden sich zwar grundsätzlich von allen Bindungsarten, mit denen wir es bisher zu tun hatten; nichtsdestoweniger kann ihre theoretische Beschreibung auf der gleichen Grundlage erfolgen, d. h. im Rahmen der nichtrelativistischen Quantenmechanik. Die Theorie der Van-der-Waals-Wechselwirkungen ist relativ kompliziert und aufwendig; wir verzichten daher auf eine detaillierte Ausarbeitung, sondern begnügen uns mit einer Skizze des theoretischen Vorgehens, folgen dabei weitgehend der Darstellung in [I.4b] (dort Abschn. 6.4) und verweisen auf die Literatur (s. etwa [10.2]).

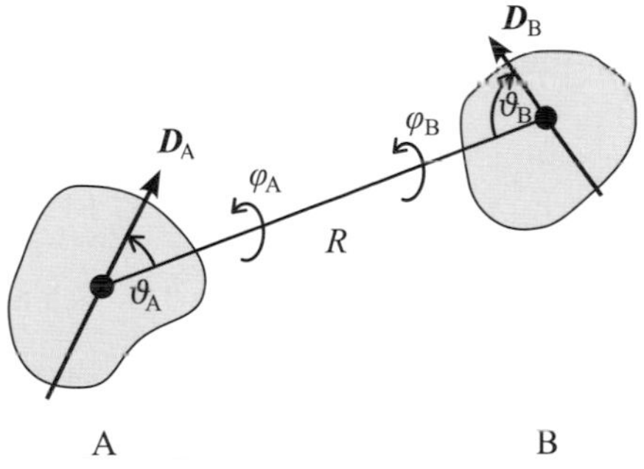

Abb. 10.4
Zur Wechselwirkung zwischen zwei molekularen Teilsystemen A und B (schematisch; Erläuterungen s. Text)

Das betrachtete System möge aus zwei Teilsystemen A und B (Atome, Moleküle, Molekülfragmente) bestehen. Der gesamte nichtrelativistische Hamilton-Operator für das System AB in der Näherung fixierter Kerne (s. Abschn. 4.3.2) lässt sich folgendermaßen schreiben:

$$\hat{H} \equiv \hat{H}_{\text{nr}} = \hat{H}^{\text{e}} + V^{\text{kk}}$$
$$= \hat{H}_{\text{A}} + \hat{H}_{\text{B}} + \mathcal{V}_{\text{AB}} \; ; \tag{10.4}$$

hier bezeichnen $\hat{H}_A$ und $\hat{H}_B$ die Hamilton-Operatoren für die beiden getrenntenTeilsysteme

---

[2] Vgl. etwa Huber, K. P., Herzberg, G.: Molecular Spectra and Molecular Structure. Vol. IV. Constants of Diatomic Molecules. Van Nostrand Reinhold, New. York (1979)

[3] Luo, F. McBane, G. C., Kim, G., Giese, C. F., Gentry, W. R.: The weakest bond: Experimental observation of helium dimer. J. Chem. Phys. **98**, 3564-3567 (1993)

A bzw. B, und der Anteil $\mathcal{V}_{AB}$ beinhaltet sämtliche Wechselwirkungsterme zwischen den Teilsystemen: die potentiellen Energien der Coulomb-Wechselwirkung zwischen allen Elektronen und Kernen von A mit allen Elektronen und Kernen von B (s. Abb. 10.4).

Es interessiert hier der Fall, dass der Abstand R zwischen A und B (definiert etwa als Abstand der Schwerpunkte) groß ist. Dann kann das elektrostatische Wechselwirkungspotential $\mathcal{V}_{AB}$ nach Potenzen von $1/R$ entwickelt werden (sog. *Multipolentwicklung*; Näheres hierzu etwa in [10.2] [II.4][II.5], vgl. auch Abschn. 17.4.3.2*(a)*). Der Anfangsteil dieser Entwicklung, der die niedrigsten Potenzen von $1/R$ umfasst, sieht wie folgt aus:

$$\begin{aligned}\mathcal{V}_{AB} &= (q_A q_B / R)\\ &+ \sum_{\nu=1}^{3} (q_A D_{B\nu} - q_B D_{A\nu})(\partial/\partial X_\nu)_0 (1/R)\\ &+ \sum_{\nu=1}^{3} \sum_{\nu'=1}^{3} \{(1/6)(q_A Q_{B\nu\nu'} + q_B Q_{A\nu\nu'}) - D_{A\nu} D_{B\nu'}\}(\partial^2/\partial X_\nu\, \partial X_{\nu'})_0 (1/R)\\ &+ \ldots \end{aligned} \qquad (10.5)$$

Hier bezeichnet (alles in at. E.):

$$q_A \equiv (\sum_{a \in A} Z_a) - N_A^e \qquad (10.6)$$

die Gesamtladung des Teilsystems A, das N_A^e Elektronen beinhaltet und dessen mit a numerierte Kerne die Kernladungszahlen Z_a haben, sowie

$$D_{A\nu} \equiv \sum_{a \in A} Z_a X_\nu^{(a)} - \sum_{\kappa \in A} x_\nu^{(\kappa)} \qquad (10.7)$$

(mit $\nu = 1, 2$ oder 3) die drei kartesischen Komponenten $D_{Ax} \equiv D_{A1}$, $D_{Ay} \equiv D_{A2}$, $D_{Az} \equiv D_{A3}$ des elektrischen Dipolmoments des Teilsystems A, in dem die Kerne $a \in A$ sich an den Positionen $\boldsymbol{R}_a \equiv (X^{(a)}, Y^{(a)}, Z^{(a)}) \equiv (X_1^{(a)}, X_2^{(a)}, X_3^{(a)})$ befinden und dessen Elektronen $\kappa \in A$ die Koordinaten $\boldsymbol{r}_\kappa \equiv (x_\kappa, y_\kappa, z_\kappa) \equiv (x_1^{(\kappa)}, x_2^{(\kappa)}, x_3^{(\kappa)})$ haben; die Größen

$$Q_{A\nu\nu'} \equiv \sum_{a \in A} Z_a (3X_\nu^{(a)} X_{\nu'}^{(a)} - R_a{}^2 \delta_{\nu\nu'}) - \sum_{\kappa \in A} (3x_\nu^{(\kappa)} x_{\nu'}^{(\kappa)} - r_\kappa{}^2 \delta_{\nu\nu'}) \qquad (10.8)$$

sind die kartesischen Komponenten des Tensors $\mathbf{Q}_A \equiv (Q_{A11}, Q_{A12}, \ldots, Q_{A33})$ des elektrischen Quadrupolmoments der Ladungsverteilung des Teilsystems A; entsprechende Ausdrükke gelten für das Teilsystem B[4]. Der Index 0 an den Ableitungen auf der rechten Seite von Gleichung (10.5) zeigt an, dass diese Ableitungen an einem geeignet festzulegenden Punkt der Ladungsverteilung A zu nehmen sind, der zugleich Bezugspunkt für die Ortsvektoren sein möge. Weitere Glieder schreiben wir hier nicht auf.

Die physikalische Bedeutung der angegebenen Anteile der Multipolentwicklung (10.5) lässt sich unschwer ablesen: Der erste Term ist die potentielle Energie der Coulomb-Wechsel-

[4] Diese Größen Dipolmoment und Quadrupolmoment (*Multipolmomente*) einer Ladungsverteilung wurden schon in Abschn. 4.3.2.1 definiert und benutzt.

wirkung der Gesamtladungen q_A und q_B der beiden Teilsysteme; sie verhält sich $\propto (1/R)$. Der zweite Term beschreibt die Wechselwirkungen zwischen der Gesamtladung von A und dem Dipolmoment von B und umgekehrt (wobei die Richtungen beider Dipolmomente auf die Verbindungslinie A–B bezogen sind, s. Abb. 10.4); dieser Anteil hängt $\propto (1/R^2)$ vom Abstand R ab. Der dritte Term $\propto (1/R^3)$ umfasst die Wechselwirkungen der Ladung von A mit dem Quadrupolmoment von B und umgekehrt sowie die Wechselwirkung der beiden Dipolmomente $\boldsymbol{D}_A$ und $\boldsymbol{D}_B$.

Mit diesem Wechselwirkungsoperator (10.5) als Störung (sie ist für große Abstände R sicher klein) wird eine Störungsrechnung durchgeführt. Vorausgesetzt sei, dass für die Zustände der beiden wechselwirkungsfreien Teilsysteme (des "ungestörten" Systems) Energien und normierte antisymmetrische Wellenfunktionen E_i^A, Ψ_i^A bzw. E_j^B, Ψ_j^B zumindest näherungsweise bekannt sind (der Einfachheit halber lassen wir aber die Kennzeichnung durch eine Tilde weg). Als Gesamtwellenfunktionen nullter Näherung nehmen wir einfache Produkte:

$$\Psi_{ij}^{(0)} = \Psi_i^A \cdot \Psi_j^B \qquad (i, j = 0, 1, 2, \ldots), \tag{10.9}$$

in denen das Pauli-Prinzip nur für die Vertauschung von Elektronen innerhalb der beiden Teilsysteme erfüllt sei; man bezeichnet diesen Ansatz als *Polarisationsnäherung*.

Die Wechselwirkungsenergie definieren wir analog zur Dissoziationsenergie als

$$\Delta U(\boldsymbol{R}) \equiv (U^A + U^B) - U(\boldsymbol{R}), \tag{10.10}$$

wobei U^A und U^B die Gesamtenergien (Elektronenenergien $E^A + E^B$ plus "innere" Kernabstoßungen) der beiden Teilsysteme A bzw. B bezeichnen, jedes in seiner dem Elektronenzustand entsprechenden Gleichgewichtskernordnung $\boldsymbol{R}_A^0$ bzw. $\boldsymbol{R}_B^0$ (Minima der jeweiligen Potentialfläche, s. Abschn. 4.3):

$$U^A \equiv U^A(\boldsymbol{R}_A^0), \quad U^B \equiv U^B(\boldsymbol{R}_B^0). \tag{10.11}$$

Mit $U(\boldsymbol{R})$ bezeichnen wir die Gesamtenergie des Systems A–B in einer bestimmten, durch den Vektor $\boldsymbol{R}$ gekennzeichneten gegenseitigen Lage der Teile A und B (Abstand R, Winkel ϑ_A und ϑ_B der Dipolmomente, sowie ein Azimutwinkel $\varphi \equiv \varphi_B - \varphi_A$; s. Abb. 10.4). Dass sich bei einer Annäherung von A an B auch die "inneren" Kernanordnungen ändern (*Relaxation*), lassen wir außer Betracht.

Um die wichtigsten Beiträge zu erfassen, muss die Störungstheorie (s. Abschn. 4.4.2) bis zur zweiten Ordnung durchgeführt werden. Wir beschränken uns auf den einfachsten Fall: beide Teilsysteme mögen sich im Elektronengrundzustand befinden und eine Elektronenkonfiguration abgeschlossener Schalen haben; dann ist der ungestörte Grundzustand $\Psi_0^A \cdot \Psi_0^B$ nicht-entartet. Die Einzelheiten der Rechnung übergehen wir und geben nur die Resultate an; der weitergehend interessierte Leser sei auf die Literatur verwiesen [10.2].

Die Energiekorrektur erster Ordnung $\Delta U^{(1)}$, also der Erwartungswert des Störoperators (10.5), gebildet mit der ungestörten Wellenfunktion $\Psi_0^A \cdot \Psi_0^B$, setzt sich aus Anteilen rein elektrostatischer Natur zusammen und ist offenbar nur dann von Null verschieden, wenn beide Teilsysteme geladen sind und/oder permanente elektrische Multipolmomente (Dipolmomente und/oder höhere Momente) besitzen:

$$\begin{aligned}\Delta U^{(1)} &= \Delta U_{\text{elstat}} \\ &= q_{\text{A}} q_{\text{B}} / R \\ &\quad -(1/R^3)\{q_{\text{A}}(\boldsymbol{D}_{\text{B}} \cdot \boldsymbol{R}) - q_{\text{B}}(\boldsymbol{D}_{\text{A}} \cdot \boldsymbol{R})\} \\ &\quad -(1/R^3)\{(\boldsymbol{D}_{\text{A}} \cdot \boldsymbol{D}_{\text{B}}) - 3(\boldsymbol{D}_{\text{A}} \cdot \boldsymbol{R})(\boldsymbol{D}_{\text{B}} \cdot \boldsymbol{R})/R^2\} + \ldots \end{aligned} \qquad (10.12)$$

Die hier aufgeschriebenen Beiträge sind: die Wechselwirkungsenergien Ladung A – Ladung B $\propto (1/R)$, Ladung A – Dipol B und Ladung B – Dipol A $\propto (1/R^2)$, Dipol A – Dipol B $\propto (1/R^3)$, ... ; die Komponenten der Dipolmomentvektoren[5] $\boldsymbol{D}_{\text{A}}$ bzw. $\boldsymbol{D}_{\text{B}}$ berechnen sich als Erwartungswerte der Operatoren (10.7), gebildet mit Ψ_0^{A} bzw. Ψ_0^{B}. Ein Term $\propto (1/R^3)$ wird auch von Wechselwirkungen Ladung – Quadrupolmoment beigetragen, falls wenigstens eines der Teilsysteme geladen ist und das andere ein permanentes Quadrupolmoment besitzt.

Die Werte von Multipolmomenten hängen im Allgemeinen von der Festlegung des Koordinatennullpunkts ab (vgl. Abschn. 4.4.2.1, auch 17.4.3.2).

Die Energiekorrektur zweiter Ordnung ist durch den folgenden Ausdruck gegeben [s. Gl. (4.73a); dem dortigen Index j entspricht hier gemäß Gl. (10.9) das Indexpaar ij]:

$$\Delta U^{(2)} = \sum\sum\nolimits_{i,j}' \left| \left\langle \Psi_i^{\text{A}} \Psi_j^{\text{B}} \middle| V_{\text{AB}} \middle| \Psi_0^{\text{A}} \Psi_0^{\text{B}} \right\rangle \right|^2 / \left(U_i^{\text{A}} + U_j^{\text{B}} - U_0^{\text{A}} - U_0^{\text{B}} \right); \qquad (10.13)$$

der Strich an der Doppelsumme weist darauf hin, dass der Term $i = j = 0$ nicht auftritt. Da die Kernanordnung in den Teilsystemen A bzw. B gemäß Gleichung (10.11) festliegt, ist $U_i^{\text{A}} - U_0^{\text{A}} = E_i^{\text{A}} - E_0^{\text{A}}$ sowie $U_j^{\text{B}} - U_0^{\text{B}} = E_j^{\text{B}} - E_0^{\text{B}}$. Der Ausdruck (10.13) besteht aus zwei Teilen:

$$\Delta U^{(2)} = \Delta U_{\text{ind}} + \Delta U_{\text{disp}} \, . \qquad (10.14)$$

Der erste Anteil, ΔU_{ind}, beinhaltet diejenigen Glieder der Summe, in denen nur *ein* Index, i oder j, von Null verschieden ist. Im Sinne der CI-Entwicklung (s. Abschn. 9.1.1) entspricht das den Anregungen innerhalb jeweils nur eines Teilsystems. Damit wird eine Deformation der Elektronenverteilung eines der Teilsysteme A (bzw. B) im elektrischen Feld des anderen, B (bzw. A) erfasst: es werden elektrische *Multipolmomente induziert*, die mit den permanenten Ladungen und Multipolmomenten des jeweils anderen Teilsystems in elektrostatische Wechselwirkung treten. Man bezeichnet daher ΔU_{ind} als ***Induktionsenergie***. Dieser Beitrag

[5] Die Richtung der Dipolmomentvektoren ist so definiert, dass sie vom elektrisch negativen zum positiven Ende weist. Der Vektor $\boldsymbol{R}$ hat die Richtung $\text{A} \rightarrow \text{B}$.

ist *stets negativ*, also stabilisierend; es gibt ihn nur dann, wenn wenigstens eines der Teilsysteme geladen ist oder/und permanente elektrische Multipolmomente hat.

Die Hauptanteile von ΔU_{ind}, d. h. diejenigen mit den niedrigsten (1/*R*)-Potenzen, rühren vom zweiten Term des Störoperators (10.5) her:

$$\Delta U_{\text{ind}} = -(1/2)\, q_{\text{A}}\alpha_{\text{B}} / R^4 - (1/2)\, q_{\text{B}}\alpha_{\text{A}} / R^4$$

$$- (1/2) D_{\text{A}}{}^2 \alpha_{\text{B}} (3\cos^2\vartheta_{\text{A}} + 1) / R^6 - (1/2) D_{\text{B}}{}^2 \alpha_{\text{A}} (3\cos^2\vartheta_{\text{B}} + 1) / R^6 \;+ \ldots \quad (10.15)$$

(mit $D_{\text{A}} \equiv |\boldsymbol{D}_{\text{A}}|$ und $D_{\text{B}} \equiv |\boldsymbol{D}_{\text{B}}|$); sie geben die Wechselwirkungsenergien Ladung A (bzw. B) – induzierter Dipol B (bzw. A) $\propto (1/R^4)$, permanenter Dipol A (bzw. B) – induzierter Dipol B (bzw. A) $\propto (1/R^6)$ usw. an. Die Größen α_{A} und α_{B} sind die elektrischen (Dipol-) Polarisierbarkeiten der Teilsysteme A bzw. B in Richtung des Vektors $\boldsymbol{R}$.

Die statische elektrische Polarisierbarkeit eines Systems von Elektronen mit den Koordinaten $x_\nu^{(\kappa)}$ (s. oben) ist ein Tensor mit den Komponenten $\alpha_{\mu\nu}$ $(\mu, \nu = 1, 2, 3)$; s. Abschnitt 4.4.2.1 Diese Größen bestimmen die Energiekorrektur zweiter Ordnung, wenn das System einer Störung durch ein äußeres elektrisches Feld $\boldsymbol{\mathcal{E}} \equiv (\mathcal{E}_x, \mathcal{E}_y, \mathcal{E}_z) \equiv (\mathcal{E}_1, \mathcal{E}_2, \mathcal{E}_3)$ ausgesetzt wird:

$$u^{(2)} = -(1/2) \textstyle\sum_{\mu=1}^{3} \sum_{\nu=1}^{3} \mathcal{E}_\mu \alpha_{\mu\nu} \mathcal{E}_\nu \; ; \quad (10.16)$$

die elektrischen Feldkomponenten sind hier ebenso wie die Elektronenkoordinaten mit μ bzw. $\nu = 1$, 2, 3 durchnumeriert. Die Störungstheorie zweiter Ordnung ergibt für den Grundzustand [s. Gl. (4.80)]:

$$\alpha_{\mu\nu} = \bar{e}^2 \textstyle\sum_{j(\neq 0)} \left\langle \Psi_0 \middle| \sum_\kappa x_\mu^{(\kappa)} \middle| \Psi_j \right\rangle \left\langle \Psi_j \middle| \sum_\lambda x_\nu^{(\lambda)} \middle| \Psi_0 \right\rangle / \left(E_j^{(0)} - E_0^{(0)} \right) . \quad (10.17)$$

In unserem Falle handelt es sich jeweils um eines der beiden Teilsysteme A oder B, dementsprechend sind: $\Psi_0 \equiv \Psi_0^{\text{A}}$, $\Psi_j \equiv \Psi_j^{\text{A}}$, $E_0^{(0)} \equiv E_0^{\text{A}}$, $E_j^{(0)} \equiv E_j^{\text{A}}$, analog für das Teilsystem B. Der hier relevante Teil des Störoperators (10.5) ist dessen zweite Zeile mit dem Elektronenbeitrag zum Dipolmoment (10.7). Liegt die *z*-Achse in $\boldsymbol{R}$-Richtung (s. Abb. 10.4), dann ist $\alpha_{\text{A}} = \alpha_{zz} \equiv \alpha_{33}$, α_{B} entsprechend.

Der zweite, als ***Dispersionsenergie*** bezeichnete Anteil ΔU_{disp} der Wechselwirkungsenergie zweiter Ordnung ist rein quantenmechanischer Natur und daher klassisch nicht interpretierbar. Er ist ebenfalls *stets negativ*, also stabilisierend, meist klein und verhält sich im Wesentlichen $\propto (1/R^6)$. Für die langreichweitige Wechselwirkung zweier Teilsysteme A und B ohne Ladungen und permanente Multipolmomente (Beispiel: He_2) ist das der einzige relevante Anteil.

Die Dispersionsenergie beinhaltet diejenigen Beiträge zu $\Delta U^{(2)}$, bei denen *beide* Indizes *i* und *j*, von Null verschieden sind, die also von simultanen Anregungen in dem einen *und* dem anderen Teilsystem herrühren; es handelt sich demnach um einen der in Abschnitt 9.1 diskutierten *Korrelationseffekte*.

Nehmen wir als einfachsten Fall zwei H-Atome bei großen Abständen R. Das Elektron von A und das Elektron von B, deren Bewegungen bei getrennten Teilsystemen völlig unabhängig verlaufen würden, halten sich bei endlichen Kernabständen, sobald die (Coulombsche) Wechselwirkung nicht mehr zu vernachlässigen ist, bevorzugt möglichst weit voneinander entfernt auf. Dadurch wird im Mittel ihre Abstoßungsenergie etwas verringert, und infolgedessen die Gesamtenergie des Systems ein wenig abgesenkt, das System H–H also etwas stabiler. Dieser Korrelationsanteil ist die Dispersionsenergie. Bei He_2 gibt es überhaupt nur diese Dispersionswechselwirkung.

Der Hauptbeitrag zu ΔU_{disp} rührt von den Gliedern $\propto (D_{A\nu} \cdot D_{B\nu'})$ im Störoperator (10.5) her, die sich $\propto (1/R^3)$ verhalten; da das Matrixelement in Gleichung (10.13) quadratisch auftritt, ist der führende Beitrag $\propto (1/R^6)$. Insgesamt ergibt sich bei Einbeziehung von Gliedern höherer Ordnung

$$\Delta U_{\text{disp}} = -(C_6 / R^6) - (C_8 / R^8) - (C_{10} / R^{10}) - \dots ; \qquad (10.18)$$

alle Terme klingen mit geradzahligen Potenzen von $1/R$ ab. Die Berechnung der Koeffizienten $C_6, C_8, C_{10}, \dots$ erweist sich als außerordentlich aufwendig, so dass überwiegend Näherungsformeln und semiempirische Parametrisierungen verwendet werden (vgl. z. B. [10.2]). Während die zuvor diskutierten Beiträge zu ΔU das Vorhandensein von Ladungen und/oder permanenten Multipolmomenten der Teilsysteme A und B erfordern, gibt es den Dispersionsanteil in jedem Fall.

Damit ist die Theorie der Van-der-Waals-Wechselwirkungen keineswegs komplett; die folgenden ergänzenden Bemerkungen sollen zumindest andeuten, wo einige der Probleme liegen.

- Die *Multipolentwicklung* ist nicht im strengen Sinne konvergent, in der Regel aber *semikonvergent*; man erhält brauchbare Näherungen, wenn sie nach einer geeignet zu wählenden Anzahl von Gliedern abgebrochen wird.[6]
- Die Polarisationsnäherung ist für große Abstände R im Allgemeinen gut brauchbar, hat jedoch einen prinzipiellen Defekt: sie ist nicht vollständig antisymmetrisch, erfüllt also nicht das Pauli-Prinzip. Unter anderem verschlechtert das die Konvergenzeigenschaften der Störungsentwicklung; außerdem fehlen entsprechende Beiträge zur Wechselwirkungsenergie. Man spricht von einem *"Symmetrie-Dilemma"* der Störungstheorie langreichweitiger Wechselwirkungen. Verallgemeinerungen der Behandlung, die diese Mängel beheben (*symmetrieangepasste Störungstheorie*), sind relativ kompliziert, so dass wir hier nicht darauf eingehen (s. etwa [10.2]; auch [I.4b], Abschn. 6.4.).
- Eine besondere Situation liegt vor, wenn zwei gleichartige Teilsysteme, A und A, in Wechselwirkung stehen und eines oder beide Teilsysteme sich in einem elektronisch angeregten Zustand befinden; in diesem Fall von *Resonanz* ist das ungestörte Gesamtsystem entartet. Durch die Wechselwirkung wird die Entartung aufgehoben und einer der resultierenden Zustände energetisch abgesenkt; auch die Abstandsabhängigkeit wird unter Umständen

---

[6] Ahlrichs, R.: Convergence properties of the intermolecular force series ($1/R$ - expansion). Theor. Chem. Acc. [Theor. Chim. Acta] **41**, 7-15 (1976)

modifiziert. Solche Arten von Wechselwirkungen treten bei sogenannten *Excimeren* (vom engl. excited dimers) auf.

- Die Theorie der Van-der-Waals-Wechselwirkungen kann alternativ zur störungstheoretischen Beschreibung auch ganz nach der üblichen quantenchemischen Behandlungsweise aufgezogen werden, indem man das Gesamtsystem AB wie ein "gewöhnliches" Molekül behandelt und das Verhalten der Energie E_{AB} (bzw. U_{AB}) und der Wellenfunktion Ψ_{AB} bei großen Abständen R zwischen A und B untersucht (*Supermolekül-Beschreibung*). Da sich die Wechselwirkungsenergien ΔU_{AB} [Gl. (10.10)] als sehr kleine Differenzen großer Zahlen ergeben, stellt eine solche Verfahrensweise extrem hohe Anforderungen an die Güte der verwendeten Näherungen. Hartree-Fock-SCF-Näherungen ergeben für elektrostatische und Induktionsbeiträge allenfalls brauchbare Abschätzungen, können aber Dispersionsenergien (als reine Korrelationseffekte) überhaupt nicht erfassen. Die Qualität und die Dimension des Basissatzes spielen bei einer solchen Berechnung eine besonders große Rolle (vgl. hierzu auch Kap. 13 und 17).
- Ein stabiles, durch Van-der-Waals-Wechselwirkungen zusammengehaltenes System (ein *Van-der-Waals-Komplex* oder *Van-der-Waals-Molekül*) kommt nur dann zustande, wenn die meist sehr flache Potentialmulde wenigstens die Nullpunktsschwingung der beiden Teilsysteme gegeneinander ermöglicht. Die Veränderungen der Schwingungen innerhalb der Teilsysteme infolge der Wechselwirkung sind meist vernachlässigbar klein.

Van-der-Waals-Wechselwirkungen spielen für die Eigenschaften von Flüssigkeiten eine sehr wichtige Rolle; sie bestimmen ferner die Bildung von Molekülkomplexen (s. oben) sowie von Molekülkristallen (s. folgenden Abschnitt) und Adsorbaten bzw. Schichten auf Festkörperoberflächen.

10.2 Bindung in Aggregaten aus vielen Atomen

In Natur und Technik haben wir es in aller Regel mit Objekten, Materialien, Stoffen zu tun, die sich räumlich eingegrenzt aus sehr vielen Atomen (Anzahl in der Größenordnung der Avogadro-Zahl $N_A = 6\times10^{23}$ Teilchen/mol) zusammensetzen. Will man solche Systeme theoretisch erfassen, so erhebt sich die Frage, inwieweit sich deren Eigenschaften aus der Kenntnis von Struktur und Bindung molekularer oder molekülartiger Systeme, wie wir sie bisher diskutiert hatten, verstehen lassen. Dabei stößt man auf teilweise auch grundsätzlich noch nicht behobene Schwierigkeiten. Wir kommen in Teil 4 ausführlicher auf derartige Probleme zu sprechen.

Die theoretische Beschreibung makroskopischer Systeme erfolgt gewöhnlich mit Methoden der Thermodynamik durch Kenngrößen wie Temperatur, Druck und Volumen. Unter bestimmten Voraussetzungen können diese Kenngrößen mittels statistischer Methoden auf Eigenschaften der mikroskopischen Bestandteile (Atome, Moleküle) zurückgeführt werden; das wurde in Abschnitt 4.8.5 skizziert, s. auch die Anhänge A3 und A4. Überträgt man die in den zurückliegenden Abschnitten beschriebenen Erkenntnisse über die Bindungen zwischen Atomen auf große Atomaggregate, so gelangt man zu der Vorstellung, dass sich analog zu kleinen Molekülen lokale räumliche Strukturen ausbilden. Auf dieser Grundlage lassen sich elektronische

Eigenschaften und vermittels zwischenatomarer Wechselwirkungspotentiale auch Kernbewegungen plausibel erklären. Darüber hinaus aber treten neue Eigenschaften auf (wie Supraleitung, Suprafluidität, Phasenbildung und Phasenübergänge), für die es im Bereich der freien Atome und der kleinen Moleküle keine Entsprechungen gibt.

Der vorliegende Abschnitt wird sich damit befassen, wie die Lücke zwischen dem Bereich der Atome und kleinen Moleküle einerseits und dem Bereich der makroskopischen Stoffe andererseits überbrückt werden kann. Dabei konzentrieren wir uns auf Eigenschaften, die durch die Elektronen bestimmt werden, darunter hauptsächlich Bindung und Struktur – das alles im Rahmen der quantenchemischen Methodik, wie wir sie bisher kennengelernt haben. Wir stellen uns also eine sehr große Anzahl von Atomen bzw. allgemeiner: von Atomkernen und Elektronen vor, eingeschlossen in ein bestimmtes Volumen oder als Grenzfall auch ohne räumliche Eingrenzung. Es ist klar, dass eine strenge Behandlung, ab initio und quantitativ genau nach den Konzepten des Kapitels 4, schwerlich in Frage kommen kann: Die Anzahl der Elektronen ist riesig groß. Ferner hängt die Elektronenenergie $E(\boldsymbol{R})$ und damit die adiabatische Potentialfunktion $U(\boldsymbol{R})$ zu einem Elektronenzustand von einer sehr großen Anzahl von Kernkoordinaten (hier zusammengefasst zu einem vielkomponentigen Vektor $\boldsymbol{R}$) ab. Die hochdimensionale Potentialhyperfläche weist so viele lokale Minima auf, dass die systematische Ermittlung einer energetisch optimalen Struktur undurchführbar ist.

Ehe wir in Teil 4 darangehen, die Grenzen einer konsequenten theoretischen Behandlung, ausgehend von kleinen Molekülen, sukzessive zu größeren Systemen bis in den *mesoskopischen Bereich* (zur Begriffsbestimmung s. Vorspann zu Kap. 16) systematisch auszuweiten, wollen wir uns jetzt erst einmal mit Hilfe einfacher Modellvorstellungen und entsprechender quantenchemischer Näherungen einen qualitativen Gesamteindruck verschaffen.

10.2.1 Gase, Flüssigkeiten und Festkörper

Wir beginnen mit einer Übersicht über die *Aggregatzustände* oder *Phasen*, in denen Systeme aus sehr vielen Atomen vorliegen können. Die Tab. 10.1 stellt einige Merkmale zusammen, die zur Charakterisierung dienen können; sie sind sicher ohne weitere Kommentare verständlich und so oder ähnlich in Standardwerken über Physikalische Chemie zu finden [10.3].

Die Abgrenzungen sind nicht scharf, und es gibt Übergangs- und Sonderfälle (z. B. Gläser, Flüssigkristalle u. a.). Durch Änderung thermodynamischer Parameter können Stoffe von einer Phase in eine andere übergehen. So lässt sich ein Festkörper z. B. durch Erhöhung der Temperatur, d. h. durch Erhöhung der Bewegungsenergie der Teilchen, in den flüssigen Zustand und weiter in den Gaszustand überführen.

Mit der Theorie von *Phasenübergängen* werden wir uns nicht beschäftigen; dieses Problem führt weit über den Rahmen dieses Kurses hinaus und bildet ein eigenes theoretisches Gebiet.

Wenn wir von der atomar-molekularen Beschreibungsebene ausgehen, verstehen wir zunächst leicht die Eigenschaften eines idealen Gases, indem wir die Moleküle als isolierte Einheiten betrachten und eine Molekularstatistik nach Abschnitt 4.8 (s. auch Anhang A3 und A4) anschließen.

Tab. 10.1 Charakterisierung der Aggregatzustände von Stoffen

	Gase	Flüssigkeiten	Festkörper
Teilchen	Moleküle (Edelgase: Atome)	Moleküle	Atome, Moleküle
Wechselwirkung zwischen den Teilchen[a]	seltene, flüchtige Kontakte, weitgehend frei VdW Wechselwirkung	häufige, enge Kontakte, VdW-Wechselwg., H-Brücken	starke Kräfte kovalente/elektrostatische Wechselwirkungen
Struktur	keine	Assoziate	meist regelmäßige Anordnung mit bestimmter Symmetrie
mittlere Teilchenabstände[b]	$\approx 10^{-5}$ cm = 10^3 Å	einige Å	einige Å
kinetische Energie der Teilchenbewegung[c] relativ zur Stärke der Wechselwirkung	hoch	mittel	gering
Form	leicht veränderbar	leicht veränderbar	sehr wenig veränderbar
Volumen	leicht veränderbar	wenig veränderbar	sehr wenig veränderbar

[a] VdW bedeutet: Van der Waals. Als Maß für die Stärke der Wechselwirkung kann etwa die Tiefe des Potentialminimums dienen.

[b] Maße für die Teilchenabstände sind bei Gasen die mittlere freie Weglänge (s. Anhang A4.2.4), bei Flüssigkeiten die Lagen der Maxima der radialen Verteilungsfunktionen (s. Abschn. 19.2.3).

[c] Unter Normalbedingungen (Temperatur, Druck).

Für ein reales Gas oder eine Flüssigkeit hingegen sind die Wechselwirkungen zwischen den Molekülen wesentlich, wobei Paarwechselwirkungen und Zweierstöße (wie sie in Teil 3 behandelt werden) dominieren.

Ein Festkörper schließlich kann als ein sehr großes Molekül aufgefasst werden, das durch Bindungen zusammengehalten wird; darauf wollen wir jetzt etwas näher eingehen.

10.2.2 Vom Molekül zum Festkörper

Vorausgesetzt sei ein *idealer Festkörper*, unendlich ausgedehnt mit durchgehend einheitlicher Kristallstruktur. Es kommen somit keine Rand- und Oberflächeneffekte ins Spiel; ebenso möge es keine Defekte, Verunreinigungen etc. geben. Wir gehen nicht auf amorphe Festkörper (etwa Gläser) ein, die nicht recht in die nachfolgende Klassifizierung passen und eine Sonderrolle spielen.

Die Struktur der Festkörper wird, wie bei der Behandlung von Molekülen in der Näherung fixierter Kerne, als gegeben vorausgesetzt; die Art der Bindung wird vorerst sehr grob und pauschal diskutiert. Genaueres darüber, wie es zur Ausbildung der Kristallstruktur kommt und welche Strukturen überhaupt möglich sind, sowie Fragen der Symmetrie bleiben zunächst außer Betracht.

10.2.2.1 Typen von Festkörpern

Analog zu Molekülen lassen sich auch bei Festkörpern mehrere Typen unterscheiden, wobei wiederum die Trennung nicht scharf und die Zuordnung oft nicht eindeutig ist. Bei allen im Folgenden besprochenen Festkörpern handelt es sich um *Kristalle*, in denen Bauelemente (Atome, Moleküle bzw. deren Ionen oder auch größere Aggregate) regelmäßig, mit bestimmten Symmetrien, angeordnet sind: die Bausteine bilden ein *Gitter*.

In Abb. 10.5 sind einige Strukturtypen zusammengestellt.

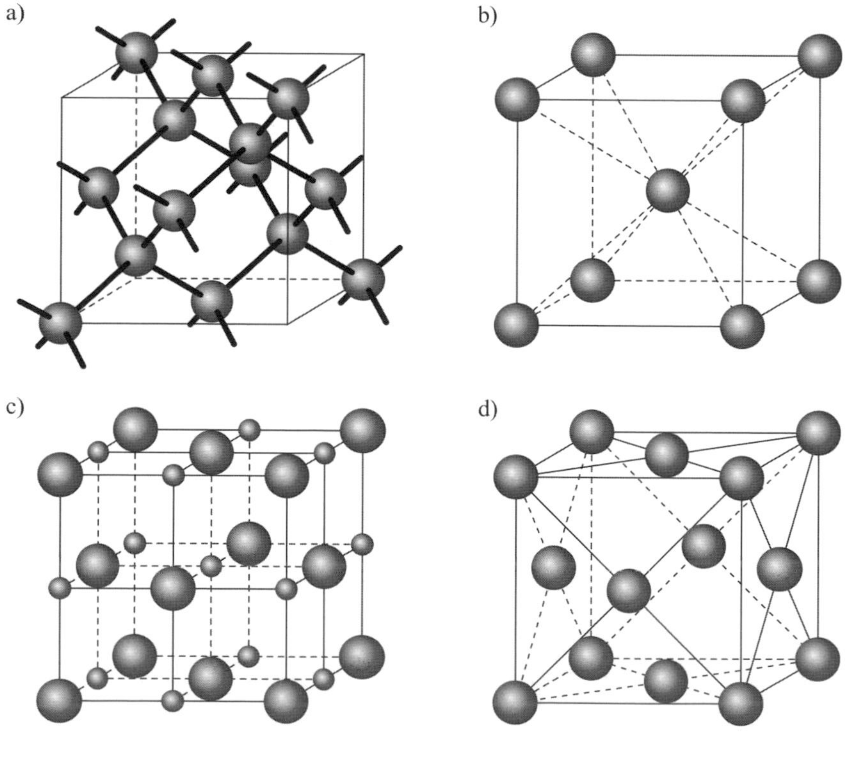

Abb. 10.5 Typische Kristallstrukturen (schematisch): (a) Diamantgitter; (b) Kubisch-raumzentriertes Gitter (Lithium-Metall); (c) einfaches kubisches Gitter (Steinsalz NaCl); (d) dichteste Kugelpackung (Edelgas)

Nach der Art der Bindung, durch die solche Kristalle zusammengehalten werden, lässt sich die folgende Klassifizierung vornehmen:

I **Valenzkristalle** (*Atomgitter*) sind dadurch charakterisiert, dass zwischen nächstbenachbarten Gitteratomen *kovalente* chemische Bindungen bestehen; diese Bindungen sind fest, *lokalisiert* und wenig bis nicht polar, ganz ähnlich wie bei kovalent gebundenen Molekülen.

Das bekannteste Beispiel für einen solchen Festkörpertyp ist der Diamant, der aus C-Atomen besteht. Jedes C-Atom ist lokal tetraedrisch von vier Nachbar-C-Atomen umgeben (s. Abb. 10.5a), die C–C-Abstände betragen etwa 1,5 Å wie bei gesättigten Kohlenwasserstoffen. Weitere Beispiele sind Zinn, Carborund (SiC) u. a.

II **Metalle** sind Festkörper, in denen die Aufenthaltswahrscheinlichkeiten der für Bindungen zur Verfügung stehenden Valenzelektronen wenigstens teilweise über das Gitter der Atomrümpfe (*Metallgitter*) *delokalisiert* sind, analog zu konjugierten Molekülen. Charakteristisch für Metallgitter sind: die hohe Anzahl nächster Nachbarn (hohe Koordinationszahl), die im Vergleich zu Molekülen etwas schwächeren Bindungen und die entsprechend etwas längeren zwischenatomaren Abstände. Die Anzahl der Bindungen, die ein Atom eingeht, ist bei Metallen größer als bei Molekülen aus diesen Atomen, und Metalle haben eine höhere Bindungsenergie pro Atom.

Das einfachste Beispiel ist Lithium-Metall mit einem kubisch-raumzentrierten Gitter, in dem ein Li-Atom von acht nächsten Nachbarn im Abstand von etwa 3 Å umgeben ist (s. Abb. 10.5b).

III **Ionenkristalle** stellen gewissermaßen einen Grenzfall kovalent gebundener Festkörper mit starker Verschiebung von Elektronendichte zwischen den Gitteratomen dar; die Bindungen verknüpfen jeweils Paare von Atomen wesentlich unterschiedlicher Elektronegativität, von denen das eine leicht Elektronen abgibt (niedriges Ionisierungspotential) und das andere Elektronen unter Energiegewinn aufnimmt (hohe Elektronenaffinität). Die resultierenden Ionen bilden ein *Ionengitter*.

Beispiele sind die Alkalihalogenide, etwa NaCl; hier werden einfache kubische Gitter mit abwechselnd Na^+ - und Cl^- - Ionen ausgebildet; jedes Ion hat sechs nächste Nachbarn der jeweils anderen Sorte (s. Abb. 10.5c) im Abstand von 2,8 Å. Der Zusammenhalt des Kristalls wird in guter Näherung durch die paarweise Coulombsche Wechselwirkung der Ionen bestimmt. Die Anziehung zwischen den jeweils nächsten Nachbarn dominiert, da gleichnamig geladene Ionen weiter entfernt sind; außerdem muss noch die Pauli-Abstoßung zwischen den quasi-abgeschlossenen Schalen der Ionen berücksichtigt werden, die den Kollaps des Kristalls verhindert. Bei realen Ionenkristallen gibt es im Allgemeinen auch einen kovalenten Bindungsanteil, da der Ladungsübergang nie vollständig ist, sowie weitere elektrostatische Anteile auf Grund der Polarisierbarkeit der Ladungsverteilungen.

IV **Molekülkristalle** sind aus ganzen Molekülen (die in der Regel abgeschlossene Elektronenschalen haben) aufgebaut (*Molekülgitter*); auch Edelgaskristalle können zu dieser Klasse gezählt werden. Der Zusammenhalt kommt bei unpolaren Molekülen wie

I_2, CH_4, C_6H_5OH (Phenol) und anderen organischen Verbindungen (auch bei Edelgasen) durch die (schwachen, langreichweitigen, stets attraktiven) Dispersionswechselwirkungen zustande; bei polaren Molekülen mit H-Atomen, etwa bei H_2O (Eis) oder HCl, durch Wasserstoffbrückenbindungen. Die Abstände zwischen den Gitterpunkten sind entsprechend groß (bei I_2 etwa 3,5 Å), die Bindungsenergien gering.

Die Kristallstrukturen zeigen eine breite Vielfalt; bestimmend ist die Form der Moleküle, auch deren Ausrichtung (etwa bei H-Brücken), oft aber resultiert die Kristallstruktur lediglich aus den Packungsmöglichkeiten, da Van-der-Waals-Wechselwirkungen generell ungerichtet sind. Edelgase bilden Kristalle in dichtester Kugelpackung (s. Abb. 10.5d).

Elektronische Eigenschaften von Festkörpern der Typen I und II lassen sich im Rahmen eines Einelektron-Modells (analog zum MO-Modell für Moleküle) qualitativ ziemlich leicht verstehen. Damit befasst sich der folgende Abschnitt; zunächst erörtern wir vorab die Grundzüge der theoretischen Vorstellungen.

Die Delokalisierung von Elektronen im Kristallverband hängt mit der Überlappung von AOs benachbarter Zentren zusammen und mit dem Einfluss der vielen umgebenden Zentren als Störungen, die zu einer Aufspaltung der jeweiligen AO-Energien in eine riesige Anzahl (bei makroskopischen Kristallen von der Größenordnung der Avogadro-Zahl N_A) eng beieinanderliegender Niveaus führen – analog zur Aufspaltung (in vergleichsweise wenige Niveaus) bei Molekülen. Diese Niveaus bilden sogenannte *Energiebänder*, die durch *Bandlücken* (*verbotene Zonen*), d. h. Energiebereiche, in denen keine besetzbaren Niveaus liegen, getrennt sind (vgl. Abschn. 7.4.6, wo wir so etwas im HMO-Modell schon kennengelernt haben). Da sich die Störungen praktisch nur auf die äußeren (Valenz-) Elektronen auswirken, können wir die Diskussion auf letztere beschränken.

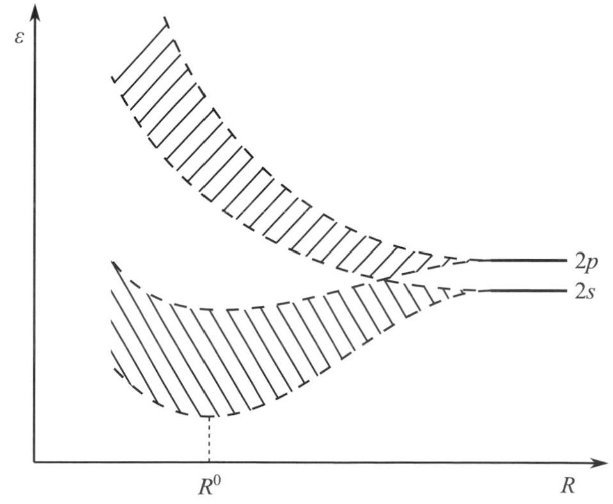

Abb. 10.6
Zur Entstehung der Energiebänder beim Li-Metall (schematisch; in Anlehnung an [10.6], Fig. 11.8)

Wir betrachten zuerst einen sehr einfachen Fall: das bereits oben als Prototyp eines Metalls erwähnte Aggregat aus Li-Atomen, und folgen dabei der Diskussion in [10.6]. Jedes der Li-Atome, die sich im Grundzustand befinden mögen, hat eine abgeschlossene innere Schale $(1s)^2$ sowie ein Valenzelektron in einem $2s$-AO; energetisch benachbart liegt die unbesetzte $2p$-Schale. Bei Wechselwirkung mit weiteren Li-Atomen erfolgt (analog zum Fall zweier H-Atome in Abschn. 6.2) eine Aufspaltung der AO-Niveaus, und zwar gehen bei einem Aggregat von N Li-Atomen jeweils N Zustände aus dem $2s$-Niveau und $3N$ Zustände aus dem (im freien Atom 3-fach entarteten) $2p$-Niveau hervor: es entstehen Energiebänder. Außer einer Verbreiterung (Aufweitung) verschiebt sich im Allgemeinen die Lage der Bänder bei Verringerung der zwischenatomaren (nächstnachbarlichen) Abstände R; Bänder können überlappen (dem entspricht, dass die AOs im Sinne der LCAO-Näherung mischen können), und das tiefere Band wird energetisch abgesenkt, das höhere angehoben (analog zum Verhalten der Energien zweiatomiger Systeme, s. Abschn. 6.1 und 6.2). Schematisch ist das in Abb. 10.6 sowie in Abb. 10.7a dargestellt. Energetisch weit darunter (in den Abbildungen weggelassen) liegt das wesentlich schmalere und mit dem Abstand R wenig veränderliche Band der inneren Schalen, die von den Wechselwirkungen mit Nachbaratomen kaum beeinflusst werden.

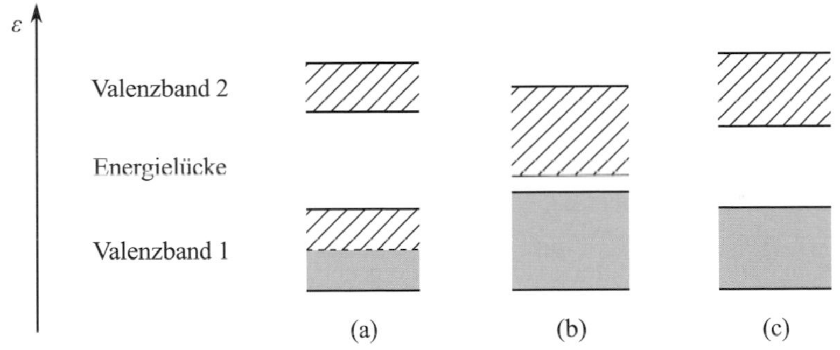

Abb. 10.7 Energiebänder (schematisch; schattiert: besetzt, schraffiert: unbesetzt): (a) Metall (Leiter); (b) intermediärer Fall (Halbleiter); (c) Kovalenter Kristall (Isolator)

Analog kann man sich die Verhältnisse auch in anderen Fällen veranschaulichen, etwa für einen kovalenten Kristall wie Diamant. Hier führen die $2s$- und die $2p$-AOs des C-Atoms zu $2N$ bindenden und $2N$ antibindenden Orbitalen; die beiden Valenzbänder sind aber in diesem Fall durch eine erhebliche Bandlücke (mehrere eV) voneinander getrennt (s. Abb. 10.7c).

Die beiden Festkörper-Typen I und II haben ganz unterschiedliche elektronische Eigenschaften. Im Li-Aggregat aus N Atomen stehen für die Besetzung der N Zustände des tiefsten Valenzbandes (aus $2s$ hervorgehend), die wegen des Pauli-Prinzips maximal mit $2N$ Elektronen besetzt werden können, lediglich N Elektronen zur Verfügung, so dass im Grundzustand das Band gerade nur halb besetzt ist (s. Abb. 10.7a). Darauf beruht eine markante Eigenschaft solcher Festkörper: ihre *elektrische Leitfähigkeit.*

Ohne auf die Theorie der elektrischen Leitfähigkeit ausführlich einzugehen, sei nur kurz skizziert, was damit in Bezug auf die elektronische Struktur gemeint ist: Wird ein Festkörper an zwei Stellen mit den

Polen einer Gleichspannungsquelle (Batterie) verbunden, dann wirkt auf die Elektronen eine Kraft in Richtung zur Anode (Pluspol), also entgegen der Richtung des elektrischen Feldes. Je nachdem, ob diese Kraft zu einer Bewegung von Elektronen führt, d. h. ob ein elektrischer Strom fließt oder nicht, bezeichnet man den Festkörper als Leiter oder Nichtleiter (Isolator). Quantenmechanisch entspricht dieses Bild der Anregung gebundener Elektronen aus einem Energiebereich nahe der Ionisierungsgrenze in das Kontinuum der Zustände frei beweglicher Elektronen, wobei die Anregungsenergie überwiegend in kinetische Energie der Elektronen umgewandelt wird.

Im Li-Aggregat können Elektronen aus besetzten Zuständen des halbgefüllten Valenzbandes in Zustände des unbesetzten Teils dieses Valenzbandes angehoben werden. Hierfür sind, da die Niveaus sehr dicht liegen, nur sehr geringe Anregungsenergien nötig, die dem äußeren elektrischen Feld entnommen werden. Generell gilt: Sobald ein Energieband nur teilweise besetzt ist, haben wir es mit einem *elektrischen Leiter* zu tun.

Bei kovalenten Kristallen wie Diamant ist das anders (s. Abb. 10.7c): um Elektronen in unbesetzte Niveaus anzuregen, muss die Bandlücke überwunden werden, wozu erhebliche Energien (im eV-Bereich) erforderlich sind, die von "normalen" äußeren Feldern nicht aufgebracht werden können. Solche Festkörper sind *Nichtleiter*.

In der Mehrzahl realer Systeme sind die Verhältnisse nicht so übersichtlich; eine intermediäre Situation ist in Abb. 10.7b schematisch dargestellt. Es handelt sich nach obiger Definition eigentlich um einen Isolator, bei dem aber die Energielücke zwischen dem vollbesetzten Valenzband und dem darüberliegenden leeren Valenzband so schmal ist, dass bereits eine geringe Energiezufuhr (von thermischer Größenordnung $k_B T$) ausreicht, um den Übergang von Elektronen in das leere Band zu bewirken und die elektrische Leitung zu ermöglichen: Solche Festkörper heißen *Halbleiter* (genauer: *Eigenhalbleiter*). Auch durch elektromagnetische Strahlung passender Frequenz lässt sich oft die Energielücke überwinden (*Photohalbleiter*). Die ausführliche Diskussion aller solcher Phänomene und die praktisch sehr wichtigen Einflüsse von Legierung, Störstellen u. a. würde den Rahmen dieses Kurses weit überschreiten (s. hierzu etwa [10.4]).

Auch für die beiden übrigen Klassen von Festkörpern (Ionenkristalle und Molekülkristalle) können Bändermodelle formuliert werden, die aber weniger aussagefähig sind. Die elektrische Leitfähigkeit erfolgt in diesen Fällen nach anderen Mechanismen; bei Molekülkristallen etwa lässt sie sich als "Wanderung" (Sprünge) lokaler Anregungen (*Excitonen*) im Kristall beschreiben (s. [10.4]).

10.2.2.2 Das Bändermodell für die Elektronen eines Festkörpers

Der einfachste denkbare (und historisch erste) Zugang zur Beschreibung der Elektronen in einem Festkörper ist das *Elektronengas-Modell* für Metalle; die Grundlagen dafür findet man in Abschnitt 4.8.6. In der einfachsten Variante werden die Elektronen in ein endliches Volumen eingeschlossen, in dessen Innerem das Potential als konstant angenommen wird. Wir verfolgen hier diesen Weg nicht, sondern benutzen eine etwas weniger drastische Näherung, nämlich eine HMO-artige Beschreibung nach Abschnitt 7.4. Diese ist vor allem für Systeme mit vollständig delokalisierten Bindungen sinnvoll; sie hat sich aber auch bei anderen Bindungsverhältnissen bewährt, solange nur qualitative Aussagen angestrebt werden.

Eindimensionales Festkörpermodell

Wir können unmittelbar an die HMO-Behandlung unverzweigter konjugierter Kohlenwasserstoffe in Abschnitt 7.4.6 anknüpfen und betrachten (da etwas bequemer zu formulieren) einen Ring von N gleichen Atomen mit je *einem* Valenzelektron; dabei kann es sich z. B. um einen Ring von Alkalimetallatomen handeln, im einfachsten Fall Li mit je einem äußeren $2s$-Elektron. Diesen Ring nehmen wir als Modell für einen "eindimensionalen Festkörper" (s. Abb. 10.8). Die Li^+-Rümpfe (Kern plus zwei $1s$-Elektronen) seien mit festen Abständen a aneinandergereiht. Die Zustände eines $2s$-Elektrons unter dem Einfluss der Kette von Li^+-Rümpfen werden durch eine Schrödinger-Gleichung mit einem nicht weiter spezifizierten effektiven (Einelektron-) Hamilton-Operator $\hat{h}^{\text{eff}}$ bestimmt.

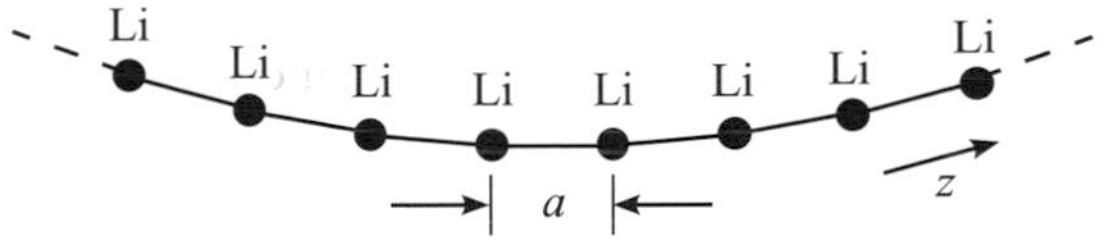

Abb. 10.8
Ausschnitt aus einem Ring von Li-Atomen (schematisch)

Verfahrensweise und Resultate können Punkt für Punkt aus Abschnitt 7.4.6 übernommen werden: Für die Einelektron-Wellenfunktion ("MO") $\phi(\mathbf{r})$ machen wir einen LCAO-Ansatz (7.30b) mit einem $2s$-AO φ_μ an jedem Zentrum μ; die Überlappungen werden gemäß Gleichung (7.77) vernachlässigt. Mit den *periodischen Randbedingungen* (7.135) und der entsprechenden Hückel-Matrix (7.134) führt das HMO-Gleichungssystem (7.80) auf die Energieeigenwerte

$$\varepsilon_m = \alpha + 2\beta\cos[2\pi m / N] \qquad (m = 0, \pm 1, \pm 2, \ldots) \tag{10.19}$$

(modulo N) Das Coulomb-Integral α ($\equiv \alpha_{\mu\mu}$) und das Resonanzintegral β ($\equiv \beta_{\mu\nu}$ mit $\nu = \mu \pm 1$) haben geeignet festzulegende Zahlenwerte (Parametrisierung). Zu jeder Energie ε_m erhält man einen Satz von N MO-Koeffizienten

$$c_{\mu m} = C_m \exp[2\pi i \mu m / N] \tag{10.20}$$

und damit ein MO

$$\phi_m = \sum\nolimits_{\mu=1}^{N} c_{\mu m}\,\varphi_\mu \,. \tag{10.21}$$

Dabei ist C_m ein Faktor, der sichert, dass ϕ_m auf 1 normiert ist; bei Vernachlässigung der Überlappung (wie oben vorausgesetzt) hat C_m den Wert $1/\sqrt{N}$. Die Tilde zur Kennzeichnung des Näherungscharakters sowie der Strich am Normierungsfaktor sind hier weggelassen. Jede MO-Energie ε_m ist *zweifach entartet*, mit Ausnahme des tiefsten Wertes (m = 0) und bei geradem N des höchsten Wertes (m = N/2).

Im Kontext einer Festkörper-Beschreibung nennt man ein solches MO ein *Bloch-Orbital* (F. Bloch, 1928), und die ganze Beschreibung wird als *Tight-binding-Näherung* bezeichnet.

Um zu der in der Festkörpertheorie üblichen Formulierung zu gelangen, schreiben wir die erhaltenen Ergebnisse noch etwas um. Wir stellen uns einen sehr großen Ring vor (N groß), wie in Abb. 10.8 angedeutet, und denken ihn uns so entstanden, dass ein Bauelement vielfach aneinandergereiht wird. Ein solches Bauelement, ein Kettenstück der Länge a, nennt man eine *Elementarzelle*; a heißt *Gitterkonstante*. Bei Durchlaufen der Zentren kommt man nach N Schritten wieder zur Ausgangsposition, so dass gilt:

$$c_{(\mu+N)m} = c_{\mu m} \,. \tag{10.22}$$

Diese Periodizität fassen wir nun etwas anders: Längs des Ringes möge eine Koordinate z festgelegt sein; bei sehr großen Ringen ist das praktisch eine Gerade. Ein Bloch-Orbital $\phi(z)$ genügt dann der Bedingung

$$\phi(z + l) = \phi(z), \tag{10.23}$$

ist also eine periodische Funktion mit der Periodenlänge

$$l = \text{ganzzahliges Vielfaches von } a \,. \tag{10.24}$$

Eine derartige periodische Funktion mit der Periode $l = a$ (und damit auch ganzzahligen Vielfachen von a) lässt sich bekanntlich durch eine Fourier-Reihe darstellen (s. etwa [II.1], Abschn. 6.3.3.), die wir, da die Bloch-Orbitale (10.21) mit den Koeffizienten (10.20) komplexe Funktionen sind, in komplexer Form schreiben:

$$\phi(z) = \sum\nolimits_{\nu=-\infty}^{+\infty} A_\nu \exp(2\pi \mathrm{i} \nu z / a) \tag{10.25}$$

mit den Entwicklungskoeffizienten[7]

$$A_\nu = (1/a)\int_0^a \phi(z)\exp(-2\pi \mathrm{i} \nu z / a)\mathrm{d}z \,. \tag{10.26}$$

Das Bloch-Orbital haben wir damit in der Form (10.25) als eine Überlagerung von Funktionen $\propto \exp(ikz)$, also von Ortsanteilen eindimensionaler ebener Wellen, dargestellt (s. Abschn. 2.1 und A6.2.1), wobei infolge der Periodizitätsbedingung (10.23) die *Wellenzahlen* k nur bestimmte diskrete Werte annehmen können:

$$k \to k_\nu \equiv (2\pi/a)\nu \quad \text{mit ganzzahligem } \nu \ (=0, \pm 1, \pm 2, \ldots)\,; \tag{10.27}$$

die erlaubten Wellenlängen sind dementsprechend $\lambda \to \lambda_\nu = 2\pi/k_\nu$. Wellen mit $k_\nu > 0$ laufen in positiver z-Richtung, solche mit $k_\nu < 0$ in negativer z-Richtung. Eine elektrische Leitfähigkeit lässt sich nun folgendermaßen plausibel machen: Im Grundzustand und ohne äußere Störung herrscht Gleichgewicht, die in beiden Richtungen laufenden Wellen löschen sich aus. Wird das Gleichgewicht gestört, etwa durch ein angelegtes elektrisches Feld, dann bewegen sich die Elektronen vorzugsweise entgegengesetzt zur Feldrichtung[8], und netto fließt ein Strom.

---

[7] Die Integration erfolgt über eine Elementarzelle, deren Position hier beliebig sein kann, also auch von $-a/2$ bis $+a/2$ gewählt werden könnte.

[8] Man beachte die Definition der Richtung des elektrischen Feldes ($+ \to -$, vgl. Abschn. 10.2.2.1).

Wird der Ring und damit die Anzahl N der Zentren sehr groß, so ergeben sich immer mehr und immer enger liegende Energieniveaus ε_m bzw. $\varepsilon_\nu = (\hbar^2/2m)k_\nu{}^2$, und zwar in einem Energiebereich (*Energieband*) zwischen $\alpha - 2|\beta|$ und $\alpha + 2|\beta|$ (s. Abschn. 7.4.6). Wie man sich leicht überzeugt (s. auch ÜA 7.14), verschwindet für $N \to \infty$ der Unterschied zwischen einem Ring und einer Kette. Die Breite $4|\beta|$ des Energiebandes und seine Lage auf der Energieskala werden nur von den Parametern α und β, somit von der Art der Gitter-Atomrümpfe und vom Zustand (*ns, np* usw.) der Valenzelektronen bestimmt. Jedes Valenz-AO des freien Atoms führt zu einem solchen Energieband; beim Modell der Li-Kette ergibt sich also ein 2*s*-Band, ein 2*p*-Band (s. Abb. 10.6 und 10.7a) usw., zwischen denen *Bandlücken* (*verbotene Zonen*) ohne besetzbare Zustände liegen. Die Elektronen der energetisch tiefliegenden inneren Schale (1*s*) bleiben in Kernnähe lokalisiert und spielen in diesem Zusammenhang keine Rolle.

Jedes Bloch-Orbital kann nach dem Pauli-Prinzip zwei Elektronen (mit entgegengesetzten Spins) aufnehmen. Da jedes Li-Atom ein 2*s*-Elektron einbringt, können die Zustände des 2*s*-Bandes genau zur Hälfte besetzt werden; das 2*p*-Band und alle höhergelegenen Bänder bleiben im Elektronengrundzustand des Gesamtsystems leer (s. Abb. 10.7a). Damit liefert die Tight-binding-Näherung für das betrachtete eindimensionale Modell eines Li-Metalls tatsächlich die durch die einfachen Überlegungen des vorigen Abschnitts erhaltenen Aussagen.

Die Energie des höchsten besetzten Bloch-Orbitals (HOMO) entspricht der *Fermi-Energie* ε_F des Elektronengas-Modells (s. Abschn. 4.8.6).

Grundsätzlich lassen sich auf diese Weise auch lineare Modelle mit anderen Atomen, etwa Erdalkalimetallatomen oder C-Atomen, behandeln. Bei zweiwertigen Elementen (Be, Mg usw.) würde man zunächst ein voll besetztes *ns*-Band und damit Isolatoreigenschaften vermuten. Tatsächlich aber überlappen das *ns*- und das *np*-Band, so dass es zwischen ihnen keine Energielücke gibt. Das vereinigte *ns/np*-Band kann nur teilweise besetzt werden; Erdalkalikristalle sind daher Leiter. Bei Festkörpern aus Atomen höherer Gruppen und Perioden des Periodensystems werden die Verhältnisse zunehmend komplizierter, so dass wir hier nicht weiter darauf eingehen können und auf die Literatur (etwa [10.4]) verweisen.

Verallgemeinerung auf zwei- und dreidimensionale Festkörpermodelle

Auch für zwei- oder dreidimensionale Gitter lässt sich eine Tight-binding-Näherung formulieren. Mit solchen Modellen kommt man realen Systemen nahe.

So zeigen Strukturuntersuchungen, dass Graphit aus Schichten besteht (s. [10.3][10.4]); jede Schicht wird durch aneinandergefügte regelmäßige Sechsringe von C-Atomen gebildet mit C–C-Abständen von 1,4 Å, ähnlich wie im Benzolmolekül. Die Schichten werden durch Van-der-Waals-Kräfte zusammengehalten, und die Abstände zwischen ihnen betragen rund 3,4 Å.

Als einfaches dreidimensionales Kristallmodell betrachten wir ein *kubisches Gitter*: Die *Elementarzelle* ist ein Würfel, dessen Kantenlänge (Gitterkonstante) wir mit a bezeichnen und in dessen Eckpunkten sich Atomrümpfe befinden; einer der Eckpunkte sei der Koordinatennullpunkt (s. Abb. 10.9).

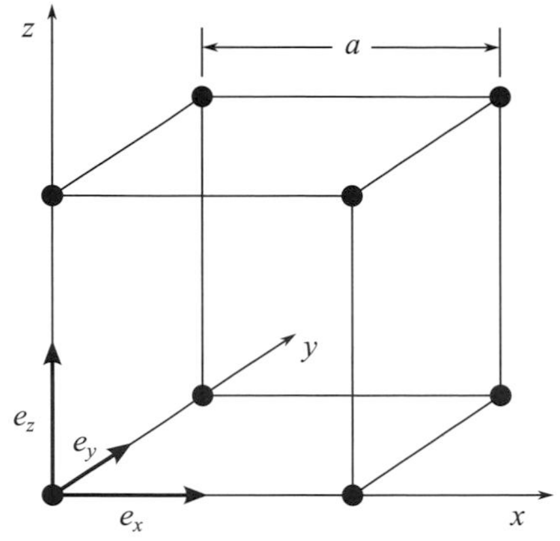

Abb. 10.9
Elementarzelle eines einfachen kubischen Kristallgitters

Die Vektoren $\boldsymbol{e}_x, \boldsymbol{e}_y, \boldsymbol{e}_z$ mögen Einheitsvektoren in *x*- bzw. *y*- bzw. *z*-Richtung bezeichnen; die Positionen der Gitterplätze im Kristall werden dann durch Vektoren

$$\boldsymbol{l} = l_x \boldsymbol{e}_x + l_y \boldsymbol{e}_y + l_z \boldsymbol{e}_z \tag{10.28}$$

bestimmt, deren Komponenten l_x, l_y und l_z ganzzahlige Vielfache der Gitterkonstanten a sind. Ein Bloch-Orbital $\phi(\boldsymbol{r})$ muss jetzt der *Periodizitätsbedingung* in allen drei Dimensionen genügen:

$$\phi(\boldsymbol{r} + \boldsymbol{l}) = \phi(\boldsymbol{r}) . \tag{10.29}$$

Jede solche dreidimensional periodische Funktion lässt sich als dreidimensionale Fourier-Reihe darstellen (s. z. B. [II.1], Abschn. 6.3.3.):

$$\phi(\boldsymbol{r}) = \sum\nolimits_{\nu_x} \sum\nolimits_{\nu_y} \sum\nolimits_{\nu_z} A_{\nu_x \nu_y \nu_z} \exp[\,(2\pi \mathrm{i} \nu_x x/a) + (2\pi \mathrm{i} \nu_y y/a) + (2\pi \mathrm{i} \nu_z z/a)\,] , \tag{10.30}$$

wobei die Summen über die ganzzahligen Indizes ν_x, ν_y, ν_z jeweils von $-\infty$ bis $+\infty$ laufen und die Koeffizienten $A_{\nu_x \nu_y \nu_z}$ durch den Ausdruck

$$A_{\nu_x \nu_y \nu_z} = (1/V_{\mathrm{EZ}}) \int_0^a \int_0^a \int_0^a \phi(x, y, z) \exp[\,-(2\pi \mathrm{i} \nu_x x/a) - (2\pi \mathrm{i} \nu_y y/a) - (2\pi \mathrm{i} \nu_z z/a)\,] \mathrm{d}x \mathrm{d}y \mathrm{d}z \tag{10.31}$$

gegeben sind; die Integration erfolgt über den Bereich einer Elementarzelle, deren Volumen V_{EZ} im vorliegenden Fall gleich a^3 ist. Eine kompaktere Schreibweise ergibt sich, indem man den Wellenzahlvektor $\boldsymbol{k}_\nu$, gegeben durch die kartesischen Komponenten

$$k_{\nu x} \equiv (2\pi/a)\nu_x, \; k_{\nu y} \equiv (2\pi/a)\nu_y, \; k_{\nu z} \equiv (2\pi/a)\nu_z$$

$$\text{mit ganzzahligen Werten von } \nu_x, \nu_y, \nu_z \;\; (= 0, \pm 1, \pm 2, \ldots) \tag{10.32}$$

[in Verallgemeinerung der Gleichung (10.27)], sowie den Vektor $\boldsymbol{\nu} \equiv (\nu_x, \nu_y, \nu_z)$ einführt;

die Gleichung (10.30) erhält dann die Form

$$\phi(\boldsymbol{r}) = \sum_{\nu} A_{\nu} \exp(\mathrm{i}\boldsymbol{k}_{\nu} \cdot \boldsymbol{r}), \tag{10.30'}$$

wobei die Summe über $\boldsymbol{\nu}$ symbolisch die Dreifachsumme über ν_x, ν_y, ν_z zusammenfasst und die Koeffizienten durch

$$A_{\nu} \equiv (1/V_{\mathrm{EZ}})\iiint \phi(\boldsymbol{r}) \cdot \exp(-\mathrm{i}\boldsymbol{k}_{\nu} \cdot \boldsymbol{r})\mathrm{d}V \tag{10.31'}$$

definiert sind. Das Bloch-Orbital $\phi(\boldsymbol{r})$ ist damit als Überlagerung räumlicher ebener Wellen (s. Anhang A6.2.1) dargestellt. Grundsätzlich Neues gegenüber dem eindimensionalen Fall ergibt sich nicht.

Im Rahmen der Tight-binding-Näherung lassen sich also einige typische elektronische Eigenschaften von Festkörpern verstehen: die Ausbildung von Energiebändern, die durch Energielücken getrennt sind, und die Besetzung der Zustände dieser Bänder, somit die Beweglichkeit der Elektronen und das Verhalten des Festkörpers als Leiter (bei Vorhandensein nur teilweise besetzter Bänder), Halbleiter (bei gefüllten Valenzbändern, aber dicht, d. h. mit nur schmaler Energielücke darüber liegendem leeren Band) oder Isolator (bei gefüllten Valenzbändern und einer breiten verbotenen Zone bis zum nächsthöheren leeren Band).

Zur genaueren Charakterisierung der Bänderstruktur eines Festkörpers wird zweckmäßig die in Abschnitt 4.8.4 eingeführte *Zustandsdichte* $\mathfrak{z}(\varepsilon)$ verwendet. Für den einfachsten Fall, das Elektronengas-Modell, ist die Zustandsdichte in Gleichung (4.189) aufgeschrieben; für anspruchsvollere Näherungen lässt sie sich nicht als geschlossener Ausdruck angeben, sondern muss numerisch ermittelt werden. Aus der Zustandsdichte ist die Verteilung der Zustände auf der Energieskala zu ersehen. Unter der Bedingung thermodynamischen Gleichgewichts können dann, wie wir wissen, aus $\mathfrak{z}(\varepsilon)$ die Zustandssumme $\mathcal{Q}(T)$ und daraus die durch die Elektronen bestimmten Anteile der thermodynamischen Funktionen des Festkörpers berechnet werden.

Ausführlichere Darstellungen findet man in der einschlägigen Literatur [10.4]. Das betrifft auch spezielle Begriffe und Konzepte (etwa *reziprokes Gitter* und *Brillouin-Zone*), die in der Festkörpertheorie verwendet werden, auf die wir aber hier nicht eingehen können. Ferner können wir auf Verfeinerungen der Beschreibung, wie sie natürlich auch für Festkörper entwickelt worden sind (man darf nicht vergessen, dass wir uns hier auf das Niveau der HMO-Näherung beschränkt haben), nur kurz hinweisen. Insbesondere sind heute wesentlich besser fundierte und genauere Näherungen verfügbar: Einbeziehung der Elektronenwechselwirkung und der Überlappungen sowie eine korrekte Berücksichtigung des Pauli-Prinzips (Hartree-Fock-Niveau). Darüber hinaus lässt sich die Elektronenkorrelation genähert einbeziehen, was bei Festkörpern mindestens so schwierig ist wie bei Molekülen, wobei wichtige Fortschritte durch den Einsatz von Dichtefunktional-Methoden erreicht worden sind. Die Erklärung bzw. Voraussage der Stabilität von Festkörpern (Kohäsion) bereitet, ähnlich wie bei Molekülen, erhebliche Mühe.

Die Periodizitätsbedingung (10.29) ist Ausdruck einer besonderen Art von Symmetrie, die ein unendlich ausgedehnter Festkörper aufweist und die man als *Translatiossymmetrie* bezeichnet. Bei einem translationssymmetrischen Objekt gibt es keinen singulären Punkt, der bei allen Symmetrieoperationen fest bleibt; die Theorie der *Punktgruppen* (s. Anhang A1) ist daher nicht anwendbar. Auf die für solche Objekte einzusetzende Theorie der *Raumgruppen* kann hier nicht eingegangen werden. Endliche Untereinheiten wie etwa Elementarzellen oder auch Cluster als Festkörperausschnitte können natürlich Punktgruppensymmetrie aufweisen.

10.2.2.3 Cluster*

In den zurückliegenden 10-20 Jahren hat man sich verstärkt mit sogenannten *Clustern*[9] befasst; das sind Aggregate, die in einem Übergangsbereich zwischen Molekül und Festkörper (mesoskopischer Bereich) liegen. Sie setzen sich aus einigen 10 bis zu einigen 10^3 (oder auch mehr) Atomen zusammen und sind daher nach Maßstäben der Quantenchemie große Gebilde, vom Standpunkt eines makroskopischen Betrachters aus jedoch noch außerordentlich winzige Partikel. Das Interesse an solchen Systemen hat zumindest drei Ursachen: Zum einen kann man sie als *Festkörpermodelle* betrachten, die sich noch mit weitgehend traditionellen quantenchemischen Methoden behandeln lassen (wenn auch stufenweise vereinfacht, je größer die Zahl der Atome wird), so dass die Ausprägung von Festkörpereigenschaften mit wachsender Anzahl (N) von Atomen verfolgt werden kann. Zum andern lassen sich *lokale Eigenschaften* von Festkörpern (etwa Gitterfehler infolge Einbau von Fremdatomen; lokale Störungen der Atomanordnung; aktive Zentren auf Katalysatoroberflächen; die Struktur von Oberflächen generell; Poren in mikroporösen Strukturen, z. B. in Zeolithen) auf der Grundlage eines Clustermodells eher adäquat beschreiben als im Rahmen einer typisch festkörpertheoretischen Näherung. Und drittens sind Aggregate von der Größe (Durchmesser) einiger Nanometer, also einiger 10 Å (sogenannte *Nanopartikel*) im Hinblick auf praktische Anwendungen in Technik und Medizin interessant. Auch "Riesenmoleküle" wie Ausschnitte aus Polymeren und Biomolekülen (Proteine, DNS) können in diesen Kontext gestellt werden. Es handelt sich also um ein breites und vielgestaltiges Gebiet, das hier auch nicht annähernd komplett behandelt werden kann, über das es aber bereits eine umfangreiche Literatur gibt [10.5].

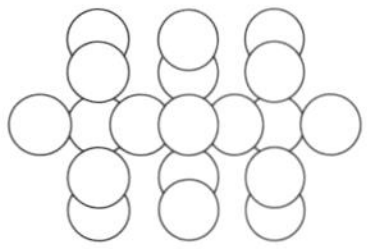

Abb. 10.10
Edelgascluster Ar_N mit $N = 19$; die Ar-Atome sind schematisch durch leere Kreise dargestellt [aus Ritschel, T., Dissertation, Univ. Potsdam (2007)]

Ein spezielles, besonders einfach zugängliches und daher auch schon recht gut erforschtes Teilgebiet bilden Cluster aus Edelgasatomen. Die langreichweitige Wechselwirkung der Edelgasatome ist durch Dispersionskräfte mit dem Potential (10.18) bestimmt, hinzu kommt bei kürzeren Abständen die Pauli-Abstoßung (s. Abschn. 6.3). Ein solches Aggregat liegt auf den ersten Blick in dichtester Kugelpackung vor, jedoch sind regelmäßige Strukturen zu erkennen. Die Abb. 10.10 zeigt zur Illustration einen Cluster Ar_{19} in seiner elektronisch (d. h. ohne Berücksichtigung der Nullpunktsenergie) stabilsten Struktur.

Ist ein solcher Cluster "verunreinigt", z. B. durch Hinzufügung eines Protons, so wird die Beschreibung wesentlich schwieriger. Man muss relativ aufwendige quantenchemische

[9] Im vorliegenden Abschnitt bezeichnet dieser Begriff (anders als in Abschnitt 9.1.4.3) ein zunächst nicht genauer definiertes Aggregat von Atomen.

Methoden einsetzen, denn es sind sowohl normale kovalente chemische Bindungen als auch Van-der-Waals-Wechselwirkungen im Spiel. Im vorliegenden Fall (s. Abb. 10.10 und 10.11) wurde eine Ab-initio-DIM-Näherung nach Abschnitt 9.2 verwendet. Betrachten wir sukzessive vergrößerte protonierte Argoncluster $Ar_N H^+$, beginnend mit ArH^+; auf Details der Rechnungen (Ab-initio-DIM-Näherung, s. Abschn. 9.2) gehen wir hier nicht ein, sondern geben nur einige Resultate wieder.[10] Das Molekülion ArH^+ ist sehr fest gebunden (Dissoziationsenergie $D_e = 4{,}2\,\text{eV}$). Kommt ein weiteres Ar-Atom hinzu, so wird damit ein ebenfalls recht fest gebundenes Ion Ar_2H^+ in einer linearen zentralsymmetrischen Struktur $(Ar{-}H{-}Ar)^+$ gebildet, das um rund 0,7 eV stabil gegen Fragmentierung in $Ar + ArH^+$ ist. Wie eine nähere Analyse zeigt, rührt diese Bindung von der Wechselwirkung zwischen dem Ion ArH^+ und dem in Ar induzierten Dipolmoment sowie von einer kovalenten Dreizentrenbindung (einer Art Protonenbrücke) her. Weitere Ar-Atome werden nun nach einem einfachen Aufbauschema an diesen Ar_2H^+-Kern angelagert; Abb. 10.11 zeigt einige der dabei gebildeten Cluster.

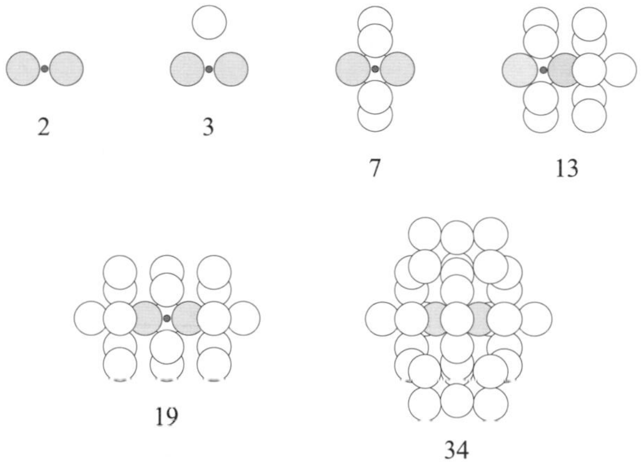

Abb. 10.11

Protonierte Edelgascluster $Ar_N H^+$; ungeladene Ar-Atome sind durch leere Kreise, partiell positiv geladene Ar-Atome durch schattierte Kreise, das Proton durch einen Punkt dargestellt [aus Ritschel, T., et al. (Fußnote 10), mit freundlicher Genehmigung von Springer Science+Business Media, Heidelberg]

Zuerst, d. h. energetisch bevorzugt, wird in der Äquatorialebene (symmetrisch senkrecht zur Ar–H–Ar -Achse) ein Ring aus fünf Ar-Atomen gebildet, dann ein weiterer fünfgliedriger Ar-Ring an einem der beiden Achsenenden, abgeschlossen (bei N = 13) durch ein Ar-"Kappenatom", bevor sich am anderen Ende der Achse der nächste Ar-Fünfring formiert. Mit dessen Abschluss und ebenfalls hinzugefügter Kappe ist (bei N = 19) die erste (innerste) Ar-Hülle um die bei alledem nahezu unverändert bleibende Achse $(Ar{-}H{-}Ar)^+$ komplett. Die Bindungsenergie der Ar-Atome dieser Hülle liegt bei 0,06 ... 0,10 eV je Atom. Dann beginnt der Aufbau der nächsten Hülle, in der weitere 15 Ar-Atome (bis N = 34) Platz finden. Die Bindungsenergie je Ar-Atom ist in dieser äußeren Hülle erwartungsgemäß deutlich niedriger.

[10] Ritschel, T., Kuntz, P. J., Zülicke, L.: Structure and dynamics of cationic van-der-Waals clusters. I. Binding and structure of protonated argon clusters. Eur. Phys. J. D **33**, 421-432 (2005)

Relativ fest angelagert werden jeweils die einen Ring (gegebenenfalls mit Kappe) abschließenden Ar-Atome bei $N = 7, 13, 19, ...$ (s. Abb. 10.12); solche Zahlen, die Cluster besonders großer Stabilität charakterisieren, werden oft als *magische Zahlen* bezeichnet [10.5].

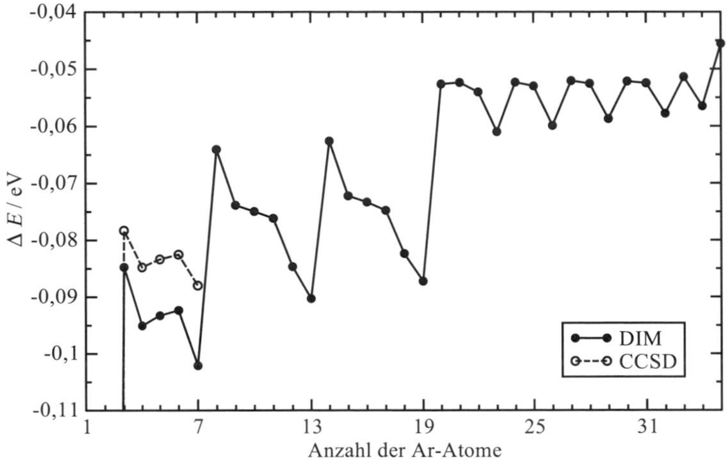

Abb. 10.12 Bindungsenergie ΔE des jeweils zuletzt angelagerten Ar-Atoms in einem Ar_NH^+-Cluster; für $N = 2$ bis 7 sind die DIM-Werte mit CCSD-Resultaten verglichen [aus Ritschel, T., et al. (Fußnote 10), mit freundlicher Genehmigung von Springer Science+Business Media, Heidelberg]

Man darf den beschriebenen Aufbau nicht so auffassen, dass die Cluster tatsächlich auf diese Weise erzeugt werden können. Die bei Hinzufügen eines Ar-Atoms freiwerdende Bindungsenergie (sie ist besonders bei kleinen Clustern durchaus erheblich) muss nämlich irgendwie abgeführt werden, etwa in Stößen mit weiteren Ar-Atomen oder anderen Clustern; andernfalls würde der gerade gebildete Cluster infolge der Überschussenergie wieder zerfallen. Der genaue Mechanismus der Bildung dieser Cluster ist bisher noch nicht vollständig geklärt[11]; s. hierzu auch Abschn. 14.2.4.2, Abb. 14.18 und Gl. (14.40).

Wir beschließen diesen Exkurs in die Clusterforschung mit dem Hinweis, dass die Untersuchung solcher auf den ersten Blick exotisch anmutender Aggregate wie Edelgascluster mit atomaren oder molekularen Einschlüssen für die Interpretation von Daten der Matrixspektroskopie (Spektroskopie von Atomen oder Molekülen in einer Edelgasmatrix) Bedeutung hat. Außerdem können derartige Cluster als Modellsysteme für das Studium von Solvatationseffekten dienen.

[11] Vgl. Ritschel, T., Zuhrt, Ch., Zülicke, L., Kuntz, P. J.: Structure and dynamics of cationic van-der-Waals clusters. II. Dynamics of protonated argon clusters. Eur. Phys. J. D **41**, 127-141 (2007)

10.3 Übersicht und Klassifizierung chemischer Bindungen

Es hat nicht an Bemühungen gefehlt, die Vielfalt der chemischen Bindungen nach Typen zu klassifizieren und in eine Ordnung zu bringen. In der Literatur begegnet man unterschiedlichen Einteilungsschemata je nachdem, welche Merkmale man zur Charakterisierung benutzt.

Auf Grund der ungeheuer großen Anzahl von Möglichkeiten, die chemischen Elemente zu Verbindungen zu kombinieren, ist nicht zu erwarten, dass Klassifizierungen, die anhand einer überschaubaren Anzahl von Merkmalen die eindeutige Zuordnung jedes konkreten Moleküls erlauben, überhaupt möglich sind. In der Tat gibt es keine perfekte Lösung dieses Problems, sondern nur mehr oder weniger grobe Schemata mit zahlreichen Übergangsfällen und Ausnahmen.

(A) Unterscheidung von Bindungstypen anhand der Element-Bestandteile und der Eigenschaften der Verbindungen

In einschlägigen chemischen Lehrbüchern und Kompendien findet man historisch entwickelte, rein phänomenologische Klassifizierungen, etwa die Einteilung in anorganische und organische Verbindungen, in Verbindungen von Elementen nach ihrer Stellung im Periodensystem (Verbindungen von Hauptgruppenelementen und von Nebengruppenelementen, darunter dann beispielsweise Übergangsmetallverbindungen etc.). Bei den organischen Verbindungen werden gesättigte und ungesättigte unterschieden usw.

Da solche Ordnungsschemata nicht auf quantenchemische Begriffe und Konzepte gegründet sind, werden sie hier nicht weiter diskutiert.

(B) Klassifizierung nach dem quantenchemischen bzw. physikalischen Grundmechanismus

Die Bindung zwischen Atomen lässt sich, wie wir gesehen hatten, in vielen Fällen im Rahmen eines Einelektronmodells als direkte Folge der Überlappung von Wellenfunktionen, speziell der Überlappung von atomaren Orbitalen, und der daraus resultierenden energetischen Effekte verstehen, die über Stabilität oder Instabilität eines Aggregats von Atomen entscheiden.

Darüber hinaus gibt es chemische Verbindungen, deren Zusammenhalt nicht ganz so einfach erklärt werden kann und die es erfordern, über dieses Konzept hinauszugehen.

Man kann auf Grund dessen eine Einteilung versuchen, die im Wesentlichen den Darlegungen in den Kapiteln 6 und 7 sowie in den vorgegangenen Abschnitten des vorliegenden Kapitels folgt und diese zusammenfasst. Wir geben stichpunktweise die typischen Merkmale für die Zuordnung an:

I *Überlappungsbedingte (kovalente) Bindungen*

Stabilisierung durch Interferenz- und Kontraktionseffekte

(1) *Lokalisierte Elektronenpaare*

Bindung zwischen den Atomen überwiegend paarweise ("Häkchenbild")

σ -Bindung

Prototypen: H_2 und andere homonukleare zweiatomige Moleküle;
gesättigte Kohlenwasserstoffe;
Elektronenverschiebung (heteronukleare Moleküle) führt zu polarer Bindung; Grenzfall: Ionenbindung

Kernabstände: $R \lesssim 0{,}1\,\text{nm}$ (1 Å)

Dissoziationsenergien: D_e typischerweise mehrere eV

(2) *Delokalisierte Elektronen*

Bindung durch über mehrere Atomzentren delokalisierte Elektronen in einem Gerüst von Atomrümpfen ("Kitt-Bild")

oft in Kombination mit "normalen" kovalenten Bindungen vom σ-Typ (Resultat dann: Mehrfachbindungen)

Prototypen: π-Bindungen in konjugierten Kohlenwasserstoffen
metallische Bindung

Kernabstände: $R \gtrsim 0{,}1\,\text{nm}$ (1 Å)

Dissoziationsenergien: π-Anteil kleiner als σ-Anteil

II *Wasserstoffbrückenbindungen*

Sonderfall für bestimmte Konstellationen: Vermittlung einer Bindung zwischen Atomen (oder Atomgruppen) A und B durch ein H-Atom ("H-Brücke" A–H–B)

nicht grundsätzlich verschieden von kovalent-ionischer Bindung, aber schwächer

Prototyp: Bindung O–H–O im Wasser-Dimer $(H_2O)_2$

Kernabstände A–B : einige Å

Dissoziationsenergien: Größenordnung einige 10 kJ/mol

III *Van-der-Waals-Bindungen*

Bindung durch langreichweitige Wechselwirkungen (insbesondere Dispersionswechselwirkungen) zwischen Atomen, Atomgruppen oder Molekülen (bzw. Ionen), schwach im Vergleich zu kovalenten Bindungen (I), auch schwächer als H-Brückenbindungen (II)

Prototypen: He_2 und andere Edelgasdimere; $(H_2)_2$; Molekülkomplexe

Kernabstände: mehrere Å

Dissoziationsenergien: Größenordnung meist 100 J/mol .

Häufig treten in einem molekularen Aggregat Bindungen mehrerer Typen auf. Eine Zwischenstellung nehmen *Koordinations(Übergangsmetall)-Verbindungen* ein (s. Abschn. 5.4.3).

Eine Entscheidung darüber, welcher dieser Klassen eine der Bindungen in einem gegebenen Atomaggregat zuzuordnen ist, lässt sich oft nicht eindeutig treffen.

Es sei hier noch eine Sorte von Verbindungen erwähnt, deren Existenz auf den ersten Blick den bisher diskutierten einfachen Valenzvorstellungen zu widersprechen scheint, nämlich *Edelgasverbindungen*, die nicht nur durch Van-der-Waals-Wechselwirkungen, sondern fester gebunden sind. Edelgasatome im Grundzustand haben eine Elektronenkonfiguration abgeschlossener Schalen, also keine ungepaarten Elektronen. Trotzdem sind Bindungen vom kovalenten Typ möglich, und zwar bei schweren Edelgasatomen (Xe, Kr) mit stark elektronegativen Partnern (z. B. Sauerstoff oder Halogene). Auf der Grundlage gebräuchlicher quantenchemischer Näherungen (s. Kap. 8 und 9) lassen sich die Stabilitäten von Edelgashalogeniden wie XeF_n (mit $n = 2, 4, 6$) oder $KrCl_2$ sowie ihre geometrischen Strukturen erklären. Die Dissoziationsenergien liegen unterhalb 1 eV; die Bindungen sind stark ionisch, und wahrscheinlich spielen *d*-Elektronen eine nicht zu vernachlässigende Rolle. Mehr hierzu findet man beispielsweise in [10.6][I.5].

(C) Normalvalente und hypervalente Verbindungen

Klassifikationsschemata lassen sich auch als Abzählverfahren für Valenzelektronen, nächste Nachbarn sowie Valenz-AOs der am Molekül beteiligten Atome formulieren. Dabei stellen wir uns vor, dass das zu beurteilende Atomaggregat in einer einfachen (Minimalbasis-) MO-Näherung beschrieben wird.

Unter einer kovalenten Bindung zwischen einem Paar benachbarter Atome verstehen wir wie bisher eine Bindung, die sich durch ein *lokalisiertes* Zweizentren-MO beschreiben lässt.

Hierbei ist zu beachten (s. Abschn. 7.2.4), dass "Lokalisierung" eines LCAO-MOs im Bindungsbereich A–B lediglich bedeuten kann: die Aufenthaltswahrscheinlichkeit eines das MO besetzenden Elektrons ist *hauptsächlich* im Bereich der Kernverbindungslinie einschließlich der Umgebung der beiden Kerne konzentriert, was wiederum heißt, dass im betreffenden LCAO-MO die Valenz-AOs der beiden Atome A und B dominieren, also mit betragsmäßig großen Koeffizienten auftreten, während die Koeffizienten von AOs anderer Atome betragsmäßig klein, aber im Allgemeinen keineswegs exakt Null sind.

Wir folgen nun weitgehend Überlegungen aus [I.5][10.6].

Es sei $N_{\mathrm{VE}}^{(\mathrm{A})}$ die Anzahl der von einem Atom A in das Molekül eingebrachten Valenzelektronen, $\sum_{\mathrm{A}} N_{\mathrm{VE}}^{(\mathrm{A})} = N_{\mathrm{VE}}$ somit die Gesamtzahl aller Valenzelektronen im System. Diese Valenzelektronen stehen für die Ausbildung von Bindungen und einsamen Elektronenpaaren zur Verfügung; sie besetzen bindende (stabilisierende) MOs, die unter gewissen Bedingungen (s. unten) als Zweizentren- bzw. bei einsamen Elektronenpaaren als Einzentrum-MOs lokalisiert sein können.

Ferner bezeichnen wir mit n_{B} die Gesamtzahl der Bindungen im Molekül, wobei diese mit ihrer Vielfachheit, also σ - und π -Bindung für sich, zu zählen sind; Doppelbindungen werden zweifach und Dreifachbindungen dreifach gezählt. Jede solche (kovalente) Bindung wird durch ein Elektronenpaar bewirkt. Die Anzahl der einsamen Elektronenpaare sei n_{EP} .

Ein *normalvalentes Molekül* kann man nun dadurch definieren, dass die Gesamtzahl N_{VE} der Valenzelektronen genau ausreicht, um die Bindungen und die einsamen Elektronenpaare zu bilden [10.6][I.5]:

$$N_{\mathrm{VE}} = 2(n_{\mathrm{B}} + n_{\mathrm{EP}}) , \qquad (10.33)$$

oder auch dadurch, dass die Anzahl der Valenzelektronen gleich dem Doppelten der Anzahl n_{BMO} der bindenden MOs ist:

$$N_{\mathrm{VE}} = 2n_{\mathrm{BMO}} . \tag{10.34}$$

Alle Verbindungen, die nicht diesen Bedingungen genügen, wären also als nicht-normalvalent einzustufen. Hierzu gehören unter anderen auch solche Moleküle, in denen mehr Bindungen vorliegen als dafür Valenzelektronen vorhanden sind (*Elektronenmangelverbindungen*):

$$N_{\mathrm{VE}} < 2(n_{\mathrm{B}} + n_{\mathrm{EP}}) . \tag{10.35}$$

Auch der umgekehrte Fall, dass mehr Valenzelektronen zur Verfügung stehen als für die Ausbildung der Bindungen erforderlich wären, ist möglich (*Elektronenüberschussverbindungen*):

$$N_{\mathrm{VE}} > 2(n_{\mathrm{B}} + n_{\mathrm{EP}}) . \tag{10.36}$$

Der einfachste Prototyp einer Elektronenmangelverbindung ist die 2-Elektronen-3-Zentren-Bindung, wie sie beim H_3^+-Molekülion in der stabilen gleichseitig-dreieckigen Struktur vorliegt (s. ÜA 7.2); hierfür sind: $n_{\mathrm{B}} = 3, n_{\mathrm{EP}} = 0, N_{\mathrm{VE}} = 2$. Weiterhin gehören dazu Borhydride (Borane), etwa das Diboran B_2H_6, sowie als extreme Fälle die metallischen Festkörper.

Beispiele für Elektronenüberschussverbindungen sind die Edelgashalogenide, etwa XeF_2 mit $n_{\mathrm{B}} = 2$, $n_{\mathrm{EP}} = 8, N_{\mathrm{VE}} = 22$.

Man kann diese Klassifizierung nicht-normalvalenter Moleküle noch etwas weiter aufschlüsseln. Eine dafür geeignete Verfahrensweise (vgl.[I.5]) benutzt ein auf F. Hund (1931/32) zurückgehendes Kriterium, das es erlaubt zu entscheiden, ob für ein gegebenes Molekül eine Beschreibung durch lokalisierte Zweizentren-MOs möglich ist, ob man also von einem Satz delokalisierter LCAO-MOs durch Linearkombinationen einen gleichwertigen Satz lokalisierter MOs (im Sinne von Abschn. 7.2.4) erzeugen kann (sog. *Hundsche Lokalisierungsbedingung*). Hierzu werden die Bindungsverhältnisse an den einzelnen Atomen A des Moleküls charakterisiert: Seien $n_{\mathrm{AO}}^{(\mathrm{A})}$ die Anzahl der vom Atom A eingebrachten AOs , $n_{\mathrm{NN}}^{(\mathrm{A})}$ die Anzahl der nächsten Nachbarn, die mit A durch eine Bindung verknüpft sind (wieder mit ihrer Vielfachheit zu zählen), sowie $N'^{(\mathrm{A})}_{\mathrm{VE}}$ die Anzahl der "in Bindungen mitwirkenden" Valenzelektronen von A; dabei ist $N'^{(\mathrm{A})}_{\mathrm{VE}}$ die um $2n_{\mathrm{EP}}^{(\mathrm{A})}$ verminderte Anzahl $N_{\mathrm{VE}}^{(\mathrm{A})}$ der Valenzelektronen des Atoms A: $N'^{(\mathrm{A})}_{\mathrm{VE}} \equiv N_{\mathrm{VE}}^{(\mathrm{A})} - 2n_{\mathrm{EP}}^{(\mathrm{A})}$; dementsprechend sind nur $n'^{(\mathrm{A})}_{\mathrm{AO}} = n_{\mathrm{AO}}^{(\mathrm{A})} - n_{\mathrm{EP}}^{(\mathrm{A})}$ AOs (bzw. daraus gebildete LCAO-MOs) für Bindungen "nutzbar".

Beispielsweise sind für das O-Atom im H_2O-Molekül sechs Valenzelektronen und vier Valenz-AOs vorhanden. Von den Valenzelektronen besetzen je zwei die beiden einsamen Elektronenpaare, so dass zwei Elektronen für die Bildung von Bindungen verbleiben. Die oben definierten Größen haben also die folgenden Werte: $N_{\mathrm{VE}}^{(\mathrm{O})} = 6,\ n_{\mathrm{AO}}^{(\mathrm{O})} = 4,\ n_{\mathrm{NN}}^{(\mathrm{O})} = 2$ und $n_{\mathrm{EP}}^{(\mathrm{O})} = 2$, somit $N'^{(\mathrm{O})}_{\mathrm{VE}} = 2$ und $n'^{(\mathrm{O})}_{\mathrm{AO}} = 2$.

Als Kriterium für *Normalvalenz* kann nun dienen, dass die Bedingung

$$N'^{(A)}_{VE} = n'^{(A)}_{AO} = n^{(A)}_{NN} \tag{10.37}$$

für *jedes* der am Molekül beteiligten Atome A erfüllt ist (mehr dazu s. [I.5]). Gilt diese Gleichung für mindestens ein Atom A nicht, so wird das Molekül als nicht-normalvalent klassifiziert. Oft liegt dann der Fall vor, dass ein Atom A mehr Bindungen eingeht, als nach den einfachen Valenzvorstellungen zu erwarten wäre bzw. als es AOs für die Bildung von Bindungs-LCAO-MOs liefert:

$$n^{(A)}_{NN} > n'^{(A)}_{AO} ; \tag{10.38}$$

man spricht dann von einem *hypervalenten Molekül* [I.5]. Je nachdem, ob wenigstens für eines der Atome, A, die Anzahl der an Bindungen mitwirkenden Valenzelektronen, $N'^{(A)}_{VE}$, kleiner/gleich oder größer ist als die Anzahl $n'^{(A)}_{AO}$ der für Bindungen verfügbaren Valenz-AOs, unterscheidet man:

Elektronenmangelverbindungen

$$\text{bei } n^{(A)}_{NN} > n'^{(A)}_{AO} \; \textit{und} \; N'^{(A)}_{VE} \leq n'^{(A)}_{AO} , \tag{10.39}$$

Elektronenüberschussverbindungen

$$\text{bei } n^{(A)}_{NN} > n'^{(A)}_{AO} \; \textit{und} \; N'^{(A)}_{VE} > n'^{(A)}_{AO} . \tag{10.40}$$

Diese Definitionen ermöglichen eine Klassifizierung, die auch Verbindungen einschließt, die sich in das zuvor erörterte Schema nicht ohne weiteres einbeziehen lassen. So können damit Wasserstoffbrückensysteme (ebenso wie andere 4-Elektronen-3-Zentren-Systeme) zwanglos als Elektronenüberschussverbindungen eingeordnet werden.

Man sieht: ein wirklich umfassendes Klassifizierungsschema zu konzipieren und anzuwenden ist nicht einfach; meist bleiben doch einige Willkürlichkeiten und Zweifelsfälle übrig.

Übungsaufgaben zu Kapitel 10

ÜA 10.1 Es ist nach dem Modell O–H ... $^{\ominus}$O der elektrostatische Bindungsenergieanteil im Wasser-Dimer $(H_2O)_2$ abzuschätzen (Wechselwirkung Ladung – Dipolmoment).

Man benutze folgende Daten: Abstand $R_{OH-O} = 2.8$ Å; Dipolmoment $D_{OH} = 1{,}7$ D.

ÜA 10.2 Folgende Verbindungen sind nach dem Klassifizierungsschema *C* in Abschnitt 10.3 einzuordnen: (a) H_2O ; (b) CH_4 ; (c) C_4H_6 (1,3-Butadien); (d) C_6H_6 (Benzen); (e) B_2H_6 (Diboran); (f) $(HF)_2$.

Ergänzende Literatur zu Kapitel 10

[10.1] Schuster, P., Zundel, G., Sándorfy, C.: The Hydrogen Bond – Recent Developments in Theory and Experiment. Vol. I – III. North-Holland, Amsterdam (1976)

Jeffrey. G. A.: An Introduction to Hydrogen Bonding. Oxford Univ. Press, Oxford (1997)

[10.2] Hirschfelder, J. O., Curtiss, C. F:, Bird, R. B.: The Molecular Theory of Gases and Liquids. Wiley, New York (1965)

Buckingham, A. D., Utting, B. D.: Intermolecular forces. Ann. Rev. Phys. Chem. **21**, 287-316 (1970)

Hobza, P., Zahradnik, R.: Intermolecular Complexes – The Role of van-der-Waals Systems. Elsevier, Amsterdam (1988)

Stone, A. J.: The Theory of Intermolecular Forces. Clarendon Press, Oxford (2013)

[10.3] Brdička, R.: Grundlagen der Physikalischen Chemie.
Dt. Verlag der Wissenschaften, Berlin (1990)

Atkins, P. W.: Physikalische Chemie. VCH, Weinheim (1996)

Wedler, G.: Lehrbuch der Physikalischen Chemie. Wiley-VCH, Weinheim (1997)

[10.4] Ziman, J. M.: Prinzipien der Festkörpertheorie. Akademie-Verlag, Berlin (1974)

Kittel, C.: Einführung in die Festkörperphysik. Oldenbourg, München (2013)

[10.5] Haberland, H. (Hrsg.): Clusters of Atoms and Molecules. Vol. I, II.
Springer, Berlin (1994)

Ng, Ch.-Y., Baer, T., Powis, I. (Hrsg.): Cluster Ions. Wiley, New York (1993)

[10.6] McWeeny, R.: Coulsons Chemische Bindung. 2. dt. Auflage von Coulson, C. A.: Die chemische Bindung. Hirzel, Stuttgart (1984)

"Die chemische Dynamik zog gleich zu Beginn viele Wissenschaftler mit Unternehmungsgeist in ihren Bann und erfüllte sie mit dem Gefühl eines historischen Imperativs."
"Das wäre ein wunderbarer Weg, Chemie zu betreiben."
Zitat eines enthusiastischen Ausrufs von N. Ramsey

(aus D. R. Herschbach: Molekulare Dynamik chemischer Elementarreaktionen (Nobel-Vortrag).
Angew. Chemie **99**, 1251-1275 (1987))

Teil 3

Molekulare Bewegungen und Prozesse

11 Kernbewegungen in Molekülen

In diesem Kapitel werden *gebundene Kernbewegungen* untersucht, d. h. die Kernpositionen $\{ \boldsymbol{R} \}$ verändern sich nur innerhalb mehr oder weniger eng begrenzter Bereiche. Für diese Bereiche des Kernkonfigurationsraumes möge die *elektronisch adiabatische Näherung* nach Abschnitt 4.3 gelten, und zu einem bestimmten Elektronenzustand möge eine eindeutig definierte Potentialfunktion $U(\boldsymbol{R})$ für die Kernbewegungen bekannt sein. Insbesondere geht es um Kernbewegungen in der *Umgebung eines lokalen Minimums* (s. Abschn. 4.3.3.2) der Potentialfunktion, also um Schwingungen und Drehungen des Kerngerüstes, wobei die Elektronenhülle im Sinne der elektronisch adiabatischen Näherung mitgeführt wird.

Die stationären Zustände solcher gebundener Bewegungen sind gequantelt und können grundsätzlich mit den in Abschnitt 4.4 beschriebenen Näherungsmethoden theoretisch behandelt werden. Die Verfahrensweise wird darin bestehen, das komplizierte Zusammenspiel der Bewegungen in den Kernfreiheitsgraden durch plausible Vereinfachungen auf bekannte Modellfälle wie den linearen harmonischen Oszillator und den starren Rotator (s. Abschn. 2.3.1 bzw. 2.3.2) zurückzuführen und dann die teilweise radikalen Vereinfachungen schrittweise wieder aufzuheben, um den realen Verhältnissen näherzukommen.

Unser Anliegen ist nicht eine umfassende Darstellung; es soll vielmehr gezeigt werden, wie die konsequente theoretische Behandlung aussehen müsste und wo bei der genäherten Durchführung Ansatzpunkte für Korrekturen und Verfeinerungen liegen.

Zusätzlich zur Gültigkeit der elektronisch adiabatischen Näherung nehmen wir an:

- Das betrachtete *Teilchenaggregat* möge nicht in Wechselwirkung mit anderen Teilchen oder Teilchenaggregaten stehen; die Schwerpunktsbewegung sei absepariert (s. Abschn. 4.2).
- Die durch ein statisches äußeres elektrisches oder magnetisches Feld bedingten Effekte (Stark- bzw. Zeeman-Termaufspaltungen), die in Kapitel 5 für Atome einigermaßen ausführlich behandelt wurden, lassen wir hier beiseite. Einbezogen wird hingegen der Einfluss eines elektromagnetischen *Strahlungsfeldes* im Hinblick auf die Molekülspektroskopie.
- Für die Beschreibung der innermolekularen *Bewegungen* können wir uns im Wesentlichen auf die *nichtrelativistische Näherung* beschränken; spinabhängige Wechselwirkungen werden nur kurz gestreift.

In dem so abgesteckten Rahmen werden für die molekularen Schwingungen und Drehbewegungen näherungsweise *Energieniveaus* und *Auswahlregeln* für Übergänge bestimmt.

11.1 Einige Grundbegriffe der Molekülspektroskopie

Die Molekülspektroskopie ist die wichtigste Quelle für Daten, aus denen auf molekulare Strukturen, die verschiedenen Bewegungsformen in Molekülen und deren Kopplungen sowie auf die energetischen Verhältnisse (einschließlich der chemischen Bindung) geschlossen werden kann.

11.1.1 Prinzip eines spektroskopischen Experiments

Wir stellen uns ein idealisiertes Experiment vor, bei dem sich in einer Messzelle Moleküle einer bestimmten Art in einem bestimmten Zustand 1 mit der Energie $\mathcal{E}_1$ befinden (s. Abb. 11.1). Durch diese Messzelle wird monochromatische elektromagnetische Strahlung geschickt; die Frequenz ν sei in einem weiten Bereich, etwa von einigen kHz ($10^3\ \mathrm{s}^{-1}$) bis zu einigen THz ($10^{12}\ \mathrm{s}^{-1}$) stufenlos veränderbar.

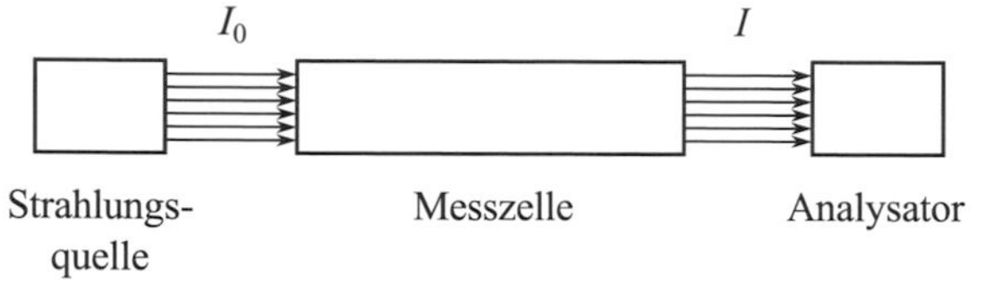

Abb. 11.1
Schema eines Spektrometers für Absorptionsspektroskopie

Damit haben wir die in Abschnitt 4.7 beschriebene Situation: Wird der Frequenzbereich der Strahlungsquelle überstrichen, so kann jedesmal, wenn die *Resonanzbedingung*

$$h\nu = \mathcal{E}_2 - \mathcal{E}_1 \equiv \Delta\mathcal{E}_{12} \tag{11.1}$$

erfüllt ist, jedes Molekül mit einer gewissen Wahrscheinlichkeit w_{12}^{-} dem Strahlungsfeld ein Lichtquant (Photon) der Energie $h\nu$ ($\equiv \hbar\omega$) entnehmen und dabei in einen Zustand 2 mit der (höheren) Energie $\mathcal{E}_2$ übergehen. Diesen Vorgang nennt man *strahlungsinduzierte* (oder *stimulierte*) *Absorption* (s. Abb. 11.2).

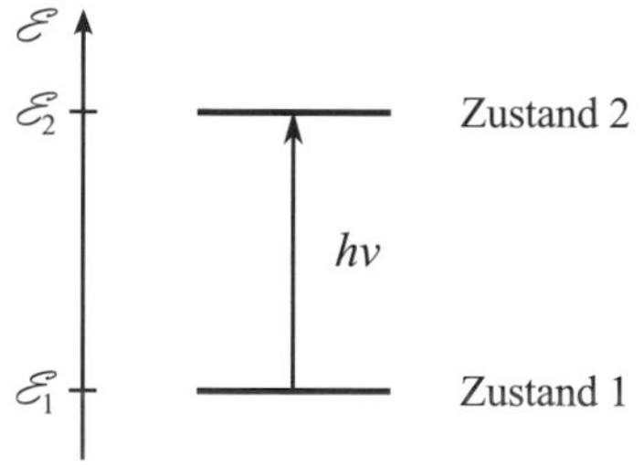

Abb. 11.2
Strahlungsinduzierte Absorption (schematisch)

Die Schwächung der Strahlung von der Intensität I_0 auf I infolge der Absorption (Entnahme von Quanten $h\nu$ aus dem Strahlungsfeld) wird in einem Analysator gemessen. Die praktische Realisierung dieses Messprinzips erörtern wir hier nicht (s. etwa [11.1]).

Es ist sicher auch ohne eine ausführliche Begründung plausibel, dass die nach dem Absorptionsvorgang fehlende Strahlungsintensität (Absorptionsintensität) I_{12}^{abs} proportional sein muss zur Anregungsenergie $\Delta\mathcal{E}_{12}$ (Energie $h\nu$ des von einem Molekül beim Übergang

$1 \rightarrow 2$ absorbierten Photons) und zur *Übergangswahrscheinlichkeit* pro Zeiteinheit $w_{1\bar{2}}$ [nach Abschn. 4.7, Gl. (4.155)]:

$$I_{12}^{\text{abs}} \propto \Delta\mathcal{E}_{12} \cdot w_{1\bar{2}} , \tag{11.2}$$

außerdem natürlich zur Intensität I_0 der einfallenden Strahlung (definiert etwa als Strahlungsenergie pro cm^2 Seitenfläche der Messzelle, s. Abb. 11.1) und zur Anzahl N_1 der Moleküle im Zustand 1 (Besetzungszahl des Niveaus 1). Hinzu kommen Parameter, die mit den Messbedingungen zu tun haben und hier außer Betracht bleiben.

Das Ergebnis der Messung besteht aus einer Intensitätskurve $I(\nu)$ mit einer Anzahl von Peaks bei Frequenzwerten ν, für die Absorption eintritt; man kann sie auf einer Frequenzskala markieren (*Absorptionslinien*) und die Stärke der Absorption (*Intensität*) durch die Länge der Markierungsstriche angeben.

Die Absorptionsfrequenzen liegen unterschiedlich dicht auf der Frequenzskala und können in einigen Frequenzbereichen zu einem Quasikontinuum zusammenfließen, dessen Linienstruktur nur bei extrem hoher Auflösung oder gar nicht sichtbar gemacht werden kann. Außerdem gibt es echte Kontinua, die einer freien Bewegung entsprechen, wenn bei genügend hoher Energie ein Übergang in einen nicht mehr gebundenen Zustand erfolgt.

Abb. 11.3 Bandenspektrum eines Moleküls (schematisch)

Typisch für Molekülspektren ist eine Aneinanderreihung von Bereichen mit einem bandartigen Aussehen; man spricht von *Bandenspektren* (s. Abb. 11.3). Atome hingegen zeigen *Linienspektren* mit anschließendem Kontinuum, wie wir das bereits in den Kapiteln 1 und 2 für das Wasserstoffatom kennengelernt hatten.

11.1.2 Energieniveaus und Übergänge

Um aus gemessenen Spektren Informationen über die molekulare Struktur, Bindungsverhältnisse, Elektronenladungsverteilung etc. gewinnen zu können, müssen die experimentellen Daten mit theoretischen Konzepten und Kenngrößen in Zusammenhang gebracht werden.

Zunächst erinnern wir an die Überlegungen in Abschnitt 4.3.1 über die Zuordnung charakteristischer Zeiten bzw. Frequenzen zu typischen Bewegungsformen von Molekülen. Eine etwas detailliertere Übersicht gibt Abb. 11.4. In diesem Schema sind nahezu alle Gebiete der Spektroskopie erfasst, die allerdings so vollständig im Rahmen dieses Kurses nicht behandelt werden können. Wir konzentrieren uns vielmehr auf einige traditionelle Bereiche der Molekülspektroskopie im Mittelteil der Grafik; die Spektroskopie sehr niedriger Frequenzen (wie

Elektronenspinresonanz-Spektroskopie und kernmagnetische Resonanzspektroskopie, abgek. ESR bzw. NMR[1]) sowie sehr hoher Frequenzen (Spektroskopie mit Röntgen-Strahlung) lassen wir ganz beiseite.

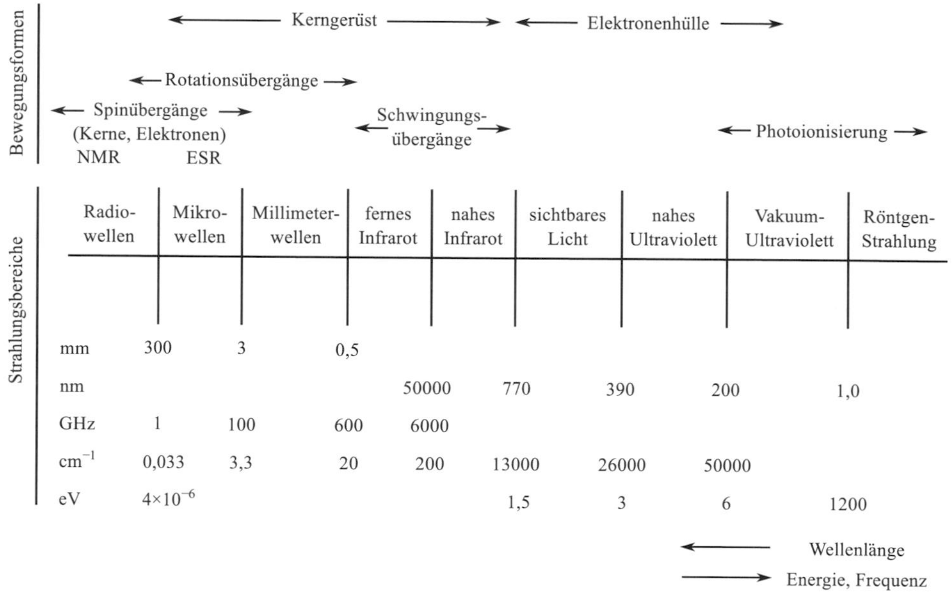

Abb. 11.4 Frequenz- bzw. Wellenlängenbereiche für Übergänge zwischen Zuständen verschiedener molekularer Bewegungsformen (Zahlenangaben nach [11.1c])

Die in Abb. 11.4 vorgenommene Einteilung ist nur als grobe Orientierung tauglich, da sich die einzelnen Bereiche nicht scharf abgrenzen lassen, sondern beträchtlich übergreifen; außerdem unterscheiden sie sich von Molekül zu Molekül, so dass eigentlich zu jedem Molekül ein individuelles Schema gehört.

Die stationären Zustände für das gesamte Molekül als Teilchenaggregat von N^{e} Elektronen und N^{k} Kernen mögen durch zeitunabhängige Wellenfunktionen

$$\Xi \equiv \Xi(\boldsymbol{r},\boldsymbol{R};\,\boldsymbol{\sigma},\boldsymbol{\Sigma}) \tag{11.3}$$

beschrieben werden; in dem Vektor $\boldsymbol{r}$ seien die Ortskoordinaten aller Elektronen zusammengefasst, in $\boldsymbol{R}$ die Ortskoordinaten aller Kerne, analog in der Vektoren $\boldsymbol{\sigma}$ und $\boldsymbol{\Sigma}$ die Spinvariablen aller Elektronen bzw. Kerne. Wir setzen voraus, dass *sämtliche* in diesem Kapitel auftretenden *Wellenfunktionen auf 1 normiert* sind.

[1] Engl. Electron Spin Resonance bzw. Nuclear Magnetic Resonance; s. auch die Hinweise am Schluss von Abschn. 9.4.2.

Der Dipolmoment"operator" aller Elektronen und Kerne des Moleküls setzt sich additiv aus einem Elektronenanteil und einem Kernanteil zusammen:

$$\boldsymbol{D} \equiv \boldsymbol{D}^{\mathrm{e+k}} = \boldsymbol{D}^{\mathrm{e}} + \boldsymbol{D}^{\mathrm{k}} \tag{11.4}$$

mit

$$\boldsymbol{D}^{\mathrm{e}} = \sum\nolimits_{\kappa=1}^{N^{\mathrm{e}}} (-\bar{e})\boldsymbol{r}_{\kappa} \ , \tag{11.5}$$

$$\boldsymbol{D}^{\mathrm{k}} = \sum\nolimits_{a=1}^{N^{\mathrm{k}}} (Z_a \bar{e})\boldsymbol{R}_a \ . \tag{11.6}$$

Das so definierte molekulare Dipolmoment bezieht sich auf den Koordinatennullpunkt. Ist das Molekül ladungsneutral, gilt also $N^{\mathrm{e}} = \sum_a Z_a$, dann hängt das Dipolmoment nicht vom Bezugspunkt ab (s. die diesbezügliche Anmerkung in Abschn. 4.4.2.1).

In der Dipol-Näherung (s. Abschn. 4.7) ist die Übergangswahrscheinlichkeit w_{12}^{-} proportional zum Betragsquadrat des Übergangsmoments, gebildet mit den Wellenfunktionen Ξ_1 und Ξ_2 der beiden Molekülzustände, zwischen denen der Übergang stattfindet:

$$\boldsymbol{D}_{12} = \iint \Xi_1{}^* \boldsymbol{D}\, \Xi_2 \, \mathrm{d}\tau_{\mathrm{e}} \mathrm{d}\tau_{\mathrm{k}} \ ; \tag{11.7}$$

hierbei bedeuten $\mathrm{d}\tau_{\mathrm{e}} \equiv \mathrm{d}\boldsymbol{\sigma}\mathrm{d}V_{\mathrm{e}}$ und $\mathrm{d}\tau_{\mathrm{e}} \equiv \mathrm{d}\boldsymbol{\Sigma}\mathrm{d}V_{\mathrm{k}}$ jeweils die Summation über die Spinvariablen und Integration über die Ortsvariablen von Elektronen bzw. Kernen.
Damit gilt für die Absorptionsintensität (11.2):

$$I_{12}^{\mathrm{abs}} \propto \Delta\mathscr{E}_{12} \cdot \left|\boldsymbol{D}_{12}\right|^2 . \tag{11.2'}$$

Ein Übergang zwischen zwei Molekülzuständen 1 und 2 ist nur dann möglich, wenn das Übergangsmoment (11.7) nicht verschwindet; *Auswahlregeln* benennen die Bedingungen, unter denen das der Fall ist. Da es, wie wir noch sehen werden (vgl. auch Anhang A1.5), insbesondere von den Symmetrien eines Moleküls abhängt, welche Auswahlregeln sich ergeben, ist klar, dass man aus den im Spektrum auftretenden Absorptionslinien z. B. auf die Symmetrien und damit auf die Struktur des untersuchten Moleküls schließen kann.

Wie wir aus Abschnitt 4.7 wissen, kann Strahlung einer Frequenz ν nicht nur einen Übergang $1 \rightarrow 2$ gemäß Abb. 11.2 bewirken, sondern ebenso einen Übergang $2 \rightarrow 1$, also eine strahlungsinduzierte *Emisson*. Die Übergangswahrscheinlichkeiten (pro Zeiteinheit) w_{12}^{-} und w_{21}^{+} dieser beiden zueinander reziproken Prozesse sind exakt gleich (s. die Anmerkung am Schluss von Abschn. 4.7). Außerdem gibt es einen dritten möglichen Prozess, die *spontane Emission*, bei der ein Molekül mit einer gewissen Wahrscheinlichkeit $w_{21}^{+\mathrm{spE}}$ unter Aussendung eines Photons $h\nu$ aus dem Zustand 2 in den energetisch tiefergelegenen Zustand 1 übergehen kann, ohne dass ein äußeres Störfeld diesen Übergang auslöst. Dieser Prozess, zu dem es keinen reziproken Vorgang gibt, ist im Rahmen der hier behandelten Quantenmechanik, nach der jeder stationäre Zustand, also auch ein angeregter, ohne äußere Einflüsse unbegrenzt lange bestehen bleibt, nicht verständlich. Erklärbar wird er erst im Rahmen der

Quantenelektrodynamik.[2] Er kann aber phänomenologisch einbezogen werden[3] durch eine Bilanzierung der drei Prozesse für ein Modellsystem: ein Gas gleichartiger Moleküle mit nur zwei Energieniveaus 1 und 2, eingeschlossen mit einem Strahlungsfeld in ein Volumen bei vollständigem thermischen Gleichgewicht, letzteres auch für das Strahlungsfeld, so dass für die Energiedichte die Plancksche Strahlungsformel (1.4) gilt. Während bei der induzierten Absorption und Emission nach Gleichung (11.2) eine Proportionalität zu ν besteht, zeigt sich, dass die Intensität der spontanen Emission proportional zu ν^4 ist; ihr Anteil wächst also bei höheren Frequenzen stark an.

Absorptions- und Emissionsspektren liefern prinzipiell die gleichen Informationen. Wir bleiben weiterhin bei der induzierten Absorption und setzen voraus, dass die höheren Niveaus schwach besetzt sind und bei Strahlungseinwirkung auch schwach besetzt bleiben, d. h. die Temperaturen seien nicht hoch (s. Abschn. 4.8) und die strahlungsinduzierten Übergänge mögen die Niveaubesetzungen nicht wesentlich ändern.

Bisher wurde stillschweigend angenommen, dass die Niveaus 1 und 2 nicht entartet sind. Bei vorliegender Entartung müssen die Übergangsmomente zwischen allen Paaren von Zuständen i des unteren Nivaus (1) und Zuständen j des oberen Niveaus (2) berechnet und deren Betragsquadrate aufsummiert werden,

$$|\boldsymbol{D}_{12}|^2 \to \sum_i \sum_j |\boldsymbol{D}_{1i2j}|^2 ,$$

um die gesamte Übergangswahrscheinlichkeit zu erhalten; es gilt dann die Beziehung

$$g_1 w_{12}^- = g_2 w_{21}^+ , \tag{11.8}$$

wenn g_1 und g_2 die Entartungsgrade der Niveaus 1 bzw. 2 bezeichnen.

Ein in der Spektroskopie oft verwendeter Begriff ist die durch

$$f_{12} \equiv (2m_e / \hbar\bar{e}^2)|\boldsymbol{D}_{12}|^2 \tag{11.9}$$

definierte (dimensionslose) *Oszillatorstärke* des Übergangs $1 \to 2$.

Damit haben wir die einfachsten Grundlagen und Zusammenhänge skizziert; außer Betracht bleiben solche Feinheiten wie *Linienform*, *Linienbreite* etc., alle im realen Experiment hinzukommenden Einflüsse und die Probleme der technischen Realisierung spektroskopischer Messungen [11.1].

11.1.3 Raman-Spektroskopie

Bei den im Abschnitt 11.1.2 geschilderten Vorgängen der induzierten Absorption und Emission ist die Strahlung der unmittelbare Auslöser des Übergangs; man könnte das auch als "direkte" Spektroskopie bezeichnen. Ein spezieller Zweig der Spektroskopie nutzt im Unterschied

[2] Hierzu findet man Näheres z. B. in Landau, L. D., Lifschitz, E. M., mit Pitajewski, L. P., Berestezki, W. B.: Lehrbuch der theoretischen Physik. Bd. 4: Quantenelektrodynamik. H. Deutsch Verlag, Frankfurt a. M. (2009); auch Heber, G., Weber, G.: Grundlagen der modernen Quantenphysik. Teil II. Quantenfeldtheorie. Teubner, Leipzig (1957).

[3] Vgl. etwa Blochinzew, D. J.: Grundlagen der Quantenmechanik. H. Deutsch Verlag, Thun (1988).

dazu einen Effekt aus, der auf indirektem Wege, nämlich über einen Photonen-Streuprozess, Zustandsänderungen molekularer Bewegungen (Schwingungen, Rotation) hervorruft.

11.1.3.1 Der Smekal-Raman-Effekt

Wenn ein Lichtstrahl ein Gas, eine Flüssigkeit oder einen transparenten Festkörper durchdringt, wird ein (kleiner) Teil des Lichtes seitwärts abgelenkt; die Intensität dieses gestreuten Lichtes ist proportional zu ν^4 (*Rayleigh-Streuung*). Bei genauer Untersuchung des Spektrums des Streulichtes stellt sich heraus, dass darin mit geringer Intensität Frequenzen auftreten, die im einfallenden Licht nicht vorhanden waren. Diese zusätzlichen Frequenzen sind gegenüber der Frequenz des einfallenden Lichtes um gewisse Beträge verschoben, die *nur* von der Art der streuenden Moleküle, nicht aber von der Frequenz der einfallenden Strahlung abhängen (*Smekal-Raman-Effekt*). In Abb. 11.5 ist das schematisch dargestellt: es gibt einen dominanten Anteil mit der Frequenz der einfallenden Strahlung sowie schwächere weitere Linien bei niedrigeren Frequenzen (*Stokes-Linien*) und bei höheren Frequenzen (*Anti-Stokes-Linien*).

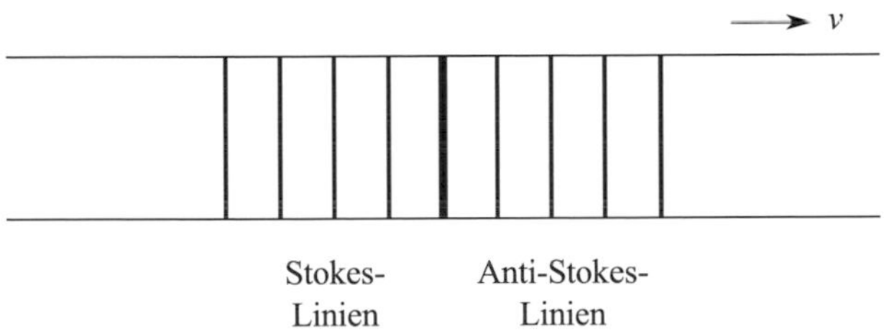

Abb. 11.5
Raman-Spektrum
(schematisch, Ausschnitt)

Dieses Phänomen wurde 1923 zuerst von A. Smekal theoretisch anhand klassischer Überlegungen (s. unten) vorhergesagt und 1928 von C.V. Raman sowie von G. S. Landsberg und L. J. Mandelshtam experimentell nachgewiesen. Die experimentelle Vermessung ist relativ aufwendig, so dass sich eine routinemäßige spektroskopische Nutzung erst mit der Verfügbarkeit der Lasertechnik kräftig entwickelt hat. Die Raman-Spektroskopie ist besonders wichtig für die Untersuchung von Molekülschwingungen, da diese sich bei vielen Moleküle nicht auf direktem Wege anregen lassen (s. Abschn. 11.3.4 ff.).

Ein Raman-Prozess ist zu unterscheiden von der *Fluoreszenz*: Bei letzterer wird das Molekül in einen energetisch höhergelegenen Quantenzustand angehoben, von dem aus dann mit einer gewissen Zeitverzögerung (mittlere Lebensdauer des angeregten Zustands) ein Übergang in ein niedrigeres Niveau erfolgen kann unter Emission eines Photons entsprechender Frequenz – insofern analog zu einem Stokes-Übergang. Während aber bei der Fluoreszenz die Frequenz des einfallenden Lichtes gleich einer Absorptionsfrequenz des Moleküls sein muss, kann die Raman-Streuung bei beliebiger Frequenz des einfallenden Lichtes erfolgen.

Quantentheoretisch lässt sich die Rayleigh-Streuung als Folge *elastischer* Stöße von Lichtquanten (Photonen) mit den Molekülen interpretieren, die Raman-Streuung als Folge *inelastischer* Stöße, wobei die Bezeichnung "elastisch" bedeutet, dass die Stöße ohne Änderung des inneren Zustands (der inneren Energie) der Moleküle ablaufen, während sich bei einem "inelastischen" Stoß der innere Zustand (die innere Energie) des Moleküls durch Energieaustausch mit einem Photon ändert (bezüglich dieser Begriffe s. auch Abschn. 12.1.2). In Abb. 11.6 ist das schematisch veranschaulicht.

Je nachdem, mit welcher Bewegungsform des Moleküls Energie ausgetauscht wird, unterscheidet man Rotations-Raman- und Schwingungs-Raman-Spektroskopie.

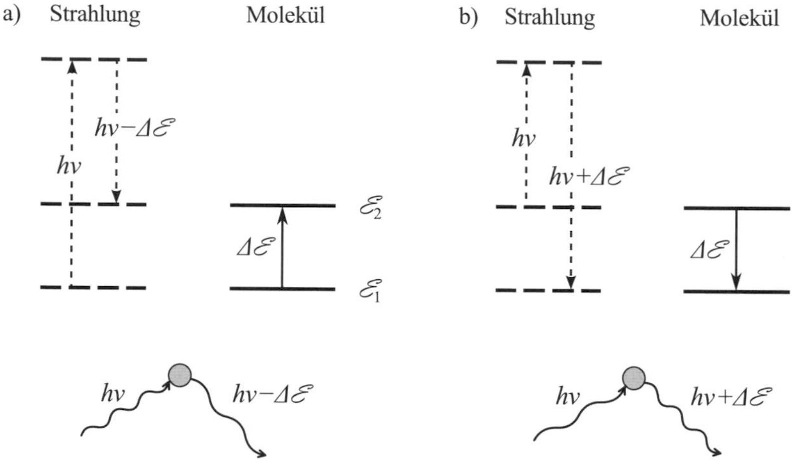

Abb. 11.6 Raman-Streuung als inelastischer Stoßprozess Photon – Molekül (schematisch): a) Stokes-Linie; b) Anti-Stokes-Linie

Klassisch betrachtet stellt das gesamte Molekül eine polarisierbare Ladungsverteilung dar. Die physikalische Ursache für die Lichtstreuung liegt dann darin, dass im elektrischen Feld $\boldsymbol{\mathcal{E}}$ der einfallenden Strahlung die Ladungen verschoben werden: die (positiv geladenen) Kerne in Feldrichtung, die (negativ geladenen) Elektronen in die entgegengesetzte Richtung. Da die Kerne auf Grund ihrer großen Massen dem schnell wechselnden Feld nicht folgen können und an ihren mittleren Positionen verbleiben, spielen praktisch nur die Elektronen eine Rolle. Im Strahlungsfeld wird also ein elektrisches Dipolmoment $\boldsymbol{D}^{(\mathrm{ind})}$ induziert:

$$\boldsymbol{D}^{(\mathrm{ind})} = \boldsymbol{\alpha}\boldsymbol{\mathcal{E}}\,, \tag{11.10}$$

$\boldsymbol{\alpha}$ ist der Tensor der elektrischen *Polarisierbarkeit* der Elektronenhülle (s. Abschn. 4.4.2.1).

Es handelt sich beim Polarisierbarkeitstensor um einen symmetrischen (3×3) - Tensor mit den Elementen $\alpha_{\xi\eta}$, wobei ξ und η jeweils die Koordinatenrichtungen x, y oder z bezeichnen. Ein solcher Polarisierbarkeitstensor lässt sich durch ein Polarisierbarkeitsellipsoid anschaulich machen, das sich ergibt, wenn man auf Strahlen vom Bezugspunkt aus die reziproke Wurzel $1/\sqrt{\alpha}$ aus dem Wert der Polarisierbarkeit in der jeweiligen Raumrichtung abträgt und diese Punkte verbindet. Ein solches Ellipsoid lässt sich durch eine Drehung der Koordinatenachsen diagonalisieren (auf Hauptachsenform bringen, s. etwa [II.1] – [II.3]); die neuen Koordinatenachsen (*Hauptachsen*) bezeichnen wir mit X, Y und Z. Die Form des Polarisierbarkeitsellipsoids hängt mit der Symmetrie des Moleküls (bzw. seines Kerngerüstes) zusammen. Die Diagonalelemente in der Hauptachsenform (die nichtdiagonalen Elemente sind Null) bezeichnen wir mit α_{XX}, α_{YY} und α_{ZZ} . Genaueres benötigen wir hier nicht.

Auf die quantenmechanische Bestimmung von Polarisierbarkeiten gehen wir hier nicht ein; diese Größen lassen sich in zweiter Ordnung der Störungstheorie definieren und näherungsweise ausrechnen (s. Abschn. 4.4.2.1 und 17.4.3.2; auch 10.1.2*(b)*). Induzierte Dipolmomente (11.10) sind im Verhältnis zu permanenten Dipolmomenten (11.4) klein.

11.1.3.2 Raman-Übergangswahrscheinlichkeiten

Für das Auftreten eines Raman-Übergangs ist anstelle des Ausdrucks (11.7) das Übergangsmatrixelement des induzierten Dipolmoments,

$$\boldsymbol{D}_{12}^{(\text{ind})} = \iint \Xi_1^* \boldsymbol{D}^{(\text{ind})} \Xi_2 \mathrm{d}\tau_\mathrm{e} \mathrm{d}\tau_\mathrm{k} \ , \tag{11.11}$$

maßgebend. Sei beispielsweise der elektrische Feldstärkevektor $\boldsymbol{\mathcal{E}}$ des Strahlungsfeldes in Z-Richtung orientiert, also $\boldsymbol{\mathcal{E}} = (0, 0, \mathcal{E}_Z)$, dann hat auch das induzierte Dipolmoment und damit das Übergangsmoment nur eine Z-Komponente:

$$\boldsymbol{D}_{12|\mathrm{Z}}^{(\text{ind})} = \mathcal{E}_Z \iint \Xi_1^* \alpha_{ZZ} \Xi_2 \mathrm{d}\tau_\mathrm{e} \mathrm{d}\tau_\mathrm{k} \ . \tag{11.12}$$

Raman-Übergänge zwischen zwei Niveaus finden somit dann statt, wenn das Matrixelement der Polarisierbarkeit in Feldrichtung (hier also α_{ZZ}) von Null verschieden ist.

Generell ist die Voraussetzung für das Auftreten von Raman-Übergängen, dass sich bei der betreffenden Bewegungsform der Kerne die Polarisierbarkeit der Elektronenhülle (die ja in der elektronisch adiabatischen Näherung der Kernbewegung verzögerungsfrei folgt) ändert. Für die Drehung des Moleküls heißt das: die Polarisierbarkeit muss anisotrop sein, also von der Drehlage des Moleküls relativ zum Feld abhängen, und bei Schwingungen muss sich die Polarisierbarkeit bei den Veränderungen der Kernabstände ändern.

Die bisherige Diskussion benutzte überwiegend klassische Vorstellungen, und in der Tat lässt sich das Zustandekommen der Raman-Streuung weitgehend klassisch verstehen, wenn es auf die Bewegungen der Kerne (also relativ schwerer Teilchen) ankommt. Betrachten wir der Einfachheit halber ein zweiatomiges Molekül im homogenen elektrischen Feld $\boldsymbol{\mathcal{E}}(t) \propto \sin(\omega t)$ einer monochromatischen Lichtwelle. Die Polarisierbarkeit der Elektronenhülle hängt offensichtlich vom Kernabstand und von der Orientierung der Molekülachse relativ zur Feldrichtung *Z* ab, sie ändert sich also, wenn das Molekül schwingt und/oder rotiert. Um möglichst einfache Verhältnisse zu haben, nehmen wir an, die Molekülachse (*Z*) liege in der Feldrichtung, also $\boldsymbol{\mathcal{E}} = (0,0,\mathcal{E}_Z)$, s. Abb. 11.7. Die Drehachse steht, wie wir noch in Abschnitt 11.3 sehen werden, immer senkrecht auf der Molekülachse.

Für die Polarisierbarkeit $\alpha(t) \equiv \alpha_{ZZ}(t)$ des schwingenden Moleküls können wir ansetzen:

$$\alpha(t) = \alpha_0^{\text{vib}} + \alpha_1^{\text{vib}} \sin(\omega^{\text{vib}} t) , \tag{11.13}$$

wobei $\omega^{\text{vib}} = 2\pi\nu^{\text{vib}}$ die Kreisfrequenz der Schwingung bezeichnet; α_0^{vib} ist die über eine Schwingungsperiode gemittelte Polarisierbarkeit, die den Wert von α_1^{vib} meist beträchtlich übertrifft. Das induzierte Dipolmoment hat im vorliegenden Fall nur eine Z-Komponente:

$$D_Z^{(\text{ind})\text{vib}} = \mathcal{E}_Z \alpha_0^{\text{vib}} \sin(\omega t) + \mathcal{E}_Z \alpha_1^{\text{vib}} \sin(\omega t) \sin(\omega^{\text{vib}} t)$$
$$= \mathcal{E}_Z \alpha_0^{\text{vib}} \sin(\omega t) + (1/2)\mathcal{E}_Z \alpha_1^{\text{vib}} \{\cos[(\omega - \omega^{\text{vib}})t] - \cos[(\omega + \omega^{\text{vib}})t]\}. \quad (11.14)$$

Der erste Anteil ändert sich mit der Frequenz ω der einfallenden Strahlung und entspricht der unverschobenen Hauptlinie. Der (kleinere) zweite Anteil besteht aus einem Beitrag mit gegenüber ω verringerter Frequenz $\omega - \omega^{\text{vib}}$ (Stokes-Beitrag) und einem Beitrag mit erhöhter Frequenz $\omega + \omega^{\text{vib}}$ (Anti-Stokes-Beitrag).

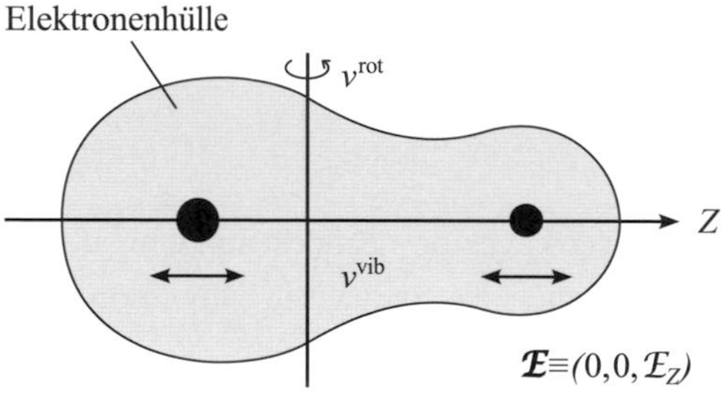

Abb. 11.7
Zur klassischen Erklärung des Raman-Effekts für ein zweiatomiges Molekül, dessen Achse in Feldrichtung (Z) liegt

Für die Rotation sehen die Ausdrücke analog aus, nur wird ω^{rot} mit einem Faktor 2 multipliziert aus folgendem Grund: Während der ersten Halbperiode der Drehung hat das elektrische Feld positive Z-Richtung, während der zweiten Halbperiode negative Z-Richtung. Die Polarisierbarkeit ist für beide Orientierungen gleich (das soll hier nicht bewiesen werden), so dass bei einer vollen Drehung der zweite Anteil mit α_1^{rot} zweimal sein Maximum durchläuft.

Damit ist der Raman-Effekt klassisch qualitativ beschrieben, natürlich unvollständig, insbesondere da ω^{vib} und ω^{rot} klassisch beliebige Werte haben können, tatsächlich aber gequantelt sind.

11.2* Ausbau der theoretischen Grundlagen

11.2.1* Übergang zu körperfesten Koordinaten

Wie im Vorspann zu diesem Kapitel festgelegt wird vorausgesetzt, die *Schwerpunktsbewegung* sei eliminiert (s. Abschn. 4.2 und Anhang A5.2). Als Koordinatennullpunkt im schwerpunktfesten (SF) Bezugssystem Σ' wählen wir den Schwerpunkt $\boldsymbol{S}^{\text{k}}$ der Kerne [Gln. (4.11) und (A5.18a,b)]. Im SF-Hamilton-Operator $\hat{H}'$ werden anstelle der Teilchenmassen die reduzierten Massen (A5.11a,b) mit (A5.19) eingesetzt (elementare Massenkorrekturen); die Massenpolarisationsterme wollen wir hier durchweg vernachlässigen.

Auch die *Born-Oppenheimer-Separation* von Elektronen- und Kernbewegungen gemäß Abschnitt 4.3.2.1 sei vollzogen, und wir beschränken uns auf die *elektronisch adiabatische Näherung*. Dementsprechend werden die stationären Zustände der Kernbewegungen, um die es in diesem Kapitel geht, durch die zeitunabhängige Schrödinger-Gleichung (4.26) mit dem

Hamilton-Operator $\hat{H}'^{\mathrm{k}}$ [$\equiv \hat{H}^{\mathrm{k}}$, Gl. (4.23)][4] bestimmt, der auf die SF-Koordinaten (mit Strich gekennzeichnet) wirkt.

Es interessieren die *gebundenen Zustände* von Molekülen (oder molekülartigen Aggregaten), in denen sich die Atome zwar gegeneinander bewegen, aber doch in der Umgebung einer bestimmten Kernanordnung bleiben, wobei sich das "Kerngerüst" als Ganzes im Raum (d. h. relativ zu den raumfesten Koordinatenachsenrichtungen in Σ') drehen kann. Auf Grund dieser Vorstellung ist zu vermuten, dass sich für die theoretische Beschreibung der Kernbewegungen ein Bezugssystem, das in einer noch festzulegenden Weise mit dem Kerngerüst verbunden ist, besonders eignet. Wie sich zeigen wird, bringt dieser Übergang zu einem solchen mitdrehenden "körperfesten" Bezugssystem und das entsprechende Umschreiben des Hamilton-Operators $\hat{H}^{\mathrm{k}}$ diesen in eine Form, für die sich eine weitere Näherung – die adiabatische Separation von Kerngerüstrotation und Kernschwingungen – anbietet.

Die Einführung eines "molekülfesten" oder "*körperfesten*" (*KF*) *Bezugssystems* Σ'', das die Drehungen des Kerngerüstes im Bewegungsablauf mitmacht, ist in Abb. 11.8 als Vervollständigung der Abb. 4.2 veranschaulicht.

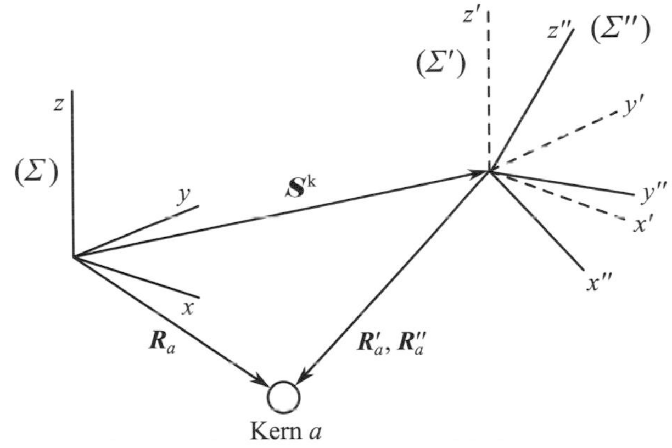

Abb. 11.8
Schema des Übergangs von raumfesten (RF) zu kernschwerpunktfesten (SF) und zu körperfesten (KF) kartesischen Koordinaten

Die Ortsvektoren der Kerne im Bezugssystem Σ'' bezeichnen wir mit $\boldsymbol{R}''_a$; für ihren Zusammenhang mit den Ortsvektoren $\boldsymbol{R}_a$ im raumfesten System Σ gilt die gleiche Beziehung wie für die Ortsvektoren $\boldsymbol{R}'_a$ im schwerpunktfesten System Σ':

$$\boldsymbol{R}''_a = \boldsymbol{R}_a - \boldsymbol{S}^{\mathrm{k}} \qquad (a = 1, 2, \ldots, N^{\mathrm{k}}) \tag{11.15}$$

[s. Gl. (A5.18a)], und sie erfüllen ebenso die Gleichung (A5.20):

$$\sum\nolimits_{a=1}^{N^{\mathrm{k}}} m_a \boldsymbol{R}''_a = 0\,. \tag{11.16}$$

Es handelt sich bei $\boldsymbol{R}'_a$ und $\boldsymbol{R}''_a$ um ein und denselben Vektor, der allerdings in den beiden

[4] Man beachte: Dort wurde der Einfachheit halber der Strich an den SF-bezogenen Größen weggelassen.

Bezugssystemen Σ' und Σ'' unterschiedliche Komponenten hat.

Die klassische Geschwindigkeit eines Kerns a im System Σ'' ist verschieden von der Geschwindigkeit im System Σ', die beiden Geschwindigkeiten hängen gemäß

$$\dot{\boldsymbol{R}}'_a = \dot{\boldsymbol{R}}''_a + (\boldsymbol{\Omega} \times \boldsymbol{R}''_a) \tag{11.17}$$

zusammen. Zum Verschiebungsanteil $\dot{\boldsymbol{R}}''_a$ kommt ein von der Drehung des Systems Σ'' gegen das System Σ' herrührendes Zusatzglied; $\boldsymbol{\Omega}$ ist ein Vektor, dessen Betrag die momentane Winkelgeschwindigkeit und dessen Richtung die momentane Drehachse samt Drehrichtung (im mathematisch positiven Sinn: links herum) angibt.

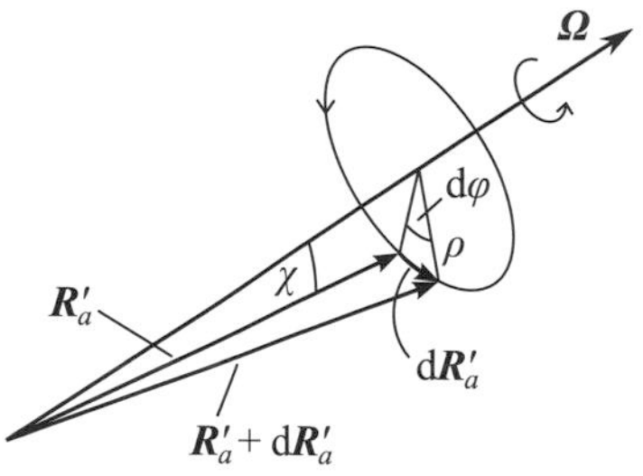

Abb. 11.9
Zur Erläuterung des Drehanteils der Geschwindigkeit

Das Zustandekommen des Drehanteils der Teilchengeschwindigkeit ist in Abb. 11.9 erläutert: Vom System Σ' aus betrachtet, möge sich der Kern a in einem Zeitintervall $\mathrm{d}t$ bei reiner Drehung um das Winkelintervall $\mathrm{d}\varphi$ um die Drehachse ($\boldsymbol{\Omega}$) von $\boldsymbol{R}'_a$ nach $\boldsymbol{R}'_a + \mathrm{d}\boldsymbol{R}'_a$ bewegen. Der Betrag des Geschwindigkeitsvektors ergibt sich als $\mathrm{d}R'_a/\mathrm{d}t = (\mathrm{d}\varphi/\mathrm{d}t)R'_a \sin\chi = \Omega R'_a \sin\chi = |(\boldsymbol{\Omega} \times \boldsymbol{R}'_a)|$, wenn $\Omega \equiv \mathrm{d}\varphi/\mathrm{d}t$ den Betrag der Winkelgeschwindigkeit der Drehung und χ den Winkel zwischen der Richtung des Ortsvektors $\boldsymbol{R}'_a$ und der Drehachse bezeichnen. Die Richtung des Drehanteils ist, wie man sich leicht klarmacht, durch die Richtung des Vektorprodukts $\boldsymbol{\Omega} \times \boldsymbol{R}'_a$ gegeben bzw., wenn der Ortsvektor auf das System Σ'' bezogen wird: $\boldsymbol{\Omega} \times \boldsymbol{R}''_a$. Da wir es nicht mit einem starren Kerngerüst zu tun haben, ist noch der reine Verschiebungsanteil $\dot{\boldsymbol{R}}''_a$ hinzuzufügen.

Für die Festlegung des körperfesten (KF) Systems Σ'' gibt es verschiedene Möglichkeiten:

(A) Ist das molekulare Aggregat so beschaffen, dass sich jeder Kern a ständig in einer engen Umgebung einer Position $\boldsymbol{R}''^0_a$ bewegt, so wie das in einem gebundenen Zustand der Fall ist, dann kann man ein starres Bezugs-Kerngerüst $\boldsymbol{R}''^0 \equiv \{\boldsymbol{R}''^0_1, \ldots, \boldsymbol{R}''^0_{N^k}\}$ durch die Forderung definieren, dass der Gesamtdrehimpuls der Kerne, wenn diese sich in den Positionen $\boldsymbol{R}''^0_a$ befinden, verschwindet:

$$\sum\nolimits_{a=1}^{N^k} m_a (\boldsymbol{R}''^0_a \times \dot{\boldsymbol{R}}''_a) = 0 \, . \tag{11.18}$$

Das ist gleichbedeutend damit, dass das Bezugs-Kerngerüst die Drehung des gesamten Aggregats der Kerne bei der Bewegung mitvollzieht. Mit diesem Bezugs-Kerngerüst kann nun ein Koordinatensystem fest verbunden werden; in einem solchen mitdrehenden System Σ'' sind die Vektoren $\boldsymbol{R}_a''^0$ zeitlich konstant. Die Drehlage des Systems Σ'' gegen das System Σ' lässt sich durch drei Angaben (etwa die Euler-Winkel α, β und γ, s. Anhang A5.1) eindeutig festlegen.

Anstelle der Forderung (11.18) wird in der Regel die *Eckart-Bedingung*[5]

$$\sum_{a=1}^{N^k} m_a(\boldsymbol{R}_a''^0 \times \boldsymbol{R}_a'') = 0 \,. \tag{11.19}$$

verwendet. Differenziert man diese Vektorgleichung nach der Zeit t und verlangt, dass im mitdrehenden System $\mathrm{d}\boldsymbol{R}_a''^0/\mathrm{d}t = 0$ gilt, so folgt daraus die Bedingung (11.18)[6].

Praktischerweise wählt man als Bezugs-Kernkonfiguration meist eine Kernanordnung, für welche die Potentialfunktion ein *lokales Minimum* aufweist (s. hierzu die vorläufigen Ausführungen zur Topographie von Potentialhyperflächen in Abschnitt 4.3.3.2).

(B) Wenn sich ein solches Bezugs-Kerngerüst nicht definieren lässt, weil die inneren Bewegungen der Atome des Aggregats größere Bereiche von Kernanordnungen überstreichen (etwa bei weitamplitudigen Bewegungen wie Inversions- und Torsionsschwingungen sowie bei Stoßprozessen, s. die folgenden Kapitel), dann muss man anders vorgehen, um ein an die Problemstellung angepasstes körperfestes System zu finden.

Wir diskutieren nach [11.2b] den Fall eines dreiatomigen Aggregats ABC mit einer "weichen" Bindung AB–C (und entsprechend weitamplitudiger Bewegung der beiden Fragmente AB und C gegeneinander) bzw. einen Stoßprozess AB + C (s. Abb. 11.10).

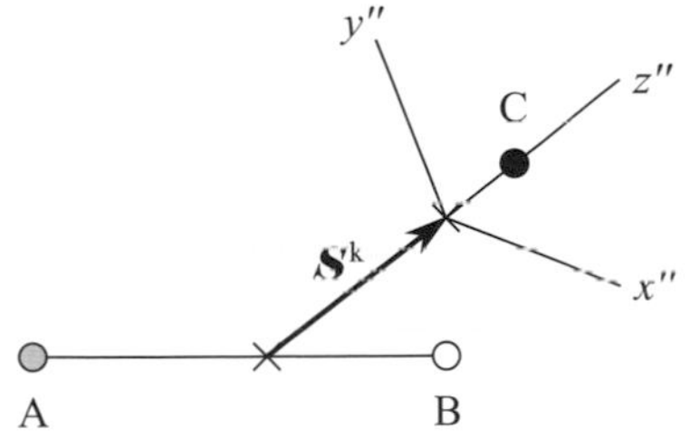

Abb. 11.10
Festlegung eines körperfesten Systems Σ'' für ein dreiatomiges Aggregat ABC mit einer weitamplitudigen Bewegung AB – C

Als Koordinatennullpunkt wird der Schwerpunkt $\boldsymbol{S}^k$ der Kerne gewählt. Nach Gleichung (11.16) gilt für die kartesischen Komponenten der Ortsvektoren $\boldsymbol{R}_a''$ (a = A, B, C):

$$\left.\begin{aligned} m_A X_A'' + m_B X_B'' + m_C X_C'' &= 0 \\ m_A Y_A'' + m_B Y_B'' + m_C Y_C'' &= 0 \\ m_A Z_A'' + m_B Z_B'' + m_C Z_C'' &= 0 \end{aligned}\right\} . \tag{11.20a}$$

[5] Eckart, C.: Some Studies Concerning Rotating Axes and Polyatomic Molecules. Phys. Rev. **47,** 552-558 (1935)

[6] Die Bedingung (11.18) enthält die Geschwindigkeiten und wird daher zuweilen als *dynamische Bedingung* bezeichnet.

Die z''-Achse möge vom Schwerpunkt in Richtung zum Kern C zeigen, und die Ebene (x'', z'') sei die Molekülebene ABC. Damit ist das KF-System Σ'' durch die drei weiteren Bedingungen

$$\left.\begin{array}{l} Y''_{\mathrm{A}} = 0, \; Y''_{\mathrm{B}} = 0 \\ X''_{\mathrm{C}} = 0 \end{array}\right\} \qquad (11.20\mathrm{b})$$

festgelegt. Es verbleiben drei Freiheitsgrade der internen Bewegung des Systems, z. B. die drei Kernkoordinaten $X''_{\mathrm{A}}, Z''_{\mathrm{A}}$ und Z''_{C}; die übrigen (dann also $X''_{\mathrm{B}}, Y''_{\mathrm{C}}$ und Z''_{B}) sind durch die Gleichungen (11.20a) bereits mitbestimmt.

Man bezeichnet oft jeden solchen Satz von Bedingungen, die das körperfeste System Σ'' erfüllen soll, in einem erweiterten Sinn als Eckart-Bedingungen.

Allgemein gibt es bei N^{k} Kernen $3N^{\mathrm{k}}-6$ *interne Koordinaten*, welche die Bewegungen der Kerne relativ zueinander beschreiben. Bei einer linearen Bezugs-Kernanordnung sind zur Festlegung von deren Orientierung im Raum nur zwei Winkelangaben notwendig, so dass $3N^{\mathrm{k}}-5$ interne Koordinaten verfügbar bleiben (s. den Hinweis in Abschn. 4.3.3).

11.2.2* Formulierung des Hamilton-Operators

Keine ganz einfache Aufgabe ist es, den Hamilton-Operator $\hat{H}^{\mathrm{k}}$ für die Kernbewegung eines mehratomigen Systems ($N^{\mathrm{k}} > 2$) [Gl. (4.23) mit dem Anteil (4.3a) der kinetischen Energie] durch Schwerpunktskoordinaten, Euler-Winkel (zur Festlegung der mitdrehenden Koordinatenachsen) und interne Koordinaten (im körperfesten System Σ'') auszudrücken. Wir werden das hier nicht im Einzelnen durchführen; außerdem betrachten wir nur den Fall *(A)* eines (quasi-) starren Kerngerüstes, um die für die Molekülspektroskopie wesentlichen Typen von Kernbewegungen diskutieren zu können. Der Fall *(B)* ist dann grundsätzlich für das Kapitel 14 relevant. Den weitergehend interessierten Leser verweisen wir auf die Spezialliteratur, etwa [11.2][I.2].

Bei einem zweiatomigen System ($N^{\mathrm{k}} = 2$) liegen die Verhältnisse einfach; wir werden diesen Fall in Abschnitt 11.3 ausführlich behandeln.

Unter den in Abschnit 11.2.1 gemachten Voraussetzungen hat man im SF-Bezugssystem Σ' den Hamilton-Operator $\hat{H}'^{\mathrm{k}}$ für die *Kernbewegungen in elektronisch adiabatischer Näherung* in der Form (4.23):

$$\hat{H}'^{\mathrm{k}} = \hat{T}'^{\mathrm{k}} + U(\boldsymbol{R}'), \qquad (11.21)$$

wobei im kinetischen Anteil $\hat{T}'^{\mathrm{k}}$ die Kern-Massenpolarisationsterme weggelassen und anstelle der Kernmassen m_a die reduzierten Massen μ'_a [Gl. (A5.11a) mit (A5.19)] eingesetzt werden. Der Anteil U ist das adiabatische Potential (4.22) für den betrachteten Elektronenzustand; da dieser fest bleibt, kann eine Kennzeichnung [n in Gl. (4.23)] entfallen.

Der Transformationsschritt vom schwerpunktfesten System Σ' (mit raumfest orientierten Koordinatenachsen) zum körperfesten System Σ'' (mit Koordinatenachsen, deren Richtungen sich mit der räumlichen Orientierung des Kerngerüstes ändern) führt zu einem Hamilton-Operator $\hat{H}''^{\mathrm{k}}$ für die Kernbewegung, den wir jetzt folgendermaßen schreiben [11.2a]:

$$\hat{H}''^{\mathrm{k}} = \hat{T}^{\mathrm{rotvib}} + U(\boldsymbol{R}'') \tag{11.22}$$

mit $\boldsymbol{R}'' \equiv \{\boldsymbol{R}_1'', \boldsymbol{R}_2'', \ldots\}$ und der adiabatischen Potentialfunktion

$$U(\boldsymbol{R}'') = E^{\mathrm{e}}(\boldsymbol{R}'') + V^{\mathrm{kk}}(\boldsymbol{R}''); \tag{11.23}$$

letztere hängt nur von den Kernabständen $|\boldsymbol{R}_a'' - \boldsymbol{R}_b''| = |\boldsymbol{R}_a' - \boldsymbol{R}_b'| = |\boldsymbol{R}_a - \boldsymbol{R}_b|$ ab und hat daher in allen drei Bezugssystemen genau die gleiche Form.

Bei quantenchemischen Berechnungen (s. Kap. 17) wird in der Regel so verfahren, dass man das Elektronenproblem im raumfesten System bei fixierten Kernpositionen (näherungsweise) löst, damit $E^{\mathrm{e}}(\boldsymbol{R})$ und $U(\boldsymbol{R})$ bestimmt und dann bei der Behandlung der Kernbewegung als Kernkoordinaten $\boldsymbol{R}$ die körperfesten Koordinaten $\boldsymbol{R}''$ verwendet. Dieses Vorgehen, das im Wesentlichen der Vernachlässigung aller Massenkorrekturen (auch bei der Behandlung der Elektronenbewegung) entspricht, erfordert eigentlich fallweise eine genauere Prüfung; in Anbetracht der übrigen Näherungsfehler der Rechnungen (s. Abschn. 9.5) sollte es aber generell ausreichen.

Das Anliegen dieses Kapitels wird also darin bestehen, die Schrödinger-Gleichung (4.26) mit dem Hamilton-Operator (11.22),

$$\left\{\hat{T}^{\mathrm{rotvib}} + U(\boldsymbol{R}'') - \mathcal{E}\right\} \Phi^{\mathrm{k}}(\boldsymbol{R}'') = 0, \tag{11.24}$$

zu lösen.

Den kinetischen Energieterm im Hamilton-Operator (11.22) zerlegen wir in zwei Anteile (ohne hier die Berechtigung dafür zu prüfen; Genaueres s. etwa [11.2a]):

$$\hat{T}^{\mathrm{rotvib}} = \hat{T}^{\mathrm{rot}} + \hat{T}^{\mathrm{vib}}. \tag{11.25}$$

Der erste Anteil wird in Verallgemeinerung des Ausdrucks (2.139) für das Modell des starren Rotators in der Form

$$\hat{T}^{\mathrm{rot}} = (1/2)\hat{\boldsymbol{G}}\left(\mathbf{I}''^{-1}\right)\hat{\boldsymbol{G}} \tag{11.26}$$

angesetzt und als Operator der kinetischen Energie der Drehbewegung des Kerngerüstes (*Kerngerüstrotation*) gegen das SP-System (Σ') betrachtet. Dabei bezeichnet $\hat{\boldsymbol{G}}$ den Operator des mit dieser Drehung verknüpften Drehimpulses; seine Komponenten (auf Σ' oder Σ'' bezogen) und sein Betragsquadrat sind Operatoren, die auf die Eulerschen Winkel α, β, γ wirken. Der Operator $\hat{\boldsymbol{G}}$ hat weitgehend (nicht vollständig) die gleichen Eigenschaften wie andere Drehimpulsoperatoren (s. Abschn. 3.2); wir kommen darauf in Abschnitt 11.4 zurück. Der (3×3)-Tensor $\mathbf{I}''$ hängt von den Koordinaten $\boldsymbol{R}''$ ab und heißt *momentaner Trägheitstensor* des Kerngerüstes; $\mathbf{I}''^{-1}$ ist der dazu inverse Tensor.

Die Elemente des Trägheitstensors $\mathbf{I}$ eines Aggregats von N^{k} Kernen mit den Massen m_a und den Positionen $\boldsymbol{R}_a \equiv (x_a, y_a, z_a)$ in irgendeinem Koordinatensystem (x,y,z) sind folgendermaßen definiert:

Wenn ξ und η jeweils eine der Koordinaten *x, y* oder *z* bezeichnen, dann sind die Diagonalelemente $I_{\xi\xi}$ und die Nichtdiagonalelemente $I_{\xi\eta}$ durch die Ausdrücke

$$I_{\xi\xi} \equiv \Sigma_a m_a (R_a^{\ 2} - \xi_a^{\ 2}) \,, \tag{11.27a}$$

$$I_{\xi\eta} \equiv -\Sigma_a m_a \, \xi_a \eta_a \tag{11.27b}$$

gegeben ($a = 1, 2, \ldots , N^{\mathrm{k}}$); es gilt $R_a^{\ 2} = x_a^{\ 2} + y_a^{\ 2} + z_a^{\ 2}$. Der Tensor $\mathbf{I}$ ist symmetrisch in den Indizes: $I_{\xi\eta} = I_{\eta\xi}$. Diese Definition von $\mathbf{I}$ verallgemeinert das in Abschnitt 2.2.4 [Gl. (2.82)] eingeführte (skalare) Trägheitsmoment.

Eine nützliche Veranschaulichung ergibt sich (vgl. die analoge Verfahrensweise bei der Diskussion der Polarisierbarkeit am Schluss von Abschn. 11.1.3.1), wenn man vom Bezugspunkt (Koordinatennullpunkt, hier der Schwerpunkt des Kerngerüstes) aus in jeder Raumrichtung den Wert $1/\sqrt{I}$ abträgt, wobei I der Wert des Trägheitsmoments bezüglich dieser Raumrichtung als Drehachse ist; die Endpunkte der so erhaltenen Strecken werden verbunden und ergeben eine Fläche im Raum, und zwar ein Ellipsoid, das als *Trägheitsellipsoid* bezeichnet wird. Jeder Punkt *x, y, z* auf dieser Fläche genügt der Beziehung $I_{xx}x^2 + 2I_{xy}xy + 2I_{xz}xz + I_{yy}y^2 + \ldots + I_{zz}z^2 = 1$; man nennt so etwas eine quadratische Form in den Koordinaten und das Trägheitsellipsoid eine Fläche zweiter Ordnung. Jedes Ellipsoid hat drei zueinander senkrechte *Hauptachsen* (im vorliegenden Fall als *Hauptträgheitsachsen* bezeichnet) derart, dass eine durch den Koordinatennullpunkt senkrecht zu einer Hauptachse gelegte Ebene die Fläche in einer Ellipse schneidet. Man kann nun das Koordinatensystem so drehen, dass die neuen Koordinatenachsen *X, Y, Z* mit den Hauptachsen des Ellipsoids zusammenfallen (*Hauptachsentransformation*) [7]. Der Trägheitstensor, bezogen auf die Hauptachsen, hat Diagonalform, d. h. nur die Diagonalelemente sind von Null verschieden; diese drei Trägheitsmomente bezüglich der Hauptachsen nennt man *Hauptträgheitsmomente*. Ausführlicheres über den Trägheitstensor, die Hauptträgheitsmomente etc. s. [4.7]. Wir werden in Abschnitt 11.4.1.2 davon weiter Gebrauch machen.

Der zweite Anteil des Operators (11.25) ist der Operator der kinetischen Energie der Kernbewegungen im körperfesten System Σ'', d. h. relativ zur Bezugs-Kernkonfiguration. Werden durchgängig kartesische Koordinaten benutzt und die Massenpolarisationsterme vernachlässigt, dann kann für $\hat{T}^{\,\mathrm{vib}}$ ein Ausdruck vom Typ (4.3a) geschrieben werden:

$$\hat{T}^{\,\mathrm{vib}} = -(\hbar^2/2)\sum\nolimits_a (1/\mu_a') \, (\hat{\nabla}_a'')^2 \;; \tag{11.28}$$

hier ist μ_a' die reduzierte Masse des Kerns *a*, die von der Wahl des Bezugspunkts für die Kernkoordinaten nach Abseparation der Schwerpunktsbewegung abhängt, und der Nabla-Operator $\hat{\nabla}_a''$ wirkt auf die internen Kernkoordinaten $\boldsymbol{R}_a''$.

Wie wir in Abschnitt 11.3 sehen werden, ergibt sich die Zerlegung (11.25) des kinetischen Energieanteils für zweiatomige Systeme zwanglos, ohne weitere Annnahmen, und für mehratomige Systeme bei Verwendung von "Normalkoordinaten" (s. auch [11.2a]).

Bei Molekülen mit einer linearen Bezugs-Kernanordnung entstehen Komplikationen, indem einer der drei Euler-Winkel (und damit das körperfeste Bezugssystem) nicht eindeutig definiert ist und eines der

[7] Zu quadratischen Formen und Hauptachsentransformationen s. die einschlägige mathematische Literatur (Literaturliste II).

drei Hauptträgheitsmomente Null wird, was zu einer Singularität im Operator $\hat{T}^{\text{rot}}$ führt. Diese Schwierigkeit ist überwindbar [11.2a] um den Preis etwas komplizierterer Ausdrücke; wir werden das hier jedoch nicht brauchen (s. Abschn. 11.4.1.2).

Damit sind die für die nächsten Abschnitte dieses Kapitels benötigten Beziehungen zusammengestellt; auf folgende Punkte sei noch hingewiesen:

- Die Zerlegung (11.25) bedeutet nicht etwa, dass die Drehbewegung und die Schwingungen *exakt* voneinander separiert werden können. Beide Bewegungsformen sind stets gekoppelt. Das zeigt sich schon daran, dass der Trägheitstensor $\mathbf{I}''$ von den Koordinaten $\boldsymbol{R}''$ abhängt; infolgedessen sind die Operatoren $\hat{T}^{\text{vib}}$ und $\hat{T}^{\text{rot}}$ nicht vertauschbar (s. Abschn. 4.1 sowie die Diskussion am Schluss von Abschn. 11.3.2).
- Relativistische Korrekturen können näherungsweise berücksichtigt werden. Das ist ziemlich einfach, wenn sie sich durch Kopplungen von Drehimpulsen ausdrücken lassen.
- Auch Wechselwirkungen mit statischen äußeren (elektrischen oder/und magnetischen) Feldern lassen sich näherungsweise einbeziehen, wobei es oft genügt, die gleichen Ausdrücke wie im raumfesten Bezugssystem (s. Abschn. 9.4.3) mit reduzierten Massen anstelle der realen Teilchenmassen zu verwenden.

11.2.3* Drehimpulse

Beim Übergang vom raumfesten zu einem körperfesten Bezugssystem hat man darauf zu achten, für welche Drehimpulse Erhaltungssätze gelten, so dass durch deren zeitlich konstante Werte (Betragsquadrat und/oder eine Komponente) die Quantenzustände gekennzeichnet werden können. Das wollen wir hier nicht im Detail darlegen, indem die Operatoren auf die neuen Koordinaten umgeschrieben und ihre Vertauschungseigenschaften untersucht werden. Wir begnügen uns mit Plausibilitätsbetrachtungen, definieren die relevanten Drehimpulse und diskutieren ihre Zusammensetzung nach Abschnitt 3.2.2 im halbklassischen Vektormodell.

Im raumfesten Bezugssystem Σ sind die klassisch-mechanischen Gesamtbahndrehimpulse der Elektronen und der Kerne, $\boldsymbol{L}^{\text{e}}$ bzw. $\boldsymbol{L}^{\text{k}}$, gemäß Gleichung (3.100) als Summen der Bahndrehimpulse der einzelnen Teilchen definiert:

$$\boldsymbol{L}^{\text{e}} \equiv \sum\nolimits_{\kappa=1}^{N^{\text{e}}} (\boldsymbol{r}_{\kappa} \times \boldsymbol{p}_{\kappa}) \ , \tag{11.29}$$

$$\boldsymbol{L}^{\text{k}} \equiv \sum\nolimits_{a=1}^{N^{\text{k}}} (\boldsymbol{R}_{a} \times \boldsymbol{P}_{a}) \ ; \tag{11.30}$$

$\boldsymbol{p}_{\kappa}$ und $\boldsymbol{P}_a$ sind die Impulsvektoren des Elektrons κ bzw. des Kerns a. Die entsprechenden Operatoren erhält man mittels der üblichen Ersetzungsregeln (s. Kap. 2 und 3).

Den Operator des gesamten Bahndrehimpulses aller Teilchen des Moleküls bezeichnen wir mit $\hat{\boldsymbol{N}}$:

$$\hat{\boldsymbol{N}} = \hat{\boldsymbol{L}}^{\text{e}} + \hat{\boldsymbol{L}}^{\text{k}} \ . \tag{11.31}$$

Das Betragsquadrat und eine Komponente von $\boldsymbol{N}$ sind in nichtrelativistischer Näherung (ohne spinabhängige Wechselwirkungen, insbesondere ohne Spin-Bahn-Kopplung)

Erhaltungsgrößen. Für die beiden Anteile $\boldsymbol{L}^{\mathrm{e}}$ und $\boldsymbol{L}^{\mathrm{k}}$ einzeln ist das nicht der Fall wegen der Kopplung von Elektronen- und Kernbewegungen über den Potentialterm V^{ek}.

Das körperfeste System Σ'' wurde in Abschnitt 11.2.1 so festgelegt, dass in ihm der gesamte Bahndrehimpuls der Kerne verschwindet, wenn diese sich in den Referenzpositionen $\boldsymbol{R}_a''^0$ befinden. Wir können daher schlussfolgern, dass sich der Drehimpulsoperator $\hat{\boldsymbol{N}}$ aus folgenden Bestandteilen zusammensetzt: aus (1) dem Operator $\hat{\boldsymbol{G}}$ des Drehimpulses der Drehung des Kerngerüstes gegen die raumfesten Koordinatenachsen, (2) dem Operator des gesamten, mit den Bewegungen der Kerne bezüglich ihrer Referenzlagen $\boldsymbol{R}_a''^0$ verbundenen Drehimpulses (*Schwingungsdrehimpuls*), den wir mit $\hat{\boldsymbol{l}}^{\mathrm{k}\prime\prime}$ bezeichnen, sowie dem Operator $\hat{\boldsymbol{L}}^{\mathrm{e}\prime\prime}$ des Gesamtbahndrehimpulses der Elektronen, bezogen auf das körperfeste System:

$$\hat{\boldsymbol{N}} = \hat{\boldsymbol{G}} + \hat{\boldsymbol{l}}^{\mathrm{k}\prime\prime} + \hat{\boldsymbol{L}}^{\mathrm{e}\prime\prime}. \tag{11.32}$$

Das ist anschaulich plausibel; die mathematische Herleitung (durch Transformation in das körperfeste System) führen wir hier nicht durch. Außerdem sind in nichtrelativistischer Näherung natürlich auch der Gesamtspin $\boldsymbol{S}^{\mathrm{e}}$ der Elektronen und der Gesamtspin $\boldsymbol{S}^{\mathrm{k}}$ der Kerne (genauer: jeweils das Betragsquadrat und eine Komponente) Erhaltungsgrößen.

Eine wichtige Rolle spielt noch der Fall, dass die Wechselwirkungen der Elektronenspins mit den Bahndrehimpulsen von Elektronen und Kernen (Spin-Bahn-Kopplungen) berücksichtigt werden müssen. Dann sind vom gesamten resultierenden Drehimpuls

$$\boldsymbol{J} \equiv \boldsymbol{N} + \boldsymbol{S}^{\mathrm{e}}, \tag{11.33}$$

der mit Gleichung (11.32) auch als

$$\boldsymbol{J} \equiv \boldsymbol{G} + \boldsymbol{l}^{\mathrm{k}\prime\prime} + \boldsymbol{J}^{\mathrm{e}\prime\prime}, \tag{11.34}$$

geschrieben werden kann, jeweils das Betragsquadrat und eine Komponente Erhaltungsgrößen; das gilt jedoch nicht mehr für $\boldsymbol{N}$ und $\boldsymbol{S}^{\mathrm{e}}$ einzeln. Dabei bezeichnet $\boldsymbol{J}^{\mathrm{e}\prime\prime} = \boldsymbol{L}^{\mathrm{e}\prime\prime} + \boldsymbol{S}^{\mathrm{e}\prime\prime}$ den (in Abschnitt 3.2.3 definierten) gesamten resultierenden Drehimpuls der Elektronen im körperfesten System.

11.2.4* Adiabatische Separation molekularer Bewegungsformen

Alle nach Abseparation der Bewegung des Schwerpunkts verbleibenden Bewegungen der Teilchen eines molekularen Aggregats sind untereinander gekoppelt. Wir nehmen an, die Abstufungen der charakteristischen Zeiten nach Abschnitt 4.3.1 seien genügend gut erfüllt, so dass sich *adiabatische Separationen* rechtfertigen lassen.

Im Ergebnis der adiabatischen Separation von Elektronen- und Kernbewegungen (Abschn. 4.3) erhält man eine zeitunabhängige Schrödinger-Gleichung (11.24) für die stationären Zustände der Kernbewegungen. Erhaltungsgrößen sind in dieser elektronisch adiabatischen Näherung neben der Gesamtenergie $\mathcal{E}$ die Gesamt-Bahndrehimpulse von Elektronen und Kernen einzeln (jeweils das Betragsquadrat und eine Komponente).

Analog lassen sich unter den oben genannten Voraussetzungen die Kerngerüstrotation und die

Kernschwingungen (letztere relativ zur Referenz-Kernkonfiguration) adiabatisch voneinander separieren: die Kernschwingungen bilden das schnelle Subsystem, die Kerngerüstrotation das langsame Subsystem. Wendet man formal das am Schluss von Abschnitt 4.3.2.1 skizzierte Entwicklungsverfahren an, so resultiert ein gekoppelter Satz (4.31) von Schrödinger-Gleichungen, und bei Weglassen aller Kopplungsterme erhält man *eine* Schrödinger-Gleichung für die Rotationszustände des Kerngerüstes. Die Schwingungszustände werden separat durch eine Schrödinger-Gleichung für die internen Kernfreiheitsgrade mit dem Potential U bestimmt.

Unter Vorwegnahme des Ergebnisses können wir die im Folgenden überwiegend benutzte Näherung für die Gesamtwellenfunktion $\Xi \equiv \Xi(\boldsymbol{r}',\boldsymbol{R}';\boldsymbol{\sigma},\boldsymbol{\Sigma})$ [Gl. (11.3)] formulieren. Beschränken wir uns auf die *nichtrelativistische Näherung*, vernachlässigen also insbesondere alle spinabhängigen Wechselwirkungen, dann enthält der Hamilton-Operator keine Anteile, die auf die (kollektiven) Spinvariablen $\boldsymbol{\sigma}$ und $\boldsymbol{\Sigma}$ der Elektronen bzw. Kerne wirken, und die Wellenfunktion Ξ lässt sich in der Form

$$\Xi(\boldsymbol{r}',\boldsymbol{R}';\boldsymbol{\sigma},\boldsymbol{\Sigma}) = \Theta(\boldsymbol{r}',\boldsymbol{R}')\cdot X^{\mathrm{e}}(\boldsymbol{\sigma})\cdot X^{\mathrm{k}}(\boldsymbol{\Sigma}) \tag{11.35}$$

schreiben, in der die Spinabhängigkeit *exakt* absepariert ist; $X^{\mathrm{e}}(\boldsymbol{\sigma})$ und $X^{\mathrm{k}}(\boldsymbol{\Sigma})$ bezeichnen die Spinfunktionen für Elektronen bzw. Kerne, ihre genaue Form brauchen wir nicht.

Wie wir wissen, müssen Mehrteilchenwellenfunktionen je nach Teilchenart ein bestimmtes Symmetrieverhalten bei Vertauschungen gleichartiger Teilchen aufweisen, gegenüber Elektronenvertauschungen etwa muss eine Wellenfunktion antisymmetrisch sein (*Pauli-Prinzip*, s. Abschn. 2.5). Das lässt sich im vorliegenden Kontext durch geeignete Linearkombination miteinander entarteter Wellenfunktionen des Typs (11.35) erreichen; nur bei Zweielektronensystemen (s. Abschn. 6.2.2) kann direkt die Produktform (11.35) verwendet werden. Dieses Antisymmetrieproblem lassen wir hier der Einfachheit halber, ohne dafür eine genauere Rechtfertigung zu geben, außer acht.

Die Wellenfunktion $\Theta(\boldsymbol{r}',\boldsymbol{R}')$ für die räumlichen Freiheitsgrade lässt sich in der elektronisch adiabatischen Näherung in der Produktform

$$\Theta(\boldsymbol{r}',\boldsymbol{R}') \approx \Theta^{(0)}(\boldsymbol{r}',\boldsymbol{R}') = \Phi^{\mathrm{e}}(\boldsymbol{r}';\boldsymbol{R}')\cdot\Phi^{\mathrm{k}}(\boldsymbol{R}') \tag{11.36}$$

ansetzen, wobei der Elektronenanteil $\Phi^{\mathrm{e}}(\boldsymbol{r}';\boldsymbol{R}')$ auch von den Kernkoordinaten $\boldsymbol{R}'$ als Parameter abhängt. Auf Grund der oben beschriebenen, nun vorzunehmenden nächsten adiabatischen Separation von Kerngerüstdrehung und Kernschwingungen können wir die Wellenfunktion $\Phi^{\mathrm{k}}(\boldsymbol{R}')$ ihrerseits in Produktform schreiben:

$$\Phi^{\mathrm{k}}(\boldsymbol{R}') \approx \Phi^{\mathrm{k}(0)}(\boldsymbol{R}') = \Phi^{\mathrm{vib}}(\boldsymbol{R}'')\cdot\Phi^{\mathrm{rot}}(\alpha,\beta,\gamma), \tag{11.37}$$

mithin insgesamt:

$$\Theta \approx \Theta^{(0,0)} = \Phi^{\mathrm{e}}(\boldsymbol{r}'';\boldsymbol{R}'')\cdot\Phi^{\mathrm{vib}}(\boldsymbol{R}'')\cdot\Phi^{\mathrm{rot}}(\alpha,\beta,\gamma); \tag{11.38}$$

hier sind zweckmäßig auch die Elektronenkoordinaten auf das körperfeste System (Σ'') bezogen, so wie quantenchemische Berechnungen üblicherweise durchgeführt werden.

Diese nichtrelativistische "zweifach adiabatische" Näherung $\Theta^{(0,0)}$ wird die Grundlage des

Abschnitts 11.4 bilden. Einer derartigen Näherung entspricht eine Zerlegung der Gesamtenergie $\mathcal{E}$ in drei Anteile: erstens die elektronische Energie plus elektrostatische Kernabstoßungsenergie

$$U(\boldsymbol{R}''^0) = E^{e}(\boldsymbol{R}''^0) + V^{kk}(\boldsymbol{R}''^0) \tag{11.39}$$

[nach Gl. (4.22)] für die Referenz-Kernkonfiguration $\boldsymbol{R}''^0$, zweitens die Schwingungsenergie E^{vib} und drittens die Rotationsenergie E^{rot}:

$$\mathcal{E} \approx \mathcal{E}^{(0,0)} = U(\boldsymbol{R}''^0) + E^{vib} + E^{rot}. \tag{11.40}$$

Gemäß den in Abschnitt 4.3.1 vorgenommenen Abschätzungen der charakteristischen Zeiten bzw. Frequenzen der drei Bewegungsformen – Elektronenbewegung, Kernschwingungen, Kerngerüstrotation – sollten die Niveauabstände eine deutliche Abstufung aufweisen:

$$\Delta U \; (= \Delta E^{e}) >> \Delta E^{vib} >> \Delta E^{rot}. \tag{11.41}$$

Demnach erwartet man den in Abb. 11.11 skizzierten Aufbau des Energieniveauschemas eines Moleküls: Auf einer Energieskala liegen in relativ großen Intervallen die Niveaus (11.39) der Elektronenzustände, darüber jeweils eine Folge von Schwingungsniveaus und auf jedem Schwingungsniveau eine Folge von Rotationsniveaus. Dem entsprechen die Frequenzbereiche für Übergänge zwischen den Niveaus in Abb. 11.4.

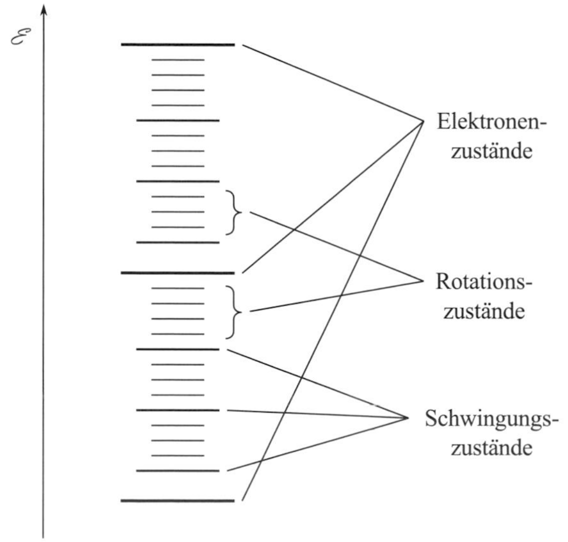

Abb. 11.11
Grobstruktur des Energieniveauschemas eines Moleküls (schematisch)

In den folgenden Abschnitten geht es zunächst darum, solche *Energieniveauschemata* theoretisch herzuleiten und genauer zu charakterisieren. Was die Elektronenzustände betrifft, so ist das bereits in Teil 2 geschehen (s. etwa Abschn. 7.1); jetzt konzentrieren wir uns auf die Kernbewegungen. Weiterhin werden wir uns mit den *Auswahlregeln* für die (Dipol-) Übergänge zwischen den Niveaus befassen, d. h. mit den Bedingungen, unter denen die

Übergangsdipolmomente (11.7), berechnet mit Wellenfunktionen in der Produktform (11.35) mit (11.38),

$$D_{12} \approx \tilde{D}_{12} = \iint \Phi_1^{e}(r'';R'')^* \Phi_1^{vib}(R'')^* \Phi_1^{rot}(\alpha,\beta,\gamma)^* X_1^{e}(\sigma)^* X_1^{k}(\Sigma)^* \times$$
$$\times D^{e+k} \Phi_2^{e}(r'';R'') \Phi_2^{vib}(R'') \Phi_2^{rot}(\alpha,\beta,\gamma) X_2^{e}(\sigma) X_2^{k}(\Sigma) d\tau_e d\tau_k \quad (11.42)$$

($d\tau_e \equiv dV_e d\sigma$ und $d\tau_k \equiv dV_k d\Sigma$) von Null verschieden sind. Für die Elektronenzustände allein, also bei starrer nichtrotierender Kernanordnung ($R'' = R''^0$; $\alpha,\beta,\gamma = \text{const}$) ist das Problem bereits in Abschnitt 7.1.3 behandelt worden und hat zu den dort aufgeschriebenen Auswahlregeln geführt. Darunter war insbesondere das in nichtrelativistischer Näherung (ohne spinabhängige Wechselwirkungen) gültige *Interkombinationsverbot*

$$\Delta S = 0\,, \quad (11.43)$$

($\Delta S \equiv \Delta S^e$), von dem wir im folgenden voraussetzen, es sei erfüllt und die Summation $d\sigma$ über die Spinvariablen der Elektronen sei ausgeführt. Vom Kernspin sehen wir hier gänzlich ab, da seine Einbeziehung erst dann notwendig wird, wenn wir über die hier zugrundegelegte Näherung hinausgehen; dementsprechend behandeln wir die Spinfunktionen $X^k(\Sigma)$ einfach als Konstante und lassen sie weg.

Damit reduziert sich die Integration im Ausdruck (11.42) auf die räumlichen Variablen, und das Übergangsmoment kann den weiteren Erörterungen in der Form

$$D_{12} \approx \tilde{D}_{12} = \iint \Phi_1^{e}(r'';R'')^* \Phi_1^{vib}(R'')^* \Phi_1^{rot}(\alpha,\beta,\gamma)^* \times$$
$$\times D^{e+k} \Phi_2^{e}(r'';R'') \Phi_2^{vib}(R'') \Phi_2^{rot}(\alpha,\beta,\gamma) dV_e dV_k \quad (11.44)$$

zugrundegelegt werden.

11.3 Zweiatomige Moleküle

Für zweiatomige Moleküle ($N^k = 2$) lässt sich der Übergang zu einem körperfesten Bezugssystem leicht durchführen, und der Operator $\hat{T}^{vibrot}$ kann explizite aufgeschrieben werden.

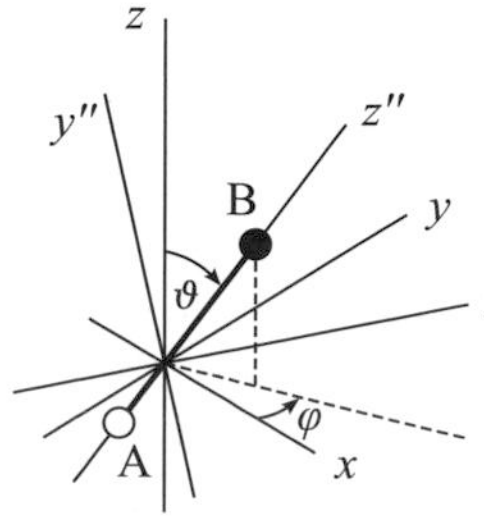

Abb. 11.12
Festlegung des körperfesten Koordinatensystems für ein zweiatomiges Molekül A–B

Das körperfeste Bezugssystem sei dadurch definiert (s. Abb. 11.12), dass (*a*) der Koordinatenursprung im Schwerpunkt des Kernpaares A–B liegt, (*b*) die z''-Achse mit der Molekülachse zusammenfällt und in Richtung des Vektors $\boldsymbol{R} \equiv \boldsymbol{R}_\mathrm{B} - \boldsymbol{R}_\mathrm{A}$ (also A→B) weist, sowie (*c*) die x''-Achse ständig in der (x,y)-Ebene des RF- (bzw. des SF-) Systems bleibt. Die Lage der beiden Kerne zueinander ist durch den Kernabstand $R \equiv |\boldsymbol{R}|$ festgelegt, die Drehlage der Molekülachse (z'') gegen das raumfeste (bzw. schwerpunktfeste) System durch zwei Winkelangaben: den Polarwinkel ϑ und den Azimutwinkel φ (sphärische Polarkoordinaten), oder anders ausgedrückt: durch die Euler-Winkel $\alpha = \varphi + (\pi/2)$, $\beta = \vartheta$, $\gamma = 0$ (s. Abb. A5.1).

Diese Festlegungen entsprechen der Variante II in Anhang A5.2 mit: $\alpha_\mathrm{k} = 1/m_\mathrm{A}$ und $\mu'_\mathrm{B} \equiv \mu = m_\mathrm{A} m_\mathrm{B}/(m_\mathrm{A} + m_\mathrm{B})$.

Zweiatomige Moleküle weisen zwei Besonderheiten auf: Anschaulich ist sofort klar, dass kein Schwingungsdrehimpuls $\boldsymbol{l}^{\mathrm{k}\,''}$ auftreten kann. Ferner zeigt sich (s. etwa [I.4b][11.3a] sowie ÜA 11.1), dass der Vektor $\boldsymbol{G}$ der Kerngerüstrotation keine Komponente in Richtung der Molekülachse hat, also stets senkrecht zu dieser orientiert ist: $\boldsymbol{G} \perp z''$-Achse.

11.3.1 Die Schrödinger-Gleichung für die Kernbewegung

Der Elektronenzustand in nichtrelativistischer, elektronisch adiabatischer Näherung lässt sichnach Abschnitt 7.1 durch die Quantenzahl Λ für den Betrag der Komponente des Elektronenbahndrehimpulses $\boldsymbol{L}^{\mathrm{e}\,''}$ in Achsenrichtung, also $L^\mathrm{e}_{z''}$, charakterisieren.

Die Formulierung der Schrödinger-Gleichung für die Kernbewegung erfordert das Umschreiben des kinetischen Energieoperators $\hat{T}'^\mathrm{k}$ auf die körperfesten Koordinaten R, ϑ und φ (s. Abb. 11.12), also auf sphärische Polarkoordinaten. Diese Aufgabe wurde bereits in den Abschnitten 2.3.2 und 2.3.3 gelöst, so dass wir das Ergebnis direkt übernehmen können [s. Gl. (2.113)]:

$$\hat{T}'^\mathrm{k} = -(\hbar^2/2\mu)(\hat{\nabla}_{\boldsymbol{R}''})^2$$

$$= \hat{T}^\mathrm{vib} + \hat{T}^\mathrm{rot} \qquad (11.45)$$

mit den beiden Anteilen

$$\hat{T}^\mathrm{vib} = -(\hbar^2/2\mu R^2)(\partial/\partial R)(R^2 \partial/\partial R)\,, \qquad (11.46a)$$

$$\hat{T}^\mathrm{rot} = -(\hbar^2/2\mu R^2)\Big[(1/\sin\vartheta)(\partial/\partial\vartheta)\big(\sin\vartheta(\partial/\partial\vartheta)\big) + (1/\sin^2\vartheta)(\partial^2/\partial\varphi^2)\Big]; \qquad (11.46b)$$

$\mu = m_\mathrm{A} m_\mathrm{B}/(m_\mathrm{A} + m_\mathrm{B})$ ist die reduzierte Masse des Kernpaares A–B. Der Operator $\hat{T}^\mathrm{vib}$ betrifft die *Schwingung,* d. h. die Bewegung der beiden Kerne gegeneinander entlang der Kernverbindungslinie (Änderung des Kernabstands R), und der Operator $\hat{T}^\mathrm{rot}$ die *Kerngerüstrotation,* d. h. die Orientierungsänderung der Molekülachse im Raum (Winkel ϑ und φ).

Die Größe μR^2 im Nenner des Winkelanteils ist das *Trägheitsmoment* I'' des Kernpaares

A–B bezüglich einer durch den Schwerpunkt senkrecht zur Molekülachse verlaufenden Drehachse [s. auch Gl. (11.27a)]:

$$I'' = \mu R^2 . \qquad (11.47)$$

Man benutzt gewöhnlich die Abkürzung

$$B(R) \equiv \hbar^2/2I'' = \hbar^2/2\mu R^2 \qquad (11.48)$$

und bezeichnet diesen Ausdruck (etwas lax) als *Rotationskonstante*, obwohl er von R abhängt.

Der rein winkelabhängige Anteil des Operators (11.46b), multipliziert mit dem Faktor $(-\hbar^2)$, ist nach Gleichung (2.138) der Operator des Betragsquadrates eines Bahndrehimpulses; im vorliegenden Fall handelt es sich um die Drehbewegung des Kernpaares A–B, so dass wir damit einen Ausdruck für den Operator des Betragsquadrates des Drehimpulses $\boldsymbol{G}$ der Kerngerüstrotation erhalten haben:

$$\hat{\boldsymbol{G}}^2 = -\hbar^2 \left[(1/\sin\vartheta)(\partial/\partial\vartheta)\left(\sin\vartheta(\partial/\partial\vartheta)\right) + (1/\sin^2\vartheta)(\partial^2/\partial\varphi^2 \right]. \qquad (11.49)$$

Damit bekommen die beiden Teile (11.46a,b) des kinetischen Energieoperators die kompakte Form

$$\hat{T}^{\text{vib}} = -B(R)(\partial/\partial R)(R^2\partial/\partial R) , \qquad (11.46a')$$

$$\hat{T}^{\text{rot}} = (1/\hbar^2)B(R)\hat{\boldsymbol{G}}^2 . \qquad (11.46b')$$

Die Eigenfunktionen des Operators (11.49) kennen wir aus Abschnitt 2.3.2; es handelt sich um die komplexen Kugelfunktionen (2.125b), die wir hier als $Y_G^{M_G}(\vartheta,\varphi)$ zu schreiben haben:

$$\hat{\boldsymbol{G}}^2 Y_G^{M_G}(\vartheta,\varphi) = \hbar^2 G(G+1) Y_G^{M_G}(\vartheta,\varphi) \qquad (G = 0, 1, 2, \ldots) . \qquad (11.50a)$$

Sie sind zugleich Eigenfunktionen des Operators *einer* der kartesischen Komponenten von $\hat{\boldsymbol{G}}$; wir wählen dafür wieder die z-Komponente[8], so dass auch gilt:

$$\hat{G}_z Y_G^{M_G}(\vartheta,\varphi) = \hbar M_G Y_G^{M_G}(\vartheta,\varphi) \qquad (-G \le M_G \le G) . \qquad (11.50b)$$

Wie eingangs angemerkt, steht der Vektor $\boldsymbol{G}$ senkrecht auf der Molekülachse, hat also keine z''-Komponente (s. ÜA 11.1).

Die adiabatische Potentialfunktion U_Λ für den durch die Quantenzahl Λ charakterisierten Elektronenzustand (s. Abschn. 7.1) hängt nur vom Kernabstand R ab; wir legen den Energienullpunkt so, dass für $R \to \infty$ der Potentialwert in die Summe der Elektronenenergien E_A^at und E_B^at der getrennten Atome A und B übergeht:

$$U_\Lambda(R) = E_\Lambda^\text{e}(R) + V^\text{kk}(R) - (E_\text{A}^\text{at} + E_\text{B}^\text{at}) \qquad (11.51)$$

---

[8] Man beachte: Der Drehimpuls $\boldsymbol{G}$ bezieht sich auf die Drehbewegung relativ zu den Achsen des raumfesten (bzw. kernschwerpunktfesten) Systems (s. Abb. 11.12).

(s. Abb. 11.13). Die zu lösende Schrödinger-Gleichung für die stationären Zustände der Kernbewegung ist damit

$$\left\{ \hat{T}^{\text{vib}} + \hat{T}^{\text{rot}} + U_{\Lambda}(R) - \mathscr{E} \right\} \Phi^{\text{k}}(R,\vartheta,\varphi) = 0 \tag{11.52}$$

mit den üblichen Randbedingungen für gebundene Zustände (s. Abschn. 2.1).

In Abschnitt 11.2.4 war generell festgelegt worden, dass alle spinabhängigen Wechselwirkungen vernachlässigt werden sollten. Im hier betrachteten einfachen Fall zweiatomiger Moleküle soll das für die Kernspins weiter gelten; für den Gesamtspin S der Elektronen wollen wir diese strikte Einschränkung jedoch etwas lockern, um eine verfeinerte Behandlung anschließen zu können (s. Abschn. 11.3.3).

Zuerst betrachten wir nur die *Singulettzustände*, in denen der Gesamtspin der Elektronen verschwindet ($S = 0$), was auf dasselbe hinausläuft wie das Weglassen dieses Spins.

Nehmen wir außerdem $\Lambda = 0$ (Σ - *Elektronenzustände*) an, so erfassen wir damit insbesondere die $^1\Sigma$ - Elektronen*grund*zustände zahlreicher zweiatomiger Moleküle (etwa H_2, HF, N_2 etc.). Mit dieser Voraussetzung $\boldsymbol{L}^{\text{e}\,\prime\prime} = 0$ ist (da bei zweiatomigen Molekülen kein Schwingungsdrehimpuls $\boldsymbol{l}^{\text{k}\,\prime\prime}$ auftritt) infolge der Gleichung (11.32) der Drehimpuls $\boldsymbol{G}$ der Kerngerüstrotation eine Erhaltungsgröße, und die Quantenzahlen G (und M_G) kennzeichnen die Zustände der Kernbewegung.

Die Schrödinger-Gleichung (11.52) schreibt sich für diesen Fall

$$\left\{ -B(R)(\partial/\partial R)(R^2\partial/\partial R) + U_0(R) + (1/\hbar^2)B(R)\hat{\boldsymbol{G}}^2 - \mathscr{E} \right\} \Phi^{\text{k}}(R,\vartheta,\varphi) = 0\,; \tag{11.52'}$$

sie hat genau die gleiche Form wie die Schrödinger-Gleichung für ein Elektron im Zentralfeld (.s. Abschn. 2.3.3), nur ist $U_0(R)$ nicht das Coulomb-Potential (2.145), wodurch u. a. keine zufällige Coulomb-Entartung auftritt. Wir machen für die Kernwellenfunktion $\Phi^{\text{k}}(R,\vartheta,\varphi)$ den Ansatz

$$\Phi^{\text{k}}(R,\vartheta,\varphi) = \Phi^{\text{vib}}(R) \cdot Y_G^{M_G}(\vartheta,\varphi) \tag{11.53}$$

und erhalten unter Ausnutzung der Eigenwertgleichung (11.50a) die Bestimmungsgleichung[9]

$$\left\{ -B(R)(\text{d}/\text{d}R)(R^2\,\text{d}/\text{d}R) + U_0(R) + B(R)G(G+1) - \mathscr{E} \right\} \Phi^{\text{vib}}(R) = 0 \tag{11.54}$$

für die Radialfunktion $\Phi^{\text{vib}}(R)$, welche die Schwingungsbewegung beschreibt. Der von der Kerngerüstrotation herrührende Ausdruck $B(R)G(G+1) = \hbar^2 G(G+1)/2\mu R^2$ ist das *Zentrifugalpotential* (wie in Abschn. 2.3.3), so dass die R-Bewegung durch das effektive Potential

$$U_{0,G}^{\text{eff}}(R) = U_0(R) + B(R)G(G+1) \tag{11.55}$$

bestimmt wird (s. Abb. 11.13). Die einzelnen Rotationszustände zu den Quantenzahlen G führen zu etwas unterschiedlichen effektiven Potentialen und somit zu etwas unterschiedlichen

[9] Anstelle der partiellen Ableitungen nach R können die gewöhnlichen Ableitungen geschrieben werden.

Schwingungszuständen. Da wir nur gebundene Zustände betrachten und dementsprechend von der Wellenfunktion $\Phi^{\mathrm{vib}}(R)$ Normierbarkeit fordern,

$$\int_0^\infty \Phi^{\mathrm{vib}}(R)^* \Phi^{\mathrm{vib}}(R) R^2 \mathrm{d}R = 1 , \tag{11.56}$$

führt das zu einer Folge von diskreten Lösungen, die wir nach ansteigender Energie durch die Quantenzahl v numerieren:

$$\Phi^{\mathrm{vib}}(R) \rightarrow \Phi^{\mathrm{vib}}_{0,Gv}(R) \quad \text{zu} \quad \mathscr{E}_{0,Gv} , \tag{11.57}$$

vorausgesetzt das Potential weist eine Mulde ausreichender Tiefe auf.

Die Rotationskonstante $B(R)$ hat für leichte Moleküle mit Kernabständen von ca. 1Å die Größenordnung 10^{-3} eV, das Zentrifugalpotential ist daher für nicht zu große Quantenzahlen G klein im Vergleich zu den Potentialtiefen bei fester Bindung (einige eV). Der stets positive Zentrifugalterm vermindert somit die Potentialtiefe geringfügig und macht das Molekül etwas weniger stabil. Bei höheren Werten von G bekommt die Potentialkurve ein Maximum $U^{\mathrm{eff}}_{\mathrm{max}}$ (*Potentialbarriere*), durch die auch für positive Energiewerte $\mathscr{E}$ noch eine Bindung möglich sein kann. Solche Zustände mit $0 < \mathscr{E} < U^{\mathrm{eff}}_{\mathrm{max}}$ heißen *quasi-gebunden*; sie sind wegen des Tunneleffekts (s. Abschn. 2.2.2) nur für eine begrenzte Zeit stabil.

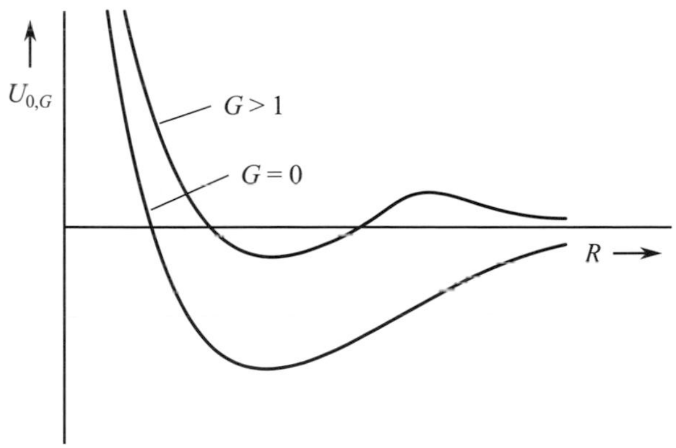

Abb. 11.13
Effektives Potential für die Schwingung eines rotierenden zweiatomigen Moleküls in einem $^1\Sigma$ - Zustand (schematisch)

Befindet sich die Elektronenhülle des Moleküls in einem Zustand mit $\Lambda \neq 0$, also einem Π-, Δ-,... Zustand, dann haben wir als Erhaltungsgröße den Drehimpuls $\boldsymbol{N}$ (Betragsquadrat und z-Komponente). Wir wollen die Behandlung dieses Falles hier nicht im Detail durchführen (s. hierzu etwa [I.2][I.4b]), sondern nur angeben, was sich im Vergleich zu $\Lambda = 0$ ändert.

Bezieht man die Kopplung der beiden Drehimpulse $\boldsymbol{G}$ und $\boldsymbol{L}^{\mathrm{e}\,\prime\prime}$ ein, so geht man damit eigentlich über die elektronisch adiabatische Näherung hinaus. Tatsächlich erlaubt diese Kopplung auch Übergänge zwischen Elektronenzuständen mit Λ und solchen mit $\Lambda \pm 1$ (s. Abschn. 7.1.3), und für jeden Zustand Λ ergeben sich (kleine) Korrekturen am Potential. Diese Kopplung von Kern- und Elektronenbewegung nennt man *Coriolis-Kopplung*. Sie rührt physikalisch daher, dass die Elektronenverteilung, deren Gesamtbahndrehimpuls $\boldsymbol{L}^{\mathrm{e}\,\prime\prime}$ in Richtung der Molekülachse quantisiert ist, der Drehung dieser Molekülachse folgt.

Nach dem französischen Mathematiker G. G. Coriolis werden Zusatzkräfte benannt, die auftreten, wenn man Bewegungen in einem sich drehenden Bezugssystem beschreibt. Klassisch-mechanisch betrachtet ist für die *Coriolis-Kräfte* charakteristisch, dass sie senkrecht zur Bewegungsrichtung von Teilchen wirken und zur Geschwindigkeit der Bewegung proportional sind (Genaueres hierzu s. etwa [4.7]). Sie spielen sowohl makroskopisch bei terrestrischen Bewegungen und meteorologischen Vorgängen als auch mikroskopisch bei molekularen Bewegungen eine Rolle, so auch hinsichtlich des Einflusses der Molekülrotation auf die Elektronenbewegung und auf die Kernschwingungen (s. Abschn. 11.4.3), die man beide üblicherweise im körperfesten Bezugssystem Σ'' beschreibt.

Es zeigt sich zunächst, nachdem der kinetische Energieoperator (11.45) mit (11.46a,b) auf die Operatoren $\hat{\boldsymbol{N}}$ und $\hat{\boldsymbol{L}}^{\mathrm{e}\,\prime\prime}$ umgeschrieben worden ist, dass für die Wellenfunktion $\Phi^{\mathrm{k}}(R,\vartheta,\varphi)$ auch im Fall $\Lambda \neq 0$ ein Produkt angesetzt werden kann,

$$\Phi^{\mathrm{k}}(R,\vartheta,\varphi) = \Phi^{\mathrm{vib}}(R)\cdot\Phi^{\mathrm{rot}}(\vartheta,\varphi), \tag{11.58}$$

um die Schrödinger-Gleichung (11.51) zu lösen. Allerdings sind die Funktionen $\Phi^{\mathrm{rot}}(\vartheta,\varphi)$ jetzt komplizierter als die komplexen Kugelfunktionen $Y_G^{M_G}(\vartheta,\varphi)$. Sie hängen von Λ ab und gehören zu bestimmten Quantenzahlen N und M_N des Betragsquadrates bzw. der z-Komponente des Drehimpulses $\boldsymbol{N}$:

$$\Phi^{\mathrm{rot}}(\vartheta,\varphi) \equiv \Phi^{\mathrm{rot}}_{\Lambda,NM_N}(\vartheta,\varphi); \tag{11.59}$$

wir schreiben sie nicht explizite auf (vgl. hierzu etwa [I.2]). Die Schrödinger-Gleichung (11.52') führt dann für die Schwingungswellenfunktion auf eine Bestimmungsgleichung, die formal ebenso aussieht wie Gleichung (11.54), nur dass jetzt anstelle von $U_0(R)$ die Potentialfunktion $U_\Lambda(R)$ für den Elektronenzustand $\Lambda \neq 0$ und als Rotationsanteil der Ausdruck $B(R)[N(N+1)-\Lambda^2]$ anstelle von $B(R)G(G+1)$ auftritt. Wird der Zusatzterm $-B(R)\Lambda^2$ mit der Potentialfunktion $U_\Lambda(R)$ vereinigt,

$$U'_\Lambda(R) \equiv U_\Lambda(R) - B(R)\Lambda^2, \tag{11.60}$$

so hat man die Gleichung

$$\{-B(R)(\mathrm{d}/\mathrm{d}R)(R^2\,\mathrm{d}/\mathrm{d}R) + U'_\Lambda(R) + B(R)N(N+1) - \mathcal{E}\}\,\Phi^{\mathrm{vib}}(R) = 0 \tag{11.61}$$

mit der Randbedingung der Normierbarkeit [Gl. (11.56)] zu lösen. Das effektive Potential

$$U^{\mathrm{eff}}_{\Lambda,N}(R) = U'_\Lambda(R) + B(R)N(N+1) \tag{11.62}$$

unterscheidet sich durch den kleinen Korrekturterm $-B(R)\Lambda^2$ ($B \approx 10^{-3}\,\mathrm{eV}$, s. oben) geringfügig von $U^{\mathrm{eff}}_{0,G}(R)$ in Abb. 11.13, jetzt mit N anstelle von G. Die Quantenzustände der

Schwingung als normierte Lösungen der Gleichung (11.61) hängen von Λ und N ab und werden mit dem Index v numeriert:

$$\Phi^{\text{vib}}(R) \equiv \Phi^{\text{vib}}_{\Lambda,Nv}(R); \tag{11.63}$$

die zugehörigen Eigenwerte

$$\mathscr{E} \equiv \mathscr{E}_{\Lambda,Nv} \tag{11.64}$$

sind die (nichtrelativistischen) Gesamtenergien der Kernbewegung im durch die Quantenzahl Λ charakterisierten (adiabatischen) Elektronenzustand.

Ist das Potential repulsiv, d. h. weist es keine oder nur eine zu flache Mulde auf, dann gibt es keine normierbaren stationären Lösungen, und die Kernbewegungen sehen grundlegend anders aus. Mit solchen Situationen befasst sich das Kapitel 14.

11.3.2 Rotationsschwingungsterme zweiatomiger Moleküle

11.3.2.1 SRHO-Näherung

Wir gehen jetzt zu einer sehr groben Näherung über. Die Coriolis-Kopplung wird vernachlässigt, die Angabe von Λ weggelassen und die Radialgleichung (11.54) mit der Potentialfunktion $U(R)$ ohne den Index 0 benutzt. Ferner sei G nicht groß, so dass im effektiven Potential (11.55) der Anteil $U(R)$ dominiert und der Zentrifugalterm nur eine kleine Korrektur darstellt. Die Potentialfunktion möge eine Mulde ausreichender Tiefe aufweisen, um gebundene (normierbare) Zustände zu ermöglichen; insbesondere betrachten wir den Elektronengrundzustand des Moleküls.

Zunächst lässt sich eine Vereinfachung der Gleichung (11.54) erreichen, indem man einen Faktor $1/R$ aus $\Phi^{\text{vib}}(R)$ abspaltet:

$$\Phi^{\text{vib}}(R) = (1/R)\,\phi(R); \tag{11.65}$$

für die Funktion $\phi(R)$ ergibt sich dann die Bestimmungsgleichung:

$$\{-R^2 B(R)(\mathrm{d}^2/\mathrm{d}R^2) + [U(R) + B(R)G(G+1)] - \mathscr{E}\}\,\phi(R) = 0; \tag{11.66}$$

die aus Gleichung (11.56) folgende Normierungsbedingung lautet:

$$\int_0^\infty \phi(R)^* \phi(R)\,\mathrm{d}R = 1. \tag{11.67}$$

Wir setzen nun niedrige Energien $\mathscr{E}$ voraus, so dass in einer engen Umgebung des Abstands R^0, an dem das Potential $U(R)$ und näherungsweise auch das effektive Potential (11.55) sein Minimum hat, Schwingungen mit kleinen Amplituden stattfinden. Es kann daher eine ausreichende Näherung sein, das Potential $U(R)$ an R^0 in eine Potenzreihe nach der Auslenkung $R - R^0$ zu entwickeln und nur Glieder bis zur zweiten Ordnung zu berücksichtigen (*harmonische Näherung*):

$$U(R) \approx -D_e + (\mu\omega_0{}^2/2)(R - R^0)^2\,; \qquad (11.68)$$

ein lineares Glied tritt nicht auf, da am Minimum $R = R^0$ die erste Ableitung verschwinden muss. Dabei ist D_e die elektronische Dissoziationsenergie (Tiefe des Potentialminimums relativ zur Summe der Energien der getrennten Atome); ω_0 bedeutet die Kreisfrequenz der harmonischen Schwingung, die über die Beziehung $\mu\omega_0{}^2 = (d^2U/dR^2)_{R=R^0} \equiv k^0$ mit der harmonischen Kraftkonstanten k^0 verknüpft ist (s. Abschn. 4.3.3.2). Der kleine Zentrifugalterm $B(R)G(G+1)$ wird nur in seiner nullten Näherung einbezogen, d. h. es wird $R = R^0$, somit $B(R^0) \equiv B_0$ (*Rotationskonstante*) gesetzt:

$$B(R)G(G+1) \approx B(R^0)G(G+1) = (\hbar^2/2\mu(R^0)^2)G(G+1)\,. \qquad (11.69)$$

Fassen wir die konstanten Energieanteile zu einer Energie E zusammen,

$$-D_e + B_0 G(G+1) - \mathcal{E} \equiv E\,, \qquad (11.70)$$

und benutzen für die Auslenkung aus der Minimumlage die Bezeichnung $Q \equiv R - R^0$, so erhält Gleichung (11.66) die Form

$$\left\{-(\hbar^2/2\mu)(d^2/dQ^2) + (\mu\omega_0{}^2/2)Q^2 - E\right\}\phi(Q) = 0\,; \qquad (11.71)$$

das ist die Schrödinger-Gleichung für einen linearen harmonischen Oszillator [s. Abschn. 2.3.1, Gl. (2.96), jetzt mit Q anstelle von x und ω_0 anstelle von ω]. Die Eigenwerte sind

$$E_v = \hbar\omega_0(v + 1/2)\,, \quad (v = 0, 1, 2, ...)\,, \qquad (11.72)$$

und für das Gesamtproblem ergeben sich mit Gleichung (11.70) die Eigenwerte

$$\mathcal{E}_{v,G} = -D_e + \hbar\omega_0(v + 1/2) + B_0 G(G+1) \qquad (v \text{ und } G = 0, 1, 2, ...). \qquad (11.73)$$

Eigenfunktionen zu verschiedenen Eigenwerten sind wie immer orthogonal zueinander.

In dieser Näherung, in der die Drehbewegung des zweiatomigen Moleküls nach dem Modell des starren räumlichen Rotators (s. Abschn. 2.3.2) und die Schwingung nach dem Modell des linearen harmonischen Oszillators (s. Abschn. 2.3.1) beschrieben wird und die man deshalb als *SRHO(Starrer Rotator – Harmonischer Oszillator)*-Näherung bezeichnet, sind alle Bewegungsformen (Elektronenbewegung, Kernschwingung, Kerngerüstrotation) entkoppelt, und ihre Energien setzen sich additiv aus den entsprechenden Anteilen zusammen: der erste Term im Ausdruck (11.73) ist der elektronische Anteil [Dissoziationsenergie D_e], der zweite Term die Schwingungsenergie [$\hbar\omega_0(v + 1/2)$], der dritte Term die Rotationsenergie [$B_0 G(G+1)$].

In Abb. 11.14 sind in der SRHO-Näherung die Energieniveaus von Rotation und Schwingung "über" einem adiabatischen Elektronenniveau schematisch dargestellt (vgl. hierzu auch Abb. 2.21 und 2.25). Bei $v = 0, G = 0$ findet nur die *Nullpunktschwingung* statt.

Die Größenverhältnisse der Termabstände in dieser Näherung entsprechen qualitativ der Abstufung (11.41): Die im Rahmen der harmonischen Näherung äquidistanten Schwingungsniveaus haben für leichte, kovalent gebundene zweiatomige Moleküle Abstände von der

Größenordnung 10^{-1} eV, über jedem Schwingungsniveau gibt es eine Folge von Rotationsniveaus, die für niedrige Werte von G Abstände von ca. 10^{-3} eV haben und sich für wachsendes G immer weiter auseinanderspreizen.

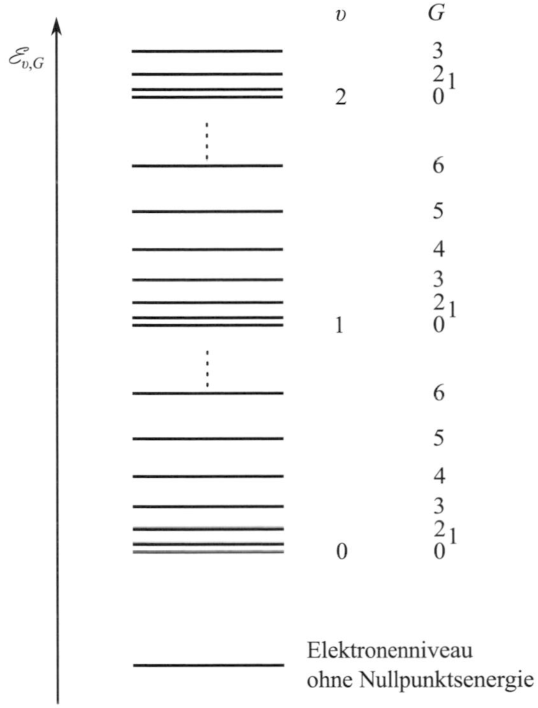

Abb. 11.14
Rotationsschwingungsterme eines zweiatomigen Moleküls in der SRHO-Näherung (schematisch)

11.3.2.2 Höhere Näherungen: Kopplung von Rotation und Schwingung

Die von der SRHO-Näherung gelieferte Beschreibung ist häufig (z. B. für die Spektroskopie) zu grob. Man kann sie unschwer verbessern, indem man zu den Näherungsansätzen (11.68) und (11.69) jeweils zwei Ordnungen mehr aus den Entwicklungen von $U(R)$ bzw. $B(R)$ hinzunimmt; in der Schrödinger-Gleichung ist also die Potentialfunktion eines *anharmonischen Oszillators*,

$$U(R) \approx -D_e + (\mu\omega_0{}^2/2)(R - R^0)^2 - a(R - R^0)^3 + b(R - R^0)^4 \qquad (11.74)$$

(die Faktoren a und b heißen *Anharmonizitätskonstanten*), sowie die Rotations"konstante"

$$B(R) \approx B_0 - [\hbar^2/\mu(R^0)^3](R - R^0) + [3\hbar^2/2\mu(R^0)^4](R - R^0)^2 \qquad (11.75)$$

für einen *schwingenden Rotator* zu verwenden (s. ÜA 11.3).

Die dadurch bedingten Energiekorrekturen lassen sich näherungsweise störungstheoretisch ermitteln [I.2][11.3a]; das Resultat ist:

$$\mathcal{E}_{v,G} = -D_e + \hbar\omega_0(v + \tfrac{1}{2}) - x_0\hbar\omega_0(v + \tfrac{1}{2})^2$$
$$+ [B_0 - \alpha_0(v + \tfrac{1}{2})]G(G+1) - \mathcal{D}_0 G^2(G+1)^2 , \quad (11.76)$$

wobei sich die Koeffizienten x_0, α_0 und $\mathcal{D}_0$ in ziemlich komplizierter Weise aus μ, R^0, ω_0, a und b ergeben; wir schreiben sie hier nicht explizite auf (s. z. B. [11.3a]).

Das dritte Glied in der Energieformel (11.76) mit dem Koeffizienten x_0 bezeichnet man als *Anharmonizitätskorrektur* zur Schwingungsenergie; der Term mit α_0 beinhaltet die *Änderung des Trägheitsmoments* infolge der Schwingung, und durch den letzten Anteil mit dem Faktor $\mathcal{D}_0$ wird der Einfluss der *Zentrifugaldehnung* des Moleküls auf die Rotationsenergie näherungsweise berücksichtigt. Experimentelle Werte spektroskopischer Parameter sind für die Elektronengrundzustände einiger zweiatomiger Moleküle in Tab. 11.1 zusammengestellt.

Tab. 11.1 Kernabstände und spektroskopische Parameter für die Elektronengrundzustände einiger zweiatomiger Moleküle (experimentelle Daten, nach [11.3b])

Molekül	R^0 in Å	D_e in eV	ω_0 in cm^{-1}	$\omega_0 x_0$ in cm^{-1}	B_0 in cm^{-1}	α_0 in cm^{-1}
H_2	0,742	4,75	4395	118	60,8	2,99
N_2	1,09	7,52	2360	14,5	2,01	0,019
O_2	1,21	5,18	1580	12,1	1,45	0,016
OH	0,971	4,63	3735	82,8	18,9	0,71
CO	1,128	11,1	2170	13,5	1,93	0,0175

Der Ansatz (11.74) ist sicher für große Werte von R bzw. für höher angeregte Zustände (große Quantenzahlen v und G) noch nicht ausreichend; auch wird die Form des Potentials unrealistisch, da ein Polynom 3. oder höheren Grades weitere Extremwerte aufweist (s. Abb. 11.15d). Man hat daher versucht, anstelle von Polynomansätzen *analytische Potentialfunktionen* zu konstruieren, die den Gesamtverlauf des Potentials $U(R)$ einschließlich großer R-Werte (natürlich nur näherungsweise) wiedergeben und mit denen sich (zumindest für $G = 0$) die Schrödinger-Gleichung *exakt* lösen lässt.

Praktische Bedeutung haben dabei einige einfache Potentialansätze erlangt, wie wir sie später (s. Abschn. 13.3.1 sowie 18.2.1) noch ausführlicher besprechen und verwenden werden. Für stark (kovalent) gebundene Moleküle mit tiefen Potentialmulden ist insbesondere das *Morse-Potential* (P. M. Morse 1929)

$$U^{\mathrm{M}}(R) = D_e\left\{\exp[-2\beta(R-R^0)] - 2\exp[-\beta(R-R^0)]\right\} \quad (11.77)$$

mit drei Parametern D_e, R^0 und β geeignet (s. Abb. 11.15b). Die exakte Lösung der

Schrödinger-Gleichung für $G = 0$ ergibt mit dieser Potentialfunktion die Eigenwerte[10]

$$\mathcal{E}_{v,0} = -D_e + \hbar\beta(2D_e/\mu)^{1/2}(v + 1/2) - (\hbar^2\beta^2/2\mu)(v + 1/2)^2 ; \qquad (11.78)$$

die harmonische Frequenz ω_0 hängt mit den Parametern β und D_e gemäß

$$\omega_0 = \beta(2D_e/\mu)^{1/2} \qquad (11.79a)$$

zusammen, und der Faktor x_0 der Anharmonizitätskorrektur ist

$$x_0 = (\hbar\beta/2)(2\mu D_e)^{-1/2} . \qquad (11.79b)$$

Solche Potentialansätze sind auch heute noch in Gebrauch (s. Abschn. 18.2.1).

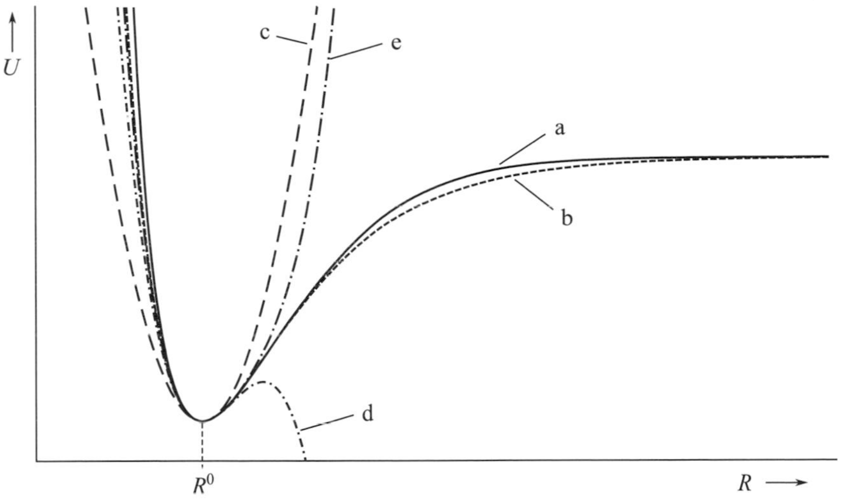

Abb. 11.15 Näherungen für Potentialfunktionen zweiatomiger Moleküle: (a) numerisch genau; (b) Morse-Funktion; (c) harmonische Näherung; (d) Polynom 3. Grades, (e) Polynom 4. Grades (alles qualitativ)

Punktweise berechnete Potentialkurven lassen sich in ihrem Gesamtverlauf sehr genau durch *Spline-Anpassungen* darstellen (vgl auch Abschn. 13.3.1). Grundsätzlich kann eine eindimensionale (gewöhnliche) Differentialgleichung wie die Schrödinger-Gleichung (11.54) oder (11.61) *numerisch* mit beliebiger Genauigkeit gelöst werden (s. etwa [II.8], Abschn. 7.1.2.).

Zur Kopplung von Rotation und Schwingung

Sobald man über die SRHO-Näherung hinausgeht, erweisen sich Schwingung und Rotation als gekoppelt, obwohl die Produktform (11.53) bzw. (11.58) der Rotationsschwingungs-

[10] Sommerfeld, A.: Atombau und Spektrallinien, Bd. II, Zusatz 9. H. Deutsch Verlag, Thun/Frankfurt a. M. (1978)

Wellenfunktion $\Phi^{\mathrm{k}}(R,\vartheta,\varphi)=\Phi^{\mathrm{vib}}(R)\cdot\Phi^{\mathrm{rot}}(\vartheta,\varphi)$ anzuzeigen scheint, dass die Bewegung in der Radialkoordinate R und die Änderung der räumlichen Orientierung (ϑ,φ) der Molekülachse statistisch unabhängig voneinander erfolgen. Radialanteil $\Phi^{\mathrm{vib}}(R)$ und Winkelanteil $\Phi^{\mathrm{rot}}(\vartheta,\varphi)$ müssen jedoch zur gleichen Quantenzahl G bzw. N gehören; über diese Bedingung sind Schwingungs- und Rotationsbewegung stets gekoppelt.

Wie wir aus Abschnitt 4.1 wissen, sind zwei in einem System ablaufende Bewegungen nur dann exakt separierbar (und damit statistisch unabhängig), wenn die beiden zugehörigen Hamilton-Operatoren ausschließlich auf die Variablen der einen bzw. der anderen Bewegung wirken und folglich kommutieren. Das ist bei der Rotation und der Schwingung des Moleküls nicht der Fall; wie man leicht nachprüft, sind die Operatoren $\hat{T}^{\mathrm{rot}}$ und $\hat{T}^{\mathrm{vib}}+U(R)$ [s. Gln. (11.46a,b)] nicht vertauschbar (s. die Anmerkung am Schluss von Abschn. 11.2.2).

Die Energie $\mathcal{E}$ kann aus diesem Grunde nicht als Summe eines reinen Schwingungsanteils (der von v, jedoch nicht von G bzw. N abhängt) und eines reinen Rotationsanteils (der von G bzw. N, jedoch nicht von v abhängt) geschrieben werden – außer in der SRHO-Näherung, die exakt separierbar ist. An diesem Sachverhalt ändert sich auch nichts, wenn man etwa den Ausdruck $B(R)G(G+1)$ über die Variable R mittelt und die erhaltene Größe als Rotationsenergie definiert; mit der Rotationskonstanten $\langle B\rangle_v \equiv \left\langle \Phi_v^{\mathrm{vib}}(R)\middle| B(R) \middle| \Phi_v^{\mathrm{vib}}(R)\right\rangle$ ergibt sich $E^{\mathrm{rot}} \equiv \langle B\rangle_v G(G+1)$, und die Differenz zu $(\mathcal{E}+D_{\mathrm{e}})$ wird als Schwingungsenergie aufgefasst: $E^{\mathrm{vib}} \equiv (\mathcal{E}+D_{\mathrm{e}})-E^{\mathrm{rot}}$; offensichtlich hängen dann E^{rot} auch von v und E^{vib} auch von G ab.

Eine additive Zerlegung der Energie $(\mathcal{E}+D_{\mathrm{e}})$ in einen Rotations- und einen Schwingungsanteil kann man erhalten, wenn keine exakte Behandlung der Schrödinger-Gleichung (11.51) mit dem Ansatz (11.53) bzw. (11.58), sondern eine *adiabatische Separation* von Rotation und Schwingung im Sinne von Abschnitt 4.3 und 11.2.4 vorgenommen wird. Der erste Schritt besteht darin, die (langsame) Rotationsbewegung zu vernachlässigen, also $\hat{T}^{\mathrm{rot}}=0$ zu setzen, und das Schwingungsproblem (schnelles Subsystem) zu behandeln:

$$\left\{\hat{T}^{\mathrm{vib}}+U(R)-\tilde{E}^{\mathrm{vib}}\right\}\tilde{\Phi}^{\mathrm{vib}}(R)=0. \tag{11.80}$$

Im zweiten Schritt kann man dann zu jedem Schwingungszustand v durch Mittelung des Ausdrucks $B(R)G(G+1)$ mit der Wellenfunktion $\tilde{\Phi}_v^{\mathrm{vib}}$ eine Rotationsenergie

$$\tilde{E}_{v,G}^{\mathrm{rot}}=\langle\tilde{B}\rangle_v G(G+1) \tag{11.81}$$

mit $\langle\tilde{B}\rangle_v \equiv \left\langle \tilde{\Phi}_v^{\mathrm{vib}}(R)\middle| B(R) \middle| \tilde{\Phi}_v^{\mathrm{vib}}(R)\right\rangle$ definieren, ähnlich wie oben (hierzu: ÜA 11.4). Dieses Vorgehen entspricht der in Abschnitt 11.2.4 beschriebenen "zweifach adiabatischen" Näherung, in welcher der Ortsanteil der gesamten Wellenfunktion durch ein Produkt vom Typ (11.38) gegeben ist und die den drei Bestandteilen entsprechenden Energieanteile sich gemäß

Gleichung (11.40) additiv zusammensetzen. Die Niveauabstände sind wie in der Beziehung (11.41) abgestuft.

11.3.3* Kopplung der Rotation mit Elektronenbewegung und Elektronenspin. Hundsche Kopplungsfälle

Sollen über die gerade beschriebene Näherung hinausgehend spinabhängige Wechselwirkungen (für die Elektronen) sowie Kopplungen zwischen Kern- und Elektronenbewegungen einbezogen werden, so kann das störungstheoretisch mit entsprechenden Zusatzgliedern im Hamilton-Operator erfolgen. Grundsätzlich beeinflussen sich stets sämtliche räumlichen und Spin-Freiheitsgrade untereinander; ob solche Wechselwirkungen relevant sind und welche von ihnen vordringlich (weil am stärksten) berücksichtigt werden müssen, lässt sich danach entscheiden, ob die von ihnen bewirkten Termaufspaltungen und -verschiebungen den Termabständen (11.41) der ungekoppelten Bewegungen vergleichbar groß sind. Diese Überlegungen und die störungstheoretische Verfahrensweise sind ganz analog denen, die in Abschnitt 5.3 bei der Herleitung der Termstruktur der Atome verwendet wurden. Wie dort, so lassen sich auch für das vorliegende Problem eines zweiatomigen Moleküls die Kopplungen weitgehend anhand der Drehimpulse und der für sie geltenden Erhaltungssätze diskutieren.

Die Wechselwirkungen der Kernspins mit den übrigen Freiheitsgraden sind schwach und bleiben weiter außer Betracht. Sie spielen allerdings für genaue Berechnungen und spezielle spektroskopische Effekte eine Rolle (s. Abschn. 9.4). Bei homonuklearen zweiatomigen Molekülen sind sie über die Vertauschungssymmetrie der Wellenfunktion mitbestimmend für die möglichen Zustände [11.3a]. Vgl. auch Abschnitt 11.4.3 *(v)*.

Die wichtigsten einzubeziehenden Korrekturen zur "zweifach adiabatischen" Näherung sind somit:

(1) die Kopplung des Gesamtspins der Elektronen mit ihrer räumlichen Bewegung, d. h. die *Spin-Bahn-Wechselwirkung der Elektronen* (s. Abschn. 9.4), die hier durch den Operator

$$\hat{V}^{\mathrm{e}}_{\mathrm{SpB}} = a(R)\cdot \hat{L}^{\mathrm{e}}_{z''}\hat{S}^{\mathrm{e}}_{z''} \tag{11.82}$$

repräsentiert wird, wobei $\hat{L}^{\mathrm{e}}_{z''}$ und $\hat{S}^{\mathrm{e}}_{z''}$ die Operatoren der Achsenkomponenten des Gesamtbahndrehimpulses bzw. des Gesamtspins der Elektronen bezeichnen;

(2) die *Kopplung der Kerngerüstrotation mit der Elektronenbewegung*, d. h. die Kopplung der Drehimpulse $\hat{\boldsymbol{G}}$ und $\hat{\boldsymbol{L}}^{\mathrm{e}}{}'' = \hat{L}^{\mathrm{e}}_{z''}\boldsymbol{n}''$ mit $\boldsymbol{n}''$ als Einheitsvektor in Molekülachsenrichtung (z''); es handelt sich also um eine *Coriolis-Kopplung* (s. Abschn. 11.3.1). Im Vektormodell setzen sich die beiden Drehimpulse nach Gleichung (11.32) (unter Beachtung von $\boldsymbol{l}^{\mathrm{k}}{}'' = 0$) zum Drehimpuls $\boldsymbol{N}$ zusammen (s. Abb. 11.16):

$$\boldsymbol{G} + \hat{\boldsymbol{L}}^{\mathrm{e}}{}'' = \boldsymbol{N} \quad \text{mit den Quantenzahlen} \quad N = \Lambda, \Lambda+1, \Lambda+2, \ldots \tag{11.83}$$

Den Operator für diese Kopplung schreiben wir hier nicht explizite auf, da sich das Folgende auf eine qualitative Diskussion beschränkt.

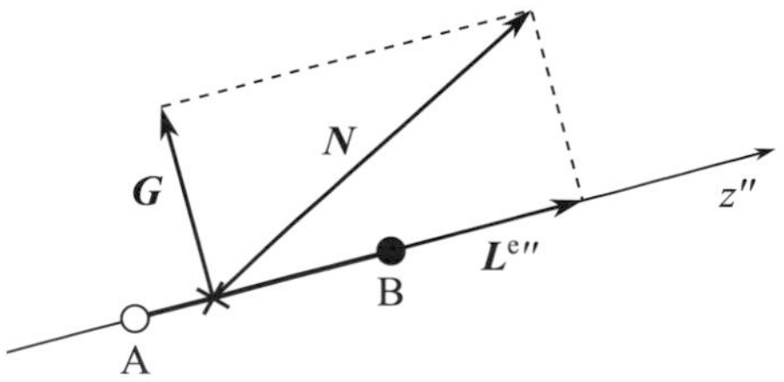

Abb. 11.16
Vektormodell der Kopplung der Drehimpulse von Kerngerüstrotation und Elektronenbewegung ($\boldsymbol{G}$ bzw. $\boldsymbol{L}^{e\prime\prime}$) eines zweiatomigen Moleküls

Die energetischen Beiträge der Spin-Bahn-Kopplung der Elektronen bezeichnen wir mit ΔE^{e}_{SpB}, die der Coriolis-Kopplung zwischen Kerngerüstrotation und Elektronenbewegung mit $\Delta E^{e\text{-}rot}_{Cor}$.

Eine schematische Übersicht über die relevanten Drehimpulse, ihre Kopplungen und die entsprechenden energetischen Beiträge gibt Abb. 11.17. Die möglichen Quantenzahlen für die Betragsquadrate der resultierenden Drehimpulse können jeweils mittels des Vektormodells bestimmt werden (s. Abschn. 3.2.2).

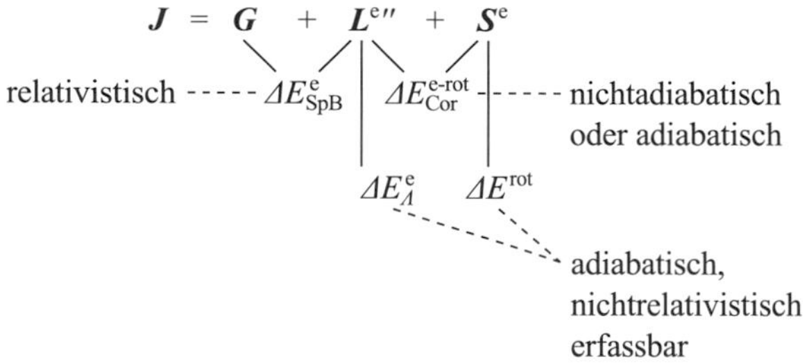

Abb. 11.17
Schematische Übersicht über Drehimpulse, Drehimpulskopplungen und entsprechende energetische Beiträge für zweiatomige Moleküle

Je nach Stärke der hinzugenommenen Wechselwirkung, d. h. nach der Größe der Korrekturen ΔE^{e}_{SpB} und $\Delta E^{e\text{-}rot}_{Cor}$ relativ zu den mittleren Termabständen in der Grobstruktur des Spektrums unterscheidet man mehrere typische Situationen (***Hundsche Kopplungsfälle***, nach F. Hund 1926 ff.).

Der ***Kopplungsfall a*** ist dadurch gekennzeichnet, dass die Spin-Bahn-Kopplung der Elektronen wesentlich stärker ist als die durch die Kerngerüstrotation bedingten Einflüsse:

$$\Delta U^{e}_{\Lambda} >> \Delta E^{e}_{SpB} >> \Delta E^{rot}, \ \Delta E^{e\text{-}rot}_{Cor} ; \qquad (11.84)$$

dieser Fall tritt häufig auf, nicht jedoch bei Σ-Zuständen ($\Lambda = 0$), in denen es keine Spin-Bahn-Kopplung gibt.

In einer störungstheoretischen Behandlung der beiden Wechselwirkungen hat man zuerst die dominierende Korrektur, also im Kopplungsfall *a* die Spin-Bahn-Wechselwirkung, zu berücksichtigen. Geschieht das, so sind nicht mehr die Bahndrehimpuls-Achsenkomponente

$\boldsymbol{L}^{e\prime\prime} = L^e_{z''}\boldsymbol{n}''$ und der Gesamtspin $\boldsymbol{S}^e$ der Elektronen für sich Erhaltungsgrößen (zu den Quantenzahlen Λ bzw. S und M_S), sondern nur noch die Achsenkomponente $J^e_{z''}$ des gesamten resultierenden Drehimpulses der Elektronenhülle:

$$J^e_{z''} = L^e_{z''} + S^e_{z''} \quad \text{mit den Quantenzahlen } \Omega = |\Lambda + M_S|$$
$$= \Lambda + S, \Lambda + S - 1, \ldots, |\Lambda - S| \quad (11.85)$$

(vgl. hierzu Abschn. 7.1.1). Das ergibt die *Feinstruktur der Elektronenterme.*

In einem nachfolgenden Schritt ist dann die Coriolis-Kopplung hinzuzunehmen, wodurch nicht mehr die Drehimpulskomponente $J^e_{z''}$ und der Drehimpuls $\boldsymbol{G}$ der Kerngerüstrotation (zu den Quantenzahlen Ω bzw. G) einzeln, sondern nur noch ihre Vektorsumme, der gesamte totale Drehimpuls $\boldsymbol{J}$ [nach Gl. (11.34)],

$$\boldsymbol{J} = J^e_{z''}\boldsymbol{n}'' + \boldsymbol{G} \quad \text{mit den Quantenzahlen } J \geq \Omega \quad (11.86)$$

$$= \boldsymbol{N} + \boldsymbol{S}^e \quad (11.87)$$

(Betragsquadrat und eine Komponente), Erhaltungsgrößen sind. Die möglichen Beträge der bei der Zusammensetzung erhaltenen Drehimpulse und damit die möglichen Quantenzahlen liefert wieder das Vektormodell. Wie bereits erwähnt, steht der Vektor $\boldsymbol{G}$ senkrecht auf der Molekülachse. Man hat sich in diesem halbklassischen Modell (s. Abb. 11.18) eine schnelle Präzession der Vektoren $\boldsymbol{L}^{e\prime\prime}$ und $\boldsymbol{S}^e$ um die Molekülachse (z'') und eine langsame Präzession der Molekülachse um den *konstanten* Vektor $\boldsymbol{J}$ vorzustellen.

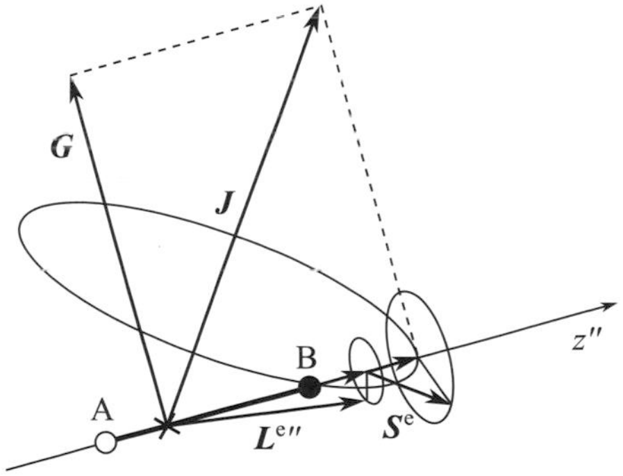

Abb. 11.18
Vektormodell zum Kopplungsfall *a* für ein zweiatomiges Molekül

Die Berechnung der entsprechenden Energiekorrekturen wird hier nicht durchgeführt (s. dazu etwa [I.2][I.4b]; wir geben nur das Resultat an. Für die Feinstruktur (Multiplettaufspaltung) eines Elektronenterms U_Λ erhält man:

$$\Delta E^e_{\mathrm{SpB}} = a(R) \cdot \Omega \quad \text{mit} \quad \Omega = \Lambda + S, \Lambda + S - 1, \ldots, |\Lambda - S| \,. \quad (11.88)$$

Der Energiebeitrag der Coriolis-Kopplung ergibt sich in erster Ordnung der Störungstheorie als Mittelwert des Operators $\hat{T}^{\text{rot}}$ [Gl. (11.46b')]; das liefert für jede Feinstrukturkomponente Ω den Ausdruck $B(R) \cdot J(J+1)$ mit $J \geq \Omega$, also eine Folge von Rotationsniveaus "auf" jedem Feinstrukturniveau (s. Abb. 11.19).

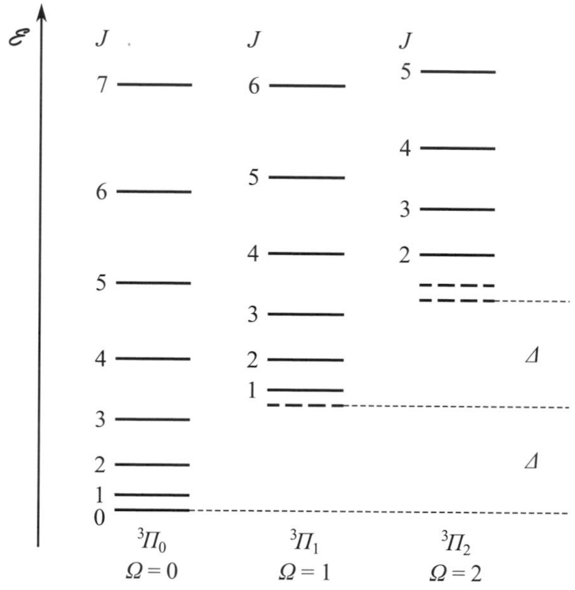

Abb. 11.19 Rotationsniveaus auf den Feinstrukturkomponenten eines zweiatomigen Moleküls in einem $^3\Pi$ - Elektronenzustand für den Hundschen Kopplungsfall *a* (schematisch; aus [I.4b])

Jeder dieser Terme Ω, J führt zu einem effektiven Potential

$$U_{\Omega,J}^{\text{eff}}(R) = U_{\Omega}(R) + B(R) \cdot J(J+1) \tag{11.89}$$

für die Radialbewegung, mit dem wie in Abschnitt 11.3.2.2 die Schwingungszustände zu bestimmen sind.

Außer diesem gibt es weitere Kopplungsfälle, so den *Hundschen* ***Kopplungsfall b***, in dem die Spin-Bahn-Wechselwirkung viel schwächer ist als die Einflüsse der Kerngerüstrotation:

$$\Delta U_{\Lambda}^{\text{e}} >> \Delta E^{\text{rot}}, \Delta E_{\text{Cor}}^{\text{e-rot}} >> \Delta E_{\text{SpB}}^{\text{e}}; \tag{11.90}$$

dieser Fall betrifft insbesondere Singulettzustände ($S^{\text{e}} = 0$) und Σ-Zustände ($\Lambda = 0$). Als Resultat erhält man eine Folge von Rotationsniveaus "auf" den Λ, S - Termen sowie gegebenenfalls (bei $\Lambda \neq 0$ und $S \neq 0$) eine Feinstrukturaufspaltung dieser Rotationsniveaus.

Wir schließen mit einigen Anmerkungen:

- Die Kopplungsfälle sind als Grenzfälle zu betrachten, die meist nicht rein vorkommen. In der Regel hat man es mit Übergangssituationen zu tun, abhängig etwa vom Kernabstand und von den jeweiligen Drehimpulsquantenzahlen.

- Die hier diskutierte Behandlung betrifft einen einzelnen Elektronenterm U_{Λ}, erforderte es also nicht, über die elektronisch adiabatische Näherung hinauszugehen.
- Es gibt eine Anzahl weiterer Effekte, welche die Molekülzustände und damit die Energieniveaustruktur mitbestimmen (*Λ - Verdopplung, Rotationsstörungen* u. a.); diesbezüglich sei auf die Spezialliteratur verwiesen (s. etwa [11.3a]).

11.3.4 Spektrale Übergänge und Auswahlregeln für zweiatomige Moleküle

Bei der folgenden Zusammenstellung von Auswahlregeln für in der Dipol-Näherung erlaubte Übergänge lassen wir spinabhängige Wechselwirkungen, wie sie in Abschnitt 11.3.3 diskutiert wurden, außer Betracht. In der vorausgesetzten elektronisch adiabatischen Näherung ist demnach ein Elektronenzustand durch ein Symbol $q\,^{2S+1}\Lambda$ (bei homonuklearen Molekülen zusätzlich durch die Parität w) charakterisiert (s. Abschn. 7.1.1). Generell gilt die Spin-Auswahlregel $\Delta S = 0$ [Gl. (11.43)].

Die elektronische Wellenfunktion eines zweiatomigen Moleküls hängt außer von den Elektronenkoordinaten $\boldsymbol{r}''$ nur vom Kernabstand R ab: $\Phi^{\mathrm{e}} \equiv \Phi^{\mathrm{e}}_{\Lambda}(\boldsymbol{r}'';R)$; als Schwingungswellenfunktion haben wir $\Phi^{\mathrm{vib}} \equiv \Phi^{\mathrm{vib}}_{v}(R)$ und als Rotationswellenfunktion $\Phi^{\mathrm{rot}} \equiv \Phi^{\mathrm{rot}}_{GM_G}(\vartheta,\varphi)$.

11.3.4.1 Reine Rotations- und Schwingungsübergänge

Zuerst betrachten wir Übergänge ohne Änderung des Elektronenzustands, d. h. innerhalb der zu einem Elektronenzustand gehörenden Mannigfaltigkeit von Schwingungs- und Rotationsniveaus. Im Integral (11.44) wird dementsprechend $\Phi^{\mathrm{e}}_1 = \Phi^{\mathrm{e}}_2 \equiv \Phi^{\mathrm{e}}_{\Lambda}(\boldsymbol{r}'';R)$ gesetzt:

$$\tilde{\boldsymbol{D}}_{12} = \int \mathrm{d}V_{\mathrm{k}}\, \Phi^{\mathrm{vib}}_1(R)^* \Phi^{\mathrm{rot}}_1(\vartheta,\varphi)^* \times$$
$$\times \left\{ \int \mathrm{d}V_{\mathrm{e}}\, \Phi^{\mathrm{e}}_{\Lambda}(\boldsymbol{r}'';R)^* \boldsymbol{D}^{\mathrm{e+k}} \Phi^{\mathrm{e}}_{\Lambda}(\boldsymbol{r}'';R) \right\} \Phi^{\mathrm{vib}}_2(R) \Phi^{\mathrm{rot}}_2(\vartheta,\varphi) \qquad (11.91)$$

mit $\mathrm{d}V_{\mathrm{k}} = R^2 \sin\vartheta \mathrm{d}R\, \mathrm{d}\vartheta \mathrm{d}\varphi$ [s. Abschn. A5.3.2]. Die innere Integration über die Elektronenkoordinaten ergibt einen von R abhängenden Vektor $\boldsymbol{D}_{\Lambda}(R)$, dessen kartesische Komponenten die Erwartungswerte (quantenmechanische Mittelwerte gemäß Abschn. 3.1.4) der Komponenten des gesamten molekularen Dipolmoments $\boldsymbol{D}^{\mathrm{e+k}}$ [Gln. (11.4) – (11.6)] im Elektronenzustand $q\,^{2S+1}\Lambda$ sind:

$$\boldsymbol{D}_{\Lambda}(R) \equiv \int \mathrm{d}V_{\mathrm{e}}\, \Phi^{\mathrm{e}}_{\Lambda}(\boldsymbol{r}'';R)^* \boldsymbol{D}^{\mathrm{e+k}} \Phi^{\mathrm{e}}_{\Lambda}(\boldsymbol{r}'';R)\,. \qquad (11.92)$$

Dieser Vektor liegt aus Symmetriegründen in der Molekülachse, hat also nur eine z''-Komponente:

$$\boldsymbol{D}_{\Lambda} = (0, 0, D_{z''} \equiv D_{\Lambda})\,. \qquad (11.93)$$

Die Komponenten im raumfesten (bzw. schwerpunktfesten) Bezugssystem Σ, ausgedrückt durch den Betrag $D_\Lambda(R)$ sowie die Winkel ϑ und φ, sind durch die Beziehungen

$$\left.\begin{aligned} D_x &= D_\Lambda \sin\vartheta\cos\varphi \\ D_y &= D_\Lambda \sin\vartheta\sin\varphi \\ D_z &= D_\Lambda \cos\vartheta \end{aligned}\right\} \tag{11.94}$$

gegeben (s.Abb. 11.12).

Die Schwingung und die Rotation beschreiben wir in der *SRHO-Näherung* (s. Abschn. 11.3.2.1). Dann haben wir als Rotationswellenfunktionen $\Phi^{\text{rot}}_{GM_G}(\vartheta,\varphi)$ die komplexen Kugelfunktionen $Y_G^{M_G}(\vartheta,\varphi)$, und die Winkelintegration, also z. B. für D_x (für D_y und D_z entsprechend),

$$\int_0^{2\pi} \mathrm{d}\varphi \int_{-1}^{+1} \sin\vartheta \mathrm{d}\vartheta \, Y_{G_1}^{M_{G1}}(\vartheta,\varphi)^* \cdot D_\Lambda \cdot \sin\vartheta\cos\varphi \, Y_{G_2}^{M_{G2}}(\vartheta,\varphi), \tag{11.95}$$

lässt sich leicht ausführen. Das Ergebnis kann man unmittelbar von der Herleitung der Auswahlregel für die Bahndrehimpulsquantenzahl l des Elektrons in einem Einelektronatom (s. Abschn. 5.4.1) übernehmen, und zwar werden das Integral (11.95) sowie die beiden analogen Integrale mit D_y und D_z nur dann nicht Null, wenn $G_2 = G_1 \pm 1$ gilt. Die *Auswahlregel* für "direkte" Rotations-Dipol-Übergänge (Wellenlängen im IR-Bereich) lautet also:

$$\Delta G = \pm 1 \tag{11.96}$$

(mit $\Delta G \equiv G_2 - G_1$). Wir betrachten hier Absorption, so dass nur der Fall $G_2 > G_1$, also $\Delta G = +1$, in Frage kommt.

Außerdem muss je nachdem, welche Dipolmomentkomponente man nimmt, die Bedingung $\Delta M_G \equiv M_{G_2} - M_{G_1} = 0$ oder ± 1 erfüllt sein, was jedoch nur dann eine Rolle spielt, wenn sich das Molekül in einem äußeren Feld befindet, dessen Richtung dann üblicherweise als z-Richtung genommen wird. Ohne Feld sind die Rotationsniveaus, wie wir wissen, ($2G_1 + 1$)-fach bzw. ($2G_2 + 1$)-fach entartet.

Die Winkelintegrale über D_x, D_y und D_z verschwinden, wenn das Molekül kein permanentes elektrisches Dipolmoment besitzt ($D_x = D_y = D_z = 0$); folglich sind reine Rotationsübergänge nur in *heteronuklearen zweiatomigen Molekülen* wie HF, CO, NO u. dgl. erlaubt.

Die verbleibende Integration über die Radialkoordinate R ist ebenfalls leicht ausführbar, wenn wir in Einklang mit der vorausgesetzten harmonischen Näherung auch für die Dipolmomentfunktion $D_\Lambda(R)$ kleine Auslenkungen aus dem Gleichgewichtskernabstand R^0 annehmen, $D_\Lambda(R)$ nach Potenzen von $(R - R^0)$ entwickeln und nach dem linearen Glied abbrechen:

$$D_\Lambda(R) \approx D_\Lambda^0 + (\mathrm{d}D_\Lambda/\mathrm{d}R)_0 \cdot (R - R^0) \tag{11.97}$$

(sog. *doppelt-harmonische Näherung*); dabei bezeichnet $(\mathrm{d}D_\Lambda/\mathrm{d}R)_0$ die Ableitung, genommen an $R = R^0$. Im R-Integral setzen wir gemäß Gleichung (11.65) $\Phi^{\mathrm{vib}}(R) = (1/R)\phi(R)$ und nehmen für $\phi(R)$ die Wellenfunktion (2.102) des harmonischen Oszillators, in der aktuellen Bezeichnungsweise also $\phi_v(Q)$ mit $Q \equiv R - R^0$, $\mathrm{d}R = \mathrm{d}Q$:

$$\tilde{D}_{12} = \delta_{G_2,G_1+1} \int_0^\infty R^2 \mathrm{d}R\, \Phi_1^{\mathrm{vib}}(R)^* D_\Lambda(R) \Phi_2^{\mathrm{vib}}(R)$$

$$\approx \delta_{G_2,G_1+1} \int_0^\infty \mathrm{d}Q\, \phi_{v_1}(Q)[D_\Lambda^0 + (\mathrm{d}D_\Lambda/\mathrm{d}Q)_0 \cdot Q]\, \phi_{v_2}(Q)\,; \tag{11.98}$$

das Kronecker-Symbol δ_{G_2,G_1+1} berücksichtigt die G-Auswahlregel (11.96). Der konstante Anteil D_Λ^0 ist der Betrag des permanenten Dipolmoments des Moleküls; auf Grund der Orthogonalität der Wellenfunktionen zu zwei unterschiedlichen Schwingungszuständen $(v_2 \neq v_1)$ ergibt er keinen Beitrag zu $\tilde{D}_{12}$. Das Produkt $Q\,\phi_{v_2}(Q)$ lässt sich unter Ausnutzung einer Rekursionsformel für die Hermiteschen Polynome (s. etwa [II.1][II.6]) als Linearkombination zweier Funktionen mit $v_2 - 1$ bzw. $v_2 + 1$ schreiben, und wegen der Orthogonalitätseigenschaften der Hermiteschen Polynome verschwindet das Integral nur dann nicht, wenn $v_1 = v_2 - 1$ oder $v_1 = v_2 + 1$, also $\Delta v \equiv v_2 - v_1 = \pm 1$ gilt:

$$\Delta v = \pm 1 \quad (IR)\,. \tag{11.99}$$

Das ist die *Auswahlregel* für "direkte" Übergänge (*IR*) der harmonischen Schwingung in der Dipol-Näherung. Zugleich sieht man, dass das Übergangsmoment nur dann von Null verschieden sein kann, wenn das zweiatomige Molekül ein vom Kernabstand abhängiges permanentes Dipolmoment hat, also $D_\Lambda(R) \neq 0$, $(\mathrm{d}D_\Lambda/\mathrm{d}R)_0 \neq 0$. Man spricht in einem solchen Fall von einer *IR-aktiven Schwingung.*

Die Intensität I_{12} des IR-Schwingungsübergangs ist somit in der betrachteten Näherung

$$I_{12}^{\mathrm{IR}} \propto |(\mathrm{d}D_\Lambda/\mathrm{d}R)_0|^2\,, \tag{11.100a}$$

proportional dem Betragsquadrat der ersten Ableitung des Dipolmoments nach dem Kernabstand, genommen am Gleichgewichtswert $R = R^0$.

Im Rahmen der Dipol-Näherung und bei Beschränkung auf das SRHO-Modell sind also in homonuklearen zweiatomigen Molekülen weder reine Schwingungsübergänge noch reine Rotationsübergänge möglich. Bei Verlassen dieser Näherungen werden zwar die strengen Verbote etwas gelockert, wie wir noch sehen werden, im Allgemeinen aber bleiben die Übergangsmomente klein und die entsprechenden spektralen Intensitäten schwach, so dass die Messung einigen Aufwand erfordert.

Hier zeigt sich, dass der Raman-Effekt die Möglichkeiten der Schwingungs- und Rotationsspektroskopie beträchtlich erweitert. Auch bei unpolaren (homonuklearen) zweiatomigen Molekülen sind nämlich Raman-Schwingungs- und -Rotationsübergänge erlaubt, da ihr Auftreten nicht das Vorhandensein eines permanenten elektrischen Dipolmoments voraussetzt, sondern durch die Abhängigkeit der Polarisierbarkeit vom Kernabstand bzw. von der Drehlage des Moleküls bedingt ist; diese Voraussetzungen aber sind praktisch immer gegeben.

Ohne auf die Herleitung näher einzugehen (s. hierzu etwa [11.3a]), notieren wir die *Raman-Auswahlregeln*. Es gilt in der Näherung des harmonischen Oszillators

$$\Delta v = \pm 1 \quad (\textit{Raman}) \tag{11.101}$$

für die Schwingung, ebenso wie bei direkter Anregung. Das folgt, wenn man für die R-Abhängigkeit der Achsenkomponente $\alpha \equiv \alpha_{ZZ}$ des Polarisierbarkeitstensors bei kleinen Auslenkungen eine lineare Approximation $\alpha(R) = \alpha^0 + (\mathrm{d}\alpha/\mathrm{d}R)_0 \cdot (R - R^0)$ benutzt, analog zum Dipolmoment [Gl. (11.97)]. Es gibt somit je eine Stokes-Linie und eine Anti-Stokes-Linie., und zwar auch dann, wenn Moleküle in verschiedenen Schwingungszuständen in der Messzelle vorhanden sind (wegen der Äquidistanz der harmonischen Schwingungsniveaus). Für die Intensität des Raman-Schwingungsübergangs gilt analog zur Beziehung (11.100a):

$$I_{12}^{\mathrm{Raman}} \propto |(\mathrm{d}\alpha/\mathrm{d}R)_0|^2 . \tag{11.100b}$$

Für die Rotation erhält man in der Näherung des starren Rotators die *Raman-Auswahlregel*

$$\Delta G = 0, \pm 2 \quad (\textit{Raman}); \tag{11.102}$$

$\Delta G = 0$ ergibt die unverschobene Linie. Liegen Moleküle in verschiedenen Rotationszuständen vor, so erscheint, wie man sich leicht klarmacht, zu beiden Seiten eine Folge äquidistanter Linien zu $\Delta G = -2$ (Stokes) bzw. $\Delta G = +2$ (Anti-Stokes); s. Abb. 11.20.

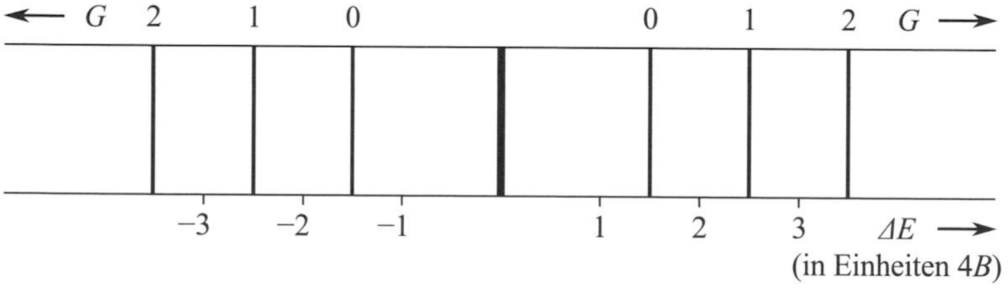

Abb. 11.20 Rotations-Raman-Spektrum eines zweiatomigen Moleküls (schematisch)

Jedes Paar von Linien mit gleichem Abstand rechts und links von der unverschobenen Linie entspricht einem Übergang $G+2 \to G$ bzw. einem Übergang $G \to G+2$; die Energiedifferenz ($\propto$ Frequenzdifferenz) beträgt $\Delta E = 4B(G + 3/2)$.

Geht man über die SRHO-Näherung hinaus und bezieht Anharmonizitätskorrekturen ein, dann wird die Schwingungsauswahlregel (11.101) aufgehoben, und Übergänge mit $\Delta v = \pm 2, \ldots$ sind nicht mehr strikt verboten; die Übergangsmomente für solche *Mehrquantenübergänge* bleiben jedoch klein.

Bei Behandlung der gekoppelten Schwingungs- und Rotationsbewegung ("schwingender Rotator") bei weiterhin festem Elektronenzustand bleibt die Auswahlregel für G unverändert, und für die Schwingung sind generell beliebige Übergänge erlaubt, jedoch dominieren solche mit $\Delta v = \pm 1$. Außerdem ist $\Delta v = 0$ zulässig, d. h. reine Rotationsübergänge sind erlaubt.

Auch für das Raman-Spektrum gelten, wenn Rotation und Schwingung gekoppelt sind, die gleichen Auswahlregeln wie für den (anharmonischen) Oszillator und den starren Rotator.

Wird noch die Coriolis-Kopplung einbezogen, so bleiben auf Grund der Form (11.58) der Kernwellenfunktion alle das Übergangsmoment betreffenden Aussagen unverändert, nur ist jetzt G durch N zu ersetzen.

11.3.4.2 Elektronenübergänge in zweiatomigen Molekülen mit Berücksichtigung der Schwingung. Franck-Condon-Faktoren

Übergänge zwischen zwei Elektronentermen gehen in der Regel mit Änderungen des Schwingungs- und des Rotationszustands einher. Elektronenübergänge können daher nicht einfach als *vertikale* Übergänge (s. Abschn. 7.1.3) bei festgehaltenem Kernabstand beschrieben werden, sondern erfordern eine Einbeziehung der Kernfreiheitsgrade. Da die Rotationsenergien E^{rot} und erst recht die Rotationsniveauabstände ΔE^{rot} (bei nicht zu hohen Quantenzahlen G) viel kleiner als die übrigen Energieanteile sind, werden wir sie zunächst vernachlässigen.

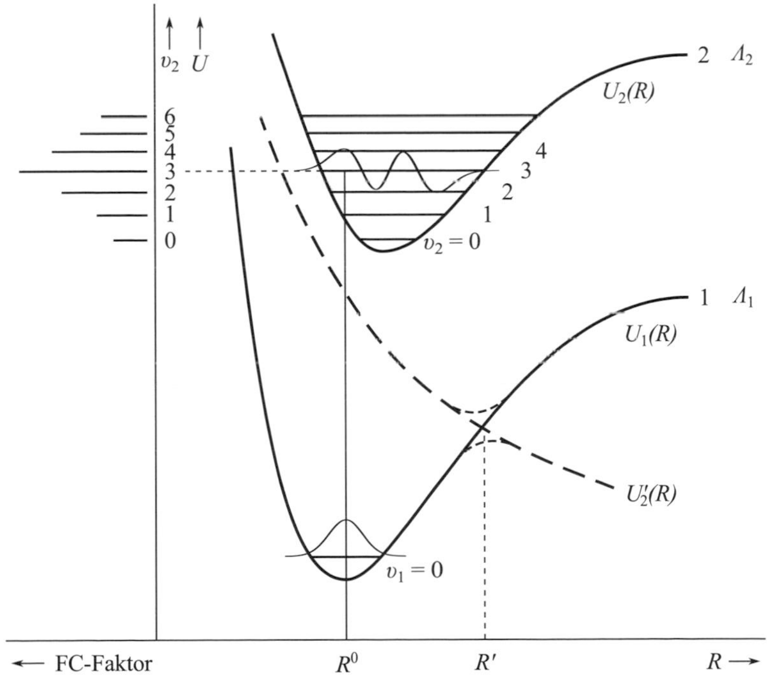

Abb. 11.21 Zur Erläuterung des Franck-Condon-Prinzips für Elektronen- plus Schwingungsübergänge in einem zweiatomigen Molekül sowie für Prädissoziation (schematisch)

Eine typische Situation ist in Abb. 11.21 illustriert: Wir betrachten zwei bindende Elektronenzustände 1 und 2 (zu den Quantenzahlen Λ_1 und Λ_2) mit den adiabatischen Potentialkurven $U_1 \equiv U_1(R)$ und $U_2 \equiv U_2(R)$; der höher gelegene Zustand 2 ist etwas lockerer gebunden, er hat ein flacheres und zu einem größeren Kernabstand verschobenes Minimum. Das Molekül möge sich vor dem Elektronenübergang $1 \to 2$ (Absorption) im Schwingungsgrundzustand $v_1 = 0$ des Elektronenzustands 1 befinden. Von diesem Schwingungsniveau aus sind dann verschiedene Übergänge in Schwingungszustände v_2 des Elektronenzustands 2 möglich.

Eine solche Folge von Elektronen- plus Schwingungsübergängen mit einem gemeinsamen unteren Schwingungszustand heißt *Progression*; ebenso wird eine Folge von Übergängen mit einem gemeinsamen oberen Schwingungszustand bezeichnet. Unter einer *Sequenz* versteht man einen Satz von Übergängen mit gleichem Δv. Derartige besondere Linienfolgen lassen sich oft deutlich im Spektrum identifizieren.

Im Unterschied zu den Schwingungsübergängen ohne Änderung des Elektronenzustands, die im vorigen Abschnitt behandelt wurden, gelten für Schwingungsübergänge, die einen Elektronenübergang begleiten, keine eigentlichen Auswahlregeln; es ergeben sich nur gewisse *Verteilungen der Intensitäten.* Um das genauer zu fassen, verfahren wir ganz analog zum vorigen Abschnitt. Das Übergangsmoment $\tilde{\boldsymbol{D}}_{12}$ für den jetzigen Fall unterscheidet sich von dem Integral (11.91) dadurch, dass wir *(1)* wie oben festgelegt, die Rotationsfunktionen Φ^{rot} weglassen und *(2)* im Integral über die Elektronenkoordinaten den Dipolmoment"operator" $\boldsymbol{D}^{\mathrm{e+k}}$ zwischen den Elektronenwellenfunktionen $\Phi^{\mathrm{e}}_{\Lambda_1}$ und $\Phi^{\mathrm{e}}_{\Lambda_2}$ nehmen. Wir bezeichnen dieses vom Kernabstand R abhängende innere Integral mit

$$\boldsymbol{D}_{\Lambda_1\Lambda_2}(R) \equiv \int \mathrm{d}V_{\mathrm{e}} \Phi^{\mathrm{e}}_{\Lambda_1}(\boldsymbol{r}'';R)^* \boldsymbol{D}^{\mathrm{e+k}} \Phi^{\mathrm{e}}_{\Lambda_2}(\boldsymbol{r}'';R) \tag{11.103}$$

und setzen voraus, dass die Auswahlregel (7.20) für den vertikalen Elektronenübergang beim Kernabstand R erfüllt ist. Es zeigt sich, dass der Ausdruck (11.103) meist nur schwach von R abhängt (wir untersuchen das hier nicht genauer), so dass es eine ausreichende Näherung ist, $\boldsymbol{D}_{\Lambda_1\Lambda_2}(R)$ durch einen mittleren Vektor $\overline{\boldsymbol{D}}_{\Lambda_1\Lambda_2}$ zu ersetzen, dessen Komponenten $\overline{D}_{\Lambda_1\Lambda_2|x}$, $\overline{D}_{\Lambda_1\Lambda_2|y}$ und $\overline{D}_{\Lambda_1\Lambda_2|z}$ konstante (R-unabhängige) Werte haben; naheliegend ist es, in $\boldsymbol{D}_{\Lambda_1\Lambda_2}(R)$ einfach $R \approx R^0$ zu setzen:

$$\boldsymbol{D}_{\Lambda_1\Lambda_2}(R) \approx \overline{\boldsymbol{D}}_{\Lambda_1\Lambda_2} \equiv \boldsymbol{D}_{\Lambda_1\Lambda_2}(R^0). \tag{11.104}$$

Der Vektor $\overline{\boldsymbol{D}}_{\Lambda_1\Lambda_2}$ kann dann vor das verbleibende äußere R-Integral gezogen werden:

$$\tilde{\boldsymbol{D}}_{12} \approx \overline{\boldsymbol{D}}_{\Lambda_1\Lambda_2} \int_0^\infty R^2 \mathrm{d}R\, \Phi^{\mathrm{vib}}_{v_1}(R)^* \Phi^{\mathrm{vib}}_{v_2}(R) = \overline{\boldsymbol{D}}_{\Lambda_1\Lambda_2} \int_0^\infty \phi_{v_1}(R)^* \phi_{v_2}(R) \mathrm{d}R\,. \tag{11.105}$$

Das Überlappungsintegral $\int_0^\infty \phi_{v_1}(R)^* \phi_{v_2}(R)\mathrm{d}R$ der beiden Schwingungswellenfunktionen ist nicht etwa gleich Null, denn ϕ_{v_1} und ϕ_{v_2} gehören zu verschiedenen Potentialfunktionen U_1 bzw. U_2 und müssen folglich (auch bei $v_1 \neq v_2$) nicht zueinander orthogonal sein.

Wir betrachten nun die *Progression* der Elektronen- plus Schwingungsübergänge vom Schwingungszustand v_1 aus. Die Absorptionsintensität I_{12} ist dem Betragsquadrat des Übergangsmoments (11.105) proportional:

$$I_{12} \propto \Delta\mathcal{E}_{12} \cdot (\overline{D}_{\Lambda_1\Lambda_2})^2 \cdot \left| \int_0^\infty \phi_{v_1}(R)^* \phi_{v_2}(R) \mathrm{d}R \right|^2 ; \tag{11.106}$$

das Betragsquadrat des Überlappungsintegrals der beiden Schwingungswellenfunktionen bezeichnet man als *Franck-Condon-Faktor* (nach J. Franck 1925 und E. U. Condon 1928).

In Abb. 11.21 sind je eine Schwingungswellenfunktion eingezeichnet, zu $v_1 = 0$ für den unteren Elektronenzustand 1 und zu $v_2 = 3$ für den oberen Elektronenzustand 2. Wie wir aus Abschnitt 2.3.1 wissen, nimmt mit wachsendem v die Anzahl der Knoten der Wellenfunktion zu, wobei das innerste linke Maximum (oder auch Minimum[11]) sukzessive nach links rückt und mehr und mehr dominant wird. Die Überlappung $\phi_{v_1}(R)^* \cdot \phi_{v_2}(R)$ ist offenbar am größten, wenn das äußerste linke Maximum (oder Minimum) von ϕ_{v_2} vertikal über dem Maximum von ϕ_{v_1} (hier: ϕ_0) liegt. Der Bereich um R^0, in dem sich diese beiden Extrema übereinander befinden, geben einen großen Beitrag. Rechts von R^0 klingt ϕ_0 exponentiell ab und ϕ_3 oszilliert, so dass sich positive und negative Beiträge weitgehend kompensieren; links von R^0 fallen beide Funktionen exponentiell ab, und die Beiträge zum Produkt sind gering.

Im dargestellten Fall wird das Überlappungsintegral $\int_0^\infty \phi_0^* \phi_3 \, \mathrm{d}R$ den betragsmäßig größten Wert haben; sowohl für höhere als auch für niedrigere Schwingungsquantenzahlen v_2 ergeben sich kleinere Werte, so dass das im linken Teil von Abb. 11.21 skizzierte Strichdiagramm für die Verteilung der Franck-Condon-Faktoren resultiert. Ein solches Verhalten steht tatsächlich in Einklang mit den experimentellen Befunden.

Das alles lässt sich klassisch plausibel machen. Auf Grund der Trägheit der Kernbewegungen (wegen der großen Kernmassen) geht eine Änderung des Elektronenzustands praktisch "momentan" vor sich, ohne dass die Kerne genügend Zeit haben, sich während des Elektronenübergangs den veränderten Kräften entsprechend der neuen Potentialkurve $U_2(R)$ anzupassen. Deswegen ist zu erwarten, dass Abstand und Geschwindigkeiten der beiden Kerne unmittelbar nach dem Elektronenübergang dieselben sind wie vorher. Das ist die Aussage des klassischen (vor-wellenmechanischen) *Franck-Condon-Prinzips*. Es entspricht einem vertikalen Elektronenübergang, der die Molekülschwingung zu ihrem dem Abstand R^0 entsprechenden klassischen Wendepunkt im oberen Elektronenzustand führt; die sich dort

[11] Ob es sich um ein Maximum oder ein Minimum handelt, hängt von der Phasenwahl für die Schwingungswellenfunktionen ab; diese ist physikalisch irrelevant, da es nur auf das Betragsquadrat ankommt.

ergebende Schwingungsenergie E^{vib} ist gleich $\mathscr{E} - U_2(R^0)$. Nichtvertikale Übergänge (solche, die das Franck-Condon-Prinzip nicht exakt, sondern nur näherungsweise erfüllen) sollten weniger häufig, d. h. mit geringerer Intensität auftreten. Es ergibt sich somit qualitativ das gleiche Resultat wie bei der wellenmechanischen Behandlung, nur dass klassisch die Schwingungszustände nicht gequantelt sind.

Das Franck-Condon-Prinzip bewährt sich auch bei anderen Prozessen, die mit einer Änderung des Elektronenzustands verbunden sind, z. B. bei der *Prädissoziation.* Diese kann auftreten, wenn zwei Potentialkurven $U_1(R)$ und $U_2'(R)$ – die untere, $U_1(R)$, wie in Abb. 11.21 attraktiv, die gestrichelt gezeichnete obere, $U_2'(R)$, repulsiv (d. h. ohne Minimum) – sich in einem Punkt $R' > R^0$ schneiden oder eine "vermiedene Kreuzung" (s. hierzu Abschnitt 13.4) aufweisen und ein Elektronenübergang erlaubt ist [11.3a]).

11.3.4.3 Elektronenübergänge in zweiatomigen Molekülen mit Berücksichtigung von Rotation und Schwingung*

Es wird nun die im vorigen Abschnitt vernachlässigte Rotation hinzugenommen. Das Übergangsmoment ist dementsprechend mit dem vollständigen (nach wie vor natürlich approximativen) Ortsanteil $\Phi^{\text{e}} \cdot \Phi^{\text{vib}} \cdot \Phi^{\text{rot}}$ der Wellenfunktion zu berechnen. Wir betrachten einen bestimmten Elektronen- plus Schwingungsübergang, also einen festen Termabstand $\Delta U + \Delta E^{\text{vib}}$, und fragen nach den möglichen Rotationsübergängen (s. Abb. 11.22).

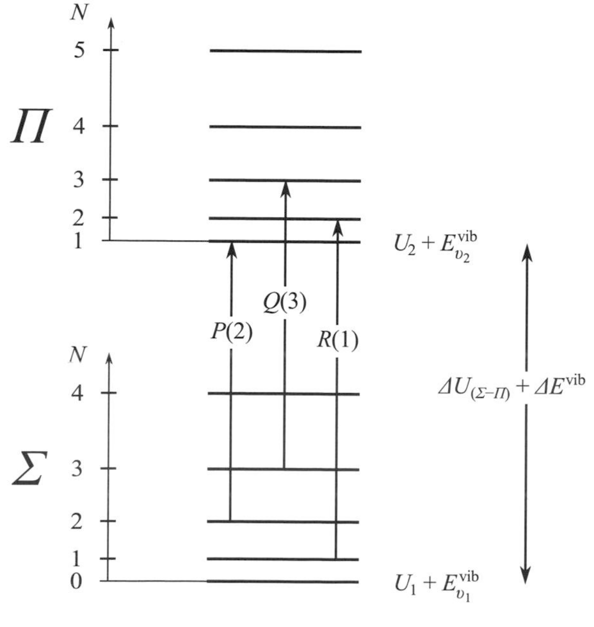

Abb. 11.22
Rotationsübergänge für eine Elektronen- plus Schwingungsbande: *P*-, *Q*- und *R*-Zweig (schematisch)

Zuerst sei vorausgesetzt, dass mindestens einer der beiden Elektronenzustände zu $\Lambda \neq 0$ gehört. Bei der Ausführung der Winkelintegration im Übergangsmoment [Gl. (11.91) mit dem inneren Integral (11.103) über die Elektronenkoordinaten] ergibt sich die gesuchte Auswahlregel für die möglichen Änderungen $\Delta G \equiv G_2 - G_1$ der Quantenzahl G:

$$\Delta G = 0, \pm 1 \quad \text{bei} \quad \Lambda_1 \text{ und/oder } \Lambda_2 \neq 0\,. \tag{11.107}$$

Auf die Herleitung gehen wir nicht ein (s. dazu [11.3a]).

Im Fall $\Lambda_1 = \Lambda_2 = 0$ ($\Sigma - \Sigma$ - Übergänge) ist wie für reine Rotationsübergänge $\Delta G = 0$ verboten.

Bei Einbeziehung der Kopplung zwischen Kerngerüstrotation und Elektronenbahndrehimpuls haben wir nicht mehr $\boldsymbol{G}$, sondern den gesamten Bahndrehimpuls $\boldsymbol{N}$ [Gl. (11.32)] als Erhaltungsgröße, und in der Auswahlregel (11.107) tritt die Quantenzahl N an die Stelle von G.

Diese Auswahlregeln gelten zusätzlich zu den Resultaten des Abschnitts 11.3.4.2. Man bezeichnet eine Folge von Rotationslinien, die von Übergängen mit $\Delta G = -1$ herrühren, als *P-Zweig*, solche mit $\Delta G = 0$ als *Q-Zweig* und solche mit $\Delta G = +1$ als *R-Zweig* der Bande.

Abb. 11.22 zeigt schematisch die Rotationsniveaus für einen Σ - und einen Π - Zustand und jeweils einen Schwingungszustand v_1 bzw. v_2; eingetragen ist je ein Übergang aus dem P-Zweig, dem Q Zweig und dem R Zweig.

11.4 Mehratomige Moleküle

Bei einem Molekül mit mehr als zwei Kernen ist das Bewegungsproblem komplizierter, besonders was die Schwingungen betrifft. Die Darstellung der theoretischen Behandlung beschränken wir daher im Wesentlichen auf das Modell eines starr rotierenden Kerngerüstes und das Modell harmonischer Oszillatoren.

Zunächst wird wieder die *nichtrelativistische, elektronisch adiabatische Näherung* vorausgesetzt und gemäß Abschnitt 11.2 vom raumfesten bzw. schwerpunktfesten zu einem körperfesten Bezugssystem (Koordinaten $\boldsymbol{R}''$) übergegangen. Die zeitunabhängige spinfreie Schrödinger-Gleichung für die Kernbewegung hat die Form (11.24) mit (11.25), (11.26) und (11.28),

$$\left\{ \hat{T}^{\text{rot}} + \hat{T}^{\text{vib}} + U(\boldsymbol{R}'') - \mathcal{E} \right\} \Phi^{\text{k}}(\boldsymbol{R}''; \alpha, \beta, \gamma) = 0 \tag{11.108}$$

mit dem adiabatischen Potential (4.22:):

$$U(\boldsymbol{R}'') = E^{\text{e}}(\boldsymbol{R}'') + V^{\text{kk}}(\boldsymbol{R}''), \tag{11.109}$$

wobei $E^{\text{e}}(\boldsymbol{R}'')$ die gesamte Energie der Elektronenhülle im gegebenen Quantenzustand und $V^{\text{kk}}(\boldsymbol{R}'')$ die Coulombsche elektrostatische Wechselwirkungsenergie der Kernladungen, beides für die Kernanordnung $\boldsymbol{R}''$, bezeichnet. Die Positionen $\boldsymbol{R}''_a$ der Kerne $a = 1, 2, \ldots, N^{\text{k}}$ im körperfesten Bezugssystem sind zu einem Vektor $\boldsymbol{R}'' \equiv \{\boldsymbol{R}_1'', \boldsymbol{R}_2'', \ldots\}$ zusammengefasst, und die Euler-Winkel α, β, γ geben die Drehlage des gewählten Referenz-Kerngerüstes $\{\boldsymbol{R}''^{0}_a\}$ relativ zu den Achsen des raumfesten (bzw. schwerpunktfesten) Bezugssystem an (s. Abschn. 11.2.1). Die Wellenfunktion Φ^{k} hängt von den Euler-Winkeln und den internen

Koordinaten ab: $\Phi^{\mathrm{k}}(\boldsymbol{R}'';\alpha,\beta,\gamma)$; sie muss der Problemstellung entsprechende *Randbedingungen* erfüllen, insbesondere *eindeutig* und *normierbar* sein.

Zuerst untersuchen wir ein stark vereinfachtes Modell, nämlich ein sich drehendes starres Kerngerüst unter Vernachlässigung sämtlicher Einflüsse der Elektronenhülle und der Kernschwingungen; es wird also nur die langsamste Bewegungsform – die Gesamtrotation des Moleküls – explizite behandelt (in Verallgemeinerung der Näherung des starren Rotators für ein zweiatomiges Molekül). Als Gesamtschwerpunkt des Moleküls ist hier der Schwerpunkt des starren Kerngerüstes zu nehmen.

Dann werden die Schwingungen relativ zum Referenz-Kerngerüst für sich beschrieben; da letzteres sich sehr langsam im Raum dreht, wird diese Drehung vernachlässigt und das Referenz-Kerngerüst als quasi-raumfest angesehen, ganz im Sinne einer adiabatischen Separation von Schwingungen und Drehbewegung.

Schließlich erfolgt näherungsweise eine nachträgliche Einbeziehung vernachlässigter Kopplungen, darunter auch die Berücksichtigung der Spin-Bahn-Wechselwirkung als wichtigster relativistischer Korrektur.

11.4.1 Drehung starrer Moleküle

11.4.1.1 Rotationszustände

Mit der Annahme eines starren Kerngerüstes, $\boldsymbol{R}''_a = \mathrm{const}$ (d. h. alle Kerne haben feste Ortsvektoren), ergibt der Operator $\hat{T}^{\,\mathrm{vib}}$ [Gl. (11.28)] bei Anwendung auf die Wellenfunktion $\Phi^{\mathrm{k}}(\boldsymbol{R}'';\alpha,\beta,\gamma)$ Null und kann daher weggelassen werden. Der Anteil $\Phi^{\mathrm{vib}}(\boldsymbol{R}'')$ von $\Phi^{\mathrm{k}}(\boldsymbol{R}'';\alpha,\beta,\gamma)$ [gemäß Gleichung (11.37)] spielt die Rolle eines konstanten Faktors, und die Schwingungsenergie E^{vib} entfällt. Das Potential $U(\boldsymbol{R}'')$ ist eine Konstante.

Unter Beachtung von Gleichung (11.40) wird aus der Schrödinger-Gleichung (11.108):

$$\left\{ \hat{T}^{\mathrm{rot}} - E^{\mathrm{rot}} \right\} \Phi^{\mathrm{rot}}(\alpha,\beta,\gamma) = 0 \,. \tag{11.110}$$

Die Wellenfunktion $\Phi^{\mathrm{rot}}(\alpha,\beta,\gamma)$ beschreibt die *reine Drehbewegung des starren Kerngerüstes* gegen die raumfesten (bzw. schwerpunktfesten) Koordinatenachsen; der Operator $\hat{T}^{\,\mathrm{rot}}$ hat die Form (11.26):

$$\hat{T}^{\mathrm{rot}} = (1/2)\, \hat{\boldsymbol{G}}\,(\,\mathbf{I}^{-1}\,)\hat{\boldsymbol{G}} \;. \tag{11.26'}$$

Der Operator $\hat{\boldsymbol{G}}$ des Drehimpulses der Kerngerüstrotation (s. Abschn. 11.2.3) wirkt auf die Winkelvariablen α, β und γ, und der Trägheitstensor $\mathbf{I}$ ($\equiv \mathbf{I}''$) hat jetzt konstante kartesische Komponenten, definiert in den Gleichungen (11.27a,b).

Für mehratomige Moleküle ist der Drehimpulsoperator $\hat{\boldsymbol{G}}$ komplizierter als bei den zweiatomigen Molekülen und hat daher auch kompliziertere Eigenfunktionen (s. Abschn. 11.3.1). Es handelt sich dabei um die sogenannten *verallgemeinerten Kugelfunktionen* (*Wignersche*

D-Funktionen), üblicherweise mit $D_j^{mm'}(\alpha,\beta,\gamma)$ bezeichnet; sie haben die folgende Produktform:

$$D_j^{mm'}(\alpha,\beta,\gamma) \propto \exp(im\alpha/\hbar)\cdot\theta_{jmm'}(\beta)\cdot\exp(im'\gamma/\hbar) \qquad (11.111)$$

bis auf Faktoren, die von den Indizes j, m und m' abhängen. Näheres findet man im Anhang A2.2. von [I.4b] sowie in der einschlägigen Literatur über Drehimpulstheorie (s. Referenz in Abschn. 3.2).

Die D-Funktionen sind Eigenfunktionen des Operators $\hat{\boldsymbol{G}}^2$ sowie der Operatoren zur z-Komponente (raumfeste z-Achse) und zur z''-Komponente (körperfeste z''-Achse), $\hat{\boldsymbol{G}}_z$ bzw. $\hat{\boldsymbol{G}}_{z''}$, was wir hier ebenfalls ohne Beweis angeben:

$$\hat{\boldsymbol{G}}^2 D_G^{M_G K}(\alpha,\beta,\gamma) = \hbar^2 G(G+1) D_G^{M_G K}(\alpha,\beta,\gamma) \quad (G = 0, 1, 2, \ldots), \qquad (11.112a)$$

$$\hat{\boldsymbol{G}}_z D_G^{M_G K}(\alpha,\beta,\gamma) = \hbar M_G D_G^{M_G K}(\alpha,\beta,\gamma) \quad (M_G = G, G-1, \ldots, -G), \qquad (11.112b)$$

$$\hat{\boldsymbol{G}}_{z''} D_G^{M_G K}(\alpha,\beta,\gamma) = \hbar K D_G^{M_G K}(\alpha,\beta,\gamma) \quad (K = G, G-1, \ldots, -G). \qquad (11.112c)$$

Die Rotationseigenfunktionen $\Phi^{\text{rot}} \equiv D_G^{M_G K}(\alpha,\beta,\gamma)$ und damit die Rotationszustände eines starren mehratomigen Moleküls sind durch die drei Quantenzahlen G, M_G und K vollständig charakterisiert; Erhaltungsgrößen sind dementsprechend nicht nur das Betragsquadrat des Drehimpulses $\boldsymbol{G}$ und eine Komponente G_z im raumfesten Bezugssystem, sondern auch noch die Komponente $G_{z''}$ in Richtung der körperfesten z''-Achse, die bei der Definition der Euler-Winkel festgelegt wurde (s. Abb. A5.1).

Für das rotierende starre Kerngerüst mit seinen drei räumlichen Freiheitsgraden α, β, γ bilden die drei kompatiblen Observablen $\boldsymbol{G}^2$, G_z und $G_{z''}$ einen *vollständigen Satz* gemäß Abschnitt 3.1.4.

11.4.1.2 Trägheitsmomente

Die Komponenten des Trägheitstensors $\mathbf{I}$ ergeben sich nach den Gleichungen (11.27a,b) aus den Massen der Kerne und deren Positionen. Wir setzen voraus, die Hauptträgheitsachsen seien bestimmt worden. Auf diese bezogen hat der Trägheitstensor Diagonalform; seine Diagonalelemente sind die drei *Hauptträgheitsmomente* (s. Abschnitt 11.2.2).

Die Hauptträgheitsmomente werden der Größe nach numeriert:

$$I_1 \geq I_2 \geq I_3 \; . \qquad (11.113)$$

In Abb. 11.23 sind einige typische Molekül-Kerngerüste dargestellt, wie sie den jeweiligen globalen Minima der Potentialhyperflächen für die Elektronengrundzustände entsprechen, dazu die jeweiligen Hauptträgheitsachsen.

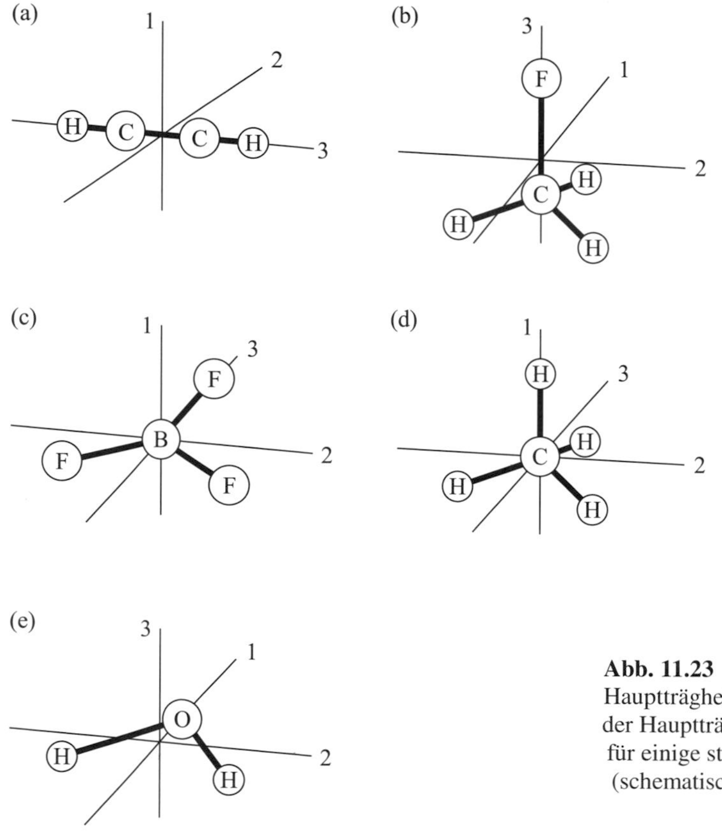

Abb. 11.23
Hauptträgheitsachsen (nach der Größe der Hauptträgheitsmomente numeriert) für einige starre Molekül-Kerngerüste (schematisch)

Lineare Moleküle

Bei linearer Kernanordnung verschwindet eines der drei Hauptträgheitsmomente, nämlich das um die Molekülachse; die beiden übrigen sind einander gleich:

$$I_1 = I_2 > I_3 = 0\,. \tag{11.114}$$

(Beispiel *a* in Abb. 11.23: C_2H_2)

Nichtlineare Moleküle

Hier sind alle drei Hauptträgheitsmomente von Null verschieden; folgende Fälle lassen sich unterscheiden:

(a) *Symmetrischer Kreisel* (engl. symmetric top)

Zwei der Hauptträgheitsmomente sind einander gleich, die Hauptträgheitsachse zum kleinsten oder größten Trägheitsmoment ist die Figurenachse (z''), und das Trägheitsellipsoid ist ein Rotationsellipsoid.

Hierbei gibt es mehrere Möglichkeiten:

- *Gestreckter symmetrischer Kreisel* (prolate symmetric top):

$$I_1 = I_2 > I_3 \tag{11.115}$$

(Beispiel b: CH_3F)

- *Abgeplatteter symmetrischer Kreisel* (oblate symmetric top):

$$I_1 > I_2 = I_3 \tag{11.116}$$

(Beispiel c: BF_3)

- *Kugelkreisel* (spherical top): Alle drei Hauptträgheitsmomente sind einander gleich, das Trägheitsellipsoid ist eine Kugel:

$$I_1 = I_2 = I_3 \tag{11.117}$$

(Beispiel d: CH_4)

(b) *Asymmetrischer Kreisel* (asymmetric top)

Das ist der häufigste Fall: Alle drei Hauptträgheitsmomente sind voneinander verschieden, das Trägheitsellipsoid hat drei verschieden lange Hauptachsen:

$$I_1 \neq I_2 \neq I_3 \tag{11.118}$$

(Beispiel e: H_2O)

Offensichtlich bestehen Zusammenhänge mit der *Symmetrie des Kerngerüstes* (s. hierzu Anhang A1), die wir hier nicht ausführlich diskutieren wollen. Nur soviel sei angemerkt, dass das Vorliegen einer C_n-Symmetrieachse mit $n > 2$ oder einer S_4-Achse einen symmetrischen Kreisel charakterisiert; Kerngerüste mit T_d- oder O_h-Symmetrie sind Kugelkreisel.

Für das Folgende verabreden wir, dass die körperfesten kartesischen Koordinatenachsen in den Richtungen der Hauptträgheitsachsen des starren Kerngerüstes liegen.

11.4.1.3 Drehung linearer starrer Moleküle

In Abschnitt 11.2 wurde darauf hingewiesen, dass die dort vorgenommene Formulierung des Hamilton-Operators nur für nichtlineare Kernanordnungen gilt. Eine Möglichkeit, den Fall eines linearen starren Kerngerüstes zu behandeln, besteht darin, die relevanten Ausdrücke für ein zweiatomiges Molekül (als Spezialfall eines linearen Moleküls) aus Abschnitt 11.3 zu verallgemeinern.

Das Hauptträgheitsmoment I_3 bezüglich der Molekülachse ($Z \equiv z''$), auf der alle Kerne a = 1, 2, ... liegen, verschwindet [s. Gl. (11.114)]; die beiden anderen Hauptträgheitsmomente I_1 und I_2 bezüglich der auf der Molekülachse senkrecht stehenden Achsen ($X \equiv x'', Y \equiv y''$) sind einander gleich:

$$I_1 = I_2 \equiv I = \sum_a m_a Z_a^{\,2} \,. \tag{11.119}$$

Als Operator $\hat{T}^{\text{rot}}$ der kinetischen Energie der Drehbewegung haben wir wie bei einem starren zweiatomigen Molekül den Ausdruck (11.46b') mit (11.48) zu nehmen ($I'' = I$):

$$\hat{T}^{\text{rot}} = (1/2I)\hat{\boldsymbol{G}}^2, \tag{11.120}$$

wobei der Operator $\hat{\boldsymbol{G}}^2$ durch Gleichung (11.49) gegeben ist; die Winkel ϑ und φ sind in Abb. 11.12 definiert. Das Betragsquadrat $\boldsymbol{G}^2$ und die z-Komponente G_z des Drehimpulses $\boldsymbol{G}$ der Kerngerüstrotation sind Erhaltungsgrößen (ihre Operatoren kommutieren mit $\hat{T}^{\text{rot}}$). Analog zu Gleichung (11.48) bezeichnen wir

$$B_0 \equiv \hbar^2/2I \tag{11.121}$$

als die *Rotationskonstante*. Es gelten die Eigenwertgleichungen (11.50a,b), dementsprechend ergeben sich die Energieeigenwerte

$$E_G^{\text{rot}} = B_0\, G(G+1) \qquad (G = 0,\, 1,\, 2,\, \ldots\,) \tag{11.122}$$

mit einer $(2G + 1)$-fachen Entartung [s. Gl. (11.50b)]. Als Eigenfunktionen $\Phi^{\text{rot}}(\vartheta,\varphi)$ haben wir die komplexen Kugelfunktionen $Y_G^{M_G}(\vartheta,\varphi)$:

$$\Phi^{\text{rot}}(\vartheta,\varphi) \equiv \Phi_G^{M_G}(\vartheta,\varphi) = Y_G^{M_G}(\vartheta,\varphi\,. \tag{11.123}$$

Das Resultat entspricht also genau dem Modell des starren räumlichen Rotators (Hantel-Modell) in Abschnitt 2.3.2 und 11.3.2.1.

11.4.1.4 Drehung nichtlinearer starrer Moleküle

Vorausgesetzt war, dass die Koordinatenachsen in Richtung der drei Hauptträgheitsachsen liegen und somit z. B. gilt:

$$I_X \equiv I_1,\; I_Y \equiv I_2,\; I_Z \equiv I_3\,. \tag{11.124}$$

Dementsprechend schreiben wir den Operator $\hat{T}^{\text{rot}}$ als

$$\hat{T}^{\text{rot}} = (1/2)\left(I_1^{-1}\hat{G}_X{}^2 + I_2^{-1}\hat{G}_Y{}^2 + I_3^{-1}\hat{G}_Z{}^2\right) \tag{11.125}$$

und verwenden ihn so in der Schrödinger-Gleichung (11.110), verweisen hinsichtlich der Lösungen auf die Ausführungen in Abschnitt 11.4.1.1 und diskutieren die in Abschnitt 11.4.1.2 unterschiedenen Typen nichtlinearer Kerngerüste.

Den einfachsten Fall bildet der Kugelkreisel. Wird im Ausdruck (11.125) $I_1 = I_2 = I_3 \equiv I$ gesetzt, dann haben wir

$$\hat{T}^{\text{rot}} = (1/2I\,)\hat{\boldsymbol{G}}^2, \tag{11.126}$$

formal also wie im Fall eines linearen Kerngerüstes, aber $\hat{\boldsymbol{G}}^2$ ist jetzt ein komplizierter Operator, der auf die Euler-Winkel wirkt. Eigenfunktionen sind die verallgemeinerten Kugelfunktionen (11.111), und als Energieeigenwerte hat man mit Gleichung (11.112a)

$$E_G^{\mathrm{rot}} = (\hbar^2/2I)G(G+1) \qquad (G = 0, 1, 2, \ldots)\,. \tag{11.127}$$

Jeder Energiewert ist bezüglich der Quantenzahlen M_G und K jeweils $(2G + 1)$-fach, insgesamt also $(2G+1)^2$ -fach entartet. Das Energieniveauschema sieht damit qualitativ ebenso aus wie das eines starren linearen Rotators, nur mit anderen Entartungsgraden.

Bei einem symmetrischen Kreiselmolekül haben wir, wenn wir z. B. den Fall des gestreckten Kreisels betrachten und die *Z*-Achse in die Hauptachse 3 (Figurenachse) legen, den Operator

$$\begin{aligned}\hat{T}^{\mathrm{rot}} &= (1/2I_2)\left(\hat{G}_X{}^2 + \hat{G}_Y{}^2\right) + (1/2I_3)\hat{G}_Z{}^2 \\ &= (1/2I_2)\hat{\boldsymbol{G}}^2 + (1/2)\{(1/I_3) - (1/I_2)\}\hat{G}_Z{}^2\end{aligned} \tag{11.128}$$

(der zweite Ausdruck ergibt sich mit Hilfe der Beziehung $\hat{\boldsymbol{G}}^2 = \hat{G}_X{}^2 + \hat{G}_Y{}^2 + \hat{G}_Z{}^2$). Eigenfunktionen sind ebenfalls die verallgemeinerten Kugelfunktionen, und als Eigenwerte erhalten wir mit den Gleichungen (11.112a,c) sowie unter Beachtung dessen, dass die Koordinatenachse z'' zugleich die Figurenachse Z ist:

$$E^{\mathrm{rot}}_{G|K|} = (\hbar^2/2I_2)G(G+1) + (\hbar^2/2)\{(1/I_3) - (1/I_2)\}K^2\,. \tag{11.129}$$

Bezüglich K besteht für $K \neq 0$ eine zweifache Entartung (zu $-K$ gehört der gleiche Energiewert wie zu K), so dass jeder Energieeigenwert (11.129) insgesamt $2(2G + 1)$-fach entartet ist; für $K = 0$ ist der Entartungsgrad gleich $2G + 1$. Auf Grund der niedrigeren Symmetrie ergibt sich also ein geringerer Entartungsgrad als beim Kugelkreisel.

Für einen abgeplatteten symmetrischen Kreisel erhält man ein analoges Resultat, wenn gemäß Gleichung (11.116) die *Z*-Achse in die Figurenachse 1 gelegt wird.

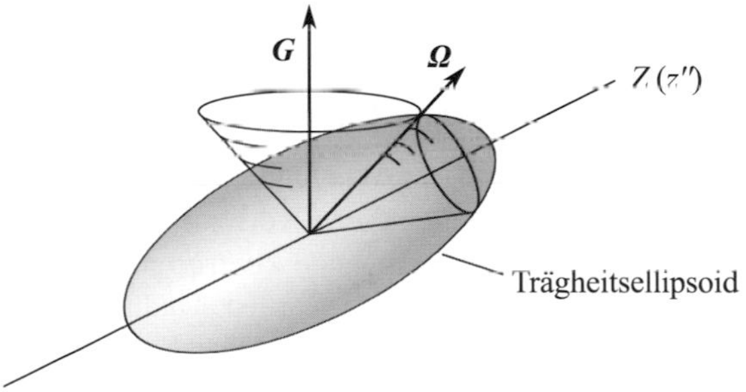

Abb. 11.24
Zur kräftefreien Bewegung eines gestreckten symmetrischen Kreisels im klassischen Modell

Zur Veranschaulichung der Bewegung betrachten wir ein klassisches Modell eines starren gestreckten symmetrischen Kreiselmoleküls (etwa Beispiel *b* in Abb. 11.23) und vergleichen dabei mit der Diskussion der klassischen Drehbewegung eines Teilchens in den Abschnitten 2.2.4 und 2.3.2. Sei $\boldsymbol{\Omega}$ der Vektor der momentanen Winkelgeschwindigkeit; seine Richtung gibt die momentane Drehachse an, um welche das starre Kerngerüst im mathematisch positiven Sinne (also "links herum") rotiert, und sein Betrag Ω ist die momentane Winkelgeschwindigkeit.

Der Drehimpulsvektor $\boldsymbol{G}$ ist mit $\boldsymbol{\Omega}$ durch die Beziehung $\boldsymbol{G} = \mathbf{I}\boldsymbol{\Omega}$ bzw. $\boldsymbol{\Omega} = \mathbf{I}^{-1}\boldsymbol{G}$ verknüpft (s. ÜA 11.5), so dass die Rotationsenergie als $E^{\mathrm{rot}} = (1/2)\boldsymbol{G}\cdot\boldsymbol{\Omega}$ geschrieben werden kann; damit haben wir eine Verallgemeinerung von Gleichung (2.86) erhalten. Der Vektor $\boldsymbol{G}$ ist unter den gemachten Voraussetzungen eine Erhaltungsgröße, also nach Betrag und Richtung konstant. Da auch E^{rot} eine Erhaltungsgröße ist, müssen die beiden Vektoren $\boldsymbol{G}$ und $\boldsymbol{\Omega}$ ständig einen konstanten Winkel einschließen. Daraus folgt, dass die Bewegung des symmetrischen Kreiselmoleküls (ohne Einwirkung irgendwelcher äußerer Kräfte) nach der klassischen Mechanik folgendermaßen vor sich geht: Der Vektor $\boldsymbol{\Omega}$ läuft gleichförmig auf einem raumfesten Kegelmantel mit einem bestimmten festen Öffnungswinkel um den raumfesten, konstanten Drehimpulsvektor $\boldsymbol{G}$ und auf einem körperfesten (mit dem starren Kerngerüst fest verbundenen) Kegelmantel um die Molekülachse ($Z \equiv z''$); das Trägheitsellipsoid rollt dabei an der zu $\boldsymbol{G}$ senkrechten, ebenfalls raumfesten Tangentialebene ab (s. Abb. 11.24). Man kann das auch so ausdrücken: Der körperfeste Kegel rollt an dem raumfesten Kegel ab; die Berührungslinie ist die Richtung der momentanen Drehachse. Die Drehbewegung um die Molekülachse bezeichnet man als *Rotation*, die Drehbewegung der Molekülachse um die Richtung von $\boldsymbol{G}$ als *Präzession*. Während der Bewegung liegen die Vektoren $\boldsymbol{G}$ und $\boldsymbol{\Omega}$ sowie die Molekülachse (aus Symmetriegründen) ständig in einer Ebene.

Am kompliziertesten ist die Situation beim asymmetrischen Kreisel. Erhaltungsgrößen sind auf jeden Fall das Betragsquadrat und eine Komponente (z) des Drehimpulses $\boldsymbol{G}$ im raumfesten Bezugssystem. Dieser Drehimpuls stellt unter den geltenden Voraussetzungen (kräftefreie Bewegung, kein Spin) bereits den Gesamtdrehimpuls dar, der bewegungskonstant sein muss, denn weitere Drehimpulse sind nicht vorhanden. Der Hamilton-Operator $\hat{T}^{\mathrm{rot}}$ [Gl. (11.125)], kommutiert mit $\hat{\boldsymbol{G}}^2$ und $\hat{G}_z$, nicht aber mit $\hat{G}_Z$. Eigenfunktionen können somit nicht die D-Funktionen sein. Die Schrödinger-Gleichung für die Rotation lässt sich aber mit einem Linearkombinationsansatz aus den zu festen Werten von G und M_G gehörenden D-Funktionen näherungsweise lösen. Im Ergebnis wird die beim symmetrischen Kreisel vorhandene Entartung bezüglich K im Allgemeinen aufgehoben; die resultierenden Energieniveaus gehören nicht mehr zu bestimmten K-Werten und sind nur noch $(2G + 1)$-fach (bezüglich M_G) entartet. Ausführlicheres hierüber findet man in der Literatur (z. B. [I.2]).

11.4.1.5 Einfache Verbesserungen des starren Molekülmodells

Anknüpfend an die Behandlung der zweiatomigen Moleküle in Abschnitt 11.3.2.2 lassen sich zwei augenfällige Mängel des starren Molekülmodells durch einfache Korrekturen abmildern. Infolge der Drehbewegung tritt eine mit wachsendem G zunehmende *Zentrifugalverzerrung* ein, indem die Kerne von der Drehachse nach außen weggetrieben werden. Dadurch werden die entsprechenden Trägheitsmomente größer, und die Rotationskonstanten B nehmen ab; qualitativ kann man die Veränderung z. B. durch den Ansatz $B_0 \rightarrow B_0(1-cG(G+1))$ mit einem positiven Koeffizienten $c > 0$ erfassen. Für ein *lineares Molekül* hat man

$$E^{\mathrm{rot}} = B_0 G(G+1) - \mathcal{D} G^2 (G+1)^2 \tag{11.130}$$

mit der Zentrifugalverzerrungskonstante $\mathcal{D} > 0$ (ähnlich wie bei zweiatomigen Molekülen, s. Abschn. 11.3.2.2), und für symmetrische Kreiselmoleküle

$$\begin{aligned} E^{\mathrm{rot}} &= B_0 G(G+1) + (1/2)\{\,(1/I_3) - (1/I_2)\,\}\,K^2 \\ &\quad - \mathcal{D}_G\, G^2 (G+1)^2 - \mathcal{D}_{GK} G(G+1)\,K^2 - \mathcal{D}_K K^4 \end{aligned} \tag{11.131}$$

mit drei positiven Zentrifugalverzerrungskonstanten $\mathcal{D}_G$, $\mathcal{D}_{GK}$ und $\mathcal{D}_K$.

Außerdem führen die Kerne zumindest die Nullpunktschwingungen um die Positionen $\boldsymbol{R}_a''^0$ (in einem lokalen Minimum der Potentialfläche) aus; diese Kernpositionen bilden in der Regel das starre Kerngerüst. Auf Grund der *Anharmonizität* sind die mittleren Kernpositionen, zumal bei höheren Schwingungszuständen, von $\boldsymbol{R}_a''^0$ verschieden, und zwar werden die Kernabstände aufgeweitet. Das führt ebenfalls (wie die Zentrifugalverzerrung) zu vergrößerten Trägheitsmomenten und entsprechend verringerten Rotationskonstanten, etwa gemäß $B_0 \to B_v = B_0 - \alpha(v + 1/2)$ mit $\alpha > 0$ (Anharmonizitätskorrektur).

11.4.2 Schwingungen mehratomiger Moleküle

Nach der Untersuchung des langsamen Subsystems, der Rotation des Kerngerüstes, behandeln wir nun das schnelle Subsystem der Kernfreiheitsgrade: die Schwingungen des Kerngerüstes. Im Sinne der adiabatischen Näherung wird die Drehung des Gesamtsystems "momentan" angehalten, formal also im Hamilton-Operator der Kernbewegung der kinetische Anteil $\hat{T}^{\text{rot}} = 0$ gesetzt; damit ist anstelle von (11.108) die Schrödinger-Gleichung

$$\left\{\hat{T}^{\text{vib}} + U(\boldsymbol{R}'') - E^{\text{vib}}\right\}\Phi^{\text{vib}}(\boldsymbol{R}'') = 0 \tag{11.132}$$

zu lösen. Da wir uns für Schwingungsbewegungen, also gebundene Zustände, interessieren, muss die Wellenfunktion $\Phi^{\text{vib}}(\boldsymbol{R}'')$ die Randbedingung der Normierbarkeit erfüllen.

Bevor wir das quantenmechanische Problem behandeln, führen wir anhand eines klassisch-mechanischen Modells den Begriff der *Normalschwingungen* ein. Zu diesem Thema gibt es eine Vielzahl ausführlicher Standardwerke, auf die sich die folgende Darstellung stützt und auf die wir auch häufig verweisen (s. etwa [11.4] – [11.6]; auch [I.2], Kap. XIII).

11.4.2.1 Klassisches Modell der Normalschwingungen

Den Nullpunkt des Koordinatensystems legen wir in den Schwerpunkt $\boldsymbol{S}^{\text{k}}$ der Kerne; auf diesen Punkt werden die Positionen aller N^{k} Kerne bezogen [s. Gln. (11.15) bzw. (11.17)]. Da die Drehung des Gesamtsystems vernachlässigt wird, brauchen wir $\boldsymbol{R}'' \equiv \{\boldsymbol{R}_1'' \ldots, \boldsymbol{R}_{N^{\text{k}}}''\}$ nicht von $\boldsymbol{R}' \equiv \{\boldsymbol{R}_1' \ldots, \boldsymbol{R}_{N^{\text{k}}}'\}$ zu unterscheiden, und da die Koordinatenachsen im Bezugssystem Σ' parallel zu den raumfesten Koordinatenachsen sind, können wir auch den Strich weglassen und das Folgende im raumfesten Bezugssystem Σ formulieren. Zwecks bequemerer Schreibweise werden wie in Abschnitt 4.3.3.2 alle kartesischen Komponenten der Ortsvektoren $\boldsymbol{R}_1, \ldots, \boldsymbol{R}_{N^{\text{k}}}$ mit X_i bezeichnet, fortlaufend numeriert und zu einem Vektor $\boldsymbol{X}$ zusammengefasst: $\{X_1, \ldots, X_{3N^{\text{k}}}\} \equiv \boldsymbol{X}$.

Anstatt die Kernpositionen $\boldsymbol{R}_a$ bzw. X_i relativ zum Koordinatennullpunkt anzugeben, beziehen wir sie jetzt auf diejenigen Positionen $\boldsymbol{R}_a^0$ bzw. X_i^0, für welche die adiabatische

Potentialfunktion $U(\boldsymbol{R}) \equiv U(\boldsymbol{X})$ ein lokales Minimum annimmt:

$$U(\boldsymbol{R}_1^0, \ldots, \boldsymbol{R}_{N^\mathrm{k}}^0) \equiv U(X_1^0, \ldots, X_{3N^\mathrm{k}}^0) = U_\mathrm{min} . \tag{11.133}$$

Von den neuen Ortsvektoren $\Delta\boldsymbol{R}_a \equiv \boldsymbol{R}_a - \boldsymbol{R}_a^0$ (Verschiebungsvektoren) bzw. den neuen Koordinaten $\Delta X_i \equiv X_i - X_i^0$ setzen wir voraus, dass ihre Beträge klein sind, und entwickeln die Potentialfunktion $U(\boldsymbol{X})$ an $\boldsymbol{X}^0$ in eine Potenzreihe bis zur zweiten Ordnung (*harmonische Näherung*):

$$U(X_1, \ldots, X_{3N^\mathrm{k}}) \approx U^0 + (1/2)\sum_{i=1}^{3N^\mathrm{k}} \sum_{j=1}^{3N^\mathrm{k}} k_{ij}^0 \Delta X_i \Delta X_j \tag{11.134}$$

mit

$$U^0 \equiv U(X_1^0, \ldots, X_{3N^\mathrm{k}}^0) \equiv U_\mathrm{min} , \tag{11.135a}$$

$$k_{ij}^0 \equiv (\partial^2 U / \partial X_i \partial X_j)_{X_i = X_i^0, X_j = X_j^0} ; \tag{11.135b}$$

die zweiten Ableitungen der Potentialfunktion am Minimum, k_{ij}^0, bilden eine (konstante) symmetrische $(3N^\mathrm{k} \times 3N^\mathrm{k})$ - Matrix, die *Hesse-Matrix* oder *Kraftkonstantenmatrix* (s. Abschn. 4.3.3.2). Ein lineares Glied tritt nicht auf, da im Minimum alle ersten Ableitungen der Potentialfunktion verschwinden. Damit ist die in Abschnitt 11.3.2.1 für ein zweiatomiges Molekül behandelte harmonische Näherung auf den mehratomigen Fall verallgemeinert. Den Nullpunkt der Energieskala kann man immer frei wählen; wir setzen für das Folgende $U^0 = 0$.

Nach der klassischen Mechanik (s. hierzu Anhang A2) durchlaufen die Kerne unter dem Einfluss des Potentials U gewisse Bahnkurven (*Trajektorien*), die durch die Koordinaten X_i in Abhängigkeit von der Zeit t angegeben werden können: $X_i(t)$ bzw. $\Delta X_i(t)$. Die Zeitableitungen $\dot{X}_i(t) = \Delta\dot{X}_i(t)$ sind die kartesischen Komponenten der Geschwindigkeiten. Die klassische kinetische Energie lässt sich allgemein in der Form

$$T = (1/2)\sum_{i=1}^{3N^\mathrm{k}} \sum_{j=1}^{3N^\mathrm{k}} T_{ij}^0 \Delta\dot{X}_i \Delta\dot{X}_j \tag{11.136}$$

mit den konstanten Koeffizienten T_{ij}^0 schreiben. Der Ausdruck (11.134) mit $U^0 = 0$ ist eine quadratische Form in ΔX_i, der Ausdruck (11.136) eine quadratische Form in $\Delta\dot{X}_i$; letztere kann aus physikalischen Gründen (als kinetische Energie) nur positive Werte annehmen ("positiv definit"). Ein solches Paar von quadratischen Formen, von denen eine positiv definit ist, lässt sich stets durch *eine* lineare Transformation

$$\Delta X_i = \sum_{l=1}^{3N^\mathrm{k}} A_{il} Q_l \qquad (i = 1, 2, \ldots , 3N^\mathrm{k}) \tag{11.137}$$

von den Koordinaten X_i bzw. ΔX_i zu neuen Koordinaten Q_l, oder vektoriell geschrieben:

$$\Delta \boldsymbol{R}_a = \sum_{l=1}^{3N^\mathrm{k}} \boldsymbol{A}_{al} Q_l \qquad (a = 1, 2, \ldots , N^\mathrm{k}), \tag{11.137'}$$

auf Diagonalform bringen, so dass ausschließlich rein quadratische Glieder auftreten (s. die einschlägige mathematische Literatur, etwa [II.2], Abschn. 10.17). Schließlich kann man durch Normierung der Q_l (Multiplikation mit passenden Faktoren) erreichen, dass die $\dot{Q}_l^{\,2}$ - Glieder durchweg den Faktor (1/2) haben:

$$T = (1/2) \sum_{l=1}^{3N^\mathrm{k}} \dot{Q}_l^{\,2} , \tag{11.138}$$

$$U = (1/2) \sum_{l=1}^{3N^\mathrm{k}} \omega_l^{\,2} Q_l^{\,2} . \tag{11.139}$$

Diese neuen Koordinaten Q_l nennt man ***Normalkoordinaten***, die Größen ω_l heißen ***Normalfrequenzen***.

Die Konstanten $\omega_l^{\,2}$ ergeben sich bei der Diagonalisierung der quadratischen Formen als Wurzeln der Gleichung

$$\det\left\{k_{ij}^0 - \omega^2 T_{ij}^0\right\} = 0 , \tag{11.140}$$

sind also proportional den Eigenwerten der Hesse-Matrix $\mathbf{k}^0 \equiv \mathbf{k}(X^0)$ [s. Abschn. 4.3.3.2], und die zu jeder Wurzel $\omega_l^{\,2}$ gehörenden Transformationskoeffizienten A_{il} erhält man als Lösungen des linearen Gleichungssystems

$$\sum_{j=1}^{3N^\mathrm{k}} \left(k_{ij}^0 - \omega_l^{\,2} T_{ij}^0\right) A_{jl} = 0 \qquad (i = 1, 2, \ldots , 3N^\mathrm{k}) \tag{11.141}$$

(s. etwa [I.4], [11.4] – [11.6]). Dabei können Wurzeln $\omega_l^{\,2}$ mehrfach auftreten. Wenn sich g'_μ - mal die Wurzel $\omega_\mu^{\,2}$ ergibt, dann wird die Normalfrequenz ω_μ als g'_μ-fach *entartet* bezeichnet; g'_μ heißt die *Vielfachheit (Entartungsgrad)* von ω_μ .

Normalschwingungen zu verschiedenen Frequenzen, ausgedrückt durch die kartesischen Komponenten der Verschiebungsvektoren, sind zueinander *orthogonal* (auf die genaue Formulierung verzichten wir hier); entartete Normalschwingungen können immer so bestimmt werden, dass dies auch auf sie zutrifft (s. etwa [11.4]).

Als ÜA 11.6 empfehlen wir, die Bestimmung der Normalfrequenzen und -koordinaten für eine lineare Kette dreier gekoppelter Massen durchzuführen.

Das klassisch-mechanische Bewegungsproblem kann nun nach den allgemeinen Regeln (s. Anhang A2.4) leicht formuliert werden. Aus der Lagrange-Funktion $L = T - U$, geschrieben mit den Ausdrücken (11.138) und (11.139), erhält man die zu den Normalkoordinaten Q_l konjugierten Impulse $P_l \equiv \partial L/\partial \dot{Q}_l = \dot{Q}_l$ und damit die Hamilton-Funktion

$$H = (1/2) \sum_{l=1}^{3N^\mathrm{k}} \left\{P_l^{\,2} + \omega_l^{\,2} Q_l^{\,2}\right\} \tag{11.142}$$

bzw. wenn man bei Entartung von Normalfrequenzen jeweils die Glieder zum gleichen Wert einer solchen entarteten Frequenz ω_μ sammelt und die zugehörigen Normalkoordinaten und Impulse durch einen Index j numeriert:

$$H = (1/2)\sum_\mu \sum_{j=1}^{g'_\mu} \left\{ P_{\mu j}{}^2 + \omega_\mu{}^2 Q_{\mu j}{}^2 \right\}. \tag{11.142'}$$

Die Hamiltonschen Gleichungen mit der Hamilton-Funktion (11.142) führen auf Bestimmungsgleichungen für die $3N^{\mathrm{k}}$ Funktionen $Q_l(t)$:

$$\ddot{Q}_l + \omega_l{}^2 Q_l = 0 \qquad (l = 1, 2, \ldots, 3N^{\mathrm{k}}) \tag{11.143}$$

Das sind die wohlbekannten klassischen Bewegungsgleichungen (*Newton-Gleichungen*, s. Anhang A2) für lineare harmonische Oszillatoren [s. Abschn. 2.3.1], die sich hier für jede einzelne Normalschwingung l ergeben; die Lösung ist

$$Q_l(t) = c_l \cdot \cos(\omega_l t + \alpha_l) \tag{11.144}$$

mit den beiden durch zwei Anfangsbedingungen festzulegenden konstanten Parametern c_l (Amplitude) und α_l (Phase).

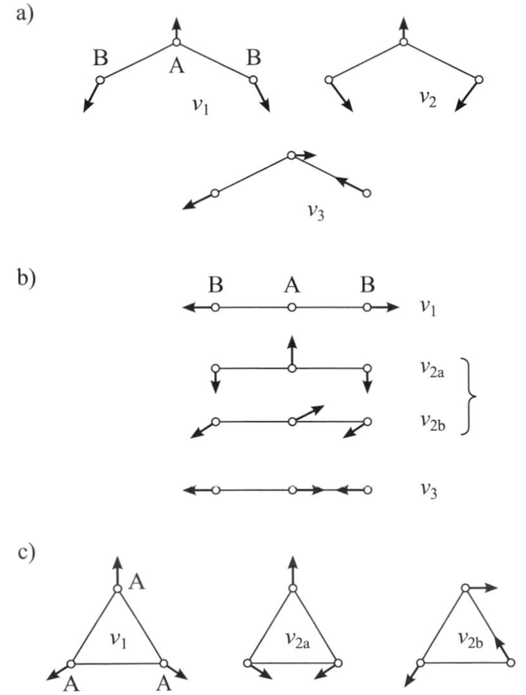

Abb. 11.25
Beispiele für Normalschwingungen mehratomiger Moleküle:
a) AB_2 gewinkelt symmetrisch;
b) AB_2 linear symmetrisch;
c) A_3 gleichseitig dreieckig (schematisch)

Betrachten wir eine einzelne solche Normalschwingung $Q_n(t)$, indem wir voraussetzen, alle Amplituden c_l bis auf eine, c_n, seien gleich Null: $c_l = \delta_{ln}$. Die Verschiebungskoordinaten

ΔX_i ergibt sich dann auf Grund von Gleichung (11.137):

$$\Delta X_i = A_{in} c_n \cos(\omega_n t + \alpha_n) \qquad (i = 1, 2, \ldots, 3N^{\mathrm{k}}), \qquad (11.145)$$

bzw. für die Verschiebungsvektoren mittels Gleichung (11.137'):

$$\Delta \boldsymbol{R}_a = \boldsymbol{A}_{an} c_n \cos(\omega_n t + \alpha_n) \qquad (a = 1, 2, \ldots, N^{\mathrm{k}}). \qquad (11.145')$$

Das aber bedeutet: alle Kerne (mit Ausnahme derjenigen, für welche die Koeffizienten $\boldsymbol{A}_{an}$ bzw. A_{in} gleich Null sind) schwingen mit gleicher Frequenz und gleicher Phase, jedoch mit im Allgemeinen verschiedenen Amplituden um ihre Gleichgewichtslagen. In Abb. 11.25 ist das für einige typische Fälle dargestellt; die Pfeile geben Richtung und Amplitude der momentanen Auslenkungen an.

Die Normalschwingungen sind also *kollektive*, frequenz- und phasengleiche Schwingungsbewegungen des Kerngerüstes; sie laufen unabhängig voneinander ab, denn in den Bewegungsgleichungen (11.143) tritt jeweils nur eine einzige Normalkoordinate auf, ohne irgendwelche Kopplungsterme mit anderen Normalschwingungen. Umgekehrt kann in harmonischer Näherung jede beliebige Schwingungsbewegung eines mehratomigen Moleküls als eine Überlagerung von Normalschwingungen dargestellt werden.

Man muss bei alledem bedenken, dass in den bisherigen Überlegungen sämtliche $3N^{\mathrm{k}}$ kartesischen Koordinaten X_i im Spiele sind, irgendwie also auch die insgesamt sechs Freiheitsgrade der Gesamttranslation und der Gesamtrotation der N^{k} Kerne. Es zeigt sich, dass stets sechs der erhaltenen Normalfrequenzen (bei linearen Kerngerüsten fünf) den Wert Null haben (*uneigentliche Normalschwingungen*); die verbleibenden Normalfrequenzen entsprechen den (eigentlichen) Normalschwingungen des Moleküls. Das ergibt sich in Berechnungen (natürlich im Rahmen der numerischen Genauigkeit) automatisch bei der Lösung der Gleichung (11.140), ohne dass man besondere Vorkehrungen treffen muss (s. [11.4] – [11.6]; [4.7]).

Die Potentialdaten, d. h. die Kraftkonstanten k_{ij}^0, lassen sich prinzipiell nach Gleichung (11.135b) als zweite partielle Ableitungen der Potentialfunktion, genommen an der Kernkonfiguration $\boldsymbol{R}^0$ bzw. $\boldsymbol{X}^0$, berechnen. Hierauf wird in den Abschnitten 13.1 und 17.4 eingegangen.

Es gibt zahlreiche Ansätze für empirische analytische Potentialfunktionen in der engeren Umgebung lokaler Minima, darunter in Form von Potenzreihenansätzen, allerdings nicht wie in Gleichung (11.134) in kartesischen Koordinaten, sondern in Kernabständen und Winkeln. Die Parameter werden meist an experimentelle (hauptsächlich spektroskopische) Daten angepasst (*Kraftfeld-Ansätze*). Darauf kommen wir in Abschnitt 18.2 zurück.

Das praktische Vorgehen bei der Bestimmung von Normalfrequenzen und Normalkoordinaten besprechen wir hier nicht, sondern verweisen auf die Literatur (etwa [11.4] – [11.6]). Bei Vorliegen ausreichender Daten für eine adiabatische Potentialhyperfläche ist die Ermittlung von Normalfrequenzen und Normalkoordinaten übrigens heute kein schwieriges Problem mehr, selbst für recht große molekulare Aggregate. Dabei interessieren oft weniger die Details einzelner Schwingungen, vielmehr z. B. die Veränderungen der Normalfrequenzen ω_l mit der Größe der Aggregate (Anzahl der Atome) und ihrer Struktur (Symmetrie). Wir illustrieren das durch einige Rechenergebnisse für die in Abschnitt 10.2.2.3 diskutierten Ar_NH^+ - Cluster: In Abb. 11.26 sind für die jeweils stabilsten Strukturen solcher Cluster im Elektronengrundzustand die Normalfrequenzen in Abhängigkeit von N dargestellt.

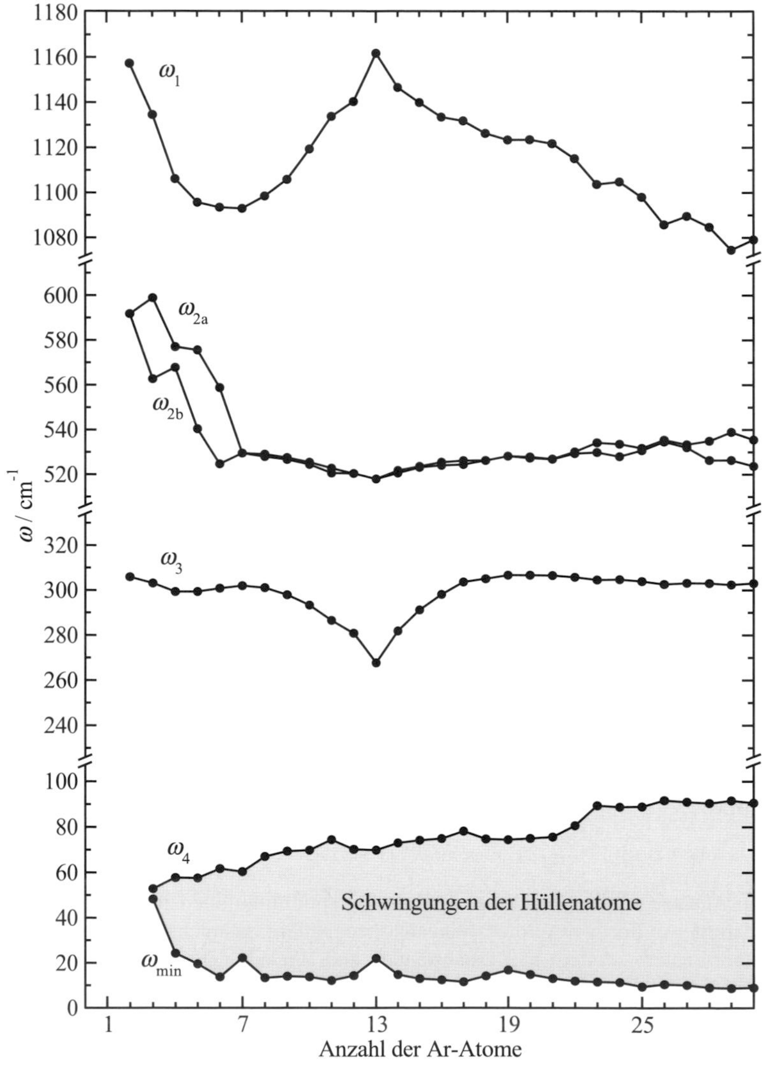

Abb. 11.26 Normalfrequenzen von Ar_NH^+ -Clustern im Elektronengrundzustand als Funktionen der Anzahl N der Ar-Atome [aus F. Ritschel et al., Eur. Phys. J. D **41**, 127-141 (2007) mit freundlicher Genehmigung von Springer Science+Business Media, Heidelberg]

Unter den Normalfrequenzen der Ar_NH^+-Cluster fallen zunächst vier auf, die den vier Normalschwingungen des in allen Clustern enthaltenen, annähernd linearen Zentralfragments Ar_2H^+ (drei Kerne, vier eigentliche Normalschwingungen) zugeordnet werden können: ω_1 gehört zur asymmetrischen Streckschwingung von $Ar{-}H^+{-}Ar$; ω_{2a} und ω_{2b} sind die Frequenzen der beiden Knickschwingungen (wie in Abb. 11.25b), die im freien dreiatomigen Fragment zusammenfallen, bei unsymmetrischer Nachbarschaft weiterer Ar-Atome jedoch verschiedene Werte haben, und ω_3 ist die vergleichsweise niedrige Frequenz der symmetrischen Streckschwingung der beiden (schweren) Ar-Atome. Alle weiteren ab $N = 3$ hinzukommenden Normalschwingungen sind niederfrequent (unter 100 cm^{-1}); sie können den Schwingungen der schwach an das zentrale Fragment Ar_2H^+ gebundenen, schweren äußeren Ar-Atome zugeordnet werden und bilden ein dichtes Frequenzband. Der Verlauf der Frequenzwerte $\omega_l(N)$ lässt sich noch weiter detailliert interpretieren (s. Literaturquelle zu Abb. 11.26). Alle Frequenzen hängen mit Vergrößerung der Cluster immer schwächer von N ab, so dass die Kurven allmählich in einen horizontalen Verlauf einmünden.

11.4.2.2 Normalkoordinaten und Molekülsymmetrie

Die Normalkoordinaten eines mehratomigen Moleküls mit der (Gleichgewichts-) Kernanordnung $\boldsymbol{R}^0 \equiv \{\boldsymbol{R}_1^0,\ldots,\boldsymbol{R}_{N^k}^0\}$ haben Symmetrieeigenschaften, die durch die Symmetriegruppe $\boldsymbol{G}^0$ des Kerngerüstes bestimmt sind. Diese Symmetriegruppe umfasst alle Operationen (Drehungen, Spiegelungen etc.), die das Kerngerüst $\boldsymbol{R}^0$ als geometrisches Gebilde in sich selbst überführen (s. Anhang A1.2).

Im Anhang A1.3.1.1*(v)* wird erläutert, wie Symmetrieoperationen auf einen (betragsmäßig kleinen) Verschiebungsvektor $\Delta\boldsymbol{R}_a = \boldsymbol{R}_a - \boldsymbol{R}_a^0$ eines Kerns a wirken. Dem liegt die Festlegung zugrunde, dass die Operationen O der Symmetriegruppe $\boldsymbol{G}^0$ die Referenz-Kernanordnung $\boldsymbol{R}^0$ unverändert lassen und den Verschiebungsvektor auf einen äquivalenten Kern übertragen; eingeschlossen ist der Fall, dass ein Verschiebungsvektor am ursprünglichen Kern verbleibt, jedoch eventuell seine Richtung ändert.

Betrachten wir nun insgesamt ein gegenüber der Kernanordnung $\boldsymbol{R}^0$ deformiertes Kerngerüst mit N^k Verschiebungsvektoren $\Delta\boldsymbol{R}_a$ bzw. $3N^k$ fortlaufend numerierten kartesischen Verschiebungskomponenten ΔX_i $(i = 1, 2, \ldots, 3N^k)$, dann ergibt die Anwendung einer Symmetrieoperation $O \in \boldsymbol{G}^0$ neue Verschiebungskomponenten $\Delta X'_j$, die mit den alten Verschiebungskomponenten ΔX_i durch eine lineare Transformation

$$\Delta X'_j = \sum_{i=1}^{3N^k} \Delta X_i \cdot \Gamma_{ij}(O) \qquad (j = 1, 2, \ldots, 3N^k) \tag{11.146}$$

verknüpft sind [s. Gl. (A1.34)]. Die Transformationskoeffizienten $\Gamma_{ij}(O)$ bilden eine $(3N^k \times 3N^k)$-Matrix $\boldsymbol{\Gamma}(O)$. Zu jeder Symmetrieoperation $O \in \boldsymbol{G}^0$ erhält man eine solche

Matrix, insgesamt also eine (Matrix-) *Darstellung* Γ der Symmetriegruppe $\boldsymbol{G}^0$.

Die Gesamtheit der *Verschiebungskomponenten* bildet gemäß Anhang A1.3.1.2 die *Basis der Darstellung* Γ der Gruppe $\boldsymbol{G}^0$. Diese sogenannte *totale Darstellung* (sie bezieht sich auf *alle* Verschiebungskomponenten) ist im Allgemeinen reduzibel und lässt sich in irreduzible Darstellungen der Gruppe $\boldsymbol{G}^0$ zerlegen. Die Reduktion entspricht einem Übergang zu neuen Koordinaten ξ_i und neuen Verschiebungskomponenten $\Delta\xi_i$, wobei sich letztere mit anderen Koeffizienten als in Gleichung (11.146) transformieren, nämlich mit den Elemente von Darstellungsmatrizen der *irreduziblen Darstellungen*. Koordinaten mit derartigen Transformationseigenschaften heißen *Symmetriekoordinaten*.

Man kann nun zeigen (was hier nicht im Detail dargelegt werden soll, s. dazu [11.4] – [11.6]), dass die im vorigen Abschnitt eingeführten Normalkoordinaten solche Symmetriekoordinaten sind. Damit hat man ein Instrument, um für ein bestimmtes Molekül mit bekannter Symmetriegruppe $\boldsymbol{G}^0$ des Kerngerüstes $\boldsymbol{R}^0$ die möglichen Symmetrierassen der Normalschwingungen zu ermitteln, ohne die im vorangegangenen Abschnitt beschriebene Bestimmung von Normalkoordinaten und -frequenzen durchführen zu müssen. Lediglich die Kenntnis der *Diagonalelemente* der Matrizen der totalen Darstellung Γ für die einzelnen Symmetrieoperationen der Gruppe $\boldsymbol{G}^0$ ist nötig, denn die Summen dieser Diagonalelemente sind die *Charaktere* χ von Γ, die sich wiederum additiv aus den Charakteren der enthaltenen irreduziblen Darstellungen zusammensetzen (s. hierzu Anhang A1.3.3.2).

Wie man sofort einsieht, liefern nur diejenigen Verschiebungskomponenten $\Delta\boldsymbol{R}_a^0$, die bei der Ausführung der betrachteten Symmetrieoperation O an den Positionen $\boldsymbol{R}_a^0$ verbleiben, Diagonalelemente von $\Gamma(O)$ und damit Beiträge zum Charakter $\chi(O)$. Diese Diagonalelemente lassen sich für die einschlägigen Symmetrieoperationen ohne Schwierigkeit ermitteln: man untersucht der Reihe nach das Verhalten der Verschiebungen an den einzelnen Kernen und summiert die Beiträge aller Kerne zum Charakter der totalen Darstellung. Das führt zu den folgenden Resultaten (vgl. auch [I.2], dort §100):

Der Charakter $\chi(E)$ der *Identitätsoperation* E ergibt sich natürlich gleich $3N^{\mathrm{k}}$, da die Matrix $\Gamma(E)$ der totalen Darstellung die $3N^{\mathrm{k}}$ - dimensionale Einheitsmatrix ist.

Für eine *Spiegelung* σ an einer Ebene, in der die Gleichgewichtsposition $\boldsymbol{R}_a^0$ eines Kerns a liegt, ändern sich die Verschiebungskomponenten, wenn wir die Spiegelebene als (x,y)-Ebene wählen, folgendermaßen: $\Delta X_a' = \Delta X_a$, $\Delta Y_a' = \Delta Y_a$, $\Delta Z_a' = -\Delta Z_a$, so dass man den Beitrag $+1$ zum Charakter $\chi(\sigma)$ erhält.

Bei einem Molekül mit Inversionszentrum, in welchem sich in der Gleichgewichtskernanordnung ein Kern a befindet, ergibt die *Inversionsoperation* I: $\Delta X_a' = -\Delta X_a$, $\Delta Y_a' = -\Delta Y_a$, $\Delta Z_a'' = -\Delta Z_a$, also den Charakter $\chi(I) = -3$, denn weitere Beiträge kann es nicht geben. Der Charakter $\chi(I)$ ist gleich Null, wenn keiner der Kerne im Inversionszentrum liegt.

Besitzt das Molekül in der Gleichgewichtskernanordnung eine Symmetrieachse C, so ist es zweckmäßig, eine der Koordinatenachsen, etwa z, in die Richtung dieser Symmetrieachse zu legen; den Drehwinkel φ um die Achse misst man üblicherweise gegen die positive x-Richtung. Dann transformieren sich die Verschiebungskomponenten eines auf der Symmetrieachse befindlichen Atoms bei einer *Drehung* C_φ um den Winkel φ nach den Gleichungen (A1.33), dort $b = a$ gesetzt; das liefert einen Beitrag $1 + 2\cos\varphi$ zum Charakter $\chi(C_\varphi)$ der totalen Darstellung. Liegt eine n-zählige Drehachse vor, so ist für eine k-fache Drehung C_n^k der Drehwinkel $\varphi = 2\pi k/n$ zu nehmen. Kerne außerhalb der Drehachse liefern keinen Beitrag zum Charakter.

Bei einer *Drehspiegelung* S_φ sind nacheinander eine Drehung C_φ und eine Spiegelung σ_h an einer horizontalen (zur Drehachse senkrechten) Ebene auszuführen, wobei die Reihenfolge beliebig ist. Für einen im Durchstoßpunkt der Drehachse durch die Spiegelebene (x,y) befindlichen Kern a führt die Operation S_φ zu einer Transformation (A1.33) mit dem Unterschied, dass die z-Verschiebungskomponente das Vorzeichen wechselt: $\Delta Z_a' = -\Delta Z_a$. Der Beitrag zum Charakter ist also $-1 + 2\cos\varphi$.

Wir hatten vorausgesetzt, dass alle $3N^{\mathrm{k}}$ kartesischen Verschiebungskomponenten der N^{k} Kerne in die Betrachtung einbezogen werden. Es sind daher noch die Beiträge der *Gesamttranslation* (Schwerpunktsbewegung) und der *Gesamtrotation* in Abzug zu bringen, um die totale Darstellung Γ^{int} (bzw. deren Charaktere) zu erhalten, die von den $3N^{\mathrm{k}} - 6$ (bei linearen Kerngerüsten $3N^{\mathrm{k}} - 5$) *internen* Kernverschiebungen, d. h. von den Verschiebungen der Kerne relativ zueinander, induziert wird.

Die drei Verschiebungskomponenten des Schwerpunkts führen zu den gleichen Charakteranteilen wie ein im Schwerpunkt gelegener Kern, denn alle Spiegelebenen und Drehachsen verlaufen durch den Schwerpunkt, und im Schwerpunkt befindet sich auch das Inversionszentrum (falls eines vorhanden ist).

Etwas komplizierter liegen die Dinge bei der Gesamtdrehung des Moleküls. Diese erfolgt (s. oben) um eine momentane Drehachse mit einer momentanen Winkelgeschwindigkeit Ω, beides zusammengefasst zu einem axialen Vektor $\boldsymbol{\Omega}$, der durch den Schwerpunkt verläuft. Bei einer Drehung C_φ um eine Symmetrieachse transformieren sich die drei Komponenten eines axialen Vektors wie die eines gewöhnlichen (polaren) Vektors, also etwa eines Verschiebungsvektors; demnach ergibt das einen Beitrag $1 + 2\cos\varphi$ zum Charakter der totalen Darstellung. Bei Inversion hingegen bleibt ein axialer Vektor (im Unterschied zu einem polaren Vektor) unverändert[12]; damit liefert die Gesamtdrehung einen Beitrag +3 zum Charakter der totalen Darstellung für die Inversion. Das Verhalten bei Spiegelung σ an einer Ebene senkrecht zu $\boldsymbol{\Omega}$ erhält man, indem $\sigma \equiv \sigma_h = C_2 I$ geschrieben wird: C_2 liefert den Charakterbeitrag $1 + 2\cos\pi = -1$, I ergibt 1, insgesamt also -1. Um den Beitrag einer Drehspiegelung zu ermitteln, schreibt man $S_\varphi = C_\varphi\sigma_h = C_\varphi C_2 I = C_{\varphi+\pi} I$; damit ergibt sich der Charakterbeitrag

[12] Der Drehsinn bleibt bei Spiegelung an einem Punkt (Inversion) der gleiche, wie man sich leicht klarmacht.

$1+2\cos(\varphi+\pi)=1-2\cos\varphi$. Zum Charakter der Identitätsoperation schließlich tragen Gesamttranslation und –rotation jeweils den Wert 3 bei, so dass für diese Freiheitsgrade zusammen der Wert 6 zu subtrahieren ist.

Wir stellen die Resultate zusammen: Es ergibt sich zu den einzelnen Symmetrieoperationen $\mathcal{O}$ der folgende Satz von Charakteren $\chi^{\text{int}}(\mathcal{O})$ der totalen Darstellung $\Gamma^{\text{int}}(\mathcal{O})$, die durch die *internen* Verschiebungen der Kerne induziert wird:

Drehung C_φ: $\chi^{\text{int}}(C_\varphi)=(N_C-2)(1+2\cos\varphi)$, (11.147a)

wenn sich N_C Kerne auf der Drehachse C befinden;

Spiegelung σ (an einer Ebene): $\chi^{\text{int}}(\sigma)=N_\sigma$, (11.147b)

wenn N_σ Kerne in der Spiegelebene σ liegen;

Inversion I: $\chi^{\text{int}}(I)=-3$ oder 0 (11.147c)

je nachdem, ob sich im Inversionszentrum ein Kern befindet oder nicht;

Drehspiegelung S_φ: $\chi^{\text{int}}(S_\varphi)=-1+2\cos\varphi$ oder 0 (11.147d)

je nachdem, ob sich im Durchstoßpunkt der Drehachse C durch die Spiegelebene σ_h ein Kern befindet oder nicht;

Identität E: $\chi^{\text{int}}(E)=3N^{\text{k}}-6$. (11.147e)

Moleküle mit linearer Gleichgewichtskernanordnung haben nur zwei Freiheitsgrade der Gesamtdrehung, und der axiale Drehvektor $\boldsymbol{\Omega}$ steht senkrecht auf der Molekülachse; es verbleiben $3N^{\text{k}}-5$ interne Freiheitsgrade (Schwingungen). Während sich für die Gesamttranslation gegenüber nichtlinearen Molekülen nichts ändert, ergibt die Gesamtdrehung wegen der genannten Einschränkung für $\boldsymbol{\Omega}$ andere Beiträge zu den Charakteren. Wir geben hier das Resultat nicht an, sondern verweisen auf die Literatur (z. B. [11.4], auch [I.2]).

Wie sich zeigen lässt (vgl. [I.2], §100), gibt es bei linearen Molekülen $N^{\text{k}}-1$ Normalschwingungen, bei denen sich die Kerne nur längs der Molekülachse bewegen; bei den übrigen $2N^{\text{k}}-4$ Normalschwingungen bleiben die Kerne nicht auf der Molekülachse. Die erstgenannten Normalschwingungen werden als *longitudinale* Schwingungen, die letztgenannten als *transversale* Schwingungen bezeichnet.

Die Normalschwingungen sind grundsätzlich *delokalisiert*, können aber auch hauptsächlich eine oder wenige Bindungen betreffen, z. B. *Streckschwingungen* (engl. stretching vibrations) oder *Knickschwingungen* (engl. bending vibrations).

Für ein konkretes Molekül mit der Gleichgewichtskernkonfiguration $\boldsymbol{R}^0$ und der zugehörigen

Symmetriegruppe $\boldsymbol{G}^0$ lassen sich anhand der Formeln (11.147a-e) sehr leicht die Charaktere $\chi^{\text{int}}(O)$ der totalen Darstellung $\Gamma^{\text{int}}(O)$ zu den Operationen O von $\boldsymbol{G}^0$ ermitteln. Mit den im Anhang A1.5.1 beschriebenen Verfahren kann man dann feststellen, zu welchen Symmetrierassen die Normalschwingungen des Moleküls gehören können.

Wir demonstrieren die Bestimmung der Charaktere der totalen Darstellung Γ^{int} an einem einfachen Beispiel, dem H_2O - Molekül. Dessen Kerngerüst gehört in der Gleichgewichtskonfiguration zur Symmetriegruppe $\boldsymbol{C}_{2v}$ (s. Abbn. 11.23e und 11.25a). Bei der Drehoperation C_2 befindet sich der O-Kern auf der Drehachse ($N_C = 1$, $\varphi = \pi$); bei der Spiegelung σ_v an der Molekülebene liegen alle drei Kerne in dieser Ebene ($N_{\sigma_v} = 3$), in der dazu senkrechten Spiegelebene σ_v' liegt nur der O-Kern ($N_{\sigma_v'} = 1$). Mit den Formeln (11.147a,b,e) ergeben sich die folgenden Charaktere χ^{int}:

Symmetrieoperartion O:	C_2	σ_v	σ_v'	E
Charakter $\chi^{\text{int}}(O)$:	1	3	1	3.

Durch Vergleich mit der Charaktertafel der irreduziblen Darstellungen der Gruppe $\boldsymbol{C}_{2v}$ (s. Anhang A1.3) sieht man, dass die totale Darstellung Γ^{int} bei der Reduktion in drei (eindimensionale) irreduzible Darstellungen zerfällt, zwei der Rasse A_1 und eine der Rasse B_1:

$$\Gamma^{\text{int}} = 2A_1 + B_1 .$$

Von den drei ($= 3N^{\text{k}} - 6$) Normalschwingungen des H_2O - Moleküls gehören also zwei zur Symmetrierasse A_1 und eine zur Symmetrierasse B_1. In Abb. 11.25a macht man sich leicht klar, dass die beiden oben dargestellten Normalschwingungen der Rasse A_1 und die untere der Rasse B_1 zuzuordnen sind. Alle drei Normalschwingungen sind nichtentartet; sie gehören zu eindimensionalen irreduziblen Darstellungen. Weitere Beispiele werden dem Leser in der ÜA 11.7 empfohlen.

11.4.2.3 Schwingungszustände in harmonischer Näherung

Wir nehmen an, für ein Molekül seien die Normalfrequenzen ω_μ und die Normalkoordinaten $Q_{\mu j}$ ($j = 1, 2, \ldots, g_\mu$) bestimmt worden, so dass die Hamilton-Funktion (11.142') formuliert werden kann. Durch die Ersetzung $P_{\mu j} \to (\mathrm{i}/\hbar)(\partial/\partial Q_{\mu j})$ erhält man den Hamilton-Operator; mit diesem lautet die Schrödinger-Gleichung für die Bewegung in den Normalkoordinaten $Q_{\mu j}$ (Normalschwingungen):

$$\left\{-(\hbar^2/2)\sum_\mu\sum_j(\partial^2/\partial Q_{\mu j}{}^2) + (1/2)\sum_\mu\sum_j \omega_\mu{}^2 Q_{\mu j}{}^2 - E^{\text{vib}}\right\}\Phi^{\text{vib}}(\boldsymbol{Q}) = 0 . \quad (11.148)$$

Zur Abkürzung sind im Argument der Wellenfunktion Φ^{vib} die $3N^{\text{k}} - 6$ Normalkoordinaten zu einem Vektor $\boldsymbol{Q}$ zusammengefasst.

Der Hamilton-Operator besteht aus Anteilen, die mathematisch völlig gleich aufgebaut sind und sich lediglich dadurch unterscheiden, dass sie jeweils nur auf *eine* der Normalkoordinaten

$Q_{\mu j}$ wirken. Die Potentialterme enthalten einen Parameter $\omega_\mu{}^2$, der (bei Entartung) für die zugehörigen Normalkoordinaten $Q_{\mu j}$ den gleichen Wert hat. Die Schrödinger-Gleichung (11.148) ist somit *exakt separierbar* (s. Abschn. 4.1) und kann durch einen Produktansatz

$$\Phi^{\text{vib}}(\boldsymbol{Q}) = \prod\nolimits_{\mu,j} \phi(Q_{\mu j}) \tag{11.149}$$

auf gewöhnliche Differentialgleichungen für die einzelnen, nur von den Variablen $Q_{\mu j}$ abhängenden Wellenfunktionen $\phi(Q_{\mu j})$ zurückgeführt werden:

$$\left\{-(\hbar^2/2)(\mathrm{d}^2/\mathrm{d}Q_{\mu j}{}^2) + (1/2)\,\omega_\mu{}^2 Q_{\mu j}{}^2 - \varepsilon^{\text{vib}}\right\}\phi(Q_{\mu j}) = 0\,. \tag{11.150}$$

Da nur gebundene Zustände interessieren (Schwingungen), ist als Randbedingung (neben den üblichen Anforderungen bezüglich eines "vernünftigen" Verhaltens, vg. Abschn. 2.1.2) die Normierbarkeit der Wellenfunktion $\phi(Q_{\mu j})$ zu verlangen.

Man erkennt in Gleichung (11.150) die Schrödinger-Gleichung des linearen harmonischen Oszillators, deren exakte Lösung in Abschnitt 2.3.1 ausführlich behandelt wurde und die auch dem SRHO-Modell des zweiatomigen Moleküls (Abschn. 11.3.2.1) zugrundelag; wir können also die dort erhaltenen Resultate übernehmen. Die Energien ε^{vib} der Normalschwingungen sind gequantelt:

$$\varepsilon^{\text{vib}} \to \varepsilon^{\text{vib}}_{v_{\mu j}} = \hbar\omega_\mu[v_{\mu j} + \tfrac{1}{2}] \qquad \text{mit } v_{\mu j} = 0, 1, 2, \ldots\,; \tag{11.151}$$

die zugehörigen Wellenfunktionen $\phi_{v_{\mu j}}(Q_{\mu j})$ haben die Form (2.102) und werden hier nicht noch einmal explizite aufgeschrieben.

Wir fassen im Produkt (11.149) jeweils die miteinander entarteten Funktionen $\phi_{v_{\mu j}}(Q_{\mu j})$, die zur gleichen Frequenz ω_μ gehören, zusammen:

$$\phi_{v_\mu}(Q_{\mu 1},\ldots,Q_{\mu g'_\mu}) \equiv \prod\nolimits_{j=1}^{g'_\mu} \phi_{v_{\mu j}}(Q_{\mu j})\,; \tag{11.152}$$

diese Produktfunktionen sind, wie man leicht sieht, Lösungen der Schrödinger-Gleichung

$$\left\{\sum\nolimits_{j=1}^{g'_\mu}\left(-(\hbar^2/2)(\partial^2/\partial Q_{\mu j}{}^2) + (1/2)\,\omega_\mu{}^2 Q_{\mu j}{}^2\right) - E_{v_\mu}\right\}\phi_{v_\mu}(Q_{\mu 1},\ldots) = 0 \tag{11.153}$$

zu den Energieeigenwerten

$$E_{v_\mu} = \sum\nolimits_{j=1}^{g'_\mu} \varepsilon^{\text{vib}}_{v_{\mu j}} = \hbar\omega_\mu[v_\mu + (g'_\mu/2)] \tag{11.154}$$

mit den Quantenzahlen

$$v_\mu = \sum\nolimits_{j=1}^{g'_\mu} v_{\mu j}\,. \tag{11.155}$$

Neben der Entartung der Normal*frequenzen* ω_μ (Entartungsgrad g'_μ) kommt damit eine weitere Entartung ins Spiel: die Entartung der Schwingungs*energien* E_{v_μ}. Ist ω_μ nichtentartet ($g'_\mu = 1$), so ist auch E_{v_μ} nichtentartet. Ist ω_μ zweifach entartet ($g'_\mu = 2$), dann ist der Entartungsgrad von E_{v_μ} gleich $v_\mu + 1$, und für $g'_\mu = 3$ gleich $(v_\mu + 1)(v_\mu + 2)/2$. Das lässt sich mit den Regeln der Kombinatorik zeigen, worauf wir hier jedoch verzichten (s. etwa [11.4]). Alles Gesagte gilt nur in harmonischer Näherung, auf der die Überlegungen dieses Abschnitts durchweg beruhen.

In den exakt separierten (und somit statistisch unabhängigen) Normalschwingungen haben wir das quantenmechanische Gegenstück zur klassischen Bewegung in harmonischer Näherung. Die Wellenfunktion einer beliebigen Schwingungsbewegung kann als Linearkombination von Produkten (11.149) der Normalschwingungswellenfunktionen geschrieben werden; klassisch ist jede beliebige Schwingungsbewegung als Überlagerung unabhängiger Normalschwingungen (s. Abschn. 11.4.2.1) darstellbar.

Die gesamte Schwingungsenergie des Moleküls ist in harmonischer Näherung die Summe der Energien der einzelnen Normalschwingungen:

$$E^{\text{vib}}_{v_1 v_2 \ldots} = \sum_\mu \sum_j \varepsilon^{\text{vib}}_{v_{\mu j}} = \sum_\mu E_{v_\mu}$$

$$= \sum_\mu \hbar\omega_\mu [v_\mu + (g'_\mu/2)]. \tag{11.156}$$

Der tiefstmögliche Wert dieser Energie wird dann erreicht, wenn alle Normalkoordinaten nur die Nullpunktschwingung ausführen (alle $v_\mu = 0$):

$$E^{\text{vib}}_0 \equiv E^{\text{vib}}_{00\ldots} = \sum_\mu \hbar\omega_\mu g'_\mu/2 . \tag{11.157}$$

Das ist die *Nullpunktschwingungsenergie* (*Nullpunktsenergie*) des Moleküls, die Summe der Nullpunktsenergien aller Normalschwingungen. Diese Energie kann dem Molekül auf keine Weise entzogen werden, schwingungslose Moleküle gibt es nicht (s. Abschn. 2.3.1).

Ist nur eine einzige Normalschwingung $\bar{\mu}$ angeregt (also $v_{\bar{\mu}} \neq 0$, alle anderen $v_\mu = 0$), dann spricht man bei $v_{\bar{\mu}} = 1$ von einer *Fundamentalschwingung* des Moleküls, bei $v_{\bar{\mu}} > 1$ von einer *Oberschwingung*. Sind mehr als eine Normalschwingung angeregt, so liegt eine *Kombinationsschwingung* vor. Mit wachsender Anzahl der Schwingungsfreiheitsgrade ergibt sich eine immer größere Anzahl zunehmend dicht liegender Schwingungsniveaus (11.156).

Die Hamilton-Operatoren in den Schrödinger-Gleichungen (11.153) und (11.148) sind invariant gegenüber den Operationen der Symmetriegruppe $\boldsymbol{G}^0$ des Kerngerüstes, denn die Normalkoordinaten $Q_{\mu j}$ ($j = 1, 2, \ldots, g'_\mu$) zu jedem ω_μ transformieren sich bei Anwendung der Symmetrieoperationen untereinander (s. Abschn. 11.4.2.2) bzw. wechseln bei $g'_\mu = 1$ höchstens das Vorzeichen. Folglich lassen sich sowohl die Wellenfunktionen ϕ_{v_μ} der Normalschwingungen als auch die Gesamt-Schwingungswellenfunktionen $\Phi^{\text{vib}}_{v_1 v_2 \ldots}$ des Moleküls bestimmten Symmetrierassen der Gruppe $\boldsymbol{G}^0$ zuordnen. Zu welcher Symmetrierasse eine

Wellenfunktion ϕ_{v_μ} gehört, ergibt sich aus der Symmetrierasse der entsprechenden Normalkoordinaten $Q_{\mu j}$ und aus der mathematischen Form, in der die Wellenfunktion von den Normalkoordinaten abhängt (s. die Ausdrücke (2.102) für den linearen harmonischen Oszillator). Die Grundzustandsfunktion ist stets totalsymmetrisch. Die detaillierte Untersuchung der Zustände ϕ_{v_μ} soll hier nicht durchgeführt werden; man findet sie z. B. in [11.4] und kann sie unter Benutzung der im Anhang A1.3 bereitgestellten gruppentheoretischen Hilfsmittel auch selbst nachvollziehen. Verhältnismäßig einfach ist die Aufgabe, wenn alle Normalschwingungen nichtentartet sind (d. h. $g'_\mu = 1$ für alle μ).

Analog zur Elektronenkonfiguration für Atome (Zentralfeldnäherung) und Moleküle (MO-Modell) kann man bei Schwingungen mehratomiger Moleküle eine Art "Normalschwingungskonfiguration" angeben durch die Symmetrierasse[13] γ, eine Nummer q, die Schwingungen mit gleichem γ unterscheidet und die hochgestellte Quantenzahl v_μ ("Besetzung" der μ -ten Normalschwingung):

$$(q\gamma)^{v}\,(q'\gamma')^{v'}\ldots. \tag{11.158}$$

Die Symmetrierasse, zu welcher der Gesamt-Schwingungszustand mit der Wellenfunktion $\Phi^{\mathrm{vib}}_{v_1 v_2 \ldots}$ als Produkt (11.149) bei Berücksichtigung der Definition (11.152) gehört (wie gewohnt mit Großbuchstaben A, B, E etc. bezeichnet), erhält man durch Reduktion des direkten Produkts der durch die Funktionen ϕ_{v_μ} induzierten irreduziblen Darstellungen. Bei durchweg nichtentarteten Normalschwingungen müssen nur die Charaktere zu ϕ_{v_μ} multipliziert werden.

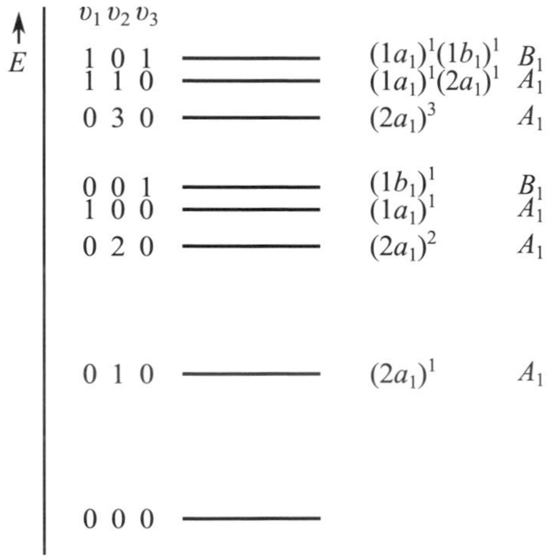

Abb. 11.27
Schwingungsniveaus des H_2O - Moleküls in harmonischer Näherung (schematisch; nach [I.4b]); rechts sind die Normalschwingungskonfigurationen und die Symmetrierassen der Gesamt-Schwingungszustände angegeben

[13] Üblicherweise werden Symmetrierassen, die sich auf eine einzelne Normalschwingung beziehen, durch Kleinbuchstaben bezeichnet, auch dies in Analogie zu Einelektronzuständen.

Zur Illustration nehmen wir wieder das H_2O - Molekül. Die Wellenfunktionen der Normalschwingungen haben entweder die Symmetrierasse a_1 oder b_1. Abb. 11.27 zeigt schematisch die energetisch niedrigsten Schwingungsniveaus des Moleküls in harmonischer Näherung, links davon die Quantenzahlen v_1, v_2 und v_3 der drei Normalschwingungen (s. Abb. 11.25a), rechts die Normalschwingungskonfigurationen sowie die Symmetrierassen der Gesamt-Schwingungszustände.

11.4.2.4 Schwingungsdrehimpuls

In Abschnitt 11.2.3 hatten wir in einer klassischen Beschreibung gesehen, dass der gesamte (Bahn-) Drehimpuls $\boldsymbol{L}^{\mathrm{k}}$ der Kernbewegung aus zwei Anteilen besteht: aus dem Drehimpuls $\boldsymbol{G}$ des starren Kerngerüstes (in der Kernanordnung $\boldsymbol{R}''^{0}$) gegen die raumfesten Koordinatenachsen und aus dem Drehimpuls $\boldsymbol{l}^{\mathrm{k}\,''}$, der von den internen (Schwingungs-) Bewegungen der Kerne relativ zu ihren Positionen im starren Kerngerüst herrührt:

$$\boldsymbol{l}^{\mathrm{k}\,''} = \sum\nolimits_a (\Delta\boldsymbol{R}_a'' \times \boldsymbol{P}_a''), \tag{11.159}$$

wobei $\Delta\boldsymbol{R}_a''$ die Auslenkung des Kerns a aus seiner Referenzlage $\boldsymbol{R}_a''^{0}$ bezeichnet:

$$\Delta\boldsymbol{R}_a'' = \boldsymbol{R}_a'' - \boldsymbol{R}_a''^{0}; \tag{11.160}$$

$\boldsymbol{P}_a''$ ist der Impulsvektor des Kerns a. Schreibt man den Ausdruck (11.159) mittels der Beziehungen (11.137') auf Normalkoordinaten Q_i und die dazu konjugierten Impulse P_i um, dann ergibt sich (vgl. z. B. [11.4]):

$$\boldsymbol{l}^{\mathrm{k}\,''} = \sum\nolimits_i \sum\nolimits_j \boldsymbol{\zeta}_{ij} Q_i P_j . \tag{11.161}$$

Die Koeffizienten $\boldsymbol{\zeta}_{ij}$ heißen *Coriolis-Kopplungskoeffizienten*; es handelt sich um Vektoren, die gemäß

$$\boldsymbol{\zeta}_{ij} = \sum\nolimits_a m_a (\boldsymbol{A}_{ai} \times \boldsymbol{A}_{aj}) \tag{11.162}$$

mit den Vektoren $\boldsymbol{A}_{al}$ der Transformation (11.137') zusammenhängen.

In der elektronisch adiabatischen Näherung sind, wenn wir die Spins von Elektronen und Kernen außer Betracht lassen (nichtrelativistische Näherung), die Gesamtbahndrehimpulse von Elektronen und Kernen für sich Erhaltungsgrößen, $\boldsymbol{G}$ und $\boldsymbol{l}^{\mathrm{k}\,''}$ einzeln aber nicht. Das bedeutet, dass bei mehratomigen Molekülen Gesamtrotation und Schwingungen im Allgemeinen über die Drehimpulse gekoppelt sind, die Schwingungen also durch Coriolis-Kräfte infolge der Gesamtrotation beeinflusst werden.

Das einfachste Beispiel für das Auftreten eines Schwingungsdrehimpulses ist ein lineares symmetrischer dreiatomiges Molekül AB_2. Wir betrachten den Fall zunächst klassisch. Wie in Abb. 11.25b dargestellt, hat ein solches Molekül neben zwei nichtentarteten longitudinalen Normalschwingungen mit den Frequenzen ω_1 und ω_3 eine transversale zweifache Normalschwingung mit der Frequenz ω_2 zur Symmetrierasse e_{1u}. Jedes Paar linear unabhängiger

Linearkombinationen zweier zu dieser Frequenz gehörender Normalkoordinaten ist ebenfalls ein Paar möglicher Normalkoordinaten zu ebenderselben Frequenz, völlig gleichberechtigt dem ursprünglichen Paar. Überlagert man die beiden Normalschwingungen $Q_{21}(t)$ und $Q_{22}(t)$ mit einer Phasendifferenz von 90°, dann bewegen sich die Kerne auf Kreisbahnen in Ebenen senkrecht zur Molekülachse (z'') um ihre Gleichgewichtslagen (s. Abb. 11.28). Diese Bewegung ist mit einem klassischen Drehimpuls in Achsenrichtung verbunden: die Richtungen der Vektoren $\Delta\boldsymbol{R}''_a$ und $\boldsymbol{P}''_a$ eines Kerns a liegen beide senkrecht zur Molekülachse, das Vektorprodukt $\Delta\boldsymbol{R}''_a \times \boldsymbol{P}''_a$ fällt somit in die Achsenrichtung.

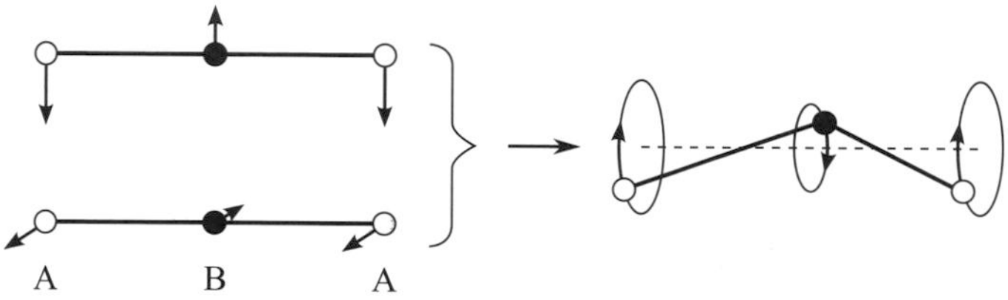

Abb. 11.28 Zweifach entartete Normalschwingung eines linearen symmetrischen Moleküls AB_2: Überlagerung der beiden Knickschwingungen mit 90° Phasendifferenz (schematisch)

Dieser von der entarteten Schwingung herrührende *Schwingungsdrehimpuls* muss sich natürlich auch in der quantenmechanischen Behandlung ergeben. Hierzu geht man in der Schrödinger-Gleichung (11.153) für ϕ_{v_2} durch die Transformation $Q_{21} = Q\cos\varphi$, $Q_{22} = Q\sin\varphi$ zu Polarkoordinaten Q und φ in der (x'',y'')-Ebene über, wodurch sich die Lösung in der Form

$$\phi_{v_2} \propto \exp(\pm \mathrm{i} l_2 \varphi) \tag{11.163}$$

schreiben lässt (s. [11.4], Kap. II,2; auch ÜA 11.8). Diese Wellenfunktion ist Eigenfunktion zum Operator $\hat{l}_{z''} = (\hbar/\mathrm{i})(\partial/\partial\varphi)$ der Achsenkomponente des Bahndrehimpulses der Kernbewegung, und zwar zum Eigenwert $l_{z''} = \pm\hbar\, l_2$, wobei die Quantenzahl l_2 die Werte

$$l_2 = v_2, v_2 - 2, v_2 - 4, \ldots, 1 \text{ oder } 0 \tag{11.164}$$

annehmen kann je nachdem, ob v_2 ungeradzahlig oder geradzahlig ist.

11.4.3* Kopplungen von Bewegungsformen mehratomiger Moleküle

Das in Abb. 11.11 skizzierte Energieniveauschema gibt die Spektren realer mehratomiger Moleküle nur unvollkommen wieder. Ebenso wie es im Fall zweiatomiger Moleküle nötig war, über die elektronisch adiabatische Näherung und die SRHO-Näherung hinauszugehen (s. Abschn. 11.3.2.2 und 11.3.3), müssen wir auch die bisherige Behandlung mehratomiger Moleküle wenigstens soweit ergänzen, dass die gröbsten Unzulänglichkeiten sowie die Möglichkeiten zu ihrer Behebung deutlich werden. Wir können nur einige Punkte benennen; eine gründliche Behandlung gehört zu den kompliziertesten Aufgaben der theoretischen Molekülspektroskopie und würde den Rahmen dieses Kurses überschreiten (s. [11.4] – [11.7]).

(i) Anharmonizität der Molekülschwingungen. Kraftfelder

Besonders bei flachen Potentialmulden sowie bei höheren Schwingungsenergien sind für die Kernbewegung größere Potentialbereiche bestimmend, die durch Glieder zweiten Grades in den Auslenkungen nicht mehr hinreichend beschrieben werden können.

Während für zweiatomige Moleküle relativ leicht über die harmonische Näherung hinausgegangen werden kann und die Berechnung von Schwingungszuständen mit Berücksichtigung des korrekten Potentialverlaufs $U(R)$ sich heute praktisch mit beliebiger Genauigkeit durchführen lässt (s. Abschn. 11.3.2.2), wird bei mehratomigen Molekülen die Situation mit wachsender Anzahl von Schwingungsfreiheitsgraden schnell sehr kompliziert.

Es gibt verschiedene Möglichkeiten, die bisherige, auf der harmonischen Näherung basierende Behandlung zu modifizieren und zu verbessern:

Ähnlich wie bei zweiatomigen Molekülen kann man heuristische Ansätze verwenden, etwa mit Zusatzgliedern $\propto (\upsilon_\mu + (1/2))^2$ und $\propto (\upsilon_\mu + (1/2))(\upsilon_\lambda + (1/2))$ zu den Energieformeln der harmonischen Näherung, um Anharmonizitäten einzubeziehen (vgl. [11.4], Kap. II,5). Die Zahlenfaktoren dieser Anteile werden z. B. an experimentelle Daten angepasst Mit solchen Korrekturen lässt sich dann eine störungstheoretische Behandlung durchführen (s. [11.4]).

Normalschwingungen sind grundsätzlich *delokalisiert* d. h. sie erfassen mehrere, oft alle Atome des Moleküls. Das gilt sowohl klassisch als auch quantenmechanisch, indem sich die Wellenfunktionen über weite Bereiche des Moleküls erstrecken. Es kann aber sein, dass sich bei einer Normalschwingung bestimmte Atome oder Atomgruppen viel stärker als andere bewegen; in diesem Sinne wäre dann eine solche Normalschwingung als lokalisiert zu betrachten.

Empirisch lassen sich häufig Grundfrequenzen im Schwingungsspektrum von Molekülen bestimmten Strukturelementen (etwa Bindungen ≡C–H, Bindungen –O–H, Doppelbindungen –C=C– usw.) zuordnen. Diese Frequenzen sind so charakteristisch, dass man damit die Strukturelemente identifizieren kann, beispielsweise gehört zu einer Bindung ≡C–H eine Grundfrequenz von rund 3300 cm^{-1}. Das legt es nahe, Molekülschwingungen alternativ zu den Normalschwingungen durch lokalisierte Schwingungen der einzelnen Strukturelemente zu beschreiben, wobei man *Valenzschwingungen* (Streckschwingungen, d. h. Änderungen der Bindungslängen zwischen zwei Atomen, engl. stretching modes) und *Deformationsschwingungen* unterscheidet; zu letzteren gehören Biegeschwingungen (Änderungen des Winkels zwischen zwei Bindungen, engl. bending modes), Torsionsschwingungen (Verdrehung zweier durch eine Bindung verknüpfter Atomgruppen gegeneinander, engl. torsional modes) u. a. Man spricht bei solchen lokalisierten Schwingungen häufig von *Lokalmoden*.[14]

In der alternativen Beschreibung von Molekülschwingungen durch Normalmoden einerseits und Lokalmoden andererseits haben wir eine Analogie zur Beschreibung von Elektronen eines Moleküls im

---

[14] Theoretische Untersuchungen zu dynamischen Aspekten der klassischen Molekülschwingungen im Normalmoden- und Lokalmoden-Bild s. etwa Scott, A. C., Lomdahl, P. S., Eilbeck, J. C.: Between the local-mode and normal-mode limits. Chem. Phys. Lett. **113**, 29-36 (1985).

MO-Modell durch kanonische (delokalisierte) MOs bzw. lokalisierte MOs (s. Abschn. 7.3.4, 8.3.1 und 17.4.1).

Das Lokalmoden-Bild liegt den in Abschnitt 11.4.2.1 erwähnten und in Abschnitt 18.2.1 ausführlich behandelten *Kraftfeld*-Ansätzen zugrunde, bei denen z. B. für die Bindungsstreckungen analytische nichtharmonische Potentialfunktionen (also mit Einschluss von Anharmonizitäten) verwendet werden.

Soll das Schwingungsproblem mehratomiger Moleküle quantitativ genauer behandelt werden, dann muss man über solche Modelle bzw. Näherungen hinausgehen; Berechnungen werden dann schnell sehr aufwendig. Diesbezüglich sei auch auf die in Abschnitt 4.4.3 erwähnten nichtkonventionellen Methoden zur Bestimmung der Eigenwerte des Hamilton-Operators für die Kernbewegungen mehratomiger Moleküle hingewiesen.

(ii) Inversions- und Torsionsschwingungen. Fermi-Resonanz

Die adiabatischen Potentialfunktionen mehratomiger Moleküle haben im Allgemeinen mehrere lokale Minima unterschiedlicher Tiefe und Form. Liegen zwischen den einzelnen lokalen Minima genügend breite Bereiche mit genügend hohen Potentialwerten, so können Tunnelvorgänge (s. Abschn. 2.2.2) praktisch nicht stattfinden, und die Minima entsprechen chemisch unterscheidbaren Isomeren.

Eine spezielle Situation liegt vor, wenn die Potentialfunktion mehrere *äquivalente* lokale Minima (mit genau gleicher Tiefe und Form) aufweist, wobei die Kernanordnungen, bei denen die Minima liegen, auseinander durch geometrische Veränderungen hervorgehen, die nicht zur Symmetriegruppe eines solchen Minimums gehören.

Nehmen wir als Beispiel das Ethan-Molekül H_3C-CH_3. Ein lokales Minimum der Potentialfläche liegt für eine Kernanordnung vor, bei der die C–H-Bindungen der beiden CH_3-Gruppen um 60° gegeneinander versetzt sind (Symmetriegruppe $\boldsymbol{D}_{3d}$). Von einer solchen Kernanordnung gelangt man durch eine 120°-Drehung einer der CH_3-Gruppen gegen die andere um die C–C-Verbindungslinie (*Torsion*) zu einer äquivalenten Kernanordnung, für welche die Potentialfläche ein zur Ausgangslage völlig gleichartiges Minimum hat.

Ein weiteres Beispiel ist das pyramidale NH_3 - Molekül (Symmetriegruppe $\boldsymbol{C}_{3v}$). Wenn die Positionen aller Kerne am Schwerpunkt gespiegelt werden (wobei der N-Kern gewissermaßen durch die Ebene der drei H-Kerne "hindurchtaucht"), so ergibt sich eine der ursprünglichen völlig äquivalente Kernanordnung. Man spricht hier von *Inversion*, obwohl das NH_3-Kerngerüst kein Inversionszentrum besitzt. Eine solche Situation hat man übrigens bei allen nicht-ebenen Molekülen ohne Inversionssymmetrie.

Die einander äquivalenten Potentialmulden führen *für sich* genommen zu genau gleichen Schwingungsniveaus. Ist die zwischen zwei derartigen Mulden bestehende Potentialbarriere nicht zu breit und/oder zu hoch, so können Schwingungswellenfunktionen, die hauptsächlich zu einer der Mulden gehören (dort lokalisiert sind), in den Bereich benachbarter Mulden übergreifen, und es gibt eine endliche Wahrscheinlichkeit für ein Überwechseln in diese anderen Muldenbereiche (Tunneleffekt). Die Schrödinger-Gleichung muss daher nicht für die Kernbewegung in nur einem Muldenbereich, sondern im gesamten Bereich der äquivalenten

Mulden gelöst werden, also zweier Mulden bei NH_3 und dreier Mulden bei C_2H_6. Die Konsequenzen lassen sich am einfachsten störungstheoretisch verstehen: die Hinzunahme der weiteren äquivalenten Mulden führt gegenüber den Zuständen einer isolierten Mulde zu einer Aufspaltung der Niveaus (*Torsionsaufspaltung* bei C_2H_6; *Inversionsverdopplung* bei NH_3). Bei Vorliegen solcher Besonderheiten spricht man von *nichtstarren Molekülen.*

Weitere Veränderungen des Schwingungsspektrums gegenüber der Grobstruktur können z. B. auftreten, wenn zwei Schwingungsniveaus *zufällig* annähernd zusammenfallen. Dann tritt eine gegenseitige Beeinflussung auf, und die Niveaus verschieben sich (sog. *Fermi-Resonanz*).

(iii) Kopplung von Schwingungen und Rotation

Kerngerüstrotation und Kernschwingungen beeinflussen sich gegenseitig; das konnten wir für die zweiatomigen Moleküle in Abschnitt 11.3.2 im Detail sehen. Auch für mehratomige Moleküle gibt es diese Kopplung (s. Anmerkung am Schluss von Abschn. 11.4.1.4); sie ist anschaulich sofort plausibel, wenn man sich das Molekül als ein sich drehendes und dabei schwingendes (etwa durch Federn zusammengehaltenes) mechanisches Kugelmodell vorstellt.

Betrachten wir zuerst die Auswirkung der Drehung auf die Schwingungen:

(a) Die Drehung führt zu einem Zusatzpotential (Zentrifugalpotential) und damit zu einer Verformung und Verlagerung der Mulde im effektiven Potential für die Schwingungen; die Gleichgewichtslagen der Kerne verschieben sich "nach außen", die Kernabstände werden aufgeweitet (*Zentrifugaldehnung*) und die Frequenzen ändern sich, meist geringfügig.

(b) Die *Coriolis-Kräfte*, die im körperfesten Bezugssystem auf die Kernschwingungen wirken, sind im Allgemeinen stärker als die Zentrifugalkräfte; sie führen zu einer Verzerrung und gegenseitigen Beeinflussung der (Normal-) Schwingungen, dadurch zu zusätzlichen Beiträgen zum Schwingungsdrehimpuls und entsprechenden Energiebeiträgen.

Eine detaillierte Diskussion findet man etwa in [11.4]; wir skizzieren hier die Überlegungen für den Fall eines symmetrischen Kreiselmoleküls. Im kinetischen Energieoperator (11.128) ist jetzt nach Abschnitt 11.2.3 anstelle von $\hat{\boldsymbol{G}}$ der Operator $(\hat{\boldsymbol{L}}^{\mathrm{k}} - \hat{\boldsymbol{l}}^{\mathrm{k}\,''})$ zu nehmen; nicht mehr $\boldsymbol{G}$ und $\boldsymbol{l}^{\mathrm{k}\,''}$ einzeln sind Erhaltungsgrößen, sondern nur noch $\boldsymbol{L}^{\mathrm{k}}$ (d. h. der Betrag und die z''-Komponente), solange wir wie bisher von der Elektronenbewegung und den Spins absehen. Der Coriolis-Kopplungsterm $\propto \hat{\boldsymbol{G}} \cdot \hat{\boldsymbol{l}}^{\mathrm{k}\,''}$ führt (neben einem konstanten Anteil, der weggelassen werden kann) zu einem Zusatzbeitrag $\varepsilon_{M''}^{\mathrm{Cor}}$ zur Rotationsenergie E^{rot}. Für einen gestreckten symmetrischen Kreisel [E^{rot} nach Gl. (11.129) mit L und M'' (Quantenzahl zur z''-Komponente von $\boldsymbol{L}^{\mathrm{k}}$) anstelle von G und K] ergibt sich

$$\varepsilon_{M''}^{\mathrm{Cor}} = -(\hbar^2/I_3)\, M'' \langle l_{z''} \rangle ; \tag{11.165}$$

hier bezeichnet $\langle l_{z''} \rangle$ den Mittelwert der z''-Komponente von $\boldsymbol{l}^{\mathrm{k}\,''}$.

Andererseits wirkt sich der Umstand, dass das Kerngerüst nicht starr ist, sondern schwingt, auf die Drehung aus. Darauf wurde schon am Schluss von Abschnitt 11.4.1.4 hingewiesen. Außerdem haben die *Trägheitsmomente* dann keine festen Werte, sondern hängen von den Normalkoordinaten bzw. von den Quantenzuständen der Normalschwingungen ab. Analog zum Vorgehen bei zweiatomigen Molekülen ersetzen wir die reziproken momentanen Trägheitsmomente durch Mittelwerte über den jeweiligen Schwingungszustand $v \equiv (v_1, v_2, \dots)$:

$$(1/I_i'') \rightarrow \langle (1/I_i'') \rangle_v \approx 1/\langle I_i'' \rangle_v \; ; \qquad (11.166)$$

die geknickten Klammern bezeichnen Mittelwerte, $\langle \dots \rangle_v \equiv \left\langle \Phi_v^{\text{vib}} \middle| \dots \middle| \Phi_v^{\text{vib}} \right\rangle$, gebildet mit den Schwingungswellenfunktionen $\Phi_v^{\text{vib}} \equiv \Phi_{v_1 v_2 \dots}^{\text{vib}} = \phi_{v_1} \cdot \phi_{v_2} \cdot \dots$ Diese Verfahrensweise ist ganz im Sinne einer adiabatischen Separation von Schwingung und Drehung.

(iv) Kopplung von Kern- und Elektronenbewegung

Wenn man über die elektronisch adiabatische Näherung hinausgehen muss, dann werden die Verhältnisse noch wesentlich komplizierter; wir hatten das Problem bei der Behandlung der zweiatomigen Moleküle gestreift (s. Abschn. 11.3.3). Für mehratomige Moleküle begnügen wir uns mit einigen Stichpunkten und verweisen wieder auf die Spezialliteratur (z. B. [11.7]).

Zuerst betrachten wir den Fall, dass die adiabatische Separation von Schwingung und Elektronenbewegung nicht zulässig ist, weil die charakteristischen Zeiten sich nicht stark genug unterscheiden: $\tau_{\text{vib}} \approx \tau_{\text{e}}$ bzw. $\Delta E^{\text{vib}} \approx \Delta E^{\text{e}}$, also bei kleinen Abständen von Elektronentermen in relevanten Bereichen des Kernkonfigurationsraumes, insbesondere in der Nähe von Potentialmulden. So etwas tritt auf, wenn sich adiabatische Potentialhyperflächen für solche Kernanordnungen überschneiden oder eine "vermiedene Überschneidung" aufweisen, so dass Entartung bzw. Fast-Entartung zweier oder mehrerer Elektronenzustände vorliegt. Das hat sowohl Verformungen des Potentials mit entsprechenden Änderungen der Gleichgewichtskernanordnungen als auch Veränderungen der Schwingungszustände zur Folge. Auf solche Situationen wird in Abschnitt 13.4 noch eingegangen (s. dort: Jahn-Teller-Effekt und Renner-Teller-Effekt). Elektronenbewegung und Kernbewegung (Schwingungen) können dann nicht mehr getrennt behandelt werden (sog. *vibronische Kopplung*)[15], und es resultieren Zustände, die für das Subsystem aus Kernschwingungs- plus Elektronenfreiheitsgraden gelten (vibronische Zustände). Die gequantelten Energien dieser Zustände setzen sich nicht mehr additiv aus einem Elektronen- und einem Schwingungsbeitrag zusammen.

Lässt sich außerdem noch die Drehbewegung des Kerngerüstes nicht mehr adiabatisch separieren, so dass Kopplungen aller drei Bewegungsregimes – Elektronenbewegung, Kernschwingungen und Kerngerüstrotation – berücksichtigt werden müssen (*rovibronische Kopplung*), so ergeben sich sog. rovibronische Zustände.

Entsprechende Rechnungen sind kompliziert und in der Regel nur mit starken Vereinfachungen durchführbar. Für viele Zwecke, wenn es nur auf qualitative Aussagen zur Energieniveaustruktur der Moleküle ankommt, genügen störungstheoretische Abschätzungen.

(v) Einbeziehung des Spins

Die Einbeziehung des *Elektronenspins* ist zunächst insofern grundlegend wichtig, als man dadurch Wellenfunktionen, die das *Pauli-Prinzip* erfüllen, bequem formulieren kann (s. dazu

---

[15] Der Begriff "vibronisch" wurde bereits am Schluss von Abschnitt 4.3.2.2 eingeführt.

Abschn. 2.5). Wie in Abschnitt 5.3 (für Atome) und Abschnitt 6.2 (für das Molekül H_2) detailliert gezeigt wurde, entscheidet das Pauli-Prinzip darüber, ob ein auf der Grundlage der nichtrelativistischen Schrödinger-Gleichung möglicher Elektronenzustand tatsächlich auftreten kann oder nicht. Wird darüber hinaus die *Spin-Bahn-Wechselwirkung* der Elektronen berücksichtigt, so führt das zu einer Aufspaltung (*Feinstruktur*) der ohne Spin erhaltenen Elektronenniveaus und zu veränderten *Auswahlregeln* für Elektronenübergänge. Da sich die entsprechenden Potentialhyperflächen mehr oder weniger stark von denen der spinfreien Behandlung unterscheiden, ergeben sich auch unterschiedliche Kräfte und damit unterschiedliche Schwingungszustände für die Feinstrukturkomponenten.

Während sich der Elektronenspin sowohl durch seine "Steuerungsfunktion" beim Pauli-Prinzip als auch energetisch über die Spin-Bahn-Kopplung deutlich auswirkt, ist das bei den *Kernspins* weniger der Fall: deren energetischer Einfluss ist auf Grund des im Vergleich zum Bohrschen Magneton (9.92a) viel kleineren Kernmagnetons (9.92b), letztlich also wegen der größeren Massen der Kerne, wesentlich geringer; die *Hyperfeinwechselwirkungen* (s. Abschn. 9.4.2) führen zu sehr kleinen Termverschiebungen und -aufspaltungen. Diese sind nichtsdestoweniger spektroskopisch nachweisbar und bilden die Grundlage wichtiger Zweige der Molekülspektroskopie; hierüber kann man z. B. in [11.1] nachlesen; s. auch Abschnitt 9.4. Bei Systemen mit mehreren gleichartigen Kernen hat der Kernspin eine zum Elektronenspin ganz analoge Steuerungsfunktion, indem eine bestimmte Vertauschungssymmetrie zu fordern ist je nachdem, ob es sich um Kerne mit halbzahligem oder mit ganzzahligem Spin handelt; vgl. die diesbezügliche Anmerkung in Abschn. 11.3.3, Einzelheiten können wir hier nicht besprechen.

Wir beschließen diesen Abschnitt mit zwei Hinweisen:

- Die Klassifizierung der Gesamtzustände von Molekülen, sei es in der einfachen Produktnäherung (11.35) mit (11.38) oder in höheren Näherungen (etwa als Überlagerung solcher Produkte), kann prinzipiell mit gruppentheoretischen Hilfsmitteln erfolgen (s. Anhang A1.5.2.2).

- Für die meisten Zwecke sollten die hier besprochenen Näherungsbetrachtungen genügen. Werden sukzessive alle relevanten Kopplungen zwischen den Bewegungsformen (Ort und Spin) einbezogen, so bleiben als Klassifizierungsmerkmale nur noch wenige übrig (s. Anhang A1.4), und zwar der *gesamte resultierende Drehimpuls* $\boldsymbol{J}$ (Betragsquadrat und eine Komponente) als Konsequenz der allgemein zu fordernden Invarianz aller Eigenschaften eines isolierten Teilchensystems gegenüber Änderungen der Drehlage im (isotropen) Raum. Ferner ist die Invarianz aller Eigenschaften gegenüber Inversion sämtlicher Elektronen- *und* Kernkoordinaten am Systemschwerpunkt zu fordern, woraus die *Parität* als Erhaltungsgröße folgt. Das sind die zumindest für die Molekültheorie grundlegenden Erhaltungsgrößen.

Mehr über derartige und andere grundsätzliche Fragen kann der interessierte Leser z. B. in [I.2], [11.3a] und [11.4], auch in [I.4b] (s. dort Abschn. 1.5), finden.

11.4.4 Spektrale Übergänge und Auswahlregeln für mehratomige Moleküle

11.4.4.1 Reine Rotationsübergänge starrer mehratomiger Moleküle

Um zu klären, unter welchen Bedingungen Übergänge zwischen Energieniveaus mehratomiger Moleküle stattfinden können, verfährt man wie bei den zweiatomigen Molekülen (s. Abschn. 11.3.4). Das Übergangsmoment (11.44), auf das es in nichtrelativistischer adiabatischer

Näherung (ohne Berücksichtigung des Spins) ankommt, reduziert sich bei Voraussetzung eines starren Kerngerüstes auf das Winkelintegral

$$\tilde{\boldsymbol{D}}_{12} = \int \Phi_1^{\mathrm{rot}*} \boldsymbol{D}^0 \Phi_2^{\mathrm{rot}} \mathrm{d}\omega \tag{11.167}$$

($\mathrm{d}\omega$ hängt von der Art der gewählten Winkelvariablen ab). Dabei bezeichnet $\boldsymbol{D}^0$ den Vektor des gesamten permanenten elektrischen Dipolmoments des starren Kerngerüstes in der Kernanordnung $\boldsymbol{R}^0 \equiv \{\boldsymbol{R}_1^0, \boldsymbol{R}_2^0, \ldots\}$ zusammen mit der umgebenden Elektronenhülle, die sich im adiabatischen Elektronenzustand Φ^{e} $(\equiv \Phi_1^{\mathrm{e}} = \Phi_2^{\mathrm{e}})$ befinden möge:

$$\boldsymbol{D}^0 \equiv \boldsymbol{D}(\boldsymbol{R}^0) = \int \Phi^{\mathrm{e}}(\boldsymbol{r}'';\boldsymbol{R}^0)^* \boldsymbol{D}^{\mathrm{e+k(0)}} \Phi^{\mathrm{e}}(\boldsymbol{r}'';\boldsymbol{R}^0) \mathrm{d}V_{\mathrm{e}} , \tag{11.168}$$

analog zu Gleichung (11.92). Die Schwingungswellenfunktionen Φ_1^{vib} und Φ_2^{vib} können als konstante Faktoren behandelt werden und außer Betracht bleiben.

Zunächst gilt also wie bei den zweiatomigen Molekülen, dass reine Rotationsübergänge nur dann möglich sind, wenn das Molekül ein permanentes elektrisches Dipolmoment besitzt.

Für *lineare Moleküle* ergibt sich, wenn diese Voraussetzung erfüllt ist, das gleiche Resultat wie für zweiatomige Moleküle: Mit der Koordinatenwahl wie in Abb. 11.12 ist z. B. das Winkelintegral (11.95) für die Komponente des Dipolmoments in x-Richtung des raumfesten Koordinatensystems (für die y- und die z-Komponente analog) zu berechnen. Als *Auswahlregeln* hat man also

$$\Delta G = \pm 1 \qquad (IR) \tag{11.169}$$

für "direkte" strahlungsinduzierte *IR-Rotationsübergänge* und

$$\Delta G = 0, \pm 2 \qquad (Raman)\,. \tag{11.170}$$

für *Raman-Rotationsübergänge.*

Komplizierter ist das Problem bei *nichtlinearen mehratomigen Molekülen.* Wir behandeln die Berechnungen nicht im Detail, sondern geben nur einige Resultate an. Im Fall eines *symmetrischen Kreiselmoleküls* erhält man für "direkte" *IR-Rotationsübergänge* die Auswahlregeln

$$\Delta G = 0, \pm 1 \qquad (IR)\,, \tag{11.171a}$$

$$\Delta K = 0\ , \qquad (IR)\,, \tag{11.171b}$$

wobei aber bei Absorption nur $\Delta G = +1$ wirklich in Frage kommt, denn $\Delta G = 0$ bedeutet, dass kein Übergang stattfindet, und $\Delta G = -1$ entspricht einem Emissionsvorgang.

Für *Raman-Rotationsübergänge* gilt:

$$\Delta G = 0,\ \pm 1, \pm 2 \qquad (Raman)\,, \tag{11.172a}$$

$$\Delta K = 0 \qquad (Raman)\,; \tag{11.172b}$$

dabei darf aber $\Delta G = \pm 1$ bei $K = 0$ nicht auftreten. Diese Auswahlregeln gelten unter der Voraussetzung, dass die Hauptträgheitsachse und eine Hauptachse des Polarisierbarkeitsellipsoids mit der Molekülachse zusammenfallen.

Für ein Kugelkreiselmolekül gibt es (s. oben) keine direkten reinen Rotationsübergänge, aber auch keine Raman-Rotationsübergänge, da das induzierte Dipolmoment eines solchen Moleküls nicht von der Drehlage abhängt.

Direkte Rotationsübergänge eines asymmetrischen Kreiselmoleküls unterliegen der gleichen G-Auswahlregel (11.171a) wie beim symmetrischen Kreiselmolekül. Ausführlicheres findet man z. B. in [11.4].

11.4.4.2 Reine Schwingungsübergänge mehratomiger Moleküle

Wir betrachten weiter einen festen Elektronenzustand mit der elektronischen Wellenfunktion $\Phi^{\mathrm{e}}(\boldsymbol{r}'';\boldsymbol{R}'')$. Die Wechselwirkung der Gesamtrotation des Moleküls mit den Schwingungen (und folglich mit dem Schwingungsdrehimpuls) wird vernachlässigt: im Sinne der adiabatischen Näherung behandeln wir die Schwingungsbewegungen bei momentan fester Drehlage des Kerngerüstes im Raum (α,β,γ konstant). Im Übergangsmoment (11.44) wird demgemäß die Rotationswellenfunktion $\Phi^{\mathrm{rot}}(\alpha,\beta,\gamma)$ als Konstante betrachtet und weggelassen.

Die Integration über die Elektronenkoordinaten unter der gegebenen Bedingung $\Phi_1^{\mathrm{e}} = \Phi_2^{\mathrm{e}} \equiv \Phi^{\mathrm{e}}$ ergibt ein mittleres Dipolmoment, das von den Kernkoordinaten $\boldsymbol{R}''$ abhängt:

$$\boldsymbol{D}(\boldsymbol{R}'') = \int \Phi^{\mathrm{e}}(\boldsymbol{r}'';\boldsymbol{R}'')^* \boldsymbol{D}^{\mathrm{e+k}} \Phi^{\mathrm{e}}(\boldsymbol{r}'';\boldsymbol{R}'')\,\mathrm{d}V_{\mathrm{e}} \tag{11.173}$$

als Verallgemeinerung des konstanten Dipolmoments $\boldsymbol{D}^0$ bei einem starren Kerngerüst [Gl. (11.168)]. Damit reduziert sich das Übergangsmoment $\tilde{\boldsymbol{D}}_{12}$ auf das Integral

$$\tilde{\boldsymbol{D}}_{12} = \int \Phi_1^{\mathrm{vib}}(\boldsymbol{R}'')^* \boldsymbol{D}(\boldsymbol{R}'') \Phi_2^{\mathrm{vib}}(\boldsymbol{R}'')\,\mathrm{d}V_{\mathrm{k}}\,. \tag{11.174}$$

Wir beschreiben die Schwingungen in harmonischer Näherung (Normalschwingungen) und untersuchen, unter welchen Bedingungen das Übergangsmoment $\tilde{\boldsymbol{D}}_{12}$ nicht verschwindet. Hierzu wird die Dipolmomentfunktion $\boldsymbol{D}(\boldsymbol{R}'')$ auf die $f = 3N^{\mathrm{k}} - 6$ (bzw. $3N^{\mathrm{k}} - 5$) Normalkoordinaten umgeschrieben, $\boldsymbol{D}(\boldsymbol{R}'') \to \boldsymbol{D}(\boldsymbol{Q})$, und unter der Voraussetzung kleiner Auslenkungen Q_k werden die kartesischen Komponenten des Dipolmoments im körperfesten System Σ'' bis zur ersten Ordnung in den Q_k entwickelt:

$$D_{x''} = D_{x''}^0 + \sum\nolimits_{k=1}^{f} (\partial D_{x''} / \partial Q_k)_0 \cdot Q_k \tag{11.175}$$

(analog für $D_{y''}$ und $D_{z''}$) als Verallgemeinerung von Gleichung (11.97). Dabei bedeuten $(\partial D_{x''} / \partial Q_k)_0$ usw. die partiellen Ableitungen und darin $Q_k = 0$ gesetzt; $D_{x''}^0$ usw. sind die Komponenten des permanenten Dipolmoments $\boldsymbol{D}^0$ des starren Moleküls, definiert in Gleichung (11.168). Mindestens eine der partiellen Ableitungen $(\partial D_{x''} / \partial Q_k)_0$ usw. muss also von Null verschieden sein, damit das Übergangsmoment nicht verschwindet. Eine Normalschwingung, für die das der Fall ist, nennt man *IR-aktiv*, für sie gilt die *Auswahlregel*

$$\Delta v_k = \pm 1 \qquad (IR) \tag{11.176}$$

des harmonischen Oszillators [Gl. (11.99)]. Die Intensität ist für jede IR-aktive Normalschwingung.durch die Formel (11.100a) gegeben.

Raman-Übergänge sind für solche Normalschwingungen möglich, bei denen wenigstens eine der partiellen Ableitungen $(\partial\alpha_{XX}/\partial Q_k)_0$ usw. der Elemente des in Hauptachsenform angenommenen Polarisierbarkeitstensors nicht Null ist. Damit ergibt sich die *Auswahlregel* wie beim einzelnen harmonischen Oszillator:

$$\Delta v_k = \pm 1 \qquad (Raman)\,. \tag{11.177}$$

Für die Intensität von Raman-Schwingungsübergängen gilt ebenfalls die in Abschnitt 11.3.4.1 besprochene Proportionalität zum Betragsquadrat partieller Ableitungen der Elemente des Polarisierbarkeitstensors [Gl. (100b)].

Diese Ergebnisse sind, da sich die Schwingungswellenfunktionen als Produkte von Wellenfunktionen harmonischer Oszillatoren darstellen, ohne weiteres einleuchtend, so dass wir auf eine detaillierte Herleitung verzichten können. Hieraus folgen dann auch entsprechende Auswahlregeln für Übergänge zwischen beliebigen Gesamt-Schwingungszuständen (Oberton- und Kombinationsschwingungen); hierzu s. wieder [11.4].

Anhand der Symmetrie des Moleküls lässt sich mit gruppentheoretischen Hilfsmitteln (s. Anhang A1.5.2.4) allgemein entscheiden, welche Normalschwingungen IR- bzw. Raman-aktiv sind: der Integrand im Ausdruck (11.174) bzw. im entsprechenden Integral mit dem induzierten Dipolmoment $\boldsymbol{D}^{\text{ind}}$ muss wenigstens einen totalsymmetrischen Anteil enthalten.

Für die Quantenzahl l des Schwingungsdrehimpulses linearer Moleküle gilt, zunächst bei Vernachlässigung der Kopplung mit der Gesamtrotationsbewegung (und mit der Achsenkomponente des Elektronenbahndrehimpulses), eine gesonderte Auswahlregel (s. [11.4]):

$$\Delta l = 0, \pm 1\,. \tag{11.178}$$

Was die Auswahlregeln bei Berücksichtigung der *Rotations-Schwingungs-Kopplung* betrifft, so lässt sich zeigen, dass sowohl für "direkte" IR-Übergänge als auch für Raman-Übergänge im Wesentlichen (mit einigen Modifikationen) die gleichen Quantenzahländerungen erlaubt sind wie für reine Rotationsübergänge und reine Schwingungsübergänge (s. Abschn. 11.4.1.4 und 11.4.2.5). Weiteres findet man in der Spezialliteratur (s. [11.4], Kap. IV).

11.4.4.3 Elektronenübergänge mehratomiger Moleküle mit Berücksichtigung der Schwingungen. Franck-Condon-Faktoren*

Die in Abschnitt 11.3.4.2 erörterten Bedingungen, unter denen ein zweiatomiges Molekül aus einem bestimmten Elektronen- und Schwingungszustand $\Phi_1^{\text{e}} \cdot \Phi_1^{\text{vib}}$ in einen anderen Elektronenzustand Φ_2^{e} und einen der "dortigen" Schwingungszustände Φ_2^{vib} übergehen kann, lassen sich auf mehratomige Moleküle verallgemeinern. Alle genannten Wellenfunktionen hängen allerdings jetzt nicht von nur *einer* internen Kernvariablen R, sondern von $3N^{\mathrm{k}}-6$ (bei linearen Molekülen von $3N^{\mathrm{k}}-5$) internen Kernkoordinaten $\boldsymbol{R}''$ ab.

Wir setzen wieder voraus, die in nichtrelativistischer Näherung gültige generelle Elektronenspin-Auswahlregel (11.43) sei erfüllt und der Elektronenübergang sei symmetrie-erlaubt (s. Abschn. 7.1.3). Der Kernspin bleibt außer Betracht. Auch von der Rotation sehen wir hier ab, denn sie kann im Rahmen der Produktnäherung (11.38) für den räumlichen Anteil der Wellenfunktion gesondert behandelt werden. Mit der gleichen Argumentation wie in Abschnitt 11.3.4.2 gelangen wir so für das Übergangsmoment näherungsweise zu dem Ausdruck

$$\tilde{\boldsymbol{D}}_{12} \approx \overline{\boldsymbol{D}}_{12} \cdot \int \Phi^{\mathrm{vib}}_{v(1)}(\boldsymbol{R}'')^* \, \Phi^{\mathrm{vib}}_{v(2)}(\boldsymbol{R}'')\,\mathrm{d}V_{\mathrm{k}} \,. \tag{11.179}$$

Hier bezeichnet $\overline{\boldsymbol{D}}_{12}$ ein über den relevanten Kernkonfigurationsbereich (in der Umgebung der Gleichgewichtskernanordnung $\boldsymbol{R}''^{0}$) gemitteltes elektronisches Übergangsmoment

$$\boldsymbol{D}_{12}(\boldsymbol{R}'') = \int \Phi^{\mathrm{e}}_{1}(\boldsymbol{r}'';\boldsymbol{R}'')^* \, \boldsymbol{D}^{\mathrm{e+k}} \Phi^{\mathrm{e}}_{2}(\boldsymbol{r}'';\boldsymbol{R}'')\,\mathrm{d}V_{\mathrm{e}} \,, \tag{11.180}$$

von dem angenommen wird, dass es nur schwach von den Kernkoordinaten $\boldsymbol{R}''$ abhängt und dass die Komponenten daher durch ihre Werte an der Gleichgewichtskernanordnung $\boldsymbol{R}''^{0}$ ersetzt werden können:

$$\overline{\boldsymbol{D}}_{12} \approx \boldsymbol{D}_{12}(\overline{\boldsymbol{R}''}) \approx \boldsymbol{D}(\boldsymbol{R}''^{0}) \,. \tag{11.181}$$

Damit hat das Übergangsmoment (11.179) die gleiche Form wie (11.105) als Produkt eines mittleren elektronischen Übergangsmoments $\overline{\boldsymbol{D}}_{12}$ mit dem Überlappungsintegral zwischen einer Wellenfunktion $\Phi^{\mathrm{vib}}_{v(1)}$ für den Gesamt-Schwingungszustand im Elektronenzustand 1 und einer Schwingungswellenfunktion $\Phi^{\mathrm{vib}}_{v(2)}$ zum Elektronenzustand 2. Wir nehmen diese wie bisher in der Produktform (11.149) mit (11.152) an: $\Phi^{\mathrm{vib}}_{v(1)} \equiv \Phi^{\mathrm{vib}}_{v_1 v_2 \ldots (1)} = \phi^{(1)}_{v_1} \cdot \phi^{(2)}_{v_2} \cdot \ldots$ und $\Phi^{\mathrm{vib}}_{v(2)}$ entsprechend; die Indizes $v(1), v(2), \ldots$ kennzeichnen die "Schwingungskonfiguration" in der harmonischen (Normalschwingungs-) Näherung (s. Abschn. 11.4.2.3). Das Betragsquadrat des Überlappungsintegrals wird auch hier als *Franck-Condon-Faktor* bezeichnet.

Die beiden Schwingungswellenfunktionen $\Phi^{\mathrm{vib}}_{v(1)}$ und $\Phi^{\mathrm{vib}}_{v(2)}$ sind keineswegs orthogonal, so dass (wie im zweiatomigen Fall) keine eigentlichen Auswahlregeln für die Übergänge zwischen den Schwingungszuständen resultieren. Damit das Überlappungsintegral einen von Null verschiedenen Wert hat, ist aber grundsätzlich die Forderung zu erfüllen (s. Anhang A1.5.2.4), dass der Integrand $\Phi^{\mathrm{vib}}_{v(1)}(\boldsymbol{R}'')^* \cdot \Phi^{\mathrm{vib}}_{v(2)}(\boldsymbol{R}'')$ gegenüber allen Operationen der Symmetriegruppe des Kerngerüstes invariant (totalsymmetrisch) sein muss. Ansonsten liegt das Problem hauptsächlich in der Anzahl der Variablen ($3N^{\mathrm{k}}-6$ bzw. $3N^{\mathrm{k}}-5$), was dazu führt, dass im Vergleich zu Abb. 11.21 die Veranschaulichung schwieriger und die Berechnung von Franck-Condon-Faktoren aufwendiger wird. Legt man die harmonische Näherung zugrunde, so erleichtert das die Aufgabe, indem man die Übergänge auf solche zwischen einzelnen Normalschwingungen zurückführen kann.

Übungsaufgaben zu Kapitel 11

ÜA 11.1 Es ist zu zeigen, dass der Vektor $\boldsymbol{G}$ der Kerngerüstrotation eines zweiatomigen Moleküls senkrecht auf der Molekülachse steht.
Hinweis: Benutzung der Transformationsgleichungen zwischen raumfesten und molekülfesten Koordinaten (Bezugssysteme $\Sigma \to \Sigma''$).

ÜA 11.2 Man zeige, dass der kinetische Energieoperator $\hat{T}^{\mathrm{rot}}$ [Gl. (11.26)] für den Fall eines zweiatomigen Moleküls im Rahmen der elektronisch adiabatischen Näherung [Gl. (11.36)] durch die Ersetzung von $\hat{\boldsymbol{G}}^2$ durch $(\hat{\boldsymbol{N}}^2 - \hbar^2\Lambda^2)$ erhalten wird.
Hinweis: Mittelung von $\hat{T}^{\mathrm{rot}}$ über die Elektronenkoordinaten mit der Wellenfunktion $\Phi_\Lambda^{\mathrm{e}}$, die Eigenfunktion von $\hat{L}_{z''}^{\mathrm{e}}$ zum Eigenwert $\hbar\Lambda$ ist.

ÜA 11.3 Die Rotations"konstante" $B(R)$ eines zweiatomigen Moleküls ist an $R = R^0$ nach Potenzen von $(R - R^0)$ bis zur zweiten Ordnung zu entwickeln.

ÜA 11.4 Für ein zweiatomiges Molekül führe man die adiabatische Separation von Rotation und Schwingung durch (s. Text).

ÜA 11.5 Es ist zu zeigen, dass bei der Drehung des starren Kerngerüstes eines symmetrischen Kreiselmoleküls die Beziehung $\boldsymbol{G} = \mathbf{I}\,\boldsymbol{\Omega}$ zwischen dem Drehimpulsvektor $\boldsymbol{G}$ und dem Vektor $\boldsymbol{\Omega}$ der momentanen Winkelgeschwindigkeit besteht; $\mathbf{I}$ ist der Trägheitstensor.
Hinweis: Man bilde den Gradientenvektor im Durchstoßpunkt von $\boldsymbol{\Omega}$ durch das Trägheitsellipsoid, das in Hauptachsenform durch die Gleichung
$F(X,Y,Z) = I_X X^2 + I_Y Y^2 + I_Z Z^2 - 1 = 0$ gegeben ist.

ÜA 11.6 Man bestimme die Normalfrequenzen und Normalkoordinaten einer linearen Kette dreier gekoppelter Massen; gegeben seien die Massen m_1, m_2 und m_3 sowie die Kreftkonstanten k_{12}^0 und k_{23}^0.

ÜA 11.7 Man ermittle die möglichen Symmetrierassen der Normalschwingungen der Moleküle NH_3 (Gruppe $\boldsymbol{C}_{3v}$), CH_4 (Gruppe $\boldsymbol{T}_d$) und CO_2 (linear symmetrisch, Gruppe $\boldsymbol{D}_{\infty h}$).

ÜA 11.8 Man schreibe die Schrödinger-Gleichung (11.153) für die entartete Normalschwingung 2 (zur Quantenzahl v_2) eines linearen symmetrischen dreiatomigen Moleküls AB_2 auf Polarkoordinaten Q und φ um und zeige, dass die Lösung die Form (11.163) hat.

Ergänzende Literatur zu Kapitel 11

[11.1] a) Skrabal, P. M.: Spektroskopie. Eine methodenübergreifende Darstellung vom UV- bis zum NMR-Bereich. vdf Hochschulverlag, Zürich (2009)

b) Demtröder, W.: Molekülphysik: Theoretische Grundlagen und experimentelle Methoden. Oldenbourg, München (2003)

c) Hollas, J. M.: Moderne Methoden in der Spektroskopie. Vieweg, Braunschweig (1995)

[11.2] a) Howard, B. J., Moss, R. E.: The molecular hamiltonian. I. Nonlinear molecules. Mol. Phys. **19**, 433-450 (1970); II. Linear molecules. *ibid.* **20**, 147 – 159 (1971)

Moss, R. E.: Advanced Molecular Quantum Mechanics. Chapman and Hall, London (1973)

b) Bellum, J. C., McGuire,.P.: Quantum-mechanical theory for electronic-vibrational rotational energy transfer in atom-diatom collisions: Analysis of the Hamiltonian. J. Chem. Phys. **79**, 765 – 776 (1983)

[11.3] a) Herzberg, G.: Molecular Spectra and Molecular Structure. I. Spectra of Diatomic Molecules. Van Nostrand, New York (1989)

b) Huber, K. P., Herzberg, G.: Molecular Spectra and Molecular Structure. IV. Constants of Diatomic Molecules. Van Nostrand Reinhold, New York (1979)

[11.4] Herzberg, G.: Molecular Spectra and Molecular Structure. II. Infrared and Raman Spectra of Polyatomic Molecules. Van Nostrand, New York (1964)

[11.5] Wilson, E. B., Decius, J. C., Cross, P. C.: Molecular vibrations. The theory of infrared and Raman vibrational spectra. Dover, New York (1980)

[11.6] Papoušek, D., Aliev, M. R.: Molecular vibrational/rotational spectra. Academia, Prag (1982)

[11.7] Herzberg, G.: Molecular Spectra and Molecular Structure. III. Electronic Spectra and Electronic Structure of Polyatomic Molecules. Van Nostrand Reinhold, New York (1966) [Krieger Publ., Malabar FL (1991)]

12 Molekulare Elementarprozesse

Wenn man die Chemie definiert als die Wissenschaft von den Umwandlungsvorgängen der Stoffe, soweit sie bei niedrigen Energien (vom thermischen bis hin zum eV-Bereich) ablaufen, dann ist die Reaktionskinetik das Herzstück der Chemie. Chemische Veränderungen gehen auf sehr weiten zeitlichen und räumlichen Skalen vor sich: Es gibt Umsetzungen, die außerordentlich schnell erfolgen (intramolekulare Energieumverteilungsprozesse und viele reaktive Atom-Molekül-Prozesse innerhalb weniger Femto- bis Picosekunden, $10^{-15}\,\mathrm{s}$ ... $10^{-12}\,\mathrm{s}$), aber auch sehr langsame Vorgänge (etwa Festkörperreaktionen, die Stunden bis Tage benötigen) – also Zeitskalen, die um 20 Größenordnungen differieren. Die Raumbereiche, in denen Umwandlungen vor sich gehen, können von einigen Å (= $10^{-10}\,\mathrm{m}$) bis zu Abmessungen von Metern, also über 10 Größenordnungen variieren.

Die experimentelle Untersuchung und theoretische Beschreibung chemischer Reaktionen hat sich in den zurückliegenden Jahrzehnten vor allem dahingehend entwickelt, vom Makroskopischen her in immer kleinere Raum- und Zeitbereiche vorzudringen, die im Labormaßstab registrierten Vorgänge in "Elementarprozesse" aufzulösen und letztlich auf Wechselwirkungen zwischen Atomen und Molekülen bzw. zwischen deren für die Chemie elementaren Bausteinen (Elektronen und Atomkerne) zurückzuführen. Dieses Gebiet wird häufig mit dem Begriff ***Reaktionsdynamik*** bezeichnet.

Unter *Dynamik* versteht man die Lehre von den Bewegungsvorgängen als Folge wirkender Kräfte; das Wort geht auf das griechische *δυναμικός* (dynamikos) zurück, das 'wirksam, vermögend' bedeutet. Der Begriff *Reaktionsdynamik* meint die Herleitung des Ablaufs der elementaren molekularen Prozesse, die sich bei einer chemischen Reaktion abspielen, aus Wechselwirkungskräften. Im Unterschied dazu beschreibt die *Kinematik* (vom griechischen *κινήματος* (kinematos, Bewegung) die Bewegungen ohne den Versuch einer Zurückführung auf wirkende Kräfte. Der Begriff *Kinetik* vom griechischen *κινητικός* (kinetikos), die Bewegung betreffend, wird in unterschiedlichen Zusammenhängen verwendet. Man kann damit allgemein die Beschreibung von Vorgängen in Systemen anhand der zeitlichen Änderung bestimmter Kenngrößen bezeichnen, etwa in der chemischen Reaktionskinetik anhand der Konzentrationsänderung von Stoffen bei chemischen Umsetzungen.

Wir werden uns im Wesentlichen auf die Gasphase beschränken, genauer: auf stark verdünnte Gase, die dadurch charakterisiert sind (s. Anhang A4.2.4), dass die Dauer der Wechselwirkungen bei Stößen von Atomen bzw. Molekülen (Größenordnung $10^{-12}\,\mathrm{s}$ und darunter) wesentlich kürzer ist als die Zeit zwischen zwei Stößen (ca. $10^{-10}\,\mathrm{s}$ bei Normalbedingungen von Druck und Temperatur,). Dann lassen sich die Wechselwirkungsvorgänge als isolierte, voneinander unabhängige Ereignisse behandeln, wodurch die Beschreibung sehr vereinfacht wird.

Die systematische Erforschung chemischer Reaktionen begann im 19. Jahrhundert und ist mit Namen wie L. F. Wilhelmy, M. Berthelot, C. M. Guldberg und P. Waage sowie insbesondere J. H. van't Hoff und S. Arrhenius verbunden. Ohne ausführlicher auf das Gebiet der phänomenologischen Reaktionskinetik einzugehen, das nicht eigentlich unter den Gegenstand dieses Kurses fällt (mehr dazu s. etwa [12.1]), stellen wir hier zunächst einige Fakten und Begriffe zusammen, um daran die Problemstellung der folgenden Kapitel zu erläutern und die Fachterminologie einzuführen.

Nehmen wir an, eine makroskopisch (im Labor) untersuchte chemische Reaktion läuft nach einer *stöchiometrischen Gleichung*

$$\nu_1 X_1 + \nu_2 X_2 + ... \xrightarrow{(M)} \mu_1 Y_1 + \mu_2 Y_2 + ... \tag{12.1}$$

ab, die angibt, dass $\nu_1, \nu_2, ...$ Mol der Stoffe $X_1, X_2, ...$ (*Reaktanten*) in $\mu_1, \mu_2, ...$ Mol der Stoffe $Y_1, Y_2, ...$ (*Produkte*) umgewandelt werden, gegebenenfalls unter Beteiligung weiterer Stoffe M, die an der Reaktion mitwirken, aber dabei nicht verändert werden (*Katalysatoren, Inhibitoren*). Die Zahlen ν_i und μ_i heißen *stöchiometrische Koeffizienten*; die Summe $\sum_i \nu_i$ wird als *stöchiometrische Ordnung* bezeichnet.

Durch Messung der zeitlichen Änderung der Konzentration $[X_i]$ (üblicherweise angegeben in $\mathrm{mol/cm^3}$) eines Reaktanten X_i oder der Konzentration $[Y_i]$ eines Produkts Y_i lässt sich der Verlauf einer Reaktion verfolgen. Die *Reaktionsgeschwindigkeit* $\mathcal{R}$ definiert man als die Abnahme einer Reaktantkonzentration oder die Zunahme einer Produktkonzentration, jeweils pro Zeiteinheit, bezogen auf die Anzahlen ν_i bzw. μ_i:

$$\begin{aligned} \mathcal{R} &\equiv -(1/\nu_1)\,\mathrm{d}[X_1]/\mathrm{d}t = -(1/\nu_2)\,\mathrm{d}[X_2]/\mathrm{d}t = ... \\ &= +(1/\mu_1)\,\mathrm{d}[Y_1]/\mathrm{d}t = +(1/\mu_2)\,\mathrm{d}[Y_2]/\mathrm{d}t = ... \end{aligned} \tag{12.2}$$

Allgemein ist $\mathcal{R}$ eine Funktion der Konzentrationen der beteiligten Stoffe und der Temperatur T:

$$\mathcal{R} \equiv \mathcal{R}([X_1],[X_2],...,[Y_1],[Y_2],...;[M];T\,); \tag{12.3}$$

häufig hängt $\mathcal{R}$ aber nicht von den Produktkonzentrationen ab, sondern nur von den Konzentrationen der Reaktanten und Katalysatoren sowie von der Temperatur T. Wir setzen das voraus und nehmen außerdem an, dass die Reaktionsgeschwindigkeit in der Form

$$\mathcal{R} = k(T\,)\cdot[X_1]^{a_1}\cdot[X_2]^{a_2}\cdot ...\cdot[M]^{a_M} \tag{12.4}$$

geschrieben werden kann. Der nur von der Temperatur abhängige Faktor $k(T\,)$ wird als (makroskopischer) ***Geschwindigkeitskoeffizient*** (oder *Ratenkoeffizient*) bezeichnet; oft nennt man ihn auch (etwas lax) Geschwindigkeits*konstante*, weil er nicht von den Stoffkonzentrationen abhängt. Es ist zu beachten, dass bei alledem stillschweigend vorausgesetzt wird, das ganze System befinde sich im thermischen Gleichgewicht, ist also durch eine einheitliche Temperatur T charakterisiert. Die Exponenten $a_1, a_2, ...$ heißen *Ordnungen* der Reaktion bezüglich der Reaktanten X_1 bzw. X_2 bzw. ... ; ihre Summe $a \equiv a_1 + a_2 + ...$ ist die (Gesamt-) Ordnung der Reaktion (12.1). Die Größe $k(T\,)$ hat, wie man sich anhand der Definition (12.4) klarmacht, die Dimension $(\text{Konzentration})^{1-a}\,\text{Zeit}^{-1}$, wird also z. B. in $(\mathrm{cm^3 \cdot mol^{-1}})^{a-1}\mathrm{s^{-1}}$ angegeben. Nehmen wir für $\mathcal{R}$ die Form (12.3) oder (12.4) an, so ist beispielsweise die erste der Gleichungen (12.2),

$$\mathrm{d}[X_1]/\mathrm{d}t = -\nu_1 \cdot \mathcal{R}([X_1],[X_2],...;T), \tag{12.5}$$

eine gewöhnliche Differentialgleichung erster Ordnung für die Konzentration $[X_1]$ als Zeitfunktion; man nennt so etwas eine (Reaktions-) *Geschwindigkeitsgleichung* oder *Ratengleichung*.

Für die Temperaturabhängigkeit des Geschwindigkeitskoeffizienten $k(T)$ fand S. Arrhenius (1889) auf empirischem Wege einen einfachen Ausdruck:

$$k(T) = A \cdot \exp(-E_{akt} / k_B T), \tag{12.6}$$

der sich als erstaunlich tragfähig erwiesen hat, jedoch jahrzehntelang ohne eine strengere Begründung blieb. Der Faktor A ("*Präexponentialfaktor*") ist meist über einen gewissen Temperaturbereich konstant, ebenso die Größe E_{akt} ("*Aktivierungsenergie*"). Die Zahlenwerte dieser beiden Parameter können grundsätzlich für jede Reaktion experimentell, d. h. aus gemessenen $k(T)$-Werten, ermittelt werden, indem man $\ln k(T)$ über $1/k_BT$ aufträgt und numerisch die Steigung der Kurve bestimmt (s. Abb. 12.1); das Ergebnis gilt dann für ein mehr oder weniger breites Temperaturintervall; k_B bezeichnet die Boltzmann-Konstante.

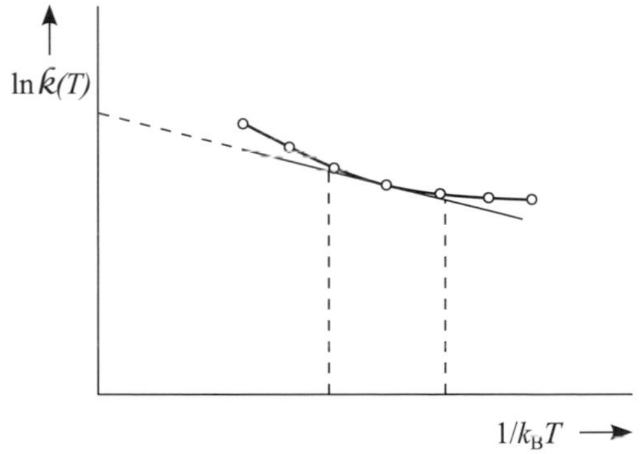

Abb. 12.1
Zur Bestimmung der Arrhenius-Parameter aus experimentellen Daten für $k(T)$ ("Arrhenius-Darstellung")

Eine der Hauptaufgaben der molekularen Theorie chemischer Reaktionen besteht darin, die makroskopisch (im Laborgefäß) ablaufenden chemischen Reaktionen und ihre Geschwindigkeitskoeffizienten auf molekulare Vorgänge zurückzuführen, ihre Ursachen also in diesem Sinne zu "verstehen", und Parameter wie Präexponentialfaktoren und Aktivierungsenergien durch molekulare Kenngrößen auszudrücken.

12.1 Chemische Elementarreaktionen und molekulare Elementarprozesse

12.1.1 Zum Begriff der Elementarreaktion

Eine chemische Reaktion, die gemäß einer stöchiometrischen Gleichung (12.1) *in einem Schritt* (ohne Bildung von Zwischenprodukten) von den Reaktanten zu den Produkten führt, wird als ***Elementarreaktion*** bezeichnet. Bei einer Reaktion im Laborexperiment oder in einem industriellen Prozess hat man es jedoch meist mit einem komplizierten Vorgang zu tun, bei dem Stoffe sich in vielfältiger Weise verändern können, Zwischenprodukte (häufig sehr kurzlebige) entstehen, die dann (häufig sehr schnell) weiterreagieren etc., bis schließlich unter anderen die interessierenden Produkte gebildet werden. Dann sprechen wir von einer *zusammengesetzten Reaktion*; sie umfasst eine mehr oder weniger große Vielfalt von nacheinander und nebeneinander ablaufenden Elementarschritten (12.1). Die Angabe der beteiligten Elementarreaktionen und ihrer Reaktionsgleichungen nennt man den *Reaktionsmechanismus*. Eine zusammengesetzte Reaktion wird also durch einen Satz stöchiometrischer Gleichungen (12.1) und der Zeitverlauf der Stoffkonzentrationen durch einen Satz gekoppelter gewöhnlicher Differentialgleichungen erster Ordnung (12.5) beschrieben.

Eine Elementarreaktion geht in jeder zusammengesetzten Reaktion, in der sie als Teilschritt bei einer bestimmten Temperatur T auftritt, stets in gleicher Weise vor sich, d. h. nach derselben Reaktionsgleichung (12.1) und derselben Geschwindigkeitsgleichung (12.5) mit demselben Geschwindigkeitskoeffizienten $k(T)$. Elementarreaktionen können gewissermaßen wie Bausteine zusammengefügt und transferiert werden.

Inwieweit man imstande ist, für einen im Labor beobachteten chemischen Vorgang einen Reaktionsmechanismus anzugeben, hängt vom zeitlichen Auflösungsvermögen der zur Verfügung stehenden Messmethoden ab. Die experimentellen Methoden zur Verfolgung schneller kinetischer Vorgänge können hier nicht im Einzelnen besprochen werden können; wir verweisen diesbezüglich auf die einschlägige Literatur [12.1]. Entscheidende Fortschritte hat dabei vor allem im letzten Jahrzehnt der Einsatz von laserspektroskopischen Methoden gebracht, so dass unter geeigneten Bedingungen Prozesse im Bereich bis hinunter zu Femtosekunden (10^{-15} s) untersucht werden können (s. dazu auch Kap. 15).

Die Aufklärung eines Reaktionsmechanismus und insbesondere die Beantwortung der Frage, ob es sich bei einer (manchmal scheinbar einfachen) chemischen Umwandlung (12.1) um eine Elementarreaktion handelt, ist keine leichte Aufgabe.

Zunächst gibt es einige formale *Kriterien* für das Vorliegen einer Elementarreaktion:

(*1*) Es gilt eine Geschwindigkeitsgleichung (12.5) mit einem einfachen Ausdruck (12.4).

(*2*) Die Reaktionsordnungen sind gleich den stöchiometrischen Koeffizienten der Reaktanten:

$$a_1 = \nu_1,\ a_2 = \nu_2, \ldots \qquad (12.7)$$

Die phänomenologische Beschreibung chemischer Reaktionen durch stöchiometrische und Geschwindigkeitsgleichungen stößt häufig auf Schwierigkeiten und bleibt unbefriedigend, da es *nicht eindeutig* möglich ist, in der beschriebenen Weise aus den Messdaten Rückschlüsse auf den Reaktionsmechanismus zu ziehen bzw. eine solche Umwandlung als Elementarreaktion zu identifizieren; die obigen Kriterien (*1*) und (*2*) sind nur notwendig, aber nicht hinreichend für eine Entscheidung. Verfeinerte Messmethoden (s. oben) können dazu führen, dass kurzlebige Zwischenprodukte, die zunächst unbemerkt geblieben waren, nachgewiesen werden und damit eine vermeintliche Elementarreaktion als zusammengesetzte Reaktion erkannt wird.

Ein prominentes Beispiel dafür bildet die Iodwasserstoffreaktion, die seit den Untersuchungen von M. Bodenstein in den 1890er Jahren als Prototyp einer elementaren Gasphasenreaktion galt:

$$H_2 + I_2 \rightarrow 2\,HI\,, \tag{12.8}$$

bis 1967 experimentell gezeigt werden konnte, dass die Reaktion über mindestens eine Zwischenstufe verläuft (s. hierzu etwa [12.1f]). Obwohl die Kriterien (*1*) und (*2*) erfüllt sind, handelt es sich nicht um eine Elementarreaktion.

Ein weiteres Problem besteht darin, dass die bisher betrachtete phänomenologische Beschreibung dann versagt, wenn Reaktionen insgesamt sehr schnell oder unter extremen Bedingungen ablaufen (etwa bei hohen Temperaturen, in starken Feldern, unter der Einwirkung starker Strahlung etc., wie das z. B. bei Reaktionen in Stoßwellen, in Plasmen, also Gasen mit vielen Ionen, der Fall ist, oder bei biologischen Vorgängen). Die Ursache dafür liegt im Wesentlichen darin, dass die Voraussetzung des vollständigen thermischen Gleichgewichts nicht erfüllt ist. Gewissermaßen werden dann die makroskopischen Vorgänge direkt durch mikroskopische (molekulare) Einzelereignisse und nicht nur pauschal durch deren (thermisch) gemittelte Einflüsse bestimmt.

In solchen Situationenen wird zwar, wie wir noch sehen werden, die theoretische Beschreibung wesentlich komplizierter, denn der Ablauf und die Produkte einer chemischen Umsetzung sind von einer größeren Anzahl von (molekularen) Parametern abhängig als nur von den wenigen makroskopischen Parametern (etwa von der Temperatur) der bisher betrachteten phänomenologischen Beschreibung – man hat aber dadurch auch mehr Eingriffsmöglichkeiten und kann eventuell eine Reaktion durch Änderung molekularer Parameter steuern.

12.1.2 Molekulare Elementarprozesse. Stoßkanäle

Die Grenzen der phänomenologischen Beschreibung einerseits und die Aussicht auf neue Möglichkeiten einer "molekular gesteuerten" Chemie andererseits waren starke Triebkräfte für die Forschung, um die den chemischen Reaktionen zugrundeliegenden molekularen Prozesse aufzuklären [12.2][12.3]. Diese Entwicklung , die u. a. mit der Verfügbarkeit verfeinerter experimenteller Techniken in den 1960er Jahren in Gang kam, ist besonders mit Namen wie D. R. Herschbach, Y. T. Lee und J. C. Polanyi (gemeinsamer Nobel-Preis für Chemie 1986) sowie J. P. Toennies, R. B. Bernstein, später auch A. H. Zewail (Nobel-Preis für Chemie 1999) neben zahlreichen anderen Forschern verbunden.

Den Ausgangspunkt der zunächst weiter phänomenologischen Beschreibung bildet die Annahme, dass eine stöchiometrische Gleichung (12.1) für eine *Elementarreaktion* auch die *molekularen Vorgänge* widerspiegelt, dass also molekulare Wechselwirkungsprozesse zwischen ν_1 Molekülen X_1, ν_2 Molekülen X_2 usw. zu μ_1 Molekülen Y_1, μ_2 Molekülen Y_2 usw. der Produktstoffe Y_1, Y_2 usw führen. In diesem Sinne versteht man unter der *Molekularität* einer Elementarreaktion die Anzahl der sich bei dem entsprechenden molekularen Prozess verändernden Spezies (Atome, Moleküle). Damit kann man Elementarreaktionen als monomolekular (oder unimolekular), bimolekular, trimolekular, ... klassifizieren.

Monomolekular sind etwa *Isomerisierungsreaktionen*:

$$X \rightarrow Y \tag{12.9}$$

und *Zerfallsreaktionen*:

$$X \rightarrow Y_1 + Y_2 \ . \tag{12.10}$$

Bezeichnen die Buchstaben A, B, ... Atome oder Atomgruppen, dann ist eine *bimolekulare Austauschreaktion* als

$$A + BC \rightarrow AB + C \tag{12.11}$$

und eine *trimolekulare Assoziationsreaktion* als

$$A + B + C \rightarrow AB + C \tag{12.12}$$

zu formulieren.

Wie wir später noch sehen werden, setzt eine monomolekulare Reaktion voraus, dass die Moleküle des Reaktanten X durch einen vorgelagerten Prozess angeregt ("aktiviert") worden sind. In Gleichung (12.12) ist der dritte Reaktionspartner C nötig, um die bei der Zusammenlagerung von A und B freiwerdende (Bindungs-) Energie abzuführen.
Aktivierungs- und Desaktivierungsprozesse müssen dabei so zeitnah zu den innermolekularen Veränderungen (insbesondere Bindungsbrüche bzw. Bindungsknüpfungen) erfolgen, dass in der Zwischenzeit keine weiteren Prozesse vor sich gehen können und so etwa das bei der Assoziation (12.12) gebildete Molekül AB bereits wieder zerfällt.
Auf hiermit zusammenhängende Probleme kommen wir in Kapitel 15 zu sprechen.

Der Begriff der Molekularität einer Elementarreaktion kombiniert also mikroskopische und makroskopische Aspekte. Man kann die oben angenommene Korrespondenz zwischen dem makroskopischen Reaktionsvorgang und dem mikroskopischen Geschehen auch so formulieren, dass bei einer echten Elementarreaktion

(3) die Reaktionsordnung $a = a_1 + a_2 + ...$ sowohl gleich der stöchiometrischen Ordnung $\nu = \nu_1 + \nu_2 + ...$ als auch gleich der Molekularität ist.

Die *mikroskopischen (molekularen)* Vorgänge, die sich in oder zwischen den atomaren bzw. molekularen Spezies in einem makroskopischen reagierenden System abspielen, bezeichnen wir von jetzt ab als ***Elementarprozesse***; dieser Begriff wird sich also immer auf den *molekularen* Bereich beziehen.

Experiment und Theorie stellen sich die Aufgabe, die makroskopischen chemischen Reaktionen in die zugrundeliegenden molekularen Elementarprozesse aufzulösen, diese detailliert zu analysieren und die dabei gewonnenen Erkenntnisse zu benutzen, um einerseits experimentelle Befunde zu interpretieren und um andererseits Bedingungen zu finden, unter denen sich gewünschte Produkte, hohe Ausbeuten etc. erzielen lassen.

Man kann sich in der Regel darauf beschränken, nur Zweierstöße zu betrachten; Stöße von drei und mehr Molekülen finden in einem nicht zu dichten Gas so selten statt, dass man sie vernachlässigen kann [12.1]. Wir betrachten daher fortan vorzugsweise ***bimolekulare Elementarreaktionen***:

$$X_1 + X_2 \rightarrow Y_1 + Y_2 + ... \ , \tag{12.13}$$

und die entsprechenden Elementar*prozesse*.

Ein an einem solchen molekularen Vorgang beteiligtes Molekül ist durch seinen inneren (Quanten-) Zustand charakterisiert; dieser beinhaltet den Zustand der Elektronenhülle (im

Folgenden zusammenfassend gekennzeichnet durch eine Quantenzahl n) und den Bewegungszustand (Rotation, Schwingungen) des Kerngerüsts, wobei wir für letzteren in der Regel die einfachste sinnvolle Beschreibung durch das Modell des starr rotierenden Kerngerüstes (Quantenzahl G für das Betragsquadrat $G(G+1)\hbar^2$ des Drehimpulses) und das Modell der Normalschwingungen (Quantenzahlen $\upsilon_1, \upsilon_2, ..., \upsilon_{3N^{\mathrm{k}}-6}$ bzw. für lineare Moleküle $\upsilon_1, \upsilon_2, ...,$ $\upsilon_{3N^{\mathrm{k}}-5}$) verwenden; vgl. hierzu die Abschnitte 11.3 und 11.4.

Die Quantenzahlen fassen wir zwecks Vereinfachung der Schreibweise zu einer kollektiven Quantenzahl $i \equiv (n, G, \boldsymbol{\upsilon})$ zusammen, wobei $\boldsymbol{\upsilon} \equiv (\upsilon_1, \upsilon_2, ...)$ die Gesamtheit der Quantenzahlen der Normalschwingungen bezeichnet; hinzu kommen gegebenenfalls weitere Quantenzahlen, etwa für Spins. Die Angabe einer Spezies X möge zugleich die Angabe der molekularen Struktur beinhalten, und zwar ist jeweils diejenige Struktur gemeint, die dem globalen Minimum der Potentialfläche zum Elektronenzustand n des Moleküls X entspricht.

Zur Illustration möge Cyanwasserstoff dienen, ein dreiatomiges Molekül aus den Atomen H, C und N. Die stabilste Struktur ist linear: H–C–N; eine weniger stabile ist ebenfalls linear: H–N–C; beide gehören zum Elektronengrundzustand (s. Abschn. 13.1.3*(f)*). Wenn nicht ausdrücklich etwas anderes angemerkt wird, ist also für das Molekül die erstgenannte Struktur anzunehmen.

Man unterscheidet drei Typen bimolekularer Elementarprozesse: Der Stoß eines Moleküls X_1 im Zustand i_1 mit einem Molekül X_2 im Zustand i_2 kann so ablaufen, dass die Zusammensetzung und die Struktur der beiden Moleküle sowie ihre inneren Zustände die gleichen bleiben; nur die Geschwindigkeiten (bzw. kinetischen Energien) und die Richtungen ihrer Bewegungen ändern sich. Solche Prozesse, die in einem klassisch-mechanischen Modell wie Stöße von Billardkugeln (Modell harter Kugeln) ablaufen würden, nennt man *elastisch*. Ändern sich die inneren Zustände der beiden Stoßpartner, während ihre Zusammensetzung und Struktur erhalten bleiben, dann handelt es sich um einen *inelastischen* Prozess. Schließlich können neue molekulare Spezies Y_1 und Y_2 (plus eventuell weitere) in Zuständen k_1 bzw. k_2 entstehen; dann spricht man von einem *reaktiven* Prozess:

$$\mathrm{X}_1(i_1) + \mathrm{X}_2(i_2) \begin{cases} \rightarrow \mathrm{X}_1(i_1) + \mathrm{X}_2(i_2) & \textit{elastischer Prozess} \quad (12.14) \\ \rightarrow \mathrm{X}_1(i_1') + \mathrm{X}_2(i_2') & \textit{inelastischer Prozes} \quad (12.15) \\ \rightarrow \mathrm{Y}_1(k_1) + \mathrm{Y}_2(k_2) + ... & \textit{reaktiver Prozess}\,. \quad (12.16) \end{cases}$$

Als reaktiv werden auch dissoziative Prozesse sowie Ladungsübertragungsprozesse klassifiziert, da ein Molekül und sein Ion (positiv oder negativ) chemisch verschiedene Spezies sind.

Analog zur Elementarreaktion sprechen wir von einem monomolekularen reaktiven Prozess, wenn er sich an *einem* Reaktantmolekül vollzieht, wie das z. B. bei einer Isomerisierung

$$\mathrm{X}_1(i_1) \rightarrow \mathrm{Y}_1(k_1) \tag{12.17}$$

oder einer Fragmentierung

$$\mathrm{X}_1(i_1) \rightarrow \mathrm{Y}_1(k_1) + \mathrm{Y}_2(k_2) + ... \tag{12.18}$$

der Fall ist.

Alle diese molekularen Elementarprozesse stellen also Umwandlungen von Reaktantmolekülen in bestimmten Quantenzuständen zu Produktmolekülen in bestimmten Quantenzuständen dar; man spricht daher von *zustandsspezifischen* (engl. state-to-state) *Prozessen.*

Bei gegebenen Reaktantmolekülen und Stoßbedingungen sind im Allgemeinen mehrere dieser Prozesse möglich; jeder mögliche Prozess kann mit einer gewissen Wahrscheinlichkeit vor sich gehen. Das näher zu untersuchen und theoretisch zu beschreiben bildet den Gegenstand der folgenden Kapitel.

An dieser Stelle führen wir einen Begriff ein, der ursprünglich aus der Kernphysik stammt und zur Charakterisierung der verschiedenen Prozesse, die bei einem Stoß von Atomkernen ablaufen können, eingeführt wurde (s. etwa [I.3]): den Begriff ***Stoßkanal*** (auch: *Streukanal*). Man versteht darunter eine mögliche Zerlegung des Gesamtsystems $\{X_1, X_2\}$ der beiden stoßenden Moleküle in stabile Teilsysteme, die jeweils durch einen Satz von Quantenzahlen für die inneren Zustände gekennzeichnet sind. Einen solchen Stoßkanal geben wir durch einen griechischen Kleinbuchstaben $\alpha, \beta, ...$ an.

Die Reaktanten $X_1(i_1) + X_2(i_2)$ sowie die damit identischen Produkte eines elastischen Stoßes (12.14) bilden den *Eingangskanal* (auch als *elastischer Kanal* bezeichnet); hierfür wird meist der Buchstabe α verwendet. Die Produkte $X_1(i_1') + X_2(i_2')$ bilden einen der möglichen *inelastischen Kanäle*, und die Produkte $Y_1(k_1) + Y_2(k_2)$ etc. einen der möglichen *reaktiven Kanäle* (*Reaktionskanäle*).

Die Gesamtenergie $\mathcal{E}'$ des isolierten Systems $\{X_1, X_2\}$ (Eingangskanal α) nach Abseparation der Gesamt-Schwerpunktsbewegung (s. Abschn. 4.2 und Anhang A2.3.2) ist eine Erhaltungsgröße, bleibt also im gesamten Verlauf des Stoßprozesses unverändert; sie setzt sich aus der kinetischen Energie E_α^{tr} der Relativbewegung von X_1 und X_2 und der Summe E_α^{int} der inneren Energien der beiden Teilsysteme X_1 und X_2 zusammen:

$$\mathcal{E}' = E_\alpha^{\text{tr}} + E_\alpha^{\text{int}} \tag{12.19}$$

mit

$$E_\alpha^{\text{int}} \equiv E^{\text{int}}(X_1(i_1)) + E^{\text{int}}(X_2(i_2)). \tag{12.20}$$

Für jeden beliebigen anderen Kanal β gilt analog

$$\mathcal{E}' = E_\beta^{\text{tr}} + E_\beta^{\text{int}} \tag{12.21}$$

mit entsprechend definierten Anteilen E_β^{tr} und E_β^{int}.

Wenn die Moleküle X_1 und X_2 die Massen M_1 bzw. M_2 haben, dann ist die kinetische Energie durch den Ausdruck $E_\alpha^{\text{tr}} = \mu_\alpha u_\alpha^2/2$ gegeben, wobei $\mu_\alpha \equiv \mu_{12} \equiv M_1 M_2/(M_1 + M_2)$ die *reduzierte Masse* und u_α die Relativgeschwindigkeit des Teilchenpaares $X_1 - X_2$ im Kanal α bezeichnen.

Die kinetische Energie ist stets positiv: $E^{\mathrm{tr}} > 0$; infolgedessen kann ein Prozess, der zu einem Produktkanal β führt, nur dann ablaufen, wenn die Bedingung

$$E_{\beta}^{\mathrm{int}} < \mathcal{E}' \tag{12.22}$$

erfüllt ist. Alle Kanäle, die dieser Bedingung genügen, heißen *offene Kanäle*. Alle übrigen Kanäle entsprechen Prozessen, die aus energetischen Gründen nicht realisierbar sind; sie werden als *geschlossene Kanäle* bezeichnet.

Es ist zu beachten, dass die inneren Energien $E_{\alpha}^{\mathrm{int}}$ und E_{β}^{int} nicht nur die Energieanteile $E_{\alpha}^{\mathrm{vibrot}}$ bzw. $E_{\beta}^{\mathrm{vibrot}}$ der Kernbewegungen (Schwingungen und Rotationen) in den Teilsystemen X_1 und X_2 bzw. Y_1 und Y_2 beinhalten, sondern auch die Energieanteile der Elektronenhülle und der Kernabstoßung für die jeweiligen Teilsysteme, gegeben durch die Potentialwerte $U(\{X_1,X_2\})$ bzw. $U(\{Y_1,Y_2\})$ in den asymptotischen Bereichen des Kernkonfigurationsraumes, die den getrennten Teilsystemen X_1, X_2 bzw. Y_1, Y_2 entsprechen (s. Abschn. 4.3.3.2). Für die Gesamtenergie $\mathcal{E}'$ gilt also:

$$\mathcal{E}' = E_{\alpha}^{\mathrm{tr}} + E_{\alpha}^{\mathrm{vibrot}} = E_{\beta}^{\mathrm{tr}} + E_{\beta}^{\mathrm{vibrot}} + \Delta U , \tag{12.23}$$

wobei ΔU den Potentialunterschied zwischen den beiden asymptotischen Bereichen angibt:

$$\Delta U \equiv U_{\beta} - U_{\alpha} \equiv U(\{Y_1,Y_2\}) - U(\{X_1,X_2\}). \tag{12.24}$$

Ist diese *Reaktionsenergie* (auch als *Ergizität* bezeichnet) positiv, $\Delta U > 0$, liegt also $U(\{Y_1,Y_2\})$ höher als $U(\{X_1,X_2\})$, dann nennt man den Prozess $\alpha \to \beta$ *endoergisch* (energieaufnehmend), bei $\Delta U < 0$ heißt der Prozess *exoergisch* (energieabgebend, energiefreisetzend).

12.1.3 Prozesswahrscheinlichkeiten und Wirkungsquerschnitte

Nach der Zusammenstellung von Bezeichnungen und Begriffen müssen nun noch Größen definiert werden, anhand derer sich Aussagen darüber formulieren lassen, ob und mit welcher Häufigkeit die oben charakterisierten Elementarprozesse [Gln. (12.14) ff.] in den offenen Kanälen ablaufen. Wie wir sehen werden, muss es sich dabei um *Wahrscheinlichkeitsgrößen* handeln.

Wir stellen uns ein idealisiertes Experiment vor, wie es in dem Schema 12.2 skizziert ist: Zwei Strahlen von Molekülen (bzw. Atomen, auch Ionen) X_1 und X_2 mit jeweils einheitlichen Geschwindigkeitsvektoren $\boldsymbol{u}_1$ bzw. $\boldsymbol{u}_2$ (in den Richtungen der Strahlen) und in einheitlichen inneren Zuständen i_1 bzw. i_2 mögen sich kreuzen; im Kreuzungsbereich mit dem Volumen V finden Stöße zwischen den Teilchen $X_1(i_1)$ und $X_2(i_2)$ statt. Die Teilchendichten in den Strahlen, $\rho_1 \equiv [X_1(i_1)]$ bzw. $\rho_2 \equiv [X_2(i_2)]$ (die eckigen Klammern bezeichnen Konzentrationen, Dimension: Anzahl/Volumen), seien genügend niedrig, um von Wechselwirkungen der Teilchen innerhalb der Strahlen absehen zu können. Im Abstand R vom Wechselwirkungsbereich sei ein beweglicher Detektor angebracht; seine Drehlage kann durch zwei Winkel, den

Polarwinkel θ und den Azimutwinkel φ, bezüglich einer Richtung z angegeben werden, die in Abb. 12.2 als Richtung des Strahls 1 gewählt wurde. Der Detektor möge imstande sein, Produktmoleküle in einem bestimmten inneren Zustand zu registrieren, also etwa $Y_1(k_1)$. Wir nehmen an, es können bimolekulare Elementarprozesse vom Typ (12.16) mit nur zwei Produktmolekülen Y_1 und Y_2 ablaufen; dann sind auch Prozesse (12.14) und (12.15) formal mit einbegriffen.

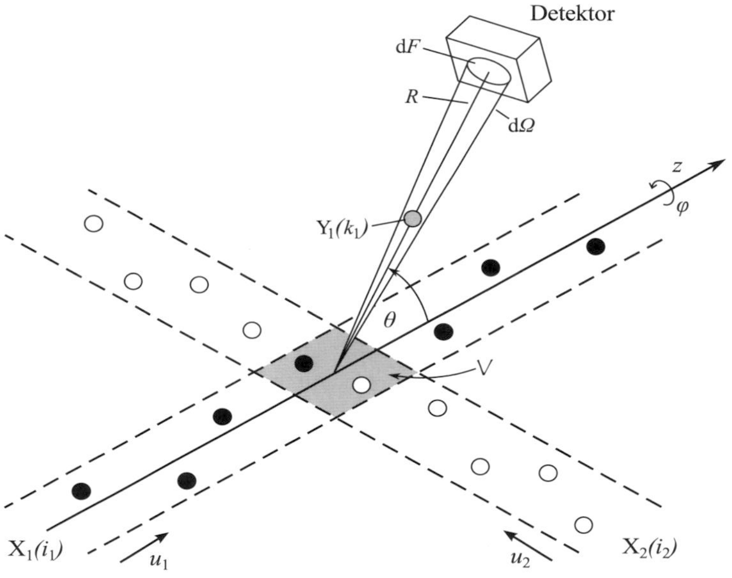

Abb. 12.2 Idealisiertes Schema eines Molekularstrahlexperiments (nach [12.3] mit freundlicher Genehmigung von Springer Science+Business Media, Heidelberg)

Sei $d\dot{\mathcal{N}}_1$ die Anzahl der pro Zeiteinheit[1] durch die Öffnungsfläche dF in den Detektor eintretenden Produktmoleküle $Y_1(k_1)$, dann ist diese "Zählrate" offensichtlich proportional zu den Teilchendichten in den Strahlen, ρ_1 und ρ_2, ferner zur Relativgeschwindigkeit der stoßenden Teilchen, $u \equiv u_\alpha \equiv |\boldsymbol{u}_1 - \boldsymbol{u}_2|$, sowie zu dem durch die (kleine) Fläche dF und die Winkellage (θ, φ) des Detektors bestimmten Raumwinkelelement $d\Omega = dF/R^2 = \sin\theta\, d\theta\, d\varphi$, denn es werden nur diejenigen Produktmoleküle registriert, die in diesem Öffnungskegel zum Detektor fliegen:

$$d\dot{\mathcal{N}}_1 \propto u \cdot V \cdot d\Omega \cdot [X_1(i_1)] \cdot [X_2(i_2)] \,. \tag{12.25}$$

[1] Der Punkt über dem $\mathcal{N}$ bedeutet wie immer die Zeitableitung; das Differentialzeichen "d" zeigt an, dass es sich um eine kleine Größe handelt.

Den Proportionalitätsfaktor

$$q(i_1 i_2 \mid u \mid k_1 k_2 \parallel \Omega) \equiv q(\alpha \mid u \mid \beta \parallel \Omega) \equiv \mathrm{d}\dot{N}_1 / u \cdot V \cdot [X_1(i_1)][X_2(i_2)] \cdot \mathrm{d}\Omega \quad (12.26)$$

bezeichnet man als *differentiellen* ***Wirkungsquerschnitt*** (auch *Stoßquerschnitt* oder *Streuquerschnitt*) des betrachteten Prozesses; handelt es sich um einen reaktiven Prozess, so heißt er *Reaktionsquerschnitt.*

Summiert man über alle Richtungen, zählt also alle in beliebige Richtungen (θ, φ) wegfliegenden Produktmoleküle $Y_1(k_1)$, dann ergibt sich aus den Gleichungen (12.25) und (12.26):

$$\dot{N}_1 \equiv \int \mathrm{d}\dot{N}_1 = \left(\iint \mathrm{d}\Omega \; q(i_1 i_2 \mid u \mid k_1 k_2 \parallel \Omega) \right) \cdot u \cdot V \cdot [X_1(i_1)] \cdot [X_2(i_2)]$$
$$= \sigma(i_1 i_2 \mid u \mid k_1 k_2) \cdot u \cdot V \cdot [X_1(i_1)] \cdot [X_2(i_2)] \quad (12.27)$$

mit dem durch

$$\sigma(i_1 i_2 \mid u \mid k_1 k_2) \equiv \sigma(\alpha \mid u \mid \beta) \equiv \iint \mathrm{d}\Omega \; q(i_1 i_2 \mid u \mid k_1 k_2 \parallel \Omega) \quad (12.28)$$

definierten *totalen* (oder *integralen*) *Wirkungsquerschnitt*. Wie man sich anhand der Definitionen leicht klarmacht, haben diese Wirkungsquerschnitte die Dimension einer Fläche.

Die Bezeichnung "Wirkungsquerschnitt" kann man sich für den Fall von Stößen harter Kugeln (wie beim Billardspiel) gut veranschaulichen. Laufen zwei harte Kugeln X_1 (Durchmesse d_1) und X_2 (Durchmesse d_2) aufeinander zu, so wird eine Wechselwirkung (Impuls- und Translationsenergieaustausch) nur dann eintreten, wenn der Abstand der beiden Geraden, auf denen sich ihre Mittelpunkte bewegen, höchstens gleich $\bar{d} \equiv (d_1 + d_2)/2$ ist (s. Abb. 12.3) – andernfalls fliegen sie ohne Wechselwirkung aneinander vorbei.[2] Die beiden harten Kugeln bieten einander also eine "Zielscheibe" der Fläche $\pi \bar{d}^2$.

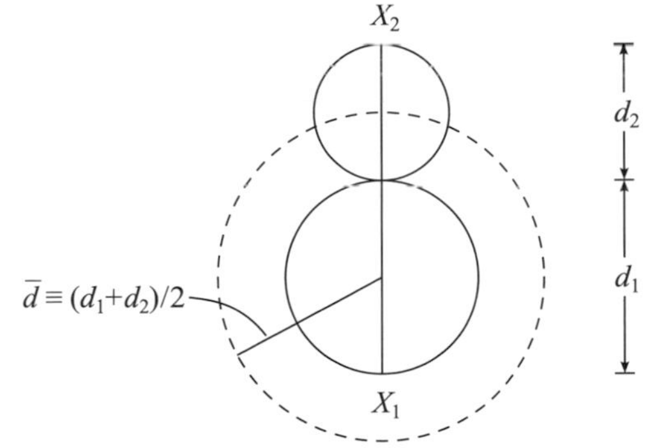

Abb. 12.3
Zur Veranschaulichung des Wirkungsquerschnitts für Stöße harter Kugeln

Bleiben wir in diesem Bild und betrachten das Kreuzstrahlexperiment Abb. 12.2 so, dass ein Strahl harter Kugeln X_2 mit der Stromdichte $j = u \cdot [X_2]$ (Teilchenzahl pro Flächen- und Zeiteinheit) auf die

[2] Weiter unten (s. Abschn. 12.2.1) werden wir den Abstand b der beiden Bewegungsgeraden, für den hier $b \le \bar{d}$ gilt, als *Stoßparameter* bezeichnen.

$\mathcal{V} \cdot [X_1]$ im Volumen $\mathcal{V}$ befindlichen harten Kugeln X_1 trifft. Dann ist die Anzahl $\dot{\mathcal{N}}_1$ der Wechselwirkungsprozesse pro Zeiteinheit gleich der Stromdichte j der Teilchen X_2, multipliziert mit der Anzahl $\mathcal{V} \cdot [X_1]$ der Stoßpartner X_1 und mit der von jedem dieser Teilchen X_1 dargebotenen Zielscheibenfläche $\pi \bar{d}^2$: $\dot{\mathcal{N}}_1 = u[X_2] \cdot \mathcal{V} \cdot [X_1]\ \pi \bar{d}^2$. Wie der Vergleich mit der Definition (12.27) zeigt, ist $\sigma = \pi \bar{d}^2$ der totale Wirkungsquerschnitt für Hartkugelstöße.

Wie aus der Beschreibung hervorgeht, handelt es sich beim differentiellen wie beim totalen Wirkungsquerschnitt um Summen-Größen über eine Vielzahl von Einzelereignissen (Stößen), die bei unterschiedlichen Stoßbedingungen ablaufen. Zur genauen Charakterisierung eines Stoßvorgangs sind, wenn wir zunächst weiter im klassisch-mechanischen Bild bleiben, zahlreiche Angaben nötig, um etwa die räumliche Orientierung der Stoßpartner zueinander festzulegen. In einem realen Molekularstrahlexperiment lassen sich nur wenige der Parameter kontrollieren bzw. einstellen; in ihrer Abhängigkeit von diesen *kontrollierbaren Parametern* sind die Wirkungsquerschnitte zu definieren. In der obigen Herleitung waren es die inneren Zustände der Reaktanten und ihre Relativgeschwindigkeit. Heute sind auch Experimente mit Kontrolle weiterer Parameter (z. B. der Orientierung von Stoßpartnern) möglich (s. Abschn. 14.2 und [12.2]).

Über *nicht-kontrollierbare Parameter* lässt sich nichts Genaues voraussetzen; sie werden daher als Größen behandelt, die (physikalisch bedingt) innerhalb bestimmter Grenzen und nach gewissen Verteilungen *zufällige* Werte annehmen. Bei einer klassischen theoretischen Beschreibung kann man eine genügend große Anzahlen von Stoßprozessen mit bestimmten Werten der kontrollierbaren Parameter und Zufallswerten für die nicht-kontrollierbaren Parameter durchrechnen und über ihre Resultate mitteln. Anders ist die Situation, wenn die Stoßprozesse quantenmechanisch beschrieben werden; dann haben wir es für viele Größen ohnehin mit Wahrscheinlichkeitsverteilungen zu tun. In Abschnitt 14.2 werden diese Probleme ausführlicher behandelt.

Sind weniger detaillierte Informationen nötig oder hat man experimentell nicht die Möglichkeit, alle im Prinzip kontrollierbaren Parameter auch tatsächlich festzulegen, dann kann man aus den oben definierten Wirkungsquerschnitten durch weitere Summation bzw. Mittelung entsprechend verkürzte Größen herleiten. Werden etwa die Produktmoleküle nicht nach ihren inneren Zuständen unterschieden, so entspricht das einem über diese Zustände summierten Wirkungsquerschnitt:

$$q(i_1 i_2 \mid u \parallel \Omega) \equiv \sum_{k_1} \sum_{k_2} q(i_1 i_2 \mid u \mid k_1 k_2 \parallel \Omega). \qquad (12.29)$$

Liegen in den Reaktantstrahlen Gemische von inneren Zuständen vor (z. B. in thermischer Verteilung), man will aber die Produktspezies detailliert nach ihren inneren Zuständen unterscheiden, so ist ein über die Reaktantzustände gemittelter Wirkungsquerschnitt zu bestimmen:

$$q(u \mid k_1 k_2 \parallel \Omega) \equiv \sum_{i_1} \sum_{i_2} w_{i_1}^0 w_{i_2}^0 q(i_1 i_2 \mid u \mid k_1 k_2 \parallel \Omega) \qquad (12.30)$$

mit den Gewichtsfaktoren $w_{i_1}^0$ und $w_{i_2}^0$, die bei thermisch verteilten Reaktantzuständen durch die normierten Boltzmann-Faktoren (4.166') gegeben sind.

Hat man auch für die Relativgeschwindigkeiten der Reaktanten eine thermische Verteilung, so ist q noch mit der Maxwell-Verteilung (4.177) zu multiplizieren und über u zu integrieren.

Es kann zweckmäßig sein, anstelle der Wirkungsquerschnitte mit anderen Größen zu arbeiten. Hierzu dividieren wir die Gleichung (12.27) durch das Volumen V; dann haben wir auf der linken Seite $\dot{\mathcal{N}}_1 / V$, die Zählrate pro Volumen oder anders ausgedrückt: die zeitliche Änderung (Erhöhung) der Konzentration $[Y_1(k_1)]$ der Produktmoleküle Y_1 im Zustand k_1, also eine mikroskopische (molekulare) Prozessgeschwindigkeit

$$r_1 \equiv \dot{\mathcal{N}}_1 / V = \mathscr{k}(i_1 i_2 \,|\, u \,|\, k_1 k_2)\,[X_1(i_1)][X_2(i_2)]. \tag{12.31}$$

Der dadurch definierte ***mikroskopische Geschwindigkeitskoeffizient***

$$\mathscr{k}(i_1 i_2 \,|\, u \,|\, k_1 k_2) \equiv u \cdot \sigma(i_1 i_2 \,|\, u \,|\, k_1 k_2) \tag{12.32}$$

hängt von der Relativgeschwindigkeit u der Reaktantmoleküle und von deren inneren Zuständen i_1 und i_2 sowie von den inneren Zuständen k_1 und k_2 der registrierten Produktmoleküle Y_1 ab. Der makroskopische Geschwindigkeitskoeffizient hingegen ist (bei vollständigem thermischen Gleichgewicht) nur eine Funktion der Temperatur T.

Eine anschaulich sehr einfach zu definierende Größe, die nichtsdestoweniger (wie wir noch sehen werden) eine fundamentale Rolle spielt, ist die auf die Zeiteinheit bezogene ***Prozesswahrscheinlichkeit*** $\mathcal{P}$. Mit Bezug auf das oben besprochene idealisierte Molekularstrahlexperiment gibt sie für einen bestimmten Prozess (12.14-16) an, welcher Anteil der insgesamt $\mathcal{N}$ Stöße pro Zeiteinheit zu diesem Prozess (d. h. zu diesen Produkten) führt. Wir benutzen den Kanalbegriff, schreiben für den Prozess kurz $\alpha \to \beta$ und definieren:

$$\mathcal{P}_{\alpha\to\beta} \equiv \mathcal{N}_{\alpha\to\beta} / \mathcal{N}, \tag{12.33}$$

wenn $\mathcal{N}_{\alpha\to\beta}$ die Anzahl der Prozesse ist, bei denen eine Umwandlung $\alpha \to \beta$ vor sich geht. Zuweilen wird diese Prozesswahrscheinlichkeit auch als Übergangswahrscheinlichkeit (vom Kanal α in den Kanal β) bezeichnet.

Bei einem Vergleich mit der Einführung des Wirkungsquerschnitts sieht man, dass die Prozesswahrscheinlichkeit proportional zum totalen Wirkungsquerschnitt sein sollte:

$$\mathcal{P}_{\alpha\to\beta} \propto \sigma(\alpha \,|\, u \,|\, \beta). \tag{12.34}$$

Bei dieser Feststellung lassen wir es hier bewenden, da wir später (in Abschn. 14.4) darauf genauer eingehen werden.

12.2 Kinematik molekularer Stöße

Bevor wir zur "eigentlichen" theoretischen Beschreibung der elementaren Stoßprozesse übergehen, schalten wir einen Abschnitt ein, der helfen soll, die Ergebnisse von Experimenten in möglichst einfacher, übersichtlicher Weise darzustellen. Dabei spielt die Abseparation der Schwerpunktsbewegung (s. Abschn. 4.2) und der Übergang von einem raumfest gewählten, etwa mit einer realen oder gedachten Apparatur im Labor verbundenen Koordinatensystem zu einem mit dem Schwerpunkt der stoßenden Teilchen verbundenen und daher mit diesem Schwerpunkt bewegten Koordinatensystem eine wichtige Rolle. In Abschnitt 4.2 (s. auch Abschn. 11.2.1 und Anhang A2.3.2) wurden diese beiden Bezugssysteme als raumfestes (RF-) System bzw. schwerpunktfestes (SF-) System bezeichnet; im Kontext der Stoßkinematik sind allgemein die Bezeichnungen *Laborsystem* (abgekürzt *L-System*) bzw. *Schwerpunktsystem* (abgekürzt *S-System*) üblich.

Der Einfachheit und Anschaulichkeit halber wird wie bisher stillschweigend ein klassisch-mechanisches Modell der Bewegungsabläufe zugrundegelegt.

12.2.1 Vektordiagramme von Positionen und Geschwindigkeiten. Laborsystem und Schwerpunktsystem

Wir untersuchen den Ablauf eines Stoßes zweier Teilchen X_1 und X_2 (Atome, Moleküle, Ionen), indem wir die Bewegung jeweils zu einem bestimmten Zeitpunkt anhalten, gewissermaßen "Schnappschüsse" aufnehmen. Die folgende Diskussion ist ganz elementar und leicht nachzuvollziehen, daher sicher hilfreich, um mit Begriffen der Stoßtheorie vertraut zu werden.

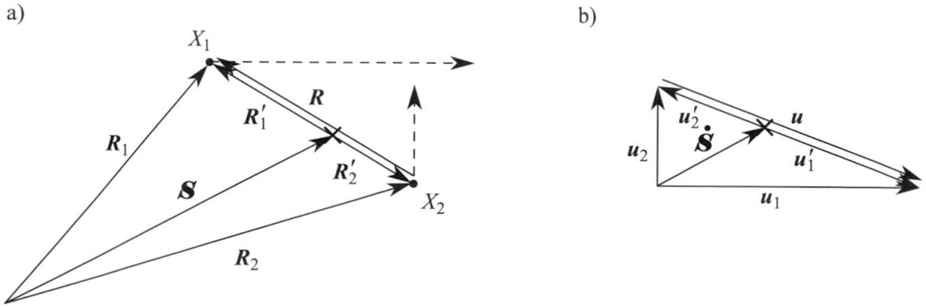

Abb. 12.4 Vektordiagramme für den Stoß zweier Teilchen: a) Ortsraum (gestrichelt die momentanen Geschwindigkeitsvektoren für rechtwinklig gekreuzte Teilchenstrahlen); b) Geschwindigkeitsraum

In Abbildung 12.4a ist ein solcher Schnappschuss zu einem Zeitpunkt lange vor dem Stoß dargestellt; die beiden Teilchen X_1 und X_2 (Atome, Moleküle) stehen noch nicht in Wechselwirkung.

Die Positionen von X_1 und X_2 im Laborsystem seien $\boldsymbol{R}_1$ bzw. $\boldsymbol{R}_2$. Der *Schwerpunkt* (*Massenmittelpunkt*) des Teilchenpaares X_1–X_2 ist gemäß Gleichung (4.11), mit $N^k = 2$ [s. auch Gl. (A2.13)] definiert:

$$\boldsymbol{S} \equiv (M_1\boldsymbol{R}_1 + M_2\boldsymbol{R}_2)/(M_1 + M_2)\,, \tag{12.35}$$

wenn M_1 bzw. M_2 die Massen der beiden Teilchen bezeichnen. Geometrisch ergibt sich die

Position des Schwerpunkts, indem man die Verbindungslinie der Positionen von X_1 und X_2 im umgekehrten Verhältnis der Massen teilt.

Führt man wie z. B. in Gleichung (A2.18) neue, auf den Schwerpunkt bezogene Ortsvektoren ein:

$$\boldsymbol{R}_1' = \boldsymbol{R}_1 - \boldsymbol{S}, \quad \boldsymbol{R}_2' = \boldsymbol{R}_2 - \boldsymbol{S}, \tag{12.36a,b}$$

so gilt für diese die Beziehung

$$M_1\boldsymbol{R}_1' + M_2\boldsymbol{R}_2' = 0, \tag{12.37}$$

aus der zu sehen ist, dass die beiden Ortsvektoren $\boldsymbol{R}_1'$ und $\boldsymbol{R}_2'$ im Schwerpunktsystem stets einander entgegengesetzt gerichtet und nicht unabhängig voneinander sind; kennt man $\boldsymbol{R}_1'$, so kann man $\boldsymbol{R}_2'$ aus Gleichung (12.37) berechnen und umgekehrt. Die Position von X_1 relativ zu X_2 (gewissermaßen von X_2 aus gesehen) ist durch den Vektor

$$\boldsymbol{R} \equiv \boldsymbol{R}_1' - \boldsymbol{R}_2' = \boldsymbol{R}_1 - \boldsymbol{R}_2 \tag{12.38}$$

gegeben; die Komponenten dieses Vektors nennt man auch *Relativkoordinaten*. Die Bewegungsgleichungen für die *inneren* Bewegungen (nach Abseparation der Schwerpunktsbewegung) können so formuliert werden, dass darin nur noch diese Relativkoordinaten vorkommen, wodurch die Anzahl der Variablen von sechs (etwa die kartesischen Komponenten von $\boldsymbol{R}_1, \boldsymbol{R}_2$) auf drei ($\boldsymbol{R}$) herabgesetzt ist (s. Abschn. 4.2, Abschn. 11.3 und Anhang A2.3.2).

Will man Informationen über $\boldsymbol{R}_1'$ und $\boldsymbol{R}_2'$ haben (also über die Bahnkurven im S-System, so als befände sich der Beobachter im Schwerpunkt und betrachte von dort aus die Bewegungen der beiden Teilchen) oder über $\boldsymbol{R}_1$ und $\boldsymbol{R}_2$ (entsprechend im L-System), so lassen sich diese Informationen aus $\boldsymbol{R}$ mit Hilfe der Beziehungen (12.38) und (12.37) bzw. (12.36a,b) gewinnen. Aus den Bewegungsgleichungen in $\boldsymbol{R}$ erhält man somit *alle* relevanten ortsbezogenen Informationen (vgl. die Diskussion zur Schwerpunktseparation in Abschn. 4.1 und 4.2).

Analog zu den Positionen der Teilchen im "Ortsraum" kann man die Geschwindigkeiten der Teilchen in einem entsprechenden "Geschwindigkeitsraum" beschreiben. Die Geschwindigkeitsvektoren sind als Zeitableitungen der Ortsvektoren definiert: $\boldsymbol{u}_1 \equiv \dot{\boldsymbol{R}}_1$ und $\boldsymbol{u}_2 \equiv \dot{\boldsymbol{R}}_2$. Der Geschwindigkeitsvektor des Schwerpunkts folgt aus der Definition (12.35):

$$\dot{\boldsymbol{S}} \equiv \mathrm{d}\boldsymbol{S}/\mathrm{d}t = (M_1\boldsymbol{u}_1 + M_2\boldsymbol{u}_2)/(M_1 + M_2); \tag{12.39}$$

geometrisch ist dieser Vektor aus $\boldsymbol{u}_1$ und $\boldsymbol{u}_2$ genauso zusammengesetzt wie der Vektor $\boldsymbol{S}$ aus $\boldsymbol{R}_1$ und $\boldsymbol{R}_2$ (s. oben).

Die schwerpunktbezogenen Geschwindigkeitsvektoren sind analog zu den Gleichungen (12.36a,b) definiert:

$$\boldsymbol{u}_1' \equiv \mathrm{d}\boldsymbol{R}_1'/\mathrm{d}t = \boldsymbol{u}_1 - \dot{\boldsymbol{S}}, \quad \boldsymbol{u}_2' \equiv \mathrm{d}\boldsymbol{R}_2'/\mathrm{d}t = \boldsymbol{u}_2 - \dot{\boldsymbol{S}}, \tag{12.40a,b}$$

und es gilt analog zu Gleichung (12.37):

$$M_1\boldsymbol{u}_1' + M_2\boldsymbol{u}_2' = 0. \tag{12.41}$$

Wie die Ortsvektoren der beiden Teilchen sind auch ihre Geschwindigkeitsvektoren im S-System entgegengerichtet, die Teilchen bewegen sich vor dem Stoß aufeinander zu.

Die *Relativgeschwindigkeit* von X_1 bezüglich X_2 ist

$$\boldsymbol{u} \equiv \mathrm{d}\boldsymbol{R} / \mathrm{d}t = \boldsymbol{u}_1' - \boldsymbol{u}_2' = \boldsymbol{u}_1 - \boldsymbol{u}_2 \,. \tag{12.42}$$

Wir fügen nun die Informationen über Positionen und Geschwindigkeiten im S-System zusammen, indem wir an die Positionspunkte der sich bewegenden Teilchen die momentanen Geschwindigkeitsvektoren anheften (s. Abb. 12.5), alles für den gleichen festen Zeitpunkt. Der Vektor $\boldsymbol{R}$ der relativen Position und der Vektor $\boldsymbol{u}$ der Relativgeschwindigkeit haben jedoch im Allgemeinen nicht die gleiche Richtung; der Abstand b, in dem die beiden Teilchen, wenn keine Wechselwirkung einträte, aneinander vorbeilaufen würden, heißt ***Stoßparameter*** (s. Abschn. 12.1.3, Fußnote 2).

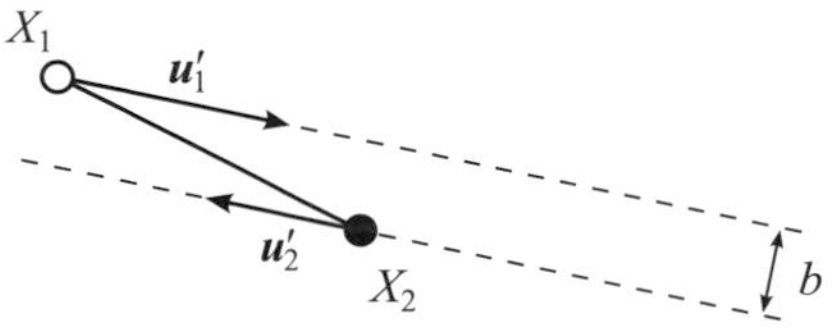

Abb. 12.5
Momentaufnahme von Positionen und Geschwindigkeiten zweier Teilchen im Schwerpunktsystem vor dem Stoß (schematisch)

Bildet man den Ausdruck (12.39) mit $\boldsymbol{u}_1'$ und $\boldsymbol{u}_2'$ anstelle von $\boldsymbol{u}_1$ und $\boldsymbol{u}_2$, dann ergibt sich mit Gleichung (12.41): $\dot{\boldsymbol{S}} = 0$, d. h. im S-System ruht der Schwerpunkt, wie es sein muss.

In Abschnitt 4.2 und Anhang A2.3.2 wird in klassischer Näherung gezeigt, dass sich der Schwerpunkt $\boldsymbol{S}$ eines Teilchensystems, das keinen äußeren Kräften unterliegt, geradlinig und gleichförmig bewegt. Für den Fall zweier Teilchen haben wir die Newtonschen Bewegungsgleichungen (A2.12):

$$M_1\ddot{\boldsymbol{R}}_1 = \boldsymbol{K}_1 , \quad M_2\ddot{\boldsymbol{R}}_2 = \boldsymbol{K}_2 \,; \tag{12.43a,b}$$

$\boldsymbol{K}_1$ und $\boldsymbol{K}_2$ bezeichnen die auf X_1 bzw. X_2 wirkenden Kräfte, und diese sind, wenn lediglich die Teilchen aufeinander wirken und keinen äußeren Kräften unterliegen, entgegengesetzt gleich, d. h. $\boldsymbol{K}_2 = -\boldsymbol{K}_1$ (s. Anhang A2.3.1). Daraus folgt, wenn wir die Gleichungen (12.43a,b) addieren und die Beziehung (12.39) benutzen: $M_1\ddot{\boldsymbol{R}}_1 + M_2\ddot{\boldsymbol{R}}_2 = M_1\dot{\boldsymbol{u}}_1 + M_2\dot{\boldsymbol{u}}_2 = (M_1 + M_2)\ddot{\boldsymbol{S}} = 0$, also: $(M_1 + M_2)\dot{\boldsymbol{S}}$ = const. Der Gesamtimpuls des Systems, $(M_1 + M_2)\dot{\boldsymbol{S}} = M_1\boldsymbol{u}_1 + M_2\boldsymbol{u}_2 \equiv \boldsymbol{P}_\mathrm{S}$, die Summe der beiden Teilchenimpulse, ist demnach zeitlich konstant, d. h. eine Erhaltungsgröße, und zwar gilt das klassisch (s. Anhang A2.3.2) wie quantenmechanisch (s. Abschn. 3.1.6).
Wird Gleichung (12.43b) mit M_1 multipliziert und von der mit M_2 multiplizierten Gleichung (12.43a) subtrahiert, dann ergibt sich für die Relativbewegung der beiden Teilchen, also für den Vektor $\boldsymbol{R}(t)$ [Gl. (12.38)], die Newtonsche Bewegungsgleichung

$$\mu_{12}\ddot{\boldsymbol{R}} = \boldsymbol{K}_1 , \tag{12.44}$$

wobei $\mu_{12} \equiv M_1M_2/(M_1 + M_2)$ die *reduzierte Masse* des Teilchenpaares X_1–X_2 bezeichnet. Das Teilchen X_1 bewegt sich, bezogen auf die Position des Teilchens X_2, wie ein Teilchen der Masse μ_{12} unter dem Einfluss der Kraft $\boldsymbol{K}_1$.

Der Ablauf eines Stoßprozesses stellt sich im L-System und im S-System unterschiedlich dar; Abb. 12.6 zeigt schematisch die Bahnkurven bei einem nichtreaktiven Zweierstoß $X_1 + X_2$

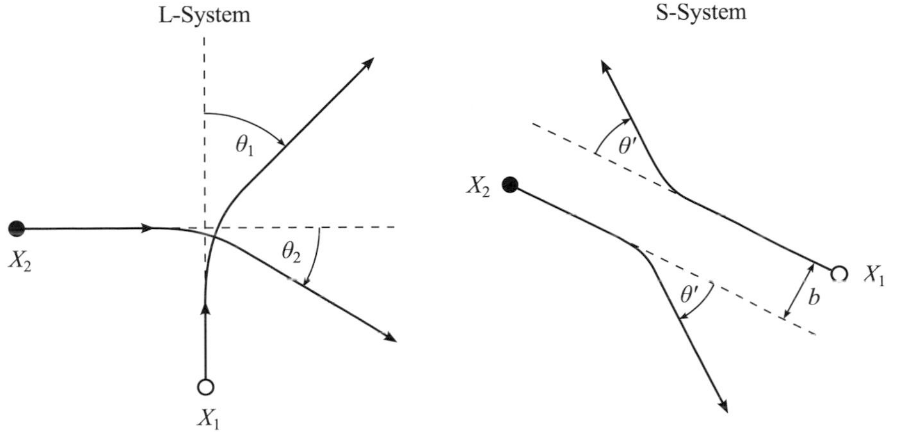

Abb. 12.6 Bahnkurven bei einem nichtreaktiven Zweiteilchenstoß $X_1 + X_2$ im L-System und im S-System (schematisch)

Der Bewegungsvorgang erscheint im S-System einfacher als im L-System. So braucht man im S-System nur *eine* Streuwinkelangabe θ', die sich aus den Streuwinkeln θ_1 und θ_2 im L-System sowie den Massen M_1 und M_2 berechnen lässt (s. hierzu etwa [12.2], Abschn. 3A und 5.4). Ferner wird die Darstellung weitgehend unabhängig von Apparateparametern, z. B. von den Strahlrichtungen in einem Experiment mit gekreuzten Molekularstrahlen (s. Abb. 12.2). Besonders wichtig ist, dass bestimmte Charakteristika des Stoßvorgangs erst im S-System deutlich hervortreten, wie wir in Abschnitt 12.4 noch sehen werden.

12.2.2* Newton-Diagramme

Die obigen Beziehungen zwischen L-System und S-System bilden die Grundlage für ein wichtiges Hilfsmittel zur Darstellung und Interpretation der Resultate von Molekularstrahlexperimenten: die sogenannten Newton-Diagramme.

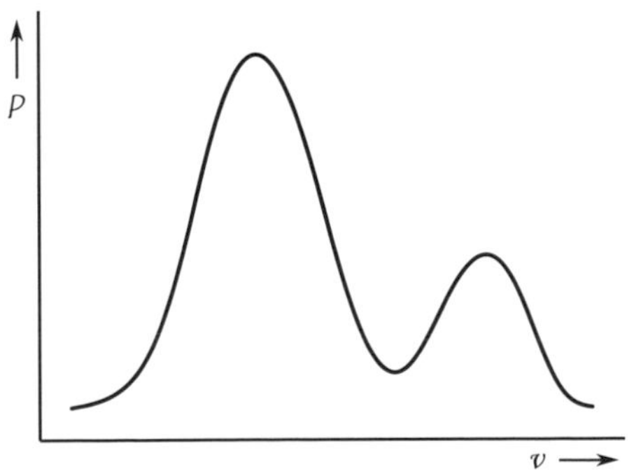

Abb. 12.7 Geschwindigkeitsverteilung der Produktteilchen Y_1 in Richtung θ (schematisch)

Eine relativ leicht zu messende Eigenschaft der Produktteilchen (wir nehmen weiter an, dass Y_1 registriert wird) ist deren Geschwindigkeit v (bzw. die kinetische Energie); man beachte: die Messung erfolgt im L-System. Für eine Folge von Detektoreinstellungen (vgl. Abb. 12.2), d. h. Winkel θ gegen die Flugrichtung der Teilchen X_1 als Referenzrichtung, wird die Häufigkeitsverteilung P der Geschwindigkeiten der Produktteilchen Y_1 gemessen und über einer Achse in Richtung θ aufgetragen (s. Abb. 12.7). Die für verschiedene Werte von θ aufgenommenen *Geschwindigkeitsprofile* überträgt man nun in das Vektordiagramm der Geschwindigkeiten $\boldsymbol{u}_1, \boldsymbol{u}_2$ (s. Abb. 12.4b); Abb. 12.8 zeigt dreidimensional-perspektivisch die Profile für drei Streuwinkel.

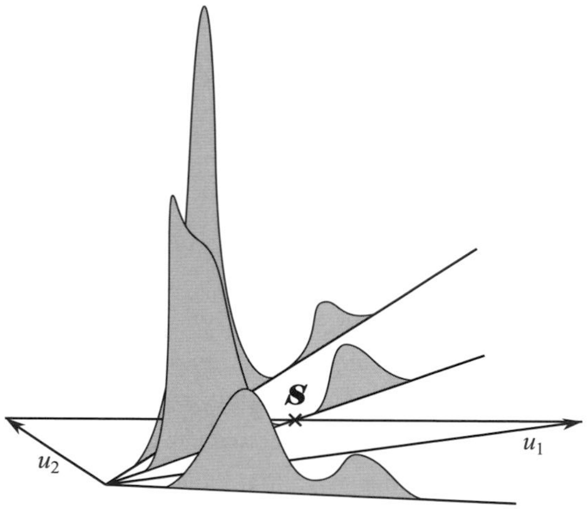

Abb. 12.8
Geschwindigkeitsprofile über einem Geschwindigkeits-Vektordiagramm (schematisch)

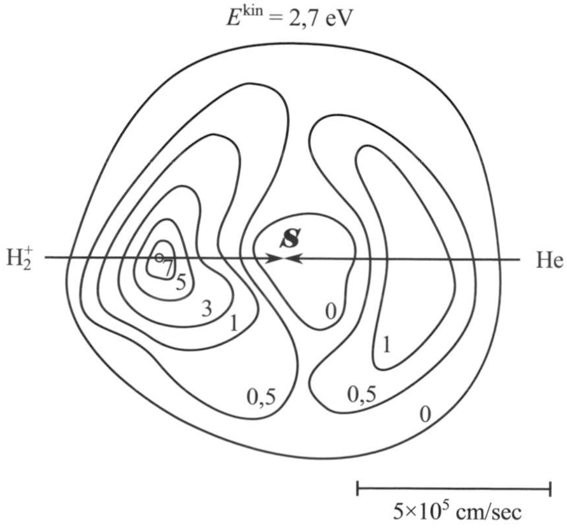

Abb. 12.9
Newton-Diagramm für reaktive Stöße $He + H_2^+ \rightarrow HeH^+ + H$ bei $E^{tr} = 2{,}7$ eV

[Abdruck aus Chem. Phys. Lett. **37**; Schneider, F., Havemann, U., Zülicke, L., Pacák, V., Birkinshaw, K., Herman, Z.: Dynamics of the reaction $H_2^+(He;H)HeH^+$. Comparison of beam experiments with quasiclassical trajectory studies, S. 323-328 (1976), mit Genehmigung von Elsevier]

Diese Profile ergeben in ihrer Gesamtheit eine Fläche (ganz ähnlich wie bei Potentialflächen), die durch ein Höhenliniendiagramm, d. h. durch Linien gleicher Häufigkeit in der Ebene (u_1, u_2), dargestellt werden kann; die praktische Konstruktion erfordert natürlich genügend dichtliegende Messwerte. Eine solche Darstellung heißt ***Newton-Diagramm***; dabei wird gewöhnlich die Gerade, auf der die Relativgeschwindigkeit vor dem Stoß liegt, eingezeichnet.

Die Abb. 12.9 zeigt ein Newton-Diagramm für reaktive Stöße $He + H_2{}^+ \to HeH^+ + H$ bei einer Stoßenergie (relative kinetische Energie) $E^{tr} = 2{,}7$ eV. Aus solchen Newton-Diagrammen lassen sich Rückschlüsse auf Besonderheiten der Stoßprozesse ziehen (s. folgenden Abschnitt).

Die Newton-Diagramme hängen offensichtlich mit den Wirkungsquerschnitten zusammen. Wird über alle in einer Richtung θ mit beliebigen Geschwindigkeiten registrierten Produkte aufsummiert, so ergibt sich eine dem differentiellen Wirkungsquerschnitt proportionale Größe; das Resultat einer weiteren Summation (Integration) über alle Richtungen ist dem totalen Wirkungsquerschnitt proportional.

12.3 Stoßmechanismen

Generell kann man sich den Ablauf eines molekularen Stoßprozesses so vorstellen, dass bei der Begegnung der Reaktanten X_1 und X_2 ein ***Stoßkomplex*** $\mathcal{K}^*$ gebildet wird, d. h. ein Aggregat von molekularer Ausdehnung, einige 10^{-10} m (= einige Å) im Durchmesser, das dann nach einer mehr oder weniger kurzen Zeit $\Delta\tau^*$ in Produkte, also etwa Y_1 und Y_2, zerfällt:

$$X_1 + X_2 \to \mathcal{K}^* \to Y_1 + Y_2 . \tag{12.45}$$

Je nach der *Lebensdauer* $\Delta\tau^*$ des Stoßkomplexes lassen sich für molekulare Elementarprozesse zwei Grenzfälle unterscheiden:

a) langlebiger Stoßkomplex

$$\Delta\tau^* > \text{einige } 10^{-12} \ldots 10^{-11}\ \text{s}, \tag{12.46}$$

b) kurzlebiger Stoßkomplex

$$\Delta\tau^* < 10^{-12}\ \text{s}. \tag{12.47}$$

Im Fall a ist die Lebensdauer länger als die Periode der langsamsten in einem molekularen Aggregat möglichen Bewegungsformen (Rotation des Gesamtkomplexes, Torsionsschwingungen innerhalb des Komplexes, vgl. hierzu die Abschätzungen in Abschn. 4.3.1). Während dieser Zeit kann durch die inneren Wechselwirkungen ein Energieaustausch zwischen den Freiheitsgraden des Komplexes erfolgen, so dass die Energie annähernd gleichmäßig auf die inneren Freiheitsgrade verteilt werden kann (vgl. auch Anhang A4.3.2). Der Zerfall des Komplexes hängt dann nicht mehr von der Vorgeschichte (d. h. von den Zuständen, Orientierungen etc. der Reaktanten) ab, sondern nur noch von den während des Stoßes unveränderten Größen wie Gesamtenergie und -drehimpuls (also den Erhaltungsgrößen), und erfolgt daher nach statistischen Gesetzmäßigkeiten (s. Anhang A3, auch Kap. 14 und 15). Man spricht von einem ***komplexen (Stoß-) Mechanismus***. Unter den Bedingungen eines Molekularstrahlexperiments (mit beliebigen, zufälligen Werten für die Stoßparameter der Einzelstöße) sind bei solchen langlebigen Stoßkomplexen offensichtlich alle Zerfallsrichtungen gleichwahrscheinlich. Beschreiben wir den Prozess im S-System mit dem Streuwinkel θ', so ergibt sich auf Grund des Faktors $1/\sin\theta'$ in der Definition (12.26) ein zu $\theta' = 90°$ symmetrischer differentieller Wirkungsquerschnitt mit gleichhohen Peaks an 0° und 180° ($\sin\theta' \approx 0$). Von D. R. Herschbach et al.[3] wurde 1967 erstmalig diese für einen komplexen Mechanismus charakteristische *symmetrische* Form des differentiellen Wirkungsquerschnitts bei Molekularstrahlmessungen von reaktiven Prozessen $Cs + RbCl \rightarrow CsCl + Rb$ beobachtet (s. Abb. 12.10). Wie man sieht, ist die Symmetrie bei der Winkelverteilung im L-System nicht vorhanden, sondern erscheint erst nach Transformation ins S-System.

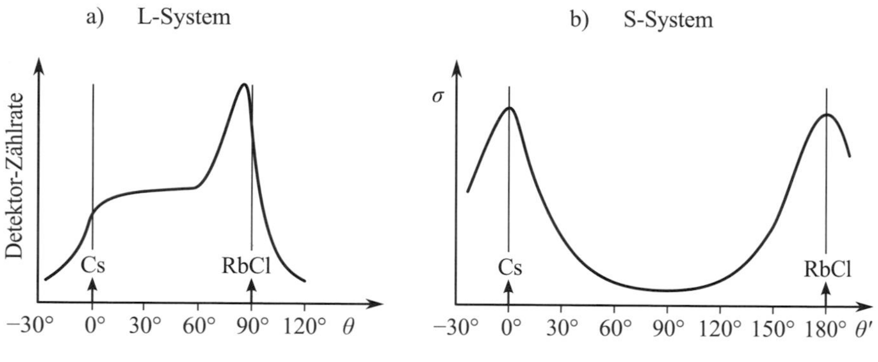

Abb. 12.10 Differentieller Wirkungsquerschnitt für reaktive Prozesse $Cs + RbCl \rightarrow CsCl + Rb$: a) L-System; b) S-System (schematisch nach Toennies, J. P., Ber. Bunsenges. physik. Chem. **72**, 927-949 (1968), mit freundlicher Genehmigung der Deutschen Bunsengesellschaft, Frankfurt a. M.; s. auch [12.2], dort Bild 7.16a)

Im Fall *b* verlaufen die Stoßprozesse ohne langlebige Zwischenstufe von den Reaktanten zu den Produkten, und ihr Ergebnis wird daher maßgeblich von den detaillierten Stoßbedingungen und Bewegungsabläufen bestimmt. Dementsprechend ergeben sich für solche ***direkten Prozesse*** vielfältige Formen von Newton-Diagrammen und Wirkungsquerschnitten; jedenfalls sind letztere im S-System *unsymmetrisch*. Es treten dabei auch einige typische Verläufe auf, die sich leicht anschaulich interpretieren lassen.

Nehmen wir als Beispiel wieder die reaktiven Prozesse $He + H_2^+ \rightarrow HeH^+ + H$. Bei den zitierten Experimenten mit gekreuzten Molekularstrahlen befanden sich die Reaktanten im Elektronengrundzustand, und der H_2^+-Strahl beinhaltete ein Gemisch von Molekülionen in verschiedenen inneren Zuständen (Franck-Condon-Verteilung für die Schwingungszustände,

---

[3] Miller, W. B., Safron, S. A., Herschbach, D. R., Discuss. Faraday Soc. **44**, 108 (1967)

s. Abschn. 11.3.4.2). Registriert wurden im Detektor die Produkt-Molekülionen HeH^+. Das in Abb. 12.9 dargestellte experimentell gewonnene Newton-Diagramm ebenso wie der differentielle Wirkungsquerschnitt in Abb. 12.11 weisen beide eine ausgeprägte Asymmetrie auf. Die Produkte HeH^+ werden im S-System vorzugsweise ungefähr in der ursprünglichen Flugrichtung der He-Atome, also überwiegend mit kleinen Werten des Streuwinkels θ' detektiert; man spricht von "Vorwärtsstreuung" in Bezug auf die He-Richtung. Dem Newton-Diagramm ist ferner zu entnehmen, dass das Maximum der Geschwindigkeitsverteilung der Produkte bei einem Wert liegt, der in einem bestimmten Verhältnis zur Relativgeschwindigkeit vor dem Stoß steht, und zwar ist dieses Verhältnis annähernd das gleiche für alle Stoßenergien im eV-Bereich. Wir erwähnen hier nur ohne detaillierte Begründung, dass diese Befunde charakteristisch sind für einen bestimmten Typ direkter Prozesse, die nach einem sog. *Abstreifmechanismus* (engl. stripping mechanism) verlaufen (s. Abb. 12.12a).

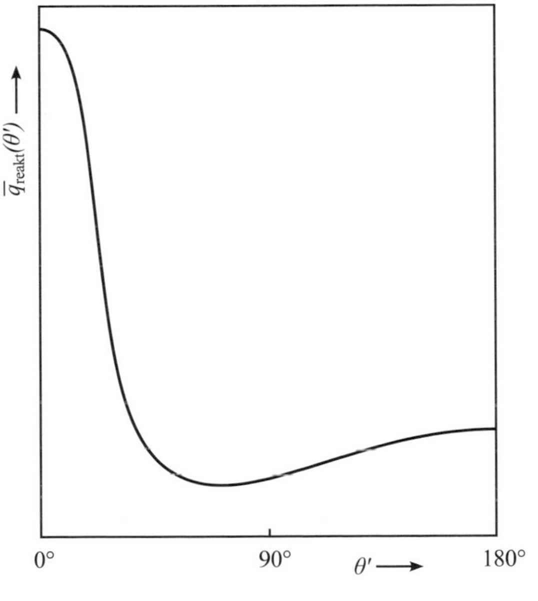

Abb. 12.11
Experimenteller differentieller Reaktionsquerschnitt für reaktive Elementarprozesse $He + H_2^+ \rightarrow HeH^+ + H$ (Elektronengrundzustand); qualitativ skizziert nach Abb. 14.7, aus Schneider, F., et al., s. Zitat zu Abb. 12.9]

Bei reaktiven Stößen $He + H_2^+$ handelt es sich, wie eine genauere Analyse zeigt, um einen besonders drastischen Fall, einen sog. *Spectator-Stripping-Mechanismus*, bei dem das He-Atom das nächstgelegene Proton des H_2^+ - Molekülions im Vorbeiflug mitnimmt; das verbleibende H-Atom spielt dabei die Rolle eines "unbeteiligten Beobachters" (spectator) und fliegt nahezu unbeeinflusst in seiner ursprünglichen Richtung weiter. Daraus ist zu schließen, dass solche Prozesse vorzugsweise bei Stößen mit großen Stoßparametern vor sich gehen; die "Zielscheibe" für die He-Projektile hat somit eine große Fläche, und das entspricht großen Werten der totalen Wirkungsquerschnitte. Selbstverständlich kann dieser Mechanismus für den Stoßprozess nur ein äußerst grobes Modell darstellen, das aber manche Aspekte, wie im vorliegenden Fall, qualitativ zutreffend wiedergibt und auch durch Berechnungen (klassische Trajektorien, s. Kap. 14) gestützt wird.

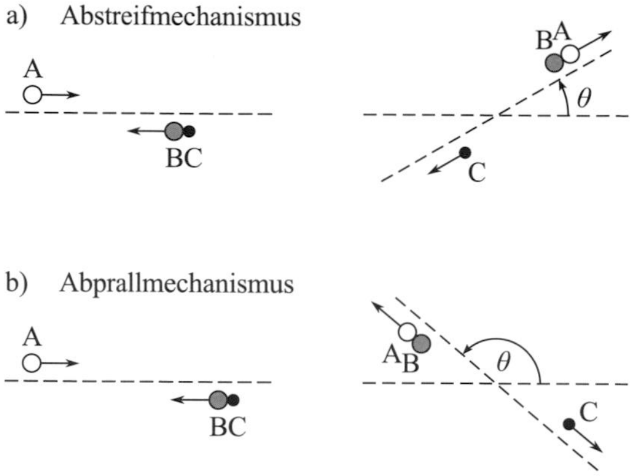

Abb. 12.12
Direkte Stoßmechanismen:
a) Abstreifmechanismus;
b) Abprallmechanismus
(schematisch; aus [12.3] mit freundlicher Genehmigung von Springer Science+Business Media, Heidelberg)

Ein weiterer Prototyp direkter Prozesse ist der *Abprallmechanismus* (engl. rebound mechanism), wie er in Abb. 12.12b schematisch dargestellt ist. Dabei wird nach der Wechselwirkung von A mit BC ein neugebildetes Molekül AB auf Grund von starken Abstoßungskräften zwischen AB und C zurückgeworfen, so dass der differentielle Wirkungsquerschnitt ein Maximum nahe $\theta' = 180°$ (bezüglich der Richtung der anfliegenden Reaktantatome A) aufweist. Ein solcher Mechanismus dominiert beispielsweise bei reaktiven Prozessen $K + CH_3I \rightarrow KI + CH_3$ (s. Toennies, J. P., loc. cit. in der Legende zu Abb. 12.10).

Ergänzende Literatur zu Kapitel 12

[12.1] a) Brdička, R.: Grundlagen der Physikalischen Chemie. Dt. Verlag der Wissenschaften, Berlin (1990)

b) Atkins, P. W.: Physikalische Chemie. VCH, Weinheim (1996)

c) Wedler, G.: Lehrbuch der Physikalischen Chemie. Wiley-VCH, Weinheim (1997)

d) Kondrat'ev, V. N., Nikitin, E. E.: Gas-Phase Reactions. Kinetics and Mechanisms. Springer, Berlin/Heidelberg/New York (1981)

e) Logan, S. R.: Grundlagen der Chemischen Kinetik. Wiley-VCH, Weinheim (1997)

f) Johnston, H. S.: Gas Phase Reaction Rate Theory. Ronald Press, New York (1966)

[12.2] Levine, R. D., Bernstein, R. B.: Molekulare Reaktionsdynamik. Teubner, Stuttgart (1991)

[12.3] Nikitin, E. E., Zülicke, L.: Theorie chemischer Elementarprozesse. Vieweg, Braunschweig/Wiesbaden (1985)

13 Molekulare Wechselwirkungspotentiale

Wenn die Dynamik innermolekularer Umlagerungen oder molekularer Stoßprozesse (also nicht-gebundener Kernbewegungen) auf der Grundlage der Zweistufen-Prozedur von Abschnitt 4.3.2.1 theoretisch beschrieben werden soll, muss man die *Potentialfunktionen*

$$U_n(\boldsymbol{R}) = V^{\text{kk}}(\boldsymbol{R}) + E_n^{\text{e}}(\boldsymbol{R}) \tag{13.1}$$

in weiten Bereichen von Kernanordnungen $\boldsymbol{R}$ kennen, und zwar prinzipiell für alle Elektronenzustände n, die beim Ablauf der interessierenden Prozesse eine Rolle spielen.

Entsprechend der Vorgehensweise in Abschnitt 4.3 wären in Gleichung (13.1) Koordinaten im SF-Bezugssystem zu schreiben, wir lassen aber auch hier der Einfachheit halber die Striche weg. Der $3N$-komponentige Ortsvektor $\boldsymbol{R} \equiv \{\boldsymbol{R}_1, \boldsymbol{R}_2, ..., \boldsymbol{R}_N\}$ legt die Positionen aller N ($\equiv N^{\text{k}}$) Kerne fest. Werden anstelle der $3N$ kartesischen Komponenten der Ortsvektoren $\boldsymbol{R}_a$ (a = 1, 2, ..., N) allgemeinere Koordinaten $Q_1, Q_2, ..., Q_f$ eingeführt, die für die Problemstellung eventuell besser geeignet sind und deren Anzahl f gleich der Anzahl der inneren Freiheitsgrade der Kernbewegungen ist, so lassen sich die Potentialfunktionen (13.1) entsprechend umschreiben: $U_n(\boldsymbol{R}) \to U_n(\boldsymbol{Q}) \equiv U_n(Q_1, Q_2, ..., Q_f)$; s. hierzu Abschnitt 11.2.

In Abschnitt 4.3.3 wurden bereits die wichtigsten allgemeinen Eigenschaften solcher Potentialfunktionen bzw. der durch sie gegebenen *Potentialhyperflächen* diskutiert; im vorliegenden Kapitel vervollständigen wir diese Ausführungen und konzentrieren uns dabei auf Aspekte, die für die Anwendung auf molekulare Umlagerungen und deren Verständnis wichtig sind.

13.1 Berechnung und analytische Darstellung molekularer Potentialfunktionen. Topographie

13.1.1 Aufgabenstellung und Probleme der Berechnung

Die Resultate einer theoretischen Beschreibung der Bewegungsabläufe bei einem molekularen Elementarprozess (in nichtrelativistischer, elektronisch adiabatischer Näherung) hängen entscheidend davon ab, dass man für die am Prozess beteiligten Elektronenzustände über genügend genaue adiabatische Potentialfunktionen $U_n(\boldsymbol{R})$ verfügt. Der Kernabstoßungsanteil $V^{\text{kk}}(\boldsymbol{R})$ ist durch die geschlossene analytische Formel (4.3c) gegeben und problemlos zu berechnen. Schwierigkeiten bereitet jedoch die Gewinnung der elektronischen Energie $E_n^{\text{e}}(\boldsymbol{R})$ als Funktion der Kernkoordinaten; hierzu muss die parametrisch von den Kernkoordinaten $\boldsymbol{R}$ abhängende elektronische Schrödinger-Gleichung (4.18) gelöst werden.

Wir zählen hier zunächst diese Schwierigkeiten auf und kommen dann ausführlicher in Abschnitt 17.4.2.1 darauf zurück; vgl auch [13.1].

(*1*) Die Abhängigkeit der elektronischen Energie $E_n^{\mathrm{e}}(\boldsymbol{R})$ von den Kernkoordinaten $\boldsymbol{R}$ bzw. $\boldsymbol{Q}$, herrührend vom Kern-Elektron-Wechselwirkungsanteil (4.3d) im elektronischen Hamilton-Operator, lässt sich nicht in geschlossener analytischer Form erhalten; selbst die einfachsten Näherungsmethoden zur Lösung der elektronischen Schrödinger-Gleichung eines mehratomigen molekularen Systems liefern keine explizite Formel für die funktionale Abhängigkeit der Elektronenenergie von den Kernkoordinaten.

Eine adiabatische Potentialhyperfläche lässt sich also nur *punktweise* über einem Raster von Kernanordnungen $\boldsymbol{R}$ bzw. $\boldsymbol{Q}$ bestimmen, und jeder solche Potentialpunkt kann nur *näherungsweise* berechnet werden. Wie man dabei verfahren kann, wird in Abschnitt 17.4.2.1 erläutert.

Abhängig vom methodischen Gesamtkonzept (s. hierzu Kap. 14) werden diese Potentialpunkte entweder unmittelbar weiterverwendet oder man überführt sie zunächst in eine analytische funktionale Form; letzteres ist keine triviale Aufgabe (s. Abschn. 13.3 und 17.4.2.1).

(*2*) Die Potentialfunktionen $U_n(\boldsymbol{R})$ bzw. $U_n(\boldsymbol{Q})$ werden *im gesamten energetisch zugänglichen Bereich von Kernkonfigurationen* $\boldsymbol{R}$ bzw. $\boldsymbol{Q}$ benötigt. Je nach Problemstellung (Art der molekularen Umlagerung und inneren Bewegungen des Systems) sind diese Bereich unterschiedlich groß, und die Potentialfläche kann ganz unterschiedliche Form haben. Auf Grund dessen braucht man, um den Potentialverlauf genügend genau "abzutasten", unterschiedlich *feine Rasterungen*; viele dichtliegende Punkte sind insbesondere dort nötig, wo sich das Potential stark ändert.

Generell erfordert eine Potentialflächenbestimmung schon deswegen einen *hohen Aufwand*, weil die elektronische Schrödinger-Gleichung für viele Kernkonfigurationen (näherungsweise) gelöst werden muss. Nimmt man im Mittel pro Freiheitsgrad m Rasterpunkte, so ist der Berechnungsaufwand proportional zu m^f; für ein dreiatomiges System mit $f = 3N^{\mathrm{k}} - 6 = 3$ inneren Freiheitsgraden und $m = 10$ ergibt das bereits 10^3 Potentialpunkt-Berechnungen.

(*3*) Die den Rasterpunkten entsprechenden Kernkonfigurationen haben überwiegend eine *niedrige Symmetrie*, so dass symmetriebedingte Vereinfachungen zur Verringerung des Berechnungsaufwands (s. Abschn. 17.1 und Anhang A1.5.2) kaum eine Rolle spielen.

(*4*) Der Aufwand wird auch dadurch beträchtlich, dass die *Genauigkeitsanforderungen sehr hoch* sind. Es kommen gegenwärtig dafür hauptsächlich fortgeschrittene quantenchemische Ab-initio-Berechnungsmethoden mit weitgehender Einbeziehung der *Elektronenkorrelation* in Frage, wie sie in Abschnitt 9.1 besprochen wurden. Ab-initio-DIM-Ansätze (Abschn. 9.2) sind grundsätzlich aussichtsreich, aber noch wenig erprobt.

Das in Abschnitt 9.2 skizzierte quantenchemische *DIM-Modell* hat einige für die punktweise Berechnung von Potentialfunktionen günstige Eigenschaften: Sie beschreibt erstens automatisch stets korrekt das Fragmentierungsverhalten des molekularen Systems. Hinzu kommt, dass die eigentliche Berechnung eines Potentialpunkts außerordentlich kurze Rechenzeiten erfordert (nach allerdings sehr umfangreichen und aufwendigen vorbereitenden Rechnungen für die Bereitstellung der benötigten Fragmentdaten).

Dadurch kann bei einer anschließenden Verwendung des Potentials (etwa zur Berechnung des Ablaufs eines Stoßprozesses) jeder Potentialwert unmittelbar dann, wenn er aktuell benötigt wird, "frisch" berechnet werden; Interpolationsschritte bzw. die Überführung in eine analytische funktionale Form sind nicht erforderlich (sog. direkte Dynamik, s. Abschn. 14.2.4.2).

Quanten-Monte-Carlo-Verfahren (Abschn. 4.9*(b)* und 17.1.5) befinden sich in aussichtsreicher Entwicklung, sind allerdings bisher nicht in größerem Maßstab angewendet worden. Dichtefunktional-Methoden (Abschn. 9.3) in ihrem aktuellen Entwicklungsstadium liefern noch unsichere Ergebnisse und eignen sich wohl vorerst nicht für Potential*flächen*berechnungen.

Die gegenwärtig verfügbaren semiempirischen (MO-basierten) quantenchemischen Näherungsmethoden (Abschn. 17.2) kommen nicht in Betracht (s. Abschn. 17.4.2).

Der Gesamtverlauf des Potentials sollte in den relevanten Bereichen möglichst *gleichmäßig gut* wiedergegeben werden. Genaugenommen ist zu fordern, dass berechnete Potentialflächen parallel zu den "exakten" (die man freilich nicht kennt) verlaufen, d. h. die Berechnungsfehler sollten in den relevanten Kernkonfigurationsbereichen annähernd konstant sein, damit die auf die Kerne wirkenden Kräfte (also die Potentialgradienten) korrekt wiedergegeben werden – eine äußerst schwierig zu erfüllende Forderung. Etwas pragmatischer formuliert wäre zu verlangen, dass (a) der *Gesamtverlauf qualitativ richtig* beschrieben wird (insbesondere das Dissoziationsverhalten stimmt), und (b) in der *Umgebung der relevanten stationären Punkte und Minimumwege die Genauigkeit hoch* ist. Viele Folgegrößen (Schwingungsfrequenzen; Wirkungsquerschnitte etc.) hängen sehr empfindlich von Lage, Tiefe und Form der Potentialmulden bzw. von Lage, Höhe und Form der Potentialbarrieren ab.

(5) Die adiabatischen Potentialfunktionen sind strenggenommen *keine Observablen* und daher nicht direkt experimentell bestimmbar. Einer Messung zugänglich sind nur bestimmte Folgegrößen wie Bildungs- und Reaktionsenthalpien, spektroskopische Übergangsfrequenzen und Wirkungsquerschnitte von Stoßprozessen; sie ermöglichen auf der Grundlage von Näherungen bzw. Modellen Rückschlüsse auf das Potential in der Umgebung bestimmter Kernkonfigurationen (s. Kap. 11, 14 und 17).

Wie wir in Abschnitt 4.3.2.1 gesehen hatten, handelt es sich bei adiabatischen Potentialfunktionen um theoretische "Hilfsgrößen", die auf Grund der Born-Oppenheimer-Separation ins Spiel kommen und somit an diese Näherung gebunden sind. Mit diesem Umstand hängen einige grundsätzliche Probleme zusammen, auf die wir hier nicht eingehen können; einiges darüber findet man z. B. in [I.4b]. Ein Rückschließen aus Messresultaten auf adiabatische molekulare Potentialfunktionen (man spricht von einem *Inversionsproblem*) ist nur im Rahmen von Näherungen bzw. Modellvorstellungen möglich; Abb. 13.1 zeigt schematisch eine solche Inversion: die Ermittlung einer Potentialfunktion für ein zweiatomiges Molekül aus dem Schwingungsspektrum. Eine oft praktizierte Prozedur besteht darin, einen geeigneten Ansatz für die Potentialfunktion $U(R)$ so anzupassen, dass die daraus folgenden Schwingungsniveaus (s. hierzu Abschn. 11.3) zu den gemessenen Frequenzen des Spektrums führen.

Eine solche Verfahrensweise stößt allerdings schnell an Grenzen: So liefert das Experiment bei mehrdimensionalen Problemen nicht genügend Informationen, und die Prozedur ist generell nicht eindeutig. Modellannahmen und Rechenfehler bzw. Ungenauigkeiten können sich zudem kompensieren. Man hat versucht, Daten aus mehreren experimentellen Quellen zu kombinieren; eine einigermaßen breit einsetzbare Methodik ist jedoch bisher nicht gefunden worden.

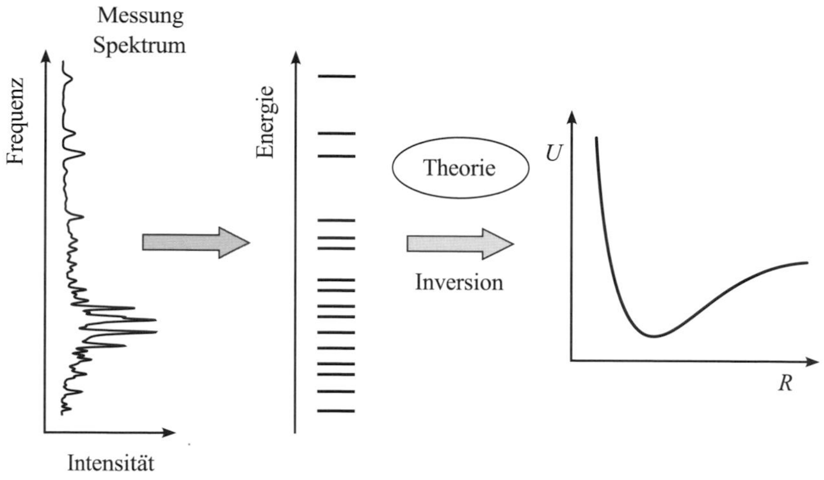

Abb. 13.1 Inversionsproblem: Rückschluss vom Schwingungsspektrum eines zweiatomigen Moleküls auf die Potentialfunktion (schematisch)

Die Schwierigkeit, einfache Zusammenhänge mit Messgrößen herzustellen, ist auch der Hauptgrund dafür, dass es bisher nicht gelungen ist, für anspruchsvolle Potentialberechnungen ausreichende *semiempirische Methoden* zu entwickeln; am ehesten sollte sich dafür die DIM-Näherung eignen (s. oben).

Für Problemstellungen, bei denen es nicht in erster Linie auf Feinheiten des Potentials, sondern auf dessen qualitative Gestalt ankommt, gibt es brauchbare funktionelle Ansätze (*Modellpotentiale; Kraftfeld-Modelle*); sie enthalten Zahlenparameter, die sorgfältig angepasst werden müssen (mehr hierzu in Abschn. 13.3 und 18.2).

13.1.2 Topographie adiabatischer Potentialhyperflächen

Um die Form von adiabatischen Potentialhyperflächen (die ja bei mehr als zwei Kernfreiheitsgraden als Ganzes der Anschauung nicht zugänglich sind) zu charakterisieren, sie nach bestimmten Typen zu klassifizieren und Bewegungsabläufe qualitativ zu diskutieren, ist im Anschluss an die Berechnung eine topographische Analyse hilfreich; die Grundlagen dafür wurden in Abschnitt 4.3.3.2 eingeführt.

Das Aufsuchen von stationären Punkten (*lokale Minima; Sattelpunkte*) für Funktionen mehrerer Variabler sowie die Ermittlung von Kurven minimaler Funktionswerte (*Minimumwege, Reaktionswege*), die solche stationären Punkte verbinden, ist eine weitgehend numerisch-mathematische Aufgabe, die bei analytisch (als geschlossene Formel) vorliegender Potentialfunktion in der Regel keine grundsätzlichen Schwierigkeiten bereitet. Wird die Potentialfunktion durch quantenchemische Berechnungen bestimmt, so kommt es darauf an, die topographische Analyse möglichst effizient mit den quantenchemischen Berechnungsmethoden für die Potentialpunkte zu verbinden. Es gibt dafür eine Vielzahl von Verfahren (s. etwa [II.1][13.2]), auf die wir in Abschnitt 18.3 näher eingehen.

Nehmen wir an, zu einer berechneten adiabatischen Potentialfunktion $U(\boldsymbol{R}))\equiv U(\boldsymbol{X})$ sind lokale Minima, (einfache) Sattelpunkte und Minimumwege in einem gewissen Bereich des Kernkonfigurationsraums bestimmt worden. Dann kann man sich ein erstes Bild von den entsprechenden molekularen Strukturen und ihren inneren Bewegungen sowie ihren Umwandlungsprozessen machen. Was z. B. die strukturellen Veränderungen bei einer Umwandlung betrifft, so gibt der *Minimumweg* eine Orientierung bezüglich des Verlaufs – aber auch nicht mehr, denn wie wir noch sehen werden (s. Kap. 14), entsprechen die bei einem Umlagerungsprozess durchlaufenen Kernanordnungen keineswegs den Punkten auf dem Minimumweg, bleiben aber häufig in dessen Umgebung. Die Potentialwerte $U(\rho)$ entlang des Minimumweges (man bezeichnet diese Funktion als *Potentialprofil*; ρ ist die Bogenlänge auf dem Minimumweg, gemessen von einem geeignet festzulegenden Startpunkt aus; s. Abschn. 4.3.3.2) zeigen die energetischen Verhältnisse: so gibt die Höhe einer *Potentialbarriere* $\Delta U^{\neq}$ (bezogen auf die Reaktant-Talsohle) die *Mindestenergie* an, die die Kernbewegung des Systems in einer klassischen Beschreibung haben muss[1], um das Produkttal zu erreichen. Die Potentialdifferenz ΔU zwischen den Talsohlen von Reaktant- und Produkt-Tal ist die *Reaktionsenergie* (*Ergizität*): liegt die Produktseite tiefer, so wird beim Prozess Energie freigesetzt (*exoergischer Prozess*); liegt die Reaktantseite tiefer, so muss Energie aufgewendet werden (*endoergischer Prozess*); vgl. Abschnitt 12.1.2.

Die obigen Ausführungen haben sich, soweit sie Umwandlungsprozesse betrafen, auf den Standardfall beschränkt, nämlich den Übergang von einem lokalen Minimum über einen (einfachen) Sattelpunkt (*Übergangskonfiguration*) in ein benachbartes lokales Minimum. Für andere Prozesse können die Verhältnisse komplizierter sein, wenn z. B. kein Sattelpunkt vorhanden ist wie bei einem einfachen Bindungsbruch M–A → M + A (s. Abschn. 15.3.2). Die Bestimmung des Minimumweges für solche Prozesse ist oft schwierig (s. Abschn. 18.3).

Eine wichtige Rolle spielt die räumliche Symmetrie der Kernanordnungen, die den stationären Punkten und den Punkten auf einem Minimumweg entsprechen:

- Minimumwege, die durch Gradientenverfahren bestimmt worden sind (s. hierzu Abschn. 4.3.3.2, ausführlicher später in Abschn. 18.3), haben die Eigenschaft, dass sich auf ihnen die Symmetriegruppe der Kernanordnung nicht ändert, d. h. alle Kernanordnungen, die auf einem Minimumweg durchlaufen werden, gehören zur gleichen Symmetriegruppe wie die Startkonfiguration $\boldsymbol{X}_{(0)}$, solange kein stationärer Punkt $\boldsymbol{X}^0$ erreicht wird. Die Symmetrie der Kernanordnung $\boldsymbol{X}^0$ an einem lokalen Minimum, in das der Minimumweg mündet, kann höher sein[2] als für andere Punkte auf dem Minimumweg. Für einen einfachen Sattelpunkt gilt, dass die Symmetrie der entsprechenden Übergangskonfiguration $\boldsymbol{X}^0(\equiv \boldsymbol{X}^0_{\mathrm{SP}})$ im

[1] Diese Aussage gilt streng nur, wenn die Kernbewegung in klassischer Näherung beschrieben wird, da in einer quantenmechanischen Beschreibung auf Grund des Tunneleffekts (s. Abschn. 2.2.2) auch bei niedrigeren Energien ein Übergang möglich ist. Wir kommen in Kapitel 14 darauf zurück.

[2] Wenn davon die Rede ist, eine Kernanordnung $\boldsymbol{X}$ habe eine "höhere Symmetrie" als eine Kernanordnung $\boldsymbol{X}'$, so bedeutet dies: die zu $\boldsymbol{X}'$ gehörende Symmetriegruppe $\boldsymbol{G}'$ ist eine Untergruppe der zu $\boldsymbol{X}$ gehörenden Symmetriegruppe $\boldsymbol{G}$; letztere enthält zusätzliche Symmetrieelemente. Näheres hierzu s. Anhang A1.

Allgemeinen nicht höher sein kann als die Symmetrie der beiden lokalen Minima, zwischen denen er liegt, d. h. die Symmetriegruppe einer Übergangskonfiguration kann nicht größer sein als die größte gemeinsame Untergruppe von Reaktant- und Produktkonfiguration. Ausnahmen bilden Fälle, in denen Reaktanten und Produkte nicht unterscheidbar sind; dann kann die Übergangskonfiguration zusätzliche Symmetrieelemente enthalten, nämlich diejenigen, die Reaktanten und Produkte ineinander überführen. Als Beispiel mache man sich die Verhältnisse für kollineare Umlagerungsprozesse $H + H_2 \rightarrow H_2 + H$ über eine symmetrische Übergangskonfiguration H–H–H im Unterschied zu $D + H_2 \rightarrow DH + H$ klar (s. Abschn. 13.1.3*(c)* und ÜA 13.1). Weiteres sowie Literaturangaben findet man in [II.1][13.3].

- Sind auf Grund von Vorüberlegungen oder zur praktischen Vereinfachung die Kernanordnungen auf eine bestimmte Symmetrie, d. h. auf eine Symmetriegruppe $\boldsymbol{G}$, eingeschränkt, so kann sich ein damit ermitteltes lokales Minimum bei Aufhebung der Symmetriebeschränkung, d. h. Verringerung der Symmetrie auf eine Untergruppe von $\boldsymbol{G}$, als Sattelpunkt erweisen (s. Anhang A1 und [II.1]). Das hat häufig zu Fehlschlüssen geführt.

Für die anschauliche Darstellung oder auch für praktische Berechnungen ist es oft zweckmäßig, nicht die kartesischen Koordinaten X der Kerne, sondern *innere Koordinaten* zu benutzen, die dem jeweiligen Prozess und damit der Topographie der Potentialhyperfläche angepasst sind. Solche Koordinaten sind im Allgemeinen *nichtorthogonal* und *krummlinig*. Für die Beschreibung eines Umlagerungsprozesses kann ein derartiges Koordinatensystem etwa die Bogenlänge ρ auf dem Minimumweg (die *Reaktionskoordinate* als Progressvariable, deren Wert gewissermaßen angibt, wie weit die Reaktion fortgeschritten ist) und weitere $f-1$ geeignet definierte innere Koordinaten umfassen.

Die Ergebnisse von Berechnungen observabler Größen (Strukturparameter, Energien, Wirkungsquerschnitte) dürfen von der Wahl des Koordinatensystems nicht abhängen. Potentialhyperflächen hingegen können in verschiedenen Koordinatensystemen unterschiedliche Form haben; ihre topologischen Eigenschaften jedoch bleiben unverändert [13.2].

Falls die adiabatische Näherung nicht in allen energetisch zugänglichen Bereichen des Kernkonfigurationsraums gültig ist (s. Abschn. 4.3.2.3), müssen diese Bereiche zunächst für die einzelnen involvierten Elektronenzustände aufgesucht und dann die Form der Potentialflächen dort gesondert analysiert werden. Zum Verhalten von Potentialflächen in Bereichen echter oder vermiedener Kreuzung s. Abschnitt 13.4.

Eine wichtige Aufgabenstellung besteht darin, nicht nur einzelne lokale Minima, sondern das *globale Minimum* als energetisch tiefstgelegenes lokales Minimum zu ermitteln. In einer klassischen Beschreibung entspricht die Kernanordnung, für die das globale Minimum erreicht wird, der Gleichgewichtskonformation des Moleküls. Schwierig wird dieses Problem bei Systemen mit vielen Kernfreiheitsgraden; damit befasst sich der Abschnitt 18.3.1.3. Bezüglich dynamischer Konsequenzen von Multiminima-Situationen sei auf Kapitel 19 verwiesen.

13.1.3 Einige Prototypen adiabatischer molekularer Potentialfunktionen

Um die Vielfalt möglicher Formen von Potentialhyperflächen, aber auch die Schwierigkeiten und den erheblichen Aufwand bei der Berechnung zu illustrieren, betrachten wir nun Ergebnisse von Potentialberechnungen für einige typische vorwiegend mehratomige molekulare Systeme. Dazu werden Ausschnitte von Potentialhyperflächen gezeigt, d. h. Potentialverläufe in Abhängigkeit von einer oder zwei Kernkoordinaten (bei festgehaltenen Werten der restlichen inneren Koordinaten), die noch zeichnerisch dargestellt werden können. In Tabellen sind berechnete Zahlenwerte einiger charakteristischer Potentialparameter zusammengestellt; dabei werden nur die zugrundegelegten quantenchemischen Näherungstypen (nach Kap. 8 und 9) benannt; methodische Einzelheiten sind, wo nötig, in den Fußnoten erwähnt. Sofern das möglich ist, wird mit experimentellen Daten verglichen. In vielen Fällen hat es, wie die Tabellen zeigen, Jahre und Jahrzehnte gedauert, bis man sicher sein konnte, die Potentialfunktionen auch quantitativ einigermaßen zuverlässig bestimmt zu haben.

(a) H_2

Die Wechselwirkung zweier Wasserstoffatome ist in Abschnitt 6.2 ausführlich diskutiert worden; wir wissen von daher ungefähr, wie die Potentialkurven für den tiefsten Singulettzustand $X\,^1\Sigma_g^+$ und den tiefsten Triplettzustand $b\,^3\Sigma_u^+$ aussehen. Dass bei großen Kernabständen eine schwache attraktive Wechselwirkung (Dispersionswechselwirkung) zu einem flachen Minimum im Potential führt, ist uns aus Abschnitt 10.1.2 bekannt. In Abb. 13.2 sind die beiden Potentialkurven dargestellt; im rechten oberen Teil des Bildes wurden die Potentialwerte mit den Faktor 10^3 vergrößert, um das Van-der-Waals-Minimum erkennbar zu machen. Der Energienullpunkt ist die Gesamtenergie der getrennten Atome ($2e_{\mathrm{H}} = 1{,}0$ at.E.) .

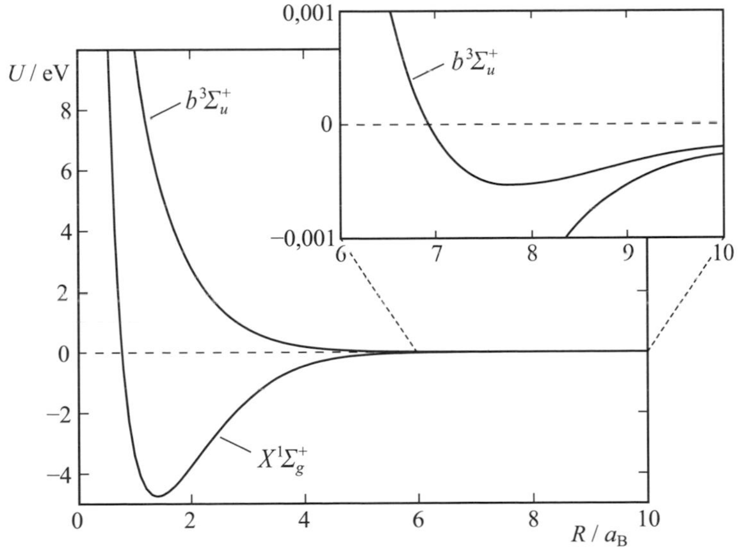

Abb. 13.2 Adiabatische Potentialkurven für H_2 : tiefster Singulettzustand (Grundzustand) und tiefster Triplettzustand [berechnet von T. Ritschel mit Daten aus Sharp, T. E., Atomic Data **2**, 119 (1971) nach Kołos, W., Wolniewicz, L., J. Chem. Phys. **49**, 2429 (1965)]

Wegen seiner grundsätzlichen Bedeutung ist die Wechselwirkungsenergie zweier H-Atome sehr oft und mit immer höherer Genauigkeit berechnet worden. In Tab. 13.1 sind einige dieser

Berechnungen für den Elektronengrundzustand $X\,^1\Sigma_g^+$ durch Angabe von Lage und Tiefe der Potentialminima charakterisiert. Man kann annehmen, dass die Potentialkurven für diesen Grundzustand und einige angeregte Zustände heute mit "spektroskopischer Genauigkeit" (d. h. energetisch bis auf einige 0,1 cm^{-1}) bekannt sind.

Tab. 13.1 Potentialcharakteristika[a] für den tiefsten Singulettzustand (Elektronengrundzustand) $X\,^1\Sigma_g^+$ des H_2-Moleküls aus quantenchemischen Ab-initio-Berechnungen

Näherungstyp[b]	R^0 (a_B)	D_e (eV)	ω_0 (cm^{-1})	R^0_{vdW} (a_B)	ε (meV)	Quelle
RHF/6-311G**	1,39	3,60	4594	—	—	*c*
CI	1,40	4,55	4385	—	—	*d*
EXCOR	1,401	4,748	4412[e'']	7,85	0,53	*e*
EXCOR	1,401	4,748	4162	—	—	*f*
MP2	1,395	4,036	4534	—	—	*g*
QCISD	1,410	4,226	4367	—	—	*g*
Exp	1,401	4,748	4401	—	—	*h,c*

[a] R^0 – Kernabstand H–H im Potentialminimum; $D_e \equiv 2e_H - U^0$ mit $U^0 \equiv U(R^0)$ – elektronische Dissoziationsenergie; ω_0 – harmonische Schwingungsfrequenz im Potentialminimum; R^0_{vdW} – Kernabstand H–H im Van-der-Waals-Minimum; $\varepsilon \equiv 2e_H - U(R^0_{vdW})$ – Tiefe des Van-der-Waals-Minimums relativ zu $2e_H$; Exp – experimentelle Daten

[b] Abkürzungen s. Kap. 8, 9; außerdem: EXCOR – explizit-korrelierter Ansatz nach Kołos, W., et al.

c NIST – Computational Chemistry Comparison and Benchmark Data Base (CCCDBD): Standard Reference Database 101

d McLean, A. D., Weiss, A., Yoshimine, M. Rev. Mod. Phys. **32**, 211 (1960)

e Kołos, W., Wolniewicz, L. J. Chem. Phys. **43**, 2429 (1965)

f Kołos, W., Wolniewicz, L. J. Chem. Phys. **49**, 404 (1968)

g Johnson, B. G., Gill, P. M. W., Pople, J. A., J. Chem. Phys. 9**8**, 5612 (1993)

h Huber, K. P., Herzberg, G.: Molecular Spectra and Molecular Structure. IV. Constants of Diatomic Molecules. Van Nostrand Reinhold, New York (1979)

In Abb. 13.2 erkennt man drei Abstandsbereiche, in denen die Potentialkurven unterschiedliches Verhalten zeigen: Bei großen Kernabständen (bei etwa 1 nm = 10 Å $\approx 20\,a_B$) ist nur die schwache *Van-der-Waals-Anziehung* wirksam. Mit Verringerung des Kernabstands setzt in bindenden Elektronenzuständen (hier im Grundzustand $^1\Sigma_g^+$) die *kovalente ("chemische")*

Wechselwirkung ein (s. Abschn. 6.2) und führt zu einer kräftigen Potentialabsenkung. Bei kleinen Kernabständen (< 0,1 nm) steigt das Potential stark an, verursacht nach Kapitel 6 im H_2-Fall hauptsächlich durch die Kernabstoßung (bei Wechselwirkungen von Mehrelektronen-Atomen zusätzlich durch die Pauli-Abstoßung). Das führt im bindenden Elektronenzustand $X\,^1\Sigma_g^+$ zu einem tiefen Minimum (mehrere eV) bei einem Kernabstand $R^0 \approx 1{,}4\,a_B$. Für nichtbindende Elektronenzustände (hier: $b\,^3\Sigma_u^+$) zeigt das Potential ein überall bis auf die flache Van-der-Waals-Mulde repulsives Verhalten, d. h. Anstieg bei Verkürzung der Kernabstände. Alle zweiatomigen Systeme zeigen ein qualitativ gleiches Verhalten.

(b) H_3^+

Das Zweielektronen-Dreizentrensystem H_3^+ wurde in Kapitel 7 in einer HMO-artigen Näherung behandelt (s. ÜA 7.2), wobei für den Elektronengrundzustand eine gleichseitig-dreieckige Kernanordnung gegenüber einer symmetrisch-linearen energetisch deutlich bevorzugt war. Dieser Befund bleibt auch in besseren Näherungen gültig.

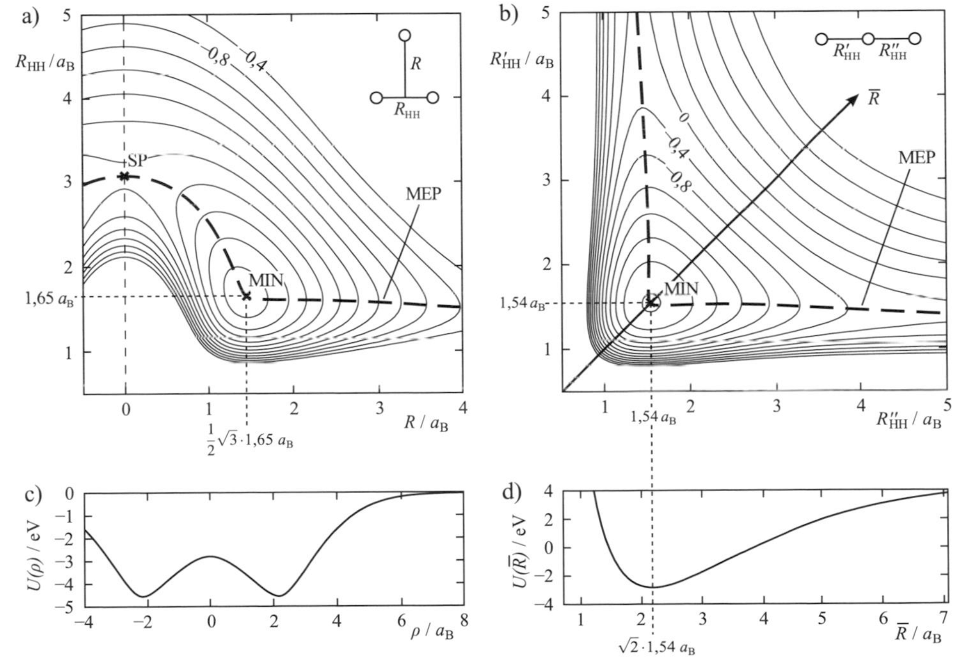

Abb. 13.3 Adiabatische Potentialhyperfläche für H_3^+ (Elektronengrundzustand): Konturliniendiagramme für Kernanordnungen mit (a) $\boldsymbol{C}_{2v}$-Symmetrie; (b) $\boldsymbol{C}_{\infty v}$-Symmetrie; Potentialprofile für (c) "Isomerisierung"; (d) Fragmentierung (13.3) [berechnet von T. Ritschel mit einer analytischen Potentialfunktion von Pavanello, M., et al., J. Chem. Phys. **136**, 184303 (2012)]; Potentialnullpunkt ist der Wert im Fragmentierungskanal (13.2); Konturlinien abstand: 0,4 eV

Tab. 13.2 Potentialflächencharakteristika[a] für H_3^+ im Elektronengrundzustand ($1^1A'$)

Näherungstyp[b]	MIN (D_{3h})			SP ($D_{\infty h}$)			Quelle
	R^0_{HH}	U^0	$D_e(H^+ + H_2)$	$R^{\neq}_{HH}$	$U^{\neq}$	$\Delta U^{\neq}$	
	(a_B)	(at. E.)	(eV)	(a_B)	(at. E.)	(eV)	
RHF	(1,650)	–1,343	4,60	—	—	—	*c*
CI	1,66	–1,340	4,56	1,54	–1,28	1,72	*d*
QMC	1,650	–1,344	4,61	—	—	—	*e*
FCI	1,650	–1,343	—	—	—	—	*f*
EXCOR	1,650	–1,344	4,61	1,539	–1,28	1,77	*g*
Exp			4,370				*h*

[a] Bezeichnungen vgl. Tab. 13.1; außerdem: $R^0_{HH}, R^{\neq}_{HH}$ – Kernabstände H–H im Potentialminimum (MIN) bzw. Sattelpunkt (SP); $U^0 \equiv U(R^0_{HH})$, $U^{\neq} \equiv U(R^0_{HH})$ – Potentialwerte im Potentialminimum bzw. Sattelpunkt; $\Delta U^{\neq}$ – Barrierenhöhe relativ zu $H^+ + H_2$

[b] Vgl. Tab. 13.1; außerdem: QMC – Quanten-Monte-Carlo; FCI – vollständige CI

c Salmon, L., Poshusta, R. D., J. Chem. Phys. **59**, 3497 (1973) [R_{HH} nicht variiert]

d Csizmadia, I. G., Kari, R. E., Polanyi, J. C., Roach, A. C., Robb, M. A., J. Chem. Phys. **52**, 6205 (1970)

e Mentch, F., Anderson, J. B., J. Chem. Phys. **74**, 6307 (1981); Diedrich, D. L., Anderson, J, B., Science **258**, 786 (1992)

f Meyer, W., Botschwina, P., Burton, P. J. Chem. Phys. **84**, 891 (1986)

g Röhse, R., Klopper, W., Kutzelnigg, W., J. Chem. Phys. **99**, 8830 (1993); Röhse, R., Kutzelnigg, W., Jaquet, R., Klopper, W., J. Chem. Phys. **101**, 2231 (1994)

h Herzberg, G.: Molecular Spectra and Molecular Structure. III. Electronic Spectra and Electronic Structure of Polyatomic Molecules. Van Nostrand Reinhold, New York (1966)

In Abb. 13.3a ist ein Konturlinien(Höhenlinien)-Diagramm der Potentialfunktion zum Elektronengrundzustand von H_3^+ für Kernkonfigurationen mit $\boldsymbol{C}_{2v}$-Geometrie (gleichschenkliges Dreieck) wiedergegeben; als Variable wurden ein H–H-Abstand R_{HH} (Basislinie des Dreiecks) und der Abstand R des dritten H-Kerns vom Mittelpunkt der Basislinie gewählt. Ein lokales Minimum (MIN) liegt in dem Punkt $R^0_{HH} = 1{,}65\,a_B$, $R = (\sqrt{3}/2)R^0_{HH} = 1{,}43\,a_B$, also bei einer gleichseitig-dreieckigen Kernanordnung (Symmetriegruppe $\boldsymbol{D}_{3h}$). Bei Vergrößerung von R läuft der Minimumweg in einem Potentialtal aus, das der Fragmentierung

$$H_3^+ \xrightarrow[R\to\infty]{} H_2 + H^+ \tag{13.2}$$

entspricht; bei unbegrenzter Aufweitung (alle $R_{HH} \to \infty$) tritt vollständige Dissoziation ein,

$$H_3^+ \xrightarrow[\text{alle } R_{HH} \to \infty]{} H + H + H^+ , \qquad (13.3)$$

und das Potential wird konstant ("Dissoziationsplateau")

Bei $R = 0$ (Symmetriegruppe $\boldsymbol{D}_{\infty h}$) wird ein Sattelpunkt (SP) der Potentialfläche erreicht; dessen Überschreitung führt in ein spiegelbildlich-symmetrisch zu MIN gelegenes Minimum MIN': das Proton H^+ durchquert die Basislinie H–H, die dabei aufgeweitet wird. Wir haben es gewissermaßen mit einer Isomerisierung zu tun, und der Minimumweg verläuft über eine Barriere (s. Abb. 13.3a,c; vgl. auch Abb. 4.5, wo ein unsymmetrischer Fall dargestellt ist).

Man bezeichnet zuweilen eine solche Art von Isomerisierung als *Pseudorotation* (s. etwa Hagelberg, F.: Pseudorotational Dynamics of H_3^+ and Li_3^+. Int. J. Quantum Chem. **85**, 72-84 (2001); auch [I.5]).

Wird die Kernanordnung auf lineare Konfigurationen $(H–H–H)^+$ eingeschränkt, dann ergibt sich das in Abb. 13.3b dargestellte Konturliniendiagramm. Der soeben diskutierte Sattelpunkt in Abb. 13.3a erscheint hier als ein Minimum (vgl. Abschn. 13.1.2).

Die Tab. 13.2 stellt Resultate von Potentialberechnungen für das System H_3^+ im Elektronengrundzustand zusammen.

Die Verhältnisse sind in Wirklichkeit nicht so einfach, wie es hier den Anschein hat. Die adiabatische Näherung ist nämlich in bestimmten Bereichen größerer Kernabstände nicht mehr gültig, und es kommen nichtadiabatische Kopplungen zwischen Potentialflächen zu anderen Elektronenzuständen ins Spiel; s. Abschnitt 13.4 (eine Kurzfassung in [13.3]).

(c) H_3

Auch das nichtgebundene dreiatomige Aggregat H_3 ist seit den Anfängen der Quantenchemie immer wieder berechnet worden. Wie wir in Abschnitt 7.4.2 gesehen hatten, versagt die HMO-Näherung hier vollständig: der Elektronengrundzustand ergibt sich als gebunden (s. ÜA 13.2), und das ist definitiv falsch, wie bessere Näherungen und experimentelle Befunde zeigen (s. unten).

Bei Stößen zwischen einem H-Atom und einem H_2-Molekül können *Austauschprozesse* ablaufen:

$$H + H_2 \to H_2 + H \qquad (13.4)$$

bzw. deutlicher geschrieben, wenn wir die drei H-Atome durchnumerieren:

$$H1 + H2H3 \to H1H2 + H3 ; \qquad (13.4')$$

ein isotop-analoger Austauschprozess ist etwa

$$D + H_2 \to DH + H . \qquad (13.5)$$

Die Potentialhyperfläche für den Elektronengrundzustand zeigt dabei die in Abb. 13.4a für lineare Kernanordnungen H–H–H (diese sind energetisch bevorzugt) dargestellte typische

Form mit einem Reaktant- und einem Produkt-Tal sowie einem dazwischenliegenden Sattelpunkt, d. h. einer Barriere auf dem Reaktionsweg (vgl. Abb. 4.6b).

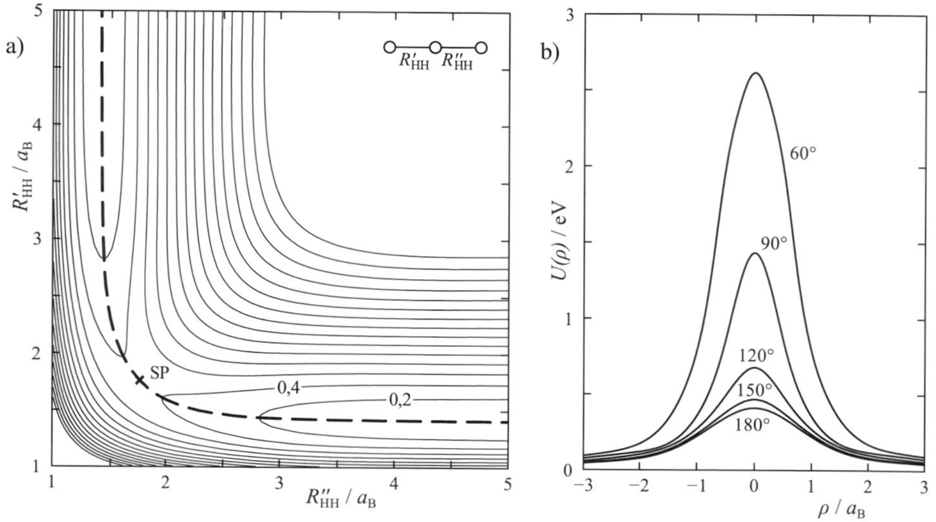

Abb. 13.4 Adiabatische Potentialhyperfläche für H_3 im Elektronengrundzustand: (a) Konturliniendiagramm für lineare Kernanordnungen; (b) zugehöriges Potentialprofil für den Austauschprozess (13.4) in Abhängigkeit vom Winkel $\angle$HHH [berechnet von T. Ritschel mit einer analytischen Potentialfunktion von Aguado, A., Paniagua, M., J. Chem. Phys. **96**, 1265 (1992)]; Konturlinienabstand: 0,2 eV

Zur Terminologie (s. hierzu auch Kap. 14): Man nennt einen Stoßprozess Atom + zweiatomiges Molekül, A + BC, *kollinear*, wenn die Richtung der Relativbewegung A–BC mit der Molekülachse B–C zusammenfällt und die drei Atome sich ständig auf der dadurch festgelegten Geraden bewegen.

Für gewinkelte Kernanordnungen hat die Potentialfläche qualitativ die gleiche Gestalt, wird allerdings in der Wechselwirkungsregion (d. h. in der Umgebung des Sattelpunktes) aufgewölbt, so dass sich eine höhere Barriere ergibt (s. Abb. 13.4b). Man bezeichnet so etwas als *sterischen Effekt.*

Da das System grundsätzliche Bedeutung hat, elektronisch recht einfach ist (nur drei Elektronen) und Potentialpunkte sich dementsprechend mit relativ geringem Aufwand berechnen lassen, sind immer wieder neue, verfeinerte Berechnungen vorgenommen worden; einige dabei erhaltene Potentialflächendaten sind in Tab. 13.3 zusammengestellt.

Auch hier sind die Verhältnisse in Wahrheit komplizierter: es gibt nämlich Kernanordnungen, und zwar annähernd gleichseitig-dreieckige, in denen die Potentialflächen für den Elektronengrundzustand und den ersten angeregten Zustand einander nahekommen (in der starken Aufwölbung der Barriere für $\angle$HHH $\approx 60°$ deutet sich das an, s. Abb. 13.4b); bei genau gleichseitig-dreieckiger Konfiguration fallen die Werte beider Potentialfunktionen zusammen. Die adiabatische Näherung gilt in solchen Bereichen nicht. Auf diesen Fall gehen wir in Abschnitt 13.4 näher ein.

Tab. 13.3 Sattelpunktcharakteristika[a] der Potentialhyperfläche von H_3 im Elektronengrundzustand ($1\,^2A'$); Kernanordnung linear-symmetrisch ($\boldsymbol{D}_{\infty h}$)

Näherungstyp[b]	$R^{\neq}_{HH}$	$\gamma^{\neq}$	$U^{\neq}$	$\Delta U^{\neq}$	Quelle
	(a_B)	(°)	(at. E.)	(eV)	
RHF	1,724	180	–1,595	1,058	*c*
MCSCF+CI	1,757	180	–1,658	0,425	*d*
MP2	1,735	180	–1,644	0,573	*c*
CCSD(T)	1,757	180	–1,657	0,430	*e*
MRD-CI	1,757	180	–1,659	0,418	*f*
QMC	1,757	180	–1,659	0,417	*g*
CASSCF/MRCI	1.757	180	–1,659	0.417	*h*
"Exp"				0,421	*i*

[a] Bezeichnungen s. Tab. 13.1 und 13.2; außerdem: $\gamma \equiv \angle$ HHH

[b] Abkürzungen s. Tab. 13.1 und 13.2; außerdem: MCSCF – Multikonfigurationen-SCF

c Liu, B., J. Chem. Phys. **58**, 1925 (1973)

d Siegbahn, P., Liu, B. J. Chem. Phys. **68**, 2457 (1978)

e Johnson, B. G., Gonzales, C. A., Gill, P. M. W., Pople, J. A., Chem. Phys. Lett. **221**, 100 (1994) [Basis: 6-311++G**]

f Boothroyd, A. I., Keogh, W. J., Martin, P. G., Peterson, M. R., J. Chem. Phys. **104**, 7139 (1996)

g Diedrich, D. L., Anderson, J. B., Science **258**, 786 (1992); Wu, Y.-S. M., Kuppermann, A., Anderson, J. B., PhysChemChemPhys **1**, 929 (1999)

h Mielke, S. L., Garrett, B. C., Peterson, M. R., J. Chem. Phys. **116**, 4142 (2002)

i Schultz, W. R., Leroy, D. G., J. Chem. Phys. **42**, 3869 (1965)

(d) HeH_2^+

Auch dieses System hat drei Elektronen, und Potentialflächenberechnungen erfordern daher nur mäßigen Aufwand. Die Wechselwirkungen sind von anderer Art als in den vorangegangenen Beispielen: es gibt ein flaches lokales Minimum (s. Abb. 13.5a), das einem durch elektrostatische (induktive) Kräfte zwischen He und H_2^+ zusammengehaltenen, relativ *schwach gebundenen Komplex* mit linearer Kernanordnung $(He–H–H)^+$ entspricht. Das Minimum ist hinreichend tief, um mehrere Schwingungszustände zuzulassen. Gemäß

$$HeH_2^+ \rightarrow He + H_2^+ \qquad (13.6)$$

kann der Komplex in ein neutrales He-Atom und ein H_2^+ - Molekülion zerfallen.

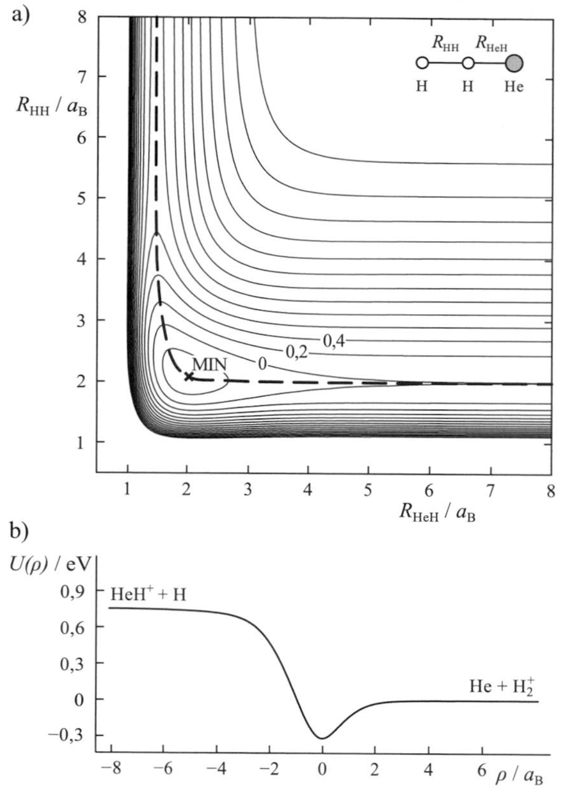

Abb. 13.5
Adiabatische Potentialhyperfläche für HeH_2^+ im Elektronengrundzustand: (a) Konturliniendiagramm für lineare Kernanordnungen $(He–H–H)^+$; (b) Potentialprofil für den Austauschprozess (13.7) [berechnet von T. Ritschel mit einer analytischen Potentialfunktion von Aguado, A., Paniagua, M., J. Chem. Phys. **96**, 1265 (1992)]; Konturlinienabstand: 0,2 eV

Bei Stößen zwischen einem He-Atom und einem H_2^+-Molekülion sind *Austauschprozesse*

$$He + H_2^+ \to HeH^+ + H \tag{13.7}$$

möglich, die zu einem stabilen HeH^+-Molekülion und einem H-Atom führen; ein solcher Prozess ist endoergisch, er erfordert zumindest soviel Energie, wie nötig ist, um (im klassischen Bild) den Potentialhang im linken Teil von Abb. 13.5a,b zu "erklimmen". Wir haben hier ein Beispiel für einen Umlagerungsprozess auf einer adiabatischen Potentialfläche ohne Sattelpunkt. Bei genügend hohen Energien können adiabatische *Dissoziationen*, also Prozesse $He + H_2^+ \to He + H^+ + H$ erfolgen.

Tab. 13.4 gibt eine Übersicht über berechneten Kenndaten der Potentialfläche für den Elektronengrundzustand.

Weitere Prozesse, die in diesem System denkbar sind, gehen unter Beteiligung von Potentialflächen für höher gelegene Elektronenzustände vor sich, z. B. die *Ladungsübertragung* $He + H_2^+ \to He^+ + H_2$ oder die *dissoziative Ladungsübertragung* $He + H_2^+ \to He^+ + H + H$; zu ihrer Beschreibung reicht die adiabatische Näherung nicht aus (s. hierzu wieder Abschn. 13.4).

Tab. 13.4 Potentialflächencharakteristika[a] von HeH_2^+ im Elektronengrundzustand ($1\,^2A'$)

Näherungstyp[b]	R^0_{HH} (a_B)	R^0_{HeH} (a_B)	γ^0 (°)	U^0 (at. E.)	ΔU^0 (eV)	ΔU (eV)	Quelle
RHF	2,0	2,0	180	–3,470	0,161	0,851	*c*
CI	2,0	2,0	180	–3,513	0,314	0,756	*c,e*
MCSCF+CI	2,09	1,99	180	–3,508	0,272	0,756	*d*
CASSCF/MRCI			180	–3,518	0,338	0,751	*e*
MRCI, FCI	2,078	1,933	180	–3,130	0,338	0,750	*f*
Exp						0,753	*g*

[a] Bezeichnungen s. Tab. 13.1 – 13.3; außerdem: $\gamma^0 \equiv \angle$ HeHH im Potentialminimum; ΔU^0 – Muldentiefe relativ zu $He(^1S) + H_2^+(X\,^2\Sigma^+)$; ΔU – Potentialdifferenz zwischen Produkt- und Reaktantkanal der Reaktion (13.7) (Endoergizität, definiert in Gl. (12.24))

[b] Abkürzungen s. Tab. 13.1 – 13.3

c McLaughlin, D. R., Thompson, D. L., J. Chem. Phys. **70**, 2748 (1979)

d Hopper, D. G., Int. J. Quant. Chem. **12**, 305 (1978)

e Aquilanti, V., et al., Chem. Phys. Lett. **318**, 619 (2000)

f Ramachandran, C. N., et al., Chem. Phys. Lett. **469**, 26 (2009)

g Huber, K. P., Herzberg. G.: Molecular Spectra and Molecular Structure. IV. Constants of Diatomic Molecules. Van Nostrand Reinhold, New York (1979)

(e) H_2O

Da es sich bei H_2O um eines der sowohl in der Natur als auch in der chemischen Praxis wichtigsten Moleküle handelt, sind genaue Kenntnisse seiner Elektronenstruktur und der möglichen Prozesse, die im Aggregat dieser drei Atome vonstatten gehen können, von hohem Interesse. Demgemäß liegt auch für dieses System eine Vielzahl von Berechnungen vor.

Die adiabatische Potentialhyperfläche für den Elektronengrundzustand weist ein tiefes Minimum auf (rund 10 eV relativ zur Gesamtenergie der drei getrennten Atome); es existiert ein *stabiles (symmetrisch-) gewinkeltes Molekül* $H_2O(\tilde{X}\,^1A_1)$. In Tab. 13.5 sind Ergebnisse von Berechnungen molekularer Parameter aus Potentialflächendaten für den Elektronengrundzustand von H_2O zusammengestellt und mit experimentellen Werten verglichen.

Abb. 13.6a zeigt einen Potentialflächen-Ausschnitt in der Umgebung dieses Minimums, wobei der Winkel $\angle$ HOH den festen (experimentell als Bindungswinkel des Wassermoleküls bekannten) Wert 104,5° hat (s. Tab. 13.5).

Tab. 13.5 Potentialflächencharakteristika[a] von H_2O im Elektronengrundzustand ($1\,^1A'$)

Näherungstyp[b]	R^0_{OH} (a_B)	γ^0 (°)	ΔU^0 (eV)	$D_e(O+H_2)$ (eV)	$D_e(OH+H)$ (eV)	Quelle
RHF	1,79	105,5	6,34	≈ 4,8	3,59	*c*
MP2	1,83	104,0	8,77	≈ 6,7	4,87	*c*
QCISD	1,83	104,0	8,55	≈ 6,3	4,68	*c*
DFT-BLYP	1,85	102,7	9,54	≈ 6,8	5,05	*c*
CCSD(T)	1,817	104,2	9.88	≈ 7,4	5,36	*d*
MBE/MRD-CI	1,808	104,5	10,05	7,26	5,30	*e*
Exp	1,810	104,48	10,07	7,30	5,45	*f*

[a] Singulettzustand $1\,^1A'$, der mit $O(^1D)+H_2(X\,^1\Sigma_g^+)$ und mit $OH(X\,^2\Pi)+H(^2S)$ korreliert (s. Abb. 13.6 und 13.7): R^0_{OH}, $\gamma^0 \equiv \angle HOH$ – Kernabstand O–H bzw. Bindungswinkel im Potentialminimum ($\boldsymbol{C}_{2v}$); ΔU^0 – Muldentiefe relativ zu $O(^3P)+2H(^2S)$; $D_e(O+H_2) \equiv D_e\{O(^1D)+H_2(X\,^1\Sigma_g^+)\}$, $D_e(OH+H) \equiv D_e\{OH(X\,^2\Pi)+H(^2S)\}$

[b] Abkürzungen s. Tab. 13.1 – 13.4; außerdem: QCISD – Quadratische CI mit allen Einfach- und Doppelanregungen (nach Pople, J. A., et al. 1987); MBE – many-body expansion (s. Abschn. 13.3.2*(b)*)

c Johnson, B. G., Gill, P. M. W., Pople, J. A., J. Chem. Phys. **98**, 5612 (1993) [Basis: 6-31G*]

d NIST Computational Chemistry Comparison and Benchmark Database, Standard Reference Database Number 101, Release 16a, August 2013, Ed.: Russell D. Johnson III. http://cccbdb.nist.gov/ [Basis: aug-cc-pVTZ]

e Berechnet von T. Ritschel aus der MBE-Potentialfunktion von Murrell, J. N., Carter, S., J. Phys. Chem. **88**, 4887 (1984), die auf empirischen Daten und MRD-CI-Berechnungen von Murrell, J. N., et al., Mol. Phys. **42**, 605 (1981) beruht.

f Herzberg, G.: Molecular Spectra and Molecular Structure. III. Electronic Spectra and Electronic Structure of Polyatomic Molecules. Van Nostrand Reinhold, New York (1966)
Hoy, A. R., Bunker, P. R., J. Mol. Spectrosc. **74**, 1 (1979)

In den äußeren Potentialbereichen, wo sich Bindungen aufgeweitet haben, werden die Elektronenstruktur und die energetischen Verhältnisse komplizierter; das Korrelationsdiagramm in Abb. 13.7 zeigt für einige Kernanordnungen schematisch die Lage der energetisch tiefsten Elektronenzustände und ihre adiabatischen Verknüpfungen.

Es ergeben sich in nichtrelativistischer Näherung (ohne spinabhängige Wechselwirkungen) bei niedrigen Energien zwei Scharen von Potentialhyperflächen: solche zu Singulettzuständen und solche zu Triplettzuständen, die sich überschneiden dürfen und zwischen denen keine Übergänge stattfinden können: es gilt $\Delta S = 0$ (vgl. Abschn. 7.1.3).

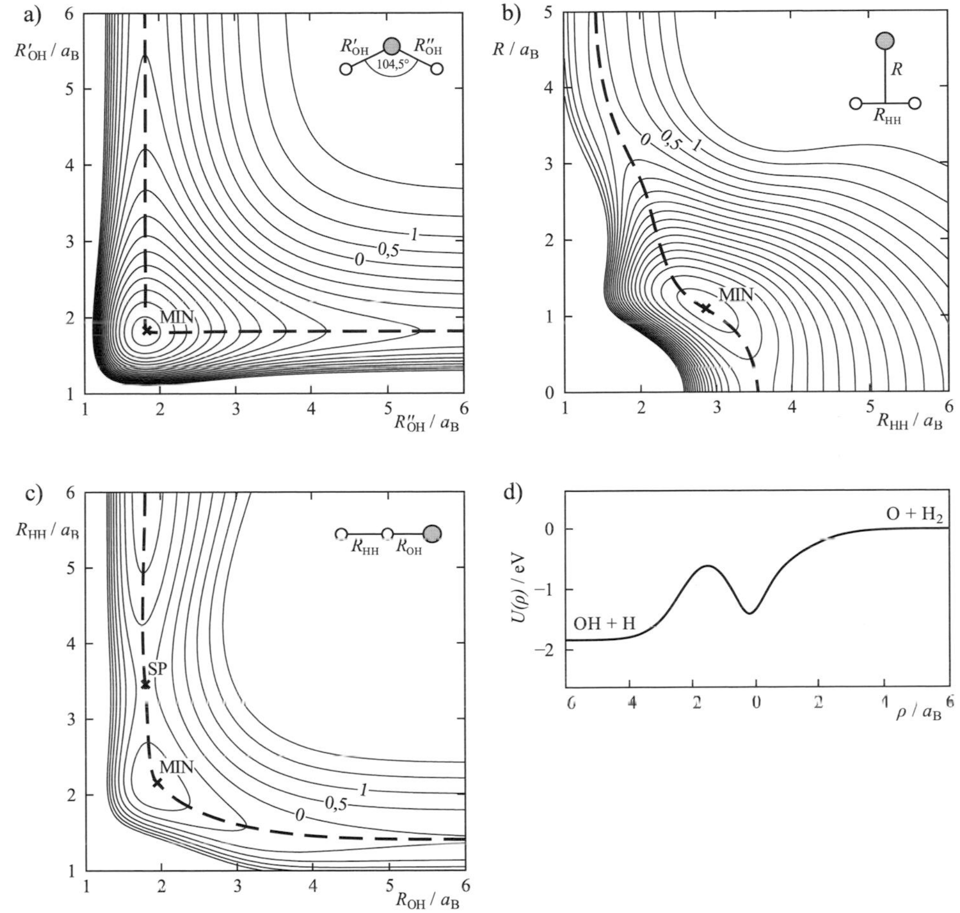

Abb. 13.6 Potentialflächenausschnitte zum Elektronengrundzustand X^1A_1 von H_2O: Konturliniendiagramme für (a) $\angle$ HOH = 104,5°; (b) gleichschenklig-dreieckige Kernanordnungen (Symmetriegruppe $\boldsymbol{C}_{2v}$); (c) lineare Kernanordnungen H–H–O; (d) Potentialprofil zu (c) [berechnet von T. Ritschel mit einer analytischen Potentialfunktion von Murrell, J. N., Carter, S., J. Phys. Chem. **88**,4887 (1984)]; Konturlinienabstand: 0,5 eV

Aus den Abbn. 13.6 und 13.7 lässt sich einiges über die im System möglichen Prozesse ablesen. So kann aus dem Elektronengrundzustand $\tilde{X}^1A_1$ des H_2O-Moleküls durch einen Bindungsbruch $R'_{OH} \to \infty$ (Bewegung nach links oben im vertikalen Potential-Tal in Abb. 13.6a) eine *Dissoziation* $H_2O \to H + OH$ erfolgen:

$$H_2O(\, X^1A_1 \,) \to OH(\, X^2\Pi \,) + H(\, ^2S \,). \tag{13.8a}$$

Auch eine Dissoziation $H_2O \to H_2 + O$ ist adiabatisch realisierbar; in Abb.13.6b entspricht dem eine unbegrenzte Streckung des gleichschenkligen Dreiecks $O-H_2$: $R_{O-H_2} \to \infty$. Dabei korreliert der zur Symmetrierasse $^1A_1$ gehörende Elektronengrundzustand nicht mit den Grundzuständen $O(^3P)+H_2(X\,^1\Sigma_g^+)$ der beiden Fragmente, sondern mit den Zuständen $O(^1D)+H_2(X\,^1\Sigma_g^+)$. Der Prozess verläuft auf der tiefsten Singulett-Potentialfläche (s. Abb. 13.6b) und kann daher neben H_2 im Singulett-Grundzustand nur zu $O(^1D)$ führen:

$$H_2O(X\,^1A_1) \to O(^1D)+H_2(X\,^1\Sigma_g^+). \tag{13.8b}$$

O-Atome im Grundzustand (^3P) könnten sich ergeben, wenn H_2O aus einem tiefgelegenen Triplettzustand dissoziiert (s. Abb. 13.7).

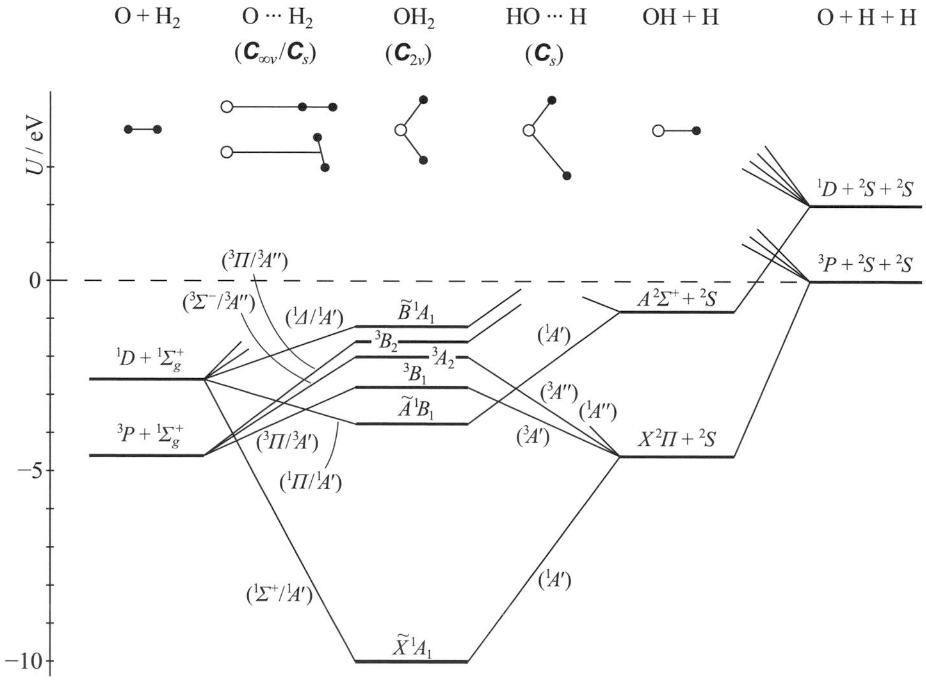

Abb. 13.7 Adiabatische Korrelation der tiefsten Singulett-Elektronenzustände im System H_2O für verschiedene Kernanordnungen (schematisch) [dick gezeichnet: Termbalken mit spektroskopischen Bezeichnungen für OH und H_2O nach Herzberg, G.: Molecular Spectra and Molecular Structure. I und III. Van Nostrand Reinhold, New York (1989, 1966), für Triplett-Zustände nach Polák, R., et al., J. Chem. Phys. **87**, 2863 (1987)]

Geht man über die nichtrelativistische Näherung hinaus und bezieht die Spin-Bahn-Wechselwirkung ein, dann sind für bestimmte beim Prozess durchlaufene Kernanordnungen Singulett-Triplett-Übergänge möglich, und bei der Dissoziation von $H_2O(\,\tilde{X}\,^1A_1\,)$ entstehen auch $O(\,^3P\,)$-Atome.

Bei Stößen $O+H_2$ können *Austauschprozesse* stattfinden. In Abb. 13.6c ist als Konturliniendiagramm ein Potentialflächenausschnitt zum Singulett-Elektronengrundzustand für lineare Kernanordnungen H–H–O (kollineare Stöße) dargestellt:

$$O(\,^1D\,)+H_2(\,X\,^1\Sigma_g^+\,) \rightarrow OH(\,X\,^2\Pi\,)+H(\,^2S\,)\,; \qquad (13.9a)$$

Abb. 13.6d zeigt das Potentialprofil über dem Minimumweg. Für Stoßprozesse

$$O(\,^3P\,)+H_2(\,X\,^1\Sigma_g^+\,) \rightarrow OH(\,X\,^2\Pi\,)+H(\,^2S\,) \qquad (13.9b)$$

ist die tiefste Triplett-Potentialfläche bestimmend (s. Abb. 13.7). Eine kurze Diskussion sowie Literaturhinweise findet man z. B. in [13.1a].

(f) HCN

Das dreiatomige System HCN bildet im Elektronengrundzustand ein stabiles Molekül mit einer linearen Kernanordnung H–C–N ($\tilde{X}\,^1\Sigma^+$); die Potentialhyperfläche weist für eine solche Kernanordnung ein tiefes lokales Minimum auf (s. Abb. 13.8a), rund 5,7 eV unterhalb der Energie der Fragmente H + CN (im Grundzustand).

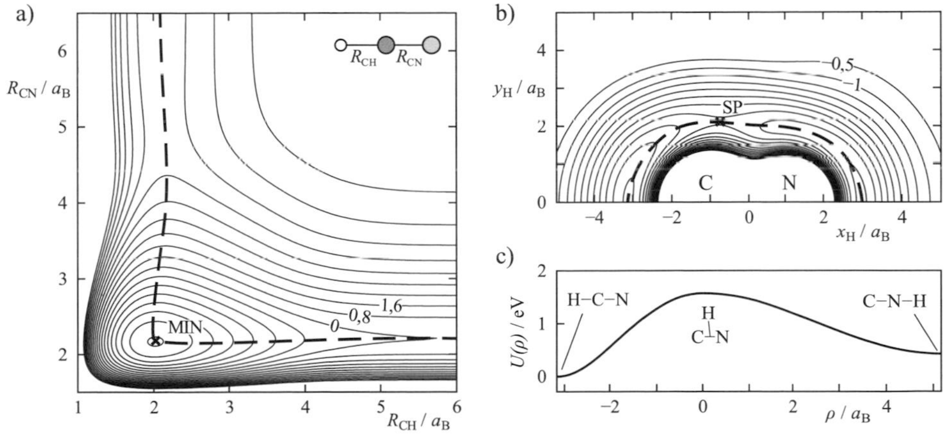

Abb. 13.8 Adiabatische Potentialhyperfläche zum Elektronengrundzustand von $HCN(\,1\,^1A'\,)$: Konturliniendiagramme (a) für lineare Kernanordnungen H–C–N; (b) für die Bewegung des H-Atoms bei der Isomerisierung HCN $\leftrightarrow$ CNH, C-N-Kernabstand $R_{CN} = 2{,}20\,a_B$ festgehalten; (c) Potentialprofil zu (b) [berechnet von T. Ritschel mit einer analytischen Potentialfunktion von Murrell, J. N., Carter, S., Halonen, L. O., J. Mol. Spectrosc. **93**, 307 (1982)]; Konturlinienabstand: 0,8 eV in (a), 0,5 eV in (b)

Tab. 13.6 Potentialflächencharakteristika[a] von HCN/HNC im Elektronengrundzustand ($1\,{}^1A'$)

Näherungstyp[b]	MIN1 ($\boldsymbol{C}_{\infty v}$) HCN($\tilde{X}\,{}^1\Sigma^+$)			MIN2 ($\boldsymbol{C}_{\infty v}$) HCN($\tilde{X}\,{}^1\Sigma^+$)			Quelle
	R^0_{CH} (a_{B})	R^0_{CN} (a_{B})	$D_{\mathrm{e}}(1)$ (eV)	R^0_{NH} (a_{B})	R^0_{CN} (a_{B})	ΔU_{iso} (eV)	
RHF	2,00	2,14	4,72				*c*
MP2	2,02	2,22	6,19				*c*
CI	2,01	2,19		1,88	2,21	0,633	*d*
MRD-CI	2,020	2,190		1,881	2,230	0,653	*e*
QCISD	2,026	2,202	5,26				*c*
CCSD(T)	2,011	2,196		1,867	2,221	0,653	*f*
Exp	2,011	2,185	5,76	1,864	2,216	0,654	*g*

Näherungstyp[b]	SP ($\boldsymbol{C}_s$) HCN($1\,{}^1A'$)$^{\neq}$				Quelle
	$R^{\neq}_{\mathrm{CH}}$ (a_{B})	$R^{\neq}_{\mathrm{CN}}$ (a_{B})	$\gamma^{\neq}$ (°)	$\Delta U^{\neq}$ (eV)	
CI	2,21	2,23	74,9	2,15	*d*
MRD-CI	2,249	2,253	71,3	2,18	*e*
CCSD(T)	2,224	2,258	72,2	2,11	*f*

[a] Vgl. Tab. 13.1 – 13.5; $\gamma \equiv \angle \mathrm{HCN}$; $D_{\mathrm{e}}(1) \equiv D_{\mathrm{e}}(\mathrm{MIN1}) \equiv U\{\mathrm{H}+\mathrm{CN}\} - U^0(\mathrm{MIN1})$ – Dissoziationsenergie für HCN(MIN1) $\rightarrow$ H(^2S) + CN($X\,{}^2\Sigma^+$); $\Delta U_{\mathrm{iso}} \equiv U^0(\mathrm{MIN2}) - U^0(\mathrm{MIN1})$ – Endoergizität bei Umlagerung (Isomerisierung) HCN $\rightarrow$ CNH; $D_{\mathrm{e}}(\mathrm{MIN2}) \equiv D_{\mathrm{e}}(\mathrm{MIN1}) - \Delta U_{\mathrm{iso}}$; $\Delta U^{\neq}$ – Barrierenhöhe relativ zu HCN(MIN1)

[b] Vgl. Tab. 13.1 – 13.5

c Johnson, B. G., Gill, P. M. W., Pople, J. A., J. Chem. Phys. **98**, 5612 (1993)

d Pearson, P. K., Schaefer, H. F., Wahlgren, U.,J. Chem. Phys. **62**, 350 (1975)

e Perić, M., Mladenović, M., Peyerimhoff, S. D., Buenker, R. J., Chem. Phys. **82**, 317 (1983)

f Bowman, J. M., Gazdy, B., Bentley, J. A., Lee, T. J., Dateo, C. E., J. Chem. Phys. **99**, 308 (1993)

g NIST Computational Chemistry Comparison and Benchmark Database, loc. cit., sowie Johnson, B. G., et al. (s. Fußnote *c*)

Die Diskussion möglicher Fragmentierungen des Moleküls HCN überlassen wir dem Leser als ÜA 13.3.

Die Potentialfläche des Elektronengrundzustands weist eine Besonderheit auf: Es gibt nämlich ein zweites, weniger tiefes lokales Minimum, und zwar für eine ebenfalls lineare Kernanordnung C–N–H; auch dieses Aggregat entspricht nach unserer Definition einem elektronisch stabilen Molekül (Isocyanid). In dem dreiatomigen Aggregat ist also eine innermolekulare Umlagerung (*Isomerisierung*)

$$\mathrm{HCN}(\tilde{X}\,^1\Sigma^+) \leftrightarrow \mathrm{HNC}(\tilde{X}\,^1\Sigma^+) \qquad (13.10)$$

möglich (vgl. Abb. 4.5 in Abschn. 4.3.3.1). Um von einer linearen Kernanordnung H–C–N zur linearen Kernanordnung C–N–H zu gelangen, muss das H-Atom vom einen Ende des Moleküls zum anderen wandern mit entsprechender (adiabatisch der Bewegung des Protons folgender) "Umformierung" der Elektronenhülle. Die dabei vor sich gehenden energetischen Änderungen spiegeln sich in der Gestalt der Potentialhyperfläche auf dem Wege von MIN1 (H–C–N) nach MIN2 (C–N–H) wider, s. Abb. 13.8b,c.

Daten zur Charakterisierung der stationären Punkte der Potentialhyperfläche zum Elektronengrundzustand sind in Tab. 13.6 zusammengestellt.

(g) FH_2

Ebenfalls von erheblicher grundsätzlicher und praktischer Bedeutung und daher intensiv untersucht ist das dreiatomige System FH_2. In seinem Elektronengrundzustand ($1\,^2A'$) existiert kein gebundenes, stabiles Molekül, die entsprechende Potentialhyperfläche weist kein lokales Minimum ausreichender Tiefe auf; die Fragmente H_2 und HF in ihren Grundzuständen $X\,^1\Sigma_g^+$ bzw. $X\,^1\Sigma^+$ sind stabil.

Zwischen den Fragmenten des Systems im Elektronengrundzustand können die folgenden elektronisch adiabatischen *Austauschprozesse* ablaufen:

$$\mathrm{F}(^2P) + \mathrm{H}_2(X\,^1\Sigma_g^+) \rightarrow \mathrm{FH}(X\,^1\Sigma^+) + \mathrm{H}(^2S) \qquad (13.11)$$

und seine Umkehrung

$$\mathrm{H}(^2S) + \mathrm{FH}(X\,^1\Sigma^+) \rightarrow \mathrm{F}(^2P) + \mathrm{H}_2(X\,^1\Sigma_g^+) \qquad (13.12)$$

sowie der Wasserstoffaustausch

$$\mathrm{H}(^2S) + \mathrm{FH}(X\,^1\Sigma^+) \rightarrow \mathrm{HF}(X\,^1\Sigma^+) + \mathrm{H}(^2S)\,. \qquad (13.13)$$

Das Molekül $\mathrm{HF}(X\,^1\Sigma_g^+)$ ist wesentlich fester gebunden als das Molekül $\mathrm{H}_2(X\,^1\Sigma_g^+)$; die elektronischen Dissoziationsenergien D_e betragen 6,12 eV bzw. 4,75 eV. Die Energiedifferenz von 1,37 eV wird bei dem Prozess (13.11) freigesetzt (*exoergischer Prozess*) bzw. muss bei dem Prozess (13.12) aufgewendet werden (*endoergischer Prozess*). Der Prozess (13.13) ist wie der oben besprochene Wasserstoffaustausch $\mathrm{H} + \mathrm{H}_2 \rightarrow \mathrm{H}_2 + \mathrm{H}$ energetisch neutral.

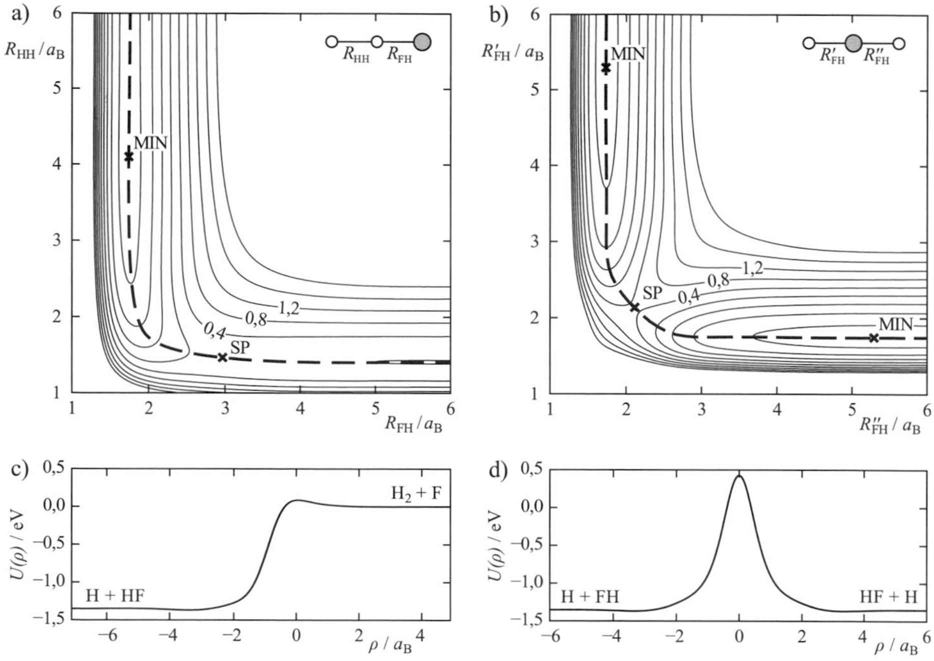

Abb. 13.9 Adiabatische Potentialhyperfläche zum Elektronengrundzustand von $FH_2(1^2A')$:
(a) Konturliniendiagramm für lineare Kernanordnungen H–H–F; (c) Potentialprofil zu (a) ; (b) Konturliniendiagramm für lineare Kernanordnungen H–F–H; (d) Potentialprofil zu (b) [berechnet von T. Ritschel mit einer analytischen Potentialfunktion von Stark, K., Werner, H.-J., J. Chem. Phys. **104**, 6515 (1991)]; Konturlinienabstand: 0, 4 eV

Betrachtet man nur lineare Kernanordnungen H–H–F, so lassen sich die beiden Umlagerungen (13.11) und (13.12) qualitativ verstehen. Der entsprechende Potentialflächenausschnitt ist in Abb. 13.9a als Konturliniendiagramm dargestellt; Abb. 13.9c zeigt das Potentialprofil über dem in Abb. 13.9a eingezeichneten Minimumweg. Bevor bei dem exoergischen Prozess (13.11) der Potentialabfall ins Produkt-Tal einsetzt, weist die Potentialfläche einen Sattelpunkt auf; die Barriere ist weniger als 0,1 eV hoch (s. Tab. 13.7). Bei analogen Prozessen mit anderen Halogenatomen X = Cl, Br, I anstelle von F bleibt übrigens die Form der Potentialfläche qualitativ die gleiche, nur wird die Barriere in der Abfolge F, Cl, Br, I höher und verschiebt sich in Richtung auf das Produkt-Tal (vgl. hierzu [13.4], dort Abschn. 4.2.2).

Dass bei exoergischen Prozessen die Barriere noch im Reaktant-Tal liegt, die Übergangskonfiguration der Kerne also mehr den Reaktanten als den Produkten ähnelt, steht in Einklang mit einer empirischen Regel aus der organischen Chemie (sog. *Hammond-Postulat*).

Entsprechende Diagramme für lineare Kernanordnungen H–F–H zum Prozess (13.13) zeigen die beiden Abbn. 13.9b,d.

In Tab. 13.7 sind geometrische und energetische Daten für die stationären Punkte der Potentialhyperfläche des Elektronengrundzustands von FH_2 zusammengestellt.

Tab. 13.7 Sattelpunktcharakteristika[a] der Potentialhyperfläche für den Elektronengrundzustand ($1\,^2A'$) von FH_2

	SP1 ($\boldsymbol{C}_{\infty v}$) FHH($^2\Sigma^+$)				SP2 ($\boldsymbol{D}_{\infty h}$) HFH($^2\Sigma_u^+$)			
Näherungstyp[b]	$R_{FH}^{\neq}$ (a_B)	$R_{HH}^{\neq}$ (a_B)	$\Delta U^{\neq}$ (meV)	ΔU (eV)	R_{FH}^{0} (a_B)	$U^{\neq}$ (at. E.)	$\Delta U^{\neq}$ (eV)	Quelle
RHF	2,23	1,58	127	–0,58				*c*
CI	2,91	1,45	71,5	–1,49				*c*
MCSCF/MRCI	2,79	1,47	145	–1,36				*d*
CCSD(T)	2,91	1,45	88,9	–1,34				*e*
RHF					2,15	–100,44	2,83	*f*
GVB+CI					2,15	–100,66	2,08	*f*
CEPA					2,16	–100,73	1,96	*g*
CASSCF/MRCI	2,95	1,44	83,2	–1,357	2,13		1,78	*h*
Exp				–1,376				*i*

[a] Vgl. Tab. 13.1 – 13.6; $\Delta U^{\neq}$ – Barrierenhöhe: SP1 relativ zu $F(^2P_u) + H_2(X^1\Sigma_g^+)$, SP2 relativ zu $H(^2S) + FH(X^1\Sigma^+)$; $\Delta U \equiv U\{FH + H\} - U\{F + H_2\}$ – Potentialdifferenz zwischen Produkt- und Reaktantkanal der Umlagerung (13.11) (Exoergizität)

[b] Vgl. Tab. 13.1 – 13.6; außerdem: GVB – Generalized Valence Bond nach Goddard III, W. A. (s. [I.4b], Abschn. 4.4.3.2)

c Bender, C. F., O'Neill, S. V., Pearson, P. K., Schaefer, H. F., Science **176**, 1412 (1972); id. J. Chem. Phys. **56**, 4626 (1972)

d Ungemach, S. R., Schaefer, H. F., Liu, B., Faraday Discuss. Chem. Soc. **62**,330 (1977)

e Scuseria, G. E., J. Chem. Phys. **95**, 7426 (1991)

f Wadt, W. R., Winter, N. W., J. Chem. Phys. **67**, 3068 (1977)

g Botschwina, P., Meyer, W., Chem. Phys. **20**, 43 (1977)

h Stark, K., Werner, H.-J., J. Chem. Phys. **104**, 6515 (1996)

i Nach Daten aus Huber, K. P., Herzberg, G.: Molecular Spectra and Molecular Structure. IV. Constants of Diatomic Molecules. Van Nostrand Reinhold, New York (1979)

Es sei noch auf einige Feinheiten hingewiesen, die bei sehr genauen Rechnungen zutage treten und hier nicht weiter diskutiert werden sollen. So deuten sich in den Konturliniendiagrammen 13.9a,b bei größeren Reaktant- bzw. Produktabständen sehr flache Mulden an als Folge der Van-der-Waals-Attraktion. Ferner zeigt sich, dass der Prozess (13.11) eine gewinkelte Übergangskonfiguration (SP) hat ($\angle FHH \approx 120°$), wobei die entsprechende Barriere etwas niedriger ist als bei kollinearen Stößen (s. Stark, K., Werner, H.-J., loc. cit.).

(h) $[XCH_3Y]^-$ *(X, Y = H oder Halogen)*

Punktweise Berechnungen von vollständigen Potentialfunktionen (also in Abhängigkeit von sämtlichen f Freiheitsgraden) sind mit enormem Aufwand verbunden. Wir betrachten hier eine Gruppe von mehratomigen Systemen, für welche derartige Berechnungen bereits relativ weit vorangetrieben wurden: $[XCH_3Y]^-$, wobei X und Y entweder ein Wasserstoff- oder ein Halogenatom bezeichnen. Man hat es mit $f = 12$ inneren Freiheitsgraden zu tun, so dass die Berechnung schon außerordentlich aufwendig und die topographische Untersuchung der gesamten Potentialfunktion (zeichnerisch darstellbar sind jeweils nur Ausschnitte für die Abhängigkeit von zwei der Koordinaten) sehr kompliziert wird. Die Vorgänge bei Umlagerungen in dieser Art von Systemen lassen sich aber noch recht gut modellmäßig verstehen.

Die elektronischen Verhältnisse scheinen auf den ersten Blick einfach zu sein. Wenn man sich für den *Austauschprozess*

$$X^-({}^1S) + CH_3Y(1^1A_1) \rightarrow XCH_3(1^1A_1) + Y^-({}^1S) \qquad (13.14)$$

interessiert[3], wobei sich die Halogen-Anionen X^- bzw. Y^- im Grundzustand (${}^1S$) und die Methylhalogenide CH_3Y bzw. CH_3X, deren Kernanordnungen die Symmetrie $\boldsymbol{C}_{3v}$ haben, gleichfalls im Grundzustand ($1\,{}^1A_1$) befinden, dann hat das gesamte Aggregat ebenso wie die einzelnen Reaktanten und Produkte abgeschlossene Elektronenschalen. Diese Elektronenstruktur bleibt, wie Berechnungen zeigen, während des Umlagerungsvorgangs erhalten, d. h. es gilt die elektronisch adiabatische Näherung.

Den Ablauf des molekularen Prozesses (13.14) kann man sich in drei Phasen vorstellen (vgl. hierzu Abb. 13.10b,c für den Fall $X = H$ und $Y = F$).

Phase I: Während sich die Reaktanten aufeinander zu bewegen, sind, wie Rechnungen zeigen, Kernanordnungen mit $\boldsymbol{C}_{3v}$-Symmetrie (X–C–Y als C_3-Achse) energetisch bevorzugt. Auf Grund der anziehenden elektrostatischen (induktiven) Wechselwirkung Ladung – Molekül lagern sich die Reaktanten zu einem relativ schwach gebundenen Komplex $(X^-)\cdot CH_3Y$ zusammen; diesem Komplex entspricht ein lokales Minimum (MIN1) der Potentialhyperfläche.

Phase II (Umlagerung der Kernanordnung bei starken inneren Wechselwirkungen): Die drei C–H-Bindungen klappen ziemlich abrupt, d. h. auf einem kurzen Abschnitt des Reaktionsweges, um (wie ein überspannter Regenschirm); es lockert sich die Bindung C–Y, und zwischen X und C bildet sich eine Bindung X–C aus. Zugleich mit den Geometrieänderungen schiebt sich die elektronische Überschussladung in die Elektronenhülle des Moleküls CH_3Y (dessen Elektronenschalen abgeschlossen sind) hinein und drückt eine entsprechende Ladung auf die Gegenseite zum Endatom Y.

Das Durchlaufen der Phase II erfordert Energie, ist demzufolge mit einer Potentialerhöhung verbunden, und es bildet sich eine Übergangskonfiguration $([XCH_3Y]^-)^{\neq}$. Die Potentialhyperfläche hat dort einen Sattelpunkt (SP), das Potentialprofil über dem Minimumweg zeigt eine Barriere.

---

[3] In der üblichen chemischen Nomenklatur handelt es sich bei der Umwandlung (13.14) um eine bimolekulare nucleophile Substitutionsreaktion (in Kurzschreibweise: S_N2).

Nach Durchgang durch die Sattelpunktsregion relaxiert die Kernanordnung, das Aggregat stabilisiert sich, das Potential sinkt. Es formiert sich ein locker gebundener Komplex $XCH_3 \cdot (Y^-)$; dementsprechend gibt es ein weiteres lokales Potentialminimum (MIN2). Im Falle X = H, Y = F wird das F^--Anion über einer Ecke des CH_4-Tetraeders angelagert, so dass der Komplex wieder eine $\boldsymbol{C}_{3v}$-Symmetrie hat (jetzt mit C–Hax'–F als Achse C_3' ; s. Abb. 13. 10b und Tab. 13.8).

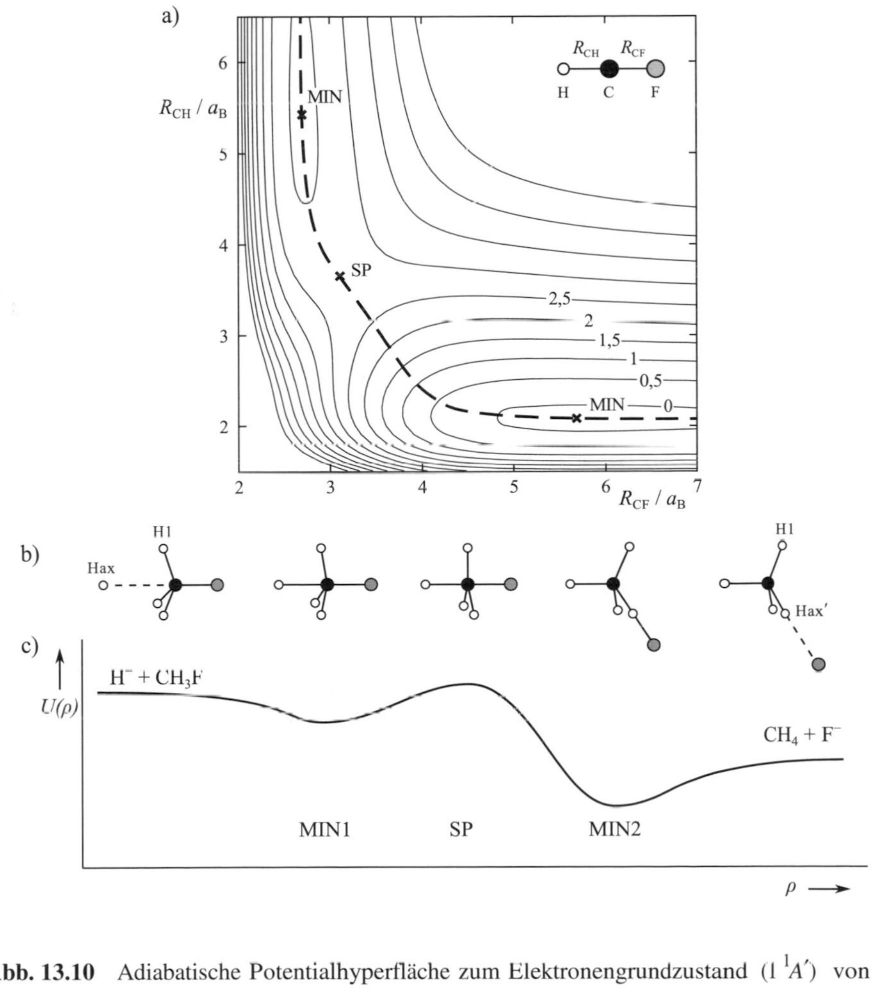

Abb. 13.10 Adiabatische Potentialhyperfläche zum Elektronengrundzustand ($1\,^1A'$) von $[HCH_3F]^-$: (a) Zweidimensionaler Ausschnitt als Konturliniendiagramm in Abhängigkeit von den Kernabständen R_{HC} und R_{CF} für $\boldsymbol{C}_{3v}$-Symmetrie und durchgängig lineare Kernanordnung H–C–F, gestrichelt ist der Minimumweg eingetragen; (b) Geometrieänderungen bei der Umlagerung (13.14) ohne Beschränkung auf durchgängig lineare Kernanordnung H–C–F und (c) entsprechendes Potentialprofil [Daten zu (a) berechnet von T. Ritschel (s. Angaben in Tab. 13.8; unveröffentlicht); Darstellungen (b) und (c) sind schematisch]; Konturlinienabstand: 0,5 eV

Tab. 13.8 Potentialflächencharakteristika[a] von $[HCH_3F]^-$ im Elektronengrundzustand ($1\,^1A_1$)

MIN1: $H^- \cdot CH_3F$ (C_{3v})

Näherungstyp[b]	R^0_{CHax} (a_B)	R^0_{CF} (a_B)	R^0_{CH1} (a_B)	γ^0 (°)	ΔU^0_1 (eV)	Quelle
RHF	5,36	2,68	2,05	70,3	0,454	*e*
MRCI	(5,36)	(2,68)	(2,05)	(70,3)	0,342	*e*
MP2	5,40	2,69	2,05	71,0	0,390	*g*

SP: $\left([HCH_3F]^-\right)^{\neq}$ (C_{3v})

Näherungstyp[b]	$R^{\neq}_{CHax}$ (a_B)	$R^{\neq}_{CF}$ (a_B)	$R^{\neq}_{CH1}$ (a_B)	$\gamma^{\neq}$ (°)	$\Delta U^{\neq}$ (eV)	Quelle
RHF	3,66	3,70	2,01	90	0,165	*c*
RHF	3,43	3,22	2,03	83,4	0,436	*e*
MRCI	(3,43)	(3,22)	(2,03)	(83,4)	0,166	*e*
CEPA	(3,66)	(3,70)	(2,01)	(90)	0,433	*d*
MP2	3,58	3,17	2,03	81,2	0,010	*g*
"Exp"					0,160	*h*

MIN2: $CH_4 \cdot F^-$ (C'_{3v})

Näherungstyp[b]	$R^0_{CHax'}$ (a_B)	R^0_{CF} (a_B)	R^0_{CH1} (a_B)	γ^0 (°)	ΔU^0_2 (eV)	Reaktionsenergie (Exoergizität) ΔU (eV)	Quelle
RHF						2,29	*c*
RHF	2,07	5,33	2,07	113,1	0,461	1,83	*e*
MRCI	2,07	5,33	2,07	113,1	0,181	2,36	*e*
CEPA						2,33	*d*
CCSD(T)	2,10	5,58	2,06	110,4	0,297		*f*
MP2	2,10	5,62	2,06	110,3	0,289	2,80	*g*
Exp					0,305	2,43	*h / i*

Tab. 13.8 (Fortsetzung: Fußnoten und Quellenangaben)

[a] Vgl. Tab. 13.1 – 13.7; Hax (Hax')– H-Kern auf der C_3 - (C_3'-) Achse; H1 – H-Kern außerhalb der C_3 - (C_3'-) Achse (s. Abb. 13.10b); γ – $\angle$HCHax ; ΔU_i^0 – Muldentiefe von MIN*i* relativ zum nächstgelegenen Fragmentkanal (i = 1, 2); $\Delta U^{\neq}$ – Barrierenhöhe relativ zum Reaktantkanal; ΔU – Potentialdifferenz zwischen Reaktant- und Produktkanal der Reaktion (13.14) mit X = H, Y = F (Exoergizität)

[b] Abkürzungen s. Tab. 13.1 – 13.7

c Dedieu, A., Veillard, A., J. Amer. Chem. Soc. **94**, 6730 (1972)

d Keil, F., Ahlrichs, R., J. Amer. Chem. Soc. **98**, 4777 (1976)
[Geometriedaten übernommen von Dedieu, A., Veillard, A., s. oben]

e Havlas, Z., Merkel, A., Kalcher, J., Janoschek, R., Zahradnik, R., Chem. Phys. **127**, 53 (1988)
[Geometrieoptimierung in MP2-Näherung mit 6-311G** - Basis. Die Struktur zu MIN2 wird in $\boldsymbol{C_s}$-Symmetrie erhalten. Energiedaten aus Table 5, Zeile 1 (RHF) und Zeile 8 (MRCI]

f Czakó, G. Braams, B. J., Bowman, J. M., J. Phys. Chem. A **112**, 7466 (2008)

g Ritschel, T., unveröffentlicht [Berechnungen mit MOLPRO, MP2-Näherung, Basis: aug-cc-pVTZ]

h Tanaka, K., Mackay, G. I., Paysant, J. D., Bohme, D. K., Can. J. Chem. **54**, 1643 (1976)

i Hiraoka, K., Mizuno, T., Iino, T., Eguchi, D., Yamabe, S., J. Phys. Chem. A **105**, 4887 (2001)

Der Prozess (13.14) wird abgeschlossen mit der Bildung der Produkte durch Fragmentierung des Komplexes $XCH_3 \cdot (Y^-)$ (Phase III): Da das System genügend Energie enthält, kann der nach der Umlagerung entstandene Komplex in die Produkte XCH_3 und Y^- zerfallen. Je nach Stärke der Bindungen C–X und C–Y ist der Prozess (13.14) bei $X \neq Y$ exoergisch (wie für X = H und Y = F; s. Abb. 13.10) oder endoergisch, oder bei X = Y energetisch neutral (mit einem symmetrischen Potentialprofil).

Auf der Grundlage dieser Diskussion des Umlagerungsmechanismus erscheint es als ein vernünftiges einfaches Modell, den Verlauf des Prozesses (13.14) durch die Veränderungen der beiden Kernabstände R_{XC} und R_{CY} zu beschreiben; in Abb. 13.10a ist für X = H und Y = F der entsprechende Potentialflächenausschnitt als Konturliniendiagramm dargestellt.

Eine Übersicht über einige repräsentative Berechnungsresultate für das System $[HCH_3F]^-$ gibt die Tab. 13.8.

Die Demonstrationsbeispiele *(a)* bis *(h)* illustrieren die allgemeinen Aussagen des Abschnitts 3.1.1 hinsichtlich der sehr hohen Anforderungen an die Qualität der verwendeten quantenchemischen Näherungen, insbesondere wenn es um die zuverlässige Bestimmung der Potentialhyperflächen in Sattelpunktbereichen geht. Es müssen generell hochentwickelte Post-Hartree-Fock-Näherungen (und sorgfältig gewählte große Basissätze) verwendet werden; die gegenwärtig verfügbaren DFT-Näherungen (und erst recht die gängigen semiempirischen MO-

Verfahren) sind dazu nicht geeignet. Wir kommen auf das Problem in Abschnitt 17.4.2 nochmals zurück.

13.2 Bindungstheoretische Interpretation von Potentialbarrieren

Wir versuchen nun, die Frage, wie Potentialbarrieren im Kernkonfigurationsraum zwischen Reaktanten und Produkten zustandekommen, bindungstheoretisch, d. h. aus Änderungen der Elektronenstruktur des reagierenden Atomaggregats, als Resultat des Zusammenspiels von elektronischen Stabilisierungs- und Destabilisierungseffekten einerseits und der Kernabstoßung andererseits, unter Verwendung einfacher Modellbetrachtungen zu beantworten.

13.2.1 MO-Beschreibung

Obwohl wir bereits wissen, dass die Beschreibung eines molekularen Aggregats in einer einfachen MO-Näherung eigentlich nur in der Umgebung der Gleichgewichtskernanordnungen (also an lokalen Minima) sinnvoll sein kann, beginnen wir die bindungstheoretische Diskussion eines Umlagerungsvorgangs, bei dem Bindungen gelöst und geknüpft werden, zunächst in einem MO-Modell. Wir können allenfalls grobe Orientierungen erwarten, und die Ergebnisse müssen mit Vorsicht gedeutet werden.

Bei der Beschreibung eines $(\mathrm{H},\mathrm{H}_2)$-Austauschprozesses (13.4') in einem einfachen MO-Modell mit Vernachlässigung der Überlappung (s. Abschn. 7.4) stellt für eine Minimalbasis-Beschreibung jedes der drei H-Atome $\mathrm{H1}, \mathrm{H2}$ und $\mathrm{H3}$ ein $1s$-Wasserstoff-AO zur Verfügung: $\varphi^{(1)} \equiv 1s_{(1)}$, $\varphi^{(2)} \equiv 1s_{(2)}$ und $\varphi^{(3)} \equiv 1s_{(3)}$. Für die Annäherung der beiden Reaktanten, $\mathrm{H1} \rightarrow \mathrm{H2H3}$, und die Bildung eines H_3-Aggregats als Übergangskonfiguration betrachten wir drei Situationen (s. Abb. 13.11a,b):

(A) kollineare Anäherung

Übergangskonfiguration linear-symmetrisch, Symmetrie $\boldsymbol{D}_{\infty h}$

(B) seitliche Annäherung

Übergangskonfiguration leicht geknickt, gleichschenklig-dreieckig, Symmetrie $\boldsymbol{C}_{2v}$

(C) seitlich-symmetrische Annäherung

Übergangskonfiguration gleichseitig-dreieckig, Symmetrie $\boldsymbol{D}_{3h}$.

In ÜA 13.2 werden einfache HMO-artige Berechnungen für diese Übergangskonfigurationen durchgeführt; dabei gehen wir über die Standard-HMO-Prozedur insofern hinaus, als wir die β-Integrale für *alle* H–H-Paare berücksichtigen, also in den Fällen (A) und (B) auch zwischen den übernächsten Nachbarn $\mathrm{H1}-\mathrm{H3}$. Damit wird die Behandlung besser konsistent, und wir können die Ergebnisse für die verschiedenen Übergangskonfigurationen vergleichen: kollineare Annäherung $\rightarrow$ Komplex A ($\boldsymbol{D}_{\infty h}$), durch leichte Knickung $\rightarrow$ Komplex B ($\boldsymbol{C}_{2v}$), durch stärkere Knickung $\rightarrow$ Komplex C ($\boldsymbol{D}_{3h}$).

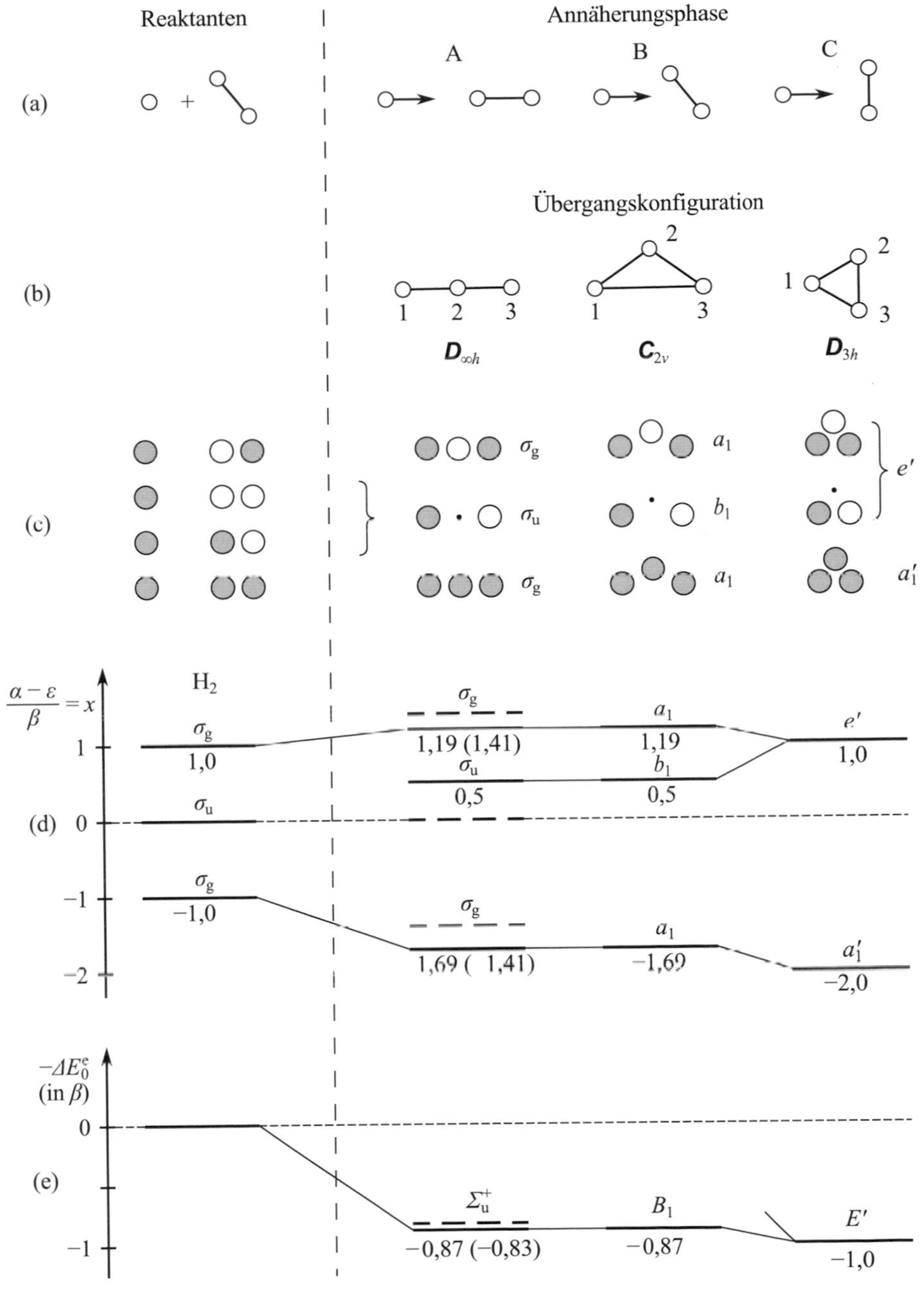

Abb. 13.11 Veranschaulichung der Bildung von Übergangskonfigurationen bei Stößen $H + H_2$: (a) Stoßgeometrie; (b) Übergangskonfigurationen (mit Symmetriegruppe); (c) MOs, von unten nach oben ansteigende MO-Energie (mit Symmetrierasse), schematisch; (d) Korrelationsdiagramm für die MO-Energien; (e) Vergleich der Stabilisierungsenergien der elektronischen Grundzustände der Übergangskonfigurationen (HMO-Berechnungen, s. Text)

In den Rechnungen wird angenommen, dass für (A) und (B) gilt: $\beta_{13} = 0{,}5\,\beta$ mit $\beta \equiv \beta_{12} = \beta_{23}$; in der Konfiguration C sind alle β-Integrale gleich. Änderungen der Kernabstände werden hierbei nicht berücksichtigt.

Die MO-Energien ergeben sich wie gewöhnlich in der Form $\varepsilon_i = \alpha - x_i\beta$; wir verabreden, die MOs ϕ_i sowie die ε_i nach steigenden Energiewerten zu numerieren (auf die Kennzeichnung durch eine Tilde wird verzichtet). Die x_i sind in Abb. 13.11d für die betrachteten Fälle (A) – (C) als Termschemata dargestellt mit Angabe der Zahlenwerte unter den jeweiligen Termbalken (für $\beta_{13} = 0$: gestrichelt). Für die LCAO-MOs erhält man:

$$\phi_1 \propto \varphi^{(1)} + k_1\varphi^{(2)} + \varphi^{(3)} \quad \text{zu } \varepsilon_1 , \tag{13.15a}$$

$$\phi_2 \propto \varphi^{(1)} - \varphi^{(3)} \quad \text{zu } \varepsilon_2 , \tag{13.15b}$$

$$\phi_3 \propto \varphi^{(1)} + k_3\varphi^{(2)} + \varphi^{(3)} \quad \text{zu } \varepsilon_3 \tag{13.15c}$$

(abgesehen von Normierungsfaktoren). Wie die ε_i-Werte hängen auch die Mischungskoeffizienten k_1 und k_3 von der Geometrie der Übergangskonfiguration und vom gewählten Wert β_{13} (s. oben) ab, und zwar sind $k_1 = 1{,}19$ sowie $k_3 = -1{,}69$ in den Fällen (A) und (B), $k_1 = 1{,}0$ sowie $k_3 = -2{,}0$ im Fall (C); bei Vernachlässigung der Wechselwirkung H1–H3 in den Fällen (A) und (B) erhält man $k_1 = -k_3 = 1{,}41$.

In Abb. 13.11c sind diese MOs schematisch veranschaulicht: Jeder Kreis stellt ein $1s_{\mathrm{H}}$-AO dar, grau schattiert bei positivem Vorzeichen im MO, leer bei negativem Vorzeichen; unterschiedliche Zahlenwerte der LCAO-Koeffizienten wurden nicht berücksichtigt (man könnte hierzu wie in Abb. 7.16 die Kreise entsprechend aufblähen oder zusammendrücken). Aus den drei AOs $\varphi^{(1)}, \varphi^{(2)}$ und $\varphi^{(3)}$ lassen sich, wie wir wissen, drei LCAO-MOs bilden, außer (13.15a-c) gibt es also keine weiteren Linearkombinationen, die von den genannten linear unabhängig sind. Wie es sein muss, ist ϕ_1 (zur tiefsten Energie ε_1) knotenfrei, ϕ_2 hat einen Knoten und ϕ_3 zwei Knoten. In der Kernanordnung (C) mit der höchsten Symmetrie fallen die beiden MO-Energien ε_2 und ε_3 zusammen, beide MOs ϕ_2 und ϕ_3 gehören zur Symmetrierasse e' der Gruppe $\boldsymbol{D}_{3h}$; auch beliebige Linearkombinationen von ϕ_2 und ϕ_3 sind zulässige MOs. Auf diese Symmetriefragen (s. Anhang A1) kommen wir in Abschnitt 13.4 noch zurück.

Das MO ϕ_1 ist in allen drei Fällen (A), (B) und (C) bindend, ϕ_2 und ϕ_3 sind antibindend; bei Vernachlässigung der Wechselwirkung H1–H3 ist ϕ_2 nichtbindend: $\varepsilon_2 = \alpha, x_2 = 0$.

Die gesamte *elektronische Energie* der Übergangskonfiguration[4] im Grundzustand, $E_0^{\mathrm{e}}(\mathrm{H}_3) = 2\varepsilon_1 + \varepsilon_2 = 3\alpha - (2x_1 + x_2)\beta$, liegt durchweg tiefer als die Energie $E_0^{\mathrm{e}}(\mathrm{H} + \mathrm{H}_2)$ $= 3\alpha + 2\beta$ der Fragmente $\mathrm{H} + \mathrm{H}_2$, die Elektronenhülle der Übergangskonfiguration ist also

[4] Man beachte, dass wir es bis hierher gemäß Abschnitt 7.2 nur mit dem *elektronischen* Energiebeitrag zu tun haben, ohne die Kernabstoßungsenergie. Von einer semiempirischen Parametrisierung war nicht die Rede.

in dieser einfachen MO-Beschreibung gegenüber den Fragmenten $H + H_2$ stabilisiert: $\Delta E_0^e \equiv E_0^e(H + H_2) - E_0^e(H_3) = -(2x_1 + x_2)\beta > 0$ (s. Abb. 13.11e). Die drei betrachteten Fälle unterscheiden sich in dieser Hinsicht nicht wesentlich voneinander.

Um zu einer Aussage über die Potentialfunktion $U = E^e + V^{kk}$ zu kommen, muss noch das Verhalten der Kernabstoßungsenergie V^{kk} untersucht werden. Bei der Zusammenführung der Reaktanten zu einer Übergangskonfiguration steigt die Kernabstoßungsenergie V^{kk} an; die Differenz $\Delta V^{kk} \equiv V^{kk}(H + H_2) - V^{kk}(H_3)$ ist negativ und betragsmäßig viel größer als ΔE_0^e, nämlich knapp 20 eV, so dass eine hohe Potentialbarriere $\Delta U^{\neq}$ resultiert viel zu hoch im Vergleich mit genauen Werten (s. Tab. 13.3). Das gilt für alle drei Übergangskonfigurationen A, B und C, die sich hinsichtlich ihres ΔV^{kk}-Wertes nicht stark unterscheiden.

Eine weitergehende, quantitative Diskussion im Rahmen der einfachen MO-Näherung hat keinen Sinn. Auch semiempirisch kommt man hier nicht weiter. Mit dem in Abschnitt 7.4.2 angeführten HMO-Standardwert $\beta = 2{,}4$ eV (der ja die Kern-Kern-Wechselwirkung mit berücksichtigt) würden sich negative Werte für die Barrierenhöhe $\Delta U^{\neq}$ ergeben, also fälschlich ein (sogar recht tiefes) Potentialminimum anstelle einer Barriere. Das ist nicht überraschend, da in der HMO-Parametrisierung die β-Werte an Daten für stabile Moleküle justiert sind. Um Potentialbarrieren semiempirisch zu erhalten, wäre eine ganz andere Parametrisierung erforderlich.

Hinsichtlich der Winkelabhängigkeit der Barrierenhöhe lässt die HMO-Beschreibung ebenfalls keine eindeutigen Schlüsse zu. Die Orbitalschemata in Abb. 13.11c deuten darauf hin, dass sich mit einer Knickung und dem damit geringeren Abstand H1–H3 der antibindende Charakter des MOs ϕ_2, zugleich aber auch der bindende Charakter des MOs ϕ_1 verstärkt.

Die offensichtlich völlig unzureichende Beschreibung, wie sie die einfache MO-Näherung liefert, muss also grundlegend verbessert werden. Das können wir hier allerdings nicht in allen Einzelheiten verfolgen; wir zählen nur die wesentlichen zu treffenden Maßnahmen auf: Einbeziehung der Überlappungsintegrale und der Abstandsabhängigkeit von S und β [s. Gl. (6.46)]; korrekte Berücksichtigung des Pauli-Prinzips und damit des wichtigsten positiven elektronischen Energiebeitrags, nämlich der (Pauli-) Abstoßung zwischen dem H1-Elektron und dem Elektronenpaar $(1\sigma)^2$ von H2H3, sowie die Erweiterung des Basissatzes durch Hinzunahme weiterer AOs der H-Atome. Damit ändern sich die Ergebnisse erheblich: anstelle der Mulde bekommt die Potentialhyperfläche (eingeschlossen also die Kernabstoßung) für den energetisch bevorzugten linear-symmetrischen H_3-Komplex einen Sattelpunkt. Verbessert man die MO-Beschreibung bis zum Hartree-Fock-SCF-Niveau (s. Kap. 8), so ergibt sich eine noch immer stark überhöhte Barriere $\Delta U^{\neq}$. Auf den heute "besten" Wert 0,42 eV kommt man erst bei sorgfältiger (und entsprechend aufwendiger) Einbeziehung der wesentlichen Anteile der Elektronenkorrelation (s. Kap. 9). Das alles zeigen die in Tab. 13.3 zusammengestellten Resultate.

13.2.2 VB-Beschreibung

Die historisch erste adiabatische Potentialfunktion für ein mehratomiges System wurde von F. London (1929) formuliert, der eine Minimalbasis-VB-Näherung für das H_2-Molekül, wie sie in Abschnitt 6.4.1 skizziert wurde, auf ein Aggregat aus drei H-Atomen erweiterte. Die beiden Ausdrücke (6.124) bzw. (6.127) für die Energiebeiträge erster Ordnung als Funktionen des Kernabstands R zuzüglich der Coulomb-Kernabstoßungsenergie $1/R$ (in at. E.) liefern die adiabatischen Potentialfunktionen ${}^1U(R)$ für den Singulett-Grundzustand bzw. ${}^3U(R)$ für den tiefsten Triplettzustand des H_2-Moleküls (s. Abb. 13.2a,b):

$$ {}^1U^{\mathrm{VB}}(R) = (1/R) + [C(R) + \mathcal{A}(R)]/[1 + S^2(R)], \qquad (13.16) $$

$$ {}^3U^{\mathrm{VB}}(R) = (1/R) + [C(R) - \mathcal{A}(R)]/[1 - S^2(R)] \qquad (13.17) $$

(bezogen auf die Energie $2e_{\mathrm{H}}$ der beiden getrennten H-Atome als Energienullpunkt) mit dem VB-Coulomb-Integral C und dem VB-Austauschintegral $\mathcal{A}$ [gegeben durch die Gleichungen (6.130) bzw. (6.131)] sowie dem Überlappungsintegral S [Gl. (6.12)] der beiden $1s_{\mathrm{H}}$-AOs, alle als Funktionen des Kernabstands R.

Die Verallgemeinerung auf drei H-Atome, die wir hier nicht ausführen wollen (vgl. etwa [I.4b]), ergibt bei Vernachlässigung der Überlappung, also $S = 0$ gesetzt, neben einem energetisch höhergelegenen Quartettzustand zwei Dublettzustände mit den Potentialfunktionen

$$ {}^2U(R_1, R_2, R_3) = (1/R_1) + (1/R_2) + (1/R_3) + C_1 + C_2 + C_3 $$
$$ \pm (1/2)\left[(\mathcal{A}_1 - \mathcal{A}_2)^2 + (\mathcal{A}_1 - \mathcal{A}_3)^2 + (\mathcal{A}_2 - \mathcal{A}_3)^2\right]^{1/2} \qquad (13.18) $$

(*London-Formel*), wobei die Kernabstände sowie die VB-Integrale der einfacheren Schreibweise halber durchnumeriert sind: $C_i \equiv C_i(R_i)$ und $\mathcal{A}_i \equiv \mathcal{A}_i(R_i)$ mit $i = 1$ für das Paar H1–H2, $i = 2$ für H2–H3 und $i = 3$ für H1–H3.

Man beachte, dass wir uns hier im Vergleich zum einfachen MO-Modell auf einer höheren Näherungsstufe befinden, denn erstens ist das Pauli-Prinzip (Antisymmetrie der Wellenfunktionen) wie bereits bei den VB-Ausdrücken für H_2 (s. Abschn. 6.4.1) korrekt berücksichtigt und somit auch die *Pauli-Abstoßung* näherungsweise (denn auch diese Wellenfunktionen sind noch grobe Näherungen) enthalten; zweitens sind Teile der Elektronenkorrelation (s. Abschn. 6.4.3) erfasst, die ein korrektes *Dissoziationsverhalten* der Potentialfunktionen gewährleisten. Dadurch ergibt sich ein im Großen und Ganzen vernünftiges Globalverhalten der Potentialfunktionen, wie es in Abschnitt 13.1.3*(c)* beschrieben wurde. Allerdings erscheint in der Wechselwirkungsregion, wo alle drei Atome eng benachbart sind, statt einer einfachen Barriere eine Eindellung (zuweilen als "Eyring-See" bezeichnet) und damit eine Doppelbarriere – ein Artefakt, das bei Verfeinerung der Näherung verschwindet (s. Tab. 13.3).

Was die Symmetrieeigenschaften betrifft, so gilt in $\boldsymbol{D}_{3h}$-Konfigurationen $\mathcal{A}_1 = \mathcal{A}_2 = \mathcal{A}_3$, und die beiden Ausdrücke (13.18) fallen zusammen, d. h. in der gleichseitig-dreieckigen Kernanordnung ist der Grundzustand (Symmetrierasse *E'*) zweifach entartet (s. Abschn. 13.1.3*(c)*); das ist natürlich auch in der MO-Beschreibung so (s. Abb. 13.11).

Das VB-Bild erlaubt eine den gängigen Valenzvorstellungen entsprechende Sicht auf die Bindungssituation in einem Komplex von drei Atomen A, B und C, die bei einem Austauschprozess A + BC → AB + C in Wechselwirkung treten.[5] Bei dieser Umlagerung wird die Bindung B–C gelöst, die Bindung A–B geknüpft, und zwar geschieht das nicht nacheinander, sondern synchron. Das ist leicht zu sehen: Kovalente Bindungen haben Bindungsenergien von einigen eV, Barrieren hingegen sind nur einige Zehntel eV hoch; folglich muss die zum Auflösen der Bindung B–C benötigte Energie zum größten Teil aus dem Energiegewinn bei der Formierung der neuen Bindung A–B stammen.

Wir verfolgen nun im Rahmen der VB-Beschreibung den "Energieinhalt" U des Gesamtsystems ABC für bestimmte Ausgangssituationen getrennter Fragmente Atom + zweiatomiges Molekül in Abhängigkeit von der *Reaktionskoordinate* ρ (s. Abschn. 13.1.2), die den Fortgang des Prozesses misst.

Auf der linken Seite in Abb. 13.12 entspricht die untere Kurve einem Atom A und einem Molekül BC, beide im Elektronengrundzustand, ohne Wechselwirkung: A + BC; dabei hat in vielen Fällen das Molekül BC eine Konfiguration abgeschlossener Elektronenschalen, etwa $(1\sigma_g)^2$ bei H_2. Die elektronische Wellenfunktion schreiben wir als

$$\Psi_1(\mathrm{A}\cdot\mathrm{B{-}C}) = \left[\Psi^{\mathrm{A}}\cdot\Psi^{\mathrm{BC}}\right]^{\mathrm{antisym}}; \tag{13.19a}$$

mit dem hochgestellten "antisym" wird angezeigt, dass die Produktfunktion bezüglich Elektronenvertauschung antisymmetrisiert sein soll (zu erreichen etwa durch Anwendung eines Projektionsoperators gemäß Abschn. 3.1.5).

Wenn sich die beiden Reaktanten A + BC einander nähern, setzt eine repulsive Wechselwirkung ein auf Grund der Pauli-Abstoßung und der Kernabstoßung; infolgedessen steigt das Potential U an. Außerdem beginnt sich die Bindung B–C zu strecken und damit abzuschwächen, was mit einem weiteren Potentialanstieg einhergeht. Wichtig ist: bei alledem bleibt die Elektronenhülle in ein und demselben Zustand, beschrieben durch Ψ_1; dieser Zustand ist der Elektronenhülle gewissermaßen "aufgeprägt" durch die VB-Beschreibung des Anfangszustands. So entsteht der gestrichelte Potentialverlauf von links unten nach rechts oben. Eine analoge Betrachtung, beginnend rechts unten mit dem Zustand

$$\Psi_2(\mathrm{A{-}B}\cdot\mathrm{C}) = \left[\Psi^{\mathrm{AB}}\cdot\Psi^{\mathrm{C}}\right]^{\mathrm{antisym}} \tag{13.19b}$$

als VB-Beschreibung der getrennten Produkte AB + C, führt zu der gestrichelten Kurve von rechts unten nach links oben. Die beiden Zustände unterscheiden sich hauptsächlich durch die in ihnen vorliegende Spinpaarung.

Soll die Umlagerung A + BC → AB + C mit Reaktanten und Produkten im Elektronengrundzustand erfolgen, so entspräche das im Kreuzungspunkt der gestrichelten Kurven einem Übergang von der einen auf die andere Kurve, also einem abrupten Wechsel des VB-Zustands. Die beiden Wellenfunktionen Ψ_1 und Ψ_2 sind aber keine Lösungen der vollständigen elektronischen Schrödinger-Gleichung für das Gesamtsystem ABC, sondern nur Lösungen von

[5] Die nachstehende Betrachtung lehnt sich an das Konzept von Shaik, S., Shurki, A.: Valence Bond Diagrams and Chemical Reactivity. Angew. Chem. Int. Ed. **38**, 586-625 (1999) an.

Schrödinger-Gleichungen mit verkürzten Hamilton-Operatoren, und zwar ohne die Wechselwirkungsterme AB – C (ergibt Ψ_1) bzw. ohne die Wechselwirkungsterme A – BC (ergibt Ψ_2). Die beiden gestrichelten Kurven können daher keine Potentialprofile adiabatischer Potentialfunktionen sein; man spricht in solchen Fällen von *diabatischen* Potentialen (Genaueres hierüber s. Abschn. 14.3). Eine einfache Näherung für die adiabatischen Zustände erhält man durch Superposition von Ψ_1 und Ψ_2,

$$\Psi = C_1\Psi_1 + C_2\Psi_2\,, \tag{13.20}$$

und Bestimmung der Koeffizienten C_1 und C_2 nach dem Variationsverfahren, indem für den Energieerwartungswert, gebildet mit dem *vollständigen* elektronischen Hamilton-Operator des Systems ABC, das Minimum gesucht wird. Es ergeben sich dann zwei Potentialfunktionen mit glattem Verlauf, die sich nicht überschneiden (ausgezogene Kurven in Abb. 13.12). Die untere Kurve weist im Kreuzungsereich eine Barriere $\Delta U^{\neq}$ auf, die obere eine Mulde.

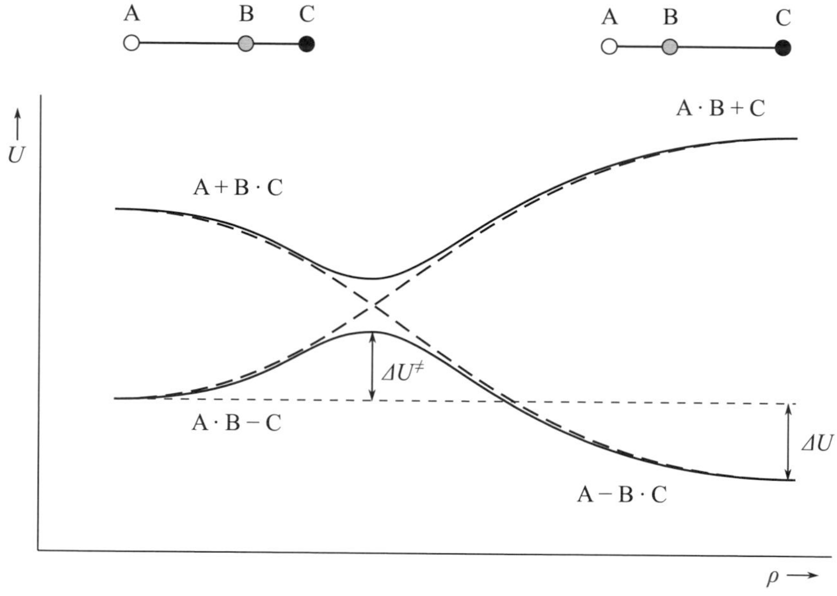

Abb. 13.12 Zum Zustandekommen des Potentialprofils eines Austauschprozesses A + BC → AB + C in einer VB-Beschreibung (schematisch; nach Shaik, S., Shurki, A., loc. cit.)

In dieser Beschreibung erscheint also die Potentialbarriere einer bimolekularen (oder auch einer anderen) Umlagerung als Resultat einer tiefgreifenden und mehr oder weniger abrupten (in einem engen Bereich von Kernanordnungen erfolgenden) Reorganisation der Elektronenhülle mit einem Wechsel der Spinpaarung und einer damit verbundenen Änderung der Bindungsverhältnisse.

Wir schließen mit zwei ergänzenden Bemerkungen:

1) Es gibt Typen von Potentialbarrieren, die nicht das Ergebnis erheblicher Reorganisationsvorgänge in der Elektronenhülle sind, sondern einen anderen Ursprung haben, z. B. eine innere sterische Behinderung durch Abstoßungskräfte zwischen Elektronenpaaren. Das ist der Fall bei der *inneren Verdrehung (Torsion)* gesättigter Moleküle um Einfachbindungen (etwa im Äthan $H_3C\text{–}CH_3$) oder bei der *Inversion* (etwa des Ammoniakmoleküls NH_3); s. hierzu Abschnitt 11.4.3*(ii)*.

   Solche Barrieren kann man als *Konformationsbarrieren* bezeichnen, im Unterschied zu Barrieren der oben beschriebenen Art, die bei Bindungsbruch und Bindungsknüpfung auftreten.

2) Nicht alle Umlagerungsvorgänge mit Bindungsbruch bzw. Bindungsbildung führen zu Barrieren, z. B. weist das Potential bei bestimmten Fragmentierungen von Molekülen (Auftrennung von Einfachbindungen) keine Barriere auf (vgl. die Potentialkurve für den H_2 - Grundzustand, Abb. 13.2, als einfachstes Beispiel).

13.3 Funktionelle Ansätze für adiabatische molekulare Wechselwirkungspotentiale

Da die Berechnung der einzelnen Potentialpunkte bei Anwendung fortgeschrittener Methoden sehr aufwendig ist (s. Abschn. 13.1.2), hat man viel Mühe darauf verwendet, physikalisch begründete, analytische Formeln (*Modellpotentiale*) zu entwickeln, welche die funktionelle Abhängigkeit der Potentialwerte U von den Kerngeometrieparametern $\boldsymbol{R}$ (z. B. kartesische Koordinaten oder Abstände und Winkel) qualitativ richtig beschreiben. Die in solchen Ansätzen enthaltenen freien Parameter werden dann so justiert, dass berechnete Potentialpunkte möglichst gut (etwa im Sinne einer minimalen Summe quadratischer Abweichungen: Methode der kleinsten Quadrate, s. [II.1][II.2]) wiedergegeben werden. Hat man diese Parametrisierung geleistet, dann können die benötigten Potentialpunkte sehr schnell berechnet werden. Derartige analytische Potentialfunktionen wurden bei der Erzeugung der meisten in Abschnitt 13.1.3 wiedergegebenen Diagramme verwendet.

Wir setzen voraus, dass die für den betrachteten Elektronenzustand die *adiabatische Näherung im gesamten Kernkonfigurationsraum gültig* ist und folglich eine eindeutige Potentialfunktion existiert. Auf das Verhalten von Potentialfunktionen in Kernkonfigurationsbereichen, in denen die adiabatische Näherung nicht gilt, kommen wir in Abschnitt 13.4 zu sprechen.

13.3.1 Potentialfunktionen zweiatomiger Systeme

Für zweiatomige Systeme ist die Aufgabe verhältnismäßig einfach: das Potential hängt nur von einer Variablen, dem Kernabstand R, ab: $U \equiv U(R)$, und man kennt typische Formen solcher Potentiale, s. etwa die in Kapitel 6 diskutierten Fälle, auch Abschn. 13.1.3*(a)*. Wir stellen einige Standardformeln zusammen (s. beispielsweise [11.3a][13.5][I.4b]; dort findet man auch Hinweise auf die Originalliteratur).

Alle Funktionen sind so geschrieben, dass die Potentialwerte bei $R \to \infty$ Null werden.

Die einfachste analytische Form einer Potentialfunktion mit einem Minimum an R^0 ist eine Potenzreihe an diesem Punkt; ein solcher Ansatz ist allerdings nur in der Umgebung von R^0 brauchbar (s. Abschn. 11.3.2.2) und wird hier nicht weiter betrachtet.

(a) Morse-Potential

(P. M. Morse, 1929), vgl. Abschnitt 11.3.2.2

für attraktive chemische (insbesondere kovalente) Wechselwirkungen; ein Prototyp ist die Potentialkurve für den $X\,^1\Sigma_g^+$-Grundzustand des H_2-Moleküls (Abb. 13.2):

$$U^{M}(R) = D_e\left\{\exp[-2\beta(R-R^0)] - 2\exp[-\beta(R-R^0)]\right\}, \qquad (13.21)$$

wobei die beiden Parameter R^0 und D_e die Lage und Tiefe des Potentialminimums bezüglich der getrennten Atome bezeichnen; der justierbare Parameter β (hat nichts mit dem MO-Resonanzintegral zu tun) hängt mit der Krümmung der Potentialkurve im Minimum zusammen (s. ÜA 13.4) [vgl. auch Gl. (11.79a)].

(b) Sato-Potential (Anti-Morse-Potential)

(S. Sato, 1955)

für repulsive Wechselwirkungen; ein Prototyp ist die Potentialkurve für den tiefsten Triplettzustand $b^3\Sigma_u^+$ des H_2-Moleküls (Abb. 13.2):

$$U^{S}(R) = (D_e/2)\left\{\exp[-2\beta(R-R^0)] + 2\exp[-\beta(R-R^0)]\right\}, \qquad (13.22)$$

oder auch eine einfache exp-Funktion (s. Abschn. 6.3).

(c) Lennard-Jones(n,6)-Potential und Buckingham(exp,6)-Potential

(J. E. Lennard-Jones, 1924; R. A. Buckingham, 1938)

für schwache langreichweitige (Van-der-Waals-) Wechselwirkungen (s. Abschn. 10.1.2), etwa zwischen zwei ungeladenen Atomen (oder ungeladenen Atomgruppen bzw. Molekülen ohne permanente Multipolmomente) mit abgeschlossenen Elektronenschalen

In solchen Fällen verhält sich das Potential, wie wir aus Abschnitt 10.1.2 wissen, bei großen Abständen proportional zu R^{-6}. Besteht bei mittleren Kernabständen keine kovalente attraktive Wechselwirkung, so steigt mit Verringerung von R das Potential monoton steil an, und die Überlagerung dieser beiden Wechselwirkungsanteile führt zu einem (flachen) Potentialminimum bei relativ großen R-Werten (Abb. 13.13, vgl. auch Abb. 13.2, eingeblendete vergrößerte Kurventeile).

Aus Gründen einer einfachen Weiterverarbeitung wird der repulsive Anteil häufig durch einen Term $\propto (1/R)^n$, meist mit $n = 12$, beschrieben; die resultierende Potentialfunktion

$$U^{LJ}(R) = [6\varepsilon/(n-6)]\left\{\left(R^0/R\right)^n - (n/6)\left(R^0/R\right)^6\right\} \qquad (13.23)$$

bezeichnet man als Lennard-Jones- oder *(n,6)-Potential.*

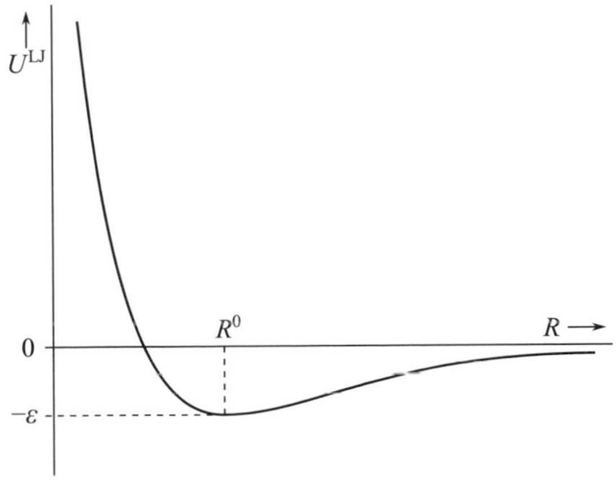

Abb. 13.13
Lennard-Jones-Potential (schematisch)

Der repulsive Term wird besser durch einen Exponentialausdruck beschrieben; man erhält dann die Formel

$$U^{\mathrm{B}}(R)=\left(\varepsilon/\left[1-(6/\alpha)\right]\right)\left\{(6/\alpha)\exp[\,\alpha(R^0-R)/R^0\,]-(R^0/R)^6\right\}, \qquad (13.24)$$

das Buckingham- oder *(exp,6)-Potential*; α ist ein justierbarer Parameter (hat nichts mit dem MO-Coulomb-Integral zu tun).

In beiden Potentialfunktionen bedeuten R^0 die Lage und ε die Tiefe des Potentialminimums (s. Abb. 13.13).

Das Buckingham-Potential (13.24) steigt bei kleiner werdenden Abständen R zunächst wie erforderlich exponentiell an, besitzt dann aber bei einem kleinen Wert $R = R'$ ein Maximum und fällt bei weiter verringertem R unbeschränkt ab: $U^{\mathrm{B}}(R)\rightarrow-\infty$ bei $R\rightarrow 0$. Dieses unrealistische Verhalten lässt sich eliminieren, indem man für $R \le R'$ das Potential $U^{\mathrm{B}}(R)=\infty$ setzt.

(d) Stückweise Polynom-Darstellung (Cubic Spline Fit)

Eine sehr flexible und allgemein anwendbare Möglichkeit zur genauen Wiedergabe einer durch viele Punkte gegebenen Potentialkurve besteht darin, sie stückweise durch Polynome dritten Grades anzunähern und diese Kuvenabschnitte glatt aneinanderzufügen (engl. als cubic spline fit bezeichnet, s. [II.8]). Dieses Verfahren ist manchmal alternativlos, etwa wenn die Potentialfunktion eine ungewöhnliche, analytisch schwer wiederzugebende Form hat.

13.3.2 Potentialfunktionen mehratomiger Systeme

Mit wachsender Anzahl der Kerne und damit wachsender Anzahl der Variablen, von denen die Potentialfunktionen abhängen, steigt nicht nur die Anzahl benötigter Potentialpunkte dramatisch an, sondern auch die genäherte Darstellung durch analytische Ausdrücke ist schwieriger.

Die Vorgehensweise wird weitgehend durch die Erfahrung geleitet und hängt stark vom System ab; universell einsetzbare Standardverfahren sind schwierig zu formulieren.

Generell kommt es darauf an, in relevanten Kernkonfigurationsbereichen möglichst viele und möglichst genau berechnete Potentialpunkte zur Verfügung zu haben, um dort die adiabatischen Potentialhyperflächen zuverlässig wiedergeben zu können. Welche Kernkonfigurationsbereiche relevant sind, hängt davon ab, welche Folgegrößen berechnet werden sollen: für spektroskopische Konstanten stabiler molekularer Aggregate ist die Umgebung der entsprechenden lokalen Minima wesentlich (s. Kap. 11), für Wirkungsquerschnitte von Umlagerungsprozessen besonders die Umgebung der entsprechenden Sattelpunkte und Minimumwege (s. Kap. 14). Von den anzupassenden Potentialansätzen ist zu verlangen, dass sie (a) stetig und genügend oft differenzierbar sind, (b) ein qualitativ korrektes Verhalten zeigen (z. B. die Dissoziationslimits richtig beschreiben) und (c) keine Artefakte (z. B. Nebenextrema) aufweisen.

(a) Quantenchemisch begründete Ansätze

Aus der in Abschnitt 13.2.2 diskutierten *London-Formel* (13.18) für ein Aggregat dreier H-Atome kann man anpassbare geschlossene analytische Ausdrücke gewinnen.

Nimmt man für die Potentialfunktionen einer attraktiven und einer repulsiven H–H-Wechselwirkung die VB-Näherungen der Form (13.16) bzw. (13.17), vernachlässigt die Überlappung ($S = 0$) und setzt diese beiden Ausdrücke jeweils proportional zu einer geeigneten empirischen Paar-Potentialfunktion $U^{\mathrm{attr}}(R_i)$ bzw. $U^{\mathrm{rep}}(R_i)$, etwa in Form einer Morse- bzw. einer Sato-Funktion (s. oben), so erhält man zwei Gleichungen,

$$(1/R_i) + C(R_i) + \mathcal{A}(R_i) = (1+a)\cdot U^{\mathrm{attr}}(R_i)\,, \tag{13.25a}$$

$$(1/R_i) + C(R_i) - \mathcal{A}(R_i) = (1-a)\cdot U^{\mathrm{rep}}(R_i) \tag{13.25b}$$

(mit einem geeignet zu wählenden Zahlenwert von a), aus denen sich analytische Formeln für die Coulomb- und Austauschintegrale als Funktionen des jeweiligen Kernabstands R_i ergeben: $C(R_i)$ bzw. $\mathcal{A}(R_i)$. Indem man die Parameter der empirischen Potentialfunktionen $U^{\mathrm{attr}}(R_i)$ und $U^{\mathrm{rep}}(R_i)$ so justiert, dass die Potentialpunkte möglichst gut wiedergegeben werden, wird damit aus der London-Formel ein semiempirischer Ausdruck, die sogenannte *London-Eyring-Polanyi-Sato(LEPS)-Formel*. Sie lässt sich in vielen Fällen zur analytischen Darstellung punktweise berechneter Potentialhyperflächen oder auch zur modellmäßigen Konstruktion von Potentialfunktionen für mehratomige Aggregate aus Potentialfunktionen für Fragment-Atompaare verwenden.

Die soeben beschriebe Konstruktion kann als eine Interpolationsformel zwischen den asymptotischen Bereichen des Kernkonfigurationsraums verstanden werden. Die Ausformung dieser Näherung, die in der Anfangsperiode der theoretischen Reaktionsdynamik eine wichtige Rolle gespielt hat, ist besonders H. Eyring und M. Polanyi (1931) zu verdanken. Damals waren zuverlässige punktweise Berechnungen von Wechselwirkungspotentialen praktisch undurchführbar, so dass eine sinnvolle "semiempirische" Verfahrensweise den einzigen Zugang zu Informationen über Potentialhyperflächen bildete. Wie wir wissen (s. Abschn. 13.1.1, dort Punkt (*5*)), ist eine Potentialfunktion keine Observable und kann daher nicht direkt anhand experimenteller Daten parametrisiert werden.

Für H_3 ergibt die LEPS-Näherung *qualitativ* richtige Potentialfunktionen. Man hat daraufhin versucht, LEPS-Potentialfunktionen auch für andere dreiatomige Systeme (und sogar, entsprechend verallgemeinert, für Systeme mit mehr als drei Atomen) zu verwenden – mit unterschiedlichem Erfolg. Beispielsweise versagt die Methode bei der Beschreibung des Prozesses (13.13). Auf weitere Einzelheiten wird hier nicht eingegangen, zumal man heute auf eine solche Verfahrensweise nicht mehr angewiesen ist.

Da die *DIM-Näherung* (s. die Anmerkung in Abschn. 13.1.1) als eine Variante der VB-Beschreibung zu betrachten ist (s. Abschn. 9.2), liegt es nahe, auch auf dieser Grundlage zwar nicht zu einer analytischen Darstellung, aber doch zu einer Methode zu gelangen, die eine sehr schnelle Wiedergabe und Interpolation der berechneten Potentialpunkte gestattet. In der Tat sind die Anwendungen der DIM-Näherung anfänglich in diesem Sinne "semiempirisch" durchgeführt worden.[6] Als Eingangsinformationen benutzte man empirisch gewonnene atomare Energiedaten sowie Potentialfunktionen für die jeweils relevanten Zustände der zweiatomigen Fragmente; weitere, experimentell nicht zugängliche Eingangsdaten (insbesondere die Mischungskoeffizienten von Zuständen) wurden empirisch justiert, etwa so, dass berechnete Potentialwerte für kritische Kernkonfigurationen (stationäre Punkte) möglichst gut wiedergegeben werden. Die Situation hat sich in den letzten Jahren geändert, indem die DIM-Näherung zu einem praktikablen *nichtempirischen* Berechnungsverfahren ausgebaut wurde (s. [9.2]).

Abschließend sei noch eine überaus einfache quantenchemisch begründete Methode zur Erzeugung qualitativ vernünftiger Potentialfunktionen für Austauschprozesse (insbesondere H-Übertragungen) erwähnt. Wenngleich dieses Verfahren heute keine praktische Bedeutung mehr hat, so kann es doch einiges zur Stützung unserer Vorstellungen über den Ablauf von Umlagerungsprozessen beitragen. Es wurde bereits darauf hingewiesen, dass bei einem Prozess $A + BC \rightarrow AB + C$ das Lösen der Bindung B–C und das Knüpfen der Bindung A–B synchron erfolgen; das kann man dadurch zu berücksichtigen versuchen, dass für die Bindungsordnungen n_{BC} und n_{AB} dieser beiden Bindungen die Beziehung

$$n_{BC} + n_{AB} = \text{const} \tag{13.26}$$

postuliert wird (H. S. Johnston, C. Parr, 1963). Die Bindungsordnung für ein Atompaar XY lässt sich z. B. MO-theoretisch wie in Abschnitt 7.3.7 definieren; sie kann über zwei empirisch gefundene Beziehungen näherungsweise einerseits mit dem Bindungsabstand R_{XY} und andererseits mit dem Beitrag U_{XY} des Atompaares XY zum gesamten Wechselwirkungspotential verknüpft werden. Der Fortgang des Prozesses von den Reaktanten zu den Produkten wird dann z. B. durch die Progressvariable n_{AB} beschrieben. Einiges mehr zu diesem Verfahren, das als *Bindungsenergie-Bindungsordnung-Näherung* (engl. bond energy – bond order, abgek. *BEBO*) bezeichnet wird, sowie Literaturangaben findet man z. B. in [I.4b][13.3].

(b) Atomclusterentwicklung

Nach allem, was man bisher über das Verhalten adiabatischer Potentialfunktionen weiß (s. hierzu die in Abschn. 13.1.3 diskutierten Beispiele), wird in weiten Bereichen der Kernanord-

[6] Kuntz, P. J.: Semiempirical Atom–Molecule Potentials for Collision Theory. In: Bernstein, R. B. (Hrsg.): Atom–Molecule Collision Theory. A Guide for the Experimentalist, Ch. 3. Plenum Press, New. York (1979)

nungen das Potential überwiegend durch die Wechselwirkung jeweils nur eines Teils der Atome bestimmt, z. B. bei dreiatomigen Systemen durch die Wechselwirkung jeweils eines Atompaares. Bei Hinzutreten weiterer Atome kommen zusätzliche Potentialanteile ins Spiel. Es liegt somit nahe, die gesamte adiabatische Potentialfunktion als Überlagerung von Paarpotentialen sowie weiterer, von den Wechselwirkungen dreier und mehrerer Atome herrührender Potentialanteile anzusetzen:

$$\begin{aligned} &U(R_{AB}, R_{AC}, R_{AD}, \ldots, R_{BC}, R_{BD}, \ldots) \\ &\quad = U_0 + \sum\sum_{X<Y} U^{(2)}_{XY}(R_{XY}) + \sum\sum\sum_{X<Y<Z} U^{(3)}_{XYZ}(R_{XY}, R_{XZ}, R_{YZ}) \\ &\qquad + \sum\sum\sum\sum_{X<Y<Z<W} U^{(4)}_{XYZW}(R_{XY}, R_{XZ}, \ldots, R_{ZW}) + \ldots \qquad (13.27) \end{aligned}$$

(sog. *Vielkörper-Entwicklung*, engl. many-body expansion, abgek. *MBE*; s. [13.1a]); wir werden dafür die Bezeichnung *Atomclusterentwicklung* verwenden. Hierbei ist $U^{(2)}_{XY}$ der Anteil eines Atompaares XY, der allein übrigbleiben würde, wenn alle anderen Atome sehr weit entfernt wären ($R_{XZ}, R_{YZ} \to \infty$ für alle $Z \neq X$ oder Y); $U^{(3)}_{XYZ}$ ist ein Dreiatombeitrag, der verschwindet, wenn mindestens einer der Abstände R_{XY}, R_{XZ} oder R_{YZ} sehr groß wird. Entsprechend sind die Vier- und Mehratombeiträge definiert.

Für die attraktiven oder repulsiven Paarpotentiale $U^{(2)}_{XY}(R_{XY})$ kann man Standardfunktionen benutzen, wie sie in Abschnitt 13.3.1 diskutiert wurden. Mit Hilfe von exp- oder Polynomfunktionen, multipliziert mit "Schaltfaktoren" der Form $S(R) = 1 - \tanh(aR + b)$ (mit $a, b >$ 0), die für wachsendes R monoton auf den Wert 0 abfallen, lassen sich Drei- und Mehratombeiträge konstruieren. Die in den einzelnen Potentialtermen und den Schaltfunktionen auftretenden Parameter können zur Anpassung an berechnete Potentialpunkte benutzt werden.

Es gibt darüber hinaus eine Vielzahl weiterer, ebenfalls zu einem beträchtlichen Teil auf Erfahrungen beruhender Ansätze; wir nennen hier nur als Stichworte *mehrdimensionale Spline-Anpassungen, Polynome* u. a. sowie das inzwischen sehr weitgespannte Gebiet der zunächst für gebundene Systeme, d. h. für die nähere Umgebung lokaler Potentialminima entwickelten *Kraftfeld-Ansätze*, auf die bereits in den Abschnitten 11.4.2.1 und 11.4.3 hingewiesen wurde und die der Abschnitt 18.2 ausführlich behandelt.

13.4* Kreuzung und vermiedene Kreuzung von Potentialhyperflächen

Bisher hatten wir Fälle diskutiert, in denen die elektronisch adiabatische Näherung (s. Abschn. 4.3.2.1) uneingeschränkt galt und für den relevanten Elektronenzustand eine wohldefinierte, energetisch genügend weit von anderen entfernte adiabatische Potentialfunktion existierte. Das muss jedoch selbst für den Elektronengrundzustand nicht immer so sein.

Wir untersuchen nun, unter welchen Bedingungen zwei zu verschiedenen Elektronenzuständen gehörende Potentialhyperflächen sich exakt oder annähernd überschneiden ("kreuzen") können, unter welchen Bedingungen also zwei Elektronenzustände n und n' bei bestimmten Kernanordnungen $\boldsymbol{R}^{\times}$ zusammenfallen können, so dass Entartung eintritt:

$$\Delta U_{nn'}(\boldsymbol{R}^{\times}) = \Delta E^{\mathrm{e}}_{nn'}(\boldsymbol{R}^{\times}) = 0 \text{ oder } \approx 0\,. \tag{13.28}$$

Zwecks kompakter Formulierung arbeiten wir mit dem Hamilton-Operator

$$\hat{H}^{\mathrm{fix}} \equiv \hat{H}^{\mathrm{e}} + V^{\mathrm{kk}}\,; \tag{13.29}$$

er hat, da für jeweils festgehaltene Kernanordnungen $\boldsymbol{R}$ der Kernabstoßungsanteil $V^{\mathrm{kk}}(\boldsymbol{R})$ konstant ist, die gleichen Eigenfunktionen wie $\hat{H}^{\mathrm{e}}$, und seine Eigenwerte sind die adiabatischen Potentialwerte $U_n(\boldsymbol{R}) = E^{\mathrm{e}}_n(\boldsymbol{R}) + V^{\mathrm{kk}}(\boldsymbol{R})$.

13.4.1* Kreuzungsregeln

Zur Vereinfachung nehmen wir zunächst nur *einen* Kernfreiheitsgrad an, also ein zweiatomiges molekulares System. Zwei Eigenwerte U_1 und U_2 des Hamilton-Operators $\hat{H}^{\mathrm{fix}}$ mögen für einen Kernabstand R nahe beieinander liegen. Um Schreibarbeit zu sparen, gebrauchen wir die folgenden Kurzbezeichnungen: $U_1(R) \equiv U_1$, $U_2(R) \equiv U_2$; die zugehörigen elektronischen Wellenfunktionen (Eigenfunktionen von $\hat{H}^{\mathrm{fix}}$) seien $\Psi_1(\boldsymbol{r};R) \equiv \Psi_1(\boldsymbol{r}) \equiv \Psi_1$, $\Psi_2(\boldsymbol{r};R) \equiv \Psi_2(\boldsymbol{r}) \equiv \Psi_2$, und für den Hamilton-Operator $\hat{H}^{\mathrm{fix}}(R)$ schreiben wir $\hat{H}$. Die Eigenfunktionen Ψ_1 und Ψ_2 seien orthogonal und normiert: $\langle \Psi_1 | \Psi_2 \rangle = 0$ und $\langle \Psi_1 | \Psi_1 \rangle = \langle \Psi_2 | \Psi_2 \rangle = 1$ (integriert wird über die Elektronenkoordinaten $\boldsymbol{r}$).

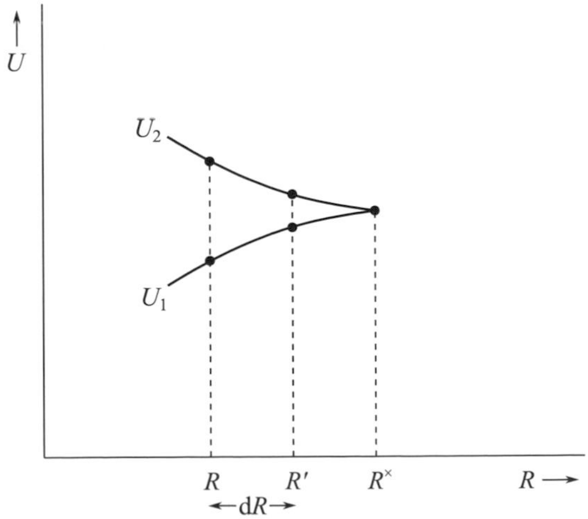

Abb. 13.14
Zur Herleitung der Kreuzungsbedingungen

Gehen wir von R zu einem eng benachbarten Punkt $R' = R + \mathrm{d}R$ mit kleinem $\mathrm{d}R$ (s. Abb. 13.14) und schreiben den Hamilton-Operator $\hat{H}^{\mathrm{fix}}$ an R' näherungsweise als

$$\hat{H}' \equiv \hat{H}^{\mathrm{fix}}(R') \equiv \hat{H}^{\mathrm{fix}}(R + \mathrm{d}R) = \hat{H}^{\mathrm{fix}}(R) + \hat{h}(R) \equiv \hat{H} + \hat{h} \tag{13.30}$$

mit dem Zusatzterm

$$\hat{h} \equiv (\partial \hat{H}^{\mathrm{fix}}/\partial R)_R \mathrm{d}R \,. \tag{13.31}$$

Beim Kernabstand R' ergeben sich veränderte elektronische Wellenfunktionen $\Psi_1' \equiv \Psi_1(\boldsymbol{r};R')$ und $\Psi_2' \equiv \Psi_2(\boldsymbol{r};R')$, die wir durch eine Linearkombination der beiden Funktionen Ψ_1 und Ψ_2 approximieren:

$$\Psi' = c_1\Psi_1 + c_2\Psi_2 \,. \tag{13.32}$$

Die beiden Koeffizienten c_1 und c_2 werden mittels des Energievariationsverfahrens (s. Abschn. 4.4.1.1, auch 6.1.2) bestimmt, also durch Minimieren des Erwartungswertes der Energie:

$$U' = \langle \Psi' | \hat{H}' | \Psi' \rangle / \langle \Psi' | \Psi' \rangle \equiv U'(c_1, c_2) \rightarrow \mathrm{Min}\,.$$

Das resultierende lineare Gleichungssystem für c_1 und c_2 erfordert

$$\begin{vmatrix} H_{11}' - U' & H_{12}' \\ H_{21}' & H_{22}' - U' \end{vmatrix} = 0 \tag{13.33}$$

(Lösbarkeitsbedingung [Gl. (4.58)], Säkulargleichung) mit den Matrixelementen $H_{kl}' \equiv \langle \Psi_k | \hat{H}' | \Psi_l \rangle$ ($k = 1{,}2$ und $l = 1{,}2$). Die beiden Wurzeln $U_1' \equiv U_1(R')$ und $U_2' \equiv U_2(R')$,

$$U_{1,2}' = (1/2)(H_{11}' + H_{22}') \pm \left[(1/4)(H_{11}' - H_{22}')^2 + (H_{12}')^2 \right]^{1/2}, \tag{13.34}$$

gehen bei $R \rightarrow R'$ aus den Potentialwerten U_1 bzw. U_2 hervor. Ein Zusammenfallen der beiden Wurzeln und damit eine Überschneidung der Potentialkurven am Punkt R' (den wir dann mit $R^{\times}$ bezeichnen) kann nur stattfinden, wenn die folgenden Gleichungen erfüllt sind:

$$\text{(a)} \quad H_{11}' - H_{22}' = 0\,, \tag{13.35a}$$

$$\textit{und} \quad \text{(b)} \quad H_{12}' = 0\,. \tag{13.35b}$$

Lassen wir die Einschränkung auf nur einen Kernfreiheitsgrad fallen und betrachten Systeme mit $f > 1$ (internen) Kernfreiheitsgraden, dann läuft die ganze Überlegung formal genauso ab, und wir gelangen ebenfalls zu den beiden Bedingungsgleichungen (13.35a,b), nur dass jetzt die Matrixelemente von f Variablen (internen Kernkoordinaten $\boldsymbol{R}$) abhängen.

Was diese Bedingungsgleichungen beinhalten, ist lange kontrovers diskutiert worden, bis durch Untersuchungen von C. A. Mead (1979) eine abschließende Klärung erreicht werden konnte[7]. Wir fassen hier nur die Ergebnisse zusammen unter Verweis auf ausführlichere Darlegungen in der Literatur, insbesondere auf die Originalarbeit; vgl. zum Thema auch [I.2] (dort §79) sowie [I.4b][11.3] und Anhang A1.5.2.4.

Um die nachstehende Diskussion möglichst allgemeingültig zu halten, lassen wir nun auch einen elektronischen Hamilton-Operator $\hat{H}^{\mathrm{e}}$ bzw. $\hat{H}^{\mathrm{fix}}$ zu, der *spinabhängige Wechselwirkungen* enthält (s. Abschn. 9.4); äußere Felder aber sollen nicht vorhanden sein.

Da der Hamilton-Operator hermitesch ist, müssen seine Diagonalmatrixelemente in jeder beliebigen Darstellung (s. Abschn. 3.1.5) reell sein. Somit haben wir in Gleichung (13.35a) stets *eine einzige* Bedingung vor uns.

Was das Nichtdiagonalelement H'_{12} betrifft, so sind verschiedene Fälle zu unterscheiden (s. die in Fußnote 7 zitierte Arbeit von C. A. Mead):

I *Elektronenzahl N^{e} gerade*

Wie sich zeigen lässt, können in diesem Falle die elektronischen Wellenfunktionen immer so geschrieben werden, dass *alle* Matrixelemente, also auch das Nichtdiagonalelement H'_{12}, des Hamilton-Operators reell sind. Damit bilden die beiden Gleichungen (13.35a,b) genau *zwei* Bedingungen.

II *Elektronenzahl N^{e} ungerade*

In solchen Systemen ergeben sich als Lösungen der elektronischen Schrödinger-Gleichung im Allgemeinen *komplexe Wellenfunktionen*, also mit einem Realteil und einem Imaginärteil. Jeder Zustand erweist sich als zweifach entartet (sog. *Kramers-Dublett*; nach H. A. Kramers), anstelle von Ψ_1 und Ψ_2 haben wir zwei Funktionenpaare $\Psi_1^{(1)}, \Psi_1^{(2)}$ und $\Psi_2^{(1)}, \Psi_2^{(2)}$; somit ergibt sich ein 4×4-Gleichungssystem, und infolgedessen sind jetzt nicht zwei Gleichungen (13.35a,b), sondern *fünf Bedingungsgleichungen* zu erfüllen.

Alle molekularen Aggregate ohne äußere Felder zeigen in ihren Eigenschaften, unabhängig von der Anzahl der Kerne und Elektronen sowie von der Kernanordnung, eine Invarianz gegenüber Zeitrichtungsumkehr (der Hamilton-Operator ist mit dem Operator, der die Zeitrichtung umkehrt, vertauschbar). Eine der Konsequenzen aus dieser Symmetrieeigenschaft ist die soeben erwähnte Kramers-Entartung; eine andere werden wir später noch kennenlernen. Hinsichtlich Einzelheiten sei auf die einschlägige Lehrbuchliteratur zur Quantenmechanik verwiesen, etwa [I.2] (dort §60), [I.3] (Kap. XV, §21).

Wir berücksichtigen nun weitere Symmetrien, die ein molekulares Aggregat in der Näherung fixierter Kerne aufweisen kann: die räumlichen Symmetrien der Kernanordnung (d. h. deren Zugehörigkeit zu einer bestimmten Punktgruppe $\boldsymbol{G}$) sowie die Werte der bewegungskonstanten Drehimpulse (z. B. für einen nichtrelativistischen Hamilton-Operator, also ohne spinabhängige Terme, das Betragsquadrat und die z-Komponente des Gesamtspins der Elektronen); s. Abschnitte 3.1.6 und A.1.4.

---

[7] Mead, C. A.: The "noncrossing" rule for electronic potential energy surfaces: The role of time-reversal invariance. J. Chem. Phys. **70,** 2276-2283 (1979)

Generell gilt: Matrixelemente zwischen Wellenfunktionen unterschiedlicher Symmetrierasse bzw. unterschiedlichen Werten von Bewegungskonstanten (Erhaltungsgrößen) verschwinden exakt (s. hierzu Anhang A1.5.2.4). Das bedeutet im nichtrelativistischen Fall: das Matrixelement H'_{12} kann nur dann von Null verschieden sein, wenn die Wellenfunktionen Ψ_1 und Ψ_2 zur gleichen Symmetrierasse der räumlichen Symmetriegruppe $\boldsymbol{G}$ sowie zu den gleichen Werten der Quantenzahlen S und M_S von Betragsquadrat bzw. z-Komponente des Gesamtspins der Elektronen gehören. Es sind dann zwei Bedingungen (13.35a,b) zu befriedigen, damit sich die zu Ψ_1 und Ψ_2 gehörenden adiabatischen Potentialhyperflächen im Punkt $\boldsymbol{R}'$ schneiden. Ein Beispiel ist die Überschneidung der Singulett- und der Triplett-Potentialhyperflächen des Systems H_2O (bzw. der entsprechenden Verknüpfungslinien im Korrelationsdiagramm Abb. 13.7), die in Abschnitt 13.1.3 *(e)* diskutiert wurde.

Fazit: Wie wir wissen, stellt eine von f Kernkoordinaten (allgemein: von irgendwelchen geometrischen Parametern, die die Kernanordnung festlegen) abhängende Potentialfunktion $U(\boldsymbol{R})$ eine f-dimensionale Hyperfläche in einem $(f+1)$-dimensionalen Raum dar (s. Abschn. 4.3.3.1). Werden an die f Variablen m Bedingungen gestellt, so ist dadurch eine $(f-m)$-dimensionale Mannigfaltigkeit[8] definiert. Die im vorliegenden Fall resultierende $(f-m)$-dimensionale Mannigfaltigkeit bezeichnet man als das *Schnittgebiet* (*Kreuzungssaum*). Es werden mindestens m Variable benötigt, um m Bedingungen zu erfüllen, so dass sich aus der obigen Diskussion die folgenden ***Kreuzungsregeln*** ergeben:

- Zwei f-dimensionale adiabatische Potentialhyperflächen zu Elektronenzuständen *unterschiedlicher Symmetrierasse* können sich in einer $(f-1)$-dimensionalen Mannigfaltigkeit schneiden.
- Zwei f-dimensionale adiabatische Potentialhyperflächen zu Elektronenzuständen *gleicher Symmetrierasse ohne Berücksichtigung der Spin-Bahn-Kopplung* können sich in einer $(f-2)$-dimensionalen Mannigfaltigkeit schneiden.
- Zwei f-dimensionale adiabatische Potentialhyperflächen zu Elektronenzuständen *gleicher Symmetrierasse mit Berücksichtigung der Spin-Bahn-Kopplung* können sich

  a) bei *gerader Elektronenzahl* N^e in einer $(f-2)$-dimensionalen Mannigfaltigkeit,

  b) bei *ungerader Elektronenzahl* N^e in einer $(f-5)$-dimensionalen Mannigfaltigkeit

  schneiden.

"Symmetrie" meint hier immer: räumliche Symmetrie und bewegungskonstante Drehimpulse (deren Erhaltung letztlich ebenfalls durch die räumliche Symmetrie bedingt ist, s. dazu Anhang A1.4).

Durch diese Kreuzungsregeln ist festgelegt, ob Durchschneidungen von Potentialhyperflächen möglich sind und welche Dimension das Schnittgebiet hat.

---

[8] Wir gebrauchen hier, wie in der Literatur üblich (s. etwa [II.1]), diese allgemeine mathematische Bezeichnung für eine Punktmenge.

Bei einem zweiatomigen System ($f = 1$) ist eine Überschneidung der Potentialkurven zu zwei Elektronenzuständen verschiedener Symmetrierasse in einem Punkt möglich ($f-1=0$); Potentialkurven für Elektronenzustände gleicher Symmetrierasse hingegen können sich nicht schneiden (*Kreuzungsverbot*, engl. non-crossing rule). Diesen Fall hatten wir schon bei der einfachsten MO-Behandlung des Einelektron-Zweizentrensystems (etwa H_2^+) kennengelernt (s. Abschn. 6.1.2).

Ein dreiatomiges System hat drei interne Kernfreiheitsgrade ($f = 3$), bei Beschränkung auf lineare Kernanordnungen zwei ($f = 2$). Daher ist für zwei adiabatische Elektronenzustände unterschiedlicher Symmetrierasse eine Überschneidung der beiden zugehörigen Potentialhyperflächen in einer zweidimensionalen Mannigfaltigkeit (d. h. in einer Fläche, $f-1=2$) möglich, bei linearen Kernanordnungen in einer eindimensionalen Mannigfaltigkeit (d. h. in einer Schnittkurve, $f-1=1$). Haben die beiden Elektronenzustände ohne Spin-Bahn-Kopplung gleiche räumliche Symmetrierasse und gleiche Multiplizität, so kann eine Überschneidung entlang einer Kurve erfolgen ($f-2=1$), für lineare Kernanordnungen in einem Punkt ($f-2=0$). So ist es auch mit Berücksichtigung der Spin-Bahn-Kopplung bei dreiatomigen Systemen gerader Elektronenzahl, während bei ungerader Elektronenzahl für ein dreiatomiges System keine Kreuzung auftreten kann.

Bei alledem ist zu beachten, dass die Kreuzungsregeln nur etwas über die prinzipiellen Möglichkeiten aussagen, aber z. B. nichts darüber, ob und wo eine Überschneidung tatsächlich stattfindet und welche Form die Potentialhyperflächen im Schnittgebiet haben. Nähere Auskunft hierüber können grundsätzlich nur Berechnungen geben. Wie man orientierende Informationen gewinnen kann, wird im jetzt folgenden Abschnitt diskutiert.

13.4.2* Kerngeometrie und Kreuzungsverhalten

Bei einer Änderung der Kernanordnung von $\boldsymbol{R}$ zu $\boldsymbol{R}'=\boldsymbol{R}+\Delta\boldsymbol{R}$ mit $\Delta\boldsymbol{R}\equiv\{\Delta\boldsymbol{R}_1,\Delta\boldsymbol{R}_2,...\}$ $\equiv\{\Delta X_1,\Delta X_2,...\}$, letzteres bei fortlaufender Numerierung der kartesischen Kernkoordinaten X_i (i = 1, 2, ..., $3N^{\mathrm{k}}$), ändert sich der Hamilton-Operator $\hat{H}^{\mathrm{fix}}$, Gleichung (13.29), von $\hat{H}^{\mathrm{fix}}(\boldsymbol{R})$ zu $\hat{H}^{\mathrm{fix}}(\boldsymbol{R}')$. Für kleine Änderungen $\Delta\boldsymbol{R}$ lässt sich eine Potenzreihenentwicklung am Punkt $\boldsymbol{R}$ ansetzen:

$$\begin{aligned}\hat{H}^{\mathrm{fix}}(\boldsymbol{R}')=\hat{H}^{\mathrm{fix}}(\boldsymbol{R}+\Delta\boldsymbol{R}) &= \hat{H}^{\mathrm{fix}}(\boldsymbol{R}) + (\hat{\nabla}_{\boldsymbol{R}'}\hat{H}^{\mathrm{fix}})_{\boldsymbol{R}'=\boldsymbol{R}}\Delta\boldsymbol{R} + ...\\ &= \hat{H}^{\mathrm{fix}}(\boldsymbol{R}) + \sum\nolimits_i(\partial\hat{H}^{\mathrm{fix}}/\partial X_i')_{X_i'=X_i}\Delta X_i\\ &\quad + \sum\nolimits_i\sum\nolimits_j(\partial^2\hat{H}^{\mathrm{fix}}/\partial X_i'\partial X_j')_{X_i'=X_i,X_j'=X_j}\Delta X_i\Delta X_j + ... \end{aligned} \qquad (13.36)$$

als Verallgemeinerung von Gleichung (13.30) mit (13.31).

Aus den adiabatischen Potentialwerten $U_n(\boldsymbol{R})$ als Eigenwerte von $\hat{H}^{\mathrm{fix}}(\boldsymbol{R})$ werden beim Übergang von $\boldsymbol{R}$ nach $\boldsymbol{R}'$ die Potentialwerte $U_n(\boldsymbol{R}')$. Ändert sich bei der Geometrie-Deformation $\boldsymbol{R}\rightarrow\boldsymbol{R}'$ die Symmetrie der Kernanordnung, dann ist $U_n(\boldsymbol{R}')$ nach den Rassen der neuen Symmetriegruppe zu klassifizieren. Solche adiabatischen *Symmetriekorrelationen* (Welche Symmetrierassen der einen Gruppe gehen in welche Symmetrierassen der anderen Gruppe über?) lassen sich mit Hilfe der Tabellen A1.5 herstellen. Der Gesamtspin der Elektronen (Quantenzahl S) muss in nichtrelativistischer Näherung (ohne Spin-Bahn-Kopplung) bei diesen Symmetriekorrelationen unverändert bleiben. Von besonderer Bedeutung ist es, wenn bei bestimmten Symmetrien Entartungen auftreten, d. h. Potentialwerte zu sonst unterschiedlichen adiabatischen Elektronenzuständen zusammenfallen; dann tritt also die im vorigen Abschnitt diskutierte Potentialflächenkreuzung ein.

Zur Erläuterung betrachten wir noch einmal die beiden energetisch tiefsten Zustände des H_3-Komplexes in nichtrelativistischer Näherung (s. Abschn. 13.2, Abb. 13.11). Es handelt sich um ein System mit ungerader Elektronenzahl ($N^e = 3$); die beiden Zustände sind Dubletts (S = ½). Die möglichen geometrischen Anordnungen der drei Kerne haben offensichtlich ganz überwiegend die Punktgruppensymmetrie eines unsymmetrischen Dreiecks ($\boldsymbol{C}_s$). Höhere Symmetrien (d. h. Punktgruppen mit mehr Symmetrieelementen als lediglich E und σ_h) liegen nur bei besonderen Kernkonfigurationen vor: gleichschenklige Dreiecke (Gruppe $\boldsymbol{C}_{2v}$), gleichseitige Dreiecke (Gruppe $\boldsymbol{D}_{3h}$) sowie lineare Kernanordnungen (symmetrisch: $\boldsymbol{D}_{\infty h}$, unsymmetrisch: $\boldsymbol{C}_{\infty v}$).

In Abb. 13.15 ist skizziert, wie bei einem System A_3 aus einer Kernkonfiguration mit $\boldsymbol{D}_{3h}$-Symmetrie durch Deformation Kernanordnungen anderer Symmetrie hervorgehen (vgl. auch Abb. 13.11b).

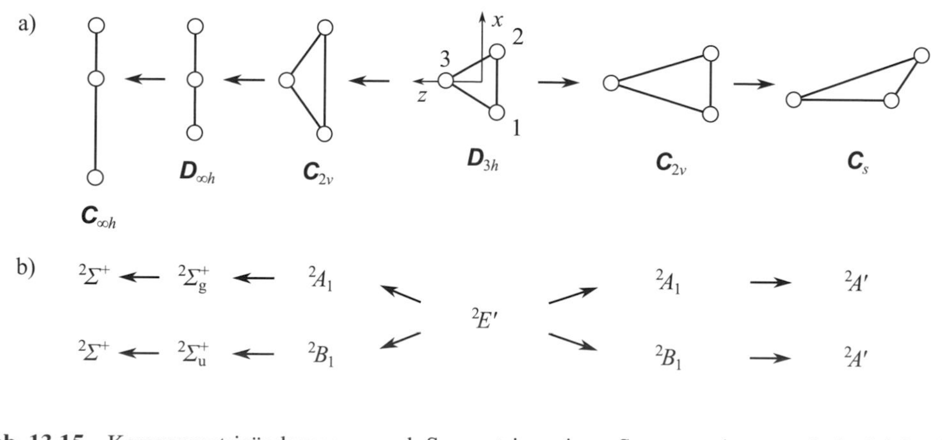

Abb. 13.15 Kerngeometrieänderungen und Symmetrien eines Systems A_3 aus drei gleichartigen Atomen mit je einem Valenzelektron: (a) Geometrien und Symmetriegruppen; (b) Symmetrierassen der energetisch tiefsten Elektronenzustände

Bei der Diskussion des H_3-Komplexes (ohne Spin-Bahn-Kopplung) in Abschnitt 13.2 hatten wir gesehen, dass die beiden tiefsten Elektronenzustände für gleichseitig-dreieckige Kernanordnungen ($\boldsymbol{D}_{3h}$) energetisch zusammenfallen und zur Symmetrierasse (irreduziblen

Darstellung) E' gehören. Diese zweifache Entartung wird bei Verzerrung der Kernanordnung und damit verbundener Symmetrieerniedrigung aufgehoben; der Elektronengrundterm spaltet auf. In Abb. 13.16 sind die Verhältnisse schematisch dargestellt.

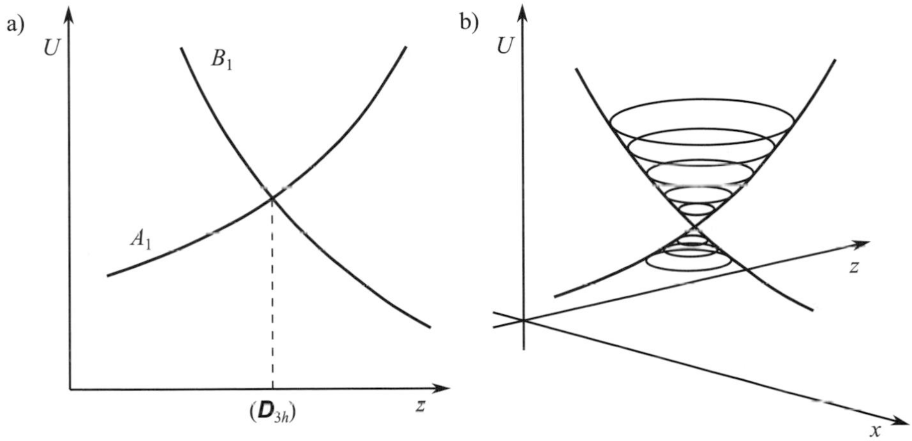

Abb. 13.16 Potentialausschnitte zu den beiden tiefsten Elektronenzuständen von A_3 (schematisch): (a) in Abhängigkeit von der Position eines der A-Kerne auf einer C_2-Achse einer $\boldsymbol{D}_{3h}$-Konfiguration; (b) über der Ebene (x,z), in der die A Kerne liegen, von denen zwei (1 und 2 in Abb. 13.15a) einen festen Abstand haben (aus [I.4b])

Wird zunächst einer der Kerne entlang der durch ihn verlaufenden C_2-Achse nach außen verschoben, und wählt man diese Achse als z-Achse, so dass ein gestrecktes gleichschenkliges Dreieck entsteht (Symmetrie $\boldsymbol{C}_{2v}$), so gehen aus dem E'-Term ein A_1-Term und ein B_1-Term hervor. Diese beiden Terme können sich, wenn wir nur die Abhängigkeit von dem einen Freiheitsgrad entlang der z-Achse betrachten (f = 1), nach den Kreuzungsregeln in einem Punkt schneiden ($f-1=0$); der Schnittpunkt entspricht genau der Symmetrie $\boldsymbol{D}_{3h}$ (s. Abb. 13.16a). Wird das Dreieck unsymmetrisch verzerrt, indem eines der Atome in der Ebene (x,z) verschoben wird, so haben wir die Symmetriegruppe $\boldsymbol{C}_s$, und die Terme A_1 und B_1 werden beide zu A'-Termen. Behalten die beiden anderen Atome ihren Abstand, dann hat das System zwei Freiheitsgrade, und die beiden A'-Terme dürfen sich in einem Punkt überschneiden ($f-2=0$); dieser Punkt entspricht wiederum der $\boldsymbol{D}_{3h}$-Kernkonfiguration (s. Abb. 13.16b). Wie eine genauere Untersuchung zeigt, bilden die beiden in einem gemeinsamen Punkt zusammenhängenden Potentialflächen in der unmittelbaren Umgebung dieses Punktes einen elliptischen Doppelkegel; man bezeichnet das als *Konuskreuzung* (oder Trichterkreuzung). Bei Berücksichtigung der Spin-Bahn-Kopplung kann für das betrachtete System mit seiner ungeraden Elektronenzahl die Kreuzung nicht stattfinden. Da die Spin-Bahn-Kopplung bei leichten Atomen relativ schwach ist, überschneiden sich die beiden Potentialflächen zwar nicht, kommen sich aber nahe (*vermiedene Kreuzung* oder *Pseudokreuzung*).

Generell ist zu beachten, dass die Kreuzungsregeln jeweils für einen gegebenen elektronischen Hamilton-Operator gelten; dieser bestimmt die Symmetrien und Bewegungskonstanten des Systems. Man hat also immer zuerst festzustellen, welche Operationen den Hamilton-Operator unverändert lassen bzw. mit welchen Operatoren er vertauschbar ist (s. Abschn. 3.1.6 sowie Anhang A1.4). Hieraus folgen dann die Möglichkeiten für Potentialflächenüberschneidungen (oder anders ausgedrückt: die möglichen Entartungen der Elektronenzustände).

Wird der Hamilton-Operator verändert, so ergeben sich im allgemeinen andere Kreuzungsverhältnisse. Eine "Vergröberung" der Beschreibung, etwa durch Weglassen bestimmter Anteile im Hamilton-Operator wie in der Störungstheorie nullter Näherung (z. B. Vernachlässigung der Spin-Bahn-Kopplung), führt meist dazu, dass die Symmetrie und damit die Anzahl der Erhaltungsgrößen für das System erhöht wird. Folglich sind mehr Kreuzungen erlaubt, denn es wird häufiger auftreten, dass zwei sich nahekommende Zustände zu unterschiedlichen Symmetrierassen bzw. unterschiedlichen Werten der Erhaltungsgrößen gehören. Umgekehrt führt eine Vervollständigung des Hamilton-Operators durch Hinzunahme weiterer Wechselwirkungen zur Verringerung der Symmetrie, somit zur Aufspaltung von zuvor entarteten Elektronentermen (vgl. Abschn. 4.4.2.2) und folglich dazu, dass bestimmte Kreuzungen zu vermiedenen Kreuzungen werden.

Eine Verwendung vergröberter Wellenfunktionen, also etwa Näherungen vom MO- (bis Hartree-Fock-MO-) oder VB-Typ hat analoge Konsequenzen wie die Vereinfachung des Hamilton-Operators, wenn man sich vorstellt, dass die genäherten Wellenfunktionen Eigenfunktionen geeignet vereinfachter Hamilton-Operatoren sind.

Bei diesen mehr plausiblen als streng durchgeführten Betrachtungen müssen wir es hier bewenden lassen; ausführlicher wird das Problem z. B. in [I.4b] und [13.3] behandelt. Wir halten aber fest, dass zu einer umfassenden Charakterisierung der Topographie von Potentialkurven und Potentialhyperflächen strenggenommen auch eine Analyse des Kreuzungsverhaltens gehört, nämlich die Feststellung, ob und bei welchen Kernanordnungen sich Potentialhyperflächen überschneiden können bzw. eine vermiedene Kreuzung aufweisen und welche Form die Potentialhyperflächen in solchen Kernkonfigurationsbereichen haben.

13.4.3* Stabilität von Molekülen in hochsymmetrischen Kernanordnungen

Wir betrachten jetzt ein mehratomiges molekulares Aggregat in einem adiabatischen Elektronenzustand, der bei einer bestimmten (hochsymmetrischen) Kernanordnung $\boldsymbol{R}$ entartet sein möge. Mit Hilfe der Überlegungen in den vorangegangenen beiden Abschnitten lässt sich sofort schlussfolgern, dass die adiabatische Potentialhyperfläche für diese Kernanordnung kein lokales Minimum aufweisen kann. Wird nämlich die Kernanordnung $\boldsymbol{R}$ so deformiert, dass eine Kernanordnung $\boldsymbol{R}'$ niedrigerer Symmetrie entsteht, $\boldsymbol{R} \rightarrow \boldsymbol{R}' = \boldsymbol{R} + \Delta\boldsymbol{R}$, dann wird die Entartung aufgehoben und der Elektronenterm spaltet auf, wobei generell wenigstens einer der resultierenden, in der Regel dann nichtentarteten Zustände in wenigstens einer Deformationsrichtung energetisch abgesenkt wird. Die hochsymmetrische Kernanordnung kann unter diesen Bedingungen somit nicht die stabilste sein.

Anhand der Entwicklung (13.36) des Hamilton-Operators kann man unter Benutzung der zur Energie $E^{\mathrm{e}}(\boldsymbol{R})$ gehörenden elektronischen Wellenfunktionen $\Phi_{\nu}(\boldsymbol{R})$ die bei einer Deformation eintretenden

Änderungen der elektronischen Energie und des Potentials $U = E^{\mathrm{e}} + V^{\mathrm{kk}}$ störungstheoretisch abschätzen. Für mindestens eine Deformationsrichtung (X_j in Abb. 13.17b) ergibt sich ein nichtverschwindender linearer Korrekturterm $\left\langle \Phi_\nu(\boldsymbol{r};\boldsymbol{R}) | (\partial\hat{H}/\partial X'_j)_{X'_j=X_j} | \Phi_\mu(\boldsymbol{r};\boldsymbol{R}) \right\rangle_{\boldsymbol{r}} \cdot \Delta X_j$ (zu integrieren ist über die Elektronenkoordinaten $\boldsymbol{r}$). Im Einzelnen soll das hier nicht ausgeführt werden.

In Abb. 13.17 ist das erhaltene Ergebnis schematisch für einen zweifach entarteten Zustand dargestellt; in Richtung einer Koordinate X_j (symmetriebrechende Verschiebung ΔX_j, für welche der lineare Term in Gl. (13.36) nicht verschwindet) sinkt das Potential für eine der beiden Termkomponenten ab, und die Kernanordnung wird deformiert, bis ein benachbartes lokales Minimum erreicht ist.

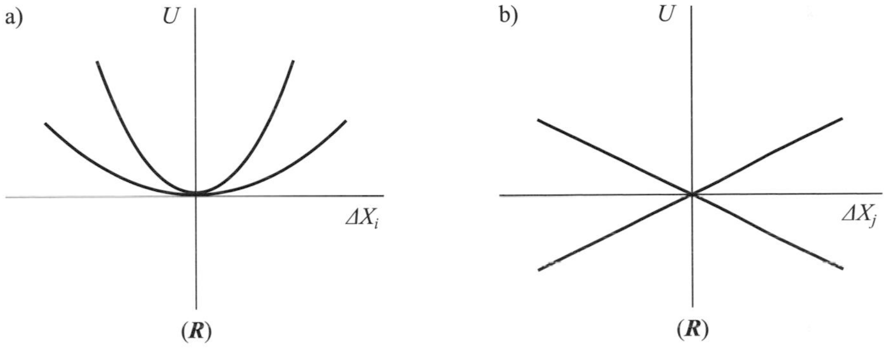

Abb. 13.17 Potentialflächenausschnitte für einen zweifach entarteten Elektronenzustand in der Umgebung einer hochsymmetrischen Kernanordnung (schematisch): (a) symmetrieerhaltende und (b) symmetriebrechende Koordinatenänderung (aus [I.4b])

Die Aussage, dass in einem entarteten Elektronenzustand jede symmetrische Kernanordnung instabil ist, bezeichnet man als *Jahn-Teller-Theorem* (H. A. Jahn und E. Teller, 1937) [9].

Wie die detaillierte theoretische Behandlung etwa des Modellfalls A_3 (drei gleiche Atome A mit je einem Valenzelektron) zeigt, hat die Potentialfunktion in Abhängigkeit von zwei geeignet gewählten Deformationskoordinaten $Q_1^{(e)}$ und $Q_2^{(e)}$ (zwei zur Symmetrierasse E' gehörende Normalkoordinaten, s. Abschn. 11.4.2) in der Nähe eines Entartungspunktes (Kernanordnung mit $\boldsymbol{D}_{3h}$-Symmetrie) die Form eines Doppelkegels (*Konuskreuzung*), ringförmig von einer Potentialrinne umgeben, s. Abb. 13.18a ("Mexikanerhut").

[9] Näheres hierüber findet man z. B. in [7.1] sowie in Bersuker, I. B., Polinger, V. Z.: Vibronic Interactions in Molecules and Crystals. Springer , Berlin (1989).

Werden höhere als lineare Terme der Entwicklung (13.36) einbezogen, dann ergeben sich in der Potentialrinne symmetrisch drei Mulden, so dass drei äquivalente Kernkonfigurationen existieren, jeweils mit $\boldsymbol{C}_{2v}$ -Symmetrie (gleichschenklige Dreiecke), s. Abb. 13.18b).

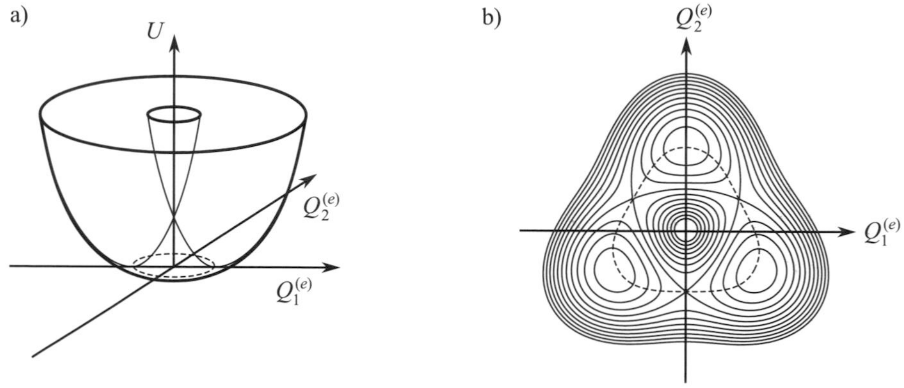

Abb. 13.18 Zum Jahn-Teller-Effekt in einem Molekül A_3 aus drei gleichen Atomen A mit je einem Valenzelektron: (a) Konuskreuzung der beiden tiefsten Potentialflächen in linearer Näherung ("Mexikanerhut"); (b) untere Potentialfläche in höherer Näherung als Konturliniendiagramm (schematisch in Anlehnung an [7.1], Ch. I.2c; aus [I.4b])

Bei kleinen Molekülen ist ein solcher Jahn-Teller-Effekt relativ selten anzutreffen; außer bei Alkali-Trimeren (s. oben) z. B. noch bei dem planaren Molekül Bortrichlorid, BCl_3, bei dem der Grundzustand für Kernanordnungen mit der Symmetrie $\boldsymbol{D}_{3h}$ ebenfalls zweifach entartetet ist. Im letztgenannten Fall wird das Atom B aus dem Zentrum verschoben und kann drei äquivalente Positionen mit jeweils $\boldsymbol{C}_{2v}$ -Symmetrie einnehmen. Häufiger findet man Jahn-Teller-Verzerrungen bei Übergangsmetallkomplexen (s. etwa [5.5]).

Eine besondere Situation liegt vor, wenn mehratomige Moleküle bei linearen Kernanordnungen (axiale Symmetrie) einen entarteten Elektronengrundzustand haben, etwa einen Π -Zustand. Auch in diesem Falle führt eine Symmetrieerniedrigung (insbesondere eine Knikkung) zu einer Aufhebung der Entartung und einer Aufspaltung der Elektronenterme. Es lässt sich zeigen, dass die linearen Glieder und ebenso die weiteren Glieder ungeradzahliger Ordnung der Entwicklung (13.36) stets verschwindende Energiebeiträge liefern; dann hängt es von den Vorzeichen und Größenverhältnissen der übrigen Glieder (geradzahliger Ordnung) ab, ob das Potential U an $\boldsymbol{R}$ in beiden resultierenden Elektronenzuständen ein Minimum aufweist oder nicht, ob also in beiden Zuständen die lineare Kernanordnung stabil bleibt oder ob für einen, etwa den tieferen, eine geknickte Kernanordnung die stabilere wird (*Renner-Teller-Effekt*). Näheres hierzu s.[7.1].

13.5 Symmetrieregeln für molekulare Umlagerungen

Eine erste Vorstellung vom Verhalten der Potentialfunktionen eines molekularen Aggregats kann man durch *Korrelationsdiagramme* gewinnen, wie sie für MOs in den Abschnitten 6.2.3 und 7.1 eingeführt und in HMO-Näherung für die cis-trans-Isomerisierung des Butadiens in Abschnitt 7.4.6 ausführlicher diskutiert wurden. Anhand des Verhaltens der MOs lässt sich auf das Verhalten der Elektronenenergien des gesamten Aggregats in verschiedenen Zuständen schließen, indem man für einfache MO-Näherungen, in denen die Molekülwellenfunktionen als Produkte von MOs gebildet werden, über die Energien ε_i der besetzten MOs ϕ_i summiert: $E^{\mathrm{e}} = \sum_i^{(\mathrm{bes})} \nu_i \varepsilon_i$ [Gl. (7.38)]. Auf die besondere Kennzeichnung durch eine Tilde kann hier verzichtet werden.

Wir diskutieren zur Erläuterung der Problemstellung und der Vorgehensweise die Ringschlussreaktion von cis-Butadien zu Cyclobuten.

Für den in Abb. 13.19 schematisch dargestellten chemischen Reaktionsvorgang werden Reaktant- und Produktmolekül in einer HMO-Näherung für die relevanten Valenzelektronen beschrieben. Das Reaktantmolekül cis-Butadien ist ausführlich in Abschnitt 7.4 behandelt worden; an die dort erhaltenen Ergebnisse können wir hier anküpfen.

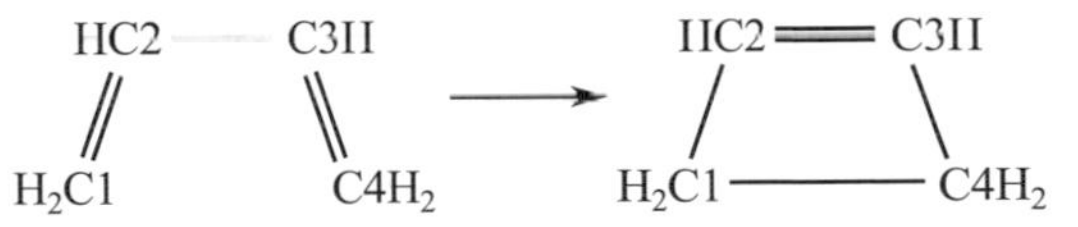

Abb. 13.19
Ringschluss des cis-Butadiens zu Cyclobuten (schematisch)

Die chemische Umwandlung besteht darin, dass zwischen den beiden endständigen C-Atomen der konjugierten Kette eine Einfachbindung (σ-Bindung) geknüpft wird. Im Rahmen einer einfachen MO-Beschreibung kann man sich diesen Vorgang so vorstellen, dass die beiden CH_2-Gruppen, jede mit einem senkrecht zur HCH-Ebene orientierten 2*p*-AO des C-Atoms, sich um ihre Doppelbindungen drehen, bis diese beiden 2*p*-AOs in der Ebene der vier C-Atome liegen, sich auf diese Weise optimal überlappen und eine σ-Bindung ausbilden können. Feinheiten wie Änderungen der Hybridisierung und der Geometrie bleiben in diesem einfachen Bild außer Betracht.

Wie in Abb. 13.20 dargestellt, gibt es offenbar zwei Wege für diese Umlagerung:

I *disrotatorisch*, d. h. durch gegensinnige Verdrehung der beiden CH_2-Gruppen (eine im Uhrzeigersinn, die andere entgegengesetzt dem Uhrzeigersinn), oder

II *konrotatorisch*, d. h. durch gleichsinnige Verdrehung der beiden CH_2-Gruppen.

Das Resultat ist beide Male dasselbe Molekül Cyclobuten, sowohl was das Kerngerüst betrifft (und damit die räumliche Symmetrie, nämlich $\boldsymbol{C}_{2v}$ wie für das Ausgangsmolekül cis-Butadien), als auch das MO-Termschema.

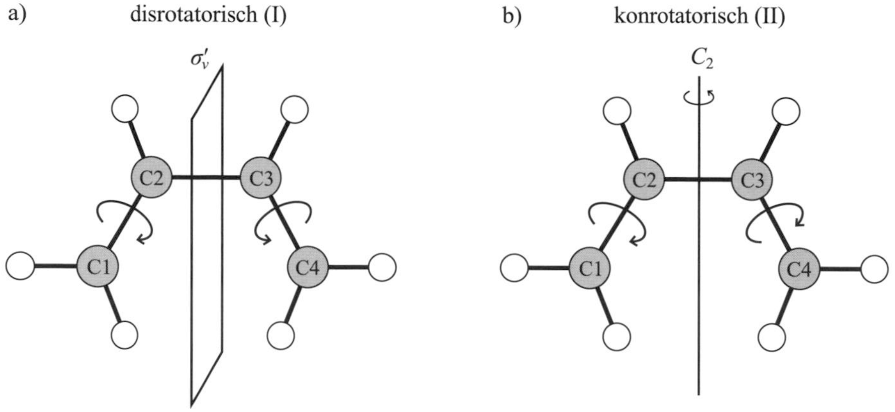

Abb. 13.20 Disrotatorische (a) und konrotatorische (b) Verdrehung der CH_2 -Gruppen des cis-Butadiens (schematisch)

Wenn die Geometrieänderung bei der Umlagerung einem Weg minimaler Energie folgt, dann bleibt die Symmetrie auf diesem Weg unverändert (s. Abschn. 13.1.2). Wie man sich anhand von Abb. 13.20 klarmacht, behält das Kerngerüst im Verlauf der disrotatorischen Umlagerung als Symmetrieelement die zur Ebene der vier C-Zentren senkrechte, durch die Mittelpunkte der beiden Kernverbindungslinien C2–C3 und C1–C4 gehende Symmetrieebene σ_v' ; bei der konrotatorischen Umlagerung bleibt hingegen die zweizählige Symmetrieachse C_2 bestehen, ebenfalls durch die Mittelpunkte der Kernverbindungslinien C2–C3 und C1–C4 verlaufend. Wir haben also beim Vorgang I auf dem Umlagerungsweg die Symmetriegruppe $\boldsymbol{C}_s$, beim Vorgang II die Symmetriegruppe $\boldsymbol{C}_2$.

Die MOs lassen sich durch ihr Verhalten bezüglich der genannten beiden Symmetrieoperationen charakterisieren, und zwar können sie im vorliegenden einfachen Fall entweder unverändert bleiben oder das Vorzeichen wechseln, d. h. im Falle der Symmetriegruppe $\boldsymbol{C}_s$ zur Symmetrierasse a' bzw. a'' und im Falle der Symmetriegruppe $\boldsymbol{C}_2$ zur Symmetrierasse a bzw. b gehören. Da es sich um Einelektronzustände handelt, werden Kleinbuchstaben benutzt. Entsprechend sind die MO-Niveaus ε_i in Abb. 13.21 gekennzeichnet. Bei der Umlagerung korreliert ein a'-Niveau mit einem a'-Niveau und ein a''-Niveau mit einem a''-Niveau, analog a mit a und b mit b. So ergeben sich die Verknüpfungen in Abb. 13.21, beginnend mit dem tiefsten Niveau. Die auftretenden Überkreuzungen von Verknüpfungslinien in diesem *Korrelationsdiagramm* sind erlaubt, da es sich jeweils um Terme unterschiedlicher Symmetrierasse handelt (s. Abschn. 13.4.1).

Aus dem MO-Korrelationsdiagrammen Abb. 13.21a können wir ablesen, welches MO von cis-Butadien in welches MO von Cyclobuten übergeht: Bei disrotatorischer Verdrehung wird aus dem MO ϕ_1 des cis-Butadiens das energetisch tiefste MO ϕ_1 des Cyclobutens, bei konrotatorischem Übergang aber das zweite MO ϕ_2 des Cyclobutens usw.

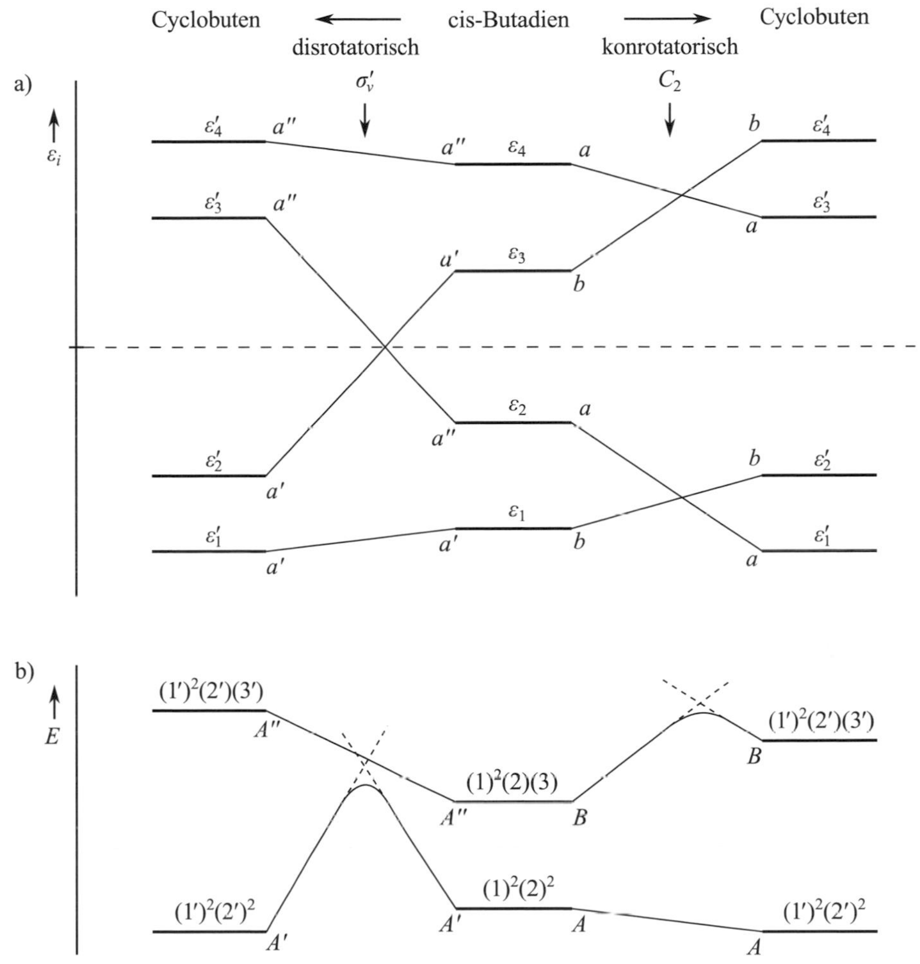

Abb. 13.21 Korrelationsdiagramme für den Ringschluss des cis-Butadiens: (a) π -MO-Energien; (b) π -Gesamtenergien (links disrotatorischer, rechts konrotatorischer Übergang; qualitativ, in Anlehnung an [7.3], dort Abschn. 10.5)

Die Verschiebungen der MO-Terme des Cyclobutens gegenüber Butadien lassen sich verstehen (s. [7.3]), wenn man die Größenverhältnisse der MO-Koeffizienten (7.99) sowie das Vorzeichen der Überlappung und damit auch des Resonanzintegrals β_{14} zwischen den nicht an den Bindungen C=C und C–H beteiligten $2p$-AOs der endständigen C-Atome C1 und C4 des Butadiens beachtet. So führt bei konrotatorischem Übergang die positive Überlappung der AOs φ_1 und $-\varphi_4$ zu einem negativen

Resonanzintegral β_{14}; dadurch wird das relativ schwach bindende Butadien-MO ϕ_2 stärker bindend und mithin energetisch kräftig abgesenkt. Es entsteht daraus das tiefstgelegene Cyclobuten-MO ϕ_1' (zu ε_1'), das die σ-Bindung $C1-C4$ beschreibt. Die detaillierte Diskussion wird als ÜA 13.5 empfohlen.

Aus dem MO-Korrelationsdiagramm folgt ein Korrelationsdiagramm für die Zustände des Gesamtsystems der vier relevanten Valenzelektronen; diese Zustände werden im Rahmen der einfachen MO-Näherung durch Produkte von MOs entsprechend den möglichen Elektronenkonfigurationen beschrieben, und die Gesamtenergien sind die Summen der Energien der besetzten MOs. Für die Grundkonfiguration und einige angeregte Elektronenkonfigurationen ergeben sich (nach anwachsender Energie E^{π} des Butadiens von unten nach oben angeordnet) die nachstehenden Beziehungen:

$$
\begin{array}{ccc}
\text{Cyclobuten} \xleftarrow[\text{disrot}]{\qquad} & \text{cis-Butadien} & \xrightarrow[\text{konrot}]{\qquad} \text{Cyclobuten} \\
\cdots\cdots & \cdots\cdots & \cdots\cdots \\
(1')(3')^2(4') & \Phi_1^4 : (1)(2)^2(4) & (1')^2(2')(3') \\
(1')^2(2')^2 & \Phi_{22}^{33} : (1)^2(3)^2 & (2')^2(4')^2 \\
(1')(2')(3')^2 & \Phi_1^3 : (1)(2)^2(3) & (1')^2(2')(4') \\
(1')^2(3')(4') & \Phi_2^4 : (1)^2(2)(4) & (1')(2')^2(3') \\
(1')^2(2')(3') & \Phi_2^3 : (1)^2(2)(3) & (1')(2')^2(4') \\
(1')^2(3')^2 & \Phi_0 : (1)^2(2)^2 & (1')^2(2')^2
\end{array}
\qquad (13.37)
$$

Das entsprechende Korrelationsdiagramm ist in Abb. 13.21b dargestellt; die Terme sind wieder durch das Symmetrieverhalten (jetzt in Großbuchstaben für die Vierelektronenzustände) der zugehörigen Wellenfunktionen (MO-Produkte) gekennzeichnet. Es zeigt sich, dass aus dem Elektronengrundzustand des cis-Butadiens bei disrotatorischem Ringschluss nicht der Grundzustand $(1')^2(2')^2$ des Cyclobutens, sondern der angeregte Zustand $(1')^2(3')^2$ hervorgeht; die gemeinsame Symmetrierasse ist A'. Die entsprechende Verknüpfungslinie würde die Verknüpfungslinie zur gleichen Symmetrie A' zwischen dem Zustand $(1')^2(2')^2$ des Cyclobutens und dem energetisch hoch gelegenen Zustand $(1)^2(3)^2$ des cis-Butadiens schneiden; das aber ist nach den Kreuzungsregeln (s. Abschn. 13.4.1) nicht erlaubt. Folglich ergibt sich eine vermiedene Kreuzung, wie das im linken Teil der Abb. 13.21b skizziert ist. Es resultiert ein Verlauf der Verknüpfungslinie, der das Kreuzungsverbot erfüllt und aus dem man schließen kann, dass für die Ringschlussreaktion aus dem Grundzustand von cis-Butadien bei disrotatorischer Umlagerung eine Energiebarriere zu erwarten ist. Bei der konrotatorischen Umlagerung aus dem Butadien-Grundzustand hingegen dürfte keine signifikante Barriere auftreten.

Unter thermischen Bedingungen (also bei kleinen verfügbaren Energien der Kernbewegungen im System) sollte daher der Ringschluss bevorzugt konrotatorisch ablaufen.

Von R. B. Woodward und R. Hoffmann sind derartige, im Wesentlichen auf Korrelationsdiagramme im Rahmen einfacher MO-Näherungen gestützte Untersuchungen zu einer relativ leicht durchführbaren Methode ausgearbeitet und in der Folge auf zahlreiche organisch-chemische Reaktionen (Cycloadditionen, elektrocyclische Reaktionen u. a.) angewendet worden.[10] Wie bei dem oben diskutierten Beispiel geht man generell so vor, dass für bestimmte, modellhaft angenommene Umlagerungsvorgänge zunächst diejenigen Symmetrieelemente (Drehachsen, Spiegelebenen) aufgesucht werden, die im Verlauf dieser Umlagerung von den Reaktanten in die Produkte durchgängig bestehen bleiben. Es wird dann postuliert: Umlagerungen laufen so ab, dass sich die Symmetrieeigenschaften der MOs bezüglich dieser Symmetrieelemente während der Umlagerung nicht ändern. Das wird oft als *Prinzip der Erhaltung der Orbitalsymmetrie* bezeichnet. Die sich so ergebenden Korrelationsdiagramme führen zu erstaunlich zuverlässigen Aussagen (*Woodward-Hoffmann-Regeln*) darüber, ob bzw. unter welchen Bedingungen eine Reaktion voraussichtlich ablaufen kann.

Trotz der Erfolge dieser populären Methode muss man sich darüber klar sein, dass es sich um eine sehr einfache quantenchemische Beschreibung handelt (oft auf HMO-Niveau). Es werden ja nicht etwa Potentialflächen berechnet, geschweige denn dynamische Aspekte untersucht (s. Kap. 14). Man kann also lediglich orientierende Hinweise erwarten und darf die Resultate nicht überbewerten – was aber die Nützlichkeit dieses Hilfsmittels insgesamt nicht schmälert.

Übungsaufgaben zu Kapitel 13

ÜA 13.1 Man veranschauliche sich die Aussagen des Abschnitts 13.1.2 zur Symmetrie auf Minimumwegen und in stationären Punkten an folgenden Beispielen: (a) Austauschprozess $D + H_2 \rightarrow DH + H$; (b) Austauschprozess $H + H_2 \rightarrow H_2 + H$; (c) Inversionsprozess $NH_3 \rightarrow H_3N$; (d) Austauschprozess $X^- + CH_3Y \rightarrow XCH_3 + Y^-$.

ÜA 13.2 Die Stabilität des Aggregats H_3 (≡ H1H2H3) ist in einer einfachen MO-Näherung mit Vernachlässigung der Überlappung nach Abschnitt 7.4.2 zu diskutieren:

(a) für lineare Kernanordnungen (Symmetrie $\boldsymbol{C}_{\infty v}$ und $\boldsymbol{D}_{\infty h}$);

(b) für linear-symmetrische ($\boldsymbol{D}_{\infty h}$) und schwach gewinkelte ($\boldsymbol{C}_{2v}$) Keranordnungen mit Berücksichtigung der Wechselwirkung übernächster Nacbarn ($\beta_{13} = \beta_{12}/2$);

(c) für gleichseitig-dreieckige Kernanordnungen ($\boldsymbol{D}_{3h}$).

Hinweis: Bestimmung der MOs und der elektronischen Gesamtenergie gemäß Abschn. 7.4 und 13.2.1; Berechnung der Kernabstoßungsenergie mit den Geometriedaten aus Tab. 13.3

[10] Woodward, R. B., Hoffmann, R.: Die Erhaltung der Orbitalsymmetrie. Verlag Chemie, Weinheim (1972) [beide Nobel-Preisträger, 1965 bzw. 1981]

ÜA 13.3 Es sind anhand der Symmetrie mögliche elektronisch adiabatische Fragmentierungen von HCN zu diskutieren.

ÜA 13.4 Man leite den Zusammenhang zwischen dem Parameter β in der Morse-Funktion (13.21) und der Krümmung der Morse-Kurve her [s. Gl. (11.79a)].

ÜA 13.5 Die Verschiebung der MO-Energien von Cyclobuten gegenüber denen des cis-Butadiens (s. Abb. 13.21a) ist in HMO-Näherung qualitativ zu diskutieren.

Ergänzende Literatur zu Kapitel 13

[13.1] a) Murrell, J. N., Carter, S., Farantos, S. C., Huxley, P., Varandas, A. J. C.: Molecular potential energy functions. Wiley, Chichester (1984)

b) Schatz, G. C.: The analytical representation of electronic potential-energy surfaces. Rev. Mod. Phys. **61**, 669 – 688 (1989)

[13.2] a) Müller, K.: Reaktionswege auf mehrdimensionalen Energiehyperflächen. Angew. Chem. **92**, 1 – 74 (1980)

b) Schlegel, H. B.: Exploring Potential Energy Surfaces for Chemical Reactions: An Overview of Some Practical Methods. J. Comput. Chem. **24**, 1514 – 1527 (2003)

c) Jensen, F.: Introduction to Computational Chemistry. Wiley, Chichester (2008)

d) Heidrich, D.: The Reaction Path in Chemistry: Current Approaches and Perpectives. Kluwer, Dordrecht (1995)

[13.3] Nikitin, E.E., Zülicke, L.: Theorie chemischer Elementarprozesse. Vieweg, Braunschweig/Wiesbaden (1985)

[13.4] Levine, R. D., Bernstein, R. B.: Molckulare Reaktionsdynamik. Teubner, Stuttgart (1991)

[13.5] Hirschfelder, J. O., Curtiss, C. F., Bird, R. B.: Molecular Theory of Gases and Liquids. Wiley, New York (1965)

14 Dynamik der Atom- und Molekülstöße

Die phänomenologische Beschreibung und die kinematische Analyse experimenteller Befunde zu molekularen Elementarprozessen sowie die Kenntnis der molekularen Wechselwirkungspotentiale können zwar oft ein anschaulich plausibles Bild von den mikroskopischen (molekularen) Vorgängen vermitteln, ein umfassendes Verständnis, ganz zu schweigen von zuverlässigen Voraussagen, wird aber erst durch eine detaillierte theoretische Untersuchung der Bewegungsabläufe im atomaren Maßstab erreichbar. Dem widmet sich das vorliegende Kapitel. Dabei können wir an Kapitel 4 anknüpfen, wo in den Abschnitten 4.1 bis 4.3 die Vorgehensweise allgemein skizziert ist.

Es wird überwiegend die adiabatische Separation von Elektronen- und Kernbewegung zugrundegelegt, also das Zweistufenverfahren nach dem Schema in Abb. 4.3 angewendet. Die in Stufe *(1)* erhaltenen, aus der elektronischen Gesamtenergie $E_n^{\mathrm{e}}(\boldsymbol{R})$ für die einzelnen Elektronenzuständen n und der elektrostatischen Kernabstoßungsenergie $V^{\mathrm{kk}}(\boldsymbol{R})$ zusammengesetzten *Potentialfunktionen* für die Kernbewegung,

$$U_n(\boldsymbol{R}) = E_n^{\mathrm{e}}(\boldsymbol{R}) + V^{\mathrm{kk}}(\boldsymbol{R}) \tag{14.1}$$

in Abhängigkeit von den (hier wieder summarisch durch den Vektor $\boldsymbol{R}$ angegebenen) Kernpositionen wurden in Kapitel 13 diskutiert. Diese Potentialfunktionen setzen wir jetzt als bekannt voraus; sie seien gegeben in analytischer funktioneller Form oder numerisch auf einem Punktraster $\boldsymbol{R}$ im Kernkonfigurationsraum. Alternativ dazu kann man, wie wir sehen werden, die Potentialpunkte jedesmal, wenn sie im Laufe der Berechnung der Kernbewegung benötigt werden, "frisch" berechnen.

Die methodischen Grundlagen für die theoretische Beschreibung der Kernbewegungen sind den Abschnitten 4.5 und 4.6 zu entnehmen. Im Unterschied zu den in Kapitel 11 behandelten Situationen können die Kernanordnungen $\boldsymbol{R}$ weite Gebiete des Kernkonfigurationsraums überstreichen bis hin zu asymptotischen Bereichen, die einer Fragmentierung entsprechen; realisierbar sind alle offenen Kanäle (s. Abschn. 12.1.2). Die Folge ist, dass die stationären Zustände der Kernbewegung (als Lösungen der zeitunabhängigen Schrödinger-Gleichung für die Kerne) nicht in allen Freiheitsgraden räumlich lokalisiert und damit normierbar sein können. Normierbare Wellenfunktionen für die Kernbewegung lassen sich in Form von Wellenpaketen erhalten, und man hat es dann mit nichtstationären Zuständen zu tun. Wir benutzen hier durchgängig eine zeitabhängige Beschreibung.

Es wurde bereits in Kapitel 4 (vgl. die diesbezügliche Anmerkung in Abschn. 4.5) darauf hingewiesen, dass sich auch im Falle nichtbeschränkter Kernbewegungen eine Beschreibung durch stationäre Zustände vornehmen lässt, für die jedoch andere Randbedingungen (nicht die Normierbarkeitsforderung) zu stellen sind. Beide Beschreibungen, die zeitunabhängige und die zeitabhängige, sind äquivalent [4.3].

Das Problem der Kernbewegung wird, sowohl hinsichtlich der rechnerischen Durchführung als auch was die Möglichkeiten der Veranschaulichung betrifft, wesentlich vereinfacht, wenn man eine klassische Näherung anwenden kann (s. Abschn. 4.6). Auf dieser Grundlage lässt sich der Anwendungsbereich auf vielatomige Systeme ausweiten.

Wir beschränken uns im Wesentlichen auf *bimolekulare Elementarprozesse* vom Typ (12.14-16) und betrachten von den offenen Kanälen nur solche, die zwei Fragmenten entsprechen:

$$X_1(i_1) + X_2(i_2) \rightarrow Y_1(k_1) + Y_2(k_2); \qquad (14.2)$$

hier bezeichnen die Buchstaben i und k "kollektive Quantenzahlen" zur Kennzeichnung der inneren Zustände der stabilen Fragmente (s. Kap. 11):

$$i \equiv (n, G, \upsilon)\ , \quad k \equiv (n', G', \upsilon') \qquad (14.3)$$

mit n bzw. n' summarisch für den Quantenzustand der gesamten Elektronenhülle (gegebenenfalls einschließlich des Spins), G bzw. G' für den Rotationszustand des Kerngerüsts und $\upsilon \equiv (\upsilon_1, \upsilon_2, ...)$ bzw. $\upsilon' \equiv (\upsilon'_1, \upsilon'_2, ...)$ für die Schwingungszustände von Reaktant- bzw. Produktmolekülen. In den ersten beiden Abschnitten dieses Kapitels gilt die *elektronisch adiabatische Näherung* (also $n = n'$); im dritten Abschnitt ist diese Einschränkung aufgehoben.

Der Einfachheit halber beschreiben wir die Kernbewegungen in den stabilen Fragmenten X_1, X_2 bzw. Y_1, Y_2 nach dem Modell des starren Kerngerüstes und der Normalschwingungen, bei zweiatomigen Fragmenten also im SRHO-Modell nach Abschnitt 11.3.2.1. Die Spinzustände der Kerne bleiben durchgängig außer Betracht.

Wir folgen in Teilen dieses Kapitels weitgehend der Darstellung in [14.1].

14.1 Quantenmechanische und klassisch-mechanische Beschreibung der Kernbewegung

Um einen Elementarprozess (14.2) in elektronisch adiabatischer Näherung *quantenmechanisch* zu beschreiben, benutzen wir die in Abschnitt 4.5 skizzierte Verfahrensweise und suchen für einen festen Elektronenzustand n mit einer Potentialfunktion (14.1) nach Lösungen der zeitabhängigen Schrödinger-Gleichung (4.24) für die Kernbewegung. Die Markierung "k" (Kernbewegung) und der Index n (Nummer des Elektronenzustands) können hier weggelassen werden. Wir schreiben also die Schrödinger-Gleichung in der Form

$$\hat{H}\Psi(\boldsymbol{R};t) = \mathrm{i}\hbar(\partial/\partial t)\Psi(\boldsymbol{R};t) \qquad (14.4)$$

mit dem Hamilton-Operator [s. Gl. (4.23)]

$$\hat{H} = \hat{T} + U(\boldsymbol{R})$$

$$= (-\hbar^2/2)\sum_{a=1}^{N}(1/m_a)\ \hat{\nabla}_a^{\ 2} + U(\boldsymbol{R}_1, \ldots, \boldsymbol{R}_N) \qquad (14.5)$$

($N \equiv N^{\mathrm{k}}$). Der Hamilton-Operator (14.5) ist im raumfesten Bezugssystem (Laborsystem) Σ formuliert; zur Separation der Schwerpunktsbewegung werden später Festlegungen getroffen.

Die Wellenfunktion $\Psi(\boldsymbol{R};t)$ nehmen wir als normiertes Wellenpaket an; da die Zeit explizite als Variable auftritt, ist eine *Anfangsbedingung* zu stellen, die darin besteht, dass sich die

Stoßpartner X_1 und X_2 zu einem Zeitpunkt t_0, bevor sie in Wechselwirkung treten, gemäß Gleichung (14.2) in bestimmten inneren Zuständen i_1 bzw. i_2 befinden und aufeinander zulaufen. Zur Veranschaulichung kann man die phänomenologische Beschreibung eines Stoßvorgangs in Abschnitt 12.2.1 heranziehen.

Eine gängige Verfahrensweise zur approximativen Lösung der Schrödinger-Gleichung (14.4) ist die numerische Integration auf einem Koordinaten- und Zeitgitter (s. Abschn. 4.5). Man erhält auf diese Weise ein Wellenpaket, das sich in kleinen Zeitschritten auf dem Koordinatengitter fortbewegt und dabei verbreitert (s. Abschn. 2.2.1). In Abb. 14.1a ist das für zwei Ortsvariable Q_1 und Q_2 schematisch dargestellt.

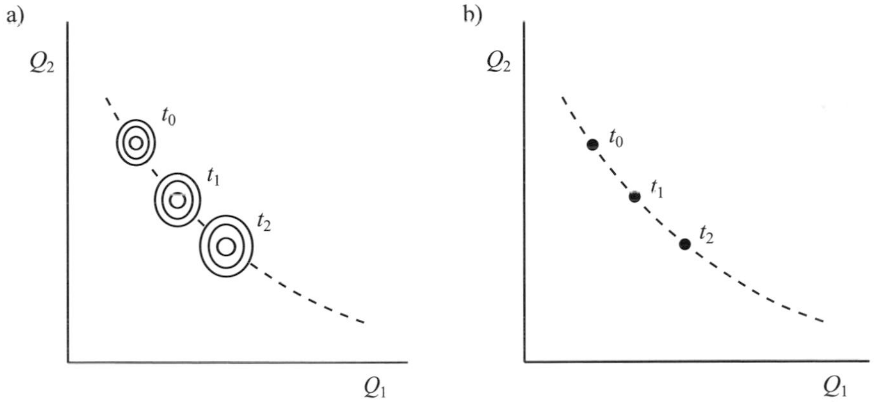

Abb. 14.1 Schnappschüsse des Ablaufs der Kernbewegung in Abhängigkeit von zwei Ortsvariablen Q_1 und Q_2 (schematisch): (a) Aufenthaltswahrscheinlichkeitsverteilung $|\Psi|^2$ für ein Wellenpaket $\Psi(Q_1, Q_2; t)$; (b) klassische Trajektorie $\{Q_1(t); Q_2(t)\}$

Nach Abschnitt 4.6 kann die Kernbewegung näherungsweise klassisch-mechanisch beschrieben werden, wenn die de-Broglie-Wellenlänge λ gegenüber der Ausdehnung d derjenigen Bereiche, in denen sich das Potential U wesentlich ändert, klein ist. Die lokale de-Broglie-Wellenlänge $\lambda(\boldsymbol{R})$ hängt (s. Abschn. 2.1.1 und 4.6) durch die Beziehung $\lambda(\boldsymbol{R}) = h/\overline{P}(\boldsymbol{R})$ mit einem mittleren "lokalen Impuls" $\overline{P}(\boldsymbol{R}) = [2\overline{m}E^{\text{tr}}]^{1/2} = [2\overline{m}(\mathcal{E} - U(\boldsymbol{R}))]^{1/2}$ zusammen, wobei $\mathcal{E}$ die Gesamtenergie und $\overline{m}$ eine mittlere Masse eines Kerns des molekularen Aggregats bezeichnet. Die Bedingung lautet also

$$\lambda(\boldsymbol{R}) = h/\overline{P}(\boldsymbol{R}) << d \tag{14.6}$$

[s. Gl. (4.100)]; sie ist dann gut erfüllt, wenn der Stoß mit genügend hohem lokalen Impuls in Kernkonfigurationsbereichen abläuft, in denen sich das Potential nicht abrupt ändert; d hat im Allgemeinen die Größenordnung 1 Å ($= 10^{-10}$ m). Dieses ziemlich pauschale Kriterium, mit dem wir uns hier begnügen, lässt sich noch verfeinern (s. etwa [I.4b]).

Es sei daran erinnert, dass die Gültigkeit der elektronisch adiabatischen Näherung nach Abschnitt 4.3.2 u. a. dann fraglich wird, wenn die Kernbewegungen mit hohen Geschwindigkeiten ablaufen. Die Bedingung (14.6) für die Anwendbarkeit der klassischen Beschreibung kann also unter Umständen mit der Voraussetzung der elektronisch adiabatischen Näherung in Konflikt kommen.

Die klassische Beschreibung der Kernbewegung erfolgt (s. Abschn. 4.6.3) durch geeignet gewählte Koordinaten als Zeitfunktionen: $Q_i(t)$ mit $i = 1, 2, \dots, f$ (Anzahl der inneren Freiheitsgrade), die in ihrer Gesamtheit zu jedem Zeitpunkt t die Kernanordnung angeben. Diese Funktionen $Q_i(t)$ werden als Lösungen der Hamiltonschen kanonischen Gleichungen

$$\dot{Q}_i = \partial H / \partial P_i , \quad \dot{P}_i = -\partial H / \partial Q_i \tag{14.7a,b}$$

[s. Gln. (4.134) sowie (A2.36a,b)] zu den $2f$ festgelegten *Anfangsbedingungen* $Q_i(t_0)$ und $P_i(t_0)$ bestimmt; H ist die auf die Koordinaten Q_i und die entsprechenden kanonisch-konjugierten Impulse P_i [definiert in Gl. (4.132), s. auch Gl. (A2.31)] umgeschriebene Hamilton-Funktion (4.133) für die Kerne:

$$H \equiv H(\boldsymbol{P};\boldsymbol{Q}) \equiv H(P_1,\dots,P_f;Q_1,\dots,Q_f) = T(\boldsymbol{P}) + U(\boldsymbol{Q}) . \tag{14.8}$$

Die Integration der kanonischen Gleichungen (14.7a,b) muss ebenfalls mit numerischen Verfahren erfolgen (s. Abschn. 14.2.1.2). Die Abb. 14.1b zeigt schematisch für zwei Freiheitsgrade (f = 2) Schnappschüsse einer durch $Q_1(t)$ und $Q_2(t)$ beschriebenen *Trajektorie* der Bewegung eines Kerns in der Ebene (Q_1, Q_2).

Klassisch-mechanische Berechnungen sind sehr viel einfacher als quantenmechanische (es handelt sich um die Lösung eines Satzes von gewöhnlichen Differentialgleichungen erster Ordnung im Vergleich zu einer hochdimensionalen partiellen Differentialgleichung im quantenmechanischen Fall), sie erfordern daher weniger Aufwand und sind somit auf Systeme mit einer sehr viel größeren Anzahl von Atomen anwendbar – vorausgesetzt, man hat entsprechende Potentialfunktionen $U(\boldsymbol{Q})$ zur Verfügung. In Abschnitt 14.2.4, besonders aber dann in Kapitel 19 wird darauf ausführlicher eingegangen.

Die bereits in Abschnitt 4.6 genannten Folgen einer solchen Vereinfachung auf eine klassisch-mechanische Beschreibung sind allerdings gravierend: man verliert jegliche Quanteneffekte (Zustandsquantelungen, Tunnelvorgänge, Interferenzphänomene sowie nichtadiabatische Übergänge, d. h. Elektronenübergänge bei der Kernbewegung). Diese Mängel lassen sich durch Modifizierungen und Ergänzungen der Methodik teilweise abmildern, worauf wir in den Abschnitten 14.2.1 und 14.2.3 sowie 14.3 zu sprechen kommen.

14.2 Dynamik elektronisch adiabatischer Elementarprozesse

Wie oben vorausgesetzt, soll während des gesamten Bewegungsvorgangs die elektronisch adiabatische Näherung gelten und die Bewegung der Kerne durch *eine* einzige Potentialfunktion $U(\boldsymbol{R})$ bestimmt werden, die überall mathematisch wohldefiniert und glatt sein möge (d. h. stetige erste Ableitungen hat). Wenn nicht anders vermerkt, benutzen wir kartesische Koordinaten, weil sich damit am bequemsten operieren lässt.

Wir behandeln den einfachsten chemisch relevanten Fall: den Stoß eines Atoms (oder Ions) A mit einem zweiatomigen Molekül (oder Molekülion) BC, bei dem elastische, inelastische, reaktive (Austausch-) und dissoziative Prozesse stattfinden können (s. Abschn. 12.1.2):

$$\mathrm{A+BC}(G,v) \rightarrow \begin{cases} \mathrm{A+BC}(G,v) \\ \mathrm{A+BC}(G',v') \\ \mathrm{AB}(G'',v'') + \mathrm{C} \\ \mathrm{AC}(G''',v''') + \mathrm{B} \\ \mathrm{A+B+C} \end{cases} \tag{14.9}$$

Ausführlich werden wir uns hier mit der *klassischen Beschreibung* beschäftigen, die leicht durchzuführen und anschaulich zu machen ist (s. auch [14.1][14.2]). Wegen des relativ geringen Aufwands lassen sich die Untersuchungen sehr weit ausdehnen, einerseits bis zu systematischen Studien der Zusammenhänge zwischen Potentialcharakteristika und Stoßdynamik bzw. Produktverteilungen für einfache Systeme und andererseits zu Berechnungen für große Systeme mit vielen Freiheitsgraden.

Eine *quantenmechanische Beschreibung* erfordert mehr Aufwand und ist weniger anschaulich; wir beschränken uns daher auf das Grundsätzliche und diskutieren einige Modellfälle.

14.2.1 Klassische Dynamik der Kernbewegung (Trajektorien) bei Atom-Molekül-Stößen A + BC

14.2.1.1 Formulierung der kanonischen Bewegungsgleichungen

Ein isoliertes dreiatomiges Aggregat ABC ($N = 3$) hat $3N = 9$ räumliche Kernfreiheitsgrade. Die Positionen der Kerne seien in einem raumfesten Bezugssystem Σ (Laborsystem, s. Abschn. 12.2.1) durch die drei Ortsvektoren $\boldsymbol{R}_\mathrm{A}, \boldsymbol{R}_\mathrm{B}$ und $\boldsymbol{R}_\mathrm{C}$ mit den neun kartesischen Komponenten $X_\mathrm{A}, Y_\mathrm{A}, Z_\mathrm{A}, \ldots, Z_\mathrm{C}$ festgelegt (s. Abb. 14.2).

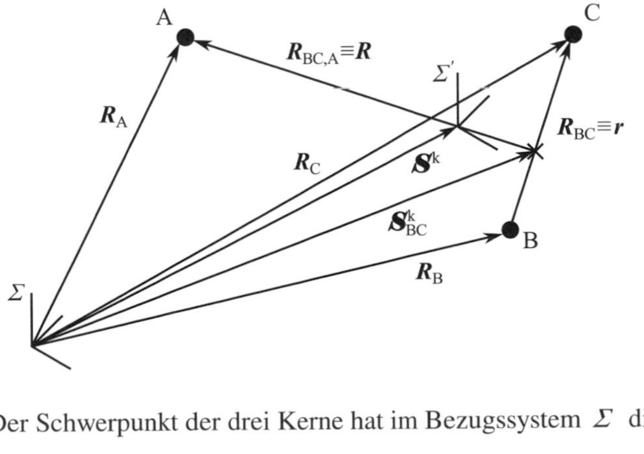

Abb. 14.2
Dreiteilchenaggregat ABC: Schwerpunkts- und Relativkoordinaten im Kanal {A,BC}

Der Schwerpunkt der drei Kerne hat im Bezugssystem Σ die Position

$$\boldsymbol{S}^\mathrm{k} = (m_\mathrm{A}\boldsymbol{R}_\mathrm{A} + m_\mathrm{B}\boldsymbol{R}_\mathrm{B} + m_\mathrm{C}\boldsymbol{R}_\mathrm{C})/(m_\mathrm{A} + m_\mathrm{B} + m_\mathrm{C}). \tag{14.10}$$

Wir gehen nun zum schwerpunktfesten System Σ' über, dessen Achsen die gleichen Richtungen wie in Σ haben, dessen Nullpunkt aber im Kernschwerpunkt $\boldsymbol{S}^{\mathrm{k}}$ liegt (*Schwerpunktsystem*, abgek. *S-System*; s. Abschn. 4.2, Abb. 4.2, auch Abschn. 11.2 und 12.2.1). Hierzu werden zwei neue Ortsvektoren eingeführt, welche die Positionen der Kerne *relativ* zueinander festlegen und sich für die Beschreibung der Bewegungssituation im Eingangskanal {A,BC} besonders gut eignen:

$$\boldsymbol{r} \equiv \boldsymbol{R}_{\mathrm{BC}} \equiv \boldsymbol{R}_{\mathrm{C}} - \boldsymbol{R}_{\mathrm{B}}\,, \tag{14.11a}$$

$$\boldsymbol{R} \equiv \boldsymbol{R}_{\mathrm{BC,A}} \equiv \boldsymbol{R}_{\mathrm{A}} - (m_{\mathrm{B}}\boldsymbol{R}_{\mathrm{B}} + m_{\mathrm{C}}\boldsymbol{R}_{\mathrm{C}})/(m_{\mathrm{B}} + m_{\mathrm{C}}) \tag{14.11b}$$

(*kanal-angepasste Relativkoordinaten*); diese Vektoren geben die Lage des Kerns C relativ zum Kern B bzw. die Lage des Kerns A relativ zum Schwerpunkt des Kernpaares BC, $\boldsymbol{S}_{\mathrm{BC}}^{\mathrm{k}} \equiv (m_{\mathrm{B}}\boldsymbol{R}_{\mathrm{B}} + m_{\mathrm{C}}\boldsymbol{R}_{\mathrm{C}})/(m_{\mathrm{B}} + m_{\mathrm{C}})$, an (s. Abb. 14.2).

Die kartesischen Komponenten der Vektoren (14.11a,b) und (14.10) im System Σ' numerieren wir der bequemeren Schreibweise wegen fortlaufend und bezeichnen sie mit Q_i:

$$\boldsymbol{r} \equiv (Q_1, Q_2, Q_3)\,, \quad \boldsymbol{R} \equiv (Q_4, Q_5, Q_6)\,, \tag{14.12}$$

$$\boldsymbol{S}^{\mathrm{k}} \equiv (Q_7, Q_8, Q_9)\,; \tag{14.13}$$

entsprechend die zugehörigen (kanonisch-konjugierten) Impulse P_i nach Abschnitt 4.6.3 und Anhang A2.4.2:

$$\boldsymbol{p} \equiv (P_1, P_2, P_3)\,, \quad \boldsymbol{P} \equiv (P_4, P_5, P_6)\,, \tag{14.14}$$

$$\boldsymbol{P}_{\mathrm{S^k}} \equiv (P_7, P_8, P_9)\,. \tag{14.15}$$

Umgeschrieben auf diese Koordinaten hat die Hamilton-Funktion (14.8) die Form

$$\begin{aligned} H = (1/2\mu_{\mathrm{BC}})\sum\nolimits_{i=1}^{3} P_i^2 + (1/2\mu_{\mathrm{BC,A}})\sum\nolimits_{i=4}^{6} P_i^2 + (1/2M)\sum\nolimits_{i=7}^{9} P_i^2 \\ + U\big(R_{\mathrm{AB}}(Q_1,\ldots,Q_6),\, R_{\mathrm{BC}}(Q_1,\ldots,Q_6),\, R_{\mathrm{AC}}(Q_1,\ldots,Q_6)\big)\,; \end{aligned} \tag{14.16}$$

hier bezeichnet M die Gesamtmasse der drei Kerne:

$$M \equiv m_{\mathrm{A}} + m_{\mathrm{B}} + m_{\mathrm{C}}\,, \tag{14.17}$$

und

$$\mu_{\mathrm{BC}} \equiv m_{\mathrm{B}} m_{\mathrm{C}}/(m_{\mathrm{B}} + m_{\mathrm{C}})\,, \quad \mu_{\mathrm{BC,A}} \equiv (m_{\mathrm{B}} + m_{\mathrm{C}})m_{\mathrm{A}}/M \tag{14.18a,b}$$

sind die *reduzierten Massen* der Teilchenpaare B–C bzw. BC–A (s. ÜA 14.1).

Wie wir aus den Abschnitten 4.3.3 sowie 13.1 wissen, kann die Potentialfunktion $U(\boldsymbol{R})$ nur von den paarweisen Abständen $R_{\mathrm{AB}} \equiv |\boldsymbol{R}_{\mathrm{B}} - \boldsymbol{R}_{\mathrm{A}}|$, $R_{\mathrm{BC}} \equiv |\boldsymbol{R}_{\mathrm{C}} - \boldsymbol{R}_{\mathrm{B}}|$ und $R_{\mathrm{AC}} \equiv |\boldsymbol{R}_{\mathrm{C}} - \boldsymbol{R}_{\mathrm{A}}|$ der drei Kerne abhängen, somit nur von den Komponenten der Vektoren $\boldsymbol{r}$ und $\boldsymbol{R}$ (also von $Q_1, \ldots, Q_6$), nicht aber von $\boldsymbol{S}^{\mathrm{k}}$ (also Q_7, Q_8 und Q_9). Schreibt man mit dieser Hamilton-Funktion die kanonischen Gleichungen (14.7a,b) auf, so ergibt sich für i = 7, 8 und 9:

$\dot{P}_i = -\partial H / \partial Q_i = \partial U / \partial Q_i = 0$, also $P_i = \text{const}$, also das uns schon bekannte Resultat, dass sich der Schwerpunkt des gesamten Aggregats ABC (auf das keine äußeren Kräfte wirken) geradlinig und gleichförmig bewegt. Der dritte, die Schwerpunktsbewegung betreffende kinetische Anteil der Hamilton-Funktion, $(1/2M)\sum_{i=7}^{9} P_i^2$, ist folglich eine Konstante und kann weggelassen werden. Damit ist die Bewegung des Schwerpunkts eliminiert (s. Abschn. 4.2 und 12.2.1), und wir sind zum Bezugssystem Σ' übergegangen, in dem der Schwerpunkt ruht.

Es verbleiben die 12 kanonischen Bewegungsgleichungen für die Koordinaten $Q_1, \ldots, Q_6$ und die Impulse $P_1, \ldots, P_6$:

$$\dot{Q}_i = (1/\mu_{\text{BC}}) P_i \qquad (i = 1, 2, 3) , \tag{14.19a}$$

$$\dot{Q}_i = (1/\mu_{\text{BC,A}}) P_i \qquad (i = 4, 5, 6) , \tag{14.19b}$$

$$\dot{P}_i = -\sum_{k=1}^{3} (\partial U / \partial R_k)(\partial R_k / \partial Q_i) \qquad (i = 1, \ldots , 6) , \tag{14.20}$$

wenn hier zwecks kompakterer Schreibweise die drei Kernabstände R_{AB}, R_{BC} und R_{AC} mit R_1 bzw. R_2 bzw. R_3 bezeichnet werden. Setzt man die Impulse P_i aus den Gleichungen (14.19a,b) in die Gleichung (14.20) ein, dann ergeben sich die Bestimmungsgleichungen für die Koordinaten $Q_i(t)$ als Funktionen der Zeit t in der Form

$$\mu_{\text{BC}} \ddot{Q}_i = -\sum_{k=1}^{3} (\partial U / \partial R_k)(\partial R_k / \partial Q_i) \qquad (i = 1, 2, 3) , \tag{14.21a}$$

$$\mu_{\text{BC,A}} \ddot{Q}_i = -\sum_{k=1}^{3} (\partial U / \partial R_k)(\partial R_k / \partial Q_i) \qquad (i = 4, 5, 6) , \tag{14.21b}$$

(*Newton-Gleichungen*, s. Anhang A2.3.1).

14.2.1.2 Festlegung der Anfangsbedingungen. Lösen der Bewegungsgleichungen

Die Bewegungsgleichungen (14.19a,b) und (14.20) bilden einen Satz von 12 gewöhnlichen Differentialgleichungen erster Ordnung für die 6 Koordinaten und 6 Impulse als Funktionen der Zeit, $Q_i(t)$ bzw. $P_i(t)$. Werden für einen beliebigen Zeitpunkt t_0 (lange vor dem Stoß) Zahlenwerte für Koordinaten und Impulse, $Q_i(t_0)$ bzw. $P_i(t_0)$, vorgegeben, so sind durch diese *Anfangsbedingungen* die Lösungsfunktionen $Q_i(t)$ und $P_i(t)$ eindeutig bestimmt.

In geschlossener analytischer Form lassen sich die Bewegungsgleichungen in der Regel nicht lösen, so dass *numerische* Verfahren eingesetzt werden müssen. Derartige Berechnungen werden (nach einigen früheren Versuchen) seit den 1960er Jahren in größerem Umfang durchgeführt [14.2]. Im Einzelnen gehen wir auf numerische Berechnungsverfahren für solche Aufgabenstellungen in Abschnitt 19.2.1 ein; man findet die Standardmethoden (nach Euler, Runge-Kutta, Gear u. a) in der einschlägigen Literatur (s. etwa [II.2][II.4]).

Wie die Anfangsbedingungen zu wählen sind, richtet sich danach, welche physikalische Situation, welche experimentelle Anordnung wir beschreiben ("simulieren") wollen; hier sei das ein

Molekularstrahlexperiment nach Abschnitt 12.1.3 (s. Abb. 12.2). Zunächst stellen wir alle Parameter zusammen, die für den Start einer Trajektorienrechnung benötigt werden.

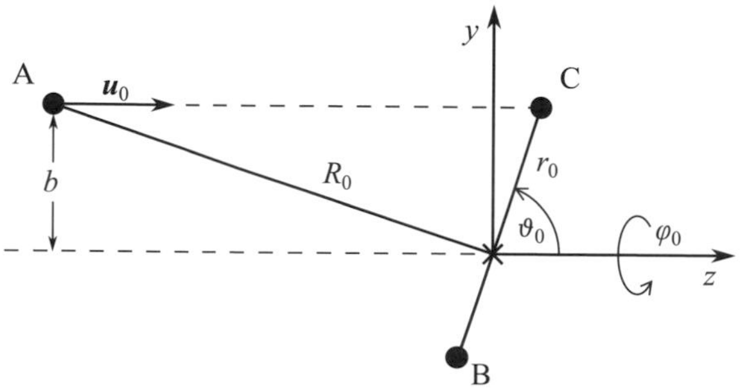

Abb. 14.3
Zur Festlegung der Anfangsbedingungen für die klassisch-mechanische Simulation eines Stoßes A + BC (aus [14.1] mit freundlicher Genehmigung von Springer Science+Business Media, Heidelberg)

Um möglichst übersichtliche Verhältnisse zu haben, nutzen wir die Freiheit, das Koordinatensystems noch beliebig zu verschieben und zu drehen (s. Abb. 14.3). Den Nullpunkt legen wir in den Schwerpunkt des Moleküls BC und die z-Achse in die Richtung der Relativbewegung A – BC; die (y,z)-Ebene wird so gedreht, dass das Atom A und der Vektor $\boldsymbol{P}_0 = \mu_{\mathrm{BC,A}}\boldsymbol{u}_0$ des Relativimpulses in dieser Ebene liegen; damit haben der Ortsvektor $\boldsymbol{R}_0$ von A und der Impulsvektor $\boldsymbol{P}_0$ die folgenden Komponenten:

$$\boldsymbol{R}_0 = \left(0, b, -(R_0{}^2 - b^2)^{1/2}\right), \tag{14.22}$$

$$\boldsymbol{P}_0 = \left(0, 0, \mu_{\mathrm{BC,A}} u_0\right). \tag{14.23}$$

Die Komponenten dieser beiden Vektoren beinhalten 6 Anfangsbedingungen, von denen 3 durch die Wahl des Koordinatensystems und die übrigen 3 durch die Werte des Abstands R_0 und der Relativgeschwindigkeit u_0 beim Start der Bewegung sowie des Stoßparameters b festgelegt sind. Für die noch benötigten weiteren 6 Anfangsbedingungen können folgende Größen verwendet werden: der Kernabstand r_0 des Moleküls BC beim Start (damit legt man zugleich die anfängliche Schwingungsphase fest) und der mit der Schwingungsbewegung verbundene Impuls (s. unten), die durch den Polarwinkel ϑ_0 und den Azimutwinkel φ_0 definierte anfängliche Drehlage des Moleküls BC (vgl. Abb. 14.3), der Betrag $|\boldsymbol{G}|$ des Drehimpulses $\boldsymbol{G}$ der Rotation des Moleküls BC und eine Winkelangabe η_0 für dessen Richtung, die senkrecht zur Molekülachse $\boldsymbol{r}_0$ stehen muss (s. Abschn. 11.3.2).

Von diesen insgesamt 12 Anfangsbedingungen sind in einem üblichen Molekularstrahlexperiment mit gekreuzten Strahlen von Atomen A und zweiatomigen Molekülen BC in einem bestimmten Rotations- und Schwingungszustand (bei festem Elektronenzustand des gesamten dreiatomigen Aggregats) drei zumindest prinzipiell kontrollierbar:

- die *Relativgeschwindigkeit* u_0 der Stoßpartner zur Zeit t_0, zu der sich das Atom A und das Molekül BC in ihren jeweiligen Teilchenstrahlen noch weit vom Wechselwirkungsvolumen

V entfernt befinden; der entsprechende Impuls der Relativbewegung $A-BC$ ist $P_0 \equiv |\boldsymbol{P}_0| = \mu_{BC,A} u_0$ und die kinetische Energie ist $E_0^{tr} = (\mu_{BC,A}/2) u_0^2 = P_0^2/2\mu_{BC,A}$;

- die *Schwingungsquantenzahl* v des Moleküls BC und somit, wenn der Rotationsschwingungszustand durch das SRHO-Modell beschrieben wird (s. Abschn. 11.3.2.1), die Schwingungsenergie $E_{BC}^{vib} = \hbar\omega(v + \frac{1}{2})$ des harmonischen Oszillators; dem entspricht am Minimum r^0 der Potentialkurve des freien Moleküls BC der mit der Schwingung verbundene Impuls $p_0 \equiv P_{BC}^{vib} = (2\mu_{BC} E_{BC}^{vib})^{1/2} = [2\mu_{BC}\hbar\omega(v + \frac{1}{2})]^{1/2}$;

- die *Rotationsquantenzahl* G des Moleküls BC, entsprechend der Energie des starren Rotators $E_{BC}^{rot} = \hbar^2 G(G+1)/\mu_{BC}\left(\overline{r^2}\right)_v$, wobei $\mu_{BC}\left(\overline{r^2}\right)_v$ das über die Schwingung im Zustand v gemittelte Trägheitsmoment von BC bezeichnet; der dazu kanonisch konjugierte Impuls ist der Drehimpuls $P_{BC}^{rot} = \hbar\sqrt{G(G+1)}$ (s. ÜA 14.2).

In einer klassisch-mechanischen Beschreibung gibt es keine Zustandsquantelung. Man kann aber die Anfangswerte der Impulse für die Schwingung und die Rotation des Moleküls BC, $P_{BC}^{vib}(t_0)$ bzw. $P_{BC}^{rot}(t_0)$, so wählen, wie sie sich für die Quantenzahlen v bzw. G des zu simulierenden Prozesses $A + BC(v, G)$ aus den soeben aufgeschriebenen Formeln ergeben. Damit lässt sich zumindest zu Anfang der Bewegung eine Art "künstlicher Quantelung" in die ansonsten rein klassische Behandlung einfügen; allerdings wird diese "Quantelung" im weiteren Verlauf der Bewegung allmählich wieder verwischt.

Alle übrigen Anfangsbedingungen, die bei Molekularstrahlexperimenten im Allgemeinen *nicht kontrollierbar* sind, werden als Zufallsgrößen angesehen, die in einem physikalisch sinnvollen Wertebereich variieren können; das wird häufig als *Monte-Carlo-Verfahren* bezeichnet (zur Terminologie vgl. Abschn. 4.9). Für den Stoßparameter b beispielsweise müssen Werte in einem Bereich zwischen $b = 0$ (zentraler Stoß) und einem Wert b_{max} berücksichtigt werden, bei dem im Rahmen der Rechengenauigkeit gerade noch eine merkliche Wechselwirkung von A mit BC eintritt. Dieser maximale Stoßparameter b_{max} hängt vom Potential U ab und differiert daher natürlich von System zu System; er muss jeweils durch Testberechnungen vor Beginn der eigentlichen Trajektorienläufe ermittelt werden. Da die Zielfläche, die BC für Stöße mit A bietet, proportional zu b^2 ist, hat man entsprechend mehr Trajektorien mit größeren Stoßparametern zu berechnen: werden ν Trajektorien mit b berechnet, dann 4ν mit $2b$ usw. Für den Anfangswert R_0 sind Werte zu nehmen, bei denen noch keine Wechselwirkung $A-BC$ besteht, das Potential also noch konstant (R-unabhängig) ist.

Die Berechnung des Zeitverlaufs der Koordinaten $Q_i(t)$ erfolgt vom Start bei t_0 an numerisch in genügend engen Zeitschritten (s. unten). Eine solche Rechnung kann abgebrochen werden, wenn mindestens zwei der drei Kernabstände so groß geworden sind, dass das Potential nicht mehr von diesen Abständen abhängt. Handelt es sich dabei etwa um die Abstände R_{AC} und R_{BC}, dann bedeutet dies: zwischen dem Atom C und den Atomen A und B besteht keine Wechselwirkung mehr; ist dann R_{AB} von der Größenordnung des Gleichgewichtskernabstands R^0_{AB} des freien Moleküls AB, so lässt sich schlussfolgern, dass beim Stoß ein solches Molekül AB gebildet wurde. Ist im Verlauf des Stoßes auch der dritte Kernabstand R_{AB} sehr groß geworden, dann haben wir es mit einem dissoziativen Prozess zu tun: $A + BC \rightarrow A + B + C$ [s. Gl. (14.9)]. Praktisch wird meist durch Testrechnungen vorab ein Abstand $\breve{R}$ ermittelt derart, dass die Rechnung beendet werden kann, wenn wenigstens zwei Kernabstände größer als $\breve{R}$ geworden sind.

Als pauschale Kontrollgröße dafür, ob die Integration der klassischen Bewegungsgleichungen mit ausreichender Genauigkeit erfolgt ist, kann die Gesamtenergie dienen, die wegen der Gültigkeit des *Energiesatzes* der klassischen Mechanik im Verlauf und am Ende jeder Trajektorienrechnung den gleichen Wert wie am Start haben muss.

Zwecks Vergleichbarkeit der Resultate von Trajektorienrechnungen mit experimentellen Befunden kann man erneut "künstlich" ein Element der Quantenmechanik einführen. Betrachten wir einen reaktiven Prozess $A + BC \rightarrow AB + C$ und legen für das gebildete Molekül AB wieder das SRHO-Modell zugrunde, so haben die Energieanteile bzw. Impulskomponenten, die der Schwingungsbewegung $A \leftrightarrow B$ und der Rotationsbewegung von AB entsprechen, keine gequantelten Werte (s. oben). Mittels der bei der Formulierung der Anfangsbedingungen benutzten Ausdrücke kann man aus den beim Abbruch der Integration erreichten Impulswerten formal Quantenzahlen $\tilde{v}'$ bzw. $\tilde{G}'$ berechnen, die natürlich im Allgemeinen keine ganzen Zahlen sind. Rundet man diese Werte auf ganze Zahlen (oft als *Box-Quantisierung* bezeichnet), dann lassen sich die so erhaltenen "Quantenzahlen" mit einiger Vorsicht (s. unten) verwenden und mit experimentellen Befunden vergleichen.

Man nennt eine so durchgeführte Trajektorienrechnung mit künstlicher Quantelung der Anfangsbedingungen und Box-Quantisierung der Produktzustände zuweilen "quasiklassisch" – eine Bezeichnung, die wir hier vermeiden, da sie in Abschnitt. 4.6.1 (s. auch 14.2.3.2*(a)*) in anderer Bedeutung benutzt wird.

Für eine Anzahl $\mathcal{N}$ (einige $10^3 ... 10^4$) verschiedener Sätze von Anfangsbedingungen werden in der beschriebenen Weise Trajektorien berechnet und damit ein Molekularstrahlexperiment simuliert, in welchem ja ebenfalls sehr viele Stoßprozesse ablaufen, deren Anfangsbedingungen teilweise fest eingestellt werden können, teilweise aber nicht kontrollierbar sind. Bei der Detektion wird dann entsprechend aufsummiert. Wieviele Stoßprozesse man für eine solche *Simulation* durchrechnen muss, hängt vom System (insbesondere vom Potential) ab sowie davon, wie detailliert die Informationen sind, die man gewinnen will. Generell gilt, dass die Gesamtzahl $\mathcal{N}$ der berechneten Trajektorien dann als ausreichend betrachtet werden kann, wenn sich die Ergebnisse bei Hinzunahme weiterer Trajektorien nicht mehr wesentlich ändern.

Während das vorliegende Kapitel Systeme aus wenigen Atomen detailliert behandelt, wird sich das Kapitel 19 auf prinzipiell gleicher Grundlage mit Systemen vieler Teilchen befassen.

14.2.1.3 Auswertung von Trajektorienrechnungen

Die rechnerische Verfolgung der Kernbewegungen beim Stoß zweier Atome bzw. Moleküle ergibt Informationen, wie sie in dieser Detailliertheit experimentell nicht gewonnen werden können. Vergröbert man die Informationen durch Einschaltung von Mittelungen und Summationen über viele Stöße soweit, dass mit experimentellen Daten verglichen werden kann (s. Abschn. 12.1.3), dann gibt dies bei Übereinstimmung eine gewisse Rechtfertigung dafür anzunehmen, dass auch die nichtbeobachteten Details der Bewegung im Großen und Ganzen zutreffend beschrieben worden sind.

Wir beschäftigen uns weiter mit Stößen des Typs (14.9), A + BC, und diskutieren nun verschiedene Möglichkeiten der Visualisierung und Auswertung von Einzelprozessen sowie von "Bündeln" solcher Einzelprozesse.

A Einzelprozesse

(1) Bahnkurven

Die Lösungsfunktionen $Q_i(t)$ $(i = 1, \ldots, 6)$ der kanonischen Gleichungen (14.19a,b) und (14.20) ergeben mittels der Transformationsbeziehungen (14.11a,b) und (14.10) die von jedem der Kerne A, B und C durchlaufenen klassischen Bahnkurven im S-System. Wir illustrieren das in Abb. 14.4 durch einige Ergebnisse für Stöße $He + H_2{}^+$. Um die graphische Darstellung zu erleichtern, wurden die Rechnungen so eingeschränkt, dass sich die drei Kerne nur in einer festen Ebene (y,z) bewegen können ("koplanare" Stöße, 2D-Stöße). Die adiabatische Potentialfunktion für den Elektronengrundzustand wurde in Abschnitt 13.1.3*(d)* diskutiert (s. Abb. 13.5).

Bei dem in Abb. 14.4a dargestellten *inelastischen Stoß* befindet sich das $H_2{}^+$-Molekül vor Einsetzen der Wechselwirkung mit dem He-Atom im Schwingungs- und Rotationsgrundzustand $\upsilon = 0$, $G = 0$ (künstliche Quantelung; Nullpunktschwingung, keine Drehung). An den Bahnkurven sind in Intervallen $\Delta t = 1{,}1 \times 10^{-14}\,\mathrm{s}$ Zeitmarken angebracht; die Richtung der Relativbewegung ist wie in Abb. 14.3 die z-Achse. Bei dem vorliegenden nichtzentralen Stoß erfolgt auf Kosten der relativen Translationsenergie eine Schwingungs- und Rotationsanregung des Molekülions, das dabei aber intakt bleibt. Die beiden Stoßpartner werden stark seitlich aus ihrer ursprünglichen Bewegungsrichtung abgelenkt und entfernen sich verlangsamt voreinander.

Die Abb. 14.4b zeigt Bahnkurven bei einem *reaktiven Prozess*; im dargestellten Fall handelt es sich um einen zentralen Stoß ($b = 0$). Das Molekülion befindet sich anfangs ohne Rotation ($G = 0$) im zweiten angeregten Schwingungszustand ($\upsilon = 2$). Wie wir aus Abschnitt 13.1.3 wissen, muss für den Umlagerungsprozess $He + H_2{}^+ \rightarrow HeH^+ + H$ die zur Überwindung der am Beginn des Produkttals gelegenen Potentialstufe $\Delta U \approx 0{,}75\,\mathrm{eV}$ erforderliche Energie aufgebracht werden. Bei den hier gewählten, zur Reaktion führenden Anfangsbedingungen entsteht ein kräftig rotationsangeregtes Produkt-Molekülion HeH^+. Wird der HeH^+-Streuwinkel θ' als Winkel der Flugrichtung des Produkt-Molekülions gegen die anfängliche Richtung z des Reaktant-Atoms He (s. Abschnitt 12.3) definiert, so handelt es sich um einen Fall von Vorwärtsstreuung, wie er in Abschnitt 12.2.3 als typisch für einen solchen Prozess bezeichnet wurde (*Abstreifmechanismus*).

Schließlich sind in Abb. 14.4c Bahnkurven für einen hochenergetischen Stoß dargestellt, der zu einem Auseinanderfliegen der drei Kerne führt (*Dissoziation*).

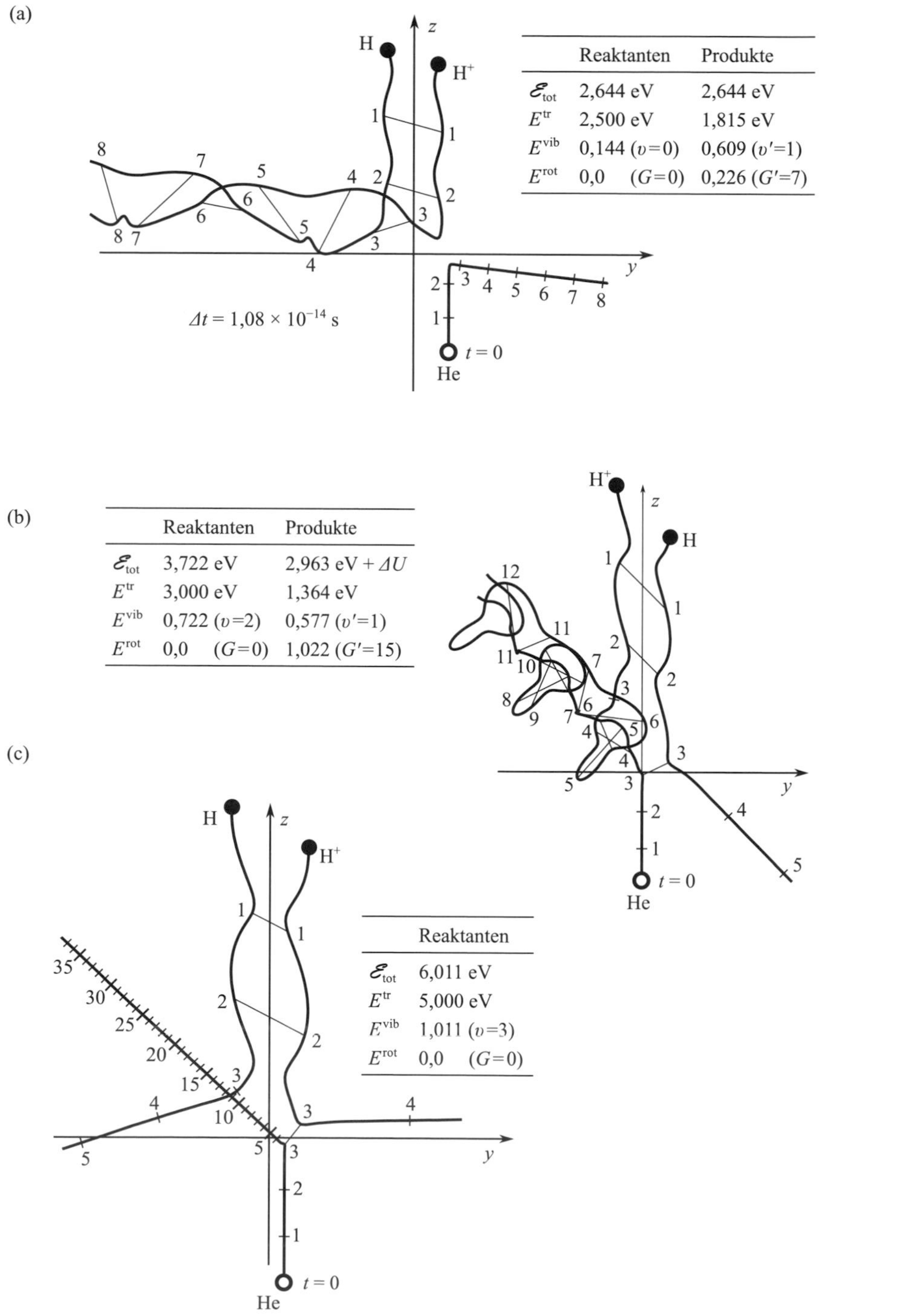

(a)

	Reaktanten	Produkte
$\mathcal{E}_{tot}$	2,644 eV	2,644 eV
E^{tr}	2,500 eV	1,815 eV
E^{vib}	0,144 (v=0)	0,609 (v'=1)
E^{rot}	0,0 (G=0)	0,226 (G'=7)

(b)

	Reaktanten	Produkte
$\mathcal{E}_{tot}$	3,722 eV	2,963 eV + ΔU
E^{tr}	3,000 eV	1,364 eV
E^{vib}	0,722 (v=2)	0,577 (v'=1)
E^{rot}	0,0 (G=0)	1,022 (G'=15)

(c)

	Reaktanten
$\mathcal{E}_{tot}$	6,011 eV
E^{tr}	5,000 eV
E^{vib}	1,011 (v=3)
E^{rot}	0,0 (G=0)

Abb. 14.4 Klassische Bahnkurven der drei Kerne in der (y,z)-Ebene bei Stößen $He + H_2^+(v,G)$:

Abb. 14.4 (Fortsetzung der Bildunterschrift)
a) nichtreaktiver inelastischer Prozess; b) reaktiver Prozess; c) dissoziativer Prozess; in den eingefügten Tabellen sind die Energieanteile (in SRHO-Näherung) für Reaktanten und Produkte zusammengestellt [Berechnungen von T. Ritschel mit dem für Abb. 13.5 verwendeten Potential; unveröffentlicht]

---

(2) Abstand-Zeit-Diagramme

Stellt man die Kernabstände in ihrer Abhängigkeit von der Zeit, $R_{ab}(t)$, graphisch dar, so gewinnt man daraus eine Vorstellung vom Ablauf eines Stoßprozesses. Hierzu braucht man die Rechnung nicht auf ein 2D-Problem einzuschränken. Abb. 14.5 zeigt solche Abstand-Zeit-Diagramme für einen nichtreaktiven inelastischen und einen reaktiven Stoß $He + H_2^+$.

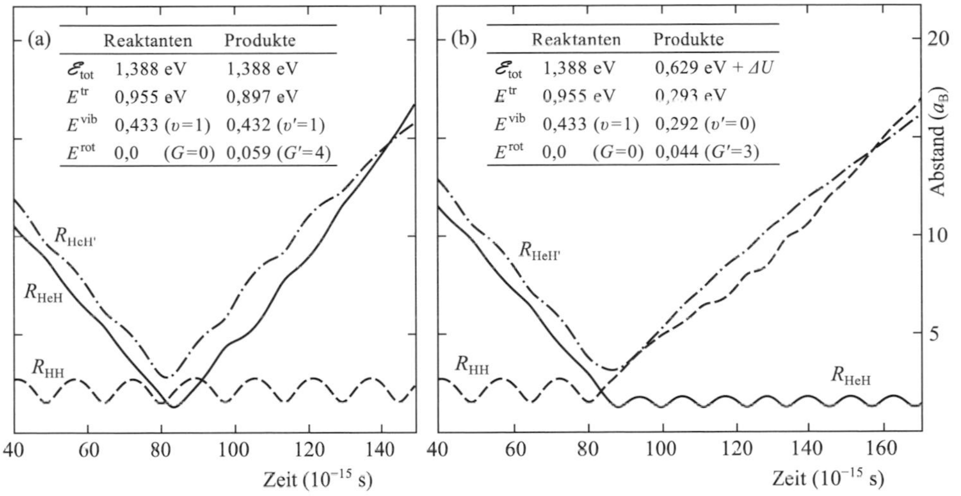

Abb. 14.5 Abstand-Zeit-Diagramme für Stöße $He + H_2^+$: a) nichtreaktiver inelastischer Prozess; b) reaktiver Prozess (eingefügte Tabellen analog zu Abb. 14.4) [Berechnungen von T. Ritschel mit dem auch für Abb. 14.4 verwendeten Potential; unveröffentlicht]

An den Kernabstandsänderungen im Zeitverlauf erkennt man leicht Umlagerungen sowie Änderungen der Energieanteile von relativer Translation, Schwingung und Rotation. Im Diagramm 14.5a ist zu sehen, dass es sich um einen nichtreaktiven Stoß handelt (die $H - H^+$ - Bindung wird nicht aufgebrochen), bei dem sich lediglich ein Teil der relativen Translationsenergie in Rotationsenergie des (anfangs nichtrotierenden) H_2^+ - Molekülions umwandelt; die H_2^+ - Schwingung bleibt nahezu unverändert.

Das in Abb. 14.5b dargestellte Diagramm für einen reaktiven Stoß zeigt, dass die nach Überwindung der Potentialstufe noch verfügbare Energie zu einem geringen Teil in die HeH^+ - Rotation, hauptsächlich jedoch in die relative Translationsbewegung der Produkte und in die HeH^+ - Schwingung gegangen ist (beide letztgenannte Bewegungsformen sind allerdings wesentlich energieärmer als bei den Reaktanten). Der Wechselwirkungsvorgang dauert einige 10^{-14} s , ist also viel kürzer als eine Rotationsperiode (rund 10^{-12} s); d. h. wir haben es mit einem direkten Prozess zu tun.

(3) Systemtrajektorien

Verfolgt man die Kernbewegungen im Kernkonfigurationsraum, in dem jeder ("repräsentative") Punkt einer bestimmten Anordnung der Kerne relativ zueinander entspricht, dann beschreibt die Abfolge der durchlaufenen Kernanordnungen eine Kurve in diesem (mehrdimensionalen) Raum, die *Systemtrajektorie*. Hinsichtlich der graphischen Darstellung einer Systemtrajektorie hat man es mit den gleichen Einschränkungen zu tun wie bei der Potentialhyperfläche: nur für einfachste Fälle oder ausschnittweise lässt sie sich zeichnen. So bildet die Systemtrajektorie für zwei Kernfreiheitsgrade, etwa die Kernabstände R_{AB} und R_{BC} bei einem kollinearen Stoß A + BC, eine Kurve in der Ebene (R_{AB}, R_{BC}). In Abb. 14.6 ist eine solche Systemtrajektorie für einen kollinearen reaktiven Stoß $He + H_2{}^+$ auf eine räumlich-perspektivische Darstellung (Blockdiagramm) der Potentialfläche über der Ebene (R_{HeH}, R_{HH}) projiziert.

	Reaktanten	Produkte
$\mathcal{E}_{tot}$	1,672 eV	0,913 eV + ΔU
E^{tr}	0,373 eV	0,213 eV
E^{vib}	1,299 eV (v=4)	0,701 eV (v'=1)

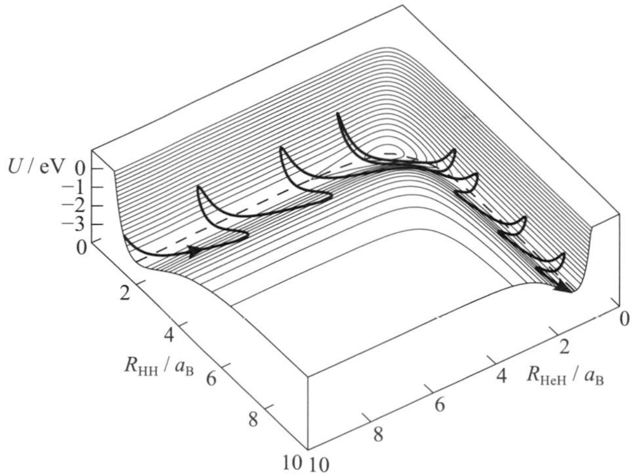

Abb. 14.6
Systemtrajektorie für einen kollinearen reaktiven Stoßprozess $He + H_2{}^+$, projiziert auf ein Blockdiagramm der Potentialfläche (eingefügte Tabelle analog zu Abb. 14.4) [Berechnungen von T. Ritschel mit dem auch für Abb. 14.4 verwendeten Potental; unveröffentlicht]

Auch aus einer derartigen Darstellung kann man einiges über den Ablauf des Stoßprozesses entnehmen; besonders anschaulich ist das, wenn wie hier die Form des Potentials unterlegt wird: Im vorliegenden Fall ist die Gesamtenergie überwiegend in der Reaktantschwingung deponiert, und beim Verlassen der Wechselwirkungsregion hat der Impuls eine für das Erklimmen des Potentialanstiegs zum Ausgangstal günstige Richtung; dabei wird ein erheblicher Teil der Energie verbraucht, vorwiegend aus der

Schwingung. Die Produkte $HeH^+ + H$ entfernen sich langsam voneinander (zu sehen an den dicht aufeinanderfolgenden Schwingungsumkehrpunkten der Trajektorienkurve). Die Schwingungsenergie des Produkt-Molekülions ist geringer, die Schwingungsamplitude entsprechend kleiner als die des Reaktant-Molekülions.

B Trajektorienbündel

Zur Simulation eines Molekularstrahlexperiments wird jetzt mit einem bestimmten Satz von einheitlich vorgegebenen Anfangswerten u_0 für die Relativgeschwindigkeit $A - BC$, v für die Schwingungsquantenzahl des Reaktantmoleküls BC und G für dessen Rotationsquantenzahl (Reaktantkanal α) sowie zufällig gewählten Werten für die übrigen oben zusammengestellten Anfangsbedingungen eine große Anzahl $\mathcal{N} \equiv \mathcal{N}(u_0, v, G)$ von Trajektorien berechnet. Für jede Trajektorie wird nach ihrem Abbruch eine Box-Quantisierung vorgenommen, und es mögen $\mathcal{N}_{\alpha \to \beta}$ Trajektorien zu einem Prozess vom Reaktantkanal α in den (offenen) Produktkanal β, also etwa zu einem reaktiven Prozess

$$A + BC(v, G) \to AB(v', G') + C \tag{14.24}$$

führen. Die *Prozesswahrscheinlichkeit* für die Umwandlung $\alpha \to \beta$ ist

$$\mathcal{P}_{\alpha \to \beta} = \mathcal{N}_{\alpha \to \beta} / \mathcal{N} \tag{14.25}$$

[s. Gl. (12.33)] mit $\mathcal{N}_{\alpha \to \beta} \equiv \mathcal{N}_{\alpha \to \beta}(v, G | u_0 | v', G')$.

Um aus diesen Trajektorienrechnungen den differentiellen Wirkungsquerschnitt (nach Abschn. 12.1.3) zu ermitteln, müssen die $\mathcal{N}_{\alpha \to \beta}$ "reaktiven" Trajektorien nach dem Produkt-Streuwinkel θ' sortiert werden. Das geschieht mit einer Unterteilung des Bereichs von 0° (Vorwärtsstreuung) bis 180° (Rückwärtsstreuung) in Intervalle $\Delta\theta'$ und Zählung der Trajektorien, deren Streuwinkel in jeweils ein solches Intervall zwischen θ' und $\theta' + \Delta\theta'$ fallen; die Anzahl dieser Trajektorien bezeichnen wir mit $\Delta\mathcal{N}_{\alpha \to \beta} = \Delta\mathcal{N}_{\alpha \to \beta}(v, G | u_0 | v', G' \| \theta')$.

Stellt man sich die Stoßvorgänge $A + BC(v, G)$ so vor, dass ein Strom von $\mathcal{N}$ Teilchen A pro Zeiteinheit auf ein Teilchen BC trifft, welches eine "Zielscheibe" der Fläche $\pi(b_{max})^2$ bietet (s. oben), dann ist die soeben definierte Anzahl $\Delta\mathcal{N}_{\alpha \to \beta}(v, G | u_0 | v', G' \| \theta')$ offenbar proportional zur Stromdichte der einfallenden Teilchen,

$$j_0 = \mathcal{N}(u_0, v, G) / \pi(b_{max})^2 \tag{14.26}$$

(Dimension: Teilchen pro Zeit- und Flächeneinheit), sowie zum Raumwinkelintervall[1] $\Delta\Omega = 2\pi \sin\theta' \Delta\theta'$. Der Proportionalitätsfaktor ist der *differentielle Wirkungsquerschnitt* im

[1] Für kleine Intervalle $\Delta\theta'$ kann man näherungsweise das Differential $d\theta'$ und damit den entsprechenden Ausdruck für das Raumwinkelelement $d\Omega$ benutzen. Über den Azimutwinkel φ ist integriert (aufsummiert), daher der Faktor 2π.

S-System (s. Abschn. 12.1.3; vgl. dort auch die Diskussion zu Hartkugelstößen):

$$q_{\alpha\to\beta} \equiv q(\,v,G\big|u_0\big|v',G'\big\|\Omega\,) = \pi(b_{\max})^2 \Delta\mathcal{N}_{\alpha\to\beta} / \mathcal{N} \cdot 2\pi \sin\theta' \Delta\theta' . \qquad (14.27)$$

Verfährt man in dieser Weise, so erhält man ein "Säulendiagramm" (Histogramm) über der θ'-Achse.

Zur Illustration ziehen wir wieder Resultate für Stöße $He + H_2{}^+$ heran, und zwar für reaktive Prozesse $He + H_2{}^+ \to HeH^+ + H$ bei einer relativen Translationsenergie $E_0^{tr} = 2{,}70$ eV. Um mit Ergebnissen eines Molekülarstrahl-Experiments vergleichen zu können, wurden die für verschiedene Reaktantzustände (v,G) berechneten differentiellen Wirkungsquerschnitte (14.27) mit einer Franck-Condon-Verteilung der Schwingungszustände v (vgl. Abschn. 11.3.4.2) und einer thermischen Verteilung der Rotationszustände G (s. Abschn. 4.8.2), wie sie im Vergleichsexperiment vorlagen, gemittelt und über alle Zustände der Produkte HeH^+ summiert. Die so erhaltene Funktion ist in Abb. 14.7, dort als $\overline{q}_{\text{reakt}}(\theta')$ bezeichnet, für $E^{tr}\,(\equiv E_0^{tr}) = 2{,}70$ eV als Histogramm mit einer Intervalleinteilung $\Delta\theta' = 30°$ dargestellt. Man sieht, dass das Ergebnis der Trajektorienrechnung zumindest qualitativ mit der experimentellen Kurve übereinstimmt.

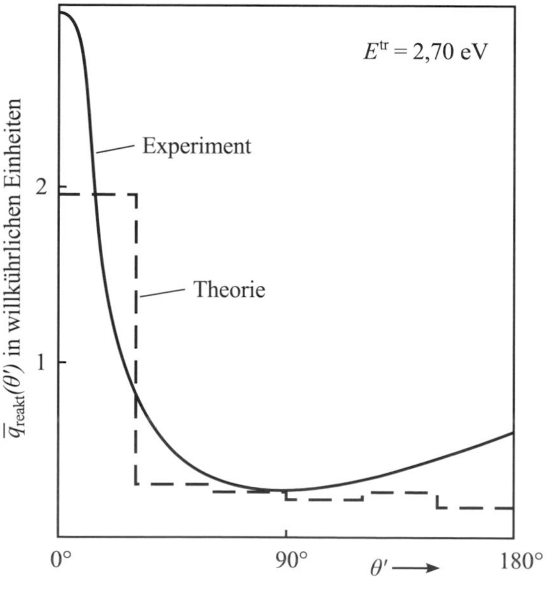

Abb. 14.7
Differentieller Reaktionsquerschnitt für den Austauschprozess $He + H_2{}^+ \to HeH^+ + H$ bei einer Stoßenergie $E^{tr}\,(\equiv E_0^{tr}) = 2{,}70$ eV, gemittelt über die Reaktantzustände (s. Text) und summiert über die Produktzustände
[Abdruck, bearbeitet, aus Chem. Phys. Lett. **37**; Schneider, F., Havemann, U., Zülicke, L., Pacák, V., Birkinshaw, K., Herman, Z.: Dynamics of the reaction $H_2{}^+(He;H)HeH^+$. Comparison of beam experiments with quasiclassical trajectory studies, S. 323-328 (1976), mit Genehmigung von Elsevier]

Durch Summation über alle Winkelintervalle $\Delta\theta'$ im Bereich von 0° bis 180° erhält man den *totalen (integralen) Wirkungsquerschnitt:*

$$\sigma_{\alpha\to\beta} \equiv \sigma(\,v,G\big|u_0\big|v',G'\,) \equiv \sum\nolimits_{\Delta\theta'} q(\,v,G\big|u_0\big|v',G'\big\|\theta'\,) . \qquad (14.28)$$

In Abb. 14.8 sind die totalen Wirkungsquerschnitte für reaktive und dissoziative Prozesse $He + H_2^+ \rightarrow HeH^+ + H$ bzw. $He + H_2^+ \rightarrow He + H^+ + H$ mit H_2^+-Molekülionen im Schwingungszustand $\upsilon = 3$ in Abhängigkeit von der relativen Translationsenergie E^{tr} ($\equiv E_0^{tr}$) der Stoßpartner dargestellt; über die Produktzustände der Reaktion wurde wieder summiert. Auch hier stimmen Theorie und Experiment qualitativ überein.

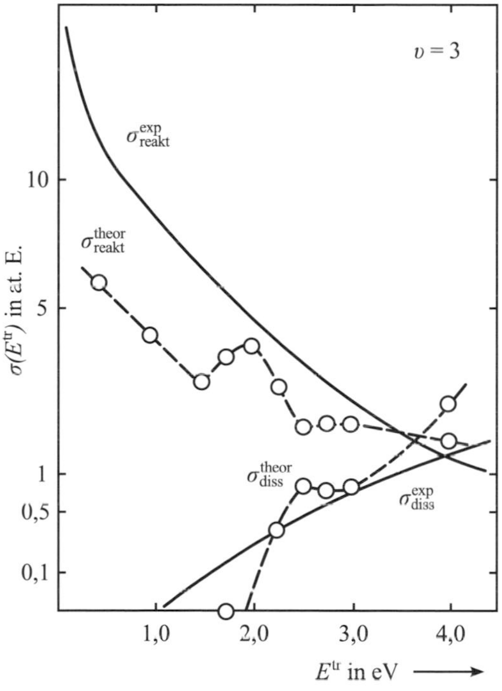

Abb. 14.8
Totale Wirkungsquerschnitte $\sigma(\upsilon = 3 \mid E^{tr})$ für den Austauschprozess $He + H_2^+(\upsilon = 3) \rightarrow HeH^+ + H$ und für die Dissoziation in Abhängigkeit von der Stoßenergie E^{tr} ($\equiv E_0^{tr}$)
[aus Schneider, F., Havemann, U., Zülicke, L.: Quasiklassische Berechnungen reaktiver Elementarprozesse im System He + H_2^+. Z. phys. Chem. (Leipzig) **256**, 773-777 (1975), Abb. 2 (Mitte); mit freundlicher Genehmigung des Verlags Walter de Gruyter, Berlin]

14.2.1.4 Einfluss der Potentialform auf Elementarprozesse: Polanyi-Regeln

Trotz der Unzulänglichkeiten der klassischen Näherung für die Kernbewegung lässt sich aus Trajektorienrechnungen viel über den Ablauf von molekularen Stoßprozessen lernen; man darf das allerdings nicht zu wörtlich nehmen. Da solche Rechnungen relativ geringen Aufwand erfordern, ist schon früh versucht worden, auf diesem Wege Hinweise auf allgemeine Regelmäßigkeiten zu finden, betreffend etwa die Zusammenhänge zwischen der Form einer adiabatischen Potentialfläche einerseits und der Dynamik sowie dem Ergebnis der möglichen Elementarprozesse andererseits, auch in Abhängigkeit von den Massen der beteiligten Atome und von der Verteilung der Energie auf die verschiedenen Bewegungsformen der Reaktanten.

Wir betrachten den einfachsten Fall: kollineare Stoßprozesse A + BC. Neben berechneten adiabatischen Potentialfunktionen für konkrete Systeme (s. Abschn. 13.1.3) hat man mit Modellpotentialen (s. Abschn. 13.3.2) die Möglichkeit, durch Änderung der Parameter etwa die

Lage und Höhe von Potentialbarrieren gezielt zu verändern, um die Folgen für den Ablauf von Stoßprozessen in solchen (fiktiven) Systemen systematisch zu studieren. Nützlich ist dabei eine *Klassifizierung der Potentialflächen* anhand ihrer topographischen Charakteristika, d. h. der Lage relevanter stationärer Punkte (*lokale Minima, Sattelpunkte*) und der energetischen Verhältnisse (*Potentialprofile* über Minimumwegen); s. Abschnitte 4.3.3.2 und 13.1.2. Untersuchungen dieser Art sind besonders von J. C. Polanyi[2] und seiner Schule in großem Umfang durchgeführt worden.[3]

Betrachten wir die *Energiefreisetzung bei exoergischen Prozessen;* auf dem Minimumweg (Reaktionsweg) vom Eingangstal (Reaktantbereich) in das Ausgangstal (Produktbereich) senkt sich das Potential ab. Diese Freisetzung von (potentieller) Energie kann "früh", noch während der Annäherungsphase der Stoßpartner, stattfinden; man spricht dann von einem *attraktiven Potential* (die Stoßpartner A und BC "stürzen" gewissermaßen aufeinander zu) und von attraktiver Energiefreisetzung (s. Abb. 14.9). Ein Beispiel für eine solche Potentialform hatten wir in Abschnitt 13.1.3*(g)* beim System FH_2 im Elektronengrundzustand für den Prozess $F + H_2 \rightarrow FH + H$ kennengelernt (s. Abb. 13.9a).

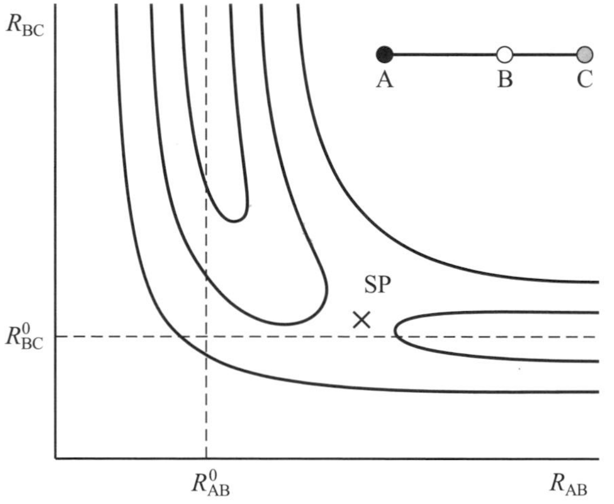

Abb. 14.9
Potential für kollineare Stöße A + BC mit attraktiver Energiefreisetzung (schematisch)

Diese Potentialeigenschaft lässt sich auch quantifizieren, indem man nach J. C. Polanyi die Attraktivität $\mathcal{A}$ definiert als denjenigen Anteil (in %) der gesamten Reaktionsenergie

[2] Nobel-Preis für Chemie 1986, zusammen mit D. R. Herschbach und Y. T. Lee.

[3] Polanyi, J. C., Schreiber, J. L.: The Dynamics of Bimolecular Reactions. In: Eyring, H., Henderson, D., Jost, W. (Hrsg.) Physical Chemistry. An Advanced Treatise, Vol. VI A. Academic Press, New York (1974);
Kuntz, P. J.: Features of Potential Energy Surfaces and Their Effect on Collisions. In: Miller, W. H. (Hrsg.) Modern Theoretical Chemistry, Vol. 2: Dynamics of Molecular Collisions, Part B. Plenum Press, New York and London (1976);
Zülicke, L.: Potential Energy Surfaces and Some Problems of Energy Conversion in Molecular Collisions. In: Hinze, J. (Hrsg.) Energy Storage and Redistribution in Molecules. Plenum Press, New York / London (1983).

(Exoergizität) ΔU, der bei der Annäherung A – B bis zum Wert R_{AB}^{0} (= Kernabstand A–B im Minimum der Potentialkurve des Produkts AB) freigesetzt wird.

Erfolgt die Energiefreisetzung "spät", in der Phase des Auseinanderfliegens der Produkte, dann spricht man von einem *repulsiven Potential* und von repulsiver Energiefreisetzung.

Bei *endoergischen Prozessen* haben wir die umgekehrte Situation: es muss Energie aufgenommen werden, um vom Reaktantbereich in den Produktbereich des Kernkonfigurationsraums zu gelangen, und das kann ebenfalls in unterschiedlichen Phasen des Umlagerungsprozesses vor sich gehen. In Abb. 14.9 etwa hätte man für den Umkehrprozess dem Minimumweg von links oben nach rechts unten zu folgen, wobei das Potential "spät", nach Verlassen des Reaktanttals, anzusteigen beginnt. Auch für solche Prozesse hatten wir bereits in Abschnitt 13.1.3*(d)* ein reales Beispiel kennengelernt: den Austauschprozess $He + H_2^+ \rightarrow HeH^+ + H$ im Elektronengrundzustand (s. Abb. 13.5 und 14.6).

Weist das Potential *Barrieren* auf, so können auch diese in verschiedenen Kernkonfigurationsbereichen liegen: noch im Eingangstal ("frühe Barriere") wie im Falle $F + H_2$ (s. Abb. 13.9a) oder im Ausgangstal ("späte" Barriere). Bei symmetrischen und damit energetisch neutralen Prozessen befindet sich eine Barriere natürlich symmetrisch zwischen Eingangs- und Ausgangstal wie im Falle des (H, H_2)-Austauschprozesses in Abschnitt 13.1.3*(c)*.

Schließlich können im Potential *Mulden* auftreten, beispielsweise im Elektronengrundzustand von $He + H_2^+$ (s. Abb. 13.5), wo sich eine (flache) Mulde im Reaktanttal vor dem Wechselwirkungsbereich befindet, sowie bei H_3^+ mit einer tiefen Mulde symmetrisch im Übergangsbereich der Potentialfläche für den Elektronengrundzustand (s. Abb. 13.3).

Diese Potentialcharakteristika haben dynamische Konsequenzen, die man sich anhand von Trajektorienrechnungen meist leicht verständlich machen kann:

- *Produktverteilungen bei exoergischen Prozessen mit attraktiven Potentialen*:

  Es erfolgt dominant eine *Vorwärtsstreuung der Produkte*; was als Konsequenz der Attraktivität des Potentials plausibel ist. Die freigesetzte Energie geht hauptsächlich in die Schwingungsbewegung des Produktmoleküls; Rechnungen mit Potentialfunktionen unterschiedlicher Attraktivität $\mathcal{A}$ ergaben, dass die Produkt-Schwingungsenergie $E^{vib'}$ annähernd proportional zu $\mathcal{A}$ ist: $E^{vib'} \propto \mathcal{A}$. Die Produkte werden vorzugsweise in angeregten Schwingungszuständen gebildet, so dass die Besetzung der Schwingungsniveaus nicht einer thermischen Verteilung entspricht (*Besetzungsinversion*). Beispielsweise entstehen bei reaktiven Stößen von F-Atomen mit H_2-Molekülen die Produktmoleküle HF überwiegend im zweiten oder dritten angeregten Schwingungszustand, nur selten in einem der beiden tiefsten Schwingungszustände:

  $$F + H_2(v=0) \rightarrow HF(v'=2;3) + H \; ; \tag{14.29}$$

  dieses (hier klassisch erhaltene) Resultat wird qualitativ durch quantenmechanische Berechnungen sowie durch Molekularstrahlexperimente bestätigt.

- *Wirksamkeit verschiedener Energieformen der Reaktanten bei der Überwindung von Barrieren bzw. Potentialanstiegen*:

  Liegt ein Potentialanstieg oder eine Barriere im Reaktanttal, dann wird der Übergang ins Produkttal durch Erhöhung der relativen Reaktant-Translationsenergie E^{tr} gefördert, d. h. die Reaktionswahrscheinlichkeit wird größer; eine Erhöhung der Reaktant-Schwingungsenergie bewirkt hingegen wenig oder behindert den Prozess sogar. Ein Beispiel ist der Austauschprozess $F + H_2 \rightarrow FH + H$ mit (niedriger) Barriere im Reaktanttal (s. Abb. 13.9a).

  Umgekehrt wird bei einem Potentialanstieg oder einer Barriere im Produkttal die Reaktionswahrscheinlichkeit durch Erhöhung der Reaktant-Schwingungsenergie E^{vib} vergrößert (zur Rolle der Schwingungsphase s. unten, Abb. 14.11). Eine Erhöhung der relativen Translationsenergie E^{tr} macht bei kleinen Werten E^{vib} wenig aus und kann bei höher schwingungsangeregten Reaktanten sogar die Reaktion hemmen. Das zeigen Trajektorienrechnungen z. B. für den Austauschprozess $He + H_2^+ \rightarrow HeH^+ + H$ (s. Abb. 14.10).

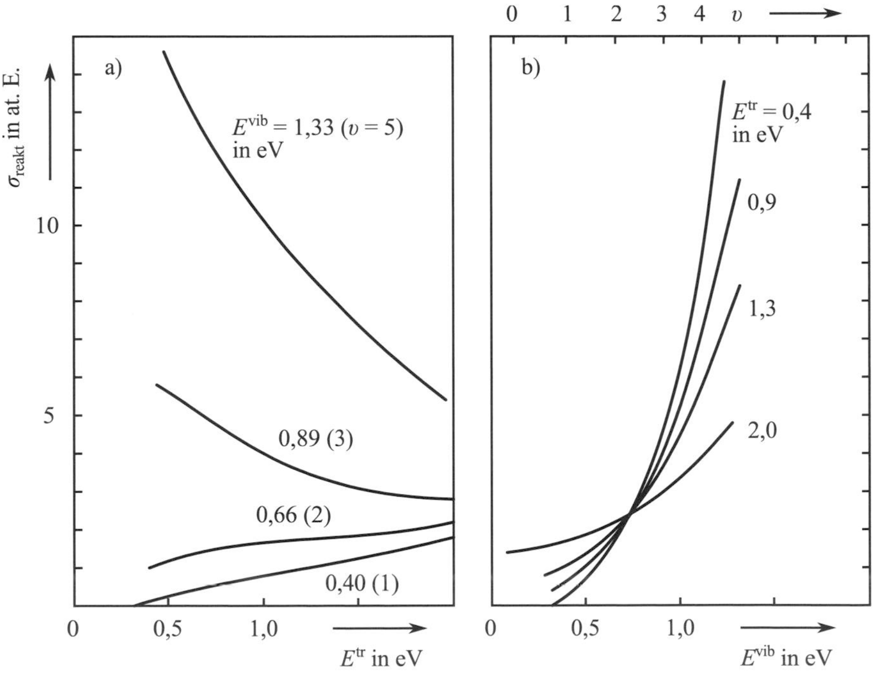

Abb. 14.10 Totaler Reaktionsquerschnitt für die Austauschreaktion $He + H_2^+ \rightarrow HeH^+ + H$ (Elektronengrundzustand) aus Trajektorienrechnungen in Abhängigkeit von (a) der relativen Translationsenergie und (b) der Schwingungsenergie der Reaktanten [Abdruck aus Chem. Phys. **38**; Zuhrt, Ch., Schneider, F., Havemann, U., Zülicke, L., Herman, Z.: Dynamics of the reaction H_2^+(He,H)HeH^+. Influence of various forms of reactant energy on the total and differential cross section, S. 205-210 (1979), mit Genehmigung von Elsevier]

Diese Befunde kann man sich leicht plausibel machen, wenn man für kollineare Stöße (die in beiden Fällen energetisch bevorzugt sind) Trajektorien betrachtet, bei denen die Energie überwiegend im Translationsfreiheitsgrad bzw. im Schwingungsfreiheitsgrad der Reaktanten deponiert ist. In Abb. 14.11 ist schematisch das Konturliniendiagramm einer Potentialfläche für ein dreiatomiges System ABC skizziert, die für den kollinearen Umlagerungsprozess A + BC → AB + C (I) eine Barriere (Sattelpunkt SP) im Reaktanttal und eine noch im Reaktanttal (also "früh") einsetzende Potentialabsenkung, für den umgekehrten Prozess AB + C → A + BC (II) dementsprechend einen erst im Produkttal ("spät") gelegenen Potentialanstieg aufweist. Außerdem eingetragen ist eine Systemtrajektorie für einen Prozess I (Richtungspfeile), bei dem das Reaktantmolekül BC eine geringe Schwingungsenergie besitzt (kleine Schwingungsamplitude) und die relativen Translationsenergie A – BC hoch ist (weite Abstände der Schwingungsumkehrpunkte).

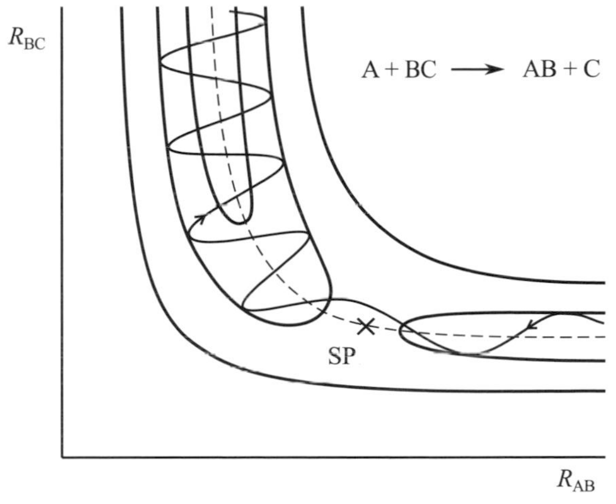

Abb. 14.11 Potential-Konturliniendiagramm aus Abb. 14.9 mit einer reaktven Systemtrajektorie (schematisch)

Der anfängliche Impuls setzt sich aus zwei Komponenten zusammen, einer Komponente zur Relativbewegung A – BC und eine Komponente zur Schwingung B–C. Die erstere ist im vorliegenden Falle wesentlich größer als die letztere und hat die für die Überwindung der Barriere günstige Richtung. Nach Überschreiten der Barriere erfolgt eine Reflexion an der Wand des Produkttals, und der Translationsimpuls wird überwiegend zum Schwingungsimpuls des Produktmoleküls AB, so dass wir im Produkttal eine hohe Schwingungsenergie und eine geringe Translationsenergie AB – C haben.

Kehrt man die Richtung der Trajektorie um, dann beschreibt sie den Umkehrprozess II; eine hohe Schwingungsanregung des Reaktantmoleküls AB führt bei passender Phasenlage der Schwingung zu einer hohen Impulskomponente in Richtung auf den Potentialanstieg (und die nachgelagerte Barriere), so dass der Systempunkt in das Tal A + BC gelangen kann. Eine solche Situation hat man (qualitativ) im Falle der Prozesse $He + H_2^+ \rightarrow HeH^+ + H$ (s. Abb. 14.6).

Derartige Zusammenhänge zwischen Potentialform einerseits und Ablauf sowie Resultat der möglichen Elementarprozesse andererseits bezeichnet man als ***Polanyi-Regeln*** (nach J. C. Polanyi, s. Fußnoten 2 und 3).

Es wäre von großer Bedeutung, wenn man anhand solcher Zusammenhänge zumindest qualitative Voraussagen machen könnte, ohne umfangreiche Rechnungen durchführen zu müssen. Diese Hoffnung scheint sich allerdings nur in bescheidenem Umfang zu erfüllen; es zeigt sich nämlich, dass die Verhältnisse sofort wesentlich komplizierter und weniger übersichtlich werden, wenn man es mit mehr als zwei Freiheitsgraden zu tun hat. Trotzdem sind bereits die bisherigen Untersuchungen wertvoll, denn zuweilen lassen sich für komplexere Prozesse als eine erste grobe Näherung Modelle vom Typ A + BC für den Fall des Angriff an einem aktiven Zentrum eines größeren Moleküls konstruieren.

14.2.2* Quantendynamik

Die Berechnung der Bewegung eines Wellenpakets $\Psi(\boldsymbol{R};t)$ als (Näherungs-) Lösung der zeitabhängien Schrödinger-Gleichung (14.4) wurde in den Abschnitten 4.5 und 14.1 skizziert. Solche Rechnungen sind viel aufwendiger als in klassischer Näherung, jedoch heute auch für mehr als 3 – 4 Kernfreiheitsgrade durchführbar (s. hierzu den Übersichtsartikel [4.5]).

Die Wellenfunktion $\Psi(\boldsymbol{R};t)$ bzw. die Aufenthaltswahrscheinlichkeitsdichte $|\Psi(\boldsymbol{R};t)|^2$ im Kernkonfigurationsraum hängt von $3N-6$ internen Kernkoordinaten (z. B. Kernabständen) sowie von der Zeit t ab. Wohldefinierte Bahnkurven von Kernen gibt es quantenmechanisch nicht, nur über Aufenthaltswahrscheinlichkeiten lassen sich Aussagen gewinnen (s. Abb. 14.1a). Wie bei Potentialhyperflächen $U(\boldsymbol{R})$ und Trajektorien ist eine vollständige graphische Darstellung von $\Psi(\boldsymbol{R};t)$ bzw. $|\Psi(\boldsymbol{R};t)|^2$ (etwa in Form von "Schnappschüssen", d. h. für diskrete Zeitpunkte t) schon bei den einfachsten relevanten Prozessen A + BC nicht möglich. Der Bewegungsablauf kann somit nur eingeschränkt anschaulich gemacht werden, indem man einen oder zwei Freiheitsgrade herausgreift und über die restlichen integriert bzw. sie festhält.

Wellenpaketberechnungen lassen sich im Vergleich zu klassisch-mechanischen Trajektorienberechnungen weit weniger leicht durchführen und interpretieren.

In Abb. 14.12 ist die Wellenpaketbeschreibung eines reaktiven Stoßvorgangs A + BC → AB + C in einem *eindimensionalen Modell* schematisch illustriert als die Bewegung eines Wellenpaket-Betragsquadrates $|\Psi(\rho;t)|^2$ (Aufenthaltswahrscheinlichkeitsdichte im Kernkonfigurationsraum, aufsummiert über alle Freiheitsgrade außer der Reaktionskoordinate ρ entlang des Minimumweges, s. Abschn. 4.3.3.2) unter dem Einfluss des Potentials $U(\rho)$ mit einer Barriere $\Delta U^{\neq}$; das Wellenpaket sei auf 1 normiert:

$$\int |\Psi(\rho;t)|^2 \,\mathrm{d}\rho = 1 \qquad \text{(für alle } t\text{)} . \tag{14.30}$$

Vor dem Stoß, d. h. vor dem Erreichen des Barrierenbereichs, habe das Wellenpaket die Geschwindigkeit u_0 (= Relativgeschwindigkeit der beiden Stoßpartner). Wie bei der Diskussion der eindimensionalen Bewegung einer Punktmasse in einem Potential mit Barriere in Abschnitt 2.2.2 erfolgt eine Aufteilung des Wellenpakets in einen durchlaufenden Anteil Ψ^{reakt} und einen reflektierten Anteil Ψ^{nreakt}. Genügend lange nach dem Stoß (nach Verlassen des Barrierenbereichs), zu einem Zeitpunkt $t = \mathcal{T} >> t_0$, haben wir zwei vollständig voneinander getrennte, nicht überlappende Wellenpakete Ψ^{reakt} und Ψ^{nreakt}, d. h. dort, wo Ψ^{reakt} wesentlich von Null verschieden ist, verschwindet Ψ^{nreakt}, und umgekehrt), so dass gilt:

$$|\Psi(\rho;\mathcal{T})|^2 = |\Psi^{\text{reakt}}(\rho;\mathcal{T})|^2 + |\Psi^{\text{nreakt}}(\rho;\mathcal{T})|^2 . \tag{14.31}$$

Die Normierung des Wellenpakets bleibt während des gesamten Vorgangs erhalten.

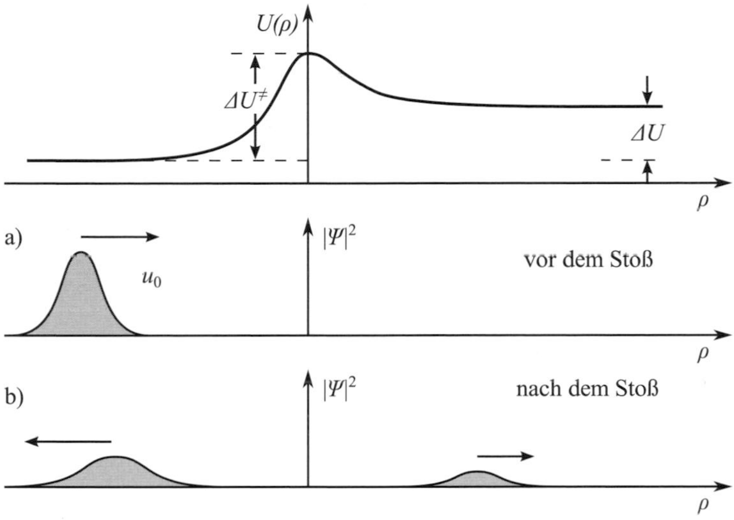

Abb. 14.12 Wellenpaketbeschreibung eines Stoßprozesses A + BC im eindimensionalen Modell entlang der Reaktionskoordinate ρ : a) vor dem Stoß; b) nach dem Stoß (schematisch; aus [14.1] mit freundlicher Genehmigung von Springer Science+Business Media, Heidelberg)

Was diese Teil-Wellenpakete Ψ^{reakt} und Ψ^{nreakt} bedeuten, liegt auf der Hand: ihre Betragsquadrate, integriert über die Variable ρ, geben die Wahrscheinlichkeiten $\bar{\mathcal{P}}^{\text{reakt}}$ und $\bar{\mathcal{P}}^{\text{nreakt}}$ dafür an, dass der Stoßprozess zur Reaktion führt bzw. nichtreaktiv verläuft:

$$\bar{\mathcal{P}}^{\text{reakt}} \equiv \lim_{\mathcal{T}\to\infty} \int |\Psi^{\text{reakt}}(\rho;\mathcal{T})|^2 \, d\rho , \tag{14.32a}$$

$$\bar{\mathcal{P}}^{\text{nreakt}} \equiv \lim_{\mathcal{T}\to\infty} \int |\Psi^{\text{nreakt}}(\rho;\mathcal{T})|^2 \, d\rho , \tag{14.32b}$$

und nach den Gleichungen (14.30) und (14.31) mit den Definitionen (14.32a,b) haben wir:

$$\bar{\mathcal{P}}^{\text{reakt}} + \bar{\mathcal{P}}^{\text{nreakt}} = 1. \tag{14.33}$$

Die Wahrscheinlichkeiten (14.32a,b) sind mit einem Querstrich versehen; sie gelten nicht für einen scharfen Wert E_0^{tr} der Stoßenergie, sondern stellen Mittelwerte über die im Wellenpaket überlagerten ebenen Wellen dar (mit Energien bzw. Impulsen entsprechend einer Verteilung wie etwa in Abb. 2.4). Als Folge davon sind manche Feinheiten in den Reaktionswahrscheinlichkeiten bzw. Wirkungsquerschnitten (z. B. scharfe Änderungen wie die sog. Resonanzen, s. unten) "verwischt" und können daher aus Wellenpaketrechnungen nicht ohne weiteres entnommen werden.

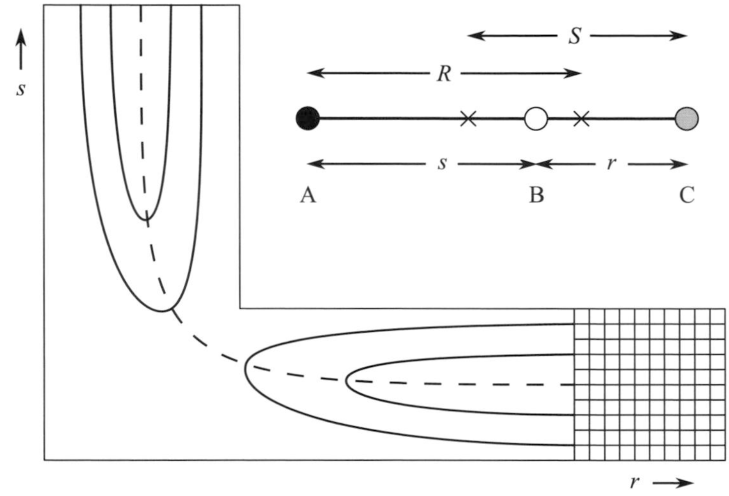

Abb. 14.13 Koordinatenwahl und Gittereinteilung im Kernkonfigurationsraum für einen kollinearen Stoßprozess A + BC (schematisch; nach Referenz Fußnote 4, mit freundlicher Genehmigung des dort zitierten Autors)

Einigermaßen übersichtlich sind die Verhältnisse auch noch bei zwei Kernfreiheitsgraden, also beispielsweise bei einem kollinearen Stoß A + BC s. Abb. 14.13. Da die drei Kerne sich während des gesamten Vorgangs auf einer festen Geraden bewegen, gibt es, wenn wir von Dissoziationen absehen, außer dem Eingangskanal nur die inelastischen Kanäle A + BC(v') und die reaktiven Kanäle AB(v'') + C. Für die Bewegung vor dem Stoß wählt man als Koordinaten zweckmäßig den Kernabstand r des Reaktantmoleküls BC und den Abstand R des Atoms A vom Schwerpunkt des Kernpaares BC. In diesen Koordinaten ausgedrückt, ist der Hamilton-Operator (nach Abseparation der Kernschwerpunktsbewegung):

$$\hat{H} = -(\hbar^2/2\mu_{\mathrm{BC,A}})(\partial^2/\partial R^2) - (\hbar^2/2\mu_{\mathrm{BC}})(\partial^2/\partial r^2) + U(r,R)\,. \tag{14.34}$$

Dieser Hamilton-Operator ergibt sich aus der Hamilton-Funktion (14.16) durch Weglassen des Schwerpunktanteils ($i = 7, 8, 9$), die Ersetzungen $P_i \to (\hbar/\mathrm{i})(\partial/\partial Q_i)$ und Umschreiben auf die Variablen r und R; die reduzierten Massen $\mu_{\mathrm{BC,A}}$ und μ_{BC} sind in den Gleichungen (14.18a,b) definiert.

Das Anfangswellenpaket $\Psi(t = t_0)$ lässt sich als Produkt einer Schwingungswellenfunktion $\phi_v^{\mathrm{BCvib}}(r)$ des (freien) Moleküls BC und eines Wellenpakets $\phi^{\mathrm{tr}}(R)$ [etwa vom Gauß-Typ (2.11) mit festem $t = t_0$] für die reine Translationsbewegung von A relativ zu BC schreiben (s. Abschn. 4.5):

$$\Psi_v(r,R;t_0) = \phi_v^{\mathrm{BCvib}}(r)\cdot\phi^{\mathrm{tr}}(R)\,, \tag{14.35}$$

denn für große Abstände R geht das Potential $U(r,R)$ in die Potentialfunktion $U_{\text{mol}}^{\text{BC}}(r)$ des freien Moleküls BC über, so dass die Schrödinger-Gleichung (14.4) nach r und R separiert werden kann.

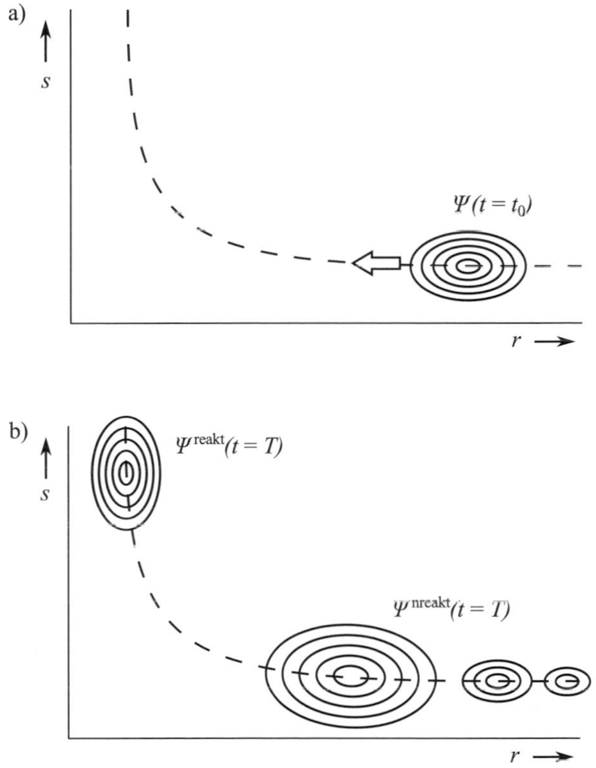

Abb. 14.14
Wellenpaketbeschreibung eines Stoßvorgangs A + BC in einem kollinearen Modell: Wahrscheinlichkeitsverteilungen
a) vor dem Stoß;
b) nach dem Stoß
(schematisch nach Ch. Zuhrt, s. Fußnote 4)

Auf die praktische Durchführung von Berechnungen der Bewegung (Propagation) des Wellenpakets über dem festgelegten Gitter im Kernkonfigurationsraum gehen wir hier nicht ein (s. hierzu Abschn. 4.5 sowie die Übersicht [4.5]). Die Ergebnisse[4] sind analog zum eindimensionalen Fall. Die Abb. 14.14 zeigt schematisch Wahrscheinlichkeitsverteilungen $|\Psi(r,s;t)|^2$ vor und nach dem Stoß (der in der "Eckregion" des Potentials vor sich geht), wobei anstelle von r und R die für den gesamten durchlaufenen Kernkonfigurationsbereich besser geeigneten Koordinaten r und s benutzt wurden. Das Anfangswellenpaket läuft auf die Wechselwirkungsregion zu; es fließt dabei auseinander und verformt sich unter dem Einfluss der wirkenden Potentialänderungen (Abb. 14.4a). Ein Teil bewegt sich weiter in den Produktbereich, ein Teil wird reflektiert und bewegt sich zurück. Die reflektierten Bestandteile des Wellenpakets

[4] Wellenpaketrechnungen von Ch. Zuhrt (Berlin) für eine Projektionsfolienreihe HFR 246 des Instituts für Film, Bild und Ton, Berlin (1982); für die freundliche Erlaubnis zur Verwendung dieser Resultate sei Dr. Zuhrt gedankt.

interferieren mit dem noch einlaufenden Teil und ergeben eine komplizierte Struktur des resultierenden rücklaufenden Teils der Wahrscheinlichkeitsverteilung (Abb. 14.4b).

Werden nach einer genügend langen Laufzeit $\mathcal{T}$ die dann nicht mehr überlappenden beiden Aufenthaltswahrscheinlichkeitsanteile über die Koordinaten r und s integriert, so erhält man analog zu den Gleichungen (14.32a,b) die Wahrscheinlichkeiten dafür, dass ein reaktiver bzw. ein nichtreaktiver Prozess abgelaufen ist:

$$\overline{\mathcal{P}}_v^{\text{reakt}} \equiv \lim_{\mathcal{T}\to\infty} \iint |\Psi_v^{\text{reakt}}(r,s;\mathcal{T})|^2 \,\mathrm{d}r\mathrm{d}s\,, \tag{14.36a}$$

$$\overline{\mathcal{P}}_v^{\text{nreakt}} \equiv \lim_{\mathcal{T}\to\infty} \iint |\Psi_v^{\text{nreakt}}(r,s;\mathcal{T})|^2 \,\mathrm{d}r\mathrm{d}s\,; \tag{14.36b}$$

es gilt auch hier:

$$\overline{\mathcal{P}}_v^{\text{reakt}} + \overline{\mathcal{P}}_v^{\text{nreakt}} = 1\,, \tag{14.37}$$

wenn das Anfangswellenpaket auf 1 normiert war.

Die beim Abbruch der Rechnung vorliegende Wellenfunktion enthält weitere Informationen. So muss der Anteil $\Psi_v^{\text{reakt}}(r,s;\mathcal{T})$ eine Überlagerung von Funktionen des Typs (14.35) $\propto \phi_{v'}^{\text{ABvib}}(s)\cdot\phi^{\text{trans}}(S)$ sein. Durch Anwendung von Projektionsoperatoren $\hat{O}_{v'}$ [s. Gl. (3.43)] auf die Produktwellenfunktion $\Psi_v^{\text{reakt}}(r,s;\mathcal{T})$ kann man aus dieser die einzelnen Komponenten zu den Schwingungszuständen $\phi_{v''}^{\text{ABvib}}(s)$ "extrahieren" und damit *zustandsspezifische Prozesswahrscheinlichkeiten* $v \to v''$ gewinnen:

$$\overline{\mathcal{P}}_{v\to v''}^{\text{reakt}} \equiv \lim_{\mathcal{T}\to\infty} \iint |\Psi_v^{\text{reakt}}(r,s;\mathcal{T})\cdot\phi_{v''}^{\text{ABvib}}(s)|^2 \,\mathrm{d}r\mathrm{d}s\,. \tag{14.38a}$$

Analog lässt sich mit dem reflektierten Anteil des Wellenpakets, $\Psi_v^{\text{nreakt}}(r,s;\mathcal{T})$, verfahren, indem man auf die Schwingungszustände $\phi_{v'}^{\text{BCvib}}(r)$ des Moleküls BC projiziert; es ergeben sich so die zustandsspezifischen Wahrscheinlichkeiten für die inelastischen Prozesse $v \to v'$:

$$\overline{\mathcal{P}}_{v\to v'}^{\text{nreakt}} \equiv \lim_{\mathcal{T}\to\infty} \iint |\Psi_v^{\text{nreakt}}(r,s;\mathcal{T})\cdot\phi_{v'}^{\text{BCvib}}(r)|^2 \,\mathrm{d}r\mathrm{d}s\,. \tag{14.38b}$$

Dabei gilt:

$$\sum\nolimits_{v''} \overline{\mathcal{P}}_{v\to v''}^{\text{reakt}} = \overline{\mathcal{P}}_v^{\text{reakt}}\,, \tag{14.39a}$$

$$\sum\nolimits_{v'} \overline{\mathcal{P}}_{v\to v'}^{\text{nreakt}} = \overline{\mathcal{P}}_v^{\text{nreakt}}\,. \tag{14.39b}$$

In Abb. 14.15 sind zur Illustration berechnete Wahrscheinlichkeiten kollinearer zustandsspezifischer Austauschprozesse $H + H_2(v=0) \to H_2(v'') + H$ in Abhängigkeit von der Gesamtenergie $E = E_0^{H_2\text{vib}} + \overline{E^{\text{tr}}}$ des Anfangswellenpakets dargestellt. Man sieht, dass für niedrige

Stoßenergien die Produkte praktisch ausschließlich im Schwingungsgrundzustand gebildet werden.

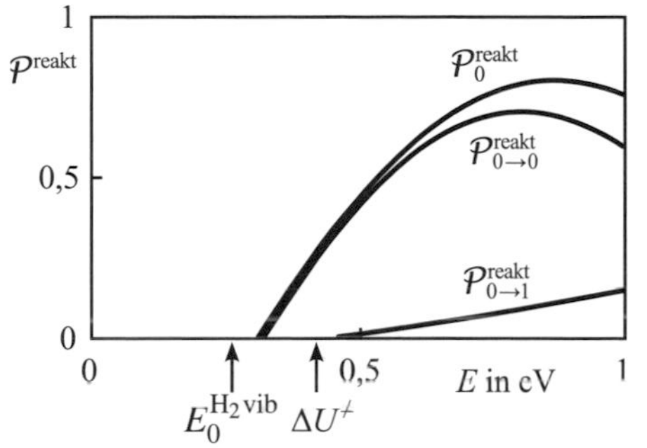

Abb. 14.15
Wahrscheinlichkeiten für einige schwingungszustandsspezifische Austauschprozesse $H + H_2(v=0) \to H_2(v'') + H$ bei kollinearen Stößen in Abhängigkeit von der Energie (Wellenpaketrechnungen von Ch. Zuhrt, s. Fußnote 4)

Mit dieser Skizze zur quantendynamischen Berechnung molekularer Elementarprozesse begnügen wir uns hier; insbesondere bleibt die zeitunabhängige Beschreibung wie schon in Abschnitt 4.5 außer Betracht. Der näher interessierte Leser wird auf die dort angegebene Literatur verwiesen.

14.2.3* Verbesserungen und Erweiterungen der klassischen Näherung für die Kernbewegung

14.2.3.1 Hauptdefekte der klassischen Beschreibung*

Am Schluss von Abschnitt 14.1 wurde darauf hingewiesen, dass die rein klassisch-mechanische Beschreibung der Kernbewegung bei einem molekularen Stoßvorgang gegenüber einer quantenmechanischen Behandlung zu mehr oder weniger gravierenden Fehlern führt, denn auch Kerne sind Mikroteilchen, die den quantenmechanischen Bewegungsgesetzen unterliegen. Aus Trajektorienrechnungen erhaltene detaillierte molekulare Kenngrößen wie differentielle Wirkungsquerschnitte für zustandsspezifische Prozesse zeigen daher deutliche Abweichungen sowohl von Resultaten quantenmechanischer Berechnungen als auch von experimentellen Befunden. Zustandsspezifische Molekularstrahlmessungen und vollständige, genaue quantenmechanische Berechnungen sind noch immer schwierig zu realisieren, und es liegen deswegen relativ wenige Daten vor; wir diskutieren hier das Problem anhand einiger Rechenergebnisse für den Modellfall elektronisch-adiabatischer *kollinearer* Stoßprozesse A + BC → AB + C.

Eine klassisch-mechanische Beschreibung der Kernbewegung (Trajektorien) bei molekularen Stößen weist grundsätzliche Mängel auf (vgl. Abschn. 14.1):

- Es fehlt die *Zustandsquantelung* der Reaktanten und der Produkte.

  Als einfache Möglichkeit, diesen Defekt notdürftig abzumildern, hatten wir in Abschnitt 14.2.1.2 eine "künstliche" Quantisierung diskutiert.

- Bei niedrigen Stoßenergien, wenn der betrachtete Prozess $\alpha \to \beta$ einzusetzen beginnt und die Prozesswahrscheinlichkeiten $\mathcal{P}_{\alpha\to\beta}$ bzw. die Wirkungsquerschnitte noch klein sind (*Reaktionsschwelle*), weichen klassische und quantenmechanische Resultate deutlich voneinander ab. In Abb. 14.16 wird die klassisch berechnete Reaktionswahrscheinlichkeit für den kollinearen Wasserstoffaustauschprozess zwischen H und $H_2(v=0)$ mit dem Ergebnis einer zeitunabhängigen quantenmechanischen Näherung verglichen.

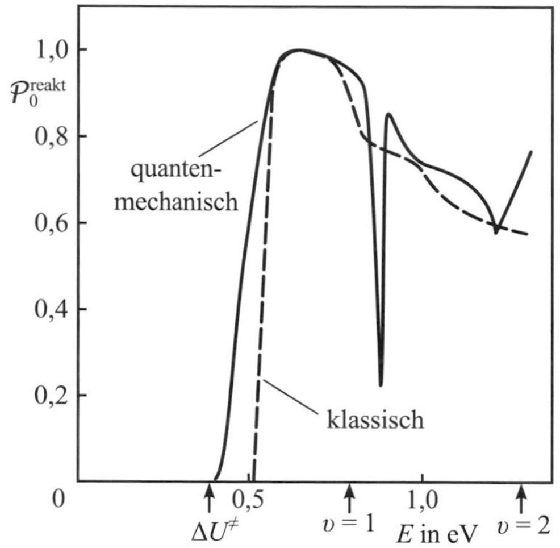

Abb. 14.16 Reaktionswahrscheinlichkeit für den kollinearen Wasserstoffaustauschprozess $H + H_2(v=0) \to H_2 + H$, berechnet in klassischer und einer stationär-quantenmechanischen Näherung [mit freundlicher Genehmigung von Dr. Zuhrt, Ch., aus seiner Dissertation, Berlin (1974), nach Daten von Wu, S.-F., Marcus, R. A., J. Chem. Phys. **73**, 4026 (1970), und von Johnson, B. R., Chem. Phys. Lett. **13**, 172 (1972)]

Bei einem Stoß $H + H_2(v=0)$, bei dem das H_2 - Molekül die Nullpunktschwingungsenergie $E_0^{\mathrm{vib}} = 0{,}27$ eV einbringt, sind zur Überwindung der Reaktionsbarriere $\Delta U^{\neq}$ (0,42 eV, s. Abschn. 13.1.3) in klassischer Näherung relative Translationsenergien E^{tr} ab 0,15 eV erforderlich; tatsächlich finden erst oberhalb von $E^{\mathrm{tr}} \approx 0{,}23$ eV klassische Trajektorien den Weg vom Reaktanttal ins Produkttal. Anders bei der quantenmechanischen Beschreibung: hier setzt der Prozess nicht abrupt ein, sondern allmählich, und zwar schon bei Gesamtenergien etwas unterhalb der klassischen Schwelle $\Delta U^{\neq}$. Obwohl der Beitrag des Tunneleffekts, wie Abschätzungen zeigen, gering ist, bezeichnet man die Differenz von klassischer und quantenmechanischer Prozesswahrscheinlichkeit im Schwellenbereich oft pauschal als *Tunnelbeitrag*. Dass klassische und quantenmechanische Beschreibung sich im Schwellenverhalten deutlich unterscheiden, ist nicht überraschend, denn für niedrige Energien sollte nach der Argumentation in Abschnitt 14.1 die klassische Näherung auf jeden Fall ihre Berechtigung verlieren.

Das fehlerhafte Schwellenverhalten der klassischen Näherung wirkt sich bei Folgegrößen wie Reaktionsgeschwindigkeitskoeffizienten, die eine thermische Mittelung beinhalten (s. Abschn. 12.1 sowie Kap. 15), unter Umständen stark aus, da niedrige Energien durch die Boltzmann-Faktoren am stärksten gewichtet werden. Nach den Abschätzungen in Abschnitt 4.3.1 liegen die mittleren Stoßenergien bei Temperaturen um 300 K in der Größenordnung

10^{-2} eV, also im Schwellenbereich, unterhalb der klassischen Schwelle. Daher sollten sich Trajektorienrechnungen zur quantitativen Abschätzung von Reaktionsgeschwindigkeitskoeffizienten, besonders für niedrige Temperaturen, nicht eignen.

- Bei mittleren Energien, deutlich oberhalb des Schwellenbereichs, zeigen quantenmechanisch berechnete Reaktionswahrscheinlichkeiten häufig scharfe Einschnitte (s. Abb. 14.16). Eine detaillierte Erörterung des Zustandekommens solcher *Resonanzen* kann hier nicht erfolgen; eine knappe Zusammenfassung findet man z. B. in [14.1] (s. dort Abschn. 5.2.2). Auf Folgegrößen, die durch Integration über endliche Energiebereiche bestimmt werden, sollten sich die Resonanzen nicht wesentlich auswirken. Die klassische Näherung kann zwar weder das Schwellenverhalten noch die Resonanzen liefern; in der Regel gibt sie aber wie in Abb. 14.16 den mittleren Verlauf der Reaktionswahrscheinlichkeit im Großen und Ganzen (also nicht quantitativ) recht gut wieder.

Die soeben diskutierten Feinheiten im Schwellen- und Resonanzverhalten ergeben sich unmittelbar nur aus quantenmechanischen Berechnungen in *stationären* (zeitunabhängigen) quantenmechanischen Näherungen, in denen die Lösungen zu scharfen Energiewerten gehören (s. Abschn. 4.5). Beschreibt man die Prozesse in zeitabhängigen (Wellenpaket-) Näherungen, so werden diese Effekte, die sich in sehr schmalen Energiebereichen abspielen, meist durch die Superposition von Wellen unterschiedlicher Energie im Wellenpaket verwischt, und es ist eine besondere Analyse erforderlich, um aus den Wellenpaketen diesbezügliche Informationen zu gewinnen (vgl. die Anmerkung in Abschn. 14.2.2).

- Schließlich können bei der Kernbewegung unter bestimmten Voraussetzungen auch Änderungen des Elektronenzustands, also *nichtadiabatische Übergänge*, stattfinden, die klassisch grundsätzlich nicht beschreibbar sind. Das spielt natürlich hier, wo wir die Gültigkeit der adiabatischen Näherung im gesamten relevanten Kernkonfigurationsbereich angenommen haben, keine Rolle. Wir gehen auf dieses Problem später (s. Abschn. 14.3) gesondert ein.

14.2.3.2 Quasiklassische und Hybrid-Näherungen*

Da die klassisch-mechanische Beschreibung der Kernbewegung bei molekularen Prozessen einfach durchführbar ist und da die Ergebnisse außerdem leicht interpretiert und veranschaulicht werden können, hat es trotz der offensichtlichen Unzulänglichkeiten (s. oben) zahlreiche Versuche gegeben, dieses Bild der Trajektorien beizubehalten und lediglich zu ergänzen bzw. zu modifizieren, so dass wichtige Quanteneffekte näherungsweise einbezogen werden können. Die in Abschnitt 14.2.1 eingeführte "künstliche" Quantelung innerer Zustände (Schwingungen und Kerngerüstrotation) von Reaktanten und Produkten ist ein erster primitiver Schritt.

Eine Korrektur des Schwellenverhaltens sowie die Einbeziehung von Tunneldurchgängen durch Potentialbarrieren und von Interferenzphänomenen wie Resonanzen erweisen sich als wesentlich schwieriger. Einige diesbezügliche methodische Ansätze werden in diesem Abschnitt ohne den Anspruch auf Vollständigkeit skizziert; mit der Behandlung nichtadiabatischer Übergänge befasst sich, wie schon angemerkt, der Abschnitt 14.3.

(a) Quasiklassische Näherungen

Die entscheidende Besonderheit einer quantenmechanischen Beschreibung von Teilchen und Teilchenaggregaten besteht darin, dass die von den Bewegungsgleichungen gelieferten Wellenfunktionen *Wahrscheinlichkeitsamplituden* sind; erst deren Betragsquadrate ergeben

Wahrscheinlichkeiten für messbare Größen (Observable). Wellenfunktionen lassen sich überlagern, können damit interferieren, sich ganz oder teilweise auslöschen oder verstärken; sie sind außerdem nie strikt lokalisiert, sondern reichen stets z. B. auch in klassisch nicht zugängliche Bereiche hinein.

Das alles gibt es in einer klassisch-mechanischen Beschreibung nicht. Eine Möglichkeit dafür, Interferenz- und Tunnelphänomene, Zustandsquantelungen sowie Übergänge zwischen Zuständen zu erfassen, beruht auf dem in Abschnitt 4.6.1 kurz behandelten *klassischen Grenzfall* der Quantenmechanik. Man berechnet spezielle Trajektorien, die nicht wie in einer gewöhnlichen Trajektorienrechnung nach Abschn. 14.2.1 durch die Anfangswerte, also von einem Ende her, sondern *von beiden Enden aus* bestimmt sind, und zwar so, dass die beiden Enden jeweils bestimmten Werten der Quantenzahlen von Reaktanten bzw. Produkten entsprechen. Entlang dieser Trajektorien werden die Wirkungsintegrale (4.110) berechnet und daraus "klassische Übergangs*amplituden*" sowie als deren Betragsquadrate Übergangswahrscheinlichkeiten (Prozesswahrscheinlichkeiten) gewonnen. Eine solche Art der Näherung, von der es verschiedene Varianten gibt, bezeichnet man als *quasiklassisch* (auch als *Methode der klassischen S-Matrix*, nach W. H. Miller, 1974[5]). Damit lassen sich im Prinzip die oben beschriebenen Defekte der rein klassischen Behandlung approximativ beheben, allerdings mit einigem Aufwand; ob dieser sich lohnt, muss im konkreten Fall entschieden werden.

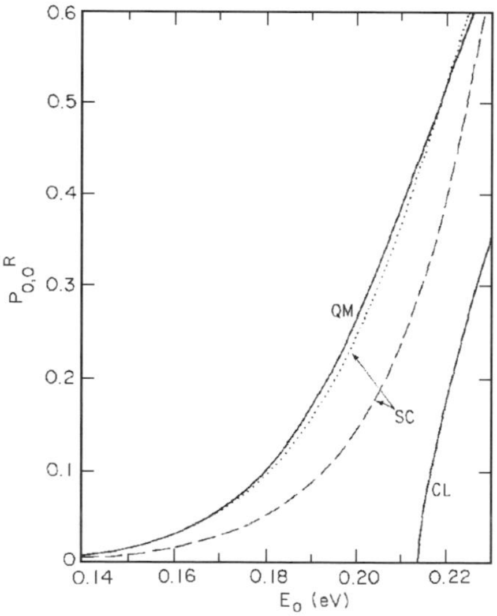

Abb. 14.17
Schwellenverhalten der Reaktionswahrscheinlichkeit $P_{0,0}^R$ ($\equiv \mathcal{P}_{0\to 0}^{\text{reakt}}$) für den kollinearen Wasserstoffaustauschprozess $H + H_2(v=0) \to H_2(v''=0) + H$, berechnet in klassischer (CL), stationär-quantenmechanischer (QM) und zwei quasiklassischen (SC) Näherungen [genehmigter Abdruck aus Hornstein, S. M., Miller, W. H., J. Chem. Phys. **61**, 745-746 (1974), AIP Publishing LLC]

Als Beispiel für die Leistungsfähigkeit einer quasiklassischen Beschreibung zeigt Abb. 14.17, dass das Schwellenverhalten der Reaktionswahrscheinlichkeit für den betrachteten einfachen Modellfall in sehr guter Übereinstimmung mit genauen, quantenmechanisch berechneten Daten wiedergegeben wird.

[5] Miller, W. H.: Classical-Limit Quantum Mechanics and the Theory of Molecular Collisions. Adv. Chem. Phys. **25**, 69-177 (1974); id.: The Classical *S*-Matrix in Molecular Collisions. Adv. Chem. Phys. **30**, 77-136 (1975)

(b) Semiklassische Näherungen

Die Aufteilung eines molekularen Systems in ein quantenmechanisch und ein klassisch-mechanisch zu behandelndes Subsystem mit den Freiheitsgraden q bzw. Q eröffnet prinzipiell einen Weg, um für einen Teil der üblicherweise klassisch beschriebenen Kernfreiheitsgrade Quanteneffekte zu berücksichtigen. In der weitaus überwiegenden Anzahl der Anwendungen wird die Aufteilung $q|Q$ (der "semiklassische Schnitt") so vorgenommen, dass die Elektronen das quantenmechanische Subsystem ($q \to \boldsymbol{r}$) und die Kerne das klassische Subsystem ($Q \to \boldsymbol{R}$) bilden. Darauf beruhen insbesondere alle klassischen Trajektorienberechnungen, wie wir sie in den vorangegangenen Abschnitten unter der zusätzlichen Annahme, dass die elektronisch adiabatische Näherung gilt, ausführlich besprochen haben. Wird die letztere Voraussetzung fallengelassen, dann bietet der in Abschnitt 4.6.2 dargelegte Formalismus die Möglichkeit, die Dynamik der Kernbewegung unter gleichzeitiger Berücksichtigung nicht-adiabatischer Übergänge (Änderungen des Elektronenzustands) zu beschreiben. Dazu müssen die klassisch-mechanischen (Q-) Bewegungsgleichungen (4.116) simultan mit den quantenmechanischen (q-) Gleichungen (4.118) bzw. (4.121) unter Verwendung einer geeignet zu bestimmenden effektiven Hamilton-Funktion vom Typ (4.128) gelöst werden. Für diese Aufgabe wurden zahlreiche Verfahren entwickelt bis hin zu stark vereinfachten Modellen. Wir gehen in Abschnitt 14.3 detaillierter auf ein solches Problem ein.

Es gibt jedoch auch Aufgabenstellungen, bei denen eine andere Aufteilung vorteilhaft sein kann. Betrachten wir beispielsweise inelastische Stöße zwischen einem Atom A und einem zweiatomigen Molekül BC, so wird es durch Einbeziehung des Schwingungsfreiheitsgrades des Moleküls in das quantenmechanische Subsystem (*"vibronisches Subsystem"*) möglich, die Quantelung der Schwingung korrekt zu berücksichtigen. Klassisch werden von den sechs räumlichen Freiheitsgraden der Kernbewegung (die Gesamtschwerpunktsbewegung sei eliminiert) dann nur fünf, nämlich der Abstand des Atoms A vom Schwerpunkt des Moleküls BC, der Winkel zwischen der Molekülachse B – C gegen die Richtung A – BC und die Drehlage der Ebene ABC in Bezug auf ein raumfestes (genauer: schwerpunktfestes) Koordinatensystem mit raumfesten Achsen (anzugeben etwa durch drei Winkel), klassisch behandelt. In Abschnitt 15.4.2.2*(2)* findet man ein Beispiel für die Anwendung einer solchen semiklassischen Verfahrenswiese auf der Grundlage einer *vibronisch adiabatischen Näherung*.

(c) Einbettungsverfahren

Ein anderes, auch semiklassisch realisierbares Konzept besteht darin, eine *strukturelle Aufteilung* des Gesamtsystems vorzunehmen in ein *aktives Subsystem* (das diejenigen Freiheitsgrade umfasst, die für die interessierende Fragestellung unmittelbar maßgebend sind) und ein *passives Subsystem* (die übrigen, nicht unmittelbar beteiligten Freiheitsgrade). Diese Herangehensweise bietet sich für zahlreiche Problemstellungen an, bei denen man es mit großen Teilchenaggregaten zu tun hat, z. B. bei Vorgängen in großen Molekülen oder Lösungen und bei Wechselwirkungen von Molekülen mit aktiven Zentren von Biomolekülen oder Festkörperoberflächen (Katalysatoren). Dabei kann es um die Untersuchung statischer Eigenschaften (Konformation, Ladungsverteilungen, Erwartungswerte physikalischer Größen) gehen, die in Kombination mit Näherungsverfahren der Quantenchemie (s. Kap. 7–9) behandelt werden, oder auch um die Simulation der Dynamik.

Beispielsweise kann man so vorgehen, dass man das aktive Subsystem quantenmechanisch, das passive Subsystem hingegen als klassisch-mechanisches Bewegungsproblem der Atome mit Modell-Kraftfeldern (s. Abschn. 13.3, 14.2.4.1 und Kap. 18) beschreibt. Man bezeichnet dieses Konzept als *gemischt quantenmechanisch-klassisch* (mixed quantum / classical oder mixed quantum mechanics / molecular mechanics, abgek. *QM/MM*); vgl. etwa [14.3] (s. dort Abschn. 5.5) sowie Abschnitt 18.2.2.

Stärker vereinfacht ließe sich das passive Subsystem modellmäßig als "Bad" stochastisch bewegter (fluktuierender) Oszillatoren berücksichtigen.

Eine prinzipiell leicht zu realisierende Näherung besteht darin, in Analogie zur Brownschen Bewegung für das aktive Subsystem klassische Bewegungsgleichungen mit stochastischen Zusatzkräften ("Reibung") zur Erfassung des Einflusses des passiven Subsystems zu benutzen (*verallgemeinerte Langevin-Gleichungen*, s. Abschn. 19.2.2.5*(a)*).

In extremer Vereinfachung kann man das passive Subsystem als kontinuierliches Medium ohne atomar-molekulare Struktur behandeln (*Kontinuums-Modell, Reaktionsfeld*); s. [14.3].

Derartige Verfahren finden sich in der Literatur unter den Stichworten *System-Bad-Aufteilungsmethoden* (engl. system-bath methods) oder auch *Einbettungsmethoden* (embedding methods) Wir kommen auf solche Konzepte in den Kapiteln 18 und 19 zurück.

14.2.4* Ausweitung des Anwendungsbereichs von Dynamik-Berechnungen auf vielatomige Systeme

Sowohl aus grundsätzlichem Interesse an der Frage, wie sich Bewegungen von Aggregaten aus vielen Atomen von einfacheren Systemen unterscheiden, als auch wegen des Bedarfs an Berechnungsverfahren für praktisch relevante Teilchenaggregate wie große Moleküle, Cluster, Nanoteilchen, Flüssigkeiten usw. ist man bemüht, Methoden zu entwickeln, die auch für die Dynamik von Systemen mit einer größeren Anzahl von (Kern-) Freiheitsgraden praktikabel sind und dabei trotzdem noch zu genügend zuverlässigen Ergebnissen führen. Diese Zielstellung hatten auch die oben unter Punkt *(b)* und *(c)* erörterten Konzepte im Blick.

Betrachten wir die Aufgabe unter Zugrundelegung der adiabatischen Separation von Elektronen- und Kernbewegung, also als Zweistufenprozedur gemäß Abschnitt 4.3.2, dann sind, wie wir wissen, stets zwei Teilprobleme zu bewältigen: *(1)* die Bereitstellung der Potentialdaten für die Kernbewegung und *(2)* die Berechnung der Kernbewegungen. Was letztere betrifft, so sind für rein quantenmechanische Näherungen die Möglichkeiten ziemlich eng begrenzt; darauf hatten wir schon mehrfach hingewiesen. Wird hingegen die Kernbewegung ganz oder teilweise klassisch behandelt, dann lässt sich der Anwendungsbereich beträchtlich erweitern. Vorzugsweise derartige *semiklassische Näherungen* (s. oben) wollen wir jetzt etwas weiter verfolgen; dabei begnügen wir uns mit einer Auswahl und der Skizzierung einiger bereits erfolgreich praktizierter oder zumindest aussichtsreicher Ansätze. Auf die Durchführung sowie Anwendungsaspekte wird in den Kapiteln 18 (Potentialfunktionen) und 19 (Teilchendynamik) näher eingegangen.

Wie weit der Anwendungsbereich einer Methode ausgedehnt werden kann, hängt entscheidend davon ab, wie stark der Rechenaufwand mit der Anzahl $N\,(\equiv N^{\mathrm{k}})$ der Kerne (Atome) ansteigt. Dieses *Skalierungsproblem* wird uns in den Kapiteln 17 und 19 beschäftigen.

Wir verwenden generell die Bezeichnung "mehratomig" für Systeme mit mehr als etwa drei bis sechs Kernen, die *detailliert* mikroskopisch beschrieben werden sollen. Durch methodische Weiterentwicklungen, verbesserte numerisch-mathematische Verfahren und die Steigerung der Computerleistung erweitert sich der Bereich der so behandelbaren Systeme laufend, wird aber für absehbare Zeit wohl auf Teilchenzahlen der Größenordnung $N < 10^2$ beschränkt bleiben. Systeme oberhalb dieses Teilchenzahlbereichs wollen wir "vielatomig" nennen; sie werden Gegenstand späterer Kapitel sein (s. insbesondere Kap. 18 und 19).

14.2.4.1 Klassische Molekülmechanik und Molekulardynamik mit Modellpotentialen

Die Aussichten dafür, die Bewegungen eines Systems von vielen Atomen berechnen zu können, sind dann günstig, wenn *(a)* bei vorausgesetzter Gültigkeit der elektronisch adiabatischen Näherung das adiabatische Wechselwirkungspotential $U(\boldsymbol{R})$ in einer analytischen funktionalen Form zur Verfügung steht und *(b)* es ausreicht, die *Kernbewegung klassisch-mechanisch* (mit Bewegungsgleichungen in der Hamiltonschen oder Newtonschen Form) zu beschreiben.

Handelt es sich um ein gebundenes molekulares System, so spricht man bei einer solchen Verfahrensweise von ***Molekülmechanik*** (engl. molecular mechanics, abgek. MM). Eine häufige Aufgabenstellung für derartige Rechnungen besteht z. B. in der Ermittlung bevorzugter Konformationen (Geometrieoptimierung) eines großen Moleküls. Dafür werden besondere Suchverfahren zum Auffinden lokaler Minima und des globalen Minimums der Potentialhyperfläche eingesetzt. Solche Verfahren arbeiten rein statisch-energetisch, oder sie lassen die Kerne sich (klassisch-mechanisch) bewegen und sorgen durch künstliche, die Geschwindigkeit vermindernde Dämpfungsterme in den Bewegungsgleichungen dafür, dass sich die kinetische Energie der Kerne sukzessive verringert und das System so veranlasst wird, eine Kernanordnung einzunehmen, die einem Minimum der Potentialhyperfläche entspricht (sog. *simulierte Abkühlung*, engl. simulated annealing). Auf die Problematik der Minimumsuche wird in Abschnitt 18.3 näher eingegangen.

Das Potential für die intramolekularen Wechselwirkungen setzt sich im einfachsten Fall additiv aus geeignet parametrisierten Anteilen für die bindenden, nichtbindenden oder abstoßenden Wechselwirkungen der Atompaare zusammen (*Molekül-Modellpotentiale, Kraftfeld-Modelle*). Das wurde in Abschnitt 13.3 vorbereitend diskutiert; der Abschnitt 18.2 behandelt das Problem der Konstruktion und Verwendung von Potentialmodellen ausführlicher.

Will man die mikroskopischen *dynamischen* Eigenschaften von Vielteilchensystemen wie Flüssigkeiten studieren, z. B. Diffusionskoeffizienten und andere Transportgrößen berechnen, so braucht man Modellpotentiale für die *inter*molekularen Wechselwirkungen, z. B. mit Funktionen vom Lennard-Jones-Typ (s. Abschn. 13.3.1); auch die Richtungseigenschaften der Wechselwirkungen können berücksichtigt werden. Relevante innere Freiheitsgrade der beteiligten Moleküle (Schwingungen, Torsionen) lassen sich durch entsprechende *intra*molekulare Potentialanteile einbeziehen. Sollen auch molekulare Umlagerungsvorgänge (Reaktionen) beschrieben werden, so müssen die Potentialfunktionen Anteile enthalten, welche die Auflösung und Bildung von Bindungen der Moleküle erfassen (s. Abschn. 18.2.1).

Man bezeichnet dieses Gebiet allgemein als ***Molekulardynamik*** (engl. molecular dynamics, abgek. *MD*); eine ausführlichere Darstellung erfolgt in den Kapiteln 18 (Potentialfunktionen) und 19 (Dyamik). Erste einfache Simulationen von Flüssigkeiten wurden auf dieser Grundlage bereits vor über 50 Jahren durchgeführt.

Eine extrem vereinfachte Behandlung, welche auf die explizite Beschreibung der Bewegungen des Systems vollständig verzichtet und nur noch statistische Mittelwerte liefert, bezeichnet man als ***Monte-Carlo-Simulation*** (s. Abschn. 19.3).

14.2.4.2 Ab-initio-Molekulardynamik (AIMD)

Wie wir in Kapitel 18 noch im Einzelnen sehen werden, sind Modellpotentiale für vielatomige Systeme, zumal wenn reaktive Prozesse (molekulare Umlagerungen) einbezogen werden sollen, nicht einfach zu konstruieren und zu parametrisieren; problematisch bleibt stets die Beurteilung der Güte solcher Ansätze und damit die Vertrauenswürdigkeit von berechneten Folgegrößen. Anzustreben wäre daher die Verwendung quantenchemisch berechneter Potentialfunktionen, am besten aus Rechnungen mit Ab-initio-Methoden, die zwar stets Näherungen beinhalten, aber nicht auf Parametrisierungen angewiesen sind. Wir besprechen zwei aussichtsreiche Entwicklungslinien.

Wie bisher wird angenommen, die Elektronen- und die Kernfreiheitsgrade seien durch einen Produktansatz der Form (4.27) oder (4.33) getrennt behandelbar, und die Elektronenbewegung werde quantenmechanisch, die Kernbewegung hingegen klassisch-mechanisch beschrieben (*semiklassische Näherung*). Am Start der Berechnung befinde sich das System in einem bestimmten stationären Elektronenzustand; meist wird das der Elektronengrundzustand sein.

Abschließend gehen wir kurz auf Möglichkeiten einer quantenmechanisch korrigierten (anstelle einer rein klassischen) Behandlung der Kernbewegung ein.

Direkte Dynamik

Vorausgesetzt sei die Gültigkeit der *elektronisch adiabatischen Näherung* (4.27). Bei einer numerischen Trajektorienrechnung werden in vielen Zeitschritten Δt aufeinanderfolgende Kernkonfigurationen $\boldsymbol{R}(t = t_0 + n\Delta t)$ durchlaufen; für jede Konfiguration $\boldsymbol{R} \equiv \{\boldsymbol{R}_1, \boldsymbol{R}_2, ...\}$ müssen die auf jeden der Kerne $a = 1, 2, ...,\ N(\equiv N^{\mathrm{k}})$ wirkenden Kräfte $-\hat{\nabla}_a U(\boldsymbol{R}_1, \boldsymbol{R}_2, ...)$ berechnet werden. Die Durchführbarkeit einer solchen Rechnung, die eine sehr große Anzahl von Potentialwerten benötigt und immens viele Rechenschritte beinhaltet, setzt voraus, dass die Potentialwerte für die einzelnen Punkte $\boldsymbol{R}$ mit sehr kurzen Rechenzeiten generiert werden können. Das aber geht nur, wenn entweder *(A)* das Potential $U(\boldsymbol{R})$ als analytische Funktion zur Verfügung steht oder *(B)* das quantenchemische Berechnungsverfahren für die U-Punkte außerordentlich schnell arbeitet.

Zur Realisierung der Variante *A* werden die Potentialpunkte vorab berechnet, je nach den gestellten Anforderungen auch mit hochgenauen quantenchemischen Verfahren (s. Abschn. 9.1); die Überführung der Potentialpunkte in eine analytische Funktion, die bei kleinen Systemen durchaus praktikabel ist (s. Abschn. 17.4.2.1), stößt jedoch bei Systemen mit vielen Atomen auf große Schwierigkeiten und kommt daher auf Ab-initio-Niveau kaum in Frage.

Die Variante *B* vermeidet die Zwischenstufe der Konstruktion und Anpassung einer analytischen Potentialfunktion und erzeugt die Potentialpunkte jedesmal dann, wenn sie bei einem Integrationsschritt gebraucht werden, frisch (gewissermaßen "im Fluge") durch eine quantenchemische Berechnung. Eine solche Verfahrensweise wird als *direkte Dynamik* bezeichnet. Eine globale Potentialhyperfläche wird nicht explizite benötigt, lässt sich aber bei Bedarf aus den berechneten und im Hintergrund gespeicherten Daten ermitteln.

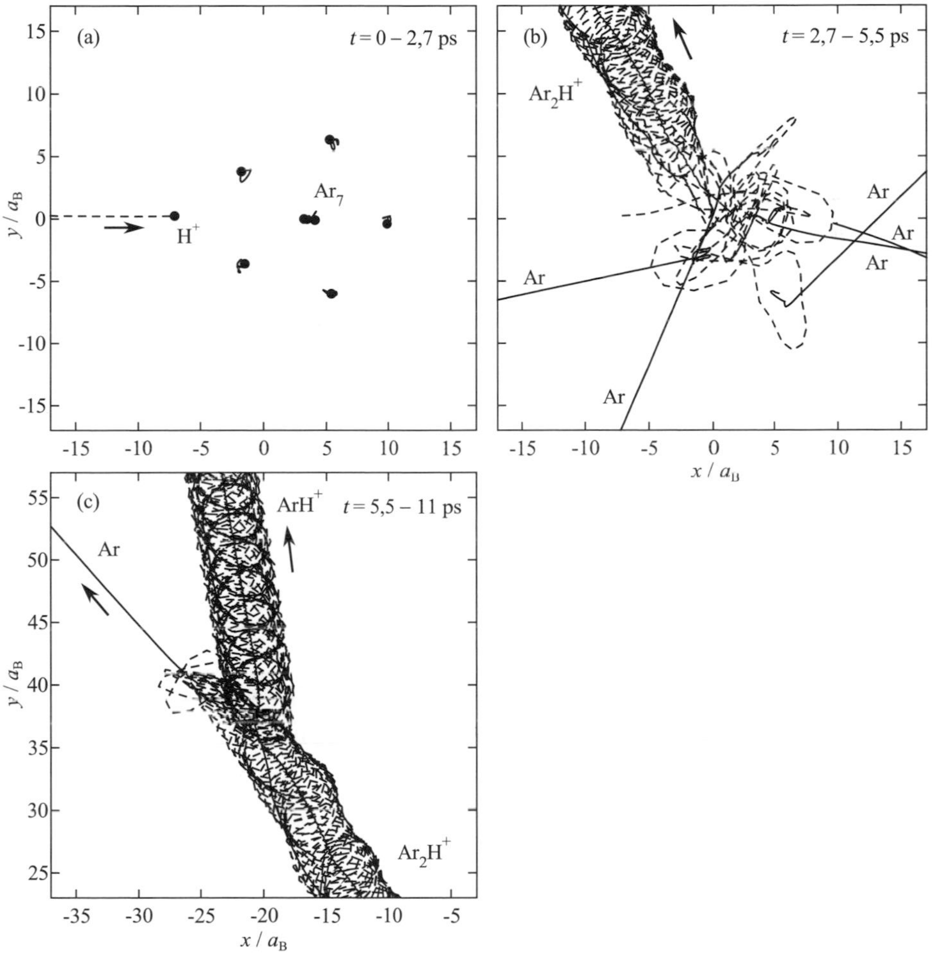

Abb. 14.18 Trajektorien für einen Zweistufenprozess (14.40) beim Stoß $H^+ + Ar_7$ (direkte klassische Dynamik mit DIM-Näherung für das Potential): Bahnkurvenabschnitte in drei Zeitfenstern [Berechnungen von T. Ritschel; unveröffentlicht]

Es hängt vom zu untersuchenden molekularen System ab, ob sich ein quantenchemisches Näherungsverfahren finden lässt, das genügend schnell arbeitet und trotzdem sinnvolle, realistische Potentialwerte liefert. Für einige Systeme (z. B. Alkali-Cluster) ist die Hartree-Fock-

Näherung (s. Kap. 8) eingesetzt worden (für jedes $\boldsymbol{R}$ wird die Fock-Gleichung gelöst)[6]; im Allgemeinen jedoch reicht diese Näherung nicht aus (s. Kap. 13).

Vielversprechend erscheint die DIM-Näherung gemäß Abschnitt 9.2 (s. auch Abschn. 13.1.1). Nach der (einmalig zu leistenden) Vorarbeit zur Erzeugung der Eingangsdaten muss für jedes $\boldsymbol{R}$ die DIM-Matrix diagonalisiert werden, was nur vergleichsweise wenig Rechenzeit erfordert. Auf diese Weise sind z. B. Stoßprozesse mit Clustern berechnet worden.[7] In Abb. 14.18 ist der Ablauf eines Stoßes zwischen einem Proton H^+ mit geringer kinetischer Energie (etwa von der Größenordnung μeV) und einem Ar_7 - Cluster durch Bahnkurvenabschnitte in aufeinanderfolgenden Zeitfenstern illustriert.

Während des Anflugs des Protons führen die (schweren) Ar-Atome kleinamplitudige langsame Schwingungsbewegungen um ihre Gleichgewichtslagen aus (Abb. 14.18a). Bei den hier gewählten Anfangsbedingungen wird dann zunächst ein kräftig gebundenes Molekülion Ar_2H^+ (Bindungsenergie 4,7 eV) gebildet, das stark schwingungs- und rotationsangeregt ist. Die erhebliche verbleibende Überschussenergie wird als Translationsenergie auf Ar_2H^+ und die restlichen Ar-Atome übertragen, wobei sich letztere aus ihren (schwachen) Bindungen im Cluster lösen und freigesetzt werden (Abb. 14.18b). Nach wenigen ps zerfällt dann auch Ar_2H^+ in $Ar + ArH^+$ (Abb. 14.18c). Insgesamt haben wir also einen Zweistufenprozess (s. die in Fußnote 7 zitierte Arbeit):

$$\begin{aligned} &H^+ + Ar_7 \rightarrow (Ar_2H^+)^* + 5\,Ar\,, \\ &(Ar_2H^+)^* \rightarrow ArH^+ + Ar\,. \end{aligned} \tag{14.40}$$

Die konventionelle Verfahrensweise (Berechnung von Potentialpunkten auf dem Raster für die 18 internen Freiheitsgrade des 8-atomigen Systems $\rightarrow$ Überführung in eine analytische Potentialfunktion $\rightarrow$ Trajektorienrechnung) wäre kaum durchführbar.

Car-Parrinello-Methode

Berechnungen nach dem Konzept der direkten Dynamik beinhalten ebenso wie die konventionellen Verfahren mit "vorgefertigten" Potentialfunktionen prinzipiell eine alternierende Behandlung von Elektronen- und Kernbewegung gemäß Abschnitt 4.3.2.1 (s. Abb. 4.3).

Von R. Car und M. Parrinello ist 1985 eine neuartige Methode vorgeschlagen worden, die anstelle dieser Verfahrensweise *Kern- und Elektronenproblem simultan* behandelt, ohne davon abzugehen, die Kernbewegung klassisch-mechanisch und die Elektronenbewegung quantenmechanisch zu beschreiben[8]. Das Konzept ist im Grunde eine semiklassische Formulierung der zeitabhängigen selbstkonsistenten Näherung (s. Abschn. 4.3.2.2 sowie die Anmerkung am Schluss von Abschn. 4.6.2).

---

[6] Hierzu s. etwa Bonačič-Koutecký, V., Mitrić, R.: Theoretical Exploration of Ultrafast Dynamics in Atomic Clusters: Analysis and Control. Chem. Reviews **105**, 11-65 (2005).

[7] Ritschel, T., Zuhrt, Ch., Zülicke, L., Kuntz, P. J.: Structure and dynamics of cationic van-der-Waals clusters. II. Dynamics of protonated argon clusters. Eur. Phys. J. D**41**, 127-141 (2007)

[8] Car, R., Parrinello, M.: Unified Approach for Molecular Dynamics and Density-Functional Theory. Phys. Rev. Lett. **55**, 2471-2474 (1985)

Um das zu realisieren, wird der klassisch-mechanische Lagrange-Formalismus (aus dem ebenso wie aus dem Hamilton-Formalismus die klassischen Bewegungsgleichungen folgen, s. Anhang A2.4.1) erweitert: Die zu optimierenden Parameter der Elektronen-Wellenfunktion (etwa die LCAO-MO-Koeffizienten $c_{\nu k}$ in einer HF- oder DFT-Näherung, [s. Gl. (8.51) bzw. (9.81)] werden als *fiktive dynamische Variable* (zusätzlich zu den Kernkoordinaten als *reale* dynamische Variable) mit geeignet zu wählenden fiktiven Massen μ_k in die Lagrange-Funktion L einbezogen. Mit der so erweiterten Lagrange-Funktion ergeben sich für die realen und die fiktiven dynamischen Variablen sehr einfach aussehende Bewegungsgleichungen:

$$\overline{m}_i(\mathrm{d}^2 X_i / \mathrm{d}t^2) = -\hat{\nabla}_i \mathscr{U} , \tag{14.41a}$$

$$\mu_k(\mathrm{d}^2 c_{\nu k} / \mathrm{d}t^2) = -\hat{\nabla}_k \mathscr{V} , \tag{14.41b}$$

die über die rechten Seiten gekoppelt sind; hierbei bezeichnen die Funktionen $X_i(t)$ die kartesischen Kernkoordinaten (fortlaufend numeriert) und $\overline{m}_i$ die für je drei dieser Kernkoordinaten gleichen Kernmassen: $\overline{m}_{3a} = \overline{m}_{3a-1} = \overline{m}_{3a-2} \equiv m_a$ für den Kern a. Die Funktionen $\mathscr{U}$ und $\mathscr{V}$ spielen die Rolle von effektiven Potentialen; wir geben sie hier nicht an. Die gekoppelten Bewegungsgleichungen (14.41a,b) für die Elektronen und die Kerne müssen *simultan* gelöst werden.

Die Methode beruht grundsätzlich auf der Trennung von Elektronen- und Kernbewegung. Allerdings werden die Parameter, die den Elektronenzustand charakterisieren, nicht für jede Kernkonfiguration $\boldsymbol{R}$ vollständig im Sinne des Energievariationsverfahrens optimiert. Man kann sich die Situation so plausibel machen: Elektronen- und Kernbewegung sind ständig gekoppelt; der Elektronenbewegung wird dabei nicht immer die Zeit gegeben, sich der Kernkonfiguration anzupassen, so dass die Elektronenhülle mal der Kernbewegung vorausläuft, mal ihr hinterherhinkt. Es lässt sich aber erreichen, dass die Abweichungen vom "echten" adiabatischen Verhalten klein bleiben.

Es gibt über diese semiklassische Methode und ihre rechnerische Umsetzung inzwischen eine umfangreiche Literatur; eine aktuelle Darstellung findet man in der Monographie [14.3]. Die Behandlung der Elektronenbewegung kann prinzipiell auf der Grundlage einer beliebigen quantenchemischen Näherung erfolgen; es kommen sowohl wellenfunktionsbasierte Näherungen als auch Dichtefunktional-Näherungen in Frage. Bisher wird vorzugsweise die Dichtefunktional-Näherung in verschiedenen Varianten (s. Abschn. 9.3) eingesetzt; die Gleichungen (14.41b) bestimmen die LCAO-Koeffizienten der Kohn-Sham-"Orbitale" $\breve{\phi}_k$.

Dadurch, dass das Verfahren keine vollständige Optimierung der verwendeten Näherung für den Elektronenzustand beinhaltet (s. oben), verringert sich der Aufwand gegenüber einer konventionellen direkten Dynamik. Hinzu kommt als Neuerung ein spezielles Optimierungsverfahren für das simultane Elektronen-Kerne-Bewegungsproblem (sog. dynamical simulated annealing), das sehr rechenzeitgünstig arbeitet. Die Zeitschrittweite muss kürzer sein als bei einer konventionellen MD-Rechnung (wo sie allein durch die langsame Kernbewegung bestimmt wird, s. Abschn. 19.2), damit die Gleichungen (14.41b) genügend genau integriert werden. Auf Einzelheiten können wir hier nicht weiter eingehen (s. dazu [14.3]).

Die Methode hat rasch große Popularität erlangt und ist für eine Vielzahl von Aufgabenstellungen eingesetzt worden. Da die Durchführung solcher Rechnungen keine besonderen

Schwierigkeiten bietet und verhältnismäßig wenig rechenzeitintensiv sind, lässt sich das Verhalten eines interessierenden Systems mit mäßigem Aufwand "durchspielen" ("Computer-Experiment"). Das Anwendungsfeld umfasst vielatomige Systeme, von großen Molekülen über Modelle von Flüssigkeiten und Gläsern bis hin zu Festkörper- und Oberflächenmodellen (s. [14.3]).

Quantenmechanisch korrigierte Molekulardynamik

Für die Einbeziehung von Quantenkorrekturen in die klassisch-mechanische Kerndynamik gibt es eine ganze Reihe von Ansätzen (vgl. auch Abschn. 14.2.3), die aber das Stadium breiter Anwendbarkeit meist noch nicht erreicht haben. Wir deuten hier nur einige Entwicklungen an und verweisen im übrigen auf die Literatur (z. B. [14.3]).

Nicht immer ist es erforderlich, Quanteneffekte wie Tunnelvorgänge, Interferenzen oder Zustandsquantelungen zu berücksichtigen; sie spielen hauptsächlich dann eine Rolle, wenn leichte Atome (insbesondere Wasserstoff) beteiligt und die Energien niedrig sind. Auch für die Beschreibung von Prozessen unter dem Einfluss von Strahlung (Photochemie) ist eine quantenmechanische Beschreibung nötig. Auf jeden Fall gilt das, wenn im Verlauf der Kernbewegung Zustandsänderungen der Elektronenhülle auftreten können (elektronisch nichtadiabatische Prozesse, s. Abschn. 14.3). Es hängt, wie schon mehrfach betont wurde, generell von der Problemstellung ab, ob eine klassische Näherung für die Kernbewegung ausreicht.

Inwieweit die bisher für kleine Systeme (wenige Atome) entwickelten Konzepte auch in die Behandlung mehr- bzw. vielatomiger Systeme einbezogen werden können, lässt sich derzeit noch nicht beurteilen.

Wir skizzieren hier eine aussichtsreich erscheinende Methode, die man als vereinfachte Variante der TDSCF-Näherung für die Kernbewegung (s. Abschn. 4.5) betrachten kann. Als Näherung für die zeitabhängige Wellenfunktion $\Psi(\boldsymbol{Q};t)$ wird ein Produkt (4.99) von Wellenfunktionen $\psi_i(Q_i;t)$ angesetzt, die von den einzelnen Kernfreiheitsgraden Q_i abhängen: $\Psi \approx \tilde{\Psi}(Q_1,Q_2,...;t) = \psi_1(Q_1;t)\cdot\psi_2(Q_2;t)\cdot...$. Bei den Funktionen $\psi_i(Q_i;t)$ wird es sich im allgemeinen Falle um eindimensionale Wellenpakete handeln. Man wählt der Problemstellung entsprechende Anfangsbedingungen (worauf wir hier nicht weiter eingehen) und führt eine konventionelle *klassische* Molekulardynamik-Berechnung auf einer gegebenen Potentialfläche durch. Mit einer speziellen Mittelung über die Trajektorienläufe wird dann für jeden Freiheitsgrad Q_i ein effektives mittleres eindimensionales Potential $U_i(Q_i;t)$ bestimmt und in einer effektiven eindimensionalen zeitabhängigen Schrödinger-Gleichung der Form (4.24') [s. Abschn. 4.5] verwendet; deren numerische Integration bereitet in der Regel keine wesentlichen Schwierigkeiten.

Die bisherigen Erfahrungen zeigen, dass diese "classically-based separable potential (CSP) method" nach R. B. Gerber und P. Jungwirth[9] eine gute Annäherung an Resultate streng (quantenmechanisch) durchgeführter TDSCF-Näherungen liefern kann und dass sie effizient, ohne zu hohen Rechenaufwand arbeitet; sie eignet sich hauptsächlich für schnelle Prozesse. Auf Details können wir hier nicht eingehen.

---

[9] Eine knappe Darstellung gibt die Arbeit von Jungwirth, P., Gerber, R. B.: Quantum dynamics of large polyatomic systems using a classically based separable potential method. J. Chem. Phys. **102**, 6046-6056 (1995).

Zu dieser Kategorie der quantenmechanisch korrigierten Molekulardynamik lassen sich auch einige der in Abschnitt 14.2.3.2*(c)* besprochenen Einbettungsverfahren zählen.

14.3* Dynamik elektronisch nichtadiabatischer Prozesse

Wir wählen für die Beschreibung eines molekularen Systems eine semiklassische Näherung und nehmen als quantenmechanisches Subsystem die Elektronen, als klassisch-mechanisches Subsystem die Kerne; dementsprechend haben wir in dem Formalismus des Abschnitts 4.6.2 $q \to \boldsymbol{r}$ und $Q \to \boldsymbol{R}$ sowie $\hat{H}^{\mathrm{qu}}_{q} \to \hat{H}^{\mathrm{e}}$, $\hat{H}^{\mathrm{qu}}_{q0} \to \hat{H}^{\mathrm{e}}_{0}$ zu setzen.

Die folgenden Ausführungen orientieren sich an der in [14.1] (dort Kap. 6) und [14.4] (dort Kap. III) gegebenen Darstellung.

14.3.1* Adiabatische und diabatische Zustände

Es wird angenommen, zu einem *approximativen* elektronischen Hamilton-Operator $\hat{H}^{\mathrm{e}}_{0}$, definiert durch die Zerlegung

$$\hat{H}^{\mathrm{e}} = \hat{H}^{\mathrm{e}}_{0} + \hat{Y} \tag{14.42}$$

[entsprechend Gl. (4.123)], seien die Eigenfunktionen Φ^{0}_{n} zu den elektronischen Energie-Eigenwerten $E^{0}_{n} \equiv E^{\mathrm{el}0}_{n}$ bekannt, d. h. es gilt:

$$\hat{H}^{\mathrm{e}}_{0}\Phi^{0}_{n} = E^{0}_{n}\Phi^{0}_{n}\,; \tag{14.43}$$

vorausgesetzt sei wieder ein rein diskretes Eigenwertspektrum. Die auf Grund der klassischen Kernbewegung zeitabhängige elektronische Wellenfunktion $\Psi(\boldsymbol{r};t)$ wird nach den Funktionen Φ^{0}_{n} entwickelt:

$$\Psi(\boldsymbol{r};t) = \sum\nolimits_{n} a^{0}_{n}(t)\cdot \exp[\,-(\mathrm{i}/\hbar)\int_{t_{\mathrm{A}}}^{t} E^{0}_{n}(\boldsymbol{R}(t'))\mathrm{d}t'\,]\cdot \Phi^{0}_{\mathrm{n}}(\boldsymbol{r};\boldsymbol{R}(t)) \tag{14.44}$$

(mit einem beliebigen Wert von t_{A}). Für die Entwicklungskoeffizienten ergeben sich wie in Abschnitt 4.6.2 die Gleichungen

$$\mathrm{i}\hbar(\mathrm{d}/\mathrm{d}t)a^{0}_{k}(t) = \sum\nolimits_{n}\{C^{0}_{kn}(t)+Y^{0}_{kn}(t)\}\cdot \exp[\,-(\mathrm{i}/\hbar)\int_{t_{\mathrm{A}}}^{t}\Big(E^{0}_{n}(\boldsymbol{R}(t'))-E^{0}_{k}(\boldsymbol{R}(t'))\Big)\mathrm{d}t'\,]\cdot a^{0}_{n}(t)$$

$$(\,k = 0,\,1,\,2,\,\ldots\,) \tag{14.45}$$

[s. Gl. (4.124)] mit den zeitabhängigen Kopplungsmatrixelementen

$$C^{0}_{kn}(t) \equiv \left\langle \Phi^{0}_{k}\right| -\mathrm{i}\hbar(\partial/\partial t)\left|\Phi^{0}_{n}\right\rangle_{\boldsymbol{r}}, \tag{14.46a}$$

$$Y^{0}_{kn}(t) \equiv \left\langle \Phi^{0}_{k}\right|\hat{Y}(\boldsymbol{r};\boldsymbol{R}(t))\left|\Phi^{0}_{n}\right\rangle_{\boldsymbol{r}} \tag{14.46b}$$

(der Index $\boldsymbol{r}$ bedeutet: Integration über die Elektronenkoordinaten); die Diagonalelemente C^0_{kk} verschwinden.

Befindet sich das Elektronen-Subsystem zu Beginn des Prozesses im Quantenzustand n, dann sind folgende Anfangsbedingungen für die Lösung des Gleichungssystems (14.46) zu nehmen:

$$a^0_k(t_\mathrm{A}) = \delta_{kn}\,. \tag{14.47}$$

Die Matrixelemente $C^0_{kn}(t)$ beinhalten die durch die Kernbewegungen bedingte *dynamische Kopplung* der beiden Elektronenzustände k und n; durch die Matrixelemente $Y^0_{kn}(t)$ werden die im Hamilton-Operator $\hat{H}^\mathrm{e}_0$ nicht enthaltenen Wechselwirkungen einbezogen (*statische Kopplung*).

Wir unterscheiden zwei Grenzfälle:

(*A*) Die statischen Kopplungselemente sind klein im Vergleich zu den dynamischen Kopplungselementen: $|Y^0_{kn}| \ll |C^0_{kn}|$. Das bedeutet, dass die Funktionen Φ^0_i sehr genau mit den adiabatischen Zustandsfunktionen Φ_i übereinstimmen. Die Entwicklung (14.44) wird dann zu einer Entwicklung nach den adiabatischen Zuständen Φ_n (*adiabatische Basis*), die nur dynamisch vermittels der Matrixelemente $C^0_{kn}(t) \approx C_{kn}(t) \equiv \left\langle \Phi_k \middle| -\mathrm{i}\hbar(\partial/\partial t) \middle| \Phi_n \right\rangle_r$ gekoppelt sind.

(*B*) Die dynamischen Kopplungselemente sind klein gegenüber den statischen Kopplungselementen: $|C^0_{kn}| \ll |Y^0_{kn}|$. Dann werden die Elektronenzustände durch die Wellenfunktionen Φ^0_i beschrieben. Diese bezeichnet man als *diabatische Zustände* und macht das häufig durch einen oberen Index "d" kenntlich: $\Phi^0_i \to \Phi^\mathrm{d}_i$. Schreibt man den Ausdruck (14.46a) in eine zu Gleichung (4.122') analoge Form um, so lässt sich für nicht zu niedrige Kerngeschwindigkeiten schlussfolgern, dass die diabatischen Wellenfunktionen nur schwach von den Kernkoordinaten $\boldsymbol{R}$ abhängen.

Formal ähnelt hier vieles der Beschreibung strahlungsinduzierter Übergänge (s. Abschn. 4.7 und 11.1.2). Dementsprechend gibt es auch *Auswahlregeln*, also Bedingungen dafür, dass die Kopplungsmatrixelemente C^0_{kn}, C_{kn} und Y^0_{kn} von Null verschieden sind. Darauf gehen wir hier nicht im Detail ein, sondern verweisen auf [14.1]; dort findet man auch Angaben zu weiterführender Literatur.

Aus Abschnitt 4.3.2.3 wissen wir, dass starke nichtadiabatische Kopplungen und folglich Übergänge zwischen Elektronenzuständen k und n in solchen Kernkonfigurationsbereichen $\boldsymbol{R}$ auftreten können, in denen der *lokale Massey-Parameter* $\gamma_{kn}(\boldsymbol{R})$ [Gl. (4.39)] [10] nicht

[10] Man beachte, dass in Abschnitt 4.3.2.3 das Massey-Kriterium für *adiabatische* Elektronenzustände formuliert wurde; es spielt dann also nur die dynamische Kopplung eine Rolle.

hinreichend groß ist, insbesondere also, wenn $\gamma_{kn}(\boldsymbol{R}) \approx 1$ gilt. Ist ein Übergang zwischen zwei adiabatischen Elektronenzuständen nach den Auswahlregeln erlaubt, dann hängt die Übergangswahrscheinlichkeit von diversen Parametern ab, die das Verhalten des Systems im Kopplungsbereich charakterisieren; darauf wird im nächsten Abschnitt eingegangen.

Unter welchen Bedingungen und bei welchen Kernanordnungen elektronisch adiabatische Potentialfunktionen (Potentialhyperflächen) sich überschneiden oder einander nahekommen können und welche Form die Potentialfunktionen in solchen Kernkonfigurationsbereichen haben, ist in Abschnitt 13.4 dargelegt worden.

14.3.2* Zweizustandsnäherung. Landau-Zener-Modell

Um möglichst übersichtliche Verhältnisse zu haben, für die sich die Berechnung der Übergangswahrscheinlichkeit bis zu einer geschlossenen Formel führen lässt, wird das Problem jetzt durch einige Annahmen radikal vereinfacht (s. [14.4][14.1]):

(a) Die Bereiche nichtadiabatischer Kopplung seien eng begrenzt, d. h. die Kopplungsmatrixelemente $C_{kn}(\boldsymbol{R})$ seien nur in sehr engen $\boldsymbol{R}$-Bereichen wesentlich von Null verschieden (*lokalisierte Kopplung*).

(b) Es koppeln nur *zwei* adiabatische Elektronenzustände (*Zweizustandsnäherung*); die zugehörigen adiabatischen Wellenfunktionen bezeichnen wir mit Φ_1 und Φ_2; wir setzen sie der Einfachheit halber als reell voraus. Der Entwicklungsansatz (14.44) für die Elektronenwellenfunktion $\Psi(\boldsymbol{r};t)$ umfasst ebenso wie der entsprechende Ansatz mit einer diabatischen Basis dann nur die beiden Glieder $n = 1$ und $n = 2$.

Ist die erste Annahme erfüllt, so ist es oft auch die zweite. Die beiden adiabatischen Elektronenterme $E_1(\boldsymbol{R})$ und $E_2(\boldsymbol{R})$ können im Bereich starker nichtadiabatischer Kopplung einander überschneiden oder auch eine vermiedene Kreuzung aufweisen (s. Abschn. 13.4).

Das Gleichungssystem (14.45) reduziert sich durch die Annahme *(b)* und unter Verwendung der Beziehung $E_2 - E_1 = U_2 - U_1$ [s. Gl. (14.1)] auf zwei gekoppelte Gleichungen:

$$\left.\begin{aligned} i\hbar(\mathrm{d}/\mathrm{d}t)a_1(t) &= C_{12}(t)\cdot\exp[-(\mathrm{i}/\hbar)\int_{t_A}^{t}(U_2-U_1)\mathrm{d}t']\cdot a_2(t) \\ i\hbar(\mathrm{d}/\mathrm{d}t)a_2(t) &= C_{21}(t)\cdot\exp[-(\mathrm{i}/\hbar)\int_{t_A}^{t}(U_1-U_2)\mathrm{d}t']\cdot a_1(t) \end{aligned}\right\} . \qquad (14.48)$$

Das dynamische Kopplungsmatrixelement $C_{12}(t)$ lässt sich gemäß Gleichung (4.122') mit $\boldsymbol{R}$ anstelle von Q als

$$C_{12}(t) = -\mathrm{i}\hbar\sum_a \boldsymbol{A}_a^{(12)}\cdot\dot{\boldsymbol{R}}_a \qquad (14.49)$$

schreiben; hierbei sind

$$\boldsymbol{A}_a^{(12)} \equiv \langle\Phi_1|\hat{\nabla}_a|\Phi_2\rangle \qquad (14.50)$$

die nichtadiabatischen Kopplungsvektoren zwischen den Zuständen 1 und 2.

Der Betrag $|C_{12}|$ des Kopplungsmatrixelements möge dort sein Maximum haben, wo die Differenz zwischen den beiden Potentialfunktionen, $|U_1(\boldsymbol{R})-U_2(\boldsymbol{R})|$, am geringsten ist (eine plausible, wenngleich für das Folgende nicht wesentliche Annahme). Der Nullpunkt der Zeitskala wird so gelegt, dass eine Trajektorie, die den Kopplungsbereich durchläuft, das Maximum von $|C_{12}|$ bei $t=0$ erreicht; wegen der Voraussetzung lokalisierter Kopplung wird $|C_{12}|$ vom Maximum aus steil abfallen (s. Abb. 14.19).

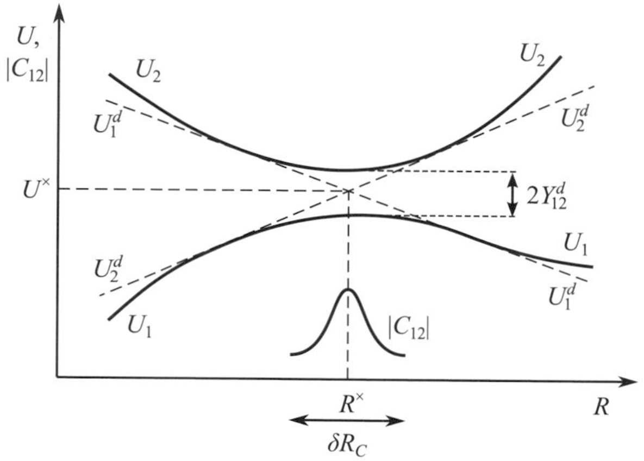

Abb. 14.19
Zur Erläuterung von Zweizustands-Näherung und Landau-Zener-Modell bei vermiedener Kreuzung zweier adiabatischer Potentialfunktionen (schematisch; aus [14.1], mit freundlicher Genehmigung von Springer Science+Business Media , Heidelberg)

Wenn sich das System zu Beginn der Bewegung, lange vor Erreichen der Kopplungsregion ($t \to -\infty$) im adiabatischen Elektronenzustand 1 befindet, dann lauten die Anfangsbedingungen für die Integration des Differentialgleichungspaares (14.48):

$$a_1(-\infty)=1, \quad a_2(-\infty)=0\,. \tag{14.51}$$

Genügend lange nach dem Durchlaufen der Kopplungsregion ($t \to +\infty$) ergeben sich $a_1(+\infty)$ und $a_2(+\infty)$ und damit die *Übergangswahrscheinlichkeit*

$$\mathcal{P}_{1\to 2} = |a_2(+\infty)|^2 \tag{14.52}$$

in den adiabatischen Elektronenzustand 2.

Für die Durchführung solcher Berechnungen ist es oft günstiger, das Problem nicht in der adiabatischen Basis $\{\Phi_1, \Phi_2\}$ zu formulieren, sondern eine diabatische Basis zu verwenden, wie sie oben allgemein eingeführt wurde.

Die beiden orthonormierten Funktionenpaare $\{\Phi_1, \Phi_2\}$ und $\{\Phi_1^{\mathrm{d}}, \Phi_2^{\mathrm{d}}\}$ sind durch eine unitäre lineare Transformation verknüpft (die einen können als Linearkombination der anderen geschrieben werden); eine solche (2×2)-Transformation lässt sich stets formal als eine zweidimensionale "Drehung" mit einem "Drehwinkel" $\alpha(t)$ formulieren:

$$\left.\begin{aligned} \Phi_1(\boldsymbol{r};t) &= \Phi_1^{\mathrm{d}}(\boldsymbol{r})\cdot\cos[\alpha(t)/2] + \Phi_2^{\mathrm{d}}(\boldsymbol{r})\cdot\sin[\alpha(t)/2] \\ \Phi_2(\boldsymbol{r};t) &= -\Phi_1^{\mathrm{d}}(\boldsymbol{r})\cdot\sin[\alpha(t)/2] + \Phi_2^{\mathrm{d}}(\boldsymbol{r})\cdot\cos[\alpha(t)/2] \end{aligned}\right\};\qquad (14.53)$$

die Funktion $\alpha(t)$ ergibt sich gemäß

$$\alpha(t) \equiv (2/\mathrm{i}\hbar)\int_{-\infty}^{t} C_{12}(t')\,\mathrm{d}t' \qquad (14.54)$$

aus dem Kopplungsmatrixelement (s. [14.4]). Die so bestimmten diabatischen Zustandsfunktionen Φ_1^{d} und Φ_2^{d} hängen nicht von $\boldsymbol{R}(t)$ und damit nicht von der Zeit t ab.

Die beiden gekoppelten Differentialgleichungen für die Koeffizienten $a_1^{\mathrm{d}}(t)$ und $a_2^{\mathrm{d}}(t)$ der Darstellung der Wellenfunktion $\Psi(\boldsymbol{r};t)$ als Linearkombination der diabatischen Basisfunktionen Φ_1^{d} und Φ_2^{d} haben die gleiche Form wie die Gleichungen (14.48), nur stehen anstelle der adiabatischen Kopplungsmatrixelemente C_{12} $(= C_{21})$ und der adiabatischen Potentiale $U_1(\boldsymbol{R})$, $U_2(\boldsymbol{R})$ jetzt die analog definierten diabatischen Kopplungsmatrixelemente Y_{12}^{d} $(= Y_{21}^{\mathrm{d}})$ und diabatischen Potentialfunktionen $U_1^{\mathrm{d}}(\boldsymbol{R})$, $U_2^{\mathrm{d}}(\boldsymbol{R})$:

$$\left.\begin{aligned} \mathrm{i}\hbar(\mathrm{d}/\mathrm{d}t)a_1^{\mathrm{d}}(t) &= Y_{12}^{\mathrm{d}}\cdot\exp[-(\mathrm{i}/\hbar)\int_{t_{\mathrm{A}}}^{t}(U_2^{\mathrm{d}}-U_1^{\mathrm{d}})\mathrm{d}t']\cdot a_2^{\mathrm{d}}(t) \\ \mathrm{i}\hbar(\mathrm{d}/\mathrm{d}t)a_2^{\mathrm{d}}(t) &= Y_{21}^{\mathrm{d}}\cdot\exp[-(\mathrm{i}/\hbar)\int_{t_{\mathrm{A}}}^{t}(U_1^{\mathrm{d}}-U_2^{\mathrm{d}})\mathrm{d}t']\cdot a_1^{\mathrm{d}}(t) \end{aligned}\right\}\qquad (14.55)$$

mit $U_i^{\mathrm{d}} \equiv E_{ii}^{0} + V^{\mathrm{kk}}$. Der Zusammenhang zwischen den auf die adiabatische bzw. die diabatische Basis bezogenen Größen wird durch die folgenden Beziehungen hergestellt:

$$U_2^{\mathrm{d}} - U_1^{\mathrm{d}} = (U_2 - U_1)\cos\alpha\,, \qquad (14.56\mathrm{a})$$

$$Y_{12}^{\mathrm{d}} = [(U_2 - U_1)/2)]\sin\alpha\,. \qquad (14.56\mathrm{b})$$

Landau-Zener-Modell [11]

Zusätzlich werden nun noch die folgenden Vereinfachungen vorgenommen:

(*i*) Vom klassischen Subsystem wird nur *ein* Freiheitsgrad R berücksichtigt.

Handelt es sich beim Kopplungsgebiet der beiden adiabatischen Potentialhyperflächen beispielsweise um eine Linie, so wäre die Richtung der Koordinate R senkrecht zu dieser Schnittlinie zu nehmen.

(*ii*) Der Bereich starker Kopplung sei die Umgebung eines Punktes $R^{\times}$, in dem die beiden

---

[11] Das nachstehend beschriebene Modell geht auf unabhängige Arbeiten von L. D. Landau, C. Zener, und E. C. G. Stueckelberg (alle 1932) zurück (s. [14.4]).

adiabatischen Potentiale U_1 und U_2 sich entweder schneiden oder nahekommen (s. Abb. 14.19).

Im erstgenannten Fall (Überschneidung) werden U_1 und U_2 durch lineare Funktionen der Koordinate R angenähert:

$$\left.\begin{aligned} U_1(R) &= U^\times - f_1 \cdot (R - R^\times) \\ U_2(R) &= U^\times - f_2 \cdot (R - R^\times) \end{aligned}\right\}; \qquad (14.57)$$

f_1 und f_2 sind die negativen Ableitungen der Potentialfunktionen U_1 bzw. U_2 nach R im Punkt $R^\times$.

Im zweiten Fall (vermiedene Kreuzung) transformiert man auf die diabatische Darstellung und benutzt für die sich ergebenden diabatischen Potentialfunktionen U_1^{d} und U_2^{d} ebenfalls eine lineare Näherung:

$$\left.\begin{aligned} U_1^{\mathrm{d}}(R) &= U^\times - f_1^{\mathrm{d}} \cdot (R - R^\times) \\ U_2^{\mathrm{d}}(R) &= U^\times - f_2^{\mathrm{d}} \cdot (R - R^\times) \end{aligned}\right\} \qquad (14.58)$$

mit analoger Bedeutung der mit dem oberen Index "d" gekennzeichneten Größen; $R^\times$ ist hier der R-Wert, an dem sich die diabatischen Terme kreuzen (s. Abb. 14.19).

Das statische Kopplungsmatrixelement wird als konstant angenommen:

$$Y_{12}^{\mathrm{d}} = \mathrm{const.} \qquad (14.59)$$

Indem man die (2×2)-Matrix mit den Diagonalelementen U_1^{d} und U_2^{d} sowie den Nichtdiagonalelementen Y_{12}^{d} und Y_{21}^{d} $(= Y_{12}^{\mathrm{d}})$ diagonalisiert, erhält man Näherungsausdrücke für die adiabatischen Potentiale (ÜA 14.3), die wir hier nicht aufschreiben; sie bilden zwei Hyperbelzweige, welche die "wahren" adiabatischen Potentialfunktionen in der Umgebung von $R^\times$ approximieren.

(*iii*) Im Kopplungsbereich möge die R-Bewegung mit konstanter Geschwindigkeit ablaufen:

$$R(t) = R^\times + u_0 t \quad (\text{mit } u_0 = \mathrm{const}). \qquad (14.60)$$

Für dieses Modell (eindimensional, linear, konstante Geschwindigkeit der Kernbewegung) lässt sich das gekoppelte Gleichungssystem (14.48) bzw. (14.55) relativ leicht lösen (s. [14.4]), wobei sich geschlossene Näherungsformeln für die relevanten Größen ergeben. Man erhält für das nichtadiabatische Kopplungsmatrixelement C_{12} den Ausdruck

$$C_{12} = \mathrm{i}\hbar Y_{12}^{\mathrm{d}} u_0 \, |\Delta f^{\mathrm{d}}| / (\Delta U)^2, \qquad (14.61)$$

worin

$$\Delta f^{\mathrm{d}} \equiv f_1^{\mathrm{d}} - f_2^{\mathrm{d}} \qquad (14.62a)$$

die Differenz der Steigungen der beiden Geraden $U_1^{\mathrm{d}}(R)$ und $U_2^{\mathrm{d}}(R)$ [s. Gl. (14.58)] sowie

$$\Delta U(R) \equiv U_1(R) - U_2(R) = \left[(\Delta f^{\mathrm{d}})^2 (R - R^{\times})^2 + 4(Y_{12}^{\mathrm{d}})^2 \right]^{1/2} \tag{14.62b}$$

den Abstand der beiden *adiabatischen* Potentialfunktionen bezeichnen.

Die *Übergangswahrscheinlichkeit* aus dem Elektronenzustand 1 in den Elektronenzustand 2 bei einmaligem Durchlaufen des Kopplungsbereichs δR_C (s. Abb. 14.19) ergibt sich nach Lösen der Gleichungen (14.55):

$$\mathcal{P}_{1\to 2} = \exp[-2\pi (Y_{12}^{\mathrm{d}})^2 / \hbar u_0 \,|\Delta f^{\mathrm{d}}|] \tag{14.63}$$

(s. [14.4], §§ 14 und 15), ausgedrückt durch die Kenngrößen der diabatischen Darstellung.

In Abschnitt 4.3.2.3 wurde als Maß für die Zulässigkeit der adiabatischen Näherung der Wert des lokalen Massey-Parameters genommen; die darin auftretenden Größen finden wir hier wieder. Der geringste Abstand der beiden adiabatischen Potentiale wird bei $R = R^{\times}$ erreicht und beträgt nach Gleichung (14.62b) $\Delta U_{\min} = 2Y_{12}^{\mathrm{d}}$. Als charakteristische Ausdehnung l des Bereichs, in dem sich die Elektronenzustandsfunktion, die Elektronenladungsverteilung etc. wesentlich ändern, kann man die Breite δR_C des Kopplungsbereichs nehmen, die sich anhand von Gleichung (14.61) aus dem Abklingverhalten von $|C_{12}(R)|$ mit wachsendem $|R - R^{\times}|$ abschätzen lässt; es ergibt sich $l \equiv \delta R_C \propto Y_{12}^{\mathrm{d}} / |\Delta f^{\mathrm{d}}|$ mit einem Proportionalitätsfaktor, der davon abhängt, wie δR_C definiert wird (etwa als Abstand $|R - R^{\times}|$, bei dem $|C_{12}(R)|$ auf $1/10$ seines Maximalwertes abgesunken ist).

Damit kann im Argument der exp-Funktion in der Übergangswahrscheinlichkeit (14.63)

$$2\pi (Y_{12}^{\mathrm{d}})^2 / \hbar u_0 \,|\Delta f^{\mathrm{d}}| \propto \Delta U_{\min} \cdot l / h u_0 \equiv \gamma(R^{\times}) \tag{14.64}$$

geschrieben werden; $\gamma(R^{\times})$ ist der lokale Massey-Parameter [s. Gl. (4.39)]. Bei genügend kleiner (klassischer) Geschwindigkeit u_0 der Kernbewegung ist γ groß und die Übergangswahrscheinlichkeit $\mathcal{P}_{1\to 2}$ klein; die Elektronenbewegung folgt dann der langsamen Kernbewegung und verbleibt dabei im anfänglichen Quantenzustand 1. Bei hoher Kerngeschwindigkeit ist es umgekehrt: $\mathcal{P}_{1\to 2}$ ist groß (d. h. nahe dem Wert 1), das System folgt vorzugsweise dem diabatischen Weg, und im Ergebnis tritt ein Wechsel $1 \to 2$ des (adiabatischen) Elektronenzustands ein.

Betrachtet man Schnitte durch zwei benachbarte (adiabatische) Potentialhyperflächen entlang einzelner Koordinaten R, so können die Potentialverläufe sehr unterschiedlich aussehen; die in Abb. 14.19 dargestellte Situation ist nur ein möglicher (wenngleich typischer) Fall. Auch für einige andere eindimensionale Potentialformen lässt sich das Zweizustandsproblem exakt lösen, so dass analytische Formeln für die Übergangswahrscheinlichkeit erhalten werden (s. hierzu [14.1] und dort zitierte Literatur).

Das lineare Landau-Zener-Modell lässt sich prinzipiell auf mehr als einen Freiheitsgrad erweitern, worauf wir hier nicht eingehen (s. [14.4]).

14.3.3* Jenseits einfacher Zweizustandsmodelle: Trajektoriensprung-Dynamik

Das Landau-Zener-Modell und andere einfache, vorzugsweise eindimensionale Zweizustandsmodelle haben sich für das prinzipielle Verständnis von nichtadiabatischen, also mit einer Änderung des Elektronenzustands verlaufenden molekularen Prozessen als sehr nützlich erwiesen. Die für die Übergangswahrscheinlichkeiten erhaltenen Formeln sind sogar bei Berechnungen erfolgreich eingesetzt worden, wenn die Kreuzungsverhältnisse und die Stoßbedingungen genügend gut den Modellannahmen entsprachen. Letzteres ist häufig bei Atomstößen der Fall.

Ein frühes Beispiel für die Behandlung eines realistischen *molekularen* Problems bilden die Arbeiten von J. C. Tully et al. (1971, 1974) über Stoßprozesse von D^+-Ionen mit HD-Molekülen. Eine kurzgefasste Beschreibung der dabei angewendeten *Trajektoriensprung-Methode* (engl. surface-hopping trajectory method) findet man in [4.1]. Betrachten wir einen einzelnen Stoßprozess: Die entsprechende Trajektorie startet auf einer der adiabatischen Potentialflächen im asymptotischen Bereich und bewegt sich unter dem Einfluss dieses Potentials, bis sie in einen Kreuzungsbereich gelangt und dort auf einen geeignet zu definierenden *Kreuzungssaum* trifft, d. h. auf einen (in der Regel schmalen) Streifen, entlang welchem der energetische Abstand zu einer anderen adiabatischen Potentialfläche am geringsten ist. Dort kann sie mit einer z. B. nach dem Landau-Zener-Modell berechneten Wahrscheinlichkeit $\mathcal{P}_{1\to 2}$ auf die andere Potentialfläche übergehen ("Trajektoriensprung") und sich dort weiterbewegen; mit der Wahrscheinlichkeit $1-\mathcal{P}_{1\to 2}$ verbleibt sie auf der ursprünglichen Potentialfläche. Das passiert bei jedem Durchgang der Trajektorie durch den Kreuzungssaum. Auf diese Weise ergeben sich verzweigte Trajektorien mit statistischen Gewichten entsprechend den Werten der jeweiligen Übergangswahrscheinlichkeiten. Am Ende des Trajektorienlaufs werden dann die Gesamtwahrscheinlichkeiten für den adiabatischen Verlauf und für den elektronischen Übergang bestimmt; entsprechend ermittelt man detaillierte zustandsspezifische Prozesswahrscheinlichkeiten.

Im Rahmen einer solchen Verfahrensweise sind zahlreiche Varianten und Erweiterungen entwickelt worden, z. B. zur Einbeziehung von mehr als zwei Elektronenzuständen. Gravierend ist besonders die Beschränkung a in Abschnitt 14.3.2 auf das Vorliegen einer streng lokalisierten Kopplung bei vermiedenen Kreuzungen. Wie sich eine Trajektoriensprung.Methode formulieren lässt, wenn Übergänge nicht nur auf einem Kreuzungssaum erfolgen können, sondern überall dort, wo eine geeignet zu definierende Kopplungsstärke einen Schwellenwert überschreitet, hat J. C. Tully (1990) beschrieben. Hierbei wird das semiklassische Gleichungssystem (4.121) bzw. (4.124) für das Zweizustandsproblem (14.48) begleitend längs der Trajektorie gelöst.

Solche semiklassischen, nichtadiabatische Übergänge einschließenden Methoden, die auf einer adiabatischen Separation von Elektronen- und Kernbewegung beruhen, weisen natürlich weiterhin alle übrigen, mit der Anwendung der klassischen Näherung auf die Kernbewegung verbundenen Mängel auf: Quanteneffekte der Kernbewegung wie Tunnelprozesse, Interferenzen und Quantelung gebundener Zustände werden nicht erfasst.

Im übrigen besteht für diese aufwendigen Methoden (und natürlich erst recht für verbesserte bis hin zu voll-quantenmechanischen Näherungen, etwa auf TDSCF-Grundlage, s. Abschn. 4.5) vorerst wohl keine Aussicht, in der Molekulardynamik vielatomiger Systeme eingesetzt zu werden. Eine Übersicht über neuere Entwicklungen in der theoretischen Behandlung elektronisch nichtadiabatischer Prozesse sowie Literaturzitate zu den oben skizzierten Verfahren findet man in [14.5].

14.4 Mikroskopische Reversibilität und detailliertes Gleichgewicht

Molekulare Elementarprozesse des Typs (14.2) sind umkehrbar, d. h. sie können sowohl in der einen als auch in der anderen Richtung ablaufen:

$$X_1(i_1) + X_2(i_2) \xrightarrow{u_\alpha} Y_1(k_1) + Y_2(k_2), \tag{14.65a}$$

$$X_1(i_1) + X_2(i_2) \xleftarrow[u_\beta]{} Y_1(k_1) + Y_2(k_2). \tag{14.65b}$$

Kanal α *Kanal* β

Wie in der Einleitung zum vorliegenden Kapitel, Gleichung (14.3), festgelegt, bezeichnen die Buchstaben i und k zusammenfassend die Quantenzahlen für die inneren Zustände der Atome oder Moleküle X bzw. Y; die Relativgeschwindigkeit der Stoßpartner X_1 und X_2 im Kanal α beim Prozess $\alpha \to \beta$ [Gl. (14.65a)] sei u_α, die Relativgeschwindigkeit der Stoßpartner Y_1 und Y_2 beim umgekehrten Prozess $\beta \to \alpha$ [Gl. (14.65b)] sei u_β.

Die physikalische Ursache für diese Umkehrbarkeit der molekularen Elementarprozesse liegt in einer fundamentalen Eigenschaft quantenmechanischer wie auch klassisch-mechanischer Bewegungsgleichungen für ein isoliertes System (ohne äußere Felder): sie sind *invariant gegen eine Umkehr der Zeitrichtung*: $t \to -t$. In der Quantenmechanik besteht diese (bereits in Abschn. 13.4.1 erwähnte) Symmetrie, wenn gleichzeitig die Wellenfunktion Ψ durch die dazu komplex-konjugierte Wellenfunktion Ψ^* ersetzt wird; außerdem kehren die Spins ihre Richtungen um (s. etwa [I.2][I.3]). Die Ersetzung von Ψ durch Ψ^* spielt für Folgegrößen (Wahrscheinlichkeiten, Erwartungswerte) allerdings keine Rolle (s. Kap 3), und vom Spin sehen wir in diesem Kapitel durchweg ab.

Grundsätzlich ist also nach der Quantenmechanik zu jedem Vorgang auch dessen Umkehrung möglich, und die Wahrscheinlichkeiten für die beiden Prozesse, $\alpha \to \beta$ und $\beta \to \alpha$, sind *exakt gleich*:

$$\mathcal{P}_{\alpha \to \beta} = \mathcal{P}_{\beta \to \alpha} \tag{14.66}$$

(***mikroskopische Reversibilität***). Diese Relation besteht analog zu dem für störungsinduzierte Übergänge zwischen gebundenen Zuständen erhaltenen Ergebnis (s. Abschn. 4.7).

Der in Abschnitt 12.1.3 definierte totale (integrale) Wirkungsquerschnitt $\sigma(\alpha | u_\alpha | \beta) \equiv \sigma_{\alpha \to \beta}$ ist der Prozesswahrscheinlichkeit $\mathcal{P}_{\alpha \to \beta}$ proportional [s. die Beziehung (12.34)], und zwar gilt (s. z. B. [14.4][I.2], auch [14.1]):

$$\sigma_{\alpha\to\beta} \equiv \sigma(\, i_1 i_2 \,|\, u_\alpha \,|\, k_1 k_2 \,) = (\pi\hbar^2/P_\alpha{}^2)\,\mathcal{P}_{\alpha\to\beta} \,. \tag{14.67}$$

Dabei bezeichnet $P_\alpha = \mu_\alpha u_\alpha$ den mit der Relativbewegung $X_1 - X_2$ im Kanal α verbundenen Impuls und $\mu_\alpha = m_{X_1} m_{X_2}/(m_{X_1} + m_{X_2})$ ist die reduzierte Masse des Teilchenpaares $\{X_1, X_2\}$. Mit Hilfe des Ausdrucks (14.67) ergibt sich zwischen den totalen Wirkungsquerschnitten von Hin- und Rückprozess die Beziehung

$$P_\alpha{}^2 \sigma_{\alpha\to\beta} = P_\beta{}^2 \sigma_{\beta\to\alpha} \,. \tag{14.68}$$

Berücksichtigt man noch die Entartungsgrade g_1, g_2 bzw. g_1', g_2' der inneren Zustände i_1, i_2 bzw. k_1, k_2 als statistische Gewichte, dann gilt:

$$g_\alpha P_\alpha{}^2 \sigma_{\alpha\to\beta} = g_\beta P_\beta{}^2 \sigma_{\beta\to\alpha} \tag{14.68'}$$

mit $g_\alpha \equiv g_1 \cdot g_2$ und $g_\beta \equiv g_1' \cdot g_2'$. Die Beziehungen (14.68) und (14.68') drücken das sogenannte ***Prinzip des detaillierten Gleichgewichts*** aus.

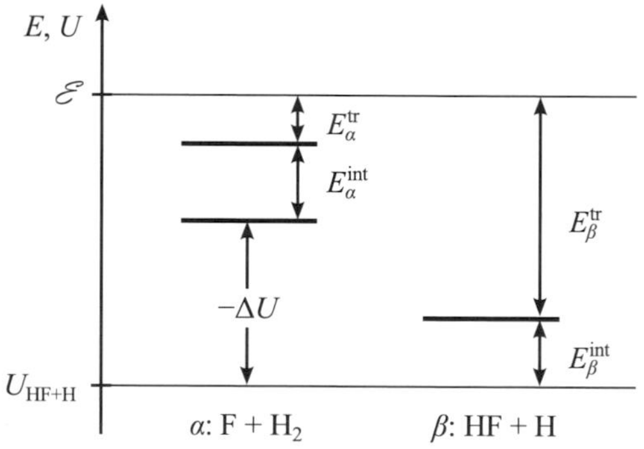

Abb 14.20
Energetische Verhältnisse im System FH_2 (Elektronengrundzustand) für die beiden Kanäle α [$F + H_2(v, G)$] und β [$HF(v', G') + H$]

Wir illustrieren diese Überlegungen anhand der elektronisch adiabatischen Fluorwasserstoff-Umlagerung im Elektronengrundzustand:

$$F + H_2(v, G) \underset{u_\beta}{\overset{u_\alpha}{\rightleftarrows}} HF(v', G') + H \,; \tag{14.69}$$

die Potentialhyperfläche wurde in Abschnitt 13.1.3(g) diskutiert. In Abb. 14.20 sind die Energieverhältnisse für die beiden Kanäle α [$F + H_2(v, G)$] und β [$HF(v', G') + H$] schematisch dargestellt. Der von links nach rechts ablaufende Prozess ist exoergisch mit $\Delta U \equiv U_{HF+H} - U_{F+H_2} < 0$ (U_{F+H_2} bzw. U_{HF+H} bezeichnen die Potentialwerte auf den Talsohlen von Reaktant- bzw. Produkttal im asymptotischen Bereich, s. Abb. 13.9a,b); der Umkehrprozess ist endoergisch. Nach Voraussetzung ändert sich der Elektronenzustand (hier der Grundzustand) nicht, so dass er nicht weiter betrachtet werden muss; die Angabe von i_1 und k_2 erübrigt sich (es handelt sich um Atome), und es verbleiben: $i_2 \equiv (v, G)$, $k_1 \equiv (v', G')$. Der Elektronenzustand und die Schwingungszustände sind nichtentartet, die Rotationszustände sind ($2G+1$)-fach bzw. ($2G'+1$)-fach entartet, also: $g_1 = 1$, $g_2 = 2G+1$ und $g_1' = 2G'+1$, $g_2' = 1$. Die Gesamtenergie $\mathcal{E}$ ist eine Erhaltungsgröße; es gilt mit der obigen Definition von ΔU :

$$\mathcal{E} = E_\alpha^{\mathrm{tr}} + E_\alpha^{\mathrm{vibrot}} - \Delta U = E_\beta^{\mathrm{tr}} + E_\beta^{\mathrm{vibrot}} . \tag{14.70}$$

Hier sind E_α^{tr} und E_β^{tr} die kinetischen Energien der Relativbewegungen $X_1 - X_2$ (Prozess $\alpha \to \beta$) bzw. $Y_1 - Y_2$ (Prozess $\beta \to \alpha$): $E_\alpha^{\mathrm{tr}} = P_\alpha^{\ 2}/2\mu_\alpha = \mu_\alpha u_\alpha^{\ 2}/2$, E_β^{tr} entsprechend, mit den Relativimpulsen $P_\alpha = \mu_\alpha u_\alpha$ und $P_\beta = \mu_\beta u_\beta$ sowie den reduzierten Massen $\mu_\alpha = m_{\mathrm{F}} \cdot m_{\mathrm{H_2}}/(m_{\mathrm{F}} + m_{\mathrm{H_2}})$ und $\mu_\beta = m_{\mathrm{HF}} \cdot m_{\mathrm{H}}/(m_{\mathrm{HF}} + m_{\mathrm{H}})$. Die Gleichung (14.68) hat in diesem Fall also die Form:

$$g_\alpha P_\alpha^{\ 2} \sigma(v, G \,|\, u_\alpha \,|\, v', G') = g_\beta P_\beta^{\ 2} \sigma(v', G' \,|\, u_\beta \,|\, v, G) \tag{14.71}$$

mit $g_\alpha = 2G+1$ und $g_\beta = 2G'+1$.

Man kann nach Abschnitt 12.1.3 [Gl. (12.32)] die Wirkungsquerschnitte (14.67) durch ***mikroskopische Geschwindigkeitskoeffizienten*** $\mathcal{k}_{\alpha\to\beta}$ ausdrücken und auch damit das Prinzip des detaillierten Gleichgewichts formulieren.

Aus den obigen (totalen) Wirkungsquerschnitten lassen sich durch Mittelwertbildungen bzw. Summationen Größen gewinnen, die den Ablauf von Prozessen in einem Teilchengas beschreiben, in dem die Stoßpartner nicht einheitlich in bestimmten inneren Zuständen vorliegen und eine bestimmte Geschwindigkeit haben, sondern nur durch gewisse Verteilungen der inneren Zustände und/oder der Relativgeschwindigkeiten charakterisiert sind (s. Abschn. 12.1.3).

Für die ***Geschwindigkeitskoeffizienten*** $\mathcal{k}$ für einen Prozess und seine Umkehrung besteht auf Grund der mikroskopischen Reversibilität ebenfalls ein bestimmter Zusammenhang. Wir greifen etwas vor (s. Abschn. 15.1.1) und betrachten ein Gas, in dem Prozesse (14.65a,b) ablaufen können und in dem die Relativgeschwindigkeiten der Teilchen thermisch verteilt sind, also gemäß einer Maxwell-Verteilung $f(u)$ nach Gleichung (4.177) bzw. für die relative Translationsenergie E^{tr} nach Gleichung (4.179). Für die Prozesse (14.65a) gilt dann eine Ratengleichung (12.5); die Reaktionsgeschwindigkeit ist

$$\mathcal{R} = \mathcal{k}(i_1 i_2 \,|\, T \,|\, k_1 k_2) \cdot [X_1(i_1)][X_2(i_2)] \tag{14.72}$$

mit dem Geschwindigkeitskoeffizienten

$$\begin{aligned} \mathcal{k}(i_1 i_2 \,|\, T \,|\, k_1 k_2) &\equiv \mathcal{k}_{\alpha\to\beta} \\ &= (1/k_{\mathrm{B}}T)(8/\pi\mu_\alpha k_{\mathrm{B}}T)^{1/2} \int_0^\infty \mathrm{d}E_\alpha^{\mathrm{tr}} \sigma(i_1 i_2 \,|\, E_\alpha^{\mathrm{tr}} \,|\, k_1 k_2) \cdot E_\alpha^{\mathrm{tr}} \cdot \exp[-E_\alpha^{\mathrm{tr}}/k_{\mathrm{B}}T] \end{aligned} \tag{14.73}$$

(thermisch Mittelung über E_α^{tr}); entsprechend für die Rückreaktion (14.65b).

Unter Berücksichtigung der Beziehung (14.68') ergibt sich, dass die Geschwindigkeitskoeffizienten für Hin- und Rückprozess in einem bestimmten Verhältnis stehen (s. [14.4], §6):

$$\mathcal{k}_{\alpha\to\beta}(T)/\mathcal{k}_{\beta\to\alpha}(T) = (g_\beta/g_\alpha)(\mu_\beta/\mu_\alpha)^{3/2} \exp[-(\Delta U + \Delta E^{\mathrm{vibrot}})/k_{\mathrm{B}}T] \tag{14.74}$$

mit $\Delta U \equiv U_\beta - U_\alpha$ und $\Delta E^{\text{vibrot}} \equiv E_\beta^{\text{vibrot}} - E_\alpha^{\text{vibrot}}$.

Im *chemischen* (*kinetischen*) *Gleichgewicht* sind die *Geschwindigkeiten* (nicht die Geschwindigkeitskoeffizienten) für Hin- und Rückprozess einander gleich:

$$\mathscr{k}(i_1 i_2 \,|\, T \,|\, k_1 k_2)[\mathrm{X}_1(i_1)]\cdot[\mathrm{X}_2(i_2)] = \mathscr{k}(k_1 k_2 \,|\, T \,|\, i_1 i_2)[\mathrm{Y}_1(k_1)]\cdot[\mathrm{Y}_2(k_2)]\,; \quad (14.75)$$

es folgt, dass der Quotient der beiden Geschwindigkeitskoeffizienten gleich dem umgekehrten Verhältnis der Produkte der Konzentrationen der jeweiligen Reaktanten ist:

$$\mathscr{k}_{\alpha\to\beta}(T)/\mathscr{k}_{\beta\to\alpha}(T) = [\mathrm{Y}_1(k_1)]\cdot[\mathrm{Y}_2(k_2)]/[\mathrm{X}_1(i_1)]\cdot[\mathrm{X}_2(i_2)]\,. \quad (14.76)$$

Dieses Konzentrationsverhältnis, gegeben durch die rechte Seite von Gleichung (14.74), hängt von der Temperatur sowie von molekularen Kenngrößen ab. Vorausgesetzt war hierbei nur das Vorliegen eines thermischen Gleichgewichts für die Translationsbewegungen, also nicht etwa für alle Freiheitsgrade; hinsichtlich der Schwingungs- und Rotationszustände kann beliebiges Nichtgleichgewicht herrschen.

Nimmt man für *alle* Freiheitsgrade thermisches Gleichgewicht an, dann gilt für die entsprechenden (thermischen) Geschwindigkeitskoeffizienten eine zu (14.76) analoge Beziehung. Das Konzentrationsverhältnis $[\mathrm{Y}_1]\cdot[\mathrm{Y}_2]/[\mathrm{X}_1]\cdot[\mathrm{X}_2] = \mathscr{k}_{\to}(T)/\mathscr{k}_{\leftarrow}(T) \equiv \mathscr{K}(T)$ ist nur von der Temperatur T (und natürlich von der Art der Reaktanten und Produkte) abhängig. Dieser schon sehr lange bekannte Zusammenhang ist das *Massenwirkungsgesetz* (C. M. Guldberg und P. Waage, 1867); die Größe $\mathscr{K}(T)$ heißt *Gleichgewichtskonstante* (obwohl sie eine Funktion der Temperatur ist).

Alle bis hierher erhaltenen Aussagen beruhen auf der Voraussetzung, dass die Elektronenbewegung und die Kernbewegung adiabatisch separiert sind und die Kernbewegung wie die Elektronenbewegung *quantenmechanisch* beschrieben werden.

In einer *semiklassischen Behandlung* (Elektronenbewegung quantenmechanisch, Kernbewegung klassisch-mechanisch), gelten die aufgeschriebenen Beziehungen nicht mehr ohne weiteres. Zwar sind auch die klassischen Bewegungsgleichungen invariant gegen Zeitumkehr, die daraus folgende Reversibilität besteht aber exakt nur für die Einzeltrajektorien: Wird eine Trajektorie mit den beim Abbruch erreichten Werten für die Koordinaten und den negativ genommenen Abbruchwerten für die Impulse in umgekehrter Zeitrichtung gestartet, so wird die gleiche Trajektorie rückwärts durchlaufen und führt im Prinzip exakt (natürlich bis auf Rechenungenauigkeiten) zu den Anfangswerten zurück. Berechnet man viele Trajektorien für einen Prozess $\alpha \to \beta$, verfährt beim Start und bei der Auswertung gemäß Abschnitt 14.2.1, führt ebensolche Rechnungen auch für den Rückprozess $\beta \to \alpha$ durch, und bestimmt jeweils die Prozesswahrscheinlichkeiten, dann erfüllen diese im Allgemeinen nicht die Beziehung (14.66). Das liegt an der "künstlichen Quantelung" (Zuordnung zu Quantenzuständen nach Abschn. 14.2.1.2) der Anfangs- und Endzustände der vielen Trajektorienläufe, über die dann zur Bestimmung von $\mathscr{P}$ summiert wird.

Nimmt man aber *ein und dasselbe* Bündel von Trajektorien mit einem festen Wert der Gesamtenergie $\mathcal{E} = E_\alpha^{\mathrm{tr}} + E_\alpha^{\mathrm{vibrot}} + U_\alpha = E_\beta^{\mathrm{tr}} + E_\beta^{\mathrm{vibrot}} + U_\beta$ und "quantelt" an beiden Enden der Trajektorien in gleicher Weise (etwa nach dem Box-Verfahren, s. Abschn. 14.2.1), dann sollte die Gleichung (14.66) wenigstens näherungsweise erfüllt sein.[12]

Übungsaufgaben zu Kapitel 14

ÜA 14.1 Die Hamilton-Funktion (14.8) ist für ein System dreier Kerne explizite im raumfesten Bezugssystem Σ zu formulieren und auf Schwerpunkts- und Relativkoordinaten umzuschreiben. Man zeige, dass a) die Hamilton-Funktion dann die Form (14.16) hat und b) das Potential U nur von den Koordinaten $Q_1, ..., Q_6$ abhängt.

ÜA 14.2 Man verifiziere die in Abschnitt 14.2.1.2 angegebenen Ausdrücke für die Impulse der Relativbewegung $\mathrm{A - BC}$ sowie der Schwingung und der Rotation des Moleküls BC.

ÜA 14.3 Aus den Ansätzen (14.58) und (14.59)für die diabatischen Potentialfunktionen $U_1^{\mathrm{d}}(R)$ und $U_2^{\mathrm{d}}(R)$ bzw. für das statische Kopplungsmatrixelement $Y_{12}^{\mathrm{d}}(R)$ sind die Ausdrücke für die adiabatischen Potentialfunktionen $U_1(R)$ und $U_2(R)$ zu berechnen.
Hinweis: Diagonalisierung der (2×2) - Matrix mit den oben angegebenen Matrixelementen

Ergänzende Literatur zu Kapitel 14

[14.1] Nikitin, E. E., Zülicke, L.: Theorie chemischer Elementarprozesse. Vieweg, Braunschweig/Wiesbaden (1985)

[14.2] a) Porter, R. M., Raff, L. M.:Classical Trajectory Methods in Molecular Collisions. In: Miller, W. H. (Hrsg.) Modern Theoretical Chemistry. Vol. 2, Part B. Plenum Press, New York and London (1976)

b) Truhlar, D. G., Muckerman, J. T.: Reactive Scattering Cross Sections: Quasiclassical and Semiclassical Methods. In: Bernstein, R. B. (Hrsg.) Atom-Molecule Collision Theory: A Guide for the Experimentalist. Plenum Press, New York (1979)

c) Thompson, D. L.: Trajectory Simulations of Molecular Collisions: Classical Treatment. In: Schleyer, P. v. R. (Hrsg.) Encyclopedia of Computational Chemistry. Vol. 5. Wiley, Chichester (1998)

---

[12] Vgl. hierzu Levine, R. D., und Bernstein, R. B. [12.2] (dort Abschn. 4.4.3).

[14.3] Marx, D., Hutter, J.: Ab initio molecular dynamics. Basic theory and advanced methods. Cambridge Univ. Press, Cambridge, (2009)

[14.4] Nikitin, E. E.: Theory of Elementary Atomic and Molecular Processes in Gases. Oxford, Clarendon (1974)

[14.5] Tully, J. C.: Nonadiabatic Dynamics. In Thompson, D. L. (Hrsg.): Modern Methods for Multidimensional Dynamics Computations in Chemistry. World Scientific, Singapore (1998)

Tully, J. C.: Perspective: Nonadiabatic dynamics theory. J. Chem. Phys. **137**, 22A301 (2012)

15 Zusammenspiel molekularer Elementarprozesse: Dynamische und statistische Modelle

Im vorliegenden Kapitel geht es um die Verbindung zwischen den Kenngrößen molekularer Elementarprozesse einerseits und makroskopischer, im Labormaßstab ablaufender Gas-Reaktionen andererseits.

Wir nehmen an, dass in dem Gas molekulare Elementarprozesse der in Kapitel 12 besprochenen Typen ablaufen können, allgemein geschrieben:

$$\underset{(\mathrm{R})}{\text{Reaktanten}} \;\rightarrow\; \underset{(\mathrm{P})}{\text{Produkte}}\,, \tag{15.1}$$

speziell z. B. bimolekulare reaktive oder nichtreaktive Prozesse

$$\underset{(\text{Kanal } \alpha)}{\mathrm{X}_1(i_1)+\mathrm{X}_2(i_2)} \xrightarrow{\;u_\alpha\;} \underset{(\text{Kanal } \beta)}{\mathrm{Y}_1(k_1)+\mathrm{Y}_2(k_2)} \tag{15.2}$$

[s. Gln. (14.2) sowie (14.65a)]. Mit X_1, X_2 sowie Y_1, Y_2 bezeichnen wir Atome oder Moleküle (bzw. entsprechende Ionen), und i_1, i_2 bzw. k_1, k_2 fassen die Quantenzahlen zusammen, durch welche die inneren Zustände der Reaktanten bzw. Produkte angegeben werden [s. Gln. (14.3)]; u_α ist die Relativgeschwindigkeit der beiden Reaktanten (Kanal α). Jeder solche Prozess tritt mit einer Wahrscheinlichkeit $\mathcal{P}_{\alpha\to\beta}$ bzw. einem totalen (integralen) Wirkungsquerschnitt $\sigma_{\alpha\to\beta}$ auf.

Im makroskopischen (Labor-) Maßstab haben wir es mit einem Vielteilchensystem aus Atomen bzw. Molekülen (oder auch Ionen) mit Teilchenzahlen von Größenordnungen zu tun, die der Avogadro-Zahl $N_\mathrm{A} \approx 6\times10^{23}\ \mathrm{mol}^{-1}$ nahekommen. Wenn *thermisches Gleichgewicht* herrscht, sind die Bewegungszustände der Teilchen im Gas mit Häufigkeiten vertreten, die für die inneren Zustände durch die Boltzmann-Faktoren und für die Geschwindigkeiten durch die Maxwell-Verteilung gegeben sind (s. Abschn. 4.8, auch Anhang A4). Ein makroskopischer Vorgang, also etwa die chemische Reaktion

$$\mathrm{X}_1 + \mathrm{X}_2 \xrightarrow{\;T\;} \mathrm{Y}_1 + \mathrm{Y}_2\,, \tag{15.3}$$

ist durch einen Geschwindigkeitskoeffizienten $\mathcal{k}(T)$ charakterisiert, der nur von der Temperatur abhängt (s. Abschn. 12.1).

Der Zusammenhang zwischen den molekularen Größen $\mathcal{P}_{\alpha\to\beta}$ bzw. $\sigma_{\alpha\to\beta}$ und den makroskopischen Größen $\mathcal{k}(T)$ wird durch statistische Methoden hergestellt; mit der Formulierung dieses Zusammenhangs befassen wir uns zuerst. Dann wird ein Modell behandelt, das für Elementarprozesse (15.1) geeignet ist, die über die Bildung eines kurzlebigen Stoßkomplexes verlaufen (s. Abschn. 12.3). Dieses *Modell der Übergangskonfiguration* spielt eine überaus wichtige Rolle, wenn es darum geht, die molekularen Vorgänge zu verstehen und einfache

Verfahren zur Berechnung von Geschwindigkeitskoeffizienten zu entwickeln. Einen Spezialfall, die monomolekulare Umwandlung eines Reaktanten (Isomerisierung, Fragmentierung), betrachten wir ausführlicher.

Die Verhältnisse werden wesentlich komplizierter, wenn sich das Gas nicht im thermischen Gleichgewicht befindet; die hiermit verbundenen Probleme werden im vierten Abschnitt dieses Kapitels besprochen. Den Abschluss bildet eine knappe Diskussion des Falles, dass die Elementarprozesse über die Bildung eines langlebigen Stoßkomplexes verlaufen.

15.1 Geschwindigkeitskoeffizienten aus Wirkungsquerschnitten für bimolekulare Prozesse

15.1.1 Thermische Geschwindigkeitskoeffizienten

Den Übergang von der molekularen *Dynamik*, wie sie in Kapitel 14 behandelt wurde, zur makroskopisch im physikalisch-chemischen Laborexperiment zu verfolgenden *Kinetik* vollziehen wir schrittweise und erhalten dabei verschiedene Formen, in denen sich der thermische Reaktionsgeschwindigkeitskoeffizient $\mathscr{k}(T)$ angeben lässt (s. auch [15.2] u. a.).

Den Ausgangspunkt bildet der in Abschnitt 12.1 [Gl. (12.28) mit (12.26)] definierte zustandsspezifische totale Wirkungsquerschnitt für einen Elementarprozess (15.2): $\sigma_{\alpha\to\beta} \equiv \sigma(i_1 i_2 \mid u_\alpha \mid k_1 k_2)$ als Funktion der Relativgeschwindigkeit u_α der beiden Stoßpartner X_1 und X_2 (Eingangskanal α). Für die kinetische Energie E_α^{tr} der Relativbewegung $X_1 - X_2$ (Stoßenergie) gilt: $E_\alpha^{tr} = \mu_\alpha {u_\alpha}^2/2 = {P_\alpha}^2/2\mu_\alpha$ mit der reduzierten Masse $\mu_\alpha = m_{X_1} m_{X_2}/(m_{X_1} + m_{X_2})$ des Teilchenpaares $\{X_1, X_2\}$ (Massen m_{X_1} bzw. m_{X_2}) und dem Relativimpuls $P_\alpha = \mu_\alpha u_\alpha$. Alternativ zum Wirkungsquerschnitt $\sigma_{\alpha\to\beta}$ kann die Prozesswahrscheinlichkeit $\mathcal{P}_{\alpha\to\beta} \equiv \mathcal{P}(i_1 i_2 \mid u_\alpha \mid k_1 k_2)$ benutzt werden, die mit dem Wirkungsquerschnitt durch die Beziehung (14.67) verknüpft ist:

$$\sigma(i_1 i_2 \mid u_\alpha \mid k_1 k_2) = (\pi\hbar^2/{P_\alpha}^2)\mathcal{P}(i_1 i_2 \mid u_\alpha \mid k_1 k_2)\,. \tag{15.4}$$

Der *mikroskopische Geschwindigkeitskoeffizient*, der nach Abschnitt 12.1.3 die Zählrate r_1 für die Anzahl der pro Zeiteinheit entstehenden Produktspezies $Y_1(k_1)$ im idealisierten Molekularstrahlexperiment (Abb. 12.2) bestimmt, ist durch Gleichung (12.32) definiert:

$$\mathscr{k}(i_1 i_2 \mid u_\alpha \mid k_1 k_2) = \sigma(i_1 i_2 \mid u_\alpha \mid k_1 k_2)\cdot u_\alpha \tag{15.5a}$$

$$= \sigma(i_1 i_2 \mid E_\alpha^{tr} \mid k_1 k_2)\cdot(2/\mu_\alpha)^{1/2}(E_\alpha^{tr})^{1/2}\,, \tag{15.5b}$$

wenn man den Zusammenhang $u_\alpha = (2E_\alpha^{tr}/\mu_\alpha)^{1/2}$ benutzt.

Es wird nun *vollständiges thermisches Gleichgewicht* vorausgesetzt. Unsere Zielgröße ist der thermische Geschwindigkeitskoeffizient $\mathscr{k}(T)$ für die Laborreaktion (15.3). Die inneren

Reaktantzustände i_1 und i_2 liegen demnach in einer Boltzmann-Verteilung vor, und für die relative Translationsgeschwindigkeit u_α bzw. die relative Translationsenergie E_α^{tr} gilt eine Maxwell-Verteilung. Die Produkte werden nicht nach ihren inneren Zuständen k_1 und k_2 unterschieden Wir haben somit die Wirkungsquerschnitte (Reaktionsquerschnitte) über die inneren Reaktantzustände i_1, i_2 mit den Boltzmann-Faktoren (4.166') zu mitteln (s. Abschn. 4.8) und über die inneren Produktzustände k_1, k_2 zu summieren (s. Anhang A3); das ergibt einen zustandsgemittelten summarischen Wirkungsquerschnitt

$$\overline{\sigma}_{\text{reakt}}(E_\alpha^{\text{tr}}) \equiv \sum_{i_1}\sum_{i_2} w_{i_1}^0 w_{i_2}^0 \Big(\sum_{k_1}\sum_{k_2} \sigma(i_1 i_2 \mid E_\alpha^{\text{tr}} \mid k_1 k_2)\Big). \tag{15.6}$$

Die Boltzmann-Faktoren sind

$$w_{i_1}^0 = g_{i_1} \cdot \exp(-E_{i_1}^{\text{int}}/k_{\text{B}}T)/\mathcal{Q}_{\text{X}_1}^{\text{int}}(T), \tag{15.7}$$

wobei $\mathcal{Q}_{\text{X}_1}^{\text{int}}(T)$ die Zustandssumme (4.169) für die inneren Zustände i_1 des Reaktanten X_1 bezeichnet:

$$\mathcal{Q}_{\text{X}_1}^{\text{int}}(T) \equiv \sum_{i_1} g_{i_1} \cdot \exp(-E_{i_1}^{\text{int}}/k_{\text{B}}T); \tag{15.8}$$

analog für den Reaktanten X_2.

Die Gesamtenergie $\mathcal{E}$, die jeweils bei einem Stoßprozess konstant bleibt, setzt sich im Kanal α gemäß

$$\mathcal{E}_\alpha = E_\alpha^{\text{tr}} + E_\alpha^{\text{int}} = E_\alpha^{\text{tr}} + E_{i_1}^{\text{int}} + E_{i_2}^{\text{int}} \tag{15.9}$$

[s. Gl. (12.19) mit (12.20) sowie (14.70)] aus der relativen Translationsenergie (Stoßenergie) E_α^{tr} sowie den inneren Energien $E_{i_1}^{\text{int}}$ bzw. $E_{i_2}^{\text{int}}$ der beiden Reaktanten X_1 und X_2 zusammen. Diese inneren Energien beinhalten in der adiabatischen Näherung, deren Gültigkeit in allen Kanälen $\alpha, \beta, \ldots$ wir voraussetzen, die potentielle Energie U (Energie der Elektronenhülle plus Kernabstoßungsenergie) sowie die Energien der Kernschwingungen und der Kerngerüstrotation von X_1 und X_2:

$$E_{i_1}^{\text{int}} = U_1 + E_{\text{X}_1}^{\text{vibrot}}, \quad E_{i_2}^{\text{int}} = U_2 + E_{\text{X}_2}^{\text{vibrot}}. \tag{15.10}$$

Für ein Atom gibt es natürlich keinen Anteil E^{vibrot}.

Im Gas sind beliebige relative Translationsenergien E_α^{tr} von Paaren $\text{X}_1 - \text{X}_2$ vertreten, und zwar jeweils im Intervall zwischen E_α^{tr} und $E_\alpha^{\text{tr}} + \text{d}E_\alpha^{\text{tr}}$ mit einem Anteil, der durch $f(E_\alpha^{\text{tr}})\text{d}E_\alpha^{\text{tr}}$ mit der Maxwell-Verteilung $f(E_\alpha^{\text{tr}})$ gemäß Gleichung (4.179) gegeben ist. Um $\mathcal{k}(T)$ zu erhalten, muss daher $\overline{\sigma}_{\text{reakt}}(E_\alpha^{\text{tr}})$ über die Maxwell-Verteilung gemittelt werden:

$$\mathcal{k}(T) = (1/k_{\text{B}}T)(8/\pi\mu_\alpha k_{\text{B}}T)^{1/2} \int_0^\infty \overline{\sigma}_{\text{reakt}}(E_\alpha^{\text{tr}}) \cdot E_\alpha^{\text{tr}} \cdot \exp(-E_\alpha^{\text{tr}}/k_{\text{B}}T)\text{d}E_\alpha^{\text{tr}}. \tag{15.11}$$

Die Integration kann mit Hilfe der Beziehung (15.9) auf die Gesamtenergie $\mathcal{E}$, ausgedrückt durch die Energieanteile im Kanal α, umgeschrieben werden, wobei es zweckmäßig ist, als Energienullpunkt den kleinsten für $\mathcal{E}$ möglichen Wert zu wählen, nämlich die Summe der Nullpunktsenergien der beiden Reaktanten: $E^{\mathrm{int}}_{\mathrm{X}_1|0} + E^{\mathrm{int}}_{\mathrm{X}_2|0}$. Durch die Angabe der (kollektiven) Quantenzahlen i_1 und i_2 sind die inneren Energien $E^{\mathrm{int}}_{i_1}$ bzw. $E^{\mathrm{int}}_{i_2}$ festgelegt, und der Wechsel von E^{tr}_{α} zu $\mathcal{E}$ bedeutet nur eine Verschiebung des Nullpunkts der Energievariablen. Damit lässt sich das Integrationsdifferential $\mathrm{d}E^{\mathrm{tr}}_{\alpha}$ durch $\mathrm{d}\mathcal{E}$ ersetzen; die Integration erstreckt sich auch jetzt von 0 bis ∞, wie man sich leicht klarmacht. Außerdem fassen wir im Integranden die Exponentialanteile der Boltzmann-Faktoren im Ausdruck (15.6) mit dem Exponentialfaktor $\exp(-E^{\mathrm{tr}}_{\alpha}/k_{\mathrm{B}}T)$ zusammen; das ergibt gemäß Gleichung (15.9):

$$\exp(-E^{\mathrm{int}}_{i_1}/k_{\mathrm{B}}T)\cdot\exp(-E^{\mathrm{int}}_{i_2}/k_{\mathrm{B}}T)\cdot\exp(-E^{\mathrm{tr}}_{\alpha}/k_{\mathrm{B}}T) = \exp(-\mathcal{E}/k_{\mathrm{B}}T)\,. \tag{15.12a}$$

Der Faktor vor dem Integral im Ausdruck (15.11) ist, wie der Vergleich mit der Translationszustandssumme (4.175′) zeigt, gleich $(2\mu_{\alpha}/\pi\hbar^2)/h\,\mathcal{Q}^{\mathrm{tr}}_{\alpha}(T)$. Vereinigt man die Zustandssumme $\mathcal{Q}^{\mathrm{tr}}_{\alpha}(T)$ mit den Zustandssummen (15.8) für die inneren Freiheitsgrade in den Nennern der Boltzmann-Faktoren (15.7), dann ergibt das die totale Zustandssumme $\mathcal{Q}_{\mathrm{R}}(T)$ der Reaktanten:

$$\mathcal{Q}^{\mathrm{int}}_{\mathrm{X}_1}(T)\cdot\mathcal{Q}^{\mathrm{int}}_{\mathrm{X}_2}(T)\cdot\mathcal{Q}^{\mathrm{tr}}_{\alpha}(T) = \mathcal{Q}_{\mathrm{R}}(T)\,, \tag{15.12b}$$

[s. auch Gleichung (4.172)].

Die beiden Mittelungsschritte (15.6) und (15.11) können auch in umgekehrter Reihenfolge ausgeführt werden. Nach der Mittelung der mikroskopischen Geschwindigkeitskoeffizienten (15.5) mit der Maxwell-Verteilung ergibt sich ein zustandsspezifischer Geschwindigkeitskoeffizient $\mathcal{k}(i_1 i_2 \,|\, T \,|\, k_1 k_2)$ für die Umlagerungsprozesse (15.2) in einem Gas, in dem sich nur die Freiheitsgrade der Relativbewegung der Teilchen im thermischen Gleichgewicht befinden. Auf solche Situationen kommen wir in Abschnitt 15.4 noch ausführlicher zu sprechen.

Nach Ausführung der gesamten Mittelungsprozedur ergibt sich der thermische Geschwindigkeitskoeffizient in der Form

$$\mathcal{k}(T) = [h\,\mathcal{Q}_{\mathrm{R}}(T)]^{-1}\int_0^{\infty}\mathcal{N}_{\mathrm{reakt}}(\mathcal{E})\cdot\exp(-\mathcal{E}/k_{\mathrm{B}}T)\,\mathrm{d}\mathcal{E}\,; \tag{15.13}$$

die dimensionslose Größe

$$\mathcal{N}_{\mathrm{reakt}}(\mathcal{E}) \equiv \sum\nolimits_{i_1}\sum\nolimits_{i_2}\sum\nolimits_{k_1}\sum\nolimits_{k_2} g_{i_1} g_{i_2}\,\mathcal{P}(i_1 i_2 \,|\, \mathcal{E} \,|\, k_1 k_2)\,, \tag{15.14}$$

wird zuweilen als *kumulative Reaktionswahrscheinlichkeit* bezeichnet (nach B. C. Garrett und D. G. Truhlar, 1979; s. Fußnote 5). Sie ist die Summe der Wahrscheinlichkeiten dafür, dass Stöße $\mathrm{X}_1 + \mathrm{X}_2$ bei einer festen Gesamtenergie $\mathcal{E}$ durch Prozesse (15.2) die Produkte

$Y_1 + Y_2$ ergeben. Im klassischen Trajektorienbild ist $\mathcal{N}_{\text{reakt}}(\mathcal{E})$ proportional zum Strom der bei festem $\mathcal{E}$ von den Reaktanten $X_1 + X_2$ zu den Produkten $Y_1 + Y_2$ führenden Trajektorien. Setzen wir diesen Strom der "reaktiven" Trajektorien ins Verhältnis zum Gesamtstrom $\propto \mathcal{N}_{\text{R}}(\mathcal{E})$ der im Reaktantkanal $X_1 + X_2$ mit der Energie $\mathcal{E}$ gestarteten Trajektorien, so ergibt das eine *mittlere Reaktionswahrscheinlichkeit*

$$\overline{\mathcal{P}}_{\text{reakt}}(\mathcal{E}) = \mathcal{N}_{\text{reakt}}(\mathcal{E}) / \mathcal{N}_{\text{R}}(\mathcal{E}) \tag{15.15}$$

(ebenfalls dimensionslos), und der thermische Geschwindigkeitskoeffizient lässt sich als

$$k(T) = [h\mathcal{Q}_{\text{R}}(T)]^{-1} \int_0^\infty \overline{\mathcal{P}}_{\text{reakt}}(\mathcal{E}) \cdot \mathcal{N}_{\text{R}}(\mathcal{E}) \cdot \exp(-\mathcal{E}/k_{\text{B}}T)\,\mathrm{d}\mathcal{E} \tag{15.13'}$$

schreiben. Damit sind zwei formal sehr einfache, kompakte Ausdrücke (15.13) und (15.13') für den thermischen Geschwindigkeitskoeffizienten $k(T)$ erhalten worden; wie man leicht feststellt, haben sie die Dimension Volumen$\times$Zeit^{-1}, wie es im vorliegenden bimolekularen Fall sein muss (s. Vorspann zu Kap. 12). Will man $\mathcal{N}_{\text{reakt}}(\mathcal{E})$ bzw. $\overline{\mathcal{P}}_{\text{reakt}}(\mathcal{E})$ korrekt bestimmen, dann ist eine große Anzahl von Berechnungen der Wirkungsquerschnitte $\sigma_{\alpha\to\beta}$ bzw. Prozesswahrscheinlichkeiten $\mathcal{P}_{\alpha\to\beta}$ für die diversen Elementarprozesse (15.2) vom Kanal α in die bei jeweils festem $\mathcal{E}$ offenen Kanäle β durchzuführen, die zu $\mathcal{N}_{\text{reakt}}(\mathcal{E})$ beitragen. Im Allgemeinen ist dieser Aufwand nicht zu bewältigen, so dass starke Vereinfachungen vorgenommen werden müssen. Dafür eignen sich die Formeln (15.13) bzw. (15.13') sowie einige weitere Ausdrücke, die wir jetzt herleiten.

Zunächst wird das Integral auf der rechten Seite von Gleichung (15.13) durch partielle Integration umgeformt (s. [15.2], dort Abschn. 4.4.4):

$$k(T) = [h\mathcal{Q}_{\text{R}}]^{-1}\left[-k_{\text{B}}T\mathcal{N}_{\text{reakt}}(\mathcal{E})\cdot\exp(-\mathcal{E}/k_{\text{B}}T)\right]_0^\infty$$
$$+ [k_{\text{B}}T/h\mathcal{Q}_{\text{R}}] \int_0^\infty (\mathrm{d}\mathcal{N}_{\text{reakt}}/\mathrm{d}\mathcal{E})\cdot\exp(-\mathcal{E}/k_{\text{B}}T)\,\mathrm{d}\mathcal{E}\,.$$

Der erste Term verschwindet, denn an der unteren Grenze $\mathcal{E} = 0$ kann kein Prozess stattfinden (dort ist $E_\alpha^{\text{tr}} = 0$, s. oben), und an der oberen Grenze $\mathcal{E} \to \infty$ wird der exp-Faktor zu Null (es gibt bei normalen Temperaturen keine so energiereichen Stöße im Gas). Damit resultiert ein ebenfalls exakt gültiger Ausdruck:

$$k(T) = [k_{\text{B}}T/h\mathcal{Q}_{\text{R}}] \int_0^\infty (\mathrm{d}\mathcal{N}_{\text{reakt}}/\mathrm{d}\mathcal{E})\cdot\exp(-\mathcal{E}/k_{\text{B}}T)\,\mathrm{d}\mathcal{E}\,. \tag{15.16}$$

Schließlich formen wir die rechte Seite von Gleichung (15.13) noch dadurch um, dass wir den Integranden mit $\mathcal{Z}_{\text{R}}(\mathcal{E})$, der Dichte der Reaktantzustände auf der Energieskala (s. Abschn. 4.8.4), erweitern und den Faktor $1/h\mathcal{Q}_{\text{R}}(T)$, der nur von der Temperatur abhängt, unter das Integral ziehen:

$$k(T) = \int_0^\infty [1/h\mathcal{Q}_{\text{R}}(T)]\cdot\mathcal{Z}_{\text{R}}(\mathcal{E})\cdot[1/\mathcal{Z}_{\text{R}}(\mathcal{E})]\cdot\mathcal{N}_{\text{reakt}}(\mathcal{E})\cdot\exp(-\mathcal{E}/k_{\text{B}}T)\,\mathrm{d}\mathcal{E}\,.$$

Wir definieren die Funktion

$$f(\mathcal{E},T) \equiv [1/\mathcal{Q}_\mathrm{R}(T)] \cdot \mathcal{Z}_\mathrm{R}(\mathcal{E}) \cdot \exp(-\mathcal{E}/k_\mathrm{B}T), \tag{15.17}$$

die auf 1 normiert ist:

$$\int_0^\infty f(\mathcal{E},T)\,\mathrm{d}\mathcal{E} = 1, \tag{15.18}$$

da die Zustandsdichte $\mathcal{Z}_\mathrm{R}(\mathcal{E})$ der Beziehung (4.182) genügt. Diese Funktion $f(\mathcal{E},T)$ gibt den Anteil der Reaktantpaare $\{X_1, X_2\}$ an, deren Gesamtenergie bei der Temperatur T im Intervall zwischen $\mathcal{E}$ und $\mathcal{E} + \mathrm{d}\mathcal{E}$ liegt. Die Funktion

$$k(\mathcal{E}) \equiv \mathcal{N}_\mathrm{reakt}(\mathcal{E})/h\mathcal{Z}_\mathrm{R}(\mathcal{E}) \tag{15.19}$$

ist der ***mikrokanonische Geschwindigkeitskoeffizient*** für die Gesamtheit der Prozesse (15.2) in einem mikrokanonischen Ensemble zur Energie $\mathcal{E}$. Als Dimension von $k(\mathcal{E})$ hat man, da $\mathcal{N}_\mathrm{reakt}(\mathcal{E})$ dimensionslos ist: $(\text{Energie}\times\text{Zeit})^{-1}\times(1/\text{Energie})^{-1} = \text{Zeit}^{-1}$, und für die Funktion $f(\mathcal{E},T)$: $(1/\text{Volumen})^{-1}\times\text{Energie}^{-1} = \text{Volumen}\times\text{Energie}^{-1}$.

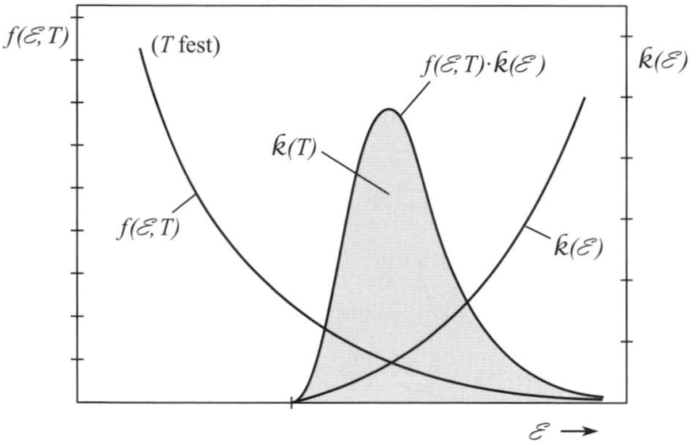

Abb. 15.1
Der Ausdruck (15.20) für den thermischen Geschwindigkeitskoeffizienten als gewichtetes Mittel des mikrokanonischen Geschwindigkeitskoeffizienten (schematisch)

Der thermische (kanonische) Geschwindigkeitskoeffizient $k(T)$ ergibt sich somit durch Mittelung des mikrokanonischen Geschwindigkeitskoeffizienten (15.19) mit der Gewichtsfunktion (15.17):

$$k(T) = \int_0^\infty f(\mathcal{E},T) \cdot k(\mathcal{E})\,\mathrm{d}\mathcal{E}. \tag{15.20}$$

In Abb. 15.1 sind die einzelnen Größen für eine festgehaltene Temperatur T als Funktionen der Energie schematisch dargestellt.

15.1.2 Molekulare Interpretation der Arrhenius-Aktivierungsenergie

Für die Aktivierungsenergie E_akt in der Arrhenius-Formel (12.6) für eine bimolekulare Elementarreaktion (15.3),

$$\mathscr{k}(T) = A \cdot \exp(-E_{akt} / k_B T), \tag{15.21}$$

ergibt sich, wenn wir von beiden Seiten dieser Gleichung den natürlichen Logarithmus nehmen, der folgende Ausdruck:

$$E_{akt} = -k_B \cdot d(\ln \mathscr{k}(T)) / d(1/T). \tag{15.22}$$

Mittels der im vorigen Abschnitt aufgeschriebenen Beziehungen für $\mathscr{k}(T)$ kann die empirische Größe E_{akt} (zu gewinnen aus der Temperaturabhängigkeit von $\mathscr{k}$, s. Vorspann zu Kap. 12) wie folgt auf molekulare Größen zurückgeführt werden.[1]

Wir benutzen $\mathscr{k}(T)$ in der Form (15.13) und schreiben $\mathscr{k}(T) = J(T)/\mathscr{Q}_R(T)$ mit $J(T) \equiv (1/h)\int_0^\infty \mathscr{N}_{reakt}(\mathscr{E}) \cdot \exp(-\mathscr{E}/k_B T) d\mathscr{E}$, daher $\ln \mathscr{k}(T) = \ln J(T) - \ln \mathscr{Q}_R(T)$. Für den ersten Beitrag $d(\ln J(T))/d(1/T)$ erhält man:

$$d(\ln J(T))/d(1/T)$$
$$= -(1/k_B)\left\{\int_0^\infty \mathscr{E} \cdot \mathscr{N}_{reakt}(\mathscr{E}) \exp(-\mathscr{E}/k_B T) d\mathscr{E}\right\} \Big/ \left\{\int_0^\infty \mathscr{N}_{reakt}(\mathscr{E}) \exp(-\mathscr{E}/k_B T) d\mathscr{E}\right\}.$$

Der Quotient der beiden geschweiften Klammern hat die Form eines Mittelwerts von $\mathscr{E}$, gebildet mit einer Gewichtsfunktion $\mathscr{N}_{reakt}(\mathscr{E}) \exp(-\mathscr{E}/k_B T)$. Da $\mathscr{N}_{reakt}(\mathscr{E})$ die Summe aller Wahrscheinlichkeiten dafür angibt, dass ein Stoß mit der Gesamtenergie $\mathscr{E}$ (bei ansonsten beliebigen Anfangsbedingungen und für beliebige, bei $\mathscr{E}$ realisierbare Produktzustände) zu einem Prozess (15.2) führt, und $\exp(-\mathscr{E}/k_B T)$ proportional zur Häufigkeit von stoßenden Reaktantpaaren mit der Energie $\mathscr{E}$ bei der Temperatur T ist, können wir den auf der rechten Seite stehenden Quotienten als die mittlere Energie $\langle \mathscr{E}^* \rangle$ *aller* zur Reaktion führenden Stöße oder anders ausgedrückt: aller "aktivierten" (zur Reaktion befähigten) Reaktanten deuten:

$$\langle \mathscr{E}^* \rangle = \left\{\int_0^\infty \mathscr{E} \cdot \mathscr{N}_{reakt}(\mathscr{E}) \exp(-\mathscr{E}/k_B T) d\mathscr{E}\right\} \Big/ \left\{\int_0^\infty \mathscr{N}_{reakt}(\mathscr{E}) \exp(-\mathscr{E}/k_B T) d\mathscr{E}\right\}. \tag{15.23}$$

Im zweiten Anteil $d(\ln \mathscr{Q}_R(T))/d(1/T)$ wird für die Zustandssumme $\mathscr{Q}_R(T)$ das Produkt (15.12b) geschrieben. Die Ableitung des Translationsanteils $\mathscr{Q}_\alpha^{tr}(T)$ [Gl. (4.175')] ergibt

$$d(\ln \mathscr{Q}_\alpha^{tr}(T))/d(1/T) = -3T/2 = -(1/k_B)(3k_B T/2).$$

Nach Anhang A4.2.3 ist $(3/2)k_B T$ die mittlere kinetische Energie $\langle E_\alpha^{tr} \rangle$ der Relativbewegung der Reaktanten bei der Temperatur T. Für die Ableitungen der Zustandssummen der inneren Freiheitsgrade der Reaktanten erhält man unter Beachtung von Gleichung (15.8):

---

[1] Menzinger, M., Wolfgang, R. L.: Bedeutung und Anwendung der Arrhenius-Aktivierungsenergie. Angew. Chem. **81**, 446-452 (1969)

$$\mathrm{d}(\ln \mathcal{Q}_{\mathrm{X}_1}^{\mathrm{int}}(T))/\mathrm{d}(1/T) = -(1/k_{\mathrm{B}})(1/\mathcal{Q}_{\mathrm{X}_1}^{\mathrm{int}})\sum_{i_1} g_{i_1} E_{i_1}^{\mathrm{int}} \exp(-E_{i_1}^{\mathrm{int}}/k_{\mathrm{B}}T) = -(1/k_{\mathrm{B}})\left\langle E_{\mathrm{X}_1}^{\mathrm{int}}\right\rangle,$$

wobei $\left\langle E_{\mathrm{X}_1}^{\mathrm{int}}\right\rangle$ die mit der Boltzmann-Verteilung gemittelte innere Energie des Reaktanten X_1 ist; ein analoger Ausdruck ergibt sich für X_2. Damit resultiert für den zweiten Anteil von $\mathrm{d}(\ln \mathscr{k}(T))/\mathrm{d}(1/T)$ der Ausdruck: $-(1/k_{\mathrm{B}})\left(\left\langle E_{\alpha}^{\mathrm{tr}}\right\rangle + \left\langle E_{\mathrm{X}_1}^{\mathrm{int}}\right\rangle + \left\langle E_{\mathrm{X}_2}^{\mathrm{int}}\right\rangle\right) = -(1/k_{\mathrm{B}})\langle \mathscr{E}\rangle$, und für E_{akt} ergibt sich nach Gleichung (15.22) insgesamt:

$$E_{\mathrm{akt}} = \left\langle \mathscr{E}^{*}\right\rangle - \langle \mathscr{E}\rangle. \tag{15.24}$$

Die *Aktivierungsenergie* ist demnach als die *mittlere, zur "Aktivierung" der Reaktanten erforderliche Energie* zu interpretieren.

Man kann sich die Verhältnisse gut im Bild klassischer Trajektorien veranschaulichen (s. Abschn. 14.2.1). Nehmen wir an, jeweils zu einer festen Energie $\mathscr{E}$, ansonsten aber mit statistisch auf die verschiedenen Freiheitsgrade der Bewegungen verteilten Energieanteilen (mikrokanonisches Gleichgewicht), werden insgesamt $\mathscr{N}_{\mathrm{R}}(\mathscr{E}) \propto \mathcal{N}_{\mathrm{R}}(\mathscr{E})$ Trajektorien berechnet. Im thermischen Mittel haben die Reaktanten die Energie $\langle \mathscr{E}\rangle$, die zur Reaktion führenden Trajektorien aber haben eine mittlere Energie $\left\langle \mathscr{E}^{*}\right\rangle > \langle \mathscr{E}\rangle$; die Differenz dieser beiden Energiemittelwerte ist die Aktivierungsenergie.

15.2 Das Modell der Übergangskonfiguration für direkte bimolekulare Prozesse

Nach der Ausarbeitung erster Grundlagen der molekularen Theorie chemischer Reaktionen (Ende der 1920er / Anfang der 1930er Jahre) wurde bald klar, dass für eine Vorausberechnung oder auch nur eine Abschätzung von Geschwindigkeitskoeffizienten der strenge Weg von den Potentialhyperflächen über die Reaktionsquerschnitte vorerst nicht gangbar sein würde. Man hat daher versucht [H. Pelzer und E. Wigner (1932, 1938) sowie H. Eyring (1935) u. a.[2]], vereinfachte theoretische Konzepte zu entwickeln, die nicht die Kenntnis von Wirkungsquerschnitten bzw. Reaktionswahrscheinlichkeiten erfordern, sondern durch statistische Annahmen die explizite Behandlung der Dynamik der Kernbewegungen umgehen; Grundlage war dabei das semiklassische Trajektorienbild.

Das resultierende Modell hat sich als außerordentlich erfolgreich erwiesen; in verschiedenen Varianten wird es bis heute unter Bezeichnungen wie: Theorie des Übergangszustands (engl. transition-state theory, abgek. *TST*), Theorie des aktivierten Komplexes (engl. activated complex theory, abgek. *ACT*), zuweilen auch Theorie der absoluten Reaktionsraten (engl. absolute reaction rate theory) oder einfach Eyring-Theorie benutzt. Wir gebrauchen die Bezeichnung

---

[2] Pelzer, H., Wigner, E.: Über die Geschwindigkeitskonstante von Austauschreaktionen. Z. physik. Chem. (Leipzig). B**15**, 445-471 (1932);
Eyring, H.: The Activated Complex in Chemical Reactions. J. Chem. Phys. **3**, 107-115 (1935);
Wigner, E.: The transition state method. Trans. Faraday Soc. **34**, 29-41 (1938)

Modell der Übergangskonfiguration (abgek. *MÜK* oder auch *ÜK-Modell*) und betrachten im vorliegenden Abschnitt ausschließlich bimolekulare Prozesse (15.2).

Es sollen durchgängig die folgenden Voraussetzungen gelten:

(I) Die elementaren molekularen Prozesse laufen *elektronisch adiabatisch* ab; es gibt ein eindeutiges adiabatisches Wechselwirkungspotential $U(\boldsymbol{R})$ für die Kernbewegung.

(II) Für alle Freiheitsgrade (Translation, Schwingungen, Rotation) der reagierenden Moleküle (oder Atome) gilt eine *statistische Gleichgewichtsverteilung*, entweder ein mikrokanonisches Gleichgewicht (d. h. feste Gesamtenergie $\mathscr{E}$, Gleichverteilung der Energie auf alle Freiheitsgrade) oder ein kanonisches (thermisches) Gleichgewicht (d. h. feste einheitliche Temperatur T, Maxwell- bzw. Boltzmann-Verteilungen für die Häufigkeiten der Bewegungszuständc); vgl. hicrzu Abschnitt 4.8 sowie Anhang A3.2 und A4.2.

Zu diesen generellen Voraussetzungen treten nun weitere, für das ÜK-Modell spezifische Annahmen. In der Literatur findet man verschiedene Formulierungen; diese werden hier nicht im Detail referiert (s. [15.1] – [15.7] u. a.).

15.2.1 Die kritische Trennfläche

(III) Es existiert eine kritische Trennfläche F, die den Kernkonfigurationsraum so in zwei Teilräume zerlegt, dass (a) der eine Teil den Reaktanten, der andere Teil den Produkten zugeordnet werden kann, und *(b) alle (System-) Trajektorien, die aus dem Reaktantbereich kommen und die Trennfläche erreichen, in den Produktbereich weiterlaufen* und nicht ein zweites Mal oder häufiger die Trennfläche durchqueren. In diesem Sinne entsprechen die Punkte auf der Trennfläche "Konfigurationen ohne Wiederkehr".

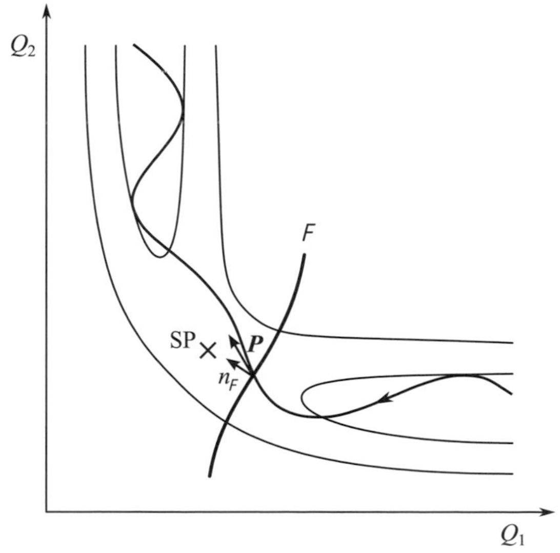

Abb. 15.2
Kritische Trennfläche (hier eine Kurve) F im Kernkonfigurationsraum für zwei Freiheitsgrade Q_1 und Q_2, dazu eine vorwärtskreuzende Trajektorie (SP = Sattelpunkt; schematisch); nach [15.3] mit freundlicher Genehmigung von Springer Science+Business Media, Heidelberg)

In Abb. 15.2 ist für zwei Freiheitsgrade, also etwa einen kollinearen Stoß A + BC, eine solche kritische Trennfläche (bei zwei Freiheitsgraden degeneriert zu einer Kurve) schematisch eingezeichnet; $\boldsymbol{n}_F$ ist ein Einheitsvektor senkrecht zu F. Eine von rechts unten einlaufende Trajektorie wird als reaktiv gezählt, wenn ihr Impuls $\boldsymbol{P}$ eine nichtverschwindende Komponente in Richtung $\boldsymbol{n}_F$ besitzt, wenn also gilt: $(\boldsymbol{P} \cdot \boldsymbol{n}_F) > 0$ im Punkt ihres Auftreffens auf F.

Die Annahme einer solchen kritischen Trennfläche hat zur Folge, dass man nicht mehr die Gesamtverläufe der einzelnen Trajektorien verfolgen muss, um zu sehen, ob sie schließlich im asymptotischen Produktbereich (links oben in Abb. 15.2) enden; man hat nur noch die "vorwärts-kreuzenden" (d. h. in Richtung Produktseite durch die Fläche hindurchtretenden) Trajektorien zu zählen.

Damit ist klar: alles daraus Folgende kann *nur für direkte Prozesse*, die ohne die Bildung eines langlebigen Stoßkomplexes von den Reaktanten zu den Produkten führen (s. Abschn. 12.3), eine gute Näherung sein, denn bei einem komplexen Stoßmechanismus würde es zu Mehrfachkreuzungen kommen (s. unten).

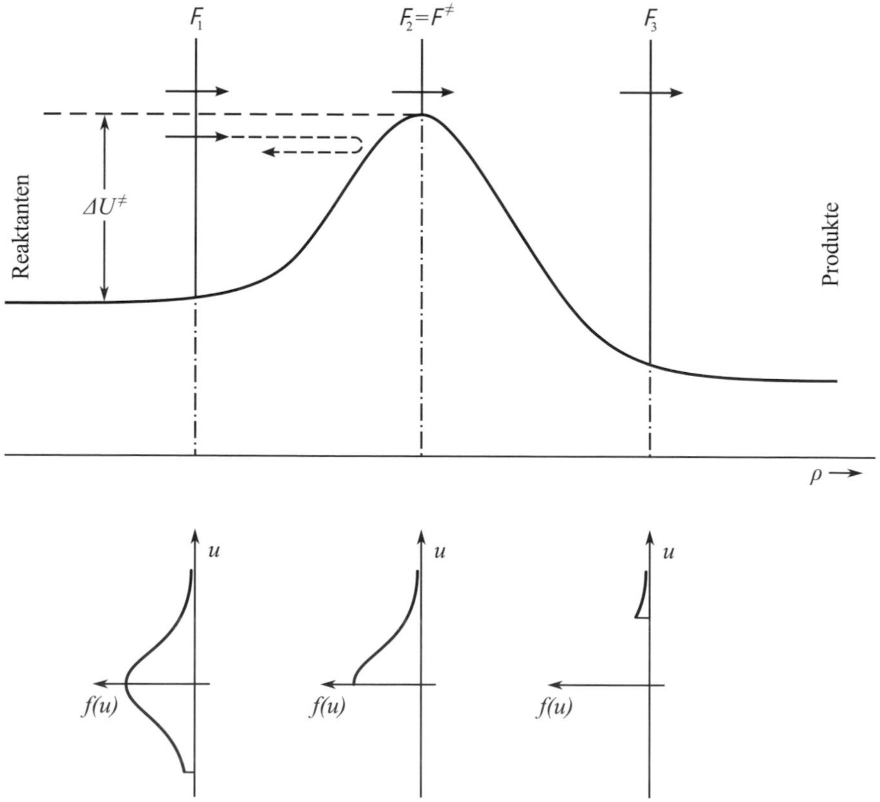

Abb.15.3 Zur Positionierung der kritischen Trennfläche im eindimensionalen Modell; oben: Potentialprofil über dem Reaktionsweg ρ, unten: eindimensionale Geschwindigkeitsverteilung (nach [15.3] mit freundlicher Genehmigung von Springer Science+Business Media, Heidelberg)

Außerdem kann man, indem man die Voraussetzung *II* ausnutzt, eine statistische Behandlung vornehmen und dadurch die Dynamik der Bewegungsvorgänge vollständig beiseite lassen; man benötigt dann für die Berechnung der Ratenkoeffizienten nur noch Potentialinformationen über die nächste Umgebung der kritischen Konfigurationen (der Punkte auf F). Hierzu muss die kritische Trennfläche so positioniert werden, dass außer der Voraussetzung *III* (Fehlen rücklaufender Trajektorien) die für die Reaktanten angenommenen Gleichgewichtsverteilungen auch in der unmittelbaren Umgebung von F vorliegen. Um beide Bedingungen wenigstens näherungsweise zu erfüllen, wird ein Kompromiss nötig sein. Zur Verdeutlichung kann die schematische Darstellung in Abb. 15.3 dienen.

Der obere Teil der Abbildung zeigt schematisch das Potentialprofil über der Reaktionskoordinate ρ sowie drei denkbare Positionen einer kritischen Trennfläche: F_1, F_2 und F_3; darunter ist die Verteilung der Geschwindigkeiten in einem Trajektorienbündel auf diesen Trennflächen dargestellt (positive Geschwindigkeiten entsprechen einer Bewegung von links nach rechts, negative einer Bewegung von rechts nach links im oberen Diagramm); vgl. [15.3]. Im asymptotischen Reaktantbereich gestartete klassische Trajektorien können, wenn ihre Translationsenergien oberhalb der Barrierenhöhe $\Delta U^{\neq}$ liegen, diese Barriere überwinden. Klassische Trajektorien mit Translationsenergien unterhalb $\Delta U^{\neq}$ werden an der Barriere reflektiert und laufen zurück. Links von der Barriere, z. B. auf der Fläche F_1, gibt es also einen Trajektorienstrom von links nach rechts und einen Strom von rechts nach links, letzterer enthält keine Trajektorien mit hohen Geschwindigkeiten $|\boldsymbol{u}|$. Die Geschwindigkeitsverteilung auf F_1 hat demnach die Form einer bei höheren Beträgen der negativen Geschwindigkeiten abgeschnittenen (eindimensionalen) Maxwell-Verteilung. Rechts von der Barriere, auf der Produktseite, z. B. auf der Fläche F_3, gibt es nur einen nach rechts fließenden Strom hochenergetischer Trajektorien, so dass die Geschwindigkeitsverteilung nur aus dem äußersten rechten Teil der Maxwell-Verteilung besteht. Auf der Fläche F_1 ist somit die Voraussetzung *II* weitgehend erfüllt, es sind aber auch Trajektorien vorhanden, die zurücklaufen und die Fläche erneut durchqueren, die Annahme *III* also verletzen. Auf der Fläche F_3 hingegen ist Voraussetzung *III* erfüllt (es gibt dort keine rückkreuzenden Trajektorien), allerdings liegt eine stark verstümmelte Geschwindigkeitsverteilung vor, so dass man nicht von einer Gleichgewichtsverteilung sprechen kann. Beide Flächen, F_1 und F_3, dürften also nicht geeignet sein. Bei Prozessen mit einer Potentialbarriere könnte ein akzeptabler Kompromiss darin bestehen, die kritische Trennfläche so zu legen, dass sie durch den Sattelpunkt verläuft wie die Fläche $F_2 \equiv F^{\neq}$ in Abb. 15.3.

Eine solche Wahl erscheint für Trajektorien geringer Energie, die gerade noch die Barriere überwinden können, anschaulich vernünftig: Der Sattelpunktsbereich stellt für die Trajektorien einen Engpass ("Flaschenhals") dar, vgl. dazu etwa Abb. 13.4, die für den Wasserstoffaustauschprozess (13.4) einen Potentialflächenausschnitt und das Potentialprofil (mit einer Barriere $\Delta U^{\neq} \approx 0{,}4\,\text{eV}$) zeigt. Um einer Trajektorie, welche die Barriere einmal überwunden hat, das Zurücklaufen zu ermöglichen, müsste die gesamte Energie wieder im Translationsfreiheitsgrad entlang der Reaktionskoordinate konzentriert werden, was nur selten passieren wird. Für Trajektorien höherer Energie aber ist der Sattelpunktsbereich nicht so eng, folglich wird eine Rückkehr wahrscheinlicher.

Diese Überlegungen werden durch Trajektorienrechnungen gestützt. Betrachten wir als Beispiel wieder den kollinearen Wasserstoffaustausch (13.4). In Abb. 15.4 ist für solche Trajektorien, welche die kritische Trennfläche $F^{\neq}$ erreicht haben, der Mittelwert $\langle n^{\times} \rangle$ der Anzahl erneuter Durchquerungen der Trennfläche $F^{\neq}$ in Abhängigkeit von der Gesamtenergie $\mathcal{E}$ dargestellt. Wenn die Voraussetzung *III* erfüllt ist, dann gilt $\langle n^{\times}\rangle = 0$. Das ist beim Wasserstoffaustauschprozess der Fall für niedrige Energien $\mathcal{E}$ unmittelbar oberhalb der Barrierenhöhe; mit wachsender Energie wird $\langle n^{\times}\rangle$ deutlich größer.

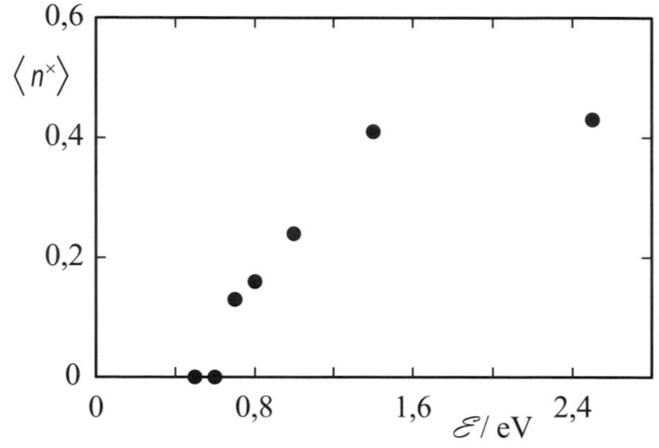

Abb. 15.4 Mittlere Anzahl $\langle n^{\times}\rangle$ erneuter Durchgänge von Trajektorien eines Bündels durch die kritische Trennfläche $F^{\neq}$ beim kollinearen Wasserstoffaustauschprozess (13.4) als Funktion der Gesamtenergie $\mathcal{E}$ [nach Daten von Pollak, E., Levine, R. D., J. Chem. Phys. **72**, 2990-2997 (1980), dort TABLE I]

Eine Kernanordnung ***R***, die einem Punkt auf der kritischen Trennfläche $F^{\neq}$ entspricht, wird als ***Übergangskonfiguration*** (oder ***Übergangskomplex*** oder ***aktivierter Komplex***) $\mathcal{K}^{\neq}$ bezeichnet, zuweilen auch als Übergangszustand. Eine solche Kernkonfiguration (mit der umgebenden Elektronenwolke) kann man also weitgehend mit dem in Abschnitt 12.3 eingeführten Stoßkomplex $\mathcal{K}^{*}$ identifizieren; dabei muss es sich nach den Voraussetzungen des ÜK-Modells (direkte Prozesse) um einen *kurzlebigen Stoßkomplex* handeln.

15.2.2 Geschwindigkeitskoeffizienten im ÜK-Modell

Um auf der Grundlage der Voraussetzungen *I – III* kanonische oder mikrokanonische Geschwindigkeitskoeffizienten auf möglichst einfache Weise berechnen zu können, wird noch eine weitere Annahme gemacht:

(IV) Auf der kritischen Trennfläche $F^{\neq}$ (und in deren unmittelbarer Nachbarschaft) lässt sich die Gesamtenergie zerlegen in einen kinetischen Anteil $E_{\rho}^{\text{tr}\neq}$ für die Bewegung entlang der Reaktionskoordinate ρ (senkrecht zur Fläche $F^{\neq}$) und die Summe aller "restlichen" Energieanteile für die Bewegungen in den übrigen inneren Freiheitsgraden.

Wir können uns hierzu eine Art adiabatischer Separation bei genügend langsamer Bewegung im Freiheitsgrad ρ vorstellen.

Die Energieanteile der Bewegungen $\perp \rho$ beinhalten den auf $F^{\neq}$ erreichten Potentialwert $U^{\neq}$ sowie die Beiträge $E^{\text{vibrot}\neq}$ der inneren (Kern-) Bewegungen der Übergangskonfiguration. Legen wir den Energienullpunkt so, dass er mit dem Nullpunktschwingungsniveau E_0^{vib} der Reaktanten zusammenfällt, dann lässt sich Gesamtenergie $\mathcal{E}'$ wie folgt schreiben[3]:

$$\mathcal{E}' = \Delta E^{\neq} + E_{\rho}^{\text{tr}\neq} + \delta E^{\text{vibrot}\neq} . \tag{15.25}$$

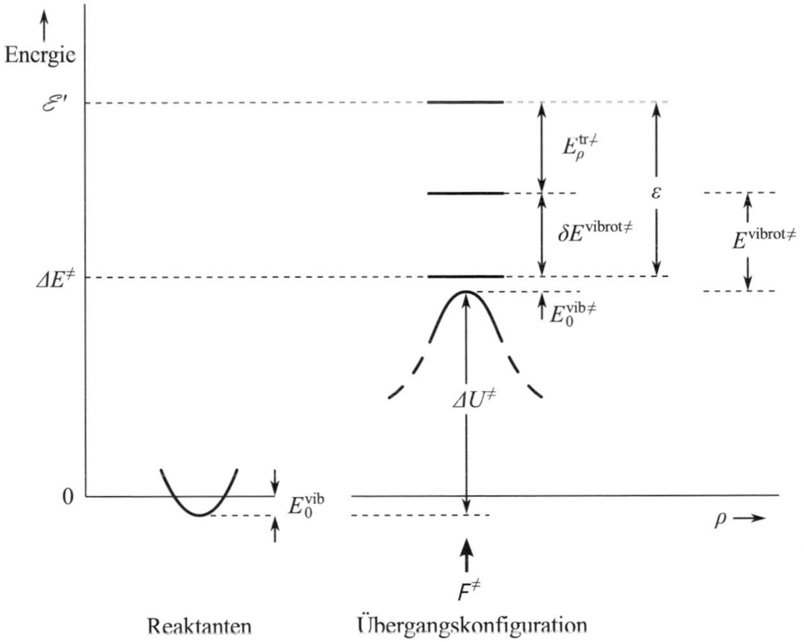

Abb. 15.5 Energieanteile der Bewegungen in der Umgebung der Übergangskonfiguration: links ein Querschnitt ($\perp \rho$) durch das Reaktanttal der Potentialhyperfläche, rechts das Potentialprofil (entlang ρ) nahe der kritischen Trennfläche $F^{\neq}$ (schematisch; in Anlehnung an [15.2])

In Gleichung (15.25) bezeichnet

$$\Delta E^{\neq} \equiv \Delta U^{\neq} + (E_0^{\text{vib}\neq} - E_0^{\text{vib}}) \tag{15.26}$$

die "nullpunktschwingungskorrigierte" Barrierenhöhe, d. h. $\Delta U^{\neq}$ zuzüglich der Differenz der Nullpunktschwingungsenergien des Übergangskomplexes, $E_0^{\text{vib}\neq}$ (Schwingungen $\perp \rho$), und

[3] Der Strich an $\mathcal{E}$ weist auf diese Wahl des Nullpunkts hin; bisher wurde der Energienullpunkt meist in die asymptotische Talsohle des Reaktanttals gelegt.

der Reaktanten, $E_0^{\text{vib}} = E_0^{\text{vib}}(X_1) + E_0^{\text{vib}}(X_2)$; $\delta E^{\text{vibrot}\neq}$ ist die Rotations- und Schwingungsenergie des Komplexes nach Abzug der Nullpunktsenergie:

$$\delta E^{\text{vibrot}\neq} \equiv E^{\text{vibrot}\neq} - E_0^{\text{vib}\neq} . \tag{15.27}$$

Die für *alle* Bewegungsmoden in der Nähe der Übergangskonfiguration *verfügbare Energie* ist dann

$$\varepsilon = \mathcal{E}' - \Delta E^{\neq} = E_\rho^{\text{tr}\neq} + \delta E^{\text{vibrot}\neq} . \tag{15.28}$$

Diese Energieverhältnisse kann man sich anhand von Abb. 15.5 klarmachen.

Jetzt wenden wir uns der eigentlichen Aufgabe zu und vereinfachen die Berechnung der Geschwindigkeitskoeffizienten $k(T)$ bzw. $k(\mathcal{E})$ durch Ausnutzung der Annahmen des ÜK-Modells.

Die Annahme *III* besagt, dass die maßgebliche Größe, nämlich die in Gleichung (15.14) definierte kumulative Reaktionswahrscheinlichkeit $\mathcal{N}_{\text{reakt}}(\mathcal{E})$, durch eine kumulative "Ankunftswahrscheinlichkeit" $\mathcal{N}^{\neq}(\mathcal{E})$ auf der kritischen Trennfläche $F^{\neq}$ ersetzt werden kann:

$$\mathcal{N}_{\text{reakt}}(\mathcal{E}) \quad \Rightarrow \quad \mathcal{N}^{\neq}(\varepsilon) \equiv \mathcal{N}^{\neq}(\mathcal{E}' - \Delta E^{\neq}) . \tag{15.29}$$

Diese Größe $\mathcal{N}^{\neq}(\varepsilon)$ ist prinzipiell natürlich *dynamisch* bestimmt: in (semi-)klassischer Näherung sind für die verschiedenen bei festem $\mathcal{E}$ möglichen Anfangsbedingungen die auf der Trennfläche $F^{\neq}$ ankommenden Trajektorien zu zählen; bei quantenmechanischer Behandlung der Kernbewegung könnte man Wellenpakete propagieren und die Betragsquadrate über einen gewissen Raumbereich, der die Trennfläche enthält, sowie über ein gewisses Zeitintervall integrieren.

Eine entscheidende Reduzierung des Aufwands wird jedoch durch die Annahme *II* ermöglicht, auf Grund derer die Dynamik völlig umgangen werden kann. Setzen wir für die Reaktanten ein (*kanonisches oder mikrokanonisches*) *Gleichgewicht* voraus, so folgt bei optimaler Positionierung der Trennfläche (s. oben, vgl. Abb. 15.3), dass dieses Gleichgewicht auch auf der kritischen Trennfläche herrscht. Haben wir ein *thermisches* (*kanonisches*) *Gleichgewicht*, so besteht für alle Freiheitsgrade der vorwärtskreuzenden Trajektorien eine thermische Verteilung, d.h. eine Maxwell-Verteilung für die relative Translationsenergie und Boltzmann-Verteilungen für die Rotations- und Schwingungszustände in der Umgebung der Trennfläche. Liegt ein *mikrokanonisches Gleichgewicht* vor, so heißt das: die Gesamtenergie $\mathcal{E}'$ kann in beliebiger Weise auf die Freiheitsgrade der Übergangskonfiguration verteilt werden, wobei alle diese Möglichkeiten mit gleicher Wahrscheinlichkeit (gleich häufig) auftreten. Die Gleichgewichtsverteilungen für die Bewegungsmoden nahe der Trennfläche haben also ihre Ursache in den Gleichgewichtsverteilungen der Reaktanten und kommen nicht etwa durch Energieaustauschvorgänge zwischen den Freiheitsgraden der Übergangsaggregate (s. Abschn. 15.4) zustande.

Die inneren Zustände sowohl der Reaktanten als auch der Übergangskonfiguration sind quantisiert. Die Anzahl der im Energiebereich zwischen $\Delta E^{\neq}$ und $\mathcal{E}'$ liegenden Zustände der inneren Bewegungen der Übergangskonfiguration sei $n^{\neq}(\varepsilon)$. Bei adiabatischer Separation der (als langsam angenommenen) Bewegung entlang der Reaktionskoordinate ρ von den Bewegungen in den übrigen Freiheitsgraden (s. Annahme *IV*) korrelieren die inneren Zustände des Übergangsaggregats mit den Zuständen der inneren Bewegungen der Reaktanten (s Abb. 15.6). Von Entartungen sehen wir der Einfachheit halber ab.

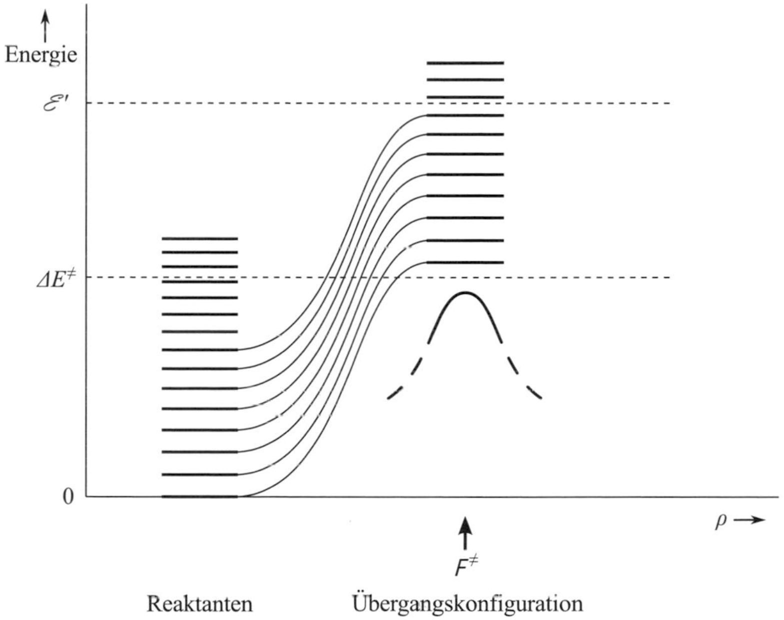

Abb. 15.6 Adiabatische Korrelation der Zustände der inneren Kernbewegungen von Reaktanten und Übergangskomplex (schematisch)

Setzt man ein *mikrokanonisches Gleichgewicht* voraus, so ist jeder Quantenzustand des Übergangsaggregats im energetisch zugänglichen Bereich gleich wahrscheinlich, und für jeden dieser Zustände tritt mit Sicherheit (wegen Annahme *III*), also mit der Wahrscheinlichkeit 1, die Reaktion ein. Es ist daher plausibel, den mikrokanonischen Geschwindigkeitskoeffizienten proportional zur Anzahl $n^{\neq}(\varepsilon)$ der auf der Fläche $F^{\neq}$ zur Verfügung stehenden inneren Zustände des Übergangsaggregats anzusetzen; dementsprechend schreiben wir im Ausdruck (15.19) $n^{\neq}(\varepsilon)$ anstelle von $\mathcal{N}_{\mathrm{reakt}}(\varepsilon)$ und erhalten:

$$k^{\neq}(\mathcal{E}') \equiv n^{\neq}(\mathcal{E}' - \Delta E^{\neq}) / h\, z_{\mathrm{R}}(\mathcal{E}') \tag{15.30}$$

(unter Beachtung der oben getroffenen Wahl des Energienullpunkts).

Dieses Konzept zur Berechnung des mikrokanonischen Geschwindigkeitskoeffizienten auf der Grundlage einer adiabatischen Korrelation der Zustände der Reaktanten mit denen des Übergangskomplexes bezeichnet man häufig als *adiabatische Theorie der Reaktionen* oder auch als *adiabatisches Modell der Übergangskonfiguration*; sie geht auf Arbeiten von E. P. Wigner u. a. (1939, 1959 ff.) zurück.

Um den Geschwindigkeitskoeffizienten $\mathscr{k}^{\neq}(T)$ für *thermisches Gleichgewicht* zu erhalten, ist $\mathscr{k}^{\neq}(\mathcal{E}')$ in der Form (15.30) mit einer Boltzmann-Verteilung zu mitteln, so wie das in Abschnitt 15.1 mit $\mathscr{k}(\mathcal{E})$ getan wurde. Wir wählen den Ausdruck (15.16); darin wird $\mathcal{N}_{\text{reakt}}(\varepsilon)$ durch $n^{\neq}(\mathcal{E}'-\Delta E^{\neq})$ ersetzt und auf die Integrationsvariable $\mathcal{E}'$ umgeschrieben:

$$\mathscr{k}^{\neq}(T)=[k_BT/h\,\mathcal{Q}_R(T)]\int_0^{\infty}[(\mathrm{d}n^{\neq}(\mathcal{E}'-\Delta E^{\neq})/\mathrm{d}\mathcal{E}']\cdot\exp(-\mathcal{E}'/k_BT)\,\mathrm{d}\mathcal{E}'\,. \quad (15.31)$$

Durch Übergang zur Integrationsvariablen ε und Einführung der Dichte der inneren Zustände in der Umgebung der Trennfläche auf der Energieskala gemäß der Definition (4.181),

$$z^{\neq}(\varepsilon)\equiv \mathrm{d}n^{\neq}(\varepsilon)/\mathrm{d}\varepsilon\,, \quad (15.32)$$

gelangen wir zu dem Ausdruck

$$\mathscr{k}^{\neq}(T)=[k_BT/h\,\mathcal{Q}_R(T)]\cdot\exp(-\Delta E^{\neq}/k_BT)\int_0^{\infty}z^{\neq}(\varepsilon)\cdot\exp(-\varepsilon/k_BT)\,\mathrm{d}\varepsilon\,.$$

Beim Wechsel von der Variablen $\mathcal{E}'$ zur Variablen ε bleibt die untere Integrationsgrenze 0, da für negative ε-Werte sowohl $n^{\neq}$ als auch $\mathrm{d}n^{\neq}/\mathrm{d}\varepsilon$ verschwinden.

Nach Gleichung (4.182) ist das Integral gleich der Zustandssumme $\mathcal{Q}^{\text{vibrot}\neq}(T)$ für die inneren Freiheitsgrade des Übergangsaggregats (Schwingungen, Rotation, also alle außer der ρ-Bewegung $\perp F^{\neq}$):

$$\int_0^{\infty}z^{\neq}(\varepsilon)\cdot\exp(-\varepsilon/k_BT)\,\mathrm{d}\varepsilon = \mathcal{Q}^{\text{vibrot}\neq}(T) \quad (15.33)$$

mit

$$\mathcal{Q}^{\text{vibrot}\neq}(T)=\sum\nolimits'_{i^{\neq}} g_{i^{\neq}(\neq 0)}\cdot\exp(-E_{i^{\neq}}^{\text{vibrot}\neq}/k_BT)\,; \quad (15.34)$$

die Summe läuft über $i^{\neq}$ als kollektive Quantenzahl für die Schwingungs- und Rotationszustände des Übergangsaggregats, ausgenommen die Nullpunktschwingung (worauf der Strich am Summenzeichen hinweisen soll). Damit gelangen wir zu dem Ausdruck

$$\mathscr{k}^{\neq}(T)=(k_BT/h)[\mathcal{Q}^{\text{vibrot}\neq}(T)/\mathcal{Q}_R(T)]\cdot\exp(-\Delta E^{\neq}/k_BT)\,. \quad (15.35)$$

Zu beachten ist hier: bei $\mathcal{Q}_R(T)=\mathcal{Q}_{X_1}(T)\cdot\mathcal{Q}_{X_2}(T)$ handelt es sich um die *vollständige* Zustandssumme aller Bewegungsmoden der beiden Reaktanten, in der Zustandssumme des

Übergangsaggregats $\mathcal{Q}^{\text{vibrot}\neq}(T)$ hingegen fehlt der Beitrag der Bewegung entlang der Reaktionskoordinate ρ.

Die rechte Seite der Gleichung (15.35) lässt sich durch thermodynamische Größen ausdrücken. Wir geben hier nur das Resultat an, ohne auf Einzelheiten der Herleitung einzugehen; man findet diese in der einschlägigen physikalisch-chemischen Literatur (s. etwa [15.1]). Für die Bildung und den Zerfall der Übergangsaggregate, $X_1 + X_2 \leftrightarrow \mathcal{K}^{\neq}$, wird kinetisches Gleichgewicht angenommen, beschrieben durch eine Gleichgewichtskonstante $K^{\neq}$; vorausgesetzt sei wie bisher ein ideales Gas. Die Gleichgewichtskonstante berechnet sich nach der statistischen Thermodynamik aus den Zustandssummen für $\mathcal{K}^{\neq}$ und die Reaktanten X_1 und X_2: $K^{\neq} = (\mathcal{Q}_{\mathcal{K}^{\neq}} / \mathcal{Q}_{X_1} \cdot \mathcal{Q}_{X_2}) \exp(-\Delta E^{\neq}/k_B T)$. Spaltet man aus der Zustandssumme $\mathcal{Q}_{\mathcal{K}^{\neq}}$ den Beitrag der Bewegung entlang der Reaktionskoordinate ρ ab, so verbleibt die in Gleichung (15.35) auftretende "verkürzte" Zustandssumme, zur Vereinfachung hier durch einen Strich gekennzeichnet: $\mathcal{Q}'^{\neq} \equiv \mathcal{Q}^{\text{vibrot}\neq}$. Die Gleichgewichtskonstante $K^{\neq}$ ist mit der (molaren) Freien Aktivierungsenthalpie $\Delta\mathcal{G}^{\neq}$ verknüpft (s. Abschn. 4.8.5): $\Delta\mathcal{G}^{\neq} = -RT \ln K^{\neq}$. Die "verkürzte" Gleichgewichtskonstante

$$K'^{\neq} \equiv (\mathcal{Q}'^{\neq} / \mathcal{Q}_{X_1} \cdot \mathcal{Q}_{X_2}) \exp(-\Delta E^{\neq} / k_B T) \tag{15.36}$$

hängt analog dazu mit einer "verkürzten" Freien Aktivierungsenthalpie zusammen:

$$\Delta\mathcal{G}'^{\neq} = -RT \ln K'^{\neq}, \tag{15.37}$$

so dass die Gleichung (15.35) in der kompakten einprägsamen Gestalt

$$\mathscr{k}^{\neq}(T) = (k_B T/h) \exp(-\Delta\mathcal{G}'^{\neq} / RT) \tag{15.38}$$

geschrieben werden kann, wenn $\Delta\mathcal{G}'^{\neq}$ wie üblich auf ein Mol bezogen wird ($R = N_A k_B$ ist die universelle Gaskonstante). Die "verkürzte" Freie Aktivierungsenthalpie $\Delta\mathcal{G}'^{\neq}$ ist gemäß $\Delta\mathcal{G}'^{\neq} = \Delta\mathcal{H}^{\neq} - T\Delta\mathcal{S}'^{\neq}$ [s. Gl. (4.187)] die Summe von (molarer) Aktivierungsenthalpie $\Delta\mathcal{H}^{\neq}$ und dem Entropieanteil $-T\Delta\mathcal{S}'^{\neq}$, wobei $\Delta\mathcal{S}'^{\neq}$ die um den ρ-Beitrag verminderte (molare) Aktivierungsentropie bezeichnet. Damit ergibt sich:

$$\mathscr{k}^{\neq}(T) = (k_B T/h) \exp(\Delta\mathcal{S}'^{\neq} / R) \cdot \exp(-\Delta\mathcal{H}^{\neq} / RT). \tag{15.38'}$$

Vergleicht man mit der Arrhenius-Formel (12.6), so entspricht das Produkt von $k_B T/h$ (Dimension: Zeit^{-1}) mit dem Entropieterm $\exp(\Delta\mathcal{S}'^{\neq} / R)$ im Wesentlichen dem Präexponentialfaktor A. Der Enthalpiefaktor $\exp(-\Delta\mathcal{H}^{\neq} / RT)$ wird hauptsächlich durch die nullpunktschwingungskorrigierte Barrierenhöhe $\Delta E^{\neq}$ bestimmt.

Der Ausdruck (15.35) bzw. (15.38) für den thermischen Geschwindigkeitskoeffizienten wird auch als ***Eyring-Formel*** bezeichnet

Das hier dargestellte einfache (konventionelle) Modell der Übergangskonfiguration beruht im Wesentlichen auf einer klassischen Beschreibung der Kernbewegung, es beinhaltet aber bereits einige Quantenaspekte, insbesondere die Zustandsquantelung von Rotations- und Schwingungsfreiheitsgraden. Die dem Modell anhaftenden Fehler betreffen hauptsächlich

- Abweichungen vom direkten Stoßmechanismus (rücklaufende Trajektorien, Mehrfachdurchgänge durch die Trennfläche) und
- nicht berücksichtigte Quanteneffekte (etwa die Tunneldurchdringung der Barriere).

In den Abschnitten 15.2.3*(b)* und *(c)* werden Möglichkeiten aufgezeigt, wie sich die Mängel des konventionellen Modells der Übergangskonfiguration abmildern lassen.

Oft wird der nach dem ÜK-Modell erhaltene Ausdruck für den Geschwindigkeitskoeffizienten mit einem temperaturabhängigen Faktor $\kappa(T)$ (sog. *Transmissionskoeffizient*) multipliziert, der die Modellfehler pauschal korrigieren soll; die theoretische Bestimmung von Transmissionskoeffizienten erweist sich allerdings als ziemlich schwierig.

Fazit: *Das Modell der Übergangskonfiguration kann man trotz aller Einschränkungen als einen der großen Würfe der theoretischen Chemie, speziell der theoretischen Reaktionskinetik, betrachten: Das Modell ist einfach (strenggenommen eigentlich viel zu einfach), es hat das generelle Verständnis der chemischen Umwandlungen nachhaltig befördert und ist sowohl für die Aufdeckung von Zusammenhängen zwischen molekularer Struktur und Reaktivität als auch für zahlenmäßige Abschätzungen nützlich. Insofern kann man das Modell der Übergangskonfiguration in eine Reihe stellen mit anderen wichtigen und dabei formal einfachen theoretisch-chemischen Konzepten wie beispielsweise das Hückelsche MO-Modell für die Elektronenstruktur umfangreicher Molekülklassen (s. Abschn. 7.4).*

15.2.3 Eigenschaften des ÜK-Modells

Wir schließen mit Anmerkungen zum Verständnis und zur Bewertung des ÜK-Modells.

(a) Ist die Übergangskonfiguration nur ein theoretisches Konstrukt?

Nach den bisherigen Ausführungen könnte man den Eindruck gewinnen, dass es sich beim Übergangsaggregat und auch beim Stoßkomplex (vgl. Abschn. 12.3) lediglich um theoretische Hilfsvorstellungen zur Vereinfachung der Beschreibung handelt. Neuere Entwicklungen in der Ultrakurzzeitspektroskopie haben es jedoch ermöglicht, das molekulare Geschehen bei chemischen Umlagerungen in äußerst feine Zeitschritte bis hinunter in den Femtosekunden-Bereich, d. h. wenige 10^{-15} s, aufzulösen (man spricht häufig von *Femtosekunden-Chemie,* auch kurz *"Femtochemie"*) und damit u. a. die Bildung und den Zerfall von Stoßkomplexen experimentell zu verfolgen. Eine detaillierte Darstellung solcher Methoden und ihrer Resultate würde den Rahmen dieses Kurses überschreiten; wir kommen aber in Abschnitt 15.4.3 etwas ausführlicher darauf zu sprechen. Pionierarbeit auf diesem Gebiet haben vor allem A. H. Zewail und Mitarbeiter [Nobel-Preis für Chemie 1999 an A. H. Zewail] geleistet.[4]

(b) Variationsmethode

Auf Grund der Voraussetzung *III* wird im Modell der Übergangskonfiguration offenbar der

---

[4] Zewail, A. H.: Femtochemie: Studium der Dynamik der chemischen Bindung auf atomarer Skala mit Hilfe ultrakurzer Laserpulse (Nobel-Aufsatz). Angew. Chem. **112,** 2688-2738 (2000)

Geschwindigkeitskoeffizient überschätzt, da Trajektorien, die nach einem Passieren der Trennfläche umkehren, zurücklaufen und dabei die Trennfläche ein zweites Mal (diesmal zurück in den Reaktantbereich) durchqueren, als reaktiv gezählt werden; es gilt stets:

$$\mathscr{k}^{\neq}(T) \geq \mathscr{k}(T), \tag{15.39}$$

$$\mathscr{k}^{\neq}(\mathscr{E}') \geq \mathscr{k}(\mathscr{E}'). \tag{15.40}$$

Die im Modell der Übergangskonfiguration berechneten Geschwindigkeitskoeffizienten sind also obere Grenzen für deren "exakte" theoretische Werte. Daher lässt sich, wenn das Modell einen freien Parameter a enthält (z. B. die Position $\rho_{F^{\neq}}$ der Trennfläche $F^{\neq}$ auf der Reaktionskoordinate ρ), ein Variationsverfahren formulieren[5], das durch die Forderung

$$\mathscr{k}^{\neq}(T;a) \rightarrow \text{Min} \tag{15.41}$$

den optimalen Wert von a bestimmt; das kann auf den Fall mehrerer Parameter verallgemeinert werden. In einer solchen *kanonischen Variationsmethode der Übergangskonfiguration* (engl. canonical variational theory, *CVT*) wird für jede Temperatur T die optimale Lage der Trennfläche ermittelt.

Analog hängt in der mikrokanonischen Version die optimale Lage der Trennfläche von der Energie $\mathscr{E}'$ ab.

Wie stark sich die Rückkreuzungseffekte, also die Verletzung der Annahme *III*, auswirken, ist je nach System (Form der Potentialhyperfläche, Massenverhältnisse) verschieden (vgl. Abb. 15.4); für kanonische Geschwindigkeitskoeffizienten kommt es zudem darauf an, welche Energiebereiche bei der Berechnung der Integrale [s. etwa (15.31)] mit großem Gewicht belegt werden.

In Tab. 15.1 sind einige der Literatur entnommene Rechenergebnisse zusammengestellt. Für die beiden kollinearen Reaktionen $H + H_2$ und $F + H_2$ haben wir die Potentialfläche des Elektronengrundzustands bereits in Abschnitt 13.1.3 kennengelernt, und in Abschnitt 15.2.1 (s. Abb. 15.4) wurde geprüft, inwieweit die Annahme *III* bei verschiedenen Energien gerechtfertigt ist. Die dort erhaltenen Resultate spiegeln sich in den Daten der Tab. 15.1 wider: Bei niedrigen Temperaturen ist das Verhalten der Reaktionswahrscheinlichkeit im Schwellenbereich (Energien ≈ Barrierenhöhe) bestimmend. Es treten dort nur in geringem Maße Rückkreuzungen auf, d. h. $\langle n^{\times} \rangle \approx 0$, und die kanonischen Geschwindigkeitskoeffizienten werden bereits von der konventionellen Näherung der Übergangskonfiguration gut wiedergegeben. Bei höheren Energien gibt es zunehmend Rückkreuzungen; die konventionelle Näherung liefert folglich bei anwachsenden Temperaturen Geschwindigkeitskoeffizienten, die mehr und mehr von den "exakten" Trajektorienresultaten abweichen. Die Variationsmethode verringert diese Abweichungen.

Beim dritten Beispiel in Tab. 15.1, der kollinearen Reaktion $I + HI \rightarrow IH + I$, haben wir eine extreme Situation: Die Potentialbarriere ist niedrig. Das leichte H-Atom wird, besonders bei geringen Stoßenergien, während des Wechselwirkungsvorgangs viele Male zwischen den beiden schweren I-Atomen hin- und hergeworfen, bis es schließlich seinen Platz findet. Für solche "Schwer-leicht-schwer"-Systeme (engl. heavy-light-heavy) ist das konventionelle ÜK-Modell wegen der vielen Rückkreuzungen offenbar schlecht geeignet, kann aber durch geeignete Positionierung der Trennfläche (weg vom Sattelpunkt) stark verbessert werden. In Abschnitt 15.5 kommen wir auf solche Situationen zurück.

---

[5] Garrett, B. C., Truhlar, D. G.: Generalized Transition State Theory. Classical Mechanical Theory and Applications to Collinear Reactions of Hydrogen Molecules. J. Phys. Chem. **83**, 1052-1079 (1979)

Tab. 15.1 Verhältnis von thermischen Geschwindigkeitskoeffizienten bimolekularer kollinearer Reaktionen, berechnet im Modell der Übergangskonfiguration (MÜK), zu den "exakten" *klassischen* Werten (Trajektorienrechnungen)

Reaktion Temperatur (in K)	Konventionelles MÜK	Kanonische Variationsmethode (CVT[a])
(1) $H + H_2 \rightarrow H_2 + H$[b]		
200	1,0	1,0
600	1,03	1,03
1000	1,11	1,11
4000	1,89	1,66
(2) $F + H_2 \rightarrow FH + H$[b]		
200	1,01	1,01
600	1,08	1,06
1000	1,22	1,19
4000	3,14	2,76
(3) $I + HI \rightarrow IH + I$[c]		
100	17500	0,77
300	57	1,07
600	21	1,22
1000	19	1,42

[a] Canonical Variational Theory
[b] Nach Daten aus Garrett, B. C., Truhlar, D. G., J. Phys. Chem. **83**, 1052 (1979)
[c] Tucker, S. C., Truhlar, D. G., Proc. NATO ASI, Reidel Publ. Comp., Dordrecht (1988); Truhlar, D. G., Garrett, B. C., Hipes, P. G., Kuppermann, A., J. Chem. Phys. **81**, 3542 (1984)

(c) Quantenaspekte im ÜK-Modell

In der Argumentation zur Begründung und Formulierung des ÜK-Modells haben wir uns ganz wesentlich auf die semiklassische, elektronisch adiabatische Näherung gestützt, d. h. eine Beschreibung der Kernbewegung durch Trajektorien auf einer eindeutigen Potentialfläche. Auch historisch war die "Theorie des Übergangszustands" eine im Wesentlichen klassische Theorie, ebenso wie zahlreiche spätere Formulierungen. Die oben hergeleiteten Ausdrücke für Geschwindigkeitskoeffizienten enthalten aber Quantenaspekte, und zwar auf dem Niveau der quantisierten Boltzmann-Statistik (s. Abschn. 4.8): Die *Quantelung der gebundenen Bewegungen der Reaktanten sowie der Aggregate im Trennflächenbereich* ist berücksichtigt, und für die relative Translationsbewegung der beiden Reaktanten wurde die Zustandssumme $\mathcal{Q}_{\alpha}^{\text{tr}}$ in der quantisierten Form (4.175') benutzt. Ein Hinweis auf den Einschluss von Quantenaspekten ist das Auftreten der Planck-Konstante h in den Ausdrücken (15.13) ff.

Andere Quanteneffekte jedoch fehlen, insbesondere Auswirkungen des Wellencharakters der Relativbewegung wie Interferenz-, Beugungs- und Tunnelvorgänge (d. h. das Eindringen in klassisch verbotene Bereiche). Letztere werden meist gesondert abgeschätzt und formal durch einen *Tunnelkorrekturfaktor* in den Transmissionskoeffizienten (s. oben) einbezogen; generell ist zu erwarten, dass eine solche Korrektur zumindest bei H-Übertragungsreaktionen eine wesentliche Rolle spielt. Die Tab. 15.2 zeigt einige Daten für einfache dreiatomige bimolekulare Austauschreaktionen, die illustrieren, inwieweit neben den Rückkreuzungseinflüssen auch Tunnelkorrekturen wesentlich sein können.

Tab. 15.2 Verhältnis von thermischen Geschwindigkeitskoeffizienten, berechnet im Modell der Übergangskonfiguration (MÜK), zu genauen *quantenmechanischen* Resultaten

Reaktion Temperatur (in K)	Konventionelles MÜK	Kanonische Variationsmethode (CVT[a])	CVT + Tunnelkorrektur
(1) $H + H_2 \rightarrow H_2 + H$ (kollinear)[b]			
200	0,034	0,034	1,14
400	0,50	0,50	0,83
600	0,70	0,70	0,85
1000	0,88	0,86	0,89
(2) $F + H_2 \rightarrow FH + H$ (3-dimensional)[c,d]			
200		0,0018	0,74
300		0,044	0,92
400		0,15	0,99
(3) $I + HI \rightarrow IH + I$ (kollinear)[e,f]			
100	17500	0,77	0,77
200	214	0,99	0,99
400	96	1,1	1,1
1000	19	1,4	1,4
(4) $^{37}Cl + H^{35}Cl \rightarrow {}^{37}ClH + {}^{35}Cl$ (kollinear)[d]			
200		0,13	0,61
300		0,33	0,81
600		0,82	1,2

[a] Canonical Variational Theory
[b] Nach Daten aus Garrett, B. C., Truhlar, D. G., J. Phys. Chem. **83**, 1079 (1979)
[c] Garrett, B. C., Truhlar, D. G., Schatz, G. C., J. Amer. Chem. Soc. **108**, 2876 (1986)
[d] Tucker, S. C., Truhlar, D. G., Proc. NATO ASI, Reidel Publ. Comp., Dordrecht (1988)
[e] Truhlar, D. G., Garrett, B. C., Hipes, P. G., Kuppermann, A., J. Chem. Phys. **81**, 3542 (1984)
[f] Truhlar, D. G., Garrett, B. C., Ann. Rev. Phys. Chem. **35**, 159 (1984)

Im Unterschied zu Tab. 15.1 sind die angegebenen Werte auf Ergebnisse genauer *quantenmechanischer* Berechnungen bezogen. Man sieht, dass für die Wasserstoff-Austauschreaktionen sowohl im kollinearen Modell als auch in dreidimensionaler Behandlung bei niedrigen Temperaturen (für welche das Verhalten im Schwellenbereich die wesentliche Rolle spielt, s. Abschn. 14.2.3.1, Abbn 14.16 und 14.17) die MÜK-Ergebnisse durch Berücksichtigung von Tunnelkorrekturen erheblich verbessert werden. Im Gegensatz dazu sind Tunnelkorrekturen für das System $\mathrm{I + HI}$ offenbar vernachlässigbar, liefern aber für $^{37}\mathrm{Cl} + \mathrm{H}^{35}\mathrm{Cl}$, ebenfalls vom Typ Schwer-leicht-schwer, merkliche Beiträge. Die Verhältnisse liegen also anscheinend nicht so einfach, dass es nur auf die Masse des übertragenen Atoms ankäme; wir analysieren aber diese Ergebnisse hier nicht im Detail, sondern verweisen auf die angegebene Literatur. Trotz langjähriger Versuche ist es auch heute noch schwierig, den Einfluss von Tunnelkorrekturen und anderer quantenmechanischer Aspekte in Rechnungen mit dem Modell der Übergangskonfiguration quantitativ abzuschätzen; ein Grund dafür ist auch die Schwierigkeit, Potentialflächen im Sattelpunktsbereich genügend genau zu berechnen.

Seit einiger Zeit liegen Formulierungen eines voll-quantenmechanischen Modells der Übergangskonfiguration vor[6], ihrer breiten Anwendung steht jedoch entgegen, dass sie die ursprüngliche Einfachheit weitgehend verloren haben und mit relativ hohem Aufwand verbunden sind.

(d) Arrhenius-Aktivierungsenergie und Barrierenhöhe

In Abschnitt 15.1.2 wurde die empirische Arrhenius-Aktivierungsenergie E_{akt} durch statistische Mittelwerte von Energien der stoßenden Reaktionspartner ausgedrückt. Intuitiv war bereits in den Anfangsjahren der theoretischen Reaktionskinetik klar, dass E_{akt} mit der Höhe $\Delta U^{\neq}$ der Potentialbarriere in Beziehung stehen muss. Oft wurden beide Größen einfach gleichgesetzt.

Um einen Zusammenhang zwischen E_{akt} und $\Delta U^{\neq}$ herzustellen, gehen wir analog zu Abschnitt 15.1.2 vor und setzen in Gleichung (15.22) $\mathscr{k}^{\neq}(T)$ anstelle von $\mathscr{k}(T)$ ein:

$$E_{\mathrm{akt}} = -k_{\mathrm{B}} \cdot \mathrm{d}(\ln \mathscr{k}^{\neq}(T)) / \mathrm{d}(1/T)\,. \tag{15.42}$$

Für $\ln \mathscr{k}^{\neq}(T)$ ergibt sich aus Gleichung (15.35) unter Berücksichtigung der Gleichungen (15.12a,b):

$$\ln \mathscr{k}^{\neq}(T) = -(\Delta E^{\neq} / k_{\mathrm{B}}T) + \ln(k_{\mathrm{B}}T / h) + \ln \mathscr{Q}^{\mathrm{vibrot}\neq}(T) \\ - \ln \mathscr{Q}_{\alpha}^{\mathrm{tr}}(T) - \ln \mathscr{Q}_{\alpha}^{\mathrm{int}}(T)$$

mit der Zustandssumme $\mathscr{Q}_{\alpha}^{\mathrm{int}}(T) \equiv \mathscr{Q}_{\mathrm{X}_1}^{\mathrm{int}}(T) \cdot \mathscr{Q}_{\mathrm{X}_2}^{\mathrm{int}}(T)$ für die inneren Bewegungsmoden der

---

[6] Insbesondere zu erwähnen sind hier Arbeiten von W. H. Miller et al. seit 1974: Miller, W. H.: Quantum mechanical transition state theory and a new semiclassical model for reaction rate constants. J. Chem. Phys. **61**, 1823-1834 (1974); auch Seideman, T., Miller, W. H.: Transition state theory, Siegert eigenstates, and quantum mechanical reaction rates. J. Chem. Phys. **95**, 1768-1780 (1991) ff.

beiden Reaktanten X_1 und X_2. Die Ableitung nach $(1/T)$ lässt sich anhand der Ausdrücke für $\mathcal{Q}^{\mathrm{vibrot}\neq}(T)$ [Gl. (15.34)], $\mathcal{Q}_{\alpha}^{\mathrm{tr}}(T)$ [Gl. (4.175')] sowie $\mathcal{Q}_{X_1}^{\mathrm{int}}(T)$ und $\mathcal{Q}_{X_2}^{\mathrm{int}}(T)$ leicht ausführen (ÜA 15.3), und es ergibt sich für die Aktivierungsenergie:

$$E_{\mathrm{akt}} = \Delta E^{\neq} - (k_{\mathrm{B}}T/2) + \left(\left\langle \delta E^{\mathrm{vibrot}\neq}\right\rangle - \left\langle \delta E_{\alpha}^{\mathrm{int}}\right\rangle\right); \qquad (15.43)$$

$\delta E^{\mathrm{vibrot}\neq}$ ist in Gleichung (15.27) definiert, $\delta E_{\alpha}^{\mathrm{int}}$ analog für die Reaktanten. Im Rahmen des ÜK-Modells unterscheidet sich also die Arrhenius-Aktivierungsenergie von der nullpunktschwingungskorrigierten Barrierenhöhe $\Delta E^{\neq}$ durch die überzählige mittlere Energie $k_{\mathrm{B}}T/2$ der Translationsbewegung entlang der Reaktionskoordinate (s. hierzu Anhang A4.2.3) sowie die Differenz der mittleren *Anregungs*energien der inneren Bewegungen von Übergangsaggregat und Reaktanten (die Nullpunktschwingungsanteile sind bereits in $\Delta E^{\neq}$ enthalten). Die Aktivierungsenergie ist somit nicht mit der Barrierenhöhe $\Delta U^{\neq}$, aber auch nicht mit $\Delta E^{\neq}$ gleichzusetzen. Allerdings sind die hinzukommenden Korrekturterme bei hohen Barrieren und niedrigen Temperaturen häufig klein.

(e) Anwendung des ÜK-Modells

Zur Berechnung von Geschwindigkeitskoeffizienten im ÜK-Modell sind Daten für die Reaktanten und für das Übergangsaggregat erforderlich.

Für die Reaktanten lassen sich in der einfachsten Verfahrensweise anhand der Potentialdaten die Energieniveaus der Rotations- und Schwingungszustände in der Näherung einer starren Rotation des Kerngerüstes plus Normalschwingungen bestimmen (s. Abschn. 11.4) und zur Berechnung der Zustandssummen verwenden (s. Abschn. 4.8.3).

Zur Ermittlung der Übergangskonfiguration ist auf der Potentialhyperfläche die Lage $\boldsymbol{R}^{\neq}$ des Sattelpunkts zwischen Reaktant- und Produkttal aufzusuchen; das ergibt zugleich den entsprechenden Potentialwert $U^{\neq}$ und damit die Barrierenhöhe $\Delta U^{\neq}$. Die Diagonalisierung der Hesse-Matrix im Sattelpunkt liefert die Normalschwingungsfrequenzen des Übergangsaggregats (s. Abschn. 13.1 und 11.4.2). Aus diesen Daten erhält man auf der gleichen Näherungsstufe wie bei den Reaktanten Abschätzungen für die Anteile von Schwingungen und Kerngerüstrotation in der Zustandssumme $\mathcal{Q}^{\mathrm{vibrot}\neq}(T) \approx \mathcal{Q}^{\mathrm{vib}\neq}(T) \cdot \mathcal{Q}^{\mathrm{rot}\neq}(T)$ sowie die Nullpunktschwingungskorrektur zur Barriere. Mehr zur praktischen Realisierung dieser Rechenschritte findet man in den Abschnitten 17.4 und 18.3.

Auf diese Weise erhaltene Zahlenwerte von Geschwindigkeitskoeffizienten liefern zwar keine quantitativ verlässlichen Voraussagen, jedoch in der Regel vernünftige Größenordnungs- und Trendabschätzungen. Die Nutzung der oben beschriebenen Verbesserungsmöglichkeiten (Optimierung der Position der kritischen Trennfläche, Tunnelkorrekturen) kann die Aussagekraft der Methode wesentlich steigern, wenn auch mit einigem Mehraufwand.

Häufig sind bereits Relativaussagen von Nutzen. Eine Aufgabenstellung, bei der man sich schon früh viel vom ÜK-Modell versprochen hat, ist die Abschätzung von *kinetischen Isotopieeffekten*, z. B. bei Wasserstoff-Austauschreaktionen. Einige Daten zum $(\mathscr{k}_{\mathrm{H}}/\mathscr{k}_{\mathrm{D}})$-

Verhältnis bei der Reaktion (4) in Tab. 15.2 findet man in den dort als Fußnoten *d* und *f* zitierten Arbeiten. Zuverlässige Voraussagen sind aber auch hierbei nicht einfach zu gewinnen, da sich Einflüsse von Fehlern der benutzten Potentialfläche, der MÜK-Näherung selbst, der Abschätzung der Tunnelkorrekturen u. a. überlagern.

Schließlich kann das ÜK-Modell durch *semiempirische Parametrisierung* und *Korrelation mit Messdaten* hilfreich sein (im gleichen Sinne wie z. B. das HMO-Modell, s. Abschn. 7.4). Zur Justierung dient häufig der Transmissionskoeffizient als (jeweils über einen gewissen Temperaturbereich konstanter) empirischer Parameter.

15.3 Monomolekulare Reaktionen

Die in Abschnitt 12.1.2 definierten monomolekularen Reaktionen der Fragmentierung [Gl. (12.9)] oder der Isomerisierung [Gl. (12.10)] erfordern eine gesonderte Betrachtung, da sie nicht ohne weiteres in die bisher diskutierten Vorstellungen passen.

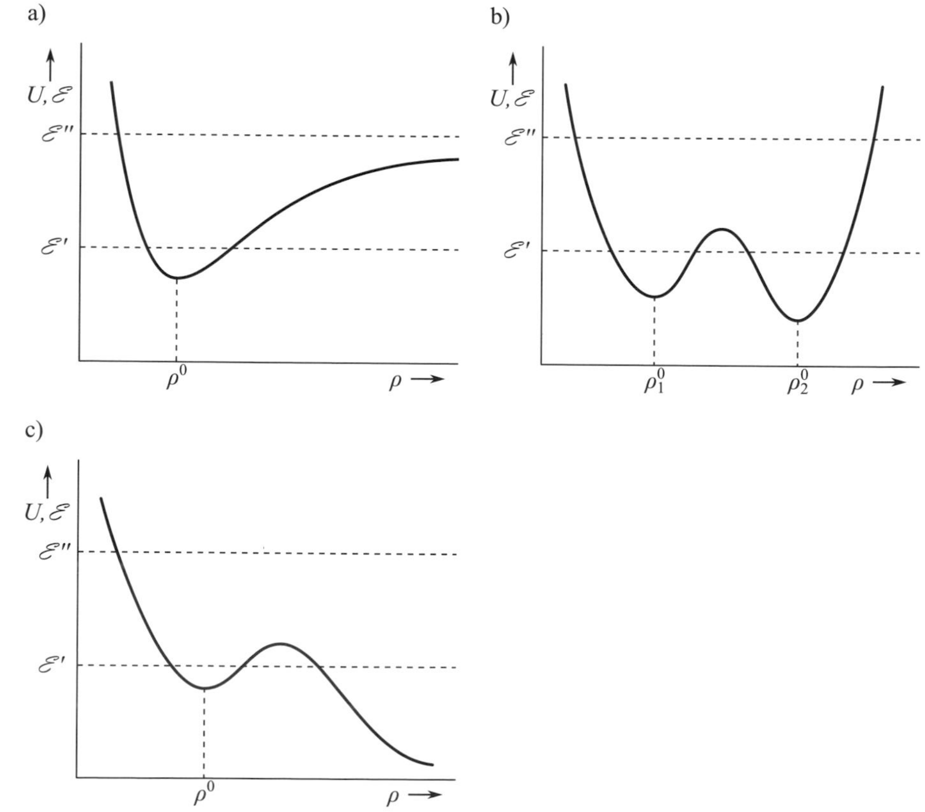

Abb. 15.7 Potentialprofile für monomolekulare Prozesse: a) Fragmentierung; b) Isomerisierung; c) Prädissoziation (schematisch)

Drei typische Potentialprofile für solche Umlagerungen sind in Abb. 15.7 schematisch dargestellt. In Abschnitt 13.1.3 hatten wir beispielsweise Profile vom Typ a für den H_3^+-Zerfall (Abb. 13.3d) sowie vom Typ b für die H_3^+-"Isomerisierung" (Abb. 13.3c) und für die HCN-Isomerisierung (Abb. 13.8c) kennengelernt. Potentialprofile vom Typ c treten bei Prädissoziation auf (s. Abb. 11.21).

Wird die Kernbewegung klassisch beschrieben, so kann ein Molekül, wenn seine innere Energie unterhalb der Dissoziationsgrenze bzw. der Barrierenhöhe (gegebenenfalls unter Berücksichtigung einer Zentrifugalenergie) liegt, einen Muldenbereich nicht verlassen ($\mathcal{E}'$ in Abb. 15.7a-c); nur bei höheren Energien ($\mathcal{E}''$) ist das möglich. Quantenmechanisch hingegen kann eine Barriere durchdrungen werden (Tunneleffekt) und damit eine Fragmentierung bzw. Isomerisierung stattfinden; die Tunnelwahrscheinlichkeit ist allerdings wegen der relativ großen Kernmassen häufig vernachlässigbar klein.

Damit monomolekulare Prozesse vonstatten gehen können, ist also eine Anregung ("Aktivierung") der Reaktantmoleküle erforderlich. Das kann grundsätzlich auf zweierlei Weise erfolgen: thermisch oder nichtthermisch.

15.3.1 Thermische Aktivierung. Lindemann-Hinshelwood-Mechanismus

Es liege ein Gas von Molekülen X im *thermischen Gleichgewicht* bei der Temperatur T vor. Außerdem möge das Gas noch weitere Moleküle (oder Atome) M enthalten, die aber nicht mit X reagieren, sondern nur elastisch oder inelastisch stoßen.

Bei inelastischen Stößen von X mit M (eingeschlossen der Fall, dass X mit einem anderen Molekül X' stößt) kann X Energie aufnehmen (Aktivierung), wobei ein angeregtes Molekül X^* entsteht:

$$\mathrm{X} + \mathrm{M} \xrightarrow{\;k_1\;} \mathrm{X}^* + \mathrm{M}\,. \tag{15.44a}$$

Stößt ein angeregtes Molekül X^* mit M, so kann es seine Anregungsenergie wieder abgeben (Desaktivierung):

$$\mathrm{X}^* + \mathrm{M} \xrightarrow{\;k_{-1}\;} \mathrm{X} + \mathrm{M}\,. \tag{15.44b}$$

Wir nehmen an, die durch die Stöße angeregten Moleküle X^* können sich monomolekular umwandeln (isomerisieren oder fragmentieren):

$$\mathrm{X}^* \xrightarrow{\;k_2\;} \mathrm{Y} \quad (\text{oder } \mathrm{Y}_1 + \mathrm{Y}_2)\,. \tag{15.44c}$$

Aktivierung bzw. Desaktivierung laufen nach den Geschwindigkeitsgleichungen

$$\mathrm{d}[\mathrm{X}^*]/\mathrm{d}t = k_1[\mathrm{X}][\mathrm{M}]\,, \tag{15.45a}$$

$$-\,\mathrm{d}[\mathrm{X}^*]/\mathrm{d}t = k_{-1}[\mathrm{X}^*][\mathrm{M}] \tag{15.45b}$$

ab, und für die Weiterreaktion (15.44c) der aktivierten Moleküle gilt:

$$-\,\mathrm{d}[\mathrm{X}^*]/\mathrm{d}t = k_2[\mathrm{X}^*] \tag{15.45c}$$

(s. Vorspann zu Kap. 12).

In dem Reaktionsgefäß wird sich bei fester Temperatur ein stationärer Zustand einstellen, in dem sich die Konzentrationen der Teilchensorten X, X^* und M nicht mehr ändern; für X^* haben wir also (man bezeichnet das als *quasistationäre Näherung*, auch als *Stationaritätsprinzip*):

$$\mathrm{d}[\mathrm{X}^*]/\mathrm{d}t = k_1[\mathrm{X}][\mathrm{M}] - k_{-1}[\mathrm{X}^*][\mathrm{M}] - k_2[\mathrm{X}^*] = 0$$

und somit

$$[\mathrm{X}^*] = k_1[\mathrm{X}][\mathrm{M}]/(k_{-1}[\mathrm{M}] + k_2)\,. \tag{15.46}$$

Der durch die Gleichungen (15.44a-c) beschriebene Reaktionsmechanismus geht auf F. A. Lindemann (1922) zurück; C. N. Hinshelwood lieferte die ersten experimentellen Bestätigungen.

Bei Zugrundelegung dieses ***Lindemann-Hinshelwood-Mechanismus*** lässt sich für die formal monomolekulare Reaktion

$$\mathrm{X} \rightarrow \text{Produkte } (\mathrm{Y} \text{ bzw. } \mathrm{Y}_1 + \mathrm{Y}_2) \tag{15.47}$$

eine (Brutto-) Geschwindigkeitsgleichung aufschreiben:

$$-\,\mathrm{d}[\mathrm{X}]/\mathrm{d}t = k\,[\mathrm{X}]\,. \tag{15.48}$$

Wenn man den Ausdruck (15.46) in Gleichung (15.45c) einsetzt und berücksichtigt, dass die Beziehungen $-\,\mathrm{d}[\mathrm{X}]/\mathrm{d}t = \mathrm{d}[\text{Produkt}]/\mathrm{d}t = -\,\mathrm{d}[\mathrm{X}^*]/\mathrm{d}t$ bestehen, dann ergibt sich der *effektive Geschwindigkeitskoeffizient*

$$k = k_1 k_2[\mathrm{M}]/(k_{-1}[\mathrm{M}] + k_2)\,. \tag{15.49}$$

Die komplizierte Form rührt daher, dass es sich nicht um eine Elementarreaktion im Sinne von Abschnitt 12.1.1, sondern um einen aus mehreren Elementarschritten zusammengesetzten Reaktionsmechanismus handelt.

Für den Nenner des Ausdrucks (15.49) lassen sich zwei Grenzfälle unterscheiden:

Wenn gilt

$$k_2 \ll k_{-1}[\mathrm{M}] \quad \text{bzw.} \quad k_2[\mathrm{X}^*] \ll k_{-1}[\mathrm{X}^*][\mathrm{M}]\,, \tag{15.50}$$

wenn also die Konzentration [M] (und damit der Gasdruck) genügend hoch ist, dann erfolgt die Desaktivierung der angeregten Moleküle X^* viel schneller als ihre Weiterreaktion (15.44c) zu den Produkten, und der effektive Geschwindigkeitskoeffizient ist

$$k \rightarrow k_\infty \equiv (k_1/k_{-1})k_2\,. \tag{15.51}$$

Die Bruttoreaktion (15.47) verläuft in diesem Fall nach einem Geschwindigkeitsgesetz erster Ordnung (*monomolekular*) [Gl. (15.48)] mit dem Geschwindigkeitskoeffizienten k_∞ (*Hochdruckgrenzfall*).

Im entgegengesetzten Grenzfall,

$$k_2 >> k_{-1}[\mathrm{M}] \quad \text{bzw.} \quad k_2[\mathrm{X}^*] >> k_{-1}[\mathrm{X}^*][\mathrm{M}], \tag{15.52}$$

reagieren die aktivierten Moleküle X^* weiter, bevor sie desaktiviert werden, und de facto führt jedes aktivierte Molekül zu den Produkten. Diese Situation liegt insbesondere bei sehr niedrigen Drücken ([M] sehr klein) vor. Dann hängt also der Gesamtumsatz davon ab, wie schnell die Erzeugung aktivierter Moleküle nach Gleichung (15.44a) vonstatten geht – das ist jetzt der geschwindigkeitsbestimmende Schritt. Als effektiven Geschwindigkeitskoeffizienten erhält man unter diesen Bedingungen:

$$k \rightarrow k_0 \equiv k_1[\mathrm{M}], \tag{15.53}$$

und die Bruttoreaktion läuft nach einem Geschwindigkeitsgesetz zweiter Ordnung (*bimolekular*) ab:

$$-\mathrm{d}[\mathrm{X}]/\mathrm{d}t = k_0[\mathrm{X}] = k_1[\mathrm{X}][\mathrm{M}] \tag{15.54}$$

(*Niederdruckgrenzfall*).

Die Abhängigkeit des effektiven Geschwindigkeitskoeffizienten von der Konzentration [M] lässt sich folgendermaßen schreiben:

$$(1/k) = (1/k_\infty) + (1/k_1)/[\mathrm{M}]; \tag{15.55}$$

der reziproke effektive Geschwindigkeitskoeffizient ist also eine lineare Funktion der reziproken Konzentration von M, d. h. des reziproken Druckes. Mit abnehmender Konzentration der "Bad"-Moleküle M wird der effektive Geschwindigkeitskoeffizient vom Grenzwert k_∞ aus kleiner. Dieses sogenannte *Fall-off-Verhalten* steht weitgehend in Einklang mit den experimentellen Befunden; Abweichungen treten häufig bei hohen Drücken auf. Details besprechen wir hier nicht; eine sorgfältige Analyse findet man z. B. in [15.4a,b].

Wie praktisch jeder Reaktionsmechanismus, der zur Beschreibung eines komplexen Reaktionsgeschehens herangezogen wird, ist auch das Lindemann-Hinshelwood-Schema (15.45a-c) unvollständig. Verbesserungen sind verschiedentlich vorgeschlagen und näher untersucht worden, z. B. die Berücksichtigung der Aktivierung von Reaktantmolekülen durch Stöße mit Produktmolekülen; man findet hierzu einiges in [15.5].

15.3.2 Theoretische Bestimmung von Geschwindigkeitskoeffizienten monomolekularer Reaktionen

Die theoretische Behandlung monomolekularer Reaktionen einschließlich quantitativer Berechnungen beruht in der Regel auf dem Lindemann-Hinshelwood-Mechanismus mit dem statistischen Modell der Übergangskonfiguration für den monomolekularen Schritt.

Für die theoretische Beschreibung der inelastischen Stöße, die zur Aktivierung bzw. Desaktivierung der Reaktantmoleküle führen, können grundsätzlich die in Kapitel 14 besprochenen Methoden eingesetzt werden. Das ist mit so hohem Aufwand verbunden, dass dieses Vorgehen praktisch nicht in Frage kommt. Es gibt jedoch vereinfachte Modelle und entsprechende Näherungsmethoden, die für diese Zwecke einsetzbar sind; wir kommen darauf später zu sprechen (s. Abschn. 15.4).

Der vorliegende Abschnitt befasst sich mit der Bestimmung von thermischen Geschwindigkeitskoeffizienten $k_2(T)$ für den monomolekularen Reaktionsschritt (15.45c).

Wir nehmen an, ein Molekül X sei durch einen inelastischen Stoß (15.45a) in einen angeregten Zustand versetzt worden. Im klassischen Bild kann man sich das so vorstellen, dass dabei unter Aufnahme von Energie z. B. eine Bindung gestaucht oder verbogen worden ist. Dort verstärkt sich die (Streck- bzw. Biege-) Schwingung, und infolge der Kopplungen zwischen den verschiedenen Freiheitsgraden wird die Energie auch auf andere Freiheitsgrade übertragen. Im Verlauf des Hin- und Herflusses der Energie im Molekül gelangt ein Teil davon in diejenigen Freiheitsgrade, die zu einer Bewegung entlang der Reaktionskoordinate ρ beitragen (s. Abb. 15.7). Wenn die Energie ausreicht, um die Barriere zu überwinden, kann der monomolekulare Prozess (Zerfall, Isomerisierung) vonstatten gehen. Die *intramolekulare Energieumverteilung* zu verfolgen ist prinzipiell möglich (etwa, um im klassischen Bild zu bleiben, durch Trajektorienrechnungen), wenn man die hierfür relevanten Potentialfunktion(en) kennt.

Eine vollständige Untersuchung der Dynamik, um alle für die Berechnung des thermischen Geschwindigkeitskoeffizienten $k_2(T)$ erforderlichen Daten zu ermitteln, wäre außerordentlich aufwendig. Alternativ dazu lassen sich auch hier statistische Näherungen, insbesondere das Konzept einer *Übergangskonfiguration*, anwenden. Auf der Potentialfläche liegt zwischen den Bereichen der Reaktanten und der Produkte, wie wir aus der Diskussion in Abschnitt 15.2.1 wissen, in der Regel ein Engpass ("Flaschenhals") für den Strom der zur Reaktion führenden Trajektorien. Nach Festlegung einer kritischen Trennfläche $F^{\neq}$ in einem geeigneten Punkt $\rho^{\neq}$ der Reaktionskoordinate kann dann bei Erfüllung der in Abschnitt 15.2 genannten Bedingungen der dort dargestellte Formalismus benutzt werden.

Nehmen wir zunächst ein mikrokanonisches Ensemble angeregter Moleküle X^* an. Voraussetzung für die Anwendbarkeit des Modells der Übergangskonfiguration zur Berechnung des Geschwindigkeitskoeffizienten $k_2(\mathcal{E}')$ ist die Gleichverteilung der Energie auf alle Freiheitsgrade der aktivierten Reaktantmoleküle wie auch der Übergangsaggregate (mikrokanonisches Gleichgewicht). Diese Voraussetzung ist durchaus nicht notwendigerweise gegeben, z. B. bei sehr schnellen Reaktionen; die folgenden Überlegungen treffen dann nicht zu, und es müssen andere Methoden eingesetzt werden. Wir gehen auf diese Problematik später ein (s. Abschn. 15.4).

Nehmen wir zunächst an, es liege mikrokanonisches Gleichgewicht vor. Für die monomolekulare Umwandlung schreiben wir formal die Reaktionsabfolge

$$X^* \rightarrow X^{\neq} \rightarrow \text{Produkte (Y oder } Y_1 + Y_2) \tag{15.56}$$

und berechnen den mikrokanonischen Geschwindigkeitskoeffizienten $k_2(\mathcal{E}')$ für den Teilschritt (15.45c) näherungsweise mit dem Ausdruck (15.30):

$$k_2(\mathcal{E}') \approx k_2^{\neq}(\mathcal{E}') = n^{\neq}(\mathcal{E}' - \Delta E^{\neq}) / h\, z_R(\mathcal{E}')\,; \tag{15.57}$$

hierbei ist $\Delta E^{\neq}$ die nullpunktschwingungskorrigierte Barrierenhöhe, bezogen auf das Nullpunktschwingungsniveau des Reaktantmoleküls (vgl. Abb. 15.5), $n^{\neq}(\mathcal{E}' - \Delta E^{\neq})$ bezeichnet die Anzahl der Zustände der Übergangsaggregate im Energiebereich zwischen $\Delta E^{\neq}$ und $\mathcal{E}'$, und $\gamma_R(\mathcal{E}')$ ist die Dichte der Zustände des Reaktantmoleküls auf der Energieskala $\mathcal{E}'$.

Unter der Voraussetzung eines vollständigen thermischen Gleichgewichts erhält man aus $k_2^{\neq}(\mathcal{E}')$ durch Mittelung gemäß Gleichung (15.20) den thermischen Geschwindigkeitskoeffizienten $k_2^{\neq}(T)$ als Näherung für $k_2(T)$:

$$k_2(T) \approx k_2^{\neq}(T) = (k_B T/h)[\mathcal{Q}^{\text{vibrot}\neq}(T)/\mathcal{Q}_R(T)]\cdot\exp(-\Delta E^{\neq}/k_B T), \quad (15.58)$$

analog zum Ausdruck (15.35). Für die Bewegungen innerhalb des Übergangsaggregats (auf der Trennfläche, also in einem Unterraum des Kernkonfigurationsraums, bestimmt durch den festgehaltenen Wert $\rho^{\neq}$ der Reaktionskoordinate) ist die Zustandssumme $\mathcal{Q}^{\text{vibrot}\neq}(T)$ zu berechnen. Außerdem benötigt man die nullpunktschwingungskorrigierte Barrierenhöhe $\Delta E^{\neq}$ und die Zustandssumme $\mathcal{Q}_R(T)$ der Reaktantmoleküle.

Im *Hochdruckgrenzfall* kann man annehmen (vgl. hierzu auch [15.4][15.6]), dass für die aktivierten Moleküle X^* die Energie gleichmäßig auf die inneren Freiheitsgrade verteilt ist und somit tatsächlich ein mikrokanonisches Gleichgewicht besteht. Die Aktivierungs- und Desaktivierungsprozesse selbst spielen nur bei der Einstellung des Gleichgewichts eine Rolle, und als effektiven Geschwindigkeitskoeffizienten für die monomolekulare Umwandlung haben wir näherungsweise

$$k_\infty(\mathcal{E}') \approx k_\infty^{\neq}(\mathcal{E}') = k_2^{\neq}(\mathcal{E}'), \quad (15.59)$$

wobei $k_2^{\neq}(\mathcal{E}')$ durch den Ausdruck (15.57) gegeben ist. Für den thermischen Geschwindigkeitskoeffizienten $k_\infty(T)$ erhält man entsprechend die Näherung (15.58).

Gegenüber bimolekularen Reaktionen (s. Abschn. 15.2) hat man für monomolekulare Reaktionen einige Besonderheiten zu beachten:

- Die Reaktantzustände sind durchweg gebunden und u. a. durch die Quantenahl J des Gesamtdrehimpulses bzw. G des Kerngerüstdrehimpulses charakterisiert; das bedingt einen Entartungsgrad von $2J+1$ bzw. $2G+1$. Da der Gesamtdrehimpuls eine Erhaltungsgröße ist, sind die Bewegungen bei monomolekularen Prozessen (Isomerisierungen, Zerfall) Einschränkungen unterworfen, um diese Konstanz des Gesamtdrehimpulses zu gewährleisten: Man hat die mikrokanonischen Geschwindigkeitskoeffizienten $k(\mathcal{E}',J)$ bzw. $k^{\neq}(\mathcal{E}',J)$ für die einzelnen Drehimpulsquantenzustände zu berechnen, und um thermische Geschwindigkeitskoeffizienten zu erhalten, muss über die Energie *und* die Quantenzustände J gemittelt werden. Die damit zusammenhängenden Probleme werden z. B. in [15.3] und [15.4a] diskutiert.

- Man unterscheidet "feste" und "lockere" Übergangsaggregate je nachdem, ob alle ihre inneren Freiheitsgrade (beim Wert $\rho^{\neq}$ der Reaktionskoordinate) Schwingungen entsprechen, oder ob es frei (oder fast frei) drehbare Fragmente gibt (s. [15.4a]).

Für die (keineswegs einfache) praktische Durchführung von Berechnungen sind zahlreiche Methoden entwickelt worden, deren Eignung und Leistungsfähigkeit vom konkreten zu behandelnden Fall abhängt. Wir können diese Probleme hier nicht ausführlich behandeln, sondern beschränken uns auf eine Skizze von Grundgedanken; es gibt darüber eine umfangreiche Literatur (z. B. [15.4][15.6]).

Zuvor wenden wir uns noch einmal der Annahme zu, es existiere eine kritische Trennfläche $\mathcal{F}^{\neq}$ mit der in Abschnitt 15.2 beschriebenen Eigenschaft, dass alle Punkte auf $\mathcal{F}^{\neq}$ Konfigurationen entsprechen, die, wenn sie einmal erreicht sind, unweigerlich zu den Produkten führen. Außerdem soll in allen solchen Übergangskonfigurationen mikrokanonisches bzw. kanonisches (thermisches) Gleichgewicht herrschen. Wie in Abschnitt 15.2 nehmen wir an, eine derartige Trennfläche werde zweckmäßig so gewählt, dass sie durch einen Sattelpunkt der Potentialhyperfläche verläuft. In vielen Fällen gibt es einen solchen Sattelpunkt zwischen Reaktant- und Produktbereich (s. Abb. 15.7), häufig aber auch nicht. Bei Zerfallsreaktionen mit einem einfachen Bindungsbruch $\mathrm{A-B}$ beispielsweise steigt das Potential entlang des Minimumweges (Reaktionskoordinate ρ) meist monoton vom Reaktant-Minimum bis in den Produktbereich an, also in der Art einer Morse-Funktion wie in Abb. 15.7a.

Die kritische Trennfläche kann in einem solchen Fall bei $J \neq 0$ durch das Maximum der Zentrifugalbarriere des effektiven Potentials $U^{\mathrm{eff}}(\rho) = U(\rho) + \hbar^2 J(J+1)/2\mu_{\mathrm{AB}}\rho^2$ [analog zu Gl. (2.151)] gelegt werden, wobei μ_{AB} die reduzierte Masse des Teilchenpaares $\mathrm{A-B}$ bezeichnet. Eine solche Zentrifugalbarriere liegt bei relativ großen Abständen ρ, und man hat es mit einem lockeren Übergangskomplex zu tun. Bei $J = 0$ gibt es kein Zentrifugalpotential und damit keine Barriere.

Ein anderes Kriterium für die Positionierung der kritischen Trennfläche liefert das (empirische) *Prinzip der minimalen Zustandsdichte*, dem zufolge die Trennfläche durch einen Punkt $\rho^{\neq}$ auf der Reaktionskoordinate verlaufen sollte, in dem die Zustandsdicht $\mathfrak{z}(\mathcal{E}',\rho)$ aller Zustände des zerfallenden Moleküls (einschließlich der Translations"zustände") ein Minimum erreicht: $\partial\mathfrak{z}(\mathcal{E}',\rho)/\partial\rho = 0$.[7]

(a) RRKM-Näherung

Die für praktische Anwendungen meistverwendete Formulierung der Theorie resultiert aus einer längeren Entwicklung und wird als *RRKM-Näherung* bezeichnet; die Buchstaben stehen für die Namen O. A. Rice, H. C. Ramsperger, L. S. Kassel und R. A. Marcus (allerdings haben auch mehrere weitere Autoren Beiträge geleistet).

In der einfachsten Variante des RRKM-Näherung, die im wesentlichen auf L. S. Kassel (1930) zurückgeht, wird das Molekül durch ein Modell beschrieben, das aus s harmonischen Oszillatoren besteht, und der Übergangskomplex durch $s-1$ Oszillatoren (die Bewegung eines der Reaktant-Oszillatoren ist zur Relativbewegung der beiden Fragmente geworden).

[7] Bunker, D. L., Pattengill, M.: Monte Carlo Calculations. VI. A Re-evaluation of the RRKM Theory of Unimolecular Reaction Rates. J. Chem. Phys. **48**, 772-776 (1968)

Dieses Modell entspricht der Normalschwingungsbeschreibung für mehratomige Moleküle (s. Abschn. 11.4.2), und in dieser besteht zwischen den (harmonischen) Schwingungen keinerlei Kopplung, somit auch kein Energieaustausch. Erst bei Einbeziehung von Anharmonizitäten und/oder expliziten Kopplungstermen kann der Energieaustausch, der zur Herstellung eines mikrokanonischen Gleichgewichts (Gleichverteilung der Energie auf die Freiheitsgrade) der angeregten Moleküle und demzufolge auch der Übergangsaggregate beiträgt, stattfinden. Abgesehen vom Hochdruckgrenzfall, in dem das Gleichgewicht durch die zahlreichen Stöße schnell hergestellt wird, kann das Modell also eigentlich nicht funktionieren. Trotzdem liefert eine solche Beschreibung oft brauchbare Ergebnisse. Auf eine detaillierte Analyse können wir hier nicht eingehen (s. etwa [15.4a]).

Für den mikrokanonischen Geschwindigkeitskoeffizienten ergibt sich mit diesen Annahmen näherungsweise der Ausdruck

$$\mathscr{k}^{\neq}(\mathscr{E}') = \nu^{\neq}[(\mathscr{E}' - \Delta E^{\neq})/\mathscr{E}']^{s-1}; \qquad (15.60)$$

dabei ist $\mathscr{E}'$ wie bisher die Gesamtenergie (gemessen vom Nullpunktsenergieniveau des Reaktantmoleküls aus), $\Delta E^{\neq}$ die nullpunktschwingungskorrigierte Barrierenhöhe (s. Abb. 15.5), und $\nu^{\neq}$ bezeichnet einen "Frequenzfaktor" von der Größenordnung einer Schwingungsfrequenz ($\approx 10^{13}\ \mathrm{s}^{-1}$). Ausführlicheres darüber findet man etwa in [15.4a,b][15.6].

In vielen Fällen reicht diese Beschreibung nicht aus; es gibt daher diverse Ergänzungen und Verallgemeinerungen, etwa durch Einbeziehung von Anharmonizitäten und von Torsionsschwingungen (bei behinderter innerer Drehbarkeit). Darauf gehen wir hier nicht ein.

(b) Modell adiabatischer Reaktionskanäle

Eine besonders auf monomolekulare Reaktionen zugeschnittene und mit einer gut praktikablen Berechnungsvorschrift ausgestattete Variante der "adiabatischen Theorie der Übergangskonfiguration" (s. Abschn. 15.2.2) ist von M. Quack und J. Troe (ab 1974) ausgearbeitet worden: das *Modell adiabatischer Reaktionskanäle* (engl. adiabatic channel model)[8]. Grundlage ist die Formel (15.30) für den mikrokanonischen Geschwindigkeitskoeffizienten.

Zur Berechnung der Anzahl $\mathscr{n}^{\neq}(\mathscr{E}' - \Delta E^{\neq})$ der im Energieintervall $\Delta E^{\neq} \ldots \mathscr{E}'$ liegenden Quantenzustände der inneren Bewegungen des Übergangsaggregats wird eine Reihe von Annahmen gemacht; wir besprechen sie hier nicht in allen Einzelheiten, sondern beschränken uns in etwas vereinfachter Darstellung auf die für das Verständnis wesentlichsten Punkte, und zwar für den Fall eines einfachen Bindungsbruchs $\mathrm{A{-}B} \to \mathrm{A} + \mathrm{B}$, wobei A und B jeweils ein Atom oder eine Atomgruppe bezeichnen.

Die Energie $\mathscr{E}'$ einer Übergangskonfiguration setzt sich gemäß Annahme *IV* in Abschnitt 15.2.2 aus den Anteilen $\Delta E^{\neq}$, $E^{\mathrm{vibrot}\neq}$ sowie $E_{\rho}^{\mathrm{tr}\neq}$ zusammen. Diese Zerlegung möge überall entlang der Reaktionskoordinate ρ zwischen $\rho = \rho^0$ (am Reaktant-Minimum der Potential-

---

[8] Quack, M., Troe, J.: Specific rate constants of unimolecular processes. II. Adiabatic channel model. Ber. Bunsenges. Phys. Chem. **78**, 240-252 (1974); id. Complex formation in reactive and inelastic scattering: Statistical adiabatic channel model of unimolecular processes. III. ibid. **79**, 170-183 (1975); Troe, J.: Theory of thermal unimolecular reactions at high pressures. J.: Chem. Phys. **75**, 226-237 (1981).

hyperfläche, s. Abb. 15.7a) und $\rho \to \infty$ (weit außen im Produktbereich) gelten. Wir kennzeichnen die *inneren* Zustände des Gesamtsystems (also aller Freiheitsgrade außer der Bewegungskomponente in Richtung ρ) durch eine kollektive Quantenzahl $i \equiv (\upsilon_1, \upsilon_2, \ldots, G)$, und schreiben nach Quack und Troe die Energie der (Rotations- und Schwingungs-) Zustände, bezogen auf den Potentialwert am Reaktant-Minimum, als Funktion von ρ näherungsweise in der Form

$$E_i(\rho) = \Delta U(\rho) + E^{\mathrm{vib}}_{\upsilon_1,\upsilon_2,\ldots}(\rho) + E^{\mathrm{rot}}_G(\rho) \tag{15.61}$$

mit $\Delta U(\rho) \equiv U(\rho) - U(\rho^0)$. Das beinhaltet zugleich die Annahme, dass die Zustände der Reaktantmoleküle ($\rho = \rho^0$) mit den entsprechenden Zuständen der Produkte ($\rho \to \infty$) *adiabatisch korrelieren*, ganz analog zu Abschnitt 15.2.2 (s. Abb. 15.6).

Die adiabatische Korrelation ergibt für den Anteil $\Delta U(\rho)$ das Potentialprofil (gemäß Abschn. 13.1.2). Für die Schwingungs- und Rotationszustände des Reaktantmoleküls muss sorgfältig analysiert werden, in welche Bewegungszustände der Produkte sie adiabatisch übergehen; dabei sind insbesondere die Regeln für die Zusammensetzung der Drehimpulse und andere symmetriebedingte Einschränkungen zu beachten. Was die funktionale Abhängigkeit der Energieanteile von der Variablen ρ betrifft, so haben Quack und Troe einfache exp-Ansätze mit geeignet zu wählenden Parametern verwendet, die das richtige Verhalten bei $\rho \to \rho^0$ und bei $\rho \to \infty$ aufweisen. Damit eröffnet sich zugleich die Möglichkeit, das Verfahren semiempirisch zu parametrisieren. So wurde für einen Schwingungsenergieanteil $E^{\mathrm{vib}}_{\upsilon}(\rho)$ die Interpolationsformel

$$E^{\mathrm{vib}}_{\upsilon}(\rho) = \{E^{\mathrm{vib}}_{\upsilon}(\rho^0) - E^{\mathrm{vib}}_{\upsilon\infty}\}\exp[-\alpha(\rho - \rho^0)] + E^{\mathrm{vib}}_{\upsilon\infty} \tag{15.62}$$

benutzt, wobei $E^{\mathrm{vib}}_{\upsilon\infty} \equiv E^{\mathrm{vib}}_{\upsilon}(\rho \to \infty)$ den Wert für $\rho \to \infty$ (Produkte) bezeichnet und der Parameter $\alpha > 0$ theoretisch oder empirisch festzulegen ist. Ähnliche Beziehungen kann man für den Rotationsanteil $E^{\mathrm{rot}}_G(\rho)$ ansetzen. Für den Potentialterm $\Delta U(\rho)$ lässt sich, beispielsweise im Fall des Bruchs einer Einfachbindung, ebenfalls ein exp-Ansatz, etwa in Form einer Morse-Funktion (13.21), verwenden.

Die gesamte Prozedur ist prinzipiell theoretisch und "ab initio" durchführbar, auch ohne analytische funktionale Abhängigkeiten wie (15.62) vorzugeben. Eine semiempirische Verfahrensweise kann durch nichtempirische Gegenrechnungen punktuell (für bestimmte Prototypen von Reaktionen) gerechtfertigt bzw. bei der Parameterwahl unterstützt werden.

Wir erläutern das Modell an einem Beispiel[9], dem monomolekularen Prozess der H-Ablösung aus dem Methylradikal CH_3. Das Kerngerüst des Reaktanten (d. h. die Kernanordnung im globalen Minimum der Potentialhyperfläche zum Elektronengrundzustand) hat die Symmetriegruppe $\boldsymbol{D}_{3h}$, das des Produkt-

[9] Nach Merkel, A., Zülicke, L.:Nonempirical parameter estimate for the statistical adiabatic theory of unimolecular fragmentation. C–H bond breaking in CH_3. Mol. Phys. **60**, 1379-1393 (1987).

Moleküls CH_2 die Symmetriegruppe $\boldsymbol{C}_{2v}$; für den Elektronengrundzustand (Symmetrierasse $1\,^2A_2''$) kann die Gültigkeit der elektronisch adiabatischen Näherung vorausgesetzt werden. Der Zustand $1\,^2A_2''$ korreliert adiabatisch mit dem tiefsten Elektronenzustand $1\,^3B_1$ von CH_2 und dem ^2S_g - Grundzustand des H-Atoms:

$$CH_3(1\,^2A_2'') \rightarrow CH_2(1\,^3B_1) + H(^2S_g)\,. \qquad (15.63)$$

Der Reaktionsweg entspricht näherungsweise (nicht genau) dem Auseinanderziehen einer der C–H-Bindungen, wobei diese sich allmählich aus der anfänglichen Ebene heraushebt (die Symmetriegruppe ist dann nur noch $\boldsymbol{C}_s$) und die übrigen Kerne sich in CH_2 -Geometrie anordnen; das Potentialprofil hat qualitativ die in Abb. 15.7a schematisch dargestellte barrierelose Form.

Die 6 Normalschwingungen von CH_3 korrelieren adiabatisch mit den drei Normalschwingungen von CH_2 sowie drei Bewegungen von CH_2 und H relativ zueinander: relative Translation der Fragmente CH_2-H (ein Freiheitsgrad) sowie Drehung von CH_2 (zwei Freiheitsgrade, zu deren Beschreibung zwei Winkelvariable erforderlich sind).

Bei der rechnerischen Verfolgung des Verhaltens der Normalschwingungen von CH_3 entlang des Reaktionsweges hat man entsprechend der Annahme *IV* in Abschnitt 15.2.2 dafür zu sorgen, dass die Bewegung in der Reaktionskoordinate ρ von allen übrigen Bewegungen (senkrecht zu ρ) entkoppelt ist; wie das gewährleistet werden kann, soll hier nicht im Detail besprochen werden[10]. Man erreicht damit, dass die Frequenzwerte derjenigen Normalschwingungen, die in die relative Translation CH_2-H sowie in die CH_2 -Drehung übergehen, bei $\rho \rightarrow \infty$ exakt Null werden.

Hat man, entweder durch Berechnungen oder vermittels der beschriebenen Interpolationsprozedur, die Frequenzen $\omega_k(\rho)$ der Normalschwingungen senkrecht zum Reaktionsweg bestimmt, dann lassen sich damit unter Hinzufügung der Gesamtrotationsanteile $E^{\mathrm{rot}}(\rho)$ die adiabatischen rovibronischen Energiebeiträge für alle möglichen (bzw. zulässigen) Quantenzahlkombinationen berechnen; dabei sind, wie bereits angemerkt, die Regeln für die Drehimpulszusammensetzung zu beachten. Die resultierenden Kurven $E_i(\rho)$ [Gl. (15.61)] weisen in der Regel Maxima auf, deren Lage man jeweils einen Übergangskomplex zuordnen könnte. Das wird jedoch nicht explizite benötigt. Man hat lediglich für jede Energie $\mathcal{E}'$ die *offenen adiabatischen Reaktionskanäle* zu zählen, d. h. diejenigen Kurven, deren *Gesamt*verlauf unterhalb $\mathcal{E}'$ bleibt; diese Anzahl ist dann für $n^{\neq}(\mathcal{E}'-\Delta E^{\neq}, J)$ im Ausdruck (15.57) zu verwenden. Außerdem muss die Zustandsdichte $\mathcal{Z}_R(\mathcal{E}', J)$ der Reaktantmoleküle für die einzelnen Drehimpulszustände J bestimmt werden; hierfür gibt es ebenfalls spezielle Näherungsverfahren (siehe z. B. [15.6]).

[10] Ein allgemeines Verfahren hierfür stammt von Miller, W. H., Handy, N. C., Adams, J. E.: Reaction path Hamiltonian for polyatomic molecules. J. Chem. Phys. **72**, 99-112 (1980).

15.4 Abweichungen vom thermischen Gleichgewicht. Relaxation

Die in den vorausgegangenen Abschnitten besprochenen statistischen Näherungen zur Beschreibung bimolekularer und monomolekularer Reaktionen beruhten auf dem Modell der Übergangskonfiguration und damit auf dessen Voraussetzung *II* (s. Abschn. 15.2) eines thermischen oder mikrokanonischen Gleichgewichts der Reaktantmoleküle. Zur Erinnerung: Thermisches Gleichgewicht bedeutet, dass bei einer bestimmten Temperatur T der Anteil von Reaktant-Molekülen, die sich im Quantenzustand i mit der Energie E_i befinden und deren Geschwindigkeitsbetrag im Intervall zwischen u und $u + du$ liegt, durch den Boltzmann-Faktor w_i^0 [Gl. (4.166')] bzw. durch $f(u)du$ mit der Maxwell-Verteilungsfunktion $f(u)$ [Gl. (4.177)] gegeben ist. Im mikrokanonischen Gleichgewicht treten für eine bestimmte Molekül-Gesamtenergie $\mathcal{E}''$ alle Bewegungszustände der Moleküle (Rotation, Schwingungen und Translation), die diesen Wert der Gesamtenergie ergeben, gleich häufig auf.

Die Häufigkeiten, mit denen die Molekülzustände im Gas vorhanden sind, können für kürzere oder längere Zeit von den Gleichgewichtswerten abweichen. Ursachen für solche Störungen des Gleichgewichts haben wir bereits kennengelernt (s. Abschn. 14.2.1.4): So können exoergische reaktive Prozesse bevorzugt schwingungsangeregte Produkte ergeben, so dass die Häufigkeiten, mit denen diese angeregten Zustände auftreten, höher als die Gleichgewichtswerte sind. Umgekehrt führen endoergische reaktive Prozesse, bei denen vorzugsweise schwingungsangeregte Reaktant-Moleküle umgesetzt werden, zur Verminderung des Anteils solcher besonders reaktiver Reaktanten gegenüber den Gleichgewichtswerten. Man kann also nur dann mit der Gleichgewichtsvoraussetzung arbeiten (und damit auch die relativ einfachen Ausdrücke für Geschwindigkeitskoeffizienten erhalten), wenn die Abweichungen vom Gleichgewicht durch nachfolgende Energieaustauschprozesse, innermolekular oder bei Stößen, genügend schnell wieder ausgeglichen werden (*Relaxation*), also bevor der nächste reaktive Stoß erfolgt.

Andererseits kann man gerade nach solchen Bedingungen suchen, unter denen die Relaxation ins Gleichgewicht langsam vor sich geht, um Moleküle so lange in einem besonders reaktiven angeregten Zustand zu halten, bis der gewünschte Prozess abläuft. Moleküle in bestimmten angeregten Zuständen können oft mittels Laserstrahlung gezielt und in hoher Konzentration erzeugt werden; die Auslösung bzw. Steuerung von Reaktionen durch derartige *selektive Anregung* bildet den Gegenstand intensiver Forschung.

15.4.1 Kinetik molekularer Energieübertragungsprozesse

Zuerst soll das Problem, wie sich die Häufigkeiten, mit denen die einzelnen Molekülzustände in einem Gas auftreten, zeitlich ändern, für ein Gemisch aus anfangs zwei Molekülsorten X_1 und X_2 (im Spezialfall kann es sich auch um Atome handeln) allgemein formuliert werden; dabei folgen wir weitgehend der Darstellung in [15.4b].

Wie bisher kennzeichnen wir die inneren Bewegungszustände der Moleküle durch Buchstaben *i, j, ...* (kollektive Quantenzahlen). Es können alle Prozesse

$$X_1(i_1)+X_2(i_2) \leftrightarrow Y_1(k_1)+Y_2(k_2) \qquad (15.64)$$

$$(\text{Kanal } \alpha) \qquad\qquad (\text{Kanal } \beta)$$

ablaufen (wir lassen zunächst sowohl nichtreaktive wie auch reaktive Prozesse zu), die mit der Erhaltung der Gesamtenergie $\mathcal{E}$ vereinbar sind (offene Stoßkanäle, s. Abschn. 12.1.2).

Um auch den Austausch von Translationsenergie formal leicht mitbehandeln zu können, wird die Bedeutung der "Quantenzahlen" $i, j, \ldots$ etwas allgemeiner als bisher gefasst, indem auch die Beträge und die Richtungen der Geschwindigkeiten der Stoßpartner einbezogen werden; so soll etwa $\boldsymbol{u}_{i_1}$ den Geschwindigkeitsvektor des Moleküls $X_1(i_1)$ bezeichnen usw.

Seien n_{i_1} und n_{i_2} die Anzahlen (pro Volumeneinheit) der Moleküle X_1 bzw. X_2 in den Zuständen i_1 bzw. i_2; ihre Summen ergeben die Gesamtkonzentrationen der Moleküle X_1 bzw. X_2 (gemessen in Anzahl $\times \mathrm{cm}^{-3}$):

$$\sum_{i_1} n_{i_1} = [X_1], \quad \sum_{i_2} n_{i_2} = [X_2]; \tag{15.65}$$

entsprechend mit n_{k_1} für $Y_1(k_1)$ und n_{k_2} für $Y_2(k_2)$. Diese *Besetzungszahldichten* sind auf Grund der Prozesse (15.64) zeitlich veränderlich: $n_{i_1} \equiv n_{i_1}(t)$ usw.

Die Geschwindigkeiten der Elementarprozesse (15.64) werden durch Geschwindigkeitskoeffizienten bestimmt, die wir folgendermaßen schreiben: $\mathcal{k}^{\mathrm{nreakt}}_{i_1 i_2 \to j_1 j_2}$ für einen nichtreaktiven Prozess $X_1(i_1) + X_2(i_2) \to X_1(j_1) + X_2(j_2)$, $\mathcal{k}^{\mathrm{reakt}}_{i_1 i_2 \to k_1 k_2}$ für einen reaktiven Prozess $X_1(i_1) + X_2(i_2) \to Y_1(k_1) + Y_2(k_2)$ usw. Die Geschwindigkeitskoeffizienten können gemäß Gleichung (12.32) durch die Relativgeschwindigkeit der Stoßpartner, $u_{12} \equiv |\boldsymbol{u}_{i_1} - \boldsymbol{u}_{i_2}|$, und den (totalen) Wirkungsquerschnitt des betrachteten Prozesses (s. Abschn. 12.1.3) ausgedrückt werden, beispielsweise

$$\mathcal{k}^{\mathrm{nreakt}}_{i_1 i_2 \to j_1 j_2} = u_{12} \cdot \sigma_{i_1 i_2 \to j_1 j_2}(u_{12}); \tag{15.66}$$

für den nichtreaktiven inelastischen Prozess $X_1(i_1) + X_2(i_2) \to X_1(j_1) + X_2(j_2)$ mit dem Wirkungsquerschnitt $\sigma_{i_1 i_2 \to j_1 j_2}(u_{12}) \equiv \sigma(i_1 i_2 \,|\, u_{12} \,|\, j_1 j_2)$; entsprechend für die anderen möglichen Prozesse. Die Wirkungsquerschnitte von Hin- und Rückprozessen erfüllen die Beziehung (14.68) bzw. (14.68') des detaillierten Gleichgewichts.

Für die Besetzungszahldichten lassen sich *Bilanzgleichungen* formulieren. Die zeitliche Änderung der Besetzung eines Zustands i_1 des Moleküls X_1 ist gleich der Differenz der Anzahlen der pro Zeiteinheit durch nichtreaktive oder reaktive Stoßprozesse entstehenden Moleküle $X_1(i_1)$ und der bei solchen Prozessen verbrauchten Moleküle $X_1(i_1)$ (jeweils bezogen auf die Volumeneinheit). Wir trennen zunächst die Beiträge nichtreaktiver und reaktiver Prozesse, schreiben also

$$\mathrm{d}n_{i_1}/\mathrm{d}t = (\mathrm{d}n_{i_1}/\mathrm{d}t)_{\mathrm{nreakt}} + (\mathrm{d}n_{i_1}/\mathrm{d}t)_{\mathrm{reakt}}, \tag{15.67}$$

und vernachlässigen den zweiten Anteil, indem wir annehmen, dass die nichtreaktiven Prozesse (Energieübertragungen) wesentlich schneller vor sich gehen als die reaktiven Prozesse:

$$(\mathrm{d}n_{i_1}/\mathrm{d}t)_{\mathrm{nreakt}} >> (\mathrm{d}n_{i_1}/\mathrm{d}t)_{\mathrm{reakt}} \,. \qquad (15.68)$$

Damit können wir kinetische Gleichungen (analog zu den in Kap. 12 eingeführten) formulieren, welche die Veränderungen der Besetzungen der einzelnen Molekülzustände als Folge der vielfältigen im System möglichen Energieaustauschprozesse zusammenfassen:

$$\mathrm{d}n_{i_1}/\mathrm{d}t = \sum\nolimits_{k_1 l_1 j_1} k^{\mathrm{nreakt}}_{k_1 l_1 \to i_1 j_1} n_{k_1} \cdot n_{l_1} + \sum\nolimits_{k_1 k_2 i_2} k^{\mathrm{nreakt}}_{k_1 k_2 \to i_1 i_2} n_{k_1} \cdot n_{k_2}$$
$$- \sum\nolimits_{j_1 k_1 l_1} k^{\mathrm{nreakt}}_{i_1 j_1 \to k_1 l_1} n_{i_1} \cdot n_{j_1} - \sum\nolimits_{i_2 k_1 k_2} k^{\mathrm{nreakt}}_{i_1 i_2 \to k_1 k_2} n_{i_1} \cdot n_{i_2} \qquad (15.69)$$

für jeden Zustand i_1. Der erste Term auf der rechten Seite beinhaltet die Erhöhung der Besetzung des Zustands i_1 der Moleküle X_1 infolge aller derjenigen Stöße von X_1-Molekülen untereinander, die zu $X_1(i_1)$ führen: $X_1(k_1) + X_1(l_1) \to X_1(i_1) + X_1(j_1)$; summiert wird über alle möglichen Werte von k_1, l_1 und j_1. Analog ist der zweite Term zu interpretieren, der die Beiträge aller Stöße zwischen Molekülen X_1 und X_2 umfasst. Die restlichen beiden Terme liefern die Besetzungsverminderung, die durch Stöße von Molekülen $X_1(i_1)$ mit anderen Molekülen X_1 und X_2 in den verschiedenen inneren Zuständen j_1 bzw. i_2 verursacht werden. Insgesamt ergibt sich die Besetzungsänderung eines Zustands als Bilanz aller besetzungserhöhenden und besetzungsvermindernden Beiträge. Solche Bilanzgleichungen werden auch als *Mastergleichungen* (engl. master equations) bezeichnet.

Stationäre Lösungen der Gleichungen (15.69), für die also $\mathrm{d}n_{i_1}/\mathrm{d}t = 0$ gilt, sind

$$n^0_{i_1} = w^0_{i_1} \cdot [X_1] \;, \quad n^0_{i_2} = w^0_{i_2} \cdot [X_2] \qquad (15.70)$$

mit den normierten, von der Temperatur T abhängenden Boltzmann-Faktoren $w^0_{i_1} \equiv w^0_{i_1}(T)$ und $w^0_{i_2} \equiv w^0_{i_2}(T)$ [Gln. (4.166) bzw. (4.166')]. Nehmen wir an, in dem Gas liege eine zunächst beliebige Besetzungsverteilung vor, dann führen die oben diskutierten Elementarprozesse zu einer Annäherung an die stationäre Verteilung (15.70), die *Gleichgewichtsverteilung*; diesen Annäherungsvorgang, der durch das Gleichungssystem (15.69) beschrieben wird, bezeichnet man als *Relaxation*. Damit werden sich die folgenden Abschnitte befassen.

Das strenggenommen unendliche nichtlineare Gleichungssystem (15.69) ist nur mit starken Vereinfachungen lösbar:

(a) Zunächst zeigt sich, dass der Relaxationsvorgang für die einzelnen Bewegungsformen der Moleküle (Translation, Schwingungen, Kerngerüstrotation, Elektronenbewegung) im Allgemeinen sehr unterschiedlich schnell vor sich geht.

Wie wir noch sehen werden, hängt diese Tatsache mit der Möglichkeit der adiabatischen Separation molekularer Bewegungsformen (s. Abschn. 4.3) zusammen, die u. a. auch dazu führt, dass sich die Gesamtenergie näherungsweise additiv aus den entsprechenden Energieanteilen zusammensetzt. Davon haben wir bereits mehrfach Gebrauch gemacht.

Man kann unter diesen Bedingungen einzelne Bewegungsformen herausgreifen und deren Relaxation über eine gewisse Zeitspanne verfolgen. Für andere Bewegungen kann die Relaxation bereits abgeschlossen sein, für wieder andere kann die Relaxation so langsam erfolgen, dass sie während der betrachteten Zeitspanne vernachlässigbar wenig fortschreitet. Unter solchen Voraussetzungen werden wir in den folgenden Abschnitten die Relaxationsvorgänge auf verschiedenen Zeitskalen qualitativ diskutieren, ohne das Gleichungssystem (15.69) streng zu lösen.

(b) Eine weitere erhebliche Vereinfachung lässt sich erreichen, wenn man annimmt, dass eines der Gase, etwa X_1, in sehr geringer Konzentration dem Gas X_2 beigemischt ist und letzteres sich im thermischen Gleichgewicht bei der Temperatur T befindet. Für die Molekülzustände $X_2(i_2)$ gilt dann eine Boltzmann-Verteilung mit $w_{i_2}^0(T)$, und die Relaxation der X_1-Besetzungen aus einem Nichtgleichgewicht heraus wird im Wesentlichen durch die Kopplung an das "Wärmebad" X_2 bewirkt. Die Annahme geringer Konzentration von X_1 berechtigt dazu, die Glieder $\propto n_{k_1} \cdot n_{l_1}$ und $\propto n_{i_1} \cdot n_{j_1}$ in den Gleichungen (15.69), die Stößen $X_1 - X_1$ entsprechen, zu vernachlässigen. Damit werden die Mastergleichungen linear, und viele Glieder lassen sich zusammenfassen.

Auf Einzelheiten gehen wir hier nicht weiter ein, sondern verweisen auf die Literatur [15.4b].

15.4.2* Relaxationszeiten

Am übersichtlichsten liegen die Verhältnisse hinsichtlich der Übertragung von Translationsenergie; bei elastischen Stößen zwischen Molekülen gibt es ausschließlich diese Form von Energieaustausch.

Bei Berücksichtigung der inneren Freiheitsgrade der Moleküle wird die theoretische Behandlung wesentlich komplizierter. Genügt für die Translationsbewegung meist noch eine klassische Beschreibung, so müssen bei den gequantelten inneren Zuständen spezifische Geschwindigkeitsgleichungen für die einzelnen möglichen inelastischen Stoßprozesse mit Übergängen zwischen den Quantenzuständen der inneren Bewegungen formuliert und gelöst werden. Das ist in der Regel nicht durchführbar, so dass man auf Vereinfachungen angewiesen ist; einiges hierzu findet man z. B. in [15.4a,b]. Wir können uns hinsichtlich solcher Vereinfachungen von Überlegungen leiten lassen, wie wir sie so oder ähnlich schon in anderen Zusammenhängen mehrfach benutzt haben, indem wir nämlich den einzelnen Bewegungsformen (Translation, Rotation, Schwingungen, wenn wir vorerst innerhalb der elektronisch adiabatischen Näherung bleiben) *charakteristische Zeiten* zuordnen (s. Abschn. 4.3.1)[11] und für die Übertragung von Energie die Vorstellung einer *Quasi-Resonanz* verwenden (s. Abschn. 4.3.2.3). Zur theoretischen Beschreibung werden häufig einfache Näherungen eingesetzt, etwa für den Austausch von Translationsenergie das Hartkugelmodell, für stoßinduzierte Schwingungsübergänge das Modell des harmonischen Oszillators unter dem Einfluss einer äußeren Kraft u. a.

Auf dieser Grundlage lassen sich *Relaxationszeiten* definieren, die ein Maß dafür sind, wie

[11] Wie wir noch sehen werden, sind allerdings die in Abschnitt 4.3.1 benutzten, sehr groben Abschätzungen hier meist nicht ausreichend.

schnell momentane Abweichungen vom (thermischen oder mikrokanonischen) Gleichgewicht infolge der Energieaustauschprozesse bei nachfolgenden Stößen wieder abgebaut werden.

15.4.2.1 Begriff der Relaxationszeit*

Was unter einer Relaxationszeit zu verstehen ist, machen wir uns an einem Beispiel klar, der Änderung des Schwingungszustands zweiatomiger Moleküle AB durch Stöße mit anderen Molekülen M:

$$\mathrm{AB}(v)+\mathrm{M} \leftrightarrow \mathrm{AB}(v')+\mathrm{M}\ ; \tag{15.71}$$

dabei setzen wir der Einfachheit halber voraus, dass es für das Molekül AB nur diese beiden Schwingungszustände v und v' gibt. Seien $n \equiv [\mathrm{AB}(v)]$ und $n' \equiv [\mathrm{AB}(v')]$ die Konzentrationen der Moleküle (Anzahl der Moleküle pro Volumeneinheit) in den Schwingungszuständen v (Energie E_v) bzw. v' (Energie $E_{v'}$) sowie $n_\mathrm{M} \equiv [\mathrm{M}]$ die Konzentration der Moleküle M, dann gilt für die Änderungsgeschwindigkeit der Konzentrationen:

$$-(\mathrm{d}n/\mathrm{d}t) = \mathrm{d}n'/\mathrm{d}t = k_{v\to v'}\, n\cdot n_\mathrm{M} - k_{v'\to v}\, n'\cdot n_\mathrm{M} \tag{15.72}$$

mit den Geschwindigkeitskoeffizienten $k_{v\to v'}(T)$ für den Prozess $v \to v'$ und $k_{v'\to v}(T)$ für der Rück-Prozess $v' \to v$. Wenn das Gleichgewicht erreicht ist, bleiben die Konzentrationen n und n' konstant; ihre Werte bezeichnen wir dann mit n_0 bzw. n'_0, sie sind proportional zu den Boltzmann-Faktoren: $n_0 \propto \exp(-E_v/k_\mathrm{B}T)$ bzw. $n'_0 \propto \exp(-E_{v'}/k_\mathrm{B}T)$. Das heißt: pro Zeiteinheit werden gerade so viele Moleküle AB aus dem Zustand v in den Zustand v' übergeführt wie umgekehrt:

$$0 = k_{v\to v'}\, n_0\cdot n_\mathrm{M} - k_{v'\to v}\, n'_0\cdot n_\mathrm{M}\ , \tag{15.73}$$

folglich (im Einklang mit den Überlegungen in Abschn. 14.4)

$$k_{v\to v'}/k_{v'\to v} = n'_0/n_0 = \exp[-(E_{v'}-E_v)/k_\mathrm{B}T]\ . \tag{15.74}$$

Wird das Gleichgewicht gestört, etwa durch Erhöhung der Konzentration n_0 der Moleküle im Zustand v auf $n = n_0 + \Delta n$ (und entsprechender Verringerung der Konzentration n'_0 auf $n'_0 - \Delta n$), dann erfolgt die Rückkehr ins Gleichgewicht nach der Ratengleichung

$$-(\mathrm{d}/\mathrm{d}t)(n_0+\Delta n) = k_{v\to v'}(n_0+\Delta n)\cdot n_\mathrm{M} - k_{v'\to v}(n'_0-\Delta n)\cdot n_\mathrm{M}\ .$$

Unter Berücksichtigung der Beziehung (15.73) ergibt sich hieraus eine Gleichung für die Abweichung $\Delta n(t)$ der Konzentration n vom Gleichgewichtswert n_0:

$$-(\mathrm{d}/\mathrm{d}t)\Delta n = (k_{v\to v'} + k_{v'\to v})\cdot n_\mathrm{M}\cdot \Delta n\ . \tag{15.75}$$

Diese Differentialgleichung ist einfach zu lösen (ÜA 15.4); man erhält für die Funktion $\Delta n(t)$ eine exponentielle Zeitabhängigkeit:

$$\Delta n(t) = \Delta n(t_0)\cdot \exp[-(t-t_0)/\tau_\mathrm{relax}]\ . \tag{15.76}$$

Hier ist $\Delta n(t_0)$ die zum Zeitpunkt $t = t_0$ durch kurzzeitige Einwirkung einer Störung hervorgerufene Konzentrationsänderung, und der Parameter

$$\tau_{\text{relax}} \equiv 1/(k_{\upsilon\to\upsilon'} + k_{\upsilon'\to\upsilon})\cdot n_{\text{M}} \tag{15.77}$$

ist die Zeit, während der die Abweichung Δn vom Wert $\Delta n(t_0)$ auf dessen e-ten Teil abgeklungen ist; es gilt nach Gleichung (15.76): $\Delta n \to 0$ bei $t \to \infty$. Diese für die Annäherung an das thermische Gleichgewicht charakteristische Zeit τ_{relax} wird als ***Relaxationszeit*** bezeichnet, hier für den betrachteten Prozess des Abbaus (Desaktivierung) der Schwingungsanregung und deren Umwandlung in Translationsenergie.

Wenn die Energiedifferenz der beiden Schwingungszustände $\Delta E = E_{\upsilon'} - E_{\upsilon} > 0$ (angenommen, υ' sei der energetisch höhergelegene Zustand) wesentlich größer ist als die "thermische Energie" (Größenordnung $k_{\text{B}}T$),

$$\Delta E >> k_{\text{B}}T\,, \tag{15.78}$$

dann gilt nach Gleichung (15.74): $k_{\upsilon\to\upsilon'}/k_{\upsilon'\to\upsilon} << 1$, und die Relaxationszeit ist näherungsweise durch

$$\tau_{\text{relax}} \approx 1/\,k_{\upsilon'\to\upsilon}\cdot n_{\text{M}} \tag{15.79}$$

gegeben.

Werden die Konzentrationen n, n' und n_{M} in Anzahlen der Moleküle pro cm^3 gemessen, die Geschwindigkeitskoeffizienten $k_{\upsilon\to\upsilon'}$ und $k_{\upsilon'\to\upsilon}$ dementsprechend in $\text{cm}^3\cdot(\text{Anzahl Moleküle})^{-1}\cdot\text{s}^{-1}$, dann hat τ_{relax} die Dimension Zeit, wie es sein muss.

Nach der Näherung (15.79) ist der Geschwindigkeitskoeffizient das Reziproke des Produkts von τ_{relax} mit der Teilchendichte n_{M}, die ihrerseits dem Druck p proportional ist; unter Berücksichtigung der Zustandsgleichung idealer Gase (s. Anhang A4.1, auch [15.1]) gilt: $n_{\text{M}} = p/k_{\text{B}}T$, woraus folgt:

$$k_{\upsilon'\to\upsilon} \approx k_{\text{B}}T(p\cdot\tau_{\text{relax}})^{-1} \tag{15.80}$$

in Einheiten $\text{cm}^3\cdot\text{Molekül}^{-1}\cdot\text{s}^{-1}$, wenn der Druck in physikalischen Atmosphären atm (1 atm = $1{,}01325\times10^5$ Pa) gemessen wird. Bei Multiplikation dieser Beziehung mit der Avogadro-Zahl N_{A} ergibt sich $k_{\upsilon'\to\upsilon}$ in den üblichen Einheiten $\text{cm}^3\cdot\text{mol}^{-1}\cdot\text{s}^{-1}$.

Im Prinzip hat man das Relaxationsproblem in voller Allgemeinheit mittels der Master-Gleichungen (15.69) zu behandeln.

Am Schluss des Abschnitts 15.4.1 wurden zwei Bedingungen formuliert, unter denen die Lösung dieser Gleichungen wesentlich erleichtert wird. Weitere Vereinfachungen lassen sich erreichen, wenn man noch eine dritte Bedingung hinzunimmt:

(c) Die bei Stößen übertragene Energie ΔE sei im Gegensatz zur Annahme (15.78) klein im Vergleich mit $k_{\text{B}}T$ (bei 300 K ist $k_{\text{B}}T \approx 10^{-2}\,\text{eV}$, vgl. Abschn. 4.3.1); man spricht dann häufig von *Diffusionsnäherung* [15.4a,b]. Wir gehen hier nicht im Detail darauf ein, sondern notieren nur ein wichtiges Resultat für den Fall, dass sich ein Gas von Molekülen X in Kontakt mit einem Wärmebad von Molekülen M befindet; die Temperatur sei *T*. Dann kann die

Relaxationszeit für die Annäherung des Mittelwerts der Energie $\bar{\mathcal{E}}$ der betrachteten Moleküle an ihren Gleichgewichtswert $\bar{\mathcal{E}}^0$ durch eine relativ einfache Formel abgeschätzt werden:

$$\tau_{\text{relax}} \approx 2\{k_B T^2 (\mathrm{d}\bar{\mathcal{E}}^0/\mathrm{d}T)\} / \left\langle(\Delta E)^2\right\rangle^0 \mathscr{k}^0 n_M \tag{15.81}$$

(nach [15.4a,b]); hier ist $\left\langle(\Delta E)^2\right\rangle^0$ der thermische Mittelwert des Quadrats der pro Stoß übertragenen Energie, und $\mathscr{k}^0$ bezeichnet den gaskinetischen Geschwindigkeitskoeffizienten der wirksamen Stöße (s. unten).

Die mittlere Flugzeit τ_c eines Teilchens X_1 zwischen zwei aufeinanderfolgenden Stößen in einem Gas von Teilchen X_2 der Dichte n_2 kann man als das Reziproke der Stoßfrequenz $Z_{12}^{(1)} = \langle u_{12}\rangle \cdot \sigma_{12} \cdot n_2$ [Gl. (A4.22)] definieren:

$$\tau_c \equiv 1 / Z_{12}^{(1)} = 1 / \langle u_{12}\rangle \cdot \sigma_{12} \cdot n_2 \; ; \tag{15.82}$$

besteht das Gas aus nur einer Teilchensorte X_1, dann ist im Ausdruck für τ_c die entsprechende Stoßfrequenz $Z_{11}^{(1)} = \sqrt{2}\,\langle u_{11}\rangle \cdot \sigma_{11} \cdot n_1$ [Gl. (A4.24)] zu verwenden. Es bezeichnen wieder n_1 und n_2 die Konzentrationen von X_1 bzw. X_2 (Anzahlen der Moleküle pro cm^3) sowie σ_{12} den effektiven Stoßquerschnitt (Wirkungsquerschnitt) beim Aufeinandertreffen von X_1 und X_2 in der Näherung harter Kugeln. Der Faktor $\langle u_{12}\rangle = (8k_B T/\pi\mu_{12})^{1/2}$, in dem die reduzierte Masse $\mu_{12} \equiv m_1 m_2/(m_1 + m_2)$ eines Teilchenpaares $X_1 - X_2$ (Massen m_1 bzw. m_2) auftritt, ist der thermische Mittelwert der Relativgeschwindigkeit der beiden Teilchen X_1 und X_2 [Gl. (A4.21)]. Für ein Teilchenpaar $X_1 - X_1$ sind die Ausdrücke $\langle u_{11}\rangle = (8k_B T/\pi\mu_{11})^{1/2} = \sqrt{2}\,(8k_B T/\pi m_1)^{1/2}$ anstelle von $\langle u_{12}\rangle$ und σ_{11} anstelle von σ_{12} zu nehmen. Als effektiven Stoßquerschnitt in der Hartkugel-Näherung haben wir $\sigma_{12} = \pi\bar{d}^2$, wobei $\bar{d} = (d_1 + d_2)/2$ der größtmögliche Abstand zwischen den Mittelpunkten der Kugeln X_1 und X_2 mit den Durchmessern d_1 bzw. d_2 ist, bei dem beide noch in Kontakt kommen (s. Abschn. 12.1.3, dort Abb. 12.3); für Stöße $X_1 - X_1$ ist $\bar{d} = d_1$ und folglich $\sigma_{11} = \pi d_1^2$.

Informationen über effektive Stoßquerschnitte bzw. "Moleküldurchmesser" lassen sich semiempirisch aus Messungen gewinnen, wenn man auf der Grundlage des Hartkugelmodells einen Zusammenhang zwischen der Messgröße (etwa dem Koeffizienten der inneren Reibung) und σ_{12} bzw. σ_{11} herstellt (s. hierzu die einschlägige physikalisch-chemische Literatur, z. B. [15.1]).

Eine nützliche Kenngröße dafür, wie effizient Energie bei einem Stoß zweier Moleküle übertragen wird, ist das Verhältnis der Relaxationszeit τ_{relax} zu der soeben definierten Zeit τ_c:

$$z_{\text{relax}} \equiv \tau_{\text{relax}} / \tau_c \; ; \tag{15.83}$$

diese oft als *Relaxationsstoßzahl* bezeichnete Größe gibt an, wieviele Stöße im Mittel zur Herstellung des thermischen Gleichgewichts nötig sind.

Um die im Ausdruck (15.81) auftretenden Parameter zu ermitteln, verwendet man in der Regel vereinfachte Modelle; im Folgenden werden einige Resultate mitgeteilt.

Es sei noch angemerkt, dass wir bei den Diskussionen der Energieumwandlungsprozesse meist Hin- und Rückprozess nicht ausdrücklich unterscheiden. Wie wir wissen, stehen die Wahrscheinlichkeiten (und deren Folgegrößen) für beide Prozessrichtungen in einem durch das Prinzip des detaillierten Gleichgewichts gegebenen Zusammenhang (s. Abschn. 14.4).

15.4.2.2 Relaxationszeiten für Energieaustauschprozesse*

Wir stellen jetzt (in Anlehnung an die Darstellung in [15.4a,b]) kurzgefasst die wichtigsten bei molekularen Stößen vor sich gehenden Energieaustauschprozesse sowie Abschätzungen der entsprechenden Relaxationszeiten zusammen.

(1) Austausch von Translationsenergie (T−T - Übertragung)

Der Austausch von Translationsenergie beim Stoß zweier Moleküle oder Atome lässt sich am einfachsten klassisch-mechanisch behandeln, wenn wir die Stoßpartner X_1 und X_2 mit den Massen m_1 bzw. m_2 als harte Kugeln ansehen; Stoßvorgänge laufen dann etwa wie beim Billardspiel ab. Die Beschreibung der Moleküle eines Gases durch ein klassisch-mechanisches Hartkugelmodell liegt der *kinetischen Gastheorie* zugrunde (s. Anhang A4).

Die klassische Beschreibung genügt nicht für Prozesse mit kleinen Streuwinkeln θ von der Größenordnung $\theta \approx \lambda / R_0$, wenn λ die de-Broglie-Wellenlänge der Relativbewegung und R_0 den minimalen Abstand zwischen den Schwerpunkten von X_1 und X_2 im Verlauf des Stoßvorgangs bezeichnen. Auch bei Streuwinkeln in der Nähe des sog. Regenbogenwinkels ist die klassische Näherung nicht zulässig; dort hat klassisch der Streuwinkel in Abhängigkeit vom Stoßparameter b ein Minimum und der elastische differentielle Streuquerschnitt eine Singularität, s. etwa [15.3].

Den Ausgangspunkt für die Diskussion der T−T-Relaxation bildet die in Gleichung (A4.23) definierte *Stoßdichte* (*Stoßhäufigkeit*),

$$Z_{12} = \langle u_{12} \rangle \cdot \sigma_{12} \cdot n_1 \cdot n_2 , \tag{15.84}$$

welche die Gesamtzahl der in der Volumeneinheit pro Zeiteinheit stattfindenden Stöße zwischen einem Molekül X_1 und einem Molekül X_2 in einem idealen Gas aus diesen beiden Molekülsorten angibt; die in diesem Ausdruck auftretenden Größen sind oben erklärt.

Der Ausdruck (15.84) zeigt, dass Z_{12} die Bedeutung einer Prozessgeschwindigkeit hat, gemessen in Einheiten (Anzahl Moleküle)$\cdot \mathrm{cm}^{-3} \cdot \mathrm{s}^{-1}$ (oder $\mathrm{mol} \cdot \mathrm{cm}^{-3} \cdot \mathrm{s}^{-1}$, wenn n_1 und n_2 in $\mathrm{mol} \cdot \mathrm{cm}^{-3}$ angegeben werden). Der entsprechende bimolekulare Geschwindigkeitskoeffizient ist

$$k_{12} = Z_{12} / n_1 \cdot n_2 = \langle u_{12} \rangle \cdot \sigma_{12} ; \tag{15.85}$$

er hat damit die Form (12.32) und wird in Einheiten (Anzahl Moleküle)$^{-1} \cdot$ cm$^3 \cdot$ s^{-1} (bzw. mol$^{-1} \cdot$ cm$^3 \cdot$ s^{-1}) gemessen.

Um einen Eindruck von der Größenordnung der Zahlenwerte zu vermitteln, geben wir $\mathscr{k}_{12}$ für einen angenommenen effektiven Moleküldurchmesser $\overline{d} = 3{,}0$ Å (annähernd gleich dem semiempirisch gewonnenen Wert für Stöße von O_2 und N_2) bei Zimmertemperatur (300 K) an: es resultiert dann $\mathscr{k}_{12} = 1{,}8 \times 10^{10}$ (Anzahl Moleküle)$^{-1} \cdot$ cm$^3 \cdot$ s^{-1}. Setzt man ferner Standarddruck (1 atm) voraus, so erhält man für die Stoßdichte (15.84) das Ergebnis $Z_{12} \approx 1{,}5 \times 10^{29}$ Moleküle $\cdot$ cm$^{-3} \cdot$ s^{-1} (s. ÜA 15.5), also einen sehr hohen Zahlenwert.

Auf der Grundlage des Hartkugelmodells lässt sich auch der thermische Mittelwert des Quadrats der übertragenen Translationsenergie ΔE näherungsweise bestimmen. Das soll hier nicht im Detail besprochen werden; wir übernehmen das Ergebnis aus [15.4b] (s. dort §14), und zwar führt der Ausdruck (15.81) zu der Relaxationszeit

$$\tau_{\mathrm{T-T}} \approx (m_2/m_1) / \mathscr{k}_{12} \cdot n_2 \qquad (15.86)$$

für die Übertragung von Translationsenergie. Diese Formel wurde zunächst unter der Bedingung $m_1 << m_2$ hergeleitet, erwies sich aber auch bei $m_1 \approx m_2$ für qualitative Abschätzungen als brauchbar. Es ergeben sich auf diese Weise T – T - Relaxationszeiten, die von gleicher Größenordnung sind wie die mittleren Zeitabstände τ_c zwischen zwei aufeinanderfolgenden Stößen, nämlich $\approx 10^{-10}$ s (s. oben und Anhang A4.2.4; auch ÜA 15.5). Das thermische Gleichgewicht bezüglich der Translationsfreiheitsgrade wird also sehr schnell hergestellt. Die in Gleichung (15.83) definierte Relaxationsstoßzahl für die T – T - Relaxation, $z_{\mathrm{T-T}} \equiv \tau_{\mathrm{T-T}} / \tau_c$, hat demnach einen Wert von ungefähr 1.

(2) Austausch von Translationsenergie und innerer Energie (Schwingungen, Rotation, Elektronenbewegung)

Für den Energietransfer zwischen Translationsfreiheitsgraden einerseits und Freiheitsgraden der gequantelten inneren Bewegungen von Molekülen bei Stößen liegen die Verhältnisse wesentlich komplizierter als für den T – T - Austausch. Eine grobe Orientierung kann ein Vergleich der charakteristischen Zeiten der Bewegungsformen geben, wie wir sie in Abschnitt 4.3.1 abgeschätzt hatten. Das dort erhaltene Resultat für die Translationsbewegung $\tau_{\mathrm{tr}} \approx 10^{-13}$ s gibt größenordnungsmäßig die Zeitdauer an, während der zwei stoßende Moleküle X_1 und X_2 in Wechselwirkung stehen; wir bezeichnen diese Zeit jetzt mit τ_{WW} ($\equiv \tau_{\mathrm{tr}}$). Ist sie groß im Vergleich zur charakteristischen Zeit τ_{int} für eine innere Bewegung,

$$\tau_{\mathrm{WW}} >> \tau_{\mathrm{int}}, \qquad (15.87)$$

verändern sich also die Kernanordnungen der stoßenden Moleküle relativ zueinander und damit die wirkenden Kräfte im Verlauf des Stoßes sehr langsam ("adiabatisch "), dann geht der Prozess ohne Änderung des Quantenzustands einer inneren Bewegung, d. h. elastisch, vor sich. Eine Änderung eines inneren Quantenzustands tritt ein, wenn beide Zeiten, τ_{WW} und τ_{int}, sich nicht stark unterscheiden. Ein solches "Resonanz-Argument" (zuweilen als *adiabatisches Prinzip* bezeichnet) hatten wir bereits mehrfach benutzt.

Für die T – R - *Übertragung* ist die Bedingung (15.87) im Allgemeinen nicht erfüllt, vielmehr haben wir es häufig mit im Vergleich zur langsamen Drehung (τ_{rot} groß) kurzen Wechselwirkungsdauern τ_{WW} zu tun (vgl. die Angaben in Abschn. 4.3.1); man spricht von "plötzlichen Stößen". Theoretische Abschätzungen der Relaxationszeiten τ_{T-R}, die für einfache Moleküle vorgenommen wurden (s. hierzu [15.4a,b]), haben im Einklang mit experimentellen Befunden ergeben, dass in den meisten Fällen die Relaxationsstoßzahl z_{T-R} kleiner als 10 ist, die Relaxationszeiten τ_{T-R} also die Größenordnung 10^{-9} s haben. Eine Ausnahme bilden H_2 - Moleküle mit ihrem besonders kleinen Trägheitsmoment und dementsprechend großen Rotationsquanten, für die man z_{T-R} - Werte von einigen 100 und T – R - Relaxationszeiten von der Größenordnung 10^{-8} s erhält.

Wie wir aus Kapitel 11 wissen, sind Schwingungs- und Rotationsbewegungen von Molekülen stets gekoppelt, so dass T – V - *Übertragungsprozesse* eigentlich nicht für sich, sondern nur unter Einbeziehung der Rotation beschrieben werden können. Wenn jedoch der orientierungsabhängige Anteil des Wechselwirkungspotentials klein ist, lassen sich auch mit alleiniger Berücksichtigung der Freiheitsgrade der relativen Translation und der molekularen Schwingungen vernünftige Abschätzungen vornehmen.

Die Bedingung (15.87) ist für die Übertragung von Energie zwischen Schwingung und Translation auf Grund der Größe der Schwingungsquanten (einige 10^{-2} eV entsprechend $\tau_{vib} \approx 10^{-14} ... 10^{-15}$ s; vgl. Abschn. 4.3.1) in der Regel erfüllt, so dass kleine Übergangswahrscheinlichkeiten, demzufolge lange Relaxationszeiten τ_{T-V} und entsprechend hohe Relaxationsstoßzahlen z_{T-V} zu erwarten sind. Das stimmt mit experimentellen Befunden überein.

Für schwingungs-inelastische Stoßprozesse (15.64), speziell etwa (15.71), bei niedrigen Quantenzahlen v lässt sich der Geschwindigkeitskoeffizient $k_{v' \to v}$ und damit die Relaxationszeit τ_{T-V} mittels Gleichung (15.79) relativ leicht abschätzen; s. hierzu etwa [15.4a], dort Kap. II.

Analog zu strahlungsinduzierten Übergängen können in harmonischer Näherung nur Übergänge $v \to v' = v \pm 1$, also zwischen benachbarten Schwingungszuständen, stattfinden. Nach Mittelung über eine thermische Gleichgewichtsverteilung ergibt sich der folgende Näherungsausdruck für den Geschwindigkeitskoeffizienten:

$$k_{v \to v+1} = \sigma_0 \cdot \langle u \rangle \cdot \langle \mathcal{P}_{v \to v+1} \rangle \tag{15.88}$$

(*Landau-Teller-Formel*), wobei σ_0 der Hartkugel-Stoßquerschnitt ist (s. oben) und $\langle u \rangle$ sowie $\langle \mathcal{P}_{v \to v+1} \rangle$ die thermischen Mittelwerte der Relativgeschwindigkeit bzw. der Übergangswahrscheinlichkeit bezeichnen. Diese gemittelte Übergangswahrscheinlichkeit lässt sich als geschlossener Ausdruck angeben; man kann diesen z. B. in [15.4]) finden, ebenso diverse Verbesserungen der Landau-Teller-Näherung.

Die gemittelten Übergangswahrscheinlichkeiten $\langle \mathcal{P}_{v \to v+1} \rangle$ haben kleine Werte, das gilt folglich wegen der Beziehung (15.88) auch für die Ratenkonstanten $k_{v \to v+1}$, so dass relativ lange Relaxationszeiten $\tau_{\mathrm{T-V}}$ bis zu 10^{-4} s und sogar darüber erhalten werden.

Es gibt nicht wenige Energieaustauschprozesse, an denen auch elektronische Energie beteiligt ist; sie spielen insbesondere dann eine Rolle, wenn sich mindestens einer der Stoßpartner in einem entarteten Elektronenzustand befindet, d. h. eine oder mehrere nichtabgeschlossene Elektronenschalen aufweist. Die dann relativ komplizierten Vorgänge können hier nicht ausführlich behandelt werden (auch darüber mehr in [15.4a,b]).

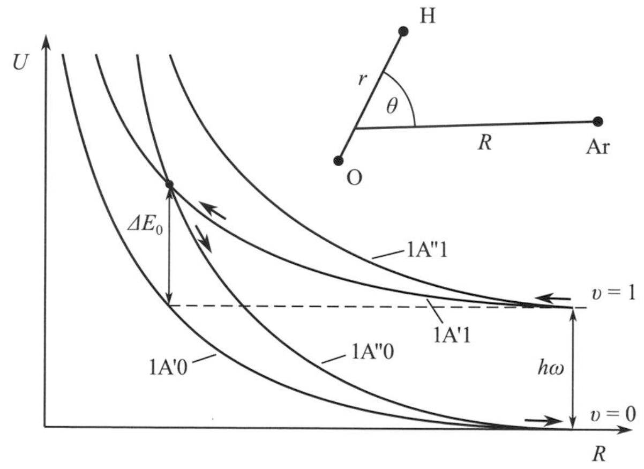

Abb. 15.8
Elektronisch adiabatischer und nichtadiabatischer Mechanismus der T–V-Energieübertragung bei Stößen Ar + OH($X\,^2\Pi$) [schematisch; ergänzter Abdruck aus Chem. Phys. **105**; Zuhrt, Ch., Zülicke, L., Umansky, S. Ya.: Theoretical investigation of the vibrational relaxation process Ar+OH(v =1) → Ar+OH(v = 0), S. 15-26 (1986), mit Genehmigung von Elsevier]

Wir begnügen uns mit einer kurzen Beschreibung einer Situation, bei der am T−V - Austausch (Schwingungsdesaktivierung) auch ein *elektronisch nichtadiabatischer Mechanismus* beteiligt ist. Ein zweiatomiges Molekül befinde sich in einem zweifach entarteten Elektronengrundzustand, wie das z. B. beim OH-Radikal (Grundzustand $X\,^2\Pi$) der Fall ist. Bei der Wechselwirkung mit einem Edelgasatom, etwa Ar, wird die Entartung aufgehoben, der Elektronenzustand spaltet in zwei Komponenten (A' und A'') auf; beide führen zu einem repulsiven Wechselwirkungspotential (s. Abb. 15.8). Nehmen wir nun die Schwingungsbewegung hinzu, betrachten also das Gesamtsystem in einer vibronisch adiabatischen Näherung (vgl. Abschn. 14.2.3.2*(b)*), dann kommt es bei der Verringerung des Abstands R der Stoßpartner Ar und OH zu einer Überschneidung der beiden vibronischen Terme $1A'1$ (d. h. Elektronenzustand $1A'$, Schwingungszustand $v = 1$) und $1A''0$ (Elektronenzustand $1A''$, Schwingungszustand $v = 0$), und es eröffnet sich zusätzlich zu dem oben beschriebenen Landau-Teller-Mechanismus ein weiterer Weg der T–V - Übertragung, bei dem ein Übergang von einem Schwingungszustand in den anderen, gekoppelt mit einem Übergang von einer Komponente des Elektronenterms in die andere, erfolgt,: $1A'1 \to 1A''0$; die dafür nötige klassische Schwellenenergie ist der Termabstand ΔE_0 in Abb. 15.8. Dadurch wird die gesamte Schwingungsübergangswahrscheinlichkeit erheblich erhöht und die T–V - Relaxationszeit verkürzt (s. Zuhrt. Ch., et al., loc. cit.).

(3) Austausch von innerer Energie bei Stößen (V–V, R–R)

Bei Stoßprozessen zwischen zwei- oder mehratomige Molekülen kann außer den bisher diskutierten Energieübertragungen innere Energie, z. B. Schwingungsenergie, auch "direkt" ausgetauscht werden, etwa

$$\mathrm{AB}(v_1)+\mathrm{CD}(v_2)\rightarrow \mathrm{AB}(v_1+1)+\mathrm{CD}(v_2-1)\,. \qquad (15.89)$$

Die theoretische Behandlung ist schon deshalb, weil dazu mindestens vier Atome im Spiel sein müssen, ziemlich kompliziert, weshalb wir uns hier mit einer einfachen Resonanzbetrachtung begnügen (s. wieder Abschn. 4.3.2.3): Zwei gekoppelte schwingende Systeme tauschen umso leichter Energie aus, je näher ihre Eigenfrequenzen beieinander liegen. Diese Resonanzbedingung ist am besten erfüllt, wenn zwei gleichartige Moleküle stoßen und die beiden Oszillatoren als harmonisch betrachtet werden können, so wie im Fall

$$\mathrm{HCl}(v=1)+\mathrm{HCl}(v=1)\rightarrow \mathrm{HCl}(v=2)+\mathrm{HCl}(v=0)\,. \qquad (15.90)$$

Derartige "quasi-resonante" V–V - Prozesse laufen mit hoher Wahrscheinlichkeit ab, und die entsprechende Relaxationszeit τ_{V-V} ist daher kurz, typischerweise von der Größenordnung 10^{-8} s (bei Normalbedingungen).

Ähnliches gilt für den Austausch von Rotationsenergie, wobei die Rotationsniveaus viel dichter liegen und die Resonanzbedingung dadurch leichter erfüllbar ist. Die R–R - Relaxationszeiten τ_{R-R} sind infolgedessen noch wesentlich kürzer; sie haben typische Werte von der Größenordnung 10^{-9} ... 10^{-10} s (bei Normalbedingungen).

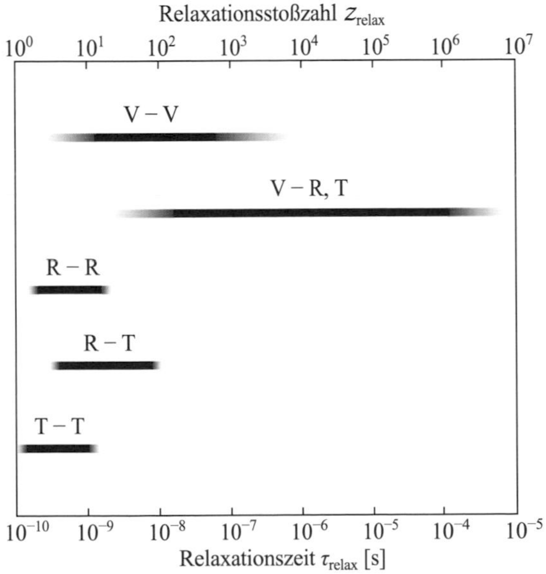

Abb. 15.9
Relaxationszeiten für Energieübertragungsprozesse bei Stößen unter Normalbedingungen [nach Ben-Shaul, A., et al.: Lasers and Chemical Change. Springer, Berlin/Heidelberg/New York (1981); mit freundlicher Genehmigung von Springer, Science+Business Media, Heidelberg]

Als Resumé solcher Überlegungen und Abschätzungen zu den charakteristischen Zeiten der verschiedenen möglichen Relaxationsprozesse können wir uns nun ein Bild vom Gesamtablauf der Annäherung eines Systems an das thermische Gleichgewicht machen. Dieser Relaxationsvorgang wird auf Grund der für die verschiedenen Gruppen von Freiheitsgraden maßgeblichen unterschiedlichen Zeitskalen *sequentiell* vor sich gehen (s. Abb. 15.9): Zuerst stellt sich innerhalb einiger 10^{-10} s (bei Normaldruck, 1 atm) die thermische (Maxwell-) Verteilung der Geschwindigkeiten ein. Fast ebenso schnell laufen die R–R - Relaxation und die R–T - Relaxation ab. Man kann also in der Regel voraussetzen, dass Translations- und Rotationsfreiheitsgrade im thermischen Gleichgewicht sind, eventuell anfangs mit unterschiedlichen Verteilungsparametern T_{tr} bzw. T_{rot} ("Translationstemperatur" bzw. "Rotationstemperatur"). Dann kommen die Schwingungsfreiheitsgrade durch V–V - Prozesse (vorausgesetzt, solche sind möglich) unter sich ins Gleichgewicht, d. h. die Schwingungszustände werden nach einer Boltzmann-Verteilung besetzt, wieder zunächst mit einer eigenen "Schwingungstemperatur" T_{vib}. Die langsamsten Vorgänge sind die V–T - und die V–R - Relaxationen auf Grund der wenig effizienten Energieaustauschprozesse zwischen den Schwingungsfreiheitsgraden einerseits und den Translations- und Rotationsfreiheitsgraden andererseits. Erst nach Abschluss aller dieser Vorgänge ist das thermische Gleichgewicht vollständig hergestellt, und für alle Freiheitsgrade gilt eine einheitliche Temperatur: $T\ (= T_{tr} = T_{rot} = T_{vib})$; hierfür sind bei Normaldruck meist Zeiten von der Größenordnung 10^{-6} s bis hin zu 10^{-3} s erforderlich.

15.4.2.3 Reaktionen unter Nichtgleichgewichtsbedingungen*

Sollen chemische Reaktionen beschrieben werden, die unter Nichtgleichgewichtsbedingungen ablaufen, so können prinzipiell Mastergleichungen des Typs (15.69) angewendet werden, wobei gemäß Gleichung (15.67) auf den rechten Seiten entsprechende Glieder für reaktive Prozesse hinzuzufügen sind; diese Zusatzglieder haben z. B. für bimolekulare reaktive Prozesse die Form (12.31) mit Geschwindigkeitskoeffizienten, die nach Gleichung (12.32) und (15.66) mit den Reaktionsquerschnitten $\sigma(i_1 i_2 \mid u_{12} \mid k_1 k_2)$ zusammenhängen.

Das so allgemein formulierte Problem ist schon deswegen mit großen Schwierigkeiten verbunden, weil die benötigten Geschwindigkeitskoeffizienten bzw. Reaktionsquerschnitte nur lückenhaft verfügbar sind; es müssen daher einfache Abschätzungen verwendet werden. Wir können auf Einzelheiten hier nicht eingehen (s. hierzu etwa [15.4a,b]), sondern begnügen uns mit einigen allgemeineren Hinweisen.

Wenn die Bedingungen (15.68) erfüllt sind, kann man damit rechnen, dass (eventuell nach einer kurzen Anfangsphase, s. oben) vollständiges thermisches Gleichgewicht herrscht. Dann ist ein System makroskopischer kinetischer Gleichungen zu lösen.

Als einen Fall, bei dem Energieübertragungsprozesse und chemische Reaktion gekoppelt behandelt werden, kann man den Lindemann-Hinshelwood-Mechanismus für monomolekulare Reaktionen ansehen (s. Abschn. 15.3.1). Dabei wurde unter der Annahme eines vollständigen thermischen Gleichgewichts das System der makroskopischen kinetischen Gleichungen (15.45a-c) zugrundegelegt.

Die Bedingungen (15.68) bedeuten auch, dass *alle* Relaxationszeiten τ_{relax}, insbesondere die längsten von ihnen, weit unter den charakteristischen Zeiten τ_{reakt} von makroskopischen (Elementar-) Reaktionen liegen:

$$\tau_{\text{relax}} << \tau_{\text{reakt}} \,. \tag{15.91}$$

Die *Reaktionszeit* τ_{reakt} ist z. B. für eine monomolekulare Reaktion gleich dem reziproken thermischen Geschwindigkeitskoeffizienten (s. Abschn. 15.3.1): $\tau_{\text{reakt}}^{\text{mono}} = 1/k$.

Wenn reaktive und nichtreaktive Prozesse in den Mastergleichungen vergleichbare Beiträge liefern, die Bedingungen (15.68) und (15.91) also nicht erfüllt sind, dann ergeben sich wesentliche Abweichungen vom Gleichgewichtsverhalten. Das ist in der Regel bei Reaktionen unter extremen Bedingungen (etwa bei sehr hohen Temperaturen, in Stoßwellen u. a.) der Fall oder bei gezielt verursachten starken Abweichungen vom thermischen Gleichgewicht (s. Abschn. 15.4.3), aber auch bei schnell ablaufenden Zerfallsreaktion. Vermittels der Mastergleichungen lässt sich bei Kenntnis der benötigten Geschwindigkeitskoeffizienten abschätzen, wie sich Nichtgleichgewichtseffekte auswirken (mehr hierzu s. wieder [15.4a,b]).

15.4.3* Nichtthermische Aktivierung

Nach den Überlegungen der zurückliegenden Abschnitte ist klar, dass außer der Beeinflussung des Ablaufs chemischer Reaktionen durch Veränderung der Temperatur prinzipiell eine Vielzahl von Möglichkeiten besteht, Reaktionen *nichtthermisch* zu aktivieren bzw. zu steuern.

So können durch einen vorgelagerten chemischen Prozess angeregte Moleküle entstehen, die dann weiterreagieren. Ein einfaches Beispiel für eine derartige *chemische Aktivierung* haben wir in Abschnitt 14.2.1.4 kennengelernt: die Umsetzung $F + H_2(v) \rightarrow FH(v') + H$, die bevorzugt zu schwingungsangeregten HF-Molekülen (in den Zuständen $v' = 2$ und 3) führt. Bei zahlreichen Reaktionen erhält man elektronisch angeregte Moleküle, die dann als Reaktanten für nachfolgende Reaktionsschritte zur Verfügung stehen.

Die wichtigste Rolle, insbesondere seit der Verfügbarkeit von Lasern als Strahlungsquellen über weite Wellenlängenbereiche, spielt die *Photoaktivierung*, bei der Moleküle durch Energiezufuhr in Form von Strahlung (Photonen) gezielt in hochangeregte, häufig sehr reaktive Zustände versetzt werden. Dabei kann es sich sowohl um elektronisch angeregte Zustände handeln, in denen eine gewünschte Reaktion schneller oder überhaupt erst abläuft, als auch um schwingungsangeregte bzw. rotations- und schwingungsangeregte Zustände (s. oben); reine Rotationsanregung ist nicht von Bedeutung, schon wegen der geringen damit verbundenen Energiebeträge.

Exkurs: Eigenschaften von Laserstrahlung[12]

Die in Lasern erzeugte elektromagnetische Strahlung zeichnet sich dadurch aus, dass sie eine sehr scharfe Frequenz $\nu = \omega/2\pi$ besitzt (*Monochromasie*); diese Frequenz ist meist in einem mehr oder weniger breiten Intervall einstellbar (*Durchstimmbarkeit*). Daraus folgt die prinzipielle Möglichkeit (inwieweit sie tatsächlich ausgenutzt werden kann, diskutieren wir weiter unten), eine Absorption bei genau *einer*

[12] Auf die Wirkungsprinzipien von Lasern, ihre technische Realisierung sowie auf quantitative Angaben zu ihrer Charakterisierung gehen wir hier nicht ein; darüber gibt es umfangreiche Literatur. Man findet für unsere Zwecke alles Nötige z. B. bei Ben-Shaul, A., et al., loc. cit. (s. Legende zu Abb. 15.9).

Frequenz im Frequenzspektrum eines Moleküls zu bewirken, auch wenn eng benachbart weitere Absorptionsfrequenzen liegen. Es kann auf diese Weise die Besetzung ganz bestimmter Zustände gezielt verändert und damit eine wohldefinierte Nichtgleichgewichtsverteilung erzeugt werden. Diese Eigenschaften erlauben es grundsätzlich, mit Laserstrahlung eine *selektive Aktivierung* von Atomen und Molekülen zu erreichen.

In Laserstrahlung lässt sich eine *hohe Intensität* I (Photonendichte) realisieren. Dadurch können auch Übergänge, die kleine Übergangswahrscheinlichkeiten haben, "erzwungen" und hohe Anregungsraten w_{exc} (Anregungswahrscheinlichkeit pro Zeiteinheit) erzielt werden.[13]

Schließlich ermöglicht es die Lasertechnik, *extrem kurze Strahlungsimpulse* (bis hinunter zu Impulsdauern von der Größenordnung $10^{-12} \ldots 10^{-15}$ s, Picosekunden- bis Femtosekundenbereich) zu erzeugen.

Laser sind heute für praktisch beliebige Frequenzen verfügbar, wobei sich allerdings die genannten Eigenschaften nicht in allen Frequenzbereichen gleich gut erreichen lassen.

Diese gegenüber anderen üblichen Strahlungsquellen besonderen Charakteristika machen die Laserstrahlung, wie wir noch sehen werden, zu einem nahezu idealen Hilfsmittel für die Präparation von Reaktantmolekülen, für die Beeinflussung des Ablaufs molekularer Elementarprozesse und für die Analyse entstehender Produkte. Alle diese (und weitere) Einsatzgebiete von Lasertechniken in der Chemie werden zuweilen unter der Bezeichnung *Laserchemie* zusammengefasst.

Wir stellen uns vor, ein Molekül X werde einer starken Laserstrahlung (I groß) bestimmter Frequenz $\omega = 2\pi\nu$ ausgesetzt. Dann lassen sich mit hoher Anregungsrate w_{exc} Übergänge in hochangeregte Schwingungszustände mit Anregungsenergien $\Delta E = E_{v'} - E_v$ ($v' - v \equiv \Delta v > 1$) erreichen. Für einen solchen Übergang $v \rightarrow v'$ mit $v' - v \equiv \Delta v > 1$ durch Absorption *eines* Photons der Frequenz $\omega = \Delta E/\hbar$ (*Einphotonabsorption, Obertonanregung*; s. Abb. 15.10, Prozess II) ist die Übergangswahrscheinlichkeit in harmonischer Näherung gleich Null (s. Abschn. 11.4.4); bei Berücksichtigung der Anharmonizität wird der Übergang schwach erlaubt (d. h. die Übergangswahrscheinlichkeit ist von Null verschieden, aber klein), er erfolgt jedoch auf Grund der hohen Strahlungsintensität mit erheblicher Anregungsrate.

Bei intensiver Strahlung können auch mehrere Photonen geringerer Frequenz absorbiert werden, so dass ein hochangeregter Schwingungszustand erreicht wird. Es liegt nahe, sich für das Zustandekommen einer solchen *Multiphotonenabsorption* (abgekürzt *MPA*) einen *sequentiellen Mechanismus* vorzustellen (s. Abb. 15.10, Prozess III): Mehrere (n) Photonen, etwa der Grundfrequenz $h\nu = \hbar\omega$ werden in sehr schneller Folge absorbiert und gelangen wie auf einer Stufenleiter vom Grundniveau $v = 0$ in das angeregte Niveau $v' = n$ (bzw. in eines der zu n gehörenden Rotationsniveaus):

$$\mathrm{X}(v=0) \xrightarrow{\hbar\omega} \mathrm{X}(v=1) \xrightarrow{\hbar\omega} \ldots \xrightarrow{\hbar\omega} \mathrm{X}(v=n). \tag{15.92}$$

Wegen der Anharmonizität des Potentials sind die Schwingungsniveaus nicht äquidistant, über jedem Schwingungsniveau liegen aber jeweils relativ eng benachbarte Rotationsniveaus, die es ermöglichen, die Resonanzbedingung bei jedem Schritt annähernd einzuhalten und damit gewissermaßen das Erklimmen der "Leiter" zu unterstützen. Bei mehratomigen Molekülen kommt hinzu, dass z. B. durch Kopplungen von Schwingungen untereinander viele Niveaus

---

[13] Die Anregungsrate w_{exc} wird bestimmt durch die Intensität der Laserstrahlung und die Übergangswahrscheinlichkeit bzw. den Wirkungsquerschnitt der entsprechenden Anregung.

aufspalten und dadurch zusätzliche Niveaus verfügbar sind. So wird die Resonanzbedingung infolge der hohen Niveaudichte praktisch stets erfüllbar.

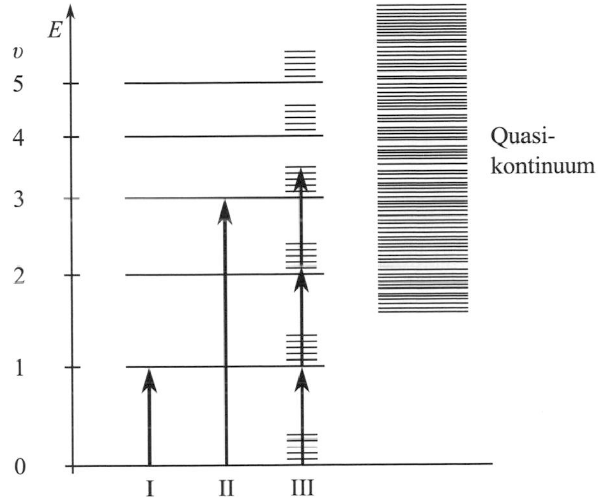

Abb. 15.10
Einphoton- und Multiphotonenabsorption (schematisch): links das Niveauschema einer der Schwingungsmoden eines mehratomigen Moleküls, rechts das Quasikontinuum der Niveaus der übrigen Schwingungsmoden.
Prozess I: Einphotonanregung $v = 0 \rightarrow v' = 1$;
Prozess II: Einphotonanregung $v = 0 \rightarrow v' = 3$ (Obertonanregung);
Prozess III: Multiphotonenanregung $v = 0 \rightarrow v' = 3$
(in Anlehnung an Ben-Shaul, A., et al., s. Legende zu Abb. 15.9)

Aussichtsreich ist prinzipiell auch eine *Zweistufenanregung in einem kombinierten Strahlungsfeld* (IR plus UV/VIS). Hierbei wird mit IR-Laserstrahlung ein tiefgelegener Schwingungszustand angeregt; das geht mit hoher Selektivität vor sich. Durch Laserstrahlung geeigneter Frequenz im UV/VIS-Bereich erfolgt dann eine Einphoton-Anregung aus diesem niedrigen angeregten Schwingungszustand in einen hoch angeregten Schwingungszustand desselben oder eines anderen Elektronenzustands.

Mit der Anregung einer Schwingungsmode in einem mehratomigen Molekül setzen Relaxationsprozesse ein, die zu einem mehr oder weniger schnellen Abbau der Anregung führen. Auf Grund der Kopplungen mit den anderen Schwingungsmoden verteilt sich die in eine der Moden eingebrachte hohe Energie schnell über alle bzw. die am stärksten angekoppelten Schwingungsfreiheitsgrade. Rechnerische (meist semiklassische) Simulationen sowie spektroskopische Untersuchungen (auf Einzelheiten können wir hier nicht eingehen[14]) führen zu dem Schluss, dass die Relaxationszeiten τ_{V-V}^{intra} für einen derartigen *intramolekularen V–V - Austausch* bei hohen Schwingungsanregungen in der Regel Werte von $10^{-12} \ldots 10^{-13}$ s haben; diese Prozesse sind also schneller als alle übrigen in Abschnitt 15.4.2 diskutierten Relaxationsvorgänge. Für niedrige Schwingungsanregungen hat τ_{V-V}^{intra} allerdings meist größere Werte. Wenn die hochangeregte Schwingung auf Grund struktureller Besonderheiten des Moleküls nur schwach mit anderen Schwingungen gekoppelt ist, kann die intramolekulare V–V - Relaxation verzögert und die Relaxationszeit τ_{V-V}^{intra} folglich länger sein. Generell gilt *bei hohen Schwingungsanregungen:*

[14] Siehe etwa Demtröder, W.: Laser Spectroscopy. Springer, Berlin (1988).

$$\tau_{V-V}^{\text{intra}} << \tau_{V-V}^{\text{inter}} << \tau_{V-R,T} , \tag{15.93}$$

wobei hier, um den Unterschied zur intramolekularen Schwingungsrelaxation hervorzuheben, die Relaxationszeit für V–V - Austausch durch Stöße mit $\tau_{V-V}^{\text{inter}}$ bezeichnet ist (bisher: τ_{V-V}, s. Abschn. 15.4.2.2*(3)*).

Ist die Anregungszeit τ_{exc} kurz im Vergleich zur Dauer der schnellsten wirksamen Relaxationsprozesse, gilt also

$$\tau_{\text{exc}} << \tau_{V-V}^{\text{intra}} , \tag{15.94}$$

so befinden sich die Schwingungsfreiheitsgrade der betroffenen Moleküle X nach dem Anregungsvorgang untereinander nicht im Gleichgewicht, und die Besetzung der Schwingungszustände kann nicht durch eine Boltzmann-Verteilung mit einem einzigen Verteilungsparameter (Temperatur) beschrieben werden. Unter solchen Bedingungen lässt sich eine ***modenselektive Anregung*** erreichen, und es besteht für eine gewisse (wenn auch kurze) Zeit ein definierter Nichtgleichgewichtszustand.

Geht die Anregung zwar langsamer als die intramolekulare Schwingungsrelaxation vor sich, aber schneller als die intermolekulare Schwingungsrelaxation durch Stöße:

$$\tau_{V-V}^{\text{intra}} << \tau_{\text{exc}} << \tau_{V-V}^{\text{inter}} , \tag{15.95}$$

dann ist eine ***molekülselektive Anregung*** möglich: Die Schwingungsfreiheitsgrade der *Molekülsorte* X befinden sich untereinander im Gleichgewicht (der intramolekulare Schwingungsenergieaustausch ist schnell abgeschlossen), die Besetzung der Schwingungsniveaus der Molekülsorte X entspricht aber einer anderen (höheren) Temperatur T_{vib}^{X} (Schwingungstemperatur) als die Temperatur der übrigen Freiheitsgrade. Es liegt also ebenfalls ein Nichtgleichgewichtszustand vor, bis der Energieaustausch durch Stöße wieder eine thermische Verteilung herstellt.

Bei noch langsamerer Anregung,

$$\tau_{V-V}^{\text{inter}} << \tau_{\text{exc}} << \tau_{V-R,T} , \tag{15.96}$$

kann keine moden- oder molekülselektive Anregung einer Molekülsorte X erfolgen. Für alle Moleküle im Gas besteht dann Gleichgewicht bezüglich der Schwingungszustände, beschrieben durch eine einheitliche Schwingungstemperatur; diese kann aber wegen des langsamen V–R,T - Austausches noch für eine gewisse Zeit von der Translations- und Rotationstemperatur verschieden sein, ehe alle Freiheitsgrade aller Moleküle des Gases durchgängig aufgeheizt sind und durch eine thermische Besetzungsverteilung mit einheitlicher Temperatur T beschrieben werden (vollständiges thermisches Gleichgewicht).

Von besonderem Interesse ist die Frage, ob sich die beschriebenen selektiven Anregungsmöglichkeiten, insbesondere Multiphotonen-Schwingungsanregungen, für eine gezielte Auslösung und Steuerung chemischer Reaktionen ausnutzen lassen. Wie wir aus Abschnitt 14.2.1.4 wissen, deutet einiges darauf hin, dass schwingungsangeregte Moleküle als Reaktanten unter bestimmten Voraussetzungen (geeignete Partnermoleküle, topographische Eigenschaften der Potentialhyperflächen) in einem reaktiven Prozess zu einem wesentlich größeren Wirkungsquerschnitt und damit zu einem wesentlich größeren Geschwindigkeitskoeffizienten $k(v)$ führen können als nichtangeregte Moleküle. Bei zweiatomigen Molekülen gibt es keine intramolekulare Schwingungsrelaxation. Gilt bei mehratomigen schwingungsangeregten Reaktanten

$$k(v) > 1/\tau_{V-V}^{\text{intra}} , \tag{15.97a}$$

reagiert also der angeregte Reaktant schneller, als durch intramolekulare Relaxation (und die langsameren anderen Relaxationsprozesse) die Schwingungsanregung wieder abgebaut wird, so ist eine ***modenselektive Reaktion*** erreichbar. Gesetzt etwa den Fall, in einem Molekül X soll eine Bindung A–B durch hohe Anregung der lokalen Streckschwingung A↔B aufgebrochen werden. Wenn diese Bindung nur so schwach an den Rest des Moleküls gekoppelt ist, dass $\tau_{V-V}^{\text{intra}}$ genügend groß wird und die Ungleichung (15.97a) erfüllt ist, dann sollte sich die Reaktion durch Anregung dieser Schwingung selektiv auslösen lassen; es geht unter solchen Bedingungen ausschließlich dieser Prozess an der Bindung A–B vor sich, und das mit hoher Ausbeute. In größeren mehratomigen Molekülen gibt es durchaus solche lokalisierten Schwingungen (Lokalmoden, s. Abschn. 11.4.3*(i)*), die mit den Bewegungen in den übrigen Molekülteilen schwach gekoppelt sind, z. B. die C–H-Schwingungen in Benzol, so dass die intramolekulare Relaxation weitgehend blockiert ist,.

Modenselektive Prozesse könnten auch dann ablaufen, wenn bereits niedrige Anregungen von Schwingungen (die im Allgemeinen annähernd harmonisch sind und daher mit anderen Schwingungen nur schwach koppeln) genügen, um eine starke Reaktionsbeschleunigung, d. h. $\bar{k}$ - Erhöhung, herbeizuführen (s. Abschn. 14.2.1.4).

Generell aber scheinen modenselektive chemische Reaktionen eher die Ausnahme als die Regel zu sein; hierzu wird seit vielen Jahren intensiv geforscht.

Ist nur die schwächere Bedingung

$$k(v) >> 1/\tau_{V-V}^{\text{inter}} \tag{15.97b}$$

erfüllt, dann ist eine ***molekülselektive Reaktion*** realisierbar, d. h. Moleküle der angeregten Sorte reagieren stark bevorzugt. Das lässt sich insbesondere durch genügend niedrigen Druck erreichen und hat auch bereits praktische Anwendung zur Isotopentrennung gefunden.

Eine besondere Möglichkeit zur Beeinflussung des Ablaufs chemischer Reaktionen mittels Laserstrahlung bietet prinzipiell der Einsatz ultrakurzer Laserimpulse (Femtosekundenbereich). Im Gefolge der Pionierarbeiten von A. H. Zewail et al. (s. Fußnote 4) seit Ende der 1980er Jahre gelingt es zunehmend (wenngleich meist noch unter speziellen Bedingungen und für spezielle Systeme), chemische Prozesse gewissermaßen "entlang der Reaktionskoordinate" von den Reaktanten über den Stoßkomplex bis zu den Produkten experimentell zu verfolgen und durch Wellenpaketrechnungen theoretisch zu simulieren.

Die Hoffnung bei allen diesen Untersuchungen besteht darin, einen alten Traum der reaktionskinetischen Forschung verwirklichen zu können: nämlich chemische Elementarprozesse so zu manipulieren, dass bestimmte Reaktionswege realisiert werden, auf denen gewünschte Produkte in hoher Ausbeute entstehen und/oder unerwünschte Produkte vermieden und/oder eingesetzte Ausgangsstoffe möglichst vollständig umgesetzt werden – eine im Hinblick auf energetische Prozessoptimierung, Ressourcenschonung und Umweltschutz überaus wichtige

Zielstellung. Die Forschung auf diesem Gebiet wird intensiv vorangetrieben; es gibt eine umfangreiche Literatur, spezielle Zeitschriften wie *Laser Chemistry* und Tagungsreihen wie *Femtosecond Chemistry*.

15.5* Bimolekulare Prozesse mit langlebigem Stoßkomplex

Nachdem in Abschnitt 15.2 das Modell der Übergangskonfiguration für direkte bimolekulare Reaktionen formuliert und in Abschnitt 15.3, ebenfalls auf der Grundlage eines solchen Modells, monomolekulare Reaktionen behandelt wurden, betrachten wir jetzt bimolekulare Reaktionen, deren molekulare Elementarprozesse über die Bildung eines *langlebigen* Stoßkomplexes $\mathcal{K}^*$ mit einer Lebensdauer von $\Delta\tau^* >$ einige $10^{-12} \ldots 10^{-11}$ s verlaufen (s. Abschn. 12.3). Eine so lange Lebensdauer ist ausreichend dafür, dass durch intramolekulare Energieübertragungsvorgänge die Energie auf alle Freiheitsgrade gleichverteilt und ein mikrokanonisches Gleichgewicht hergestellt werden kann. Daher lassen sich die beiden Teilschritte

$$X_1 + X_2 \rightarrow \mathcal{K}^*, \tag{15.98a}$$

$$\mathcal{K}^* \rightarrow Y_1 + Y_2 \tag{15.98b}$$

(Bildung des Komplexes $\mathcal{K}^*$ und sein Zerfall) als unabhängige Ereignisse behandeln, der Komplex hat gewissermaßen die Erinnerung an seine Entstehung verloren. In der Terminologie von Kapitel 12 ist der Prozess (15.98a) eine bimolekulare Assoziation und der Prozess (15.98b) eine monomolekulare Fragmentierung.

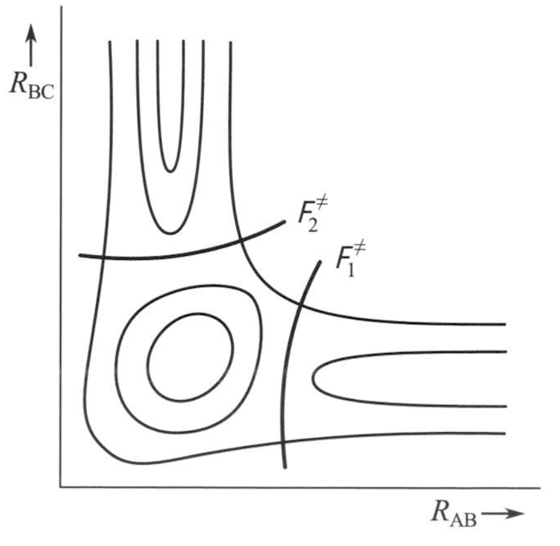

Abb. 15.11
Potentialfläche für einen kollinearen bimolekularen Prozesss A + BC → AB + C mit langlebigem Stoßkomplex $\mathcal{K}^* = (ABC)^*$; eingetragen sind Trennflächen für die Beschreibung in einem ÜK-Modell (schematisch; nach Miller, W. H., s. Referenz in Fußnote 15)

Derartige *komplexe Reaktionen* können typischerweise dann auftreten, wenn die (elektronisch adiabatische) Potentialhyperfläche im Übergangsbereich zwischen Reaktant- und Produktkonfiguration eine Mulde (lokales Minimum) aufweist, s. Abb. 15.11. Bei der Bildung eines Komplexes $(ABC)^*$ im Gefolge eines Stoßes A + BC ist die gewonnene (Translations-) Energie zunächst in der neugebildeten Bindung A–BC gespeichert; sie verteilt sich dann schnell über alle Freiheitsgrade. Ehe sich im Verlauf der intramolekularen Bewegungen wieder in einer der Bindungen eine zum Aufbrechen ausreichende Energie konzentriert, vergeht eine gewisse Zeit – die Lebensdauer $\Delta\tau^*$ des Komplexes.

Unter diesen Bedingungen sind *statistische Methoden* anwendbar, um den Prozess zu beschreiben. Sie werden umso bessere Resultate liefern, je größer die Lebensdauer $\Delta\tau^*$ des Komplexes ist; diese Lebensdauer hängt von der Anzahl der inneren Freiheitsgrade des Komplexes und der Stärke der Kopplungen zwischen diesen Freiheitsgraden ab.

Hinsichtlich des Gleichgewichts gibt es hier einen wesentlichen Unterschied zum Modell der Übergangskonfiguration für *direkte* Prozesse mit einem kurzlebigen Stoßkomplex: Während dort die Erfüllung der statistischen Voraussetzung für die inneren Freiheitsgrade der Übergangsaggregate eine Folge des (mikrokanonischen oder kanonischen) Gleichgewichts der Reaktanten ist, ergibt sie sich bei *komplexen* Prozessen aus der Langlebigkeit des Stoßkomplexes $\mathcal{K}^*$; die Lebensdauer muss für eine vollständige intramolekulare Energieumverteilung ausreichen.

Ein Charakteristikum komplexer Prozesse, die *symmetrische Winkelverteilung der Produkte*, hatten wir in Abschnitt 12.3 bereits plausibel gemacht; eine ausführlichere theoretische Erörterung findet man in der Literatur (z. B. in [15.3][15.4a]).

Wir konzentrieren uns jetzt auf die Ermittlung des Geschwindigkeitskoeffizienten der resultierenden Umlagerungsreaktion (15.98a,b): $X_1 + X_2 \to Y_1 + Y_2$; dabei folgen wir einer Arbeit von W. H. Miller.[15] Die Erhaltung des Gesamtdrehimpulses (Quantenzahl J) lassen wir dabei der Einfachheit halber außer Betracht. Auf Grund der Unabhängigkeit der beiden Umwandlungsschritte (15.98a,b) lässt sich die mittlere Wahrscheinlichkeit $\mathcal{P}_{R\to P}(\mathcal{E})$ für den Gesamtprozess (s. Abschn. 15.1) als ein Produkt schreiben:

$$\mathcal{P}_{R\to P}(\mathcal{E}) = \mathcal{P}_{R\to\mathcal{K}^*}(\mathcal{E}) \cdot F_{\mathcal{K}^*\to P}(\mathcal{E}) \,. \tag{15.99}$$

Der erste Faktor $\mathcal{P}_{R\to\mathcal{K}^*}(\mathcal{E})$ ist die Wahrscheinlichkeit dafür, dass bei Stößen mit der Gesamtenergie $\mathcal{E}$ gemäß Gleichung (15.98a) Komplexe $\mathcal{K}^*$ gebildet werden, also Aggregate $\{X_1, X_2\} \equiv \mathcal{K}^*$ mit Strukturen, die Punkten in der Umgebung des Minimums der Potentialmulde entsprechen (s. Abb. 15.12). Der zweite Faktor (*Verzweigungsfaktor*)

$$F_{\mathcal{K}^*\to P}(\mathcal{E}) = \mathcal{P}_{\mathcal{K}^*\to P}(\mathcal{E}) / [\mathcal{P}_{\mathcal{K}^*\to P}(\mathcal{E}) + \mathcal{P}_{\mathcal{K}^*\to R}(\mathcal{E})] \tag{15.100}$$

gibt die Wahrscheinlichkeit dafür an, dass beim Zerfall des Komplexes $\mathcal{K}^*$ gemäß Gleichung (15.98b) die Produkte entstehen; $\mathcal{P}_{\mathcal{K}^*\to P}(\mathcal{E})$ und $\mathcal{P}_{\mathcal{K}^*\to R}(\mathcal{E})$ sind die Zerfallswahrscheinlichkeiten des Komplexes in die Produkte bzw. zurück in die Reaktanten als Umkehrprozess von (15.98a). Die beiden Wahrscheinlichkeiten $\mathcal{P}_{R\to\mathcal{K}^*}(\mathcal{E})$ und $\mathcal{P}_{\mathcal{K}^*\to R}(\mathcal{E})$ sind wegen der Mikroreversibilität einander gleich (s. Abschn. 14.4). Diese Beschreibung lässt sich auf den Fall von mehr als zwei Produktkanälen verallgemeinern.

[15] Miller, W. H.: Unified statistical model for "complex" and "direct" reaction mechanisms. J. Chem. Phys. **65**, 2216-2223 (1976)

Bis zu dieser Stelle gilt alles ganz allgemein. Wir benutzen nun für die Behandlung der beiden Teilschritte das *Modell der Übergangskonfiguration* nach Abschnitt 15.2 und 15.3. Die Prozesswahrscheinlichkeiten schreiben wir in der Form (15.15), ersetzen gemäß Gleichung (15.29) $\mathcal{N}_{\text{reakt}}$ durch $\mathcal{N}^{\neq}$ und identifizieren $\mathcal{N}^{\neq}$ jeweils mit der Anzahl $n^{\neq}$ der Quantenzustände der inneren Bewegungen des Aggregats $\{X_1, X_2\}$ auf der betreffenden Trennfläche (s. Abb. 15.11 für $\{X_1, X_2\} = \{ABC\}$): $F_1^{\neq}$ für die Assoziation (15.98a) und $F_2^{\neq}$ für den Zerfall (15.98b) des Komplexes in die Produkte. Eingeführt in den allgemeinen Ausdruck (15.13), ergibt sich so als Näherung für den thermischen Geschwindigkeitskoeffizienten im ÜK-Modell:

$$k^{\neq}(T) = [h\,\mathcal{Q}_{\text{R}}(T)]^{-1} \int_0^{\infty} \mathcal{N}^{\neq}_{\text{R}\to\mathcal{K}^*}(\mathcal{E}) \cdot \mathcal{N}^{\neq}_{\mathcal{K}^*\to\text{P}}(\mathcal{E}) \cdot [\mathcal{N}^{\neq}_{\mathcal{K}^*\to\text{P}}(\mathcal{E}) + \mathcal{N}^{\neq}_{\mathcal{K}^*\to\text{R}}(\mathcal{E})]^{-1} \times$$
$$\times \exp(-\mathcal{E}/k_{\text{B}}T)\,\mathrm{d}\mathcal{E}\,. \qquad (15.101)$$

Die Formeln (15.19) bzw. (15.30) für den mikrokanonischen Geschwindigkeitskoeffizienten liefern die Näherung

$$k^{\neq}(\mathcal{E}) = [\mathcal{N}^{\neq}_{\text{R}\to\mathcal{K}^*}(\mathcal{E}) / h\,z_{\text{R}}(\mathcal{E})] \cdot \mathcal{N}^{\neq}_{\mathcal{K}^*\to\text{P}}(\mathcal{E}) \cdot [\mathcal{N}^{\neq}_{\mathcal{K}^*\to\text{P}}(\mathcal{E}) + \mathcal{N}^{\neq}_{\mathcal{K}^*\to\text{R}}(\mathcal{E})]^{-1}\,. \qquad (15.102)$$

Nachdem in Abschnitt 15.2 *direkte Prozesse* mit Potential*barriere* und *einer* kritischen Trennfläche behandelt wurden, haben wir somit Berechnungsformeln für einen weiteren typischen Fall erhalten, nämlich für *komplexe Prozesse* mit Potential*mulde* und *zwei* kritischen Trennflächen an den Einmündungen der Mulde ins Reaktanttal bzw. ins Produkttal.

Von W. H. Miller (loc. cit.) wurde ein Ausdruck hergeleitet, der es ermöglicht, zwischen diesen beiden Grenzfällen und den entsprechenden Formeln für die Ratenkoeffizienten zu interpolieren und damit intermediäre Situationen zu behandeln. Auf dieses "vereinheitlichte statistische Modell" (engl. unified statistical model), das in der Folgezeit weiter ausgearbeitet und verallgemeinert wurde, gehen wir hier nicht im Detail ein.

Übungsaufgaben zu Kapitel 15

ÜA 15.1 Man verifiziere die zur molekularen Deutung der Arrhenius-Aktivierungsenergie E_{akt} in Abschnitt 15.1.2 hergeleiteten Beziehungen.

ÜA 15.2 Es ist die Eyring-Formel (15.35) für den thermischen Geschwindigkeitskoeffizienten auf dem in Abschnitt 15.2.2 skizzierten Weg herzuleiten.

ÜA 15.3 Man zeige, dass sich die Arrhenius-Aktivierungsenergie in der Näherung des Übergangskomplexes in der Form (15.43) schreiben lässt.

ÜA 15.4 Die kinetische Gleichung (15.72) für den V–T-Energietransfer im Zweiniveau-Modell für ein zweiatomiges Molekül ist aufzustellen und zu lösen.

ÜA 15.5 Wie hoch ist die Stoßdichte (15.84) für ein ideales Stickstoff-Gas (N_2) unter Normalbedingungen (Temperatur $T = 298$ K und Druck $p = 1$ atm)? Mit der Näherungsformel (15.86) ist die T–T-Relaxationszeit abzuschätzen.

Ergänzende Literatur zu Kapitel 15

[15.1] Brdička, R.: Grundlagen der Physikalischen Chemie. Dt. Verlag der Wissenschaften, Berlin (1990)

[15.2] Levine, R. D., Bernstein, R. B.: Molekulare Reaktionsdynamik. Teubner, Stuttgart (1991)

[15.3] Nikitin, E. E., Zülicke, L.: Theorie chemischer Elementarprozesse. Vieweg, Braunschweig/Wiesbaden (1985)

[15.4] a) Nikitin, E. E.: Theory of Elementary Atomic and Molecular Processes in Gases. Oxford, Clarendon (1974)

b) Kondrat'ev, V. N., Nikitin, E. E.: Gas-Phase Reactions. Kinetics and Mechanisms. Springer, Berlin/Heidelberg/New York (1981)

[15.5] Logan, S. R.: Grundlagen der Chemischen Kinetik. Wiley-VCH, Weinheim (1997)

[15.6] Robinson, P. J., Holbrooke, K. A.: Unimolecular Reactions. Wiley-Interscience, London (1972)

[15.7] Johnston, H. S.: Gas Phase Reaction Rate Theory. Ronald Press, New York (1966)

"Die Ära der 'Computer-Chemie', in der Hunderte oder Tausende von Chemikern nicht ins Laboratorium, sondern zur Rechenmaschine gehen werden, um sich über zunehmend vielseitige chemische Fragen Informationen zu verschaffen, ist bereits angebrochen."

(aus R. S. Mulliken: Spektroskopie, Molekül-Orbitale und chemische Bindung (Nobel-Vortrag).
Angew. Chemie **79**, 541-554 (1967))

Teil 4

Modellierung und Simulation molekularer Systeme Computerchemie

16 Grundkonzepte der molekularen Computerchemie

Im Zuge der seit Jahrzehnten anhaltenden stürmischen Entwicklung der elektronischen Rechentechnik und Datenverarbeitung ist der Computer in allen Wissenschaftsbereichen ein unverzichtbares Hilfsmittel geworden. Was die theoretische Chemie betrifft, so kann sie erst mit dem Computer ihrer prognostischen Funktion – der Vorhersage neuer und praktisch nutzbarer chemischer Verbindungen und ihrer Reaktionen – mehr und mehr gerecht werden. Der Fortschritt in den Naturwissenschaften ist heute so eng mit dem Einsatz von Computern verknüpft, dass Wissenserweiterung und Theoriebildung dadurch nicht nur unterstützt und angeregt, sondern häufig erst ermöglicht werden. Ausgehend von den frühen, mehr sporadischen Computeranwendungen innerhalb von Teilen der einzelnen Displinen (etwa bei der Steuerung und Auswertung von Experimenten, der Durchführung von Berechnungen, der graphischen Darstellung von Mess- und Rechenergebnissen, der Datenspeicherung etc.), haben sich neue Arbeitsgebiete herausgebildet, die mit dem Zusatz "Computer-" (in der englischsprachigen Literatur "computational") gekennzeichnet werden: Computer-Physik, Computer-Chemie, Computer-Medizin u. a.

Es liegt auf der Hand, dass gerade in der Chemie, die es mit einer außerordentlich breiten Vielfalt und zugleich einer hohen Komplexität von Zusammensetzung und Struktur der möglichen Verbindungen und Stoffe zu tun hat und entsprechend umfangreiche Mengen von Informationen erfassen, aufarbeiten, weitergeben und verarbeiten muss, die Unterstützung durch Computer eine entscheidend wichtige Rolle spielt.

Die *Computer-Chemie*, wie sie in Abschnitt 16.1.1 definiert wird, benutzt umfassend Verfahren der Informatik; die grundlegenden Begriffe, Methoden und Näherungen entstammen freilich überwiegend der theoretischen Chemie. Auf Grund der engen Verzahnung von Theorie, Näherungsentwicklung und Modellbildung, rechnerischer Durchführung bzw. Simulation sowie Datenverarbeitung in der Computerchemie erscheint es notwendig, dem Gebiet in unserem Kurs über molekulare theoretische Chemie einen angemessenen Platz einzuräumen.

In den Teilen 1 bis 3 ging es darum, Begriffe und Phänomene der molekularen theoretischen Chemie so einfach und klar wie möglich verständlich zu machen, Vernachlässigungen gering zu halten und überzeugend zu begründen, ihre Auswirkungen zu quantifizieren (d. h. Fehler abzuschätzen) und sie erforderlichenfalls auch wieder zurückzunehmen (etwa im Sinne der Störungstheorie). Das läßt sich streng nur durchführen, wenn man sich auf relativ kleine, einfache Systeme aus wenigen Teilchen, z. B. Moleküle aus wenigen leichten Atomen mit folglich wenigen Elektronen, beschränkt. Man bewegt sich dann gewissermaßen auf sicherem Grund, hat Voraussetzungen und deren Konsequenzen unter Kontrolle und kann Resultate meist detailliert an experimentellen Daten überprüfen.

Der Teil 4 befasst sich mit der *Anwendung* der theoretischen Konzepte, alles unter dem Aspekt der Erweiterung des Einsatzgebietes auf große, vielatomige Systeme. Eine zentrale Rolle spielt dabei (wie stets) die Bildung sinnvoller *Modelle*.

In der Literatur wird unter einem "großen" molekularen Systems durchaus Unterschiedliches verstanden. Zuweilen bezeichnet man schon Moleküle aus einigen 10 bis 100 Atomen als groß; häufig aber erst Systeme mit 10^n Atomen, wobei n deutlich über 2 liegt. In diesem

Fall befindet man sich in einem Bereich zwischen mikroskopischem und makroskopischem Maßstab, ersterer charakterisiert durch einzelne Atome und einfache, kleine Moleküle mit Abmessungen von bis zu wenigen Å (wie wir sie hauptsächlich in den Kapiteln 6 – 10 sowie 13 und 14 untersucht hatten), letzterer mit 10^{20} und mehr Atomen sowie Abmessungen von beispielsweise einigen mm oder cm. In den Zwischenbereich, den man als ***mesoskopisch*** bezeichnet, fallen u. a. Biomoleküle wie z. B. Peptide, auch sog. Nanopartikel mit Durchmessern von einigen nm und Atomzahlen von $N\ (\equiv N^{\mathrm{k}}) \approx 10^6$ sowie Elementarzellen kondensierter Phasen wie Kristalle oder Flüssigkeiten u. a.

Im *mesoskopischen* (Vielteilchen-) Bereich haben die Systeme oft besondere Eigenschaften, und es bilden sich mit Erhöhung der Teilchenzahl mehr und mehr die Eigenschaften makroskopischer Systeme heraus. Molekulare Aspekte, hauptsächlich bestimmt durch die paarweisen Teilchenwechselwirkungen, spielen zwar durchaus eine wesentliche Rolle, jedoch werden die Eigenschaften derartiger Systeme zunehmend durch das kollektive Verhalten, das Zusammenwirken der Teilchen bestimmt. Man muss zugleich den sicheren Boden der bis ins kleinste Detail gehenden Vorhersagekraft der strengen theoretischen Methoden verlassen. Über das theoretische Interesse hinaus hat die Beschreibung und Vorausberechnung mesoskopischer Systeme auch unmittelbare praktische Bedeutung, indem zur Lösung von Aufgabenstellungen aus den Biowissenschaften (Struktur und Eigenschaften großer, biologisch relevanter Moleküle) und den Materialwissenschaften (Nanoteilchen, Polymere) beigetragen werden kann.

Im Teil 4 stehen grundsätzlich weiterhin die molekularen Aspekte im Vordergrund; sie werden aber mehr und mehr durch statistische, das betrachtete System als Ganzes betreffende Eigenschaften ergänzt bzw. überdeckt. Außer Betracht bleiben Teilgebiete der theoretischen Chemie bzw. Computerchemie, in denen die molekulare Struktur und Dynamik überhaupt nicht mehr explizite in Erscheinung tritt, z. B. die Beschreibung von zeitlichen und räumlichen Strukturbildungen durch reaktionskinetische und hydrodynamische Modelle. Auch innerhalb des so eingeschränkten Gegenstandes kann selbstverständlich nur eine Auswahl von Problemen behandelt werden.

16.1 Begriffsbestimmungen

16.1.1 Was wollen wir unter Computerchemie verstehen?

Sobald der Anwendungsbereich der theoretischen Chemie auch chemische Verbindungen, Prozesse und Systeme umfassen soll, die in der Natur, im Labor oder in industriellen Verfahren wichtig sind, wird der Rechenaufwand, von Ausnahmefällen und Spezialgebieten abgesehen (z. B. Astrochemie, in der auch kleine molekulare Aggregate eine Rolle spielen), schnell sehr hoch. Werden noch besondere Anforderungen an die Genauigkeit berechneter Daten und die Zuverlässigkeit der verwendeten Näherungen gestellt, dann wächst der Rechenaufwand weiter. Hinzu kommen Vorbereitungen (etwa die Suche in Datenbanken nach geeigneten Eingangsparametern) und Auswertungen (einschließlich der Visualisierung von Ergebnissen). Wie bereits einleitend festgestellt wurde, ist alles das ohne die Zuhilfenahme von hochleistungsfähigen Computern nicht zu bewältigen.

Für große Systeme kann eine strenge, voll auf die quantenmechanischen Grundgleichungen gestützte Verfahrensweise (ab initio, "from first principles") überhaupt nicht mehr praktiziert werden; man muss zu mehr oder weniger groben Modellen, d. h. stark vereinfachten Ersatzsystemen und entsprechenden Näherungen, Zuflucht nehmen. Die Entwicklung solcher *Modelle* ist ein häufig sehr anspruchsvoller, für den Erfolg der theoretischen Behandlung entscheidender Teil der Problembehandlung, auf den wir im nächsten Abschnitt nochmals besonders eingehen, nachdem dieses Problem bereits in den Teilen 1 – 3 mehrfach eine Rolle gespielt hat.

Angewandte theoretische Chemie ist eine *Disziplin, die sich mit der (computergestützten) Bestimmung und Analyse von Eigenschaften theoretisch-chemischer Modelle befasst*; in diesem Sinne soll hier von ***Computerchemie*** (engl. computational chemistry) die Rede sein. Dieses Gebiet umfasst also

- die *Modellbildung*;
- die *Durchführung numerischer Berechnungen* zur näherungsweisen Lösung von Bewegungsgleichungen für die Teilchen, aus denen das Modellsystem zusammengesetzt ist;
- die *Visualisierung* von Strukturen, Zeitabläufen etc. mit Hilfsmitteln der *Computergrafik*;
- die Manipulation, Analyse und Verknüpfung von Daten (*Chemometrik*);
- die Einbeziehung von *Regeln und empirisch oder theoretisch gewonnenen Zusammenhängen*;

sehr allgemein formuliert, geht es also um die *Gewinnung, Darstellung und Anwendung chemischen Wissens* unter Einsatz *computergestützter daten- bzw. informationsverarbeitender Verfahren.*

Es gibt für das Gebiet der Computerchemie eine umfangreiche Literatur; spezialisierte Zeitschriften sowie einige Monographien sind am Ende des Kapitels zusammengestellt.

16.1.2 Modell. Modellierung und Simulation

Wir verstehen unter einem ***Modell*** ein *Ersatzsystem*, das sich vom realen System dadurch unterscheidet, dass eine Reihe von Eigenschaften, die (erwiesenermaßen oder vermutlich) bezüglich einer bestimmten Fragestellung unwesentlich sind, weggelassen werden, um mit weniger Aufwand auszukommen. Ansonsten aber soll das Ersatzsystem dem Original möglichst ähnlich sein, ohne dass wir diese Ähnlichkeit im Moment präziser zu fassen versuchen.

Das Wort "Modell" geht auf das lateinische *modus* (verkl. *modulus*) für "Maß", auch "Maßstab", zurück. Der Modellbegriff wird auf vielen Gebieten verwendet: Naturwissenschaft und Technik, Medizin, Architektur, Ökonomie u. a.; dort hat er jeweils seine spezifische Bedeutung.

Die bestmögliche gleichzeitige Erfüllung der beiden Forderungen an ein Modell, einerseits einfach zu sein, andererseits aber auch in den wesentlichen Eigenschaften mit dem Original übereinzustimmen, ist die Aufgabe der ***Modellierung*** (Modellbildung; Modellfindung; engl. modelling). Diese ist somit als *theoretische* Arbeit zu betrachten; sie kann ziemlich schwierig und aufwendig sein. Maßgeblich wird sie von der wissenschaftlichen Fragestellung bestimmt; so muss natürlich gewährleistet sein, dass das Modell eine zu berechnende Eigenschaft oder ein zu untersuchendes Phänomen grundsätzlich zu erfassen imstande ist.

Theoretisch-chemische Modelle können ganz unterschiedlicher Art sein. So verwendet man seit langem, vornehmlich in der Lehre, *physische mechanische Modelle*; darunter fallen z. B. gegenständliche Orbitalmodelle aus Holz oder Plastmaterial, die Aufenthaltswahrscheinlichkeitsbereiche von Elektronen veranschaulichen sollen, ferner Kugelstabmodelle und Kalottenmodelle für Molekülstrukturen sowie Kugel-Feder-Modelle für Molekülschwingungen. Solche Modelle sind zwar didaktisch auch heute noch nützlich, werden jedoch inzwischen weitgehend durch computergrafisch erzeugte und auf dem Bildschirm sichtbare und manipulierbare Bilder ersetzt. Hauptsächlich befassen wir uns hier mit *theoretischen Modellen*, die mathematisch formuliert und in der Regel durch Approximationen aus einer vollständigeren Problembehandlung gewonnen werden. So gesehen ist *jede* theoretische Beschreibung die Beschreibung eines Modells; es wird nie die volle Realität erfasst, sondern stets nur ein Ausschnitt unter Weglassung bestimmter Wechselwirkungen, äußerer Einflüsse und Struktur details: man denke z. B. an ein freies Molekül (gewissermaßen isoliert vom "Rest der Welt"), an Atomkerne als strukturlose Partikel etc.

Mittels eines Modells als Ersatzsystem kann das *Verhalten* des Originalsystems nachgeahmt werden; wir sprechen dann von ***Simulation***.

Das Wort kommt aus dem Lateinischen von *simulare*, d. h. "nachbilden", "nachahmen" (auch "etwas vortäuschen"), abgeleitet von similis, d. h. "ähnlich".

Die Ergebnisse der Berechnung von Eigenschaften eines Modells oder/und die Simulation seines Verhaltens lassen sich in vielfältiger Weise verwenden:

- zur Gewinnung von *Erkenntnissen und Informationen über das Original* im Rahmen der Gültigkeitsgrenzen des Modells und des Simulationsverfahrens;
- zur *Veranschaulichung*, wodurch das Modell auf Grund seiner "Greifbarkeit" bzw. seiner Nähe zu Bekanntem das "Verstehen" befördern und die Lehre unterstützen kann;
- zur *Variation* und *Optimierung*, d. h. Ausprobieren verschiedener Möglichkeiten innerhalb des Parameterbereichs des Modells (*Computerexperiment*);
- zur *Gewinnung statistischer Größen (Mittelwerte)* aus Computerexperimenten;
- zum *Entwurf* (Design) neuer chemischer Verbindungen (insbesondere solcher mit speziellen interessanten Eigenschaften) oder neuer Reaktionsmöglichkeiten;
- zur *Steuerung* (Controlling), z. B. von chemischen Prozessen.

Modelle sollen also bezüglich beider Aspekte des Forschungsprozesses hilfreich sein: bei der Interpretation (Erklärung) und bei der Vorhersage.

Dafür, dass ein Nachahmen des Verhaltens eines Originalsystems an einem Modell tatsächlich durchgeführt werden kann, stellt der Computer das entscheidende Hilfsmittel dar.

Prinzipiell ließe sich alles, was in den Naturwissenschaften getan wird, auch der Inhalt der Teile 1 – 3 des vorliegenden Kurses, als Entwicklung und Anwendung von Modellen auffassen. An zahlreichen Stellen der zurückliegenden Kapitel wurde der Begriff bereits explizite gebraucht, so etwa beim "Bohrschen Atommodell", beim "Vektormodell" für die Drehimpulsaddition, beim "MO-Modell" für die Elektronenhülle von Molekülen, beim "Bändermodell" für die Elektronenzustände eines Festkörpers, beim "Hantelmodell" eines zweiatomigen Moleküls, beim "Modell der Übergangskonfiguration" für chemische Elementarreaktionen. Die Polanyi-Regeln für molekulare Stoßprozesse wurden aus der Simulation von Molekularstrahlmessungen durch klassisch-mechanische Trajektorienrechnungen gewonnen. Dabei waren wir meist einer eingebürgerten Bezeichnungsweise gefolgt, ohne den Modellbegriff zuvor genauer zu erläutern. Genaugenommen handelt es sich häufig sogar um eine hierarchisch aufgebaute Folge von Modellen, die bestimmten Näherungsschritten entsprechen (s. Abschn. 4.1).

Im Teil 4 haben wir es mit "Modellen" und "Modellierungen" zu tun, bei denen die Eingriffe in das reale System sehr gravierend sind; sie werden meist ohne strenge Begründung und ohne die Möglichkeit einer quantitativen Fehlerabschätzung vorgenommen – was nicht heißen muss, dass überhaupt keine Aussagen über Fehler und Fehlertendenzen möglich sind.

16.2 Einige Modelle der molekularen theoretischen Chemie

Bei der Modellbildung (Modellierung) hat man im wesentlichen drei Schritte zu vollziehen:

(I) die Abgrenzung des für die Problemstellung relevanten Teils des realen Systems,

(II) die Identifizierung der für die anvisierte Aufgabenstellung relevanten Eigenschaften dieses Teilsystems und

(III) die Formulierung des theoretischen Rahmens, gegebenenfalls einschließlich der mathematischen Gleichungen, die das Modell und seine Eigenschaften beschreiben sollen.

Wir erläutern die drei Modellbildungsschritte für einige wichtige Typen theoretisch-chemischer Modelle. Bei den zuvor bereits erwähnten theoretisch-chemischen Modellen kann man diese Schritte unschwer erkennen, wenn man sich die Ausführungen hierzu in den entsprechenden Kapiteln der Teile 1 – 3 noch einmal ansieht.

(i) Einfache Molekülstrukturmodelle

Eine typische Aufgabe der molekularen theoretischen Chemie besteht darin, die stabilste Struktur eines Moleküls (die geometrische Anordnung seiner Atome) in der Gasphase sowie mögliche alternative Konformationen vorauszusagen.

Dazu wird im Schritt I der Modellbildung ein isoliertes einzelnes Molekül betrachtet.

Nehmen wir als Beispiel das Molekül Formaldehyd. Als für die Aufgabenstellung relevante innere Eigenschaften dieses Teilsystems (Schritt II) kann man die paarweisen bindenden bzw. abstoßenden Wechselwirkungen zwischen den Atomen (allgemein, in anderen Fällen, auch Atom-Ionen) betrachten. Diese Wechselwirkungen folgen oft bereits aus einfachen quantenchemischen Näherungen und daraus abgeleiteten Valenzregeln (s. Kap. 7 und 10); sie führen zu geometrischen Einschränkungen der Atomanordnung, wie sie durch kovalente Atomradien, Ionenradien und Van-der-Waals-Radien beschrieben werden können (Schritt III). Daraus ergeben sich die möglichen stabilen Konformationen. Vernachlässigt wird dabei neben vielem anderen die Lockerung von Bindungen infolge der Schwingungen (s. Kap. 11).

Eine vergegenständlichte Form eines solchen Modells ist das sog. *Kalottenmodell* (s. Abb. 16.1a). Beschränkt man sich auf die räumliche Anordnung der Atome und die chemischen Verknüpfungen (Bindungen) zwischen ihnen, so erhält man ein sogenanntes *Kugel-Stab-Modell* (s. Abb. 16.1b).

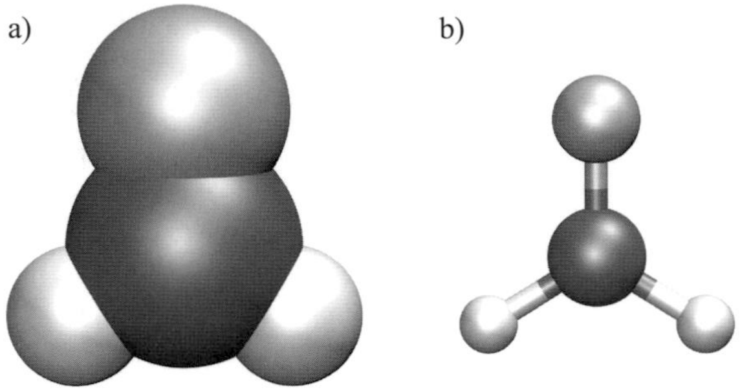

Abb. 16.1
Kalottenmodell (a) und Kugelstabmodell (b) für das Molekül Formaldehyd

Derartige Modelldarstellungen molekularer Strukturen findet man in der einschlägigen Literatur abgebildet; man kann sie auch mit einem Baukasten selbst zusammensetzen. Heute lassen sie sich bequem mit Hilfe von 3D-Grafikprogrammen auf dem Computerbildschirm erzeugen, räumlich bewegen, drehen und von beliebigen Seiten betrachten.

Die einfachen Strukturmodelle können meist nur zu einer ganz groben ersten Orientierung dienen. Über Eigenschaften von Molekülen, die mit der Bewegung der Atome zu tun haben, lässt sich aus diesen Modellen überhaupt nichts entnehmen.

(ii) Quantenchemische Molekülmodelle

Eines der fruchtbarsten und nützlichsten Konzepte zur theoretischen Behandlung der Elektronenhüllen atomarer und molekularer Systeme ist das *Modell unabhängiger Elektronen* (Einelektron-Modell), das in der Atomtheorie als *Zentralfeld-Modell*, in der Theorie des Molekülbaus und der chemischen Bindung als *Molekülorbital(MO)-Modell* und in der Festkörpertheorie als *Tight-Binding-Modell* breite Anwendung gefunden hat und noch heute die Vorstellungen von Bindung und Struktur maßgeblich prägt (s. Kap. 5 – 10).

Im Schritt I der Modellbildung wird das zu beschreibende Atomaggregat (Atom, Molekül, Festkörper oder Festkörperausschnitt) aus seiner Umgebung herausgelöst, und von diesem Aggregat werden nur die Elektronen explizite betrachtet; die Kerne bilden ein starres Gerüst von Punktladungen, in deren elektrischem Feld sich die Elektronen bewegen. Vorausgesetzt ist also die Gültigkeit der adiabatischen Näherung (s. Abschn. 4.3.2.1). Nun kommt eine weitere Modellierungsebene hinzu: die Elektronen werden als statistisch nahezu (nämlich soweit mit dem Pauli-Prinzip vereinbar) unabhängige Teilchen behandelt, und die Kräfte, denen ihre Bewegung unterliegt, rühren außer von den Kernen noch von den übrigen Elektronen (in Form eines gemittelten Feldes gemäß Hartree- bzw. Hartree-Fock-Näherung) her. Wir haben es also mit einem hierarchisch abgestuften Modell zu tun (s. Abschn. 4.1, Schema Abb. 4.1).

Für die (Aufenthaltswahrscheinlichkeits-) Dichteverteilung eines Elektrons in einem Atomorbital (entsprechend dem Zentralfeld-Modell für Atom, s. Abschn. 5.2) oder einem sp^n-Hybridorbital (s. Abschn. 7.3.6) waren lange Zeit *Orbitalmodelle* als keulenförmige Gebilde aus Holz oder Plastik in Gebrauch, die etwa im Sinne von Polardiagrammen (s. Abschn. 2.2.4) Raumbereiche mit hoher Elektronendichte veranschaulichen und "greifbar" machen sollten. Auch in diesem Kontext sind heute physische Modelle verzichtbar, da sich entsprechende Darstellungen mit 3D-Computergrafik bequem auf dem Bildschirm erzeugen und manipulieren lassen.

Die weiteren Modellierungsschritte hängen von der Aufgabenstellung ab. Nehmen wir als Beispiel die theoretische Bestimmung des Ionisierungspotentials eines Moleküls, also der für die Ablösung eines Elektrons aus der Elektronenhülle erforderlichen Energie. Die dafür maßgebenden Eigenschaften des Teilsystems Elektronenhülle (Schritt II) sind, sofern das Molekül nur aus leichten Atomen besteht, die Coulomb-Wechselwirkungen der Elektronen untereinander und mit den Kernladungen. Der theoretische Rahmen (Schritt III) kann sich, wie wir aus Abschnitt 8.3.3 wissen, für einfache Abschätzungen auf die Hartree-Fock-Näherung, also auf ein Einelektron-Modell, beschränken.

Bei höheren Anforderungen muss man über das MO-Modell hinausgehen (s. Kap. 9) und/oder es müssen weitere Wechselwirkungen einbezogen werden (etwa die Spin-Bahn-Kopplung der Elektronen untereinander).

Ein weiteres, etwas komplizierteres Beispiel ist die Berechnung der Energie, mit der ein Molekül an eine Festkörperoberfläche gebunden ist (Chemisorptionsenergie); hierzu wäre das im Schritt I abzugrenzende Teilsystem das Molekül plus ein Atomcluster als Ausschnitt aus einem oberflächennahen Bereich des Festkörpers (s. Abschn. 10.2.2.3) und bei Voraussetzung der Gültigkeit der adiabatischen Näherung davon nur die Elektronenhülle. Als relevante Eigenschaften (Schritt II) haben wir, wenn das Teilsystem nur leichte Atome enthält, wieder die Coulomb-Wechselwirkungen Elektronen–Elektronen und Elektronen–Kerne. Bei der Wahl des theoretischen Rahmens (Schritt III) kann man, wenn die Anforderungen nicht sehr hoch sind, zunächst ein Einelektron-Modell (einfache MO-Näherung; Hartree-Fock-Näherung) verwenden; im Allgemeinen muss man aber bei dieser Fragestellung über das Einelektron-Modell hinausgehen (s. Abschn. 8.3 und 9.1 sowie 13.1).

Die Grundlagen derartiger quantenchemischer Modelle sind in Teil 2 ausführlich behandelt worden; die Durchführung der Berechnungen sowie die Auswertung der Resultate werden Gegenstand des Kapitels 17 sein.

(iii) Kraftfeld-Modelle. Molekülmechanik

Wie wir aus Abschnitt. 4.3.3 sowie aus den Kapiteln 11 und 13 wissen, muss ein theoretisch wohlfundierter und dementsprechend zuverlässiger Weg zur Ermittlung von stabilen Konformationen eines molekularen Aggregats oder von bevorzugten Anlagerungspositionen für ein Molekül an ein anderes ("Andocken", engl. docking) auf die Topographie der adiabatischen Potentialfunktion bzw. Potentialhyperfläche gegründet werden, indem man deren lokale Minima bestimmt; vorausgesetzt ist die Gültigkeit der adiabatischen Näherung.

Zuerst wird ein Aggregat von Atomen, aus denen ein interessierendes Molekül bestehen möge (Summenformel), aus seiner Umgebung herausgelöst und für sich betrachtet (Schritt I).

Die relevanten Eigenschaften (Schritt II) sind die zwischen den *Atomen* wirkenden Kräfte, die als die negativen ersten Ableitungen des Wechselwirkungspotentials $U(\boldsymbol{Q})$ nach den $3N^{\mathrm{k}} - 6$ Kernkoordinaten Q_i berechnet werden.

Der Schritt III beinhaltet die "Konstruktion" des Wechselwirkungspotentials in Form eines *Kraftfeld-Modells*: die quantenchemische Berechnung der vollständigen Potentialfunktion

$U(Q)$ wird umgangen und stattdessen ein weitgehend empirischer, auf Erfahrungen bzw. Kenntnissen über zwischenatomare Wechselwirkungskräfte beruhender funktioneller Ansatz verwendet (s. die Abschnitte 13.3 und 18.2). Dessen Topographie liefert die gesuchten stabilen Konformationen.

Die Konformationssuche lässt sich bei Benutzung solcher Kraftfeld-Modelle im Vergleich zur punktweisen quantenchemischen Berechnung von Potentialfunktionen mit wesentlich geringerem Aufwand durchführen und damit auf sehr viel größere, komplexere Systems anwenden. Außerdem kann eine solche Verfahrensweise prinzipiell leicht erweitert werden, beispielsweise auf die Einbeziehung von Lösungsmittelmolekülen und deren Wechselwirkung mit den Atomen des betrachteten Moleküls. Das ist von besonderer Bedeutung für biologische Systeme (große Moleküle im wässrigen Medium).

Die Bestimmung molekularer Strukturen anhand von Kraftfeld-Modellen bildet ein Hauptthema des Kapitels 18 (s. Abschn. 18.3).

Interessieren die gebundenen *Bewegungen* (Schwingungen) der Atome des Aggregats, dann kommt für deren Beschreibung auf Grund der großen Anzahl der Freiheitsgrade nur die klassische Näherung in Frage (Trajektorien). Die klassisch-mechanischen Beschreibung eines großen Moleküls mittels eines Kraftfeldes wird oft als *Molekülmechanik* bezeichnet.

(iv) Molekulardynamische und molekularstatistische Modelle

Auf der Grundlage entsprechend konstruierter Kraftfeld-Modelle lassen sich gebundene wie auch nicht-gebundenen *Bewegungen* großer molekularer Systeme simulieren.

Bei einer sehr großen Anzahl von Freiheitsgraden des zu untersuchenden Systems ist, um den Vergleich mit experimentellen Informationen zu ermöglichen, ein weiterer Modellbildungsschritt erforderlich: der Einbau *statistischer Verfahren*, um das System als Ganzes durch statistische Mittelwerte und summarische Größen wie Temperatur, Druck etc. charakterisieren zu können.

Zur Bildung eines entsprechenden molekularen Modells wählt man wieder zuerst das zu beschreibende Teilsystem aus (Schritt I), etwa eine "Elementarzelle" mit einer bestimmten Teilchenzahl N und einem Volumen V.

Die relevanten inneren Eigenschaften des Modellsystems (Schritt II) sind die durch eine adiabatische Potentialfunktion $U(Q)$ bestimmten Kräfte auf die Teilchen. Ferner wird die Zugehörigkeit zu einer statistischen Gesamtheit vorgegeben; im Falle fester Werte von N, V und Gesamtenergie $\mathcal{E}$ ist das eine mikrokanonische Gesamtheit.

Den theoretischen Rahmen (Schritt III) für die Beschreibung der Bewegungen des Modellsystems bilden: (a) ein *Kraftfeld-Modell* für $U(Q)$, (b) die klassisch-mechanischen Bewegungsgleichungen (auf Grund der großen Anzahl der Freiheitsgrade kommt nur die klassische Näherung in Betracht) und (c) die Bildung statistischer Mittelwerte. Man spricht dann von einer *molekulardynamischen Simulation*. Sie eröffnet den Zugang zu dynamisch bestimmten Größen wie z. B. Diffusionskoeffizienten. Darauf gehen wir in Kapitel 19 (Abschn. 19.2) näher ein.

Eine radikal vereinfachende Alternative dazu besteht im gänzlichen Verzicht auf die Berechnung der Dynamik (somit auf die Gewinnung dynamisch bestimmter Informationen); anstatt dessen beschränkt man sich auf eine *statistische* Auswertung des energetischen Vergleichs zufällig ausgewählter Kernanordnungen; man nennt so etwas *Monte-Carlo-Simulation*. Die ausführlichere Darlegung eines derartigen Simulationsverfahrens erfolgt in Kapitel 19 (Abschn. 19.3).

(v) Modell der Übergangskonfiguration

In der Dynamik von Gasphasenreaktionen lässt sich, sofern die molekularen Elementarprozesse vom *direkten* Typ sind, das Modell der Übergangskonfiguration anwenden (s. Abschn. 15.2); vorausgesetzt ist wieder die Gültigkeit der elektronisch adiabatischen Näherung.

Auch die Formulierung dieses Modells entspricht dem Dreischritt-Schema: Aus dem hochkomplexen Geschehen, einer Vielfalt neben- und nacheinander ablaufender Elementarprozesse, werden die zu einer Elementarreaktion $X_1 + X_2 \rightarrow Y_1 + Y_2$ führenden molekularen Prozesse $X_1(i_1) + X_2(i_2) \rightarrow Y_1(k_1) + Y_2(k_2)$ herausgegriffen und von diesen insgesamt ein Bewegungsschnappschuss im Moment des Durchgangs durch eine geeignet zu positionierende kritische Trennfläche $F^{\neq}$ zwischen Reaktant- und Produktbereich des Kernkonfigurationsraumes aufgenommen (Schritt I).

Das molekulare Aggregat $\{ X_1, X_2 \}$ in einer Kernanordnung, die einem Punkt auf der Trennfläche entspricht, bezeichnet man als eine *Übergangskonfiguration*. Die relevanten inneren Eigenschaften (Schritt II) umfassen (1) die adiabatische Potentialfunktion $U(\boldsymbol{Q})$ in der Umgebung der kritischen Trennfläche $F^{\neq}$, damit die dort auf die Atome wirkenden Kräfte, und zwar der Einfachheit halber (2) in harmonischer Näherung für die inneren Kernfreiheitsgrade, sowie (3) das Vorliegen eines statistischen Gleichgewichts (kanonisch oder mikrokanonisch) für *alle* Kernfreiheitsgrade (relative Translation, Rotation, Schwingungen) der Reaktanten X_1 und X_2.

Der theoretische Rahmen (Schritt III) für die Berechnung des Reaktionsgeschwindigkeitskoeffizienten der makroskopischen Elementarreaktion $X_1 + X_2 \rightarrow Y_1 + Y_2$ besteht (a) in der Bestimmung des Wechselwirkungspotentials für den relevanten Bereich des Kernkonfigurationsraumes in der Umgebung von $F^{\neq}$, (b) in der quantenmechanischen Behandlung der inneren Kernfreiheitsgrade des Übergangskomplexes (z. B. in einer Näherung gemäß Abschn. 11.4) und (c) in der Berechnung der Zustandsdichten bzw. Zustandssummen (Anwendung der quantisierten Boltzmann-Statistik).

(vi) Reaktionskinetische Modelle für zusammengesetzte Reaktionsmechanismen

Bei einer makroskopisch zu verfolgenden chemischen Umsetzung laufen zahlreiche Elementarreaktionen neben- und nacheinander ab, was zu einem umfangreichen System von gekoppelten gewöhnlichen Differentialgleichungen erster Ordnung für die zeitlich veränderlichen Konzentrationen der beteiligten, neu entstehenden oder verbrauchten Stoffe bzw. Zwischenprodukte führt (s. Abschn. 12.1). Die Formulierung ist grundsätzlich einfach, dennoch häufig mit Schwierigkeiten verbunden, weil die Anzahl der Gleichungen sehr groß werden kann und man im übrigen nicht sicher ist, ob man alle relevanten Reaktionsschritte erfasst hat; hinzu kommt, dass in der Regel viele der Parameter (thermische Geschwindigkeitskoeffizienten für die einzelnen Elementarreaktionen) nicht bekannt sind.

Eine Modellierung hat hier das Ziel, den *Reaktionsmechanismus zu vereinfachen*, d. h. die Anzahl der Gleichungen auf ein Mindestmaß zu reduzieren, und zwar derart, dass trotzdem die interessierenden Ergebnisse, etwa die Ausbeute für ein bestimmtes Produkt, zuverlässig berechnet werden können. Ein Beispiel eines solchen *reaktionskinetischen Modells* haben wir in Gestalt des Lindemann-Hinshelwood-Mechanismus für monomolekulare Gasphasenreaktionen kennengelernt (s. Abschn. 15.3.1). Eine detailliertere Diskussion der reaktionskinetischen Modellierung (die man formal ebenfalls entsprechend dem eingangs erläuterten Dreischritt-Schema vornehmen kann) liegt außerhalb des Rahmens für diesen Kurs.[1]

16.3* Datenbanken

Auf allen Gebieten, insbesondere in Naturwissenschaften und Technik, spielen Datenbanken eine wichtige Rolle: das sind elektronisch gespeicherte Datensammlungen, in denen große Mengen von Daten zusammengestellt, systematisiert, auch geprüft bzw. abgeglichen und für Nutzer zur Verfügung gehalten werden. Sie sind, zumindest was Forschungsdatenbanken betrifft, weltweit von überall her zugänglich (Internet), werden regelmäßig aktualisiert und ergänzt und bieten meist auch weitere Dienste an (z. B. Visualisierung). Oft sind sie aus älteren, gedruckten Tabellenwerken hervorgegangen.

Bei den für die Chemie relevanten ***Datenbanken*** unterscheidet man verschiedene Typen:

- *Literaturdatenbanken,*
- *Faktendatenbanken,*
- *Strukturdatenbanken,*
- *Reaktionsdatenbanken.*

Der Aufbau, die Pflege und die Nutzung von Datenbanken ist ein ziemlich umfangreiches Spezialgebiet geworden, das hier nicht ausführlich behandelt werden kann; wir beschränken uns auf einige Hinweise und empfehlen zur Vervollständigung z. B. [16.1][16.5] sowie die dort angegebene Literatur.

Als Quelle für Literaturdaten kommt z. B. die Datenbank *CA File* des Chemical Abstracts Service (CAS) in Frage, zugänglich mittels SciFinder [www.cas.org]; sie geht zurück auf die gedruckten Chemical Abstracts (begründet zu Beginn des 20. Jh.) und enthält z. Z. schätzungsweise einige 10^7 Referenzen.

Die umfangreichsten Faktendatenbanken auf dem Gebiet der Chemie sind die in ihren Ursprüngen bereits sehr alten (19. Jh.) Datensammlungen von L. *Gmelin* (Gmelins Handbuch der anorganischen Chemie) und von F. *Beilstein* (Beilsteins Handbuch der organischen Chemie); Informationen darüber findet man im Internet über www.gmelin.com (oder: www.mdli.com) bzw. wwww.beilstein.com. Diese beiden Datenbanken enthalten Struktur- und

[1] Literatur hierzu gibt es reichlich, z. B. Schwetlick, K., Dunken, H., Pretzschner, G., Scherzer, K., Tiller, H.-J.: Chemische Kinetik. Dt. Verlag für Grundstoffindustrie, Leipzig (1985);
Wedler, G.: Lehrbuch der Physikalischen Chemie. Wiley-VCH, Weinheim (1997), sowie andere physikalisch-chemische Lehrbücher.

Eigenschaftsinformationen zu rund $1{,}5\times10^6$ anorganischen und metallorganischen Verbindungen (Gmelin) und mehr als 8×10^6 organischen Verbindungen (Beilstein).

Eine weitere, ebenfalls im 19. Jh. begründete und für die molekulare Chemie relevante Datenquelle ist die Sammlung *Landolt-Börnstein* (H. H. Landolt und R. Börnstein, Zahlenwerte und Funktionen aus Physik, Chemie, Astronomie, Geophysik und Technik, Springer, Berlin 1883), heute elektronisch gespeichert und weitergeführt als *SpringerMaterials. The Landolt-Börnstein Database* [www.springermaterials.com]; das Werk umfasst Angaben für z. Z. rund $2{,}5\times10^5$ Substanzen.

Für die Suche nach den aktuellsten Zahlenwerten von physikalischen Konstanten und Referenzdaten stehen u. a. die Datensammlungen des *National Institute of Standards and Technology* (*NIST*)/USA [www.nist.gov] zur Verfügung (s. auch Anhang A7).

Wir erwähnen hier noch einige Datenbanken, die auf Strukturdaten spezialisiert sind. Eine der wichtigsten Strukturdatenbanken ist die *Cambridge Structural Database* (abgek. *CSD*) [www.ccdc.cam.ac.uk/]. Sie umfasst hauptsächlich Informationen über organische und metallorganische Verbindungen aus Kristallstrukturuntersuchungen mittels Röntgen- oder Neutronenbeugung; per Januar 2011 waren rund 540.000 Strukturen erfasst, und der jährliche Zuwachs betrug im letzten Jahrzehnt $1\ldots3\times10^4$ Strukturen[2].

Andere Schwerpunkte haben die *Inorganic Crystal Structure Database* in Karlsruhe [www.fiz-karlsruhe.de/icsd_content.html], die Daten für anorganische Verbindungen bereitstellt, und die *Protein Database* (abgek. *PDB*) [www.rcsb.org/pdb/], die auf Polypeptide und Polysaccharide orientiert ist.

Auf Reaktionsdatenbanken kommen wir in Abschnitt 20.3.2 zu sprechen.

16.4 Schwierigkeiten. Ausblick

16.4.1 Gefahren in der rechnenden theoretischen Chemie

Das computerchemische Arbeiten, das heute in nahezu allen Bereichen der Chemie seinen Platz hat, vermag besonders auf junge Einsteiger eine große Faszination auszuüben. Dadurch, dass zahlreiche benutzerfreundliche Programmpakete verfügbar sind (Angaben hierzu findet man in den folgenden Kapiteln) und dass häufig angenommen wird, jeder Chemiker oder Molekülphysiker könne sich leicht ein Modell für das zu untersuchende System konstruieren, wird – etwas zugespitzt ausgedrückt – ein Gefühl der Omnipotenz erzeugt, ein Vertrauen darauf, jedes Problem lösen zu können. Häufig besteht genau darin auch die Erwartung, die in einen Theoretiker gesetzt wird.

Doch es ist Vorsicht geboten: Jede Modellierung stellt eine drastische Vereinfachung der Realität dar, die mehr oder weniger gerechtfertigt sein kann. Grundsätzlich wäre es stets notwendig, ein Modell sorgfältig zu prüfen und die Näherungen in der theoretischen Beschreibung,

[2] Allen, F. H.: The Cambridge structural database: a quarter of a million crystal structures and rising. Acta Cryst. **B 58**, 380-388 (2002)

die mit diesem Modell verknüpft sind, zu begründen, Fehler abzuschätzen und dergleichen. Eine solche Zuverlässigkeitsprüfung (*Validierung*) eines Modells ist allerdings eine meist schwierige und aufwendige Angelegenheit, erfordert Testrechnungen und Vergleiche mit besseren Näherungen. Das wird oft übergangen oder gar nicht erst versucht (etwa mit dem Hinweis auf intuitive Evidenz) bzw. es muss wegen zu hohen Aufwands unterbleiben.

Die Tendenz geht oft schon auf Druck von der Anwendungsseite dahin, sich immer größere Modellsysteme (große Teilchenzahlen) vorzunehmen, um damit zunehmend praxisnahe Aufgabenstellungen bearbeiten zu können; damit einher geht notwendig auch eine fortschreitende Vereinfachung, d. h. Vergröberung der theoretischen Beschreibung. Die verwendeten Näherungen werden mit wachsender Modellgröße immer weniger kontrollierbar und die damit erhaltenen Ergebnisse immer weniger zuverlässig in dem Sinne; dass sie sich nicht mehr durch stützende Vergleichsrechnungen mit verbesserten Verfahren absichern lassen. Man verliert gewissermaßen mehr und mehr den festen Boden unter den Füßen.

Hinzu kommt, dass in Vielteilchensystemen neuartige Phänomene auftreten, die durch das kollektive Verhalten der Teilchen bestimmt sind und von denen bislang oft nicht schlüssig geklärt ist, inwieweit sie sich auf die molekularen Eigenschaften und Wechselwirkungen der konstituierenden einzelnen Teilchen zurückführen lassen (s. Kap. 1; auch [I.4b]). In der Aufklärung von eventuell bestehenden molekularen Ursprüngen solcher Phänomene sollte eine wichtige Aufgabe von Simulationsrechnungen bestehen.

Aus alledem folgt, dass computerchemische Software nicht als "Black Box" eingesetzt werden sollte, da sonst die Gefahr besteht, infolge einer unsachgemäßen Anwendung von Modellen und Näherungsverfahren sinnlose Resultate zu produzieren. Die weitverbreitete, oft unbewusste Einstellung naiver Anwender, ein Computer könne sich nicht irren, trägt dazu bei, die notwendige kritische Distanz zu den eigenen Untersuchungsergebnissen zu verlieren. Die umfassenden computergrafischen Darstellungsmöglichkeiten, die optisch eindrucksvolle Bilder erzeugen, tun ein übriges, um eine unbedingte kritiklose Akzeptanz jeglicher Ergebnisse, wenn sie nicht offensichtlich unvernünftig sind, zu befördern: was man auf dem Bildschirm sieht, wird leicht voreilig als real existent angesehen.

Auch in der Computerchemie müssen also Ergebnisse immer zunächst mit Vorsicht und Skepsis aufgenommen werden. Das erfordert theoretisch-chemische Grundkenntnisse und eine sorgfältige Vorbereitung, verbunden mit Erfahrung, Intuition und Fingerspitzengefühl.

16.4.2 Ausblick: Computerchemie in Gegenwart und Zukunft

Die rasante Entwicklung der Computerchemie in den letzten beiden Jahrzehnten ist deutlich ablesbar am zunehmenden Umfang, in dem computerchemische Methoden der Modellierung und Simulation in nahezu alle Bereiche der chemischen (einschließlich der biochemischen) Forschung und Entwicklung Einzug gehalten haben. Eine wesentliche, fördernde Rolle hat dabei, ungeachtet aller damit verbundener Bedenken (s. oben), die Verfügbarkeit benutzerfreundlicher Programmpakete gespielt. In den Kapiteln 17 – 20 wird jeweils zu den dort behandelten Gebieten eine repräsentative Auswahl solcher Programmpakete benannt.

Die Entwicklung spiegelt sich auch wider in neuen Tagungsreihen, Zeitschriften und Büchern. Einige Lehrbücher und Monographien findet man in den Literaturreferenzen zu diesem und den folgenden Kapiteln. Von den auf Computerchemie spezialisierten Zeitschriften und Fortschrittsberichten seien genannt (Auswahl):

Advances in Molecular Modeling	1988 ff.	JAI Press
Annual Reports in Computational Chemistry	2005 ff.	Elsevier
Computational and Theoretical Chemistry	2011 ff.	Elsevier
(bis 2010: *Journal of Molecular Structure THEOCHEM*)		
Journal of Chemical Information and Modeling	1961 ff.	ACS Publications
Journal of Chemical Theory and Computation	2005 ff.	ACS Publications
Journal of Computational Chemistry	1980 ff.	Wiley
Journal of Computer Aided Chemistry	2000 ff.	J. STAGE
Journal of Theoretical and Computational Chemistry	2002 ff.	World Scientific
Molecular Simulation	1987 ff.	Taylor & Francis
Reviews in Computational Chemistry	1990 ff.	Wiley

Eine Vielzahl von Informationen zum Gebiet findet man in der 5-bändigen *Encyclopedia of Computational Chemistry* (Hrsg. P. v. R. Schleyer), Wiley (1998).

Die Entwicklung der Computerchemie als angewandte (rechnende und informationsverarbeitende) theoretische Chemie der Modelle und ihrer Simulation wird weiter in Richtung auf größere, komplexere chemische Systeme gehen, nicht zuletzt unter dem Druck wachsender Anforderungen aus der industriellen Praxis (neue Materialien, Pharmaka etc.). Zugleich aber besteht (s. oben) stets ein großer Bedarf an theoretischer Absicherung der Modelle und Beseitigung von Schwachstellen. Schließlich muss ständig an der Steigerung der Effizienz der Rechenverfahren gearbeitet werden, besonders unter Nutzung der Möglichkeiten, die moderne Computerarchitekturen (Stichwort: Parallelrechner, engl. parallel processing)[3] und verteilte Ressourcen (cloud computing) bieten.

Als ein aktuelles Zeichen dafür, welchen Stellenwert die Modellierung komplexer chemischer Systeme und Prozesse heute für die Chemie und insbesondere die Biochemie besitzt und wie bedeutend die auf diesem Gebiet erreichten Fortschritte sind, kann man die während der Arbeit am Manuskript dieses Buches bekanntgewordene Verleihung des Nobel-Preises für Chemie 2013 an M. Karplus, A. Warshel und M. Levitt nehmen; sie erhielten die Auszeichnung für die Entwicklung von "Multiskalen-Modellen" für komplexe chemische Systeme.

Es ist zu erwarten, dass Simulationsrechnungen im Sinne von "Computerexperimenten" sich weiter als Forschungsmethode etablieren und die traditionelle experimentelle Forschung ergänzen (nicht etwa ersetzen) werden. Man kann noch einen Schritt weitergehen und prognostizieren, dass die menschliche Arbeitskraft auch in der chemischen Forschung durch die weltweite Verfügbarkeit riesiger vernetzter Computerressourcen zunehmend entlastet werden wird, so dass der kreativen Tätigkeit, der Inspiration und Abstraktionsfähigkeit mehr Raum

[3] S. hierzu etwa: Ramachandran, K. I., et al.: Computational Chemistry and Molecular Modeling. Principles and Applications. Springer, Berlin/Heidelberg (2008).

bleibt. Die Schaffung von *Wissensbasen* (Datenbanken plus Verknüpfungsregeln) in Kombination mit algorithmierten "Denkvorgängen" sollte die Entwicklung sogenannter *Expertensysteme* fördern bis hin zu *lernfähigen Computersystemen*, die Probleme lösen können (Methoden der "künstlichen Intelligenz"). Auf Ansätze für derartige Entwicklungen kommen wir in Kapitel 20 zu sprechen.

Ergänzende Literatur zu Kapitel 16

[16.1] Gasteiger, J., Engel, T. (Hrsg.): Chemoinformatics. A Textbook. Wiley-VCH, Weinheim (2003)

[16.2] Kunz, R. W.: Molecular Modelling für Anwender. Teubner, Stuttgart (1997)

[16.3] Cramer, Ch. J.: Essentials of Computational Chemistry – Theories and Models. Wiley, West Sussex (2004)

[16.4] Jensen, F.: Introduction to Computational Chemistry. Wiley, Chichester (2008)

[16.5] Leach, A. R.: Molecular Modelling. Principles and Applications. Pearson Educ., London (2001)

17 Quantenchemische Modellierung molekularer Elektronenhüllen und ihrer Eigenschaften

Dieses Kapitel befasst sich mit der Berechnung von Eigenschaften eines molekularen Aggregats, soweit sie durch die Elektronenhülle in einem festen stationären Zustand (elektronisch adiabatische Näherung) bestimmt sind. Die Grundlage für solche Berechnungen bildet eine *quantenchemische Modellierung* mittels der in den Kapiteln 4, 7, 8 und 9 behandelten Konzepte [s. Abschn. 16.2 *(ii)*]. Es ist allerdings nicht möglich, die vielfältigen methodischen Varianten und Verfahren im hier verfügbaren Rahmen auch nur einigermaßen erschöpfend darzustellen, zumal sich einige Teilgebiete noch in rascher Entwicklung befinden. Ein Anwender muss sich auch nicht unbedingt mit Details, z. B. von Integralberechnungen, befassen, denn diesbezügliche numerisch-mathematische Verfahren sind hinreichend ausgereift und werden in gängigen Programmpaketen zuverlässig umgesetzt. Auf solche Fragen gehen wir daher nur soweit ein, wie das zum Grundverständnis erforderlich ist.

Im Folgenden werden häufig die Bezeichnungen "nichtempirisch", "ab initio" und "semiempirisch" gebraucht; hierzu sei auf die am Schluss von Abschnitt 4.1 vorgenommene Begriffsbestimmung verwiesen.

Auch bei sogenannten Ab-initio-Berechnungen hat man es mit *Modellen* zu tun (vgl. Abschn. 16.1 und 16.2), es werden stets *Näherungen* vorgenommen. Ferner gibt es auf jeder Näherungsstufe *empirische Elemente*, die in der Quantenchemie als nicht begründbare Erfahrungstatsachen zu verwenden sind. Dazu gehören insbesondere Vertauschungssymmetrie-Anforderungen an die Wellenfunktion (Pauli-Prinzip) sowie Zahlenparameter, die im Prinzip auf tiefergelegenen Beschreibungsebenen (etwa relativistische Quantentheorie, Elementarteilchentheorie) berechnet werden können, insbesondere Teilchencharakteristika wie Masse und Spin, sowie Naturkonstanten wie h (Planck-Konstante) und c (Lichtgeschwindigkeit im Vakuum). Wie wir sehen werden, sind Elemente der Erfahrung auch im Spiel, wenn es darum geht, geeignete Basissätze auszuwählen oder neu zu entwickeln.

Eine Zwischenstellung nehmen Methoden ein, mit denen die Anzahl explizite zu behandelnder Elektronen bzw. Wechselwirkungen verringert und damit Rechenzeit gespart wird. Da die meisten physikalisch-chemischen Eigenschaften eines molekularen Aggregats hauptsächlich durch die Valenzelektronen der beteiligten Atome bestimmt werden, ist es naheliegend, nur die Valenzelektronen explizite durch eine Schrödinger-Gleichung zu beschreibenen und die Elektronen der inneren Schalen (Rumpfelektronen) insoweit zu berücksichtigen, als sie die Kernladungen teilweise kompensieren (abschirmen) und auf die Valenzelektronen durch ein *effektives Rumpfpotential* (engl. effective core potential, abgek. *ECP*) einwirken.[1] Von besonderer Bedeutung ist eine solche Modellbildung, wenn schwere Atome (mit entsprechend vielen Rumpfelektronen) beteiligt sind; dann können auch relativistische Wechselwirkungen nicht mehr vernachlässigt werden, und die korrekte Beschreibung wird erheblich komplizierter (vgl. Abschn. 9.4).
Rumpfpotentiale in konsistenter Weise zu definieren, so dass die damit zu erreichenden Resultate gegenüber der expliziten Behandlung aller Elektronen nicht wesentlich an Genauigkeit einbüßen, ist keine einfache Aufgabe. Wir gehen darauf nicht näher ein, sondern verweisen auf die Literatur (zur Einführung z. B. [I.4b], Abschn. 4.6.1; einige neuere Zitate in [17.1], Abschn. 5.9).

---

[1] Man bezeichnet ein solches Potential auch als *Pseudopotential*; dieser Begriff ist jedoch allgemeiner und schließt auch andere Fälle effektiver Potentiale ein (s. [I.4b], dort Abschn. 4.6.1.).

17.1 Nichtempirische quantenchemische Berechnungen

Wir setzen voraus: (1) die Gültigkeit der *nichtrelativistischen Näherung*, es gibt also ausschließlich Coulombsche (elektrostatische) Wechselwirkungen zwischen den Teilchen, und (2) die *Näherung fixierter Kerne* (starres Kerngerüst) auf der Grundlage der Born-Oppenheimer-Separation. Die Einbeziehung der Spin-Bahn-Kopplung ist relativ einfach möglich, erhöht aber natürlich den Aufwand.

17.1.1 Eingabedaten: Kerngeometrie. Basissatz

Zur quantenchemischen Berechnung eines stationären Zustands der Elektronenhülle eines molekularen Systems unter der oben genannten Voraussetzung (2) müssen die *Kerngeometrie* und ein *Basissatz* von Einelektronfunktionen vorgegeben werden.

17.1.1.1 Festlegung der Kernanordnung

Auf der Grundlage eines Strukturmodells (s. Abschn. 16.2) kann die Kernanordnung durch die Angabe von $3N^{\mathrm{k}}-6$ inneren (Kern-) Koordinaten – Kernabstände, ebene Winkel und Diederwinkel[2] – festgelegt werden. Eine systematische Vorgehensweise wird durch die sogenannte *Z-Matrix* ermöglicht, in welcher der Satz der erforderlichen $3N^{\mathrm{k}}-6$ Kerngeometriedaten "baumartig" aufgebaut wird.

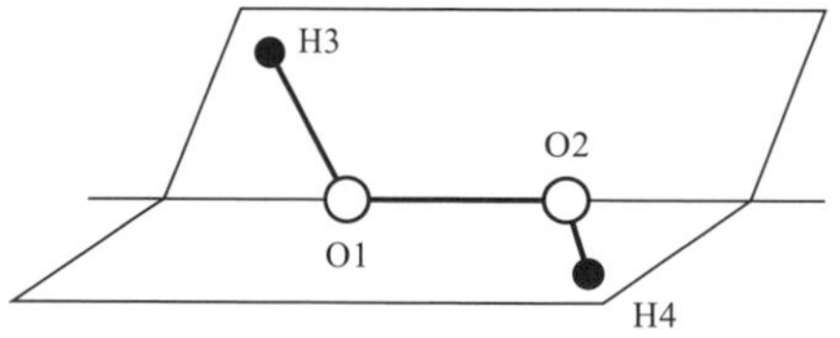

Abb. 17.1
Zur Festlegung der Kerngeometrie mittels der Z-Matrix: Wasserstoffperoxid H_2O_2

Betrachten wir als Beispiel das Wasserstoffperoxid-Molekül H_2O_2 (Abb. 17.1). Zuerst werden die Atome (genauer: die Kerne) in beliebiger Weise durchnumeriert. Man wählt dann ein Atom aus, z. B. das Sauerstoffatom O1, und bezieht die Positionen der anderen Atome schrittweise auf die jeweils zuvor definierten Atompositionen. Die Kernabstände und Winkel werden in einer Tabelle als Dreiecksmatrix zusammengestellt (s. Tab. 17.1); dabei bezeichnet A dasjenige Atom, dessen Position gerade definiert wird, und A1, A2 etc. sind Atome, die in den vorangegangenen Schritten positioniert wurden.

So nimmt man im vorliegenden Fall als nächstes ein beliebiges weiteres, üblicherweise ein mit dem ersten (O1) verbundenes Atom, hier etwa O2; und legt den Abstand O1–O2 fest. Die Lage eines dritten Atoms, hier H3, wird bezüglich O1 und O2 definiert, und zwar durch die Bindungslänge H3–O1 und den Valenzwinkel H3–O1–O2. Für das verbleibende vierte Atom H4 ist die Position durch den (Bindungs-) Abstand H4–O2, den (Bindungs-) Winkel

[2] Als Diëderwinkel wird der Winkel bezeichnet, den zwei von einer Geraden ausgehende Halbebenen (Kante) einschließen; vgl. die einschlägige Literatur (etwa [II.8]).

H4–O2–O1 sowie den Diederwinkel H4–O2–O1–H3 (Winkel zwischen den Ebenen, in denen H4–O2–O1 bzw. O2–O1–H3 liegen) fixiert.

Tab. 17.1 Z-Matrix für H_2O_2 nach Abb. 17.1

Kern A	Kernabstand / Å A–A1	Kern A1	Winkel / Grad A–A1–A2	Kern A2	Diederwinkel / Grad A–A1–A2–A3	Kern A3
O1	—	—	—	—	—	—
O2	1,475	O1	—	—	—	—
H3	0,95	O1	95	O2	—	—
H4	0,95	O2	95	O1	120	H3

Es ist klar, wie das Schema bei Vorhandensein weiterer Atome fortzusetzen wäre. Für ein gegebenes Molekül ist die Z-Matrix nicht eindeutig; alle möglichen Z-Matrizen sind aber gleichberechtigt. Das Verfahren kann allerdings zu Schwierigkeiten führen, etwa bei linearen Kernanordnungen; dann lässt sich Abhilfe schaffen, indem man formal zusätzliche "unechte" (engl. dummy) Atome mit der Kernladungszahl 0 (und ohne Basisfunktionen) hinzufügt.

Alternativ zur Z-Matrix besteht natürlich auch die Möglichkeit, ein raumfestes kartesisches Koordinatensystem zu wählen und die darauf bezogenen Kernkoordinaten einzugeben. Bei einer solchen Verfahrensweise hat man stets sechs überflüssige Koordinaten für die jeweils drei Freiheitsgrade der Parallelverschiebung und Drehung des Kerngerüstes als Ganzes. Darauf ist dann bei bestimmten Problemstellungen zu achten (vgl. z. B. Abschn. 11.2.1 und 11.4.2.1). Wie auch immer die Geometrieeingabe erfolgt (ob als innere Koordinaten über die Z-Matrix oder als raumfeste kartesische Koordinaten), die Koordinaten können natürlich prinzipiell stets ineinander umgerechnet werden. Wir gehen hier nicht weiter auf Einzelheiten ein, sondern verweisen auf die Handbücher zu den einschlägigen quantenchemischen Programmpaketen (s. Abschn. 17.5).

17.1.1.2 Einelektron-Basissätze

In quantenchemischen Berechnungsverfahren, die vom MO-Modell ausgehen, sowie in der Dichtefunktionaltheorie im Kohn-Sham-Formalismus (vgl. Kap. 7–9; s. auch Abschn. 17.3), werden die Molekülorbitale (MOs) als Linearkombinationen von endlich-vielen (M) vorgegebenen Atomorbitalen (AOs) $\varphi_\nu(\boldsymbol{r})$ angesetzt:

$$\tilde{\phi}_i(\boldsymbol{r}) = \sum\nolimits_{\nu=1}^{M} c_{\nu i}\,\varphi_\nu(\boldsymbol{r}) \qquad (17.1)$$

(*LCAO-Ansatz*). Die *Basisfunktionen* $\varphi_\nu(\boldsymbol{r})$ werden in der Regel *reell* angenommen, sind (meist) an den Kernen a zentriert[3] und haben eine einfache analytische Form (s. Abschn.

[3] Grundsätzlich können aber auch Basisfunktionen benutzt werden, die an Punkten außerhalb der Kerne, z. B. in einer Bindungsregion, zentriert sind.

5.2.2); geschrieben in Kugelkoordinaten $r^{(a)}$, $\vartheta^{(a)}$ und $\gamma^{(a)}$ am Kern a wie in Gleichung (5.15) als Produkt eines Radialanteils und eines Winkelanteils, sehen sie folgendermaßen aus:

$$\varphi_\nu(\boldsymbol{r}) \rightarrow \varphi_{kl}^m(\boldsymbol{r}^{(a)}) = R_{kl}(r^{(a)}) \cdot S_l^{(m)}(\vartheta^{(a)}, \gamma^{(a)}) . \qquad (17.2)$$

Hier bezeichnen wir den Azimutwinkel, um Verwechslungen zu vermeiden, mit γ; die Winkelanteile $S_l^{(m)}$ sind die reellen Kugelflächenfunktionen (2.131), (2.133). Da der erste untere Index der Basisfunktionen nicht notwendig die Rolle einer Hauptquantenzahl spielt, verwenden wir hier den Buchstaben k (nicht n).

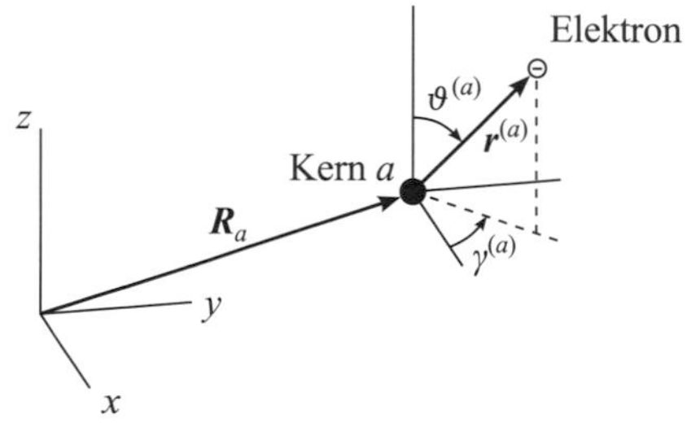

Abb. 17.2
Kugelkoordinaten eines Elektrons, bezogen auf das Zentrum (Kern) a

Als Radialanteile werden überwiegend zwei Typen von Funktionen benutzt (s. Abschn. 5.2.2): *Slater-Orbitale* (Slater-type orbitals, *STO*), definiert in Gleichung (5.21),

$$R_{kl}^{\mathrm{STO}}(r) = C \cdot r^{k-1} \exp(-\zeta_{kl} r) ; \qquad (17.3)$$

sowie *Gauß-artige Funktionen* (Gaussian-type functions, *GTF*), definiert in Gleichung (5.22),

$$R_{kl}^{\mathrm{GTF}}(r) = C' \cdot r^{k_{\mathrm{G}}-1} \exp(-\zeta_{k_{\mathrm{G}}l} r^2) ; \qquad (17.4)$$

die Angabe des Zentrums (a) ist, da es hier nur um die analytische Form der Funktionen geht, weggelassen. Häufig finden auch anstelle von Funktionen (17.4) die in Gleichung (5.23) definierten kartesischen Gauß-Funktionen oder einfache reine Gauß-Funktionen $\propto \exp(-\zeta_{\mathrm{G}} r^2)$ Verwendung. Für alle diese Funktionen gilt: sie haben außerhalb ihres Zentrums ($r = 0$) keine Knoten und sind untereinander nicht orthogonal.

Wie bereits in Abschnitt 5.2.2 erwähnt wurde, haben die verschiedenen Varianten Gauß-artiger Basisfunktionen bei der Berechnung der mehrzentrigen Einelektron- und Zweielektronenintegrale (s. Abschn. 17.1.2) erhebliche Vorteile, die darauf beruhen, dass ein Produkt zweier GTFs wieder als GTF geschrieben werden kann. Andererseits unterscheidet sich die Form der GTFs stark von "echten" AOs: es gibt keine Spitze (engl. cusp) an $r = 0$ und keine Knoten (s. oben), und das Abklingverhalten bei $r \rightarrow \infty$ ist falsch (s. Abschn. 5.2.2). Als Folge dessen muss man im Vergleich zu STOs eine wesentlich größere Anzahl M von Basisfunktionen linear kombinieren, um hinreichend gute Näherungen für MOs zu erhalten.

Den Begriff der *Minimalbasis* hatten wir bereits in Abschnitt 6.1.2 eingeführt; s. auch Abschnitt 7.2. Allgemein umfasst eine Minimalbasis (MB) für jede im jeweiligen Elektronengrundzustand aller beteiligten Atome ganz oder teilweise besetzte Elektronenschale nl alle zugehörigen $2l$+1 AOs; eine solche Basis wird auch, wenn sie aus STOs (oder entsprechenden

Näherungen, s. unten) besteht, als Einfach-Zeta-Basis (engl. single-zeta basis, abgek. SZ) bezeichnet – d. h. *ein Orbitalparameter* ζ (zeta) pro beteiligtes (STO-) AO. Mit einer Minimalbasis kann in der Regel allenfalls eine grob-qualitative Beschreibung eines molekularen Systems erreicht werden (gemessen etwa an der Genauigkeit berechneter Erwartungswerte, s. Abschn. 17.4); auch mit einem formal hochgradig korrelierten Ansatz für die Wellenfunktion (s. Abschn. 9.1) lassen sich die Basissatzmängel nicht mehr ausgleichen. Eine sorgfältige Wahl der Basis und deren Optimierung sind daher entscheidend für den Erfolg einer nichtempirischen quantenchemischen Berechnung, indem sie die erforderliche Flexibilität der MOs sichern und deren hinreichend genaue Wiedergabe in denjenigen Raumbereichen ermöglichen, die für die interessierenden Moleküleigenschaften bestimmend sind.

Tab. 17.2 Typen von Basissätzen (s. auch [I.4b])

	Basisfunktionen		
Basis-Typ	STO	Kontrahierte GTF	Anwendung
Minimalbasis (MB) = Single-Zeta-Basis (SZ)	für jede ganz o. teilweise besetzte Elektronenschale (*nl*) der beteiligten Atome $2l+1$ AOs	STO-3G	kaum noch in Gebrauch
Erweiterte Basis (EB)			
• Doppel-Zeta-Basis (DZ)	anstelle jedes MB-AOs zwei verschiedene AOs		für „normale" Moleküle bei geringen Genauigkeitsanforderungen
Valenz-DZ (VDZ) analog: TZ, QZ, ...	dto. nur für Valenz-AOs	6-31G	
• + Polarisationsfkt., z. B. DZ+P			notwendig z.B. zur quantitativen Beschreibung der Bindung
	nur für Hauptatome	6-31G* oder 6-31G(d)	
	für Hauptatome und H	6-31G** oder 6-31G(dp)	
• + diffuse Funktionen, z.B. DZ+P+D	Hinzunahme von AOs mit kleinen ζ-Werten	6-31+G**	für negative Ionen, angeregte Zustände

In Tab. 17.2 sind einige wichtige Basissatz-Typen zusammengestellt. Wir diskutieren zunächst STO-Basissätze. Die Flexibilität der MOs kann gegenüber einer Minimalbasis erhöht werden, wenn man anstelle nur einer Funktion pro Einelektronzustand eine oder mehrere weitere Funktionen des gleichen (*lm*)-Typs (aber mit anderen *Orbitalparametern* ζ) hinzunimmt; man erhält auf diese Weise eine sog. Doppel-Zeta(DZ)-, Tripel-Zeta(TZ)-, ... Basis. Wird eine solche Aufspaltung nur für die Valenzschalen vorgenommen, so spricht man von Valenz-Doppel-Zeta(VDZ)-, Valenz-Tripel-Zeta(VTZ)-Basis usw.

Zudem ist es für eine quantitativ richtige Beschreibung der Bindung zwischen zwei Atomen-wichtig, dass die bereits in Abschnitt 6.1 diskutierte Deformation (Polarisation) der atomaren Ladungsverteilungen gut wiedergegeben werden kann. Das erfordert die Einbeziehung von sogenannten *Polarisationsfunktionen*; das sind Basisfunktionen zu Bahndrehimpulsquantenzahlen $l > l_{val}$, wenn l_{val} die höchste Bahndrehimpulsquantenzahl der Valenzelektronen der beteiligten (freien) Atome im Grundzustand bezeichnet. Für ein Wasserstoffatom im Molekülverband muss man also mindestens eine p-Funktion hinzunehmen, für ein Atom der ersten Periode d-Funktionen usw.

Für die Beschreibung angeregter Zustände (insbesondere sog. Rydberg-Zustände) und negativer Ionen sowie zur Berechnung der Erwartungswerte von Größen, für welche das Verhalten der Wellenfunktion in größeren Abständen von den Kernen maßgeblich ist (etwa elektrische Momente und Polarisierbarkeiten, s. Abschn. 17.4.3.2) braucht man zusätzliche Funktionen, die sich bis in kernferne Bereiche erstrecken, also kleine Parameter ζ haben (*diffuse Funktionen*).

Umfasst eine Basis auch Polarisations- bzw. Diffusfunktionen, so wird sie häufig durch die Buchstaben P bzw. D gekennzeichnet; für eine Doppel-Zeta-Basis mit Polarisations- und Diffusfunktionen etwa schreibt man dann DZPD oder DZ+P+D. Es werden aber auch andere Kennzeichnungen verwendet (s. unten). Jeder über die Minimalbasis hinausgehende Basissatz wird als *erweiterte Basis* (EB) bezeichnet.

Bei einer Basis aus Gauß-artigen Funktionen ist eine solche Klassifizierung nicht ohne weiteres geeignet, da eine einzelne solche "primitive" Funktion (17.2) mit (17.4) keine brauchbare Näherung für ein AO bildet. In der Regel wird bei Verwendung von GTF-Basissätzen so verfahren, dass man aus den Radialteilen (17.4) der primitiven GTFs feste Linearkombinationen bildet, die gute Näherungen für "echte" AOs bzw. für STOs darstellen; man nennt so etwas *Kontraktion.* Die auf diese Weise gewonnenen (gewissermaßen "vorgefertigten") *kontrahierten GTFs* werden dann als Basisfunktionen in den eigentlichen quantenchemischen Berechnungen (etwa in einer Hartree-Fock-Näherung) verwendet. Die Dimension M' eines Basissatzes kontrahierter GTFs ist wesentlich kleiner als die Dimension M der ursprünglichen (primitiven) GTF-Basis.

Solche kontrahierten GTF-Basissätze liegen in verschiedenen Varianten publiziert vor bzw. sind in Programmpaketen eingebaut; weit verbreitet sind die Basissätze von S. Huzinaga und von T. H. Dunning[4] sowie von J. A. Pople et al.[5]. Man verfährt meist so, dass die primitiven GTFs mit den größten ζ-Werten (also die "innersten" GTFs) zu einem $1s$-Orbital kombiniert werden und die primitive GTF mit dem kleinsten ζ-Wert ("äußerste" GTF) unverändert als Basisfunkton verwendet wird.

---

[4] a) Huzinaga, S.: Gaussian-Type Functions for Polyatomic Systems. I. J. Chem. Phys. **42**, 1293-1302 (1965);
b) Dunning, T. H.: Gaussian Basis Functions for Use in Molecular Calculations. III. Contraction of ($10s$,$6p$) Atomic Basis Sets for the First-Row Atoms. J. Chem. Phys. **55**, 716-723 (1971);
Dunning T. H.: Gaussian Basis Sets for Molecular Calculations. In: Schaefer III, H. F. (Hrsg.) Modern Theoretical Chemistry. Vol. 3. Plenum Press, New York/London (1977)

[5] Pople, J. A., et al.: Self-Consistent Molecular-Orbital Methods. IX. An Extended Gaussian-Type Basis for Molecular-Orbital Studies of Organic Molecules. J. Chem. Phys. **54**, 724-728 (1971); ibid. **56**, 2257 (1972) und zahlreiche nachfolgende Arbeiten.

Betrachten wir als Beispiel einen Basissatz von neun primitiven GTFs vom 1*s*-Typ und fünf GTFs vom 2*p*-Typ, also $M = 14$; üblicherweise bezeichnet man diese Basis durch das Symbol (9*s*5*p*) mit runden Klammern. Von den neun *s*-GTFs werden die innersten sieben zu einem 1*s*-AO kombiniert, die äußerste *s*-GTF wird unverändert als 2*s*-AO (bezeichnet als 2*s*') verwendet. Eine Linearkombination einer mittleren und der verbleibenden äußeren *s*-GTF bildet ein weiteres 2*s*-AO (bezeichnet als 2*s*). Von den fünf primitiven *p*-GTFs werden die vier inneren zu einem 2*p*-AO kombiniert, das äußerste bildet unverändert ein 2*p*-AO (2*p*'). Die bei dieser Prozedur erzeugten Linearkombinationen werden ebenso wie die direkt verwendeten Einzel-GTFs jeweils für sich auf 1 normiert. Die so konstruierte kontrahierte GTF-Basis umfasst drei Orbitale vom *s*-Typ und zwei vom *p*-Typ, also nur $M' = 5$ Funktionen und wird durch das Symbol [3*s*2*p*] mit eckigen Klammern bezeichnet; sie kann nun als Valenz-DZ klassifiziert werden.

In Tab. 17.3a sind die Orbitalexponenten der primitiven GTFs sowie die Koeffizienten der Kontraktion (9*s*5*p*)→[3*s*2*p*] für die Grundzustände der Atome C, N und O angegeben (nach Huzinaga und Dunning, s. Fußnote 4).

Für das Wasserstoffatom im Grundzustand kann z. B. eine (4*s*)-Basis primitiver GTFs vom *s*-Typ zu einer [2*s*]-Basis kontrahiert werden, s. Tab. 17.3b.

Tab. 17.3 Kontrahierte GTF-Basissätze: Orbitalexponenten und Koeffizienten (a) einer Kontraktion (9*s*5*p*) → [3*s*2*p*] für die Atomgrundzustände $C(^3P)$, $N(^4S)$ und $O(^3P)$, nach Fußnote 4a,b; (b) einer Kontraktion (4*s*) → [2*s*] für $H(^2S)$, nach Fußnote 4a,b; (c) Orbitalexponenten von GTF-Polarisationsfunktionen für C, N, O und H, nach Fußnote 4b (vgl. auch [I.4b])

(a)	$C(^3P)$		$N(^4S)$		$O(^3P)$	
	ζ_{1s}	[3*s*]	ζ_{1s}	[3*s*]	ζ_{1s}	[3*s*]
1*s*	4233,0	0,001220	5909,0	0,001190	7817,0	0,001176
	634,9	0,009342	887,5	0,009099	1176,0	0,008968
	146,1	0,045452	204,7	0,044145	273,2	0,042868
	42,50	0,154657	59,84	0,150464	81,17	0,143930
	14,19	0,358866	20,00	0,356741	27,18	0,355630
	5,148	0,438632	7,193	0,446533	9,532	0,461248
	1,967	0,145918	2,686	0,145603	3,414	0,140206
2*s*	5,148	–0,168367	7,193	–0,160405	9,532	–0,154153
	0,4962	1,060091	0,7000	1,058215	0,9398	1,056914
2*s*´	0,1533	1,000000	0,2133	1,000000	0,2846	1,000000
	ζ_{2p}	[2*p*]	ζ_{2p}	[2*p*]	ζ_{2p}	[2*p*]
2*p*	18,16	0,018539	26,79	0,018254	35,18	0,019580
	3,986	0,115436	5,956	0,116561	7,904	0,124200
	1,143	0,386188	1,707	0,390178	2,305	0,394714
	0,3594	0,640114	0,5314	0,637102	0,7171	0,627376
2*p*´	0,1146	1,000000	0,1654	1,000000	0,2137	1,000000

Tab. 17.3 (Fortsetzung)

(b)	$H(^2S)$	
	ζ_{1s}	[2*s*]
1*s*	13,36	0,032828
	2,013	0,231204
	0,4538	0,817226
1*s*´	0,1233	1,000000

(c)	C	N	O	H
	(3*d*)	(3*d*)	(3*d*)	(2*p*)
ζ	0,75	0,80	0,85	1,00

In der dritten Spalte von Tab. 17.2 ist eine von Pople et al. eingeführte Bezeichnungsweise angegeben (s. Fußnote 5). Die Abkürzung STO-*n*G besagt, dass n primitive GTFs so kombiniert sind, dass ein STO bestmöglich angenähert wird. Das Symbol "*w*-*uv*G" entspricht einer Valenz-DZ-Basis für die Atome der ersten Periode, in der das Orbital für die innere Schale durch eine Linearkombination von w primitiven GTFs gebildet wird; für den inneren Bereich der Valenzschale $2s,2p$ wird eine Linearkombination von u primitiven GTFs, für den äußeren Bereich $2s',2p'$ jeweils die verbleibende GTF mit dem kleinsten ζ-Wert benutzt. Bei einer 6-31G-Basis handelt es sich also um eine Kontraktion $(10s4p)\rightarrow[3s2p]$.

Sind Polarisationsfunktionen an den Hauptatomen einbezogen, so wird das in diesem Schema durch einen hochgestellten Stern (*) am Buchstaben G oder durch Angabe des Buchstabensymbols *d*, *f*, ... (für den Drehimpuls *l*) in Klammern hinter dem G kenntlich gemacht; bei Polarisationsfunktionen an den H-Atomen kommt ein zweiter Stern oder das Buchstabensymbol in Klammern hinzu. Das Vorhandensein von diffusen Basisfunktionen wird durch Einfügung von Pluszeichen (+) vor dem Buchstaben G angezeigt.

Neben solchen relativ einfachen Kontraktionsschemata sind Verfahren entwickelt worden, die speziell darauf abzielen, in Post-Hartree-Fock-Näherungen (s. Abschn. 9.1) Korrelationseffekte der Valenzelektronen durch systematische und ausgewogene Einbeziehung von Polarisationsfunktionen bei möglichst niedriger Basissatzdimension zu erfassen; derartige kontrahierte GTF-Asissätze sind unter der Bezeichnung "korrelationskonsistent" (engl. correlation-consistent, abgek. durch den Vorsatz "cc" vor dem Basissatztyp) in Gebrauch.[6] Die Hinzunahme von diffusen Funktionen wird durch den Zusatz "aug" (für engl. augmented) angezeigt. So bezeichnet aug-cc-*p*VTZ (abgekürzt auch: AVTZ) eine korrelationskonsistente "polarisierte" Valenz-TZ-Basis mit Diffusfunktionen.

Erwähnt sei noch, ohne auf Einzelheiten einzugehen, dass sich im Ergebnis von Kontraktionsverfahren zur Gewinnung korrelations- und polarisationskonsistenter Basissätze Näherungsformeln gewinnen lassen, mit deren Hilfe die elektronische Energie E^{e} bzw. die Korrelationsenergie ΔE^{korr} auf den Grenzfall einer *vollständigen Basis* ($M\rightarrow\infty$) extrapoliert werden kann (s. hierzu [17.1], darin Abschn. 5.4.8).

[6] Dunning Jr., T. H., et al.: Gaussian basis sets for use in correlated molecular calculations. I. The atoms boron through neon and hydrogen. J. Chem. Phys. **90**, 1007-1023 (1989); id. J. Mol. Struct. THEOCHEM **388**, 339 (1996); id. J. Chem. Phys. **103**, 4572 (1995)

Wir beschließen diesen Abschnitt über Basissätze mit einigen Anmerkungen:

- Bisher wurde nicht darauf eingegangen, wie die *Orbitalparameter* ζ der primitiven GTFs und deren *Koeffizienten* in den kontrahierten Basisfunktionen zu ermitteln sind. Für den Anwender ist diese Frage nicht relevant, denn er wird einen Standard-Basissatz wählen, der in einem verfügbaren Programmpaket angeboten und für die interessierende Problemstellung (Berechnung bestimmter molekularer Eigenschaften) als geeignet empfohlen wird. Wir begnügen uns daher mit wenigen Hinweisen.

  Was die im Grundzustand der beteiligten Atome ganz oder teilweise besetzten Elektronenschalen betrifft, so kann man einen Satz von primitiven GTFs vorgeben, die AOs als Linearkombinationen dieser Funktionen ansetzen, die atomaren Hartree-Fock-Gleichungen für genügend viele Kombinationen von Zahlenwerten ζ lösen und denjenigen Satz von ζ-Werten suchen, für den die atomare elektronische Energie ein Minimum erreicht. Das ist ein mehrdimensionales nichtlineares Optimierungsproblem, welches in der Regel einen hohen Aufwand erfordert. Um die Parameter von Polarisations- und Diffusfunktionen zu bestimmen, die im freien Atom nicht auftreten, kann man sie z. B. in Hartree-Fock-Berechnungen für einfache Moleküle optimieren und dann für Systeme mit ähnlichen Bindungsverhältnissen verwenden.

  Bei solchen systematischen Berechnungen stellt man häufig fest, dass gewisse GTFs in den AOs mit Koeffizientenverhältnissen auftreten, die im Vergleich zum freien Atom sowie von Molekül zu Molekül nicht sehr verschieden sind; dieser empirische Befund bildet die Grundlage für das geschilderte Kontraktionskonzept.

  Ebenfalls empirischen Charakter hat ein Ansatz, der es ermöglicht, die Anzahl der Variablen beim Optimierungsproblem für die Orbitalparameter jeweils innerhalb eines bestimmten Symmetrietyps (*s, p, d, ...*) auf nur zwei zu reduzieren. Es stellt sich nämlich heraus, dass in einem energie-optimierten Basissatz für jeden Funktionstyp, wenn man die Orbitalparameter dem Betrage nach anordnet, zwei aufeinanderfolgende Parameterwerte annähernd in einem festen Zahlenverhältnis stehen: $\zeta_{k+1} = \alpha\zeta_k$, also $\zeta_{k+1} = \alpha^k \zeta_1$. Setzt man das voraus, so müssen auch für beliebig große Basissätze nur noch die beiden Zahlenwerte α und ζ_1 optimiert werden. Man nennt solche Basissätze *gleichmäßig temperiert* (engl. even-tempered). Dieses Vorgehen lässt sich noch weiter verfeinern, worauf wir aber hier nicht eingehen (vgl. etwa [17.1])[7].

- Im Allgemeinen wird stillschweigend vorausgesetzt, dass eine endliche Basis aus M Basisfunktionen $\{ \varphi_1, ..., \varphi_M \}$ als Teil eines vollständigen Funktionensatzes aufgefasst werden kann und dass somit die LCAO-Entwicklung (17.1) für $M \to \infty$ konvergiert. Auf diese Annahme gründen sich Extrapolationsverfahren.

  Die übliche Vorgehensweise, solche Basissätzen dadurch zu gewinnen, dass man sie aus Teilsätzen zusammenstellt, die jeweils von den beteiligten Atomen beigesteuert werden (s. Tab. 17.2, letzte Spalte), führt zu einer Schwierigkeit: Im Grenzfall würde die Gesamt-Basis von jedem der beteiligten Atome einen vollständigen Funktionensatz enthalten. Wenn man es also mit großen Basissätzen zu tun hat, dann kann man jede Basisfunktion irgendeines

[7] Eine Übersicht gibt auch Petersson, G. A., Zhong, S., Montgomery Jr., J. A., Frisch, M. J.: On the optimization of Gaussian basis sets. J. Chem. Phys. **118**, 1101-1109 (2003).

Atoms näherungsweise als Linearkombination der Basisfunktionen eines beliebigen anderen Atoms darstellen. Das bedeutet: die Basisfunktionen sind untereinander annähernd linear abhängig, und die gesamte Basis ist somit *übervollständig*. In einem solchen Falle wird die Determinante der Überlappungsmatrix **S**, deren Elemente $S_{\mu\nu}$ die Überlappungsintegrale der Basisfunktionen sind [s. etwa Gl. (8.53)], die sog. *Gramsche Determinante*, sehr klein:

$$\det\{S_{\mu\nu}\} \approx 0\,; \tag{17.5}$$

das heißt auch: mindestens einer der Eigenwerte der Matrix **S** ist sehr klein. Bei exakter linearer Abhängigkeit verschwindet die Gramsche Determinante exakt. Zu einer Matrix mit verschwindender Determinante (singuläre Matrix) gibt es keine inverse Matrix (s. [II.1], Abschn. 1.6.2.). Da die nachfolgenden Berechnungsschritte eine reguläre (nicht-singuläre) Überlappungsmatrix voraussetzen, müssen lineare Abhängigkeiten der Basisfunktionen vor Verwendung des Basissatzes eliminiert werden.[8]

- Mit der "Komposition" von Basissätzen aus mehreren Teilen hängt eine weitere Schwierigkeit zusammen. Wenn sich zwei Atome oder auch Molekülfragmente einander nähern, dann können bei zunehmender Überlappung der Basisfunktionen der beiden Teilsysteme die Elektronen eines Teilsystems auch die Basisfunktionen des jeweils anderen Teilsystems "mitbenutzen". Das hat die gleiche Wirkung wie eine Basissatzerweiterung und resultiert in einer zusätzlichen Energieabsenkung. Da die beiden getrennten Teilsysteme (sehr große Entfernung voneinander) energetisch dabei unverändert bleiben, ergibt sich eine Überschätzung der Bindungsenergie, was sich besonders bei schwachen Wechselwirkungen (s. Abschn. 10.1.2) bemerkbar macht. Dieser *Basissatzüberlagerungsfehler* (engl. basis set superposition error, abgek. *BSSE*) ist ein mathematisches Artefakt und hat keine physikalische Ursache. Im Grenzfall einer vollständigen Basis gibt es natürlich keinen BSSE.
- Es existieren verschiedene Verfahren, um diesen Fehler abzuschätzen bzw. zu korrigieren (weit verbreitet ist die sog. *Counterpoise*-Methode[9]) oder überhaupt zu vermeiden[10]. Möglicherweise besteht aber der einzige sichere Weg darin, einen gut ausgewogenen, "genügend großen" Basissatz zu verwenden.

Die Erzeugung bzw. Auswahl eines für eine gegebene Fragestellung geeigneten Basissatzes ist keine triviale Aufgabe; man braucht Erfahrungen aus Berechnungen und Tests. Nur so gelangt man zu Rezepten, die eine Erweiterung des Anwendungsbereichs hin zu größeren Systemen erlauben, denn der Rechenaufwand wird, wie wir noch genauer diskutieren werden, entscheidend von der *Dimension* M der Basis bestimmt, und die Zuverlässigkeit bzw. Genauigkeit der Rechenergebnisse hängt von der (schwierig zu definierenden) *Qualität* der Basis ab. Vom mathematischen Standpunkt aus betrachtet, ohne Einbeziehung der Erfahrung, lautet die Vorschrift einfach: man nehme leicht zu verarbeitende

---

[8] Löwdin, P.-O.: Quantum theory of cohesive properties of solids. Adv. Phys. **5**, 1-171 (1956); id. J. Appl. Phys. **33**, 251 (1962).
Klahn, B., Bingel, W.: Completeness and Linear Independence of Basis Sets Used in Quantum Chemistry. Int. J. Quant. Chem. **11**, 943-957 (1977).

[9] Boys, S. F., Bernardi, F.: The calculation of small molecular interactions by the differences of separate total energies. Some procedures with reduced errors. Mol. Phys. **19**, 553-566 (1970) und spätere, verbesserte Versionen.

[10] Mayer, I., Vibok, A.: BSSE-free second-order inter-molecular perturbation theory. Mol. Phys. **92**, 503-510 (1997)

Funktionen, die Glieder eines vollständigen Satzes sind, und davon "genügend" viele. Das aber würde zu so hohen Dimensionen M der Basissätze führen, dass Berechnungen auf die einfachsten molekularen Systeme beschränkt blieben.

17.1.2 Berechnung der Basisintegrale

Im Zuge der Durchführung einer quantenchemischen Berechnung in einer LCAO-MO-basierten Näherung (Hartree-Fock-SCF nach Kap. 8, Post-Hartree-Fock nach Abschn. 9.1 oder Dichtefunktionaltheorie nach Abschn. 9.3) sind molekulare Integrale zu berechnen, aus denen sich z. B. die Elemente der Fock-Matrix zusammensetzen. Diese Integrale, deren Integranden die (als reell vorausgesetzten) Basisfunktionen $\varphi_\nu(\boldsymbol{r})$ sowie jeweils bestimmte Anteile des Hamilton-Operators enthalten, lassen sich in wenige Grundtypen einteilen [vgl. Gln. (8.58a,b) und (8.53)]:

Einelektronintegrale

$$h_{\mu\nu} \equiv (\mu|\hat{h}|\nu) \equiv \int \varphi_\mu(\boldsymbol{r})\hat{h}\varphi_\nu(\boldsymbol{r})\mathrm{d}V\,, \tag{17.6}$$

wobei sich der Operator

$$\hat{h} = -(1/2)\hat{\Delta} - \sum\nolimits_a Z_a/|\boldsymbol{r}-\boldsymbol{R}_a| \tag{17.7}$$

(in at. E.) aus dem kinetischen Energieoperator und der Coulomb-Wechselwirkungsenergie eines einzelnen Elektrons (am Ort $\boldsymbol{r}$) mit allen Kernen a zusammensetzt;

Zweielektronenintegrale (Elektronenwechselwirkungsintegrale)

$$(\mu\nu|\kappa\lambda) \equiv \iint \varphi_\mu(\boldsymbol{r})\varphi_\nu(\boldsymbol{r})(1/|\boldsymbol{r}-\boldsymbol{r}'|)\varphi_\kappa(\boldsymbol{r}')\varphi_\lambda(\boldsymbol{r}')\mathrm{d}V\mathrm{d}V'\,, \tag{17.8}$$

die den Operator $(1/|\boldsymbol{r}-\boldsymbol{r}'|)$ (ebenfalls in at. E.) der Coulomb-Wechselwirkungsenergie zweier an den Positionen $\boldsymbol{r}$ bzw. $\boldsymbol{r}'$ befindlicher Elektronen enthalten.

Weiterhin sind die *Überlappungsintegrale*

$$S_{\mu\nu} \equiv (\mu|\nu) \equiv \int \varphi_\mu(\boldsymbol{r})\varphi_\nu(\boldsymbol{r})\mathrm{d}V \tag{17.9}$$

zwischen allen Paaren von Basisfunktionen zu berechnen. Handelt es sich bei den Basisfunktionen $\varphi_\nu(\boldsymbol{r})$ um Linearkombinationen primitiver Basisfunktionen (kontrahierte Basis), dann sind obige Integrale Linearkombinationen entsprechender Integrale über diese primitiven Funktionen. $\varphi_\mu \equiv \varphi_\mu(\boldsymbol{r}^{(a)}) \equiv \varphi_\mu(\boldsymbol{r}-\boldsymbol{R}_a)$

Solche ***Basisintegrale*** lassen sich nach der Anzahl der Zentren (in der Regel sind das Kernpositionen) unterscheiden. auf die sich die Bestandteile der Integranden beziehen. Überlappungsintegrale (17.9) können maximal zweizentrig sein, d. h. die beiden Funktionen φ_μ und φ_ν sind an verschiedenen (Kern-) Positionen zentriert: $\varphi_\mu \equiv \varphi_\mu(\boldsymbol{r}^{(a)}) \equiv \varphi_\mu(\boldsymbol{r}-\boldsymbol{R}_a)$ und $\varphi_\nu \equiv \varphi_\nu(\boldsymbol{r}^{(b)}) \equiv \varphi_\nu(\boldsymbol{r}-\boldsymbol{R}_b)$ mit $a \neq b$. Einelektronintegrale (17.6) können maximal dreizentrig sein, und zwar dann, wenn sich die beiden Funktionen φ_μ und φ_ν auf zwei verschiedene Zentren $\boldsymbol{R}_a \neq \boldsymbol{R}_b$ und der Kern-Elektron-Anteil der Operators (17.7) auf ein weiteres, von $\boldsymbol{R}_a$ und $\boldsymbol{R}_b$ verschiedenes Zentrum $\boldsymbol{R}_c$ beziehen. Die Zweielektronenintegrale können maximal vierzentrig sein, wenn nämlich die Zentren der Funktionen φ_μ, φ_ν, φ_κ und φ_λ sämtlich voneinander verschieden sind.

Die Berechnung solcher Basisintegrale wird hier nicht in aller Ausführlichkeit behandelt; es gibt dafür eine hinreichend umfangreiche Speziallliteratur (s. z. B. [II.1], dort Kap. 11; auch diverse Fortschrittsberichte, etwa in: Methods in Computational Chemistry, Academic Press, New York /London). Wie bisher betrachten wir nur Integrale, die bei nichtrelativistischen Energieberechnungen auftreten. Integrale, deren Integranden andere Operatoren enthalten (etwa Drehimpulsoperatoren oder Koordinatenfunktionen, die bei der Berechnung von Dipol- bzw. Übergangsdipolmomenten, Polarisierbarkeiten etc. benötigt werden) bleiben außer Betracht (s. hierzu [II.1]).

Wir diskutieren zuerst Integrale über *Integranden mit STO-Basisfunktionen.*

Einzentrumintegrale bereiten keine Schwierigkeiten und können in den Kugelkoordinaten, in denen die Basisfunktionen definiert sind, in geschlossener Form berechnet werden. Bei den Zweielektronenintegralen ist für den reziproken Abstand $1/|\boldsymbol{r}-\boldsymbol{r}'|$ eine Entwicklung nach Legendreschen Polynomen (s. die einschlägige Literatur, z. B. [II.1]) zu verwenden. Bei Atomberechnungen treten natürlich ausschließlich Einzentrumintegrale auf.

Zweizentrenintegrale lassen sich ebenfalls problemlos berechnen, indem man elliptische Koordinaten einführt (s. Anhang A5.3.3, auch [II.1]); für den reziproken Abstand $1/|\boldsymbol{r}-\boldsymbol{r}'|$ hat man hier als Verallgemeinerung der oben bei Einzentrumintegralen erwähnten Entwicklung die sog. Neumann-Entwicklung [II.1] (s. dort Kap. 11) zu verwenden. Ausschließlich Einzentrum- und Zweizentrenintegrale müssen bei zweiatomigen Molekülen mit atom-zentrierten Basisfunktionen berechnet werden.

Drei- und vierzentrige Integrale mit STO-Basisfunktionen sind wesentlich komplizierter zu behandeln und kosten viel Rechenzeit. Ihre Zahlenwerte sind jedoch in der Regel betragsmäßig deutlich kleiner als diejenigen von Einzentrum- und Zweizentrenintegralen, was die Möglichkeit eröffnet, mit Abschätzungen zu arbeiten (s. unten).

Für die Berechnung solcher Mehrzentrenintegrale stehen im Wesentlichen drei Verfahren zur Verfügung (s. [II.1]):

(a) numerische Integration auf der Grundlage einer Gittereinteilung des (mehrdimensionalen) Integrationsbereiches;

(b) Anwendung von *Integraltransformationen* (Fourier-Transformation; Laplace-Transformation), um zu leichter behandelbaren Integralen zu kommen;[11]

(c) Entwicklung von STO nach Kugelfunktionen an einem anderen Zentrum, um die Anzahl der Zentren zu verringern.[12]

[11] Diese Verfahrensweise geht zurück auf Arbeiten von Shavitt, I., Karplus, M.: Multicenter Integrals in Molecular Quantum Mechanics. J. Chem. Phys. **36**, 550-551 (1962); id.: Gaussian Transform Method for Molecular Integrals. I. Formulation for Energy Integrals. ibid. **43**, 398-414 (1965).

Bei Integralen, deren *Integranden mit GTF-Basisfunktionen* gebildet sind, gibt es im Unterschied zu STOs keine schwerwiegenden Probleme, und zwar auf Grund der folgenden Besonderheiten (s. [II.1], dort Kap. 11):

- Ein Produkt zweier primitiver, an zwei beliebigen Punkten a und b zentrierter GTFs lässt sich als *eine* Funktion schreiben, die ebenfalls GTF-Form hat und an einem bestimmten Punkt c auf der Verbindungslinie von a und b zentriert ist.
- Die zweite Ableitung einer GTF nach einer Ortskoordinate, wie sie in den Integralen des kinetischen Energieanteils im Integral (17.6) auftritt, ergibt eine Kombination von GTFs.
- Durch eine Fourier-Transformation lässt sich ein reziproker Abstand, also $1/|\boldsymbol{r}-\boldsymbol{r}'|$ oder der Kernanziehungsanteil im Integral (17.6), in einen Faktor der Form $\propto \exp(i\boldsymbol{k}\cdot\boldsymbol{s})$ umwandeln, wobei sich der Vektor $\boldsymbol{s}$ aus $\boldsymbol{r}$ und $\boldsymbol{r}'$ zusammensetzt; es muss dann eine zusätzliche Integration über den $\boldsymbol{k}$-Raum ausgeführt werden.

Damit können *alle* Integrale auf solche vom Einzentrum-Typ zurückgeführt werden, die sich ihrerseits auf einige wenige Grundintegrale reduzieren, für die es Standardverfahren zur numerischen Berechnung gibt. Zwar sind die Formeln, die sich dann letztlich für die Integrale ergeben, recht umfangreich und kompliziert, lassen sich jedoch mit Computern schnell verarbeiten. Die Unterscheidung zwischen Einzentrum- und Mehrzentrenintegralen spielt praktisch keine Rolle mehr, der Rechenaufwand ist für alle Typen etwa gleich (Näheres z. B. in [II.1]).

Auf Grund dieser Eigenschaften haben GTF-Basissätze bei der Integralberechnung deutliche Vorteile gegenüber STO-Basissätzen; diesen Vorteilen steht der Nachteil gegenüber, dass infolge der höheren Anzahl M erforderlicher GTF-Basisfunktionen wesentlich mehr Basisintegrale zu berechnen sind.

Wie man sich leicht klarmacht, ist für M Basisfunktionen die Anzahl möglicher Integranden bei Einelektronintegralen gleich M^2, bei Zweielektronenintegralen M^4; vorwiegend die letzteren bestimmen also den Rechenaufwand (als Maß dafür etwa die CPU-Zeit T_{CPU}).

Der Aufwand zur Berechnung der Basisintegrale lässt sich erheblich verringern:

- Integrale, die sich nur durch eine vertauschte Reihenfolge von Basisfunktionen oder vertauschte Integrationsvariable unterscheiden, müssen nur einmal berechnet werden; daher sind jeweils 8 Zweielektronenintegrale einander gleich:

$$(\mu\nu|\kappa\lambda)=(\nu\mu|\kappa\lambda)=\ldots=(\kappa\lambda|\mu\nu)=\ldots, \qquad (17.10)$$

  und man muss nur insgesamt $M^4/8$ solcher Integrale berechnen.
- Bei einem symmetrischen Kerngerüst werden diejenigen Integrale, die aus Symmetriegründen verschwinden müssen (s. Anhang A1.5.2) von vornherein weggelassen.
- Integrale, die aus Symmetriegründen gleich sein müssen, werden nur einmal berechnet.
- Integrale, deren Beträge klein sind (d. h. innerhalb eines vorzugebenden Intervalls kleiner Zahlenwerte liegen), werden nicht präzise berechnet, sondern nur abgeschätzt, und sehr

[12] Coolidge, A. S.: A Quantum Mechanics Treatment of the Water Molecule. Phys. Rev.**42**, 189-209 (1932); Barnett, M. P., Coulson, C. A.: The Evaluation of Integrals Occurring in the Theory of Molecular Structure. I & II. Phil. Trans. Roy. Soc. (London) **243**, 221-249 (1951)

kleine Integrale (Beträge unterhalb dieses Intervalls) werden weggelassen. Das erfordert eine Voruntersuchung mit Integralnäherungsformeln[13] oder mit einer sog. adjungierten Basis bzw. "Hilfsbasis" aus nur wenigen GTFs (vgl. Abschn. 17.3.2.2); Einzelheiten übergehen wir hier, s. dazu etwa [17.1][17.5]. Der Aufwand für solche Abschätzungen ist $\propto M^k$ mit $k \approx 2$ und fällt daher nicht ins Gewicht.

- Zur Berechnung der verbleibenden, wesentlichen Integrale kommen dann je nach ihren Eigenschaften (Integraltyp, Integralwert) die jeweils rationellsten Techniken zum Einsatz; dabei werden betragsmäßig große Integrale (Coulomb-Integrale, langreichweitige Coulomb-Wechselwirkung $\propto 1/R_{ab}$) und kleine Integrale (Austauschintegrale, kurzreichweitige Austauschwechselwirkung $\propto 1/R_{ab}{}^6$) unterschiedlich genau und damit unterschiedlich aufwendig berechnet bzw. angenähert.

  Auf Einzelheiten gehen wir hier nicht ein; als Stichworte seien genannt: schnelle Multipolmoment-Methode (fast multipole moment (FFM) method), Fragmentierungsmethoden ("Teile-und-herrsche"-Methoden, divide-and-conquer methods), Tensorzerlegungen u. a.; s. hierzu etwa [17.1], auch einen Übersichtsartikel von C. Goedecker (1999)[14].

Die Möglichkeit, kleine Integrale abzuschätzen oder ganz zu vernachlässigen, wirkt sich besonders bei großen Systemen aus, in denen viele der Kerne weit voneinander entfernt liegen. Werden die skizzierten Rationalisierungsmaßnahmen ausgenutzt, dann kann man den Aufwand bei der Integralberechnung als $\propto M^k$ mit $k < 4$ ansetzen, wobei sich allerdings kein allgemein gültiger Proportionalitätsfaktor angeben lässt.

17.1.3 Hartree-Fock-SCF-Berechnungen

Die Hartree-Fock(HF)-Näherung (s. Kap. 8) ist die theoretische Formulierung des bezüglich der gesamten elektronischen Energie E^e bestmöglichen und das Pauli-Prinzip berücksichtigenden MO-Modells; ihre zentrale Bedeutung in der Quantenchemie besteht außerdem darin, dass sie

- leicht interpretierbare Ergebnisse für elektronische Eigenschaften liefert (s. Abschn. 8.3),
- ein wohldefiniertes Näherungsniveau als Ausgangspunkt für quantitative nichtempirische Berechnungen (Post-Hartree-Fock-Näherungen, s. Abschn. 9.1 und 17.1.4) bildet sowie
- den Rahmen für die Formulierung erfolgreicher semiempirischer Berechnungsverfahren bietet (s. Abschn. 17.2).

Zur Diskussion praktischer Aspekte der Durchführung von HF-SCF-Berechnungen knüpfen wir an die in Abschnitt 8.2.1.2 für abgeschlossene Elektronenschalen formulierten *Roothaan-Hall-Gleichungen* in Matrixform (8.64) an:

---

[13] Z. B. mittels der Ungleichung $|(\mu\nu|\kappa\lambda)| \leq |(\mu\nu|\mu\nu)|^{1/2} \cdot |(\kappa\lambda|\kappa\lambda)|^{1/2}$; s. Häser, M., Ahlrichs, R.: Improvements on the Direct SCF Method. .J. Comput. Chem. **10**, 104-111 (1989); vgl. auch Lambrecht, D. S., Ochsenfeld, C., J. Chem. Phys. **123**, 184101 (2005).

[14] Goedecker, C.: Linear scaling electronic structure methods. Rev. Mod. Phys. **71**, 1085-1123 (1999)

$$\mathbf{f}_0^{\mathrm{HF}} \mathbf{c}_k = \tilde{\varepsilon}_k \, \mathbf{S} \mathbf{c}_k \, . \tag{17.11}$$

Die Elemente der *Fock-Matrix* $\mathbf{f}_0^{\mathrm{HF}}$ setzen sich, wie in Gleichung (8.62) angegeben, aus den Einelektronintegralen (17.6) und bestimmten Kombinationen von Zweielektronenintegralen (17.8) zusammen:

$$(\mathrm{f}_0^{\mathrm{HF}})_{\mu\nu} = h_{\mu\nu} + \sum\nolimits_{\kappa=1}^{M} \sum\nolimits_{\lambda=1}^{M} R_{\lambda\kappa} \big[2(\mu\nu \,|\, \kappa\lambda) - (\mu\lambda \,|\, \kappa\nu) \big] \, ; \tag{17.12}$$

die Faktoren $R_{\lambda\kappa}$ sind gemäß Gleichung (8.55) die Elemente der "halben" Ladungs- und Bindungsordnungsmatrix:

$$R_{\lambda\kappa} = \sum\nolimits_{k=1}^{n} c_{\lambda k} c_{\kappa k} \, , \tag{17.13}$$

wobei wir weiter reelle Basisfunktionen vorausgesetzt haben.

Sind die Basisintegrale berechnet, dann erfolgt die Lösung des nichtlinearen Gleichungssystems (17.11) iterativ (*SCF-Verfahren*), wie in Abschnitt 8.2.1.2 beschrieben; Abb. 17.3 zeigt ein Ablaufschema. Eine nullte Näherung für den Start wird üblicherweise mittels einer einfachen LCAO-MO-Rechnung (etwa in der EHT-Näherung, s. Abschn. 7.4.8.2) erzeugt.

Für nichtabgeschlossene Elektronenschalen (s. Abschn. 8.2.2) ist die Verfahrensweise grundsätzlich die gleiche.

Auf die rechentechnische Realisierung sowie auf Maßnahmen zur Sicherung der Konvergenz, der Energieminimum-Eigenschaft der Lösung sowie deren Stabilität gehen wir hier nicht ein (s. hierzu etwa [17.1], Abschn. 3.8; auch [4a,b]).

Der Aufwand bei der Durchführung von SCF-LCAO-MO-Berechnungen wird hauptsächlich durch die Berechnung der Basisintegrale bestimmt (s. vor. Abschn.). Hinzu kommen die weiteren Schritte bei der konventionellen Verfahrensweise nach dem angegebenen Ablaufschema: die Kombination der Integrale zu den Fock-Matrixelementen bei jedem Iterationsschritt, sowie die wiederholte Diagonalisierung der Fock-Matrix.

Insgesamt dominiert der Aufwand für die Integralberechnung, so dass die Abhängigkeit des Rechenaufwands von der Dimension M der Basis ("Skalierung") ungefähr $\propto M^k$ mit $k \leq 4$ angenommen werden kann [17.1]. Es zeichnen sich Möglichkeiten ab, den trotz der diversen aufwandsmindernden Verfahren (s. oben) noch immer starken Anstieg des Rechenaufwands mit der Basissatzdimension M weiter beträchtlich herabzusetzen, in günstigen Fällen bis in die Nähe von $k \approx 1$, d. h. lineares Anwachsen mit M. Wir kommen auf diese Problematik in Abschnitt 17.1.5 zurück (s. auch Fußnote 14).

Die hohe Anzahl von Basisintegralen bedingt nicht nur lange Berechnungszeiten, sondern auch gewaltige Anforderungen an Speicherplatz, wenn die Basissatzdimension in die Größenordnung $10^2 \ldots 10^3$ kommt (s. die Abschätzungen in [17.1], Abschn. 3.8.5). Dieser Speicherbedarf lässt sich in einem sogenannten *direkten SCF-Verfahren* wesentlich vermindern. Dabei werden die Integrale bei jedem Iterationsschritt neu berechnet; das kostet zwar Rechenzeit, erspart aber die Transferzeit von und zur Festplatte. Da die reinen CPU-Zeiten bei heutigen Computern oft nicht mehr die entscheidende Limitierung darstellen im Vergleich zu den Festplatten-Transferzeiten, kann sich ein solches direktes Verfahren als vorteilhaft erweisen.

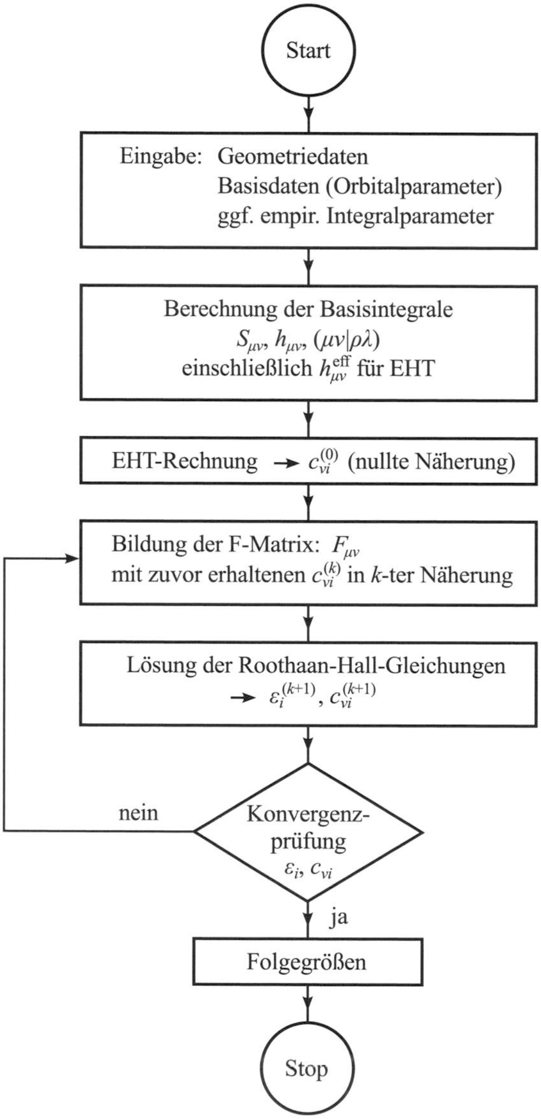

Abb. 17.3
Ablaufschema einer SCF-LCAO-MO-Berechnung (Hartree-Fock-Näherung) nach [17.2]

17.1.4 Post-Hartree-Fock-Berechnungen

Wie wir aus den Kapiteln 8 und 9 wissen, reicht die Hartree-Fock-Näherung für viele Zwecke nicht aus. Zu ihren gravierenden Mängeln gehören die im Allgemeinen falsche Beschreibung des Dissoziationsverhaltens (Bindungsbruch) sowie der Übergangskonfigurationen bei molekularen Umlagerungen, somit die Nichteignung für die Berechnung von Potentialhyperflächen, außerdem die beträchtlichen Fehler bei der Berechnung der Erwartungswerte von Größen, deren Operatoren nicht Summen von Einelektronoperatoren sind.

Wir besprechen hier einige Aspekte der praktischen Durchführung der in Abschnitt 9.1 knapp dargestellten Methoden, und zwar hauptsächlich der konventionellen Konfigurationenüberlagerung (CI). Die dabei zu durchlaufenden Bearbeitungsschritte, die damit verbundenen Schwierigkeiten sowie Abschätzungen zur Abhängigkeit des Rechenaufwands von der Basissatzdimension M (Skalierung) sind in Tab. 17.4 zusammengestellt (nach Tab. 4.3.1 in [I.4b]).

Tab. 17.4 Durchführung einer konventionellen CI-Berechnung und ihre Probleme (nach [I.4b])

Arbeitsschritt	Physikalische Probleme	Mathematische Probleme	Rechenaufwand (Skalierung mit M)
1 Wahl der Basis	Kategorie und Dimension M der Basis	Basisfunktionstyp, Übervollständigkeit, Basissatzüberlagerung	
2 Basisintegralberechnung		Mehrzentrigkeit bei STO-Basis	$\propto M^4/8$ ↓
		Verminderung des Rechenaufwands	$\propto M^k$ mit $k \leq 4$
3 MO-Bestimmung (Hartree-Fock)	Open-Shell-Systeme, Erzeugung geeigneter virtueller MOs	SCF-Konvergenz, Stabilität	
4 Integraltransformation auf MOs		Sortierung	$\propto M^8$ ↓ $\propto M^5$
5 Wahl des CI-Ansatzes: $\overline{M}$ Konfigurationsfunktionen (CF)		Erzeugung spin- und symmetriegerechter CF	
6 Aufstellung der Hamilton-Matrix (H_{IK})		Zusammenstellung der Matrixelemente H_{IK}	$\propto M^{k'}$ mit $k' \geq 6$
7 Diagonalisierung der Hamilton-Matrix		Diagonalisierungsverfahren	$\propto \overline{M}^2 \ldots \overline{M}^3$

Nachdem die Arbeitsgänge (*1*) bis (*3*) bereits in den Abschnitten 17.1.1.2, 17.1.2 und 17.1.3 besprochen wurden, befassen wir uns jetzt mit den darauffolgenden Schritten.

Die in einem standardmäßig durchgeführten SCF-LCAO-MO-Verfahren erhaltenen *kanonischen* MOs sind für eine anschließende CI-Berechnung zumindest in zweierlei Hinsicht nicht gut geeignet: sie führen im Allgemeinen zu einer schlechten Konvergenz der CI (das "Full-CI-Limit", s. unten, wird nur langsam, d. h. mit sehr vielen Konfigurationen erreicht), und angeregte Zustände (CI-Wellenfunktionen zu energetisch höheren Wurzeln der CI-Säkulargleichung) werden oft schlecht wiedergegeben. Die Bestimmung besser geeigneter virtueller

Orbitale, die diese Mängel abmildern, ist auch heute noch eine schwierige Aufgabe; es gibt verschiedene Lösungskonzepte, auf deren genauere Diskussion wir aber verzichten müssen. Einige Hinweise dazu findet man etwa in [I.4b] und [17.1].

Wir beschränken uns hier durchweg auf Wellenfunktionsansätze, die aus MOs aufgebaut sind. Die Matrixelemente H_{IK} des (nichtrelativistischen) Hamilton-Operators $\hat{H}$, gebildet mit den Konfigurationsfunktionen (engl. configuration functions, abgek. CF) Ψ_I und Ψ_K (in Form antisymmetrischer Produkte [Gln. (9.14a,b) usw.] von orthonormierten reellen Hartree-Fock-Spinorbitalen $\tilde{\psi}_i(\xi)=\tilde{\phi}_i(\boldsymbol{r})\cdot\chi(\sigma)$ mit den Spinanteilen $\chi(\sigma)=\alpha$ oder β [Gl. (9.12)]), setzen sich aus Einelektron- und Zweielektronenintegralen zusammen [Gln. (9.23a) ff.], die ebenso wie die Basisintegrale (17.6) bzw. (17.8) aussehen, nur dass anstelle der Basisfunktionen $\varphi_\nu(\boldsymbol{r})$ jetzt besetzte oder virtuelle (approximative) Hartree-Fock-MOs, $\tilde{\phi}_i(\boldsymbol{r})$ bzw. $\tilde{\phi}_p(\boldsymbol{r})$ stehen:

$$H_{IK} \equiv \left\langle \Psi_I \middle| \hat{H} \middle| \Psi_K \right\rangle$$

$$= \sum_i \sum_j A_{ij}^{IK} h_{ij} + \sum_i \sum_j \sum_k \sum_l B_{ijkl}^{IK} (ij \mid kl); \tag{17.14}$$

h_{ij} bezeichnet ein *(MO-) Einelektronintegral*

$$h_{ij} \equiv (i \mid \hat{h} \mid j) \equiv \int \tilde{\phi}_i(\boldsymbol{r}) \hat{h} \tilde{\phi}_j(\boldsymbol{r}) \mathrm{d}V \tag{17.15}$$

mit dem in Gleichung (17.7) angegebenen Einelektronoperator $\hat{h}$, und

$$(ij \mid kl) \equiv \iint \tilde{\phi}_i(\boldsymbol{r}) \tilde{\phi}_j(\boldsymbol{r}) \left(1/|\boldsymbol{r}-\boldsymbol{r}'|\right) \tilde{\phi}_k(\boldsymbol{r}') \tilde{\phi}_l(\boldsymbol{r}') \mathrm{d}V \mathrm{d}V' \tag{17.16}$$

ist ein *(MO-) Zweielektronenintegral.*

Der nächste Schritt (*4*) besteht darin, unter Benutzung der LCAO-Darstellung (17.1) diese Integrale (17.15) und (17.16) durch die Basisintegrale (17.6) und (17.8) auszudrücken:

$$h_{ij} = \sum_{\mu=1}^{M} \sum_{\nu=1}^{M} h_{\mu\nu} c_{\mu i} c_{\nu j}, \tag{17.17}$$

$$(ij \mid kl) = \sum_{\mu=1}^{M} \sum_{\nu=1}^{M} \sum_{\kappa=1}^{M} \sum_{\lambda=1}^{M} (\mu\nu \mid \kappa\lambda) c_{\mu i} c_{\nu j} c_{\kappa k} c_{\lambda l}. \tag{17.18}$$

Der Rechenzeitaufwand für diese *Integraltransformationen* ist, wenn sie nach den Formeln (17.17) und (17.18) vollzogen werden, proportional zur Anzahl der zu transformierenden Integrale h_{ij} bzw. $(ij \mid kl)$ *und* zur Anzahl der für jedes dieser Integrale zu kombinierenden Basisintegrale, wächst also bei den Einelektronintegralen $\propto M^4$ und bei den Zweielektronenintegralen $\propto M^8$.

Ein Einelektronintegral h_{ij} ergibt sich als Linearkombination von M^2 Basisintegralen $h_{\mu\nu}$, und das geschieht für M^2 solcher Integrale h_{ij}. Für jedes der M^4 Zweielektronenintegrale $(ij \mid kl)$ muss man M^4 Basisintegrale $(\mu\nu \mid \kappa\lambda)$ kombinieren.

Der Aufwand für die Transformation der Zweielektronenintegrale dominiert, so dass wir nur diesen Teil der Aufgabe hier weiter diskutieren; von eventuellen Vereinfachungen auf Grund von Symmetrien oder durch Vernachlässigung betragsmäßig kleiner Integrale sehen wir dabei ab. Die M^8-Abhängigkeit lässt sich stark herabsetzen, indem man die Vierfachsummation (17.18) in vier Einfachsummationen über jeweils einen der Indizes auflöst und die Zwischenresultate abspeichert[15]:

$$\sum_{\lambda=1}^{M} (\mu\nu \mid \kappa\lambda) c_{\lambda l} = (\mu\nu \mid \kappa l), \tag{17.19a}$$

$$\sum_{\kappa=1}^{M} (\mu\nu \mid \kappa l) c_{\kappa k} = (\mu\nu \mid kl), \tag{17.19b}$$

$$\sum_{\nu=1}^{M} (\mu\nu \mid kl) c_{\nu j} = (\mu j \mid kl), \tag{17.19c}$$

$$\sum_{\mu=1}^{M} (\mu j \mid kl) c_{\mu i} = (ij \mid kl). \tag{17.19d}$$

Jeder dieser Schritte erfordert M Multiplikationen und die Aufsummation der Produkte; das geschieht für die M^4 auf den rechten Seiten stehenden Zwischenresultate. Auf diese Weise wird der Rechenaufwand insgesamt $\propto M^5$.

Die Schritte (*5*) und (*6*) beinhalten die Wahl des CI-Ansatzes (also beispielsweise eine CISD-Näherung), die Ermittlung der Koeffizienten A_{ij}^{IK} und B_{ijkl}^{IK} für alle Paare von Konfigurationsfunktionen $\tilde{\Psi}_I$ und $\tilde{\Psi}_K$ sowie die numerische Zusammensetzung der Matrixelemente (17.14) aus den Integralen (17.17) und (17.18). Das ist sehr rechenzeitaufwendig, abhängig natürlich von der gewählten CI-Näherungsstufe. Auf Details gehen wir hier wiederum nicht ein.[16] Abschätzungen der M-Abhängigkeit sind z. B. in [17.1] (s. dort Abschn. 4.14) angegeben; für die CISD-Näherung erhält man beispielsweise eine Skalierung $\propto M^6$, für darüber hinausgehende Näherungen (s. Abschn. 9.1) höhere Potenzen von M.

Auch den letzten Bearbeitungsschritt (*7*), die Diagonalisierung der Hamilton-Matrix $\mathbf{H}$ mit den Elementen H_{IK}, behandeln wir nicht detailliert, sondern verweisen auf die Spezialliteratur (vgl. hierzu etwa [II.1], Kap. 9.).

Eine *vollständige CI* (engl. full CI), d. h. die Einbeziehung *aller* mit einer M-dimensionalen Basis möglichen angeregten Konfigurationen in den CI-Ansatz (9.16) mit (9.17'), bleibt wohl

[15] Die dazu erforderliche Speicherkapazität stellt meist kein Problem dar, allerdings können die Transferzeiten zum limitierenden Faktor werden.

[16] Man findet hierüber einiges in der Literatur, z. B. bei Shavitt, I.: The Method of Configuration Interaction. In: Schaefer III, H. F. (Hrsg.) Modern Theoretical Chemistry. Vol. 3. Plenum Press, New York/London (1977).

auf relativ kleine Basissätze beschränkt, da die Anzahl $\overline{M}$ der Konfigurationen und damit die Dimension des $\mathbf{H}$-Eigenwertproblems mit M stark anwächst. Eine Diagonalisierung mit Standardmethoden (s. [II.1], Kap. 9.) ist bei CI-Dimensionen $\overline{M}$ über $10^3 \ldots 10^4$ nicht mehr durchführbar, denn der Rechenaufwand steigt $\propto \overline{M}^3$.

Beim Diagonalisierungsproblem in quantenchemischen CI-Berechnungen gibt es einige Besonderheiten:

- Die $\mathbf{H}$-Matrix hat viele Lücken (Nullelemente aus Symmetriegründen, oder wenn sich die beiden Konfigurationen $\tilde{\Psi}_I$ und $\tilde{\Psi}_K$ in mehr als zwei Spinorbitalen unterscheiden), und viele Matrixelemente sind betragsmäßig sehr klein.
- Die Beträge der Diagonalelemente sind meist viel größer als die der Nichtdiagonalelemente.
- Von Interesse sind in der Regel nur die tiefsten Eigenwerte und die zugehörigen Eigenvektoren, es müssen also nicht alle Lösungen bestimmt werden.

Für solche Verhältnisse gibt es besonders geeignete (iterative und störungstheoretische) Diagonalisierungsverfahren (s. [II.1], Kap. 9.), die auch für große Matrizen einsetzbar sind und nur $\propto \overline{M}^2$ skalieren.

Die Post-Hartree-Fock-Näherungen erfordern unterschiedlichen Aufwand. Die Rechenzeit bei der häufig angewendeten MP2-Näherung (s. Abschn. 9.1.2) wird im Wesentlichen durch die Integraltransformation bestimmt, sie skaliert dementsprechend $\propto M^5$. Oben erwähnt wurde bereits die CISD-Näherung, die $\propto M^6$ skaliert. Auch für Coupled-Cluster-Näherungen (s. Abschn. 9.1.4.3b) ist das Skalierungsverhalten eingehend untersucht worden[17]; der Aufwand für die beiden vielbenutzten Varianten CCSD (Berücksichtigung von Einfach- und Doppelanregungen) und CCSD(T) (zusätzliche störungstheoretische Einbeziehung von Dreifachanregungen) sollte demnach $\propto M^6$ bzw. $\propto M^7$ ansteigen (s. auch [17.1]).

17.1.5* Quanten-Monte-Carlo-Berechnungen

In Abschnitt 4.9 wurde ein Konzept für die Ermittlung von Näherungslösungen der Schrödinger-Gleichung skizziert (*Quanten-Monte-Carlo-Verfahren, QMC*), nach dem im Rahmen der Schrödingerschen Energievariationsmethode (Abschn. 4.4.1.1) die hochdimensionalen Integralausdrücke unter Einsatz stochastisch-mathematischer Methoden berechnet werden Etwas ausführlicher diskutiert hatten wir dort eine relativ einfache Version, das *Variations-Monte-Carlo(VMC)-Verfahren.* Hierbei kommt es darauf an, möglichst "gute" Versuchsfunktionen zu verwenden, welche die wesentlichen Anteile der Elektronenkorrelation zu erfassen vermögen. Die sehr kompakt und im Prinzip einfach aufgebauten explizit-korrelierten Ansätze vom Typ (9.68) (s. Abschn. 9.1.4.4) erscheinen dafür als besonders geeignet: man hat "lediglich" die Werte der lokalen Energie (4.199) und der Gewichtsfunktion (4.200) an sehr vielen ($\frown{M}$)[18] zufällig gewählten Punkten des Elektronen-Konfigurationsraumes zu berechnen und den

[17] Schütz, M.: Low-order scaling local electron correlation methods. III. J. Chem. Phys. **113**, 9986-10001 (2000); Schütz, M., Werner, H.-J.: do. IV. ibid. **114**, 661 (2001)

[18] Der Bogen über dem M weist auf den Unterschied zur Basissatzdimension hin.

Mittelwert (4.198') zu bilden. Es ist zu erwarten, dass der Rechenaufwand im Vergleich zur konventionellen Durchführung geringer ist und mit wachsender Anzahl $N\,(\equiv N^{\mathrm{e}})$ der Elektronen nicht exorbitant ansteigt.

Details der Durchführung von VMC-Berechnungen sowie anderer QMC-Verfahren werden hier nicht beschrieben; wir verweisen auf die Literatur[19] und stellen nur einige für die praktische Anwendung wichtige Aspekte zusammen.

Augenfällig sind die folgenden Vorzüge von QMC-Verfahren:

- QMC-Verfahren skalieren $\propto N^3$ mit der Anzahl $N\,(\equiv N^{\mathrm{e}})$ der Elektronen (s. Fußnote 19) und erscheinen daher gegenüber konventionellen Post-Hartree-Fock-Näherungen (obwohl man in jüngster Zeit deren Skalierungsverhalten stark verbessern konnte) als zumindest konkurrenzfähig;
- Bei QMC-Verfahren gibt es keine Basissatzprobleme und keine Basisintegralprobleme;
- QMC-Berechnungen sollten sich ohne Schwierigkeiten auf Parallelrechnern durchführen lassen (s. Abschn. 17.6.2).

Dem stehen einige Nachteile gegenüber, zusätzlich zu den schon in Abschnitt 4.9 genannten Schwierigkeiten:

- Die langsame Abnahme $\propto 1/\sqrt{\widehat{M}}$ des statistischen Fehlers mit wachsender Anzahl $\widehat{M}$ von Versuchspunkten im $\boldsymbol{r}$-Konfigurationsraum der Elektronen bedingt (ganz unabhängig von methodischen Verbesserungen) grundsätzlich einen hohen Aufwand.
- QMC-Verfahren liefern zunächst energetische Daten, und zwar für den Elektronengrundzustand; Informationen über angeregte Elektronenzustände sind nicht ohne weiteres erhältlich.

  Auch andere Größen (etwa Energieableitungen nach Kernkoordinaten und damit Kräfte, Kraftkonstanten etc.) bereiten Schwierigkeiten.
- Die Ergebnisse von QMC-Berechnungen sind zunächst "unphysikalisch" bzw. "unchemisch"; die erhaltenen Daten lassen sich nicht so unmittelbar und vielfältig interpretieren wie bei konventionellen Methoden (s. hierzu Abschn. 17.4).

Auf Grund der genannten Vorzüge gibt es in der Literatur sehr optimistische Einschäzungen hinsichtlich der weiteren Entwicklung und der künftigen Rolle der QMC-Methodik (s. Fußnote 19), obwohl ihr bisheriges Hauptanwendungsfeld auf die Erzeugung von genauen Referenzdaten für sehr kleine Systems beschränkt gewesen ist.

17.2 Semiempirische quantenchemische Berechnungen

In der rechnenden Quantenchemie haben von Anfang an semiempirische Modelle eine wichtige, zeitweilig sogar die dominierende Rolle gespielt. Gegenüber nichtempirischen bzw. Abinitio-Verfahren beruhen sie auf drastischeren Näherungen und justieren zum Ausgleich dafür

[19] Eine Übersicht ist bei Foulkes, W. M. C., Mitas, L., Needs, R. J., Rajagopal, G.: Quantum Monte Carlo simulations of solids. Rev. Mod. Phys. **73**, 33-83 (2001) zu finden.

gewisse Größen, die in der Rechnung auftreten (wie bestimmte Sorten oder Kombinationen von Integralen) so, dass die Resultate für einen Satz von Testsystemen möglichst gut mit experimentellen oder korrekt berechneten Daten übereinstimmen. Einfachste Prototypen einer solchen semiempirischen Verfahrensweise – das HMO-Modell und die EHT – haben wir bereits in Abschnitt 7.4 kennengelernt.

17.2.1 Grundlegende Annahmen und ZDO-Näherung

Wie bisher werden die nichtrelativistische Näherung und die elektronisch-adiabatische Näherung vorausgesetzt; es wird dementsprechend ein (momentan) starres Kerngerüst angenommen, in dessen Coulomb-Feld sich die Elektronen bewegen. Darüber hinaus machen die gängigen, im vorliegenden Abschnitt zu behandelnden semiempirischen Berechnungsverfahren weitere Einschränkungen und Näherungsannahmen:

(i) Berücksichtigung nur eines Teils der Elektronen im Sinne der in Abschnitt 7.4.2 vorgenommenen Aufteilung der Elektronenhülle in ein aktives und ein passives Subsystem, wovon nur das aktive Subsystem (in der Regel die Valenzelektronen) behandelt wird und das passive Subsystem lediglich einen Beitrag zum effektiven Potential liefert, unter dessen Einfluss sich die Elektronen des aktiven Subsystems bewegen;

(ii) Modell unabhängiger Elektronen (MO-Modell) auf dem Niveau der *Hartree-Fock-Näherung*, also mit Berücksichtigung des Pauli-Prinzips;

(iii) LCAO-Ansatz (17.1) mit einer *AO-Minimalbasis* $\{\varphi_\nu(\boldsymbol{r})\}$, so dass zur Bestimmung der approximativen MOs $\tilde{\phi}_i(\boldsymbol{r})$ Roothaan-Hall-Gleichungen vom Typ (17.11) zu lösen sind;

(iv) Weglassen zahlreicher Integrale nach mehr oder weniger rigorosen Vorschriften, deren radikalste die *Vernachlässigung der differentiellen Überlappung* (engl. zero differential overlap, abgek. *ZDO)* ist.

Unter der "differentiellen Überlappung" zweier AOs $\varphi_\mu(\boldsymbol{r})$ und $\varphi_\nu(\boldsymbol{r})$, die wir hier zunächst allgemein als komplexe Funktionen zulassen, versteht man den Beitrag, den die Überlappung dieser beiden AOs in einem Volumenelement $\mathrm{d}V$ zum Überlappungsintegral $S_{\mu\nu}$ [Gl. 17.9] liefert; Vernachlässigung der differentiellen Überlappung bedeutet also[20]:

$$\varphi_\mu(\boldsymbol{r})^*\varphi_\nu(\boldsymbol{r})\mathrm{d}V = \left\{\begin{array}{ll} \varphi_\mu(\boldsymbol{r})^*\varphi_\mu(\boldsymbol{r})\mathrm{d}V & \text{für } \nu=\mu \\ 0 & \text{für } \nu\neq\mu \end{array}\right\}$$

$$= \delta_{\mu\nu}\cdot\varphi_\mu(\boldsymbol{r})^*\varphi_\mu(\boldsymbol{r})\mathrm{d}V\,. \qquad (17.20)$$

[20] a) Parr, R. G.: A Method for Estimating Electronic Repulsion Integrals Over LCAO MOs in Complex Unsaturated Molecules. J. Chem. Phys. **20**, 1499 (1952);
b) Fischer-Hjalmars, I.: Deduction of the Zero Differential Overlap Approximation from an Orthogonal Atomic Orbital Basis. J. Chem. Phys. **42**, 1962-1972 (1965); id. Adv. Quant. Chem. **2**, 25-46 (1965)

Je nach Funktionstyp der Basisfunktionen, ihrer Symmetrie, ihrem Abklingverhalten und dem Abstand ihrer Zentren ist die ZDO-Annahme eine mehr oder weniger berechtigte Approximation. In Abb. 17.4 sind zur Illustration die Verhältnisse für zwei Paare von (reellen) Basisfunktionen schematisch dargestellt. Im Fall a hat das Überlappungsintegral exakt den Wert Null: Die differentiellen Beiträge $\varphi_{2s}^{\mathrm{A}}(\boldsymbol{r})\cdot\varphi_{2p}^{\mathrm{A}}(\boldsymbol{r})\mathrm{d}V$ zum Integral sind (abgesehen von den Knotenstellen) überall von Null verschieden; sie treten wegen der Antisymmetrie der $2p$ -Funktion bei Inversion am Zentrum A genau zweimal mit gleichem Betrag, jedoch entgegengesetztem Vorzeichen auf und kompensieren sich vollständig. Im Fall b hat die Überlappungsdichte überall positive Werte, die von den Orbitalparametern und vom Kernabstand abhängen; das Überlappungsintegral ist von Null verschieden und positiv. Für beide Fälle werden die Überlappungsintegrale (und andere Integrale, s. unten) in der ZDO-Näherung gleich Null gesetzt.

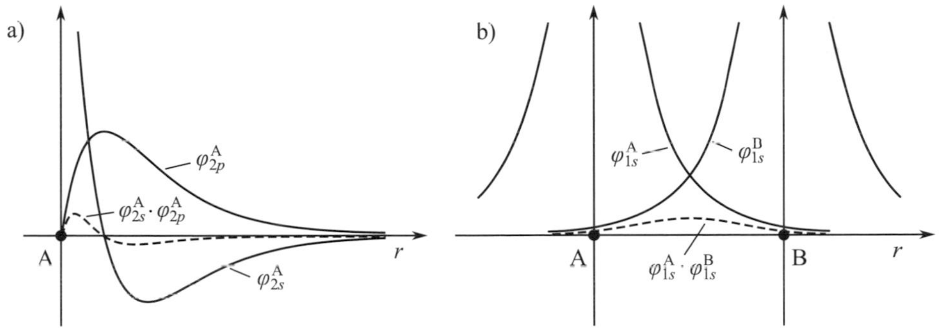

Abb. 17.4 Zur ZDO-Näherung: Überlappungsdichte (a) einer $2s$- und einer $2p$-Funktion am gleichen Zentrum A; (b) zweier $1s$-Funktionen an verschiedenen Zentren A und B (schematisch)

Wir gehen nun (in Anlehnung an [17.2], Abschn. 5.1.3.) so vor, dass zuerst die ZDO-Näherung soweit als irgend sinnvoll auf die im Roothaan-Hall-Formalismus auftretenden Integrale angewendet und dann sukzessive und teilweise wieder zurückgenommen wird. Dabei beschränken wir uns auf reelle Basisfunktionen.

Mit der ZDO-Näherung verschwinden sämtliche Überlappungsintegrale (17.9):

$$S_{\mu\nu} = \delta_{\mu\nu} \quad \text{für alle Paare } \mu,\nu = 1, 2, \ldots, M\ . \tag{17.21}$$

Von den Zweielektronen-Basisintegralen (17.8) bleiben nur solche vom Coulomb-Typ übrig [s. Gl. (8.32b), jetzt aber gebildet mit den Basisfunktionen $\varphi_\nu(\boldsymbol{r})$]:

$$(\mu\nu|\kappa\lambda) = \delta_{\mu\nu}\delta_{\kappa\lambda}(\mu\mu|\kappa\kappa) \equiv \delta_{\mu\nu}\delta_{\kappa\lambda}\cdot\gamma_{\mu\kappa} \tag{17.22}$$

mit der Bezeichnung

$$\gamma_{\mu\kappa} \equiv (\mu\mu|\kappa\kappa) \tag{17.23}$$

für die *Coulomb-Basisintegrale*.

Die Einelektronintegrale (17.6),

$$h_{\mu\nu} \equiv h_{\mu\nu}^{\text{core}} \equiv \beta_{\mu\nu}^{\text{core}}\,, \qquad (17.24)$$

werden als β*-Rumpfintegrale* (engl. core integrals) bezeichnet, in Analogie zum HMO-Modell auch als *Resonanzintegrale; es* handelt sich dabei unter der eingangs gemachten Annahme *(i)* um die Matrixelemente eines effektiven Einelektron-Hamilton-Operators $\hat{h}^{\text{eff}} \equiv \hat{h}^{\text{core}}$, der den Operator der kinetischen Energie des Elektrons und dessen Wechselwirkungsenergie mit den Rumpfelektronen beinhaltet: $h_{\mu\nu} \equiv \left(\mu\middle|\hat{h}^{\text{eff}}\middle|\nu\right) \equiv \left(\mu\middle|\hat{h}^{\text{core}}\middle|\nu\right)$. Diese Ausdrücke sind relativ kompliziert; so enthält $\hat{h}^{\text{eff}} \equiv \hat{h}^{\text{core}}$ den Operator $\hat{\Delta}$, der auf φ_ν wirkt und diese Funktion verändert.

Zur Anwendung der ZDO-Näherung auf die β*-Rumpfintegrale* nehmen wir an [17.2], dass der Operator $\hat{h}^{\text{core}}$ in folgender Form geschrieben werden kann:

$$\hat{h}^{\text{core}} = -(\hat{\Delta}/2) + \sum\nolimits_a V_a^{\text{eff}} \qquad (17.25)$$

(in at. E.), dass sich also das effektive Rumpfpotential aus Anteilen zusammensetzt, die von den einzelnen Atomrümpfen a herrühren. Ein solcher potentieller Energieanteil $\hat{V}_a^{\text{eff}}$ ist in seiner einfachsten Gestalt ein Coulomb-Term $-Z_a^{\text{eff}}/|\boldsymbol{r}-\boldsymbol{R}_a|$ für die Wechselwirkung des Elektrons mit der positiven Rumpfladung Z_a^{eff} (in at. E.). Die Matrixelemente des Operators $\hat{h}^{\text{core}}$ mit zwei am gleichen Kern a zentrierten Basisfunktionen φ_μ und φ_ν haben dann die Form

$$h_{\mu\nu}^{\text{core}|a} = \mathcal{U}_{\mu\nu}^{\text{core}|a} + \sum\nolimits_{b(\neq a)} (\mu\nu|b) \qquad (\mu,\nu \in a)\,. \qquad (17.26)$$

Dabei ist der erste Anteil $\mathcal{U}_{\mu\nu}^{\text{core}|a}$ ein Einzentrumintegral,

$$\mathcal{U}_{\mu\nu}^{\text{core}|a} \equiv \int \varphi_\mu(\boldsymbol{r})\left\{-\left(\hat{\Delta}/2\right)+\hat{V}_a^{\text{eff}}\right\}\varphi_\nu(\boldsymbol{r})\,\mathrm{d}V\,, \qquad (17.27)$$

das für $\mu \neq \nu$ bei Benutzung von Kugelflächenfunktionen für die Winkelanteile der Basisfunktionen φ_μ und φ_ν verschwindet (s. Anhang A1.5.2); die Diagonalelemente $\mathcal{U}_{\mu\mu}^{\text{core}|a}$ lassen sich mit atomaren Spektraldaten in Zusammenhang bringen, und die Zweizentrenintegrale

$$(\mu\nu|b) \equiv \int \varphi_\mu(\boldsymbol{r})\hat{V}_b^{\text{eff}}\varphi_\nu(\boldsymbol{r})\,\mathrm{d}V \qquad (\mu,\nu \in a) \qquad (17.28)$$

erfassen die Wechselwirkungen mit den übrigen Atomrümpfen $b\,(\neq a)$. In der ZDO-Näherung sind alle Nichtdiagonalelemente ($\mu \neq \nu; \mu,\nu \in a$) gleich Null zu setzen, und es verbleiben nur die Diagonalelemente:

$$h_{\mu\mu}^{\text{core}|a} = \mathcal{U}_{\mu\mu}^{\text{core}|a} + \sum\nolimits_{b(\neq a)} (\mu\mu|b) \qquad (\mu \in a)\,, \qquad (17.29a)$$

$$h_{\mu\nu}^{\text{corel}a} = 0 \qquad (\mu \neq \nu; \mu, \nu \in a). \qquad (17.29\text{b})$$

Sind in den Nichtdiagonalelementen $h_{\mu\nu}^{\text{core}}$ die beiden Basisfunktionen φ_μ und φ_ν an verschiedenen Kernen zentriert, also $\mu \in a$ und $\nu \in b$ $(b \neq a)$, dann führt der Ansatz (17.25) zu einer Zerlegung

$$h_{\mu\nu}^{\text{corel}ab} = \mathcal{U}_{\mu\nu}^{\text{corel}ab} + \sum\nolimits_{c(\neq a,b)} (\mu\nu|c) \qquad (\mu \in a, \nu \in b); \qquad (17.29\text{c})$$

der erste Anteil ist ein Zweizentrenintegral

$$\mathcal{U}_{\mu\nu}^{\text{corel}ab} \equiv \int \varphi_\mu(\boldsymbol{r}) \left\{ -(\hat{\Delta}/2) + \hat{V}_a^{\text{eff}} + \hat{V}_b^{\text{eff}} \right\} \varphi_\nu(\boldsymbol{r}) \mathrm{d}V, \qquad (17.30)$$

und die Dreizentrenintegrale $(\mu\nu|c)$ mit $\mu \in a$ und $\nu \in b$ $(b \neq a)$ sind analog zu Gleichung (17.28) definiert. Letztere fallen in der ZDO-Näherung weg, so dass nur der Anteil (17.30) übrigbleibt.

Das Resonanz- oder Rumpfintegral (17.29c) wird oft analog zum einfachen MO-Modell (s. Abschn. 7.3.2 und 7.4.2) als näherungsweise proportional zum Überlappungsintegral $S_{\mu\nu}$ zwischen den beiden Basisfunktionen φ_μ und φ_ν angenommen:

$$h_{\mu\nu}^{\text{corel}ab} \equiv \beta_{\mu\nu}^{\text{corel}ab} \approx S_{\mu\nu} \cdot \beta_{ab}^0 \qquad (\mu \in a, \nu \in b), \qquad (17.29\text{c}')$$

mit einem *Bindungsparameter* β_{ab}^0, der nicht von den einzelnen Basisfunktionen, sondern nur noch von den Atom-(Kern-) Sorten a bzw. b abhängt. Auf diesen Ausdruck (17.29c') darf die ZDO-Näherung natürlich nicht angewendet werden.

Mit der ZDO-Näherung vereinfachen sich die Fock-Matrixelemente beträchtlich; wir schreiben sie hier nur für abgeschlossene Elektronenschalen auf:

$$f_{\mu\mu}^{\text{ZDO}} = h_{\mu\mu}^{\text{core}} + R_{\mu\mu}(\mu\mu|\mu\mu) + 2\sum\nolimits_{\lambda(\neq\mu)} R_{\lambda\lambda}(\mu\mu|\lambda\lambda), \qquad (17.31\text{a})$$

$$f_{\mu\nu}^{\text{ZDO}} = h_{\mu\nu}^{\text{core}} - R_{\mu\nu}(\mu\mu|\nu\nu) \qquad (\mu \neq \nu). \qquad (17.31\text{b})$$

In den Roothaan-Hall-Gleichungen (8.61) werden gemäß Gleichung (17.21) sämtliche Überlappungsintegrale zwischen den Basisfunktionen gleich Null gesetzt; die Koeffizienten $R_{\mu\nu}$ sind die in Gleichung (17.13) definierten Elemente der "halben" Ladungs- und Bindungsordnungsmatrix: $R_{\mu\nu} \equiv (1/2)P_{\mu\nu} \equiv (1/2)\rho_{\mu\nu}$ [vgl. Gl. (8.55)].

Man sieht an den Ausdrücken (17.31a,b) und aus der Diskussion der Einelektronintegrale, dass die ZDO-Näherung zu einer erheblichen Verringerung der Anzahl der in die Rechnung eingehenden Basisintegrale führt. Insbesondere kommen von den Zweielektronenintegralen nur noch solche vom Coulomb-Typ vor; deren Anzahl ist $\propto M^2$, ebenso wie die der Einelektronintegrale. Diese Abhängigkeit von der Basissatzdimension (welche bei Beschränkung auf die Valenzelektronen ohnehin kleiner ist als bei Ab-initio-Berechnungen) bestimmt dann die Skalierung des Aufwands für die Durchführung der gesamten Berechnung.

Weitere Aufwandsminderungen ergeben sich durch zusätzliche vereinfachende Annahmen. So wird häufig eine *Rotations- und Hybridisierungsinvarianz* für die Basis-Coulomb-Integrale $\gamma_{\mu\nu} \equiv (\mu\mu|\nu\nu)$ [s. Gl. (17.23)] gefordert. Das bedeutet, dass der Wert eines Zweizentren-Coulomb-Integrals $\left(2s^a 2s^a \middle| 2p^b 2p^b\right)$ nicht von der Orientierung der $2p^b$-Funktion bezüglich des Zentrums a abhängt ("Rotationsinvarianz") und außerdem den gleichen Wert wie das Integral $\left(2s^a 2s^a \middle| 2s^b 2s^b\right)$ hat (Näheres s. etwa [17.2]). Analog wird bei den Elektron-Kern-Integralen (17.28) nicht zwischen $(2s^a 2s^a|b)$ und $(2p^a 2p^a|b)$ unterschieden. Damit gilt:

$$(\mu\mu|b) = (aa|b) \equiv v_{ab} \qquad \text{für alle } \mu \in a\,, \tag{17.32a}$$

$$(\mu\mu|\mu\mu) = (aa|aa) \equiv \gamma_{aa} \qquad \text{für alle } \mu \in a\,, \tag{17.32b}$$

$$(\mu\mu\lambda\lambda) = (aa|bb) \equiv \gamma_{ab} \qquad \text{für alle } \mu \in a, \lambda \notin b\,, \tag{17.32c}$$

mit festen, nur von den Atomsorten a und b abhängigen Werten der γ-Integrale.

Offensichtliche Komplikationen treten auf, wenn die Elektronendichteverteilung $\rho(\boldsymbol{r})$ in der ZDO-Näherung berechnet wird [s. Gln. (8.54), (8.55) mit reellen Basisfunktionen $\varphi_\kappa(\boldsymbol{r})$]:

$$\rho(\boldsymbol{r}) = \sum_{\mu=1}^{M} \sum_{\nu=1}^{M} \rho_{\mu\nu}^{\text{ZDO}} \varphi_\mu(\boldsymbol{r}) \varphi_\nu(\boldsymbol{r})\,; \tag{17.33}$$

die Dichtematrixelemente $\rho_{\mu\nu}^{\text{ZDO}}$ folgen gemäß

$$\rho_{\mu\nu}^{\text{ZDO}} = 2\sum_{k=1}^{n} c_{\mu k}^{\text{ZDO}} c_{\nu k}^{\text{ZDO}} \tag{17.34}$$

aus den LCAO-Koeffizienten in ZDO-Näherung, $c_{\lambda k}^{\text{ZDO}}$. Mit einer so erhaltenen Dichtematrix lässt sich keine sinnvolle Besetzungsanalyse nach Abschnitt 7.3.7 durchführen: Im Ausdruck (7.65) sind konsequenterweise alle Überlappungsintegrale gleich Null zu setzen, so dass es weder Einzentrum- noch Zweizentren-Überlappungsbesetzungen (7.69) gibt; wie wir aus Kapitel 6 wissen, sind aber gerade die Zweizentren-Überlappungen für die Bindung wesentlich.

Ferner gibt es bei Dichten, die in ZDO-Näherung bestimmt wurden, Probleme mit der Rotationsinvarianz (s. oben); vgl. dazu [17.2], dort Abschnitt 6.2.1.

Anmerkung: ZDO-Näherung und orthogonalisierte Basissätze

Es ist naheliegend, die ZDO-Näherung so aufzufassen, als hätte man im Rahmen der HF-LCAO-MO-Näherung anstelle der gegebenen nichtorthogonalen (aber normierten) Basis $\{\varphi_\kappa(\boldsymbol{r})\}$ eine daraus durch symmetrische Orthogonalisierung [s. Abschn. 3.1.3, Gl. (3.17) mit (3.19)] gewonnene orthogonale Basis $\{\overline{\varphi}_\lambda(\boldsymbol{r})\}$ verwendet:

$$\overline{\varphi}_\lambda(\boldsymbol{r}) = \sum_{\kappa=1}^{M} \varphi_\kappa(\boldsymbol{r}) \left(\mathbf{S}^{-1/2}\right)_{\kappa\lambda} \qquad (\lambda = 1, 2, \ldots, M) \tag{17.35}$$

bzw. in Matrixschreibweise

$$\overline{\boldsymbol{\varphi}}^{\mathrm{T}} = \boldsymbol{\varphi}^{\mathrm{T}} \mathbf{S}^{-1/2}, \tag{17.35'}$$

wobei, wie in Abschnitt 3.1.5, Gleichung (3.48), die Basisfunktionen $\overline{\varphi}_\lambda(\boldsymbol{r})$ und $\varphi_\kappa(\boldsymbol{r})$ zu jeweils einer M-komponentigen Zeilenmatrix $\overline{\boldsymbol{\varphi}}^{\mathrm{T}}$ bzw. $\boldsymbol{\varphi}^{\mathrm{T}}$ zusammengefasst sind und $\mathbf{S}^{-1/2}$ die "reziproke Quadratwurzel" der Matrix $\mathbf{S}$ (s. hierzu [II.1]) der Überlappungsintegrale $S_{\mu\nu} \equiv (\varphi_\mu|\varphi_\nu)$ bezeichnet. Die neue Basis $\{\overline{\varphi}_\lambda(\boldsymbol{r})\}$ ist orthonormiert:

$$\overline{S}_{\kappa\lambda} \equiv (\overline{\varphi}_\kappa|\overline{\varphi}_\lambda) = \delta_{\kappa\lambda}. \tag{17.36}$$

Die MOs werden nun als Linearkombinationen der Basisfunktionen $\overline{\varphi}_\lambda(\boldsymbol{r})$ angesetzt,

$$\tilde{\phi}_k(\boldsymbol{r}) = \sum\nolimits_{\lambda=1}^{M} \overline{\varphi}_\lambda(\boldsymbol{r})\overline{c}_{\lambda k}, \tag{17.37}$$

und so im HF-SCF-Verfahren verwendet; der Einfachheit halber betrachten wir wieder nur den Fall abgeschlossener Elektronenschalen, d. h. n (= $N/2$) doppelt besetzte MOs $\tilde{\phi}_k$, jedes MO repräsentiert durch einen Satz von Koeffizienten $\overline{c}_{\lambda k}$. Die MOs fassen wir zu einer Zeilenmatrix $\tilde{\boldsymbol{\phi}}^{\mathrm{T}} = (\tilde{\phi}_1, \ldots, \tilde{\phi}_n)$ zusammen, und die Koeffizienten $\overline{c}_{\lambda k}$ bilden eine Rechteckmatrix $\overline{\mathbf{c}}$ mit M Zeilen und n Spalten:

$$\tilde{\boldsymbol{\phi}}^{\mathrm{T}} = \overline{\boldsymbol{\varphi}}^{\mathrm{T}}\overline{\mathbf{c}}. \tag{17.37'}$$

Als Linearkombinationen der Basisfunktionen $\varphi_\kappa(\boldsymbol{r})$ haben die MOs $\tilde{\phi}_k$ die gleiche Form (17.37), nur ohne die Querstriche, in Matrixschreibweise also

$$\tilde{\boldsymbol{\phi}}^{\mathrm{T}} = \boldsymbol{\varphi}^{\mathrm{T}}\mathbf{c}. \tag{17.38}$$

Der Zusammenhang der Koeffizientenmatrizen $\mathbf{c}$ und $\overline{\mathbf{c}}$ ergibt sich vermittels der Beziehung (17.35'):

$$\mathbf{c} = \mathbf{S}^{-1/2}\overline{\mathbf{c}}. \tag{17.39}$$

Die durch die lineare Transformation (17.35) bzw. (17.35') verknüpften Basissätze sind grundsätzlich gleichberechtigt.

Die Dichte $\rho(\boldsymbol{r})$, ausgedrückt durch die symmetrisch orthogonalisierten Basisfunktionen $\{\overline{\varphi}_\lambda(\boldsymbol{r})\}$, hat die gleiche allgemeine Form (17.33) mit (17.34), wobei anstelle der LCAO-Koeffizienten $c_{\lambda k}^{\mathrm{ZDO}}$ jetzt Koeffizienten $\overline{c}_{\lambda k}$ stehen. Wie in der ZDO-Näherung sind alle Überlappungsbesetzungen gleich Null.

Genauere Untersuchungen zeigen allerdings, dass man die ZDO-Näherung nicht einfach als Übergang zu einer symmetrisch orthogonalisierten Basis auffassen kann (s. hierzu [17.2], Abschn. 5.1.3.8; auch das Literaturzitat I. Fischer-Hjalmars, Fußnote 20b).

Ungeachtet dessen ist versucht worden, auf solchem Wege die Komplikationen bei der Besetzungsanalyse (s. oben) zu überwinden, indem man in der Dichte (17.33) mit (17.34) anstelle der Basisfunktionen $\{\varphi_\kappa(\boldsymbol{r})\}$ die orthogonalisierten Basisfunktionen $\{\overline{\varphi}_\lambda(\boldsymbol{r})\}$ schreibt und letztere mittels der Beziehung (17.35) in die nichtorthogonale Basis $\{\varphi_\kappa(\boldsymbol{r})\}$ zurücktransformiert (*Deorthogonalisierung*). Nach diesem Schritt erhält man meist eine sinnvoll interpretierbare Dichteverteilung $\rho(\boldsymbol{r})$ [17.2].

17.2.2 Varianten semiempirischer Verfahren im SCF-LCAO-MO-Formalismus

Im Laufe mehrerer Jahrzehnte ist eine Vielzahl von semiempirischen Verfahrensvarianten entwickelt worden, teils mit der Zielsetzung, möglichst zuverlässige Resultate für bestimmte zu berechnende Größen zu erzielen, teils aber auch, um die Berechnungsmöglichkeiten auf breiter Front zu erweitern. Diese Varianten unterscheiden sich durch die Rigorosität, mit der die ZDO-Näherung verwendet wird, und dadurch, welche und wieviele experimentelle Daten zur Justierung bestimmter Integrale oder Integralkombinationen benutzt werden. Die Einbeziehung empirischer Parameter kann so weit gehen, dass der SCF-LCAO-MO-Formalismus nur noch eine Art theoretisches Gerüst bildet und überhaupt keine Eingangsgrößen mehr berechnet werden. Ein Beispiel für eine solche "voll-semiempirische" Verfahrensweise auf dem Niveau der einfachen MO-Näherung ist das HMO-Modell (s. Abschn. 7.4).

Es gibt über diese Thematik eine umfangreiche Spezialliteratur, etwa [17.2]; dort findet man die Quellenangaben zu zahlreichen älteren methodischen Varianten sowie gebräuchliche Akronyme und Bezeichnungen, so dass wir auf Originalzitate hier verzichten werden. Wesentlichen Anteil an der Entwicklung der Methoden hatten insbesondere J. A. Pople [Nobel-Preis für Chemie 1998; geteilt mit W. Kohn (s. DFT-Näherung)] und seine Mitarbeiter sowie die Arbeitsgruppe von M. J. S. Dewar.

17.2.2.1 Teil-semiempirische Verfahren

Im Rahmen des SCF-LCAO-MO-Formalismus stellt die rigorose Anwendung der ZDO-Näherung einen sehr groben Eingriff dar. Man kann versuchen, Verbesserungen zu erreichen, indem man die ZDO-Näherung sukzessive abschwächt. Ein Teil der dann jeweils verbleibenden Integrale wird berechnet, die übrigen behandelt man als justierbare Parameter.

(a) CNDO (complete neglect of differential overlap)

nach J. A. Pople, D. P. Santry und G. A. Segal (1965)

Im CNDO-Modell werden *alle Valenzelektronen* explizite im Hamilton-Operator berücksichtigt. Mit einer Minimalbasis und Anwendung der ZDO-Näherung ergeben sich für abgeschlossene Elektronenschalen die Fock-Matrixelemente (17.31a,b). Zusätzlich werden die folgenden Annahmen gemacht:

(1) Für die Einelektron- $h_{\mu\nu}^{\text{core}}$ -Integrale gelten die Gleichungen (17.29a-c).

(2) Die Rotations- und Hybridisierungsinvarianz wird durch die Festlegungen (17.32a-c) erzwungen.

Damit erhält man die Fock-Matrixelemente (17.31a,b) als:

$$f_{\mu\mu}^{\text{CNDO}} = \mathcal{U}_{\mu\mu}^{\text{core}} + \left(2R_{aa} - R_{\mu\mu}\right)\gamma_{aa} + \sum\nolimits_{b(\neq a)} \left(2R_{bb}\gamma_{ab} + v_{ab}\right) \quad (\mu \in a), \quad (17.40a)$$

$$f_{\mu\nu}^{\text{CNDO}} = -R_{\mu\nu}\gamma_{aa} \quad (\mu,\nu \in a), \quad (17.40b)$$

$$f_{\mu\nu}^{\text{CNDO}} = -S_{\mu\nu}\beta_{ab}^{0} - R_{\mu\nu}\gamma_{ab} \quad (\mu \in a, \nu \in b); \quad (17.40c)$$

hier ist die Größe R_{aa} durch

$$R_{aa} \equiv \sum\nolimits_{\lambda}^{(a)} R_{\lambda\lambda} = (1/2)\, m(a) \tag{17.41}$$

definiert, wobei $m(a)$ die Nettobesetzung des Atoms a im Molekül bezeichnet [s. Abschn. 7.3.7, Gl. (7.68)], die in der ZDO-Näherung mit der Bruttobesetzung $q(a)$ zusammenfällt; R_{bb} entsprechend für das Atom b.

Der so erhaltene Formalismus mit einem ersten Parametrisierungsschema (CNDO/1) ergab zu kleine Werte für Bindungsabstände und zu hohe Dissoziationsenergien [17.2]. Diese Mängel ließen sich durch Änderungen an den Diagonalelementen (17.40a) abmildern:

(3) Für das Einelektronintegral (17.32a) wird näherungsweise die Beziehung

$$v_{ab} \approx -Z_b^{\text{eff}} \gamma_{ab} \tag{17.42}$$

angesetzt (J. A. Pople und G. A. Segal 1966, nach M. Goeppert-Mayer und A. L. Sklar 1938). Der Ausdruck $v_{ab} + Z_b^{\text{eff}} \gamma_{ab}$, der demnach zu vernachlässigen ist[21], wird als *Durchdringungsintegral* (engl. penetration integral) bezeichnet; Z_b^{eff} ist die Rumpfladung des Atoms b im Molekül.

Damit bekommen die Matrixelemente (17.40a) die Form

$$f_{\mu\mu}^{\text{CNDO/2}} = \mathcal{U}_{\mu\mu}^{\text{core}} + \left(2R_{aa} - R_{\mu\mu}\right)\gamma_{aa} + \sum\nolimits_{b(\neq a)} \left(2R_{bb} - Z_b^{\text{eff}}\right)\gamma_{ab} \qquad (\mu \in a). \tag{17.43}$$

(4) Die Einelektron-Diagonalelemente $\mathcal{U}_{\mu\mu}^{\text{core}}$ werden durch Größen ausgedrückt, die sich zum Teil aus experimentellen atomaren Daten gewinnen lassen. Ohne auf Einzelheiten einzugehen (vgl. hierzu [17.2], Abschn. 7.1.3.1), geben wir nur die resultierende Formel an:

$$\mathcal{U}_{\mu\mu}^{\text{core}} = -(1/2)\left(I_\mu + A_\mu\right) - \left[Z_a^{\text{eff}} - (1/2)\right] \gamma_{aa} \,. \tag{17.44}$$

Der erste Anteil, das arithmetische Mittel eines Ionisierungspotentials I_μ und einer Elektronenaffinität A_μ zum Basis-Atomorbital μ, ist die sog. *Orbital-Elektronegativität* nach Mulliken [analog zu Gl. (7.51) in Abschn. 7.3.3], wobei I_μ und A_μ aus Energien atomarer Valenzzustände zu ermitteln sind.

Die Einzentrum- und Zweizentren-Coulomb-Integrale γ_{aa} bzw. γ_{ab} werden unter Verwendung von Slater-Funktionen für die Basis-Orbitale φ_μ berechnet. Die Bindungsparameter β_{ab}^0 setzt man als arithmetische Mittelwerte entsprechender atomarer Beiträge an:

$$\beta_{ab}^0 = (1/2)\left(\beta_a^0 + \beta_b^0\right); \tag{17.45}$$

---

[21] Man beachte: der erste Anteil ist negativ, der zweite positiv.

letztere werden so justiert, dass bei ihrer Benutzung im CNDO-Schema die Resultate nichtempirischer Minimalbasis-Berechnungen für zweiatomige Moleküle bestmöglich wiedergegeben werden.

Tab. 17.5 Kurzcharakterisierung semiempirischer HF-SCF-Verfahren

	Wichtigste Approximationen	Parametrisierung	Eignung
teil-semiempirisch			
CNDO/2	ZDO für Elektronenwechselwirkungsintegrale	teilw. an theor. Daten; für die meisten chemisch relevanten Elemente	mäßig
INDO	ZDO für Elektronenwechselwirkungsintegrale mit Orbitalen an versch. Atomen	ähnlich wie CNDO/2	mäßig, ähnlich wie CNDO/2, aber: Spindichten berechenbar
voll-semiempirisch			
PPP	ähnlich wie CNDO/2	alle konjugierten Systeme	(beschränkt auf π-Elektronensysteme)
MINDO/3	wie INDO, aber mit Modifikationen an Zweizentren - $f_{\mu\nu}$	H, B, C, N, O, F u.a.	- Geometrien - Bindungsenthalpien
MNDO	NDDO-Näherung (vollständigere Behandlung der Einelektronintegrale)	H, C, N, O u.a.	wie MINDO/3, dazu u.a. - Ion.-Pot., El.-Affin. - Dipolmomente - Polarisierbarkeiten - Kraftkonstanten - ESCA-chem. Verschiebungen
AM1	wie MNDO mit Modifikation der Core-Repulsion-Funktion	H, C, N, O, F, Si, Cl, Br, I	wie MNDO, dazu qualitativ - H-Brücken - Aktivierungsenthalpien
PM3	wie MNDO/AM1 mit verbessertem Parameter-Anpassungsverfahren	H, C, N, O, F, Al, Si, P, S, Cl, Br, I	≈ wie oder besser als AM1

In das ursprünglich von J. A. Pople et al. für Moleküle aus H und Atomen der ersten Achterperiode parametrisierte Verfahren wurden bald auch Atome der zweiten Achterperiode (Na bis Cl) einbezogen (D. P. Santry und G. A. Segal 1967). In der Folgezeit dehnte man den

Anwendungsbereich weiter aus, so dass für nahezu alle chemisch relevanten Elemente (einschließlich Übergangsmetalle) Parameter verfügbar sind. Da für schwerere Atome die nichtrelativistische Näherung eigentlich nicht mehr zulässig ist, muss die Parameterjustierung auch dadurch bedingte Mängel des zugrundeliegenden Formalismus ausgleichen.

Das mit den oben beschriebenen Erweiterungen und Ergänzungen resultierende *CNDO/2-Schema* hat lange in breitem Umfang Anwendung gefunden, spielt aber heute keine wesentliche Rolle mehr. Es wurde trotzdem hier so ausführlich besprochen, um an diesem Beispiel die Entwicklung semiempirischer Verfahren deutlich zu machen. Nach heutigen Maßstäben sind die mit einer CNDO/2-Berechnung erhältlichen Resultate als insgesamt mäßig zu bewerten (s. Tab. 17.5). Selbst Geometriedaten ergeben sich mit beträchtlichen Fehlern, noch weniger brauchbar sind Bindungsenergien und andere energetische Größen. Elektronendichteverteilungen erhält man nur grob approximativ. Spinabhängige Eigenschaften können generell nicht wiedergegeben werden.

Verantwortlich für die beträchtlichen Mängel ist u. a. ein Hauptdefekt der CNDO/2-Näherung: der Wegfall sämtlicher Austauschintegrale infolge der ZDO-Näherung. Dadurch gibt es in der Beschreibung der Wechselwirkung zweier Elektronen keinen Unterschied, ob die beiden Elektronen parallele oder antiparallele Spins haben; die Fermi-Korrelation wird also nicht erfasst (s. Abschn. 2.5; vgl. auch Abschn. 8.1 und 9.1). Das führt zu erheblichen Fehlern bei Atomtermen und allen molekularen energetischen Größen, insbesondere Bindungsenergien.

(b) INDO (intermediate neglect of differential overlap)

nach J. A. Pople, D. I. Beveridge und P. A. Dobosh (1967)

Verbesserungen gegenüber dem CNDO-Verfahren lassen sich erreichen, wenn man die durchgängige Vernachlässigung der Austauschintegrale wenigstens teilweise, nämlich für die an ein und demselben Kern zentrierten Basisfunktionen, aufhebt und z. B. Einzentrum-Austauschintegrale $\left(s^a p^a \middle| s^a p^a\right)$ beibehält (s. Abb. 17.5).

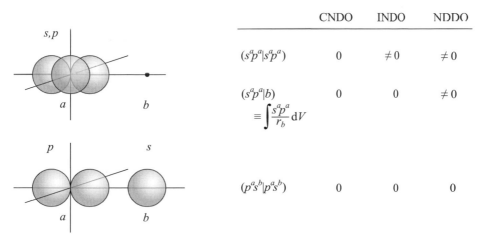

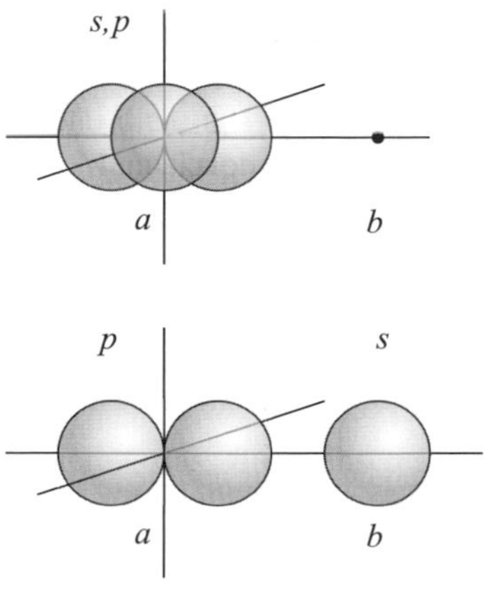

	CNDO	INDO	NDDO
$(s^a p^a \vert s^a p^a)$	0	$\neq 0$	$\neq 0$
$(s^a p^a \vert b) \equiv \int \frac{s^a p^a}{r_b} \mathrm{d}V$	0	0	$\neq 0$
$(p^a s^b \vert p^a s^b)$	0	0	0

Abb. 17.5 Zur Behandlung einiger wichtiger Integraltypen in verschiedenen Varianten semiempirischer Verfahren (schematisch)

Ein dergestalt veränderter Formalismus wird mit dem Akronym INDO (s. oben) bezeichnet.

Auch dafür gibt es mehrere Versionen, die sich durch die Art der Bestimmung der Einzentrum-Austauschintegrale (aus atomaren spektroskopischen Daten oder Berechnung) sowie durch Einführung weiterer Modifikationen, insbesondere Näherungen für die Einelektron-Zweizentren-Fock-Matrixelemente $h_{\mu\nu}^{\text{core}}$ ($\mu \in a,\ \nu \in b$) unterscheiden. Wir gehen wiederum nicht auf Details ein, sondern verweisen auf die Spezialliteratur [17.2].

Die Ergebnisse von INDO-Berechnungen sind gegenüber CNDO/2 etwas besser; so haben Zustände unterschiedlicher Multiplizität verschiedene Energien (Bezugsgrößen wie die Energien der tiefsten Zustände ^3P und ^1S des C-Atoms sind jetzt unterscheidbar), und es können in einem UHF-Formalismus (s. Abschn. 8.2.2) nunmehr auch z. B. Spindichten berechnet werden.

Die Elemente der *Spindichtematrix* sind als

$$\rho_{\mu\nu}^{\text{Spin}} \equiv \rho_{\mu\nu}^{\alpha} - \rho_{\mu\nu}^{\beta} \tag{17.46}$$

definiert, wobei

$$\rho_{\mu\nu}^{\alpha} = \sum\nolimits_{k=1}^{N_\alpha} c_{\mu k}^{\alpha} c_{\nu k}^{\alpha} \quad \text{und} \quad \rho_{\mu\nu}^{\beta} = \sum\nolimits_{k=1}^{N_\beta} c_{\mu k}^{\beta} c_{\nu k}^{\beta} \tag{17.47a,b}$$

die in den Gleichungen (8.16a,b) gegebenen Dichtematrixelemente der α - bzw. der β - Valenzelektronen, gebildet mit einer gemeinsamen Basis $\{\varphi_\mu(\boldsymbol{r})\}$, bezeichnen.

(c) NDDO (neglect of diatomic differential overlap)

nach J. A. Pople et al. (1965/1966)

Die Verfahren CNDO und INDO können weiter verbessert werden, indem man die ZDO-Näherung auch für einige Einelektronintegrale vom Typ $(\mu\nu|b)$ mit $\mu,\nu \in a$ [Gl. (17.28)], wie sie in den h^{core} -Matrixelementen auftreten, aufhebt und damit die Beschreibung in sich konsistenter macht (s. Abb. 17.5). Detailliert wird die theoretische Begründung dieser Familie von Verfahren CNDO – INDO – NDDO z. B. in [17.2] diskutiert (s. dort Abschn. 5.1.3.8.).

17.2.2.2 Voll-semiempirische SCF-LCAO-MO-Verfahren

Von M. J. S. Dewar und seiner Schule wird ein anderes als das oben beschriebene "teil-semiempirische" Konzept verfolgt: Man legt zwar ebenfalls den Roothaan-Hall-Formalismus zugrunde; dieser dient aber nur als ein theoretischer Rahmen, und *sämtliche* nach der Wahl einer bestimmten Näherung (z. B. INDO) auftretenden Integrale bzw. Integralkombinationen werden, gegebenenfalls noch jeweils für bestimmte Verbindungsklassen, an experimentellen Daten justiert.

In solchen "voll-semiempirischen" Verfahren können die empirischen Parameter, wenn ihre Anzahl genügend groß ist, die Mängel des MO-Modells (v. a. Korrelationsfehler) weitgehend ausgleichen, so dass sich damit häufig höhere Genauigkeitsanforderungen als bei teil-semiempirischen Verfahren erfüllen lassen, natürlich strikt begrenzt auf den durch die Parametrisierung festgelegten Bereich von Verbindungen.

(a) PPP (π -Elektronen-Verfahren nach Pariser, Parr und Pople)

nach R. Pariser und R. G. Parr sowie J. A. Pople (1953)

Nach dem historisch ersten voll-semiempirischen Verfahren, dem Hückelschen MO-Modell für π -Elektronensysteme, das auf einer einfachen MO-Näherung beruhte (s. Abschn. 7.4), wurde auch ein SCF-LCAO-MO-Verfahren für solche Systeme ausgearbeitet. Der Formalismus, die Fock-Matrixelemente und die verwendeten Näherungen entsprechen weitgehend denen der (historisch späteren) Allvalenzelektronen-CNDO-Verfahren, insbesondere wird die ZDO-Näherung zugrundegelegt. Sämtliche verbleibenden Parameter – Einelektron-Matrixelemente und Elektronenwechselwirkungsintegrale – werden empirisch justiert; dabei gibt es zahlreiche Varianten (s. etwa [17.2] und dort angegebene Referenzen).

(b) MINDO (modified INDO)

nach N. C. Bird und M. J. S. Dewar (1969)

Das Dewarsche Konzept wurde zur Beschreibung *aller* Valenzelektronen zuerst im Rahmen der INDO-Näherung angewendet, und zwar mit einer Anpassung *sämtlicher* Parameter dahingehend, dass sowohl Bildungsenthalpien als auch Molekülgeometrien für jeweils bestimmte Verbindungsklassen (deren Daten zur Parameterfestlegung benutzt wurden) mit für Zwecke der Chemie hinreichender Genauigkeit (sog. *chemische Genauigkeit*: für Energien also bis auf Fehler von ca. 1 kcal/mol) wiedergegeben bzw. vorausberechnet werden können.

Die *Bildungsenthalpie* einer chemischen Verbindung ist keine molekulare, sondern eine thermodynamische Größe (s. die einschlägige physikochemische Literatur), die sich somit nicht unmittelbar aus einer quantenchemischen Berechnung für ein molekulares System ermitteln lässt. Bei einem voll-semiempirischen Verfahren aber kann man darüber hinwegsehen und so parametrisieren, dass nicht molekulare Energien, sondern Enthalpien geliefert werden. Darauf, wie man Bildungsenthalpien korrekter theoretisch bestimmt, gehen wir in Abschnitt 17.4.5 ein.

Von den Varianten, die für MINDO entwickelt wurden, ist MINDO/3 (nach R. C. Bingham, M. J. S. Dewar und D. H. Lo, 1969) breit angewendet worden; Parametersätze liegen für H sowie Elemente der ersten und zweiten Achterperiode vor. Gute Resultate werden entsprechend der darauf ausgerichteten Parametrisierung insbesondere für molekulare Geometrien sowie für Bildungsenthalpien erzielt; Schwächen zeigt die Methode u. a. bei Verbindungen mit Heteroatomen, bei aromatischen Kohlenwasserstoffen und bei Vorliegen von Mehrfachbindungen.

(c) MNDO (modified neglect of diatomic overlap)

nach M. J. S. Dewar und W. Thiel (1977)

Auf der Grundlage der oben beschriebenen NDDO-Näherung (s. Abb. 17.5) und gegenüber MINDO veränderten Integralapproximationen wurde versucht, Defekte des MINDO-Verfahrens zu beheben. Parametersätze gibt es für Verbindungen mit H, C, N, O u. a.; die Anzahl der Parameter ist größer als bei MINDO.

Man erhält gegenüber MINDO verbesserte Resultate, und es kann ein größerer Kreis von Eigenschaften einigermaßen zuverlässig erfasst werden (s. Tab. 17.5, rechte Spalte): außer

Bildungsenthalpien und Geometriedaten auch Ionisierungspotentiale, Elektronenaffinitäten, Polarisierbarkeiten, Schwingungskraftkonstanten und ESCA-chemische Verschiebungen.

Die Abkürzung ESCA steht für: electron spectroscopy for chemical analysis. Hierbei wird die kinetische Energie von Photoelektronen aus inneren Schalen gemessen; diese ist zunächst charakteristisch für jede Atomsorte, hängt aber bei genauerer Vermessung auch von der Umgebung des jeweiligen Atoms im Molekülverband ab und kann somit diesbezügliche Informationen liefern.

(d) AM1 (Austin model 1)

nach M. J. S. Dewar, E. G. Zoebisch, E. F. Healy und J. J. P. Stewart (1985)

Bei AM1 handelt es sich im Wesentlichen um ein MNDO-Verfahren mit einigen Modifikationen, insbesondere betreffend das Wechselwirkungspotential zwischen je zwei Atomrümpfen, um die in MNDO bei größeren Abständen zu starke Abstoßung zu verringern. Parametersätze wurden bestimmt für H, Atome der ersten und der zweiten Achterperiode sowie Br und I.

Damit lassen sich u. a. brauchbare Resultate auch für Wasserstoffbrückenbindungen sowie (mit Einschränkung) für Aktivierungsenthalpien erzielen.

(e) PM3 (parametric method 3)

nach J. J. P. Stewart (1989)

Das unter diesem Akronym bekannte Schema stimmt weitgehend mit AM1 überein, verwendet aber Parameter, die mit anderen, effizienteren Optimierungsverfahren zur Parameteranpassung bestimmt wurden. Außerdem hat man sukzessive weitere Elemente wie Al, P, S und andere einbezogen (s. Tab. 17.5). Inzwischen liegen mehrere Nachfolgevarianten vor.[22]

Anmerkungen

- Die Zuverlässigkeit und der Anwendungsbereich (erfasste Verbindungen und Eigenschaften) voll-semiempirischer Berechnungsschemata nehmen in der Reihe MNDO – AM1 – PM3 zu, allerdings wird auch die Anzahl der Parameter und somit der Aufwand bei der Parameteroptimierung größer. Wir gehen auf die Optimierungsprobleme hier nicht ein; sie spielen auch in anderen Zusammenhängen eine Rolle (s. Abschn. 18.2.1.2 und 20.2.2.3, wo wir etwas ausführlicher darauf zu sprechen kommen).

- Es gibt von den semiempirischen SCF-LCAO-MO-Verfahren jeweils nicht nur mehrere Varianten hinsichtlich der Näherungsannahmen im Berechnungsschema, sondern auch verschiedene Parametersätze je nach Zielgrößen und verwendeten Referenzdaten. Die hier genannten Verfahren stellen nur eine Auswahl dar; insgesamt ist die Vielfalt kaum überschaubar. So wird der Leser in der Literatur u. a. auf die Akronyme SINDO (symmetrisch orthogonalisiertes INDO), INDO/S (INDO parametrisiert für Spektroskopie) oder SAM (Semi-Ab-initio-Methode) stoßen, die hier nicht behandelt worden sind (s. dazu etwa [17.1], dort Abschn. 3.10).

---

[22] Stewart, J. J. P.: Optimization of parameters for semiempirical methods V: Modification of NDDO approximations and application to 70 elements. J. Mol. Model. **13**, 1173-1213 (2007)

17.2.2.3 CI-Verfahren*

Die bisher behandelten semiempirischen Berechnungsverfahren beruhen auf dem Hartree-Fock-SCF-Formalismus, die daraus zu gewinnenden Aussagen können sich demzufolge in der Regel nur auf den Elektronengrundzustand des jeweiligen molekularen Systems beziehen. Es handelt sich um ein Modell unabhängiger Elektronen, das die Coulomb-Korrelation der Elektronenbewegungen untereinander vernachlässigt; nur die Fermi-Korrelation ist (außer bei CNDO) berücksichtigt. Einen Teil der Mängel des Einelektron-Modells (Hartree-Fock) gleicht die semiempirische Parametrisierung aus. Darüber hinausgehend hat man die Einschränkung auf den Elektronengrundzustand und auf Eigenschaften, die nicht wesentlich durch die Elektronenkorrelation bestimmt werden, auch dadurch versucht aufzuheben, dass das Einelektron-Modell verlassen wird.

Um *angeregte Elektronenzustände* beschreiben zu können, müssen Elektronenkonfigurationen einbezogen werden, in denen eines oder mehrere der im Grundzustand besetzten MOs durch virtuelle MOs ersetzt sind. Als einfachste Möglichkeit kann man *eine* angeregte Konfiguration bilden (s. Abschn. 7.3.3 und 7.4.3.2 für das einfache MO-Modell sowie Abschn. 8.3.3 für die Hartree-Fock-Näherung). In der Regel reicht das nicht aus, und es muss eine Überlagerung solcher angeregter Konfigurationen (CI) angesetzt werden (s. Abschn. 9.1).

Formal lässt sich eine solche CI natürlich auch mit Konfigurationen semiempirisch bestimmter MOs durchführen. Es gibt dabei jedoch ein grundsätzliches Problem: Einerseits bedeutet die Einbeziehung angeregter Elektronenkonfigurationen den Übergang zu einer Wellenfunktion, die (zumindest teilweise) die Coulomb-Korrelation der Elektronen und bei der Berechnung von Folgegrößen (Erwartungswerte) entsprechende Korrelationskorrekturen berücksichtigt (s. Abschn. 9.1). Andererseits aber ist die Elektronenkorrelation (ebenfalls teilweise) über die Parameteranpassung an experimentelle Daten bereits "irgendwie" einbezogen; in welcher Weise und in welchem Maße das der Fall ist, erfordert besonders bei voll-semiempirischen Verfahren eine ziemlich verwickelte Analyse (s. unten, Abschn. 17.2.3).

LCI (limited configuration interaction)

Obwohl eine CI mit Konfigurationen semiempirisch bestimmter MOs prinzipiell problematisch ist, hat sich im Rahmen der Parametrisierung eine auf einfach angeregte Konfigurationen beschränkte CI (abgek. CIS mit "S" für *singles*) bei der Abschätzung von Anregungsenergien und Übergangsdipolmomenten bewährt (s. auch Abschn. 17.4.3.1).

Eine spezielle störungstheoretische Formulierung (s. Abschn. 9.1.2) einer auf einfach und zweifach angeregte Konfigurationen beschränkten CI (CISD) wurde von J. P. Malrieu u. a. [23] auf CNDO-Niveau ausgearbeitet und parametrisiert, und zwar mit Konfigurationen, gebildet aus *lokalisierten* MOs. Dieses abgekürzt mit *PCILO* (für perturbative configuration interaction using localized orbitals) bezeichnete Verfahren hat sich als recht leistungsfähig erwiesen, und zwar zur Berechnung von Grundzustandsenergien und kleinen Energiedifferenzen wie Konformationsenergien sowie entsprechenden Geometrien mittelgroßer Moleküle, außerdem zur Abschätzung von Anregungsenergien.

[23] Malrieu, J.-P.: The PCILO Method. In: Segal, G. A. (Hrsg.) Semiempirical Methods of Electronic Structure Calculation. Part A: Techniques. Plenum Press, New York/London (1977)

Schließlich sei noch angemerkt, dass auch für die in Abschnitt 9.2 kurz beschriebene *DIM-Näherung* (CI mit Konfigurationen aus Zustandsfunktionen atomarer und zweiatomiger Fragmente) semiempirisch durchgeführt werden kann, indem man experimentell gewonnene atomare Energieterme sowie Wechselwirkungsenergien von Atompaaren (aus Potentialkurven) verwendet (s. etwa [9.2c]).

17.2.3 Begründung, Anwendbarkeit und Leistungsfähigkeit semiempirischer quantenchemischer Verfahren

Wird auf einer bestimmten Stufe in der Modell- bzw. Methoden-Hierarchie (etwa nichtrelativistisches, elektronisch adiabatisches Modell unabhängiger Elektronen) ein Berechnungsschema nicht voll theoretisch, sondern semiempirisch durchgeführt, dann handelt sich nicht mehr um eine "Näherung" im eigentlichen Sinne, da das Verfahren nicht systematisch korrigiert werden kann. Es besteht nur die Möglichkeit, andere Messdaten oder andere Referenzmoleküle zu wählen oder ganz zu einem anderen theoretischen Modell überzugehen. Da bei einem voll-semiempirischen Verfahren der Formalismus (etwa SCF-LCAO-MO) lediglich noch einen mathematischen Rahmen bildet, könnte man hier auch von einem *mathematischen Modell* sprechen.

Es hat trotzdem Sinn, auch für ein voll-semiempirisches Verfahren nach einer *Begründung* zu fragen und zu analysieren, wie die Kompensation von Defekten des zugrundegelegten quantenchemischen Berechnungsschemas (beim nichtrelativistischen HF-LCAO-MO-Schema also insbesondere die Nichtberücksichtigung der Coulomb-Elektronenkorrelation) durch Anpassung von Parametern (Integrale oder Integralkombinationen) an experimentelle Daten zustandekommt. Von K. F. Freed[24] u. a. sind diesbezügliche Untersuchungen vorgenommen worden, auf die wir allerdings hier nicht näher eingehen können.

Aussagen zur *Leistungsfähigkeit* von *teil-semiempirischen* Berechnungsverfahren beziehen sich in der Regel auf Grundzustandseigenschaften und beruhen größtenteils auf Vergleichen mit nichtempirischen (Ab-initio-) HF-SCF-Berechnungen; deren grundsätzliche Beschränkungen (s. hierzu Abschn. 8.3) gelten natürlich auch für die semiempirischen HF-SCF-Verfahren, wenngleich sie durch eine auf die Zielgröße ausgerichtete Wahl der Parameter abgemildert werden können. Damit ist klar, dass sich mit den hier besprochenen Verfahren Absolutwerte energetischer Größen (insbesondere Bindungsenergien) sowie damit verknüpfter Größen wie Kraftkonstanten bzw. Schwingungsfrequenzen nicht verlässlich berechnen lassen. Energiedifferenzen zwischen verschiedenen Konformationen eines molekularen Systems kann man mit einem NDDO- oder einem PCILO-Verfahren oft wenigstens qualitativ richtig erhalten. Auch für Einelektroneigenschaften wie Elektronendichteverteilungen und Dipolmomente ergeben sich in der Regel qualitativ vernünftige Resultate, wenn die am Schluss von Abschnitt 17.2.1 beschriebene Deorthogonalisierung vorgenommen wird.

Mit *voll-semiempirischen* Berechnungsverfahren können allgemein bessere Resultate erzielt werden, jedoch nur innerhalb strikt eingegrenzter Verbindungsklassen und abhängig von der Anzahl und Güte der Parameter., also eher im Sinne von Eigenschaftskorrelationen. Die

[24] Freed, K. F.: Theoretical foundations of purely semiempirical quantum chemistry. J. Chem. Phys. **60**, 1765 (1974); id. Chem. Phys. **3**, 463 (1974); id. Chem. Phys. Lett. **24**, 275 (1974);
Iwata, S., Freed, K. F.: J. Chem. Phys. **65**, 1071 (1976); id. Chem. Phys. Lett. **38**, 425 (1976);

Situation ist grundsätzlich nicht anders als beim HMO-Modell (s. Abschn. 7.4.2), wenn auch mit einem komplizierteren Formalismus (SCF-LCAO-MO).

Werden semiempirische Berechnungen gut vorbereitet und qualifiziert durchgeführt (was insbesondere bedeutet, dass das gewählte Verfahren und die Parametrisierung hinsichtlich der Eignung für das zu untersuchende molekulare System und die zu berechnenden Größen geprüft wurden, s. Abschn. 17.4), dann sind die Ergebnisse oft recht zuverlässig und können hinsichtlich der Genauigkeit Ansprüche erfüllen, die der Chemiker auch an experimentelle Methoden zu stellen gewohnt ist (*"chemische" Genauigkeit*, s. oben).

Angaben zur Leistungsfähigkeit semiempirischer Berechnungen findet man vielfach in der Literatur (s. etwa [17.1] – [17.4]). Für die gegenwärtig innerhalb ihrer Anwendungsbereiche als beste geltenden Verfahren sind einige Daten in Tab. 17.7 (Abschn. 17.4) zusammengestellt.

Was das *Skalierungsverhalten* des Rechenaufwands (vgl. Abschn. 17.1.4) bei semiempirischen Verfahren betrifft, so wächst der Aufwand zur Integralberechnung (soweit Integrale überhaupt berechnet werden) proportional zu M^2, weil nur maximal zweizentrige Integrale auftreten, und M ist relativ klein, da generell eine STO-Minimalbasis vorausgesetzt wird. Die Diagonalisierung der Fock-Matrix hingegen erfordert einen Rechenaufwand $\propto M^3$ (s. Tab. 17.4; auch [17.1], dort Abschn. 3.14), der somit den Gesamtaufwand bestimmt. Reduktionstechniken für Integrale spielen bei semiempirischen Verfahren keine Rolle.

Wie schon angemerkt, haben die semiempirischen Methoden an Bedeutung verloren. Der Grund dafür liegt in der zunehmenden Verfügbarkeit großer rechentechnischer Ressourcen und in der gewachsenen Effizienz von Ab-initio- und Dichtefunktional-Methoden, wodurch diese anwendbar werden, wo zuvor lange nur semiempirische Berechnungen möglich waren.

17.3 Dichtefunktional-Berechnungen

Die Grundlagen der Dichtefunktional-Theorie (DFT) in der Näherung der lokalen Dichte wurden in Kapitel 4 (Abschn. 4.4.1.2) und Kapitel 9 (Abschn. 9.3) formuliert.

Analog zur Vorgehensweise in Abschnitt 17.1.3 bei der Hartree-Fock-Näherung nehmen wir als Ausgangspunkt das nichtlineare Gleichungssystem zur Bestimmung der Koeffizienten im LCAO-Ansatz für die Kohn-Sham-"Orbitale" $\breve{\phi}_i(\boldsymbol{r})$:

$$\mathbf{f}^{\mathrm{KS}}\mathbf{c}_i = \breve{\varepsilon}_i \mathbf{S}\mathbf{c}_i \qquad (17.48)$$

(*Kohn-Sham-Gleichung* in Matrixschreibweise, Gl. (9.84), mit der *Kohn-Sham-Matrix* $\mathbf{f}^{\mathrm{KS}}$). Auch DFT-Berechnungen beruhen wie die konventionellen nichtempirischen Verfahren (s. Abschn. 17.1) auf der nichtrelativistischen, elektronisch adiabatischen Näherung (fixierte Kerne). Es muss also die Kernanordnung festgelegt werden (s. Abschn. 17.1.1.1). Ferner ist ein Basissatz $\varphi_\nu(\boldsymbol{r})\,(\nu=1,2,\ldots,M)$ zu wählen; als Basisfunktionen kommen prinzipiell die gleichen Funktionstypen wie bisher in Frage (s. Abschn. 17.1.1.2).

Alle Aspekte der Vorbereitung und Durchführung von DFT-Berechnungen werden eingehend in der Monographie [17.5] abgehandelt, auf die wir uns im Folgenden häufig beziehen.

17.3.1 Rechnerische Realisierung der DFT

Aus der formalen Ähnlichkeit der Gleichungen (17.11) für die Hartree-Fock-Näherung und (17.48) für die DFT-Kohn-Sham-Näherung kann man folgern, dass die Durchführung von Berechnungen in weiten Teilen ähnlich ablaufen wird und ähnliche Anforderungen stellt. Hinsichtlich der Geometriefestlegung gibt es keine Besonderheiten; sie erfolgt wie in Abschnitt 17.1.1.1 beschrieben.

17.3.1.1 Einelektron-Basissätze

Wie bei den nichtempirischen konventionellen (wellenfunktionsbasierten) Methoden finden hauptsächlich GTF- bzw. kontrahierte GTF-Basissätze Verwendung (s. Abschn. 17.1.1.2). Da aber das Integralproblem in der DFT weniger kompliziert ist (indem z. B. keine Zweielektronen-Austauschintegrale auftreten), werden auch andere Basisfunktionen benutzt, etwa STO und sogar numerisch auf einem Raumgitter gegebene Basisfunktionen, die durch numerische Lösung der Kohn-Sham-Gleichung für die freien Atome bestimmt wurden.

Es gibt auch speziell auf DFT-Berechnungen zugeschnittene sog. polarisationskonsistente (engl. polarization-consistent, abgek. pc) kontrahierte GTF-Basissätze (F. Jensen, 2001/2002). Für große molekulare Systeme, wie sie mehr und mehr in die Reichweite der Durchführbarkeit von DFT-Berechnungen kommen, sind zudem Basissätze in Gebrauch, die ursprünglich für Festkörperberechnungen gedacht waren, nämlich ebene Wellen (engl. plane waves, abgek. PW): $\varphi^{\mathrm{PW}}(\boldsymbol{r}) = \exp(\mathrm{i}\boldsymbol{k}\cdot\boldsymbol{r})$; s. Abschnitt 10.2.2.2.

Hinsichtlich eingehenderer Diskussionen wird auf [17.1] und [17.5] verwiesen.

17.3.1.2 Berechnung der Basisintegrale

Wie in Abschnitt 17.1.2 setzen wir auch hier *reelle* Basisfunktionen voraus. Einelektronintegrale (9.87a) bereiten wie in konventionellen Verfahren (s. Abschn. 17.1.2) keine Schwierigkeiten, sowohl bei Verwendung von STO- als auch bei GTF-Basisfunktionen.

Für die Zweielektronenintegrale (9.87b) bzw. (9.87b') gibt es ein probates Verfahren (das natürlich z. B. auch bei HF-Berechnungen zu gebrauchen ist, s. Abschn. 17.1.2): man schreibt die Dichte $\rho(\boldsymbol{r})$ näherungsweise als Linearkombination von Funktionen $\chi_\gamma(\boldsymbol{r})$, die jeweils an einem der Atome zentriert sind und eine "Hilfsbasis" bilden (wobei auch die Verwendung von eigentlichen Basisfunktionen $\varphi_\nu(\boldsymbol{r})$ möglich ist):

$$\rho(\boldsymbol{r}) \approx \tilde{\rho}(\boldsymbol{r}) = \sum\nolimits_{\gamma=1}^{M'} a_\gamma \chi_\gamma(\boldsymbol{r}); \qquad (17.49)$$

die Koeffizienten a_γ können durch Minimierung der mittleren quadratischen Abweichung (s. [II.1], Abschn. 7.2.4.) bestimmt werden, d. h. aus der Bedingung $\int [\rho(\boldsymbol{r}) - \tilde{\rho}(\boldsymbol{r})]^2 \mathrm{d}V \to \mathrm{Min}$ unter Einhaltung der Normierung: $\int \tilde{\rho}(\mathbf{r})\mathrm{d}V = \int \rho(\mathbf{r})\mathrm{d}V = N \;\; (\equiv N^{\mathrm{e}})$.

Damit wird aus einem Integral (9.87b') eine Linearkombination von Integralen des Typs

$$\iint \varphi_\mu(\boldsymbol{r})\varphi_\nu(\boldsymbol{r})\left(1/|\boldsymbol{r}-\boldsymbol{r}'|\right)\chi_\gamma(\boldsymbol{r}')\mathrm{d}V\mathrm{d}V', \tag{17.50}$$

die nunmehr nur drei Basisfunktionen enthalten anstelle von vier in den Integralen $(\mu\nu|\kappa\lambda)$.

Die Berechnung der Matrixelemente (9.87c) des Austausch- und Korrelationspotentials $\hat{v}_{\mathrm{XC}}[\rho(\mathbf{r})]$ ist recht kompliziert, denn selbst in der einfachsten Variante (LDA) ist $\hat{v}_{\mathrm{XC}}$ proportional zur dritten Wurzel aus der Dichte $\rho(\boldsymbol{r})$. Es gibt hierfür zwei Strategien: (1) Numerische Integration nach Festlegung eines räumlichen Gitters (in den drei kartesischen Koordinaten x, y und z). Das Integral wird approximiert durch die Summe der Beiträge des Integranden an den Gitterpunkten; die Gitterpunkte können dabei noch mit geeigneten Gewichtsfaktoren belegt werden. Komplikationen treten aber z. B. auf, wenn Dichtegradienten einbezogen und GGA-Funktionale benutzt werden (s. Abschn. 9.3.2). (2) Gitterfreie Verfahren; dabei wird die Matrixdarstellung von $\rho(\boldsymbol{r})$ bezüglich der Basis $\{\varphi_\nu(\mathbf{r})\}$ erzeugt, d. h. es werden die Matrixelemente $(\rho)_{\mu\nu}$ berechnet. Hieraus bestimmt man nach den bekannten Verfahren (s. [II.1], Abschn. 9.1.5.) die Matrixdarstellung des Potentials $\hat{v}_{\mathrm{XC}}[\rho]$ mit den Matrixelementen $v_{\mu\nu}^{\mathrm{XC}}$ und damit die Matrixelemente $f_{\mu\nu}^{\mathrm{KS}}$ [Gl. (9.86)] des Kohn-Sham-Operators.

Die Matrixelemente $(\rho)_{\mu\nu}$ dürfen nicht mit den in Gleichung (9.83) zu (9.82) aufgeschriebenen Dichtematrixelementen $\rho_{\mu\nu}$ verwechselt werden; erstere sind nach Abschnitt 3.1.5 für reelle Basisfunktionen durch

$$(\rho)_{\mu\nu} \equiv \int \varphi_\mu(\boldsymbol{r})\rho(\boldsymbol{r})\varphi_\nu(\boldsymbol{r})\mathrm{d}V \tag{17.51}$$

definiert und mit den $\rho_{\kappa\lambda}$ durch die folgende Beziehung verknüpft:

$$(\rho)_{\mu\nu} = \textstyle\sum_{\kappa=1}^{M}\sum_{\lambda=1}^{M}\rho_{\kappa\lambda}\int \varphi_\mu(\boldsymbol{r})\varphi_\kappa(\boldsymbol{r})\varphi_\lambda(\boldsymbol{r})\varphi_\nu(\boldsymbol{r})\mathrm{d}V\,. \tag{17.52}$$

Nehmen wir als Beispiel das einfache Funktional (9.73). Zuerst wird die aus den Matrixelementen $(\rho)_{\mu\nu}$ gebildete Matrix $\boldsymbol{\rho}$ diagonalisiert (s. [II.1]). Von den dabei erhaltenen (Diagonal-) Elementen ρ_i $(i=1,2,\ldots,M)$ wird die Kubikwurzel $\rho_i^{1/3}$ berechnet, und die mit diesen Elementen gebildete Diagonalmatrix wird auf die Basis $\{\varphi_\nu(\boldsymbol{r})\}$ zurücktransformiert. Die resultierende (nicht mehr diagonale) Matrix mit den Elementen $\left(\rho^{1/3}\right)_{\mu\nu}$ ergibt, mit dem Zahlenfaktor A multipliziert, die Matrixelemente $v_{\mu\nu}^{\mathrm{XC}}$ [Gl. (9.87c)].

17.3.1.3 Effizienz und Skalierungsverhalten von DFT-Berechnungen

Wenn die Kohn-Sham-Matrixelemente berechnet worden sind, muss das nichtlineare Gleichungssystem (17.48) iterativ gelöst werden. Das Ablaufschema einer DFT-Berechnung entspricht formal dem einer HF-Berechnung (s. Abb. 17.3).

Was den Rechenaufwand betrifft, so ist die Anzahl zu berechnender Integrale $\propto M^4$, wenn direkt die Basis $\{\varphi_\nu(\boldsymbol{r})\}$ verwendet wird; bei Zwischenschaltung einer Dichteapproximation

(17.49) mit einer Hilfsbasis, wofür nur wenig zusätzlicher Rechenaufwand nötig ist, wird der Aufwand $\propto M'M^2 \approx M^3$. Die Bestimmung der Matrixelemente des Potentials v_{XC} verursacht ebenfalls einen Aufwand $\propto M'M^2 \approx M^3$; die weiteren Rechenschritte fallen weniger ins Gewicht. Grundsätzlich lassen sich die in Abschnitt 17.1.3 erwähnten Möglichkeiten zur Reduzierung des Rechenaufwands und zur Verbesserung des Skalierungsverhaltens auch bei DFT-Berechnungen nutzen.

17.3.2 Einige Anmerkungen zum Entwicklungsstand der DFT

Wie die in Abschnitt 17.4 diskutierten Ergebnisse quantenchemischer Berechnungen zeigen werden, liefert die Dichtefunktional-Theorie für viele (Elektronen-) Grundzustandseigenschaften deutlich bessere Resultate als die HF-Näherung, und das bei etwa gleichem Aufwand. Prinzipiell entspricht diese Verbesserung den Erwartungen, da ja in der Dichtefunktionaltheorie Korrelationseffekte einbezogen sein sollten. Die HF-Näherung hat jedoch den Vorteil, dass genaue Lösungen (nahe dem Hartree-Fock-Limit) einem wohldefinierten, physikalisch gut verstandenen Referenzmodell – MO-Modell unabhängiger Elektronen mit Berücksichtigung des Pauli-Prinzips – entsprechen, das systematisch und mit abschätzbaren Fehlern sukzessive verbessert werden kann (s. Abschn. 9.1). Das ist bei der Dichtefunktionaltheorie zumindest auf dem bisherigen Stand nicht möglich.

Sowohl die theoretische Begründung der Dichtefunktional-Theorie als auch ihre Anwendung stoßen selbst heute, Jahrzehnte nach ihrer Einführung, noch immer auf z. T. gravierende Schwierigkeiten. Der gesamte Problemkomplex kann hier nicht in vollem Umfang erörtert werden; einige Punkte wurden bereits in Abschnitt 9.3.3 genannt. Wir gehen jetzt unter Vorgriff auf Abschnitt 17.4 etwas näher auf die kritischen Stellen ein und folgen dabei weitgehend der spezielleren Literatur [17.1][17.5].

(a) Die physikalische Bedeutung der Kohn-Sham-"Orbitale" $\breve{\phi}_i(\boldsymbol{r})$ und -"Orbitalenergien" $\breve{\varepsilon}_i$ kann bisher nicht als abschließend geklärt angesehen werden; der Ansatz (9.75) für die Orts-Dichtematrix $\rho(\boldsymbol{r}\,|\,\boldsymbol{r}')$ ist zunächst nur eine heuristische Analogie zur wellenfunktionsbasierten Theorie. Das inzwischen vorliegende Berechnungsmaterial legt aber die Vermutung nahe, dass KS-"Orbitale" doch als eine Art Einelektron-Wellenfunktionen aufgefasst werden können (s. unten).

(b) Das Hohenberg-Kohn-Theorem (s. Abschn. 4.4.1.2) gilt für den energetisch tiefsten Elektronenzustand bei einer gegebenen räumlichen und Spin-Symmetrie.

Es hat nicht an Versuchen gefehlt, diese Beschränkung der DFT aufzuheben mit dem Ziel, auch angeregte Zustände behandeln zu können (s. [17.5], Abschn. 5.3.7); auch dabei wurden meist Anleihen bei der wellenfunktionsbasierten Theorie aufgenommen:

- Bildung antisymmetrischer Produkte (Slater-Determinanten) aus KS-"Orbitalen" und Formulierung (in Analogie zur HF-Näherung) einer spin-eingeschränkten KS-Gleichung bzw. einer verkürzten CI (etwa CIS) für offenschalige Systeme;
- Formulierung einer *zeitabhängigen DFT* (engl. time-dependent DFT, abgek. *TDDFT*); damit lassen sich aus mittleren dynamischen Polarisierbarkeiten $\alpha(\omega)$ Übergangsenergien und

Oszillatorstärken (s. Abschn. 11.1.2) bestimmen.[25]

Bemerkenswert an diesem inzwischen häufig verwendeten[26] und bisher recht erfolgreichen Konzept ist, dass die Informationen über angeregte Zustände hier vollständig aus dem Grundzustand gewonnen werden und das Kohn-Sham-Schema unverändert bleibt. Weitere Erläuterungen dazu findet man in [17.1] und [17.5].

(c) Das vorliegende Datenmaterial aus DFT-Berechnungen weist auf Mängel der Methode bei einer Reihe von *Bindungssituationen* hin [17.1] [17.5]. Während bereits in einfachen DFT-Näherungen für normalvalente Moleküle (s. Abschn. 10.3) generell recht zuverlässige Resultate hinsichtlich der Stabilität (Dissoziationsenergien) erhalten werden, ist das für nicht-normalvalente Moleküle anders. Wasserstoffbrückenbindungen (s. Abschn. 10.1.1) ergeben sich meist etwas zu schwach. Die Ergebnisse werden erwartungsgemäß besser, wenn man zumindest Dichtefunktionale vom BLYP-Typ sowie erweiterte Basissätzen verwendet.

Zu dieser Art von Schwierigkeiten gehört auch, dass DFT-Berechnungen bisher keine zuverlässige Beschreibung von Elektronenhüllen liefern, wenn sich die Kernpositionen außerhalb enger Umgebungen von Gleichgewichtslagen befinden; dadurch wird der Gesamtverlauf von *Potentialhyperflächen* (einschließlich Van-der-Waals-Bereich) nicht richtig wiedergegeben.

Diese Unzulänglichkeiten können nicht prinzipieller Natur sein, denn bei exaktem Austausch- und Korrelationspotential muss die DFT den Grundzustand der Elektronenhülle korrekt beschreiben.

(d) Schwierigkeiten treten auch bei der DFT-Berechnung atomarer Energien auf, die man als Bezugsgrößen für Atomisierungs- bzw. Dissoziationsenergien braucht. Freie Atome sind überwiegend offenschalige Systeme; eine DFT-Beschreibung entspricht einer pauschalen Zusammenfassung verschiedener Besetzungssituationen der Zentralfeldnäherung (s. Abschn. 5.2).

In einer wellenfunktionsbasierten Beschreibung gehören die Atomzustände in einfachster Näherung (Russell-Saunders-Kopplung, ohne Spin-Bahn-Wechselwirkung) zu bestimmten Werten der Betragsquadrate $\boldsymbol{L}^2$ und $\boldsymbol{S}^2$ von Gesamtbahndrehimpuls bzw. Gesamtspin der Elektronenhülle. In der DFT muss zu Hilfsmitteln gegriffen werden, die eigentlich diesem Konzept fremd sind: Man bildet aus den KS-"Orbitalen" antisymmetrische Produkte und erzeugt daraus durch Linearkombination Eigenfunktionen der Operatoren $\boldsymbol{L}^2$ und $\boldsymbol{S}^2$. Auf Einzelheiten gehen wir hier nicht ein (s. hierzu etwa [17.5], Abschn. 9.2). Besonders heikel ist das Problem natürlich bei Übergangsmetallatomen; hier kommt noch hinzu, dass relativistische Effekte eine mit zunehmender Ordnungszahl immer wichtigere Rolle spielen. Bisher gibt es kein allgemein akzeptiertes Rezept für die Überwindung dieser Schwierigkeiten.

Berechnete Absolutwerte atomarer Energien hängen stark vom verwendeten Dichtefunktionaltyp und natürlich vom Basissatz ab (s. auch Abschnitt 17.4.3.1).

(e) Die Frage, ob man Berechnungen auf der Grundlage der DFT als Ab- initio-Berechnungen im Sinne der am Schluss von Abschnitt 4.1 gegebenen Definition betrachten kann, ist beim

[25] Casida, M. E: Time-Dependent Density Functional Theory for Molecules. In: Chong, D. P. (Hrsg.) Recent Advances in Density Functional Methods. Part I. World Scientific, Singapore (1995)
[26] TDDFT-Teile sind in Programmpaketen wie Gaussian, MOLPRO und Turbomole enthalten; s. Abschnitt 17.5.

gegenwärtigen Entwicklungsstand nur so zu beantworten (vgl. Abschn. 9.3.3): im Prinzip ja (auf Grund des Hohenberg-Kohn-Theorems), zumindest für den Elektronengrundzustand. Die gebräuchlichen Varianten für das Austausch-Korrelations-Potential enthalten jedoch diverse empirische Elemente sowie Ad-hoc-Annahmen; eine systematische Verbesserung mit der Sicherheit einer definierten Annäherung an die exakte Beschreibung ist vorerst nicht in Sicht, theoretisch begründete Fehlerabschätzungen lassen sich noch nicht vornehmen.

17.4 Auswertung quantenchemischer Rechnungen. Bestimmung von Folgegrößen

Die Primärresultate konventioneller quantenchemischer Berechnungen eines molekularen Systems sind Näherungen für die Wellenfunktionen (und die zugehörigen Energiewerte) eines oder mehrerer Elektronenzustände. Eine solche Wellenfunktion $\Psi(\mathbf{r}_1,\mathbf{r}_2,\ldots,\sigma_1,\sigma_2,\ldots)$ enthält *alle* Informationen über die elektronischen Eigenschaften des betreffenden Zustands. Das gilt prinzipiell gemäß Hohenberg-Kohn-Theorem auch für die Elektronendichteverteilung $\rho(\mathbf{r})$, allerdings zunächst beschränkt auf den Elektronengrundzustand.

Das Ziel einer an die Berechnungen anschließenden Auswertung besteht darin, die Struktur und die Bindungsverhältnisse zu verstehen sowie physikalische und chemische Eigenschaften zu bestimmen. Wie die elektronischen Wellenfunktionen bzw. Dichteverteilungen mit Messgrößen verknüpft sind, wurde bereits an mehreren Stellen diskutiert (s. insbesondere Abschn. 3.1, 7.3.3, 8.3.3, auch 13.1). Wir geben hier in großen Zügen einen Gesamtüberblick mit Beispielen, und zwar sowohl für wellenfunktionsbasierte (nichtempirische oder semiempirische) als auch für Dichtefunktional-Berechnungen.

Die Tab. 17.6 zeigt vorab eine Zusammenstellung molekularer Eigenschaften mit Hinweisen darauf, welches nichtempirische bzw. DFT-Näherungsniveau erforderlich ist, um diese Eigenschaften mit einer moderaten Fehlertoleranz zu berechnen. Dadurch soll eine erste pauschale, grobe Orientierung gegeben werden, beschränkt auf Verbindungen, die wenige Atome leichter Elemente der ersten (allenfalls noch der zweiten) Periode sowie Wasserstoff enthalten. Die Angaben dürfen nicht zu wörtlich genommen werden: So ist bei Einsatz einer empfohlenen Näherung nicht garantiert, dass die gewünschte Genauigkeit tatsächlich erreicht wird (etwa beim Dipolmoment des CO-Moleküls, s. Abschn. 17.4.3.2*(a)*). Andererseits lassen sich die Fehlertoleranzen mit verfeinerten Näherungen (Wellenfunkton, Basissatz) und entsprechend hohem Aufwand in manchen Fällen weit unterbieten. Etwas eingehender wird das in den folgenden Teilen dieses Abschnitts diskutiert und durch Ergebnisse, meist für das Molekül Formaldehyd (H_2CO) als Demonstrationsbeispiel, illustriert.

Einige entsprechende Angaben für semiempirische Näherungsverfahren kann man Tab. 17.7 entnehmen (vgl. auch Tab. 17.5 in Abschn. 17.2.2.1).

Die großen Programmpakete (s. Abschn. 17.5) enthalten in der Regel umfangreiche Auswertungsteile, die automatisch oder wahlweise Folgeinformationen berechnen und als Zahlentabellen oder als Grafiken ausgeben.

Tab. 17.6 Ab-initio- und DFT-Berechnung molekularer Eigenschaften: Leistungsfähigkeit sowie Anforderungen an Näherungsverfahren und Basis[a]

Eigenschaft	Fehlertoleranz	Näherung / Basis: Mindestanforderung	Näherung / Basis: Empfehlung
Elektronendichte		RHF / MB	RHF, DFT / EB
Spindichte		> RHF / VDZ	UHF, DFT / EB
Molekülgeometrie			
– Bindungslängen	≈ 10^{-2} Å	RHF /VDZ	MP2 / EB
– Bindungswinkel	≈ 3 ... 4°	RHF /VDZ	MP2 / EB
Dipolmoment	einige %	RHF / VDZ+P	MP2, DFT / EB
Polarisierbarkeit	< 10 %	>> RHF / EB	MP2, DFT / EB
diamagnetische Suszeptibilität	< 10 %	>> RHF / EB	MP2, DFT / EB
Ionisierungspotential	≈ 0,1 eV	> RHF / VDZ	DFT / EB
Elektronenaffinität	mehrere 0,1 eV	> RHF / VDZ+D	DFT / EB
elektronische Anregungsenergien	< 0,5 eV	CI / VDZ+P	CI, DFT / EB
Torsions- und Inversionsbarrieren	einige kJ/mol	RHF / VDZ+P	RHF, DFT / EB
harmonische Kraftkonstanten	< 10 %	> RHF / VDZ+P	>> RHF, DFT / EB
Fragmentierungsenergien	< 0,5 eV	>> RHF / > VDZ+P	CCSD(T), MRCI, DFT / EB
Adiabatische Potentialfunktionen	< 0,1 eV	MRCI / EB	dto.
Van-der-Waals Potentialdaten	< 10 %	CCSD(T), MRCI / EB	dto.

[a] Definition der Akronyme vgl. Text: > RHF – Post-Hartree-Fock-Näherung (s. Abschn. 9.1, 17.1.4)

Tab. 17.7 Leistungsfähigkeit einiger gängiger semiempirischer quantenchemischer Verfahren bei der Berechnung molekularer Eigenschaften (Angaben nach [17.1], Abschn. 3.12; gerundet)

	Mittlere Fehler: MNDO	Mittlere Fehler: AM1	Mittlere Fehler: PM3
Molekülgeometrie			
- Bindungslängen (Å)	einige 0,01	≈ 0,01	≈ 0,01
- Bindungswinkel (Grad)	4	4	4
Dipolmoment (D)	0,5	0,4	0,4
Bildungswärme (kcal/mol)	< 50	< 30	≈ 10
- nur Verbindungen von H, C, N, O	20	10	8
Ionisierungspotential (eV)	0,8	0,6	0,6

17.4.1 Wellenfunktionen und Dichteverteilungen molekularer Elektronenhüllen

In der Regel beginnt man die Auswertung einer quantenchemischen Berechnung mit einer Analyse von Elektronendichteverteilungen (genauer: Aufenthaltswahrscheinlichkeitsdichteverteilungen) $\rho(\boldsymbol{r})$. Zur Erinnerung: $\rho(\boldsymbol{r})\mathrm{d}V$ ist gleich der Anzahl der Elektronen N ($\equiv N^{\mathrm{e}}$), multipliziert mit der Wahrscheinlichkeit, irgendeines von ihnen (mit beliebigem Spin) im Volumenelement $\mathrm{d}V$ am Ort $\boldsymbol{r}$ zu finden, bei beliebigen Positionen und Spins der übrigen $N-1$ Elektronen. Integriert über den gesamten Raum (d. h. summiert über alle Volumenelemente), ergibt sich die Gesamtzahl der Elektronen:

$$\int \rho(\boldsymbol{r})\mathrm{d}V = N\,. \tag{17.53}$$

Bei wellenfunktionsbasierten Verfahren hat man nach Abschnitt 3.4 die räumliche Dichteverteilung (3.138) aus der Wellenfunktion Ψ zu berechnen.

In der elektronisch adiabatischen Näherung hängen alle Größen parametrisch von der Kernanordnung $\boldsymbol{R}$ ab; das gilt somit auch für die "Elektronendichte": $\rho(\boldsymbol{r}) \equiv \rho(\boldsymbol{r};\boldsymbol{R})$.

(a) Molekülorbitale (MOs). Orbitaldichten

In der Hartree-Fock-Näherung ebenso wie in der einfachen MO-Näherung hat die molekulare Elektronendichte $\rho(\boldsymbol{r})$ die Form

$$\rho(\boldsymbol{r}) \equiv \rho(\boldsymbol{r};\boldsymbol{R}) = \sum\nolimits_k^{(\mathrm{bes})} b_k \left| \phi_k(\boldsymbol{r};\boldsymbol{R}) \right|^2 \tag{17.54}$$

(s. Abschn. 7.3.3 und 8.2.1), sie ergibt sich als Summe über die MO-Dichtebeiträge (*Orbitaldichten*) $\left|\phi_k(\boldsymbol{r};\boldsymbol{R})\right|^2$ der besetzten MOs; die Koeffizienten b_k $(=0,1$ oder $2)$ sind die MO-Besetzungszahlen.

In einer DFT-Beschreibung hat die Dichte ebenfalls die Form (17.54) als Summe von Kohn-Sham-"Orbitaldichten" $\left|\breve{\phi}_k(\boldsymbol{r};\boldsymbol{R})\right|^2$ (s. Abschn. 9.3).

Als Beispiele zeigt Abb. 17.6a Konturliniendiagramme für *kanonische RHF-MOs* des Formaldehydmoleküls H_2CO (in der Molekülebene oder senkrecht dazu). Kanonische MOs sind nach Abschnitt 8.3.1*(a)* symmetriegerecht (d. h. sie gehören zu bestimmten irreduziblen Darstellungen der Symmetriegruppe des Kerngerüstes, hier $\boldsymbol{C}_{2v}$) und delokalisiert; man kann deutlich MOs vom σ-Typ und MOs vom π-Typ unterscheiden. Die Betragsquadrate dieser MOs ergeben die Dichtebeiträge zur Gesamt-Elektronendichte (17.54).

Aus Abschnitt 8.3.1*(a)* wissen wir, dass die Invarianz einer Hartree-Fock-Wellenfunktion gegenüber unitären Transformationen der besetzten MOs untereinander ausgenutzt werden kann, um *lokalisierte MOs* (*LMOs*) zu bilden; die Dichte setzt sich auch dann wie in Gleichung (17.54), aus den LMO-Beiträgen zusammen. Nach Abschnitt 7.3.4 eignen sich LMOs für die Beschreibung mancher Moleküleigenschaften besser als kanonische MOs.

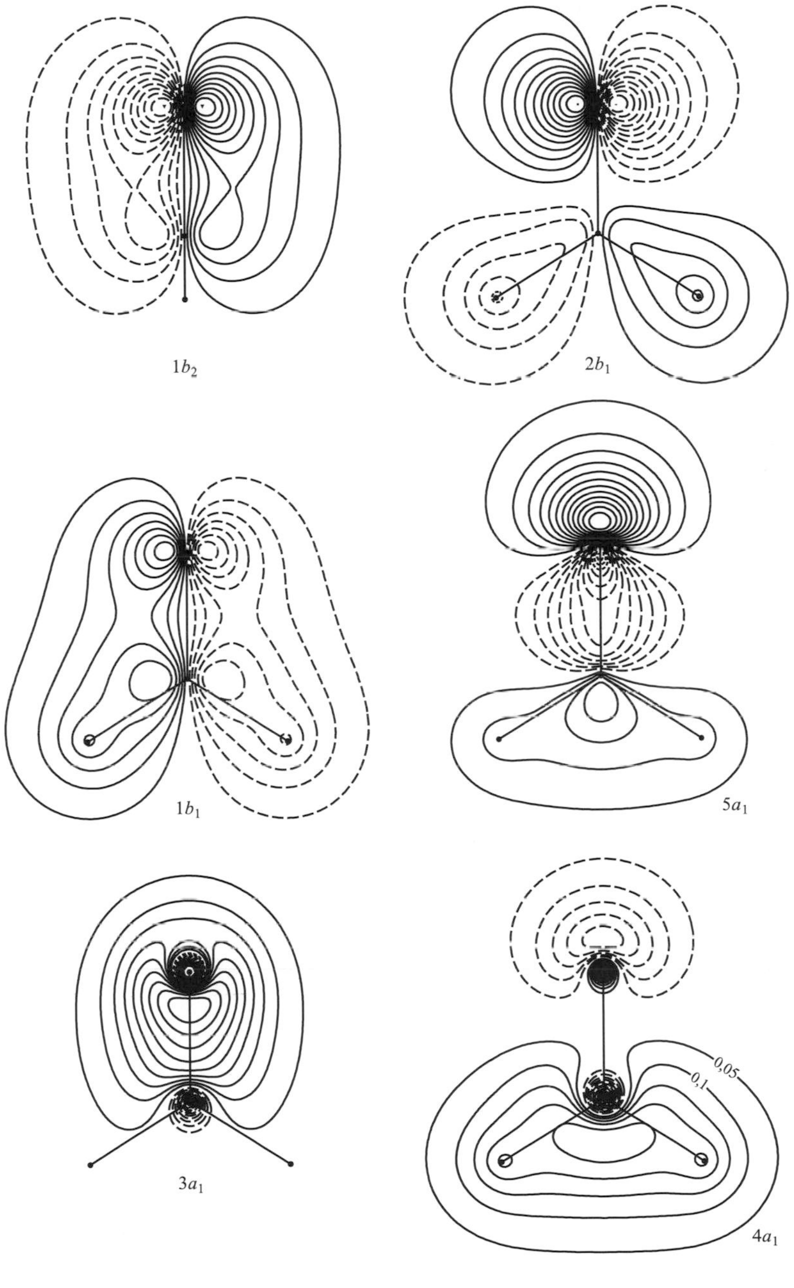

Abb. 17.6a Kanonische RHF-MOs des Formaldehydmoleküls H_2CO als Konturliniendiagramme; durchgezogene Linien: positive Werte, gestrichelte Linien: negative Werte (Konturlinienabstand 0,05 at. E.) [Berechnung von T. Ritschel mit dem Programmpaket *Gaussian*, 6-31G*-Basis; unveröffentlicht]

Der Zusammenhang lokalisierter MOs ϕ_i^{LMO} mit den kanonischen MOs ϕ_k ist durch eine unitäre (bei reellen MOs: orthogonale) lineare Transformation

$$\phi_i^{\mathrm{LMO}} = \sum_k \phi_k U_{ki} \tag{17.55}$$

gegeben (beide MO-Sätze sind orthonormal). Ein Lokalisierungsverfahren besteht darin, ein sinnvolles Lokalisierungsmaß zu definieren und zu fordern, dass es für LMOs extremale (möglichst große oder möglichst kleine Werte) annehmen soll.

Bei dem in Abschnitt 8.3.1*(a)* als *Abstandslokalisierung* bezeichneten Verfahren nach J. M. Foster und S. F. Boys (1960) werden die Transformationskoeffizienten durch die Forderung bestimmt, dass die Summe der Abstandsquadrate der Ladungsschwerpunkte $\left\langle \phi_i^{\mathrm{LMO}} \,|\, \boldsymbol{r} \,|\, \phi_i^{\mathrm{LMO}} \right\rangle$ und $\left\langle \phi_j^{\mathrm{LMO}} \,|\, \boldsymbol{r} \,|\, \phi_j^{\mathrm{LMO}} \right\rangle$ je zweier LMOs ϕ_i^{LMO} und ϕ_j^{LMO} möglichst groß wird, also:

$$\sum_i \sum_{j(\neq i)} \left[\left\langle \phi_i^{\mathrm{LMO}} \,|\, \boldsymbol{r} \,|\, \phi_i^{\mathrm{LMO}} \right\rangle - \left\langle \phi_j^{\mathrm{LMO}} \,|\, \boldsymbol{r} \,|\, \phi_j^{\mathrm{LMO}} \right\rangle \right]^2 \to \text{Max} .$$

Eine *Energielokalisierung* kann man z. B. nach C. Edmiston und K. Ruedenberg (1963) durch die Bedingung erreichen, dass die Summe der Zweielektronen-Coulomb-Integrale (8.32b) mit $k = l \equiv i$ maximal wird:

$$\sum_i J_{ii} = \sum_i \left(\phi_i^{\mathrm{LMO}} \phi_i^{\mathrm{LMO}} \middle| \phi_i^{\mathrm{LMO}} \phi_i^{\mathrm{LMO}} \right) \equiv \sum_i \left\langle \phi_i^{\mathrm{LMO}} \phi_i^{\mathrm{LMO}} \left(1/|\boldsymbol{r} - \boldsymbol{r}'| \right) \phi_i^{\mathrm{LMO}} \phi_i^{\mathrm{LMO}} \right\rangle \to \text{Max} .$$

Die Orbitaldichten dieser LMOs zeichnen sich dadurch aus, dass sie so stark wie möglich räumlich konzentriert sind und damit zu einer maximalen gesamten "Selbstwechselwirkungsenergie" der Elektronen führen.

Weitere Lokalisierungsverfahren (s. Abschn. 8.3.1*(a)*) diskutieren wir hier nicht, zumal sich die nach verschiedenen Kriterien bestimmten LMOs oft weitgehend ähneln.

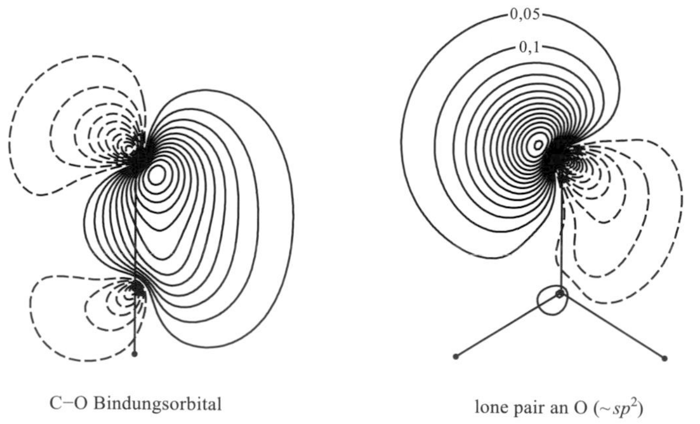

Abb. 17.6b Lokalisierte MOs des Formaldehydmoleküls H_2CO (Abstandskriterium nach Foster-Boys); Darstellung analog zu Abb. 17.6a [Berechnung von T. Ritschel, s. Abb. 17.6a; unveröffentlicht]

Für die Anwendung wichtig ist die Frage, mit wieviel Aufwand solche Lokalisierungsverfahren verbunden sind. Auf die diesbezüglichen Unterschiede zwischen den einzelnen Konzepten, über die man einiges in [17.1] findet (s. dort Abschn. 9.4.1), gehen wir hier nicht ein.

In Abb. 17.6b sind zwei LMOs für das Formaldehydmolekül dargestellt, die nach dem Foster-Boys-Abstandskriterium aus den kanonischen RHF-MOs erzeugt wurden. Für die Doppelbindung C=O erhält man anstelle der kanonischen σ - und π -MOs gekrümmte, im Wesentlichen auf den Bereich zwischen den beiden Atomen konzentrierte LMOs: sogenannte gebogene Bindungen (engl. bent bonds), auch als "Bananenbindungen" bezeichnet. Die beiden LMOs für die einsamen Elektronenpaare am O-Atom haben annähernd die Gestalt äquivalenter sp^2 -Hybride (s. Abschn. 7.3.6, Abb. 7.8b), wie man sie im einfachen VB-Bild erwarten würde.

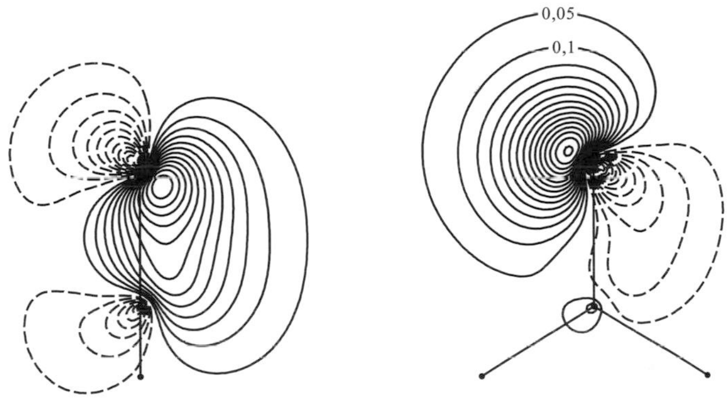

Abb. 17.6c Lokalisierte Kohn-Sham-"Orbitale" des Formaldehydmoleküls H_2CO ; Darstellung analog zu Abb. 17.6a [Berechnung von T. Ritschel, s. Abb. 17.6a; unveröffentlicht]

Zum Vergleich zeigt Abb. 17.6c zwei entsprechende lokalisierte Kohn-Sham-"Orbitale" aus einer DFT-Berechnung des Formaldehydmoleküls; Kerngeometrie und Basissatz sind die gleichen wie in den Berechnungen für Abb. 17.6a,b. Die Ähnlichkeit mit den LMOs in Abb. 17.6b ist frappierend.

(b) Molekulare Elektronendichten

Wir betrachten jetzt die gesamte (Aufenthaltswahrscheinlichkeits-) Dichteverteilung $\rho_{mol}(\boldsymbol{r}) \equiv \rho_{mol}(\boldsymbol{r};\boldsymbol{R})$ der Elektronenhülle, wieder für das Beispiel Formaldehyd H_2CO. In der RHF-Näherung ergibt sich die in Abb. 17.7a durch Linien gleicher Dichte (in at. E.) dargestellte räumliche Verteilung, also die Summe der Orbitaldichten (unter Berücksichtigung der Besetzungszahlen, im vorliegenden Fall $b_k = 2$) für die Valenzorbitale (s. Abb. 17.6a), zuzüglich der in Abb. 17.6a nicht gezeigten Dichteanteile der inneren Schalen, die sich in unmittelbarer Umgebung der Kerne konzentrieren.

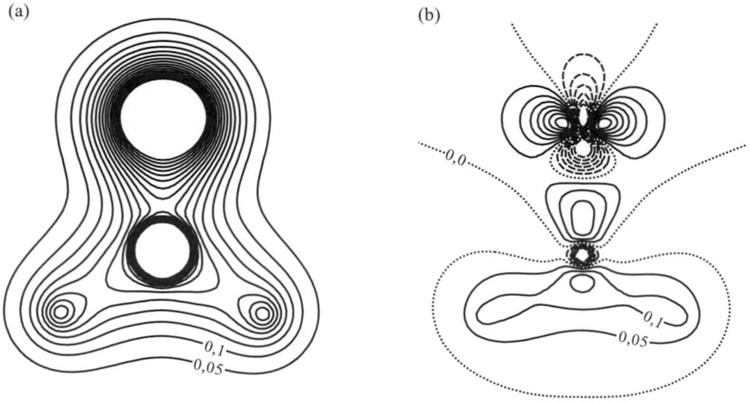

Abb. 17.7 Molekulare Elektronendichteverteilung (a) und Differenzdichte (b) für Formaldehyd H_2CO in RHF-Näherung: durchgezogene Linien: positive Werte, gestrichelte Linien: negative Werte [Berechnung von T. Ritschel, s. Abb. 17.6a; unveröffentlicht]

Subtrahiert man von der molekularen Elektronendichte $\rho_{\text{mol}}(\boldsymbol{r})$ die Summe der Elektronendichten $\rho_a(\boldsymbol{r})$ der freien Atome a, aus denen sich das Molekül zusammensetzt, dann kann man aus der *Differenzdichte*

$$\Delta\rho(\boldsymbol{r}) \equiv \rho_{\text{mol}}(\boldsymbol{r}) - \sum\nolimits_a \rho_a(\boldsymbol{r}) \tag{17.56}$$

ersehen, wo und in welchem Umfang bei der Molekülbildung Dichteverlagerungen vor sich gegangen sind.

Im Falle des H_2CO -Moleküls bietet die Differenzdichte ein relativ kompliziertes Bild. Man entnimmt aus Abb. 17.7b, dass Verlagerungen von Dichte (vornehmlich aus den äußeren bzw. rückwärtigen Bereichen) in die Bindungsregionen, aber auch in die nähere Umgebung des O-Kerns stattgefunden haben, was insgesamt zu einer Polarität $(H_2C)^{(+)}O^{(-)}$ des Moleküls führt (s. unten). Entsprechende Diagramme aus DFT-Berechnungen sehen ähnlich aus.

Detailliertere Informationen liefert eine Analyse nach K. Ruedenberg (1962) [6.2], wie sie in Abschnitt 6.1.5 am System H_2^+ diskutiert wurde.

(c) Kennzahlen zur Charakterisierung der Elektronendichteverteilung

Für Interpretationszwecke nützliche Informationen über die molekulare Elektronendichteverteilung kann man bei Rechnungen mit LCAO-MO-Ansätzen aus einigen wenigen Kenngrößen gewinnen (vgl. Kap. 7 und 8); diese lassen sich in gleicher Weise bei konventionellen Ab-initio-Berechnungen, semiempirischen Berechnungen oder Dichtefunktionalberechnungen bestimmen. Generell ist zu beachten, dass solche theoretischen Kenngrößen (ebenso wie auch Orbitaldichten) lediglich zu Interpretationszwecken brauchbar sind und nicht etwa gemessen werden können.

A Ladungs- und Bindungsordnungen

Zur Charakterisierung der molekularen Elektronendichteverteilung in einer LCAO-MO-Näherung können z. B. die in Gleichung (7.64) definierten Elemente der Ladungs- und Bindungsordnungsmatrix $P_{a\alpha,b\beta} \equiv \tilde{\rho}_{a\alpha,b\beta}$ dienen; a und b sind Atom(Kern)-Nummern, α und β sind Nummern von AOs am Kern a bzw. am Kern b. Die Diagonalelemente (*Ladungsordnungen*) und die Nichtdiagonalelemente (für $a \neq b$: *Bindungsordnungen*) sind besonders in einfachen semiempirischen MO-Rechnungen (wie HMO, s. Abschn. 7.4.3.3) benutzt worden (C. A. Coulson und H. C. Longuet-Higgins, 1947).

B Mulliken-Besetzungsanalyse

Nützliche pauschale Aussagen ermöglicht die in Abschnitt 7.3.7 erläuterte Besetzungsanalyse nach Mulliken; dieses Interpretationsschema und verwandte, verbesserte Versionen lassen sich auch bei Rechnungen mit erweiterten Basissätzen und bei korrelierten Näherungen vom CI-Typ sowie bei DFT-Rechnungen verwenden.

Am Beispiel des Formaldehydmoleküls vergleichen wir in Tab. 17.8 die *Nettoladungen* $\Delta q(a)$ [Gl. (7.75)] der Atome a und die Gesamt-*Überlappungsbesetzungen* $n(a,b)$ [Gl. (7.70)] zwischen den Atomen a und b, wie sie sich bei der Auswertung von Berechnungen auf dem Niveau von Ab-initio-Hartree-Fock (RHF), Post-Hartree-Fock (MP2, CCSD), DFT (B3LYP), CNDO/2 und AM1 ergeben.

Tab. 17.8 Charakterisierung der Elektronendichteverteilung des Formaldehydmoleküls H_2CO durch Atom-Nettoladungen und Atompaar-Überlappungsbesetzungen [Rechnungen von T. Ritschel mit *Gaussian*, s. Abb. 17.6a-c; unveröffentlicht][a]

	RHF STO-3G	RHF 6-31+G*	MP2 6-31+G*	CCSD 6-31+G*	DFT/B3LYP 6-31+G*	CNDO/2	AM1
Δq(C)	0,075	0,078	–0,010	0,000	–0,013	0,207	–0,013
Δq(O)	–0,188	–0,390	–0,315	–0,320	–0,303	–0,188	–0,303
Δq(H)	0,056	0,157	0,162	0,160	0,158	–0,010	0,158
n(C,O)	0,889	0,855	0,676	0,690	0,796	—	—
n(C,H)	0,744	0,787	0,713	0,719	0,718	—	—
n(O,H)	–0,045	–0,134	–0,140	–0,169	–0,137	—	—
n(H,H')	–0,074	–0,137	–0,153	–0,122	–0,165	—	—
n	2,214	2,024	1,668	1,667	1,793	—	—

[a] In der Kopfzeile ist die Wellenfunktionsnäherung und darunter der verwendete Basissatz angegeben.

Aus den Zahlenangaben ersieht man (in Einklang mit der Differenzdichte in Abb. 17.7b), dass bei der Molekülbildung netto Elektronenladung aus dem Bereich der CH_2- Gruppe abfließt und zum O-Atom hin verschoben wird; das C-Atom nimmt (wie die besseren Näherungen zeigen) etwa ebensoviel Ladung auf wie es abgibt. Es resultiert ein deutlich polares Molekül

$H_2C^{(+)}O^{(-)}$ mit einem beträchtlichen Dipolmoment (s. Tab. 17.9). Die Überlappungsbesetzungen zeigen kräftige kovalente Bindungen zwischen C und H sowie zwischen C und O an; in den hier zugrundeliegenden Näherungen ist *n*(C,O) nur etwa ebensogroß wie *n*(C,H), anders als man vermuten würde. Zwischen den H-Atomen sowie zwischen O und H bestehen jeweils (schwache) abstoßende elektronische Wechselwirkungen. Grob qualitativ werden die Befunde erwartungsgemäß bereits in der RHF-Näherung erhalten.

In den semiempirischen Näherungen mit ZDO gibt es primär keine Überlappungsbesetzungen; die Ladungsverschiebungen werden in AM1 gut beschrieben.

Derartige Kennzahlen sind ohne großen Zusatzaufwand zu berechnen und eignen sich für Vergleiche zwischen Molekülen und für Korrelationen mit Messgrößen, die mit der molekularen Ladungsverteilung in Zusammenhang stehen (vgl. hierzu Abschn. 7.4.3.3*(c)*).

Nochmals: es handelt sich um *theoretische Hilfsgrößen*, die nicht etwa gemessen werden können. Außerdem hat das einfache Mulliken-Verfahren zur Ladungsdichtecharakterisierung Schwächen; so hängen die berechneten Zahlenwerte der Besetzungen stark von der verwendeten Basis ab (s. die RHF-Werte in Tab. 17.8; vgl. F. De Proft et al., Zitat Fußnote 35).

(d) Bader-Modell der Elektronendichte: Atome in Molekülen

Nach einem auf R. F. W. Bader u. a. zurückgehenden Konzept[27] der "Atome in Molekülen" (engl. atoms in molecules, abgek. *AIM*[28]) lässt sich anhand des Gradientenfeldes $\hat{\nabla}\rho(\boldsymbol{r})$ der Dichteverteilung $\rho(\boldsymbol{r})$ der Raum, den ein Molekül einnimmt, eindeutig in Bereiche unterteilen, von denen jeder einen Kern enthält und mitsamt dem im Bereich erfassten Anteil der Elektronendichteverteilung als ein *atomares Fragment im Molekül* angesehen werden kann.

Die Idee, Moleküle aus Fragmenten zusammenzusetzen und molekulare Eigenschaften durch Addition der Eigenschaften dieser Fragmente zu erhalten, ist so alt wie die Bemühungen um Strukturmodelle. Unter allen bisher versuchten Fragmentdefinitionen erscheint das Badersche AIM-Konzept als das am besten fundierte. Es lassen sich darauf eine umfassende Analyse der Vorgänge bei der Molekülbildung, additive Inkrementschemata für Moleküleigenschaften etc. aufbauen. Alles das erfordert allerdings einigen Aufwand. Wir können hier nicht näher darauf eingehen, sondern verweisen auf die Literatur (s. Fußnote 27, auch [I.4b], dort Abschn. 5.1).

(e) Elektrostatisches Molekülpotential

Bei der Korrelation von Moleküleigenschaften mit Mulliken-Ladungen werden letztere stillschweigend als Punktladungen betrachtet. Solche Konzepte lassen sich dadurch verfeinern, dass man die räumliche Verteilung der elektrostatischen Kräfte berechnet, die von einem Molekül auf andere Ladungen oder Ladungsverteilungen ausgeübt werden.

In der Näherung fixierter Kerne kann man das Molekül klassisch als eine Ladungsverteilung

$$\eta(\boldsymbol{r}) = -\rho(\boldsymbol{r}) + \textstyle\sum_a Z_a \delta(\boldsymbol{r} - \boldsymbol{R}_a) \qquad (17.57)$$

[27] Bader, R. F. W.: Atoms in Molecules. A Quantum Theory. Clarendon Press, Oxford (2003)

[28] Nicht zu verwechseln mit einer ebenfalls durch das Akronym AIM bezeichneten, VB-artigen quantenchemischen Näherung (s. etwa [I.4b]).

(in at. E.) betrachten, die sich aus dem Elektronenanteil $-\rho(\boldsymbol{r})$ und den Kernladungen Z_a an den Positionen $\boldsymbol{R}_a$ zusammensetzt.

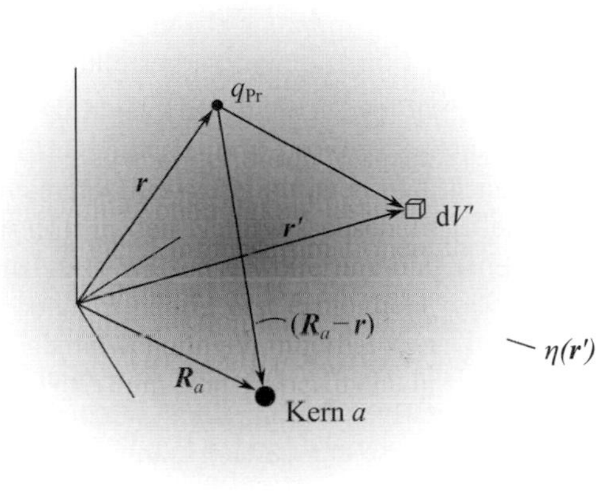

Abb. 17.8
Zur Berechnung des elektrostatischen Molekülpotentials (der schattierte Bereich soll die Ladungsverteilung $\eta(\boldsymbol{r}')$ veranschaulichen)

Die am Punkt $\boldsymbol{r}'$ im Volumenelement $\mathrm{d}V'$ befindliche Ladung $\eta(\boldsymbol{r}')\mathrm{d}V'$ erzeugt im Punkt $\boldsymbol{r}$ das Potential $\mathrm{d}\varphi(\boldsymbol{r}) = \eta(\boldsymbol{r}')\mathrm{d}V'/|\boldsymbol{r}-\boldsymbol{r}'|$, insgesamt führt die Ladungsverteilung $\eta(\boldsymbol{r}')$ zu dem elektrostatischen Potentialfeld

$$\begin{aligned}\varphi(\boldsymbol{r}) &= \int [\eta(\boldsymbol{r}')/|\boldsymbol{r}-\boldsymbol{r}'|]\mathrm{d}V' \\ &\quad -\int [\rho(\boldsymbol{r}')/|\boldsymbol{r}-\boldsymbol{r}'|]\mathrm{d}V' + \textstyle\sum_a Z_a/|\boldsymbol{r}-\boldsymbol{r}'|.\end{aligned} \tag{17.58}$$

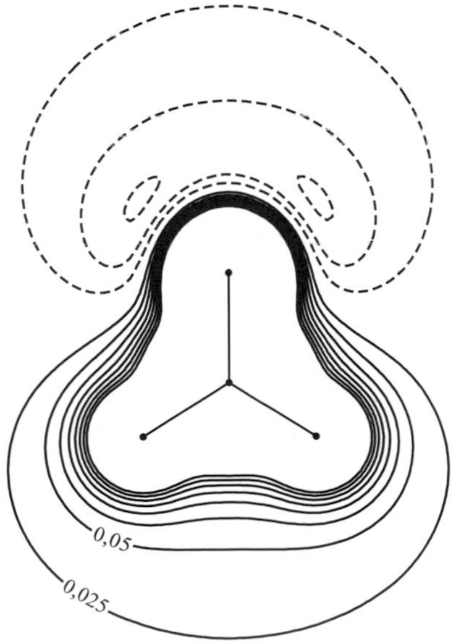

Abb. 17.9
Elektrostatisches Potential des Formaldehydmoleküls H_2CO als Konturliniendiagramm; durchgezogene Linien: positive Werte, gestrichelte Linien: negative Werte [RHF-Berechnung von T. Ritschel mit *Gaussian,* wie in Abb. 17.6a; unveröffentlicht]

Der negative Gradient $-\hat{\nabla}\varphi(\boldsymbol{r})$ ergibt den von der Ladungsverteilung $\eta(\boldsymbol{r}')$ herrührenden elektrische Feldstärkevektor $\mathcal{E}(\boldsymbol{r})$. Auf eine am Ort $\boldsymbol{r}$ befindliche Probeladung q_{Pr} übt dieses Feld die Kraft $\boldsymbol{K}(\boldsymbol{r}) = q_{\mathrm{Pr}}\,\mathcal{E}(\boldsymbol{r}) = -\,q_{\mathrm{Pr}}\,\hat{\nabla}\varphi(\boldsymbol{r})$ aus.

In Abb. 17.9 ist das elektrostatische Molekülpotential für Formaldehyd dargestellt; die Elektronendichteverteilung $\rho(\boldsymbol{r})$ wurde in einer Ab-initio-RHF-Näherung berechnet (experimentelle Werte für die Kerngeometrieparameter; Programmpaket *Gaussian* mit 6-31G*-Basis). Das Potential fällt von positiven Werten im zentralen Teil des Moleküls hin zum Bereich der beiden einsamen Elektronenpaare auf der "Rückseite" des O-Atoms (abgewandt vom Rest des Moleküls) ab und hat dort deutlich negative Werte. Dieser Befund ergänzt die Besetzungsanalyse (s. Tab. 17.8).

Eine solche detaillierte Untersuchung der MOs und der (Aufenthaltswahrscheinlichkeits-) Dichte der Elektronen vermag ein für Zwecke einer qualitativen Beschreibung nützliches Bild von der elektronischen Struktur eines Moleküls und Hinweise auf damit zusammenhängende Moleküleigenschaften zu geben.

17.4.2 Potentialhyperflächen

Wichtige Zielgrößen quantenchemischer Berechnungen sind (s. Abschn. 4.3 sowie Kap 11, 13 und 14) die adiabatischen Potentialfunktionen (4.22) für stationäre Zustände n der Elektronenhülle molekularer Aggregate:

$$U_n(\boldsymbol{R}) \equiv U_n(X_1, X_2, \ldots) = E_n^{\mathrm{e}}(X_1, X_2, \ldots) + V^{\mathrm{kk}}(X_1, X_2, \ldots)\,. \qquad (17.59)$$

Für die Kernanordnung $\boldsymbol{R}^0 \equiv \boldsymbol{X}^0 \equiv \{X_1^0, X_2^0, \ldots, X_{3N^{\mathrm{k}}-6}^0\}$, an der die Potentialfunktion ihr globales (tiefstliegendes) oder auch ein lokales Minimum erreicht, kann das Atomaggregat eine klassischen Molekülstruktur ausbilden, wenn die Bedingungen für Stabilität erfüllt sind (s. u. a. Abschn. 6.1.3); in Abschnitt 17.4.3.1*(a)* wird noch einmal näher darauf eingegangen, s. auch Abschn. 17.4.5.

Die Form von $U_n(\boldsymbol{R})$ in der Umgebung eines lokalen Minimums bestimmt die Kerngerüstbewegungen des entsprechenden Moleküls, das Verhalten von $U_n(\boldsymbol{R})$ in weiten Bereichen des Kernkonfigurationsraums außerhalb der lokalen Minima bestimmt die für das Aggregat möglichen molekularen Umlagerungen.

17.4.2.1 Quantenchemische Berechnung von adiabatischen molekularen Wechselwirkungspotentialen

Um eine Potentialfunktion (17.59) zu bestimmen, muss – abgesehen von dem unproblematischen (weil als analytische Funktion gegebenen) elektrostatischen Kern-Kern-Abstoßungsanteil $V^{\mathrm{kk}}(X_1, X_2, \ldots)$ – die elektronische Energie $E_n^{\mathrm{e}}(X_1, X_2, \ldots)$ als Funktion der Kernkoordinaten X_i näherungsweise berechnet werden.

(a) Punktweise Berechnung

Eine adiabatische Potentialfunktion $U_n(\boldsymbol{R})$ lässt sich wegen der komplizierten Abhängigkeit des elektronischen Hamilton-Operators $\hat{H}^{\mathrm{e}}$ von den Kernkoordinaten grundsätzlich nur *punktweise* berechnen. Dazu wird im Kernkonfigurationsraum ein Gitter von Punkten $\boldsymbol{R}' \equiv \{X_1', X_2', ...\}$, d. h. von Sätzen diskreter fester Zahlenwerte $X_1', X_2', ...$ für die Kernkoordinaten vorgegeben, und für jede dieser Kernkonfigurationen werden (näherungsweise) die Energie-Eigenwerte $E_n^{\mathrm{e}}(\boldsymbol{R}')$ und die zugehörigen Eigenfunktionen $\Phi_n(\boldsymbol{r};\boldsymbol{R}')$ des elektronischen Hamilton-Operators $\hat{H}^{\mathrm{e}}$ bestimmt. Durch Addition des Zahlenwerts des entsprechenden Kernabstoßungsterms $V^{\mathrm{kk}}(\boldsymbol{R}')$ ergibt sich dann der Potentialwert $U_n(\boldsymbol{R}')$ $[\equiv \tilde{U}_n(\boldsymbol{R}')]$[29].

Wir veranschaulichen die punktweise Potentialberechnung in Abb. 17.10 am Beispiel eines linearen Systems ABC ($f = 2$). Eine Kernkonfiguration ist durch zwei Angaben, etwa die beiden Kernabstände R_{AB} und R_{BC}, festgelegt; der Kernkonfigurationsraum ist die Ebene (R_{AB}, R_{BC}), in der ein Punktgitter vorgegeben wird.

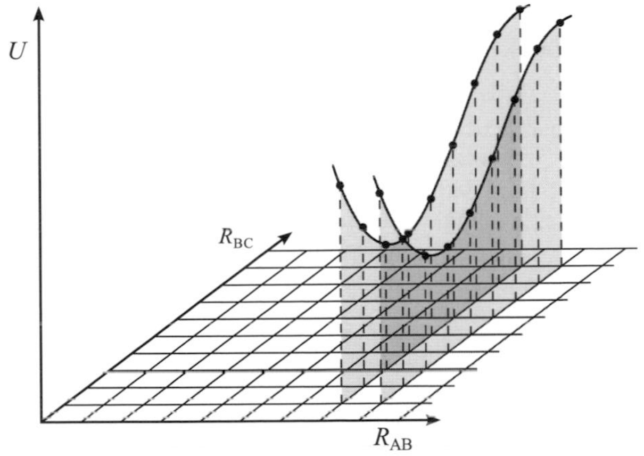

Abb. 17.10
Numerische Berechnung einer Potentialfläche für ein lineares System A–B–C: Potentialwerte über einem Punktraster in der Ebene $(R_{\mathrm{AB}}, R_{\mathrm{BC}})$

Der Rechenaufwand bei der Bestimmung von Potentialwerten $U_n(\boldsymbol{R})$ ist, bedingt durch mehrere zu erfüllende spezifische Anforderungen, sehr hoch (vgl. Abschn. 13.1.1):

(1) Man braucht generell sehr viele Punkt-Berechnungen, um den gesamten relevanten Bereich des Kernkonfigurationsraums erfassen.

Besonders groß ist die Anzahl zu berechnender Potentialpunkte, wenn

- molekulare Umlagerungen beschrieben werden sollen, bei denen Kernabstände in weiten Intervallen variieren, und/oder

[29] Da es sich im Folgenden bei $E_n^{\mathrm{e}}(\boldsymbol{R}')$ und $\Phi_n(\boldsymbol{r};\boldsymbol{R}')$ sowie daraus abgeleiteten Größen stets um Näherungen handelt, verzichten wir auf die Kennzeichung durch eine Tilde.

- die Potentialwerte sich innerhalb enger Bereiche von Kernkoordinaten stark ändern, so dass dort die Gitterpunkte dicht liegen müssen.

(2) Man muss grundsätzlich quantenchemische Näherungsmethoden einsetzen, die hohe Genauigkeitsanforderungen erfüllen können. Wie die Erfahrungen bei der Potentialberechnung für kleine Systeme zeigen (s. Tab. 13.1 – 13.8), sind Muldentiefen und Barrierenhöhen nur mit Post-Hartree-Fock-Methoden zuverlässig bestimmbar, mit denen die für solche Energiedifferenzen wesentlichen Beiträge der Elektronenkorrelation erfasst werden können (s. die diesbezügliche Diskussion in Abschn. 9.1.3).

Was die Dichtefunktionaltheorie betrifft, so erscheint sie wegen des im Vergleich zu Post-Hartree-Fock-Näherungen geringen Aufwands zunächst attraktiv; die elektronische Gesamtenergie $E_n^e(X_1, X_2, ...)$ kann nach Abschnitt 4.4.1.2 und 9.3.1 berechnet werden. Bei Beschränkung auf die nähere Umgebung lokaler Minima der Potentialfunktion $U_0(\boldsymbol{R})$ zum Elektronengrundzustand wurden mit DFT-Berechnungen bei Verwendung geeigneter Dichtefunktionale (BLYP-Typ) gute Resultate erhalten.[30] Wie sich jedoch herausstellt (s. oben), sind DFT-Ergebnisse auf dem gegenwärtigen Stand außerhalb der unmittelbaren Umgebung lokaler Minima recht unsicher; es treten zuweilen unerwartete, bisher nur unzureichend verstandene Fehler auf (vgl. hierzu die Diskussionen in [17.1], Abschn. 11.5.3, sowie [17.5], Kap. 13). Die Tabellen des Abschnitts 13.1.3 enthalten daher keine DFT-Resultate für Barrierenhöhen.

Für Abschätzungen der Muldentiefen von (globalen) Minima sind oft auch semiempirische Verfahren im Rahmen ihrer Parametrisierungsbereiche brauchbar (2. Abschn. 17.2).

(3) Um größere Potentialflächenausschnitte bzw. den Potentialverlauf für den gesamten bei einer vorgegebenen Energie $\mathcal{E}$ des Systems zugänglichen Bereich von Kernkonfigurationen ($U \leq \mathcal{E}$) zu berechnen, benötigt man quantenchemische Verfahren, die eine über weite Intervalle von Kernabständen annähernd gleichbleibende Genauigkeit gewährleisten.

Für die weitere Verwendung der Potentialfunktion, sei es zur Gewinnung energetischer Daten (etwa Fragmentierungsenergien) oder zur Berechnung der Dynamik von Kernbewegungen (Schwingungen, Molekülstöße), ist es streng genommen nur notwendig, dass das berechnete Potential annähernd parallel zum "exakten" Potential verläuft und damit die richtigen Ableitungen nach den Kernkoordinaten (Kräfte $\partial U / \partial X_i$, Kraftkonstanten $\partial^2 U / \partial X_i \partial X_j$ usw.) liefert. Eine konstante (koordinatenunabhängige) Differenz zwischen berechneter und exakter Potentialfunktion ändert nichts an den Bewegungen und ist daher physikalisch irrelevant.

Diese Forderung eines annähernd konstanten Fehlers ist generell sehr schwer zu erfüllen. Sie bedingt insbesondere, dass quantenchemische Näherungen, die auf *einer* einzigen Referenzfunktion beruhen (wie RHF, MP-Störungstheorie und gängige CC-Methoden, s. Abschn. 9.1),

---

[30] a) Curtiss, L. A., Raghavachari, K., Trucks, G. W., Pople, J. A.: Gaussian-2 theory for molecular energies of first- and second-row compounds. J. Chem. Phys. **94**, 7221-7230 (1991);
b) Curtiss, L. A., Raghavachari, K., Redfern, P. C., Pople, J. A.: Assessment of Gaussian-2 and density functional theories for the computation of enthalpies of formation. J. Chem. Phys. **106**, 1063-1079 (1997);
c) Johnson, B. G., Gill, P. M. W., Pople, J. A.: The performance of a family of density functional methods. J. Chem. Phys. **98**, 5612-5626 (1993).

im Regelfall den benötigten Gesamtverlauf einer Potentialfunktion nicht beschreiben können, da im Allgemeinen in unterschiedlichen Bereichen von Kernanordnungen unterschiedliche Elektronenkonfigurationen dominieren.

Die offensichtliche Nichteignung der RHF-Näherung infolge des qualitativ falschen Dissoziationsverhaltens hatten wir bereits mehrfach diskutiert; sie zeigt sich auch in den Tabellen des Abschnitts 13.1.3. Semiempirische Parametrisierungen ändern daran nichts.

Zur punktweisen Berechnung von Potentialverläufen über weite Bereiche des Kernkonfigurationsraums kommen somit generell CI-Näherungen mit Mehrkonfigurationen-Referenzfunktion (MRCI) in Frage (s. Abschn. 9.1.4.2). Mit Ansätzen dieser Art lassen sich auch Unstetigkeiten (Sprünge) im Potentialverlauf vermeiden.

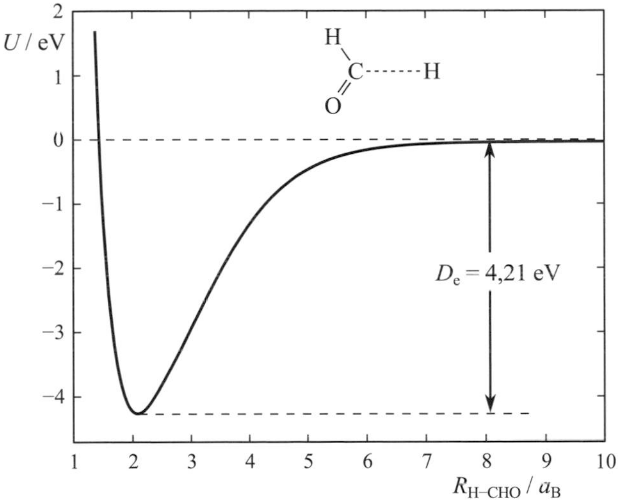

Abb. 17.11
Potentialverlauf für einen C–H-Bindungsbruch im Elektronengrundzustand des Formaldehydmoleküls H_2CO [Berechnung von T. Ritschel (s. Text); unveröffentlicht]

In Ergänzung zu den Abbildungen des Abschnitts 13.1.3, die Potentialflächenausschnitte für die Elektronengrundzustände mehrerer einfacher Systeme zeigen, gibt Abb. 17.11 den Potentialverlauf für das Aufbrechen einer C–H-Bindung unseres Demonstrationsbeispiels Formaldehyd im Elektronengrundzustand wieder, berechnet mit dem Programmpaket *MOLPRO* in einer MRCI+Q - Näherung (d. h. approximative Berücksichtigung der Vierfachanregungen) unter Verwendung eines relativ großen Basissatzes (aug-cc-pVTZ, vgl. Abschn. 17.1.1.2). Für jeden Wert des C–H-Kernabstands ist das Potential bezüglich aller übrigen Kerngeometrievariablen minimiert. Das Potentialprofil weist keine Barriere auf, ebenso wie beim C–H-Bindungsbruch in CH_3 (s. Abschn. 15.3.2*(b)*).

Ungeeignet für Berechnungen von Potentialhyperflächen über größere Bereiche des Kernkonfigurationsraumes sind die gängigen semiempirischen Verfahren, denn deren Parametrisierung gründet sich auf Daten für stabile Molekülstrukturen, d. h. sie gilt nur für die Umgebung des globalen Minimums (s. Abschn. 15.2 sowie [17.5], Kap. 13).

(b) Überführung in eine analytische Potentialfunktion

Adiabatische Potentialfunktionen $U(\mathbf{R})$ werden in vielfältiger Weise weiterverwendet:

- zur topographischen Analyse, insbesondere zur präzisen Bestimmung stationärer Punkte, damit Muldentiefen und Barrierenhöhen;
- zur Gewinnung von Folgeinformationen, etwa über Normalschwingungen in der engeren Umgebung von lokalen Minima und von Sattelpunkten, sowie weitere spektroskopisch relevante Daten (s. Kap. 11);
- Berechnung der Dynamik von Kernbewegungen und Bestimmung von Wahrscheinlichkeiten bzw. Wirkungsquerschnitten von Elementarprozessen (s. Kap. 14).

Für diese Zwecke ist es vorteilhaft, wenn man die Potentialfunktion in einer geschlossenen analytischen Form zur Verfügung hat; damit können nach Umsetzung der Potentialformel in ein Computerprogramm für beliebige Kernanordnungen die zugehörigen Zahlenwerte des Potentials und seiner Ableitungen schnell berechnet werden.

Das Problem der Überführung eines Satzes von Potentialpunkten in eine analytische funktionale Form hatten wir in Abschnitt 13.3 diskutiert. Auf dem dort als *Atomclusterentwicklung* (oder Vielkörper-Entwicklung, engl. many-body expansion, abgek. *MBE*) bezeichneten Ansatz beruhen die meisten der gegenwärtig für Aggregate aus wenigen Atomen gewonnenen genauen analytischen Potentialfunktionen; vgl. Abschn. 13.1.3*(b) – (g)*.

Details der praktischen Realisierung dieses Konzepts, das auf den ersten Blick als rein technische Aufgabe erscheint, können wir hier nicht behandeln. Es sei nur angemerkt, dass u. a. die Verteilung der Punkte im Kernkonfigurationsraum, für welche Potentialwerte vorliegen, sowie natürlich die geeignete Wahl der funktionellen Potentialbausteine eine Rolle spielen.

Auf das Problem analytischer Potentialfunktionen für molekulare Aggregate kommen wir unter dem besonderen Aspekt, dass es sich um vielatomige Systeme handelt und nur moderate Genauigkeitsanforderungen gestellt werden (können), in Abschnitt 18.2 noch einmal zurück.

Für einige einfache dreiatomige Systeme ($H_3^+, H_3, HeH_2^+, FH_2$) ist es in den letzten Jahren gelungen, sowohl bei der quantenchemischen Berechnung der Potentialpunkte als auch bei der Anpassung einer analytischen Funktion an diese Punkte "chemische Genauigkeit" (d. h. Fehler von höchstens 1 kcal/mol) zu erreichen (s. Abschnitt 13.1.3).

Die Überführung in eine analytische Potentialfunktion ist nicht erforderlich, wenn das Berechnungsverfahren für die Potentialpunkte so schnell arbeitet, dass ein Punkt jedesmal, wenn er benötigt wird, "frisch" erzeugt werden kann ("direkte Dynamik", s. Abschn. 14.2.4.2).

17.4.2.2 Bestimmung von Molekülgeometrien

Die Ermittlung lokaler Minima von Potentialfunktionen (17.59) sowie deren Charakterisierung erfordert es, *Ableitungen der Funktion $U(\mathbf{R})$ nach den Kernkoordinaten* zu berechnen (s. Abschn. 4.3.3.2 und 13.1.2), insbesondere erste Ableitungen $\partial U/\partial X_i$ (Komponenten des Gradienten) und zweite Ableitungen $\partial^2 U/\partial X_i \partial X_j$ (Krümmungen, Elemente der Kraftkonstantenmatrix). Dafür gibt es prinzipiell drei Möglichkeiten:

(a) *numerische Differentiation* unter Verwendung der Potentialpunkte auf dem gewählten Punktraster im Kernkonfigurationsraum, was grundsätzlich immer funktioniert, aber eine ausreichende Punktdichte und hohe numerische Genauigkeit erfordert;

(b) bei Vorliegen einer analytischen Potentialfunktion $U(\boldsymbol{R})$ Berechnung der Ableitungen aus den entsprechenden *Formelausdrücken* (s. Abschn. 17.4.2.*1(b)* sowie 18.3.1);

(c) *direkte Mitberechnung* von Ableitungen bei der punktweisen Potentialbestimmung, wenn in der verwendeten quantenchemischen Näherung analytische Formeln dafür verfügbar sind (die großen Quantenchemie-Programmpakete, s. Tab. 17.10, enthalten meist Programmteile mit derartigen "analytischen Ableitungen" für einige gängige Näherungsmethoden).

Mit dem praktischen Vorgehen bei der Suche nach lokalen Minima von Potentialfunktionen mehrerer Variabler X_i befassen wir uns im nächsten Kapitel (Abschn. 18.3) ausführlicher. Auf das Problem der molekularen Stabilität wird in Abschnitt 17.4.3.1*(a)* und 17.4.5 erneut eingegangen.

Mit wachsender Anzahl von Kernen und damit von Kernfreiheitsgraden steigt die Anzahl lokaler Minima stark an; dann wird es schwierig und aufwendig, das globale Minium zu finden. Auch darauf kommen wir in Abschnitt 18.3 erneut zu sprechen.

Geometriedaten für normalvalente Moleküle (s. Abschn. 10.3), insbesondere mit kovalent gebundenen Hauptgruppenelementen, können heute mit relativ geringem Aufwand bis auf Fehler von einigen pm (1 pm $=10^{-2}$ Å) bei Bindungslängen und einigen Grad bei Bindungswinkeln berechnet werden (s. Tab. 17.6). Für eine grobe Abschätzung genügt oft die RHF-Näherung mit einem mittelgroßen Basissatz (etwa VDZ oder VDZ+P). Auf Grund des bereits mehrfach erwähnten Dissoziationsdefekts der RHF-Näherung (s. Abschn. 8.3.3*(e)*), der den asymptotischen Bereich energetisch nach oben zieht, ergeben sich dabei in der Regel zu kurze Bindungsabstände. Die Einbeziehung der Elektronenkorrelation auf MP2-Niveau stellt eine für viele Zwecke ausreichend zuverlässige Näherung dar.

Aufwendiger wird die Geometriebestimmung für nicht-normalvalente Moleküle (wie etwa Übergangsmetallverbindungen oder H-Brückenverbindungen, s. Abschn. 10.1.1). Sehr hohe Ansprüche an das quantenchemische Näherungsverfahren stellt die Berechnung von Van-der-Waals-Wechselwirkungen (s. Abschn. 10.1.2), besonders solcher vom Dispersionstyp, bei denen es sich um reine Korrelationseffekte handelt. Da die Muldentiefen überdies sehr gering sind, braucht man extrem hohe Genauigkeiten. Wir können auf diese Aufgabenstellung nicht detailliert eingehen; bei den Anwendungen werden in der Regel keine Ab-initio-Berechnungen versucht, sondern semiempirisch parametrisierte Ansätze benutzt (s. Abschn. 18.2.1.1).

DFT-Berechnungen ergeben allgemein bessere Geometriedaten und Dissoziationsenergien als RHF-Berechnungen mit entsprechenden Basissätzen; die Resultate sind ungefähr ebensogut wie mit aufwendigen korrelierten wellenfunktionsbasierten Ansätzen (s. Tab. 17.6 sowie speziell für Formaldehyd Tab. 17.9). Deutliche Vorzüge haben DFT-Verfahren bei Übergangsmetallkomplexen. Obwohl das vielversprechend für die DFT-Näherung aussieht, bleiben einige wichtige Fragen offen; so ist z. B. nicht klar, wie gesichert werden kann, dass der im nicht-eingeschränkten Kohn-Sham-Formalismus (UKS) berechnete Zustand zum richtigen Wert des elektronischen Gesamtspins S gehört.

Moderne semiempirische Berechnungsverfahren ergeben im Rahmen ihrer Anwendungsbereiche (Parametrisierung) meist brauchbare Resultate (s. Tab. 17.7).

Umfangreiche Übersichten und Vergleiche sind in [17.1] und [17.5] zu finden.

17.4.2.3 Bestimmung von Übergangskonfigurationen*

Wie wir bereits mehrfach hervorgehoben hatten, stellt die Berechnung von Potentialwerten weit außerhalb lokaler Minima hohe Anforderungen. Nach heutigem Stand muss man dafür generell *MRCI-Näherungen* verwenden (s. Abschn. 17.4.2.1). Wenn es nur um die nähere Umgebung von Sattelpunkten (erster Ordnung) geht, etwa wenn sich die weitere Behandlung auf das Modell der Übergangskonfiguration beschränkt (s. Abschn. 15.2), lassen sich oft auch hochentwickelte, sehr genaue Einreferenz-Verfahren (etwa Coupled-Cluster-Näherungen) mit hinreichend großer Basis einsetzen.

Um Sattelpunkte (Übergangskonfigurationen) sicher zu lokalisieren, müssen (verglichen mit der Minimumsuche) im Allgemeinen aufwendigere Suchverfahren eingesetzt werden. Auf diese Problemstellung kommen wir ausführlicher in Abschnitt 18.3.2 zu sprechen.

17.4.3 Moleküleigenschaften

Wir setzen voraus, die Minimumsuche (*Geometrieoptimierung*) sei erfolgt, die energetisch tiefgelegenen lokalen Minima, darunter das globale Minimum, seien bekannt. Mit der Geometrie für ein solches Minimum als Eingabedaten (s. Abschn. 17.1.1.1) können dann weitere interessierende Größen berechnet werden.

In wellenfunktionsbasierten Beschreibungen ergeben sich messbare physikalische Eigenschaften (Energien, Dipolmoment etc.) eines molekularen Systems in einem bestimmten Zustand als *Erwartungswerte* hermitescher Operatoren, gebildet mit den entsprechenden stationären Wellenfunktionen (s. Abschn. 3.1).

Eine wichtige Rolle spielen Eigenschaften, die das Verhalten des Systems bei Einwirkung einer Störung, gewissermaßen seine "Antwort" (engl. response) auf die Störung, charakterisieren. In der elektronisch adiabatischen nichtrelativistischen Näherung, die wir zugrundegelegt haben, können derartige Störungen der Elektronenhülle eines molekularen Aggregats z. B. ein äußeres elektrisches oder magnetisches Feld, Änderungen der Kernanordnung oder auch die Hinzunahme relativistischer Wechselwirkungen sein (unter letzteren insbesondere solche, die mit den Teilchenspins zu tun haben, s. Abschn. 9.4). Die Gesamtenergie E des Systems lässt sich dann wie in Abschnitt 4.4.2.1 [s. Gl. (4.75)] zumindest formal in eine Taylor-Reihe nach Potenzen der "Stärke" ω der Störung entwickeln:

$$E(\omega) = E(0) + (\partial E/\partial\omega)_0\,\omega + (1/2)(\partial^2 E/\partial\omega^2)_0\,\omega^2 + \ldots; \qquad (17.60)$$

die tiefgestellte 0 bedeutet, dass die partielle Ableitung an $\omega = 0$ zu nehmen ist. Der Stärkeparameter ω der Störung kann z. B. eine Feldstärkekomponente des angelegten Feldes, eine Verschiebungskomponente eines Kerns oder auch ein Matrixelement eines Stöperators $\hat{\mathcal{V}}$ sein. In der Regel sind die Störungen vektorielle, also mehrkomponentige Größen; anstelle von ω haben wir dann drei Komponenten ω_1, ω_2 und ω_3 (z. B. kartesische Komponenten, durchnumeriert); vgl. Abschnitt 4.4.2.1. Bei $E(0)$, der ungestörten Energie, handelt es sich um eine skalare Größe, bei $(\partial E/\partial \omega_i)_0$ um die drei Komponenten eines Vektors, bei $(\partial E/\partial \omega_i \partial \omega_j)_0$ um die neun Komponenten eines Tensors etc.

Die so als Energieableitungen geschriebenen Größen können grundsätzlich störungstheoretisch berechnet werden; bei den Größen zweiter und höherer Ordnung stößt das meist auf erhebliche praktische Schwierigkeiten (s. Abschn. 4.4.2).

In einer elektronendichtebasierten Beschreibung (DFT) ist eine analoge Verfahrensweise versucht worden, worauf wir hier nicht detailliert eingehen. Das elektrische Dipolmoment ergibt sich direkt als Integral über die mit dem Vektor $\boldsymbol{r}$ gewichtete Dichtefunktion (17.57).

Eine im Prinzip einfache und universell einsetzbare Methode zur Bestimmung von Antwortgrößen besteht darin, die Energie $E(\omega)$ als Funktion des Störparameters ω zu berechnen (numerisch für diskrete Werte von ω) und die interessierenden Ableitungen $\partial E/\partial \omega_i$ usw. dann durch numerische Differentiation zu gewinnen (sog. *endliche Störungstheorie, Ableitungsverfahren,* s. Abschn. 4.4.2.1).

Grundsätzlich muss man bei derartigen Berechnungen darauf achten, dass relevante Anteile der Elektronenkorrelation einbezogen werden, um quantitativ zuverlässige Resultate zu erhalten; RHF-Näherungen und einfache Basissätze genügen in der Regel nicht (s. Tab. 17.6). Die Erwartungswerte physikalischer Größen hängen vom Verhalten und von der Qualität der (approximativen) Wellenfunktion bzw. Elektronendichte in bestimmten Raumbereichen ab; dort müssen Wellenfunktionen bzw. Dichten möglichst genau sein.

Auf die Frage, welche Raumbereiche für eine molekulare Eigenschaft bestimmend sind und folglich dort eine hohe Genauigkeit der Wellenfunktion bzw. Elektronendichte erfordern, lässt sich in manchen Fällen eine plausible orientierende Antwort geben. Betrachten wir der Einfachheit halber Atomberechnungen (s. [I.4b], Abschn. 2.2.4): Für die elektronische Gesamtenergie ist die nähere Umgebung des Kerns maßgebend, da der Hamilton-Operator Potentialterme $\propto (1/r)$ enthält. Das gilt auch z. B. für die Spin-Bahn-Kopplungskonstante. Hingegen wird die elektrische Dipolpolarisierbarkeit (s. unten) vorwiegend durch das Verhalten der Elektronenverteilung in weiterer Entfernung vom Kern bestimmt, da in den zu berechnenden Integralen positive r-Potenzen auftreten, die diese äußeren Bereiche mit hohem Gewicht belegen. Daraus ergeben sich auch die Anforderungen an den Basissatz.

Wie in den vorhergehenden Abschnitten illustrieren wir die Aussagen zur Qualität von Berechnungsresultaten durch Daten für das Molekül Formaldehyd, H_2CO, die in Tab. 17.9 zusammengestellt sind.

17.4.3.1 Energetische und spektroskopische Größen

(a) Fragmentierungsenergien

Die Energie, die aufgewendet werden muss, um ein gebundenes molekulares Aggregat mit dem Kerngeometrie $\boldsymbol{R}^0$ in bestimmte Fragmente $F_1, F_2, \ldots$ zu zerlegen (*Fragmentierungsenergie*), lässt sich theoretisch abschätzen, indem man die adiabatische Potentialhyperfläche $U_{mol}(\boldsymbol{R}) = E^e(\boldsymbol{R}) + V^{kk}(\boldsymbol{R})$ [Gl. (17.59)] in der Umgebung des entsprechenden lokalen

Minimums $\boldsymbol{R}^0$ berechnet, die Hesse-Matrix am Punkt $\boldsymbol{R}^0$ und daraus die Normalfrequenzen sowie die genäherte Nullpunktschwingungsenergie $E^{\text{vib}}_{\text{mol}|0}$ [Gl. (11.157)] bestimmt, analog für jedes der Fragmente $\mathrm{F}_1, \mathrm{F}_2, \ldots$ verfährt, und die Energiedifferenz zwischen den Fragmenten und dem Molekül bildet.

Die Abb. 17.12a illustriert die Verhältnisse für die Zerlegung in zwei Fragmente.

Tab. 17.9 Quantenchemisch berechnete[a] Eigenschaften des Formaldehydmoleküls H_2CO im Elektronengrundzustand [Rechnungen von T. Ritschel mit *Gaussian*, unveröffentlicht]

Eigenschaft	RHF 6-31G*	MP2 6-31G*	CCSD AVTZ	DFT (B3LYP) 6-31G*	exp[b]
Elektronengrundzustand					
Geometrie	planar	planar	planar	planar	planar
	$\boldsymbol{C}_{2v}$	$\boldsymbol{C}_{2v}$	$\boldsymbol{C}_{2v}$	$\boldsymbol{C}_{2v}$	$\boldsymbol{C}_{2v}$
	$^1A_1$	$^1A_1$	$^1A_1$	$^1A_1$	$\tilde{X}\ ^1A_1$
$R_{\text{C–O}}$ / a_B	2,238	2,308	2,276	2,280	2,277
$R_{\text{C–H}}$ / a_B	2,063	2,086	2,080	2,099	2,099
∠ HCH / Grad	115,7	115,6	116,5	115,1	116,1
Vertikales Ionisierungpotential[c]					
I^{vert} / eV	9,46 (11,85)	10,89	10,83	10,74	10,88
Vertikale Elektronenaffinität[d]					
A^{vert} / eV			–0,62	–2,13	–0,65
Elektrisches Dipolmoment					
d / D ($H_2C^+O^-$)	2,67	2,26	2,44	2,19	2,33
Elektrische Polarisierbarkeit[e]					
$\langle\alpha\rangle$ / Å^3	1,83	1,90	2,56	1,94	2,77
Normalfrequenzen / cm^{-1}					
b_1	1336	1212	1206	1199	1188
b_2	1383	1296	1279	1279	1268
a_1	1680	1583	1549	1564	1544
a_1	2029	1788	1817	1851	1778
a_1	3162	3014	2962	2917	2937
b_2	3233	3085	3030	2967	3012
Nullpunktsenergie					
E_0^{vib} / eV	0,79	0,74	0,73	0,73	0,727
Atomisierungsenergie					
D_0^{at} / eV	10,28	14,45	14,79	15,41	15,49

Tab. 17.9 (Fortsetzung)

Eigenschaft	RHF 6-31G*	MP2 6-31G*	CCSD AVTZ	DFT (B3LYP) 6-31G*	exp[b]
Dissoziationsenergien / eV					
D_0 ($H_2CO \rightarrow H + HCO$)	2,87	3,33	3,73	3,71	3,77
D_0 ($H_2CO \rightarrow H_2 + CO$)	–0,31	–0,27	–0,09	0,11	0,10
Thermochemische Größen					
$\Delta_B\mathscr{H}_0^\circ$ / kcal · mol^{-1}	+95,2	–1,0	–8,8	–23,1	–25,1
$\mathscr{C}_V^\circ$ / cal · mol^{-1} · K^{-1}	6,26	6,39	6,41	6,41	6,47 [f]
$\mathscr{S}^\circ$ / cal · mol^{-1} · K^{-1}	52,10	52,26	52,22	52,24	22,30
Vertikale elektronische Anregungsenergien / eV					
$\Delta E^{\text{vert}}(\tilde{X}\ ^1A_1 \rightarrow \tilde{a}\ ^3A_2)$	–	–	3,59 [g]	3,35 [h]	3,124
$\Delta E^{\text{vert}}(\tilde{X}\ ^1A_1 \rightarrow \tilde{A}\ ^1A_2)$	–	–	4,04 [g]	4,09 [h]	3,495

[a] In den Kopfzeilen stehen die eingesetzten Näherungsverfahren (Abkürzungen gemäß Abbn. 9.1 und 9.3), darunter der verwendete Basissatz.

[b] Experimentelle Daten aus folgenden Quellen:

Molekülgeometrie, Ionisierungspotential, elektrisches Dipolmoment, elektrische Polarisierbarkeit, thermochemische Größen aus NIST (CCCBDB Listing of experimental data, 2013)

Elektronenaffinität: Burrow, P. D., Michejda, J. A., Chem. Phys. Lett. **42**, 223 (1976)
Francisco, J. S., Thoman, Jr., J. W., Chem. Phys. Lett. **300**, 553 (1999)

Normalfrequenzen: Martin, J. M., Lee, T. J., Taylor, P. R., J. Mol. Spectrosc. **160**, 105 (1993)

Atomisierungsenergie: aus den experimentellen Bildungsenthalpien der Atome [JANAF, M. W. Chase, Jr., et al., J. Phys. Chem. Ref. Data **14**, Suppl. 1 (1985)] und des Moleküls [NIST, CCCBDB, Listing of experimental data, 2013]

Vertikale elektronische Anregungsenergie: Herzberg, G.: Molecular Spectra and Molecular Structure. III. Electronic Spectra and Electronic Structure of Polyatomic Molecules. Van Nostrand Reinhold, New York (1966)

[c] Berechnet nach Gl. (17.66b) aus dem experimentellen adiabatischen Ionisierungspotential [Gl. (17.66a)]; in Klammern unter dem RHF-Wert: HOMO-Energie (Koopmans-Theorem).

[d] Berechnet nach Gl. (17.68b) aus der experimentellen adiabatische n Elektronenaffinität.

[e] Mittlere isotrope Polarisierbarkeit, s. Abschn. 17.4.3.2*(b)*

[f] Berechnet aus dem experimentellen Wert für $\mathscr{C}_p^\circ(298{,}15\ K)$ [NIST, CCCBDB].

[g] Berechnet in EOM-CCSD-Näherung (s. [9.1]).

[h] Berechnet in TDDFTNäherung (s. Abschn. 17.3.3*(b)*)

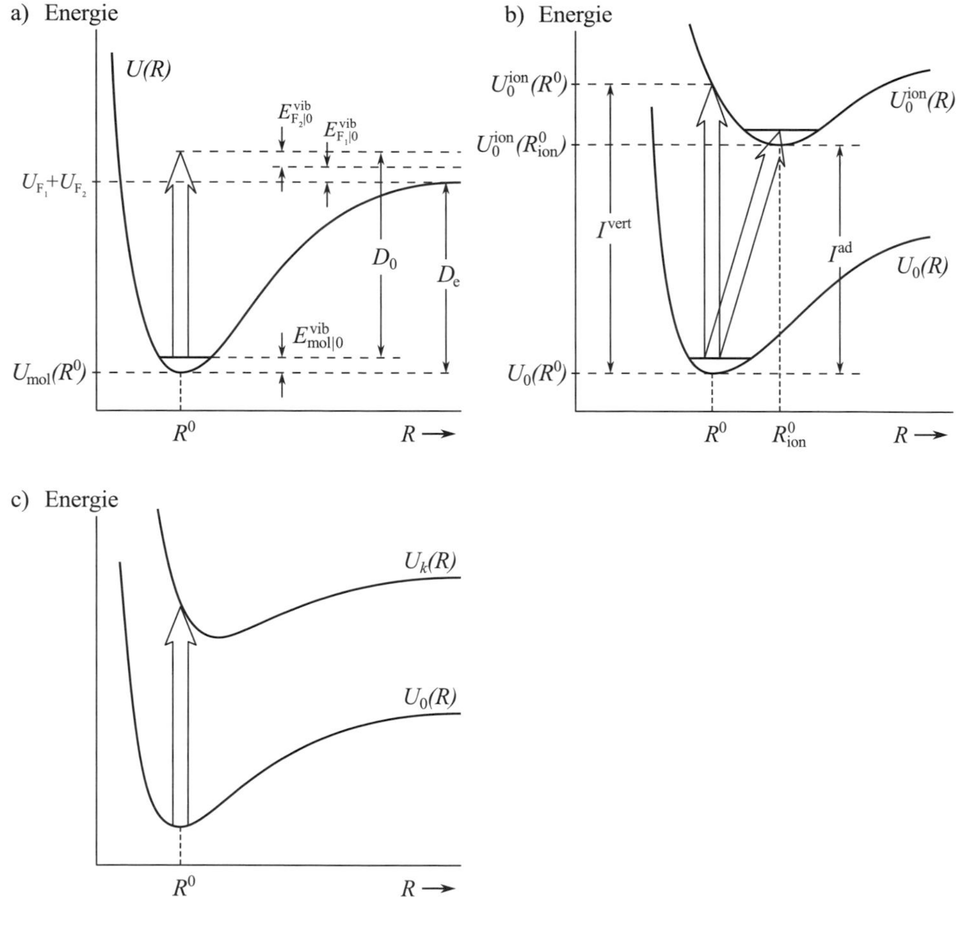

Abb. 17.12 Energetische und spektroskopische Größen (schematisch): a) Fragmentierungsenergie; b) Ionisierungspotential; c) vertikale Elektronenanregungsenergie

Zunächst wird durch

$$D_{\text{e}} \equiv \sum_i U_{\text{F}_i}(\boldsymbol{R}^0_{\text{F}_i}) - U_{\text{mol}}(\boldsymbol{R}^0) \tag{17.61}$$

(s. Abb. 17.12a) die *elektronische Fragmentierungsenergie* (*elektronische Dissoziationsenergie*) definiert [s. Gl. (6.28)].

Ist $D_{\text{e}} > 0$, liegt also das Potentialminimum tiefer als der asymptotische Potentialbereich der Fragmente, dann bezeichnen wir das molekulare Aggregat als elektronisch stabil. Auf eine tatsächliche *Stabilität* (vgl. Abschn. 6.1.3) lässt sich daraus aber noch nicht schließen, denn diese erfordert, dass sowohl das Kerngerüst des gegebenen molekularen Aggregates als auch die Kerngerüste der Fragmente zumindest die Nullpunktschwingungen (mit den Energien

$E^{\text{vib}}_{\text{mol}|0}$ bzw. $E^{\text{vib}}_{\text{F}_i|0}$) ausführen können. Die eigentliche, prinzipiell *messbare Fragmentierungsenergie* ist somit

$$D_0 \equiv \sum_i \left[U_{\text{F}_i}(\boldsymbol{R}^0_{\text{F}_i}) + E^{\text{vib}}_{\text{F}_i|0} \right] - \left\{ U_{\text{mol}}(\boldsymbol{R}^0) + E^{\text{vib}}_{\text{mol}|0} \right\}$$

$$= D_{\text{e}} - \Delta E^{\text{vib}}_0 \qquad (17.62)$$

mit der Nullpunktschwingungskorrektur

$$\Delta E^{\text{vib}}_0 \equiv E^{\text{vib}}_{\text{mol}|0} - \sum_i E^{\text{vib}}_{\text{F}_i|0} \, . \qquad (17.63)$$

Wenn gilt $D_0 > 0$, dann hat man es mit einem stabilen molekularen Aggregat zu tun (s. Abb. 17.12a). Wird bei der Zerlegung eines molekularen Aggregats in zwei Fragmente F_1 und F_2 genau eine Bindung gebrochen, so wird die Energiedifferenzen D_{e} bzw. D_0 häufig im engeren Sinne als *(Bindungs-) Dissoziationsenergie* bezeichnen.

Als molekulare Umlagerung bedeutet die in Gleichung (17.61) definierte Energiedifferenz die (elektronische) *Reaktionsenergie (Ergizität)* ΔU des Fragmentierungsprozesses; in der Terminologie von Abschnitt 13.1.2 handelt es sich um einen endoergischen Vorgang.

Eine wichtige Rolle in der Thermochemie (s. Abschn. 17.4.5) spielt die Atomisierung eines molekularen Aggregats, d. h. die vollständige Fragmentierung in die Atome (diese in ihren Grundzuständen). Ohne Berücksichtigung der Nullpunktschwingungen ist dafür die Energie

$$D^{\text{at}}_{\text{e}} \equiv \sum_{a=1}^{N^{\text{k}}} E^{\text{at}}_a - U_{\text{mol}}(\boldsymbol{R}^0) \qquad (17.64)$$

(*elektronische Atomisierungsenergie*) aufzuwenden, wobei E^{at}_a die Grundzustandsenergie der Elektronenhülle des Atoms a bezeichnet. Die *nullpunktschwingungskorrigierte Atomisierungsenergie* ist durch

$$D^{\text{at}}_0 = D^{\text{at}}_{\text{e}} - E^{\text{vib}}_{\text{mol}|0} \qquad (17.65)$$

gegeben (für freie Atome entfällt die Nullpunktschwingung).

Die Atomisierungsenergien D^{at}_{e} bzw. D^{at}_0 sind kleine Differenzen zweier großer Zahlen; Gesamtenergien mittelschwerer Atome und Moleküle und sogar die Fehler, mit denen sie berechnet werden können, übertreffen meist die Fragmentierungsenergien selbst. Es werden Bindungen bzw. Elektronenpaare getrennt, was mit erheblichen Änderungen in der Korrelationsenergie einhergeht (vgl. Abschn. 6.4.3 und 9.1.3). Die zuverlässige Berechnung von Fragmentierungsenergien erfordert somit grundsätzlich hochgenaue, korrelierte Näherungsmethoden (s. Abschn. 9.1 – 9.3), um die für die chemische Bindung relevanten Anteile der Elektronenkorrelationsenergie genügend genau zu erfassen.; durch Fehlerkompensation erhält man allerdings oft auch mit gröberen Näherungen brauchbare Abschätzungen.

In wellenfunktionsbasierten Beschreibungen liefern die RHF-Näherung, aber auch (wenngleich verbessert) Post-HF-Näherungen in der Regel eine zu schwache Bindung (zu kleine

Fragmentierungsenergien), da die relevanten Korrelationsbeiträge zur Dissoziationsenergie fehlen bzw. unvollständig erfasst werden (s. Abschn. 8.3.3*(e)* und 9.1.3*(c)*).

Wie bereits in Abschnitt 17.3.2*(d)* erwähnt, sind DFT-Berechnungen atomarer Energien nicht unproblematisch. Vergleichende Studien (s. Fußnote 30c) zeigen, dass gradient-korrigierte Dichtefunktionale (insbesondere solche vom BLYP-Typ) schon mit mittelgroßen Basissätzen, etwa 6-31G*, freie Atome H bis Ne gut beschreiben und für Atomisierungsenergien bessere Resultate liefern als RHF- und einige gängige Post-HF-Näherungen (MP2, QCISD); häufig ergibt DFT eine zu starke Bindung (zu große Fragmentierungsenergie).

Ergebnisse für Formaldehyd enthält die Tab. 17.9; s. auch Abb. 17.11.

(b) Ionisierungspotentiale und Elektronenaffinitäten

Der Energieaufwand für die Herauslösung eines Elektrons aus der Elektronenhülle eines neutralen Moleküls ist gleich dem energetischen Abstand zwischen dem (globalen) Potentialminimum $U_0(\boldsymbol{R}^0)$ für den Elektronengrundzustand des neutralen Moleküls und einem nahegelegenen Potentialminimum $U_0^{\text{kat}}(\boldsymbol{R}_{\text{kat}}^0)$ für den Elektronengrundzustand des positiven Ions:

$$I^{\text{ad}} \equiv U_0^{\text{kat}}(\boldsymbol{R}_{\text{kat}}^0) - U_0(\boldsymbol{R}^0)\,; \tag{17.66a}$$

man bezeichnet diese Energiedifferenz als *adiabatisches Ionisierungspotential*. Werden beide U_0-Werte an der Minimum-Kernanordnung $\boldsymbol{R}^0$ des Neutralmoleküls genommen, so ergibt sich das *vertikale Ionisierungspotential*

$$I^{\text{vert}} \equiv U_0^{\text{kat}}(\boldsymbol{R}^0) - U_0(\boldsymbol{R}^0) = E_0^{\text{elkat}}(\boldsymbol{R}^0) - E_0^{\text{e}}(\boldsymbol{R}^0) \tag{17.66b}$$

(die V^{kk}-Anteile heben sich weg). Beide Größen sind so definiert, dass sie positive Werte haben (s. Abb. 17.12b). Um Rechenergebnisse mit experimentellen Daten vergleichen zu können, müssen noch die (für das Neutralmolekül und für das Ion unterschiedlichen) Nullpunktschwingungsenergien einbezogen werden (vgl. die Diskussion zur Fragmentierung).

Die RHF-Näherung liefert in der Regel zu kleine Ionisierungspotentiale,

$$I_{\text{RHF}}^{\text{vert}} < I_{\text{exakt}}^{\text{vert}}\,, \tag{17.67}$$

da die Korrelationsenergie des Systems mit N Elektronen betragsmäßig stets größer ist als die des Systems mit $N-1$ Elektronen. Bei Berücksichtigung von Korrelationsbeiträgen, also mit Post-HF- und DFT-Näherungen (letztere mit gradient-korrigierten Dichtefunktionalen) unter Verwendung mittelgroßer Basissätze ergeben sich Ionisierungspotentiale mit Unsicherheiten von höchstens wenigen 0,1 eV. Generell müssen für Voraussagen mit dieser Genauigkeit die Energiedifferenzen (17.66a) bzw. (17.66b) für das Neutralmolekül und das Ion berechnet werden; Näherungen wie das Koopmans-Theorem (s. Abschn. 8.3.3*(a)*) reichen meist nicht aus. Einige Ergebnisse für Formaldehyd enthält Tab. 17.9.

Elektronenaffinitäten sind analog definiert – vorausgesetzt, die Anlagerung eines Elektrons an die Elektronenhülle eines neutralen Moleküls ergibt ein stabiles System mit einer Potentialfunktion, die mindestens ein Minimum aufweist:

$$A^{\text{ad}} \equiv U_0(\boldsymbol{R}^0) - U_0^{\text{an}}(\boldsymbol{R}_{\text{an}}^0)\,, \tag{17.68a}$$

$$A^{\mathrm{vert}} \equiv U_0(\boldsymbol{R}^0) - U_0^{\mathrm{an}}(\boldsymbol{R}^0) = E_0^{\mathrm{e}}(\boldsymbol{R}^0) - E_0^{\mathrm{elan}}(\boldsymbol{R}^0); \tag{17.68b}$$

es gilt $A^{\mathrm{ad}} > 0$, wenn das zusätzliche Elektron gebunden ist. Auch hier müssen zum Vergleich mit experimentellen Daten noch die Nullpunktschwingungsenergien von Anion und Neutralmolekül berücksichtigt werden.

Da im Hartree-Fock-Modell das zusätzliche Elektron ein virtuelles kanonisches MO besetzt und diese virtuellen RHF-MOs das Verhalten äußerer bzw. angeregter Elektronen nicht gut beschreiben (s. Abschn. 8.2.1.1 und 9.1.1), ergeben RHF-Berechnungen in der Regel keine sinnvollen Elektronenaffinitäten; man muss also Post-HF-Näherungen mit erweiterten Basissätzen (insbesondere unter Einschluss von Diffusfunktionen) verwenden. DFT-Berechnungen hingegen liefern mit geringerem Aufwand Resultate, die bei Benutzung eines Dichtefunktionals vom BLYP-Typ und ebenfalls mittelgroßen Basissätzen oft von ähnlicher Güte wie die für Ionisierungspotentiale sind (also Fehler von einigen 0,1 eV). In einigen Fällen (z B. beim C_2-Molekül[31]) treten allerdings bisher unverstandene größere Schwierigkeiten auf.

Auch für Formaldehyd ergeben die Befunde (s. Tab. 17.9) noch kein klares Bild: der mit einer AVTZ-Basis erhaltene CCSD-Wert unterscheidet sich stark vom DFT-Resultat. Sowohl die theoretischen als auch die experimentellen Abschätzungen deuten darauf hin, dass das Formaldehyd-Anion nicht stabil ist, doch steht eine abschließende Entscheidung dieser Frage noch aus (s. die Diskussion in der entsprechenden Literaturreferenz zu Tab. 17.9).

Insgesamt hat man bisher kein Standardverfahren zur Verfügung, das mit vorhersagbarer Genauigkeit gute Ergebnisse liefert. Ausführlich wird die Problematik in [17.5] (dort Abschn. 9.5) sowie in der Studie von Curtiss, L. A., et al. (s. Fußnote 31) behandelt.

(c) Molekulare Spektraldaten

Zur Berechnung von Molekülspektren sind (s. Abschn. 11.1 ff.) zwei Größen erforderlich: *Übergangsenergien* (d. h. Differenzen der Energien zweier Quantenzustände) und *Übergangswahrscheinlichkeiten* (proportional zu den Betragsquadraten von Übergangsdipolmatrixelementen); aus letzteren folgen Auswahlregeln und spektrale Intensitäten. Nach Kapitel 11 (Abschn. 11.1.1, 11.2.4, 11.3.4.2 und 11.4.4.3) wird die Grundstruktur des Spektrums eines Moleküls durch die vertikalen Elektronenübergänge bestimmt.

Wir betrachten hier zunächst einen *vertikalen reinen Elektronenübergang* $0 \rightarrow k$ (Absorption) bei der Kernanordnung $\boldsymbol{R}^0$:

$$\Delta E_{0k}^{\mathrm{vert}} \equiv E_k^{\mathrm{e}} - E_0^{\mathrm{e}} = U_k(\boldsymbol{R}^0) - U_0(\boldsymbol{R}^0) \tag{17.69}$$

(die V^{kk}-Anteile heben sich weg), schematisch veranschaulicht in Abb. 17.12c.

In wellenfunktionsbasierten Näherungen müssen zur genauen Berechnung von $\Delta E_{0k}^{\mathrm{vert}}$ grundsätzlich CI-Methoden (vgl. Abschn. 9.1) eingesetzt werden, wobei besonders die angeregten Elektronenzustände hinsichtlich Basissatz, Verwendung geeigneter virtueller MOs und

[31] Curtiss, L. A., Redfern, P. C., Raghavachari, K., Pople, J. A.: Assessment of Gaussian-2 and density functional theories for the computation of ionization potentials and electron affinities. J. Chem. Phys. **109**, 42-55 (1998)

Dimension der CI hohe Anforderungen stellen. Damit können dann zumindest für tiefgelegene angeregte Zustände[32] kleiner leichter Moleküle die Anregungsenergien bis auf Ungenauigkeiten von einigen 0,1 eV (mit entsprechendem Aufwand) berechnet werden (s. Tab. 17.6). Resultate von Berechnungen an Formaldehyd, für die experimentelle Vergleichswerte vorliegen, sind in Tab. 17.9 angegeben. Die RHF-Näherung (s. Abschn. 8.3.3*(b)*) oder gar einfache MO-Näherungen (s. Abschn. 7.3.3 und 7.4.3.2*(b)*) lassen sich nur für grobe Abschätzungen und Vergleiche verwenden; hinsichtlich semiempirischer Berechnungen (LCI) s. die Bemerkungen in Abschnitt 17.2.2.3.

Bei DFT-Berechnungen hat sich zur Bestimmung von Anregungsenergien weitgehend das TDDFT-Verfahren durchgesetzt (s. Abschn. 17.3.3*(b)*), das $\Delta E_{0k}^{\text{vert}}$ -Werte von vergleichbarer Qualität wie aufwendige Ab-initio-CI-Verfahren liefert. Einiges Datenmaterial wird in [17.5] (s. dort Abschn. 9.6) diskutiert.

Vertikale elektronische Anregungsenergien berücksichtigen nicht, dass gebundene angeregte Elektronenzustände häufig eine gegenüber dem Grundzustand veränderte Geometrie haben. So sind bei Formaldehyd die beiden in Tab. 17.9 angeführten Zustände $\tilde{A}\ {}^1A_2$ und $\tilde{a}\ {}^3A_2$ nicht planar wie der Grundzustand, sondern die C–O-Kernverbindungslinie hebt sich um etwa 30° aus der H_2C -Ebene heraus, so dass eine Kernanordnung mit der Symmetriegruppe $\boldsymbol{C}_s$ resultiert (s. Herzberg, G., loc. cit. in Tab. 17.9).

Übergangsdipolmomente, d. h. nichtdiagonale Matrixelemente des elektrischen Dipolmomentoperators mit den Wellenfunktionen für die beiden Elektronenzustände, zwischen denen der Elektronenübergang stattfindet (s. Abschn. 7.1.3), lassen sich zurückführen auf Linearkombinationen entsprechender Einelektronintegrale vom Typ $(\varphi_\kappa | x | \varphi_\lambda)$ mit den zugrundegelegten Basisfunktionen $\{\varphi_1, \ldots\}$; diese Integrale sind verhältnismäßig einfach zu berechnen (s. hierzu [II.1], Abschn. 11.2.4). Hiermit gewinnt man zumindest Abschätzungen für die relativen Intensitäten der einzelnen erlaubten Übergänge. Auf die Berechnung von *Franck-Condon-Faktoren* (s. Abschn. 11.3.4.2 und 11.4.4.3) gehen wir hier nicht ein.

Die *Schwingungs- und Rotationsstruktur der Elektronenübergänge* lässt sich nach Kapitel 11 behandeln (s. Abschn. 11.3 bzw. 11.4 für zwei- bzw. mehratomige Moleküle), wobei man sich besonders bei größeren Systemen meist auf die harmonische Näherung (Normalschwingungsmodell) beschränken muss. Die benötigten Normalschwingungsfrequenzen ω_μ werden bei der topographischen Analyse der Potentialhyperfläche bzw. bei der Geometrieoptimierung mitgeliefert: die Frequenzquadrate $\omega_\mu{}^2$ sind proportional zu den Eigenwerten der Hesse-Matrix $\mathbf{k}^0 \equiv \mathbf{k}(\boldsymbol{R}^0)$ am Potentialminimum $\boldsymbol{R}^0$ (s. Abschn. 4.3.3.2 und 11.4.2.1).

Die *IR- und Raman-Intensitäten* für reine Schwingungsübergänge ohne Änderung des Elektronenzustands sind den Betragsquadraten von Übergangsmomenten proportional. Diese werden im Falle "direkter" IR-Übergänge durch die Änderungen des Dipolmoments bei Änderung der Kernanordnung entlang der Normalkoordinaten, also durch die ersten Ableitungen $(\partial D_\xi / \partial Q_k)_0$, genommen an $Q_k = 0$, bestimmt, im Falle von Raman-Übergängen durch die

[32] Damit sind Zustände k gemeint, deren Anregungsenergie ΔE_{0k} deutlich kleiner als I ist.

entsprechenden Änderungen der Polarisierbarkeit (s. Abschn. 11.3.4.1 und 11.4.4.2). Auf die Berechnung kommen wir im folgenden Abschnitt zu sprechen.

17.4.3.2 Elektrische und magnetische Moleküleigenschaften

Es gibt eine breite Palette von elektrischen und magnetischen Eigenschaften molekularer Systeme, die als Erwartungswerte hermitescher Operatoren, meist auf der Grundlage von Modellvorstellungen bzw. entsprechender Näherungen, prinzipiell einer Messung zugänglich sind. Es handelt sich dabei um Integralausdrücke, deren Integranden unterschiedliche Raumbereiche mit großem Gewicht belegen (s. oben, in der Einleitung zum vorliegenden Abschn. 17.4.3) und somit auch eine Möglichkeit bieten, die Güte von Wellenfunktionen bzw. Dichteverteilungen zu testen.

(a) Elektrische und magnetische Multipolmomente

Das elektrostatische Potential (17.58) lässt sich, wenn der Koordinatenursprung innerhalb der Ladungsverteilung $\eta(\boldsymbol{r})$ und der Punkt mit dem Ortsvektor $\boldsymbol{r}$ (anders als in Abb. 17.8) genügend weit außerhalb liegt, in eine Potenzreihe nach $1/r$ entwickeln; es resultiert für die ersten Glieder (vgl. etwa [I.4a], Abschn. 8.3.1) in at. E.:

$$\varphi(\boldsymbol{r}) = q/r + (\boldsymbol{r}\cdot\boldsymbol{D})/r^3 + \left(\mathbf{r}^{\mathrm{T}}\mathbf{Q}\mathbf{r}\right)/2r^5 + \ldots \tag{17.70}$$

(*Multipolentwicklung*), wobei $\mathbf{r}$ die Spaltenmatrix der drei kartesischen Koordinaten, $\mathbf{r}^{\mathrm{T}}$ die entsprechende Zeilenmatrix bezeichnet (vgl. Abschn. 10.1.2*(b)*).

Die Entwicklung (17.70) ergibt sich, wenn man $|\boldsymbol{r}-\boldsymbol{r}'| = (r^2 + r'^2 - 2\boldsymbol{r}\cdot\boldsymbol{r}')^{1/2} = r[1+(r'^2-2\boldsymbol{r}'\cdot\boldsymbol{r})/r^2]^{1/2}$ schreibt (mit $r \equiv |\boldsymbol{r}|$, $r' \equiv |\boldsymbol{r}'|$) und unter der Voraussetzung $r' << r$ den Ausdruck $1/|\boldsymbol{r}-\boldsymbol{r}'|$ in eine Taylor-Reihe nach $u \equiv (r'^2-2\boldsymbol{r}'\cdot\boldsymbol{r})/r^2$ entwickelt: $(1+u)^{-1/2} = 1-(1/2)u+(3/8)u^2 - \ldots$ für $|u|<1$.

In der Multipolentwicklung (17.70) ist

$$q \equiv \int \eta(\boldsymbol{r}')\,\mathrm{d}V' \tag{17.71}$$

die *Gesamtladung des Systems* (bei einem elektrisch neutralen Molekül also $q = 0$),

$$\boldsymbol{D} \equiv \int \eta(\boldsymbol{r}')\boldsymbol{r}'\,\mathrm{d}V' \tag{17.72}$$

ist der Vektor des gesamten elektrischen *Dipolmoments* mit den Komponenten

$$D_\xi \equiv \int \eta(\boldsymbol{r}')x'_\xi\,\mathrm{d}V' \tag{17.72'}$$

[vgl. die Definition des Dipolmoments in Abschn. 4.4.2.1, Gl. (4.79)] und $\mathbf{Q}$ der Tensor des elektrischen *Quadrupolmoments* der Ladungsverteilung $\eta(\boldsymbol{r})$, dessen Komponenten $Q_{\xi\chi}$ durch

$$Q_{\xi\chi} \equiv \int \eta(\boldsymbol{r}')\left(3x'_\xi x'_\chi - r'^2\,\delta_{\xi\chi}\right)\mathrm{d}V' \tag{17.73}$$

definiert sind [s. Abschn. 4.4.2.1, Gl. (4.82)]; die Indizes ξ und χ bedeuten in allen diesen Formeln die Nummern der kartesischen Koordinaten $x \equiv x_1, y \equiv x_2, z \equiv x_3$, sind also gleich 1, 2 oder 3. Der Ausdruck $\left(\mathbf{r}^{\mathrm{T}}\,\mathbf{Q}\mathbf{r}\right)$ in Gleichung (17.70) wird nach den Regeln der Matrixmultiplikation gebildet:

$$\left(\mathbf{r}^{\mathrm{T}}\mathbf{Q}\mathbf{r}\right)=\sum_{\xi}\sum_{\chi} x_{\xi} Q_{\xi\chi} x_{\chi} \,. \tag{17.74}$$

Der (3×3)-Tensor $\mathbf{Q}$ ist symmetrisch ($Q_{\xi\chi} = Q_{\chi\xi}$) und hat eine verschwindende Spur (Sp $\mathbf{Q} = 0$), so dass es nur fünf unabhängige Komponenten $Q_{\xi\chi}$ gibt (s. Abschn. 4.4.2.1).

Die Komponenten der elektrischen Multipolmomente sind Erwartungswerte von Einelektronoperatoren, also durch die Dichte erster Ordnung ρ bzw. η bestimmt. Ihre Zahlenwerte hängen grundsätzlich von der Wahl des Koordinatenursprungs (s. Abb. 17.8) ab. Ein Multipolmoment der Ordnung l ist dann bezugspunktunabhängig, wenn alle Momente niedrigerer Ordnung verschwinden. Man kann leicht zeigen, dass das Dipomoment (17.72) bezugspunktunabhängig ist, wenn das System keine Gesamtladung trägt ($q = 0$). Das Quadrupolmoment ist bezugspunktunabhängig, wenn sowohl die Gesamtladung als auch das Dipolmoment verschwinden usw.

Für die Komponenten der Multipolmomente lässt sich eine kompakte allgemeine Formel angeben, wenn man Kugelkoordinaten r, ϑ, φ benutzt. Es existieren (in Einklang mit den obigen Definitionen) nur 2^l-Pole, gegeben jeweils durch einen symmetrischen Tensor l-ter Stufe $\mathbf{G}$ mit $2l$+1 unabhängigen Komponenten:

$$G_m^{(l)} \equiv [4\pi/(2l+1)]^{1/2}\int \eta(\boldsymbol{r}')\cdot(r')^l\cdot Y_l^m(\vartheta',\varphi')^*\,\mathrm{d}V' \tag{17.75}$$

(mit l = 0, 1, 2, ... und $m = -l, -l$+1, ... , l). Man erhält diese Größen bei der Entwicklung von $1/|\boldsymbol{r}-\boldsymbol{r}'|$ nach Legendreschen Polynomen. Für $l = 0$ ergibt der Ausdruck (17.75) die Ladung, für $l = 1$ die drei Komponenten des elektrischen Dipolmoments (in Kugelkoordinaten), für $l = 2$ die fünf unabhängigen Komponenten des elektrischen Quadrupolmoments usw.

Vermittels der Entwicklung (17.70) stellt sich das elektrostatische Potential einer Ladungsverteilung als Überlagerung der Beiträge von Multipolen der Ordnung 2^l dar, die sich im Koordinatennullpunkt befinden. Sie lassen sich modellhaft als dichtgepackte Ladungspakete auffassen (s. die einschlägige physikalisch-chemische Literatur, etwa [1.1]).

Formal kann man eine zur Gleichung (17.70) analoge Entwicklung für das Vektorpotential aufschreiben und dementsprechend magnetische Multipolmomente definieren; das wird hier nicht ausgeführt. Der Ausdruck für den Elektronenanteil des *magnetischen Dipolmoments* ist in Gleichung (4.86) angegeben; man braucht dazu die Wellenfunktionen $\Phi_k^{(0)}$ mit expliziter Spinabhängigkeit. Auch hierbei handelt es sich um den Erwartungswert einer Summe von Einelektronoperatoren, für den die (spinabhängige) Dichtematrix erster Ordnung im betrachteten Zustand benötigt wird.

Die Integralausdrücke für die Komponenten der Multipolmomente lassen sich zurückführen auf Kombinationen von Einelektronintegralen, in deren Integranden Koordinatenpotenzen und MOs bzw. Basisfunktionen stehen. Im Detail schreiben wir das hier nicht auf, s. dazu etwa [II.1] (dort Kap. 11.). Die gängigen quantenchemischen Programmpakete (s. Abschn. 17.5) enthalten Berechnungsroutinen für solche Integrale und ermöglichen damit die näherungsweise Berechnung der Multipolmomente.

Elektrische Multipolmomente, insbesondere das Dipolmoment, lassen sich durch wellenfunktionsbasierte Methoden oft bereits auf dem RHF- oder besser: auf dem MP2-Niveau abschätzen – vorausgesetzt, es werden Basissätze von zumindest (DZ+P+D)-Qualität verwendet, damit die Außenbereiche der Ladungsverteilung und ihre Beeinflussung durch das elektrische Feld gut beschrieben werden können (die Integranden enthalten r-Potenzen). Es gibt jedoch auch Fälle eklatanten Versagens der RHF-Näherung, wofür das Dipolmoment des CO-Moleküls das wohl bekannteste Beispiel bildet. Selbst mit großen Basissätzen, mit denen sich Energien nahe dem HF-Limit ergeben, erhält man das Dipolmoment nicht nur dem Betrage nach viel zu groß, sondern auch das Vorzeichen ist falsch: während aus experimentellen Daten ein Wert von –0,043 D (Polarität C^-O^+) folgt[33], ergibt eine aufwendige HF-SCF-Berechnung[34] +0,099 D (Polarität C^+O^-). Die MP2 Näherung liefert zwar ebenfalls noch einen schlechten Wert für den Betrag, aber wenigstens die richtige Polarität.

DFT-Berechnungen mit Hybridfunktionalen (z. B. B3LYP) sind nach bisherigen Erfahrungen bereits mit mittelgroßen Basissätzen zuverlässiger als HF oder MP2-Berechnungen (vgl. [17.5], Abschn. 10.2).

Rechenresultate für das Dipolmoment des Formaldehydmoleküls (s. Tab. 17.9) mit einem der einfacheren gängigen Basissätze (6-31G*) sind bereits in MP2- und DFT(B3LYP)-Näherung ziemlich genau (bis auf wenige %), während die RHF-Näherung deutlich schlechter liegt.

(b) Elektrische Polarisierbarkeiten. Magnetische Suszeptibilitäten

Die anhand der Entwicklungen (4.75) bzw. (17.60) definierten Größen zweiter und höherer Ordnung sind viel schwieriger und aufwendiger theoretisch zu bestimmen als die Größen erster Ordnung (Multipolmomente). Wir beschränken uns hier auf die Berechnung *elektrischer Polarisierbarkeiten*, d. h. der Elemente $\alpha_{\xi\chi}$ des Tensors $\boldsymbol{\alpha}$ [Gl. (4.77)]. In der Näherung fixierter Kerne (starres Kerngerüst) spielt nur der Elektronenanteil eine Rolle.

Für derartige Größen bietet sich das grundsätzlich universell einsetzbare *Ableitungsverfahren* an, in dem aus der approximativ numerisch gewonnenen Energie $E^{\mathrm{e}}(\mathcal{E}_1,\mathcal{E}_2,\mathcal{E}_3)$ als Funktion der Feldstärkekomponenten die zweiten Ableitungen $\partial^2 E^{\mathrm{e}}/\partial\mathcal{E}_\xi\mathcal{E}_\chi$ numerisch berechnet werden. Hierbei lässt sich die differentielle Hellmann-Feynman-Relation (3.122) einsetzen, um Ausdrücke zu vereinfachen. Diese Verfahrensweise ist grundsätzlich weitgehend problemlos anwendbar.

Alternativ dazu kann man konventionelle störungstheoretische Methoden nach Abschnitt 4.4.2

---

[33] Lide, D. R. (Hrsg.): Handbook of Chemistry and Physics. CRC Press, New York (1994)

[34] Cohen, A. J., Tantirungrotechai, Y.: Molecular electric properties: an assessment of recently developed functionals. Chem. Phys. Lett. **299**, 465-472 (1999)

benutzen; hierbei sind jedoch gravierende Vereinfachungen nötig, um eine Abschätzung der Summenausdrücke (4.80) vornehmen zu können, welche im Prinzip die Kenntnis aller (oder zumindest sehr vieler) angeregter Zustände verlangen.

Vergleichende Studien (s. Fußnote 34) zeigen, dass für kleine Moleküle die mittlere Polarisierbarkeit $\langle\alpha\rangle \equiv (1/3)(\alpha_{xx} + \alpha_{yy} + \alpha_{zz})$ bereits in der RHF-Näherung oft erstaunlich genau berechnet wird, wesentlich besser allerdings in der MP2-Näherung – vorausgesetzt immer, dass mittelgroße Basissätze (mit Polarisations- und Diffusfunktionen) verwendet werden. Vergleichbar gute Ergebnisse liefern DFT-Rechnungen mit Hybridfunktionalen (z. B. B3LYP) und entsprechenden Basissätzen.

In Tab. 17.9 sind einige Daten für Formaldehyd angegeben. Die berechneten Werte $\langle\alpha\rangle$ in den Näherungen RHF, MP2 und DFT(B3LYP) mit der Basis 6-31G*, also ohne Diffusfunktionen, sind deutlich zu klein. Erst die CCSD-Näherung mit dem erheblich erweiterten Basissatz AVTZ (also einschließlich Diffusfunktionen) liefert ein akzeptables Resultat.

(c) IR- und Raman-Intensitäten

Mit Größen zweiter Ordnung haben wir es auch bei den für IR-Intensitäten maßgebenden Ableitungen der elektrischen Dipolmomentkomponenten nach den Normalkoordinaten Q_k zu tun (s. Abschn. 11.3.4.1 und 11.4.4.2):

$$I_{12} \propto \left|\left(\partial D_\xi/\partial Q_k\right)_0\right|^2 = \left|\left(\partial^2 E/\partial \mathcal{E}_\xi \partial Q_k\right)_0\right|^2; \tag{17.76}$$

die Ableitungen sind an $Q_k = 0$ zu nehmen. Für die Intensitäten von Raman-Schwingungsübergängen sind entsprechende Ausdrücke mit $\left(\partial\alpha_{\xi\chi}/\partial Q_k\right)_0$ zu berechnen. Das alles gilt bei Zugrundelegung der doppelt-harmonischen Approximation.

Auch hierfür ist die RHF-Näherung nicht ausreichend; man braucht Post-HF-Näherungen mit Basissätzen hoher Flexibilität (mit Polarisations- und Diffusfunktionen). In der Regel sind kaum mehr als Relativangaben sinnvoll, z. B. auf Ergebnisse von CCSD(T)-Berechnungen bezogen.

Generell bessere Resultate als RHF, meist auch besser als MP2, liefern DFT-Berechnungen mit Funktionalen vom BLYP-Typ (wieder genügend flexible Basissätze vorausgesetzt). Für zuverlässige Voraussagen scheinen sie aber noch nicht geeignet zu sein.[35]

(d) Kenngrößen der magnetischen Resonanzspektroskopie

Wegen der großen Bedeutung der magnetischen Resonanzspektroskopie in der instrumentellen chemischen Analytik diskutieren wir noch kurz einige diesbezügliche Messgrößen. Der Teil des Spektrums, um den es hier geht, entspricht sehr kleinen Energieniveauabständen bzw. Übergangsfrequenzen (Größenordnung 10^{-2} cm^{-1} bis zu einigen cm^{-1}, s. Abschn. 11.1.2 mit

[35] Vergleichende Studien hierzu s. DeProft, F., Martin, J. M. L., Geerlings, P.: On the performance of density functional methods for describing atomic populations, dipole moments and infrared intensities. Chem. Phys. Lett. **250**, 393-401 (1996); id. J. Chem. Phys. **106**, 3270 (1997).

Abb. 11.4), und die Niveauaufspaltungen werden durch spinabhängige (also relativistische) Wechselwirkungen bestimmt (s. Abschn. 9.4). Es handelt sich insbesondere um

- *Hyperfeinwechselwirkungen* der Bahndrehimpulse und Spins der Elektronen mit den Kernspins; Operatoren $\hat{V}_{\text{rel}}^{\text{ek3}}$ bzw. $\hat{V}_{\text{rel}}^{\text{ek5}}$ [Gln. (9.102b,c)],
- *Spin-Spin-Wechselwirkungen* der Kerne untereinander; Operator $\hat{V}_{\text{rel}}^{\text{k5}}$ [Gl. (9.100b)].

Werden diese Zusatzoperatoren zum nichtrelativistischen Hamilton-Operator hinzugefügt und störungstheoretisch berücksichtigt, so gibt es von der zweiten Ordnung an mehrere Mechanismen, die zu den verschiedenen Kopplungen beitragen, z. B. eine indirekte Wechselwirkung zwischen Kernspins über die Hyperfeinwechselwirkung mit den Elektronen.

Befindet sich das System in einem (homogenen und stationären) äußeren Magnetfeld, dann kommen zusätzlich die in Abschnitt 9.4.3 zusammengestellten $\mathcal{H}$- bzw. $\boldsymbol{A}$-abhängigen Störglieder ins Spiel. Sie bestimmen die beiden wichtigsten Messgrößen der magnetischen Resonanzspektroskopie: den *g-Tensor* $\mathbf{g}_{\text{e}}$ der Elektronenspinresonanz(ESR)-Spektroskopie und den *Abschirmtensor* $\boldsymbol{\sigma}_{\text{k}}$ der kernmagnetischen Resonanz(NMR)-Spektroskopie.

Eine systematische Übersicht über die verschiedenen magnetischen Wechselwirkungen und die dafür verantwortlichen Anteile der Störoperatoren kann man in [17.1] (s. dort Kap. 10) finden.

Eine ausführliche Darstellung der theoretischen Grundlagen und Zusammenhänge würde den Rahmen dieses Kurses sprengen; es müssen daher einige Hinweise genügen (mehr darüber etwa in [11.1]).

Die (klassische) Wechselwirkungsenergie eines freien Elektronenspins mit einem statischen Magnetfeld ist durch den Ausdruck $\Delta E^{\text{e}} = \gamma_{\text{e}} g_{\text{e}} (\boldsymbol{s} \cdot \mathcal{H})$ gegeben [vgl. Abschn. 4.4.2.1 und 9.4.3]; $\gamma_{\text{e}} \equiv -\bar{e}/2m_{\text{e}}c$ bezeichnet das gyromagnetische Verhältnis und g_{e} (≈ 2) den g-Faktor des Elektrons. Befindet sich das Elektron (etwa das ungepaarte Elektron eines Radikals) in einer molekularen Umgebung, dann ist die Beziehung für ΔE^{e} nicht mehr so einfach; es gilt: $\Delta E^{\text{e}} = \gamma_{\text{e}} \left(\mathbf{s}^{\text{T}} \mathbf{g}_{\text{e}} \mathcal{H}\right)$ mit einem *Tensor* $\mathbf{g}_{\text{e}}$ anstelle des skalaren g-Faktors. Das bedeutet: auf den Spin wirkt nicht $\mathcal{H}$, sondern ein nach Betrag und Richtung anderes lokales Magnetfeld $\mathcal{H}_{\text{lokal}}$. Dessen Zustandekommen kann man sich so vorstellen, dass durch das äußere Magnetfeld in der Elektronenverteilung lokale Ringströme induziert werden, die ein dem verursachenden Feld $\mathcal{H}$ entgegengerichtetes zusätzliches Magnetfeld $\mathcal{H}' = -\boldsymbol{\sigma}_{\text{e}} \mathcal{H}$ erzeugen, so dass auf das Elektron ein verändertes Magnetfeld $\mathcal{H}_{\text{lokal}} = \mathcal{H} + \mathcal{H}' = (\mathbf{1} - \boldsymbol{\sigma}_{\text{e}})\mathcal{H}$ wirkt; der Tensor $\boldsymbol{\sigma}_{\text{e}}$ heißt *ESR-Abschirmtensor*, $\mathbf{1}$ ist der Einheitstensor. Den Tensor $\mathbf{g}_{\text{e}}$ können wir dann in der Form

$$\mathbf{g}_{\text{e}} = g_{\text{e}}(\mathbf{1} - \boldsymbol{\sigma}_{\text{e}}) = g_{\text{e}}\mathbf{1} - \delta\mathbf{g} \qquad (17.77)$$

schreiben. Aus Messungen des anisotropen Anteils $\delta\mathbf{g}$ des g-Tensors lassen sich Rückschlüsse auf die elektronische Struktur des umgebenden molekularen Systems ziehen.

Analog liegen die Verhältnisse, wenn sich ein Kernspin $\boldsymbol{I}_a$ eines molekularen Systems in einem äußeren Magnetfeld befindet. Die Wechselwirkungsenergie dieses Kernspins mit dem Feld ist $\Delta E^{\text{k}} = \gamma_a g_a (\boldsymbol{I}_a \cdot \mathcal{H})$, und in molekularer Umgebung tritt wieder ein Abschirmeffekt ein, der das äußere

Magnetfeld $\mathcal{H}$ auf ein lokales Feld $\mathcal{H}_{\text{lokal}}$ abschwächt. Der in der entsprechenden Formel für $\mathcal{H}_{\text{lokal}}$ auftretende Tensor $\boldsymbol{\sigma}_{\text{k}}$ ($\equiv \boldsymbol{\sigma}_{\text{k}}^{a}$) wird als *NMR-Abschirmtensor* bezeichnet.

Bei den innermolekularen spinabhängigen Wechselwirkungen und entsprechenden Wechselwirkungen mit einem äußeren (nicht zu starken) Magnetfeld handelt es sich um kleine Störungen; die Berechnung dadurch bedingter Energieverschiebungen und -aufspaltungen erfordert die Einbeziehung entsprechender störungstheoretischer Korrekturen bis mindestens zur zweiten Ordnung. In konventionellen (wellenfunktionsbasierten) Methoden sind die störungstheoretischen Ausdrücke auch in diesem Fall sehr schwierig und aufwendig näherungsweise zu berechnen. Dichtefunktionalbasierte Methoden, in denen Störungen grundsätzlich durch Ableitungsverfahren behandelt werden, sind strenggenommen bei Einwirkung eines äußeren Magnetfeldes nicht anwendbar: Dichtefunktionale müssten nämlich nicht nur von der Elektronendichte, sondern auch von der durch das Magnetfeld induzierten Elektronen*strom*dichte $j(\boldsymbol{r})$ abhängen (vgl. hierzu [17.5], Kap. 11). Die so verallgemeinerte DFT steht noch in den Anfängen, und in der Regel wird die Stromdichteabhängigkeit einfach ignoriert. Dementsprechend unsicher und z. T. widersprüchlich fallen die Resultate aus, insgesamt scheint sich jedoch eine bessere Übereinstimmung mit experimentellen Daten als in der RHF-Näherung und meist auch besser als in der MP2-Näherung zu ergeben.

17.4.4 Molekülreaktivität

Für das Reaktionsverhalten von Molekülen lassen sich anhand einfacher Modellvorstellungen Kenngrößen formulieren, die orientierende Aussagen ermöglichen, ohne dass man weite Bereiche der Potentialhyperfläche kennen und die dynamischen Aspekte der elementaren Prozesse (s. Kap. 14) berücksichtigen muss. Derartige *statische Reaktivitätsmodelle* spielen hauptsächlich im Kontext semiempirischer Verfahren nach Abschnitt 17.2 eine Rolle (s. hierzu auch Abschn. 7.4.3.3*(c)*, 7.4.6 und 13.5 sowie [17.2], dort Abschn. 4.3.6):

I *Modell der Reaktantreaktivität,*

II *Modell der gestörten Reaktanten,*

III *Symmetriekorrelationen,*

IV *Modell der Übergangskonfiguration (ÜK)*;

dabei wird das reagierende System A + X gewissermaßen in verschiedenen Stadien des Ablaufs der Umlagerung entlang des Reaktionsweges modelliert (s. Abb. 17.13). Von Typ I bis Typ IV steigt der Aufwand bei Berechnungen an.

Modelle vom Typ I beruhen auf der Annahme, dass über den Ablauf einer Reaktion (als Maß dafür z. B. der Reaktionsgeschwindigkeitskoeffizient) im Wesentlichen bereits im Anfangsstadium durch eine bestimmte Eigenschaft (etwa die Elektronendichteverteilung) eines Reaktanten A entschieden wird. Für diese Reaktanteigenschaft wird eine Kenngröße definiert (für die Elektronendichteverteilung etwa die Ladungsordnung bzw. Bruttobesetzung einer Atomposition im Molekül A), die dann, wenn die Modellvorstellung geeignet gewählt wurde, mit dem Reaktionsgeschwindigkeitskoeffizienten korreliert. In Abschnitt 7.4.3.3*(c,iii)* wurde das im Rahmen des HMO-Modells für π-Elektronensysteme diskutiert.

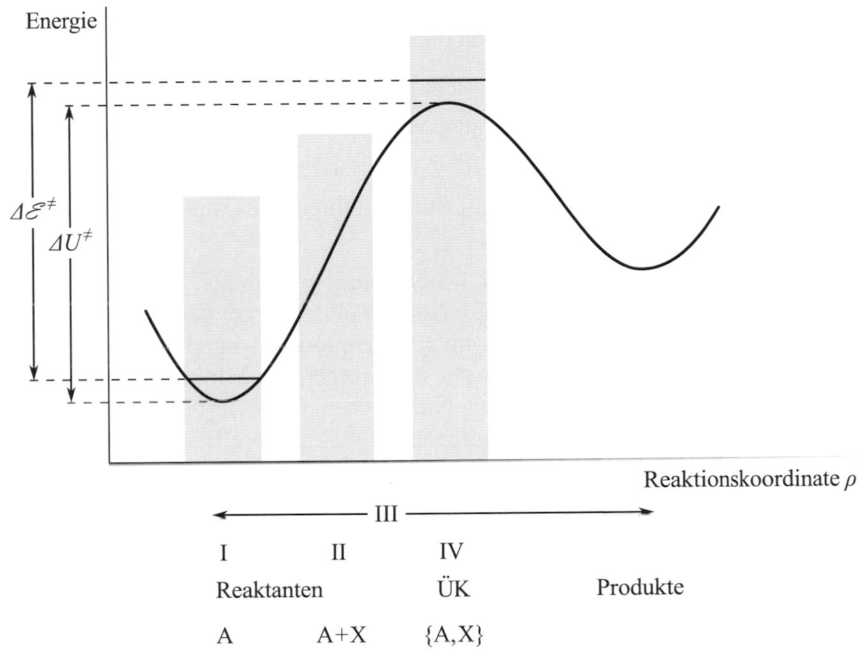

Abb. 17.13 Statische Modelle zur Beschreibung von molekularen Umlagerungen (schematisch)

Modelle vom Typ II verfeinern diese Betrachtungsweise, indem der Einfluss eines Reaktionspartners X als Störung an einem Reaktionszentrum von A berücksichtigt wird. Wir gehen darauf hier nicht ausführlicher ein, nennen nur als Beispiel für eine diesbezügliche Kenngröße die Superdelokalisierbarkeit nach K. Fukui (s. [17.2], Abschn. 4.3.6.).

Heute spielen solche *Reaktivitätsindizes* nur noch bei orientierenden Vorbetrachtungen eine Rolle.

Ein stark vereinfachtes und nur qualitativ aussagefähiges Interpolationsmodell bilden *Symmetriekorrelationen* (III), wie sie in Abschnitt 13.5 beschrieben und an einer einfachen MO-Näherung für die Ringschlussreaktion von cis-Butadien zu Cyclobuten erläutert wurden. Dabei ordnet man Molekülorbitale und Gesamtwellenfunktionen (bzw. die entsprechenden Energien) von Reaktantzuständen und Produktzuständen gleicher Symmetrie nach den Symmetrie-Korrelationsvorschriften einander zu und gewinnt aus dem energetischen Verlauf dieser Verknüpfungen (unter Beachtung der Überschneidungsverbote) Aussagen darüber, ob eine Umlagerung Reaktanten → Übergangskomplex → Produkte "symmetrie-erlaubt" oder "symmetrie-verboten" ist und folglich "leicht" oder "schwer", d. h. mit wenig oder viel Energieaufwand vor sich gehen kann (*Woodward-Hoffmann-Regeln*).

Das *Modell der Übergangskonfiguration* (IV) beruht auf einer statistischen Näherung für das Reaktionsgeschehen (s. Abschn. 15.2); die Zielstellung ist insofern ambitionierter, als auch quantitativ brauchbare Resultate angestrebt werden. Der am leichtesten zu behandelnde Fall ist der einer Umlagerung, deren Reaktionsweg (Potentialminimumweg) über einen einfachen Sattelpunkt der adiabatischen Potentialhyperfläche verläuft. Voraussetzung für die Anwendung der Eyring-Formel (15.35) ist dann, dass man die Potentialfunktion $U(\boldsymbol{R})$ in der Umgebung derjenigen Kernanordnung $\boldsymbol{R}^{\neq}$ kennt, für welche $U(\boldsymbol{R})$ einen einfachen Sattelpunkt besitzt. Probleme der quantenchemischen Bestimmung von Potentialdaten für Übergangsstrukturen $\boldsymbol{R}^{\neq}$, insbesondere Sattelpunktenergien $U(\boldsymbol{R}^{\neq})$ und Barrierenhöhen $\Delta U^{\neq}$ wurden in Abschnitt 17.4.2.1 und 17.4.2.3 besprochen; auf Suchverfahren zum Auffinden der Übergangsstrukturen gehen wir in Abschnitt 18.3.2 ein.

Die für die Anwendung des ÜK-Modells IV benötigten Schwingungs- und Rotationsfrequenzen der ÜK in der SRHO-Näherung, auf die man sich in der Regel beschränkt, ergeben sich bei der Sattelpunktermittlung gewissermaßen als Nebenprodukt; die ebenfalls erforderlichen Frequenzen der Reaktanten erhält man bei der entsprechenden Minimumsuche (s. Abschn. 17.4.2.2). Will man über die SRHO-Näherung hinausgehen, dann wird der Aufwand höher, da zur Gewinnung von Anharmonizitätskorrekturen etc. etwas größere Bereiche der Potentialhyperfläche in der Umgebung der Minima und des Sattelpunkts abgetastet und höhere als zweite Ableitungen berechnet werden müssen.

Um den insgesamt erheblichen Aufwand zu reduzieren, können weitere Vereinfachungen eingeführt werden, etwa indem man die geometrische Struktur der ÜK modellhaft als Struktur "zwischen" Reaktanten und Produkten konstruiert (s. hierzu Abschn. 18.3.2 sowie [17.1], dort Abschn. 2.9) und auch die Schwingungsfrequenzen interpolativ gewinnt. Grundsätzlich ähnelt eine solche Verfahrensweise dann dem in Abschnitt 15.3.2 für eine einfache Bindungsbruchreaktion beschriebenen Vorgehen, das im Rahmen der Gültigkeit des ÜK-Modells sogar quantitativ brauchbare Abschätzungen von Geschwindigkeitskoeffizienten erlaubt.

17.4.5 Thermochemische Eigenschaften

Werden die inneren Freiheitsgrade eines Moleküls nach ihren charakteristischen Zeitbereichen in Elektronenbewegung, Schwingungen und Rotation gruppiert (s. Abschn. 4.3.1) und adiabatisch separiert behandelt (s. Abschn. 11.2.4), dann setzt sich die gesamte innere Energie nach Gleichung (11.40) additiv aus den diesen Bewegungsgruppen entsprechenden Anteilen zusammen; zuzüglich des Translationsbeitrags hat man in der Schreibweise von Abschnitt 4.8.3 [Gl. (4.171)] die Gesamtenergie

$$\varepsilon \approx \tilde{\varepsilon} = \varepsilon^{\mathrm{tr}} + \varepsilon^{\mathrm{rot}} + \varepsilon^{\mathrm{vib}} + \Delta\varepsilon^{\mathrm{el}}, \tag{17.78}$$

bezogen auf einen beliebig festzulegenden Energienullpunkt, etwa das globale Minimum $U_0(\boldsymbol{R}^0)$ der adiabatischen Grundzustands-Potentialfunktion.

Wir betrachten jetzt ein makroskopisches System aus sehr vielen solchen Molekülen, setzen es als *ideales Gas* voraus und versuchen, auf möglichst einfache Weise aus Molekülberechnungen Informationen über die thermochemischen Eigenschaften des Systems zu gewinnen.

Auf Grund der adiabatischen Separation der Bewegungsformen bekommt die totale *Zustandssumme* $\mathcal{Q}(T)$ mit der Näherung (17.78) die Form eines Produkts (4.172):

$$\mathcal{Q}(T) \approx \tilde{\mathcal{Q}}(T) = \tilde{\mathcal{Q}}^{\mathrm{tr}}(T) \cdot \tilde{\mathcal{Q}}^{\mathrm{rot}}(T) \cdot \tilde{\mathcal{Q}}^{\mathrm{vib}}(T) \cdot \tilde{\mathcal{Q}}^{\mathrm{el}}(T). \tag{17.79}$$

Mittels dieser Zustandssummen lassen sich für das Gas aus molekularen Daten thermodynamische Funktionen oder im Rahmen des ÜK-Modells Reaktionsgeschwindigkeitskoeffizienten berechnen. Bei der erstgenannten Aufgabenstellung ist in der Regel gemäß Gleichung (4.173) der elektronische Anteil der Zustandssumme annähernd gleich dem Entartungsgrad des Elektronengrundzustands:

$$\tilde{\mathcal{Q}}^{\mathrm{el}}(T) \approx g_0^{\mathrm{el}}, \tag{17.80}$$

also ein konstanter Faktor. Da viele Moleküle einen totalsymmetrischen Singulett-Grundzustand haben, gilt somit meist: $g_0^{\mathrm{el}} = 1$.

Bei Berechnungen nach dem ÜK-Modell hat man

$$\tilde{\mathcal{Q}}^{\mathrm{el}}(T)^{\neq} \approx g_0^{\mathrm{el}\neq} \cdot \exp(-\Delta U_0^{\neq} / k_{\mathrm{B}}T), \tag{17.81}$$

wobei $\Delta U_0^{\neq}$ die Barrierenhöhe für die betrachtete Umlagerung bezeichnet (s. Abschn. 4.3.3.2, 13.1 und 15.2).

Der Translationsanteil lässt sich als geschlossene Formel angeben:

$$\tilde{\mathcal{Q}}^{\mathrm{tr}}(T) = (1/h^3)(2\pi M k_{\mathrm{B}}T)^{3/2} \tag{17.82}$$

[Gl. (4.175'), bezogen auf die Volumeneinheit]; in diesen Ausdruck geht als molekularer Parameter nur die Gesamtmasse M des Moleküls ein.

Die Anteile für die Rotations- und die Schwingungsfreiheitsgrade sind generell recht kompliziert und nicht in geschlossener Form darstellbar. Häufig liefern aber vereinfachte Modelle, wie sie in Kapitel 11 besprochen wurden, brauchbare Abschätzungen.

Bei einem *zweiatomigen Molekül* AB in einfachster Beschreibung durch das SRHO-Modell (starrer Rotator – harmonischer Oszillator, s. Abschn. 11.3.2.1) setzen sich die Energieanteile für Rotation und Schwingung additiv zusammen [Gl. (11.73)]. Der Rotationsanteil ist

$$\varepsilon^{\mathrm{rot}} = B_0 G(G+1) \tag{17.83}$$

mit der Rotationskonstanten $B_0 \equiv B(R^0) = \hbar^2/2I^0$; dabei bezeichnet $I^0 = \mu(R^0)^2$ das Trägheitsmoment des starren Moleküls, $\mu = m_{\mathrm{A}}m_{\mathrm{B}}/(m_{\mathrm{A}} + m_{\mathrm{B}})$ ist die reduzierte Masse des Kernpaares A–B. In der Zustandssumme (4.169) müssen die Entartungsgrade $g_G = 2G+1$ der Rotationsniveaus als statistische Gewichte berücksichtigt werden. Wenn die Rotationsniveaus sehr dicht liegen, d. h. ihre Abstände klein sind im Vergleich zu $k_{\mathrm{B}}T$, was bei hohen Temperaturen und/oder nicht ganz leichten Molekülen der Fall ist, kann die Summation durch eine Integration ersetzt werden; es ergibt sich: $\sum_G \to \int_0^\infty (2G+1)\exp[-B_0G(G+1)/k_{\mathrm{B}}T]\,\mathrm{d}G$ $= k_{\mathrm{B}}T/B_0 = 2I^0 k_{\mathrm{B}}T/\hbar^2$. Eine genauere Untersuchung der Symmetrieverhältnisse zeigt, dass für homonukleare zweiatomige Moleküle dieser Ausdruck noch durch 2 dividiert werden muss. Allgemein hat man also die Formel

$$\tilde{\mathcal{Q}}^{\mathrm{rot}}(T) \approx (1/\sigma)(2k_{\mathrm{B}}T/\hbar^2)I^0, \tag{17.84}$$

wobei die *Symmetriezahl* σ für ein heteronukleares zweiatomiges Molekül gleich 1, für ein homonukleares zweiatomiges Molekül gleich 2 zu setzen ist.

Die Symmetriezahl ist definiert (s. [11.4], Abschn. V,1) als die Anzahl ununterscheidbarer Kernanordnungen des starren Moleküls, die durch eine reine Drehung ineinander übergeführt werden können. Gruppentheoretisch formuliert ist σ für ein mehratomiges nichtlineares Molekül die Ordnung derjenigen Untergruppe der Symmetriegruppe des Molekül-Kerngerüstes, die nur die Drehungen (und das Einselement) umfasst, s. Anhang A1.3.3.2. So bildet z. B. die Gruppe $\{ E, C_2 \}$ für H_2O die Untergruppe der reinen Drehungen, somit ist $\sigma = 2$; für NH_3 ist $\sigma = 3$, für Benzol $\sigma = 12$.

Der Schwingungsanteil der Zustandssumme, $\tilde{\mathcal{Q}}^{\text{vib}}(T)$, kann im interessierenden Temperaturbereich (etwa Zimmertemperatur 300° C) nicht durch ein Integral approximiert werden, weil die Abstände $\Delta\varepsilon^{\text{vib}}$ der Energieniveaus nicht klein gegenüber $k_{\text{B}}T$ sind (s. Abschn. 4.3.1). In harmonischer Näherung hat man für den Schwingungsfreiheitsgrad die Energie

$$\varepsilon^{\text{vib}} = \hbar\omega(\upsilon + 1/2) \tag{17.85}$$

mit der Grundfrequenz $\omega = (1/\mu)(\mathrm{d}^2U/\mathrm{d}R^2)_{R=R^0}$, und die Summation lässt sich wegen des konstanten Abstands aufeinanderfolgender Schwingungsniveaus in geschlossener Form ausführen; unter Verwendung der Summenformel für die geometrische Reihe ergibt sich:

$$\tilde{\mathcal{Q}}^{\text{vib}}(T) \approx \exp(-\hbar\omega/2k_{\text{B}}T)/[1-\exp(-\hbar\omega/k_{\text{B}}T)]\,. \tag{17.86}$$

An molekularen Informationen werden zur Berechnung der Zustandssummen in der SRHO-Näherung also nur die Massen der beiden Atome, der dem Potentialminimum entsprechende Kernabstand R^0 und die zweite Ableitung der Potentialfunktion $U(R)$ im Minimum ($R = R^0$) benötigt.

Für *mehratomige Moleküle* ist die Aufgabe komplizierter; sie lässt sich aber ebenfalls vereinfachen, wenn die Molekülrotation als Drehung eines starren Kerngerüstes (s. Abschn. 11.4.1) und die Schwingungen im Normalschwingungsmodell (s. Abschn. 11.4.2) behandelt werden.

Die Rotation von linearen starren Molekülen (s. Abschn. 11.4.1.3) wie auch von Kugelkreiselmolekülen (s. Abschn. 11.4.1.4) führt auf Ausdrücke, die denen der zweiatomigen Moleküle analog sind; für lineare symmetrische Moleküle gilt $\sigma = 2$. Auch für starre symmetrische Kreiselmoleküle lässt sich die Rotationsenergie in geschlossener Form aufschreiben (s. Abschn. 11.4.1.4) und damit für kleine Werte der Rotationskonstanten (große Trägheitsmomente) und/oder hohe Temperaturen eine Näherungsformel für die Rotationszustandssumme gewinnen. Das geht nicht mehr bei asymmetrischen Kreiselmolekülen. Es gibt aber auch für diesen Fall eine brauchbare Näherungsformel:

$$\tilde{\mathcal{Q}}^{\text{rot}}(T) \approx (1/\sigma)(2k_{\text{B}}T/\hbar^2)^{3/2}(\pi I_1^0 I_2^0 I_3^0)^{1/2} \tag{17.87}$$

(nach [11.4], dort Abschn. V,1), wobei I_1^0, I_2^0 und I_3^0 die drei Hauptträgheitsmomente sind, berechnet für diejenige Kernanordnung, in der die Potentialhyperfläche ihr globales Minimum annimmt; σ ist wieder die Symmetriezahl.

Die Schwingungszustandssumme $\tilde{\mathcal{Q}}^{\text{vib}}(T)$ ist für den Fall mehratomiger Moleküle sehr einfach zu berechnen, wenn man sich auf die harmonische Näherung, also das Normalschwingungsmodell, beschränkt (s. Abschn. 11.4.2.3). Die gesamte Schwingungsenergie $E^{\text{vib}}_{v_1 v_2 \ldots}$ setzt sich nach Gleichung (11.156) additiv aus den Beiträgen (17.85) der einzelnen Normalschwingungen zusammen, dementsprechend hat die Zustandssumme die Form eines Produkts von Ausdrücken (17.86). Wenn wir uns zunächst nicht um Entartungen kümmern, dann haben wir $\tilde{\mathcal{Q}}^{\text{vib}}(T) \approx \tilde{\mathcal{Q}}_1^{\text{vib}}(T) \cdot \tilde{\mathcal{Q}}_2^{\text{vib}}(T) \cdot \ldots \cdot \tilde{\mathcal{Q}}_f^{\text{vib}}(T)$ mit $f = 3N^{\text{k}} - 6$ im allgemeinen Fall bzw. $f = 3N^{\text{k}} - 5$ für lineare Moleküle, somit

$$\tilde{\mathcal{Q}}^{\text{vib}}(T) \approx \prod_{l=1}^{f} \{\exp(-\hbar\omega_l / 2k_{\text{B}}T) / [1 - \exp(-\hbar\omega_l / k_{\text{B}}T)]\}. \tag{17.88}$$

Sind Schwingungsniveaus entartet, so treten die zugehörigen Teil-Zustandssummen in Gleichung (17.88) mehrfach auf; wir brauchen die resultierendenAusdrücke hier nicht gesondert aufzuschreiben.

In den betrachteten Näherungen lassen sich also Zustandssummen und die daraus nach Abschnitt 4.8.5 zu gewinnenden *thermodynamischen Funktionen* im Prinzip recht einfach und mit wenigen molekularen Eingangsdaten berechnen. Entsprechende Programmteile sind heute in den meisten der großen Programmpakete (s. Abschn. 17.5) enthalten.

Die beim Aufbau einer chemischen Verbindung aus ihren Elementen eintretende molare (auf ein Mol bezogene) Enthalpieänderung $\Delta_{\text{B}}\mathcal{H}$ bezeichnet man als *Bildungsenthalpie*. In der Regel werden Bildungsenthalpien für *Standardzustände* angegeben: $\Delta_{\text{B}}\mathcal{H}^{\circ}$; für Gase bedeutet das: ideales Gas (für Flüssigkeiten und Feststoffe: reine Phasen) bei einem Druck von 1 bar und der Temperatur $T = 298{,}15\ \text{K} = 25°\text{C}$.

Ausführlicheres findet man in der einschlägigen physikalisch-chemischen Literatur, z. B. [1.1][1.2]. Dort ist der Standardzustand meist durch ein hochgestelltes Zeichen $^{\ominus}$ kenntlich gemacht. Als Standarddruck wird oft auch noch 1 atm = 1,01325 bar verwendet.
Es ist zu beachten, dass im Standardzustand die Elemente sich in der unter diesen Bedingungen stabilen Aggregation befinden, also Wasserstoff und Sauerstoff als zweiatomige Gase H_2 bzw. O_2, Kohlenstoff als Graphit usw.
Da es stets nur auf Enthalpiedifferenzen ankommt, wird den Bildungsenthalpien der *Elemente* in ihrem Standardzustand willkürlich der Wert Null zugeschrieben.

Sei $\Delta_{\text{B}}\mathcal{H}_0^{\circ} \equiv \Delta_{\text{B}}\mathcal{H}^{\circ}(T=0)$ die auf den absoluten Temperatur-Nullpunkt $T = 0$ extrapolierte molare Bildungsenthalpie; in diesem Zustand finden nur die Nullpunktschwingungen statt, ansonsten sind alle molekularen Bewegungen "eingefroren". Diese auf $T = 0$ extrapolierte Bildungsenthalpie $\Delta_{\text{B}}\mathcal{H}_0^{\circ}$ kann als Differenz zwischen der Summe der Bildungsenthalpien $(\Delta_{\text{B}}\mathcal{H}_0^{\circ})_a$ der Elemente (Atomsorten a) und der Atomisierungsenergie D_0^{at} [s. Gl. (17.62), also mit Einschluss der Nullpunktschwingungsenergie] geschrieben werden:

$$\Delta_B\mathscr{H}_0^\circ = \sum\nolimits_a (\Delta_B\mathscr{H}_0^\circ)_a - D_0^{at}, \qquad (17.89)$$

üblicherweise angegeben in kcal/mol.

Zur Berechnung der Bildungsenthalpien $\Delta_B\mathscr{H}_0^\circ$ wird meist ein semiempirisches Verfahren[36] benutzt, bei dem man für die Bildungsenthalpien $(\Delta_B\mathscr{H}_0^\circ)_a$ der Elemente experimentelle Werte[37] nimmt und die nullpunktschwingungskorrigierte molekulare Atomisierungsenergie D_0^{at} quantenchemisch aus Potentialdaten U und der Nullpunktschwingungsenergie $E_{mol|0}^{vib}$ bestimmt.

Mittels der Zustandssummen $\tilde{\mathscr{Q}}(T)$ lassen sich die Bildungsenthalpien (und andere thermodynamische Größen) auf Temperaturen $T > 0$ umrechnen; auch die Element-Bildungsenthalpien müssen entsprechend korrigiert werden.

Indem man solche Berechnungen an einem Sattelpunkt $\boldsymbol{R}^{\neq}$ der adiabatischen Potentialhyperfläche für eine chemische Umlagerung $X_1 + X_2 \rightarrow Y_1 + Y_2$ durchführt, können Geschwindigkeitskoeffizienten im Rahmen des Modells der Übergangskonfiguration (s. Abschn. 15.2) bestimmt werden. Hierzu lässt sich auch die thermodynamische Formulierung (15.38) der Eyring-Formel benutzen; man hat dann die (verkürzte) *Freie Aktivierungsenthalpie* $\Delta\mathscr{G}'^{\neq} = \Delta\mathscr{H}^{\neq} - \Delta\mathscr{S}'^{\neq}$ zu berechnen.

Will man über dieses Niveau der Behandlung hinausgehen, etwa relativistische (Spin-Bahn-) Korrekturen, Anharmonizitätskorrekturen und Kopplungen zwischen den Bewegungsformen berücksichtigen oder Inversions- und Torsionsschwingungen adäquat behandeln (s. Abschn. 11.4.3), dann wird der Aufwand wesentlich höher. Darauf einzugehen würde den Rahmen dieses Kurses sprengen.

Eine umfangreiche Zusammenstellung von Berechnungsergebnissen für Bildungsenthalpien findet man in der vergleichenden Studie von Curtiss, L. A., et al. (s. Fußnote 30b). Einige Daten für Formaldehyd enthält Tab. 17.9. Die dortigen angegebenen Bildungsenthalpien hängen empfindlich von der verwendeten quantenchemischen Näherung ab und schwanken stark; das überrascht nicht, da sich $\Delta_B\mathscr{H}_0^\circ$ als kleine Differenz zweier großer Zahlen ergibt. Hervorzuheben ist das Resultat der DFT(B3LYP)-Berechnung, das erstaunlich gut mit dem experimentellen Wert übereinstimmt. Im Unterschied zur Bildungsenthalpie werden für die spezifische Wärme $\mathscr{C}_V$ und die Entropie $\mathscr{S}$ mit allen in Tab. 17.9 benutzten Näherungen gute Ergebnisse erzielt.

---

[36] S. etwa Ochterski, J. W., et al., J. Am. Chem. Soc. **117**, 11299 (1995); vgl auch Fußnote 30b.
[37] Chase Jr., M. W.: NIST-JANAF Thermodynamical Tables. 4th Ed. J. Phys. Chem. Ref. Data, Monograph **9**, 1-1951 (1998)

17.5 Computersoftware: Quantenchemie-Programmpakete

Mit der wachsenden Leistungsfähigkeit der quantenchemischen Berechnungsverfahren (hinsichtlich zugänglicher Systemgröße, Genauigkeit und Zuverlässigkeit) einerseits und der Computerressourcen (CPU-Operationsgeschwindigkeit und Speicherkapazität) andererseits ist der Bedarf an Software zunächst in der Grundlagenforschung, dann aber zunehmend auch in der Anwendungsforschung stark angestiegen. Beginnend in den 1980er Jahren wurden mehrere bis heute laufend erweiterte und verbesserte, vielseitig einsetzbare Programmpakete für quantenchemische Berechnungen entwickelt; sie werden (meist) kommerziell vertrieben und unterliegen mehr oder weniger strengen Nutzungsbedingungen.

Der Anwender erwartet generell, natürlich auch abhängig von seinen Vorkenntnissen, von einem quantenchemischen Programmpaket

- eine möglichst vollständige, aber dennoch knappe Dokumentation einschließlich der wichtigsten Literaturangaben,
- ständige Aktualisierung und Fehlerbeseitigung,
- nutzerfreundliche Bedienung,
- Wahlmöglichkeiten zwischen verschiedenen Näherungsniveaus und verschiedenen methodischen Varianten,
- Möglichkeit der Berechnung einer breiten Vielfalt von Folgegrößen,

Ausgabe der Resultate in übersichtlicher Form, soweit sinnvoll graphisch mit integriertem oder externem Graphikprogramm.

Diese Anforderungen werden heute weitgehend erfüllt.

In Tab. 17.10 ist eine Auswahl an breit genutzten Programmpaketen zusammengestellt. Typischerweise setzt sich ein solches Paket aus mehreren Teilen zusammen, die verschiedene Autoren haben. Wir nennen hier nur Hauptautoren, von denen die Programmentwicklung und -pflege federführend organisiert wird. Angegeben ist ferner die Internetadresse sowie meist ein kurzer pauschaler Hinweis auf verfügbare Methoden. Es wird nicht versucht, Vergleiche hinsichtlich Leistungsfähigkeit, Benutzerfreundlichkeit, Zuverlässigkeit etc. vorzunehmen. Der Leser kann solche Informationen über das Internet, aus der Literatur und aus Diskussionen in Nutzerforen entnehmen.

Der einfache Zugang zu derartiger leistungsfähiger und nutzerfreundlicher quantenchemischer Software sowie die Verfügbarkeit großer Hardware-Ressourcen vom Arbeitsplatz aus haben dazu geführt, dass quantenchemische Berechnungen heute praktisch von jedem Interessenten durchgeführt werden können. Die Entwicklung zeigt, wie nützlich solche Berechnungen bei der Unterstützung praktischer Forschungs- und Entwicklungsarbeit sind, indem sie etwa bei der Suche nach Verbindungen mit bestimmten gewünschten Eigenschaften (Pharmaka, Katalysatoren, Supraleiter etc.) den Suchbereich durch Voraussagen einengen oder zur Entdeckung ganz neuer Wirkprinzipien führen können. Eine solche Entwicklung hat aber auch ihre Kehrseite (s. Abschn. 16.3.1), indem die Gefahr ungenügender theoretischer Vorbereitung seitens des Nutzers und dadurch bewirkter unkritischer und unsachgerechter Anwendung wächst, wenn dem nicht schon in der Ausbildung entgegengewirkt wird.

Tab. 17.10 Quantenchemische Programmpakete (Auswahl). Oberer Teil: Schwerpunkt Ab-initio-Verfahren; unterer Teil: Schwerpunkt semiempirische Verfahren

Name des Pakets	Entwickler (Autoren, Institution)	Internetadresse	Bemerkungen[a]
Gaussian	Gaussian, Inc. Wallingford, CT/USA	www.gaussian.com	WFNE WFSE DFT
MOLPRO	H.-J. Werner, P. J. Knowles Univ. Stuttgart/D	www.molpro.net	WFNE DFT
MOLCAS	B. Roos Univ. Lund/S	www.molcas.org	WFNE DFT (QM/MM)
TURBOMOLE	COSMOlogic GmbH & Co. KG R. Ahlrichs Univ. Karlsruhe	www.cosmologic.de www.turbomole.com	WFNE DFT MD
GAMESS[b]	M. Dupuis NRCC Univ. of California Berkeley, CA/USA M. Gordon Iowa State Univ. Ames, IA/USA	www.msg.ameslab.gov /gamess	WFNE DFT (WFSE)
CADPAC	R.D. Amos et al. Univ. of Cambridge/GB	www-theor.ch.cam.ac.uk /software/cadpac	WFNE DFT analytische Ableitungen
AMPAC	Semichem, Inc. R. D. Dennington Shawnee, KS/USA	www.semichem.com	WFSE
Hyperchem	Hypercube, Inc. N. S. Ostlund Univ. of Waterloo/CDN	www.hyper.com	WFSE WFNE DFT Molekülmanipulation
MOPAC	Stewart Comput. Chemistry J. Stewart Colorado Springs, CO/USA	www.openmopac.net	WFSE

[a] Die Abkürzungen bedeuten: WFNE – wellenfunktionsbasierte nichtempirische Verfahren; WFSE – wellenfunktionsbasierte semiempirische Verfahren; DFT – dichtefunktionaltheoretische Verfahren; QM/MM – kombinierte quantenmechanische/molekülmechanische Verfahren; MD – Molekulardynamik. In Klammern: Programmteile von geringerem Umfang.

[b] Ein Teil des Pakets ist HONDO von M. Dupuis.

17.6 Zur künftigen Entwicklung der rechnende Quantenchemie

17.6.1 Nochmals zum Skalierungsproblem

Die Skalierungseigenschaften quantenchemischer Berechnungsverfahren, d. h. die Abhängigkeit des Rechenaufwands von der Systemgröße, theoretisch zu formulieren, ist nicht ganz einfach, zumal dann, wenn man die *Systemgröße* durch nur *einen* Parameter angeben will. Die in Abschnitt 17.1 zitierten Abschätzungen arbeiten mit von den Autoren unterschiedlich definierten Parametern als Maß für die Molekülgröße, z. B. Anzahl der Atome, Anzahl der korrelierten Elektronen, Anzahl M der Basisfunktionen. Da es bei derartigen Skalierungsvergleichen nur auf grob annähernde Trends ankommt, wird es vertretbar sein, die verschiedenen Größenparameter als zueinander proportional anzunehmen. Wir verwenden wie [17.1] die Basissatzdimension M als Größenparameter.

Die in diesem Kapitel gemachten Skalierungsangaben (Tab. 17.4) beziehen sich auf "geradezu" durchgeführte Berechnungsverfahren, d. h. ohne spezielle aufwandsmindernde Maßnahmen, durch welche die Besonderheiten des jeweiligen molekularen Systems ausgenutzt werden. Es handelt sich in diesem Sinne um eine *formale* Skalierung (zur Bezeichnung s. [17.1], Abschn. 4.14). Ferner ist zu beachten, dass die Teilschritte einer quantenchemischen Berechnung unterschiedlich skalieren; so dass der Aufwand in der Form $c_{k_1}M^{k_1}+c_{k_2}M^{k_2}+\ldots$ von M abhängt. Bei großen Basissatzdimensionen M dominiert aber das Glied mit dem größten k-Wert so stark, dass alle anderen Beiträge außer Betracht bleiben können.

Für die drei bisher dominierenden methodischen Säulen der rechnenden Quantenchemie – konventionelle (wellenfunktionsbasierte) nichtempirische Verfahren, konventionelle semiempirische Verfahren und Dichtefunktional-Verfahren – wurde in den Abschnitten 17.1 – 17.3 diskutiert, wie der Berechnungsaufwand (als Maß dafür die CPU-Zeit T_{CPU}) mit der Dimension M des Basissatzes anwächst; bei genügend großem M hat man näherungsweise

$$T_{\text{CPU}}=c_k M^k\,, \tag{17.90}$$

wobei der Exponent k generell umso größere Werte annimmt, je komplexer das Berechnungsverfahren ist. Der für den tatsächlichen Aufwand oft entscheidende Faktor c_k lässt sich nicht allgemein herleiten, allenfalls durch vergleichende Berechnungen abschätzen.

Der Schwerpunkt der Entwicklung wird vermutlich auch weiterhin bei *rationalisierten konventionellen Ab-initio-Verfahren* sowie *Dichtefunktional-Verfahren* liegen. Man bemüht sich, deren Effizienz so zu steigern, dass sie zunehmend große molekulare Systeme (große Moleküle, spez. Biomoleküle und Polymere, Cluster mit Hunderten von Atomen u. dgl.) mit vertretbarem Aufwand und ohne wesentliche Einbußen an Genauigkeit und Zuverlässigkeit zu berechnen erlauben. Das muss auf solidem theoretischen Fundament geschehen, indem man die Verfahren "kontrolliert entschlackt", d. h. die auftretenden Integrale, Matrixelemente etc. nur so vollständig und so genau berechnet, wie sie tatsächlich benötigt werden und das Ergebnis der Rechnung beeinflussen. Das Ziel besteht darin, das Anwachsen des Rechenaufwands mit der "Größe" des Systems, möglichst gering zu halten, im Idealfall eine lineare Skalierung zu erreichen ($k\approx 1$), so dass der Aufwand nur annähernd proportional zur Systemgröße und nicht stärker ansteigt.

Ansätze für eine Bewältigung des Skalierungsproblems wurden in diesem Kapitel jeweils im Kontext der verschiedenen Näherungsmethoden diskutiert. Es existiert eine bereits recht umfangreiche Literatur über Strategien zur Verminderung von k; zahlreiche Hinweise findet man beispielsweise in [17.1] und für DFT-Verfahren in [17.5]; eine Übersicht gibt auch der in Fußnote 14 genannte Artikel von S. Goedecker (1999).

Für die sich in den letzten Jahren stark entwickelnden ("nichtkonventionellen") Methoden – explizit-korrelierte Wellenfunktionsansätze (s. Abschn. 9.1.4.4) sowie Quanten-Monte-Carlo-Verfahren (s. Abschn. 4.9 und 17.1.5) – liegen noch keine umfassenden Untersuchungen vor.

17.6.2 Ausblick

Von vielen Experten werden der *Dichtefunktional-Theorie (DFT)* auf Grund ihrer günstigen Skalierungseigenschaften die besten Chancen eingeräumt, um große Systeme mit für die Zwecke der Chemie ausreichender ("chemischer") Genauigkeit zu beschreiben. Das erscheint realistisch, soweit es sich um Eigenschaften gebundener Systeme in der näheren Umgebung der Gleichgewichtskernanordnung handelt. Um DFT-Verfahren tatsächlich umfassend einsetzen zu können, ist es jedoch erforderlich, die noch vorhandenen Schwachstellen sowohl in den theoretischen Grundlagen und als auch hinsichtlich des Zugangs zur vollen Palette von Folgegrößen zu beseitigen.

Zur Berechnung genauer Lösungen der Schrödinger-Gleichung für kleine Systeme (wenige Elektronen) und damit zur Gewinnung von Referenzdaten ("Benchmark"-Berechnungen) könnten sich künftig stochastisch-numerische *Quanten-Monte-Carlo(QMC)-Verfahren* (s. Abschn. 4.9 und 17.1.5) weiter etablieren. Eine ähnliche Rolle und sogar eine Konkurrenz mit heutigen Coupled-Cluster Näherungen beim Vordringen in Größenbereiche von praktischer chemischer Bedeutung wird von manchen Autoren für explizit-korrelierte Verfahren erwartet.

Die *konventionellen semiempirischen Verfahren* werden voraussichtlich zwar auch künftig ihren Platz haben und z. B. für schnelle Abschätzungen eingesetzt werden, aber nicht maßgeblich die weitere Entwicklung bestimmen.

Wie weit Berechnungen großer Systeme vorangetrieben werden können, hängt natürlich stark von der Entwicklung der Leistungsfähigkeit der Hardware- und Software-Ressourcen ab. Einige Aspekte von Hochleistungsberechnungen (engl. high-performance computing, abgek. HPC)[38] werden in [17.6] (s. dort Kap. 13) diskutiert. Eine wichtige Rolle spielt dabei die Möglichkeit einer *Parallelisierung*, d. h. Aufspaltung einer Berechnung in Teile, die nebeneinander weitgehend unabhängig ablaufen und daher von verschiedenen Prozessoren bzw. den Komponenten eines Rechner-Clusters separat erledigt werden können. Das gelingt für konventionelle quantenchemische Berechnungen oft nur für einzelne Teilschritte und ist dann nicht effizient[39]. Bei manchen der niedrig-skalierenden Verfahren zur Berechnung großer Systeme sind die Bedingungen für eine Parallelisierung offenbar günstiger (s. S. Goedecker, Fußnote 14); das gilt voraussichtlich auch für QMC-Verfahren.

---

[38] Von Hochleistungs-Rechenanlagen spricht man, wenn Operationsgeschwindigkeiten im Gigaflop- bis Teraflop-Bereich erzielt werden, sei es in *einer* kompakten Rechenanlage (Supercomputer) oder durch zusammengeschaltete Kleinrechner vom PC-Typ (*PC-Cluster*).

[39] T. G. Mattson (Hrsg.): Parallel Computing in Computational Chemistry. ACS. Washington DC (1995)

Ergänzende Literatur zu Kapitel 17

[17.1] Jensen, F.: Introduction to Computational Chemistry. Wiley, Chichester (2008)

[17.2] Scholz, M., Köhler, H.-J.: Quantenchemie. Ein Lehrgang. Bd. 3: Quantenchemische Näherungsverfahrenund ihre Anwendung in der organischen Chemie. Dt. Verlag der Wissenschaften, Berlin (1981) und Hüthig-Verlag, Heidelberg (1985)

[17.3] Kunz, R. W.: Molecular Modelling für Anwender. Teubner, Stuttgart (1997)

[17.4] Leach, A. R.: Molecular Modelling. Principles and Applications. Pearson Educ., London (2001)

[17.5] Koch, W., Holthausen, M. C.: A chemist's guide to density functional theory. Wiley-VCH, Weinheim (2008)

[17.6] Ramachandran, K. I., Deepa, G., Namboori, K.: Computational Chemistry and Molecular Modeling. Principles and Applications. Springer, Berlin/Heidelberg (2008)

18 Molekulare Kraftfeldmodelle

Die quantenchemische Berechnung elektronisch adiabatischer Wechselwirkungspotentiale $U(\boldsymbol{R})$ für molekulare Systeme ist schwierig und enorm aufwendig (s. Abschn. 13.1.1, 17.4.2 und 17.4.2.1); sie bildet einen engen "Flaschenhals" in der rechnenden Quantenchemie – besonders wenn es um die Struktur und die Reaktivität größerer, praktisch relevanter molekularer Systeme geht. Es ist daher ein wichtiges Anliegen, Möglichkeiten dafür zu finden, diese quantenchemische Potentialberechnung zu umgehen. Das wird mit sogenannten *Kraftfeld-Ansätzen* versucht, die den Gegenstand des vorliegenden Kapitels bilden; in den vorangegangenen Kapiteln hatten wir bereits mehrfach darauf Bezug genommen.

In Abschnitt 13.3 sowie 17.4.2.*1(b)* bestand die Aufgabe darin, für ein individuelles molekulares System eine Menge von quantenchemisch berechneten Potentialpunkten, die als solche bei der weiteren Verarbeitung meist unbequem zu handhaben ist, durch eine analytische Funktion so zu approximieren, dass die Punkte im Mittel mit einer vorgegebenen Fehlertoleranz reproduziert werden. Im vorliegenden Kapitel hingegen wird eine Potentialfunktion in einer molekülphysikalisch sinnvollen Form angenommen (*Modellpotential*) und für einen Testsatz von Systemen parametrisiert, d. h. die im Funktionsansatz enthaltenen Parameter werden so festgelegt, dass für diese Systeme bestimmte Folgegrößen (etwa Molekülgeometrien, Energien o. dgl.) im Mittel hinreichend gut wiedergegeben werden.

Hat man eine Potentialfunktion in geschlossener analytischer Form zur Verfügung, dann ist die Durchführung einer topographischen Analyse und die Berechnung von Potentialwerten zur Weiterverwendung (z. B. Untersuchung der Dynamik) relativ wenig rechenaufwendig.

Zur Gewinnung von Modellpotentialen für die Umgebung lokaler Minima von Potentialhyperflächen kann man auf umfangreiche theoretische und (indirekte) experimentelle Informationen zurückgreifen, insbesondere über Molekülstrukturen. Die Situation ist aber weitaus weniger komfortabel, wenn man Modelle für den Potentialverlauf über weite Bereiche von Kernkonfigurationen braucht.

18.1 Molekülstrukturen aus Datenbanken. Standardgeometrien

Angaben zu Molekülstrukturen stammen vorwiegend aus *Kristallstrukturuntersuchungen* (Röntgen-Kristallstrukturanalyse, RKSA), deren Resultate in umfangreichen *Strukturdatenbanken* verfügbar sind: *Cambridge Structural Database (CSD)*, *Inorganic Crystal Structure Database* (Karlsruhe) u. a. (s. Abschn. 16.3).

Wenn Strukturdaten auf einer Röntgen-Kristallstrukturanalyse beruhen, begrenzt das grundsätzlich ihre Eignung als molekulare Referenzdaten. Zwar zeigt die Erfahrung, dass Bindungslängen und -winkel durch die Einbettung in einen Kristallverband (vgl. Abschn. 10.2.2) meist wenig beeinflusst werden. Torsions- und Diederwinkel, für deren Änderung nur geringe Energiebeträge erforderlich sind (flache Potentialmulden und -barrieren), können aber in einer Kristallumgebung gegenüber ihren Werten in freien Molekülen (Gasphase) wesentlich verändert sein. Prinzipiell unverfälscht ergeben sich molekulare Strukturdaten aus *Elektronen-*

beugungsmessungen in der Gasphase, allerdings liegen solche Daten bisher in geringerem Umfang vor. Wichtige Quellen für geometrische Strukturdaten von Molekülen sind auch *spektroskopische Messungen* (vgl. Kap. 11).

Die inzwischen verfügbare Menge an experimentell gewonnenen Strukturinformationen ermöglicht eine statistische Absicherung der anfangs oft heuristisch benutzten, dann für kleine Moleküle auch theoretisch begründeten Annahme, dass ein molekulares Gebilde aus bestimmten, von Molekül zu Molekül übertragbaren Strukturelementen – Atomgruppen oder Atompaaren (Bindungen) – zusammengesetzt gedacht werden kann (vgl. hierzu Abschn. 10.3). Vom theoretischen Standpunkt aus ist das eine mehr oder weniger grobe Näherung; sie begründet die Möglichkeit, *Strukturmodelle* zu erzeugen: Für die Werte von Bindungslängen sowie Bindungs-, Dieder- und Torsionswinkeln innerhalb bestimmter Klassen von Verbindungen (etwa gesättigte Kohlenwasserstoffe, Aromaten etc.) lassen sich aus dem Datenmaterial statistische Mittelwerte gewinnen und als *Standard-Strukturdaten* zum Aufbau räumlicher Molekülstrukturen verwenden, die in der Regel ein einigermaßen richtiges Grobmodell für die tatsächlichen Molekülstrukturen liefern (s. Abschn. 16.2*(i)*) und als Startgeometrien für eine genauere theoretische Ermittlung der Molekülstruktur (Geometrieoptimierung durch Minimumsuche auf der adiabatischen Potentialhyperfläche) dienen können, s. Abschnitt 18.3.

18.2 Molekulare Potentialfunktionen

Molekulare Modellpotentiale werden baukastenartig zusammengesetzt und können daher im Prinzip auf beliebig große molekulare Systeme (d. h. für eine beliebig hohe Anzahl f von Kernfreiheitsgraden) ausgeweitet werden. Ihr Aufbau aus mathematisch einfachen Funktionselementen ermöglicht eine schnelle numerische Berechnung der Potentialwerte für sehr viele Kernkonfigurationen. Der Begriff eines "großen" molekularen Systems wurde im Vorspann des Kapitels 16 erörtert; im vorliegenden Kapitel haben wir den *mesoskopischen* Bereich mit Atomzahlen bis etwa $N\,(\equiv N^{\mathrm{k}}) \approx 10^6$ im Blick.

Zunächst behandeln wir die Konstruktion von Potentialfunktionen, die für die Umgebung lokaler Minima geeignet sind; dann wird die Aufgabenstellung auf die Beschreibung von Übergangskonfigurationen erweitert, um chemische Umlagerungen (Reaktionen) erfassen zu können.

18.2.1 Allgemeine Kraftfeld-Modelle

18.2.1.1 Zusammensetzung eines Wechselwirkungspotentials aus Fragment-Anteilen

Ein allgemeiner Ansatz für ein adiabatisches molekulares Wechselwirkungspotential $U(\boldsymbol{R})$ lässt sich auf die Atomclusterentwicklung (13.27) gründen. Die einzelnen Glieder dieser Entwicklung werden in plausibler funktionaler Form gewählt, wie sie sich bei einfachen Systemen als geeignet erwiesen haben (s. Abschn. 13.3.1), und die Parameter dieser Funktionen werden an berechnete oder empirische molekulare Daten angepasst. Alle so gewonnenen *Kraftfeld-Modelle* beruhen auf dem weitgehend theoretisch abgesicherten Befund (s. oben), dass molekulare Fragmente (Atome, Atomgruppen) in ihren Eigenschaften (Kernanordnung,

Elektronenladungsverteilungen u. a. sowie zwischenatomare Wechselwirkungen) für Moleküle, deren Bindungsverhältnisse ähnlich sind, annähernd übereinstimmen (*Transferabilität*).

In der Literatur bezeichnet man solche Kraftfeldmodelle, die entsprechend ihrer Parametrisierung in der Umgebung lokaler Minima gelten, häufig als *Molekülmechanik(MM)-Modelle*. Die innere Dynamik (Schwingungen) der so beschriebenen Aggregate wird meist klassisch-mechanisch behandelt.

Zuerst wählt man zweckmäßig für ein Aggregat von N ($\equiv N^{\mathrm{k}}$) Atomen bzw. Kernen einen Satz von $f = 3N-6$ (bzw. $3N-5$) internen Koordinaten (s. Abschn. 11.2.1 und 17.1.1.1), deren Gesamtheit die Anordnung der Kerne relativ zueinander (Konformation) festlegt: Bindungsabstände R_i (= Abstände zwischen den Kernen zweier kovalent gebundener Atome), Bindungswinkel α_k (= Winkel zwischen zwei Bindungen) und Torsionswinkel θ_l (= Drehung zweier Molekülteile um eine zwischen ihnen bestehende Bindung, s. auch Abschn. 17.1.1.1); gesondert behandelt werden meist sogenannte Out-of-plane-Deformationswinkel χ_j, welche die Abweichungen h einer Atomposition von der Gleichgewichtslage in einer Ebene (Pyramidalisierung) angeben. Hinzu kommen noch Kernabstände R_i von nichtkovalent gebundenen Atomen X und Y (Van-der-Waals-Wechselwirkungen und H-Brückenbindungen, s. Abschn. 10.1).

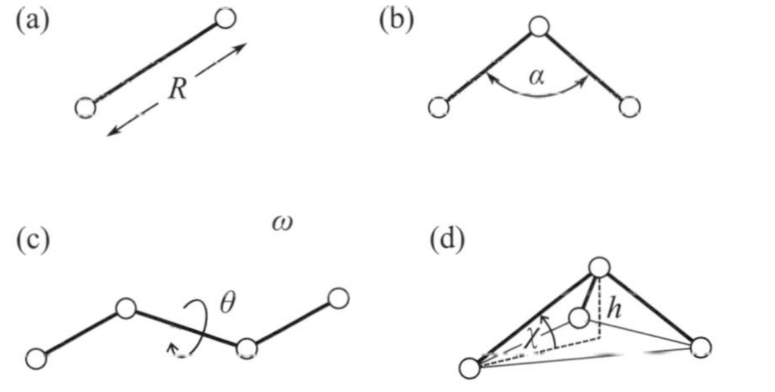

Abb. 18.1
Interne Koordinaten für die Konformationsfestlegung:
(a) Bindungsabstände R;
(b) Bindungswinkel α;
(c) Torsionswinkel θ;
(d) Winkel χ bzw. Auslenkung h einer Out-of-plane-Deformation (Pyramidalisierung)

In den einfachsten Varianten wird das Wechselwirkungspotential als Funktion der $3N-6$ internen Koordinaten $R_i, \alpha_k, \theta_l, \chi_j, \ldots$ in Form einer Summe von Anteilen geschrieben, die jeweils nur von einer dieser Koordinatengruppen abhängen. Solche Ansätze können verbessert werden durch Hinzunahme von Gliedern, die Kopplungen zwischen Freiheitsgraden verschiedener Koordinatengruppen berücksichtigen:

$$\begin{aligned} U(\boldsymbol{R}) &\equiv U(R_{\mathrm{AB}}, R_{\mathrm{AC}}, \ldots; \alpha_1, \ldots; \theta_1, \ldots; \chi_1, \ldots) \\ &\approx \tilde{U}(\boldsymbol{R}) = U'_{\mathrm{str}}(R_{\mathrm{AB}}, \ldots) + U'_{\mathrm{b}}(\alpha_1, \ldots) + U'_{\mathrm{t}}(\theta_1, \ldots) \\ &\qquad + U'_{\mathrm{pyr}}(\chi_1, \ldots) + U'_{\mathrm{nb}}(R_{\mathrm{X\ldots Y}}, \ldots) \\ &\qquad + U'_{\mathrm{kopp}}(\chi_1, \ldots); \qquad (18.1) \end{aligned}$$

die Kennzeichnungen der Anteile bedeuten dabei: str – Bindungsstreckung (engl. stretching);

b – Valenzwinkeldeformation, d. h. Änderung von Bindungswinkeln α_k (engl. bending); t – Änderung von Torsionswinkeln θ_l ; pyr – Pyramidalisierung mit Winkeln χ_j ; nb – Abstandsänderungen von Atomen, zwischen denen eine nichtbindende Wechselwirkung besteht (Van-der-Waals- einschließlich elektrostatischer Wechselwirkung; H-Brückenbindung); kopp – Kopplungsanteile (sog. Kreuzterme).

Die Koordinatengruppen in diesem Ansatz entsprechen also verschiedenen Typen von Wechselwirkungen unterschiedlicher physikalischer Natur (s. hierzu Kap. 10). Dass ein solcher Ansatz für die Potentialfunktion überhaupt sinnvoll ist, liegt an der weitgehenden Entkopplung von Bewegungsformen mit stark unterschiedlichen charakteristischen Zeiten bzw. Frequenzen, so wie das in den Abschnitten 4.3.1 und 11.2.4 diskutiert wurde.

Die Anteile der verschiedenen Koordinatengruppen bzw. Wechselwirkungstypen lassen sich vereinfachen, indem man sie additiv aus Beiträgen einzelner Freiheitsgrade zusammensetzt:

$$U'_{\mathrm{str}}(R_{\mathrm{AB}},\ldots) = \sum\nolimits_i u_{\mathrm{str}}(R_i), \tag{18.2a}$$

$$U'_{\mathrm{b}}(\alpha_1,\ldots) = \sum\nolimits_k u_{\mathrm{b}}(\alpha_k), \tag{18.2b}$$

$$U'_{\mathrm{t}}(\omega_1,\ldots) = \sum\nolimits_l u_{\mathrm{t}}(\theta_l), \tag{18.2c}$$

$$U'_{\mathrm{pyr}}(\chi_1,\ldots) = \sum\nolimits_j u_{\mathrm{pyr}}(\chi_j), \tag{18.2d}$$

$$U'_{\mathrm{nb}}(R_{\mathrm{X...Y}},\ldots) = \sum\nolimits_m u_{\mathrm{nb}}(R_m). \tag{18.2e}$$

Man bezeichnet die Einzelanteile oft als Diagonalglieder im Unterschied zu den Kopplungstermen, die von mehr als einer Koordinate abhängen (z. B. von einem Bindungsabstand *und* einem Bindungswinkel). Auf solche Nichtdiagonalglieder kommen wir weiter unten zu sprechen.

Einige Funktionen, die für die Bindungsstreckung zweiatomiger Systeme (im Elektronengrundzustand) eine zumindest qualitativ richtige Beschreibung der Potentialkurve liefern, hatten wir in den Abschnitten 11.3.2.2 und 13.3.1 kennengelernt.

Für die Schwingungen kovalent gebundener zweiatomiger Moleküle hat sich insbesondere die *Morse-Funktion* (11.77) und (13.21) bewährt:

$$u_{\mathrm{str}}(R) \Rightarrow U^{\mathrm{M}}(R) = D_{\mathrm{e}}\{\exp[-2\beta\Delta R] - 2\exp[-\beta\Delta R]\}, \tag{18.3}$$

wenn $\Delta R \equiv R - R^0$ die Abweichung des Kernabstands vom Wert R^0 im Minimum der Potentialkurve bezeichnet; D_{e} ist die Tiefe des Minimums relativ zum asymptotischen Wert 0 bei $R \to \infty$, und β hängt durch die Beziehung $\beta = (k^0/2D_{\mathrm{e}})^{1/2}$ mit der Kraftkonstanten $k^0 = (\mathrm{d}^2U^{\mathrm{M}}/\mathrm{d}R^2)_{R=R^0}$, also der Krümmung der Potentialkurve im Minimum, zusammen (s. Abschn. 11.3.2.2 und ÜA 13.4).

Beschränkt man sich auf die *harmonische Näherung* (11.68),

$$u_{\mathrm{str}}(R) \Rightarrow U^{\mathrm{HO}}(R) = -D_{\mathrm{e}} + (k^0/2)(\Delta R)^2\,, \tag{18.4}$$

so liefert das für niedrige Schwingungsenergien (Bewegungen in der engsten Umgebung des Minimums) häufig eine vernünftige Beschreibung. Wie in Abschnitt 11.3.2.2 kann die harmonische Näherung durch Hinzunahme höherer Potenzen von ΔR (*Anharmonizitätskorrekturen*) verbessert werden, etwa in der Form (11.74):

$$u_{\mathrm{str}}(R) \Rightarrow U^{\mathrm{AHO}}(R) = -D_{\mathrm{e}} + (k^0/2)(\Delta R)^2 - a(\Delta R)^3 + b(\Delta R)^4\,; \tag{18.5}$$

auch hier darf aber ΔR nicht groß werden, da ein Polynom 4. Grades für wachsende ΔR ein Maximum und schließlich ein weiteres Minimum durchläuft, beides Artefakte, die mit der Realität nichts zu tun haben (vgl. Abschn. 11.3.2.2, dort Abb. 11.15).

Für *Biegepotentiale* $u_{\mathrm{b}}(\alpha)$ gilt, ähnlich wie für Bindungsstreckpotentiale $u_{\mathrm{str}}(R)$, dass die harmonische Näherung

$$u_{\mathrm{b}}(\alpha) = (k_{\mathrm{b}}/2)(\Delta\alpha)^2 \tag{18.6}$$

($\Delta\alpha \equiv \alpha - \alpha^0$) bei niedrigen Energien (einige kcal/mol) eine brauchbare Beschreibung liefert [18.1]; das entspricht in der Regel Auslenkungen von ungefähr $\pm 20° \ldots 30°$. Zur Verbesserung der Näherung können hier ebenfalls höhere Potenzen von $\Delta\alpha$ einbezogen werden. Für manche geometrischen Bedingungen führen solche Polynomansätze allerdings zu Schwierigkeiten, etwa bei annähernd linearen Kernanordnungen ...–A–B–C–... mit Winkeln $\angle\mathrm{ABC} \equiv \alpha^0 \approx 180°$ (s. [18.1][18.2]).

Auch für *Pyramidalisierungspotentiale* (*Out-of-plane-Deformation*) $u_{\mathrm{pyr}}(\chi)$ wird häufig eine harmonische Näherung analog zu Gleichung (18.6) verwendet.

Strukturdeformationen, die sich als Drehungen von Molekülteilen um Bindungen (*Torsionen, innere Drehungen*) beschreiben lassen, haben die Besonderheit, dass das Potential in Abhängigkeit vom Drehwinkel θ periodisch Maxima und Minima durchläuft (vgl. Abschn. 11.4.3*(ii)*). *Torsionspotentiale* $u_{\mathrm{t}}(\theta)$ werden daher allgemein als Fourier-Reihe angesetzt:

$$u_{\mathrm{t}}(\omega) = \sum\nolimits_{n'} u^{\mathrm{t}}_{n'} \cdot \big(1 - \cos(n'\theta - \delta)\big)\,, \tag{18.7}$$

wobei die Zahlenparameter $u^{\mathrm{t}}_{n'}$ die Amplituden der einzelnen Beiträge und δ den Nullpunkt der Winkelskala festlegen. Bei sehr niedrigen Energien ist die Torsionsbewegung eine Schwingung in der engsten Umgebung eines der Minima; dann kann bei geringer Anharmonizität eine harmonische Näherung berechtigt sein; sie ergibt sich, wenn die Taylor-Entwicklung der cos-Funktion nach dem Glied 2. Ordnung abgebrochen wird. Im Allgemeinen reicht das aber nicht aus. Es genügt jedoch meistens, von der Fourier-Reihe (18.7) nur die Glieder bis zur Anzahl n der Minima pro 360°-Drehung zu berücksichtigen. Aus Symmetriegründen können einige der Koeffizienten $u^{\mathrm{t}}_{n'}$ verschwinden.

Zur Illustration (s. Abb. 18.2): Für die Verdrehung der beiden CH_3-Gruppen des Ethan-Moleküls H_3C-CH_3 gegeneinander (s. Abschn. 11.4.3*(ii)*) hat man dann z. B. den Ansatz

$u_t(\theta) = u_3^t(1 - \cos 3\theta)$; dabei wurde $\delta = 0$ gewählt, eines der Minima liegt dementsprechend beim Drehwinkel $\theta = 0$. Für das Wasserstoffperoxidmolekül HO–OH (s. Abschn. 17.1.1, Abb. 17.1) lässt sich die Funktion $u_t(\theta) = u_1^t(1 - \cos\theta) + u_2^t(1 - \cos 2\theta)$ verwenden.

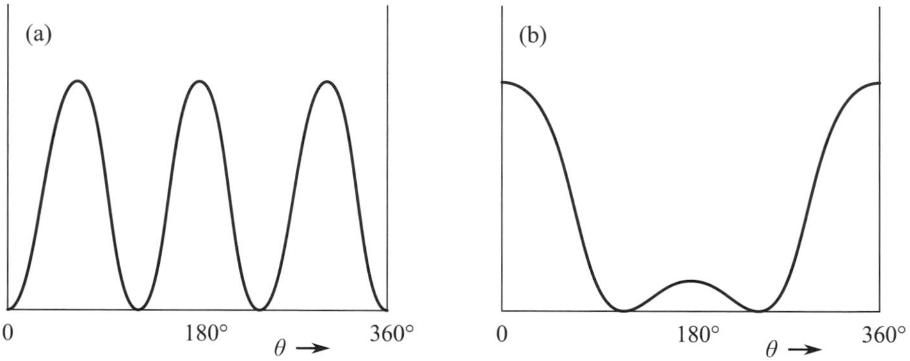

Abb. 18.2 Torsionspotential für (a) Ethan $H_3C{-}CH_3$; (b) Wasserstoffperoxid HO–OH (schematisch)

Die Beschreibung innermolekularer Deformationen als Torsion, Pyramidalisierung (Out-of-plane-Deformation) etc. ist nicht eindeutig, sondern hängt von der Wahl der internen Koordinaten ab. So lässt sich eine Pyramidalisierung als eine Art Torsion auffassen ("uneigentliche Torsion"). Als Beispiel kann das Formaldehydmolekül dienen (zur Kerngeometrie s. Abb. 16.1 und Tab. 17.9): Eine Out-of-plane-Deformation, bei der das O-Atom aus der Molekülebene (in der die vier Atome bei der Kernanordnung für das Potentialminimum liegen) herausgehoben wird, ist auch realisierbar, indem die CH_2-Gruppe um eine C–H-Verbindungslinie gedreht wird. Diese Betrachtungsweise entspricht offensichtlich der Koordinatenwahl bei der Geometriefestlegung nach dem Z-Matrix-Schema (s. Abschn. 17.1.1).

Außer den durch Überlappung atomarer Elektronenhüllen bedingten (kovalenten) Wechselwirkungen beeinflussen sich die Atome in einem molekularen Aggregat noch durch weitere, in der Regel schwächere und längerreichweitige Kräfte, wie sie in Abschnitt 10.1 behandelt wurden. Solche *nichtbindenden Wechselwirkungen* (Wasserstoffbrücken- und Van-der-Waals-einschließlich elektrostatischer Wechselwirkungen) sind in dem Potentialanteil U'_{nb} [Gl. (18.2e)] zusammengefasst. Hier soll nicht eine vollständige Übersicht über die einzelnen Beiträge gegeben werden; wir betrachten nur einige der wichtigsten Typen sowie häufig verwendete funktionale Ansätze.

Zur Beschreibung der *Van-der-Waals-Wechselwirkung* schließen wir an die störungstheoretische Behandlung in Abschnitt 10.1.2 an. In Systemen, in denen die Elektronenladung ungleichmäßig verteilt ist (z. B. wenn stark elektronegative Atome beteiligt sind), ist es sinnvoll, Atomladungen zu definieren (etwa durch Mulliken-Populationen, s. Abschn. 7.3.7 und 17.4.1*(c)*) sowie einzelnen Bindungen oder auch Atomgruppen permanente Diplomomente zuzuordnen; die entsprechenden Wechselwirkungsenergien u_{vdW1} lassen sich nach Gleichung (10.12) in Abschnitt 10.1.2 ermitteln: $u_{vdW1}(\boldsymbol{R}) = \Delta U^{(1)}$. Die weiteren Beiträge (2. Ordnung der störungstheoretischen Behandlung in Abschn. 10.1.2) $u_{\mathrm{vdW2}}(\boldsymbol{R}) = \Delta U^{(2)}$ umfassen Induktions- und Dispersionsenergien. Sie sind bereits für kleine Systeme schwierig zu berechnen. Es gibt jedoch bewährte Ansätze in analytischer Form, darunter das *Lennard-Jones-Potential* (13.23):

$$u_{\mathrm{nb}}(R) \Rightarrow u_{\mathrm{vdW2}}(R) = U^{\mathrm{LJ}}(R)$$
$$= (6\varepsilon/(n-6))\left\{(R^0/R)^n - (n/6)(R^0/R)^6\right\} \tag{18.8}$$

(meist mit $n = 12$ verwendet) sowie das *Buckingham-Potential* (13.24):

$$u_{\mathrm{nb}}(R) \Rightarrow u_{\mathrm{vdW2}}(R) = U^{\mathrm{B}}(R)$$
$$= (\varepsilon/[1-(6/\alpha)])\left\{(6/\alpha)\exp(-\alpha\Delta R/R^0) - (R^0/R)^6\right\}, \tag{18.9}$$

durch welche die Abstandsabhängigkeit meist gut wiedergegeben wird.

Wasserstoffbrückenbindungen sind zu einem erheblichen Anteil elektrostatischen Ursprungs (s. Abschn. 10.1.1), lassen sich also in den elektrostatischen Energiebeiträgen z. T. mit erfassen. Häufig verwendet man auch gesonderte Funktionen vom Lennard-Jones-Typ:

$$u_{\mathrm{HBr}}(R) \Rightarrow U^{\mathrm{LJ}}_{\mathrm{HBr}}(R) = (a/R^{12}) - (b/R^{10}) \tag{18.10}$$

mit ebenfalls zwei Parametern a und b; R bezeichnet den Abstand zwischen H und dem Partneratom (B in Abschn. 10.1.1), an das H nicht kovalent gebunden ist.

Solche Ansätze sind noch verfeinert worden, u. a. durch Einbeziehung winkelabhängiger Terme. Oft wird darauf jedoch aus praktischen Gründen verzichtet, da die dann komplizierteren Formeln die Rechenzeit erhöhen und die Parametrisierung (s. unten) aufwendiger machen. Spezielle Bindungsverhältnisse wie bei konjugierten ungesättigten Molekülen (Mehrfachbindungen, Ringe; s. Abschn. 7.4 und 10.3) oder bei Übergangsmetallkomplexen bereiten im Rahmen der bisher diskutierten Konzepte einige Schwierigkeiten und erfordern gesonderte Überlegungen, worauf wir hier jedoch nicht eingehen (s. [18.1], Abschn. 2.2.9 bzw. 2.3.2).

Werden sowohl für die Bindungsstreckungen als auch für die Deformationen (Biegungen, Torsionen etc.) rein quadratische (harmonische) Ansätze verwendet und weder Kopplungsterme (Kreuzterme) noch Van-der-Waals-Anteile berücksichtigt, so erhält man ein sogenanntes *Valenzkraftfeld* , z. B.:

$$\tilde{U}(\boldsymbol{R}) = -D_{\mathrm{e}} + (1/2)\sum_i k_i^0 (R_i - R_i^0)^2 + (1/2)\sum_j k_j^0 (\alpha_j - \alpha_j^0)^2$$
$$+ (1/2)\sum_l k_l^0 (\theta_l - \theta_l^0)^2 , \tag{18.11}$$

wobei der Potentialnullpunkt so gewählt wurde, dass U am lokalen Minimum ($\boldsymbol{R}^0$) den Wert $-D_{\mathrm{e}}$ hat.

Bisher hatten wir die Potentialbeiträge der einzelnen Bewegungsgruppen Bindungsstreckung, Valenzwinkel-, Torsionswinkel-, und Pyramidalisierungsdeformation sowie der Bewegungen nicht-kovalent miteinander wechselwirkender Molekülbestandteile als unabhängig voneinander betrachtet. Das ist jedoch eine sehr grobe Näherung; beispielsweise gehen Änderungen von Bindungslängen praktisch immer mit Änderungen des Winkels zu benachbarten Bindungen einher.

Das ist leicht einzusehen, wenn man aus einem System eine Atomgruppe B–A–B herausgreift und die beiden Bindungen A–B durch die Überlappung von Hybrid-AOs beschreibt (s. Abschn. 7.3.6). Die Bindungsstärke nach Mulliken [Gl. (7.57), Abb. 7.9] hängt vom Winkel zwischen den Bindungshybriden ab: je kleiner der Bindungswinkel, desto geringer ist die Bindungsstärke A–B und desto größer der Bindungsabstand. Zum gleichen Ergebnis kommt man mit der Überlegung, dass bei Verkleinerung des Bindungswinkels die Abstoßung B...B durch Verlängerung der Bindungen A–B verringert und damit Stabilität gewonnen wird.

Die Vernachlässigung solcher Kopplungen ist nur so lange einigermaßen gerechtfertigt, als alle diese Bewegungen geringe Energien und somit kleine Amplituden haben. Bei höheren Energien und weiteren Amplituden spielen Kopplungen zwischen den einzelnen Bewegungsformen eine zunehmend wichtige Rolle. Um sie zu berücksichtigen, kann man z. B. für die Kopplung zwischen Bindungsstreckung und Bindungswinkeländerung Terme der Form

$$u_{\text{str-b}}(R,\alpha) = (1/2)k^0_{\text{str-b}} \cdot (\Delta R_{\text{AB}} + \Delta R_{\text{BC}}) \cdot \Delta\alpha_{\text{ABC}} \qquad (18.12)$$

einführen; wie bisher ist $\Delta R_{\text{AB}} = R_{\text{AB}} - R^0_{\text{AB}}$, ΔR_{BC} entsprechend, und $\Delta\alpha_{\text{ABC}}$ bezeichnet analog die Abweichung des von den beiden Bindungen A–B und B–C eingeschlossenen Winkels von seinem Gleichgewichtswert. Analog lassen sich für andere Kopplungen, so insbesondere zwischen Bindungsstreckung und Torsion, aber auch für Kopplungen zwischen verschiedenen Bindungsabstandsänderungen, solche *Kreuzterme* formulieren. Die "Kraftkonstanten" $k^0_{\text{str-b}}$ etc. sind gemischte zweite Ableitungen der Potentialfunktion nach den entsprechenden Koordinaten, zu nehmen am betrachteten Minimum.

Es gibt inzwischen eine Vielfalt von Ansätzen für Potentialfunktionen (s. Abschn. 18.4), die sich dadurch unterscheiden, welche Wechselwirkungen und welche Korrekturen berücksichtigt werden, welche funktionale Form die einzelnen Anteile haben und wie die Zahlenparameter (Kraftkonstanten etc.) gewonnen werden.

18.2.1.2 Bildung und Parametrisierung von Kraftfeldmodellen

Wir konzentrieren uns zunächst auf solche Kraftfelder, die zur Konformationsbestimmung dienen können, die also die Gestalt der Potentialfunktion $U(\boldsymbol{R})$ in den Bereichen lokaler Minima sowie in Übergangsbereichen zwischen Minima mit gleichen Bindungsverknüpfungen (Übergänge zwischen Konformationen, s. Abschn. 13.2) wenigstens qualitativ richtig beschreiben. Im Idealfall sollten die Kraftfeld-Potentialfunktion $\tilde{U}(\boldsymbol{R})$ und die "exakte" Potentialfunktion $U(\boldsymbol{R})$ in den genannten Bereichen des Kernkonfigurationsraumes parallel verlaufen, z. B. Mulden gleicher Tiefe und Form bei den gleichen Kernanordnungen aufweisen (vgl. Abschn. 17.4.2.1). Das Kraftfeld sollte, um bei der Berechnung von Potentialpunkten möglichst wenig Rechenzeit zu verbrauchen, mathematisch einfach aufgebaut sein und nicht zu viele Parameter (Kraftkonstanten etc.) enthalten. Schließlich sollte es für einen möglichst großen Kreis von Verbindungen verwendbar sein. Diese Anforderungen lassen sich schwerlich gleichzeitig erfüllen; man muss Kompromisse eingehen und Vereinfachungen vornehmen.

Wie das verfügbare Datenbankmaterial zeigt (s. Abschn. 18.1), gibt es strenggenommen keine zwei chemischen Verbindungen, deren Moleküle z. B. in ihren Bindungslängen C–H oder C=O und sämtlichen anderen Strukturdaten genau übereinstimmen. Solche Strukturmerkmale, wenn mehrere von ihnen auftreten (z. B. mehrere C–C-Bindungen), differieren sogar innerhalb eines Moleküls, es sei denn, die Symmetrie erzwingt die Gleichheit; ansonsten führt die jeweils unterschiedliche lokale Umgebung im Molekül zu Abweichungen. Hinzu kommt noch gegebenenfalls der Einfluss der Umgebung des Moleküls.
Kraftfeldrechnungen dienen dazu, unter Verwendung eines möglichst kleinen Satzes von Eingangsinformationen Voraussagen für Verbindungen zu machen, über deren Daten man noch nicht verfügt. Man steht (ähnlich wie in Abschn. 7.4 und 17.2) vor der Aufgabe, einen mathematischen Rahmen – hier den Kraftfeldansatz – vorzugeben und die darin enthaltenen freien Parameter so festzulegen (s. unten), dass für einen Satz von Testverbindungen einer bestimmten Verbindungsklasse bekannte Daten im Mittel möglichst genau wiedergegeben werden. Dann kann man erwarten, dass Eigenschaften anderer Verbindungen dieser Klasse zuverlässig berechnet werden können.

Auf der Grundlage der Annahme der Transferabilität von Struktureinheiten (s. oben) wird ein Kraftfeldmodell häufig nach einem *Baukastenprinzip* konstruiert. Als Startpunkt hat sich dabei das Konzept der *Atomtypen* bewährt (s. [18.1], dort Abschn. 2.1): Die in den Molekülen auftretenden Atome werden klassifiziert (1) nach ihrer Ordnungszahl und (2) nach der Art ihres Einbaus in den Molekülverband. Letzteres kann dadurch geschehen, dass man die Elektronenhüllen im Einelektronmodell charakterisiert, etwa durch die Hybridisierung, den Ladungszustand, die Oxidationszahl, oder/und es wird angegeben, in welcher funktionalen Gruppe das Atom auftritt.

In einem häufig verwendeten Kraftfeldmodell, das mit der Abkürzung MM2 bezeichnet wird und auf N. L. Allinger (1977) zurückgeht, werden beispielsweise sechs H-Atomtypen unterschieden: H in Alkoholen (OH-Gruppen), Aminen (NH), Carboxylen (COOH), Amiden, Ammonium und sonstigen Verbindungen. Es gibt fünfzehn C-Typen, zehn N-Typen und sieben O-Typen, zwei Fe-Typen (Fe(II) und Fe(III)) etc. Ferner erweist es sich als zweckmäßig, bei Vorhandensein eines einsamen Elektronenpaares an einem Atom letzteres als zusätzlichen Atomtyp zu berücksichtigen. Bei Beschränkung auf bestimmte Verbindungsklassen kommt man auch mit weniger Atomtypen aus. Die dann durchgängig zugrundegelegte Annahme ist, dass die potentiellen Energien der Wechselwirkungen zwischen diesen Atomtypen in allen Verbindungen die gleichen sind.

Für eine interessierende Molekülklasse erfolgt auf dieser Grundlage die Wahl des Kraftfeld-Ansatzes als Summe von Wechselwirkungsbeiträgen, wie sie im vorigen Abschnitt diskutiert wurden. Um die darin enthaltenen Parameter $a_1, a_2, \ldots$ festzulegen, wird ein *Testsatz repräsentativer Moleküle* sowie ein *Satz von Eigenschaften* G_k für diese Moleküle ausgewählt, z. B. Strukturgrößen (Bindungslängen, Bindungswinkel etc.), Schwingungsfrequenzen, relative Energien (etwa Energiedifferenzen zwischen Konformationen) u. a. Die Zahlenwerte der Parameter werden dann so bestimmt, dass die Summe der quadratischen Abweichungen der mit dem Parametersatz $a_1, a_2, \ldots$ berechnetet Werten $G_{k|i}^{\mathrm{ber}}$ der Größen G_k von den experimentell oder theoretisch ermittelten Referenzwerten $G_{k|i}^{\text{ref}}$ für die Moleküle i des Testsatzes minimal wird (Methode der kleinsten Fehlerquadrate, vgl. [II.1] – [II.3])[1]:

$$F(a_1, a_2, \ldots) = \sum_k \sum_i w_k \left(G_{k|i}^{\text{ber}} - G_{k|i}^{\text{ref}}\right)^2 \rightarrow \text{Min}\ ; \qquad (18.13)$$

der Index k numeriert die Eigenschaften G_k, der Index i die Moleküle, deren Referenzdaten für die Eigenschaften benutzt werden, und die Koeffizienten w_k bezeichnen Gewichtsfaktoren, die man geeignet festlegen kann (s. unten).

Die Größen G_k können Eigenschaften unterschiedlicher Art sein, außerdem stammen die Referenzdaten in der Regel aus verschiedenen Quellen und wurden mit unterschiedlichen Messmethoden bestimmt bzw. unterschiedlichen theoretischen Näherungsmethoden berechnet (s. Abschn. 17.4).

Handelt es sich bei einer Größe G_k beispielsweise um eine Bindungslänge, so lassen sich experimentelle Daten dafür z. B. aus der Röntgen-Kristallstrukturanalyse (RKSA) gewinnen (s. Abschn. 18.1). Das hat seine Probleme, worauf bereits hingewiesen wurde. Die RKSA liefert eigentlich nur die Abstände zwischen Maxima der Elektronendichteverteilung; diese sind jedoch für leichte Atome recht unscharf und fallen nicht genau mit den mittleren Kernpositionen zusammen. Hinzu kommen Einflüsse der Kristallumgebung. Andere experimentelle Informationen über Bindungsabstände, z. B. aus der kernmagnetischen Resonanzspektroskopie (NMR) oder aus der Molekül-Rotationsspektroskopie (s. Kap. 11) ergeben durchaus davon abweichende Daten.

Je nachdem, welche Zuverlässigkeit man den Referenzdaten zuschreibt und welche Fehlertoleranz man zulassen will, können die Daten mit unterschiedlichem Gewicht w_k belegt werden; das gilt auch für theoretisch (quantenchemisch) berechnete Referenzdaten. Ferner kann man mittels der Faktoren w_k dafür sorgen, dass die Funktion F dimensionslos ist.

Um eine Vorstellung davon zu bekommen, welche Ausmaße das Parametrisierungsproblem annehmen kann (wir folgen hierzu [18.1], Abschn. 2.3), wird für Bindungsstreckungen und Bindungswinkeldeformationen die harmonische Näherung vorausgesetzt (d. h. je zwei Parameter), für Torsionen je drei Parameter und für nichtbindende Wechselwirkungen je zwei Parameter (s. Abschn. 18.2.1.1).

Die letztgenannten Wechselwirkungen bestehen für alle Paare von Atomen, gleich welchen Typs. Für n' Atom*typen* gibt es somit insgesamt $\binom{n'}{2} + n' = (n'+1)\,n'/2$ Paarwechselwirkungen, dafür sind $(n'+1)n'$ Parameter erforderlich.

Nicht zwischen allen Paaren von Atomtypen können echte (kovalente) chemische Bindungen ausgebildet werden; nur für $n < n'$ Atomtypen sei das möglich.

Die Anzahlen der unter diesen Voraussetzungen auftretenden Wechselwirkungsanteile lassen sich mittels der Kombinatorik (s. z. B. [II.1] – [II.3]) abschätzen, wobei uns vor allem große Moleküle interessieren, d. h. $n, n' >> 1$.

---

[1] In der englischsprachigen Literatur heißt die Funktion F oft "penalty function".

Die n' Atomtypen ermöglichen insgesamt $(n+1)n/2 \approx n^2/2$ (bei großen n-Werten) kovalente Bindungen; dafür sind größenordnungsmäßig n^2 Parameter festzulegen. Für solche durch Bindungen verknüpfte Atompaare spielen dann in der Regel die (schwachen) Van-der-Waals-Wechselwirkungen keine Rolle.

Bindungswinkel sind durch die Positionen dreier Atome definiert; bei n uneingeschränkt bindungsfähigen Atomen sind größenordnungsmäßig $\approx n^3$ Bindungswinkeldeformationen möglich, wofür wieder je zwei Parameter benötigt werden. Torsionswinkel werden durch die Positionen von vier durch Bindungen verknüpften Atomen bestimmt; dafür gibt es größenordnungsmäßig $\approx n^4$ Möglichkeiten, die jeweils drei Parameter erfordern.

Dominant ist also die Anzahl der Torsionen. Nehmen wir beispielsweise $n' = 100$ und $n = n'/2 = 50$, so sind insgesamt rund 10^7 Parameter festzulegen. Das gilt für den einfachsten Potentialansatz; bei Berücksichtigung von Anharmonizitäten der Bindungsstreck- und Biegedeformationen sowie bei Einbeziehung von Kopplungstermen kommt eine weitere sehr große Anzahl von Parametern hinzu.

Somit erscheint die Parametrisierung von Kraftfeldansätzen nicht ganz einfacher funktionaler Form, noch dazu mit einem weiten Anwendungsbereich, als ein hoffnungsloses Unterfangen: Die erforderlichen Referenzdaten (gemessen oder theoretisch berechnet) sind meist nicht vollständig verfügbar, das mathematische Problem der Minimierung der F-Funktion ist stark unterbestimmt, so dass sich verschiedene Kraftfelder konstruieren lassen, die alle etwa das gleiche leisten, d. h. die Referenzdaten gleich gut wiedergeben. Auf die praktische Durchführung der Minimierung einer Funktion mit vielen Variablen $a_1, a_2, \ldots$ gehen wir hier nicht ein. Eine erhebliche Schwierigkeit liegt darin, dass es zahlreiche Minima gibt und unter diesen das tiefste gefunden werden muss.

Formal ist dieses letztgenannte Problem analog zur Ermittlung der lokalen Minima und darunter des globalen Minimums einer vieldimensionalen Potentialfunktion bzw. Potentialhyperfläche $U(\boldsymbol{R})$, worauf wir in Abschnitt 18.3 noch zu sprechen kommen.

Angesichts der genannten Schwierigkeiten sind starke Vereinfachungen nötig, um die Anzahl zu bestimmender Parameter und das Anwachsen dieser Anzahl mit der Anzahl von Atomtypen (n bzw. n') wesentlich zu reduzieren. Wir nennen einige hierfür nützliche Rezepte, die in hohem Maße auf chemischer bzw. theoretisch-chemischer Erfahrung beruhen.

So kann man versuchen, fehlende Daten z. B. für Bindungslängen aus bekannten Werten für verwandte Atomtypverknüpfungen abzuschätzen, etwa durch Interpolation. Da Torsionsparameter den Hauptanteil der zu bestimmenden Parameter ausmachen, würde es viel bringen, deren Anzahl zu verringern, z. B. dadurch, dass sie nicht mehr von vier Atomtyppositionen A–B–C–D, sondern nur noch von dem mittleren Atomtyppaar B–C abhängen; alle O–O-Einfachbindungen hätten dann die gleichen Torsionsparameter wie z. B. H–O–O–H . Damit wäre die n^4 -Abhängigkeit auf eine n^2-Abhängigkeit herabgesetzt. Analog könnte die Anzahl von Biegeparametern, die jeweils durch drei Atomtypen A–B–C bestimmt sind, von der n^3-Abhängigkeit auf eine n-Abhängigkeit verringert werden, indem die Biegeparameter nur durch den Typ des mittleren Atoms B festgelegt werden.

Für Van-der-Waals-Wechselwirkungen, die man in vielen Kraftfeldern durch Lennard-Jones-Potentiale beschreibt, hat sich eine Näherung bewährt, in welcher der Minimum-Kernabstand R_{AB}^0 als Summe zweier Parameter R_A^0 und R_B^0 (sog. Van-der-Waals-Radien) und die Muldentiefe ε_{AB} als geometrisches Mittel zweier atomarer Parameter ε_A und ε_B (sog. Softness-Parameter) angesetzt wird:

$$R_{AB}^0 \approx R_A^0 + R_B^0 \,, \tag{18.14a}$$

$$\varepsilon_{AB} \approx (\varepsilon_A \cdot \varepsilon_B)^{1/2} . \tag{18.14b}$$

Damit sind anstelle von $(n'+1)n'$ Parametern (s. oben) nur noch n' Parameter erforderlich. Eine andere Möglichkeit besteht darin, unbekannte Van-der-Waals-Parameter ε_{AB} auf atomare Polarisierbarkeiten zurückzuführen, für welche dann eventuell Daten vorliegen (Slater-Kirkwood-Formel, s. etwa [10.2]).

Mit den Fortschritten bei der quantenchemischen Berechnung von Moleküleigenschaften (s. Abschn. 17.4) erweitern sich auch die Möglichkeiten, Referenzdaten auf diesem Wege zu erzeugen und damit dem Datenmangel abzuhelfen.

18.2.1.3 Einbeziehung von Umlagerungen (Modellierung von Übergangskonfigurationen)

Prinzipiell kann man die Modellierung von adiabatischen Potentialfunktionen dahingehend erweitern, dass beliebige *strukturelle Änderungen* im betrachteten molekularen System beschrieben werden können. Das ist allerdings komplizierter als die bisher betrachtete Modellierung der Umgebung eines lokalen Potentialminimums. Die folgende Diskussion beschränkt sich auf die Modellierung von Potentialfunktionen für Kernkonfigurationen in der Umgebung eines Sattelpunkts; wir haben also nicht eine explizite Behandlung der vollständigen Dynamik von Prozessen (s. Kap. 14) im Blick, sondern die Ermittlung kinetischer Eigenschaften im Rahmen des Modells der Übergangskonfiguration (s. Abschn. 15.2). Das Problem ist unterschiedlich schwierig je nachdem, ob die Strukturänderung ohne oder mit einer Änderung der Gesamt-Bindungsverhältnisse im betrachteten molekularen System einhergeht.

Handelt es sich um reine *Konformationsänderungen*, bleibt also das Bindungsnetzwerk intakt, dann ist die Beschreibung relativ einfach und kann im Rahmen der bisher besprochenen Kraftfeldmodelle erfolgen. In der Regel sind für solche Umlagerungen vor allem Änderungen von Torsionswinkeln maßgeblich; begleitende Änderungen anderer Geometrievariabler (Bindungslängen und -winkel sowie Abstände zwischen nicht kovalent miteinander verbundenen Atomen) sind gering und bleiben damit im Rahmen der durch das Kraftfeld gut beschriebenen Wertebereiche.

Im einfachsten Fall *eines* Torsionsfreiheitsgrades, etwa der Drehung um die C–C-Einfachbindung im Ethanmolekül oder um die O–O-Einfachbindung im Wasserstoffperoxidmolekül, entspricht die Übergangskonfiguration einem Maximum des Torsionspotentials (s. Abb. 18.2).

Bei *Umlagerungen mit Auflösung bzw. Knüpfung kovalenter Bindungen* müssen (*1*) die Potentialansätze so erweitert werden, dass die Abstände von Atomen, zwischen denen sich bei der Umlagerung Bindungen lösen bzw. neue Bindungen bilden, genügend groß werden können; Polynomfunktionen kommen dafür also nicht in Frage, eher z. B. Funktionen vom Morse-Typ. Ferner muss (*2*) dafür gesorgt werden, dass die Freiheitsgrade geeignet gekoppelt sind, damit Geometrieänderungen simultan oder auch sequentiell vor sich gehen können.

Beim Ablauf der in Abschnitt 13.1.3*(h)* diskutierten S_N2-Reaktion $X^- + C_3HY$ konnten wir drei Phasen unterscheiden: Zusammenlagerung zu einem Komplex → elektronische und geometrische Änderungen im Komplex → Komplexfragmentierung.

Schließlich wird (*3*) die Parametrisierung viel anspruchsvoller, denn die Gewinnung experimenteller Daten für den Übergangsbereich ist vorerst noch extrem schwierig und aufwendig (vgl. Abschn. 15.2.3*(a)*), und gemessene Aktivierungsenergien sind, wie wir wissen (s. Abschn. 15.1.2 und 15.2.3*(d)*), nicht mit Barrierenhöhen gleichzusetzen. Wenngleich sich künftig die Situation hinsichtlich Messdaten wahrscheinlich verbessern wird, so bleibt es doch erforderlich, für einfache Prototypen quantenchemische Berechnungen durchzuführen und zur Parametrisierung zu verwenden.

Wir stellen einige Konzepte für erweiterte Kraftfelder zur Beschreibung molekularer Umlagerungen zusammen; diese Ansätze gehen über die oben genannte Aufgabenstellung hinaus, indem sie prinzipiell das Potential in weiter ausgedehnten Bereichen des Kernkonfigurationsraumes approximieren.

(a) Eine mögliche Verfahrensweise, die sich auf die allgemeine Atomclusterentwicklung (13.27) gründet, besteht darin, mit *Standard-Potentialfunktionen* zu arbeiten und die Abschwächung bzw. Ausbildung von Bindungen durch "Schaltfunktionen"" zu beschreiben (s. Abschn. 13.3.2*(b)*).

Betrachten wir als Beispiel ein dreiatomiges System ABC, in dem A mit B und B mit C, nicht jedoch A mit C kovalente Bindungen eingehen können. Dann ist im System die Umlagerung A + BC → AB + C (Atom-Austauschprozess) möglich. Eine Potentialfunktion, die eine solche Umlagerung beschreibt, lässt sich folgendermaßen ansetzen[2]:

$$
\begin{aligned}
\tilde{U}(R_{AB}, R_{AC}, R_{BC}) = {} & U_{AB}^{M}(R_{AB}) + U_{BC}^{M}(R_{BC}) + U_{AC}^{rep}(R_{AC}) \\
& + S_{AB}(R_{AB}) \cdot D_{BC} \exp[-\beta_{BC}(R_{BC} - R_{BC}^{0})] \\
& + S_{BC}(R_{BC}) \cdot D_{AB} \exp[-\beta_{AB}(R_{AB} - R_{AB}^{0})] \\
& + U_{ABC}^{(3)}(R_{AB}, R_{AC}, R_{BC}) .
\end{aligned} \qquad (18.15)
$$

Für die bindenden Wechselwirkungen zwischen A und B sowie B und C werden Morse-Potentiale U^{M} [Gl. (18.3)] verwendet, der Anteil U_{AC}^{rep} ist das repulsive Wechselwirkungspotential A...C (im einfachsten Fall eine für $R_{AC} \to 0$ stark ansteigende exp-Funktion), $S(R)$

[2] Blais, N. C., Bunker, D. L.: Monte Carlo calculations. II. The reactions of alkali atoms with methyl iodide. J. Chem. Phys. **37**, 2713-2720 (1962); ibid. **39**, 315 (1963).
Raff, L., Karplus, M.: Theoretical investigations of reactive collisions in molecular beams: $K + CH_3I$ and related systems. J. Chem. Phys. **44**, 1212-1229 (1966).

bezeichnet eine "Schaltfunktion", etwa in der Form $S(R) = 1 - \tanh(aR + b)$, die bei $a, b > 0$ für wachsendes R monoton kleiner wird. Auf diese Weise lässt sich die Schwächung der Bindung B–C (bzw. A–B) bei Annäherung des Atoms A (bzw. C) beschreiben. Gegebenenfalls einzubeziehende weitere Wechselwirkungen sind im Anteil $U^{(3)}$ enthalten. Die in der Funktion (18.15) auftretenden Parameter müssen dann an experimentell oder theoretisch ermittelte Daten angepasst werden.

(b) Als Grundlage für eine Modellierung bietet sich auch eine *Reaktionsweg-Beschreibung* an. Dabei wird das Potential als Funktion einer Reaktionskoordinate ρ (Progressvariable entlang des in Abschn. 4.3.3.2 definierten Reaktions- oder Minimumweges) sowie weiterer, interner Koordinaten des Systems senkrecht zur Reaktionskoordinate betrachtet (s. Abschnitte 13.1.2, 15.2.2 und 15.3.2*(b)*).[3] Für das Potentialprofil $U(\rho)$ muss ein sinnvoller Ansatz gefunden werden; für die (gebundenen) Freiheitsgrade senkrecht zur Reaktionskoordinate lassen sich prinzipiell die in Abschnitt 18.2.1.1 besprochenen Potentialterme verwenden (z. B. Morse-Funktionen, Polynome etc.).

(c) Aussichtsreich erscheint auch eine *VB-artige Modellierung* einer adiabatischen Potentialfunktion durch Kopplung zweier diabatischer Potentiale (zur Definition s. Abschn. 14.3.1), eine davon repräsentiert durch eine reaktant-ähnliche, die andere durch eine produkt-ähnliche Struktur, so wie das in Abschnitt 13.2.2 diskutiert wurde (s. Abb. 13.12).[4] Die beiden diabatischen Potentialfunktionen seien U_1^{d} und U_2^{d} ; Y sei ein Kopplungsmatrixelement (s. Abschn. 14.3.1)[5]. Die Superposition der beiden zugehörigen Wellenfunktionen, z. B. der Funktionen (13.19a,b) für die Umlagerung A + BC → AB + C in einem dreiatomigen System ABC, führt formal auf ein lineares (2×2)-Diagonalisierungsproblem mit der Säkulargleichung

$$\begin{vmatrix} U_1^{\mathrm{d}} - U & Y \\ Y & U_2^{\mathrm{d}} - U \end{vmatrix} = 0\,; \tag{18.16}$$

deren energetisch tiefste Lösung ist

$$U = (1/2)\left(U_1^{\mathrm{d}} + U_2^{\mathrm{d}}\right) - \left[(1/4)\left(U_1^{\mathrm{d}} - U_2^{\mathrm{d}}\right)^2 + |Y|^2\right]^{1/2}. \tag{18.17}$$

Die Funktionen $U_1^{\mathrm{d}}(\boldsymbol{R})$ und $U_2^{\mathrm{d}}(\boldsymbol{R})$ kann man wie oben erläutert (s. Abschn. 18.2.1.1) zu modellieren versuchen. Um einen Ansatz für das Kopplungselement $Y(\boldsymbol{R})$ zu finden, kann

---

[3] Vgl. Miller, W. H., Handy, N. C., Adams, J. E.: Reaction path Hamiltonian for polyatomic molecules. J. Chem. Phys. **72**, 99-112 (1980), und weitere, daran anschließende Arbeiten.

[4] Potentialflächenansätze dieser Art gehen auf A. Warshel [Nobel-Preis in Chemie 2013 zusammen mit M. Karplus und M. Levitt] zurück: Warshel, A., Weiss, R. M.: An empirical valence bond approach for comparing reactions in solutions and in enzymes. J. Am. Chem. Soc. **102**, 6218-6226 (1980); id. Chem. Rev. **93**, 2523 (1993); s. auch Kim, Y., Corchado, J. C., Villà, J., Xing, J., Truhlar,D. G.: Multiconfiguration molecular mechanics algorithm for potential energy surfaces of chemical reactions. J. Chem. Phys. **112**, 2718-2735 (2000).

[5] Dieser Kopplungsterm hat natürlich nichts zu tun mit der Kopplung von Kern-Freiheitsgraden im Potentialansatz (18.1).

man an Erfahrungen aus der Theorie nichtadiabatischer Prozesse (s. Abschn. 14.3) anknüpfen bzw. versuchsweise angenommene Funktionen durch quantenchemische Rechnungen parametrisieren. Die nach Gleichung (18.17) resultierende Funktion $U(\boldsymbol{R})$ lässt sich dann wie üblich topographisch analysieren (um lokale Minima sowie Sattelpunkte erster Ordnung und damit die Strukturen elektronisch stabiler Moleküle bzw. Übergangskonfigurationen zu ermitteln) sowie zur Generierung von Potentialpunkten verwenden.

Vernachlässigt man die Kopplung Y, dann ergibt sich nicht wie bei $U(\boldsymbol{R})$ im Übergangsbereich ein glatter Verlauf mit einem Sattelpunkt erster Ordnung, sondern ein scharfer Grat, auf dem die Schnittlinie zwischen den beiden diabatischen Funktionen verläuft. Das energetische Minimum auf diesem Grat entspricht näherungsweise der Übergangskonfiguration. Diese vereinfachte Variante der Sattelpunktsuche bezeichnet man als *Kreuzungssaum-Modell* (engl. seam model)[6]. Ein solches Modell ist einfacher zu parametrisieren als die beiden vorhergehenden, da es keine Informationen über Y bzw. die Übergangsstruktur benötigt.

Einen anderer Zugang zur Ermittlung von Übergangskonfigurationen wird durch Modelle eröffnet, die relevante Teilbereiche eines größeren molekularen Systems (z. B. aktive Zentren, an denen Umlagerungen vor sich gehen) quantenchemisch, der Rest des Systems aber durch einen Kraftfeldansatz beschreiben (sog. *QM/MM-Hybridmodelle*, wie sie bereits in Abschn. 14.2.3.2 und 14.2.4.2 erwähnt wurden). Wir kommen darauf noch einmal in Abschnitt 18.2.2 zurück.

18.2.1.4 Skalierungsverhalten

Wir hatten bisher das Augenmerk darauf gerichtet, das Kraftfeldmodell einfach und die Anzahl der benötigten Parameter niedrig zu halten (s. Abschn. 18.2.1.2). Da sie für Anwendungen auf große molekulare Systeme gedacht sind, ist es für Modellpotentialansätze entscheidend wichtig, dass der Aufwand zur Berechnung eines Potentialpunktes in möglichst niedriger Potenz mit der Anzahl N der Atome bzw. mit der Anzahl $f = 3N - 6$ der internen Freiheitsgrade (Bindungsstreckungen, Biegedeformationen etc.) des Systems anwächst.

Die Anzahl der nicht-bindenden Atom-Atom-Wechselwirkungsbeiträge, die den überwiegenden Teil zu berechnender Energiebeiträge ausmachen, ist gleich $N(N-1)/2$, für große N somit näherungsweise N^2 (s. Abschn. 18.2.1.2) und bestimmt daher umso mehr das Skalierungsverhalten, je größer N wird. So lässt sich abschätzen, dass der Anteil der Energiebeiträge u_{vdW} für $N = 10$ bereits bei über 60% und für $N = 100$ bei über 90% der Gesamtzahl der Energiebeiträge liegt (vgl. [18.1], dort Abschn. 2.5).

Bemühungen um eine Senkung des Rechenaufwands müssen hier ansetzen: Prinzipiell wird so verfahren, dass man um jedes Atom kugelförmige Bereiche abgrenzt und die Wechselwirkungen mit den jeweils anderen Atomen innerhalb des Kugelbereichs berücksichtigt; Wechselwirkungen mit außerhalb der Kugel befindlichen Atomen werden weggelassen. Das Problem liegt darin, dass bei einem Abschneideradius (engl. cutoff radius) von beispielsweise 10 Å zwar die

---

[6] Jensen, F.: Locating minima on seams of intersecting potential energy surfaces. An application to transition structure modeling. J. Am. Chem. Soc. **114**, 1596-1603 (1992);
id. J. Comp. Chem. **15**, 1199 (1994)

einzelnen vernachlässigten Paarbeiträge für sich klein sind, nicht aber notwendig ihre Summe. Um beispielsweise bei Geometrieoptimierungen eine zuverlässige rechenzeitsparende Verfahrensweise zu erhalten, bedarf es ausgeklügelter Strategien, in denen eine Nachbarschaftsliste von Atompaaren innerhalb des Abschneidebereichs aufgestellt und jeweils den aktuellen geometrischen Anordnungen der Atome angepasst sowie mit variablen Abschneideradien gearbeitet wird. Auf diese Weise lässt sich der Rechenaufwand auf ein Skalierungsverhalten wie N^q mit $1 < q < 2$ verringern.

Die obigen Aussagen gelten strenggenommen für Van-der-Waals-Wechselwirkungen vom Dispersionstyp oder vom Typ Dipol – induzierter Dipol, die $\propto (1/R^6)$ abklingen. Müssen auch rein elektrostatische Wechselwirkkungen zwischen (effektiven) Atomladungen und permanenten oder induzierten Dipolmomenten einbezogen werden, dann kommen Wechselwirkungen ins Spiel, die langsamer abklingen (s. Abschn. 10.1.2). So ist die Coulomb-Wechselwirkung zwischen zwei Ladungen extrem langreichweitig $\propto (1/R)$, die Wechselwirkung zwischen einer Ladung und einem permanenten Dipol verhält sich $\propto (1/R^2)$ usw. In solchen Fällen müssen die Abschneideradien viel größer sein.

Es gibt verschiedene Verfahren zur Bewältigung dieser Schwierigkeiten, auf die wir im Detail nicht eingehen können. Am aussichtsreichsten erscheint die sogenannte "*schnelle Multipolmoment-Methode*" (engl. fast multipole moment method, abgek. *FMM*)[7], in der die Wechselwirkungen zwischen weit voneinander entfernt liegenden Bereichen gröber genähert berechnet werden, nämlich als Wechselwirkungen zwischen Multipolen. Hiermit lässt sich erreichen, dass der Aufwand nur noch nahezu $\propto N$ skaliert. Andere Verfahren wie etwa die sogenannte *Ewald-Summation* haben ein etwas schlechteres Skalierungsverhalten (s. [18.1], Abschn. 2.5 und 14.3; [18.2], Abschn. 2.4.2).

18.2.2* Hybrid-QM/MM-Modelle

Um die Schwierigkeiten der klassischen Kraftfeldmodelle bei der Modellierung von Potentialfunktionen abseits lokaler Minima zu überwinden, kann man sich einen lange bekannten empirischen Befund zunutze machen: Chemische Änderungen wie die Ausbildung oder das Aufbrechen von Bindungen in bzw. an großen Molekülen oder auch Festkörperoberflächen finden in der Regel *lokal* statt, d. h. in jeweils engen Bereichen von Atom- bzw. Kernanordnungen und unter unmittelbarer Beteiligung nur weniger Atome ("aktive Zentren").

Diese Befunde legen es nahe, eine *räumliche Aufteilung* des Gesamtsystems vorzunehmen in ein (kleines) Teilsystem, das (unter expliziter Berücksichtigung seiner Elektronenhülle) *quantenmechanisch* behandelt wird, und das verbleibende (größere) Teilsystem, für das eine vereinfachte Beschreibung durch ein Kraftfeldmodell ausreicht: Das Schema in Abb. 18.3 soll die Aufteilung veranschaulichen.

Eine derartige Behandlung, die bereits als eine Variante von Einbettungsverfahren in Abschnitt 14.2.3.2 erwähnt wurde, bezeichnet man als *gemischt quantenmechanisch-molekülmechanisches* (abgek. *QM/MM*) *Modell* oder auch einfach als *Hybrid-Modell.* Hier

---

[7] Greengard, L., Rokhlin, V.: A fast algorithm for particle simulations. J. Comp. Phys. **73**, 325-348 (1987)

liegt heute eines der wichtigsten Einsatzgebiete von Kraftfeldmodellen. Für ihre Beiträge zur Entwicklung von QM/MM-Modellen und zur Anwendung auf hauptsächlich molekularbiologische Systeme (Proteine, Enzyme etc.) haben M. Karplus, A. Warshel und M. Levitt 2013 den Nobel-Preis in Chemie erhalten (vgl. Fußnote 4).

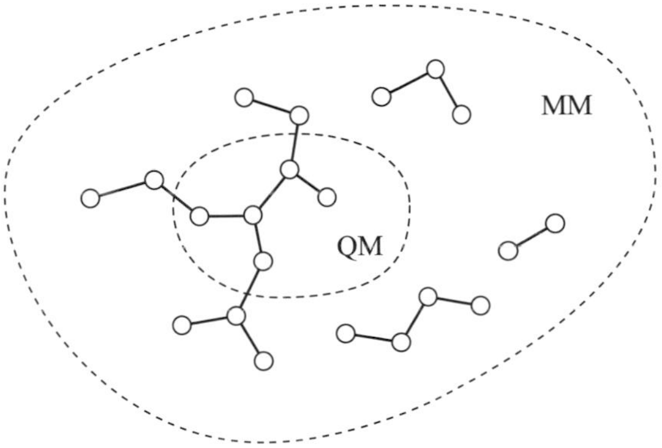

Abb. 18.3
Räumliche Aufteilung eines großen Systems in einen quantenmechanisch (QM) und einen molekülmechanisch (MM; Kraftfeldmodell) zu behandelnden Teilbereich (schematisch)

Wir skizzieren vereinfacht die theoretische Formulierung eines QM/MM-Modells. Das QM-Teilsystem für sich wird unter Einsatz einer geeigneten Näherung aus dem quantenchemischen Methodenarsenal (wellenfunktionsbasiert oder dichtebasiert, s. Kap. 8, 9 und 17) in elektronisch adiabatischer Näherung behandelt. Das führt zu einer adiabatischen Potentialfunktion $U^{\mathrm{QM}}(\boldsymbol{R}^{\mathrm{QM}})$, wobei die Positionen der Kerne des QM-Teilsystems kollektiv mit $\boldsymbol{R}^{\mathrm{QM}}$ bezeichnet sind. Die Kerne des isolierten MM-Teilsystems mögen sich an den Positionen $\boldsymbol{R}^{\mathrm{MM}}$ befinden, und ihre Wechselwirkungen seien durch ein Kraftfeldpotential $U^{\mathrm{MM}}(\boldsymbol{R}^{\mathrm{MM}})$ gegeben. Die potentielle Energie des Gesamtsystems als Funktion aller Kernkoordinaten ist dann

$$U^{\mathrm{gesamt}}(\boldsymbol{R}^{\mathrm{QM}},\boldsymbol{R}^{\mathrm{MM}})=U^{\mathrm{QM}}(\boldsymbol{R}^{\mathrm{QM}})+U^{\mathrm{MM}}(\boldsymbol{R}^{\mathrm{MM}})$$
$$+V^{\mathrm{QM-MM}}(\boldsymbol{R}^{\mathrm{QM}},\boldsymbol{R}^{\mathrm{MM}}), \quad (18.18)$$

wobei der dritte Term $V^{\mathrm{QM-MM}}(\boldsymbol{R}^{\mathrm{QM}},\boldsymbol{R}^{\mathrm{MM}})$ die Kopplung zwischen den beiden Teilsystemen beinhalten möge.

Es geht hier zunächst um strukturelle Aspekte, also quantenmechanisch ausgedrückt: um stationäre Zustände der Kernbewegung; soll die Dynamik der Kernbewegungen untersucht werden, so sind die kinetischen Energieanteile einzubeziehen.

Zur Anwendung einer solchen Näherung sind folgende Fragen zu beantworten: Wie soll die Aufteilung QM–MM vorgenommen werden? Wie berücksichtigt man die Kopplung zwischen den beiden Teilsystemen? In welchen Näherungen behandelt man die Teilsysteme? Ohne auf diese Probleme im Detail einzugehen, skizzieren wir einige der bisher praktizierten Verfahrensweisen.

Angenommen, die Abgrenzung der beiden Teilsysteme, z. B. auf der Grundlage empirisch-chemischer Überlegungen, sei erfolgt, und man hat sich zur Behandlung des QM-Teilsystems für eine voraussichtlich ausreichende und nicht zu aufwendige quantenchemische Näherung entschieden, nach dem Prinzip des "So einfach wie möglich, so genau wie nötig". Für das MM-Teilsystem wird ein geeignetes Kraftfeldmodell gewählt.

Die Entscheidung darüber, wie die Kopplung QM–MM erfasst werden kann, erfordert eine sorgfältige Untersuchung, wobei zwei Situationen zu unterscheiden sind:

(a) Bei der Abgrenzung der Teilsysteme QM/MM bleiben alle kovalenten *Bindungen intakt.*

In diesem Falle ist es relativ einfach, ein Näherungsverfahren für die Berücksichtigung der Kopplung zu formulieren. Eine Möglichkeit besteht darin, die Ladungsverteilungen in den beiden Teilsystemen zu bestimmen, sie als fest vorauszusetzen und für $V^{\mathrm{QM/MM}}$ die Summe über alle paarweisen elektrostatischen und die übrigen nicht-bindenden Wechselwirkungsenergien von QM-Atomen mit MM-Atomen zu nehmen, also beispielsweise:

$$V^{\mathrm{QM-MM}} = \sum_a^{(\mathrm{QM})} \sum_b^{(\mathrm{MM})} \Big\{ c(\delta Q_a \delta Q_b / R_{ab}) + \varepsilon_{ab} \Big[\big(R_{ab}^0 / R_{ab} \big)^{12} - 2 \big(R_{ab}^0 / R_{ab} \big)^6 \Big] \Big\}; \tag{18.19}$$

hier bezeichnen δQ_a und δQ_b die effektiven Ladungen der Atome a bzw. b (definiert etwa als die Partialladungen im Sinne der Mulliken-Populationsanalyse, s. Abschn. 7.3.7), ε_{ab} und R_{ab}^0 sind die Parameter des Lennard-Jones-Potentials für die nicht-bindende Wechselwirkung a–b. Man spricht bei einem solchen Ansatz auch von "mechanischer Einbettung" (s. [18.1], Abschn. 2.10). Einzelheiten zur Festlegung der Parameter diskutieren wir hier nicht.

Das durch das Kopplungspotential (18.19) gegebene Einbettungsmodell lässt sich sukzessive verfeinern. So kann man zulassen, dass die Atome des MM-Bereichs die Elektronen des QM-Teilsystems beeinflussen. Hierzu wird ein Potentialterm

$$\mathcal{V}^{\mathrm{e-MM}} = -\sum_\kappa^{(\mathrm{QM})} \sum_b^{(\mathrm{MM})} \delta Q_b / |\boldsymbol{r}_\kappa - \boldsymbol{R}_b| \tag{18.20}$$

(in at. E.) für die Coulomb-Wechselwirkung der Elektronen κ im QM-System mit den effektiven Ladungen δQ_b der MM-Atome an den Positionen $\boldsymbol{R}_b$ hinzugefügt und in die quantenchemische Behandlung des QM-Teilsystems einbezogen (analog zur Berücksichtigung des Ligandenfeldes im elektrostatischen Modell für Übergangsmetallkomplexe, s. Abschn. 5.4.3), was zu einer Veränderung der Elektronenverteilung im QM-System (*Polarisation*) durch den Einfluss des MM-Systems führt. Man bezeichnet das auch als "elektronische Einbettung" [18.1]. Hinzu kommen natürlich noch die Anteile (18.19).

Die geänderte Ladungsverteilung im QM-Teilsystem wirkt auf die Atome des MM-Teilsystems, d. h. es werden dort neue Atomladungen und Dipole (prinzipiell auch höhere elektrische Momente) induziert, die wiederum auf die Ladungsverteilung im QM-Teilsystem zurückwirken. Was hier anschaulich als schrittweiser wechselseitiger Vorgang geschildert wurde, entspricht einer iterativen Behandlung bis zum Erreichen der Selbstkonsistenz. Der Aufwand einer solchen Verfahrensweise, deren Einzelheiten wir übergehen (s. hierzu [18.1][18.2]), ist gegenüber den einfacheren Ansätzen freilich höher.

(b) Bei der Abgrenzung der Teilsysteme QM/MM werden kovalente *Bindungen durchtrennt.*

Das ist stets dann der Fall, wenn man aus einem großen Molekül eine funktionale Gruppe oder aus einem Festkörper einen Cluster heraustrennt und als QM-Teilsystem behandelt. Auf der Berandung dieses Teilsystems verbleiben "frei-hängende", nicht abgesättigte Bindungen (engl. dangling bonds) und damit ungepaarte Elektronen. Häufig verfährt man so, dass diese Bindungen durch Pseudo-H-Atome (mit geeignet zu wählenden Bindungsabständen und Abschirmparametern) künstlich abgesättigt werden. Auch das MM-Kraftfeld ist in den Randbereichen entsprechend zu modifizieren; mehr darüber findet man in [18.1][18.2].

18.3 Bestimmung stationärer Punkte von Potentialfunktionen

Wir knüpfen an die Ausführungen in den Abschnitten 4.3.3.2 und 13.1.2 an und befassen uns jetzt mit der rechnerischen Ermittlung der dort definierten und an Beispielen diskutierten topographischen Charakteristika (s. hierzu auch Abschn. 17.4.2.2).

Mathematisch handelt es sich um Optimierungsprobleme (vgl. hierzu [II.1], Abschn. 10.2). Optimierungsaufgaben haben wir bereits in anderem Zusammenhang kennengelernt: bei der Bestimmung von Wellenfunktionen auf der Grundlage des Energievariationsverfahrens (s. Abschn. 4.4 sowie Kap. 5 – 9) sowie bei Parametrisierungsproblemen, etwa für semiempirische quantenchemische Verfahren oder für Kraftfeld-Modellansätze in den Abschnitten 17.2 bzw. 18.2.1.2.

Es möge für das interessierende System eine adiabatische Potentialfunktion $U(\boldsymbol{X})$ bekannt sein, die von den $3N\,(\equiv 3N^{\mathrm{k}})$ kartesischen Kernkoordinaten $(X_1, X_2, \ldots, X_{3N}) \equiv \boldsymbol{X}$ abhängt. Diese Potentialfunktion sei überall in den interessierenden Bereichen stetig und genügend oft differenzierbar, so dass an jedem Punkt $\boldsymbol{X}'$ eine Taylor-Entwicklung (4.46) vorgenommen werden kann. Zur Berechnung der Ableitungen nach den Kernkoordinaten gibt es generell die in Abschnitt 17.4.2.2 skizzierten Möglichkeiten. Der Einfachheit halber sei jetzt vorausgesetzt, dass die Funktion $U(\boldsymbol{X})$ in geschlossener analytischer Form (z. B. als Kraftfeld) vorliegt.

Wird die Taylor-Entwicklung am Punkt $\boldsymbol{X}'$ nach dem Glied zweiter Ordnung abgebrochen, dann hat man in der Schreibweise (4.46'):

$$U(\boldsymbol{X}) \approx \tilde{U}(\boldsymbol{X}) = U(\boldsymbol{X}') + \mathcal{g}'^{\mathrm{T}}(\mathbf{X}-\mathbf{X}') + (1/2)(\mathbf{X}-\mathbf{X}')^{\mathrm{T}}\mathbf{k}'(\mathbf{X}-\mathbf{X}')\,; \qquad (18.21)$$

hier bezeichnet $\mathcal{g}'^{\mathrm{T}}$ die Zeilenmatrix der $3N$ kartesischen Gradientkomponenten $\mathcal{g}_i$ am Punkt $\boldsymbol{X}'$ im Kernkonfigurationsraum :

$$\mathcal{g}_i \equiv \mathcal{g}_i(\boldsymbol{X}') \equiv (\partial U / \partial X_i)_{X_1 = X_1', X_2 = X_2', \ldots}\,, \qquad (18.22)$$

$(\mathbf{X}-\mathbf{X}')$ ist die Spaltenmatrix der Koordinatendifferenzen $(X_i - X_i')$ und $\mathbf{k}'$ die $(3N\times 3N)$-Matrix der zweiten Ableitungen k_{ij} der Potentialfunktion (Kraftkonstanten- oder Hesse-Matrix), ebenfalls genommen am Punkt $\boldsymbol{X}'$:

$$k_{ij}' \equiv k_{ij}(\boldsymbol{X}') \equiv (\partial^2 U / \partial X_i\, \partial X_j)_{X_1 = X_1', X_2 = X_2', \ldots}\,. \qquad (18.23)$$

Prinzipiell kann man auch andere Koordinaten benutzen (etwa interne Koordinaten wie Bindungsabstände und -winkel, Torsionswinkel etc.); allerdings werden dann die Ausdrücke komplizierter (s. Anhang A5). Man hat natürlich immer die Möglichkeit, auf kartesische Koordinaten umzurechnen.

Die im Folgenden behandelten Verfahren lassen sich ohne Probleme anwenden, wenn die Potentialfunktion $U(\mathbf{X})$ als Kraftfeld analytisch gegeben ist. Bei diskret punktweise vorliegenden Potentialen sind numerische Verfahren zu benutzen.

Die Suchverfahren können mit den Quantenchemie-Programmteilen verbunden werden (s. Abschn. 17.4.2.2); gängige quantenchemische Programmpakete (s. Abschn. 17.5) enthalten in der Regel solche Routinen.

18.3.1 Geometrieoptimierung molekularer Aggregate (Potentialminima)

18.3.1.1 Einfache Minimumsuchverfahren

Für das Aufsuchen lokaler Minima gibt es leicht zu realisierende Strategien, die nur die Berechnung von Funktionswerten $U(\mathbf{X})$ erfordern; wir erläutern sie am Beispiel einer Potentialmulde über einem zweidimensionalen Kernkonfigurationsraum.

(a) Sukzessive Optimierung der einzelnen Variablen

In der einfachsten Variante nimmt man sich eine der Variablen vor, nennen wir sie x, hält die Werte aller übrigen Variablen konstant und sucht das Minimum der Funktion $U(x)$. Hat man dieses Minimum an der Stelle $x = x'$ gefunden, dann hält man x' fest, nimmt eine weitere Variable y und verfährt damit ebenso usw. Sind auf diese Weise alle Variablen einmal optimiert worden, dann ist man in der Regel noch nicht am Minimum $\mathbf{X}^0$ angekommen und muss einen weiteren solchen Zyklus anschließen. Das wiederholt man so oft, bis sich die Endkonfiguration nicht mehr wesentlich ändert (s. Abb. 18.4).

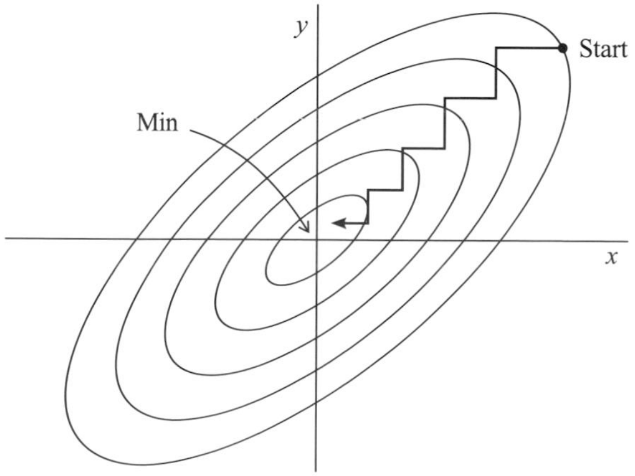

Abb. 18.4
Achsenparallele sukzessive Optimierung (schematisch für zwei Variable x und y)

Die Durchführung einer solchen Folge eindimensionaler Minimumbestimmungen kann sehr ineffizient sein, folglich viel Rechenzeit erfordern, und sie konvergiert auch nicht notwendig. Bei großen Molekülen, Clustern etc. mit vielen Geometrievariablen ist das Verfahren kaum praktikabel. Man hat verschiedene verbesserte Varianten entwickelt, auf die wir aber hier nicht eingehen (vgl. dazu [18.3], Abschn. 1.3.2; auch [18.4a]).

(b) Simplex-Methode

Eine ebenfalls prinzipiell sehr einfache und leicht zu implementierende Verfahrensweise, die nicht von der Näherung (18.21) Gebrauch macht, klingt zunächst ziemlich abstrakt: Bezüglich der Koordinatenwahl wird nichts vorausgesetzt. Im f-dimensionalen Kernkonfigurationsraum werden $f+1$ Punkte ausgewählt, wobei einer davon in der Nähe eines vermuteten Minimums liegen möge; hierbei kann die theoretisch-chemische Erfahrung eine Orientierung geben. Diese $f+1$ Punkte bilden einen Polyeder (einen sog. *Simplex*).[8] Für jeden der $f+1$ Punkte wird der Funktionswert U berechnet. Der Punkt $\boldsymbol{X}_{\mathrm{m}}$ mit dem höchsten Funktionswert U_{m} wird nun am "Schwerpunkt" $\boldsymbol{X}^{\mathrm{S}} \equiv (1/f)\sum_{i=1(\neq \mathrm{m})}^{f+1} \boldsymbol{X}_i$ der übrigen Punkte gespiegelt, d. h. die Verbindungslinie $\boldsymbol{X}_{\mathrm{m}} - \boldsymbol{X}^{\mathrm{S}}$ wird über den Punkt $\boldsymbol{X}^{\mathrm{S}}$ hinaus um die Strecke $|\boldsymbol{X}_{\mathrm{m}} - \boldsymbol{X}^{\mathrm{S}}|$ verlängert; grundsätzlich wird dabei außerdem eine Dehnung oder Stauchung des resultierenden Polyeders zugelassen (wofür man Kriterien vorgeben müsste).

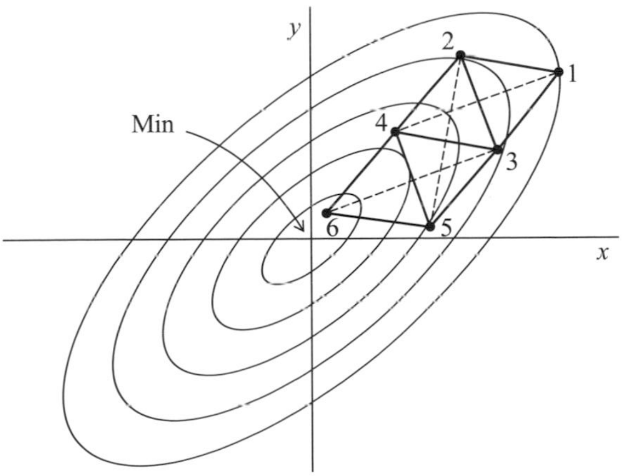

Abb. 18.5
Simplex-Methode (schematisch für zwei Variable x, y, ohne Dehnung oder Stauchung)

Die Abb. 18.5 zeigt schematisch einen Fall mit $f = 2$; der Einfachheit halber bezeichnen wir jeden Punkt durch die Nummer seines Ortsvektors. Es sei 1 (für $\boldsymbol{X}_1$) der Punkt mit dem höchsten U-Wert U_1, das Dreieck 123 sei der Start-Simplex. Nach dem ersten Schritt ergibt sich der neue Simplex 234; damit wird wiederum in der angegebenen Weise verfahren usw., wobei sich der jeweilige Folge-Simplex 234→345→456→ ... mehr und mehr in Richtung auf das gesuchte lokale Minimum verschiebt. Die Prozedur wird abgebrochen, wenn z. B. die Summe

[8] Der Begriff "Simplex" kommt aus der mathematischen Theorie der linearen Optimierung (Näheres hierüber s. etwa [II.8], Kap. 6; auch [II.1], Abschn. 10.2.1).

der quadratischen Abweichungen der Simplex-Punkte vom jeweiligen Schwerpunkt $\boldsymbol{X}^{\mathrm{S}}$ unter eine vorgegebene Schranke fällt. Auch für dieses ziemlich universell einsetzbare Verfahren gibt es verschiedene Varianten; meist ist die Konvergenz langsam (s. [II.1], Abschn. 10.2.1.).

18.3.1.2 Lokale Verfahren

Effizienter als solche einfachen Suchalgorithmen arbeiten Verfahren, welche die *lokalen* Eigenschaften der Potentialhyperflächen ausnutzen: die Steilheit von Änderungen der Potentialwerte (als Maße dafür die Beträge von Komponenten g_i des Gradientenvektors g) sowie die Krümmung (als Maße dafür die Beträge der Komponenten k_{ij} der Kraftkonstantenmatrix (Hesse-Matrix) $\mathbf{k}$). Grundlage ist die Näherung (18.21).

(a) Gradientenverfahren

Eine intuitiv naheliegende, aus Abschnitt 4.3.3.2 abzuleitende Strategie zur Ermittlung eines lokalen Minimums folgt aus Gleichung (18.21), wenn man das quadratische Glied weglässt. Man erzeugt eine aus kurzen geraden Stücken zusammengefügte Näherung für den *Weg steilsten Abstiegs (Minimumweg)* von einem Startpunkt $\boldsymbol{X}_{(0)}$ aus, indem man schrittweise der entgegengesetzten Richtung des jeweiligen Gradientenvektors folgt:

$$\boldsymbol{X}_{(n)} = \boldsymbol{X}_{(n-1)} - \lambda g(\boldsymbol{X}_{(n-1)}) \qquad (18.24)$$

(n = 1, 2, ...); λ ist ein Schrittweiteparameter (*einfaches Gradientenverfahren*). Gelangt man bei einem neuen Schritt zu einem Punkt, in dem das Potential in der g-Richtung wieder ansteigt, dann interpoliert man zwischen diesem und dem vorherigen Punkt, berechnet erneut den Gradienten und setzt fort. Zur Veranschaulichung möge Abb. 18.6 dienen.

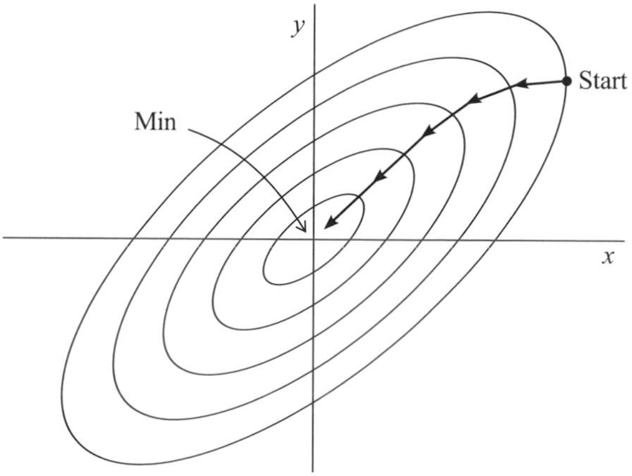

Abb. 18.6
Minimumsuche mit dem einfachen Gradientenverfahren (schematisch)

Die Vorteile dieses Verfahrens liegen darin, dass es leicht zu programmieren ist, nur die Berechnung und Speicherung von Funktions- und Gradientwerten erfordert und insbesondere, dass es sicher funktioniert; ein lokales Minimum wird in jedem Fall gefunden. Nachteilig ist die in der Regel langsame Konvergenz, namentlich bei flachen Potentialmulden.

Verbesserungen der Konvergenzeigenschaften lassen sich durch Anpassung an das lokale Verhalten der Potentialfunktion erreichen. So kann man "unterwegs" die Schrittweite verändern oder mit sogenannten konjugierten Gradienten (zwei unabhängige Suchrichtungen) arbeiten. Einzelheiten werden hier nicht weiter diskutiert (s. dazu [18.1], Abschn. 12.2.2; [18.3], Abschn. 1.3.2.3; auch [II.1], Abschn. 10.2.2.2).

(b) Newton-Verfahren

Eine wesentliche Konvergenzbeschleunigung gegenüber dem Gradientenverfahren lässt sich erreichen, wenn man die lokale *quadratische* Näherung (18.21) zugrundelegt. Von beiden Seiten der Gleichung wird der Gradient genommen (bei festgehaltenem Punkt $\boldsymbol{X}'$), $\hat{\nabla}U = \mathcal{g} + \mathbf{k}\cdot(\boldsymbol{X}-\boldsymbol{X}')$; aus der Bedingung $\hat{\nabla}U = 0$ folgt: $\mathcal{g}+\mathbf{k}\cdot(\boldsymbol{X}-\boldsymbol{X}')=0$, und hieraus, von links mit der inversen Kraftkonstantenmatrix multipliziert und nach $\boldsymbol{X}$ aufgelöst: $\boldsymbol{X}=\boldsymbol{X}'-k^{-1}\mathcal{g}$. Diese Beziehung begründet ein Minimumsuchverfahren mit einem zu $-\mathbf{k}^{-1}\mathcal{g}$ proportionalen Abstiegsterm:

$$\boldsymbol{X}_{(n)} = \boldsymbol{X}_{(n-1)} - \lambda_{(n-1)}\cdot\mathbf{C}(\boldsymbol{X}_{(n-1)})\cdot\mathcal{g}(\boldsymbol{X}_{(n-1)})\,; \tag{18.25}$$

$\mathbf{C}(\boldsymbol{X}_{(n-1)})$ bezeichnet eine Näherung für das Inverse der Kraftkonstantenmatrix $\mathbf{k}$ am Punkt $\boldsymbol{X}_{(n-1)}$, und $\lambda_{(n-1)}$ ist ein Schrittweiteparameter, der bei jedem Schritt neu festgelegt werden kann.

Wird das Inverse bei jedem Schritt berechnet und $\mathbf{C}=\mathbf{k}^{-1}$ genommen, dann spricht man von *Newton-Verfahren* (in der englischsprachigen Literatur oft *Newton-Raphson-Verfahren*), andernfalls von *Quasi-Newton-Verfahren* (s. [II.1], Abschn. 10.2.2).

Man bezeichnet solche Algorithmen auch als *Verfahren mit variabler Metrik*. In der Mathematik ist die *Metrik* eines Vektorraumes durch die Vorschrift gegeben, nach welcher der Abstand zweier Punkte oder die Länge eines Vektors (seine Norm) berechnet wird. Wir vermeiden hier den für eine mathematisch korrekte Darstellung eigentlich erforderlichen Formalismus der Differentialgeometrie und Tensoranalysis und verweisen den daran interessierten Leser auf die Literatur, z. B. [II.1] (dort Kap. 3).

Newton-Verfahren, in denen bei jedem Schritt tatsächlich die zweiten Ableitungen neu berechnet oder zumindest genähert bzw. abgeschätzt werden, sind zumindest in Verbindung mit quantenchemischen Verfahren nur für kleine Systeme praktikabel; die numerische Ermittlung über Differenzenquotienten ist sehr aufwendig. Das gilt auch, obwohl etwas abgemildert, wenn die benutzten quantenchemischen Programme (s. Kap. 17) Routinen zur Berechnung von Ableitungen nach Geometrieparametern auf analytischem Wege enthalten. Die Anwendungsbereiche erweitern sich erheblich, wenn für das Potential $U(\boldsymbol{X})$ einfache quantenchemische Näherungen (Dichtefunktional- oder semiempirische Verfahren) eingesetzt werden können bzw. wenn (wie hier vorausgesetzt) ein Kraftfeldmodell verwendet wird.

Zur Geometrieoptimierung großer Systeme kommen Quasi-Newton-Verfahren in Frage, die für die Matrizen $\mathbf{C}$ Ausdrücke konstruieren in denen nur Gradienten vorkommen; es gibt davon verschiedenen Varianten, die hier nicht im Detail besprochen werden können. Wir nennen einige Autoren, die vor Jahrzehnten diese Richtung begründet und ihre Entwicklung vorangetrieben haben: W. C. Davidon 1959; R. Fletcher 1963, 1970; M. J. Powell 1963, 1971 (s. hierzu [II.1], Abschn. 10.2.2, sowie die computerchemische Literatur, s. Abschn. 16.4.2).

In Tab. 18.1 sind zur Illustration Geometrieparameter für das Formaldehydmolekül H_2CO zusammengestellt, die bei der Minimumsuche mit einigen gängigen Kraftfeldern erhalten wurden. Die Werte stimmen nicht perfekt (d. h. im Rahmen der Messgenauigkeit) mit den experimentellen Daten überein, sind aber als Abschätzungen bauchbar.

Tab. 18.1 Geometriedaten[a] für das Formaldehydmolekül aus Kraftfeldern [Rechnungen von T. Ritschel; unveröffentlicht]

Kraftfeld[b]	R^0_{CO} (a_B)	R^0_{CH} (a_B)	γ^0 (°)	Verwendetes Programmpaket
UFF	2,304	2,050	120	Avogadro
MMFF94	2,315	2,082	115,5	Avogadro
Dreiding	2,305	1,871	120	Gaussian
exp[c]	2,277	2,099	116,1	

[a] Symmetrie $\boldsymbol{C}_{2v}$; $\gamma^0 = \angle$HCO

[b] Abkürzungen: UFF – Universal Force Field, MMFF – Merck Molecular Force Field (vgl. Tab. 18.2)

[c] Aus NIST-Tabellen, vgl. Tab. 17.9.

Einige abschließende Bemerkungen zu den lokalen Verfahren:

- Die Konvergenz hängt wesentlich davon ab, wie nahe am gesuchten Minimum die Prozedur gestartet wird. Gute *Startgeometrien* können anhand experimenteller Daten für strukturverwandte Moleküle (sofern verfügbar) gewonnen werden (s. Abschn. 18.1). Oft genügen auch Standardwerte für Bindungsabstände etc., wie sie für normale Bindungsverhältnisse vorliegen; bei nicht-normalen Bindungssituationen (z. B. Übergangsmetallkomplexe, Van-der-Waals-Komplexe, Cluster etc.) hat man solche Möglichkeiten im Allgemeinen nicht.

- Abstiegsverfahren der hier besprochenen Art haben generell die Eigenschaft, dass sie nicht aus der *Symmetrie* der Startgeometrie herausführen (s. Abschn. 13.1.2).

- Prinzipiell sind die topographischen Eigenschaften einer Potentialhyperfläche davon unabhängig, welche Koordinaten benutzt werden. Praktisch jedoch ist die Koordinatenwahl nicht gleichgültig, sondern hat Einfluss beispielsweise auf die Konvergenz der Suchverfahren.

- Ein Problem bei der Verwendung des vollen Satzes von $3N$ kartesischen Koordinaten $\boldsymbol{X}$ der N Kerne besteht darin, dass darin noch die sechs Freiheitsgrade der Gesamttranslation und Gesamtrotation des Systems enthalten sind, von denen die Potentialfunktion grundsätzlich nicht abhängt (s. Abschn. 4.3.3.2 und 11.2.1). Das kann sich bei der topographischen Analyse störend auswirken. Diese Probleme lassen sich vermeiden, wenn von vornherein $3N-6$ *interne Kernkoordinaten* (Abstände und/oder Winkel) verwendet werden, wobei man darauf zu achten hat, dass diese Koordinaten linear unabhängig sein müssen, d. h. keine Koordinate darunter ist, die sich durch die anderen ausdrücken lässt. Weiteres hierzu findet man etwa in [18.1] (Abschn. 12.3) und [18.3] (Abschn. 1.3.2.6).

- Die oben besprochenen Suchverfahren führen, wenn sie konvergieren, zu einem Punkt, von dem man zunächst nur weiß, dass es ein stationärer Punkt ist, für den also gilt: $\mathcal{g} \equiv \hat{\nabla} U = 0$. Ob es sich um ein lokales Minimum handelt, muss strenggenommen noch anhand einer Bestimmung der Vorzeichen der Eigenwerte der Kraftkonstantenmatrix **k** an diesem stationären Punkt geprüft werden (s. Abschn. 4.3.3.2).

Damit noch nicht beantwortet ist die Frage, ob auf diese Weise ein globales und nicht nur ein lokales Minimum gefunden wurde.

18.3.1.3 Molekülstruktur: Globales Minimum*

Soll die "reale", näherungsweise auch experimentell bestimmbare Molekülgeometrie (für einen bestimmten Elektronenzustand, wobei wir uns hier für den Elektronengrundzustand interessieren) theoretisch ermittelt werden, dann muss man das *globale Minimum* der entsprechenden adiabatischen Potentialfunktion $U(X)$ finden. Das ist für große molekulare Systeme eine schwierige Aufgabe, denn mit der Anzahl der Freiheitsgrade wächst die Anzahl lokaler Minima der Potentialhyperfläche sehr stark an; für den Zusammenhang zwischen der Potentialflächendimension und der Anzahl lokaler Minima gibt es keine universell gültige Formel. Ein systematisches Aufsuchen aller lokalen Minima, um unter diesen das tiefste (globale) ausfindig zu machen, kommt bei vielen Freiheitsgraden praktisch nicht in Frage.

Für große Moleküle können die Suchbereiche dadurch eingegrenzt werden, dass man das Molekül baukastenartig aus Atomgruppen (z. B. $-CH_3$, $-CH_2-$, $-OH$ u. a.) zusammensetzt, die während des Suchprozesses in sich näherungsweise eine bestimmte Standardgeometrie beibehalten; Daten dafür entnimmt man Datenbanken. Auch für die Drehlagen der Bausteine gegeneinander (Konformation) kann die Erfahrung Hinweise geben. Auf diese Weise lässt sich oft eine Startgeometrie konstruieren, die vermutlich in der Nähe des globalen Minimums für das Gesamtsystem liegt. Letzteres ermittelt man dann mit einem der besprochenen Suchverfahren.

Es gibt inzwischen eine ganze Reihe von Strategien, um dem Problem des Globalminimums beizukommen, wobei aber keine mit Sicherheit zum Ziele führt. Einige Schlagworte hierzu: Distanzgeometrie-Methoden, stochastische Methoden (insbesondere Monte-Carlo-Verfahren, s. Abschn. 19.3), molekulardynamische Methoden (s. Abschn. 19.2), die beiden letztgenannten eventuell kombiniert mit "simulierter Abkühlung" (engl. simulated annealing, s. Abschn. 19.3.3). Bezüglich näherer Einzelheiten verweisen wir wieder auf die Literatur ([18.1], Abschn. 2.6; [18.3], Abschn. 1.4.2; [18.5], Abschn. 9.9).

18.3.2* Aufsuchen von Übergangskonfigurationen (Sattelpunkte erster Ordnung)

Die Ermittlung von Sattelpunkten auf vieldimensionalen Potentialhyperflächen ist schwieriger als die Minimumsuche. Man hat bisher kein sicheres und für jeden Fall taugliches Verfahren zur Verfügung, und die praktische Vorgehensweise ist noch zu einem guten Teil eine handwerkliche Kunst.

Häufig hat man die folgende Aufgabe zu lösen: Es seien zwei lokale Minima M1 und M2 bekannt, und ein dazwischen liegender Sattelpunkt soll bestimmt werden. Wir besprechen einige dafür nutzbare Strategien; eine Übersicht findet man in [18.1] (dort Abschn. 12.4).

18.3.2.1 Interpolationsverfahren*

Die einfachste Möglichkeit besteht darin, die Frage nach einem Sattelpunkt "zwischen" zwei Minima wörtlich zu nehmen.

Man kann z. B. heuristisch, mit Hilfe strukturchemischer Erfahrung und der Kenntnis der beiden M1 und M2 entsprechenden Molekülstrukturen, eine *intuitive Reaktionskoordinate* als Progressvariable für den Umlagerungsvorgang von M1 nach M2 wählen. Diese Verfahrensweise ist sofort einleuchtend für die in Abschnitt 13.1.3*(h)* diskutierte S_N2 -Reaktion der beiden Reaktanten X^- und CH_3Y : Hierbei könnte man in der Phase der Annäherung der beiden Reaktanten den Abstand R_{XC} und beim Auseinanderlaufen der Produkte den Abstand R_{CY} als Näherung $\tilde{\rho}$ für die Reaktionskoordinate ρ nehmen; für jeden Wert von $\tilde{\rho}$ wären die übrigen Variablen (Abstände, Winkel) so zu verändern, dass die Energie U minimal wird. Der Wert von $\tilde{\rho}$, für den das Potentialprofil $U(\tilde{\rho})$ ein Maximum hat, ergibt eine (in diesem Fall sicher recht gute) Näherung für die Lage des Sattelpunkts.

Im *Verfahren des synchronen Übergangs* (engl. synchronous transit) werden *alle* Koordinaten gleichmäßig zwischen ihren Werten für die beiden Minima M1 und M2 (linear oder quadratisch) verändert: Seien $\boldsymbol{R}^{01}$ die Koordinaten für das Minimum M1 und $\boldsymbol{R}^{02}$ diejenigen für das Minimum M2, dann macht man für die Zwischenstrukturen mit den Koordinaten $\boldsymbol{R}$ beispielsweise einen linearen Ansatz $\boldsymbol{R} = \boldsymbol{R}^{01} + c\boldsymbol{R}^{02}$ und nimmt als Näherung für die Übergangskonfiguration denjenigen Koordinatensatz $\boldsymbol{R}$, für den $U(\boldsymbol{R})$ maximal ist. Soweit das Prinzip[9]; für die praktische Realisierung lässt sich das Konzept noch verfeinern.

Generell sind solche Verfahren nicht konvergent, d. h. es ergibt sich günstigenfalls ein Punkt in der Nähe des Sattelpunkts (s. [18.4]).

18.3.2.2 Lokale Verfahren*

Lokale (differentialgeometrische) Verfahren erfordern die Berechnung von Gradienten und die Berechnung oder Abschätzung der zweiten Ableitungen. Es leuchtet ein, dass man gute (d. h.

[9] Halgren, T. A., Lipscomb, W. N.: The synchronous-transit method for determining reaction pathways and locating molecular transition states. Chem. Phys. Lett. **49**, 225-232 (1977)

sattelpunktnahe) Startgeometrien benötigt, damit solche Verfahren als nächstgelegenen stationären Punkt tatsächlich den Sattelpunkt finden – sonst "rutschen" sie bevorzugt in ein benachbartes lokales Minimum, da dorthin der Abstieg steiler ist. Ein solcher guter Startpunkt kann z. B. von den im vorigen Abschnitt besprochenen Interpolationsverfahren geliefert werden. Ein angeschlossenes *Newton-* oder *Quasi-Newton-Verfahren* läuft dann analog zur Minimumsuche ab, so dass wir hier nicht nochmals darauf eingehen müssen.

Eine weitere Möglichkeit der Sattelpunktsbestimmung besteht darin[10], die *Gradientennorm*, also den stets positiven Aus druck

$$\sigma(X) \equiv \sum_{i=1}^{3N} [g_i(X)]^2 \geq 0 , \qquad (18.26)$$

zu minimieren. Offensichtlich befindet sich dort, wo die Potentialfunktion $U(X)$ einen stationären Punkt (ein lokales Minimum oder einen Sattelpunkt) besitzt, wo also $|g| = 0$ gilt, ein Minimum der Funktion $\sigma(X)$, und zwar ist an diesem Punkt $\sigma = 0$. Dazwischen hat $\sigma(X)$ weitere stationäre Punkte (Maxima und auch weitere Minima mit $\sigma \neq 0$); in Abb. 18.7 ist ein solches Verhalten schematisch skizziert.

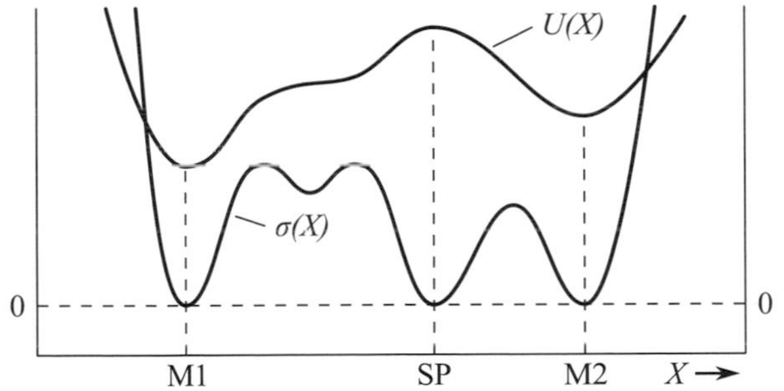

Abb. 18.7
Potentialfunktion $U(X)$ und Gradientennorm $\sigma(X)$ als Funktionen einer Variablen X (schematisch)

Um den Sattelpunkt durch Minimierung von σ sicher zu finden, müsste man von einem Punkt in unmittelbarer Nähe eines benachbarten σ - Maximums starten; dazu müsste man letzteres erst einmal kennen. Das Abstiegsverfahren für σ erfordert die Berechnung der ersten Ableitungen von σ, also der zweiten Ableitungen von U (Elemente der Hesse-Matrix). Eine solche Verfahrensweise wird besonders für Systeme mit vielen Freiheitsgraden wegen des hohen Aufwands kaum geeignet sein.

Prinzipiell sollte sich (in Umkehrung der Minimumbestimmung mittels Gradientenverfahren) ein Sattelpunkt auch dadurch finden lassen, dass man von einem benachbarten Minimum startend dem Weg des flachsten Anstiegs folgt, also entlang der Richtung des Eigenvektors zum tiefsten Eigenwert der Hesse-Matrix. Solche *Aufstiegsmethoden* (zuweilen auch als Wege optimalen Anstiegs, engl. optimum ascent, bezeichnet) sind in mehreren Varianten entwickelt

[10] McIver, Jr., J. W., Komornicki, A.: Structure of Transition States in Organic Reactions. General Theory and an Application to the Cyclobutene – Butadiene Isomerization Using a Semiempirical Molecular Orbital Method. J. Am. Chem. Soc. **94**, 2625-2633 (1972)

worden[11], bisher allerdings nicht mit durchschlagendem Erfolg. Die Verfahren führen in der Regel nicht sicher zum Sattelpunkt, und man muss nach Abschluss der Rechnung prüfen, ob man beim Abstieg vom gefundenen Punkt wieder in das Startminimum gelangt (s. auch Abschn. 18.3.3).

Oft lässt sich für kleine Systeme eine Übergangsgeometrie "erraten" (s. vor. Abschn.). Bei symmetrischen Umlagerungen kann die Übergangskonfiguration eine höhere Symmetrie aufweisen als diejenigen Strukturen, die zu den benachbarten Minima gehören: So haben beispielsweise beim S_N2 -Prozess $X^- + CH_3X$ die Reaktant- und Produktstrukturen (Abstände X–C bzw. C–X groß) die Symmetrie $\boldsymbol{C}_{3v}$, die Übergangskonfiguration $(XCH_3X)^-$ hingegen die Symmetrie $\boldsymbol{D}_{3h}$. Der Sattelpunkt lässt sich dann durch Minimierung des Potentials U bestimmen, wenn die Suche auf Kernanordnungen mit der Symmetrie $\boldsymbol{D}_{3h}$ eingeschränkt wird.

Wir beschließen auch diesen Abschnitt mit einigen Anmerkungen:

- Die Sattelpunktsuche wird zweckmäßig zweistufig durchgeführt: zuerst eine Grobsuche (beispielsweise mit einem Interpolationsverfahren), dann eine Feinsuche (mit einem lokalen Verfahren).

- Der Aufwand für Sattelpunktsuchverfahren sowie die Verifizierung der Ergebnisse ist bei Kraftfeld-Modellpotentialen kein Problem, bei Kombination mit quantenchemischen Näherungsverfahren zur Potentialberechnung jedoch ein stark limitierender Faktor.

- Die Wahl geeigneter Koordinaten ist bei der Ermittlung von Sattelpunkten wichtiger als bei der Minimumsuche.

- Auf Grund der höheren Unsicherheit im Vergleich zur Minimumsuche sollte das Resultat einer Sattelpunktbestimmung stets anschließend verifiziert werden durch Berechnung der Hesse-Matrix, ihre Diagonalisierung und Prüfung, ob (a) genau *ein* negativer Eigenwert vorliegt und (b) der Abstieg in Richtung des zugehörigen Eigenvektors und entgegen dieser Richtung in die beiden benachbarten Minima M1 bzw. M2 führt.

- Alle Suchverfahren für stationäre Punkte auf Potentialhyperflächen haben Schwierigkeiten in Bereichen mit sehr flachem Potentialverlauf. Geringfügig falsche Suchrichtungen können dann zu gänzlich falschen Resultaten führen, so dass man mit sehr kleinen Schrittweiten arbeiten und folglich entsprechend hohen Aufwand treiben muss.

- Bei vielatomigen molekularen Systemen weist die Potentialhyperfläche für den Elektronengrundzustand in der Regel viele Minima und viele Sattelpunkte auf, deren Energien U sich oft nur geringfügig unterscheiden. Dann ist es fraglich, ob der Begriff der Übergangskonfiguration und das darauf fußende Modell (Eyring-Theorie) noch sinnvoll angewendet werden können (s. Abschn. 15.2; auch [18.1], Abschn. 12.4.10).

- Es gibt molekulare Veränderungen, für die keine rein energetisch bestimmte Übergangskonfiguration und somit kein entsprechender Sattelpunkt der Energiehyperfläche existiert. Eine

[11] Seit den 1970er Jahren in Arbeiten von Cerjan, C. J., Miller, W. H.: On finding transition states. J. Chem. Phys. **75**, 2800-2806 (1981);
ferner: Pančíř, J.: Collect. Czech. Chem. Comm. **40**, 1112 (1975); ibid. **42**, 416 (1977);
Basilevsky, M. V.: J. Mol. Struct. (THEOCHEM) **103**, 139 (1983); s. auch die Übersichten in [18.4a,b].

solche Situation hat man in der Regel bei einer Fragmentierung eines Moleküls durch Aufbrechen einer Einfachbindung, ohne dass zugleich eine andere Bindung gebildet wird, z. B. beim C–H-Bindungsbruch im Methylradikal (Abschn. 15.3.2*(b)*) oder im Formaldehydmolekül (Abschn. 17.4.2.1, Abb. 17.11).

18.3.3 Reaktionswege

Der Begriff des Reaktionsweges (Minimumweg) für eine molekulare Umlagerung wurde in Abschnitt 4.3.2.2 eingeführt und durch die in Abschnitt. 13.1.3 diskutierten Beispiele illustriert. Im Kontext lokaler Minimum- und Sattelpunktsuchverfahren kann jetzt eine etwas schärfere mathematische Fassung gegeben werden (s. hierzu auch [I.4b], Abschn. 6.1.2.2).

Der Reaktionsweg wird wie in Abschnitt 4.3.3.2 als eine Kurve im Kernkonfigurationsraum definiert, in deren Richtung das Potential vom Sattelpunkt aus am steilsten abfällt. Diese Kurve sei gegeben in der sog. Parameterdarstellung, d. h. als Funktion ihrer Bogenlänge ρ ("natürlicher" Parameter): $\boldsymbol{X}_\rho \equiv \boldsymbol{X}(\rho)$. Der Tangentenvektor an jedem Punkt der Kurve hat die Richtung des *negativen* Gradientenvektors der Potentialfunktion $U(\boldsymbol{X})$ in diesem Punkt:

$$\begin{aligned} \mathrm{d}\boldsymbol{X}(\rho)/\mathrm{d}\rho &= -\hat{\nabla}U(\boldsymbol{X}(\rho))/|\hat{\nabla}U(\boldsymbol{X}(\rho))| \\ &= -\boldsymbol{g}(\rho)/|\boldsymbol{g}(\rho)|. \end{aligned} \tag{18.27}$$

Nach K. Fukui[12] verwendet man zweckmäßig anstelle der fortlaufend numerierten kartesischen Kernkoordinaten X_i $(i = 1, 2, \ldots, 3N)$ sog. *massengewichtete kartesische Koordinaten* $x_i \equiv \overline{m}_i^{1/2} X_i$ mit den Massen $\overline{m}_3 = \overline{m}_2 = \overline{m}_1 \equiv m_1, \overline{m}_6 = \overline{m}_5 = \overline{m}_4 \equiv m_2, \ldots$ Den mit der Massenwichtung der Koordinaten erhaltenen Reaktionsweg bezeichnet man als "eigentlichen" Reaktionsweg (engl. intrinsic reaction coordinate, abgek. *IRC*, nach K. Fukui 1970): es ist die Kurve, auf der sich der repräsentative Punkt im Kernkonfigurationsraum bei infinitesimal kleinen Geschwindigkeiten der Kerne bewegen würde. Für die Punkte $\boldsymbol{x}(\rho)$ entlang der IRC gilt ebenfalls die Beziehung (18.27).

Mit massengewichteten kartesischen Kernkoordinaten verschwinden im klassischen Ausdruck für die kinetische Energie T (s. Abschn. 2.1.3 und Anhang A2) die Massenfaktoren $1/m_i$, und T ist bis auf den Faktor $1/2$ eine reine Quadratsumme der Geschwindigkeitskomponenten: $T = (1/2)\sum_{i=1}^{3N} \dot{x}_i^2$, wie übrigens auch nach der Normalkoordinatentransformation in Abschnitt 11.4.2.1 [Gl. (11.138)].

Die Vektorgleichung (18.27) stellt ein System nichtlinearer gewöhnlicher Differentialgleichungen erster Ordnung für die kartesischen Komponenten $X_i(\rho)$ dar. Der Startpunkt wird festgehalten, d. h. man hat ein Anfangswertproblem zu lösen. Auf den rechten Seiten stehen komplizierte Funktionen von ρ, so dass die Bestimmung der Lösungsfunktionen $X_i(\rho)$ nur

---

[12] Fukui, K.: A formulation of the reaction coordinate. J. Phys. Chem. **74**, 4161-4163 (1970); Tachibana, A., Fukui, K.: Theoret. Chim. Acta [Berlin] **49**, 321 (1978) [Nobel-Preis für Chemie 1981 an K. Fukui, zusammen mit R. Hoffmann]

numerisch erfolgen kann. Man diskretisiert die Gleichungen, ersetzt also die Differentialquotienten $dX_i/d\rho$ durch Differenzenquotienten $\Delta X_i/\Delta\rho$, und bestimmt die Kurve $X_i(\rho)$ näherungsweise als Polygonzug (Euler-Cauchy-Verfahren).

Wenn ein Sattelpunkt bekannt ist, kann der Reaktionsweg, der über diesen Sattelpunkt verläuft, stückweise eindeutig als Weg steilsten Abstiegs vom Sattelpunkt aus gemäß Gleichung (18.27) berechnet werden. Im Sattelpunkt selbst verschwindet der Gradient, und die Lösung der Gleichung (18.27) ist unbestimmt. Man diagonalisiert die Hesse-Matrix im Sattelpunkt, verschiebt den Startpunkt ein wenig in Richtung des Eigenvektors zum negativen Eigenwert der Hesse-Matrix[13] und integriert schrittweise weiter. Im n-ten Schritt haben wir dann

$$\boldsymbol{X}_{(n)} = \boldsymbol{X}_{(n-1)} - \Delta\rho \cdot \boldsymbol{g}(\boldsymbol{X}_{(n-1)}(\rho))/|\boldsymbol{g}(\boldsymbol{X}_{(n-1)}(\rho))|, \tag{18.28}$$

wie bei den Abstiegsverfahren in Abschnitt 18.3.1.2. Auf diese Weise gelangt man vom Sattelpunkt aus in positiver und in negativer Gradientenrichtung zu den beiden nächstgelegenen lokalen Minima und damit zu einem wohldefinierten Abschnitt eines Minimumenergie- oder Reaktionsweges. Ausführlicheres über derartige numerisch-mathematische Verfahren findet man in der Spezialliteratur.[14]

Wir haben, da sich die Beziehungen so am einfachsten schreiben lassen, kartesische Kernkoordinaten verwendet. Geht man zu anderen, krummlinigen Koordinaten über (z. B. zu für das jeweilige System passenden Sätzen interner Koordinaten wie Kernabstände und Winkel, s. hierzu Anhang A5), dann ergibt sich der Reaktionsweg in anderer funktionaler Form. Grundsätzlich jedoch sind, wie bereits betont wurde, alle Koordinatensysteme gleichberechtigt und die physikalischen bzw. chemischen Folgerungen von der Koordinatenwahl unabhängig.

Bei Umlagerungen ohne Übergangskonfiguration, d. h. ohne Sattelpunkt auf der Potential hyperfläche zwischen Reaktant- und Produktbereich, kann die beschriebene Verfahrensweise nicht angewendet werden. Ein Reaktionsweg lässt sich dann nur mit intuitiven Suchverfahren (z. B. Streckung einer zu brechenden Bindung) oder Aufstiegsmethoden aus einem lokalen Minimum (s. Abschn. 18.3.2) bestimmen. In solchen Fällen ist es immer angeraten zu überprüfen, ob beim Abstieg das Ausgangsminimum wieder erreicht wird.

Weiteres zur Problematik der Bestimmung von stationären Punkten (lokale Minima und Sattelpunkte erster Ordnung) sowie von Reaktionswegen ist in [18.4a,b] zu finden.

18.4 Computersoftware: Kraftfeld-Programmpakete

Im Verlauf mehrerer Jahrzehnte seit den 1970er Jahren ist eine Vielzahl von Kraftfeld-Modellen entwickelt und für verschiedene Verbindungsklassen parametrisiert worden. In Tabelle 18.2 (angelegt analog zu Tab. 17.10) stellen wir einige vielgenutzte Programmpakete zusammen.

Ausführlichere Übersichten findet man z. B. in [18.1] und [18.5].

---

13 Oder anders ausgedrückt: in Richtung der Normalkoordinate zur imaginären Normalfrequenz; vgl. Abschn. 11.4.2.

14 Press, W. H., Flannery, B. P., Teukolsky, S. A., Vetterling, W. T.: Numerical Recipes. Cambridge Univ. Press, New York (1986)

Tab. 18.2 Programmpakete für Molecular Modelling, insbesondere mit Kraftfeld-Modellen (Auswahl)

Name des Pakets	Entwickler / Koordinator Institution, Autoren	Internetadresse	Bemerkungen[a]
GROMOS	W. van Gunsteren Univ. Groningen Swiss Fed. Inst. of Techn., Zürich/CH	www.gromos.net www.igc.ethz.ch	Biomoleküle (u. a. Proteine, Nucleinsäuren) incl. MD-Simulation
AMBER	P. A. Kollman et al. AMB, Univ. of California, San Francisco, CA/USA	www.ambermd.org	Biomoleküle (u. a. Proteine, Nucleinsäuren) incl. MD-Simulation
CHARMM	M. Karplus et al. Harvard Univ. Cambridge, MA/USA	www.charmm.org	Biomoleküle: Proteine etc., auch solv. incl. MD-Simulation
SYBYL-X	Certara USA, Inc. St. Louis, MO/USA	www.certara.com	Organ. Moleküle, Proteine
MM*n* (n=2, 3, 4)	N. L. Allinger Univ. of Georgia Athens, GA/USA	www.chem.uga.edu	Vorwiegend Verbindungen von H, C, N, O, Halogene, S, auch ÜM u. a.
MOMEC	P. Comba Univ. Heidelberg/D	www.uni-heidelberg.de	Koordinationsverbindungen
UFF	A. K. Rappe, W. Goddard III et al. Colorado State Univ., Fort Collins, CO/USA	www.chem.colostate.edu	"universell"
DREIDING	BioDesign, Inc. S. L. Mayo et al. Pasadena, CA/USA		Organ., biolog. und anorgan. (Hauptgruppen-)Moleküle

[a] Abkürzungen: MD – Molekulardynamik (s. Kap. 19); ÜM – Übergangsmetalle; MM – Molecular Mechanics

Ergänzende Literatur zu Kapitel 18

[18.1] Jensen, F.: Introduction to Computational Chemistry. Wiley, Chichester/UK (2008)

[18.2] Cramer, Ch. J.: Essentials of Computational Chemistry – Theories and Models. Wiley, West Sussex (2004)

[18.3] Kunz, R. W.: Molecular Modelling für Anwender. Teubner, Stuttgart (1997)

[18.4] a) Müller, K.: Reaktionswege auf mehrdimensionalen Energiehyperflächen. Angew. Chem. **92**, 1 – 74 (1980)

b) Schlegel, H. B.: Exploring Potential Energy Surfaces for Chemical Reactions: An Overview of Some Practical Methods. J. Comput. Chem. **24**, 1514 – 1527 (2003)

[18.5] Leach, A. R.: Molecular Modelling. Principles and Applications. Pearson Educ., London (2001)

19 Simulation von Vielteilchensystemen

Nach den im vorigen Kapitel behandelten strukturellen Aspekten molekularer Aggregate werden wir uns jetzt mit dem dynamische Verhalten und der Berechnung dynamisch bestimmter Eigenschaften befassen. Vorausgesetzt ist auch hier die Gültigkeit der elektronisch adiabatischen Näherung.

Die zu untersuchenden Systeme können *mesoskopische* Größe haben, d. h. aus $N\,(\equiv N^{\mathrm{k}})$ $\approx 10^6$ Atomen bestehen. Für die Beschreibung der Bewegungen der Atome (genauer: der Kerne mit den "daranhängenden" Elektronenhüllen) kommt daher nur eine im Wesentlichen *klassische Näherung* in Frage. Außerdem wird sich die Einbeziehung statistischer Elemente in die theoretische Behandlung als notwendig erweisen.

Die Grundlagen finden sich in den Abschnitten 4.6 und 14.2.4; bezüglich der statistischen Methoden verweisen wir auf Abschnitt 4.8 (auch 4.9) sowie auf die Anhänge A3 und A4.

19.1 Modellbildung

Für große Teilchenzahlen ist eine detaillierte Beschreibung der Dynamik wie in den Kapiteln 14 und 15 weder durchführbar noch sinnvoll. Es interessieren nämlich in der Regel nicht diese Details, sondern eher Eigenschaften (wie z. B. thermodynamische Größen), die das System als Ganzes besitzt, und deren Abhängigkeit von Parametern, die den Zustand des Systems charakterisieren (Temperatur, Druck etc.). Solche Eigenschaften lassen sich aus atomaren bzw. molekularen Daten durch statistische Mittelwertbildungen bestimmen. Prinzipiell entspricht die Vorgehensweise bei der theoretischen Behandlung dem, was wir in Abschnitt 16.2*(iv)* als *molekulardynamische bzw. molekularstatistische Modellierung* bezeichnet hatten. Schon in den Teilen 2 und 3 sind wir an einigen Stellen so vorgegangen, wenn von den detaillierten molekularen Größen bzw. Vorgängen auf makroskopisch zugängliche Messgrößen geschlossen werden sollte (z. B. in Kap. 14 und 15).

Alles das bedeutet nicht, dass in Vielteilchensystemen für bestimmte Fragestellungen nicht auch molekulare Eigenschaften die wesentliche Rolle spielen können. So sind für einen Katalysator oder ein Adsorbens häufig strukturelle Besonderheiten (etwa Mikroporosität) oder die elektronischen Eigenschaften aktiver Zentren in der Festkörper-Oberfläche bestimmend, so dass eine adäquate Beschreibung die lokalen Verhältnisse (molekulares Clustermodell) berücksichtigen muss.

Man kann sich die molekularstatistische Modellierung folgendermaßen plausibel machen: Je größer die Anzahl der (Kern-) Freiheitsgrade ist, desto weniger beeinflusst der einzelne Freiheitsgrad das Verhalten des Systems und die Resultate von Messungen, die am System vorgenommen werden. Viele Details machen sich nur "im Mittel" bemerkbar oder "mitteln sich heraus", heben sich gegenseitig auf. Die zeitlichen Veränderungen der einzelnen Freiheitsgrade können als zufällige Ereignisse betrachtet und mittels stochastischer Methoden in die Theorie aufgenommen werden. Das kann so weit gehen, dass überhaupt auf eine Beschreibung der Dynamik verzichtet wird.

Beispiele für eine solche Betrachtungsweise hatten wir schon kennengelernt: Bei der Diskussion der molekularen Stoßprozesse (Abschn. 14.2.1) wurde ein Teil der Anfangsbedingungen zufällig gewählt, wenn sie ohnehin nicht experimentell kontrollierbar waren, und im Modell der Übergangskonfiguration spielte die Dynamik der Kernbewegungen keine Rolle mehr (s. Abschn. 15.2).

Die Grundaufgabe des vorliegenden Kapitels besteht somit darin, den Zusammenhang zwischen den Eigenschaften eines mesoskopischen (oder sogar makroskopischen) Systems einerseits und den dafür relevanten Eigenschaften und Wechselwirkungen seiner mikroskopischen Bestandteile (Atome, Moleküle) andererseits herzustellen. Die zu wählende Strategie, d. h. die Bildung eines Modells, richtet sich dann nach der Fragestellung: Welche Eigenschaften (Messgrößen) interessieren?

Das theoretische Fundament liefert die *statistische Mechanik*, deren wichtigste Begriffe und Beziehungen im Anhang A3 zusammengestellt sind. Der klassisch-mechanische Bewegungszustand des Systems ist durch f (Kern-) Koordinaten Q_i und f Geschwindigkeitskomponenten $\dot{Q}_i$ bzw. f Impulskomponenten P_i [definiert durch Gleichung (4.132)] ($i = 1, 2, \ldots, f$) gegeben; f bezeichnet wie üblich die Anzahl der (Kern-) Freiheitsgrade. Bei Benutzung von kartesischen Koordinaten, bezogen auf ein raumfestes Koordinatensystem, gilt $f = 3N$ (s. Abschn. 4.1 und 4.6.3, auch Abschn. 11.2.1 sowie Anhang A2.3 und A5). Koordinaten und Impulse hängen von der Zeit ab: $Q_i \equiv Q_i(t), P \equiv P_i(t)$.

Generell sind physikalische Größen G, die sich für das System definieren lassen, Funktionen der dynamischen Variablen Q_i und P_i sowie der Zeit [s. Gl. (A3.15)]:

$$G \equiv G(Q_1(t), \ldots, Q_f(t); P_1(t), \ldots, P_f(t); t)\,; \tag{19.1}$$

das gilt insbesondere für die Gesamtenergie des Systems, die *Hamilton-Funktion* $H \equiv H(Q_1(t), \ldots, Q_f(t); P_1(t), \ldots, P_f(t); t)$. Hängt die Hamilton-Funktion nicht explizite (sondern nur implizite über die Koordinaten und Impulse) von der Zeit ab, dann ist sie nach Abschnitt 3.1.6 eine Bewegungskonstante: $H = \text{const} \equiv E$. Die Koordinaten und Impulse als Zeitfunktionen sind Lösungen der Hamiltonschen kanonischen Bewegungsgleichungen:

$$\dot{Q}_i = \partial H / \partial P_i\,, \ \dot{P}_i = -\partial H / \partial P_i \quad (i = 1, 2, \ldots, f) \tag{19.2}$$

[Gl. (A2.37) und Gl. (4.134)] zu bestimmten Anfangsbedingungen. Auf der Grundlage dieser klassisch-mechanischen Bewegungsgesetze sollen hier das Verhalten und die Eigenschaften des Systems nachgebildet ("simuliert") werden.

Das Ziel einer solchen Simulation eines Vielteilchensystems (N und damit f sind groß) besteht darin, die im Prinzip einer makroskopischen Messung zugänglichen *statistischen Mittelwerte* $\langle G \rangle$ von Größen G zu berechnen; für alles Folgende setzen wir voraus, dass die Größen G nur über die Koordinaten und Impulse, aber nicht explizite von der Zeit abhängen: $G \equiv G(Q_1(t), \ldots, Q_f(t); P_1(t), \ldots, P_f(t))$ Einen Zugang zu diesen Mittelwerten bietet die *statistische Mechanik* im $2f$-dimensionalen Γ*- Phasenraum* (s. Anhang A3.2.2), in dem ein Punkt, der *Phasenpunkt*, festgelegt durch die Angabe von $2f$ Zahlenwerten $Q_1(t), \ldots, Q_f(t)$, $P_1(t), \ldots, P_f(t)$, einem Bewegungszustand des betrachteten Systems zu einer bestimmten

Zeit t entspricht. Zu dem gegebenen "Originalsystem" stellt man sich, wie in Anhang A3.2.2 näher erläutert wird, eine Menge von sehr vielen Systemen – eine *virtuelle Gesamtheit*, auch als *Ensemble* bezeichnet – vor, die dem Originalsystem physikalisch völlig gleichwertig sind und sich nur durch ihren Bewegungszustand, d. h. durch die Zahlenwerte der Koordinaten Q_i und Impulse P_i, unterscheiden. Jeder *Phasenpunkt* eines Systems der Gesamtheit bewegt sich entlang einer Kurve (*Phasenbahn* oder *Phasentrajektorie*) im Γ - Phasenraum.

Der gesuchte Mittelwert der Größe G ergibt sich als ein *2f*-dimensionales Integral über den Γ - Phasenraum:

$$\langle G\rangle^{\Gamma} = \iint_{\Gamma} G(Q_1,...,Q_f;P_1,...,P_f)\cdot\omega(Q_1,...,Q_f;P_1,...,P_f)\,\mathrm{d}Q_1...\mathrm{d}Q_f\mathrm{d}P_1...\mathrm{d}P_f \qquad (19.3)$$

[s. Gl. (A3.23)], das sogenannte *Ensemblemittel* (*Scharmittel*). Der Integrand besteht aus der Funktion G, gewichtet mit der Dichte $\omega(Q_1,...,Q_f;P_1,...,P_f)$ der Phasenpunkte im Γ - Phasenraum (*Phasenraumdichte*), die gemäß

$$\iint_{\Gamma}\omega(Q_1,...,Q_f;P_1,...,P_f)\,\mathrm{d}Q_1...\mathrm{d}Q_f\mathrm{d}P_1...\mathrm{d}P_f = 1\,. \qquad (19.4)$$

[Gl. (A3.16)] auf 1 normiert ist.[1]

Man beachte den Unterschied zur Betrachtungsweise in Abschnitt 4.8, in dem eine Statistik in einem *Molekül-Phasenraum* (auch als μ *-Raum* bezeichnet) beschrieben wird (s. Anhang A3.2.1); dabei sind die Teilchen als wechselwirkungsfrei vorausgesetzt. Der entscheidende Vorteil der Einführung virtueller Gesamtheiten und der Statistik im Γ -Raum gegenüber der μ -Raum-Statistik besteht darin, dass sich *Wechselwirkungen zwischen den Teilchen* problemlos einbeziehen lassen und die *statistische Unabhängigkeit* der Bewegungen der Systempunkte im Phasenraum gewährleistet ist. Näheres s. Anhang A3.2.

Eine virtuelle Gesamtheit ist charakterisiert durch eine bestimmte Phasenraumdichte $\omega(Q_1,...,Q_f;P_1,...,P_f)$, und diese wird festgelegt durch die physikalischen Bedingungen, denen das gegebene System unterliegt. Die im vorliegenden Kapitel wichtigsten Fälle sind (s. Anhang A3.2.2):

- die *mikrokanonische Gesamtheit* (*NVE-Ensemble*)

  bestimmt durch jeweils einen festen Wert für die Teilchenzahl N, das Volumen V und die Gesamtenergie E

  Es handelt sich also um ein abgeschlossenes, isoliertes System, in dem nach den Gesetzen der klassischen Mechanik ein Erhaltungssatz für die Gesamtenergie gilt (s. Anhang A2.4.2).

  Die Phasenraumdichte für eine mikrokanonische Gesamtheit ist formal gegeben durch

  $$\omega_{NVE}(Q_1,...,Q_f,P_1,...,P_f) \propto \delta(H-E)$$

  mit der Hamilton-Funktion $H \equiv H(Q_1,...,Q_f,P_1,...,P_f)$ für das Teilchensystem.

[1] Wie in Anhang A3.2.2 ziehen wir ausschließlich Phasenraumdichten in Betracht, die nicht explizite, sondern nur über die Koordinaten und Impulse zeitabhängig sind.

- die *kanonische Gesamtheit* (*NVT-Ensemble*)

  bestimmt durch jeweils einen festen Wert für die Teilchenzahl N, das Volumen V und die Temperatur T

  Das System wird (etwa durch Kontakt mit einem Wärmebad) auf einer konstanten Temperatur gehalten; infolge des ständigen Energieaustausches zwischen System und Wärmebad kann die Energie keinen festen Wert haben.

  Als Phasenraumdichte hat man unter diesen Bedingungen

  $$\omega_{NVT}(Q_1,...,Q_f;P_1,...,P_f) = \mathcal{Q}^{-1}\exp[-H(Q_1,...,Q_f;P_1,...,P_f)/k_\mathrm{B}T]$$

  (*Boltzmann-Verteilung*) mit dem von N, V und T abhängigen Zustandsintegral

  $$\mathcal{Q} \equiv \mathcal{Q}(N,V,T) = \iint_\Gamma \exp[-H(Q_1,...,Q_f;P_1,...,P_f)/k_\mathrm{B}T]\,\mathrm{d}Q_1...\mathrm{d}Q_f\,\mathrm{d}P_1...\mathrm{d}P_f\,.$$

Alternativ zum Ensemblemittelwert als $2f$-dimensionales Phasenraumintegral (19.3) kann man einen zeitlichen Mittelwert für eine Größe G bestimmen: man verfolgt die Bewegung des (Original-) Systems entlang der Systemtrajektorie (Phasenbahn) im Γ - Raum über eine Zeit $\mathcal{T}$ und definiert durch den Grenzwert

$$\langle G\rangle^{\mathcal{T}} = \lim_{\mathcal{T}\to\infty}(1/\mathcal{T})\int_{t_0}^{t_0+\mathcal{T}} G(Q_1(t),...,Q_f(t),P_1(t),...,P_f(t))\mathrm{d}t \tag{19.5}$$

das *Zeitmittel* $\langle G\rangle^{\mathcal{T}}$ der Größe G (s. Anhang A3.2.2). Näherungsweise lässt sich dieser Mittelwert erhalten, indem man während einer endlichen, genügend langen Zeitspanne $\mathcal{T}$ zu gewissen Zeitpunkten t_0+t_k (k = 1, 2, ..., M; $t_M = \mathcal{T}$) die Zahlenwerte $G_k \equiv G(t_k) \equiv G(Q_1(t_k),...,P_f(t_k))$ berechnet und den arithmetischen Mittelwert bildet:

$$\langle G\rangle^{\mathcal{T}} \approx \overline{\langle G\rangle}^{\mathcal{T}} = (1/M)\sum_{k=1}^{M} G(t_k)\,. \tag{19.6}$$

Generell wird vorausgesetzt, dass (als Folge der angenommenen Gültigkeit der *Ergodenhypothese*, s. Anhang A3.2.2) das so erhaltene *Zeitmittel mit dem Ensemblemittel übereinstimmt.*

19.2 Molekulardynamische Simulationen

Wir behandeln zuerst das Konzept des Zeitmittels und verfolgen die *klassische Bewegung* eines Phasenraumpunktes im Γ - Phasenraum. Gegeben sei eine adiabatische Potentialfunktion $U(\boldsymbol{R})$, und die Kernbewegungen laufen nach den Gesetzen der klassischen Mechanik ab (s. Anhang A2; auch Abschn. 4.6.3 und 14.2). Ferner wird vorausgesetzt, dass es sich um ein *isoliertes System* handelt und die Gesamtenergie E somit eine Bewegungskonstante ist; wir simulieren also ein *NVE*-Ensemble. Eine $2f$-dimensionale Systemtrajektorie im Γ - Phasenraum ist vollständig und eindeutig durch ihre Anfangsbedingungen bestimmt; die Bewegung ist reversibel (vgl. Abschn. 14.4).

Zur Vereinfachung der Schreibweise werden wir im Folgenden die f Koordinaten $Q_1,...,Q_f$

zu einem f-komponentigen Vektor $\boldsymbol{Q} \equiv \{Q_1,...,Q_f\}$, die f Impulskomponenten $P_1,...,P_f$ zu einem Vektor $\boldsymbol{P} \equiv \{P_1,...,P_f\}$ zusammenfassen. Entsprechend wird das Volumenelement im Γ - Phasenraum kurz mit $\mathrm{d}\boldsymbol{Q}\,\mathrm{d}\boldsymbol{P} \equiv \mathrm{d}Q_1...\mathrm{d}Q_f\ \mathrm{d}P_1...\mathrm{d}P_f$ bezeichnet.

19.2.1 Konventionelle klassische Molekulardynamik: Bewegungsgleichungen und Integrationsalgorithmen

19.2.1.1 Klassisch-mechanische Bewegungsgleichungen

Wir benutzen kartesische Kernkoordinaten: $\boldsymbol{Q} \equiv \{Q_1,...,Q_f\} \rightarrow \boldsymbol{R} \equiv \boldsymbol{X} \equiv \{X_1,...,X_{3N}\}$, bezogen auf ein raumfestes Koordinatensystem. In der Hamilton-Funktion

$$H(\boldsymbol{X};\boldsymbol{P}) = T^{\mathrm{k}}(\boldsymbol{P}) + U(\boldsymbol{X}) \tag{19.7}$$

setzt sich dann der kinetische Energieanteil $T^{\mathrm{k}}(\boldsymbol{P})$ additiv aus den Beiträgen der $3N$ einzelnen (Kern-) Freiheitsgrade zusammen:

$$T^{\mathrm{k}}(\boldsymbol{P}) = \sum\nolimits_{a=1}^{N} P_a{}^2 / 2m_a\ , \tag{19.8}$$

$$= \sum\nolimits_{i=1}^{3N} P_i^2 / 2\overline{m}_i\ , \tag{19.8'}$$

wenn man verabredet, dass zu jeder der drei (kartesischen) Koordinaten eines Teilchens (Kern) a die Masse m_a gehört, also: $\overline{m}_{3a} = \overline{m}_{3a-1} = \overline{m}_{3a-2} \equiv m_a$. Die kanonischen Gleichungen (s. Anhang A2.4.2) haben die Form

$$\dot{X}_i = P_i / \overline{m}_i\ , \quad \dot{P}_i = -\,\partial U / \partial X_i \qquad (i = 1, 2, ... , 3N)\ . \tag{19.9a,b}$$

Hieraus ergeben sich, wenn man die nach P_i aufgelösten Ausdrücke (19.9a) in Gleichung (19.9b) einsetzt, die *Newtonschen Bewegungsgleichungen*

$$\overline{m}_i \ddot{X}_i = -\,\partial U / \partial X_i \qquad (i = 1, 2, ... , 3N) \tag{19.10}$$

(s. Anhang A2.3.1). Das ist ein System von $f = 3N$ gewöhnlichen Differentialgleichungen zweiter Ordnung anstelle der $2f = 6N$ gewöhnlichen Differentialgleichungen erster Ordnung (19.9a,b). Über ihre rechten Seiten

$$K_i(X_1, X_2,...) \equiv -\,\partial U / \partial X_i\ , \tag{19.11}$$

die kartesischen *Kraftkomponenten* als negative erste Ableitungen des Potentials U, sind die Gleichungen (19.10) gekoppelt.

Eine kompaktere Schreibweise dieser Gleichungen erhält man durch Zusammenfassung der Komponenten X_i, P_i und K_i jeweils zu $3N$-komponentigen Vektoren bzw. Spaltenmatrizen: $\boldsymbol{X} \equiv \{X_1, X_2,..., X_{3N}\}$, $\boldsymbol{P} \equiv \{P_1, P_2,..., P_{3N}\}$ und $\boldsymbol{K} \equiv \{K_1, K_2,..., K_{3N}\} = -\,\hat{\boldsymbol{\nabla}}U$, wobei $\hat{\boldsymbol{\nabla}}$ der $3N$-komponentige Gradientenvektor ist (s. Abschn. 4.3.3.2). Aus den Massen $\overline{m}_i$ bilden wir eine $3N$-reihige Diagonalmatrix $\overline{\mathbf{m}}$, in deren Hauptdiagonale, beginnend links oben, die

Elemente $m_1, m_1, m_1, m_2, m_2, m_2, m_3, \ldots$ stehen. Die kanonischen Gleichungen (19.9a,b) lassen sich damit als vektorielle Gleichungen

$$\dot{\boldsymbol{X}} = \overline{\mathbf{m}}^{-1}\boldsymbol{P}\,, \qquad (19.9a')$$

$$\dot{\boldsymbol{P}} = \boldsymbol{K} \qquad (19.9b')$$

schreiben. Der Vektor $\boldsymbol{u} \equiv \dot{\boldsymbol{X}} = \overline{\mathbf{m}}^{-1}\boldsymbol{P}$ ist der 3N-komponentige Geschwindigkeitsvektor aller Systemfreiheitsgrade und $\boldsymbol{b} \equiv \dot{\boldsymbol{u}} = \ddot{\boldsymbol{X}}$ der entsprechende Beschleunigungsvektor, für den die (in Matrixform geschriebene) Newton-Gleichung

$$\ddot{\boldsymbol{X}} = \overline{\mathbf{m}}^{-1}\boldsymbol{K} \qquad (19.10')$$

gilt.

19.2.1.2 Numerische Integration der Bewegungsgleichungen

Im Allgemeinen ist die Berechnung von Lösungen $X_i(t)$ des Gleichungssystems (19.10) mit Potentialfunktionen komplizierter Gestalt (s. Abschn. 4.3.2 sowie 13.1) nur mittels numerischer Verfahren möglich, indem man von einem Startpunkt $\boldsymbol{X}(t_0) \equiv \{X_1(t_0), \ldots, X_{3N}(t_0)\}$ ausgehend in endlichen Zeitschritten Δt die Lösung – die Systemtrajektorie $\boldsymbol{X}(t)$ mit ihren Komponenten $X_i(t)$ – stückweise approximiert. Dafür gibt es zahlreiche Verfahren, von denen wir die wichtigsten in ihren Grundzügen zusammenstellen.

Wir nehmen an, die Komponenten $X_i(t)$ der Systemtrajektorie erfüllen zu jedem Zeitpunkt t' die Voraussetzungen für eine Taylor-Entwicklung, vektoriell geschrieben also:

$$\boldsymbol{X}(t'+\Delta t) = \boldsymbol{X}(t') + \left[\mathrm{d}\boldsymbol{X}(t)/\mathrm{d}t\right]_{t=t'}\Delta t + (1/2)\left[\mathrm{d}^2\boldsymbol{X}(t)/\mathrm{d}t^2\right]_{t=t'}(\Delta t)^2 + \ldots$$

bzw. mit den soeben eingeführten Bezeichnungen:

$$\boldsymbol{X}(t'+\Delta t) = \boldsymbol{X}(t') + \boldsymbol{u}(t')\cdot\Delta t + (1/2)\boldsymbol{b}(t')\cdot(\Delta t)^2 + \ldots \qquad (19.12)$$

Eine entsprechende Taylor-Entwicklung für die Geschwindigkeit $\boldsymbol{u} \equiv \dot{\boldsymbol{X}}$ hat die Form

$$\boldsymbol{u}(t'+\Delta t) = \boldsymbol{u}(t') + \boldsymbol{b}(t')\cdot\Delta t + \ldots \qquad (19.13)$$

mit dem Beschleunigungsvektor (s. oben)

$$\boldsymbol{b} = \overline{\mathbf{m}}^{-1}\boldsymbol{K}\,. \qquad (19.10'')$$

Das *Euler-Cauchy-Verfahren*, bei dem man nach dem linearen Glied abbricht (analog dem Gradientenverfahren zur Minimumsuche bzw. Reaktionswegbestimmung auf einer Potentialhyperfläche, s. Abschn. 18.3.1.2 und 18.3.3), erweist sich in der Regel als zu grob, ineffizient und unzureichend stabil.

Zu einer verbesserten, aber noch immer einfachen Verfahrensweise kommt man mit dem sog. *Verlet-Algorithmus*. Addiert man die Taylor-Entwicklungen (19.12) für einen Vorwärtsschritt

$(+\Delta t)$ und einen Rückwärtsschritt $(-\Delta t)$, dann kompensieren sich die Glieder ungerader Ordnung und man erhält bei Abbruch nach dem quadratischen Term:

$$\boldsymbol{X}(t'+\Delta t) \approx 2\boldsymbol{X}(t') - \boldsymbol{X}(t'-\Delta t) + \boldsymbol{b}(t')\cdot(\Delta t)^2 .$$

Das Vorwärtsschreiten um Δt erfordert also die Kenntnis des aktuellen und des vorangegangenen (System-) Punktes sowie die Beschleunigung $\boldsymbol{b}$ bzw. die Kraft $\boldsymbol{K}$ mit den Komponenten K_i [Gl. (19.11)] am aktuellen Punkt.[2]

Nehmen wir an, dass während der gesamten Integration die gleiche Schrittweite Δt verwendet wird, so haben wir für den (k+1)-ten Schritt

$$\boldsymbol{X}_{(k+1)} \approx 2\boldsymbol{X}_{(k)} - \boldsymbol{X}_{(k-1)} + \boldsymbol{b}_{(k)}(\Delta t)^2 . \qquad (19.14)$$

Zum Start des Verfahrens (k = 0) kann man, da $\boldsymbol{X}_{(-1)} \equiv \boldsymbol{X}(-\Delta t)$ nicht verfügbar ist, z. B. mit einem Euler-Schritt beginnen.

Die Genauigkeit, mit der die Systemtrajektorie approximiert wird, ist natürlich umso höher, je kleiner der Zeitschritt Δt ist. Numerisch ist das Verfahren zuweilen nicht stabil, da sich auf der rechten Seite in Gleichung (19.14) die beiden ersten Terme weitgehend aufheben und dadurch Ungenauigkeiten schnell akkumulieren können; zu Stabilitätsfragen s. auch Abschnitt 19.2.2.3. Ein Nachteil besteht darin, dass die Geschwindigkeiten $\boldsymbol{u}$ im Algorithmus nicht erscheinen. Sie werden aber häufig benötigt (z. B. wenn die Temperatur kontrolliert werden soll, die durch die kinetische Energie bestimmt wird; s. unten) und müssen dann zusätzlich berechnet werden, etwa durch den Differenzenquotienten ("Zentraldifferenz")

$$\boldsymbol{u}_{(k)} \approx [\boldsymbol{X}_{(k+1)} - \boldsymbol{X}_{(k-1)}]/2\Delta t . \qquad (19.15)$$

Eine verbesserte Version des Verlet-Verfahrens stellt der *Leapfrog-Algorithmus* ("Bocksprung"-Algorithmus) dar.[3] Hierbei erfolgt die Berechnung von Ortskoordinaten und Geschwindigkeitskomponenten gekoppelt, allerdings für jeweils zwei um $\Delta t/2$ versetzte Zeitpunkte, und zwar erstere an $t + \Delta t$, letztere an $t + (\Delta t/2)$:

$$\boldsymbol{X}_{(k+1)} \approx \boldsymbol{X}_{(k)} + \boldsymbol{u}_{(k+1/2)}\Delta t , \qquad (19.16a)$$

$$\boldsymbol{u}_{(k+1/2)} \approx \boldsymbol{u}_{(k-1/2)} + \boldsymbol{b}_{(k)}\Delta t ; \qquad (19.16b)$$

auf die Impulse umgeschrieben, lautet die approximative Geschwindigkeitsgleichung (19.16b): $\boldsymbol{P}_{(k+1/2)} \approx \boldsymbol{P}_{(k-1/2)} + \boldsymbol{K}_{(k)}\Delta t$. Will man $\boldsymbol{X}$ und $\boldsymbol{u}$ zum gleichen Zeitpunkt haben, dann kann man in einem zusätzlichen Rechenschritt z. B. $\boldsymbol{u}_{(k)}$ durch das arithmetische Mittel

$$\boldsymbol{u}_{(k)} \approx [\boldsymbol{u}_{(k-1/2)} + \boldsymbol{u}_{(k+1/2)}]/2 . \qquad (19.17)$$

annähern.

---

[2] Verlet, L.: Computer "Experiments" on Classical Fluids. I. Thermodynamical Properties of Lennard-Jones Molecules. Phys. Rev. **159**, 98-103 (1967)

[3] Hockney, R. W., Eastwood, J. W.: Computer Simulation using Particles. McGraw-Hill, New York (1981)

Auf weitere Varianten dieser einfachen Algorithmen gehen wir nicht ein; man findet mehr hierzu z. B. in [19.4]. Die Verfahren lassen sich durch Hinzunahme von Gliedern höherer Ordnung in den Taylor-Entwicklungen (19.12) und (19.13) verfeinern, was freilich zu erhöhtem Rechenaufwand führt. Für einen allgemeinen Überblick über numerische Lösungsverfahren von Differentialgleichungssystemen (Runge-Kutta-Verfahren; Adams-Moulton-Verfahren; Gear-Verfahren, "Voraussage-Korrektur"(engl. predictor-corrector)-Verfahren u. a.) sei auf die einschlägige mathematische Literatur verwiesen (z. B. [II.4]; s. auch Fußnote 14 in Kap. 18).

19.2.2 Durchführung von MD-Simulationen

Eine molekulardynamische Simulationsrechnung läuft nach einem Schema ab, das dem in Abschnitt 14.2.1 für die Simulation eines Einzelstoßprozesses Atom – Molekül mittels klassischer Trajektorien beschriebenen ähnelt:

I Zuerst müssen, um die Trajektorien des N-Teilchen-Systems starten zu können (Zeitpunkt t_0 , s. oben) die *Anfangsbedingungen* festgelegt werden.

Hier unterscheidet sich die Situation allerdings erheblich vom Fall der Bewegung weniger Teilchen, wie sie beim Einzelstoß in einem simulierten Molekularstrahlexperiment verfolgt wird (Abschn. 14.2.1): Während dort ein Teil der Stoßbedingungen kontrollierbar war, so dass bestimmte Werte vorgegeben werden konnten, gibt es bei einem Vielteilchensystem keine Möglichkeit, Anfangsbedingungen (Koordinaten und Geschwindigkeiten bzw. Impulse) einzeln zu kontrollieren; sie haben den Charakter *zufälliger* Größen, analog zu den nicht-kontrollierbaren Anfangsbedingungen bei den Einzelstoßprozessen.

Kontrollieren und damit für die Bewegung festlegen lassen sich bei Vielteilchensystemen summarische, auf das Gesamtsystem bezogene Parameter, die das zu simulierende statistische Ensemble charakterisieren, z. B. die Gesamtenergie E oder die Temperatur T (s. Abschn. 19.1).

II Eine Simulation soll in der Regel ein System im Gleichgewicht beschreiben, so dass es durch eine entsprechende Verteilungsfunktion charakterisiert werden kann. Auf Grund der zufälligen Wahl der Anfangsbedingungen ist aber nicht von vornherein gewährleistet, dass sich das System am Anfang der Simulation im Gleichgewicht befindet. Man muss daher die Teilchenbewegungen erst einmal eine gewisse Zeit laufen lassen, auch nötigenfalls korrigierend eingreifen, bis die Austauschprozesse von Energien und Impulsen bzw. Drehimpulsen zwischen den Bestandteilen des Systems zum Abschluss gekommen sind und sich ein stationärer Zustand eingestellt hat, in dem sich gewisse Mittelwerte nicht mehr wesentlich ändern (sog. *Äquilibrierungsphase*). Nach Einstellung des Gleichgewichts hat das System also gewissermaßen seine Vorgeschichte, die Anfangsbedingungen, vergessen.

III Anschließend kann die eigentliche *Simulationsphase* (auch als *Produktionsphase* bezeichnet) beginnen, in der auswertbare Daten erzeugt und abgespeichert werden können.

IV Nach Abschluss der Simulationsphase erfolgt die *Auswertung* der Daten, um Aussagen bzw. Zahlenwerte für messbare Systemgrößen wie thermodynamische Funktionen, Transportkoeffizienten (z. B. Diffusionskoeffizienten) etc. zu gewinnen.

19.2.2.1 Anfangsbedingungen für MD-Simulationsrechnungen

Bei Simulationen von Vielteilchensystemen (großes Molekül, dichtes Gas, Flüssigkeit u. a.) kommt es darauf an, das Verhalten eines *statistischen Ensembles* nachzubilden, das z. B. durch das Volumen V und die Teilchenzahl N sowie die innere Energie[4] E oder die Temperatur T oder andere Parameter gekennzeichnet sein kann.

Die Anfangsbedingungen für die Teilchenbewegungen, d. h. die Zahlenwerte der Koordinaten $X_i(t_0)$ und der Geschwindigkeitskomponenten $u_i(t_0)$ bzw. der Impulskomponenten $P_i(t_0)$, können im Prinzip beliebig vorgegeben werden, wobei lediglich dafür zu sorgen ist, dass die generellen physikalischen Voraussetzungen gewahrt bleiben. Werden insbesondere die Koordinaten und Impulse auf ein Koordinatensystem bezogen, in dem der Gesamtschwerpunkt ruht (sog. S-System, s. Abschn. 4.2, 11.2.1, 12.2.1), dann muss für den gesamten Impuls $\boldsymbol{P}^{\text{total}}$ eines Ensembles von N Atomen (numeriert durch den Index a) gelten:

$$\boldsymbol{P}^{\text{total}} = \sum_{a=1}^{N} \boldsymbol{P}_a = \sum_{a=1}^{N} m_a \boldsymbol{u}_a = 0\,. \tag{19.18}$$

Grundsätzlich könnte man außerdem das Verschwinden des Gesamtdrehimpulses fordern und zu "körperfesten" Koordinaten übergehen (s. Abschn. 11.2.1), worauf jedoch meist verzichtet wird.

Sind die Anfangswerte für Koordinaten und Geschwindigkeits- bzw. Impulskomponenten festgelegt, dann hat damit die Gesamtenergie (innere Energie) E des N-Teilchen-Systems einen bestimmten Wert

$$E = \sum_{i=1}^{3N} (\overline{m}_i/2)\, u_i^{\,2} + U(X_i(t_0),...) \tag{19.19}$$

(mit der getroffenen Vereinbarung zur Indizierung der Teilchenmassen $\overline{m}_i$). Da die Gesamtenergie eines abgeschlossenen Teilchensystems in der klassischen Mechanik eine Erhaltungsgröße ist (s. Anhang A2.4.2), muss dieser Wert im Verlauf der Simulation grundsätzlich konstant bleiben.

Tatsächlich wird diese Konstanz von E wegen der endlichen Schrittweiten Δt bei der numerischen Integration der Bewegungsgleichungen und wegen der beschränkten Rechengenauigkeit nicht exakt eingehalten. Die Gesamtenergie E kann daher zur Kontrolle der Zuverlässigkeit des Integrationsalgorithmus und der Rechengenauigkeit verwendet werden (vgl. Abschn. 19.2.2.3).

Eine klassische MD-Berechnung simuliert, wenn man so vorgeht, typischerweise ein *mikrokanonisches Ensemble* (*NVE*-Ensemble). Wird bei der Simulation außerdem die Bedingung (19.18) erfüllt, so bezeichnet man das Ensemble auch als *NVE**P*-Ensemble [19.2][19.4].

Die Wahl der *Startkoordinaten* $X_i(t_0)$, also gewissermaßen die Wahl einer "Anfangsstruktur"

---

[4] In der einschlägigen Literatur über Thermodynamik wird die innere Energie (= kinetische Energie + potentielle Energie) allgemein mit U, in. Abschnitt 4.8.5 mit $\mathscr{U}$ bezeichnet. In Kapitel 19 benutzen wir dafür den Buchstaben E, damit U für die potentielle Energie (Potentialfunktion für die Kern- bzw. Teilchenbewegung) reserviert bleiben kann. Für die kinetische Energie schreiben wir E^{kin} und vermeiden die Bezeichnung T, die wir für die Temperatur verwenden.

des N-Teilchen-Systems, kann so erfolgen, dass man den Koordinaten Zahlenwerte gibt, die in einem physikalisch sinnvollen Bereich *zufällig* verteilt liegen.[5,6] Soweit vorhanden, lassen sich experimentelle oder theoretische Strukturinformationen über das System ausnutzen. Man kann auch eine *fiktive Gitterstruktur* vorgeben, z. B. ein flächenzentriertes kubisches Gitter (fcc-Gitter), mit der Bedingung, dass die Teilchenzahldichte N/V einen vorgegebenen Wert hat. So wird vermieden, dass Teilchen sehr dicht beieinander zu liegen kommen und folglich starke Abstoßungskräfte aufeinander ausüben; das würde zu hohen Energien führen. Im Verlauf der anschließenden Bewegungen verschwindet in der Regel diese Gitterstruktur, sofern es sich dabei nicht um eine reale Eigenschaft des Systems handelt (wie im Falle eines Kristalls).

Für die Festlegung der *Startgeschwindigkeiten* $u_i(t_0)$ besteht die einfachste Möglichkeit darin, sie in einem Intervall $-u_{\max} \le u_i(t_0) \le +u_{\max}(t_0)$ gleichmäßig oder zufällig verteilt anzunehmen. Auch diese Anfangsverteilung der Geschwindigkeitskomponenten verschwindet im Verlauf der nachfolgenden Bewegungen.

Will man einen bestimmten Wert E für die Gesamtenergie vorgeben, so lässt sich das durch geeignete Maßstabsänderung der Geschwindigkeiten erreichen, indem alle Startgeschwindigkeitskomponenten $u_i(t_0)$ mit dem Faktor $\lambda = [(E - U_0)/E_0^{\text{kin}}]^{1/2}$ multipliziert werden, wobei U_0 und E_0^{kin} diejenigen Werte der gesamten potentiellen bzw. kinetischen Energie des Systems bezeichnen, die sich mit den wie oben festgelegten Anfangskoordinaten $X_i(t_0)$ ($\to U_0$) und Anfangsgeschwindigkeiten $u_i(t_0)$ ($\to E_0^{\text{kin}}$) ergeben.

Zur Simulation von Ensembles aus Molekülen (etwa molekulare Flüssigkeiten) bei Verwendung körperfester Koordinaten für die Moleküle müssen auch die Anfangsbedingungen für die Molekülorientierungen und die Winkelgeschwindigkeiten der Molekülrotation festgelegt werden; darauf gehen wir hier nicht speziell ein (s. hierzu etwa [19.5], Abschn. 5.7).

Soll ein *kanonisches Ensemble* (NVT-Ensemble) simuliert werden, so muss nicht die Gesamtenergie E, sondern die Temperatur T konstant gehalten werden. Hierzu kann man die Werte $u_i(t_0)$ mit Häufigkeiten entsprechend einer Maxwell-Verteilung (4.180) vorgeben.

19.2.2.2 Einstellung des Gleichgewichts (Äquilibrierungsphase)

Nach der oben beschriebenen Festlegung der Anfangsbedingungen muss man zunächst dem System genügend Zeit lassen, damit sich durch die Wechselwirkungsprozesse zwischen den Teilchen ein Gleichgewicht einstellt. Bei einer klassisch-mechanischen molekulardynamischen Simulation mit konstanter Teilchenzahl N in einem konstanten Volumen V kann das, wenn keine weiteren Bedingungen gestellt werden, auf Grund der Energieerhaltung (E = const) nur ein mikrokanonisches Gleichgewicht sein.

---

[5] Solche Zahlenwerte können mit einem *Zufallszahlengenerator* im Computer erzeugt werden (s. Abschn. 4.9, Fußnote 33).

[6] In Abschnitt 14.2.1.2 hatten wir das entsprechend der auf jenem Gebiet üblichen Terminologie als "Monte-Carlo-Verfahren" bezeichnet; hier im Kapitel 19, im Kontext der Vielteilchen-Simulation, steht dieser Begriff für ein ganzes stochastisches Simulationskonzept (s. Abschn. 19.3).

Die *Temperatur* T eines N-Teilchen-Systems ist durch den Mittelwert der gesamten *kinetischen Energie* E^{kin} der Teilchen, also den ersten Anteil des Energieausdrucks (19.19), bestimmt (s. Anhang A4; auch z. B. [4.9a-c]). Die Gesamtenergie $E = E^{\mathrm{kin}} + U$ ist bei einer Standard-MD-Simulation (*NVE*) im Rahmen der Genauigkeitsgrenzen der Rechnung zeitlich konstant, seine beiden Bestandteile, die kinetische und die potentielle Gesamtenergie, E^{kin} bzw. U, sind jedoch Zeitfunktionen und schwanken um Mittelwerte.
Bei vollständigem thermischen Gleichgewicht beinhaltet nach dem *Gleichverteilungssatz* (s. Anhang A4.2.3 sowie [4.9a-c]) jeder Freiheitsgrad des Systems im Mittel die kinetische Energie $(1/2)\,k_{\mathrm{B}}T$, alle Freiheitsgrade zusammen ergeben also:

$$\left\langle E^{\mathrm{kin}} \right\rangle = (f/2)\,k_{\mathrm{B}}T\ , \tag{19.20}$$

wobei der Einschluss in geknickte Klammern $\langle ... \rangle$ hier die zeitliche Mittelwertbildung bedeutet. Definiert man eine *momentane Temperatur*

$$T(t) = (2/f\,k_{\mathrm{B}})\Sigma_{i=1}^{3N}(\overline{m}_i/2)[u_i(t)]^2 \tag{19.21}$$

(vgl. auch [19.5], Abschn. 2.4), so schwankt diese Größe nach Einstellung des Gleichgewichts um ihren Mittelwert $T = (2/f\,k_{\mathrm{B}})\left\langle E^{\mathrm{kin}} \right\rangle$ [Gl. (19.20)], s. unten; f ist die Anzahl der Freiheitsgrade, deren Bewegung explizite simuliert wird. Wenn die Bewegung des Schwerpunkts des Gesamtsystems absepariert ist, die Teilchenbewegungen sich also in einem Koordinatensystem abspielen, in dem der Schwerpunkt ruht (S-System, s. oben), dann ist $f = 3N-3$ zu setzen; werden zusätzlich innere Freiheitsgrade "eingefroren" (z. B. hochfrequente Schwingungen, s. Abschn. 19.2.2.4*(a)*), dann sind auch deren Freiheitsgrade in Abzug zu bringen.

Eine einfache, grob-approximative Möglichkeit, anstelle von E die Temperatur auf einem festen Wert T_0 konstant zu halten und so ein kanonisches Ensemble zu simulieren, besteht darin, vor *jedem* Zeitschritt alle Teilchengeschwindigkeiten mit dem Faktor $[T_0/T(t)]^{1/2}$ zu multiplizieren und erst dann die Integration vorzunehmen. Ein theoretisch solider begründbares Verfahren lässt sich aus der Vorstellung ableiten, die Temperaturfestlegung werde durch Ankopplung des Systems an ein Wärmebad erreicht.[7]

Solche Verfahren erzeugen, da in die Dynamik eingegriffen wird, strenggenommen kein echtes kanonisches Ensemble, was sich in einigen Unzulänglichkeiten der Beschreibung zeigt (s. Anmerkungen hierzu in [19.2][19.6]). Abhilfe können vervollständigte Modelle schaffen, welche das Wärmebad explizite in die dynamische Behandlung einbeziehen.[8]

Analog kann man durch Maßstabsänderung der Teilchenkoordinaten (und der Volumenabmessungen) für konstanten Druck sorgen und damit ein *NpT*-Ensemble simulieren (s. [19.1] – [19.3]; auch [19.5], Abschn. 7.5).

---

[7] Berendsen, H. J. C., Postma, J. P. M., van Gunsteren, W. F., DiNola, A., Haak, J. R.: Molecular dynamics with coupling to an external bath. J. Chem. Phys. **81**, 3684-3690 (1984)

[8] Nosé, Sh.: A molecular dynamics method for simulations in the canonical ensemble. Mol. Phys. **52**, 255-268 (1984);
Hoover, W. G.: Canonical dynamics: Equilibrium phase-space distributions. Phys. Rev. A**31**, 1695-1697 (1985); s. auch [19.6].

Ein *momentaner Druck* $p(t)$ lässt sich definieren, wenn man annimmt, dass das Wechselwirkungspotential U als Überlagerung von Paarpotentialen geschrieben werden kann (s. Abschn. 13.3.2*(b)*):

$$p(t) = (1/V)\left[Nk_{\mathrm{B}}T(t) + (1/3)\sum_{a=1}^{N}\sum_{b(>a)=2}^{N}(\boldsymbol{R}_{ab}\cdot\boldsymbol{K}_{ab})\right]; \qquad (19.22)$$

dabei bezeichnen: $\boldsymbol{R}_{ab} \equiv \boldsymbol{R}_b - \boldsymbol{R}_a$ den Positionsvektor eines Teilchens b relativ zum Teilchen a und $\boldsymbol{K}_{ab}$ den Vektor der Kraft zwischen den beiden Teilchen. Auf die Begründung dieser Gleichung gehen wir hier nicht ein, sondern verweisen auf [19.5] (Abschn. 2.4), auch [19.4] (Abschn. 7.1.1). Bei einer Standard-MD-Simulation sind die beiden Anteile auf der rechten Seite nicht zeitlich konstant, und $p(t)$ schwankt um den Mittelwert $\langle p\rangle = (1/V)\left[Nk_{\mathrm{B}}T + (1/3)\left\langle\sum_{a=1}^{N}\sum_{b(>a)=2}^{N}(\boldsymbol{R}_{ab}\cdot\boldsymbol{K}_{ab})\right\rangle\right]$. Die Doppelsumme auf der rechten Seite der Gleichung (19.22), multipliziert mit dem Faktor – (1/2), bezeichnet man als das *Virial* der wirkenden Kräfte (s. Anhang A4.4 und die oben angegebene Literatur).

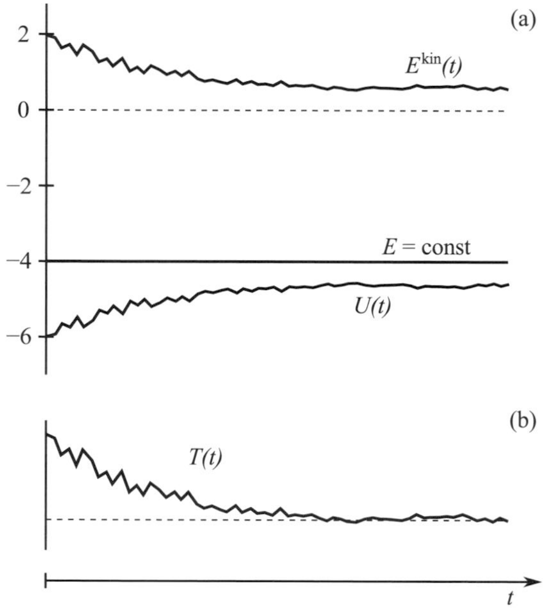

Abb. 19.1
Zeitverläufe: (a) der kinetischen, potentiellen und Gesamtenergie sowie (b) der Temperatur eines Vielteilchensystems in der Äquilibrierungsphase einer MD-Simulation (schematisch; in Anlehnung an [19.5], Fig. 5.11)

Die Dauer der Äquilibrierungsphase (II) hängt vom System und den Bedingungen ab; man findet daher in der Literatur unterschiedliche Angaben. Nach [19.2] (s. dort Abschn. 14.4) braucht man bis zum Erreichen des Gleichgewichts eine Simulationsdauer von größenordnungsmäßig $10^{-11} \ldots 10^{-10}$ s, bei $\Delta t = 10^{-15}$ s entspricht das $10^4 \ldots 10^5$ Zeitschritten. Während dieser Zeit werden Systemparameter verfolgt, um zu sehen, inwieweit sich deren Werte noch wesentlich ändern bzw. einen deutlichen Trend zeigen. Neben der Gesamtenergie E, deren bei einer NVE-Simulation (annähernd) konstanter Zahlenwert zugleich als Kontrollparameter für die Zuverlässigkeit und Genauigkeit des Integrationsalgorithmus dient (s. oben), wird auch die Zeitabhängigkeit des kinetischen Energieanteils $E^{\mathrm{kin}}(t)$ und des potentiellen Energieanteils $U(t)$ einzeln registriert, was keinen nennenswerten zusätzlichen Aufwand erfordert. Beide für sich sind keine Erhaltungsgrößen, wohl aber ihre Summe. Die Mittelwerte

$\left\langle E^{\text{kin}} \right\rangle_{\delta t}$ der kinetischen Energie über jeweils ein kurzes Simulationsintervall δt liefern die Zeitabhängigkeit der Temperatur vermittels der Relation (19.21), in der Regel mit $f = 3N-3$. Zur Illustration sind in Abb. 19.1 die beiden genannten Energieanteile und die Temperatur als Funktionen der Zeit schematisch dargestellt.

Nehmen wir an, die Anfangspositionen der Teilchen seien in einer Gitteranordnung festgelegt worden, dann sind die Teilchenabstände meist unrealistisch groß und die potentielle Energie demzufolge niedrig. Mit dem Einsetzen der Bewegung "schmilzt" die Anfangsstruktur, und die Teilchen kommen sich häufig viel näher; folglich erhöht sich die potentielle Energie im Mittel, und die kinetische Energie sinkt. Beide Energieanteile fluktuieren um ihre Mittelwerte, die Summe bleibt zeitlich konstant. Mit der kinetischen Energie ändert sich gemäß Gleichung (19.20) bzw. (19.21) die Temperatur und fluktuiert nach der Äquilibrierungsphase um ihren durch Gleichung (19.20) gegebenen Mittelwert (s. Abb. 19.1b).

Die Auflösung der Startstruktur lässt sich auch anhand des zeitlichen Verlaufs gewisser Ordnungsparameter oder der mittleren quadratischen Abweichungen der Teilchenkoordinaten von ihren Anfangswerten verfolgen (s. etwa [19.5], Abschn. 5.7.3; [19.1], Abschn. 3.6.3).

Weitere Parameter, deren Zeitverlauf Aufschluss über den Fortgang der Gleichgewichtseinstellung geben können, werden z. B. in [19.5] (Abschn. 5.7.3) diskutiert.

19.2.2.3 Klassische MD-Simulationsrechnungen

Nach Abschluss der Äquilibrierungsphase wird ein dem erreichten Gleichgewichtszustand entsprechender Satz von Koordinaten und Geschwindigkeitskomponenten als Anfangsbedingungen zur Startzeit t_0 für den eigentlichen "Produktionslauf" (III) der MD-Simulation benutzt. Während dieser Simulationsphase (die in der Regel mehrfach durchgeführt wird, um die Ergebnisse abzusichern) werden die Daten für die Bestimmung der interessierenden physikalischen Größen (s. Abschn. 19.2.3) gewonnen und abgespeichert. Solche Produktionsläufe erstrecken sich typischerweise über $10^{-10} \dots 10^{-8}$ s, mit $\Delta t = 10^{-15}$ s also über einige $10^5 \dots 10^7$ Zeitschritte (s. [19.2], Abschn. 14.4); häufig dauern sie aber auch länger.

19.2.2.4 Einige Probleme bei MD-Simulationen

Bei jedem numerischen Integrationsverfahren steht man vor der Frage, wie man sichern kann, dass die Systemtrajektorie $X(t) \equiv \{X_1(t), X_2(t), \dots\}$ durch die berechnete Näherungslösung $\tilde{X}(t) \equiv \{\tilde{X}_1(t), \tilde{X}_2(t), \dots\}$ genügend genau repräsentiert wird, um bestimmte interessierende Systemeigenschaften zuverlässig wiederzugeben. Dabei sollte der Aufwand möglichst gering bleiben. Man hat also zu untersuchen, welche Fehler auftreten können und wie sie sich abschätzen bzw. verringern lassen.

(a) Modellbildung und Rechenaufwand. Konvergenzverhalten

MD-Simulationen beruhen in mehrfacher Hinsicht auf Verkürzungen und Vergröberungen der Realität. Es werden winzige Ausschnitte aus einem realen System behandelt, insbesondere ist die *Teilchenzahl* N klein im Vergleich mit makroskopischen Dimensionen (Labor):

$N << N_A \approx 6 \times 10^{23}\,\text{mol}^{-1}$. Durch die Teilchenzahl N wird die Anzahl der zu lösenden gekoppelten Differentialgleichungen (19.9a,b) bzw. (19.10) bestimmt. Wie groß N sein muss, um sinnvolle, mit Messdaten vergleichbare Resultate zu erhalten, lässt sich nicht pauschal angeben, sondern hängt vom System und von der Aufgabenstellung (d. h. den zu beschreibenden Eigenschaften) ab. Wie sich der Mangel, dass man sich praktisch immer auf *relativ* kleine Werte von N beschränken muss, abmildern lässt, wird in Abschnitt 19.2.2.5 besprochen.

Weitere den Rechenaufwand bestimmende Parameter sind das *Zeitintervall* Δt für die numerische Integration der Bewegungsgleichungen (19.9a,b) bzw. (19.10) sowie die Dauer $\mathcal{T}$ einer Simulation. Die Wahl von Δt richtet sich danach, welche Eigenschaften ermittelt werden sollen und welche molekularen Vorgänge für diese Eigenschaften bestimmend sind. Als Faustregel gilt (s. etwa [19.1], Abschn. 3.3.2; [19.2], Abschn. 14.2), dass Δt mindestens eine Größenordnung kleiner sein sollte als die charakteristische Zeit der schnellsten Bewegung im System, die bei der Simulation explizite berücksichtigt wird. Hierzu können wir die in den Abschnitten 4.3.1 sowie 15.4.2.2 vorgenommenen Abschätzungen heranziehen. Werden also Molekülschwingungen (mit leichten Atomen) einbezogen, dann sollte Δt Werte von $10^{-16} ... \; 10^{-15}$ s nicht überschreiten.

Die *Simulationsdauer* $\mathcal{T}$ muss, wenn Energieausgleichsvorgänge (Relaxation) oder chemische Umwandlungen (Reaktionen) beschrieben werden sollen, typischerweise im Nanosekunden- bis Millisekundenbereich liegen. Für $\mathcal{T} \approx 10^{-3}$ s und $\Delta t = 10^{-15}$ s wären dann 10^{12} Integrationsschritte erforderlich. Für einigermaßen realitätsnahe Simulationen müssen also zur Verringerung des Aufwands drastische Vereinfachungen vorgenommen werden.

Da man für jeden Integrationsschritt die Kräfte (19.11) berechnen muss, wird der Aufwand maßgeblich dadurch bestimmt, in welcher Form die *Potentialfunktion* $U(\boldsymbol{X})$ zur Verfügung steht. Bei großen Systemen und hohen Anforderungen bezüglich Zeitschritt und Simulationsdauer kommen praktisch nur analytisch gegebene Modellpotentiale (*Kraftfeldansätze*) gemäß Abschnitt 18.2 in Frage.

Das *Skalierungsverhalten* des Rechenaufwands für einen MD-Simulationslauf ist durch die Anzahl der paarweisen Wechselwirkungen der Teilchen des Systems bestimmt, also $\propto N(N-1)/2 \approx N^2$. Mit effizienzsteigernden Maßnahmen (Reduzierung der Anzahl berücksichtigter nichtbindender langreichweitiger Wechselwirkungen, etwa durch Abschneideverfahren usw., s. Abschn. 19.2.2.4*(b)* und 19.2.2.5*(b)*; vgl. z. B. [19.3], Abschn. 6.8) lässt sich das Skalierungsverhalten auf $\propto N^q$ mit $1 < q < 2$ verbessern.

Was die *Konvergenz* von MD-Simulationen bei Änderung der oben diskutierten Parameter (Verringerung der Zeitschritte, Verlängerung der Simulationsdauer) betrifft, so sind umfassende Untersuchungen sehr zeitaufwendig und zudem systemabhängig.

Eine mit einem numerischen Integrationsalgorithmus erzeugte Lösung – eine Systemtrajektorie $\tilde{\boldsymbol{X}}(t)$ im Ortsraum oder $\{\tilde{\boldsymbol{X}}(t), \tilde{\boldsymbol{P}}(t)\}$ im Phasenraum – bleibt, wenn Δt genügend klein ist, bei einem Integrationsschritt in mehr oder weniger enger Nachbarschaft der "exakten" Lösung (s. Abb. 19.2). Dieser Nachbarschaftsbereich verengt sich bei Verkleinerung von Δt; in diesem Sinne ist das Integrationsverfahren *konvergent*.

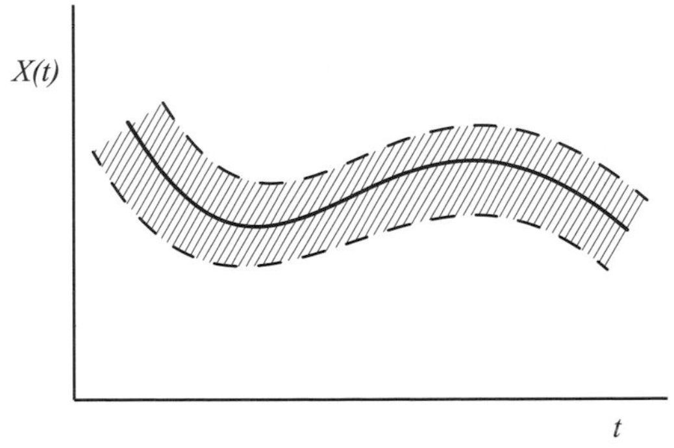

Abb. 19.2
Zur Illustration von Konvergenz und Stabilität eines numerischen Integrationsverfahrens für die MD-Gleichungen bei kleinem Δt (schematisch)

Durch Verfeinerung der numerischen Integration (Verkleinerung von Δt) lässt sich prinzipiell eine Lösung des Differentialgleichungssystems (19.9a,b) bzw. (19.10) beliebig genau annähern. Das muss jedoch nicht die für die Aufgabenstellung relevante Lösung sein. So kann die Simulation eines großen Moleküls in einem Lösungsmittel in die Umgebung eines lokalen Minimums führen, in der das System bei kleinen Integrationsschritten "gefangen" bleibt und das gesuchte globale Minimum nicht erreichen kann. Wir kommen in Abschnitt 19.2.3 darauf zurück.

Hinsichtlich der Abhängigkeit von der Modellgröße (N) ist die Situation prinzipiell ähnlich wie bei den molekularen Modellen für Festkörper (s. Abschn. 10.2.2).

(b) Fehlerquellen

Bei der sehr großen Anzahl von Integrationsschritten können sich kleinste Fehler schnell aufaddieren und das Ergebnis stark verfälschen.

So wird bei der Berechnung der Kräfte, die von den langreichweitigen Wechselwirkungen herrühren, häufig ein *Abschneide-Verfahren* (engl. cut-off) benutzt, indem diese Anteile nur bis zu einem vorgegebenen Abstand berücksichtigt werden. Um Unstetigkeiten zu vermeiden, kann man anstatt abzuschneiden das Potential stetig (mittels einer "Schaltfunktion", s. Abschn. 13.3.2*(b)* und 18.2.1.3) schnell auf den Wert Null bringen. Die durch einen solchen Eingriff bewirkten Fehler lassen sich nachträglich abschätzen; damit können dann Korrekturen für Folgegrößen, etwa den Druck, berechnet werden (s. hierzu etwa [19.4], Abschn. 7.1.3).

Von anderer Art sind *Statistik-Fehler*: Zur Berechnung des zeitlichen Mittelwerts $\langle G\rangle^{\mathcal{T}}$ einer Größe G werden nach Abschnitt 19.1 aus Daten eines MD-Laufs zu bestimmten Zeitpunkten t_k die Zahlenwerte G_k der Größe G berechnet und nach Gleichung (19.6) gemittelt. Im Allgemeinen jedoch sind die so gewonnenen Werte G_k nicht statistisch unabhängig, da jedes G_k immer in gewissem Maße von vorhergehenden G_k-Werten mitbestimmt wird; folglich kann das berechnete Zeitmittel strenggenommen auch bei Gültigkeit der Ergodenhypothese nicht dem Ensemblemittel gleichgesetzt werden (vgl. Abschn. 19.1 und Anhang A3.2.2).

Welche Fehler hieraus resultieren und wie sie abgeschätzt und gering gehalten werden können, wird hier nicht im Detail diskutiert; wir müssen auf die Literatur verweisen.[9]

(c) Stabilität der Lösungen der MD-Gleichungen

Der Begriff "Stabilität" hat für Lösungen der MD-Gleichungen (19.9a,b) bzw. (19.10) verschiedene Aspekte.

Wenn Δt zu groß und das Integrationsverfahren damit zu grob ist, kann die Trajektorie beispielsweise aus der Umgebung eines lokalen Minimums leicht in einen anderen Bereich des Phasenraums "entweichen" und wird eventuell dort wieder "eingefangen". Das Verfahren arbeitet dann in diesem Sinne *nicht stabil.*

Ein grundsätzliches Problem bei der Lösung eines nichtlinearen Differentialgleichungssystems (19.9a,b) bzw. (19.10), übrigens auch schon für wesentlich einfachere Aufgabenstellungen mit weniger Variablen, betrifft das Verhalten von Systemtrajektorien bei (kleinen) Veränderungen der Anfangsbedingungen. Oft wird die nach einer solchen Änderung resultierende Trajektorie in der Nähe der ursprünglichen verbleiben. Es kann jedoch auch sein, dass die beiden Trajektorien im Laufe der Zeit auseinanderlaufen, und zwar sehr rasch, so dass etwa die Unterschiede in den Teilchenpositionen mit der Zeit exponentiell anwachsen (s. Abb. 19.3). Dieses Verhalten ist unabhängig davon, wie fein die Zeitintervalleinteilung vorgenommen wird.

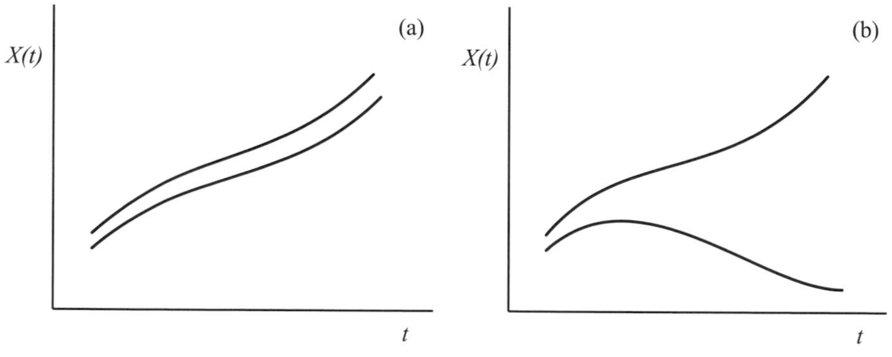

Abb. 19.3 Zur Stabilität (a) bzw. Instabilität (b) von Lösungen der MD-Gleichungen (schematisch)

Das Auftreten solcher *Lyapunov-Instabilitäten* (s. hierzu [II.4], Abschn. 9.5-4 sowie 13.6) scheint eher die Regel als die Ausnahme zu sein; eine Diskussion im Hinblick auf MD-Gleichungen sowie weitere Literaturhinweise findet man in [19.6] (s. dort Kap. I). Es spricht allerdings auch einiges dafür anzunehmen, dass sich die instabilen Trajektorien auf die Ergebnisse der Auswertung von MD-Simulationen (s. Abschn. 19.2.3) nicht wesentlich auswirken ([19.4], s. dort Abschn. 4.3.4), sondern in der Statistik "untergehen". Möglicherweise ist ein

[9] Flyvberg, H., Petersen, H. G.: Error estimates on averages of correlated data. J. Chem. Phys. **91**, 461-466 (1989); s. auch [19.4] (dort Abschn. 7.2.3).

solches *chaotisches Bewegungsregime* auch förderlich für das Erreichen eines ergodischen Verhaltens. Wir können diese prinzipiellen Aspekte hier nicht weitergehend erörtern.

19.2.2.5 Ausweitung des Anwendungsbereichs

Durch zusätzliche Modellannahmen kann man die Anwendung von MD-Simulationen auf umfangreichere und komplex zusammengesetzte Systeme ausdehnen. Wir benennen hier einige bereits bewährte Ansätze in dieser Richtung, ohne sie ausführlicher darzustellen.

(a) Einbettungsverfahren

Im Sinne der in Abschnitt 14.2.3.2*(c)* erwähnten Konzepte kann man bei sehr großen Systemen eine Aufteilung des Systems in ein aktives Subsystem und ein passives Subsystem vornehmen derart, dass man das aktive Subsystem (etwa ein Molekül) explizite dynamisch simuliert und das passive Subsystem (etwa ein Lösungsmittel) nur pauschal durch die Einwirkung gewisser zusätzlicher, auf das aktive Subsystem wirkender Kräfte berücksichtigt. Für die $3N$ bzw. $3N{-}3$ Koordinaten $X_i(t)$ der Teilchen des aktiven Subsystems setzt man beispielsweise Bewegungsgleichungen vom Newton-Typ an:

$$\overline{m}_i \ddot{X}_i = K_i^{\text{intra}} + K_i^{\text{reib}} + K_i^{\text{stoch}} \qquad (i = 1, 2, \dots, 3N \text{ bzw. } 3N{-}3) \tag{19.23}$$

(sog. *verallgemeinerte Langevin-Gleichungen*); hierbei bezeichnen K_i^{intra} die Komponenten der innermolekularen Kräfte, wie sie etwa gemäß Gleichung (19.11) aus einem Kraftfeldpotential $U(X_1,\dots)$ für das freie Molekül zu berechnen sind. Der Einfluss der Umgebung auf jeden Freiheitsgrad wird phänomenologisch durch zwei Zusatzkräfte beschrieben: zum einen (wie in der klassischen Theorie der Flüssigkeiten) durch eine zur Geschwindigkeit $\dot{X}_i$ proportionale *Reibungskraft*:

$$K_i^{\text{reib}} = -\gamma_i \dot{X}_i \ , \tag{19.24}$$

wobei $\gamma_i > 0$ einen geeignet festzulegenden Zahlenfaktor (Reibungskoeffizient) bezeichnet, sowie eine stochastische Kraft (*Zufallskraft*) K_i^{stoch}, die im Zeitmittel gleich Null ist. Dass der Umgebungseinfluss tatsächlich auf diese Weise erfasst werden kann, erfordert eigentlich eine genauere Begründung, auf die wir aber hier nicht eingehen können. Man findet mehr dazu in der Spezialliteratur (s. etwa [19.3] – [19.5]).

Stochastische Gleichungen vom Typ (19.23) wurden zur Beschreibung der Brownschen Bewegung benutzt (s. etwa Chandrasekhar, S.: Rev. Mod. Phys. **15**, 1 (1943)); man spricht daher auch von stochastischer oder *Brownscher Dynamik* (vgl. Anhang A3.3 und Abschn. 19.2.3*(c)*).

Die Integration der Langevin-Gleichungen ist gegenüber reinen Newton-Gleichungen nicht dramatisch aufwendiger. Im Prinzip können daher auch große Systeme simuliert werden, und wenn das aktive Subsystem genügend klein bemessen ist, lassen sich auch lange Simulationszeiten realisieren, somit langsame Vorgänge erfassen. Diese Art der Modellierung ist natürlich nicht geeignet, sobald es auf die atomare Struktur der Umgebung (also etwa des Lösungsmittels) ankommt.

Einfachere Einbettungsverfahren vernachlässigen die dynamischen Einflüsse der Umgebung und behandeln letztere als homogenes polarisierbares Medium, charakterisiert durch eine Dielektrizitätskonstante ε; in einem Hohlraum des Mediums befindet sich ein Molekül des gelösten Stoffes. Solche *Kontinuumsmodelle* haben u. a. zur Beschreibung des Lösungsmitteleinflusses auf statische Eigenschaften von Molekülen, in der Regel kombiniert mit semiempirischen quantenchemischen Methoden (s. Abschn. 17.2), breite Anwendung gefunden [17.1][19.1].

(b) Periodische Fortsetzung des Simulationsvolumens

Wir stellen uns ein System von 10^3 Teilchen vor, die gleichmäßig in einem würfelförmigen "Kasten" ("Zelle") mit der Kantenlänge L und dem Volumen $V = L^3$ verteilt sind. Inwieweit eine MD-Simulation eines solchen Systems sinnvoll ist, erscheint zunächst fragwürdig. Wie man sich leicht überlegt, befindet sich rund die Hälfte der Teilchen an der Oberfläche des Kastens, d. h. diese Teilchen haben nach einer Seite hin keine Nachbarn. Wenn die Oberflächeneffekte eine so große Rolle spielen, kann aus einer MD-Simulation sicher nicht ohne weiteres auf Volumeneigenschaften des realen Systems geschlossen werden. Mit wachsender Systemgröße bei gleichbleibender Teilchendichte wird der Anteil der Oberflächenteilchen kleiner (Volumen $\propto L^3$, Oberfläche $\propto L^2$); eine Vergrößerung des Systems ($N \propto L^3$) stößt jedoch schnell an Grenzen.

Eine weitere Komplikation besteht darin, dass im Verlauf einer MD-Simulation mit festem N und V immer wieder Teilchen die Begrenzung erreichen und, wenn nicht besondere Vorkehrungen getroffen werden, den Kasten verlassen und verschwinden (gewissermaßen "abdampfen"); die Teilchenzahl würde also nicht konstant bleiben. Wollte man das etwa durch Reflexion an den Wänden verhindern, so würde damit in die Dynamik eingegriffen und die Simulation verfälscht.

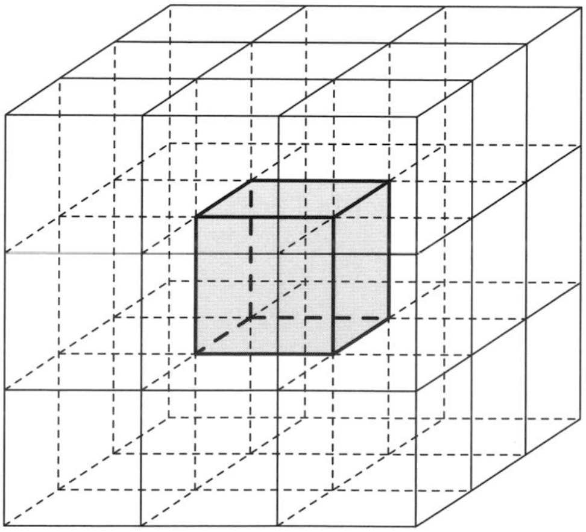

Abb. 19.4
Periodische Fortsetzung des Simulationsvolumens (schematisch)

Als Ausweg aus dieser Kalamität bietet sich an, in allen sechs Raumrichtungen an das kastenförmige originale Simulationsvolumen *fiktive* identische Kästen anzufügen, in denen jeweils die gleichen Vorgänge ablaufen wie in dem Originalkasten (s. Abb. 19.4). Man bezeichnet so etwas als *periodische Fortsetzung*.

Es gibt Systeme, die von Natur aus in dieser Weise periodisch aneinandergereihte Volumina bilden, z. B. mikroporöse Kristalle wie Zeolithe, in deren Hohlräumen sich Moleküle befinden, oder auch generell kristalline Festkörper (s. Abschn. 10.2).

Zu jedem Teilchen im Originalkasten (in Abb. 19.4 schattiert hervorgehoben) gibt es in jedem der übrigen Kästen ein *Bildteilchen*, das sich genau in gleicher Weise und synchron mit dem Originalteilchen bewegt. Verlässt ein Teilchen den Originalkasten, so verlässt gleichzeitig auf der gegenüberliegenden Seite das entsprechende Bildteilchen "seinen" Bildkasten und tritt in den Originalkasten ein. Damit bleibt im Originalkasten wie in jedem Bildkasten die Anzahl N der Teilchen konstant, ebenso die Gesamtenergie; Oberflächeneinflüsse gibt es nicht. In Abb. 19.5 sind die Bewegungsverhältnisse schematisch illustriert.

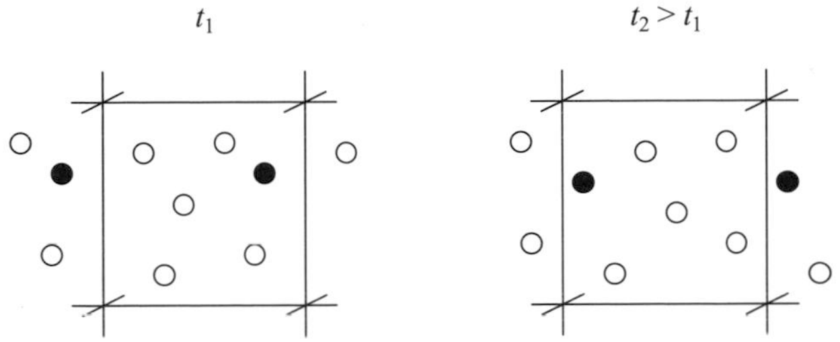

Abb. 19.5 Zum Wegfall von Oberflächeneffekten bei periodischer Fortsetzung des Simulationsvolumens (schematisch in zwei Schnappschüssen)

Durch diesen Kunstgriff der periodischen Fortsetzung des Simulationsvolumens[10] hat man ein im Prinzip unendlich großes System mit der Besonderheit, dass sich in genau definierten Unterbereichen exakt das Gleiche abspielt, so dass nur die Bewegung in einem dieser Unterbereiche – im Originalkasten (oder auch in irgendeinem der Bildkästen) – simuliert werden muss. Dabei gibt es allerdings ein Problem: Alle Teilchen im zu simulierenden Kasten stehen mit *allen* Teilchen in *allen* Bildkästen in Wechselwirkung, und alle diese Wechselwirkungen sind zu berücksichtigen, wobei die Abstände zu Teilchen in den Bildkästen durch einfache Beziehungen gegeben sind.

Die Vielzahl der Wechselwirkungen in einem so großen System stellt grundsätzlich natürlich eine enorme Schwierigkeit dar. Kurzreichweitige Kräfte klingen schnell ab und führen nur zu relativ wenigen zusätzlichen Beiträgen, verglichen mit der Simulation ohne periodische Fortsetzung. Anders bei langreichweitigen (nichtbindenden und elektrostatischen) Wechselwirkungen; für diese sind wieder Abschneide(Cut-off)-Vorschriften erforderlich (s. oben). Die

[10] In der Literatur wird diese Maßnahme der periodischen Fortsetzung meist als "Einführung periodischer Randbedingungen" bezeichnet. Diesen Begriff vermeiden wir, da er eigentlich vergeben ist, nämlich für das Setzen künstlicher Randbedingungen zum Erzwingen der Quantelung in Systemen mit Translationssymmetrie (s. Abschn. 3.1.3 und 10.2.2.2).

praktische Vorgehensweise kann hier nicht detailliert erläutert werden; man findet Näheres dazu sowie weitere Techniken zur Verringerung des Rechenaufwands etwa in [19.2] (Abschn. 14.3) und [19.4] (Abschn. 4.5 – 4.7).[11] Der Einsatz von Abschneide-Verfahren hat Konsequenzen für die Bemessung der Kastengröße; als Regel kann man nehmen: L sollte größer sein als das Doppelte des größten Abschneide-Abstands (s. [19.1], Abschn. 3.6.1).

19.2.3 Auswertung von MD-Simulationen

Ein zur Zeit t_0 gestarteter MD-Simulationslauf liefert primär die (kartesischen) Koordinaten $X_i(t)$, bezogen auf den Gesamtschwerpunkt als Koordinatennullpunkt, sowie die Teilchenimpulskomponenten $P_i(t)$, die mit den Geschwindigkeitskomponenten $\dot{X}_i(t)$ gemäß Gleichung (19.9a) zusammenhängen (i = 1, 2, ... , f mit $f = 3N-3$). An einem bestimmten Zeitpunkt $t = t_0 + \mathcal{T}$ wird die Integration der Bewegungsgleichungen abgebrochen, und die Werte $X_i(t_0 + \mathcal{T})$, $P_i(t_0 + \mathcal{T})$ werden gespeichert; das kann auch zu beliebig festzulegenden Zwischenzeiten $t_0 + t_k$ mit $t_k < \mathcal{T}$ geschehen.

Aus diesen Daten kann man Näherungswerte für physikalische Größen gewinnen, die den Zustand des Gesamtsystems charakterisieren; das geschieht gemäß Abschnitt 19.1 durch Bildung statistischer Mittelwerte, im vorliegenden Kontext natürlich als *Zeitmittel* (19.6). Wir betrachten hier drei Arten von Größen, aus denen sich vielfältige weitere Informationen ableiten lassen: *thermodynamische Funktionen* und *radiale Verteilungsfunktionen* als zeitunabhängige (statische) Eigenschaften sowie *Autokorrelationsfunktionen* als zeitabhängige (dynamische) Kenngrößen. Vorausgesetzt wird generell, dass sich das System im *mikrokanonischen Gleichgewicht* befindet, dass also neben der Teilchenzahl N und dem Volumen V die Gesamtenergie E zeitlich konstant ist. Man kann jedoch, wie bereits diskutiert, auch andere (z. B. kanonische) Ensembles simulieren.

(a) Thermodynamische Eigenschaften

Für ein abgeschlossenes, also keinen äußeren Einflüssen unterliegendes N-Teilchen-System ist die *innere Energie*

$$E = \sum_{i=1}^{3N} \left(P_i^2 / 2\overline{m}_i \right) + U \,. \tag{19.25}$$

($\equiv \mathscr{U}$ in Abschn. 4.8.5) zeitlich konstant und durch die Anfangsbedingungen festgelegt.

Die *Temperatur* T des Systems wird nach Abschnitt 19.2.2.1 durch die gesamte *kinetische Energie* der N Teilchen bestimmt; sie ist daher bei einer MD-Simulation eines entsprechenden mikrokanonischen (NVE-) Ensembles eine Zeitfunktion $T(t)$, die um einen mittleren Verlauf schwankt (s. Abb. 19.1b). Hat sich das Gleichgewicht eingestellt, dann ergibt sich die Temperatur als Mittelwert des Ausdrucks (19.21), geschrieben in den Impulsen also

$$T = (2/f k_B) \left\langle \sum_{i=1}^{3N} P_i^2 / 2\overline{m}_i \right\rangle ; \tag{19.26}$$

[11] Man beachte die Analogie zur sogenannten "Teile-und herrsche-Strategie" bei der quantenchemischen Behandlung der Elektronenhüllen großer molekularer Systeme (s. Abschn. 17.6).

f ist wie bisher die Anzahl der explizite in die Simulation einbezogenen Freiheitsgrade des Systems. Analog zu dieser Verfahrensweise lässt sich der *Druck* p mit Hilfe der durch Gleichung (19.22) gegebenen Zeitfunktion bestimmen.

Mittelwerte weiterer thermodynamischer Funktionen sowie anderer physikalischer Größen (z. B. des Dipolmoments von Molekülen in Lösung, s. etwa [19.1], Abschn. 3.5) können ebenfalls mit relativ geringem Aufwand aus MD-Simulationsdaten berechnet werden.

(b) Radiale Verteilungsfunktionen

Die in der N-Teilchen-Phasenraumdichte $\omega(X_1,\ldots,P_1,\ldots)$ nach Abschnitt 19.1 enthaltenen Informationen werden in dieser Vollständigkeit nicht benötigt; praktisch relevante (messbare) Größen G sind meist durch weit weniger detaillierte Angaben bestimmt. Man definiert daher (analog zu den reduzierten Dichtematrizen für Elektronensysteme in Abschn. 3.4) *reduzierte Phasenraumdichten*, die sich aus den vollständigen N-Teilchen-Dichten durch Summation (bzw. Integration) über alle nicht erforderlichen Variablen ergeben (s. Anhang A3.2.2).

Wir beschränken uns hier auf Größen G, die allein durch Teilchen*positionen* bestimmt werden. Die Teilchenimpulse können also beliebige Werte haben, so dass wir nur die reduzierten *räumlichen* Wahrscheinlichkeitsdichten $\rho^{(\nu)}(X_1,\ldots)$ brauchen, die allein von den Koordinaten abhängen; der Index $\nu = 1, 2, \ldots$ gibt an, ob sich die Wahrscheinlichkeitsdichteverteilung auf die Positionen eines Einzelteilchens, eines Paares von Teilchen usw. bezieht.

Zur Verdeutlichung gehen wir jetzt von der fortlaufenden Numerierung der Teilchenkoordinaten ab und fassen die drei kartesischen Koordinaten X_a, Y_a und Z_a eines Teilchens a in einem Vektor $\boldsymbol{R}_a$ zusammen. Die Einteilchen-Wahrscheinlichkeitsdichten $\rho^{(1)}(\boldsymbol{R}_a)$, multipliziert mit dem Volumenelement $\mathrm{d}V_a = \mathrm{d}X_a \mathrm{d}Y_a \mathrm{d}Z_a$, ist die Wahrscheinlichkeit dafür, das Teilchen a im Volumenelement $\mathrm{d}V_a$ an der Position $\boldsymbol{R}_a$ anzutreffen; $\rho^{(1)}(\boldsymbol{R}_a)$ kann also als eine Teilchendichte interpretiert werden. Entsprechend bedeutet $\rho^{(2)}(\boldsymbol{R}_a,\boldsymbol{R}_b)\mathrm{d}V_a\,\mathrm{d}V_b$ die Wahrscheinlichkeit dafür, das Teilchen a im Volumenelement $\mathrm{d}V_a$ an der Position $\boldsymbol{R}_a$ und gleichzeitig das Teilchen b im Volumenelement $\mathrm{d}V_b$ an der Position $\boldsymbol{R}_b$ zu finden. Die Positionen aller anderen Teilchen sind beliebig.

Die Paar-Wahrscheinlichkeitsdichte $\rho^{(2)}(\boldsymbol{R}_a,\boldsymbol{R}_b)$ schreibt man oft als

$$\rho^{(2)}(\boldsymbol{R}_a,\boldsymbol{R}_b) = g(\boldsymbol{R}_a,\boldsymbol{R}_b)\cdot\rho^{(1)}(\boldsymbol{R}_a)\cdot\rho^{(1)}(\boldsymbol{R}_b)\,, \tag{19.27}$$

so dass der Faktor $g(\boldsymbol{R}_a,\boldsymbol{R}_b)$ die Abweichungen von der statistischen Unabhängigkeit der Bewegungen der beiden Teilchen beinhaltet. Hängt die Funktion $g(\boldsymbol{R}_a,\boldsymbol{R}_b)$ nur vom Abstand $R \equiv |\boldsymbol{R}_a - \boldsymbol{R}_b|$ der beiden Teilchen a und b ab, so wird $g(R)$ als *radiale Verteilungsfunktion* bezeichnet; sie ist proportional zur Wahrscheinlichkeit, ein Teilchen b im Abstand R von einem am Ort $\boldsymbol{R}_a$ befindlichen Teilchen a zu finden.

Den einfachsten Fall eines N-Teilchen-Systems bildet ein Gas aus Atomen, das so stark verdünnt ist, dass man die Wechselwirkungen vernachlässigen kann (ideales Gas). Die Einteilchen-Verteilungsfunktion ist dann eine Konstante N/V, und es gilt Gleichung (19.27) mit $g(R) = 1$.

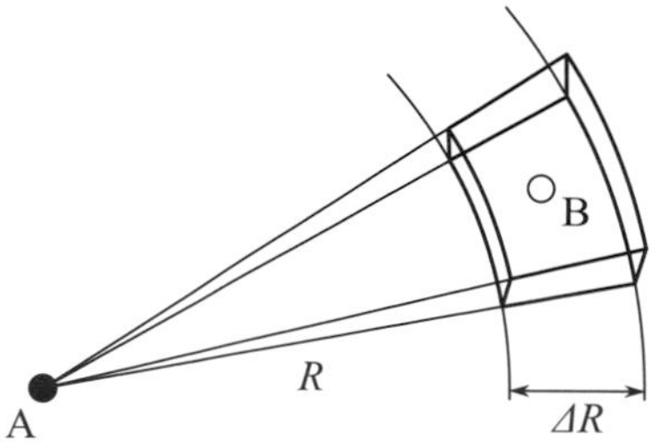

Abb. 19.6
Zur Formulierung der radialen Verteilungsfunktion für ein Vielteilchensystem (schematisch)

Ein Ausdruck für die radiale Verteilungsfunktion, der zugleich eine Möglichkeit ihrer Berechnung durch eine MD-Simulation eröffnet, ergibt sich aus folgender Betrachtung (s. Abb. 19.6): Die mittlere Anzahl der Paare von Teilchen A und B, die sich in einem Abstandsintervall zwischen R und $R+\Delta R$ voneinander befinden, sei $\langle \Delta N(\mathrm{A,B};R)\rangle$, die mittlere Dichte dieser Teilchenpaare dementsprechend $\langle \Delta N(\mathrm{A,B};R)\rangle / V$. Es ist plausibel, sie proportional zur Dichte N_A/V der Teilchensorte A, zur Dichte N_B/V der Teilchensorte B sowie zum Volumen $\Delta V = 4\pi R^2 \Delta R$ der Kugelschale (um das Zentrum $\boldsymbol{R}_\mathrm{A}$) mit der Dicke ΔR anzusetzen; der (dimensionslose) Proportionalitätsfaktor ist die radiale Verteilungsfunktion, also: $\langle \Delta N(\mathrm{A,B};R)\rangle / V = g(R)\cdot(N_\mathrm{A}/V)(N_\mathrm{B}/V)4\pi R^2 \Delta R$. Damit hat man für $g(R)$ die Beziehung

$$g(R) = (V/N_\mathrm{A}N_\mathrm{B})(1/4\pi R^2 \Delta R)\langle \Delta N(\mathrm{A,B};R)\rangle. \tag{19.28}$$

Die radiale Verteilungsfunktion hängt mit wachsendem R immer schwächer von R ab und geht bei $R \to \infty$ gegen den Wert 1, da bei großen Abständen die Teilchen sich nicht mehr gegenseitig beeinflussen. Ist g überhaupt unabhängig von R, so bedeutet das eine uniforme Verteilung der Teilchen wie im idealen Gas. Jede Abweichung vom Wert 1 ist ein Anzeichen für eine "Strukturierung" der räumlichen Verteilung der Teilchen: solche Abstände *R, für die* $g(R) > 1$ gilt, treten häufiger auf (z. B. bei der Ausbildung einer Solvathülle in einer Lösung), R-Werte mit $g(R) < 1$ sind weniger häufig. Daraus, inwieweit die radiale Verteilungsfunktion vom Wert 1 abweicht, lassen sich also Rückschlüsse auf bevorzugte räumliche Anordnungen der Teilchen und damit auf räumliche Strukturen ziehen. Die Maxima der radialen Verteilungsfunktion sind umso schärfer, je "fester" die räumliche Struktur der Teilchen des Systems ist: Bei einem Kristall etwa haben wir eine sehr feste Struktur, die Atome (oder atomare Ionen) bewegen sich nur in der engsten Umgebung der Gitterplätze, und die radiale Verteilungsfunktion hat scharfe Peaks. Flüssigkeiten hingegen sind "locker" strukturiert, und die radiale Verteilungsfunktion hat breitere Extrema.

Der Informationsgehalt dieser Verteilungsfunktionen lässt sich noch erhöhen, indem man Koordinaten hinzunimmt, welche (z. B. bei Molekülen) die Orientierung betreffen; s. hierzu etwa [19.5] (dort Abschn. 2.6).

Die Berechnung radialer Verteilungsfunktionen aus einer MD-Simulation kann im Prinzip so erfolgen, dass man im Verlauf der Simulation zu gewissen Zeitpunkten entlang der Systemtrajektorie Momentaufnahmen ("Schnappschüsse") macht und jeweils feststellt, wie häufig

Teilchenabstände A–B im Intervall $R \ldots R+\Delta R$ auftreten. Die so ermittelten Häufigkeiten in Abhängigkeit von R lassen sich als Histogramm (Balkendiagramm) darstellen (s. Abb. 19.7).

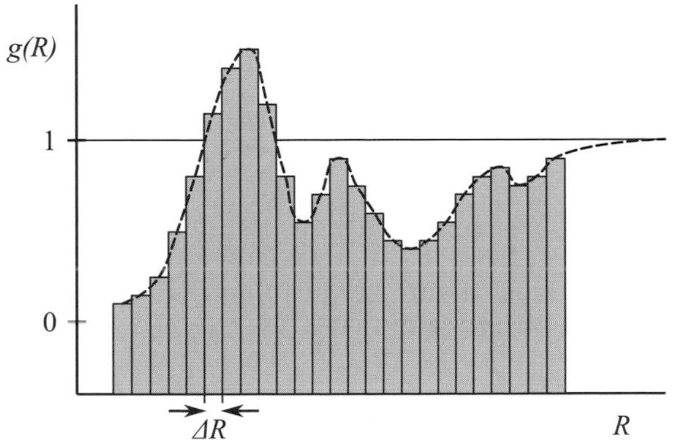

Abb. 19.7
Radiale Verteilungsfunktion $g(R)$ als Histogramm aus MD-Simulationsdaten (schematisch)

Wenn nur additive Paarwechselwirkungen zwischen den Teilchen angenommen werden, dann lassen sich aus den radialen Verteilungsfunktionen thermodynamische Funktionen berechnen. Die entsprechenden Formelausdrücke findet man etwa in [19.4], Abschn. 2.4.8.

(c) Dynamische Eigenschaften. Korrelationsfunktionen

Ein besonderer Vorzug von MD-Simulationen besteht darin, dass sich durch eine Analyse des Zeitverlaufs der Teilchenbewegungen Einblicke in die molekularen Prozesse sowie Informationen über damit zusammenhängende (dynamische) Eigenschaften des Systems gewinnen lassen. Eine zentrale Rolle spielen dabei *Zeit-Korrelationsfunktionen* (s. Anhang A3.3). Seien G und G' zwei physikalische Größen, die von den Koordinaten und Impulsen der Teilchen des Systems und damit von der Zeit abhängen: $G \equiv G(t) \equiv G(Q_1(t),\ldots;P_1(t))$ sowie entsprechend $G' \equiv G'(t) \equiv G'(Q_1(t),\ldots;P_1(t))$. Durch

$$\mathscr{C}_{GG'}(t) \equiv \langle G(t_0)\cdot G'(t_0+t)\rangle / \langle G(t_0)\cdot G'(t_0)\rangle \tag{19.29}$$

ist die (normierte) Zeit-Korrelationsfunktion der beiden Größen definiert, wobei die Mittelwerte $\langle\ldots\rangle$ allgemein im Γ-Raum mit der Phasenraumdichte $\omega(Q_1,\ldots,Q_f;P_1,\ldots,P_f)$ für das jeweils simulierte Ensemble zu bilden sind. Diese Korrelationsfunktion ist auf Grund des vorausgesetzten Gleichgewichts von der Wahl des Zeitpunkts t_0 unabhängig und so normiert, dass $\mathscr{C}_{GG'}(t_0)=1$ gilt. Sie bildet ein Maß dafür, inwieweit der Wert, den die Eigenschaft G zu einem bestimmten Zeitpunkt t_0 hat, den Wert der anderen Eigenschaft G' zu einem späteren Zeitpunkt t_0+t beeinflusst. Die Beeinflussung wird umso schwächer sein, je größer der Zeitabstand t ist, und sie verschwindet für sehr große t-Werte: $\lim_{t\to\infty}\mathscr{C}_{GG'}(t)=0$ (s. Abb. A3.1). Wenn es sich um ein und dieselbe Eigenschaft handelt, also $G = G'$, dann heißt der Ausdruck $\mathscr{C}_{GG}(t)$ *Autokorrelationsfunktion*; man kann diese als ein Maß dafür ansehen, inwieweit die Bewegung zum Zeitpunkt t_0+t vom Bewegungszustand zur Zeit t_0 abhängt

("Gedächtnis"). Solche Autokorrelationsfunktionen sind es, die uns hier vorwiegend interessieren. Bei $G \neq G'$ spricht man auch von *Kreuzkorrelationsfunktion*.

Es bleibt zu erläutern, wie die Mittelwerte $\langle ... \rangle$ rechnerisch zu bestimmen sind; wir beschränken uns hier auf Autokorrelationsfunktionen. Die Größe G kann bei einem MD-Lauf numerisch für diskrete Zeitpunkte berechnet werden, etwa für eine Anzahl von Zeitpunkten im Intervall $t_0 \ldots t_0 + t$ und darüber hinaus. Ein mittlerer Wert für das Produkt $G(t_0) \cdot G(t_0 + t)$ lässt sich dadurch erhalten, dass man das Intervall $t_0 \ldots t_0 + t$ sukzessive entlang der Zeitachse verschiebt, jeweils das Produkt $G(t_0') \cdot G(t_0' + t)$ mit dem neuen Wert t_0' für t_0 bildet und die so erhaltenen Werte $G(t_0') \cdot G(t_0' + t)$ arithmetisch mittelt. Die praktische Realisierung, nach Beendigung oder auch während des MD-Laufs, wird hier nicht im Detail beschrieben; wir verweisen den interessierten Leser auf die Literatur (etwa [19.5], Abschn. 6.3; [19.4], Abschn. 7.2.1).

Handelt es sich um eine Einteilchengröße wie im Falle der Geschwindigkeits-Autokorrelationsfunktion $\mathcal{C}_{\boldsymbol{uu}}(t) \propto \langle \boldsymbol{u}(t_0) \cdot \boldsymbol{u}(t_0 + t) \rangle$ [s. Gl. (A3.35)], dann hat man die geschilderte Mittelungsprozedur für die Skalarprodukte $\boldsymbol{u}_a(t_0) \cdot \boldsymbol{u}_a(t_0 + t)$ des Geschwindigkeitsvektors jedes einzelnen Teilchens a durchzuführen und diese Werte dann über alle Teilchen zu mitteln:

$$\langle \boldsymbol{u}(t_0) \cdot \boldsymbol{u}(t_0 + t) \rangle = (1/N) \sum_{a=1}^{N} \langle \boldsymbol{u}_a(t_0) \cdot \boldsymbol{u}_a(t_0 + t) \rangle . \tag{19.30}$$

Aus Korrelationsfunktionen lässt sich eine Vielzahl dynamischer Eigenschaften ableiten, insbesondere *Transportkoeffizienten* und *spektrale Eigenschaften* (s. [19.4], [19.5] u. a.). Nehmen wir als Beispiel für Transportkoeffizienten den *Diffusionskoeffizienten* D, der aus der Geschwindigkeits-Autokorrelationsfunktion (A3.35) gewonnen werden kann:

$$D = (1/3) \left\langle [\boldsymbol{u}(t_0)]^2 \right\rangle \int_{t_0}^{\infty} \mathcal{C}_{\boldsymbol{uu}}(t) \mathrm{d}t \tag{19.31}$$

(sog. *Kubo-Formel,* nach R. Kubo, 1957). Daneben gibt es für D auch die für große t-Werte (asymptotisch) gültige *Einstein-Beziehung*:

$$D = (1/6t) \left\langle [\boldsymbol{R}(t_0 + t) - \boldsymbol{R}(t_0)]^2 \right\rangle , \tag{19.32}$$

in der D durch den Mittelwert der während der Zeit t eingetretenen Teilchenverschiebungen ausgedrückt ist (Näheres hierzu s. etwa [19.4]).

Ein anderer wichtiger Typ von Größen, die aus Autokorrelationsfunktionen gewonnen werden können, sind *Spektraldichten* als Fourier-Transformierte von $\mathcal{C}(t)$:

$$c(\omega) = \int_{-\infty}^{\infty} \mathcal{C}(t) \exp(-\mathrm{i}\omega t) \mathrm{d}t . \tag{19.33}$$

Beispielsweise liefert eine solche Spektraldichte für die Dipolmoment-Autokorrelationsfunktion von Molekülen in Lösung die Intensitäten des IR-Spektrums.

19.2.4 Ausblick auf die weitere Entwicklung von MD-Simulationen

Die bisher behandelte ("konventionelle") molekulardynamische Beschreibung von Vielteilchensystemen gründete sich auf eine Reihe von Annahmen: (A) die Gültigkeit der elektronisch adiabatischen Näherung (Born-Oppenheimer-Separation von Elektronen- und Kernbewegung); (B) die Verfügbarkeit einer einfachen (d. h. schnell zu verarbeitenden) Potentialfunktion für die Kernbewegungen; (C) die Anwendbarkeit der klassischen Näherung zur Berechnung der Kernbewegungen und (D) das Vorliegen oder die Erreichbarkeit (nach Zwischenschaltung einer Äquilibrierungsphase) eines im Regelfall mikrokanonischen Gleichgewichts im N-Teilchen-System. Diese Annahmen sind keineswegs selbstverständlich erfüllt, wir haben aber Argumente dafür genannt, dass sie vernünftig sind und sinnvolle Aussagen (auch Voraussagen) ermöglichen.

Die Entwicklung wird somit dahin gehen, im Rahmen dieses Modells unter Nutzung der sich ständig erweiternden rechentechnischen Ressourcen den Anwendungsbereich (insbesondere hinsichtlich der Systemgröße, d. h. der Teilchenzahl N) auszudehnen und damit die Lücke zwischen Modell und realem System zu verringern (s. Abschn. 19.2.2.5). Außerdem aber wird man sich bemühen, die genannten Einschränkungen A – D aufzuheben oder zumindest abzumildern, um in Fällen, in denen das erforderlich ist (z. B. wenn Quanteneffekte wesentlich werden), entsprechende Korrekturen vorzunehmen oder um punktuell die Ergebnisse konventioneller MD-Simulationen abzustützen. Einige gegenwärtig absehbare methodische Ansätze in diesen Richtungen wurden in den Abschnitten 14.2.3 und 14.2.4 diskutiert.

Die Einbeziehung von *Quantenkorrekturen* in die Berechnung der Dynamik der Kernbewegungen kann prinzipiell mittels quasiklassischer oder semiklassischer Näherungen erfolgen (s. Abschn. 14.2.3.2 und 14.2.4.2; auch [19.5], Kap. 10). Auf der statistischen Ebene lassen sich bei Durchführung einer konventionellen klassischen MD-Simulation die Wahrscheinlichkeitsdichteverteilungen quantenmechanisch korrigieren (s. etwa [19.5], Abschn. 2.9).

Für die explizite Verwendung *quantenchemisch berechneter Kräfte* bzw. Potentialfunktionen U in den klassischen Kern-Bewegungsgleichungen anstelle einfacher analytischer Kraftfeldansätze kommen die als Ab-initio-Molekulardynamik bezeichneten Verfahren in Frage (s. Abschn. 14.2.4.2), d. h. die sog. direkte (Born-Oppenheimer-) Dynamik oder die Car-Parrinello-Methode; bei letzterer werden die Lösung der klassischen Bewegungsgleichungen und die Optimierung der elektronischen Wellenfunktion bzw. Dichteverteilung *simultan* vorgenommen, und die adiabatische Näherung ist nicht mehr von vornherein aufgeprägt. Bei diesen Methoden stellt auch die Beschreibung chemischer Reaktionen, soweit sie nicht mit Änderungen des Elektronenzustands einhergehen, kein besonderes Problem dar, während sie bei Kraftfeldansätzen doch einige Schwierigkeiten bereitet (s. Abschn. 18.2.1.3). Um Änderungen des Elektronenzustands zu berücksichtigen und damit über die elektronisch adiabatische Näherung hinauszugehen, kann prinzipiell die klassische Kerndynamik beibehalten und die Trajektoriensprung-Methode nach Tully (s. Abschn. 14.3.3) eingesetzt werden.

Alle gegenwärtig absehbaren Wege zur Verallgemeinerung und Verbesserung der konventionellen MD-Simulationsverfahren sind allerdings mit einer derart starken Erhöhung des Rechenaufwands verbunden, dass sie auf absehbare Zeit wohl auf Systeme mit relativ wenigen Teilchen und damit auf das Studium grundsätzlicher und methodischer Fragen einschließlich punktueller "Abstützrechnungen" beschränkt bleiben dürften.

Hinsichtlich der Behandlung von Systemen, in denen die Annahme D nicht gilt, können wir über das hinaus, was in den Abschnitten 15.4 sowie 19.2.2.2 ausgeführt wurde, hier nicht weiter ins Detail gehen. Zu diesem Gebiet der *Nichtgleichgewichts-Molekulardynamik* (engl. non-equilibrium molecular dynamics, abgek. *NEMD*), das potentiell eine Vielzahl von Anwendungsmöglichkeiten eröffnet, gibt es bereits eine umfangreiche Literatur (s. Angaben in [19.4], Kap. 5; [19.5], Kap 8; [19.6], Kap. III).

Der Anwendungsbereich von MD-Simulationen umfasst heute praktisch alle Arten von Vielteilchensystemen. Wir nennen hier nur (unsystematisch) einige Stichworte, soweit es sich um chemisch relevante Systeme handelt: große Moleküle wie Proteine etc. sowie Aggregate großer Moleküle wie Flüssigkristalle, Filme, Membrane etc., ferner interessieren Lösungsmitteleinflüsse auf Moleküleigenschaften (z. B. auf die Konformation), Adsorbatsysteme (darunter solche in mikroporösen Medien) und vieles andere.

19.3 Monte-Carlo-Simulationen

Ein hochdimensionales Phasenraumintegral $\langle G\rangle^{\Gamma} \equiv \iint_{\Gamma} G(\boldsymbol{Q},\boldsymbol{P})\cdot\omega(\boldsymbol{Q},\boldsymbol{P})\mathrm{d}\boldsymbol{Q}\mathrm{d}\boldsymbol{P}$ [Gl. (19.3)] mit einem komplizierten Integranden, wie es sich als Ausdruck für den statistischen Mittelwert $\langle G\rangle$ einer Größe G des N-Teilchen-Systems ergibt, kann nicht in geschlossener Form berechnet werden, und auch numerische Integrationsverfahren sind wegen des enormen Aufwands nicht durchführbar. Bei einer MD-Simulation wird daher das Scharmittel (19.3) durch ein Zeitmittel (19.5) approximiert. Dessen Berechnung erfordert zwar die Zwischenschaltung einer klassisch-mechanischen Simulation der Teilchenbewegungen über eine gewisse Zeitspanne; der Aufwand ist jedoch trotzdem noch zu bewältigen und liefert eine Vielzahl wichtiger Informationen.

Eine Alternative dazu bietet sich, wenn man die Scharmittel-Berechnung vollständig auf wahrscheinlichkeitstheoretische Methoden stützt, damit allerdings auch keinerlei Aussagen zu dynamischen Eigenschaften des Systems erhält: Die Variablen Q_i und P_i werden als Zufallsgrößen behandelt, und der Wert des Integrals (19.3) wird direkt auf die in Abschnitt 4.9*(a)* (s. auch Anhang A3.2) beschriebene Weise bestimmt; in diesem Sinne hat man es mit einem *wahrscheinlichkeitstheoretischen Modell* zu tun. Ein solches Vorgehen wird als *Monte-Carlo (MC)-Simulation* bezeichnet.

19.3.1 Grundzüge einer MC-Simulation

Das soeben beschriebene Konzept lässt sich folgendermaßen rechnerisch umsetzen: Es werden f Teilchenkoordinaten und f Teilchenimpulskomponenten *zufällig* gewählt (das kann mit Hilfe eines Zufallszahlengenerators im Computer erfolgen; s. [II.1], Abschn. 7.5.4) und für diesen Satz von Variablen werden die Werte der Funktionen G und ω berechnet. Ein solcher "Versuch" wird sehr oft, sagen wir: $\widehat{M}$-mal, wiederholt, so dass zu $\widehat{M}$ Phasenpunkten $\{\boldsymbol{Q}^{(i)},\boldsymbol{P}^{(i)}\} \equiv \{Q_1^{(i)},\ldots,Q_f^{(i)},P_1^{(i)},\ldots,P_f^{(i)}\}$ $(i = 1, 2, \ldots, \widehat{M})$ die entsprechenden Funktionswerte $G_i \equiv G(\boldsymbol{Q}^{(i)},\boldsymbol{P}^{(i)})$ und $\omega_i \equiv \omega(\boldsymbol{Q}^{(i)},\boldsymbol{P}^{(i)})$ vorliegen, aus denen das *gewichtete statistische Mittel* gebildet wird:

$$\langle G \rangle_{\widehat{M}} = \left(\sum_{i=1}^{\widehat{M}} G_i \cdot \omega_i \right) \Big/ \left(\sum_{i=1}^{\widehat{M}} \omega_i \right). \qquad (19.34)$$

Mit wachsendem $\widehat{M}$ sollte sich dieser Wert dem gesuchten Mittelwert $\langle G \rangle^{\Gamma}$ beliebig genau, wenn auch sehr langsam, annähern: $\langle G \rangle_{\widehat{M}} \xrightarrow[\widehat{M} \to \infty]{} \langle G \rangle^{\Gamma}$ (s. Abschn. 4.9(*a*)).

Diese Prozedur erfordert eine enorme Anzahl $\widehat{M}$ von zufällig erzeugten Phasenraumpunkten. Weite Gebiete des Phasenraums sind aber für das Integral unwesentlich, da dort der Gewichtsfaktor $\omega(\boldsymbol{Q},\boldsymbol{P})$ sehr kleine Werte hat; bei einer mikrokanonischen Gesamtheit sind das beispielsweise Gebiete, die eng benachbarten Teilchen und damit starken Abstoßungskräften entsprechen, so dass die Energie $E = H(\boldsymbol{Q},\boldsymbol{P})$ hoch und der Faktor $\exp(-H/k_B T)$ klein ist. Nichtsdestoweniger werden, wenn man keine Vorkehrungen trifft, viele Punkte generiert, die in solchen Gebieten liegen und praktisch nichts zum Mittelwert (19.34) beitragen. Es ließe sich erheblicher Aufwand sparen, wenn man das von vornherein berücksichtigen könnte. Dem dient das sog. *Importance Sampling* (eine Bezeichnung, die sich ohne weiteres selbst erklärt).

Bevor darauf eingegangen wird, zeigen wir noch, wie sich das Problem in manchen Fällen vereinfachen lässt. Wir setzen eine kanonische Gesamtheit voraus, d. h. N, V und T haben fest vorgegebene Werte. Die Hamilton-Funktion (19.7) ist die Summe eines kinetischen, nur von den Impulsen $\boldsymbol{P}$ abhängigen Anteils und eines potentiellen, nur von den Koordinaten $\boldsymbol{Q}$ abhängigen Anteils: $H(\boldsymbol{Q};\boldsymbol{P}) = T^{k}(\boldsymbol{P}) + U(\boldsymbol{Q})$. Das kanonische Zustandsintegral (A3.19) hat demzufolge die Form eines Produkts:

$$\mathcal{Q}(N,V,T) = \left(\int \exp[-T^{k}(\boldsymbol{P})/k_B T] \mathrm{d}\boldsymbol{P} \right) \cdot \left(\int \exp[-U(\boldsymbol{Q})/k_B T] \mathrm{d}\boldsymbol{Q} \right). \qquad (19.35)$$

Der kinetische Energieanteil T^{k} [Gl. (19.8)] ist die Summe der kinetischen Energien von N Teilchen: $T^{k} = \sum_{a=1}^{N} P_a{}^2 / 2m_a$, so dass der erste Faktor im Ausdruck (19.35) seinerseits ein Produkt von N Faktoren $\int \exp(-P_a{}^2 / 2m_a k_B T) \mathrm{d}\boldsymbol{P}_a$ ist, die jeweils die Form eines Zustandsintegrals frei beweglicher Teilchen haben.

In Abschnitt 4.8.3 wurde ein derartiges Zustandsintegral berechnet [s. Gl. (4.175')]. Wir übernehmen dieses Resultat und benutzen, bezogen auf die Volumeneinheit, den Ausdruck $(1/h^3)(2\pi m_a k_B T)^{3/2} = 1/\Lambda_a{}^3$ mit der de-Broglie-Wellenlänge $\Lambda_a \equiv h/(2\pi m_a k_B T)^{1/2}$ eines Teilchens a. Für ein System von N gleichartigen nichtunterscheidbaren Teilchen, also alle $m_a = m$ und alle $\Lambda_a = \Lambda$, ergibt sich ein besonders einfacher Ausdruck für den kinetischen Anteil des Zustandsintegrals: $\int \exp[-T^{k}/k_B T] \mathrm{d}\boldsymbol{P} = 1/N!\Lambda^{3N}$ mit $\Lambda \equiv h/(2\pi m k_B T)^{1/2}$ (vgl. z. B. [19.4]).

Bestehen zwischen den Teilchen keine Wechselwirkungen (ideales Gas), dann gibt es keine potentielle Energie $U(\boldsymbol{Q})$, der zweite Faktor in Gleichung (19.35) ist eine Konstante V^N, und man erhält als gesamtes kanonisches Zustandsintegral für gleichartige Teilchen:

$$\mathcal{Q}^{\text{ideal}}(N,V,T) = V^N / N!\Lambda^{3N}. \qquad (19.36)$$

Wenn die Teilchen unterscheidbar sind, entfällt der Faktor $N!$ im Nenner, und an die Stelle von Λ^{3N} tritt das Produkt der de-Broglie-Wellenlängen Λ_a.

Wechselwirkungen zwischen den Teilchen führen zu einem temperaturabhängigen zweiten Faktor im Zustandsintegral, dem sog. *Exzess-Anteil*

$$\mathscr{Q}^{\text{excess}}(N,V,T) \equiv (1/V^N)\int \exp[-U(\boldsymbol{Q})/k_{\text{B}}T]\,\text{d}\boldsymbol{Q}\,, \tag{19.37}$$

der generell nicht in geschlossener Form angegeben werden kann, sondern genähert numerisch berechnet werden muss.

Den Aufwand bei der Berechnung des gesamten Zustandsintegrals (19.35) verursacht also im wesentlichen das *Konfigurationsintegral*

$$\mathscr{K}(N,V.T) \equiv \int \exp[-U(\boldsymbol{Q})/k_{\text{B}}T]\,\text{d}\boldsymbol{Q}\,; \tag{19.38}$$

der Integrand wird durch die relativen Positionen der Teilchen zueinander, ihre "Konfiguration", bestimmt.

Die aus dem Zustandsintegral abgeleiteten thermodynamischen Funktionen (s. Abschn. 4.8.5) lassen sich als Summe eines Idealgas-Anteils und eines Exzess-Anteils schreiben. Alle Abweichungen vom Verhalten eines idealen Gases, verursacht durch Wechselwirkungen zwischen den Teilchen, folgen aus dem Exzess-Anteil.

19.3.2 Metropolis-Verfahren für kanonische Gesamtheiten

Wir greifen jetzt die oben begonnene Diskussion, wie eine Monte-Carlo-Berechnung möglichst rationell durchgeführt werden kann, wieder auf; vorausgesetzt sei weiterhin, dass das System zu einer kanonischen Gesamtheit im Γ- Phasenraum gehört, d. h. neben der Teilchenzahl N und dem Volumen V hat die Temperatur einen bestimmten gegebenen Wert T.

Ein einfach zu implementierendes Verfahren[12] für ein Importance-Sampling besteht darin, anstelle des mit der Gewichtsfunktion ω gebildeten Mittelwerts (19.34) über G-Werte für zufällig ausgewählte Phasenraumpunkte ein einfaches, ungewichtetes Mittel über *zufällig ausgewählte, mit dem Faktor* ω *gewichtete* Phasenraumpunkten $\{\boldsymbol{Q}'^{(i)},\boldsymbol{P}'^{(i)}\}$ zu berechnen:

$$\langle G\rangle^{\Gamma} \approx \langle G\rangle_{\hat{M}} = (1/\hat{M})\sum\nolimits_{i=1}^{\hat{M}} G(\boldsymbol{Q}'^{(i)};\boldsymbol{P}'^{(i)})\,. \tag{19.39}$$

Die Auswahl solcher gewichteter Phasenraumpunkte lässt sich für eine kanonische Gesamtheit mit der Gewichtsfunktion $\omega_{NVT}(\boldsymbol{Q},\boldsymbol{P})$ [Gl. (A3.18) mit (A3.19)] durch den folgenden Algorithmus realisieren; der Einfachheit halber setzen wir voraus, dass die interessierende Größe G nur von den Ortskoordinaten $\boldsymbol{Q}$ abhängt: $G \equiv G(\boldsymbol{Q})$:

- Man wählt eine Startkonfiguration $\boldsymbol{Q}'^{(1)}$ im Phasenraum (hier wegen obiger Voraussetzung: im Ortsraum) und berechnet $G(\boldsymbol{Q}'^{(1)})$ sowie die potentielle Energie $U(\boldsymbol{Q}'^{(1)})$, die wir

[12] Metropolis, N., Rosenbluth, A. E., Rosenbluth, M. N., Teller, A. H., Teller, E.: Equation of State Calculations by Fast Computing Machines. J. Chem. Phys. **21**, 1087-1092 (1953)

kurz mit $U^{(1)}$ bezeichnen. Die Startkonfiguration sollte zweckmäßig so beschaffen sein, dass sie zu einer möglichst niedrigen potentiellen Energie $U^{(1)}$ führt.

- Es wird nun eine zufallsbestimmte Änderung der Konfiguration $\boldsymbol{Q}'^{(1)}$ vorgenommen (z. B. durch eine kleine Verschiebung der Position eines zufällig ausgewählten Teilchens), wodurch eine Konfiguration $\boldsymbol{Q}'^{(2)}$ entsteht; für diese Konfiguration wird die potentielle Energie $U^{(2)} \equiv U(\boldsymbol{Q}'^{(2)})$ berechnet.
- Wenn gilt $U^{(2)} \leq U^{(1)}$, dann wird die Konfiguration $\boldsymbol{Q}'^{(2)}$ "akzeptiert"; damit wird dann $G(\boldsymbol{Q}'^{(2)})$ berechnet und zu $G(\boldsymbol{Q}'^{(1)})$ hinzugefügt.
- Gilt $U^{(2)} > U^{(1)}$, dann wird der Ausdruck $\exp[-(U^{(2)} - U^{(1)})/k_B T]$ berechnet sowie eine zwischen 0 und 1 liegende Zufallszahl z $(0 < z < 1)$ erzeugt.

  Ist $\exp[-(U^{(2)} - U^{(1)})/k_B T] > z$, so wird der Punkt $\boldsymbol{Q}'^{(2)}$ akzeptiert und der Wert $G(\boldsymbol{Q}'^{(2)})$ zu $G(\boldsymbol{Q}'^{(1)})$ hinzugefügt; andernfalls, wenn gilt: $\exp[-(U^{(2)} - U^{(1)})/k_B T] < z$, wird die neue Konfiguration $\boldsymbol{Q}'^{(2)}$ verworfen und nochmals der Wert $G(\boldsymbol{Q}'^{(1)})$ zu $G(\boldsymbol{Q}'^{(1)})$ addiert.
- Im nächsten Schritt erfolgt eine weitere zufällige Änderung der Konfiguration: $\boldsymbol{Q}'^{(2)} \rightarrow \boldsymbol{Q}'^{(3)}$, und mit der neuen Konfiguration $\boldsymbol{Q}'^{(3)}$ wird wiederum wie beschrieben verfahren usf.
- Nach $\widehat{M}$ derartigen Schritten hat man eine Folge von $\widehat{M}$ zufälligen, "Boltzmann-gewichteten" Konfigurationen $\boldsymbol{Q}'^{(i)}$; die Summe der nach obiger Vorschrift erhaltenen Werte $G(\boldsymbol{Q}'^{(i)})$ wird durch $\widehat{M}$ dividiert, und man erhält nach Gleichung (19.39) eine Näherung für den Mittelwert $\langle G \rangle^{\Gamma}$.

Bei dieser Verfahrensweise wird jede Phasenraumkonfiguration durch eine zufällige Änderung der vorhergehenden erzeugt und hängt somit nur von dieser ab. Man nennt eine solche Folge eine *Markoff-Kette* (Näheres etwa in [II.4], Abschn. 18.11; auch [19.5], Abschn. 4.3).

Hinsichtlich der theoretischen Begründung für dieses *Metropolis-Verfahren* verweisen wir auf die Literatur (s. hierzu [19.4], Abschn. 8.3.1, und dort angegebene Zitate; auch [19.3], Kap. 8; [19.5], Kap. 4).

19.3.3 Einige praktische Probleme

Über die Generierung von *Zufallszahlen* findet man Angaben in der einschlägigen Literatur; s. Hinweise in Abschnitt 4.9 (z. B. [II.1], dort Abschn. 7.5.4.).

Was die *Konvergenz* von MC-Verfahren zur Berechnung von Mittelwerten physikalischer Größen betrifft, so ist diese nach den Gesetzen der Wahrscheinlichkeitsrechnung (zentraler Grenzwertsatz, s. [II.1], Abschn. 7.4.3.) im Allgemeinen gewährleistet, d. h. bei $\widehat{M} \rightarrow \infty$ hat man $\langle G \rangle_{\widehat{M}} \rightarrow \langle G \rangle^{\Gamma}$. Jedoch konvergiert dieser Prozess sehr langsam, der *Fehler* ist $\propto 1/\sqrt{\widehat{M}}$ (s. Abschn. 4.9). Da es sich um zufallsbestimmte Größen handelt, ist die Abhängigkeit der berechneten Mittelwerte $\langle G \rangle_{\widehat{M}}$ von der Anzahl $\widehat{M}$ der "Versuche" nicht monoton, sondern fluktuierend (schwankend).

Auch für *nicht-kanonische Ensembles* können MC-Simulationen durchgeführt werden, z. B. für ein isotherm-isobares Ensemble, bei dem außer der Teilchenzahl N der Druck p und die Temperatur T konstant gehalten werden. Das Volumen V bleibt in diesem Fall natürlich nicht konstant, sondern spielt die Rolle einer weiteren (neben den Teilchenkoordinaten) zufällig zu wählenden Variablen. Der Gewichtsfaktor ω ist in diesem Falle proportional zu $\exp[-(H + pV)/k_{\mathrm{B}}T\,]$, und entsprechend hat man das Metropolis-Kriterium zu formulieren: an die Stelle der Änderung $\Delta U \equiv U^{(2)} - U^{(1)}$ tritt jetzt $\Delta U + p\Delta V - Nk_{\mathrm{B}}T \ln(V^{(2)}/V^{(1)})$. Mehr zu den Details ist in [19.4] (Abschn. 8.3.3), [19.5] (Abschn. 4.5) und [19.3] (Abschn. 8.9) zu finden; in [19.4] (Abschn. 2.3) wird das Problem der Transformation zwischen verschiedenen Ensembles diskutiert.

19.3.4 Anwendung von MC-Simulationen

Grundsätzlich haben MC-Simulationen und MD-Simulationen in weiten Teilen analoge Anwendungsbereiche, allerdings mit dem wesentlichen Unterschied, dass mit MC-Simulationen *keine zeitabhängigen Eigenschaften*, insbesondere keine Korrelationsfunktionen und daraus abgeleitete Größen, bestimmt werden können.

Wir nennen hier schlagwortartig einige Aufgabenstellungen, ohne auf Einzelheiten einzugehen:

- *Berechnung thermodynamischer Funktionen*
- *Berechnung radialer Verteilungsfunktionen*

  (Flüssigkeiten, Adsorbate an Kristalloberflächen und in mikroporösen Materialien)
- *Konformationsanalyse großer Moleküle* (Biomoleküle, Polymere etc.)

  Eine wichtige Zielsetzung ist insbesondere das Auffinden des *Globalminimums* der gegebenen Potentialfunktion $U(\boldsymbol{Q})$; s. Abschnitte 4.3.3.2, 17.4.2.2 und 18.3.1.3.

  Prinzipiell müsste man dazu den gesamten Kernkonfigurationsraum absuchen, was für große Systeme mit sehr vielen Atomen bzw. inneren Freiheitsgraden (N bzw. $f = 3N - 6$ sehr groß) spezielle effiziente Strategien erfordert wie etwa *Evolutionsalgorithmen* oder Verfahren der *simulierten Abkühlung* (engl. simulated annealing). Näheres darüber und weitere Literaturhinweise s. z. B. [19.3] (Abschn. 9.9).

Hinzu kommt eine Vielzahl weiterer Anwendungen wie die Simulation von Modellgitterstrukturen für feste Körper, Perkolationstheorie, Zufallswege ("Irrwege", engl. random walk) auf teilweise (und zwar zufällig) besetzten Gittern, statistisch-geometrische Modelle für poröse Materialien u. a. (einige Ausführungen hierzu in [19.4], Abschn. 8.2).

19.4 Molekulardynamik vs. Monte Carlo

Zusammenfassend stellen wir noch einmal einige Besonderheiten beider Simulationsmethoden – MD und MC – einander gegenüber.

(i) Auf einen wichtigen Unterschied wurde bereits oben hingewiesen: Während mit MC-Simulationen nur *statische* Eigenschaften von Vielteilchensystemen zugänglich sind, können mit MD-Simulationen auch *dynamische* Eigenschaften erhalten werden (primär Korrelationsfunktionen, daraus Transportgrößen).

(ii) Die den beiden Konzepten nächstliegende, angemessene ("natürliche") Wahl von Simulationsbedingungen ist außer der Vorgabe der Teilchenzahl N und des Volumens V: für eine MD-Simulation eine feste Gesamtenergie E (gemäß der Gültigkeit des Energieerhaltungssatzes bei der Beschreibung eines abgeschlossenen Teilchensystems durch klassisch-mechanische Bewegungsgleichungen), für eine MC-Simulation hingegen eine feste Temperatur T (für die Energien gilt eine Boltzmann-Verteilung). Die "natürlichen" Gesamtheiten, die man auf diese Weise simuliert, sind also bei MD eine *mikrokanonische* (*NVE*), bei MC eine *kanonische* (*NVT*) Gesamtheit.

Andere, nicht-natürliche Gesamtheiten lassen sich ebenfalls MD- und MC-simulieren (s. oben), allerdings wird die praktische Durchführung dann jeweils etwas komplizierter.

(iii) Eine MD-Simulation ist, vereinfacht ausgedrückt, dann besonders geeignet (und effizient), wenn es um Eigenschaften geht, die durch eng begrenzte Bereiche des Phasenraums bzw. (bei rein koordinatenabhängigen Eigenschaften: der Potentialhyperfläche) bestimmt werden, z. B. durch die Umgebung lokaler Minima. Mit einer MC-Simulation hingegen lassen sich ohne grundsätzliche Probleme, wenn auch mit hohem Aufwand weite Bereiche des Phasen- bzw. Konfigurationsraums einbeziehen, z. B. Bereiche, die mehrere, durch Barrieren getrennte lokale Potentialminima umfassen und bei Konformationsänderungen eine Rolle spielen. Mittels MC-Simulationen findet man daher generell deutlich mehr Konformere eines großen Moleküls als mittels MD-Simulationen.[13]

(iv) Was die praktische Umsetzung der beiden Methoden in Computerprogramme betrifft, so erweist sich das MC-Verfahren als sehr einfach strukturiert und leicht programmierbar; das MD-Verfahren ist aufwendiger und anspruchsvoller zu programmieren.

(v) Beide Verfahren lassen sich kombiniert einsetzen; eine solche Vorgehensweise bezeichnet man oft als Hybrid-MC/MD (vgl. hierzu [19.3], Abschn. 8.13, und die dort angegebene Literatur).

---

[13] Vgl. etwa Saunders, M., Houk, K. N., Wu, Y.-D., Still, M. C., Lipton, M., Chang, G., Guida, W. C.: Conformations of Cycloheptadecane. A Comparison of Methods for Conformational Searching. J. Am. Chem. Soc. **112**, 1419-1427 (1990).

19.5 Computersoftware für MD- und MC-Simulationen

Wir geben auch in diesem Kapitel einige Hinweise auf Programmpakete, die für MD- und MC-Simulationen verfügbar sind und meist kommerziell vertrieben werden (Tab. 19.1).

Außerdem sind in der zitierten Literatur zahlreiche Hinweise auf die verwendete Computersoftware zu finden.

Tab. 19.1 Programmpakete für Vielteilchen-Simulationsrechnungen (Auswahl)

Name des Pakets	Entwickler / Koordinator Institution, Autoren	Internetadresse	Bemerkungen[a]
AMBER	P. A. Kollman et al. AMB, Univ. of California San Francisco, Cal./USA	www.ambermd.org	MM, MD mit Kraftfeldern Biomoleküle
CHARMM	M. Karplus et al. Harvard Univ. Cambridge, Mass./USA	www.charmm.org	MD mit Kraftfeld Biomoleküle etc.
GROMACS (GROMOS)	Univ. Groningen Univ. Uppsala u.a.	www.gromacs.org (www.gromos.net)	MD mit div. Kraftfeldern
NAMD	Univ. of Illinois TCB and PPL Urbana-Champaign/USA	www.ks.uinc.edu	MD parallelisiert (*N* sehr groß)
TINKER	J. Ponder Washington Univ. School of Medicine	dasher.wustl.edu/tinker	MM, MD, MC mit div. Kraftfeldern Biomoleküle u.a.
HyperChem	N. S. Ostlund Hypercube, Inc. Univ. of Waterloo Waterloo, Ont./Canada	www.hyper.com	MD, MC mit AMBER-Kraftfeldern
MCCCS Towhee	G. Martin	towhee.sourceforge.net	MC mit div. Kraftfeldern
CPMD	A. Curioni Computational Sciences IBM Zurich Res. Lab. Zürich/Schweiz	www.cpmd.org	Car-Parrinello-MD

[a] Abkürzungen: MD – Molekulardynamik; MC – Monte-Carlo; MM – Molekülmechanik

Ergänzende Literatur zu Kapitel 19

[19.1] Cramer, Ch. J.: Essentials of Computational Chemistry – Theories and Models. Wiley, West Sussex (2004)

[19.2] Jensen, F.: Introduction to Computational Chemistry. Wiley, Chichester/UK (2008)

[19.3] Leach, A. R.: Molecular Modelling. Principles and Applications. Pearson Educ., London (2001)

[19.4] Haberlandt, R., Fritzsche, S., Peinel, G., Heinzinger, K.: Molekulardynamik. Grundlagen und Anwendungen. Vieweg, Braunschweig/Wiesbaden (1995)

[19.5] Allen, M. P., Tildesley, D. J.:Computer Simulation of Liquids. Clarendon Press, Oxford (1994)

[19.6] Hoover, W. G.: Molecular Dynamics. Springer, Berlin/New York (1986)

20 Chemoinformatik und Chemodesign

Das Anliegen der bisherigen Kapitel war die Vermittlung von Grundkenntnissen über chemierelevante molekulare Phänomene, über die quantentheoretische (und molekularstatistische) Erklärung dieser Phänomene und über Methoden ihrer theoretischen Beschreibung und Vorhersage. Der Weg von den grundlegenden (quantenmechanischen) Bewegungsgesetzen der Teilchen (Atomkerne, Elektronen) zu den Eigenschaften eines aus solchen Teilchen zusammengesetzten Systems vermittels Simulationen theoretischer Modelle ist für realistische mesoskopische oder makroskopische Teilchenaggregate nicht konsequent gangbar, er stößt schnell an Grenzen. Umgekehrt ist es auch nicht möglich, von Messgrößen für solche großen Systeme eindeutige Rückschlüsse auf die mikroskopischen (molekularen) Strukturen und Wechselwirkungen zu ziehen – ganz zu schweigen von der grundsätzlichen Fragestellung, inwieweit überhaupt die mesoskopischen oder makroskopischen Phänomene auf mikroskopische (molekulare) Strukturen und Prozesse zurückgeführt werden können (*Reduzierbarkeitsproblem*).

Im abschließenden Kapitel 20 werden Ansätze aufgezeigt, wie die verbleibende Lücke zwischen den molekular-theoretisch behandelbaren und den wirklich großen, praktisch umso wichtigeren Systemen überbrückt werden kann – allerdings bei weitgehendem Verzicht auf das bisher verwendete theoretische Grundgerüst. Diese Ansätze können hier nicht systematisch und vollständig abgehandelt werden, denn dafür ist das Gebiet inzwischen bereits zu umfangreich und eigenständig geworden.

20.1 Am Rande der molekularen theoretischen Chemie

Angesichts der eingangs geschilderten Schwierigkeiten verlassen wir jetzt den vergleichsweise sicheren Boden der strengen molekularen Theorie.

20.1.1 Problemstellung

Eine Möglichkeit, im meso- bis makroskopischen Bereich, in dem die Zusammenhänge gewissermaßen unsicher geworden sind, *theoretisch* zu arbeiten, d. h. Erkenntnisse (oder zumindest Vermutungen, Hypothesen) zu gewinnen, besteht darin, mit *Methoden der Statistik und Datenverarbeitung* eine Vielzahl von Fakten und Daten, die sich auf ein interessierendes komplexes Vielteilchensystem beziehen, hinsichtlich möglicherweise zugrundeliegender "verborgener" Regularitäten und Zusammenhänge zu analysieren und auf dieser Grundlage dann Voraussagen zu machen oder zumindest Hinweise zu geben. Da man, wenn dieser Weg überhaupt erfolgversprechend sein soll, sehr große Datenmengen benötigt, ist das nur computergestützt durchführbar.

Eine wichtige Rolle spielen also Methoden der Informatik, und das Gebiet wird deswegen oft als ***Chemoinformatik*** bezeichnet. Man muss hierzu chemische Begriffe und Regeln computergerecht *verschlüsseln* und *quantifizieren*, so dass (wie in Kapitel 16 beschrieben) Modelle gebildet, Algorithmen formuliert sowie die interpretierenden und planenden Tätigkeiten des Chemikers simuliert werden können.

20.1.2 Deskriptoren

Die Aufstellung eines mathematisch-statistischen Modells in der Chemoinformatik erfordert eine geeignete Wahl von Parametern, die eine chemische Verbindung in Bezug auf eine bestimmte Aufgabenstellung charakterisieren können und anhand derer sich eine Verbindung mit anderen Verbindungen vergleichen lässt. Solche Parameter, von denen man in der Regel mehrere benötigt, nennt man *Deskriptoren*. Überwiegend werden Deskriptoren benutzt, die mit der molekularen Struktur zusammenhängen (strukturbasierte Deskriptoren), doch kommen auch andere Größen in Frage. Wir zählen einige Möglichkeiten auf, ohne sie ausführlich zu diskutieren (man findet alles Nötige darüber in der einschlägigen physikalisch-chemischen Literatur und in den vorangegangenen Kapiteln dieses Kurses):

- einfache *Kenngrößen für die molekulare Konstitution*

  z. B. Summenformel, Molekülmasse
- *molekulare Strukturparameter*

  insbesondere *topologische Indizes* (Wiener-Index, Konnektivitätsindizes)[1], die sehr einfach aus dem molekularen Verknüpfungsschema (Strukturformel, Molekülgraph) ermittelt werden können, oder auch detailliertere geometriebezogene Parameter
- *physikalische Moleküleigenschaften*

  z. B. Dipolmoment
- *quantenchemische Molekülcharakteristika*

  z. B. Mulliken-Atomladungen, HOMO-LUMO-Energielücke
- *physikalisch-chemische Kenngrößen*

  z. B. molare Refraktion, Siedepunkt, Verteilungskoeffizienten von Mischungen.

Um als Deskriptoren benutzt werden zu können, sollten solche Größen eine Reihe von Anforderungen erfüllen: So müssen sie *quantifizierbar* sein (bei den oben angeführten Beispielen ist das der Fall), und die Zahlenwerte sollten in einem nicht zu weiten Bereich liegen (was durch eine Skalierung oder Normierung stets erreichbar ist). Ferner sollten die Größen *Invarianzeigenschaften* aufweisen, so dass z. B. eine Atomnumerierung oder die Wahl des Koordinatensystems (sofern es sich um koordinatenbezogene Größen handelt) keine Rolle spielen. Schließlich sollten Deskriptoren voneinander *unabhängig* sein, damit nicht mehrere Deskriptoren im Grunde genommen ein und dieselbe Eigenschaft repräsentieren und der Wert eines Deskriptors nicht schon durch die Werte anderer Deskriptoren festgelegt ist.

Eine Schwierigkeit besteht oft darin, dass Mess- oder Rechendaten, die als Deskriptoren dienen könnten, für die interessierenden Verbindungen nur lückenhaft oder/und aus verschiedenen Quellen mit sehr unterschiedlicher Genauigkeit vorliegen. Ausführlicheres findet man in der Spezialliteratur, z. B. [20.1] – [20.3].

---

[1] Zum *Wiener-Index*: Wiener, H.: Structural determination of boiling points. J. Am. Chem. Soc. **69**, 17-20 (1947).
Zum *Konnektivitätsindex* (auch Randić-Index): Randić, M.: Characterization of molecular branching. J. Am. Chem. Soc. **97**, 6609-6615 (1975).

Den Zahlenwert des i-ten Deskriptors (etwa die HOMO-LUMO-Energielücke) für eine bestimmte chemische Verbindung bezeichnen wir mit x_i; es mögen M Deskriptoren ausgewählt worden sein ($i = 1, 2, \ldots, M$). Die Zahlenwerte x_i können zu einem M-komponentigen Vektor $\boldsymbol{x}$, dem "Merkmalvektor", zusammengefasst werden:

$$\boldsymbol{x} \equiv (x_1, x_2, \ldots, x_M); \tag{20.1}$$

damit wird in gewohnter Weise nach den Regeln der Vektorrechnung verfahren (Normierung; Skalierung als Multiplikation aller Komponenten mit einem gemeinsamen Zahlenfaktor etc.).

Die Wahl geeigneter Deskriptoren für eine bestimmte Aufgabenstellung erfordert jeweils eine spezielle Voruntersuchung; wir kommen darauf in Abschnitt 20.2.2 zurück.

20.1.3 Ähnlichkeit

Mittels der Merkmalvektoren $\boldsymbol{x}^{\mathrm{A}}$ und $\boldsymbol{x}^{\mathrm{B}}$ zweier chemischer Verbindungen A und B lässt sich die "Ähnlichkeit" bzw. die "Unterschiedlichkeit" oder "Distanz" von A und B quantitativ fassen [20.1]. Als *Distanzmaße* können beispielsweise dienen (s. Abb. 20.1):

- die *Euklidische Distanz*

$$D_{\mathrm{AB}}^{\mathrm{Euklid}} \equiv \left[\sum\nolimits_{i=1}^{M} \left(x_i^{\mathrm{A}} - x_i^{\mathrm{B}} \right)^2 \right]^{1/2}; \tag{20.2}$$

- die *Hamming-Distanz* (auch als City-Block- oder Manhattan-Distanz bezeichnet)

$$D_{\mathrm{AB}}^{\mathrm{Hamming}} \equiv \sum\nolimits_{i=1}^{M} \left| x_i^{\mathrm{A}} - x_i^{\mathrm{B}} \right|; \tag{20.3}$$

für beide gilt: $0 \le D < \infty$.

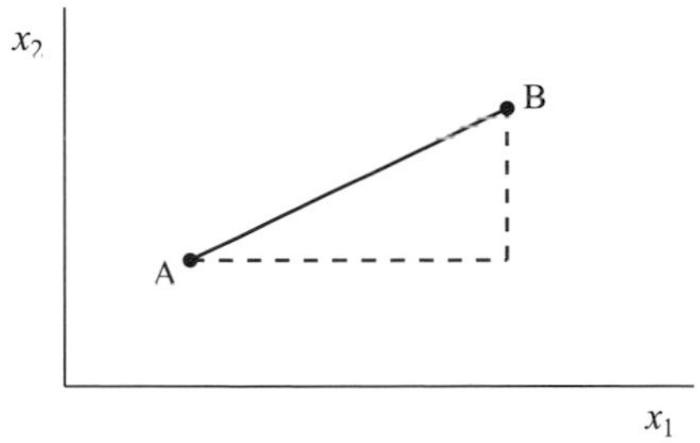

Abb. 20.1
Distanzmaße (schematisch; zwei Merkmale x_1 und x_2): Euklidische Distanz (durchgezogen) und Hamming-Distanz (gestrichelt)

Es ist naheliegend, die *Ähnlichkeit* zweier Verbindungen als komplementär oder reziprok zu ihrer Distanz zu definieren: je kleiner die Distanz, desto größer ist die Ähnlichkeit. Ein *Ähnlichkeitsmaß* S_{AB}, dessen Zahlenwert zwischen 0 und 1 liegt, ist z. B.

$$S_{\mathrm{AB}} \equiv 1/(1 + D_{\mathrm{AB}}). \tag{20.4}$$

Im Falle $S_{\mathrm{AB}} = 0$ besteht keine Ähnlichkeit, bei $S_{\mathrm{AB}} = 1$ maximale Ähnlichkeit; letzteres heißt natürlich nicht notwendig, dass die beiden Verbindungen identisch sind, sondern zeigt nur die Übereinstimmung der gewählten Merkmale an.

Daneben gibt es noch andere gebräuchliche Ähnlichkeitsmaße, von denen hier ohne weitere Diskussion nur zwei angegeben werden sollen: der *Tanimoto-Koeffizient* (auch als *Jaccard-Koeffizient* bezeichnet),

$$S_{AB}^{\text{Tanimoto}} \equiv \left(\sum_{i=1}^{M} x_i^A x_i^B\right) \Big/ \left[\sum_{i=1}^{M} \left(x_i^A\right)^2 + \sum_{i=1}^{M} \left(x_i^B\right)^2 - \sum_{i=1}^{M} x_i^A x_i^B\right] \qquad (20.5)$$

(Zahlenwerte zwischen $-1/3$ und $+1$), und der *Dice-Koeffizient* (*Hodgkin-Index*)

$$S_{AB}^{\text{Dice}} \equiv 2\left(\sum_{i=1}^{M} x_i^A x_i^B\right) \Big/ \left[\sum_{i=1}^{M} \left(x_i^A\right)^2 + \sum_{i=1}^{M} \left(x_i^B\right)^2\right] \qquad (20.6)$$

(Zahlenwerte zwischen -1 und $+1$), vgl. [20.1] (dort Abschn. 6.4.2 und Tab. 6.2).

Wenn die Deskriptoren von der Art sind, dass die zu beschreibenden Objekte (chemische Verbindungen) die Merkmale alternativ entweder aufweisen oder nicht aufweisen, dann haben die Vektoren $\boldsymbol{x}$ nur Komponenten 1 (Merkmal vorhanden) oder 0 (Merkmal nicht vorhanden); man denke etwa an Substrukturen (Gruppen). Seien dann bei solchen *binären Deskriptoren*: a die Anzahl von Merkmalen, die das Objekt A besitzt, B jedoch nicht, und b umgekehrt, c die Anzahl von Merkmalen, in denen A und B übereinstimmen, und d die Anzahl von Merkmalen, die weder A noch B aufweisen, dann gilt: $a + b + c + d = M$. Die Zahlen c und d spiegeln die Ähnlichkeit wider, a und b die Unähnlichkeit. Dann ergeben sich die diversen Ähnlichkeitskoeffizienten durch sehr einfache Formeln, z. B.

$$S_{AB}^{\text{Tanimoto}} = c/(a+b+c)\,. \qquad (20.7)$$

für den Tanimoto-Koeffizienten.

Diese Distanz- bzw. Ähnlichkeitsmaße eignen sich, sofern Merkmale als Zahlenwerte angegeben werden können oder auch, wie soeben erläutert, binär als vorhanden oder nicht vorhanden. Häufig aber sind Merkmale nicht von dieser einfachen Art, sondern haben die Gestalt von Funktionen, z. B. Elektronendichteverteilungen von Molekülen. Will man damit ein Ähnlichkeitsmaß für zwei Moleküle A und B mit den Elektronendichten $\rho_A(\boldsymbol{r})$ bzw. $\rho_B(\boldsymbol{r})$ definieren, so kann man etwa das Dichte-Überlappungsintegral benutzen:

$$S_{AB}^{\text{Carbo}} \equiv \left(\int \rho_A(\boldsymbol{r})\rho_B(\boldsymbol{r})\,\mathrm{d}V\right) \Big/ \left(\int [\rho_A(\boldsymbol{r})]^2\,\mathrm{d}V\right)^{1/2} \left(\int [\rho_B(\boldsymbol{r})]^2\,\mathrm{d}V\right)^{1/2} \qquad (20.8)$$

(*Carbo-Koeffizient*, s. etwa [20.1]).

Generell haben alle diese Ähnlichkeitsmaße ihre Vorzüge und Nachteile; sie müssen in Abhängigkeit vom Problemkontext sinnvoll ausgewählt werden; mehr dazu findet man in [20.1].

20.2 Statistische Datenanalyse

Die Anwendung von Methoden der mathematischen Statistik zur Analyse chemischer Daten, ohne theoretische Kenntnisse (über die man häufig nicht verfügt) einsetzen zu müssen, bezeichnet man als *Chemometrie*. Wir erläutern die Grundzüge in Anlehnung an [20.1][20.6].

20.2.1 Grundbegriffe und Terminologie

Nehmen wir an, es liege eine Menge von Daten für bestimmte *Merkmale* (*Deskriptoren*) x von Objekten (z. B. chemische Verbindungen) vor, und zwar möge es sich um N Objekte und M Merkmale handeln. Die Zahlenwerte x für die Merkmale kennzeichnen wir dementsprechend durch zwei Indizes: x_{Ij}, wobei der erste Index I (= 1, 2, ... , N) die Nummer des Objekts und der zweite Index j (= 1, 2, ... , M) die Nummer des jeweiligen Merkmals angibt. Ein solcher Datensatz lässt sich in einem rechteckigen Schema (Matrix) mit N Zeilen und M Spalten anordnen:

$$\mathbf{X} \equiv \begin{pmatrix} x_{11} & x_{12} & \cdots & x_{1M} \\ x_{21} & x_{22} & \cdots & x_{2M} \\ \cdots\cdots \\ x_{N1} & x_{N2} & \cdots & x_{NM} \end{pmatrix} . \tag{20.9}$$

Die N Objekte mögen bestimmte *Eigenschaften* y besitzen, für die man sich interessiert (z. B. besondere biologische oder pharmakologische Wirkungen oder spezielle Reaktionseigenschaften oder auch irgendwelche weiteren Merkmale, die von den Merkmalen x verschieden sind) und über deren eventuellen Zusammenhang mit den Merkmalen x man etwas herausfinden möchte. Auch die Eigenschaften y versehen wir mit zwei Indizes: K (= 1, 2, ... , N) für die Objekte und l (= 1, 2, ... , P) für die Eigenschaften. Analog zu $\mathbf{X}$ können auch die Eigenschaften y_{Kl} in einer Rechteckmatrix $\mathbf{Y}$ mit N Zeilen und P Spalten zusammengestellt werden:

$$\mathbf{Y} \equiv \begin{pmatrix} y_{11} & y_{12} & \cdots & y_{1P} \\ y_{21} & y_{22} & \cdots & y_{2P} \\ \cdots\cdots \\ y_{N1} & y_{N2} & \cdots & y_{NP} \end{pmatrix} . \tag{20.10}$$

Das Ziel besteht darin, einen funktionalen Zusammenhang zwischen den Datensätzen $\mathbf{X}$ und $\mathbf{Y}$ aufzufinden, formal geschrieben als

$$\mathbf{Y} \overset{?}{=} f(\mathbf{X}) . \tag{20.11}$$

Das kann so erreicht werden, dass man die für genügend viele Objekte erhaltenen Werte der Merkmale x_j und der Eigenschaften y_l als *Zufallsgrößen* betrachtet und Methoden der mathematischen Statistik anwendet (s. Anhang A3.1; vgl. auch [II.1], Kap. 7.).

20.2.2 Korrelationen

Einen aus einer hinreichend großen Datenmenge zu ermittelnden Zusammenhang (20.11) bezeichnet man allgemein als *Korrelation* (auch als *Regression*) und sucht ihn in der Regel in linearer funktionaler Form.

Solche Korrelationsbeziehungen hatten wir bei der Anwendung semiempirischer quantenchemischer Verfahren bereits kennengelernt (s. Abschn. 7.4 und 17.2).

20.2.2.1 Datenvorbehandlung

Wie in Abschnitt 20.1 erörtert wurde, können die Deskriptoren x_{Ij} unterschiedlicher Natur sein und aus unterschiedlichen Quellen stammen; ihre Zahlenwerte können je nach Wahl der Maßeinheiten unterschiedliche Größenordnung haben und außerdem natürlich unterschiedlich genau sein. Um ein Mindestmaß an Einheitlichkeit zu erreichen und numerische Schwierigkeiten (etwa bei Differenzbildungen) zu vermeiden, werden in der Regel die Daten für jedes Merkmal vor der Verarbeitung einer Vorbehandlung unterworfen:

(a) *Zentrierung*: Jeder Deskriptorwert x_{Ij} wird auf den arithmetischen Mittelwert

$$\bar{x}_j \equiv (1/N)\sum_{I=1}^{N} x_{Ij} \tag{20.12}$$

bezogen, d. h. man geht zu neuen Deskriptoren

$$x'_{Ij} \equiv x_{Ij} - \bar{x}_j \tag{20.13}$$

über, deren Mittelwert jeweils Null ist: $\sum_{I=1}^{N} x'_{Ij} = 0$.

(b) *Normierung* (*Skalierung*): Jeder Spaltenvektor $\boldsymbol{x}_j = (x_{1j}, x_{2j}, ..., x_{Nj})$ wird mit einem Zahlenfaktor multipliziert, der so gewählt ist, dass die *Varianz* (auch als *Dispersion* oder *mittlere quadratische Abweichung* vom Mittelwert bezeichnet)

$$D_j \equiv [1/(N-1)]\sum_{I=1}^{N} \left(x_{Ij} - \bar{x}_j\right)^2 \tag{20.14}$$

den Wert 1 annimmt.

Die Quadratwurzel aus der Varianz, $\sigma_j \equiv \left(D_j\right)^{1/2}$, heißt *Standardabweichung* (s. Anhang A3.1.3).

Da man aus praktischen Gründen mit nicht zu großen Datensätzen arbeiten möchte, schaltet man häufig auch ein Auswahlverfahren vor, um repräsentative Daten zu erhalten (Stichwort: *Clusteranalyse*). Wir gehen darauf nicht näher ein, sondern verweisen auf die Literatur (s. etwa [20.1][20.3]).

20.2.2.2 Einfache lineare Regression

Wir betrachten zunächst den einfachsten Fall: Für zwei Größen x und y (also $M = 1$ und $P = 1$) liegen Datensätze vor ($I, K = 1, 2, ... , N$), und es soll festgestellt werden, ob die beiden Datensätze "korrelieren", d. h. einen statistisch relevanten Zusammenhang zeigen:

$$y \overset{?}{=} f(x). \tag{20.15}$$

Ist eine solche Funktion $f(x)$ bekannt oder wird sie (versuchsweise) angenommen, dann kann zu jedem Wert x_I der entsprechende Wert $f(x_I)$ berechnet und mit dem vorliegenden Wert y_I verglichen werden; es wird gelten:

$$y_I \approx f(x_I). \tag{20.16}$$

Wie gut die beiden Datensätze y_I und $f(x_I)$ übereinstimmen, lässt sich z. B. anhand der Wurzel aus der mittleren quadratischen Abweichung (engl. root mean square deviation),

$$\sigma_{xy} \equiv \left[(1/(N) \sum_{I=1}^{N} \left(y_I - f(x_I)\right)^2 \right]^{1/2}, \qquad (20.17)$$

beurteilen.

Meist werden für Korrelationen zweier Datensätze lineare Funktionen angenommen:

$$y = f(x) = ax + b \qquad (20.18)$$

(einfache *lineare Regression*); s. Abb. 20.2; der Ausdruck (20.17) hängt dann von den beiden Parametern a und b ab.

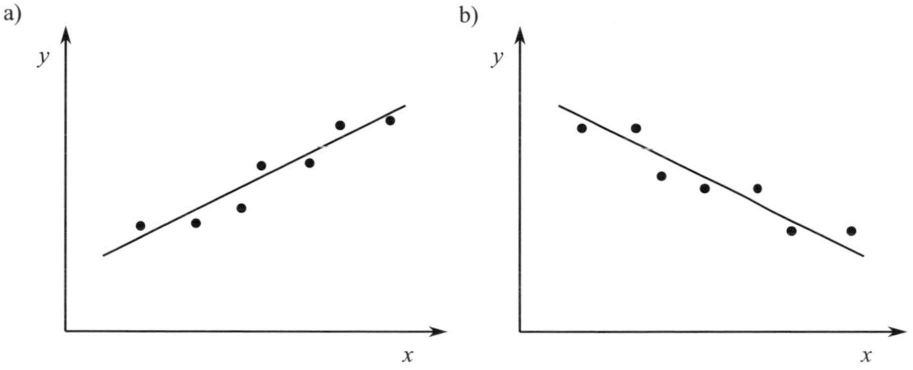

Abb. 20.2 Einfache lineare Regression (schematisch): a) positive Korrelation ($a > 0$); b) negative Korrelation ($a > 0$)

Die Werte der Parameter a und b kann man dadurch bestimmen, dass man das mittlere Fehlerquadrat $\left(\sigma_{xy}(a,b)\right)^2$ bezüglich a und b minimiert:

$$\partial(\sigma_{xy}{}^2)/\partial a = 0, \quad \partial(\sigma_{xy}{}^2)/\partial b = 0. \qquad (20.19)$$

Man bezeichnet diese Vorgehensweise auch als lineare Anpassung (engl. linear fit) der Parameter a und b an die Daten (x,y); die durch Gleichung (20.18) gegebene Gerade heißt *Ausgleichsgerade*.

Beispiele für eine solche einfache lineare Regression hatten wir in den Abschnitten 7.4.2 (s. dort Abb. 7.12) und 7.4.3 bei der Korrelation von HMO-Rechengrößen mit Messdaten diskutiert.

Ein Maß dafür, inwieweit die beiden Größen x und y korrelieren, bildet der *Korrelationskoeffizient*

$$\rho \equiv \left(\sum_{I=1}^{N} (x_I - \bar{x})(y_I - \bar{y}) \right) \Big/ \left(\sum_{I=1}^{N} (x_I - \bar{x})^2 \right) \left(\sum_{I=1}^{N} (y_I - \bar{y})^2 \right) \qquad (20.20)$$

($\bar{x}$ und $\bar{y}$ sind die arithmetischen Mittelwerte von x_I bzw. y_I, s. oben); die möglichen Zahlenwerte liegen im Intervall $-1 \leq \rho \leq +1$. Wenn ρ den Wert $+1$ hat, dann heißt das: die beiden Datensätze stehen *exakt* in einem linearen Zusammenhang (20.18) mit $a > 0$ (positive Korrelation, s. Abb. 20.2a); bei $\rho = -1$ analog mit $a < 0$ (negative Korrelation, s. Abb. 20.2b). Sehr kleine Werte $\rho \approx 0$ ergeben sich, wenn beide Größen x und y weitgehend voneinander unabhängig sind.

Eine derartige Untersuchung kann z. B. auch dazu dienen herauszufinden, inwieweit die Forderung der Unabhängigkeit zweier Deskriptoren (s. Abschn. 20.1.2) erfüllt ist. Stellt sich heraus, dass sie stark korrelieren, d. h. etwa einen Korrelationskoeffizienten $\rho > 0{,}9$ haben, dann ist einer von ihnen überflüssig und sollte weggelassen werden. Wir kommen auf dieses Problem im folgenden Abschnitt zurück.

Eine Erweiterung des Verfahrens auf nichtlineare Korrelationen, d. h. nichtlineare Funktionen $f(x)$, ist grundsätzlich möglich, erfordert allerdings mehr Aufwand und ist häufig auch nicht sinnvoll, da es sich ohnehin nur um (statistisch gestützte) *Hinweise* auf Zusammenhänge handelt; durch eine solche Verfeinerung wird deren Wahrheitsgehalt nicht erhöht und der physikalische Hintergrund nicht klarer.

20.2.2.3 Multiple lineare Regression*

Die einfache lineare Regression kann formal leicht dahingehend verallgemeinert werden, dass eine Eigenschaft y nicht durch nur *ein* Merkmal x, sondern durch mehrere Merkmale $x_1, \ldots, x_M$ beeinflusst wird (wir betrachten also den Fall $P = 1$ von Abschn. 20.2.1). Anstelle des Ansatzes (20.18) ist dann eine Beziehung

$$y = f(\boldsymbol{x}) = a_1 x_1 + a_2 x_2 + \ldots + a_M x_M + b \tag{20.21}$$

anzunehmen. Verwendet man zentrierte Daten, dann fällt das Absolutglied b weg; wir setzen im Folgenden $b = 0$ voraus.

Es mögen für N Objekte Daten vorliegen, also

$$\begin{array}{lll} y_1, y_2, \ldots, y_N & \text{und} & x_{11}, x_{21}, \ldots, x_{N1} \\ & & x_{12}, x_{22}, \ldots, x_{N2} \\ & & \ldots\ldots. \\ & & x_{1M}, x_{2M}, \ldots, x_{NM}\,. \end{array}$$

Die Aufgabe besteht darin, die Koeffizienten $a_1, a_2, \ldots, a_M$ so festzulegen, dass die Datensätze in möglichst guter Näherung die Gleichung (20.21) mit $b = 0$ erfüllen:

$$\left.\begin{array}{l} y_1 = a_1 x_{11} + a_2 x_{12} + \ldots + a_M x_{1M} \\ y_2 = a_1 x_{21} + a_2 x_{22} + \ldots + a_M x_{2M} \\ \vdots \\ y_N = a_1 x_{N1} + a_2 x_{N2} + \ldots + a_M x_{NM} \end{array}\right\} ; \tag{20.22}$$

das ist ein System von N linearen Gleichungen für die M Unbekannten $a_1, a_2, \ldots, a_M$.

Eine solche verallgemeinerte Problemstellung sowie entsprechende Methoden der Datenanalyse bezeichnet man als *multivariat*.

Werden die x-Daten gemäß Gleichung (20.9) zu einer ($N \times M$)-Rechteckmatrix **X**, die y-Daten zu einer N-komponentigen Spaltenmatrix **y** und die Koeffizienten $a_1, a_2, \ldots, a_M$ zu einer M-komponentigen Spaltenmatrix **a** zusammengefasst,

$$\mathbf{y} \equiv \begin{pmatrix} y_1 \\ y_2 \\ \vdots \\ y_N \end{pmatrix}, \quad \mathbf{a} \equiv \begin{pmatrix} a_1 \\ a_2 \\ \vdots \\ a_M \end{pmatrix}, \tag{20.22a}$$

so kann man das Gleichungssystem (20.22) in einer kompakten Matrixform schreiben:

$$\mathbf{y} = \mathbf{X}\mathbf{a}\,. \tag{20.22'}$$

Formal lässt sich diese Matrixgleichung auflösen, indem man von links zuerst mit der Matrix $\mathbf{X}^{\mathrm{T}}$ (Transponierte der Matrix **X**) und dann mit $\left(\mathbf{X}^{\mathrm{T}}\mathbf{X}\right)^{-1}$ multipliziert; das ergibt

$$\mathbf{a} = \left(\mathbf{X}^{\mathrm{T}}\mathbf{X}\right)^{-1}\mathbf{X}^{\mathrm{T}}\mathbf{y}\,. \tag{20.23}$$

Die Matrix $\mathbf{X}^{\mathrm{T}}\mathbf{X}$ wird als *Korrelationsmatrix* oder auch als *Kovarianzmatrix* bezeichnet[2]; sie ist quadratisch ($M \times M$), symmetrisch und reell.

Grundsätzlich sind derartige Korrelationen zwischen Merkmalen bzw. Eigenschaften nur innerhalb jeweils bestimmter Verbindungsklassen bzw. Objektklassen (charakterisiert etwa durch gemeinsame Strukturelemente) zu erwarten, so wie wir das schon bei den semiempirischen quantenchemischen Verfahren kennengelernt hatten (s. Abschn. 7.4 und 17.2).

Die Bestimmung der Koeffizienten $a_1, a_2, \ldots, a_M$ ergibt Werte, die als umso sicherer angesehen werden können, je größer die Anzahl der Datenpunkte pro Merkmal (Deskriptor) ist; insgesamt sollte die Bedingung $N >> M$ erfüllt sein (s. etwa [20.6], Abschn. 17.4.2). Schließlich müssen, wie bereits erwähnt, die Deskriptoren $x_1, x_2, \ldots, x_M$ voneinander unabhängig sein, also nicht untereinander korrelieren. Wenn eine dieser Forderungen nicht erfüllt ist, dann lässt sich Abhilfe schaffen, indem man die Anzahl der Deskriptoren verringert. Dafür gibt es verschiedene Verfahren, deren ausführliche Darstellung allerdings den Rahmen dieses Kapitels sprengen würde. Wir skizzieren zwei Möglichkeiten; Ausführlicheres darüber findet man in der Spezialliteratur (s. Literaturzitate Fußnote 2).

(a) Hauptkomponentenanalyse

In diesem Verfahren (engl. principal component analysis, abgek. PCA) werden durch Linearkombination der ursprünglich benutzten Deskriptoren x_i neue Deskriptoren definiert,

---

[2] S. etwa Henrion, R., Henrion, G.: Multivariate Datenanalyse. Springer, Berlin (1995); auch [20.1] – [20.3], [20.6].

welche die oben genannten Bedingungen besser erfüllen.

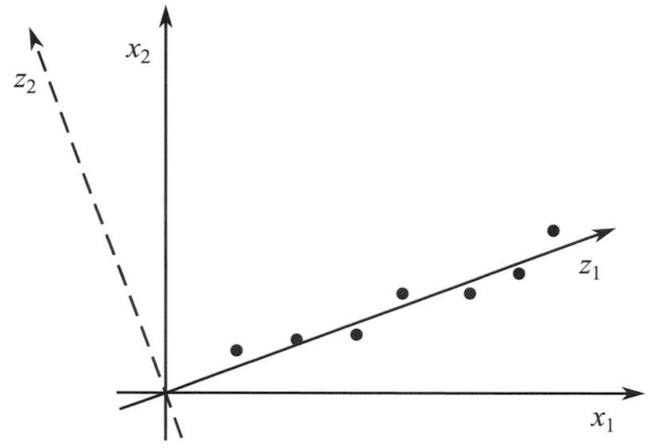

Abb. 20.3
Zur Hauptkomponentenanalyse (schematisch; nach [20.6])

Wir erläutern das (nach [20.6]) an einem zweidimensionalen Fall (s. Abb. 20.3). Für zwei Deskriptoren x_1 und x_2 mögen die Wertepaare (x_1, x_2) für $N = 7$ Objekte so liegen, dass sie durch eine Regressionsgerade gut wiedergegeben werden, d. h. es gilt $x_2 \approx a\,x_1$ (im dargestellten Fall ohne Absolutglied) oder anders geschrieben: $a\,x_1 - x_2 \approx 0$. Führt man nun zwei neue Variable z_1 und z_2 (*latente Variable*) dadurch ein, dass die z_1-Achse mit der Regressionsgeraden zusammenfällt und die z_2-Achse dazu senkrecht steht, dann werden die Objektpunkte mit der gleichen Genauigkeit jetzt allein durch Angabe der z_1-Werte festgelegt; die z_2-Werte (die Abstände der Objektpunkte von der Regressionsgeraden, also von der z_1-Achse) sind klein: $z_2 \approx a\,x_1 - x_2 \approx 0$.
Man kann diese Überlegung auch so ausdrücken: Während für die Variablen x_1 und x_2 deren Varianz annähernd (bei Skalierung: genau, s. Abschn. 20.2.2.1) gleich groß ist, gilt das für die neuen Variablen z_1 und z_2 nicht: die Varianz von z_1 ist wesentlich größer als die von z_2, wie man in Abb. 20.3 sieht. Die Bestimmung von z_1 lässt sich daher als Bedingung maximaler Varianz formulieren: die z_1-Achse fällt mit derjenigen Geraden zusammen, entlang der die Objektpunkte bzw. ihre Projektionen am breitesten streuen. In z_2-Richtung ist der Streubereich sehr viel kleiner.

Verallgemeinert auf M Variable (Merkmale) wäre dann so zu verfahren, dass zuerst eine Richtung z_1 als Linearkombination der x_i (also eine Gerade im M-dimensionalen "Merkmalsraum") aus der Bedingung maximaler Varianz ermittelt wird. Im nächsten Schritt erfolgt die Bestimmung einer zweiten, zu z_1 orthogonalen Richtung, wieder durch Varianzmaximierung, usw. Auf diese Weise erhält man einen Satz von M neuen (latenten), untereinander orthogonalen Variablen $z_1, z_2, \ldots, z_M$. Die M' Variablen mit den größten Varianzen ($M' < M$) bezeichnet man als *Hauptkomponenten*.

Dieses Verfahren ist äquivalent zu folgender Prozedur: Man diagonalisiert die $(M \times M)$-Korrelationsmatrix $\mathbf{X}^T\mathbf{X}$, d. h. man bestimmt ihre M Eigenwerte λ_k und die zugehörigen Eigenvektoren z_k (k = 1, 2, ... , M). Auf Grund der im Anschluss an Gleichung (20.23) genannten Eigenschaften der Matrix $\mathbf{X}^T\mathbf{X}$ sind die Eigenwerte reell, und die Eigenvektoren zu zwei verschiedenen Eigenwerten sind (im Unterschied zu den Richtungen der x_i-Achsen, für die das im Allgemeinen nicht gilt) zueinander orthogonal: $z_k \perp z_l$ für $\lambda_k \neq \lambda_l$. Die Auswahl der neuen Variablen $z_1, z_2, ..., z_{M'}$ erfolgt dann nach der Größe der zugehörigen Eigenwerte $\lambda_1 > \lambda_2 > ...$ Um entscheiden zu können, wieviele der so ermittelten Variablen als Hauptkomponenten in Frage kommen (d. h. zur Beschreibung ausreichend sind), kann man z. B. sukzessive mehr und mehr Eigenvektoren einbeziehen ($M'= 1$, $M'= 2$, ...) und jeweils die Güte der Korrelation mit den y-Werten beurteilen, bis sich keine wesentliche Verbesserung mehr ergibt.

(b) Gewichtete Hauptkomponentenanalyse

Ein Mangel der soeben beschriebenen Verfahrensweise besteht darin, dass sie sich nur auf eventuell vorhandene Korrelationen der Variablen (Deskriptoren) x_l *untereinander* bezieht und nur in dieser Hinsicht die Anzahl der Variablen reduziert. Es kann aber durchaus sein, dass manche der auf diese Weise eliminierten Variablen die Eigenschaft y dennoch wesentlich beeinflussen. Die Hauptkomponentenanalyse garantiert daher noch nicht, dass schließlich eine hinreichend gute Korrelation von y mit den Variablen $z_1, z_2, ..., z_{M'}$ erreicht wird.

Zweckmäßig kann hier ein anderes Auswahlkriterium für die Hauptkomponenten sein, und zwar indem man anstelle der Matrix $\mathbf{X}$ die Matrix $\mathbf{y}^T\mathbf{X}$, also die mit der Zeilenmatrix $\mathbf{y}^T$ (s. oben) "gewichtete" Matrix $\mathbf{X}$, benutzt und die Matrix $(\mathbf{y}^T\mathbf{X})^T(\mathbf{y}^T\mathbf{X}) = \mathbf{X}^T\mathbf{y}\mathbf{y}^T\mathbf{X}$ diagonalisiert. Näheres zur Durchführung sowie Beispiele findet man bei Henrion (s. Fußnote 2) sowie u. a. in [20.3] (dort Abschn. 12.13). Die hier skizzierte Verfahrensweise wird in der englischsprachigen Literatur (s. [20.1][20.2][20.6]) meist als partial least squares method (abgek. PLS) oder auch projection to latent structures method bezeichnet.

20.2.3* Mathematisch-statistische Modellbildung

Auch die bisher im Abschnitt 20.2 behandelten Verfahren lassen sich als eine Art Modellbildung im Sinne von Kapitel 16 betrachten. Ein dabei resultierendes *mathematisch-statistisches Modell* überspringt gewissermaßen den Schritt des Ersatzsystems, enthält nicht mehr notwendig irgendwelche theoretischen Elemente und ist vollständig repräsentiert durch einen grundsätzlich meist einfachen mathematischen Formalismus für Zusammenhänge zwischen Eingangsgrößen x_i (Variable; Deskriptoren) und Zielgröße y (Eigenschaft); in der Regel wird mit linearen Funktionen gearbeitet. Damit sind dann im Rahmen des Geltungsbereichs Voraussagen, jedoch keine physikalischen bzw. chemischen Interpretationen möglich.

Bei diesen Anmerkungen lassen wir es hier bewenden; weitere Überlegungen zu derartiger Modellbildung sind z. B. in [20.1] (s. dort Abschn. 10.1.3.3) zu finden.

20.3* Entwurf von Eigenschaften und Synthesen

Die nach Abschnitt 20.2 gefundenen, statistisch gestützten mathematischen Zusammenhänge können in vielfältiger Weise verwendet werden, so etwa zur *Datenkompression* (Verdichtung der Daten zu mathematischen Beziehungen mit wenigen Parametern), zur *Datenvalidierung* (um Datensätze auf Konsistenz zu prüfen und "Ausreißer", d. h. nicht dem Zusammenhang genügende und somit möglicherweise fehlerhafte Daten aufzuspüren) sowie zur *Datenvorhersage*; mit diesem letztgenannten Anwendungsaspekt – oft als "chemischer Entwurf" (Chemodesign) bezeichnet – werden wir uns jetzt noch etwas ausführlicher befassen.

20.3.1* Eigenschaftsvorhersage: QSPR. QSAR

Auf der Grundlage von *Korrelationsbeziehungen* zwischen Merkmalen wie Strukturparameter etc. (Deskriptoren) einerseits und Eigenschaften chemischer Verbindungen andererseits (s. Abschn. 20.2) lassen sich *innerhalb des Gültigkeitsbereichs* Vorhersagen machen, etwa dahingehend, wie eine Verbindung aussehen müsste, wenn sie eine bestimmte gewünschte Eigenschaft aufweisen soll; oder wenn eine neue Verbindung synthetisiert wurde, welche Eigenschaften sie wahrscheinlich besitzen wird. Indem wir so formulieren, wird nochmals betont, dass es sich nicht um sichere Aussagen handeln kann, sondern immer nur um statistisch gestützte Hinweise.

Ein praktisch äußerst wichtiges Anwendungsgebiet ist die pharmazeutische *Wirkstoffforschung*, in der es darum geht, neue chemische Verbindungen mit einer gewünschten pharmakologischen Wirkung zu finden. Diese Verbindungen können dann synthetisiert und getestet werden. Indem man so Hinweise darauf gewinnt, welche Verbindungen die vermutlich beste Aussicht auf Erfolg bieten, lässt sich das Suchfeld für die Forschung einengen und der experimentelle Forschungsaufwand verringern. Analoge Fragestellungen und Verfahrensweisen hat man bei der *Entwicklung neuer Materialien (Werkstoffe)*.

Für die Beziehungen zwischen Merkmalen (vorwiegend Strukturparameter) und Eigenschaften (biologische Aktivität; Leitfähigkeit u. a.), die aus statistischen Analysen von entsprechenden Datensätzen gemäß Abschnitt 20.2 gewonnen wurden, haben sich die Abkürzungen *QSPR* (für engl. *quantitative structure–property relationship*) bzw. *QSAR* (*quantitative structure–activity relationship*) eingebürgert. Molekulare Deskriptoren, die dabei unter dem Begriff "Strukturparameter" subsummiert werden, sind z. B. (s. Abschn. 20.1.2) Molekulargewicht, Dipolmoment, elektronische Substituentenparameter (etwa Hammett-Konstante, Taft-Konstante; s. unten), spektroskopische Parameter (NMR-chemische Verschiebungen, IR-Frequenzen u. a.), aber auch komplexere Größen wie Lipophilieparameter (etwa der Logarithmus von Verteilungskoeffizienten). Solche Deskriptoren werden mittels der in Abschnitt 20.2 beschriebenen Methoden in Beziehung gesetzt zu Eigenschaftsparametern, welche z. B. die biologische Aktivität kennzeichnen. Auf Einzelheiten wie auch auf die Erläuterung der genannten Merkmalsparameter kann hier nicht eingegangen werden; der Leser sei diesbezüglich auf die Spezialliteratur bzw. physikalisch-chemische, biochemische u. a. Lehrbücher verwiesen. Insgesamt ist über das Gebiet der QSPR umfangreiche Literatur verfügbar, s. etwa [20.1] (dort Kap. 10).

Frühe Beispiele von QSPR bilden die von L. P. Hammett (1937) und R. W. Taft (1952, 1953) untersuchten Zusammenhänge zwischen molekularen Parametern und der Reaktionsgeschwindigkeit für den Verseifungsprozess substituierter Benzoesäureester:

$$\lg \mathscr{k} = \lg \mathscr{k}_0 + \rho\sigma + \delta_E \; ; \qquad (20.24)$$

dabei bezeichnen $\mathscr{k}$ bzw. $\mathscr{k}_0$ die Reaktionsgeschwindigkeitskoeffizienten der substituierten bzw. der unsubstituierten Ester, σ den sog. Hammett-Parameter und δ_E einen "sterischen Parameter" für den jeweiligen Substituenten, ρ ist ein Zahlenfaktor.[3]

Bei der Gleichung (20.24) handelt es sich um eine sog. *LFE-Beziehung* (LFE abgek. für engl. linear free enthalpy). Die Gleichgewichtskonstante K und die Freie Reaktionsenthalpie $\Delta\mathcal{G}$ einer Reaktion hängen durch die Beziehung $\Delta\mathcal{G} = -RT\ln K$ zusammen. Im Rahmen der Eyring-Theorie (s. Abschn. 15.2.2) gilt entsprechend für die ("verkürzte") Freie Aktivierungsenthalpie: $\Delta\mathcal{G}'^{\neq} = -RT\ln K'^{\neq}$ mit den Größen $\Delta\mathcal{G}'^{\neq}$ und $K'^{\neq}$, in denen der Beitrag der Bewegung entlang der Reaktionskoordinate fehlt; $K'^{\neq}$ ist proportional zum Reaktionsgeschwindigkeitskoeffizienten $k^{\neq}$. Die Hammett-Beziehung (20.24) drückt also einen linearen Zusammenhang zwischen Molekülparametern (σ, δ_E) und der Freien Aktivierungsenthalpie aus.

Oft besteht außerdem zwischen $\Delta\mathcal{G}'^{\neq}$ und der Freien Reaktionsenthalpie $\Delta\mathcal{G}$ (= Differenz der Freien Enthalpien von Reaktanten und Produkten) ein ebenfalls linearer Zusammenhang, und zwar derart, dass höhere Werte von $\Delta\mathcal{G}$ zu einer Verringerung von $\Delta\mathcal{G}'^{\neq}$ führen.

Auch hier müssen wir bezüglich weiterer Details auf die Spezialliteratur verweisen.

20.3.2* Strukturaufklärung und -vorhersage

Nach Kapitel 11 werden die Spektren von Molekülen maßgeblich durch die Molekülstruktur bestimmt, und die Kombination von Informationen aus spektroskopischen Messungen in den verschiedenen Wellenlängenbereichen kann sehr zuverlässige Hinweise auf die Molekülstruktur geben. Eine besonders wichtige Rolle spielen dabei NMR- und IR-Daten. Sollen massenspektrometrische (MS) Daten einbezogen werden, so sind die Zusammenhänge mit molekularen Strukturen ziemlich kompliziert, da MS-Daten wesentlich durch Zerfalls- und Umlagerungsprozesse der ionisierten Moleküle während des Fluges bis zum Detektor beeinflusst werden. Hier kann eine multivariate Datenanalyse hilfreich sein.

Schon vor Jahrzehnten hat man damit begonnen, die Strukturaufklärung anhand gemessener Spektraldaten (und Daten aus der chemischen Analyse, durch welche die Konstitution, d. h. die Summenformel der Verbindung ermittelt wird) einem Computer zu übertragen, indem man diesen mit Regeln über bekannte Zusammenhänge zwischen Strukturparametern und Spektraldaten ausstattet und auf Datenbanken mit entsprechend aufbereiteten Daten zugreifen lässt. Als Bestandteil eines solchen Programms braucht man u. a. einen Generator, der bei einer gegebenen Konstitution (Summenformel) die Vielzahl der möglichen Isomere erzeugt.

---

[3] Hammett, L. P.: The Effect of Structure upon the Reactions of Organic Compounds. Benzene Derivatives. J. Am. Chem. Soc. **59**, 96-103 (1937);
Taft Jr., R. W.: Polar and Steric Substituent Constants for Aliphatic and o-Benzoate Groups from Rates of Esterification and Hydrolysis of Esters. ibid. **74**, 3120-3128 (1952); ibid. **75**, 4538 (1953).
Man beachte, dass die Beziehung (20.24) üblicherweise für die dekadischen Logarithmen lg (Briggs-Logarithmus) von Reaktionsgeschwindigkeitskoeffizienten formuliert wird.

Die ersten arbeitsfähigen Programmsysteme dieser Art sind in Tab. 20.1a genannt; s. hierzu auch [20.1]. Sie bilden zugleich die ersten Beispiele für sog. chemische Expertensysteme, auf die wir in Abschnitt 20.4 noch kurz zu sprechen kommen.

Tab. 20.1 Programmpakete für computergestützte Strukturaufklärung (a) und Syntheseplanung (b) (Auswahl)

Name des Pakets	Entwickler/Koordinator Institution, Autoren	Internetadresse	Bemerkungen
(a) *Strukturaufklärung*			
DENDRAL	E. Feigenbaum et al. Stanford Univ. Stanford, CA/USA		(nach 1980 beendet)
(b) *Syntheseplanung*			
LHASA	E. J. Corey et al. Harvard Univ. Cambridge, MA/USA	lhasa.harvard.edu	einschl. Modul für Vorwärtsstrategie (vgl. Abschn. 20.3.3.1)
SYNCHEM	H. Gelernter et al. Stony Brook Univ. Stony Brook, NY/USA	www.cs.sunysb.edu	
SYNGEN	J. B. Hendrickson Brandeis Univ. Waltham, MA/USA	syngen2.chem.brandeis.edu /syngen.html	
WODCA	J. Gasteiger et al. Univ. Erlangen-Nürnberg/D	www2.chemie.uni-erlangen.de/software/wodca	für interaktive Benutzung bei organ. Syntheseplanung Details: s. etwa [20.1], Abschn. 10.3.2.4.5 und 10.3.2.5

20.3.3* Syntheseentwurf und -planung

Mit dem Vordringen des Computereinsatzes in der Chemie hat es nicht an Versuchen gefehlt, auch auf dem Gebiet der chemischen Synthese, dem traditionell empirisch-experimentell geprägten Kerngebiet der Chemie, Computer einzusetzen.

Bereits bei einer relativ kleinen Anzahl von Ausgangsstoffen ist die Anzahl der formal möglichen Reaktionen und der Folgeprodukte sehr groß. Ebenso verhält es sich bei Umkehrung der Fragestellung, wenn man ausgehend von einem interessanten Produkt wissen will, welche Möglichkeiten es für seine Synthese gibt. Diese Möglichkeiten anhand vorliegender Kenntnisse auf dem Papier oder gar experimentell im Labor durchzuspielen, die Realisierbarkeit der einzelnen Schritte zu prüfen, die dabei erzeugten Verbindungen auf interessante bzw. gewünschte Eigenschaften zu untersuchen und verschiedene Synthesewege vergleichend zu beurteilen (hinsichtlich Kosten, Ausbeuten, ökologischer Aspekte wie Recyclingfähigkeit oder Toxizität von Nebenprodukten usw.), erfordert einen sehr hohen Aufwand unter Auswertung großer Mengen von Daten, die für die Verbindungen und die Reaktionen vorliegen oder noch ermittelt werden müssen. Um hierbei Computer verwenden zu können, sind umfangreiche Vorarbeiten nötig; insbesondere muss man die Strukturen und die Strukturänderungen bei den Reaktionsschritten geeignet schematisieren und verschlüsseln sowie das vorhandene Wissen über bestimmte Typen von Umwandlungen (das inzwischen weitgehend in Reaktionsdatenbanken gesammelt vorliegt) nutzen. Die Ausarbeitung eines solchen algorithmisierbaren Vorgehens kann man ebenfalls als eine Art *Modellierung* auffassen und die Durchführung mittels Computer als *Simulation* bezeichnen.

20.3.3.1 Syntheseplanungsstrategien*

Nehmen wir die oben an zweiter Stelle genannte Aufgabe: Vorgegeben sei eine Zielverbindung P; gesucht werden Ausgangsstoffe bzw. Vorstufen $A_1, A_2, \ldots$ sowie Synthesewege, die von diesen Vorstufen zum Zielprodukt P führen, und zwar unter Einhaltung bestimmter Vorgaben wie geringer Aufwand (Kosten), Einhaltung von Umweltstandards etc.

Diese Aufgabenstellung bezeichnet man als *Syntheseplanung* (Syntheseentwurf) im engeren Sinne (s. [20.1], Abschn. 10.3; [20.3], Kap. 5; außerdem [20.4a,b] und [20.5]). Das strategische Vorgehen ist schematisch in Abb. 20.4 dargestellt: Man nimmt eine sog. *retrosynthetische Analyse* vor, indem man das Zielprodukt sukzessive in einfachere Strukturen – Zwischenprodukte (ZP) oder Vorläuferstrukturen (engl. precursor) – zerlegt, bis man bei geeigneten bzw. verfügbaren Ausgangsstoffen A_i ankommt. Es entsteht ein sog. *Synthesebaum*.

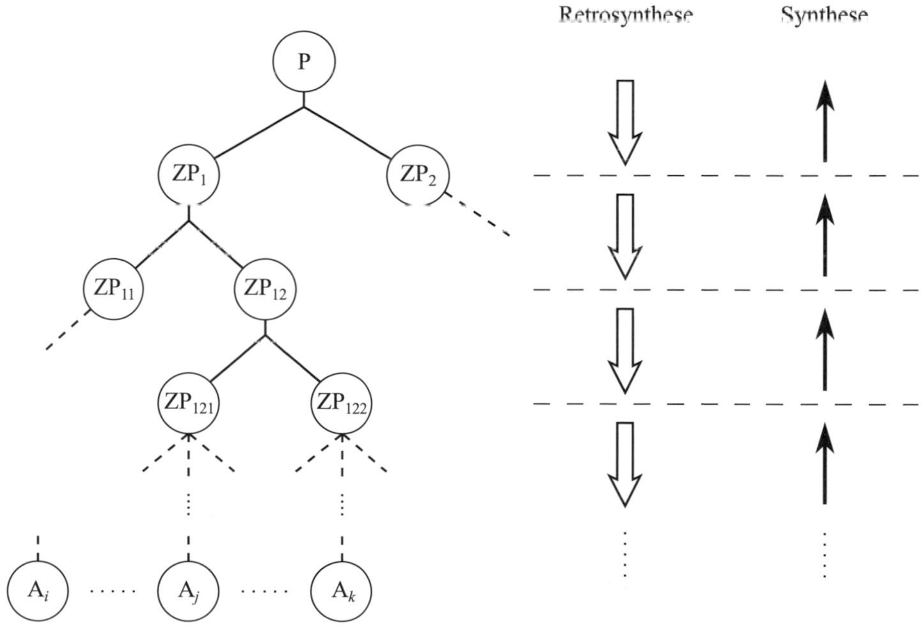

Abb. 20.4 Synthesebaum (schematisch; nach [20.1], Abschn. 10.3.2.2.4)

Man benötigt für ein solches Vorgehen Regeln bzw. Erfahrungstatsachen, die es erlauben zu beurteilen, was "geeignete" Vorläuferstrukturen oder Ausgangsstoffe sind. Darauf werden wir noch zu sprechen kommen. Ein Schritt einer solchen *Retroreaktion* (in Abb. 20.4 durch einen Hohlpfeil $\Rightarrow$ angegeben) von einer Struktur zurück zu einer Vorstufe wird in diesem Zusammenhang auch als *Transformation* bezeichnet. Hat man auf diese Weise unter Berücksichtigung der eingegebenen Regeln und der gestellten Bedingungen einen Retrosyntheseweg (oder mehrere) gefunden, dann müsste in entgegengesetzter Richtung (Pfeile $\rightarrow$ in Abb. 20.4) die Synthese durchgeführt werden.

Diese Konzeption und die im Folgenden zu besprechenden Realisierungsvarianten beruhen wesentlich auf Arbeiten von E. J. Corey [Nobel-Preis für Chemie 1990] et al.[4]

20.3.3.2 Das Synthon-Konzept*

Für die retrosynthetische Zerlegung einer vorgegebenen Zielverbindung bis hin zu Fragmenten, die entweder so oder nach geringfügigen, einfach durchführbaren chemischer Veränderungen in umgekehrter Abfolge der Reaktionsschritte zur Erzeugung der Zielverbindung dienen können, gibt es in der Regel mehrere Möglichkeiten; diese hat man zu vergleichen und zu bewerten.

Die Retrosynthese beginnt damit, dass im *Molekülgerüst* – darunter verstehen wir hier, etwas lax gesagt, den auf das Wesentliche "zurechtgestutzten" zentralen Teil – der Zielverbindung, analog auf jeder folgenden Zerlegungsstufe in den Zwischenprodukten, jeweils eine zu durchtrennende Bindung (oft nach E. J. Corey, loc. cit., als *strategische Bindung* bezeichnet) identifiziert wird. Die schrittweise Zerlegung ist bis zu relativ kleinen Fragmenten (d. h. wenige Gerüstatome) zu führen. Das alles ist keine triviale Aufgabe. Für das Wiederzusammenfügen solcher strategischer Bindungen sollten dann möglichst literaturbekannte Synthesemethoden verfügbar sein.

Wenn man die oben genannten Anforderungen berücksichtigt und immer die synthetische Aufgabenstellung im Blick behält, ist klar, dass die schließlich erhaltenen Fragmente nicht einfach irgendwelche Molekülbruchstücke sein können (deren Anzahl würde mit der Größe der Zielverbindung ohnehin zu stark anwachsen); um solche Fragmente aufzufinden, muss vielmehr auch synthesechemisches und strukturchemisches Wissen ausgenutzt werden. Ein derartiges, chemisch sinnvolles Fragment kann dann als ein *verallgemeinerter Synthesebaustein* angesehen werden, für den sich die Bezeichnung *Synthon* eingebürgert hat (nach E. J. Corey, loc. cit.). Es zeigt sich, dass nur eine relativ kleine Anzahl von Synthonen nötig ist, mittels derer eine breite Vielfalt insbesondere organischer Verbindungen bis hin zu komplizierten Naturstoffen und künstlichen Pharmaka aufgebaut werden kann (vgl. etwa [20.5]).

Wir wollen die Grundbegriffe und die Vorgehensweise einer retrosynhetischen Analyse an einem Beispiel erläutern, das wir aus der Literatur übernehmen (s. E. J. Corey, loc. cit. in Fußnote 4(b), Abschn. 1.6; [20.1], Abschn. 10.3.2.2); es handelt sich um die in Abb. 20.5

[4] (a) Corey, E. J.: General methods for the construction of complex molecules. Pure Appl. Chem. **14**, 19-37 (1967); id. Nobel-Vortrag in: Angew. Chem. **103**, 469 (1991).
(b) Corey, E. J., Cheng, X.-M.: The Logic of Chemical Synthesis. Wiley , New York (1989).

dargestellte Zielverbindung, die durch eine sogenannte Michael-Addition erhalten werden kann.[5]

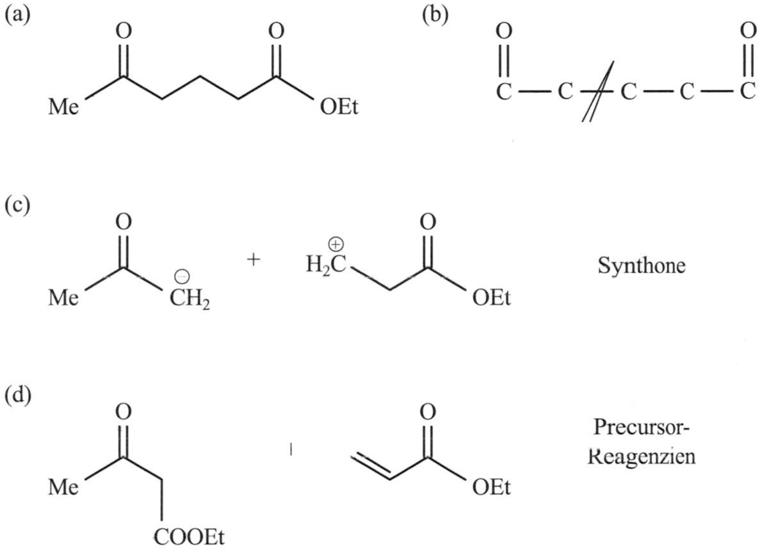

Abb. 20.5 Retrosynthese einer Michael-Addition (nach [20.1], Abschn. 10.3.2.2.2): (a) Zielverbindung; (b) Molekülgerüst mit markierter strategischer Bindung; (c) retrosynthetische Transformation: Zerlegung in Synthone; (d) Umwandlung der Synthone in Precursor-Reagenzien

Im Molekülgerüst wird die strategische Bindung hier einfach dadurch festgelegt, dass bei ihrer Durchtrennung etwa gleichgroße Fragmente entstehen; das ist bei der Bindung zwischen dem zweiten und dem dritten C-Atom des Gerüstes der Fall. Damit erhält man die in Teil (c) von Abb. 20.5 angegebene Zerlegung in zwei als Synthone in Frage kommende Teile; die Bindungstrennung erfolgt in der vorliegenden unsymmetrischen Gerüststruktur heterolytisch. Um neutrale stabile Moleküle zu erhalten, die als Reagenzien verfügbar sind, müssen die Synthone noch gemäß Abb. 20.5(d) umgewandelt werden.

20.3.3.3 Computergestützte Syntheseplanung*

Für die Planung einer Synthese ist ein hohes Maß an Kenntnissen und Erfahrungen nötig, die einem Computer, der als Arbeitshilfe eingesetzt werden soll, verfügbar gemacht werden müssen. Dabei sind nicht nur Strukturen, Reaktionen und Bewertungskriterien geeignet zu verschlüsseln, sondern auch die gedanklichen Vorgänge beim planenden Synthesechemiker in Algorithmen zu fassen und zu simulieren.

[5] Vgl. hierzu etwa Schwetlick, K., et al.: Organikum. Organisches Grundpraktikum. Dt. Verlag der Wissenschaften, Berlin (1988).

Wir nennen einige der dabei zu bewältigenden Probleme: Ein Syntheseplanungsprogramm muss insbesondere die Erkennung des relevanten Molekülgerüstes und das Aufsuchen strategischer Bindungen beinhalten, und es sind die vorhandenen Kenntnisse über mögliche Reaktionen und deren Reaktionsbedingungen, wie sie in Reaktionsdatenbanken gesammelt vorliegen, einzubeziehen. Ferner muss auf Kataloge kommerziell verfügbarer Chemikalien als Ausgangs- bzw. Precursor-Reagenzien für die Synthese zugegriffen werden. Verschiedene Synthesewege oder alternative Synthesestufen sind zu vergleichen und anhand von Kriterien, die ein Nutzer eines Syntheseplanungsprogramms auch entsprechend seinen lokalen Bedingungen festlegen wird, zu bewerten. Dabei werden insbesondere

- die *Kosten*, bestimmt durch den Zeitaufwand (Anzahl und Art der Reaktionsschritte), die Ausbeuten, die Preise der benötigten Chemikalien u. a.
- die *Nebenprodukte*, ihre Weiterverwertbarkeit, Umweltverträglichkeit (Entstehen umweltschädigender, eventuell schwer abbaubarer Verbindungen), Toxizität u. dgl.
- der *Neuheitswert* eines Syntheseweges (Patentfähigkeit)

eine Rolle spielen. Ein solches Konzept, möglichst weitgehend automatisch im Computer abgearbeitet, bekommt somit ebenfalls, wie oben bei der Strukturaufklärung, den Charakter eines Expertensystems (s. Abschn. 20.4).

Mit dieser kurzen Beschreibung der Problemstellung begnügen wir uns hier; eine systematischere und detailliertere Darstellung geht über den Rahmen des Kurses hinaus. Man findet mehr darüber sowie Literaturangaben in [20.1], [20.3], [20.4] und [20.5].

Einige der verfügbaren (überwiegend auf organisch-chemische Synthesen ausgerichteten) Programmpakete, die jeweils nach jahrelangen Entwicklungsarbeiten einen für den praktischen Einsatz hinreichenden Reifegrad erreicht haben, sind in Tab. 20.1(b) zusammengestellt. Weitere Angaben zur Charakterisierung der genannten Programmpakete sind [20.1] (dort Abschn. 10.3.2.4) zu entnehmen.

20.4* Schlussbemerkungen und Ausblick

Es ist berechtigt zu fragen, inwieweit der Inhalt dieses Kapitels in den Rahmen der "molekularen theoretischen Chemie" gehört. Zweifellos befinden wir uns im Randbereich dieses Gebietes; die grundlegenden Begriffe von Struktur und Eigenschaften einschließlich der Reaktivität molekularer Aggregate sowie die Modellbildung stammen aber letztlich aus den in vorangegangenen Kapiteln entwickelten Konzepten und können als deren folgerichtige Fortführung betrachtet werden.

Obwohl der Gegenstand des vorliegenden Kapitels nur sehr knapp umrissen werden konnte, ist sicher deutlich geworden, dass es sich um ein Gebiet mit großem Zukunftspotential handeln dürfte, denn die praktisch wichtigen chemischen Verbindungen und Stoffe wie Vitamine, Pharmaka, Materialien usw., ihre Eigenschaften und ihre Erzeugung werden (abgesehen von Spezialgebieten wie z. B. Astrochemie und Plasmachemie) immer komplexer, so dass die traditionellen Berechnungsverfahren der molekularen theoretischen Chemie hier nicht mehr einsetzbar sind. Es bleibt vorerst nur der Zugang über die Analyse und Aufbereitung großer Datenmengen, um wahrscheinliche Zusammenhänge aufzudecken und diese für Vorhersagen zu nutzen. Ohne Computerunterstützung ist das aussichtslos. Es müssen zudem, um praktisch relevante Aufgabenstellungen effizient bearbeiten zu können, auch logische Verknüpfungs- und Folgerungsprozesse dem Computer übertragen werden. Eine solche Entwicklung läuft, wie bereits erwähnt wurde, auf sogenannte ***Expertensysteme*** hinaus, worunter man allgemein *Softwarepakete* versteht, welche *mit so umfangreichem Wissen in Form von Fakten (insbesondere Daten), Regeln, Heuristiken und Erfahrungen ausgestattet sind, dass sie auf dem Niveau eines Wissenschaftlers mit Spezialkenntnissen (eines "Experten") und in interaktiver Wechselbeziehung mit solchen Wissenschaftlern Fragen beantworten, Probleme lösen, Folgerungen ableiten und auch die eigenen Kenntnisse erweitern können* (s. Abb. 20.6). Bei Computersoftware mit solchen Eigenschaften spricht man häufig von "künstlicher Intelligenz".

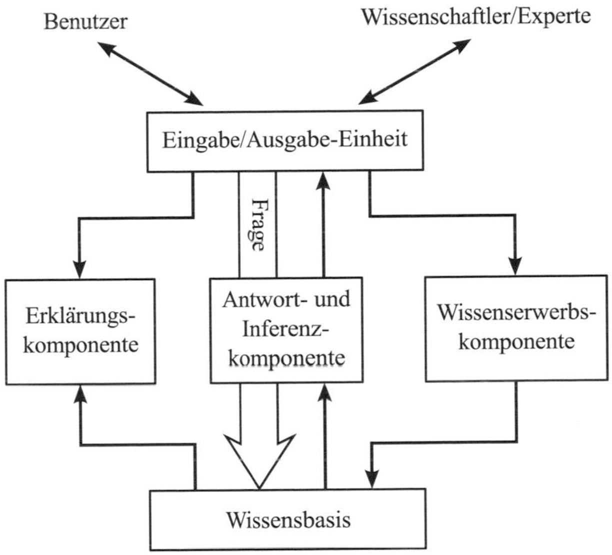

Abb. 20.6 Schema eines Expertensystems

Der wichtigste Teil eines Expertensystems ist die *Wissensbasis*, eine Kombination einer Datenbank mit einem Fundus von Regeln etc. Ein *Antwort- und Folgerungsteil* beantwortet vom Nutzer gestellte Fragen, soweit die Wissenbasis das ermöglicht. Eine *Erklärungskomponente* liefert Begründungen (wieder im Rahmen der Möglichkeiten der Wissensbasis), und ein *Wissenserwerbsteil* versorgt die Wissensbasis mit weiteren Daten, Regeln etc. oder nimmt Korrekturen vor (zur Einführung in das Gebiet s. [20.4a,b]; vgl. auch [20.1]).

Potentielle Einsatzgebiete von Expertensystemen dieser Art sind generell Fragestellungen, für die eine geschlossene, vorhersagefähige Theorie auf Grund einer zu hohen Komplexität des interessierenden Gegenstands nicht vorhanden oder nicht anwendbar ist. Das trifft auf die in den vorhergehenden Abschnitten dieses Kapitels behandelten Aufgaben zu, insbesondere also auf die Strukturaufklärung und die Syntheseplanung für komplizierte große Moleküle.

Schon vor mehreren Jahrzehnten, daher noch sehr primitiv und in seinen Möglichkeiten eng beschränkt, hat man versucht, eine Art Expertensystem aufzubauen, und zwar für Fragen nach Eigenschaften (z. B.

Schwingungsfrequenzen) zweiatomiger Moleküle. Diese Fragen wurden allerdings nicht anhand einer Wissensbasis, sondern durch Ab-initio-SCF-LCAO-MO-Berechnungen beantwortet.[6]

Die in Tab. 20.1 zusammengestellten Programmpakete zur Strukturaufklärung und zur Syntheseplanung sind als Schritte hin zu entsprechenden Expertensystemen aufzufassen.

Wenn man bis hierher unserer Darstellung und Argumentation gefolgt ist, wird die Feststellung überraschen, dass all den Bemühungen und dabei erzielten Fortschritten ein durchschlagender Erfolg bisher nicht beschieden war. Die Programme werden nicht, wie zu erwarten gewesen wäre, auf breiter Front weiterentwickelt und eingesetzt, und manche der durchaus als aussichtsreich erscheinenden Ansätze sind nicht weitergeführt worden. Einige mögliche Gründe dafür werden in [20.4b] (dort Abschn. 3.6) erörtert. Auf Grund des heute schon vorhandenen und künftig sicher noch steigenden Bedarfs in der physikalischen, chemischen und pharmakologischen Praxis sowie angesichts der in letzter Zeit enorm gewachsenen Fähigkeiten zur Verarbeitung großer Datenmengen wäre zu wünschen, dass die gegenwärtige Stagnation nicht andauert, sondern bald in eine neue Entwicklungsphase übergeht.

Ergänzende Literatur zu Kapitel 20

[20.1] Gasteiger, J., Engel, T. (Hrsg.): Chemoinformatics. A Textbook. Wiley-VCH, Weinheim (2003)

[20.2] Leach, A. R.: Molecular Modelling. Principles and Applications. Pearson Educ., London (2001)

[20.3] Adler, B.: Computerchemie – eine Einführung. Dt. Verlag für Grundstoffindustrie, Leipzig (1991)

[20.4] (a) Hemmer, M. C.: Expert Systems in Chemistry Research. CRC Press, Taylor & Francis, Boca Raton, FL (2008)

(b) Judson, Ph.: Knowledge-based Expert Systems in Chemistry: Not Counting on Computers. RSC Publishing, www.rsc.org (2009)

[20.5] Hoffmann, R. W.: Elemente der Syntheseplanung. Elsevier, Spektrum Akad. Verlag, München (2006)

[20.6] Jensen, F.: Introduction to Computational Chemistry. Wiley, Chichester/UK (2008)

---

[6] Wahl, A. C.: Chemistry by Computer. Sci. American **222**, 54-70 (1970);
Wahl, A. C., Bertoncini, P., Kaiser, K., Land, R.: BISON: A New Instrument for the Experimentalist. Int. J. Quant. Chem. **38**, 499-512 (1970).

Anhang

A1 Symmetrien molekularer Systeme

Dem Chemiker, der in räumlichen Molekülmodellen zu denken gewohnt ist, erschließt sich zwanglos ein Zugang zum Begriff der Symmetrie: *Ein Gegenstand, etwa ein Kugelstabmodell eines Moleküls, hat dann Symmetrie, wenn man bestimmte Manipulationen (z. B. Drehungen) vornehmen kann, so dass die Bestandteile des Gegenstandes – die Atome des Moleküls – auf Positionen kommen, an denen sich vorher gleichartige Bestandteile befunden haben.* Das Resultat einer solchen Operation lässt sich dann vom Ausgangszustand nicht unterscheiden. Bei dem in Abb. 16.1b dargestellten Kugelstabmodell des Formaldehyd-Moleküls sind die beiden Teile des Moleküls rechts und links der Ebene, in der die C=O-Bindung liegt und die senkrecht zur Molekülebene steht, einander spiegelbildlich gleich.

Im vorliegenden Anhangkapitel befassen wir uns hauptsächlich mit derartigen *geometrischen Symmetrien von Molekül-Kerngerüsten*, geben eine Einführung in die Theorie der Punktgruppen, zu denen Symmetrieoperationen der beschriebenen Art zusammengefasst werden, sowie deren Darstellungen, behandeln den Zusammenhang zwischen Symmetrien und Erhaltungssätzen und geben einen Überblick darüber, wie sich die Kenntnis von Symmetrieeigenschaften der Moleküle in der Quantenchemie und der Molekülphysik ausnutzen lässt; einige solche Anwendungen wurden in den Teilen 2 und 3 des Kurses bereits diskutiert.

Der Symmetriebegriff reicht weit über die geometrischen Symmetrien hinaus und beinhaltet z. B. auch die Symmetrie gegenüber der Vertauschung gleichartiger Teilchen (Permutationssymmetrie, s. Abschn. 2.5), die Symmetrie bezüglich einer Umkehr der Zeitrichtung (vgl. die diesbezüglichen Anmerkungen in Abschn. 4.7, 13.4.1 und 14.4) u. a. So umfassend wird das Symmetrieproblem hier nicht behandelt.

A1.1 Symmetrien molekularer Kerngerüste

A1.1.1 Gleichgewichtsgeometrie von Molekülen

Die Vorstellung, dass Moleküle eine bestimmte räumlich-geometrische Gestalt besitzen, hat sich seit langem empirisch bewährt. Sie ist experimentell belegt (vgl. Abschn. 16.3 sowie 18.1) und auch theoretisch im Großen und Ganzen gut begründet, wenn man die Gültigkeit der elektronisch adiabatischen Näherung voraussetzt (s. Abschn. 4.3). Die geometrische Anordnung der Kerne, gegeben durch die Gesamtheit der Kernpositionen $\boldsymbol{R}^0 \equiv \{\boldsymbol{R}_1^0, \ldots, \boldsymbol{R}_N^0\}$, für welche die Potentialfunktion $U(\boldsymbol{R})$ ihr globales Minimum annimmt, bezeichnet man als *Gleichgewichtsgeometrie* des Kerngerüstes; hierdurch ist das ***Modell des starren Kerngerüstes*** definiert.

Dieses Modell ist freilich eine starke Vereinfachung. Wie wir wissen, vollführt das Kerngerüst eines Moleküls Schwingungen, zumindest stets die Nullpunktschwingungen, mit Frequenzen der Größenordnung $10^{-12} \ldots 10^{-14}\ \mathrm{s}^{-1}$, so dass eine bestimmte Kerngeometrie klassisch nur im zeitlichen Mittel realisiert sein kann. Problematisch wird das ganze Konzept vollends, wenn die Potentialmulde flach ist (die Schwingungen daher tiefe Frequenzen und weite Amplituden haben), wenn sich noch andere, nur durch niedrige Barrieren getrennte Mulden in der Nachbarschaft befinden, oder wenn die elektronisch adiabatische Näherung im Bereich solcher Minima nicht gültig ist. In Kapitel 11 wird auf derartige Situationen hingewiesen; im Rahmen des vorliegenden Anhangkapitels setzen wir jedoch immer eine wohldefinierte Kerngeometrie voraus.

Die so verstandene Kerngeometrie von Molekülen kann sehr unterschiedlich aussehen, denn die Kräfte zwischen je zwei Atomen A und B in einem Molekül hängen sowohl von der Art dieser beiden Atome als auch von der Anordnung der übrigen Atome im Molekül ab. Es existieren demzufolge keine zwei chemischen Verbindungen, deren Moleküle genau die gleiche Kernanordnung aufweisen, d. h. beispielsweise in allen Kernabständen übereinstimmen. Für die *Symmetrie* der Kernanordnungen jedoch gibt es, wie wir sehen werden, nur eine sehr begrenzte Anzahl von Möglichkeiten, so dass damit eine *Klassifizierung* erfolgen kann.

Zur Terminologie (vgl. Abschn. 7.4.3.1): Die *Konstitution* eines Moleküls gibt an, wieviele Atome der verschiedenen Sorten vorhanden sind, ohne Berücksichtigung der Struktur (Bruttoformel). Die *Konfiguration* beinhaltet die Bindungsverknüpfungen (Strukturformel); man unterscheidet *Strukturisomere* bei Molekülen gleicher Konstitution, aber verschiedener Konfiguration. Unter *Konformation* versteht man die räumliche Anordnung der Atome; Moleküle gleicher Konstitution und Konfiguration können sich durch ihre Konformation unterscheiden (z. B. *Rotationsisomere* wie die cis- und die trans-Konformation beim Butadienmolekül oder beim zweifach halogenierten Ethanmolekül). Symmetriebetrachtungen beziehen sich also stets auf die Konformation eines Moleküls.

A1.1.2 Symmetrie: Symmetrieelemente und Symmetrieoperationen

Geometrische Operationen, welche die Bestandteile (Atome, Atomgruppen) eines starren Molekülmodells ineinander überführen, so dass das resultierende Gebilde von dem ursprünglichen nicht unterscheidbar ist, heißen (molekulare) ***Symmetrieoperationen.***

Mathematisch ausgedrückt versteht man unter einer Symmetrieoperation eine *Abbildung*, bei der jeder Punkt P des Raumes so in einen anderen Punkt P' übergeführt wird, dass alle Abstände zwischen zwei Punkten unverändert bleiben und die räumliche Gestalt bzw. die Punktanordnung in einem Objekt vor und nach der Abbildung sich nicht unterscheiden.

Als ***Symmetrieelemente*** bezeichnet man gedachte geometrische Gebilde, die festgelegt werden müssen, um Symmetrieoperationen ausführen zu können: *Geraden* als Drehachsen; *Ebenen* oder *Punkte*, an denen gespiegelt wird.

Folgende geometrische Symmetrieoperationen kommen in Frage:

(1) Drehung C_n mit dem Winkel $2\pi/n$ (bzw. $360°/n$) *um eine Achse* C_n als Symmetrieelement (n-fache Symmetrieachse; Symmetrieachse der Zähligkeit n)

Wenn eine Drehung mit dem Winkel $2\pi/n$ eine Symmetrieoperation ist, dann sind dies auch Drehungen mit $2(2\pi/n)$, $3(2\pi/n)$, ... , $(n-1)(2\pi/n)$. Diese mehrfachen Drehoperationen kennzeichnet man durch einen Exponenten: $C_n^{\,2}, C_n^{\,3}, \ldots, C_n^{\,n-1}$, und definiert sie wie folgt:

$$C_n^{\,2} \equiv C_n \cdot C_n \,, \ldots \quad ; \qquad \text{(A1.1)}$$

die "Potenzen" bedeuten also mehrfache Anwendung von C_n auf eine rechts davon zu denkende Größe bzw. ein Objekt. Man verabredet, dass diese Verknüpfung zweier Symmetrieoperationen (Multiplikation, dafür steht der Punkt) generell als "Nacheinanderausführen, von rechts beginnend", zu verstehen sein soll (analog zu Differentialoperatoren, s. Abschn. 3.1.1). Wird n-mal die Drehung C_n ausgeführt, so ergibt sich insgesamt eine volle Drehung um 360° und man gelangt zur Ausgangssituation zurück, so als wäre überhaupt keine Drehung erfolgt; man schreibt

$$C_n^{\ n} = E \tag{A1.2}$$

und bezeichnet E als *identische Operation* (auch als *Einheitsoperation*), die nichts verändert. Gibt es mehrere Symmetrieachsen C_n, so heißt diejenige mit der höchsten Zähligkeit n die *Hauptsymmetrieachse*.

Bei $n \to \infty$ sind beliebige Drehwinkel möglich; d. h. die Kerne des Moleküls liegen auf einer Geraden (lineares Molekül), das Molekül-Kerngerüst hat *axiale Symmetrie*.

Als Beispiel (s. Abb. A1.1) betrachten wir das ebene Molekül CF_3 (die vier Kerne liegen in einer Ebene), das eine dreizählige Symmetrieachse C_3 (senkrecht zur Molekülebene, durch den C-Kern verlaufend) und drei zweizählige Symmetrieachsen C_2 (in der Molekülebene, ebenfalls durch den C-Kern) als Symmetrieelemente besitzt; man gibt diese Symmetrieoperationen zusammenfassend durch die Kurzbezeichnung $1C_3, 3C_2$ an.

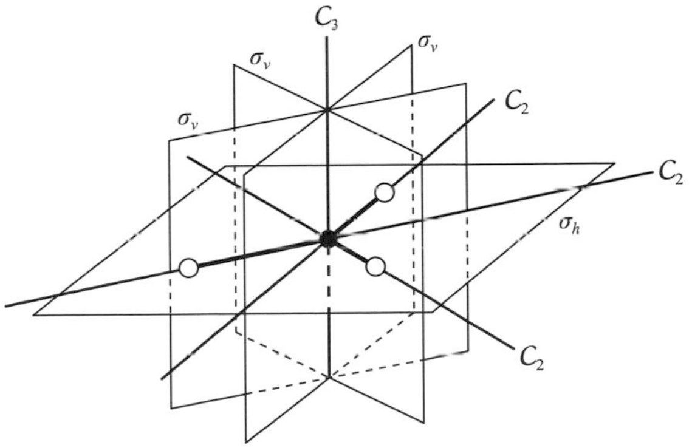

Abb. A1.1 Symmetrieelemente des Moleküls CF_3

(2) Spiegelung σ an einer Ebene σ

Spiegelt man ein Objekt zweimal hintereinander an ein und derselben Ebene, so wird die Ausgangssituation wiederhergestellt:

$$\sigma^2 = E\,. \tag{A1.3}$$

Bei dieser Symmetrieoperation unterscheidet man drei Fälle:

- Spiegelung σ_v an einer Ebene, welche die Hauptsymmetrieachse enthält (*vertikale* Spiegelebene),

- Spiegelung σ_h an einer Ebene, die senkrecht zur Hauptsymmetrieachse steht (*horizontale* Spiegelebene),
- Spiegelung σ_d an einer Ebene, welche die Hauptsymmetrieachse enthält und den Winkel zwischen zwei zur Hauptsymmetrieachse senkrechten zweifachen Drehachsen halbiert (*diagonale* Spiegelebene, s. Abb. A1.2).

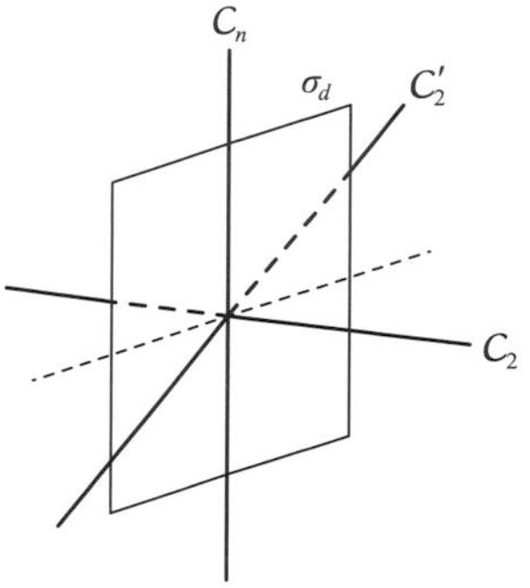

Abb. A1.2 Symmetrieelement diagonale Spiegelebene

Als Beispiel können wir wieder das ebene CF_3-Molekül (s. Abb. A1.1) nehmen, das eine horizontale Spiegelebene σ_h (die Molekülebene) und drei vertikale Spiegeelebenen σ_v hat.
Für das Molekül B_2Cl_4 (s. Abb. A1.3) in einer Konformation, in der die beiden BCl_2-Gruppen um 90° gegeneinander verdreht sind, gibt es außer drei zweifachen Drehachsen C_2 (eine davon in Richtung der B–B-Verbindungslinie, die anderen beiden dazu und zueinander senkrecht) noch zwei diagonale Spiegelebenen σ_d .

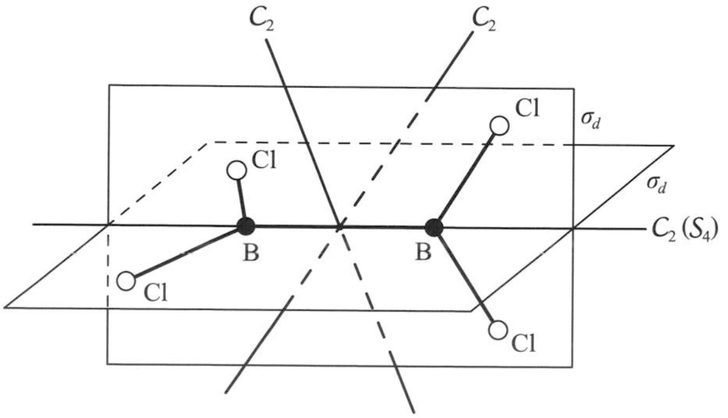

Abb. A1.3 Symmetrieelemente zum Molekül B_2Cl_4

Aus diesen beiden *Grundoperationen* – Drehung um eine Achse und Spiegelung an einer Ebene – lassen sich alle für ein endliches System denkbaren Symmetrieoperationen durch Nacheinanderanwenden zusammensetzen; wie oben schreibt man dafür symbolisch Produkte und verfährt nach der Regel, dass die Operationen von rechts beginnend sukzessive abzuarbeiten sind.

Eine solche zusammengesetzte Symmetrieoperation ist die *Drehspiegelung* S_n (auch als *uneigentliche Drehung* oder *Symmetrieoperation 2. Art* bezeichnet), die sich aus einer Drehung C_n und einer Spiegelung σ_h an einer zur Drehachse senkrechten Ebene zusammensetzt, wobei die Reihenfolge keine Rolle spielt:

$$S_n = C_n \cdot \sigma_h = \sigma_h \cdot C_n \,. \tag{A1.4}$$

Es handelt sich um *eine* Symmetrieoperation; die beiden Teiloperationen für sich müssen keine Symmetrieoperationen sein. Von besonderer Bedeutung ist der Spezialfall $n = 2$,

$$S_2 \equiv I = C_2 \cdot \sigma_h = \sigma_h \cdot C_2 \,, \tag{A1.5}$$

die Spiegelung am Durchstoß*punkt* der C_2-Achse durch die Ebene $\boldsymbol{\sigma_h}$ (s. Abb. A1.4). Diese Operation heiß *Inversion* und wird mit dem Symbol I bezeichnet; für sie gilt:

$$I^2 = I \cdot I = E \,. \tag{A1.6}$$

Die reine Spiegelung an einer Ebene lässt sich auch als Spezialfall einer Drehspiegelung auffassen, es ist nämlich $\sigma = C_1 \cdot \sigma = \sigma \cdot C_1 = S_1$.

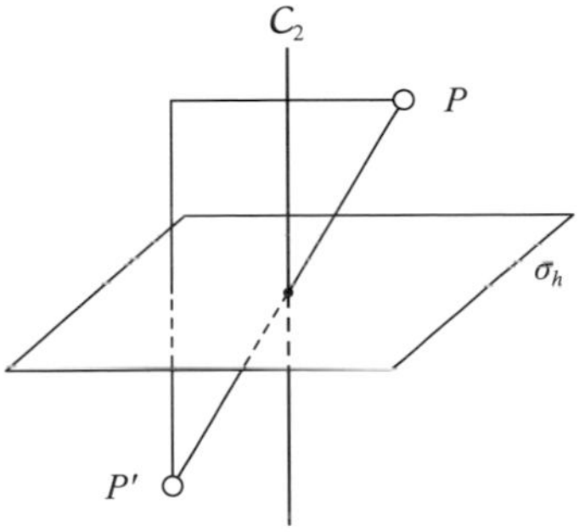

Abb. A1.4
Zur Definition der Inversion

Wie man sich leicht anhand von Abb. A1.3 klarmacht, ist beim Molekül B_2Cl_4 die Gerade durch die beiden B-Kerne eine S_4-Achse, d. h. eine Drehung um ein ganzzahliges Vielfaches von 90° *und* Spiegelung an der Ebene senkrecht zu dieser Drehachse durch den Mittelpunkt der B–B-Verbindungslinie ist eine Symmetrieoperation. Die beiden Teiloperationen – Drehung C_4 und Spiegelung σ_h – sind für sich keine Symmetrieoperationen.

Die Inversion als Symmetrieoperation besitzt z. B. das trans-1,2-Dichlorethylen (s. Abb. A1.5).

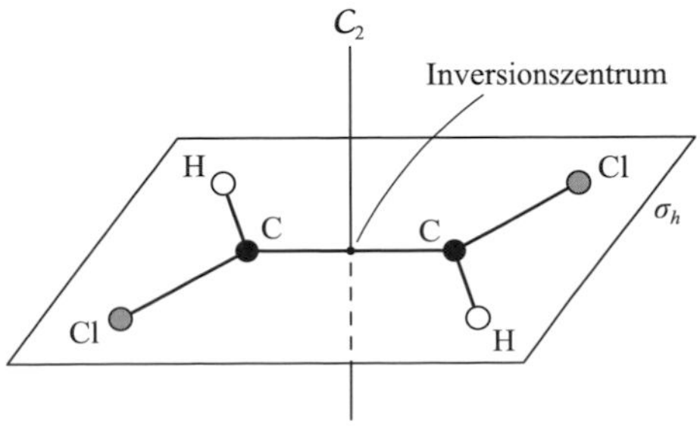

Abb. A1.5
Symmetrieelemente zum Molekül trans-1,2-Dichlorethylen

Das wiederholte Ausführen der Drehspiegelungsoperation S_n führt zu folgenden Resultaten (s. ÜA A1.1):

$$n \text{ geradzahlig} \qquad S_n^{\,2} = C_{n/2}, S_n^{\,3}, \ldots, S_n^{\,n/2} = \begin{Bmatrix} C_2 & \text{für } n/2 \text{ gerade} \\ I & \text{für } n/2 \text{ ungerade} \end{Bmatrix},$$

$$\ldots, S_n^{\,n} = E\,; \tag{A1.7a}$$

$$n \text{ ungeradzahlig} \quad S_n^{\,2} = C_n^{\,2}, \ldots, S_n^{\,n} = \sigma_h, \ldots, S_n^{\,2n} = E\,. \tag{A1.7b}$$

Es sei angemerkt, dass man prinzipiell auch die Drehung (eigentliche Drehung) und die Drehspiegelung (uneigentliche Drehung) als die beiden Grundoperationen nehmen könnte.

Wir beschließen diesen Abschnitt mit einer strengeren allgemeinen mathematischen Definition: Symmetrieoperationen R zu einem gegebenen System sind solche Operationen, die den Hamilton-Operator $\hat{H}$ des Systems nicht ändern, d. h. mit $\hat{H}$ vertauschbar sind:

$$[R, \hat{H}] \equiv R\hat{H} - \hat{H}R = 0\,. \tag{A1.8}$$

Bisher haben wir nur geometrische Operationen betrachtet, die sich auf das Kerngerüst eines Moleküls beziehen, es wurde also die Beschreibung in einer elektronisch adiabatischen Näherung vorausgesetzt; darauf wollen wir uns vorerst weiter beschränken. Auf der Grundlage der Definition (A1.8) lässt sich jedoch der Symmetriebegriff viel allgemeiner fassen (s. die Anmerkung am Schluss des Vorspanns zu diesem Anhangkapitel).

A1.1.3 Symmetriegruppen von Molekül-Kerngerüsten

Wir führen nun zunächst ohne eine genauere Bestimmung den Begriff der molekularen "Symmetriegruppe" ein, und zwar einfach als einen Satz von für das Kerngerüst möglichen Symmetrieoperationen, wie sie im vorigen Abschnitt definiert worden sind. In der Molekültheorie verwendet man zur Kennzeichnung der Symmetriegruppen Buchstabensymbole mit Indizes (nach P. Niggli und A. Schönflies), aus denen man die in der Gruppe enthaltenen Symmetrieoperationen ablesen kann:

- Gruppen $\boldsymbol{C}_n$ mit $n \geq 2$

  In jeder dieser Gruppen gibt es *nur* eine Drehachse C_n der Zähligkeit n.

- Gruppen $\boldsymbol{S}_{2n}$ mit $n \geq 2$

  In jeder dieser Gruppen gibt es *nur* eine geradzählige Drehspiegelachse S_{2n}.

- Gruppen $\boldsymbol{D}_n$ (Diedergruppen) mit $n \geq 2$

  Außer einer n-zähligen (Haupt-) Symmetrieachse C_n existieren noch n zweizählige Drehachsen C_2', die senkrecht zu C_n stehen.

- Gruppen $\boldsymbol{C}_{nv}$ mit $n \geq 2$

  Es gibt eine n-zählige Drehachse C_n und n vertikale Spiegelebenen σ_v.

- Gruppen $\boldsymbol{C}_{nh}$ mit $n \geq 2$

  Es gibt eine n-zählige Drehachse C_n und eine horizontale Spiegelebene σ_h.

- Gruppen $\boldsymbol{D}_{nh}$ mit $n \geq 2$

  Zusätzlich zu den Symmetrieelementen einer Gruppe $\boldsymbol{D}_n$ sind noch jeweils eine horizontale Spiegelebene σ_h sowie n vertikale Spiegelebenen σ_v vorhanden, und die Hauptsymmetrieachse ist zugleich eine Drehspiegelachse.

- Gruppen $\boldsymbol{D}_{nd}$ mit $n \geq 2$

  Außer den Symmetrieelementen einer Gruppe $\boldsymbol{D}_n$ gibt es jeweils noch n diagonale Spiegelebenen σ_d sowie eine $2n$-zählige Drehspiegelachse.

- Gruppen ohne Drehoperationen um eine Achse (nichtaxiale Gruppen) $\boldsymbol{C}_1, \boldsymbol{C}_s$ und $\boldsymbol{C}_i$

  $\boldsymbol{C}_1$ beinhaltet nur die identische Operation E.

  Ein Objekt (Molekül) mit dieser Symmetrie bezeichnet man als *asymmetrisch.*

  $\boldsymbol{C}_s$ umfasst außer E nur noch eine Spiegelung σ.

  $\boldsymbol{C}_i$ enthält außer E nur noch die Inversion I.

Die folgenden Gruppen kennzeichnen die Symmetrien von Polyedern. Ein *Polyeder* ist ein räumliches geometrisches Gebilde, das von vieleckigen Seitenflächen begrenzt wird. Dazu gehören: Tetraeder (begrenzt von vier Dreiecksflächen), Oktaeder (begrenzt von acht Dreiecksflächen), Quader (begrenzt von sechs Rechtecken), Dodekaeder (begrenzt von zwölf Fünfecksflächen) und Ikosaeder (begrenzt von zwanzig Dreiecksflächen). Ein *reguläres Polyeder* hat deckungsgleiche Begrenzungsflächen. Tetraeder-, Oktaeder- und Ikosaedergruppen werden auch zusammenfassend als *kubische Gruppen* bezeichnet.

- Tetraedergruppen $\boldsymbol{T}, \boldsymbol{T}_d$ und $\boldsymbol{T}_h$

  $\boldsymbol{T}$ beinhaltet Drehungen um vier C_3-Achsen, die durch die Tetraederecken verlaufen und senkrecht auf den gegenüberliegenden Begrenzungsflächen stehen, sowie drei Drehachsen C_2 durch die Mittelpunkte gegenüberliegender Tetraederkanten.

  $\boldsymbol{T}_d$ enthält zusätzlich Spiegelungen an sechs Ebenen σ_d, die durch die Kanten verlaufen und paarweise aufeinander senkrecht stehen (in jeder dieser Ebenen liegen zwei C_3-Achsen), sowie drei Drehspiegelachsen S_4, die mit den C_2-Achsen zusammenfallen.

  Damit entspricht die Symmetriegruppe $\boldsymbol{T}_d$ der eines *regulären* Tetraeders (s. oben).

  $\boldsymbol{T}_h$ ergibt sich aus $\boldsymbol{T}$, wenn zusätzlich ein Inversionszentrum vorhanden ist.

- Oktaedergruppen $\boldsymbol{O}$ und $\boldsymbol{O}_h$

  $\boldsymbol{O}$ umfasst die Symmetrieoperationen eines gestreckten oder gestauchten Oktaeders oder Quaders: es gibt drei C_4-Achsen, die durch die Mittelpunkte einander gegenüberliegender Begrenzungsflächen gehen, vier C_3-Achsen, die durch einander gegenüberliegende Ecken verlaufen, und sechs C_2-Achsen durch die Mittelpunkte einander gegenüberliegender Kanten.

  $\boldsymbol{O}_h$ beinhaltet zusätzlich zu den Operationen von $\boldsymbol{O}$ noch die Inversion, ist also die Symmetriegruppe eines *regulären* Oktaeders oder eines Würfels.

Allen genannten Symmetriegruppen ist gemeinsam, dass es innerhalb des betrachteten Objekts (Kerngerüst eines Moleküls) jeweils mindestens einen Punkt gibt, der bei beliebigen Symmetrieoperationen der Gruppe seine Position nicht verändert (*singulärer Punkt*). Das muss auch so sein, da Kerngerüste von Molekülen endliche Gebilde sind; andernfalls gäbe es nämlich Operationen, die zu einer Verschiebung des Moleküls als Ganzes im Raum führen. Es folgt, dass alle Symmetrieachsen und Symmetrieebenen den singulären Punkt gemeinsam haben. Derartige Gruppen heißen auf Grund dieser Eigenschaft ***Punktgruppen***.

Fragt man nach den Symmetrien von Kerngerüsten, die als Baueinheiten regulärer Kristallstrukturen auftreten können, so kommen nicht alle nach der obigen Aufstellung möglichen Symmetriegruppen dafür in Betracht: bei den Gruppen $\boldsymbol{C}_n, \boldsymbol{D}_n, \boldsymbol{C}_{nv}, \boldsymbol{C}_{nh}$ und $\boldsymbol{D}_{nh}$ mit $n \geq 2$ muss $n = 2, 3, 4$ oder 6 sein, bei $\boldsymbol{S}_{2n}$ und $\boldsymbol{D}_{nd}$ kann $n = 2$ oder 3 sein. Insgesamt gibt es 32 sogenannte *kristallographische Punktgruppen*. Diese Eingrenzung ist erst in den 1980er Jahren mit der Entdeckung der *Quasikristalle* erweitert worden (Auftreten von $n = 5$).

Molekulare Strukturen, die zu den angegebenen Symmetriegruppen gehören, treten unterschiedlich häufig auf. Für manche Symmetriegruppen gibt es viele Beispiele (etwa für die Gruppen $\boldsymbol{C}_{nv}, \boldsymbol{C}_{nh}$ und $\boldsymbol{D}_{nh}$), manche hingegen sind selten (etwa $\boldsymbol{S}_{2n}$ mit $n > 1$ sowie $\boldsymbol{C}_n$).

Die Kerngerüste bestimmter größerer molekularer Aggregate (z. B. Borane, Übergangsmetallkomplexverbindungen oder Cluster) können Ikosaedersymmetrie aufweisen; wir werden die Ikosaedergruppen $\boldsymbol{I}$ und $\boldsymbol{I}_h$ hier nicht im Einzelnen besprechen (s. dazu etwa [II.1][I.2]).

Die bisher behandelten Punktgruppen beinhalten eine endliche Anzahl von Symmetrieoperationen (*endliche Punktgruppen*). Um die Symmetrie von linearen Molekül-Kerngerüsten zu erfassen, die als Symmetrieelement eine Drehachse C_∞ (Zähligkeit $n \to \infty$) besitzen, müssen die sogenannten *axialen Drehgruppen* herangezogen werden. Sie beinhalten Drehungen mit beliebigen Drehwinkeln um diese Achse, außerdem existieren unendlich-viele vertikale Spiegelebenen; das ergibt die Gruppe $\boldsymbol{C}_{\infty v}$. Ist außerdem ein Inversionszentrum vorhanden, so entspricht das einer Gruppe $\boldsymbol{D}_{\infty h}$. Es handelt sich dabei, wie man aus der Definition sieht, ebenfalls um Punktgruppen.

Sind Drehungen mit beliebigen Winkeln um beliebige Achsen durch ein Zentrum möglich, das damit zugleich ein Inversionszentrum ist, so hat man die *räumliche Kugeldrehgruppe* $\boldsymbol{K}_h$

(auch als *dreidimensionale Drehspiegelungsgruppe* bezeichnet). Offenbar ist dies die Symmetriegruppe eines freien Atoms mit räumlich fixiertem Kern.

Bei unendlich ausgedehnten idealen Kristallstrukturen gibt es eine andere Art von Symmetrie, nämlich *Translationssymmetrie*, d. h. bei Verschiebungen in bestimmten Raumrichtungen um Vielfache bestimmter Strecken wird die Struktur in sich übergeführt. Die Struktur einer Elementarzelle wiederholt sich in regelmäßigen Abständen (*Periodizität*) oder, anders ausgedrückt: der gesamte Festkörper kann als unbegrenzt fortgesetzte Aneinanderreihung von identischen Strukturbausteinen aufgefasst werden (s. Abschn. 10.2.2.2).

A1.1.4 Bestimmung der Punktgruppe eines Moleküls

Auf der Grundlage des vorangegangenen Abschnitts ergibt sich das folgende Verfahren, mit dem man zu einem gegebenen (starren) Kerngerüst eines Moleküls (oder allgemeiner: eines endlichen Atomaggregats) die Punktgruppe ermitteln kann (s. Abb. A1.6).

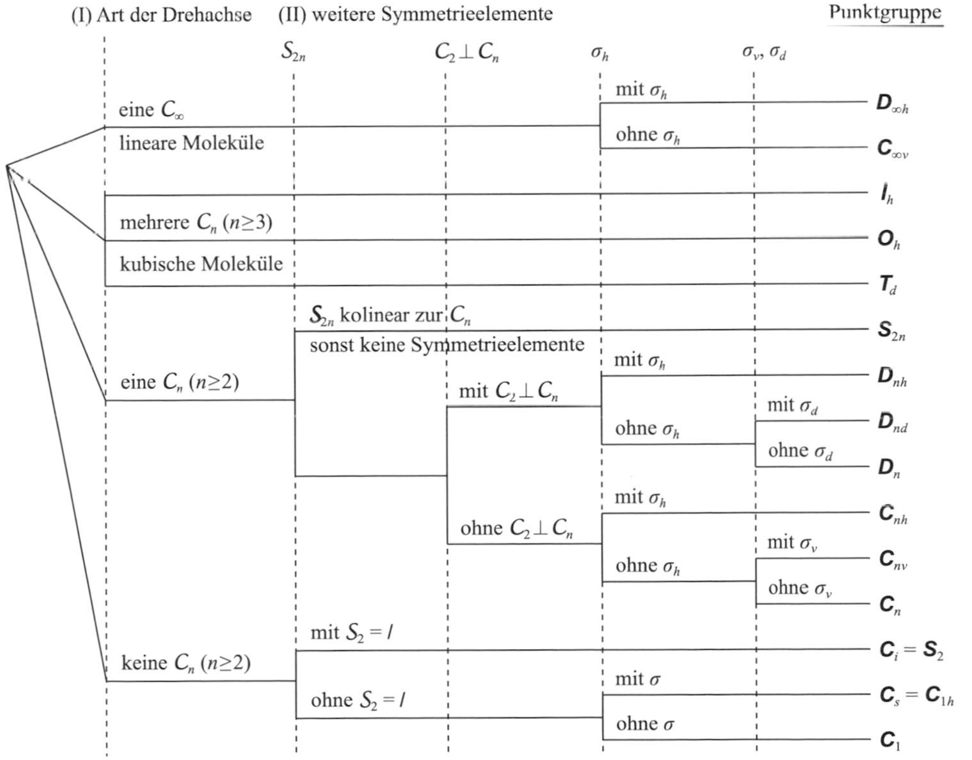

Abb. A1.6 Verfahren zur Bestimmung der molekularen Punktgruppe (aus [II.1])

Der erste Schritt (I) besteht im Aufsuchen der Hauptsymmetrieachse. Es gibt mehrere Möglichkeiten:

(a) *keine* C_n -Achse mit $n \geq 2$,

(b) *eine* C_n -Achse mit $n \geq 2$,

(c) *mehrere* C_n -Achsen mit $n \geq 3$,

(d) eine C_∞ -Achse.

Im zweiten Schritt (II) werden dann weitere Symmetrieelemente gesucht. Die obige Möglichkeit (a) kann nur zu $\boldsymbol{C}_1$, $\boldsymbol{C}_s$ oder $\boldsymbol{C}_i$ führen, der Fall (d) zu $\boldsymbol{C}_{\infty v}$ oder $\boldsymbol{D}_{\infty h}$, der Fall (c) zu einer kubischen oder einer Ikosaedergruppe. Der Fall (b) bietet eine breite Vielfalt möglicher Symmetriegruppen (s. Abb. A1.6).

Um dieses Verfahren anwenden zu lernen, ist die ÜA A1.2 zu empfehlen.

A1.1.5 Chiralität

Eine auf den ersten Blick etwas exotische, nichtsdestoweniger grundlegend wichtige Eigenschaft mancher Moleküle ist die *Chiralität*. Man versteht unter einem chiralen Molekül (das gilt ebenso für andere Objekte unterschiedlichster Art) ein solches, zu dem es ein Gegenstück gibt, das aus ihm durch Spiegelung an einer Ebene hervorgeht und durch keinerlei Verschiebung oder Drehung mit ihm zur Deckung gebracht werden kann – wie bei rechter und linker menschlicher Hand (woher auch die Bezeichnung rührt, abgeleitet von griech. *χείρ* [cheir] = Hand...). Abb. A1.7 zeigt als molekulares Beispiel die Strukturformeln für das Spiegelbildpaar des Glycerolaldehyds.

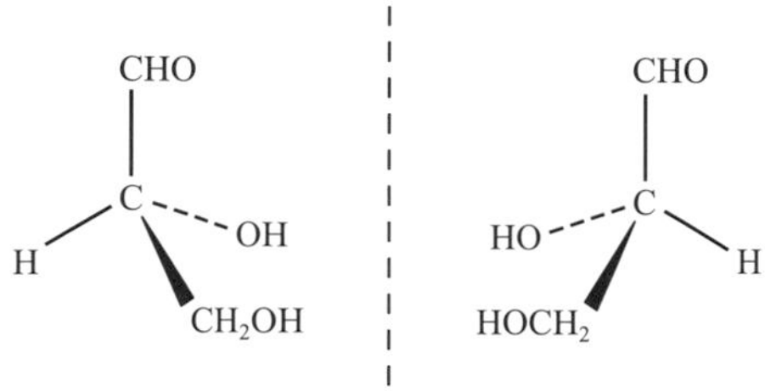

Abb. A1.7
Enantiomerenpaar des Glycerolaldehyds

Die beiden zueinander spiegelbildlichen Strukturen heißen *Enantiomere*; sie weisen die gleichen Bindungs- und Strukturverhältisse auf und stimmen im generellen chemischen Verhalten sowie in den physikalischen Eigenschaften überein – bis auf eine Eigenschaft, nämlich dass sie die Schwingungsebene von linear polarisiertem Licht in entgegengesetzten Richtungen drehen (optische Aktivität).

Wir befassen uns hier nicht mit Einzelheiten des Phänomens der Chiralität; es sei aber angemerkt, dass die Chiralität im Zusammenhang mit Lebensprozessen und wahrscheinlich bei der Entstehung des Lebens eine wichtige Rolle spielt, und wir fragen, wie man erkennt, ob ein Molekül chiral ist (s. etwa [A1.4]).

Das eineindeutige Merkmal ist nicht, wie man zunächst vermuten könnte, das Fehlen jeglicher Symmetrieelemente (außer der Identität), also das Vorliegen der Symmetriegruppe $\boldsymbol{C}_1$ (Asymmetrie). Zwar ist jedes asymmetrische Objekt (also z. B. das Glycerolaldehyd, Abb. A1.7) chiral, aber Asymmetrie ist nicht notwendig für Chiralität. Notwendig und hinreichend ist, dass das Objekt *keine Drehspiegelungen* als Symmetrieoperationen besitzt (*Dissymmetrie*). Dabei muss man *alle* in der Gruppe möglichen Drehspiegelungen betrachten, also natürlich die Inversion $I = S_2$, aber auch die Spiegelung an einer Ebene: $\sigma = S_1$ (s. oben). Alle Moleküle, die irgendeine Art von Drehspiegelungssymmetrie in diesem weiten Sinne aufweisen, also beispielsweise ein Kerngerüst mit der Symmetriegruppe $\boldsymbol{C}_{nv}$ haben, sind somit nicht chiral (*achiral*).

A1.2 Einführung in die Gruppentheorie

Im vorangegangenen Abschnitt hatten wir die Bezeichnung "Symmetriegruppe" naiv, gewissermaßen nur als Sortierungshilfe, benutzt. Es handelt sich dabei aber um einen wohldefinierten mathematischen Begriff; um damit arbeiten zu können, stellen wir jetzt die relevanten Definitionen, Bezeichnungen und Rechenregeln zusammen. Außerdem gibt es über Gruppentheorie eine umfangreiche Spezialliteratur; wir verweisen auf [II.1] (dort Kap. 8.) sowie auf die ergänzende Literatur zu diesem Anhangkapitel.

A1.2.1 Mathematische Definition einer Gruppe. Bezeichnungen. Rechenregeln

Für den mathematischen Begriff der ***Gruppe*** gilt folgende Definition:

Eine Menge $\boldsymbol{G}$ von Elementen[1] $R_1, R_2, \ldots$ bildet eine Gruppe, wenn nachstehende vier Forderungen erfüllt sind ("Gruppenaxiome"):

(1) Zwischen den Elementen ist eine *Verknüpfung* erklärt, so dass je zwei Elementen R_1 und R_2 aus der Gruppe $\boldsymbol{G}$ *eindeutig* ein Element R aus $\boldsymbol{G}$ zugeordnet ist; man schreibt:

$$R_1 \cdot R_2 = R . \qquad \text{(A1.9)}$$

Anmerkung: In der mathematischen Formelsprache wird die Aussage, dass R_1, R_2 und R Elemente der Gruppe $\boldsymbol{G}$ sind, so angegeben: $R_1, R_2, R \in \boldsymbol{G}$. Die Verknüpfung ist in Gleichung (A1.9) wie eine gewöhnliche Multiplikation geschrieben, man hat sie jedoch ganz allgemein zu verstehen; es kann das Nacheinanderausführen zweier Symmetrieoperationen wie in den Gleichungen (A1.1) und (A1.4) oder auch beispielsweise die Addition zweier Zahlen bedeuten.

(2) Die Verknüpfung erfüllt das *Assoziativgesetz*,

$$R_1 \cdot (R_2 \cdot R_3) = (R_1 \cdot R_2) \cdot R_3 \ , \qquad \text{(A1.10a)}$$

[1] "Element" ist ein allgemeiner Begriff der Mengenlehre; er kann beispielsweise eine Zahl, ein reales Objekt o. a. bedeuten. Mit den oben eingeführten Symmetrie*elementen* hat das nichts zu tun, wohl aber kann er, wenn die Menge eine Symmetriegruppe ist, eine Symmetrie*operation* bedeuten.

aber nicht notwendig das Kommutativgesetz, allgemein gilt also:

$$R_1 \cdot R_2 \neq R_2 \cdot R_1 \ . \qquad \text{(A1.10b)}$$

(3) In $\boldsymbol{G}$ existiert genau ein *Element* E, so dass für jedes $R \in \boldsymbol{G}$ die Relation

$$R \cdot E = E \cdot R = R \qquad \text{(A1.11)}$$

erfüllt ist (*Einselement*).

(4) Zu jedem Element $R \in \boldsymbol{G}$ gibt es in $\boldsymbol{G}$ genau ein Element $R^{-1} \in \boldsymbol{G}$ (das zu R *inverse Element*), so dass gilt:

$$R \cdot R^{-1} = R^{-1} \cdot R = E \ . \qquad \text{(A1.12)}$$

Anmerkung: Das Inverse eines Produkts $R \cdot S$, also $(R \cdot S)^{-1}$, ist gleich $S^{-1} \cdot R^{-1}$ (s. ÜA A1.3).

Ist die Anzahl der Elemente einer Gruppe endlich, dann spricht man von einer *endlichen Gruppe*; die Anzahl h der Elemente heißt die *Ordnung* der Gruppe. Eine *unendliche Gruppe* umfasst unendlich-viele Elemente.

Wenn für die Verknüpfung beliebiger Elemente $R_1, R_2 \in \boldsymbol{G}$ das Kommutativgesetz gilt, dann wird $\boldsymbol{G}$ als *abelsche* (oder *kommutative*) *Gruppe* bezeichnet (nach dem norwegischen Mathematiker N. H. Abel).

Die Bildung von Potenzen eines Gruppenelements $R \in \boldsymbol{G}$ (im Falle von Symmetriegruppen also die wiederholte Ausübung ein und derselben Symmetrieoperation) führt auf einige weitere Zusammenhänge. Unter Beachtung der oben formulierten Rechenregeln erhält man formal die Potenzen: $R \cdot R = R^2, R \cdot R \cdot R = R \cdot R^2 = R^3, \ldots$, entsprechend für die Potenzen des Inversen R^{-1}: $R^{-1} \cdot R^{-1} = R^{-2}, \ldots$, somit $R^0 = E$. Wegen Axiom 1 sind alle Potenzen eines Elements ebenfalls Gruppenelemente. Es lässt sich leicht zeigen, dass die fortgesetzte Potenzierung eines Elements $R \in \boldsymbol{G}$ bei einer endlichen Gruppe nach einer gewissen Anzahl von Schritten auf das Einselement E führen muss: $R^n = E$. Sei n die kleinste natürliche Zahl, bei der das der Fall ist, dann heißt n die *Ordnung des Elements* R. Man sagt, das Element R "erzeugt" die Elemente $R, R^2, R^3, \ldots, R^{n-1}, R^n = E$. Weiter sieht man, dass diese n Elemente selbst eine Gruppe bilden, d. h. die Gruppenaxiome erfüllen (ÜA A1.4). Eine solche Gruppe, die nur aus den Potenzen eines Elements R besteht, bezeichnet man als *zyklische Gruppe*; zyklische Gruppen sind stets abelsche Gruppen (ÜA A1.4).

Einen kompakten Überblick über die Eigenschaften einer endlichen Gruppe und über die Beziehungen zwischen ihren Elementen erhält man durch die *Gruppenmultiplikationstafel*. Das ist ein quadratisches Schema mit $h \times h$ Feldern, einer Kopfleiste und einer linken Randleiste, in denen die Gruppenelemente in der gleichen (aber beliebigen) Abfolge von links nach rechts bzw. von oben nach unten aufgereiht sind; in den Feldern des Schemas stehen diejenigen Gruppenelemente, die sich als Produkte $R_i \cdot R_j$ des Elements R_i aus der linken Randleiste und des Elements R_j aus der Kopfleiste ergeben:

	. . .	R_j	. . .
.			
.			
R_i	. . .	$R_i \cdot R_j$	. . .
.			
.			

Als Beispiel zeigt Tab. A1.1 die Multiplikationstafel der Gruppe $\boldsymbol{C}_{2v}$.

Tab. A1.1 Multiplikationstafel der Gruppe $\boldsymbol{C}_{2v}$

	E	C_2	σ_v	σ_v'
E	E	C_2	σ_v	σ_v'
C_2	C_2	E	σ_v'	σ_v
σ_v	σ_v	σ_v'	E	C_2
σ_v'	σ_v'	σ_v	C_2	E

Ohne Beweis stellen wir einige allgemeingültige Eigenschaften von Gruppenmultiplikationstafeln zusammen:

- Jede Zeile und jede Spalte enthält alle Elemente der Gruppe einmal, d. h. die Elemente einer jeden Zeile bzw. Spalte sind sämtlich voneinander verschieden.
- Die Gruppenmultiplikationstafel ist dann und nur dann symmetrisch zu ihrer Hauptdiagonalen, wenn es sich um eine abelsche Gruppe handelt.
- Die Einselemente liegen entweder auf der Hauptdiagonalen oder symmetrisch zu dieser.

In ÜA A1.5 wird als Beispiel die Multiplikationstafel der Gruppe $\boldsymbol{C}_{3v}$ aufgestellt.

Die Gruppenmultiplikationstafel einer endlichen Gruppe enthält alle Beziehungen zwischen den Elementen der Gruppe; aus ihr kann man z. B. sofort ablesen, welches das Inverse zu einem gegebenen Gruppenelement ist. Es lässt sich anhand der Multiplikationstafel auch prüfen, ob ein vorliegender Satz von Elementen (z. B. Symmetrieoperationen) eine Gruppe bildet oder ob Elemente fehlen bzw. überschüssig sind.

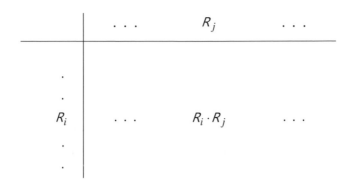

Der Gruppenbegriff ist sehr allgemein und erfasst eine breite Vielfalt von Anwendungsfeldern. Einige Beispiele: Die Menge, die nur aus den beiden Zahlen +1 und −1 besteht, bildet eine Gruppe mit der Multiplikation als Verknüpfung; +1 ist das Einselement. Die Menge aller ganzen Zahlen mit der Verknüpfung Addition bildet eine unendliche Gruppe; das Einselement ist die Zahl 0. Die Menge aller regulären quadratischen n-reihigen Matrizen[2] ($n \geq 2$) aus reellen Zahlen ist bezüglich der Verknüpfung Matrixmultiplikation eine unendliche nicht-abelsche Gruppe.

Bei den Symmetriegruppen starrer Molekül-Kerngerüste besteht, wie wir wissen, die Verknüpfung (Multiplikation) der Gruppenelemente (Symmetrieoperationen) im Nacheinanderausführen der Symmetrieoperationen (von rechts beginnend); das Inverse eines Gruppenelements bedeutet die entgegengesetzte Operation, und das Einselement bedeutet: es wird nichts verändert.

Eine weitere, in der Theorie molekularer Systeme grundlegend bedeutsame Symmetrieart, die Symmetrie eines Teilchenaggregats gegenüber der Vertauschung gleichartiger Teilchen (s. Abschn. 2.5), hat in Teil 2 durchgängig eine Rolle gespielt. Dabei kommt man allerdings in der Regel ohne gruppentheoretische Hilfsmittel aus.

A1.2.2 Mehr aus der Gruppentheorie

Wir stellen einige weitere Begriffe zusammen, soweit sie für die Anwendungen wichtig sind.

(1) Untergruppen

Eine Teilmenge der Elemente einer Gruppe $\boldsymbol{G}$ wird dann als eine *Untergruppe* $\boldsymbol{U}$ der Gruppe $\boldsymbol{G}$ bezeichnet, wenn diese Elemente selbst bezüglich der in $\boldsymbol{G}$ geltenden Verknüpfung eine Gruppe bilden (also die Gruppenaxiome erfüllen); man schreibt[3]: $\boldsymbol{U} \subset \boldsymbol{G}$.

So bilden bei einer endlichen Gruppe $\boldsymbol{G}$ die von einem beliebigen Element $R \in \boldsymbol{G}$ "erzeugten" Elemente $R, R^2, \ldots, R^n = E$ (s. oben) eine zyklische Untergruppe von $\boldsymbol{G}$. Es gibt von jeder Gruppe $\boldsymbol{G}$ zwei "triviale" Untergruppen: die ganze Gruppe $\boldsymbol{G}$ und das Einselement.

Die Gruppenordnung h einer endlichen Gruppe ist stes ein ganzzahliges Vielfaches der Ordnung einer der Untergruppen (*Satz von Lagrange*, nach dem italienisch-französischen Mathematiker J. L. Lagrange).

Einige Beispiele: Die Symmetriegruppe $\boldsymbol{C}_{3v}$ hat vier Untergruppen, und zwar die Gruppe $\boldsymbol{C}_3$ (Elemente $C_3, C_3{}^2, C_3{}^3 = E$) und drei $\boldsymbol{C}_s$ -Gruppen mit den durch jeweils eine der Spiegelungen σ_v erzeugten Elementen: $\boldsymbol{C}_s^{(1)}$ (Elemente $\sigma_v^{(1)}$, $\sigma_v^{(1)^2} = E$), $\boldsymbol{C}_s^{(2)}$ (Elemente $\sigma_v^{(2)}, \sigma_v^{(2)^2} = E$) und $\boldsymbol{C}_s^{(3)}$ (Elemente $\sigma_v^{(3)}, \sigma_v^{(3)^2} = E$). Die Gruppenordnung $h = 6$ ist durch 3 bzw. 2 ohne Rest teilbar.

Die von den beiden Zahlen +1 und −1 gebildete Gruppe ist eine Untergruppe der (unendlichen) Gruppe der reellen Zahlen mit der Verknüpfung Multiplikation. Die geraden Zahlen bilden eine Untergruppe der (unendlichen) Gruppe der ganzen Zahlen mit der Verknüpfung Addition.

---

[2] Eine *reguläre* quadratische Matrix ist dadurch definiert, dass ihre Determinante von Null verschieden ist (s. [II.1], Abschn. 1.6.2.).

[3] Man beachte den Unterschied zur Schreibweise $R \in \boldsymbol{G}$, wenn es sich um ein Element R aus der Menge $\boldsymbol{G}$ handelt.

Untergruppen spielen eine wichtige Rolle, wenn es um die Verringerung der Symmetrie, d. h. den Wegfall einiger der Symmetrielemente geht. Beim Übergang vom freien Atom (volle dreidimensionale Dreh- und Spiegelungssymmetrie) zum Atom im Molekülverband erniedrigt sich die Symmetrie und anstelle der dreidimensionalen Drehspiegelungsgruppe besteht nur noch die Symmetrie einer endlichen Punktgruppe oder (bei linearen Kerngerüsten) einer axialen Drehgruppe als Untergruppe von $\boldsymbol{K}_h$. Symmetrieerniedrigung tritt auch ein, wenn auf ein Atom oder Molekül ein äußeres Feld wirkt (s. Kap. 5 – 10). Wir kommen später auf die gruppentheoretische Behandlung solcher Probleme zu sprechen.

(2) Konjugierte Elemente. Klassen konjugierter Elemente

Ein Element $R \in \boldsymbol{G}$ heißt *konjugiert* (oder *ähnlich*) zu einem Element $Q \in \boldsymbol{G}$, wenn es in $\boldsymbol{G}$ ein Element T gibt ($T \in \boldsymbol{G}$), so dass R und Q durch die Beziehung

$$T^{-1}RT = Q \tag{A1.13}$$

(*Äquivalenzrelation*) zusammenhängen. Die Verknüpfungspunkte zwischen Elementen werden hier und im Folgenden meist der Einfachheit halber weggelassen.

Diese Beziehung hat folgende Eigenschaften:

Reflexivität, d. h. jedes Element ist zu sich selbst konjugiert, da die Gleichung $T^{-1}RT = R$ stets mit $T = E$ erfüllbar ist;

Symmetrie, d. h. wenn R zu Q konjugiert ist, dann ist auch Q zu R konjugiert. Aus $T^{-1}RT = Q$ folgt nämlich (durch Multiplikation dieser Gleichung von links mit T und von rechts mit T^{-1}) die Beziehung $R = TQT^{-1}$, und wenn man S für T^{-1} schreibt, dann hat man $R = S^{-1}QS$, also die Äquivalenzrelation.

Transitivität, d. h. wenn R zu Q und Q zu P konjugiert sind, dann ist auch R zu P konjugiert: Aus $T^{-1}RT = Q$ und $S^{-1}QS = P$ folgt $S^{-1}T^{-1}RTS = P$, also ergibt sich, wenn $W = TS$ geschrieben wird und somit $W^{-1} = (TS)^{-1} = S^{-1}T^{-1}$ gilt, die Äquivalenzrelation $W^{-1}RW = P$.

Man definiert nun: Alle zueinander äquivalenten (konjugierten) Elemente einer Gruppe bilden eine *Äquivalenzklasse*; solche Klassen bezeichnen wir mit dem Buchstabensymbol $\mathscr{C}$.

Aus dem soeben Gesagten folgt, wie man sofort einsieht, dass jede Gruppe in Klassen untereinander konjugierter Elemente eingeteilt werden kann, wobei jedes Gruppenelement nur *einer* Klasse angehört. Man sagt: die Klassen sind paarweise elementefremd.

Die Äquivalenzklassen haben besondere Eigenschaften:

- Das Einselement E bildet stets für sich eine Klasse (diese enthält also kein anderes Element), denn E ist nur zu sich selbst konjugiert: Es gilt für alle $T \in \boldsymbol{G}$ die Beziehung $T^{-1}ET = T^{-1}TE = EE = E$.
- In abelschen Gruppen ist jedes Element R nur zu sich selbst konjugiert und bildet daher für

sich eine Klasse: Es gilt für alle Elemente $T \in \mathbf{G}$ die Beziehung $T^{-1}RT = T^{-1}TR = ER = R$, da jedes T eine R-Potenz ist.

- Alle Elemente einer Klasse haben die gleiche Ordnung, denn zwei beliebige Elemente einer Klasse $Q, R \in \mathscr{C}$ sind durch die Äquivalenzrelation $Q = T^{-1}RT$ verknüpft, so dass aus $R^n = E$ folgt: $Q^n = (T^{-1}RT)^n = (T^{-1}RT) \cdot \ldots \cdot (T^{-1}RT) = T^{-1}R^nT = T^{-1}ET = E$.

Unter dem Produkt zweier Klassen $\mathscr{C}_i$ und $\mathscr{C}_j$ versteht man die Menge aller Produkte jeweils eines Elements aus $\mathscr{C}_i$ mit einem Element aus $\mathscr{C}_j$. Ein solches Produkt lässt sich stets als Vereinigung (Summe) von Vielfachen aller Klassen der Gruppe schreiben, was wir hier nicht beweisen wollen; es gilt

$$\mathscr{C}_i \cdot \mathscr{C}_j = \sum\nolimits_{k=1}^{m} h_{ijk} \mathscr{C}_k \tag{A1.14}$$

mit den ganzzahligen *Klassenmultiplikationskoeffizienten* h_{ijk}; m ist die Gesamtzahl aller Klassen der Gruppe.

In ÜA A1.6 werden als Beispiele die Klassen der Gruppe $\mathbf{C}_{3v}$ bestimmt. Es gibt drei Klassen: eine davon besteht nur aus dem Einselement E ($\mathscr{C}_1 = \{E\}$), eine weitere beinhaltet die beiden Drehoperationen C_3 und $C_3^{\,2}$ ($\mathscr{C}_2 = \{C_3, C_3^{\,2}\}$), und die dritte umfasst die drei Spiegelungsoperationen $\sigma_v^{(1)}, \sigma_v^{(2)}$ und $\sigma_v^{(3)}$ ($\mathscr{C}_3 = \{\sigma_v^{(1)}, \sigma_v^{(2)}, \sigma_v^{(3)}\}$).

(3) Isomorphie und Homomorphie

Zwei Gruppen $\mathbf{G}$ und $\mathbf{G}'$ heißen *isomorph* (man schreibt $\mathbf{G} \cong \mathbf{G}'$), wenn eine *eineindeutige Zuordnung* ("Abbildung") sowohl zwischen den Elementen von $\mathbf{G}$ und $\mathbf{G}'$ (jedem Element $P \in \mathbf{G}$ ist eindeutig ein Element $P' \in \mathbf{G}'$ zugeordnet und umgekehrt) als auch zwischen den Produkten je zweier Elemente $P, Q \in \mathbf{G}$, also $P \cdot Q \in \mathbf{G}$, und den entsprechenden Produkten $P' \cdot Q' \in \mathbf{G}$, besteht, symbolisch geschrieben:

$$\left.\begin{array}{l} P \leftrightarrow P', \quad Q \leftrightarrow Q', \\ P \cdot Q \leftrightarrow (P \cdot Q)' = P' \cdot Q' \end{array}\right\}. \tag{A1.15}$$

Diese Zuordnungen gelten natürlich insbesondere für das Einselement ($E \leftrightarrow E'$) sowie für das Inverse ($P^{-1} \leftrightarrow (P')^{-1}$). Beide Gruppen $\mathbf{G}$ und $\mathbf{G}'$ haben dann notwendig die gleiche Ordnung: $h = h'$.

Die Eigenschaften zueinander isomorpher Gruppen, z. B. ihre Multiplikationstafeln, sind völlig identisch, auch wenn ihre Elemente ganz unterschiedliche Bedeutung haben.

Zwischen den molekularen Symmetriegruppen bestehen zahlreiche Isomorphiebeziehungen, die wir hier ohne nähere Diskussion angeben (s. [II.1], Kap. 8.):

$$\begin{aligned} &\boldsymbol{C}_2 \cong \boldsymbol{C}_i \cong \boldsymbol{C}_s , && \boldsymbol{D}_2 \cong \boldsymbol{C}_{2v} \cong \boldsymbol{C}_{2h} , && \boldsymbol{D}_{5h} \cong \boldsymbol{D}_{5d} , \\ &\boldsymbol{C}_4 \cong \boldsymbol{S}_4 , && \boldsymbol{D}_3 \cong \boldsymbol{C}_{3v} , && \boldsymbol{T}_d \cong \boldsymbol{O} , \\ &\boldsymbol{S}_6 \cong \boldsymbol{C}_{3h} , && \boldsymbol{D}_4 \cong \boldsymbol{C}_{4v} \cong \boldsymbol{D}_{2d} , && \\ & && \boldsymbol{D}_5 \cong \boldsymbol{C}_{5v} , && \\ & && \boldsymbol{D}_6 \cong \boldsymbol{C}_{6v} \cong \boldsymbol{D}_{3h} \cong \boldsymbol{D}_{3d} . && \end{aligned} \tag{A1.16}$$

Eine Gruppe $\boldsymbol{G}$ heißt *homomorph* auf eine Gruppe $\boldsymbol{G}'$ abgebildet (geschrieben: $\boldsymbol{G} \tilde{\rightarrow} \boldsymbol{G}'$), wenn jedem Element $P \in \boldsymbol{G}$ *eindeutig* ein Element $P' \in \boldsymbol{G}'$ und umgekehrt jedem Element von $\boldsymbol{G}'$ *mindestens* ein Element (möglicherweise jedoch mehrere) von $\boldsymbol{G}$ zugeordnet sind. Es liegt dann also eine nicht umkehrbar eindeutige Zuordnung vor, symbolisch geschrieben: $P, Q, R, \ldots \rightarrow P'$.

(4) Kontinuierliche Gruppen

Die axialen Drehgruppen und die räumliche Kugeldrehgruppe gehören zu den *kontinuierlichen Gruppen*. Allgemein sind diese dadurch gekennzeichnet, dass ihre Elemente R kontinuierlich von Parametern $a_1, a_2, \ldots, a_s$ abhängen: $R \equiv R(a_1, a_2, \ldots, a_s)$; die Anzahl s der Parameter nennt man die *Dimension der Gruppe*. Die Ordnung, also die Anzahl der Elemente der Gruppe, ist unendlich. Können alle Parameter a_i nur in jeweils einem beschränkten Werteintervall variieren, dann bezeichnet man die Gruppe als *kompakt*.

Von den oben behandelten gruppentheoretischen Begriffen und Aussagen behalten viele auch für kontinuierliche Gruppen ihre Gültigkeit, z. B. der Begriff der Untergruppe. Einige aber verlieren ihren Sinn, z. B. solche, in denen die Gruppenordnung explizite eine Rolle spielt.

(5) Direkte Produkte von Gruppen

Es seien zwei verschiedene endliche Gruppen, $\boldsymbol{G}_R$ (Ordnung h_R) mit den Elementen $R_1, R_2, \ldots, R_{h_R}$ und $\boldsymbol{G}_Q$ (Ordnung h_Q) mit den Elementen $Q_1, Q_2, \ldots, Q_{h_Q}$, gegeben, wobei alle Elemente von $\boldsymbol{G}_R$ mit allen Elementen von $\boldsymbol{G}_Q$ kommutieren sollen: $R_i \cdot Q_j = Q_j \cdot R_i$ für alle i und j. Die Menge aller Produkte $R_i \cdot Q_j$ je eines Elements $R_i \in \boldsymbol{G}_R$ mit einem Element $Q_j \in \boldsymbol{G}_Q$ bildet wieder eine Gruppe $\boldsymbol{G}_P$, die man als das *direkte Produkt* der beiden Gruppen $\boldsymbol{G}_R$ und $\boldsymbol{G}_Q$ bezeichnet und folgendermaßen schreibt:

$$\boldsymbol{G}_P = \boldsymbol{G}_R \times \boldsymbol{G}_Q . \tag{A1.17}$$

Diese Gruppe hat die *Ordnung* $h_P = h_R \cdot h_Q$.

Einen Spezialfall bildet das direkte Produkt einer Gruppe $\boldsymbol{G}$ mit sich selbst; die Bildung dieses direkten Produkts führt offensichtlich nicht über $\boldsymbol{G}$ hinaus: $\boldsymbol{G} \times \boldsymbol{G} = \boldsymbol{G}$.

Die Anzahl der Klassen konjugierter Elemente des direkten Produkts $\boldsymbol{G}_P$ zweier Gruppen $\boldsymbol{G}_R$ und $\boldsymbol{G}_Q$ ist gleich dem Produkt der Anzahlen der Klassen von $\boldsymbol{G}_R$ und $\boldsymbol{G}_Q$.

Die in Abschnitt A1.1 aufgelisteten Symmetriegruppen lassen sich zum Teil als direkte Produkte einfacherer Gruppen schreiben, und zwar gilt [II.1] (dort Kap. 8.):

$$\begin{array}{lll} \boldsymbol{C}_{nh} = \boldsymbol{C}_n \times \boldsymbol{C}_s\,, & \boldsymbol{D}_{nh} = \boldsymbol{D}_n \times \boldsymbol{C}_s\,, & \boldsymbol{T}_h = \boldsymbol{T} \times \boldsymbol{C}_i\,, \\ \quad (n = 2,3,4,5,6) & \quad (n = 2,3,4,5,6) & \\ \boldsymbol{C}_{2nh} = \boldsymbol{C}_{2n} \times \boldsymbol{C}_i\,, & \boldsymbol{D}_{2nh} = \boldsymbol{D}_{2n} \times \boldsymbol{C}_i\,, & \boldsymbol{O}_h = \boldsymbol{O} \times \boldsymbol{C}_i\,, \\ \quad (n = 1,2,3) & \quad (n = 1,2,3) & \\ \boldsymbol{S}_6 = \boldsymbol{C}_3 \times \boldsymbol{C}_i\,, & \boldsymbol{D}_{2n+1d} = \boldsymbol{D}_{2n+1} \times \boldsymbol{C}_i\,, & \boldsymbol{I}_h = \boldsymbol{I} \times \boldsymbol{C}_i\,, \\ & \quad (n = 1,2) & \\ & \boldsymbol{D}_{\infty h} = \boldsymbol{C}_{\infty v} \times \boldsymbol{C}_i\,. & \end{array} \tag{A1.18}$$

Bei der Bildung eines direkten Produkts einer Gruppe $\boldsymbol{G}$ mit $\boldsymbol{C}_s$ oder $\boldsymbol{C}_i$ verdoppelt sich die Anzahl der Klassen: es gibt die Klassen der Gruppe $\boldsymbol{G}$ (infolge der Multiplikation der Gruppenelemente mit E) und zusätzlich ebensoviele Klassen infolge der Multiplikation mit σ_h (bei $\boldsymbol{C}_s$) bzw. mit I (bei $\boldsymbol{C}_s$).

Ausführlicher und vollständiger werden wir die Grundbegriffe der Gruppentheorie hier nicht behandeln, da für die meisten Zwecke der Quantenchemie und Molekülphysik das bisher Besprochene ausreicht. Für weiterführende Studien verweisen wir auf die einschlägige Literatur, beispielsweise [II.1] (dort Kap. 8.).

A1.3 Darstellungen von Gruppen

In diesem Abschnitt behandeln wir einen Formalismus, mit dem sich die Symmetrieeigenschaften molekularer Systeme in praktischen Anwendungen ausnutzen lassen. Dabei konzentrieren wir uns wie bisher auf geometrische Symmetrien.

A1.3.1 Darstellungen von Symmetriegruppen

A1.3.1.1 Anschaulich-geometrischer Zugang

Wir betrachten Objekte von der Art, wie sie bei molekültheoretischen Problemen auftreten, und bedienen uns dabei nach Möglichkeit geeigneter bildlich fassbarer Modelle (vgl. Kap. 16). Solche Objekte können etwa Funktionen (Wellenfunktionen, z. B. Orbitale) oder auch Vektoren (z. B. Verschiebungsvektoren bei Molekülschwingungen) sein, die wir uns angeheftet an ein Kerngerüst denken. Dieses Kerngerüst möge eine bestimmte Symmetrie aufweisen, also zu einer bestimmten Symmetriegruppe gehören.

Es wird untersucht, wie sich die genannten Objekte bei Symmetrieoperationen verhalten. Das machen wir so, dass wir ein Koordinatensystem festlegen, das Objekt bzw. sein geometrisches Bild einzeichnen und bei festgehaltenem Koordinatensystem die Symmetrieoperation an dem Objekt ausführen. Das dadurch gedrehte, verschobene oder sonstwie in seiner Lage veränderte

Objekt wird dann mit dem "alten" Objekt verglichen, d. h. seine neue Lage wird ebenso wie die ursprüngliche in Bezug auf das festgehaltene Koordinatensystem beschrieben. Man bezeichnet diese Verfahrensweise zuweilen als die *aktive Auffassung* einer Symmetrieoperation. Der Zusammenhang zwischen alter und neuer Lage des Objekts läuft also auf eine *Transformation von Koordinaten* hinaus. Zur Verdeutlichung betrachten wir einige einfache Beispiele.

(i) Winkelanteil des p_z-Orbitals eines Atoms (Abb. A1.8)

Der Winkelanteil eines p_z-AOs lässt sich wie in den Abbn. 2.24 und 2.26 als Polardiagramm veranschaulichen. Der Kern, zu dem das AO gehört, möge im Nullpunkt des Koordinatensystems x, y, z liegen [s. Gl. (2.133)], ϑ sei der Polarwinkel:

$$p_z \equiv p_z(\boldsymbol{r};\boldsymbol{R}=0) \propto \cos\vartheta\,. \qquad \text{(A1.19)}$$

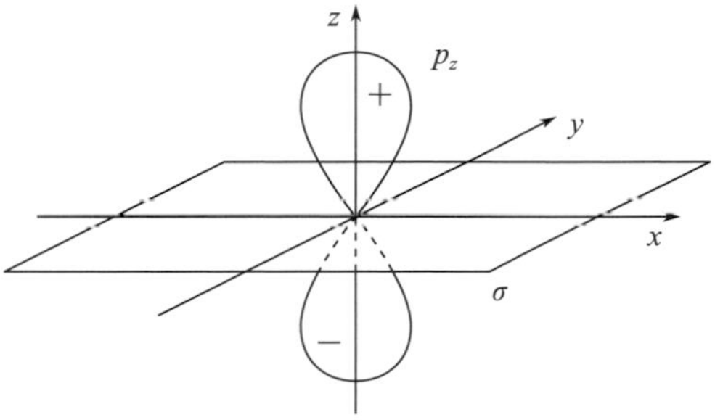

Abb. A1.8
Polardiagramm des Winkelanteils eines p_z - AOs (schematisch)

Angenommen, die Spiegelung σ an der (x,y)-Ebene sei eine Symmetrieoperation des gegebenen Kerngerüsts. Das p_z - AO wird bei der Anwendung von σ zu einem p_z - AO p_z' gleicher Form, nur mit umgekehrtem Vorzeichen (also umgekehrter Orientierung bezüglich der z-Achse):

$$\sigma p_z = p_z' = -p_z\,. \qquad \text{(A1.20)}$$

Der Funktionswert zu einem Punkt $\boldsymbol{r}=(x,y,z)$ geht bei der Operation σ in den Funktionswert zum spiegelbildlich auf der anderen Seite der Spiegelebene gelegenen Punkt $\boldsymbol{r}'=(x,y,-z)$ über.

(ii) Einfachste Molekülorbitale des H_2^+ - Molekülions (Abb. A1.9)

In Abschnitt 6.1 wurden aus den beiden Wasserstoff-1s-AOs $\varphi^{\mathrm{A}}(\boldsymbol{r};\boldsymbol{R}_{\mathrm{A}}) \propto \exp(-\zeta\,|\boldsymbol{r}-\boldsymbol{R}_{\mathrm{A}}|)$ und $\varphi^{\mathrm{B}}(\boldsymbol{r};\boldsymbol{R}_{\mathrm{B}}) \propto \exp(-\zeta\,|\boldsymbol{r}-\boldsymbol{R}_{\mathrm{B}}|)$ zu den an den Positionen $\boldsymbol{R}_{\mathrm{A}}$ bzw. $\boldsymbol{R}_{\mathrm{B}}$ befindlichen Kernen A und B ein bindendes und ein antibindendes MO gebildet [s. Gln. (6.23a,b)]:

$$\tilde{\phi}_1 = N_1(\varphi^{\mathrm{A}}+\varphi^{\mathrm{B}})\,, \qquad \text{(A1.21a)}$$

$$\tilde{\phi}_2 = N_2(\varphi^{\mathrm{A}}-\varphi^{\mathrm{B}}) \qquad \text{(A1.21b)}$$

mit den Normierungsfaktoren N_1 und N_2, die wir hier nicht explizite brauchen. Diese beiden MOs sind in Abb. A1.9 schematisch dargestellt (vgl. auch die Dichteverteilungen in Abb. 6.8).

Das Kerngerüst A–B gehört zur Symmetriegruppe $\boldsymbol{D}_{\infty h}$, hat daher als Symmetrieoperation u. a. die Inversion I (Spiegelung am Mttelpunkt der Kernverbindungslinie = Nullpunkt des in Abb. A1.9 gewählten Koordinatensystems). Bei dieser Inversion geht das AO φ^{A} in φ^{B} und das AO φ^{B} in φ^{A} über:

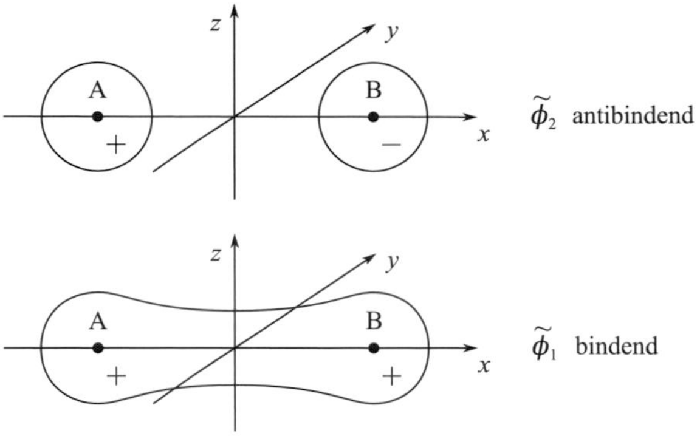

Abb. A1.9
Bindendes und antibindendes MO des H_2^+ - Molekülions (schematisch)

$$I\varphi^{A} = \varphi^{B}\ , \quad I\varphi^{B} = \varphi^{A}; \tag{A1.22}$$

folglich gilt für die MOs:

$$I\widetilde{\phi}_1 = \widetilde{\phi}_1{}' = N_1(\,I\varphi^{A} + I\varphi^{B}\,) = N_1(\,\varphi^{B} + \varphi^{A}\,) = \widetilde{\phi}_1\,, \tag{A1.23a}$$

$$I\widetilde{\phi}_2 = \widetilde{\phi}_2{}' = N_2(\,I\varphi^{A} - I\varphi^{B}\,) = N_1(\,\varphi^{B} - \varphi^{A}\,) = -\,\widetilde{\phi}_2\,. \tag{A1.23b}$$

Das heißt, bei Spiegelung am Inversionszentrum wird aus $\widetilde{\phi}_1$ eine Funktion $\widetilde{\phi}_1'$, die mit $\widetilde{\phi}_1$ identisch ist, aus $\widetilde{\phi}_2$ hingegen wird eine Funktion $\widetilde{\phi}_2'$, die sich von $\widetilde{\phi}_2$ durch das Vorzeichen unterscheidet. Das MO $\widetilde{\phi}_1$ ist also eine *gerade* Funktion, $\widetilde{\phi}_2$ eine *ungerade* Funktion (s. Abschn. 6.1.2).

(iii) Zwei gleichartige (äquivalente) reelle p-Funktionen am gleichen Zentrum (Abb. A1.10)

Wir untersuchen jetzt das Verhalten eines Paares äquivalenter, zueinander orthogonaler p-Funktionen p_x und p_y (Polardiagramme in Abb. A1.10a) bei einer Drehung C_α mit dem Winkel α um die z-Achse (senkrecht auf der (x,y)-Ebene); das Ergebnis der Drehung zeigt Abb. A1.10b.

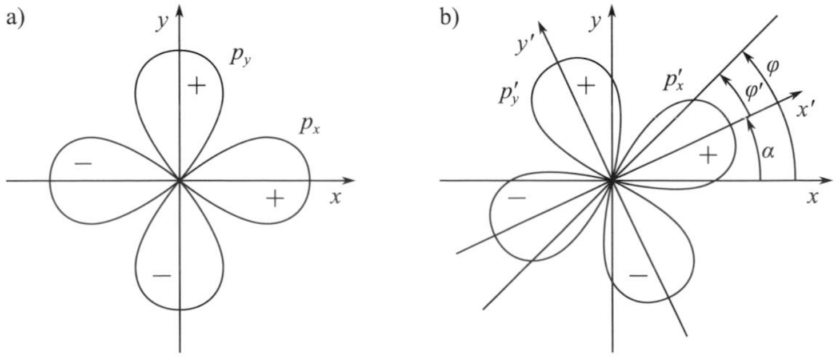

Abb. A1.10 Drehung eines Paares äquivalenter reeller p-Funktionen: a) Lage vor der Drehung; b) Lage nach der Drehung (Polardiagramme, schematisch)

Um die Drehung bequem mathematisch formulieren zu können, ist die Verwendung von Kugelkoordinaten r, ϑ, φ zweckmäßig [s. Gl. (2.112)]. Ein Punkt $\boldsymbol{r}$, zu dem die Funktionswerte $p_x(\boldsymbol{r})$ und $p_y(\boldsymbol{r})$ gehören, geht bei der Drehung in einen Punkt $\boldsymbol{r}'$ über, wobei sich nur der Azimutwinkel φ ändert $(\varphi \to \varphi')$, während die Werte von Radialkoordinate r und Polarwinkel ϑ die gleichen bleiben:

$$C_\alpha p_x = p'_x, \quad C_\alpha p_y = p'_y. \tag{A1.24}$$

Die gedrehten Funktionsbilder p'_x und p'_y sehen in einem mitgedrehten kartesischen Koordinatensystem $x', y', z' = z$ genauso aus (Form, Vorzeichen und gegenseitige Lage) wie die Funktionsbilder p_x und p_y im ursprünglichen Koordinatensystem x, y, z:

$$p_x \propto \sin\vartheta\cos\varphi, \qquad p_y \propto \sin\vartheta\sin\varphi, \tag{A1.25a}$$

$$p'_x \propto \sin\vartheta\cos\varphi', \qquad p'_y \propto \sin\vartheta\sin\varphi'. \tag{A1.25b}$$

Aus Abb. A1.10b liest man ab, dass für den Azimutwinkel die Beziehung $\varphi' = \varphi - \alpha$ gilt; eingesetzt in die Ausdrücke (A1.25b) ergeben sich so unter Benutzung einschlägiger trigonometrischer Formeln für $\cos(\varphi - \alpha)$ und $\sin(\varphi - \alpha)$ die folgenden Transformationsgleichungen zwischen den Funktionspaaren p_x, p_y und p'_x, p'_y (die Normierungsfaktoren bleiben unverändert):

$$\left.\begin{aligned} p'_x &= p_x\cos\alpha + p_y\sin\alpha \\ p'_y &= -p_x\sin\alpha + p_y\cos\alpha \end{aligned}\right\} \tag{A1.26}$$

oder in Matrixform, wenn man die Funktionenpaare p_x, p_y und p'_x, p'_y als Zeilenmatrizen $\mathbf{p} \equiv (p_x p_y)$ bzw. $\mathbf{p}' \equiv (p'_x p'_y)$ schreibt:

$$(p'_x p'_y) = (p_x p_y)\begin{pmatrix} \cos\alpha & -\sin\alpha \\ \sin\alpha & \cos\alpha \end{pmatrix} \tag{A1.26'}$$

$$\mathbf{p}' = \mathbf{p}\boldsymbol{\Gamma}(C_\alpha) \tag{A1.26''}$$

mit der Matrix

$$\boldsymbol{\Gamma}(C_\alpha) \equiv \begin{pmatrix} \cos\alpha & -\sin\alpha \\ \sin\alpha & \cos\alpha \end{pmatrix}, \tag{A1.27}$$

in der die Transformationskoeffizienten zusamengefasst sind.

(iv) Drei äquivalente p-Funktionen am gleichen Zentrum (Abb. A1.11)

Wir nehmen nun die Funktion p_z hinzu und haben einen Satz von drei äquivalenten reellen *p*-Funktionen an einem Atomkern; dieser möge zu einem Kerngerüst mit der Symmetriegruppe $\boldsymbol{C}_{3v}$ gehören (also etwa zum Stickstoffkern im Ammoniakmolekül NH_3).

Die Untersuchung des Symmetrieverhaltens führen wir jetzt nicht mehr in allen Einzelheiten vor, sondern geben nur die Resultate für alle Symmetrieoperationen der Gruppe $\boldsymbol{C}_{3v}$ an und empfehlen, sie als ÜA A1.7c zu verifizieren.

Allgemein lauten die Transformationsbeziehungen bei Ausführung einer der Symmetrieoperationen Q:

$$\left.\begin{aligned} Q p_x \equiv p'_x &= p_x \Gamma(Q)_{11} + p_y \Gamma(Q)_{21} + p_z \Gamma(Q)_{31} \\ Q p_y \equiv p'_y &= p_x \Gamma(Q)_{12} + p_y \Gamma(Q)_{22} + p_z \Gamma(Q)_{32} \\ Q p_z \equiv p'_z &= p_x \Gamma(Q)_{13} + p_y \Gamma(Q)_{23} + p_z \Gamma(Q)_{33} \end{aligned}\right\}. \tag{A1.28}$$

Werden die p-Funktionen zu einer Zeilenmatrix **p** zusammengefasst, die gestrichenen p-Funktionen entsprechend zu **p**', dann lassen sich Gleichungen (A1.28) analog zu (A1.26") als Matrixgleichung schreiben:

$$\mathbf{p}' = \mathbf{p}\boldsymbol{\Gamma}(Q)\,. \tag{A1.28'}$$

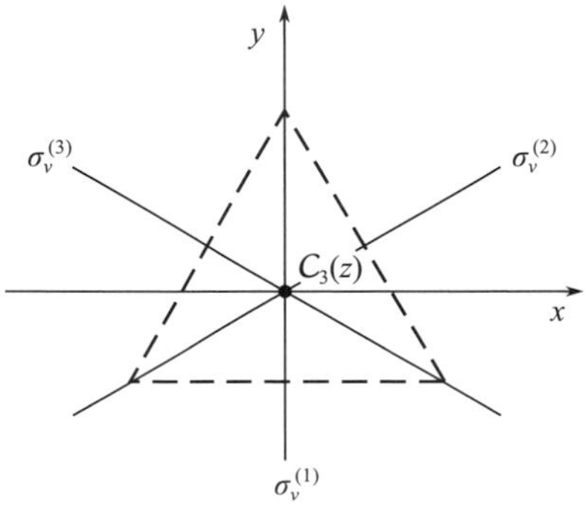

Abb. A1.11
Koordinatensystem und Symmetrieelemente zur Gruppe $\boldsymbol{C}_{3v}$; die C_3-Achse liegt in z-Richtung (nach [II.1])

Jede Operation $Q \in \boldsymbol{C}_{3v}$ führt zu einer Matrix $\boldsymbol{\Gamma}(Q)$, die analog zu Gleichung (A1.27) die $3\times 3 = 9$ Koeffizienten der linearen Transformation zwischen den "alten" und den "neuen" Objekten (den p-Bildern) enthält. Für die sechs Elemente der Symmetriegruppe $\boldsymbol{C}_{3v}$ ($Q = E, C_3, C_3^{\,2}, \sigma_v^{(1)}, \sigma_v^{(2)}, \sigma_v^{(3)}$, wobei die C_3-Achse in z-Richtung liegt und die drei vertikalen Spiegelebenen wie in Abb. A1.11 numeriert sind) ergeben sich die folgenden sechs Matrizen:

$$\Gamma(E) = \begin{pmatrix} 1 & 0 & 0 \\ 0 & 1 & 0 \\ 0 & 0 & 1 \end{pmatrix}, \quad \boldsymbol{\Gamma}(C_3) = \begin{pmatrix} -\tfrac{1}{2} & -\tfrac{1}{2}\sqrt{3} & 0 \\ \tfrac{1}{2}\sqrt{3} & -\tfrac{1}{2} & 0 \\ 0 & 0 & 1 \end{pmatrix}, \quad \boldsymbol{\Gamma}(C_3^{\,2}) = \begin{pmatrix} -\tfrac{1}{2} & \tfrac{1}{2}\sqrt{3} & 0 \\ -\tfrac{1}{2}\sqrt{3} & -\tfrac{1}{2} & 0 \\ 0 & 0 & 1 \end{pmatrix},$$

$$\boldsymbol{\Gamma}(\sigma_v^{(1)}) = \begin{pmatrix} -1 & 0 & 0 \\ 0 & 1 & 0 \\ 0 & 0 & 1 \end{pmatrix}, \quad \boldsymbol{\Gamma}(\sigma_v^{(2)}) = \begin{pmatrix} \tfrac{1}{2} & \tfrac{1}{2}\sqrt{3} & 0 \\ \tfrac{1}{2}\sqrt{3} & -\tfrac{1}{2} & 0 \\ 0 & 0 & 1 \end{pmatrix}, \quad \boldsymbol{\Gamma}(\sigma_v^{(3)}) = \begin{pmatrix} \tfrac{1}{2} & -\tfrac{1}{2}\sqrt{3} & 0 \\ -\tfrac{1}{2}\sqrt{3} & -\tfrac{1}{2} & 0 \\ 0 & 0 & 1 \end{pmatrix}. \tag{A1.29}$$

(v) Verschiebungsvektor eines Kerns bei einer Kerngerüstschwingung (Abb. A1.12)

Das Kerngerüst eines Moleküls sei durch die Kern-Positionsvektoren $\boldsymbol{R}^0 \equiv \{\boldsymbol{R}_1^0, \ldots, \boldsymbol{R}_{N^k}^0\}$ festgelegt und möge einem lokalen Minimum der Potentialhyperfläche entsprechen; zu $\boldsymbol{R}^0$ gehöre die Symmetriegruppe $\boldsymbol{G}^0$. Wir untersuchen, wie Symmetrieoperationen $Q \in \boldsymbol{G}^0$ auf einen momentanen Verschiebungsvektor $\Delta\boldsymbol{R}_a = \boldsymbol{R}_a - \boldsymbol{R}_a^0$ eines Kerns a wirken. Hierzu wird verabredet, dass die Operationen Q

die Kernkonfiguration $\boldsymbol{R}^0$ unverändert lassen und die Verschiebungsvektoren jedes einzelnen Kerns auf einen äquivalenten Kern übertragen, eingeschlossen der Fall, das ein Verschiebungsvektor bei Anwendung von Q am jeweiligen Kern verbleibt, nur eventuell seine Richtung ändert.
Zunächst stellen wir fest, dass sich die drei Einheitsvektoren in den drei Achsenrichtungen *x, y* und *z* eines irgendwie festgelegten Koordinatensystems bei Anwendung einer Operation Q mit genau denselben Koeffizienten $\Gamma(Q)_{ij}$ transformieren wie die *p*-Funktionen in den Beispielen *(iii)* und *(iv)*; es gelten also die Gleichungen (A1.28) mit $\boldsymbol{e}_x, \boldsymbol{e}_y$ und $\boldsymbol{e}_z$ anstelle von p_x, p_y und p_z.[4] Bei einer Drehung C_α um die *z*-Achse beispielsweise haben wir in den Gleichungen (A1.28) die Koeffizienten $\Gamma(C_\alpha)_{ij}$ für i und j gleich 1 oder 2 wie in den Gleichungen (A1.26), sowie $\boldsymbol{\Gamma}(C_\alpha)_{3j} = \delta_{3j}$ und $\boldsymbol{\Gamma}(C_\alpha)_{i3} = \delta_{i3}$ (δ_{mn} bezeichnet wie üblich das Kronecker-Symbol):

$$\left.\begin{aligned} C_\alpha \boldsymbol{e}_x \equiv \boldsymbol{e}'_x &= \boldsymbol{e}_x \cos\alpha + \boldsymbol{e}_y \sin\alpha \\ C_\alpha \boldsymbol{e}_y \equiv \boldsymbol{e}'_y &= -\boldsymbol{e}_x \sin\alpha + \boldsymbol{e}_y \cos\alpha \\ C_\alpha \boldsymbol{e}_z \equiv \boldsymbol{e}'_z &= \boldsymbol{e}_z \end{aligned}\right\} . \tag{A1.30}$$

Die Koordinatenachsen *x, y* und *z* seien fest mit dem Kerngerüst verbunden.[5] Ein Verschiebungsvektor $\Delta\boldsymbol{R}_a \equiv \{\Delta X_a, \Delta Y_a, \Delta Z_a\}$ eines Kerns a ist durch seine kartesischen Komponenten $\Delta X_a, \Delta Y_a$ und ΔZ_a in Bezug auf dieses Koordinatensystem gegeben:

$$\Delta\boldsymbol{R}_a = \Delta X_a \boldsymbol{e}_x + \Delta Y_a \boldsymbol{e}_y + \Delta Z_a \boldsymbol{e}_z . \tag{A1.31}$$

Die Transformationsgleichungen der Vektor*komponenten* bei Anwendung einer Symmetrieoperation Q ergeben sich unter Beachtung der eingangs getroffenen Verabredung:

$$\left.\begin{aligned} \Delta X'_a &= \Delta X_a \Gamma(Q)_{11} + \Delta Y_a \Gamma(Q)_{12} + \Delta Z_a \Gamma(Q)_{13} \\ \Delta Y'_a &= \Delta X_a \Gamma(Q)_{21} + \Delta Y_a \Gamma(Q)_{22} + \Delta Z_a \Gamma(Q)_{23} \\ \Delta Z'_a &= \Delta X_a \Gamma(Q)_{31} + \Delta Y_a \Gamma(Q)_{32} + \Delta Z_a \Gamma(Q)_{33} \end{aligned}\right\} \tag{A1.32}$$

oder geschrieben als Matrixgleichung mit den Vektorkomponenten als Zeilenmatrizen $\Delta\mathbf{R}_a = (\Delta X_a \; \Delta Y_a \; \Delta Z_a)$ bzw. $Q\Delta\mathbf{R}_a \equiv \Delta\mathbf{R}'_a = (\Delta X'_a \; \Delta Y'_a \; \Delta Z'_a)$:

$$\Delta\mathbf{R}'_a = \Delta\mathbf{R}_a \, \boldsymbol{\Gamma}(Q)^{\mathrm{T}} . \tag{A1.32'}$$

Diese Transformation erfolgt mit der Transponierten $\boldsymbol{\Gamma}(Q)^{\mathrm{T}}$ der Matrix $\boldsymbol{\Gamma}(Q)$, allgemein (bei Zulassung komplexer Transformationskoeffizienten) mit der adjungierten Matrix $\boldsymbol{\Gamma}(Q)^{+}$.

In Abb. A1.12 sind die Verhältnisse für eine Drehung C_α um die *z*-Achse illustriert.

---

[4] Man sieht das etwa am Beispiel *(iii)*, wenn man die Vektoren $\boldsymbol{e}'_x, \boldsymbol{e}'_y$ und $\boldsymbol{e}'_z$ aus den alten Vektoren $\boldsymbol{e}_x, \boldsymbol{e}_y$ und $\boldsymbol{e}_z$, skaliert mit den Transformationskoeffizienten, zusammensetzt.

[5] Es handelt sich also um ein körperfestes Koordinatensystem (x'', y'', z'' nach Abschn. 11.2.1); die darauf hinweisenden Doppelstriche sind hier weggelassen.
Man beachte außerdem: Die Koordinaten*achsen* werden mit Kleinbuchstaben, die *Kernkoordinaten* wie bisher mit Großbuchstaben bezeichnet.

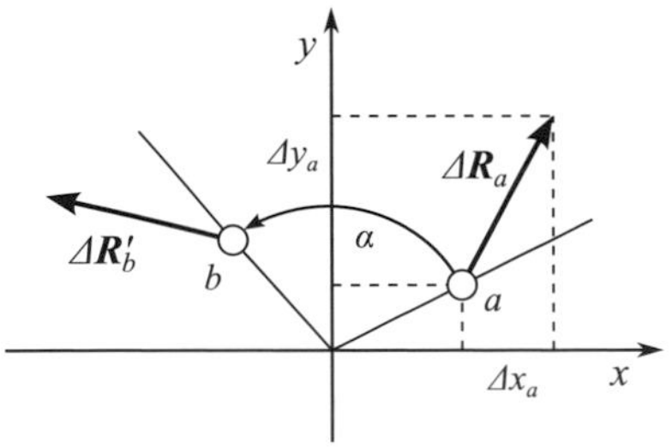

Abb. A1.12
Zur Transformation der Komponenten eines Verschiebungsvektors $\Delta\boldsymbol{R}_a$ an einem Kern a bei einer Drehung C_α um die z-Achse

Durch C_α wird ein Verschiebungsvektor $\Delta\boldsymbol{R}_a$ vom Kern a auf einen äquivalenten Kern b übertragen, so dass sich eine Verschiebung

$$\Delta\boldsymbol{R}'_b = C_\alpha \Delta\boldsymbol{R}_a \tag{A1.33'}$$

ergibt, bzw. unter Verwendung der Ergebnisse von Beispiel *(iii)* in den Komponenten geschrieben:

$$\left.\begin{aligned} \Delta X'_b &= \Delta X_a \cos\alpha - \Delta Y_a \sin\alpha \\ \Delta Y'_b &= \Delta X_a \sin\alpha + \Delta Y_a \cos\alpha \\ \Delta Z'_b &= \Delta Z_a \end{aligned}\right\}; \tag{A1.33}$$

die Herleitung wird als ÜA A1.8 empfohlen.
Befindet sich der Kern a auf der Drehachse (hier: z-Achse), so verbleibt der Verschiebungsvektor am Kern a, und die Gleichungen (A1.33) gelten mit $b = a$.

A1.3.1.2 Allgemeine Formulierung

Die Objekte, auf welche die Symmetrieoperationen wirken, seien wie bisher Funktionen oder auch Vektoren (bzw. deren Bilder). Für das Folgende wird zunächst vorausgesetzt, dass wir es mit *endlichen* Symmetriegruppen zu tun haben.

Gegeben sei ein Satz von g linear unabhängigen, allgemein komplexwertigen Funktionen $\phi_1(\boldsymbol{x}), \phi_2(\boldsymbol{x}), \dots, \phi_g(\boldsymbol{x})$ irgendwelcher räumlicher Variabler $\boldsymbol{x}$ derart, dass bei Symmetrieoperationen $R \in \boldsymbol{G}$ die entstehenden Funktionen $R\phi_i$ ($i = 1, 2, \dots, g$) sich als Linerarkombinationen der Funktionen $\phi_1, \phi_2, \dots, \phi_g$ schreiben lassen:

$$R\phi_i = \sum\nolimits_{k=1}^{g} \phi_k \Gamma(R)_{ki} , \tag{A1.34}$$

analog zu dem Satz von Gleichungen (A1.28). Der Einfachheit halber wird angenommen, die Funktionen ϕ_i seien orthonormal:

$$\langle \phi_i | \phi_k \rangle \equiv \int \phi_i(\boldsymbol{x})^* \phi_k(\boldsymbol{x}) \mathrm{d}V = \delta_{ik} . \tag{A1.35}$$

Die Koeffizienten $\Gamma(R)_{ki}$ in den Linearkombinationen (A1.34) erhält man, wenn dort der Summationsindex k in j umbenannt, dann von links mit $\phi_k(\boldsymbol{x})^*$ multipliziert und über die Variablen $\boldsymbol{x}$ integriert wird:

$$\Gamma(R)_{ki} = \int \phi_k(\boldsymbol{x})^* R\phi_i(\boldsymbol{x})\mathrm{d}V \equiv \langle \phi_k | R | \phi_i \rangle . \tag{A1.36}$$

Analoges gilt, wenn es sich bei den ϕ_i um einen Satz linear unabhängiger bzw. orthonormaler Vektoren handelt; anstelle der Integrale in den Gleichungen (A1.35) und (A1.36) stehen dann Skalarprodukte. Transformiert man die Vektorkomponenten, so sind die adjungierten Matrizen $\boldsymbol{\Gamma}(R)^+$ bzw. (bei reellen ϕ_i) $\boldsymbol{\Gamma}(R)^{\mathrm{T}}$ zu benutzen [s. oben Gln. (A1.32) bzw. (A1.32')].

Zu jeder Symmetrieoperation $R \in \boldsymbol{G}$ ergibt sich auf diese Weise eine $(g \times g)$-Matrix $\boldsymbol{\Gamma}(R)$, in deren Zeilen und Spalten die Transformationskoeffizienten $\Gamma(R)_{ki}$ stehen:

$$\boldsymbol{\Gamma}(R) = \begin{pmatrix} \Gamma(R)_{11} & \Gamma(R)_{12} & \ldots & \Gamma(R)_{1g} \\ \Gamma(R)_{21} & \Gamma(R)_{22} & \ldots & \Gamma(R)_{2g} \\ \ldots\ldots\ldots\ldots & & \ldots\ldots & \\ \Gamma(R)_{g1} & \Gamma(R)_{g2} & \ldots & \Gamma(R)_{gg} \end{pmatrix} . \tag{A1.37}$$

Diese Matrizen sind, wenn sie sich auf orthonormale Funktionen (oder Vektoren) ϕ_i beziehen, *unitär*, d. h. es gilt $\boldsymbol{\Gamma}^+ = \boldsymbol{\Gamma}^{-1}$ (bei reellen ϕ_i *orthogonal* mit $\boldsymbol{\Gamma}^{\mathrm{T}} = \boldsymbol{\Gamma}^{-1}$). Ihre Eigenschaften sind eng mit denen der Gruppe $\boldsymbol{G}$ verbunden:

- Wie wir soeben gesehen hatten, ist jedem Gruppenelement $R \in \boldsymbol{G}$ eindeutig eine Matrix $\boldsymbol{\Gamma}(R)$ zugeordnet.; dabei gehört zum Einselement E der Gruppe offensichtlich die g-reihige Einheitsmatrix $\mathbf{1}$.
- Dem Produkt $R = R_1 \cdot R_2$ zweier Gruppenelemente R_1 und R_2 entspricht das Produkt der zugeordneten Matrizen, d. h. es gilt $\boldsymbol{\Gamma}(R) = \boldsymbol{\Gamma}(R_1) \cdot \boldsymbol{\Gamma}(R_2)$.
- Dem Inversen R^{-1} des Elements R entspricht die inverse Matrix $\boldsymbol{\Gamma}(R)^{-1}$, da aus $R^{-1} \cdot R = E$ für die zugeordneten Matrizen die Beziehung $\boldsymbol{\Gamma}(R^{-1}) \cdot \boldsymbol{\Gamma}(R) = \boldsymbol{\Gamma}(E)$ folgt und daher unter Benutzung der Definition des Inversen einer Matrix gilt: $\boldsymbol{\Gamma}(R^{-1}) = \boldsymbol{\Gamma}(R)^{-1}$. Damit die inversen Matrizen $\boldsymbol{\Gamma}(R)^{-1}$ existieren, müssen die Matrizen $\boldsymbol{\Gamma}(R)$ *regulär* sein, d. h. eine von Null verschiedene Determinante haben; s. [II.1] (Abschn. 1.6.2.).

Auf Grund dieser Eigenschaften bildet der Satz der den Gruppenelementen R zugeordneten Matrizen $\boldsymbol{\Gamma}(R)$ ebenfalls eine *Gruppe*; ihre Multiplikationstafel ist, wie man sich leicht klarmacht, identisch mit der Multiplikationstafel der Gruppe $\boldsymbol{G}$. Die Matrizengruppe ist offenbar homomorph zur Gruppe $\boldsymbol{G}$.

Eine auf diese Weise gebildete Matrizengruppe nennt man eine ***Darstellung der Gruppe*** $\boldsymbol{G}$, "induziert" durch den Satz von Funktionen (oder Vektoren) ϕ_i, der als *Basis der Darstellung* bezeichnet wird; g ist die *Dimension der Basis* bzw. *der Darstellung*. Man sagt, die Funktionen (oder Vektoren) ϕ_i transformieren sich bei Anwendung der Symmetrieoperationen *nach* *der Darstellung* Γ gemäß den Gleichungen (A1.34). Prinzipiell gibt es unendlich-viele Darstellungen einer Gruppe, je nach Wahl der Basis.[6]

Es existiert immer eine eindimensionale Darstellung, in der allen Elementen der Gruppe die Zahl 1 (als einreihige Einheitsmatrix aufzufassen) zugeordnet wird. Die Gruppenmultiplikationstafel ist damit offenbar gültig, jedes Element ist zu sich selbst reziprok. Diese *totalsymmetrische Darstellung* (auch als *identische* oder *Eins-Darstellung* bezeichnet) erscheint trivial, hat aber nichtsdestoweniger in den Anwendungen eine große Bedeutung, wie wir noch sehen werden. Außer der totalsymmetrischen kann es noch weitere eindimensionale Darstellungen geben.

Als Beispiel nehmen wir wieder die Gruppe $\boldsymbol{C}_{3v}$. In Form der Matrizen (A1.29) hatten wir eine durch die Basis der drei orthonormalen reellen *p*-AOs p_x, p_y, p_z induzierte dreidimensionale Darstellung aufgeschrieben (s. auch ÜA A1.7c). Wie stets existiert die totalsymmetrische Darstellung; sie wird hier induziert durch die Basisfunktion p_z. Eine ebenfalls eindimensionale Darstellung ergibt sich (ohne dass wir hier eine Basis dafür angeben wollen), wenn man den Gruppenelementen E, C_3 und $C_3^{\ 2}$ jeweils die Zahl $+1$ und den restlichen Gruppenelementen $\sigma_v^{(1)}, \sigma_v^{(2)}, \sigma_v^{(3)}$ die Zahl -1 zuordnet. Man prüfe nach, dass auch damit die Gruppenmultiplikationstafel (s. ÜA A1.5) erfüllt wird.
Für weitere Beispiele verweisen wir auf ÜA A1.7.

A1.3.1.3 Äquivalente und inäquivalente Darstellungen

Wir nehmen an, für eine Gruppe $\boldsymbol{G}$ sei eine Darstellung Γ bekannt; sie möge die Darstellungsmatrizen $\mathbf{\Gamma}(R)$ mit $R \in \boldsymbol{G}$ umfassen. Es sei $\mathbf{S}$ irgendeine reguläre Matrix mit gleicher Anzahl g von Zeilen und Spalten. Dann ist der Satz von Matrizen $\mathbf{\Gamma}'$, die gemäß

$$\mathbf{S}^{-1}\mathbf{\Gamma}(R)\mathbf{S} = \mathbf{\Gamma}'(R) \qquad \text{(A1.38)}$$

aus den Matrizen $\mathbf{\Gamma}$ gebildet werden, ebenfalls eine Darstellung der Gruppe $\boldsymbol{G}$. Den Beweis für diese Behauptung übergehen wir hier; man kann ihn leicht selbst führen, indem man die Erfüllung der Gruppenaxiome prüft.

Gibt es für zwei Darstellungen Γ und Γ' eine reguläre Matrix **S**, so dass die Beziehung (A1.38) gilt, so nennt man die beiden Darstellungen *äquivalent*, andernfalls *inäquivalent*. Eine Beziehung der Form (A1.38) wird als *Ähnlichkeitstransformation* der Matrix $\mathbf{\Gamma}$ in die Matrix $\mathbf{\Gamma}'$ bezeichnet.

Der Übergang von einer Darstellung Γ zu einer äquivalenten Darstellung Γ' nach Gleichung (A1.38) bedeutet einen Übergang von einer Basis $\{\phi_i\}$ zu einer neuen Basis $\{\phi_i'\}$ gleicher Dimension g, und der Zusammenhang zwischen den beiden Basissätzen ist durch eine lineare unitäre Transformation mit den Elementen S_{ki} der Matrix $\mathbf{S}$ gegeben:

[6] Der Darstellungsbegriff wird also für Symmetriegruppen im gleichen Sinne benutzt wie für Operatoren und Zustände (s. Abschn. 3.1.5).

$$\phi_i' = \sum_{k=1}^{g} \phi_k S_{ki} \qquad (i = 1, 2, \ldots, g)\,; \tag{A1.39}$$

die Umkehrtransformation ist

$$\phi_j = \sum_{l=1}^{g} \phi_l' S_{lj}^{-1} \qquad (j = 1, 2, \ldots, g)\,. \tag{A1.40}$$

Die Darstellung Γ wird durch die Basis $\{ \phi_i \}$, die Darstellung Γ' durch die Basis $\{ \phi_i' \}$ induziert. Dass dann der Zusammenhang (A1.38) zwischen den Darstellungsmatrizen besteht, zeigt sich, wenn man $R\phi_i$ bildet und die Beziehungen (A1.39) und (A1.40) benutzt.

Die Ähnlichkeitstransformation (A1.38) ist eine Äquivalenzrelation (s. Abschn. A1.2.2*(2)*) mit den Eigenschaften Reflexivität. Symmetrie und Transitivität. Für eine Gruppe $\boldsymbol{G}$ besteht daher die Menge aller Darstellungen gleicher Dimension aus Sätzen, die jeweils zueinander äquivalente Darstellungen umfassen. Jedes Paar von Darstellungen eines solchen Satzes ist durch eine Ähnlichkeitstransformation (A1.38) verknüpft. Für zwei Darstellungen Γ und Γ' aus *verschiedenen* Sätzen gibt es keine Matrix $\mathbf{S}$, durch welche die Matrizen $\mathbf{\Gamma}$ und $\mathbf{\Gamma}'$ ineinander transformiert werden können; zwei derartige Darstellungen sind also inäquivalent.

Äquivalente Darstellungen sind als weitgehend gleichwertig anzusehen, nur inäquivalente Darstellungen unterscheiden sich wesentlich.

A1.3.2 Reduzible und irreduzible Darstellungen

Eine Darstellung $\Gamma(R)$ heißt *reduzibel*, wenn es eine Matrix $\mathbf{S}$ gibt, mit der man gemäß Gleichung (A1.38) zu einer äquivalenten Darstellung $\Gamma'(R)$ übergehen kann, in der die Matrizen $\mathbf{\Gamma}'$ *sämtlich die gleiche Blockdiagonalform* haben:

$$\mathbf{\Gamma}'(R) = \left(\begin{array}{c:c:c} \mathbf{\Gamma}^{(1)}(R) & & \\ \hdashline & \mathbf{\Gamma}^{(2)}(R) & \\ \hdashline & & \ddots \end{array} \right) \tag{A1.41}$$

Das heißt: die Matrizen $\mathbf{\Gamma}'(R_1), \mathbf{\Gamma}'(R_2), \ldots$ bestehen für alle $R_1, R_2, \ldots \in \boldsymbol{G}$ aus Teilmatrizen ("Blöcken") $\mathbf{\Gamma}^{(1)}(R_1), \mathbf{\Gamma}^{(2)}(R_1), \ldots, \mathbf{\Gamma}^{(1)}(R_2), \mathbf{\Gamma}^{(2)}(R_2), \ldots, \ldots$, die entlang der Hauptdiagonalen aufgereiht sind; außerhalb dieser Blöcke sind alle Matrixelemente gleich Null. Für jedes ν haben die Matrizen $\mathbf{\Gamma}^{(\nu)}(R_i)$ unter sich die gleiche Anzahl von Zeilen und Spalten.

Im Beispiel *(iv)* des Abschnitts A1.3.1.1 haben wir Darstellungsmatrizen (A1.29) erhalten, die bereits in dieser Weise ausgeblockt sind: alle diese dreireihigen Matrizen bestehen aus einem (2×2)-Block und einem (1×1)-Block.

Anhand der Rechenregeln für Matrizen (s. [II.1], Abschn. 1.6.2.) macht man sich leicht klar, dass z. B.bei Ausführung des Produkts $\mathbf{\Gamma}'(R_1)\cdot\mathbf{\Gamma}'(R_2)=\mathbf{\Gamma}'(R_3)$ die einzelnen Blöcke jeweils für sich zu multiplizieren sind: $\mathbf{\Gamma}^{(\nu)}(R_1)\cdot\mathbf{\Gamma}^{(\nu)}(R_2)=\mathbf{\Gamma}^{(\nu)}(R_3)$; die Teilmatrizen $\mathbf{\Gamma}^{(\nu)}(R_i)$ zu einem bestimmten ν bilden somit selbst eine Darstellung der Gruppe $\boldsymbol{G}$. Das wiederum bedeutet, dass der gesamte Satz der Basisfunktionen ϕ_i', der durch die Transformation (A1.39) aus den ϕ_k erzeugt wird, in Teilsätze geringerer Dimension g_ν zerfällt, deren Funktionen sich bei Symmetrieoperationen nur untereinander transformieren, also selbst bereits eine Basis bilden.

In dem oben skizzierten Fall (A1.41) beispielsweise könnte das so aussehen:

die Basis $\{\phi_1',\phi_2'\}$ mit der Dimension $g_1=2$ induziert die Darstellung $\Gamma^{(1)}(R)$,

die Basis $\{\phi_3',\phi_4',\phi_5'\}$ mit der Dimension $g_2=3$ induziert die Darstellung $\Gamma^{(2)}(R)$

usw.

Der Übergang von der Basis $\{\phi_k\}$ zur Basis $\{\phi_i'\}$, die zur Blockdiagonalform (A1.41) der Darstellungsmatrizen führt, wird als ***Reduktion*** der ursprünglichen Darstellung Γ bezeichnet. Um mit diesem Begriff vertraut zu werden, empfehlen wir ÜA A1.7c,d.

Wenn es auf keine Weise gelingt, eine Matrix $\mathbf{S}$ zu finden, die ein derartiges "kollektives" Ausblocken der Matrizen einer Darstellung Γ gemäß (A1.41) bewirkt, dann heißt die Darstellung Γ *irreduzibel*. Das gilt analog für die infolge eines Reduktionsvorgangs erhaltenen Darstellungen $\Gamma^{(\nu)}$, wenn sich keine von diesen weiter ausblocken (reduzieren) lässt.

Dabei kann es durchaus sein, dass in einer Darstellung einige der Darstellungsmatrizen ausgeblockt werden können, aber nicht alle oder nicht alle in derselben Form; z. B. besteht die Einheitsmatrix stets nur aus Einer-Blöcken auf der Hauptdiagonalen.

Eindimensionale Darstellungen sind natürlich stets irreduzibel.

Es gibt zu einer Gruppe unendlich-viele reduzible Darstellungen. So erhält man aus einer Anzahl gegebener reduzibler oder irreduzibler Darstellungen beliebig viele neue Darstellungen höherer Dimension, indem man die gegebenen Darstellungsmatrizen blockweise, ähnlich wie in den Matrizen (A1.41), aneinanderfügt und auf diese Weise eine sogenannte *direkte Summe* dieser Darstellungen bildet. Demnach ist eine reduzible Darstellung Γ die direkte Summe ihrer irreduziblen Bestandteile, symbolisch geschrieben:

$$\Gamma=a_1\Gamma^{(1)}+a_2\Gamma^{(2)}+\ldots\;; \qquad \text{(A1.42)}$$

ein Zahlenkoeffizient a_ν gibt an, wie oft die irreduzible Darstellung $\Gamma^{(\nu)}$ (der Block $\mathbf{\Gamma}^{(\nu)}$) in der reduziblen Darstellung Γ (in der Matrix $\mathbf{\Gamma}$) enthalten ist.

Es gelten folgende Aussagen, die wir ohne Beweis zusammenstellen:

(1) Die Zerlegung einer reduziblen Darstellung in ihre irreduziblen Bestandteile (*Reduktion*) ist *eindeutig*, wobei aber letztere immer nur bis auf eine Äquivalenztransformation bestimmt sind.

(2) Eine Gruppe hat soviele inäquivalente irreduzible Darstellungen $\Gamma^{(\nu)}$, wie es *Klassen* konjugierter Elemente gibt. Für endliche Gruppen ist das folglich immer eine endliche Anzahl n.

(3) Die Dimensionen g_ν der irreduziblen Darstellungen $\Gamma^{(\nu)}$ einer Gruppe sind Teiler der Gruppenordnung h.

(4) Die Quadratsumme der Dimensionen g_ν aller n irreduziblen Darstellungen $\Gamma^{(\nu)}$ ($\nu = 1, 2, \ldots, n$) einer endlichen Gruppe ist gleich der Gruppenordnung h:

$$g_1^2 + g_2^2 + \ldots + g_n^2 = h \qquad \text{(A1.43)}$$

(*Satz von Burnside,* nach dem englischen Mathematiker W. Burnside).

(5) Die Elemente der unitären Darstellungsmatrizen zweier verschiedener (inäquivalenter) irreduzibler Darstellungen $\Gamma^{(\mu)}$ und $\Gamma^{(\nu)}$ einer endlichen Gruppe $\boldsymbol{G}$ erfüllen die Gleichung

$$\sum_R \Gamma^{(\mu)}(R)_{ij}^{\,*}\, \Gamma^{(\nu)}(R)_{kl} = \left(h\Big/\sqrt{g_\mu g_\nu}\right)\delta_{\mu\nu}\delta_{ik}\delta_{jl}\ ; \qquad \text{(A1.44)}$$

die Summe läuft über alle Elemente $R \in \boldsymbol{G}$. Der links stehende Ausdruck sieht wie die Summe von Produkten der Komponenten zweier Vektoren aus, hat also die Form eines Skalarproduktes; die Gleichungen (A1.44) werden daher als *Orthogonalitätsrelationen* bezeichnet.

Zur Illustration nehmen wir wieder die Gruppe $\boldsymbol{C}_{3v}$. Es gibt drei Klassen konjugierter Gruppenelemente (s. ÜA A1.6), somit drei irreduzible Darstellungen. Die Quadratsummenzerlegung (A1.43) der Gruppenordnung $h = 6$ ist: $1^2 + 1^2 + 2^2 - 6$; die drei irreduziblen Darstellungen haben folglich die Dimensionen $g_1 = g_2 = 1$, $g_3 = 2$. Die dreidimensionale Darstellung (A1.29) liegt bereits in ausgeblockter Form vor; sie zerfällt in eine zweidimensionale und eine eindimensionale irreduzible Darstellung. Die zugrundegelegte Basis der drei p-Funktionen liefert also zwei der drei irreduziblen Darstellungen.

A1.3.3 Charaktere

A1.3.3.1 Definition und Eigenschaften der Charaktere endlicher Gruppen

Bei Ähnlichkeitstransformationen von Matrizen bleiben (neben den Werten der Determinanten, was hier im Moment nicht interessiert) insbesondere die *Spuren* der Matrizen (definiert als die Summen ihrer Diagonalelemente) unverändert (ÜA A1.8); diese Kenngrößen einer Matrix spielen in der Darstellungstheorie von Gruppen eine wichtige Rolle. Man bezeichnet die Spur einer Darstellungsmatrix $\mathbf{\Gamma}(R)$ für das Gruppenelement $R \in \boldsymbol{G}$ als den *Charakter* des Gruppenelements R in der Darstellung $\Gamma(R)$ und verwendet dafür das Symbol $\chi(R)$; handelt es sich um eine g-dimensionale Darstellung, so ist:

$$\chi(R) \equiv \mathrm{Sp}\{\mathbf{\Gamma}(R)\} \equiv \sum\nolimits_{k=1}^{g} \Gamma(R)_{kk} \; ; \tag{A1.45}$$

speziell für die ν-te irreduzible Darstellung:

$$\chi^{(\nu)}(R) \equiv \mathrm{Sp}\{\mathbf{\Gamma}^{(\nu)}(R)\} \equiv \sum\nolimits_{k=1}^{g_\nu} \Gamma^{(\nu)}(R)_{kk} \; . \tag{A1.46}$$

Bei einer eindimensionalen Darstellung sind die Elemente der Darstellungs"matrizen" zugleich die Charaktere.

Aus dieser Definition der Charaktere folgt unmittelbar eine Reihe von Eigenschaften:

- In der totalsymmetrischen oder Eins-Darstellung, die es zu jeder Gruppe gibt (s. oben), sind alle Charaktere gleich 1.
- In jeder Darstellung Γ ist $\mathbf{\Gamma}(E)$ die g-dimensionale Einheitsmatrix, so dass immer gilt: $\chi(E) = g$.
- Da eine Ähnlichkeitstransformation die Spur einer Matrix nicht ändert, haben alle zueinander äquivalenten (durch eine Ähnlichkeitstransformation verknüpften) Darstellungen den gleichen Satz von Charakteren (s. z. B. [II.1], Abschn. 8.3.5.).
- Der Charakter ist eine Klasseneigenschaft: Alle Gruppenelemente, die zu einer Klasse gehören, haben den gleichen Charakter.
- Aus der Orthogonalitätsrelation (A1.44) für die Elemente der Darstellungsmatrizen zweier irreduzibler Darstellungen ergibt sich, wenn man $i = j$ und $k = l$ setzt und über alle j sowie über alle l summiert, eine *Orthogonalitätsrelation für die Charaktere*:

$$\sum\nolimits_R \chi^{(\mu)}(R)^* \chi^{(\nu)}(R) = h\,\delta_{\mu\nu} \; . \tag{A1.47}$$

Analog zu Gleichung (A.1.44) kann man die Charaktere formal als Komponenten eines Vektors in einem h-dimensionalen Raum auffassen. Der Betrag eines solchen Vektors ($\mu = \nu$) ist gleich $\sqrt{h}$; zwei Vektoren zu verschiedenen irreduziblen Darstellungen ($\mu \neq \nu$) sind zueinander orthogonal.

A1.3.3.2 Charaktere und das Reduktionsproblem von Darstellungen endlicher Gruppen

Die Beziehung (A1.47) ist in mehrfacher Hinsicht wichtig. Zunächst stellt sie eine *notwendige und hinreichende Bedingung* dafür dar, dass eine irgendwie gefundene Darstellung Γ irreduzibel ist: das ist nämlich dann und nur dann der Fall, wenn die Charaktere $\chi(R)$ die Gleichung

$$\sum_R \chi(R)^* \chi(R) = h \tag{A1.48}$$

erfüllen; andernfalls ist Γ reduzibel.

Da sich jede Darstellung Γ gemäß Gleichung (A1.42) als direkte Summe aus ihren irreduziblen Bestandteilen aufbauen lässt, besteht eine entsprechende Relation für die Charaktere:

$$\chi(R) = \sum_\nu a_\nu \chi^{(\nu)}(R) . \tag{A1.49}$$

Durch Multiplikation von links mit $\chi^{(\nu)}(R)^*$ und Summation über alle Gruppenelemente $R \in \boldsymbol{G}$ ergibt sich vermittels der Orthogonalitätsrelation (A1.47) der jeweilige Koeffizient

$$a_\nu = (1/h) \sum_R \chi^{(\nu)}(R)^* \chi(R) . \tag{A1.50}$$

Damit hat man schon einen großen Teil des Instrumentariums zur Verfügung, mit dem man darstellungstheoretische Probleme und Anwendungen bewältigen kann. Für jede beliebige Darstellung Γ einer endlichen Punktgruppe lässt sich mit dem Kriterium (A1.48) feststellen, ob sie reduzibel oder irreduzibel ist. Wenn sie reduzibel ist, dann kann man mit der Formel (A1.50) bestimmen, wie oft die einzelnen irreduziblen Darstellungen $\Gamma^{(\nu)}$ gemäß der Zerlegung (A1.42) in der Darstellung Γ enthalten sind.

Über dieses sehr einfach anzuwendende Verfahren hinausgehend gibt es Methoden für die Reduktion von Darstellungen, die explizite die reduzierte (ausgeblockte) Form der Darstellungsmatrizen liefern. Darauf wollen wir hier nicht eingehen, da so detaillierte Informationen meist nicht benötigt werden. Näheres findet man in der Literatur (s. [A1.1]; vgl. auch [I.4a], Abschn. 6.2.3.4.).

Voraussetzung für die Anwendung des geschilderten, auf die Charaktere gestützten Verfahrens ist, dass man die Charaktere der irreduziblen Darstellungen der Gruppe kennt. Während die Matrizen der irreduziblen Darstellungen nur bis auf Ähnlichkeitstransformationen bestimmt sind und je nach zugrundegelegter Basis unterschiedlich aussehen können, sind die Charaktere eindeutig festgelegt, so dass man sie ein für allemal ermitteln und in Tabellenform (sog. *Charaktertafeln*) bereitstellen kann. Um die Charaktere der irreduziblen Darstellungen zu bestimmen, genügen die in diesem und dem vorangegangenen Abschnitt zusammengestellten Beziehungen. Generell gilt: *Gruppen, die zueinander isomorph sind, haben die gleiche Charaktertafel.*

Eine Charaktertafel hat folgendes Aussehen:

	$R_1 \equiv E$	$n_2 R_2$	...
$\Gamma^{(1)}$	$\chi^{(1)}(E)$	$\chi^{(1)}(R_2)$	...
$\Gamma^{(2)}$	$\chi^{(2)}(E)$	$\chi^{(2)}(R_2)$	...
...	...		...

Die Kopfleiste enthält die Klassen konjugierter Elemente der Symmetriegruppe in beliebiger Reihenfolge, und zwar jeweils die Anzahlen n_i (sie werden angegeben, soweit sie >1 sind, ansonsten lässt man sie weg) der Elemente der Klasse und ein repräsentatives Element R_i ; an erster Stelle in der Kopfleiste steht üblicherweise das Einselement (die identische Operation). In der linken Randleiste sind Symbole für die irreduziblen Darstellungen der Gruppe aufgereiht, allgemein geschrieben $\Gamma^{(\nu)}$ ($\nu = 1, 2, ...$), ebenfalls in beliebiger Folge, beginnend auch hier mit der Eins-Darstellung, die in jedem Falle vorhanden ist.

In der Molekülphysik und der Quantenchemie werden für die irreduziblen Darstellungen (Symmetrie*typen*, Symmetrie*spezies*, Symmetrie*rassen*) nach R. S. Mulliken folgende spezielle Kennzeichnungen verwendet:

A , *B* für eindimensionale irreduzible Darstellungen, und zwar

A, wenn für eine Drehung C_n um die Hauptsymmetrieachse gilt: $\chi(C_n) > 0$, oder *B*, wenn $\chi(C_n) < 0$;

E für zweidimensionale irreduzible Darstellungen;

T für dreidimensionale irreduzible Darstellungen (treten nur bei den kubischen Gruppen auf);

G , *H* für vier- bzw. fünfdimensionale irreduzible Darstellungen (treten nur bei Ikosaedergruppen auf).

Wenn es mehrere irreduzible Darstellungen vom gleichen Buchstabentyp gibt, dienen weitere Kennzeichnungen zur näheren Spezifizierung:

- Ein Index 1 oder 2 zeigt an, dass ein Objekt mit obiger Kennzeichnung symmetrisch bzw. antisymmetrisch ist bei einer Drehung C_2 um eine zur Hauptsymmetrieachse senkrechte Achse oder bei einer Spiegelung σ_v .
- Symmetrie bzw. Antisymmetrie in Bezug auf eine Spiegelung σ_h wird durch einen Strich bzw. Doppelstrich angegeben.
- Ein Index g (für *gerade*) bzw. u (für *ungerade*) bedeutet Symmetrie oder Antisymmetrie bei einer Inversion I . Diese Eigenschaft wird als *Parität* bezeichnet.

Häufig wird in den Charaktertafeln noch angegeben, nach welchen irreduziblen Darstellungen sich die kartesischen Koordinaten *x*, *y* und *z* (und eventuell weitere koordinatenabhängige Größen) transformieren; dabei liegt das Koordinatensystem so, dass die *z*-Achse mit der Hauptsymmetrieachse zusammenfällt.

In den Tabellen A1.2 sind die Charaktertafeln mehrerer endlicher molekularer Punktgruppen zusammengestellt.

Tab. A1.2 Charaktertafeln endlicher molekularer Punktgruppen (aus [I.4a])

$\boldsymbol{C}_1$	E
A; x, y, z	1

$\boldsymbol{C}_i$			E	I
	$\boldsymbol{C}_2$		E	C_2
		$\boldsymbol{C}_{1h} \equiv \boldsymbol{C}_s$	E	σ_h
A_g	A; z	A'; x, y	1	1
A_u; x, y, z	B; x, y	A''; z	1	–1

$\boldsymbol{C}_i$			E	I
	$\boldsymbol{C}_2$		E	C_2
		$\boldsymbol{C}_{1h} \equiv \boldsymbol{C}_s$	E	σ_h
A_g	A; z	A'	1	1
A_u; x, y, z	B; x, y	A''	1	–1

$\boldsymbol{C}_3$	E	C_3	C_3^2
A; z	1	1	1
E; $x \pm iy$ {	1	ε	ε^2
	1	ε^2	ε

$\varepsilon = \exp(2\pi i/3)$

$\boldsymbol{C}_4$		E	C_2	C_4	C_4^3
	$\boldsymbol{S}_4$	E	C_2	S_4	S_4^3
A; z	A	1	1	1	1
B	B; z	1	1	–1	–1
E; $x \pm iy$	E; $x \pm iy$ {	1	–1	i	–i
		1	–1	–i	i

$\boldsymbol{C}_6$	E	C_6	C_3	C_2	C_3^2	C_6^5
A; z	1	1	1	1	1	1
B	1	–1	1	–1	1	–1
E_1 {	1	ω^2	$-\omega$	1	ω^2	$-\omega$
	1	$-\omega$	ω^2	1	$-\omega$	ω^2
E_2; $x \pm iy$ {	1	ω	ω^2	–1	$-\omega$	$-\omega^2$
	1	$-\omega^2$	$-\omega$	–1	ω^2	ω

$\omega = \exp(2\pi i/6)$

Tab. A1.2 (Fortsetzung)

$\boldsymbol{D}_2 \equiv \boldsymbol{V}$			E	C_2^z	C_2^y	C_2^x
	$\boldsymbol{C}_{2v}$		E	C_2	$\sigma_v(xz)$	$\sigma_v'(yz)$
		$\boldsymbol{C}_{2h}$	E	C_2	σ_h	I
A	A_1; z	A_g	1	1	1	1
B_3; x	B_2; y	B_g	1	−1	−1	1
B_1; z	A_2	A_u; z	1	1	−1	−1
B_2; y	B_1; x	B_u; x, y	1	−1	1	−1

$\boldsymbol{D}_3$		E	C_2^z	C_2^x
	$\boldsymbol{C}_{3v}$	E	C_2	I
A_1	A_1; z	1	1	1
A_2; z	A_2	1	1	−1
E; x, y	E; x, y	2	−1	0

$\boldsymbol{D}_4$			E	C_2	$2C_4$	$2C_2'$	$2C_2''$
	$\boldsymbol{C}_{4v}$		E	C_2	$2C_4$	$2\sigma_v$	$2\sigma_v'$
		$\boldsymbol{D}_{2d}$	E	C_2	$2S_4$	$2C_2'$	$2\sigma_d$
A_1	A_1; z	A_1	1	1	1	1	1
A_2; z	A_2	A_2	1	1	1	−1	−1
B_1	B_1	B_1	1	1	−1	1	−1
B_2	B_2	B_2; z	1	1	−1	−1	1
E; x, y	E; x, y	E; x, y	2	−2	0	0	0

$\boldsymbol{D}_6$			E	C_2	$2C_3$	$2C_6$	$3C_2'$	$3C_2''$
	$\boldsymbol{C}_{6v}$		E	C_2	$2C_3$	$2C_6$	$3\sigma_v$	$3\sigma_v'$
		$\boldsymbol{D}_{3h}$	E	C_2	$2C_3$	$2S_3$	$3C_2'$	$3\sigma_v'$
A_1	A_1; z	A_1'	1	1	1	1	1	1
A_2; z	A_2	A_2'	1	1	1	1	−1	−1
B_1	B_2	A_1''	1	−1	1	−1	1	−1
B_2	B_1	A_2''; z	1	−1	1	−1	−1	1
E_2	E_2	E'; x, y	2	2	−1	−1	0	0
E_1; x, y	E_1; x, y	E''	2	−2	−1	1	0	0

Tab. A1.2 (Fortsetzung)

T	E	$3C_2$	$4C_3$	$4C_3^2$
A	1	1	1	1
E {	1	1	ε	ε^2
	1	1	ε^2	ε
T; x, y, z	3	–1	0	0

$\varepsilon = \exp(2\pi i/3)$

O		E	$8C_3$	$3C_2$	$6C_2'$	$6C_4$
	$\boldsymbol{T}_d$	E	$8C_3$	$3C_2$	$6\sigma_d$	$6S_4$
A_1	A_1	1	1	1	1	1
A_2	A_2	1	1	1	–1	–1
E	E	2	–1	2	0	0
T_2	T_2; x, y, z	3	0	–1	1	–1
T_1; x, y, z	T_1	3	0	–1	–1	1

A1.3.3.3 Charaktere bei kontinuierlichen Gruppen*

Für die kontinuierlichen Symmetriegruppen, die in der Molekül- und Atomtheorie eine Rolle spielen, d. h. die axialen Punktgruppen $\boldsymbol{C}_{\infty v}$ und $\boldsymbol{D}_{\infty h}$ (Moleküle mit linearen Kerngerüsten) sowie die dreidimensionale Kugeldrehgruppe $\boldsymbol{K}_h$ (freie Atome), bleiben auch hinsichtlich ihrer Darstellungen die für endliche Punktgruppen besprochenen Begriffe und Aussagen gültig, soweit sie nicht explizite auf die Gruppenordnung (h) Bezug nehmen. Bei den Darstellungen durch Matrizen sind die Matrixelemente Funktionen der Parameter (s. Abschn. A1.2.2*(4)*): $\Gamma_{ij} \equiv \Gamma_{ij}(a_1, a_2, \ldots, a_s)$.

Was die Charaktere der irreduziblen Darstellungen betrifft, so kann die Orthogonalitätsrelation (A1.48) auf kontinuierliche Gruppen verallgemeinert werden, wenn man die Summation über die Gruppenelemente durch eine Integration über die Parameter ersetzt. Ausführlicher werden wir das hier nicht behandeln (s. [II.1], Abschn. 8.6., und die dort gegebenen Literaturhinweise).

Für die Gruppe $\boldsymbol{C}_{\infty v}$ gibt es zwei eindimensionale irreduzible Darstellungen: A_1 (die Eins-Darstellung) und A_2, sowie unendlich-viele zweidimensionale irreduzible Darstellungen $E_1, E_2, \ldots$ Die entsprechenden Charaktere sind in Tab. A1.3 zusammengestellt. In Abschnitt 7.1 hatten wir die Kennzeichnung der Elektronenterme zweiatomiger heteronuklearer sowie linearer mehratomiger Moleküle diskutiert; in Tab. A1.3 sind daher zusätzlich die dort verwendeten Termsymbole $\Sigma^+, \Sigma^-, \Pi, \Delta, \ldots$ angegeben, wobei die großen griechischen Buchstaben für die Eigenwerte $\Lambda = 0, 1, 2, \ldots$ des Betrags der Achsenkomponente des Elektronenbahndrehimpulses stehen. Die irreduziblen Darstellungen werden durch die Eigenfunktionen des Operators $\hat{L}_z$ induziert.

Tab. A1.3 Charaktertafel der kontinuierlichen Gruppe $\boldsymbol{C}_{\infty v}$ (aus [I.4a])

$\boldsymbol{C}_{\infty v}$		E	$2\ C_\infty(\varphi)$	$\infty\ \sigma_v$
A_1; z	Σ^+	1	1	1
A_2	Σ^-	1	1	–1
E_1; x, y	Π	2	$2\cos\varphi$	0
E_2	Δ	2	$2\cos 2\varphi$	0
...	...	...	...	...
E_k		2	$2\cos k\varphi$	0
...	...	...	...	...

Die irreduziblen Darstellungen der Gruppe $\boldsymbol{K}$ erhält man, wenn die komplexen Kugelfunktionen [s. Abschn. 2.3.2, Gl. (2.125b)] als Basis genommen werden; die zu einem bestimmten Wert l gehörenden $2l$+1 Funktionen Y_l^m mit $|m| \leq l$ ergeben jeweils eine ($2l$+1)-dimensionale irreduzible Darstellung. Alle Drehungen C_α mit einem bestimmten Winkel α *um eine beliebige Achse* durch das Zentrum (Atomkern im Koordinatennullpunkt) gehören zu einer Klasse der Drehgruppe $\boldsymbol{K}$; der Charakter $\chi(C_\alpha)$ lässt sich daher aus der Darstellungsmatrix $\boldsymbol{\Gamma}(C_\alpha)$ für eine solche Drehung C_α berechnen. Bequem ist es, hierfür die z-Achse desjenigen Koordinatensystems zu wählen, in welchem die Funktionen Y_l^m definiert sind, denn dann ändert sich bei der Drehung nur der Azimutwinkel, und wir brauchen nur den φ-abhängigen Anteil von $Y_l^m \propto \exp(im\varphi)$ zu betrachten. Bei der Drehoperation C_α multipliziert sich, wenn wir die in Abschnitt A1.3.1.1 getroffene Verabredung befolgen, die Funktion Y_l^m mit dem Faktor $\exp(-im\alpha)$. Die Darstellungsmatrix $\boldsymbol{\Gamma}^{(l)}(C_\alpha)$ ist also diagonal und hat die Elemente $\Gamma^{(l)}(C_\alpha)_{mm} = \exp(-im\alpha)$ mit $-l \leq m \leq l$. Der Charakter lässt sich (mit der Summationsformel für die geometrische Reihe und Verwendung bekannter trigonometrischer Formeln) problemlos berechnen:

$$\chi^{(l)}(C_\alpha) = \sum\nolimits_{m=-l}^{+l} \exp(-im\alpha) = \{\exp[\mathrm{i}(l+1)\alpha] - \exp[-\mathrm{i}l\alpha]\}/\{\exp(\mathrm{i}\alpha) - 1\}$$

$$= \{\sin[(l+1/2)\alpha]\}/\sin(\alpha/2). \tag{A1.51}$$

Auch für die übrigen Symmetrieoperationen können die Charaktere bei Zugrundelegung dieser Darstellungen mit den Kugelfunktionen als Basis leicht ermittelt werden; wir schreiben sie hier nicht auf (s. etwa [I.2], §98).

A1.3.4 Direkte Produkte von Darstellungen

In Abschnitt A1.2.2*(5)* wurde das direkte Produkt zweier Gruppen eingeführt; diesen Begriff gibt es auch für Darstellungen.

In der Matrizentheorie ist für zwei Matrizen $\mathbf{A}$ (Elemente a_{kl}) und $\mathbf{B}$ (Elemente b_{pq}) außer dem "gewöhnlichen" Produkt das *direkte Produkt* (*Kronecker-Produkt*) definiert (s. [II.1], Abschn. 8.3.6.) als eine Matrix $\mathbf{C}$ mit den Elementen $c_{kp,lq} = a_{kl} \cdot b_{pq}$; ihre Zeilen werden durch das Zeilen-Indexpaar kp und ihre Spalten durch das Spalten-Indexpaar lq numeriert. Man schreibt symbolisch

$$\mathbf{C} = \mathbf{A} \otimes \mathbf{B} . \qquad \text{(A1.52)}$$

Die Dimension der Matrix $\mathbf{C}$ ist gleich dem Produkt der Dimensionen von $\mathbf{A}$ und B :

$$g_C - g_A \cdot g_B . \qquad \text{(A1.53)}$$

Diese Definition gilt ganz allgemein, auch für Rechteckmatrizen.

Zur Illustration bilden wir das direkte Produkt zweier zweireihiger quadratischer Matrizen

$$\mathbf{A} = \begin{pmatrix} a_{11} & a_{12} \\ a_{21} & a_{22} \end{pmatrix} \quad \text{und} \quad \mathbf{B} = \begin{pmatrix} b_{11} & b_{12} \\ b_{21} & b_{22} \end{pmatrix} .$$

Nach obiger Vorschrift erhält man als direktes Produkt die Matrix

$$\mathbf{C} = \mathbf{A} \otimes \mathbf{B} = \begin{pmatrix} a_{11}b_{11} & a_{11}b_{12} & a_{12}b_{11} & a_{12}b_{12} \\ a_{11}b_{21} & a_{11}b_{22} & a_{12}b_{21} & a_{12}b_{22} \\ a_{21}b_{11} & a_{21}b_{12} & a_{22}b_{11} & a_{22}b_{12} \\ a_{21}b_{21} & a_{21}b_{22} & a_{22}b_{21} & a_{22}b_{22} \end{pmatrix} ;$$

sie hat 4×4 Elemente ($g_C = 4 = 2 \times 2$) und besteht aus 4 Blöcken der Form $a_{ik}\mathbf{B}$.

Für das gewöhnliche Matrixprodukt zweier direkter Produkte gilt:

$$(\mathbf{A} \otimes \mathbf{B}) \cdot (\mathbf{C} \otimes \mathbf{D}) = (\mathbf{A} \cdot \mathbf{C}) \otimes (\mathbf{B} \cdot \mathbf{D}) , \qquad \text{(A1.54)}$$

sofern (im Falle von Rechteckmatrizen) die gewöhnlichen Produkte gebildet werden können.

Eine Symmetriegruppe $\boldsymbol{G}_P$ (Elemente P_i) sei das direkte Produkt einer Gruppe $\boldsymbol{G}_R$ (Elemente R_j) mit einer Gruppe $\boldsymbol{G}_Q$ (Elemente Q_k), also

$$\boldsymbol{G}_P = \boldsymbol{G}_R \times \boldsymbol{G}_Q \qquad \text{(A1.55)}$$

[Gl. (A1.17)]; für die Elemente gilt: $P_i = R_j Q_k \; (= Q_k R_j)$. Zur Gruppe $\boldsymbol{G}_R$ möge eine Darstellung Γ_R mit den Darstellungsmatrizen $\mathbf{\Gamma}_R(R_j)$ und zur Gruppe $\boldsymbol{G}_Q$ eine Darstellung Γ_Q mit den Darstellungsmatrizen $\mathbf{\Gamma}_Q(Q_k)$ vorliegen. Mit den Darstellungsmatrizen $\mathbf{\Gamma}_R$ und $\mathbf{\Gamma}_Q$ bilden wir nach der obengenannten Vorschrift paarweise direkte Produkte: $\mathbf{\Gamma}_R(R_j) \otimes \mathbf{\Gamma}_Q(Q_k)$.

Für die so erhaltenen Matrizen gelten folgende Aussagen, die wir ohne Beweis mitteilen (s. dazu etwa [II.1], Abschn. 8.3.6.):

- Die Menge aller direkten Produkte der Darstellungsmatrizen $\mathbf{\Gamma}_R(R_j)$ und $\mathbf{\Gamma}_Q(Q_k)$ bildet eine Darstellung Γ_P der Gruppe $\mathbf{G}_P = \mathbf{G}_R \times \mathbf{G}_Q$:

$$\mathbf{\Gamma}_P(P_i) = \mathbf{\Gamma}_R(R_j) \otimes \mathbf{\Gamma}_Q(Q_k); \qquad \text{(A1.56)}$$

symbolisch schreibt man dafür[7]:

$$\Gamma_P = \Gamma_R \times \Gamma_Q . \qquad \text{(A1.57)}$$

Die Dimension g_P der Darstellung Γ_P ist gleich dem Produkt der Dimensionen g_R und g_Q der Darstellungen Γ_R bzw. Γ_Q:

$$g_P = g_R \cdot g_Q . \qquad \text{(A1.53')}$$

Für die Charaktere der Gruppenelemente ergibt sich der Zusammenhang

$$\chi_P(P_i) = \chi_R(R_j) \cdot \chi_Q(Q_k) . \qquad \text{(A1.58)}$$

- Wird die g_R-dimensionale Darstellung Γ_R durch die Basis $\varphi_1, \dots, \varphi_{g_R}$ und die g_Q-dimensionale Darstellung Γ_Q durch die Basis $\psi_1, \dots, \psi_{g_Q}$ induziert, dann bildet die Gesamtheit der Funktionenprodukte $\varphi_i \cdot \psi_k$ eine Basis für die ($g_R \cdot g_Q$)-dimensionale Darstellung Γ_P der Gruppe $\mathbf{G}_P = \mathbf{G}_R \times \mathbf{G}_Q$.
- Hinsichtlich der Reduzierbarkeit des direkten Produktes zweier Darstellungen Γ_R und Γ_Q gilt: Sind beide Darstellungen Γ_R und Γ_Q irreduzibel, dann ist auch ihr direktes Produkt $\Gamma_P = \Gamma_R \times \Gamma_Q$ irreduzibel, sonst reduzibel. Daraus folgt, dass die paarweisen direkten Produkte aller irreduziblen Darstellungen der beiden Gruppen $\mathbf{G}_R$ und $\mathbf{G}_Q$ *sämtliche* irreduziblen Darstellungen der Produktgruppe $\mathbf{G}_P = \mathbf{G}_R \times \mathbf{G}_Q$ ergeben.

Wir illustrieren die genannten Zusammenhänge am Beispiel der Gruppe $\mathbf{C}_{3h}$: Der Aufstellung (A1.18) entnehmen wir, dass sich diese Gruppe als direktes Produkt der beiden Gruppen $\mathbf{C}_3$ und $\mathbf{C}_s$ schreiben lässt: $\mathbf{C}_{3h} = \mathbf{C}_3 \times \mathbf{C}_s$. Aus den Gruppenelementen von $\mathbf{C}_3 = \{E, C_3, C_3^2\}$ und $\mathbf{C}_s = \{E, \sigma_h\}$ ergeben sich als Gruppenelemente von $\mathbf{C}_{3h}$ die Operationen $E, C_3, C_3^2, \sigma_h, S_3$ und S_3^5. Die irreduziblen Darstellungen der Gruppe $\mathbf{C}_3$ sind vom Typ A oder E, für $\mathbf{C}_s$ sind es A' oder A'' mit den in den Tabellen A1.2 angegebenen Charakteren. Die paarweisen direkten Produkte dieser irreduziblen Darstellungen liefern die vier irreduziblen Darstellungen A', E', A'' und E'' der Gruppe $\mathbf{C}_{3h}$.

[7] Zur Bezeichnungsweise der verschiedenen "Produkt"-Operationen wird somit folgendes festgelegt: Das Punkt-Multiplikationszeichen ($\cdot$) wird, wo erforderlich, für das gewöhnliche und das Zeichen $\otimes$ für das direkte Produkt zweier Matrizen verwendet, das Zeichen $\times$ bezeichnet das direkte Produkt zweier Gruppen sowie symbolisch das direkte Produkt von Darstellungen.

Auf diese Weise erhält man die in den Tabellen A1.2 noch nicht erfassten Charaktertafeln der restlichen zehn endlichen Punktgruppen $\boldsymbol{C}_{3h}, \boldsymbol{C}_{4h}, \boldsymbol{C}_{6h}, \boldsymbol{S}_6, \boldsymbol{D}_{2h}, \boldsymbol{D}_{3d}, \boldsymbol{D}_{4h}, \boldsymbol{D}_{6h}, \boldsymbol{O}_h$ und $\boldsymbol{T}_h$ sowie der kontinuierlichen Gruppe $\boldsymbol{D}_{\infty h}$, indem man diese nach den Gleichungen (A1.18) als direkte Produkte mit $\boldsymbol{C}_i$ bzw. $\boldsymbol{C}_s$ schreibt und die Charaktere jeweils paarweise multipliziert. Dabei erhält man die doppelte Anzahl irreduzibler Darstellungen, wie das soeben bei der Gruppe $\boldsymbol{C}_{3h} = \boldsymbol{C}_3 \times \boldsymbol{C}_s$ gezeigt wurde. Für diejenigen Gruppen, die als direkte Produkte mit $\boldsymbol{C}_i$ gebildet werden, resultieren die ursprünglichen irreduziblen Darstellungen je einmal mit dem Index g (gerade) und mit dem Index u (ungerade).

Ein wichtiger Spezialfall ist das direkte Produkt einer Gruppe $\boldsymbol{G} \equiv \boldsymbol{G}_R$ (Elemente R_j) mit sich selbst: $\boldsymbol{G} \times \boldsymbol{G} = \boldsymbol{G}$, s. Abschnitt A1.2.2*(5)*. Das direkte Produkt zweier Darstellungen Γ'_R und Γ''_R von $\boldsymbol{G}$ ist dann wieder eine Darstellung von $\boldsymbol{G}$. Für die Dimension und die Charaktere der so als direktes Produkt gewonnenen Darstellung $\Gamma_R = \Gamma'_R \times \Gamma''_R$ gelten die Gleichungen (A1.54') bzw. (A1.58). Wenn mindestens eine der beiden Darstellungen Γ'_R und Γ''_R reduzibel ist, dann ist das direkte Produkt ebenfalls reduzibel. Auch wenn beide Darstellungen irreduzibel sind, ist ihr direktes Produkt im Allgemeinen reduzibel; es ist nur dann irreduzibel, wenn mindestens eine der beiden Darstellungen eindimensional ist.

Das direkte Produkt zweier irreduzibler Darstellungen $\Gamma_R^{(\kappa)}$ und $\Gamma_R^{(\lambda)}$ einer Gruppe $\boldsymbol{G}$ kann man mittels der Charaktere der Elemente von $\boldsymbol{G}$ auf verhältnismäßig einfache Weise reduzieren. Schreiben wir zunächst symbolisch nach Gleichung (A1.42):

$$\Gamma_R^{(\kappa)} \times \Gamma_R^{(\lambda)} = \sum\nolimits_\nu a_{\kappa\lambda\nu} \Gamma_R^{(\nu)} . \tag{A1.59}$$

Diese Zerlegung des direkten Produkts zweier irreduzibler Darstellungen einer Gruppe in Form einer direkten Summe von irreduziblen Darstellungen nennt man *Clebsch-Gordan-Zerlegung*. Die *Clebsch-Gordan-Koeffizienten* $a_{\kappa\lambda\nu}$ ergeben sich analog zu Gleichung (A1.50) mit Hilfe der Orthogonalitätsrelation (A1.47) für die Charaktere:

$$a_{\kappa\lambda\nu} = (1/h) \sum\nolimits_R \chi^{(\nu)}(R)^* \chi^{(\kappa)}(R) \chi^{(\lambda)}(R) . \tag{A1.60}$$

Betrachten wir als Beispiel die Gruppe $\boldsymbol{C}_{3v}$ mit ihren drei irreduziblen Darstellungen A_1, A_2 und E. Von den sechs möglichen direkten Produkten sind fünf irreduzibel: $A_1 \times A_1 = A_1$, $A_1 \times A_2 = A_2$, $A_1 \times E = E$, $A_2 \times A_2 = A_1$ und $A_2 \times E = E$. Nur das direkte Produkt der Darstellung E mit sich selbst ist reduzibel; die Zerlegung in irreduzible Darstellungen ergibt: $E \times E = A_1 + A_2 + E$. Man verifiziere das anhand der Charaktertafeln in Tab. A1.2 (ÜA A1.12).

In Anwendungen (s. Abschn. A1.5.2.5) ist es oft wichtig herauszufinden, ob das direkte Produkt zweier irreduzibler Darstellungen $\Gamma_R^{(\kappa)}$ und $\Gamma_R^{(\lambda)}$ einer Gruppe $\boldsymbol{G}$ die Eins-Darstellung $\Gamma_R^{(1)}$ enthält (sie wird, wie bereits erwähnt, üblicherweise an erster Stelle, mit der Nr. $\nu = 1$ genannt). Das kann man anhand der Gleichung (A1.60) leicht feststellen:

$$a_{\kappa\lambda 1} = (1/h)\sum_R \chi^{(1)}(R)^* \chi^{(\kappa)}(R)\chi^{(\lambda)}(R) = (1/h)\sum_R 1\cdot\chi^{(\kappa)}(R)\chi^{(\lambda)}(R) = \delta_{\kappa\lambda} \quad \text{(A1.61)}$$

wegen $\chi^{(1)}(R)=1$ und der Orthogonalitätsrelation (A1.60) für die Charaktere. Die Eins-Darstellung ist also im direkten Produkt zweier irreduzibler Darstellungen $\Gamma_R^{(\kappa)}$ und $\Gamma_R^{(\lambda)}$ einer Gruppe $\boldsymbol{G}$ dann und nur dann enthalten, wenn diese beiden Darstellungen gleich sind ($\kappa=\lambda$), und zwar tritt sie dann genau einmal auf: $a_{\kappa\kappa 1}=1$.

Im obigen Beispiel ergibt die Zerlagung des direkten Produkts der irreduziblen Darstellung E der Gruppe $\boldsymbol{C}_{3v}$ mit sich selbst die Eins-Darstellung A_1 mit dem Koeffizienten $a_{331}=1$.

Sind zusätzlich noch die beiden Basissätze φ_i und ψ_i (Dimension g) identisch, also $\varphi_i=\psi_i \equiv \phi_i$, dann ist die von *allen* Funktionenprodukten $\phi_i\cdot\phi_j$ gebildete Basis (Dimension g^2) nicht linear unabhängig. Man kann aber, um eine linear unabhängige Basis zu haben, sich z. B. auf die Funktionen $(\phi_i\cdot\phi_j+\phi_j\cdot\phi_i)/2$ beschränken, wodurch sich anstelle des "gewöhnlichen" direkten Produkts das sogenannte *symmetrische Produkt* $(\Gamma\times\Gamma)^{\text{sym}}$ ergibt, dessen Dimension nicht g^2, sondern nur $g(g+1)/2$ ist. Dieses symmetrische Produkt ist im Allgemeinen reduzibel; man erhält damit eine geringere Anzahl irreduzibler Bestandteile als mit $\Gamma\times\Gamma$. Analog kann man mit der Minuskombination der Basisfunktionsprodukte, $(\phi_i\cdot\phi_j-\phi_j\cdot\phi_i)/2$, $(i\neq j)$, das *antisymmetrische Produkt* $(\Gamma\times\Gamma)^{\text{asym}}$ induzieren. Mehr hierzu findet man z. B. in [I.2], §94.

A1.3.5* Zweideutige Darstellungen

Bisher wurde nur die Wirkung von Symmetrieoperationen auf rein koordinatenabhängige Funktionen betrachtet; jetzt beziehen wir auch den Spin ein und machen für vollständige Ort-Spin-Wellenfunktionen einen Produktansatz:

$$\Psi(\boldsymbol{r},\sigma)=\Phi(\boldsymbol{r})\cdot X_S^{M_S}(\sigma)\,. \quad \text{(A1.62)}$$

Dabei sei an ein System von Elektronen im (elektrischen) Feld eines starren Kerngerüsts mit einer Symmetriegruppe $\boldsymbol{G}$ (Elemente R_j) gedacht; S bzw. M_S sind die Quantenzahlen für das Betragsquadrat und die z-Komponente des Elektronen-Gesamtspins (s. Abschn. 3.2.), $\boldsymbol{r}$ bezeichnet hier kollektiv die Ortsvariablen und σ die Spinvariablen in der Wellenfunktion (eine Verwechslung mit einer Spiegelungsoperation ist sicher nicht zu befürchten).

Ein solcher Produktansatz gilt für ein oder zwei Elektronen in nichtrelativistischer Näherung (ohne Spin-Bahn-Wechselwirkung) exakt. Hat man es mit mehr als zwei Elektronen zu tun und geht man über die nichtrelativistische Näherung hinaus, so sind Linearkombinationen derartiger Produkte erforderlich (s. Kap. 5, 7 bis 9). Die Aussagen, die wir auf der Grundlage des Ansatzes (A1.62) erhalten werden, bleiben im Wesentlichen auch für Linearkombinationen gültig.

Wenn die Spin-Bahn-Wechselwirkung vernachlässigbar klein ist, kann man Orts- und Spinfunktionen gesondert behandeln: Symmetrieoperationen des Kerngerüsts lässt man nur auf den Ortsanteil wirken, und die möglichen Werte der Quantenzahl S werden nach dem Vektormodell ermittelt, wobei die Quantisierungsrichtung z beliebig gewählt werden kann.

Wenn die Spin-Bahn-Wechselwirkung nicht vernachlässigt werden kann, dann sind Orts- und Spinzustände gekoppelt, und es muss bei Symmetrieoperationen sowohl das Verhalten der Ortsfunktion als auch das der Spinfunktion untersucht werden. Die Zugehörigkeit zu einem Symmetrietyp gilt dann nur gemeinsam für die Ort-Spin-Funktion. Kennt man das Verhalten der beiden Anteile für sich, dann können zur Festellung des Gesamtverhaltens die in Abschnitt A1.3.4 besprochenen Hilfsmittel eingesetzt werden.

Bei der Behandlung des Spinanteils gibt es allerdings ein Problem, das wir hier nicht in voller Strenge behandeln, sondern nur anhand einer Plausibilitätsbetrachtung verständlich machen wollen. Der Elektronenspin ist, wie wir wissen, ein gequantelter Drehimpuls; die Quantisierungsrichtung (z) sei wie beim Bahndrehimpuls die Hauptsymmetrieachse des Molekül-Kerngerüsts, und wir nehmen analog zum Bahndrehimpuls an, dass die Spinfunktion die Form $\mathcal{X}_S^{M_S} \propto \exp(\mathrm{i}M_S\varphi)$ habe, also proportional zum Azimutanteil der komplexen Kugelfunktionen sei. Bei einer Drehung C_α um die z-Achse wird dann $\mathcal{X}_S^{M_S}$ wie in Abschnitt A1.3.1.1*(iii)* mit einem Faktor $\exp(-\mathrm{i}M_S\alpha)$ multipliziert. Betrachten wir speziell Drehungen mit ganzzahligen Vielfachen von 2π, also $\alpha = k \cdot 2\pi$ (k ganzzahlig), dann führt die Drehung bei ganzzahligem M_S zu einer Multiplikation mit dem Faktor $+1$; d. h. eine solche Drehung ändert nichts, sie ist gleichwertig mit der Identitätsoperation E. Wenn M_S jedoch halbzahlig ist, $M_S = m + 1/2$ mit ganzzahligem m, dann ergibt die Drehung einen Faktor $\exp(-\mathrm{i}k\pi)$, d. h. $+1$ für geradzahliges k und -1 für ungeradzahliges k. Beispielsweise führt in diesem Falle die einmalige Drehung mit 2π zu einem Vorzeichenwechsel, und erst bei einer nochmaligen Drehung mit 2π (insgesamt also 4π) resultiert die Identität. Anders ausgedrückt: die identische Operation (das Einselement der Symmetriegruppe) kann entweder der Darstellungsmatrix $\mathbf{1}$ (Einheitsmatrix) oder der Darstellungsmatrix $\mathbf{-1}$ entsprechen. Es folgt ferner, dass auch jedem anderen Gruppenelement $R \in \boldsymbol{G}$ entweder die Darstellungsmatrix $\boldsymbol{\Gamma}(R)$ oder $-\boldsymbol{\Gamma}(R)$ entspricht und somit der Charakter $\chi(R)$ oder $-\chi(R)$. Die Spinfunktionen induzieren auf diese Weise bei ungerader Anzahl von Elektronen *zweideutige Darstellungen*.

Um solche Darstellungen in den allgemeinen Formalismus der Darstellungstheorie (in der stillschweigend die Voraussetzung eindeutiger Darstellungen gemacht wird) einzubeziehen, kann man folgenden Trick benutzen (nach H. Bethe 1929): Zu den Elementen $R \in \boldsymbol{G}$ wird ein weiteres fiktives Element F hinzugenommen, das einer Drehung mit dem Winkel 2π um eine beliebige Achse entspricht und bei dessen Anwendung auf eine Spinfunktion $\mathcal{X}$ diese entweder symmetrisch oder antisymmetrisch sein kann (d. h. unverändert bleibt oder das Vorzeichen wechselt). Erst bei zweimaliger Anwendung ergibt sich der Ausgangszustand, es gilt also: $F^2 = E$, d. h. die Drehung mit 4π ist gleichbedeutend mit der identischen Operation. Durch die Hinzunahme dieses Elements F entsteht eine *erweiterte Gruppe* $\boldsymbol{G}'$ (der Strich weist darauf hin) mit der doppelten Anzahl von Elementen, denn zu jeder Operation $R \in \boldsymbol{G}$

kommt eine Operation FR hinzu; man nennt $\boldsymbol{G}'$ daher auch eine *Doppelgruppe*; sie hat die Ordnung $h' = 2h$, wenn h die Ordnung der entsprechenden gewöhnlichen Gruppe $\boldsymbol{G}$ ist.

Mit solchen Doppelgruppen kann man formal ebenso arbeiten wie mit den gewöhnlichen Gruppen, nur muss man bei der Verknüpfung von Elementen (Produktbildung von Symmetrieoperationen) auf die jetzt veränderten geometrischen Eigenschaften der Symmetrieoperationen achten. So ergibt eine n-fache Drehung um die Hauptsymmetrieachse n-ter Ordnung nicht die Identität, sondern die Operation F: $C_n{}^n = F$; erst weitere n Drehungen führen zu E: $C_n{}^{2n} = E$. Wir beschränken uns auf diese kurzen Hinweise; eine ausführlichere Diskussion findet man z. B. in [I.2] (dort Kapitel XII, §99), auch in [A1.2] (dort App. I).

Eine Doppelgruppe hat mehr Klassen als die entsprechende gewöhnliche Gruppe, wobei die Elemente E und F je eine Klasse für sich bilden. Die Gesamtheit der irreduziblen Darstellungen einer Doppelgruppe umfasst somit zusätzlich zu den irreduziblen Darstellungen der gewöhnlichen Gruppe weitere irreduzible Darstellungen.

Tab. A1.4 Charaktertafel der Doppelgruppe $\boldsymbol{C}'_{2v}$ (nach [A1.2])

$\boldsymbol{C}'_{2v}$	E	F	C_2 FC_2	σ_v $F\sigma_v$	$\sigma_v{}'$ $F\sigma_v{}'$
A_1	1	1	1	1	1
B_2	1	1	–1	–1	1
A_2	1	1	1	–1	–1
B_1	1	1	–1	1	–1
$E'_{1/2}$	2	–2	0	0	0

Als einfaches Beispiel nehmen wir die Gruppe $\boldsymbol{C}_{2v}$ mit den vier Gruppenelementen E, C_2, σ_v und $\sigma_v{}'$ (h = 4), die jedes für sich eine Klasse bilden: $\{E\},\{C_2\},\{\sigma_v\},\{\sigma_v{}'\}$. Die erweiterte Gruppe (Doppelgruppe) $\boldsymbol{C}'_{2v}$ hat acht Elemente: E, C_2, σ_v, $\sigma_v{}'$, F, FC_2, $F\sigma_v$ und $F\sigma_v{}'$ (h' = 8), und es gibt fünf Klassen: $\mathscr{C}_1{}'=\{E\}$, $\mathscr{C}_2{}'=\{F\}$, $\mathscr{C}_3{}'=\{C_2,FC_2\}$, $\mathscr{C}_4{}'=\{\sigma_v,F\sigma_v\}$ und $\mathscr{C}_5{}'=\{\sigma_v{}',F\sigma_v{}'\}$. Zur Gruppe $\boldsymbol{C}_{2v}$ gehören vier eindimensionale irreduzible Darstellungen A_1, A_2, B_1 und B_2 (s. Tab. A1.2) entsprechend der Quadratsummenzerlegung der Gruppenordnung: $1^2+1^2+1^2+1^2=4=h$ [Gl. (A1.43)]. Bei der Doppelgruppe $\boldsymbol{C}'_{2v}$ haben wir: $1^2+1^2+1^2+1^2+2^2=8=h'$; zu den vier eindimensionalen irreduziblen Darstellungen von $\boldsymbol{C}_{2v}$ kommt eine zweidimensionale irreduzible Darstellung vom Typ E hinzu. In Tab. A1.4 ist die Charaktertafel für $\boldsymbol{C}'_{2v}$ angegeben.

Eine Zusammenstellung von Charaktertafeln der eindeutigen irreduziblen Darstellungen der endlichen Punktgruppen einschließlich Doppelgruppen findet man in [I.2] (dort §99) und [A1.2], eine Einführung in die Problemstellung auch in [II.1] (dort Abschn. 8.6.4.).

Bei axialen Punktgruppen (für lineare Molekül-Kerngerüste) und bei der dreidimensionalen Drehgruppe (für Atome) ist es einfacher und anschaulicher, nicht mit darstellungstheoretischen Hilsmitteln zu arbeiten, sondern mit dem Vektormodell für die Addition von Bahndrehimpulsen und Spins (Abschn. 3.2.2), so wie das in den Kapiteln 5 und 7 praktiziert wurde.

A1.4* Symmetrien und Erhaltungssätze

In Abschnitt 3.1.6 wurden die Bedingungen formuliert, unter denen der Erwartungswert einer Observablen, die wir jetzt W nennen wollen, eine Erhaltungsgröße, d. h. zeitlich konstant, ist: Der zugeordnete (hermitesche) Operator $\hat{W}$ darf nicht explizite von der Zeit abhängen ($\partial\hat{W}/\partial t = 0$) und muss mit dem Hamilton-Operator $\hat{H}$ des Systems vertauschbar sein ($[\hat{W},\hat{H}] = 0$). Dann sind die Energie $\mathcal{E}$ und die Größe W gleichzeitig messbar, beide haben scharfe Werte und lassen sich zur Kennzeichnung stationärer Zustände benutzen.

A1.4.1* Erhaltungssätze als Folge von Symmetrien

Da eine Symmetrieoperation R durch ihre Vertauschbarkeit mit dem Hamilton-Operator gemäß Gleichung (A1.8) definiert werden kann, ist klar, dass Erhaltungsgrößen etwas mit den Symmetrieeigenschaften eines Systems zu tun haben müssen (s. Hinweis am Schluss von Abschn. 3.1.6). Alle mit dem Hamilton-Operator vertauschbaren (Symmetrie-) Operationen R_i bilden, wie wir wissen, eine Gruppe $\boldsymbol{G}$. Fassen wir die Operationen R_i als Operatoren $\hat{R}_i$ auf, so können diese stets als *unitär* angenommen werden (auf einen Beweis dafür gehen wir hier nicht ein); es gilt also dann: $\hat{R}_i^+ = \hat{R}_i^{-1}$, und aus dem Gruppenaxiom (4) folgt:

$$\hat{R}_i^+\hat{R}_i = \hat{R}_i\hat{R}_i^+ = E\,. \tag{A1.63}$$

Man kann nun zwei Fälle unterscheiden[8]:

(a) $\boldsymbol{G}$ ist eine *kontinuierliche Gruppe*

Dann lässt sich zu jedem $\hat{R} \in \boldsymbol{G}$ ein hermitescher Operator $\hat{Z}$ bilden, indem man

$$\hat{R} = \exp(\mathrm{i}\hat{Z}/\hbar) \tag{A1.64}$$

ansetzt (definiert durch die Potenzreihenentwicklung für die exp-Funktion). Es gilt $\hat{R}^{-1} = \exp(-\mathrm{i}\hat{Z}/\hbar)$ sowie $\hat{R}^+ = \exp(-\mathrm{i}\hat{Z}^+/\hbar)$, und aus der Unitarität von $\hat{R}$ (d. h. $\hat{R}^{-1} = \hat{R}^+$) folgt $\hat{Z} = \hat{Z}^+$, also die Hermitezität von $\hat{Z}$. Der Operator $\hat{Z}$ kann somit im Prinzip einer messbaren, bewegungskonstanten Größe zugeordnet werden.

Bei einer kontinuierlichen Gruppe sind infinitesimale Operationen $\delta\hat{R}$ möglich, beispielsweise Drehungen mit infinitesimalen Drehwinkeln $\delta\alpha$. Für eine solche Infinitesimaloperation

[8] Wir folgen hier der Darstellung in [I.4a], Abschnitt 6.3, die ihrerseits auf Macke, W.: Quanten. Akad. Verlagsges. Geest&Portig, Leipzig, 3. Aufl., 1965, zurückgeht.

lässt sich die exp-Funktion (A1.64) durch ihre lineare Näherung

$$\delta\hat{R} \approx 1 + \mathrm{i}\delta\hat{Z}/\hbar \tag{A1.65}$$

ersetzen und der Operator $\delta\hat{Z}$ als proportional zur infinitesimalen Änderung $\delta\xi$ eines Parameters ξ (z. B. des Drehwinkels α), von dem $\hat{R}$ abhängen möge, betrachten:

$$\delta\hat{Z} = \hat{W}_{\xi}\delta\xi\,. \tag{A1.66}$$

Den hierdurch definierten, ebenso wie $\hat{Z}$ hermiteschen Operator $\hat{W}_{\xi}$ kann man einer Observablen W_{ξ} zuordnen, für die ein Erhaltungssatz gilt. Diese Aussagen teilen wir hier ohne detaillierten Beweis mit.

Einige Beispiele mögen die obige, etwas formale Darlegung verdeutlichen. Wird etwa als $\delta\xi$ eine infinitesimale Zeitverschiebung genommen, $\delta\xi = \delta t$, so ist $\hat{W}_t = \hat{H}$; bei der Erhaltungsgröße W_t handelt es sich also um die Gesamtenergie $\mathscr{E}$ des Systems (*Energiesatz*). Die Invarianz von $\hat{H}$ gegenüber einer infinitesimalen Ortsverschiebung, etwa $\delta\xi = \delta x$, führt zu $\hat{W}_x = \hat{P}_x$, der x-Komponente des Gesamtimpulsoperators $\hat{\boldsymbol{P}}$, und $W_x = P_x$ ist die Erhaltungsgröße. Ist $\hat{H}$ invariant gegenüber einer infinitesimalen Drehung mit dem Winkel $\delta\varphi$ um die z-Achse, so bedeutet das: $\hat{W}_{\varphi} = \hat{J}_{\varphi}$ und $W_{\varphi} = J_{\varphi}$, also die z-Komponente des Gesamtdrehimpulses $\boldsymbol{J}$ als Erhaltungsgröße.

(b) $\boldsymbol{G}$ ist eine *endliche Gruppe*

In diesem Fall kann man die oben geschilderte Verfahrensweise nicht anwenden. Schon der exp-Ansatz (A1.64) hat keinen Sinn, da es nur endlich-viele Potenzen einer Symmetrieoperation einer endlichen Gruppe gibt, und hermitesche Operatoren $\hat{Z}$ bzw. $\hat{W}_{\xi}$ sind nicht definierbar.

Auch ist es nicht möglich, die Operatoren $\hat{R}$ selbst direkt zu verwenden, da unklar wäre, welche Observablen ihnen entsprechen sollten; außerdem sind sie im Allgemeinen nicht untereinander vertauschbar, so dass sie nicht gleichzeitig Erhaltungsgrößen sein könnten.

Ein Ausweg eröffnet sich folgendermaßen (s. [A1.3], auch [I.4a]): Man bilde den sogenannten *Klassenoperator* $\hat{C}_k$ zur k-ten Klasse $\mathscr{C}_k$ der Gruppe $\boldsymbol{G}$ (s. Abschn. A1.2.2*(2)*), indem man über die Operationen R der Klasse $\mathscr{C}_k$ summiert:

$$\hat{C}_k \equiv (1/h_k)\sum\nolimits_{R\in\mathscr{C}_k} R = (1/h)\sum\nolimits_{S\in\boldsymbol{G}} S^{-1}R_{(k)}S\,; \tag{A1.67}$$

h_k bezeichnet die Anzahl der Elemente in der Klasse $\mathscr{C}_k$, h ist die Ordnung der Gruppe $\boldsymbol{G}$ und $R_{(k)}$ ein repräsentatives Element der Klasse $\mathscr{C}_k$.

Wie sich zeigen lässt (den Beweis übergehen wir), sind Funktionen $\psi^{(\nu)}$, die eine Basis der ν -ten irreduziblen Darstellung von $\boldsymbol{G}$ bilden, Eigenfunktionen des Klassenoperators $\hat{C}_k$:

$$\hat{C}_k \psi^{(\nu)} = c_{k\nu} \psi^{(\nu)} \tag{A1.68}$$

zu den Eigenwerten

$$c_{k\nu} = (1/g_\nu)\chi_k^{(\nu)}; \tag{A1.69}$$

hier ist g_ν die Dimension der ν-ten irreduziblen Darstellung der Gruppe $\boldsymbol{G}$ und $\chi_k^{(\nu)} \equiv \chi^{(\nu)}(R_{(k)})$ der Charakter des repräsentativen Gruppenelements der k-ten Klasse in der ν-ten irreduziblen Darstellung $\Gamma^{(\nu)}$ von $\boldsymbol{G}$.

Die Klassenoperatoren $\hat{C}_k$ kommutieren untereinander und (wie alle Operationen $R \in \boldsymbol{G}$) mit dem Hamilton-Operator $\hat{H}$. Allerdings sind sie nicht hermitesch, ihre Eigenwerte sind daher nicht notwendig reell[9], und sie können folglich keinen messbaren physikalischen Größen (Observablen) entsprechen.

Erhaltungsgröße (als Eigenschaft eines Systems in einem bestimmten Zustand, die sich im Zeitablauf der Bewegung nicht verändert) ist die Zugehörigkeit des durch die Wellenfunktion gegebenen Zustands zu einer bestimmten irreduziblen Darstellung $\Gamma^{(\nu)}$, gekennzeichnet durch den Satz von Charakteren $\chi^{(\nu)}(R_{(k)})$ mit $k = 1,2,...$ (so viele, wie es Klassen gibt), d. h. durch die ν-te Zeile in der Charaktertafel von $\boldsymbol{G}$.

Zur Illustration ziehen wir die Symmetriegruppe $\boldsymbol{C}_{3v}$ heran; sie hat drei Klassen und dementsprechend drei Klassenoperatoren: $\hat{C}_E, \hat{C}_{C_3}$ und $\hat{C}_\sigma$ (anstelle von k = 1, 2 und 3 sind repräsentative Elemente als Indizes angegeben). Erhaltungsgröße eines Zustands ist die Zugehörigkeit zu einer der drei irreduziblen Darstellungen der Gruppe: A_1, A_2 oder E.

A1.4.2* Bewegungskonstante Normaloperatoren

Ein *Normaloperator* $\hat{\Lambda}$ ist dadurch gekennzeichnet, dass er mit seinem Adjungierten $\hat{\Lambda}^+$ (s. Abschn. 3.1.1) vertauschbar ist:

$$\hat{\Lambda}\hat{\Lambda}^+ = \hat{\Lambda}^+\hat{\Lambda}; \tag{A1.70}$$

hermitesche und unitäre Operatoren genügen beide dieser Beziehung, gehören daher zu den Normaloperatoren. Solche Operatoren weisen einige wichtige Besonderheiten auf.[10]

Wir nehmen an, zu einem molekularen System gibt es eine Symmetriegruppe $\boldsymbol{G}$ des starren Kerngerüsts und damit einen Satz von Normaloperatoren $\hat{\Lambda}_1, \hat{\Lambda}_2, ...$, die untereinander und mit dem (zeitunabhängigen) Hamilton-Operator $\hat{H}$ vertauschbar sind:

---

[9] Tatsächlich haben die Charaktere mancher irreduzibler Darstellungen endlicher Punktgruppen komplexe Zahlenwerte, s. Tab. A1.2.

[10] Löwdin, P.-O.: The Normal Constants of Motion in Quantum Mechanics Treated by Projection Technique. Rev. Mod. Phys. **34**, 520-530 (1962)

$$\hat{\Lambda}_a \hat{H} = \hat{H} \hat{\Lambda}_a \,, \tag{A1.71a}$$

$$\hat{\Lambda}_a \hat{\Lambda}_b = \hat{\Lambda}_b \hat{\Lambda}_a \qquad (a,\, b = 1,\, 2,\, \ldots\,), \tag{A1.71b}$$

und zu denen daher ein Satz von Bewegungskonstanten (Erhaltungsgrößen) $\Lambda_1, \Lambda_2, \ldots$ gehört. Die exakten Wellenfunktionen ψ als Eigenfunktionen von $\hat{H}$ sind folglich entweder automatisch oder (bei Entartung) nach Bildung geeigneter Linearkombinationen zugleich auch Eigenfunktionen der Normaloperatoren $\hat{\Lambda}_a$ (vgl. Abschn. 3.1.4):

$$\hat{H}\psi = \mathcal{E}\psi \,, \tag{A1.72a}$$

$$\hat{\Lambda}_a \psi = \lambda^{(a)} \psi \qquad (a = 1,\, 2,\, \ldots\,). \tag{A1.72b}$$

Es lässt sich leicht zeigen (wir führen den Beweis hier nicht), dass eine Eigenfunktion ψ eines Normaloperators $\hat{\Lambda}$ zum Eigenwert λ auch Eigenfunktion des adjungierten Normaloperators $\hat{\Lambda}^+$ ist, und zwar zum Eigenwert λ^*.

Hieraus resultiert eine wichtige allgemeingültige Aussage: Eigenfunktionen ψ_i und ψ_j zu verschiedenen Eigenwerten λ_i bzw. λ_j eines bewegungskonstanten Normaloperators $\hat{\Lambda}$ sind zueinander orthogonal (analog zu Abschn. 3.1), und das mit diesem Funktionenpaar gebildete Matrixelement des Hamilton-Operators $\hat{H}$ verschwindet (sog. *Kombinationsverbot*):

$$\left.\begin{array}{l} \langle \psi_i | \psi_j \rangle = 0 \\ \langle \psi_i | \hat{H} | \psi_j \rangle = 0 \end{array}\right\} \text{ für } \lambda_i \neq \lambda_j \,. \tag{A1.73a,b}$$

Der Beweis ist nicht schwierig und wird als ÜA A1.13 empfohlen.

Allgemein nennt man derartige Wellenfunktionen, die Eigenfunktionen eines bewegungskonstanten Normaloperators $\hat{\Lambda}$ sind, *symmetriegerecht* oder *symmetrieadaptiert*.

A1.4.3* Erzeugung symmetriegerechter Funktionen. Symmetrie-Projektionsoperatoren

Auf Grund der Eigenschaften (A1.73a,b) von Wellenfunktionen, die zugleich Eigenfunktionen bewegungskonstanter Normaloperatoren $\hat{\Lambda}$ sind, lassen sich Berechnungen vereinfachen, indem man von vornherein mit symmetriegerechten Funktionen arbeitet. Es ist daher wichtig, Verfahren zur Verfügung zu haben, die aus einer beliebigen ("vernünftigen") Funktion ψ eine Funktion zu erzeugen, die Eigenfunktion von $\hat{\Lambda}$ zu einem bestimmten Eigenwert λ_i ist.

Der Einfachheit halber wird vorausgesetzt, dass der Normaloperator $\hat{\Lambda}$ ein rein diskretes, nichtentartetes Eigenwertspektrum $\lambda_1, \lambda_2, \ldots$ besitzt; die zugehörigen orthonormierten Eigenfunktionen seien ψ_i. Wir entwickeln die Funktion ψ nach den Eigenfunktionen ψ_i von $\hat{\Lambda}$,

$$\psi = \sum\nolimits_i c_i \psi_i \tag{A1.74}$$

(bei einer endlichen Anzahl von Eigenwerten λ_i ist das eine endliche Linearkombination) und konstruieren einen *Projektionsoperator* $\hat{O}_n$, wie er in Abschnitt 3.1.4 eingeführt wurde, der aus ψ die zum Eigenwert λ_n gehörende Komponente "herausfiltert":

$$\hat{O}_n \psi = c_n \psi_n . \tag{A1.75}$$

Solche Projektionsoperatoren müssen (s. Abschnitt 3.1.4) die Eigenschaft haben, dass mehrfache Anwendung nichts mehr ändert (Idempotenz) und dass aufeinanderfolgende Projektionen auf verschiedene Komponenten sich ausschließen:

$$\hat{O}_n^{\,2} = \hat{O}_n , \tag{A1.76}$$

$$\hat{O}_l \hat{O}_n = 0 \quad \text{für} \quad l \neq n . \tag{A1.77}$$

Wird für die Glieder auf der rechten Seite von Gleichung (A1.74) jeweils der Ausdruck (A1.75) eingesetzt, so ergibt sich

$$\psi = \sum_i (\hat{O}_i \psi) = (\sum_i \hat{O}_i) \psi , \tag{A1.78}$$

und damit formal

$$1 = \sum_i \hat{O}_i , \tag{A1.79}$$

(*Vollständigkeitsrelation*), d. h. jede Funktion ψ lässt sich als Linearkombination symmetriegerechter Komponenten schreiben (vgl. Abschn. 3.1.3).

Ein solcher Projektionsoperator kann verhältnismäßig leicht konstruiert werden, und zwar als ein Produkt von Ausdrücken $\propto (\hat{\Lambda} - \lambda_j)$, die jeweils einen Term j in der Summe (A1.74) zum Verschwinden bringen, ausgenommen werden muss natürlich der Term $j = n$:

$$\hat{O}_n = \prod_{\substack{j=1,2,\ldots \\ (j \neq n)}} (\hat{\Lambda} - \lambda_j)/(\lambda_n - \lambda_j) \tag{A1.80}$$

(*Standard-Projektionsoperator* nach P.-O. Löwdin, loc. cit.).

Schließlich merken wir noch an, dass auf Grund der Vertauschbarkeit von $\hat{\Lambda}$ und $\hat{H}$ [Gl. (A1.71a) auch die Pojektonsoperatoren $\hat{O}_n$ mit $\hat{H}$ vertauschbar sind:

$$\hat{O}_n \hat{H} = \hat{H} \hat{O}_n , \tag{A1.81}$$

was sich für die Standardform (A1.80) leicht zeigen lässt.

Wendet man $\hat{O}_n$ auf die Schrödinger-Gleichung (A1.72a) an, also $\hat{O}_n (\hat{H} \psi) = \hat{O}_n (\mathcal{E} \psi)$, dann ergibt sich mit der Beziehung (A1.81):

$$\hat{H} (\hat{O}_n \psi) = \mathcal{E} (\hat{O}_n \psi) ; \tag{A1.82}$$

die projizierte Funktion $\hat{O}_n \psi$ ist somit ebenfalls Eigenfunktion von $\hat{H}$ zum gleichen Eigenwert $\mathcal{E}$ wie die unprojizierte Funktion ψ.

Wir betrachten jetzt speziell den Fall, dass die bewegungskonstante Eigenschaft des Systems die Zugehörigkeit zu einer bestimmten irreduziblen Darstellung $\Gamma^{(\nu)}$ einer endlichen Punktgruppe ist. Dann haben wir die Symmetrieklassenoperatoren $\hat{C}_k$ [Gl. (A1.67)] als bewegungskonstante Normaloperatoren, und die entsprechenden Projektionsoperatoren für $\nu = 1, 2, ...$ sind (s. z. B. [A1.1]):

$$\hat{O}^{(\nu)} \equiv (g_\nu/h)\sum_{R\in\boldsymbol{G}}\chi^{(\nu)}(R)^* R \tag{A1.83}$$

(*Charakter-Projektionsoperatoren*). Dass diese Operatoren die erforderlichen Eigenschaften (A1.76, A1.77 und A1.79) haben, kann man leicht zeigen. Wird der Operator $\hat{O}^{(\nu)}$ auf eine beliebige Funktion ψ angewendet, dann ergibt sich eine Linearkombination von Funktionen $R\psi$ (mit *allen* $R \in \boldsymbol{G}$), und diese Linearkombination transformiert sich nach der irreduziblen Darstellung $\Gamma^{(\nu)}$, ist also eine symmetriegerechte (symmetrieadaptierte) Funktion.

Auf einen Umstand, der Komplikationen mit sich bringen kann, sei noch hingewiesen. Gewöhnlich besteht die Aufgabe darin, einen Satz linear unabhängiger Funktionen $u_1, u_2, ...$ durch Bildung geeigneter Linearkombinationen in einen Satz symmetriegerechter Funktionen, die sich nach einer bestimmten irreduiblen Darstellung $\Gamma^{(\nu)}$ einer Symmetriegruppe $\boldsymbol{G}$ transformieren, umzuwandeln. Wird dazu ein Projektionsoperator $\hat{O}^{(\nu)}$ vom Typ (A1.83) verwendet, dann sind die damit erzeugten Funktionen $\hat{O}^{(\nu)}u_1, \hat{O}^{(\nu)}u_2, ...$ im Allgemeinen nicht mehr linear unabhängig. Man hat in diesem Falle vor der weiteren Benutzung der projizierten Funktionen diese linearen Abhängigkeiten zu eliminieren (s. hierzu [A1.1], auch [I.4a]).

Zur Illustration nehmen wir (wie in [I.4a], Abschn. 6.4.) den Satz der drei 1*s*-Funktionen $\{\varphi_1, \varphi_2, \varphi_3\}$ der H-Atome H1, H2 und H3 des NH_3-Moleküls. Die Symmetriegruppe ist $\boldsymbol{C}_{3v}$; die C_3-Achse steht senkrecht auf der Ebene der drei H-Kerne und verläuft durch die Position des N-Kerns an der Spitze der regulären dreiseitigen Pyramide, und die drei vertikalen Spiegelebenen $\sigma_v^{(1)}, \sigma_v^{(2)}$ und $\sigma_v^{(3)}$ gehen durch die Positionen der drei H-Kerne (s. Abb. A1.11). Die Gruppe $\boldsymbol{C}_{3v}$ hat die drei irreduziblen Darstellungen A_1, A_2 und E, deren Charaktere der entsprechenden Charaktertafel in den Tabn A1.2 zu entnehmen sind. Damit bildet man die Projektionsoperatoren

$$\hat{O}^{(A_1)} = (1/6)[1\cdot E + 1\cdot C_3 + 1\cdot C_3{}^2 + 1\cdot\sigma_v^{(1)} + 1\cdot\sigma_v^{(2)} + 1\cdot\sigma_v^{(3)}], \tag{A1.84a}$$

$$\hat{O}^{(A_2)} = (1/6)[1\cdot E + 1\cdot C_3 + 1\cdot C_3{}^2 - 1\cdot\sigma_v^{(1)} - 1\cdot\sigma_v^{(2)} - 1\cdot\sigma_v^{(3)}], \tag{A1.84b}$$

$$\hat{O}^{(E)} = (1/3)[2\cdot E - 1\cdot C_3 - 1\cdot C_3{}^2]. \tag{A1.84c}$$

Angewendet auf die Funktion φ_1, ergibt sich:

$$\varphi_1^{(A_1)} \equiv \hat{O}^{(A_1)}\varphi_1 = (1/3)[\varphi_1 + \varphi_2 + \varphi_3], \tag{A1.85a}$$

$$\varphi_1^{(A_2)} \equiv \hat{O}^{(A_2)}\varphi_1 = 0, \tag{A1.85b}$$

$$\varphi_1^{(E)} \equiv \hat{O}^{(E)}\varphi_1 = (1/3)[2\varphi_1 - \varphi_2 - \varphi_3]. \tag{A1.85c}$$

Aus φ_2 und φ_3 erhält man die gleichen A_1- und A_2-Komponenten. Als E-Komponenten jedoch resultieren

$$\varphi_2^{(E)} \equiv \hat{O}^{(E)}\varphi_2 = (1/3)[2\varphi_2 - \varphi_3 - \varphi_1], \qquad \text{(A1.85c')}$$

$$\varphi_3^{(E)} \equiv \hat{O}^{(E)}\varphi_3 = (1/3)[2\varphi_3 - \varphi_1 - \varphi_2]. \qquad \text{(A1.85c'')}$$

Die drei Funktionen vom E-Typ sind linear abhängig, und zwar besteht zwischen ihnen die Beziehung

$$\varphi_1^{(E)} + \varphi_2^{(E)} + \varphi_3^{(E)} = 0, \qquad \text{(A1.86)}$$

so dass sich jede von ihnen durch die jeweils anderen beiden ausdrücken lässt. Es gibt verschiedene Verfahren, um aus den drei Funktionen (A1.85c-c") zwei linear unabhängige oder besser noch: zueinander orthogonale Linearkombinationen zu gewinnen. Beispielsweise nehme man eine von ihnen, etwa $\varphi_1^{(E)}$, und bilde aus den beiden übrigen eine zu $\varphi_1^{(E)}$ orthogonale Linearkombination; das ergibt $\varphi_2^{(E)} - \varphi_3^{(E)} = \varphi_2 - \varphi_3$. Die erhaltenen Funktionen sind gegebenenfalls noch zu normieren.

Hat man es mit einer kontinuierlichen Gruppe (axiale Drehgruppe; dreidimensionale Kugeldrehgruppe) zu tun, d. h. mit einem hermiteschen bewegungskonstanten Normaloperator $\hat{\Lambda}$, dann bietet oft der Standard-Projektionsoperator (A1.80) eine bequeme Möglichkeit zur Erzeugung von Funktionen, die zu bestimmten Eigenwerten des Normaloperators gehören. Wir geben hier einen aus der Standardform hergeleiteten Projektionsoperator[11] an, der aus einer Eigenfunktion φ^{M_S} zur z-Komponente $M_S\hbar$ (≥ 0) des Gesamtspins, die aber nicht zu einem bestimmten Eigenwert $S(S+1)\hbar^2$ des Betragsquadrats des Gesamtspins gehören muss, eine Eigenfunktion des Operators $\hat{\boldsymbol{S}}^2$ zur Quantenzahl S erzeugt:

$$\hat{O}_S^{M_S} = (2S+1)[(S+M_S)!/(S-M_S)!]\times$$
$$\times\sum_{k=0}^{(N/2)-S}[(-1)^k/k!(2S+k+1)!](\hat{S}_-/\hbar)^{S-M_S+k}(\hat{S}_+/\hbar)^{S-M_S+k}. \qquad \text{(A1.87)}$$

hier bezeichnen $\hat{S}_-$ und $\hat{S}_+$ die in Abschnitt 3.2 definierten Schiebeoperatoren für den Gesamtspin, und N ist die Teilchenzahl.

Als ÜA A1.14 wird empfohlen, mit diesem Projektionsoperator aus der Zweiteilchen-Spinfunktion $X^0(1,2) = \chi_+(1)\chi_-(2)$, die Eigenfunktion von $\hat{S}_z$ zum Eigenwert $M_S = 0$, nicht aber Eigenfunktion von $\hat{\boldsymbol{S}}^2$ ist, Eigenfunktionen zu $S = 0$ (Singulett) und $S = 1$ (Triplett) zu erzeugen.

A1.5 Anwendungen

In den Teilen 2 und 3 ist an zahlreichen Stellen von gruppen- und darstellungstheoretischen Begriffen Gebrauch gemacht worden, daher werden wir hier nach einer Zusammenfassung praktischer Arbeitsrezepte für die Lösung darstellungstheoretischer Aufgaben nur noch einmal

[11] Löwdin, P.-O., loc. cit. (Fußnote 10)

zusammenfassend die wichtigsten Problemkreise benennen, bei denen die Symmetrieeigenschaften eines Systems ausgenutzt werden können.

Angesichts der erheblichen Schwierigkeiten bei der Lösung der Schrödinger-Gleichung ist es von großem Wert, dass sich allein aus der Kenntnis von Symmetrieeigenschaften eines u. U. sehr komplexen Systems (z. B. eines mehratomigen Moleküls) im Rahmen einer bestimmten Näherungsbeschreibung *exakt gültige nicht-numerische Aussagen* über die Zustände gewinnen lassen. Was numerische Berechnungen von Näherungslösungen der Schrödinger-Gleichung betrifft, so ermöglicht die Kenntnis von Symmetrien des Systems erhebliche Vereinfachungen und damit eine *Verringerung des Rechenaufwands*.

A1.5.1 Arbeitsrezepte zur Lösung darstellungstheoretischer Aufgaben

Zur Vorbereitung stellen wir aus dem Inhalt der vorangegangenen Abschnitte einige praktische Verfahrensregeln zusammen, um die bei einer darstellungstheoretischen Behandlung quantenchemischer bzw. molekülphysikalischer Probleme auftretenden Fragen zu beantworten. Wir beschränken uns auf endliche Punktgruppensymmetrien und übernehmen das Folgende in etwas verkürzter Form aus [I.4a] (s. dort Abschn. 6.2.3.4).

Vorausgesetzt sei, dass für die endliche Punktgruppe $\boldsymbol{G}$ (Elemente R, Ordnung h) mit einer Basis $\{ \varphi_i \}$ eine Darstellung $\Gamma(R)$ erhalten wurde; die Charaktere $\chi^{(\nu)}(R)$ der irreduziblen Darstellungen $\Gamma^{(\nu)}(R)$ sind den Tabellen A1.2 zu entnehmen.

Frage 1: Ist die Darstellung $\Gamma(R)$ reduzibel oder irreduzibel?

Beantwortung mittels des *Charakterkriteriums* (A1.48): Die Darstellung $\Gamma(R)$ ist dann und nur dann irreduzibel, wenn ihre Charaktere $\chi(R)$ die Beziehung

$$\sum_R \chi(R)^* \chi(R) = h \qquad \text{(A1.48')}$$

erfüllen.

Frage 2: Wenn sich die Darstellung $\Gamma(R)$ als reduzibel herausstellt, in welche irreduziblen Bestandteile lässt sie sich zerlegen und zu welchen Symmetrierassen gehören die entsprechenden Teilsätze von Basisfunktionen (s. Abschn. A1.3.2)?

Beantwortung durch Bestimmung der Koeffizienten a_ν in der direkten Summe (A1.42) bzw. der entsprechenden Charakterzerlegung (A1.49) mittels der Gleichung (A1.50): In der Darstellung $\Gamma(R)$ ist die irreduzible Darstellung $\Gamma^{(\nu)}(R)$ genau a_ν-mal enthalten.

Frage 3: Wie lässt sich aus einer durch die Basisfunktionen φ_i induzierten Darstellung $\Gamma(R)$ eine reduzierte (ausgeblockte) Darstellung erzeugen?

Beantwortung durch Umwandlung und Aufteilung des Basissatzes $\{ \varphi_i \}$ in Sätze symmetriegerechter Basisfunktionen $\varphi_i^{(\nu)}$, indem auf die Funktionen φ_i Charakterprojektionsoperatoren angewendet und anschließend eventuell vorhandene lineare Abhängigkeiten eliminiert werden (s. Abschn. A1.4.3); die neuen Basisfunktionen $\varphi_i^{(\nu)}$ liefern unmittelbar die Matrizen $\Gamma^{(\nu)}(R)$ der irreduziblen Darstellungen.

Damit ist zugleich die Frage beantwortet, wie man aus irgendwelchen gegebenen, linear unabhängigen Basisfunktionen (z. B. AOs) einen Satz symmetriegerechter Linearkombinationen (z. B. als Bestandteile von MOs) gewinnen kann.

Frage 4: Wie kann man nachprüfen, ob in einer irgendwie ermittelten reduzierten (ausgeblockten) Darstellung alle irreduziblen Darstellungen vertreten sind?

Beantwortung mittels der Quadratsummenbedingung (A1.43) für die Dimensionen g_ν der erhaltenen verschiedenen irreduziblen Darstellungen; bei fehlenden Symmetrierassen ist die Quadratsumme kleiner als h.

Es ist zu empfehlen, sich die Beantwortung dieser Fragen anhand der in den vorangegangenen Abschnitten und in den Übungsaufgaben behandelten Beispiele klarzumachen.

A1.5.2 Ausnutzung der Symmetrieeigenschaften in Quantenchemie und Molekülphysik

A1.5.2.1 Symmetrie und Moleküleigenschaften

Die Symmetriegruppe, zu der das Kerngerüst eines Moleküls gehört, entscheidet oft bereits darüber, ob es überhaupt möglich ist, dass das Molekül eine bestimmte messbare Eigenschaft aufweist. So kann bereits eine geringfügige Veränderung am Kerngerüst dazu führen, dass eine Eigenschaft verlorengeht.

Das am leichtesten anschaulich fassbare Beispiel einer solchen Eigenschaft ist das *permanente elektrische Diplomoment*. Der elektrische Dipolmoment*vektor* darf sich bei Symmetrieoperationen nicht ändern, da diese das Molekül "in sich selbst" überführen, d. h. er muss *in* allen Symmetrieelementen liegen. Ein Dipolmoment kann es daher nicht geben, wenn das Kerngerüst ein Inversionszentrum oder Drehspiegelachsen oder mehrere, nicht-koaxiale Drehachsen besitzt. Folglich können nur Moleküle mit den Punktgruppen $\boldsymbol{C}_s, \boldsymbol{C}_n$ und $\boldsymbol{C}_{nv}$ (auch $\boldsymbol{C}_{\infty v}$) ein permanentes elektrisches Dipolmoment haben. Einfache Beispiele sind die heteronuklearen zweiatomigen Moleküle wie CO (Gruppe $\boldsymbol{C}_{\infty v}$), das Wassermolekül H_2O (Gruppe $\boldsymbol{C}_{2v}$) und das Ammoniakmolekül NH_3 (Gruppe $\boldsymbol{C}_{3v}$).

A1.5.2.2 Kennzeichnung von Atom- und Molekülzuständen

Auf Grund der Vertauschbarkeit der Symmetrieoperationen R mit dem Hamilton-Operator $\hat{H}$ [Gl. (A1.8)] ergibt sich, wenn man auf beide Seiten der Schrödinger-Gleichung (A1.72a), $\hat{H}\psi = \mathcal{E}\psi$, die Operation R ausübt:

$$\hat{H}(R\psi) = \mathcal{E}(R\psi); \qquad \text{(A1.88)}$$

ist also ψ eine Eigenfunktion zum Eigenwert $\mathcal{E}$ von $\hat{H}$, dann sind auch alle Funktionen $R\psi$ mit $R \in \boldsymbol{G}$ Eigenfunktionen von $\hat{H}$, und zwar zum gleichen Eigenwert $\mathcal{E}$ (in Einklang mit den Überlegungen in Abschn. A1.4). Die zu einem bestimmten Eigenwert $\mathcal{E}$ von $\hat{H}$ gehörenden Eigenfunktionen bilden demnach eine Basis für eine Darstellung der Symmetriegruppe $\boldsymbol{G}$, denn sie transformieren sich bei Anwendung von Symmetrieoperationen $R \in \boldsymbol{G}$ nur untereinander. Diese Darstellung ist im Allgemeinen *irreduzibel*; die Dimension ist gleich dem Entartungsgrad des Niveaus $\mathcal{E}$.

Ist die Darstellung reduzibel, so spricht man von *zufälliger Entartung*. Der Satz der zu $\mathcal{E}$ gehörenden Eigenfunktionen zerfällt dann nach der Reduktion in Teilsätze von Funktionen, die sich bei Symmetrieoperationen nur jeweils unter sich transformieren.

Dafür, dass solche nicht durch ihr gleichartiges Symmetrieverhalten verknüpfte Zustände die gleiche Energie haben sollten, kann im Rahmen der zugrundegelegten Näherung in der Regel kein physikalischer Grund gefunden werden – daher die Bezeichnung "zufällig".
Ein Beispiel ist die zufällige Entartung von Zuständen mit gleicher Hauptquantenzahl n und unterschiedlichen Bahndrehimpulsquantenzahlen l bei reinem Coulomb-Feld (s. Abschn. 2.3.3).

Das gesamte Eigenfunktionensystem des Hamilton-Operators $\hat{H}$ bildet also die Basis einer (im Allgemeinen vollständig ausreduzierten, "ausgeblockten") Darstellung von $\boldsymbol{G}$; zu jedem Eigenwert $\mathcal{E}$ gehört ein irreduzibler Block dieser Darstellung. Werden Mehrteilchen-Wellenfunktionen aus Einteilchenfunktionen aufgebaut, so sind die den Teilchenkonfigurationen entsprechenden direkten Produkte der irreduziblen Darstellungen zu bilden; ihre Reduktion ergibt die Symmetrierassen der Zustände des Gesamtsystems.

Jedes Energieniveau und die dazugehörigen Eigenfunktionen des Hamilton-Operators lassen sich somit durch Angabe der Symmetrierasse (der irreduziblen Darstellung), zu der sie gehören, kennzeichnen. Entartungen sind in der Regel (abgesehen von zufälligen Entartungen) als eine Konsequenz der Symmetrie anzusehen: sie treten bei nicht-abelschen Gruppen auf, wenn also die Gruppe mehrdimensionale irreduzible Darstellungen hat.

Anmerkungen

- Die Zuordnung einer Symmetrierasse zu einem Zustand ist eindeutig. Das Umgekehrte gilt jedoch nicht, denn mehrere Zustände können die gleiche Symmetrierasse haben.

- Können die Zustände eines atomaren oder molekularen Systems eindeutig durch die Angabe der Eigenwerte der bewegungskonstanten Normaloperatoren gekennzeichnet werden, dann nennt man den Satz kompatibler (vertauschbarer) Operatoren $\hat{H}, \hat{\Lambda}_1, \hat{\Lambda}_2, \ldots$ *vollständig*.

  Einen solchen vollständigen Satz kennt man für das diskrete Spektrum wasserstoffähnlicher Atome: es sind die Operatoren $\hat{H}, \hat{\boldsymbol{l}}^2, \hat{l}_z$ und $\hat{s}_z$ (vgl. Abschn. 3.1.4). Für komplexere Systems sind derartige vollständige Sätze von Bewegungskonstanten in der Regel nicht bekannt.

Wir weisen noch auf einige in den Teilen 2 und 3 behandelte Beispiele hin, beschränken uns jeweils auf Elektronenzustände in nichtrelativistischer Näherung und sehen vom Spin ab.

Atome (s. Abschn. 5.3.1) haben als Symmetriegruppe die räumliche Drehspiegelungsgruppe $\boldsymbol{K}_h$. Die irreduziblen Darstellungen sind durch die Quantenzahlen L für das Betragsquadrat des gesamten Bahndrehimpulses (Operator $\hat{L}^2$) bestimmt: $L = 0, 1, 2, \ldots$, in der üblichen Buchstabensymbolik: *S*-, *P*-, *D*-, ... Zustände; die Dimensionen der entsprechenden irreduziblen Darstellungen sind gleich $2L + 1$.

Die Symmetriegruppen linearer Molekül-Kerngerüste sind die axialen Drehgruppen $\boldsymbol{C}_{\infty v}$ oder $\boldsymbol{D}_{\infty h}$. Die Symmetrieklassifizierung der Elektronenzustände (s. Abschn. 7.1.1) kann u. a. nach der Quantenzahl Λ für den Betrag der gesamten Bahndrehimpuls-Achsenkomponente erfolgen (nicht zu verwechseln mit Λ als generelles Symbol für den Eigenwert eines Normaloperators): $\Lambda = 0, 1, 2, \ldots$, üblicherweise mit den Buchstaben $\Sigma, \Pi, \Delta, \ldots$ bezeichnet. Ein Zustand Σ ($\Lambda = 0$) ist nichtentartet; der Entartungsgrad aller übrigen Zustandstypen ist gleich 2.

Für gewinkelte, gleichschenklig-dreieckige Kerngerüste (wie etwa H_2O) gilt die Symmetriegruppe $\boldsymbol{C}_{2v}$. Die irreduziblen Darstellungen A_1, A_2, B_1 und B_2 sind sämtlich eindimensional. Jeder Elektronenzustand gehört zu einer dieser vier Symmetrietypen und ist nichtentartet.

Molekül-Kerngerüste in Form einer regulären dreiseitigen Pyramide (wie etwa NH_3) haben die Symmetriegruppe $\boldsymbol{C}_{3v}$ mit den drei irreduziblen Darstellungen A_1, A_2 (jeweils eindimensional) und E (zweidimensional). Die Zustände vom A_1 - und A_2 -Typ sind nichtentartet, die vom *E*-Typ zweifach entartet.

In Abschnitt 7.4.4 wurden die Symmetrieeigenschaften der MOs und der Produkt-Wellenfunktionen für die π -Elektronen des Butadiens in der HMO-Näherung diskutiert. In der trans-Konformation hat das Molekül die Symmetriegruppe $\boldsymbol{C}_{2h}$, in der cis-Konformation die Symmetriegruppe $\boldsymbol{C}_{2v}$, vgl. Abb. 7.14. Für jede der beiden Konformationen gibt es vier Symmetrietypen (s. Tab. 7.3), die entsprechenden irreduziblen Darstellungen sind eindimensional.

Symmetriebetrachtungen spielen auch in der Theorie der Normalschwingungen mehratomiger Moleküle eine wichtige Rolle; dieser Problemkreis wird in Abschnitt 11.4.2.2 (vgl. auch Abschn. A1.3.1.1*(v)*) ausführlich behandelt.

A1.5.2.3 Symmetrieänderung und Energieniveaustruktur

Eine Veränderung an einem vorliegenden System (damit auch an seinem Hamilton-Operator) bedeutet im Allgemeinen den Übergang zu einer anderen Symmetriegruppe. Eine solche Situation hat man z. B., wenn ein freies Atom in eine molekulare Umgebung gebracht wird (Wechsel von der räumlichen Drehspiegelungsgruppe zur Symmetriegruppe des entstandenen molekularen Aggregats) oder wenn ein Kerngerüst verzerrt wird oder wenn weitere Wechselwirkungen (etwa mit einem äußeren Feld) einbezogen werden.

(a) Aufspaltung von Energieniveaus bei Symmetrieerniedrigung durch eine Störung

Wir betrachten die stationären Zustände eines Systems, das einer Störung unterworfen wird, und verwenden die Störungstheorie (s. Abschn. 4.4.2). Der Hamilton-Operator $\hat{H}$ für das sich ergebende, "gestörte" System setzt sich aus einem Anteil $\hat{H}_0$ für das "ungestörte" (ursprüngliche) System und einem Anteil $\hat{\mathcal{V}}$ für die "Störung" (Systemveränderung) zusammen:

$$\hat{H} = \hat{H}_0 + \hat{\mathcal{V}} \ . \qquad \text{(A1.89)}$$

Zu $\hat{H}_0$ möge die Symmetriegruppe $\boldsymbol{G}_0$ gehören (also die Gruppe aller Symmetrieoperationen, die mit $\hat{H}_0$ kommutieren), zu $\hat{\mathcal{V}}$ die Symmetriegruppe $\boldsymbol{G}$. In der Regel wird $\boldsymbol{G}$ eine Untergruppe von $\boldsymbol{G}_0$ sein; letztere umfasst also eine größere Anzahl von Elementen als $\boldsymbol{G}$ und entspricht damit einer "höheren" Symmetrie. Der Operator $\hat{H}$ hat, wie man leicht einsieht, die Symmetriegruppe des Anteils mit der niedrigeren Symmetrie, also die Symmetriegruppe $\boldsymbol{G}$.

Eine zunehmend höhere Symmetrie bedingt, dass auch zunehmend mehrdimensionale irreduzible Darstellungen und damit höhere Entartungsgrade der Zustände bzw. Energieniveaus auftreten (s. die Charaktertafeln, Tab. A1.2); unter den Energieniveaus des Hamilton-Operators $\hat{H}_0$ sind also, wenn $\boldsymbol{G}$ eine Untergruppe von $\boldsymbol{G}_0$ ist, mehr höhergradig entartete als unter denen von $\hat{H}$.

Es lässt sich rein darstellungstheoretisch ermitteln, ob und wenn ja, in welche (d. h. zu welchen Symmetrierassen der Gruppe $\boldsymbol{G}$ gehörige) Unter-Niveaus die Energieniveaus des Hamilton-Operators $\hat{H}_0$ bei Einwirkung der Störung $\hat{\mathcal{V}}$ aufspalten. Ferner kann man diejenigen Linearkombinationen der ungestörten Wellenfunktionen (Eigenfunktionen von $\hat{H}_0$) bestimmen, die "richtig" in die höheren störungstheoretischen Näherungen übergehen (sog. Anschlussfunktionen, s. Abschn. 4.4.2.2). Hierzu wird jeweils mit den zu einem Eigenwert $\mathcal{E}^{(0)}$ von $\hat{H}_0$ gehörenden Eigenfunktionen $\overline{\Phi}_k^{(0)}$ als Basis eine Darstellung Γ der Gruppe $\boldsymbol{G}$ erzeugt. Diese Darstellung ist im Allgemeinen reduzibel; ihre Reduktion in irreduzible Bestandteile $\Gamma^{(\nu)}$ ergibt die Anzahl und die Symmetrierassen derjenigen Niveaus, welche aus dem betreffenden ungestörten Niveau unter dem Einfluss der Störung hervorgehen. Die Anschlussfunktionen, d. h. die "richtigen" Linearkombinationen $\Phi_k^{(0)}$ der ungestörten Funktionen $\overline{\Phi}_k^{(0)}$, sind Basisfunktionen der irreduziblen Darstellungen $\Gamma^{(\nu)}$; man kann sie mit dem in Abschnitt A1.4.3 beschriebenen Projektionsverfahren aus den $\overline{\Phi}_k^{(0)}$ gewinnen.

Eine Vielzahl von Anwendungsfällen bietet die *Ligandenfeldtheorie* für Komplexverbindungen der Übergangsmetalle; in diesem Modell werden die Energieniveauaufspaltungen eines Atoms (beschrieben in der Zentralfeldnäherung) unter dem Einfluss des elektrischen Feldes von Liganden in einer bestimmten symmetrischen räumlichen Anordnung untersucht (s. Abschn. 5.4.3 sowie ÜA 5.6 zur Aufspaltung eines d^1 -Niveaus im Oktaederfeld).

Ein weiteres wichtiges Anwendungsgebiet ist die Untersuchung der Aufspaltung atomarer und molekularer Energieniveaus bei Einwirkung statischer äußerer elektrischer oder magnetischer Felder (*Stark-Effekt* bzw. *Zeeman-Effekt*). Einiges hierzu ist in Abschnitt 5.4.2 (für Atome) ausgeführt.

Eine einfache Situation, die Aufspaltung eines Energieniveaus vom E-Typ für die Symmetriegruppe $\boldsymbol{G}_0 \equiv \boldsymbol{C}_{3v}$ bei Verringerung der Symmetrie auf $\boldsymbol{G} \equiv \boldsymbol{C}_s$ ist in Abb. A1.13 schematisch dargestellt.

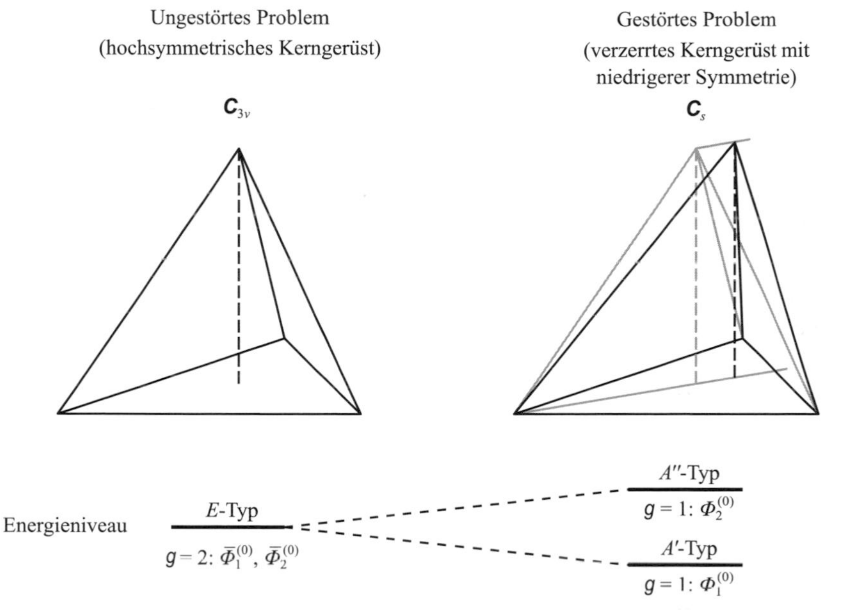

Abb. A1.13 Aufspaltung eines zweifach entarteten Energieniveaus (Symmetrietyp E für eine Kerngerüst-Symmetriegruppe $\boldsymbol{C}_{3v}$) bei Deformation des Kerngerüsts (Symmetrieerniedrigung auf $\boldsymbol{C}_s$), schematisch

Alle diese Ergebnisse sind, worauf bereits hingewiesen wurde, *qualitativer* (nicht-numerischer) Art; sie sagen nichts über die quantitative Größe der Termaufspaltungen aus.

(b) Symmetriekorrelationen von Zuständen

Von großem praktischen Interesse ist es, Aussagen über Änderungen molekularer Eigenschaften (insbesondere der Energie) bei Änderungen der Kerngeometrie zu gewinnen; dies ist auf der Grundlage des Symmetrieverhaltens durch Einsatz darstellungstheoretischer Hilfsmittel möglich. Analog zum vorangegangenen Abschnitt handelt es sich darum, von einem Hamilton-Operator $\hat{H}_0$ (Kernanordnung mit der Symmetriegruppe $\boldsymbol{G}_0$) zu einem Hamilton-Operator $\hat{H}$ (Kernanordnung mit der Symmetriegruppe $\boldsymbol{G}$) überzugehen. Mit einer solchen Problemstellung hat man es beispielsweise zu tun, wenn ein hochsymmetrisches Kerngerüst verzerrt wird (s. oben) oder wenn man Molekülzustände qualitativ aus Atomzuständen herleiten will bzw. wenn der Gesamtverlauf (Anhebung oder Absenkung) von Energieniveaus durch Interpolation zwischen Grenzfällen abgeschätzt werden soll.

Grenzfälle für die Interpolation können sein:

- das *vereinigte Atom* (engl. united atom), in dem man sich die Atome des betrachteten molekularen Aggregats zusammengeführt denken kann; die zugehörige Symmetriegruppe ist die dreidimensionale Drehspiegelungsgruppe $\boldsymbol{K}_h$, die Zustände sind in nichtrelativistischer Näherung (ohne Spin-Bahn-Kopplung) durch die atomaren Quantenzahlen w, L, S charakterisiert (s. Abschn. 5.3.1) und $(2S+1)\cdot(2L+1)$ - fach entartet;
- die vollständig *getrennten Atome* (engl. separated atoms), die sich ergeben, wenn sämtliche Kernabstände R_{ab} sehr groß sind, so dass zwischen den Atomen keinerlei Wechselwirkung besteht; jedes Energieniveau eines Atoms der Sorte A ist durch die Quantenzahlen w_{A}, L_{A} und S_{A} charakterisiert, und bei N_{A} Atomen der Sorte A ist ein solches Energieniveau $N_{\mathrm{A}}\cdot(2S_{\mathrm{A}}+1)\cdot(2L_{\mathrm{A}}+1)$ -fach entartet;
- zwei Konformationen eines Moleküls (allgemeiner: eines Atomaggregats), die lokalen Minima der Potentialhyperfläche entsprechen.

Solche Grenzfälle kann man sowohl für die Zustände der gesamten Elektronenhüllen als auch für die Einelektronzustände definieren.

Betrachten wir die beiden erstgenannten Grenzfälle – vereinigtes Atom und getrennte Atome – etwas genauer. Geht man ein wenig von diesen Grenzfällen ab, nimmt also zunächst sehr kleine bzw. sehr große (aber endliche) Abstände an, so ist das mit einer Symmetrieerniedrigung und entsprechender Aufspaltung der atomaren Niveaus verbunden, so wie es im vorigen Abschnitt beschrieben wurde. Analoges geschieht, wenn man von einer stabilen, im allgemeinen hochsymmetrischen Kernanordnung (Konformation) mit einer bestimmten Symmetrie (Gruppe $\boldsymbol{G}_0$) in eine andere stabile symmetrische Kernanordnung (Gruppe $\boldsymbol{G}_0'$) übergeht. In den Zwischenlagen hat man je nach angenommener Abfolge von Kernanordnungen eine Symmetriegruppe $\boldsymbol{G}$, die eine Untergruppe sowohl von $\boldsymbol{G}_0$ als auch von $\boldsymbol{G}_0'$ ist. Die Aufspaltung jedes Niveaus erhält man, indem jeweils mit den als bekannt angenommenen Zustandsfunktionen der Grenzfälle eine (im Allgemeinen reduzible) Darstellung Γ der Gruppe $\boldsymbol{G}$ erzeugt wird; deren Reduktion liefert die Anzahl und die Symmetrierassen der entstehenden (Unter-) Niveaus. Hierzu können zweckmäßig die Tabellen A1.5 genutzt werden.

Die *adiabatische Korrelation* der Zustände bzw. Energieniveaus des einen mit dem anderen Grenzfall erfolgt dann durch Verknüpfung in einem Diagramm (also Verbindung durch Linien) von Subniveaus gleichen Symmetrietyps zur Gruppe $\boldsymbol{G}$, beginnend mit dem tiefsten Energieniveau. Bei dieser Verknüpfung darf sich also der Symmetrietyp (die Zugehörighkeit zu einer bestimmten irreduziblen Darstellung von $\boldsymbol{G}$) nicht ändern. Außerdem sind dabei die *Kreuzungsregeln* zu beachten: Zustände gleichen Symmetrietyps dürfen sich nicht überschneiden; anstelle einer Kreuzung tritt eine vermiedene Kreuzung auf (s. folg. Abschn.). Auf diese Weise ergeben sich je nachdem, ob man die Abhängigkeit der Energie von einem oder zwei Geometrieparametern betrachtet (bei mehr als zwei Parametern ist eine graphische Darstellung nicht möglich), ein- oder zweidimensionale ***Korrelationsdiagramme***.

In den Kapiteln 6, 7 und 13 werden adiabatische (Elektronen-) Termkorrelationen an mehreren Stellen diskutiert; diese Ausführungen werden als Illustrationsbeispiele empfohlen.

Tab. A1.5 Zerlegung irreduzibler Darstellungen bei Verringerung der Symmetrie (aus [I.4b])
Teil *(a)*: Zerlegung der irreduziblen Darstellungen der räumlichen Kugeldrehgruppe

$\boldsymbol{K}_h$	$\boldsymbol{O}_h$ [a]	$\boldsymbol{T}_d$	$\boldsymbol{D}_{\infty h}$ [b]	$\boldsymbol{D}_{6h}$ [c]
S_g	A_{1g}	A_1	Σ_g^+	A_{1g}
S_u	A_{1u}	A_2	Σ_u^-	A_{1u}
P_g	T_{1g}	T_1	$\Sigma_g^- + \Pi_g$	$A_{2g} + E_{1g}$
P_u	T_{1u}	T_2	$\Sigma_u^+ + \Pi_u$	$A_{2u} + E_{1u}$
D_g	$E_g + T_{2g}$	$E + T_2$	$\Sigma_g^+ + \Pi_g + \Delta_g$	$A_{1g} + E_{1g} + E_{2g}$
D_u	$E_u + T_{2u}$	$E + T_1$	$\Sigma_u^- + \Pi_u + \Delta_u$	$A_{1u} + E_{1u} + E_{2u}$
F_g	$A_{2g} + T_{1g} + T_{2g}$	$A_2 + T_1 + T_2$	$\Sigma_g^- + \Pi_g + \Delta_g + \Phi_g$	$A_{2g} + B_{1g} + B_{2g} + E_{1g} + E_{2g}$
F_u	$A_{2u} + T_{1u} + T_{2u}$	$A_1 + T_1 + T_2$	$\Sigma_u^+ + \Pi_u + \Delta_u + \Phi_u$	$A_{2u} + B_{1u} + B_{2u} + E_{1u} + E_{2u}$

$\boldsymbol{K}_h$	$\boldsymbol{D}_{4h}$ [d]	$\boldsymbol{D}_{3h}$ [e,f]	$\boldsymbol{C}_{3v}$	$\boldsymbol{D}_{2d}$
S_g	A_{1g}	A_1'	A_1	A_1
S_u	A_{1u}	A_1''	A_2	B_1
P_g	$A_{2g} + E_g$	$A_2' + E''$	$A_2 + E$	$A_2 + E$
P_u	$A_{2u} + E_u$	$A_2'' + E'$	$A_1 + E$	$B_2 + E$
D_g	$A_{1g} + B_{1g} + B_{2g} + E_g$	$A_1' + E' + E''$	$A_1 + 2E$	$A_1 + B_1 + B_2 + E$
D_u	$A_{1u} + B_{1u} + B_{2u} + E_u$	$A_1'' + E' + E''$	$A_2 + 2E$	$A_1 + A_2 + B_1 + E$
F_g	$A_{2g} + B_{1g} + B_{2g} + 2E_g$	$A_1'' + A_2' + A_2'' + E' + E''$	$A_1 + 2A_2 + 2E$	$A_2 + B_1 + B_2 + 2E$
F_u	$A_{2u} + B_{1u} + B_{2u} + 2E_u$	$A_1' + A_2' + A_2'' + E' + E''$	$2A_1 + A_2 + 2E$	$A_1 + A_2 + B_2 + 2E$

[a] Für $\boldsymbol{O}$ ebenso, jedoch ohne Indizes g und u. [b] Für $\boldsymbol{C}_{\infty v}$ ebenso, jedoch ohne Indizes g und u.

[c] Für $\boldsymbol{D}_6$ ebenso, jedoch ohne Indizes g und u. Für $\boldsymbol{C}_{6v}$ tritt A_1 an die Stelle von A_{1g} und A_{2u} sowie A_2 an die Stelle von A_{1u} und A_{2g} ; bei den *B*- und *E*-Spezies entfallen die Indizes g und u.

[d] Für $\boldsymbol{D}_4$ und $\boldsymbol{C}_{4v}$ sind die gleichen Vorschriften wie in Fußnote *c* anzuwenden.

[e] Für $\boldsymbol{C}_{3h}$ ebenso, jedoch A' und A'' ohne Indizes 1 und 2.

[f] Für $\boldsymbol{D}_3$ und $\boldsymbol{D}_{3d}$ analog, aber ohne Striche; für $\boldsymbol{D}_{3d}$ ist außerdem jede Spezies durch g bzw. u zu kennzeichnen wie die jeweilige Spezies in der äußersten linken Spalte, aus der sie hervorgeht.

Tab. A1.5, Teil *(a)* (Fortsetzung)

$\boldsymbol{K}_h$	$\boldsymbol{D}_{2h}$ [g]	$\boldsymbol{C}_{2v}$	$\boldsymbol{C}_s$
S_g	A_g	A_1	A'
S_u	A_u	A_2	A''
P_g	$B_{1g}+B_{2g}+B_{3g}$	$A_2+B_1+B_2$	$A'+2A''$
P_u	$B_{1u}+B_{2u}+B_{3u}$	$A_1+B_1+B_2$	$2A'+A''$
D_g	$2A_g+B_{1g}+B_{2g}+B_{3g}$	$2A_1+A_2+B_1+B_2$	$3A'+2A''$
D_u	$2A_u+B_{1u}+B_{2u}+B_{3u}$	$A_1+2A_2+B_1+B_2$	$2A'+3A''$
F_g	$A_g+2B_{1g}+2B_{2g}+2B_{3g}$	$A_1+2A_2+2B_1+2B_2$	$3A'+4A''$
F_u	$A_u+2B_{1u}+2B_{2u}+2B_{3u}$	$2A_1+A_2+2B_1+2B_2$	$4A'+3A''$

[g] Für $\boldsymbol{D}_2$ ebenso, jedoch ohne Indizes g und u.

Tab. A1.5 Zerlegung irreduzibler Darstellungen bei Verringerung der Symmetrie (aus [I.4b])
Teil *(b)*: Zerlegung der irreduziblen Darstellungen der axialen Drehgruppen[a]

$\boldsymbol{D}_{\infty h}$ [b]	$\boldsymbol{D}_{6h}$ [c]	$\boldsymbol{C}_{6v}$	$\boldsymbol{D}_{4h}$ [d]	$\boldsymbol{D}_{3h}$ [e]	$\boldsymbol{C}_{3v}$	$\boldsymbol{D}_{2d}$
Σ_g^+	A_{1g}	A_1	A_{1g}	A_1'	A_1	A_1
Σ_u^+	A_{2u}	A_1	A_{2u}	A_2''	A_1	B_2
Σ_g^-	A_{2g}	A_2	A_{2g}	A_2'	A_2	A_2
Σ_u^-	A_{1u}	A_2	A_{1u}	A_1''	A_2	B_1
Π_g	E_{1g}	E_1	E_g	E''	E	E
Π_u	E_{1u}	E_1	E_u	E'	E	E
Δ_g	E_{2g}	E_2	$B_{1g}+B_{2g}$	E'	E	B_1+B_2
Δ_u	E_{2u}	E_2	$B_{1u}+B_{2u}$	E''	E	A_1+A_2
Φ_g	$B_{1g}+B_{2g}$	B_1+B_2	E_g	$A_1''+A_2''$	A_1+A_2	E
Φ_u	$B_{1u}+B_{2u}$	B_1+B_2	E_u	$A_1'+A_2'$	A_1+A_2	E

[a] Generell ist die z-Achse des Koordinatensystems die Hauptsymmetrieachse; wenn es verschiedene Möglichkeiten gibt, sind diese angegeben.
[b] Für $\boldsymbol{C}_{\infty v}$ ohne Indizes g und u.
[c] Für $\boldsymbol{D}_6$ ebenso, jedoch ohne Indizes g und u.
[d] Für $\boldsymbol{D}_4$ ebenso, jedoch ohne Indizes g und u.
[e] Für $\boldsymbol{D}_3$ und $\boldsymbol{D}_{3d}$ sind die gleichen Vorschriften wie in Fußnote *f* zu Tab. A1.5, Teil *(a)*, anzuwenden.

Tab. A1.5, Teil *(b)* (Fortsetzung)

$\boldsymbol{D}_{\infty h}$ [b]	$\boldsymbol{D}_{2h}$		$\boldsymbol{C}_{2v}$			$\boldsymbol{C}_{2h}$ [f]		$\boldsymbol{C}_s$	
	$z \to z$	$z \to x$	$z \to z$	$z \to y$	$z \to x$	$z \to z$	$z \to x,y$	$\sigma_h \to \sigma$	$\sigma_v \to \sigma$
Σ_g^+	A_g	A_g	A_1	A_1	A_1	A_g	A_g	A'	A'
Σ_u^+	B_{1u}	B_{3u}	A_1	B_2	B_1	A_u	B_u	A''	A'
Σ_g^-	B_{1g}	B_{3g}	A_2	B_1	B_2	A_g	B_g	A'	A''
Σ_u^-	A_u	A_u	A_2	A_2	A_2	A_u	A_u	A''	A''
Π_g	$B_{2g} + B_{3g}$	$B_{1g} + B_{2g}$	$B_1 + B_2$	$A_2 + B_2$	$A_2 + B_1$	$2B_g$	$A_g + B_g$	$2A''$	$A' + A''$
Π_u	$B_{2u} + B_{3u}$	$B_{1u} + B_{2u}$	$B_1 + B_2$	$A_1 + B_1$	$A_1 + B_2$	$2B_u$	$A_u + B_u$	$2A'$	$A' + A''$
Δ_g	$A_g + B_{1g}$	$A_g + B_{3g}$	$A_1 + A_2$	$A_1 + B_1$	$A_1 + B_2$	$2A_g$	$A_g + B_g$	$2A'$	$A' + A''$
Δ_u	$A_u + B_{1u}$	$A_u + B_{3u}$	$A_1 + A_2$	$A_2 + B_2$	$A_2 + B_1$	$2A_u$	$A_u + B_u$	$2A''$	$A' + A''$
Φ_g	$B_{2g} + B_{3g}$	$B_{1g} + B_{2g}$	$B_1 + B_2$	$A_2 + B_2$	$A_2 + B_1$	$2B_g$	$A_g + B_g$	$2A''$	$A' + A''$
Φ_u	$B_{2u} + B_{3u}$	$B_{1u} + B_{2u}$	$B_1 + B_2$	$A_1 + B_1$	$A_1 + B_2$	$2B_u$	$A_u + B_u$	$2A'$	$A' + A''$

[f] Für $\boldsymbol{C}_2$ ebenso, jedoch ohne Indizes g und u.

Tab. A1.5 Zerlegung irreduzibler Darstellungen bei Verringerung der Symmetrie (aus [I.4b])
Teil *(c)*: Zerlegung der irreduziblen Darstellungen einiger Punktgruppen[a]

$\boldsymbol{C}_{2v}$	$\boldsymbol{C}_s$	
	$\sigma_v \to \sigma$	$\sigma_v{}' \to \sigma$
A_1	A'	A'
A_2	A''	A''
B_1	A'	A''
B_2	A''	A'

$\boldsymbol{T}_d$	$\boldsymbol{D}_{2d}$	$\boldsymbol{C}_{3v}$	$\boldsymbol{C}_{2v}$
A_1	A_1	A_1	A_1
A_2	B_1	A_2	A_2
E	$A_1 + B_1$	E	$A_1 + A_2$
T_1	$A_2 + E$	$A_2 + E$	$A_2 + B_1 + B_2$
T_2	$B_2 + E$	$A_1 + E$	$A_1 + B_1 + B_2$

Tab. A1.5, Teil *(c)* (Fortsetzung)

$\boldsymbol{D}_{3h}$	$\boldsymbol{C}_{3v}$	$\boldsymbol{C}_s$		$\boldsymbol{C}_{2v}$	
		$\sigma_v' \to \sigma$	$\sigma_h \to \sigma$	$\sigma_h \to \sigma_v'$	$\sigma_h \to \sigma_v$
A_1'	A_1	A'	A'	A_1	A_1
A_1''	A_2	A''	A''	A_2	A_2
A_2'	A_2	A''	A'	B_2	B_1
A_2''	A_1	A'	A''	B_1	B_2
E'	E	$A'+A''$	$2A'$	A_1+B_2	A_1+B_1
E''	E	$A'+A''$	$2A''$	A_2+B_1	A_2+B_2

[a] Zur relativen Lage der Koordinatenachsen s. Tab. A1.5, Teil *(b)*

A1.5.2.4 Berechnung von Matrixelementen. Auswahlregeln. Termkreuzungen

Man erhält auf darstellungstheoretischem Wege qualitativ exakte, nicht-numerische Aussagen auch darüber, ob das Matrixelement J eines hier der Einfachheit halber spinfrei vorausgesetzten Operators $\hat{W}$, gebildet mit zwei spinfreien Wellenfunktionen $\psi(\boldsymbol{r})$ und $\psi'(\boldsymbol{r})$,

$$J \equiv \int \psi(\boldsymbol{r})^* \hat{W} \psi'(\boldsymbol{r}) \mathrm{d}V \equiv \langle \psi | \hat{W} | \psi' \rangle , \tag{A1.90}$$

von Null verschieden sein kann oder verschwinden muss. Es handelt sich dabei um ein mehrdimensionales Volumenintegral, alle Variablen (Koordinaten) sind in einem Vektor $\boldsymbol{r}$ zusammmengefasst. Das betrachtete molekulare System möge die Symmetriegruppe $\boldsymbol{G}$ (Elemente R) besitzen. Der Integrand

$$F(\boldsymbol{r}) \equiv \psi(\boldsymbol{r})^* \psi'(\boldsymbol{r}) \tag{A1.91}$$

lässt sich nach Abschnitt A1.4.3 immer als Summe von Anteilen schreiben, die zu den verschiedenen irreduziblen Darstellungen $\Gamma^{(\nu)}$ von $\boldsymbol{G}$ gehören:

$$F(\boldsymbol{r}) = \sum\nolimits_{\nu} F^{(\nu)}(\boldsymbol{r}) ; \tag{A1.92}$$

eine solche Funktion $F^{(\nu)}(\boldsymbol{r})$ transformiert sich bei Operationen $R \in \boldsymbol{G}$ nach der ν-ten irreduziblen Darstellung $\Gamma^{(\nu)}$ von $\boldsymbol{G}$.

Es lässt sich zeigen (den Beweis findet man in der einschlägigen Literatur), dass das Integral *J nur dann von Null verschieden sein kann, wenn der Integrand $F(\boldsymbol{r})$ eine totalsymmetrische (sich nach der Eins-Darstellung transformierende, also bei Operationen $R \in \boldsymbol{G}$ invariante) Komponente enthält.* Für die Gruppe $\boldsymbol{C}_{3v}$ beispielsweise wäre das eine Komponente der Symmetrierasse A_1.

Wir nehmen nun (ohne die Allgemeinheit dadurch einzuschränken) an, dass sich die Funktion $\psi(\boldsymbol{r})$ nach der κ-ten irreduziblen Darstellung $\Gamma^{(\kappa)}$ und $\psi'(\boldsymbol{r})$ nach der λ-ten irreduziblen Darstellung $\Gamma^{(\lambda)}$ von $\boldsymbol{G}$ transformiert: $\psi(\boldsymbol{r}) \equiv \psi^{(\kappa)}(\boldsymbol{r})$ und $\psi'(\boldsymbol{r}) \equiv \psi^{(\lambda)}(\boldsymbol{r})$; außerdem seien der Einfachheit halber die Wellenfunktionen reell. Damit haben wir

$$J \equiv \int \psi^{(\kappa)}(\boldsymbol{r})\hat{W}\psi^{(\lambda)}(\boldsymbol{r})\mathrm{d}V \equiv \left\langle \psi^{(\kappa)} \middle| \hat{W} \middle| \psi^{(\lambda)} \right\rangle . \tag{A1.93}$$

Die Bedingung für das Nichtverschwinden von J ist gleichbedeutend damit, dass das direkte Produkt Γ der Darstellungen, nach denen sich die drei Bestandteile des Integranden transformieren, also $\psi^{(\kappa)}(\boldsymbol{r})$ nach $\Gamma^{(\kappa)}$, $\psi^{(\lambda)}(\boldsymbol{r})$ nach $\Gamma^{(\lambda)}$ und der Operator $\hat{W}$ nach Γ_W:

$$\Gamma = \Gamma^{(\kappa)} \times \Gamma_W \times \Gamma^{(\lambda)} , \tag{A1.94}$$

die Eins-Darstellung enthält, und das wiederum heißt nach Abschnitt A1.3.4: dass das direkte Produkt $\Gamma^{(\kappa)} \times \Gamma^{(\lambda)}$ die Darstellung Γ_W oder dass $\Gamma_W \times \Gamma^{(\lambda)}$ die Darstellung $\Gamma^{(\kappa)}$ enthält.

Gehören ψ und ψ' zu ein und demselben Funktionensatz, dann ist anstelle des direkten Produkts $\Gamma^{(\kappa)} \times \Gamma^{(\lambda)}$ das symmetrische Produkt (s. Schluss von Abschn. A1.3.4) zu reduzieren und zu prüfen, ob Γ_W darin vorkommt.

Wir betrachten einige wichtige Fälle:

(a) Diagonalelemente (Erwartungswerte): $J = \left\langle \psi^{(\lambda)} \middle| \hat{W} \middle| \psi^{(\lambda)} \right\rangle$

Wenn $\hat{W}$ ein totalsymmetrischer Operator ist (wie der Hamilton-Operator $\hat{H}$), dann ist sein Erwartungswert im Zustand $\psi^{(\lambda)}$ stets von Null verschieden, da das direkte Produkt $\Gamma^{(\lambda)} \times \Gamma^{(\lambda)}$ immer, und zwar genau einmal, die Eins-Darstellung enthält, nach der sich auch $\hat{W}$ transformiert. Die Unterscheidung zwischen dem direkten Produkt und dem symmetrischen Produkt ist hier nicht nötig. Das alles gilt auch, wenn $\hat{W}$ eine Konstante, insbesondere gleich 1 ist; dann handelt es sich bei J um ein Normierungsintegral.

Ist $\hat{W}$ ein Vektoroperator (z. B. das elektrische Dipolmoment), so haben wir das Transformationsverhalten seiner Komponenten zu ermitteln und zu prüfen, für welche Komponente(n) die oben formulierte Bedingung erfüllt ist.

Nehmen wir als Beispiel den elektronischen Beitrag zum elektrischen Dipolmoment des Moleküls NH_3 mit der Symmetriegruppe $\boldsymbol{C}_{3v}$; das Koordinatensystem sei das in Abb. A1.11 eingezeichnete. Die z-Komponente des Dipolmomentoperators ist $\propto z$, gehört also zur totalsymmetrischen irreduziblen Darstellung $A_1\,(=\Gamma_{W_z})$; die x- und die y-Komponente gehören zur zweidimensionalen irreduziblen Darstellung $E\,(=\Gamma_{W_{xy}})$, s. die Charaktertafel von $\boldsymbol{C}_{3v}$ in Tab. A1.2. Der Erwartungswert der

z-Komponente des elektrischen Dipolmoments ist somit von Null verschieden. Die entsprechende Diskussion für die beiden übrigen Komponenten übergehen wir hier.

Die erhaltenen Aussagen gelten u. a. auch für die Berechnung störungstheoretischer Korrekturen 1. Ordnung, da diese die Erwartungswerte der Störung mit den symmetriegerechten ungestörten Eigenfunktionen sind (s. Abschn. 4.4.2).

(b) Nichtdiagonale Matrixelemente: $J = \left\langle \psi^{(\kappa)} \middle| \hat{W} \middle| \psi^{(\lambda)} \right\rangle$

Derartige Matrixelemente werden in meist sehr großer Anzahl bei CI-Ansätzen für elektronische Wellenfunktionen (s. Abschn. 9.1.1) sowie bei Berechnungen in Hartree-Fock-Näherung oder auch in einfacheren MO-Näherungen benötigt. Der Operator $\hat{W}$ ist dabei der (totalsymmetrische) Hamilton-Operator $\hat{W} = \hat{H}$ bzw. der Fock-Operator, oder es geht um Überlappungsintegrale, wenn $\hat{W} = 1$ ist. Generell gilt dann, dass nur Matrixelemente zwischen Funktionen, die zur gleichen irreduziblen Darstellung (zum gleichen Symmetrietyp) gehören, von Null verschieden sein können; wir haben hier wieder das *Kombinationsverbot* für Zustände verschiedener Symmetrie, s. auch Abschn. A1.4.2).

Zur Illustration nehmen wir das NH_3-Molekül in $\boldsymbol{C}_{3v}$-Symmetrie und betrachten (etwa in einer MO-Beschreibung) Matrixelemente eines totalsymmetrischen Einelektronanteils des Hamilton-Operators oder auch Überlappungsintegrale. Diese Matrixelemente sind, wenn sie mit den beiden Funktionen $\varphi_1^{(A_1)}$ [Gl. (A1.85a)] und $\varphi_z \equiv p_z$ (ebenfalls zu A_1 gehörig) gebildet werden, von Null verschieden, verschwinden aber z. B. mit dem Funktionenpaar $\varphi_1^{(A_1)}$ und $\varphi_x \equiv p_x$, da letztere Funktion zur irreduziblen Darstellung E gehört.

Handelt es sich bei $\hat{W}$ um eine Vektorkomponente (etwa des elektrischen Dipolmoments), so muss man das vollständige, oben geschilderte darstellungstheoretische Kriterium anwenden. Diese *Übergangsmomente* spielen eine zentrale Rolle in der theoretischen Spektroskopie, sie führen zu den *Auswahlregeln*, insbesondere für optische Dipolübergänge (s. Abschn. 4.7). Derartige Auswahlregeln sind ausführlich in den Kapiteln 5 (für Atome) sowie 7 und 11 (für Moleküle) diskutiert worden.

Die z-Komponente des Einelektron-Übergangsmoments zwischen dem Orbital $\varphi_1^{(E)}$ und dem p-Orbital $\varphi_x \equiv p_x$ (zu E gehörig) für das NH_3-Moleküls in $\boldsymbol{C}_{3v}$-Symmetrie ist von Null verschieden, ebenso z. B. die x-Komponente, nicht jedoch die z-Komponente zwischen den Orbitalen $\varphi_1^{(A_1)}$ und $\varphi_x \equiv p_x$ oder $\varphi_y \equiv p_y$.

Hat man es anstelle der Symmetrieeigenschaften endlicher Punktgruppen mit Erhaltungsgrößen zu tun, die Observablen entsprechen, so kann man einfacher direkt mit den entsprechenden Operatoren arbeiten. Nehmen wir an, dass der Operator $\hat{W}$ mit einem der bewegungskonstanten Normaloperatoren, etwa $\hat{\Lambda}_a$ (s. Abschn. A1.4.2) vertauschbar, d. h. invariant gegenüber den $\hat{\Lambda}_a$ entsprechenden Symmetrieoperationen ist:

$$\hat{W}\hat{\Lambda}_a = \hat{W}\hat{\Lambda}_a, \qquad \text{(A1.95)}$$

dann ergibt sich in Verallgemeinerung von Gleichung (A1.73b), dass das Integral J [nach Gl. (A1.90) bzw. (A1.93)] nur dann von Null verschieden sein kann, wenn die Funktionen ψ und ψ' Eigenfunktionen zum gleichen Eigenwert von $\hat{\Lambda}_a$ sind. Auch das ist analog zu ÜA A1.12 leicht zu beweisen.

Hiermit lässt sich nun insbesondere der Spin auf einfache Weise einbeziehen, wenn man die für diesen Fall relativ komplizierten darstellungstheoretischen Hilfsmittel vermeiden will. In nichtrelativistischer Näherung (ohne Spin-Bahn-Kopplung) und ohne äußere Felder sind das Betragsquadrat S^2 und eine Komponente (üblicherweise S_z) des Gesamtspins Erhaltungsgrößen. Matrixelemente J verschwinden *exakt*, wenn nicht beide Funktionen ψ und ψ' Eigenfunktionen zu den gleichen Eigenwerten $S(S+1)\hbar^2$ bzw. $M_S\hbar$ sind. Hiervon wurde in den Kapiteln 5, 7 und 11 bei der Zusammenstellung der Auswahlregeln ebenfalls Gebrauch gemacht.

Eine wichtige Rolle spielt das Kombinationsverbot auch für das Überschneidungsverhalten adiabatischer Potentialhyperflächen. Die in Abschnitt 13.4 formulierten *Kreuzungsregeln* resultieren aus der Untersuchung der Bedingungen, unter denen das Matrixelement H'_{12} des Hamilton-Operators $\hat{H}'$ zwischen den Wellenfunktionen Ψ_1 und Ψ_2 für zwei Elektronenzustände 1 und 2 Null wird [Gl. (13.35b)].

A1.5.2.5 Symmetriegerechte Näherungslösungen der Schrödinger-Gleichung

Wie wir in Abschnitt A1.5.2.2 gesehen hatten, sind *exakte* Energieniveaus und Wellenfunktionen nach ihrem Symmetrieverhalten bzw. der Zugehörigkeit zu Eigenwerten der bewegungskonstanten Normaloperatoren $\hat{\Lambda}_a$ klassifizierbar, d. h. exakte Lösungen der Schrödinger-Gleichung sind *automatisch symmetriegerecht* (bzw. bei Entartungen nach Bildung entsprechender Linearkombinationen der zum Energieniveau gehörenden Wellenfuktionen).

Anders ist das bei näherungsweise bestimmten Lösungen der Schrödinger-Gleichung.[12] Nehmen wir an, eine approximative Wellenfunktion $\tilde{\psi}$ sei durch Minimierung des Erwartungswertes der Energie $\mathcal{E}$ als Funktional von $\tilde{\psi}$ ermittelt worden:

$$\mathcal{E}[\tilde{\psi}] \equiv \langle\tilde{\psi}|\hat{H}|\tilde{\psi}\rangle / \langle\tilde{\psi}|\tilde{\psi}\rangle \to \text{Min} \qquad \text{(A1.96)}$$

(Energievariationsverfahren, s. Abschn. 4.4.1.1). Diese Prozedur ergibt eine Näherungswellenfunktion $\tilde{\psi}$, die *nicht automatisch* auch eine Eigenfunktion der bewegungskonstanten Normaloperatoren gemäß Gleichung (A1.72b) ist.

Diesen Defekt des Variationsverfahrens kann man nicht einfach ignorieren, denn er hat Konsequenzen. Zunächst lässt sich eine so erhaltene Näherungslösung samt daraus gewonnenen Erwartungswerten strenggenommen nicht mit der exakten Lösung oder mit experimentellen

[12] Wir folgen hier wieder der in Fußnote 10 zitierten Arbeit von P.-O. Löwdin.

(z. B. spektroskopischen) Daten vergleichen, solange sie nicht die erforderlichen Symmetrieeigenschaften aufweist. Beispielsweise ist eine UHF-Näherung für einen Elektronenzustand eines Moleküls (s. Abschn. 8.2.2) in der Regel eine Mischung verschiedener Spinzustände und gehört nicht zu einem bestimmten Wert der Quantenzahl S.

Bei einer unmittelbaren Weiterverwendung der Näherung $\tilde{\psi}$ verschenkt man zudem einiges an Genauigkeit. Das wird aus folgender Betrachtung deutlich: Wenn die Wellenfunktion $\tilde{\psi}$ nicht symmetriegerecht ist, kann sie (z. B. mit Hilfe entsprechender Projektionsoperatoren nach Abschnitt A1.4.3) in eine Summe symmetriegerechter Anteile zerlegt werden, etwa bei einer endlichen Symmetriegruppe:

$$\tilde{\psi} = \sum_{\nu} \hat{O}^{(\nu)} \tilde{\psi} = \sum_{\nu} \tilde{\psi}^{(\nu)} \qquad \text{(A1.97)}$$

[analog zu Gl. (A1.78)], wobei die Komponente $\tilde{\psi}^{(\nu)} \equiv \hat{O}^{(\nu)} \tilde{\psi}$ zur Symmetrierasse ν (irreduzible Darstellung $\Gamma^{(\nu)}$) gehört. Eingesetzt in den Ausdruck (A1.96), ergibt sich (s. ÜA A1.14) unter Berücksichtigung des Kombinationsverbots, also $\left\langle \tilde{\psi}^{(\mu)} \middle| \hat{H} \middle| \tilde{\psi}^{(\nu)} \right\rangle = 0$ und $\left\langle \tilde{\psi}^{(\mu)} \middle| \tilde{\psi}^{(\nu)} \right\rangle = 0$ für $\mu \neq \nu$, der Energieerwartungswert

$$\tilde{\mathcal{E}} = \langle \tilde{\psi} | \hat{H} | \tilde{\psi} \rangle / \langle \tilde{\psi} | \tilde{\psi} \rangle = \sum_{\nu} w_{\nu} \mathcal{E}^{(\nu)} \qquad \text{(A1.98)}$$

als gewichtetes Mittel der Energieerwartungswerte

$$\tilde{\mathcal{E}}^{(\nu)} = \left\langle \tilde{\psi}^{(\nu)} \middle| \hat{H} \middle| \tilde{\psi}^{(\nu)} \right\rangle / \left\langle \tilde{\psi}^{(\nu)} \middle| \tilde{\psi}^{(\nu)} \right\rangle \qquad \text{(A1.99a)}$$

für die symmetriegerechten Komponenten $\tilde{\psi}^{(\nu)}$; die Werte der Gewichtsfaktoren

$$w_{\nu} \equiv \left\langle \tilde{\psi}^{(\nu)} \middle| \tilde{\psi}^{(\nu)} \right\rangle / \langle \tilde{\psi} | \tilde{\psi} \rangle , \qquad \text{(A1.99b)}$$

liegen zwischen 0 und 1 ($0 < w_{\nu} < 1$) und für ihre Summe gilt: $\sum_{\nu} w_{\nu} = 1$. Als ÜA A1.15 empfehlen wir, das zu verifizieren.

Wenn nicht sämtliche Erwartungswerte $\tilde{\mathcal{E}}^{(\nu)}$ gleich sind, dann muss wenigstens einer von ihnen unterhalb von $\tilde{\mathcal{E}}$ liegen, und die entsprechende Funktion $\tilde{\psi}^{(\nu)}$ muss somit eine im Sinne des Energievariationsverfahrens bessere Näherung als $\tilde{\psi}$ sein. Gelingt es, diese Komponente zu finden, so hat man nicht nur eine energetisch verbesserte Näherungslösung erhalten, sondern auch sichergestellt, dass diese Näherungslösung ein definiertes Symmetrieverhalten aufweist.

Bei Verwendung eines symmetriegerechten Funktionensatzes $f_k^{(\nu)}$ im Ritzschen Variationsverfahren (s. Abschn. 4.4.1.1) lässt sich das Gleichungssystem (4.57) verkürzen und damit der Rechenaufwand bei diesem Schritt verringern. Hierzu hat man aus den linear unabhängigen Funktionen $f_1, \ldots, f_M$ durch Anwendung des entsprechenden Projektionsoperators $\hat{O}^{(\nu)}$

symmetriegerechte Funktionen $f_1^{(\nu)} \equiv \hat{O}^{(\nu)} f_1, \dots, f_M^{(\nu)} \equiv \hat{O}^{(\nu)} f_M$ zu erzeugen und die eventuell vorhandenen linearen Abhängigkeiten zu eliminieren (s. Abschn. A1.4.3); es verbleibt dann ein verkürzter Satz von $M^{(\nu)} < M$ Funktionen und damit ein Gleichungssystem geringerer Dimension.

Verfährt man in dieser Weise mit jeder Symmetrierasse ν und bildet mit dem gesamten Satz so erhaltener Funktionen die Hamilton-Matrix, dann ergibt sich diese analog zu Gleichung (A1.41) in blockdiagonaler Form:

$$\mathbf{H} = \begin{pmatrix} (\nu=1) & & & & \\ & (\nu=2) & & & \\ & & (\nu=3) & & \\ & & & \cdots & \\ & & & & \cdots \end{pmatrix} ; \qquad \text{(A1.100)}$$

jeder der Blöcke gehört zu einem bestimmten ν bzw. allgemeiner, wenn die Symmetrieklassifizierung anhand der Gesamtheit der bewegungskonstanten Normaloperatoren $\hat{\Lambda}_a$ vorgenommen wird: zu einem bestimmten Eigenwert $\lambda_i^{(a)}$. Das gesamte Gleichungssystem (4.57) zerfällt in Teilprobleme geringerer Dimension, d. h. das Variationsverfahren kann innerhalb jeder Symmetrierasse für sich durchgeführt werden.

Diese Überlegungen sind praktisch wichtig, da viele Näherungsverfahren zur Lösung molekularer Probleme auf derartigen Linearkombinationsansätzen beruhen: LCAO-Ansätze für approximative MOs (s. Kap. 7 und 8), CI-Ansätze für approximative N-Elektronen-Wellenfunktionen (s. Kap. 9) oder auch für approximative Schwingungswellenfunktionen (s. Kap. 11).

Übungsaufgaben zum Anhang A1

ÜA A1.1 Man prüfe nach, dass die wiederholte Anwendung der Drehspiegelungsoperation S_n für gerades bzw. ungerades n die in den Gleichungen (A1.7a,b) angegebenen Resultate liefert.

ÜA A1.2 Für folgende Moleküle ist die Symmetriegruppe des starren Kerngerüsts zu bestimmen:
a) Trichlormethan; b) Naphthalin; c) Azulen; d) Pyridin; e) Ethan (gestaffelt; ekliptisch);
f) Cyclohexan (Sesselform; Wannenform).

ÜA A1.3 Man zeige, dass für das Inverse eines Produkts $R \cdot S$ zweier Gruppenelemente $R, S \in \mathbf{G}$ gilt: $(R \cdot S)^{-1} = S^{-1} \cdot R^{-1}$.

ÜA A1.4 Es ist nachzuprüfen, dass die von einem Gruppenelement $R \in \boldsymbol{G}$ erzeugten Potenzen $R, R^2, R^3, \ldots, R^n = E$ eine abelsche Gruppe bilden.

ÜA A1.5 Stellen Sie die Multiplikationstafeln für die Gruppen $\boldsymbol{C}_{2h}$ und $\boldsymbol{C}_{3v}$ auf. Weisen Sie nach, dass die Gruppenaxiome erfüllt sind. Handelt es sich um abelsche Gruppen?

ÜA A1.6 Zeigen Sie für die Gruppe $\boldsymbol{C}_{3v}$,

a) dass es vier Untergruppen gibt und welche das sind;
b) dass für die Untergruppen der Satz von Lagrange gilt;
c) welche Klassen es gibt.

ÜA A1.7 Ermitteln Sie die Symmetriegruppen der folgenden Moleküle und bestimmen Sie die Darstellungen, die durch die angegebenen Basisfunktionen induziert werden:

Molekül	Basis
a) H_2O	$2s, 2p_x, 2p_y, 2p_z$ an O
	(z-Achse = C_2 - Achse , das Molekül liege in der xy-Ebene)
b) H_2O	$1s$ an H1 und H2
c) NH_3	$2s, 2p_x, 2p_y, 2p_z$ an N
	(z-Achse = C_3 - Achse , ein H-Kern liege in der yz-Ebene)
d) NH_3	$1s$ an H1, H2 und H3
e) cis-Butadien	π - Orbitale (= $2p_z$ - AOs) an C .

ÜA A1.8 Die Transformationsbeziehungen (A1.33) für die Verschiebungskomponenten der Kerne bei Drehungen mit dem Winkel α um die z-Achse sind mittels geometrischer Überlegungen herzuleiten.

ÜA A1.9 Man prüfe, dass zwei Matrizen $\mathbf{\Gamma}$ und $\mathbf{\Gamma}'$, die gemäß Gleichung (A1.38) durch eine Ähnlichkeitstransformation verknüpft sind, die gleiche Spur haben.

ÜA A1.10 Stellen Sie mittels der Orthogonalitätsrelation für Charaktere die Charaktertafel der Gruppe $\boldsymbol{C}_{3v}$ auf.

ÜA A1.11 Sind die in ÜA A1.7 erhaltenen Darstellungen reduzibel? Wenn ja, in welche irreduziblen Bestandteile lassen sie sich zerlegen?
Es sind die symmetriegerechten Linearkombinationen der Basisfunktionen zu bestimmen.

ÜA A1.12 Es sind die Clebsch-Gordan-Koeffizienten für die paarweisen direkten Produkte der irreduziblen Darstellungen der Gruppe $\boldsymbol{C}_{3v}$ zu bestimmen.

ÜA A1.13 Man beweise, dass Eigenfunktionen ψ_i und ψ_j zu zwei verschiedenen Eigenwerten λ_i und λ_j eines bewegungskonstanten Normaloperators $\hat{A}$ orthogonal sind und bezüglich $\hat{H}$ ein verschwindendes Matrixelement ergeben.

ÜA A1.14 Aus der Produktfunktion $\chi_+(1)\chi_-(2)$ für den Spinzustand eines Zweielektronensystems, die zu $M_S = 0$, aber zu keinem bestimmten Wert von S gehört, ist durch Anwendung des entsprechenden Projektionsoperators (A1.87) eine Eigenfunktion des Operators $\hat{S}^2$ des Betragsquadrats des Gesamtspins zu erzeugen.

ÜA A1.15 Es ist der Ausdruck (A1.98) mit (A1.99a,b) für den Energieerwartungswert einer nicht symmetriegerechten Näherungslösung $\tilde{\psi}$ der Schrödinger-Gleichung herzuleiten.
Hinweis: Benutzung der Zerlegung (A1.97) und des Kombinationsverbots

Ergänzende Literatur zum Anhang A1

[A1.1] Wigner, E. P.: Gruppentheorie und ihre Anwendungen auf die Quantenmechanik der Atomspektren. Vieweg, Braunschweig (1931)
[Erw. und verb. engl. Ausgabe bei Academic Press, New York/London (1959)]

[A1.2] Herzberg, G.: Molecular Spectra and Molecular Structure.
III. Electronic Spectra and Electronic Structure of Polyatomic Molecules.
Van Nostrand Reinhold, New York (1966)

[A1.3] Heine, V.: Group Theory in Quantum Mechanics. Pergamon Press, Oxford/London/ New York/Paris (1963)

[A1.4] Mathiak, K., Stingl, P.: Gruppentheorie für Chemiker, Physiko-Chemiker und Mineralogen.
Dt. Verlag der Wissenschaften, Berlin, und Vieweg, Braunschweig (1970)
Steinborn, D.: Symmetrie und Struktur in der Chemie. VCH, Weinheim (1993)

A2 Klassische Mechanik

Unter *klassischer* Mechanik versteht man die Bewegungsgesetze makroskopischer Körper, wie sie der menschlichen Alltagserfahrung zugänglich sind.

A2.1 Mechanische Kenngrößen

Die für die Bewegung grundlegende Eigenschaft eines materiellen Körpers (Teilchens) ist seine *Masse* m. In der klassischen Mechanik wird ein Teilchen modellhaft als Punkt (Massenpunkt, Punktmasse) beschrieben; seine Position im Raum wird relativ zu einem geeignet zu wählenden raumfesten Bezugspunkt O durch einen *Ortsvektor* $\boldsymbol{r}$ angegeben. Diesen Bezugspunkt nimmt man als Nullpunkt eines im Allgemeinen rechtwinkligen (kartesischen) Koordinatensystems (s. Anhang A5), so dass die Lage des Massenpunkts durch drei Koordinaten, die kartesischen Komponenten des Vektors $\boldsymbol{r}$ festgelegt ist: $\boldsymbol{r} \equiv (x,y,z)$; s. Abb. A2.1.

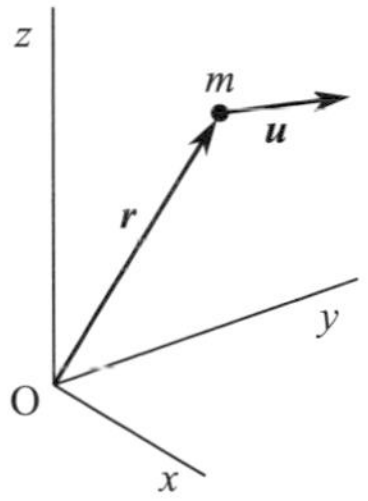

Abb. A2.1
Zur Beschreibung der Bewegung eines Massenpunkts im kartesischen Koordinatensystem

Eine Bewegung des Massenpunkts bedeutet eine Veränderung seiner Position im Laufe der Zeit t: $\boldsymbol{r} = \boldsymbol{r}(t)$ mit den kartesischen Komponenten $x(t), y(t), z(t)$. Die *Geschwindigkeit* des Massenpunkts ist definiert als die erste Ableitung der Funktion $\boldsymbol{r}(t)$ nach der Zeit, also durch den Vektor $\dot{\boldsymbol{r}} \equiv \mathrm{d}\boldsymbol{r}/\mathrm{d}t \equiv \boldsymbol{u}(t)$ mit den kartesischen Komponenten $u_x(t), u_y(t), u_z(t)$; die *Beschleunigung* ist die zweite Ableitung nach der Zeit: $\ddot{\boldsymbol{r}} \equiv \mathrm{d}^2\boldsymbol{r}/\mathrm{d}t^2 \equiv \mathrm{d}\boldsymbol{u}/\mathrm{d}t \equiv \boldsymbol{b}(t)$ mit den Komponenten $b_x(t), b_y(t), b_z(t)$. Der Vektor $\boldsymbol{p} \equiv m\boldsymbol{u}$ heißt (linearer) *Impuls*, das Vektorprodukt $\boldsymbol{l} = \boldsymbol{r} \times \boldsymbol{p}$ ist der *(Bahn-) Drehimpuls* der Massenpunktbewegung, bezogen auf den Koordinatennullpunkt O. Als Maßeinheiten für die Grundgrößen Länge, Masse und Zeit sind im Internationalen Einheitensystem (SI) das Meter (m) bzw. das Kilogramm (kg) bzw. die Sekunde (s) festgelegt; häufig wird auch noch das CGS-System (cm, g, s) verwendet.

Der Drehimpuls erfordert immer die Angabe eines Bezugspunkts. Wird er anstatt auf den Koordinatennullpunkt O auf einen anderen Punkt P bezogen, dessen Lage im Koordinatensystem durch den zeitunabhängigen Vektor $\boldsymbol{a}$ festgelegt ist, dann ergibt sich mit $\boldsymbol{r}' = \boldsymbol{r} + \boldsymbol{a}$, folglich $\boldsymbol{u}' = \boldsymbol{u}$ und $\boldsymbol{p}' = \boldsymbol{p}$, der auf den Punkt P bezogene Drehimpuls als $\boldsymbol{l}' = \boldsymbol{r}' \times \boldsymbol{p}' = (\boldsymbol{r} + \boldsymbol{a}) \times \boldsymbol{p} = \boldsymbol{l} + (\boldsymbol{a} \times \boldsymbol{p})$.

Als *kinetische Energie* (Bewegungsenergie) des Massenpunkts bezeichnet man den Ausdruck

$$T \equiv (m/2)u^2 \equiv (1/2m)\,p^2 . \tag{A2.1}$$

Die Dimension dieser Größe T ist: Masse×(Länge/Zeit)^2.

A2.2 Kraft und Bewegung

Ein "freier" (keinen äußeren Einflüssen unterliegender) Massenpunkt bewegt sich geradlinig und gleichförmig, d. h. seine Geschwindigkeit ist nach Richtung und Betrag zeitlich unveränderlich: $\boldsymbol{u}$ = const, folglich $\dot{\boldsymbol{u}} = 0$ und $\ddot{\boldsymbol{u}} = 0$ (*1. Newtonsches Bewegungsgesetz*).

Abweichungen von der geradlinig-gleichförmigen Bewegung haben nach der klassischen Mechanik ihre Ursache darin, dass eine *Kraft* $\boldsymbol{K}$ auf den Massenpunkt einwirkt, und zwar besteht die Beziehung

$$m\ddot{\boldsymbol{r}} = \boldsymbol{K} \tag{A2.2}$$

oder anders geschrieben: $\dot{\boldsymbol{p}} = \boldsymbol{K}$ (*2. Newtonsches Bewegungsgesetz*).

Wirken mehrere Kräfte $\boldsymbol{K}', \boldsymbol{K}'', \ldots$ auf den Massenpunkt ein, so addieren sie sich vektoriell zu einer resultierenden Kraft:

$$\boldsymbol{K}' + \boldsymbol{K}'' + \ldots = \boldsymbol{K} \tag{A2.3}$$

(*Superpositionsprinzip für Kräfte*). Nach Gleichung (A2.2) hat eine Kraft die Dimension Masse×Länge/(Zeit)^2, also im cgs-Maßsystem die Einheit $\mathrm{g \cdot cm \cdot s^{-2}}$, im SI-System die Einheit $\mathrm{m \cdot kg \cdot s^{-2}} \equiv \mathrm{N}$. Wenn die Kraft nur von den Ortskoordinaten abhängt, also $\boldsymbol{K} \equiv \boldsymbol{K}(\boldsymbol{r})$, dann spricht man von einem *Kraftfeld*: an jedem Raumpunkt $\boldsymbol{r}$ gibt es einen Kraftvektor $\boldsymbol{K}(\boldsymbol{r})$.

Die Vektorgleichung (A2.2) fasst ein System von drei gewöhnlichen inhomogenen Differentialgleichungen 2. Ordnung für die Funktionen $x(t), y(t), z(t)$ zusammen. Die Lösungsfunktionen sind eindeutig bestimmt, wenn man 6 Bedingungen vorgibt; in der Regel sind das die Werte der Koordinaten und ihrer ersten Zeitableitungen zu einer Zeit t_0: $x(t_0), y(t_0), z(t_0)$ und $u_x(t_0), u_y(t_0), u_z(t_0)$ (*Anfangsbedingungen*).

Potential einer Kraft

Besonders wichtig sind Kräfte, die sich als negative Gradienten aus einer Ortsfunktion $V(\boldsymbol{r}) \equiv V(x, y, z)$ gewinnen lassen:

$$\boldsymbol{K} = -\hat{\nabla} V \tag{A2.4}$$

oder in Komponenten geschrieben: $K_x = -\partial V/\partial x, K_y = -\partial V/\partial y, K_z = -\partial V/\partial z$. Eine solche Funktion $V(\boldsymbol{r}) \equiv V(x, y, z)$ nennt man das *Potential* der Kraft; offenbar ist es nur bis auf eine additive Konstante V_0 festgelegt, denn V und $V + V_0$ ergeben die gleiche Kraft $\boldsymbol{K}$. Das Potential V hat die Dimension Kraft×Länge = Masse×(Länge/Zeit)^2; es handelt sich also um eine Energie, die als *potentielle Energie* bezeichnet wird.

Arbeit. Arbeitsintegral. Energiesatz

Wir betrachten die Bewegung eines Massenpunkts längs eines Weges von einem Punkt A (Position zur Zeit t_A) zu einem Punkt B (Position zur Zeit t_B): $\boldsymbol{r}_A \equiv \boldsymbol{r}(t_A) \rightarrow \boldsymbol{r}_B \equiv \boldsymbol{r}(t_B)$. Die Bewegung stellen wir uns in infinitesimal kleine Schritte $\mathrm{d}\boldsymbol{r}$ zerlegt vor. Das an einem Punkt $\boldsymbol{r}$ gebildete Skalarprodukt $\boldsymbol{K}\cdot\mathrm{d}\boldsymbol{r}$ bezeichnet man als die *Arbeit*, die von der Kraft $\boldsymbol{K}$ zur Verschiebung des Massenpunkts $\mathrm{d}\boldsymbol{r}$ von $\boldsymbol{r}$ nach $\boldsymbol{r}+\mathrm{d}\boldsymbol{r}$ geleistet wird (s. Abb. A2.2). Die gesamte Arbeit auf dem Wege von A nach B ergibt sich durch Summation (Integration) über die Teilstücke: $\int_{\boldsymbol{r}_A}^{\boldsymbol{r}_B} \boldsymbol{K}\cdot\mathrm{d}\boldsymbol{r}$ (*Arbeitsintegral*).

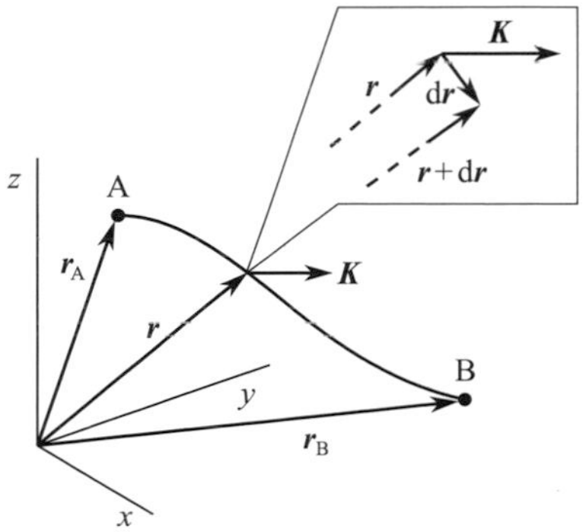

Abb. A2.2 Zur Definition des Arbeitsintegrals

Im Allgemeinen ist der Zahlenwert dieses Integrals nicht nur von den Endpunkten abhängig, sondern auch von dem durchlaufenen Weg. Vom Weg unabhängig ist das Arbeitsintegral genau dann, wenn die Kraft gemäß Gleichung (A2.4) aus einem Potential herleitbar ist, so dass man $\boldsymbol{K}\cdot\mathrm{d}\boldsymbol{r} = K_x\mathrm{d}x + K_y\mathrm{d}y + K_z\mathrm{d}z = -(\partial V/\partial x)\mathrm{d}x - (\partial V/\partial y)\mathrm{d}y - (\partial V/\partial z)\mathrm{d}z = -\mathrm{d}V$ schreiben kann; d. h. der Integrand $\boldsymbol{K}\cdot\mathrm{d}\boldsymbol{r}$ muss ein totales Differential einer Potentialfunktion $V(\boldsymbol{r})$ sein.[1] In einem solchen Falle gilt: $\int_{\boldsymbol{r}_A}^{\boldsymbol{r}_B} \boldsymbol{K}\cdot\mathrm{d}\boldsymbol{r} = -V(\boldsymbol{r}_B) + V(\boldsymbol{r}_A)$, und der Wert des Integrals wird nur von der Lage der beiden Punkte A und B bestimmt.

Aus der Bewegungsgleichung (A2.2) folgt, wenn man auf beiden Seiten das Skalarprodukt mit dem Vektor $\dot{\boldsymbol{r}}$ bildet und über die Zeit von t_A bis t_B integriert, die Beziehung: $\int_{t_A}^{t_B} m\ddot{\boldsymbol{r}}\dot{\boldsymbol{r}}\,\mathrm{d}t = \int_{t_A}^{t_B} \boldsymbol{K}\dot{\boldsymbol{r}}\,\mathrm{d}t$. Die rechte Seite ist wegen $\dot{\boldsymbol{r}}\,\mathrm{d}t = (\mathrm{d}\boldsymbol{r}/\mathrm{d}t)\mathrm{d}t = \mathrm{d}\boldsymbol{r}$ gerade das oben diskutierte Arbeitsintegral. Der Integrand auf der linken Seite lässt sich umformen: $m\ddot{\boldsymbol{r}}\dot{\boldsymbol{r}} = \mathrm{d}(m\dot{\boldsymbol{r}}^2/2)/\mathrm{d}t$, erweist sich also als die Zeitableitung der kinetischen Energie T [Gl. (A2.1)] und kann integriert werden: $\int_{t_A}^{t_B} m\ddot{\boldsymbol{r}}\dot{\boldsymbol{r}}\,\mathrm{d}t = T(t_B) - T(t_A)$. Zusammengenommen ergibt

[1] Zur Wegunabhängigkeit von Kurvenintegralen (Wegintegralen) verweisen wir auf die einschlägige mathematische Literatur (s. etwa [II.1] – [II.3]).

sich somit: $T(t_B)+V(t_B)=T(t_A)+T(t_B)$. Das gilt für beliebige Punkte A und B, so dass man schreiben kann:

$$T + V \equiv E = \text{const.} \tag{A2.5}$$

Die als Summe von kinetischer und potentieller Energie definierte *Gesamtenergie* E ist somit in Systemen mit einer aus einem Potential ableitbaren Kraft *bewegungskonstant*; diese Aussage heißt Energieerhaltungssatz, kurz: ***Energiesatz***. Ein System, in dem der Energiesatz gilt, sowie auch Kräfte, die dazu führen, dass der Energiesatz gilt, nennt man *konservativ*. Wie das Potential V ist folglich auch E nur bis auf eine additive Konstante festgelegt.

A2.3 Systeme aus mehreren Teilchen

A2.3.1 Verallgemeinerung der mechanischen Kenngrößen

Das betrachtete System möge jetzt aus N Teilchen mit den Massen m_i (i = 1, 2, ..., N) bestehen. Alle für den Einteilchenfall definierten Größen benutzen wir ebenso für den N-Teilchen-Fall, haben sie nur jeweils mit der Teilchennummer i zu versehen: die Positionen sind $\boldsymbol{r}_i$ usw. Die Summe aller (Einteilchen-) Impulse ergibt den *Gesamtimpuls* des Systems:

$$\boldsymbol{P} \equiv \sum_{i=1}^{N} \boldsymbol{p}_i \equiv \sum_{i=1}^{N} m_i \boldsymbol{u}_i \ , \tag{A2.6}$$

die Summe aller (Einteilchen-) Drehimpulse den *Gesamtdrehimpuls*:

$$\boldsymbol{L} \equiv \sum_{i=1}^{N} \boldsymbol{l}_i \equiv \sum_{i=1}^{N} \boldsymbol{r}_i \times \boldsymbol{p}_i \ , \tag{A2.7}$$

und die Summe der kinetischen Energien aller Teilchen die *gesamte kinetische Energie*:

$$T \equiv \sum_{i=1}^{N} T_i \equiv \sum_{i=1}^{N} (m_i/2)\boldsymbol{u}_i^{\,2} \equiv \sum_{i=1}^{N} (\boldsymbol{p}_i^{\,2}/2m_i)\,. \tag{A2.8}$$

Die auf ein Teilchen i ausgeübte Kraft $\boldsymbol{K}_i$ kann von äußeren Einwirkungen herrühren (Anteil $\boldsymbol{K}_i^{(\text{ext})}$) oder von den übrigen Teilchen (Anteil $\boldsymbol{K}_i^{(\text{int})}$). Der Anteil $\boldsymbol{K}_i^{(\text{int})}$ ist die Vektorsumme der von den übrigen Teilchen $j\ (\neq i)$ auf das Teilchen i ausgeübten Kräfte $\boldsymbol{K}_{ji}$:

$$\boldsymbol{K}_i = \boldsymbol{K}_i^{(\text{ext})} + \sum_{j(\neq i)=1}^{N} \boldsymbol{K}_{ji} \ . \tag{A2.9}$$

Wirkt Teilchen i auf Teilchen j mit der Kraft $\boldsymbol{K}_{ij}$, dann wirkt Teilchen j auf Teilchen i mit einer betragsmäßig ebensogroßen, aber entgegengesetzt gerichteten Kraft $\boldsymbol{K}_{ji}$:

$$\boldsymbol{K}_{ji} = -\,\boldsymbol{K}_{ij} \tag{A2.10}$$

(*3. Newtonsches Gesetz,* Wechselwirkungsgesetz, 'actio = reactio').

Wir beschränken uns auf Kräfte, die sich als negative Gradienten aus einem *Potential* $V \equiv V(\boldsymbol{r}_1,\ldots,\boldsymbol{r}_N)$ ergeben:

$$\boldsymbol{K}_i = -\hat{\nabla}_i V(\boldsymbol{r}_1, \ldots, \boldsymbol{r}_N); \qquad \text{(A2.11)}$$

der Nabla-Operator $\hat{\nabla}_i \equiv (\partial/\partial x_i, \partial/\partial y_i, \partial/\partial z_i)$ wirkt auf die Koordinaten des i-ten Teilchens.

Für jedes Teilchen i gilt eine Newton-Gleichung (A2.2):

$$m_i \ddot{\boldsymbol{r}}_i = \boldsymbol{K}_i \qquad (i = 1, \ldots, N). \qquad \text{(A2.12)}$$

Die Gesamtheit dieser Vektorgleichungen bildet einen Satz von $3N$ gewöhnlichen Differentialgleichungen 2. Ordnung, für deren eindeutige Lösung $6N$ Anfangsbedingungen gestellt werden müssen.

A2.3.2 Massenmittelpunkt

Durch den Vektor

$$\boldsymbol{S} \equiv \left(\sum\nolimits_{i=1}^{N} m_i \boldsymbol{r}_i\right) / M, \qquad \text{(A2.13)}$$

wobei M die Gesamtmasse der N Teilchen bedeutet:

$$M \equiv \sum\nolimits_{i=1}^{N} m_i, \qquad \text{(A2.14)}$$

wird im vorgegebenen raumfesten Koordinatensystem ein Punkt bestimmt, den man als *Massenmittelpunkt* oder *Schwerpunkt* der N Teilchen bezeichnet.

Wenn man die Bewegungsgleichungen (A2.12) summiert und die Beziehungen (A2.10) und (A2.11) berücksichtigt, dann ergibt sich $\sum_{i=1}^{N} m_i \ddot{\boldsymbol{r}}_i = \sum_{i=1}^{N} \boldsymbol{K}_i^{(\text{ext})}$, denn die inneren Wechselwirkungskräfte $\boldsymbol{K}_{ij}$ $(i \neq j)$ kompensieren sich paarweise: $\boldsymbol{K}_{ij} + \boldsymbol{K}_{ji} = 0$ für $i \neq j$. Die linke Seite der Summe der Bewegungsgleichungen lässt sich als $M\ddot{\boldsymbol{S}}$ schreiben:

$$M\ddot{\boldsymbol{S}} - \sum\nolimits_{i=1}^{N} \boldsymbol{K}_i^{(\text{ext})}. \qquad \text{(A2.15)}$$

Demnach bewegt sich der Schwerpunkt so, als sei in ihm die gesamte Masse des Systems vereinigt und als wirke auf ihn die Resultierende (Vektorsumme) aller äußeren Kräfte.

Bei einem *abgeschlossenem System* (keine äußeren Kräfte) haben wir $M\ddot{\boldsymbol{S}} = 0$, folglich gilt [mit Gl. (A2.6)] für den Impuls des Schwerpunkts, $\boldsymbol{P}_\text{S}$:

$$M\dot{\boldsymbol{S}} \equiv \boldsymbol{P} \equiv \boldsymbol{P}_\text{S} = \text{const}; \qquad \text{(A2.16)}$$

der Impuls des Schwerpunkts, zugleich der Gesamtimpuls (Vektorsumme) aller Teilchen des Systems, ist bewegungskonstant. Der Schwerpunkt eines abgeschlossenen Mehrteilchensystems bewegt sich demnach geradlinig und gleichförmig wie ein kräftefreier Massenpunkt.

Es lässt sich leicht zeigen (vektorielle Multiplikation der Bewegungsgleichungen (A2.12) von links mit $\boldsymbol{r}_i$ und Summation über alle i), dass für ein abgeschlossenes System auch der gesamte Drehimpuls (A2.7) bewegungskonstant ist:

$$\boldsymbol{L} = \text{const}. \qquad \text{(A2.17)}$$

In abgeschlossenen Mehrteilchenystemen kommt zu diesen beiden Erhaltungssätzen für $\boldsymbol{P}$ und $\boldsymbol{L}$ unter der gleichen Voraussetzung wie beim Einteilchenfall der *Energiesatz*: Lassen sich die Kräfte $\boldsymbol{K}_i$ [gemäß Gl. (A2.11)] als negative Gradienten eines Potentials V schreiben, so ist das gesamte Arbeitsintegral $\int_{(\boldsymbol{r}_1,\ldots,\boldsymbol{r}_N)_\mathrm{A}}^{(\boldsymbol{r}_1,\ldots,\boldsymbol{r}_N)_\mathrm{B}} \sum_{i=1}^{N} \boldsymbol{K}_i \mathrm{d}\boldsymbol{r}_i$ vom Wege zwischen zwei Punkten A und B im $3N$-dimensionalen "Konfigurationsraum" der N Teilchen *unabhängig*, und die Gesamtenergie $E = T + V$ ist bewegungskonstant:

$$E = T + V = \mathrm{const}\,. \qquad \text{(A2.5')}$$

Eine geradlinig-gleichförmige Translation eines abgeschlossenen Systems als Ganzes hat offenbar mit den Wechselwirkungen der Teilchen untereinander und daher mit den inneren Eigenschaften des Systems nichts zu tun. Es ist deswegen sinnvoll, die physikalisch irrelevante Schwerpunktsbewegung aus der Beschreibung zu eliminieren. Das lässt sich erreichen, indem man von dem ursprünglich gewählten, raumfesten (RF) Bezugssystem Σ (Koordinaten x,y,z) zu einem neuen Bezugssystem Σ' übergeht, dessen Nullpunkt O' im Schwerpunkt $\boldsymbol{S}$ liegt und das sich mit dem Schwerpunkt geradlinig und gleichförmig bewegt (schwerpunktfestes, SF-System); dabei mögen die Achsenrichtungen parallel zu den ursprünglichen bleiben (in Abb. 4.1 ist das illustriert). Die Ortsvektoren $\boldsymbol{r}_i'$ (*innere Koordinaten* x_i', y_i', z_i') der Teilchen in diesem *Schwerpunktsystem*, die sich auf Schwerpunktposition O' beziehen, hängen mit den alten RF-Ortsvektoren $\boldsymbol{r}_i$ gemäß

$$\boldsymbol{r}_i' = \boldsymbol{r}_i - \boldsymbol{S} \qquad (i = 1, 2, \ldots, N) \qquad \text{(A2.18)}$$

zusammen. Hiermit lassen sich alle mechanischen Größen durch $\boldsymbol{r}_i'$ und $\boldsymbol{S}$ ausdrücken. Die Beziehungen zwischen den auf Σ und den auf Σ' bezogenen Größen (letztere durch einen Strich gekennzeichnet) sind unmittelbar einleuchtend und leicht herzuleiten, so dass wir sie hier nur angeben. So verschwindet der Gesamtimpuls im Massenmittelpunktsystem: $\boldsymbol{P}' = 0$. Für den Gesamtdrehimpuls gilt

$$\boldsymbol{L}' = \boldsymbol{L} - \boldsymbol{L}_\mathrm{S}\,, \qquad \text{(A2.19)}$$

wobei $\boldsymbol{L}_\mathrm{S}$ den Drehimpuls des Gesamtsystems (Masse M im Schwerpunkt vereinigt gedacht) bei seiner Bewegung relativ zum raumfesten Koordinatennullpunkt O bedeutet:

$$\boldsymbol{L}_\mathrm{S} \equiv M(\boldsymbol{S} \times \dot{\boldsymbol{S}}) = \boldsymbol{S} \times \boldsymbol{P}\,. \qquad \text{(A2.20)}$$

Ebenso einfach ist die Transformation der kinetischen Energie:

$$T' = T - T_\mathrm{S}\;; \qquad \text{(A2.21)}$$

hier bezeichnet

$$T_\mathrm{S} \equiv (M/2)\dot{\boldsymbol{S}}^2 \equiv (1/2M)\boldsymbol{P}_\mathrm{S} \qquad \text{(A2.22)}$$

die (konstante) kinetische Energie, die mit der Bewegung des Systems als Ganzem verbunden ist. Setzen wir voraus (wie das in den Anwendungen überwiegend der Fall ist), dass die potentielle Energie V nur von den Positionen der Teilchen relativ zueinander, also von den paarweisen Differenzen $\boldsymbol{r}_i - \boldsymbol{r}_j$ ihrer Ortsvektoren abhängt:

$$V \equiv V(\boldsymbol{r}_1,...,\boldsymbol{r}_N) \equiv V(\boldsymbol{r}_1-\boldsymbol{r}_2,\boldsymbol{r}_1-\boldsymbol{r}_3,...,\boldsymbol{r}_2-\boldsymbol{r}_3,...,\boldsymbol{r}_{N-1}-\boldsymbol{r}_N), \tag{A2.23}$$

dann hebt sich bei der Koordinatentransformation (A2.18) der Vektor $\boldsymbol{S}$ überall heraus, und die Funktion V hat, geschrieben in den Koordinaten $\boldsymbol{r}_i'$, dieselbe Gestalt wie in den alten Koordinaten $\boldsymbol{r}_i$: sie ist *invariant* bei der Koordinatentransformation (A2.18). Es folgt, dass bei einem abgeschlossenen System für die Bewegung des Massenmittelpunkts und für die inneren Bewegungen der Teilchen relativ zueinander jeweils ein Energiesatz gilt:

$$E_S = T_S = \text{const}, \tag{A2.24}$$

$$E' = T' + V' = \text{const} \tag{A2.25}$$

mit $V' \equiv V'(\boldsymbol{r}_1',...,\boldsymbol{r}_N')$.

Damit ist für abgeschlossene Systeme das Bewegungsproblem des Massenmittelpunkts vollständig von dem der inneren Teilchenbewegungen abgetrennt.

Es sei angemerkt, dass auch andere Möglichkeiten für die Wahl innerer Koordinaten bestehen und je nach Aufgabenstellung nützlich sein können (s. Anhang A5).

A2.4 Verallgemeinerte Formulierungen der klassischen Mechanik

Das 2. Newtonsche Bewegungsgesetz (A2.2) bzw. (A2.12) und die Verwendung kartesischer Koordinaten liefern eine Beschreibung eines klassisch-mechanischen Bewegungsproblems, die für die Formulierung und die rechnerische Durchführung nicht immer bequem ist.

A2.4.1 Verallgemeinerte Koordinaten. Lagrange-Gleichungen

Oft eignen sich nicht-kartesische (krummlinige) Koordinaten für ein gegebenes System besser als kartesische Koordinaten. Beispielsweise wird man für die Beschreibung eines Teilchens in einem Zentralkraftfeld (s. Abschn. 2.3.3 und 5.1) vorteilhaft mit Kugelkoordinaten arbeiten.

Wir nehmen an, das vorgelegte System von N Teilchen habe $f\,(\leq 3N)$ *Freiheitsgrade*.

Die Zahl f ist die Anzahl voneinander unabhängiger Angaben, die nötig sind, um die räumliche Lage der Bestandteile (etwa Teilchen) eines Systems eindeutig festzulegen.
Unterliegen die Koordinaten eines N-Teilchen-Systems s Bedingungen, durch welche die Bewegung eingeschränkt wird, dann braucht man entsprechend weniger, nämlich $f = 3N - s$ Angaben. So besteht für die Bewegung eines Teilchens, das durch eine masselose Stange in einem festen Abstand r° vom Koordinatennullpunkt gehalten wird, die Bedingungsgleichung $x^2 + y^2 + z^2 = r^{\circ 2}$. Dieses System hat also $f = 2$ Freiheitsgrade ($N = 1$, $s = 1$). Zur eindeutigen Festlegung der Teilchenposition sind zwei Angaben nötig; dafür eignen sich der Polarwinkel ϑ und der Azimutwinkel φ (s. Abb. 2.22).

Bedingungen, die sich in dieser Form, allgemein $g(x_1,...) = 0$, schreiben lassen nennt man *holonom*.

Zur leichteren Handhabung numerieren wir jetzt die kartesischen Koordinaten fortlaufend und bezeichnen sie durchgängig mit x_k ($k = 1, 2, ..., 3N$): $x_1 \to x_1, y_1 \to x_2, z_1 \to x_3, x_2 \to x_4,...,$ $z_{N-1} \to x_{3N-3}, x_N \to x_{3N-2}, y_N \to x_{3N-1}, z_N \to x_{3N}$. Dabei ist zu berücksichtigen, dass zu einem Tripel von Koordinaten x_k jeweils ein und dieselbe Teilchenmasse gehört.

Nun werden neue, *verallgemeinerte Koordinaten* q_i eingeführt, und zwar gerade soviele, wie das System Freiheitsgrade hat; sie mögen mit den kartesischen Koordinaten x_k durch die Transformationsgleichungen

$$x_k = x_k(q_1, q_2, ..., q_f) \qquad (k = 1, 2, ..., 3N) \qquad \text{(A2.26)}$$

zusammenhängen, wobei wir voraussetzen, dass diese Funktionen $x_k(q_1, q_2, ..., q_f)$ genügend oft differenzierbar sind, um wie im Folgenden mit ihnen operieren zu können. Die verallgemeinerten Koordinaten sind wie die x_k zeitabhängig: $q_i \equiv q_i(t)$. Ihre ersten Ableitungen nach der Zeit, $\mathrm{d}q_i/\mathrm{d}t \equiv \dot{q}$, heißen *verallgemeinerte Geschwindigkeiten*; sie hängen mit den Geschwindigkeiten $\dot{x}_k$ durch

$$\dot{x}_k = \sum_{j=1}^{f} (\partial x_k / \partial q_j)\dot{q}_j \qquad \text{(A2.27)}$$

zusammen. Mittels der Beziehungen (A2.26 und A2.27) lassen sich die kinetische Energie (A2.8) und die potentielle Energie (A2.23) auf die verallgemeinerten Koordinaten und Geschwindigkeiten q_i bzw. $\dot{q}_i$ umschreiben:

$$T \equiv T(q_1, ..., q_f, \dot{q}_1, ..., \dot{q}_f), \qquad \text{(A2.28a)}$$

$$V \equiv V(q_1, ..., q_f); \qquad \text{(A2.28b)}$$

da die Geschwindigkeiten $\dot{x}_k$ über die Ableitungen $(\partial x_k / \partial q_j)$ von den Koordinaten q_i abhängen, ist das auch für T der Fall; V hingegen bleibt rein koordinatenabhängig.

Aus kinetischer und potentieller Energie, ausgedrückt in den verallgemeinerten Koordinaten und Geschwindigkeiten [Gl. (A2.28a,b)], wird die sog. *Lagrange-Funktion*

$$L \equiv L(q_1, ..., q_f, \dot{q}_1, ..., \dot{q}_f) \equiv T - V \qquad \text{(A2.29)}$$

gebildet. Damit lassen sich in einfacher und von der speziellen Wahl der verallgemeinerten Koordinaten unabhängiger Gestalt die Bewegungsgleichungen formulieren, und zwar folgen aus den Newton-Gleichungen (A2.12), wenn die Kräfte das Potential V haben, die *Lagrange-Gleichungen*

$$(\mathrm{d}/\mathrm{d}t)(\partial L / \partial \dot{q}_i) - (\partial L / \partial q_i) = 0 \qquad (i = 1, ..., f); \qquad \text{(A2.30)}$$

das sind f gewöhnliche Differentialgleichungen 2. Ordnung für die Koordinaten als Funktionen der Zeit: $q_i(t)$. Einzelheiten der Herleitung übergehen wir (s. etwa [A2.1] – [A2.3]).

A2.4.2 Hamiltonsche kanonische Gleichungen

Die Bewegungsgleichungen in verallgemeinerten Koordinaten lassen sich noch einfacher und übersichtlicher formulieren. Hierzu wird durch

$$\partial L / \partial \dot{q}_i \equiv p_i \qquad (i = 1, ..., f); \qquad \text{(A2.31)}$$

zu jeder verallgemeinerten Koordinate q_i ein *verallgemeinerter* (kanonisch-konjugierter) *Impuls* p_i definiert; man vergewissert sich leicht, dass diese Größe die Dimension eines Impulses hat (Energie/Geschwindigkeit). Mittels dieser Definitionsgleichungen können die Geschwindigkeiten $\dot{q}_i$ durch die verallgemeinerten Koordinaten und Impulse ausgedrückt werden:

$$\dot{q}_i \equiv \dot{q}_i(q_1,...,q_f, p_1,...,p_f). \qquad \text{(A2.32)}$$

Nun definiert man die Größe

$$H \equiv \sum\nolimits_{j=1}^{f} p_j \dot{q}_j - L(q_1,...,q_f, p_1,...,p_f) \qquad \text{(A2.33)}$$

und schreibt sie unter Benutzung der Beziehungen (A2.32) als Funktion der verallgemeinerten Koordinaten q_i und Impulse p_i :

$$H \equiv H(q_1,...,q_f, p_1,...,p_f). \qquad \text{(A2.34)}$$

Es stellt sich heraus, dass diese sog. ***Hamilton-Funktion*** nichts anderes ist als die Summe von kinetischer Energie T und potentieller Energie V, also die Gesamtenergie des Systems:

$$H = T(q_1,..., q_f, p_1,...,p_f) + V(q_1,..., q_f) \qquad \text{(A2.35)}$$

(s. [A2.1] – [A2.3]). Aus den Lagrange-Gleichungen (A2.30) und der Definition (A2.31) folgen die Gleichungen

$$\dot{q}_i = \partial H / \partial p_i , \qquad \text{(A2.36a)}$$

$$\dot{p}_i = - \partial H / \partial q_i \qquad (i = 1, ..., f), \qquad \text{(A2.36b)}$$

die als ***Hamiltonsche Gleichungen*** (wegen ihrer klaren, symmetrischen Gestalt auch als *kanonische Gleichungen*) der klassischen Mechanik bezeichnet werden.

Es gibt damit ein sehr einfaches Rezept für die Behandlung eines klassisch-mechanischen Bewegungsproblems: Man schreibe die Gesamtenergie $H = T + V$ auf, wähle passende verallgemeinerte Koordinaten, drücke T und V durch die verallgemeinerten Koordinaten und die verallgemeinerten Impulse aus und formuliere die Hamilton-Gleichungen. Diese bilden ein System von $2f$ gewöhnlichen Differentialgleichungen 1. Ordnung für die $2f$ Zeitfunktionen $q_i(t)$ und $p_i(t)$.

Zyklische Koordinaten. Erhaltungssätze

Hängt die Lagrange-Funktion und damit auch die Hamilton-Funktion von einer Koordinate q_k nicht ab, dann ist [nach Gl. (A2.30) und (A2.31) bzw. (A2.36b)] der zu q_k kanonisch-konjugierte Impuls p_k konstant; man nennt eine solche Koordinate q_k *zyklisch*:

$$q_k \text{ zyklisch} \;\rightarrow\; p_k = \text{const.} \qquad \text{(A2.37)}$$

Jede zyklische Koordinate führt also zu einem *Erhaltungssatz* für den entsprechenden kanonisch-konjugierten Impuls.

Generell gilt für die zeitliche Änderung einer physikalischen Größe G, die für ein gegebenes mechanisches System definiert ist und von den verallgemeinerten Koordinaten und Impulsen sowie von der Zeit abhängen kann, $G \equiv G(q_1,\dots,q_f, p_1,\dots,p_f;t)$, nach Ausführung der Differentiationen nach allen Variablen und Benutzung der Hamilton-Gleichungen (A2.36a,b): $\mathrm{d}G/\mathrm{d}t = \sum_{i=1}^{f}\left((\partial G/\partial q_i)(\partial H/\partial p_i) - (\partial G/\partial p_i)(\partial H/\partial q_i)\right) + (\partial G/\partial t)$. Der erste Anteil auf der rechten Seite wird häufig abgekürzt als

$$\sum_{i=1}^{f}\left((\partial G/\partial q_i)(\partial H/\partial p_i) - (\partial G/\partial p_i)(\partial H/\partial q_i)\right) \equiv \{G,H\} \qquad \text{(A2.38)}$$

geschrieben und als *Poisson-Klammer* bezeichnet. Es gilt also

$$\mathrm{d}G/\mathrm{d}t = \{G,H\} + (\partial G/\partial t). \qquad \text{(A2.39)}$$

Wegen $\{H,H\} = 0$ folgt daraus, dass die Gesamtenergie $G = H = T + V$ dann eine Konstante ist (Energiesatz), wenn die Hamilton-Funktion nicht explizite von der Zeit abhängt.

A2.4.3 Das Prinzip der kleinsten Wirkung

Man kann die gesamte klassische Mechanik auf Variationsprinzipe gründen; dafür gibt es mehrere Möglichkeiten. Das *Prinzip der kleinsten Wirkung* (auch als *Hamiltonsches Prinzip* bezeichnet) besagt: Zwischen zwei Zeitpunkten t_A und t_B, an denen die verallgemeinerten Koordinaten die Werte $q_1^\mathrm{A} \equiv q_1(t_\mathrm{A}),\dots,q_f^\mathrm{A} \equiv q_f(t_\mathrm{A})$ bzw. $q_1^\mathrm{B} \equiv q_1(t_\mathrm{B}),\dots,q_f^\mathrm{B} \equiv q_f(t_\mathrm{B})$ haben, bewegt sich das System so, dass das Integral

$$S \equiv \int_{t_\mathrm{A}}^{t_\mathrm{B}} L(q_1,\dots,q_f,\dot{q}_1,\dots,\dot{q}_f;t)\,\mathrm{d}t \qquad \text{(A2.40)}$$

(sog. *Wirkungsintegral*) im Vergleich mit allen anderen denkbaren und zulässigen Bewegungen einen extremen Wert annimmt. Dabei kann die Lagrange-Funktion L auch explizite von der Zeit abhängen. Es lässt sich zeigen, dass dieses Extremalprinzip zu den Lagrange-Gleichungen und, wenn

$$L = \sum_{i=1}^{f} p_i\dot{q}_i - H \qquad \text{(A2.41)}$$

auf verallgemeinerte Koordinaten und *Impulse* umgeschrieben wird, auch den Hamilton-Gleichungen äquivalent ist; diese Gleichungen lassen sich also aus dem *Variationsprinzip*

$$\delta S = 0, \quad S \to \text{Minimum} \qquad \text{(A2.42)}$$

herleiten (zur Variationsrechnung s. etwa [II.1], Kap. 10.).

Anstatt die Änderung von S bei Veränderungen der Koordinatenfunktionen $q_i(t)$ zwischen zwei festen Konfigurationen A und B zu betrachten, kann man die Abhängigkeit des Wirkungsintegrals (A2.40) von der Anfangskonfiguration $q_1^\mathrm{A} \equiv q_1(t_\mathrm{A}),\dots,q_f^\mathrm{A} \equiv q_f(t_\mathrm{A})$, der Zeit t_B am Ende der Bewegung sowie der dann erreichten Endkonfiguration $q_1^\mathrm{B},\dots,q_f^\mathrm{B}$ untersuchen; die Zeit t_B und die Endkonfiguration bezeichnen wir neu: $t_\mathrm{B} \equiv t$, und $q_1^\mathrm{B} \equiv q_1,\dots,$

$q_f^{\mathrm{B}} \equiv q_f$. Damit wird aus dem Integral (A2.40) eine Funktion der (End-) Koordinaten, den Anfangswerten und der Zeit t:

$$\overline{S} \equiv \int_{t_{\mathrm{A}}}^{t} L(q_1,...,q_f, \dot{q}_1,...,\dot{q}_f; \tau)\,\mathrm{d}\tau \equiv \overline{S}(q_1,...,q_f, q_1^{\mathrm{A}},...,q_f^{\mathrm{A}}; t) \qquad \text{(A2.43)}$$

(um die Integrationsvariable von der oberen Grenze zu unterscheiden, wurde erstere in τ umbenannt). Das totale Differential dieser Funktion ist nach Gleichung (A2.41)

$$\mathrm{d}\overline{S} = L\,\mathrm{d}t = \sum_{i=1}^{f} p_i \mathrm{d}q_i - H\,\mathrm{d}t \ ; \qquad \text{(A2.44)}$$

hieraus ergeben sich für die partiellen Ableitungen von $\overline{S}$ (hier also nach den verallgemeinerten Koordinaten und der Zeit) die Beziehungen

$$\partial\overline{S} / \partial q_i = p_i \ , \qquad \text{(A2.45)}$$

$$\partial\overline{S} / \partial t = -H \ . \qquad \text{(A2.46)}$$

A2.4.4* Hamilton-Jacobi-Formalismus

Wie wir gesehen hatten, wird die Integration der kanonischen Gleichungen erleichtert, wenn es zyklische Koordinaten gibt, denn für jede zyklische Koordinate ist der kanonisch-konjugierte Impuls eine Konstante, und man braucht einen Freiheitsgrad weniger zu berücksichtigen. Man könnte also versuchen, die verallgemeinerten Koordinaten so zu wählen, dass möglichst viele von ihnen zyklisch sind.

Noch einfacher würde die Aufgabe, wenn es gelänge, solche Variable (Koordinaten und Impulse) zu finden. in denen geschrieben die Hamilton-Funktion identisch zu Null wird: $H \equiv 0$; dann wären, wie man aus den Hamilton-Gleichungen sieht, alle Koordinaten und Impulse konstant. Das allerdings ist mit Transformationen des Typs (A2.26), bei denen Ortskoordinaten in Ortskoordinaten übergeführt werden (sog. Punkttransformationen), nicht zu erreichen, sondern nur mit allgemeineren Transformationen.

Kanonische Transformationen

Da in den kanonischen Gleichungen die verallgemeinerten Koordinaten q_i und die verallgemeinerten Impulse p_i im Wesentlichen (bis auf ein Vorzeichen in Gl. (A2.36b)) gleichberechtigt auftreten, liegt es nahe, sie auch bei der Suche nach neuen Variablen gleichberechtigt zu behandeln und Transformationen der Art

$$Q_i \equiv Q_i(q_1,...,q_f, p_1,...,p_f; t), \qquad \text{(A2.47a)}$$

$$P_i \equiv P_i(q_1,...,q_f, p_1,...,p_f; t) \qquad \text{(A2.47b)}$$

(i = 1, ..., f), in denen die verallgemeinerten Koordiinaten und Impulse gemischt auftreten, zuzulassen. Diese Q_i und P_i sind also weder Koordinaten noch Impulse, sondern gewissermaßen beides zugleich; wir sprechen daher nur allgemein von "Variablen".

Von einer solchen Transformation wird lediglich gefordert, dass mit einer neuen Hamilton-

Funktion H' (d. h. H umgeschrieben in die neuen Variablen Q_i und P_i),

$$H' \equiv H'(Q_1,\ldots,P_1,\ldots;t) \tag{A2.48}$$

die Hamilton-Gleichungen für Q_i und P_i dieselbe kanonische Form (A2.36a,b) haben wie für die Variablen q_i und p_i ; man spricht dann von einer *kanonischen Transformation.* Das ist nicht für beliebige Transformationen (A2.47a,b) gewährleistet, sondern nur dann, wenn die Bedingung

$$\sum_{i=1}^{f} p_i \mathrm{d}q_i - H\,\mathrm{d}t = \sum_{i=1}^{f} P_i \mathrm{d}Q_i - H'\mathrm{d}t + \mathrm{d}F \tag{A2.49}$$

erfüllt ist. Der Integrand (A2.44) des Wirkungsintegrals in den alten und den neuen Variablen darf sich also nur um das totale Differential einer Funktion F (abhängig von Koordinaten und Impulsen sowie von der Zeit) unterscheiden; diese Funktion F wird als *Erzeugende* (oder auch *erzeugende Funktion*) der kanonischen Transformation bezeichnet. Je nach Wahl der Variablen, von denen F abhängt, erhält man verschiedene kanonische Transformationen. In jedem Fall besteht, wie sich aus Gleichung (A2.49), aufgelöst nach $\mathrm{d}F$,

$$\mathrm{d}F = \sum_i p_i \mathrm{d}q_i - \sum_i P_i \mathrm{d}Q_i + (H' - H)\mathrm{d}t\,, \tag{A2.49'}$$

ergibt, zwischen der alten und der neuen Hamilton-Funktion der Zusammenhang:

$$H' = H + (\partial F / \partial t)\,. \tag{A2.50}$$

Wir nehmen jetzt eine der möglichen Formen von F (in der Literatur oft mit F_2 bezeichnet [A2.3]), die außer von der Zeit t von den alten Koordinaten q_i und den neuen "Impulsen" P_i abhängt:

$$F \equiv F_2(q_1,\ldots,P_1,\ldots;t)\,. \tag{A2.51}$$

Dann folgt aus Gleichung (A2.49'):

$$p_i = \partial F / \partial q_i\,, \quad Q_i = \partial F / \partial P_i\,, \tag{A2.52a,b}$$

sowie die Gleichung (A2.50).

Hamilton-Jacobi-Gleichung

Das Bestehen der beiden Beziehungen (A2.50) und (A2.46) legt den Schluss nahe, die neue Hamilton-Funktion H' könne dadurch zum Verschwinden gebracht werden, dass als Erzeugende einer kanonischen Transformation vom Typ F_2 die Wirkungsfunktion in der Form (A2.43) verwendet wird. Dann ergibt sich aus Gleichung (A2.46), wenn man in die Hamilton-Funktion H für die Impulse p_i nach Gleichung (A2.52a) die Ausdrücke $\partial\overline{S} / \partial q_i$ einsetzt:

$$H(q_1,\ldots,q_f,\partial\overline{S}/\partial q_1,\ldots,\partial\overline{S}/\partial q_f;t) + (\partial\overline{S} / \partial t) = 0 \tag{A2.53}$$

(*zeitabhängige Hamilton-Jacobi-Gleichung*). Es handelt sich um eine partielle Differentialgleichung 1. Ordnung für die Funktion $\overline{S} \equiv \overline{S}(q_1,\ldots,q_f;t)$, die nach Gleichung (A2.43) f

Konstante enthält, nämlich die Anfangswerte q_i^{A} der verallgemeinerten Koordinaten; die wir gemäß Gleichung (A2.52b) mit den (konstanten) neuen Variablen P_i identifizieren können.

Wenn die Hamilton-Funktion H nicht explizite von der Zeit abhängt und daher der Energiesatz gilt, dann lässt sich aus $\bar{S}$ die Zeitabhängigkeit durch einen additiven linearen Term abtrennen. Der Ansatz

$$\bar{S}(q_1,...,q_f;t)=\bar{S}°(q_1,...,q_f)-Et \tag{A2.54}$$

führt für $\bar{S}°$ auf die *zeitunabhängige Hamilton-Jacobi-Gleichung*

$$H(q_1,...,q_f,\partial\bar{S}°/\partial q_1,...,\partial\bar{S}°/\partial q_f;t)=E \tag{A2.55}$$

mit der konstanten Gesamtenergie E des Systems. Da in den Hamilton-Jacobi-Gleichungen nur die ersten Ableitungen von $\bar{S}$ bzw. $\bar{S}°$ vorkommen, ist die Lösung bis auf eine additive Konstante A bestimmt, d. h. mit $\bar{S}$ ist auch $\bar{S}+A$ (für $\bar{S}°$ entsprechend) eine Lösung.

In dieser Formulierung der klassischen Mechanik besteht die Aufgabe darin, ein sogenanntes *vollständiges Integral* der Hamilton-Jacobi-Differentialgleichung zu finden, d. h. eine Funktion $\bar{S}$, die gerade soviele freie Parameter wie unabhängige Variable enthält. Diese $f+1$ Parameter können mittels der Anfangsbedingungen festgelegt werden.

Eine Lösung der Hamilton-Jacobi-Gleichung für ein vorgegebenes mechanisches System lässt sich im Allgemeinen nur näherungsweise ermitteln; darauf gehen wir hier nicht ein. Hat man eine (Näherungs-) Lösung $\tilde{\bar{S}}$ bestimmt, so kann man daraus, als Erzeugende einer kanonischen Transformation genommen, mit dem oben zusammengestellten Formelapparat die entsprechenden approximativen Koordinaten $\tilde{q}_i(t)$ und Impulse $\tilde{p}_i(t)$ erhalten.

Es sei abschließend angemerkt, dass sich dieser Formalismus für den Brückenschlag zur statistischen Mechanik (s. Anhang A3) und zur Quantenmechanik bzw. Wellenmechanik (s. Kap. 2 und 3) anbietet. Eine tiefergehende Analyse damit zusammenhängender Probleme können wir hier nicht vornehmen; man findet mehr darüber in der Lehrbuchliteratur (z. B. [A2.1] – [A2.3]). Wir begnügen uns mit dem Hinweis auf einige vordergründige formale Analogien: So erkennt man in Gleichung (A2.53) eine Art Wellengleichung für die Wirkungsfunktion $\bar{S}(q_1,...,q_f;t)$. Der Poisson-Klammer (A2.38) entspricht der quantenmechanische Kommutator [Gl. (3.5)].

A2.5* Geladene Teilchen in elektrischen und magnetischen Feldern

Bisher wurde hinsichtlich der physikalischen Natur der Kräfte nichts vorausgesetzt. Im Kontext des vorliegenden Kurses über molekulare Systeme als Aggregate von geladenen Teilchen (Atomkerne, Elektronen) geht es überwiegend darum, wie sich solche Teilchen *(a)* unter dem Einfluss ihrer gegenseitigen Wechselwirkungen und *(b)* in äußeren elektrischen und magnetischen Feldern bewegen.

In nichtrelativistischer Näherung, formal charakterisiert durch die Annahme einer unendlichgroßen Lichtgeschwindigkeit ($c \to \infty$), üben alle Teilchen paarweise untereinander elektrostatische Coulombsche Wechselwirkungskräfte aus; für die Kraft von Teilchen j auf Teilchen i gilt nach dem Coulomb-Gesetz:

$$\boldsymbol{K}_{ji} \equiv \boldsymbol{K}_{ji}^{\mathrm{el}} = (e_i\, e_j)(\boldsymbol{r}_i - \boldsymbol{r}_j) / r_{ij} \,. \tag{A2.56}$$

Diese Coulomb-Kraft hängt nur vom Abstand $r_{ij} \equiv |\boldsymbol{r}_i - \boldsymbol{r}_j|$ zwischen den Teilchenpositionen $\boldsymbol{r}_i$ und $\boldsymbol{r}_j$ ab; sie ist proportional zu den Ladungen e_i und e_j und wirkt in Richtung der Verbindungsgeraden (bei $e_i\, e_j > 0$ Abstoßung, bei $e_i\, e_j < 0$ Anziehung).

Die Coulomb-Kräfte lassen sich gemäß Gleichung (A2.11) als negative Gradienten aus einem Potential $V \equiv V^{\mathrm{el}}$ gewinnen, das sich additiv aus Paar-Anteilen zusammensetzt:

$$V^{\mathrm{el}}(\boldsymbol{r}_1,\ldots,\boldsymbol{r}_N) = \sum\nolimits_{j(<i)}^{N-1} \sum\nolimits_{i=1}^{N} V_{ji}^{\mathrm{el}}(r_{ij}) \tag{A2.57}$$

mit den Paarpotentialen

$$V_{ji}^{\mathrm{el}}(r_{ij}) = e_i\, e_j / r_{ij} \;. \tag{A2.58}$$

Ein *äußeres elektrisches Feld (EF)* mit dem (ortsabhängigen) Feldstärkevektor $\mathcal{E}(\boldsymbol{r})$ führt zu einer Kraft

$$\boldsymbol{K}_i^{\mathrm{EF}} = e_i\, \mathcal{E}(\boldsymbol{r}_i) \tag{A2.59}$$

auf eine Ladung e_i am Ort $\boldsymbol{r}_i$. Das mechanische Potential aller Teilchen in diesem elektrischen Feld schreibt man

$$V^{\mathrm{EF}} = \sum\nolimits_{i=1}^{N} e_i\, \Phi(\boldsymbol{r}_i) \tag{A2.60}$$

und nennt $\Phi(\boldsymbol{r})$ das elektrische Potential des Feldes; die Feldstärke $\mathcal{E}(\boldsymbol{r})$ ergibt sich daraus als negativer Gradient:

$$\mathcal{E}(\boldsymbol{r}) = -\hat{\nabla}\Phi(\boldsymbol{r}) \tag{A2.61}$$

($\equiv -\operatorname{grad}\Phi(\boldsymbol{r})$).

Durch ein *äußeres magnetisches Feld (MF)* mit der (ortsabhängigen) Feldstärke $\mathcal{H}(\boldsymbol{r})$ wird nur auf ein *bewegtes* geladenes Teilchen eine Kraft ausgeübt, die nach der klassischen Elektrodynamik[2] durch die Formel

$$\boldsymbol{K}_i^{\mathrm{MF}} = (e_i / c)\big(\boldsymbol{u}_i \times \mathcal{H}(\boldsymbol{r}_i)\big) \tag{A2.62}$$

gegeben ist, wobei $\boldsymbol{u}_i \equiv \dot{\boldsymbol{r}}_i$ die Geschwindigkeit des Teilchens i bezeichnet. Für eine solche geschwindigkeitsabhängige Kraft gibt es kein "echtes" Potential im Sinne von Abschnitt A2.2. Trotzdem kann man auch diesen Fall in den Lagrange- bzw. Hamilton-Formalismus ein-

[2] Landau, L. D., Lifschitz, E. M.: Lehrbuch der theoretischen Physik. Bd. 2: Klassische Feldtheorie. H. Deutsch Verlag, Frankfurt a. M. (2007) und andere einschlägige Lehrbücher.

beziehen (s. die Literatur, etwa Fußnote 2; auch [A2.3], Abschn. 1-5). Zunächst lässt sich zeigen, dass $\mathcal{H}(\boldsymbol{r})$ stets in der Form

$$\mathcal{H}(\boldsymbol{r}) = \hat{\nabla} \times \boldsymbol{A}(\boldsymbol{r}) \qquad \text{(A2.63)}$$

($\equiv$ rot $\boldsymbol{A}(\boldsymbol{r})$) geschrieben werden kann. Das vektorielle Feld $\boldsymbol{A}(\boldsymbol{r})$ wird als *Vektorpotential* des magnetischen Feldes bezeichnet, und man fordert in der Regel, dass es der Bedingung

$$\hat{\nabla} \cdot \boldsymbol{A}(\boldsymbol{r}) = 0 \qquad \text{(A2.64)}$$

(div $\boldsymbol{A}(\boldsymbol{r}) = 0$, sog. *Coulomb-Eichung*) genügt.

Wird zu der Lagrange-Funktion L [Gl. (A2.29)], die im Potential V gegebenenfalls noch den Beitrag (A2.60) eines äußeren elektrischen Feldes enthält, der Term

$$\mathcal{M} \equiv \sum_{i=1}^{N} (e_i / c)(\dot{\boldsymbol{r}}_i \cdot \boldsymbol{A}) \qquad \text{(A2.65)}$$

hinzugenommen, dann ergeben sich mit der Lagrange-Funktion $\overline{L} \equiv L + \mathcal{M}$ die richtigen Bewegungsgleichungen. Und zwar hat man, um den Hamilton-Formalismus (Abschn. 2.4.2) anwenden zu können, zunächst die verallgemeinerten Impulse (A2.31) zu bilden,

$$\boldsymbol{p}_i = m_i \dot{\boldsymbol{r}}_i + (e_i / c)\, \boldsymbol{A}(\boldsymbol{r}_i), \qquad \text{(A2.66)}$$

und in der kinetischen Energie (A2.8) mittels dieser Beziehung die Teilchengeschwindigkeiten $\boldsymbol{u}_i \equiv \dot{\boldsymbol{r}}_i$ durch $\boldsymbol{p}_i$ und $\boldsymbol{A}(\boldsymbol{r}_i)$ auszudrücken:

$$\dot{\boldsymbol{r}}_i = (1/m_i)\boldsymbol{p}_i - (e_i / m_i c)\boldsymbol{A}(\boldsymbol{r}_i). \qquad \text{(A2.66')}$$

Auf diese Weise erhält man die Hamilton-Funktion für das N-Teilchen-System in einem elektrischen und magnetischen Feld:

$$H = \sum_{i=1}^{N} (1/2m_i)\big(\boldsymbol{p}_i - (e_i / c)\, \boldsymbol{A}(\boldsymbol{r}_i)\big)^2 + V^{\mathrm{el}} + \sum_{i=1}^{N} e_i\, \Phi(\boldsymbol{r}_i), \qquad \text{(A2.67)}$$

mit dem die Hamiltonschen Gleichungen gemäß Abschnitt A2.4.2 formuliert werden können.

Ergänzende Literatur zum Anhang A2

[A2.1] Sommerfeld, A.: Vorlesungen über theoretische Physik. Bd. I. Mechanik. Geest & Portig, Leipzig (1955)

[A2.2] Landau, L. D., Lifschitz, E. M.: Lehrbuch der theoretischen Physik. Bd. I. Mechanik. H. Deutsch Verlag, Frankfurt a. M. (2007)

[A2.3] Goldstein, H.: Klassische Mechanik. AULA-Verlag, Wiesbaden (1991)

A3 Grundbegriffe der statistischen Mechanik

Das Anlegen der statistischen Mechanik besteht darin, die Eigenschaften von Systemen aus sehr vielen Teilchen mit Konzepten der Wahrscheinlichkeitsrechnung und der mathematischen Statistik zu beschreiben.

A3.1 Wahrscheinlichkeitstheoretische Grundlagen

A3.1.1 Wahrscheinlichkeiten zufälliger Ereignisse

Der Begriff "Ereignis" wird hier im weitesten Sinne gebraucht, z. B. könnte es sich um die erhaltene Augenzahl beim Würfeln handeln oder auch um die momentane räumliche Anordnung von Teilchen eines Gases. Falls ein Ereignis nicht vorausgesagt werden kann (weil die Einflüsse, von denen sein Eintreten abhängt, zu kompliziert oder überhaupt unbekannt sind), spricht man von einem *zufälligen Ereignis*.

Wir setzen zunächst voraus, eine endliche Anzahl s von Ereignissen $E_1, E_2, ..., E_s$ sei möglich; die Ereignisse mögen sich gegenseitig ausschließen, voneinander unabhängig und alle gleich wahrscheinlich sein.

Nun stellen wir uns vor, es werden *Versuche* vorgenommen, die sich beliebig oft wiederholen lassen und die als Ergebnis jeweils eines der Ereignisse haben können. Die Anzahl n_i von Versuchen mit dem Ergebnis E_i, bezogen auf die Gesamtzahl n der Versuche, bezeichnet man als die *relative Häufigkeit* $h(E_i)$ des Ereignisses E_i:

$$h(E_i) \equiv n_i / n, \tag{A3.1}$$

wobei gelten muss

$$n_i \le n, \quad \sum_{i=1}^{s} n_i = n. \tag{A3.2}$$

Der Zähler n_i in der Definition (A3.1) wird oft als Anzahl der (für das Eintreten des Ereignisses E_i) günstigen Fälle bezeichnet, der Nenner n als Anzahl aller möglichen Fälle.

Der *Wahrscheinlichkeit* $W(E_i)$ des Ereignisses E_i kann man sich beliebig annähern, wenn man die Anzahl n der Versuche immer weiter erhöht ("Gesetz der großen Zahl", vgl. etwa [II.1], dort Abschn. 7.4.2.); in diesem Sinne schreiben wir

$$W(E_i) = \lim_{n \to \infty} h(E_i). \tag{A3.3}$$

Spezialfälle sind: $W(E_i) = 0$ für ein "unmögliches Ereignis" (es tritt niemals als Versuchsergebnis ein) und $W(E_i) = 1$ für ein "sicheres Ereignis" (alle Versuche ergeben E_i).

Die Wahrscheinlichkeit dafür, dass entweder das Ereignis E_i oder das Ereignis E_j eintritt

("Entweder-oder-Wahrscheinlichkeit") ist gleich der Summe der Einzelwahrscheinlichkeiten:

$$W(\,E_i \text{ oder } E_j\,) = W(\,E_i\,) + W(\,E_j\,), \tag{A3.4}$$

wobei der Ausdruck auf der linken Seite auch als $W(\,E_i \cup E_j\,)$ geschrieben wird.

Es seien zwei Ereignisse E_i und E_j miteinander vereinbar (z. B. beim Werfen zweier Würfel die Augenzahl des einen und die Augenzahl des anderen Würfels), dann ist die Wahrscheinlichkeit dafür, dass beide Ereignisse eintreten ("Sowohl-als auch-Wahrscheinlichkeit"), gleich dem Produkt der Einzelwahrscheinlichkeiten:

$$W(\,E_i \text{ und } E_j\,) = W(\,E_i\,) \cdot W(\,E_j\,); \tag{A3.5}$$

den Ausdruck auf der linken Seite schreibt man auch $W(\,E_i \cap E_j\,)$.

Wenn bei einem Versuch ein Ereignis E_i erhalten wurde, und man fragt danach, mit welcher Wahrscheinlichkeit auch das Ereignis E_j eingetreten ist, so erhält man diese *bedingte Wahrscheinlichkeit* $W(\,E_i \mid E_j\,)$ nach der Formel

$$W(\,E_i \mid E_j\,) = W(\,E_i \cap E_j\,) / W(\,E_i\,) \tag{A3.6}$$

unter der Voraussetzung $W(\,E_i\,) \neq 0$.

Thermodynamische Wahrscheinlichkeit

In Abschnitt 4.8 wurde dieser Begriff für Systeme aus sehr vielen Teilchen mit quantisierten Zuständen erläutert; gefragt war dabei das statistische Gewicht eines "Makrozustands".

Unter einem Makrozustand versteht man die Angabe, wieviele Teilchen jeweils in den einzelnen möglichen Zuständen vorliegen. Ein "Mikrozustand" hingegen ist dadurch charakterisiert, dass für jedes Teilchen angegeben wird, in welchem Zustand es sich befindet. Die Anzahl der Mikrozustände, durch welche ein Makrozustand realisiert werden kann, ist dessen *statistisches Gewicht*, das man auch als seine *thermodynamische Wahrscheinlichkeit* bezeichnet (vgl. [II.1], Abschn. 7.1.3.). Diese thermodynamische Wahrscheinlichkeit ist nicht auf 1 normiert. Mehr hierzu findet man in der Spezialliteratur, s. auch Abschnitt 4.8.

Um die für die oben eingeführten Größen benötigten Anzahlen von Fällen bzw. Zuständen zu ermitteln, braucht man geeignete *Abzählverfahren.* Damit befasst sich die *Kombinatorik*; wir behandeln sie hier nicht, sondern verweisen auf die Literatur (s. etwa [II.1], Abschn. 1.5.).

A3.1.2 Kontinuierliche Zufallsgrößen. Wahrscheinlichkeitsdichten

Bisher hatten wir es mit diskreten zufälligen Ereignissen zu tun. Nun möge ein Ereignis darin bestehen, dass eine *kontinuierlich* veränderliche Größe (etwa die Position eines Teilchens) zufällig einen Wert x hat. Wollte man darunter verstehen, dass ein Versuch (eine Messung) den scharfen Wert x liefert, so ergibt sich dafür stets die Wahrscheinlichkeit Null, denn die Anzahl der möglichen Fälle (d. h. alle reellen Zahlenwerte x) ist unendlich groß.

Bei einer kontinuierlich veränderlichen Zufallsgröße lässt sich nur eine Wahrscheinlichkeit dafür angeben, dass bei Versuchen Werte in einem (schmalen) Intervall zwischen x und

$x+\Delta x$ erhalten werden. Diese Wahrscheinlichkeit bezeichnen wir mit $\Delta W(x)$ und setzen sie proportional zur Breite Δx des Intervalls an:

$$\Delta W(x) = \omega(x) \cdot \Delta x \tag{A3.7}$$

bzw. für differentiell schmale Intervalle dx:

$$dW(x) = \omega(x) \cdot dx \, . \tag{A3.7'}$$

Die Funktion $\omega(x)$ heißt *Wahrscheinlichkeitsdichte*; sie ist überall positiv, und die Summe bzw. das Integral über den gesamten Bereich der möglichen x-Werte muss die Wahrscheinlichkeit 1 ergeben:

$$\omega(x) \geq 0 \, , \tag{A3.8a}$$

$$\int_{-\infty}^{\infty} \omega(x) dx = 1 \, . \tag{A3.8b}$$

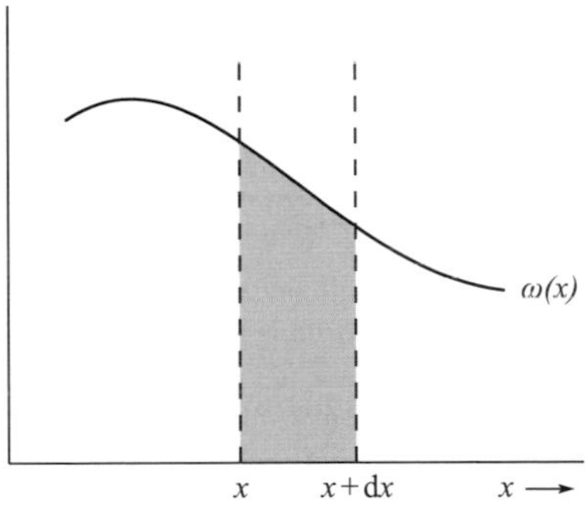

Abb. A3.1
Wahrscheinlichkeitsdichte für eine kontinuierliche Zufallsgröße x (schematisch)

Die Größe x hat mit der Wahrscheinlichkeit

$$W(x_1 \leq x \leq x_2) = \int_{x_1}^{x_2} \omega(x) dx \, . \tag{A3.9}$$

einen Wert im Intervall zwischen x_1 und x_2.

Die Wahrscheinlichkeit dafür, dass die Zufallsgröße einen Wert unterhalb von x hat, ist durch das Integral (A3.9) mit $x_1 \to -\infty$ und $x_2 \equiv x$ gegeben:

$$F(x) \equiv \int_{-\infty}^{x} \omega(\xi) d\xi \tag{A3.10}$$

(zur Unterscheidung von der oberen Grenze heißt die Integrationsvariable hier ξ). Die Funktion $F(x)$ wird in der Wahrscheinlichkeitstheorie als *Verteilungsfunktion* bezeichnet (vgl. z. B. [II.1], Abschn. 7.2.1.). Die Wahrscheinlichkeitsdichte erhält man als Differentialquotienten der Verteilungsfunktion:

$$\omega(x) = dF(x)/dx \, . \tag{A3.11}$$

Die Verteilungsfunktion und die Wahrscheinlichkeitsdichte charakterisieren beide das Verhalten einer Zufallsgröße vollständig.

Einer der wichtigsten, häufig auftretenden Fälle ist die *Normalverteilung* (*Gauß-Verteilung*) mit der Wahrscheinlichkeitsdichte $\omega(x) = (1/\sqrt{2\pi})\exp(-x^2/2)$ (Gauß-Funktion) und der Verteilungsfunktion

$F(x) \equiv \Phi(x) = (1/\sqrt{2\pi})\int_{-\infty}^{x} \exp(-\xi^2/2)\mathrm{d}\xi$ (Gaußsches Fehlerintegral).

Als Spezialfall sei noch die *Gleichverteilung* erwähnt, bei der die Wahrscheinlichkeitsdichte in einem bestimmten Intervall $a \le x \le b$ einen konstanten Wert hat und außerhalb gleich Null ist: $\omega(x) = 1/(b-a)$ unter Beachtung der Normierung (A3.8b).

Die obigen Begriffsbildungen lassen sich auch auf diskrete Zufallsgrößen anwenden; sie können zudem auf mehrkomponentige Zufallsgrößen und auf Funktionen von Zufallsgrößen verallgemeinert werden. Das ist plausibel und wird daher hier nicht gesondert begründet und aufgeschrieben. Besonders die beiden letztgenannten Punkte werden in den folgenden Abschnitten benutzt und erläutern sich dabei weitgehend von selbst.

A3.1.3 Mittelwerte. Dispersion

Der Übersichtlichkeit halber bleiben wir zunächst weiter bei einer einzigen Zufallsgröße x und Funktionen $g(x)$, die von einer Zufallsgröße x abhängen und damit ebenfalls Zufallsgrößen sind. Die Wahrscheinlichkeitsdichte sei $\omega(x)$. Im Falle einer diskreten Zufallsgröße x haben wir die möglichen Werte x_i (i = 1, ..., s), die entsprechenden Funktionswerte $g_i \equiv g(x_i)$ und die Wahrscheinlichkeits"dichte"werte $\omega_i \equiv \omega(x_i)$.

Der *Mittelwert* (*Erwartungswert*) der Zufallsgröße x ist für diskrete bzw. kontinuierliche Zufallsgrößen x durch die Ausdrücke

$$\langle x\rangle \equiv \sum_{i=1}^{s} x_i\omega_i \qquad \text{bzw.} \qquad \langle x\rangle \equiv \int_{-\infty}^{\infty} x\cdot\omega(x)\mathrm{d}x \tag{A3.11a,b}$$

definiert.

Im Falle einer Gleichverteilung (s. oben) für eine diskrete Zufallsgröße x ist $\omega_i = 1/s$, und für den Mittelwert ergibt sich

$$\langle x\rangle \equiv (1/s)\sum_{i=1}^{s} x_i \ , \tag{A3.12}$$

das sogenannte *arithmetische Mittel* der Zahlenwerte x_i.

Analog ergibt sich der Mittelwert einer Funktion $g(x)$ der Zufallsgröße x:

$$\langle g\rangle \equiv \sum_{i=1}^{s} g_i\omega_i \qquad \text{bzw.} \qquad \langle g\rangle \equiv \int_{-\infty}^{\infty} g(x)\cdot\omega(x)\mathrm{d}x\,. \tag{A3.13a,b}$$

Abweichungen vom Mittelwert, also die Differenzen $g - \langle g\rangle$, nennt man *Schwankungen*. Als Maß für die Größe dieser Schwankungen im gesamten Wertebereich kann nicht die Summe bzw. das Integral über alle Abweichungen genommen werden, da sich dafür immer exakt Null ergibt, wie man leicht einsieht; geeignet ist aber das sogenannte *mittlere Schwankungsquadrat* D, die Summe bzw. das Integral über die Quadrate aller Abweichungen, auch als *Dispersion* oder *Varianz* bezeichnet:

$$D \equiv \sum_i (g_i - \langle g \rangle)^2 \omega_i \qquad \text{bzw.} \qquad D \equiv \int_{-\infty}^{\infty} \left(g(x) - \langle g \rangle\right)^2 \omega(x)\,\mathrm{d}x\,. \qquad \text{(A3.14a,b)}$$

Die Quadratwurzel aus D, $\sigma \equiv \sqrt{D}$, heißt *Standardabweichung*.

A3.2 Statistik in einem klassisch-mechanischen Phasenraum

Ein System von N Teilchen (z. B. Moleküle) möge durch die *klassische Mechanik* (s. Anhang A2) beschrieben werden. Der Bewegungszustand eines Teilchens mit der Nummer k (= 1, ..., N) zu einer Zeit t wird dann z. B. durch Angabe seiner drei kartesischen Ortskoordinaten $x_k(t), y_k(t), z_k(t)$ und seiner drei kartesischen Impulskomponenten $p_{kx}(t), p_{ky}(t), p_{kz}(t)$ vollständig charakterisiert.

A3.2.1 Statistik im μ -Raum

Wir stellen uns einen 6-dimensionalen Raum vor und darin ein rechtwinkliges (kartesisches) 6-achsiges Koordinatensystem, auf dessen Achsen die 6 Angaben x, y, z, p_x, p_y, p_z für die Position $\boldsymbol{r} \equiv (x, y, z)$ eines Teilchens im gewöhnlichen 3-dimensionalen Raum sowie für seinen Impuls $\boldsymbol{p} \equiv (p_x, p_y, p_z)$ zu einem bestimmten Zeitpunkt t abgetragen werden. Dieser 6-dimensionale Raum wird als (Teilchen-) *Phasenraum*, auch als Molekül-Phasenraum oder kurz μ *-Raum* bezeichnet wird. Dem durch die 6 Koordinaten und Impulse x, y, z, p_x, p_y, p_z charakterisierten Bewegungszustand des Teilchens entspricht ein Punkt (*Phasenpunkt*), der sich in Abhängigkeit von der Zeit t entlang einer Kurve, der *Phasentrajektorie*, bewegt. Der Bewegungszustand des gesamten N-Teilchen-Systems wird im μ -Raum durch N Punkte repräsentiert, die sich auf ihren Phasenbahnen bewegen.

Als einfaches Beispiel zur Erläuterung der Begriffe nehmen wir den linearen harmonischen Oszillator (s. Abschn. 2.3.1). Der Phasenraum ist in diesem Fall zweidimensional. Die Bewegung wird durch die Koordinaten $x(t) = c \cdot \cos(\omega t + \alpha)$ und den Impuls $p(t) = m\dot{x}(t) = -mc\omega \cdot \sin(\omega t + \alpha)$ beschrieben. Da für beliebige Argumente γ die Beziehung $\cos^2\gamma + \sin^2\gamma = 1$ gilt, erfüllen x und p die Gleichung $(x^2/c^2) + (p/(mc\omega)^2) = 1$, d. h. die Phasenbahn ist eine Ellipse mit dem Mittelpunkt im Nullpunkt des Koordinatensystems (x,p).

Hat man ein System von N linearen harmonischen Oszillatoren, die untereinander nicht in Wechselwirkung stehen, so wird der Bewegungszustand jedes Oszillators durch einen Punkt im μ -Phasenraum repräsentiert und das gesamte System durch eine Wolke von Punkten, die sich jeweils auf Ellipsenbahnen bewegen.

Wenn die Teilchenzahl N nicht zu groß ist, kann die klassisch-mechanische Bewegung jedes Teilchens im Detail verfolgt werden (s. Anhang A2); alle gewünschten Größen lassen sich berechnen. Bei sehr großem N sind die Bewegungen der einzelnen Teilchen nicht mehr kontrollierbar und in aller Regel auch nicht von Interesse. Es werden dann statistische Methoden eingesetzt, um summarische Aussagen (Mittelwerte) zu erhalten. Voraussetzung ist dabei, dass die "Ereignisse" voneinander *unabhängig* sind, was jedoch allenfalls als grobe Näherung im μ-Raum angenommen werden kann, da sich die Bewegungen der Teilchen des Systems natürlich gegenseitig beeinflussen. Die Vernachlässigung der Wechselwirkungen der Teilchen untereinander bedeutet, dass sich das System wie ein *ideales Gas* verhält (s. Anhang A4). Der Anwendungsbereich ist dadurch stark eingeschränkt.

Eine solche μ-Raum-Statistik bildet die Grundlage der in Abschnitt 4.8 behandelten Näherung; die dort zusammengestellten Beziehungen und Aussagen werden hier nicht nochmals aufgeschrieben.

A3.2.2 Statistik im Γ-Raum

Ein Ausweg aus den Beschränkungen der μ-Raum-Statistik lässt sich finden, indem man mit einer anderen Art von Phasenraum arbeitet (Ausführlicheres hierzu s. [A3.1] – [A3.3]). Zu einem gegebenen *N*-Teilchen-*System* ("Originalsystem") stellen wir uns eine Menge von sehr vielen weiteren Systemen vor, die dem Originalsystem physikalisch völlig gleichwertig sind, also die gleiche Anzahl N von Teilchen (z. B. Moleküle oder auch Atome etc.) der im System vorhandenen Sorten enthalten, welche in genau den gleichen Wechselwirkungen untereinander stehen (die gleichen Kräfte aufeinander ausüben), sich unter den gleichen äußeren Bedingungen (beispielsweise in dem Volumen V) befinden und sich nur durch den Bewegungszustand, d. h. durch die Zahlenwerte der Koordinaten und Impulse der Teilchen voneinander unterscheiden. Um die Formulierung möglichst allgemein und übersichtlich zu halten, numerieren wir die (verallgemeinerten) Koordinaten sämtlicher Teilchen ebenso wie die entsprechenden Impulse fortlaufend mit $i = 1, ..., f$, wenn f die Anzahl der Freiheitsgrade des Gesamtsystems bezeichnet (s. Anhang A2.4.1). Bei Fehlen irgendwelcher Einschränkungen ist $f = 3N$; am einfachsten nimmt man dann kartesische Koordinaten und Impulskomponenten.

Die so definierte Menge von Systemen nennt man eine *virtuelle Gesamtheit* oder auch ein (*Gibbs-*) *Ensemble*. Der Bewegungszustand eines jeden Systems der virtuellen Gesamtheit wird durch *einen* Punkt (*Phasenpunkt*) im 2*f*-dimensionalen *Phasenraum* der Koordinaten $q_1,...,q_f$ und Impulse $p_1,..., p_f$ repräsentiert; die Phasenpunkte jedes der einzelnen Systeme der Gesamtheit bewegen sich im Laufe der Zeit t entlang jeweils einer Kurve (*Phasenbahn*, auch *Phasentrajektorie*) in diesem 2*f*-dimensionalen Phasenraum, der als Γ*-Phasenraum* (Gas-Phasenraum) oder auch kurz als Γ*-Raum* bezeichnet wird.

Die entscheidenden Vorteile der Einführung solcher virtueller Gesamtheiten gegenüber dem μ-Raum-Konzept besteht darin, dass sich *Wechselwirkungen zwischen den Teilchen* problemlos einbeziehen lassen und dass die *statistische Unabhängigkeit* der Bewegungen der Systempunkte im Phasenraum gewährleistet ist.

In diesem Γ*-Raum* wird dann Statistik betrieben, indem man die Koordinaten und Impulse als Zufallsgrößen betrachtet, je nach den gegebenen physikalischen Bedingungen Wahrscheinlichkeitsdichten definiert und damit Mittelwerte physikalischer Größen G berechnet. Solche physikalischen Größen für ein Teilchensystem von f Freiheitsgraden sind allgemein Funktionen der Koordinaten $q_i(t)$ und Impulse $p_i(t)$ $(i = 1, ..., f)$ und hängen gegebenenfalls noch explizite von der Zeit ab:

$$G \equiv G(\,q_1(\,t\,),...,q_f(\,t\,), p_1(\,t\,),..., p_f(\,t\,);t\,) \tag{A3.15}$$

(s. Abschn. A2.4.2); ein Beispiel für eine solche physikalische Größe ist die Hamilton-Funktion $H \equiv H(\,q_1,...,q_f\,, p_1,..., p_f\,;t\,)$, die Gesamtenergie des Systems. Die Systempunkte (Bewegungszustände) können in unterschiedlicher Weise im Γ-Phasenraum verteilt sein, d. h. in den 2*f*-dimensionalen Volumenelementen $\mathrm{d}q_1...\mathrm{d}q_f\mathrm{d}p_1...\mathrm{d}p_f$ ("Zellen" im Γ-Raum), die wir abkürzend mit $\mathrm{d}\boldsymbol{q}\mathrm{d}\boldsymbol{p}$ bezeichnen, unterschiedlich häufig vorkommen. Das wird durch eine *Wahrscheinlichkeitsdichte* (*Phasenraumdichte* oder auch einfach *Phasendichte*) $\omega(\,\boldsymbol{q}, \boldsymbol{p}\,)$ $\equiv\ \omega(\,q_1,...,q_f\,, p_1,..., p_f\,)$ beschrieben,[1] und zwar bedeutet in Verallgemeinerung von Abschnitt A3.1.2 der Ausdruck

> $\omega(\,q_1,...,q_f\,, p_1,..., p_f\,)\,\mathrm{d}q_1...\mathrm{d}q_f\mathrm{d}p_1...\mathrm{d}p_f$
>
> die Wahrscheinlichkeit dafür, dass die Koordinatenwerte der N Teilchen in den Intervallen $q_1...\,q_1 + \mathrm{d}q_1,...,\ q_f...\,q_f + \mathrm{d}q_f$ und die Impulswerte in den Intervallen $p_1...\,p_1 + \mathrm{d}p_1,...,\ p_f...\,p_f + \mathrm{d}p_f$ liegen.

Die Summe aller dieser Wahrscheinlichkeiten, d. h. das Integral über den gesamten Phasenraum, muss den Wert 1 ergeben (s. Abschn. A3.1.2):

$$\iint_\Gamma \omega(\,\boldsymbol{q}, \boldsymbol{p}\,)\,\mathrm{d}\boldsymbol{q}\mathrm{d}\boldsymbol{p} = 1\,, \tag{A3.16}$$

denn die Phasenpunkte sämtlicher Systeme der Gesamtheit müssen irgendwo im Γ-Phasenraum vorhanden sein.

Gibt man bestimmte physikalische Bedingungen für das System (und damit auch für alle seine "Kopien" in der Gesamtheit) vor, so drückt sich das in einer bestimmten Form der Phasendichte $\omega(\,\boldsymbol{q}, \boldsymbol{p}\,)$ aus.

Ein wichtiger Fall ist, dass das gegebene *N*-Teilchen-System (gemeint ist das "Originalsystem") in ein Volumen V eingeschlossen ist und, wie das bei einem abgeschlossenen System ohne Kontakt mit anderen Systemen sein muss, eine konstante Gesamtenergie E hat. Man nennt die entsprechende Gesamtheit *mikrokanonisch* (oder auch *NVE-Ensemble*). Die Teilchenbewegungen im Systems erfolgen dann so, dass die Hamilton-Funktion $H \equiv H(\,\boldsymbol{q}, \boldsymbol{p}\,)$ in jedem Zeitpunkt t die Bedingung $H = E = \mathrm{const}$ erfüllt. Das entspricht einer Phasendichte

$$\omega_{NVE}(\,\boldsymbol{q}, \boldsymbol{p}\,) \propto \delta(\,H - E\,)\,. \tag{A3.17}$$

Für $f = 1$ könnte man sich das noch bildlich vorstellen: Der Γ-Raum ist zweidimensional, und die Phasenpunkte der mikrokanonischen Gesamtheit liegen gleichmäßig verteilt auf der durch die Bedingung $H(\,q, p\,) = E = \mathrm{const}$ bestimmten Kurve.

Ist das System in ein Volumen V eingeschlossen, hat aber Kontakt mit einem Wärmebad (Thermostat), das die Temperatur des Systems auf einem festen Wert T hält, dann wird zwischen System und Wärmebad ständig Energie ausgetauscht, so dass letztere für das System

[1] Wir betrachten nur Phasendichten, die nicht explizite von der Zeit abhängen.

keinen konstanten Wert haben kann. Die Phasendichte für das entsprechende *kanonische Ensemble* (*NVT-Ensemble*) ist durch

$$\omega_{NVT}(\boldsymbol{q},\boldsymbol{p}) = \mathcal{Q}^{-1}\exp[-H(\boldsymbol{q},\boldsymbol{p})/k_{\mathrm{B}}T] \tag{A3.18}$$

gegeben (*Boltzmann-Verteilung*) mit dem *Zustandsintegral*

$$\mathcal{Q} \equiv \mathcal{Q}(N,V,T) = \iint_{\Gamma} \exp[-H(\boldsymbol{q},\boldsymbol{p})/k_{\mathrm{B}}T]\,\mathrm{d}\boldsymbol{q}\mathrm{d}\boldsymbol{p}\,, \tag{A3.19}$$

das von N, V und T abhängt; k_{B} ist die Boltzmann-Konstante.

Reduzierte Phasendichten

Die in der Phasendichte $\omega(q_1,...,q_f, p_1,..., p_f)$ enthaltenen Informationen werden häufig so detailliert nicht benötigt. Stellt man beispielsweise für ein System aus N *unterscheidbaren* Teilchen die Frage, mit welcher Wahrscheinlichkeit die Koordinatenwerte der Teilchen in den Intervallen $q_1 ... q_1 + \mathrm{d}q_1,...,\ q_f ... q_f + \mathrm{d}q_f$ liegen, wobei die Impulskomponenten $p_1,..., p_f$ beliebige Werte haben können, dann ist ω über alle möglichen Werte der Impulse p_i zu summieren (Entweder-oder-Wahrscheinlichkeit) bzw. zu integrieren; das ergibt die Wahrscheinlichkeitsdichte im "Ortsraum" (Ortsdichte)

$$\rho(q_1,...,q_f) \equiv \int \omega(q_1,...,q_f, p_1,..., p_f)\,\mathrm{d}p_1...\mathrm{d}p_f\,. \tag{A3.20}$$

Die Wahrscheinlichkeit, eines der Teilchen, etwa das Teilchen Nr. 1, in einem räumlichen Volumenelement $\mathrm{d}\boldsymbol{q}_1\ (= \mathrm{d}x_1\mathrm{d}y_1\mathrm{d}z_1)$ am Ort $\boldsymbol{q}_1$ mit einem Impuls aus einem "Impulsraum"-Volumenelement $\mathrm{d}\boldsymbol{p}_1\ (= \mathrm{d}p_{x1}\mathrm{d}p_{y1}\mathrm{d}p_{z1})$ in nächster Umgebung des Impulses $\boldsymbol{p}_1$ anzutreffen, wobei alle übrigen Teilchen (Nr. 2,..., N) beliebige Position und Impulse haben können, erhält man, indem über $\boldsymbol{q}_2,...,\boldsymbol{q}_N$ und $\boldsymbol{p}_2,..., \boldsymbol{p}_N$ summiert (integriert) wird:

$$\omega^{(1)}(\boldsymbol{q}_1,\boldsymbol{p}_1) \equiv \int \omega(\boldsymbol{q}_1,\boldsymbol{q}_2,...,\boldsymbol{q}_N;\boldsymbol{p}_1,\boldsymbol{p}_2,...,\boldsymbol{p}_N)\,\mathrm{d}\boldsymbol{q}_2,...\mathrm{d}\boldsymbol{q}_N\mathrm{d}\boldsymbol{p}_2...\mathrm{d}p_N \tag{A3.21}$$

(Einteilchen-Phasendichte).

Entsprechend kann man eine Zweiteilchen-Phasendichte (Paar-Phasendichte) definieren, etwa für die beiden Teilchen Nr. 1 und 2:

$$\omega^{(2)}(\boldsymbol{q}_1,\boldsymbol{q}_2,\boldsymbol{p}_1,\boldsymbol{p}_2) \equiv \int \omega(\boldsymbol{q}_1,\boldsymbol{q}_2,...,\boldsymbol{q}_N;\boldsymbol{p}_1,\boldsymbol{p}_2,...,\boldsymbol{p}_N)\,\mathrm{d}\boldsymbol{q}_3,...\mathrm{d}\boldsymbol{q}_N\mathrm{d}\boldsymbol{p}_3...\mathrm{d}p_N\,. \tag{A3.22}$$

Für praktische Anwendungen genügt meist die Kenntnis dieser Zweiteilchen-Phasendichte.

Sind die Teilchen nicht unterscheidbar, so muss das in der Phasendichte ω und den reduzierten Dichten berücksichtigt werden, worauf wir hier nicht weiter eingehen. Für Systeme von N Elektronen im Rahmen einer quantenmechanischen Beschreibung wird dieses Problem in Abschnitt 3.4 behandelt.

Statistische Mittelwerte im Γ -Raum

Mittels der Phasendichte $\omega(\boldsymbol{q},\boldsymbol{p})$ im Γ-Raum lassen sich, wenn man die Definition (A3.13b) verallgemeinert, statistische Mittelwerte von Größen G [Gl. (A3.15)] berechnen:

$$\langle G\rangle^{\Gamma} = \iint_{\Gamma} G(\boldsymbol{q},\boldsymbol{p})\cdot\omega(\boldsymbol{q},\boldsymbol{p})\,\mathrm{d}\boldsymbol{q}\mathrm{d}\boldsymbol{p} \tag{A3.23}$$

(***Ensemble-Mittelwert***, auch als *Scharmittel* bezeichnet), wobei wir jetzt voraussetzen, dass die Größen G nicht explizite, sondern nur über die Koordinaten $q_i(t)$ und die Impulse $p_i(t)$ von der Zeit t abhängen.

Eine andere Möglichkeit, um zu einem Mittelwert für eine Größe G zu gelangen, besteht darin, *eines* der Systeme aus der Gesamtheit (etwa das "Originalsystem"), also einen der Systempunkte im Γ-Raum, herauszugreifen, seine Bewegung über eine Zeit $\mathcal{T}$ zu verfolgen und an gewissen Zeitpunkten t_0+t_k (k = 1, 2, ..., M ; $t_M=\mathcal{T}$) die Zahlenwerte der Größe G, also $G_k \equiv G(t_k) \equiv G(q_1(t_k),\dots,p_1(t_k),\dots)$, zu berechnen, und schließlich das arithmetische Mittel zu bestimmen:

$$\overline{\langle G\rangle}^{\mathcal{T}} = (1/M)\sum_{k=1}^{M} G(t_k)\,. \tag{A3.24}$$

Wird vorausgesetzt, dass die Intervalle zwischen zwei Zeitpunkten alle gleich Δt sind, dann lässt sich durch den Grenzfall sehr kleiner Zeitintervalle und langer Laufdauern $\mathcal{T}$ der ***Zeit-Mittelwert*** definieren:

$$\langle G\rangle^{\mathcal{T}} \equiv \lim_{\mathcal{T}\to\infty}(1/\mathcal{T})\int_{t_0}^{t_0+\mathcal{T}} G(q_1(t),\dots,q_f(t),p_1(t),\dots,p_f(t))\,\mathrm{d}t\,. \tag{A3.25}$$

Eine zentrale Annahme der statistischen Mechanik ist, dass Ensemblemittelwert und Zeitmittelwert stets das gleiche Resultat ergeben (als Konsequenz der sogenannten *Ergodenhypothese*[2]). Obwohl diese Annnahme nicht generell bewiesen werden konnte, setzt man ihre Richtigkeit bei praktisch allen Anwendungen voraus und verwendet wahlweise die eine oder die andere Mittelwertbildung.

A3.2.3* Liouville-Gleichung

Die Bewegung der Phasenpunkte entlang ihrer Phasentrajektorien im Γ-Raum führt zu einer zeitlichen Änderung der Phasenraumdichte $\omega(q_1(t),\dots,q_f(t),p_1(t),\dots,p_f(t))$. Nach Gleichung (A2.39) gilt für ω wie für jede klassisch-mechanische Größe:

$$\mathrm{d}\omega/\mathrm{d}t = \{\omega,H\}+\partial\omega/\partial t\,; \tag{A3.26}$$

$\{\omega,H\}$ ist die in Gleichung (A2.38) definierte Poisson-Klammer:

$$\{\omega,H\} \equiv \sum_{i=1}^{f}\left((\partial\omega/\partial q_i)(\partial H/\partial p_i)-(\partial\omega/\partial p_i)(\partial H/\partial q_i)\right), \tag{A3.27}$$

---

[2] Die Ergodenhypothese (L. Boltzmann, P. Ehrenfest) besagt, dass bei genügend langer Laufzeit die Systemtrajektorie jedem gemäß der Phasenraumdichte ω zugänglichen Punkt im Phasenraum beliebig nahekommt.

und $H \equiv H(q_1,...,q_f, p_1,..., p_f)$ ist die Hamilton-Funktion für das N-Teilchen-System. Die "totale Zeitableitung" $\mathrm{d}\omega/\mathrm{d}t$ setzt sich hiernach aus zwei Anteilen zusammen: Der "lokale" Anteil $\partial\omega/\partial t$ tritt auf, wenn sich an jeweils festgehaltenen Phasenpunkten die Dichte zeitlich ändert; der Anteil $\{\omega, H\}$ rührt von der Bewegung der Phasenpunkte her.

Es ist anschaulich plausibel und lässt sich auch streng zeigen (vgl. etwa [A3.3], Abschn. 8-8), dass sich ω insgesamt im Zeitablauf nicht ändern kann, dass also

$$\mathrm{d}\omega/\mathrm{d}t = 0 \tag{A3.28}$$

gelten muss (*Liouville-Theorem*; s. [A3.1] – [A3.3]). Es besteht folglich die Beziehung

$$\{\omega, H\} + \partial\omega/\partial t = 0\,; \tag{A3.29}$$

(*Liouville-Gleichung*).

Wir hatten vorausgesetzt, dass die Phasendichte nicht explizite von der Zeit abhängt:

$$\partial\omega/\partial t = 0 \tag{A3.30}$$

(*statistisches Gleichgewicht*); unter dieser Voraussetzung muss auch der Bewegungsanteil $\{\omega, H\}$ verschwinden:

$$\{\omega, H\} = 0 \tag{A3.31}$$

Man kann die Bewegung der Phasenpunkte im Γ-Raum analog zur Strömung einer Flüssigkeit betrachten, die man in der Hydrodynamik als Bewegung infinitesimal kleiner, mit Masse der Dichte ω erfüllter Volumenelemente beschreibt[3]. Diese "Flüssigkeitsteilchen"[4] bewegen sich mit der Geschwindigkeit $\boldsymbol{u}$, ihre Stromdichte ist $\boldsymbol{j} = \omega\boldsymbol{u}$. Überträgt man diese Beschreibung auf die klassisch-mechanische Bewegung der Phasenpunkte im Γ-Phasenraum, so haben wir die "Koordinaten" $\boldsymbol{x} \equiv (q_1,...,q_f, p_1,..., p_f)$ und die "Geschwindigkeiten" $\boldsymbol{u} \equiv \dot{\boldsymbol{x}} \equiv (\dot{q}_1,...,\dot{q}_f, \dot{p}_1,..., \dot{p}_f)$. Der $\hat{\boldsymbol{\nabla}}$-Operator im Γ-Raum hat die Komponenten $(\partial/\partial q_1,...,\partial/\partial q_f, \partial/\partial p_1,...,\partial/\partial p_f)$. Die damit gebildete Divergenz des Geschwindigkeitsvektors, $\hat{\boldsymbol{\nabla}}\cdot\boldsymbol{u} = \sum_{i=1}^{f}\big((\partial\dot{q}_i/\partial q_i) + (\partial\dot{p}_i/\partial p_i)\big)$, wird, wenn für $\dot{q}_i$ und $\dot{p}_i$ die rechten Seiten der Hamilton-Gleichungen (A2.36a,b) eingesetzt werden, identisch gleich Null wie bei einer inkompressiblen Flüssigkeit. Für die Divergenz der Phasenpunkt-Stromdichte erhält man also $\mathrm{div}\boldsymbol{j} \equiv \hat{\boldsymbol{\nabla}}\cdot(\omega\boldsymbol{u}) = \omega(\hat{\boldsymbol{\nabla}}\cdot\boldsymbol{u}) + \boldsymbol{u}\cdot(\hat{\boldsymbol{\nabla}}\omega) = \boldsymbol{u}\cdot(\hat{\boldsymbol{\nabla}}\omega) = \sum_{i=1}^{f}\big(\dot{q}_i(\partial\omega/\partial q_i) + \dot{p}_i(\partial\omega/\partial p_i)\big)$. Mit den rechten Seiten der Hamilton-Gleichungen für $\dot{q}_i$ und $\dot{p}_i$ ergibt das die Poisson-Klammer (A3.27), so dass sich die Liouville-Gleichung (A3.29) in der Form

$$\mathrm{div}\boldsymbol{j} + (\partial\omega/\partial t) = 0 \tag{A3.32}$$

schreiben lässt. Diese Beziehung heißt in der Hydrodynamik *Kontinuitätsgleichung*[5]. Sie bedeutet dort die Erhaltung der Masse, im vorliegenden Kontext die Erhaltung der Anzahl der Phasenpunkte.

---

[3] Vgl. [A3.2] sowie Landau, L. D., Lifschitz, E. M.: Lehrbuch der theoretischen Physik. Bd. 6. Hydrodynamik. H. Deutsch Verlag, Frankfurt a. M. (2007).

[4] Dabei handelt es sich nicht etwa um die Moleküle, aus denen die Flüssigkeit besteht, sondern eher um Tröpfchen, die sehr viele Moleküle beinhalten.

[5] S. die einschlägige Literatur, Fußnote 3; vgl. auch die Ergänzung am Schluss von Abschn. 2.1.3).

A3.3 Korrelationsfunktionen

Physikalische Größen für ein N-Teilchen-System im Gleichgewicht zeigen kleine, aber endliche unregelmäßige *Schwankungen* (*Fluktuationen*) um ihre Mittelwerte (s. Abschn. A3.1.3). Hier schlägt gewissermaßen das mikroskopische (molekulare) Geschehen auf das makroskopische Verhalten durch. Das betrifft z. B. die Teilchendichte, damit den Druck, die Temperatur und dgl.; ein früh entdecktes derartiges Phänomen ist die Brownsche Bewegung kleiner Partikel (R. Brown 1827) infolge von Stößen mit Molekülen eines umgebenden Mediums (Gas oder Flüssigkeit). Vorgänge der geschilderten Art sind völlig unregelmäßig, nicht kontrollierbar und daher als zufällig zu betrachten.

Wir bleiben weiter im Rahmen einer klassisch-mechanischen Behandlung und setzen voraus, dass sich das System im statistischen Gleichgewicht befindet.

Zur Beschreibung derartiger Zufallsbewegungen dienen sogenannte *Korrelationsfunktionen*. Wir beschränken uns hier auf zeitliche Fluktuationen und definieren entsprechende *zeitliche Korrelationsfunktionen* für zwei Größen $A \equiv A(\boldsymbol{q}(t), \boldsymbol{p}(t)) \equiv A(t)$ und $B \equiv B(\boldsymbol{q}(t), \boldsymbol{p}(t)) \equiv B(t)$ durch einen zeitabhängigen Integralausdruck

$$\mathcal{C}_{AB}(t) \equiv \langle A(t_0) \cdot B(t_0 + t) \rangle^{\Gamma} \equiv \iint_{\Gamma} A(t_0) \cdot B(t_0 + t) \cdot \omega(\boldsymbol{q}, \boldsymbol{p}) \mathrm{d}\boldsymbol{q} \mathrm{d}\boldsymbol{p} \qquad \text{(A3.33)}$$

(bei $B \neq A$ auch als *Kreuzkorrelationsfunktion* bezeichnet), wobei $\omega(\boldsymbol{q}, \boldsymbol{p})$ wie bisher die Phasenraumdichte ist. Bildet man den Ausdruck (A3.33) für den Fall $B = A$, so ergibt sich die *Autokorrelationsfunktion* für die Größe A:

$$\mathcal{C}_{AA}(t) \equiv \langle A(t_0) \cdot A(t_0 + t) \rangle^{\Gamma} \equiv \iint_{\Gamma} A(t_0) \cdot A(t_0 + t) \cdot \omega(\boldsymbol{q}, \boldsymbol{p}) \mathrm{d}\boldsymbol{q} \mathrm{d}\boldsymbol{p} \,; \qquad \text{(A3.34)}$$

man nennnt sie normiert, wenn sie noch durch $\left\langle (A(t_0))^2 \right\rangle^{\Gamma}$ dividiert wird.

Die Eigenschaften von Korrelationsfunktionen können hier nicht im Detail diskutiert werden (s. hierzu etwa [A3.2]). Wir erwähnen nur: *(1)* ihre Symmetrie bezüglich des Zeitnullpunkts t_0, d. h. $\mathcal{C}(t) = \mathcal{C}(-t)$, und *(2)* ihre Unabhängigkeit von der Wahl des Zeitnullpunkts t_0 auf Grund des vorausgesetzten statistischen Gleichgewichts.

Die Zeit-Korrelationsfunktion $\mathcal{C}_{AB}(t)$ ist ein Maß dafür, inwieweit der Wert, den die Größe A zu einem gewissen Zeitpunkt t_0 hat, den Wert der Größe B zu einem späteren Zeitpunkt $t_0 + t$ beeinflusst. Die Autokorrelationsfunktion $\mathcal{C}_{AA}(t)$ kann als Maß dafür betrachtet werden, inwieweit das System ein "Gedächtnis" besitzt, indem die Bewegung zur Zeit $t_0 + t$ vom Bewegungszustand zur Zeit t_0 abhängt. Diese Beeinflussung wird natürlich umso schwächer sein, je größer die Zeitdifferenz t ist, und sie verschwindet, wenn t sehr groß wird: $\lim_{t \to \infty} \mathcal{C}(t) = 0$ (s. Abb. A3.2). Das Abklingverhalten lässt sich meist pauschal-näherungsweise durch eine exp-Funktion beschreiben: $\mathcal{C}(t) \propto \exp(-\gamma t)$; den Parameter $\tau \equiv 1/\gamma$ (die *Korrelationszeit* oder auch *Korrelationslänge*) kann man als Maß für die "Zerfallszeit" der Korrelation zwischen den Teilchenbewegungen ansehen.

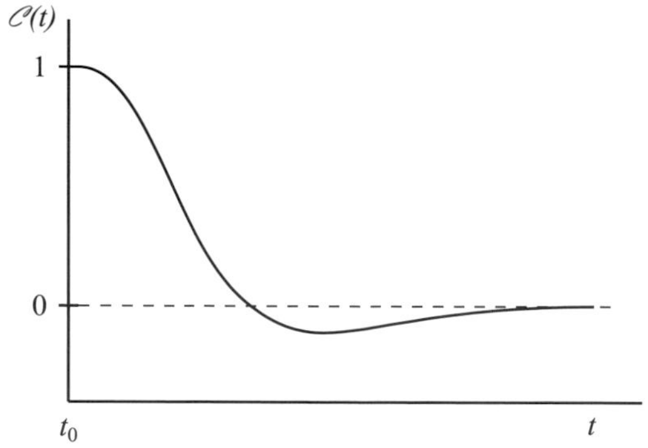

Abb. A3.2
Vereinfachter schematischer Verlauf einer zeitlichen Korrelationsfunktion (vgl. [A3.4])

Eine besonders wichtige Rolle spielt die Geschwindigkeits-Autokorrelationsfunktion

$$\mathcal{C}_{\boldsymbol{uu}}(t) \equiv \langle \boldsymbol{u}(t_0) \cdot \boldsymbol{u}(t_0 + t) \rangle / \langle \boldsymbol{u}(t_0) \cdot \boldsymbol{u}(t_0) \rangle \tag{A3.35}$$

(normiert); $\boldsymbol{u}$ ist der Vektor der mittleren Einteilchen-Geschwindigkeit bezüglich des Systemschwerpunkts. Die Korrelationszeit τ beträgt hierfür typischerweise einige 10^{-12} s.

Aus Korrelationsfunktionen lässt sich eine Vielzahl "dynamisch" bestimmter Eigenschaften eines Vielteilchensystems ableiten, insbesondere *Transportgrößen* (z. B. Diffusionskoeffizienten, Wärmeleitfähigkeitskoeffizienten etc.) und *spektrale Eigenschaften* (z. B. *Spektraldichten* als Fourier-Transformierte von Korrelationsfunktionen und damit Frequenz- und Intensitätsverteilungen von Bewegungen im System).

Wie weitreichend das Konzept eingesetzt werden kann, zeigt der Abschnitt 4.4.3, wo die Fourier-Transformierte der Autokorrelationsfunktion für die Wellenfunktion einer Teilchenbewegung das Frequenzspektrum und die Intensitätsverteilung dieser Bewegung liefert.

Ergänzende Literatur zum Anhang A3

(neben [II.1] – [II.4], [II.8])

[A3.1] Münster, A.: Statistische Thermodynamik. Springer, Berlin (1974)

[A3.2] Landau, L. D., Lifschitz, E. M.: Lehrbuch der theoretischen Physik. Bd. 5. Statistische Physik, Teil 1. H. Deutsch Verlag, Frankfurt a. M. (2008)

[A3.3] Goldstein, H.: Klassische Mechanik. AULA-Verlag, Wiesbaden (1991)

[A3.4] Haberlandt, R., Fritzsche, S., Peinel, G., Heinzinger, K.: Molekulardynamik. Grundlagen und Anwendungen. Vieweg, Braunschweig/Wiesbaden (1995)

A4 Kinetische Theorie der Gase

Die kinetische Theorie der Gase ("kinetische Gastheorie") kann als die älteste atomistische Theorie angesehen werden. Im Sinne unserer Terminologie handelt es sich um ein einfaches molekulares bzw. atomares Modell für verdünnte Gase, das mit der klassischen statistischen Mechanik beschrieben wird.

A4.1 Ideales Gas als Modell

Wir nehmen an, ein Gas befinde sich in einem Behälter mit dem Volumen V und werde (etwa durch Kontakt mit einem Wärmereservoir) auf einer festen Temperatur T gehalten. Im Gleichgewicht herrscht dann ein bestimmter Druck p, der sich als Kraft auf eine Begrenzungsfläche bemerkbar macht; man kann sich etwa ein quaderförmiges Volumen V vorstellen, von dem eine Seitenfläche wie ein Kolben beweglich ist.

In der Thermodynamik wird ein *ideales Gas* dadurch definiert, dass zwischen den drei Kenngrößen V, T und p der Zusammenhang

$$p \cdot V / T = \text{const} \qquad \text{(A4.1)}$$

besteht; man nennt diese Beziehung die ***Zustandsgleichung*** des idealen Gases (Gesetz von R. Boyle und E. Mariotte, 17. Jht.). Die Konstante ist proportional der Stoffmenge im Volumen V (angegeben durch die Anzahl n der Mole):

$$p \cdot V / T = nR\,; \qquad \text{(A4.1')}$$

die Proportionalitätskonstante R heißt *universelle Gaskonstante* und hat den Zahlenwert $R =$ 8,31446 $\text{J} \cdot \text{mol}^{-1} \cdot \text{K}^{-1}$, wenn n in mol und die Temperatur T in Einheiten K (Kelvin) angegeben werden (s. Tab. A7.1 und die einschlägige physikalisch-chemische Lehrbuchliteratur, etwa [A4.1] – [A4.3]).

Für die molekulartheoretische Beschreibung eines solchen idealen Gases wird folgendes *Modell* gebildet (vgl. Abschn. 16.2):

Das Gas besteht aus sehr vielen (N) Teilchen, von denen wir der Einfachheit halber voraussetzen, dass es sich nur um *eine* Teilchensorte handelt. Als relevante Eigenschaften der Teilchen nehmen wir an:

a) Die Teilchen haben keine innere Struktur, aber eine endliche Ausdehnung, sind also keine Punktmassen; die Masse der Teilchen bezeichnen wir mit m.

b) Die Teilchen üben keine Kräfte aufeinander aus, solange sie nicht durch Stöße unmittelbar in Kontakt kommen. Zwischen den Stößen bewegen sich die Teilchen nach den Gesetzen der klassischen Mechanik, d. h. kräftefrei und daher geradlinig und gleichförmig. Ihre Bahnen bestehen somit aus stückweise geraden Abschnitten, sie bilden insgesamt ein kompliziertes Gewirr von Zickzack-Linien, die im Detail unmöglich verfolgt werden können.

c) Die Stöße sind *elastisch* (s. Abschn. 12.1.2). Beim Stoß tauschen die Teilchen kinetische Energie aus, dabei ändern sich die Beträge und Richtungen ihrer Geschwindigkeiten bzw. Impulse.

Die Bewegungen der Teilchen in einem idealen Gas verlaufen also wie die Bewegungen einer Menge umherfliegender kleiner Billardkugeln (*Modell harter Kugeln*).

Die Bewegungen der einzelnen Teilchen sind nicht kontrollierbar und bis auf die kurzzeitigen Stöße unabhängig voneinander; sie werden mit statistischen Methoden behandelt: man betrachtet die Stöße als Zufallsereignisse und somit die Ortskoordinaten und die Impulskomponenten der Teilchen als *Zufallsgrößen* (s. Anhang A3).

A4.2 Molekularkinetische Interpretation von Eigenschaften idealer Gase

A4.2.1 Thermodynamische Eigenschaften

Auf der Grundlage des beschriebenen Modells kann man makroskopische Eigenschaften eines idealen Gases wie Druck, Temperatur usw. in einfacher Weise auf molekulare Ursachen zurückführen.

Wir nehmen an, im Gas herrsche Gleichgewicht in dem Sinne, dass keine Bewegungsrichtung bevorzugt ist (insbesondere keine Strömung existiert) und die Teilchen einheitlich eine mittlere Geschwindigkeit $\widehat{u} \equiv |\widehat{\boldsymbol{u}}|$ mit den kartesischen Komponenten $\widehat{u}_x, \widehat{u}_y, \widehat{u}_z$ haben; in Abschnitt A4.2.2 werden wir dann sehen, was unter dieser mittleren Geschwindigkeit zu verstehen ist. Der Einfachheit halber nehmen wir den Gasbehälter als quaderförmig an, und die z-Achse des Koordinatensystems möge senkrecht auf einer seiner Wandflächen F stehen (s. Abb. A4.1).

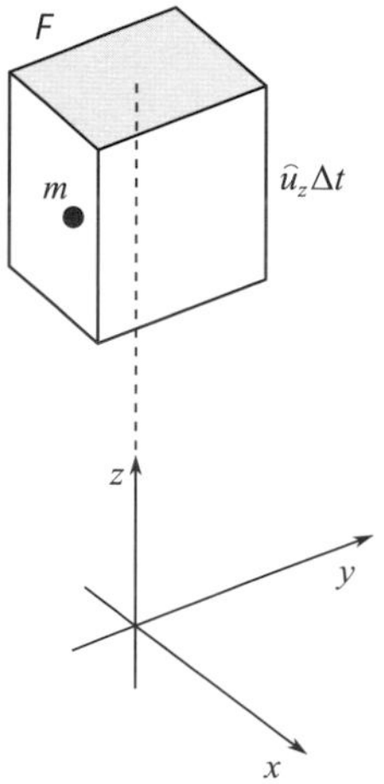

Abb. A4.1
Zur molekularen Deutung des Drucks eines idealen Gases

Wir betrachten nun Teilchen, deren Geschwindigkeit eine z-Komponente $\hat{u}_z$ hat; sie werden im Verlauf eines Zeitintervalls $t \ldots t+\Delta t$ die Fläche F erreichen, wenn sie sich zur Zeit t in einem Abstand von höchstens $\hat{u}_z \Delta t$ vor der Fläche befinden und in positiver z-Richtung fliegen. Die Teilchendichte im Gas ist N/V; in einem quaderförmigen Volumen $F\hat{u}_z\Delta t$ vor der Wandfläche F befinden sich also $(N/V)\,F\hat{u}_z\Delta t$ Teilchen. Da keine Richtung bevorzugt ist, fliegen gleichviele Teilchen mit dieser Geschwindigkeit in positiver wie in negativer z-Richtung, so dass insgesamt $(1/2)(N/V)\,F\hat{u}_z\Delta t$ Teilchen während der Zeit Δt auf die Fläche F stoßen.

Jedes dieser Teilchen kehrt beim Stoß auf die Wand die z-Komponente seiner Bewegungsrichtung um und läuft dann mit der gleichen Geschwindigkeit in negativer z-Richtung, also von der Wand weg; beim Stoß wird somit pro Teilchen ein Impuls $2m\hat{u}_z$ auf die Wand übertragen, und der gesamte während der Zeit Δt von allen auftreffenden Teilchen auf die Wand übertragene Impuls beträgt $\Delta P_z = (N/V)\,Fm\hat{u}_z^{\,2}\Delta t$. Die dabei auf die Fläche F ausgeübte Kraft ist nach dem 2. Newton-Gesetz (A2.2) gleich $K_z = \Delta P_z/\Delta t$, so dass der Druck $p = K_z/F$ = $(N/V)m\hat{u}_z^{\,2}$ resultiert. Da unter den gemachten Voraussetzungen (Gleichgewicht) keine Raumrichtung bevorzugt ist, müssen die Geschwindigkeitskomponenten in x-Richtung oder in y-Richtung ebenfalls den Wert $\hat{u}_z$ haben, d. h. für das Betragsquadrat des Geschwindigkeitsvektors gilt: $\hat{\boldsymbol{u}}^2 = \hat{u}^2 = \hat{u}_x^{\,2} + \hat{u}_y^{\,2} + \hat{u}_z^{\,2} = 3\hat{u}_z^{\,2}$, also $\hat{u}_z^{\,2} = (1/3)\hat{u}^2$ und somit

$$p = (1/3)(N/V)m\hat{u}^2 \tag{A4.2}$$

Damit ist die thermodynamische Größe p durch die mikroskopischen Parameter m und $\hat{u}$ ausgedrückt.

Setzt man dieses p in die Zustandsgleichung (A4.1') ein und berücksichtigt, dass nach dem Gesetz von Avogadro ein Mol jedes ideal-gasförmigen Stoffes $N_A \approx 6\times 10^{23}$ Gasteilchen[1] (Atome, Moleküle) enthält, somit $N = nN_A$ und $RN_A = k_B$ (Boltzmann-Konstante) geschrieben werden kann, so ergibt sich für die *Temperatur* T:

$$T = (1/3k_B)m\hat{u}^2 . \tag{A4.3}$$

Beide Größen, Druck und Temperatur, sind also der mittleren kinetischen Energie $\hat{\varepsilon}^{\text{kin}} = (m/2)\hat{u}^2$ der Einzelteilchen bzw. der mittleren gesamten kinetischen Energie aller N Gasteilchen, $\hat{E}^{\text{tr}} \equiv \hat{E}^{\text{kin}} = \sum_{i=1}^{N}\hat{\varepsilon}^{\text{kin}} = N(m/2)\hat{u}^2$, proportional; insbesondere gilt:

$$\hat{E}^{\text{tr}} = (3/2)Nk_B T . \tag{A4.4}$$

Aus dieser Gleichung erhält man die *spezifische Wärme* bei konstantem Volumen V, die

[1] Avogadro- oder Loschmidt-Zahl (nach A. Avogadro Conte di Quaregna und J. Loschmidt, 19. Jh.), s. Anhang A7, Tab. A7.1; vgl. auch die einschlägige physikalisch-chemische Literatur [A4.1] – [A4.3].

angibt, wie stark sich die innere Energie $\mathscr{U}$ (hier also die gesamte kinetische Energie $\widehat{E}^{\text{tr}}$) bei Temperaturerhöhung ändert, $\mathscr{C}_V \equiv (\partial \mathscr{U}/\partial T)_V$ (s. Abschn. 4.8.5); es gilt damit für das ideale Gas:

$$\mathscr{C}_V = (3/2)Nk_B = (3/2)nR\,. \tag{A4.5}$$

A4.2.2 Molekulare Geschwindigkeitsverteilung

Die oben etwas lax eingeführte mittlere Geschwindigkeit der Teilchen im idealen Gas soll jetzt genauer (wahrscheinlichkeitstheoretisch) gefasst werden. Wir legen wie bisher ein kartesisches Koordinatensystem zugrunde, in dem jeder Geschwindigkeitsvektor $\boldsymbol{u}$ eines Gasteilchens durch seine kartesischen Komponenten u_x, u_y und u_z gegeben ist (Abb. A4.2).

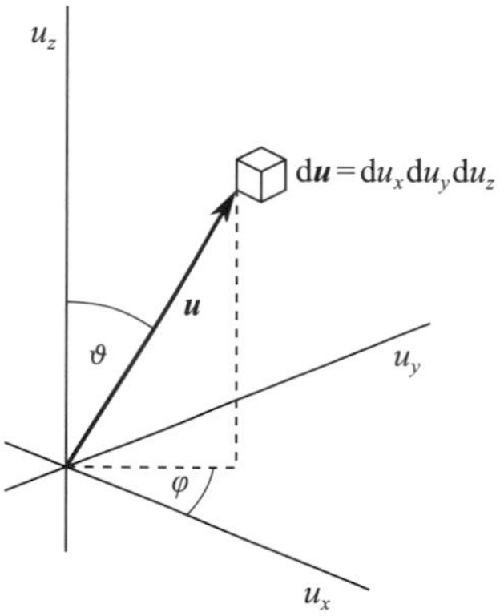

Abb. A4.2
Kartesische Koordinaten und sphärische Polarkoordinaten im "Geschwindigkeitsraum"

Sei $\mathrm{d}N(\boldsymbol{u})/N$ der relative Anteil der Gasteilchen mit Geschwindigkeiten $\boldsymbol{u} \equiv (u_x, u_y, u_z)$ in einem Volumenelement $\mathrm{d}\boldsymbol{u} = \mathrm{d}u_x\mathrm{d}u_y\mathrm{d}u_z$ des "Geschwindigkeitsraums", d. h. die Werte der x-Komponenten liegen im Intervall $u_x \dots u_x + \mathrm{d}u_x$, die der y-Komponenten im Intervall $u_y \dots u_y + \mathrm{d}u_y$ und die der z-Komponenten im Intervall $u_z \dots u_z + \mathrm{d}u_z$. Im Grenzfall sehr großer N ist das die Wahrscheinlichkeit $\mathrm{d}W(\boldsymbol{u})$ dafür, dass ein Gasteilchen eine Geschwindigkeit zwischen $\boldsymbol{u}$ und $\boldsymbol{u} + \mathrm{d}\boldsymbol{u}$ hat: $\mathrm{d}W(\boldsymbol{u}) = \lim_{N\to\infty} \mathrm{d}N(\boldsymbol{u})/N$; wir machen gemäß Abschnitt A3.1.2 den Ansatz:

$$\mathrm{d}W(\boldsymbol{u}) = f(\boldsymbol{u})\mathrm{d}\boldsymbol{u} \equiv f(u_x, u_y, u_z)\mathrm{d}u_x\mathrm{d}u_y\mathrm{d}u_z\,. \tag{A4.6}$$

Unter den gegebenen Bedingungen (ideales Gas) kann man die folgenden Eigenschaften der Wahrscheinlichkeitsdichte $f(\boldsymbol{u})$ annehmen:

Da die Geschwindigkeitskomponenten u_x, u_y und u_z statistisch unabhängig voneinander sind (d. h. u_x hängt nicht davon ab, welche Werte u_y und u_z haben usw.), muss $\mathrm{d}W(\boldsymbol{u})$

und damit $f(\boldsymbol{u})$ ein Produkt sein:

$$f(u_x,u_y,u_z) \to f(u_x)\cdot f(u_y)\cdot f(u_z).$$

Im Gas ist keine Raumrichtung bevorzugt; folglich können $\mathrm{d}W(\boldsymbol{u})$ und $f(\boldsymbol{u})$ nur vom Betragsquadrat $u^2 \equiv \boldsymbol{u}^2 \equiv u_x^2 + u_y^2 + u_z^2$ der Geschwindigkeit abhängen, nicht aber von deren Richtung:

$$f(u_x,u_y,u_z) \to f(u_x^2 + u_y^2 + u_z^2).$$

Insgesamt muss somit für $f(\boldsymbol{u}) \equiv f(u_x,u_y,u_z)$ gelten:

$$f(u_x^2 + u_y^2 + u_z^2) = f(u_x^2)\cdot f(u_y^2)\cdot f(u_z^2). \qquad \text{(A4.7)}$$

Diese Beziehung lässt sich erfüllen, wenn f die Form einer exp-Funktion hat:

$$f(\xi) = A\cdot\exp(\pm\gamma\xi^2) \qquad \text{(A4.8)}$$

(*Gauß-Verteilung*) mit $\xi \equiv (u_x^2 + u_y^2 + u_z^2)^{1/2}$ auf der linken Seite von Gleichung (A4.7) bzw. $\xi \equiv u_x$ etc. auf der rechten Seite; diese Funktionen sind symmetrisch zu $\xi = 0$, wie es sein muss.

Bis hierher sind die Zahlenparameter A und γ unbestimmt; ferner ist über das Vorzeichen im Exponenten zu entscheiden. Zunächst sei daran erinnert, dass die Funktion f eine Wahrscheinlichkeitsdichte bedeutet, daher normiert werden muss, und zwar auf den Wert 1 (s. Anhang A3.1):

$$1 = \int_{-\infty}^{\infty} f(\xi)\mathrm{d}\xi = A\int_{-\infty}^{\infty} \exp(\pm\gamma\xi^2)\mathrm{d}\xi .$$

Daraus folgt sofort, dass im Exponenten nur das Minuszeichen in Frage kommt, andernfalls würde sich kein endlicher Wert für das Integral ergeben: $\exp(+\gamma\xi^2) \to \infty$ für $\xi \to \pm\infty$. Das Integral $\int_{-\infty}^{\infty} \exp(-\gamma\xi^2)$ hat den Wert $\sqrt{\pi/\gamma}$ (s. einschlägige Integraltafeln, etwa in [II.8]), so dass zwischen den beiden Parametern A und γ die Beziehung

$$A = \sqrt{\gamma/\pi} \qquad \text{(A4.9)}$$

besteht. Um sowohl A als auch γ festzulegen, muss man den Anschluss an das Erfahrungsmaterial herstellen. Das kann durch Rückgriff auf Gleichung (A4.3) geschehen; nach $\widehat{u}^2$ aufgelöst, ergibt sich:

$$\widehat{u}^2 = 3k_{\mathrm{B}}T/m . \qquad \text{(A4.10)}$$

Da jetzt die Wahrscheinlichkeitsdichten $f(u_x)$, $f(u_y)$ und $f(u_z)$ der Form nach bekannt sind, kann man damit die Mittelwerte von u_x^2, u_y^2 und u_z^2 berechnen. Wieder unter Zuhilfenahme einschlägiger Integraltafeln ergibt sich

$$\left\langle u_x{}^2 \right\rangle = \int_{-\infty}^{\infty} u_x{}^2 f(u_x)\,\mathrm{d}u_x = (1/\gamma\sqrt{\pi})(1/2)\int_0^{\infty} \xi^2 \exp(-\xi^2)\,\mathrm{d}\xi = 1/2\gamma$$

und dasselbe für $\left\langle u_y{}^2 \right\rangle$ und für $\left\langle u_z{}^2 \right\rangle$, somit $\left\langle u^2 \right\rangle = \left\langle u_x{}^2 \right\rangle + \left\langle u_y{}^2 \right\rangle + \left\langle u_z{}^2 \right\rangle = 3/2\gamma$. Wird dieser Mittelwert für $\widehat{u}^2$ genommen:

$$\widehat{u}^2 \Rightarrow \left\langle u^2 \right\rangle, \tag{A4.11}$$

dann folgt aus Gleichung (A4.3) und damit aus der Zustandsgleichung (A4.1') für den bisher noch freien Parameter γ:

$$\gamma = m/2k_\mathrm{B}T\ . \tag{A4.12}$$

Damit sind die Funktionen $f(u_x)$, $f(u_y)$ und $f(u_z)$ vollständig bestimmt:

$$f(u_x) = (m/2\pi k_\mathrm{B}T)^{1/2} \exp(-mu_x{}^2/2k_\mathrm{B}T), \tag{A4.13}$$

analog $f(u_y)$ und $f(u_z)$.

Will man Mittelwerte von Größen berechnen, die nicht von der Richtung der Teilchengeschwindigkeit $\boldsymbol{u}$, sondern nur von deren Betrag $u \equiv |\boldsymbol{u}|$ abhängen (wie oben das Betragsquadrat u^2), dann ist es zweckmäßig, eine entsprechende Wahrscheinlichkeit

$$\mathrm{d}W(u) = f(u)\,\mathrm{d}u \tag{A4.14}$$

einzuführen. Hierzu gehen wir im "Geschwindigkeitsraum" (s. Abb. A4.2) von kartesischen Koordinaten zu sphärischen Polarkoordinaten über: Abstand u vom Koordinatenursprung ($0 \le u < \infty$) sowie Polarwinkel ϑ ($0 \le \vartheta \le \pi$) und Azimutwinkel φ ($0 \le \varphi \le 2\pi$); das "Volumenelement" in diesen Koordinaten ist $u^2 \sin\vartheta\,\mathrm{d}u\,\mathrm{d}\vartheta\,\mathrm{d}\varphi$ (s. Anhang A5.3.2). Die Funktion (A4.14) gibt die Wahrscheinlichkeit dafür an, dass ein Gasteilchen eine Geschwindigkeit hat, deren Betrag im Intervall zwischen u und $u + \mathrm{d}u$ liegt. Diese Wahrscheinlichkeit erhält man, indem man den Ausdruck auf der rechten Seite von Gleichung (A4.6) unter Berücksichtigung von (A4.7) mit (A4.13) nach Umschreiben auf die sphärischen Polarkoordinaten über die Variablen ϑ und φ integriert (d. h. über alle möglichen Orientierungen von $\boldsymbol{u}$ summiert); das Resultat ist

$$f(u) = 4\pi(m/2\pi k_\mathrm{B}T)^{3/2} u^2 \exp(-mu^2/2k_\mathrm{B}T) \tag{A4.15}$$

(*Maxwell-Verteilung*, nach J. C. Maxwell 1860).

Für den Mittelwert von u^2 ergibt sich damit $\left\langle u^2 \right\rangle = \int_0^{\infty} u^2 f(u)\,\mathrm{d}u = 3/2\gamma = 3k_\mathrm{B}T/m$, also das Resultat (A4.10). Die Quadratwurzel aus dem mittleren Geschwindigkeitsquadrat wird meist als *mittlere quadratische Geschwindigkeit* bezeichnet:

$$\left(\left\langle u^2 \right\rangle\right)^{1/2} = (3k_\mathrm{B}T/m)^{1/2}\ . \tag{A4.16}$$

Eine andere Möglichkeit, einen Geschwindigkeitsmittelwert zu definieren, ist die Mittelung von u: $\langle u \rangle = \int_0^\infty u f(u) \mathrm{d}u$ mit dem Ergebnis

$$\langle u \rangle = (8/\pi)^{1/2} (k_\mathrm{B}T/m)^{1/2} \; ; \tag{A4.17}$$

der Wert dieser *mittleren Geschwindigkeit* ist wegen $\sqrt{8/\pi} < \sqrt{3}$ stets etwas kleiner als die mittlere quadratische Geschwindigkeit $\left(\langle u^2 \rangle\right)^{1/2}$.

Das Maximum der Verteilung $f(u)$ liegt bei

$$u_\mathrm{max} = \sqrt{2}\,(k_\mathrm{B}T/m)^{1/2} , \tag{A4.18}$$

also etwas unterhalb der mittleren und der mittleren quadratischen Geschwindigkeit.

A4.2.3 Gleichverteilungssatz der kinetischen Energie

Die gesamte kinetische Energie des idealen Gases ist die Summe der mittleren kinetischen Energien aller N Teilchen [s. Gl. (A4.4)]; jedes Teilchen trägt *im Mittel* die gleiche kinetische Energie $\hat{\varepsilon}^\mathrm{tr} = (3/2)k_\mathrm{B}T$ zu $\hat{E}^\mathrm{tr}$ bei. Auf Grund der im vorigen Abschnitt diskutierten Eigenschaften des Systems (Teilchenbewegungen unabhängig voneinander, Gleichwertigkeit aller Bewegungsrichtungen) entfällt auf jeden der drei Freiheitsgrade eines Teilchens, etwa die Koordinate x, im Mittel der Anteil $\langle \varepsilon_x^\mathrm{tr} \rangle = (m/2)\langle u_x{}^2 \rangle$ an der kinetischen Energie; berechnet mit der Verteilung $f(u_x)$ [Gl. (A4.13)] erhält man

$$\langle \varepsilon_x^\mathrm{tr} \rangle = \langle \varepsilon_y^\mathrm{tr} \rangle = \langle \varepsilon_z^\mathrm{tr} \rangle = (1/2)k_\mathrm{B}T \; . \tag{A4.19}$$

Im Gleichgewicht ist also die gesamte kinetische Energie des idealen Gases gleichmäßig auf alle $3N$ translatorischen Freiheitsgrade verteilt; es entfällt *im Mittel* auf jeden Freiheitsgrad die kinetische Energie $(1/2)k_\mathrm{B}T$ (*Gleichverteilungssatz der kinetischen Energie*), und auf jedes Teilchen die kinetische Energie

$$\langle \varepsilon^\mathrm{tr} \rangle = (3/2)k_\mathrm{B}T \; . \tag{A4.20}$$

Zur spezifischen Wärme $\mathscr{C}_V$ trägt folglich jeder Freiheitsgrad eines Teilchens nach Gleichung (A4.5) im Mittel den Anteil $k_\mathrm{B}/2$ bei.

Damit haben wir eine etwas strengere Formulierung dessen erhalten, was sich schon aus den Beziehungen (A4.4) und (A4.5) ablesen lässt.

A4.2.4 Stoßzahlen. Mittlere freie Weglänge

Wir befassen uns nun mit den Stößen zwischen den Teilchen eines idealen Gases. Dabei lassen wir die bisherige Beschränkung auf ein homogenes Gas weg und erlauben, dass im Gas mehrere Teilchensorten enthalten sind.

Beim *elastischen Stoß* zwischen zwei Teilchen X_1 und X_2 erfolgt ein Austausch von Impuls und kinetischer Energie; dabei können sich die Beträge der Teilchenimpulse und die Bewegungsrichtungen ändern. Sei $u_{12} \equiv |\boldsymbol{u}_1 - \boldsymbol{u}_2|$ der Betrag der Relativgeschwindigkeit der beiden Teilchen; der Mittelwert von u_{12} ist [vgl. Gl. (A4.17)]:

$$\langle u_{12} \rangle = (8k_B T/\pi\mu_{12})^{1/2} \tag{A4.21}$$

mit der reduzierten Masse $\mu_{12} \equiv m_1 m_2/(m_1 + m_2)$ des Teilchenpaares $X_1 - X_2$. Für die Impulsübertragung bei Stößen $X_1 + X_2$ maßgebend ist der *Stoßquerschnitt* (*effektiver Wirkungsquerschnitt*) $\sigma_{12} = \pi\bar{d}_{12}^{\,2}$, wobei sich $\bar{d}_{12} \equiv (d_1 + d_2)/2$ aus den Durchmessern d_1 und d_2 der beiden harten Kugeln X_1 und X_2 berechnet (vgl. Abschn. 12.1.3, Abb. 12.3).

Wir greifen nun ein Teilchen X_1 heraus und stellen uns zunächst vor, es befinde sich auf einer festen Position. Fliegt auf X_1 ein Teilchen X_2 zu, dann wird dieses nur dann X_1 stoßen (zumindest streifend), wenn die Mittelpunkte der beiden harten Kugeln sich auf einen Abstand von höchstens $(d_1 + d_2)/2$ einander nähern, wenn X_2 also die kreisförmige "Zielscheibe" mit der Fläche $\sigma_{12} = \pi\bar{d}_{12}^{\,2}$ trifft (s. Abb. A4.3).

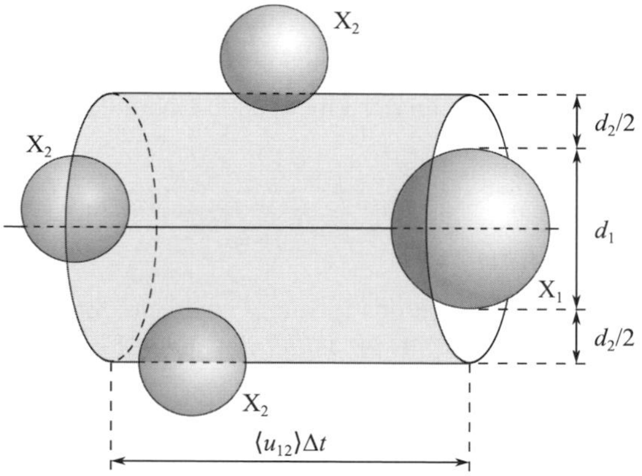

Abb. A4.3
Zur Herleitung der Stoßfrequenz bei Hartkugelstößen

Alle Hartkugel-Teilchen X_2, deren Mittelpunkte sich innerhalb des in Abb. A4.3 abgegrenzten zylinderförmigen Bereiches befinden, werden während des Zeitintervalls Δt das Teilchen X_1 stoßen oder streifen. Das ergibt

$$Z_{12}^{(1)} = \langle u_{12} \rangle \sigma_{12} n_2 \tag{A4.22}$$

Stöße pro Zeiteinheit (*Stoßfrequenz*), wobei $n_2 \equiv (N_2/V)$ die Teilchendichte von X_2 bezeichnet. Sind in einem Gasgemisch N_1 Teilchen X_1 und N_2 Teilchen X_2 vorhanden, dann erfolgen pro Zeiteinheit insgesamt $Z_{12} = Z_{12}^{(1)} n_1 V$, also

$$Z_{12} = \langle u_{12} \rangle \cdot \sigma_{12} \cdot n_1 \cdot n_2 \tag{A4.23}$$

Stöße $X_1 + X_2$ pro Zeiteinheit und Volumeneinheit (*Stoßdichte* oder *Stoßhäufigkeit;* vgl. [A4.1] – [A4.3]).

Ist das Gas homogen, enthält also nur *eine* Teilchensorte X_1, dann ist der Stoßquerschnitt $\sigma_{11} = \pi d_1^{\,2}$ anstelle von σ_{12} und die reduzierte Masse $\mu_{11} = m_1/2$ anstelle von μ_{12} zu nehmen. In diesem Fall ergibt sich die Stoßfrequenz

$$Z_{11}^{(1)} = \langle u_{11} \rangle \sigma_{11} n_1 = \sqrt{2}\, \sigma_{11} \cdot (8k_\mathrm{B}T / \pi m_1)^{1/2} n_1 , \tag{A4.24}$$

und für die Stoßhäufigkeit (Anzahl aller Stöße $X_1 + X_1$ pro Zeiteinheit und Volumeneinheit) mit[2] $n_1^{\,2}/2$ anstelle von $n_1 \cdot n_2$ erhält man

$$Z_{11} = (1/\sqrt{2})\, \sigma_{11} \cdot (8k_\mathrm{B}T / \pi m_1)^{1/2} n_1^{\,2} . \tag{A4.25}$$

Eine Größe, mit der zumindest modellhaft wichtige Eigenschaften eines Gases zusammenhängen (Transporteigenschaften wie Diffusion, Wärmeleitfähigkeit, Viskosität, s. etwa [A4.1]), ist die Strecke, die ein Teilchen X_1 nach einem Stoß *im Mittel* frei fliegt, bis erneut ein Stoß erfolgt. Nehmen wir ein homogenes Gas von X_1-Teilchen an, so erfährt *eines* der Teilchen im Mittel pro Zeiteinheit $Z_{11}^{(1)}$ Stöße, die Zeit zwischen zwei aufeinanderfolgenden Stößen ist folglich

$$\tau_\mathrm{c} = 1 / Z_{11}^{(1)} . \tag{A4.26}$$

Die während dieser Zeit zurückgelegte Strecke $\bar{\lambda}_1 = \langle u_1 \rangle \tau_\mathrm{c}$ wird als die *mittlere freie Weglänge* eines Teilchens X_1 bezeichnet:

$$\bar{\lambda}_1 = 1 / \sqrt{2}\, \sigma_{11} n_1 ; \tag{A4.27}$$

sie hängt (außer vom Stoßquerschnitt σ_{11} als molekularer Kenngröße) nur von der Teilchendichte n_1 und damit bei konstantem Volumen vom Gasdruck p ab.

Entsprechend der üblichen Verfahrensweise wurde bei der Definition von $\bar{\lambda}_1$ die mittlere absolute Geschwindigkeit $\langle u_1 \rangle$ des Teilchens X_1 benutzt, die sich von der mittleren Relativgeschwindigkeit $\langle u_{11} \rangle$ zweier X_1-Teilchen durch den Faktor $\sqrt{2}$ unterscheidet: mit der reduzierten Masse $\mu_{11} = m_1/2$ ergibt sich die Beziehung $\langle u_{11} \rangle = \sqrt{2} \langle u_1 \rangle = \sqrt{2}\,(8k_\mathrm{B}T/\pi m_1)^{1/2}$.

Abschließend geben wir noch einen Eindruck von den Größenordnungen der Zahlenwerte: Für einfache Moleküle wie N_2, O_2, CO_2 kann man die Stoßquerschnitte (empirisch) mit

---

[2] Bei N_1 Teilchen im Volumen V gibt es $N_1(N_1\text{-}1)/2$ Stoßpaare; wenn N_1 (wie hier immer vorausgesetzt) sehr groß ist, kann näherungsweise $N_1(N_1\text{-}1)/2 \approx N_1^{\,2}/2$ genommen werden.

ca. 50 Å^2 (= 0,5 nm^2) ansetzen; vgl. hierzu einschlägige Tabellenwerke.[3] Bei Normbedingungen (Druck 1 atm = $1{,}013\times10^5$ Pa; Temperatur 0° C ≙ 273 K) haben diese Moleküle mittlere Geschwindigkeiten von rund 400 m/s. Mit diesen Daten ergeben sich mittlere freie Weglängen von etwa 500 Å, also freie Flugstrecken, die mehr als 100mal so lang sind wie die Moleküldurchmesser ($d=\sqrt{\sigma/\pi}$). Das vom Gas eingenommene Volumen V ist unter diesen Bedingungen tatsächlich ziemlich spärlich mit Teilchen gefüllt – eine nachträgliche Rechtfertigung der Vorstellung vom idealen Gas, ganz im Unterschied zu Flüssigkeiten oder Festkörpern, wo die Teilchenabstände im Bereich weniger Å liegen.

Für die Zeit $\tau_c = 1/Z_{11}^{(1)}$ zwischen zwei aufeinanderfolgenden Stößen im homogenen Gas ergibt sich ein Wert von rund 10^{-10} s und für die Stoßhäufigkeit Z_{11} rund 10^{29} Stöße pro cm^3 und s.

A4.3 Ideale Gase aus Teilchen mit inneren Freiheitsgraden

Die Verhältnisse werden komplizierter, wenn die Teilchen des idealen (hochverdünnten) Gases außer der Translation weitere räumliche Freiheitsgrade der Bewegung haben. Als solche inneren Freiheitsgrade beziehen wir nur die der Kernbewegungen ein (Molekülrotation und Schwingungen, s. Kap. 11); die elektronischen Freiheitsgrade bleiben außer Betracht[4], ebenso alle Spin-Freiheitsgrade. Wechselwirkungskräfte zwischen den Molekülen werden weiterhin vernachlässigt; nur wenn Moleküle bei einem Stoß in Kontakt kommen, kann Impuls und Energie ausgetauscht werden.

Alle in den vorhergehenden Abschnitten erhaltenen Zusammenhänge, die ausschließlich mit der translatorischen Bewegung Gasteilchen (Moleküle) zu tun haben, bleiben bestehen (s. Abschn. A4.2.1).

Die thermodynamische "innere Energie" $\mathscr{U}$ des Gases , also die gesamte Energie aller Teilchen, ergibt sich als Summe der Mittelwerte der Hamilton-Funktionen H_{mol} der einzelnen Moleküle. Nehmen wir ein homogenes ideales Gas aus N gleichartigen Molekülen an, so gilt:

$$\mathscr{U} \equiv E^{\text{gesamt}} = N\langle H_{\text{mol}}\rangle . \qquad \text{(A4.28)}$$

A4.3.1 Statistik der inneren Zustände der Moleküle

Ein Gasmolekül möge aus N^{k} Atomen (genauer: Atomkernen) bestehen; es hat dann $f = 3N^{\text{k}}$ räumliche Kern-Freiheitsgrade (ohne Spins): $f^{\text{tr}} = 3$ Freiheitsgrade der Translationsbewegung des Moleküls sowie $f^{\text{vibrot}} = 3N^{\text{k}} - 3$ Freiheitsgrade der Gesamtrotation und der Schwingungen der Atome.

---

[3] Etwa SpringerMaterials. The Landolt-Börnstein Database (www.springer.com).

[4] Thermische Energien sind bei Normbedingungen zu klein, um Änderungen des Elektronenzustands zu bewirken.

Die Hamilton-Funktion H_{mol} hängt von den $f = f^{\text{tr}} + f^{\text{vibrot}}$ verallgemeinerten Koordinaten q_j und den f (konjugierten) Impulsen p_j ($j = 1, \dots, f$) ab:

$$H_{\text{mol}} = H_{\text{mol}}^{\text{kin}} + U \,, \tag{A4.29}$$

wobei der Anteil

$$H_{\text{mol}}^{\text{kin}} = \sum_{j=1}^{f} p_j^{\,2} / 2\overline{m}_j \tag{A4.30}$$

die kinetische Energie der Gesamttranslation des Moleküls, der Gesamtrotation und der Schwingungen beinhaltet[5]. Der Anteil U ist die potentielle Energie der *innermolekularen* Wechselwirkungen.

Die statistische Behandlung erfolgt im 2*f*-dimensionalen μ -Phasenraum (s. Anhang A3.2.1). Es wird vorausgesetzt, dass das Gas sich im thermischen Gleichgewicht befindet, also durch eine Temperatur T charakterisiert ist, und dass die quantisierte Boltzmann-Statistik angewendet werden kann.

Die Gesamtenergie ε eines Moleküls möge die diskreten Werte ε_i annehmen können.[6] Sei N_i^0 die Anzahl von Molekülen im Zustand i mit der Energie ε_i, dann ist die relative Häufigkeit N_i^0/N durch den *Boltzmann-Faktor* w_i^0 gegeben:

$$N_i^0/N = w_i^0 = g_i \cdot \exp(-\varepsilon_i/k_{\text{B}}T)/\mathcal{Q}(N,V,T) \tag{A4.31}$$

[Gl. (4.166')]; g_i bezeichnet den Entartungsgrad des Energieniveaus ε_i, und

$$\mathcal{Q}(N,V,T) \equiv \sum_i g_i \cdot \exp(-\varepsilon_i / k_{\text{B}}T) \tag{A4.32}$$

[Gl. (4.169)] ist die von *N, V und T* abhängende *Zustandssumme*.

Es ist oft eine ausreichend gute Näherung anzunehmen, dass die Bewegungsformen Translation, Kerngerüstrotation und Schwingungen adiabatisch separiert werden können (s. Abschn. 4.3.1 sowie Kap. 11); dann lässt sich die Gesamtenergie ε als Summe der Beiträge dieser einzelnen Bewegungsformen schreiben:

$$\varepsilon \approx \varepsilon^{\text{tr}} + \varepsilon^{\text{rot}} + \varepsilon^{\text{vib}} \,, \tag{A4.33}$$

und die Boltzmann-Faktoren sowie die Zustandssumme werden, wie man leicht sieht, Produkte der entsprechenden Anteile (vgl. Abschn. 4.8.3).

A4.3.2 Berechnung des Mittelwertes der molekularen Gesamtenergie

Wir bestimmen jetzt der Reihe nach näherungsweise die Mittelwerte der Energiebeiträge von Translationsbewegung, Kerngerüstrotation und Kernschwingungen. Dabei geht es mehr um

---

[5] Mit $\overline{m}_j$ sind die den einzelnen Freiheitsgraden zuzuschreibenden "Massen" bezeichnet, die wir an dieser Stelle nicht explizite benötigen.

[6] Auch die Translationsbewegung lässt sich auf Grund des Einschlusses in das Volumen V und der dadurch erzwungenen Quantisierung formal so behandeln.

die allgemeingültigen Aussagen als um Genauigkeit, so dass wir z. T. mit groben Vereinfachungen arbeiten werden und auf strenge Herleitungen verzichten.

Der mittlere *kinetische Energiebeitrag* enthält zunächst den Anteil der gesamt-translatorischen Bewegung, gemäß Gleichung (A4.20) also $\left\langle \varepsilon^{\mathrm{tr}} \right\rangle = (3/2)k_{\mathrm{B}}T$.

Ähnlich einfache Ausdrücke ergeben sich für die übrigen Bewegungsformen, wenn wir eine ziemlich drastische Einschränkung vornehmen: wir setzen nämlich voraus, dass alle weiteren Bestandteile der Hamilton-Funktion homogen quadratisch von den Phasenraumvariablen q_i und p_i abhängen, d. h. nur q_i^2 - bzw. p_i^2 - Glieder enthalten. Für den Anteil der Kerngerüstrotation ist das ohnehin der Fall: In der klassisch-mechanischen Entsprechung zu Gleichung (11.125) für starre nichtlineare mehratomige Moleküle,

$$H^{\mathrm{rot}} = (1/2)(I_1^{-1}G_1^2 + I_2^{-1}G_2^2 + I_3^{-1}G_3^2)\,, \tag{A4.34}$$

treten die Drehimpulskomponenten $G_1 \equiv G_X$, $G_2 \equiv G_Y$, $G_3 \equiv G_Z$ der Kerngerüstrotation (als verallgemeinerte Impulse) rein quadratisch auf; I_1 , I_2 und I_3 sind die drei Hauptträgheitsmomente des starren Kerngerüstes.

Für die Molekülschwingungen hat man einen kinetischen Energieanteil der Form (A4.30), der die Impulskomponenten rein quadratisch enthält. Im potentiellen Energieanteil muss man zur harmonischen Näherung [G. (11.134)] übergehen und kann dann Normalschwingungen einführen, um einen homogen quadratischen Ausdruck zu erhalten:

$$\tilde{U}^{\mathrm{vib}} = (1/2)\sum\nolimits_{l=1}^{f^{\mathrm{vib}}} \omega_l^2 q_l^2 \tag{A4.35}$$

[s. Gl. (11.139)]; hier haben wir q_l anstelle von Q_l geschrieben, um in der hier benutzten Bezeichnungsweise zu bleiben.

In dieser Näherung lässt sich zeigen: Jede *Phasenraumvariable* x_i (Koordinate oder Impuls), die in der Hamilton-Funktion mit einem in x_i quadratischen Anteil auftritt, liefert zum Mittelwert $\left\langle H_{\mathrm{mol}} \right\rangle$ einen Beitrag $(1/2)k_{\mathrm{B}}T$. Das ist die *Verallgemeinerung des Gleichverteilungssatzes der kinetischen Energie* in Abschnitt A4.2.3, wenn die nicht-translatorischen Freiheitsgrade der Teilchen (Moleküle) eines idealen Gases berücksichtigt werden sollen.

Wir skizzieren einen vereinfachten Beweis für diese Aussage: Sei $F(x_1,\ldots,x_\nu) = \sum_{j=1}^{\nu} a_j x_j^2$ eine homogen quadratische, stetig differenzierbare Funktion der ν Variablen x_j , dann gilt[7]:

$$F(x_1,\ldots,x_\nu) = (1/2)\sum\nolimits_{j=1}^{\nu} x_j\,(\partial F/\partial x_j)\,. \tag{A4.36}$$

Wir nehmen an, dass die Energie-Eigenwerte für die beiden Anteile $\varepsilon^{\mathrm{rot}}$ und $\varepsilon^{\mathrm{vib}}$ sehr dicht liegen (was zumindest für $\varepsilon^{\mathrm{vib}}$ sicher nicht zutrifft, s. Kap. 11), so dass die bei der Mittelwertbildung mit den

[7] Diese Beziehung besteht übrigens auch, wenn F eine allgemeinere Funktion 2. Grades ist: $F = \sum_i \sum_j a_{ij}\, x_i x_j$ (Satz von Euler, s. [II.8], Abschn. 3.1.4.2.).

Boltzmann-Faktoren (A4.31) auftretenden Summen durch Integrale ersetzt werden können. Es sind dann zur Bestimmung des Mittelwertes von $H \equiv H_{\text{mol}} = H^{\text{tr}} + H^{\text{rot}} + H^{\text{vib}}$,

$$\langle H \rangle = [\mathscr{Q}(N,V,T)]^{-1} \int ... \int H \cdot \exp(-H/k_{\text{B}}T)\,\mathrm{d}x_1 ... \mathrm{d}x_\nu \,, \qquad \text{(A4.37)}$$

im Zähler dieses Ausdrucks Integrale der Form $\int_{-\infty}^{\infty} (1/2)x_j \cdot (\partial F/\partial x_j) \cdot \exp(-F/k_{\text{B}}T)\,\mathrm{d}x_j$ für jede Variable x_j zu berechnen. Das Zustandsintegral $\mathscr{Q}(N,V,T) = \int ... \int \exp(-H/k_{\text{B}}T)\,\mathrm{d}x_1 ... \mathrm{d}x_\nu$ im Nenner ist ein Produkt von Faktoren zu den einzelnen Anteilen von H. Jedes der x_j -Integrale ergibt den Beitrag $(1/2)k_{\text{B}}T \int_{-\infty}^{\infty} ... \int_{-\infty}^{\infty} \exp(-F/k_{\text{B}}T)\,\mathrm{d}x_1 ... \mathrm{d}x_\nu$, insgesamt: $\nu \cdot (1/2)k_{\text{B}}T \int_{-\infty}^{\infty} ... \int_{-\infty}^{\infty} \exp(-F/k_{\text{B}}T)\,\mathrm{d}x_1 ... \mathrm{d}x_\nu$. Das ν -fache Integral hebt sich gegen den entsprechenden Faktor im Zustandsintegral $\mathscr{Q}(N,V,T)$ weg. So muss für jeden homogen quadratischen Anteil F in der Hamilton-Funktion $H \equiv H_{\text{mol}}$ verfahren werden, so dass sich die oben formulierte Aussage, der verallgemeinerte Gleichverteilungssatz, ergibt.

Um die Beiträge der verschiedenen Bewegungsformen zum Mittelwert $\langle H_{\text{mol}} \rangle$ in der zugrundegelegten Näherung (Separation von Gesamttranslation, Kerngerüstrotation und Schwingungen, für letztere die harmonische Näherung und Normalschwingungen) zu bestimmen, hat man also die quadratisch auftretenden Koordinaten und Impulse abzuzählen.

Für ein *einatomiges Gas* ohne innere Freiheitsgrade ist $N^{\text{k}} = 1$, die Anzahl der räumlichen Freiheitsgrade ist $f = 3$, und pro Teilchen haben wir den Energiebeitrag $(3/2)k_{\text{B}}T$ der Translationsbewegung; weitere Beiträge gibt es nicht.

Für *zweiatomige Moleküle* ist $N^{\text{k}} = 2$, und ein Molekül hat $f = 6$ räumliche Freiheitsgrade. Auf die Gesamttranslation entfällt wieder der mittlere Energieanteil $\langle \varepsilon^{\text{tr}} \rangle = (3/2)k_{\text{B}}T$. Die Drehbewegung des klassischen zweiatomigen starren Rotators verläuft in einer festen Ebene senkrecht zur Richtung des bewegungskonstanten Drehimpulses $\boldsymbol{G}$; sei diese feste Richtung die Z-Richtung, so ist $H^{\text{rot}} = (1/2I_0)(G_X{}^2 + G_Y{}^2)$; vgl. Abschnitte 2.3.2 und 11.3.1. Wir haben zwei räumliche Freiheitsgrade der Rotation, H^{rot} ist quadratisch in den zwei entsprechenden Drehimpulskomponenten (verallgemeinerte Impulsvariable) G_X und G_Y; somit kommt auf die Kerngerüstrotation eine mittlere Energie $\langle \varepsilon^{\text{rot}} \rangle = 2 \cdot (1/2)k_{\text{B}}T = k_{\text{B}}T$.

Es gibt beim zweiatomigen Molekül einen Schwingungsfreiheitsgrad. In der harmonischen Näherung (linearer harmonischer Oszillator, vgl. Abschn. 2.3.1) haben wir die Hamilton-Funktion $H_{\text{HO}} = (p^2/2\mu) + (\mu\omega^2/2)q^2$ mit $q \equiv R - R^0$ und der reduzierten Masse μ; in H_{HO} treten die Koordinate q und der dazu konjugierte Impuls p quadratisch auf , so dass auf diese beiden Anteile je $(1/2)k_{\text{B}}T$ entfallen. Insgesamt ist daher die mittlere molekulare Energie für zweiatomige Moleküle gleich $\langle \varepsilon \rangle = \langle H_{\text{mol}} \rangle = (7/2)k_{\text{B}}T$.

Für *dreiatomige Moleküle*, $N^{\text{k}} = 3$, hat man $f = 9$ räumliche Freiheitsgrade. Als mittlerer

Energiebeitrag der Translation ergibt sich wieder $\langle \varepsilon^{\mathrm{tr}} \rangle = (3/2) k_{\mathrm{B}} T$. Bei nichtlinearen Gleichgewichtskernanordnungen hat man drei Freiheitsgrade der Kerngerüstrotation, dementsprechend die Hamilton-Funktion (A4.34) und folglich die mittlere Rotationsenergie $\langle \varepsilon^{\mathrm{rot}} \rangle \equiv \langle H^{\mathrm{rot}} \rangle = (3/2) k_{\mathrm{B}} T$. Es verbleiben drei räumliche Freiheitsgrade der Schwingungen, also drei Normalschwingungen (s. Abb. 11.25a,c) mit der Hamilton-Funktion[8] $H^{\mathrm{vib}} = (1/2) \sum_{i=1}^{3} \{ p_i^2 + \omega_i^2 q_i^2 \}$. Der kinetische Anteil $\propto \sum_{i=1}^{3} p_i^2$ trägt $(3/2) k_{\mathrm{B}} T$ bei, ebenso der potentielle Anteil $\propto \sum_{i=1}^{3} \omega_i^2 q_i^2$, zusammen also $3 k_{\mathrm{B}} T$, so dass für das Molekül die mittlere Gesamtenergie $6\, k_{\mathrm{B}} T$ herauskommt.

Allgemein ergibt sich die mittlere Gesamtenergie für mehratomige Moleküle mit nichtlinearem Kerngerüst nach der Formel $\langle \varepsilon \rangle = (N^{\mathrm{k}} - 1)\, 3 k_{\mathrm{B}} T$.

Bei linearen dreiatomigen Molekülen hat man einen Rotationsfreiheitsgrad weniger (wie bei zweiatomigen Molekülen) und eine Normalschwingung mehr, was zu einer mittleren Gesamtenergie $\langle \varepsilon \rangle = 6{,}5\, k_{\mathrm{B}} T$ führt.

Einige Anmerkungen zu diesen Ergebnissen:

- Die zuweilen gebrauchte laxe Formulierung des Gleichverteilungssatzes, jeder Freiheitsgrad eines Gasmoleküls liefere den Beitrag $(1/2) k_{\mathrm{B}} T$ zur mittleren Energie, gilt nur für die Translations- und die Rotationsbewegung, nicht aber für die Schwingungen. Man könnte eventuell besser von den Phasenraum-Freiheitsgraden ausgehen (Gesamtzahl $2f$), wobei im Falle der Translation und der Kerngerüstrotation nur die jeweiligen "Impulsfreiheitsgrade" in Erscheinung treten (Impuls-Unterraum des vollständigen Phasenraums). Es gibt dann für ein nichtlineares N^{k} -atomiges Molekül $f' = 6 + 2(3N^{\mathrm{k}} - 6) = 6(N^{\mathrm{k}} - 1)$ "energetisch wirksame" Freiheitsgrade, von denen jeder im Mittel die Energie $(1/2) k_{\mathrm{B}} T$ beiträgt. Das führt zu dem soeben erhaltenen Resultat.
- In den Herleitungen wurden an mehreren Stellen drastische Näherungen vorgenommen (s. Hinweise im Text), die keineswegs immer berechtigt sind; auf Einzelheiten können wir hier nicht eingehen, sondern nehmen das Ganze als ein zwar grobes, für viele Zwecke aber ausreichendes Modell.

Die Defekte des Idealgasmodells für Gasteilchen mit inneren Freiheitsgraden machen sich beim Vergleich mit experimentellen Befunden bemerkbar. So stimmen die gemessenen Werte der molaren spezifischen Wärmen bei konstantem Volumen für einatomige Gase (Edelgase) tatsächlich gut mit dem theoretischen Wert von rund $1{,}5\, R \approx 12{,}5\ \mathrm{J \cdot K^{-1} \cdot mol^{-1}}$ [Gl. (A4.5) mit $n = 1$] überein. Für Gase mit zwei- und mehratomigen Molekülen aber bleiben die gemessenen $\mathscr{C}_V$ -Daten bei normalen Temperaturen (z. B. Zimmertemperatur) deutlich unter den theoretischen Werten. Die Ursache liegt hauptsächlich darin, dass bei den vorgenommenen

[8] S. Gleichung (11.142); dort sind allerdings noch die "uneigentlichen Normalschwingungen" Translation und Rotation enthalten.

Abschätzungen die diskrete Energieniveaustruktur von Rotation und Schwingungen nicht berücksichtigt wurde. Bei mittleren Temperaturen steht nicht genügend Translationsenergie zur Verfügung, um in Stößen eine Rotationsanregung oder gar eine Schwingungsanregung zu bewirken und die Gleichverteilung herzustellen. Erst bei höheren Temperaturen können die Rotation und schließlich auch die Schwingungen sukzessive angeregt werden, d. h. Energie aufnehmen, allerdings ohne (besonders bei mehratomigen Molekülen) die theoretisch abgeschätzten Werte zu erreichen.

Die stufenweise Änderung der spezifischen Wärme mit der Temperatur ist eine eindrucksvolle Manifestation der Zustandsquantelung von Rotations- und Schwingungebewegungen von Molekülen.

Wir gehen hier nicht weiter ins Detail; man findet ausführliche Diskussionen in der physikalisch-chemischen Literatur [A4.1] – [A4.3].

A4.4* Virialsatz. Reale Gase

Ein System von N untereinander *in Wechselwirkung* stehenden Teilchen möge sich nach den Gesetzen der klassischen Mechanik bewegen; die Koordinaten der Teilchen seien q_i, die (kanonisch-konjugierten) Impulse p_i ($i = 1, \ldots, f$, wenn f die *Gesamtzahl* der räumlichen Freiheitsgrade ist). Von inneren Freiheitsgraden der Teilchen sehen wir hier ab.

Die klassische Hamilton-Funktion H für das System setzt sich aus einem kinetischen Anteil H^{kin} und einem potentiellen Anteil U zusammen:

$$H = H^{\text{kin}}(p_1,\ldots,p_f) + U(q_1,\ldots,q_f), \tag{A4.38}$$

wobei H^{kin} nur von den Impulsen p_i und U nur von den Koordinaten q_i abhängen mögen.

Es wird nun eine Größe

$$\mho \equiv -(1/2)\sum_{i=1}^{f} \dot{p}_i \cdot q_i \tag{A4.39}$$

definiert, die sich vermittels der Hamilton-Gleichung (A2.36b), $\dot{p}_i = -\partial H / \partial q_i$, auch als

$$\mho \equiv (1/2)\sum_{i=1}^{f} (\partial H / \partial q_i) \cdot q_i \tag{A4.39'}$$

oder, da $-\partial H/\partial q_i = -\partial U/\partial q_i$ die i-te Kraftkomponente K_i bedeutet, als

$$\mho = -(1/2)\sum_{i=1}^{f} K_i \cdot q_i \tag{A4.39''}$$

formulieren lässt. Diese Größe $\mho$ heißt (nach R. J. Clausius) das *Virial* des Systems (oder auch: das Virial der Kräfte des Systems).

Der kinetische Anteil der Hamilton-Funktion,

$$H^{\text{kin}} = \sum_{i=1}^{f} p_i^2 / 2\overline{m}_i\,, \tag{A4.40}$$

hängt homogen quadratisch von den Impulsen p_i ab und kann nach Gleichung (A4.36) als

$$H^{\text{kin}} = (1/2)\sum_{i=1}^{f}(\partial H/\partial p_i)\cdot p_i \qquad \text{(A4.41)}$$

geschrieben werden, in der Form also analog zu $\mathcal{U}$ [Gl. (A4.39')]. Beide Größen, H^{kin} und $\mathcal{U}$, sind durch die Zeitabhängigkeit der Koordinaten $q_i \equiv q_i(t)$ und Impulse $p_i \equiv p_i(t)$ (als Lösungen der Hamiltonschen Bewegungsgleichungen) Funktionen der Zeit: $H^{\text{kin}} \equiv H^{\text{kin}}(t)$ und $\mathcal{U} \equiv \mathcal{U}(t)$.

Es lässt sich zeigen[9], dass für Systeme, bei deren Bewegungen die Werte aller Koordinaten und Impulse beschränkt (endlich) bleiben, die zeitlichen *Mittelwerte* der kinetischen Energie und des Virials einander gleich sind:

$$\left\langle H^{\text{kin}}\right\rangle = \langle\, \mathcal{U}\, \rangle \qquad \text{(A4.42)}$$

(klassischer *Virialsatz*). Das gilt sowohl für ein Gas aus wechselwirkenden Teilchen (wie es hier vorausgesetzt wurde) als auch für ein isoliertes Molekül (sofern darauf die klassische Mechanik anwendbar ist, vgl. Abschn. 4.6 sowie Kap. 18 und 19).

Wenn das Potential U eine homogene Funktion λ-ten Grades der Koordinaten q_i ist, dann ergibt sich

$$\mathcal{U} = (1/2)\lambda U \qquad \text{(A4.43)}$$

und damit

$$\left\langle H^{\text{kin}}\right\rangle = (\lambda/2)\langle U\rangle . \qquad \text{(A4.44)}$$

Diese Beziehungen gelten übrigens auch in einer quantenmechanischen Beschreibung (s. Abschn. 3.3).

Wirken zwischen den Teilchen harmonische Kräfte, so hat man $\lambda = 2$ und folglich $\left\langle H^{\text{kin}}\right\rangle = \langle U\rangle$. Zwischen geladenen Teilchen wirken Coulomb-Kräfte, also ist $\lambda = -1$, und der Virialsatz lautet: $\left\langle H^{\text{kin}}\right\rangle = -(1/2)\langle U\rangle$ (vgl. auch hierzu Abschn. 3.3).

Unter Verwendung des Virials gewinnt man einen einfachen Zugang zur Theorie *realer Gase* durch eine Korrektur zur Idealgas-Zustandsgleichung. Nehmen wir der Einfachheit halber ein einatomiges Gas (um wie bisher innere Freiheitsgrade außer Betracht lassen zu können), zwischen dessen N Teilchen Wechselwirkungen bestehen mögen; das Gesamtpotential sei U. Wir numerieren jetzt die Teilchen (nicht wie bisher die Freiheitsgrade) durch einen Index a = 1, ... , N, schreiben alle relevanten Ausdrücke vektoriell, insbesondere die Ortsvektoren $\boldsymbol{q}_a$ und die Kräfte auf ein Teilchen a: $\boldsymbol{K}_a = -\hat{\boldsymbol{\nabla}}_a H = -\hat{\boldsymbol{\nabla}}_a U$, und erhalten damit das Virial

[9] Vgl. z. B. Goldstein, H.: Klassische Mechanik. Aula-Verlag, Wiesbaden (1991), Abschn. 3-4; auch Landau, L. D., Lifschitz, E. M.: Lehrbuch der theoretischen Physik. Bd. 1. Mechanik. H. Deutsch Verlag, Frankfurt a. M. (2007), §10.

$$U = -(1/2)\sum_{a=1}^{N} \boldsymbol{K}_a \cdot \boldsymbol{q}_a \,. \qquad \text{(A4.39''')}$$

Auf ein Teilchen a wirken Kräfte infolge der Wechselwirkungen mit den übrigen Teilchen $b\,(\neq a)$ sowie Kräfte bei den Stößen auf die Wände des Gefäßes mit dem Volumen V; diese Stöße verursachen den Druck p. Unter Verwendung des Zusammenhangs zwischen den Wandkräften und dem Druck folgt[10] aus dem Virialsatz (A4.42) ein Ausdruck für $p \cdot V$:

$$p \cdot V = (2/3)\left\langle H^{\text{kin}} \right\rangle + (1/3)\left\langle \sum_{b(>a)=2}^{N} \sum_{a=1}^{N} \boldsymbol{K}_{ab} \cdot \boldsymbol{q}_{ab} \right\rangle, \qquad \text{(A4.45)}$$

wobei $\boldsymbol{q}_{ab} \equiv \boldsymbol{q}_a - \boldsymbol{q}_b$ die relative Lage der beiden Teilchen a und b sowie $\boldsymbol{K}_{ab}$ den Vektor der von Teilchen a auf Teilchen b ausgeübten Kraft angibt; nach dem 3. Newtonschen Gesetz gilt: $\boldsymbol{K}_{ab} = -\boldsymbol{K}_{ba}$ [Gl. (A2.10)].

Der erste Anteil im Ausdruck für $p \cdot V$ ist gleich dem Resultat für das ideale Gas: nach Gleichung (A4.2) besteht die Beziehung $p \cdot V = (2/3)\,N\,(m\widehat{u}^2/2) = (2/3)\left\langle H^{\text{kin}} \right\rangle$. Der zweite Anteil ist ein Korrekturterm, der die Teilchenwechselwirkungen berücksichtigt (*Realgas-Korrektur* zur Zustandsgleichung).

Ergänzende Literatur zum Anhang A4

[A4.1] Brdička, R.: Grundlagen der Physikalischen Chemie. Dt. Verlag der Wissenschaften, Berlin (1990)

[A4.2] Wedler, G.: Lehrbuch der Physikalischen Chemie. Wiley-VCH, Weinheim (1997)

[A4.3] Atkins, P. W.: Physikalische Chemie. VCH, Weinheim (1996)

[10] Vgl. etwa Haberlandt, R., Fritzsche, S. Peinel, G., Heinzinger, K.: Molekulardynamik. Grundlagen und Anwendungen. Vieweg, Wiesbaden (1995); Abschn. 7.1.1.

A5 Bezugssysteme. Koordinatensysteme

Die Bezeichnung "Bezugssystem" verwenden wir in dem Sinne, dass damit ein Nullpunkt (Bezugspunkt) und die räumliche Ausrichtung der Achsen eines in diesem Nullpunkt zentrierten kartesischen Koordinatensystems festgelegt sind. Unter einem "Koordinatensystem" wird allgemein die Art der für die Angabe der Lage von Punkten im Raum gewählten Koordinaten (kartesisch oder krummlinig) verstanden.

Grundsätzlich sind die physikalischen Gesetzmäßigkeiten (Bewegungsgleichungen und andere Zusammenhänge; Messgrößen) in beliebigen Bezugssystemen und Koordinatensystemen formulierbar, jedoch kann ihre Gestalt mehr oder weniger einfach und klar, folglich für Interpretation und Anwendungen mehr oder weniger zweckmäßig sein.

A5.1 Raumfestes, schwerpunktfestes und molekülfestes Bezugssystem

In der Molekültheorie spielen die folgenden *Bezugssysteme* eine Rolle (vgl. Abschn. 4.1, Abb. 4.1, sowie Abschn. 11.2.1, Abb. 11.8):

- das *raumfeste* (laborfeste) Bezugssystem Σ (*RF-System*)

  Der Nullpunkt (Bezugspunkt) ist irgendein sinnvoll gewählter Raumpunkt. Die Richtungen der kartesischen Koordinatenachsen können ebenfalls frei gewählt werden; falls es eine ausgezeichnete Raumrichtung gibt (z. B. bei Vorhandensein eines homogenen Feldes), ist eine der Achsen zweckmäßig in diese Richtung zu legen.

- das *schwerpunktfeste* Bezugssystem Σ' (*SF-System*)

  Als dessen Nullpunkt wird z. B. der Gesamtschwerpunkt $\boldsymbol{S}$ aller Kerne und Elektronen, der Schwerpunkt $\boldsymbol{S}^{\mathrm{k}}$ der Kerne oder auch die Position eines der Kerne gewählt (s. Abschn. A5.2); die kartesischen Koordinatenachsen sind parallel zu denen des RF-Systems.

- das *körperfeste* (molekülfeste) Bezugssystem Σ'' (*KF-System*)

  Der Nullpunkt bleibt der gleiche wie der des SF-Systems, die Koordinatenachsen aber sind fest mit dem Kerngerüst verbunden und drehen sich daher mit dem Kerngerüst, wenn dieses sich dreht.

Die für die Transformation physikalischer Größen zwischen diesen Bezugssystemen geltenden Beziehungen sind in Abschnitt 4.2 sowie 11.2.1 zusammengestellt. Wir ergänzen diese Ausführungen hier durch eine Definition der *Euler-Winkel*[1], welche die Drehlage zweier kartesischer Koordinatensysteme mit gemeinsamem Nullpunkt (Σ' und Σ'') relativ zueinander

---

[1] Benannt nach dem schweizer Mathematiker, Physiker und Astronomen L. Euler (18. Jh.).

gegeben. Man hat dafür verschiedene Möglichkeiten; wir verwenden die in Abb. A5.1 dargestellte Version aus [I.4b] (dort Anhang A2.1.).[2]

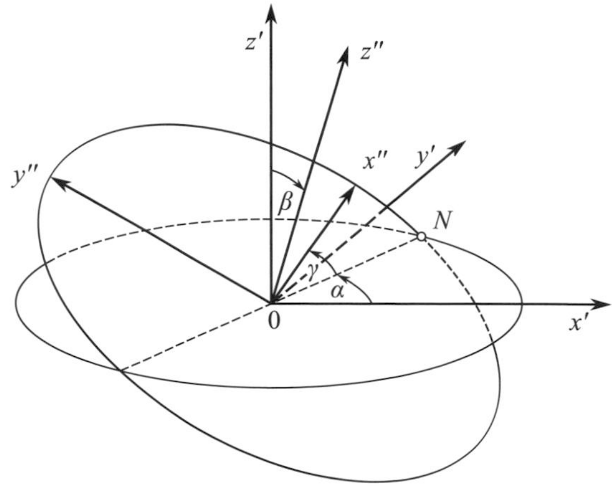

Abb. A5.1
Definition der Euler-Winkel (aus [I.4b])

Vom Koordinatensystem Σ' kann man durch drei sukzessive Drehungen zum Koordinatensystem Σ'' übergehen: (1) Drehung von Σ' um die z'-Achse, bis die positive x'-Achse mit der Richtung $\overrightarrow{ON}$ auf der Schnittlinie (Knotenlinie) der beiden Ebenen (x',y') und (x'',y'') zusammenfällt (Drehwinkel α). (2) Drehung des so erhaltenen Koordinatenkreuzes um die Zwischenlage $\overrightarrow{ON}$ der x'-Achse so weit, bis die z'-Achse sich mit der z''-Achse deckt (Drehwinkel β). (3) Drehung um die z''-Achse, bis die x'-Achse aus ihrer Zwischenlage in die Richtung der x''-Achse gelangt (Drehwinkel γ).

Durch die so definierten drei *Eulerschen Winkel* α, β und γ, deren Werte in den Bereichen, $0 \le \alpha \le 2\pi$ bzw. $0 \le \beta \le \pi$ bzw. $-\pi \le \gamma \le \pi$ liegen können, ist die Drehlage der beiden Koordinatensysteme Σ' und Σ'' relativ zueinander eindeutig festgelegt.

Die Transformationsgleichungen zwischen den Koordinaten (x',y',z') eines Punktes im System Σ' und (x'',y'',z'') im System Σ'' lauten:

$$\left.\begin{aligned} x'' &= x'\cdot(\cos\alpha\cos\gamma - \sin\alpha\cos\beta\sin\gamma) \\ &\quad + y'\cdot(\sin\alpha\cos\gamma + \cos\alpha\cos\beta\sin\gamma) + z'\cdot\sin\beta\sin\gamma \\ y'' &= x'\cdot(-\cos\alpha\sin\gamma - \sin\alpha\sin\beta\cos\gamma) \\ &\quad + y'\cdot(-\sin\alpha\sin\gamma + \cos\alpha\cos\beta\cos\gamma) + z'\cdot\sin\beta\cos\gamma \\ z'' &= x'\cdot\sin\alpha\sin\beta - y'\cdot\cos\alpha\sin\beta + z'\cdot\cos\beta \end{aligned}\right\} \qquad \text{(A5.1)}$$

[2] Vgl. auch Landau, L. D., Lifschitz, E. M.: Lehrbuch der theoretischen Physik. Bd. 1. Mechanik. H. Deutsch Verlag, Frankfurt a. M. (2007); §35. Andere in der Literatur verwendete Definitionen (z. B. in [II.1], Abschn. 2.6.7.1.) sind der hier beschriebenen äquivalent.

bzw. als Matrixgleichung geschrieben (Koordinaten als Zeilenmatrizen):

$$(x''\ y''\ z'') = (x'\ y'\ z')\,\mathbf{A}\,. \tag{A5.1'}$$

Da beide Koordinatensysteme kartesisch sind, ist die Transformation (A5.1) orthogonal, d. h. die Inverse der Transformationsmatrix $\mathbf{A}$ ist gleich der Transponierten $\mathbf{A}^{\mathrm{T}}$: $\mathbf{A}^{-1} = \mathbf{A}^{\mathrm{T}}$, somit gilt $\mathbf{A}\mathbf{A}^{\mathrm{T}} = \mathbf{A}^{\mathrm{T}}\mathbf{A} = \mathbf{1}$. Die Rücktransformation erfolgt mit der Matrix $\mathbf{A}^{\mathrm{T}}$:

$$(x'\ y'\ z') = (x''\ y''\ z'')\,\mathbf{A}^{\mathrm{T}}\,. \tag{A5.2}$$

Das Atomaggregat, mit dessen Kerngerüst das KF-System Σ'' fest verbunden ist, möge sich mit einer momentanen Winkelgeschwindigkeitder $\boldsymbol{\Omega}$ im RF-System drehen.[3] In Bezug auf die Achsen der KF-Systems hat der Vektor $\boldsymbol{\Omega}$ die Komponenten

$$\left.\begin{aligned} \Omega_{x''} &= \dot{\alpha}\cdot\sin\beta\,\sin\gamma + \dot{\beta}\cdot\cos\gamma \\ \Omega_{y''} &= \dot{\alpha}\cdot\sin\beta\,\cos\gamma - \dot{\beta}\cdot\sin\gamma \\ \Omega_{z''} &= \dot{\alpha}\cdot\cos\beta + \dot{\gamma} \end{aligned}\right\} \tag{A5.3}$$

(s. die in Fußnote 2 angegebene Literatur); $\dot{\alpha}, \dot{\beta}$ und $\dot{\gamma}$ sind die Beträge der Winkelgeschwindigkeiten der Drehungen um die Achsen z' bzw. $\overrightarrow{\mathrm{ON}}$ bzw. z'' (jeweils im mathematisch positiven Richtungssinn).

Die Formulierung des Hamilton-Operators in SF-Koordinaten wird in Abschnitt 4.2 diskutiert und in den folgenden Abschnitten dieses Anhangkapitels ergänzt.

Eine ausführliche Erörterung verschiedener Möglichkeiten der Wahl von Bezugssystemen (SF und/oder KF) für Elektronen- und Kernpositionen eines molekularen Aggregats mit entsprechender Formulierung des Hamilton-Operators findet man in [11.2b].

A5.2 Massenkorrekturen nach der Schwerpunktseparation

In der klassisch-mechanischen wie in der quantenmechanischen Beschreibung lässt sich die Bewegung des Gesamtschwerpunkts eines isolierten Teilchenaggregats (Atomkerne und Elektronen) *exakt* abtrennen und aus der Behandlung entfernen (s. Abschn. 4.2). Wir beschränken uns auf die nichtrelativistische Näherung, d. h. nur Coulomb-Wechselwirkungen zwischen den Teilchen werden berücksichtigt.

Nehmen wir an, in die zunächst im RF-System Σ formulierte Schrödinger-Gleichung werden die drei kartesischen Koordinaten des Gesamtschwerpunkts, $\{X_{\mathrm{S}}, Y_{\mathrm{S}}, Z_{\mathrm{S}}\} \equiv \boldsymbol{S}$,

$$\boldsymbol{S} \equiv \left(\sum\nolimits_{a=1}^{N^{\mathrm{k}}} m_a \boldsymbol{R}_a + \sum\nolimits_{\kappa=1}^{N^{\mathrm{e}}} m_{\mathrm{e}} \boldsymbol{r}_\kappa\right)\Big/ M \tag{A5.4}$$

mit der Gesamtmasse M aller N^{k} Kerne und aller N^{e} Elektronen,

---

[3] Der Betrag des Vektors $\boldsymbol{\Omega}$ ist die Winkelgeschwindigkeit, seine Richtung gibt die Achse und den Drehsinn an.

$$M \equiv \sum\nolimits_{a=1}^{N^{\mathrm{k}}} m_a + N^{\mathrm{e}} \cdot m_{\mathrm{e}} \,, \tag{A5.5}$$

sowie $3N^{\mathrm{k}} + 3N^{\mathrm{e}} - 3$ weitere, geeignet festzulegende (innere) Koordinaten eingeführt, so dass sich der Hamilton-Operator in der Form

$$\hat{H} = \hat{H}_{\mathrm{S}} + \hat{H}' \tag{A5.6}$$

als Summe zweier Anteile ergibt, von denen der erste rein kinetischer Natur ist:

$$\hat{H}_{\mathrm{S}} = \hat{T}_{\mathrm{S}} \equiv -(\hbar^2/2M)\hat{\nabla}_{\mathrm{S}}{}^2 \,, \tag{A5.7}$$

nur auf die Schwerpunktskoordinaten wirkt und die kräftefreie Bewegung des Gesamtschwerpunkts $\boldsymbol{S}$ beschreibt. Der zweite Anteil $\hat{H}'$ wirkt nur auf die übrigen (inneren) Koordinaten und enthält die Schwerpunktskoordinaten nicht.

Das Hamilton-Operator $\hat{H}'$ für die inneren Bewegungen hat in jedem Falle die übliche Form einer Summe von kinetischem und potentiellem Energieoperator:

$$\hat{H}' = \hat{T}' + V' \,, \tag{A5.8}$$

wobei sich $\hat{T}'$ generell aus einem reinen Kernanteil $\hat{T}'^{\mathrm{k}}$, einem reinen Elektronenanteil $\hat{T}'^{\mathrm{e}}$ und einem sowohl auf Kernkoordinaten als auch auf Elektronenkoordinaten wirkenden Anteil $\hat{T}'^{\mathrm{ke}}$ zusammensetzt:

$$\hat{T}' = \hat{T}'^{\mathrm{k}} + \hat{T}'^{\mathrm{e}} + \hat{T}'^{\mathrm{ke}} \tag{A5.9}$$

mit

$$\hat{T}'^{\mathrm{k}} = -(\hbar^2/2) \sum\nolimits_{a=1}^{\overline{N}^{\mathrm{k}}} (1/\mu_a') \, \hat{\nabla}_a'^{\,2} - \hbar^2 \alpha_{\mathrm{k}} \sum\nolimits_{a(<b)=1}^{\overline{N}^{\mathrm{k}}-1} \sum\nolimits_{b=1}^{\overline{N}^{\mathrm{k}}} \hat{\nabla}_a' \cdot \hat{\nabla}_b' \,, \tag{A5.10a}$$

$$\hat{T}'^{\mathrm{e}} = -(\hbar^2/2\mu_{\mathrm{e}}') \sum\nolimits_{\kappa=1}^{N^{\mathrm{e}}} \hat{\nabla}_a'^{\,2} - \hbar^2 \alpha_{\mathrm{e}} \sum\nolimits_{\kappa(<\lambda)=1}^{N^{\mathrm{e}}-1} \sum\nolimits_{\lambda=1}^{N^{\mathrm{e}}} \hat{\nabla}_\kappa' \cdot \hat{\nabla}_\lambda' \,, \tag{A5.10b}$$

$$\hat{T}'^{\mathrm{ke}} = -\hbar^2 \beta \sum\nolimits_{a=1}^{\overline{N}^{\mathrm{k}}} \sum\nolimits_{\kappa=1}^{N^{\mathrm{e}}} \hat{\nabla}_a' \cdot \hat{\nabla}_\kappa' \tag{A5.10c}$$

(nach [I.4b], Abschn. 1.2.1.).

Vorausgesetzt sei, dass alle $3N^{\mathrm{e}}$ Elektronenkoordinaten mitgenommen werden, um Komplikationen bei der Antisymmetrisierung der Elektronenanteile der Wellenfunktionen (s. Abschn. 2.5) zu vermeiden. Soll die Möglichkeit, auf Grund der Eliminierung der Schwerpunktskoordinaten die Anzahl der inneren Freiheitsgrade um 3 zu reduzieren, ausgenutzt werden, so können dies folglich nur drei Kernkoordinaten sein; wir nehmen dafür die des N^{k}-ten Kerns. Dann ist $\overline{N}^{\mathrm{k}} = N^{\mathrm{k}} - 1$; sonst (also ohne Dimensionsreduktion) gilt: $\overline{N}^{\mathrm{k}} = N^{\mathrm{k}}$. Die Koordinaten des N^{k}-ten Kerns verschwinden auf diese Weise natürlich nur formal; sie sind durch die inneren Koordinaten der übrigen Teilchen mitbestimmt und lassen sich aus diesen berechnen, s. Gleichung (8) in Abschnitt 1.2.1.1. von [I.4b].

Die Faktoren $\alpha_\mathrm{k}, \alpha_\mathrm{e}$ und β hängen von den Teilchenmassen ab (s. unten), je nach Wahl der der inneren Koordinaten unterschiedlich. Die Größen μ'_a und μ'_κ sind *verallgemeinerte reduzierte Massen* für die Kerne a bzw. die Elektronen:

$$\mu'_a \equiv m_a/(1+\alpha_\mathrm{k} m_a)\,, \tag{A5.11a}$$

$$\mu'_\mathrm{e} \equiv m_\mathrm{e}/(1+\alpha_\mathrm{e} m_\mathrm{e})\,. \tag{A5.11b}$$

Was den Potentialanteil V' betrifft, so kann er beim Umschreiben auf innere Koordinaten in manchen Fällen massenabhängig werden; es gilt aber stets, dass die Schwerpunktskoordinaten darin nicht auftreten bzw. daraus eliminiert werden können.

Der Übergang von den RF-Koordinaten zu SF-Koordinaten, dessen Resultat wir in allgemeiner Form aufgeschrieben haben, ist nicht schwierig, wenn auch etwas umständlich; er wird hier nicht im Detail ausgeführt, aber dem Leser als Übung empfohlen (s. hierzu auch [I.4b], Abschn. 1.2.1.). Wir nennen und diskutieren einige der Möglichkeiten für die Wahl der SF-Koordinaten und geben für diese Fälle die Transformationsbeziehungen (in kompakter vektorieller Form) sowie die Faktoren $\alpha_\mathrm{k}, \alpha_\mathrm{e}$ und β explizite an.

Variante I

Alle Teilchenpositionen (Kerne und Elektronen) werden auf den Gesamtschwerpunkt $\boldsymbol{S}$ [Gl. A5.4] bezogen:

$$\boldsymbol{R}'_a = \boldsymbol{R}_a - \boldsymbol{S} \qquad (a=1,\ldots,N^\mathrm{k})\,, \tag{A5.12a}$$

$$\boldsymbol{r}'_\kappa = \boldsymbol{r}_\kappa - \boldsymbol{S} \qquad (\kappa=1,\ldots,N^\mathrm{e})\,; \tag{A5.12a}$$

$$\alpha_\mathrm{k} = -1/M\,, \quad \alpha_\mathrm{e} = -1/M\,, \quad \beta = 1/M\,. \tag{A5.13}$$

Variante II

Alle Teilchenpositionen (Kerne und Elektronen) werden auf die Position eines ausgewählten Kerns bezogen; nehmen wir hierfür den N^k-ten Kern, so ist:

$$\boldsymbol{R}'_a = \boldsymbol{R}_a - \boldsymbol{R}_{N^\mathrm{k}} \qquad (a=1,\ldots,N^\mathrm{k}-1)\,, \tag{A5.14a}$$

$$\boldsymbol{r}'_\kappa = \boldsymbol{r}_\kappa - \boldsymbol{R}_{N^\mathrm{k}} \qquad (\kappa=1,\ldots,N^\mathrm{e})\,; \tag{A5.14b}$$

$$\alpha_\mathrm{k} = 1/m_{N^\mathrm{k}}\,, \quad \alpha_\mathrm{e} = 1/m_{N^\mathrm{k}}\,, \quad \beta = 1/m_{N^\mathrm{k}} \tag{A5.15}$$

Die Position des N^k-ten Kerns relativ zum Gesamtschwerpunkt $\boldsymbol{S}$ lässt sich aus den gestrichenen Koordinaten (A5.14a,b) berechnen:

$$\boldsymbol{R}_{N^\mathrm{k}} - \boldsymbol{S} = -\left\{\sum_{a=1}^{N^\mathrm{k}-1} m_a \boldsymbol{R}'_a + \sum_{\kappa=1}^{N^\mathrm{e}} m_\mathrm{e} \boldsymbol{r}'_\kappa\right\}\Big/M\,. \tag{A5.16}$$

Variante III

Alle Teilchenpositionen (Kerne und Elektronen) werden auf den Schwerpunkt der Kerne,

$$\boldsymbol{S}^{\mathrm{k}} \equiv \left(\sum_{a=1}^{N^{\mathrm{k}}} m_a \boldsymbol{R}_a\right)\Big/ M_{\mathrm{k}} \quad \text{mit} \quad M_{\mathrm{k}} \equiv \sum_{a=1}^{N^{\mathrm{k}}} m_a \,, \tag{A5.17}$$

bezogen (M_{k} ist die Gesamtmasse der Kerne):

$$\boldsymbol{R}'_a = \boldsymbol{R}_a - \boldsymbol{S}^{\mathrm{k}} \qquad (a = 1, \ldots, .N^{\mathrm{k}}) \,, \tag{A5.18a}$$

$$\boldsymbol{r}'_\kappa = \boldsymbol{r}_\kappa - \boldsymbol{S}^{\mathrm{k}} \qquad (\kappa = 1, \ldots, .N^{\mathrm{e}}) \,; \tag{A5.18a}$$

$$\alpha_{\mathrm{k}} = -1/M_{\mathrm{k}}, \quad \alpha_{\mathrm{e}} = 1/M_{\mathrm{k}}, \quad \beta = 0 \,. \tag{A5.19}$$

Es gilt die Beziehung

$$\sum_{a=1}^{N^{\mathrm{k}}} m_a \boldsymbol{R}'_a = 0 \,, \tag{A5.20}$$

die besagt, dass der Schwerpunkt der Kerne im Koordinatennullpunkt des Bezugssystems Σ' liegt.

In dieser Variante treten also keine kinetischen Kopplungsterme zwischen Kern- und Elektronenbewegung auf.

Der Übergang von RF- zu SF-Koordinaten hat somit folgende Konsequenzen:

(1) Die Schrödinger-Gleichung für das Teilchenaggregat ist exakt separiert in eine Schrödinger-Gleichung für die Bewegung des Gesamtschwerpunkts (Hamilton-Operator $\hat{H}_{\mathrm{S}}$) und eine Schrödinger-Gleichung für die "inneren" Bewegungen (Relativbewegungen) der Teilchen ($\hat{H}'$).

(2) Der Hamilton-Operator $\hat{H}'$ [Gl. (A5.8)] für die "inneren" Bewegungen unterscheidet sich im kinetischen Teil (A5.9) mit (A5.10a-c) von der Form im RF-System [s. Gl. (4.3a,b)] dadurch, dass

- die Massen der Kerne und der Elektronen, m_a bzw. m_{e} , durch *verallgemeinerte reduzierte Massen* μ'_a bzw. μ'_{e} [Gl. (A5.11a,b)] ersetzt sind (*elementare Massenkorrektur*) und
- gemischte Anteile der Form $\propto \hat{\nabla}_a \cdot \hat{\nabla}_b$, $\propto \hat{\nabla}_\kappa \cdot \hat{\nabla}_\lambda$ und $\propto \hat{\nabla}_a \cdot \hat{\nabla}_\kappa$, sog. *Massenpolarisationsterme*, auftreten (*spezifische Massenkorrektur*).

Die quantitativen Auswirkungen dieser Massenkorrekturen (z. B. auf Energieerwartungswerte) sind abhängig von der Wahl der SF-Koordinaten.

A5.3 Einige spezielle Koordinatensysteme

Für eine problemangepasste Formulierung von Gleichungen der molekularen theoretischen Chemie und ihre rechnerische Anwendung ist es häufig vorteilhaft, anstelle kartesischer Koordinaten andere Koordinaten zu benutzen. Darüber ist alles Nötige an zahlreichen Stellen in der Literatur zu finden (etwa in [II.1]), so dass wir uns auf eine Formelsammlung für einige gängige *orthogonale krummlinige Koordinatensysteme* beschränken können.

Auf strenge mathematische Begriffsbestimmungen wird hier nicht eingegangen; wir begnügen uns mit einer vereinfachten Charakterisierung von Koordinatensystemen im dreidimensionalen Raum.
Alle Punkte, für welche eine der drei *kartesischen* Koordinaten ein und denselben Wert hat bei beliebigen Werten der anderen beiden Koordinaten, liegen in einer Ebene senkrecht zur betreffenden Koordinatenachse. In einem *krummlinigen* Koordinatensystem hingegen ist zumindest eine der Flächenscharen, auf denen jeweils eine Koordinate ein und denselben Wert hat, gekrümmt. Koordinatensysteme heißen *orthogonal*, wenn sich in jedem Raumpunkt die drei Flächen konstanter Koordinatenwerte unter rechten Winkeln schneiden.
Während ein Übergang zwischen zwei kartesischen Koordinatensystemen durch lineare Gleichungen vollzogen wird, ist eine Transformation zu einem krummlinigen Koordinatensystem (oder zwischen solchen) nichtlinear.

A5.3.1 Kartesische Koordinaten[4] (x,y,z)

$$-\infty < x < \infty, \quad -\infty < y < \infty, \quad -\infty < z < \infty \tag{A5.21}$$

Komponenten des Nabla-Operators $\hat{\nabla}$

$$\hat{\nabla}_x = \partial / \partial x, \quad \hat{\nabla}_y = \partial / \partial y, \quad \hat{\nabla}_z = \partial / \partial z \tag{A5.22}$$

Laplace-Operator[5] (Delta-Operator)

$$\hat{\Delta} = (\partial^2/\partial x^2) + (\partial^2/\partial y^2) + (\partial^2/\partial z^2) \tag{A5.23}$$

Volumenelement $\quad dV = dx\,dy\,dz \quad$ (A5.24)

A5.3.2 Sphärische Polarkoordinaten (Kugelkoordinaten) (r, ϑ, φ)

(zur Illustration s. Abb. 2.28)

$$0 \le r < \infty, \quad 0 \le \vartheta \le \pi, \quad 0 \le \varphi \le 2\pi \tag{A5.25}$$

Transformationsbeziehungen mit kartesischen Koordinaten

$$\left.\begin{aligned} x &= r \sin\vartheta \cos\varphi \\ y &= r \sin\vartheta \sin\varphi \\ z &= r \cos\vartheta \end{aligned}\right\} \tag{A5.26}$$

---

[4] Benannt nach R. Descartes (Cartesius), französischer Mathematiker, Physiker und Philosoph (17. Jh.).
[5] Benannt nach P. S. Laplace, französischer Mathematiker und Astronom (18./19. Jh.).

Komponenten des Nabla-Operators $\hat{\nabla}$

$$\left.\begin{aligned} \hat{\nabla}_r &= \partial / \partial r \\ \hat{\nabla}_\vartheta &= (1/r)(\partial / \partial \vartheta) \\ \hat{\nabla}_\varphi &= (1/r\sin\vartheta)(\partial / \partial \varphi) \end{aligned}\right\} \qquad \text{(A5.27)}$$

Laplace-Operator (Delta-Operator)

$$\hat{\Delta} = (1/r^2)(\partial/\partial r)(r^2 \partial/\partial r) + (1/r^2 \sin\vartheta)(\partial/\partial\vartheta)(\sin\vartheta(\partial/\partial\vartheta)) + (1/r^2\sin^2\vartheta)(\partial^2/\partial\varphi^2) \qquad \text{(A5.28)}$$

Volumenelement $\mathrm{d}V = r^2 \sin\vartheta \mathrm{d}r\,\mathrm{d}\vartheta \mathrm{d}\varphi$ (A5.29)

A5.3.3 Elliptische Koordinaten (ξ, η, φ)

Für die Berechnung von Integralen, deren Integranden an zwei Raumpunkten A und B zentrierte Bestandteile enthalten (Zweizentrenintegrale, s. Abschn. 17.1.2), eignen sich sogenannte elliptische Koordinaten, die wir wie in [I.4a] (dort Anhang A3.1.4.) definieren; vgl. auch [II.1] (dort Abschn. 3.5.2.).

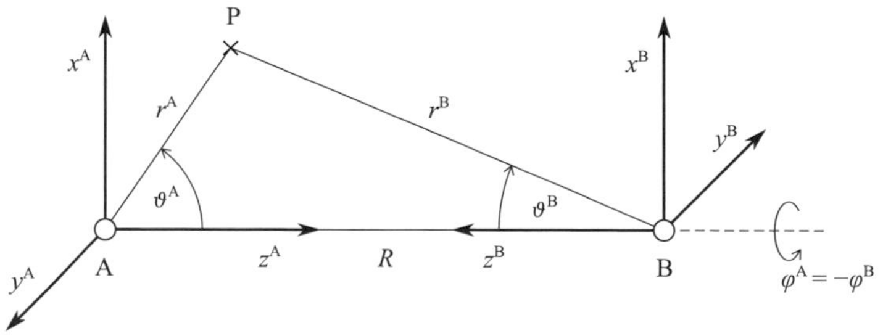

Abb. A5.2 Kartesische und Kugelkoordinaten an zwei Zentren A und B (nach [I.4a], Anhang A3.1.4)

In den beiden Raumpunkten (in der Regel Kernpositionen) A und B mögen Koordinatensysteme zentriert sein mit den in Abb. A5.2 festgelegten kartesischen Achsenrichtungen und entsprechend definierten Kugelkoordinaten. Die Lage eines Punktes P, der im an A zentrierten System die kartesischen Koordinaten x^A, y^A, z^A bzw. die Kugelkoordinaten $r^A, \vartheta^A, \varphi^A$ und im an B zentrierten System die Koordinaten x^B, y^B, z^B bzw. $r^B, \vartheta^B, \varphi^B$ hat, lässt sich alternativ dazu durch sog. *elliptische Koordinaten*

$$\left.\begin{aligned} \xi &= (r^A + r^B)/R \\ \eta &= (r^A - r^B)/R \\ \varphi &= \varphi^A = -\varphi^B \end{aligned}\right\} \qquad \text{(A5.30)}$$

angeben[6], die Werte in den Bereichen

$$1 \le \xi < \infty, \quad -1 \le \eta \le 1, \quad 0 \le \varphi \le 2\pi \tag{A5.31}$$

haben können.

Die Transformationsbeziehungen zwischen den kartesischen bzw. Kugelkoordinten und den elliptischen Koordinaten lauten:

$$\left.\begin{aligned} x^{\mathrm{A}} &= x^{\mathrm{B}} = (R/2)\cos\varphi[(\xi^2-1)(1-\eta^2)]^{1/2} \\ y^{\mathrm{A}} &= -y^{\mathrm{B}} = (R/2)\sin\varphi[(\xi^2-1)(1-\eta^2)]^{1/2} \\ z^{\mathrm{A}} &= r^{\mathrm{A}}\cos\vartheta^{\mathrm{A}} = (R/2)(1+\xi\eta) \\ z^{\mathrm{B}} &- r^{\mathrm{B}}\cos\vartheta^{\mathrm{B}} = (R/2)(1-\xi\eta) \\ r^{\mathrm{A}}\sin\vartheta^{\mathrm{A}} &= r^{\mathrm{B}}\sin\vartheta^{\mathrm{B}} = (R/2)[(\xi^2-1)(1-\eta^2)]^{1/2} \end{aligned}\right\} ; \tag{A5.32}$$

es gilt: $z^{\mathrm{A}} + z^{\mathrm{B}} = R$.

Volumenelement $$\mathrm{d}V = (R/2)^3(\xi^2-\eta^2)\,\mathrm{d}\xi\,\mathrm{d}\eta\,\mathrm{d}\varphi\,. \tag{A5.33}$$

Weitere Formeln (für die Komponenten des Nabla-Operators, für den Laplace-Operator u. a.) findet man z. B. in [II.1], Abschn. 3.5.2.

[6] Die Bezeichnung dieser krummlinigen Koordinaten bezieht sich darauf, dass die Flächen gleicher Koordinatenwerte Rotationsellipsoide und Rotationshyperboloide (sowie Halbebenen) sind (s. [II.1], Abschn. 3.5.2.).

A6 Wellen

A6.1 Allgemeine Begriffsbestimmung. Eindimensionale Wellen

Eine *Welle* ist ein physikalischer Vorgang, bei dem sich eine lokale "Erregung" (eine Auslenkung aus einer Ruhelage, eine Verdichtung in einem komprimierbaren Medium u. a.) im Laufe der Zeit von einem Ort zum anderen fortpflanzt. Beispiele für solche Wellenvorgänge sind: Wasserwellen, Seilwellen, Schallwellen, elektromagnetische Wellen und auch de-Broglie-Materiewellen (s. Abschn. 2.1).

Die Grundbegriffe der Beschreibung von Wellen erläutern wir an einem eindimensionalen Modellfall. Der Wellenvorgang wird charakterisiert durch eine *Amplitudenfunktion* ξ, die von der Ortskoordinate x und der Zeitvariablen t abhängt:

$$\xi \equiv \xi(x,t) = a \cdot f(x \mp vt); \tag{A6.1}$$

a ist ein Faktor, der auch ortsabhängig sein kann, und v ein als positiv vorausgesetzter Parameter ($v > 0$). Die Verknüpfung von x und t in der Form $x \mp vt$ im Argument der Funktion f ist typisch für eine Welle; man nennt den Ausdruck $x \mp vt$ die *Phase* der Welle. Das Betragsquadrat $|\xi(x,t)|^2$ der Wellenamplitude wird als die *Intensität* der Welle bezeichnet.

Die Abb. A6.1 veranschaulicht einen eindimensionalen Wellenvorgang $\xi(x,t)$ mit $a = \text{const}$, $v > 0$ (wie vorausgesetzt) und dem Minuszeichen in der Phase.

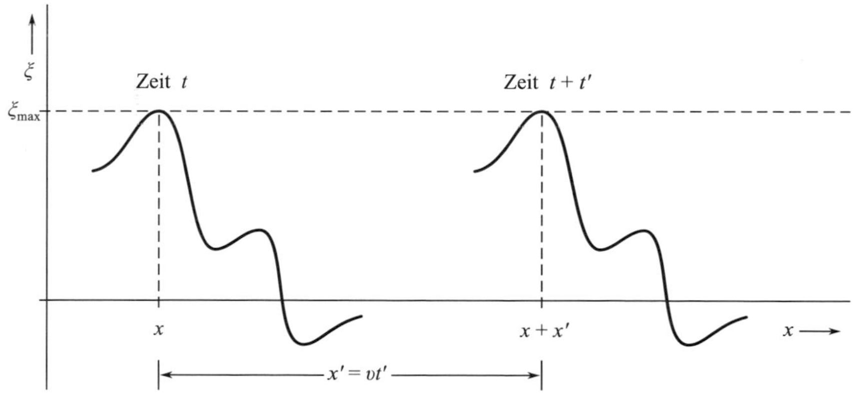

Abb. A6.1 Eindimensionaler Wellenvorgang (schematisch; nach [I.4a], Anhang A2)

Wir verfolgen das Maximum der Funktion $\xi(x,t)$; es befinde sich zur Zeit t am Punkt x. Im Verlauf einer Zeitspanne t' ist die Welle unverformt (a = const) nach rechts gelaufen, das Maximum hat sich von x nach $x + x'$ weiterbewegt. Es gilt:

$$\xi_{\max} = a \cdot f(x - \upsilon t) = a \cdot f((x + x') - \upsilon \cdot (t + t')), \qquad (A6.2)$$

woraus folgt:

$$x' = \upsilon \cdot t'; \qquad (A6.3)$$

υ ist also die Geschwindigkeit, mit der sich das Maximum bewegt: die *Phasengeschwindigkeit*[1] der Welle. Mit dem Pluszeichen erhält man eine nach links laufende Welle.

A6.2 Dreidimensionale Wellen

Die Wellenausbreitung im dreidimensionalen Raum wird in Verallgemeinerung des Ausdrucks (A6.1) durch Funktionen des Typs

$$\xi \equiv \xi(\boldsymbol{r},t) = a \cdot f(\boldsymbol{r} \mp \upsilon t) \qquad (A6.4)$$

beschrieben.

A6.2.1 Ebene Wellen

Eine *ebene Welle* pflanzt sich in *einer* bestimmten Raumrichtung fort und hat für alle Punkte, die in irgendeiner Ebene senkrecht zu dieser Raumrichtung liegen, die gleiche Phase. Sei $\boldsymbol{n}$ ein Einheitsvektor in der Ausbreitungsrichtung, dann gehört zu einer ebenen Welle eine Funktion $\xi(\boldsymbol{r},t)$ der Form

$$\xi(\boldsymbol{r},t) = a \cdot f(\boldsymbol{n} \cdot \boldsymbol{r} \mp \upsilon t). \qquad (A6.5)$$

Das Skalarprodukt $\boldsymbol{n} \cdot \boldsymbol{r} = r\cos\alpha$ mit $\alpha \equiv \angle(\boldsymbol{n},\boldsymbol{r})$ (s. Abb. A6.2) ist die Projektion des Vektors $\boldsymbol{r}$ auf die $\boldsymbol{n}$-Richtung und hat daher für alle Punkte $\boldsymbol{r}$ auf einer beliebigen Ebene $\perp \boldsymbol{n}$ den gleichen Zahlenwert. Alle Ebenen senkrecht zur Ausbreitungsrichtung sind also Flächen gleicher Phase.

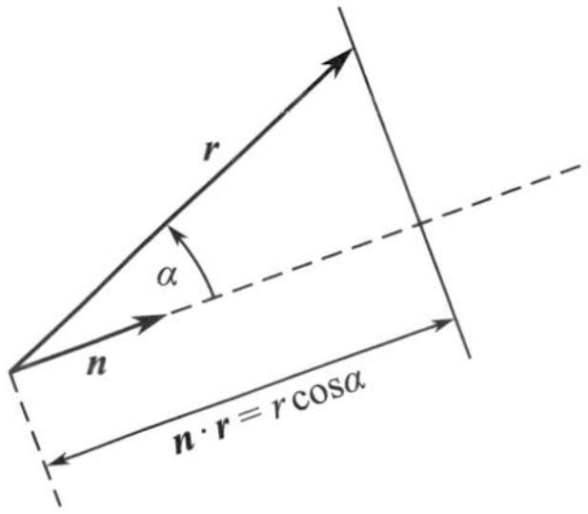

Abb. A6.2
Zum Begriff einer ebenen räumlichen Welle (nach [I.4a], Anhang A2)

[1] Im Unterschied zur *Gruppengeschwindigkeit* eines sog. Wellenpakets, wie es in Abschn. 2.1.2 eingeführt und diskutiert wird.
Da der Wellenbegriff hier ganz allgemein eingeführt wird, schreiben wir den Buchstaben υ für die (Phasen)-Geschwindigkeit.

Einen Spezialfall stellen die *ebenen harmonischen* Wellen dar, für welche die Funktion f die Form einer cos-Funktion (oder einer sin-Funktion) hat:

$$f(\boldsymbol{n}\cdot\boldsymbol{r}\mp vt)=\cos\{(2\pi/\lambda)(\boldsymbol{n}\cdot\boldsymbol{r}\mp vt)\}. \tag{A6.6}$$

Um zu veranschaulichen, was diese Wellenfunktion beschreibt, stellen wir uns einen fiktiven Beobachter vor, der sich an einem festen Raumpunkt $\boldsymbol{r}$ befindet. An diesem Beobachtungspunkt hat $\boldsymbol{n}\cdot\boldsymbol{r}$ einen konstanten Wert und im Verlauf der Zeit t nimmt die Phase $\boldsymbol{n}\cdot\boldsymbol{r}-vt$ periodisch (Periode 2π) in Zeitabständen von $\tau=1/\nu, 2/\nu, ...$ mit $\nu\equiv v/\lambda$ wieder den gleichen Wert an. Es ist also $\tau=\lambda/v$ die Schwingungsdauer und $\nu=1/\tau=v/\lambda$ die *Frequenz* einer harmonischen Änderung (Schwingung) der Wellenamplitude.

Betrachten wir andererseits zu einem festen Zeitpunkt t (etwa $t=0$) den räumlichen Verlauf der Wellenamplitude entlang der Ausbreitungsrichtung $\boldsymbol{n}$, dann ändert sich die Amplitude ebenfalls periodisch (Periode 2π) und nimmt beim Fortschreiten von $\boldsymbol{n}\cdot\boldsymbol{r}$ um $\lambda, 2\lambda, ...$ wieder den gleichen Wert an. Der Parameter λ ist die *Wellenlänge*.

Zwischen den Größen λ und ν besteht der Zusammenhang

$$\lambda\ \nu=v, \tag{A6.7}$$

d. h. das Produkt von Wellenlänge und Frequenz ergibt die Phasengeschwindigkeit.

Durch die Beziehung

$$(2\pi/\lambda)\boldsymbol{n}\equiv\boldsymbol{k} \tag{A6.8}$$

ist der *Wellenzahlvektor* definiert; sein Betrag $k\equiv|\boldsymbol{k}|=2\pi/\lambda$ heißt *Wellenzahl*. Die mit 2π multiplizierte Frequenz,

$$2\pi\nu\equiv\omega, \tag{A6.9}$$

nennt man die *Kreisfrequenz*.

Benutzt man diese beiden Größen, dann hat die Amplitudenfunktion einer ebenen harmonischen Welle die Form

$$\xi(\boldsymbol{r},t)=a\cdot\cos[\boldsymbol{k}\cdot\boldsymbol{r}\mp\omega t]. \tag{A6.10}$$

Eine cos-Welle und eine sin-Welle gleicher Phase lassen sich nach der Euler-Formel (s. [II.1], Abschn. 1.3.2.) zu einer komplexen exp-Funktion zusammenfassen; so ergibt sich

$$\xi(\boldsymbol{r},t)=a\cdot\exp[\mathrm{i}(\boldsymbol{k}\cdot\boldsymbol{r}\mp\omega t)]; \tag{A6.11}$$

das ist die Standardform, in der man gewöhnlich eine ebene harmonische Welle schreibt.

A6.2.2 Kugelwellen

Eine *Kugelwelle* beschreibt einen Vorgang, bei dem sich die Erregung von einem Punkt aus in alle Richtungen gleichmäßig ausbreitet; die Flächen gleicher Phase sind Kugelflächen um den Ausgangspunkt. Die Wellenamplitude hängt folglich nur vom Abstand $r\equiv|\boldsymbol{r}|$ vom Ausgangspunkt (= Koordinatenursprung) ab, so dass sich die Amplitudenfunktion einer auslaufenden Kugelwelle als

$$\xi \equiv \xi(\boldsymbol{r},t) = a(r) \cdot f(r - \upsilon t) \tag{A6.12}$$

darstellen lässt; häufig kann $a(r) \propto 1/r$ angesetzt werden. In großem Abstand vom Ausgangspunkt hat ein endlicher Ausschnitt aus einer Kugelwelle offensichtlich annähernd die Form einer ebenen Welle.

A7 Konstanten und Einheiten

Die folgenden Tabellen geben eine Zusammenstellung von wichtigen physikalischen Konstanten, die in der molekularen theoretischen Chemie eine Rolle spielen, sowie eine Liste von Einheiten (sog. atomare Einheiten), die verwendet werden, um Gleichungen einfach zu formulieren und Zahlenwerte in bequem zu handhabender Größe zu erhalten. Außerdem werden Umrechnungsfaktoren zwischen häufig benutzten Energieeinheiten angegeben.

Alle Zahlenwerte (ausgenommen einige Angaben in Fußnoten) sind der Standard Reference Database des National Institute of Standards and Technology (NIST), Gaithersburg, MD/USA (http://physics.nist.gov/constants), Stand 2012, entnommen.

Tab. A7.1 Physikalische Konstanten (Auswahl)[a]

Konstante	Symbol	Zahlenwert	SI-Einheit
Elementarladung[b]	$\bar{e}$	$1{,}6021766 \times 10^{-19}$	C
Plancksche Konstante	h	$6{,}6260696 \times 10^{-34}$	J·s
	$\hbar \equiv h / 2\pi$	$1{,}0545717 \times 10^{-34}$	J·s
Lichtgeschwindigkeit im Vakuum	c	$2{,}99792458 \times 10^{8}$	$m \cdot s^{-1}$
Ruhmasse des Elektrons	m_e	$9{,}1093829 \times 10^{-31}$	kg
Ruhmasse des Protons	m_p	$1{,}67262178 \times 10^{-27}$	kg
Bohrsches Magneton	β_e	$-9{,}2740102 \times 10^{-24}$	$J \cdot T^{-1}$
Kernmagneton	β_p	$5{,}0507838 \times 10^{-27}$	$J \cdot T^{-1}$
Feinstrukturkonstante	α_S	$7{,}29735257 \times 10^{-3}$	–
Rydberg-Konstante	$R \equiv R_\infty$	$1{,}0973731569 \times 10^{7}$	m^{-1}
Bohrscher Radius	a_B	$5{,}29177211 \times 10^{-11}$	m
Avogadro-Konstante	N_A	$6{,}0221413 \times 10^{23}$	mol^{-1}
molare Gaskonstante	R_0	$8{,}314462$	$J \cdot mol^{-1} \cdot K^{-1}$
Boltzmann-Konstante	$k_B = R_0 / N_A$	$1{,}3806488 \times 10^{-23}$	$J \cdot K^{-1}$

[a] ImText der Buchkapitel sind alle Gleichungen nichtrational (konventionell) geschrieben; das SI-System hingegen benutzt die rationale Schreibweise (z. B. mit einem Faktor 1/4π im Coulomb- Gesetz).

[b] In elektrostatischen Ladungseinheiten (esL) hat $\bar{e}$ den Zahlenwert $4{,}803242 \cdot 10^{-10}$.

Tab. A7.2 Atomare Einheiten

Physikalische Größe	Atomare Einheit	SI-Äquivalent
Masse	Elektronenmasse, m_e	$9{,}1093829 \times 10^{-27}$ kg
Ladung	Elementarladung, $\bar{e}$	$1{,}6021766 \times 10^{-19}$ C
Länge	Bohrscher Radius, a_B	$5{,}29177211 \times 10^{-11}$ m
Energie	doppelte Ionisierungsenergie des H-Atoms, $\alpha_S{}^2 m_e c^2$	$4{,}3597443 \times 10^{-18}$ J
Geschwindigkeit	Mitteilwert der Geschwindigkeit des Elektrons im Grundzustand des H-Atoms, $\bar{e}^2/\hbar = \alpha_S c$	$2{,}18769126 \times 10^{6}$ m·s^{-1}
Zeit	$\tau_B \equiv a_B/\alpha_S c$	$2{,}41888433 \times 10^{-17}$ s
Drehimpuls	$\hbar$	$1{,}0545717 \times 10^{-34}$ J·s
Magnetisches Moment	Bohrsches Magneton, β_e	$-9{,}2740102 \times 10^{-24}$ J·T^{-1}
Elektrisches Dipolmoment[a]	$\bar{e} a_B$	$8{,}4783533 \times 10^{-30}$ C·m
Elektrisches Quadrupolmoment	$\bar{e} a_B{}^2$	$4{,}4865513 \times 10^{-40}$ C·m^2
Polarisierbarkeit	$\bar{e}^2 a_B{}^2/\alpha_S{}^2 m_e c^2$	$1{,}6487773 \times 10^{-41}$ C^2·m^2·J^{-1}

[a] In CGS-Einheiten: $\bar{e} a_B = 2{,}54177$ D; die Einheit D (Debye-Einheit) ist als 1D = 10^{-18} g$^{1/2}$·cm^2·s^{-1} definiert.

Tab. A7.3 Umrechnung von Energieeinheiten[a]

	J	at. E.	eV	cm^{-1}	$kJ \cdot mol^{-1}$	K
J	1	$2{,}2937125 \times 10^{17}$	$6{,}2415093 \times 10^{18}$	$5{,}0341170 \times 10^{24}$	$6{,}0221413 \times 10^{20}$	$7{,}2429716 \times 10^{22}$
at. E.	$4{,}3597443 \times 10^{-18}$	1	$2{,}7211385 \times 10^{1}$	$2{,}1947463 \times 10^{5}$	$2{,}6254996 \times 10^{3}$	$3{,}1577504 \times 10^{5}$
eV	$1{,}6021766 \times 10^{-19}$	$3{,}6749324 \times 10^{-2}$	1	$8{,}0655443 \times 10^{3}$	$9{,}6485339 \times 10^{1}$	$1{,}1604519 \times 10^{4}$
cm^{-1}	$1{,}9864457 \times 10^{-23}$	$4{,}5563353 \times 10^{-6}$	$1{,}2398419 \times 10^{-4}$	1	$1{,}1962657 \times 10^{-2}$	1,4387770
$kJ \cdot mol^{-1}$	$1{,}6605389 \times 10^{-21}$	$3{,}8087988 \times 10^{-4}$	$1{,}0364269 \times 10^{-2}$	$8{,}3593471 \times 10^{1}$	1	$1{,}2027236 \times 10^{2}$
K[b]	$1{,}3806488 \times 10^{-23}$	$3{,}1668114 \times 10^{-6}$	$8{,}6173324 \times 10^{-5}$	$6{,}9503476 \times 10^{-1}$	$8{,}3144622 \times 10^{-3}$	1

[a] Außer den hier aufgeführten Energieeinheiten wird in der molekularen theoretischen Chemie noch häufig die Einheit $kcal \cdot mol^{-1}$ verwendet; sie ist mit der Einheit J (näherungsweise) durch den Umrechnungsfaktor 1 cal (Kalorie) = 4,1868 J verknüpft.

[b] Die Einheit K (Kelvin) ist durch die Beziehung 1 K = $1{,}3806488 \times 10^{-23}$ J definiert.

L Allgemeine ergänzende Literatur

L I Physikalische und theoretisch-chemische Grundlagen

[I.1] Dirac, P. A. M.: The Principles of Quantum Mechanics.
Clarendon Press, Oxford (1996)

[I.2] Landau, L. D., Lifschitz, E. M.: Lehrbuch der theoretischen Physik.
Bd. 3. Quantenmechanik.
H. Deutsch Verlag, Frankfurt a. M. (2007)

[I.3] Messiah, A.: Quantenmechanik. Bd. 1, 2.
De Gruyter, Berlin u. a. (1991, 2010)

[I.4] a) Zülicke, L.: Quantenchemie. Ein Lehrgang.
Bd. 1. Grundlagen und allgemeine Methoden.
Hüthig-Verlag, Heidelberg (1978)

b) Zülicke, L.: Quantenchemie. Ein Lehrgang.
Bd. 2. Atombau, chemische Bindung und molekulare Wechselwirkungen.
Hüthig-Verlag, Heidelberg (1985)

[I.5] Kutzelnigg, W.: Einführung in die Theoretische Chemie.
Wiley-VCH, Weinheim (2001)

L II Mathematische Methoden

[II.1] Glaeske, Quantenchemie. Ein Lehrgang.
Bd. 5. Ausgewählte mathematische Methoden der Chemie.
Hüthig-Verlag, Heidelberg (1987)

[II.2] Margenau, H., Murphy, G. M.: Die Mathematik für Physik und Chemie. Bd. I, II. Teubner, Leipzig (1964)

[II.3] Zachmann, H. G.: Mathematik für Chemiker. VCH, Weinheim (2004)

[II.4] Korn, A. G., Korn, T. M.: Mathematical Handbook for Scientists and Engineers. Dover Publ., Mineola NY (2000)

[II.5] Courant, R., Hilbert, D.: Methoden der mathematischen Physik. Bd. 1. Springer, Berlin/Heidelberg/New York (1993)

[II.6] Magnus, W., Oberhettinger, F.: Formeln und Sätze für die speziellen Funktionen der mathematischen Physik. Springer, Berlin/Göttingen/Heidelberg (1948)

[II.7] Jahnke, E., Emde, F., Lösch, F.: Tafeln höherer Funktionen. Teubner, Stuttgart (1966)

[II.8] Bronstein, I. N., Musiol, G. (Hrsg.): Taschenbuch der Mathematik. H. Deutsch Verlag, Frankfurt a. M. (2008)

Bronštejn, I. N., Zeidler, E. (Hrsg.): Springer-Taschenbuch der Mathematik. Springer Spektrum, Wiesbaden (2013)

Sachverzeichnis

Verzeichnis der molekularen Systeme
(Moleküle, Atomaggregate)

Printing: Ten Brink, Meppel, The Netherlands
Binding: Ten Brink, Meppel, The Netherlands